厂矿企业安全技术指南

徐扣源 编著

中国建筑工业出版社

图书在版编目（CIP）数据

厂矿企业安全技术指南/徐扣源编著. —北京：中国建筑工业出版社，2008
　ISBN 978-7-112-09770-8

Ⅰ.厂… Ⅱ.徐… Ⅲ.工业生产-安全技术-指南
Ⅳ.X931-62

中国版本图书馆CIP数据核字（2007）第187308号

　　《厂矿企业安全技术指南》一书，从安全生产的任务、安全管理、安全教育、安全检查到事故的管理与预防；从女职工的劳动保护、安全系统工程到心理与安全；从防火防爆安全技术到专项的压力容器、气瓶、锅炉、电气、起重、运输等各种安全技术；从各通用工种安全操作技术、设备检修作业安全技术到工程设计与安全；从工业卫生技术知识、各有毒有害因素对人体的危害与防治到通风除尘；从人身安全防护、安全分析到现场急救等等安全技术知识，都在理论与实践上深入详细地作了阐述。全书内容丰富，图文并茂，深入浅出，是一本具有科学性、知识性、技术性、指导性、通俗性和实用性的工具书。

　　本书适合厂矿企业与事业单位的各级领导、基层干部、从事安全技术工作的工程技术人员阅读，也可供大中专院校安全工程专业的师生们参阅，更适合作为厂矿企业与事业单位等的广大职工进行安全教育的培训教材。厂矿企业中的广大职工也可通过它，了解和掌握安全生产技术知识，成为安全技术通。

* * *

责任编辑：田启铭
责任设计：董建平
责任校对：刘　钰　王金珠

厂矿企业安全技术指南
徐扣源　编著
*
中国建筑工业出版社出版、发行（北京西郊百万庄）
各地新华书店、建筑书店经销
霸州市顺浩图文科技发展有限公司制版
北京中科印刷有限公司印刷
*

开本：787×1092毫米　1/16　印张：98¾　字数：2465千字
2008年6月第一版　　2008年6月第一次印刷
印数：1—2000册　　定价：**188.00**元
ISBN 978-7-112-09770-8
（16434）

版权所有　翻印必究
如有印装质量问题，可寄本社退换
（邮政编码100037）

劳动安全卫生标志

　　1990年7月26日，原劳动部确定并正式启用我国的劳动安全卫生标志。劳动安全卫生标志以代表劳动安全卫生的绿十字为中心，用变形的齿轮和橄榄叶构成一全圆形图案，左侧的变形齿轮象征劳动、长城和中国，右侧的橄榄叶象征和平、美满和幸福。整个图案提醒人们，要时刻注意劳动安全卫生工作，认真贯彻安全第一、预防为主的方针，以保障劳动者的安全健康。

　　劳动安全卫生标志适用于会徽、旗帜、车辆、胸章、臂章、图书、报刊、资料等。

前 言

"安全第一、预防为主",加强劳动保护,搞好安全生产,保护广大职工在生产劳动过程中的安全和健康,是办好社会主义企业的一项基本原则,也是党和政府的一贯方针政策。

任何物质的生产都需要保护生产力,然而事故的发生却造成人员伤亡或机器设备的损坏,直接破坏生产力,势必造成生产下降,利润减少,国民收入减少。同时,事故的发生也会给职工在生理上或心理上带来很大的痛苦,并给伤亡人员的家庭带来巨大的不幸。因此,搞好安全生产就是最有效地保护生产力,这是厂矿企业提高经济效益的重要途径之一,也是厂矿企业中每一个职工和每一个幸福家庭的第一需要。

自从18世纪中叶,英国的詹姆斯·瓦特发明了蒸汽机,将热能转换成机械能,并随之大量用于工业生产,使生产效率得到了空前的提高。从此,近代工业生产方式代替了传统的小手工作坊式的生产。但是,随之而来的是在工业生产过程中,事故也显然增多,事故伤害程度也显然加重。如今,现代工业技术的迅猛发展,使生产规模、设备装置、运输仓储的规模日趋大型化、连续化、高速化,若因安全技术措施采取不当或安全管理方法欠佳而发生事故,造成的破坏性将更大,事故的涉及面将更广。如1984年震惊世界的印度博帕尔农药厂毒物泄露事故,就造成2500人死亡,数万人的眼睛受到伤害,全市20多万人受到不同程度的毒害,大批牲畜死亡,大量农作物被毁,成为人类自有工业史以来最为严重的灾难。可见安全生产问题不仅涉及到本厂矿企业、事业等单位职工的生命安全和身体健康。因此,安全生产越来越成为全球关注的焦点之一,世界各国都从技术和管理等方面对安全生产进行系统研究,对事故不断提出防范措施和管理方法。所以,安全生产不但是每一个厂矿企业、事业等单位的头等大事,而且也是全社会的需要。

目前,随着经济体制改革的全方位展开,我国国民经济正处于一个飞跃发展的时期。然而,我国厂矿企业安全生产的状况却不能令人乐观,不少厂矿企业、事业等单位的劳动条件还没有得到很好的改善,机器设备上安全装置缺乏;安全生产管理薄弱;干部安全生产意识淡薄;职工安全技术知识贫乏;安全技术人员素质较为低下;再加上不少厂矿企业、事业等单位在我国经济体制转换之际,存在不少只求经济效益,在安全生产上却存在着竭泽而渔的行为,因而近年来厂矿企业、事业等单位中的伤亡事故,以及一些重大与特大的伤亡事故没有能得到有效的遏制,致使每年均有数万职工的生命丧失于各类事故,数万职工的健康丧失于职业中毒,数以千亿元计的财产毁于事故。这一严峻的安全生产现状,不得不引起每一个国人的重视。再者,安全与人们的生活息息相关,安全无不时时刻刻贯穿于每一个厂矿企业、事业等单位的生产过程中,因此,不但国家需要安全生产,厂矿企业、事业等单位需要安全生产,就是每一个职工也都需要安全生产。为此,必须把厂矿企业、事业等单位中的伤亡事故和职业中毒的发生率控制到最低限度,使我国厂矿企业、事业等单位安全生产水平早日立于世界前列,以适应我国国民经济建设的飞速发展。

为此，亟待提高各厂矿企业、事业等单位生产过程中的安全生产技术水平，加强厂矿企业、事业等单位的安全管理，加大安全生产的投入，增加广大干部和职工的安全生产技术知识，提高安全技术人员的安全技术素质，并增强每一个职工在生产过程中的自我保护和保护他人的意识和能力，消灭或减少不安全因素，做到防患于未然。本作者作为一名来自厂矿企业中的安全技术高级工程师，国家免试认定首批注册安全工程师，其工作的宗旨就是搞好本厂矿企业的安全生产工作，以保护本厂矿企业广大职工的生命安全和身体健康，并竭尽全力去做好这一项工作。然而，作为一名作者就是要把所掌握和多年积累起来的安全技术和安全管理等方面的知识，奉献和传播给广大的读者。在这一良好愿望的基础上，本作者参阅和收集了国内外大量的有关安全技术方面书籍和资料，以及与安全技术相关的书籍和资料，并以多年从事厂矿企业安全技术工作的亲身体会，结合多年做安全管理技术工作的实践经验和教训，编著了《厂矿企业安全技术指南》一书。本书就厂矿企业、事业等单位生产过程中经常遇到的安全技术、安全管理、工业卫生技术等方面的问题，给予科学性、技术性的阐述。因此，本书可读性与可操作性较强，并具有资料查阅性。本书的问世，期望能对做好广大职工在生产过程中的劳动保护，促进厂矿企业、事业等单位的安全生产起到积极的作用，收到良好的效果。

本书适合厂矿企业、事业等单位中广大干部和职工阅读，以增加自我的安全技术知识，提高自我保护和保护他人的能力；更适合厂矿企业、事业等单位中的各级专（兼）职安全技术人员阅读，以提高其自身的安全技术业务水平，以利搞好本职安全技术工作。本书也适合各大中专院校安全工程专业的师生参阅。读者若能采取本书中所阐述的安全技术原理、安全技术措施和安全管理方法来预防厂矿企业、事业等单位生产过程中事故的发生，真正实现党和国家提出的"安全第一、预防为主"的安全生产方针，本作者将感到莫大的欣慰。

本书在编著过程中徐望、徐放俩同志竭尽全力帮助收集资料，整理书稿，并编著了部分章节。同时还得到众多朋友们的鼎力支持和帮助，在此一并表示最衷心的感谢。

作者：徐扣源
2008 年 2 月 16 日

目　　录

第一章　劳动保护的任务 ··· 1
　　第一节　劳动保护的基本任务 ··· 1
　　第二节　加强劳动保护、搞好安全生产是和谐社会建设的重要条件 ······················ 9
　　第三节　有关劳动保护的基本知识 ·· 14
第二章　安全与法律 ·· 21
　　第一节　法律基本知识 ·· 21
　　第二节　安全生产与法律 ··· 44
第三章　安全生产管理体制 ··· 71
　　第一节　安全生产的企业负责与行业管理 ··· 71
　　第二节　安全生产的国家监察 ·· 74
　　第三节　安全生产的群众监督 ·· 86
第四章　安全管理专职机构和安全生产责任制 ·· 91
　　第一节　安全管理专职机构 ··· 91
　　第二节　各职能部门的安全生产责任制 ·· 96
　　第三节　各级人员的安全生产责任制 ··· 102
第五章　安全教育 ··· 109
　　第一节　安全教育的必要性和重要性 ··· 109
　　第二节　安全教育的基本内容 ·· 113
　　第三节　三级安全教育 ·· 119
　　第四节　特种作业的安全教育 ·· 123
　　第五节　全员安全教育 ·· 125
　　第六节　安全教育的形式和方法 ··· 132
　　第七节　安全教育的指导者与安全教育教材 ··· 138
　　第八节　安全竞赛与安全奖惩 ·· 141
第六章　安全检查 ··· 147
　　第一节　安全检查的目的和形式 ··· 147
　　第二节　安全检查的内容 ·· 147
　　第三节　安全检查的方法 ·· 149
　　第四节　安全检查表 ··· 150
　　第五节　安全检查报告和事故隐患整改 ·· 161
第七章　安全技术措施计划 ··· 164
　　第一节　编制安全技术措施计划的目的和作用 ·· 164
　　第二节　编制安全技术措施计划的根据和项目范围 ·· 165

  第三节 安全技术措施计划的编制和审批……………………………………… 167
  第四节 安全技术措施计划项目的经费预算和竣工验收…………………… 169
第八章 事故管理………………………………………………………………………… 171
  第一节 事故的危害和原因…………………………………………………… 171
  第二节 伤亡事故报告………………………………………………………… 179
  第三节 事故的分类…………………………………………………………… 184
  第四节 事故的调查和处理…………………………………………………… 192
  第五节 事故的统计和分析…………………………………………………… 204
第九章 事故的预防……………………………………………………………………… 226
  第一节 预防事故的对策……………………………………………………… 226
  第二节 事故的减少及其极限………………………………………………… 231
  第三节 事故应急救援………………………………………………………… 232
  第四节 安全色标……………………………………………………………… 239
第十章 女职工的劳动保护…………………………………………………………… 257
  第一节 女职工劳动保护的意义……………………………………………… 257
  第二节 认真做好女职工的劳动保护工作………………………………… 259
第十一章 安全系统工程………………………………………………………………… 276
  第一节 安全系统的基本概念……………………………………………… 276
  第二节 危险性分析…………………………………………………………… 277
  第三节 安全系统分析………………………………………………………… 281
  第四节 安全评价……………………………………………………………… 290
第十二章 心理与安全…………………………………………………………………… 310
  第一节 人的心理与行为……………………………………………………… 310
  第二节 事故的心理原因与分析……………………………………………… 316
  第三节 人的心理与安全……………………………………………………… 321
  第四节 人的疲劳与安全……………………………………………………… 332
  第五节 人的需要与安全……………………………………………………… 337
第十三章 防火防爆安全技术…………………………………………………………… 340
  第一节 防火防爆基本知识…………………………………………………… 340
  第二节 爆炸极限……………………………………………………………… 357
  第三节 着火源的控制………………………………………………………… 376
  第四节 可燃粉尘爆炸的防止措施…………………………………………… 386
  第五节 静电的危害及控制…………………………………………………… 395
  第六节 危险化学品…………………………………………………………… 415
  第七节 设备与工艺过程的防火防爆………………………………………… 440
  第八节 仓库的防火防爆…………………………………………………… 463
  第九节 灭火的方法和消防器材的使用……………………………………… 489
第十四章 压力容器安全技术…………………………………………………………… 511
  第一节 压力容器基础知识…………………………………………………… 511

第二节	压力容器的设计与制造安全	530
第三节	压力容器安全附件的选用与安装	549
第四节	压力容器的使用安全与定期检验	569
第五节	压力容器的破裂形式及预防	581

第十五章 气瓶安全技术 591

第一节	气瓶的设计与制造	591
第二节	气瓶的充装、贮存、运输和使用安全	612
第三节	气瓶的定期技术检验	628
第四节	乙炔气瓶的充装、贮存、运输和使用安全	635

第十六章 锅炉安全技术 640

第一节	锅炉及其主要部件	640
第二节	锅炉的安全技术要求	650
第三节	锅炉水处理	658
第四节	锅炉的安全运行	663
第五节	锅炉的故障处理	668
第六节	锅炉的安全管理与技术检验	676

第十七章 电气安全技术 682

第一节	电的基本知识	682
第二节	电对人体的危害	685
第三节	绝缘与安全间距	692
第四节	保护接地与保护接零	702
第五节	电气线路与电气设备的使用安全	722
第六节	电工安全用具	744
第七节	电气作业的安全措施	748
第八节	电气安全作业的组织措施与技术措施	755
第九节	漏电保护装置	762
第十节	雷电的危害及其防护	770

第十八章 起重运输安全技术 784

第一节	起重机械的分类与基本参数	784
第二节	起重机具的使用安全	786
第三节	各种起重机的使用安全	807
第四节	起重机的安全装置与司机室的安全技术要求	821
第五节	起重吊运指挥信号与起重作业安全	830
第六节	厂内运输安全	851

第十九章 通用各工种的安全操作技术 872

第一节	金属热加工各工种的安全操作技术	872
第二节	金属冷加工各工种的安全操作技术	888
第三节	其他各工种的安全操作技术	902

第二十章 检修作业安全技术 911

第一节　检修作业前的安全准备 911
　　第二节　各种检修作业的安全技术措施 922
　　第三节　检修作业后的安全检查与验收 944
第二十一章　安全与设计 946
　　第一节　生产场地的布置与安全 946
　　第二节　建筑设计与安全 957
　　第三节　爆炸危险场所电气设备的设计与安全 986
　　第四节　采光和照明的设计与安全 1016
第二十二章　工业卫生技术知识 1019
　　第一节　工业卫生基础知识 1019
　　第二节　职业中毒与预防 1053
第二十三章　物理性有害因素对人体的危害与防治 1066
　　第一节　防暑降温 1066
　　第二节　噪声对人体的危害与防治 1077
　　第三节　振动对人体的危害与防治 1085
　　第四节　高、低气压对人体的危害与防治 1090
　　第五节　射线对人体的危害与防治 1098
　　第六节　高频电磁场对人体的危害与防护 1109
　　第七节　红、紫外辐射对人体的危害与防治 1110
　　第八节　微波辐射对人体的危害与防护 1113
　　第九节　激光对人体的危害与防护 1116
　　第十节　低、恒温作业对人体的危害与职业性冻伤的防治 1118
第二十四章　化学性有害因素对人体的危害与防治 1123
　　第一节　金属及其化合物对人体的危害与防治 1123
　　第二节　无机化合物对人体的危害与防治 1141
　　第三节　有机化合物对人体的危害与防治 1165
　　第四节　生产性粉尘对人体的危害与防治 1216
　　第五节　职业性肿瘤与预防 1241
第二十五章　生物性及其他有害因素对人体的危害与防治 1253
　　第一节　生物性有害因素对人体的危害与防治 1253
　　第二节　其他有害因素对人体的危害与防治 1256
第二十六章　通风和除尘的安全技术 1266
　　第一节　通风安全技术 1266
　　第二节　除尘安全技术 1279
第二十七章　人体的安全防护 1294
　　第一节　劳动保护用品的作用与人体各部位受事故伤害分布 1294
　　第二节　人体头部的安全防护 1299
　　第三节　人体面部的安全防护 1305
　　第四节　人体眼睛的安全防护 1310

第五节	人体耳部的安全防护	1317
第六节	人体呼吸道的安全防护	1322
第七节	人体手部的安全防护	1354
第八节	人体足部的安全防护	1359
第九节	人体坠落的安全防护	1367
第十节	人体全身的安全防护	1379

第二十八章 安全分析 1393

第一节	安全分析的意义与安全分析基础知识	1393
第二节	作业场所空气中有毒有害物质样品的采集	1397
第三节	安全分析的方法	1414
第四节	动火分析与进塔入罐分析	1436
第五节	作业场所空气中有毒有害物质的测定	1440
第六节	作业场所空气中粉尘的测定	1496
第七节	作业场所中物理因素的测定	1502

第二十九章 现场急救 1518

第一节	现场急救基础知识	1518
第二节	各种伤害的现场急救	1536

后记 1569

主要参考书目 1570

第一章 劳动保护的任务

第一节 劳动保护的基本任务

一、安全是劳动者本身的第一需要

人们无不关心自己的生存，人具有保护自己不受伤害的本能。安全是人类进行生产活动的客观需要，是文明进步的必然趋势。

每个劳动者从参加工作第一天起直至退休，一生中的绝大部分时间是在生产劳动过程中度过的，每个劳动者都希望自己能有一个舒适、卫生而又十分安全的工作环境；人们在生活中的衣、食、住、行也都离不开安全；人人都有强烈的生存需要。所以安全对每一个人来说是至关重要的。在生产活动中，以及工程设计、科学研究、产品使用等方方面面，都要讲究安全。就连每个家庭也都希望在厂矿企业中从事生产劳动的亲人，天天能高高兴兴地上班，平平安安地回家。因此，可以这样说，安全早已渗透到人们的生产和生活的各个领域之中。

本书中所要讲的安全是指劳动者在厂矿企业生产活动中的安全。厂矿企业为了顺利高效地完成预定的生产计划，达到理想的生产目的，需要进行经营管理、生产管理、设备管理和技术管理等方面的企业管理。与此同时，也需要进行安全管理。安全管理是企业管理中必不可缺的重要组成部分，这是因为，人是生产力诸要素中最活跃、最重要的因素。生产工具要靠人来创造和使用，物质资料的生产必须经过人的劳动才能得以实现。然而，人们在生活和生产劳动中，都需要一个安全良好的环境。没有一个安全良好的工作环境，或对劳动者没有采取有效的保护措施，劳动者的生命和健康就要受到生产活动中的各种危险、有害因素的侵害，也就容易发生伤亡事故和职业病。这样，劳动者也就无法进行生产劳动。这对厂矿企业发展生产，经济效益的提高和劳动者本身来说，无疑是巨大的损失。

在厂矿企业生产活动中，安全与生产有着十分密切的联系，哪里有生产劳动，哪里就必须要安全。生产必须安全，安全促进生产，便是十分自然的事。而且安全贯穿于整个生产活动之中，因此，安全生产成为厂矿企业的企业管理中极其重要的一个组成部分。

在厂矿企业生产活动中，加强劳动保护，搞好安全生产，就可最有效地保护劳动生产力，从而使劳动者保持体质健康、精力充沛、思想敏捷、行动灵活。这对发展生产，提高劳动生产率，振兴我国的经济无疑有着十分重要的意义。

在厂矿企业生产活动中，事故的发生不但造成人员的伤亡，而且带来经济上的损失。所以，任何人都不愿意发生事故，也就不存在有意制造事故的人，若确有这样的人，那就不是事故，而是一种犯罪行为。尽管人们不愿发生事故，然而在厂矿企业生产活动中的确存在大量事故发生的事实。这除了生产技术上的原因之外，大量事实表明，事故的发生主要还是由于人们行为的失误而造成的。在厂矿企业生产活动中，由于相当数量的人，其中也包括一些厂矿企业的领导者，他们只注重生产，而忽视安全，以至有的人麻痹大意，不遵守安全生产规章制度，或者不懂安全技术知识，或者对事故的自然防范能力较差，有的人甚至盲目蛮干，违章指挥或违章作业等等。在这样的状况下，不发生事故是偶然的，而发生事故则是必然的，因为人体受到伤害往往是在当时没有意识到会遭受外来有害因素的情况下发生的。

事故的发生不仅使国家、集体和个人都遭到巨大的损失，而首当其冲受害的则是劳动者本身，人死不能复生，事故造成的人身伤亡将使自己的家庭蒙受巨大的悲痛，同时也给其他广大职工造成心理上难以承受的压力。如果发生特大伤亡事故，还将严重影响整个社会的安定与和谐。事故造成的伤残，或者职业病缠身，丧失劳动能力，甚至生活不能自理，也将给本人和家庭带来极大的不幸。如果由于违章指挥或违章作业而造成国家和集体财产的巨大损失，以及他人伤亡，这就既要在经济上赔偿损失，而且还要在法律上承担责任，自己也将终生感到内疚。

由此可见，安全不仅与每一个劳动者息息相关，而且与每一个家庭和厂矿企业乃至全社会都密切相关。因此，安全生产，人人需要，人人有责。

二、劳动保护与劳动保护工作

劳动保护，概括地说就是对劳动者在生产活动中的安全和健康所采取的保护措施。具体地说，劳动保护就是依靠科学技术进步和科学管理，采取技术措施和组织措施，消除生产过程中危及劳动者人身安全和健康的不良条件与行为，防止伤亡事故和职业病的发生，以保障劳动者在生产过程中的安全和健康。

在厂矿企业生产活动中，伤亡事故和职业病的发生，不论是从整个社会角度，还是从人道主义方面来说，都是不允许的。但是，由于生产条件、技术水平、经济实力以及人们的认识水平的限制，在厂矿企业生产活动中，确实存在着各种不安全不卫生的危险因素和潜在的职业危害因素。如果不及时采取保护措施，防止或消除这些危险、有害因素，对劳动者又不采取有效的保护措施，那就有可能发生伤亡事故和职业病。例如：矿井可能发生瓦斯爆炸、冒顶、片帮等灾害；工厂可能发生机械伤害；某些厂矿企业单位可能发生有毒有害物质的中毒或患职业病；建筑安装工程可能发生高处坠落、物体打击、碰撞等事故。

此外，劳动者的工作时间过长会造成过度疲劳，也易发生伤亡事故；女职工从事过于繁重或有损身体健康的劳动，会给她们的安全和健康造成危害。

因此，国家、政府和厂矿企业必须积极地采取切实可行的有效措施，消除这些有损职工安全和健康的危险、有害因素，以保证劳动者在生产活动中的安全和健康。这些措施主要有改善劳动条件，防止工伤事故、预防职业中毒和职业病，规定劳动和休息的时间、实行劳逸结合，以及根据女职工的生理特点，对女职工实行特殊保护等等。为了做好这些工作，政府通常以法令的形式制定、颁布一系列劳动保护的政策和规定，厂矿企业必须落实执行，并积极采取安全技术措施和工业卫生技术措施，以及供给劳动者在生产过程中所必需的劳动防护用品等。

综上所述，我们对劳动保护就有了一个比较完整、清楚的概念：为了保护劳动者在生产活动中的安全和健康，不断地改善劳动条件，防止工伤事故，预防职业病，实行劳逸结合，加强女职工保护等方面所采取的各种组织措施和技术措施等，统称为劳动保护。

由此可见，劳动保护是专指对劳动者在生产活动中安全和健康的保护，但并不涉及对劳动者劳动权利、劳动报酬等方面的保护，也不包含一般的卫生保健和伤病医疗工作。

为了实行劳动保护的组织措施和技术措施，在各级政府部门和厂矿企业以及工会系统中，设置了专门的组织机构和人员进行具体的工作，其中包括劳动保护方面的组织管理、宣传教育、监督检查、职业病防治，以及劳动保护的科学研究等，这些工作统称为劳动保护工作。

世界上无论在中国还是在外国，无论是在东方还是在西方，都有许多人在从事安全和劳动保护的研究工作。在国际劳工组织（ILO）和一些欧美国家中，劳动保护称为"职业安全卫生"，日本称为"安全工学"，前苏联、南斯拉夫和东欧等国家也称劳动保护。我国称劳动保护来源于前苏联。在我国，早在1922年，中国共产党就首先提出了劳动保护的口号。我国现在仍称劳动保护，是在生产安全基础上，更加强调对劳动者的保护，保护劳动者的生产能力。而西方关于"安全"的含义稍广一些，非人身伤亡的生产事故、火灾、爆炸事故等也包括在内。名称、叫法虽然不同，但研究的内容、范围大同小异。

三、劳动保护与安全生产

在我国的厂矿企业中，通常把劳动保护工作也称之为安全生产工作，这两个概念在一般情况下是可以通用的。因为劳动保护和安全生产的最根本目的都是消除生产活动中的不安全和不卫生的因素，防止伤亡事故和职业病，使劳动者在既安全又卫生的良好环境中进行生产活动。

但严格说来，这两个概念的涵义并非完全相同。劳动保护工作，除了防止伤亡事故和职业病外，还有其他方面的内容，如实现劳逸结合，实行对女职工的特殊保护等。而安全生产工作，除了保护劳动者的安全和健康以外，也还有其他方面的内容，如保护机器设备，保证安全生产正常地进行等。

四、劳动保护的基本任务

为了预防生产活动中发生的人身、设备事故，营造良好的劳动环境和工作秩序而采取的一系列措施和进行的一切活动，都是劳动保护的基本任务。

具体地说，劳动保护的基本任务主要包括：制定劳动安全卫生法规及劳动保护监察制度，采取各种安全技术和工业卫生技术等方面的技术组织措施，经常开展群众性的安全教育和安全检查活动，搞好劳逸结合，以及根据女职工的生理特点对女职工进行特殊的保护等。

五、劳动保护是一个综合性的学科

科学是人类社会历史生活过程中所积累起来的关于自然、社会和思维的各种知识的体系，是人类知识长期发展的总结。科学研究的目的在于揭示社会现象和自然现象的客观规律，找出事物的内在联系和法则，解释事物现象，推动事物发展。毛泽东同志在《矛盾论》中指出："科学研究的区分，就是根据科学对象所具有的特殊的矛盾性。因此，对于某一现象的领域所持有的某一种矛盾的研究，就构成某一门科学的对象。"社会科学是研究社会现象,正确认识人类社会发展的规律。自然科学是研究自然界的现象,正确认识自然规律,为人类服务。而劳动保护这门学科是研究人和自然的关系,研究人类改造自然的反作用,以及研究人和人之间的关系的科学。具体地说,就是研究生产劳动过程中的不安全不卫生因素与生产劳动之间的矛盾及其对立统一的规律,以便应用这些规律保护劳动者在生产劳动过程中的安全和健康,以促进生产的发展。

生产劳动是人类社会赖以生存和发展的基础,而保护自身在生产劳动中的安全和健康,则是人们最基本的需要之一,随着社会的发展和技术的进步,特别是工业生产的发展,给人类创造了丰富的物质生活资料,但同时在生产劳动过程中不安全不卫生的因素也随之增加。事故的发生将造成人员伤亡,还使得在人道上、经济上、社会上造成很大的影响。因此,要求人们加以研究防止事故的理论和方法,努力将生产活动纳入正常的轨道。所以,随着生产的发展,也逐步发展了劳动保护技术。在生产力与科学技术获得高度发展的今天,劳动保护就形成了一门新兴的学科——劳动保护学(也有人称为安全科学)。

在生产活动中,既要处理好人们之间的社会组织关系,又要处理好人与自然界之间的关系。否则,就有发生工伤事故和职业病的可能。例如,在生产活动中经常遇到由于劳动组织管理不善,措施采取不当或缺乏安全技术知识教育,以及违章指挥或违章作业等,而导致工伤事故和职业病的发生。在人和自然界的关系方面,人在生产活动中会经常遇到各种自然现象,如:声、光、电、尘、毒、高温、高压、放射性,以及各种机械伤害、物体打击等。这些对劳动者的安全和健康都是极为不利的,若无防范设施或采取安全措施不当,同样也会发生工伤事故和职业病。因此,劳动保护这门学科所要研究的范围相当宽,既要研究有关劳动保护的方针、政策、法规、制度和企业管理等属于社会科学方面的内容,又要研究属于自然科学范畴的各种安全技术措施和工业卫生技术措施等问题。可见,劳动保护学是涉及多种学科的一门综合性的学科。

由于生产劳动过程错综复杂,不同的行业有着不同的生产特点,就是同一行业也可能由于生产所需的原材料、生产工艺,以及机器设备的不同,所造成的不安全、不卫生等危险有害因素也不相同。因此,在我国现阶段,劳动保护这门学科根据不同的研究对象,一般分为:安全管理、工业卫生、安全技术三个方面。根据研究产业、行业部门的不同,又可划分为:矿山劳动保护、工厂劳动保护、交通运输劳动保护、化工劳动保护,等等。根据研究专业的不同,还可划分为:电气安全技术、起重运输安全技术、锅炉安全技术、压力容器安全技术、防尘防毒安全技术,等等。

六、劳动保护学科的形成

生产劳动过程中的劳动保护问题,不是今天才产生的,而是自古以来就有的。然而,人类社会中,一定的生产力表现为一定的劳动保护,也就是说,有什么样的生产力,就只能有其相应的劳动保护。

根据美国行为科学家与斯洛夫的需求阶梯理论,保护自身安全、防止工伤事故和职业病的发生应是人的基本需要,属于强烈的生存需要。如果生存需要得不到满足或者受到威胁,人们的行为和动机就停留在这个水准上,难以提高,甚至牺牲高级需求来保护初级需求。虽然古代人们在生产劳动中保护自身安全的意识和近代厂矿企业的劳动保护有所不同,但是,两者都是同生产劳动紧密相连的,都是以保护劳动者的人身安全为目的的。从这个意义上说，两者是一致的。

在漫长的社会发展史上，人类在生产技术上有很大的进步，生产领域也有很大的扩展。人们通过生产实践深刻地认识到，劳动保护不论是对劳动者个人来说，还是对全社会来说，都越来越重要了，这可以从人口死因调查反映出来。据国外有关资料报道：在1～24岁的人群中，各种疾病同事故相比，事故是造成死亡的第一位原因；在25～44岁的人群中，事故造成的死亡仅次于心脏病，居第二位；在45～65岁的人群中，事故造成的死亡次于心脏病、癌症和中枢神经系统损害，居第四位。由此可见，事故已成为人类的大敌，安全生产已是人类进行生产活动的客观需要，也是文明进步的必然趋势。高度重视劳动保护，努力发展这门学科。已是刻不容缓的任务。

劳动保护学科的形成过程可以划分为以下几个阶段。

1. 初始阶段。从上古以来，到18世纪后半叶工业革命之前为初始阶段。

在这一阶段，人类经过石器时代、青铜时代进入铁器时代，虽然生产力有了显著的发展，但其总体水平还很低下。动力源是人力、畜力、风力和水力。这时人们在农业和手工业劳动中虽然也有保护自身安全和健康的明确要求，同时也总结了不少的安全防护技术，但总的水平还比较低。这个时代，因只限于家庭和小作坊生产，人们在劳动过程中发生的伤害也是轻微的。因此，人们对劳动保护的认识主要出于保护安宁和防火的需要。

在此值得提出的是，我国是一个有悠久历史文明的国家，在与自然的斗争中积累了很多安全生产的经验，反映了我国古代劳动保护的萌芽思想，在我国的一些历史书籍和一些史料中，对防火、灭火的组织和措施，建筑设计防震、抗震，建筑施工中的防止高处坠落措施等作了不少记载。

在战国时期，绝大部分劳动的作业场所处于露天，由此劳动者易引起风寒疾患。《黄帝内经》中记载："有病之始期也，必生于风雨寒暑。"可见在当时就已注意到风雨寒暑会损害劳动者的健康。

汉朝时期，王充在《论衡》一书中，则对铁器工具的铸造可能会造成的危险有害因素作了精辟的描述："试从一斗水灌冶铸之火，或近之，必灼人体。""当冶工消铁也，以土为形，燥则铁下，不则铁溢而射，射中人身，则皮肤灼剥。"这就是说，在铸铁时不能让水倒入，不然会爆溅伤人。在浇灌时要注意砂型是否干燥，不可有水分，不然也会发生铁水四溅，伤及劳动者的情况。

宋代孔平仲在《读苑》中，讲到过铜矿开采过程中防止有害气体的办法。书中记载，"役夫云：地中变怪至多，有冷烟气中人即死。役夫掘地而入，必以长竹筒端置火先试之。如火焰者，即冷烟气也，急避之，勿前，乃免。"这里说的冷烟气就是一氧化碳。

明朝时期，1637年，明代科学家宋应星在其名著《天工开物》中，除了系统地记载了当时工农业生产的基本原理、工艺过程外，还论述了安全防护知识。他在论述采煤排放瓦斯措施时写道："掘深至五丈许，方始得煤。初见煤端时，毒气灼人。有将巨竹凿去中节，尖锐其末，插入炭中，其毒烟从竹中透上。"他在论述防止冒顶的措施时写道："炭纵横广有，则随其左右阔取，其上支板，以防崩耳。凡煤取空，而后以土填充其中。"他在论述炼银时还写道："砌墙一垛，高阔皆丈余，风箱安置墙背……用墙以抵炎热，鼓辅（风箱）之人，方克安身。"这里讲的是隔热措施。他在论述提炼砒霜时又写道："凡烧砒时，立者于上风余丈外。下风所近，草木皆死。烧砒之人，经两载即改徙，否则须发尽落。"这里讲的是防止中毒事故和调离有毒作业的原则。

明代著名的医学家李时珍在举世闻名的《本草纲目》一书中，对铅作业的职业中毒过程作了描述："铅生山穴石间……，其气毒人，若连日不出，则皮肤萎黄，腹胀不能食，多致疾而死。"

在这一阶段，劳动保护问题只是在生产技术中附带提出而已，还没有形成专门的安全防护技术。

2. 萌芽阶段。从英国的科学家瓦特发明实用蒸汽机，推动工业革命起到20世纪初止，为萌芽阶段。

在这个阶段，家庭手工业逐步走向工厂生产，手工业方式演变为大规模的机器生产。工人的大量集中和普遍使用机械动力这两个因素，使劳动保护成为一个十分突出的问题。由于劳动条件的恶劣，对劳动者的安全和健康极少注意，所以，劳动者在大机器生产过程中，致伤、致残、致死、致病的悲剧不断发生。当时的资本家认为，这是工业生产连带发生的事情，是工业进步必须付出的代价，对受伤亡的劳动者也不承担任何责任。马克思在《资本论》中，曾大量引用英国早期工厂视察员的报告材料，反映当时英国工厂里的劳动条件十分恶劣。恩格斯在《英国工人阶级状况》一书中也详细地描述了当时伤亡事故和职业病十分严重的情形。

由于生产上的需要，为了使人类物质生产能够维持下去，于是，一些工程技术人员和专家学者开始把劳动保护问题列为自己的科学研究课题。如，1700年，意大利职业病医学教授贝·拉马茨尼写的《论手工业者的疾病》一书就是一例。到了19世纪，英国著名化学家戴维研究发明了矿坑安全灯，在科学史上被誉为"科学的地狱旅行"。随后，还陆续出现了一大批劳动安全卫生科研机构，如，法国于1879年在巴黎建立了安全保健中心；比利时于1882年建立了劳动卫生研究所；德国于1887年建立了事故研究基金会；美国也于1908年成立了匹茨堡采矿与安全研究所，使劳动保护技术分别结合机械、电气、化工、采矿、卫生等学科，在生产实践中得到广泛的应用和提高。

3. 孕育阶段。从20世纪初到20世纪50年代是孕育阶段。

在这个阶段，由于生产的发展，科学技术的进步，生产工具的构造不断进化而复杂起来，其性能和效率也不断提高，大机器设备进入生产领域，电能成了生产中的主要能源，从生产效率上说，达到了人的体力所不能及的空前程度，机器的使用减轻了体力消耗，从这个意义上讲，已经是对劳动者的保护了。然而由于机器的大功率和高速运转，同时也造成了各种各样的伤亡事故。据有关资料统计，英国在1919~1925年的7年间，由于工业灾害伤亡职工总数为2879084人，这个数目已超过了第一次世界大战中英军伤亡人数的41%。

同时在这个阶段，电力工业、化学工业、石油工业、汽车工业、造船工业、飞机制造业等工业得到迅速地发展，随着生产的大规模化和复杂化，同时也带来了新的不安全不卫生问题。如，生产性粉尘、有毒有害物质、机械伤害、噪声、振动、微波、高频辐射等职业危害加剧，使工伤事故和职业病大大增加。20世纪初，由于实行了劳动保险法以后，赔偿事故的案件急剧增多，资本家为此付出了很多费用，因而促使厂矿企业开始寻求防范事故的办法。同时，为了保护劳动者的安全和健康，保证生产的顺利进行，人们开始运用当时现有学科的理论、技术，对劳动保护各个方面的问题进行研究并发明了一系列保证劳动者安全和健康的附属部件。如：机器上的防护罩，不直接接触运动部分的操作手柄；从最初级的手套、安全帽、安全带到工业生产中的触电保安器、运输机械中的减振装置、事故预防报警系统。逐渐发展成了一系列以安全和健康为目的的装置和设备。

这一阶段，主要是把劳动保护科学技术从当时的各门现有学科中分化出来，为劳动保护服务。20世纪初，英国、美国、荷兰、日本等国普遍建立了旨在预防事故和职业病的科研机构。前苏联也于1923年建立了全苏工业卫生和职业病研究所。我国在20世纪50年代，也根据国情、生产设备和生产状况，相继建立了劳动卫生、冶金安全技术、爆矿安全和劳动保护方面的科学研究所，开展了科学研究，从而促进了劳动保护科技的发展。

4. 形成阶段。从20世纪50年代到现在是形成阶段，目前仍在发展。

在这一阶段，由于大工业的出现，各种工业部门的兴起，使人类从事生产劳动的范围扩大到了前所未有的程度，劳动对象也涉及到了更广泛的领域，现在人类进行生产劳动的地点，从数千米深的地层之中，到上万米深的海水之下，直至数万米的高空，都出现了人类进行生产劳动的场所。甚至在距地球几十万公里的月球上，也留下了人类进行科学试验的痕迹。在这如此广泛的生产领域，新的各种复杂因素将对劳动者造成新的危害。再由于工业生产日益趋于大型化、复杂化和高度连续化，一旦发生事故，往往在一瞬间便会造成人员伤亡和惊人的经济损失，因此，给劳动保护的科学研究提出了更多、更新的课题，并为其发展和应用开辟了广阔的道路。

在这一阶段，劳动保护的技术水平也有很大的发展。如美国，在煤矿中已经研制出电子计算机控制的矿井通讯和环境监视系统，以及瓦斯、一氧化碳、风速遥测系统。此外还有红外火灾探测器、安装在采煤机上的红外瓦斯报警仪、超声波顶板探测器、预报冒顶微震仪等，正在试验推广。

在这一阶段，劳动保护科学技术从各学科中分化出来后又走向综合，它把多学科的基础理论、技术理论和工程技术综合运用到劳动保护方面，从而形成了多学科的、综合性的一门学科——劳动保护学科。

七、劳动保护学科研究的迫切性

进入20世纪60年代以来，随着科学技术、生产技术突飞猛进的发展，一方面，广泛将多种学科的技术成果应用到劳动保护上，使得人们在生产劳动过程中预防事故的能力有所提高，劳动条件也有所改善；另一方面，随着科学技术的不断发展，新技术、新材料、新工艺、新能源不断出现，以及科研成果在生产建设上的应用，尤其是在现代化的大型厂矿企业中，生产设备的大型化、高速化，生产过程的高速连续化、复杂化，使得生产效率得到极大的提高。但与此同时，不安全的因素和对人体危险有害因素，也在不断增加，安全生产保障的技术难度也相应增大，各种潜在的危险有害因素也随之增大。所以，同时也带来了前所未有的各种新的危害，有的甚至对人类构成了严重的威胁。

一些已经投入运行的生产装置和设备，由于不断的产生有形磨损或无形磨损，一旦遇到某种偶然原因，设备失去正常运行，就会在一瞬间释放出巨大的能量，造成的事故受害面增大，伤害程度加重，甚至会造成机毁人亡的悲惨结局。事故的发生不仅威胁到本厂矿企业职工的安全和健康，并且对左邻右舍的厂矿企业以及周围的居民，乃至对整个城市也有不良的影响，造成社会性灾难。

近年来，世界上重大灾害事故屡屡发生，就是明显的例证。例如，1984年12月3日清晨，印度中央邦首府博帕尔市一家农药厂发生了有史以来最严重的毒气泄漏事故，45吨致命的剧毒气体甲基异氰酸酯从这家工厂的地下储罐外泄，造成2500多人死亡。该市80万人口中，有20万人受到影响，其中5万人可能双目失明，其他幸存者的健康也受到严重的危害，工厂附近的3000头牲畜也中毒死亡。

1984年11月9日，墨西哥城郊发生石油气大爆炸，大火和爆炸持续了36小时，造成了500人死亡，7000人受伤，120万人逃离家园。

1986年1月23日，美国航天飞机"挑战者号"在起飞后73秒钟，由于机械故障，不幸爆炸，7名宇航员罹难，造成了航天史上的最大悲剧。

1986年4月24日，前苏联乌克兰首府基辅市北部130km的切尔诺贝利核电站，由于第4号动力机组的水冷系统发生故障，反应堆中产生的热量不能散发，导致核燃料起火，大量的放射性物质外溢，造成周围30km地区放射性严重污染，至少造成30人死亡，数十人受重伤，229人受到严重的核辐射。同时核污染席卷了斯堪的那维亚半岛和东欧，而且波及到了西欧，令人心悸，在国际上引起了轩然大波。

1987年5月6日，我国发生了建国以来毁林面积最大、伤亡人数最多、损失最为惨重的大兴安岭特大森林大灾，把人们辛勤劳动创造的财富化为灰烬，造成根本无法补偿的损失，更为甚者，它凶神恶煞般地夺走了数百人的宝贵的生命。据统计，直接损失为：过火面积101万hm^2，其中有材面积70万hm^2；烧毁贮木场存材85万m^3；各种设备2488台，其中汽车、拖拉机等大型设备617台；桥函67座，总长1340m；铁路专用线9.2km；通讯线路483km；输变电线路284km；粮食325万kg；房屋61.4万m^2；受灾群众10807户，共计56092人，其中死亡193人，受伤226人。

上述这些震惊世界的惨祸，在社会上引起了强烈的反响，人们对安全的呼声越来越高涨。

目前，全世界已知的有机化合物已达几百万种，已知的无机化合物达5万多种，而且新的化学物质每年都以2万多种的速度增加，其中约有1000多种进入厂矿企业的生产过程。我国的化工行业也能生产约2万多种的产品。为了开发日益短缺的能源，人们又开辟了核工业发展道路，激光技术也投入生产应用。在广阔的生产领域，劳动者不得不与各种有害粉尘、有毒气体打交道，机械噪声几乎充满着大部分生产部门。高温、高压的作业环境，各种射线的辐射损伤，在目前的大多数厂矿企业中还无法避免。这些职业危害因素正威胁着劳动者的安全和健康。

过去，人们认为家庭中是最安全可靠的地方，家务劳动不会发生伤亡。现在，由于家庭中广泛使用家用电器、高压灶具和有毒有害物质，加上火灾以及居民居住集中等原因，家庭中发生的事故量也大幅度上升。据有关资料报道，英国每年由于家庭中发生事故而造成死亡的人数超过6000人，因受伤而需要住院治疗的约有10万人。

此外，新的技术也带来了新的劳动保护问题。由于电子计算机、自动控制、机器人等的发展，大大降低了人们体力劳动的强度，但也产生了脑力劳动加重，精神负担加剧，眼、耳等局部感觉器官和手、颈、肩、腕、腰等局部活动器官的工作节奏大大提高的副作用，将造成新的职业危害。国际金属加工工人联合会（IMF）在一份分析报告中指出："技术革新推动了电子工业的飞跃发展，但……加重了工人精神和肉体的负担，高度紧张产生了新的职业病。特别是目不转睛地盯着显像装置这一类的工作，在 8 小时劳动中，要使眼睛的焦点集中 12000~30000 次，视神经障碍和头痛是常见的现象。"

据有关资料报道，在美国，因使用电脑，操作人员健康受损日益增多。由于在操作电脑时重复过度紧张，损伤的初期症状是前手臂、手腕或手指酸痛，通常经休息后症状会消失。但症状严重时，会使关节腱发炎，神经压痛难忍，夜间不能入睡。这样的伤痛使人的工作能力减退，迫使一些职员离开自己的工作岗位。一家由工会组织的电脑业联合组织说，"电脑技术的发展很快，特别是使用电脑时引起的不良后果更令人关注。主要是手和手臂的过度紧张造成的损伤几乎占 1988 年美国全年工作场所所造成的伤患数字的一半。"

再以机器人为例，一些人士都非常乐观地设想，今后在那些有火灾、爆炸、有毒、有害、辐射等危险作业场所以及劳动条件恶劣的作业，将逐渐由机器人来代替人工操作，这会大大地减少对人的伤害。但实际上却不然，危险工作由机器人去干，这从客观上看，可以减少人的伤害，但机器人本身也是相当危险的。据日本经济合作发展组织的调查，由于使用了机器人，人被机器人伤害的事故件数在不断增加，并且发生了机器人把人作为加工部件去加工的事件。为此，日本从 1983 年开始，对机器人制定了相当严厉的安全对策，规定了机器人工作的场所要装防护网，机器人的手要装防护罩，要求当打开防护网时，机器人应能自动停下来。从机器人的应用又给人类带来了一种新的危险这件事，使我们看到一个新的值得注意的问题，就是在采用新技术、新材料、新工艺和新设备时可能给我们带来新的还没有被我们认识的危险，甚至是巨大的危险。

另外，再加上航天技术、原子能技术的出现和发展，新的不安全因素，也就随之产生了。

面对这种形势，退缩是没有出路的，只有通过采取各种技术手段，针对具体情况采取相应的工程技术措施，建立安全防护系统，才能保障生产的顺利进行，保护劳动者的安全和健康。

因此，科学技术的发展给劳动保护科学研究提出了现实而又紧迫的课题，这一点是无可置疑的。迫于这种形式的要求，迫切要求加快发展劳动保护科学研究，同时，劳动保护这门综合性学科也必定会随之得到更快的发展。

第二节 加强劳动保护、搞好安全生产是和谐社会建设的重要条件

一、劳动保护是党和国家的一项重要政策

加强劳动保护，搞好安全生产，保护职工的安全和健康是我们党和政府的一贯方针和政策，是社会主义企业管理的一项基本原则，也是厂矿企业中安全技术部门工作的宗旨。

为了改善职工的劳动条件，防止工伤事故和职业病，确保职工的安全和健康，党和政府颁发了一系列关于劳动保护、安全生产的法令、指示和决定。据资料统计，建国以来至 1966 年，党和政府共颁布劳动保护、安全生产等法规 15 部。加上后来国家和政府以及中央各部和各地区制定的规章制度等，共计 300 余部。近年来，党和政府又陆续颁布了许多关于劳动保护、安全生产方面的法律、法规，以及劳动安全卫生方面的技术标准。其中重要的有：

1956年5月国务院颁布的劳动保护"三大规程"。

1963年国务院颁布的《关于加强企业生产中安全工作的几项规定》。具体内容有：关于安全生产责任制；关于安全技术措施计划；关于安全生产教育；关于安全生产的定期检查；关于伤亡事故的调查处理。

1980年4月国务院批转的《关于在工业交通企业加强法制教育，严格依法处理职工伤亡事故的报告》的文件，突出强调要加强法制教育，严格依法处理伤亡事故。

1982年2月国务院发布的《锅炉压力容器安全监察暂行条例》、《矿山安全条例》和《矿山安全监察条例》。其中对锅炉、压力容器的制造、使用和矿山安全的有关方面都作了明确的规定。这对保护职工的生命安全，保护国家财产和保证生产建设的正常进行都起了重大的作用。

1989年中共十三届五中全会决定中，作出了"落实'安全第一，预防为主'的方针，加强安全生产"的规定。

1992年11月7日第七届全国人民代表大会常务委员会第二十八次会议通过，并颁布了《中华人民共和国矿山安全法》。

1998年4月29日第九届全国人民代表大会常务委员会第二次会议通过并颁布了《中华人民共和国消防法》。

2001年10月27日第九届全国人民代表大会常务委员会第二十四次会议通过并颁布了《中华人民共和国职业病防治法》。

2002年6月29日的第九届全国人民代表大会常务委员会第二十八次会议通过并颁布了《中华人民共和国安全生产法》。

2007年4月9日国务院发布了《生产安全事故报告和调查处理条例》。其中对事故报告、事故调查、事故处理、法律责任等作了详细的规定。

二、劳动保护与客观经济规律

任何物质的生产都需要保护生产力。然而事故的发生却造成人员伤亡或机器设备的损坏，直接破坏生产力。因此，加强劳动保护，搞好安全生产便可最有效地保护生产力。

在许多工业发达的资本主义国家，它们的厂矿企业在组织现代化大生产的时候，也从剩余价值的需要出发，强调劳动保护和安全生产。这是因为，发生事故所造成的经济损失，全部需要由剩余价值来补偿。马克思主义政治经济学认为，资本主义的商品价值由不变资本补偿、可变资本补偿和剩余价值所组成。厂矿企业发生事故，产品价值的基本构成是不变的，但各个组成部分的数值却要发生变化。例如，发生事故损坏了生产设备，必须增加不变资本的补偿额；发生事故造成职工伤亡，厂矿企业就要支付赔偿和医疗费用，还需要重新雇工恢复生产，这就需要增加可变资本的补偿额；发生事故，由于增加不变资本的补偿额和可变资本的补偿额，产品的成本便要相应地提高。但是，商品的价格是受市场调节支配的，厂矿企业不能随意抬高价格。因此，由于不变资本和可变资本的增加，而产品价格不变，发生事故所造成的经济损失只能由剩余价值来承担，这就与资本主义的生产目的相违背。如果因事故所造成的经济损失巨大，资本家无力或者不愿增加投资，厂矿企业用于维持简单再生产的不变资本和可变资本得不到补偿或得不到充分补偿时，就会被迫减产或关闭，有的甚至可能破产 因此，资本主义强调劳动保护和安全生产，完全是受价值规律和剩余价值规律支配的。

我国是社会主义国家,我们的生产目的是为了不断满足全体人民日益增长的物质和文化生活的需要,与资本主义为剩余价值而生产的目的是截然不同的。在过去,我国国营厂矿企业的固定资产由国家投资,流动资金由国家拨给,利润大部分上交国家。厂矿企业发生事故,固定资产的损失要由国家补偿,职工伤亡的善后处理要由国家安排,这就必然造成生产下降,利润减少,国民收入减少,国家的经济建设也将受到一定的影响。如果是集体所有制的厂矿企业发生了重大事故,也有不得不被迫关闭的。因此,加强劳动保护,搞好安全生产,同样是社会主义经济规律的要求。随着我国经济体制改革的不断深入,劳动保护与经济规律的关系就更加值得重视了。当前,我国已确定建立社会主义的市场经济体制,现在国有厂矿企业的固定资产投资由国家直接拨款投资改为银行贷款,以利润上交改为税上交给国家的形式,若厂矿企业发生事故,也必将直接影响到厂矿企业的经济效益,给厂矿企业造成沉重的负担,给职工生活水平的提高造成困难。若厂矿企业发生重大事故,也不得不被迫关闭,甚至破产。

例如:1994年6月22日,天津铝材厂轧延车间中班淬火组进行淬火热处理工作,在将盐浴炉内第五篮铝片材吊出时,电动葫芦的钢丝绳被吊断,修复后第二次起吊,钢丝绳又被吊断,经检查需要更新钢丝绳,因当时无备用钢丝绳,就将铝材滞留在炉内,导致23日凌晨4日56分盐浴炉发生爆炸事故。爆炸浓烟形成约百米高烟柱,爆炸力产生巨大气浪,使周围30m内建筑物部分或全部被摧毁,其威力相当于近3t TNT炸药的当量。该事故造成该厂主要厂房、设备均被炸毁,同时造成10人死亡,8人重伤,57人轻伤,直接经济损失达934.10万元。由于这起事故,该厂完全丧失了生产能力,并难以偿还到期债务,因此,向天津市河北区法院提出破产申请。法院在妥善安置好破产职工的同时,成立清算组织,多次召开企业上级主管单位及有关部门参加的会议,对企业各项资产、债权债务情况进行了评估清查,作出了终审裁定,天津市铝材厂因爆炸事故损失惨重于1996年9月18日宣告破产。因此,一起因忽视安全生产而造成的厂毁人亡悲剧终告一段落。

三、劳动保护与全员劳动生产率

根据我国有关规定,在厂矿企业中,千人负伤率一般不得超过3‰,这也是衡量一个厂矿企业安全生产搞得好坏的重要标志之一。对一些厂矿企业调查表明,劳动保护、安全生产搞得好的单位,千人负伤率均在0.6‰~1‰之间,其他一般均在2‰左右。以此为据,计算一下由此而造成的损失:

设我国所有的厂矿企业的千人负伤率平均为2‰,每人次工伤休工日数为60天,那么按1990年统计,全国共有职工14059万人,因负伤造成的损失为:

$$14059 \times 2‰ \times 60 = 1687.08 (万个工作日)$$

这就是说,全国每年要因工伤事故损失1687.08万个工作日。这还不包括工伤死亡人数所损失的工作日。

如果以每个职工每年有效工作日300天为基准日数,按1990年全国平均每个职工年创产值为17016.86元计算,年产值的损失为:

$$17016.86 \times (168708 \div 300) = 95696.01 (万元)$$

这就是说，1990年全国仅因工伤休工所造成的产值损失就达95696.01万元。

如果按1993年的有关资料统计，1993年因事故造成6万余名职工死亡，按死亡事故每个职工损失6000个工作日计算，此项损失为：

$$6000 \times 6 = 36000 （万个工作日）$$
$$17016.86 \times (36000 \div 300) = 2042023.20 （万元）$$

这也就是说，1993年全国因死亡事故损失工作日达36000万个，所造成的产值损失达2042023.20万元。假设这一年的工伤事故休工所造成的产值损失与1990年相同为95696.01万元，则共计损失产值2137719.21万元。这是一个多么惊人的数字。

如果全国的每一个厂矿企业都加强了劳动保护，搞好了安全生产，千人负伤率从2‰降低到1‰，那么仅因工伤事故休工一项每年就可节约843.54万个工作日，可多创产值47848.01万元。若再把工伤死亡事故的人数降低一半，那么就可因工伤死亡事故所造成的损失工作日节约18000万个，可多创产值1021011.6万元。

据国家安全生产监督管理总局的统计表明，2001年全国共发生各类事故100万起，平均每天约2700起，共死亡130491人，平均每天约死亡360人。这是官方的统计数据，再加上瞒报、漏报和不报的，这组数据可能还要加大很多。近年来，我国每年因事故造成的经济损失高达2000亿元人民币，相当于每年投资两个三峡工程。当然，这一数据还不包括善后处理的政府管理费用。

由此可以清楚地看出，认真贯彻"安全第一，预防为主"的方针，把"防止工伤事故，使职业病发病率降低到历史最低水平以下"列入经济效益指标，是完全必要的，也是完全正确的。

四、劳动保护与经济效益

"生产必须安全，安全为了生产"是企业管理的一项基本原则。哪个厂矿企业的领导重视劳动保护工作，确实把安全生产摆在头等大事的位置上，敢抓敢管，措施得力，责任制健全，安全教育具体，职工能认真遵守安全生产的规章制度，劳动纪律好，作风严格，哪个厂矿企业的生产就稳定均衡，消耗和成本就能大幅度地降低，管理费用也就能大大减少，经济效益也就会相应提高。

例如，××厂是1967年建成投产的，由年产45000t合成氨的化肥厂发展到65000t合成氨厂。自投产以来，10多年没有发生过死亡事故，做到了安全生产。在全国同类型企业中的产量高、成本低、利润多、优质、安全、文明生产好而一直列入先进企业的行列，多次受到国务院和中央有关部门的嘉奖。

从经济学的角度来讲，厂矿企业所追求的目标无疑是最大的经济效益。而安全生产与经济效益是相辅相成的，绝不是对立的，在安全生产的后面，存在着巨大的、无形的经济效益，这一经济效益只有在发生事故后才能得以认识。因此，厂矿企业如放松劳动保护工作，不重视安全生产，在生产活动中危险有害因素得不到消除，存在事故隐患，一旦发生事故便会造成人、财、物的巨大损失，不但使生产无法继续进行，而且会使已经创造出来的财富受到损失，生产力遭到严重破坏。这就和厂矿企业所追求的目标是背道而驰的。

例如，南通市启东县灯泡厂在1987年6月4日因气化炉所用轻油在室外长时间暴晒而部分气化，产生了相当的压力，使用时油气高速喷出，遇到裸露的电加热棒，立即起火爆炸。随着一声巨响，2万多元的财产顿时化为灰烬，厂内108名职工，1人死亡，24人被烈火烧伤。这个仅有13万元固定资产的工厂，仅处理事故就要耗费30～40万元，迫使该厂宣告破产。类似这样因事故毁掉厂矿企业，或因事故巨大，损失惨重而无力支持再生产从而迫使厂矿企业倒闭的例子确不乏见。

再有，厂矿企业如果劳动保护工作搞得不好，抓得不紧，措施不力，就有发生职业病和职业中毒的可能。这也必将影响厂矿企业的经济效益。例如，云南个旧锡矿，从1975年至1982年，8年来国家为了防治云锡肺癌投入了900万元的资金。但是，云锡肺癌的发展趋势并没有得到控制，发病和死亡的人数还在不断地增加，情况日益严重。这无疑影响到职工的生产积极性，同时也必然会影响到该厂矿企业的经济效益。

另外，厂矿企业安全生产搞得好，还可创造无形的价值，如提高厂矿企业的声誉和信誉，赢得更多的客户和市场。据有关资料报道，优美、安全的劳动环境，可使职工的工作效率提高15%～35%，工伤事故的发生减少40%～50%。

由此可见，提高经济效益是厂矿企业面临的重大课题，以提高经济效益为中心在厂矿企业中已经讲了多年，然而，要提高厂矿企业的经济效益，除了要极大限度地挖掘人力、物力、财力的潜力，提高产品的产量和质量，开拓市场之外，加强本厂矿企业的劳动保护，搞好本厂矿企业的安全生产，也是提高本厂矿企业经济效益的重要途径之一。

五、树立"安全第一"的思想

"安全第一"是1949年在全国第一次煤矿工作会议上，针对旧中国煤矿的劳动条件极端恶劣，工人的生命和健康毫无保障的情况下提出的。多年来的实践证明，贯彻"安全第一"的方针仍是厂矿企业发展生产的保证。

要做好劳动保护和安全生产工作，首先必须进行安全生产的宣传教育，以不断提高领导和职工对劳动保护和安全生产重要性的认识，树立起"安全第一"的思想，确实把安全生产摆在厂矿企业头等大事的位置上，这是厂矿企业搞好安全生产的一个关键。

在厂矿企业中，从领导到每一个职工都必须结合在厂矿企业的实际情况，建立健全切实可行的安全生产责任制，并根据"管生产必须管安全"的原则，每个厂矿企业的第一负责人应确实负起安全生产的第一责任，并有一名厂级领导同志主管安全生产工作。与此同时，还要加强对全体职工安全技术知识的教育，克服思想上的麻痹大意和侥幸心理，纠正违章指挥和违章作业现象。根据有关资料统计表明，厂矿企业中所发生的事故，70%以上都是由于对安全生产的忽视、思想上的麻痹、安全技术知识的缺乏、违章指挥和违章作业所造成的。

领导的重视是厂矿企业中搞好安全生产的关键。俗话说，上柱下曲，上正下直。所以，厂矿企业的第一负责人首先要负起安全生产的责任，才能在安全管理上实行全员安全生产责任制，才能把安全生产搞好。

可是，在我国"安全第一、预防为主"的方针喊了多少年，但一些地方、一些部门、一些厂矿企业却仍然没有真正落实，令不行禁不止，我行我素。

世界上工业发达的国家较早地认识到，事故就是浪费时间，而时间就是金钱。美国US轧钢厂早在20世纪初就提出："安全第一、质量第二、生产第三"的方针，从而获得了很高的利润。后来，日本引进了这一方针，同样也取得了巨大的经济效益。

第三节 有关劳动保护的基本知识

一、工作日

所谓"工作日",系指劳动者在一昼夜内所进行工作的时间。

工作时间的长度,主要是根据国家的经济发展水平和当前的任务,并经过国家法律的形式来确定的。

工作日一般分为定时工作日和无定时工作日两类。

二、定时工作日

所谓"定时工作日"。系指劳动者在每个工作日内的工作时间是固定的。

定时工作日又分为标准工作日、缩短工作日和延长工作日。

1. 标准工作日 是指在正常条件下,一般职工都适用的工作时间。例如,我国厂矿企业和机关单位目前均普通实行 8 小时工作制。因此 8 小时工作制为我国目前标准工作日。

2. 缩短工作日 是指每日工作时间少于标准工作日。实行缩短工作日的情况,大致有下列几种:

（1）从事特别有害健康或特别繁重工作的职工。

（2）未成年工。

（3）不能胜任原工作的怀孕女职工。国家规定,怀孕 7 个月以上的女职工在工作时间内安排一定的休息时间。

（4）哺乳未满 1 周岁婴儿的女职工。国家规定,哺乳不满 1 周岁婴儿的女职工,在每班工作时间内给予两次哺乳时间,每次 30 分钟,以及在本单位内哺乳往返途中的时间,算作工作时间。

（5）夜班职工进行的工作时间,一般应比日班缩短 1 个小时。

3. 延长工作日 是指每日工作时间超过标准工作日。实行延长工作的职工主要有下列两种:

（1）从事季节性的职工。由于受自然条件和技术条件的限制,需要在一年中某一段时间内进行工作的,或者必须在一定时期内完成任务的。

（2）某些服务性行业,如小商店、手工业生产者等,有的是为了满足社会需要,有的是因为设备简陋,生产效率低,实行标准工作日确有困难,可由有关部门根据具体情况规定其工作时间。

三、无定时工作日

所谓"无定时工作日",系指劳动者由于生产条件或工作的特殊需要和职责的关系,不能受固定工作时间的限制,不进行固定计算工作日长度,而无定时工作的。无定时工作日一般适用于下列职工:

1. 铁路、水运、邮电等企业的职工。

2. 企业、机关的领导人员。
3. 工作无法按时计算的职工。如，外勤人员。
4. 自行支配工作时间的职工。如，不实行坐班制的教学、科研、创作等人员。
5. 因工作性质特殊，需要机动进行工作的职工。如，轿车司机等。

实行无定时工作日的工作和职务范围，由国家劳动部门以规章形式确定。实行无定时工作日的职工，超过标准工作时间执行任务，不算为加班加点。

四、工作时间

所谓"工作时间"，系指按照国家法律规定，劳动者必须完成其所担负的工作任务而应该劳动的时间。

工作时间是劳动者支出的劳动能力的时间，是劳动的自然尺度。工作时间通常以工作日或工时为计量单位。在我国，工作时间包括劳动者进行实际劳动的时间，也包括劳动者在生产活动中从事必要的准备和结束的时间，连续性有损健康工作的间歇时间，以及女职工哺乳不满周岁婴儿的时间等。

工作时间的长短是衡量一个国家经济技术发展水平的重要标志。科学技术发展了，国家经济实力增强了，文化设施增多了，工作效率也随之提高，工作时间便短一些。反之，工作时间则长一些。

合理地规定劳动者的工作时间，对保护劳动者的安全和健康，提高生产效率，以及加强企业管理，促进国民经济建设的发展，都具有积极的意义，也是我国劳动保护工作的一项重要内容。

1952年8月6日，中央人民政府政务院公布的《关于就业问题的决定》中规定："为了保障职工健康，提高劳动生产率，并扩大就业面，应有计划有步骤地坚决贯彻8小时至10小时工作制，一切较大的公私营工矿交通运输业均应尽可能实行8小时工作制。"同时还规定："从事有害健康的工作，每日工作时间还应低于8小时。"

1960年12月21日，中共中央发布的《关于在城市坚持8小时工作制的通知》中规定："全国各城市的一切单位、一切部门，在一般情况下，无例外地必须严格实行8小时工作制。"

为了合理安排职工的工作和休息时间，维护职工的休息权利，调动职工的积极性，促进社会主义现代化建设事业的发展，根据宪法有关规定，于1994年1月24日，国务院第15次常委会议通过，并于12月3日发布的《国务院关于职工工作时间的规定》中规定："国家实行职工每日工作8小时、平均每周工作44小时的工作制度。"并规定"适用于中华人民共和国境内的国家机关、社会团体、企业事业单位以及其他组织的职工。"同时还规定："本规定自1994年3月1日起施行。1994年3月1日施行有困难的，可以适当延期，但最迟不得超过1994年5月1日。中华人民共和国国务院第174号《国务院关于修改关于职工工作时间的规定》经1995年2月17日国务院第8次全体会议通过，1995年3月25日发布，自1995年5月1日起施行。该规定中规定，实行职工每天工作8小时，每周工作40小时的工作制度，即每周工作5天，休息2天，并要求全国企事业单位等于1997年7月1日起全部实行，有条件的单位可在1995年5月1日起实行。这项规定使职工有较多的时间学习、教育子女和料理家务，必将进一步调动职工建设社会主义的积极性，保护和激发职工的生产热情，增加职工从事生产建设的活力。适当地缩短工作时间，科学合理地安排工作和休息时间，对于保障职工的健康，提高工作效率和劳动生产率，促进机关、企业、事业单位加强管理，推动生产的发展，都具有重要的意义。

工时制度在全国应是统一的。国务院发布的《国务院关于职工工作时间的规定》，适用于中华人民共和国境内的一切机关、社会团体、企业、事业单位以及其他组织的职工。企业包括国有、集体、私营、个体、外商投资等各类单一或混合型经济所有制和矿山、工厂、建筑、交通运输、森林采伐、农场、商业、服务业等行业的单位。因此，根据国务院的规定，目前在全国厂矿企业及机关单位中绝大部分均已实行了每日工作8小时，平均每周工作40小时的工作制度。

此外，我国对特殊条件下从事劳动和有特殊情况的职工的工作时间曾作过特殊规定，比如，化工行业对从事有毒有害作业的工人，根据生产的特点和条件分别实行"三工一休"制和6小时至7小时工作制；煤矿井下实行四班每班6小时工作制；纺织业实行"四班三运转"制；有不满一周岁婴儿的女职工，每天可在工作时间内有1小时哺乳时间，等等。

五、休息时间

所谓"休息时间"系指劳动者不进行劳动或工作，用以消除疲劳、料理生活、从事文娱、业余学习和参加社会活动所需要的时间。

劳动者的休息时间，一般由国家法律或劳动法律、法规所规定。我国劳动者的休息时间，根据宪法的规定，国家保障职工的休息权利。

休息时间主要是由睡眠时间（即有效休息时间）和业余时间（即自由时间）组成。劳动者的休息时间，一般包括下列部分。

1. 工作中的间歇，指每个工作日内，职工用于休息和用膳的时间。此间歇时间，一般不算作工作时间。但由于连续性生产不容间断，不能实行固定的间歇时，职工的用膳时间可安排在工作时间内，用膳时间一般不少于半小时，此间歇时间，应算作工作时间。

2. 两个工作日之间的休息。两个工作日之间的休息时间，其长度应由工作日和休息用膳的间歇时间的长度来决定。如，工作日为8小时，休息用膳的间歇时间为1小时，则两个工作日之间的休息时间为15小时。

3. 休假日的休息。我国制度规定，职工每工作满5个工作日，至少给予2天的公休假日。如按工作日计算，全年共计104个公休假日。这种公休假日按职工生产或工作的性质和需要，可定在星期日或其他日休息，或者轮流休息2天。一些厂矿企业在生产任务紧急时，可实行7天休息1天的公休假日制度，但全年的公休假日不得少于104天。其未享受的每周公休假日，可在该年内集中补休。

六、劳逸结合

所谓"劳逸结合"，系指要合理安排好劳动者的工作时间和休息时间，做到有劳有逸。

劳逸结合是人们生活的自然节奏，也是不可违背的客观规律。劳和逸是辩证统一的关系，两者之间是相互依存的。毛泽东同志说过："睡眠和休息丧失了时间，却取得了明天工作的精力，如果有什么蠢人，不知此理，拒绝睡觉，他明天就没有精神了，这是蚀本生意。"因此，有劳必须有逸，有逸必须有劳，必须劳逸结合。

如果有劳无逸，该休息的时候不进行休息，劳动者在生产活动中的动作就会产生不协调的现象，劳动就会削弱，不但劳动生产率会降低，甚至会因操作不协调或操作失误而引起伤亡事故的发生。

反之，如果只逸不劳，即也是不行的。因为，劳动是人类生活的一个基本条件，没有劳动，社会生产就无法进行，人类的一切活动也将停顿。马克思说过："任何一个民族，如果停止劳动，不用说一年，就是几个星期也要灭亡，这是每个小孩都知道的。"

因此，人们为了更好地劳动，就必须要有适当的休息，经过必要的休息，又必须开始新的劳动。只有这样：劳动—休息—劳动。如此循环，人类才能借以生存，并推动社会生产力不断向前发展。

要做好劳逸结合，厂矿企业就要合理安排好职工的工作时间、休息时间，严格控制加班加点。只有劳逸结合搞好了，使职工得到充分的休息，身体健康才有保证，同时在生产活动中才能保持充沛的体力和精力，减少或避免伤亡事故的发生，促进安全生产。要做到劳逸结合，厂矿企业就必须加强生产计划性，改善不合理的劳动组织，全面加强企业管理，充分利用工作时间，提高劳动生产率。

七、休假制度

所谓"休假制度"，系指为了保障劳动者的休息权利，而实行的带薪放假休息的制度。

休假制度一般由国家劳动法或劳动法规确定。有的国家允许劳资双方通过签订集体合同或者劳动合同确定。我国政府规定的休假制度，包括公休假日、法定节假日等制度。

根据我国现有规定，我国每一个职工享有的公休假日，一般每周为2天，全年共计104天。每年享有的法定节假日共11天（元旦1天、春节3天、清明节1天（农历清明当日）、五一国际劳动节1天、端午节1天（农历端午当日）、中秋节1天（农历中秋当日）、国庆节3天）。少数民族习惯的节假日和其他部分人民的节假日，按照规定有关职工也可以休假。

此外，部分职工还可以享受探亲休假、婚丧休假。探望配偶的职工每年享有30天的探亲假（不包括路途所用去的时间）；探望父母的未婚职工每年享有20天的探亲假（不包括路途所用去的时间）；探望父母的已婚职工每4年享有20天的探亲假（不包括路途所用去的时间）。凡符合国家婚姻法结婚的职工可享有3天的结婚假；符合晚婚条件的，其结婚假还可适当延长；职工的直系亲属逝世可享有3天的丧假。

为了维护职工的休息、休假权利，调动职工积极性，2007年12月7日国务院第198次常务会议通过了《职工带薪休假条例》（国务院令第514号），并于2008年1月1日起施行。

我国政府规定的休假制度，既保证劳动者的身体健康，实行劳逸结合，保证劳动者的睡眠时间和其他的休息时间，又保证劳动者有机会参加政治、文化生活和各种社会活动，使劳动者能经常保持旺盛的热情和充沛的精力，更好地从事社会主义现代化建设。

八、严格限制加班加点

所谓"加班"就是指劳动者在公休、节假日，按照行政的命令和要求进行工作。所谓"加点"就是指劳动者在完成了一个工作日后，按照行政的命令和要求延长劳动时间继续工作。

在我国，任意加班加点是违反劳动保护法律的行为。因为加班加点侵犯了公民的休息权。过多的加班加点，不仅会引起职工过度疲劳，损害劳动者的身体健康或造成伤亡事故，而且也会影响劳动生产率的提高，影响产品质量，不利于提高经济效益。因此，为了保护劳动者的身体健康，保障劳动者的休息权利，加班加点应受到严格限制。

1956年5月，原劳动部对加班加点作了规定。企业工人、职员在法定假日、公休日，因特殊需要，要经厂长批准，经同级工会同意，才能进行加班加点，以保证职工的安全和健康。

1957年7月29日，原劳动部规定厂矿企业在遇有下列特殊需要之一的，才可以加班加点。

1. 在法定节假日工作不能间断，必须连续生产、运输和营业的。
2. 必须利用法定节假日停产期间进行设备检修和保养的。
3. 由于生产设备、交通运输线路、公共设施等临时发生意外故障，必须及时检修的。
4. 由于发生严重自然灾害，或者其他意外灾害，或者人们的健康和国家财产遇到严重威胁的情况下，需要及时抢救的。
5. 为了完成国防紧急生产任务，或者上级在国家计划外安排的其他紧急生产任务，以及商业、供销企业在旺季完成收购、运输、加工副产品紧急任务的。
6. 遇有不能预测的特殊紧急任务的。

在以上情况下，如不允许加班加点，势必影响国家任务、社会安定和生产的正常进行。因此，经过一定的审批手续，可以加班加点。职工在加班加点时间里领取国家规定的加班工资，或按照国家规定给予同等时间的补休。除上述时间外，厂矿企业均应严格管理，改善劳动组织，进行技术改造等多方面来提高劳动生产率，严格限制加班加点。

1994年2月2日，原劳动部、人事部在颁发《国务院关于职工工作时间的规定的实施办法》时，又重申了除遇有特殊需要之外，各单位在正常情况下不得安排职工加班加点的规定。

九、禁止使用童工

少年儿童是世界的未来，是人类的希望。少年儿童的健康成长关系到国家和民族的兴旺。因此，保护、关怀少年儿童的健康成长，一直是世界上衡量一个国家和社会文明进步程度的重要标志之一。

在我国，党和国家一直极其关怀、爱护少年儿童的健康和成长，党和国家在法律上、政策上对少年儿童的特殊保护都作出了规定。

在《共同纲领》中规定："企业禁止录用童工"。我国的历次宪法中也都明确规定："母亲和儿童受到国家的保护。"

我国现行宪法还规定："国家培养青年、少年、儿童在品德、智力、体质等方面全面发展。"

此外，中华人民共和国刚成立，在1949年12月，中央人民政府就规定每年6月1日为"儿童节"。

与此同时，党和国家还颁发了一些文件的具体规定，以确保少年儿童的健康和成长。

1960年5月15日,中共中央发布的《关于切实注意劳逸结合、保持持续大跃进的指示》中指出:"青少年和儿童正在发育成长的时期,更应注意他们的身心健康。"

1961年5月15日,原劳动部在《关于技术学校学生的学习、劳动休息时间的暂行规定》中规定,未满16周岁的学生在进行生产实习的劳动时间为:第一学年每天不得超过6小时;第二学年每天不得超过7小时;第三学年每天不得超过8小时。未满16周岁的学生不参加夜班劳动。

因此,在我国使用童工是一种违法的行为,是我国社会主义制度绝对不允许的,必须坚决予以制止。

关于少年儿童的年龄界限,由于世界各个国家和民族的自然环境和社会环境不同,身体发育和社会成熟也有较大差异。因此,起讫时间很不一致。在国外,有的国家把少年儿童的年龄定为15周岁以下;有的国家把少年儿童的年龄定为17周岁以下。在我国,通常把少年儿童的年龄定为16周岁以下。

解放后,厂矿企业录用童工的现象在我国一度绝迹。然而,近几年来,在我国一些地区的厂矿企业,尤其是城乡集体企业,特别是沿海地区的一些厂矿企业和个体商户,擅自招用未满16周岁的少年儿童做工、从商当学徒,引起大批的中、小学生中途辍学,干扰了《义务教育法》的实施,严重地影响了少年儿童的人身安全和身体健康。

为此,1988年11月5日,国家教育委员会、农业部、国家工商行政管理局、中华全国总工会联合颁发了《关于严禁使用童工的通知》,其主要内容如下:

1. 各地劳动部门、乡镇企业主管部门、工商行政管理机关和工会组织要加强对企业、事业单位,尤其是城乡集体企业、私营企业和个体工商户招工用工的管理、监督和检查。

2. 严格禁止任何单位和个人使用童工。对违反国家规定,擅自使用童工者,除责令其立即退回外,应予以重罚。对情节严重、屡教不改者,应责令其停业整顿,直至吊销营业执照。对诱骗虐待童工的包工头,要提交司法部门依法追究刑事责任。

3. 私营企业和个体工商户招用工人时,双方必须签订劳动合同,明确规定双方的责、权、利。劳动合同签订后,必须经劳动争议仲裁机构签证,以防止招用童工的现象发生。

4. 对因违法使用童工造成童工伤亡事故和国家财产重大损失的,要追究有关单位和直接责任者的责任;情节严重,构成犯罪者,要依法惩处。

5. 对一些迫使未满16周岁的儿童、少年去做工、从商、当学徒的家长或其他监护人,要进行批评教育,令其改正错误。

6. 工商行政管理机关对未按当地规定年限受完义务教育的及16周岁以下的少年儿童,不得发给个体营业执照。

7. 各地有关部门要端正办学指导思想,贯彻落实《义务教育法》,真正树立"百年大计,教育为本"的观念,充分重视劳动预备力量的培养教育工作。在未能普及初中教育的地方,要发挥社会教育的职能,因地制宜地采取多种形式对小学毕业生继续进行文化和技术培训。

1991年1月18日,国务院第七十六次常务会议通过了《禁止使用童工规定》并于1991年4月15日发布施行。其中对童工作了明确的解释,所谓童工,即指未满16周岁,与单位或者个人发生劳动关系从事有经济收入的劳动或者从事个体劳动的少年、儿童。

《禁止使用童工》中规定:禁止国家机关、社会团体、企业事业单位和个体工商户、农民、城镇居民使用童工；禁止各种职业介绍机构以及其他单位和个人为未满 16 周岁的少年，儿童介绍职业等等。《禁止使用童工规定》中还规定，对有违反本规定的行为的单位和个人，根据情节性质分别给予经济赔偿、行政处罚，构成犯罪的追究其刑事责任。

十、未成年工的特殊保护

所谓"未成年工"，在我国通常是指已满 16 周岁，未满 18 周岁的工人。在厂矿企业中主要是学徒工。

因未成年工的身体尚未完全发育成熟，因此需加以特殊的保护。厂矿企业在录用未成年工时，应严格执行国家有关规定，不得安排他们从事严重有毒有害的作业，不得安排他们从事矿山井下作业，不得安排他们从事特别繁重的体力劳动作业。在一般情况下，对于未成年工应相应缩短工作时间，严格禁止安排他们做夜班或加班加点工作。

厂矿企业中的劳资部门、工会组织、安全技术部门等应通力合作，密切配合，督促行政及各级生产单位，共同爱护和关心未成年工的身体健康和生产安全，保障他们的合法权益不受侵害。

未成年工有权抵制一切违反国家政策和法规的决定，以保护自己的权益。

第二章 安全与法律

第一节 法律基本知识

一、安全技术人员应掌握法学基本知识

为使广大职工在生产过程中,安全和健康能得到真正的保护,为使厂矿企业的经济效益和社会效益能得到不断的提高,厂矿企业中的安全生产活动必须逐步实现制度化、法律化,这是我国国民经济建设事业的内在要求,也是社会主义法制工作发展的必然趋势。因此,作为一名厂矿企业中的安全技术人员为了更好地搞好安全生产工作,除了应掌握国家和政府颁发的安全生产法规、安全技术规范、职业安全卫生标准,以及具备丰富的安全技术知识和科学的安全管理知识外,还应学习和掌握一些关于法学方面的基本理论和基本知识。

1. 应学习和掌握法学的基本理论知识。例如,法的产生、法的本质、法的形式、法的制订、法的实施等等。这些法学的基本概念、基本原理和基本规律,对法的其他分科,特别是对各部门法学来说,是共同适用的,并具有普遍的指导作用。

2. 应学习和掌握宪法知识。宪法是国家的根本大法,我国宪法规定了我国的基本制度和基本政策,规定了我国每一个公民的基本权利和义务,也规定了劳动保护、安全生产的基本原则。宪法也是国家制定其他法律的依据。

3. 应学习和掌握基本法规知识。例如,刑法和刑事诉讼法;民法和民事诉讼法;行政法和行政诉讼法等的有关知识。

4. 在学习和掌握法学基本知识后,应具体研究与安全生产有关的法律、法规。例如,劳动法方面的法规、安全技术规程、工业卫生技术规程、标准化法、环境保护法、保险法等等。同时还应研究安全生产与法律之间的内在联系和问题。例如:安全与违法、安全与犯罪、事故犯罪与非罪的界限等等。

作为一名安全技术人员学习和掌握这些法学基本知识,以及安全生产与法律之间的关系等知识,不论是作为一个自觉遵纪守法的公民运用法律手段正确地维护自己的各项合法权益,还是熟练地运用这些法律知识来处理安全生产工作中所遇到的一些与法律有关的实际问题,都是十分必要的。

二、法的基本概念

法是社会上层建筑的组成部分,体现了统治阶级的意志。它是由一定的经济基础决定,并为这个经济基础服务的。法律一经正式颁布,就成为统治阶级维护其统治秩序的规范和行为规则,并依靠国家力量来保证执行。制定、废除或修改法律都必须经过一定的法

律程序，因此，法律具有连续性、稳定性、统一性和权威性。

在我国古代把法叫做刑，如禹刑、汤刑，到了春秋战国时期，出现了刑书、刑鼎、竹刑。魏相李悝，集诸国刑典，造《法经》六篇，改刑为法。李悝的学生商鞅相秦，进行变法，而改法为律。从此以后，在我国封建社会里，各个朝代都把法叫做律，如秦律、汉律、隋律、唐律、大清律等，一直到19世纪末20世纪初，西方文化广泛传入时，才把法与律连起来，称为法律。

在现代汉语中，法律一词通常有广义的和狭义的两种使用。狭义上的法律，是指拥有立法权的国家机关依照立法程序制定、颁布的规范性文件，即特定或具体意义上的法律，如，《中华人民共和国标准化法》是全国人民代表大会常务委员会依照立法程序制定和颁布的。而广义上的法律，是指由国家制定或认可，并由国家强制有力保证实施的各种行为规范的总和，即整体或抽象意义上的法律，如，宪法、法令、行政法规、条例、规章、习惯法等各种成文法和不成文法。在人们日常生活中，以及在人们所写的一般文章或著作中，使用"法律"一词大多是从广义上来说的，如"执法必严"、"人人守法"、"法律面前人人平等"，其中涉及的"法"和"法律"都泛指广义。而在国家的法律文件、法律解释和法律专著中，使用"法律"一词大多是从狭义上使用的。为了避免上述两种意义的混淆，我国有的法学辞书、著作或译著中，把广义的法律称之为法，而将狭义的法律仍称之为法律。

总之，自从法律产生以来，人们对它的词源和词义有各种各样的解释。然而，古往今来，法律文献浩如大海，要认识它，必须在正确的世界观和方法论的指导下，借助于科学的抽象思维。

三、法律的产生

法律，作为一种社会的特有现象，不是自古以来就有的，而是人类社会经济发展到一定阶段的必然产物，是随着私有、阶级和国家的出现而产生的。因此，法律也不会永恒存在，必将随着私有制、阶级和国家的消亡而消亡。

在原始社会，生产力水平极端低下，人们为了生存，就形成与当时生产力相适应的生产关系，生产关系的基础是生产资料的原始公有制，人们共同劳动，共同占有生产资料，共同消费，人们之间处于一种原始的平等互助的关系，没有私有制，没有剥削，没有阶级，也不存在国家和法律。用来调整原始社会人们在生产和生活中的相互关系的行为准则是世代自然相传的氏族习惯规范。

随着生产力的进一步发展和经济的不断进步，出现了畜牧业和农业、手工业和农业的社会分工，提高了劳动效率，开始有了劳动产品的剩余，带来了经常的交换和直接以交换为目的商品生产，促使了私有制的形成和发展，氏族社会内部出现了贫富分化。这样，社会必然分裂成两个阶级——奴隶主和奴隶。奴隶和奴隶主之间的矛盾是对抗性的不可调和的阶级斗争，使旧的氏族制度名存实亡。在这种情况下，奴隶主阶级为了维护自己的特殊利益和统治地位，就需要创造出一种暴力组织作为特殊的强制机关来维护自己的统治，镇压奴隶的反抗，保障社会的稳定。这种从社会中产生、掌握在奴隶主阶级手中的暴力组织，就是国家。与此相一致，原有的氏族习惯规范也远远不能适应以私有制和阶级划分为基础的社会经济和政治条件，这就必然需要一种新的社会行为规范来调整已经变化了的社会关系，并把奴隶主阶级在经济和政治方面的统治地位合法化，强迫奴隶服从，这种新的社会行为规范，就是法律。

法律的产生经过了一个复杂的历史发展过程。最初奴隶主阶级运用雏形的国家机构对原始习惯规范加以改造，使之有利于奴隶主阶级，并赋予其法律效力，在社会中强制推行，这就是最初的习惯法。后来随着社会经济、政治和文化的不断发展，社会关系也日趋复杂，加之国家机器的日益完善和司法活动的需要，就用文字的形式来制定法律，习惯法便过渡到成文法。

成文法是统治阶级根据社会发展和阶级统治的需要，通过国家机关直接制定，并用条文形式公布施行的行为规则。在我国，一般认为最早的成文法是春秋战国时期，公元前536年，郑国子产所制定的《刑书》，但以公元前407年李悝编纂的《法经》对后世影响较大。

四、法的基本特征

法是一种特殊的行为规范，具有以下几个方面的基本特征。

1. 法是由国家制定或认可的行为规范。

所谓国家制定，一般是指成文法而言，具有一定的文字表现形式，它包括国家最高权力机关按照一定程序制定的宪法和法律，也包括其他国家机关制定的决议、命令、章程、条例、规定等具有不同法律效力的规范性文件。

所谓国家认可，一般是指习惯法而言，就是根据统治阶级的需要，通过国家机关赋予社会上已经存在并起作用的某些行为规则，其中包括风俗习惯、宗教信条、宗法伦理，等等，确认为它是现行的法律规范。

在不同的社会制度下，由于社会的性质和政治制度的不同，国家制定或认可法律的方式有所不同。在我国社会主义制度下，宪法和法律由全国人民代表大会及其他的常务委员会制定，国务院和地方国家权力机关及行政机关，可根据宪法和法律制定行政法规、地方性法规、单行条例等。通过国家机关制定法是社会主义国家创造法的基本形式，把习惯认可为法则是个别情况。

2. 法是表现统治阶级意志的行为规范。

所谓统治阶级，就是在政治上、经济上、思想上占统治地位，并在阶级斗争中取得胜利，掌握国家政权的那个阶级。

自从人类进入阶级社会以来，不同的阶级在社会现在的经济关系、政治关系中所处的地位是各不相同的。因此，每个阶级都有从本阶级的共同利益中产生的共同意志，即反映这种共同利益并以维护和发展这种共同利益为目的阶级意识。在阶级社会中，统治阶级和被统治阶级之间存在着根本的利益冲突，他们之间不存在共同意志，他们之间的意志总是相对立的。因此，掌握国家政权的统治阶级，只有把自己的意志上升为法，才能有效地维护本阶级在政治上、经济上、思想上的统治地位，才能从社会生活的各个方面来确认、保护并发展有利于自己的经济关系，把人们的各种行为，都纳入有利于统治阶级的社会关系和社会秩序中去，从而达到对整个社会实行统治和管理的目的。

这里需说明的，法所表现的统治阶级意志，是指集中反映整个统治阶级的根本利益和要求的整体意志，而不是统治阶级中少数人的意志，更不是个别人的任意。

3. 法通过规定人们的权利和义务来调整社会关系。

当人们在法律上的权利受到损害或威胁时，可请求国家予以保护，以保证自己权利的实现。负有义务的人拒不履行法定义务时，相应的国家机关可以强制其履行。

法是通过规定权利和义务来调整人与人之间的关系的，要使人们的法定权利得到充分实现，免遭非法侵犯和剥夺；要使人们的法定义务得以确实履行，也必须要有国家强制力加以保证。

因此，国家强制力是任何法都不可缺少的保证，如果没有国家的强制，任何一部再完备的法典，也是一纸空文。正因为法是一种国家意志，并由国家强制力保证实施，所以在国家权力管辖的范围内具有普遍的约束力。

五、法的渊源

法的渊源，亦称法的形式，是指体现统治阶级意志的法的各种具体表现形式。我国社会主义法的渊源，就是由国家机关制定或认可的，体现工人阶级领导的全体人民意志的法的规范的各种表现形式。

在我国，除宪法和法律这两种主要的法的渊源外，行政法规、地方性法规、自治法规和规范性的决议、决定、命令以及国际条件等，都是法的渊源。不同的法的渊源，体现了不同的效力范围。

我国法的渊源有以下几类。

1. 宪法。宪法是我国的根本大法，是国家的总章程。宪法在我国法的形式体系中处于最高地位，具有最高法律效力，是制定各种规范性文件的基础和依据，国家机关制定的一切规范性文件均不得与宪法相抵触。

2. 法律。在我国，法律是由最高国家权力机关，全国人民代表大会和它的常务委员会制定、颁布的规范性文件的统称，是法的主要形式之一，其法律地位和效力仅次于宪法，是我国法律形式体系中的"二级大法"。依据法律制定的具体机关和调整对象的范围不同，又分为基本法律和其他法律。

（1）基本法律，由全国人民代表大会制定和修改，规定和调整国家和社会生活中某一方面的带根本性、全面性的社会关系，如，刑法、民法通则等。

（2）其他法律，由全国人民代表大会常务委员会制定和修改，规定和调整基本法律以外的国家和社会生活中某一方面的关系。与基本法律相比，其调整的对象范围较小，内容较具体，如文物保护法、商标法等。

基本法律和其他法律具有同等的法律效力，其地位和效力低于宪法，高于全国人民代表大会和它的常委会以外的其他国家机关制定的规范性文件，是其他国家机关制定规范性文件的依据。

3. 行政法规。在我国，国务院是国家最高行政机关，根据宪法和法律制定的行政法规，是法的重要形式。行政法规是国务院制定和颁布的有关国家行政管理活动的各种规范性文件的总称，一般采用条例、办法、规则、规定等名称。

国务院依法发布的规范性决定、命令和行政措施，也是法的形式。国务院和党中央联合发布的规范性决议和指示，既是党的决议和指示，又是政府的法规，具有法律效力。

行政法规的地位和效力低于法律，高于各级地方国家权力机关和行政机关制定的规范性文件，是地方性法规制定的依据之一。

国务院各部门依照法定的职权，制定、发布的规范性的命令、指示和规章，也是法的形式，是部门性质的行政法规范，其效力低于国务院制定的行政法规和其他规范性文件。

4. 地方性法规。在我国，地方性法规是指省、直辖市的国家权力机关及其常设机关，在法定权限内所制定、发布的规范性文件，通常采用条例、规则、实施细则等名称。地方性法规只在本辖区范围内有效，其地位低于宪法、法律和行政法规，不得同它们相抵触，否则无效。

地方各级人民代表大会依法通过和发布的规范性决议，地方各级人民政府依法发布的规范性决定和命令，以及省、自治区、直辖市和省、自治区的人民政府所在地的市或者经国务院批准的较大的市的人民政府制定的规章，都是法的形式。

5. 自治法规。在我国，自治法规是指民族自治地方的国家权力机关行使自治权所制定、颁布的规范性文件。它包括自治条例和单行条例。自治条例，通常规定民族自治地方的社会制度、自治机关的组织与活动原则等基本的重要问题，其内容比较广泛。单行条例则是为了解决某一方面问题而规定具体事项的法规。单行条例也可对法律作某些变通性规定。

自治法规同地方性法规属同一层次，具有相同的法律地位和效力，只在自治地方有效，并不得同宪法、法律和行政法规相抵触。

6. 国际条约。是指两个或两个以上国家关于政治、经济、法律、科技、文化、军事等方面规定其相互之间的权利和义务的各种协议。我国签订或加入的国际条约，经我国最高国家权力机关批准生效后，就具有法律效力，成为一种法的形式，对我国国家机关、社会团体和厂矿企业事业单位、公民个人都具有约束力。

六、公民

公民，通常是指具有一国国籍，并且依据该国宪法和法律的规定享有权利和承担义务的个人。按照我国1982年12月4日公布的《中华人民共和国宪法》第33条的规定，凡具有中华人民共和国国籍的人，都是中华人民共和国公民。

我国公民是法律关系的主体。他们依法享有个人财产所有权、公共财产使用权、财产继承权和其他财产权利；依法享有生命健康权、人身自由权、姓名权、名誉权、荣誉权、肖像权、著作权、发明权和其他人身权利。

在我国，公民在法律面前一律平等。它表现在，凡是我国公民，不分民族、种族、性别、职业、宗教信仰、教育程度、财产状况、居住期限，等等，也不论其家庭出身、本人成分、社会地位和政治地位有何不同，都一律平等地享有国家法律赋予的权利和承担法定的义务。公民的正当权利和合法利益一律平等地受到国家法律的保护，他人不得侵犯。任何公民违反法律的行为要依法受到追究和制裁。因此，在我国没有特殊的公民，不允许任何人有超越于法律之外，凌驾于法律之上的特权。

作为民事法律关系主体的公民之间、公民同其他民事主体之间的法律地位也是平等的。在民事活动中，公民应当互相尊重，平等对待。通过民事活动，取得民事权利，承担民事义务，这不仅可以满足公民个人的物质和文化生活的需要，而且有利于社会主义现代化建设，促进社会经济繁荣。

七、法人

法人，是指具有民事权利能力和民事行为能力，依法独立享有民事权利和承担民事义务的社会组织。

法人是相对于自然人（公民）而言的，是一定的社会组织在法律上的人格化。法人同公民有所不同，公民是以个人作为民事权利主体，而法人则是以社会组织作为民事权利主体。然而，也并非所有的社会组织都能成为法人，社会组织成为法人应当具备以下条件。

1. 依法成立。即法人的性质不能违反法律，并且是依照决定程序，经有关主管机关核准登记。

2. 有必要的财产和经费。即法人必须拥有一定数额的独立财产，是法人能够进行民事活动的物质条件。独立财产是指法人对特定的财产享有所有权或经营管理权，能够按照自己的意志独立进行支配。

3. 有自己的名称、组织机构和场所。名称是法人之间相互区别的标志，组织机构包括管理机构和必要的人员，场所是法人进行业务活动的地方，这些是法人开展活动不可缺少的条件，使法人具有稳定的独立性。代表法人行使职权的负责人是法人的法定代表人。

4. 能够独立承担民事责任。法人以其独立的经营管理或独立的财产承担民事责任。

上述四个条件必须同时具备才能成为法人。由此可见，那些一无资金，二无生产经营场所，三无必要的经营管理人员的所谓"三无公司"，是不具备法人条件的。

作为一个厂矿企业，要有符合国家规定的资金数额，有组织章程，组织机构和场所，能够独立承担民事责任，经主管机关核准登记，才能取得法人资格。

在我国，法人的种类可分为企业法人，机关、事业单位和社会团体法人。在经济活动中，企业法人是主要的。

八、法律规范

法律规范是由国家制定或认可，并以国家强制力保证其实施的一种行为规范。所谓规范，就是人们的行为规则。规范一般可以分为社会规范和技术规范两大类。社会规范是调整人与人之间相互关系的行为规则，法律规范是社会规范的一种，其他还有宗教规范、道德规范、社团规章、习俗礼仪等。法律规范规定了人们可以这样行为，应该这样行为或不应该这样行为，从而为人们的行为提供了一个模式、标准或方向，同时又规定了对合法行为的保护和对违法行为的制裁，如危险化学品安全管理条例、女职工劳动保护规定等。

法律规范是特殊的社会规范，与其他的社会规范相比，它的主要特点就在于体现着国家权力的属性。因此，法律规范是经国家制定或认可，并依靠国家强制力保证的，具有鲜明的阶级性，除习惯法以外，一般具有特定的形式，由国家机关用正式的文件规定出来，成为具体的制度。

法律规范的结构是由假定、处理、制裁三个部分组成。假定是指法律规范中指出的适用该法律规范的具体条件或情况，在实际生活中，只有当法律规范所指出的具体条件或情况出现时，才能适用该法律规范。处理是指法律规范所规定的行为规则本身，它允许、要求或禁止作出某种行为，表现为权利与义务的关系，是法律规范的基本部分。制裁是指法律规范中规定的人们在作出违反该法律规范将带来的法律后果。一个完整的法律规范必须包括以上三个逻辑结构。但法律规范又不等于法律条文，法律条文是法律规范的文字表述，两者之间既有联系又有区别。

同时还应指出，国家机关制定的规范性文件其内容主要是法律规范，但也往往有一些非规范性的规定，如，宪法序言中关于记述历史部分，法律中有关原则、概念、术语、有效日期等的规定，它是法律规范文件内容之一，它可以帮助人们准确地理解和正确适用该法律文件，但它不属于法律规范的规定，因为这些规定并不具备法律规范应有的逻辑结构。

九、法律规范的种类

法律规范的种类，就是依据一定标准从某一角度对法律规范进行分类。法律规范的分类多种多样，这里所介绍的法律规范的种类，是指按照法律规范本身的一些特点来进行的分类。

1. 按照法律规范本身的性质不同，可分为授权性规范、义务性规范和禁止性规范。

（1）授权性规范。即是规定人们可以作出某种行为的法律规范。根据它规定的内容又可分为两种形式：一是授予国家机关、公职人某种职权，如检察权、审判权等；二是赋予公民某种权利，实现与否可由公民自行决定，如宪法关于我国公民的基本权利的规定。

（2）义务性规范。即是规定人们必须依法做出一定的行为的法律规范。如我国刑事诉讼法第18条规定："任何单位和个人，有义务按照人民检察院和公安机关的要求，交出可以证明被告人有罪或者无罪的物证、书证"。就是义务性规范。

（3）禁止性规范。即是规定禁止人们作出一定行为，要求人们抑制一定行为的法律规范。如我国民法通则第73条关于"国家财产神圣不可侵犯，禁止任何组织或者个人侵占、哄抢、私分、截留、破坏"的规定，就属于禁止性规范。

2. 按照法律规范表现的形式的不同，可分为强制性规范和任意性规范。

（1）强制性规范。即是规定的权利和义务具有绝对肯定的形式；不允许法律关系参加者相互协议或任何一方任意予以伸缩或变异的法律规范。这种规范在文字表述上多采用"必须""义务"等字样。

（2）任意性规范。是强制性规范的对称，即是在法定范围内允许法律关系参加者自行确定其权利和义务的具体内容的法律规范。如，我国中外合资经营企业法第12条规定："合营企业合同期限，可按不同行业、不同情况，由合营各方商定"。这就是属于任意性规范。

3. 按照法律规范内容的确定性程度不同，可分为确定性规范、委任性规范与准用性规范。

（1）确定性规范。即是指明确规定某一行为规则的内容的法律规定。我国多数法律规范是属于这一规范。

（2）委任性规范。又称非确定性规范，即是指没有明确规定行为规则的内容，而委托某一专门机关加以确定的法律规范。如我国义务教育法第17条规定"国务院教育主管部门根据本法制定实施细则，报国务院批准后施行。省、自治区、直辖市人民代表大会常务委员会可以根据本法，结合本地区的实际；制定具体实施办法。"这就是委任性规范。

（3）准用性规范。即是指规范的内容须由其他规范来说明，指出在某个问题上须参照、引用其他条文或其他法规。如我国经济合同法第 54 条规定:"个体经营户、农村社员同法人之间签订经济合同时,应参照本法执行。这就属于准用性规范。"

准用性规范与委任性规范共同之处是二者都没有规定行为规则具体的内容,需要引用其他法律或条文。但二者又有区别,前者所引用的规范已有明文规定,是一种确定性规范,后者所委托的专门机关应规定的规范尚无明文规定,是一种非确定性规范。

十、技术规范

技术规范是人们在生产实践中的经验总结和对自然规律的认识与运用,是调整人与自然之间关系的行为规则。技术规范依据生产经验与自然规律的要求,规定了人们利用自然力、生产工具、交通工具时应遵守的技术规则,通常也称操作规程,如安全生产操作规程、产品质量检验规定、计量标准等。技术规范是建立在人们对自然规律认识的基础上,是科学技术知识的总结,因此,技术规范本身是没有阶级性的。

技术规范虽然其本身没有阶级性,但是违反技术规范不仅会给本人带来危害,而且也会给社会带来一定的危害,如,违反煤矿坑道作业操作规程,就有可能发生冒顶片邦或瓦斯爆炸。因此,任何技术规范都是用来满足或达到某种政治需要或经济目的的。它的运用离不开一定的阶级关系。所以,在当前科学技术发展的情况下,统治阶级为了维护自己的利益,需制定法规奖励创造发明,推广技术的应用,同时为了保证社会生产活动的正常进行,往往把某些重要的技术规范,通过国家制定或认可成技术法规,使其具有法律规范的属性,使遵守技术法规确定为法律义务,使技术规范成为法律内容,违反者要负一定的法律责任,要受到相应的法律制裁。这种法律上加以确定的技术规范,即技术法规,属于统治阶级整个法律体系中的重要一环。如《工业企业设计卫生标准》、《工业企业厂内运输安全规程》,等等。而统治阶级的整个法律体系是有鲜明阶级性的,因此,纳入统治阶级法律体系的技术法规,当然也就具有了阶级性。当然,技术法规同那些用于直接镇压敌对阶级反抗的法律规范相比,其阶级性没有那样直接和明显,但也不能因此而一概否定技术法规的阶级性。某些技术规范通过国家制定或认可,成为技术法规,既有助于技术规范的执行与技术的发展,又使技术法规适应现代科学技术的发展需要。

十一、法律效力

法律效力,是指法律规范的适用范围,也称为法的生效范围,就是法律规范在什么时间、什么地方、对什么人有法律效力。

1. 时间效力。法律规范在时间上的效力,是指法律何时生效和何时失效的时间,以及法律对其颁布实施以前的事件和行为有无溯及力。

(1) 法律的生效。法律制定出来后何时开始生效,一般是根据该项法律的性质和需要来决定的。在我国通常有三种形式,一是从法律颁布之日起立即生效施行。例如,《中华人民共和国宪法》于 1982 年 12 月 4 日通过并于当天公布实行。二是法律颁布后并不立即生效,而是在法律中另行规定生效时间。这是为了提供必要的时间以开展宣传教育和作好实施该项法律的准备工作。例如,《中华人民共和国刑法》于 1979 年 7 月 1 日通过公布,规定自 1980 年 1 月 1 日起施行。三是法律先公布试行,然后再正式通过施行,在试行中有法律效力。例如,《中华人民共和国民事诉讼法(试行)》于 1982 年 3 月 8 日通过公布,规定于 1982 年 10 月 1 日起试行。待经过一定时期的实践，再由国家立法机关总结经验加以补充修改，最后正式通过公布施行。

(2) 法律的失效。即法律的终止生效时间，在我国一般有如下几种情况。一是有的法律由于完成了历史任务，特定条件已经消失而自行失效。例如，土地改革法等。二是新的法律公布施行后，原有的同类旧法律即失去效力。例如，1986 年 6 月 25 日通过的《中华人民共和国土地管理法》公布施行后，原 1982 年国务院制定的《村镇建房用地管理条例》和《国家建设征用土地条例》同时作废失效。三是新的法律代替同一内容的原有法律，同时在新法律中明文宣布原有法律废止。例如，1987 年 1 月 1 日我国新治安管理处罚条例开始生效施行，该法又同时规定 1957 年 10 月 22 日公布的《中华人民共和国治安管理处罚条例》同时废止。四是法律本身明文规定了终止生效日期，届满则失效；或者国家发布特别的决议、命令、宣布废除某项法律、法规，从宣布之日起失效。

(3) 法律的溯及力。又称法律溯及既往的效力，是指新的法律颁布后，对它生效以前所发生的事件和行为是否适用。如果适用即有溯及力，反之则没有溯及力。

一般地说，现在世界各国通用的是"法律不溯及既往"原则，即法律只适用于生效后的事件和行为，而不适用于生效之前所发生的事件和行为。但是在现代刑法中也不是绝对的。目前各国的通例是采取"从旧兼从轻"的原则，即新法原则上不溯及既往，不能适用于它颁布以前的事件和行为，这就是从旧法。但如果新法对行为人的处罚较轻时，则从新法，即新法有溯及既往的效力，可以适用于过去的事件和行为。我国在建国初期是采用从新原则，即法律有溯及既往的效力。例如，1951 年《惩治反革命条例》第 18 条规定。"本条例施行以前的反革命罪犯，亦适用本条例之规定。"而我国目前则采用"从旧兼从轻"原则。例如，《中华人民共和国刑法》第 12 条规定，本法施行以前的行为，如果当时的法律、法令、政策不认为是犯罪的，适用当时的法律、法令、政策。如果当时的法律、法令、政策认为是犯罪的，依照本法的规定应当追诉的，按当时的法律、法令、政策追究刑事责任。但是，如果本法不认为是犯罪或者处刑较轻的，适用本法。我国法律关于溯及力的变化，是从我国实际情况和国家根本利益出发的，它有利于调动一切积极因素，促进安定团结和社会主义现代化建设。

2. 空间效力。是指法律适用的地域范围，即法律在什么地方生效。

我国是独立自主的社会主义国家，全国人民代表大会及其他的常委会制定的宪法和法律，国务院制定的行政法规和发布的决议、命令等，除法律本身有特殊规定外，在我国全部领域范围内生效。所谓全部领域范围，包括我国的全部领土、领海、领空，还包括延伸意义的领域，如驻外使馆和在领域以外的我国船舶或飞机。地方国家机关所颁布的地方性法规、决议和命令等，只在其管辖的地区内生效。

3. 对人的效力。是指法律适用于什么人。根据我国的法律规定，对人的效力一般包括以下两个方面。

(1) 对我国公民的效力。我国公民在我国领域内一律适用我国法律，任何人都没有超越于法律之外的特权。对于居住在国外的我国公民，原则上仍受我国法律的保护，他们也有遵守我国法律的义务，但由于其他国家法律规定的不同，因此则应当按照既要维护国家主权，又要尊重他国主权的原则，根据国际条约或国际惯例予以协商解决。

(2) 对外国人的效力。我国法律对外国人的适用包括两种情况，一是外国人在我国领域内，除有外交特权和豁免权者外，一律适用我国法律。二是在我国领域外对我国或我国公民犯罪的外国人的法律适用，按照我国刑法规定的最低刑为 3 年以上有期徒刑的，可以适用我国刑法，但是按照犯罪地的法律不受处罚的除外。

理解法律的效力，对于正确适用法律有着重要的作用。

十二、法律解释

法律解释，是指对法律的内容和涵义所作的必要的说明。

由于法律所规定的是概括的、定型的行为规则，不可能对社会所发生的一切情况都作详细的规定。又因法律的条文往往是用简洁、严谨的文字和专用的名词、术语来表达，包括着深刻的统治阶级的立法意图。另外，又因实施法律的条件不同，人们对法律条文的理解也往往不一。因此，统治阶级为了使法律规范在社会生活中得到贯彻，就必须对法律进行解释。尤其在我国要建设高度民主，健全法制的今天，各种法律、法规不断涌现，要把法律交给全国广大人民，就需要对全国人民进行普及法律知识的教育，法律解释也就显得尤为重要。

法律解释有多种形式，依据不同标准进行分类，每种法律解释对于法的适用具有不同的作用和意义。

1. 按照法律解释的主体和效力不同，可以分为正式解释和非正式解释。

（1）正式解释（也称有权解释或法定解释，也有人称为官方解释）。即是指特定的国家机关依据宪法和法律所赋予的职权，对有关的法律规定所进行的解释。包括立法解释、司法解释和行政解释，它们分别具有不同的法律效力。

立法解释。是指广义上的立法解释，泛指依法有权制定法律、法规的国家机关，对有关法律、法规条文本身需要进一步明确界限或对补充规定所作的解释。

司法解释。是指司法机关依法对司法工作中具体应用法律问题所作的解释。它包括审判解释、检察解释和审判机关和检察机关的联合解释三种形式。

行政解释。是指国家行政机关在依法处理其职权范围内的事务时，对如何具体应用法律和行政法规的问题所作的解释。它包括国务院及其主管部门和省、直辖市、自治区人民政府主管部门对具体应用法律和法规所作的解释这两种形式。

（2）非正式解释（又称无权解释）。即是指在法律上没有效力的解释，它包括学理解释和任意解释。

学理解释。是指在科学研究和教学实践以及法制宣传中对法律规范所作的解释。这种解释在法律上无约束力，不能作为适用法律的根据，但它对于正确适用法律规范，提高人们的法律意识，增强法制观念，健全法制，推动我国法学发展，有着十分重要的意义。

任意解释。一般是指公民、诉讼当事人、辩护人对法律所作的理解与解释。

2. 按法律解释的方法不同，可以分为文法解释、逻辑解释、历史解释和系统解释。

（1）文法解释。又称为文理解释。是指从语法结构、文字排列和标点符号来阐明法律的内容。

（2）逻辑解释。是指运用逻辑规律来分析法律的内容与所用概念的涵义。

（3）历史解释。是指从某法律制定的历史背景，以及与过去同类法律进行比较，以阐明其含义。

(4) 系统解释。是指分析某一法律规范同其他法律规范的联系,以及它在整个法律体系或法的部门中的地位和作用,来说明该法律规范的内容和意义。

3. 按法律解释的尺度不同,可以分为字面解释、扩充解释和限制解释。

(1) 字面解释。是指严格按照法律条文的字面含义所作的解释。

(2) 扩充解释。是指为了符合立法原意对法律作广于其文字含义的解释。

(3) 限制解释。是指为了符合立法原意,对法律所表达的某些条文限制到比字面含义较小的范围。

十三、法律关系

法律关系,是指法律规范在调整人们行为过程中所形成的法律上的权利和义务关系。

人们在社会的生产和生活中,相互之间必然发生各种各样的关系,统称为社会关系。社会关系十分广泛,但并不是所有的社会关系都是法律关系。在广泛的政治、经济、思想、文化、婚姻家庭等社会关系中,只有受法律这种特殊的社会规范所规定和调整,具有法律上的权利和义务关系的社会关系,并且由国家强制力保证其实现的,才是法律关系。如,友谊关系、恋爱关系没有法律上的规定,就不是法律关系,不具有法律上的权利和义务的性质。由此可见,法律关系是人们在社会中相互结成的各种社会关系中的一种特殊的社会关系。

法律关系由法律关系的主体、法律关系的内容和法律关系的客体三个要素所构成。

不同性质的社会关系,需要不同的法律规范去调整,从而形成了各种不同性质的法律关系。在不同性质的社会制度和国家中,法律关系的性质和特征也截然不同,在同一性质的社会和国家中,由于各种法律规范所调整的社会关系和规定的权利、义务各不相同,法律关系的性质和内容也不相同。如,有公民之间或公民与集体、国家之间,由于财产关系,基于民法而形成的民事法律关系;有公民与厂矿企业、事业单位之间,由于劳动关系,基于劳动法规所形成的劳动法律关系,等等。即使在同一性质的法律关系中,从不同的角度,依据不同的标准,又可分为若干种类。如,在劳动法律关系中,根据生产资料所有制形式不同,我国劳动法律关系又可分为社会主义全民所有制的劳动法律关系和劳动群众集体所有制的劳动法律关系,以及个体经营单位的劳动法律关系和中外合资经营企业中的劳动法律关系。

十四、法律关系的内容

法律关系的内容,是由法律权利和法律义务所构成。

1. 法律权利,亦称法定权利。是指法律规范所确认和规定的法律关系主体所享有的某种权能。它表现为:一是权利享有者有权按照自己的意愿,在法律规范规定的范围内作出一定的行为。例如,财产所有人在不违反法律规定的前提下,可以任意地占有、使用和处分自己的财产。二是权利享有者有权要求义务承担者,作出一定的行为或抑制一定的行为。例如,买卖合同中,买方有权要求卖方交付商品,卖方有权要求买方支付价款;财产所有人有权要求他人不得作出妨碍其行使所有权的行为。三是当权利享有者的权利受到不法侵害,自己的愿望不能实现时,有权依法请求国家强制机关给予保护。

法律权利依据权利主体的不同,通常可分为公民的权利和国家机关、企事业单位及其公职人员在行使公务时的职权。公民的权利，是指法律规定并以国家强制力保证的，公民享有的政治、经济、文化等各种权能，通常又称公民权。职权，是指国家机关、企事业单位及其公职人员依照法律执行公务时所具有的某种权能，也称权限或权力。国家机关、企事业单位作为民事法律关系主体参加民事法律关系时所享有的权能，也可使用权利一词。

2. 法律义务。是指法律规范所规定的法律关系主体所承担的某种必须履行的责任。它表现为：一是负有义务的人或组织必须按照权利享有者的要求作出某种行为，或不得作出某种行为，以满足权利享有者的要求。前者，如买卖法律关系中，买方有支付价款的义务，卖方有交付商品的义务；后者，如在家庭法律关系中，子女对父母有不作出虐待或遗弃行为的义务。二是当义务人不履行义务时，权利享有者有权请求国家机关依法采取必要的强制措施，以国家强制力保证其履行应尽的义务。

法律义务以义务主体的不同，通常可分为公民的义务和国家机关、企事业单位及其公职人员在依照法律执行公务时所必须履行的义务（职责）。公民的义务，是由法律规定和国家强制力保证的公民必须履行的某种社会责任。职责，是国家机关、企事业单位及其公职人员依照法律行使职权时所必须承担的相应义务。

法律权利与法律义务，是构成法律关系的内容的两个不可分割的方面，存在于法律关系的统一体中，相辅相成，互为条件。没有无义务的权利，也没有无权利的义务。在法律关系中一个主体享有权利，就意味着另一个主体负有义务；一个主体负有义务，也就意味着另一个主体享有权利。在我国，法律关系的参加者，既是权利的享有者，同时又是义务的承担者，体现了法律关系主体之间权利与义务的统一和平等。

十五、权利能力和行为能力

公民或法人作为法律关系主体参与法律关系，享受权利和履行义务时必须具有一定的资格和能力。这种资格或能力在法学上通常是指权利能力和行为能力的统一。权利能力和行为能力由法律明文规定，公民或法人只有同时具备法律赋予的权利能力和行为能力，才能实际参加某种具体的法律关系。

1. 权利能力。又称权义能力，即是指法律认可的公民或法人能够参加一定法律关系、享有一定权利和承担一定义务的能力。

公民的权利能力可分为一般的权利能力和特殊的权利能力。一般的权利能力是指全体公民一般都享有的权利能力，如，公民有劳动、休息、教育等权利能力。特殊的权利能力是指享受特定的权利和承担特定义务的能力，如，受法定年龄和政治条件限制的某些权利能力以及国家工作人员依法行使一定职权的权利能力。

公民的权利能力还可分为民事上的权利能力和政治上的权利能力。我国全体公民，不分性别、年龄、种族、民族、信仰和社会出身，从出生时起到死亡时止，都具有民事上的权利能力，可依法享有民事权利和承担民事义务。公民的政治上的权利能力，则可能因未达法定年龄而受到限制，如根据选举法的规定，只有年满18周岁的公民才有选举权和被选举权，也可能由于某些犯罪被剥夺政治权利而丧失。

法人的权利能力是法律赋予的法人具有享受民事权利和承担民事义务的能力。它从法人成立时产生，至法人终止时消灭。法人根据成立的宗旨、目的，在法律规定或主管机关批准的业务范围内享有权利能力，并对国家和社会承担相应的义务。法人的财产权、名称权、住所、名誉权、荣誉权、专利和商标权等项权利，受到国家法律保护，任何人不得非法侵犯。

2. 行为能力。即是指法律认可的，法律关系的主体能够以自己的行为依法行使权利和承担义务的能力。

公民的行为能力同其权利能力既有联系又有区别。具有行为能力的公民，必须首先具有权利能力，具有权利能力的公民，不一定都具有行为能力，国家赋予公民以权利能力，只表明他有取得权利和承担义务的资格，并不等于他已经实际取得了权利和承担了义务。公民的民事权利能力是平等的，始于出生，终于死亡，行为能力则不能随公民自然出生而产生。只有当公民达到一定年龄，能够通过自己的意志或意识对自己的行为的目的、性质和后果加以辨认和控制时，才具有行为能力。具有行为能力的公民，不仅可以通过自己的合法行为取得权利和承担义务，而且要对自己的违法行为所造成的后果负法律责任。

我国民法通则对公民的民事行为能力作了明确规定。一是完全民事行为能力人，指年满18周岁以上的成年人，具有完全民事行为能力，可以独立进行民事活动。16周岁以上不满18周岁的公民，以自己的劳动收入为主要生活来源的，也视为完全民事行为能力人。二是限制民事行为能力人，指10周岁以上的未成年人，可以进行与他的年龄、智力相适应的民事活动，其他民事活动由他的法定代理人代理，或者征得他的法定代理人的同意。不能完全辨认自己行为的精神病人也是限制民事行为能力人，可以进行与他的精神健康状况相适应的民事活动，其他民事活动由他的法定代理人代理，或者征得他的法定代理人的同意。三是无民事行为能力人，指不满10周岁的未成年人和不能辨认自己行为的精神病人，其民事活动由他们的法定代理人代理。

法人的行为能力，是法律赋予的法人通过自己的行为取得民事权利和承担民事义务的能力。法人的行为能力始于法人成立，终于法人解散或撤消。法人的行为能力的范围同其权利能力相一致，不得进行违背其宗旨、任务和经营范围以外的活动。法人的行为能力由其法人代表人行使，也可根据需要委托其他业务人员公民或法人代理。

十六、法律关系的主体

法律关系的主体，也称权利主体或权义主体，即是指法律关系的参加者，是在法律关系中依法享有权利和承担义务的人或组织。通常包括国家的公民，国家机关，企事业单位，社会组织的团体，国家，以及居住在所在国的外国人和无国籍的人。任何一种法律关系，没有享有一定的权利和承担一定的义务的主体参加，都是不能成立的。

法律关系主体的多少因法律关系性质的不同而有所差异，但不能少于两个。法律关系主体在法律关系中的地位虽然不尽相同，但通常每一主体既享有一定权利，同时又承担一定义务。

由于各历史类型国家和法律的性质不同，法律关系的性质和范围也不相同，但都是由该社会生产关系的性质所决定，并由该国法律明文规定。我国是社会主义国家，人民是国家的主人，一切公民，不分性别、种族、民族和社会出身、财产状况等，都平等地享有法定的权利和平等地履行法定的义务，他们都是平等的法律关系的主体。

十七、法律关系的客体

法律关系的客体,亦称权利客体或权义客体,即是指法律关系主体的权利和义务所指向的对象。没有客体,权利和义务就失去目标,成为无实际内容的东西。

由于国家和法律的性质不同,法律关系客体的内容和范围也不相同,我国社会主义法律关系客体一般认为有以下三种。

1. 物。法学上所指的物,即是指在法律关系中可以作为财产权利对象的物品和其他一切物质财富。法律意义上的物是可以为人们控制并且具有经济价值的一切物质财富。同一种物在不同性质国家中的法律地位不尽相同。在我国,并非一切物质财富都可成为一切法律关系的客体。某些物品和物质财富只有在特定的法律关系中才可成为法律关系的客体,如,国家森林、矿藏、水流及其他海陆资源,仅为国家所有权的客体。土地不能成为公民个人所有权的客体。

2. 行为。法学上所指的行为,即是指具有法律意义的法律关系主体的行为,在非财产性法律关系中,法律关系主体的行为也可以成为法律关系的客体。这种行为包括人们的一定作为和对一定行为的不作为,前者称积极的行为,后者称消极的行为。

3. 和人身相联系的非物质财富。法学上所指的和人身相联系的非物质财富,即是指法律关系主体通过智力活动所创造的精神财富,如,科学发明、技术发明、学术著作、技艺成果等。这些精神财富是非物质性的,但又同一定的人身密切联系,把它们当成权利和义务指向的对象时,便成为法律关系的一种特殊形式的客体。

在我国社会主义制度下,公民在法律面前一律平等,人只能是法律关系的主体,任何时候都禁止将人身和人格作为法律关系中的客体。

十八、法律关系的产生、变更和消灭

法律关系同其他社会关系一样,处于经常的发展变化之中。

法律关系的产生,是指在法律关系主体之间,形成了法律上的权利和义务的关系。如甲、乙依法签订某项经济合同,就形成甲、乙双方之间的权利和义务关系。

法律关系的变更,是指法律关系的主体、客体和内容发生部分的变化,从而形成主体间的新的法律关系。如主体间权利和义务的依法改变,标的数量、规格的改变等。

法律关系的消灭,是指法律关系,主体之间权利和义务关系的终止。如甲、乙依法签订的某项经济合同到期,甲、乙双方之间的权利和义务即告终止,甲、乙之间的法律关系消灭。

法律关系的产生、变更和消灭不是随意的,它以有关的法律规范的存在为前提,没有法律的有关规定,法律关系就不能产生。因此,法律规范是法律关系产生、变更和消灭的法律根据或前提。当法律规范所规定的情况出现时,才能引起法律关系的产生、变更和消灭。这种能够直接引起法律关系产生、变更和消灭,以及因此而招致一定的法律后果的现象和情况,称为法律事实。

法律事实可分为法律事件和法律行为。

法律事件,是指不以有关当事人的主观意志为转移而发生的客观现象。由于这种现象的发生,根据有关法律的规定,便引起法律关系的产生、变更和消灭。例如,人的死亡,

能引起继承关系的发生和婚姻法律关系的消灭；地震灾害，能引起财产、继承、债务等法律关系的产生、变更或消灭。

法律行为，是指能够引起法律关系产生、变更和消灭的人们有意的行为，其中包括作为和不作为。法律行为的成立必须具备两个条件，一是人们从外部表现出来的举动。如果仅有心理状态而无举动，不是法律行为。二是必须是有自觉意识或意志的举动。无行为能力人的举动，不是法律行为。

法律行为按其性质而论，可分为合法的法律行为和违法的法律行为。合法的法律行为，是指行为的内容和方式都符合法律规定的行为。合法的法律行为能引起法律关系的产生、变更和消灭的情况是广泛而多样的。例如，合同的缔结、职工的录用、审判机关的判决等。违法的法律行为，是指行为的内容和方式违背法律规定的行为。违法行为能引起各种不同法律关系的产生。首先会引起违法者和权益受害者之间的法律关系，如损害他人财产的侵权行为，致害人和受害人之间会产生损害赔偿法律关系。另外，违法行为也可引起违法者与国家机关之间法律关系的产生，如诉讼法律关系等。违法行为既可引起法律关系的产生，也可引起法律关系的变更或消灭。如在合同法律关系中，当事人一方违反合同时，另一方可以依法请求变更或解除合同。

十九、违法

违法，是指国家机关和武装力量、政党和社会团体、企业事业组织、公民和公职人员违反国家现行法律、法规的规定，从而造成某种危害社会的、有过错的行为。

违法一般有广义和狭义之分。广义的违法是指一般违法和严重违法，包括犯罪在内。狭义的违法仅指一般违法，不包括犯罪在内。人们通常所指的违法是从狭义上讲的。

违法是由特定因素构成的，构成违法的要素有以下几个方面。

1. 违法必须是人们的一种危害社会的行为。人们的行为与人们的思想有关，但单凭思想或意识活动不能构成违法。思想意识是属于主观方面的，行为是主观见之于客观的。思想不是行为，思想不通过外在的行为表现出来，就不可能对客观世界产生任何作用。即使某人有违法的思想，但只要他的思想尚未表现为外在的行动，就不可能对社会造成危害性，当然也就谈不上违法。因此，必须严格区分违法行为与思想问题的界限。

法律所要惩罚的是给社会造成危害的行为，而不是思想。因此，在认定违法时，必须以人们对社会有一定的危害性的行为作为客观依据。

2. 违法必须是侵犯了法律所保护的社会关系与社会秩序，对社会造成了一定的危害。任何一种违法都有被侵害的客体，因为任何一种违法行为都发生在一定的社会关系或社会秩序中，也必然对一定的社会关系或社会秩序造成危害。因此，必须把对社会危害性作为违法的依据之一。如果某种行为没有侵犯法律所保护的社会关系和社会秩序，就不具有社会危害性，就不能认定为违法。

3. 违法必须是行为人的故意或过失，即行为人有主观上的过错。人的行为总是受思想所支配，一切违法的人都由他们的心理状态所驱使。有的是明知自己的行为会造成社会危害性，并且希望或者放任这种危害结果的发生，这是一种故意造成的违法。也有的是由于疏忽大意、过于自信的行为造成对社会的危害，这是一种过失造成的违法。行为人的故意或过失这种心理状态是构成违法的必备条件，是必须承担法律责任的主观方面的因素。

在法的适用中，确定某一个人的行为是否违法，必须把客观危害和主观的故意或过失这两方面统一起来。虽然某一行为在客观上造成了危害，但主观上并没有过错，就不应认定为违法。

4. 违法主体必须是达到了法定年龄、具有责任能力或行为能力的自然人或依法成立的法人。违法是对社会有危害的行为；但并不是任何人的危害社会的行为都是违法。只有达到了责任年龄和具有责任能力或行为能力的人，才能构成违法的主体，才对自己的行为承担违法的责任。这里所指的责任能力是指有理解、辨认和控制自己行为的能力。

根据我国刑法规定，已满16周岁的人犯罪应当负刑事责任。已满14周岁不满16周岁的人，犯故意杀人、故意伤害致人重伤或者死亡、强奸、抢劫、贩卖毒品、放火、爆炸、投毒罪的，应当负刑事责任。已满14周岁不满18周岁的人犯罪，应当从轻或者减轻处罚。因不满16周岁不予刑事处罚的，责令他的家长或者监护人加以管教；在必要的时候，也可由政府收容教养。刑法第十八条规定，精神病人在不能辨认或者不能控制自己行为的时候造成危害结果，经法定程序鉴定确认的，不负刑事责任，但是应当责令他的家属或者监护人严加看管和医疗；在必要的时候，由政府强制医疗。间歇性的精神病人在精神正常的时候犯罪，应当负刑事责任。尚未完全丧失辨认或者控制自己行为能力的精神病人犯罪的，应当负刑事责任，但是可以从轻或者减轻处罚。醉酒的人犯罪，应当负刑事责任。根据我国民法通则规定，民事违法的主体是公民和法人。18周岁以上的成年人，是完全民事行为能力人，10周岁以上的未成年人是限制民事行为能力人，不满10周岁的未成年人、不能辨认自己行为的精神病人是无民事行为能力人。公民、法人违反合同或者不履行其他义务的，应当承担民事责任。无民事行为能力人、限制民事行为能力人造成他人损害的，由监护人承担民事责任。因不能抗力不能履行合同或者造成他人损害的，除法律另有规定外，不承担民事责任。对承担民事责任的公民或法人，需要追究行政责任的，应当追究行政责任，构成犯罪的，应当依法追究刑事责任。

上述构成违法的四个要素，是相互联系、相互制约、缺一不可的，包括主观方面和客观方面。违法是主观要素和客观要素的统一，缺少哪一个方面都不能构成违法，在认定某一行为的违法性时必须进行全面分析。

二十、违法的种类

违法可分为以下几种。

1. 刑事违法，也称犯罪。是指触犯刑事法规应受刑罚的行为。
2. 民事违法。是指违反民事法规（包括民法、劳动法等）应当追究民事责任的行为。它包括两种情况：一是公民、法人违反民事法规的行为，例如，合同的当事人没有按合同的约定全部履行自己的义务造成对方的某种损失的行为；二是国家工作人员执行公务时的违法行为，例如，国家机关或者国家工作人员在执行职务中，侵犯公民、法人的合法权益造成损害的行为。
3. 行政违法。是指违反国家行政管理法规的行为。它包括两种情况：一是国家工作人员执行职务时的轻微违法行为或违纪行为；二是公民、法人违反行政管理法规的行为。
4. 经济违法。是指违反经济法规的行为。经济违法可分为一般经济违法和严重经济违法。前者是指违反一般经济法规的行为，相当于民事违法和行政违法的性质。后者是指经济领域的犯罪活动，属于刑事违法。

5. 违宪。是指相应国家机关制定的某种法律和法规，以及国家机关、社会组织或公民的某种活动与宪法的原则或内容相抵触。

二十一、犯罪

犯罪是指危害统治阶级利益和统治秩序应给以刑罚处罚的行为。

犯罪行为是阶级社会中的一种特有现象，具有鲜明的阶级性，不同社会制度的国家对犯罪有着不同的规定。

我国刑法明确规定："一切危害国家主权、领土完整和安全，分裂国家、颠覆人民民主专政的政权和推翻社会主义制度，破坏社会秩序和经济秩序，侵犯国有财产或者劳动群众集体所有的财产，侵犯公民私人所有的财产，侵犯公民的人身权利、民主权利和其他权利，以及危害社会的行为，依照法律应当受刑法处罚的，都是犯罪。但是情节显著轻微危害不大的，不认为是犯罪。"这个规定是认定犯罪，划分罪与非罪的基本依据。

我国刑法规定的情节显著轻微危害不大的，不认为是犯罪，这是对犯罪定义的重要补充，它从什么认为是犯罪的角度补充说明了什么是犯罪。这同"犯罪情节轻微，不需要判处刑罚的，可以免予刑事处罚"是有原则区别的，前者不认为是犯罪，后者是认为犯罪，但不需要判处刑罚。

犯罪有以下基本特征。

1. 犯罪是危害社会的行为。即对社会有一定的危害性，这是犯罪最本质的特征，这是区分犯罪与非罪、犯罪与一般违法行为、犯罪与错误行为的界限的基础。行为人的某种行为之所以被认定为犯罪，从本质上说，就是因为它具有社会危害性，不具有社会危害性的行为就不能认定为犯罪。

犯罪行为具有社会危害性，包括两种情况：一是已经造成实际性的危害。例如，致人重伤、致人死亡，都是已经造成实际危害。二是可能造成的危害。如某些犯罪的预备行为、未遂行为等，都属于这种情况。例如，卸走了火车轨道上的关键螺栓，这就有可能造成翻车事故，虽然尚未造成翻车事故，但已经实施了破坏行为，而这一行为又很有可能导致严重后果，因此构成犯罪，但这种情况必须是法律上有明确规定的。

由此可见，行为的社会危害性是犯罪的本质特征。但是，也不能把一切引起危害社会后果的行为都认定为是犯罪，有些行为在客观上虽然造成了损害，但不是出于故意或过失，就不能认为是犯罪。例如，一个司机驾驶汽车以正常速度在马路上行驶，突然有一个小孩从车前跑过，司机紧急刹车，由于车身剧烈震动，车上有一患有严重心脏病的乘客当即死亡。尽管乘客死亡的直接原因是由于汽车司机紧急刹车所引起的，但这种结果并非出于司机的故意或过失，也无法预见或者抗拒这一事件的发生，因而就不能认定为这个司机有罪。

2. 犯罪是触犯刑律的行为。即具有刑事违法性，刑事违法性是社会危害性在法律上的表现。

然而，并不是所有具有社会危害性的行为都是犯罪，如果某种社会危害性的行为没有违反刑法，就不是犯罪。例如，违反交通规则，违反某些行政法规，也都具有社会危害性，但不能认定为犯罪。只有刑法中明文规定禁止危害社会的行为才是犯罪。

3. 犯罪是应当受刑罚处罚的行为。即具有应受惩罚性，它是前两个特征产生出来的法律后果。犯罪行为具有严重的社会危害性，还必须是按刑法规定应当受刑罚处罚的行为。因此，犯罪具有应受惩罚性。

对社会有危害性、违反刑法规定和应受刑法处罚的行为，是犯罪的基本特征，这三个特征紧密结合，缺一不可，构成了完整的犯罪概念。例如，厂矿企业的职工由于不服从管理，违反安全生产规章制度进行操作，发生了重大伤亡事故，造成了危害社会的严重后果的行为，已经触犯了刑法中危害公共安全罪第134条的规定，因此，这种行为就是犯罪行为，应受到刑罚处罚，处3年以下有期徒刑或者拘役；情节特别恶劣的，处3年以上7年以下有期徒刑。

二十二、故意犯罪与过失犯罪

由于犯罪人犯罪时的心理状态不同，犯罪可以分为故意犯罪和过失犯罪。

1. 故意犯罪。是指明知自己的行为会发生危害社会的结果，并且希望或者放任这种结果发生，因而构成犯罪的一种行为。

故意犯罪有两种情况。一是直接故意犯罪，即行为人明知自己的行为会发生危害社会的结果，并希望发生这种结果。例如，张某明知用斧头猛砍王某的头部会造成王某的死亡，而用斧头向王某猛砍，结果造成王某的死亡，这时，张某的杀人行为属于直接故意犯罪。二是间接故意犯罪，即行为人明知自己的行为会发生危害社会的结果，并且放任这种结果的发生。这里所谓的放任，就是行为人虽然不希望这种结果的发生，但不设法防止这种结果的发生，而采取漠不关心、听之任之的态度。例如，李某把毒药拌入食物中想毒死妻子，李某明知这样有可能会把一起吃饭的儿子毒死，但他采取漠不关心的放任态度，结果造成其儿子中毒死亡。李某毒死妻子是直接故意犯罪，毒死其儿子是间接故意犯罪。

直接故意与间接故意都是故意犯罪。我国刑法第14条规定，故意犯罪，应当负刑事责任。

2. 过失犯罪。是指应当预见自己的行为可能发生危害社会的结果，因为疏忽大意而没有预见，或者已经预见而轻信能够避免，以致发生这种结果的一种行为。

过失犯罪也有两种情况。一是行为人应当预见自己的行为可能发生危害社会的结果，因为疏忽大意而没有预见，以致发生这种结果，这属于疏忽大意的过失。例如，民兵班长张某，在练习射击时，事先没有验枪，就自认为枪膛里没有子弹，实际是枪膛里有子弹没有退出，由于随手扣动扳机，将一人打死，这就属于疏忽大意的过失。如何判断行为人对自己的行为会发生危害社会的结果应不应当预见，这要根据当时的具体情况，根据行为人的年龄、知识水平、工作经验和技术熟练程度来确定。上面所说的民兵班长张某应当预见到事先如不认真验枪，就有可能发生走火伤人或死亡。二是行为人已经预见到自己的行为可能会发生危害社会的结果，但是轻信能够避免，而结果却没能够避免，以致发生危害社会的结果，这属于过于自信的过失。例如，在公路处于山高路窄，非常险要的地段，汽车通过时必须减速慢行，汽车司机王某也预见到这种危险，但是过于相信自己的技术经验，不按交通规则办事，仍然快速行驶，结果造成翻车和重大的伤亡事故，这就属于过于自信的过失。

我国刑法规定，过失犯罪，法律有规定的才负刑事责任。也就是说，行为人有过失的行为，只有在法律上有明确规定的已经造成危害社会的严重后果的情况下，才构成过失犯罪，并负刑事责任。

由上可知，故意和过失在主观上和恶性程度上显然是有明显的差别的，因而在处理轻重上也有所不同。

二十三、紧急避险

紧急避险，是指为了使公共利益、本人或者他人的人身和其他权利免受正在发生的危险，在紧急情况下，不得已采取侵犯法律所保护的公共或他人利益的有限度的行为。

紧急避险的实质是两项合法权益发生冲突时，为了保护更大的利益而不得已采取损害另一种较小利益的行为。因而它是有利于社会的一种行为。如，一艘货轮在远离港口的航行中，突然遇到狂风巨浪的袭击，在附近又没有避风港可以避险的情况下，如不立即采取紧急措施，随时都有可能船翻人亡。为了避免全船沉没，船长不得已下令将船上一部分货物抛入海中，这种行为就属于紧急避险行为。

根据我国刑法规定，紧急避险行为不负刑事责任。

但是，避免个人危险不适用于职务上、业务上负有特定责任的人。如消防队员负有救火的职责，医生负有救护病人的职责，人民警察负有维护社会治安的职责，等等。当他们在履行职责时，不能以避免本人的人身或其他权利遭到损害而借紧急避险为理由，逃避自己的义务。如一艘轮船在航行中突然起火，船长和船上担负主要责任的人员，不顾全船人的安危，划一舢板逃命而去，结果造成全船的人和财产的重大损失，这就不是紧急避险行为。紧急避险是在公共利益、本人或他人的人身和其他权利受到正在发生的危险时，而迫不得已所采取的行为。因此，对不存在的、尚未面临的，或者想象推测的危险，都不能采取紧急避险行为。在紧急避险中，避免的损失必须大于引起的损失。

根据我国刑法规定，紧急避险超过必要限度造成不应有的危害的，应负刑事责任；但是应当酌情减轻或者免除处罚。

二十四、法律责任

法律责任，是指公民、公职人员、法人或者其他法律关系的主体，因实施某种违法行为对国家或者受危害者必须承担具有强制性的相应的法律后果。也就是说，凡是实行某种违法行为，而且这种行为在造成国家或者个人利益受到损害的情况下，要负法律上的责任。

法律责任不同于其他社会责任，如道义责任。法律责任是与违法行为联系在一起的，只有某种违法行为存在，才能追究法律责任，没有违法行为，就不应承担法律责任。法律责任是由法律明文规定的，什么样的违法行为要承担什么样的法律责任，在法律上都有明确而具体的规定。法律责任具有国家强制性，由国家司法机关和国家授权的行政机关依法追究法律责任，并由国家强制力保证其执行。在我国追究违法者的法律责任是为了保护国家、社会和广大人民群众的利益，保护社会主义的社会关系和社会秩序，对违法者个人立足于教育和挽救。我国的法律责任只能限于违法者本人承担，决不能株连无辜的亲属和其他人。

由于违法行为的性质和危害的程度不同，违法者所承担的法律责任也不相同。法律责任一般可分为以下几种。

1. 刑事法律责任。是指当事人触犯了刑事法律的规定所应当承担的责任。对负有刑事法律责任的当事人，应当由司法机关按照法律程序加以确认，并给予应有的刑事制裁。如：违反危险品管理规定而造成重大事故的。

2. 民事法律责任。是指当事人违反了我国民事法律的规定所应当承担的责任。如产品质量不合格致人损害的要负赔偿责任。

3. 经济法律责任。是指当事人违反了国家经济法律的规定所应当承担的责任。如依照国家经济合同法签订的经济合同，由于违约造成对方一定的经济损失，应承担经济赔偿。

4. 行政法律责任。是指当事人违反了行政法律的规定所应当承担的责任。如违反消防安全有关规定的要受行政纪律处分或治安管理条例的有关处罚。

二十五、法律制裁

法律制裁，是指国家专门机关或国家授权机关对违法者依其所应负的法律责任而采取的惩罚措施。在我国社会主义制度下，法律是代表人民意志和利益的，凡属于危害社会的不法行为，都要受到法律制裁。没有违法行为就不该承担法律责任，也就不应当受法律制裁。

由于对违法追究法律责任和实施法律制裁的主体不同，法律制裁一般可分为司法制裁和行政制裁两大类。

1. 司法制裁。是指由国家司法机关对违法者依其应负的法律责任而实施的制裁。包括刑事制裁、民事制裁和经济制裁。

（1）刑事制裁。是指国家对犯罪者依其所应承担的刑事责任而实施的刑罚制裁。根据我国刑法规定，刑罚分主刑和附加刑两类。主刑包括管制、拘役、有期徒刑、无期徒刑、死刑五种。附加刑包括罚金、剥夺政治权利、没收财产三种。附加刑也可以独立适用。对于犯罪的外国人，可以独立适用或者附加适用驱逐出境的刑罚。

（2）民事制裁。是国家对违法者以其应负的民事责任所给予的制裁。根据我国民事法律的规定，民事制裁的主要方式有：停止侵害、排除妨碍、消除危险、返还财产、恢复原状、赔偿损失、支付违约金、消除影响、恢复名誉、赔礼道歉等。以上方式可以单独适用，也可以合并适用。人民法院审理民事案件，除适用上述制裁方式外，还可以予以训诫、责令具结悔过、收缴进行非法活动的财物和非法所得，并可以依照法律规定处以罚款、拘留。

（3）经济制裁。是指国家有关机关，根据经济法规，对社会主义经济组织或个人的违法行为所采取的一种经济性的强制措施，其方式主要有：赔偿经济损失、罚款、没收财产、停止贷款、停产整顿等。

2. 行政制裁。是指由国家行政、经济管理机关对违法者依其应负的法律责任而实施的制裁。包括行政处罚、行政处分、经济处罚和劳动教养。

（1）行政处罚。是指国家特定的行政、经济管理机关对犯有轻微违法行为而尚不够刑事处罚的违法者所实施的制裁。行政处罚必须根据法律，由有关的行政、经济管理机关实施。如，违反治安管理的处罚由公安机关实施，违反物价管理的处罚由工商行政管理机关实施。行政处罚的方式主要有：警告、罚款、没收、拘留等。

（2）行政处分，又称纪律处分。是指国家机关、企业事业组织根据法律或规章制度，按照行政隶属关系对犯有轻微违法失职行为或违反内部纪律人员所实行的制裁。行政处分的方式有：警告、记过、记大过、降级、降职、撤职、留用察看、开除等。

（3）经济处罚。是指在行政法规中对负有责的个人或社会经济组织的制裁。如，职工违反《企业职工奖惩条例》的有关规定，应分别情况给予行政处分或者经济处罚，企事业组织违反食品卫生法的有关规定，应给予经济处罚措施。

（4）劳动教养。是指对犯有违法行为，但又不够刑事制裁的人所实施强制性劳动改造的行政措施。

二十六、法律监督

法律监督，是我国社会主义制度下保证法律统一执行和正确实施的一项法律制度。

我国宪法对法律监督作了明确规定，主要有以下三个方面。

1. 最高国家权力机关及其常设机关的监督。我国宪法规定，全国人民代表大会是我国最高国家权力机关，有权监督宪法和法律的实施，有权改变或者撤销全国人民代表大会常务委员会不适当的决定，以维护法律的统一。全国人大常委会有权撤销国务院制定的同宪法、法律相抵触的行政法规、决定和命令；有权撤销省、自治区、直辖市国家权力机关制度的同宪法、法律和行政法规相抵触的地方性法规和决议。

2. 地方权力机关及其常设机关的监督。我国宪法规定，县以上的地方各级人民代表大会有权改变或者撤销本级人民代表大会常委会不适当的决定。县以上的地方各级人大常委会有权监督本级人民政府、人民法院和人民检察院的工作；有权撤销本级人民政府的不适当的决定和命令；有权撤销下一级人民代表大会的不适当的决议。

3. 专门机关的监督。我国宪法规定设立人民检察机关，依法独立行使检察权，作为法律监督的专门机关。人民检察院实行的法律监督，一般可分为法纪监督、侦查监督、审判监督和劳改监督等。

加强法律监督，搞好社会法制的综合治理，对开展同违法现象作斗争，营造良好、安定、和谐的社会环境，具有特别重要的意义。

二十七、调解

调解，是指在第三者的主持下，依照国家的法律、政策以及社会主义的道德规范，对人民内部发生的纠纷，调查研究，弄清真相，评断是非，说明劝导纠纷双方当事人自愿协商，排除争端，改善关系，达到和解的一种方法的活动。

调解的特点是在第三者的主持下进行的，第三者可以是个人，也可以是群众团体、调解组织、企事业单位、国家行政机关或司法机关，调解是以劝说的方式解决纠纷，从而调整和改善双方当事人之间的权利和义务的关系。

调解工作是我国司法制度的重要组成部分，我国目前调解工作分为三种。

1. 人民调解。是指在人民调解委员会的主持下，依照法律、政策及道德规范，调整民事纠纷的一种非诉讼的群众性活动。人民调解的主要任务是调解一般民事纠纷和轻微的刑事纠纷，防止纠纷激化，达到维护社会秩序的安定与和谐。所谓一般民事纠纷，是指不太复杂、争执不大的因合法权益受到侵犯或者发生争议而引起的纠纷，如因恋爱、婚姻、家务、扶养、房屋、债务、继承、赔偿、宅基地以及其他生活、生产上的问题引起的纠纷。所谓轻微的刑事纠纷是指触犯刑法尚未构成犯罪和违反治安管理处罚条例的行为所引起的纠纷，如因轻的伤害、损害名誉、干涉婚姻自由、虐待、遗弃等行为引起的纠纷。

在人民调解工作中，对性质严重、情节复杂、影响面大，以及调解不成的纠纷，可移送人民法院处理。

2. 行政调解。是指在负有调解纠纷职责的国家行政机关的主持劝说下，双方当事人自愿协商，解决纠纷的一种非诉讼性的调解活动。

3. 人民法院调解。是在人民法院的主持下，通过说服教育，双方当事人互谅互让，使诉讼得到解决的诉讼活动。人民法院调解的特点是调解范围广泛，不受诉讼案件或诉讼金额的限制，只要双方当事人同意或者有调解的希望与可能，都可以按调解程序进行调解。在民事诉讼中，调解贯穿于各个阶段，诉讼前可以调解，诉讼终审判决前的各个阶段均可进行。

调解工作应遵守以下原则：一是必须按照国家的法律、政策进行调解；二是必须取得双方当事人同意，不能强迫调解；三是必须保护当事人的诉讼权利。调解不是起诉的必经程序，不得因未经调解或调解不成而阻止当事人向人民法院起诉。

为了保证秉公调解，为民解决纠纷，调解人员在调解工作中必须严格遵守纪律。一是坚持原则，秉公调解，不得徇私舞弊；二是不得对当事人进行搜查、扣押、处罚或变相处罚；三是不得对当事人进行压制、威胁和打击报复；四是不得泄漏当事人的隐私。

调解工作在我国的政治、社会生活中发挥着重大而又积极的作用，它及时公正地调解民事纠纷，增强人民内部团结，有利于建立和维护社会主义新型的人与人之间的关系。它可以防止民事纠纷激化而酿成的危及人民生命、财产安全的恶性事件的发生。减少违法行为与犯罪行为，有利于促进社会治安的根本好转。调解工作通过大量的宣传教育工作，提高了人民群众的法制观念和道德水平，树立良好社会风气，加强社会主义民主与法制建设，保障现代化建设的顺利进行。

二十八、仲裁

仲裁，亦称公断，是指双方当事人对某一事件或某一问题发生争议，提请第三者对争议作出具有约束力的裁决的活动。

仲裁与调解不同。虽然仲裁和调解都是解决双方当事人之间的纠纷，但是有明显的区别。一是调解是以争议双方自愿为前提的，主持调解的第三者只能说服双方当事人互谅互让达成协议，如果达不成调解协议，第三者无权作出决定。而仲裁机关解决争议，虽然也主持调解，并力争调解解决双方当事人之间的纠纷，但如果调解不成，有权根据事实和依照法律作出裁决。二是第三者主持调解达成的协议不具有法律效力，而仲裁机关作出的裁决生效后具有法律效力。即使是仲裁机关主持下达成的调解协议，送达之后也发生法律效力，当事人必须执行。否则，权利人可向人民法院申请强制执行。

在我国，根据仲裁所要解决的争议性质，可分为国际仲裁、涉外仲裁、劳动仲裁、经济仲裁，等等。

二十九、公证

公证，就是由国家作证明。它是国家公证机关根据公民、机关、团体、企事业单位的申请，对其法律行为，或者有法律意义的文书、事实，证明它的真实性与合法性的一种非诉讼活动。

我国民间早就存在着由中人或称保人作见证的习惯。但公证与私证不同，它是由公证机关代表国家作的合法、有效的证明。公证机关在受理当事人的申请以后，根据国家的政策和法律，对当事人的身份、行使权力和履行义务的能力，申请办理公证的事实和文书的真实性、合法性进行审查。发现有不真实、不合法的情况，就要求当事人进行修改，并帮助当事人把契约或其他文书上的某些意义含混、内容不完善、不明确、不具体的条款加以补充或修正。对拒绝修改的不予公证。通过公证，对当事人进行法制教育，防止当事人在签订契约或者其他文件时可能发生的不严肃、不认真或欺诈行为。凡经审查，确认不真实、不合法的，公证机关将驳回申请，拒绝公证。当事人不服可向公证处所在地的市、县司法行政机关，或者上级司法行政机关提出申诉。凡经审查，符合公证要求的，公证机关即发给公证书。同时对公证后的执行情况检查监督，发现问题，随时向有关部门提出建议或直接加以制止。

当事人申请办理公证的事项，经公证机关证明后，它的真实性、合法性即得到国家的确认，具有了无可置疑的法律效力，使当事人的合法权益得到有效的保障，纠纷和诉讼得到预防和减少。即使发生了诉讼，因事先经过公证，人民法院在审理案件时可以直接采证，除有相反证据足以推翻公证证明的以外，纠纷也就容易得到迅速而正确的解决。

我国的公证制度是社会主义性质的，是国家司法制度的组成部分，是预防纠纷，维护法制，巩固法律秩序的一种司法行政手段。

1982年4月13日，国务院发布的《公证暂行条例》，是我国第一个公证法规。它以法律形式对我国公证制度的性质、公证处的业务、组织领导、公证管辖、办理公证的程序等作了明确的规定。2005年8月28日第十届全国人民代表大会常务委员会第十七会议通过了《中华人民共和国公证法》，对总则、公证机、公证员、公证程序、公证效力、法律责任等均作了规定。该法自2006年3月1日起施行。

我国行使国家公证职能的机关设在市、县所在地的公证处。公证处受所在地的市、县司法行政机关和上级司法行政机关监督、指导。公证处办理的业务分为国内公证和涉外公证两个方面，其主要活动是：

根据自然人、法人或者其他组织的申请，公证机构办理下列公证事项：

1. 合同；
2. 继承；
3. 委托、声明、赠与、遗嘱；
4. 财产分割；
5. 招标投标、拍卖；
6. 婚姻状况、亲属关系、收养关系；
7. 出生、生存、死亡、身份、经历、学历、学位、职务、职称、有无违法犯罪记录；
8. 公司章程；

9. 保全证据;

10. 文书上的签名、印鉴、日期,文书的副本、影印本与原本相符;

11. 自然人、法人或者其他组织自愿、申请办理的其他公证事项。

根据自然人、法人或者其他组织的申请,公证机构可以办理下列事务:

1. 法律、行政法规规定由公证机构登记的事务;

2. 提存;

3. 保管遗嘱、遗产或者其他与公证事项有关的财产、物品、文书;

4. 代写与公证事项有关的法律事务文书;

5. 提供公证法律咨询。

中华人民共和国驻外使(领)馆可依照该法的规定或者中华人民共和国缔结或者参加的国际条约的规定,办理公证。

公证机关办理公证有它的管辖范围,大部分的公证行为由申请人户籍所在地、经常居住地、法律行为地或者事实发生地的公证处办理。

公民或法人向公证处申请公证行为,在通常情况下,申请人应亲自到公证处提出书面或口头申请,口头申请应由公证员作成书面记录。如果不能亲自到公证处,可委托他人代理,申请人是法人的,可由法人出具授权书或介绍信派代表到公证处。公证处接受申请后,即先行登记而后加以审查。审查无误,即出具公证书。在出具公证书之前,当事人如认为自己的申请没有必要,也可以用口头或书面方式提出撤回。公证员在问明原因,作好笔录后,将有关证件、文书退回。

此外,公证处以及它的同级或上级司法行政机关一经发现发出的公证书有不当或有错误时,有权宣布撤销公证书。撤销的决定应及时告知当事人或有关单位。

第二节 安全生产与法律

一、宪法

宪法是上层建筑的重要组成部分,它规定国家的根本制度、根本任务、国家机关的组织及其活动的基本原则,以及公民的基本权利和义务等。

宪法在法律体系中居于主导地位,是制定其他法律的基础和依据,同其他法律相比较,有显著的区别。

1. 宪法规定的是一个国家生活中根本性问题。而其他法律只规定国家生活和社会生活中的某方面问题。如,宪法规定公民的基本权利中,公民享有劳动权、休息权等,而劳动法则对厂矿企业职工的招工、劳动保护等作具体的规定。

2. 宪法具有最高的法律效力。它是国家进行立法工作的法律基础和依据,所有违反宪法或与宪法相抵触的法律都不具备法律效力,必须修改或废止。因此,通常又把宪法称为"母法",其他法律称为"子法"。

3. 宪法的制定和修改必须经过特别程序。为了保障宪法的权威性和稳定性,我国宪法的制定和修改是通过全国人民代表大会进行的,修改宪法的提议由全国人民代表大会常务委员会或者五分之一以上的全国人民代表大会的代表提议,并由全国人民代表大会以全体代表的三分之二以上的多数通过。

4. 宪法在解释和监督实施上也有不同于其他法律的特别规定。

目前，世界上的宪法基本上分为两大类型；即资本主义类型的宪法和社会主义类型的宪法。资本主义类型的宪法是建立在生产资料私有制基础之上的，它维护资本主义的国家制度和社会制度；社会主义类型的宪法是建立在生产资料公有制基础之上的，它维护社会主义的国家制度和社会制度。

我国的宪法是一部社会主义的宪法。自从1949年10月1日新中国成立以来，我国先后制定、公布了四部《中华人民共和国宪法》，即1954年宪法；1975年宪法；1978年宪法和1982年宪法。

我国现在实施的宪法是1982年宪法，是由第五届全国人民代表大会第五次会议于1982年12月4日通过，并公布施行的。并分别于1988年、1993年、1999年和2004年分别进行了修订。它总结了我国社会主义建设的丰富经验，反映了新中国50多年来我国所取得的成就，是一部具有中国特色的、适应社会主义现代化建设需要的宪法，是我国新的历史时期治国安邦的总章程。

二、我国公民的基本权利和义务

公民权利，是指由国家宪法和法律赋予并保障公民享有的权利和自由。

公民义务，是指由国家宪法和法律规定的公民对国家和社会必须履行的责任。

公民的权利和义务是法定的，对全体公民具有约束力。国家对公民享有的权利，在法律上和物质上给予保证，但是否享受、行使，由每一个公民根据自己的意愿和能力来决定，自动放弃某项法定权利，法律不予干涉。但是，履行公民的义务则是每一个公民应尽的责任，任何时候，任何情况下，不得拒不履行，否则要受到法律的追究。

公民的权利和义务具有统一性，是不可分割的，任何公民享有宪法和法律规定的权利，同时必须履行宪法和法律规定的义务。公民只有享受正当的权利和自由，才能自觉地履行自己的义务。然而任何一个公民在行使权利和自由时，不得损害国家的、社会的、集体的利益和其他公民的权利，否则也要受到法律的追究。在我国，公民在法律面前一律平等。因此，没有只享受权利和自由而不尽义务的特殊公民，也没有只尽义务而不享受权利的无权公民。每一个公民都应正确地处理个人同国家和社会的关系，树立正确的义务观念，公民的权利才能得到充分的体现。

按照我国1982年12月公布的现行宪法规定，我国公民的基本权利如下。

1. 政治权利和自由。一是选举权和被选举权。凡年满18周岁的公民都有选举权和被选举权。它包括：公民有权按照自己的意愿选举组成国家权力机关的人民代表；公民自身有被选举为人民代表的权力；公民有依照法定程序罢免不称职的人民代表的权利。但依法被剥夺政治权利的人除外。二是言论、出版、集会、结社、游行、示威的自由。公民可以通过行使这些民主自由的权利，来充分表达自己对国家大事的意见和要求，反映人民的呼声，表达人民的愿望。三是批评、建议权和申诉、控告、检举权及取得赔偿权。这一权利的主要内容是：广大人民群众有批评、建议、监督国家机关和国家工作人员的权利，对于任何违法失职的国家工作人员有权揭发检举、控告和要求处理；任何公民当自己的合法权益遭到侵害时，有权向各级国家机关提出申诉，有要求重新处理的权利；公民的申诉权、控告和检举权是受到宪法保护的，有关国家机关必须认真负责处理；如果有人压制和打击报复，要依法追究责任；由于国家机关和国家工作人员的侵权行为，而使公民的合法权益受到损失时，公民有权依法取得赔偿。

2. 人身权利和自由。公民的人身自由和人格尊严不受侵犯；住宅不受侵犯；通讯自由和通信秘密受法律保护。我国法律严格禁止对公民的人身进行非法的拘捕、管制、搜查以及其他侵害，禁止用任何方法对公民进行侮辱、诽谤和诬告陷害，禁止非法搜查或非法侵入公民的住宅。除因国家安全或者追查刑事犯罪的需要，由公安机关或者检察机关依照法律规定的程序对通信进行检查外，任何组织或者个人不得以任何理由干涉或侵犯公民的通信自由和通信秘密。

3. 社会经济权。主要有劳动权、休息权和物质帮助权。劳动权是指有劳动能力的公民有获得工作和取得劳动报酬的权利。休息权和劳动权是密切相联的，没有劳动权也谈不上休息权。我国现实行的是8小时工作制和每星期休息2天的制度，以及各种形式的休息疗养制度，这些都是劳动者休息权的体现。物质帮助权是指劳动者在丧失劳动能力或暂时失掉劳动能力时，得到生活上的保障，享受集体福利的一种权利，如劳动保险、社会救济、公费医疗、离退休制度等。

4. 文化教育权利和自由。公民有受教育的权利，有从事科学研究、文学艺术创作和其他文化活动的自由，国家对于从事科学、教育、文化艺术、新闻出版、卫生体育等文化事业的公民的创造性工作，给予鼓励和帮助，大力发展教育事业，努力提高教育水平。

5. 妇女的权益和婚姻、家庭、母亲、儿童受到国家保护。我国广大妇女在政治上、经济上的地位不断提高，她们同男子平等地参加政治活动和社会活动，共同管理国家大事，行使当家作主的权利，不少妇女还担任了国家机关的各种职务，广大妇女在各条战线发挥了越来越重要的作用。国家保护婚姻、家庭，保护母亲和儿童的合法权益，禁止干涉婚姻自由，破坏家庭以及虐待老人、妇女和儿童的行为。

6. 宗教信仰自由。既包括任何公民有信仰宗教的自由或不信仰宗教的自由，也包括有信仰这种或那种宗教的自由，不论信仰或不信仰宗教，也不论信仰那种宗教，在政治上、法律上一律平等。不允许因宗教信仰的不同而受到歧视或享有特权。国家保护正常的宗教活动，但是任何人不得利用宗教进行破坏社会秩序，损害公民身体健康，妨碍国家教育制度的活动。宗教团体和宗教事务不受外国势力的支配。但是，宗教信仰和封建迷信是两回事，不能混为一谈。

7. 华侨、归侨和侨眷的合法权益受到国家保护。华侨是住在外国的中国公民。广大华侨和祖国人民一样，都是新中国的主人，都按照宪法和法律的规定享受权利并承担义务。国家一方面依法保护华侨的正当权益，同一切反对、排斥华侨和损害华侨正当权益的行为作坚决斗争，另一方面对于归侨、侨眷和归侨的子女在经济上和物质利益上给予适当的照顾，支持他们积极地参加祖国的现代化建设。

按照我国1982年12月公布的现行宪法规定，我国公民的基本义务如下。

1. 维护国家统一和全国各民族团结。

2. 遵守国家宪法和法律，保守国家机密，爱护公共财产，遵守劳动纪律，遵守公共秩序，尊重社会公德。

3. 维护祖国的安全、荣誉和利益。

4. 保卫祖国、抵抗侵略。依照法律服兵役和参加民兵组织。
5. 依照法律纳税。
6. 夫妻双方实行计划生育。
7. 公民有受教育的义务。

三、刑法

刑法，是指规定犯罪和刑罚的法律规范的总和。

1979年7月1日，第五届全国人民代表大会第二次会议上通过、公布的《中华人民共和国刑法》，是新中国的第一部刑法典，也是我国的基本法律之一。

我国刑法的基本原则有如下几个方面。

1. 罪刑法定原则。即法无明文规定不为罪，法无明文规定不处罚。
2. 主客观一致的刑事责任原则。即对犯罪的认定和追究刑事责任，必须主、客观相一致。只有对社会有较大危害，并且主观上有故意或过失的行为，才能构成犯罪。
3. 罪刑相适应的原则。即根据罪行的危害大小，决定刑罚的轻重，做到重罪重罚，轻罪轻罚，罚当其罪，罪责自负，不株无辜。
4. 把罪犯改造成新人的原则。即是惩罚与改造相结合，是革命人道主义精神在我国刑法中的体现。

我国刑法在1997年3月14日第八届全国人民代表大会第五次会议进行了修订，于1997年10月1日起施行。根据《中华人民共和国刑法修正案》（1999年12月25日第九届全国人民代表大会常务委员会第十三次会议通过）修正；根据《中华人民共和国刑法修正案（二）》（2001年8月31日第九届全国人民代表大会常务委员会第二十三次会议通过）修正；根据《中华人民共和国刑法修正案（三）》（2001年12月29日中华人民共和国第九届全国人民代表大会常务委员会第二十五次会议通过）修正；根据《中华人民共和国刑法修正案（四）》（2002年12月28日第九届全国人民代表大会常务委员会第三十一次会议通过）；根据《中华人民共和国刑法修正案（五）》（2005年2月28日第十届全国人民代表大会常务委员会第十四次会议通过）；根据《中华人民共和国刑法修正案（六）》（2006月6月29日第十届全国人民代表大会常务委员会第二十二次会议通过）修正。形成现行的刑法。

四、行政法

行政法是指有关国家行政管理活动的法律规范的总和。

行政法是国家行政机关工作的法律依据，也是人们在有关活动中所必须遵循的原则。

行政法所规定的内容很多，主要包括国家行政管理体制；行政管理活动的基本任务、内容、原则；国家行政机关的权限、职责范围、活动的方式和方法；国家工作人员的选拔、使用、任免、奖惩等规范。

行政法主要是调整在行政管理活动中国家行政机关相互之间、国家行政机关和厂矿企业事业单位、社会团体之间、国家行政机关和个别公民之间所发生的关系，即行政法律关系。它涉及的范围比较广泛，包括民政、治安、工商、文教、卫生、人事等各方面的行政管理。

行政法对于实现国家领导起着重要作用，是我国法的体系中重要的基本法部门。目前，我国已经制定了一批行政法律、法规，但仍还很不完备。为适应我国现代化建设的需要，必须尽快地制定系统的、切合实际的行政法律、法规，以便进一步健全社会主义民主，克服我国行政管理方面的弊端，更好地发挥国家机关的作用。

五、民法通则

我国为了更好地调整平等主体的公民之间、法人之间、公民和法人之间的财产关系和人身关系，于1986年4月12日，第六届全国人民代表大会通过、公布了《中华人民共和国民法通则》。民法通则是我国人民首创的切合实际的一种法律形式，其中一些规定是中外法制史上的突破。

民法通则从总体上规定了民事法律关系的基本问题，其中包括民事法律的调整对象；基本原则；民事主体；民事法律行为和代理；民事权利和民事责任；诉讼时效；适用范围等内容，使我国的民事活动有了共同遵守的规则。

民法通则同其他法律一样，坚持了社会主义的立法原则，它的基本原则主要有以下几个方面。

1. 当事人在民事活动中的地位平等。
2. 民事活动应当遵循自愿、公平、等价有偿、诚实信用的原则。
3. 公民、法人的合法的民事权益受到法律保护，任何组织和个人不得侵犯。
4. 民事活动必须遵守法律，法律没有规定的，应当遵守国家政策。
5. 民事活动应当尊重社会公德，不得损害社会公共利益，破坏国家经济计划，扰乱社会经济秩序。

民法通则的基本原则，是我国政治制度和经济制度在民法上的具体表现，是我国社会主义本质的集中表现。

民法通则的基本原则，即是民事立法的基本出发点和基本指导思想，又是进行民事活动的重要依据。它一方面适用于民事单行法律和其他法律、法规规定的民事关系，另一方面又是民事活动的基本准则。因此，它适用于公民、法人的一切民事活动，并且为仲裁机关、司法机关处理民事经济纠纷、审理民事、民事经济案件提供了法律依据，一切经济管理机关、社会组织和个人都必须遵守，并不得违反这些基本原则，不得非法干预民事活动，侵犯公民、法人的合法权益。

六、民法

民法，是指调整平等主体之间的财产关系和人身关系的法律规范的总和。

财产关系是人们在生产、分配、交换和消费中形成的经济关系。财产关系内容很广，民法所调整的不是所有财产关系，它主要是调整商品关系，包括财产所有权关系、继承关系、债权关系、知识产权关系，是平等主体的公民之间、法人之间、公民和法人之间发生的财产关系，即横向的财产、经济关系。其他一些财产关系由其他有关的法的部门调整。例如，政府对经济的管理，国家和企业之间以及企业内部等纵向经济关系或者行政管理关系，不是平等主体之间的财产、经济关系，则由有关经济法、行政法调整。

民法还调整属于民事范围内的人事关系，主要是指公民的名誉权、肖像权、生命健康权、法人的名称权、名誉权等。

民法调整的范围很广，它涉及公民之间、企业、机关、事业单位、社会团体之间的民事活动。既要解决诸如邻里、房屋、继承等纠纷，也要保护社会主义公有制和经济流转的合同制度。

由于民法涉及的范围很广、很复杂，制定民法典的工作在短时期内难以完成，因此，我国采取将急需的比较成熟的部分陆续制定单行法律。近几年来我国先后制定了一批民事的或者与调整民事有关的经济合同法、专利法、商标法、继承法、民法通则等。

七、经济法

经济法，是指调整一定范围经济关系的法律规范的总和。

一定范围的经济关系是指调整国家机关、社会组织和其他经济实体在国民经济管理过程中和在与管理、计划直接联系的经济协作活动中所发生的经济关系。

我国经济法是一个新兴的法律部门。为了适应经济体制改革和对外开放的需要，运用法律手段管理经济，保障和促进社会主义现代化建设的顺利进行，我国一直把经济立法作为重点，几年来制定了一系列关于经济方面的法律取得了很大的成就。

经济法涉及的范围比较广泛，一般包括：所有制、土地和资源、计划和经营管理、工业、交通、农业、商业、外贸及工商行政管理、对外经济技术合作、财政税收、金融、建设工程、卫生、环境保护等等。

经济法的调整对象具体来说，主要包括以下几个方面。

1. 国民经济管理关系。即国家机关之间，国家机关与经济组织、公民之间在国民经济管理活动中产生的经济关系。例如，计划管理关系、物资管理关系、质量监督管理关系。

2. 经营协作关系。即国家机关、厂矿企业事业单位及其他社会组织相互之间，或与公民之间，在经营活动、经济协作过程中发生的经济关系。例如，各种经济合同关系、经济联合体关系。

3. 经济组织内部的经济关系。即经济组织内部的经济管理和经济协作关系。

4. 涉外经济关系。即中外经济技术合作，中外合作经营企业的经济活动中所产生的经济关系。

八、诉讼法

诉讼法，是指关于诉讼程序的法律规范的总和。

所谓"诉讼"是司法机关和案件当事人在其他诉讼参与人的配合下为解决案件所进行的全部活动，也就是人们通常所说的"打官司"。

诉讼法的主要内容是关于司法机关及其他诉讼参与人进行活动的原则、程序、方式和方法的规定；关于检查或监督诉讼活动，特别是侦查、审判活动是否合法，以及纠正错误的原则、程序、方式和方法的规定；关于执行程序的规定。

诉讼法的任务是从诉讼程序方面保证实体法的正确实施，保证整个诉讼过程的方向和内容符合广大人民的意志和利益。

我国诉讼法分为刑事诉讼法和民事诉讼法。刑事诉讼法是关于刑事诉讼程序的法律规范的总和。它包括我国刑事诉讼法和全国人民代表大会及其常设机构的有关决议和决定。例如,关于迅速审判严重危害社会治安的犯罪分子的程序的决定等。它主要规定刑事诉讼的性质、任务、原则与制度,以及刑事立案、侦查、起诉、审判、监督、执行等程序。民事诉讼法是关于民事诉讼程序的法律规范的总和。它主要规定在我国民事诉讼法中,包括民事诉讼的性质、任务、原则与制度,以及起诉、调解、审判、监督、执行等程序。它的任务是保证人民法院查明事实,分清是非,正确适用法律,及时审理民事案件,确认民事权利义务关系,制裁民事违法行为,保护国家、集体和个人的权益,教育公民自觉遵守法律。

九、全民所有制工业企业法

全民所有制工业企业法,是调整国家有关机关在组织管理全民所有制工业企业,以及全民所有制工业企业在生产经营活动中所发生的经济关系的法律规范的总称。

全民所有制工业企业是指依法自主经营、自负盈亏、独立核算的社会主义商品生产和经营单位。是采掘自然物质资源和对工业品原料及农产品进行加工的社会生产部门。它的根本任务是根据国家计划和市场需求,发展商品生产,创造财富,增加积累,满足社会日益增长的物质和文化生活需要。

在现代化社会生产中,工业企业是社会经济活动的细胞,担负着创造、积累社会财富,生产社会和人们日常生活中必不可少的工业产品的重任,在国民经济生活中具有重要的地位。在我国,工业企业按照其经济性质可分为,全民所有制工业企业、集体所有制工业企业和个体所有制工业企业。

为保障全民所有制经济的巩固和发展,明确全民所有制工业企业的权利和义务,保障其合法权益,增强其活力,促进社会主义现代化建设。1988年4月13日,我国第七届全国人民代表大会第一次会议通过、公布了《中华人民共和国全民所有制工业企业法》。它的主要内容有以下几个方面。

1. 明确了企业的法律地位。例如,厂长依法行使职权,受法律保护;国家保障职工的主人翁地位,职工的合法权益受法律保护;国家授予企业经营管理的财产受法律保护,不受侵犯;企业的合法权益受法律保护,不受侵犯等。

2. 确认了企业所有权和经营权分离的原则。例如,企业的财产属全民所有,国家依照所有权和经营权分离的原则授予企业经营管理,企业对国家授予其经营管理的财产享有占有、使用和依法处分的权利。

3. 明确了企业的权利和义务。例如,企业有权接受或者拒绝任何部门和单位在指令性计划外安排的生产任务;企业有权决定机构设置及其人员编制。企业必须贯彻安全生产制度,改善劳动条件,做好劳动保护和环境保护工作,做到安全生产和文明生产,等等。

4. 确认了企业的领导体制是厂长负责制。例如,企业实行厂长(经理)负责制;厂长是企业的法定代表人。

5. 明确了职工和职工代表大会在企业中的地位、权利和义务。例如,职工有依法享受劳动保护、劳动保险、休息、休假的权利;职工应当以国家主人翁的态度从事劳动,遵守劳动纪律和规章制度,完成生产和工作任务;职工代表大会是企业实行民主管理的基本形式,是职工行使民主管理权力的机构,等等。

6. 明确了企业和政府的关系。例如,任何机关和单位不得侵犯企业依法享有的经营管理主权,等等。

7. 明确了企业的法律责任。例如,企业因生产、销售质量不合格的产品,给用户和消费者造成财产、人身损害的,应当承担赔偿责任;构成犯罪的,对直接责任人员依法追究刑事责任,等等。

十、全民所有制工业企业厂长的职责

根据《全民所有制工业企业法》和《全民所有制工业企业厂长工作条例》的规定,厂长是企业的法定代表人,对企业的物质文明建设和精神文明建设负有全面责任。其具体的职责有以下几个方面。

1. 厂长应当根据国家计划和市场需求,结合任期目标,提出企业的年度经营目标和发展方向。
2. 保证完成国家计划,严格履行经济合同。
3. 不断开发新产品,降低成本和费用,增强企业的应变、竞争能力。
4. 推进企业的技术进步和企业的现代化管理,提高经济效益,增强企业自我改造和自我发展能力。
5. 不断改善企业的劳动条件,高度重视安全生产,认真搞好环境保护。
6. 在发展生产基础上,逐步改善职工的物质文化生活条件。
7. 进行智力投资和人才开发,加强对职工思想、文化、业务教育,组织职工进行技术革新,充分发挥职工参加社会主义建设的主动性、积极性和创造性。
8. 组织职工切实做好企业的治安保卫工作。
9. 按照法律、法规规定,保障企业职工代表大会和工会行使其职权。
10. 在决定与广大职工切身利益有关问题时,应征求企业工会的意见。
11. 支持企业共青团和科协等群众组织工作,充分发挥它们的积极作用。

厂长在任期中的奖励和处罚按照法律、法规的规定执行。如领导企业完成计划、提高产品质量和服务质量、提高经济效益和加强精神文明建设等方面成绩显著的,由政府主管部门给予奖励。如管理不善,工作过失或玩忽职守,给企业、国家和人民利益造成重大损失的,根据情况由政府主管部门或者有关上级机关给予行政处分,直至追究刑事责任。

十一、工业企业职工的权利和义务

职工的权利,主要是指职工在工业企业生产经营活动中依法享有的权利。

在我国,工业企业职工依据宪法和法律在政治、经济、文化、教育、社会福利等方面享有广泛的权利。根据《全民所有制工业企业法》第49条规定,职工享有的权利有以下几个方面。

1. 职工有参加企业民主管理的权利。
2. 职工有对企业的生产和工作提出意见和建议的权利。
3. 职工有依法享受劳动保护、劳动保险、休息、休假的权利。
4. 职工有向国家机关反映真实情况,对企业领导干部提出批评和控告的权利。
5. 女职工有依照国家规定享受特殊劳动保护和劳动保险的权利。

职工的义务，主要是指职工在工业企业生产经营活动中依法应履行的义务。

职工作为企业的主人，关心企业，搞好企业既是职责，也是企业职工的任务。根据《全民所有制工业企业法》第50条规定，职工应履行的义务是：应当以国家主人翁的态度从事劳动，遵守劳动纪律和规章制度，完成生产和工作任务。

十二、标准化法

标准化法，是指调整国家有关部门在制定标准、组织实施标准和对标准的实施进行监督活动中所发生的社会关系的法律规范的总和。

所谓标准就是衡量事物的准则，通常是指明文规定或约定成惯例的行为规则。标准化是指在经济、技术、科学及管理等社会实践中，制定并贯彻统一的标准，以求获得最佳秩序和社会效益的活动。

标准的种类很多，按其性质可分为技术标准、管理标准和工作标准；按使用范围可分为国际标准、国家标准、行业标准、地方标准和企业标准等。

标准的制定与批准是按立法程序进行的，以及对标准的修改、废止、标准解释等都是经国家有关机关批准、公布的。因此，标准带有强制性，具有鲜明的法律效力。标准一经批准公布，就是技术法规，人们只有严格执行实施的义务，而没有拒绝执行和随意违反的权力。对因违反标准造成不良后果，以及重大事故者，要根据情节轻重分别给予批评、处分、经济制裁，直至追究刑事责任。

为了发展社会主义商品经济，促进技术进步，改进产品质量，提高经济效益，使标准化工作适应社会主义现代化建设和发展对外经济关系需要，1988年12月29日，我国第七届全国人民代表大会常务委员会第五次会议通过，发布了《中华人民共和国标准化法》，并于1989年4月1日起施行。

我国标准化法共有五章26条，主要规定了我国的标准体制、管理体制、制定标准的对象和原则、实施标准的要求、监督标准实施的方式，以及对违反标准行为应追究的法律责任。

标准化法明确规定，我国实行国家标准、行业标准、地方标准和企业标准的四级管理体制。国家鼓励积极采用国际标准。对需要在全国范围内统一的技术要求，应当制定国家标准。国家标准由国务院标准化行政主管部门制定。对没有国家标准而又需要在全国某个行业范围内统一的技术要求，可以制定行业标准。行业标准由国务院有关行政主管部门制定，并报国务院标准化行政主管部门备案，在公布国家标准之后，该项行业标准即行废止。对没有国家标准和行业标准而又需要在省、自治区、直辖市范围内统一的工业产品的安全、卫生要求，可以制定地方标准。地方标准由省、自治区、直辖市标准化行政主管部门制定，并报国务院标准化行政主管部门和国务院有关行政主管部门备案，在公布国家标准或者行业标准之后，该项地方标准即行废止。企业生产的产品没有国家标准和行业标准的，应当制定企业标准，作为组织生产的依据。企业的产品标准须报当地政府标准化行政主管部门和有关行政主管部门备案。已有国家标准或行业标准的，国家鼓励企业制定严于国家标准或者行业标准的企业标准，在企业内部适用。

我国标准化法还规定，国家标准、行业标准分为强制性标准和推荐性标准。强制性标准，必须执行。推荐性标准，国家鼓励企业自愿采用。凡保障人体健康，人身、财产安全的标准和法律、行政法规规定强制执行的标准是强制性标准,以及地方标准中关于工业产品的安全、卫生要求的,在本行政区域内是强制性标准。其他标准是推荐性标准。同时还规定,制定标准应当有利于保障安全和人民的身体健康,保护消费者的利益,保护环境等。

我国标准化法的公布实施,是我国经济生活中的一件大事,标志着我国标准化事业的发展进入了新的阶段,它必将促进社会主义现代化建设和科学技术的发展。

近年来,我国的标准化事业得到了很大的发展,我国的国家标准已达14000多个,标准水平也不断提高,三分之一的国家标准已采用国际标准。标准化工作领域迅速拓宽,能源、军工、信息技术、包装运输、安全卫生、环境保护、现代化管理等领域的标准化已经广泛开展,对促进我国经济的健康发展起着十分积极的作用。

十三、环境保护法

环境保护法,是指调整人们利用环境、保护环境的活动中所发生的社会关系的法律规范的总和。它是经济法的一个重要组成部分。

这里所说的环境,是指人类的生存环境。它包括各种天然的环境和经过人工改造过的自然环境。天然的环境包括大气、水、海洋、土地、矿藏、森林、草原、野生生物、自然遗迹和自然保护区等。经过人工改造过的自然环境包括人文遗迹、风景名胜区、城市和乡村等。

这里所指的社会关系,大体可分为两类,一是因保护与改善生活环境和生态环境,合理开发和利用天然资源而产生的社会关系,二是因防治污染和其他公害而产生的社会关系。

环境保护法包括:环境保护的基本法,规定国家保护环境的方针、政策、原则、范围等;防治污染和其他公害的法规,包括防治大气污染、水质保护、控制噪声、防治恶臭、放射性及热核控制、废物处理、农药限制等方面;天然环境和天然资源保护法规;环境管理结构、体制及其权力和义务的法规;环境保护的奖励和惩罚的法规。

为保护和改善生活环境与生态环境,防治污染和其他公害,保障人体健康,促进社会主义现代化建设的发展,我国制定和发布了一系列关于保护环境的法律和法规。其中重要的有:1984年5月11日第六届全国人民代表大会常务委员会第五次会议通过的《中华人民共和国水污染防治法》;1987年9月5日第六届全国人民代表大会常务委员会第二十二次会议通过的《中华人民共和国大气污染防治法》;1989年12月26日第七届全国人民代表大会常务委员会第十一次会议通过的《中华人民共和国环境保护法》,以及国务院第四十七次常务会议通过,自1989年12月1日起执行的《环境噪声污染防治条例》等。

我国环境保护法的制定和实施,使国家的环境保护规划纳入了国民经济和社会发展计划,国家采取有利于环境保护的经济、技术政策和措施,使环境保护工作同经济建设和社会发表相协调。

十四、工会法

为保障工会在国家政治、经济和社会生活中的地位,确定工会的权利和义务,发挥工会在社会主义现代化建设事业中的作用,1950年6月29日中央人民政府颁布了《中华人民共和国工会法》，在1992年根据宪法，又重新制定了《中华人民共和国工会法》，于1992年4月3日第七届全国人民代表大会第五次会议通过，并于4月3日公布，自公布之日起施行。2001年10月27日第九届全国人民代表大会常委会第二十四次会议，对工会法作了修正。

《中华人民共和国工会法》共七章五十七条。

第一章：总则。

第二章：工会组织。

第三章：工会的权利和义务。

第四章：基层工会组织。

第五章：工会的经费和财产。

第六章：法律责任。

第七章：附则。

《中华人民共和国工会法》对安全生产和劳动保护做了专门规定，其具体内容如下：

第二十二条规定："企业、事业单位违反劳动法律、法规，有下列侵犯职工劳动权益情形，工会应当代表职工与企业、事业单位交涉，要求企业、事业单位采取措施予以改正；企业、事业单位应当予以研究处理，并向工会作出答复；企业、事业单位拒不改正的，工会可以请求当地人民政府依法作出处理：

（一）克扣职工工资的；

（二）不提供劳动安全卫生条件的；

（三）随意延长劳动时间的；

（四）侵犯女职工和未成年工特殊权益的；

（五）其他严重侵犯职工劳动权益的。

第二十三条规定："工会依照国家规定对新建、扩建企业和技术改造工程中的劳动条件和安全卫生设施与主体工程同时设计、同时施工、同时投产使用进行监管。对工会提出的意见，企业或主管部门应当认真处理，并将处理结果书面通知工会。"

第二十四条规定："工会发现企业违章指挥、强令工人冒险作业，或者生产过程中发现明显重大事故隐患和职业危害，有权提出解决的建议，企业应当及时研究答复；发现危及生命安全的情况时，工会有权向企业建议组织职工撤离危险现场，企业必须及时作出处理决定。"

第二十五条规定："工会有权对企业、事业单位侵犯职工合法权益的问题进行调查，有关单位应当予以协助。"

第二十六条规定："职工因工伤亡事故和其他严重危害职工健康问题的调查处理，必须有工会参加。工会应当向有关部门提出处理意见，并有权要求追究直接责任的主管人员和有关责任人员的责任。对工会提出的意见，应当及时研究，给予答复。"

第三十条规定："工会协助企业、事业单位、机关办好职工集体福利事业，做好工资、劳动安全卫生和社会保险工作。"

第三十三条规定："国家机关在组织起草或者修改直接涉及职工切身利益的法律、法规、规章时，应当听取工会的意见。"

"县级以上各级人民政府制定国民经济和社会发展计划，对涉及职工利益的重大问题，应当听取同级工会的意见。"

"县级以上各级人民政府及其有关部门研究制定劳动就业、工资、劳动安全卫生、社会保险等涉及职工切身利益的政策、措施时,应当吸收同级工会参加研究,听取工会意见。"

第三十八条规定:"企业、事业单位研究经营管理和发展的重大问题应当听取工会的意见;召开讨论有关工资、福利、劳动安全卫生、社会保险等涉及职工切身利益的会议,必须有工会代表参加。"

新的《中华人民共和国工会法》公布施行后,1950年6月29日由中央人民政府颁布的《中华人民共和国工会法》同时废止。

十五、妇女权益保障法

为了保障妇女的合法权益,促进男女平等,充分发挥妇女在社会主义现代化建设中的作用,根据宪法和我国的实际情况,制定了《中华人民共和国妇女权益保障法》,于1992年4月3日第七届全国人民代表大会第五次会议通过,并予公布,自1992年10月1日起施行。2005年8月28日第十届全国人民代表大会常务委员会第十七次会议对妇女权益保障法作了修正。《中华人民共和国妇女权益保障法》共九章六十一条。

第一章:总则。
第二章:政治权利。
第三章:文化教育权益。
第四章:劳动和社会保障权益。
第五章:财产权益。
第六章:人身权利。
第七章:婚姻家庭权益。
第八章:法律责任。
第九章:附则。

《中华人民共和国妇女权益保障法》对有关女职工劳动保护做了专门规定,其具体内容如下:

第二十三条规定:"各单位在录用职工时,除不适妇女的工种或岗位时,不得以性别为由拒绝录用妇女或者提高对妇女的录用标准。"

"各单位在录用女职工时,应当依法与其签订劳动(聘用)合同或者服务协议,劳动(聘用)合同或者服务协议中不得规定限制女职工结婚、生育的内容。"

"禁止录用未满十六周岁的女性未成年人,国家另有规定的除外。"

第二十六条规定:"任何单位均应根据妇女的特点,依法保护妇女在工作和劳动时的安全和健康,不得安排不适合妇女从事的工作和劳动。

妇女在经期、孕期、产期、哺乳期受特殊保护。"

十六、矿山安全法

为了保障矿山生产安全,防止矿山事故,保护矿山职工人身安全,促进采矿业的发展,我国于1992年11月7日第七届全国人民代表大会常务委员会第二十八次会议通过了

《中华人民共和国矿山安全法》，并于 1992 年 11 月 7 日公布，自 1993 年 5 月 1 日起施行。

《中华人民共和国矿山安全法》共八章五十条。

第一章：总则。

第二章：矿山建设的安全保障。

第三章：矿山开采的安全保障。

第四章：矿山企业的安全管理。

第五章：矿山安全的监督和管理。

第六章：矿山事故处理。

第七章：法律责任。

第八章：附则。

《中华人民共和国矿山安全法》的主要内容如下：

1. 矿山建设工程必须符合矿山安全规程和行业技术规范，并经国家规定的经营管理矿山企业的主管部门批准。矿山建设工程的安全设施必须和主体工程同时设计，同时施工、同时投入生产和使用。矿山建设工程安全设施竣工后，由管理矿山企业的主管部门验收，并须有劳动行政主管部门参加，不符合矿山安全规程和行业技术规范的，不得验收，不得投入生产。

2. 矿山开采必须具有保障安全生产的条件，执行开采不同矿种的矿山安全规程和行业技术规范。矿山企业必须对危害安全的事故隐患采取预防措施。

3. 矿山企业必须建立、健全安全生产责任制。矿长对本企业的安全生产工作负责。矿山企业职工必须遵守有关矿山安全的法律、法规和企业规章制度，有权对危害安全的行为提出批评、检举和控告。矿山企业必须对职工进行安全教育、培训，并必须向职工发放保障安全生产所需的劳动防护用品。矿山企业不得录用未成年人从事矿山井下劳动，不得分配女职工从事矿山井下劳动。矿山企业必须按照国家规定提取安全技术措施经费，其经费必须全部用于改善矿山安全生产条件，不得挪作他用。

4. 县级以上各级人民政府劳动行政主管部门和县级以上人民政府管理矿山企业的主管部门对矿山安全工作制度的监督职责和管理职责。

5. 发生矿山事故，矿山企业必须立即组织抢救，防止事故扩大，减少人员伤亡和财产损失，对伤亡事故必须立即如实报告劳动行政主管部门和管理矿山企业的主管部门。矿山事故发生后，应当尽快消除现场危险，查明事故原因，提出防范措施，现场危险消除后方可恢复生产。矿山企业对矿山事故中伤亡的职工应按国家规定给予抚恤或者补偿。

6. 对违反本法有关规定，由劳动行政主管部门责令改正，可以并处罚款，情节严重的，提请县级以上人民政府决定责令停产整顿，对主管人员和直接责任人员由其所在单位或者上级主管机关给予行政处分。矿山建设工程安全设施的设计未经批准而擅自施工的，由管理矿山企业的主管部门责令停止施工，如拒不执行，由管理矿山企业的主管部门提请县级以上人民政府决定由有关主管部门吊销其采矿许可证和营业执照。矿山建设工程的安全设施未经验收或者验收不合格而擅自投入生产的，由劳动行政主管部门会同管理矿山企业的主管部门责令停止生产，并由劳动行政主管部门处以罚款，如拒不停止生产的，由劳动行政主管部门提请县级以上人民政府决定由有关主管部门吊销其采矿许可证和营业执照。已经投入生产的矿山企业，不具备安全生产条件而强行开采的，由劳动行政主管部门会同管理矿山企业的主管部门责令限期改进，逾期仍不具备安全生产条件的，由劳动行政主管部门提请县级以上人民政府决定责令停产整顿或者由有关主管部门吊销其采矿许可证和营业执照。矿山企业主管人员违章指挥，强令工人冒险作业，因而发生重大伤亡事故的，依照刑法的有关规定追究刑事责任。矿山企业主管人员对矿山事故隐患不采取措施，因而发生重大伤亡事故的，依照刑法的有关规定追究刑事责任。矿山安全监督人员和安全管理人员滥用职权、玩忽职守、徇私舞弊，构成犯罪的，依法追究刑事责任，不构成犯罪的，给予行政处分。

《中华人民共和国矿山安全法》的颁布实施，是我国政治、经济生活中的一件大事。采矿工业是我国国民经济的基础产业，全国现有国有矿山企业8000多家，集体所有制矿山企业110000多家，私营、个体经营采矿点120000多处，遍布2000多个县市，从事采矿业的人员已近2000万人。由于采矿业是一个特殊行业，绝大多数为井下作业，较其他行业劳动条件差，危险性大，有害职工安全和健康的因素多，再加上一些管理上的原因，我国矿山的安全生产状况至今还落后于世界上许多国家，伤亡事故和职业病相当严重。近年来，国营矿山安全生产状况有所好转，但重大事故仍然没有得到根本控制。特别是相当多的乡镇煤矿和其他矿山，缺乏基本的安全生产条件，事故尤其严重，而且呈上升趋势。

矿山事故严重，不仅给矿工和他们的家属造成很大不幸，给国家造成巨大的政治损害和经济损失，而且带来了严重的社会问题，不利于社会安定与和谐，有害于采矿业的发展。

《中华人民共和国矿山安全法》的颁布，就是总结了新中国成立以来矿山建设正反两方面的经验，借鉴国外采矿业的成功经验，以法律的形式使之固定下来，以求强化矿山安全工作，保证千百万职工的安全健康。因此，认真贯彻实施《矿山安全法》大大有利于矿山企业的健康发展。

《中华人民共和国矿山安全法》的颁布施行，表明党和国家对奋斗在矿山开发第一线两千万职工的关心和爱护，表明党和国家对劳动保护的一贯重视，也表明党和国家对矿山建设事业的高度重视和殷切期望。通过对《矿山安全法》的认真贯彻执行，定将促进我国矿山企业安全生产面貌的改观，从而进一步激发全体矿山职工安心矿山、建设矿山的社会主义积极性。

十七、劳动法

劳动法是调整劳动关系以及一些与劳动关系相关的其他社会关系的法律规范的总和。

1994年7月5日第八届全国人民代表大会常务委员会第八次会议通过了《中华人民共和国劳动法》，并于1994年7月5日公布，自1995年1月1日起施行。

《中华人民共和国劳动法》的颁布，是我国人民社会政治生活中的一件大事，是我国亿万劳动者的福音。《中华人民共和国劳动法》是我国社会主义市场经济法律体系的重要组成部分，是维护劳动者合法权益的基本法律。《劳动法》依据宪法，全面规定了劳动者在平等就业和选择职业、取得劳动报酬、休息休假、劳动安全卫生保护、接受职业技能培训、享受社会保险和福利、提请劳动争议处理等方面的权利；规定了劳动者在完成劳动任务、提高职业技能、执行劳动安全卫生规程、遵守劳动纪律和职业道德等方面的义务；规定了用人单位必须遵守的有关工作时间、休息休假、劳动安全卫生、女职工和未成年工保护等各项劳动标准。同时,为了保证法律规定的贯彻实施,《劳动法》还对有关条款执行的监督检查和法律责任作了明确规定。这些规定为劳动者保护自己的合法权益,履行自己的应尽义务提供了重要的法律保障,也为用人单位规范自身行为,按照法律规定履行职责提供了法律依据。保护劳动者的合法权益,确定、维护用人单位与劳动者之间稳定和谐的劳动关系是《劳动法》的基本宗旨。通过贯彻执行《劳动法》,用人单位与劳动者之间的劳动关系调整将全面纳入法制化的轨道,双方的合法权益将依法得到保障,双方的纠纷与争议处理也将有法可依,有章可循。

这里特别需指出的是,劳动保护在《劳动法》中占有非常重要的地位,认真贯彻好其中有关劳动保护的规定,对进一步推动我国的劳动保护事业,扭转厂矿企业中伤亡事故严重的不利局面,促进安全生产,具有十分重要的意义。

《中华人民共和国劳动法》共十三章一百零七条。

第一章　总则。
第二章　促进就业。
第三章　劳动合同和集体合同。
第四章　工作时间和休息休假。
第五章　工资。
第六章　劳动安全卫生。
第七章　女职工和未成年工特殊保护。
第八章　职业培训。
第九章　社会保险和福利。
第十章　劳动争议。
第十一章　监督检查。
第十二章　法律责任。
第十三章　附则。

《中华人民共和国劳动法》对劳动保护作出的明确规定,其主要内容如下:

1. 在第三条中规定:劳动者享有平等就业和选择职业的权利、取得劳动报酬的权利、休息休假的权利、获得劳动安全卫生保护的权利、接受职业技能培训的权利、享受社会保险和福利的权利、提请劳动争议处理的权利以及法律规定的其他劳动权利。

劳动者应当完成劳动任务,提高职业技能,执行劳动安全卫生规程,遵守劳动纪律和职业道德。

2. 在第十五条中规定:禁止用人单位招用未满十六周岁的未成年人。

3. 在第二十九条中规定:劳动者有下列情形之一的,用人单位不得依据本法第二十六条、第二十七条的规定解除劳动合同:

(1) 患职业病或者因工负伤并被确认丧失或者部分丧失劳动能力的;
(2) 患病或者负伤,在规定的医疗期内的;
(3) 女职工在孕期、产期、哺乳期内的;
(4) 法律、行政法规规定的其他情形。

4. 在第三十六条中规定,国家实行劳动者每日工作时间不超过八小时,平均每周工作时间不超过四十四小时的工时制度。

5. 在第三十八条中规定：用人单位应当保证劳动者每周至少休息二日。

6. 在第四十一条中规定：用人单位由于生产经营需要，经与工会和劳动者协商后可延长工作时间，一般每日不得超过一小时；因特殊原因需要延长工作时间的，在保障劳动者身体健康的条件下延长工作时间每日不得超过三小时，但是每月不得超过三十六小时。

7. 在第五十二条中规定：用人单位必须建立、健全劳动安全卫生制度，严格执行国家劳动安全卫生规程和标准，对劳动者进行劳动安全卫生教育，防止劳动过程中的事故，减少职业危害。

8. 在第五十三条中规定：劳动安全卫生设施必须符合国家规定的标准。新建、改建、扩建工程的劳动安全卫生设施必须与主体工程同时设计，同时施工，同时投入生产和使用。

9. 在第五十四条中规定：用人单位必须为劳动者提供符合国家规定的劳动安全卫生条件和必要的劳动防护用品，对从事有职业危害作业的劳动者应当定期进行健康检查。

10. 在第五十五条中规定：从事特种作业的劳动者必须经过专门培训并取得特种作业资格。

11. 在第五十六条中规定：劳动者在劳动过程中必须严格遵守安全操作规程。

劳动者对用人单位管理人员违章指挥、强令冒险作业，有权拒绝执行；对危害生命安全和身体健康的行为，有权提出批评、检举和控告。

12. 在第五十七条中规定：国家建立伤亡事故和职业病统计报告和处理制度。县级以上各级人民政府劳动行政部门、有关部门和用人单位应当依法对劳动者在劳动过程中发生的伤亡事故和劳动者的职业病状况，进行统计、报告和处理。

13. 在第五十八条中规定：国家对女职工和未成年工实行特殊劳动保护。

未成年工是指年满十六周岁未满十八周岁的劳动者。

14. 在第五十九条中规定：禁止安排女职工从事矿山井下，国家规定的第四级体力劳动强度的劳动和其他禁忌从事的劳动。

15. 在第六十条中规定：不得安排女职工在经期从事高处、低温、冷水作业和国家规定的第三级体力劳动强度的劳动。

16. 在第六十一条中规定：不得安排女职工在怀孕期间从事国家规定的第三级体力劳动强度的劳动和孕期禁忌从事的劳动。对怀孕七个月以上的女职工，不得安排其延长工作时间和夜班劳动。

17. 在第六十二条中规定：女职工生育享受不少于九十天的产假。

18. 在第六十三条中规定：不得安排女职工在哺乳未满一周岁的婴儿期间从事国家规定的第三级体力劳动强度的劳动和哺乳期禁忌从事的其他劳动，不得安排其延长工作时间和夜班劳动。

19. 在第六十四条中规定：不得安排未成年工从事矿山井下、有毒有害、国家规定的第四级体力劳动强度的劳动和其他禁忌从事的劳动。

20. 在第六十五条中规定：用人单位应当对未成年工定期进行健康检查。

21. 在第九十二条中规定：用人单位的劳动安全卫生设施和劳动卫生条件不符国家规定或者未向劳动者提供必要的劳动防护用品和劳动保护设施的，由劳动行政部门或者有关部门责令改正，可以处以罚款；情节严重的，提请县级以上人民政府决定责令停产整顿；

对事故隐患不采取措施，致使发生重大事故，造成劳动者生命和财产损失的，对责任人员依照刑法的有关规定追究刑事责任。

22. 在第九十三条中规定：用人单位强令劳动者违章冒险作业，发生重大伤亡事故，造成严重后果的，对责任人员依法追究刑事责任。

23. 在第九十四条中规定：用人单位非法招用未满十六周岁的未成年人的，由劳动行政部门责令改正，处以罚款；情节严重的，由工商行政管理部门吊销营业执照。

24. 在第九十五条中规定：用人单位违反本法对女职工和未成年工的保护规定，侵害其合法权益的，由劳动行政部门责令改正，处以罚款；对女职工或者未成年工造成损害的，应当承担赔偿责任。

25. 在第一百零五条中规定：违反本法规定侵害劳动者合法权益，其他法律、行政法规已规定处罚的，依照该法律、行政法规的规定处罚。

26. 在第一百零七条中规定：本法自1995年11月1日起施行。

十八、安全生产法

《中华人民共和国安全生产法》已由第九届全国人民代表大会常务委员会第二十八次会议于2002年6月29日通过，自2002年11月1日起施行。

《安全生产法》的颁布，是我国安全生产法制建设的一个里程碑，对于建设有中国特色的安全生产法律体系，使安全生产工作走上法制化轨道，具有十分重大的意义。《安全生产法》规范了生产经营单位的安全行为，明确了生产经营单位主要负责人的安全责任，确立了安全生产基本管理制度，为保障人民群众与广大职工的生命安全和身体健康，依法强化安全生产监督管理提供了法律依据。同时，也为依法惩处安全生产上的违法行为，强化安全生产责任追究，减少和防止事故，促进经济发展，提供了法律保证。

《安全生产法》的主要内容包括：总则，生产经营单位和安全生产保障、从业人员的权利和义务、安全生产的监督管理、生产安全事故的应急救援与调查处理、法律责任、附则等。

《安全生产法》的立法宗旨，一是规范生产经营单位的安全生产行为，明确生产经营单位主要负责人的安全生产责任，依法建立安全生产管理制度。二是明确从业人员在安全生产方面的权利和义务，规范从业人员的安全作业行为，依法保护从业人员的合法权益，保障人民群众和广大职工的人身安全和健康。三是明确各级人民政府的安全生产责任，依法加强安全生产监督管理，减少和防止事故的发生。四是规范从事安全评价、咨询、检测、检验中介机构的行为，加强安全生产社会舆论媒体监督。五是依法建立生产事故的应急救援体系，强化责任追究。

《安全生产法》是安全生产的专门法律、基本法律，适用于中华人民共和国境内所有从事生产经营活动的单位的安全生产。《安全生产法》确立了安全生产的基本法律制度，适用于所有矿山、建筑、铁路、民航、交通等行业。消防安全和道路交通安全、铁路交通安全、水上交通安全、民用航空安全等法律、行政法规另有规定的，适用其规定，没有规定的，适用《安全生产法》。

《安全生产法》规定了生产经营单位主要负责人对本单位安全生产全面负责，建立健全安全生产责任制；组织制定安全生产规章制度和操作规程；保证安全生产投入；督促检查安全生产工作；及时消除事故隐患；组织制定并实施事故应急救援预案，及时如实报告事故。

《安全生产法》规定了生产经营单位的从业人员必须经过安全生产教育和培训，未经安全教育和培训的，不得上岗作业。生产经营单位主要负责人和安全生产管理人员必须具备相应的安全生产知识和管理能力，危险物品的生产经营单位和矿山、建筑施工单位的主要负责人及安全生产管理人员必须经过考核合格后方可任职。生产经营单位的特种作业人员必须经过专业的培训，取得特种作业操作资格证书，方可上岗作业。

《安全生产法》规定了安全设施的设计审查和竣工验收。矿山建设项目和用于生产、储存危险物品的建设项目的安全设施设计必须报经有关部门审查同意；未经审查同意的，不得施工。矿山建设项目和用于生产、储存危险物品的建设项目竣工投入生产或使用前，其安全设施必须经过有关部门验收，未经验收或验收不合格的，不得投入生产或使用。

《安全生产法》规定了安全设备的设计、制造、安装、使用、检测、维修、改造和报废，必须符合国家标准或行政标准。生产经营单位必须对安全设备进行经常性维护、保养，并定期检测，保证其正常运行。

《安全生产法》规定了生产经营单位必须对重大危险源登记建档，进行定期检测、评估、监控，并制定应急预案，告之从业人员和相关人员在紧急情况下应采取的应急措施。并规定生产经营单位应将危险源及相关安全措施，应急措施等报当地安全生产监督管理部门和有关部门备案。

《安全生产法》规定，交叉作业安全管理。两个以上生产经营单位在同一作业区域进行生产经营活动时，必须签订安全生产管理协议，明确各自的安全生产管理职责和应当采取的安全措施，指定专职安全生产管理人员进行监督检查和协调。

《安全生产法》规定了承包租赁的安全管理。生产经营单位不得将生产经营场所、设备发包或者出租给不具备安全生产条件或者相应资质的单位或个人。生产经营单位应当与承包单位、承租单位签订安全管理协议或者在承包、租赁合同中约定各自的安全生产管理内容，并对承包单位、承租单位的安全卫生工作统一协调和管理。

《安全生产法》规定了从业人员的安全生产权利和义务。从业人员有权了解其作业场所和工作岗位存在的危险因素、防范措施及事故应急措施；有权对安全生产工作提出建议；有权对存在的问题提出批评、检举和控告；有权拒绝违章指挥和强令冒险作业；有权在直接危及人身安全的紧急情况时停止作业或者采取可能的应急措施后撤离作业现场。从业人员应当遵守安全生产规章制度和操作规程，服从管理，接受安全生产教育和培训。

《安全生产法》规定了安全中介服务应依照法律法规和执业标准的规定，接受生产经营单位委托为其安全生产工作提供技术服务。承担安全评价、认证、检测、检验的机构应当具备国家规定的资质条件，并对其作出的结果承担法律责任。

《安全生产法》规定了监督举报。任何单位和个人对事故隐患或者安全生产违法行为有权举报，新闻媒体有对违反法律法规的行为进行舆论监督的权利，国家对事故隐患和安全违法行为举报有功人员给予奖励。

《安全生产法》规定了事故应急预案，县级以上人民政府应当制定特大事故应急救援预案，建立应急救援体系。危险物品生产经营单位以及矿山、建筑施工单位应当建立应急救援组织，配备必要的应急救援器材、设备，并经常进行维护、保养。

《安全生产法》规定了事故报告和调查处理。生产经营单位发生事故，必须按规定报告安全生产监督管理部门和有关部门，不得隐瞒不报、谎报或者拖延不报。安全生产监督管理部门和有关部门按照有关规定逐级上报，并积极组织事故抢救。事故调查处理按照实事求是、尊重科学的原则和国家有关规定进行。

《安全生产法》规定了安全生产监督检查，生产经营单位必须遵守法律、法规和国家安全标准、行业安全标准，达到规定的安全生产条件。安全生产监督管理部门和有关部门必须明确对安全生产进行监督检查的内容、方式、程序和手段。

《安全生产法》还规定了安全生产责任的追究。生产经营单位、生产经营单位主要负责人及其他有关责任人员对发生的事故或者其他安全生产违法行为，应当承担行政责任、民事责任和刑事责任。

我国《安全生产法》从1981年开始酝酿，到2002年正式颁布，历经21个春秋，几易其名，可谓千呼万唤始出来。随着《安全生产法》的颁布和实施，并随着这部法律的深入贯彻，相信这部法律将会对有效地防止和减少厂矿企业或生产经营单位中的事故，保障广大职工或从业人员的生命安全和身体健康，促进经济发展，有着不可估量的意义。

十九、工伤保险条例

中华人民共和国国务院令第375号《工伤保险条例》已经2003年4月16日国务院第5次常务会议讨论通过，自2004年1月1日起施行。

工伤保险条例的主要内容如下：

中华人民共和国境内的各类企业的职工和个体工商户的雇工，均有依照本条例的规定享受工伤保险待遇的权利。用人单位应当按时缴纳工伤保险费。职工个人不缴纳工伤保险费。

职工有下列情形之一的，应当认定为工伤：

1. 在工作时间和工作场所内，因工作原因受到事故伤害的；
2. 工作时间前后在工作场所内，从事与工作有关的预备性或者收尾性工作受到事故伤害的；
3. 在工作时间和工作场所内，因履行工作职责受到暴力等意外伤害的；
4. 患职业病的；
5. 因工外出期间，由于工作原因受到伤害或者发生事故下落不明的；
6. 在上下班途中，受到机动车事故伤害的；
7. 法律、行政法规规定应当认定为工伤的其他情形。

职工有下列情形之一的，视同工伤：

1. 在工作时间和工作岗位，突发疾病死亡或者在48小时之内经抢救无效死亡的；
2. 在抢险救灾等维护国家利益、公共利益活动中受到伤害的；
3. 职工原在军队服役，因战、因公负伤致残，已取得革命伤残军人证，到用人单位后旧伤复发的。

职工有前款第1项、第2项情形的，按照本条例的有关规定享受工伤保险待遇；职工有前款第3项情形的，按照本条例的有关规定享受除一次性伤残补助金以外的工伤保险待遇。

职工有下列情形之一的，不得认定为工伤或者视同工伤：

1. 因犯罪或者违反治安管理伤亡的；
2. 醉酒导致伤亡的；
3. 自残或者自杀的。

职工发生事故伤害或者按照职业病防治法规定被诊断、鉴定为职业病，所在单位应当自事故伤害发生之日或者被诊断、鉴定为职业病之日起30日内，向统筹地区劳动保障行政部门提出工伤认定申请。遇有特殊情况，经报劳动保障行政部门同意，申请时限可以适当延长。

用人单位未按规定提出工伤认定申请的，工伤职工或者其直系亲属、工会组织在事故伤害发生之日或者被诊断、鉴定为职业病之日起1年内，可以直接向用人单位所在地统筹地区劳动保障行政部门提出工伤认定申请。

按照规定应当由省级劳动保障行政部门进行工伤认定的事项，根据属地原则由用人单位所在地的设区的市级劳动保障行政部门办理。

用人单位未在本条例规定的时限内提交工伤认定申请，在此期间发生符合本条例规定的工伤待遇等有关费用由该用人单位负担。

提出工伤认定申请应当提交下列材料：

1. 工伤认定申请表；
2. 与用人单位存在劳动关系（包括事实劳动关系）的证明材料；
3. 医疗诊断证明或者职业病诊断证明书（或者职业病诊断鉴定书）。

工伤认定申请表应当包括事故发生的时间、地点、原因以及职工伤害程度等基本情况。

工伤认定申请人提供材料不完整的，劳动保障行政部门应当一次性书面告知工伤认定申请人需要补正的全部材料。申请人按照书面告知要求补正材料后，劳动保障行政部门应当受理。

职工或者其直系亲属认为是工伤，用人单位不认为是工伤的，由用人单位承担举证责任。

劳动保障行政部门应当自受理工伤认定申请之日起60日内作出工伤认定的决定，并书面通知申请工伤认定的职工或者其直系亲属和该职工所在单位。

职工发生工伤，经治疗伤情相对稳定后存在残疾、影响劳动能力的，应当进行劳动能力鉴定。劳动能力鉴定是指劳动功能障碍程度和生活自理障碍程度的等级鉴定。劳动功能障碍分为十个伤残等级，最重的为一级，最轻的为十级。

生活自理障碍分为三个等级：生活完全不能自理、生活大部分不能自理和生活部分不能自理。

职工因工作遭受事故伤害或者患职业病进行治疗，享受工伤医疗待遇。

职工治疗工伤应当在签订服务协议的医疗机构就医，情况紧急时可以先到就近的医疗机构急救。

治疗工伤所需费用符合工伤保险诊疗项目目录、工伤保险药品目录、工伤保险住院服务标准的，从工伤保险基金支付。工伤保险诊疗项目目录、工伤保险药品目录、工伤保险住院服务标准,由国务院劳动保障行政部门会同国务院卫生行政部门、药品监督管理部门等部门规定。

职工住院治疗工伤的,由所在单位按照本单位因公出差伙食补助标准的70%发给住院伙食补助费;经医疗机构出具证明,报经办机构同意,工伤职工到统筹地区以外就医的,所需交通、食宿费用由所在单位按照本单位职工因公出差标准报销。

工伤职工治疗非工伤引发的疾病,不享受工伤医疗待遇,按照基本医疗保险办法处理。

工伤职工到签订服务协议的医疗机构进行康复性治疗的费用,符合本条例规定的,从工伤保险基金支付。

工伤职工因日常生活或者就业需要,经劳动能力鉴定委员会确认,可以安装假肢、矫形器、假眼、假牙和配置轮椅等辅助器具,所需费用按照国家规定的标准从工伤保险基金支付。

职工因工作遭受事故伤害或者患职业病需要暂停工作接受工伤医疗的,在停工留薪期内,原工资福利待遇不变,由所在单位按月支付。

停工留薪期一般不超过12个月。伤情严重或者情况特殊,经设区的市级劳动能力鉴定委员会确认,可以适当延长,但延长不得超过12个月。工伤职工评定伤残等级后,停发原待遇,按照有关规定享受伤残待遇。工伤职工在停工留薪期满后仍需治疗的,继续享受工伤医疗待遇。

生活不能自理的工伤职工在停工留薪期需要护理的,由所在单位负责。

工伤职工已经评定伤残等级并经劳动能力鉴定委员会确认需要生活护理的,从工伤保险基金按月支付生活护理费。

生活护理费按照生活完全不能自理、生活大部分不能自理或者生活部分不能自理3个不同等级支付,其标准分别为统筹地区上年度职工月平均工资的50%、40%或者30%。

职工因工致残被鉴定为一级至四级伤残的,保留劳动关系,退出工作岗位,享受以下待遇:

1. 从工伤保险基金按伤残等级支付一次性伤残补助金,标准为:一级伤残为24个月的本人工资,二级伤残为22个月的本人工资,三级伤残为20个月的本人工资,四级伤残为18个月的本人工资;

2. 从工伤保险基金按月支付伤残津贴,标准为:一级伤残为本人工资的90%,二级伤残为本人工资的85%,三级伤残为本人工资的80%,四级伤残为本人工资的75%。伤残津贴实际金额低于当地最低工资标准的,由工伤保险基金补足差额;

3. 工伤职工达到退休年龄并办理退休手续后,停发伤残津贴,享受基本养老保险待遇。基本养老保险待遇低于伤残津贴的,由工伤保险基金补足差额。

职工因工致残被鉴定为一级至四级伤残的,由用人单位和职工个人以伤残津贴为基数,缴纳基本医疗保险费。

职工因工致残被鉴定为五级、六级伤残的,享受以下待遇:

1. 从工伤保险基金按伤残等级支付一次性伤残补助金,标准为:五级伤残为16个月的本人工资,六级伤残为14个月的本人工资;

2. 保留与用人单位的劳动关系,由用人单位安排适当工作。难以安排工作的,由用人单位按月发给伤残津贴,标准为:五级伤残为本人工资的70%,六级伤残为本人工资的60%,并由用人单位按照规定为其缴纳应缴纳的各项社会保险费。伤残津贴实际金额低于当地最低工资标准的,由用人单位补足差额。

经工伤职工本人提出,该职工可以与用人单位解除或者终止劳动关系,由用人单位支付一次性工伤医疗补助金和伤残就业补助金。具体标准由省、自治区、直辖市人民政府规定。

职工因工致残被鉴定为七级至十级伤残的,享受以下待遇:

1. 从工伤保险基金按伤残等级支付一次性伤残补助金,标准为:七级伤残为12个月的本人工资,八级伤残为10个月的本人工资,九级伤残为8个月的本人工资,十级伤残为6个月的本人工资;

2. 劳动合同期满终止,或者职工本人提出解除劳动合同的,由用人单位支付一次性工伤医疗补助金和伤残就业补助金。具体标准由省、自治区、直辖市人民政府规定;

3. 工伤职工工伤复发,确认需要治疗的,享受本条例规定的工伤待遇。

职工因工死亡,其直系亲属按照下列规定从工伤保险基金领取丧葬补助金、供养亲属抚恤金和一次性工亡补助金:

1. 丧葬补助金为6个月的统筹地区上年度职工月平均工资;

2. 供养亲属抚恤金按照职工本人工资的一定比例发给由因工死亡职工生前提供主要生活来源、无劳动能力的亲属。标准为:配偶每月40%,其他亲属每人每月30%,孤寡老人或者孤儿每人每月在上述标准的基础上增加10%。核定的各供养亲属的抚恤金之和不应高于因工死亡职工生前的工资。供养亲属的具体范围由国务院劳动保障行政部门规定;

3. 一次性工亡补助金标准为48个月至60个月的统筹地区上年度职工月平均工资。具体标准由统筹地区的人民政府根据当地经济、社会发展状况规定,报省、自治区、直辖市人民政府备案。

伤残职工在停工留薪期内因工伤导致死亡的,其直系亲属享受本条规定的待遇。

一级至四级伤残职工在停工留薪期满后死亡的,其直系亲属可以享受本条规定的待遇。

伤残津贴、供养亲属抚恤金、生活护理费由统筹地区劳动保障行政部门根据职工平均工资和生活费用变化等情况适时调整。调整办法由省、自治区、直辖市人民政府规定。

职工因工外出期间发生事故或者在抢险救灾中下落不明的,从事故发生当月起3个月内照发工资,从第4个月起停发工资,由工伤保险基金向其供养亲属按月支付供养亲属抚恤金。生活有困难的,可以预支一次性工亡补助金的50%。职工被人民法院宣告死亡的,按照本条例职工因工死亡的规定处理。

工伤职工有下列情形之一的,停止享受工伤保险待遇:

1. 丧失享受待遇条件的;
2. 拒不接受劳动能力鉴定的;
3. 拒绝治疗的;
4. 被判刑正在收监执行的。

用人单位实行承包经营的,工伤保险责任由职工劳动关系所在单位承担。职工被借调期间受到工伤事故伤害的,由原用人单位承担工伤保险责任,但原用人单位与借调单位可以约定补偿办法。企业破产的，在破产清算时优先拨付依法应由单位支付的工伤保险待遇费用。职工被派遣出境工作，依据前往国家或者地区的法律应当参加当地工伤保险的，参加当地工伤保险，其国内工伤保险关系中止；不能参加当地工伤保险的，其国内工伤保险关系不中止。

职工再次发生工伤，根据规定应当享受伤残津贴的，按照新认定的伤残等级享受伤残津贴待遇。

职工与用人单位发生工伤待遇方面的争议，按照处理劳动争议的有关规定处理。有下列情形之一的，有关单位和个人可以依法申请行政复议；对复议决定不服的，可以依法提起行政诉讼：

1. 申请工伤认定的职工或者其直系亲属、该职工所在单位对工伤认定结论不服的；
2. 用人单位对经办机构确定的单位缴费费率不服的；
3. 签订服务协议的医疗机构、辅助器具配置机构认为经办机构未履行有关协议或者规定的；
4. 工伤职工或者其直系亲属对经办机构核定的工伤保险待遇有异议的。

本条例所称职工，是指与用人单位存在劳动关系（包括事实劳动关系）的各种用工形式、各种用工期限的劳动者。

本条例所称工资总额，是指用人单位直接支付给本单位全部职工的劳动报酬总额。

本条例所称本人工资，是指工伤职工因工作遭受事故伤害或者患职业病前12个月平均月缴费工资。本人工资高于统筹地区职工平均工资300%的，按照统筹地区职工平均工资的300%计算；本人工资低于统筹地区职工平均工资60%的，按照统筹地区职工平均工资的60%计算。

本条例施行前已受到事故伤害或者患职业病的职工尚未完成工伤认定的，按照本条例的规定执行。

二十、我国宪法对劳动保护的规定

1982年12月4日，第五届全国人民代表大会第五次会议上通过的《中华人民共和国宪法》中，对劳动保护方面的规定主要有以下几条。

第四十二条 中华人民共和国公民有劳动的权利和义务。

国家通过各种途径，制造劳动就业条件，加强劳动保护，改善劳动条件，并在发展生产的基础上，提高劳动报酬和福利待遇。

第四十三条 中华人民共和国劳动者有休息的权利。

国家发展劳动者休息和休养的设施，规定职工的工作时间和休假制度。

第四十八条 中华人民共和国妇女在政治的、经济的、文化的、社会的和家庭的生活等各方面享有同男子平等的权利。

国家保护妇女的权利和利益，实行男女同工同酬，培养和选拔妇女干部。

第四十九条 婚姻、家庭、母亲和儿童受到国家的保护。

二十一、我国刑法对安全生产的规定

1979年7月1日，第五届全国人民代表大会第二次会议通过，1997年3月14日第八

届全国人民代表大会第五次会议修订，根据《中华人民共和国刑法修正案（六）》（2006年6月29日第十届全国人民代表大会常务委员会第二十二次会议通过）修正的刑法中，对劳动保护和安全生产方面的规定有以下数条。

第一百三十一条　航空人员违反规章制度，致使发生重大飞行事故，造成严重后果的，处三年以下有期徒刑或者拘役；造成飞机坠毁或者人员死亡的，处三年以上七年以下有期徒刑。

第一百三十二条　铁路职工违反规章制度，致使发生铁路运营安全事故，造成严重后果的，处三年以下有期徒刑或者拘役；造成特别严重后果的，处三年以上七年以下有期徒刑。

第一百三十三条　违反交通运输管理法规，因而发生重大事故，致人重伤、死亡或者使公私财产遭受重大损失的，处三年以下有期徒刑或者拘役；交通运输肇事后逃逸或者有其他特别恶劣情节的，处三年以上七年以下有期徒刑；因逃逸致人死亡的，处七年以上有期徒刑。

第一百三十四条　在生产、作业中违反有关安全管理的规定，因而发生重大伤亡事故或者造成其他严重后果的，处三年以下有期徒刑或者拘役；情节特别恶劣的，处三年以上七年以下有期徒刑。

强令他人违章冒险作业，因而发生重大伤亡事故或者造成其他严重后果的，处五年以下有期徒刑或者拘役；情节特别恶劣的，处五年以上有期徒刑。

第一百三十五条　安全生产设施或者安全生产条件不符合国家规定，因而发生重大伤亡事故或者造成其他严重后果的，对直接负责的主管人员和其他直接责任人员，处三年以下有期徒刑或者拘役；情节特别恶劣的，处三年以上七年以下有期徒刑。

第一百三十五条之一，举办大型群众性活动违反安全管理规定，因而发生重大伤亡事故或者造成其他严重后果的，对直接负责的主管人员和其他直接责任人员，处三年以下有期徒刑或者拘役；情节特别恶劣的，处三年以上七年以下有期徒刑。

第一百三十六条　违反爆炸性、易燃性、放射性、毒害性、腐蚀性物品的管理规定，在生产、储存、运输、使用中发生重大事故，造成严重后果的，处三年以下有期徒刑或者拘役；后果特别严重的，处三年以上七年以下有期徒刑。

第一百三十七条　建设单位、设计单位、施工单位、工程监理单位违反国家规定，降低工程质量标准，造成重大安全事故的，对直接责任人员，处五年以下有期徒刑或者拘役，并处罚金；后果特别严重的，处五年以上十年以下有期徒刑，并处罚金。

第一百三十八条　明知校舍或者教育教学设施有危险，而不采取措施或者不及时报告，致使发生重大伤亡事故的，对直接责任人员，处三年以下有期徒刑或者拘役；后果特别严重的，处三年以上七年以下有期徒刑。

第一百三十九条　违反消防管理法规，经消防监督机构通知采取改正措施而拒绝执行，造成严重后果的，对直接责任人员，处三年以下有期徒刑或者拘役；后果特别严重的，处三年以上七年以下有期徒刑。

第一百三十九条之一：在安全事故发生后，负有报告职责的人员不报或者谎报事故情况，贻误事故抢救，情节严重的，处三年以下有期徒刑或者拘役；情节特别严重的，处三年以上七年以下有期徒刑。

二十二、直接责任与间接责任的界限

在厂矿企业中发生了重大伤亡事故,正确地区分直接责任与间接责任,是查清行为人对事故所造成的危害后果应承担的法律责任,是确定罪与非罪的界限。

所谓直接责任,是指行为人对事故的发生起了决定性的作用,行为与重大损失结果之间存在着内在的必然的本质联系。

所谓间接直任,是指行为人对事故的发生不起决定性的作用,行为与事故损失结果之间不存在内在的必然的联系,只存在一定的间接联系,这种联系是处于被动的受支配的地位。

因此,区分事故的直接责任与间接责任,应着重注意以下几个方面。

1. 要分清法定的规章制度明文规定的职责范围与不是法定的职责范围的界限。法定的规章制度,既包括国家和各级政府公布的各项法规、规定、条例等,也包括行业主管部门制定的各项规章制度,以及厂矿企业自己制定的各项规章制度所确定的每个人的职责范围。不履行这些职责而发生事故造成重大损失的,应视为直接责任。如果不是规章制度明文规定所要求的职责范围,而是在实施过程中因技术、设备事故所造成的重大损失,应视为间接责任。

2. 要分清领导者与被领导者的责任。领导者不注意调查研究,任凭主观臆断,滥用职权,瞎指挥发生事故造成重大损失的,应由领导者负直接责任。被领导者在执行领导者的指示、命令中,发现指示、命令有不符合客观实际的情况,也曾提出过纠正意见,因领导者未采纳而发生事故造成重大损失的,被领导者应负间接责任。然而,如果被领导者在执行领导者的指示、命令中,发现指示、命令有不符合客观实际情况,曾提出过拒绝执行,但因领导者仍凭主观一意孤行强行被领导者执行而发生事故造成重大损失的,则被领导者不承担任何责任。

3. 分清会议拍板定案人与一般列会人员的责任。由集体讨论决定的实施项目,在实施过程中发生事故造成公共财产、国家和人民利益巨大损失,除了依法追究具体实施人员的责任外,对会议的拍板定案人应追究直接责任。也就是说,对集体讨论决定而造成事故,应由会议的起决定性作用的主要负责人承担直接责任。其他列会人员虽然也可能举手表示同意,但他们没有决定权,处于被支配的地位,因此对发生事故而造成损失后果只能负间接责任。

由于对发生事故而造成重大损失或严重后果的,国家司法机关一般只追究直接责任者的刑事责任,对间接责任者不作犯罪处理。因此,如果混淆了直接责任与间接责任的界限,也就是混淆了罪与非罪的界限。所以,对造成重大损失或严重后果的事故,在区分直接责任与间接责任时,一定要注意调查研究,尊重客观事实,依法秉公办事。

二十三、厂矿企业等单位没有规章制度发生重大责任事故的刑事责任

根据我国最高人民检察院的有关规定,对于厂矿企业、事业单位和群众合作经营组织,个体经营户,如果没有规章制度,发生了重大责任事故,应以发生事故的单位、经营组织、经营户的上级管理部门的有关规章制度为准,追究有直接责任的负责人员的刑事责任。

如果厂矿企业、事业单位和经营组织、个体经营户的规章制度切合实际，符合国家有关法规精神，行为人违章作业或强令工人违章冒险作业，因而发生重大伤亡事故，造成严重后果的，即使国家颁发的法规和发生事故的单位、经营组织、个体经营户的上级管理部门的规章制度没有具体明文规定，也应追究其刑事责任。

二十四、职工没经过培训和没经过安全教育，发生重大责任事故与法律责任

根据我国最高人民检察院的有关规定，厂矿企业、事业单位的职工，群众合作经营组织、个体经营户的从业人员，没经过培训，也没经过技术交底，不了解规章制度，不了解岗位操作法，没经过必要的安全教育，缺乏安全知识，因而违章发生重大责任事故，行为人不负法律责任，应由发生事故单位和经营组织有直接责任的负责人负法律责任。

如果职工和从业人员经过培训，经过技术交底，或者有多年的工作经验，了解岗位操作法，而违章发生重大责任事故，即使发生事故的单位、经营组织、经营户没有相应的规章制度，或没有落实有关法规和规章制度，行为人也应负直接责任，有关责任人应负领导责任，其中触犯刑律的要负法律责任。

二十五、"生死合同"

随着我国经济体制改革的深入和发展，合同这一古老的契约代名词受到社会各界的重视，成为经济领域中用以保障生产、维护经济利益、减少纠纷的重要工具，各种各样的合同在保障正常的经济活动中起着十分重要的作用。但是，也有一些违法行为披上合同的外衣，损害社会和人民的利益，"生死合同"就在其例。

当前，一些厂矿企业、事业单位，特别是一些乡镇企业、群众合作经营组织和个体企业经营户，在生产建设中，相互之间或者和民工之间签订包括承包在内的经济合同，合同中往往有"发生一切事故由承包方自理，发包方概不负责"的内容。这就是所指的"生死合同"。"生死合同"的关键，在于一旦发生由于发包方的责任造成的重大伤亡事故，发包方可以据此推卸责任，而在事故中付出生命的职工则只能听命合同。这种性质的合同是我国社会主义法律所不允许的，更不允许签订，也更不允许公证。不然，就给违法行为以口实。这种"生死合同"不管经过什么样的程序签订，也不管经过什么样的公证，它永远是无效的。

"生死合同"的违法和无效，一是因为合同中所规定的权利和义务的合法性，是合同具有法律效力的前提，而"生死合同"不规定发包方负有保证承包人生命安全的义务，只规定承包方应承包一切事故后果的责任，这种发包方只享有权利而不履行义务的合同不具备合法性。二是合同是当事人的合法行为，合同中所确定的权利和义务必须是当事人依法可以享有的权利和履行的义务。在合同中，发包方没有支配承包方生命的权利，承包方也没有为发包方献出生命的义务。因此，在"生死合同"中发包方超越法律、超越职权，任意规定合同内容是一种违法行为。

在我国，无论是法人与公民之间，法人之间，公民之间，还是上下级之间，在法律关系中处于平等的地位，因此，合同中双方当事人的法律地位也应是平等的。而"生死合同"中，发包人掌握着承包人的一切权利乃至生命，显然双方当事人的法律地位不平等。这也证明了"生死合同"的违法性。因此，对这种"生死合同"国家不予承认，法律不予保护。发包人不但不能凭合同达到预期的法律后果，相反还要根据发包人的违法情况承担相应的法律责任。

"生死合同"是无法律效力的合同，因此为这种合同所作的公证也是无效的。无效合同有两种，一种是内容无效，一种是形式无效。公证后的"生死合同"属于内容无效的合同，它虽然经过签约、公证，具备了一定的形式，但其内容是国家不予承认和保护的，所以仍然没有法律效力。公证机关在公证时，应依照有关规定对合同内容是否超越范围和是否违法进行严格的审查，不符合条件的坚决不能出具公证。否则，不论什么样的合同都给予公证，就失去了公证的作用。对无效合同给予公证的责任人，应进行批评教育，令其收加公证。因错误公证造成事故损失的，公证责任人应负法律责任。

事实告诫人们，"生死合同"不过是一纸空文，它不可能摆脱发包人在安全生产上的法律责任。与此相反，却可能麻痹发包人的思想，促成犯罪行为的产生。

各级人民检察院、人民法院、劳动安全卫生监察机关、工会和行政管理部门应各司其职，对有"生死合同"或有经过公证的"生死合同"的重大责任事故要严格查处，依法追究发包人、公证人的法律责任。

法律是公正的。广大职工应学会运用法律保护自己的合法权益，以保障自己的人身权利，惩罚违法者，达到搞好安全生产的目的。

第三章　安全生产管理体制

第一节　安全生产的企业负责与行业管理

一、安全生产管理体制

所谓安全生产管理体制，就是科学地管理安全生产工作的组织系统和管理制度的总称。

安全生产是一项整体工作，要靠国家各个部门、各个地区、各个行业，以及各个厂矿企业共同来完成，需要有一整套组织系统和管理制度。这些系统与制度彼此之间按管理职能、管理跨度、管理的内在联系形成一定体系，这就形成了安全生产管理体制。

安全生产管理体制所要解决的主要问题，是安全生产管理的组织系统、安全生产管理的权限划分、安全生产管理的实现形式。

二、我国现行的安全生产管理体制

1993年7月12日国务院发出了《关于加强安全生产工作的通知》中明确规定："在发展社会主义市场经济过程中，各有关部门和单位要强化搞好安全生产的职责，实行企业负责、行业管理、国家监察和群众监督的安全生产管理体制。"

企业负责。即指厂矿企业在社会主义市场经济中，必须坚决执行国家的法律、法规和方针、政策，按要求做好安全生产工作，企业法定代表人负有全面的责任，企业法定代表人要端正经营思想，尊重和保护劳动者的安全和健康的权益，把安全生产工作当作厂矿企业突出的大事来抓！

安全生产工作实行企业负责、行业管理、国家监察、群众监督，是相辅相成，相互统一的，四者之间均有一个共同的目标，就是要贯彻党和国家"安全第一、预防为主"的安全生产方针，全面有效地实现安全生产。四者应从不同的角度和不同的层面协调一致，通力合作，互相支持配合，共同努力搞好安全生产工作。

企业负责、行业管理、国家监察、群众监督的安全生产管理体制，是我国在确定建立社会主义市场经济体制过程中进行安全管理新的管理体制。虽然这种管理体制实行时间并不长，有些方面还待于进一步完善。但实践已经证明，这种新的安全生产管理体制，符合社会主义市场经济建立和发展的需要，其中企业负责是搞好安全生产的基础和首要条件，行业管理、国家监察和群众监督可以从法制上来维护国家和人民的利益，可以做到法制手段与行政手段相结合，行业管理与国家监察相结合，国家监察与群众监督相结合，思想政治教育与经济制裁相结合。

为了协调、指导安全生产工作，国家和地方还设立了安全生产委员会，在各级政府的领导下,统筹、研究、协调安全生产中的重大问题,指导全面性的安全生产工作。

三、关于安全生产委员会

安全生产是人员素质、管理水平、设备状况和社会环境等各种因素的综合反映,安全生产寓寄于生产活动和社会活动中,涉及经济、社会、环境、管理、科学技术和宣传教育等各方面,具有全面性、全员性和全过程性。所以,从设计产品、制定工艺、操作加工、设备维修、产品检验、仓储运输、销售使用等,乃至诸方面都要确保安全。就一个厂矿企业来说,从厂部到车间,乃至每一个职工都必须遵守安全生产规章制度,实现安全生产。

为此,十分有必要设立国家和地方,乃至厂矿企业的安全生产委员会,来统筹、协调、指导全局的安全生产工作。

经国务院批准,于1985年1月3日,全国安全生产委员会正式成立。

全国安全生产委员会是国务院下设的非常设机构。同样道理,各省、市、自治区,以及各地区成立的安全生产委员会,也是各级政府下设的非常设机构,都不具有行政管理和监察的职能。

各级安全生产委员会的任务是:在各级政府的领导下,研究、统筹、协调、指导关系全局的重大安全生产问题,组织重要的安全活动。

厂矿企业中的安全生产委员会也不是常设机构,也不具有行政管理的职能,而是在厂长的领导下,由各方面的有关人员组成,定期地研究、统筹、协调、指导全厂性的安全生产工作。

各级安全生产委员会成立以来,做了许多工作,对安全生产起了推进作用。在今后深化改革中,还需进一步明确职责和分工,充分发挥统筹、组织和协调、指导的作用。并与安全生产监督管理部门、产业部门、工会组织配合协作,搞好安全生产。

对厂矿企业中的安全生产委员会来说,就是充分发挥统筹、协调的作用,与厂安全技术部门、厂工会等有关部门,配合协作,搞好本厂矿企业的安全生产。

四、厂矿企业的安全管理

在我国,厂矿企业是社会主义经济建设的基本单位,厂矿企业在组织职工进行生产活动时,必须坚决执行国家关于安全生产的方针、政策、法规和标准,加强劳动保护工作,搞好安全生产,以确保广大职工在生产过程中的安全和健康。具体内容如下:

1. 认真贯彻执行国家有关安全生产的方针、政策、法规、标准,以及上级行政部门关于安全生产工作的规定细则,建立良好的安全生产秩序。

2. 建立健全安全管理专职机构,根据厂矿企业的生产规模、生产危险性的大小和人员的多少等具体情况,设置主管安全生产工作的安全技术处(科)或专职安全技术人员,来具体管理劳动安全卫生等方面的工作,作为厂矿企业领导的得力助手和参谋。

3. 根据国家有关安全生产的方针、政策、法规、标准,以及本厂矿企业的生产特点,建立健全安全管理规章制度,如安全生产责任制、安全技术措施计划、安全生产检查、安全生产教育、安全操作规程、安全检修规程、安全技术规程、伤亡事故的调查和处理,等等。对于这些安全管理的规章制度,应督促检查职工严格遵守,绝不能成为一纸空文。

4. 组织本厂矿企业的有关职能部门,定期研究安全生产状况,制定和执行防止伤亡事故和职业病的措施,并责成有关职能部门或专人按期实施。

5. 对职工进行全员的安全教育,把安全生产宣传深入到每一个职工,使之变成职工自觉的思想和行动,不断提高职工预防事故发生和自我保护及保护他人安全的能力。

6. 按国家有关规定,及时给职工分发劳动保护个人防护用品和有毒有害岗位的保健食品。

7. 对职工发生的伤亡事故、职业病等及时向上级有关部门如实上报,不得隐瞒或大事化小,小事化了。

8. 定期或不定期地对本厂矿企业的安全生产状况进行检查,发现事故隐患立即或限期整改。

9. 使劳动生产组织符合职工安全生产的要求,做好职工劳逸结合,严格执行国家关于工作时间的规定,不得随意让职工加班加点。

10. 定期对职工进行身体健康检查,做到发现问题,及时治疗。

11. 认真按照国家有关规定及地方政府颁布的实施细则,做好女职工劳动保护工作。

12. 根据国家有关规定,每年制定年度安全技术措施计划,并安排资金、人员的落实,以不断改善本厂矿企业的劳动条件。

五、安全生产的行业管理

所谓行业管理,通常是指厂矿企业的生产主管部门或行政管理部门对厂矿企业所进行的行政管理。

随着我国政治、经济体制改革的不断深入和社会主义市场经济的建立与发展,政府部门的职能已开始转变。一些厂矿企业的主管部门,由原来直接管理厂矿企业,转变为实行行业管理职能,并打破了部门和地区的界限,由部门管理转向全行业归口管理。同时,还有些厂矿企业的主管部门与厂矿企业保持一定的隶属关系。行业归口管理部门与厂矿企业的主管部门,两者统称为行政管理部门。根据国家安全生产的方针、政策、法规,以及管生产必须管安全的原则,行政管理部门在组织管理本行业、本部门的经济工作中,都应加强对所属厂矿企业的安全管理,并在其部门中设置安全生产管理机构或专管人员,组织管理本系统内的劳动保护工作与安全生产工作。

安全生产工作除了需要企业负责、国家监察、群众监督外,还必须依靠厂矿企业主管部门的协助支持和监督检查才能搞好。厂矿企业中的安全生产工作是大量的,如安全生产的长期规划和年度安全技术措施计划的制定;安全生产目标纳入厂矿企业推行经济责任制承包内容;新建、改建、扩建和引进工程项目中提出安全要求和内容;安全生产工作目标和具体实施的措施,等等。这一系列的安全生产工作,均需要行政管理部门来加以统筹规划和加强行政管理来完成,这是国家安全生产监察机构和群众监督所不能代替的,也是无法代替的。因此,只有由厂矿企业的主管部门充分发挥行政管理职能,根据国家安全生产的方针、政策、法规,对厂矿企业的安全生产工作进行督促检查,促使厂矿企业单位努力改善劳动条件,消除生产过程中的不安全因素,采取安全可靠的预防事故发生的措施,才能实现安全生产,保护职工的生命安全和身体健康。

这里需提及的是,现在的行业安全管理存在弱化的问题,自从 1998 年国务院机构改革,国家一些产业部门被撤消之后的近十年中,各个行业的安全管理问题就逐渐凸显出来。原来各个产业部门对自己行业的安全管理是十分到位的，因为那个时候，产业部门负责行业安全管理的官员本身就是专家型，他们在行业工作多年，十分了解本行业的具体情况，例如，原化工部就针对行业的具体生产特点制定了一系列的安全生产法规、制度和行业安全技术标准等，各种生产操作也都制定了具体的安全技术操作规程。因此，那个时候的行业安全管理要比现在好的多。然而自从一些产业部门被撤销后，行业安全管理不断弱化，安全生产信息得不到很好地交流，各厂矿企业之间也不能很好地吸取同类型厂的事故教训，来防止本厂同类事故的发生。例如煤炭部、化工部、冶金部等一些产业部门被撤销以后，在这些部门中行业安全管理也几乎随之不复存在，行业安全管理便无从谈起，行业安全管理被大大弱化，致使在这样一些行业的厂矿企业的生产过程中，各种事故大量发生，有的甚至是重大或特大事故，这种情况在煤炭行业中显得尤为突出。这一活生生现实情况值得人们去深思、去探索、去解决。

六、行业管理部门安全管理机构的职责

1. 认真贯彻执行党和国家关于安全生产的方针、政策、法规、标准，并结合本行业本系统的具体情况，制定实施方案或具体细则，督促所属厂矿企业认真贯彻执行。

2. 督促检查，并指导所属厂矿企业加强劳动保护，改善劳动条件，搞好安全生产工作。

3. 组织研究和解决本行业本系统内的一些重大安全卫生问题。

4. 定期分析研究本行业本系统内的伤亡事故情况，提出改进意见和具体要求，组织或参加所属厂矿企业重大伤亡事故的调查处理。

5. 根据本行业本系统的具体情况，提出劳动保护科学研究的方向和任务，并组织推动这方面工作的开展。

6. 有组织有计划地培训本行业本系统内的安全技术人员，不断提高其人员的安全技术水平。

7. 组织本行业本系统的安全生产检查，并组织总结交流所属厂矿企业搞好安全生产工作的经验及教训。

8. 其他有关安全生产方面的工作。

第二节 安全生产的国家监察

一、国家安全生产监察

所谓国家安全生产监察，是指国家通过立法，授权特定的国家安全生产监察机构，以国家的名义，利用国家的权力，代表政府，对厂矿企业、事业和有关部门执行国家有关安全生产的方针、政策、法规和履行安全生产的职责等情况，依法进行监督、纠正和惩诫的工作。以确保国家对安全生产的方针、政策、法规和标准的贯彻。

我国将不同领域的劳动安全和工业卫生的监察权分别授予不同的部门执行。如：危险化学品的监察权授予国家安全生产监督管理总局；锅炉和压力容器的监察权授予质量技术检验部门；消防安全、核安全、道路交通运输安全等的监察权又分别授予有关部门实行监察。

人们通常所指的国家劳动安全卫生监察，则是国家授予安全生产监督管理部门等实施的职业安全卫生、矿山安全卫生、锅炉和压力容器安全这三方面的安全监察，都是以保护劳动者在生产过程中的安全和健康为主要目的，以保护劳动力为目的。国家把这方面的任务确定为安全生产监督管理部门等的职责范围。

1982年2月13日，国务院发布了《锅炉压力容器安全监察暂行条例》、《矿山安全条例》和《矿山安全监察条例》，首先对锅炉压力容器和矿山生产实行了国家安全监察制度，原劳动部门建立了相应的安全监察机构、配备了安全监察人员，现在由质量技术检验部门负责此项工作。

我国对劳动安全卫生实行国家安全监察工作是从1983年开始的，1983年5月18日，国务院批转了原劳动部、原国家经委、全国总工会《关于加强安全生产和劳动安全监察工作的报告》，其中指出：劳动部门要尽快建立健全劳动安全监察制度，加强安全监察机构，充实安全监察干部，监督检查生产部门和企业对各项安全法规的执行情况，认真履行职责，充分发挥应有的监察作用。现在是由安全生产监督管理部门负责此项工作。

二、国家安全生产监察的特征

国家安全生产监察，不同于厂矿企业或行业主管部门内部安全生产机构的监督检查，它具有以下几个方面的特征。

1. 国家安全生产监察是以国家的名义，利用国家授予的权力，是代表国家和政府来进行的。因此，这种监察是一种带有强制性的监察，监察机构具有一定的强制权限，能够对被监察的对象进行监督检查，并揭露、纠正、惩诫其违反国家关于安全生产和工业卫生方面的政策、法规的失职行为，以保证国家安全生产方针、政策、法规、标准的实施。

2. 国家安全生产监察是一种国家监察，虽然机构设置在安全生产监督管理部门，但它的设置原则、领导体制、职责权限、监察人员的资格，以及监察程序等都是由国家法律规范所确定的，不同于一般行政的内设机构，它与被监察的对象之间构成法人之间的行政法律关系，可以采取包括强制手段在内的多种监督检查形式和方法，执行监察任务。

3. 国家安全生产监察管理机构的监察活动，是从国家整体利益出发的，是向政府和法律负责的，不受生产部门、行业或其他团体的限制和干预，不受用人方面或被用人方面的约束。因此比较客观、超脱，具有第三方的公正性。

4. 国家安全生产监察管理机构的监察活动，是运用国家行政权力进行的。它在职权范围内依照国家的法律或规定作出的决定，具有法律所赋予的确定力、约束力和强制力。因此，它的活动具有权威性和强制干预的特征。

由上可见，国家安全生产监察与行业或厂矿企业主管部门所设置的内部安全管理机构，与工会组织的群众监督工作都有明显的区别。同时，它仍然属于政府系统的行政监察机构，与国家人民检察机关的职责权限也有很大的不同。

三、实行国家安全生产监察的必要性

为了保护劳动者在生产过程中的安全和健康，国家和政府制定、颁布了一系列关于劳动安全卫生的政策、法规和标准。为了使这些政策、法规和标准在厂矿企业、事业及有关部门能够很好地得到贯彻，必须有保证其贯彻执行的特殊的、强有力的手段。也就是说，必须要实行国家安全生产监察。

实行国家安全生产监察的必要性主要表现在以下几个方面。

1. 实行国家安全生产监察，是健全我国安全生产管理体制，切实保护劳动者安全和健康的需要。

为了保护劳动者在生产过程中的安全和健康，国家和政府制定、颁布了一系列关于劳动安全卫生的政策、法规和标准，并要求执行系统去贯彻执行。然而，在我国相当多的一部分厂矿企业中的领导，只重视生产，而忽视安全，放松安全管理。有的甚至对国家和政府关于安全生产的政策、法规、标准置若罔闻，玩忽职守，不关心工人疾苦，强令工人冒险蛮干，不管人身安全和健康。结果造成伤亡事故和职业病不断发生，重大事故急剧上升。并且出了事故文过饰非，上推下卸，大事化小，小事化了。因而，大大影响了我国社会主义经济建设事业的顺利进行。因此，只有政策、法规和标准，没有劳动安全卫生的监察，这种安全生产管理体制是不完备的，缺乏强有力的监察系统去监督执行，再好的政策和法规也是难以得到真正的实现。我国多年来的安全生产管理实践也充分证明了这一点。

2. 实行国家安全生产监察，是在发展社会主义经济形势下，建立劳动安全卫生法制管理秩序的需要。

随着经济管理体制改革的不断深入，国家与厂矿企业、厂矿企业的经营者与广大职工之间的利益差别，在劳动安全卫生方面也会突出起来。表现为生产与安全、经济效益与安全生产之间的矛盾。为此，国家和政府需要制定、颁布一系列劳动安全卫生法规，以指导和约束厂矿企业的经营管理行为。在社会主义条件下，实行国家监察，主要是加强法制管理。同时，要建立专门的监察执法机构，以国家的名义，并运用国家的权力，监督劳动安全卫生法规的贯彻实施。只有这样，才能使国家劳动安全卫生法规所体现的潜在的强制力，变为现实的强制力，建立起良好的安全生产环境的秩序，以及时调整劳动关系，保护劳动者的安全和健康，维护国家和人民的利益。

3. 实行国家安全生产监察，是推动科学技术进步的需要。

我国正面临世界科学技术的挑战，为了加快安全生产科学技术的发展，促进工业生产技术的进步，国家需要制定并监督执行有利安全生产、劳动保护的技术政策和强制性的安全卫生技术标准，以利于开发、推广、普及先进技术。对于有严重危险性的生产设备和工艺过程，实行严格的安全技术监督。为此，也必须实行国家安全生产监察。

4. 当今许多国家为了强化劳动安全卫生管理，都在加强劳动安全卫生立法的同时，建立一整套国家监察制度，并已取得了明显的效果。

例如，美国自1970年职业安全卫生法问世以来，美国政府在劳工部成立了职业安全卫生的监察机构——职业安全卫生管理局，对厂矿企业实行国家劳动安全卫生监察，取得了十分显著的效果。30多年来，虽然就业人数上升了24%，但因工死亡人数却由1.4万人降低到1.12万人，降低了20%；伤残人数也由每年的250万人降低到180万，降低了24%，伤亡事故基本上得到了控制。

因此，我国应按照具体国情，研究、借鉴国外有益的安全管理经验，建立健全我国的国家安全生产监察制度。

四、国家安全生产监察的对象和任务

国家安全生产监察机构，不是执行一般的行政监督检查任务，而是一种专门的监察机构，有着专门的监察对象和任务。

国家安全生产监察的对象，主要是厂矿企业、事业单位，也包括国家法规中所确定的负有劳动安全卫生职责的有关政府机关、厂矿企业事业的主管部门、行业主管部门等。

国家安全生产监察的任务，主要是对上述厂矿企业、事业单位和有关机关履行劳动安全卫生职责和执行安全生产和劳动保护的法规、政策的情况，依照国家有关法规进行监察，及时发现和揭露存在的问题和偏差，纠正和惩诫违章失职行为，以保证国家劳动安全卫生的方针、政策、法规和标准得以正确与统一地实施，保护劳动者的安全和健康。

五、国家安全生产监察机构的职权

国家安全生产监察有关法规明确地规定了劳动安全卫生监察机构的职权。

1. 对管辖区内一切企事业单位及其主管部门遵守、执行劳动安全卫生法规各项规定的情况，实行经常性的检查。

2. 对新建工程项目、特种设备、严重有害作业场所、特种作业人员进行专门的预防性审查认可或认证。

3. 对存在重大事故隐患、严重职业危害以及不具备安全生产条件的企事业单位，有权签发《劳动保护监察指令书》，提出警告，令其限期改进或停止危险（危害）部分的作业；或在报经当地人民政府批准后，令其停产整顿。

4. 对违反安全生产法规的规定，以及造成伤亡事故、职业中毒等不良后果的企事业单位及直接责任者，有权处以罚款；对有关责任人员还可提请有关部门给予行政处分，触犯刑律的提请司法部门追究刑事责任。

六、国家安全生产监察与行业安全管理的关系

安全生产监督管理部门执行的国家安全生产监察与行业进行的安全管理，都是我国安全生产管理体制的重要组成部分。其目标都是保护劳动者在生产过程中的安全和健康，防止和控制伤亡事故和职业病的发生。因此，两者之间是相辅相成，相互补充的关系。

现代工业生产技术复杂，分工精细，环节众多，连续性强，并具有广泛的外部联系。劳动安全与工业卫生问题，不仅涉及厂矿企业各种构成因素和生产的全过程，而且涉及经济管理、基本建设、设备制造、产品销售和使用等许多外部条件。因此，国家监察机构及其监察人员，不可能对每个生产环节和作业场所都能监督到，也不可能随时进行日常的安全检查，更不能对职工中一般违章作业事件直接进行处理。所以，国家安全生产监察的功能和作用是有一定限度的。

根据现代管理科学的整分合原理和能级原理，国家安全生产监察与行业及厂矿企业的安全管理和监督检查，应在整体规划之下，在管理职能和管理层次上进行合理的分工，并在分工的基础上再进行有效的综合。

一般地说，厂矿企业生产过程中全面的日常的具体的安全管理和监督检查等工作，厂矿企业职工的一般违章作业处理问题，应由厂矿企业或行业的安全管理机构自行负责。国

家监察则应以厂矿企业为主要对象，在厂矿企业或行业进行安全管理的基础上，抓住带有全局性、关键性的重要环节，以及涉及到违反劳动保护与安全生产政策、法规、标准等的重要问题，有重点有系统地实行监督。

然而，在国家安全生产监察与行业及其厂矿企业安全管理之间，还存在着监察与被监察，指导与被指导的关系。

在此，值得提出的是，近几年来由于中央一些部门被撤销，行业管理显得有些淡化，因此，在一些行业中事故屡屡发生，这是一个值得人们去关心和研究的问题。

根据现代管理科学的原理，一个富有活力和效率的管理系统，应当由一个决策中心和执行系统、监督系统、反馈系统所构成。决策中心下面的执行系统与监督系统职能不同，并且相互独立。执行系统主要是执行决策中心的指令，它难以同时对自己进行监督，而应该另有一个相对独立的监察系统，去监督执行系统的执行情况，及时发现和纠正偏差。

在我国安全生产管理体制中，执行系统主要是厂矿企业和经济主管部门，因为，安全生产问题都是在厂矿企业生产过程中发生的。国家关于安全生产的方针、政策、法规和标准确定后，需要通过行业归口管理部门、厂矿企业主管部门贯彻落实到厂矿企业，并在厂矿企业的企业管理和生产过程中得到实现。安全生产监督管理部门设立的监察机构，属于国家专门设立的监察系统，是相对独立于执行系统的，它的职能是对执行系统行使国家安全生产监察职权。

其次，根据政府的职能分工原则，许多综合性工作都是由一个主管的职能部门综合管理，并执行国家监督职能。这些工作涉及到许多其他有关部门，虽然它们都是政府部门，但主管职能部门在其主管的工作范围内，在业务上具有一定监督、指导的职权。

再者，国家制定和发布的劳动保护条例，以及有关安全生产的规定等现都明确规定安全生产监督管理部门设立安全生产监察机构，赋予监督安全生产方针、政策、法规和标准执行情况的职权，同时也明确规定行业归口管理部门和厂矿企业主管部门加强本行业安全生产目标管理的职责。这就从法律上确定了安全生产监督管理部门设立的监察机构的监察地位，及与行业安全管理之间监察与被监察的行政法律关系。

七、国家安全生产监察与行业安全检查的区别

国家的安全生产政策、法规、标准在制定、颁布以后，首先要求生产部门及所属厂矿企业遵守和实施。行业设置的安全管理机构，具体负责本行业的安全管理工作，在工作中具有安全检查的职能。这是属于行业内按行业归口，或按行政隶属关系，自上而下进行的自我监督和业务监督。它与国家安全生产监察在性质上、地位上和职权上都有很大的不同。

1. 在性质上，行业的安全检查，是为了履行其安全生产的职责，对所属单位进行管理和控制的一种手段。所以，它属于行业安全管理的一个组成部分，属于执行系统内部的自我约束机制。在工作内容上，它不仅要检查国家安全生产政策、法规的执行情况，而且要对行业安全管理的目标、计划、措施等业务工作情况进行检查督促。国家监察则是在执行系统以外设立的监督系统，主要负责对执行政策、法规的情况进行监督。

2. 在地位上，行业的安全管理机构设在行业内部，是行业内部的职能机构，它的工作是行业行政管理的一个组成部分，在行业行政首长的领导下进行工作，并向行政首长负

责,因而往往要受到部门利益或行政首长的约束。又因行业安全检查则主要是对下属厂矿企业进行检查,难以对本行业行政首长施行监督。再因行业安全检查机构和被检查的厂矿企业又同属于一个系统,它在执行安全检查任务时,虽然对保证安全管理目标实现方面有着重要的作用,但它同时容易受到行业的局限和干预,在处理劳动关系时就难以处于第三方的超脱地位。而国家安全生产监察,则是依法设立在安全生产监督管理部门的专门监察机构,它的职责就是从国家整体利益出发,以国家的名义,对应执行安全生产政策、法规的行业及其所属厂矿企业进行安全监察工作,同时也包括行业行政首长的决策、指令等是否符合安全生产的政策、法规。监察活动是向政府负责,不受行业或部门以及其他团体的干预,因此比较客观、超脱。

在厂矿企业与职工之间发生劳动安全卫生争议时,国家监察可作为公正机关进行仲裁,而行业安全管理机构和厂矿企业安全管理机构则不宜担当此项任务。

3. 在职权上,行业安全检查的职权是由行业行政管理职权所派生的,不能超越其管理权限。而国家安全生产监察机构则具有特殊的行政法律地位,拥有国家法律范围赋予的、包括行政处罚在内的多种监察手段和方法,对违反安全生产政策和法规的单位和个人,有权依法执行行政强制和行政处罚,这种处罚,是法律授予的权限,具有国家强制的特征,而与行业或厂矿企业内部的某些处罚手段性质不同。

在安全技术上,国家监察机构有权代表国家对有关建设工程、生产设备和特种作业人员给予安全技术上的鉴定、监测、许可或出证,而行业安全检查机构则不具备这种权限。

因此,国家安全生产监察和行业管理安全检查在性质上、地位上和职权上是不同的,两者之间不能相互混同,不能相互替代。

国家安全生产监察机构应当大力支持、协助、指导行业安全管理机构开展工作。各行业和厂矿企业的安全管理机构也需要国家监察机构的支持。两者之间应当是各尽其职,通力协作,共同努力,加强劳动保护,搞好安全生产。

八、安全生产监察过程的基本程序

安全生产监察过程的基本程序一般可分为如下几个阶段:

1. 监察准备。这是对监察对象和任务进行的初步了解和调查,是监察过程的初始阶段。监察准备包括:确定检查对象,查阅有关安全生产法规和安全卫生标准,了解检查对象的工艺流程、生产和安全卫生情况,制定检查计划,安排检查内容、方法、步骤,编写安全检查表或安全检查提纲,挑选和训练检查人员等等。

2. 监察检查。这是安全生产监察机构对被检查单位进行的各种监督性检查、检测或审核。其基本任务是:查明情况,发现问题,掌握事实,做出正确的评价。监督性检查可分为一般性检查和立案调查两种形式。

3. 监察处理。这是安全生产监察机构根据监督检查的结果,督促厂矿企业解决问题、纠正违章,实现监察目的的重要阶段,是监察执行过程的中心环节。监察处理措施包括肯定成绩和纠正偏差的措施。监察处理决定,是直接产生法律效力的行为,可由安全生产监察机构单方决定作出,无须相关人同意。

4. 行政制裁。这是安全生产监察机构对违反党和国家制定的安全生产政策、法规、标准的单位和人员采取的强制性措施,是正常开展监察活动,完善监察过程的重要环节。

5. 申请司法干预。这是安全生产监察机构在采取行政制裁仍不能奏效时，从形式上转入司法程序，而实质上乃是安全生产监察过程在特殊情况下的延伸。

九、安全生产监察的一般监督

一般监督。是指安全生产监察机构对厂矿企业执行国家安全生产政策、法规和安全卫生标准的一般情况的监督。这里所指的"一般情况"包括贯彻执行政策和法规、组织管理、安全技术、工业卫生、安全宣传、安全教育，以及安全指标等诸方面的情况。

这种一般监督活动，具有全面性和灵活性的特点。从监督内容上说，凡涉及劳动保护与安全生产工作的都在监督之列；从监督活动上看，可以同各个时期的宏观指导紧密结合，需要强化哪方面的工作就加强哪方面的监督，厂矿企业存在什么问题就检查处理什么问题。通过一般监督，有利于将厂矿企业的各项安全生产工作置于国家监察之下。

一般监督可采用以下3种形式：

1. 例行检查。市、县级的国家安全生产监察员，根据分工管辖一定范围内的厂矿企业进行定期地巡回检查，例如，每季度或每半年检查一次。在检查时，应事先编制好安全检查表，规定检查的项目、内容、标准和检查的方法。每次检查可以进行全面地检查，也可以有重点的或抽样进行检查。这种检查，有利于监察人员与厂矿企业之间建立经常的联系，也有利于提高监察人员的责任心和业务技术水平。

2. 不定期检查。根据各个时期国家的要求和上级的指示，以及工作的需要而专门组织有关人员所进行的检查。检查内容可因时因地而异。例如，对厂矿企业某些安全生产法规、政策或措施的贯彻执行情况的检查；对伤亡事故或职业病情况的检查；以及季节性的安全检查等。这种检查一般是在厂矿企业进行自查后的基础上而进行的重点检查。这种检查形式具有较大的灵活性和宣传、推进安全生产的作用。其缺陷是易受时间短暂、检查内容和检查人员多变的限制，临时观点重，不易深入、全面地掌握情况。为了弥补这一缺陷，可把不定期检查与例行检查结合起来进行。

3. 依申请的检查。根据职工群众对厂矿企业违反国家安全生产政策、法规的行为或在安全生产上存在重大事故隐患的情况的检举、揭发；职工群众与厂矿企业之间存在对劳动安全卫生的争议；厂矿企业对有关处理不服的申诉等，国家安全生产监察机构有责任受理，该立案的应立案进行调查，并根据调查的实际情况作出相应的处理。这种检查是监察机构密切联系群众、维护法制、履行职责的重要方面。

这里需提出注意的是，在过去的一般检查中发现问题，口头讲了，厂矿企业改与不改往往听之任之，不了了之。因此，在实行国家监察后，对进行的检查应有详细的记录。在检查中发现的一般缺陷，只记录检查结果和建议，请厂矿企业有关人员签字，可不立案。对需要强制干预的违反安全生产法规行为，则应立案进行调查，取得证据，并向厂矿企业负责人宣传安全生产政策、法规，然后下达《安全生产监察指令书》，限期解决。如厂矿企业逾期不进行整改的，下达《安全生产监察处罚决定书》，依法执行行政处罚，直至结合司法手段，督促厂矿企业履行国家关于安全生产法定的义务。

十、安全生产监察的专业监督

专业监督，也可称为特种监督。是指国家安全生产监察机构对工作中某些关键环节进行的专门监督。

这种专业监督的特点,是监督对象的范围比较单一和固定,检查的内容、要求和方法有国家或有关部门颁发的专门的规范和技术标准,检查工作的专业性强,技术要求高,其检查活动一般是连续的、定时的、定项目地进行的。

如果说安全生产监察的一般监督抓了面上,主要是广度,而安全生产监察的专业监督则是抓了重点,体现了深度。两者并举,点面结合,广度与深度统筹兼顾,就能充分发挥国家监察的作用。

根据我国目前情况,专业监督主要是对厂矿企业新建工程项目、新制造设备装置、现有特种设备装置、特别危害作业场所、特种作业的人员所进行的监督。

1. 对新建工程项目的监督。包括对新建、扩建、改建和重大技术改造项目,以及从国外引进工程项目的监督。其监督的目的在于保证建设项目的主体工程与安全卫生设施同时设计、同时施工和同时投产、使用,力求达到本质上的安全,防止留下新的"欠账"。这种监督对厂矿企业以后的安全生产是关键的关键,其意义十分重大。在这方面,我国已初步建立了对新建工程项目的分级监督管理制度,并规定了初步设计中《职业安全卫生专篇》的编制和审查制度,以及竣工验收时安全卫生检查、测定和验收、评价的制度。

为了使这种监督更为可靠,还需要将这种监督工作进一步正式纳入国家基本建设和技术改造项目的管理程序,逐步完善各行业劳动安全与工业卫生工程设计规范、标准,不断提高《职业安全卫生专篇》的编写质量,以便对新建工程项目进行全面设计、安全评价、安全审查、安全投产,达到新建工程项目本质上的安全。

2. 对新制造设备装置的监督。所谓新制造设备装置,是指生产厂家制造的,在某种情况下有可能产生特别危险或危害的设备或生产装置,以及安全卫生专用仪表、器具和特殊的劳动防护用品等。

根据国家制定颁布的劳动安全和工业卫生标准,安全生产监察机构应对生产制造上述产品的生产厂家实行强制性的监督制度。例如:设计审查、生产资格审批、产品抽样检验、颁发合格证,以及无证不准生产和出售等。把住这类产品的设计、制造和销售关,可确保产品的本质安全化,以及禁止不安全的产品流入市场遗害他人,这是保证劳动安全卫生的治本之策。

3. 对现有特种设备的监督。对厂矿企业中现有的各种起重机械设备,锅炉、压力容器设备,以及其他对职工和周围设施、人员有重大危害的特种设备,根据国家对这些设备的安装、使用、维修等规定的安全规程和标准,安全生产监察机构与质量技术检验部门应有计划地对这类设备进行普查建档,实行分级管理,并定期进行检查或抽查,符合标准的发给合格证,不符合标准的限期整改,对逾期不整改的,采取强制性处罚或封停手段。

4. 对特别作业场所的监督。是指对厂矿企业中有极度、高度危害的尘毒作业,以及其他有严重危害作业场所的综合治理情况,包括工艺、设备、操作、管理、工业卫生、治理效果,以及职工身体健康状况等方面,按行业、作业工种实行监督。这种监督,可以发现共同点,便于推广先进的综合治理措施;还可以在进行危害程度分级的基础上,实行定期检查、考核,并据此推进经常性监督和奖惩制度。

5. 对特种作业人员的监督。根据国家对特种作业人员的有关规定,安全生产监察机构主要是对特种作业人员的安全生产资格和操作素质的监督。这种监督应建立安全技术培训、考核、发证和持证操作制度。此外，对一些危险性较大，伤亡事故频率较高的作业人员，如冲床工、高处作业人员等，以及对乡镇矿山、乡镇集体企业、民营企业、烟花爆竹企业、小型建筑队、小型厂矿企业等的第一负责人，实行安全培训、考核、发证制度。

十一、安全生产监察的事故监督

事故监督，是指安全生产监察机构对厂矿企业职工伤亡事故，包括急性职业中毒事故的报告、登记、统计、调查和处理所实行的监督。这种监督，是针对厂矿企业预防失误或根本没有预防而造成不幸后果的一种追查。

事故监督的目的，一是通过对事故原因的分析，研究改进预防伤亡事故的措施和对策，二是为了查明事故责任，惩诫失职，匡正法纪，教育多数。

事故监督是安全生产监察机构应进行的一项十分重要的监察工作，可从以下几方面进行：

1. 严格事故快速报告制度。厂矿企业中发生了伤亡事故，必须遵照国家有关规定快速上报安全生产监察机构，以及当地人民检察院和工会组织。如厂矿企业对职工伤亡事故有隐瞒不报、虚报或有意拖延报告的行为，安全生产监察机构应建议有关单位对有关责任者给予纪律处分或经济制裁。情节、后果严重的，可依请人民检察院追究其法律责任。

2. 严格事故调查处理和审批结案。事故调查是从微观上对事故原因的查找，是改进预防措施和执行法纪的基础。事故调查处理过程是一项缜密细致的科学技术工作，也是同违纪违法行为的斗争，特别是当事故涉及厂矿企业有关领导人员的责任时，调查处理工作就更为复杂艰巨。因此，安全生产监察机构不仅要掌握科学的调查方法，而且还要有秉公执法的精神。

安全生产监察机构在事故调查的基础上，对伤亡事故的性质和主要原因应做出结论。并对事故的主要责任者提出处理意见。对构成主要责任的事故罪和玩忽职守的人员，不能以经济处罚代替刑事处罚，不能以党纪政纪处分代替依法惩处。

此外，安全生产监察机构对厂矿企业或主管部门事故调查处理意见的报告、审理和审批结案，对事故结论权的行使以及厂矿企业的申诉和裁定，对事故有关责任者的处理，与人民检察院和工会组织的密切配合等，都应根据1986年最高人民检察院、劳动人事部联合制定、发布的《关于查处重大责任事故的几项暂行规定》，以及2007年4月9日国务院公布的《生产安全事故报告和调查处理条例》（国务院令第493号）中的规定，认真查处伤亡事故，以促进安全生产。

3. 严格事故统计分析制度。事故统计分析是从宏观上对事故发生规律的探索，是制定防止事故对策和有关安全生产规程、标准的依据，也是监督考核各厂矿企业安全效果的重要手段。因此，安全生产监察机构应建立现代化的统计手段，制定科学的比较完善的统计报表，并从组织上制度上采取措施，畅通统计渠道，以保证各种事故信息及时、准确地综合上报。

十二、"三同时"的安全生产监察

所谓"三同时"，即指在新建、改建、扩建和重大技术改造工程项目中，安全卫生设施要与主体工程,同时设计、同时施工、同时投产和使用。

1973年10月21日,中共中央发布的《关于认真做好劳动保护工作的通知》中明确指出:"今后,凡新建、改建、扩建的工矿企业和革新、挖潜的工程项目,都必须有保证安全生产和消除有毒有害物质的设施。这些设施要与主体工程同时设计,同时施工,同时投产,不得削减。正在建设的项目,没有采取相应设施的,一律要补上,所需资金由原批准部门负责解决。谁不执行,要追究谁的责任。劳动、卫生、环保部门要参加设计审查和竣工验收工作,凡不符合安全卫生规定的,有权制止施工和投产。"

1984年7月13日,国务院发布的《关于加强防尘防毒工作的决定》重申了上述规定,并进一步指出:"有关主管部门应将初步设计连同级劳动、卫生部门和工会组织审查同意后,方可进行施工设计。施工单位应严格按照设计图纸施工。各地区、各部门组织工程竣工验收时,必须要有同级劳动、卫生部门和工会组织参加。各级劳动、卫生部门和工会组织要认真进行监督检查,凡不合要求的不予验收,不得投产。"

1988年5月27日,原劳动人事部颁发的《关于生产性建设工程项目职业安全卫生监察的暂行规定》,对各级经济管理部门、行业管理部门、建设单位、施工单位,在建设项目中实施职业安全卫生方面,对"三同时"工作应负的责任,分别作了明确的规定。同时还规定,各级劳动部门对建设项目的职业安全卫生技术措施、设施、"三同时"的实施情况实行国家安全生产监察。

因此,根据国家的规定,对"三同时"必须实行国家监察。安全生产监察机构对"三同时"进行监察时,应行使的国家监察职能有以下几个方面:

1. 参加建设项目的可行性论证工作,负责对可行性论证文件中的职业安全卫生论证内容进行审查。

2. 在初步设计会审中,应认真审阅建设单位报送的职业安全卫生评价报告和初步设计文件,并及时将审查意见返回给建设单位。在参加会审时,应提出审查意见。

3. 审批建设单位报送的《职业安全卫生专篇》、《建设项目职业安全卫生初步设计审批表》和《建设项目职业安全卫生验收审批表》。

4. 参加建设项目的竣工验收,并依据建设单位报送的《试生产中的职业安全卫生专题报告》和《建设项目职业安全卫生初步设计审批表》的内容,对建设项目执行"三同时"的情况和其实际效果进行严格的审查。

5. 建设项目未经安全生产监察机构审查或同意,不得投产使用。否则,安全生产监察机构有权拒绝与建项单位办理劳动业务。

6. 强行投产的建设项目发生事故或造成严重职业危害的,安全生产监察机构要追究批准投产的责任。

建设项目的职业安全卫生监察实行以下分级管理:

(1)国家和行业主管部门直接组织的重点建设项目,现由国家安全生产监督管理总局安全生产监察机构直接进行监察。

(2)地方各级部门组织的建设项目,由同级安全生产监督管理部门安全生产监察机构负责进行监察。

(3)一切建设项目的可行性论证审查、初步设计审查和竣工验收,建设单位须及时通知主管部门安全技术处(科)和当地安全生产监督管理部门监察机构参加。

十三、设计单位对实施"三同时"应负的责任

建设工程项目的设计单位对实施"三同时"应负的责任如下:

1. 建设项目在进行可行性论证时,应对拟建设项目的劳动条件同时作出论证和评价。
2. 在编制初步设计文件时,应同时编制《职业安全卫生专篇》。
3. 在初步设计中,应严格遵守国家颁发现应执行的关于职业安全卫生方面的法规和技术标准。
4. 在进行技术设计和施工图设计时,应不断完善初步设计中的职业安全卫生有关措施和内容。从设计上落实初步设计会审中,安全生产监察机构、卫生部门和工会组织等单位提出的有关职业安全卫生方面的意见或合理的建议。
5. 经审查同意后的涉及到职业安全卫生方面的设计方案,如有变更应征得安全生产监督管理部门监察机构、卫生部门和工会组织等单位的同意。

十四、经济、行业管理部门对实施"三同时"所负的责任

各级经济管理部门、行业管理部门对实施"三同时"所负的责任如下:

1. 在组织建设项目可行性论证时,须有职业安全卫生的论证内容,并将其论证结果列入可行性论证文件。
2. 在编制或审批建设项目计划任务书时,须编制或审批职业安全卫生方面采取的技术措施和设施所需要的投资,同时纳入项目建设投资控制数内。
3. 建设项目在可行性论证、初步设计审查和竣工验收时,应及时通知安全生产监督管理部门监察机构参加有关会议,并提供有关文件和资料。
4. 在建设项目管理工作中,应认真贯彻执行原劳动人事部颁发的《关于生产建设工程项目职业安全卫生监察的暂行规定》,同时还应符合国家发改委颁发的《关于加强建设项目安全设施"三同时"工作的通知》(发改投资〔2003〕1346号)中的有关规定。并在建设项目管理的有关文件中作出相应的规定,同时监督检查建设、设计、施工单位严格执行。

十五、建设单位对实施"三同时"应负的责任

建设单位对建设项目中,实施职业安全卫生方面的"三同时",应负的责任如下。

1. 在编制建设项目计划和财务计划时,应将职业安全卫生方面相应的所需投资一并纳入计划,同时编报。

对引进国外技术建设项目或设备中原有的职业安全卫生措施不得削减,没有职业安全卫生措施或措施不力的应同时编报国内配套的投资计划,并保证建设项目投产后有良好的劳动条件。

2. 初步设计会审前,必须向同级安全生产监督管理部门监察机构报送拟建设项目的《职业安全卫生专篇》,初步设计文件和有关的图纸资料。

3. 建设单位对设计、施工过程落实"三同时"负有督促检查的责任,应对承担建设项目设计、施工的单位提出关于职业安全卫生方面的具体要求,并负责提供必需的

资料和条件,以确保建设项目的设计、施工符合原劳动人事部颁布的《关于生产性建设工程项目职业安全卫生监察的暂行规定》。同时还应符合国家发改委颁发的《关于加强建设项目安全设施"三同时"工作的通知》(发改投资〔2003〕1346号)中的有关规定。

4. 在生产设备调试阶段,应同时对职业安全卫生设施进行调试,并对其效果作出评价。

5. 在操作人员进行培训时,应有职业安全卫生方面的内容,并制定详细的职业安全卫生方面的规章制度。

6. 建设项目验收前20天,应将试生产中职业安全卫生设施运行情况、效果、检测数据、存在的问题,以及今后需采取的措施等写出专题报告,连同《建设项目职业安全卫生验收审批表》,报送安全生产监督管理部门监察机构进行审批。

7. 对建设项目验收中提出的有关职业安全卫生方面的改进意见,应积极地安排人力和物力按期解决,并将整改情况及时上报安全生产监督管理部门监察机构。

十六、施工单位对实施"三同时"应负的责任

建设工程项目的施工单位对实施"三同时"应负的责任如下:
1. 在施工中,应严格按照施工图和设计的要求进行施工。
2. 确实做到建设项目中,安全卫生工程与主体工程同时施工。
3. 确保建设工程项目的施工质量。

十七、《安全生产监察指令书》

《安全生产监察指令书》是安全生产监督管理部门监察机构责成有关单位在规定的时间内,改进或纠正劳动保护、安全生产方面存在的问题的指令性书面通知书。

《安全生产监察指令书》包括两个方面的内容,第一,有关单位在劳动保护、安全生产方面所存在的问题。第二,为确保职工的安全和健康,以及生产的正常进行,根据存在的问题,提出限期整改的要求。

安全生产监督管理部门监察机构对存在下列问题之一的单位,可发给《安全生产监察指令书》:

1. 对在生产活动中存在不安全、不卫生问题,长期不积极采取安全措施,严重威胁、危害职工安全和健康的。
2. 厂矿企业新建、改建、扩建和技术改造项目的尘毒治理和安全设施没有与主体工程同时设计、同时施工、同时投产和使用的。
3. 从国外引进成套技术设备,没有同时引进或由国内制造配套的防尘、防毒、防事故技术装备,没有与主体工程同时安装和投产使用的。
4. 没有得到有关部门批准,擅自转移有毒有害物质生产的。
5. 特种作业的操作人员,未经安全技术教育、培训和考核,就独立操作的。
6. 其他违反国家和地方劳动保护、安全生产有关政策、法规和标准的。

厂矿企业接到《安全生产监察指令书》以后,逾期不作改进的,安全生产监督管理部门监察机构应按有关规定发给《安全生产监察处罚决定书》,并给予相应的经济处罚。

十八、《安全生产监察处罚决定书》

《安全生产监察处罚决定书》是发给因违反劳动保护、安全生产有关法规、标准,并造成一定后果的厂矿企业或个人的经济处罚的书面通知书。它的主要内容有:厂矿企业名称、主管部门、厂矿企业性质、查出问题、处罚的依据和款额、罚款解缴日期、罚款解缴银行账号等。

《安全生产监察处罚决定书》是一种经济制裁措施,是教育有关厂矿企业或主要领导加强安全管理,保障职工在生产活动中的安全和健康的一种辅助手段。

安全生产监督管理部门监察机构对符合下列情况之一的厂矿企业应发给《安全生产监察处罚决定书》,给予经济制裁:

1. 接到《安全出产监察指令书》以后,逾期不作整改的。
2. 厂矿企业新建、改建、扩建和技术改造项目中有关劳动保护、安全生产技术措施的设计,未经安全生产监督管理部门监察机构审查、批准;竣工未经验收合格擅自投产的。
3. 发生重伤、死亡等重大事故的。
4. 由于不认真改善劳动条件致使职工发生职业病的。
5. 特种作业的操作人员未经安全技术教育、培训和考核,就独立操作的。
6. 其他违反劳动保护、安全生产法规造成严重后果的。

安全生产监督管理部门监察机构对符合下列情况之一的厂矿企业应发给《安全生产监察处罚决定书》,并给予加重处罚:

1. 厂矿企业负责人强令职工冒险、违章作业,发生重大伤亡事故的。
2. 发生重大伤亡事故后,不采取防范措施或采取防范措施不力,在1年内又重复发生同类事故的。
3. 发生重大伤亡事故隐瞒不报、虚报或拖延报告的。
4. 由于管理不善造成安全防护、治理设施失效,或长期搁置不用,或被废弃拆除,造成严重后果的。

安全生产监督管理部门监察机构在对厂矿企业进行经济处罚的同时,对负有主要责任的厂矿企业负责人或直接责任者也给予一定款额的处罚。

第三节 安全生产的群众监督

一、安全生产的群众监督

安全生产的群众监督,是指代表职工利益的工会组织,从保护职工的生命安全和身体健康出发,组织并代表职工参与安全生产工作,并实行监督检查。

厂矿企业要实行安全生产,不仅要依靠领导生产的干部和从事安全技术工作的专职干部,还必须充分发动广大职工群众的参加。在我国各级工会组织中,从中华全国总工会到厂矿企业的基层工会,一般都设有劳动保护工作的专职机构,称为劳动保护部,并配备了专职人员专门从事劳动保护工作。实践证明,这对发动广大职工群众参加劳动保护工作,搞好安全生产，保护职工的生命和健康，起到了积极的作用。同时，工会还可依靠厂矿企业的职工代表大会，充分发挥其监督和协助作用。职工代表大会是广大职工参加厂矿企业民主管理的权力机构，在劳动保护工作方面，职工代表大会可监督厂矿企业职能部门贯彻执行党和国家关于劳动保护方针、政策的情况，监督厂矿企业行政有计划地拨出安全技术措施经费，制定年度安全技术措施计划，组织广大职工群众提出改善劳动条件的合理化提案，递交职工代表大会讨论，并作出相应的决议，交厂矿企业行政付诸实施。

在当前深入改革的新形势下，实行了劳动合同制度，开放了劳务市场，工会组织作为劳动关系的一方——工人的代表，加强对厂矿企业劳动保护工作的群众监督，正确处理国家、厂矿企业、劳动者三者的利益，更显得十分重要。

二、各级工会劳动保护监督机构的设置

中华全国总工会为了依靠职工群众贯彻党和国家的劳动保护政策法令，保障职工在生产过程中的安全和健康，提高经济效益，按照国家规定的实行企业负责、行业管理、国家监察、群众监督相结合的安全生产管理体制，确立在工会系统中建立群众监督检查制度，制定了《工会劳动保护监督检查员暂行条例》、修订了《基层（车间）工会劳动保护监督检查委员会工作条例》和《工会小组劳动保护检查员工作条例》，并于1985年1月18日全国总工会书记处第63次会议通过，这三个条例自公布之日起生效。2001年12月31日，根据实际情况和修改后的《中华人民共和国工会法》的有关规定，全国总工会对上述三个条例进行了修改。

根据上述三个条例的规定，企事业工会及所属分厂、车间工会设立工会劳动保护监督检查委员会（或工会劳动保护监督检查小组，下同）。

乡镇工会、城市街道工会及基层工会联合会也可设立工会劳动保护监督检查委员会。

工会劳动保护监督检查委员会在同级工会领导下开展工作。

工会劳动保护监督检查委员会委员由同级工会提名，报上级工会备案。

工会劳动保护监督检查委员会设主任委员1人，副主任委员1~2人，委员若干人，女职工相对集中的单位，应设女职工委员，主任委员应由工会委员会主席或副主席担任。

工会劳动保护监督检查委员会委员由熟悉劳动保护业务、热心劳动保护工作的工会干部和生产一线的职工担任。工会劳动保护监督检查委员会委员也可聘请行政管理人员担任，但不得超过委员会总人数的三分之一。

根据需要，工会劳动保护监督检查委员会的工作可与职工（代表）大会的专门委员会的工作相结合。

在县（含）以上总工会、产业工会中设立工会劳动保护监督检查员。可聘请有关方面熟悉劳动保护业务的人员担任兼职工会劳动保护监督检查员。

工会劳动保护监督检查员应具有大专以上文化程度、具有一定的生产实践经验，并从事工会劳动保护工作一年以上，应有较高的政策、业务水平，熟悉和掌握有关劳动安全卫生法律法规和劳动保护业务；科级以上、从事五年以上劳动保护工作的工会干部也可以担任工会劳动保护监督检查员。工会劳动保护监督检查员任命前必须经过劳动保护岗位培训，考核合格。

省、自治区、直辖市总工会，全国产业工会和中华全国总工会有关部门的工会劳动保护监督检查员由中华全国总工会审批任命。

省辖市总工会、省产业工会的工会劳动保护监督检查员由省、自治区、直辖市总工会、全国产业工会审批任命，报中华全国总工会备案。

县级总工会的劳动保护监督检查员由省辖市总工会审批任命，报省、自治区、直辖市总工会备案。

工会劳动保护监督检查员由其所隶属的工会组织考核、申报。

工会劳动保护监督检查员证件由中华全国总工会统一印制。

工会劳动保护监督检查员履行下列义务：

1. 严格执行国家法律法规和政策，实事求是，坚持原则，联系群众，依法监督。

2. 宣传国家劳动安全卫生法律法规和政策，教育职工遵守国家有关劳动安全卫生的各项法律法规和企事业单位的规章制度，推广先进的安全管理方法、预防事故和职业危害技术。

3. 与政府有关部门密切合作。

4. 学习相关知识，提高自身素质，适应工会劳动保护监督检查工作的要求。

工会劳动保护监督检查员执行任务时，应出示《工会劳动保护监督检查员证》。实施监督检查时，企事业单位应予以配合，提供方便。对拒绝或阻挠监督检查员工作的单位和个人，提请有关部门严肃处理。

工会劳动保护监督检查员应定期向其所隶属的工会汇报工作。受任命机关委托执行监督检查任务时，应向任命机关提交专题报告。

工会组织对工会劳动保护监督检查员进行管理、业务指导和定期培训。

任命机关定期考核工会劳动保护监督检查员的工作。对成绩显著者给予表彰奖励，对失职者取消其监督检查员资格。

在工、交、财贸、基本建设等行业的企事业生产班组中，设立工会小组劳动保护检查员。工会小组劳动保护检查员经民主推选产生，在基层工会劳动保护监督检查委员会领导下工作。

工会小组劳动保护检查员应具有一定的劳动安全卫生知识，敢于坚持原则，责任心强。

三、基层工会劳动保护监督检查委员会的职权

根据2001年12月31日中华全国总工会关于颁布工会劳动保护监督检查三个条例的通知，《基层工会劳动保护监督检查委员会工作条例》中的有关规定。

工会劳动保护监督检查委员会的职权如下：

1. 监督和协助本单位贯彻执行国家劳动安全卫生法律法规，监督落实安全生产责任制和规章制度，参加涉及职工劳动安全与健康规章制度的制定，参与本单位劳动安全卫生措施、计划和经费投入等方案的制定和实施，对劳动安全卫生的决策、措施提出意见和建议。

2. 定期分析研究劳动安全卫生状况，向企事业单位和有关方面反映职工对劳动安全卫生工作的意见、建议和要求。督促和协助企事业单位解决劳动安全卫生方面存在的问题，改善劳动条件和作业环境。

3. 参与本单位集体合同中关于劳动安全卫生、工作时间、休息休假和工伤保险等条款的协商与制定，维护职工劳动安全卫生的权利、休息休假的权利和享受工伤保险的权利。对集体合同、劳动合同中劳动安全卫生条款的执行情况进行监督检查。

4. 制止违章指挥、违章作业。组织或协同行政进行安全生产检查，组织职工代表对劳动安全卫生工作进行督查。对事故隐患和职业危害作业点建立档案，监督整改和治理，并督促企事业单位防范事故和职业危害。

5. 对违反国家法律法规、不符合劳动安全卫生标准规定的问题，提出整改意见；问题严重的，向企事业行政提出书面整改意见；对拒不整改的，要求政府有关部门采取强制性措施。

6. 监督检查新建、扩建和技术改造工程项目的劳动安全卫生设施与主体工程同时设计、同时施工、同时投产使用。

7. 参加职工伤亡事故调查和处理，查清事故原因和责任，提出对事故责任者的处理意见，监督和协助企事业单位采取防范措施。对发生的职工伤亡事故和职业病进行研究、分析，总结教训，提出建议。

8. 在生产过程中发现明显重大事故隐患和严重职业危害，并危及职工生命安全的紧急情况时，要求企事业行政或现场指挥人员采取紧急措施，包括立即从危险区内撤出作业人员。同时支持或组织职工采取必要的避险措施并立即报告。

9. 宣传国家劳动安全卫生法律法规、政策及企事业的规章制度，结合实际情况，组织和发动职工开展安全生产活动，教育职工遵章守纪，提高职工的安全意识和技能。

10. 督促企事业单位按国家有关规定发放劳动安全卫生防护用品、用具，监督企事业单位定期对职工进行健康检查。监督企事业单位履行对职业病人的诊断、治疗和康复的责任，督促落实工伤待遇及职业病损害赔偿。监督和协助企事业单位落实女职工和未成年工特殊保护的有关规定。

此外，企事业单位对工会劳动保护监督检查委员会的工作应给予支持，并提供相应的工作条件。对阻挠监督检查工作的单位和个人，有权要求有关部门严肃处理。

上级工会组织支持基层工会劳动保护监督检查委员会的工作，对工作成绩显著的劳动保护监督检查委员会给予表彰和奖励。

四、工会劳动保护监督检查员的职权

根据 2001 年 12 月 31 日中华全国总工会关于颁布工会劳动保护监督检查三个条例的通知，《工会劳动保护监督检查员工作条例》中的有关规定。

工会劳动保护监督检查员代表工会组织行使下列职权：

1. 参与劳动安全卫生法律法规、标准和重大决策、措施的制定，监督劳动安全卫生法律法规和政策的贯彻执行。

2. 监督检查本地区、行业和企事业的劳动安全卫生工作，对劳动安全卫生状况进行分析，对危害职工劳动安全与健康的问题进行调查，向政府及有关部门、企事业单位反映需要解决的问题，提出整改治理的建议。

3. 制止违章指挥、违章作业。在监督检查时，发现存在事故隐患、职业危害和违反国家劳动安全卫生法律法规的问题，有权要求企事业进行整改，监督企事业采取防范事故和职业危害的措施；发现严重存在事故隐患或职业危害的，提请所隶属的工会组织向企事业单位发出书面整改建议，并督促企事业单位解决；对拒不整改的，提请政府有关部门采取强制性措施。

4. 在生产过程中发现明显重大事故隐患和严重职业危害，并危及职工生命安全的紧急情况时，有权向企事业行政或现场指挥人员要求采取紧急措施，包括立即从危险区内撤出作业人员。同时支持或组织职工采取必要的避险措施并立即报告。

5. 依法参加职工伤亡事故的调查和处理，监督企事业单位采取防范措施，对造成伤亡事故和经济损失的责任者，提出处理意见。对触犯刑律的责任者，建议追究其法律责任。

6. 参加新建、扩建和技术改造工程项目劳动安全卫生设施的设计审查和竣工验收，对劳动条件和安全卫生设施存在的问题提出意见和建议。

7. 监督和协助企事业单位严格执行国家劳动安全卫生规程和标准，建立、健全劳动安全卫生制度；监督检查劳动安全卫生设施；监督检查技术措施计划的执行及经费投入、使用的情况；监督检查企事业单位的安全生产状况。

8. 支持基层工会劳动保护监督检查委员会和工会小组劳动保护检查员开展工作，在劳动保护业务上给予指导。

五、工会小组劳动保护检查员的职权

根据 2001 年 12 月 31 日中华全国总工会关于颁布工会劳动保护监督检查三个条例的通知，《工会小组劳动保护检查员工作条例》中的有关规定。

工会小组劳动保护检查员的职权如下：

1. 协助班组长落实国家劳动安全卫生法律法规及企事业规章制度，创建安全生产合格班组。

2. 查询工作场所存在的职业危害和企事业单位相应的防范措施。

3. 督促和协助班组长对本班组人员进行安全教育，提高安全生产意识和技术技能。

4. 制止违章指挥、违章作业。

5. 对生产设备、防护设施、工作环境进行监督检查，发现隐患及时报告，督促解决。

6. 发现明显危及职工生命安全的紧急情况时，应立即报告，并组织职工采取必要的避险措施。

7. 发生伤亡事故，迅速参加抢险、急救工作，协助保护事故现场，并立即上报。

8. 监督企事业单位提供符合国家规定的劳动条件、按规定发放个体防护用品。向企事业单位提出不断改善劳动条件和作业环境的建议。

9. 因进行正常监督检查活动而受到打击报复时，有权上告，要求严肃处理。

此外，工会组织对工会小组劳动保护检查员的工作应予以支持。对做出贡献的工会小组劳动保护检查员，上级工会组织给予表彰和奖励。

第四章　安全管理专职机构和安全生产责任制

第一节　安全管理专职机构

一、安全管理专职机构的设置

根据国家有关规定，中央各有关部门都应设置专管安全生产的局（处）级机构，省、市、自治区的安全、卫生部门和厂矿企业的主管部门都应设置相应的处（科），省辖市、县也应设置安全管理的专职机构或专职人员。同时还规定，各省、市、自治区，国务院各有关部门，各厂矿企业单位，都必须有一位领导同志分管安全生产工作。

我国安全生产法明确规定，矿山、建筑施工单位和危险物品的生产、经营、储存单位、应当设置安全生产管理机构或配备专职安全生产管理人员。

除上述以外的其他生产经营单位，从业人员超过300人的，应当设置安全生产管理机构或配备专职安全生产管理人员；从业人员在300人以下的，应当配备专职或兼职的安全生产管理人员，或者委托具有国家规定的相关专业技术资格的工程技术人员提供安全生产管理服务。生产单位委托工程技术人员提供安全生产管理服务的，保证安全生产的责任仍由本单位负责。

现代的厂矿企业集中着众多的职工，分工从事多种多样的生产作业和管理业务。显然，厂矿企业的厂长不可能面对每一个职工直接进行指挥和管理，这就需要根据厂矿企业规模的大小，设置相宜的安全管理层次。然而，安全管理层次不宜过多，否则一方面要增加安全管理人员和管理费用，而且还会降低命令和情况上报的速度，使办事迟缓，另一方面，还容易使情况失实，上下不通气，客观上助长官僚作风。

安全管理层次确定以后，为了推动各个管理层次有序地工作，必须正确处理各管理层次之间的分工关系，具体详尽地规定每一个管理层次的职责和权限，既明确每一管理层次应负的管理职责，又要赋予完成这一职责所不可缺少的管理权限，职责与权限必须协调一致。有权无责，会助长瞎指挥，滥用权力的官僚主义；有责无权，或权力太小，则会束缚安全管理人员的工作积极性和主动性，使之不可能负起应有的责任，从而使责任制度形同虚设。

安全管理专职机构的设置应根据厂矿企业生产过程中存在危险性大小，职工人数的多少等情况，从有利生产，有利安全，提高管理效率来考虑，不应当一刀切，强调统一格式。即使同一厂矿企业，处于不同的发展时期，也应当适应情况的变化而作必要的调整和改革，以适应生产和安全发展的需要。

根据国家有关规定，各企业中的安全技术人员（不包括车间安全人员）应按本企业在册职工总数的千分之一至千分之三配备；矿山应按千分之四至千分之六配备；化工企业应按千分之二至千分之五配备；机械行业企业10000人以上的工厂应按千分之一配备。5000人以上的工厂应设专职安全技术人员5～7人；1000～5000人的工厂应设专职安全技术人员1～3人，200人以下的工厂应设专职或兼职安全技术人员1～2人。

厂矿企业中的安全技术人员均应全部列入生产人员。一般不得将其随意调离，以保持相对稳定。

1000人左右的厂矿企业，凡是在生产过程中能产生有毒有害物质的，应设置职业病防治组，大型的厂矿企业应建立职业病防治所或职业病防治科，凡建立职工医院的厂矿企业都要设置职业病病床。

二、安全管理的基本组织

随着社会生产力的不断提高，现代化工业的生产方式使作业分工越来越细，作业越来越趋于单一化，其目的是尽可能取得较高的生产效率。既然是一个厂矿企业，就要以最少的投入获得最大的产出，以提高经济效益，这也是每一个厂矿企业应追求的目标之一，于是，由于生产的需要，仍需把分工细致的作业再有机地统一起来，为了完成这一工作，厂矿企业需要进行工程管理，这也增加了全面生产管理的重要性，因而必须要有一个管理生产的组织对生产进行管理。而在安全生产方面，防止事故的发生，除了能保护职工的生命安全和身体健康以外，还能保证上述这种生产方式得以正常进行。因减少了事故对于一定的生产投入能增加生产量，也就提高了厂矿企业的经济效益，这和厂矿企业所追求的目标是完全一致的。因此，厂矿企业中的安全管理组织如同生产管理组织一样也是不可缺少的。如果说生产管理组织如同厂矿企业的左手，那么，安全管理组织便是厂矿企业的右手。

厂矿企业安全管理的基本组织通常可以分为线性方式、参谋方式和线性-参谋方式等三种形式。这三种安全管理方式各有其优缺点，厂矿企业应根据自己的实际情况和生产经营规模来进行选择。

1. 线性方式

线性方式是安全生产计划在实施过程中，安全指令沿着生产作业线传递到基层操作岗位。图4-1是线性方式安全管理的示意图。线性方式具有简单明确，安全指令易于贯彻执行等优点。但这种安全指令往往不是由专职的安全技术人员起草的，而常常是由厂矿企业的主要行政负责人自己掌握，直接通过生产作业线进行传递，因此其内容难免简单、贫乏，也容易产生遗漏。对于生产经营规模较大的厂矿企业，其安全指令也就难以充分贯彻到基层操作岗位。所以，线性方式的安全管理适合于职工人数较少的小型厂矿企业采用。

2. 参谋方式

参谋方式和线性方式有所不同，其参谋人员即厂矿企业中的专职安全技术人员，他们不但要专门负责安全作业计划的起草，还要负责安全作业计划的实施。从专业的角度来看，其优点是安全作业计划内容丰富、全面，不易发生遗漏。但安全作业计划是由专职安全技术人员予以推进的，在实施方面会碰到一些困难，难以得到生产作业线的协作，有关安全生产方面的意见和建议，以及安全指令，在生产作业现场也往往得不到应有的重视，尤其是在所提出的有关安全生产方面的意见和建议，即使对生产作业线给予一定数量的安全投资，如果对生产的产量提高收效不大时，也仍得不到应有重视。

参谋方式安全管理的示意图见图 4-2。

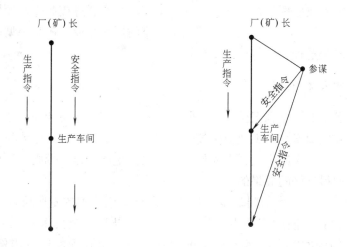

图 4-1 线性方式安全管理示意图　　图 4-2 参谋方式安全管理示意图

3. 线性-参谋方式

线性-参谋方式是线性和参谋方式这两种方式的综合，取两者之长补两者之短。大型的厂矿企业采用线性-参谋方式的安全管理组织最为合适。图 4-3 是这种方式安全管理的图解。

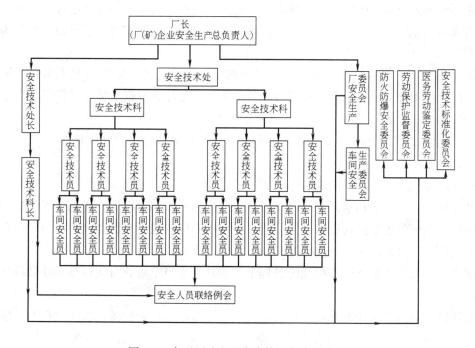

图 4-3 大型厂矿企业安全管理方式示意图

线性-参谋方式安全管理，不论在事故减少方面，还是在提高生产效率方面，均能收到很好的效果。

虽然各个厂矿企业在具体作业形式和采取安全管理的方式上有很大的差别，但是，在预防事故的基本因素或原理都是一样的，安全生产都需要通过控制作业环境和控制人的行为来实现。因此，不论是哪类行业，也不论是大型的厂矿企业，还是小型的厂矿企业，都要在生产活动中对全过程和全员加强安全管理。

三、安全技术人员的配备

任何一个厂矿企业要做到安全生产，除设置安全管理专职机构外，还必须配备热心于安全生产工作，并熟知安全和工业卫生技术知识，工作能力较强，作风正派，即一心一意地为安全生产而努力工作的安全技术人员来搞好安全生产工作。否则，厂矿企业的安全管理是根本不可能取得良好的效果的。

厂矿企业中的安全技术部门是本厂矿企业进行安全管理的专职机构，他们担负着许多关于加强劳动保护，搞好安全生产的管理工作，以及安全技术和工业卫生技术等工作。安全技术部门中的安全技术人员要进行有效的安全管理，理所当然地应具有相应的知识和一定的经验。这是因为，现代的安全管理方法一般在如下二者之间，一种是着重于生产作业环境的管理和工程建设，另一种是强调人的因素的作用，用控制人的行为来预防事故的发生。在这种情况下，安全技术人员工作的开展，目前出现了以下几种趋势：

1. 安全技术人员要不断加强分析厂矿企业生产活动中事故发生的可能性和事故造成的损失，这种分析需要有较高的水平，既要进行定性分析，又要进行定量分析，因为这需要预测哪些地方容易发生事故，怎样发生事故，以及事故发生的严重程度等。再者，还需要找出预防可能发生事故的防范措施。这也就是我们现在常说的变"事故追查型"为"事故预测型"。

2. 掌握更多的真实情况和重大生产损失的问题，以及事故原因的客观资料，从而提供给厂矿企业中负有最终决策责任的行政负责人，使之能够根据所提供的资料做出正确的判断和决策。

3. 把分析事故的原因以及控制事故发生的安全科学理论运用到厂矿企业生产活动的实际中去。

4. 为了确定和评价安全问题，安全技术人员应当关心问题的各个方面，其中包括个人和外界环境，短期的和永久的，以确定事故发生的原因和出现生产受到损失的条件、做法或材料。对所收集掌握的资料加以分析，再根据专门的技术知识和经验，向厂矿企业中的最终决策负责人提出解决的选择方案和建议。

安全技术人员在发挥这些职能的过程中，要具有相当丰富的自然科学和社会科学的专门知识。

从我国目前的实际状况来看，厂矿企业中安全技术人员的配备，其文化程度一般不得低于中等专业水平，并且应从事本厂矿企业工作5年以上。这样才能保证配备人员的质量，适应生产建设的需要。

然而在我国，由于目前全国只有极少数的院校开设了安全技术专业或者劳动保护专业，厂矿企业中的安全技术人员，尤其是在中小型的厂矿企业中，除少数是"改行"的大、中专院校毕业生外，绝大多数是来自生产第一线的老工人。这些老工人的生产经验较为丰富，但他们的文化程度和专业技术知识水平一般较低，缺乏劳动保护和安全生产方面的专业技术知识，对新的科学技术知识和企业管理知识更为贫乏，难以胜任安全生产上的管理工作和技术工作。更有甚者，有的厂矿企业将一些老、弱、病、残人员安插到安全技术部门，使厂矿企业的安全技术科成了"安置科"，致使很多的安全管理工作和安全技术工作根本无法开展，伤亡事故不断发生，重复性事故也层出不穷，形成厂矿企业中安全生产的被动局面。

为了进一步提高安全技术人员的素质，可采用"请进来"或"送出去"的办法，即请有关安全方面的专家或学者到本厂矿企业作学术报告或技术讲座；或选送本厂矿企业中的安全技术人员到有关院校或科研单位进行学习深造。

四、安全管理网络

在厂矿企业中除了设置安全管理专职机构和配备一定数量的安全技术人员外，还应根据生产特点和实际需要，对那些危险性比较大，易发生事故的生产车间设脱产或半脱产的专职车间安全员，其他生产车间一般应设兼职安全员。生产车间的工段，作业班组应设不脱产的安全员，通常班组安全员应由班组长兼任。

厂矿企业中的安全管理专职机构应定期地举行每周一次的，由生产车间安全生产负责人和车间安全员参加的安全活动，或者不定期地召开安全会议。这种安全活动应成为安全管理上的一项制度。利用这种定期举行的安全活动，可以研究、分析本厂矿企业中近期的安全生产状况，找出安全生产中存在的薄弱环节，制定相应的对策，即使是在生产顺利地进行时，也要纠正容易忽视安全的倾向，如果只是在事故发生之后进行处理，这并不是好的安全管理，好的安全管理是在事故发生之前，就积极地采取预防措施。同时，对安全生产取得的成绩，应予肯定，以利保持发扬。还可利用这种定期举行的安全活动给生产车间安全负责人和车间安全员等讲授安全技术知识课，传授安全生产方面有关的技术知识。在讲课前，最好由厂安全管理专职机构的讲课人员事先编印好所要讲授课程的教材，并发给听课的人员，人手一份，以便于听课人员学习和记忆。然后，再由生产车间安全负责人或车间安全员向本生产车间的全体职工进行讲授。这样可使安全技术知识渗透到基层去，直至渗透到每一个作业人员。

生产车间的每一个作业班组在每周也应进行一次安全活动，这种安全活动也要成为一种安全制度规定下来。在班组安全活动中，由班组长或班组安全员总结一周来本班组的安全生产情况，或者学习有关的安全技术知识等。作为安全技术人员应尽量抽时间轮流参加生产车间各作业班组的这一安全活动，并对这种班组安全活动给予一定的指导。

这样一来，本厂矿企业中的全体安全技术人员和广大职工的安全素质就会不断提高。同时在本厂矿企业中也就形成了专管成体、群管成网、专管与群管相结合的安全管理体系。安全管理网络图，见图4-4。

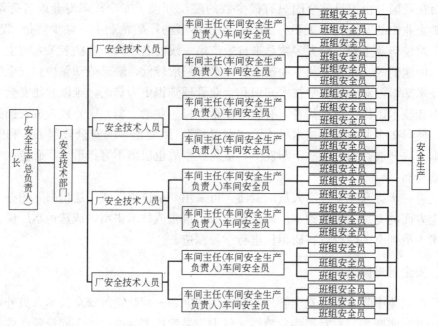

图 4-4 厂矿企业安全管理网络示意图

第二节 各职能部门的安全生产责任制

一、安全技术部门的安全生产责任制

1. 认真贯彻执行党和国家关于劳动保护和安全生产方面的方针、政策和法令,以及贯彻执行上级机关有关安全生产的法规、规程、标准和指令,协助本企业领导组织推动生产过程中的安全生产工作。

2. 组织制定、修订、审查本厂矿企业的安全技术规程和安全生产管理制度,并监督、检查执行情况。

3. 组织编制、汇总、审查安全技术措施计划,并督促有关部门按计划按期实施。

4. 组织开展安全生产竞赛活动,总结和推广安全生产的先进经验。

5. 负责新工人的厂级安全教育,并经常组织对全厂职工进行安全生产和安全技术知识的宣传教育,定期对职工进行安全技术考核。

6. 负责对生产车间的安全生产工作进行指导,并对车间安全员,班组安全员的安全技术业务给予具体的指导。

7. 负责制定本厂矿企业各种劳动保护用品、保健食品、防暑降温用品的发放标准,督促有关部门按标准、按质、按时进行分发,并监督检查职工正确合理地使用。

8. 参加新建、改建、扩建、大修工程项目和开发新产品项目的设计审核、竣工验收和试运转工作,使其符合安全技术规程的规定。

9. 组织、参加伤亡事故的调查处理,分析研究事故发生的原因,提出改进措施,组织防止事故重复发生的安全措施按期实施。并负责伤亡事故的统计、上报和建档工作。

10. 组织、参加全厂性的安全大检查，监督、检查事故隐患的消除和整改工作。并综合分析研究安全生产中发现的问题，制定解决对策。

11. 负责对锅炉、压力容器、气瓶等进行安全监察，并负责对各种安全装置投入使用进行监督、检查。

12. 负责领导气体防护站的工作。

13. 协助有关部门做好职业病防治等工业卫生工作。

14. 督促有关部门做好劳逸结合和女职工劳动保护工作。

15. 经常进行现场检查，解决安全生产中存在的问题。发现违章作业或违章指挥有权制止，情况紧急时可先令其停止工作或生产，并立即报告有关领导进行处理。

二、生产技术部门的安全生产责任制

1. 在计划、布置、检查、总结、评比生产的时候，同时计划、布置、检查、总结、评比安全工作。

2. 组织执行生产技术规程和安全技术规程的规定，落实生产工艺中的安全措施，合理地组织生产过程，建立安全、文明生产的秩序。

3. 组织编制、修订生产技术规程、工艺操作规程，参加安全技术规程的有关内容的编制、修订。

4. 不断采用新技术、新工艺，协助生产车间在生产过程中采用机械化和自动化，有计划地不断改善劳动条件和提高劳动生产率。

5. 参加本厂新建、扩建、改修、大修工程项目和开发新产品项目的设计方案的审查，以及各种工程项目的竣工验收与试运转工作，使其符合安全生产的要求。

6. 通过生产调度系统及时传达贯彻上级有关安全生产工作的指令，掌握生产过程中的安全动态、事故隐患，以及关键设备和生产装置安全运行的情况，及时处理出现的问题，组织好安全生产。

7. 发现事故和重大险情时，迅速上报厂级有关领导和有关部门，并积极协助指挥重大险情的处理和事故的抢救。

8. 积极开展技术革新，消除工业"三废"对作业环境的污染，预防职业病的发生。在进行生产技术革新和挖潜改造时，要同时解决事故隐患，确保安全生产。

9. 参加全厂性的安全大检查，并组织消除生产工艺中的事故隐患。

10. 负责生产车间操作事故的调查处理和统计、上报。

11. 参加有关重大伤亡事故的调查处理，在生产技术上采取防止事故重复发生的安全措施。

三、机械动力部门的安全生产责任制

1. 负责本厂矿企业的机械、电气、仪表、设备、工艺管道、通风装置及工业建筑物和构筑物的安全管理，使其处于完好的状态。

2. 负责组织对工业建筑物、起重机械、锅炉、压力容器、高压管件、热力管道和安全装置的检查、校验工作。

3. 制定或审定有关设备的制造、改造方案，组织编制机器设备、生产装置大修安全措施计划,并确保实施。

4. 对于锅炉、压力容器要有专人进行安全管理,安全阀等安全装置应按时校验,确保安全装置的完好。

5. 组织按期实施安全技术措施计划和事故隐患的整改措施。

6. 参加与本专业范围有关安全技术规程和安全操作规程的编制和修订。

7. 参加有关重大事故的调查处理,并负责设备事故的统计和上报。

8. 参加本厂矿企业新建、扩建、改建工程项目和开发新产品项目设计方案的审查及工程项目竣工的验收与试运转工作,使其符合安全生产的要求。

四、工会的安全生产责任制

1. 采用各种形式大力宣传党和国家关于劳动保护和安全生产方面的方针、法令和有关指示。并组织有关部门认真贯彻执行党和国家关于劳动保护和安全生产的政策、法令和规程。

2. 把劳动保护和安全生产事项纳入职工代表大会的重要议事日程,并组织职工代表审查本厂矿企业有关安全技术措施经费的提取和使用情况,确保安全技术措施计划的实现。

3. 认真协助有关部门开展安全生产劳动竞赛活动,培养安全生产的先进典型,发动职工群众总结推广安全生产的先进经验。

4. 会同有关部门对本厂新建、扩建、改建工程项目和开发新产品项目,有关劳动保护和安全生产的设施进行审查和验收。

5. 协助和督促有关部门建立健全安全生产责任制,制定或完善各作业工种的安全操作规程。

6. 广泛组织自下而上的群众监督,监督行政做好本厂矿企业的安全生产和工业卫生工作。并定期地研究本厂矿企业劳动保护和安全生产工作中存在的问题,向有关部门提出改进的意见和合理化建议。

7. 监督有关部门按照国家有关规定向职工发放劳动保护个人防护用品,并教育职工爱护和正确使用。

8. 参加全厂性的安全大检查,并督促有关部门对事故隐患进行整改,防范措施按期实施。

9. 参加重大伤亡事故的调查处理,充分发动职工群众,采取有效的安全措施,防止事故的重复发生,并做好人身伤亡事故的善后处理工作。

10. 保护职工的利益,督促有关部门对不安全、不卫生的劳动条件作出治理,当领导人员违章指挥强迫工人冒险作业时,工人进行抵制,应予大力支持。

11. 组织从事接触有毒有害物质作业的职工进行预防性的健康疗养。

12. 根据国家有关规定,认真做好女职工的劳动保护工作。

五、党、团组织的安全生产责任制

1. 负责教育党、团员在本厂矿企业安全生产中发挥应有的先进、模范作用,并带动职工群搞好安全生产工作。

2. 协助安全技术部门做好国家关于劳动保护、安全生产方面的方针、政策和法令的宣传教育工作。

3. 协助安全技术部门总结、推广安全生产先进经验。

4. 协助各级领导正确理解和执行有关劳动保护和安全生产的政策、法令、法规及上级部门有关安全生产的指令。

六、劳动工资部门的安全生产责任制

1. 负责把安全教育纳入全员培训的内容，有计划地组织本厂矿企业的全体职工进行安全技术训练。

2. 审查新入厂职工的身体健康状况，患各种职业禁忌症人员不得招进厂内。并负责将新入厂的职工和来本厂进行培训、实习、参观等人员介绍到厂安全技术部门进行厂级安全教育。

3. 组织或配合有关部门，做好对新工人、调换操作岗位的工人和特种作业人员的安全技术培训、考核、发证工作。

4. 根据国家关于劳动保护有关政策和安全技术规程有关规定，改善劳动组织和人员调配。

5. 严格控制加班加点，保证职工有充分的间休时间。

6. 负责本厂矿企业职工劳动纪律的监督检查。

7. 将患有职业禁忌症的职工和明显不适应岗位操作的病残人员及时安排适当的工作。

8. 参加重大事故的调查处理，负责办理有关事故责任者的处分手续。

七、卫生部门的安全生产责任制

1. 认真贯彻执行党和国家关于劳动保护和安全生产方面的方针、政策、法令和工业卫生法规、标准，编制、修订本厂矿企业工业卫生的管理制度，并进行监督检查。

2. 广泛深入地进行工业卫生和防治职业中毒的宣传教育，对工业卫生的薄弱环节提出改进措施。

3. 负责对从事接触有毒有害物质作业的工种和其他工种的职工定期进行身体健康检查，发现不宜从事接触有毒有害物质作业的职工，及时向有关部门提出给予调换作业工种的建议。

4. 对发生事故而造成的伤害者及时进行治疗或抢救，并向有关部门提供医疗诊断证明书。

5. 进行职业病患者的登记、统计和调查研究，找出发病的原因，提出有效的防范措施，并负责会同有关部门安排职业病患者的治疗和疗养。

6. 参加重大伤亡事故的调查处理，对人身伤亡作出伤害部位和伤害程度的鉴定。并负责医疗事故的调查处理。

7. 根据保健食品的发放标准，按营养价值、作业特点及职工身体的需要，确定保健食品的供应种类。

8. 监督保健食品、清凉饮料的卫生情况，并定期取样进行分析。

八、保卫、消防部门的安全生产责任制

1. 负责本厂矿企业的安全保卫工作,严防坏人的破坏活动,确保安全生产的正常进行。

2. 负责消防、剧毒物品、放射性物品、炸药、起爆器材、要害岗位和厂内交通的安全管理。

3. 负责制定、修订厂区交通安全规定和本厂矿企业的防火制度,并监督检查、贯彻执行。对存在有火险的单位,有权下达"火险隐患整改通知书",责令限期整改。

4. 经常进行防火宣传教育,组织专业和义务消防人员的训练工作。并定期组织职工进行防火技术知识、灭火技能的训练与考核。

5. 负责或协助安全技术部门对动火作业进行安全管理,对违章动火有权停止其作业,并及时向有关上级报告。负责厂区火炉采暖等用火工作的审批。

6. 负责本厂矿企业所需消防器材的计划、配备和维护管理。

7. 参加新建、扩建、改建工程项目和开发新产品项目的防火设施的设计、竣工和使用进行审查与验收。

8. 参加全厂性的安全大检查和有关重大事故的调查处理。

9. 发生火警,应做到受理火警快又准确,消防车辆出动及时,能召之即来,战之能胜。

10. 负责火灾事故、破坏事故和厂区交通事故的调查处理和统计上报。

九、设计部门的安全生产责任制

1. 负责安全技术措施项目的设计工作。

2. 在新建、改建、扩建工程项目和开发新产品项目的设计中,安全技术措施项目必须与主体工程同时设计,不得削减。

3. 在设计项目中,必须有关于安全技术、工业卫生的专篇。

4. 在设计项目中,必须符合国家规定的有关安全卫生技术标准。

5. 参加所设计工程项目的竣工验收。

十、计划部门的安全生产责任制

1. 在编制生产经营计划时,必须同时编制安全技术措施计划。

2. 在编制生产经营的长远规划时,必须同时编制安全技术措施计划。

3. 确保安全技术措施计划费用的合理使用。

十一、质量检验部门的安全生产责任制

1. 组织编制、修订本厂矿企业的分析安全技术规程。

2. 负责动火分析和作业场所空气中有毒有害物质的监测,或对有关部门进行的动火分析和作业场所空气中有毒有害物质的监测,进行仲裁分析。

3. 组织、参加对产品质量事故的调查处理,分析产品质量事故发生的原因,会同有关部门采取防止产品质量事故重复发生的有效措施,并负责产品质量事故的统计、上报。

十二、环境保护部门的安全生产责任制

1. 负责本厂矿企业环境的监测，发现问题及时向有关生产车间提出改进措施，使环境符合国家关于环境保护的标准。
2. 负责对工业锅炉、民用锅炉的消烟除尘装置和污水处理装置进行监督检查，使工业废气、废水的排放符合国家规定的排放标准。
3. 积极采取工业"三废"综合治理措施，消除"三废"对环境和作业场所的污染，保证安全生产正常进行。
4. 组织、参加污染事故的调查处理，分析污染事故发生的原因，并会同有关部门采取防止污染事故重复发生的有效措施。

十三、教育部门的安全生产责任制

1. 负责对本厂矿企业职工安全技术知识教育计划的制定，并纳入生产技术教育计划。
2. 在组织对职工进行生产操作技术训练中，必须有安全技术的内容。
3. 对本厂矿企业所办技工学校或职业学校，必须将安全技术基本知识的教育纳入教学内容，并作为各专业的必修课。

十四、基建部门的安全生产责任制

1. 在新建、改建、扩建工程项目和开发新产品项目的建设中，安全技术措施项目必须与建设项目同时施工，同时投入使用。
2. 负责基建工程项目施工作业的安全技术措施的制定和实施，确保施工作业过程中的安全生产。
3. 组织、参加对新建、改建、扩建工程项目和开发新产品项目在投入生产前，进行全面的安全、质量验收和评价工作。
4. 负责对基建工程项目在施工中被破坏的建筑物、构筑物、道路等，采取临时性安全措施，设置安全警告牌、信号标志、路障等，基建工程项目竣工后及时恢复原状。
5. 基建工程项目实行经济承包时，必须同时承包安全生产，经济承包合同中必须有明确的安全生产条款，对外来承包施工单位，必须进行资格认定。
6. 组织对外来施工作业人员进行入厂安全教育和施工作业前的安全交底。
7. 参加施工作业过程中发生的各类重大事故的调查处理，分析事故发生的原因，并组织采取防止事故重复发生的安全措施。

十五、财务部门的安全生产责任制

1. 确保安全技术措施经费的合理开支，做到安全技术措施经费专款专用，并设独立账目。
2. 及时批拨安全教育经费，并会同安全技术部门制定每年的安全教育经费计划。
3. 审定安全技术部门提出的经费开支计划，并监督其经费的合理使用。
4. 保证劳动保护用品、保健食品和清凉饮料经费的开支，并监督其经费的合理使用。

十六、供销、运输部门的安全生产责任制

1. 负责安全技术措施项目所需的设备、材料、各种劳动防护器材和消防器材的采购和供应。
2. 负责劳动保护用品的计划、采购、保管,并按安全技术部门提供的标准,按标准、按质、按量、按时发放。
3. 供销、运输部门所属的库房必须符合安全要求,并严格执行有关消防和危险物品的安全管理规范,确保安全。
4. 确保安全技术措施、劳动保护用品费用的支出与合理使用,不得挪作他用。
5. 严格遵守交通规则和本厂区的交通规定,做好车辆、船舶及驾驶人员的年度验审工作。并经常对驾驶人员进行安全教育。
6. 原材料、成品、半成品不准堆放在铁路两侧1.5m以内,所有临时堆放的物品均应符合安全技术规程的要求,并加强安全管理。
7. 负责编制本单位的运输、装卸、储存等安全规定,并认真贯彻执行。
8. 起重运输设备及工器具应定期地进行安全检查,使之处于良好的状态。
9. 车辆进入生产车间运输物品时应注意安全,运输危险物品时应有特殊的安全防护措施。
10. 参加有关事故的调查处理,并认真落实事故重复发生的防范措施。

十七、行政部门的安全生产责任制

1. 负责保健食品、清凉饮料的供应和发放工作。
2. 严格执行安全技术部门提供的保健食品和清凉饮料的发放标准,并确保其质量。
3. 搞好职工宿舍、食堂、托儿所、幼儿园以及其他生活场所的安全生产工作,并保持其环境的整齐与清洁卫生。

第三节 各级人员的安全生产责任制

一、安全生产、人人有责

安全生产寓于厂矿企业的生产过程中,因此,安全生产工作不是哪一个部门的事情,也不是哪一个人的事情,即便厂矿企业的安全管理专职机构和安全技术人员也只是起着安全管理和组织安全活动,推进安全生产的作用。从厂矿企业的负责人直至每一个职工,在安全生产工作中,人人都有责任。在现代工业生产中,可因领导者的指挥决策稍存失误,或因工程技术人员在产品设计中稍有疏忽,或因作业人员在作业中稍有不慎,或因检修及检验人员在工作中稍有大意,都有可能酿成重大事故。因此,厂矿企业要实现安全生产,安全生产工作就必须事事有人管,层层有专责,也就是说,厂矿企业中必须制定和执行安全生产责任制。只有这样,从厂矿企业的各级领导和每一个职工进行分工协作,各尽其责,共同努力,安全生产才能得以实现。

厂矿企业中的安全生产责任制是厂矿企业岗位责任制的一个组成部分,也是厂矿企业

中最根本的一项安全生产制度。它根据管生产必须管安全的原则，对厂矿企业的各级领导、各职能部门、有关工程技术人员和操作工人在生产过程中应负的安全责任作出明确的规定。安全生产责任制能把安全与生产从组织领导上统一起来，使安全生产做到人人有责，从制度上固定下来，以便围绕着厂矿企业的生产活动，使各级领导和广大职工认真负责地做好安全生产工作，保证安全生产的正常进行。

安全生产责任制的内容，就是厂矿企业各级领导应对本单位的安全生产工作负全面责任；各级工程技术人员、职能部门、操作工人，在各自的职责范围内应对安全生产工作负相应的责任。至于安全生产责任制的具体内容，应根据各厂矿企业的组织机构的不同和具体生产经营情况的不同而具体规定。并应随组织机构的变动、对生产过程认识的深化，以及安全生产工作经验的积累和发生事故的教训等，不断进行修订、充实、完善。为了使安全生产责任制经过尽职尽力能够做到，因此，经过充分酝酿制定的安全生产责任制是公正的。

为使安全生产责任制得以贯彻执行，首先厂矿企业的各级领导应以身作则，认真执行，身教重于言教。同时要充分依靠和发挥工会组织的群众监督作用，以及发挥安全管理专职机构的督促检查作用，对各级领导、各职能部门和各级人员执行的情况进行检查，发现问题，及时解决。

对在安全生产工作中涌现出来的好人好事，根据安全生产责任制和厂矿企业奖惩制度，给予表彰和奖励。而对于违章指挥、违章作业或玩忽职守而造成重大责任事故，根据安全生产责任制和厂矿企业奖惩制度，或国家刑法有关条例，进行处罚或追究刑事责任。

二、厂矿企业厂（矿）长的安全生产责任制

1. 厂长或矿长是本厂矿企业安全生产的第一负责人，直接对本厂矿企业的安全生产工作负有全面责任。

2. 认真贯彻执行党和国家有关劳动保护、安全生产方面的方针、政策和法令，以及上级部门关于安全生产的指令。在计划、布置、检查、总结、评比生产的时候，同时计划、布置、检查、总结、评比安全工作。

3. 把安全生产摆在本厂矿企业头等大事的位置上，每月至少召开一次厂级领导成员的专题安全例会，分析本厂矿企业近期的安全生产状况，研究安全生产工作，总结经验教训。针对存在的问题，制定切实有效的解决对策，并组织实施。

4. 审定、发布本厂矿企业各职能部门及各级人员的安全生产责任制和安全技术规程，并认真组织贯彻执行。

5. 设置本厂矿企业的安全管理专职机构或专职安全技术人员，并保证他们进行安全管理的效能和执行安全职责的地位。

6. 按规定提取、使用劳动保护经费，领导编制安全技术措施计划，并督促有关职能部门贯彻执行。

7. 积极采用先进的生产技术和生产设备，使生产作业场所空气中有毒有害物质的浓度符合国家工业卫生的标准，不断地改善职工的劳动条件。

8. 定期组织并参加全厂性的安全大检查，发现问题及时采取措施，并责成有关单位限期解决。保证本厂矿企业的厂院、作业场所、生产设备和安全卫生设施等处于安全良好

状态。

9. 一旦发生重大事故后，积极组织事故抢救，并参加对重大事故的调查和处理，分析事故原因，采取预防事故重复发生的措施。

10. 对安全生产有突出贡献的人员进行奖励。

11. 有权拒绝或暂缓执行上级违反国家有关劳动保护和安全生产的政策、法令和规程的指令，并及时向上级报告。

三、总工程师的安全生产责任制

1. 总工程师在厂长的领导下，对本厂矿企业的安全生产工作负具体指导和解决安全技术上存在的问题。

2. 把安全生产工作摆在重要的议事日程上，认真贯彻执行国家关于安全生产的方针、政策和法令，积极推广和采用有利安全生产的先进技术、先进经验和安全装置，搞好安全生产。

3. 在计划、布置、检查、总结、评比生产的时候，同时计划、布置、检查、总结、评比安全工作。

4. 结合本厂矿企业的具体情况，组织制定、修订和审定本厂矿企业的安全技术规程，并督促贯彻执行。

5. 组织编制全厂的安全技术措施计划，并认真组织实施。从技术上采取措施，消除"三废"对作业环境的污染，不断改善职工的劳动条件。

6. 每月至少组织一次全厂安全工作会议，检查、布置安全技术工作，研究采用先进技术和科学管理方法，不断提高本厂矿企业安全生产的水平。

7. 组织并参加全厂性的安全大检查，负责组织整改安全检查中发现的重大事故隐患。

8. 定期地组织考核职工的生产操作技术和安全技术知识，对于那些不具备应有的生产操作技术和安全技术知识的职工，责成有关职能部门组织他们学习或调换他们的工种。

9. 参加对重大事故的调查与处理，从技术上提出防范措施，改进作业方法，预防事故重复发生，并组织实施。

10. 审查、批准重大工艺处理、设备检修、基建施工的安全技术方案，审查引进技术、生产装置和开发新产品中的安全技术事项。

11. 有权拒绝或暂缓执行上级违反国家有关劳动保护和安全生产方面的政策、法令和规程的指令，并及时向上级报告。

四、科室负责人的安全生产责任制

1. 对本科室业务范围内的安全工作负全面责任。

2. 领导、组织本科室的职工认真贯彻执行党和国家关于劳动保护和安全生产方面的方针、政策和法令，以及本厂矿企业制定的安全技术规程。

3. 把安全生产工作摆在重要的议事日程上，在计划、布置、检查、总结、评比生产的时候，同时计划、布置、检查、总结、评比安全工作。

4. 组织本科室开展安全技术的研究工作，推广应用先进技术和科学管理方法，不断提高本科室业务范围内安全生产的可靠性。

5. 参加与本科室业务范围有关事故的调查处理,并组织落实事故防范措施。

6. 参加与本科室业务范围有关安全技术规程的编制、修订和审核。

7. 贯彻执行在新建、扩建、改建工程和新产品开发项目中,安全设施要同时设计、同时施工、同时投产的规定。

8. 经常向本科室职工进行安全技术知识的教育。参加并组织本科室职工参加本厂举行关于安全生产的各种安全活动。

五、车间负责人的安全生产责任制

1. 车间负责人也是车间安全生产的负责人,对本车间的安全工作负全面责任。领导、组织本车间的职工认真贯彻执行党和国家关于安全生产的方针、政策和法令,以及本厂矿企业制定的安全技术规程。

2. 把安全生产摆在本车间重要的议事日程上,在计划、布置、检查、总结、评比生产的时候,同时计划、布置、检查、总结、评比安全工作。

3. 每半月至少组织召开一次本车间的安全例会,布置、检查安全工作,研究解决存在的问题。

4. 在进行生产、施工作业前,必须制定、审查或贯彻执行安全操作规程和安全技术措施,并经常检查其执行情况。

5. 经常向本车间的职工进行劳动纪律、安全技术知识和安全技术规程的教育,并负责对分配到本车间的新工人进行车间级的安全教育。

6. 经常检查本车间的安全、卫生设施,组织整顿作业场所,及时排除事故隐患。遇有本车间无力解决的重大事故隐患,要及时采取暂时控制措施,并报告上级。发现危及安全生产的紧急情况时,要立即停止作业,撤出人员。

7. 定期向本车间职工报告安全生产工作,组织各作业班组进行每周一次的安全日活动。领导并支持车间安全员做好安全工作。

8. 组织编制本车间的各工种安全操作规程、安全检修规程、安全技术措施计划,并贯彻执行。

9. 发生事故时,要立即组织抢救,并保护好事故现场,及时上报。组织或参加事故的调查,并积极采取防范措施。

10. 积极采取措施改善职工的劳动条件,消除"三废"污染,力争使车间各操作岗位的尘、毒浓度都符合国家规定的工业卫生标准。

11. 有权拒绝或暂缓执行上级违反国家有关劳动保护和安全生产方面的政策、法令和规程的指令,并及时向上级报告。

六、车间安全员的安全生产责任制

1. 车间安全员在车间负责人的直接领导下,协助车间负责人做好本车间的安全生产工作,是车间负责人组织推动安全生产的助手,在业务上接受本厂矿企业安全技术部门的具体指导。

2. 贯彻执行有关安全生产的法规和标准。协助车间负责人制定、审查、修订本车间的安全生产规章制度,并监督检查执行情况。

3. 经常向本车间职工宣讲党和国家关于安全生产的方针、政策和法令，进行安全技术知识的教育，组织本车间安全活动和安全技术知识的考试，积极推广安全生产的先进经验。

4. 在车间负责人的领导下，组织对本车间的安全检查或专项安全检查。针对检查出来的问题提出有效的解决措施，并组织按期实施。

5. 积极想办法改善本车间的劳动条件，做好防尘、防毒工作，消除"三废"污染，使作业岗位的尘毒浓度符合国家规定的工业卫生标准，防止职业病的发生。

6. 编制本车间的安全技术措施计划，参加车间扩建、改建工程设计和设备改造、工艺条件变动方案的审查。

7. 参加本车间组织的事故调查，并对事故发生的原因、防范措施，以及对事故的责任者提出处理意见，并写出事故的书面报告，经车间负责人审查后，及时上报厂安全技术部门。

8. 负责本车间工段、班组安全员在安全技术业务上的具体指导，组织他们学习安全技术知识，发挥他们的积极作用。

9. 经常深入作业现场进行安全检查，制止违章作业，发现不安全的紧急情况或不听劝助者，有权先停止其工作，并立即报告车间负责人。

七、车间技术人员的安全生产责任制

1. 在本车间负责人的领导下，协助车间负责人做好安全技术工作。

2. 协助车间负责人制定、修订、审查本车间的安全技术规程或安全操作规程。

3. 在编制技术措施时，必须同时拟定安全技术措施。

4. 经常对岗位操作人员进行生产技术与安全技术知识的教育，使生产与安全同步提高。

5. 协助车间负责人组织的安全检查或专项安全检查，针对存在的问题采取有效的措施。积极想办法改善劳动条件，使操作岗位的尘、毒浓度符合国家规定的工业卫生标准。

6. 积累安全数据和资料，根据工艺条件的变化，提出修订安全技术规程或安全操作规程的意见和建议。负责编制新岗位、新设备、新工艺操作的安全操作规程。

7. 积极设法并会同有关人员提出改善劳动条件和消除事故隐患的具体措施。

八、工段长的安全生产责任制

1. 认真贯彻执行党和国家关于安全生产的方针、法令、规程和上级有关安全生产的指令。模范地遵守并严格执行各项安全规章制度，全面地负责本工段的安全生产工作。

2. 指导和督促本工段的职工严格执行安全操作规程、劳动纪律及其他各项规章制度，正确使用劳动保护个人防护用品，并经常检查其执行情况。

3. 确保本工段所属的建筑物、构筑物、设备、工器具和安全生产装置等处于良好的状态，并使其符合安全生产的要求。

4. 负责组织本工段的安全检查，保持作业场所的安全、整洁，对检查发现的事故隐患，应积极采取措施消除。遇有本工段无力解决的事故隐患，应采取临时安全措施，并及时上报。发现危及安全的紧急情况要立即采取应急措施，或停止作业撤出人员，并及时报

告车间负责人。

5. 组织本工段作业班组每周进行一次的安全日活动。并负责安排分配到本工段新工人进行班组级安全教育。

6. 发生伤亡事故时,要立即组织进行抢救,并保护事故现场,及时上报车间负责人。

7. 组织或参加本工段一般事故的调查,研究事故发生的原因,采取必要的防范措施,并按期实施。

8. 有权拒绝或暂缓执行上级违反安全技术规程或安全操作规程的指令,并可越级向上级报告。

九、班组长的安全生产责任制

1. 认真贯彻执行党和国家关于安全生产的方针、法令、规程和上级有关安全生产的指令。模范地遵守并严格执行各项安全规章制度,全面地负责本班组的安全生产工作。

2. 严格执行三级安全教育制度,做好对分配到本班组的新工人进行班组级安全教育,并指定专人进行岗位安全操作包教,按期进行考核。

3. 指导和督促本班组岗位的工人严格执行安全操作规程、劳动纪律及其他各项规章制度,正确使用劳动保护个人防护用品,并经常检查其执行情况,保持本班组正常的生产秩序。

4. 确保本班组所属的建筑物、构筑物、设备、工器具和安全装置等处于良好的状态,并使其符合安全生产的要求。

5. 开好班前和班后会,根据生产作业特点和工人的思想状况等,具体布置安全生产工作和注意事项,并组织好每周一次的安全活动日。

6. 坚持交接班制度,保持作业场所的安全、整洁。遇有无力处理的事故隐患要及时上报工段,发现危及安全的紧急情况要立即采取应急措施或停止作业,撤出人员,并及时报告车间负责人。

7. 发生伤亡事故时,要立即组织抢救,并保护事故现场,及时上报。组织或参加本班组一般事故的调查,研究事故发生的原因,采取必要的防范措施,按期实施。

8. 有权拒绝或暂缓执行上级违反安全技术规程或安全操作规程的指令,并可越级向上级报告。

十、班组安全员的安全生产责任制

1. 班组安全员由班组长或付班组长兼任,在班组长的领导下,在安全生产方面要以身作则,起模范带头作用。同时协助班组长搞好本班组的安全生产工作,进行班前安全讲话、班中安全检查和班后安全总结。

2. 督促本班组的工人严格执行关于安全生产的各项规章制度,对违章作业有权进行制止,并及时报告上级。

3. 督促检查本班组人员合理使用劳动保护个人防护用品和其他安全防护用品。

4. 协助班组长开展各种安全活动,提出有利安全生产的意见和建议。

5. 在作业中发现有不安全的情况时,要及时报告上级。

6. 参加本班组一般事故的调查,认真分析事故的原因,协助班组长制定防范措施。

十一、操作工人的安全生产责任制

1. 严格执行安全生产的各项规章制度，听从上级领导和安全技术人员的指令，不进行违章作业，并随时制止他人违章作业。

2. 遵守劳动纪律，不串岗、脱岗、睡岗和作与本职工作无关的事宜。发现生产中的异常情况应及时处理，并向上级报告。

3. 爱护和正确使用机器设备、工器具和各种劳动保护用品。

4. 努力学习安全技术知识，积极参加安全生产的各种活动，不断提高自身安全素质，增强自我保护和保护他人的能力。

5. 积极向班组长和上级领导提出改进安全生产工作的意见，提合理化建议，改善作业环境和劳动条件。

6. 有权拒绝违章指挥的指令。当发生不安全的紧急情况时，有权先进行紧急处理后再向上级领导报告。

第五章 安全教育

第一节 安全教育的必要性和重要性

一、安全教育的目的

安全教育旨在帮助从厂矿企业的第一负责人直至一个普通的职工正确地认识和掌握自然客观规律，提高他们的安全技术素质和生产技术水平，使他们能够自觉地贯彻执行党和国家关于安全生产的方针、政策和法规，认真遵守厂矿企业有关安全生产的各项规章制度，保证厂矿企业安全生产秩序的正常进行。安全教育是厂矿企业安全生产和劳动保护工作的思想建设工作，是安全生产的一个极其重要的组成部分，它与厂矿企业中改善劳动条件，增加安全卫生防护设施的技术、物质措施相辅相成，不可分割。

在厂矿企业安全生产中，改善劳动条件，减少职业危害因素，消灭人身伤亡事故和职业病，固然技术上和物质上的措施不可缺少，但也决不是唯一的措施，不能单靠生产设备、机器和工具，也不能光靠厂矿企业中的只占全体职工总人数千分之几的安全技术人员。还必须要通过对厂矿企业的领导和广大职工群众进行普遍而不断深入的安全教育，使他们真正懂得党和国家关于安全生产的方针、政策和法规，从思想认识上重视安全生产，在工作实践中搞好安全生产。

因此，安全教育的最终目的是使厂矿企业中的每一个职工都能自觉主动地遵守各种安全规章制度，并随着生产作业条件的变化，能够正确处理潜在性的事故因素，化危险为安全，进行安全生产。

二、安全教育的必要性

厂矿企业中的作业环境是一种人工环境，它和自然环境有着显著的差别，在这种人工环境中安装着生产所需要的各种设备、装置，同时还要输入供给生产所需的大量的能量。因此，这对于在自然环境中活动惯了的人来说，如果不经过安全教育就贸然进入生产岗位进行作业，就不能适应作业场所这样一种特殊的人工环境，也就不能进行安全作业，也就必然会导致事故的发生。例如，象操作人员在生产过程中，跌倒之类的现象，在自然环境里并不是什么了不起的事，而在人工环境里，就可能因为人体与周围的机器、设备装置剧烈碰撞而受到严重伤害。

此外，在人工环境中，由于安装着许多不同物理形状的机器和设备装置，人们在进行生产活动的周围就存在着一定的危险性，即有发生事故的可能性。同时，由于生产设备产生的噪声、泄漏出来的有毒有害气体、蒸气或粉尘，以及在生产活动的周围，各种能量导入等原因，也存在着一定的危险性。人们在这种人工环境中进行生产活动，也常常会受到各种形式的急性伤害，或者以职业病的形式受到慢性伤害。

因为安全和生产有着极为密切的关系，安全寓寄于生产的全过程之中，生产的不断发展，要求提高安全保障水平，但目前在我国，由于受到经济实力的限制，改善厂矿企业劳动条件，从根本上解决本质安全的问题，一时很难完全做到。所以，这就需要在很大程度上有赖于提高广大职工的安全意识和安全技术素质，就必须要依靠和发挥安全教育的作用，也就是说，通过生产全过程及联系作业环境的实际来进行安全教育，便可使职工在生产过程中，增强自我保护能力，避免事故的发生。

再者，人不是机器，机器只要供给它能量，就一定会按照机械结构和设备性能作有规则的运动，并且不会作出规定运动以外的动作。因此，就机器而言，随着生产的发展，科学技术的进步，机器只要根据设计要求制造，就能达到确保操作人员安全的目的。而人具有自由意志，在生产过程中具有判断能力，能够对生产状态加以控制或检查。因此，人在进行某项作业或操作某台机器的过程中，有时就会发生错误。人具有自由意志，有时是一种优点，也有时是一种缺点，在安全生产方面将人和机器相比，具有能够完成机器不能完成的工作的自由性。但如果机器是为了达到某生产目的能力而设计制造的话，则同一目的要是让人来完成时，对实现这一目的来说，人的可靠性就差，并且在其自由行动中，包含着很多危险性。要使人们在厂矿企业生产过程的人工环境中进行安全作业，避免事故的发生，就需要对人的自由行动给予安全上的指导。这也就是说，必须对职工进行安全教育。

三、安全教育的特点

人们为了生存都在寻求自身的安全，这种心理状态是近乎于本能的。然而，在厂矿企业生产活动中却常常存在着违反人们意愿而发生事故的事实。根据调查表明，一半以上的事故是由于缺乏安全技术知识和安全技能所造成。也就是说，尽管安全是近乎于人本能所需要，但如果不具备一定的安全技术知识和安全技能，仍有发生事故的可能。

之所以如此，其原因就是厂矿企业生产活动中的作业环境不是自然环境，而且一种经过改造过的人工环境，在这种人工环境中进行生产，如果缺乏安全技术知识和安全技能，不知道采取什么样的行动才能保障安全和健康，其结果就会发生违反人们的意愿而发生事故。

安全教育正是为了人们能掌握安全技术知识和安全技能，保障人身安全和身体健康，防止事故发生而进行的教育。

由于厂矿企业生产活动中所需要的安全技术知识和安全技能，是人们在长期的生产实践中所经历的知识和经验，因此，并非是多么高深的理论知识，对具有一般文化程度的职工来说是比较容易接受和理解的，这是安全教育的特点之一。但是有一些受教育者却对安全技术知识和安全技能仅仅停留在"知道有那么一回事"的认识上，肤浅领略，不求甚解，存在着与安全教育的目的不相符的倾向，因而采取马马虎虎的态度对待安全技术知识和安全技能。然而在生产活动的实际作业中，就会一而再，再而三地发生违反安全规章制度的行为。当面临事故发生在自己身上的时候，才开始觉醒，从而感到十分后悔，可是为时已晚，这时难免会产生"事前不觉悟，事后便后悔"的哀叹之感。

安全教育的第二个特点是，仅仅掌握安全技术知识和安全技能也不能完全达到安全教育的目的。唯有把所学到的知识运用于生产实践中才能收到安全教育的真正效果。也就是说，安全教育必须与厂矿企业中的实际情况紧密地联系起来进行。如果单凭采用传授知识的学习方法去进行安全教育，其结果是完全浪费时间和经费。

安全教育的第三个特点是，要通过教育使职工牢固地掌握安全技术知识和安全技能，并在厂矿企业生产活动中将安全教育中所学到的知识和技能，能从大脑的记忆里输送出来，同时认真遵照去做。要达到这一目的，必须对职工进行反复地、经常性的安全教育，使职工在生产活动中能通过作业环境中外界条件的信息的刺激下，以条件反射的方式自然而然地遵照安全规章制度去进行作业。长期如此，就可以逐渐形成安全行为的习惯化。

安全行为的习惯化正是厂矿企业安全教育所要达到的目标。

四、安全教育是安全管理的核心

厂矿企业是从事生产作业的场所，为了顺利有效地完成预定的生产指标，每一个职工都必须熟悉生产活动的全过程和具有实践的能力。然而在实际中，作业人员并非完全是由熟练的作业人员所构成，常常还有一些操作生疏的新工人。当一名新工人入厂时，对厂矿企业中的一切几乎都是陌生的，要使其成为一名能够熟练地进行生产作业的工人，不仅要对他进行有关生产技术知识方面的教育，而且还要对他进行有关安全技术知识方面的教育。只有这样才能使其成为一名既会生产作业，又懂安全作业的合格职工。

对一名调换作业工种或作业岗位的作业人员来说，尽管他对自己原来所从事的工种或岗位的作业是熟悉的，但对新的工种或新的岗位的作业还是陌生的，对此必须要进行新的工种或新的岗位安全作业的教育。特别是对从事某种危险性较大的作业人员来说，对他们进行安全教育就显得更为必要。

再者，即使是从事生产多年的一般职工也常存在着许多不足之处，如果不对这些职工进行安全教育，仍让他们从事生产活动，那么其劳动生产率就必然很低下，而且在这种劳动条件下从事生产也就难免会发生事故。因此，为了使处于这种状态下的厂矿企业单位改变这种状况，就必须对作业人员进行安全教育。除此之外，别无其他选择。

一般说来，即使人们没有受到专门的安全教育，他们也会在生活经历中或在生产作业现场的生产过程中，边解决遇到的问题边总结经验，并将所得到的知识和经验积累在大脑的记忆系统中。即使遇到新的问题，也能运用自己所积累的知识和经验来处理这些问题。但是因为事故是一种潜在性的危害，具有隐蔽性，有时难以觉察，但到一定时间，在一定条件下，就会显露出来。因此，单凭经验是不能防止事故发生的，因为没有经历过事故，也就没有防止事故的知识，也就不可能有效地防止事故。要想体验事故取得经验，就有面临死亡的危险，而这样的蠢事是决不允许发生的。因此，安全教育可通过以往所发生过的许多事故的案例，从"事故发生的趋势"和"事故发生的可能性"等方面去教育那些没有经历过事故，没有这方面经验的职工。

要排除事故的发生，就必须采取有效的安全措施，使其不再发生，而且要在一般类似的情况中普及推广这些安全措施，否则，难免会发生事故而造成不幸。向职工普及、宣传这些安全措施，也是一种安全教育。

由此看来，安全教育在安全管理中是不可缺少的，如果不通过安全教育，就不会出现无事故的局面。因此，安全教育是安全管理的核心。可以说，厂矿企业的安全生产，只有通过安全教育才能实现。

五、安全教育应付诸于实践

安全教育往往被人们认为只是单纯地传授安全技术知识，其实不然。传授安全技术知识只不过是安全教育的一部分，并不是安全教育的全部。然而，安全教育是从传授安全技术知识开始的，它是安全教育的第一步。通过安全技术知识的教育，可使受过教育的职工知道在厂矿企业生产活动中怎样去操作机器设备才安全可靠，懂得在什么场所、什么时候、什么现象容易引起危险而导致发生事故，进而怎样才能防止事故的发生；再者，即使那些在感觉上不能预知其危险性的，如化学能、电能、放射能等等，通过安全技术知识的教育，他们不必去亲自体验事故，就可以知道其危险性和预防事故发生的措施。

但是，作业人员即使通过接受这些安全技术知识的教育，掌握了这些知识，如果不能充分地应用这些知识去解决在生产活动中所遇到的实际问题，也还是达不到安全教育的目的。

在实际中，人们获得基本知识后，往往停留在理性认识阶段，能把所学到的知识付诸于实践的却很少，其原因就在于"知道"和"实践"完全是两码事。"知道"只不过是贮存在人的大脑记忆中的信号而已，而"实践"是把人的大脑记忆中的信号能正确运用于实际工作中，才会真正成为有用的东西。因此，尽管人们已充分掌握了安全技术知识，假如不付诸于实践，仅仅停留在"知道"的阶段，安全教育也不会收到应有的效果，只能是空谈而已，安全生产也就会落空。根据有关资料统计表明，各种各样伤亡事故绝大部分是由于违章作业或违章指挥所造成的。在这些违章者发生的事故中，是违章者不懂得安全技术知识吗，回答基本上应该是否定的。

所以，安全教育除了向职工传授安全技术知识以外，还必须对那些已经具备安全技术知识，而不付诸于实践的作业人员进行耐心的、反复的、持久的教育，使之将已掌握的安全技术知识付诸于实践。只有这样，才能最终达到安全教育的目的。

六、国家对安全教育的有关规定

加强安全教育是搞好安全生产工作中极其重要的组成部分，为此，我国在新中国成立后，在党的领导下，各级人民政府和国务院各部门对加强安全教育陆续颁发了许多规定和指示。其中重要的有关规定如下。

1954年7月14日，原政务院发布的《国营企业四部劳动规则纲要》中规定："当录用职工或调动职工担任新工作时，企业行政方面须向职工说明工作制度、内部劳动规则、安全技术规程、生产卫生规程、防火规则以及其他保证职工正常工作的规章、条例，并讲解使用机器、机床、设备和工具的方法"。

1954年8月11日，经政务院财经委员会批准，劳动部颁布了《关于进一步加强安全技术教育的决定》，规定了安全技术教育的内容、形式和方法，并要求各产业部门根据本决定，制定适合该产业部门具体情况的安全教育制度和办法。

1963年3月30日，国务院发布的《关于加强企业生产中安全工作的几项规定》中，对安全教育提出了更为明确的要求。厂矿企业单位必须认真地对新工人进行安全生产的入厂教育，车间教育和现场教育，并且经过考试合格后，才能准许进入操作岗位。对于电气、起重、锅炉、受压容器、焊接、车辆驾驶、爆破、瓦斯检验等特殊工种的工人，必须进行专门的安全技术训练，经过考试合格后，才能准许他们操作。厂矿企业单位都必须建立安全活动日和在班前班后会上检查安全生产情况等制度，对职工进行经常的安全教育，并且注意结合职工文化生活，进行各种安全生产的宣传活动。在采用新的生产方法、添设新的技术设备、制造新的产品或调换工人工作的时候，必须对工人进行新操作法和新工作岗位的安全教育。

1979年5月25日，原国家计划委员会、原国家经济委员会、原国家劳动总局联合发布了重申切实贯彻执行1963年国务院发布的《关于加强企业生产中安全工作中的几项规定》的通知，要求厂矿企业继续贯彻执行这一规定。

2002年6月29日，由中华人民共和国第九届全国人民代表大会常务委员会第二十八次会议通过的《中华人民共和国安全生产法》中明确规定："生产经营单位应当对从业人员进行安全生产教育和培训，保证从业人员具备必要的安全生产知识，熟悉有关的安全生产规章制度和安全操作规程，掌握本岗位的安全操作技能。未经安全生产教育和培训合格的从业人员，不得上岗作业。"

"生产经营单位采用新工艺、新技术、新材料或者使用新设备，必须了解、掌握其安全技术特性，采取有效的安全防护措施，并对从业人员进行专门的安全生产教育和培训。"

"生产经营单位的特种作业人员必须按照国家有关规定经专门的安全作业培训，取得特种作业操作资格证书，方可上岗作业。特种作业人员的范围由国务院负责安全生产监督管理的部门合同国务院有关部门确定。"

2006年1月7日，国家安全生产监督管理总局下发了《生产经营单位安全培训规定》的第3号令，对厂矿企业的安全生产教育与培训进一步作了较为详细的规定。

国家对厂矿企业负有安全教育的规定，为促进厂矿企业安全生产起了巨大的作用。因此，各厂矿企业都必须认真履行国家规定的关于加强对职工进行安全教育的义务，积极做好安全教育工作，使安全生产思想深入人心，安全技术知识得以普及和不断提高。

七、安全宣传教育经费开支

为了更好地开展安全教育活动，必须需要一定的安全宣传教育经费。根据原国家劳动总局和全国总工会于1979年7月12日联合发出的《关于认真贯彻执行〈安全技术措施计划的项目总名称表〉的通知》中规定，"凡企业开展劳动保护宣传教育（包括装备劳动保护教育室）所需经费，应按《安全技术措施计划的项目总名称表》第四项规定，在企业劳动保护措施经费中开支。"

厂矿企业安全宣传教育经费一般可用于安全技术部门订阅和购买与安全技术业务有关的报刊、杂志、管理技术图书资料、安全宣传画、安全学习材料或图片、特种作业人员的培训教育费用、三级安全教育所需材料、电化教育所需的录音和录像带、举办安全生产展览会或设立安全陈列室、以及组织安全教育活动所需的经费，如开展各种形式的安全技术知识竞赛；购置安全技术的研究与试验工作所需要的工具、仪器等。

第二节　安全教育的基本内容

一、思想政治教育

思想政治教育是安全教育中的一项十分重要的内容，也是厂矿企业搞好安全生产的一个重要环节。思想政治教育一般是从加强思想政治教育和劳动纪律教育这两个方面来进行。

1. 思想政治教育。主要是提高厂矿企业中各级领导和广大职工对劳动保护、安全生产重要性的认识，从认识上、理论上搞清楚加强劳动保护、搞好安全生产对促进我国现代化建设和本厂矿企业发展生产的道理，奠定安全生产的思想基础。从而在厂矿企业生产活动中能正确地处理好生产与安全的关系，自觉地搞好劳动保护和安全生产工作。

由于厂矿企业的领导与一般职工岗位不同，各自的作用也不相同。厂矿企业的领导对本厂矿的安全生产起着关键性的作用，特别是厂矿企业的第一负责人担负着全厂矿企业安全生产的责任，往往由于他们的决策正确与否，决定着安全生产的成功或与失败。因此，对厂矿企业领导的思想政治教育的具体要求与一般职工也不相同。对厂矿企业领导的思想政治教育，就是教育他们要认真地学习党和国家关于安全生产的方针、政策和法规，树立安全第一的思想意识，真正弄清经济效益是厂矿企业的生命，安全生产是经济效益的基石的辨证关系，对安全生产实施正确的决策，自觉地把安全生产、劳动保护工作作为本厂矿企业生产的一项最基本的工作和发展本厂矿企业生产建设的一项重要措施来抓。在厂矿企业生产活动中，能按科学和安全生产法规办事，正确地指挥安全生产。

作为对厂矿企业的广大职工的思想政治教育，就是要使他们充分认识到安全生产的重要作用，以及本职工作、本岗位的安全生产对整个厂矿企业的影响，把做好本职工作、本岗位的安全生产当作自己热爱厂矿企业的主人翁精神的具体表现来看待，并自觉地在做好本职工作、本岗位安全生产的同时，帮助他人做好安全生产工作。

2. 劳动纪律教育。主要是使厂矿企业中广大的干部和职工懂得严格遵守劳动纪律，是提高企业管理水平和搞好安全生产的重要条件，也是贯彻执行党和国家关于安全生产的方针、政策、法规、减少伤亡事故，保障安全生产的必要前提。

实践证明，哪个厂矿企业重视劳动纪律教育，严格执行劳动纪律，哪个厂矿企业的安全生产就有保证。反之，哪个厂矿企业劳动纪律松弛，哪个厂矿企业的安全生产就得不到保证。从大量的事故案例看出，在一些厂矿企业生产活动中，由于一些职工不遵守劳动纪律，如脱岗、串岗、睡岗、违反操作规程而造成的伤亡事故，屡见不鲜。因此，为了搞好厂矿企业的劳动保护和安全生产工作，加强劳动纪律教育是十分必要的。

二、安全生产方针政策教育

安全生产方针政策教育，系指对厂矿企业的各级领导和广大职工群众进行党和国家有关安全生产方针和劳动保护的政策、法令、规定的宣传教育。

党和国家有关安全生产的方针及有关劳动保护的政策、法令、规定，是党和国家的政治路线的一种体现，也是厂矿企业搞好劳动保护和安全生产的指导方针，它反映了安全与生产的辨证统一关系，是适合我国社会主义生产发展的需要的。

理论是实践的指南，正确的行动来源于正确的认识，搞好安全生产和劳动保护在我国社会主义国家里，是带根本性质的问题，这是我们党和国家的性质所决定的。在我国社会主义制度下，安全和生产都是为了人民，两者的目的是完全一致的。社会主义生产是为了人民的需要，关系到劳动人民的根本利益，而安全是为了保护劳动者的生命和健康，也关系到劳动人民的切身利益。因此，在安全和生产上，不论忽视那一方面，都是极端错误的，也是与我国社会主义制度相违背的。

在厂矿企业安全生产工作中，改善劳动条件，减少或消灭事故，物质上和技术上的措施固然不可缺少，但也不唯一的措施，不能单靠机器、设备、工具，也不能只靠少数的安全技术人员，而必须通过以党和国家有关安全生产的方针和有关劳动保护的政策对厂矿企业全体职工进行深入的宣传教育，尤其是对厂矿企业各级领导的教育，使他们从理论上、思想上提高对安全生产的认识，树立安全与生产的统一思想，加强他们贯彻执行党和国家关于安全生产的方针和劳动护的政策的责任感。同时也必须对广大职工群众进行安全生产方针和劳动保护政策的教育。因为党和国家的方针、政策，不但要使各级领导知道，还要使广大职工群众都知道。只有使广大职工群众都知道党和国家有关安全生产的方针和有关劳动保护的政策，才能使安全生产工作建立在广泛的群众基础之上，厂矿企业的安全生产才能搞好。

通过对厂矿企业全体职工进行安全生产方针和劳动保护政策的教育，可使厂矿企业的各级领导和广大职工群众都能正确理解党和国家关于"安全第一，预防为主"的安全生产方针，以及掌握党和国家有关劳动保护的政策、法令和规定，从而在思想上重视安全生产，在行动上实现安全生产。

三、安全技术知识教育

安全技术知识教育包括生产技术知识教育、一般安全技术知识教育和专业安全技术知识教育。

1. 生产技术知识教育。生产技术知识是人类在征服自然的斗争中所积累起来的知识、技能和经验。安全生产技术知识是生产技术知识的组成部分，要掌握安全技术知识，就必须首先掌握生产技术知识。在进行安全教育时，应根据本厂矿企业的具体情况，对职工先进行一般的生产技术知识的教育。

生产技术知识的教育内容有：本厂矿企业的基本生产概况、生产特点、生产过程、作业方法、工艺流程；各种机器设备的性能、生产操作技能和经验；以及本厂矿企业生产的产品的构造、规格、性能等。

通过生产技术知识的教育，使职工能全面地、系统地了解本厂矿企业、本车间、本岗位的生产技术知识，特别是应教育职工清楚地了解本岗位的工艺操作规程，以及自己所操作或使用的设备或器具的安全状况，知道怎样做是正确的，怎样做是错误的，怎样做是安全的，怎样做容易发生事故等。使职工切实做到按工艺操作规程操作机器、使用设备。目前，不少厂矿企业加强对广大职工生产技术知识的教育，组织开展了岗位练兵活动。这不但提高了职工的实际操作水平，而且使职工在设备运行中，对可能出现的故障或事故征兆的分析、处理、排除能力大大增强，从而也避免了一些事故的发生。

2. 一般安全技术知识教育。一般安全技术知识是厂矿企业中每一个职工都必须具备的起码的安全技术基本知识。

一般安全技术知识的教育内容有：本厂矿企业的一般安全通则；具有特别危险的设备和区域及其安全防护的基本知识和注意事项；有关电气设备的安全技术的基本知识；有关起重机械和厂内运输的安全技术的基本知识；生产中使用的有毒有害的原材料或生产过程中可能散发出来的有毒有害物质的理化性质，及其有毒有害物质对人体的影响，以及安全防护的基本知识；防火防爆的基本知识；个人防护用品的构造、性能和正确使用的方法；伤亡事故的报告程序等。

3. 专业安全技术知识教育。这种知识教育是使厂矿企业中某一些工种的职工必须具备的专业安全技术知识的教育。因作业工种的不同，其作业的性质也不相同，发生事故的几率也是不相同的。由于这些职工缺乏专业安全技术知识而引起的工伤事故，司空见惯。因此，根据职工工种的不同和作业性质的不同，分别对这些职工进行不同的专业安全技术知识教育是很有必要的。

专业安全技术知识教育包括安全技术、工业卫生技术方面的内容和专业安全技术操作规程。专业安全技术、工业卫生技术主要有锅炉安全技术、压力容器安全技术、起重运输安全技术、电气安全技术、焊接与切割安全技术、车辆安全技术、瓦斯检验安全技术、防火安全技术、防爆安全技术、防毒防窒息安全技术等方面的内容。

教育职工懂得并掌握这些基本的安全技术知识，职工就能在本岗位的生产作业中，提高自我安全防护能力，并能运用这些安全技术的基本知识去解决生产过程中所遇到的实际问题。反之，如果职工根本不懂或严重缺乏这些安全技术的基本知识，让他们去从事生产作业，那是很危险的。当在生产作业过程中，进行操作，稍有出现不正常现象，就可能不知措手足，因此也就无法采取正确的措施予以排除或防止不正常现象继续扩展成为事故。或者是因为职工不具备这些安全技术的基本知识，而缺乏自我安全防护能力，一味盲干、蛮干，致使本来根本不会或根本不该发生的事故，也因此而造成了事故的发生。这种情况，从大量的事故案例来看，也足以说明这一问题。

四、安全技能教育

安全技术知识教育毕竟是一种知识教育，它只不过是把安全教育教材的内容通过教育指导者的讲授或受教育者自己本身的努力学习储存在大脑中的记忆里而已。所谓知识，就是知道和了解的一些东西，它和人们通常所说的"会"是不一样的。为了取得安全教育的效果，仅仅知道和了解一些安全技术知识是绝对不能取得良好效果的。因此，应该充分进行所谓"会"的安全技能的教育。

安全技能只有通过受教育者本人亲自实践才能掌握到的东西。也就是说，在安全技能教育过程中，只有通过反复进行同样的操作和通过本人的尝试，才能逐步掌握安全技能。由此可见，安全技能实质上是指作业人员在生产过程中进行实际操作时的技术能力和水平。因此，安全技能教育不同于安全技术知识教育，它很难通过给集体讲课的方式达到目的，非依靠个人教育不可。而这种个人的教育就是使受教育者在教育者的指导下多次反复地进行同样的动作，以致在人的生理机能上，通过同一动作的反复不断刺激，形成一种条件反射，从而完成所规定的安全动作。所以，这种教育必须要依靠有着优秀技术的工人师傅来进行。

安全技能教育的内容，是教育指导者从生产过程的实践中不断总结出来的。通过反复纠正受教育者不正确的操作行动，使其逐渐领会实际操作要领，不断提高安全技能的熟练程度，以达到安全技能教育的要求。

当受教育者的安全技能已经达到一定程度后，在进行实际操作时，教育指导者也应经常驻在旁边进行监视，当发现操作者有不正确的地方时，应立即指导他加以改正，使之全面掌握安全技能。这样就能使受教育者的操作逐渐符合安全要求，就能按照条件反射来进行安全操作。

五、安全思想教育

厂矿企业在对职工进行安全教育时，仅仅进行安全技术知识的教育，或仅仅进行安全技能教育，还是不够的，还必须进行安全思想教育，也有人把它称之为安全态度教育，这也是最根本的安全教育。否则，还是要发生事故的。因为安全技术知识教育，只能使职工获得一般的安全技术知识，而且仅仅是理论上的基本知识。再者，职工的职责就是要通过具体的劳动来完成生产任务，这样他就要进行实际操作。要进行实际操作，就得掌握安全技能，这是毫无疑义的。然而，这并不能完全保证不发生事故。也就是说，受教育者即使具备一定的安全技术知识和掌握了安全技能，并且也提高了熟练程度，但是不实行，或者说运用不运用安全技能则完全是由个人的自由意识所支配，如果受过安全技能教育的人不运用安全技能，那照样会酝酿成发生事故的可能性。因此，安全教育的教育者要指导和教育职工在学到了知识和掌握了技能之后，还应认真地、正确地加以运用，这就是所谓的安全思想教育，也是安全教育的最为重要的内容。

安全思想教育与安全技术知识教育是密切相关的。人们在研究以往发生过的事故中发现，大部分违章作业或违章指挥而造成的事故，就是没有很好地运用所学到的知识和技能。那些违章作业或违章指挥的人，绝大多数是熟悉安全技术知识的，也知道怎样做才安全，怎样做就不安全。但之所以发生事故，多是思想上不重视，或是疏忽大意，或图省事，或过于自信。这就充分说明，在安全教育中，运用安全技术知识和安全技能显得更为重要。也就是说，安全思想教育在整个安全教育中占有极为重要的地位。

在进行安全思想教育时，安全技术人员只有在发现操作人员的操作方法有不符合安全要求的时候，才能指出他安全思想上存在的问题，并要他加以改正。然而，有时会招到他的反感，或者是只有当安全技术人员在场时，他迫不得已而改正，而当安全技术人员不在场时，他就不改正。碰到这种情况，即使对他再三进行教育，也很难期望会收到较大的效果。可见，安全思想教育与安全技术知识教育和安全技能教育相比，是更需要耐心的，也是困难的教育。

人们的行为是受人的思想支配的，人大脑对行为的选择和判断的基础是人们的生活环境和社会环境，以及在成长过程中所积累的知识和经验。而安全思想教育就是要从人的大脑中清除掉那些不正确的判断资料，同时灌输新的正确的东西，因此安全思想教育这一项工作是非常困难的。

人们还有这样一种倾向，即在其大脑记忆中大量收集他在成长过程中所得到的知识和经验，并以此为根据来进行主观判断。然而这并不是人的本能，只是一种后天性的产物，要使其改变不是不可能的，但也不是十分简单容易的事情。因此，安全思想教育必须是长时间地耐心说服，使受教育者理解和领会。

此外，人的大脑判断的基础主要是价值判断，因此安全技术人员应利用这一点对受教育者进行恳切的安全思想教育。

正如上述，安全技术人员在进行安全思想教育时应采用耐心说服，并使之理解和领会的方法。例如，当发现操作人员进行了不安全的行为时，就应该好好问一问，为什么会做出这样的行为,并以有所理解的态度来了解对方持这种行为的理由。安全技术人员如果不了解这些情况,就斥责或随便地要操作人员纠正其不安全行为,很可能会出现一些不愉快的情况,也不一定会收到良好的效果。因此,安全技术人员在通过调查了解到操作人员所持不安全行为的原因之后,应以互相交谈的形式,针对这种不安全行为向他恳切地说明"这种不安全的行为可能会导致什么样的危险;应该这样做才是安全可靠的",以使他能够充分理解和领会。

作为安全技术人员要取得安全思想教育的良好效果,在安全生产方面必须以身作则,言行一致。只要做到这一点,即使在受教育者没有充分理解的情况下,也能看到安全技术人员的模范行为而受到教育,便会自觉地遵守安全规章制度。反之,如果完全技术人员本人不遵守安全规章制度,言行不一,则对过去一片苦心所取得的安全教育成绩,将在一瞬间化为乌有。

六、典型经验和事故教训教育

典型经验和事故教训教育是安全教育的重要内容之一,也是一种理论联系实际的重要教育方法。

1. 典型经验教育。即在安全教育中结合安全生产先进典型厂矿企业的经验进行教育。典型经验具有榜样的作用,有影响力大,说服力强的特点。在厂矿企业加强劳动保护,搞好安全生产的工作中,一些先进的厂矿企业创造了许多实现安全生产、文明生产的好经验,这些经验有着一定的典型先进性,它总结了依靠群众,加强领导,贯彻党和国家安全生产方针、政策,实现安全生产的一些科学的管理,先进的措施和新工艺、新技术等方面的成果。例如,北京某耐火材料厂狠抓防尘消音、大办花园工厂的经验;江西某钨矿实现20多年广大职工不得硅肺病的经验;四川某机车车辆厂认真做好劳动保护工作,实现安全生产的好经验;某锅炉厂坚持安全第一,实行党政工团齐抓共管和行政首长负责制相结合,实现全员参加、分级管理、分线负责,连续10年无死亡事故,11年无重伤事故,荣获国家特级安全企业称号的经验;等等。这些典型的先进经验,具有现实的指导意义。

学习典型的先进经验,既可使广大职工受到教育和启发,又可结合本厂矿企业安全生产的实际情况,对照先进找出差距,促进本厂矿企业搞好劳动保护和安全生产工作。

2. 事故教训教育。即在安全教育中结合事故教训进行教育。通过事故教训教育可使厂矿企业中的各级领导和广大职工了解事故给国家财产造成的巨大损失和给人民生命安全带来的危害。从而在事故中吸取教训,检查各自生产岗位上存在的职业危害因素,及时地采取有效的措施,避免类似事故的发生。

利用事故案例进行安全教育,立体感强,可读性强,心理作用强,容易为厂矿企业各级领导干部和广大职工所接受。因此,厂矿企业的安全技术部门在安全教育结合事故教训进行教育时,应注意从以下几个方面来做好这项工作。

一是建立本厂矿企业的事故档案。以便利用本厂矿企业中发生过的事故案例进行事故教训教育。本厂矿企业的伤亡事故就发生在广大职工的身边,有的职工其本身就是受害者,因此职工看得见、印象深。对本厂矿企业发生的事故,应按照国家有关规定,做到"四不放过",即事故原因分析不清不放过;事故责任者和周围群众没有受到教育不放过;

没有采取安全措施不放过；事故责任者没有受到处理不放过。对各级领导干部和广大职工要结合事故进行事故发生现场的安全教育。并及时总结经验，接受事故教训，改进安全工作，防止事故的重复发生。

同时把事故情况进行整理、记录在案、存档，并定期地以此对各级领导干部和广大职工进行事故教训教育，让警钟长鸣，使之经常保持高度的警惕性。

二是收集和利用同行业厂矿企业的事故案例进行事故教训教育。一个厂矿企业在一定时期内可能不会发生各类事故，但同类型的厂矿企业发生的事故也可能会在本厂矿企业中发生。因此，对外厂矿企业发生的事故应像本厂矿企业发生的事故一样看待，以便从中吸取有益的东西，引以为戒。收集和利用同类型厂矿企业的事故案例来教育本厂矿企业的职工，可起到举一反三的功效。

三是采取算事故损失账的办法进行事故教训教育。从整体来看，当前厂矿企业中的相当一部分领导干部和职工之所以把安全与生产对立起来看待，主要还是只注意眼前的经济收益，对安全生产搞不好所造成的巨大损失了解甚少。因此采取算账的办法，把事故造成的经济上的直接损失与间接损失，以及在政治上和社会上的不良影响，告诉厂矿企业中的各级领导干部和广大职工，以使他们认清事故对厂矿企业，以及对社会所造成的严重危害。从而激发各级领导干部和广大职工搞好安全生产的责任感和紧迫感，以促进厂矿企业经济建设的更好更快地发展。

第三节　三级安全教育

一、三级安全教育

三级安全教育，是指对新入厂的职工所进行的厂级安全教育、车间级安全教育和班组级安全教育的总称。这是厂矿企业必须坚持的安全生产的基本安全教育制度，也是国家有关法规所规定的。

厂矿企业必须对新进厂的人员，其中包括全民职工、集体职工、外包临时工、农民临时工、外单位来厂培训实习人员，以及其他人员等，均应进行三级安全教育。

全厂矿企业人员的组成，以及本厂新进厂职工三级安全教育程序与外来人员三级安全教育程序，分别见图5-1、图5-2和图5-3。

三级安全教育结束后，均应由厂安全技术部门填写"三级安全教育登记表（卡）"，以便存档备查。

附：三级安全教育登记表（卡）。

二、厂级安全教育

厂级安全教育是指对新入厂的职工在没有分配到具体的工作之前，由厂矿企业安全技术部门对其所进行的安全教育。

对新入厂的职工，其中包括新招工的学员和外厂矿企业调入本厂矿企业的职工，以及到本厂矿企业进行培训和实习的人员等。为了使他们在还没有分配到具体的工作之前，就树立起"安全第一"的思想，了解安全生产的基本要求和基本知识，自觉地遵守安全规章

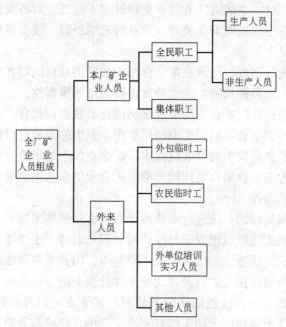

图 5-1　厂矿企业人员组成模型图

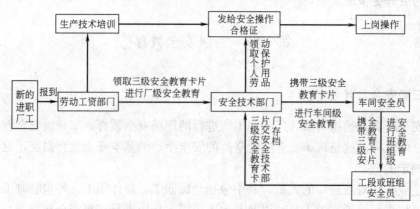

图 5-2　本厂矿企业新进厂职工三级安全教育模型图

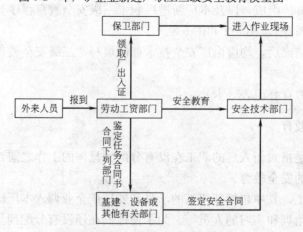

图 5-3　外来人员安全教育模型图

三级安全教育登记表（卡）

单位____　　　　　　　　　　　　　　　　　　　　　　____年____月____日

姓名		性别		年龄		文化程度		
入厂时间		岗位（工种）				级别		
厂级安全教育主要内容						考试成绩	教员签字	日期
车间级安全教育主要内容						考试成绩	教员签字	日期
班组级安全教育主要内容						考试成绩	教员签字	日期
备注						安全作业证号码		
						受教育人签字		
						单位负责人签字		

制度，防止事故的发生。因此，遵照国家的有关规定，厂矿企业安全技术部门必须对新入厂的职工进行初步的安全教育。其受教育面必须达100％，教育所需要的时间，一般为5~10天左右。

厂矿企业的劳动工资部门或人事部门将新入厂的职工介绍到厂安全技术部门后，即由厂安全技术部门按照安全教育的有关规定对他们进行初步的安全教育。

厂级安全教育的内容主要有以下几个方面。

1. 安全生产的重大意义，党和国家关于安全生产的方针、政策、法令和指示等。
2. 介绍本厂矿企业的生产特点，以及安全生产的一般规定。
3. 介绍防火、防爆、防机械伤害、防尘、防毒和急救等方面的安全常识。
4. 结合本厂矿企业的实际情况，介绍安全生产正反两方面的经验和教训。

教育的方法，可根据本厂矿企业的生产特点和新职工入厂人数的多少，文化程度的高低等不同情况，灵活多变。一般来说，如一次新职工入厂的人数较少，在10人以下，可采用个别谈话、讲解本厂安全技术规程、指定阅读有关文件和材料等方法。如一次新职工入厂的人数较多，在10人以上，则可由本厂矿企业主管安全生产工作的领导做安全报告，或由厂安全技术部门的负责人，或由厂安全技术人员进行授课等。

这种在新职工入厂分配具体工作之前就进行的安全教育，可收到良好的效果。因为这时新职工对厂矿企业的生产作业一无所知，对厂矿企业中的机器设备也是陌生的，他们虽然很想亲自尝试，但不知道应该怎样进行，因此这时对他们进行安全教育，第一印象是极为深刻的。笔者通过对许多老职工走访，他们都一致认为，虽然时间过去了许多年，但在入厂时接受的安全教育中所学到的安全技术知识，现在仍能记忆犹新。由此可见，做好新职工入厂的安全教育，可使新职工懂得在厂矿企业中搞好安全生产的重要性，还使他们知道防范事故的基本知识，并将对职工在今后的一生中自觉地进行安全生产打下良好的基础。

厂级安全教育结束后,应由厂安全技术部门对新入厂的职工进行考试。考试成绩合格,再将其介绍到车间或其他部门,进行车间级安全教育。

三、车间级安全教育

车间级安全教育是指对新职工或本厂矿企业内部调动工作的职工被分配到车间后所进行的安全教育。其受教育面必须达100%,教育所需要的时间,一般为4～6天左右。

车间级安全教育的内容主要有以下几个方面。

1. 本车间的生产特点。
2. 本车间的安全规章制度。
3. 本车间的机械设备状况、危险区域,以及有毒有害作业的情况。
4. 本车间的安全生产状况和问题,以及预防事故的措施。

教育的方法,可根据新职工分配到车间人数的多少来决定,如新职工人数在10人以下,可由车间主管安全生产工作的车间主任,或由车间安全员对他们进行安全谈话,讲解车间的安全规章制度,指定阅读车间编写的安全教育教材等。如新职工人数在10人以上,可由车间主管安全生产工作的车间主任给他们做安全报告,以及由车间安全员按照车间安全教育教材对他们进行授课。

通过车间级安全教育,可使新职工对安全生产进一步获得了解。车间级安全教育结束后,由车间对他们进行考试。考试成绩合格后,再分配到班组进行班组级安全教育。

四、班组级安全教育

班组级安全教育是指对新职工或本厂矿企业内部调动工作的职工分配到班组现场作业岗位开始工作之前所进行的安全教育。其受教育面必须达100%,教育所需要的时间,一般为1～2天左右。

班组级安全教育的内容主要有以下几个方面。

1. 本岗位的生产特点、工作性质和职责范围。
2. 本岗位的安全规章制度和注意事项。
3. 本岗位各种工具、器具及安全装置的性能及使用方法。
4. 本岗位发生过的事故及其教训。
5. 本岗位劳动保护用品的使用和保管方法。

教育的方法,一般可采用由班组长或班组安全员对新职工进行讲解,或者由师傅带徒弟的形式进行。

班组级安全教育结束后,应由班组对新职工进行考试。考试成绩合格后,将考试成绩报送车间安全员。车间安全员将车间级安全教育考试成绩和班组级安全教育考试成绩,一并报送厂安全技术部门。

三级安全教育完毕后,由厂安全技术部门将各级安全教育的考试成绩记入"三级安全教育登记表(卡),并存档备查。三级安全教育登记表(卡)同时可作为厂矿企业对职工进行全面考核的一个重要方面的内容。新职工经过三级安全教育并考试合格后,凭三级安全教育登记表(卡),由厂安全技术部门拨发个人劳动保护用品,然后才准许其到工作岗位上进行学习。同时应明确新职工所跟师傅,并签订师徒合同,以老带新,包教包学。新职工经跟班学习期满后,再经班组鉴定完成学习任务,车间组织考试合格,方可持职工安全教育卡到厂安全技术部门办理领取《安全作业证》。新职工取得安全作业证以后,才具备独立上岗操作资格。

第四节 特种作业的安全教育

一、特种作业的含义

厂矿企业中的作业危险性,由于工种的不同而不同,并存在着显著的差别。所谓特种作业,是指容易发生人员伤亡事故,对操作者本人、他人及周围设施的安全可能造成重大危害的作业。

直接从事特种作业的人员称为特种作业人员。

二、特种作业人员的范围

根据新时期安全生产形式的要求,2002年12月18日,国家安全生产监督管理总局颁发了安监管人字〔2002〕124号文件,其中明确规定,特种作业及人员范围如下:

1. 电工作业。含发电、送电、变电、配电工,电气设备的安装、运行、检修(维修)、试验工,矿山井下电钳工;
2. 金属焊接、切割作业。含焊接工,切割工;
3. 起重机械(含电梯)作业。含起重机械(含电梯)司机,司索工,信号指挥工,安装与维修工;
4. 企业内机动车辆驾驶。含在企业内及码头、货场等生产作业区域和施工现场行驶的各类机动车辆的驾驶人员;
5. 登高架设作业。含2m以上登高架设、拆除、维修工,高层建(构)筑物表面清洗工;
6. 锅炉作业(含水质化验)。含承压锅炉的操作工,锅炉水质化验工;
7. 压力容器作业。含压力容器罐装工、检验工、运输押运工,大型空气压缩机操作工;
8. 制冷作业。含制冷设备安装工、操作工、维修工;
9. 爆破作业。含地面工程爆破、井下爆破工;
10. 矿山通风作业。含主扇风机操作工,瓦斯抽放工,通风安全监测工,测风测尘工;
11. 矿山排水作业。含矿井主排水泵工,尾矿坝作业工;
12. 矿山安全检查作业。含安全检查工,瓦斯检验工,电器设备防爆检查工;
13. 矿山提升运输作业。含主提升机操作工,(上、下山)绞车操作工,固定胶带输送机操作工,信号工,拥罐(把钩)工;
14. 采掘(剥)作业。含采煤机司机、掘进机司机、耙岩机司机、凿岩机司机;
15. 矿山救护作业;
16. 危险物品作业。含危险化学品、民用爆炸品、放射性物品的操作工、运输押运工、储存保管员；

17. 经国家局批准的其他的作业。

三、特种作业人员必须具备的条件

特种作业人员必须具备以下基本条件：

1. 年龄满 18 周岁；
2. 身体健康，无妨碍从事相应工种作业的疾病和生理缺陷；
3. 初中（含初中）以上文化程度，具备相应工种的安全技术知识，参加国家规定的安全技术理论和实际操作考核并成绩合格；
4. 符合相应工种作业特点需要的其他条件。

四、特种作业人员的安全教育

国家规定，对从事特种作业的人员，必须接受与本工种相适应的、专门的安全教育和安全技术培训，并经安全技术理论考核和实际操作技能考核合格，取得特种作业操作证后，方可上岗作业，未经安全培训，或安全培训考核不合格者，不得上岗作业。这是安全教育的一种重要制度，也是保障安全生产，防止事故发生的重要措施之一。

由于这些特种作业不同于其他一般工种，它在生产活动中担负着特殊的任务，危险性相对较大，容易发生重大事故。一旦发生事故，对整个厂矿企业的生产，甚至对厂矿企业左邻右舍的安全都会产生较大的影响。因此，对这些从事特种作业的人员在掌握安全技术知识和实际操作技能方面，要求必须严格。例如，压力容器操作人员，如果不懂得压力容器的特点、性能和运行规律；不懂得压力容器上的各种安全装置；不懂得压力容器的检查、维护和保养等技术知识，操作技能又不熟练，在操作运行时就容易造成由于操作失误而引起压力容器的操作事故，甚至机毁人亡，从而影响整个厂矿企业生产的正常进行，以及可能对厂矿企业周围邻居造成一定的危害。再如，气割作业人员如不懂得乙炔和氧气的理化性质；不懂得氧气瓶和乙炔发生器或乙炔瓶的使用、维护等安全技术知识，也有引起爆炸和火灾的危险。

因此，厂矿企业应选择工作认真负责、身体健康、年龄适宜、具有本工种作业所需文化程度的人从事特种作业。与此同时，所选特种作业人员还必须符合国家的有关规定。

对特种作业人员的安全教育和安全技术培训，可采用厂矿企业自行培训；或厂矿企业的主管部门组织培训；或由考核发证部门及指定的单位培训等方法进行。但负责特种作业人员培训的单位应具备相应的资质条件，并经省级安全生产监督管理部门或委托的地市级安全生产监督管理部门审查认定。同时，从事特种作业人员培训的教师须经培训并考核合格后，方可上岗。

教育的方法，通常采用专题安全技术学习班的形式，可以收到较好的效果。

教育的内容，应根据国家颁发的特种作业《安全技术考核标准》和有关规定而定。一般应按省级安全生产监督管理部门根据有关的国家标准统一组织编写的教材进行。

教育的时间，一般为 80~120 学时。

特种作业人员经专门的安全教育和安全技术培训结束后，必须接受发证部门的考核，经考核合格后，由国家有关机关发给相应的特种作业操作证（含 IC 卡）；考核不合格的，允许补考一次。

特种作业操作证,由国家局统一制作,各省级安全生产监督管理部门、煤矿安全监察机构负责签发。

特种作业操作证在全国通用。特种作业操作证不得伪造、涂改、转借或转让。

根据国家的规定,取得特种作业操作证的作业人员,必须定期进行复审。复审期限除机动车辆驾驶按国家有关规定执行外,其他特种作业操作证每 2 年由原考核发证部门复审一次,连续从事本工种 10 年以上的,经用人单位进行知识更新后,复审时间可延长至每 4 年一次。凡未经复审者,不得继续独立从事特种作业。

复审内容包括:
1. 健康检查;
2. 违章作业记录检查;
3. 安全生产新知识和事故案例教育;
4. 本工种安全技术知识考试。

经复审合格的,由复审单位签章、登记,予以确认;复审不合格的,可向原复审单位申请再复审一次;再复审仍不合格或未按期复审的,特种作业操作证失效。跨地区从业或跨地区流动施工单位的特种作业人员,可向从业或施工所在地的考核发证单位申请复审。

厂矿企业安全技术部门应建立特种作业人员档案卡,组织安排好复审期满的人员到指定的地点复训审证。并在日常的安全生产工作中,经常加强对特种作业人员的安全教育,制止他们的违章作业行为,使之养成良好的安全习惯,以保障安全生产。

第五节　全员安全教育

一、安全教育的特殊性

安全教育是一项比较复杂、而又多层次的,并且要反复不断向厂矿企业中的领导和广大职工群众进行的安全生产的宣传和教育活动。它与厂矿企业中开展的生产技术教育和文化知识教育,以及其他教育有所不同。安全教育与其他各种教育的不同,显示出它所具有的特殊性。

有人认为,搞什么安全教育,职工知道在生产作业中怎么干就行了。事实证明,这种看法是不正确的,对安全生产有害无益。安全教育是针对每一个职工所进行的有关安全技术知识、安全技能和安全意识,并使之付诸于实践而进行的一项综合性的教育,与厂矿企业对职工进行的其他教育,无论是从教育的重点、内容等都是不同的。

当然,安全教育和生产技术教育有着密切的关系。俗话说"艺高人胆大",这也就是说,人在掌握了熟练的生产技术之后,在生产活动中就会增加安全生产的能力。从这个意义上来看,生产技术教育搞得好,职工的生产技术水平提高了,生产活动中进行作业的安全系数也就会相应加大。然而尽管如此,生产技术教育仍不能代替安全教育。例如,厂矿企业危险场所中的动火作业,在安全教育时就要向职工讲授有关燃烧、爆炸的基本知识;动火作业时要采取的安全技术措施;动火作业安全许可证的办理;以及消防器材的使用方法等安全技术知识。再以个人穿戴劳动保护用品预防事故为例,就要向职工讲授某一种具体的劳动保护用品的构造、防护原理、防护性能、配戴方法、使用方法、注意事项等安全技术知识，这在生产技术教育和其他教育中，就难以作为重点加以强调。

尤其是对那些从事特种作业的职工，他们从事着危险性较大的作业，如果不具备应有的专门的安全技术知识，其发生事故的几率也就大，万一发生事故造成的后果或损失也就大。因此，对从事危险性较大的作业的职工，还必须进行专门的安全技术知识的教育。

厂矿企业中职工的生产技术水平低下是发生事故的原因之一，但职工在生产作业时的精神状态、心理素质，诸如劳动纪律、劳动态度、责任心、自觉性、情绪等，对安全显得更为重要。这可以从已经发生过的事故统计中看出，绝大部分的事故往往是由以上这些原因而导致发生的。因此，这就需要在安全教育中加强对职工安全思想意识的教育。

安全教育除了要向厂矿企业中的广大职工群众反复不断地进行安全生产的宣传和教育外，更为重要的是，同时还必须对厂矿企业中的各级领导进行安全教育，使他们能正确贯彻执行党和国家关于安全生产的方针、政策和法规，能正确地处理安全与生产的关系等，这也是其他教育所不能及的。

因此，安全教育对厂矿企业中的每一个职工来说，无论职务、职称，技术高低、年龄大小，工龄长短等都应接受安全教育。谁不掌握应具备的安全技术知识，并将这种知识付诸于实践，谁都有发生事故的可能性。所以，安全教育对厂矿企业中的任何职工都是不可缺少的。

二、安全教育的全面性

厂矿企业中的安全技术部门对职工进行安全教育，不能是一次性的或者只对某一部分职工的教育，也不能只是某一部分内容的教育。厂矿企业生产过程中要保持良好的安全生产正常秩序，就要取得安全教育的良好效果，也就必须实行全员、全面的和全过程的安全教育。

1. 全员安全教育。即是指对厂矿企业全体职工的安全教育。从教育的对象来说，从厂矿企业的主要领导人，到各级中层领导干部；从一般的企业管理人员，到普通的操作工人，都要一个不漏地进行。其教育面必须达100%，使厂矿企业中的每一个职工都受到安全教育。有些人认为，安全教育只是对普通操作工人而言。在他们看来，厂矿企业中的各级领导人员以及其他企业管理人员似乎就不需要进行安全教育。其实不然。在厂矿企业的生产过程中，虽然操作工人直接从事生产作业，发生事故的几率肯定要大大地超过不直接从事生产作业的各级领导人员和其他的企业管理人员，但对各级领导人员和其他的企业管理人员的安全教育却不能因此而忽视，甚至于不闻不问。事实证明，厂矿企业中很多事故的发生，往往都与这些生产组织管理者的不关心、不重视或违章指挥有着十分重要的关系。这就说明，安全教育不论是对操作工人，还是对各级领导人员，以及其他企业管理人员，都是不能放松的。操作工人的安全生产搞得好不好，往往只是对个人的安危影响较大，而各级领导人员对安全生产工作做好了，则可以影响和带动一大片。并且由于各级领导人员懂得了安全技术知识和安全生产规定，就可避免因瞎指挥而造成的事故，瞎指挥造成的事故损失往往比较大。

安全对每一个人来说都是至关重要的，任何一个职工，不论是直接从事生产作业的操作工人，还是各级领导人员以及其他的企业管理人员，谁不具备应有的安全技术知识，谁都有发生事故的可能性。因此,安全教育对厂矿企业的全体职工,必须是多层次的,也必须是全员的。

2. 全面安全教育。即是指安全教育的内容不是单一的,而应是多方面的。例如,对新进厂职工的安全教育,就要首先从入厂教育开始,逐步深入到车间教育,进而再深入到班组岗位教育。教育的内容也应由一般到具体,并随着教育的逐步深入而同时由浅入深。通过一级一级的安全教育,将对安全生产上各方面的技术知识和要求,传授给每一个新职工,使他们都能了解和掌握安全技术知识和安全生产上的要求。致使他们在实际生产作业中,知道怎样做是安全的,怎样做就会发生事故,从而能够自觉地遵照安全规章制度去进行作业。

全面安全教育,除应强调职工不仅要熟悉本人所从事作业的安全技术知识和安全技能外,还应对厂矿企业中凡是可能涉及到的安全生产方面的内容,如防火、防爆、防尘、防毒、危险物品的使用管理,以及危险性较大的设备、机具的操作使用等安全技术知识和技能,也都应了解和掌握。因为在厂矿企业生产过程中,往往很难预想到会碰到什么特殊情况。对在不同的时间,不同的作业场所,不同的条件下遇到的不同情况,如果因没有受到过教育而缺乏应有的安全技术知识和安全技能,或者根本就不懂,那么,对生产过程中可能发生异常情况,就不会处理,也就会造成事故导致伤害,或者使事故蔓延扩大,造成更大的损失。因此,对职工进行安全教育的内容应当尽可能地做到全面些。

3. 全过程安全教育。即是指对职工的安全教育不是一时一事的,而应当是经常性的和反复不断地进行。因为人具有思维能力和感情,人的思想和行为常常会受到社会、家庭或周围人群的影响。个人的或周围的异常变化,都可能会产生不良的影响,如果不注意及时发现和排除这些不利于安全生产的影响,就可能会因为人在操作上的失误而造成事故的发生。因此,安全教育应当成为厂矿企业对职工进行经常性教育的一项重要内容,决不能认为只要对职工进行一次安全教育就完事大吉。安全教育要作为一种制度确定下来,要经常进行,持之以恒,要有厂级分管领导具体负责,厂级安全技术部门也要经常开展对职工的安全教育活动,使厂矿企业安全教育经常化、制度化。

安全教育对职工平时要经常进行,在从事某一项较大的或复杂的工程项目时,也应如此。绝不应只是在开始时布置一下,或抓一阵、停一阵,有头无尾,先紧后松,也不应想起来就抓一抓,想不起来就放到一边,这样就不可能收到好的安全教育效果。厂矿企业中许多事故的发生,事先并无先兆,往往是由于一时的疏忽大意,或者是安全管理上的一时放松而引起的。因此,安全教育应常抓不懈,从不间断。

三、对领导人员的安全教育

安全生产搞得好与不好,领导是关键。对厂矿企业中的各级领导者来说,他们是厂矿企业中的各级行政长官,掌握着一定的权力,处于推进安全生产的职位上,尤其是厂长或经理,他们即是生产经营管理的负责人,又是厂矿企业安全生产的第一责任人。因此从职务上来说,只要他们对安全生产有正确的认识,便自然会对整个厂矿企业的安全生产起到强有力的推动作用。如果他们对安全生产没有充分的认识,则厂矿企业的安全生产是根本不可能取得良好的效果的。

即使一个厂矿企业通过生产产品给社会带来物质上和文化上的好处,但如果在其生产过程中，造成大气的污染，河流的污浊，或者是由于噪声和振动，给左邻右舍的居民带来危害，这无论是从人道主义的立场还是从社会的角度来说，都是不允许的。同时，在厂矿企业内部，由于生产过程中设备上的缺陷，引起设备发生爆炸、破裂、倒塌和火灾；或者因为违反国家有关安全生产的法规以及安全管等方面的某些缺陷，导致事故的发生，致使职工受到伤害，甚至发生重大伤亡事故，这些都是厂矿企业主要领导人的责任。

如果厂矿企业的主要领导人能从职务上很好地认识到这种对于社会和人的责任，以及在国家法律上所承担的责任，并成为他管理厂矿企业的指导思想，也就一定能把厂矿企业的安全生产搞好。因此，厂矿企业的主要领导人应当责无旁贷地遵照党和国家关于安全生产的方针、政策和规定，坚持搞好安全生产办好社会主义企业的基本原则，坚持管生产必须管安全的原则，搞好厂矿企业的安全生产。不过，一般说来，厂矿企业中的各级领导在这方面具有一定程度的认识和安全生产方面的认识。但由于认识程度不够，或者没有把它上升为主观理性上的认识。因此，在实际行动中，仍往往不能够加以实行。因而常表现为，安全生产只是停留在口头上；或者是不发生事故想不到安全；或者是为了当前的某种需要而对安全产生"热情"。然而对待安全生产的大量的实际表现则是"冷漠或漠不关心"，如在改善职工劳动条件，采取安全技术措施等方面便是如此。正因如此，造成厂矿企业安全生产的被动局面长期得不到扭转，致使我国安全生产的状况难以适应社会主义现代化建设的需要。

因此，作为厂矿企业的安全技术部门要做好对主要领导人及其他各级领导人使之具有言行一致的安全教育，对此，在很多情况下，是各级安全技术人员感到是一个十分苦恼的问题，这也是绝大多数厂矿企业中普遍存在的问题。

因此，对厂矿企业中的各级领导人员进行的安全教育与其他普通职工大不相同。在对各级领导人员进行安全教育时，除了对他们进行党和国家关于安全生产方针、政策、法规的教育，以及必须具备的安全技术知识的教育以外，更为重要的是要搜集大量的资料，并取得一些数据，用事实来证明安全生产给厂矿企业带来经济上的利益，充分利用减少事故与提高劳动生产率和事故带来的损失等方面的资料和数据，使他们深刻认识到安全并不是脱离生产而独立存在的，安全只能存在于生产之中。改善职工的劳动条件，增加安全技术措施与提高劳动生产率和经济效益是共同存在的，开展安全活动是有助于达到厂矿企业搞好生产的目的的。通过这些资料和数据以充分说明和加深他们对安全生产重要性的理解。

当然，对各级领导人员的安全教育决不是仅仅依靠课堂讲解式就能充分完成的。因此除此之外，还应向各级领导人员提供有关厂矿企业内外部的安全数据和资料，外部资料要介绍同行企业先进典型的安全管理经验，内部资料则是经常提供本厂矿企业安全管理的实际状况。资料的内容不仅要提供关于事故的综合统计资料，为了促使各级领导人员树立安全生产的指导思想，还要提供从经济方面安全也给厂矿企业带来效益的资料。例如，某一车床随着刀具的移动而进行切屑操作，因为感到这样有危险，就在车床上安装了防护罩，将刀具与人体进行了隔离。如果这样做，其结果使生产比原来增加了20%，这就表明，在没有装防护罩时，由于职工要经常提防危险状态，分散了20%的注意力。而由于安装了防护罩，这种担心就不存在了，结果就能将全部精力集中在生产方面，不但保证了安全生产，而且在经济上也带来效益的结果。若把这样的资料和数据能经常不断地提供给各级领导人员，尤其是厂矿企业的主要领导人，就会促使各级领导人员树立起搞好安全生产的思想。

为了搞好厂矿企业的安全生产，必须加强对厂矿企业第一负责人的安全教育，原劳动部于 1990 年 10 月 5 日颁发了《厂长、经理职业安全卫生管理资格认证规定》，其中规定了厂矿企业第一负责人必须经过安全教育或培训，并经考试合格后，才能取得任职资格。一些厂矿企业也根据有关行业部门的规定，制定了提拔新干部在任职前必须先到厂安全技术部门接受全面的安全教育，经考试合格后，方可任职的制度。这些规定和制度，对加强厂矿企业中各级领导干部的安全教育，提高他们的安全技术素质和安全意识，无疑起了积极的推进作用，同时也取得了一定的效果。但在实施过程中，切记要防止图形式、走过场。不然就不可能收到良好的效果。

四、加强对青年工人的安全教育是当务之急

有人作了调查研究，青年工人在 21～25 岁时期，最容易发生伤亡事故。因为在这一时期的青年工人虽然基本上能够独立进行操作，但仍处在操作技能正在熟练的过程中，所以仍会发生错误操作。再者，由于对安全技术知识懂得较少，对事故的潜在性认识不足，当发生事故征兆时，不能及时正确处理，以至酿成事故的发生或事故的扩大。据有关统计资料表明，违章操作、违章指挥所造成的伤亡事故人数中，青年工人约占 70％。此外，还可从厂矿企业因工伤亡人数中看出，30 岁以下的青年工人所占的比例很高，其中有很大一部分是刚进厂不久的新工人。因此，加强对青年工人的安全教育对搞好安全生产是当务之急，刻不容缓。

美国工业心理学家杜安·P·舒尔茨指出，工人队伍的构成已发生重大变化，现在的工人队伍比过去年轻，文化程度高，对领导不惟命是从，不再热衷于传统的刺激，对传统的领导作风也不那么服帖了。他们追求令人兴奋的难度高的工作，要求参与有关他们的劳动生活的各种决定，反对只会指手画脚指挥别人的现场管理人员。工业心理学家应该重新设计许多工种和组织结构，使工人工作输快，效率高涨。另一变化是文化水平低的非技术工人就业机会逐年下降。为了提高这部分工人的技术水平，挑选和训练新工人的任务更加繁重。

从安全生产的角度出发，由此可以得到一定的启示。首先应该使青年工人具有高度的文化、业务、安全技术水平，以适应现代工业迅速发展的需要。其次应该使管理者具有真才实学，以便有效地领导或指导青年工人。再者应该努力改进劳动组织和改善劳动条件，使青年工人在生产劳动过程中有安全感，能够得到乐趣和满足。因此，要加强对青年工人的安全教育。

要加强对青年工人的安全教育，还必须了解青年工人的生理和心理特征，对此进行全面地、辨证地分析，以使安全教育的内容、方法等方面做到有的放矢，使对青年工人的安全教育真正起到一定的效果。

在生理上，青年工人充满着青春的活力、乐观、自信、勇于探索。如果在安全生产中指导和保护不当，容易产生骄傲、任性、违章作业等情况。

在心理上，青年工人已经具备了一定的抽象思维和逻辑思维的能力，但毕竟社会经验有限，科学技术基础知识也不够深和广。如果引导、训练不当，容易陷入人生观片面、脱离实际的情况。

因此，青年工人既不同于少年的"大人气"，又不同于成年人的"孩子气"。这样的生理、心理特征，乃是发生事故的潜在因素。

此外，从社会心理学的观点来分析，青年工人的政治素质基本上好的，他们生长在新社会，具有社会主义时代青年的风貌。他们的弱点是缺乏劳动人民的思想感情，没有明确树立革命人生观。随着我国经济建设的快速发展，人民生活水平的不断提高，绝大多数青年工人发育良好，体格健壮，身体素质基本上是好的。

现在的青年工人在两个方面超过了20世纪六七十年代的老工人，一是文化水平比较高，基本上为初中以上文化程度，随着我国教育事业的多层次发展，其中不少人在进行专科和自学考试的学习，并达到了大专以上的文化程度。所以他们充满自信，不愿盲从。二是结婚时间比较晚，因此现代的青年工人要比20世纪六七十年代的青年工人多4～5年的独立生活的时间。如果不加以正确引导，这种过剩的精力在厂矿企业生产活动中就可能用于惹是生非，甚至造成重大事故。

因此，现在对青年工人的安全教育，一定要适合青年工人的特征，内容、形式均应与20世纪六七十年代有所不同。

对青年工人的安全教育要采用启发诱导式，对安全技术知识、生产过程中的危险有害因素、对危险有害因素应采取的防护措施、对安全生产的规章制度、对各种劳动保护用品的正确使用等等，要讲解出科学道理，使青年工人对安全技术知识产生浓厚的兴趣，并将这些知识用于实践中，这对安全教育取得理想的效果无疑是巨大的收获。

组织青年工人进行安全生产的知识智力竞赛；组织观看有关安全生产的电影或有关安全技术知识的电视；举办安全生产漫画或安全生产摄影展览；举办安全技术知识讲座；组织青年工人参观劳动保护教育室；评选青年工人安全生产标兵；等等。总之，安全教育的形式越多样化，越生动有趣，越能吸引青年工人积极参加，安全教育收到的效果也就越好。

五、对班组的安全教育

班组是厂矿企业的细胞，班组是厂矿企业安全生产的前沿阵地，是安全生产工作的落脚点。班组安全生产的好与坏，直接影响到厂矿企业的安全生产状况。因此，加强对班组的建设，加强对班组的安全教育，以提高班组的安全素质，这对提高厂矿企业的整体功能及整体安全素质，防止事故的发生，有着不可估量的作用。

大量的事故分析表明，90%以上的事故都发生在班组。这就说明，加强对班组的安全教育，在班组贯彻落实"安全第一、预防为主"是厂矿企业加强安全管理的关键，是防止事故发生最切实最有效的办法。

作为安全技术人员要推进本厂矿企业的安全生产，就要搞安全教育，也必须搞好对班组的安全教育。要搞好班组的安全教育，首先要对班组长进行安全教育，因班组长对整个班组的安全生产负有全面的责任，提高班组长的安全素质，对带动整个一班人搞好安全生产起着极大的作用。与此同时，还应做好对班组安全员的安全教育。班组安全员是厂矿企业安全生产前沿阵地的安全哨兵，对搞好班组安全生产起着督促检查的作用。对班组长和班组安全员进行安全教育，一般采用集中本厂矿企业班组长或班组安全员分期分批地办安全教育学习班的方法。

除此之外，安全技术人员还应定期地组织班组学习党和国家关于安全生产的法规和本厂矿企业的安全生产规章制度，学习本岗位的安全技术知识和安全作业技能，这要作为一种制度规定下来，以不断提高班组全体人员的安全素质。使班组每个职工对本班组本岗位的安全规章制度都要做到会讲、会背、会用，并结合岗位技术练兵活动，使班组每个职工都能掌握本班组本岗位处理在生产过程中出现的事故预兆的能力。

一些厂矿企业明文规定，班组每周进行一次安全活动日，每次活动1小时，并建立安全活动日情况记录。这种安全教育的方式，可收到良好的教育效果。

安全技术人员为了搞好对班组的安全教育，对班组进行安全活动日应提供给学习的材料。例如，创办"安全简报"、"安全通迅"；或编写一些安全技术知识小册子；或者将党和国家关于安全生产最新的一些法规和安全技术标准等编成专题安全学习材料，发至每一个班组，使班组安全活动日做到学习有材料、有内容。同时也可将党和国家关于安全生产的最新指示和规定，以及上级部门有关安全生产的文件、通知精神，及时直接地传达到班组每个职工。安全技术人员应定期地或经常地对班组安全活动日开展的情况进行检查，发现有不足之处，及时给予指导和帮助。

安全技术人员组织、指导和帮助班组安全活动，对班组进行安全教育，必须建立在与班组的职工之间，人与人之间的关系融洽的基础之上。否则，难以取得安全教育的良好效果。

通过对班组的安全教育，可使班组做到班前讲安全、班中查安全、班后比安全、班会评安全，使厂矿企业的安全生产得到保障。

六、对不安全素质者的安全教育

在厂矿企业生产过程中，有些人在危险性较大的作业环境中能很安全地进行作业，而恰恰相反，有些人则在相当安全的环境中却偏偏发生了事故，这是活生生的事实。因此，为提高人们的警惕，预防事故的发生，惟有靠安全教育的办法。然而，在实际作业中，总有个别人在一年内发生数次事故或者造成未遂事故，这固然与作业环境中存在危险因素的大小和多少有关，但不可否认，也还与作业人员的安全素质有关。

当安全技术人员在对作业现场进行巡视或检查中，发现了有不安全素质者，首先要断定是作业环境的问题，还是操作方法上的问题，如果是作业条件中存在不安全因素，就应该立即想方设法去消除。如果是操作方法有问题，那就应该对作业人员进行安全教育，包括安全技能教育，使作业人员能改进操作中不安全的方法，并按照安全的方法去进行操作。若经过这样几次的处理以后，仍不能解决问题，那就是作业人员的安全素质问题了。这种不安全素质者往往被认为是事故频发者。有人对在一年内发生三次以上的事故者定为事故频发者。事故频发者在作业过程中通常表现为，经常慌慌张张、不沉着、处理事情轻率、行为冒失、理解能力或判断能力不足、运动神经迟钝、不爱活动等等。

对于事故频发者，除了进行安全教育外，最好的办法就是将其调到危险因素较少和危险性较小的作业岗位上去工作。

在实际作业中，还有个别人时而把脚踩进放有各种物品的货堆里；时而被具有大标记的物体绊倒；时而撞在他人身上；时而也不知何种原因用手去摸一下正在转动的机器设备，其原因是因这种人根本不假思索而发生的行为。在这种情况下，即使问该作业者"为什么会做出那种事情",往往会得到"连我自己也不大明白"的回答,这并不是该作业者想隐瞒理由,而是确实存在的事实。

之所以会发生这样的现象,是由于该作业者时而考虑与作业本身毫无关系的事,时而空想,时而心不在焉地胡思乱想的缘故。像这种空想与本身进行行为毫无关系的事情的人,如空想的时间极短,可能还没有多大的妨碍,但如空想的时间较长,就容易引起事故。这时如厂级安全技术人员发现,经教育就能使其引导到正确的方向,但如安全技术人员不在现场就仍有可能造成发生事故的倾向。因此,对于这种经常并长时间出现空想与作业无关的人,即使对其进行反复的安全教育,但本质上还是潜伏事故发生的危险性。所以,这种人在生产过程中,从安全生产方面来说,是可靠性不大的人。有人把这种人认为是安全生产上的"危险"人物。因此,为了减少事故的发生,最好的办法也是把他调到危险性小的岗位去工作。

可见,在厂矿企业的人群中,因先天性不足而引起事故发生的人还是有的,实际上是由于这种人本身素质上的原因,完全依赖安全教育进行纠正是有困难的,因为任何事物都不是万能的,安全教育也同样如此。因此,安全技术人员以极大的耐心对这种本身有素质缺憾的人,反复进行安全教育,仍不见效者,则应通过另行安排危险性小的工作,来减少事故的发生。

第六节 安全教育的形式和方法

一、集体安全教育

对厂矿企业中集体人员的安全教育,有种种的方法,这些方法各有特点,其各自的效果也不相同,厂安全技术部门可根据本厂矿企业的具体情况进行选用,以取得安全教育的良好的效果。

1. 采用专题安全技术知识讲座方式进行安全教育。

所谓讲座,就是人们能够得到一个机会,从一般的观察问题的方法去广泛地思考分析问题,以增加人们的兴趣和对掌握知识得到进一步深化。因此,这种安全专题讲座可给听众有深刻的感受。如果安全专题讲座能站在本厂矿企业之外的第三者的立场上去进行,则更可以另外的角度给人们以新的感受。但是采用这种方式要以扎实的经常性的安全教育为前提,受教育者要具备一定的安全技术知识。因此,在厂矿企业进行专题安全技术知识讲座受教育对象一般来说是车间级安全员、班组级安全员、工程技术人员和企业管理人员,以及其他对安全问题感兴趣或有热心研究的人员等。

既然是专题安全讲座,就要事先拟定好专题,例如,安全与经济、安全与法律、安全与心理等等。对担任专题安全讲座的安全技术人员来说,对安全技术知识要有一定的造诣或有一定的研究。

2. 采用授课方式进行安全教育。

授课方式是自古至今被采用的一种最基本的教育方法,它作为安全技术知识的传授,也是无论如何不可缺少的,尤其是在安全教育的初始阶段,是短时间内讲授很多内容不得不采用的方法,其教育效果是很大的。

授课方式通常是安全技术人员按照预先编写好的安全教育教材或资料，按顺序地讲。因此，受教育者容易理解。采用授课方式进行安全教育的前提是安全技术人员应精通所需讲课的内容，其教育效果与此成正比。因此选择适当的安全技术人员进行授课是非常重要的。

3. 采用讨论方式进行安全教育。

采用讨论方式进行安全教育，因不是安全技术人员单方面的授课，所有受教育者或参加讨论者对所要进行讨论的课题，都可以发言，阐述自己的见解，或发表自己的意见。通过对每种见解或意见的考虑和辨证地取舍，就能得出正确的结论。在讨论问题的过程中，各自可获得新的知识以重新考虑种种见解或意见，在得出正确的结论的其过程本身就是一种安全教育。

为了使讨论式的安全教育取得良好的效果，受教育者的人数，一般以 10~20 人为宜，受教育者一般不应是初学者，而是对安全技术和安全管理方面具有一定知识和一定经验的人员。

对安全技术人员，即会议主持者来说，就必须由具有丰富知识和经验的人来承担，这是一个先决的条件。否则，就不能进行很好的组织指导。如果由于会议主持者没有丰富经验，而由讨论者随意地泛泛发言；或者不切讨论课题的发言；或始终只有个别人经常发言；而其他的人总不发言；等等，会议主持者又不加以引导，必然会降低教育效果。再者，对受教育者或参加讨论者的每个人都也要具有一定的实践经验，这也是一个必要的条件，若这两个条件不能满足，安全教育不能采用讨论的方式进行。这也就是说，如果参与讨论者缺乏经验或只具备初步安全技术知识的话，即使在会上提出讨论课题，也几乎不能得到预期的发言效果，如果讨论者都是如此，会议主持者就不得不作更多的发言。因此，若光是会议主持者讲，就与授课方式毫无差别了。

再者，为使这样方式的安全教育取得效果，参加讨论者必须注意听取别人的发言，随时准备进行补充，以便得出正确的结论。作为安全教育适用讨论的方法，主要是同行业安全技术人员的疑难问题，或是事故分析讨论等。对于这样的讨论，参加讨论的人员互相之间必须应有要解决主要问题的根本动机，若没有这个前提，讨论会就会变成你一言、我一语，东一句、西一句，吵吵嚷嚷，根本达不到安全教育的预期效果。

二、个人安全教育

由于作业人员在通过一定的安全教育后，具备了一定的安全技术知识，但达到在生产过程中能习惯地应用这些安全技术知识，尚存在着相当的差距，要消除其差距，要把人们所要做的每一件事情都制定出详细的安全规定，这既不可能，也完全没有必要。因此，除了安全技术人员的现场巡视或检查外，还要靠安全教育的方法。然而，只靠集体安全教育是难以达到的。因此，为了使作业人员养成良好的安全习惯，还必须要进行耐心的个人安全教育。

因为仅仅是知道知识，并不等于会运用，因此对安全技能来说，就必须通过实际作业进行个人安全教育，否则就不能使作业人员掌握。这种个人安全技能教育，只有通过具有优秀操作技能的人对受教育者进行个人安全教育的方法去完成。安全技术人员在现场作业中，若发现操作者有不安全行为的作业方法，则应接近作业人员，通过不太拘谨的友好闲谈之中，对其进行不安全行为探询，纠正其不安全行动，并给予正确的指导，这也是个人安全教育的方法。

对既具有安全技术知识，也具备安全技能，但不付诸于实践的操作人员，必须进行安全思想教育，这种教育也非通过个人安全教育去完成不可。由于不实行安全作业，其原因是多种多样的，个人的具体情况不同，不实行安全作业的程度也存在着很大的差别。因此，必弄清楚原因所在。安全技术人员因根据其原因而应采取的方法，也必须因人而异。通常可采用友好劝说的方式，使对方理解和领会，积极地引导他们实行安全作业。如果安全技术人员具有良好的人格或言行一致的精神，作业人员必然会出于对安全技术人员的尊敬和信任，对作业人员的个人安全教育是可以取得很大的效果的。

整体安全教育不是形式上的东西，如果只是机械地去进行，是不可能取得满意的教育效果的，要完成全部的安全教育，个人安全教育是非进行不可的。在进行个人安全教育方面，作为安全技术人员应根据自己的能力，采用灵活多变的方式进行。但有一点应该铭记的，安全技术人员在进行个人安全教育时，对受教育者一定要抱有理解、热情、友好的态度。

三、预防性的安全教育

安全教育的最根本的，也是最本质的目的，可以说就是在未来的时间里，防止事故的发生和消灭事故。因此，对职工进行预防性的安全教育可以做到预防为主，防患于未然，这也是由传统管理迈向现代管理的重要标志。

进行预防性的安全教育，可根据作业环境、生产过程、时间、季节、工种、防护情况等因素，结合历年来发生过的各类事故案例，包括同行业同类性质厂矿企业的各类事故案例，收集各种资料和数据，找出发生事故的主要因素、次要因素和一般因素，掌握事故发生的一般规律，针对具体的作业，做到安全教育在前，从而使职工防止事故的发生。例如，在施工或检修某个项目之前，针对作业项目，制定安全措施在前，进行安全技术交底在前，向参加作业的全体人员详细讲明整个作业项目中存在哪些危险，可能会出现什么问题，预防的措施是什么，应注意什么事项等。有时可能是一个小的作业项目，只需三、五个人就能完成的，但在作业开始之前，进行预防性的安全教育，及时提醒作业过程中应注意的安全事项，那怕是简短的提示，也常能唤起作业人员的警惕。

进行预防性的安全教育，还应针对不同的时间，不同的人员，进行不同内容的教育，尽量做到掌握职工的心理状况，把事故消灭在萌芽状态。例如，老职工在生产上有着丰富的经验，易产生麻痹思想；新职工缺乏安全技能，易冒险蛮干；职工在受到某种挫折，思想不集中，易发生事故；相反，人逢"喜"事，往往会欣喜若狂而忘乎所以，同样也会降低调节适应作业环境的能力，也容易发生事故，即人们常说的"乐极生悲"。再如，周初、周末、节日前、节日后，职工在作业时大脑里常常还回味着看电影、跳舞、游园、逛商店，以及与亲朋好友聚会的情景，易引起分心，精力不集中，容易发生事故；月末、季末、年末赶超生产任务，易忽视安全，也很容易发生事故等。掌握如此等等事故易发生的规律，进行预防性的安全教育，就可把教育做在事故发生之前，取得安全教育的良好效果。

此外，因为事故本来就具有潜在性，常常和预测不相符合，有些事故甚至当人还没有意识到的时候就已发生了。所以预防性的安全教育最根本的原则就是教育职工努力防止同类性质的事故再次发生。从这一意义上来说，安全技术人员对已经发生过的一次事故，在事故发生的现场，或者在认为事故有可能发生的地点，采用对防止事故发生有利的、象征性的图画、标语和有色彩的安全标记。例如，设置醒目的安全标志、安全警句牌，或者在设置的安全标牌上写明"此处为事故多发地点"、"某年某月某日在此发生过何种事故的记载"等，这对在现场作业的人员来说，就会有所刺激，使他产生一种条件反射，养成安全作业习惯，或者使他想起所发生的事故的情景，从而使他注意安全生产。这也是预防性的安全教育的一种好的形式，一些厂矿企业运用后收到良好的教育效果。

总而言之，进行预防性的安全教育，就是把安全教育工作做在生产作业进行之前，真正做到安全第一、预防为主，取得安全生产的主动权。

四、经常性的安全教育

要使厂矿企业中的广大职工都能够真正地重视安全和实现安全生产，除了进行三级安全教育、特种作业的安全教育和安全操作技术的训练以外，还必须对广大职工进行经常性的安全教育，使安全生产的警钟长鸣。

经常性的安全教育的形式颇多，一般可按以下形式进行。

1. 厂安全技术部门应每周定时地召开一次由车间安全人员参加的安全例会。介绍一周来本厂安全生产的动态，宣读有关文件和同行业厂矿企业中所发生的事故摘要，布置下周安全生产工作的中心任务，充分发挥全厂安全员网的作用对职工进行安全教育。然而，作为厂安全技术部门的负责人，在会前应做好充分的准备，要做到例会有内容，有任务。那种不准备，不讲方法，只是把上级的文件宣读一遍，或者是只把外厂的事故通报照念一遍；或者是只说上一两句注意安全的话，这种简单的方法，是绝不会收到好的效果的。

2. 组织专题安全技术知识讲座。既然是一种知识讲座，一般来说，讲座的内容要比对普通职工进行安全教育所涉及到的安全技术知识的面要宽、要深，其听者对象一般应是对安全问题比较关心，或者是对安全问题有一定研究的人员。因此，这种专题安全技术知识讲座，应当由对安全问题有较深造诣的安全技术人员来进行。

3. 厂安全技术部门的人员经常到车间的现场作业岗位进行巡回检查，督促安全规章制度的贯彻执行。若发现有不安全的行为，应尽量不要放过，毫不客气地给予指出，使其纠正。否则，安全规章制度就会逐渐失去作用。

4. 利用班前班后会进行一两条安全技术知识的教育，但尽可能时间要短，并能说明一两个问题。如有事故案例，最好针对实际情况用它来说明，这样可使职工领会作业方法和坚持安全习惯。

5. 开展"安全技术知识竞赛"活动。目前，这种安全教育的方式已普遍被大多数的厂矿企业所运用。这种方法是利用人们的平等、竞争、获奖的心理，激发职工学习安全技术知识，关心安全生产问题，这对提高职工的安全素质，无疑起着积极的作用。

6. 创办"安全简报"或"安全通讯"等安全刊物。厂安全技术部门可利用创办的安全刊物，每旬或每月定期地发行，发至每个生产作业班组，可对职工进行很好的安全教育。安全刊物主要是宣传党和国家关于安全生产的方针、政策和规定，报道本厂矿企业当前的安全生产情况，表扬先进，批评落后，安排和布置当前安全生产的中心内容和任务。同时，安全刊物可把一些安全典故、名言警句、安全小常识、安全小经验，以及安全小文艺等穿插在版面中。使安全刊物做到知识面要广，趣味性要强，内容要丰富，寓意深刻，把知识性和趣味性有机地结合起来，使职工能争先抢看，起到潜移默化的安全教育作用。

再者，厂安全技术部门的人员与职工进行私人接触与沟通，友好地谈话，进行感情投资，也是好的安全教育方法之一，但往往被人们所忽视。双方碰到一起可以完全自由毫不拘束地交流在安全生产问题上的看法和意见，这在小组和正式场合是很难做到的。职工在和厂安全技术人员的亲切交谈中，能够讲出内心的或不愿意在会上讲的一些想法。安全技术人员与职工的单独接触与沟通，不仅是教育、辅导他人，同时也能使自己学到一些有用的知识。职工为了感谢安全技术人员对自己的关心，常常会很热情地把他这个作业岗位的生产程序告诉安全技术人员，安全技术人员便可从中学到很多知识和了解到安全管理方面存在的问题。因此，安全技术人员与职工之间的个人交往对搞好安全教育是十分重要的。笔者借此大力提倡，每个安全技术人员都应挤出一定的时间，多与职工进行私人接触与沟通。

厂矿企业安全技术部分还可利用有线广播、闭路电视、黑板报、事故现场会、安全教育展览室、放安全电影、放安全生产专题电视录像等等方式方法，对广大职工进行经常性的安全教育。

据有关材料报道，目前不少的厂矿企业结合职工文化教育和技术教育，开展岗位练兵和进行现场考问等方法对职工进行安全教育，还有些厂矿企业开展"安全在我心中"演讲活动，让职工进行自我安全教育。还有一些厂矿企业把安全教育结合家庭幸福作到职工家中，让职工家属做好对职工的安全教育工作。诸如此类等等，都不失为安全教育的好形式好方法，不但受到广大职工的欢迎，同时也收到好的教育效果。

总之，经常性的安全教育的方式多种多样，但需求生动活泼，力求改变单一说教式，采用先进的电化教育等形像式安全教育，让职工喜闻乐见，容易接受，以收到良好的效果，使职工变"要我安全"达到"我要安全"进而发展到"我会安全"。

五、安全教育室

安全教育室，亦称劳动保护教育室或劳动保护室。一般是大中型厂矿企业中进行安全教育的专用场所。

安全教育室一般设有：对职工进行电化教育的电化教育室；进行安全技术知识授课的宣传教育室；进行特种作业教育用的模型教育室；进行事故案例教育和表彰安全先进用的安全展览室；进行技术测试和改进安全措施用的安全技术检测室，以及为安全教育提供教育教材和资料用的安全图书资料室和安全摄影室等。厂矿企业可根据实际需要对安全教育室配置专用的装备，如录音录像、照相放相、模型、检测仪器等设备器材。

安全教育室的主要任务，是采用各种各样的、生动活泼的形式，开展安全教育活动，提高职工安全技术和工业卫生技术的知识水平，以及安全操作技能。

厂矿企业可凭借安全教育室这个阵地和器材设施，每隔一段时间，对职工进行安全教育活动。并利用安全教育室，使安全教育由传统的、单一的说教式，逐步走向现代的、多形式的形象化的教育方式。以使职工随着厂矿企业的生产技术的发展，不断提高安全技术和工业卫生技术的知识水平和安全操作技能，这对防止事故和职业病的发生起着很大的作用。

六、学校的安全教育

学校的安全教育，是指在大专院校、中等专业学校、技术学校、职业学校和普通中学等各类学校中所进行的安全生产知识的教育。这些学校的毕业生是厂矿企业未来的管理人员、工程技术人员和技术工人的后备力量。因此，在这些学校的教学计划中应制定有安全生产技术知识的内容，应编写安全生产知识的教科书，开设安全技术知识和工业卫生技术知识等方面的课程，使学生在学校学习期间就能明确树立起安全生产的思想和掌握一定的安全生产方面的知识，为今后从事生产建设和实行安全生产打下良好的基础。

我国在学校的安全教育方面已经取得了一定的成绩。据不完全统计，全国已有二十多所大专院校开设了安全工程专业，在一部分中等专业学校、技术学校和职业学校中也开设了安全生产课程。例如，1990年4月25日，安徽省劳动局发出通知，决定在全省技工学校增设《安全生产基础知识》课程，列入教学计划，作为必修课，是衡量学生毕业成绩的科目之一，并且编写了全省通用的教材。

学校的安全教育的开展，对不断提高我国全民的安全意识和安全素质有着极其重要的意义。然而在我国绝大部分的学校还未开展安全教育的专门课程。这种学校的安全教育还未受到应有的重视。因此，为了使安全教育进一步地深入到各类学校，以适应我国安全生产和社会主义现代化建设的需要，各类学校均应开设安全生产课程，普及安全教育，使安全教育在各类学校中普遍展开。

安全在于管理，管理在于人才，而人才有赖于教育的培养。因此，特别是工科大专院校，有条件的均应专设安全工程课程，以培养适合我国现代化生产需要的安全管理人才和安全技术专门人才。

七、安全生产社会化宣传教育

安全生产社会化宣传教育，是指通过各种传递媒介，唤醒和加强全社会的安全意识，让广大人民群众都知道搞好安全生产的重要性和必要性的安全教育宣传活动。

安全生产既是经济建设赖以正常进行，顺利发展的前提条件与基础，也是保证社会政治安定与和谐的一个重要条件。因此，提高厂矿企业职工的安全意识和安全素质，对减少事故，保障安全生产是至关重要的。但努力创造安全生产的外部环境，即社会环境和家庭环境，让社会上的广大人民群众，以及与一般人和职工的家属都能了解生产中的安全问题，并进一步认识安全生产的重要性，都来关心安全生产，关心自己的亲人，也是搞好安全生产必不可少的因素。有鉴于此，应进行安全生产社会化宣传教育，推动国家整体安全生产。

进行安全生产社会化宣传教育活动，应选择那些对搞好安全生产有指导意义，能引起强烈共鸣，最能促进人们深刻反思的材料。同时，结合安全生产有关法规的宣传教育，在全社会树立安全生产法制观念。

在安全生产社会化宣传教育形式方面，可采用诸如电影、电视、文艺、展览、知识竞赛、专题演讲等通俗易懂，图文并茂的形式，不断开拓安全生产宣传教育的领域。同时还应利用广播、报纸、书刊、杂志、画册、挂图、咨询服务等多种手段,来扩大安全生产的社会影响。使安全教育的声音、文字和图像走向整个社会,走入每个家庭,动员全社会都来关心安全生产。

安全生产社会化宣传教育,已在我国一些省市得到较为广泛的开展,并取得了非常好的效果。例如,安徽省劳动保护教育中心在省电视台的大力支持下,利用电视台"广而告之"的节目,开辟了"安全生产、警钟长鸣"的宣传节目,自编、自摄、自制,每片制成一分钟的短篇,围绕一个主题,提出一种警告,说明一个问题,宣传一个观点,或解释一条安全法规。做到了自成段落、有头有尾、点到为止、很有特色。同时,还在省广播电台的"新闻联播"节目时间,开辟了"安全简讯"专题新闻。这两栏节目的开辟,使安全生产的宣传教育,走出厂矿企业,进入千家万户,深受广大人民群众的欢迎。再如,上海市安全教育中心在1989年10月25日,举办了《教训与反思》的安全展览,把10年来上海市的重大伤亡事故的图片700多幅,制成140块展版,进行巡回展出,共接待观众近80万人,起到了良好的社会化宣传教育效果。

第七节 安全教育的指导者与安全教育教材

一、安全教育的指导者

要进行安全教育,必须根据受教育的对象、文化程度和教育内容,选择合适的安全教育的指导者。这里所说的安全教育的指导者,即指教师而言。在这方面过去一直未能引起人们的重视,认为厂矿企业中的安全教育不同于正规的学校教育,只要能讲授一些安全技术知识或一些安全规章制度就行了。正因如此原因,造成相当一部分厂矿企业中的安全教育收效甚微的结果。

在厂矿企业中,由安全技术部门的安全技术人员来担当安全教育的指导者是极为恰当的。但是,根据一些厂矿企业中安全技术部门的实况,也并非安全技术部门中的每一个人都适合担当安全教育的指导者。为了提高安全教育的效果,则必须选择合适的指导者。因此,首先要求指导者自己本身应具有较高的文化水平和在安全技术专业方面有较为丰富的知识,否则指导者其本身的文化水平不高,安全技术专业知识浮浅,又不求甚解,是根本无法向受教育者传授安全技术知识的,尤其是面对文化程度越来越向高层次发展的青年职工,更是如此。当然,具有高深知识的人未必就是优秀的指导者。作为一名优秀的指导者,就是能够把自己丰富的知识,深入浅出地传授给受教育者。因此,还要求安全教育的指导者在授课时,能有悦耳的声音和良好的表达能力,以及教育技巧,这样才能使受教育者在听课时有吸引力。

不但如此,还要求安全教育的指导者在年龄、阅历、人格等方面给他人有良好的印象,并平易近人,富有亲切感。也就是说,指导者应当是受到他所指导受教育对象尊敬的人。具有这种良好素质的指导者授课,安全教育必然能收到事半功倍的效果。试想,一个使受教育者不尊敬的人怎么能使受教育者从心理上接受他的授课。

再者,作为一名安全教育的指导者,其本身必须热爱安全技术专业,否则,他本身就不可能很好地学习和掌握安全技术知识,以及与安全技术有关的其他方面的各种知识,对安全技术知识必然也是一知半解，只知其然而不知其所以然，更不会有创新精神。这种人是根本不能胜任安全教育指导者角色的。

此外，由于厂矿企业中往往有一些从事危险性较大的作业人员，为了收到预期的安全教育效果，对这些特殊工种的作业人员，进行专门和特殊的安全技术知识的教育，最好是请由那个领域的专家来担任安全教育的指导者。

总之，在安全教育方面，指导者是起着决定性作用的关键人物，指导者的实际水平和能力如何，用什么方式教育受教育者，是成功与否的关键。因此，在进行安全教育时，必须要选择一名理想的指导者，如不是这样，随意地让某些人去充当安全教育的指导者，就会使受教育者感到安全教育的内容不过就是人们常知道的或者是已经知道的一些东西，以及一些干巴巴的安全规章制度，枯燥无味，对听课便自然而然地表现出精力不集中，漫不经心，等等。这样就有可能使得整个安全教育由此而失去了应收到的效果。

二、安全教育教材的编写

要搞好安全教育，就应提高安全教育的质量，也就必须要有安全教育的教材。为此，厂矿企业都应编写安全教育的教材。

厂矿企业安全教育所使用的教材，通常可分为以下三种：

1. 厂级安全教育教材；
2. 车间级安全教育教材；
3. 特种作业人员安全教育教材。

安全教育的教材应根据其目的及应用范围来进行综合考虑，在编写时，应归纳整理本厂矿企业在过去所发生过的事故实例，还应尽可能多地收集同行业同类厂矿企业及同类性质所发生过的事故实例，并结合这些事故实例进行编写，使编写的教材更富有立体感和说服力。所编写的安全教育教材应尽量做到条理化、深入浅出、通俗易懂。

厂级安全教育教材应由厂安全技术部门编写。一般来说，可按下列的内容和方式进行编写。

1. 安全生产的重要性。其中包括，党和国家关于安全生产的方针、政策和法规；安全生产对社会、厂矿企业和个人的重要作用等。使职工明确安全生产的目的和任务是保护广大职工的生命安全和身体健康；保障国家财产和生产设施的安全；促进生产的顺利进行；更好地实现本厂矿企业的经济效益。同时使职工知道搞好安全生产是我国社会主义现代化建设的客观需要。

2. 本厂矿企业的概况、生产特点、共通性的安全规定。其中包括，全面介绍本厂矿企业的概况，生产规模，生产历史，在整个国民经济中的重要地位和作用。重点讲明本厂矿企业生产的主要特点，如易燃、易爆、有毒有害、腐蚀、高温、高压、低温、负压、连续、自动等。向职工明确交待必须严格遵守的安全规定，如防火、防爆、防毒、防绞伤、防物体打击、防机械伤害、防触电、防高处坠落、防车辆伤害、防灼伤、防起重伤害等方面的通用性安全规定。

3. 防尘、防毒和防火、防爆方面的基本知识。其中包括：结合本厂矿企业的生产实际，介绍各种有毒物质的理化性质、中毒原因和主要症状、预防和急救措施，并介绍各种可燃易爆物质的理化性质、燃烧与爆炸的基本原理、预防和急救措施。介绍本厂各类防毒器材和灭火器材的使用和维护方法，并进行实际训练，使职工能熟悉和掌握。

4. 安全生产的经验和教训。其中包括，本厂矿企业的历史实践，安全生产方面的先进事迹和先进人物；重点介绍本厂矿企业及本行业发生过的重大人身伤亡事故，重大火灾、爆炸事故等事故实例。

车间级安全教育教材应由车间负责人或车间安全员编写，厂安全技术部门应给予技术上的指导和帮助。一般来说，可按下列的内容和方式进行编写。

1. 介绍车间概况、车间生产历史、生产特点及其在本厂矿企业生产中的地位和作用。
2. 介绍车间工艺流程及工艺操作方面共通性的安全要求和注意事项。
3. 介绍车间生产设施和维护检修方面共通性的安全要求和注意事项。
4. 介绍车间安全规章制度，以及车间在安全生产方面的经验和教训。

特种作业人员的安全教育教材应由厂安全技术部门编写。一般来说，可按下列的内容和方式进行编写。

1. 介绍特种作业在本厂矿企业安全生产中的重要地位和作用。
2. 介绍特种作业人员所操作的生产设备或所使用的生产材料的性质、结构、特点和重大危险性。
3. 介绍特种作业人员在进行作业过程中，应遵守的安全规章制度和注意事项，以及对即将发生事故的异常现象正确处理的方法，或对已经发生事故应采取紧急控制避免事故扩大的措施。
4. 介绍特种作业在本厂矿企业以及同行业同类作业性质中发生过的事故教训。

三、关于安全教育的一个关键问题

关于安全教育的一个关键问题，就是教育者与受教育者之间的关系问题，也就是安全技术人员与受教育者之间，即人与人之间的关系问题，这个问题似乎不属于安全教育的内容，而是企业管理上的问题。但是，厂矿企业安全生产的好坏在于安全管理，安全管理的好坏其根本又在于安全教育。笔者认为，目前的安全生产是七分管理，三分技术；而安全管理又是七分教育，三分管理。从现代管理的角度出发，任何管理的本质就是对人的管理。安全教育的受教育对象也是人，作为安全技术人员搞好与受教育者的人与人之间的关系，虽然不是安全教育的本身，但为提高安全教育的效果，却能起到促进的作用。

如果机械转动时，缺少润滑，摩擦就会加大，就会产生火花，机械很快就会报废掉。对于安全教育过程来说，人与人之间的关系就好像机械的润滑油一样。对于按某种目的而制造的机械，为使机械零件与零件之间能平滑地运转，就需要注入润滑油，而人与人之间的关系，就起着跟润滑油同样的作用。

在我们社会主义厂矿企业中，不论是厂长还是普通的职工；不论是安全技术人员还是与安全教育的受教育者，只是工作性质类别的不同，但在政治地位上都是一律平等的，都是厂矿企业的主人，都有实现厂矿企业安全生产的任务，也都有共同的奋斗目标——为早日实现我国社会主义现代化。因此，从这方面来说，为搞好安全教育提供了前提条件。

要搞好安全教育，身为安全教育的教育者——安全技术人员，除了通过努力学习和掌握更多的安全科学技术方面的学识和其他与安全有关的学科方面的知识以外，但更为重要的是对受教育者要抱有热忱和关心的态度。因为在社会比你有才识的人到处都是，但对人热忱和关心的态度，却是不容易保持的。因此，身为别人的安全技术知识的教育者、指导者，其中最不可缺少的就是对安全技术工作的热忱和对受教育者的关心，只有对安全技术工作持有热忱和对受教育者抱有关心的态度，才能更好地学习和掌握安全科学技术方面学识和其他与安全有关的学科方面的知识，并把这些知识运用到厂矿企业安全生产的实践中。如果不具备安全科学技术方面的学识和技术，又对安全技术工作没有热忱和对受教育者没有关心的态度，那么唯一的选择，就是请离开安全技术人员的这个工作岗位。

作为安全技术人员只有对受教育者保持热忱和关心的态度，才能使自己与受教育者之间的关系融洽。否则，在教育者与受教育者彼此之间存在着不平、不满、无信赖感的状态进行安全教育，即使进行了安全教育，受教育者也不会很好地吸收安全技术知识。

碰到有作业人员不安全的行为时，安全技术人员应从关心作业人员自身安全的目的，以及从整体厂矿企业安全生产的利益出发，不应采取回避或迁就，否则就因此可能事后成为不安全行为的原因，并造成重大事故。在现实生活中这样的事例绝非少见。然而，往往在作业过程中去纠正作业人员的不安全行为很可能招致对方的反感，这也是安全教育中经常遇到的实际问题，安全技术人员要完成安全教育整个过程的困难也在于此。但作为安全技术人员仍不能放弃对其进行安全教育。

对于受教育者进行安全教育时，以关心受教育者为前提，主要是通过劝告和说服教育的方法，使其认识到在作业过程中，实行不安全行为可能带来的后果，对自己，对家庭，对他人，对国家，对人民，对社会的危害，并导向正确的理解。经过反复、耐心的说服教育，使其从思想中能够认识到，安全技术人员这样做完全是为了他本人好，自然会产生一种感激的心意，行动上也必然会产生一个飞跃，在作业中实行安全的行为。

由于生活环境的关系，作业人员有时缺乏正常的心理状态，这往往是引起事故发生的原因。有人研究报道，发生事故的多数情况是作业人员感情上受到特别强烈的刺激，即所谓感情高亢的时候。或者相反，作业人员由于遭受某种挫折，心情沉重而产生忧郁感情的时候。这种精神状态跟事故发生具有密切的关系。碰到这种情况，安全技术人员要采取热忱和关心的态度，通过说服或劝告，帮助他心情平静下来，尤其是在作业人员心情沉重或带有某种内在的精神压力的时候。俗话说"礼多人不怪"，当作业人员听了你热忱和关心的说服或劝告，变得心情舒畅，他也会从内心里感激你，从而使作业人员实行安全作业，同时也使你达到了进行安全教育所要达到的教育目的。

第八节 安全竞赛与安全奖惩

一、安全竞赛

在厂矿企业中开展安全竞赛，创无事故纪录活动等，是促使职工实现安全生产的一种有效手段。

开展安全竞赛活动，是由于竞赛具有一定的刺激作用，能利用人的参加欲、竞争欲和获奖欲等心理上的需要，吸引全体职工参加，以引起人们对安全生产问题的兴趣和关心，达到促进厂矿企业安全生产的目的。如果能做到这一点，开展安全竞赛活动就是值得的，否则就毫无意义。

在厂矿企业中若想用安全竞赛的活动这一形式引起人们对安全生产问题的兴趣和关心，那么这一活动就应该多样化，并具有一定的创造性。最有效的竞赛活动通常不能一个接一个地连续举行，而应该是为了一个专门的目的而组织的一项活动，如降低某一段时间内伤亡事故的发生、降低某一段时间内尘毒的浓度等等。

搞好安全竞赛，就要看成竞赛是一项十分重要的活动。首先应成立安全竞赛委员会或竞赛评比小组，同时制定出竞赛规则。制定竞赛规则，应经职工充分酝酿，反复征求意见，成文后印发给本厂矿企业各个单位。竞赛委员会可由参赛单位推选一名代表组成，厂矿企业的安全技术部门是当然的组织者，此外，有关部门，如工会、消防等部门应派员参加。由安全竞赛委员会来计划和指导安全竞赛活动的开展。

为了将厂矿企业中人数多少，危险性大小不相同的车间，能放在同一竞赛的标准线上，就必须把各种不同的不利因素作出相应的规定，以尽量做到竞赛标准合理。例如，人数多的车间不能和人数少的车间相比，因人数多的车间相对来讲，发生伤亡事故的概率就大，而人数少的车间，发生伤亡事故的概率就小，相对地说，人数少的车间就能安然无恙地度过安全竞赛所规定的竞赛时间。对这种情况可采用以国家规定的千人负伤率的办法来竞赛就比较合理。对危险性大的车间和危险性小的车间相比，危险性大的车间发生伤亡事故的概率必然高。与此相反，危险性小的车间发生伤亡事故的概率就必然低。正如一个压力容器的操作人员和一个小五金仓库的保管人员，他们各自发生伤亡事故的概率不能相比一样。对于这种情况，可适当地增加危险性大的车间的补偿系数加以平衡，使每一个参加竞赛的车间都能得到同样获胜的机会，尽量做到竞赛标准合理。

如果安全竞赛标准制定得不合理，参加竞赛的车间以及作业人员自然会感到不满意，危险性小的，人数少的车间则会出现不需出力，全凭运气，人人有奖，皆大欢喜的情况。而危险性大的，人数多的车间则会出现埋怨，也就会使他们完全失去参加竞争的心理，放松安全生产上的警惕，因此也就达不到使安全竞赛活动促进安全生产的预期的目的。

安全竞赛的时间长短不是一定的，可以是几个月，也可以是一年。有人赞成竞赛时间长一些，认为这样可以使职工对安全生产保持警惕的时间也长一些，更容易培养职工安全作业的良好习惯。然而，有人主张竞赛时间短一些为好，认为这样可以使职工对安全生产引起更多的关心，若安全竞赛时间太长，职工的竞争意志就会逐渐减弱。笔者根据实践认为，每次安全竞赛最好采用100天为时间单位来进行，通常可称"百日安全赛"。当然，安全竞赛的时间长短，各有利弊，厂矿企业可根据本单位的生产特点以及安全生产的具体状况来决定，以便采用最有效的方法。

安全竞赛标准采用最好的方式是由得分的多少来决定，最初每个参赛车间都给100分，当然，危险性大的车间可预先酌情加3～5分。发生伤亡事故的车间则减分，在这种情况下，由于发生伤亡事故的次数不同，即使是发生了同一次事故，其轻重程度也不会完全相同，因而决定如何减分则是一个至关重要的问题，在这种情况下，可采用根据事故损失工作日的办法来进行。这样事故损失工作日的多少，减多少分，又成了问题的焦点。所以，在组织安全竞赛时，应成立一个评分小组，以便相互商磋，共同决定竞赛标准。

再如，当两个或两个以上的车间都在安全竞赛时间内创无事故纪录时，应有一个合理的方法来决定出哪一个车间得第一名，"状元"只能是一个，决不能采用什么"并列"的形式。否则，会使参加竞赛的车间感到评比缺乏真实，就会冲淡安全竞赛活动开展的作用。在这种情况下,可让参加竞赛的车间跟他自己过去的一段特定时间相比,如跟上一年的同时期相比较,伤亡事故降低率最高者为优胜。由于各车间跟自己过去的纪录相比较,所以是平等的,这一方法为事故发生率的比较提供了一个公平的基础,因此对所有参加安全竞赛的车间都是公平的。

为了使安全竞赛活动顺利开展,应该在竞赛的每个阶段都能保持尽可能地引人注意,可把各车间的竞赛成绩利用图表的方式进行公布,一方面可以让职工了解各车间的安全生产现状,另一方面也能让各车间掌握目标和了解竞赛的现状,敦促本车间的职工下定决心去努力奋战,保持良好的安全生产纪录。此外,还可利用本厂矿企业办的安全简报、安全月报,以及黑板报、闭路电视、有线广播、海报等多种形式,报道安全竞赛的竞争情况。一个成功的竞赛,其宣传报道工作所起的作用虽然难以估计,但肯定是相当大的。

一提到竞赛,人们自然而然地会想到奖励。作为安全竞赛,给予适当的物质奖励是应该的,也是必须的。但奖励一定要适当,特别是在职工经济收入水平不断提高的情况下,若奖励太少,根本就不会有什么激励作用。但奖励太多,个别人以至车间又容易把已经发生了的伤亡事故隐瞒起来,这样就完全违背了开展安全竞赛的预期目的。因此,最好的办法是把物质奖励和精神奖励有机地结合起来。

为了避免隐瞒事故,厂安全技术部门的人员应经常地深入车间的作业现场,进行巡回检查。当发现有不遵守安全规章制度进行作业的职工时,就要累计减分。比如,将违反安全规章制度五次跟发生一次伤亡事故同等对待,这就能进而防止事故的发生,达到安全生产的目的。

开展安全竞赛活动这种做法的前提是很好地进行安全教育,使安全竞赛建立在牢固的安全教育基础之上。

当这种"百日安全赛"进行了几次,在厂矿企业中的安全生产状况稳定提高以后,下一个阶段最好是开展创无事故纪录活动。

在开展无事故纪录活动时,必须确定创无事故的时间,例如,一年;1000天等等,以便全厂矿企业或全车间的广大职工能步调一致地向预定的安全生产目标努力。不过,开始时不要要求过高,即不要硬性规定不可能实现的目标。应以稍低的要求作为目标,然后再逐步提高。若要开展创某种程度的无事故纪录,就应抱着搞则必成的信念。只要全厂矿企业或者全车间的广大职工积极努力,创无事故纪录的预订目标就一定可以实现。

二、安全奖励

要促使人们努力地进行工作,就必须在付出努力之后按照所付出的劳动给予一定的报酬。否则,就难以使人们产生努力工作的动力。人们既有经济上的物质要求,又有政治上的荣誉要求,对这些要求如果能够给予满足,便会将动力变为实际行动。在厂矿企业的安全生产中也是如此道理。由于违反安全生产的规章制度,就会发生事故,因此就需要进行安全教育。受过安全教育,掌握了一定安全技术知识的职工便能进行安全生产,也就是能使生产顺利地进行,因此付给搞好安全生产的职工适当的报酬是理所应当的,这对职工来说也是一种激励,更能促进他们更好地进行安全生产。

报酬兑现的方式可以这样,即每月对作业班组发放一定数量的安全生产奖金。在作业班组人员固定的情况下,由于作业班组内发生了伤亡事故,就会使生产量减少,所以给的报酬也就会少,作业班组内每个职工的经济收入也就会相应地减少。这样作业班组为了能得到一定数量的安全生产奖金,可促使作业班组内的每个成员在生产活动中互相提醒,互相关照,时刻注意安全生产。

值得注意的是,安全奖金制度与职工的切身利益直接相关,是厂矿企业管理的一个重要组成部分,必须认真搞好。因此,发放一定数量的安全奖金一定要有较好的安全管理基础工作,即要有科学的指标,详细的记录,统一的标准,合理的奖惩条件等,作为发放安全奖金的依据。反之,如果安全管理基础工作不扎实,安全奖励就会不合理。在这种情况下,实行安全奖励就会产生负效应,如某些职工每月得安全奖金已成为自然习惯,只要有一个月得不到就会产生抱怨、消极情绪。再如奖金的激励作用是通过平等竞争来维持的,若处理不当便会造成职工内部不团结,以致影响工作,也影响安全生产。

当然,安全奖励制度对安全生产而言,能够起到重要的作用,对整个厂矿企业的安全生产能起到很好的推进作用。因此,实行安全奖励制度无疑能增强厂矿企业安全管理工作的质量。但是,奖金的刺激作用毕竟是有限的,发放安全奖金不是一个简单的投入产出的关系,奖金与安全之间也不是必然地成正比,奖金与事故之间也不会必然成反比。因此,在安全奖励中千万不可过高地估计奖金能解决一切问题的思想倾向,更不能实行"以奖代管"、"以惩代管"而放松安全管理。

厂矿企业的安全奖励如果只用在激励人们注意安全行为上落实,而不落实到劳动条件的改善上,事故也是很难避免的。可以设想,如若不修带病的车辆,不管你给驾驶员发多少安全奖金,驾驶员再如何小心谨慎,车祸终是会迟早发生的。对尘毒危害来说,不论厂矿企业发给职工多少安全奖金,也无法使职业病和职业中毒得以消除。

因此,厂矿企业对于发放安全奖金应当结合安全生产的各项工作正确地运用,达到促进安全生产的目的,这样安全奖金才能真正发挥出它应有的作用。

一些厂矿企业根据本厂矿企业单位的实际情况,制定了明确的安全奖励制度和标准。例如,对那些努力避免发生重大事故或控制事故扩展的贡献者,大力宣传其先进事迹,除给予精神奖励外,同时在经济上给予重奖,一般按预计事故直接经济损失金款的5%进行一次性奖励。这有利于培养职工一丝不苟的良好安全生产习惯,有利于激发职工搞好安全生产的积极性。

还有一些厂矿企业设立了"事故隐患举报奖",厂矿企业中的职工不论年龄大小,技术水平和文化程度高低,人人都能参加,对自己身边的人、机、物、方法和管理系统中的事故隐患进行定期或不定期的书面或口头的举报。然后,安全技术部门依据举报的数量、质量,以及有关建议的合理化程度,进行评分发奖。这对消除事故隐患,改进安全管理工作,激励职工关心安全生产,促进安全生产有着积极的作用。

然而,多好的奖励形式也不能长期不变,心理学认为,新颖和变化对人的行为会产生较大的激励作用。因此,厂矿企业在发放安全奖金到了一定时期,应认真地总结前一段时期的成功与不足,对不足之外作必要的修正,使安全奖励制度日臻完善,以达到真正促进厂矿企业安全生产之目的。

为了使安全奖励发挥应有的效能,厂矿企业应建立安全奖励基金,一般可以综合奖中提取20%的比例作为月安全奖金发放。安全奖金要使用得当,应与安全生产竞争相结合,应与荣誉奖,即精神奖励相结合,促使职工从物质利益上和精神荣誉上去关心安全问题,从而调动广大职工群众对安全生产的积极性。同时制定有根据的奖励制度，评奖易造成凭印象，浪费时间，以及轮流坐庄的平均主义现象，影响职工之间的团结，影响生产，影响安全。因此，安全奖励制度或规定应力求具体，要求明确，使每个职工和集体的安全奖金均可按照详细的安全考核标准计数，无须评奖。这样可以避免评奖带来的许多缺陷，更好地发挥安全奖励的作用。

三、安全奖品

安全奖品的发放也应能达到促进安全生产的目的。因为奖品是一种诱导，奖品的价值在于它有使人们感兴趣的一些基本因素，如人们的自尊心、要求平等竞争、希望得到奖品，等等。对于奖品应当选择有好的宣传价值的奖品；能留下美好的记忆的奖品；能引起人们羡慕谈论的奖品。因此，安全奖品应当巧妙地计划安排。这类奖品有如相册、纪念册、钢笔之类，上面有厂矿企业领导的题词或题刻。

最能引起人们兴趣的做法是让职工参与选择奖品，这样要比某些个别人所决定更能引起人们浓厚的兴趣。因为这种兴趣实际上是出于对安全生产的关心，对安全生产的关心通常会由于发给个人安全奖品而得到发展。

因为奖品具有一定的吸引力，但对安全奖品发得太随便时，特别是当安全奖品发给与安全生产根本毫无关系的人员时，人们便自然会产生逆反心理，造成消极情绪，认为发放安全奖品只不过是为了某种宣传，或者是利用安全奖品作为"拉关系"的一种手段，并不是为了安全生产，或者是与安全生产的关系很小。如果这样，发放安全奖品就完全失去了它的积极意义。

对于集体安全奖品，对一定时间没有发生事故的车间，厂矿企业领导可请该车间全体职工和他们的家属看一场电影，在车间取得了全年事故为0的成绩以后，在某个规定的时间内，如一个星期或两个星期，厂矿企业可免费提供饮料，夏季可提供冷饮，冬季可提供牛奶等。这类活动除了能促进人们对安全生产问题的关心以外，还能有助于车间职工与厂矿企业领导建立起良好的联系，增进相互之间的感情。

再者，为了促进职工搞好安全生产，不仅要从经济方面给个人一定的好处，并且还应利用人们的荣誉心理，适当地运用表扬制度，即精神奖励，这对那些在安全生产上做的好的单位或职工个人进行精神奖励，其作用是很大的。

此外，对于拯救了他人生命的人员；在防止事故方面作出过重大贡献的人员；向厂方提出过对厂矿企业安全生产有价值的建议的人员；在安全生产上作出突出成绩的人员；在厂安全技术部门工作有成绩的人员，以及对整个社会安全生产作出贡献的人员等，都应当给予恰如其分的精神奖励或物质奖励，如授予安全生产先进者、安全生产模范、颁发安全奖状、安全奖章等，这对厂矿企业中的安全生产必将能起到巨大的推进作用。

厂矿企业还可仿效国家颁发的劳动保护和安全生产科技进步奖这一卓有成效的方法，把安全奖品、安全奖金、安全奖章等用来激励对安全生产作出较大贡献的人员，依靠发展科技进步推动厂矿企业的本质安全化。

对此来说，安全生产工作的成绩不仅要看一定时间内的伤亡事故和职业病减少的数字，而且还要看在经济上、技术条件许可的范围内改善厂矿企业的本质安全的情况，生产建设工程项目和产品设计、制造中贯彻执行"三同时"的情况，以此作为表彰或奖励为此作出成绩的职工的条件之一。

四、安全惩罚

安全惩罚是与安全奖励相对应，又密切联系，不可分割的整体。有奖必有罚，这就好像车的两个轮子一样，使安全教育不断推向前进，达到安全生产的目的。

通过安全教育，职工就会懂得什么是安全作业，并具备将安全技术知识运用到实践作业中的能力。但在实际中，却往往有一部分职工仍不能按照安全规章制度去进行作业。为改变这种状况，安全技术人员通常应必须首先了解其原因是什么，弄清楚其主要问题之后，再竭尽全力帮助之，千万不可千篇一律地进行斥责："喂！你是怎么搞的！"一般说来，采用这样简单的方法的效果是不会太大的。采用斥责的方法，就有可能形成安全技术人员在场时就能按正确的方法进行作业。反之，安全技术人员不在场时仍以不安全的方法进行作业。

因为没有安全惩罚，就不遵守安全规章制度，这样的人是大有存在的。有人做过统计，这种人甚至高达总人数的 15%。如果不给予安全惩罚，就会有人认为，不管遵守或不遵守安全规章制度都可以，这样对安全规章制度就会逐渐地失去了其存在的意义。如果遵守或者不遵守都没有什么不同，那么就等于安全规章制度有或没有都是一样的。大量的事故案例证实，事故的发生绝大部分是由于没有遵守安全规章制度所造成。因此，为了能保证安全规章制度能正确实施，对那些不遵守安全规章制度，尤其是明知故犯的人，就应该给予安全惩罚，再者，安全规章制度其本身就具有一定的强制性。如对在安全检查中发现接连不断地违反安全规章制度的人列为扣安全奖金的对象，或者对因违反安全规章制度而造成未遂事故的人采用经济罚款的办法等。运用安全惩罚的手段去迫使一些不自觉遵守安全规章制度的人去关心安全生产，达到厂矿企业安全生产的目的。

一些厂矿企业根据具体情况，结合安全奖励制度制定了具体明确的安全惩罚标准。也有一些厂矿企业对那些明知故犯，进行违章作业或违章指挥而造成事故的，不够追究刑事责任的情况下，给予经济上的重罚，一般按事故直接经济损失金额的 5% 进行处罚。这对防止事故的发生，无疑起到了一定的效果。

然而，安全惩罚最好的办法是在日常的安全管理中，坚持安全与生产按月同步进行考核，并同月奖金结合起来进行。此外，还可结合安全竞赛活动等，采取种种措施进行。如在安全竞赛时，对参加安全竞赛活动的各个作业班组进行评分时，不仅要对已发生了事故的要减少分数，而且对那些通过安全检查发现违反安全规章制度的作业班组也要进行扣分，这实质上也是一种安全惩罚，这必然有助于杜绝不遵守安全规章制度的现象发生。

安全惩罚终归不是目的，而是为达到安全生产的一种强制手段，再由于事故是"违背自己意志"而发生的，鉴于此原因，在进行安全惩罚时要慎重。如果需要进行惩罚，也应该通过聆听各方面的意见，并采取职工群众都能接受的方法进行惩罚。假如进行了惩罚，也必须应通过惩罚某些个别人使广大职工群众都受到一次良好的安全教育。

意图通过安全惩罚使职工对安全生产抱以关心的态度，这决非是好的办法，它只限于迫不得已的情况下实行。积极的办法应该是通过各种场合和各种机会，用制定的安全规章制度对职工进行充分的安全教育，使之关心安全生产。

第六章 安全检查

第一节 安全检查的目的和形式

一、安全检查的目的

厂矿企业中的机器设备在运行过程中,必然会产生磨损、腐蚀、变形等,从而使其性能降低,逐渐带来危险性。同时,在生产过程中,工艺流程、生产状况、劳动条件、防护设施、作业人员所使用的器具,以及各类人员的安全生产意识和作业人员的操作行为等,都会受到各种因素的影响而出现各种不安全不卫生的危险有害因素,这些危险有害因素,人们通常称为"事故隐患",如不及时予以消除,就有可能导致伤亡事故的发生。因此,为了能及时发现生产过程中安全生产状况的各种变化和可能导致发生事故的各种事故隐患,采取整改措施,避免伤亡事故的发生,就十分需要进行安全检查。

安全检查是整个安全生产工作中的一项重要内容,在安全管理中安全检查有着极其重要的作用,就像在质量管理中对制造方法及产品质量的检查的重要作用一样。安全检查有助于在事故发生之前就定出必要的防范措施。在安全检查中,不仅可以深入宣传党和政府的安全生产的方针、政策,解决安全生产上存在的问题,发现和消除事故隐患,而且可预防伤亡事故,减少或消除职业病因素,交流安全生产上的经验,便于进一步推动厂矿企业搞好安全生产。

因此,安全检查的根本目的就是保持安全的工作环境,防止不安全行为,以及保持作业人员的操作便利。

二、安全检查的形式

厂矿企业中的安全检查,可有多种形式。除厂矿企业本身进行的经常性的安全检查外,还可由地方安全生产监督管理部门或厂矿企业的主管部门对厂矿企业进行的安全检查。

一般说来,安全检查可分为定期检查和普遍检查、专业检查和季节性检查等。在实际工作中,这些形式往往是结合起来进行的。

第二节 安全检查的内容

一、定期安全检查

所谓定期安全检查,即指是列入计划的、每隔一定时间就进行一次的安全检查。这种安全检查可以是全厂性的,也可以是针对某种作业的,或是针对某类机器设备的。其间隔的时间可以是一个月、半年、一年或者是其他适当的间隔期。

定期安全检查一年可进行 2～4 次。每次检查要根据厂矿企业的具体情况决定检查的要求。为了使检查工作做得有组织、有成效，应事先制订完备的检查计划，并应在厂矿企业主管安全生产负责人的领导下，由厂安全技术部门组织，发动群众，采取专业安全技术人员、群众和领导三结合的方法深入作业现场或岗位实地地进行检查，决不能采取层层听汇报的办法。检查不应该只限于寻找不安全的物质状况，也应该检查不安全的操作情况。检查结束后，要作出评语和总结，提出事故隐患的整改措施和落实施实的具体时间与方案。

厂矿企业的安全检查活动应着检查以下几个方面的内容：

1. 查思想。查对安全生产的认识是否正确，安全责任心是否强，对忽视安全生产的思想和行为是否敢于斗争。

2. 查制度。查安全生产规章制度的建立、健全和执行情况，有无违章作业和违章指挥的。

3. 查纪律。查劳动纪律的执行情况。

4. 查领导。查领导是否把安全生产摆到重要的议事日程上；是否真正关心职工的安全和健康；是否做到了在管理生产的时候，做到负责管理安全生产工作；是否认真贯彻执行了国家有关劳动保护的法令和制度；是否在计划、布置、检查、总结、评比生产的同时，计划、布置、检查、总结、评比安全工作，等等。

5. 查隐患。查是否做到安全、文明生产；安全装置是否齐全、完好；安全卫生设施是否符合劳动保护的要求；粉尘和有毒有害气体在车间空气中的浓度是否达到国家规定的工业卫生容许浓度标准。

二、突击安全检查

突击安全检查是一种无一定间隔时间的检查。这种安全检查是对一个特殊单位或部门、特殊机器设备或小范围的作业区域进行的且事前未曾宣布的一种检查。

因为事前未曾宣布，所以突击安全检查可以使检查人员了解到被检查的单位安全生产的真实情况。这样可以帮助被检查单位的各级管理人员加强对安全生产的重视，提高警惕，并督促他们平时在日常生产过程中搞好安全生产工作。

突击安全检查常常使用事故排队、事故分析的办法来决定是否需要进行这样的检查。例如，在分析事故的过程中，发现某个单位或作业区域的事故或某种伤害的增长数字不一般，就可以通过这种检查来查明增长的原因和提出改进的措施。

三、经常性安全检查

随着机器设备的不断磨损、生产状况的不断变化、人员的调动、生理情绪的波动，以及老的事故隐患整改掉，新的危险因素又会出现等，这些问题都需要及时地发现，及时地加以解决。为此，这就需要开展经常性的安全检查。通过经常性的安全检查，可以不断发现生产过程中的不安全因素，不断地消除不安全因素，保证生产安全地进行。

经常性安全检查活动一般每周进行一次，大致包括以下方面的内容：

1. 传达、贯彻上级有关安全生产方面的指示和规定。

2. 检查有关安全生产规章制度的贯彻执行情况。
3. 分析研究事故发生的原因，接受教训，提出防范措施。
4. 进行有关安全技术、工业卫生技术等方面的科学知识教育。
5. 交流推广安全生产的先进经验，组织安全操作现场观摩表演。
6. 参观安全生产展览，积极开展安全生产的竞赛活动。
7. 发动广大职工积极提合理化建议，及时、正确地整改事故隐患。
8. 组织专业安全技术人员和有关职工对本厂矿企业的重点设备和要害部位进行检查，以确保安全生产。
9. 及时表扬或奖励在安全生产中涌现出来的好人好事，批评纠正各种违反安全生产规章制度的错误倾向。

第三节　安全检查的方法

一、安全自查与安全互查

安全自查一般是指在一个厂矿企业内部采取的自我进行安全检查的活动。

安全自查能对厂矿企业内部不断变化的现行状态随时随地地进行检查，进而掌握本厂矿企业内部安全生产活动的规律。又因检查人员一般是本厂矿企业安全技术部门的专业安全技术人员，对作业现场和岗位的各种情况十分熟悉，所以，在检查中发现的不安全状态和不安全行为的次数就多，从而纠正、消除事故隐患的机会也就多。

安全互查一般是指上一级领导机关组织在地区之间、行业之间或厂矿企业之间开展的相互安全检查的活动。

因为安全互查是由第三者组织进行的，不是凭主观意识判断，所以，对检查的情况能加以客观地分析，可得到比较恰当的检查结果。在安全互查中，被检查与检查的双方可以互查互学、互相评比、互相促进、共同提高。

安全自查是安全互查的基础，没有安全互查，安全自查也难以深入。反之，没有广泛深入的安全自查，安全互查也不可能收到真正的效果。因此，要使安全检查搞得有声有色，真正达到安全检查的目的，安全自查和安全互查两者必须结合起来进行。

安全检查的具体方式方法是很多的，如召开汇报会、座谈会、调查会；查阅安全管理资料档案；深入作业现场进行实地观察；个别访问职工等等，都是常用而有效的方法，在实际安全检查工作中可根据具体情况灵活掌握运用。

二、安全检查应注意的问题

从当代的观点来看，事故是一种具有潜在危险的事件，要在安全检查所处的各种条件和状况下发现事故隐患，其首要条件就是要求安全检查人员对安全生产工作要有相当丰富的知识和经验，而决不能是对安全生产工作一窍不通，或者只是一知半解的门外汉。否则，安全检查便会流于形式，反映不出真实的情况，使安全检查的结果失去了可靠性。因此，在选用安全检查人员时，应该选用安全技术知识丰富而又具有较全面检查能力的人员担任，而不要只会检查某一种设备的人员。例如，压力容器设备包括锅炉、高压设备、低压设备、气瓶等；又如物料搬运设备中，吊车、起重机、提升机、链、钩等都是工业生产中常用的，又是容易发生危险的设备和部件，对这些设备进行检查就需要专业安全技术知识，只有确切了解这些设备的潜在危险性，并对它们能提出判断的人员才能担任。在对有毒有害性或腐蚀性粉尘、气体和蒸气发生的作业环境进行安全检查时，还要求安全检查人员必须熟悉这些有害物质的性质，对人体的危害和治理方法等。所以，一个优秀的安全检查人员，应该是具有经历事故的知识；知道怎样去探索生产过程中的危险有害因素；熟悉危险有害因素所能引起事故发生的严重性；能提出合理的改进措施和建议；有处理事务和人事交涉的才能。

再者，安全检查人员在进行安全检查过程中，切不可"走马观花"，人行我行，人云亦云，而应该注意检查"人迹罕到"和"从未伤过人"这样一些地方。这些偏僻的地方大都在高处，站在地面上有时是很难发现有什么危险有害因素存在的。

另外，在安全检查过程中不应只限于对曾经发生过严重伤亡事故的地方进行检查，而对那些曾发生过事故但没有造成伤害，或者发生过未遂事故的地方，也必须检查到，因为发生这些事故的原因在以后的时间里也有可能再次发生事故而造成伤害。

总之，安全检查人员在对厂矿企业的安全生产状况进行检查时，应该是系统的、彻底的，绝对不能让任何有危险有害因素存在的地方遗漏掉。防止遗漏的最好办法一般是按厂矿企业中或被检查单位的生产程序进行检查，即从原料进厂到成品的入库或装运的生产流程进行检查。有时也可适当地改变一下安全检查的路线，在对一个厂矿企业或被检查单位进行检查时顺着其生产流程路线，而在复检时将检查路线颠倒过来。

此外，参加安全检查的人员的数量多少，取决于被检查的厂矿企业或单位的生产规模。对参加安全检查的有关部门，除了发挥专业安全技术人员的先锋作用及协调安全检查活动外，有时还需要有生产、设备、消防等部门的代表参加。最好厂矿企业安全负责人也能直接参加安全检查，而不要只挂名，不到作业现场进行脚踏实地的检查。因为每当厂矿企业安全负责人——厂矿企业的最高行政领导到各部门或各单位进行安全检查时，可使整个安全检查活动的士气大大提高，在安全检查中发现的危险有害因素和不安全行为等问题时，也可与厂矿企业最高行政领导直接研究，尽快解决。

再有，凡是参加安全检查的人员在执行安全检查任务时，必须严格遵守安全规定，这一点非常重要。如果自己不穿工作服或佩戴防护眼镜，就很难说服现场作业人员穿工作服或佩戴防护眼镜；自己不穿安全鞋，也就难以让从事有招致伤脚危险的作业的作业人员穿安全鞋；要让作业人员佩戴安全帽，自己就得首先佩戴好。总之，凡是参加安全检查的所有人员，都必须以身作则，以实际行动教育作业人员的工作方法非常重要。

第四节 安全检查表

一、安全检查表

安全检查表是安全系统中最基本的一种发现潜在危险有害因素的有效方法，它实际上是事先拟好的一份系统的安全状态问题的清单和备忘录。

为了系统的发现工厂、车间、工序或机器、设备、装置以及各种操作管理和组织措施中不安全因素,需要事先详尽地剖析检查对象,把一个大系统分割成若干子系统,把各子系统中有可能造成工伤事故和灾害危险的不安全状态作为检查项目,并根据对生产和工程的经验、有关安全技术规范标准、事故情报,以及其他系统分析方法的结果,进行周密的思考,把所需要检查的项目按一定的顺序,以提问的方式编制成表,以便进行检查和避免漏检,这种表就叫做安全检查表。

二、安全检查表的功用

安全检查表主要有以下功用:

1. 使设计或检查人员能根据预定的目的、要求和检查要点实施检查,避免疏忽遗漏,便于发现和查明各种危险和隐患。

2. 针对不同的检查要求和检查对象编制相应的安全检查表,可逐步实现安全检查工作的标准化、规范化。

3. 应用安全检查表进行安全检查能督促各项安全规章制度的实施,制止违章指挥和违章作业。

4. 可以作为安全检查人员履行职责的凭据,有利于落实各级安全生产责任制。

5. 安全检查表适于普及,它的应用将为安全生产工作的科学管理奠定基础。

三、安全检查表的种类

安全检查表一般可以分为设计审查用安全检查表、厂级安全检查表、车间安全检查表、工段及岗位安全检查表、专业性安全检查表等多种类型。

由于各个厂矿企业生产现场的具体情况是千差万别的,安全检查表不可能是一成不变的最佳模式。因此,只能根据安全检查的目的和对象的不同,结合实际情况灵活运用。安全检查表可以按生产系统编制,也可以按不同需要的专题编制,形成分类方法、表现形式各不相同的安全检查表。只要确有实效,能起到促进安全生产的作用,这个安全检查表就能够成立。

常用的安全检查表有以下几种:

1. 设计审查用安全检查表

如果在工程设计时能够把不安全的因素除掉,往往可取得事半功倍的效果。以往的教训证明,由于设计的缺陷所造成的事故约占事故总数的四分之一左右。因此,如果在设计前为设计者提供相应的安全检查表,表中列出设计时应遵循的有关安全规范、标准,这样做既可扩大设计者的知识面,而且能使他们乐于采纳这些规范标准中所列的要求,避免由于设计不合理而遗留下事故隐患。同时,也可避免与安全技术人员因意见不一而发生争议。然而,如果在设计完成之后再进行安全方面的修改,不仅浪费人力、物力,而且往往也收不到满意的效果。

设计用的安全检查表应该系统、全面。主要放在厂址选择、平面布置、工艺过程的安全性、装置的配置、建筑物与构筑物、安全装置与设施、操作的安全性、危险物品的贮存与运输、消防设施等方面。

安全技术人员也可以在"三同时"设计审查时使用此类安全检查表。

2. 厂级安全检查表

厂级安全检查表供全厂性安全检查时使用，也可供安全技术、消防部门进行日常巡回检查时使用。其重点是防止人身伤亡、火灾、爆炸和交通事故，主要内容包括厂区各个产品的工艺和装置的安全性、要害部位、主要安全装置与设施、危险物品的贮存与使用、消防通道与设施、操作管理及遵章守纪等。

3. 车间安全检查表

车间安全检查表供车间进行安全检查或预防性安全检查时使用。重点在于防止人身伤亡、设备、机械加工等事故。其主要内容包括工艺安全、设备布置、安全通道、通风照明、安全标志、尘毒及有害气体浓度、消防设施及操作管理等。

4. 工段及岗位安全检查表

工段及岗位安全检查表供工段及岗位进行日常自查和进行安全教育用。重点在于防止人身及由于误操作而引起的事故，其检查内容应根据岗位的工艺与设备，确定预防事故的要点，要求内容具体、易行，具有针对性。

5. 专业性安全检查表

专业性安全检查表是由专业机构或职能部门编制和使用。主要用于定期的专业性的安全检查或特种设备的安全检查，以及季节性的安全检查。如对电气设备、压力容器、特殊装置与设施的专业检查。其内容应突出专业特点，主要包括设备结构的安全特性、设备安装的安全要求、安全运行的参数限额、安全附件、报警装置的齐全可靠、安全操作的安全要求及特种作业人员的安全技术考核等。

由行政部门或安全监察部门组织的安全检查，一般用不定期安全检查表。在检查前，根据检查的目的、重点和要求，参考重点行业或专业性定期安全检查表进行编制，也可选择几个专业安全检查表实施检查。

季节性安全检查，如：防暑降温、防雷、防风、防冻、防滑等。

四、安全检查表的编制及应用

编制安全检查表要结合实际情况，既简单明了，又要能突出重点。为了使安全检查切合实际，安全检查表可由有安全技术人员和有经验的操作人员共同编制，而且在实践检验中不断修改，使之日臻完善。经过相当的时间后，这类安全检查表就可以标准化了。

专业性安全检查因专业性强，不同于一般性安全检查表那样面面俱到，而是集中检查某专业方面的设备、系统或与之有关的问题。因此，专业性安全检查表要具有严密的科学性。所以，在编制专业安全检查表时，需要几个懂专业的安全技术人员参加。

安全检查表的编制过程，本身就是编制人员的学习过程和掌握编制依据的重复环节。一般编制依据如下：

1. 有关规程、规范、规定和标准。如编制工艺过程和生产装置的安全检查表，应以产品的安全规程作为依据。对检查涉及的工艺指标，应规定出安全的临界值，超过该规定值，即应报告并作处理，以使检查表内容符合法规的要求。

2. 本单位的实践经验。由本单位工程技术人员、生产管理人员、操作人员和安全技术人员共同总结生产操作的经验，分析导致事故的各种潜在危险因素和外界环境条件。

3. 国内外事故案例。认真收集以往发生的事故教训，以及在研制和使用中出现的问题，包括国内外同行业及同类型产品生产的事故案例和资料。

4. 系统安全分析的结果。根据其他系统分析方法对系统进行分析的结果，将导致事故的各个基本事件作为防止灾害的控制点列入检查表。

安全检查表应列举需查明的所有能导致工伤事故的不安全状况和行为。

安全检查表采用提问的方式，并以"是"或"否"来回答，或者用"√"或"×"来表示。"是"和"√"表示符合要求，"否"和"×"表示还存在问题，有待进一步改进。对于专业安全检查表，以增加检查要求或合格标准为好。所以在每个提问后面也可以设改进措施栏。每个检查表均需注明检查时间、检查者姓名、直接负责人等，以便分清责任或以备考查。

为了使提出的问题有所依据，可以收集有关此项问题的规章制度、安全技术规范、标准中所规定的要求，列出它们的名称和所在章节附于每项提问后面，以便查对。

这样使检查者和被检查者知道怎样做才是对的，以有利于提高检查效果和检查质量。对于各个项目的轻重也可列出标记，便于检查者特别重视有严重危险的项目。

五、编制及应用安全检查表应注意的几个问题

安全检查表有助于安全检查取得好的效果，避免了安全检查活动的盲目性和走过场。因此，安全检查表已被厂矿企业广泛应用，但在编制安全检查表时应注意以下问题：

1. 编制安全检查表是一项非常细致的工作，编制前要认真调查分析厂矿企业自身的安全状况，收集大量的安全技术标准、书籍、资料，以及国家和政府部门、省、市颁发的有关法规，为编制安全检查表作为充分准备。

2. 安全检查要具有科学性、系统性。切忌只凭一个人或几个人的经验，想起多少算多少，看起来似乎是一张检查表的形式，但实际上有名无实。根据这样的检查表进行工作只能事倍功半，使安全检查流于形式或走走过场，也造成安全检查人员和被检查人员的厌烦心理。

3. 安全检查表所列的检查点要突出重点，抓住要害。安全检查表必须包括所有要点。因此，安全检查表编制过简就难以概括导致事故的多种因素；安全检查表编制过于繁琐又会分散注意力。所以，要尽可能把众多检查点进行归纳，做到简繁适当、条理清楚、重点突出、富有启发性。

4. 各级安全检查表的项目应各有侧重，分清各自的职责。岗位上可查可不查的内容，不要列入岗位安全检查表的内容。

5. 岗位安全检查表是基础，要着眼于对操作及与操作有关的工艺、设备、环境的具体安全检查，不能与安全操作规程相混同。

6. 安全检查表的项目要随工艺的改进和设备的变动而不断进行修订。

为了取得预期的目的，应用安全检查表时需注意以下几个问题：

（1）各类安全检查表都有适用对象，不宜通用，专业安全检查与日常安全检查要有区别。专业安全检查应详细，突出专业设备安全参数的定量界限，而日常安全检查表，尤其是岗位安全检查表应简明，突出关键和要害部位。

（2）应用安全检查表进行安全检查时，应落实到具体安全检查人员。厂级的日常安全检查可由厂安全技术部门会同其他有关部门联合进行。车间级安全检查可由车间主任或指定车间安全人员进行检查;岗位安全检查一般指定专人进行检查。检查结束后,检查人员应签字,并提出处理意见备查。

(3) 为了保证检查的定期实施,应将检查表列入有关管理制度,也可制定安全检查表的实施办法。如把安全检查表同巡回检查制度结合起来、列入安全例会制度或班组交接班制度、与奖惩制度挂钩等。

(4) 应用安全检查表进行检查,应注意信息的反馈和处理。对检查出来的问题,从班组到车间,从车间到有关部门,直至厂部,做到各级单位都能认真在自己职责的能力范围内及时地解决问题。

附厂级安全检查表示例,见表6-1。

厂级安全检查表　　　　　　　　　　　表6-1

被检单位＿＿＿＿　单位负责人＿＿＿＿　检查人＿＿＿＿　　　＿＿年＿＿月＿＿日

序号	检查项目	检查内容	检查结果	处理意见	整改责任者
1	领导安全思想	(1)厂长是否正确贯彻了党和政府关于安全生产的方针? (2)厂长是否认真执行了党和政府有关劳动保护的政策、规定? (3)厂长对安全生产和安全管理是否积极和关心? (4)厂长的安全生产责任制执行情况怎样? (5)安全管理在整个企业管理中所占的比重是否适当? (6)安全管理与其他企业管理的关系是否协调适当? (7)安全工作是否纳入厂部的重要议事日程?是否有每月定期专题研究安全工作的制度?执行情况如何? (8)在企业管理中,对安全工作是否做到了"五同时"?("五同时"即:在计划、布置、检查、总结、评比生产工作的时候,同时计划、布置、检查、总结、评比安全工作) (9)在新建、扩建、改建工程中,是否做到了"三同时"?("三同时"即:在新建、扩建、改建工程中,安全设施要同时设计、同时施工、同时投产和使用) (10)在安全与生产发生矛盾时,生产是否服从安全? (11)安全技术措施经费是否按国家有关规定给予保证并取得效果? (12)是否有一旦发生重大事故的抢救方案? (13)安全生产是否列入经济技术考核指标?安全生产责任制与经济承包;安全生产与奖励是否挂钩?方法是否科学?考核是否严格?赏罚是否分明?			
2	安全管理	(1)安全管理组织机构是否健全?是否按国家有关规定配备了安全技术人员? (2)安全管理组织机构能否适应安全管理工作的开展? (3)安全管理部门的负责人的责、权、利是否明确、恰当? (4)安全管理部门的安全技术人员的责、权、利是否明确、恰当?			

续表

序号	检查项目	检查内容	检查结果	处理意见	整改责任者
2	安全管理	(5)全厂各职能部门是否都有相应的安全生产责任制？ (6)生产车间负责人在安全生产方面的责、权、利是否明确？ (7)安全管理部门与其他管理部门和生产车间之间的关系是否协调？ (8)安全管理部门和生产车间之间有无适当的联系？全厂性的安全管理网络是否建立、健全？ (9)职工安全教育和考核成绩；事故隐患和安全技术措施；以及工伤事故等统计材料是否建档，并完整？ (10)对有关事故的各种统计材料和事故的防范措施是否定期地进行了充分的分析和研究？ (11)对本厂内部进行作业承包的职工的安全管理指导是否进行了充分的考虑？ (12)对厂外包工人员的安全管理是否进行了指导？ (13)对从事尘毒有害物质工种的职工是否定期组织进行了体检，并建立职工安全健康卡片？			
3	安全教育	(1)安全教育是否有计划地进行？ (2)安全教育的内容是否符合实际情况？内容有无遗漏？ (3)对新入厂的工人是否人人都进行了"三级"安全教育？并考核？ (4)对特殊工种的职工是否进行了安全教育、考核？ (5)在采用新设备、新工艺、新操作法时，是否进行了安全教育、考核？ (6)对本厂的各级领导是否定期地进行了适当的安全教育？ (7)对经常有发生事故倾向的人是否进行了适当的安全教育？ (8)对临时工、外包工、实习生、外培人员等，是否进行了适当的安全教育？ (9)有关安全生产的各种宣传活动是否积极地开展起来？ (10)是否积极地采纳职工对安全生产的合理化建议和意见？ (11)是否积极地学习外厂矿企业有关安全生产的先进经验？ (12)是否进行了外厂矿企业事故案例的教育？ (13)安全教育的结果是否推动了全厂的安全生产，并进行了评价？			
4	安全检查	(1)安全检查是否有制度？ (2)安全检查是否有计划地定期进行？ (3)每次安全检查是否预先制定了具体事项和标准？ (4)安全检查的责任划分是否明确？ (5)进行安全检查时，是否切实地按预定的计划进行？检查的日期、检查的内容是否严格执行？			

续表

序号	检查项目	检查内容	检查结果	处理意见	整改责任者
4	安全检查	(6)需要进行安全检查的事项是否有遗漏？发现有遗漏时，采取了什么补救措施？ (7)安全检查的结果是否有记录？ (8)对安全检查的结果和发现的问题，是否进行了认真地分析、研究，并及时地处理？ (9)安全检查的事后处理的实施办法、实施日期和实施负责人是否明确？			
5	安全规章	(1)本厂矿企业每种产品是否都有工艺技术规程？ (2)是否制定有符合本厂矿企业生产特点的安全技术规程？并做到了人人皆知？ (3)具体岗位是否都有岗位操作法？ (4)从事生产作业的职工是否都执行了安全作业证制度？ (5)进行设备检修的职工是否都执行了安全检修作业证制度？ (6)为了制止违章指挥和违章作业是否执行了违章作业通知书？ (7)为了督促事故隐患整改,是否执行了事故隐患整改通知书？			
6	一般安全规定	(1)厂区是否有围墙？门卫制度是否执行严格？ (2)厂区道路和工作场所通道是否平坦？有无堵塞情况？ (3)厂区是否设置了醒目的安全标志？ (4)厂区和工作场所的照明是否符合要求？ (5)厂区的沟、坑在揭盖施工或现场揭开楼板不能及时复原时，是否加设了围栏和明显的标志？ (6)厂区内是否有临时工棚和临时宿舍？是否符合防火和工业卫生的要求？ (7)厂区内架设的临时线是否符合标准？ (8)厂内交能是否形成回形线路？是否有单独货运线路和厂门？ (9)建、构筑物与设备设施是否符合防火规定？ (10)易燃易爆区域是否做到了严禁吸烟？			
7	设备工艺安全	(1)本厂在用设备有多少台？是否全都建立了设备档案？ (2)重要设备是否制定了定期检查制度？有无超期未检的？检查项目和方法有哪几种？ (3)锅炉、压力容器、气瓶有多少台？有无专人负责管理？检查项目和方法有哪几种？未检验的有多少台？ (4)设备上的安全装置是否齐全、可靠？ (5)设备上的监测仪表是否齐全、灵敏、可靠？ (6)各种生产设备有无超负荷或带病运行的？ (7)各种机电设备的安全防护装置是否齐全、完善？ (8)对设备的运转使用情况每班是否有巡回检查制度？ (9)冲压、延碾等冲压设备的危险部位；木工平刨、电锯			

续表

序号	检查项目	检 查 内 容	检查结果	处理意见	整改责任者
7	设备工艺安全	的切削部位是否有安全装置? (10)起重设备是否按规定设置了安全装置?驾驶室、平台、钢丝绳、挂钩等构件是否符合安全技术的要求? (11)各种传动带、联轴器、皮带轮、明齿轮等传动装置,易发生绞辗伤害的外露危险部位,各种机械有飞溅断料的部位,以及其他容易被人触及的危险部位,是否都安装了防护装置? (12)平台、栏杆、走道是否完好、牢固?有无未固定的钢板等杂物堆放在平台、走道上? (13)建、构筑物有无露筋、开裂、变形、下沉和超负荷的情况? (14)高温加热设备及热力管道是否进行了保温? (15)电气设备线路的保护、避雷装置是否灵敏、完好? (16)电气设备的接零、接地装置是否齐全、良好?在易燃易爆场所是否全部采用了防爆电机、开关、灯具等? (17)电气线路的架设与建筑物的距离是否符合安全要求? (18)厂制定的工艺指标有无违反设计、违反科学的?操作工人对每项工艺指标的意义是否明确? (19)有无在操作温度、压力和反应处于不正常状态仍还在继续维持生产的? (20)对温度、压力、液面、流量、气体成分、流速、波动幅度等工艺条件有无严格的规定?是否认真执行了? (21)操作和处理事故所用的阀门的位置是否恰当?阀门是否灵活好用?操作是否方便? (22)生产工艺管线是否做到与清扫置换和生活用管线分开? (23)车间班组是否建立了班前、班后会制度?			
8	检修安全	(1)设备检修是否执行了检修许可证制度? (2)检修许可证是否明确检修内容、安全负责人、安全措施、交出人、接受人和审批者? (3)设备检修前是否切断了电、气(汽)源? (4)设备检修前是否做到压力卸尽,物料放尽,并做到清洗置换,安全分析合格后才开始进行检修? (5)生产系统设备检修时,是否执行了安全隔绝(盲板制度)?是否有盲板位置图?盲板的抽插是否有负责人?有无用不合格的盲板代用或以阀门代替盲板的情况? (6)设备检修时所用的工器具是否符合安全要求?是否有专人进行了检查? (7)交叉作业是否戴好了安全帽?高空作业是否系好了安全带? (8)进塔入罐作业是否执行办理了进塔入罐作业证?并进行安全分析、批准制度? (9)进塔入罐作业是否执行了监护制度?有无万一发生事故的抢救办法? (10)隐蔽工程是否办理了动土证?			

续表

序号	检查项目	检查内容	检查结果	处理意见	整改责任者
8	检修安全	(11)起重作业是否有方案？是否严格执行了起重安全规定？ (12)电气作业是否执行电气作业证？ (13)动火作业是否执行动火作业证？ (14)高处作业是否执行高处作业证？ (15)设备检修后是否经过严格检查才开车？			
9	储运安全	(1)厂内交通是否有合理的规定？职工对厂内交通规定是否都了解？ (2)驾驶各种机动车辆是否进行了考核发证？ (3)厂内铁路与道路交叉口是否设置了信号？并有专人看管？ (4)厂内是否设置了交通指示牌？ (5)仓库是否有安全规则？ (6)仓库是否实行了分类保管？性质相抵触的物品和灭火方法不同的物品有无混放现象？ (7)仓库是否建立了适当的发放办法？ (8)油品库、危险品库的设置是否符合防火规定？ (9)剧毒品、危险品有无超储情况？ (10)进入易燃易爆区域的机动车辆是否装置了阻火器？ (11)机械搬运是否符合安全规定？ (12)机械搬运的安全装置是否完善良好？ (13)人力搬运是否符合国家关于负重的有关规定？			
10	工业卫生	(1)尘毒作业岗位的尘毒浓度是否达到国家规定的容许标准？ (2)对产生强烈噪音的机电设备是否采取了消音控制？ (3)对从事X射线及其他有毒有害作业的职工是否采取了防护措施？ (4)对有尘毒作业的岗位是否做到每旬进行一次尘毒浓度的测定？测定数据是否定期地向有关领导或部门报告或反映，督促其积极地将尘毒浓度控制在国家规定的容许浓度以下，并建立工业卫生安全分析档案？ (5)厂院是否清洁卫生？排水、沟渠是否畅通？ (6)机器设备是否整洁见本色？跑、冒、滴、漏是否符合标准？ (7)对从事高温作业的职工是否采取了合理有效的防暑降温措施？ (8)对经常在寒冷气温中进行操作的职工是否设置了取暖设施？ (9)对接触尘毒危害的职工是否按规定定期地进行了体检？对职业病患者和观察对象是否进行了治疗？ (10)是否做好了女职工的劳动保护？是否建立健全女工卫生、淋浴、孕妇休息室、哺乳室等女工保护设施？			
11	劳动保护用品	(1)职工是否都按规定穿戴了劳动保护用品？ (2)劳动保护用品的选择是否符合实际情况的需要？			

续表

序号	检查项目	检查内容	检查结果	处理意见	整改责任者
11	劳动保护用品	(3)劳动保护用品的发放数量是否适当？ (4)对需要劳动保护用品的岗位是否作了充分的研究？ (5)对发放劳动保护用品的性能是否作了现场调查？ (6)对所发放劳动保护用品的使用状况是否掌握？ (7)对没有充分利用劳动保护用品的原因是否进行了详细的调查？ (8)是否积极听取了职工对发放劳动保护用品的意见？对合理的建议是否采取了改进的措施？ (9)是否及时更换了发放给职工不合适的劳动保护用品？ (10)劳动保护用品的管理状况是否合适？是否建立了管理档案？			
12	气体防护和安全分析	(1)是否按有关规定建立了气体防护站？ (2)对全厂的气体防护器材有无良好的管理制度？有没有管理台账？ (3)气体防护器材是否建立了定期检修和更换制度？ (4)对有尘毒危害的现场操作或检修作业是否配备了充足的防毒面具、氧气呼吸器等气体防护器材？种类型号是否符合现场需要？ (5)职工会不会正确使用各种气体防护器材？ (6)在有可能存在可燃气体等的场所进行动火作业，是否每次都按规定进行安全分析？ (7)进塔入罐的检修等作业是否每次都按规定进行安全分析？			
13	消防管理	(1)消防设施和消防器材的配备是否充足？品种是否符合现场的需要？ (2)配备的消防器材,岗位工人是否都会使用？不会使用的是否进行了训练？ (3)配备的消防器材是否每台都处于完好状态？管理责任是否落实？ (4)消防器材有无定期检查制度？能否根据实际需要及时更换或补充消防器材？ (5)消防器材是否放置在明显又易取用的位置？是否避开高温和冬季严寒？ (6)消火栓是否有单独的水系统？配备的数量够不够？ (7)对消防器材在厂内的分布、型号、规格、数量、使用、更换等是否建立了管理档案？ (8)厂内消防组织是否健全？各单位有无防火负责人？ (9)是否制定有必要的消防和疏散计划？			
14	安全效果	(1)安全生产是否达到了本厂矿企业预定的管理目标？ (2)全年是否杜绝了死亡和重伤事故？ (3)全年千人负伤率是否超过国家或本行业部门所规定的指标？ (4)全年是否消灭了火灾、爆炸和重大设备事故？ (5)全年有无发生职业中毒现象和新增职业病患者？			

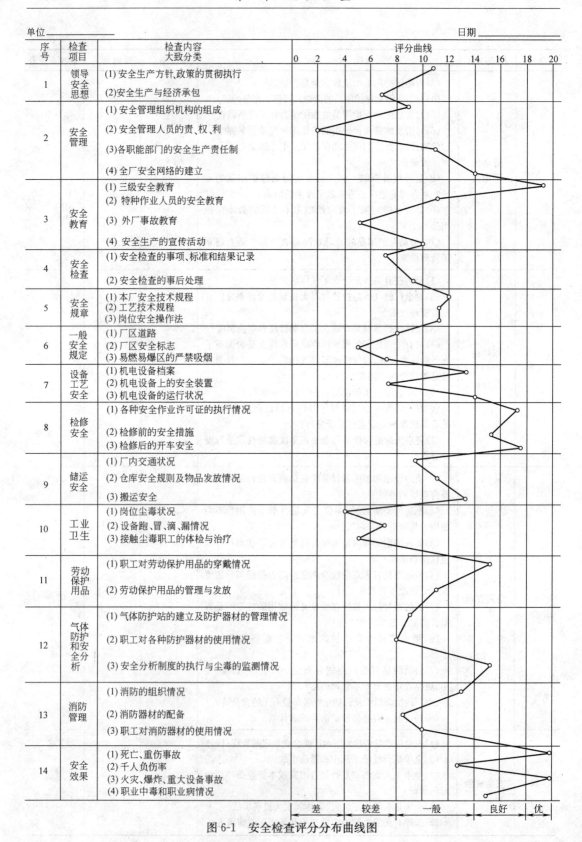

图 6-1 安全检查评分分布曲线图

上述安全检查表是从对厂矿企业进行全面的安全检查而编制的。厂矿企业在进行安全检查时,可结合本单位的具体情况,针对最薄弱的环节、最突出的问题,编制更详细的安全检查表,以便有秩序地逐项进行检查。

要使安全检查按上述编制的安全检查表进行,对大型的厂矿企业一般需要4~6天的时间,对中小型的厂矿企业一般需要2~3天的时间。因为这种检查不单纯是一种行政事务性的检查,还有对作业现场和岗位状况的检查,所以可把这种检查分作安全管理和现场实地两部分进行。

对安全检查后的结果,如果是为了比较和评价本厂矿企业与其他同类型厂矿企业的安全管理水平,最好是将所检查的各事项分别进行评定。一般可以评定分数的高低来评价被检查厂矿企业或单位的安全生产状况。然而由于检查评分者本身的安全技术知识水平和经验的不同,所评定的分数不可避免地要出现较大的差异。为了使评分尽量合理,对同一安全检查的事项至少应由3人同时进行评定分数,然后取所评分数的平均值。

同时,为了使人一看评分就知道哪些事项搞得好,哪些方面还存在着某些缺陷,可按图6-1绘制评分分布曲线图。

第五节　安全检查报告和事故隐患整改

一、安全检查报告

在安全检查结束后,必须进行总结。既要总结和推广安全生产的先进经验,又要总结发生事故的教训,以便采取措施,防止事故的重复发生,使安全生产工作不断得到提高。进行总结的方法,一般是写出安全检查书面报告。

安全检查人员在进行检查的过程中,无权放过任何一个足以造成事故的危险因素。在检查中对发现的不安全的情况和不安全的操作行为一定要详细记录下来,为以后编写安全检查报告作准备。安全检查人员不能凭自己的记忆,将作业现场检查的情况带回到办公室后再写下来,而应在被检查的现场就记录下来。这种安全检查记录,包括存在危险有害因素的确切地点以及其他一些必要的数据,再加上消除和防止危险有害因素的建议,加以整理,就会成为一份完整、清楚、具有价值的安全检查报告。

编写安全检查报告时,应将下列各项写清楚:参加检查的有关部门和被检查的厂矿企业或单位的名称,检查的日期和时间,检查人员的姓名和职别,报告日期和报告人等。

安全检查报告中有名称和数字的地方应特别注意准确性,机器设备和操作上需要改进的名称一定要写清楚,不安全不卫生的危险有害因素和不安全的行为也必须详细叙述。

"管理不善"往往是一般安全检查报告中常见到的词语,如不加以说明,实在毫无意义。因此,应在"管理不善"的后面,一定要进行具体地说明是怎么管理不善,如机器周围的地板上堆满了碎屑;气瓶缺少瓶帽;性质相抵触的物品和灭火方法不同的物品没有分类保管等等。

此时,在安全检查报告中对检查出来的问题应提出解决的具体措施或建议,每项措施或建议均应有根据,并根据问题的严重程度分别标明"紧急"、"重要"、"希望"等。

如果安全检查人员和厂矿企业安全负责人在一起讨论每条措施或建议,厂矿企业安全负责人对每条措施或建议会充分了解。如果安全检查人员不能和厂矿企业安全负责人一起参加安全检查和讨论，安全检查人员在检查之后，须派代表会见厂矿企业安全负责人，当面详细讲明问题所在，提出解决措施或建议，这样做往往即使不那么重要的措施或建议也常常会被采纳。

如果厂矿企业安全负责人完全知道消除危险因素需要怎样做，那么他会在短时期内作出对危险有害因素的改正决策。然后，有时厂矿企业安全负责人答应过对危险有害因素要进行整改的决策事项却未执行，所以，把对检查出来的各项危险因素及需要整改措施或建议都写在安全检查报告里是十分必要的。

通常，安全检查报告应送交被检查的单位或厂矿企业安全负责人，或组织安全检查的有关部门，报告的副本应送交参加安全检查的有关部门负责人。

二、事故隐患整改

安全检查只不过是一种手段，整改、消除事故隐患，以达到安全生产才是目的。对在安全检查中发现的问题，应尽量设法立即整改。有些限于技术条件和物质条件暂时不能解决的问题，也要指定专人，订出计划，限期整改。对检查出来的问题要条条有着落，件件有安排。

对在安全检查中检查出来的问题，凡是检查人员和被检查者能处理和解决的，应立即解决；作业班组能解决的，不推到生产车间；生产车间能解决的，不推到厂部；做到各级都能认真在自己职责的能力范围内及时整改事故隐患，不相互推诿，这对消除事故隐患防止事故的发生，定会起到有效的作用。

对在安全检查中检查出来的重大事故隐患，安全检查人员及厂安全技术部门应及时给予汇总、登记，并对事故隐患提出整改的措施或建议，按照问题负责的有关部门加以分类，其抄件应送交有关部门负责人。或者按照问题的重要性确定需要整改的情况的顺序写成报告，送交厂矿企业最高行政领导。当然事故隐患整改措施涉及到工程问题，应送交工程部门加以审阅。这是使各项整改事故隐患的措施或建议迅速实现的最有把握的方法。

整改事故隐患的措施或建议经过厂矿企业最高行政领导或有关部门批准后，应成为本厂矿企业的改进和检修计划的一个部分，通过正规渠道成为正式项目加以实施。

在安全检查中要特别注意发现和解决安全生产上的一些薄弱环节和关键问题。因为这些问题往往严重影响着作业人员的安全和健康，又是发展生产的重大障碍，解决起来比较困难，天长日久便成了安全生产上的老大难问题。因此，在安全检查时，要着重检查在上次安全检查中发现事故隐患的整改情况，使之有利于促进被检查单位重视事故隐患整改工作。

为了对在安全检查中发现的事故隐患进行整改，厂安全技术部门应为自己绘制一份事故隐患整改工作进度表，并注意信息的反馈，直至整改工作全部完成，这样可十分清楚地掌握各事故隐患整改措施的落实情况。

对在安全检查中发现的重大事故隐患，厂安全技术部门还可采用"事故隐患整改通知书"的办法，抄送有关单位，以督促有关单位限期将该项事故隐患采取措施消除。

附：事故隐患整改通知书

第五节 安全检查报告和事故隐患整改

事故隐患整改通知书

　　　　字第　　　　号

　　　　：
经我们会同　　　　　　　　　　于
　　年　　月　　日对你单位进行安全检查发现以下隐患：

上述隐患违反下列安全生产法规规定：

建议采取下列紧急措施：

并限于　　年　　月　　日前认真加以改进，否则不准生产。由此产生一切后果，将按章追究责任。
　　　　　　特此通知

　　　　　　　　检查机关（章）

　　　　　　　　发证人（签章）

（本联送主管部门）

事故隐患整改通知书

　　　　字第　　　　号

　　　　：
经我们会同　　　　　　　　　　于
　　年　　月　　日对你单位进行安全检查发现以下隐患：

上述隐患违反下列安全生产法规规定：

建议采取下列紧急措施：

并限于　　年　　月　　日前认真加以改进，否则不准生产。由此产生一切后果，将按章追究责任。
　　　　　　特此通知

　　　　　　　　检查机关（章）

　　　　　　　　发证人（签章）

（本联送交单位）

事故隐患整改通知书

　　　　字第　　　　号

　　　　：
经我们会同　　　　　　　　　　于
　　年　　月　　日对你单位进行安全检查发现以下隐患：

上述隐患违反下列安全生产法规规定：

建议采取下列紧急措施：

并限于　　年　　月　　日前认真加以改进，否则不准生产。由此产生一切后果，将按章追究责任。
　　　　　　特此通知

　　　　　　　　检查机关（章）

　　　　　　　　发证人（签章）

（本联存根）

第七章 安全技术措施计划

第一节 编制安全技术措施计划的目的和作用

一、编制安全技术措施计划的目的

安全技术措施计划，也可称为劳动保护措施计划，是指以改善厂矿企业的劳动条件，防止工伤事故，预防职业病和职业中毒为目的的一切技术组织措施。

早在1953年，原中财委就向全国各厂矿企业的主管部门提出编制安全技术措施计划的建议，要求各地区、产业和厂矿企业单位在编制生产财务计划时编制安全技术措施计划。

1954年，原劳动部发布了《关于企业厂矿编制安全技术劳动保护措施计划的通知》，并要求厂矿企业单位认真做好这项工作，使劳动保护工作更好地适应国家经济建设的需要。

1963年3月，国务院发布的，1978年又重申的《关于加强企业生产中安全工作的几项规定》中明确指出"企业单位在编制生产、技术、财务计划的同时，必须编制安全技术措施计划"。同时还规定，厂矿企业的领导应对安全技术措施计划的编制和贯彻执行负责。

根据国家这些规定，编制安全技术措施计划，有计划地逐步改善职工的劳动条件，已经普遍成为厂矿企业搞好安全生产工作的一项行之有效的制度，并积累了不少的经验，对改善职工的劳动条件，防止各类事故的发生起到了很大的作用。

二、编制安全技术措施计划的作用

安全技术措施计划是厂矿企业有计划地逐步改善劳动条件的重要工具，也是作为安全生产工作防止伤亡事故和职业病的一项重要措施。

通过编制和实施安全技术措施计划，可以把改善劳动条件的工作纳入国家和厂矿企业的生产建设计划，使之有计划、有步骤地解决厂矿企业中一些重大安全问题，使厂矿企业的劳动条件的改善逐步计划化、制度化，克服盲目性，改变被动的局面。否则，厂矿企业改善劳动条件的计划，就会因遇到这样或那样的困难而不能实现。

因此，在编制安全技术措施计划时，要把保障安全生产和治理尘毒危害作为重要问题，结合厂矿企业的生产挖潜、技术革新、设备改造、工业改组同时予以解决，从根本上改善劳动条件。所需资金、设备、材料都必须一并安排解决落实。厂矿企业在编制生产财务计划时，必须同时编制安全技术措施计划，有些重大措施项目，还应纳入长远规划中。

第二节 编制安全技术措施计划的根据和项目范围

一、编制安全技术措施计划的根据

编制安全技术措施计划要切合实际，符合当前经济、技术条件，尽力做到花钱少、效果好。同时，还应结合本厂矿企业的生产、技术、设备，以及发展远景规划一并统筹考虑。

因此，在编制安全技术措施计划时，必须抓住安全生产上的关键问题，同时也要解决目前迫切需要解决的一般问题。要分轻重缓急，集中力量有计划地解决那些严重影响职工安全与健康的重要问题。所以应以下列几点作为编制计划的根据：

1. 党和国家颁布的有关安全生产与劳动保护的法律、政策、法规，标准等。
2. 安全检查中发现但尚未解决的问题。
3. 易造成职工伤亡事故、职业病和职业中毒的主要原因和应采取的措施。
4. 为适应生产发展的需要应采取的安全技术和工业卫生技术措施。
5. 安全技术革新项目和职工提出的有关安全、工业卫生方面的合理化建议。
6. 保证职工安全、健康和生产安全的措施项目等。

二、编制安全技术措施计划的项目范围

安全技术措施计划的编制项目范围，包括以改善劳动条件、防止伤亡事故、预防职业病和职业中毒为主要目的的一切技术组织措施。

1. 安全技术

（1）机器、机床、提升设备、机车、拖拉机、农业机器及电器设备等传动部分的防护装置；在传动梯吊台、廊道上安设的防护装置及各种快速自动开关等。

（2）电刨、电锯、砂轮、剪床、冲床及锻压机器上的防护装置；有碎片、屑末、液体飞出及有裸露导电体等处所所安设的防护装置。

（3）升降机和起重机械上的各种防护装置及保险装置（如安全卡、安全钩、安全门、过速限制器、过卷扬限制器、门电锁、安全手柄、安全制动器等）；桥式起重机设置固定的着陆平台和梯子；升降机和起重机械为安全而进行的改装。

（4）锅炉、受压容器、压缩机械及各种有爆炸保险的机器设备的保险装置和信号装置（如安全阀、自动空转装置、水封安全器、水位表、压力计等）。

（5）各种联动机械和机器之间、工作场所的动力机械之间、建筑工地上、农业机器上为安全而设的信号装置，以及在操作过程中为安全而进行联系的各种信号装置。

（6）各种运转机械上的安全起动和迅速停车设备。

（7）为避免工作中发生危险而设置的自动加油装置。

（8）为安全而重新布置或改装机械和设备。

（9）电气设备安全防护性接地或接中性线的装置，以及其他防止触电的设施。

（10）为安全而安设低电压照明设备。

（11）在各种机床、机器旁，为减少危险和保证工人安全操作而安设的附属起重设备，

以及用机械化的操纵代替危险的手动操作等。

（12）在原有设备简陋，全部操作过程不能机械化的情况下，对个别繁重费力或危险的起重、搬运工作所采取的辅助机械化设施。

（13）为搬运工作的安全或保证液体的排除，而重铺或修理地面。

（14）在生产区域内危险处所装置的标志、信号和防护设施。

（15）在工人可能到达的洞、坑、沟、升降口、漏斗等处安设的防护装置。

（16）在生产区域内，工人经常过往的地点，为安全而设置的通道及便桥。

（17）在高空作业时，为避免铆钉、铁片、工具等坠落伤人而设置的工具箱及防护网。

2. 工业卫生

（18）为保持空气清洁或使温湿度合乎劳动保护要求而安设的通风换气装置。

（19）为采用合理的自然通风和改善自然采光而开设天窗和侧窗；增设窗子的启闭和清洁擦拭装置。

（20）增强或合理安装车间、通道及厂院的人工照明。

（21）产生有害气体、粉尘或烟雾等生产过程的机械化、密闭化或空气净化设施。

（22）为消除粉尘及各种有害物质而设置的吸尘设备及防尘设施。

（23）防止辐射热危害的装置及隔热防暑设施。

（24）对有害健康工作的厂房或地点实行隔离的设施。

（25）为改善劳动条件而铺设各种垫板（如防潮的站足垫板等），在工作地点为孕妇所设的座位。

（26）工作厂房或辅助房屋内增设或改善防寒取暖设施。

（27）为劳动保护而设置对原料或加工材料的消毒设备。

（28）为改善和保证供应职工在工作中的饮料而采取的设施（如配制清凉饮料或解毒饮料的设备、饮水清洁、消毒、保温的装置等）。

（29）为减轻或消除工作中的噪音及震动的设施。

3. 辅助房屋及设施

（30）在有高温或粉尘的工作、易脏的工作和有关化学物品或毒物的工作中，为工人设置的淋浴设备和盥洗设备。

（31）增设或改善车间或车间附近的厕所。

（32）更衣室或存衣箱，工作服的洗涤、干燥或消毒设备。

（33）车间或工作场所的休息室，用膳室及食物加热设备。

（34）寒冷季节露天作业的取暖室。

（35）女工卫生室及其设备。

4. 宣传教育

（36）购置或编印安全技术劳动保护的参考书、刊物、宣传画、标语、幻灯及电影片等。

（37）举行安全技术劳动保护展览会、设立陈列室、教育室等。

（38）安全操作方法的教育训练及座谈会、报告会等。

（39）建立与贯彻有关安全生产规程制度的措施。

（40）安全技术劳动保护的研究与试验工作，及其所需的工具、仪器等。

第三节　安全技术措施计划的编制和审批

一、安全技术措施计划的编制

为了编制好安全技术措施计划，厂矿企业领导及安全技术部门负责人应认真学习，并掌握国家和上级部门的有关规定，提高对编制安全技术措施计划的认识，明确编制的原则和范围。尤其是安全技术部门负责人不能以其昏昏，使人昭昭。同时发动广大职工群众，揭露事故隐患，提改进措施，并检查过去安全技术措施计划的执行情况，作为改进措施计划的参考。使安全技术措施计划的编制建立在群众的基础之上，为下一步编制安全技术措施计划创造条件。

在此过程中，厂矿企业领导，特别是安全技术部门更应进行调查研究，掌握情况，以便对本厂矿企业的安全技术措施计划，做到心中有数，分轻重缓急，合理地确定安全技术措施项目。

厂矿企业一般应在每年的第三季度开始编制下年度的安全技术措施计划。在编制时，厂矿企业领导或安全技术部门应根据本厂矿企业的具体情况，分别向各车间、各部门提出具体要求，进行布置。

车间主任及各部门负责人应根据党和国家以及本厂矿企业有关安全生产的法规和具体规定，组织技术人员、工人和其他有关人员进行讨论，以确定车间及部门的安全技术措施计划项目。然后，指定车间安全员或部门的专人编制具体的计划和方案，送交厂安全技术部门审查、汇总。

各车间及各部门上报的安全技术措施计划经厂安全技术部门审查、平衡、汇总后，再由厂安全技术部门编制出本厂矿企业下年度的安全技术措施计划。然后，上报厂总工程师审核。

二、编制安全技术措施计划项目的内容

在编制每一项安全技术措施计划时，应包括如下的内容。
1. 措施需实施的单位及作业场所的具体地点。
2. 措施的名称。
3. 措施的目的和内容。
4. 措施的经费预算。
5. 措施的设计单位及负责人。
6. 措施的施工单位及负责人。
7. 措施的施工开始日期、施工计划进度和竣工日期。
8. 措施的执行情况与效果。

三、编制安全技术措施计划所需注意的几个问题

有些厂矿企业单位在编制安全技术措施计划时，把不属于安全技术措施范围内的医疗、集体福利、消防和一些生产上的设施也列入了安全技术措施计划，这显然是不对的。

因此，必须搞清楚安全技术措施计划的范围，确保安全技术措施经费真正用在改善劳动条件方面，以保证职工的安全与健康。

在编制安全技术措施计划时应需注意以下几个问题。

1. 安全技术的措施与改进生产的措施应根据措施的目的和效果加以区分。有些措施项目虽然也可列入安全技术措施计划的范围，但从改进生产的观点来看，只是为了合理安排生产而需要采取的措施，不得作为安全技术措施计划项目范围，应列入生产技术财务计划中的其他有关计划。

2. 厂矿企业在新建、改建时，应将安全技术措施列入工程项目内，在投入生产前加以解决，由基本建设经费开支，不得列入安全技术措施计划项目范围。

3. 制造新机器设备时，必须包括该机器设备的安全防护装置，应由制造单位负责，不得列入安全技术措施计划项目范围。

4. 厂矿企业采取新的技术措施或采用新的设备时，其相应必须解决的安全技术措施，应视为该项技术组织措施不可缺少的组成部分同时解决，不得列入安全技术措施计划项目范围。

5. 厂房的坚固与否直接关系到职工的生命安全，但厂房修理不得列入安全技术措施计划项目范围。如果厂房有倒塌的危险时，安全技术部门的人员应提出建议进行修缮，其费用应从一般修理费中开支。

6. 辅助房屋及设施应严格区别于集体福利事项，如公共食堂、公共浴室、托儿所、疗养所等，这些集体福利设施对于保护职工的安全与健康并没有直接的关系，不得列入安全技术措施计划项目范围。

7. 个人防护用品及专用肥皂、药品、饮料等属于劳动保护日常开支，应按厂矿企业所订制度编入经费预算，不得列入安全技术措施计划项目范围。

8. 安全技术各项设备的一般维护检修和燃料、电力消耗，应与厂矿企业中其他设备同样处理，不得列入安全技术措施计划项目范围。

9. 纯属消防性质的措施，不得列入安全技术措施计划项目范围。但在生产过程中所采取的某些防火防爆措施，特别是在化工生产中与安全技术有密切相关的措施，则应根据实际情况加以考虑。

另外，还必须指出的是，根据国家有关规定，凡劳动条件较差，危害职工安全与健康的厂矿企业，在安排更新改造资金时，应优先保证安全技术措施计划的需要。

四、安全技术措施计划的审批

厂矿企业的厂长需根据总工程师的意见，召集各有关部门、工会、和车间负责人的专题会议，充分讨论、研究，决定本厂矿企业下年度安全技术措施计划的有关事项。

1. 确定下年度的安全技术措施项目。
2. 确定每项安全技术措施的名称、目的和内容。
3. 确定每项安全技术措施的资金及来源。
4. 确定设计单位及负责人。
5. 确定施工单位及负责人。
6. 确定完成或投入使用日期。

安全技术措施计划经厂矿企业厂长审批批准后，报请上级有关部门进行核定。根据上级有关部门核定的结果，厂矿企业生产计划部门将批准核定的安全技术措施计划项目与生产技术措施计划同时下达到各有关单位。

已经批准的安全技术措施计划项目一般不得随意变动，特殊情况需要修改计划时，应经厂矿企业的厂长批准。

第四节　安全技术措施计划项目的经费预算和竣工验收

一、安全技术措施计划的经费

为了实现厂矿企业改善劳动条件规划的要求，党和国家决定每年从集中使用的挖潜改造资金中安排一部分安全技术措施经费和相应的材料设备，原由国家劳动人事部掌握，补助各地区、各部门解决一些尘毒危害严重、劳动条件较差的重点企业的问题。各地区、各部门在集中掌握的更新改造资金中安排10%左右作为安全技术措施经费，现由安全生产监督管理部门掌握分配管理。各地区有关部门在每年分配使用更新改造资金时，应切实按此规定办理，不得以任何借口，挤掉安全技术措施经费。

安全技术措施经费问题，是编制和执行安全技术措施计划的一个重要问题，是保证安全技术措施计划实现的物质基础。只有保证一定的经费，才能保证安全技术措施计划的真正实现。

为此，1973年10月，原国家计委颁的《关于加强防止矿尘和有毒物质危害的通知》中明确规定"企业每年应在固定资产更新和技术改造资金中安排10%至20%（矿山、化工、金属冶炼企业应大于20%）用于安全技术措施，不得挪用。"

1979年4月，国务院批转原国家劳动总局、卫生部《关于加强厂矿企业防尘防毒工作的报告》中，重申企业每年在固定资产更新和技术改造资金中提取10%至20%，用于改善劳动条件，不得挪用。

因此，厂矿企业的上级主管部门应按上述规定，根据所属厂矿企业的经济效益和劳动条件状况，下达厂矿企业安全技术措施经费应提取的比例，用于安全技术措施，改善劳动条件。凡劳动条件较差，危害职工安全与健康的厂矿企业，在安排更新改造资金时，应优先保证安全技术措施的需要。如果厂矿企业改善劳动条件的任务繁重，每年的安全技术措施经费不够使用，自筹资金确有困难的，可提出措施项目的具体方案，报有关部门审查平衡，给予补助。如果厂矿企业当年有未竣工或措施计划内未施工的安全技术措施计划项目，应提出理由，向上级主管部门申请结转列入下年度计划。

没有更新改造资金的事业单位，安全技术措施经费应从事业费中解决。

对安全技术措施所需要的设备、材料，各级有关门部门和物资部门应纳入本地区、本部门的物质采购计划，优先安排解决。

二、安全技术措施项目的维修费用

厂矿企业对已投入使用的安全技术措施项目，应看成是生产设施的一部分，需纳入厂矿企业设备维修管理计划中去，与生产设备统一管理维护，未经厂安全技术部门的同意不得随意停止使用，更不得改装它用或拆除。需要大修的安全卫生设施和威胁安全生产的设备的大修，其检修费用应由大修费用开支。

生产车间也应将投入使用的安全卫生设施与生产设备，同时纳入计划，进行管理、维护、检修。其检修费用由生产维修费用开支，摊入生产成本，如数额过大，可分期摊销。

三、安全技术措施计划执行情况的检查

厂矿企业的安全技术部门对安全技术措施计划的执行情况应定期地进行检查，这种检查一般可按月、季及年终进行。对措施项目的设计是否符合安全卫生标准，设备材料的供应情况，措施项目是否能按期完成，其质量及实际效果如何，经费开支是否合理，有无浪费现象等都应进行检查。

作为厂矿企业领导的助手的安全技术部门，除应经常与有关单位取得密切联系，了解掌握措施项目的设计、施工进度，以及规格标准是否符合要求外。若发现问题，还应积极协助研究解决，同时还应及时向厂长汇报，以便及时采取必要的措施，督促有关单位按期完成编制的安全技术措施计划项目。

厂矿企业的厂长应根据情况定期召开有关车间和部门参加的会议，研究、解决安全技术措施计划执行中所遇到的重大问题，以确保厂矿企业年度安全技术措施计划的顺利完成。

四、安全技术措施计划项目的竣工验收

厂矿企业的安全技术措施计划中的每个项目在竣工后，都应由厂安全技术部门会同其他有关部门和使用单位进行检查验收，否则不得投入使用。

安全技术措施计划项目的竣工验收须具备以下条件：
1. 图纸、安装记录和检验数据齐全。
2. 有经审核批准的试车方案。
3. 有经批准并符合安全技术要求的操作规程和工艺规程。
4. 操作人员须经过安全培训，并取得安全作业证。
5. 单体和联动试车合格，安全联锁装置检查调试合格。

安全技术措施计划中的每个项目在竣工投入使用3个月后，应由使用单位对其经济技术效果和所存在的问题进行全面评价，并写出技术总结的书面报告，送交厂安全技术部门，建档备案，并作为今后编制安全技术措施计划的参考。

厂矿企业中投资数额较大的安全技术措施计划项目，在竣工后还应邀请当地的安全、卫生、环保、消防等部门和工会组织参加检查验收，检查验收合格方可投入使用。

第八章　事　故　管　理

第一节　事故的危害和原因

一、事故的含义

"事故"一词极为通俗，事故的现象在人们日常的生活中也屡见不鲜。因此，人们一般都知道事故是怎么一回事。但是，若要清楚地阐明事故的确切含义，并非是一件十分容易的事。而为了对事故进行管理，必须对事故进行研究，首先应当明确事故的含义。

对于事故的含义，有人曾经简单地把事故认为是异常状态的典型现象；又有人把事故说成是意外的、特别有害的事件；也有人把事故解释为非计划的、失去控制的事件；还有人提出，事故就是人们在有目的的行动中，发生了与其目的相反，并同时造成伤害的事件。如此云云。他们是从不同的角度或者从某一侧面去理解或解释事故现象的。这些理解或解释都有其正确的一面，但又有不全面或者不确切的一面。如果综合这些观点，取长补短，事故的含义的准确性将会大大提高。

什么是事故呢？所谓事故，实质上就是人们在进行有目的的活动过程中，突然发生了违背人们本来意志，出现人身伤害或者财产遭受损失的后果，或者两种后果同时出现，迫使有目的的活动暂时地或永久地停止下来的不幸事件。

这里所要研究的事故主要是劳动生产活动中的事故。随着现代工业的不断发展，生产经营规模迅速扩大，作业人员也急剧增多，同时也带来了生产过程中发生事故的几率大大增加，其伤害程度也较为严重，其经济损失也极为巨大，有的甚至达到令人触目惊心的地步。因此，防止事故的发生越来越受到人们的高度重视。

正是由于事故是一种不幸的事件，违背人们进行劳动生产的目的，有时甚至于还会夺走人们的生存权利。因此，事故绝不是人们所期望发生的。对于每一个人或者每一个厂矿企业来说，一个十分重要的问题，就是积极地寻求各种办法和措施，力求预防和杜绝这种不幸事件的发生，以实现安全。

二、职工伤亡事故的含义

职工伤亡事故在厂矿企业中，人们通常又把它称为工伤事故。所谓职工伤亡事故，是指厂矿企业的职工，在生产工作期间，在从事生产活动中所涉及到的区域内，由于生产过程中存在的各种危险有害因素的影响，突然使人体组织受到损伤或使人体某些器官失去正常的机能，致使负伤人员立即中断工作的一切事故；或者虽然职工不在生产和工作岗位上，但由于厂矿企业设备或劳动条件的不良所引起的职工伤亡，统称为职工伤亡事故。如职工在生产车间工作时被机器挤伤；在生产车间或露天作业因高温而昏倒；上下班在厂矿企业内通道被生产用车辆撞伤或因道路不平而跌倒等，均为工伤事故。

由上可见，凡是发生使负伤人员工作中断的事故，不论中断工作时间的长短，均为工伤事故。但是，为了对职工伤亡事故进行管理，以及使负伤职工享有国家规定的劳动保险，国家以法律的形式对工伤事故范围作了规定，同时还规定，在厂矿企业中发生了职工伤亡事故，均应填写《伤亡事故登记表》，进行统计和上报。休息不满一个工作日的工伤事故，不作为国家规定的职工伤亡事故的范围之内，也就不须填写《伤亡事故登记表》。

另外，经医务部门诊断需休息一个工作日以上的工伤事故，以及由于生产过程中存在的有毒有害物质，在短期内大量侵入人体，使职工立即中断工作，并须进行急救的急性中毒事故，其休息也在一个工作日以上的，均应按照国家有关规定，填写《伤亡事故登记表》。

三、事故造成的伤害

厂矿企业中的事故现象是在劳动者的生产过程中发生的，如果以人作为中心来考察，事故所得到的结果，大致有如下两种情况：

1. 人身受到伤害。
2. 人身没有受到伤害。

在第一种情况中，事故对人的影响是极大的，其结果有时甚至会决定一个人一生的命运。

发生第一种情况，事故对人造成伤害按轻重程度，可分为以下几种：

（1）暂时性失能伤害，即指受伤害者及中毒者暂时不能从事原岗位工作的伤害。

（2）永久性部分失能伤害，即指受伤害者及中毒者肢体或某些器官部分功能不可逆的丧失的伤害。

3. 永久性全失能伤害，即指除死亡外，一次事故中受伤害者完全残废的伤害。
4. 死亡，即指事故发生时当场死亡或受伤害者在一定的时间（如当月）内死亡。

四、关于生产区域

所谓生产区域，一般是指厂矿企业的职工进行生产活动的场所。但有些无固定生产区域的职工，如架线工，其工作地点也就是他们的生产区域。还有一些在厂矿企业内生活区域工作的职工，如炊事员、保育员、医务人员等，他们的工作地点也应看作是生产区域。因此，只要职工在生产区域内进行生产或工作，由于生产过程中危险有害因素的影响而造成的工伤事故，都应执行国务院颁发的《生产安全事故报告和调查处理条例》中的规定。

五、事故对厂矿企业的影响

从某种意义上来说，在厂矿企业中防止事故发生的积极意义可提高生产效率，反过来说，厂矿企业的生产效率也可以用事故发生的次数来表示。一般认为，这可以作为判断一个厂矿企业是否有效地进行生产的一种准则。所以，由此看来，安全生产搞得好的厂矿企业保持高的生产效率和进行正常生产的必然性也就大。

厂矿企业中事故的发生还将威胁到职工的人身安全，有的甚至会造成死亡。这对职工本身来说，将是极大的不幸和悲惨的结果，同时也给周围其他的广大职工群众造成心理上的创伤，给厂矿企业带来阴影。不难想象，一个经常发生事故，造成职工伤亡的厂矿企业要能够顺利地发展生产，岂不是空谈。事故的发生造成职工的伤亡，也从根本上违背了党和国家关于保护劳动者的安全和健康是办好社会主义企业的基本原则，同时也与厂矿企业本身的生产目的背道而驰。

再者，事故的发生不仅威胁到职工的人身安全，使生产效率降低，如果发生重大的事故，还会造成机毁人亡的悲剧，有时甚至会从根本上动摇厂矿企业的基础，这样的事例在现实中也决非少数。

例如，1987年3月15日凌晨2时39分，我国哈尔滨亚麻纺织厂发生了特大粉尘爆炸事故，这个在远东、在亚洲屈指可数的大型亚麻厂在顷刻间，处于爆炸与大火之中。这场事故造成一些人员伤亡，还造成大批的设备毁损，直接经济损失达881.9万元。这起事故摧毁了前纺和梳麻车间，第三变电所，地下原麻养生库，东部除尘室，中央换气室，不同程度地破坏了细纱和准备车间。189台（套）机械、电气等生产设备被掀翻、砸压、火烧，灾害覆盖面积达1.3万 m^2，造成梳麻车间、前纺车间、细纱湿纺车间全部停产，准备车间部分停产。

因此，厂矿企业中防止事故实现安全生产是整个厂矿企业顺利进行生产的保证，安全是厂矿企业的生命线，在厂矿企业中必须强调"安全第一"。

六、事故对社会的影响

在当今的社会中，经济建设和科学技术迅速发展，安全已渗透到人们进行生产活动和日常生活的各个领域。安全生产问题已是政治、经济、社会环境、科学技术、人员素质等诸多因素的综合反映，安全已成为全社会的需要。

厂矿企业不是孤立于社会之外，而是存在于社会之中。它通过生产给人们带来物质和文化上的好处，虽然这种物质和文化上的好处会对社会有所贡献，但是如果厂矿企业在生产活动中，对固有的和潜在的危险，以及可能出现的各种危险有害因素认识不足，考虑不周，防范不当，措施不力，一旦发生事故，不但会造成本厂矿企业的机器设备的损坏，人员伤亡，还会影响到左邻右舍的安全，同时还会招致本厂矿企业的产品用户的重大损失。甚至进一步造成一系列的严重的社会经济问题，给社会带来不良的政治影响和不和谐因素。

首先，事故的发生会给国家造成巨大的损失，影响我国国民经济建设的健康、稳定、顺利发展。

例如：1993年8月5日，深圳市安贸危险物品储运公司清水河化学危险品仓库发生的特大爆炸火灾事故，造成15人死亡，141人受伤住院治疗，其中重伤34人，直接经济损失2.5亿元。

再例如：2004年4月15日19时左右，位于重庆市江北区的重庆天原化工总厂氯冷凝器发生局部的二氧化氮爆炸后，16日凌晨、16日下午液氯储罐发生爆炸，大量氯气泄漏，在整个事故中造成9人死亡和失踪、3人受伤。重庆天原化工总厂周围的15万居民进行了大转移。

再根据近期事故处理经费支出统计，工伤事故死亡1人，直接经济损失超过10000元；尘肺病患者每人每年医疗、抚恤、工资、补助等费用支出超过5000元。若按此标准计算，全国每年因工伤死亡和尘肺病造成的直接经济损失就达几百亿元，间接经济损失就更为惊人。

这种情况势必阻碍着我国国民经济建设的顺利发展。

其次，不断恶化的伤亡事故和职业病，会影响社会的稳定与和谐。

据有关资料统计，1988年，全国县以上的国有、集体企业，共发生死亡3人以上的重大伤亡事故80起，死亡451人；一次死亡10人以上的矿山事故，仅1988年11月份就发生11起。我国接触各类有害作业的职工达2千多万人，1987年全国厂矿企业共报告新发职业病患者30143例，其中居首位的尘肺病患者占全部职业病例的51.6%。此外，各种急、慢性中毒也不断发生，急性中毒1816例，死亡120例。铅、苯、三硝基甲苯等慢性中毒2974例。

据2003年不完全统计，近年来全国每年事故死亡13万多人；伤残70万人；职业病危害70多万人，造成直接经济损失大体上在1500亿元以上，占GDP的2.5%。

这些危及人身安全和健康的恶劣劳动条件，对职工产生不安、恐惧的心理。严重的事故和职业病所造成的人身伤亡，不仅使本人受到伤害，而且使其家庭蒙受巨大的不幸，同时也给成千上万的人民群众造成心理上难以承受的阴影、消沉、甚至愤怒情绪。据中华全国总工会调查公布的材料，在吉林、辽宁等地都相继发生过因尘肺患者忍受不了病痛的折磨而自杀的悲剧。对这个因素，如果处理不当，还会激化矛盾，影响社会安定与和谐。一些地方因尘毒严重，怠工、停工和居民以冲砸工厂来阻止生产的事件不断发生。在冶炼、铸造、煤矿采掘等行业普遍存在着招工难和工人自动辞职的现象。有的尘毒严重的厂矿企业还出现了男青工无人敢嫁，女青工无人敢娶，很多职工不惜付出高额代价要求调离的情况。可见尘毒危害严重影响了职工队伍的稳定和积极性，已构成了社会不安定、不和谐因素。因此，对事故和职业病的发生绝不能掉以轻心。

再者，事故的发生在政治上造成极坏的影响。

据有关资料统计，1988年，铁路系统共发生行车重大和大事故49起，铁道道口和路外事故14919起，共死亡8949人。其中还损坏汽车1067辆，拖拉机1122台，其他车辆230辆，损坏铁路机车661台，车辆226辆，铁路1255m。

更为严重的是，1988年初接连发生几次旅客列车重大伤亡事故，以及几起空难事故。例如，1988年1月24日，80次旅客列车在贵昆线颠覆；3月24日，沪杭铁路线上311次旅客列车与迎面驶来的208次旅客列车相撞，造成死亡29人，伤27人的重大列车事故等。

再例如，2003年12月23日重庆市开县发生油气井喷事故，富含硫化氢的气体从钻具水眼喷涌达30m高程，硫化氢浓度达到100PPm以上，失控的有毒有害气体随空气迅速扩散，导致短时间内发生大面积灾害，先后造成243人及大量的牲畜、动物死亡，逾万人受到伤害，4万余人撤离家园。

尤为严重的是，2004年10月20日22时10分河南省新密市郑煤集团大平煤矿发生特大瓦斯爆炸事故，造成148人死亡；2004年11月28日7时10分，陕西省铜川陈家山煤矿发生特大瓦斯爆炸事故，造成141名矿工死亡；2005年2月14日，辽宁省阜新矿业集团发生特大瓦斯爆炸事故，造成214名矿工遇难。2007年12月5日23时15分，山西省临汾市洪洞县瑞之源煤业有限公司新窑煤矿发生特大瓦斯爆炸事故，造成105名矿工遇难。

这一例例、一起起特大伤亡事故的发生足已引起人们关注的目光。这些事故除了造成人员上的重大伤亡和经济上的重大损失之外，还震惊了国内外，在国内外造成了极坏的政治影响。

此外，事故的发生，影响党和国家的其他一系列重要政策的实施。

安全是人类进行生产活动和生活的客观需要，是人类文明进步的必然趋势。在旧社会，工人处于饥寒交迫的困境之中，为了一家的温饱，不得不冒着伤亡的危险而被迫给资本家进行劳动。再由于当时的工人处于缺少文化的无知状态，他也是不会介意因劳动条件的恶劣会造成职业病的威胁而去进行劳动的。在解放后，我国的生产力有了突飞猛进的发展，如今的工人，生活上有了保障，文化素养有了很大的提高，他们就再也不肯在伤亡和职业病的威胁下冒险进行生产劳动。因此，近年来在我国，人们把安全、卫生、舒适的劳动条件作为职业选择的重要标准。目前，在煤与非煤矿山、化工、建材、纺织等系统，在铸造、玻璃、陶瓷、蓄电池、碳素及危险品运输等行业，已经出现了招工招不进，招进留不住的倾向。甚至于一些矿山的高等院校也出现了招生难的现象。这种倾向有越来越严重的趋势。

随着我国计划生育这一基本国策的深入实施，独生子女必将成为今后5~10年的主要劳动者。一些危险性较大的，劳动条件较差的行业，用工将会出现危机。这些人一旦发生伤亡事故或职业病，要影响到三个家庭、4个老人和1个配偶与及子女的生活。那时人们对事故伤亡或职业病的心理承受能力相当薄弱，即使国家实行高数额赔偿抚恤政策，也很难消除人们的悲痛和愤慨。这个问题又必然对计划生育等政策的落实产生不良的影响。因此，防止事故的发生，改善劳动条件具有重要的现实意义和历史意义。

另外，还由于现代化生产为了提高生产效率，不断地向着生产专业化的方向发展，各厂矿企业之间的联系日益加强。一个厂矿企业生产的产品，可能就是其他许多厂矿企业的原料。因此，一个厂矿企业发生事故，造成停工停产，必然要影响其他很多厂矿企业的生产的正常进行。

在此，还需提出的是，从厂矿企业生产过程中排出的有毒有害气体、蒸气和粉尘，会污染周围环境的空气，排出的废水会污染江河湖海，产生的噪声和振动也要影响周围地区。这些危害因素不仅危及人类，也危及农田、鱼类和家畜，威胁到人类的生存环境。

七、事故原因和追溯

事故现象是过去发生的，不可能再使之恢复到原来事故发生前的状况，但为了防止事故的重复发生，首先就必须揭示事故的原因。也就是说，必须追溯事故发生时的经过情况，使发生事故时的整个过程及状况，在人们的心理上再重新显现出来，或者采用现代科学技术使事故发生的整个过程在电脑屏幕上再现。

然而，对于时间来说，在本质上是易逝去的，是一去不复返的。人们之所以能够感觉到它，就是能够通过人们的大脑去追忆时间，形成空间的时间或量的时间的概念，从而感受到时间。因此，事故原因的追溯，也就是指从已逝去的时间上去追忆事故发生的整个经过过程。

对事故发生全过程进行追溯，并为判断事故发生的真正原因找到线索，就需要对事故发生后的现场进行仔细的勘察。同时，在事故当事人或事故受害者还活着的时候，有必要让其回忆事故发生时的一些情况，以便寻找一些线索。然而，这种回忆的情况不一定完全真实，因为他只能对当时印象较为深刻的一些情况进行回忆，还由于时间本来是一瞬即逝的东西，因此对事故发生的瞬间所获得的一些印象，也许有记错的可能，或者由于心理上存在着某种因素有故意歪曲事实的情况，这一客观事实不能说不存在。因此，如有其他的事故目击者，就可提供相对较为真实的事故发生原因的一些线索。虽然，追溯事故发生的原因，要了解事故的真实情况，有时是相当困难的。但是，为了采取正确的对策来防止类似事故的重复发生，就必须最大限度地掌握接近事故发生的真实情况。

由于事故致害物对人造成直接伤害的后果，因此致害物比较容易掌握，但要找出究竟是哪些原因，又是经过怎样的过程而造成其后果，却不是一件简单之事。因此，要从时间上去对事故进行追溯，并得出结论，往往有一些困难。但无论如何，为了防止事故的再次发生，也必须对事故发生的原因进行追溯。

从对人体产生伤害的直接物体去追溯事故发生的原因，可以看出其原因决非单一。因为伴随着时间的往后推移，会有种种因素同时存在，并且在诸多种因素之间或多或少地有着一定的相互关系，还可能由于某种偶然的机会而造成了这种后果。因此，在制定防止事故的对策时，应尽可能多地掌握事故的直接原因和间接原因，并深入剖析其根源。

八、事故的因果联系

事故与原因之间的关系是复杂的，它所表现的形式也是多种多样的，有一因多果，一果多因，多因多果等。在多种原因中，又有内部原因、外部原因、主要原因、次要原因、直接原因、间接原因、主观原因、客观原因等等。在多结果中，有积极的结果、消极的结果、主要结果、次要结果、直接结果、间接结果等等。因此，对事故必须进行全面而又具体的分析，弄清楚各种原因及结果的作用和地位，既要看到事故与原因之间的因果联系，又要认识到事故的复杂性，并辨明逻辑关系。只有这样才能科学地揭示出事故的因果联系，从而科学地进行事故管理。

九、事故发生的物的原因

生产环境条件以及物的原因，即指物的不安全状态，即发生事故时，所涉及到的物质。它除了包括生产过程中的原料、燃料、产品、副产品、废水、废气、废渣、机械设备、工器具、附件等与生产有直接关系的物质以外，还包括其他非生产性物质，如建筑物、构筑物、护栏、道路、地面、安全间距等等。在通常情况下，事故所涉及到的物质，要比所涉及到的人复杂得多。物之所以成为事故的原因，是因为物质的固有属性及其具有潜在的破坏能力所构成的危险因素的存在。常见的各种储存着能量的物质，如炸药、煤粉、氧气、氢气、一氧化碳、苯、甲醇、铁水等，它们分别具有化学能、热能，在一定条件下会爆炸、燃烧；又如锅炉、压力容器、盛装可燃气体气柜、气体压缩机械等装置之类，在使用过程中，由于压力剧烈波动，或压力容器的设计、制造存在缺陷，或材质选择不当，或材质发生老化、龟裂、腐蚀等，都可能引起爆炸。

能量也是一种物质，如电能、热能、化学能、机械能、放射能等。在生产作业的能量传递过程中，能量逸散是不可能完全避免的，只能尽可能地减少它们的逸散量。由于能量逸散的缘故而造成伤亡事故的案例遍于所有伤亡事故之中。为此，有人曾从能量学说的观点出发，分析、研究事故发生的规律性，以及各事故之间的转换规律，并提出相应的预防对策，是有一定道理的。然而，在此应需说明的是，各种能量在一定条件下可以相互转换，并对人体造成伤害。例如，一职工手拿蒸汽皮管站在火车头上，由于皮管内的压力大，使皮管剧烈抖动，以至将其摔倒坠落在铁轨上而死亡。又如，高举着的手锤脱落或打击钢钎不准，使掌钎者受到伤害；皮带机工在运行的皮带输送机上加油、检修或清扫杂物时，人体被卷入所造成的伤害等等。这些虽然都是由于人的不安全行为所引起的，但伤害的实质原因却是由于存在着物的危险因素。因此，应充分注意事故发生的物的原因。

物的不安全状态，是随着生产过程中物质条件的存在而存在，并且随着生产作业方式、作业时间、工艺条件等因素的变化而变化。例如，粉煤球磨机的出口温度；易燃液体的贮罐的温度等都应控制在一定的范围内，否则，就有可能发生爆炸、燃烧的危险。

对于机器设备，在刚投入生产的初始阶段，具有较高的可靠性和安全性。但经过一段时期的使用后，由于存在着有形的磨损以及无形的磨损，其使用的安全性能便会逐渐降低，并随着使用时间的增加，最终必然会发生事故。为了避免机器设备在使用晚期出现突发性事故，人们开始注重对机器设备的使用寿命的研究。

上述可见，物的不安全状态是构成事故的物质基础。它是客观存在着的事物，是事故发生的基础原因。它可以由一种不安全状态转换为另一种不安全状态，也可以由一种物质传递给另一种物质。事故的严重程度随着物质的不安全程度的增大而增大。从某种意义上来说，生产发展和技术进步的过程，就是人们对物的不安全状态的不断认识并进行逐步消除的过程。当物质的不安全状态尚未被人们认识的时候，在一定条件下可以直接转化为事故，而当人们对它有了一定认识以后，事故的发生通常要通过人的不安全行为对它进行激发。但是，只要防护得当，管理科学，行为安全，则物的不安全状态所造成的事故则是完全可以避免的。

十、事故发生的环境原因

人的一系列不安全行为，常常在事故原因分析中出现。人的"疏忽"或"不注意"也确实是引起事故的直接因素，但是，如果一概地指责作业人员的"疏忽"或"不注意"则是片面的，有时甚至是错误的。人的"疏忽"或"不注意"是一种表面现象，而应透过现象看到事物的实质，现象是问题实质的向导。因此，重要的问题是应当研究什么样的条件或环境，以及什么原因容易使人产生"疏忽"或"不注意"。人的不安全行为是在一系列复杂的过程中出现的，从表面看，人的过失是明显的问题，但造成过失的背后，却是不易接受的环境条件。事实上，在某些情况下，真正应当受到指责的是这种环境条件而不是作业人员。例如，在某厂区铁路转弯处的两旁建有房屋，并栽种有树木，一职工在横穿铁路时，被机车碾死。在分析这一重大伤亡事故时，有的人认为该职工"不注意"来往机车，指责他不观望清楚就横穿铁路，应当自负其责；而有的人则认为是机车司机的过失，指责司机"疏忽"，事故责任者应当是司机。这些人在分析这一起事故原因时显然是片面的、浮浅的。因为他们忽略了"人的视线是直的"这一客观事实。而建筑物及树木挡住了司机和受害者的瞭望视线才是事故的真正原因。因此，虽然大多数事故的直接原因是由于人的不安全行为引起的，然而不安全的环境这一客观原因应当必须首先考虑。

为了满足生产作业的需要，需要人为地制造一个特殊的人工环境，即通常所说的生产环境。在生产环境中，生产作业需要不断地输入能量，而在能量流动的过程中，难免会或多或少地出现能量逸散现象。例如，以输送到起重机械系统中的机械能作为100%的话，则在齿轮和轴承部分大约要损耗12%的能量，吊绳重量的提升部分大约要损耗3%的能量，消耗在电动机上的能量约占14%，消耗在磁力制动器上的能量大约为1%，因此真正用于提升重物的能量实际上只有70%。此外，在生产环境中，作业地点的平面和空间，设置着各种各样的管道、线路，安装着各种式样的机械、设备，这些机械和设备有的是固定的，有的转动或平动的。这些机械和设备等或者存在着局部过热、过冷现象，或者产生振动与噪声，或者泄漏出有毒有害气体与粉尘。另外，还有作业场所的照明、色彩、温度、湿度、通风条件等等。在这种人工环境中，如果人们仍然按照自然环境的习惯去处理问题，则就会发生这样或那样的伤亡事故，因此，在追溯事故原因时必须高度重视环境因素。

十一、事故发生的人为原因

所谓事故发生的人为原因，就是指由于人的不安全行为的原因而导致事故的发生。在厂矿企业生产过程中，发生的各种类型的伤亡事故，其原因不管是直接的还是间接的，都可以说是由于人们的行动失误所引起的。例如，人的不安全行为可以导致物的不安全状态，也可能出现管理上的缺陷，还可能形成事故隐患，并触发隐患而导致事故。

人成为发生事故的原因之一是由于人与人之间存在着差异，有时这些差异是很大的，但对于这种简单而又明显的现象，常常被人们所忽视。产生人的差异的因素是很多的，例如，人有高矮，智力有高低，反应有快慢，视力有好坏、听力有好坏，辨色力有强弱等差异。这类差异是生物学所决定的，属于先天性的范畴。再如，人不是一个单纯的自然的人，而是一个处在特定历史条件下的社会上的人。由于每个人的经历和处境不同，因此所积累的经验和教训、技能、观念等也就不尽相同。政治、经济、道德、法律、教育、家庭，都是引起人的差异的因素，这些属于后天性的范围。

人具有思维，具有自由意志，人的这一特点对于完成某种规定的机械运动来说，则成为一种弱点，其失误的几率要比机器大的多。并且由于经常重复地使用身体的某一组织或某一器官，致使该组织或器官容易疲劳。例如，在进行产品的质量检查或产品的计数作业时，眼部器官工作量最大，活动最频繁，因而也易疲劳，故容易发生事故。从事故原因的统计分析中，也可经常见到作业持续时间的长短会影响伤亡事故发生的频率。还有，人的技术水平的高低、年龄、性别等，也都会影响伤亡事故发生的频率。这些都是从人的因素出发，去进行事故原因的统计分析的。

此外，尽管人具有防范事故的本能，不希望受到伤害，并且根据这种希望产生自以为安全的行为，但人具有思维，由于受到环境、物质状态以及自身素质等条件的影响或制约，有时会出现主观意志与客观实际不相一致的现象。因此，对于同一客观物质，会因人而异，产生各种不同的反应。例如，看见红光时，有的人会产生"热情"、"活跃"的感觉，有的人会联想到交通信号中的"停车"标志，但有的人却因患色盲症而什么也感受不到。如果人的主观意志与客观实际相吻合的程度越接近，则人的行为的安全可靠性则越大，反之，则越不安全。例如，某一通道上因检修地下管道的需要而挖了一个大坑，知道该事件的人就会小心翼翼地通过或者绕道而行，以避免摔入坑内。否则，就要发生伤亡事故。

十二、事故发生的管理原因

一般认为,事故发生都是由于人、物或者环境因素等引起的,诸如人的不安全行为、物的不安全状态、环境条件的不良等原因所致。但对事故进行进一步的深入分析后,不难发现,发生事故的真正根源也有是由于管理上的缺陷引起的。

管理上的缺陷往往是导致不安全物质状态和不安全人的行为,虽然它不是造成事故的直接原因,有时却是导致事故发生的本质原因。

管理上的缺陷通常表现如下:

1. 产品或工程设计有缺陷或使用的材料有问题,造成了物质上的不安全状态。
2. 安全管理不科学,安全管理组织不落实或不健全,安全生产责任制不明确或不贯彻,领导者有官僚主义作风。
3. 安全生产规章制度和安全技术操作规程不完善、不健全,实施不力。
4. "安全第一、预防为主"的安全方针贯彻不认真,安全生产工作流于形式,安全生产措施落不到实处。
5. 对职工的安全教育和技术培训不够,职工的安全意识不强,安全技能较低,劳动纪律松弛,对新工人的安全教育和特种作业人员的安全技术培训不落实,职工工作分配不当,用人不妥。
6. 发生工伤事故不及时调查,不及时采取防范措施,事故处理不认真,法制观念淡薄,执法不严。

安全管理的内容极其丰富,因此随着科学技术的不断进步以及生产规模的日益扩大,安全管理应同整个企业管理一样,需要由传统的管理逐步向现代化管理转变,即强调以人为中心的管理。在管理方法上广泛应用现代科学技术,如运筹学、计算机技术、系统工程等。

第二节 伤亡事故报告

一、职工伤亡事故报告制度

职工伤亡事故报告制度是1956年国务院颁布的《工人职员伤亡事故报告规程》中所规定的一项制度。1991年3月1日,国务院根据我国目前的实际情况,对1956年公布的《工人职员伤亡事故报告规程》进行修订,公布了《企业职工伤亡事故报告和处理规定》,并自1991年5月1日起施行。2007年4月7日,国务院对《企业职工伤亡事故报告和处理规定》又进行了修订,公布了《生产安全事故报告和调查处理条例》,并于2007年6月1日起执行。

所谓职工伤亡事故报告制度,实质上是指国家对厂矿企业职工伤亡事故的报告、登记、调查、处理、统计和分析工作的一项规定。伤亡事故报告制度是劳动保护和安全管理工作的一项重要内容。

厂矿企业发生了伤亡事故,不得隐瞒不报、虚报或者故意延迟报告。否则,除责成补报外，责任者应受到纪律处分，情节严重的应该受到刑事处分。

为认真贯彻执行党和国家关于安全生产工作的方针、政策、法规，各级安全生产监督管理部门和厂矿企业的主管部门，必须及时准确地掌握厂矿企业职工伤亡事故的情况，根据厂矿企业对伤亡事故的报告，研究伤亡事故发生的情况、原因和规律，总结经验教训，采取消除伤亡事故的对策和措施，防止事故的重复发生，确保安全生产。

根据国家规定，厂矿企业对已发生的伤亡事故应及时向国家有关机关及有关部门报告，同时应认真总结和吸取事故的教训，从而使安全生产工作抓住要害，力争减少或消灭伤亡事故。

职工伤亡事故报告制度是与伤亡事故作斗争的强大武器，对我国劳动保护和安全生产工作的发展起了很大的推进作用，这一点已被多年来的实践所证明。从伤亡事故的报告、统计、分析中，可掌握职工伤亡的情况，也可反映各个时期劳动保护和安全管理工作的成绩和存在的问题，便于找出事故发生的原因和规律，从而明确一定时期内劳动保护和安全生产工作的重点内容。通过对伤亡事故的调查、处理，可使厂矿企业中的广大干部和职工受到一次深刻的安全教育，从而提高贯彻执行党和国家关于安全生产的自觉性。与此同时，还可针对厂矿企业在安全管理中存在的问题，使企业管理工作得到进一步的改善。因此，伤亡事故报告制度是加强劳动保护，搞好安全生产的一项十分重要的措施，每一个厂矿企业都必须严格执行国家关于职工伤亡事故报告制度的规定。

职工伤亡事故报告制度，是国家法律所规定的。要求严格执行这项制度，其目的是为了让厂矿企业领导人和广大职工认真总结血的教训，亡羊补牢，把今后的安全生产工作做得好些。即使有些事故涉及某些人的责任，追究法律责任，其目的也是如此。因此，认真执行伤亡事故报告制度乃是厂矿企业领导人的天职。

然而，一个时期以来，屡屡出现少数厂矿企业隐瞒伤亡事故的问题，或者采取偷梁换柱的不正当手法把一些伤亡事故说成是意外事故等，掩盖事故真实情况，不予上报。当然这与有些厂矿企业领导人的思想认识不高或者为了某种需要有关，但更多的原因在于推脱法律责任，逃避处罚。为了反对和制止隐瞒伤亡事故的违法行为，需要多方面的努力。首先是有关厂矿企业领导人应提高认识，懂得只有敢于如实报告伤亡事故的真象，并认真吸取教训，才能下决心改进安全管理，挽回不良影响。如果文过饰非，肆意隐瞒伤亡事故，不仅不利于改进工作，而且会错上加错，其后果将不堪设想。其次，安全生产监察管理部门一定要为政清廉，坚持依法秉公办事，以廉洁的模范行为树立国家的崇高威望。

二、职工伤亡事故的报告

厂矿企业中如发生职工轻伤事故后，负伤者或事故现场有关人员应将事故发生的时间、地点、经过、原因等，立即报告车间主任（工段长），车间主任（工段长）在当日（或当班）下班前报告厂矿企业负责人和厂安全技术部门。

对于轻伤事故，负伤人员所在车间的车间主任须会同厂安全技术部门的安全技术人员、车间安全员，以及车间工会分管劳动保护工作的人员对事故发生的原因进行调查，并将调查结果和拟定的防范措施分送厂矿企业负责人、厂安全技术部门和厂工会，分送的时间一般不能迟于事故发生后48小时。与此同时，负伤人员所在车间的车间安全员应填写《伤亡事故登记表》，一式两份，车间主任签字后，一份《伤亡事故登记表》及负伤人员的伤情诊断证明书报送厂安全技术部门，以便厂安全技术部门登记、统计、汇总和存档备案。另一份《伤亡事故登记表》则由车间安全员存档备查。

厂矿企业中若发生了职工重伤事故后，负伤者或事故现场有关人员应当立即直接或逐级报告厂矿企业负责人和厂安全技术部门。企业负责人和厂安全技术部门负责人接到事故报告后，应当立即用快速办法（最迟不得超过1小时），报告企业主管部门和当地安全生产监督管理部门、公安部门、人民检察院、总工会等。

厂矿企业中如发生了职工死亡事故或重大死亡事故后，事故的负伤人员或事故现场有关人员应当立即或逐级报告厂矿企业负责人和厂安全技术部门。厂矿企业负责人和厂安全技术部门负责人接到报告后，应当立即用快速办法（最迟不得超过1小时），报告企业主管部门和当地安全生产监督管理部门、公安部门、劳动保障行政部门、总工会、人民检察院等。

对于重伤、死亡事故，厂矿企业负责人应在事故发生后，尽快亲自组织厂安全技术部门、厂工会、厂劳动工资部门，以及其他有关部门的人员，对事故进行调查。当地安全生产监督管理部门、工会组织和其他有关部门可派人员参加。调查结束后，厂安全技术部门负责填写《死亡、重伤事故调查报告书》，其中必须确定事故发生的原因，拟定改进措施，提出对事故责任者的处理意见，并按照程序分送厂矿企业负责人、厂工会、厂矿企业主管部门、当地安全生产监督管理部门和工会组织，以及其他参加事故调查的单位。

厂矿企业主管部门和厂矿企业所在地安全监督管理部门接到死亡、重大死亡事故报告后，应立即用快速办法，按系统逐级上报，死亡事故报至省、自治区、直辖市厂矿企业主管部门和安全监督管理部门，重大死亡事故由省、自治区、直辖市企业主管部门、安全监督管理部门在1小时内用电话、电报、传真等快速办法分别报告厂矿企业主管部、委和国家安全生产监督管理总局。厂矿企业主管部门接到事故报告后，也应立即用电话报告国家安全生产监督管理总局。

厂矿企业的主管部门、当地安全生产监督管理部门和工会组织在收到厂矿企业报送的《死亡、重伤事故调查报告书》后，应将调查报告书副本及时转报上级单位。

附：伤亡事故登记表

伤亡事故登记表

车间　　　　　　　　　　　　　　　　　表　号：劳护统第一号表
发生事故日期　　年　月　日　时　分　　制表机关：国家统计局
事故类别　　　主要原因分析　　　　　　　　　　　（原）劳动部

姓　名	伤亡情况（轻重死）	工种及级别	性别	年龄	本工种工龄	受过何种安全教育	歇工总日数	附　注

事故经过和原因：

预防事故重复发生措施：

车间负责　　　　　　　制表人　　　　　　　　　年　月　日

附：死亡、重伤事故调查报告书

死亡、重伤事故调查报告书

表　　号：国劳字第 1 号表

制表机关：（原）劳动部

1. 企业详细名称：_____
2. 业别_____分级隶属关系（中央、省、专、市、县）
   直接主管部门_____
3. 发生事故日期和单位_____年_____月_____日_____时_____分
   _____单位_____车间_____
4. 事故类别_____
5. 这次事故伤亡情况：死亡_____人。重伤_____人，轻伤_____人。

姓　名	伤害程度（死亡、重伤、轻伤）	工种及级别	性别	年龄	本工种工龄	受过何种安全教育	备注

6. 估计财务损失：

7. 事故的经过和原因：

8. 预防事故重复发生的措施：

执行措施的负责人：_____完成期限_____检查人_____
9. 对事故的责任分析和对责任者的处理意见：

10. 参加调查的单位和人员（职别）

企业负责人：_____填表人：_____

　　年　　月　　日

三、特别重大事故的报告

所谓特别重大事故，是指造成特别重大人身伤亡或者巨大经济损失，以及性质特别严重、产生重大影响的事故。

根据国务院2007年4月9日颁布了《安全生产事故报告和调查查处理条例》（国务院第493号令）中的规定，事故发生后，事故现场有关人员应当立即向本单位负责人报告；单位负责人接到报告后，应当于1小时内向事故发生地县级以上人民政府安全生产监督管理部门和负有安全生产监督管理职责的有关部门报告。情况紧急时，事故现场有关人员可以直接向事故发生地县级以上人民政府安全生产监督管理部门和负有安全生产监督管理职责的有关部门报告。安全生产监督管理部门和负有安全生产监督管理职责的有关部门接到事故报告后，应当依照规定上报事故情况，并通知公安机关、劳动保障行政部门、工会和人民检察院。特别重大事故、重大事故逐级上报至国务院安全生产监督管理部门和负有安全生产监督管理职责的有关部门；较大事故逐级上报至省、自治区、直辖市人民政府安全生产监督管理部门和负有安全生产监督管理职责的有关部门；一般事故上报至设区的市级人民政府安全生产监督管理部门和负有安全生产监督管理职责的有关部门。安全生产监督管理部门和负有安全生产监督管理职责的有关部门依照规定上报事故情况，应当同时报告本级人民政府。国务院安全生产监督管理部门和负有安全生产监督管理职责的有关部门以及省级人民政府接到发生特别重大事故、重大事故的报告后，应当立即报告国务院。必要时，安全生产监督管理部门和负有安全生产监督管理职责的有关部门可以越级上报事故情况。安全生产监督管理部门和负有安全生产监督管理职责的有关部门逐级上报事故情况，每级上报的时间不得超过2小时。

这里所规定的特别重大事故是指造成30人以上死亡，或者100人以上重伤（包括急性工业中毒，下同），或者1亿元以上直接经济损失的事故；重大事故，是指造成10人以上30人以下死亡，或者50人以上100人以下重伤，或者5000万元以上1亿元以下直接经济损失的事故；较大事故是指造成3人以上10人以下死亡，或者10人以上50人以下重伤，或者1000万元以上5000万元以下直接经济损失的事故；一般事故是指造成3人以下死亡，或者10人以下重伤，或者1000万元以下直接经济损失的事故。

报告事故应当包括下列内容：
1. 事故发生单位概况；
2. 事故发生的时间、地点以及事故现场情况；
3. 事故的简要经过；
4. 事故已经造成或者可能造成的伤亡人数（包括下落不明的人数）和初步估计的直接经济损失；
5. 已经采取的措施；
6. 其他应当报告的情况。

当事故报告后出现新情况时，应当及时补报。自事故发生之日起30日内，事故造成的伤亡人数发生变化的，应当及时补报。道路交通事故、火灾事故自发生之日起7日内，事故造成的伤亡人数发生变化的，应当及时补报。

事故发生地有关地方人民政府、安全生产监督管理部门和负有安全生产监督管理职责的有关部门接到事故报告后,其负责人应当立即赶赴事故现场,组织事故救援。

事故发生后,有关单位和人员应当妥善保护事故现场以及相关证据,任何单位和个人不得破坏事故现场、毁灭相关证据。因抢救人员、防止事故扩大以及疏通交通等原因,需要移动事故现场物件的,应当做出标志,绘制现场简图并做出书面记录,妥善保存现场重要痕迹、物证。事故发生地公安机关根据事故的情况,对涉嫌犯罪的,应当依法立案侦查,采取强制措施和侦查措施。犯罪嫌疑人逃匿的,公安机关应当迅速追捕归案。

安全生产监督管理部门和负有安全生产监督管理职责的有关部门应当建立值班制度,并向社会公布值班电话,受理事故报告和举报。

对已发生特别重大事故的单位,故意拖延迟报、隐瞒不报、谎报或故意破坏事故现场的有关责任者经查实后,按国家和省有关规定,追究其责任,情节严重、触犯刑律的依法追究刑事责任。

四、事故的抢救

厂矿企业应制定有发生重大伤亡事故或其他重大事故的抢救方案,以便一旦发生了事故,就可有条不紊地、迅速地、正确地进行抢救和处理。

厂矿企业在发生重大伤亡事故或其他重大事故时,厂矿企业的主管领导必须亲临事故现场进行指挥抢救。在事故抢救中,首先应立即抢救受伤害者,并迅速正确地对事故进行处理,采取有效的措施,防止事故蔓延扩大,防止二次灾害的发生。

厂矿企业的安全、生产、机动、保卫等部门应积极协助主管领导做好事故现场抢救的指挥和警戒工作。所有投入事故抢救的人员要服从命令,听从指挥,不得擅自行动。为了日后对事故进行调查和分析,在抢救时应注意保护事故现场,如为抢救受伤害者或者为了防止事故的蔓延扩大等,需要移动事故现场某些物体时,应做好现场标志。

对有毒有害物质大量外泄事故的场所或者火灾现场,必须设立警戒线,所有无关人员禁止入内,以免发生危险。抢救人员进入事故现场应佩戴气体防护器材,以免自身中毒。对烧伤、烫伤以及中毒等受伤害人员,医护人员应积极做好急救处理工作。

根据事故的性质及程度,及时向有关上级部门报告。

第三节 事故的分类

一、伤亡事故的一般分类

1. 轻伤事故。职工因工负伤后,经医生诊断需休息满一个工作日的事故,称为轻伤事故。

2. 重伤事故。职工因工负伤的时候,经医生诊断可能成为残废的事故,称为重伤事故。

我国劳动保险条例规定,属于下列情况之一者,均为残废。

(1) 完全丧失劳动能力,不能工作,饮食起居需他人扶助者。

(2) 完全丧失劳动能力,不能工作,饮食起居不需他人扶助者。

(3) 部分丧失劳动能力,尚能工作,但需减轻工作量或调换轻便工作者。

根据 1960 年 5 月 23 日原劳动部颁发的《试行"关于重伤事故范围的意见"》的规定，凡有下列情况之一者，均应作为重伤事故处理：

（1）经医师诊断成为残废或可能成为残废的。

（2）伤势严重，需要进行较大的手术才能挽救的。

（3）人体要害部位严重烧伤、烫伤或虽非要害部位，但烧伤、烫伤占全身面积 1/3 以上的。

（4）严重骨折（胸骨、肋骨、脊椎骨、锁骨、肩胛骨、腕骨、腿骨和脚骨等因受伤引起的骨折）、严重脑震荡等。

（5）眼部受伤较剧，有失明可能的。

（6）手部伤害：

① 大拇指轧断一节的；

② 食指、中指、无名指、小指任何一只轧断两节或者任何两只各轧断一节的；

③ 局部肌腱受伤甚剧，引起机能障碍，有不能自由伸屈的残废可能的。

（7）脚部伤害：

① 脚趾轧断三只以上的；

② 局部肌腱受伤甚剧，引起机能障碍，有不能行走自如的残废可能的。

（8）内部伤害：内脏损伤、内出血或伤及腹膜等。

（9）凡不在上述范围以内的伤害，经医生诊断后，认为受伤较重，可根据实际情况参考上述各点，由企业行政会同基层工会作个别研究，提出意见，由当地安全生产监督管理部门和劳动保障行政部门审查确定。

3. 死亡事故。职工因工当时死亡，或负伤后在一个月以内死亡的事故，称为死亡事故。

二、伤亡事故按伤害程度分类

事故发生后，其结果一般有人身受到伤害和人身没有受到伤害两种情况，即使人身受到伤害也还有程度的不同，既有停工时间极短的轻微伤害的情况，也有造成永远不能工作的严重伤害的情况。然而，无伤害到底包括到什么程度，这在本质上也是一个非常复杂的问题，很难划出一条明确的界线。

因此，为了使衡量伤害程度有统一的尺度，在实际应用上，是以损失工作日的数量作为伤亡事故伤害程度的衡量标准的。通常是按损失一个工作日以上与否，将人身伤害分为受到伤害和没有受到伤害。所谓损失工作日，即指受伤害者失能的工作时间。即使对损失一个工作日以上的伤害直至致死伤害，也还要分为若干等级，在进行事故统计时，一般按损失工作日的数量分为轻伤、重伤和死亡 3 个等级。

根据我国国家标准《企业职工伤亡事故分类》（GB 6441）的规定，伤亡事故所造成的伤害按伤害程度可分为以下 3 种：

1. 轻伤。即指职工因工负伤后，经医生诊断需歇工休息满一个工作日，损失工作日低于 105 日的失能伤害。

2. 重伤。即指职工因工负伤后，经医生诊断需歇工休息，其损失工作日等于或超过 105 日的失能伤害。

3. 死亡。即指职工因工负伤后当场死亡，或负伤后在一个月以内因负伤而引起的死亡。

三、伤亡事故按严重程度分类

根据我国国家标准《企业职工伤亡事故分类》（GB 6441）的规定，伤亡事故按严重程度分类如下：

1. 轻伤事故，即指只有轻伤的事故。
2. 重伤事故，即指有重伤无死亡的事故。
3. 死亡事故，分重大伤亡事故和特大伤亡事故。

重大伤亡事故，即指一次事故死亡 1～2 人的事故。
特大伤亡事故，即指一次事故死亡 3 人以上的事故（含 3 人）。

四、伤亡事故类别的划分

为了便于对所发生的伤亡事故进行分析和统计，根据我国国家标准《企业职工伤亡事故分类》（GB 6441）的规定，伤亡事故类别划分如下：

1. 物体打击（包括落物、滚石、锤击、碎裂、崩块、砸伤等伤亡，不包括因爆炸而引起的物体打击）。
2. 车辆伤害（包括挤、压、撞、颠覆等）。
3. 机械伤害（包括绞、碾、碰、割、戳等）。
4. 起重伤害（包括起重设备造成的或操作过程中所引起的伤害）。
5. 触电（包括雷击）。
6. 淹溺。
7. 灼烫。
8. 火灾。
9. 高处坠落（包括从架子上、屋顶上坠落或从地面坠入坑内等）。
10. 坍塌（包括建筑物、堆置物倒塌和土石塌方等）。
11. 冒顶片帮。
12. 透水。
13. 放炮。
14. 火药爆炸（包括生产、运输、贮藏过程中发生的爆炸）。
15. 瓦斯爆炸（包括煤尘爆炸）。
16. 锅炉爆炸。
17. 容器爆炸。
18. 其他爆炸（包括化学爆炸、炉膛爆炸、钢水包爆炸等）。
19. 中毒和窒息（包括煤气、油气、沥青、化学、一氧化碳等中毒）。
20. 其他伤害（包括扭伤、跌伤、冻伤、野兽咬伤等）。

五、伤亡事故按受伤部位的分类

受伤部位即指受事故伤害者身体受伤的部位。

根据我国国家标准《企业职工伤亡事故分类》（GB 6441）的规定，伤亡事故所造成的伤害按受伤部位分类，见表8-1。

伤亡事故按受伤部位分类表　　　　　　　　　　　　　　　　表8-1

分类号	受伤部位名称	分类号	受伤部位名称
1.01	颅脑	1.12.3	肘部
1.01.1	脑	1.12.4	前臂
1.01.2	颅骨	1.13	腕及手
1.01.3	头皮	1.13.1	腕
1.02	面颌部	1.13.2	掌
1.03	眼部	1.13.3	指
1.04	鼻	1.14	下肢
1.05	耳	1.14.1	髋部
1.06	口	1.14.2	股骨
1.07	颈部	1.14.3	膝部
1.08	胸部	1.14.4	小腿
1.09	腹部	1.15	踝及脚
1.10	腰部	1.15.1	踝部
1.11	脊柱	1.15.2	跟部
1.12	上肢	1.15.3	蹠部（距骨、舟骨、蹠骨）
1.12.1	肩胛部	1.15.4	趾
1.12.2	上臂		

六、伤亡事故按受伤性质的分类

受伤性质即指受事故伤害者人体受伤的类别。

受伤性质确定的原则如下：

（一）应以受伤当时的身体情况为主，结合愈后可能产生的后遗障碍全面分析确定。

（二）多处受伤，按最严重的伤害分类，当无法确定时，应鉴定为"多伤害"。

根据我国国家标准《企业职工伤亡事故分类》（GB 6441）的规定，伤亡事故按受伤性质分类见表8-2。

伤亡事故按受伤性质分类表　　　　　　　　　　　　　　　　表8-2

分类号	受伤性质	分类号	受伤性质
2.01	电伤	2.10	切断伤
2.02	挫伤、轧伤、压伤	2.11	冻伤
2.03	倒塌压埋伤	2.12	烧伤
2.04	辐射损伤	2.13	烫伤
2.05	割伤、擦伤、刺伤	2.14	中暑
2.06	骨折	2.15	冲击伤
2.07	化学性灼伤	2.16	生物致害
2.08	撕脱伤	2.17	多伤害
2.09	扭伤	2.18	中毒

七、伤亡事故按起因物的分类

起因物即指导致事故发生的物体、物质。

根据我国国家标准《企业职工伤亡事故分类》(GB 6441)的规定,伤亡事故按起因物分类见表8-3。

伤亡事故按起因物分类表　　　　　　　　　　表8-3

分类号	起因物名称	分类号	起因物名称
3.01	锅炉	3.15	煤
3.02	压力容器	3.16	石油制品
3.03	电气设备	3.17	水
3.04	起重机械	3.18	可燃性气体
3.05	泵、发动机	3.19	金属矿物
3.06	企业车辆	3.20	非金属矿物
3.07	船舶	3.21	粉尘
3.08	动力传送机构	3.22	梯
3.09	放射性物质及设备	3.23	木材
3.10	非动力手工具	3.24	工作面(人站立面)
3.11	电动手工具	3.25	环境
3.12	其他机械	3.26	动物
3.13	建筑物及构筑物	3.27	其他
3.14	化学品		

八、伤亡事故按致害物的分类

致害物即指直接引起伤害及中毒的物体或物质。

根据我国国家标准《企业职工伤亡事故分类》(GB 6441)的规定,伤亡事故按致害物分类见表8-4。

伤亡事故按致害物分类表　　　　　　　　　　表8-4

分类号	致害物名称	分类号	致害物名称
4.01	煤、石油产品	4.05.5	蓄电池
4.01.1	煤	4.05.6	照明设备
4.01.2	焦炭	4.05.7	其他
4.01.3	沥青	4.06	梯
4.01.4	其他	4.07	空气
4.02	木材	4.08	工作面(人站立面)
4.02.1	树	4.09	矿石
4.02.2	原木	4.10	粘土、砂、石
4.02.3	锯材	4.11	锅炉、压力容器
4.02.4	其他	4.11.1	锅炉
4.03	水	4.11.2	压力容器
4.04	放射性物质	4.11.3	压力管道
4.05	电气设备	4.11.4	安全阀
4.05.1	母线	4.11.5	其他
4.05.2	配电箱	4.12	大气压力
4.05.3	电气保护装置	4.12.1	高压(指潜水作业)
4.05.4	电阻箱	4.12.2	低压(指空气稀薄的高原地区)

续表

分类号	致害物名称	分类号	致害物名称
4.13	化学品	4.14.21	皮带传送机
4.13.1	酸	4.14.22	其他
4.13.2	碱	4.15	金属件
4.13.3	氢	4.15.1	钢丝绳
4.13.4	氨	4.15.2	铸件
4.13.5	液氧	4.15.3	铁屑
4.13.6	氯气	4.15.4	齿轮
4.13.7	酒精	4.15.5	飞轮
4.13.8	乙炔	4.15.6	螺栓
4.13.9	火药	4.15.7	销
4.13.10	炸药	4.15.8	丝杠、光杠
4.13.11	芳香烃化合物	4.15.9	绞轮
4.13.12	砷化物	4.15.10	轴
4.13.13	硫化物	4.15.11	其他
4.13.14	二氧化碳	4.16	起重机械
4.13.15	一氧化碳	4.16.1	塔式起重机
4.13.16	含氰物	4.16.2	龙门式起重机
4.13.17	卤化物	4.16.3	梁式起重机
4.13.18	金属化合物	4.16.4	门座式起重机
4.13.19	其他	4.16.5	浮游式起重机
4.14	机械	4.16.6	甲板式起重机
4.14.1	搅拌机	4.16.7	桥式起重机
4.14.2	送料装置	4.16.8	缆索式起重机
4.14.3	农业机械	4.16.9	履带式起重机
4.14.4	林业机械	4.16.10	叉车
4.14.5	铁路工程机械	4.16.11	电动葫芦
4.14.6	铸造机械	4.16.12	绞车
4.14.7	锻造机械	4.16.13	卷扬机
4.14.8	焊接机械	4.16.14	桅杆式起重机
4.14.9	粉碎机械	4.16.15	壁上起重机
4.14.10	金属切削机床	4.16.16	铁路起重机
4.14.11	公路建筑机械	4.16.17	千斤顶
4.14.12	矿山机械	4.16.18	其他
4.14.13	冲压机	4.17	噪声
4.14.14	印刷机械	4.18	蒸气
4.14.15	压辊机	4.19	手工具(非动力)
4.14.16	筛选、分离机	4.20	电动手工具
4.14.17	纺织机械	4.21	动物
4.14.18	木工刨床	4.22	企业车辆
4.14.19	木工锯机	4.23	船舶
4.14.20	其他木工机械		

九、伤亡事故按伤害方式的分类

伤害方式即指致害物与人体发生接触的方式。

根据我国国家标准《企业职工伤亡事故分类》(GB 6441)的规定,伤亡事故按伤害方式分类见表8-5。

伤亡事故按伤害分式分类表　　　　　表 8-5

分类号	伤害方式	分类号	伤害方式
5.01	碰撞	5.08	火灾
5.01.1	人撞固定物体	5.09	辐射
5.01.2	运动物体撞人	5.10	爆炸
5.01.3	互撞	5.11	中毒
5.02	撞击	5.11.1	吸入有毒气体
5.02.1	落下物	5.11.2	皮肤吸收有毒物质
5.02.2	飞来物	5.11.3	经口
5.03	坠落	5.12	触电
5.03.1	由高处坠落平地	5.13	接触
5.03.2	由平地坠入井、坑洞	5.13.1	高低温环境
5.04	跌倒	5.13.2	高低温物体
5.05	坍塌	5.14	掩埋
5.06	淹溺	5.15	倾覆
5.07	灼烫		

十、伤亡事故按不安全状态的分类

不安全状态即指能导致事故发生的物质条件。

根据我国国家标准《企业职工伤亡事故分类》（GB 6441）的规定，伤亡事故按不安全状态分类见表 8-6。

伤亡事故按不安全状态分类表　　　　　表 8-6

分类号	不安全状态	分类号	不安全状态
6.01	防护、保险、信号等装置缺乏或有缺陷	6.02.1.2	制动装置有缺陷
6.01.1	无防护	6.02.1.3	安全间距不够
6.01.1.1	无防护罩	6.02.1.4	栏车网有缺陷
6.01.1.2	无安全保险装置	6.02.1.5	工件上有锋利毛刺、毛边
6.01.1.3	无报警装置	6.02.1.6	设施上有锋利倒棱
6.01.1.4	无安全标志	6.02.1.7	其他
6.01.1.5	无护栏、或护栏损坏	6.02.2	强度不够
6.01.1.6	（电气）未接地	6.02.2.1	机械强度不够
6.01.1.7	绝缘不良	6.02.2.2	绝缘强度不够
6.01.1.8	电扇无消音系统、噪声大	6.02.2.3	起吊重物的绳索不合安全要求
6.01.1.9	危房内作业	6.02.2.4	其他
6.01.1.10	未安装防止"跑车"的挡车器或挡车栏	6.02.3	设备在非正常状态下运行
6.01.1.11	其他	6.02.3.1	设备带"病"运转
6.01.2	防护不当	6.02.3.2	超负荷运转
6.01.2.1	防护罩未在适当位置	6.02.3.3	其他
6.01.2.2	防护装置调整不当	6.02.4	维修、调整不良
6.01.2.3	坑道掘进、隧道开凿支撑不当	6.02.4.1	设备失修
6.01.2.4	防爆装置不当	6.02.4.2	地面不平
6.01.2.5	采伐、集材作业安全距离不够	6.02.4.3	保养不当、设备失灵
6.01.2.6	放炮作业隐蔽所有缺陷	6.02.4.4	其他
6.01.2.7	电气装置带电部分裸露	6.03	个人防护用品用具——防护服、手套、护目镜及面罩、呼吸器官护具、听力护具、安全带、安全帽、安全鞋等缺少或有缺陷
6.01.2.8	其他		
6.02	设备、设施工具、附件有缺陷		
6.02.1	设计不当,结构不合安全要求		
6.02.1.1	通道门遮挡视线	6.03.1	无个人防护用品、用具

续表

分类号	不安全状态	分类号	不安全状态
6.03.2	所有防护用品、用具不符合安全要求	6.04.3	作业场所狭窄
6.04	生产（施工）场地环境不良	6.04.4	作业场地杂乱
6.04.1	照明光线不良	6.04.4.1	工具、制品、材料堆放不安全
6.04.1.1	照度不足	6.04.4.2	采伐时，未开"安全道"
6.04.1.2	作业场地烟雾尘弥漫视物不清	6.04.4.3	迎门树、坐殿树、搭挂树未作处理
6.04.1.3	光线过强	6.04.4.4	其他
6.04.2	通风不良	6.04.5	交通线路的配置不安全
6.04.2.1	无通风	6.04.6	操作工序设计或配置不安全
6.04.2.2	通风系统效率低	6.04.7	地面滑
6.04.2.3	风流短路	6.04.7.1	地面有油或其他液体
6.04.2.4	停电停风时放炮作业	6.04.7.2	冰雪覆盖
6.04.2.5	瓦斯排放未达到安全浓度放炮作业	6.04.7.3	地面有其他易滑物
6.04.2.6	瓦期超限	6.04.8	贮存方法不安全
6.04.2.7	其他	6.04.9	环境温度、湿度不当

十一、伤亡事故按不安全行为的分类

不安全行为即指能造成事故的人为错误。

根据我国国家标准《企业职工伤亡事故分类》（GB 6441）的规定，伤亡事故按不安全行为分类见表 8-7。

伤亡事故按不安全行为分类表　　　　　表 8-7

分类号	不安全行为	分类号	不安全行为
7.01	操作错误、忽视安全、忽视警告	7.03	使用不安全设备
7.01.1	未经许可开动、关停、移动机器	7.03.1	临时使用不牢固的设施
7.01.2	开动、关停机器时未给信号	7.03.2	使用无安全装置的设备
7.01.3	开关未锁紧、造成意外传动、通电、或泄漏等	7.03.3	其他
7.01.4	忘记关闭设备	7.04	手代替工具操作
7.01.5	忽视警告标志、警告信号	7.04.1	用手代替手动工具
7.01.6	操作错误（指按钮、阀门、搬手、把柄等的操作）	7.04.2	用手消除切屑
7.01.7	奔跳作业	7.04.3	不用夹具固定、用手拿工件进行机加工
7.01.8	供料或送料速度过快	7.05	物体（指成品、半成品、材料、工具、切屑和生产用品等）存放不当
7.01.9	机器超速运转	7.06	冒险进入危险场所
7.01.10	违章驾驶机动车	7.06.1	冒险进入涵洞
7.01.11	酒后作业	7.06.2	接近漏料处（无安全设施）
7.01.12	客货混载	7.06.3	采伐、集材、运材、装车时，未离危险区
7.01.13	冲压机作业时，手伸进冲压模	7.06.4	未经安全监察人员允许进入油罐或井中
7.01.14	工件紧固不牢	7.06.5	未"敲帮向顶"开始作业
7.01.15	用压缩空气吹铁屑	7.06.6	冒进信号
7.01.16	其他	7.06.7	调车场超速上下车
7.02	造成安全装置失效	7.06.8	易燃易爆场合明火
7.02.1	拆除了安全装置	7.06.9	私自搭乘矿车
7.02.2	安全装置堵塞、失掉了作用	7.06.10	在绞车道行走
7.02.3	调整的错误造成安全装置失效	7.06.11	未及时瞭望
7.02.4	其他	7.08	攀、坐不安全位置（如平台护栏、汽车挡板、吊车吊钩）

分类号	不安全行为	分类号	不安全行为
7.09	在起吊物下作业、停留	7.12.5	未佩戴呼吸护具
7.10	机器运转时加油、修理、检查、调整、焊接、清扫等工作	7.12.6	未佩戴安全带
		7.12.7	未戴工作帽
7.11	有分散注意力行为	7.12.8	其他
7.12	在必须使用个人防护用品用具的作业或场合中,忽视其作用	7.13	不安全装束
		7.13.1	在有旋转零部件的设备旁作业穿过肥大服装
7.12.1	未戴护目镜或面罩		
7.12.2	未戴防护手套	7.13.2	操纵带有旋转零部件的设备时戴手套
7.12.3	未穿安全鞋	7.13.3	其他
7.12.4	未戴安全帽	7.14	对易燃、易爆等危险物品处理错误

十二、其他事故的分类

为了便于对各类事故进行管理,厂矿企业对除工伤事故以外的其他事故实行以下分类:

1. 生产事故。在生产操作中,因违反工艺规程、岗位操作法或由于误操作等,造成原料、半成品或成品的损失,称为生产事故。

2. 设备事故。生产装置、动力机械、电气及仪表装置、输送设备、管道、建筑物、构筑物等发生故障或损坏,造成损失或减产,称为设备事故。

3. 质量事故。产品或半产品不符合国家或本厂矿企业规定的质量标准,如基建工程质量不符合设计要求,机电设备检修不符合要求,原料或产品因保管、包装不良而变质等,称为质量事故。

4. 交通事故。违反交通规则,造成车辆损坏、人员伤亡或财产损失的,称为交通事故。

5. 火灾事故。发生着火,造成生命财产损失的,称为火灾事故。

6. 爆炸事故。发生化学或物理爆炸,造成生命财产损失的,称为爆炸事故。

7. 医疗事故。在诊疗护理工作中,因医务人员诊疗护理过失,直接造成病员死亡、残废、组织器官损伤导致功能障碍的,称为医疗事故。

8. 污染事故。由于各种原因,造成产品、半成品、放射性等各类有毒有害物质大量流失,严重污染大气或水源,致使人员伤亡或经济损失严重,甚至破坏生态平衡,形成公害的,称为污染事故。

9. 自然事故。因外界原因影响,或在客观上尚未被认识而发生的各种不可抗拒的天然灾害,称为自然事故。

10. 未遂事故。由于操作不当或指挥有误等原因,构成事故发生的条件,足以酿成事故,但因及时发现处理或侥幸而未造成严重后果,称为未遂事故。

第四节 事故的调查和处理

一、事故的调查

事故的发生是由于人们在生产劳动过程中违背了客观规律和安全要求而造成的必然后

果。事故的发生和发展过程通常是比较短暂或瞬间的事件，但所涉及的危险因素、技术原因、管理缺陷以及事故进行的机理却比较复杂。事故的发展过程是按一定的规律进行的。所谓事故调查就是一种有条不紊地收集有关揭示事故发生原因和事故发展过程的证据和信息的活动。它是预防事故所必须的，是事故管理工作中的一个极其重要的环节，也是事故管理工作的基础。

事故发生后，为了防止以后再发生类似的事故，吸取教训，改进工作，采取防止重复发生类似事故的防范措施，并达到教育广大干部和职工的目的，每发生一起工伤事故或死亡事故都必须对事故发生的原因进行全面的调查。

不但如此，对有可能造成职工的重伤或死亡的未遂事故，如吊车的吊钩断裂，脚手架的绳索断开等等，同样也应该进行调查。

与此同时，即便对一些无伤害但却是经常重复发生的，或者在某些作业环境中或某种操作中事故发生率很高，更应进行调查。

可见，事故调查的根本目的是为了防止事故。因此事故调查绝不能单纯地理解为是为了处罚肇事人员，不然就会对防止事故有害无益。事故调查重要的是为了掌握事故情况，找出事故发生的真正原因，拟定改进措施，防止同类事故的再次发生，做到"亡羊补牢"，防患于未然。显而易见，防止或减少事故的最佳对策来源于科学地分析事故原因，而科学地分析事故原因又来源于正确的调查。

当然，事故调查也不能理解为是为了事故统计，否则，就不能找到适宜的预防事故发生或减少的对策。事实上，进行统计的目的之一，仍然是为了通过统计分析事故，从客观上寻求合适的事故预防对策。从这个意义上讲，事故统计也可作为事故调查的方法之一。

一份深刻的、全面的事故调查报告，也就是一份极为生动的、极有价值的安全教育教材。为此，事故调查必须建立在逻辑性、科学性的基础之上，必须对实际的经验进行加工，周密而细致地进行工作。事故调查绝不能停止在直接原因上，必须追溯到事故发生的间接原因。事故调查得越详细，则制定有效的安全对策就越容易。比如，知道一个单位的事故有40％涉及到梯子，不如知道一个单位的梯子事故有80％是与梯子横档折断有关更有用处。

二、事故调查的指导原则

事故调查就是人们对事故发生原因、发展过程及其内在规律的客观分析、正确认识和全面总结。因此，必须坚信绝大多数事故是可以调查清楚的。事故，特别是那些大的火灾、爆炸等事故，其原因一般是很难调查清楚的，因为火灾或爆炸的结果，厂房摧毁了，设备损坏了，人员伤亡了。然而，"难"不等于不可能。事故的发生、发展是具有内在规律性的，只要领导重视，组织适当的调查人员，树立正确的指导原则，严格遵循科学的事故调查程序，及时进行现场勘察、技术鉴别、模拟实验及逻辑推理，注重事故前情况的调查，全面、客观、准确地采取人证和物证，进行科学分析，并将事故调查的各个环节有机地结合起来，正确地加以运用，事故是完全可以调查清楚的。这是事故调查工作中应坚持的重要指导原则。

事故调查还应坚持以客观事实为依据，尊重科学的原则。一切认识和总结来源于客观实际。认识是否符合客观实际，就要看这种认识是否有客观事实为依据，是否尊重科学，或者说是否有证据。所谓证据，是指那些对确定事故发生原因和事故发展过程有重要价值，经查明确实存在的客观事实。事故调查中的证据主要是指现场勘察记录、图纸、资料、照片、致害物、残留物，有关技术试验或鉴定材料，当事人的陈述及旁证人的证词等。在事故调查中，除需要索取证据以外，还要对各种证据材料进行认真核实，去伪存真。

更为重要的是，事故调查人员要坚持原则，兼公办事，不循私情。按照事故的严重程度的分类的不同，发生事故的单位或其主管部门的领导人应积极参加和支持事故调查。被调查的有关人员、单位或部门要如实向调查人员提供证据、证词，任何单位或个人不得拒绝、不能隐瞒，甚至伪造假情况。调查者与被调查者双方要互相配合，及时依法做好事故调查工作。

三、事故调查的程序

根据《企业职工伤亡事故调查分析规则》（GB 6442）的规定，死亡、重伤事故调查的程序按如下要求进行（轻伤事故的调查，可参照执行）。

1. 现场处理

（1）事故发生后，应救护受伤害者，采取措施制止事故蔓延扩大。

（2）认真保护事故现场，凡与事故有关的物体、痕迹、状态，不得破坏。

（3）为抢救受伤害者需要移动现场某些物体时，必须做好现场标志。

2. 物证搜集

（1）现场物证包括：破损部件、碎片、残留物、致害物的位置等。

（2）在现场搜集到的所有物件均应贴上标签、注明地点、时间、管理者。

（3）所有物件应保持原样，不准冲洗擦拭。

（4）对健康有危害的物品，应采取不损坏原始证据的安全防护措施。

3. 事故事实材料的搜集

搜集与事故鉴别、记录有关的材料：

（1）发生事故的单位、地点、时间。

（2）受害人和肇事者的姓名、性别、年龄、文化程度、职业、技术等级、工龄、本工种工龄、支付工资的形式。

（3）受害人和肇事者的技术状况，接受安全教育情况。

（4）出事当天，受害人和肇事者什么时间开始工作，工作内容、工作量、作业程序、操作时的动作（或位置）。

（5）受害人和肇事者过去的事故记录。

4. 事故发生有关事实的搜集

（1）事故发生前设备、设施等的性能和质量状况。

（2）使用的材料，必要时进行物理性能或化学性能实验与分析。

（3）有关设计和工艺方面的技术文件、工作指令和规章制度方面的资料及执行情况。

（4）关于工作环境方面的状况，包括照明、湿度、温度、通风、声响、色彩度、道路、工作面状况以及工作环境中的有毒、有害物质取样分析记录。

（5）个人防护措施状况，应注意它的有效性、质量、使用范围。

(6) 出事前受害人或肇事者的健康状况。
(7) 其他可能与事故致因有关的细节或因素。

5. 证人材料搜集

要尽快找被调查者搜集材料，对证人的口述材料，应认真考证其真实程度。

6. 现场摄影

(1) 显示残骸和受害者原始存息地的所有照片。
(2) 可能被清除或被践踏的痕迹，如刹车痕迹、地面和建筑物的伤痕、火灾引起损害的照片、冒顶下落物的空间等。
(3) 事故现场全貌。
(4) 利用摄影或录像，以提供较完善的信息内容。

7. 事故图

事故调查报告中的事故图，应包括了解事故情况所必需的信息。如，事故现场示意图、流程图、受害者位置图等。

四、事故调查的组织

根据有关规定，事故调查按照伤亡事故的严重程度的分类，分别由下列人员、单位和部门负责人员组织调查：

1. 轻伤、重伤事故。由厂矿企业负责人或指定人员组织生产、技术、安全、劳资等有关人员以及工会成员参加的事故调查组，进行调查。

2. 死亡事故。由厂矿企业主管部门会同厂矿企业所在地设区的市，或者相当于设区的市一级安全生产监督管理部门、公安部门、工会组织等组成事故调查组，进行调查。

3. 重大死亡事故。按照厂矿企业的隶属关系，由省、自治区、直辖市厂矿企业主管部门或者国务院有关主管部门会同同级安全生产监督管理部门、公安部门、监察部门、工会组织等组成事故调查组，进行调查。

死亡事故或重大死亡事故的事故调查组应当邀请人民检察院派员参加，还可邀请其他部门的人员和有关专家参加。

事故调查是一项政策性、技术性十分强的工作，事故调查的过程是人们认识客观规律的过程，尤其在确定事故的主要责任、直接责任、领导责任时，会有激烈的争论。因此事故调查必须加强领导，要根据科学分析和国家现行各种法规才能做好裁决，事故调查组人员的权威、态度、知识和方法等，对事故调查的成功与失败起着决定性的影响。为此，事故调查组成员应当符合下列条件：

1. 具有事故调查所需要的知识和专长。
2. 与所调查的事故没有直接利害关系。

事故调查组组长由负责事故调查的人民政府指定。事故调查组组长主持事故调查组的工作。

事故调查组履行下列职责：

1. 查明事故发生的经过、原因、人员伤亡情况及直接经济损失；
2. 认定事故的性质和事故责任；
3. 提出对事故责任者的处理建议；

4. 总结事故教训，提出防范和整改措施；

5. 提交事故调查报告。

事故调查要始终坚持实事求是的原则，一切结论产生于调查过程的末尾，不能以想当然来代替事实，更不能以爱憎定结论，物证、人证、旁证、事故前的情况、事故中的变化、事故后的现实等都要一一查清，要反复核对，科学分析，实事求是，公道论断，务求事故原因准确，事故责任分明。

事故调查组应做好各种物质准备，如准备好记录用的和绘图用的表格、标签标志、伤亡事故登记表、伤亡事故调查报告书等；进行现场摄影的照相机、录像机、用作取样、实验和分析的各种设备，以及有关安全卫生法规、标准和技术资料等。

事故调查组有权向有关单位和个人了解与事故有关的情况，并要求其提供相关文件、资料，有关单位和个人不得拒绝。事故发生单位的负责人和有关人员在事故调查期间不得擅离职守，并应当随时接受事故调查组的询问，如实提供有关情况。在事故调查组在调查过程中，任何单位和个人不得阻碍、干涉事故调查组的正常工作。事故调查中发现涉嫌犯罪的，事故调查组应当及时将有关材料或者其复印件移交司法机关处理。

事故调查中需要进行技术鉴定的，事故调查组应当委托具有国定规定资质的单位进行技术鉴定。必要时，事故调查组可以直接组织专家进行技术鉴定。

事故调查组成员在事故调查工作中应当诚信公正、恪尽职守，遵守事故调查组的纪律，保守事故调查的秘密。未经事故调查组组长允许，事故调查组成员不得擅自发布有关事故的信息。

五、事故调查的方法

事故调查的要点在于正确把握事故发生的原因。在进行事故调查时，要注意充分发动群众，客观地找出事故发生的真正原因。做到"四不放过"：事故原因分析不清不放过，事故责任者和群众没有受到教育不放过，没有采取防范措施不放过，事故责任者没有得到处理不放过。

在对事故进行调查时，切切不可把引起事故的直接原因、间接原因及其责任混淆起来。这两个问题往往交织在一起，如果不将这两个问题作为不同的问题加以调查处理，就不可能正确地解决事故问题。如果把事故调查的重点放在追究事故的责任上，就会对引起事故的直接原因以及间接原因的调查敷衍了事，也就难以掌握事故发生的真正原因。这样，也就无法制定防止类似事故再次发生的措施。

在进行事故调查时应当注意以下几个方面的事项。

1. 事故调查的价值在于揭示事故发生的真正原因。事故调查的目的必须十分明确，那就是为了防止类似事故的重复发生。

2. 在事故调查中最重要的是要有公正无私的态度。如果对事故调查的目的有半点掺假，认为是为了指责某人或者推卸责任，那么这个事故调查也就毫无价值。

3. 调查人员要对事故发生前的作业内容、操作情况等极为广泛的问题进行了解，应充分发动群众，从尽可能多的人员中收集情况。

4. 在事故发生后的现场，一般总会留下发生事故的痕迹。调查人员应很好地收集这些可以作为物证的东西，把现象看做入门的向导。即使在现场没有目击者，也可以根据现场的这些痕迹和对引起事故的残留物，或从化学角度对它进行分析和研究，弄清事故发生的原因。这一点，对发生火灾、爆炸、断裂、倒塌之类等重大事故来说是特别重要的。

5. 如有条件，调查人员可以进行现场拍照，把事故现场照片作为记录保存下来，以便日后分析判断。

6. 调查人员需要从受伤害者本人那里仔细地听取事故发生前后的有关情况，如操作方法，根据什么想法采取这种操作行动，在什么客观条件下怎样引起差错的等等。

事故发生后，由于当事人受到伤害，了解情况应尽可能地简单扼要，等其伤势逐渐好转之后再详细地了解当时的情况。但要注意，由于当事人惧怕有追究责任或者记忆差错等心理学方面的因素，他们对有关原因的详细情况很难说没有歪曲真相的倾向。

7. 调查人员在进行事故调查时，不要采取追究责任的态度，而要用亲切的态度，特别强调防止再次发生事故的重要性，使被调查的人员能正确地理解事故调查的目的，将真实情况如实地反映出来。

8. 调查人员对被事故伤害人员进行调查，要建立在"事故是与本人意志相反，仅仅由于某些偶然情况而引起的"这一认识的基础上，抱着同情的态度进行调查。

9. 调查的范围没有必要扩大到需要调查的情况以外。为了制定防止类似事故的措施，调查可以只限于取得必要的资料数据。在这种调查之后，对那些未能取得的数据，但又认为在采取措施上又是必要的，则应进一步调查清楚。

10. 发生事故的原因往往不是一个，可能有好几种交织在一起。因此，要把引起事故的所有原因，甚至可能是间接的原因都调查清楚。

11. 每次事故调查都应尽可能地在事故发生后立即进行。因为只要稍有拖延，哪怕只有几小时，重要的事故现场和证据就有可能有意或无意地遭到破坏或被挪动，给调查工作造成困难。

12. 为了更好地掌握事故发生的事实真象，制定防止事故再次发生的有力措施，调查人员必须非常熟悉情况。因此，事故调查的人员应由十分了解事故现场详细情况的主管现场的安全技术人员担任，有时还需要聘请专家或学者以第三者的身份参加。对于重大事故，则需要成立事故调查小组或事故调查委员会。

13. 为了便于日后参考，对事故调查的所有记录必须一一妥善保存。

六、事故现场的勘查

对事故发生现场进行勘查是为了调查事故发生后的破坏情况，以及取得事故发生过程的复原和事故原因分析的物证，并且是取得事故原点和原因线索与依据的主要途径。事故调查一般均从事故现场勘查开始，而事故现场勘查的效果好坏将直接影响到事故调查的质量与进度，因此须予以重视。

所谓事故现场，是指保持事故发生以后原始状态的事故地点，同时也包括事故所波及到的范围及其与事故有关联的场所。只有当事故现场保留着事故发生后的原始状态，事故现场勘查工作才有实际意义。因此事故发生的单位要及时保护好事故现场，在调查人员未进行勘查之前，不得随意清理和破坏，更不得任意伪造。

进行事故现场的勘查,首先是要查明事故的性质,这是一项非常慎重的工作,只有在对事故现场进行科学分析,同时又对事故发生的大系统予以充分研究后,才能找到事故发生的经过,事故原因和事故性质的答案。

进行事故现场的勘查,其次是发现和提取有关确定事故原点和事故原因的痕迹的物证,使之正确地进行事故原因分析和事故过程复原。每个事故发生后的现场都必然存在着事故调查的线索,以及确定事故原点和事故原因的证据。

进行事故现场的勘查,再者就是要查明事故所造成的破坏和损失的情况,其中包括对人员、设备、厂房、设施、材料、资料等的破坏和损失,这是确定事故直接和间接经济损失,以及政治影响程度的依据。

进行事故现场的勘查,另外还要对可能导致事故发生的原因进行取证、分析、研究。例如,在调查煤矿发生瓦斯爆炸事故时,除了要搞清楚瓦斯浓度的爆炸极限形成的原因外,还要对引燃瓦斯爆炸的着火源,包括电火花、静电火花、机械摩擦、撞击等形成的火源条件进行逐一取证,以便定论。

事故现场的勘查应按一定的顺序和方法进行,即应先在事故现场的外围或周围进行观察、查询,然后再进入事故现场进行不变动现场物体原始位置的静态勘察,最后再翻动或移动物体,进行动态勘查。事故现场勘查前,应事先准备好测绘或照相等器材,每进行一步都必须作好记录或拍照,以便为事故分析等提供第一手现场勘查资料。

七、事故调查的查询

所谓事故调查的查询,是指对事故的现场人员、目击者或当事人,以及与事故有关的人员进行询问。

在通常情况下,事故发生的原因和发展过程,在事故现场的人员、事故目击者或事故当事人,以及与事故有关的人员是比较清楚的。即使遇到一些疑难事故,这些人员仍然可以为事故调查人员提供许多重要的线索和依据,以弥补事故现场勘查工作的不足。每个被调查的人员都有责任协助事故调查人员把事故发生、发展的过程与原因搞清楚。

事故调查的查询内容可包括下列内容:

1. 事故发生前的生产情况,人员活动情况,设备缺陷及异常反应等。
2. 事故发生时的工艺条件、操作情况、技术规定、管理制度,以及各种参数。必要时可将这些情况与平日正常生产情况逐一进行比较。
3. 事故现场人员等对事故的发现、判断及处理情况。
4. 与事故有关的其他情况,例如,有关人员的思想、情绪的波动,自然环境的条件情况,包括天晴、雨、风、雪、雷电、温度、湿度等的影响。
5. 与国家法令或本厂矿企业规程等规定有关的情况。

为了准确地了解事故情况,调查人员应在事故发生后及时赶到事故现场,向有关人员进行查询。在查询时宜采取个别交谈的方式,注意了解事实真相,强调说明查询的主要目的是在于查明事故发生的原因,防止类似事故的重复发生,而不是挑剔毛病或追究责任,以取得被查询人员的信任和支持,并及时做好笔录取证工作。在查询时不要先去评论事故是谁的过失和责任,也不要牵扯到对所调查事故的处罚方面的事务中去,更不得先入为主，引供、诱供。

6. 对重伤人员应先抢救，然后由医生安排适当的时间，尽早进行查询。

7. 对生命垂危的人员，应取得医生的协助。抓紧时间简短提问。

8. 对事故有关人员的查询，应及时进行，对重大和特大伤亡事故的直接责任者要适当地进行隔离和监护，以防串供。

人证材料的准确性受多种因素的影响，因此要注意用物证证实人证。尽管如此，人证材料仍然十分重要，因为有时一句话就能说明事故发生的关键问题，因此，应予充分重视。被查询的人员所提供的人证材料由于受到认识水平、心理状态，外界的干扰而出现矛盾，几种人证材料不一致时，必须设法辨明事情的真伪，特别是人证和物证不一致时，必须查证、分析、核实。

八、事故分析步骤

事故分析的步骤如下：

1. 整理和阅读事故调查材料。

2. 按国家标准《企业职工伤亡事故调查分析规则》（GB 6442）和国家标准《企业职工伤亡事故分类》（GB 6441）的内容进行分析：

（1）受伤部位；

（2）受伤性质；

（3）起因物；

（4）致害物；

（5）伤害方式；

（6）不安全状态；

（7）不安全行为。

3. 确定事故发生的直接原因。

4. 确定事故发生的间接原因。

5. 确定事故责任者。

九、事故的原因分析

厂矿企业发生伤亡事故后，必须对事故发生的原因进行全面的调查分析，通过调查分析，以确定事故的直接原因和间接原因。

1. 属于下列情况者为直接原因：

（1）机械、物质或环境的不安全状态。

（2）人的不安全行为。

2. 属于下列情况者为间接原因：

（1）技术和设计上有缺陷，如工艺构件、建筑物、机械设备、仪器仪表、工艺过程、操作方法、维修检验等的设计、施工和材料使用存在问题。

（2）教育培训不够、未经培训、缺乏或不懂安全操作技术知识。

（3）劳动组织不合理。

（4）对现场工作缺乏检查或指导错误。

(5) 没有安全操作规程或不健全。
(6) 没有或不认真实施事故防范措施，对事故隐患整改不力。
(7) 其他。

在一次事故中直接原因与间接原因相比，那一个起了主要作用，那个就是这次事故发生的主要原因。因此，在分析事故时，应从直接原因入手，逐步深入到间接原因，从而掌握事故发生的全部原因，以分清主次，确定事故发生的主要原因，然后再进行事故责任分析。

十、事故的责任分析

进行事故的责任分析的目的在于使事故责任者、领导和群众受到教育，以便吸取教训，改进工作，消除隐患，避免发生同类或其他事故。

进行事故责任分析时，应坚持原则，实事求是。首先通过事故发生的直接原因和间接原因的分析，以及有关人员的过失同促成事故的发生是否具有因果关系，来确定事故中的直接责任者和领导责任者。

然后，在直接责任者和领导责任者中，再根据其在事故发生过程中的作用，确定事故的主要责任者。

1. 按职责分工确定责任者。在个人职责范围内因工作不负责任而造成的事故，这对事故直接责任者的确定比较容易掌握，但是在确定管理人员和领导责任时，不能因为不在现场而不负责任，不能因为不懂法规政策不了解情况而推卸责任，不能因为经过单位领导集体讨论而不追究个人责任，而主要应追究集体领导中"第一"责任者和分管安全生产工作的领导者的责任。

2. 按事故隐患，确定责任者。即以在生产过程中的各个环节，如设计、施工、安装、验收、投产、劳动组织、规章制度、教育培训、操作、检修、安全生产责任制等，最初造成事故隐患的责任确定责任者。一个事故隐患往往涉及多方面的管理责任，在确定事故责任者时应以追究对事故发生的原因起主导作用的一方为主。

3. 按有关技术规定确定责任者。在事故责任分析中应追究属于明显违反有关技术规定的责任，而对属于未知技术领域的责任则不应予以追究。

在事故责任分析清楚之后，事故调查组织的成员应根据事故造成的后果和事故责任者应负的责任提出处理意见。

对事故主要责任者及事故有关责任者的处理应防止几种倾向。一是姑息迁就，该处理的不处理；二是不分主次各打五十大板，处理面过宽；三是把事故责任全部推给事故直接肇事者而忽视了对其他有关责任者的处理；四是以单位领导集体负责的名义把事故责任者包庇下来，而忽视了对有关领导和管理人员的处理。

十一、伤亡事故的处理

在事故的情况全部真正调查清楚之后，对造成事故的责任者应严肃处理。处理时要进行思想政治教育，并应本着教育从严、处理从宽的原则办事。处理的根本目的，是要达到防止将来再发生类似的事故。

对于那些因玩忽职守、工作不负责任、违反安全技术规定、违章作业、不遵守劳动纪律,以及官僚主义、强迫命令、瞎指挥所造成的重大伤亡事故的责任者,必须给予严肃的处理,情节特别严重的应依法惩处。

重大事故、较大事故、一般事故,负责事故调查的人民政府应当自收到事故调查报告之日起15日内做出批复;特别重大事故,30日内做出批复,特殊情况下,批复时间可以适当延长,但延长的时间最长不超过30日。有关机关应当按照人民政府的批复,依照法律、行政法规规定的权限和程序,对事故发生单位和有关人员进行行政处罚,对负有事故责任的国家工作人员进行处分。

事故发生单位应当按照负责事故调查的人民政府的批复,对事故单位负有事故责任的人员进行处理。

负有事故责任的人员涉嫌犯罪的,依法追究刑事责任。

根据我国有关规定,因下列情形之一造成伤亡事故的,均应追究当事人肇事者的责任:

1. 违章操作。
2. 违章指挥工人作业。
3. 玩忽职守、违反安全责任制和劳动纪律。
4. 擅自拆除、毁坏、挪用安全装置和设备。

因下列情形之一造成伤亡事故的,应当追究事故单位领导人或单位主管部门领导人的责任:

1. 未按规定对职工进行安全教育和技术培训,职工不会操作或不懂安全规程。
2. 设备超过检修期限或超负荷运行,或设备有缺陷。
3. 作业环境不安全,或安全装置不齐全。
4. 没有安全操作规程或规章制度不健全。
5. 违反职业禁忌症的有关规定。
6. 设计有错误,或在施工中违反设计规定和削减安全、卫生设施。
7. 对已发现的事故隐患未采取有效的防护措施,或在事故后仍未采取防护措施,致使同类事故重复发生。

因下列情形之一造成重大或特别重大伤亡事故时,应当追究事故发生单位主要负责人的责任,处上一年年收入40%至80%的罚款;属于国家工作人员的,并依法给予处分;构成犯罪的,依法追究刑事责任:

1. 发布违反劳动保护或安全生产法规的指示、决定和规章制度,因而酿成重大伤亡事故的。
2. 无视安全技术部门的警告,未及时消除事故隐患而酿成重大伤亡事故的。
3. 安全生产工作无人负责,管理混乱,而酿成重大伤亡事故的。
4. 不立即组织事故抢救的。
5. 迟报或者漏报事故的。
6. 在事故调查处理期间擅离职守的。

事故发生单位及其有关人员有下列行为之一的,对事故发生单位处100万元以上500万元以下的罚款;对主要负责人、直接负责的主管人员和其他直接责任人员处上一年年收入60%至100%的罚款;属于国家工作人员的,并依法给予处分;构成违反治安管理行为的，由公安机关依法给予治安管理处罚；构成犯罪的，依法追究刑事责任；

1. 谎报或者瞒报事故的；
2. 伪造或者故意破坏事故现场的；
3. 转移、隐匿资金、财产，或者销毁有关证据、资料的；
4. 拒绝接受调查或者拒绝提供有关情况和资料的；
5. 在事故调查中作伪证或者指使他人作伪证的；
6. 事故发生后逃匿的。

事故发生单位对事故发生负有责任的，依照下列规定处以罚款：

1. 发生一般事故的，处10万元以上20万元以下的罚款；
2. 发生较大事故的，处20万元以上50万元以下的罚款；
3. 发生重大事故的，处50万元以上200万元以下的罚款；
4. 发生特别重大事故的，处200万元以上500万元以下的罚款。

事故发生单位主要负责人未依法履行安全生产管理职责，导致事故发生的，依照下列规定处以罚款；属于国家工作人员的，并依法给予处分；构成犯罪的，依法追究刑事责任：

1. 发生一般事故的，处上一年年收入30%的罚款；
2. 发生较大事故的，处上一年年收入40%的罚款；
3. 发生重大事故的，处上一年年收入60%的罚款；
4. 发生特别重大事故的，处上一年年收入80%的罚款。

有关地方人民政府、安全生产监督管理部门和负有安全生产监督管理职责的有关部门有下列行为之一的，对直接负责的主管人员和其他直接责任人员依法给予处分；构成犯罪的，依法追究刑事责任：

1. 不立即组织事故抢救的；
2. 迟报、漏报、谎报或者瞒报事故的；
3. 阻碍、干涉事故调查工作的；
4. 在事故调查中作伪证或者指使他人作伪证的。

事故发生单位对事故发生负有责任的，由有关部门依法暂扣或者吊销其有关证照；对事故发生单位负有事故责任的有关人员，依法暂停或者撤销其与安全生产有关的执业资格、岗位证书；事故发生单位主要负责人受到刑事处罚或者撤职处分的，自刑罚执行完毕或者受处分之日起，5年内不得担任任何生产经营单位的主要负责人。

为发生事故的单位提供虚假证明的中介机构，由有关部门依法暂扣或者吊销其有关证照及其相关人员的执业资格；构成犯罪的，依法追究刑事责任。

参与事故调查的人员在事故调查中有下列行为之一的，依法给予处分；构成犯罪的，依法追究刑事责任：

1. 对事故调查工作不负责任，致使事故调查工作有重大疏漏的；
2. 包庇、袒护负有事故责任的人员或者借机打击报复的。

违反规定，有关地方人民政府或者有关部门故意拖延或者拒绝落实经批复的对事故责任人的处理意见的，由监察机关对有关责任人员依法给予处分。

厂矿企业在发生重伤事故、死亡事故时，应由厂矿企业提出书面处理报告，厂矿企业的主管部门审查批复,并抄送当地安全生产监督管理部门和其他有关部门备案。

厂矿企业发生重大伤亡事故时,应由行署、市人民政府或省主管厅、局提出书面处理报告,由省安全生产监督管理部门批复,报省人民政府方可结案。

厂矿企业发生特别重大伤亡事故时,应由行署、市人民政府或省主管厅、局提出书面处理报告,经省安全生产监督管理部门审理,转报省人民政府批复,并应将处理结果报国务院。

十二、事故的善后处理

厂矿企业发生事故后,厂矿企业的领导必须振作精神,吸取教训,分工负责,认真做恢复生产,事故调查的协助及伤亡者的救护和善后处理工作。对事故中的受伤害者要及时全力进行抢救,以尽量减少伤亡。对受伤害者本人及遇难者家属要做好安抚、规劝、抚恤等项工作。发生重大伤亡事故以上事故时,对遇难者家属要分开多处做工作,分别进行处理,以减少影响,便于善后处理。

在做好受伤者本人及家属的善后工作的同时,厂矿企业及其主管部门要加强领导,稳定职工情绪,全面地进行安全检查,制定防止事故重复发生措施,消除事故隐患,经请示有关部门同意后,清理好事故现场,尽早全部或部分恢复生产,以减少事故造成的损失。

十三、事故结案归档材料

根据《企业职工伤亡事故调查分析规则》(GB 6442)的规定,当事故处理结案后,应归档的事故资料如下:

1. 职工工伤事故登记表;
2. 职工死亡、重伤事故调查报告书及批复;
3. 现场调查记录、图纸、照片;
4. 技术鉴定和试验报告;
5. 物证、人证材料;
6. 直接和间接经济损失材料;
7. 事故责任者的自述材料;
8. 医疗部门对伤亡人员的诊断书;
9. 发生事故时的工艺条件、操作情况和设计资料;
10. 处分决定和受处分人员的检查材料;
11. 有关事故的通报、简报及文件;
12. 注明参加调查组的人员姓名、职务、单位。

十四、根据事故调查结果制定安全措施

事故调查不是为了调查而调查,而是根据调查结果提出正确的行之有效的安全措施,以防止事故的重复发生。

事故的原因调查清楚了,就应当能够制定出安全措施。对于一起事故,原因和措施的对应方式,未必只有一种。这是因为,在时间的推移过程中,往往可能有几种原因重叠在一起而引起了事故。因此,需要考虑好几种不同的安全措施,尽可能地把其中最有效的付

诸实施。

事故调查的预防事故再次发生所采取的安全措施之间的关系，可用机械厂一个工作现场来说明：正在工作的操作者，见到一个螺栓上的螺丝帽由于机械振动的原因突然掉了下来。操作者写上蹲下去想把螺丝帽捡起来。然而，就在他一伸手的时候，却被机械转动部分激烈地撞伤了。如果某个地方必不可少的东西掉下来，操作者尽快地把它捡起来，使机器恢复原来的状态，这对处于自然环境中的人们的习惯来说，是理所当然的事情。然而，机械厂是一个隐藏着很多危险的人工环境。进行这一动作的操作者根本就没有想到由于忽视环境的行为而导致了与自己的意志相反的结果。

对于这一事例，可以考虑采取下面几种预防事故发生的措施。

1. 这一伤害产生的原因是受伤害者本人不能够适应外界条件的变化。要防止这种事故的发生，关键在于一定要使操作者养成停止机器运转之后再去捡起螺丝帽这样一种安全习惯，经过安全技术人员的教育和指导，使之成为操作者的一种条件反射式的动作。如停止机器运转，再去捡螺丝帽，就可以避免受到机械运转部分的撞击。

2. 受到机械运转部分的撞击，是造成这次人身伤害的直接原因，只要身体的部位不接触到机械运转部分的撞击，就可以避免伤害。因此，可给机械的运转部分安装防护罩。

3. 引起这一事故的根本原因是由于螺丝帽因机械的振动而逐渐松弛、掉落。只要不让螺丝帽松脱，就可以防止这一事故。因此，可以把单层螺丝帽改成双层螺丝帽，或者在螺栓上钻一个小孔，在小孔中插一个销子。

由此可见，对于这样一种事故，就可以采取几种安全措施加以预防。上述三种安全措施各有其优缺点。第1条措施不能说是安全保护。因为有的人可能麻痹大意，觉得不使机械停止运转也没有什么了不起。对这种人只需要安全技术人员对他进行"安全教育和指导"就可以了，不需要花任何费用，所以是最简单的措施。第2条措施可以用薄铁板作个防护罩，但在结构等方面要费些脑筋，并且还要一些费用。第3条措施是最根本、而且是最可靠的办法。因为只要把销子插到螺栓上，螺丝帽便不会脱落，并且费用也比作防护罩少，所以，这是一个根本的措施。

第五节 事故的统计和分析

一、伤亡事故统计的目的

为了及时了解和掌握生产活动中的伤亡事故情况，采取预防措施，保护职工的安全和健康，一旦发生了伤亡事故，除应查明原因，吸取教训，严肃处理和采取措施以外，还应做好职工伤亡事故的统计工作，并以报表等形式及时上报，便于有关上级领导机关掌握厂矿企业安全生产的情况，指导安全生产工作。

伤亡事故统计，是研究、分析、预防事故的统计方法。伤亡事故统计一般有按年龄统计事故、按时间统计事故、按月（年）统计事故等方法。按年龄统计事故，即是从职工由18岁至60岁的年龄范围统计发生事故的频率，以便针对某个易发生事故的年龄段的职工，加强安全教育。按时间统计事故，即是对发生事故的不同时间进行统计，以便找出易发生事故的时间,并针对在这一时间内采取必要的安全措施。按月(年)统计事故,就是分析事故频率和月(年)份之间的关系。

很多的厂矿企业把本厂矿企业伤亡事故统计结果用条图、线图、百分比圆图等不同的形式表示出来,既生动又醒目,便于了解、掌握、比较各个时期的安全生产情况,也能引起广大职工的注意。

二、工伤休息日数的计算

工伤休息日数应按照厂矿企业中原定工时制度该上班而因工负伤不能上班的日数计算。但本来就是应该休息的日子,如每周休息日和国家法定的放假节日,虽然夹在医疗期间里,也不能算作工伤休息日数。

如果因工负伤连续丧失劳动能力超过3个工作日,但又不足4个工作日,则应按4个工作日计算。

三、伤害人次的计算

伤害人次是指在某一时期内,因工伤亡事故造成的轻伤、重伤人次数的总和。
其计算方法如下。

$$伤害人次 = 轻伤人次 + 重伤人次$$

人次是以人作为计算次数单位的,一人因工受伤害一次则为一人次。但是,如果在一个季度内,一人因工受伤害两次或者一次事故中使两人同时受伤害,在计算季度伤害人次时,则应按两人次进行计算。

四、伤害人数的计算

伤害人数是指在某一时期内,因工伤亡事故造成的轻伤、重伤、死亡人数的总和。
其计算方法如下。

$$伤害人数 = 轻伤人数 + 重伤人数 + 死亡人数$$

五、平均职工人数的计算

根据国家对职工伤亡事故统计报告的有关规定,这里所指的职工,是指某一厂矿企业的全部职工。其中包括,固定职工、合同制职工、计划内临时工和各种形式的计划外用工。即凡由厂矿企业直接组织安排生产或工作的人员,不论是固定职工、合同制职工、临时职工或计划外用工,以及民工和农民"协议工"等。

1. 月平均职工人数的计算。月平均职工人数,就是把一个月中每天实有的全部职工人数相加之和,然后以该月的日历日数来除。

例如,某厂矿企业1月25日开工,在职工花名册中记载的人数是:
25日　　400人;
26日　　420人;
27日　　500人;
28日　　600人;

29 日　　550 人；
30 日　　550 人，该日是星期日，人数则以 29 日为准；
31 日　　638 人；
则 1 月份中的实际平均职工人数是：

$$(400+420+500+600+550+550+638)\div 31=118 \text{ 人}$$

如果厂矿企业的职工人数变动很小，其月平均职工人数也可以月初人数月末人数相加之和，除以 2 求得。

如在计算每日的职工人数时，遇公休假日和法定节假日，则按前一日的人数计算。

开工不满全月的新建厂矿企业，其平均职工人数，则以开工后该月每日实有人数之和，除以该月日历日数而求得。

2. 季、年平均职工人数的计算。季平均职工人数的计算，就是把一个季度中每个月的平均职工人数相加之和，然后除以"3"求得。

例如，某厂矿企业月平均职工人数，1 月份为 118 人；2 月份为 650 人；3 月份为 800 人。

则第一季度平均职工人数为：

$$(118+650+800)\div 3=523 \text{ 人}$$

以此类推，年平均职工人数可按季平均职工人数的计算方法进行计算，就是把全年每个月的平均职工人数依次相加之和，然后除以"12"而求得。

在计算平均职工人数时，如果产生小数，则应该按照四舍五入的原则化为整数。

六、工伤事故频率和严重程度的计算

不同的地区、不同的行业和不同的厂矿企业，在不同的时期内，职工人数都是不同的。为了便于从时期（月份、季度、年度）内，行业上、地区上，以及厂矿企业中相互比较安全生产的状况，反映在各个时期内安全生产工作取得的成绩和存在的问题，以更好地评价安全管理工作，以及鉴定安全措施实施的效果。因此，需要计算出工伤事故的频率和严重程度。

根据工伤事故发生的人次、损失工作日的日数、平均职工人数，就可以计算出工伤事故的频率和严重程度。

1. 千人负伤率。千人负伤率是厂矿企业安全管理中最为常用的一种表示工伤事故的频数，即指在一定的时期内，通常以月为单位，每千名职工发生工伤事故的频数。

千人负伤率可按下式进行计算：

$$\text{千人负伤率} = \frac{\text{月工伤事故人次（包括重伤、轻伤）}}{\text{厂矿月平均职工人数}} \times 1000‰$$

2. 千人重伤率。千人重伤率即指在一定的时期内，通常以年为单位，每千名职工所发生重伤事故的频数。

千人重伤率可按下式进行计算：

$$千人重伤率 = \frac{年重伤事故人次}{厂矿年平均职工人数} \times 1000‰$$

3. 千人死亡率。千人死亡率即指在一定的时期内，通常以年为单位，每千名职因发生工伤事故造成死亡的频数。

千人死亡率可按下式进行计算：

$$千人死亡率 = \frac{因工伤事故造成死亡的人数}{厂矿年平均职工人数} \times 1000‰$$

4. 事故严重程度。事故严重程度通常可用伤害频率、伤害严重率和伤害平均严重率表示。

伤害频率，即指在某一时期内，每百万工时，事故造成伤害的人数。伤害人数是指轻伤、重伤和死亡的人数之和。

百万工时伤害率（A）可按下式进行计算：

$$百万工时伤害率(A) = \frac{伤害人数}{实际总工时} \times 10^6$$

伤害严重率，即指在某一时期内，事故造成的损失工作日的日数。

伤害严重率（B）可按下式进行计算：

$$伤害严重率(B) = \frac{总损失工作日数}{实际总工时} \times 10^6$$

伤害平均严重率，即指每人次受伤害的平均损失工作日的日数。

伤害平均严重率（N）可按下式进行计算：

$$伤害平均严重率(N) = \frac{B}{A} = \frac{总损失工作日数}{伤害人数}$$

七、按产品、产量计算死亡率

一些厂矿企业由于行业特点，特别是一些以吨、立方米为产量计算单位的厂矿企业，可按产品、产量计算死亡率。

$$百万吨死亡率 = \frac{死亡人数}{实际产量(t)} \times 10^6$$

$$万米木材死亡率 = \frac{死亡人数}{木材产量(m^3)} \times 10^4$$

八、伤亡事故损失工作日的计算

由于伤亡事故的发生可能会造成暂时性失能、永久性部分失能、永久性全失能和死亡等各种伤害，为了对这些伤害进行鉴别，就需要对伤亡事故的损失工作日进行计算。通过对伤亡事故损失工作日的计算，可以损失工作日来表示伤亡事故的伤害程度。

根据我国国家标准《企业职工伤亡事故分类》（GB 6441），伤亡事故损失工作日的计算，可按表8-8、表8-9、表8-10进行。

截肢或完全失去机能部位损失工作日换算表　　　　　　　　　　　　　表 8-8

手					
	拇指	食指	中指	无名指	小指
远端指骨	300	100	75	60	50
中间指骨	—	200	150	120	105
近端指骨	600	400	300	240	200
掌骨	900	600	500	450	400
腕部截肢	1300				

脚					
	拇趾	二趾	中趾	无名趾	小趾
远端趾骨	150	35	35	35	35
中间趾骨	—	75	75	75	75
远端趾骨	300	150	150	150	150
蹠骨(包括舟骨、距骨)	600	350	350	350	350
踝部	2400				

上　肢	
肘部以上任一部位(包括肩关节)	4500
腕以上任一部位,且在肘关节或低于肘关节	3600

下　肢	
膝关节以上任一部位(包括髋关节)	4500
踝部以上,且在膝关节或低于膝关节	3000

骨折损失工作日换算表　　　　　　　　　　　　　表 8-9

骨 折 部 位	损失工作日	骨 折 部 位	损失工作日
掌、指骨	60	胸骨	105
桡骨下端	80	跖、趾	70
尺、桡骨干	90	胫、腓	90
肱骨髁上	60	股骨干	105
肱骨干	80	股粗隆间	100
肱骨外科颈	70	股骨颈	160
锁骨	70		

功能损伤损失工作日换算表　　　　　　　　　　　　　表 8-10

功　能　损　伤　部　位	损失工作日
1. 包被重要器官的单纯性骨损伤(头颅骨、胸骨、脊椎骨)	105
2. 包被重要器官的复杂性骨损伤,内部器官轻度受损,骨损伤治愈后,不遗功能障碍者	500
3. 包被重要器官的复杂性骨损伤,伴有内部器官损伤,骨损伤治愈后,遗有轻度功能障碍者	900
4. 接触有害气体或毒物,急性中毒症状消失后,不遗有临床症状及后遗症者	200
5. 重度失血,经抢救后,未遗有造血功能及障碍者	200
6. 包被重要器官的复杂性骨折包被器官受损,骨损伤治愈后,伴有严重的功能障碍者	
a. 脑神经损伤导致癫痫者	3000
b. 脑神经损伤导致痴呆者	5000
c. 脑挫裂伤,颅内严重血肿,脑干损伤造成无法医治的低能	5000
d. 脑外伤致使运动系统严重障碍或失语,且不易恢复者	4000

功 能 损 伤 部 位	损失工作日
e. 脊柱骨损伤,脊髓离断形成截瘫者	6000
f. 脊柱骨损伤,脊髓半离断,影响饮食起居者	6000
g. 脊柱骨损伤合并脊髓伤,有功能障碍不影响饮食起居者	4000
h. 单纯脊柱骨损伤,包括残留慢性腰背痛者	1000
i. 脊柱损伤,遗有脊髓压迫双下肢功能障碍,二便失禁者	4000
j. 脊柱韧带损伤,局部血行障碍影响脊柱活动者	1500
k. 胸部骨损伤,伤及心脏,引起明显的节律不正者	4000
l. 胸部骨损伤,伤及心脏,遗有代偿功能失调者	4000
m. 胸部损伤,胸廓成形术后,明显影响一侧呼吸功能丧失者	2000
n. 一侧肺功能丧失者	4000
o. 一侧肺并有另一侧一个肺叶术后伤残者	5000
p. 骨盆骨损伤累及神经,导致下肢运动障碍者	4000
q. 骨盆不稳定骨折,并遗留有尿道狭窄和尿路感染	3000
7. 腰、背部软组织严重损伤,脊柱活动明显受限者	2000
8. 四肢软组织损伤治愈后,遗有周围神经损伤,感觉运动机能障碍,影响工作及生活者	1500
9. 四肢软组织损伤治愈后,遗有周围神经损伤,运动机能障碍,但生活能自理者	2000
10. 四肢软组织损伤,治愈后由于疤瘢弯缩,严重影响运动功能,但生活能自理者	2000
11. 手肌腱受损,伸屈功能严重影响障碍,影响工作、生活者	1400
12. 脚肌腱受损,引起机能障碍,不能自由行走者	1400
13. 眼睑断裂导致眼闭合不全	200
14. 眼睑损伤导致泪小管、泪腺损伤,导致泪溢,影响工作者	200
15. 双目失明	6000
16. 一目失明,但另一目视力正常	1800
17. 两目视力均有障碍,不易恢复者	1800
18. 一目失明,另一目视物不清,或双目视物不清者(仅能见眼前 2m 以内的物体,且短期内不易恢复者)	3000
19. 两眼角膜受损,并有眼底出血或溷浊,视力高度障碍者(仅能见 1m 内之物体),且根本不能恢复者	4000
20. 眼球突出不能复位,引起视力障碍者	700
21. 眼肌麻痹,造成斜视、复视者	600
22. 一耳丧失听力,另一耳听觉正常	600
23. 听力有重大障碍者	300
24. 两耳听力丧失	3000
25. 鼻损伤,嗅觉功能严重丧失	1000
26. 鼻脱落者	1300
27. 口腔受损,致使牙齿脱落大部,不能安装假牙,致使咀嚼发生困难者	1800
28. 口腔严重受损,咀嚼机能全废	3000
29. 喉损伤,引起喉狭窄,影响发音及呼吸者	1000
30. 语音障碍,说话不清	300
31. 语音全废	3000
32. 伤及腹膜,并有单独性的腹腔出血及腹膜炎症者	1000
33. 由于损伤进行胃次全切除,或肠管切除三分之一以上者	3000
34. 由于损伤进行胃全切,或食道全切,腔肠代替食道,或肠管切除三分之一以上者	6000
35. 一叶肝脏切除者	3000
36. 一侧肾脏切除者	3000
37. 生殖器官损伤,失去生殖机能者	1800
38. 伤及神经、膀胱及直肠,遗有大便、小便失禁,漏尿、漏屎等	2000
39. 关节结构损伤,关节活动受限,影响运动功能者	1400
40. 伤筋伤骨,动作受限,其功能损伤严重于表 2 者	200
41. 接触高浓度有害气体,急性中毒症状消失后,遗有脑实质病变临床症状者	4000
42. 各种急性中毒严重损伤呼吸道、食道黏膜,遗有功能障碍者	2000
43. 国家规定的工业毒物轻度中毒患者	150
44. 国家规定的工业毒物中等度中毒患者	700
45. 国家规定的工业毒物重度中毒患者	2000

在对损失工作日计算时,应注意以下事项:

1. 死亡或永久性全失能伤害定 6000 日。
2. 永久性部分失能伤害按上表 B_1、表 B_2、表 B_3 计算。
3. 表中未规定数值的暂时失能伤害,按歇工天数计算。
4. 对于永久性失能伤害不管其歇工天数多少,损失工作日均按上列各表规定的数值计算。
5. 各伤害部位累计数值超过 6000 日者,仍按 6000 日计算。

为了帮助安全技术人员及其有关人员等,对伤亡事故的伤害部位和严重程度按损失工作日换算表进行对照与计算,现将人体主要骨骼名称及手、脚各部位骨骼名称与表用天数,以图的形式表示出来,以便一目了然,见图 8-1 和图 8-2。

九、总损失工作日的计算

总损失工作日是指各类伤亡人数与其各自的损失工作日乘积的总和。其计算办法如下:

$$总损失工作日 = \sum_{i=1}^{n} n_i P_i$$

式中 n_i ——各类伤亡的人数;

P_i ——各类伤亡的损失工作日,d。

例如,1989 年某厂矿企业发生一次工伤事故,造成 1 人死亡,1 人胸骨骨折,1 人趾

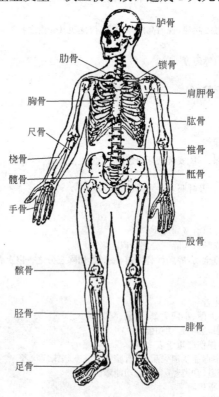

图 8-1 人体主要骨骼名称图

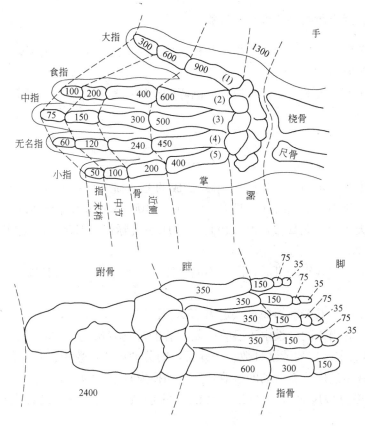

图 8-2 手（上）脚、（下）表用天数图

骨骨折。因此，其总损失工作日则应按国家标准《企业职工伤亡事故分类》（GB 6441）的规定，死亡、胸骨骨折、趾骨骨折的损失工作日分别为 6000 天；105 天；70 天。

则，总损失工作日＝1×6000＋1×105＋1×70＝6175（天）

十、实际总工时的计算

实际总工时的计算方法如下：

实际总工时＝全部职工满勤的工时数×出勤率－因停产造成的非工作时数＋加班工时数

其中，全部职工满勤的工时数＝全部职工人数×（日历日数－非工作日数）×每日工作时间

在进行实际总工时的计算时，需注意以下事项：

1. 每日工作时间均应按 8 小时计算。
2. 职工出勤率应统计准确。
3. 停产期间的检修工作时间和勤杂工作时间应为工作时间，而停产期间的学习时间为非工作时间。
4. 加班工时数应精确计算。

十一、国外对事故损失工作日的计算

据国外有关资料报道,由于发生人员伤亡事故所造成的劳动损失可以看作是由于发生事故所损失的工时,它与伤害的强度成正比。

对由于伤害而损失的工时,在第六届国际劳动统计学家会议上,规定了用下式的事故强度率表示:

$$事故强度率 = \frac{劳动损失日数}{实际总工时} \times 1000‰$$

这也就是说,用每1000工时内由事故造成的劳动损失日数来表示事故强度率。又因为以一个人在一年中的劳动时间,是以 $8 \times 300 = 2400$ 小时作为计算劳动损失日数的标准的,并以300天作为基准日数,所以由伤害造成的实际休工日数并不是实际劳动损失日数,而应乘以 300/365,闰年则应乘以 300/366。

对于造成死亡或残废的事故,因为不能够计算出实际劳动损失日数,则须采用下述标准值。

对于死亡事故,其劳动损失日数定为7500天。

它是这样推算出来的,设由于事故而死亡者的平均年龄为33岁,则损失的劳动年数为25年,若再假定一年的劳动日数为300日,则劳动损失日数为:$300 \times 25 = 7500$ 日。

对于造成终身残废不能劳动的事故,其劳动损失日数定为7500日。

对于造成终身残废丧失一部分劳动能力的事故,其劳动损失日数可根据表8-11确定。

身体残废等级表 　　　　表 8-11

身体残废等级	4	5	6	7	8	9	10	11	12	13	14
劳动损失日数	5500	4000	3000	2200	1500	1000	600	400	200	100	50

日本则是按上述方法来表示事故强度率的。而美国标准协会则认为一百万小时比一千小时更有稳定性,故采用与频度率一样的每一百万小时的劳动损失日数来表示。

美国还把死亡及永久性全部失能伤害的劳动损失日数定为6000天,原是根据失掉20年的生产性劳动,每年以300天测算而得出的。而现在是根据失掉24年的生产性劳动,每年以250天计,结果损失劳动日总天数也是6000天。

此外,美国对损失劳动日数还以表定天数的形式对永久性部分丧失劳动能力、永久性全部丧失劳动能力等都作了具体的规定,详见表8-12。

十二、损失工作日的概念及应用

所谓损失工作日,是指职工应该工作但因由于伤亡事故而造成的伤害在工作上失去能力的时间。也就是说,在厂矿企业中因发生了伤亡事故,使职工受到伤害,由于受到伤害的缘故,而不能参加生产劳动的实际天数,以及与受伤害者伤愈后,在今后工作的年代里,由于曾受过伤害的缘故,对生产劳动能力损失的估算天数的总和,称为损失工作日。

美国劳动损失日表定天数 表 8-12

一、外伤损失					
手指、及手					
全部或部分骨头切除	拇指	食指	中指	无名指	小指
指骨末梢	300	100	75	60	50
指骨中节	—	200	150	120	100
指骨近侧	600	400	300	240	200
掌部	900	600	500	450	400
手腕部					3000

趾、脚及踝		
全部或部分骨头切除	大趾	其他每一趾
指骨末梢	150	35
指骨中节	—	75
指骨近侧	300	150
蹠部	600	350
足踝		2400

臂	
肘以上,肩关节	4500
腕以上,膝,膝以下	3000

腿	
膝以上	4500
踝以上,膝,膝以下	3000

二、功能损失	
单眼(失明)	1800
双眼(失明),在一次事故中	6000
单耳(完全工业性丧失听力)	600
双耳(完全工业性丧失听力)在一次事故中	3000
未恢复的疝气(能恢复的按实际损失天数)	50

三、死亡或永久性全部丧失劳动能力	6000

损失工作日是以经济损失的理论为依据的,是以工作日的方式来对职工受到伤害后的总损失劳动能力进行估算,可使伤亡事故从经济上数值化。

损失工作日不但可用来计算某一职工在受到伤亡事故的伤害后,由于丧失生产劳动能力而造成的经济损失,还可用来确定伤亡事故的伤害程度分类。此外,也可用来统计在某个时期凡是受到伤害的职工总的损失工作日,以及总损失工作日所造成的经济损失。因此,其作用十分重要。

国外对伤亡事故所造成的损失工作日的概念早有应用。我国在过去对计算损失工作日也有过应用,但是没有明确其概念的意义和作用,在计算对其着眼点只是放在缺勤天数上,即只记录受伤害者因受到伤害的缘故需要或实际休息的天数或歇工的天数。然而,缺勤天数,即实际休息天数或歇工天数与损失工作日,虽然其目的都是估价事故在劳动能力方面所造成的经济损失。但这完全是两个不同意义的概念,因此在应用上也并非一样。

损失工作日的实质内涵包括两个方面的内容,一是由于职工在工伤事故中因受到伤害的缘故,需要治疗、休养期间的实际未参加生产劳动的天数。二是身体受到伤害的部分虽然治愈,但因身体致残,不能完全恢复到伤害以前的身体状态,造成生产劳动能力丧失,再也不能完成原有的工作量,这部分生产劳动能力的丧失表现在治愈后直到退休的漫长时间里。

实际休息天数或歇工天数,是指因伤亡事故而受到伤害的职工,未参加生产劳动的实际缺勤天数。但对身体受伤害部分在治愈后的漫长工作年代里,因此造成生产劳动能力丧失的那部分时间没有进行计算。

可见,损失工作日与实际休息天数或歇工天数在日数值上往往是不一样的。因实际休息天数或歇工天数只是损失工作日的前一部分,因此损失工作日的数值往往大于实际休息天数或歇工天数。

例如,在一次伤亡事故中,一个职工的手被机器切断,另一名职工的手受到伤害而能完全恢复,在伤愈后的工作年代里,前者的生产劳动能力一定要比后者少,即使他们俩人的伤害在受伤害期间实际需要治疗、休养的时间是同样多,假定都是100天,那么完全能恢复的那起伤害只有100天,而切断手的那起伤害则就不是100天。因为切断手的伤害虽然治愈,但由于切断手而带来了在今后工作的年代里不可恢复的生产劳动能力的丧失,对原有的工作量也就必然不能按量去完成。

然而,对身体受伤害部分需治疗、休养的时间,以及在今后的工作年代里,身体受伤害部分虽经治愈,但因此而造成生产劳动能力的丧失,又到底能损失多少个工作日数,这就需要人们人为地估算一个具体的数值。对身体各部分因受到伤害而损失工作日数值,通常是国家以法律的形式进行具体的规定,以便统一标准。因此,损失工作日数一经确定,就成为标准值,与受伤害者的实际休息天数或歇工天数无关。

1986年,我国国家标准《企业职工伤亡事故分类》(GB 6441)中,对永久性全失能伤害、永久性部分失能伤害所造成损失工作日的数值以计算表的方式进行了具体的规定,为全面地评价伤亡事故造成的经济损失,以及对伤亡事故严重程度的分类,提供了定量的标准。

在实际应用损失工作日这一概念时,应注意以下事项:

1. 死亡及永久性全失能伤害,我国国家标准对其损失工作日定为6000日,这个数值是固定不变的。

确定其死亡损失工作日的计算公式如下:

$$N = P(L_退 - L_亡)$$

式中 N——损失工作日数,d;

  P——年工作日数,取300;

  $L_退$——平均退休年龄,取55;

  $L_亡$——死亡于工伤事故人平均年龄。

我国国家标准对 N 值定为6000天,是根据原煤炭部、四川省、黑龙江省等对死亡事故的统计结果确定的(见下表8-13)。

死亡事故年龄与损失工作日数表　　　　表8-13

单位 \ 统计项目	平均死亡年龄 $L_亡$(岁)	平均损失工作日数 N(日)
原煤炭部	32.72	6824
黑龙江省	33.28	6684
四川省	36.72	5484
平均	34.24	6330

如果是致死伤害，或任一构成永久性全失能伤害，其损失工作日数是一样的，都为6000日。

2. 对于永久性部分丧失劳动能力的，可直接按计算表规定的天数，实际休息天数或歇工天数可不必过问。有些永久性部分伤害，可能根本没有损失，也可能有超过计算表所规定的天数损失。因此，不论那种情况，损失的天数都不去管它，只按计算表所规定的天数计算。

3. 暂时性全部失能伤害，在计算损失工作日时，国家标准没有规定具体数值的，可按实际休息天数或歇工天数来进行计算。例如，对各种形式的烧伤伤害，国家标准对这种形式的伤害所损失工作日的数值没作具体的规定，故在计算此种伤害的损失工作日时，一是可按医生根据需要进行治疗和休养的实际天数或歇工天数来计算。二是可根据我国关于重伤事故范围的有关规定来进行计算。因人体要害部位严重烧伤、烫伤或虽非要害部位，但烧伤、烫伤占全身面积1/3以上的均为重伤事故。因此，如为重伤可定为105天或＞105天，如不够重伤范围，则可定为＜105天，以便和伤亡事故严重程度分类标准统一。

4. 永久性损失影响身体好几部分，各部位伤害的损失工作日数应累计计算，但累计损失工作日数超过6000天仍应按6000天计算。如一个职工在一次伤亡事故中造成身体好几部分受到伤害，一部分是手的拇指远端指骨和食指中间指骨截肢，另一部分是锁骨骨折。在计算这起伤亡事故损失工作日时，则应以两部分的伤害损失工作日之和进行计算，即查损失工作日计算表可知拇指远端指骨截肢为300天；食指中间指骨截肢为100天；锁骨骨折为70天，故这起伤亡事故的损失工作日数为300＋100＋70＝470天。但在确定受伤害职工的伤害程度时，则应以损失工作日数最多的那一次伤害来确定，即拇指远端截肢为300天。在这个问题上，往往是人们在应用损失工作日这一概念时容易混淆的，因此需引起注意。

十三、伤亡事故与经济损失

由于伤亡事故是在厂矿企业的生产经营活动中发生的，事故发生后，人员受到伤害，并涉及到医疗以及其他问题，在物质方面也会带来各种损失，伴随着这两者的各种损失，对厂矿企业本身的经济效益必定会产生很大的影响。因此，对于一个厂矿企业来说，伤亡事故发生后，应当从经济损失的角度去分析和认识事故，事故在经济方面将会造成什么样的后果，这是一个必须很好地加以研究的问题。

对伤亡事故带来的经济损失，有些安全研究者把它分为两部分，一部分是有形损失，包括直接经济损失和间接经济损失。所谓直接经济损失，即指因事故造成人身伤亡及善后处理支出的费用和毁坏财产的价值。所谓间接经济损失，即指因事故导致产值减少、资源破坏和受事故影响而造成其他损失的价值。因此，直接经济损失和间接经济损失可以列出具体的项目，然后逐项进行计算。而另一部分是无形损失，指的是由于发生伤亡事故所造成人们心理混乱、意志消沉、精神不振、厂矿企业信誉下降或者丧失，等等，这是无法进行统计计算的。所以，在实际应用中，对伤亡事故所带来的经济损失，通常是以直接经济损失和间接经济损失之和来进行统计计算的。

我国为了对伤亡事故的经济损失进行统计，以适应社会主义经济建设发展的需要，于

1986年颁发了国家标准《企业职工伤亡事故经济损失统计标准》(GB 6721)，对厂矿企业伤亡事故经济损失的统计范围、计算方法和评价指标都作了具体的规定。

通过对伤亡事故所带来的经济损失的统计计算，必将有助于人们去定量地认识伤亡事故的严重程度，有力地推进厂矿企业的安全管理，改善厂矿企业的安全生产状况。

十四、我国对伤亡事故经济损失的统计范围

根据我国国家标准《企业职工伤亡事故经济损失统计标准》(GB 6721)的规定，厂矿企业伤亡事故的经济损失是以直接经济损失和间接经济损失两个方面进行统计的。

一、直接经济损失包括以下项目：

1. 人身伤亡后所支付的费用：
(1) 医疗费用（含护理费用）；
(2) 丧葬及抚恤费用；
(3) 补助及救济费用；
(4) 歇工工资。

2. 善后处理费用：
(1) 处理事故的事务性费用；
(2) 现场抢救费用；
(3) 清理现场费用；
(4) 事故罚款和赔偿费用。

3. 财产损失价值：
(1) 固定资产损失价值；
(2) 流动资产损失价值。

二、间接经济损失包括以下项目：

1. 停产、减产损失价值。
2. 工作损失价值。
3. 资源损失价值。
4. 处理环境污染的费用。
5. 补充新职工的培训费用。
6. 其他损失费用。

十五、伤亡事故的经济损失程度分级

所谓经济损失程度分级，即指按伤亡事故所造成的经济损失的大小，对伤亡事故进行分级。

根据我国国家标准《企业职工伤亡事故经济损失统计标准》(GB 6721)的规定，按伤亡事故所造成的经济损失的程度，对伤亡事故分为以下4级：

1. 一般损失事故。即指经济损失<1万元的事故。
2. 较大损失事故。即指经济损失≥1万元（含1万元），但<10万元的事故。
3. 重大损失事故。即指经济损失≥10万元（含10万元），但<100万元的事故。
4. 特大损失事故。即指经济损失≥100万元（含100万元）的事故。

十六、伤亡事故的经济损失评价指标

为了对伤亡事故经济损失进行评价,我国国家标准《企业职工伤亡事故经济损失统计标准》(GB 6721)规定,以千人经济损失率和百万元产值经济损失率作为评价指标。

1. 千人经济损失率。即指厂矿企业一年内,平均每千名职工因事故所造成的经济损失。其计算方法如下。

$$R_S(‰) = \frac{E}{S} \times 1000$$

式中 R_S——千人经济损失率;
E——全年内经济损失,万元;
S——企业平均职工人数,人。

2. 百万元产值经济损失率。即指厂矿企业一年内平均每百万元产值因事故所造成的经济损失。其计算方法如下。

$$R_V(\%) = \frac{E}{V} \times 100$$

式中 R_V——百万元产值经济损失率;
E——全年内经济损失,万元;
V——企业总产值,万元。

十七、我国对伤亡事故经济损失的计算

根据我国国家标准《企业职工伤亡事故经济损失统计标准》(GB 6721)的规定,厂矿企业伤亡事故经济损失即指职工在劳动生产过程中发生伤亡事故所引起的一切经济损失,包括直接经济损失和间接经济损失。

伤亡事故经济损失的计算方法如下:

1. 经济损失的计算:

$$E = E_d + E_i$$

式中 E——经济损失,万元;
E_d——直接经济损失,万元;
E_i——间接经济损失,万元。

2. 工作损失价值的计算:

$$V_W = D_L \cdot \frac{M}{S \cdot D}$$

式中 V_W——工作损失价值,万元;
D_L——一起事故的总损失工作日数,死亡一名职工按6000个工作日计算,受伤职工视伤害情况按国家标准《企业职工伤亡事故分类标准》(GB 6441)的规定确定,天。(如标准没有规定的轻伤事故损失工作日,则可按实际歇工工作日计算)
M——企业上年税金加利润,万元;
S——企业上年平均职工人数;
D——企业上年法定工作日数,d。

3. 医疗费用的计算:

$$M = M_b + \frac{M_b}{P} \cdot D_c$$

式中　M——被伤害职工的医疗费用,万元;

M_b——事故结案日前的医疗费用,万元;

P——事故发生之日至结案之日的天数,d;

D_c——延续医疗天数,指事故结案后还需继续医治的时间,由企业劳资、安全、工会等按医生诊断意见确定,d。

上述医疗费用的计算是测算一名被伤害职工的医疗费用,如一次事故中多名被伤害职工的医疗费用应累计计算。

4. 歇工工资的计算:

$$L = L_q(D_a + D_k)$$

式中　L——被伤害职工的歇工工资,元;

L_q——被伤害职工的日工资,元;

D_a——事故结案日前的歇工日,d;

D_k——延续歇工日,指事故结案后按被伤害职工还须继续歇工的时间,由企业劳资、安全、工会等有关单位酌情商定,日。

上述歇工工资的计算是测算一名被伤害职工的歇工工资,如一次事故中多名被伤害职工的歇工工资应累计计算。

在计算伤亡事故经济损失时,为使计算结果尽可能地准确,还应注意以下事项:

1. 丧葬费、抚恤费、补助费、救济费等的数额均应按国家现行有关规定执行。在计算时对分期支付的抚恤、补助等费用,按审定支出的费用,从开始支付日期累计到停发日期。对被伤害职工供养未成年直系亲属抚恤费累计计算到16周岁,普通中学在校生应累计计算到18周岁。对被伤害职工及供养成年直系亲属补助费、抚恤费应累计计算到我国目前人口的平均寿命71周岁。

2. 固定资产损失价值的计算。对报废的固定资产应以固定资产净值减去残值计算,对损坏的固定资产应以修复费用计算。对固定资产修复后,因能力降低而减产的部分可不计算在内。这里所谓的净值,是指该项物质原来应有的实际价值。所谓残值,是指事故发生后该项物质所幸存的数量及实际价值。

3. 流动资产损价价值的计算。对原材料、燃料、辅助材料等均应按账面值减去残值计算;对成品、半成品、在制品等均应以企业实际成本减去残值计算。这里所谓的账面值,是指厂矿企业的物资部门和财务部门的账目上该项物质所应存有的数量及其价值。

4. 补充新职工的培训费用的计算。对技术工人的培训费用应按每人2000元计算;对技术人员的培训费用应按每人10000元计算;对其他人员的培训费用,可视补充人员的具体情况参照上述标准酌定计算。

十八、国外对事故经济损失的计算

在厂矿企业中,如果没有收集事故发生后的详细数据,就无法对事故造成的经济损失进行统计。而为了进行统计,就需要作出很大的努力,因此,人们都希望最好有一个尽可能简单，并且尽可能准确，也就是说能够通过某种数学公式的方法，简单又准确地估算出事故的经济损失。当然，这种估算事故经济损失的方法，其存在的问题是准确性不太高。国外对事故经济损失的估算曾发表过数种方法，一般被人们认为可取的计算方法有以下2种。

1. 海因里希的事故损失计算法。

海因里希是防止事故的早期倡导者，曾在美国旅客保险公司工作。他在1926年，把通过申请由保险公司支付的金额作为直接损失，把除此以外的财产损失和因事故使生产遭受的损失作为间接损失。海因里希并通过对大量事故资料的统计分析，得出了直接损失和间接损失的比率，发表了如下的结果：

直接损失：间接损失＝1：4

由此可见，发生事故后，由于事故影响所造成的间接损失要比受伤人员的医疗和其他费用高得多。

海因里希提出以下项目作为间接损失：

(1) 负伤者的时间损失。

(2) 非负伤者由于好奇心、同情心、帮助负伤者和其他原因所受到的时间损失。

(3) 班组长和其他管理人员的时间损失。如营救负伤者、调查事故原因、分配人员代替负伤者继续进行工作、挑选并培训代替负伤者工作的人员、提出事故报告、接受行政当局的传呼等等。

(4) 救护人员、医院职工及不受保险公司支付的人员的时间损失。

(5) 机械、工具、材料及其他财产的损失。

(6) 由于生产受阻碍向订货单位延长交货日期而支付的罚款以及其他由此而受到的损失。

(7) 职工福利保健制度方面遭受的损失。

(8) 负伤者返回车间后，即使工作能力降低也在相当的一段时期内照付原来工资而受到的损失。

(9) 负伤者工作能力降低，不能使机械全速运转而遭受的损失。

(10) 由于发生了事故，操作人员情绪低落，或者由于过分紧张而诱发其他事故受到的损失。

(11) 负伤者即使休工也要支付的照明、取暖费以及其他与此类似的每人的平均费用损失。

此外，由于发生事故而受到的间接损失还要根据厂矿企业的实际情况来加以考虑。

总之，直接损失与间接损失的比，有些厂矿企业稍小于1：4，而有些厂矿企业则稍微大一些，这是一个如何确定间接损失的范围以及怎样估计损失的问题。

2. 西蒙兹的事故损失计算法。

西蒙兹是美国密执安大学的管理学教授和哲学博士。他对海因里希的事故损失计算方法提出了种种不同的看法。他采取了从厂矿企业经济的角度出发来对事故损失进行判断的立场。他把由保险公司支付的金额定为直接损失，把不由保险公司补偿的金额定为间接损失。

因此，事故损失可用下式进行计算：

事故总损失＝直接损失（由保险公司赔偿的费用）＋间接损失（不由保险公司补偿的费

用)＝保险损失＋A×停工伤害次数＋B×住院伤害次数＋C×急救医疗次数＋D×无伤害事故次数。

式中　A——停工伤害费用的平均值；
　　　B——住院伤害费用的平均值；
　　　C——急救医疗伤害费用的平均值；
　　　D——因无伤害事故而引起的财产损失平均值。

死亡和永不能恢复全部劳动的残废伤害没有包括在上述的事故损失中，当发生这类伤害事故时，应分别进行计算。

在 A，B，C，D 的平均值中，之所以没有能给出具体的数值，这是因为不同的厂矿企业条件也各不相同。厂矿企业如要进行计算时，首先要在某一时期内，对实际发生的停工伤害、住院伤害、急救医疗、无伤害事故发生的情况进行探索研究，以取得有关数据，然后即可算出它们的平均值，再乘以每种事故发生的次数。以后，由于年代的不同，如果平均工资、材料费用以及其他费用发生变化，可以对上述方法确定的 A、B、C、D 的数值进行修正。

此外，西蒙兹将间接损失分以下几项进行了调查：
(1) 非负伤职工由于中止作业而引起的费用损失。
(2) 受到损伤的材料和设备的修理、撤走的费用。
(3) 负伤者停工作业时间，没有得到补偿的费用。
(4) 加班劳动费用。
(5) 管理人员所花费的时间的工资。
(6) 负伤者返回车间后生产减少的费用。
(7) 补充新工人的教育和培训的费用。
(8) 厂矿企业负担的医疗费用。
(9) 进行事故调查付给管理人员和有关职工的费用。
(10) 其他特殊损失。其中包括诉讼费用、租赁设备的租赁费、解除合同所受到的损失，为了招收替班工人而特别支出的经费，新工人所引起的机械损耗费用等。

西蒙兹的事故损失计算公式对一般的厂矿企业来说是非常适用的。厂矿企业利用这一计算公式来估算事故损失时，就可以知道因发生事故而支出了多少费用，遭受了多大的经济损失。

十九、厂矿企业职工伤亡事故报告统计制度

事故统计工作是安全生产工作的重要组成部分，是领导科学决策和正确指导安全生产工作的基础。结合当前安全生产工作的需要，同时也为了更好地贯彻、执行国务院颁奖的《生产安全事故报告和调查处理条例》，国家安全生产监督管理总局对原事故统计报表制度进行了补充、完善。并于 2006 年 2 月颁发了《生产安全事故统计报表制度》，国家统计局以国统函〔2006〕34 号文件批准执行。

根据《生产安全事故统计报表制度》的要求，对于厂矿企业来说，发生事故后，厂矿企业应填工矿 A1 表和工矿 A2 表。表的具体式样见工矿 A1 表与工矿 A2 表。

报送时间为发生后即报给当地安全生产监督管理部门或煤厂矿安全监察机构。

第五节 事故的统计和分析

伤亡事故情况

填表单位(签章)　　　　　　　　　　　　　　　　　　　　　　　　　　年

单位名称		登记注册类型	所在
单位地址	＿＿＿省(区、市)＿＿＿地区(市、州、盟)＿＿＿县(区、市、旗)＿＿＿	1 国有 2 集体 3 股份合作 4 联营 5 有限责任 6 股份有限 7 私营 8 港澳台 9 外商投资 10 其他 □□	A 农、林、牧、渔业 B 采矿业 　06 煤炭开采和洗选业 　07 石油和天然气开采业 　08 黑色金属矿开采业 　09 有色金属矿采选业 　10 非金属矿采选业 　11 其他矿采选业 C 制造业 D 电力、燃气及水的生产和供应业 E 建筑业 F 交通运输、仓储及邮电通信业 G 信息传输、计算机服务和软件业
单位法人代码	□□□□□□□—□		
邮政编码	□□□□□□		
事故发生时间	年　月　日　时　分		
事故发生地点			
直接经济损失(万元)		企业规模	事故原因
损失工作日(工日)		1 大型 2 中型 3 小型 □	1 技术和设计有缺陷 2 设备、设施、工具附件有缺陷 3 安全设施缺少或有缺陷 4 生产场所环境不良 5 个人防护用品缺少或有缺陷 6 没有安全操作规程或不健全 7 违反操作规程或劳动纪律 8 劳动组织不合理 9 对现场工作缺乏检查或指挥错误 10 教育培训不够,缺乏安全操作知识 11 其他　　□□
从业人员数			
主管部门			
人员伤亡总数(人)			
死亡	重伤	轻伤	
其中:非本企业人员伤亡(人)			
死亡	重伤	轻伤	
起因物		致害物	不安全状态
1 锅炉;2 压力容器;3 电气设备;4 起重机械;5 泵、发动机;6 企业车辆;7 船舶;8 动力传送机构;9 放射性物质及设备;10 非动力手工具;11 电动手工具;12 其他机械;13 建筑物及构筑物;14 化学品;15 煤;16 石油制品;17 水;18 可燃性气体;19 金属矿物;20 非金属矿物;21 粉尘;22 梯;23 木材;24 工作面(人站立面);25 环境;26 动物;27 其他　□□		1 煤、石油产品;2 木材;3 水;4 放射性物质;5 电气设备;6 梯;7 空气;8 工作面(人站立面);9 矿石;10 黏土、砂、石;11 锅炉、压力容器;12 大气压力;13 化学品;14 机械;15 金属件;16 起重机械;17 噪声;18 蒸气;19 手工具(非动力);20 电动手工具;21 动物;22 企业车辆;23 船舶　□□	1 防护、保险、信号等装置缺乏或有缺陷 2 设备、设施、工具、附件有缺陷 3 个人防护用品用具缺少或有缺陷 4 生产(施工)场地环境不良　□

单位负责人:　　　　　　　　　　　　　填表人:

(发生事故单位)

表号：工矿 A1 表
制表机关：国家安全生产监督管理总局
批准机关：国家统计局
批准文号：国统函(2006)34 号

月

行业	行业分类	煤矿企业填写		
		地点分类	统计属别	煤矿类型
H 批发和零售业 I 住宿和餐饮业 J 金融业 K 房地产业 L 租赁和商务服务业 M 科学研究、技术报务和地质勘查业 N 水利、环境和公共设施管理业 O 居民服务业和其他服务业 P 教育业 Q 卫生、社会保险和社会福利业 R 文化、体育和娱乐业 S 公共管理与社会组织 T 国际组织　　□-□□	按国标 GB/T 4754—2002 填写	1 地面 2 采煤面 3 掘进头 4 上下山 5 大巷 6 井筒 7 其他 　　□	1 原煤生产 2 非原煤生产 3 基本建设	1 国有重点 2 国有地方 3 乡镇煤矿　□ 各种证件 1 采矿许可证 2 安全生产许可证 3 煤炭生产许可证 4 营业执照 5 矿长资格证 6 矿长安全资格证 　　　　　□

事故类别	统计类别	事故类别	致害原因
1 物体打击　2 车辆伤害 3 机械伤害　4 起重伤害 5 触电　　　6 淹溺 7 灼烫　　　8 火灾 9 高处坠落　10 坍塌 11 冒顶片帮　12 透水 13 放炮　　　14 火药爆炸 15 瓦斯爆炸　16 锅炉爆炸 17 容器爆炸　18 其他爆炸 19 中毒和　　20 其他 窒息　　　　　　□□	行业：□□ 1 石油;2 冶金;3 有色; 4 建材;5 地质;6 机械; 7 轻工;8 纺织;9 烟草 10 电力;11 贸易;12 建筑; 13 水利;14 邮政;15 电信; 16 林业;17 军工;18 旅游; 19 化工;20 石化;21 医药 危险种类：□ 1 危险化学品 2 烟花爆竹	41 顶板 42 瓦斯 43 机电 44 运输 45 放炮 46 水害 47 火灾 48 其他 　　□□	1 冒顶;2 片帮;3 支架伤人;4 放炮(瓦斯);5 明电、火(瓦斯);6 瓦斯突出;7 磨擦(瓦斯);8 撞击(瓦斯);9 失爆 1;0 吸烟;11 墩罐;12 跑车;13 轨道事故;14 输送;15 触电;16 设备伤人;17 跑浆;18 坠落;19 触响瞎炮;20 地质水;21 老空水;22 地面水;23 煤自燃;24 设备引燃;25 煤尘爆炸;26 CO 中毒;27 窒息 　　　　　　□□

不安全行为	事故概况
1 操作错误、忽视安全、忽视警告; 2 造成安全装置失效;3 使用不安全设备; 4 手代替工具操作;5 物品存放不当; 6 冒险进入危险场所;7 攀、坐不安全位置; 8 在起吊物下作业、停留; 9 机器运转时加油、修理、检查、调整、焊接、清扫等工作; 10 有分散注意力行为; 11 在必须使用个人防护用品用具的作业或场合中,忽视其使用; 12 不安全装束;13 对易燃、易爆等危险物品处理错误 　　　　　　□□	

联系电话：　　　　　　　　　　报出日期　　年　　月　　日

第五节 事故的统计和分析

伤亡事故伤亡人员情况（发生事故单位）

表号：工矿 A2 表
制表机关：国家安全生产监督管理总局
批准机关：国家统计局
批准文号：国统函(2006)34号

填表单位（盖章）：   年   月

姓名	性别	年龄	工种	工龄	文化程度	职业	伤害部位	伤害程度	受伤性质	就业类型	死亡日期	损失工作日

单位负责人：   填表人：   联系电话：   报出日期： 年 月 日

说明：
1. 工 种：按国家工种分类填写。
2. 文化程度：按(1)文盲；(2)小学；(3)初中；(4)高中、中专；(5)大专；(6)大学；(7)硕士以上。
3. 职 业：按国标《职业分类和代码》(GB 6565—1996)填写。
4. 伤害部位：按国标《企业职工伤亡事故分类标准》(GB 6441—86)中的附录 A.1 伤害部位填写。
5. 伤害程度：按(1)死亡；(2)重伤；(3)轻伤
6. 受伤性质：按国标《企业职工伤亡事故分类标准》(GB 6441—86)中的附录 A.2 受伤性质填写。
7. 就业类型：按(1)正式工；(2)合同工；(3)临时工；(4)农民工。
8. 损失工作日：按国标《事故伤害损失工作日标准》(GB/T 1599—1995)计算。

二十、伤亡事故的分析

发生伤亡事故的原因是很多的，涉及到设计、施工、生产工艺、物料、设备、企业管理等许多方面。为了吸取教训，防止事故的重复发生，对所发生的伤亡事故应在调查清楚的基础上，对事故进行综合地分析，以便弄清事故的性质，找出事故发生的规律，采取相应对策，提出改进措施。

伤亡事故发生后，在登记、调查、研究、统计的基础上，采取归纳分类的方法，按工种、作业地点、时间、事故类别、伤害程度、物质原因、组织原因等方面，进行深入细致的分析研究，弄清事故发生的性质。然后用日报、旬报、月报、季报、年报等形式，定期报送有关单位或部门，供单位或部门领导了解安全生产的情况，指导安全生产工作。

1. 事故发生的地点、类别和工种的分析。事故发生的地点，系指职工发生伤亡事故的工作场所。事故发生的地点、类别和工种往往是相互联系的。

例如，煤矿工人在采煤工作面容易发生冒顶事故；建筑工人在高处作业时容易发生坠落事故；冶炼工人容易发生灼烫事故；等等。又如某些特种作业的工人，由于作业时危险性较大，要比普通作业的工人发生的伤亡事故多一些。

2. 事故发生的时间的分析。事故发生的时间，系指职工发生事故的工作日。通过分析，可以找出具体时间事故发生的规律。

事故发生的时间，往往与季节、昼夜、节假日前后、工作开始或工作结束等因素有很大的关系。

例如，雨多或气候潮湿的季节，容易发生触电事故；冬季气候寒冷、干燥、多风，容易发生火灾、煤气中毒等事故；夜班比白班，工作结束时比工作开始时发生的事故要多一些；节假日前后要比平常日子容易发生事故等等。

3. 对事故发生人员的分析。人员系指从事作业的职工。人员年龄的大小、工龄的长短、工种的差异、技术的高低、精神状态，以及是否受过安全技术教育等，都与伤亡事故有很大的关系。一般说来，年龄较大、工龄较长、技术较高的老工人，由于操作技术熟练、安全技术知识较为丰富，发生事故的概率就小些。反之，年龄教育、工龄较短、技术不够熟练、又未曾很好地受过安全技术知识教育的青年工人或更换新工作岗位的工人，发生事故的概率就要大一些。

例：某厂伤亡事故分析表

项 目	技术等级		年 龄		工 龄		教 育	
	初级工	高级工	青壮年工	老年职工	1～8年工龄	8年以上工龄	一般安全教育	专业安全教育
伤亡事故比例%	64.5	35.5	73	27	60	40	64.5	35.5

上述这张分析表表明，在厂矿企业中加强对青年工人的安全技术教育，对搞好安全生产，显得格外重要。

通过对伤亡事故的分析，可以掌握容易发生事故的地点、类别、工种和时间，以及人员的情况，找出事故发生的原因和规律，便于针对问题采取相应的措施。

例如：对某些危险性大的工种，就应采取特殊的防护措施；对人员经常接触的机械传动或旋转部部位，应装置防护罩；在雨季要着重对电气设备进行检查；节假日前后要加强对职工思想政治工作和安全教育；对新入厂的职工，必须进行三级安全教育；对青年工人应加强专业安全技术知识的教育；对调换工作岗位的职工，应进行新工作岗位的安全技术知识教育；等等。

第九章 事故的预防

第一节 预防事故的对策

一、实行机械化、自动化操作

事故的发生，不论是直接原因还是间接原因，都是由于人们的行动失败而引起的。人不是机器，机器只要供给它一定的能量，就会按照机械结构和设备性能作有规则的运动，不会作规定动作以外的动作。而对于从事操作的人来说，因为具有思想意思，所以在进行某一作业的过程中，由于种种原因，有时就会发生差错导致事故的发生。将机械操作和人工操作相比较，如果机器是为了具有达到某一目的的能力而设计制作，那么同一目的要让人去完成时，为了完成同一生产目的，人的可靠性就差些。

实现了机械化、自动化操作，作业人员接触设备和工件的机会也就会减少，某些人身伤害的危险也就可以消除，发生事故的可能性也会随之减少。据有关事故的统计资料表明，实行机械化、自动化操作与人工操作两者之间的事故频率竟相差 3 倍左右。

此外，实行了机械化、自动化操作，还能大大减轻操作工人的劳动强度，改善劳动条件，把操作工人从繁重的体力劳动和肮脏的劳动环境中解放出来，这对保护劳动者的安全和健康无疑是有巨大好处的。因此，凡是技术条件、经济条件许可的厂矿企业，一定要逐步实现机械化、自动化操作，条件尚不具备的厂矿企业也应努力创造条件。

二、装设安全装置

从本质上来说，人和机器相比，人是容易出差错的，在生产操作过程中，人的可靠性总是不稳定的。因此，在作业进行中，仅仅依靠操作人员的注意力是不能完全达到安全生产的目的的。这是因为有时候操作人员的注意力会不集中，或者由于判断上的错误，导致了错误的不安全行为，这种情况在实际中是难免的。为此，理想的情况应该是，即使操作人员进行了错误的操作或出现了错误的作业方法，机器设备或装置仍然能够进行安全运转或立即停止运行，以确保安全，或者在某些危险的作业环境中用某种方法来提醒操作人员注意安全，这些结构便称为安全装置。因此，为了确保安全生产，在厂矿企业生产系统中应装设安全装置。

安全装置包括防护装置、保险装置、信号装置和危险警告牌与识别标志等 4 种。

1. 防护装置。防护装置就是用屏护的方法使人体与生产中危险部分相隔离的装置。

生产中危险部分包括：操作时人员可能接触到的机器设备的运转部分、加工材料的碎屑可能飞出的地方、机器设备上容易被触及的带电部分、高温部分和辐射热地带、厂院和工作场所可能使人员发生坠落、跌伤的地方等。防护装置就是根据隔离这些危险有害因素的原理具体创造的,它对预防人身伤亡事故的发生起着重要的作用。

防护装置的种类很多。根据其用途和工作环境的不同,在构造上可分为简单的和复杂的两种。简单的防护装置有防护罩、防护网、围栏、挡板等等,这些都起着隔离的作用。复杂的防护装置和机器设备之间带有机械或电的联系,即使操作人员进行了错误的操作,机器设备仍然能够继续安全运转,或者机器设备停止运转,以确保安全,这种防护装置常称为联锁装置。

防护装置的设计,必须使其形式、大小与机器设备被隔离的部分相适应,不应妨碍操作人员进行对机器设备的操作。对投入使用的防护装置,操作人员必须爱护使用,任何人不得随意拆卸。

2. 保险装置。保险装置就是能自动清除生产过程中由于整个设备或个别零部件发生故障或损坏能引起人身伤害事故危险的一种装置。

保险装置的结构和作用是根据薄弱环节和自动断电的原理制作的。有些保险装置在效能上可多次使用,如安全阀、卷扬限位器等等。有些保险装置的效能是一次性的,如保险丝、自断锁等等。

对于保险装置应正确安装,调整准确,精心维护,定期校验,以保持其灵敏度、准确、可靠。

3. 信号装置。信号装置就是用信号标志来警告或提醒操作人员预防危险的一种安全装置。

信号装置本身一般不能自动排除危险,它只是提醒操作人员对危险引起注意,并及时采取相应的预防措施。信号装置的效果取决于操作人员的注意力和对信号标志的认识。

信号装置一般可分为颜色信号、音响信号和仪表信号 3 种。颜色信号,如红、黄、绿信号灯,电气设备上的指示灯等。音响信号,如汽笛、喇叭、电铃等。仪表信号,如压力表、温度计、水位表、流量表等。各种信号装置所发出的信号标志的含义应当是明确的,决不能与其他目的信号相混淆,以免引起差错。因此,颜色信号所显示的颜色必须鲜明,容易辨认;音响信号所发生的声音必须能使人清楚地听到,并应超过该生产区域或工作场所的噪声中的有效听阈,通常音响信号的声级超过作业环境声级 15dB(A)就能满足要求了。仪表信号必须清晰、灵敏、准确。

信号装置的信号标志的发出,一般表示为危险状况的开始,指示可能出现或者已经出现的危险状况,要求生产操作人员立即要清除或控制危险情况,及时采取适当的措施或行动。有的信号装置发出的信号标志则表示危险状况的持续时间和结束时间。

对信号装置应定期进行检查、校验,以保证能够正确地显示真实情况,否则应予以修理或更换。

4. 危险警告牌与识别标志。危险警告牌上面的文字必须简短,含义必须明确,字迹必须醒目易认,如"危险!","仓库重地,严禁烟火!","有人工作,严禁合闸!"等等。危险警告牌应牢固地设立在人们显而易见的地点。

识别标志。可分为安全色标和安全标志。

安全色标,是表达安全信息含义的颜色,一般采用清晰醒目的颜色作为标志,使人们能够迅速发现或分辨安全标志,提醒人们及时注意,防止事故的发生。

安全标志是由安全色、几何图形和图形符号所构成,用来表达特定的安全信息,以禁止、警告、命令、提示的方式，提醒人们注意安全，防止事故的发生。

安全色标和安全标志，通常均以国家标准的形式予以发布的统一规定。

三、机械强度试验和电气绝缘检验

1. 机械强度试验。为了安全生产的需要，要求机器设备、装置、容器及其主要部件必须具有一定的机械强度。然而，这种必要的机械强度往往不能单凭设计计算来保证。这是因为在材料的选择及制造和使用过程中，机械强度要受到许多因素诸如磨损、腐蚀、温度、应力等的影响，如果不能及时地发现机械强度的问题，就有可能造成设备事故以至重大人身伤亡事故，尤其是锅炉和压力容器设备更是如此。因此，必须定期对机器设备、装置进行预防性的机械强度试验。

机械强度试验的方法，是每隔一定时期使所需要试验的机器设备、装置、容器承受的比工作负荷更高的试验负荷，如果试验对象在规定的试验时间内没有破损，也没有发生剩余变形或其他不符合安全技术要求的缺陷，就可认为合格，可以重新投入运行。对重要的机器设备、装置、容器或其他部件，有时还需要用无损探伤仪等进行检查，看其是否有缺陷或损伤，以便采取措施。

例如，对蒸汽锅炉及其主要附件，压力容器及其主要附件，起重机械及其吊具以及直径较大、转速较高的砂轮等，都应按照有关安全技术规程的要求，定期地作预防性的机械强度的试验，以确保其安全运行。

2. 电气绝缘检验。电气设备的绝缘情况是否良好，对安全生产有着十分密切的关系。绝缘良好的电气设备能够保证操作人员的安全，否则，就有可能引起触电伤亡事故。

电气设备的绝缘性能受许多因素的影响，如遭到不同程度的损坏、或受生产过程中湿气和腐蚀性物质的侵蚀、温度过高或过低、机械性的损伤、使用过久而使绝缘层老化等等。因此，为防止电气设备的绝缘被损坏而引发事故，就必须对电气设备的绝缘情况进行经常的或定期的检验。

四、设备的维护保养和计划检修

1. 设备的维护保养。首先，设备的维护保养从根本上来讲就是正确地对设备进行操作。严格地遵照技术规程进行操作，就是对设备最好的维护保养。

其次，为了减轻设备传动部分的磨损，保证其运转正常，延长其使用寿命，应定期地对设备的润滑系统加油或清洗，以及定期地对设备进行防腐等。

2. 计划检修。计划检修就是根据机器设备的性能、质量和使用等情况，订出连续运行多长时间就需要进行检查、修理的计划。到了规定的检修时间，不论机器设备的运转情况如何，都应按期按计划进行检修。

计划检修一般分为大修、中修和小修等3种形式。特别是大型机器设备的大修，是一项较为复杂的工作，在检修前应编制好检修计划的具体项目，并制定检修方案和安全技术措施，同时还应做好检修前的各种准确工作，如组织好检修人员、必要的检修机具、起重运输机械、所需更换的零部件等等。凡是具有两人以上一起作业的检修项目，检修项目负责人都应指定其中一人负责检修作业中的安全工作。此外，对检修具有易燃、易爆、有毒有害或有腐蚀性物质的容器设备或管道，应事先对容器设备或管道进行清洗置换，并进行安全分析，合格后方可开始进行检修。

在检修时，应按检修计划进度进行，提高检修质量，严格遵守关于安全检修的各种规章制度，以确保检修人员在检修作业过程中的安全。

检修作业结束后，将检修作业现场清理干净后方可进行验收和试车。

从事有毒有害物质系统的检修和事故抢修时，还需准备好气体防护器材，以备应急之用。

五、作业环境的布置与整洁

作业环境的合理布置与整洁，不仅创造了有条不紊的整整齐齐的和干干净净的作业场所，给操作人员在心理上带来良好的影响，利于提高生产效率，并且还能由此养成良好的习惯。这对安全生产，清除事故的发生都是十分有利的。

要使作业环境布置合理和整洁，应做好以下几项工作。

1. 合理的布局对作业现场内部来说，无论是从平面还是从立体空间的角度，都要尽可能划定各种物体的正确位置，并使之处于理想的状态。因为机械设备一经安装，就被固定在基础底座上，以后就不可能再随意挪动，所以做平面布局设计时，必须经过周密的考虑。同时，对放置在作业现场的其他东西，应明确是"需要"还是"不需要"，即使是"需要"的东西，也还有经常需要和偶然需要之分。对于那些不是经常需要的东西，应在作业现场以外的地方划出一个适当的存放处，对于作业现场所必需的东西，应该将它们安放在一个在平面和立体空间都很安全的位置上。

如果这一项工作做得不好，在作业现场的一些东西将会妨碍作业人员的作业行动，往往引起差错，进而成为引起事故发生的原因。

2. 即使已经建立起作业环境的合理秩序，由于在生产过程中一些东西是需要搬动的，它们原来的正常位置也往往容易被搞乱，就有可能成为发生事故的原因。因此，对于在生产过程中产生的混乱，应及时使之恢复到原来正常的位置，并对作业行动有妨碍和有危险的物件经常整理。

同时，对那些不需要的边角废料等，应尽快地把它们从作业环境中清除出去，以保持作业环境的整洁。

3. 作业现场所需要的物件，一般来说都是一些小型物件，对于这些东西，应设置一些方便的货架或容器将其加以分类存放，把有限的面积在立体空间上加以合理地利用。

此外，把新领来的各种工器具和辅助用具存放到货贺上或容器中时，也需要仔细地考虑其所存放的位置。这样，在使用时就可节省时间，减少事故发生的机会。

4. 为建立作业地面的合理秩序，可用黄油漆、黄瓷砖或其他东西在地面上划上线，以明确表示出通道、成品、半成品和原材料的位置。这种位置秩序，除非在特殊情况下，都不应加以破坏。即使在地面用过之后，也应立即恢复原来的正常位置秩序。

5. 在作业现场，往往需要把生产过程中的成品、半成品和原材料立体地堆放起来，虽然堆积的高度越高，空间的利用率也越大，但是其稳定性能差，可能由于某种偶然原因使堆积的物体倒塌或掉落，进而成为引起事故发生的原因。因此，物件堆放的高度一般不得超过其底边边长的3倍。

在进行堆放时，应将重的东西放在下面，轻的东西放在上面，同时还要考虑到操作的顺序，不要把先用的东西放在后用的东西的下面。此外，堆积在上层的东西，应往里面缩进去一些，以防止由于东西掉下、倒塌而引起事故。

综上所述，无论在进行什么作业时，以上事项不仅从提高劳动生产率来说是重要的，而且从防止事故的角度来说也是极为重要的。然而在实际情况中，作业现场不一定能经常保持这种合理的秩序，往往感到这种合理秩序的建立总是不够彻底。因此，安全技术人员要经常地进行检查，促使合理秩序的建立和保持。由于这种作业环境的合理秩序和生产有着十分密切的关系，还应当通过生产管理线来建立和保持。

六、劳动保护用品的选用

劳动保护用品是为了保护职工在生产过程中的安全和健康，预防事故发生所采取的一种辅助措施。

厂矿企业在为预防事故发生而采取措施时，应当着重于改进生产设备；采用机械化、自动化操作；改善劳动条件或装设安全装置，以消除危险有害因素，而不能将采用劳动保护用品作为预防事故发生的主要的措施。劳动保护用品只有在一定条件下，虽已采取了主要安全措施后，仍不能消除危险有害因素或集体防护起不到防护作用时，才成为不可缺少的主要防护工具。

如电焊工戴的面罩、有中毒危险作业职工佩戴的防毒面具、交叉立体作业现场职工所需佩戴的安全带和安全帽等等，实际作业中，这些劳动保护用品，对防止事故的发生都起着十分重要的作用。

劳动保护用品的种类繁多。每个厂矿企业均应根据作业的实际需要，选用质量好、安全可靠、经济耐用、穿戴舒适方便的劳动保护用品。此外，操作人员应学会正确佩戴、爱护使用劳动保护用品，并能根据作业环境的危害程度合理地选用，以免发生意外。但由于各种劳动保护用品本身所具有的防护作用是有一定限度的，而有些作业环境条件复杂多变，再加上外来侵害的耐受程度往往因人而异，超过了允许的防护范围，因此劳动保护用品将起不到防护作用。

七、安全卫生规章制度

为了保护广大职工的安全和健康，除国家对安全、卫生方面的要求或标准以法律、法规的形式加以明确规定作为厂矿企业职工必须遵守的准则外，各厂矿企业本身也应制定符合本厂矿企业生产特点的安全技术规程及各有关的安全卫生规章制度，以供每一个职工学习、遵守和执行。国有国法，厂有厂规。厂安全卫生规程制度的制定和执行，也是一项搞好安全生产，预防事故发生极其重要的措施。

厂矿企业有了一整套的安全技术规程和安全卫生规章制度，使得职工在安全生产上有章可循，并通过安全教育，懂得什么样的操作是安全的，什么样的行为是危险的，以及为什么要安全和为什么会有危险的道理。为使安全技术规程和安全卫生规章制度得以贯彻执行，厂矿企业中的各级领导人员必须以身作则，认真执行，乃身教重于言教。同时，厂矿企业安全技术部门须加强安全教育和开展经常性的督促检查，以检查各部门、各级领导人员和管理人员与操作人员的执行情况，发现问题，及时处理。对那些认真执行安全卫生规章制度，安全生产上的先进人物应给予表扬和奖励，而对于那些违反安全卫生规章制度，违章作业或违章指挥而酿成事故的责任者，应认真追究其责任，并严肃处理，做到赏罚分明，以促安全生产工作的开展。

厂安全技术规程及安全卫生规章制度应随着厂矿企业组织机构的变动、生产工艺流程和设备装置等的变化而进行修订，并还应随着科学技术的不断发展，人们对生产过程认识的不断深化，以及对安全生产经验和教训的不断积累，而不断充实、不断完善。

第二节 事故的减少及其极限

一、事故的减少

只要厂矿企业的厂长和厂安全技术部门的安全技术人员树立"安全第一"，"尽过努力，事故一定能减少"，这样一种思想意志，并根据这一思想意志进行科学的安全管理，就一定能达到减少事故发生的目的。

如果"事故还没有达到一定会发生的地步"，"不论怎样作业也不会发生事故"，"对操作人员来说，根本就没有想到事故会带来的严重后果"等等错误思想，即使进行日常的安全工作，也不可能认真地开展，对操作人员就不会产生影响，也就不会减少事故的发生。

因此，安全第一的思想意志，一定要真正树立起来，并彻底地贯彻到从厂长到每一个职工。如果没有这种安全第一的思想意志，或者对安全工作"说起来重要，干起来不要"，或者对安全生产采取"靠天收"的办法，那么事故就不会减少。再者，无论厂矿企业的安全管理组织如何健全，分工如何明确，但如果不去扎扎实实地开展工作，也不能取得安全生产良好的效果。另外，即使对各层次的职工制定的安全生产责任制定的多么全面，或者给操作人员编制的安全技术规程定的多么具体，如果不认真地遵照执行，那也只不过是一纸空文，事故也就不会减少。

由于各个厂矿企业的具体情况不同、作业条件，发生事故可能性的大小也不会相同。一般认为，发生事故可能性比较大的厂矿企业，每一个职工都树立了安全第一的思想，在作业过程中安全意识强烈，就一定能够减少事故的发生。

二、事故减少的极限

事故减少的极限是0。这只有在坚信事故能够减少到0这样一种安全思想的基础上，进行科学的安全管理才能得以实现。

在现实中，由于事故的发生往往包含着不能由人所支配的偶然因素，事故减少为0是不易的，即使在某一时期内能够实现事故为0，但要使它永远保持下去，也是十分困难的，也可以说是不可能的。但是，只要认真地进行科学的安全管理，就能够使事故无限地趋近于0。这也就是说，所谓事故为0，即指在某一定的时期内不发生事故。

既然把事故为0作为在某一持续的时期内不发生事故，又可作为厂矿企业安全管理的目标，那么，经过努力，这种时间的持续就会延长。当然，发生事故可能性大的厂矿企业和发生事故可能性小的厂矿企业，这种事故为0的持续时间的长短是不相同的。

据有关资料报道，目前在我国一些厂矿企业持续安全生产无事故的纪录已达10多年。

还有一些厂矿企业开展了事故为0的安全活动,已创数年不发生事故的纪录。因此,即使人们普遍认为发生事故可能性较大的厂矿企业,只要树立"安全第一"的思想,并扎扎实实开展安全生产管理工作,也能创造长时期无事故的记录。并且随着我国国民经济建设的飞速发展,经济实力的大幅度增强,厂矿企业的劳动条件将不断得到改善,这种无事故持续时间的纪录也会不断地被刷新。所以,从理论上来说,事故的发生必将逐渐趋近于0。

第三节 事故应急救援

一、事故应急救援预案

随着现代工业生产的不断发展,其生产规模日趋大型化,生产过程中潜在的危险源,一旦发生事故,尤其是重大火灾、爆炸、有毒有害物质泄漏等事故,其造成的危害极大。虽然能通过安全设计、安全管理、安全操作、维护检查等一系列的技术措施和管理措施,可以在一定程度上预防事故。但是,由于生产过程中物的不安全状态依然客观存在,人的不安全行为也在一定程度上大量存在。因此,无论安全生产预防工作做的如何周密,事故有时却是难以避免的。为了尽最大可能地在发生事故后,减轻事故的损失,应付紧急情况,就必须居危思安,常备不懈,这样才能在重大事故或灾害发生后的紧急关头,不惊慌失措,能作出迅速的反应,以得力的措施最大限度地使已发生的事故控制在一定的范围内,防止事故的进一步扩大或蔓延,尽可能地将事故造成的损失减少到最低。

要从容、有条不紊地应付事故发生后的紧急情况,必须从"安全第一、预防为主"的方针出发,在事故发生前就制定好周密的应急计划;严密的应急组织;精干的应急队伍;灵敏的报警系统和完备的应急救援器材,这也就是所要说的事故应急救援预案。

事故应急救援预案总目标是控制紧急事件的发展并尽可能消除事故,将事故给人、财产和环境造成的损失减少到最小程度。有统计资料表明,有效的应急预案可将事故损失降低到无应急预案的60%。

制定事故应急预案的目的,一是采取预防措施使已发生的事故迅速有准备地控制在局部,消除蔓延的条件,防止突发性重大事故的连锁反应,避免事故进一步扩大化。二是能在事故发生后迅速有效地控制和处理事故,尽力减轻事故对人和财产的损失。

事故应急救援预案,又名"事故预防和应急处理预案"、"事故应急处理预案"、"应急计划"或"应急预案"等。它最早是化工生产企业为预防、预测和应急处理"关键生产装置事故"、"重点生产部位事故"、"化学泄漏事故"而预先制定的对策方案。

事故应急救援预案实质上是事先通过危险辨识、事故后果分析,采用技术和管理手段使已发生的事故控制在一定的范围内,以减轻事故的损失。其次是对已发生的事故采用事先已制定好的应急处理程序和方法,能快速反应地处理事故及将事故控制在最小的范围内。再者是对已发生的事故采用预先制定的抢险和抢救的方法,控制或减少事故造成的损失。

为了在发生事故后能及时处理,防止事故蔓延扩大,同时抢救事故中受伤的伤员,

1996年原化学工业部和国家经贸委联合组建了"化学事故应急救援系统"（化督发（1996）242号《关于组建"化学事故应急救援抢救系统"的通知》。目前，事故应急救援预案已从化工行业扩展到其他各个行业，从针对化学事故的对策发展到多种灾害的预防和救援。

《中华人民共和国安全生产法》第十七条规定，生产经营单位的主要负责人对本单位安全生产工作负有组织制定并实施本单位的生产安全事故应急救援预案的职责；第三十三条规定，"生产经营单位对重大危险源应当建立登记建档，进行定期检测、评估、监控，并制定应急预案，告知从业人员和相关人员在紧急情况下应当采取的应急措施。生产经营单位应当按照国家有关规定将本单位重大危险源及有关安全措施、应急措施报有关地方人民政府负责安全生产监督管理的部门和有关单位。"《中华人民共和国消防法》规定"消防安全重点单位应当制定灭火和应急疏散预案，定期组织消防演练。"《危险化学品安全管理条例》中规定"危险化学品单位应当制定本单位事故应急预案，配备应急预案人员和必要的应急救援器材、设备，并定期组织演练。危险化学品事故应急预案应当报设区的市级人民政府负责危险化学品安全监督管理综合部门工作的部门备案。"《特种设备安全监察条例》规定，"特种设备使用单位应当制定特种设备的事故应急措施和救援预案。"如此等等。

因此，厂矿企业为保证单位职工生命财产的安全，防止突发性重大事故的发生，并能在事故发生后有条不紊迅速有效地处理和控制事故，尽量把事故控制在最小范围内，最大限度地减少人员伤亡和财产损失，厂矿企业必须建立事故应急救援预案。

二、事故应急救援预案的编制

事故应急救援预案的基本要求包括：事故预防措施的落实；应急处理程序和方法的规定；抢险技术措施和救援器材的保障等。在编写或制定事故应急救援预案时，应具体描述意外事故和紧急情况发生时所采取的措施等，其具体要求为：

1. 具体措施可能发生的意外事故和紧急情况及其后果；
2. 确定应急期间负责人及所有人员在应急期间的职责；
3. 确定应急期间起特殊作用的人员的职责、权利和义务，例如：消防队员、急救人员、毒物泄漏处理人员等；
4. 规定疏散程序；
5. 明确危险物料的识别和位置及其处理的应急措施；
6. 建立与外部机构的联系，包括消防部门、医院等；
7. 做好重要记录和设备保护等；
8. 定期与当地安全生产监督管理部门、公安消防部门、保险机构及左邻右舍的厂矿企业或单位进行交流。根据有关规定，重大事故应急救援预案须报当地安全生产监督管理部门或有关行政机构备案。

对各危险场所应依据《重大危险源辨识》（GB 18218）进行重大危险源的辨识、评估或评价，针对辨识、评估或评价结果来编制或制定事故应急救援预案，这是编制或制定事故应急救援预案的基础和出发点。对已确认的重大危险源，则应预测发生重大事故后的状态和损失程度，以及该事故对周边地区可能造成的危害程度。

1997年7月29日,原化学工业部颁发了《关于实施化学事故应急救援预案加强重大化学危险源管理的通知》(化督发〔1997〕459号),提出了化学事故应急救援预案编写提纲,对编写内容作了具体要求。

1. 生产经营单位的基本情况;
2. 危险目标的数量及分布图;
3. 指挥机构的设置和职责;
4. 装备、通信网络和联络方式;
5. 应急救援专业队伍的任务和训练;
6. 预防事故的措施;
7. 事故的处置;
8. 工程抢险抢修;
9. 现场医疗救护;
10. 紧急安全疏散;
11. 社会支援等。

虽然此提纲是针对化学工业提出的,但也可适用于其他各个行业。不同的厂矿企业可根据本行业的特点编写事故应急救援预案。

2004年4月8日国家安全生产监督管理总局颁发了关于印发《危险化学品事故应急救援预案编制导则(单位版)》的通知、〔安监管危化字〔2004〕43号〕,规定了危险化学品事故应急救援预案编制的基本要求。一般化学事故应急救援预案的编制可参照本导则。

对编制或制定好的事故应急救援预案,厂矿企业或生产经营单位应根据实际需要,建立各种不脱产的专业救援队伍,同时还要加强对各种救援队伍的训练。训练时要从实际出发,针对危险源可能发生的事故,每年至少组织一至两次的模拟演习,将事故应急救援预案指挥机构和各救援队伍训练成为一支思想好、技术精、作风硬的指挥班子和抢救队伍,一旦发生重大事故时,指挥机构才能临危不惧、正确指挥,各个救援队伍才能根据各自的任务及时有效地排除险情、控制事故、抢救伤员、做好事故应急救援工作。

与此同时,还可以根据事故应急救援预案模拟演习中发现问题,对事故应急救援预案进一步修订,使事故应急救援预案更加趋于完善,趋于实战。

三、重大危险源辨识与确认

所谓重大危险源,《中华人民共和国安全生产法》附则中作出了明确的解释,重大危险源是指长期地或者临时地生产、搬运、使用或者储存危险物品,且危险物品的数量等于或超过临界量的单元(包括场所和设施)。其中危险物品是指易燃、易爆物品、危险化学品、放射性物品等能够危及人身安全和财产安全的物品。

厂矿企业或生产经营单位应对本单位的具体情况,对本单位的危险场所和部位进行重大危险源的辨识与确认,以此为依据来编制事故应急救援预案。对于重大危险源的确认可依据国家标准《重大危险源辨识》(GB 18218),该标准将重大危险源分为生产场所重大危险源和贮存区重大危险源两种。

根据物质不同的特性,生产场所重大危险源按以下 4 类物质的品名(品名引用《危险货物品名表》GB 12268)及其临界量加以确定。

1. 爆炸性物质名称及临界量见表 9-1。

爆炸性物质名称及临界量 表 9-1

序号	物 质 名 称	临界量(t)	
		生产场所	贮存区
1	雷(酸)汞	0.1	1
2	硝化丙三醇	0.1	1
3	二硝基重氮酚	0.1	1
4	二乙二醇二硝酸酯	0.1	1
5	脒基亚硝氨基脒基四氮烯	0.1	1
6	迭氮(化)钡	0.1	1
7	迭氮(化)铅	0.1	1
8	三硝基间苯二酚铅	0.1	1
9	六硝基二苯胺	5	50
10	2,4,6-三硝基苯酚	5	50
11	2,4,6-三硝基苯甲硝胺	5	50
12	2,4,6-三硝基苯胺	5	50
13	三硝基苯甲醚	5	50
14	2,4,6-三硝基苯甲酸	5	50
15	二硝基(苯)酚	5	50
16	环三次甲基三硝胺	5	50
17	2,4,6-三硝基甲苯	5	50
18	季戊四醇四硝酸酯	5	50
19	硝化纤维素	10	100
20	硝酸铵	25	250
21	1,3,5-三硝基苯	5	50
22	2,4,6-三硝基氯(化)苯	5	50
23	2,4,6-三硝基间苯二酚	5	50
24	环四次甲基四硝胺	5	50
25	六硝基-1,2-二苯乙烯	5	50
26	硝酸乙酯	5	5

2. 易燃物质名称及临界量见表 9-2。

易燃物质名称及临界量 表 9-2

序号	类别	物质名称	临界量(t)	
			生产场所	贮存区
1	闪点<28℃的液体	乙烷	2	20
2		正戊烷	2	20
3		石脑油	2	20
4		环戊烷	2	20
5		甲醇	2	20
6		乙醇	2	20
7		乙醚	2	20
8		甲酸甲酯	2	20
9		甲酸乙酯	2	20
10		乙酸甲酯	2	20
11		汽油	2	20
12		丙酮	2	20
13		丙烯	2	20
14	28℃≤闪点<60℃的液体	煤油	10	100
15		松节油	10	100
16		2-丁烯-1-醇	10	100
17		3-甲基-1-丁醇	10	100
18		二(正)丁醚	10	100
19		乙酸正丁酯	10	100
20		硝酸正戊酯	10	100
21		2,4-戊二酮	10	100
22		环己胺	100	
23		乙酸	10	100
24		樟脑油	10	100
25		甲酸	10	100
26	爆炸下限≤10%气体	乙炔	1	10
27		氢	1	10
28		甲烷	1	10
29		乙烯	1	10
30		1,3-丁二烯	1	10
31		环氧乙烷	1	10
32		一氧化碳和氢气混合物	1	10
33		石油气	1	10
34		天然气	1	10

3. 活性化学物质名称及临界量见表9-3。

活性化学物质名称及临界量　　　　　表9-3

序号	物 质 名 称	临界量(t)	
		生产场所	贮存区
1	氯酸钾	2	20
2	氯酸钠	2	20
3	过氧化钾	2	20
4	过氧化钠	2	20
5	过氧化乙酸叔丁酯(浓度≥70%)	1	10
6	过氧化异丁酸叔丁酯(浓度≥80%)	1	10
7	过氧化顺式丁烯二酸叔丁酯(浓度≥80%)	1	10
8	过氧化异丙基碳酸叔丁酯(浓度≥80%)	1	10
9	过氧化二碳酸二苯甲酯(盐度≥90%)	1	10
10	2,2-双-(过氧化叔丁基)丁烷(浓度≥70%)	1	10
11	1,1-双-(过氧化叔丁基)环己烷(浓度≥80%)	1	10
12	过氧化二碳酸二仲丁酯(浓度≥80%)	1	10
13	2,2-过氧化二氢丙烷(浓度≥30%)	1	10
14	过氧化二碳酸二正丙酯(浓度≥80%)	1	10
15	3,3,6,6,9,9-六甲基-1,2,4,5-四氧环壬烷	1	10
16	过氧化甲乙酮(浓度≥60%)	1	10
17	过氧化异丁基甲基甲酮(浓度≥60%)	1	10
18	过乙酸(浓度≥60%)	1	10
19	过氧化(二)异丁酰(浓度≥50%)	1	10
20	过氧化二碳酸二乙酯(浓度≥30%)	1	10
21	过氧化新戊酸叔丁酯(浓度≥77%)	1	10

4. 有毒物质名称及临界量见表9-4。

有毒物质名称及临界量　　　　　表9-4

序号	物 质 名 称	临界量(t)	
		生产场所	贮存区
1	氨	40	100
2	氯	10	25
3	碳酰氯	0.30	0.75
4	一氧化碳	2	5
5	二氧化硫	40	100
6	三氧化硫	30	75
7	硫化氢	2	5
8	羰基硫	2	5
9	氟化氢	2	5
10	氯化氢	20	50
11	砷化氢	0.4	1
12	锑化氢	0.4	1
13	磷化氢	0.4	1
14	硒化氢	0.4	1

续表

序号	物质名称	临界量(t)	
		生产场所	贮存区
15	六氟化硒	0.4	1
16	六氟化碲	0.4	1
17	氰化氢	8	20
18	氯化氰	8	20
19	乙撑亚胺	8	20
20	二硫化碳	40	100
21	氮氧化物	20	50
22	氟	8	20
23	二氟化氧	0.4	1
24	三氟化氯	8	20
25	三氟化硼	8	20
26	三氯化磷	8	20
27	氧氯化磷	8	20
28	二氯化硫	0.4	1
29	溴	40	100
30	硫酸(二)甲酯	20	50
31	氯甲酸甲酯	8	20
32	八氟异丁烯	0.30	0.75
33	氯乙烯	20	50
34	2-氯-1,3-丁二烯	20	50
35	三氯乙烯	20	50
36	六氟丙烯	20	50
37	3-氯丙烯	20	50
38	甲苯-2,4-二异氰酸酯	40	100
39	异氰酸甲酯	0.30	0.75
40	丙烯腈	40	100
41	乙腈	40	100
42	丙酮氰醇	40	100
43	2-丙烯-1-醇	40	100
44	丙烯醛	40	100
45	3-氨基丙烯	40	100
46	苯	20	50
47	甲基苯	40	100
48	二甲苯	40	100
49	甲醛	20	50
50	烷基铅类	20	50
51	羰基镍	0.4	1
52	乙硼烷	0.4	1
53	戊硼烷	0.4	1
54	3-氯-1,2-环氧丙烷	20	50
55	四氯化碳	20	50
56	氯甲烷	20	50
57	溴甲烷	20	50
58	氯甲基甲醚	20	50
59	一甲胺	20	50
60	二甲胺	20	50
61	N,N-二甲基甲酰胺	20	50

贮存区重大危险源的确定方法与生产场所重大危险源基本相同，只是因为工艺条件较为稳定，临界量数值较大，具体数值见上表9-1～表9-4。

该标准同时提出了重大危险源的辨识指标，即单元内存在危险物质的数量等于或超过该标准规定生产场所或贮存区的临界量时，该单元就被定为重大危险源。

如果当单元内存在的危险物质为单一品种时，则该物质的数量即为单元内危险物质的总量，若等于或超过相应的临界量，则定为重大危险源。

当单元内存在的危险物质为多品种时，则应按下式进行计算，若满足下面公式，则定为重大危险源：

$$\frac{q_1}{Q_1}+\frac{q_2}{Q_2}\Lambda\Lambda+\frac{q_n}{Q_n}\geqslant 1$$

式中　q_1，$q_2\Lambda\Lambda q_n$——每种危险物质实际存在量，t；

Q_1，$Q_2\Lambda\Lambda Q_n$——与各危险物质相对应的生产场所或贮存区的临界量，t。

各个行业也可按照国内行业部门推荐的危险源等级划分标准进行评估，但不得低于国家标准的要求。国家标准未涉及的，也可参照国外的一些规定来进行确认。

为了进一步对重大危险源进行监控与管理，2004年国家安全生产监督管理总局颁发了《关于开展重大危险源监督管理工作的指导意见》，对厂矿企业中重大危险源的申报范围作了进一步的规范。

笔者认为，为了更好地对重大危险源加强监控与管理，对重大危险源的辨识还应作进一步的细化，不能笼统地将危险有害物质的贮存量作为重大危险源的唯一辨识标准。因为虽说均为重大危险源，若发生事故后，所造成的经济损失及人员伤亡等的情况均不尽相同。因此，对重大危险源还应进一步量化，即对重大危险源若发生事故后所造成的经济损失及人员伤亡数量作出更加量化的标准，然后进一步进行分级，一般可分为三级，如一般级、重大级、特大级等，这样，具有重大危险源的厂矿企业，可将本厂矿企业中的重大危险源分为厂级监控、车间监控、班组监控，使重大危险源的辨识与监控管理更加具有可操作性。

第四节　安　全　色　标

一、安全色

各种颜色具有各自的特征，它给人们以视觉和心理刺激，使人们得到不同的感受，如蓝、紫色最容易引起视觉疲劳，红、橙色次之，黄绿、蓝绿、淡青、绿色为最小。再如，人们对红、橙、黄等色有温暖的感觉，故称这些颜色为暖色，而对青、蓝、紫等色有冷的感觉，故称这些颜色为冷色。此外，蓝、绿色可使人情感沉重，红、紫色对人有禁止、警告之感。因此，颜色可使人们得到冷暖、进退、轻重、宁静与刺激、活泼与忧郁等各种心理效应。安全色就是根据颜色的特性及它给予人们的不同感受而确定的。

颜色可分为彩色和非彩色两种，白色和黑色属于非彩色，其他各种颜色则属于彩色。

用于传递或表达安全信息含义的颜色称为安全色，故安全色属于彩色类。白色和黑色能使安全色反衬得更加醒目，使人们对安全色更加容易辨认，故为安全色的对比色。对比色就是使安全色更加醒目的反衬色。

为了规定传递安全信息的颜色，使人们能够迅速发现或分辨安全标志和提醒人们注意，以防止事故的发生。我国于1982年2月10日首次公布的《安全色》（GB 2893）的国家标准，其中规定了安全色为红、蓝、黄、绿四种颜色，对比色为黑、白两种颜色。安全色现行标准为（GB 2893—2001）。

为了使安全色涂料生产和使用单位在配制和选择安全色涂料时有所依据，我国于1986年6月21日公布了《安全色卡》（GB 6527.1）的国家标准。同时，为了统一使用安全色，使人们在紧急的情况下，能借助所熟悉的安全色含义，识别危险部位，尽快采取措施，提高自控能力，有助于防止发生事故，还公布了《安全色使用导则》（GB 6527.2）。

二、安全色标的形成与应用

安全色标是特定地表达安全信息含义的颜色和标志，以形象而醒目的信息语言向人们提供了表达禁止、警告、指令、提示等安全信息。

安全色标是以防止灾害为指导思想，作为科研课题进行研究逐渐形成的。对于安全色标的研究，最早始于美国，其他一些国家也注意了对安全色标的研究和应用。第二次世界大战期间，由于盟国的部队来自不同的国家，语言和文字各不相通，因此对一些在军事上和交通上一些必须注意的安全要求或禁令、指示，如"此处危险"、"禁止入内"、"当心车辆"等无法用文字或标语来表达，这样，就出现了安全色标的最初概念。

1942年美国菲巴比林氏颜料公司统一制定了一种安全色的规则，虽未被美国国家标准协会（ASA）所采用，但广泛地为海军、杜邦公司和其他单位所应用。

随着工业、交通运输业的发展，安全色标的需求和优越性的日益显著，一些工业发达国家相继公布了本国的安全色和安全标志的国家标准。国际标准化组织（ISO）也在1952年设立了安全色标技术委员会，专门研究安全色和安全标志，力图使安全色标在国际上统一，并于1964年和1967年先后公布了《安全色标准》（ISO R408）和《安全标志的符号、尺寸和图形标准》（ISO R577）。以后又经过多次会议，1978年海牙会议上通过的修改稿，就是国际标准草案3864.3文件。1984年国际化标准组织正式公布了《安全色和安全标志》（ISO 3864）的国际标准。

国际标准中所规定的安全色及其含义，见表9-5，安全标志的种类及其含义见表9-6。

国际标准安全色及其含义与用途 表9-5

颜　色	含　义	用　途　举　例
红色	停止 禁止	停止信号 禁止 紧急停止装置
		红色也用于消防和消防器材及其位置
蓝色	强制必须遵守	必须穿戴个人防护用具
黄色	注意警告	危险的警告（防火、防爆、防毒等） 慢行、注意台阶、低门楣等
绿色	安全	太平门、安全通道 行人和车辆通行标志、急救站

注：黄色的对比色为黑色，其他安全色的对比色为白色。

安全标志的种类及其含义   表 9-6

几何图形	含 义	几何图形	含 义
○ a	禁止	○ c	命令
△ b	警告	▭ d	提示

在国际上，安全色标保持一致是十分必要的，这样可使各国人们具有共同的信息语言，以便在交往中注意安全，也给对外贸易带来了方便。

自从国际标准化组织（ISO）公布了安全色标的国际标准草案以后，世界上许多国家都纷纷修改了本国的安全色和安全标志标准，各国的安全色标与国际标准正逐步取得一致。

我国在 1982 年公布了《安全色》（GB 2893）和《安全标志》（GB 2894），又在 1986 年公布了《安全色卡》（GB 6527.1）和《安全色使用导则》（GB 6527.2）。我国在国家标准中所规定的安全色的颜色及其含义与国际标准草案中所规定的是一致的；安全标志的图形种类及其含义与国际标准草案中所规定的也是基本一致的。

1996 年，我国又参照采用国际标准 ISO 3864—1984《安全色和安全标志》，制定了新的《安全标志》（GB 2894—96）以代替（GB 2894—88）。

我国国家标准所规定的安全色的含义及用途，见表 9-7。

国家标准安全色的含义及用途   表 9-7

颜 色	含 义	用 途 举 例
红色	停止 禁止	禁止标志。 停止信号：机器、车辆上的紧急停止手柄或按钮，以及禁止人们触动的部位
		红色也表示防火
蓝色	指令必须遵守的规定	指令标志：如必须佩戴个人防护用具，道路上指引车辆和行人行驰方向的指令
黄色	警告注意	警告标志。 警戒标志：如厂内危险机器和坑池边周围的警戒线。 行车道中线。 机械上齿轮箱内部。 安全帽
绿色	提示安全状态通行	提示标志。 车间内的安全通道。 行人和车辆通行标志。 消防设备和其他安全防护设备的位置

注：1. 蓝色只有与几何图形同时使用时，才表示指令。
2. 为了不与道路两旁绿色行道树相混淆，道路上的提示标志用蓝色。

在此需指出的是，无论是红色、蓝色、黄色，还是绿色，只有用于传递或表达安全信息的含义，才能称为安全色。否则，即使用了红、蓝、黄、绿这四种颜色，也只能称颜色，不能称安全色。例如，气瓶的瓶体涂以各种不同的颜色，其目的是用此区分各种不同的气瓶，并没有禁止、警告或安全的用意。

由于安全色是表达"禁止"、"警告"、"指令"和"提示"等安全信息含义的颜色，要求容易辨认和引人注目，故《安全色》的国家标准中还规定黑、白两种颜色为对比色，如安全色需要使用对比色时，应按表9-8中所规定的选用。

对 比 色　　　　　　　　　　　　　　　　　　　　表 9-8

安全色	相应的对比色	安全色	相应的对比色
红色	白色	黄色	黑色
蓝色	白色	绿色	白色

注：黑、白色互为对比色。

红、蓝、绿色的对比色选用白色，黄色的对比色选用黑色，它们的匹配，决定于两者明度对比差别大这一点，使安全色衬托得更加醒目。

黑色用于安全标志的文字、图形符号和警告标志的几何图形。白色作为安全标志红、蓝、绿色的背景色，也可用于安全标志的文字和图形符号。

红色和白色、黄色和黑色间隔条纹，是两种较醒目的标志，其含义及用途见表9-9。

间隔条纹标志的含义及用途　　　　　　　　　　　　表 9-9

颜　　色	含　义	用　途　举　例
红色与白色	禁止越过	道路上用的防护栏
黄色与黑色	警告危险	厂矿企业内部的防护栏杆 吊车吊钩的滑轮架、铁路和道路交叉道口上的防护栏杆

安全色不能用有色的光源照明，低于《工业企业照明设计标准》（GB 50034）的允许照度，则应增加适当照明，以使人能够分辨。但安全色不能使人耀眼。

对涂有安全色的部位，应注意经常保持清洁与维修。当发现颜色有污染或有变色、褪色等不符合安全色的色品规定时，则应及时清理或更换，或及时重涂，以保证它的正确、醒目。检查时间每年至少一次。

三、安全标志

安全标志是由安全色、几何形状（边框），以图像为主要特征的图形符号或文字构成的标志，用以表达特定的安全信息。其目的是促使人们对威胁安全和健康的物体和环境尽快作出反应，以减少或避免发生事故。

安全标志应含义简明，清晰易辨，引人注目，须尽量避免过多的文字说明，甚至无须文字说明，使人们一看就明白所表达特定的安全信息。

我国在1996年10月1日实施新的国家标准《安全标志》（GB 2894），其中，共规定了 65 个安全标志，其中禁止标志 23 个，警告标志 28 个，指令标志 12 个，提示标志 3 个。安全标志的图形和含义见表 9-10a、表 9-10b、表 9-10c 和表 9-10d。

禁 止 标 志　　　　　　　　　　　　表 9-10a

编号	图形标志	名称	说明
1-1		禁止吸烟 No smoking	ISO 3864:1084 No B.1.1
1-2		禁止烟火 No lurnning	ISO 3864:1984 No B.1.2
1-3		禁止带火种 No kindling	
1-4		禁止用水灭火 No watering to put out the fire	ISO 3864:1984 No B.1.4
1-5		禁止放易燃物 No laying inflammable thing	

续表

编号	图形标志	名称	说明
1-6		禁止启动 No starting	
1-7		禁止合闸 No switching on	
1-8		禁止转动 No turning	
1-9		禁止触摸 No touching	
1-10		禁止跨越 No striding	

第四节 安全色标

续表

编号	图形标志	名称	说明
1-11		禁止攀登 No climbing	
1-12		禁止跳下 No jumping down	
1-13		禁止入内 No entering	
1-14		禁止停留 No stopping	
1-15		禁止通行 No throughfare	

续表

编号	图形标志	名 称	说 明
1-16		禁止靠近 No nearing	
1-17		禁止乘人 No riding	
1-18		禁止堆放 No stocking	
1-19		禁止抛物 No tossing	
1-20		禁止戴手套 No putting on gloves	

第四节 安全色标

续表

编号	图形标志	名称	说明
1-21		禁止穿化纤服装 No putting on chemical fibre clothings	
1-22		禁止穿带钉鞋 No putting on spikes	
1-23		禁止饮用 No drinking	

警告标志　　　　　　　　　　　　　　　　表 9-10b

编号	图形标志	名称	说明
2-1		注意安全 Caution, danger	ISO 3864:1984 No B.3.1
2-2		当心火灾 Caution, fire	ISO 3864:1984 No B.3.2

续表

编号	图形标志	名称	说明
2-3		当心爆炸 Caution, explosion	ISO 3864:1984 No B.3.3
2-4		当心腐蚀 Caution, corrosion	ISO 3864:1984 No B.3.4
2-5		当心中毒 Caution, poisoning	ISO 3864:1984 No B.3.5
2-6		当心感染 Caution, infection	
2-7		当心触电 Danger! electric shock	ISO 3864:1984 No B.3.6
2-8		当心电缆 Caution, cable	

第四节 安全色标　　249

续表

编号	图 形 标 志	名　称	说　明
2-9		当心机械伤人 Caution, mechanical injurey	
2-10		当心伤手 Caution, injure hand	
2-11		当心扎脚 Caution, splinter	
2-12		当心吊物 Caution, hanging	
2-13		当心坠落 Caution, drop down	
2-14		当心落物 Caution, falling objects	

续表

编号	图形标志	名称	说明
2-15		当心坑洞 Caution, hole	
2-16		当心烫伤 Caution, scald	
2-17		当心弧光 Caution, arc	
2-18		当心塌方 Caution, collapse	
2-19		当心冒顶 Caution, roof fall	
2-20		当心瓦斯 Caution, gas	

第四节 安全色标   251

续表

编号	图形标志	名　称	说　明
2-21		当心电离辐射 Caution, ionizing radiation	
2-22		当心裂变物质 Caution, fission matter	
2-23		当心激光 Caution, laser	
2-24		当心微波 Caution, microwave	
2-25		当心车辆 Caution, vehicle	
2-26		当心火车 Caution, train	

编号	图形标志	名 称	说 明
2-27		当心滑跌 Caution, slip	
2-28		当心绊倒 Caution, stumbling	

指令标志 表 9-10c

编号	图形标志	名 称	说 明
3-1		必须戴防护眼镜 Must wear protective goggles	
3-2		必须戴防毒面具 Must wear gas defence mask	
3-3		必须戴防尘口罩 Must wear dustproof mask	
3-4		必须戴护耳器 Must wear eat protector	

第四节 安全色标

续表

编号	图形标志	名称	说明
3-5		必须戴安全帽 Must wear safety helmet	ISO 3864:1984 NoB.2.4
3-6		必须戴防护帽 Must wear protective cap	
3-7		必须戴防护手套 Must wear protective gloves	
3-8		必须穿防护鞋 Must wear protective shoes	
3-9		必须系安全带 Must fastened safety belt	
3-10		必须穿救生衣 Must wear life jacket	

编号	图形标志	名　称	说　明
3-11		必须穿防护服 Must wear protective clothes	
3-12		必须加锁 Must be locked	

提示标志　　　　　　　　　　　　　　　　　表 9-10d

编号	图形标志	名　称	说　明
4-1		紧急出口 Emergent exit	GB 10001 No 21
4-2		可动火区 Flare up region	
4-3		避险处 Haven	

提示标志在提示目标的位置时要加方向辅助标志。按实际需要指示左右或向下时，辅助标志应放在图形标志的左方，如指示右向时，则应放在图形标志的右方，如图9-1所示。

图9-1　应用方向辅助标志示例

为了补充说明这些安全标志的含义，国家标准同时还规定了文字辅助标志。文字辅助标志就是安全标志的文字说明，以补充说明该种安全标志的具体含义。文字辅助标志必须与安全标志同时使用。

我国《安全标志》国家标准的公布及修订，对我国厂矿企业安全生产工作的进一步标准化，以及促进安全生产，起了十分重要的作用。

我国《安全标志》国家标准将安全标志分为禁止标志、警告标志、命令标志和提示标志四大类型，并用四种不同的图形符号及图像等来表达安全标志的种类及其含义。我国安全标志所采用的图形符号有带斜杠的圆边框、圆形边框、正三角形边框和长方形边框等，与国际标准规定的基本一致。

禁止标志。其含义是禁止人们不安全行为的图形标志。禁止标志的基本型式为带斜杠的圆边框，斜杠与水平线的夹角为45°，带斜杠的圆边框为红色，圆边框中的图像为黑色，其背景的颜色为白色。

警告标志。其含义是提醒人们对周围环境引起注意，以避免可能发生危险的图形标志。警告标志的基本型式为正三角形边框。三角形边框和三角形边框中的图像为黑色，其背景的颜色为含有警告含义的黄色。

三角形本身有着尖锐激烈的特点，容易引人注目，即使光线不佳时也显得较为清楚，故警告标志采用正三角形边框。

指令标志。其含义是强制人们必须做出某种动作或采用防护措施的图形标志。指令标志的基本型式为圆形边框，圆形边框中的图象为白色，其背景的颜色为蓝色。

图像是不可分离的象征，在同样面积的情况下，圆形边框中画的图像显得大而清楚。

提示标志。提示标志的含义是向人们提供某种信息（如标明安全设施或场所等）的图形标志。提示标志的基本型式为矩形边框，矩形边框中的图像、文字的颜色为白色，其背景的颜色为绿色。

长方形具有重量感和稳定性，两边垂直相交也有着一定的紧张感和显著性。再者，提示标志需要有足够的地方画出箭头和书写文字，以提示必要的安全信息，故提示标志采用矩形边框。

文字辅助标志的基本型式为矩形边框，有横写和竖写两种形式。横写时，文字辅助标志写在标志的下方，可以和标志连在一起，也可以分开。禁止标示、指令标志为白色字；

警告标志为黑色字。禁止标志、指令标志的衬底色为标志的颜色,警告标志的衬色为白色,具体如图9-2所示。

竖写时,文字辅助标志应写在标志杆的上部。禁止标志、警告标志、指令标示、提示标志均为白色衬底,黑色字。标志杆下部色带的颜色应和标志的颜色相一致,文字字体均为黑体字,具体如图9-3所示。

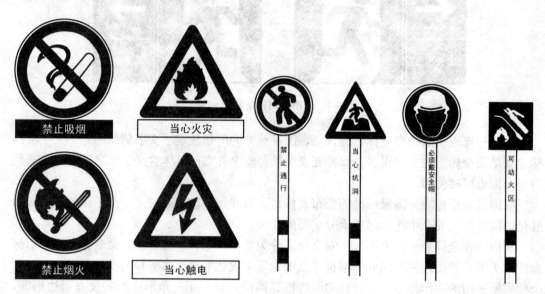

图9-2　横写的文字辅助标志　　　　图9-3　竖写在标志杆上部的文字辅助标志示例

安全标志所用的颜色应符合《安全色》(GB 2893)规定的颜色。

安全标志牌要有衬边。除警告标志边框用黄色勾边外,其余全部用白色将边框勾一窄边,即为安全标志的衬边,衬边的宽度为标志边长或直径的0.025倍。

安全标志牌应用坚固耐用的材料制作,如安全板、塑料板、木板等,一般不宜使用遇水变形、变质或易燃的材料,也可直接画在墙壁或机具上。

安全标志牌应图形清楚,无毛刺、孔洞和影响使用的任何疵病。在有触电危险的作业场所的安全标示牌,应使用绝缘材料制作。

安全标志牌应设在醒目与安全有关的地方,并使大家看到后有足够的时间来注意它所表示的内容。并还应有充分的照明,以保证在黑暗地点也能看清。

安全标志牌不宜设在门、窗、架等可移动的物体上,以免这些物体位置移动后,看不见安全标志。

安全标志牌每半年至少应检查一次,如发现有变形、破损或图形符号、图像脱落,以及变色不符合安全色要求时,应及时修整或更换。

第十章 女职工的劳动保护

第一节 女职工劳动保护的意义

一、女职工的特殊劳动保护

女职工是指女性职员、干部和工人。女职工则是指在生产过程中,直接从事生产劳动的女性工人,是女职工中的主要部分。

女职工的特殊保护,通常称为女职工劳动保护,是指在社会生产活动中,除了对男女职工都必须进行的共同的劳动保护之外,针对妇女生理特点和劳动条件对妇女机体健康的特殊影响而进行的劳动保护。

二、对女职工实行劳动保护是党和国家的一项重要政策

保护妇女的权益,保护女职工在生产劳动过程中的安全和健康,是党和国家的一项重要政策。

解放前,在党领导的工人运动中,保护女工一直是工人阶级斗争的重要内容。1925年,党召开的第二次全国劳动大会所通过的《经济斗争的决议》中提出:"(甲)禁止妇女与不满十三岁者作有损健康之特别困难与危险以及地穴下面的工作。(乙)绝对不许怀孕与哺乳的妇女作夜工及特别强度的工作。(丙)妇女在产前产后有八星期的休息,并照领工资。(丁)怀孕及哺乳之妇女,于普通规定的休息时间以外并须补充其哺乳小孩的时间。哺乳相隔时间,每次不能超过三小时半以上,且每次哺乳不得少于半小时。"以及在后来召开的第三、四、五、六次全国劳动大会,每次大会都把保护妇女权益,女工应受到特殊保护,女工与男工同工同酬等内容作为工人运动斗争纲领之一。

在1930年至1934年期间,党在苏区曾数次作出了不得使用女工从事繁重的和有毒有害健康的工作;孕妇不做夜班;女工生育假为56天;每三小时给婴儿哺乳一次,每次哺乳时间为半小时等规定。

中华人民共和国成立以后,党和国家制定和颁布了一系列关于女职工劳动保护的文件和规定,女职工的特殊保护受到党和国家的法律的保护。

在1949年9月中国人民政治协商会议通过的《共同纲领》中,以及在1954年、1978年的宪法和1982年现行宪法中都明确规定了妇女在政治的、经济的、文化的、社会的和家庭的生活等方面享有同男子平等的权利。1951年劳动部、全国总工会、全国妇联、卫生部、组织部颁发试行了"女工保护条例"(草案),1953年政务院颁发的《中华人民共和国保险条例》中对女职工的产假期限、工资、福利待遇等,做了明确的规定。1956年国务院颁发的《工厂安全卫生规程》对女职工的卫生设施提出了明确的要求,原劳动部发

布的《关于装卸、搬运作业劳动条件的规定》（草案）中，对女职工负重限制作了规定。1960年党中央批转了劳动部、全国总工会、全国妇联《关于女工劳动保护的报告》中，根据女职工不同的生理阶段而提出了不同的要求，并规定若干劳动保护的措施。1979年由卫生部、原国家建委、原国家计委、原国家经委、原国家劳动总局联合颁布的《工业企业设计卫生标准》中，对工业企业的淋浴室、女职工卫生室、孕妇休息室、乳儿托儿所等设施的设置，都作了具体的规定。

除此之外，党和国家还颁发了一些其他文件，也提出了女职工劳动保护方面的要求。近几年来，全国大部分省、市也都相继制定和颁发了有关女职工劳动保护的具体规定。因此，数十年来，通过这些法规的实施，我国女职工的劳动保护事业有了较大的发展，女职工在生产过程中的安全和健康有了基本保证。

1988年6月28日国务院第十一次常务会议通过的《女职工劳动保护规定》于1988年7月21日发布，自1988年9月1日起正式施行。《女职工劳动保护规定》是我国第一部综合性的女职工保护法规，这个规定使我国女职工的劳动保护工作开始走上了法制的轨道。

《女职工劳动保护规定》在政治上给予保证，如：对女职工从事劳动的权利；孕、产、哺乳期的待遇；侵权申诉；监督执法；不违反计划生育规定等项目都一一作了具体的规定。在技术上作了具体要求，如：女职工禁忌的劳动；经期、孕期、产期、哺乳期等的劳动保护作了具体规定。除此之外，还规定了服务性保护，如：建立女职工卫生室、孕妇休息室、哺乳室、托儿所、幼儿园等。

综上所述，都明确地表明对女职工实行特殊的劳动保护历来是党和国家的一项重要政策，完全体现了党和国家对广大女职工的关怀和爱护，也充分体现了我国社会主义制度的优越性。

三、女职工劳动保护的目的

对女职工实行特殊的劳动保护，其目的就是保护女职工在生产过程中的安全和健康，充分发挥女职工在社会主义现代化建设中的积极作用，同时也是为了保护女职工孕育聪明、健康的下一代。

四、对女职工实行特殊保护的意义

在当今的世界中，一个社会对劳动者、妇女和儿童的态度如何是衡量这个社会文明程度的一个重要标志。我国是社会主义国家，有着先进的社会制度，在党和国家的领导下，妇女已成为国家经济建设的生力军。在工业生产和各项建设事业中，到处都有妇女在那里辛勤劳动，她们和男职工一起，取得了卓越的成就。在纺织、轻工、服装、服务等行业中，她们已成为中流砥柱，为国家创造了大量的财富。因此，保护女职工的权益，保护女职工在生产过程中的安全和健康，是各厂矿企业义不容辞的责任。因此，全社会应当把女职工劳动保护工作成绩的大小，作为衡量社会主义精神文明、物质文明建设好坏的重要标志之一。

女职工一方面担负着经济建设的重任，另一方面还承担着养育后代的天职。她们既是巨大的劳动资源，又是生产劳动资源的资源。对她们实行特殊的劳动保护，是关系到生育养育优秀的中华民族子孙后代，培育出色的社会主义建设劳动者，更好地保卫、建设繁荣富强国家的大事。

进入 20 世纪 80 年代以来，我国把计划生育，优生优育，提高人口素质作为一项基本国策。为保护下一代的健康，首先要保护胎儿的正常发育，胎儿的保护应该从母亲受孕就开始。因为女性受孕就是一个新的生命的开始，胎儿在母体内吸收母体的营养发育成长，母体的一切活动都会直接影响到胎儿的正常发育。因此，有些女职工因长期接触职业危害因素，不但自身的健康要受到损害，而且有的还要影响到后代的健康发育和成长。如女职工从事过重的体力劳动或从事有毒有害的作业，往往会引起流产、早产、死胎和畸胎。我国先天异常儿的出生率出现逐年上升的趋势，这不但影响家庭幸福，增加社会负担，而且影响我国的人口素质。我国有关部门对职业危害因素，诸如：铅、铬、二硫化碳、氯乙烯等对女职工妊娠机能和后代的影响，进行了较为广泛的研究。同时对铅、二硫化碳、噪声、棉尘等危害的敏感性性别差异及致畸方面也开展了研究。根据有关部门调查，我国婴儿受这方面因素影响而致的先天畸形率为 1‰～3‰，若按全国每年出生人口 1500 万计算，每年出生的先天性畸形儿童可达 15～45 万人。如果能在查明职业危害因素的基础上采取有效的女职工劳动保护措施，从而降低畸形率 0.1‰，那么每年就可减少畸形儿童 15000 人左右。按每名畸形儿一生（50 岁）社会净支出 120000 元（200 元/月）计算，单单这一项就可节约社会财富 180 亿元。

胎儿出生成了婴儿，母乳是婴儿的最佳食品，母亲的活动环境和生活条件，又直接影响到乳汁的分泌和乳汁的质量。如果哺乳女职工从事有毒有害的作业，就会造成乳汁含毒，通过授乳将毒物传递给婴儿，致使婴儿体内积毒，直接影响婴儿的健康成长。如母源性乳儿铅中毒，我国曾有过报导。

由上可见，女职工劳动保护不仅是保护女职工本身，也是保护子孙后代，是关系到中华民族兴衰的大事。因此，搞好女职工劳动保护工作，对促进我国的经济繁荣，民族兴旺都具有重大的现实意义。

第二节 认真做好女职工的劳动保护工作

一、女职工月经期的劳动保护

女职工在月经来潮时出现的生理变化，使正常生理抵抗能力比平时降低，如处理不当，容易引起生殖器官及全身疾病，影响女职工的身体健康和生育能力。因此，对女职工月经期必须加强劳动保护。女职工月经期的劳动保护应注意以下方面。

1. 月经期盆腔充血、组织松弛，容易疲劳。女职工经期可以照常参加劳动或工作，但不得参加过重的体力劳动。不要让女职工在经期从事高空、野外、装卸、搬运、冷水或长期采用蹲位作业等。因为过重的体力劳动和冷水作业会促使盆腔过度充血，引起月经过多或延长淋经期。

2. 教育女职工要注意经期卫生，月经来潮时，要使用柔软消毒的卫生纸，并勤换月经纸及内裤，每天用温开水冲洗外阴部，以保持清洁。同时要教育女职工注意防寒保暖，尽量避免冷的刺激，如淋雨、冷水洗澡等，以免引起妇女病。

3. 月经期饮食最好选择新鲜易于消化的食物，不宜过饱；禁忌饮酒及进食有刺激性的食物，多饮开水，保持大便通畅。

4. 已婚女职工在月经期应禁止性生活，以免细菌侵入而引起感染。

5. 月经期应保持精神愉快，避免精神刺激和情绪波动。

6. 女职工集中的单位应建立有冲洗设备的女职工卫生室，尤其是从事巡回操作和长时间站立或较为繁重体力劳动的女职工，更需要建立女职工卫生室。根据有关规定，最大班女职工在100人以上的工业企业，应设女职工卫生室，且不得与其他用室合并设置。女职工卫生室由等待间和处理间组成。等候间应设洗手设备及洗涤池。处理间应设温水箱及冲洗器。冲洗器的数量应根据设计计算人数计算。按最大班女职工人数，100~200名时，应设一具，大于200名时每增加200名应增设一具。最大数量女职工在100名以下至40名以上的厂矿企业，亦本着勤俭节约的原则，设置简易的温水箱及冲洗器。

实践表明，女职工卫生室不仅是女职工月经期的必要保护设施，也是配合妇科病的治疗，提高疗效，保护女职工身体健康的有效措施。

二、女职工怀孕期的劳动保护

搞好女职工怀孕期的劳动保护，直接关系到母体和胎儿双方的健康。女职工受孕后，机体生理上发生变化，主要是身体各系统的负担加大。例如，妊娠早期有妊娠反应；妊娠后期由于子宫胀大而造成行动上的不便等，这些均使怀孕女职工的劳动能力受到一定的影响。再者，胎儿在母体内生长发育需要280天左右的时间，需要大量的营养供给。因此，为适应孕妇机体改变及胎儿生长发育的需要，对怀孕女职工的衣、食、住、行及劳动或休息都应适当安排，以保障孕妇的健康和胎儿的正常发育，这也是保护下一代聪明健康的关键。女职工怀孕期的劳动保护应注意以下方面。

1. 教育怀孕女职工懂得妊娠早期如何防止胚胎受损。妊娠早期，要避免病毒感染，不要做胸部透视，有病用药应经医生指导，要避免烟酒嗜好。因为母体病毒、放射性照射、烟酒和某些药物都有可能引起胎儿生长迟缓、智力缺陷和发育畸形。

2. 女职工怀孕后，要定期进行产前检查。从月经停止或发生妊娠早期反应，就应做第一次妇科检查。如发现畸胎等，应及时进行处理。发现胎位不正、妊娠中毒等，要及时纠正或治疗。最初无异常者，可每个月检查一次；7个月后每两周检查一次；8个月时要注意胎位不正、血压增高、下肢浮肿、尿中有无蛋白等。最后一个月要每周检查一次，发现不良反应，应遵医嘱进行治疗。

怀孕女职工在劳动时间内进行产前检查，应算作劳动时间。

3. 孕妇的饮食是保护孕妇健康和胎儿正常发育的重要条件。因此，怀孕女职工应加强营养，以满足母体本身及胎儿发育的需要。怀孕女职工应吃易消化、富有营养的低盐食物。一般原则是饮食要均匀，适当增加一些副食品的种类和数量，如鱼、肉、蛋、豆类等含有动植物蛋白及无机盐钙、磷、铁、维生素的食物。多吃含有大量维生素C的新鲜蔬菜。

4. 女职工怀孕后生活应有规律。在女职工怀孕期间，不得在正常劳动日以外再延长其劳动时间。对怀孕7个月（含7个月）以上的女职工，一般不得安排其从事夜班劳动。并在劳动时间内要安排一定的休息时间。

5. 女职工怀孕后从事一般性劳动可不调换作业，但应避免重体力劳动。因体力负担过重，过度弯腰或增加腹压，过分颠簸及撞击等，容易发生流产、早产。因此，在女职工怀孕期间担任原工作有困难时，应当根据医务部门的证明或建议，予以减轻劳动量或者安排轻便一些的工作。

6. 接触对胎儿生长、发育有毒有害物质时，应暂时调换其作业工种。

7. 根据国家有关规定，产前应休息 15 天。

三、女职工产褥期的劳动保护

分娩这一生理过程，会给产妇在精神和肉体上带来紧张和痛苦。怀孕后生理机能所发生的变化需要在产后逐渐恢复到怀孕前的健康状态，这段时间大约需要 50 天左右，称为产褥期，俗称"坐月子"。这段时期的保护极为重要，因为它关系到女职工毕生的健康和婴儿的成长。因此，在女职工产褥期的劳动保护应注意以下方面。

1. 要向女职工宣传在产褥期的卫生和护理婴儿的知识。产期妇女身体各器官的变化虽属生理过程，但因分娩过程时体力消耗过多，抵抗力减弱，容易感染疾病。同时，由于子宫口开放、子宫内膜有胎盘剥离的创面，如不注意卫生，病菌容易侵入，引起生殖器发炎。因此，特别要注意保持外阴的清洁，产后一个月不宜盆浴，产后 50 天之内严禁性生活，以防止细菌进入阴道。

2. 产妇在 42 天内不宜做较重的体力劳动，以防引起子宫脱垂。饮食的选择应以易于消化及富于营养为原则，多吃含有蛋白质、矿物质、维生素的食物。因为产妇不仅需要补足在孕期所损失的养料，并且还得哺乳新生儿，所需要的营养比孕期更多。但要防止过量及偏食。产妇既要注意防寒保暖，又要保持室内空气新鲜。

3. 根据国家有关规定，女职工在生育后应给予 75 天产假。难产的，增加产假 15 天。多胞胎生育的，每多生育一个婴儿，增加产假 15 天。女职工怀孕流产的，其所在单位应当根据医务部门的证明，给予一定时间的产假。女职工在产假期间，工资照发。

女职工在产假中应很好休息，消除疲劳和恢复健康。产妇在生育后如无会阴破裂，且一般情况良好，24h 后即可坐起或下地活动。这可使产妇早日复原，且增加食欲，减少大小便的困难。女职工在产褥期应避免站立过久、蹲位或提拿重物等。为了使肌肉早日恢复紧张力，可作产褥体操，包括抬头、四肢伸屈和肛门提举等动作，以锻炼四肢、腹壁以及盆底肌肉的功能。

4. 由于产时的疲劳、膀胱受压过久、以及会阴伤口的疼痛，常发生排尿困难，需要及时处理。产妇在休养期间易发生便秘，应鼓励产妇多吃水果及蔬菜、多饮水、多做腹部运动，以免因长期便秘增加腹压而造成子宫脱垂。

5. 产后 42 天，产妇应回医院作产后健康检查，以便了解产后全身各部分是否已完全恢复正常，如发现有异常情况应给予及早合理矫正和治疗。

四、女职工哺乳期的劳动保护

为保护女职工在哺乳期有丰富的、质量好的乳汁，按时哺育婴儿，保证婴儿吃好吃饱，健康成长。因此，应搞好女职工在哺乳期的劳动保护。女职工在哺乳期的劳动保护应注意以下方面。

1. 母乳中含有糖、脂肪、蛋白质、盐、钙、铁和多种维生素及抗体等，具有先天的免疫力，可使婴儿减少或防止得疾病。所以，母乳是婴儿最好的食物。

对有未满一周岁婴儿的哺乳女职工，在正常劳动日以外，不得延长其劳动时间，一般不得安排其从事夜班劳动，因为哺乳女职工如果生活无规律，过度疲劳或没有足够的休息和睡眠，会使乳汁大大减少，也会影响女职工的健康。

2. 对哺乳女职工应在哺乳期调离接触有毒有害物质的作业，以防毒化乳汁，损害婴儿健康。因为进入母体内的有毒有害物质能通过乳汁输送给婴儿。有关资料表明，乳汁排毒已成为婴儿中毒的主要根源。因此，哺乳期的女职工与怀孕期一样不得从事有毒有害作业。

3. 对有未满一周岁婴儿的女职工，应在每班劳动时间内给予两次哺乳（含人工喂养）时间，每次30分钟。因为双侧乳房排空乳汁需20分钟，婴儿在吸吮乳汁中间还需休息几分钟。多胞胎生育的，每多哺乳一个婴儿，每次哺乳时间增加30分钟。女职工在每班劳动时间内的两次哺乳时间，可以合并一次使用。哺乳时间和在本单位内哺乳往返途中的时间，应算作劳动时间。

4. 女职工在哺乳前，应换掉工作服，洗手，并注意乳房的清洗等，防止把不利于婴儿健康的物质输入婴儿体内。

5. 女职工在哺乳期，所需的营养物质，如蛋白质、钙、铁、磷、维生素等要比平时多。所以哺乳女职工要适当多吃肉类、蛋类、鱼类、豆类和各种新鲜蔬菜等，以保证哺乳女职工的健康和满足婴儿正常生长发育的需要。

6. 建立并办好乳儿托儿所，这样既可保证女职工能按时哺乳婴儿，又可减少女职工哺乳时的往返时间，对女职工和婴儿均有利。同时也解决了女职工的后顾之忧，可让女职工能安心地搞好生产。

根据国家有关规定"全厂女职工人数在100人以上的工业企业，应设乳儿托儿所，其床位应按最大班女工人数的10%～15%计算。""企业有哺乳婴儿5个以上，就需设置哺乳室。"确有困难的单位，可与邻近单位联合举办托幼园所。因此，女职工比较多的单位应当按照国家有关规定，以自办或者联办的形式，建立举办托幼园所等设施，并妥善解决女职工在哺乳、照料婴儿方面的困难。

哺乳室、托儿所的位置应设在女职工较多的车间附近，但不能设在放散有毒有害物质车间的下风侧。

7. 哺乳时间以一年为好，体弱婴儿可以酌情延长哺乳时间。

断乳一般选择在春秋两季，因为夏季多肠胃病，冬季多呼吸道疾病，婴儿抵抗力不如春秋两季强。

如哺乳女职工患传染性疾病、急重病、职业性中毒等，必须立即断乳，否则对母体和婴儿双方均不利。

五、关于女职工产前休假

我国《女职工劳动保护规定》中规定："女职工产假为90天，其中产前休假15天"。明确了女职工在妊娠末期、预产期前，应该适当休息。

孕妇在妊娠期间，为了适应胎儿生长发育的需要，以及为分娩准备条件，全身各器官系统都发生一系列的变化。子宫胀大，重量增加，妊娠足月时，子宫的重量可比未妊娠时期增加 20～24 倍。子宫的血流量增加，循环于全身的血流量也增加。同时新陈代谢加快，能量消耗加大。为此，心脏负担明显加大，心跳加快，每分钟的呼吸次数增加，肺通气量加大，呼吸器官的负担也加重。母子代谢产物的排泄，也增加了肾脏的负担。随着妊娠月份的增加，以上这些变化都会加剧。至妊娠末期，母体的负担最大，体重可增加 10kg 以上，行动不便，胀大的子宫压迫下肢的静脉，影响静脉血液的回流，许多孕妇常出现脚腿浮肿。因此，为了保护母体健康，必须减轻母体的工作负担。

产前休息对胎儿的发育有良好的作用。有人调查发现，分娩前两周仍在坚持劳动的女职工，所生婴儿在出生时体重偏低，出生体重低于 2700g 的占 29.1%，而在这段时期内不参加劳动的女职工新生的婴儿中，低于这个体重的仅占 14.8%。日本文教省对小学生入学时的身高进行系统观察发现，直至分娩前仍在工作的妇女，所生婴儿（男孩）入学时的平均身高比全国小学生入学的平均身高低 3.1cm。而在产前曾休息一个月以上的母亲所生婴儿（男孩）入学时的平均身高则高出全国平均水平的 0.5cm。

产前曾否休息，还会影响到产后的乳汁分泌。有人调查，分娩前一天未休息的 145 名女职工，产后乳汁分泌不足的有 53 人，占 36.5%；分娩前曾休息过 11～30 天的 101 名女职工，产后乳汁不足的只有 27 人，占 26.7%。而乳汁分泌的多少，可影响乳儿的发育和健康。因此，国家规定产前休假 15 天，无论对妊娠女职工本身的身体健康，还是对第二代的健康和发育成长，都是十分有益的。

妊娠末期，孕妇由于生理负担加大，身体活动不便，作业能力受到一定影响，往往不能胜任平时所从事的工作。同时还有临产前自身的一些准备工作要做。因此，产前休息是必需的。更应值得提出注意的是，有些孕妇往往会在预产期末到时提前分娩，致使婴儿诞生在工作场所或者车、船上。为了预防这种情况的发生，国家规定产前休假更可见得对女职工的关怀。

有些女职工往往不愿产前休假，愿意将产假集中在产后，其实这对自己、对孩子、对工作都不利。也有人担心，产前按预产期前两周进行产前休假，若未按期分娩（过期产）会减少产后休假，这种顾虑是不必要的，因为国家规定，不论产前是否休假，产后都是要保证 75 天休假的。

六、女职工的单一体位劳动

在生产劳动中，经常变换体位，不易引起疲劳。但是，某些生产劳动需要较长时间的单一体位作业，如持续性的站立作业、坐位作业、单一的弯腰作业、长时间的蹲位作业等。单一的体位作业会使身体的某一部分着力的肌肉和韧带发生疲劳，甚至会造成局部血液循环不良，引起瘀血或其他疾病。

站立作业的工种有纺织工业、机械工具制造业、商业服务业等。她们站立作业的时间较长，可引起下肢的浮肿，甚至下肢静脉曲张发病率较高。单一的站立作业可使女职工腹压增高，易引起子宫后倾、后屈及月经不调等。

坐位劳动，如果腰部没有充分的支撑，手和下肢又悬空不着地，如缝纫工、制鞋工、纺织厂挡车工、乘车作业、电、汽车售票员等，腰、背肌高度紧张，容易引起脊柱弯曲。女职工长期坐位劳动，又缺乏锻炼，骨盆底组织松弛、无力，易引起便秘和痛经，分娩时也容易引起阵缩减弱，会阴破裂，月经异常率也比较高。

由于女职工腰部肌肉不如男工发达有力，单一的弯腰劳动，也会对女职工产生不良影响。如电、气焊作业，水田作业插秧、割麦、割稻，菜田作业栽苗等，使腰部肌肉、韧带、关节等软组织处于紧张状态。长时间弯腰作业，可使这些软组织发生退行性变，失去弹性，引起腰背酸痛和慢性腰肌劳损，甚至脊柱弯曲。

总之，强制的单一体位劳动，对女工是有害的，尤其是生长发育期的女青工的全面发育更为有害，可造成骨盆发育畸形和性器官位置异常，因此更应引起重视。所以，厂矿企业应根据工种及女职工的生理特点，适当调配劳动时间、劳动体位、工间休息、做工间体操等，以加强和搞好女职工劳动保护工作。

七、职业危害因素对女职工的影响

在工业生产中，女职工和男职工一样经常可接触到某些职业危害因素。一般认为性别对某些职业危害因素的敏感作用并无很大差别。但由于女职工在月经期、妊娠期和哺乳期等，机体机能和物质代谢发生变化时，对某些职业危害因素的敏感性要比男工高。如女职工在月经期，植物神经系统的兴奋性增高，情绪不稳定，毛细血管渗透性增高，肝脏机能障碍，有时还可发生消化道及排泄器官的障碍，而这些变化与某些职业危害因素所引起的变化基本一致时，就会加重职业危害因素对机体的危害。

再者，妇女对苯、汞、砷、苯的氨基和硝基化合物的敏感性高。这是由于妇女的皮肤薄而细嫩，因而经皮肤吸收比较容易；妇女皮肤皮下脂肪组织丰富，故脂溶性的生产性毒物易于吸收和蓄积，又因月经血的损失，因而对引起血液系统疾病的生产性毒物耐受性较低。

此外，某些生产性毒物还可以通过母体吸收而侵入胎盘，影响胎儿的正常发育或引起流产、早产、死产、畸胎及婴幼儿智力低下等。有些生产性毒物还可随乳汁排出，引起乳幼儿机体抵抗力低下，发育障碍，甚至中毒。还有些生产性毒物，经动物实验证明是致癌的诱发因子。

因此，对女职工实行劳动保护必须与男职工的劳动保护有着不同的特殊性，特别是在女职工的月经期、怀孕期、哺乳期等，女职工劳动保护工作是一项十分重要的工作。

在生产过程中，对女职工有不良影响的职业危害因素主要有以下方面。

1. 物理性因素。包括高温、低温、低气压、电离辐射、非电离辐射、噪声和振动等。

（1）高温。可引起中暑，还能降低女职工的生育能力。因此，当温度超高（干球温度40℃；湿球温度32℃；黑球温度50℃以上时），应把女职工调至非高温作业环境；在怀孕期的后3个月应减轻女职工的工作量，给予孕妇工间休息。

（2）低温。妇女在低温下，皮肤温度下降，皮肤血管收缩，血流减少，出现内脏瘀血，尤其是盆腔器官瘀血，从而引起在寒冷作业环境下工作的女职工痛经加重、白带增多。因此，在女职工月经期要调开低温作业场所。对参加低温、冷水操作，以及野外寒冷环境流动作业的女职工，在其月经期间应给予公假一天。

（3）低气压。低气压会造成胎儿缺氧，引起胎儿生长发育迟缓及新生儿死亡率高。因此，对怀孕的女职工应调离3000m以上的高原地区处高空作业岗位。

（4）电离辐射。包括 χ、α、β、γ 射线及电子、中子等放射线。电离辐射对胚胎发生和胎儿发育的不良影响早已做出科学结论。放射线直接照射发育中的胎儿，可造成先天性缺陷，而且放射线对母体所造成的损伤，也可直接地作用于胚胎发育。更值得提出的是，放射线对胚胎细胞的损伤比作用于发育成熟的机体为强。甚至一些对母亲并没有任何影响的剂量，却能造成胚胎或胎儿的器质性损伤，以及引起死亡。大剂量的电离辐射还可以引起染色体改变和儿童恶性肿瘤。即使是治疗剂量的照射，也可对胎儿的发育造成不良影响，容易出现自发性流产、后代不健康和小头畸形等现象。

因此，在孕妇受照射超过 0.005Sv（希）时，必须调离原工作岗位。对育龄妇女进行下腹部及骨盆部的 χ 线检查时应慎重，尽量在未怀孕时进行较为安全。

女职工怀孕后，应尽早调离作为探伤用的钴泡作业岗位。由于放射性物质可以通过乳汁排出，所以在使用放射性同位素的岗位上作业的哺乳女职工，也应暂时调离。

(5) 非电离辐射。包括高频和微波的辐射。从事高频和微波作业的女职工容易发生月经周期紊乱，引起自发性流产及乳汁分泌减少。孕妇暴露于最强烈的电视荧光屏时，除易发生自发性流产外，还有导致胎儿先天性畸形的可能。

因此，女职工暴露于微波的阈限值应为 $5mgW/cm^2$ 的功率密度，不宜从事强烈荧光屏及微波作业。所以，电视荧光屏以不超过 14 英寸为好。值得注意的是，彩色电视荧光屏发射的非电离辐射要比黑白电视荧光屏强。

(6) 噪声。噪声除对男女职工都可导致噪声性耳聋以外，还可引起其他多种疾病。噪声还可使女职工出现卵巢月经机能障碍。孕妇受噪声影响，会增高胎儿死产率、低体重婴儿及先天性缺陷婴儿的发生率。孕妇在 9 个月的妊娠期间，暴露于 85～95dB（A）噪声时，所生子女的高频听力丧失的危险性增高 3 倍。因此，在 85dB（A）以上的噪声岗位作业的孕妇，从怀孕第 3 周起，应调离原工作岗位。

(7) 振动。织布挡车工、缝纫工、汽车售票员和司机，以及风钻、捣固机、锻造、拖拉机驾驶等作业，最容易受到全身性振动的危害。从事这些工作的女职工，容易出现月经紊乱，怀孕的女职工则自发性流产、低体重婴儿、早产及出生一天的新生儿死亡的发生率较高。这是因为女职工在妊娠期受到振动，特别是全身受到振动时，可以改变骨盆内血液供应情况，由此影响子宫的营养状况及胎盘的血液供给，对胚胎或胎儿的发育生长不利。因此，禁忌安排怀孕的女职工从事强烈振动的作业。

2. 化学性因素。包括生产性毒物、农药和药物等。能引起对女职工危害的化学物质有麻醉性气体、苯、苯胺、二硫化碳、氯乙烯、氯丁二烯、环氧乙烷、甲醛、己内酰胺、铅及其化合物、汞及其化合物、镉、铍、砷、硒、氰化物、氮氧化物、一氧化碳、氯、杀虫剂、烷化剂、多氯联苯等等。

(1) 麻醉性气体。女职工接触后，出现月经周期紊乱，自发性流产率增高。

(2) 苯。苯对女职工身体的一个重要危害是对造血系统的毒性作用，它可引起再生障碍性贫血，表现为红细胞、白细胞和血小板皆下降，并伴有鼻、牙龈和阴道出血等。由于苯对血液的特殊影响作用，接触苯作业的女职工月经过多现象屡见不鲜，甚至在接触苯浓度较低时就可发生。同时还可出现月经紊乱，经期延长。

怀孕的女职工接触苯后，自发性流产和妊娠毒血症发病率增加。

此外，苯还可以自母亲的乳汁中排出，导致婴儿中毒，有的致使婴儿食欲减退，甚至拒绝哺乳。

(3) 苯胺、氯丁二烯、多氯联苯、硒等。女职工接触此类化学物质，出现月经周期紊乱，孕妇自发性流产率较普通人群高。

20世纪70年代，日本发生的"米糠油"事件，即是来源于热载体的多氯联苯漏出混入米糠油中引起的食用者中毒。食用这种米糠油的孕妇，则导致胎儿多氯联苯中毒，新生儿为"油症儿"，即低体重，患有皮肤色素沉着、脱屑、严重氯痤疮、齿龈着色等症状。

(4) 二硫化碳。女职工接触二硫化碳对健康的影响有比较明确的结论。当接触二硫化碳的平均浓度为 $4.3mg/m^3$ 时，月经异常率明显高于非接触普通人群。主要表现是月经周期的改变，即周期延长或缩短、痛经、经期延长、以及血量过多，也有人表现为月经量过少等。其中以月经血量过多综合征较为多见，即血量过多、经期延长、周期缩短。

二硫化碳可以通过胎盘屏障进入胎儿体内，如果二硫化碳平均浓度超过 $10mg/m^3$，不单接触女职工，甚至男职工的妻子自发性流产率、后代先天性缺陷发生率也高于非接触者的妻子。二硫化碳自发性流产主要表现在妊娠不足8周的早期自然流产上。二硫化碳还可溶于哺乳女职工的乳汁而进入乳儿体内，损害婴儿健康。

(5) 乙醇。能引起胎儿多种畸形，怀孕女职工自发性流产率明显增高，婴儿低体重、胎盘早期剥离和难产率也增加。

(6) 铅及其化合物。经常接触铅及其化合物的女职工易患月经不调、自发性流产、早产、死产的发病率明显高于其他普通人群。有人曾对铅丹工厂进行调查，接触高浓度铅的女职工流产、死产率高达35.3%，接触较低浓度铅的为20.8%，而非接触铅的普通人群为10%。

接触铅作业的女职工在怀孕时易发生妊娠中毒症，出现浮肿、高血压和蛋白尿。怀孕女职工血液中的铅可以透过胎盘进入胎儿体内，影响胎儿发育，婴儿出生时，体重较低。有人对铅冶炼厂的女职工进行了调查，女职工在脱离铅作业1~3年后怀孕，所生子女体内含铅的含量仍超过一般妇女所生子女。这表明母体含铅量过高还会对子代有远期影响。

铅可通过乳汁排出，哺乳女职工接触高浓度的铅，乳汁中排铅量便高，这样可造成乳儿铅中毒。小儿铅中毒的早期表现为消化机能紊乱、食欲减退、呕吐、腹泻、便秘等，同时常伴有神经系统症状，表现为烦躁不安或冷漠、倦怠，较大小儿可出现智力障碍，如注意力涣散、理解力低下等。

(7) 汞及其化合物。长期接触汞的女职工可出现月经失调、痛经。从事汞作业的女职工自发性流产、早产及妊娠中毒症的发病率较普遍人群高。

汞可以透过胎盘进入胎儿体内，从而影响胎儿的发育。甲基汞透过胎盘能力最强，金属汞次之。20世纪50年代初期，日本曾发生由于含汞工业废水污染河流造成甲基汞中毒事件。在这一事件中，有23例接触甲基汞母亲所产婴儿出现脑性麻痹及精神迟钝等症状，以后诊断为先天性甲基汞中毒。

汞可以从乳汁中排出，乳汁中的汞含量与母亲血液中的汞含量密切关联，婴儿如仅仅通过母乳喂养，血中含汞量便可相当高，从而影响婴儿的发育生长。世界卫生组织建议，生育年龄妇女应完全避免接触汞。

(8) 镉。镉金属本身无毒，但加热后形成的镉蒸气会迅速氧化为氧化镉，这种镉化合物的毒性较大。

含镉工业废水污染河流、土壤，人体便可从饮食中摄入过量的镉而发生生活性镉中毒，亦称为"痛痛病"，痛痛病患者大多数为绝经后的妇女。据国内有人调查，接触氧化镉的女职工月经异常发生率较高，主要表现为月经周期不规则。镉可以通过胎盘进入胎儿体内，影响胎儿的生长发育。据国外报道，接触氧化镉的女职工所生婴儿的平均体重较低。

镉还可以通过乳汁排出，造成婴儿中毒。

(9) 高分子化合物。高分子化合物是由一种或几种简单的化合物（即单体），经过聚合或缩聚而成的分子量高达数千至几百万的化合物。其毒性主要取决于所含的游离单体和助剂，对女职工健康有危害的高分子化合物单体有氯乙烯、氯丁二烯、己内酰胺等。

氯乙烯是合成聚氯乙烯树脂的原料。我国从事聚氯乙烯塑料的生产和加工作业的不少是女职工。在生产和加工中，大量氯乙烯单体挥发出来，散布在车间空气中，直接危害着女职工。

从事氯乙烯作业的女职工容易发生妊娠高血压综合征，即怀孕女职工在妊娠后期出现浮肿、高血压及蛋白尿等，血小板数也较不接触氯乙烯的妊娠女职工明显的低。据国外报道，氯乙烯聚合工厂附近地区妇女所生婴儿的先天畸形率显著高于该地区的平均水平，以及从事氯乙烯作业男职工妻子的流产、死产率也高于普通人群。氯乙烯是致癌物。动物实验发现，氯乙烯有经胎盘致癌的作用。因此，怀孕女职工接触氯乙烯，对子代有远期影响。

氯丁二烯是制造氯丁橡胶（聚氯丁二烯）的原料。从事氯丁二烯作业的女职工的月经异常发生率及自发性流产率较普通人群高。

己内酰胺是制造锦纶、人造革的原料。从事己内酰胺作业的女职工，月经异常率较普通人群高，且接触时间愈长，异常率愈高。并且从事己内酰胺作业的女职工的早产、妊娠高血压综合症、宫缩无力、产后出血、新生儿窒息的患病率也较普通人群高。

(10) 2、4、5——T。用作除草剂。而生产 2、4、5——T 过程中的副产品 TCDD（四氯二苯二恶英）致畸胎剂等，往往混入产品中。20 世纪 70 年代，美国在越南战争中以高于国内 13 倍的浓度，从空中撒布 2、4、5——T，撒布地区孕妇发生流产，产出诸如小头症、小儿痴呆等畸形儿。即使纯的 2、4、5——T，也有致畸胎危害。所以，美国、日本于 20 世纪 70 年代已先后停用。

(11) 烷化剂。使用烷化剂的护士自发性流产增加，环磷酰胺能使妇女绝育。

(12) 反应停。本是治疗麻风热和疼痛的药物，有镇静安眠作用，常用于治疗妊娠呕吐。1959 年此药物首先在联邦德国生产。20 世纪 60 年代初，使用该药物的联邦德国、英国、日本陆续发现孕妇产畸形儿近 2 万名，为此震动了世界。此药物于 1962 年停用。

对危害女职工的化学性因素，应以预防为主。如禁忌安排已婚未育、怀孕期和哺乳期的女职工从事生产和使用明显危害女性机能的铅、苯、汞、镉、二硫化碳等有毒有害物质的作业。如果女职工怀孕期血铅超过 $30\mu g/100mL$ 时，必须调离原作业岗位。对接触乙二醇醚、多氯联苯、有机氯农药、脱叶剂和其他有机溶剂的女职工，在怀孕期和哺乳期应调离原作业岗位或严格控制接触时间和接触浓度。

3. 生物性因素。危害女职工的生物性因素包括风疹病毒、巨细胞病毒和弓形体原虫等。

(1) 风疹病毒。孕妇妊娠最初 3 个月接触风疹病毒，所生婴儿有发生先天性畸形的潜在危险。先天风疹患儿会出现白内障、心室间隔缺损、心肌炎、小头、黄疸、智力迟钝等。在我国,新生儿宫内风疹病毒感染率高达4.14%。

(2) 巨细胞病毒。孕妇接触巨细胞病毒,一旦患病后,所生婴儿中有少数会出现中枢神经系统受损,呈小头、智力低下和运动障碍等症状。国内孕妇子宫颈分离出病毒的阳性率在3%~27.9%之间。其患者主要是接触感染慢性巨细胞病毒患儿的护士。

(3) 弓形体原虫。含鼠弓形体卵囊的猫类或污染的土壤是传播源。孕妇早期感染时,对胚胎有严重影响,可发生死胎、流产或出生缺陷。

因此,孕妇,尤其是妊娠早期的孕妇,应避免接触风疹病毒、巨细胞病毒及弓形体原虫等。

4. 其他因素。包括负重作业、时差改变等,都对女职工有特殊的影响。

(1) 负重作业。有人对长期负重的女职工进行了调查,发现月经不调、流产、死产和子宫后倾的比例较多,其中10年以上工龄的女职工更为明显。根据科学测定,女职工的合理负荷界限以20kg以内为宜,并应根据每名女职工的体质适当调整。

(2) 时差改变。时差改变可引起睡眠减少,对女职工来说,时差改变还易引起排卵推迟或抑制,从而出现月经周期紊乱、经期延长和痛经。孕妇则会危害胎儿。因此,孕妇不宜从事飞机、火车乘务员工作。

总而言之,在劳动过程中,应根据女职工的生理特点,执行国家颁布关于女职工劳动保护方面的规定,对女职工进行必要的特殊的劳动保护,以大大减少职业危害因素对女职工身体健康的影响。只要全社会都来重视女职工劳动保护,就能进一步调动全体女职工社会主义的积极性,让她们在祖国的现代化建设中更多地迸发出光和热。

八、《女职工劳动保护规定》中的主要内容

为维护女职工的合法权益,减少和解决女职工在劳动中因生理特点而造成的特殊困难,保护其安全与健康,以利我国社会主义现代化建设。1988年6月28日国务院第十一次常务会议通过《女职工劳动保护规定》,1988年7月21日发布,并于1988年9月1日起开始执行。

《女职工劳动保护规定》适用于我国一切国家机关、人民团体、企业、事业单位的女职工。其规定中的主要内容如下:

1. 凡适合妇女从事劳动的单位,不得拒绝招收女职工。
2. 不得在女职工怀孕期、产期、哺乳期降低其基本工资,或者解除劳动合同。
3. 禁止安排女职工从事矿山井下、国家规定的第Ⅳ级体力劳动强度的劳动和其他女职工禁忌从事的劳动。
4. 女职工在月经期间,所在单位不得安排其从事高空、低温、冷水和国家规定的第Ⅲ级体力劳动强度的劳动。
5. 女职工在怀孕期间,所在单位不得安排其从事国家规定的第Ⅲ级体力劳动强度的劳动和孕期禁忌从事的劳动,不得在正常劳动日以外延长劳动时间。
6. 怀孕的女职工,在劳动时间内应当安排一定的休息时间,在劳动时间内进行产前检查,应当算作劳动时间。
7. 怀孕7个月以上的女职工,一般不得安排其从事夜班劳动。

8. 有不满一周岁婴儿的女职工,其所在单位应当在每班劳动时间内给予其两次哺乳(含人工喂养)时间,每次 30 分钟。多胞胎生育的,每多哺乳一个婴儿,每次哺乳时间增加 30 分钟。女职工每班劳动时间内的两次哺乳时间,可以合并使用。哺乳时间和本单位内哺乳往返途中的时间,算作劳动时间。

9. 女职工在哺乳期内,所在单位不得安排其从事国家规定的第Ⅲ级体力劳动强度的劳动和哺乳期禁忌从事的劳动,不得延长其劳动时间,一般不得安排其从事夜班劳动。

10. 女职工比较多的单位应当按照国家有关规定,建立女职工卫生室、孕妇休息室、哺乳室、托儿所、幼儿园等设施,并妥善解决女职工在生理卫生、哺乳、照料婴儿方面的困难。

11. 女职工产假为 90 天,其中产前休假 15 天。难产的,增加产假 15 天。多胞胎生育的,每多生育一个婴儿,增加产假 15 天。

12. 女职工在其劳动保护的权益受到侵害时,有权向所在单位的主管部门或者当地劳动部门提出申诉。受理申诉的部门应当自收到申诉书之日起 30 天内作出处理决定;女职工对处理决定不服的,可以在收到处理决定书之日起 15 天内向人民法院起诉。

13. 对违反本规定侵害女职工劳动保护权益的单位负责人及其直接责任人员,其所在单位的主管部门,应当根据情节轻重,给予行政处分,并责令该单位给予被害女职工合理的经济补偿;构成犯罪的,由司法机关依法追究刑事责任。

14. 女职工违反国家有关计划生育规定的,其劳动保护应当按照国家有关计划生育规定办理,不适用本规定。

九、关于《女职工劳动保护规定》中有关问题的解答

《女职工劳动保护规定》是我国建国以来保护女职工在劳动方面的权益,解决她们在生产劳动中因生理机能所造成的特殊困难,保护其安全与健康的第一个比较完整的专项法规,为做好女职工的劳动保护工作提供了法律依据,得到了广大职工的拥护。但是,在具体执行过程中常常会遇到一些问题,影响着《女职工劳动保护规定》的贯彻实施。为此,现根据原劳动部印发的《女职工劳动保护规定问题解答》,以释难解疑。

1. 集体企、事业单位均应执行《女职工劳动保护规定》。本规定中的"企业"系指我国境内全民、集体企业,中外合资、合作、独资企业,乡镇企业,农村联户企业,私人企业和城镇街道企业等。

2. 《女职工劳动保护规定》是一个行政性法规,军队系统的单位可参照执行。

3. 单位实行承包或租赁只是经营形式的改变,单位领导人仍应执行本规定。

4. 实行劳动合同制的女职工,在合同期未满的情况下,任何企业和个人都不得以怀孕、生育和哺乳为由,解除其劳动合同。

5. 矿山井下作业系指常年在矿山井下从事各种劳动。不包括临时性工作,如医务人员下矿井进行治疗和抢救等。

6. 国家规定的第三、第四级体力劳动强度是指国家标准《体力劳动强度分级》(GB 3869—1997)中规定的第Ⅲ、第Ⅳ级的体力劳动强度指数来衡量的。劳动强度指数是由该工种的平均劳动时间率、平均能量代谢率两个因素构成的。劳动强度指数越大,体力劳动强度也越大。反之,体力劳动强度就越小。标准中规定:劳动强度指数<15,体力劳动强

度为Ⅰ级；>15，<20，为Ⅳ级；>20，<25；为Ⅲ级；>25，为Ⅳ级。若需了解某工种劳动强度的大小，可请当地有关部门劳动安全卫生检测站实地测量和计算。

7. 夜班劳动系指在当日22点至次日6点时间从事劳动或工作。

8. 对规定中"一般不得安排其从事夜班劳动"，一般都应执行。对于女职工比较集中的企业，不安排其从事夜班劳动确有困难的，可请当地有关部门批准，可以暂时放宽执行，但要积极制造条件实施这一要求。

9. 为了保证孕妇和胎儿的健康，应按卫生部门的要求做产前检查。女职工产前检查应按出勤对待，不能按病假、事假、旷工处理。对在生产第一线的女职工，要相应地减少生产定额，以保证产前检查时间。

10. 女职工产假90天，分为产前假、产后假两部分。即产前假15天，产后假75天。所谓产前假15天，系指预产期前15天的休假。产前假一般不得放到产后通用。若孕妇提前生产，可将不足的天数和产后假合并使用，若孕妇推迟生产，可将超出的天数按病假处理。

11. 国家规定产假90天，是为了能保证产妇恢复身体健康。因此，休产假不能提前或推后。至于教师产假正值寒暑假期间，能否延长寒暑假的时期，则由主管部门确定。

12. 女职工流产休假按劳险字〔1988〕2号《关于女职工生育待遇若干问题的通知》执行，即："女职工怀孕不满4个月流产时，应当根据医务部门的意见，给予15～30天的产假，怀孕满4个月以上流产者，给予42天产假。产假期间，工资照发"。

13. 女职工哺乳婴儿满周岁后，一般不再延长哺乳期。如果婴儿身体特别虚弱，经医务部门证明，可将哺乳期酌情延长。如果哺乳期期满时正值夏季，也可延长1、2个月。

14. 各级劳动部门对本规定的实施有监督检查权，当女职工劳动保护的权益受到侵害时，劳动部门应受理女职工的申诉。

15. 女职工违反了国家有关计划生育规定，生育待遇应按照计划生育规定处理。

十、女职工禁忌劳动范围

禁止女职工从事某些作业，这是因为女性在体格发育和体力上与男性有所差别。女性肌肉没有男性发达，约相当于男性肌力的65%，循环在体内的血液量以及血液中的红血球数目和血色素含量也比男性少，因而血液中的氧含量低。因此，心脏每跳动一次搏出的血液量以及肺活量也比男性小。由于这些缘故，在从事同样强度的体力劳动时，女性机体的负担要比男性大，如从事重体力劳动，呼吸和心跳次数比男性增加得更多。这也就是说，女性对重体力劳动的适应能力不如男性。

再者，女性和男性的生殖系统和生殖功能也有很大的差别。女性有内生殖器官，包括子宫、卵巢、输卵管等，位于骨盆腔内，容易受腹压的影响。女性又有月经、妊娠、分娩、哺乳等女性机能，有毒有害物质等有害因素往往会对这些机能产生不利影响，使女职工发生月经不调、流产、早产，以及出现妊娠或分娩并发症，如妊娠高血压综合征，分娩时子宫收缩无力或产后大出血等。此外还可影响胎儿发育，出现胎儿畸形或胎儿发育迟缓，影响胎儿出生后的体质。有些工业毒物还能由母亲乳汁排出，从而进入乳儿体内，影响乳儿的健康。

因此，为保护女职工的安全与健康及其子女的正常发育和成长，我国原劳动人事部根据国家颁布的《女职工劳动保护规定》，特制定了《女职工禁忌劳动范围的规定》，于

1990年1月18日颁发,并于颁发之日起实施。

女工禁忌劳动范围的具体内容如下。

1. 女职工禁忌从事的劳动范围。

(1) 矿山井下作业；

(2) 森林业伐木、归楞及流放作业；

(3)《体力劳动强度分级》(GB 3869) 标准中第Ⅳ级体力劳动强度的作业；

(4) 建筑业脚手架的组装和拆除作业,以及电力、电信行业的高处架线作业；

(5) 连续负重（指每小时负重次数在 6 次以上）每次负重超过 20kg,间断负重每次负重超过 25kg 的作业。

2. 女职工在月经期间禁忌从事的劳动范围。

(1) 食品冷冻库内及冷水等低温作业；

(2)《体力劳动强度分级》(GB 3869) 标准中第Ⅲ级体力劳动强度的作业；

(3)《高处作业分级》(GB 3608) 标准中第Ⅱ级（含Ⅱ级）以上的作业。

3. 已婚待孕女职工禁忌从事的劳动范围。

铅、汞、苯、镉等作业场所属于《有毒作业分级》(GB/T 12331) 标准中第Ⅲ、Ⅳ的作业。

4. 怀孕女职工禁忌从事的劳动范围。

(1) 作业场所空气中铅及其化合物、汞及其化合物、苯、镉、铍、砷、氰化物、氮氧化物、一氧化碳、二硫化碳、氯、己内酰胺、氯丁二烯、氯乙烯、环氧乙烷、苯胺、甲醛等有毒物质浓度超过国家卫生标准的作业；

(2) 制药行业中从事抗癌药物及己烯雌酚生产的作业；

(3) 作业场所放射性物质超过《放射防护规定》中规定剂量的作业；

(4) 人力进行的土方和石方作业；

(5)《体力劳动强度分级》标准中第Ⅲ级体力劳动强度的作业；

(6) 伴有全身强烈振动的作业,如风钻、捣固机、锻造等作业,以及拖拉机驾驶等；

(7) 工作中需要频繁弯腰、攀高、下蹲的作业,如焊接作业；

(8)《高处作业分级》标准所规定的高处作业。

5. 乳母禁忌从事的劳动范围。

(1) 作业场所空气中铅及其化合物、汞及其化合物、苯、镉、铍、砷、氰化物、氮氧化物、一氧化碳、二硫化碳、氯、己内酰胺、氯丁二烯、氯乙烯、环氧乙烷、苯胺、甲醛等有毒物质浓度超过国家卫生标准的作业；

(2)《体力劳动强度分级》标准中第Ⅲ级体力劳动强度的作业；

(3) 作业场所空气中锰、氟、溴、甲醇、有机磷化物、有机氯化合物的浓度超过国家卫生标准的作业。

十一、厂矿企业应积极做好女职工劳动保护工作

保护女职工的安全和健康是党和国家的一项重要政策。因此,厂矿企业应根据女职工的生理特点及作业环境的具体情况,认真做好女职工劳动保护工作。

1. 积极宣传党和国家有关女职工劳动保护方面的政策、法令和规定。厂矿企业可利用闭路电视、有线广播、黑板报和印刷宣传材料,以及举办女职工劳动保护学习班等多种形式进行宣传。并通过这些形式来加强女职工劳动保护和妇幼卫生知识的普及教育,使广大干部和职工群众都了解党和国家对女职工劳动保护方面的政策、法令和规定的具体内容及其意义,同时使之认识到这是党和国家对广大女职工的关怀和爱护,是社会主义社会优越性一个方面的具体体现。

2.凡是有女职工的厂矿企业,党委和厂部应将女职工劳动保护工作纳入议事日程,同时还应根据本单位的实际情况,配置适当的专管或兼管人员来管理这项工作,并加强领导。因为这是一项经常性的细致而复杂的工作,涉及面宽,没有专人来管理是不行的。因此设置专管或兼管人员,以便及时了解、反映情况,督促和协助有关行政部门切实解决实际问题,认真把女职工劳动保护工作做好。

3.根据党和国家有关女职工劳动保护方面的指示、文件精神和规定,结合本单位的实际情况,制定切实可行的女职工劳动保护制度,并认真贯彻执行。

厂矿企业在制定女职工劳动保护制度的时候,既要照顾到女职工的特殊困难,又要考虑到国家的经济条件,要做到既有利于女职工,又有利于生产和本单位企业经营管理。

4.大力开展技术革新,做到机械化、自动化操作,以改善劳动条件,减轻女职工的劳动强度。同时采取措施,降低作业环境中有毒有害物质的浓度,使之达到国家规定的工业卫生标准。并对其他职业危害因素进行防护,确实做到预防为主,以减少职业危害因素对女职工的侵害。

5.在安排和组织劳动生产时,应照顾到女职工的生理特点,特别应注意使她们避免繁重的体力劳动和接触特别有害于女职工生理机能的有毒有害物质的作业,认真执行国家关于女职工禁忌劳动范围的规定中的规定。

厂矿企业招进新工人时,要根据女职工的特点,分配适合她们从事的工种。对某些女职工已经从事不适合她们体力和生理特点的工作,以及严重危害女工生理机能的工作等,如暂时劳动条件还不能改善的,应对她们的工作进行适当地调整,以保证她们的安全和健康。

6.经常对女职工进行安全技术知识教育,普及安全生产知识,以提高女职工的安全技能和自身保护的能力。并教育职工不要将工作服、工作帽、工作鞋等生产劳动防护用品带回家中,以免其沾染的生产性毒物,如钴尘、苯胺染料、石棉等等带到家中,污染家中环境,影响家中其他人员的身体健康。

7.加强妇幼卫生保健工作,建立和健全女职工在月经期、怀孕期、产褥期、哺乳期的保护制度,做好妇科病的普查普治工作,定期地对女职工进行身体检查,做到早期发现、早期诊断、早日治疗。同时还应向广大女职工宣传普查普治对身体的好处,使广大女职工能自觉自愿地接受检查。

根据需要和可能,厂矿企业或生产车间等应设置妇女卫生箱、女工卫生室、淋浴设备等。

8.厂矿企业在制定生产或工作计划时,应将女职工哺乳、孕妇减轻劳动量或调换工种、不作夜班、产假休息等因素考虑在内,并做好生产备员等事项,以确保女职工劳动保护具体政策和规定的实施。

9.大力教育青年女职工要把事业放在第一位,努力学习政治、文化和生产技术,不要早婚。对已婚的男女职工应经常教育他们要积极响应国家的号召,进行计划生育,实行优生优育。

10. 厂矿企业应根据本企业的实际情况,兴办托儿所和幼儿园,或者采用与其他单位联办等形式,加以解决入托难的问题。同时努力提高托儿所和幼儿园的质量,加强卫生保健工作,解决女职工的后顾之忧,使之能安心生产。同时还应对保教人员加强政治思想教育和业务训练,不断提高保教人员的业务水平。

11. 做好女职工劳动保护工作是厂矿企业中的劳资部门、卫生部门、工会部门和安全技术部门的共同职责。因此,这些部门应互相配合,密切协作,以利做好女职工劳动保护工作。

在此,值得提出的是,近几年来,随着我国经济的改革开放,有些厂矿企业实行了经营承包责任制,但却不适当地改变了国家对女职工劳动保护方面的有关政策、法令和规定,削弱甚至取消了女职工劳动保护,严重地损害了女职工的健康和生产积极性,并影响家庭和睦及社会和谐。

有些厂矿企业领导把执行国家《工业企业设计卫生标准》关于"女工在100人以上的工业企业,应设女工卫生室"的规定看作额外负担,不设女工卫生室,甚至把原有的也改作他用。降低女工卫生条件的结果,造成妇科病发病率增高,影响了女工的健康,也有害于生产。

少数厂矿企业对从事有毒有害作业和繁重体力劳动女职工的怀孕期保护不重视。在女职工比较集中的行业,如纺织、服装行业中的少数企业,有的怀孕女职工在岗位上顶岗往往直到分娩,有的还要加班加点;从事有毒有害作业的女职工怀孕后,有的由于不给另行安排工作而发生先兆流产、小产、早产、死胎或畸形儿;还有个别厂矿企业把先兆流产和小产女职工的保胎和休息时间算作事假,不发工资,药费自理,致使有的女职工得不到充分休息,带病上班。

个别厂矿企业随意改变生育待遇,任意缩短产假时间,有的干脆取消了产假;有的减发或扣发产假工资;还有的把产假工资与奖金捆在一起浮动。这样做,使产妇产前产后得不到合理的休养,影响了体质,甚至留下了终生病痛。女职工因生育影响工资、奖金收入和晋级是很普遍的现象。

部分厂矿企业缩短或变相取消了哺乳时间,有的把往返哺乳室的途中时间算作哺乳时间,甚至把哺乳时间缩短到15分钟;有的虽给哺乳时间,但不减其生产定额,误时自补,有的扣发女职工哺乳时间的工资;还有的厂矿企业撤消了托儿所和哺乳室。这些做法对哺乳女职工和婴儿的健康都产生了不良影响。

还有些厂矿企业实行医药费用包干到人,女职工的分娩手术费、住院费、产前检查费及医药费等不予报销。有些患妇科病的女职工,因怕医药费超支,不敢坚持治疗。有的厂矿企业在调整劳动组织过程中,把怀孕期、产褥期和哺乳期的女职工"悠"到承包小组之外。

此外,有些商业、饮食服务业和服装加工企业,在实行经营承包责任制以后,任意加班加点现象严重,出现了女职工体质下降的现象。

如此等等,以致损害女职工权益的事情时有发生。这些做法是极端错误的,违背了党和国家对女职工实行劳动保护的政策和规定,应立即纠正。

产生上述问题的主要原因是,有些厂矿企业的领导对女职工生育的社会价值缺乏正确的认识,把女职工生儿育女看成是家庭私事,对女职工生育对人类的贡献缺乏理解。没有真正懂得女职工生育是对人类社会发展和国家建设做出的贡献。没有人类自身的再生产,物质生产也将停业，人类也不存在了。因而，对搞好女职工劳动保护的意义认识不足，把它与生产对立起来。为了片面地追求企业效益，而忽视社会效益；为了片面追求物质生产，而忽视人类再生产的特殊价值。不顾女职工的生理特点及特殊困难，做出了有损害女职工身体健康和权益的事。

为此，厂矿企业中的劳动工资部门、工会部门和安全技术部门等，都应大胆地维护女职工的合法权益，及时制止和纠正这些违反党和国家的政策、法令和规定的错误行为，这也是义不容辞的责任。

与此同时，女职工也要十分珍惜自身的合法权益，自觉地维护党和国家给予自己的合法权益。对于违反党和国家保护女职工的政策、法令和规定的错误行为，致使自身的劳动保护合法权益受到侵害时，应积极主动地向所在厂矿企业中的有关部门提出意见和建议。如果仍然得不到合理的解决时，可按照国家颁布的女职工劳动保护规定，向当地有关部门提出申诉。

综上所述，厂矿企业在经济改革的同时，更要关心女职工的安全和健康，切实做好女职工劳动保护工作，以利广大女职工在生产过程中发挥更大的作用。

十二、提高女职工在劳动过程中的自身防护能力

我国的经济体制改革为广大女职工提供了同男职工竞争的天地与机遇，但也同时给女职工带来了优胜劣汰的紧迫感和危机感。要同男职工对等竞争，这意味着女职工要逐步减少社会给予女性的特殊照顾、保护政策和措施的依赖性，同男职工一样依靠竞争通过自己的不懈努力争得在社会的不同领域和不同层次的平等权利和地位。这就要求女职工接受改革的挑战而努力提高自身的素质。

在厂矿企业生产中，女职工要以自己创造的价值和对社会的贡献来赢得挑战，最首要的先决条件就是要实现安全生产，这也意味着女职工必须努力提高在生产劳动过程中的自身防护能力。

所谓自身防护能力，就是职工对所在工作岗位危险程度的认识，对可能出现不安全因素的判断能力，以及能否及时正确处理将发生危害的能力。它反映了一个职工的文化素养、安全意识、安全技术知识、思维反映能力和生产业务技术等多方面水平的高低。因此，实质上自身防护能力是自身素质的重要标志。

在安全技术和劳动条件的一定前提下，在劳动保护设施和工业卫生状况相同的客观环境中，劳动者的自身防护能力作为内因，在安全生产中起着决定性的作用。

根据从工业生产的大量事故分析中和国内外一些统计表明，有 70%~75% 的事故是由作业人员的错误操作或违章操作所引起的，而人的行为又是受心理状态支配的。安全心理学的观点认为，在心理上造成这种个人的不安全因素很多。如作业时，注意力不集中、恼怒、忧郁、激动、不顺心等等，这些因素往往成为发生事故的内因。

女职工在生理上和心理状态上除了与男职工有共性外，还具有更多的特性，如月经期、怀孕期、哺乳期、更年期等，就存在着特殊的心理特征，这就决定了在安全生产中女职工要比男职工更需要增强自身防护能力。

大量的研究表明，女职工随着月经周期中激素含量的变化，情绪也有相应的变化。在排卵期间，雌激素含量较高，一般说来，情绪积极，自我评价较高。而在经前期，雌激素含量较低，多数表现为情绪消极、忧郁、焦虑不安、烦躁易怒、自信度低等。医学上把行经前三、四天内发生的情绪变化称为"经前紧张"。在工业生产中，经前期女职工常常表现为生产效率下降，不安全因素增加。

女职工在47岁左右，由于雌激素的含量较低和分泌的退化，导致绝经，即所谓更年期。这期间会产生许多生理和心理变化，出现很多症状，如阵发性发热、心情忧郁、烦躁易怒、大声喧哗、注意力不集中及窒息感等。这些统称为更年期综合征。它程度不同地影响着正常工作，潜伏着威胁安全生产的不利因素。

另外，由于几千年来封建传统意识的羁绊，把女性约束在家庭内，接触的人和事都局限在一个小天地中。狭隘的生活空间造成了女性狭小的心理空间，历史的遗传和沉积及现实的种种因素，造成了妇女在心理上主要表现为狭隘性和依赖性这两种自我限制的心理缺陷。因此，有些女职工心胸狭窄、猜疑、妒忌，往往过于敏感和计较个人得失，遇到工资、奖金评定、晋升及人际关系等方面不顺心的事，往往容易感情冲动、闹情绪、急躁、忧郁，以致在生产劳动过程中注意力分散而酿成事故。还有些女职工缺乏自信心、自卑自弱、胆小怕事、遇事缺乏主见，期望凭运气侥幸取胜。这样，在生产劳动过程中一旦出现不安全因素，便表现出惊慌失措，行动优柔寡断，致使事故的发生和扩大。这都是因为不卫生的心理特征所导致的自身防护能力降低的结果。

上述可见女职工比男职工在生理和心理状态上存在着更多的薄弱环节，因此，增强女职工的自身防护能力对安全生产来说尤为重要。提高女职工在生产劳动过程中的自身防护能力应做到如下几个方面。

1. 教育女职工确立"自尊、自信、自立、自强"的信念。使女职工努力克服自身弱势，弥补心理缺陷，发扬自身优势，注重自身修养，以提高对周围环境和外界干扰影响的适应能力和自我控制能力，保持良好积极的心理状态和情绪，集中精力从事操作，确保自己对突如其来的不安全因素的敏感反应和准确判断，从而采取恰当的自身防护行动。

2. 加强对女职工的文化和专业技术教育，提高她们的科学文化知识水平及业务能力，使女职工精通专业技术，具有较强的分析能力，以保证安全生产的正常进行。一旦发生异常，能及时准确无误地采取有效措施，避免事故或减轻事故的伤害。

3. 加强对女职工的安全技术知识教育，并提高她们的安全意识和遵章守纪的自觉性。以促使女职工能自觉贯彻执行有关安全生产、劳动保护的法令和规定，严格遵守各项安全生产的规章制度和劳动纪律，正确选择和使用各种安全装置和劳动防护用品，防止遭受伤害，或在意外灾害中，能最大限度地减轻伤害程度。

4. 了解和掌握女职工的心理状态和心理活动规律，有目的地调节女职工的行为。对处于低潮期或经前紧张期的女职工，领导者在安排工作时，应多关心、照顾，主动创造条件，采取一些预防措施，尽量把女职工的低潮期或经前紧张期的不利因素变为有利因素，预防事故的发生。

5. 女职工自身也应该学会掌握自己的生理、心理活动规律，在经前紧张期和更年期，应做好自我保健，主动消除紧张，注意劳逸结合，增进同志间的相互理解，创造轻松、和谐的气氛，加倍提高工作责任心和注意力，以克服和避免自身的不利因素，确保安全生产。

综上所述，提高女职工在生产劳动过程中的自身防护能力，对女职工自身的安全和健康，以达到在安全生产中为国家创造更多的价值无疑是有利的。

第十一章 安全系统工程

第一节 安全系统的基本概念

一、系统

所谓系统,是指由多元素组成的、元素间保持一定关系的,在一定条件下为某种目的而发挥作用的集合体。

系统可大可小,形形色色,例如一个工人操作机床加工零件就构成了一个加工系统,而这个系统又是它所从属的一个更大的复杂系统的组成部分。就工业系统而言,系统的构成元素是原材料、半成品、机器设备和在其中劳动的人,它们都不是孤立的,彼此之间保持着一定的有机关系,在具体生产条件下,为了生产产品的目的而共同发挥作用,这样一个集合体就构成了某一具体工业系统。

系统具有以下特征:
1. 系统是至少由两个或两个以上的元素所构成,并具有统一性的整体。
2. 系统内各元素之间是有机联系的,并相互作用。
3. 系统具有既定的目标。
4. 任何系统的存在都具有一定的条件,并处于一定的环境之中。

二、系统工程

所谓系统工程,是组织管理系统的规划、研究、设计、制造、试验和使用的科学方法,是一种对所有系统都具有普遍意义的科学方法。

系统工程是研究系统的工程技术,主要研究的内容是系统的模型化、最优化和综合评价。它以系统的观点,用现代数学方法和电子计算机技术对关系复杂、变量众多、结构庞大的系统进行分析和研究,科学地规划和组织人力、物力、财力,通过最优途径的选择,使系统在各种约束条件下达到最合理、最经济、最有效的预期目标。它从整体观念出发通盘筹划,合理安排整体中的每一个局部,以求得整体的最优规划、最优管理和最优控制,使每一个局部都服从于整体目标,做到人尽其力,物尽其用。总而言之,系统工程是研究如何把事情办好的一门科学。

三、安全系统工程

所谓安全系统工程,是应用现代科学技术知识和系统工程的理论和分析方法,去评价并控制系统所存在的不安全因素和可能发生的事故,使系统在一定的投资、成本、生产效率等因素的约束下,调整工艺设备、操作、管理、生产周期或费用等因素,使系统发生的事故减少到最低限度,达到最佳的安全状态。

安全系统工程是近20年迅速发展起来的一门新兴学科,它既是具有普遍合理性的知识体系,也是系统化的科学领域,其特点是跨门类跨学科的综合性工程技术学。

四、安全系统工程的内容

安全系统工程的内容主要有以下三个方面:

1. 系统安全分析。系统安全分析在安全系统工程中占有十分重要的地位。为了充分认识系统中存在的危险性,就要对系统进行细致的分析,只有分析得准确,才能在安全评价中得到正确的答案。可以根据需要把分析进行到不同的深度,可以是初步的或详细的,可以是定性的或定量的,每种深度都可得出相应的答案,能满足不同项目、不同情况的需要。

当前,系统安全分析方法有数十种之多,从各种不同的角度对系统的安全性进行分析,当然其中不少方法是雷同或重复的。这也说明安全系统工程是一门正处在蓬勃发展阶段的新学科,很多分析方法还没有定型的缘故。

每一种系统安全分析方法都有自己产生的历史和环境条件,并不能处处通用。要完成一个准确的分析就要综合使用各种分析方法,以取长补短,有时还要互相比较,看看哪些方法和实际情况更相吻合。因此,要求人们熟知各种方法的内容和优点,用起来才得心应手。

2. 安全评价。系统安全分析的目的就是为了安全评价。通过分析,了解系统中存在的潜在危险性和薄弱环节所在,发生事故的概率和事故可能产生的严重程度等,然后再根据这些情况进行系统的评价。

当前,安全评价有两个重要的安全评价方法,其一就是对系统的可靠性、安全性进行评价,其二就是利用生产所需原料,即物质系数法进行评价。

3. 采取安全措施。根据评价的结果,可以对系统进行调整,对薄弱环节加以修正或加强。安全措施主要包括采取预防事故的发生或控制事故损失的扩展两个方面。前者是在事故发生之前,尽可能抑制事故的发生,后者是在事故已经发生了,尽量使事故损失控制在最低限度。

第二节 危险性分析

一、危险分析

识别危险也需要通过分析,因此危险的识别与分析统称为危险分析。

识别危险可采用安全检查表,预先危险分析和故障危险分析等方法。

危险分析除了用于识别危险外,还要对危险和激发事件进行分析,剖析它们之间的因果关系,分析事故与发展过程,估计事故的发生概率。危险分析一般采用逻辑推理的方法,有定性分析与定量分析。近年来,出现了很多危险分析方法,诸如预先危险性分析(PHA)、故障危险分析(FHA)、事故树分析(FTA)和事件树分析(ETA)等,实践证明这些都是行之有效的危险分析方法。

为了对危险的严重性和可能性进行度量，需要给定其度量的等级，即危险严重程度等级与危险可能性等级。

所谓危险严重程度等级，也称危险等级，是对因人体差错、环境条件、设计缺陷、工艺不当与系统、子系统、元件故障和缺陷等造成最坏结果的一个定性标准。美国国防部系统安全工程技术条件 MIL—STD—882A，把危险程度分为四个等级，如表11-1所示，并对每一等级的特征给了定性的定义。

危险严重程度等级　　　　　　　　　　　　　　　表 11-1

类别	等级	严 重 程 度	发生频率控制范围
Ⅰ	破坏性	可造成人员死亡或系统损失	10^7 作业小时一次
Ⅱ	严重性	可造成人员严重伤害、严重职业病、主系统破坏	$10^5 \sim 10^7$ 作业小时一次
Ⅲ	临界性	可造成人员轻伤、轻度职业病或次要系统破坏	$10^4 \sim 10^5$ 作业小时一次
Ⅳ	可忽略性	不会造成人员伤害和职业病，系统不会受到破坏	低于 10^4 作业小时一次

当实际采用这一规定时，对"严重"、"较小"等词，尚需给出进一步的定义。比如，对飞机而言，较大和较小损坏的区别，可根据损失折合的钱数，或维修所需的天数等来确定。因此，对于某一具体系统或情况，应将表11-1中的特征描述修改成专用的说明。

表11-2是 MIL—STD—882A 对危险发生的可能性规定的等级。在采用这些等级时，也应对其发生可能性给出进一步的定义或粗略的概率值。

危险可能性等级　　　　　　　　　　　　　　　表 11-2

| 特征 | 等级 | 发 生 特 征 | | 发生概率的数量级 |
		元 件	设 备	
频繁的	A	可能经常发生	经常遇到的	10^{-1}
相当可能的	B	在其寿命期内将发生几次	将频繁地发生	10^{-2}
偶然的	C	在其寿命期内可能会发生	在使用期内将发生几次	10^{-3}
限少的	D	不能说它不可能发生	并非不可能发生	10^{-4}
几乎不可能	E	发生概率接近为 0	不能说它不可能发生	10^{-5}
不可能的	F	本身不可能发生	本身不可能发生	10^{-6}

二、危险性识别

要预先对危险性进行分析，就须首先对危险性加以辨别。辨别危险性似乎凭经验就可以了，其实不然。以往事故的经验告诉我们，潜在的危险性往往是很难辨识的。例如，一个充装过量的高压液化气体钢瓶，乍看起来毫无缺陷，但稍一受热，瓶内便会产生超过其公称压力数十兆帕乃至数百兆帕的压力，随之便可发生猛烈爆炸。因此，危险性有固有的潜在性质，如果不系统地辨识，就会造成遗漏。

造成事故后果必须有两个因素，一是必须有引起破坏的能量，二是必须有遭受破坏的对象，而且这两个因素必须相距很近，并能相互影响或相互作用，才能造成事故后果。过去为防止事故或事故后采取措施,往往不从实际出发,不计工本,虽花费甚多但收效却甚微,这就是由于不从这两个因素的关系考虑的结果。譬如在某一空旷工地上有一桶汽油,虽然能起火燃烧,但周围空旷无物,即使着火也不会造成什么损失,也就是说没有遭受破坏的对象,故不必采取什么防范措施。又如对某工厂的建筑物都要求防火结构,但没有指明这种要求仅限于处理能源的区域,虽然构筑物有很高的防火能力,但没有引起破坏的动力,因而也是多余的。

由于危险性有潜在的性质,只有在一定条件下才能发展成事故,因此辨识危险性需要有丰富的基础和实践知识。为了能迅速查出危险性,可以根据情况从以下几个方面入手。

1. 从能量的转换概念出发

生活和生产都离不开能源,正常情况下,能量做有用的功,制造产品和提供服务,但一旦能量失去控制,便会转化为破坏力量,造成人员伤害和财产损失。

能够转化为破坏能量的有电能、原子能、机械能、压力和拉力、位能和势能、燃烧和爆炸、腐蚀、放射线、热能和热辐射等。另一种表示破坏能量的因素也可作为参考,如加速度、污染、爆炸、热和温度、火灾、泄漏、湿度、氧化、压力、放射线、化学灼伤、机械冲击等。

2. 有害因素

很多化学物质都会对人造成急性或慢性的损害,因此,国家通常以法令的形式规定了这些有毒有害物质在车间空气中的最高容许浓度。若作业环境中超过了规定的最高容许浓度,便会被认为存在着危险性。

此外,人们对惰性气体及缺氧的危害性,往往注意不够,由于氮气、二氧化碳或缺氧造成的窒息事故,在厂矿企业中是屡见不鲜的。

3. 外力因素

外力因素包括人为力和自然力两个方面。人为力系指受外界发生事故的波及,例如受到外部爆炸造成的冲击波、爆破碎片的袭击等。自然力系指地震、洪水、雷击、飓风等造成的损坏。

4. 人的因素

人是操作机器设备的主人,但人与机器设备相比,人的可靠性极低。机器设备只要输入一定的能量,人去正确操作,便可按照人的意志不停地进行有规则的运动,然而人却往往由于生理和心理状态等原因造成误操作而发生事故。因此,需对人进行教育训练,提高其可靠性,并使机器设备能适应人的操作,减少误差。

三、危险性控制

危险性辨别清楚以后,就可采取预防措施,避免危险性发展成为事故。采取预防措施的原则,也应着眼于危险性的起因。

1. 控制原则

(1) 限制能量或分散风险

许多能量本身就是产品,如发电厂生产的电能。有些能量是作为被加工的原料,如炼油厂对原油的加工。从限制能量的意义来说,对这类企业没有什么实际意义,但在原料周转贮存方面也有可能采取限制能量的措施,例如,规定合理的贮存量和周转量,对火药和爆炸物的生产，应远离居民区，其生产量也应有一定的限度。

生产中能够防止能量蓄积的设备和元件很多，如保险丝、断路器在电路过负荷时起保护作用；温度自动调节器可以调节温度不至发生热的积累。

此外还有一种分散危险性的方法。如大型设备效率高，但发生事故时造成的损失也严重，若把大型设备分成在系统上独立的多列设备，则损失后果将被缩小，这是将能量分散的一种方法。

（2）防止能量散逸

采用防护材料使有害的能量保持在有限的空间内，如把放射性物质放在铅容器内、电气设备和线路采用良好的绝缘材料以防止触电、高处作业使用安全带防止油位能造成的坠落等。另外在能量源上采取防护措施，如增设防护罩、设置隔火装置、防噪声装置等。此外，还可在能量与人和物之间设立防护措施，如玻璃窥镜、防护栏杆、防火墙等。还可在能量的放出线路上和放出时间上采取措施，如排尘装置、防护性接地、安全联锁等。

（3）加装缓冲能量的装置

缓冲能量的装置因设备而异，如在压力容器和锅炉上加装爆破板和安全阀，以及各种缓冲装置等，某些个人劳动保护用品也是缓冲能量装置的一种。

（4）减低损害程度的措施

一旦发生事故，也要采取措施，抑制事故进一步扩大，以降低后果的严重程度。例如，车间装设的紧急冲浴设备。

（5）防止外力造成的危险

建厂时应考虑周到，近期利益要和长远利益结合起来，按照规范选择厂址。在具体设计中，对关键设备、零部件的设计应能承受预计的外部施加负载。

（6）防止人的失误

为减少人为失误，应该为工人提供安全性较强的工作条件，重复的操作应用机械代替人工，招收工人时应根据工作性质考虑人的适应性，严格安全规章制度的监督检查，加强安全技术教育等。

2．具体控制危险的一些方法

（1）设置备用装置或过程，以改善系统的安全性，如飞机的操纵系统，一般采用双套装置。

（2）设置故障保险装置，以增加系统的可靠性。这样即使个别部件发生故障，或由于人的不安全行为，而由于装设了保险装置就可避免伤亡事故的发生，例如，电气系统中的触电保护器。

（3）使用个体劳动防护装置，如安全帽、安全鞋等。

（4）生产过程中许多危险的有害因素，其作用的强弱与距离有关，例如噪声、电离辐射等，都可应用距离防护的措施来减弱其危害。应用自动化的遥控装置，使操作人员远离危险源是实现距离防护的现代方法。

（5）使人处在危险和有害因素作用的环境中的时间缩短到安全限度之内。

（6）采用屏蔽的措施。即在危险和有害作用的范围内设置障碍，以保障人与财物的安全。障碍有机械的、光电的、吸收的等等。

(7) 提高结构强度。

(8) 设置薄弱环节。当危险因素还未达到危险值之前,这些薄弱环节的元件就预先破坏,如保险丝、爆破板等。

(9) 采取闭锁的措施。以某种方法使一些元件强度发生相互作用,以保证安全操作。如电梯的门不关闭就不能合闸启动。

(10) 利用机器人或自动控制器来代替人的操作。当无法消除危险和有害因素时,这是使操作人员摆脱危险和有害因素的现代方法。

(11) 利用声、光信息和标志,以及不同颜色的信号,及时警告,以达到控制危险的目的。

第三节　安全系统分析

一、预先危险性分析

预先危险性分析（Preliminary Hazard Analysis,简称 PHA）,国内书刊中有的译为"初步危险分析"。

在一项工程活动之前,包括设计、施工和生产以前,首先对系统中可能出现的危险性类别、危险出现的条件,以及危险可能导致的事故后果,作一宏观概略的分析或预评价,这就称为预先危险性分析。

预先危险性分析的目的是判别系统中的潜在危险,确定其危险等级,防止采用不安全的技术,使用危险性物质、工艺和设备。如果在系统中必须采用不安全的技术,使用危险性物质、工艺和设备时,也可从设计和工艺上考虑采取安全技术措施,以防止这些危险性发展成为事故,确保系统的安全性和经济性。

二、预先危险性分析的功用及基本方法

预先危险性分析是用来识别系统中的主要危险,并对其严重性及产生的可能性进行分析,从而提出改进系统的建议。

预先危险性分析是一种最基本的危险分析方法,为其他危险分析方法提供了一个基础。例如,由预先危险性分析可以确定事件树分析的初始事件,或可以确定事故树分析的顶上事件等。此外,预先危险性分析的结果,可以用于制定系统的性能与设计说明书。

预先危险性分析的对象很宽,它包括:
1. 危险的零部件;
2. 系统各单位交接面;
3. 系统的环境;
4. 操作、试验、保养和急救措施;
5. 装备、设备与辅助训练。

使用预先危险性分析方法时,应事先对生产的目的、工艺过程及操作条件和周围环境作充分的调查了解。然后可按照过去的经验和同类型生产中曾发生过的事故,分析对象中

是否也会出现类似情况,查找能够造成人员伤亡、物质受损失的危险性。在查找危险性时,可按系统和子系统一步一步地进行,以防漏项。最好事先能编制一个检查表,列出查找危险性的范围。

预先危险性分析的具体分析步骤如下:

1. 根据过去的经验,分析对象出现事故的可能类型。
2. 确切了解生产环境,调查危险源。
3. 确定初始伤害。
4. 确定造成伤害的危险性等级,排列先后顺序和重点,以便优先处理。
5. 制定消除危险性的措施,谋求防止伤害的办法,并检验这些办法的效果。
6. 指定负责措施的部门和人员。

危险性是指造成人员伤亡和财产损失的潜在原因,在一定条件下,会发展成事故。通常所说的危险性是指人员失误、环境影响、设计错误、程序失效、子系统或元件故障以及它们的功能失常等。对危险性划分等级,其目的是排列出危险因素的先后次序和重点,以便先后处理。危险性等级可划分为如下4级:

1级——安全,不产生伤害、职业病和系统损失;

2级——临界,处于形成事故的边缘状态,暂时不会造成伤害或系统失灵,或者可造成轻微的伤害、职业病和主要系统损失;

3级——危险,可造成一定程度的伤害、职业病和系统损坏;

4级——灾害,会造成人员伤亡和系统毁灭。

把危险性按上述方法分级以后,就可找出消除或控制危险性的措施。在危险性不能控制的情况下,可以改变工艺条件,至少也要找出防止人员伤亡或物质受损的方法。

上述分析步骤,不一定要求严格的次序,主要在于集中经验和智慧,从宏观上判断所研究的对象其安全性如何,以供决策人员参考。

预先危险性分析主要针对系统的部件、子系统或某一作业过程,尤其是在系统初步设计阶段,因为此时,仅对构成系统的部件与系统或作业过程有个概略的设想。

在开始预先危险性分析时,应熟悉分析对象的功能、构成、工作原理及工艺流程、环境条件等。并调查类似系统历史上的有关安全的经验,以及了解与人身安全、环境危害及有毒有害物质等有关的安全要求与规定。

任何系统的运行或生产活动都离不开了能源,在正常情况下,通过能量作功使系统产生正常的功能。但是,倘若能量失去控制,发生不正常的逸散,就会发生事故。因此在进行预先危险性分析时,需特别注意与能源有关的部件或子系统。在一般情况下应考虑系统设计的下列部分:

(1) 与能源有关的危险元件,诸如燃料、压力系统。

(2) 交界面的安全问题,诸如材料的兼容性、电磁干扰等。

(3) 环境条件。包括正常与非正常的环境问题,诸如冲击振动、极限温度、噪声、电离辐射与非电离辐射等。

(4) 系统运行、试验、维修及其他过程中的问题。诸如人的失误、应急措施等。

(5) 危险系统或物质。诸如动力系统、有毒有害或腐蚀液体的贮存,或试验及对使用或操作上述系统或物质的人员的培训等。

三、故障类型和影响分析

故障类型和影响分析，简称 FMEA（Failure Mode Effects Analysis），是安全系统工程中重要的分析方法之一。其基本内容就是为了找出系统的各个子系统或元件可能发生的故障和故障出现的状态（即故障类型），以及它们对整个系统造成的影响。

所谓故障，就是元件、子系统、系统在运行时，不能达到设计要求，因而完不成规定的任务或完成得不好。然而并不是所有的故障都会造成严重后果，而是其中有一些故障会影响系统完不成任务或造成事故损失。

一个元件发生故障，其表现形式可能不止一种，如变形、裂纹、破损、弹性不稳定、磨耗、腐蚀、表面损伤和褶皱、松动、摇晃、脱落、咬紧、烧坏、杂物、弄脏、泄漏、渗漏、浸蚀、变质、开路、短路、杂音、漂移等都是故障类型。

故障类型和影响分析方法是由可靠性技术发展起来的，是确定故障原因的一种系统方法。对系统的各个组成部分，即元件、子系统等进行分析，找出它们所能产生的故障及其类型，查明每个类型对系统安全运转带来的影响，以便采取措施予以防止或消除。

FMEA 后来又有所发展，即对某些可能造成特别严重后果的故障类型，单独拿出来分析，叫作致命度分析，合称 FMECA。

运用 FMEA 时，可按照下列步骤进行：

1. 明确系统的任务和组成。
2. 确定分析程度。
3. 绘制功能框图和可靠性框图。
4. 列出所有故障类型并选出有效的故障类型。
5. 列举出造成故障的原因。
6. 列表将上述各步骤及内容列入一定格式的表格中，以便于分析和查阅。

四、事故树分析

事故树分析，简称 FTA（Fault Tree Analysis），是安全系统工程中最常用的一个重要分析方法。事故树分析是一种演绎推理方法。这种方法把可能发生的事故与导致它们发生的层层原因之间的逻辑关系用一种称为事故树的树形图表示出来。这种图就构成了"模型"。然后，对这种模型进行定性和定量分析，从而可以把事故与原因之间的关系直观明显的表示出来，并且可以找出主要原因和计算出事故发生的概率。这些结果为确定安全对象提供了依据，便可能达到预测和预防事故的目的。

事故树分析一般用来分析重大事故的因果关系，可以进行系统的危险性评价，事故预测、事故调查和沟通事故情报，也可用于系统的安全性设计等等。

事故树分析的程序大致可分为十个步骤，使用者可根据自己的需要和要求，选取其中几个步骤。系统地全面地分析程序如下：

1. 熟悉系统。要求要确切了解系统情况，包括工作程序、各种重要参数，作业情况。必要时画出工艺流程图和布置图。
2. 调查事故。要求在过去事故实例和有关事故统计的基础上，尽量广泛地调查所能预想到的事故,即包括已发生的事故和可能发生的事故。

3. 确定顶上事件。所谓顶上事件就是我们所要分析的对象事件。对所调查的事故,分析其严重程度和发生的频繁程度,从中找出后果严重、且较易发生的事故,作为分析的顶上事件。也可进行预先危险性分析(PHA)和故障类型和影响分析(FMEA),从中确定顶上事件。

4. 确定目标。根据以往的事故经验和同类系统的事故资料,进行统计分析,求出事故发生的概率(或频率)。然后根据这一事故的严重程度,确定要控制的事故发生概率的目标值。

5. 调查原因事件。调查与事故有关的所有原因和各种因素,包括机械故障、设备故障、操作者的失误、管理和指挥错误、环境因素等等,尽量详细查清原因和影响。

6. 绘制事故树。根据上述资料,从顶上事件起,进行演绎分析,一级一级找出所有直接原因事件,直到所要分析的深度,按照其逻辑关系,画出事故树。

7. 定性分析。按事故结构进行简化,求出最小割集和最小径集,确定各基本事件的结构重要度。

8. 求出事故发生概率。根据调查的情况和资料,确定所有原因事件的发生概率,并标在事故树上,然后再根据这些基本数据,求出顶上事件的发生概率。

9. 进行比较。对可维修系统,将求出的概率与通过统计分析得出的概率进行比较,如果两者不符,则需返回到5重新研究,看原因事件是否找全,事故树逻辑关系是否清楚,基本原因事件的数值是否设定得过高或过低等等。

对不可维修系统,求出顶上事件发生概率即可。

10. 定量分析。当事故发生概率超过预定的目标时,要研究降低事故发生概率的所有可能,从中选出最佳方案。

利用最小径集找出根除事故的可能性,从中选出最佳方案。

求各基本原因事件的临界重要系数。从而对暂时不能治理的原因事件按系数大小进行排队,或编出安全检查表,以求加强人为控制。

五、事故树的符号与编制

事故树是由各种事件符号和与其连接的逻辑门组成的。绘制事故树分析图所采用的最简单、最基本的符号,有以下数种:

1. 事件符号。

(1) 矩形符号。表示顶上事件或中间事件。可将事件扼要记入矩形框内,但顶上事件一定要清楚、明了,不要太笼统。

(2) 圆形符号。表示基本(原因)事件,不需继续再往下分析。它可以是人的差错,也可以是机械故障、环境因素等。可将事件扼要记入符号内。

(3) 屋形符号。表示正常事件。它是系统正常状态下发生的正常事件。可将事件扼要记入符号内。

(4) 菱形符号。表示省略事件。即表示事前不能分析,或者没有再分析下去的必要的事件。可将事件扼要记入符号内。

2. 逻辑门符号。

(1) 与门。与门连接表示下面的输入事件 B_1、B_2 同时发生的情况下,输出事件 A 才发生的连接关系。两者缺一不可,表现为逻辑积的关系,即 $A=B_1 \cap B_2$。在有若干输入事件时,也是如此。

(2) 或门。表示下面的输入事件 B_1 或 B_2 中,任何一个事件发生都可以使事件 A 发生。表现为逻辑和的关系,即 $A=B_1+B_2$,在有若干输入事件时也是如此。

(3) 条件与门。表示 B_1、B_2 同时发生时,A 并不见得发生,只有在满足条件 α 的情况下,A 才发生,其逻辑关系为 $A=B_1 \cap B_2 \cap \alpha$ 或与或 $A=B_1 \cdot B_2 \cdot \alpha$,$\alpha$ 是指输出事件 A 发生的条件,而不是事件。可将条件记入六边形内。

(4) 条件或门。表示 B_1、B_2 任一事件发生时,还必须满足条件 β,才有输出事件 A 发生,其逻辑关系为 $A=(B_1 \cup B_2) \cap \alpha$ 或写成 $A=(B_1+B_2) \cdot \beta$。可将条件记入六边形内。

(5) 限制门(也称禁门)。表示输入事件 B 发生时,如果满足 α 条件就有输出事件 A 发生,否则就没有输出。这种门与上述几个门不同,输入事件只有一个,其逻辑关系为 $A=B \cap \alpha$ 或写成 $A=B \cdot \alpha$。

(6) 排斥或门。表示下面的输入事件 B_1、B_2 只一个发生,上面的输出事件 A 就发生。输入事件 B_1、B_2 是彼此相互排斥的,绝对不会同时发生。其逻辑关系仍为 $A=B_1 \cup B_2$ 或写成 $A=B_1+B_2$。

(7) 顺序与门。表示两个输入事件 B_1、B_2,只有 B_1 先于 B_2 发生才会有输出事件 A 发生,顺序相反则不会有输出事件发生。其逻辑关系为 $A=B_1 \cap B_2/B_1$ 或写成 $A=B_1 \cdot B_2/B_1$。

(8) 表决门。表示下面 n 个输入事件 B_1、B_2……B_n 中,至少有 r 个发生时输出事件才发生的逻辑连接关系。

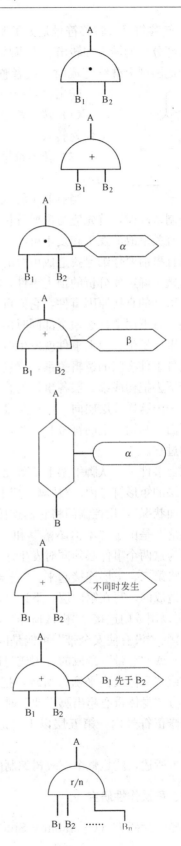

3. 转移符号。转移符号是为了避免画图时重复和使图形简明而设置的符号。其作用是表示部分树的转入和转出。当事故树规模很大时，一张图纸不能绘出树的全部内容，需要在其他图纸上继续完成时，或者整个树中多处包含同样的部分树，为简化起见，以转入、转出符号标明之。常用的转移符号有以下两种。

(1) 转入符号。表示需继续完成的部分树由此转入。△内可记入从何处转入的标记。

(2) 转出符号。表示这个部分树由此转出。△可记入向何处转出的标记。

当有若干转入、转出符号时，△内要对应标明数码，以示呼应。

编制事故树，首先应写出要分析的事故，即顶上事件。选择顶上事件，一定要在系统详细、有关事故的发生和发生可能，以及事故的严重度和发生概率（或频率）的情况下进行，而且事前要仔细寻找造成事故的直接原因和间接原因。然后，根据事故的严重程度和发生的概率确定要分析的顶上事件，将其扼要写在矩形框内。在它下面的一层并列写出造成顶上事件的直接原因事件，它们可以是机械故障、人为因素或环境原因，上下层之间用门连接。若下层事件必须全部同时出现，顶上事件才发生时，就用与门连接；当门下层事件任一事件发生，顶上事件就发生时，用或门连接。门的连接问题十分重要，含糊不得，它涉及各事件之间的逻辑关系，直接影响着以后的定性分析和定量分析。

接下去把构成第二层各事件的直接原因写在第三层上，并与第二层事件用适当的门连接起来……这样，层层向下，直至最基本的原因事件，就构成了一个事故树。

下面，利用以上的符号和方法，以"从脚手架上坠落死亡"事故为例，来说明编制事故树的过程。

顶上事件是"从脚手架上坠落死亡"。死亡是因"从脚手架上坠落"造成的，把它写在第二层的矩形符号内。"从脚手架上坠落"并不见得死亡，而死亡与否取决于"坠落高度和地面状况"，用控制门将它们连接起来，把这个条件写在六边形条件符号内。"从脚手架上坠落"是由于"不慎坠落"和"安全带不起作用"造成的，把它们并列写在第三层上。因为这两个事件必须同时发生才会有"从脚手架上坠落"发生，二者缺一不可，所以用与门将第二、三层连接起来。"安全带不起作用"是由于"机械损坏"和"没有使用安全带"造成的，写在第四层。下边这两个事件任何一个发生，都可以造成"安全带不起作用"，所以用或门连接。"机械损坏"可能由"支撑物损坏"或"安全带损坏"造成的，用或门连接。"没有使安全带"可能是因为走动而取下（这是正常事件，所以将其记在屋形符号内）或"忘带"造成的，用或门连接。另一分支，"不慎坠落"是因为"在脚手架上滑倒"或"身体失去平衡"所致，把它们写在第四层，用或门连接。但是，在这种情况下，只有"身体重心超出脚手架"时，它们才造成"不慎坠落"，所以把它作为条件写在六边形修正符号内。第五层以下，记为没有必要再分析下去了，所以用菱形事件符号表示。

以上所述，就是整个事故树编制的全过程，如图 11-1 所示。

六、可操作性研究

可操作性研究（Operability Study，简称 OS）是当系统中发生了一个异常情况后，

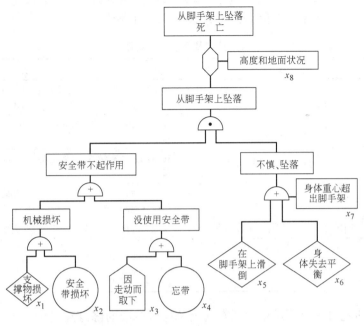

图 11-1 "从脚手架上坠落死亡"事故树

通过分析其原因及可能产生的后果,然后研究应如何操作的研究方法。这种方法适用于安全、可靠性范围的设计和运行等一般问题。

在设计过程中,如果从开始就注意消除系统的危险性,无疑能提高厂矿企业投入运营后的安全性和可靠性。但是仅靠设计人员的经验和相应的技术标准,很难达到完全消除危险性的目的;特别是对于操作条件严格,工艺过程复杂的厂矿企业,需要寻求新的方法,在设计开始时能对建议的工艺流程在安全方面进行预审定,在设计终了时能对工艺详图进行仔细的有关安全的校核。

为了解决上述问题,已经找到了许多方法,但这些方法往往偏重设备方面。然而生产是一个系统活动,是将各种设备按不同需要连在一起为一个生产目标进行活动,是一个运动着的整体。这时若仅考虑设备显然不够,而必须考虑操作。很多潜在的危险性在静止时往往被掩盖着,一旦运转起来便会出现。1974年,英国帝国化学工业公司(ICI)开发了可操作性研究方法,是在设计开始和定型阶段发现潜在危险性和操作难点的一种方法。

可操作性研究的含义就是"对危险性的严格检查",其理论依据就是"工艺流程的状态参数(温度、压力、流量等),一旦与设计规定的条件发生偏离就会发生问题或出现危险。"

用这种方法对工艺过程进行全面考察,对其中的一部分提出问题,了解该处在运转时会出现哪些参数和设计规定要求不一致,即所发生了偏差。进一步追问它的出现是由于什么原因,会产生什么结果。因此,可操作性研究就是从中间过程分析事故原因和结果的一种方法。

如何着手从中间过程分析,当然不能漫无边际地提问题,而需要有一个提纲,这个提纲要能简明地概括中间状态的全部内容。由此提出了表示状态的"关键字"概念。表11-3中所列的几个关键字，基本上能概括所有出现偏差的情况。

关键字及其意义和说明　　　　　　　　　　　　　表 11-3

关键字	意　义	说　　明
否 NO 或 NOT	完全实现不了设计规定的要求	该部分未发生设计上所要求的事件，例如：设计中管内应有流体流动，但实际上管内没有流体流动
多 MORE	比设计规定的标准增加了	在量的方面有所增加，如比设计规定过高的温度、压力、流量等
少 LESS	比设计规定的标准减少了	在量的方面有所减少，如比设计规定过低的温度、压力、流量等
以及 AS WELL AS	质的变化	虽然可达到设计和运转的要求，但在质的方面有所变化，如出现其他的组分或不希望的相(Phase)
部分 PART OF	数量与质量均有下降的变化	仅能达到设计和运转的部分要求，例如组分标准下降
反问 REVERSE	出现与设计和运转要求相反的情况	如发生逆流、逆反应等
其他 OTHER THAN	出现了不同的事件	发生了不同的事件，完全不能达到设计和运转标准的要求

可操作性研究可用于厂矿企业现有安全及运行标准的修订和对操作人员的应知教育。安全设计和运行研究，必须有个标准，根据这个标准才能发现异常现象。例如，是没有流出，还是发生逆流。从正常状态出发采用表 11-4 的口诀，有步骤地研究异常现象，首先提出一个生产过程中的异常现象，接着依次研究它的原因，如阀门误关闭，过滤器堵塞，研究它对系统的影响，如泵过热，失控反应，没有输出，最后制定必要的对策。

口诀一览表和说明　　　　　　　　　　　　　表 11-4

口诀	说　　明
不允许	正常时应当是顺流，但它并不如此，如"不流出"，"逆流"
过高	物理量增高：流量、压力、温度等增大
过低	物理量降低：流量、压力、温度等降低
局部	系统组成发生变化：比例变化，或少了某种成分
严重	增加了成分。相数(气、液)或不纯物质
其他	发生与正常运转时间不同的所有可能：起动、停车、产量变化、运行方式变更、装置运行故障维修

制定对策时，要注意新的措施对系统的工艺、生产，即使是小规模的更换也要论证。采取对策后 6 至 12 个月要做再次调查，继续这样分析，特别是危险性较高的装置，有可能发生难以预计的问题，所以就更重要。

七、管理疏忽和风险树

管理疏忽和风险树方法（Management Oversight and Risk Tree，简称 MORT），是美国能源部门在 20 世纪 70 年代前后提出的。这种系统分析方法是综合分析方法，可广泛用于管理、设计、生产、维修工作，以研究改善安全状况，特别适用于探索造成危险的管理方面因素，提高管理工作水平，保证安全。

有些事故从表面上来看属于个人违章造成的，但深入研究后，便可看出其中必然存在着管理上的原因。管理疏忽和风险树方法则可分析发生伤亡事故的全部途径，追究与伤亡事故有关的普遍危险因素及所有问题。

　　管理疏忽和风险树方法是用来表达一个系统相关问题的图表形式的逻辑树，其本身是个复杂的分析过程。根据美国一些资料介绍要鉴别 200 多个问题。如果把需要考虑的问题都包括在内那就更多。由于这些问题直接涉及到伤亡事故原因或预防措施的一些基本问题，因此它也可作为检查安全管理工作的安全检查表。

　　在对管理问题进行分析评价时，可以把管理工作的质量划分为五个等级，即：优秀、优良、良好、欠佳、劣。

　　人们把欠佳以下作为判定存在管理漏洞的标准，缩写成"LTA"即是"欠佳"。

　　管理疏忽和风险树方法的基本原理认为造成事故的主要因素为：

1. 管理工作失误和差错。
2. 管理系统欠佳。
3. 已被认识的危险。

因此，管理疏忽和风险树方法的基本逻辑树，由三部分组成，如图 11-2 所示。

图 11-2　MORT 的基本树

　　S. R. M 三个因素各自形成树的三个主要分枝，其中 S. M 两因素所形成的树干往往具有通用的参考模式。

　　1. R 因素。这是已被认识的危险，是指一些已经知道其存在，但还没有有效措施控制的危险因素。把已被认识的危险列在树图中，其目的是唤起人们的注意，更加努力研究减少这些危险。这个因素使各种系统有不同的树，往往可用事故树来作。

　　2. S 因素。是与被分析的事故有关，特别是指管理工作失误和差错。S 因素一般有下面的参考模式，如图 11-3 所示。

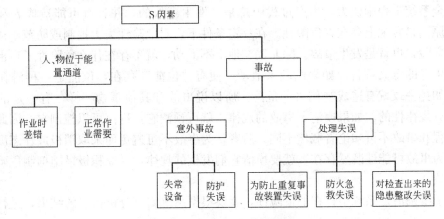

图 11-3　MORT 的 S 因素树

3. M因素。是管理系统欠佳。它们可能是明显的失误,也可能是管理系统的弱点,它们是直接或间接促成被分析事故的一般管理系统问题。M因素一般有下面的参考模式,如图11-4所示。

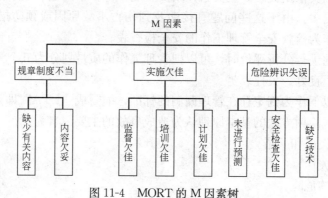

图 11-4　MORT 的 M 因素树

管理疏忽和风险树方法的学术地位逊于事故树分析,此法尚未普遍流行。

第四节　安 全 评 价

一、安全评价

传统的安全管理只承认要么"安全",要么"不安全",不承认有中间状态存在,实际上这是难以做到的。常常有这种情况,不出事故总觉得太平无事,对一个厂长、车间主任或是工段长,或是厂某一个安全技术人员,你问他们所管理的厂矿企业、车间、工段有没有可能发生事故,会发生什么样的事故,有什么后果,恐怕谁也答不出来。然而,一旦发生了事故,则往往又不知所措,以致"草木皆兵",看什么都是危险的了。事故发生后搞起措施来,则又不惜工本,花多少钱也没意见,结果是左一层、右一层防护装置,搞得工人不好操作,过不了多久就拆掉了,不但造成了浪费,而且存在的不安全状况仍然依旧。时间一长,就有人认为搞生产哪有不发生伤亡的,成了事故不可避免论者或事故不可知论者。

安全系统工程则认为,生产过程中总是会发生事故的,并且有可能造成人和物的损失,其原因是客观上存在着危险性。在一定条件下,对危险性失去控制或防范不周,便会发展为危险,也就是发生事故。除非躺在地上不活动,就不存在什么危险性了,但也就没有什么生存的意义可言。如果站起来活动,便有"位能"存在,位能是一种潜在的危险性,例如摔一跤就有造成受伤害的危险。所以说事故和其他事物一样,有一定的发生概率,是有规律性的。如果摸清了事故的规律,就可预测它,进而可以控制它。因此,安全系统工程和事故不可知论者截然不同,后者认为事故不可避免而采取消极放任态度,而前者则认为事故可能性既然存在,就要摸清它们发生的规律,采取积极措施抑制危险性发展成为事故。

为了辨别清楚系统中存在的危险性,就要根据系统安全分析得出的结果,进行安全性评价。

所谓安全评价,系利用系统工程方法对拟建或已建成的工程、系统可能存在的危险性及其可能产生的后果进行综合评价和预测,并根据可能导致的事故风险的大小,提出相应的安全对策,以达到工程、系统安全的过程。

安全评价应贯穿于工程、系统的设计、建设、运行和退役整个生命周期的各个阶段。对工程、系统进行安全评价既是厂矿企业、生产经营单位搞好安全生产的重要保证,也是国家和政府对安全生产监督管理的需要。

安全评价根据需要,可进行定性的或定量的安全评价。

二、定性安全评价

如果所评价的对象并非特别重要,或者发生事故不会产生极为严重的后果,则可根据定性分析的结果进行定性的安全评价。定性评价不需要精确的数据和计算,实行起来比较容易,也可节省时间。前面所介绍的分析方法如危险性预先分析、故障类型和影响分析、事故树分析等都可以用来进行定性评价。

定性评价的目的主要解决下述问题。

1. 按次序地揭示系统、子系统中存在的所有危险性。由于使用了系统工程方法,可以做到不漏项。

2. 能大致把危险性进行重要程度的分类,这样就可以分别轻重缓急,采取适当的安全措施。

3. 在工程设计之前使用这种方法,可以提醒人们选用较安全的工艺和材料。在设计完成之后施工之前使用这种方法,可以查出设计缺陷,及早采取修正措施。

4. 可以帮助制定和修改有关安全操作的规章制度,也可用以进行安全教育。

5. 作为监督检查的依据。

6. 为定量安全评价做好准备工作。

三、定量安全评价

对于一个系统、装置或设备,经过初步的定性评价之后,已经对其中存在的危险性大致有了一个认识,知道了薄弱环节的所在。但是,仍然有些问题需要解决,例如,"系统发生事故的可能性如何?""系统经过怎样修改才能更安全一些?""采取什么样的安全措施才能既经济又有效?"如此等等,因此,就需要发展定量的评价技术。

定量评价有两种叫法,一种叫作风险评价(Riskassesment),另一种叫作安全评价(Safetyassessment)。后者的叫法易被人们所接受,实际上它们的意思是一样的。

定量安全评价方法有两个主要的趋势,一种是以可靠性、安全性为基础的评价方法,该种方法需要一定的数学基础和数据,评价结果的精确度较高,但掌握起来比较困难。另一种方法是美国道化学公司在 20 世纪 60 年代发展起来的,以物质系数为基础的分析方法,后来日本又发展了匹田法、岗山法、劳动者评价法,20 世纪 80 年代初英国帝国化学工业公司又发展了蒙德法。这几种方法内容类似而深度不同,以物质系数为基础的方法,使用起来较容易,但精确度稍差。

安全评价的任务,基本上是危险性定量的过程,虽然也可以进行定性评价,但也要尽可能使其体现量的概念。在定量方面,为使结论准确,就必须找出所有影响安全的因素,而且要用数值来表示其尺度。这样做并非易事,因为一些物质,如果是静态因素,定量起来无多大困难,但若是动态因素,如一些人的或行为因素,由于其弹性很大,故定量起来就非常困难,尽管如此,仍需要考虑这些因素。

四、可靠性安全评价法

可靠性安全评价法最初阶段是从安全检查表发展起来的。安全检查表是20世纪20年代的产物,虽然方法比较简单,但包含着系统工程的概念。

20世纪50年代以来,不少发达国家对重要军事装备制定了安全检查表标准,在此基础上又创建了故障类型影响分析,首先用于飞机发动机,之后不久又创立了致命度分析法,二者合并为"故障类型影响和致命度分析"。1961年事故树分析法问世,标志着可靠性安全性分析的一个飞跃。

1. 风险率

风险率是衡量危险性的指标。危险性在一定条件下发展成为事故,所造成的后果受两个因素的影响,一个是发生事故的概率,另一个是发生事故造成后果的严重程度。如果事故发生的概率很小,即使后果十分严重,风险也不会很大。反之,事故发生的概率很大,即使每次事故后果不太严重,风险依然很大。所以,为了比较危险性,必须有一个衡量标准,这就是风险率,也有称为危险度的。

$$风险率(R_T)=严重度(S_T)\times 频率(Q_T)=\frac{损失金额}{事故次数}\times\frac{事故次数}{单位时间}=\frac{损失金额}{单位时间}$$

为了进行定量评价,必须有数值的概念,也就是说要用数值表示危险性后果,可用两个参数,即严重度(S_T)和频率(Q_T)来表示。

所谓严重度,即表示发生一起事故造成的损失数值。如果仅是财物受损,则包括直接损失和间接损失。直接损失包括对厂房设备、原材料、燃料以及对邻近单位造成的损失。间接损失包括设备闲置折旧、停工期间工资开支、产值和利润、清理费用、修复费用和影响其他厂矿企业的生产损失等。这些损失都可以折成金额来计算。

如果事故还造成人员伤亡,则除了医疗、丧葬、抚恤等直接费用外,还可由人员的死亡或负伤损失工作日天数来表示严重度。

所谓频率,即表示在一定的时间内或生产周期内的事故发生的次数,也等于事故概率。

由上式可见,风险率是以单位时间内的事故金额来表示的。在安全方面,则用每千人每年所能发生的死亡次数作为衡量风险率的尺度。有了风险率的概念,就可对任何系统、子系统进行计算,以取得用数字表示的安全性。

安全系统工程的任务,就是要设法降低事故的严重度和减少事故的发生概率,使风险率达到安全指标。

2. 安全指标

任何生产系统都有一定的风险率,但达到何种程度才算安全,进行定量安全评价时必须解决这一问题。因此,计算出系统的风险率以后,看它是否符合要求,就要把它和一个公认为安全的风险率数值进行比较,才可以得出结论。这个安全风险率数值就称为安全指标。安全指标是根据多年的经验积累并为公众所承认的指标。

第四节 安全评价

现通过美国的交通事故，来说明如何取得安全指标。

美国每年发生的小汽车相撞事故有 1500 万次，其中每 300 次造成一人死亡，则每年死亡人数为：

$$\frac{死亡人数}{事故次数} \times \frac{事故总次数}{单位时间} = \frac{1}{300} \times \frac{15000000}{年} = 50000 \text{ 人/年}$$

美国约有两亿人口，那么换算成每人每年所承担的风险率则为：$50000/200000000 = 2.5 \times 10^{-4}$。这个数值意味着，一个 10 万人的群体每年有 25 人因车祸死亡的风险，或 4000 人的群体每年有一人死亡，或每人每年有 0.00025 的因车祸死亡的可能性。

为了表示方便，常把每接触 1 亿小时发生的死亡人数作为单位，称为 FAFR。把上述汽车的风险率换算为 FAFR 值（若每天用车时间为 4h，每年 365 天，则每年接触小汽车的时间为 1460h），则为：$2.5 \times 10^{-4} \times \frac{1}{1460} = 17.1 \times 10^{-8}$。

即 FAFR 值为 17.1。即安全指标。

为什么说它是安全指标呢？那就是由于美国人民为了享受小汽车的利益，承认这样的风险是能够承受的，若降低这个数值当然可以，但要花很多的钱去改善交通设施和汽车性能。因此，没有人愿意再花费更多的钱去改变这个数值，也没有人害怕这样的风险而放弃使用小汽车。所以，这个风险率便可作为使用小汽车的一个社会公认的安全指标。

现将美国、英国各类工业所承担的风险率情况列举如下，以供读者参考。

美国各类工作地点的死亡安全指标（每年以接触 2000h 计）　　表 11-5

工业类型	风险率(死亡人数/接触 h)	FAFR	死亡/(人·年)
工业	7.1×10^{-8}	7.1	1.4×10^{-4}
商业	3.2×10^{-8}	3.2	0.6×10^{-4}
制造业	4.5×10^{-8}	4.5	0.9×10^{-4}
服务业	4.3×10^{-8}	4.3	0.86×10^{-4}
机关	5.7×10^{-8}	5.7	1.14×10^{-4}
运输及公用事业	1.6×10^{-7}	16	3.8×10^{-4}
农业	2.7×10^{-7}	27	5.4×10^{-4}
建筑业	2.8×10^{-7}	28	5.6×10^{-4}
采矿、采石业	3.1×10^{-7}	31	6.2×10^{-4}

英国工厂的 FAFR 值（每年以接触 1920h 计）　　表 11-6

工业类型	FAFR	死亡/(人·年)	工业类型	FAFR	死亡/(人·年)
化工	3.2	6.7×10^{-5}	铁路	45	8.64×10^{-4}
冶金	8	1.54×10^{-4}	建筑	67	1.28×10^{-3}
捕鱼	35	6.72×10^{-4}	飞机乘务员	250	4.8×10^{-3}
煤矿	40	7.68×10^{-4}			

与非工业生产的事故比较，工业生产的 FAFR 值并不高。然而，特别是一些体育竞赛的 FAFR 值很高，由一般自然发生的疾病造成的 FAFR 值也比一般工业生产为高。这一情况可由表 11-7 和表 11-8 看出。

一般行为的FAFR值 表11-7

类 型	FAFR	类 型	FAFR
家庭	3	乘飞机旅行	240
乘公共汽车旅行	3	小型两轮摩托	260
乘电车旅行	5	机器脚踏车	310
乘小汽车旅行	57	橡皮艇	1000
骑自行车	96	登山运动	4000

注：此表系1971年由美国克列兹提出。

疾病的FAFR值 表11-8

疾 病 名 称	FAFR	死亡/(人·年)(每年8760h)
死亡合计(男、女)	133	9.8×10^{-3}
心脏病(男、女)	61	5.3×10^{-3}
恶性肿瘤(男)	23	2.0×10^{-3}
呼吸系统疾病(男)	22	1.9×10^{-3}
肺癌(男)	10	0.8×10^{-3}
胃癌(男)	4	0.35×10^{-3}

注：此表系1971年由美国克列兹提出。

从以上各种数据可以看出，如果风险率以死亡/(人·年)表示，则10^{-3}数量级操作危险特别高，相当于生病死亡的自然死亡率，因而必须立即采取措施，予以改进。

10^{-4}数量级操作系中等程度的危险，一般在生产过程中并不经常遇到，遇到这种情况应该采取预防措施。

10^{-5}数量级和游泳淹死的事故风险率为同一数量级，人们对此是关心的，也愿意采取措施，加以预防。

10^{-6}数量级相当于地震和天灾的风险率，人们并不担心这类事故的发生。

$10^{-7} \sim 10^{-8}$数量级相当于陨石坠落伤人，没有人要为这种事故投资加以预防。

这里需指出的是，上面各表所列的FAFR值是根据多年统计得来的数字，如果用于设计时，则应按$10 \sim 20$倍的保险系数来计算，如化学工业中的FAFR值为3.5，在设计时则要用0.35的值作为安全指标，也就是说增加了10倍的保险系数。

事故除了可能产生死亡的结果以外，大多数是负伤的情况。为了对负伤的风险进行比较，也可根据多年的统计，得到负伤风险率的数值，以损失天数/接触小时为单位，如表11-9所示。

美国不同工作地点的负伤安全指标 表11-9

工 业 类 型	风险率(损失天数/接触h)	工 业 类 型	风险率(损失天数/接触h)
金类工业	6.7×10^{-4}	钢铁工业	6.3×10^{-4}
汽车工业	1.6×10^{-4}	石油工业	6.9×10^{-4}
化学工业	3.5×10^{-4}	造船工业	8.0×10^{-4}
橡胶与塑料工业	3.6×10^{-4}	建筑	1.5×10^{-5}
批发与零售	4.7×10^{-4}	采矿采煤	5.2×10^{-5}

负伤事故有轻伤和重伤之分，如果经过治疗和休息后，能够完全恢复劳动力，则损失日数按实际休工日数计算。但有重伤造成残废不能完全恢复劳动能力，为了便于计算，应将致残受伤折合成损失日数。我国国家标准《企业职工伤亡事故分类》（GB 6441）中有永久性伤害损失工作日计算表。

3. 风险率计算步骤。

知道了各种风险率表示的安全指标后,就可对所讨论的系统进行风险率计算。将计算结果与已知的安全指标进行比较,如果低于此值,则认为该系统是安全的,评价工作也就可到此结束。如果超过此值,则认为该系统是不安全的,必须采取调整措施,以降低系统风险率,然后再进行计算,如此反复,直至符合标准时为止。

计算步骤如下:

(1) 先列出系统的方程式。如有一个事故树,如图 11-5 所示,则可由该图列出方程式

$$T = ABC + AD + CD$$

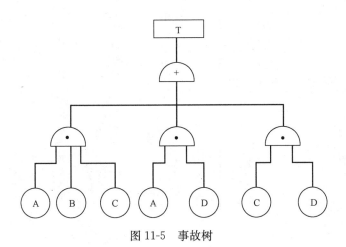

图 11-5 事故树

(2) 查出各元件的故障率和修复时间

$$\lambda_A = 10^{-8} \quad \tau_A = 5h$$

$$\lambda_B = 10^{-5} \quad \tau_B = 2h$$

$$\lambda_C = 10^{-4} \quad \tau_C = 3h$$

$$\lambda_D = 10^{-3} \quad \tau_D = 7h$$

但由元件故障构成的基本原因事件,计算前应考虑其产生的条件。

如果系统是连续地和稳定地运行的,则元件故障是可以修复或更换的,其基本原因事件的概率,不仅是元件故障率 (λ) 的函数,而且也是修复时间 (τ) 的函数。(λ 与 τ 无关,但和系统有关)。则概率

$$P_A = \lambda_A \cdot \tau_A$$

式中　λ_A——元件故障率;

　　　τ_A——故障修复时间,h,亦即检查元件故障及修理、更换、试运转的时间。

如果系统元件故障是不能修复的,则概率是一个与时间有关的函数

$$P_A = \lambda_A \cdot t$$

式中　t——系统运行的时间,h。

元件故障率和人的失误率,列于表 11-10 中,以便进行查阅。

故障率数据表 表 11-10

项目	每小时事件数(λ)	
	观测值	建议值
离散元件和零件		
机械杠杆、链条、托架等	$10^{-6} \sim 10^{-9}$	10^{-6}
电阻、电容、线圈等	$10^{-6} \sim 10^{-9}$	10^{-6}
固体晶体管、半导体	$10^{-6} \sim 10^{-9}$	10^{-6}
电气连接		
封装	$10^{-9} \sim 10^{-11}$	10^{-9}
焊接	$10^{-7} \sim 10^{-9}$	10^{-8}
螺接	$10^{-4} \sim 10^{-6}$	10^{-5}
电子管	$10^{-4} \sim 10^{-6}$	10^{-5}
热电偶	—	10^{-6}
三角皮带	$10^{-4} \sim 10^{-5}$	10^{-4}
摩擦制动器	$10^{-4} \sim 10^{-5}$	10^{-4}
管路(300cm 长度上超过 100cm 裂缝)	$10^{-8} \sim 10^{-10}$	10^{-9}
焊接连接破裂	—	10^{-9}
法兰连接破裂	—	10^{-7}
管路　螺口连接破裂		10^{-5}
胀接　破裂		10^{-5}
冷标准容器　破裂		10^{-9}
仪表器械和子系统		
电(气)动调节阀等	$10^{-4} \sim 10^{-7}$	10^{-5}
电动机械、继电器、开关等	$10^{-4} \sim 10^{-7}$	10^{-5}
断路器(自动防止故障)	$10^{-5} \sim 10^{-6}$	10^{-5}
配电变压器	$10^{-5} \sim 10^{-8}$	10^{-5}
气动电机控制阀	$10^{-3} \sim 10^{-6}$	10^{-4}
安全阀(自动防止故障)	—	10^{-6}
安全阀(每次过压)	—	10^{-4}
仪表传感器	$10^{-4} \sim 10^{-7}$	10^{-5}
仪表指示器、记录器、控制器等		
气动	$10^{-3} \sim 10^{-5}$	10^{-4}
电动	$10^{-4} \sim 10^{-6}$	10^{-5}
人对重复刺激响应的失误	$10^{-2} \sim 10^{-3}$	10^{-2}
设备和系统		
离心泵、压缩机、循环机	$10^{-3} \sim 10^{-6}$	10^{-4}
蒸汽透平	$10^{-3} \sim 10^{-6}$	10^{-4}
电动机,发电机	$10^{-3} \sim 10^{-6}$	10^{-4}
往复泵,比例泵	$10^{-3} \sim 10^{-5}$	10^{-5}
汽油机	$10^{-3} \sim 10^{-4}$	10^{-4}
柴油机	$10^{-3} \sim 10^{-5}$	10^{-4}

(3) 计算基本原因事件概率

$$P_A = \lambda_A \cdot \tau_A = 5 \times 10^{-6}$$

$$P_B = \lambda_B \cdot \tau_B = 2 \times 10^{-5}$$

$$P_C = \lambda_C \cdot \tau_C = 3 \times 10^{-4}$$

$$P_D = \lambda_D \cdot \tau_D = 7 \times 10^{-6}$$

(4) 计算子系统概率

$$P_{(ABC)} = P_A \cdot P_B \cdot P_C = (5 \times 10^{-6})(2 \times 10^{-5})(3 \times 10^{-4}) = 3 \times 10^{-14}$$
$$P_{(AD)} = P_A \cdot P_D = (5 \times 10^{-6})(7 \times 10^{-6}) = 3.5 \times 10^{-11}$$
$$P_{(CD)} = P_C \cdot P_D = (3 \times 10^{-4})(7 \times 10^{-6}) = 2.1 \times 10^{-9}$$

(5) 计算系统概率

$$P_{(S)} = P_{(ABC)} + P_{(AD)} + P_{(CD)} = (3 \times 10^{-14}) + (3.5 \times 10^{-11}) + (2.1 + 10^{-9})$$
$$= 2.135 \times 10^{-9}$$

注意三个一组的事件（ABC）发生的概率在结果中并不起什么作用，主要因为指数（10^{-14}）过低。

以上的结果只是事故（故障）的发生概率，如果计算风险率还应乘以严重度，即损失金额、死亡人数或损失工作日等，即可得出系统的风险率。

五、物质系数安全评价法

物质系数安全评价法是根据物质的理化性质，算出代表这种性质的数值，称为物质系数，然后再结合物质还具有的特定危险值、一般危险值和特殊工艺危险值，以及在数量多少方面的因素，换算成火灾爆炸危险指数。再根据指数的大小分成一到四个危险等级，最后根据不同等级确定在建筑结构、消防设备、电气防爆、检测仪表、控制方法等方面的安全要求。

物质系数安全评价法的首创，应推美国的道化学公司，它使用火灾爆炸指数作为衡量一个化工企业安全评价的标准。1964 年，道化学公司发表了内部使用的化工工艺过程和生产装置的火灾、爆炸危险性的评价及相应的安全措施的方法。1966 年发表了第二版，提出了评价安全性的火灾爆炸指数。1972 年又发表了第三版，其中有两项重大的改进，一个是提出了以物质的闪点或沸点为基础，代表物质潜在能量的物质系数，其值用 1~20 表示，另外再加上特定物质的危险值、工艺过程的危险值和特定工艺的危险值，对物质系数加上一定比例的百分数，最后得出可进行评价的火灾爆炸指数。1976 年和 1980 年又相继出版了第四、第五版，进一步作了改进。1993 年又推出了第七版。1987 年美国化学工程师学会出版了这种方法的第六版说明书《火灾爆炸指数危险分类指南》。这种安全评价方法自从开创到现在历经 40 多年，已经修订了若干次，从中也可看中安全评价技术的发展情况。这种安全评价方法问世以后，受到许多国家化学工业企业的注意，并且以此种方法为基础，经过一定的修改制定了类似的方法，如英国帝国化学公司发表的蒙德（Mond）法、日本的"匹田法"等。

火灾爆炸指数法是用"火灾爆炸指数，作为评价化工工艺过程、生产装置及贮罐等危险程度的指标，并设定 4 种系数，即物质系数（MF）、特殊物质危险值（SMH）、一般工艺危险值（GP）和特殊工艺危险值（SP）。火灾爆炸指数的值就取决于这四个系数值，其之间的关系如图 11-6 所示。

由火灾爆炸指数关系图可看出评价的主要程序。

1. 单元划分。将所要评价的系统分为几个单元，由于各单元所用的原料、操作条件均有很大的差异，得出的火灾爆炸指数也不同，因而所需采取的安全措施也不同，这样做更切合实际。

2. 求算火灾爆炸指数。

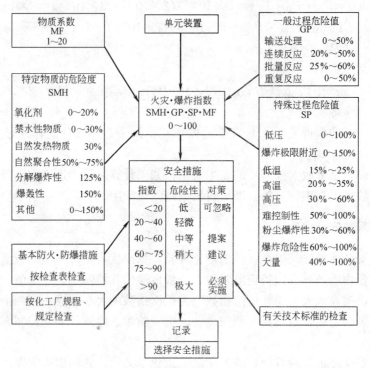

图 11-6 道化学公司危险度评价要点

先求出物质系数,再求算火灾爆炸指数。

(1) 物质系数(MF)。物质系数是表示危险物质及其混合物对燃烧或爆炸的敏感性的指数,数值范围为 1~20。数值愈大表示危险性愈高。美国道化学公司规定的物质系数的计算标准如表 11-11 所示。物质系数也可从表 11-12 查出。

物质系数的计算标准(道化学公司)   表 11-11

种 类		分 类	物 质 名 称	物质系数
不燃性液、气、固体	A	不燃性物质	水、四氯化碳、氮、砂	1
可燃性固体	A	大量积存时不着火,能用水灭火的金属	镁块及其铸型	2
	B	与 A 相似,有可燃性	木材、砂糖、谷类、纸张、聚乙烯(无粉尘爆炸危险之物质)	3
	C	高闪点液体、有燃烧性	橡胶、树脂、樟脑、脂肪酸 (闪点以上温度时) (80%闪点以上温度)	5 10 7.5
	D	容易着火或自燃、燃烧初期易用水扑灭	硝酸纤维、硫氢化钠	10 1
	E	粉尘状及粉状物质有着火爆炸危险	淀粉、镁粉、聚乙烯粉、干燥木材锯末	10
	F	自然着火,燃烧迅速,水扑不灭 与水反应燃烧物质	金属钠、电石	16

续表

种类	分类		物质名称	物质系数
可燃性液体	A	闪点260℃以上	桐油 （闪点以上温度时） （80%闪点以上温度）	3 (10) (7.5)
	B	闪点60~260℃	乙二醇、动物油 （闪点以上温度时） （80%闪点以上温度）	5 (12) (10.5)
	C	闪点23~60℃	与水完全混合 醋酸 （闪点以上温度时） （80%闪点以上温度） 上述以外情况 溴代苯 （闪点以上温度时） （80%闪点以上温度）	7 (12) (10.5) 10 15 12
	D	闪点23℃以下,沸点38℃以上	完全溶于水 丙酮、乙醇 其他 苯、醋酸乙烯	12 15
	E	闪点23℃以下,沸点38℃以下	戊烷、乙烯乙基乙醚	18
	F	燃点190℃以下,自燃液体	二硫化碳,三异丁基铝	20
	A	燃烧热(HC)低、爆炸下限(LEL)高的物质	氨 一氧化碳 HC=1848J/kg HC=898.8J/kg LEL=16% LEL=12.5%	6
	B	燃烧热(HC)高爆炸范围(ER)广的物质	氢 甲烷 氯乙烯 HC=28.380 11.825 4%~22% ER=4.1%~7.4% 5.3%~14%	18
	C	不安定爆炸分解的物质	乙炔、二氧化氯	20
氧化剂	A	与还原物质接触发生火灾爆炸	氧、氯、过氯酸、二氧化锰、过氧化氢、有机过氧化物、硝酸盐	16
炸药	A	发火爆炸或爆轰	硝化甘油、三硝基甲苯	不适用此标准

物质系数表　　　　　　　　　　　　　　　　　　　　　表 11-12

物质名称	物质系数 MF	物质名称	物质系数 MF
乙醇胺	5	己烷	15
醋酸乙酯	15	乙烯基醚	18
丙烯酸乙酯	15	乙烯甲苯	5
乙醇	12	亚乙烯氮	18
苯乙烷	10	二甲苯	—
溴乙烷	—	硬脂酸锌	3
氯乙烷	18	二乙烯醚	—
乙烯	—	乙烷	—
乙二胺	7	顺丁烯二酸酐	5
乙酸乙烯	5	乙醇	15.5
二氯乙烷	5	联氨	16
乙二醇	5	氢气	18
氧化乙烯	18	硫化氢	18
乙撑亚胺	12	异丁烷	18
硝酸铁	16	异丁醇	10
甘油	5	异丙醇	12
庚烷	15	醋酸异丙酯	15

续表

物 质 名 称	物质系数 MF	物 质 名 称	物质系数 MF
2-氯丙烷	18	三异丁基铝	20
氯化丙烯	15	三甲基铝	20
丙撑二醇	5	甲烷	18
氧化丙烯	18	甲醇	12
重铬酸钾	16	醋酸甲酯	—
硬酯酸	5	甲基乙炔	18
苯乙酸	10	甲胺	18
硫磺	5	纤维素甲醚	—
二氧化硫	—	氯甲烷	18
甲苯	15	甲基环乙烷	15
烯丙基氯	15	二氯甲烷	1
苯胺	5	甲醚	18
过氧化钡	16	丁酮	15
硬酯酸钡	3	甲基异丁基酮	15
苯甲醛	5	甲基硫醇	18
苯	15	二硫化碳	20
苯甲酸	5	M-二氧杂环乙烷	12
过氧化苯酰	16	二苯醚	5
镁	2	双苯酚 A	—
乙醛	20	溴苯	5
醋酸	7	丁烷	—
醋酐	7	1,3-丁烯	18
丙酮	12	丁醇	10
乙腈	12	醋酸正丁酯	10
乙酰氯	15	正丁基醚	5
乙炔	18.2	丁烯	18
丙烯醛	15	正丁胺	12
丙烯酸	5	二丁醚	15
丙烯酰胺	—	碳化钙	1
丙烯腈	15	硬酯酸钙	—
1,2,3——三氯苯	5	甲基苯乙烯	10
三氯乙烯	—	液体石蜡	—
三乙醇胺	5	氯化苯	18
三甘醇	5	萘	5
三乙基铝	20	硝基甲苯	—
戊烷	18	甲酚	10
P-萘酚	5	对异丙基苯	10
聚氯乙烯	—	过氧化氢对异丙基苯	16
聚苯乙烯	—	三聚氰酸	—
高氯酸钾	16	环乙烷	15
丙烷	18	环乙醇	5
2-丙醇	12	二烯基醚	15
炔丙醇	12	O-二氯苯	5
炔丙基溴	16	P-二氯苯	5
丙烯	18	1,2-二氯乙烷	15
三甲基胺	18	二枯烯过氧化	16
尿素	—	二乙基胺	12
醋酸乙烯酯	15	二乙基苯	10
氯乙烯	18	二甲醚	—
乙烯醚	15	2,4-二硝基苯酚	—
1,2-二氯丙烯	10	二乙醇胺	5
粗 2,3-二氯丙烯	10	三氯基二乙基胺	—
3,5-二氯水杨酸	—	二甘醇	5
一氧化碳	6	二乙醚	18
二氧化氯	—	二异丁烯	15
氯甲基乙基醚	15	二甲基胺	18
O-氯苯酚	5	二硝基苯	—
氯化苦	—	2-亚甲基丁二酸	—
氯苯乙烯	—	月桂酰过氧化	16
香豆素	—		

(2) 物质的特殊危险值（SMH）。须在原有的物质系数上，再增加 20%～150% 的系数。

与水反应生成可燃性气体的物质（如电石等）增加 30%。

氧化物，放出大量氧气的物质（如氯酸盐、过氧化物等）增加 0～20%。

易爆炸分解的物质（如高压乙烯、浓缩过氧化氢等）增加 125%。

易分解爆炸的物质（如分压在 13.4×10^5 Pa 以上的乙炔）增加 150%。

易发生自然聚合的物质（如环氧乙烷、丁二烯等）增加 50%～70%。

易自然发热的物质增加 30%。

(3) 工艺过程危险值（GP）的确定。使用的物质虽然相同，但在工艺上的危险程度则各有不同，必须根据工艺的种类，再加上一个系数。

输送及仅发生物理变化时，在超过 80% 闪点温度向大气排放气体的工艺过程增加 25%；在闪点以上向大气排放气体的工艺过程增加 30%。

连续反应工艺（伴有一般的吸热放热反应），反应器中有 90% 以上水时增加 25%，其他发热反应增加 50%。

间断反应工艺，同连续反应工艺条件增加 25%～60%；操作人员有误操作可能时增加 10%；同一设备有副反应可能时增加 0～50%。

(4) 特殊工艺危险值（SP）。在工艺过程中有特殊的潜在危险性，应再增加一个系数。

难以控制的反应（如硝化、聚合等）增加 50%～100%；中高压工艺过程 9.8×10^5～19.6×10^6 Pa 增加 30%，19.6×10^6 Pa 以上增加 60%。

低压工程系统中有空气进入会引起危险反应的工艺过程增加 50%，系统中有空气进入有发生爆炸的可能性时增加 100%。

高温超过闪点的工艺增加 20%；超过沸点的工艺增加 25%；达到自然发火温度工艺增加 35%；超过自然发火温度 80% 的工艺增加 25%。

低温在 −30℃～10℃ 之间使用碳钢的工艺增加 25%；爆炸范围内或在其附近进行操作的工艺过程增加 0～150%；有引起粉尘爆炸危险的工艺增加 30%～50%；爆炸危险性较大的物质增加 60%～100%。

大量可燃性液体 5～20m³ 的容器和设备增加 40%～50%；20～70m³ 的容器和设备增加 55%～75%；70～200m³ 的容器和设备增加 75%～100%；200m³ 以上的容器和设备增加 100% 以上。

(5) 火灾爆炸危险指数的算法。

以物质系数为基础，结合特定物质危险值，一般工艺危险值和特定工艺危险值，计算出火灾爆炸危险指数，其具体步骤如下：

第一步：查出物质系数 MF 值。

第二步：根据图 11-6 上所列特定物质危险值 SMH 应增加的系数，与物质系数 MF 值相乘。如增加系数有一定范围时，可按照该物质危险性的大小，进行分析研究，经权衡比较后再加以确定。

第三步：按照图 11-6 上所列一般工艺危险值 GP 应增加的系数，和第二步求出的数值相乘。

第四步：按照图 11-6 上所列特殊工艺危险值 SP 应增加的系数，和第三步求出的数值相乘。

求算火灾爆炸危险指数的公式如下：

$$\text{火灾爆炸危险指数} = \text{MF} \times \left(1 + \frac{\text{SMH}}{100}\right) \times \left(1 + \frac{\text{GP}}{100}\right) \times \left(1 + \frac{\text{SP}}{100}\right)$$

3. 列表。为了便于计算，可使用表 11-13 格式，将查得的数据分项填入，再进行计算，不仅方便，而且便于装订保存。

火灾、爆炸危险指数计算程序及内容　　　　　　　　表 11-13

单元名称_____　　　种类_____

物　　质_____

	提案值	使用值
1. 物质系数(MF)		
2. 特殊物质危险值(SMH)	提案值	使用值
(1)氧化剂	0～20	
(2)与水反应生成可燃气体的物质	0～30	
(3)自燃发热物质	30	
(4)易爆炸物质	10～50	
(5)自然急剧聚合物质	50～75	
(6)分解爆炸物质	125	
SMH 合计　　[(100+SMH 合计÷100]×(MF)=2# 合计		
3. 一般过程、装置危险值(GP)		
(1)输送及物理操作	0～50	
(2)机械操作	0～50	
(3)反应操作	20～50	
(4)高低压操作 MPa	25～100	
(5)高低温操作℃(直接火+20)	25～100	
(6)装置规模、形式中固有的危险	50～100	
GP 合计　　[(100+GP 合计)/100]×(2# 合计)=3# 合计		
4. 特殊过程、装置危险值(SP)		
(1)低压	0～100	
(2)高压	30～60	
(3)低温	15～20	
(4)高温	20～35	
(5)爆炸极限内及附近	0～150	
(6)粉尘或烟雾的危险	30～60	
(7)过程控制困难	50～100	
(8)过程防腐及材料强度困难	～100	
(9)伴随异常紧急操作的危险	～100	
(10)爆炸危险大的场所	66～100	
(11)由毗邻单元形成的危险	0～100	
SP 合计　　[100+SP 合计/100]×(3# 合计)=4# 合计		

火灾爆炸危险指数按其范围不同可划为四个等级，不同等级的危险，应采取的措施也不同。

(1) 低火灾爆炸危险指数。0~20 之间,可适当考虑措施。
(2) 中等火灾爆炸危险指数。20~40 之间,应考虑采取措施。
(3) 高火灾爆炸危险指数。40~90 之间,应采取实际措施。
(4) 很高火灾爆炸危险指数。90 以上,各种危险因素存在及积蓄,必须采取措施。

火灾爆炸危险的分组如下:
第一组:主体工程发生火灾。
第二组:有可能发生火灾或爆炸。
第三组:有可能伴随火灾而发生爆炸。
第四组:仅有可能发生爆炸。

4. 基本防灾措施。

在确定火灾爆炸危险指数后,应根据指数大小等级及火灾爆炸危险性分组,以采取必需的、最基本的防灾措施。最基本的防灾措施包括:消防用水的供给、水喷雾及洒水设施、窥视镜、特殊计测或操作装置、容器的防爆对策、可燃气体检测、防止粉尘爆炸设施、消防水系统的防爆与防灾、隔离操作、防爆墙、排气设备及装置的分离等。表 11-14 及表 11-15 分别为室外及室内装置基本的防灾措施举例。

室外装置的基本防灾措施　　　　　　　　　　　　　　　　　　　　　**表 11-14**

防灾措施	分类	指数 0~20	指数 20~40	指数 40~90 以内及指数 90 以上
1. 防灾用水的供给	全部	要根据消防法规定	要根据消防法规定	要根据消防法规定
2. 建筑物等及支柱的防火措施	1	通常不需要,氨或丙酮或可燃物质贮存时,应根据其处理考虑。容器类的支柱强度应足够	根据可燃物贮量,考虑能耐受完全烧尽时所需时间,而且发生火灾时也需要能耐全部负荷。容器支柱强度足够	耐受能力指数 20~40 的 1 倍。其他同左
	2,3	其对策要比 1 类扩大范围	其对策要比 1 类扩大范围	其对策要比 1 类扩大范围
	4	通常不需要	通常不需要	通常不需要
3. 自动水喷雾器、撒水器等	1,2,3	根据可燃物的种类或性质而定	根据可燃物的种类或性质而定	根据可燃物的种类或性质而定
4. 窥镜(浮子型直读流量计、观察窗等)	全部	在闪点的 90% 以上的温度下贮藏或处理时使用备有单向阀的窥镜或以此为标准的设施	使用备有单向阀或过量流量阀的窥镜或以此为标准的设施	关闭窥孔或使用备用断流阀(通常利用弹簧或负荷闭合的阀)的设施
5. 特殊计测或操作装置	全部	通常不需要	安装可燃物的断流阀或容器(反应器)的防止危险装置	采取双重的危险防止措施或安装安全阀等(每个单元设备分别安装)
6. 容器的防爆措施	全部	防火设备(例如充填惰性气体)或静电消除设备等	设置炎保持在爆炸极限外的特殊装置及利用惰性气体稀释或防爆装置	设置炎保持在爆炸极限外的特殊装置及利用惰性气体稀释或防爆装置 但也需安装安全阀等(每个单元设备分别安装)

续表

防灾措施	分类	指数 0~20	指数 20~40	指数 40~90 以内及指数 90 以上
7. 可燃性气体检测器	全部	通常不需要	在通风不好的地方或有泄漏可燃物危险的地方设置气体检测器	除安装气体警报器和自动灭火器外,其余同左
8. 防粉尘爆炸措施	全部	在料斗或配管内有引起粉尘爆炸危险的地方通入惰性气体或设置静电消除装置	在料斗或配管内有引起粉尘爆炸危险的地方通入惰性气体或设置静电消除装置	在料斗或配管内有引起粉尘爆炸危险的地方通入惰性气体或设置静电消除装置
9. 消防水系统防爆与防灾	1	通常不需要	为保护防火用水配管或消火栓免受爆炸破坏等,要进行分离、地下埋设和屏障隔绝等处置	为保护防火用水配管或消火栓免受爆炸破坏等,要进行分离、地下埋设和屏障隔绝等处置
	2,3,4	由于爆炸原因,为保护防火用水配管或消火栓,要进行分离、地下埋设和屏障隔绝等处置	由于爆炸原因,为保护防火用水配管或消火栓,要进行分离、地下埋设和屏障隔绝等处置	由于爆炸原因,为保护防火用水配管或消火栓,要进行分离、地下埋设和屏障隔绝等处置
10. 远距离操作	1	通常不需要	通常不需要	设置远距离操作、监视装置
	2,3,4	讨论是否需要远距离操作监视装置	讨论是否需要远距离操作监视装置	设置远距离操作、监视装置
11. 防爆墙	1	通常不需要	通常不需要	在危险处对每个装置都要设置
	2,3,4	在特别危险的地方,在每个装置上都要设置	在特别危险的地方,在每个装置上都要设置	在危险处对每个装置都要设置
12. 物理分离	1	将各个工艺过程隔开,使损失低于预先设定的最大损失额 [例]防爆墙:充分的厚度及高 安全距离:充分的距离,在危险工程之间加进不燃性的工程 采取措施防止火墙由排水沟等引向其他地区	将各个工艺过程隔开,使损失低于预先设定的最大损失额 [例]防爆墙:充分的厚度及高 安全距离:充分的距离,在危险工程之间加进不燃性的工程 采取措施防止火墙由排水沟等引向其他地区	安全距离:指数 20~40 的 1 倍以上,其他同左
	2,3,4	为减少损害,要对设备布置进行充分的讨论 将操作室与装置分离	为减少损害,要对设备布置进行充分的讨论 将操作室与装置分离	同左、同上的对策

室内装置的基本防措施 表 11-15

防灾措施	分类	指数 0~20	指数 20~40	指数 40~90 以内及指数 90 以上
1. 防火用水的供给	全部	遵照消防法规定	遵照消防法规定	遵照消防法规定
2. 建筑物等及支柱的防火	1	通常不需要。但贮存氨或丙酮或可燃物时,应根据其数量予以考虑。容器支柱应有足够强度	根据可燃物的数量,应能耐受完全烧尽时所需要的时间,而且即使发生火灾时也能耐全部负荷。另外,容器支柱也必须有足够的强度	应该采取能耐指数 20~40 的 1 倍的时间,其他同左
	2,3	其措施要比 1 类扩大范围	其措施要比 1 类扩大范围	其措施要比 1 类扩大范围
	4	通常不需要	通常不需要	通常不需要

续表

防灾措施	分类	指数 0~20	指数 20~40	指数 40~90 以内及指数 90 以上
3. 自动水喷雾器、撒水器等	1,2,3	根据建筑物、结构物及内贮物而定	对于有可燃物的工程中的容器或装置,要设计得可用喷雾直接覆盖火墙或液体。另外,希望在整个区域内设置喷雾装置。喷雾量遵照消防法。	喷雾量参考消防法。其他同左
	4	通常不需要	通常不需要	通常不需要
4. 窥镜（浮子型直读流量计、观察窗等）	全部	在闪点的 80% 以上的温度下处理可燃物时要使用备有单向阀的窗镜或以此为标准的设施	使用备有单向阀或过量流量阀的窗镜或以此为标准的设施	关闭窗镜或使用备有单向阀的窗镜或以此为标准的设施
5. 特殊计测操作或装置	全部	通常不需要	对于火灾,要将可燃物的流出量控制在最小限度,或安装断流阀或容器(反应器等)的危险防止装置	采取双重的危险防止对策或安装安全阀等(每个单元设备上分别安装)
6. 排放、隔离和冷却设备	全部	通常不需要	需要将可燃物从建筑物移向其他地方。排放设备、防离设备或冷却设备	非常重要、需要充分的设备
7. 容器的防爆对策	全部	防火设备(例如填充惰性气体)或静电消除设备等	设置为保持在爆炸极限外的特殊设备及利用惰性气体稀释或防爆装置	设置为保持在爆炸极限外的特殊设备及利用惰性气体稀释或防爆装置,但也需要装设安全阀等非常重要、需要充分的设备
8. 可燃性气体检测器	全部	通常不需要	在整个区域内设置可燃性气体检测器 爆炸极限以下发生警报的检测器	将警报与消火系统直接连结,其他同左
9. 防止粉尘爆炸对策	全部	在料斗、配管等有可能发生粉尘爆炸的地方通入惰性气体或设置静电消除装置	在料斗、配管等有可能发生粉尘爆炸的地方通入惰性气体或设置静电消除装置	在料斗、配管等有可能发生粉尘爆炸的地方通入惰性气体或设置静电消除装置
10. 防火用水系统的防爆防灾对策	1	通常不需要	由于爆炸原因,为保持防火用水配管或消火栓要进行分离、地下埋设和屏障隔绝等处理	由于爆炸原因,为保持防火用水配管或消火栓要进行分离、地下埋设和屏障隔绝等处理
	2,3,4	进行分离、地下埋设和屏蔽隔绝等处置	由于爆炸原因,为保持防火用水配管或消火栓要进行分离、地下埋设和屏障隔绝等处理	由于爆炸原因,为保持防火用水配管或消火栓要进行分离、地下埋设和屏障隔绝等处理
11. 远距离操作	1	通常不需要	通常不需要	设置远距离操作和监视装置
	2,3,4	讨论装设远距离操作和监视装置	讨论装设远距离操作和监视装置	设置远距离操作和监视装置
12. 防爆墙	1	通常不需要	通常不需要	在危险处对于每个装置进行设置
	2,3,4	特别危险的地方每个装置都要设置	特别危险的地方每个装置都要设置	在危险处对于每个装置进行设置

续表

防灾措施	分类	指数 0～20	指数 20～40	指数 40～90 以内及指数 90 以上
13. 物理分离	1	将各个工艺流程的范围分离，以将其损失控制在预先设定的最大损失额以下。分离方法是设置防火墙或保持充分的安全距离 采取措施，防止由于排水沟等而引起的火灾	将各个工艺流程的范围分离，以将其损失控制在预先设定的最大损失额以下。分离方法是设置防火墙或保持充分的安全距离 采取措施，防止由于排水沟等而引起的火灾	分离的方法是设置防火墙或保持充分的安全距离，其余同左
	2,3,4	在设备布置上，为了减少损害，进行充分讨论 将控制室与装置分开	在设备布置上，为了减少损害，进行充分讨论 将控制室与装置分开	在设备布置上，为了减少损害，进行充分讨论 将控制室与装置分开
14. 建筑物的通风	全部	安装每小时换气两次以上的装置	设置每小时换气 10～15 次以上的装置	设置每小时换气 15～30 次以上的装置
15. 对于建筑物爆炸的安全措施	1	通常不需要	对于暴露于爆炸危险之中的建筑物要采取排除爆炸气流冲击波的措施	对于暴露于爆炸危险之中的建筑物要采取排除爆炸气流冲击波的措施
	2,3,4	对于暴露于爆炸危险之中的建筑物要采取排除爆炸气流冲击波的措施	对于暴露于爆炸危险之中的建筑物要采取排除爆炸气流冲击波的措施	对于暴露于爆炸危险之中的建筑物要采取排除爆炸气流冲击波的措施
16. 防火建筑物结构	1	使用阻燃性建筑物材料	存有 7m³ 可燃物时，燃烧时间最少能支持 30min。如安装有撒水装置，支柱就充分耐燃。另外，有 7m³ 以上可燃物时，要与其数量成比例予以强化，并且对大梁、天花板等也要进行充分讨论	应该考虑经起指数 20～40 的 1 倍以上的时间，其他同左
	2,3	使用阻燃性建筑物材料	扩大防灾区域，增加强度。其余同上	应该考虑经起指数 20～40 的 1 倍以上的时间，其他同左
	4	使用阻燃性建筑物材料	扩大防灾区域，增加强度。其余同上 使用阻燃性建筑物材料	扩大防灾区域，增加强度。其余同上 使用阻燃性建筑物材料

六、一般作业的危险评价

一般作业的危险评价，是一种简单易行的评价人们在某种具有潜在危险的环境中进行作业的危险性的方法。这种方法以被评价的环境与某些作为参考的环境之对比为基础，采取"打分"的方法确定各种自变量的分数，最后根据总的危险分数来评价其危险性。

该评价方法由美国的格莱姆等人提出。这种方法把作业危险程度的因素归纳为三个，即发生事故或危险事件的可能性，用符号 L 来表示；人暴露在危险环境中的时间，用符号 E 来表示；发生事故后可能产生的后果，用符号 C 来表示。前两个因素表示了危险的概率，而第三个因素则表示了危险的严重度。这样，对某一作业的危险性可用下式来表示。

$$作业危险性 = L \times E \times C$$

式中 L——发生事故或危险事件的可能性；
   E——人暴露于危险环境下的时间；
   C——事故可能产生的后果。

将上述三种因素分别划分成不同的等级，并赋予相应的分数值，然后根据要评价的实际作业条件的情况，对照这些等级来分别打分，并通过计算，最后得出总的危险分数。危险分数也根据分数值而分成不同的等级，分数高的则表示危险程度高，需要采取相应的安全措施。

现将 L、E、C 的计算方法分述如下。

1. 发生事故或危险事件的可能性（L）

发生事故或危险事件的可能性可用发生事故的概率来表示，即绝对不可能发生的事件为 0，而必定要发生的事件为 1。然而，在作安全系统考虑时，绝对不发生事故是不可能的，所以在制定 L 时，人为地将"发生事故可能性极小"的分数定为 0.1，而对必定要发生的事件的分数定为 10，对这两种情况之间的情况指定了中间值。于是，事故或危险事件发生可能性的分数范围，从实际不可能事件的 0.1 一直到完全可以预料事件的 10。下表 11-16 即为发生事故或危险事件可能性的分数值，即 L 的值。

发生事故或危险事件可能性的分数（L）值　　　　　　表 11-16

发生危险的可能性	分数值	发生危险的可能性	分数值
完全被预料到	10	可以设想但极少可能	0.5
相当可能	6	极不可能	0.2
不经常但可能	3	实际上不可能	0.1
意外很少可能	1		

2. 人暴露在危险环境中的时间（E）

作业人员暴露在危险环境中的时间越多，则危险性越大。现规定连续暴露在危险环境中的情况定为 10 分，而规定每年仅暴露在危险环境中几次相当少的时间为 1，而根本不会暴露在危险环境中的情况不必去考虑。下表 11-17 列出了暴露在危险环境中的分数值，即 E 的值。

暴露在危险环境中的分数值（E 值）　　　　　　表 11-17

在危险环境中的情况	分数值	在危险环境中的情况	分数值
连续处在危险环境中	10	每月一次出现在危险环境中	2
每天在有危险环境中作业	6	每年一次出现在危险环境中	1
每星期一次出现在危险环境中	3	极难得出现在危险环境中	0.5

3. 事故发生后的危险程度（C）

事故造成的人身伤害的变化范围很大，对伤亡事故来说，可从轻微的轻伤直到很多人员死亡的结果。由于范围较广，故规定事故发生后而产生的后果的分数值为 1～100，而把需要救护的轻微伤害规定其分数为 1，把造成多人死亡的可能性分数定为 100，其他情况的分数值在 1 至 100 之间。下表 11-18 列出了事故发生后可能产生的后果的分数值，即 C 的值。

事故后可能后果的分数值（C 值） 表 11-18

现　　象	可能的后果	分数值	现　　象	可能的后果	分数值
大灾难	多人死亡	100	重大	手足伤残	5
灾难	数人死亡	40	较大	受伤较重	3
非常严重	一人死亡	15	引人注目	轻微伤害	1
严重	严重致残	7			

4. 危险分数

根据公式，危险性 $= L \times E \times C$，就可以计算出作业的危险程度。但如何确定各值的分数和对总分的评价却是关键的问题。

根据国外的经验，总分在 20 以下被认为是低危险的，这样的危险程度比我们日常生活中骑自行车去上班还要安全些。如果危险分数达到 70~160 之间，那就表明有显著的危险性，需要及时整改事故隐患，采取一定的安全措施。如果危险分数在 160~320 之间，那么这是一种必须应立即采取安全措施，进行整改事故隐患的高度危险环境。而 320 分以上的高分数则表示环境非常危险，应立即停止作业直至环境得到改善为止。危险分级的分数值如表 11-19 所示。

危险分数分级表 表 11-19

危险分数值	危险程度	危险分数值	危险程度
>320	极其危险,立即停止作业进行整改	20~69	可能危险,需要进一步观察
160~320	高度危险,立即进行整改	<20	危险性不太大
70~159	危险大,及时整改		

在此必须说明的是，这种分级是美国人根据过去的经验划分的，因此也就难免带有局限性，所以并不能认为是普遍适用的，在这里仅介绍这种评价方法，以供参考。各厂矿企业的安全技术人员在具体应用此评价方法时，可以根据自己的经验，适当地加以修正，使之更适合本厂矿企业的实际情况。

七、进行安全评价时应注意的事项

在进行安全评价时，须注意以下事项：

1. 反映危险的参数必须考虑全面。这不仅应包括物质的方面，而且还应包括人的方面，甚至还应包括社会的方面。例如，操作人员的素质不同，会给安全性带来很大的影响；社会、家庭又会影响人的心理状态。在进行安全评价时，不可忽略这一方面。

2. 所用比较参数，必须确实能用数值反映危险性及其尺度。一般来说，这类参数系指代表火灾、爆炸和剧毒物质等危险性的数值。对工作地点不良的劳动条件，主要指工作场所的工业卫生状况，虽然也能影响操作人员的身体健康，但一般不致酿成恶性事故，故不包括在内。

3. 安全评价的结果，应该用综合性的单一数字来表示。由于评价时要考虑诸多方面的因素，才能真实反映安全性的实际情况，但评价时又不能把诸种因素逐个进行比较，因为这样做不会得到有意义的结果，只能进行综合评定，所以必须用单一的数字表示综合的危险性。为此，须弄清楚各个参数相互之间的关系，并且能用数学模型来表示它们的综合作用。

4. 表示危险性参数的取值范围不应过大,否则将使使用者无所适从,给推广带来一定的困难。

5. 评价的过程、条理和程序应该清楚,以便用不同的参数进行替换。

6. 计算的方法应力求简捷。由于安全评价需要反复进行,如果太复杂就会增大工作量,加大评价成本。

在此,还必须指出,我国的工业有自己的特点,不能生搬硬套国外的评价方法与标准,所介绍国外的各种危险性分析与安全评价的方法,只能作为我们入门的向导。因此,正确的作法是,积极参阅国外有关资料,作到洋为中用,洋为我用,结合我国厂矿企业的实际情况加以应用,制定出自己的评价方法与标准。

根据《中华人民共和国安全生产法》的有关规定,为规范安全评价行为,确保安全评价的科学性、公正性和严肃性,2003年3月31日,国家安全生产监督管理总局发布了《安全评价通则》。2007年1月4日国家安全生产监督管理总局对《安全评价通则》进行了修订,发布了安全生产行业标准《安全评价通则》(AQ 8001—2007),并于2007年4月1日实施。

《安全评价通则》的主要内容如下:

1. 主题内容与适用范围。
2. 安全评价基本原则和目的。
3. 引用法律法规。
4. 安全评价分类与定义。
5. 安全评价内容和程序。
6. 安全评价导则与细则。
7. 安全评价报告评审与管理。

《安全评价通则》中还明确指出,安全评价导则又分为安全预评价导则、安全验收评价导则、安全现状综合评价导则、专项安全评价导则等。

在此之后,国家安全生产监督管理总局又陆续颁布了《安全预评价导则》、《安全验收评价导则》、《非煤矿山安全评价导则》、《危险化学品经营单位安全评价导则》、《煤矿安全评价导则》等,2007年1月4日国家安全生产监督总理总局对《安全预评价导则》和《安全预评价导则》也进行了修订,发布了安全生产行业标准《安全预评价导则》(AQ 8002—2007)和《安全验收评价导则》(AQ 8003—2007),并于2007年4月1日实施,进一步规范了安全评价工作,这对我国安全评价工作起到了指导性的作用。

自从2003年以来,安全评价工作在各个行业中普通展开,取得了很大的成果,这对我国厂矿企业的安全生产起到了不可估量的推进作用。

我国安全生产法第六十二条规定,承担安全评价、认证、检测、检验的机构应当具备国家规定的资质条件,并对其作出的安全评价、认证、检测、检验的结果负责。因此,安全评价工作是一项十分严肃的工作,在进行安全评价过程中,必须坚持公正、科学的原则,才能做好这项工作。

第十二章　心理与安全

第一节　人的心理与行为

一、心理学

心理学是研究人的心理现象的规律的科学。心理学通过它的研究成果,以促进、改进或控制心理过程和心理特征,从而为生活与生产实践的许多方面服务,提高这些实践活动的效率。

心理学研究的基本方法是观察和实验。就观察而言,可分为直接观察和一般调查,而实验可分为自然实验和实验室实验。但在很多情况下,这些方法是可以同时并用的,以使之相互补充,更趋完善。

心理学是从两个方面来研究人的心理现象的,一个方面是人的心理过程,另一个方面是人的个性心理特征。

人的心理过程包括反映客观现实的认识过程和对待及改造客观现实的意向过程,这两种心理过程的内容和关系,可以通过下面的方框模型图 12-1 近似地表现出来。

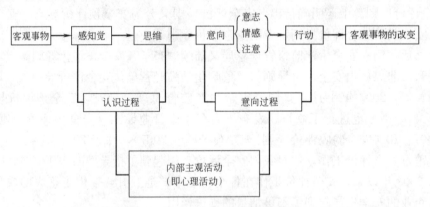

图 12-1　人的心理过程示意模型图

从上面这个方框模型图中可以看出,认识过程主要包括人的感知觉和思维过程,感知觉是在外部的客观事物刺激人们的感觉器官时,在头脑里产生的事物的映像。例如,看见空中的闪电(视觉),听到震耳的雷声(听觉),摸到高温物体感到烫手(触觉),闻到焦糊气味(嗅觉),等等,所有这些心理活动都称为感知觉。通过感知觉,人们首先获得了对客观事物的感性认识,在此感知材料的基础上,人的大脑进行思考、分析和判断,这称为思维。感知和思维过程都是人们认识客观事物时的心理活动。

意向过程包括情感、意志和注意等心理现象。日常人们所说的喜、怒、哀、乐、爱、恶等，就是情感。人们的自觉行动或克服困难时的心理活动，则称为意志。在生产过程中，人们全神贯注、聚精会神地进行作业，这称为注意。情感、意志和注意是人们在对待客观事物或改造客观事物时的心理活动，也就是人们在任何一项工作时的心理活动。

心理学除了研究人的心理过程外，还要研究人的个性心理特征。所谓个性心理特征，就是一个人在心理活动中所表现出来的比较稳定和经常的特征，也就是人们常说的一个人的精神面貌。人与人不同，主要也就是个性心理特征不同。就以两个作业人员来说，他们的工作虽然都是从事某一项作业，但其中一人对工作极端负责，兢兢业业，认真观察，注意集中。而其中另一人则是自由散漫，注意分散，工作马虎，把国家和人民的生命财产置之脑后。这就是由于他们的个性心理特征不同。

心理学把人的个性心理特征分为能力、性格和气质。在这三个方面，对每个人来说是各不相同的。例如，有的人学习、掌握生产技术和操作技能很迅速，提高也很快，而有的人则不是这样，要很长时间才能掌握生产技术和操作技能，并且不容易提高，这就是能力的不同。有的人谦逊、谨慎，在生产过程中进行操作时，一丝不苟，精益求精，而有的人傲慢、粗心，在工作中马马虎虎，粗枝大叶，得过且过，这便是性格的不同。有的人沉着、稳重、老练，有的人则轻浮、急躁、冒失；有的人即使听到别人说难听的话也不发脾气，而有的人则一听到不顺耳的话就暴跳如雷，这是气质的不同。可见，人的个性心理特征与安全生产有着极为密切的关系。

心理过程与个性心理特征实际上是分不开的。由于各种心理过程总要发生在具体的人的身上，从而带有各个人的本身特点。例如，作业人员在操作设备时都应观察设备运转时的情况，但有的人认真仔细，观察入微，而有的人却一掠而过，粗枝大叶。这就表现出他们认识上的特点，这些特点构成了个性心理特征的一个方面。同时，个性心理特征也要通过心理过程才能表现出来。例如，自信这种个性心理特征，在认识过程中常表现为漫不经心，不求甚解；在情感上表现为孤芳自赏，目中无人；在意志中表现为刚愎自用，独断独行。所以，心理学总是把心理过程和个人心理特征联系在一起研究，从它们的相互联系中研究人的心理活动的规律。

二、安全心理学

安全心理学是以研究如何减少生产过程中的事故为目的的人的心理活动规律的一门学科。

在厂矿企业生产过程中，发生事故的原因是很多的，但归纳起来不外乎外因和内因两个方面。外因有设备状况、安全装置、环境温度、照明条件、防护用品，等等；内因则是作业人员的操作技术、心理活动或精神状态等。目前，人们对外因比较重视，并进行了深入的研究，为防止事故的发生采取了许多有效的安全技术措施。甚至有的作业人员也只是认为，只要设备状况良好，就可以安全运行，避免事故。当然，外因是应当重视的，因为它是安全生产的客观的物质基础，是作业安全的基本保证。然而，外因是条件，内因是根据，外因通过内因起作用。影响作业人员的一切客观条件，只有通过作业人员的主观活动，通过作业人员的心理才能起作用。例如，在设备状况、环境条件等客观条件都相同的情况下，有的作业人员在作业过程中，对设备的运转、仪表的显示、环境的变化都能仔细观察，认真检查，精心操作，以至数年也不发生事故。而有的作业人员却对生产过程、周围环境漠然视之，其结果却经常发生事故，这就不能不从内因，特别是作业人员的心理方面去找原因。因此，在研究影响作业安全的外因的同时，还应研究影响作业安全的内因，即研究作业人员的心理，以求进一步做到安全操作，避免事故的发生。

为了保证安全生产，提高工作效率，使作业人员有效地进行生产活动，首先要了解人。要了解人就必须仔细地观察每个人的个性，观察每个人的个性的目的是从中得出人的共性，然后利用它来促进全体作业人员的安全行为。因此，作为安全心理学，不但要研究作业人员的心理活动的规律，还应研究在生产过程中的作业人员的知觉规律和对发生事故的作业人员的心理状态的分析，从而提出加强安全教育，以及在组织、制度和操作技术上采取有效的安全措施，预防那些容易使作业人员产生不正常的心理反应和错误操作行为的各种主客观因素，保证作业人员在生产过程中的人身安全和身体健康，保证整个厂矿企业的安全生产。

我国的安全心理学正处于研究和发展的阶段。安全心理学研究的特定对象和任务，就是在厂矿企业生产过程中存在不安全因素及社会多种复杂因素影响的条件，作业人员在安全生产上的心理活动规律，达到能较为准确地预测作业人员的不安全行为，以便科学地采取各种措施，培养和提高人的安全心理素质，消除不安全行为，实现厂矿企业安全生产的目的。

三、人的心理

人的心理，通俗地说就是人的主观活动、精神活动、头脑里的活动。看、听、想、思想、自觉、警惕、全神贯注、聚精会神、悔恨、内疚……等等，均为人的心理或心理现象。

心理现象也称心理活动，是人在清醒状态下从事各种活动时，随时都可以体验到的心理活动。因此，心理现象是人们十分熟悉的，一点也不神秘。人在日常的生活和工作中，无论是专心地学习，还是认真地工作，或者是安静地休息，都会不断产生各种各样的心理活动，表现出各种各样的心理现象。这对人的学习、生活和安全作业都会产生重大的影响。

据有关统计资料表明，在厂矿企业生产过程中所发生的绝大多数事故均是由作业人员不安全行为造成的，而这些不安全行为的发生，又往往源于作业人员不正常的心理状态。因此，无论是作业人员，还是生产管理人员，或者是安全技术人员都有必要了解和掌握人的心理现象。作业人员了解和掌握它，可以用来提高警惕，或者用来告诫工友；生产管理人员与安全技术人员了解和掌握它，可以用来有的放矢地对某些作业人员进行心理疏导，消除不安全心理因素，并利用来促进全体作业人员的安全行为。这样，对预防事故的发生必将起到积极的作用。

四、人的心理活动的基本规律

人的各种行为都是在心理的支配调节下进行的，但心理是看不见、摸不着的无形体的东西，而又实实在在地存在。它不像作业人员所操作的设备，既可以看到设备的形状，又可以听到设备在运转中所发出的声响。那么人的心理是否可以研究，又是否有规律可循呢？回答是肯定的。这是因为，人的心理活动虽然没有形体，但总是由客观事物所引起的，又表现在人的行为活动中。所以，研究一个人所处的客观环境，研究他的言行，就可以间接地了解其心理活动的规律。这"察言观色"就是从一个人的外部表现去研究他的心理活动。然而，人的心理非常复杂，一些人可以作出与内心活动不符的外部行为，例如，一个人内心非常痛苦的时候，却装出若无其事的样。因此，有时只凭其外部表现，很难迅速窥察一个人内心的真实情况。例如，一个人对你微笑，可能是真的对你发生了好感，也可能是在心里嘲笑你的愚蠢，甚至可能在微笑的背后，暗藏恶意。但是，不能因此就认为心理活动神秘莫测，不可捉摸。因为人的外部表现是多方面的，一方面受到掩蔽，在另一方面就可能有所流露，若一时看不出他内心的底细，但多观察些时候，就会"路遥知马力，日久见人心"了。所以，心理规律是完全可以研究的。

人的心理活动也像作业人员操作设备一样，有严格的客观规律，这些规律也是不以人的意志为转移的。人的心理活动有以下一些基本规律：

1. 人的心理是人脑的产物。当作业人员在操作设备时，能够看到运转的设备、仪表指示信号、安全装置等，还能够听到设备在运转过程中所发出的声响，并能够根据这些信息进行正确的操作，这都是因为大脑进行分析综合活动的结果。在大脑进行分析综合的同时，也就产生了心理活动，因此，心理是人脑的产物。

大脑受到损伤的人，身体虽然好好的，但心理活动却会受到极大的影响，昏昏沉沉，失去知觉。若大脑受伤较严重，便使得记忆力消失，思考判断都发生障碍，有的甚至见到原来认识的人也会不认识，更不能支配自己的行为。对酒醉的人，也是因为大脑受到酒精的麻醉，而不能进行正常的心理活动，对自己的言行失去控制，常表现为胡言乱语，站立不稳。有些酒醉的人虽然没有醉到这种程度，但也表现为头晕眼花，反应迟钝。如果在这种状态下进行作业，往往会发生事故。所以，为确保安全生产，应严禁酒后作业。

上述可见，要安全作业，作业人员必须有一个健康、清醒的头脑。

2. 人的心理是客观现实的主观映象。人不论产生什么心理，都是由于客观事物作用于人的感觉器官，反映到大脑里产生的。例如，人们头脑里产生五彩缤纷的感知觉，这是因为客观事物有各种色彩，这些色彩刺激人的眼睛，才在人头脑里有了颜色的反映，即产生了五颜六色的感觉，如果没有客观事物的影响，也就不会有心理活动。所以，在发生事故后，安全技术人员总是应首先了解发生事故的客观环境，分析研究当时当地的客观原因，了解正确地处理事故。

虽然人的心理是在客观事物的影响下产生的，是人脑对客观事物的反映，但人脑在反映客观事物时，并不像镜子照东西那样消极被动地反映。人脑在反映事物的时候，当然也是获得客观事物的映像，但对这个映像的认识、理解、评价、对待等却是人各不同的。就是同一个人，在不同的时间、地点和条件下，对同一事物的映像的看法也不一样，这就说明对事物的评价加上了主观的成分，从图12-2这幅图画来看，有的人在看后说图中是一群昂首争鸣的白鹤，而有的人在看后却说图中是若干只羔羊。这就是由于每个人的知识、经验、思想、情感的不同。所以，即使对同一事物也会产生不同的映像，对这个映像，称之为客观事

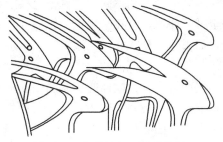

图 12-2 仁者见仁 智者见智

物的主观映像。

在生产作业过程中的情形也是一样，例如，同样是在高处作业，大多数的作业人员均能遵守高处作业安全技术规定，但有的作业人员却违背高处作业的有关安全技术规定，这就是由于对高处作业的主观映像不同。总之，一个人的反应并不完全决定于刺激物，也决定于当时的心理状态。

心理是客观现实的主观映像，作业人员的操作行为就是在这个主观映像的支配调节下进行，所以，当安全技术人员去分析研究事故发生的原因时，不能只看到当时的客观因素，而要同时分析研究当事人的主观原因，这是因为客观原因只有通过主观因素才起作用。

3. 只有仔细观察，认真思考，才能正确反映客观事物，并作出恰当的动作反应。

对作业人员来说，要做到安全生产，就必须在整个作业过程中做到"眼到、心到、手到"。所谓的眼到就是对所操作的设备与周围环境细心地进行观察。所谓心到就是对观察后的现象进行认真地思考，尤其是当设备在运转过程中出现某些不正常的情况时更应如此，以便采取相应的措施。所谓手到就是根据思考判断及时作出正确的反应。

此外，良好的注意力，高尚的情感和情操，优秀的性格等，都对人的认识活动和反应活动产生很大的影响，因而也与安全生产有着密切的关系。

五、人的心理支配人的行为

人的一切行为都不会无缘无故地自发产生，而是要受到人的心理活动支配的，而人的心理活动又都是由周围存在的客观事物所引起的，没有外界事物就不会有人的反应活动。在心理学中，把引起人的某种行为的事物称之为刺激物，所以，人的行为只不过是某种刺激物所引起的特定反应而已。没有刺激就不会有反应活动，正常的人是不会无缘无故地说话，也不会无缘无故地作出某种动作的。例如，对运转的设备进行紧急停车，就可能是看到紧急停车的指示信号这个刺激物所引起的反应。

虽然反应由刺激物所引起，但刺激与反应之间的联系并不是直接的、机械的联系。有时，同样的刺激物在不同的人身上会引起不同的反应。例如，一个皮球突然滚到马路上，这时，有经验的车辆驾驶人员看到后便立即采取减速措施，准备刹车；而有些新的车辆驾驶人员看到皮球后却若无其事，继续行驶。这就是因为有经验的车辆驾驶人员知道，紧接着皮球而来的，很可能是一个拾皮球的儿童，如继续行驶很可能撞伤这个儿童。但新的车辆驾驶人员却没有这种经验，因此熟视无睹，不去立即采取措施，以致造成事故。然而，不但相同的刺激物会在不同的人身上引起不同的反应，就是对同一个人来说，在不同的时间、不同的地点和不同的条件下也会引起不同的反应。例如，有的人在高处作业中不佩戴安全带，违反安全技术规定，以致在作业过程中不慎从两米多高的地方坠落，造成大腿骨折，如果他的伤医治好了之后，有朝一日再进行高处作业时，就不至于再不佩戴安全带了。

然而，为什么同样的刺激会引起不同的反应呢，这就是因为人的行为要受到心理的支配调节。当刺激物出现的时候，人产生什么样的反应，不仅仅是决定于刺激物，也决定于那个人当时的心理状态。如果心理状态不同，相同的刺激物也会引起不同的反应。例如，车辆驾驶员发现红灯便进行踩刹车，乍一看好像是红灯直接引起踩刹这一动作，但作简单分析便可得知，这一动作也是在心理的支配下发生的。当红灯刺激车辆驾驶人员的眼睛后，他头脑里便产生了关于红灯的感知觉，通过思考，揭示了红灯的意义为停车。于是他立即命令腿上的肌肉收缩，踏制动踏板，使车辆停止前进。若离红灯的距离尚远，这一车辆驾驶人员就不会立即停车，而是缓缓地踩刹车，使驾驶的车辆缓慢地停下。如果当车辆行驶到十字路时，红灯突然亮起，这时的车辆驾驶人员常会很不高兴地用力踩刹车，使车辆猛然停住。由此可见，就是刹车这样一个简单的动作，也跟当时的认识、情感等心理活动密切有关，而受到心理的支配调节。

人的心理对人的行为的调节作用，从下面方块模型图中便可明显地表示出来。

就人的动作反应可以分为简单反应和复杂反应两种。所谓简单反应是对单一的刺激物作出确定的反应，它不需要过多地考虑和选择，就能根据人们的日常习惯或经验，立即作出反应，如车辆驾驶人员看见红灯信号，就立即意识到应停车，从而踏制动踏板，使车辆停止行驶。而所谓复杂反应是在各种可能性中选择一种符合要求的反应，它需要进行一定的思维活动，作出反应需要较长的时间。有人经过测定，简单反应时间对于一般正常人来说，都是相近的，而复杂反应的时间，对于不同的人有着相当大的差异，一些人反应比较迅速，而另外一些人的反应则比较迟纯。

虽然人的反应时间因人而异，但有时即使是同一个人，也因当时的心理状态不同，反应时间也不一样。例如，当一个人的精神在疲劳时，以及情绪在低落的状态下，要比正常状态下的反应慢一些。另外，当一个人在紧张状态下时，对意外刺激物的反应也会变慢。相反，人在积极准备的状态下，反应时间也将会大大缩短。同时，其反应的准确性也会相应提高。因此，在作业过程中，每个作业人员都应当处于积极准备的状态之下，全神贯注地进行作业。这时，即使发生意外情况，人的反应速度也较快，便能对出现的意外情况立即作出反应，以迅速采取有效的安全措施，确保作业安全地进行。

有时还常常看到这样的情况，同样的一台设备，在同一厂房中，在相同的条件下，甲操作时能使之安全运行，而乙操作时却经常发生故障。这时，客观条件基本是一样的，所不同者常常就是主观原因，即心理因素，如判断错误，犹豫不决，措施不当等，此外，性格等个性心理特征也在起作用，对工作敷衍塞责，吊儿郎当，处理轻率等，都是造成故障或事故的心理原因。

也许有人会说，有些行为不一定受心理支配，例如，在检查身体时，当医生用橡皮锤敲膝关节，不管他愿意还是不愿意，小腿部分就会自然提起，心理完全不能控制这一动作，可见并未由心理支配。这种情况确实是存在的，这是因为人的行为有两种，一种是不用学就会的，也就是从娘肚子里带来的、遗传所得的行为，这种行为称为人的本能。如上面所述的膝腱反射，以及食物放到嘴里就会分泌唾液，手一接触到灼热的物品就会迅速自动缩回等，均属于这类行为。对于人的这类行为，心理确实不能支配。但如操作设备，则完全是人后天学会的技术，这种行为就受心理的支配。

也许有的作业人员还会说，在操作设备时见到紧急停车的红灯指示信号，就自然而然地扳制动器或切断电源，哪想过该不该停车，当时并没有受心理支配调节。这种情况也是可能存在的，其原因就在于操作设备的技术已经相当熟练，而熟练技巧的特点，就是可以不要心理或意识的太多控制，好像自动化了一样。但这和人的本能不同，熟练技巧只是心理的控制较少，而并非不要心理控制。

综上所述得知，人作任何事情都要通过大脑，都要通过心理的控制调节，也都要受到人的心理状态的作用和影响。人在生产过程中的操作动作，不仅都要通过大脑的思考，都要受心理状态支配，而且，操作动作的正确与否，也与心理状态有着密切的关系。因为，如果心理状态不正常，人的感知觉和心理活动就不能正常进行，这时在生产过程中的操作动作，以及所决定的措施等，也就不是客观事物的正确反应，因此在操作时，就有发生事故的可能。

人的行为都是在心理、意识的控制下进行的，因此，作业人员要了解和掌握心理活动的规律，这样才能自觉地调节自己的行为，以达到提高技术，改进工作，减少事故，确保安全生产的目的。

第二节 事故的心理原因与分析

一、事故的心理原因

在任何人—机系统中，人是主体，机器设备是客体，机器设备是人设计和制造的，是人的工具，起主导作用的是人。因此，在人—机系统中，人与机器设备的关系，始终都是劳动者和劳动工具的关系。无论机器设备怎样精密，又多么复杂，均是劳动者设计制造的，并且只有在劳动者的操作或监控之下，才能发生作用。

人在人—机系统中的主导作用可以从人—机系统的结构和功能两个方面表现出来，见人—机系统的基本结构模型图。(图 12-3)。

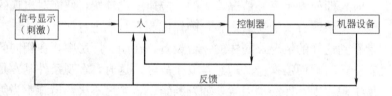

图 12-3 人—机系统的基本结构模型图

机器设备的运转情况，通过信号显示器表现出来，人观察信号显示器，感知信号显示器的显示，理解其意义并作出行动的决定，然后对控制器完成相应的动作。由于人的操作，机器设备运转情况发生变化。这种变化又传到信号显示器（反馈），引起信号显示器的显示改变，也就是把机器设备运转的情况再次通知人，人又根据新信号的意义，进行再一次地操作……。从这一周而复始的过程中，可以看出人—机系统的基本结构，包括信号显示器、人、控制器和机器设备等四个环节。这四个环节的功能和作用各不相同。信号显示器反映机器设备运转情况；控制器促进和抑制机器设备运转；机器设备运转则从事生产产品。然而，这三个环节要发挥作用，都需要依靠人。信号显示器要靠人去感知和理解其意义；控制器需要通过人的活动才能使机器设备加快、减慢或停止运转；机器设备运转是否正常，也需要人去感知理解，然后再次去进行操作。因此，人这个环节是人—机系统中把人和机器设备组成一个整体,并协调各部分工作的责任最重要的环节。人在人—机系统中起着主导的作用。当然,在这四个环节中的任何一个环节出现故障,都会发生事故。但是,如果人出现故障,如不能感知或错误地感知信号,或对信号的理解不正确,或判断失误,或开错控制器,或反应不及时等,都会发生事故。如果人是正常的,只是其他三个环节中的某个或某几个环节出现故障,而由于人的调节作用,还有可能避免事故的发生或把事故的严重程度降低到最低限度。

人之所以能在人—机系统中发挥这样大的作用,其原因就在于人有心理、意识,人有自觉能动性。

首先,人具有能接受各种刺激物的感觉器官,如接受光线刺激的眼睛,接受声音刺激的耳朵等,并能在头脑里产生这些刺激物的映像,如看到信号显示器,听到运转的机器设备发出的声响,即产生感知觉。所以,在人—机系统中,人对各种形式的信息能起接受器的作用。就人这个"接受器"来说,具有一些独特的优点。一是人可以接受多种信息。人的大脑是一个高度发达的思维器官,它主导人的一切活动。大脑约有140亿个神经细胞,是高级神经活动的物质基础。大脑能接受来自各种感觉器官的信息,并把这些信号长期地储存起来。以作业人员来说,他不仅可以接受光线刺激,看到作业环境中的一切物体,而且还可以接受声音、振动、气味等的刺激。这样一来,他便能比较全面地感知了作业环境的变化。二是人非常敏锐。人有视觉、听觉、味觉、嗅觉和触觉等感觉器官,这些感觉器官的感觉能力均十分强。例如,人在完全黑暗中可以看到27km远的一支点燃的蜡烛,在1L空气中若含有0.00004mg的人造麝香时,人便能够闻到其气味。由于人具有这样高度的感觉能力,而且经过训练,这种能力还会改善和提高,所以能够精确地反映客观现实,认识各种事物。以作业人员来说,从机器设备的振动情况就可知道机器设备的运转是否正常,甚至能从机器设备内部的声响,就可感觉到机器设备运转是否正常。三是人有很大的可塑性和灵活性。将人和电子仪器作一比较,有的电脑也有感知事物的能力,可以阅读,但它只能感知标准的字体,若换成草书便就变成了文盲。但有文化的人,见到本民族的文字,即使写的不规范,甚至多笔少笔,也能认识。人还能读懂仪表,不但可以从仪表显示感知机器设备的运转情况,而且也可以直接观察机器设备,或从蛛丝马迹,间接知道机器设备运转是否正常。人还能在紧急的情况下,灵活地采取一些应急措施,排除一些危险情况和不安全因素,使机器设备恢复正常的运转。四是人的感知速度很快。

其次,人能进行思维判断。对于客观事物的感知觉可以被人记住,变成经验,储存在头脑里。当以后再感知事物时,就会用已有的经验与新的情况对照比较,也就是进行思考、判断,并作出如何对待的决策。

再者,人能按照自己的意志去行动,把头脑里的决定变为事实,这也就是对客观事物的刺激作出反应。人作为自己头脑的命令的执行者,与机器设备相比,也有一些明显的优点。例如,人能用一种运动器官作出各种不同的动作,以人的一双手来说,推、拉、握、按、举、提、拿,等等,什么都能做。在遇到障碍时,人能改变动作方式,如果一机件出现故障,人便能通过其他系统暂时运行弥补。例如,在操作某设备时,在设备内的压力不正常的情况下,操作措施与在正常情况下便有所差别。

综上所述,人之所以能在人—机系统中起调节器的作用,主要就是靠人的感知、思维和反应的机能。作业人员在生产过程中发生事故,除了人力所不能克服的客观原因外,也主要就是由于感知有错误，判断不准确，反应不恰当而造成的。这三个方面构成了事故的心理原因。

二、事故心理原因的分析

在同样的机器设备、同样的作业环境、同样的安全措施下，有的作业人员就很少或不出事故，但有的作业人员却常出事故，甚至出严重的事故，这就需要从作业人员的心理活动方面去进行分析。

既然作业人员在作业过程中发生的事故，其心理原因主要是由感知有错误、判断不准确、反应不恰当这三个方面所构成，那么，为什么会感知有错误、判断不准确、反应不恰当，这还需要对这三个方面的心理原因进行进一步的剖析，以求采取相应的对策，避免和减少事故的发生。

1. 感知有错误的原因

所谓感知有错误，可分为三种情况，一是刺激物出现，但作业人员没有或无法感知到。二是刺激物已被发现，但作业人员感知错了。三是对刺激物感知不全面。为什么会发生这三种类型的感知错误，这需从感知产生的过程说起。要产生感知觉，首先必须要有客观刺激物，如光线、声音、气味、振动等等。同时还要有健康的感觉器官和清醒的头脑，缺少任何一环，都不能产生感知觉，任何一环不符合要求，也会产生错误的感知觉。

要产生感知觉，就需要有刺激物作用于人的感觉器官，例如要有光线刺激眼睛，才能看到某种物体，即产生视觉。但是，并非只要有刺激物就能引起人的感知觉。刺激物要能引起人的感觉，首先必须要有足够的强度，如不断有尘埃微粒落在人体皮肤上，但没有产生触觉，即没有感觉到有什么东西落到皮肤上，这就是由于这一刺激物太微弱。然而，究竟多强的刺激才能引起感知觉，这在人与人之间其差距很大。例如，用一块表在脑后两侧移动，有的人当表距1m多就可听到表走动的响声，而有的人却要将表距头部80cm处才能听到响声。另外，刺激物的强度还会发生变化。光线要相当1/100、声音要相差10/100、质量要相差3/1000，人们才能感觉到变化。例如，室内的照明灯共100W，要再增加一瓦，人们才能觉得比原来亮些；一百人组成的合唱队，最少要再增加10人，听众才能感到声音比原来洪亮。因此，要使作业人员感知作业环境中的重要情况，刺激物一定要有相当的强度，如机器设备上装设的声光信号装置，喇叭声或铃声要较响亮，红绿灯的光线也应当较强，仪表上的数字之间要有一定的间隔距离，并有明显的差异。

其次，刺激物应在感觉器官所能达到的范围之内。就以视觉来说，人只能看到他的视野之内的物体，对于视野之外的刺激物，就是比较强烈也无法看到。有时刺激物虽在视野之内，但因各种障碍，人也可能无法看到。为了使作业人员容易感知作业环境的变化，各种声光信号装置和仪表等都应设置在作业人员的正前方，且不但应在其视野之内，还要接近视轴。

人的感觉器官是接受刺激的机构，其机能是否正常，直接影响着感知觉的质量。作业人员要观察作业环境内的一切物体，所以，感官的机能必须健全。

感知觉是由于刺激物作用于感觉器官，传入神经把信息传到大脑皮层而产生的，所以，有的人感觉器官虽完好，但若大脑有毛病，也不能产生正确的感知觉。最为常见的就是人酒醉的情况，因大脑酒精中毒，故虽有感官也不能很好地反映客观事物的真实情况，以致在作业过程中有可能发生事故,所以,作业人员在作业前不得饮酒。作业人员要正确感知客观事物,一定要有一个健康的头脑,如癫痫和脑肿瘤患者是不能从事某些作业的。就是正常的人,也应注意劳逸结合,使大脑保持清醒,以保证作业过程中的安全。

综上述可知,人不能正确感知,其原因应在刺激物、感觉器官和大脑这三个方面,作业人员了解影响这三个方面的各种因素,就会增强感知客观事物的自觉性,从而能比较正确地反映客观事物的真实情况,给思考和判断提供感性材料。

2. 判断不准确的原因

所谓判断不准确,主要是指作业人员通过思考所作出的判断与实际情况不符。在作业过程中,作业人员要根据感知材料,结合已有的知识经验,判断作业环境是否安全,采取的安全措施是否得当,运转的机器设备是否正常,以及本人的身体健康情况与心理机能等,若任何一项判断不准确,都将导致事故的发生。

判断错误可由下列原因造成。

一是感知材料不全面或不正确。要对事物的特征和关系作出正确的判断,必须通过思考,将丰富的感觉材料加以去粗取精、去伪存真、由此及彼、由表及里的改造制作,以反映事物的本质,靠一些支离破碎,似是而非的感知材料,是得不到正确结论的。只有感觉的材料十分丰富而不是零碎不全,并合乎于实际而不是错觉,才能根据这样的材料造出正确的概念和理论来。如果感知材料不合乎这个要求,就可能导致错误的判断。例如,有一个汽车驾驶员在行驶的途中,发现路中央偏右有一块大石头,妨碍行驶,即停车下去看了一下,从石头旁走到路边,测量了宽度,认为车辆可勉强通过。不料当车刚通过一半时,竟翻到右边的稻田里。原来刚下过几天雨,路中央的大石头就是因雨水冲刷从左边的山上滚下来的,而右边的路基因雨水浸泡变得松软,受到汽车的压力后,路边沿部分便倒塌下陷,致使车辆失去平衡而倾覆。这个汽车驾驶员认为此路段可勉强通过的判断显然是错了。其原因就是没有全面准确地感知客观事物,他只看到右边的路的宽度可容汽车通过的一面,但没有看到路基已经松软的一面,因此作出了错误的判断,导致了事故的发生。

二是知识经验不丰富。人的思维活动是以已有的知识经验为中介,去推测未知的、尚未发生的事情。技术知识不熟,经验贫乏,便不能用已有的知识去理解新出现的事物的意义,对它作出正确的判断。这种情况对新参加工作的作业人员或调换工种后没有经过必要技术训练的作业人员表现得比较明显,他们虽然希望把工作做得好一些,但因操作技术差,生产工艺不熟,尤其缺乏在突然情况下的判断能力、应变能力及抢救经验,往往因心情紧张,判断失误,酿成事故,甚至扩大事故。

三是侥幸心理。作业人员要作出准确的判断,必须知己知彼。而有的作业人员却常常是知己不知彼,用自己的主观想像去猜测,以为只要自己猜测实现,问题就能侥幸解决。于是存在着侥幸心理,以猜测为基础作出判断,其结果常常是事与愿违,造成事故。在生产作业中,完成一种作业或一些操作,往往可以采用几种不同的方法,但有些安全操作方法常较为复杂些,而存在侥幸心理的作业人员却从图省事出发,常把安全操作方法视为多余的繁琐,其理由是别的省事的方法也不一定发生事故,或者事故不一定出现在自己身上。把不一定这种偶然当作一定的必然。于是,对明文规定要遵守的安全技术规定不去遵守,对明令严禁的操作方法仍旧去操作,这样作业人员常常是出了事故后才后悔莫及。

四是思想方法和思维品质有缺陷。对于任何事物,都要从发展中、从与其他事物的相互联系中去认识，而且要坚持对具体的问题进行具体的分析。生产作业与机器设备状况、声光信号装置、仪表指示、周围环境等条件密切联系，而这些条件又在不断变化，如果作业人员孤立、静止地去看待问题，或忽视当时的具体情况，就会出现判断不佳。

作业人员思考问题，特别需要敏捷与灵活这两种思维品质，因有些生产作业情况多变，发生事故常常就在一瞬间，所以思考判断必须敏捷迅速，灵活机智。也就是说，思考问题既要快速，又要灵活，并按照实际情况修正自己的看法，不拘一格，这样才能作出准确的判断。

3. 反应不恰当的原因

事故的直接原因，若从人的角度来说，就是反应不恰当。因为感知错误和判断不准确，属于头脑里的活动，只有当人按照自己的判断付之行动的时候，也就是作出反应的时候，才能改变机器设备的状态和运行情况，这时如反应不恰当，就会导致发生各种事故。

反应不恰当有两种情况，一种是反应不及时，另一种是反应不准确。

在生产作业过程中，作业人员从发现信号到作出反应，需要经过一定的时间，这段时间称为反应时间，或者称为反应潜伏期。据有关统计资料表明，反应时间长的人，发生事故的概率较高。以汽车驾驶员见到信号到踩刹车的制动反应时间来说，无事故的驾驶员平均为 0.377 秒，出事故的驾驶员平均为 0.393 秒，两者相差 0.16 秒。反应是否及时主要取决于反映时间的长短，据心理学的研究表明，反应时间的长短，受外界客观条件和内部主观条件的制约。

一是刺激物不同，其反应时间也就不相同。有人进行了实验，物体接触皮肤、声音、光线等刺激物引起的反应时间最短，气味、温度等刺激物引起的反应时间较长。由此可见，生产系统中各种机器设备的运转情况，若以光线、声音，特别是以触觉刺激物作用于作业人员时，将使反应时间缩短。

二是同一类的刺激物，强度越大，反应时间越短。这是因为刺激物给以神经系统的能量越大，在神经系统中进行的过程也越快。因此，在生产作业中若以光线作刺激物，应有相当的亮度，各种安全标志也应大而醒目。如以声音作为刺激物，则应比较响亮，才能利于缩短作业人员的反应时间。此外，信号的意义越重要，其强度也应设计制作得越大。

三是刺激物与背景的对比强，反应时间短，反之对比弱，则反应时间长。例如，在安静的环境中听到铃声引起的反应时间，要比在喧闹中听到同样响亮的铃声的反应时间短。因此，在生产活动中若要缩短作业人员的反应时间，刺激信号的强弱，应根据现场环境进行调整，不应千篇一律。

四是产生的身体部位不同，其反应时间也就不同。例如，对于同样的刺激物，引起手的活动的反应时间，就比引起脚的活动的反应时间短；右手右足要比左手左足的反应时间快。因此，像机器设备的紧急停止开关等操作装置，均应安置在作业人员的右侧为好。

五是反应时间的长短，依人的年龄、性别而不同。据有人对反应时间的研究表明，以红色为信号刺激物，不同年龄的人的反应时间如下：

$$18\sim 22 \text{ 岁为 } 0.48\sim 0.56s$$

$$22\sim 45 \text{ 岁为 } 0.58\sim 0.75s$$

45～60岁为0.78～0.8s

还有人曾用光和声音分别刺激不同性别的人，测其反应时间，结果发现男性的反应时间要比女性短。

六是心理上对反应有所准备时，反应时间较短，而当突然的、出乎意料的刺激物出现时，因心理上无准备，其反应时间长。

上述的各种反应，均对于某一种刺激而言，故只须作出一种反应，这称为简单反应。从刺激物被发现到开始作出反应的时间，称为简单反应时间。在作业过程中，常常会出现两种以上的刺激物，对每种刺激物要作出不同的反应，以及对其中某种刺激物需要作出反应，对某种刺激物不需作出反应，这类反应称为选择反应。从发现刺激物到开始作出选择反应的时间，称为选择反应时间。选择反应时间要比简单反应时间长，而且刺激物越多，反应时间越长。

然而，无论哪种反应时间，均可以经过有意识的训练而缩短。作为作业人员也均应当有意识地锻炼自己，缩短反应时间，使反应更加及时，以便生产在紧急状态下能及时排除故障，避免事故发生。

在生产过程中，机器设备和操作程度越复杂，对操作人员的每个动作的准确性的要求也越高，任何一个不准确的动作反应，都有可能造成一次事故，甚至引起连锁性的反应，导致机毁人亡的恶性事故。反应不准确主要表现为操作错误和动作的程度不符合规范要求。然而反应动作不准确的原因很复杂，除了感知错误、判断错误等原因外，还有以下一些因素影响动作的准确性。

一是刺激物的强度如只能达到仅仅能引起反应的水平，回答信号的动作发生的错误就比较多。例如，机器设备所设置仪表上的数字如小到仅能辨认的程度，那么，它所引起的反应就容易出现差错。

二是作业任务复杂和作业进度要求快，作业过程中的错误也就会增多。然而过低的作业速度也会降低作业的准确性。

三是操作技术不熟练造成操作的准确性差。随着操作训练次数的增加，操作发生错误的次数就会逐渐减少。

四是不懂得操作的后果，即不知道自己操作后机器设备的状态，也易导致反应不准确。

作为安全技术人员，应了解和掌握影响反应准确性的这些条件，担负起帮助作业人员加强学习和训练，以提高他们的技术水平，使之动作准确，从而实现安全生产。

第三节 人的心理与安全

一、注意对安全作业的作用

作业人员要正确、安全地进行作业，首先必须通过观察，正确认识作业对象、作业现场及周围环境的情况，并在此基础上进行思考，作出准确的判断。但是，如果在观察、思考或作业时精力不集中，思想开小差，也就是说，如果没有注意，便会视而不见，听而不闻，判断不准确，操作出现错误，从而导致事故的发生。

人的注意是心理活动对一定事物的指向和集中。由于这种指向和集中，人才能够清晰地反映周围现实中一些事物，而避开其余的事物。

在一般情况下，同时出现在人们面前的事物，常常是多种多样的，但人们并不同时感知所出现的一切事物，而总是有选择地感知其中的少数几种事物。这时，感觉器官指向这些事物，集中在这些事物上，表现为全神贯注、聚精会神、凝视、倾听等。这种心理现象，便是注意。被注意的事物就感知得比较清晰、完整、正确，而未被注意的事物就感知得比较模糊。

然而，不只是观察需要注意，就是记忆和思考等心理活动也离不开注意。有的作业人员对自己所操作的设备的情况，了如指掌，因此当设备在运转过程中如出现某些不正常情况时，就会采取不同的措施。这就是由于该作业人员注意地记忆了设备的特点与性能。但也有的作业人员在同操作一样的设备时，对设备的性能与特征却不大了然，其原因就在于漫不经心，不注意地记忆。思考时如果三心二意，就会越想越乱。操作设备时如果不注意，就会出现动作不当，操作错误，从而产生严重的后果。

人在注意观察、思考和作业的时候，为了使注意集中到心理活动的对象上，身体便产生一些与之相适应的运动，如凝视、倾听、思考时两眼看向远方等等，而与注意无关的动作便暂时停止。例如，在思考一个复杂的问题时，无意间会把手略略抬起来，若思考活动进行得很紧张，抬起的手竟然会忘记放下。注意任何事物时，人身体上发生的这些适应性变化，称为注意的外部表现。但是，注意的外部表现有时却与注意的实际状况并不符合。例如，作业人员紧紧盯着所操作的设备，在大多数时候的情况下是注意观察设备的运转时的外部表现，但也可能是思想开小差，即身在操作设备，而心里却注意地思考着其他事情的外部表现。有的作业人员在操作设备的过程中，好像是在注意观察设备，但仍然发生了事故，其原因就在这里。

就人的注意来说，可分为两类，即无意注意和有意注意。

人在注意某一事物时，既没自觉的目的，也不需要任何主观努力，称为无意注意。这种注意主要是由周围环境的变化而引起的，如强烈的光线、巨大的声响、浓郁的气味、新奇的外观等等，都容易引起人们的无意注意。例如，检修作业场所开来一部刚购置的新起重机，人们都为其巨大的外形和鲜艳的外表黄色彩所吸引，不约而同地去看这部新起重机，这就是无意注意。因此，无意注意是没有自觉目的，也不需主观努力的注意。无意注意虽然主要是由外界环境变化所引起的，但也决定于人本身的心理状态，包括人们的需要、兴趣和精神状态等。当作业人员在生产过程中，周围环境在不断变化，新鲜事以及各种强烈的刺激是很多的，如果不能控制自己而成为无意注意的奴隶，东张西望，听这听那，思潮起伏，那是非常容易发生误操作而发生事故的。因此，作业人员在生产过程中，要能控制自己的无意注意，不要为某些事物而分散自己的注意，以精心操作，确保安全生产。

有意注意是有预定目的的注意，必要时还需要经过人的主观努力的注意。例如，作业人员在作业现场进行作业时，需要检查所操作的设备，观察设备上安装的各种仪表的指示等，都是有目的、有意识的注意。这时，即使身体疲倦仍还要强迫自己去注意。所以，有意注意还要求有一定的主观努力。引起有意注意的事物，并不一定是其本身奇特或新奇，它之所以能引起作业人员的有意注意，是因为它与安全生产有关，例如，作业人员对所操作的设备发出的响声,班班听、时时听,早已没有什么新奇可言,但是因为从设备发出的响声变化中可以了解到设备的运转情况,这就与安全生产有很大的关系,所以能仍然经常引起作业人员的有意注意。

无意注意可以变为有意注意,有意注意也会转化为无意注意。例如,生产厂房安装了一台新设备,人们去观看,这是无意注意。但是,当这台设备交给你去操作,为了掌握这台新设备的各种性能,去观察研究,就变为有意注意了。再者,如果作业人员进行作业不只是完成任务,而且怀着浓厚兴趣,并能发现一些操作技巧等,那么有意注意也就会转化为无意注意。无意注意和有意注意不断地交替转化,可以使人的注意长期地保持在一种事物上,作业人员在进行作业时或操作设备时,就要设法让这两种注意不断交替,从而能持久地把注意集中在作业上。

二、作业人员怎样集中注意

所谓集中注意,即为根据作业的要求和安全生产的需要,把全部精力都集中到所从事的活动上,身心都沉浸在作业活动中。一个作业人员的注意如果真正集中了的话,他的注意就会只倾注于作业这一个对象,并且具有抵御其他事物干扰的能力,不因与作业无关的一些刺激的影响而分散自己的精力。

当作业人员在高处进行作业时,就需要作业人员时时刻刻集中注意,因为人在高处稍有不慎就有发生坠落的可能,或者将高处的物体碰落掉下伤人等,故只要思想稍微开一下小差,就会忽略某些情况而发生事故。然而,要求作业人员长时间毫无动摇地把注意集中在一件事上,也是不现实的。据有人研究表明,当人把注意集中于一个对象上的时候,注意在实际上是在发生周期性的动摇,也就是一会儿注意,一会儿不注意。例如,将一只手表放在刚能听到响声的地方,然后集中注意听,就会觉得开始时能听到表芯走动的响声,可过了一会儿就听不到了,然而再过一会又能听到了,或者觉得声音一会强些,一会儿弱些。注意的集中程度就是这样不断反复变化,一般每隔 2~12 秒变化一次。由能感觉到,到不能感觉到的时间周期,以听觉最长,视觉次之,触觉最短。注意的这种动摇,一般在主观上不易感觉到,对活动的效果也没有什么大的影响。

这里所述的集中注意,并不是把注意仅仅指向一个单一的对象。例如,在操作一台设备时,并不是只把注意集中去观察设备,如果只注意设备,别的都不注意,那么注意集中5 分钟都是相当困难的。因此,集中注意的意思是说注意的大方向始终不变,如注意始终集中于操作活动,至于在操作设备过程中,时而注意观察设备的运行情况,时而注意观察仪表的指示情况,时而注意倾听设备运转的声音是否正常,等等,均是许可的,也是应该的。只有这样,注意才能长时间保持在操作设备这一活动上。

作为一个作业人员,怎样才能在作业过程中集中注意,不因与作业无关的事物的刺激的影响而离开作业活动,则应做到以下几点。

1. 对自己本职工作的意义要有明确的认识,树立起高度的责任感

对每一个作业人员来说,安全生产可以促进厂矿企业生产建设的发展,若忽视安全生产就会发生事故,给国家和人民的生命财产带来严重的、不可弥补的损失,若发生重大事故,除造成经济损失外,还会产生不良的政治影响,以及给受伤害者的家庭或亲人带来极大的痛苦。所以,每一个作业人员,都要树立高度的责任感,做到在生产过程中进行作业

时保持集中注意,不受无关事物的干扰,确保安全生产。

2. 要热爱自己的本职工作

人们对自己喜爱的工作和感兴趣的事物,最能引起注意,也最能集中注意。对事物本身的兴趣,称为直接兴趣。大多数无意注意都是由有直接兴趣的事物所引起的。但是,并非一切事物都有引人入胜的特点,如某些事物或活动可能是很枯燥无味、十分单调的,例如对电动机发出的嗡嗡声,作业人员对其就没有直接兴趣。然而,由嗡嗡声的变化可以使作业人员发现电动机的运转是否正常,获得这些信息,有助于安全操作。因此,作业人员对嗡嗡声所带来的信息感兴趣,也可说是对这些现象所造成的结果感兴趣。这种对事物的结果的兴趣,称为间接兴趣。在作业过程中要集中注意,尤其是要较长时间地集中注意,就需要靠间接兴趣的支持。

但是,单靠间接兴趣的支持,强制自己的心理活动离开引人入胜的事物,容易发生疲倦,并难以持久。如能把间接兴趣转化为直接兴趣,即把对事物的结果的兴趣转化为对事物本身的兴趣,在注意事物时就不会感到枯燥无味,集中注意也就不需要特别努力。例如,作业人员若把研究电动机在运转过程中发出的响声的变化与电动机运转情况的关系作为一项任务,对电动机在运转过程中所发生的响声就会有直接兴趣。这样一来注意倾听电动机所发出的声音就不会太费力或太疲倦,反而会兴致勃勃,意趣盎然,不需特别努力就能集中注意。

每一个作业人员要对自己所从事的工作有兴趣,无论是有直接兴趣还是有间接兴趣,要使这两种兴趣不断转化,首先应当热爱自己的本职工作,并不断地加强学习,提高认识,培养自己对本职工作的兴趣,做到干一行爱一行。

3. 防止单调的环境,避免注意分散

能引起注意的事物,如果多次反复地出现,成为习以为常、司空见惯的东西,就不再会引起注意。例如,作业人员长期操作一台设备,对设备的一切似乎都已十分熟悉,没有什么新奇可言。在这种情况下,作业人员就会感到刺激单调,思想就容易开小差。

据有人研究表明,一个人如果长时间地生活在一个刺激单调的环境中,视知觉会发生混乱,出现幻觉,即听到本来没有的声音,或看到并不在面前的事物的形象等,而且易于疲劳,感到昏昏欲睡,以致常常引起事故。

单调的环境容易引发事故的原因,可能是由于思想麻痹而导致的注意分散所致。因此,对作业人员来说要善于从熟悉的、单调的环境中不断发现新内容、新变化、新刺激,以增强自己的注意。同时还应加强主观努力,以达到集中注意。

4. 养成注意地工作的习惯

作业人员在进行作业前应做好各项准备工作,把应向有关人员询问的事情问清楚,把要交代的事情向他人讲明白,以免作业之后东想西想,分散注意。在作业过程中必须集中全部精力投入作业,不做与作业无关的事,不想与作业无关的问题,克服与作业无关刺激物的干扰,以避免分散注意,有利于注意的集中。

然而,在作业过程中,如当设备运转正常时或当一项作业结束后,也可休息一段时间,以适当地降低注意的紧张程度,避免过度疲劳。这样可使作业人员把注意集中在下一阶段的作业中。

此外,如作业人员疲劳、生病、醉酒等,会降低整个心理活动水平,使注意分散而难以集中。因此，作业人员要注意劳逸结合，睡眠充足，使之在作业过程中能始终保持充沛的精力和清醒的头脑，从而能达到持久地集中注意，搞好安全生产。

三、作业人员怎样转移注意

所谓转移注意，即为根据作业任务的需要把注意从一个对象上调动到另一个对象上。例如，在中午饭后休息时，几个人凑在一直聚精会神地打桥牌，上班时间到了，就立即地注意由打桥牌转移到工作上，不再考虑打桥牌的事，这就是注意的转移。注意的转移和注意的分散是不同的，注意分散是思想开小差，它是一种被动的、不由自主的转移。

转移注意有时并不比集中注意容易，对有些人来说，甚至还要困难些，这在儿童身上体现最为明显。当他玩电子游戏机兴趣正浓的时候要他做家庭作业时，虽然在他面前摆着课本和作业本，但他心里总是还在想着玩电子游戏机的情景，这就是由于注意不能及时转移。有的人在工作时，心里还在想着刚才午休时打桥牌的情景，也是由于不能迅速转移注意的缘故。

在厂矿企业生产中，进行作业时要求善于转移注意。从每次开始进行作业来说，如果作业人员不能从思想上抛弃原来的活动，还把注意放在原来的活动上，这对作业来说就等于思想开小差。而因思想开小差所造成的事故，屡见不鲜。从作业过程来说，也需要不断转移注意。例如，在起动一台空压机时，操作人员的注意要先集中在观察冷却水的开启阀门和冷却水的压力表指示，然后迅速转移到空压机的电源开关和电流表指示，接着又要迅速转移到空压机的压力表指示等。在这很短的时间内，注意至少需要转移若干次。如果注意不能顺利转移，就会因操作不当而发生事故。

注意是否能迅速转移，常受下列因素的制约。

1. 受对前后活动意义的认识水平的制约。一个人如果能正确认识前后两种活动的意义，注意就容易转移。例如，作业人员真正认识到工作是自己的职责，安全生产与否随时都操作在自己手中，而与工作无关的事仅仅是小事，那么，丢弃与工作无关的活动立刻注意设备操作便就是轻而易举的事。

2. 受从事原来的活动时注意的集中程度的制约。如果进行先前的活动时注意非常集中，而要把注意迅速地转移到后来的活动上就不太容易。因此，有些人常在工作中还在想着刚停下的活动。所以，对作业人员来说，在作业开始前最好有一段时间轻松地休息一会，不要做要求注意高度集中的事，以利注意的迅速转移，确保作业过程中的安全生产。

3. 受对先前从事的活动感兴趣的程度的制约。对先前的活动越是感兴趣，注意就越不容易转移到后来的活动上，而需要花费很大的气力才能把注意转移过来。反之，如果先前的活动枯燥无味，而后来的活动却引人入胜，这时注意就很容易转移。

四、作业人员怎样扩大注意的范围

所谓注意的范围，系指在同一时间内注意到的对象的数量。作为作业人员的注意的范围是有限的，例如，呈现在作业人员视野中的事物很多，有厂房、设备、管道、阀门、仪表、安全装置、电话、报表、工具、其他人员等等。但是，他只注意到其中的一小部分，这一部分感知得很清晰，其他部分在注意的范围之外，便感知得模模糊糊。再以观看一场篮球比赛来说，虽然摆在我们面前有灯光球场、投篮球架、喧腾的观众、吹着哨子的裁判、比分显示屏等等，但在我们注意范围之内的，并不是所有的事物，而是在激战中的篮球队员。就以篮球队员来说，也并不是每一个篮球队员都在我们的注意范围之内，而被我们清楚感知的仅仅只是在正传递、投篮的少数几个运动员而已。根据心理学的研究，成年人的注意范围一般为 4～6 个彼此不联系的对象。如果事物之间有联系，并了解其意义，注意的范围就会大一些。

作为作业人员应当有较大的注意范围，才能眼观六路，耳听八方，把与安全生产有关的重要信息都传递到头脑中。有经验的作业人员不但能注意到近距离的仪表指示信号等，而且还能注意到远距离的设备、管道、阀门等情况和动态；不仅注意到前方，而且也能注意到后方和两侧，做到远近一目了然，前后了如指掌。但对初上岗的新作业人员，注意的范围就比较窄，观察仪表指示信号时，就顾不到观察设备，注意到近处的阀门，就忽略了远处的安全装置，注意到前方，就顾不得后面，尤其是在生产设备发生故障进行处理时，经常弄得紧张过度，措手不及。即使没有发生事故，也做出一些令人担惊受怕的危险动作来。

那么，作为作业人员怎样扩大自己的注意范围呢。首先要有丰富的操作技术知识。知识越多，经验越丰富，注意的范围就越大。例如，当一个成年人读小学一、二年级的语文课本时，有时简直可以一目十行，注意范围较大，这是因为小学一、二年级语文课本的内容很简单，对课本的内容也很熟悉，以一个成人的知识水平去理解课本的内容，当然非常容易，故能把课本中许多字词连成一个整体去感知，从而使注意范围扩大。但如果去读一本关于安全技术的著作时，便会因为不懂其全部内容涵义而一个字一个字地去感知，这时注意范围就变得很窄。作为作业人员如果能熟悉所操作的设备的各部构造和功能，又熟悉生产工艺流程和安全技术操作规程，那么，作业人员便能把与作业有关的许多孤立的事物连接成一个整体来感知，这样注意范围便拓宽了。再者要了解注意的对象的特征。根据心理学的研究，对排列整齐的事物，要比凌乱错落的事物的注意范围大；对颜色相同的事物，要比五颜六色的事物的注意范围大；对大小相同的事物，要比大小不等的事物的注意范围大。因此，事物越整齐、越集中、越能组合成一个整体，人们去感知这件事物时的注意范围就越大。

对于不整齐不集中的事物，作业人员只要了解其特点，认识其意义，掌握其关系，也就可以扩大注意范围。从厂矿企业安全生产来说，应尽量把各种生产设备、各种仪表指示信号等设计得集中、整齐，使作业人员在作业现场便能一目了然，以扩大作业人员的注意范围，促进安全生产。

五、作业人员怎样分配注意

所谓分配注意，就是人在同一时间内把注意分配到几种活动上去。例如，一边听教师讲课，一边记笔记，就是把注意同时分配到听和写这两种活动上。

在厂矿企业生产过程中，不但要求作业人员有机敏的观察分析和判断能力，同时还要求有较强的分配注意的能力。这是因为在生产作业过程中，要求作业人员自始至终把注意分配在许多活动上，同时注意几个方面的情况。例如，在进行起重吊运物体作业时，吊车司机既要注意吊车的操纵方向盘，观察车上的各种仪表指示，同时要注意捆绑的吊物及周围的人员，还要注意起吊物体在起吊过程中是否与周围的建、构筑物碰撞等等。如果不能分配注意，抓住这头，放掉那头，经常处于顾此失彼的状态，那就非常容易发生事故。

要使注意能够分配到几种活动上，重要的条件就是在这些活动中，必须有一种或数种是作业人员非常熟练的，甚至达到相对"自动化"的程度，以致不需要特别的注意也能进行。这样，才能够把注意分配到比较生疏的活动上。例如，一些女同志可以一边织毛线，一边看书报，这就是因为这些女同志织毛线的技巧非常熟练，无需多加注意，就可把注意分配到阅读书报上去。如果是在学习织毛线阶段，离开注意就要织错，因此她的注意也就无法分配到其他活动上去。对作业人员来论，要善于分配注意，就必须勤学苦练基本功，不断提高操作技术水平，使操作技术精益求精并成为熟练技巧，这样，就可以同时注意几件事了。

此外，要想把注意分配在几种同时进行的活动上，还要求这几种活动要有一定的关系。如果几种活动之间彼此毫无联系，而要同时注意几种活动就比较困难。例如，起重吊运作业与心算数学题，便是毫不相干的事，很难做到既注意心算数学题，又注意操纵起重机械。但在操纵起重机械的各个动作之间，却有着密切的联系，可以形成某种反应系统。例如，操纵轮胎式起重机起步，应先挂挡，后松手制动器，再缓松离合器，适当地踏加速踏板，鸣笛，然后徐徐起步。只要这个反应系统形成，即掌握了轮胎式起重机起步的操作技术或形成熟练的操作技巧，起重机驾驶人员就不必再多注意这些动作，而只要注意观察车前、车后、车左、车右的情况即可。这也就实现了把注意分配在同时进行的几种活动上。

注意对于安全作业来说是十分重要的，如果在作业过程中思想开小差，没有注意观察、判断和操作，那就非出事故不可。再者，即在作业过程中保持着注意，但注意不集中，或者不善于转移，或者范围太窄，或者注意不能分配，也都会导致事故的发生。所以，作业人员应分析自己注意的特点，存在什么缺陷，并自觉地训练自己的注意，使自己在作业过程中，逐渐具有集中稳定的、可以随意转移的、有较大范围而又能够分配的注意力。

六、情感对作业安全的影响

情感是人对待客观事物的态度的体验。

人在认识客观事物和改造客观事物的时候，对待客观事物并不是无动于衷，而总是抱有某种态度。人对事物的态度，可以以认识的形式表现出来，这就是对事物的是非曲直的判断。同时，还以人的喜、怒、哀、乐、爱、恶等体验的形式表现出来，这就是情感。因此，情感是人对事物的态度的体验。例如，某人在作业过程中，因违章作业将他人造成伤害，我们都会认为某人的行为是完全错误的，然而对这件事作出判断，只属于认识。同时，也对某人在作业过程中不顾他人安危的行为感到愤慨，这愤慨就是对于这件事所抱的不满态度的体验，所以属于情感。

情感也像注意一样，对作业人员的观察、判断和操作发生广泛而深刻的影响，与安全生产有着密切的关系，不过，注意是使认识和反应处于积极状态，而情感则推动和调节着人的认识和行为，有时还会阻碍人的正确认识，压抑人的理智，推动人的错误行为，以致做出害人害己的事。

人的情感是具有两极性的，如满意和不满意、愉快和悲伤、爱慕和憎恨等。情感的两极性对人的思维活动和分析判断能力有着不同的作用。以情感体验来说，喜欢、满意、愉快时使人感到舒畅，这对作业人员的观察和判断有着促进作用，例如感受性提高，勤于观察，思考仔细，仿佛思维也变得灵活了。这就是人们常说的"人逢喜事精神爽"。不但如此，对作业人员进行具体的作业也有促进作用。可使人的观察敏锐，反应迅速，动作敏捷，操作准确，事故的发生也会随之减少或消除，这对安全生产是极为有利的。因为这类情感能促进人的认识和反应，是一种积极的增力情感。所谓增力情感，即是一种可以提高人的活动能力的情感。如作业人员能带着这样的情感进行作业，对作业安全无疑是有利的。反之，如果产生悲哀、忧愁、愤怒、恐惧等情感时，会使人感到压抑、痛苦和忐忑不安。这类情感妨碍作业人员的认识，觉得无精打采，感受性降低，懒于观察和思考，并使作业人员的行动迟缓，反应变慢。由于这类情感从消极的方面影响人的认识和行为，故为一种减力情感。所谓减力情感，即是一种会降低人的活动能力的情感。如作业人员在这种情感的支配下进行作业，操作错误就会增多，也就容易发生事故。

再以情感反应来说，情感反应直接影响人的行为，甚至表现在人的行为中，这对作业安全有着直接的影响，如人在激动时或发怒时，呼吸会变得短而急促，影响发音器官而声嘶力竭，四肢和躯干发抖，反应变慢，观察和判断也比平时迟钝。在这种情况下对作业安全自然会产生不利的影响。然而，虽然有的人心中不愉快，但并没有任何表现，甚至面部表情也和平常没有什么两样。这是因为人是有意识的高等动物，可以用意识来控制自己的情感反应，做到"喜怒不形于色"，即使内心异常悲痛，表面上却显得十分沉静，或者即是内心异常欢欣，外部却显得若无其事。但若仔细进行观察或用仪器进行观测，就会发现人在此种情况下，心跳的次数，血压的高低，肾上腺素、肠液、胃液和唾液的分泌，肠胃蠕动的快慢等，都会发生很大的变化。这些肉眼不易观察到的变化，仍然会影响着作业人员的认识和反应。因此，内心激动时，即使外部表现不明显或者没有外部表现，也会影响作业人员的观察、判断和操作，引发事故。

然而，一种情感究竟发生增力的作用，还是发生减力的作用，不能绝对而言，这要看一个人的政治觉悟和道德修养。有的人即使遇到不幸的事，但他能把国家和人民的利益放在第一位，有高度的工作责任感，能化悲痛为力量，把减力的情感变成推动自己前进的力量，将工作做好。反之，若只计较个人得失，因小胜而沾沾自喜，不顾国家和人民的利益，往往也会把增力的情感变为减力的情感。因此，一个作业人员不仅要努力学习业务和安全技术知识，力求精益求精，而且还要具有高尚的情操和道德修养，以及高度的改治觉悟和控制自己情感的能力。在受到表扬和奖励时，在遇到最顺心的事时，要乐而自持，不能忘乎所以。在受到批评时，在遇到不顺心的事时，也要沉得住气，不为逆境所困。这样，才能在任何时候都保持良好的心理状态，让情感成为推动自己工作的力量。

作为一个优秀的安全技术人员，应能积极地引导作业人员具有增力情感，增加其活动能力，使其在作业过程中能确保安全生产。同时也要极力避免使作业人员带着减力情感去进行作业，以防止意外事故的发生。

七、激情对作业安全的影响

激情是一种迅速强烈地爆发而时间短暂的情感。激情通常是由一个人在生活中具有某种重要意义的事情所引起的。例如，生气时大发雷霆，获胜时欣喜若狂，发生事故时恐惧害怕等，均为激情。激情伴有鲜明而强烈的外部表现，如狂喜时眉飞色舞，手舞足蹈，放声大笑；喷怒时横眉瞪眼，咬牙切齿，咆哮如雷；恐惧时面如土色，目瞪口呆，四肢瘫软等。这些外部变化不要说对要求精确、及时的现场作业，就是对日常生活也会发生重大影响。而且，当人处于激情状态时，人的认识会被局限在引起激情的事物上，以致认识范围狭窄，理智的分析能力受到抑制，意识对自己的行为的控制能力减弱，往往不能约束自己的行为，不能正确评价自己行为的意义和后果，以致说出不该说的话，做出不该做的事。不少事故就发生在这样消极的激情状态时。例如，有一位汽车驾驶员把车子开到终点站后，看到乘客乱挤，秩序很乱，便帮助乘务员劝说乘客依次上车，但劝说无效，还遭到有的乘客的冷言热语地讽刺。此时这位驾驶员听后火冒三丈，索性关上车门，加足马力，一路不停地往回开，这时由于情绪激动，车速又快，疏于观察，以致在行车途中造成交通事故。因此，消极的激情伴随着理解力自制力的降低，能引起过度冲动性的不安全行为。

然而，激情并不是绝对不能控制，尤其是在激情的开始阶段，是完全可以制止的。在情感刚要冲动时，有意识地控制自己或用转移注意的方法，把情感的能量发泄到别的事物上去，就可以减弱或消除激情。作业人员在激情爆发前默默地数数，去想自己高兴的事情；快要对他人恶语中伤时，舌头多在嘴里打几个转转；要发生某种越轨行为前，强迫自己去做一些与激情相反的行为。由于激情是一时性的，转眼就过去了，因此只要当时忍耐一下，转移一下注意，一会就没事了。如果不在一开始就控制住激情，等发作起来，往往会发生不可控制的动作或失去理智的行为。在这里需要加以说明的，人始终是有思想、有意识的高级动物，要对自己的全部言行负责，就是在激情状态下的行为，如果危害了其他公民和国家利益，照样要负行政和或刑事的责任。

一个人若要有效地控制起消极作用的激情，主要是要具有高度的政治觉悟，良好的道德修养和坚强的意志。凡是说每一句话或做每一件事，都要从人民的利益，从长远的利益，从大局出发，说话做事思前想后，考虑后果，就完全可以控制不利于作业安全的激情。

作为安全技术人员也要帮助作业人员控制不利于安全生产的激情，一般可以采用以下两种方法，一是通过暗示使他对即将引起激情的事物有一定的思想准备，如家里发生了不幸的事情，此时应慢慢地、逐步地透露给他，不要突然全盘托出。再者就是促使他转移注意，如某人在作业中与别的同志发生争吵时，可劝他休息一会儿，或让他去干别的事情，或与他开个玩笑之类，均可以减弱激情。

然而，也不要认为激情都对人有不好的作用，积极的激情与冷静的理智和坚强的意志相联系，便会成为安全生产的动力。例如，对安全生产作业贡献的人员，或对多年能搞好本职安全生产的作业人员进行奖励，就能激发他们或他们周围的人产生搞好安全生产的激情，这无疑对安全生产是大有好处的。再者，在需要奋不顾身地抢险救灾时，或者在与坏人进行搏斗时，也需要有强烈的激情，否则就不可能产生出勇敢的行为。

八、应激对作业安全的影响

应激是在遇到出乎意料的紧急情况时所引起的情绪状态。例如在危险的情况下刹那间的反应，在突然发生变化的情况下的行为状况等，都是应激。这时，为了对付千钧一发的危险局面，必须把全身心的一切潜力调动起来。如某一汽车驾驶员在行车途中，突然有人横穿马路,或车辆正在转弯时突然闯出一辆没有鸣信号的汽车,这里,为了迅速而又紧急地采取措施而产生的身心变化,也是应激。

当人处于应激状态时,人的心理和生理都会发生一系列变化,知觉和注意的范围缩小,记忆发生错误,语言不连贯,产生全身性的兴奋反应,行为在某种程度上发生混乱,出现不符合要求的动作。然而,究竟发生什么样的变化,人与人之间是有很大的差异的。如有的人活动受到抑制,呆若木鸡;而有的人行为发生紊乱,惊慌失措。某些操作人员在紧急状况下出现操作错误,或者误开及误关阀门,或者误把开车开关当作停车开关,大多是发生在应激状态。但也有的操作人员虽然处在应激状态下,却能集中全身心的能量,保持清醒的头脑,行动迅速正常,冷静沉着地采取措施,终于化险为夷。如有的操作人员,安全生产观念强,在事故状态下,情况万分危急时,能头脑冷静,毫不慌张,不露声色,及时采取措施,避免了重大事故的发生。因此,安全生产意识强、意志坚强的人,临乱不慌,有条不紊,能发动自己所有的功能,冷静地认识危险和沉着地选择安全行为避险。而安全生产意识差、意志薄弱的人,忙乱会使其处于神经绷紧的状态,意志和安全操作能力降低。

然而,为什么不同的人在应激状态下会发生这样不同的反应,这主要取决于一个人的个性特征、知识经验和所受过的锻炼,以及有无在类似情况下行动的经验,包括直接经验和间接经验。为了在应激状态下能及时、果断地正确处理险情,化险为夷,操作人员应认真学习,经常总结经验教训,一方面不断提高自己的安全操作技术,一方面虚心地向其他人请教。同时,还要有意识地把自己培养、锻炼成为沉着、冷静、遇事不慌的人。

九、心境对作业安全的影响

心境是一种微弱而持久的情感状态,如心情不舒畅,郁郁寡欢、烦躁、心情轻松、快活等,就是各种不同的心境。而平常所说的"思想抛描"、"闹情绪"则是陷入不愉快心境的表现。心境是由于特别高兴或特别不快时产生的情感留下的余波,是"情感的延长"。例如,在年终评比时,自己被评为安全生产的先进生产者,受到表扬和奖励。这当然是令人兴奋和高兴的事,在评为安全生产先进生产者以后的几天中,自己总是美滋滋的,这就是受到表扬和奖励引起的愉快的情感的余波。又如出了事故后,在作出处理之前,自己总是闷闷不乐,无精打采,干什么事都提不起劲,这就是出事故时的沮丧情感的"延长",这是一种消极的心境。

产生某种心境后,会影响着人的全部生活和工作,它使人的言语、行为、思想和所接触的一切事物,都染上了相同的情感。例如,当一个人闷闷不乐时,就觉得周围任何东西都笼罩着一层灰色,看什么都不顺眼;在心情舒畅时,会使人感到一切都好,似乎花儿也对自己微笑,树儿也向自己招手,甚至平日最不满意的东西此时也觉得顺眼了。

心境对人的活动也有很大的影响,积极、舒畅的心境使人心情振奋,朝气蓬勃,有助于积极性的发挥,促进活动能力,提高工作效率。消极、沮丧的心境使人萎靡不振,懒散无力,无精打采,陷于消沉。因此,作业人员在心境不佳时,常常不能集中精力,反应迟钝,在作业过程中容易发生事故。所以,作业人员应当做到不带着思想问题进行作业,不在心境沮丧的时候进行作业,不在闹情绪的时候进行作业。一切问题应争取在作业前得到基本解决,从而带着愉快的心境去进行作业。

作业人员应当作心境的主人，而不当心境的奴隶，要正确评价和控制自己的心境，不因遭受某些挫折而垂头丧气，也不因获得某些胜利而沾沾自喜，经常保持舒畅的良好心境。在心境不良时，要丢得开、放得下，有时可以暂时先从事别的活动，能够在一定程度上改变心境。

有病或身体疲劳，也会使心境不好，因此要注意锻炼身体，医治疾病，劳逸结合。

十、性格与安全生产的关系

人的性格是一个人对待事物的稳定的态度和与之相应的惯常的行为方式。如勇敢、怯弱，节约、浪费，诚实、虚伪，忠厚、轻浮，认真负责、马马虎虎，等等，就是性格的具体表现。在心理学中，性格是作为个性心理特征的一种表现来进行研究的。人的个性心理特征除性格外，还有能力和气质。不过，性格是心理特征的一个主要方面，是人与人之间差异的主要标志。例如，有的人在生产作业中兢兢业业，一丝不苟，做到若干年都安全生产，而有的人在生产作业中却经常马马虎虎，把安全生产当儿戏，因此事故层出不穷。这两种人相比，自然有许多不同之处，如能力不同、气质不同等等，但他们之间最大的差异，还是性格不一样。前者对工作认真负责，对安全生产重视，后者对工作不负责任，对安全生产极不重视，把人民的生命财产置诸脑后。这两种人的这些表现就是性格的不一样。

人对事物都有一定的态度和行为方式。以对安全生产来说，有的人抱着严肃认真的态度，因而在作业过程中的行为小心谨慎。如果他每次作业都有这种兢兢业业的态度，即成了稳定的态度，以及每次作业都有这种认真负责的行为方式，即成了惯常的行为方式，那么就可以说他有严肃认真的性格特征了。但是，如果在作业时经常马马虎虎，把安全生产当儿戏，而某一天，因上级领导或有安全技术人员在作业现场，他却认真极了，但也只能说他那一天在作业过程中是认真负责的，这认真负责还不能算是他的性格特征。

人的性格是在人与客观事物的相互作用中形成的。对一个人发生影响作用的事物，有些是一时性的，有些却是经常出现的和比较稳定的。在这些稳定的、经常出现的事物中，有的能满足自己的需要，有的却与自己的需要背道而驰，有的能给实践活动带来方便，有的却给实践活动造成困难。这些事物与人经常、反复地相互作用，人慢慢地就对事物形成了比较稳定的认识、态度和行为方式，也就是形成了某种性格。

人的性格一经形成之后，一般比较稳定，如有的人在作业过程中严重忽视安全生产，在大众广庭之下爱出风头等不良的性格特征，即使经领导、同伴和亲友的多次规劝，仍无多大改正。以致使人们认为"江山易改，秉性难移"。其实，人的性格是可以改变的。因为一个人的性格是在社会实践中形成的，也受周围环境和事物的影响，同时也在社会实践中发展和变化。人的性格与人的立场、观点、理想、信念有着十分密切的联系，经过思想政治教育和自我修养，随着立场和观点的变化，人的性格也会发生变化。例如，有的人对工作不负责任，对安全生产吊儿郎当，然而经过细微的思想政治教育和安全技术知识及事故案例的教育，有可能使之变成为一个对工作认真负责，对安全生产极为重视的人，由此可见，安全教育在安全生产工作中的作用是何等地重要。再者，经常稳定的刺激物也会使人产生稳定的态度和行为方式。例如，每次发生大小事故，将会受到不同程度的处理，而安全生产将受到表扬和奖励，这也会促使人形成认真负责，重视安全生产的性格特征。此外，偶然发生的重大事故，也可促使人的性格发生变化。例如，有的人一向不重视安全生产，终于在某一次作业过程中因误操作而发生了事故。通过事故原因的分析，总结经验教训，给予了批评处分。自从在这次事故后，他在作业过程中事事处处注意安全生产，与过去的他判若两人。其实这就是性格的改变。

人的性格与安全生产有着极为密切的关系，据有人研究，认为无论技术怎样好的作业人员，如果性格不好，马马虎虎，也会常常发生事故。据研究表明，有下列性格特征的人有易发生事故的倾向。

1. 性格不随和，与群众关系不好者，或者性格乖僻，固执己见者。
2. 情绪不稳定，易于冲动者，如遇到某些需要得不到满足时，就发生情感冲动。
3. 精神过度紧张者，如抑郁、惶恐不安。

上述特征表明一个人对自己的行为缺乏控制力。

有人还对肇事汽车驾驶员的态度作过观察，发现他们都有不重视生命、轻视社会规范（道德和法律）以及自我为中心等特征。例如，他们认为"若要想干什么就不能怕死"，"行人不遵守交通规则，撞死活该"，等等。

这类不良的性格特征，对人的作业行为会产生消极的影响。如不负责任的人，观察事物粗枝大叶，思考问题轻浮草率，工作马虎敷衍。情感容易冲动的作业人员，违章作业受到批评教育时反而责怪安全技术人员，稍有不称心便大发雷霆，常失去正确判断力，胡乱作业，这对安全生产极为不利。

可见，一个人性格的好坏，对安全生产有着直接的影响。

具有优良性格的人，一般都具有以下特征。

1. 有高度的工作责任感和安全生产意识，在生产作业过程中，能随时随地把国家和人民的生命财产放在心上。
2. 能遵章守纪。不论在任何情况下，不管是否有人看见，都能自觉地遵守各项安全技术操作规程。
3. 情绪稳定，忍耐性强。遇事不易激动，不随便发怒，沉着冷静，能恰当地控制自己的情感。
4. 虚心好学，对技术精益求精。从来不认为自己的技术比别人好而自满，能认真学习技术，并能虚心地向别人学习。

人的这些优良的性格特征是确保安全生产的重要条件。要使自己成为一个具有优良性格的人，那就应该加强学习，注意思想修养，增强和巩固好的性格，改造和丢弃不良的性格，并在实践中锻炼和提高自己，使自己成为一个有崇高理想、高尚情操及优良性格的人。

第四节　人的疲劳与安全

一、疲劳对安全生产的影响

人疲劳时，感觉机能弱化，听觉和视觉的锐敏变低，眼睛运动的正常状态被破坏。疲劳还能引起错觉，例如，长时间地注视灰色背景上的红色环时，就会发生颜色对比的错觉，灰色背景变成绿色。随着疲劳的进一步发展，人的注意变得不稳定，注意的范围变小，注意的转移和分配发生困难。在疲劳过程中，人的记忆力下降，创造性思维能力也明显降低，同时人的反应潜伏期显著增长。有人研究表明，人在疲劳的情况下，对复杂性刺激的选择反应时间也增长，有的甚至增长原先的2倍以上。

此外，疲劳之后，人的动作的准确性下降，有时还会发生反常反应，例如，对较强的刺激出现弱反应，而对较弱的刺激则出现强反应。再者，人的动作的协调性也受到破坏，以致反应不及时，有的动作过分急促，有的动作又过分迟缓。有时所做的动作并不错，但不合时机。

对作业人员来说，疲劳以后，其判断的错误和操作的错误都远比平时增多。判断错误多为对作业现场存在的危险有害因素估计不足，对作业过程中潜在事故的可能性及应付对策考虑不周。操作的错误多为在对设备发生异常声响或存在故障时，仍误认为正常，以致在作业过程中发生误操作，从而导致事故的发生。当疲劳严重时，作业人员可发生动作失调，脚步不稳，肌肉痉挛，这对安全作业将产生严重危机。有的作业人员甚至在作业过程中进入半睡眠状态，发生误开设备电气开关或误开设备上的阀门等情况，从而引起事故，或者因设备出现故障，泄漏有毒有害气体，但因作业人员过度疲劳在操作岗位上发生中毒身亡的事故。

目前，因疲劳而发生事故的作业人员，大多数是因为作业前的一晚上参加娱乐活动的时间过长，以致次日肇事。例如，有些作业人员通宵打扑克或搓麻将牌，直至次日清晨五、六点钟才停止，接着就去上班。在这样精疲力竭的情况下去进行作业，哪能不出事故。

有人认为，人的疲劳可分为三个时期，对安全产生不同的影响。疲劳的第一期，作业人员操作动作迟误或过早。第二期，作业人员操作停顿或修正动作的时间不当。第三期，作业人员身体痛楚，影响操作。然而无论在哪个时期，疲劳对安全生产都是十分不利的。

二、人产生疲劳的原因

人产生疲劳的原因有很多。例如，超过人的生理负荷的激烈而持久的体力或脑力劳动；作业环境中的气象条件、有毒有害物质、光线、噪声、振动或极单调重复的节律等，都会使人产生疲劳。在通常情况下，疲劳的产生是与神经系统，特别是神经中枢有着密切的关系。这是因为，在肌肉收缩的同时，神经系统也在执行着生理的机能而起着重要的作用。当人体或局部肌肉发生疲劳时，神经系统中的运动神经、中枢神经往往也处于疲劳状态。

疲劳发生的初期，常常只是从事劳动的那一组肌肉感到疲劳，如果此时仍持续劳动下去，疲劳就会蔓延到其他组肌肉乃至全身，从而使全身感到不适。疲劳的进一步发展则感到周身酸痛，精神恍惚。以作业疲劳来说，开始是肩和足部感到不适，接着是四肢、腰部也感到难受，再继续下去，注意涣散，心理机能降低，变为全身性疲劳，这时若再勉强从事某些作业，就十分容易引发事故。

疲劳一般可分为急性疲劳和慢性疲劳两种。急性疲劳是由于长时间连续从事某项或某种作业而发生的暂时性的疲劳。这种疲劳的原因比较明显，例如，抄写文字时，如果抄写时间过长，抄写人员的手指屈伸能力会减退。对于这种疲劳，人主观上能感受得到，故也容易引起人的注意，只要停止抄写作短时间的休息，疲劳就可以消除。慢性疲劳是由于连日劳累，或失眠，或通宵打扑克、搓麻将牌等，造成疲劳累积的结果。在厂矿企业生产过程中，慢性疲劳对安全生产的危害性最大。例如，一个作业人员头天夜里通宵未眠，早上又去上班工作，刚开始工作时，主观上觉得头脑是清醒的，也没有急性疲劳，所以，在这种情况下，作业人员常常误认为自己并未疲劳，实际上，他早已疲惫不堪。在刚开始作业时，还能勉强对付过去，然而过了一段时间后，两个眼皮就要打架，进入半睡眠状态。在生产过程中所发生的一些事故，就常常是在这种情况下发生的。

疲劳产生的原因，应从人的主观因素和客观条件中去寻找，归纳起来大致有以下几个方面，对引起疲劳、延缓疲劳和加速疲劳均有很大关系。

1. 睡眠不足。人若睡眠不足，则很容易产生疲劳。就成年人而言，一昼夜以睡 7~8 小时为宜，如果少于这一时间，就易产生疲劳，并易在第二天的作业中发生事故。据有人调查研究表明，汽车驾驶人员一天驾驶超过 10 小时以上时，若在头一天里的睡眠时不足在 4~5 小时以上，则其在驾驶车辆时肇事率大幅度增加。

2. 家庭情况。家务事多，夫妻不和睦，不但会使作业人员休息不好，而且精神负担加重，容易导致疲劳。

3. 作业人员的身心条件。青年人容易感到疲劳，也容易消除疲劳。老年人的疲劳，自觉症状少，消除能力弱。女职工比男职工容易疲劳，尤其是在月经、怀孕、哺乳期间更为如此。健康者比体弱者即不易疲劳，又容易消除疲劳。五官有缺陷者，因感受变化需付出更大的力量，所以要比五官正常者疲劳得快。技术熟练、驾轻就熟，不易产生疲劳。技术差的作业人员或新到操作岗位的作业人员，操作中多余动作过多，又离开眼睛的监督，故在作业过程中常常弄得满头大汗，很快便疲惫不堪。

4. 作业环境的劳动条件。不良的劳动条件，也会引起疲劳。如作业环境中的温度、湿度、噪声、振动、照明、粉尘、有毒有害物质等，都对人的大脑皮质有一定的刺激作用，若超过一定限度，就会对人产生不良的影响，导致疲劳的产生。例如，人在高温高湿的环境中作业，就会感到软绵绵的，工作不能持久。又如人在噪声达 90dB 以上的环境中作业，就会感到听觉暂时迟钝，并产生头晕和心情急躁等现象，若噪声达 120dB 以上时，会使人晕眩、呕吐、恐惧、视觉模糊和暂时性耳聋，这都容易产生疲劳。

5. 劳动组织和制度。厂矿企业中劳动组织或制度不合理，也容易引起作业人员疲劳。例如，劳动强度过大、速度过快、工作单调、重复的节律、不良的劳动体位、劳动时间过长，以及生产工具、设备过于陈旧、使作业人员在操作时过于紧张等等，都会很快引起疲劳。

6. 精神因素。人遭受到强烈的刺激，情绪焦虑、抑郁、不安，或对某项工作缺乏兴趣，或对工作感到单调乏味，精神紧张等等，都会产生疲劳。

7. 生活条件。作业人员的居住条件，饮食条件等，也都是引起疲劳的因素。例如，营养不良，会造成作业人员身体素质下降，在作业过程中就容易产生疲劳。

三、预防因疲劳而发生事故

疲劳是人经过体力或脑力劳动后全身机能下降的现象。疲劳作为人在劳动时出现的生理过程，劳动者不可避免地会有疲劳的感觉。疲劳是一个生理学的信号器，它可以防止人体的正常机能遭到破坏。在疲劳的早期,人体内就会出现一种预防疲劳的抑制过程。这种抑制过程是保护性的,可使神经系统和脑细胞免于过度兴奋,免遭毁灭性的危害。因此,疲劳感的产生对于劳动者是有益的,它可以使人的身体避免发生早衰现象,以利及时恢复脑力和体力。

通常情况下,人们认为疲劳会使动作不协调,反应迟钝,导致劳动能力下降,但这指的是过度疲劳。任何事物都具有二重性,疲劳也是一样。过度疲劳是有害的,应当避免,然而适度疲劳却是积极的。有人研究表明,当人的体力或脑力活动达到轻度疲劳时,机体恰好处于最积极的活动状态。因此,适度疲劳应视为人正常运动的一种状态。同时应避免过度疲劳。为了预防作业人员在生产过程中因疲劳而发生事故,应采取如下的措施。

1. 改善劳动组织,注意劳逸结合。人的劳动能力是有一定限度的,因而应根据人的生理规律把劳动和休息这两个方面有节奏地结合起来。疲劳过程是体内能量物质消耗的过程,而休息过程则是能量物质恢复的过程。疲劳与休息,也就是消耗与恢复,两者之间存在对立统一的关系。它们相互制约、相互转化。疲劳要求人休息。因此,为防止疲劳的产生,最好是休息,以保持神经系统的良好状态,才能保持健康和劳动能力。

作业人员在稍微疲劳的时候从事作业是可以的。因为无论从事何种性质的劳动,时间一长,疲劳就会慢慢产生,如果稍微疲劳就停止作业,那也是不恰当的。而且人的疲劳,在一定程度上是可以由心理作用克服的。例如,对安全生产特别重视的作业人员,即使有稍稍疲劳也会被高度的工作责任感所产生的精心操作所克服。反之,如视工作为负担,即使只作业1~2小时,也会感到"疲倦"。因此,稍微疲劳的时候进行作业是可以的,当然,如条件许可在作业过程中作短暂的休息,然后再进行作业,那会更好。但是,在过度疲劳的时候还勉强进行作业,那是很危险的,容易引发事故。

休息有不同的形式,常见的休息形式有工作间歇、工间休息和工作日以外的休息。工作间歇是指作业人员在作业过程中的短暂休息。例如,动作与动作间、作业与作业间的短暂停顿。工作间歇对大脑皮层细胞正常的兴奋与抑制,对肌肉细胞的消耗与补充,都有良好的调节作用,作业人员可借工作间歇来调整体力和脑力。工间休息是指对作业人员在作业过程中所规定的短时间的休息。对任何工作,一般都应规定在工作中有短时间的工间休息,这不仅能增加生产产品的数量,而且能提高生产产品的质量。这是因为在生产过程中,人的机体,尤其是大脑皮层细胞,会遭受耗损,如果作业时间过长,就会使耗损大于恢复,作业人员就会感到吃力,作业能力也就会逐渐降低。因此,应当在这种现象出现以前,进行若干分钟的工间休息,使大脑皮层细胞的生理机能得到恢复,使身体内蓄积的氧债得到补偿。有人对此进行了调查,适当的工间休息。可使劳动生产率提高5%~15%,有的甚至更多。工作日以外的休息是指下班后,星期日和国家法定假日的休息。对这些休息,作业人员应正确利用,才能达到消除疲劳,恢复体力和作业能力的目的。在此休息时间里,以适当的文体活动和安静充足的睡眠最重要。切不可以过度的贪玩而熬至深夜,影响恢复体力和睡眠。

再者,劳动组织合理地调配,对消除疲劳是有很大作用的。人体内存在着一个生物钟,在正常情况下,人是根据这个生物钟按时睡眠和清醒的。一旦生活发生突然变化,生活节奏被扰乱,就会出现到了该睡觉时睡不着,不该睡时又极端困倦的情况。如果经常在这种情况下生活、工作和学习,就会使人体的一些功能发生紊乱,甚至导致疾病的发生,或是抵抗力降低。因此，厂矿企业应根据人体生理的这种特点，科学地、合理地组织安排劳动时间。例如，在一些高温或有毒有害作业实行 6 小时工作制，是有利于作业人员休息的。这种作法，既可以增加作业人员的业余时间，又可满足他们充分的休息和睡眠的生理需要，以便使他们有更多的时间进行学习，了理家务，以及参加各种活动，使他们以更健康的体质和更加充裕的精力投入生产。

此外，在厂矿企业生产活动中提倡鼓干劲应限制在作业人员身心机能允许的范围内，不得让作业人员在极度疲劳的时候继续作业。除了防洪、抢险、救灾、运送危重病人等特殊情况外，都应强调有劳有逸，有张有弛，科学作业，不应提倡什么"苦战××天，迎接……"之类的口号。因为作业人员的作业环境十分复杂，往往发生事故就在一瞬间，所提倡什么苦战之类容易使作业人员极度疲劳，常给国家和人民的生命财产造成不可弥补的损失。

2. 改善作业环境的卫生条件，尽力消除或减少各种职业危害。如作业场所光线不适度，易使人眼厌倦，因而应适当调节作业场所的照明。作业场所喧闹嘈杂，易使人的听觉厌倦，进而感到疲劳，故应尽量消除噪声。又如工作椅或机械把手振动大，那么作业人员在工作时需要不断地做各种小肌肉活动以抗振，这就易使作业人员感到疲劳，因而应对工作椅或操作工具加强防振措施，以减轻振动给人带来的疲劳。高温作业岗位的作业人员应利用休息时间淋浴，改善肺内的气体交换，减少喝水次数，减少汗液的分泌和精力的耗损，调节体温，改善作业人员的疲劳感觉。

再者，作业场所的布置应科学、合理，给作业人员以良好性刺激。对作业场所应加强通风，使作业环境的空气新鲜，温度适应，使作业人员在作业过程中感到舒适愉快。

此外，作业场所及机器设备等的色调，会对人产生心理影响，工作台上工具、材料堆放杂乱，不仅浪费时间，而且也易使人厌倦而产生疲劳之感。

3. 根据疲劳的性质采取不同的措施来消除疲劳。对于急性疲劳只要及时休息，就可很快消除，如果条件允许，可两小时左右休息一次，这样可延缓疲劳的产生。对于慢性疲劳，短暂的体质是不能恢复身心机能的，而应在较长的休息之后，才能使作业人员重新开始作业。

4. 注意休息的方式和环境。人除了极度疲劳需要卧床休息外，以通过睡眠来恢复身心机能。然而，人的疲劳常常是局部性的，如看了两个小时的书，眼睛会感到疲劳，但手和脚并没有疲劳。因此，对一般急性疲劳主要应让疲劳部位恢复正常功能。平常所说的"站着工作，坐着休息"，就是这个缘故。对居于局部性的疲劳，也可采用改变一下姿势来消除，例如，让身体舒展开来，提提腿，伸伸臂，活动活动腰部，就可恢复人的正常功能。

对于休息环境应安静，空气要新鲜，温度最好使人感到凉爽，这种可使人觉得舒服安逸，使人较快地消除疲劳。

5. 根据不同年龄、性别的人，采取不同的措施。年纪大些的作业人员，恢复精力比青年人慢，所以，如条件许可，疲劳后要安排比青年人长一些的休息时间。而对年青人来说，就可安排相对较少的休息时间。对于女职工的特殊情况，可酌情处理，休息时间一般应比同年龄的男性职工稍长些为益。

第五节　人的需要与安全

一、人的安全需要

如果人的生理需要相对地满足了，就会出现一组新的需要，即安全需要。安全需要的主要内容有：

1. 政治安全。即社会安定、和谐。
2. 经济安全。即市场物价稳定，经济收入有保障，收支平衡。
3. 职业安全。即职业选择满意，并相对稳定，无失业之忧。
4. 劳动安全。即生产劳动与工作中无职业病危害，环境与操作安全。
5. 人身安全。即除了包括生产过程中的人身安全以外，还包括在社会生活中人身权利不受侵犯。

安全需要与生理需要紧密联系，都属于人类的低级需要，但不是维持生命所必不可少的。没有人身的安全，其他需要也就无从谈起，没有职业安全，生理需要也就得不到保障。因此，安全需要可以看作是其他需要的基础。作为厂矿企业应尽量满足职工的安全需要，才能解除职工的后顾之忧，以发挥职工在生产中的积极性。

要满足职工的安全需要，须做好如下工作。

1. 各级组织要认真落实党和国家关于安全生产的方针、政策，这是满足职工安全需要的根本保证。
2. 实现文明生产，满足职工在生产过程中的安全。
3. 建立、健全安全技术措施，这是防止和消除伤亡事故的必要手段。
4. 搞好工业生产，改善劳动条件，保障职工身体健康。
5. 完善安全管理制度、安全技术操作规程。
6. 运用法律武器，保障职工的人身安全。
7. 建立和健全各种公共场所设施，切实保障职工生活安定，身心健康。

总之，只要厂矿企业各级组织根据实际情况，采取切实的措施，就一定能满足职工的安全需要。然而，安全需要离不开一定的物质基础，但在我国目前生产力水平较低的情况，解决安全需要需要有一个过程，就在这种物质条件有限的情况下，特别要做好人的工作，以便经过上下大家共同努力，使职工的安全需要逐步地得到满足。

二、需要层次论

美国心理学家马斯洛在1943年提出了"需要层次论"，试图揭示需要的规律。马斯洛把人的基本需要分为五大类，按它们发生先后次序，逐级上升，并认为这些需要是从低级向高级发展的，形成金字塔形的层次。

1. 生理需要。指人生存的基本需要，包括衣、食、住、行等生理机能的需要。在一切需要中，生理需要是最优先的，只有在生理需要得到基本满足后，才能考虑其他的需要。因此，生理需要是人的基本动力。
2. 安全需要。包括心理上与物质上的保障，如要求生产安全、人身安全，职业有保障,有社会保障和退休基金等,这是在生理需要得到基本满足后的必然要求。

3. 社交需要。包含两个方面的内容,一是爱的需要,二是归属的需要。社交需要反映出人是社会的人,需要友谊和群体归属,在人与人的交往中需要彼此同情、互助和赞许。因此,社交需要也是不可缺少的。

4. 尊重需要。包括需要受到别人的尊重和自己具有内在的自尊心。尊重需要体现了人格与人的尊严,对人的独立、自信具有重要意义。

5. 自我实现需要。是指人有实现自己能力与价值的需要。

后来,马洛斯又补充了好奇与美的需要,成为七个层次,见图12-4。

图 12-4 人的需要层次示意图

美国心理学家奥尔德弗修正了马斯洛的理论,他认为人的需要不是五种,而是三种,这三种需要是:

1. 生存需要。包括生理与安全的需要。
2. 相互关系的和谐的需要。包括有意义的社会人际关系。
3. 成长的需要。包括人类潜能的发展,自尊和自我实现。

奥尔德弗的理论简称为 ERC 需要理论,它与马斯洛理论的不同点如下:

1. 马斯洛认为需要是人内在的、天生的、下意识的,而奥尔德弗则认为需要不是天生的。
2. 马斯洛认为需要层次建立在满足——上升的基础上,而奥尔德弗认为需要层次不仅体现满足——上升,而且体现挫折——倒退。挫折——倒退解释为较高的需要如得不到满足时,人们就会把欲望放在较低的需要上。

我们辜且不论究竟是马斯洛理论还是奥尔德弗的 ERG 需要理论更准确地接近实际,但这两种理论都阐明了人有需要,这是客观的,并且人之所以产生动机,是因为有了需要这个原动力才产生的,进而引起行为,这就是需要——动机——行为的三步曲。但也并不是说所有的需要都会产生行为,因为需要与行为之间是依靠动机作为媒介来传递的,只有当某种需要符合由此而引起的行为的客观条件成熟或机遇时,行为才会由此而产生。

三、人的需要与安全生产

所谓需要,是指个体在缺乏某种生理或心理因素时所产生的一种主观状态,是客观需求的反映。客观需要既包括人体内部的生理需要,如衣、食等生理需要,也包括外部的社会需要,如需要相互交往,需要受教育,需要对社会作贡献等。前者反映为生理需要,又称为第一信号需要;后者则是社会发展过程中形成起来的社会性需要,称之为第二信号需要。需要按对象不同来划分,又可分为物质需要和精神需要两种。在物质需要中,既反映着人们对自然界产品的需要,也反映着人们对社会文化用品的需要,精神需要表现为人们对知识的需要、文艺的需要、道德的需要、实现理想及社会交往的需要等。

作为安全技术人员要想调动人的积极性,使人人都来关心安全生产工作,以达到预防伤亡事故发生,搞好安全生产工作的目的,就必须了解人的需要。心理学的研究表明,推动人的积极性有需要、意志、兴趣、理想、信念、世界观等多种因素，但其中需要基础。需要使人产生动机，人的动机影响人的行为。当人产生某种需要而又未得到满足时，会产生紧张的不安心理状态。在遇到能够满足需要的目标时，这种紧张、不安的心理就会转化为动机，并在动机的推动下，进行满足需要的活动，向着目标前进。当他达到了目标，需要得到了满足，紧张、不安的心理状态就会消除。这时，人便又会产生新的需要、新的动机，从而引起新的行为。这样周而复始，使人不断前进，直至生命终止。作业人员在生产过程中有时采取安全行为，有时采取不安全行为，正是为满足其不同的需要，在不同的动机下推动的结果。

在厂矿企业生产过程中，作业人员对自身安全的需要不仅是生命的本能追求，而且与社会需要有密切的联系。因为一个人的生命和健康不仅仅属于他自己，而是与其家庭成员之间存在着密切的联系，也与其工作的厂矿企业及与社会存在着一定的关系。因此，一个作业人员的人身安全和健康关系到他整个家庭，当一个作业人员对自身安全和健康的需要提高到对家庭及社会的一种责任时，对安全需要就会自然而然地得到重视。那么作业人员就会在生产过程中处处、事事重视安全生产，这样，也就可以大大地避免事故的发生，达到厂矿企业安全生产的效果。

为厂矿企业全体人员都重视安全生产，积极参与安全生产工作，对安全技术人员来说，首先应从职工对安全的需要入手，弄清楚他们的需要层次，然后有针对性地为不同层次的人员设置目标，以调动每个职工参与安全生产工作的积极性，发掘人的内部潜力，形成人人关心安全生产，全员参与安全生产活动，积极地为创造良好的安全生产环境而努力工作的局面。这就避免了那种安全生产工作只是安全技术部门或少数人的事的单一局面。因此，安全技术人员在编制年度安全技术措施计划时；在制定安全生产管理制度时，以及在开展某项安全生产活动时，一定要能反映职工的需要。比如，一个作业人员对安全技术措施计划或安全管理提出某种合理化建设被采纳了，这个作业人员就会感到满意，也就会积极主动地关心安全生产工作。这样，厂矿企业的安全生产工作就会得到广大职工群众的大力支持，并共同努力去实现安全技术措施；遵守各项安全生产规章制度；积极地参加各种安全生产活动，厂矿企业的安全生产工作也就会出现一个生动活泼的局面。

第十三章 防火防爆安全技术

第一节 防火防爆基本知识

一、燃烧

燃烧是放热发光的化学反应。例如：锑粉在氯气中燃烧，煤在空气中燃烧。普通所称的燃烧是指某些可燃物质（如：柴、炭、油类、煤气等）在较高温度时与空气中的氧进行剧烈化合而发生的放热发光的现象。此外还有一些特殊的燃烧，就是指某些可燃物质与氧化剂进行剧烈的氧化反应而发生放热发光的现象，例如：氢气在氯气中的燃烧；炽热的铁在氯气中的燃烧等。另外还有分解反应的燃烧，例如：含氧炸药硝化甘油的燃烧等。

虽然一般的氧化反应大多数是放热的，但燃烧反应不同于一般的氧化反应。燃烧的特点是反应激烈，并同时放出大量的热量，而放出的热量又可以把燃烧产物加热到发光的程度。

根据燃烧的这三个特点，可以把燃烧与其他现象区别开来。例如，白炽灯泡内的钨丝在照明时既发光又放出热量，但这不是燃烧，因为它不是一种激烈的氧化反应，而是由电能转变为光能的物理现象。再如，乙醇与氧作用生成乙酸是放热的化学反应，但其反应不激烈，放出的热量尚不足使产物发光，故这也不能视为燃烧。由此可知，只有放热发光现象而没有化学反应的不能叫做燃烧；只有化学反应和放热而没有同时发光的现象也不能叫做燃烧。而煤、木柴等可燃物质用火源点燃后，与空气中的氧发生碳、氢的氧化反应，同时并放出热量和产生发光的火焰，故这种现象才可称为燃烧。

近代燃烧理论用连锁反应理论来解释物质燃烧的本质，认为燃烧是一种游离基的连锁反应。游离基是一种瞬变的、不稳定的中间物，最初的游离基经热分解、光线或放射线照射、氧化、还原、催化、机械作用等过程产生。可燃物质的氧化反应不是直接进行的，而是经过游离基和原子这些中间产物通过连锁反应进行的。

例如：氢气和氧气燃烧的连锁反应

第一步 $\qquad H_2 + O_2 \Longrightarrow 2OH$

第二步 $\qquad OH + H_2 \Longrightarrow H_2O + H$

第三步 $\qquad H + O_2 \Longrightarrow OH + O$

第四步 $\qquad O + H_2 \Longrightarrow OH + H$

第二步、第三步和第四步是带有分支的循环，迅速发展下去，直至终止。

因此，按上所述可燃物质的多数氧化反应不是直接进行的，而是经过游离基和原子这些中间产物，通过连锁反应进行的。

二、燃烧的条件

燃烧并不是在任何情况下都可以发生的。燃烧必须同时具备以下三个条件，缺少其中任何一个条件，燃烧也不会发生。只有当这三个条件同时存在，并互相结合、相互作用达到一定的程度时，燃烧才得以发生和持续进行。

1. 要有可燃物质

不论是固体、液体还是气体，凡能与空气中的氧或其他氧化剂起剧烈化学反应的物质统称为可燃物质。

如：木柴、纸张、汽油、酒精、氢气、乙炔等等，都属于可燃物质。

2. 要有助燃物质

凡能帮助和支持燃烧的物质都称为助燃物质。

如：氧气、氯气、氯酸钾、高锰酸钾等，都属于助燃物质。

一般说来，氧气存在于空气中，其含量可达21％左右。故一般可燃物质在空气中便能燃烧，而隔绝空气，燃烧就会熄灭。然而有些可燃物质与氧化剂接触，即使在没有空气的条件下也能燃烧，例如，氢气在氯气中燃烧。

3. 要有着火源

凡能引起可燃物质燃烧的热源都称为着火源。

如：火柴的火焰、未熄灭的香烟头、静电火花、化学能、聚焦的日光、炽热物体表面、撞击与摩擦产生的火花等等，都属于着火源。

着火源必须具有足够的温度和足够的热量才能引起可燃物质的燃烧。

可燃物质、助燃物质和着火源构成燃烧三要素。然而，燃烧反应在温度、压力、组成和着火源等方面都存在着极限值。在某些情况下，如可燃物质未达到一定的浓度；助燃物质数量不够；或者着火源不具备足够的温度和热量，那么即使同时具备了燃烧的三个条件，燃烧也不会发生。例如，氢气在空气中的浓度小于4％时，便不能点燃；而一般可燃物质在当空气中的氧含量低于14％时，燃烧也不会发生。又如，一根火柴火焰的热量是不能将一大根木材点燃的。

再者，燃烧三要素在数量上的变化，还可以改变燃烧速度或停止燃烧。例如，氧在空气中的浓度降低到14％以下时，燃烧着的木柴即会熄灭；如果减少供给燃烧物质的热量，则燃烧速度会降低，而供给热量不足时，燃烧即能停止。因此，要使可燃物质发生燃烧，不仅要同时具备燃烧的三个基本条件，而且每个条件都还需要具备一定的数量，并彼此互相作用，否则就不会发生燃烧。对于已经进行的燃烧，如果破坏其中的任何一个条件，燃烧即会停止。

掌握了物质燃烧的条件及其他们之间的相互关系，对做好消防安全技术工作有着实际应用意义。由此可知预防火灾和灭火措施的基本原理。

一切防火措施都是防止燃烧必要三个条件的同时具备和产生在一起，并不让它们互相结合、相互作用。例如，在厂房空气中降低可燃气体、蒸气和粉尘及纤维的浓度就是为了控制可燃物质；黄磷存于水中、二硫化碳用水封存就是为了隔绝空气，杜绝与助燃物质接触；仓库严禁烟火，以及安装避雷装置等，就是为了消除着火源。

一切灭火措施都是破坏已经发生的燃烧的条件，不论采用任何一种灭火方法，若消除其中一个燃烧的条件，燃烧就会迅速终止。

三、燃烧过程

大多数可燃物质的燃烧均是在气体或蒸气的状态下进行的。因此，由于燃烧着的气体或蒸气的扩散，会产生火焰，然而多数可燃物质的燃烧通常都伴随有火焰产生。

可燃物质的燃烧过程如图 13-1。

该图表明，任何可燃物质的燃烧都必须经过氧化分解、自行着火和燃烧等阶段。然而，由于可燃物质的状态不同，其燃烧的过程也不相同。

气体物质在受到热的作用后，开始氧化分解，并放出热量，当其自身放出的热量和外界供给的热量使其温度达到燃点时，即开始自行着火，发生燃烧。因此，气体物质最容易燃烧，并能在很短的时间内全部烧光。

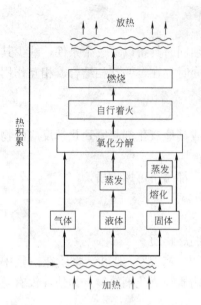

图 13-1 可燃物质燃烧过程示意图

液体物质在受到热的作用后，首先蒸发，然后其蒸气再进行氧化分解和自行着火、燃烧。

固体物质在受到热的作用后有两种情况，大多数固态物质如石蜡、梯恩梯炸药等，先行熔化，然后化为蒸气；而另一些固态物质如沥青、木柴等，则分解放出气体或蒸气，并留下一些不分解、不挥发的固体。前者燃烧只在气态进行，后者燃烧既在气态进行，也在固体表面进行。在气态进行的燃烧均伴有火焰，而在固体表面进行的燃烧往往则无火焰。例如下列反应。

$$C_2H_5OH + 3O_2 \xrightarrow{燃烧} 2CO_2 + 3H_2O \text{（产生火焰）}$$
（酒精）

$$C + O_2 \xrightarrow{燃烧} 2CO_2 \text{（不产生火焰）}$$
（木炭）

此外，还有少数可燃物质如金属铝粉，不在气态下燃烧，也不发生火焰，但由于高温的作用会发生炽烈的白光。

$$4Al + 3O_2 \xrightarrow{燃烧} 2Al_2O_3 \text{（发炽烈白光）}$$
（铝粉）

无论哪一种可燃物质的燃烧，其燃烧过程都放出大量的热。放出的热量又加热了可燃物质，使没有燃烧的部分达到燃点，又发生燃烧。这样，激烈的氧化反应持续不断地进行下去。若是没有外界因素的干扰，燃烧过程将在燃烧的三个条件得到满足的情况下持续进行，直至燃烧的三个条件之一丧失，如可燃物质烧完，燃烧才会停止。

四、气体燃烧速度

由于气体的燃烧不需要象固体、液体那样需经过熔化、蒸发等过程，所以燃烧速度很快。

气体的燃烧速度随物质的组成不同而异。简单气体燃烧如氢气只需受热、氧化等过程;而复杂的气体如天然气、乙炔等则要经过受热、分解、氧化过程才能开始燃烧。因此,简单的气体比复杂的气体燃烧速度要快。

在气体燃烧中,扩散燃烧速度取决于气体扩散速度,而混合燃烧速度则取决于本身的化学反应速度。在通常情况下混合燃烧速度高于扩散燃烧速度。气体的燃烧性能也常以火焰传播速度来衡量。某些气体与空气的混合物在25.4mm直径的管道中火焰传播速度的试验数据见表13-1。

某些可燃气体在直径25.4mm管道中火焰传播速度(m/s)　　表13-1

气体名称	最大火焰传播速度	可燃气体在空气中的含量(%)	气体名称	最大火焰传播速度	可燃气体在空气中的含量(%)
氢	4.83	38.5	丁烷	0.82	3.6
一氧化碳	1.25	45	乙烯	1.42	7.1
甲烷	0.67	9.8	焦炉煤气	1.70	17
乙烷	0.85	6.5	发生炉煤气	0.73	48.5
丙烷	0.82	4.6	水煤气	3.1	43

火焰传播速度在不同直径的管道中测试时其值不同,一般随着管道直径增加而增加,当达到一定直径时速度就不再增加。同样,随着管道直径的减少而减少,并在达到某种小的直径时火焰在管道中就不再传播。表13-2表示甲烷和空气混合物在不同管径下的火焰传播速度。

甲烷和空气混合物在不同管径时的传播速度(cm/s)　　表13-2

火焰传播速度 \ 管径(cm) \ 甲烷含量(%)	2.5	10	20	40	60	80
6	23.5	43.5	63	95	118	137
8	50	80	100	154	183	203
10	65	110	136	188	215	236
12	35	74	80	123	163	185
13	22	45	62	104	130	138

此外,在管道中测试火焰传播速度时还与管道材质以及火焰的重力场有关。如含10%甲烷与空气的混合气,在管道平放时,火焰的传播速度为65cm/s,管道向上垂直放时为75cm/s,而管道向下垂直放时为59.5cm/s。

如果在大管径中燃烧的混合物在小管径中熄灭,这种现象是由于在管道直径减小时增加了热量损失所造成。按热量损失的观点分析,加热区域与反应区域的比例是:

$$\frac{2\pi r \cdot h}{\pi r^2 \cdot h} = \frac{2}{r} \text{ 或等于 } \frac{4}{d}$$

式中　d——直径;
　　　r——半径;
　　　h——反应区长度。

对于直径为 10cm 的管子，这个比例值等于 0.4，而对于直径为 2cm 的管子这个比例值等于 2。由此可见，随着管子直径的减小，热量损失就逐步加大，燃烧温度与火焰传播速度也就相应降低，直至停止传播。阻火器就是根据这一原理而制成的。

五、液体燃烧速度

液体燃烧速度取决于液体的蒸发。其燃烧速度有两种表示方法。一种是以每平方米面积上，每小时烧掉液体的质量来表示，称为液体燃烧的质量速度。另一种是以每小时烧掉液体层的高度来表示，称为液体燃烧的直线速度。

液体的燃烧速度与液体的初始温度、贮罐的直径、罐内液面的高低以及液体中水分含量的多少等，有着很大的关系。例如，液体的初始温度越高，其燃烧速度越快；贮罐中低液位燃烧比高液位燃烧的速度要快；不含水的液体比含水燃烧速度要快。

液体的燃烧是先蒸发后燃烧，易燃液体在常温下蒸气压就很高，因此有火源或灼热物体等靠近时便能起火燃烧。随后，火焰便很快地沿着液体表面蔓延，其速度可达 0.5～2m/s。其他一些可燃液体则必须在火焰或灼热物体长时间的作用下，使其表面层强烈受热而大量蒸发后才能起火燃烧，故在常温下生产，使用这类液体的厂房就没有火灾爆炸的危险。这类液体着火后只在不大的地段上燃烧，火焰在液体表面蔓延得较慢。

为了使液体燃烧持续下去，必须向液体传入大量的热量，使表层的液体被加热蒸发。火焰向液体传热的途径是靠辐射，故火焰沿液面蔓延的速度除决定于液体的初始温度、热容、蒸发潜热外，还决定于火焰的辐射能力。如苯在初温 16℃时燃烧速度为 165.37kg/(m²·h)；而在 40℃时为 177.18kg/(m²·h)；在 60℃时则为 193.3kg/(m²·h)。

此外，风速对火焰蔓延速度也有很大的影响。一些易燃液体的燃烧速度见下表 13-3。

一些易燃液体的燃烧速度　　　　　　　　　　表 13-3

物质名称	燃　烧　速　度	
	直线速度(cm/h)	质量速度[kg/(m²·h)]
苯	18.9	165.37
乙醚	17.5	125.84
甲苯	16.08	138.29
航空汽油	12.6	91.98
车用汽油	10.5	80.85
二硫化碳	10.47	132.97
丙酮	8.4	66.36
甲醇	7.2	57.6
煤油	6.6	55.11

六、固体燃烧速度

固体物质的燃烧速度，一般要小于可燃气体和可燃液体。不同性质的固体物质，其燃烧速度有很大差异。如萘及其衍生物、松香、三硫化磷等在常温下都是固体，其燃烧过程是受热熔化、蒸发、氧化分解、起火燃烧，一般速度较慢。但有的固体物质，如硝基化合物、含硝化纤维素的物品等，其本身含有不稳定的基团，燃烧是分解式的，故燃烧比较剧烈，速度较快。

对于同一种固体物质其燃烧速度还取决于燃烧比表面积。即燃烧的表面积与体积的比例越大,则燃烧速度越快,反之,则燃烧速度就越慢。

七、燃烧产物

至于燃烧产物,与可燃物质的种类和燃烧过程的完全程度有关。

一般可燃物质的燃烧分为完全燃烧和不完全燃烧两种情况。如燃烧的结果生成再也不能燃烧的产物,如二氧化碳、水蒸气等,这样的燃烧称为完全燃烧。如燃烧过程中由于氧含量不足,则燃烧产物除了二氧化碳和水蒸气外,还有一氧化碳和未燃烧尽的碳,以及少量的其他物质等,这样的燃烧称为不完全燃烧。然而,在实际火场中,可燃物质的燃烧通常为不完全的燃烧。

根据物质不灭定律,可燃物质在燃烧过程中,物质并没有消失,而是生成了其他一些新的物质,主要是生成大量的炽热烟气,而炽热烟气的组成又取决于可燃物质的成分,但一般都是由二氧化碳和一氧化碳以及少量的其他物质所组成。

所谓烟气是物质高温分解或燃烧离析出来的悬浮在空气中的固体、液体及气体的混合物。

在实际火场中,可燃物质的成分及燃烧产物是十分复杂而又繁多的。现已发现燃烧生成物达100种以上。

所有含碳物质在燃烧时均能同时产生一氧化碳、二氧化碳,两者的比例受到实际燃烧时空气量大小的影响。此外,还会产生多种有机化合物,如甲烷、丙烷等简单的碳氢化合物;乙醛、丙烯醛等不完全的氧化物;以及多环芳香烃族化合物等较复杂的有机化合物。

大量的自然与合成物质中还含有氮、硫及卤素等元素,这些物质在燃烧时,可产生氢氰酸、氮氧化物、二氧化硫、氨及氢卤酸,也可能出现异氰酸盐、腈类以及其他有机化合物等。

某些可燃物质燃烧生成烟气混合物的组成见表13-4。

几种可燃物质燃烧后烟的组成 (试料 1kg) 表 13-4

燃烧产物质量(kg) / 可燃物质名称	自由燃烧							阴燃燃烧						
	二氧化碳	一氧化碳	醛	光气	氢氰酸及氰基	氨	氯气	二氧化碳	一氧化碳	醛	光气	氢氰酸及氰基	氨	氯气
聚苯乙烯	0.192	0.142						1.698	0.504	0.003				
乙基纤维素	2.294	0.440						0.202	0.172	0.012				
氯乙烯树脂	0.433	0.229		0.0001			0.496	0.743	0.086		0.00008			0.473
尼龙66	1.226	0.304	0.0064		0.0076	0.032		0.907	0.355	0.0065		0.0093	0.210	
人造丝	1.836	0.116						1.130	0.225					
羊毛	1.641	0.446			0.007		痕迹	0.650	0.138			0.003	0.035	痕迹
绢	1.352	0.634	0.0024		0.036	0.053		1.033	0.141	0.0012		0.007	0.308	
木材	1.626	0.270	痕迹					0.934	0.366	痕迹				痕迹
纸	1.202	0.135						1.001	0.273	痕迹				

在实际火场上所产生的浓烟,使能见度迅速降低。为了正确判断方向,脱离险境,通常所要求的能见度最低限度为5m。由于能见度降低,使处于火灾中的人员难以辨别前、

后、左、右方向，逃生、救火均发生困难；如果能见度降到 3m 以下，逃离火场就很困难了。因此，火灾中人员的遇难，很多是由于在浓烟中被窒息而死，真正因烧伤毙命的并不多，可见烟比火更为可怕！所以，目前对烟的研究已经引起了有关部门和人员的重视。

因此，在实际火场中，大量的可燃物质产生大量的烟气，以及高温和缺氧等，对在火场上的人员和消防队员形成一个非常危险的环境。

现将燃烧产物以及燃烧产生的高温和缺氧对人体的危害作用叙述如下。

1. 一氧化碳。为无色、无味、无嗅、无刺激性气体，相对密度 0.97。据调查，许多火灾中中毒致死者主要是由于吸入含一氧化碳的烟气所致。一氧化碳的毒性在于使血液中产生碳氧血红蛋白，使血液输氧能力减退，而导致缺氧，严重时就会造成死亡。通常在火场的大气中，一氧化碳的浓度可达几千 $\mu L/L$，即使浓度较低时，对一部分人也有危险。因为人在一氧化碳浓度为 $1000 \sim 1200 \mu L/L$ 的环境中，一小时后即有不舒服的感觉；在 $1500 \sim 2000 \mu L/L$ 的浓度环境中吸入 1h 就会发生危险；吸入 $4000 \mu L/L$ 浓度不到 1 小时就会致死；若吸入浓度为 $10000 \mu L/L$ 1 分钟即可造成死亡。

据有关资料统计，火灾死亡病例中有一半是由于吸入一氧化碳所致。

2. 二氧化碳。为无色、无味气体，相对密度 1.53。一定浓度的二氧化碳对人的呼吸有刺激作用，当人体内二氧化碳增多时，能刺激人的中枢神经系统，使呼吸频率加快，由此而促进对毒物、刺激性气体的吸收，加重中毒危险。当空气中二氧化碳含量达 2% 时，呼吸频率和呼吸深度将增加 50%；含量达 3% 时，将随之增加一倍；含量达 5% 时，虽然在这个浓度中吸入一小时还不会产生严重的副作用，但部分人员会发生呼吸迟缓和呼吸困难；当含量达 10% 时，可使人发生昏迷状态；当含量达 20% 时，便可使人呼吸处于停顿状态，失去知觉，在短时间内死亡。

二氧化碳在火灾初起阶段时，空气中的含量通常为 3%～4%；燃烧猛烈时，空气中的含量可达 13%。

3. 氢氰化合物。氢氰化合物是速效毒物之一，其导致火灾中死亡的原因，目前尚不如一氧化碳清楚。氢氰化合物能够抑制酶的产生，阻碍正常细胞的新陈代谢，使氧不能被有效地利用，从而引起细胞极度缺氧而发生窒息。

人血液中含氰浓度大于 $1 \mu g/mL$，便可出现明显的中毒反应。血液中若含氰浓度大于 $3 \mu g/mL$，往往会致人死亡。

据有关资料统计，70% 的火灾受害者，血液中的含氰浓度会增加；35% 的受害者，可能含有氰中毒。

4. 刺激性气体。人体会由于吸入含刺激性气体和悬浮在空气中的溶胶粒子烟气，引起咳嗽和流泪，并影响呼吸系统，刺激呼吸道粘膜和引起肺部并发症。

5. 高温。高温可使人的心脏跳动和呼吸加快，血压上升，产生判断上的错误。此外还可以灼伤人的气管和肺部，促使毛细管破坏，使人的血液不能正常循环，因而造成死亡。

人体的皮肤受到强烈的辐射热后，会被烧伤。

人体的皮肤感到疼痛与辐射热强度有以下关系。

当辐射热强度为 $4521.744 J/(m^2 \cdot h)$ 时，人体的皮肤能耐受长时间暴露；当强度为 $7536.24 J/(m^2 \cdot h)$ 时，人体皮肤 1 分钟后感到疼痛；当强度为 $15072.48 J/(m^2 \cdot h)$ 时，

人体皮肤 10~20 秒后感到疼痛；当强度为 37681.2J/(m²·h) 时，人体皮肤 3 秒后感到疼痛，10~20 秒后即被烧伤。

而室温与人能生存的极限时间又有以下关系。

当室温为 65℃时，人的生存极限为 60 分钟以内；当室温为 100℃时，人的生存极限为 25 分钟以内；当室温为 120℃时，人的生存极限为 15 分钟以内；当室温为 143℃时，人的生存极限为 5 分钟以内；一般来说，人在呼吸处的温度不能超过 149℃。

6. 缺氧。氧气是人体生存的重要条件。人对氧气的需要量是随着人的体质强弱及劳动强度的大小而决定的。休息时平均每人每分钟需氧 0.25L；行走和劳动时平均每人每分钟需氧 1~3L。

空气中的氧气含量减少会对人体健康产生影响，当空气中氧含量为 17% 时，便可引起喘息，呼吸有些困难；当氧含量为 15% 时，呼吸及脉搏跳动急促，感觉及判断能力减弱，失去工作能力；当氧含量为 10%~12% 时，失去理智，时间稍长便有危险。

正常空气中的氧含量约为 21%，而由于可燃物质的燃烧需要大量的氧，故致使火场中的氧气含量逐渐减少。空气中的氧含量在火灾初起阶段一般为 19%~16%；在燃烧猛烈时，空气中的氧含量为 6%~7%。

通常将氧气在空气中的含量 10%、二氧化碳在空气中的含量 10%、一氧化碳在空气中的含量 1.28%、人在呼吸处的空气温度 149℃定为人可以生存的极限值。

掌握燃烧产物对人体的危害，对于火场上疏散的人员和扑灭火灾战斗的消防队员，就需注意人身安全，防止意外事故的发生。然而，化学危险物品的燃烧产物，随着物质种类和燃烧条件的不同有很大的差异。有些化学危险物品在燃烧时会分解产生大量剧毒的气体。因此，消防人员在扑救这类物品的火灾时，除需遵守有关的安全技术规定以外，还应采取相应的防护措施。

八、燃点

所谓燃点，系指可燃物质受热并被点燃后，所放出的燃烧热，能使该物质挥发出足够量的可燃蒸气来维持燃烧的继续。此时加温该可燃物质，使之能开始持续燃烧所需的最低温度，称为该物质的燃点。

燃点也称为着火点。可燃物质的燃点越低，越容易燃烧。

在燃点温度时之所以能够形成持续的燃烧，是因为在燃点温度时，可燃物质蒸发的速度比闪点时稍快，其蒸气量足以供给连续不断地燃烧。在连续燃烧的最初阶段，火焰周围的物质的温度可能刚刚达到其燃点，但随后温度会不断升高，促使蒸发进一步加快，火势逐渐扩大，形成稳定的连续燃烧。

在实际情况中，可燃物质的燃点不会是恒定的数值。那些公开发表的数据是在实验设备齐全及严格控制试验条件下测得的。但这些数据对实际情况仍有重要的参考价值。

掌握物质的燃点，在防火工作中就能采取许多行之有效的安全技术措施。例如，木材烘房的温度应控制在其燃点 250℃以下，倘若烘烤棉纱、布匹，温度还要更低一些。此外，灭火时所采用的冷却法，其原理就是将燃烧物质的温度降低到它的燃点以下，使之不再燃烧。

一些可燃物质的燃点参阅下表 13-5。

某些可燃物质的燃点　　　　　　　　表 13-5

物 质 名 称	燃点(℃)	物 质 名 称	燃点(℃)
黄磷	34	蜡烛	190
松节油	53	布匹	200
樟脑	70	麦草	200
灯油	86	硫磺	207
赛璐珞	100	豆油	220
橡胶	130	烟叶	222
纸张	130	粘胶纤维	235
棉花	150	松木	250
麻绒	150	无烟煤	280～500
漆布	165	涤纶纤维	390

九、自燃

当可燃物质的温度达到其燃点，在空气中遇明火就能燃烧，这已是众所周知的普通常识，但对于没有明火作用能发生自行燃烧的现象，却不太为大多数人所熟知，可燃物质的自燃是引起火灾的一个重要原因。

所谓自燃是指可燃物质在无外界直接火源的情况下，发生自行燃烧的现象。

自燃又可分为受热自燃和本身自燃。

1. 受热自燃

可燃物质在有外界热源的作用下，其温度升高，当达到其自燃点时，即发生燃烧，这种现象叫做受热自燃。

当可燃物质与空气一起被加热时，首先开始缓慢氧化，其氧化反应产生的热量使物质的温度升高，同时也有部分热量随即消散。若物质受热少，则氧化反应速度慢，其反应所产生的热量小于消散的热量，则温度不会再上升，也就不会发生燃烧。若物质继续受热，使氧化反应加快，当反应所产生的热量超过消散的热量时，温度则会逐步升高，以至达到该可燃物质的自燃点而发生自动燃烧。这种自燃就是受热自燃。

在厂矿企业生产过程中，可燃物质由于加热、烘烤过度、接触炽热物体表面、撞击摩擦等，均能引起受热自燃。

2. 本身自燃

某些可燃物质在没有外来热源作用的情况下，由于其本身内部所进行的生物、物理或化学作用的过程而产生热量，由于自行发热与散热长期处于不平衡状态，使热量积蓄下来，而积蓄的热量又进一步加速化学反应，使可燃物质的温度不断上升，逐渐达到其自燃点时，便会引起自动燃烧。这种自燃就是本身自燃。

例如，渗油的纸或布，潮湿的柴草或煤屑等可燃物质，大量堆积在通风不良的环境中，在没有外来热源的情况下，长期自行发热，热量又不易散发，使温度逐渐升高，最后达到其自燃点时，就会自动发焰燃烧。

这些能本身自燃的物质多数都呈多孔状、粉末状或纤维状，与空气的接触面积大，容易发生氧化作用。加之空气的导热性差，因而热量容易积聚。而气温高、空气潮湿则是促使这些可燃物质本身自燃的自然条件。

具有这种性质的可燃物质，在厂矿企业生产过程中，有作清洁用的含有不饱和油脂的棉纱、纸屑等，还有经油浸过的脱脂渣，精炼石油用过的过滤布等。除此之外，还有低碳的煤粉、矿山的硫化矿石粉，以及胶木粉、橡胶粉、活性炭等。

自行发热引起本身自燃的原因很多，大致包括有：分解热、氧化热、吸收热、聚合热、发酵热等。

在消防安全技术工作中，掌握可燃物质的受热自燃和本身自燃的原因，以及可燃物质的自燃点，就可在生产、贮存、使用和防火、灭火中，采取相应的安全技术措施。如，将可燃物质与取暖设备、电热器等热源留出足够的间距，当它们之间不可能有足够间距时，就必须用热绝缘材料等把可燃物质与热源隔离起来，防止受热自燃；烘烤、熬炼可燃物质时，须注意控制其温度，使之不超过自燃点；清除缠绕和散落在机器轴承及摩擦部件上的可燃物质，以防摩擦生热使可燃物质受热自燃；将黄磷保存于水中，防止在空气中本身自燃；控制柴草的湿度，防止柴草垛本身自燃，等等。

在火灾扑救中，用水冷却火区周围的可燃建筑物或构筑物，将可燃物品搬离火区，均可防止受火区辐射热的热气流作用而引起受热自燃。

十、自燃点

可燃物质受热发生自燃时的最低温度，称为自燃点。

可燃物质的自燃点，通常以（℃）表示。可燃物质的自燃点越低，发生燃烧的危险性也就越大，因此，自燃点能作为鉴别各种可燃物质发生自燃危险性的数据。

常见可燃物质与易燃固体的自燃点分别见表13-6和表13-7。

常见可燃物质的自燃点 表13-6

物 质 名 称	自燃点(℃)	物 质 名 称	自燃点(℃)
二硫化碳	102	乙炔	305
乙醚	170	氢	560
煤油	380~425	石油气	446~480
汽油	280	乙烯	425
重油	380~420	甲烷	537
原油	380~530	水煤气	550~600
甲醇	455	天然气	550~650
乙醇	422	一氧化碳	605
甲胺	430	焦炉气	640
苯	555	氨	630
醋酸	485	半水煤气	700
硫化氢	260		

常见易燃固体的自燃点 表13-7

名 称	自燃点(℃)	名 称	自燃点(℃)
黄(白)磷	34~45	木炭	350
赤磷	260	煤	400
硫磺	232	蒽	470
赛璐珞	180	萘	526
松香	240	乌洛托品	685
木材	250	焦炭	700
沥青	280	石墨	750
樟脑	466	无烟煤粉	600

十一、自燃点的影响因素

影响可燃物质的自燃点的因素很多。因此可燃物质的自燃点不是固定不变的,而是随着压力、浓度、催化剂、温度、容器特征、散热等条件的不同有相应的变更。

气体和液体的压力增高,自燃点即降低,压力越高,则自燃点越低。例如,汽油的自燃点在 0.1MPa 下为 480℃,在 1MPa 下便下降为 310℃,在 2.5MPa 下还会继续下降到 250℃。因此,可燃气体在压缩过程中容易发生爆炸,自燃点降低便是其中原因之一。

自燃点与浓度的关系不是线性关系。浓度较低时,自燃点较高,随着浓度的增加,自燃点便降低,但至一定程度后,自燃点又开始升高。

自燃点还受催化剂的影响。加入活性催化剂(如铁、钴、镍的氧化物),会降低物质的自燃点。而加入钝性催化剂则会提高物质的自燃点。例如,在汽油中加入抗爆剂四乙基铅就是一种钝性催化剂。

另外,容器的壁与加热面也有催化性能,因容器的材质不同所测得的自燃点数值也不相同,这种现象称为接触影响。例如,汽油的自燃点在铁管中测得为 685℃,在石英管中测得则为 585℃,而在铂坩埚中测得却为 390℃。

此外,容器的直径与其容积的大小对物质的自燃点也有影响,当容器的直径很小时,由于热量散发很快,可燃性混合物一般便不能自行燃烧。

可燃气体中含氧量的增加,也将使其自燃点降低。如果可燃气体与氧气或空气以适当的比例混合,则燃烧可在混合物中高速扩展,以至达到爆炸的速度。

固体物质的自燃点除决定该物质的理化性质以外,还与固体物质的粉碎程度有关,粉碎得越细,其自燃点也就越低。现将硫铁矿矿粉的自燃点随其粒度变化情况列于下表 13-8 中。

硫铁矿矿粉的自燃点　　　　　　　　表 13-8

分级	筛子网眼尺寸(mm)	自燃点(℃)	分级	筛子网眼尺寸(mm)	自燃点(℃)
1	0.20~0.15	406	3	0.10~0.086	400
2	0.15~0.10	401	4	0.086	340

因此,许多金属在块状时不易燃烧,而在粉末状态下却十分容易燃烧。

还有些固体物质,其自燃点与受热的时间长短有关,如木材,棉花等纤维素物质,加热时间越长,自燃点也越低。

十二、闪燃与闪点

各种可燃液体的表面都有一定量的其可燃液体的蒸气存在,其蒸气的浓度取决于该液体的温度,当火源或炽热物体接近可燃液体时,其液上的蒸气与空气的混合物会发生一闪即灭的燃烧,这种现象称为闪燃。

闪燃通常发生蓝色的火花,出现瞬间的火苗或闪光,而且一闪即灭。这是因为可燃液体是以挥发的蒸气与空气混合后遇火源而发生燃烧的,这时可燃液体在该温度下蒸发速度并不快,蒸发出来聚积在表面的蒸气仅能维持一刹那的燃烧,新的蒸气还来不及补充,继续燃烧不能维持下去，所以一闪便灭了。

闪燃是可燃液体的特征之一，它往往是引起火灾事故的先兆。

闪点是指可燃液体挥发出来的蒸气与空气形成混合物，遇火源能够发生闪燃时的最低温度。

闪点这个概念主要适用于可燃液体。但有些固体也能在室温下挥发或缓慢蒸发可燃蒸气，如樟脑、萘和磷等，也有闪点。

闪点与物质的饱和蒸气压有关，饱和蒸气压越大，其闪点越低。同一液体的饱和蒸气压随其温度的增高而变大，所以温度较高时容易发生闪燃。如果可燃液体的温度高于它的闪点，那么，一接触火源就有发生燃烧的危险。

影响闪点的因素很多，对于同类液体，分子量越大，则闪点越高。例如，甲醇、乙醇、丙醇和丁醇的分子量分别为 32、46、60 和 74，其闪点则分别为 7℃、11℃、20℃和 35℃。

汽油的闪点随馏分温度的增高而增加，如 50~60℃馏分者，其闪点为 −58℃；140~150℃馏分者，其闪点为 10℃。混合液体的闪点一般低于每种液体闪点的代数平均值。闪点还与其溶液的性质和所占比例有关，如表 13-9 所示。

乙醇水溶液的闪点 表 13-9

溶液中乙醇含量(%)	闪点(℃)	溶液中乙醇含量(%)	闪点(℃)
100	9.0	20	36.75
80	19.0	10	49.0
60	22.75	5	62.0
40	26.75	3	—

当乙醇含量为 100% 时，其闪点为 9℃；当其水溶液乙醇含量为 80% 时，其闪点为 19℃；当含量为 5% 时，其闪点为 62℃；当含量为 3% 时，便不会有闪燃现象。

下面列举一些可燃液体的闪点供参阅，见表 13-10。

常见易燃、可燃液体的闪点 表 13-10

液体名称	闪点(℃)	液体名称	闪点(℃)
乙醚	−45.0	原油	−20~100
丙酮	−19.0	煤油	18~62
汽油	−42.8	苯	−11.1
甲醇	7.0*	重油	50~158
乙醇	11.1	桐油	243

*浓度为 85% 的甲醇，其闪点是 11℃。

物质的"闪点"与"燃点"不同，"闪点""略低于""燃点"，对于一些可燃液体其闪点比其燃点略低 1~5℃。

闪点是衡量可燃液体燃烧性质的最好量度。不同的可燃液体有不同的闪点，闪点越低，火险越大。因此，根据物质的闪点可以区别各种可燃液体的火灾危险性。例如，煤油的闪点是 27~45℃，它在室温（一般为 15~20℃）下与火源接近是不能立即发生燃烧的，这是因为室温比闪点低，蒸发出来的油蒸气量很少，不能闪燃，更不能燃烧。只有将煤油加热到 27~45℃时，才能闪燃，继续加热到燃点温度时，才会燃烧。这就是说，低于闪点温度时，在液面表层不会形成油蒸气与空气的可燃混合气，因而遇到火源的短时间作用并不会燃烧，只有在闪点温度以上才有发生燃烧的危险。

再者，闪点是液体易燃性分级的依据，故在防火规范中有关物质危险等级的划分是以闪点为基准的。

此外，根据闪点可以确定易燃和可燃液体在生产、加工、运输和贮存时的火灾危险性，进而针对其火险的大小，采取相应的防火、防爆安全技术措施。因此，闪点对做好防火工作意义很大。

十三、闪点的测定

测定闪点的仪器有开口式和闭口式两种。

开口式是在敞开的容器中加热被测可燃液体的试样，在规定的条件下，测得其试样的蒸气与火焰接触时发生闪燃的最低温度，即为开口式闪点。闪点数据标有"OC"（Open Cup）就是指开口式测定的闪点数值。

开口式一般用于测定闪点较高的液体物质。

闭口式则是在密闭的容器中进行测定，使被测可燃液体的试样，在规定的条件下，加热到它的蒸气与火焰接触时发生闪燃的最低温度，即为闭口式闭点。在所见资料中，如无说明，其所列的闪点数据一般通指闭口式测定的闪点数值。

闭口式通常用于测定闪点较低的液体物质。

同一液体，由于测定的方法不同，故所测得的闪点数值也不相同。开口式测定的闪点数值要比闭口式测定的闪点数值略高一些。

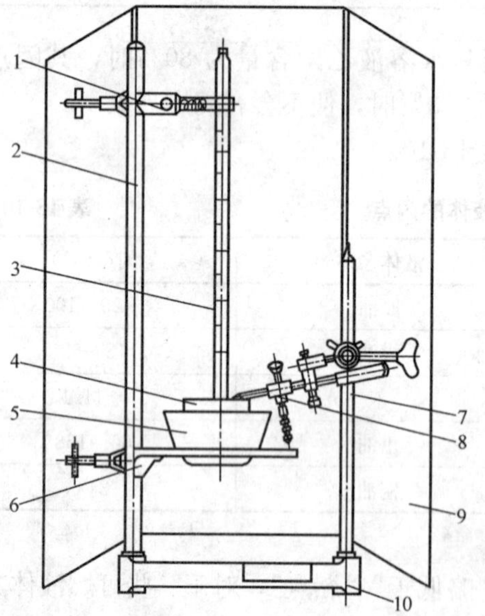

1. 用开口式仪器测定闪点和燃点。

测定仪器：所需仪器即为开口杯闪点测定器，如图 13-2 所示。此仪器可采用煤气灯、酒精灯或适当的电加热器加热，但测定闪点高于 200℃时必须使用电加热器。

准备工作：

（1）被测试样的水分＞0.1%时，必须进行脱水处理。脱水处理是在其试样中加入新煅烧并冷却后的氯化钠、硫酸钠或氯化钙等脱水剂进行。

试样的闪点低于 100℃时，在脱水处理时不必加热，其他试样可加热至 50~80℃时用脱水剂进行脱水。脱水后，取试样的上层澄清部分供测定使用。

（2）内坩埚用无铅汽油洗涤后，放在加热器上进行加热。待内坩埚冷却至室温时，放入装有经过煅烧的细砂的外坩埚中，并使细砂表层距离内坩埚的口部边缘约 12mm，

图 13-2 开口杯闪点测定器
1—温度计夹；2—支柱；3—温度计；4—内坩埚；
5—外坩埚；6—坩埚托；7—点火器支柱；
8—点火器；9—屏风；10—底座

同时使内坩埚底部与外坩埚底部之间保持 5~8mm 厚度的砂层。对闪点在 300℃ 以上的试样进行测定时，两只坩埚底部之间的砂层厚度可以酌量减薄，但在测定时必须仍能保持所规定的升温速度。

(3) 试样注入内坩埚时，对于闪点在 210℃ 以下的试样，液面装到距坩埚口部边缘 12mm 处，即内坩埚的内上刻线；而对于闪点高于 210℃ 的试样，液面装到距口部边缘 18mm 处，即内坩埚的内下刻线。

试样向内坩埚注入时，不应溅出，并且液面以上的坩埚壁上不应沾有试样。

(4) 将装好试样的坩埚平稳地放置在支架上的铁环中，再将温度计垂直地固定在温度计夹上，并使温度计的水银球位于内坩埚中央，与坩埚底和试样液面的距离大致相等。

(5) 测定装置应放在避风和光线较暗的地方。为使闪点现象能够观察得更加清楚，测定装置须用防护屏围好。

闪点的测定：

(1) 加热坩埚，使试样逐渐升高温度，当温度达到预计闪点前 60℃ 时，须调整加热速度，使试样温度达到闪点前 40℃ 时能控制升温速度，使之每分钟升高 4±1℃。

(2) 试样温度达到预期闪点前 10℃ 时，将点火器的火焰放在距试样液面 10~14mm 处，并沿着该水平面的坩埚内径作直线移动；从坩埚的一边移至另一边所经过的时间为 2~3s。试样温度每升高 2℃ 应重复作一次点火试验。点火器的火焰长度应预先调整为 3~4mm。

(3) 试样液面上方最初出现蓝色火焰时，立即从温度计上读出该时的温度，即为闪点的测定结果。

燃点的测定：

(1) 在测得试样的闪点之后，如果还需要测定其燃点，应继续对外坩埚进行加热，使试样的升温度为每分钟升高 4±1℃。然后，在试样每升高 2℃ 时，按上述测定闪点时的方法用点火器的火焰进行点火试验。

(2) 试样接触火焰立即燃烧，并保持继续燃烧不少于 5 秒，此时立即从温度计上读出该时的温度，即为燃点的测定结果。

精确度：

(1) 对于闪点，两个平行测定的结果，如果所测试样的闪点≤150℃ 时，其闪点的误差数值不应超过 4℃；如果所测试样的闪点＞150℃ 时，其闪点的误差数值不应超过 3℃。

然后用平行测定的两个结果的算术平均值，作为被测试样的闪点。

(2) 对于燃点，两个平行测定的结果，其燃点的误差数值不应超过 6℃。

然后用平行测定的两个结果的算术平均值，作为被测试样的燃点。

大气压力对闪点影响的修正：

(1) 大气压力低于 745mmHg 柱时，测定所得的闪点可按下式进行修正，精确到 1℃。

$$t_0 = t + \Delta t$$

式中　t_0——在 760mmHg 柱大气压力时的闪点，℃；

　　　t——在 P mmHg 柱大气压力时测得的闪点，℃；

Δt——修正数,℃。

(2) 大气压力在 540~760mmHg 范围内,修正数 Δt 可按下式进行计算。

$$\Delta t = (0.00015t + 0.028)(760 - P)$$

式中 Δt——修正数,℃;

P——测定时的大气压力,mmHg;

t——在 P 大气压力下测得的闪点,℃(300℃以上仍按 300℃计);

0.00015——试验常数;

0.028——试验常数。

2. 用闭口式仪器测定闪点。

测定仪器:闭口式测定仪器有两种,一种是带有电动搅拌装置;另一种是带有手动搅拌装置,此两种仪器如图 13-3a 和图 13-3b 所示。此仪器采用电加热器加热,也可用煤气灯加热。

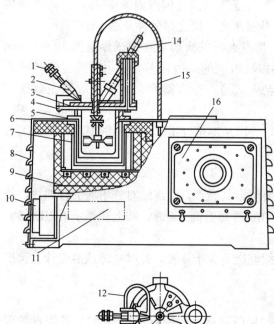
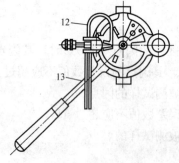
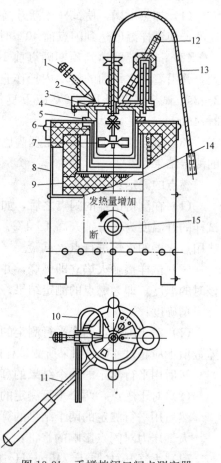

图 13-3a 电动搅拌闭口闪点测定器
1—点火器调节螺丝;2—点火器;3—滑板;
4—油杯盖;5—油杯;6—浴套;7—搅拌桨;
8—壳体;9—电炉盘;10—电动机;11—铭牌;
12—点火管;13—油杯手柄;14—温度计;
15—传动软轴;16—开关箱

图 13-3b 手搅拌闭口闪点测定器
1—点火器调节螺丝;2—点火器;3—滑板;
4—油杯盖;5—油杯;6—浴套;7—搅拌桨;
8—壳体;9—电炉盘;10—点火管;
11—油杯手柄;12—温度计;13—传
动软轴;14—铭牌;15—旋钮

(1) 准备工作：

1) 被测试样的水＞0.05％时，必须进行脱水处理。脱水处理是在其试样中加入新煅烧并冷却后的氯化钠、硫酸钠或氯化钙等脱水剂进行，脱水后，取上层澄清部分供测定使用。

试样的闪点低于 100℃时不必加热，其他试样可加热至 50～80℃。

2) 仪器的油杯应用无铅汽油洗涤后，再用空气吹干。

3) 试样注入油杯时，试样和油杯的温度都不应高于试样脱水时的温度。试样应装到杯中环状标记处，然后盖上清洁干燥的杯盖，插入温度计，并将油杯放在空气浴中。试样闪点低于 50℃时，应预先将空气浴冷却到室温，20±5℃。

4) 将点火器的灯芯或煤气引火点燃，并将火焰调整至接近球形，其直径约为 3～4mm。使用灯芯的点火器之前，应向器中加入轻质润滑油作为燃料，如缝纫机油、变压器油等。

5) 闪点测定装置应放在避风和光线较暗的地方，以利观察闪点现象，为了更有效地避免气流和光线的影响，测定仪器须用防护屏围好。

6) 用校验过的气压计，测出试验时的实际大气压力，P。

(2) 闪点的测定：

1) 测定闪点低于 50℃的试样时，从测定开始到结束须不断地进行搅拌，并使试样温度每分钟升高 1℃。

测定闪点高于 50℃的试样，开始时加热速度要均匀上升，并每分钟搅拌一次。到预计闪点前 40℃时，需调整加热速度，使在预计闪点前 20℃时，升温速度能控制在每分钟升高 2～3℃，并不断进行搅拌。

2) 试样温度达到预期闪点前 10℃时，对于闪点低于 50℃的试样每升高 1℃进行点火试验；对于闪点高于 50℃的试样每升高 2℃进行点火试验。

试样在测定期间都应转动搅拌器进行搅拌，只有在点火时才可停止搅拌。点火时，打开盖孔 1s。如果观察不到闪燃现象，就继续搅拌试样，并按本条的要求重复进行点火试验，直至能观察到闪燃现象为止。

3) 在试样液面上方最初出现蓝色火焰时，立即从温度计上读出该时的温度，即为闪点的测定结果。

得到最初闪燃之后，应继续按上述方法进行点火试验，并应能继续发生闪燃现象。如果在最初闪燃之后，再进行点火时，却观察不到闪燃现象，须更换试样重新进行测定。只有重复测试的结果依然如此，才能确认测定的结果有效。

(3) 精确度：

1) 平行测定的两个结果，如果所测试样的闪点≤50℃时，其闪点的误差数值不应超过 1℃；如果所测试样的闪点＞50℃时，其闪点的误差数值不应超过 2℃。

2) 用平行测定的两个结果的算术平均值，作为被测试样的闪点。

(4) 大气压力对闪点影响的修正：

1) 大气压力高于 775mm 或低于 745mmHg 柱时，测试所得的闪点按下式进行修正，精确到 1℃。

$$t_0 = t + \Delta t$$

式中　t_0——在 760mm 水银柱大气压力时的闪点，℃；
　　　t——在 Pmm 水银柱大气压力时测得的闪点，℃；
　　　Δt——修正数，℃。

2) 修正数 Δt 可按下式进行计算。

$$\Delta t = 0.0345(760-P)$$

式中　Δt——修正数，℃；
　　　P——测定时的大气压力，mmHg；
　　　760——标准大气压力，mmHg；
　　　0.0345——试验常数。

十四、爆炸

物质发生变化的速度不断急剧增加，并在极短的时间内放出大量能量的现象，称为爆炸。

爆炸时，温度与压力急剧升高，产生爆破或冲击作用。

爆炸通常借助于气体的急剧膨胀来实现。例如，节日里放"爆竹"时，当爆竹被点燃后，爆竹里边的火药发生迅速燃烧反应，放出大量的热，产生大量的气体，热气体的急剧膨胀撑破了纸制的外壳，从而发出"噼噼啪啪"的炸响声。

因此，爆炸现象具有以下几个特征：

1. 爆炸过程进行得十分迅速，通常在瞬间完成；
2. 爆炸点附近的温度与压力急剧升高；
3. 发出或大或小的响声；
4. 周围介质发生震动或邻近物质遭到破坏。

根据爆炸的传播速度，可将爆炸分为轻爆、爆炸和爆轰。

轻爆，通常指传播速度为每秒数十厘米至数米的过程。

爆炸，指传播速度为每秒 10m 至数百米的过程。

爆轰，指传播速度为每秒 1000m 至 7000m 的过程。

十五、爆炸分类

按照物质产生爆炸的原因和性质不同，可将爆炸分为以下三种形式。

1. 物理爆炸

物理爆炸是由物理变化引起的爆炸。物理爆炸只发生物态变化，不发生化学反应。这类爆炸常常是由于设备内部的介质的压力超过了设备所能承受的强度，致使容器破裂，内部受压物质冲出而引起的。例如，锅炉、压力容器的爆炸；气瓶受到高温或阳光曝晒引起的爆炸等。如果设备内为可燃气体，发生物理爆炸后，还常常会引起化学性的第二次爆炸。因此，在工业生产中加强压力容器设备的安全管理显得格外重要。

2. 化学爆炸

化学爆炸是由化学反应引起的爆炸。化学爆炸实质上就是高速度的燃烧，它的作用时间极短，仅为百分之几秒或千分之几秒。随着燃烧产生大量的气体和热量，气体骤然膨胀产生很大的压力。因此，化学爆炸通常随着就发生火灾。例如，炸药的爆炸；可燃气体、蒸气和粉尘及纤维与空气形成爆炸性混合物的爆炸,均属化学爆炸。

化学爆炸按其爆炸时所发生的化学反应又可分为以下三类:

(1) 简单分解爆炸。这类爆炸通常是爆炸物质受到轻微震动或摩擦就会发生的简单分解爆炸。属于这类的有叠氮铅、乙炔银、乙炔铜、碘化氮、氯化氮等等。这类物质在爆炸时不一定伴有燃烧,爆炸所需要的热量是爆炸物质本身分解所提供。能发生简单分解爆炸的物质最危险。

(2) 复杂分解爆炸。这类爆炸伴有燃烧现象,燃烧所需的氧由本身分解的产物供给,所有的炸药均属之,例如,苦味酸的爆炸就属于这一类。复杂分解爆炸物质的危险性比简单分解爆炸物质稍小,但若处理不当,仍极易发生爆炸。

(3) 爆炸性混合物爆炸。这类爆炸是可燃气体、蒸气和粉尘及纤维与空气混合达到一定的比例,形成爆炸性混合物的爆炸。这类混合物质遇到火源即会引起燃烧,其燃烧速度极快,产生很高的压力,形成爆炸。此种爆炸需要一定的发生条件,如可燃物质在空气中的含量,氧含量以及火源等。因此其危险性较前两类要小,但在厂矿企业的生产实际中却屡见不鲜,造成的危害也较大。

3. 原子爆炸

原子爆炸就是指某些物质的原子核发生裂变反应或聚变反应,在瞬间放出巨大能量而形成的爆炸现象。

研究厂矿企业防爆安全技术一般只涉及物理爆炸和化学爆炸。因此,掌握它们的特点和变化规律,以便采取有效的安全技术措施,防止爆炸的发生,这对厂矿企业的安全生产有着重要的实际意义。

第二节 爆炸极限

一、爆炸极限

在常温、常压的情况下,当可燃气体、可燃液体的蒸气和可燃粉尘、可燃纤维与空气混合达到一定浓度时,遇到火源就会发生爆炸。这个遇到火源能够发生爆炸的浓度范围,称之为爆炸浓度极限,通常则简称为"爆炸极限"。

可燃气体和可燃液体蒸气的爆炸极限通常用它们在空气中的体积百分数(%)来表示。

可燃粉尘和可燃纤维的爆炸极限则通常用它们在单位体积空气中的质量(g/m^3 或 mg/m^3)来表示。

由上表明,可燃气体、蒸气或粉尘与空气组成的爆炸性混合物,并不是在任何比例浓度下都有发生爆炸的危险,而是有一个发生爆炸的浓度范围,即一个最低的爆炸浓度和一个最高的爆炸浓度,只有在这两个浓度之间才有发生爆炸的危险。

爆炸性混合物遇火源能发生爆炸时,含可燃物质的最低浓度称为爆炸浓度下限,简称为"爆炸下限"(LEL)。爆炸性混合物遇火源能发生爆炸时,含可燃物质的最高浓度称为爆炸浓度上限。简称为"爆炸上限"(UEL)。例如,空气中含一氧化碳的浓度在 12.5%(爆炸下限)与 74%(爆炸上限)之间时,遇明火就会发生爆炸,但浓度低于或高于这一范围时，都不会发生爆炸。

下面仍以一氧化碳与空气的混合物为例，来说明爆炸极限的含义，并说明其浓度与爆炸之间的关系。

当一氧化碳在空气中的浓度<12.5%时，即使接触火源，也不会发生爆炸。然而，当一氧化碳浓度达到12.5%时，遇火源则能发生轻度的爆炸。随着一氧化碳浓度的不断增加，其爆炸的程度也逐渐强烈，而当一氧化碳浓度增加到29.5%时，其爆炸最为强烈。一氧化碳浓度继续增加，爆炸的程度又逐渐减轻，直至一氧化碳浓度达74%时，由于氧含量不足，也只能发生轻度爆炸。当一氧化碳浓度超过74%时，由于氧含量严重缺乏，便不会再发生爆炸。

上述爆炸最强烈的浓度29.5%是根据完全燃烧时所需一氧化碳含量的化学反应式，并通过计算推导出来的。一氧化碳在空气中燃烧的化学反应式如下。

$$2CO+O_2+3.76N_2 = 2CO_2+3.76N_2$$

式中左边共计6.76个分子，其中含有2个一氧化碳分子，故占

$$\frac{2}{6.76}=0.295=29.5\%$$

根据以上反应式，说明在这样的比例下，其化学反应最为完全，因此发生爆炸时也最为强烈。

综上所述，表明如果可燃气体、蒸气或粉尘在空气中的浓度低于爆炸下限时，遇明火既不会燃烧，也不会爆炸。其浓度高于爆炸上限时，遇明火虽然不会爆炸，但是在空气中可以发生燃烧。有时燃烧过一阵时间后，又吸入空气，使可燃气体或蒸气在空气中的浓度下降，达到爆炸极限范围之内，便可发生爆炸。因此，爆炸上限以上的混合气体不能认为是安全的。有时也可能在燃烧发生后，可燃气体或蒸气能得到大量的供应，空气中的可燃气体或蒸气的浓度没有下降，从而形成连续燃烧的条件，便不会由燃烧而转入爆炸。煤气贮罐在罐壁穿通后呈火炬状燃烧，就是这个道理。

二、掌握爆炸极限的实用意义

爆炸极限是衡量有可燃气体、可燃液体蒸气、可燃粉尘和可燃纤维的作业场所，是否有燃烧或爆炸危险性的重要指标。因此，掌握各种可燃气体、可燃液体蒸气、可燃粉尘和可燃纤维的爆炸极限，对做好防火、防爆工作具有很大的实用意义。

首先，根据某些可燃气体、可燃液体蒸气、可燃粉尘和可燃纤维的爆炸极限，可以知道它们的危险程度。爆炸下限越低，爆炸极限的范围越宽，其危险性也就越大。例如，苯的爆炸下限为1.4%；乙醇的爆炸下限为3.3%，两者相比，苯的爆炸下限比乙醇的爆炸下限要低，苯容易达到爆炸极限范围，其危险性相对也就大。再如，乙炔的爆炸下限为2.5%，爆炸上限为81.0%；而乙烷的爆炸下限为3.0%，爆炸上限为12.5%，两者相比，乙炔的危险性就比乙烷要大得多。因为乙炔的爆炸极限范围比乙烷大8倍多，这就意味着乙炔发生爆炸的机会，要比乙烷多得多。

其次，根据某些可燃气体、可燃液体蒸气、可燃粉尘和可燃纤维的爆炸极限，可以知道在哪些情况下容易使它们进入爆炸极限范围。爆炸下限较低的可燃气体、蒸气或粉尘及纤维，如果泄漏在空气中，即使泄漏量不是很大，也容易进入爆炸极限范围，具有很大的

爆炸危险。因此,在生产、使用、贮存这类物品时,就应特别注意防止"跑、冒、滴、漏"。爆炸上限较高的可燃气体或可燃液体蒸气,如果空气进入容器或设备管道中,则不需要很大的数量,就能使其进入爆炸极限范围,危险性也很大。因此,对这类物品的生产、使用、贮存,应注意设备容器的密闭,并保持正压,严防空气进入。

某些可燃物质的爆炸极限参阅表13-11。

可燃气体和可燃液体蒸气在空气中的爆炸极限　　　　表 13-11

序号	物质名称	实验式	爆炸极限(%) 下限	爆炸极限(%) 上限
	无机化合物:			
1	一氧化碳	CO	12.5	74.0
2	硼乙烷	B_2H_6	0.9	98
3	戊硼烷	B_5H_9	0.42	—
4	氧硫化碳	COS	12	29
5	二硫化碳	CS_2	1.3	44
6	氢	H_2	4.0	75
7	氰化氢	HCN	6	41
8	硫化氢	H_2S	4.3	45
9	氨	NH_3	16	26
	有机化合物:			
1	甲烷	CH_4	5.0	15.0
2	溴甲烷	CH_3Br	—	16
3	氯甲烷	CH_3Cl	8.1	17.4
4	硝基甲烷	CH_3NO_2	7.3	—
5	甲醛	CH_2O	7.0	73
6	甲醇	CH_4O	6.0	36
7	甲硫醇	CH_4S	3.9	21.8
8	甲胺	CH_5N	4.9	20.7
9	三氯乙烯	C_2HCl_3	12.5	90
10	乙炔	C_2H_2	2.5	81.0
11	1,1-二氯乙烯	$C_2H_2Cl_2$	5.6	11.4
12	二氯乙烯	$C_2H_2Cl_2$	9.7	12.8
13	1,1-二氟乙烯	$C_2H_2F_2$	5.5	21.3
14	氯乙烯	C_2H_3Cl	4	22
15	1-氯-1,1-二氟乙烷	$C_2H_3ClF_2$	9.0	14.8
16	氟乙烯	C_2H_3F	2.6±0.5	21.7±10
17	乙腈	C_2H_3N	1.4	16.0
18	乙烯	C_2H_4	3.1	32
19	1,2-二氯乙烷	$C_2H_4Cl_2$	6.2	16
20	1,1-二氟乙烷	$C_2H_4F_2$	3.7	18.0
21	乙醛	C_2H_4O	4.1	55
22	环氧乙烷	C_2H_4O	3	100
23	乙酸	$C_2H_4O_2$	4.0	16.0
24	甲酸甲酯	$C_2H_4O_2$	5.9	20
25	溴乙烷	C_2H_5Br	6.7	11.3
26	氯乙烷	C_2H_5Cl	3.8	15.4
27	2-氯乙醇	C_2H_5ClO	4.9	15.9
28	乙撑亚胺	C_2H_5N	3.6	46
29	亚硝酸乙酯	$C_2H_5NO_2$	4.1	50
30	硝基乙烷	$C_2H_5NO_2$	3.4	—

续表

序号	物质名称	实验式	爆炸极限(%) 下限	爆炸极限(%) 上限
31	乙烷	C_2H_6	3.0	12.5
32	甲醚	C_2H_6O	3.4	18
33	乙醇	C_2H_6O	3.3	19
34	乙硫醇	C_2H_6S	2.8	18.0
35	二甲硫	C_2H_6S	2.2	19.7
36	二甲胺	C_2H_7N	2.8	14.4
37	乙胺	C_2H_7N	3.5	14.0
38	1,1-二甲基肼	$C_2H_8N_2$	3.5	14.0
39	一氯三氟乙烯	C_2ClF_3	8.4	38.7
40	腈	C_2N_2	6	32
41	丙烯腈	C_3H_3N	3.0	17
42	丙炔	C_3H_4	1.7	—
43	丙烯醛	C_3H_4O	2.8	31
44	3-溴丙烯	C_3H_5Br	4.4	7.3
45	3-氯丙烯	C_3H_5Cl	3.3	11.1
46	环丙烷	C_3H_6	2.4	10.4
47	丙烯	C_3H_6	2.4	10.3
48	丙酮	C_3H_6O	2.6	12.8
49	丙烯醇	C_3H_6O	2.5	18
50	丙醛	C_3H_6O	2.9	17
51	氧化丙烯	C_3H_6O	2.1	21.5
52	甲酸乙酯	C_3H_6O	2.7	13.5
53	乙酸乙酯	$C_3H_6O_2$	3.1	16
54	三噁烷	$C_3H_6O_3$	3.6	29
55	1-氯丙烷	C_3H_7Cl	2.6	11.1
56	丙烯胺	C_3H_7N	2.2	22
57	二甲基甲酰胺	C_3H_7NO	—	15.2
58	1-硝基丙烷	$C_3H_7NO_2$	2.6	—
59	2-硝基丙烷	$C_3H_7NO_2$	2.6	—
60	硝酸丙酯	$C_3H_7NO_3$	2	100
61	丙烷	C_3H_8	2.2	9.5
62	异丙醇	C_3H_8O	2.3	12.7
63	甲基乙基醚	C_3H_8O	2	10.1
64	正丙醇	C_3H_8O	2.5	13.5
65	2-甲氧基乙醇	$C_3H_8O_2$	2.3	24.5
66	异丙胺	C_3H_9N	2.0	10.4
67	丙胺	C_3H_9N	2.0	10.4
68	三甲胺	C_3H_9N	2.0	11.6
69	马来酐	$C_4H_2O_3$	1.4	7.1
70	2-氯-1,3-丁二烯	C_4H_5Cl	4.0	20.0
71	1-氯二烯	C_4H_5Cl	4.5	16
72	1,3-丁二烯	C_4H_6	2.0	11.5
73	丁烯醛	C_4H_6O	2.1	15.5
74	乙烯基醚	C_4H_6O	1.8	36.5
75	丙烯酸甲酯	$C_4H_6O_2$	2.8	25
76	乙酸酐	$C_4H_6O_3$	2.9	10.3
77	丁烯-1	C_4H_8	1.6	9.3

第二节 爆炸极限

续表

序号	物质名称	实验式	爆炸极限(%) 下限	爆炸极限(%) 上限
78	丁烯-2	C_4H_8	1.7	9.0
79	异丁烯	C_4H_8	1.8	8.8
80	2-丁酮	C_4H_8O	1.7	11.4
81	丁醛	C_4H_8O	1.9	—
82	异丁醛	C_4H_8O	1.6	10.6
83	1,2-丙撑二醇	C_4H_8O	2.6	12.5
84	四氢呋喃	C_4H_8O	2	11.8
85	乙酸乙酯	$C_4H_8O_2$	2.2	11.5
86	正丁酸	$C_4H_8O_2$	2.0	10.0
87	二噁烷	$C_4H_8O_2$	2.0	22
88	氯丁烷	C_4H_9Cl	1.8	10.1
89	N,N-二甲基乙胺	C_4H_9NO	2.8	14.4
90	丁烷	C_4H_{10}	1.9	8.5
91	异丁烷	C_4H_{10}	1.8	8.4
92	正丁醇	$C_4H_{10}O$	1.7	18
93	异丁醇	$C_4H_{10}O$	1.7	10.9
94	特丁醇	$C_4H_{10}O$	2.4	8.0
95	乙醚	$C_4H_{10}O$	1.9	48
96	2-乙氧基乙醇	$C_4H_{10}O_2$	1.7	15.6
97	正丁胺	$C_4H_{11}N$	1.7	9.8
98	二乙胺	$C_4H_{11}N$	1.8	10.1
99	糠醛	$C_5H_4O_2$	2.1	—
100	吡啶	C_5H_5N	1.8	12.4
101	糠醇	$C_5H_6O_2$	1.8	16.3
102	丙烯酸乙酯	$C_5H_8O_2$	1.8	—
103	异丁烯酸甲酯	$C_5H_8O_2$	2.1	12.5
104	2-戊酮	$C_5H_{10}O$	1.55	8.15
105	甲基正丁酯	$C_5H_{10}O_2$	1.7	8.0
106	乙酸异丙酯	$C_5H_{10}O_2$	1.8	7.8
107	乙酸丙酯	$C_5H_{10}O_2$	2.0	8
108	甲氧基乙醇乙酸酯	$C_5H_{10}O_3$	1.5	12.3
109	1-氯戊烷	$C_5H_{11}Cl$	1.6	8.6
110	新戊烷	C_5H_{12}	1.4	7.5
111	戊烷	C_5H_{12}	1.4	8.0
112	2-戊醇	$C_5H_{12}O$	1.2	9.0
113	3-戊醇	$C_5H_{12}O$	1.2	9.0
114	特戊醇	$C_5H_{12}O$	1.2	9.0
115	1-戊醇	$C_5H_{12}O$	1.2	10.0
116	二硝基氯苯	$C_6H_3ClNO_2$	2.0	22
117	邻二氯联苯	$C_6H_4Cl_2$	2.2	9.2
118	氯苯	C_6H_5Cl	1.3	7.1
119	硝基苯	$C_6H_5NO_2$	1.8	—
120	苯	C_6H_6	1.4	8.0
121	乙酸乙烯酯	$C_6H_6O_2$	2.6	13.4
122	苯胺	C_6H_7N	1.3	—
123	环己醇	$C_6H_{10}O$	1.1 212°	8.1 212°
124	环丙烷	C_6H_{12}	1.8	8

续表

序号	物质名称	实验式	爆炸极限(%)	
			下 限	上 限
125	乙酸丁酯	$C_6H_{12}O_2$	1.4	7.6
126	乙酸另丁酯	$C_6H_{12}O_2$	1.7	—
127	乙酸异丁酯	$C_6H_{12}O_2$	1.3	7.5
128	己酮-2	$C_6H_{12}O_2$	1.2	8
129	双丙酮醇	$C_6H_{12}O_2$	1.8	6.9
130	乙酸-2-乙氧基乙酯	$C_6H_{12}O_3$	1.2	12.7
131	2,2-二甲基丁烷	C_6H_{14}	1.2	7.0
132	己烷	C_6H_{14}	1.1	7.5
133	异丙醚	$C_6H_{14}O$	1.4	21
134	4-甲基-2-戊醇	$C_6H_{14}O$	1.0	5.5
135	4-甲基-2-戊酮	$C_6H_{14}O$	1.4	7.5
136	乙缩醛	$C_6H_{14}O$	1.6	10.4
137	2-丁氧基乙醇	$C_6H_{14}O$	1.1	12.7
138	三乙胺	$C_6H_{15}N$	1.2	8.0
139	2-氯甲苯	C_7H_7Cl	1.1	—
140	甲苯	C_7H_8	1.2	7.1
141	间甲苯酚	C_7H_8O	1.1 302°	—
142	邻甲苯酚	C_7H_8O	1.4 300°	—
143	对甲苯酚	C_7H_8O	1.1 302°	—
144	甲基环己烷	C_7H_{14}	1.2	—
145	乙酸异戊酯	$C_7H_{14}O_2$	1.0 212°F	7.5
146	乙酸戊酯	$C_7H_{14}O_2$	1.1	7.5
147	庚烷	C_7H_{16}	1.2	6.7
148	苯二甲酸酐	$C_8H_4O_3$	1.7	10.5
149	二四滴(2,4-D)	$C_8H_6Cl_2O_3$	0.7 212°	5.6
150	苯乙烯	C_8H_8	1.1	6.1
151	己苯	C_8H_{10}	1.0	—
152	间二甲苯	C_8H_{10}	1.1	7.0
153	邻二甲苯	C_8H_{10}	1.1	6.0
154	对二甲苯	C_8H_{10}	1.1	7.0
155	正辛烷	C_8H_{18}	1.0	4.66
156	2,2,4-三甲基戊烷	C_8H_{18}	1.6	6.0
157	丁醚	$C_8H_{18}O$	1.5	7.6
158	2-甲基苯乙烯	C_9H_{10}	1.9	6.1
159	异丙苯	C_9H_{12}	0.88	6.50
160	异佛尔酮	$C_9H_{14}O$	0.8	3.8
161	萘	$C_{10}H_8$	0.9	5.9
162	四氢化萘	$C_{10}H_{12}$	0.8 212°	5.0 302°
163	对异丙基苯甲烷	$C_{10}H_{14}$	0.7 212°	5.6
164	烟碱	$C_{10}H_{14}N_2$	0.7	4.9
165	乙酸另戊酯	$C_{10}H_{14}O_2$	1.12	7.5
166	萜二烯-1,8	$C_{10}H_{16}$	0.7 212°	6.1 302°
167	十氢化萘	$C_{10}H_{18}$	0.7	4.9
168	正癸烷	$C_{10}H_{22}$	0.8	5.4
169	联苯	$C_{12}H_{10}$	0.6	5.8

注：此表数据摘自"分析化学手册"第一分册，化学工业出版社，1979年6月第一版。
有机化合物是按实验式中碳氢原子数递增顺序排列。除了特别注明的均系指在标准状况下大气中的数据。

三、爆炸危险度

可燃气体、蒸气及粉尘与空气形成的爆炸性混合物，其发生爆炸的危险性可以用爆炸危险度来表示，即为爆炸浓度范围与爆炸下限之比值。

$$爆炸危险度 = \frac{爆炸上限 - 爆炸下限}{爆炸下限}$$

爆炸危险度的数值越大，则爆炸性混合物发生爆炸的危险性也越大。

以上表明，当可燃气体、蒸气或粉尘的爆炸下限低，而爆炸上限高时，其爆炸危险度就高。这就是说，如爆炸下限低，可燃气体、蒸气或粉尘稍有泄漏就会与空气形成爆炸性混合物，造成发生爆炸条件；如爆炸上限高，即使有少量的空气或氧气也能造成发生爆炸条件。

四、爆炸温度极限

可燃液体的蒸气不仅有爆炸浓度极限（即通常所简称的爆炸极限），而且还存在着爆炸温度极限。

在一定的温度下，由于蒸发，在可燃液体的液面上会与空气形成爆炸性混合物。然而，可燃液体的蒸发与压力和温度有关，当压力一定时，液体的蒸发就取决于温度，没有这种温度，也就不会形成与爆炸极限相应的饱和蒸气浓度。这也就是说，当可燃液体低于某温度时，其饱和蒸气浓度就达不到爆炸下限。同样的道理，当可燃液体的温度高于某温度时，其饱和蒸气浓度就会超过爆炸上限。在这两种情况下，都不会发生爆炸。

这是因为，可燃液体并不是在所有的温度下，都能由于蒸发使其蒸气达到爆炸极限范围以内，而是有一个能使其蒸气达到爆炸极限的温度范围，即有一个可燃液体的最低温度能使其蒸气达到爆炸极限和一个可燃液体的最高温度也能使其蒸气达到爆炸极限。这种能使可燃液体的蒸气达到爆炸极限时液体所处的温度，称为爆炸温度极限。

由此可见，可燃液体的爆炸温度极限实质上也是一个爆炸温度极限范围。因此，爆炸温度极限也有爆炸温度下限和爆炸温度上限。

所谓爆炸温度下限，即是可燃液体由于蒸发，其饱和蒸气浓度达到爆炸下限时，该可燃液体所处的最低温度。可燃液体的爆炸温度下限一般等于该液体的闪点。

所谓爆炸温度上限，即是可燃液体由于蒸发，其饱和蒸气浓度达到爆炸上限时，该可燃液体所处的最高温度。

下面以乙醇为例，来更好地解释爆炸温度极限，并说明爆炸温度极限与爆炸浓度极限之间的关系。

在常压下，在一个密闭的容器内，盛装着一定数量的乙醇液体，当温度低于11℃时，无论放置多长时间，盛装乙醇容器的气相空间的乙醇蒸气浓度，也不会达到爆炸浓度下限值3.3%。然而，当温度等于11℃时，经过一定的时间，由于蒸发，其蒸气浓度饱和，就会达到3.3%，而在气相空间与空气形成爆炸性混合气体。此时，如温度稳定在11℃不变，气相空间的乙醇蒸气浓度也就会稳定在3.3%。如果温度继续升高，而气相空间的乙醇蒸气浓度也就会随着温度的升高而增加,当温度升高到39℃时,经过一段时间,气相空间的乙醇蒸气浓度又会达饱和状态,此时,乙醇蒸气的浓度为19%,该浓度即为乙醇蒸气在空气中的爆炸浓度上限。如果温度还继续升高,经过一段时间后,气相空间里的乙醇饱和蒸气浓度就会超过19%,成为超过爆炸浓度上限的混合气体,而不会再发生爆炸。但此饱和蒸气在空气中可以燃烧。

11~39℃这一温度范围即为乙醇的爆炸温度极限。

某些可燃液体的爆炸温度极限见表13-12。

某些可燃液体的爆炸温度极限　　　　　　表 13-12

物质名称	爆炸温度极限℃	
	下　　限	上　　限
汽油	−34	−4
苯	−14	12
乙醇	11	39
乙醚	−45	13
丙酮	−20	6
甲苯	1	30

利用爆炸温度极限的下、上限值,可以预测各种可燃液体的爆炸危险性。爆炸温度极限的下、上限值之间的范围越大,即爆炸温度极限范围越宽,发生爆炸的机会也就越大。

因此,根据爆炸温度极限,汽油贮罐在冬天比夏天发生爆炸的危险性要大得多。如果认为汽油贮罐夏天比冬天发生爆炸的危险性大,那就错了。这是因为汽油的闪点为−34℃左右,其爆炸温度下限为−34℃,上限则为−4℃。这一爆炸温度极限范围在我国北方的冬季是经常出现的。然而在夏季,因为气温要高出这一爆炸温度极限很多,因此,由于大量蒸发,汽油蒸气在空气中的含量会大大超过其爆炸浓度极限的上限,因而不会发生爆炸。

五、爆炸极限的影响因素

爆炸极限不是一个固定值。而是随温度、压力、氧含量、容器的直径、火源的能量等等各种因素的影响而发生变化的,此外也与测试的条件有关,因而不同的研究者所测得的爆炸极限数值也各不相同。

影响爆炸极限的主要因素有以下几个方面。

1. 初始温度

爆炸性混合物的初始温度高,则爆炸极限范围越大,即爆炸下限降低,爆炸上限升高。

例如,乙醇的爆炸极限在0℃时,为2.55%~11.8%;在50℃时,为2.5%~12.5%;而在100℃时,则为2.25%~12.53%。

温度对甲烷的爆炸极限的影响见图13-4。

从图中可以看出,甲烷的爆炸极限范围随温度的升高而扩大,其变化接近于直线。

关于温度对爆炸极限的影响,还可参见表13-13和表13-14。

温度对丙酮爆炸极限的影响　　　　　　　表 13-13

混合气体温度(℃)	爆炸下限(%)	爆炸上限(%)
0	4.2	8.0
50	4.0	9.8
100	3.2	10.0

温度对煤气爆炸极限的影响　　　　　　　表 13-14

混合气体温度(℃)	爆炸下限(%)	爆炸上限(%)
20	6.00	13.4
100	5.45	13.5
200	5.05	13.8
300	4.40	14.25
400	4.00	14.70
500	3.65	15.35
600	3.35	16.40
700	3.25	18.75

2. 初始压力

爆炸性混合物的初始压力对爆炸极限有很大的影响。

一般说来，压力增大，爆炸极限范围扩大，尤其是爆炸极限的上限显著增高。例如，甲烷的爆炸上限在 1.01325×10^5 帕（1个标准大气压）下时为 15%；在 5.06625×10^6 Pa（50个标准大气压）下时为 29.4%；而在 1.01325×10^7 Pa 下时为 45.7%。

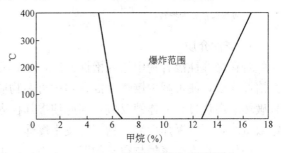

图 13-4　温度对甲烷爆炸极限的影响

压力降低，则爆炸极限范围缩小。当压力降至一定程度时，爆炸极限范围缩小成一点，也就是说，爆炸极限的下限与爆炸极限的上限重合为一个相同的数值。这时的压力称为爆炸极限的临界压力。如果压力进一步降低，低于临界压力值时，其爆炸性混合物就失去了爆炸性，也就不会再发生爆炸。

例如，一氧化碳的压力在 1.01325×10^5 Pa 时，爆炸极限为 15.5%～68%；压力在 7.99932×10^4 Pa 时，爆炸极限为 16%～65%；压力在 5.3328×10^4 Pa 时，爆炸极限为 19.5%～57.7%；压力在 3.99966×10^4 Pa 时，爆炸极限为 22.5%～51.5%；而压力在 3.06641×10^4 Pa 时，其爆炸极限的下限值和爆炸极限的上限值全为 37.4%，所以 3.06641×10^4 Pa 即为一氧化碳爆炸极限的临界压力。

由上可见，对某些可燃物质在密闭的容器内进行负压操作，对安全生产是有利的。

若温度和压力同时增加，对爆炸极限的影响，并不是以它们单独增加时的影响的乘积而增加，但对爆炸上限则有十分显著的影响。

3. 氧含量

爆炸性混合物的含氧量增加，可使其爆炸极限范围扩大。

例如，乙炔在空气中的爆炸极限是 2.5%～81%，而在纯氧中则为 2.5%～93%。这是因为在纯氧中，可燃物质的分子与氧分子接触的机会比在空气中要多，而与化学反应无关的氮分子没有了,减少了吸收热量的多余分子,故在纯氧中的爆炸极限范围要比在空气中宽,并且爆炸上限也提高得很多。某些气体在空气和纯氧中的爆炸极限的相互比较见表13-15。

某些气体在空气和纯氧中的爆炸极限的相互比较　　　　表 13-15

序号	名称	爆炸极限(%)						纯氧爆炸危险度指数*
		空气中			纯氧中			
		下限	上限	危险度	下限	上限	危险度	
1	乙炔	2.5	81	31.4	2.5	93.0	36.2	1.15
2	乙醚	1.9	48.0	24.3	2.1	82.0	38.0	1.56
3	氢	4.0	75.0	17.8	4.0	94.0	22.5	1.26
4	乙烯	3.1	32.0	9.3	3.0	80.0	25.7	2.76
5	一氧化碳	12.5	74.0	4.9	15.5	94.0	5.1	1.04
6	丙烷	2.2	9.5	3.3	2.3	55.0	22.9	6.94
7	甲烷	5.0	15.0	2.0	5.1	61.0	11.0	5.50
8	氨	16	26	0.6	13.5	79.0	4.9	8.17

*纯氧爆炸危险度指数 = $\dfrac{\text{纯氧中爆炸危险度}}{\text{空气中爆炸危险度}}$

4. 惰性介质

若在爆炸性混合物中掺入惰性介质,如,氦、氖、氩、氮、二氧化碳、水蒸汽等不燃性惰性介质,便可减少爆炸性混合物中可燃物质的分子与空气中的氧分子的接触机会,并且破坏了燃烧过程的连锁反应,因此使爆炸极限的范围缩小。当惰性介质的浓度提高到一定数量时,可使爆炸性混合物不再发生爆炸。

例如,在汽油蒸气与空气的混合气中,添加不同数量的二氧化碳惰性介质后,对其爆炸极限的影响见表13-16。

二氧化碳对汽油蒸气爆炸极限的影响　　　　表 13-16

二氧化碳(%)	爆炸下限(%)	爆炸上限(%)
0	1.4	7.6
10	1.4	5.6
20	1.8	4.2
27	2.1	3.5
28	2.7	2.7
>28	不爆炸	不爆炸

由上表得知,当二氧化碳的添加量达28%时,其汽油蒸气的爆炸下限和爆炸上限重合为一个数值,爆炸危险度接近于零。28%就是该情况下的临界添加量,超过这个量就不会再发生爆炸了。

表13-17是以二氟二氯甲烷为惰性介质对汽油蒸气爆炸极限的影响情况。

二氟二氯甲烷对汽油蒸气爆炸极限的影响　　　　表 13-17

二氟二氯甲烷(%)	爆炸下限(%)	爆炸上限(%)
0	1.4	7.6
5	2.0	5.8
10	3.0	4.2
12	3.8	3.8
>12	不爆炸	不爆炸

二氟二氯甲烷与二氧化碳相比，其抑爆效果要高得多。

如在甲烷的混合物中加入惰性介质，对爆炸上限的影响较之对爆炸下限的影响更为显著。这是因为惰性介质浓度增高，表示氧的浓度相对减小，而在爆炸上限时氧的浓度本来就已经很小，所以惰性介质的浓度稍微增加一些，即可产生很大的影响，使爆炸上限急剧下降。其具体详况可见图 13-5 所示。

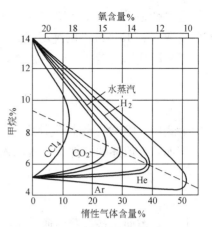

图 13-5 各种惰性气体浓度对甲烷爆炸极限的影响

以上说明，如在爆炸性混合物中掺入惰性介质，使氧含量减少到一定程度时，即可避免燃烧或爆炸。通常向易燃液体贮罐的空余空间充加惰性气体加以保护，就是这个道理。

表 13-18 中列出了数种爆炸性混合物用惰性气体稀释后不再发生爆炸时氧的最高含量。

爆炸性混合物用惰性气体稀释后不发生爆炸时氧的最高含量（20℃，一个标准大气压下）　　表 13-18

可燃物质名称	氧的最大安全浓度(%)		可燃物质名称	氧的最大安全浓度(%)	
	CO_2 作稀释剂	N_2 作稀释剂		CO_2 作稀释剂	N_2 作稀释剂
甲烷	14.6	12.1	乙醇	10.5	8.5
乙烷	13.4	11.0	丁二烯	13.9	10.4
丙烷	14.3	11.4	氢	5.9	5.0
丁烷	14.5	12.1	一氧化碳	5.9	5.6
戊烷	14.4	12.1	丙酮	15.0	13.5
己烷	14.5	11.9	苯	13.9	11.2
汽油	14.4	11.6	煤粉	16.0	—
乙烯	11.7	10.6	麦粉	12.0	—
丙烯	14.1	11.5	硬橡胶粉	13.0	—
甲醇	11.0	8.0	硫粉	11.0	—

爆炸性混合物稀释到能满足防爆要求时所需要的惰性气体用量，可根据上表 13-18 中的数据按下列公式进行计算。

（1）所使用的惰性气体中不含氧，可按下面公式进行计算。

$$V_x = \frac{21-O}{O} \cdot V$$

式中　V_x——惰性气体的需用量，m^3；

O——不发生爆炸时的最高氧含量，%；

V——容器内原有的空气量，其中氧占 21%，m^3。

例如，乙烷用氮气稀释，氧的最大安全浓度，表 13-18 中为 11.0，如设备容器原有容积为 $5000m^3$，则：

$$V_x = \frac{21-11}{11} \times 5000 = 4545.45 \text{（}m^3\text{）}$$

这也就是说，要使乙烷和空气不能形成爆炸性混合物，必须向容积为 5000m³ 的设备容器内通入 4545.45m³ 的纯氮气。

（2）所使用的惰性气体中如含有氧，可按下面公式进行计算。

$$V_x = \frac{21-O}{O-O'} \cdot V$$

上式中，除 O' 为惰性气体中所含氧浓度（%）外，其他均同前式。

例如，在前述的条件下，若加入的氮气中含氧为 6% 时，则：

$$V_x = \frac{21-11}{11-6} \times 5000 = 10000 \text{ （m}^3\text{）}$$

因此，需向设备容器内通入 10000m³ 含氧浓度为 6% 的氮气才可保证安全。

但是，在实际应用上，向有爆炸危险的气体或蒸气的设备容器中通入惰性气体时，还应考虑到惰性气体的漏失量及空气的混入。

5. 容器的直径

容器的直径对爆炸极限也有影响。实验证明，容器的直径越小，爆炸极限范围也越小。对同一可燃物质，容器管道的直径越小，其火焰蔓延的速度也越小，当容器管道的直径减小至某一定程度时，火焰便不能蔓延。这一直径称为爆炸极限的临界直径。亦有称为最大灭火间距的。当容器管道的直径＜临界直径时，因火焰不能蔓延而会熄灭，从而可消除爆炸的危险。如，甲烷爆炸极限的临界直径为 0.4～0.5mm；氢和乙炔爆炸极限的临界直径为 0.1～0.2mm。

6. 容器的材质及表面活性物质

容器的材质对爆炸极限也有一定的影响。例如，氢和氟在玻璃器皿内混合，甚至在液态空气温度下，于黑暗中也能发生爆炸，而在限制的器皿内，则在室温下才能发生反应；若改用氟处理过的金属镁所制的器皿，则必须加热才能发生反应。

可燃物质的爆炸极限有时还受表面活性物质的影响。例如，在 530℃ 时，氢与氧之间完全没有反应，但是向反应器皿内插入石英、玻璃、铁或铜棒时，就会发生爆炸。又如，被多孔性炭吸着的氯具有特别强烈的反应性能。

7. 光

众所周知，氢与氯之间的反应，在黑暗中进行得十分迟缓，但在强烈光的照射下，则发生连锁反应类型的爆炸。又如，甲烷与氯的混合物，在黑暗中长时间也不发生反应，而在日光的照射下，则会引起剧烈的反应。

8. 水及杂质

许多化学反应如果没有水，其反应根本就不会发生。例如，如果没有水，干燥的氯就没有氧化的性能。干燥的氢和氧的混合物甚至加热到 1000℃ 时也不会发生爆炸。痕量的水分会急剧加速臭氧、氯氧化物等物质的分解。少量的硫化氢会大幅度地降低水煤气和空气混合物的燃点，并因此促使其爆炸。

9. 火源的能量

火花的能量、热表面积、火源与爆炸性混合物接触的时间等，对爆炸极限均有影响。例如，甲烷与空气的混合物无论在任何浓度下，对电压为 100V，电流强度为 1A 时所产生的电火花,均不会引起爆炸;当电流强度为 2A 时,其电火花引起的爆炸极限范围为 5.9%~13.6%;而当电流强度为 3A 时,其爆炸极限范围为 5.85%~14.8%。因此,要使爆炸性混合物发生爆炸,必须使其获得一个最小的着火能量。

最小着火能量是爆炸性气体的基本特性,爆炸性气体的分级标准就是由最小着火能量来决定的。

如果发生爆炸的最小着火能源是来自电容器的火花放电,则使气体能够着火的最小着火能量 W 可由电容器的电容 C 和电压 V 用下列公式求出。

$$W = \frac{1}{2}CV^2 \quad (J)$$

最小着火能量是随可燃气体与空气的混合比例不同而异,在爆炸下限时,则需要比较大的着火能量。同理,在爆炸上限时,则需要比较小的着火能量。某些可燃气体的最小着火能量见下表 13-19。

某些可燃气体的最小着火能量 表 13-19

序号	物质名称	浓度(%)	最小点燃能量(mJ)	
			空气中	氧气中
1	二硫化碳	6.52	0.015	
2	氢气	29.5	0.019	0.0013
3	乙炔	7.73	0.02	0.0003
4	乙烯	6.52	0.096	0.001
5	甲醇	12.24	0.215	
6	呋喃	4.44	0.225	
7	甲烷	8.5	0.28	
8	丙烯	4.44	0.282	
9	乙烷	6.0	0.31	0.031
10	丙烷	4.02	0.31	
11	乙醛	7.72	0.376	
12	正丁烷	3.42	0.38	
13	丁酮	3.67	0.53	
14	四氢呋喃	3.67	0.54	
15	氨	21.8	0.77	
16	丙酮	4.97	1.15	
17	苯	2.71	0.55	
18	甲苯	2.27	2.5	
19	乙腈	7.02	6.0	

六、爆炸极限的计算

爆炸极限除可用仪器装置(如爆炸极限测定仪等)测试得到之外,还可以根据有关理论和经验公式等通过计算求得,现分别叙述如下。

1. 爆炸性气体完全燃烧时,可按化学理论浓度进行计算。化学理论浓度可以用来确定链烷烃类的爆炸下限。其计算公式如下:

$$L_下 = 0.55 C_0$$

式中　0.55——常数;
　　　C_0——爆炸性气体完全燃烧时的化学理论浓度,见表 13-20。

根据实验结果,按此计算值与实验测定值比较,其误差不超过10%。

现以甲烷为例,其燃烧反应为:

$$CH_4 + 2O_2 = CO_2 + 2H_2O$$

如果空气中氧的浓度为20.9%,则 C_0 可用下式进行确定。

$$C_0 = \frac{1}{1+\frac{n_0}{0.209}} \times 100\% = \frac{20.9}{0.209+n_0}$$

式中 n_0——完全燃烧时所需氧分子数,这里的 n_0 等于2

因此,$L_下 = 0.55 C_0 = 0.55 \times \frac{20.9}{0.209+2} = 5.20$

甲烷爆炸下限值通过计算应为5.2%,此值与实验测定值5.0%相差不超过10%。

此式亦可用以估算链烷烃类以外的其他有机可燃气体爆炸极限值,但当估算氢、乙炔以及含氮、氯、硫等有机可燃气体时出入较大,不可应用。

可燃性气体在空气或纯氧气中完全燃烧时浓度和所需氧分子数的关系见下表13-20,表中 C_0 表示为可燃性气体在空气中完全燃烧时的化学理论浓度,Z_0 表示为可燃性气体在纯氧中完全燃烧时的化学理论浓度。

可燃气体完全燃烧时浓度和所需氧分子数的关系　　　　表 13-20

氧分子数 n_0	氧原子数 $2n_0$	可燃性气体浓度(%)	
		$C_0 = \frac{20.9}{0.209+n_0}$	$Z_0 = \frac{100}{1+n_0}$
1	0.5	45.5	80.0
	1.0	29.5	66.7
	1.5	11.8	57.2
	2.0	17.3	50.0
2	2.5	14.3	44.5
	3.0	12.2	40.0
	3.5	10.7	36.4
	4.0	9.5	33.3
3	4.5	8.5	30.3
	5.0	7.7	28.6
	5.5	7.1	26.7
	6.0	6.5	25.0
4	6.5	6.1	23.5
	7.0	5.6	22.2
	7.5	5.3	21.1
	8.0	5.0	20.0
5	8.5	4.7	19.0
	9.0	4.5	18.2
	9.5	4.2	17.4
	10.0	4.0	16.7

2. 根据含碳原子数计算爆炸极限。脂肪族碳氢化合物爆炸极限的计算，也可根据脂肪族碳氢化合物含碳原子数 n_C、与其爆炸上限 $L_上$（%）、爆炸下限 $L_下$（%）的关系式求出：

$$\frac{1}{L_下} = 0.1347 \times n_C + 0.04343$$

$$\frac{1}{L_上} = 0.01337 \times n_C + 0.05151$$

3. 根据闪点计算爆炸极限。因为闪点是表示可燃液体表面蒸气与空气构成一种能引起闪燃时混合物的最低浓度，而爆炸下限则表示该混合物能着火时的最低蒸气浓度，由此可根据闪点及其有关物理量来推算出爆炸极限。其计算公式如下：

$$L_下 = \frac{P_闪}{P_总} \times 100\%$$

式中　$L_下$——爆炸下限，%；
　　　$P_闪$——闪点下所求可燃液体的饱和蒸气压，Pa；
　　　$P_总$——混合气体总压力，一般取 1.01325×10^5 Pa。

例如，苯的闪点是 $-14℃$，查得 $-14℃$ 时苯的饱和蒸气压力为 1.46654×10^3 Pa，则苯的爆炸下限为：

$$L_下 = \frac{1.46654 \times 10^3}{1.01325 \times 10^5} \times 100 = 1.45\%$$

4. 经验公式。经验公式中只考虑到极限中混合物的组成，而无法考虑其他因素，因此计算数据与实测数据可能有出入，但也可供参考。

计算爆炸下限的公式

$$L_下 = \frac{100}{4.76(n_O-1)+1} \quad (\%)$$

$$L_下 = \frac{M}{[4.76(n_O-1)+1] \cdot V_t} \quad (g/L)$$

计算爆炸上限的公式

$$L_上 = \frac{4 \times 100}{4.76 n_O + 4} \quad (\%)$$

$$L_上 = \frac{4M}{(4.76 n_O + 4) V_t} \quad (g/L)$$

式中　n_O——每一分子可燃物质完全燃烧所必需的氧原子数；
　　　M——可燃物质的分子量；
　　　V_t——可燃物质的 mol 体积（L/mol），1mol 气体体积在标准状况下占有体积为 22.4l。

5. 多种可燃气体或蒸气与空气组成的爆炸性混合物爆炸极限的计算。在生产实践中接触到的大多数是多种可燃气体或蒸气与空气组成的爆炸性混合物。在这种爆炸性混合物系统中，由于各种可燃气体或蒸气之间的相互影响，使得爆炸性混合物系统产生了一个新的、总的爆炸极限。对各组成之间不发生化学反应，并且燃烧时又无催化作用的，可根据各组分单一已知的爆炸极限，按下列公式求出上述爆炸性混合物系统新的、总的爆炸极限。

计算公式如下：

$$L_f = \frac{100}{\frac{V_1}{L_1} + \frac{V_2}{L_2} + \frac{V_3}{L_3} + \cdots \frac{V_n}{L_n}}$$

式中　L_f——混合气体的爆炸上限或爆炸下限，%；

L_1、L_2、L_3……L_n——形成混合气体的各单独成分的爆炸上限或爆炸下限，%；

V_1、V_2、V_3……V_n——各单独成分在混合气体中的浓度，%；

$$V_1 + V_2 + V_3 + \cdots V_n = 100, \%。$$

例如：某种天然气的组分为：甲烷为 80%；乙烷为 15%；丙烷为 4%；丁烷为 1%，求其天然气的爆炸下限。

查表得知各组分的爆炸下限分别为：

甲烷：5.0%；乙烷 3.0%；

丙烷：2.2%；丁烷 1.9%；

则：

$$L_下 = \frac{100}{\frac{80}{5.0} + \frac{15}{3.0} + \frac{4}{2.2} + \frac{1}{1.9}} = 4.40\%$$

此种天然气的爆炸下限为 4.40%。

此式也可用来计算混合气体的爆炸上限，在进行计算时，则 L_1、L_2、L_3…L_n 为各组分的爆炸上限。

6. 可燃气体和惰性气体混合物爆炸极限的计算。在可燃气体混合物中混有氮、二氧化碳等惰性气体，其爆炸极限可按下列公式进行计算。

$$L_m = L_f \frac{\left(1 + \frac{B}{1-B}\right) \times 100}{100 + L_f \left(\frac{B}{1-B}\right)}$$

式中　L_m——含有惰性气体混合物的爆炸极限，%；

L_f——混合物中可燃气体部分的爆炸极限，%；

B——惰性气体含量，%。

例如，某种煤气的组分为：氢气为 12.4%；一氧化碳为 27.3%；甲烷为 0.7%；二氧化碳为 6.2%；氮气为 53.4%；氧气为 0%。

其中可燃气体部分占总数的 40.4%；非可燃部分占总数的 59.6%。

在可燃气体部分中，

$$氢气占 \frac{12.4}{100} \div \frac{40.4}{100} = 30.69\%$$

一氧化碳占 $\dfrac{27.3}{100} \div \dfrac{40.4}{100} = 67.57\%$

甲烷占 $\dfrac{0.7}{100} \div \dfrac{40.4}{100} = 1.73\%$

混合物可燃气体部分的爆炸下限为：

$$L_{f下} = \dfrac{100}{\dfrac{30.69}{4} + \dfrac{67.57}{12.5} + \dfrac{1.73}{5}} = 7.45\%$$

则此种煤气混合物的爆炸下限为：

$$L_{下} = 7.45 \dfrac{\left(1 + \dfrac{0.596}{1 - 0.596}\right) \times 100}{100 + 7.45\left(\dfrac{0.596}{1 - 0.596}\right)} = 16.61\%$$

混合物可燃气体部分的爆炸上限为：

$$L_{f上} = \dfrac{100}{\dfrac{30.69}{75} + \dfrac{65.57}{74} + \dfrac{1.73}{15}} = 69.56\%$$

则此种煤气混合物的爆炸上限为：

$$L_{上} = 69.56 \dfrac{\left(1 + \dfrac{0.596}{1 - 0.596}\right) \times 100}{100 + 69.56\left(\dfrac{0.596}{1 - 0.596}\right)} = 84.98\%$$

由于不同的惰性气体其阻燃或阻爆的能力不同，因此计算结果有一定的误差，但仍有一定的参考价值。

7. 富氧状况下的爆炸极限。可燃气体或蒸气在空气中和在富氧空气中（氧含量超过21%，低于100%的空气）的爆炸极限是不相同的。

因氧含量的增加，对可燃气体或蒸气的爆炸下限影响较小，所以，可燃气体或蒸气在富氧空气中的爆炸下限与在空气中的爆炸下限相差不大，可以近似地看成同一数值。而因氧含量的增加，对可燃气体或蒸气的爆炸上限有着显著的提高。可燃气体或蒸气在富氧空气中的爆炸上限可按下列经验公式进行计算。

$$L_{O_2上} = L_{上} + 70(\lg O_2\% - 1.321)$$

式中　$L_{上}$——可燃气体在空气中的爆炸上限，%；

　　　$O_2\%$——富氧空气中的氧含量，%。

8. 高温状况下的爆炸极限的计算。可燃气体或蒸气的爆炸极限受温度的影响，温度升高，其爆炸下限降低，而爆炸下限升高，使爆炸极限范围扩大。

可燃气体或蒸气在高温状况下的爆炸极限可按下式进行计算。

$$L_{t下} = L_{下} - 8 \times 10^{-4} L_{下}(t - 20)$$
$$L_{t上} = L_{上} - 8 \times 10^{-4} L_{上}(t - 20)$$

式中　$L_{t下}$、$L_{t上}$——分别为高温 t 时的爆炸下限和爆炸上限，%；

　　　$L_{下}$、$L_{上}$——分别为常温20℃时的爆炸下限和爆炸上限，%；

t——可燃气体或蒸气的温度，℃。

9. 高压状况下的爆炸极限的计算。可燃气体或蒸气的爆炸极限受压力的影响而变化，在大气压以上时，绝大多数可燃气体或蒸气的爆炸极限范围扩大。在已知气体中，只有一氧化碳例外，是随着压力的增加，其爆炸极限范围变窄的。

爆炸极限随压力的变化，从燃烧速度及对压力的依存性方面试图用理论推导，但不能得到满意的结果。从碳氢化合物在氧气中的爆炸上限的研究结果认为，在 0.1～1MPa（1～10 个大气压）范围内适合以下的实验式。

甲烷 $L_上 = 56.0(P-0.9)0.040$

乙烷 $L_上 = 52.5(P-0.9)0.045$

丙烷 $L_上 = 47.5(P-0.9)0.042$

乙烯 $L_上 = 64.0(P-0.2)0.083$

丙烯 $L_上 = 43.5(P-0.2)0.095$

式中　$L_上$——可燃气体的爆炸上限，%；

　　　P——压力，大气压。

据有关资料，可燃气体或蒸气的压力高于常压，低于 2.06×10^7 Pa 时的爆炸上限，可用下列公式来进行计算。

$$L_{高上} = L_上 + 2.06 \times 10^7 (\lg P + 1)$$

式中　$L_上$——可燃气体或蒸气在常压下的爆炸极限，%；

　　　P——爆炸性混合物的实际压力，Pa。

10. 图示法爆炸极限的计算。此法计算较为简单，并可立即得出不同比例混合气体的爆炸极限。从理论上说可求多种气体组成的混合气，但实际上作图存在一定的困难。

下面为几组混合可燃气体的爆炸极限范围图，见图 13-6、图 13-7、图 13-8、图 13-9、图 13-10 和图 13-11。

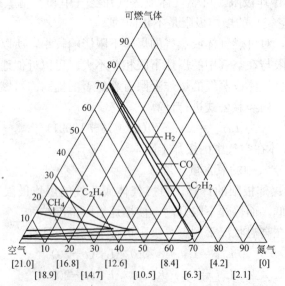

图 13-6　H_2、CO、C_2H_2、CH_4、C_2H_4 等可燃气与空气及氮气三组分气体爆炸范围图（括号内数据为 O_2 的%）

第二节 爆炸极限

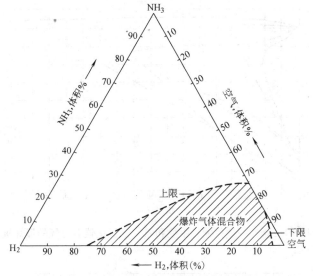

图 13-7　氢-氮-空气混合气的爆炸极限

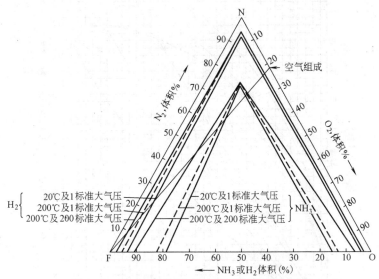

图 13-8　氨-氮-氧及氢-氮-氧混合气的爆炸极限

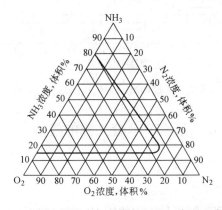

图 13-9　氨-氧-氮混合气的爆炸极限（常温、常压）

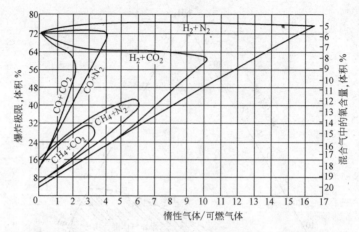

图 13-10　氢、一氧化碳、甲烷和氮、二氧化碳混合气的爆炸极限

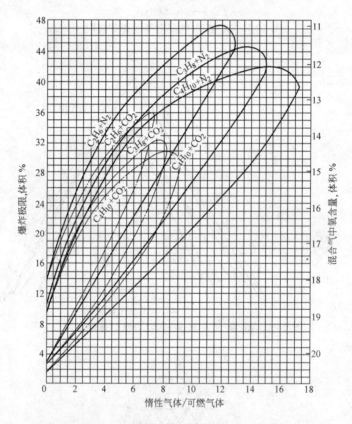

图 13-11　乙烷、丙烷、丁烷和氢、二氧化碳混合气的爆炸极限（空气中）

第三节　着火源的控制

一、着火源的分析

要消除火灾，首先必须了解引起火灾的原因，特别是一些最普遍的原因。消除起火原

因，重要的是要知道着火源位于何处，着火源是如何形成的。

在厂矿企业中，引起火灾、爆炸的着火源有明火、过热物质、炽热表面、电气火花、静电火花、摩擦与撞击、自然发热、化学反应热、光线聚集等等。

根据美国联合工厂互助火险公司对历时10年的25000起工业失火的案例进行研究分析后指出，工艺失火的原因虽然很多，但最为突出的是由电气设备、吸烟、摩擦和过热物质所造成。具体统计分析如下（以下这些起火原因是根据工业起火的频繁次序排列的，因此这个顺序不一定适合于任何特殊的厂矿企业）：

1. 电气设备的原因（23%）。这是厂矿企业中失火的首要原因，大多数火灾是起源于电线和电动机。但大部分可通过适当的维护来加以预防，必须特别注意在危险性的生产过程和贮存区域中所使用的电气设备。

2. 吸烟的原因（18%）。几乎到处都有这种起火的潜在原因。这是一个制止和教育相结合的问题。应该严格禁止在危险生产区域内吸烟。

3. 摩擦的原因（10%）。发热的轴承、失调的或已损坏的部件、原料的堵塞或卡住，以及动力驱动装置和传送装置的不良配合都能造成摩擦起火。这些原因可通过定期的安全检查、维修和润滑而加以预防。

4. 过热物质的原因（8%）。加工温度不正常，特别是加热可燃液体和干燥的可燃物质容易起火。这种火情可由熟练的作业人员认真负责地来加以预防，并可通过严格控制温度来避免。

5. 灼热表面引起的原因（7%）。易燃液体和一般可燃物质可被锅炉、火炉、热导管和烟囱、电灯、烙铁以及热处理的金属所放出的热量而引燃。这种火情可通过对设备实行安全设计，对易燃液体管道很好地加以维护，在灼热物体表面和可燃物质之间保持宽绰的间距，放置隔热体或使空气进行循环等方法来加以防止。

6. 燃烧器火焰的原因（7%）。不适当地使用手提式喷灯、锅炉、干燥器、烘箱、火炉、手提式加热器以及油气燃烧器，其火焰造成起火原因。这种情况可通过对设备的合理设计、操作和维护来防止，也可由充分的通风和对可燃物质的安全防护，以及火焰远离可燃物质来防止。

7. 可燃火花的原因（5%）。这是由燃烧炉、铸造冲天炉、火炉、燃烧室、各种加工设备以及工业运输卡车所释放的火花和燃屑造成的起火。这种情况可通过设计安全的设备和火花防止器的封密燃烧室来加以防止。

8. 自发性的原因（4%）。这是由含油的废物和垃圾、干燥器和燃烧管以及管道中的堆积物、易于加热的物质和工业废料所造成的起火。这可通过加强管理和合理的操作来防止，如清除废物，把能自发性起火的贮存物体隔离开来。

9. 切割和焊接的原因（4%）。这是由切割和焊接作业产生的火花、弧光和热金属造成的。可使用合适的作业方法和其他预防措施来防止。

10. 暴露的原因（3%）。由附近工厂造成的起火。设置防火墙是最有效的屏障方法。

11. 纵火的原因（3%）。这是由侵入者、儿童、有不满情绪的职工以及纵火犯蓄意制造的起火。可加强值班和保卫部门的工作、设置围墙、以及采取其他的预防措施来防止。

12. 机器火花的原因（2%）。输进机器内的金属杂物发出的火花，特别是在棉纺织厂内这种火花以及磨碎和粉碎作业所发生的火花容易造成起火。这可通过消除原料中的杂质来预防，也可用磁铁或其他分离器除去外来杂质。

13. 熔化物质的原因（2%）。由有裂口的炉子，或在加工时溢出的金属液而引起的火灾，也可由玻璃和回火盐引起失火。这种情况可通过合理的操作和对设备进行维护来防止。

14. 化学作用的原因（1%）。这是由于对化工生产的控制失灵，或化学物质与其他物质发生作用，以及非稳定的化合物进行分解所造成的起火。这可由合理的操作、测试和控制来防止，也可由细心的管理和贮存，特别是避免加热和振动来加以防止。

15. 静电火花引起的原因（1%）。这是由于在设备、物体和人体上积累了静电，当其发生放电时，便引燃易燃气体、蒸气、粉尘和纤维而引起的起火。这可通过接地、连接、电离和增大湿度来防止。

16. 闪电引起的原因（1%）。发生雷击时，在雷击附近的物体对另外物体感应而产生的火花，或在电器和电路中引起的冲击所造成的起火。可以设置避雷装置、屏蔽、冲击电容器和接地来防止。

17. 其他的原因（1%）。在以上分析中尚未包括进去的特殊的和相对次要的其他一些原因引起的起火。

二、消除明火引起的火灾或爆炸

明火是点燃普通可燃物质最明显的原因，所以人们往往认为这是最容易避免的。但实际上，在厂矿企业的生产过程中，由明火而引起的火灾或爆炸仍占很大的比例。其主要起火原因是来自加热器、喷灯以及切割和焊接等作业。

消除明火引起的火灾或爆炸的安全措施如下。

1. 具有火灾或爆炸危险性的生产厂房和仓库内，禁止吸烟和携带火柴、打火机等火种，并在明显处张贴"禁止吸烟"、"禁止烟火"、"禁带火种"等安全标志。

2. 在有火灾或爆炸危险性的厂房、贮罐、管沟以及下水道内，不得使用明火照明，只允许采用防爆式或封闭式灯火照明。

3. 在工艺操作过程中，加热易燃液体时应尽量避免采用明火，而应采用热水、水蒸汽或密闭的电路，以及其他安全的加热设备。如必须采用明火加热时，设备应密闭，炉灶应用封闭的砖墙隔开，布置在单独的房间内。

明火加热器附近的可燃物质应移至安全的地点，并装设隔离火花的挡板。对加热器要经常检查，防止烟道窜火和设备破漏，盛装物料不要过满，防止溢出。

4. 凡是用明火加热的装置，应与可能泄漏可燃气体或蒸气的工艺设备和贮罐区相隔一定的安全距离，并应布置在散发易燃物料设备的侧风向。

实验室内严禁采用明火加热易燃液体，一般采用油浴、水浴或沙浴等加热。在采用油浴时，应有防止油蒸气起火的安全措施。

5. 对设备、容器、管道等进行明火检修作业前，如气焊、电焊、喷灯、熔炉等，必须先经过该车间领导批准和安全技术部门的检查，严格执行动火制度。设备和容器在检修前应打开一切人孔、手孔，用水蒸汽、氮气或其他惰性气体吹洗、置换，再用清水或空气冲洗。冲洗置换的时间可根据各个设备的操作规程决定。如没有水蒸汽或氮气设备，可用水清洗，水清洗就是将水注满容器后再溢出，以便排除容器内全部气体。并在用明火检修前进动火分析，证明确无着火或爆炸危险时方可动火作业。如需在设备、容器、管道内部等动火，除进行动火分析外，还应进行有毒有害物质和氧含量的检测，检测合格后，工作人员方能进入作业。

6. 需检修的设备、容器和管道与其他设备连接时，应将连接管道拆卸或用金属盲板隔绝，防止易燃液体或蒸气或可燃气体潜入正在检修的设备、容器和管道内，在检修用明火时发生着火或爆炸。

7. 对贮罐等容器进行焊接和切割修理时，如因故中断作业1小时以上，需再继续进行焊、割作业，必须重新采集气样再进行安全分析。因为在贮罐等容器的底部和周围可能会有渗入地层的易燃、可燃液体，继续挥发出可燃蒸气，或者相邻贮罐等容器的可燃蒸气也有可能进入被修理的贮罐内，如不重新采集气样进行安全分析，仍有发生爆炸的危险。

8. 电焊线破残应及时更换或修理。不能利用电焊线与易燃易爆生产设备上的金属构件作为电焊地线，防止在电气接触不良的地点产生高温或电火花。

9. 检修作业的地点应选择在安全的地段，与正在生产的设备、装置、容器和管道等，要保持一定的安全距离。距油贮罐至少20m以上；离可燃气体贮罐30m以上；离可燃气管道5m以上。焊、割处四周的可燃物质应清除干净，附近4m以内的可燃结构，以及不能清除的可燃物质，均应用铁板或石棉板遮隔，以防焊、割火花飞溅。

在有火灾或爆炸危险性的厂房内，应尽量避免焊、割作业，最好将需要检修的设备部件或管段等，拆卸移至车间外的安全地段进行检修，以保证安全。

10. 电瓶车产生的火花激发能量是比较大的。因此，在禁止烟火区域，特别是在具有火灾或爆炸危险性较大的厂房和贮罐区域内，应当禁止电瓶车进入。

为了防止汽车、拖拉机等的排气管喷火而引起的火灾或爆炸，在排气管上必须装配火星熄灭器。

为了防止烟囱飞火，炉膛内燃烧要充分，烟囱要有足够的高度，周围一定的距离内，不得用易燃材料搭设建、构筑物，并不得堆放易燃易爆的物品。

三、消除吸烟引起的火灾或爆炸

吸烟是人们比较广泛的一种嗜好。据不完全统计，目前全国大约有二亿人吸烟，吸烟时还需使用打火机或火柴等类的点火器具。由于吸烟的人数和吸烟的数量很多，因此有不少人因吸烟而引起火灾爆炸事故，酿成许多惨剧。例如，在1987年5月6日～6月2日我国大兴安岭发生举世震惊的特大森林火灾就是因吸烟不慎而引起的。

燃着的烟头虽然是一个不大的热源，但它却能引起许多物质的燃烧。烟头的表面温度为200～300℃，中心温度可达700～800℃。一支香烟延烧时间约为4～15分钟，如果抽剩下的烟头为整支烟长的1/4，则可延烧1～4分钟，而一般可燃物质的燃点大多低于烟头的表面温度。如纸张为130℃，麻绒为150℃，布匹为200℃，松木为250℃。据在自然通风的条件测试，烟头扔进深度为5cm的锯末中，经过75～90分钟的阴燃，便可开始出现火焰；烟头扔进深度为5～10cm的刨花中，有75%的机会，经过60～100分钟开始燃烧；把烟头放在甘蔗板上，60分钟后燃烧面积扩散到直径15cm的范围，170分钟后，可爆发出火焰燃烧。

烟头的烟灰在弹落时，有一部分呈不规则的颗粒，带有火星、落在比较干燥、疏松的可燃物上，也会引起燃烧。

因此，在厂矿企业中对于吸烟引起的火灾问题不可忽视。虽然可以指望在工厂内或生产区域内彻底禁止职工吸烟，以避免着火源而引起着火爆炸事故。但是，这个良好的愿望却往往难以实现。因此，笔者认为行之有效的作法就是在安全可靠的场所建立吸烟室，让那些有吸烟嗜好的人，在规定的时间内去吸烟室吸烟，这样可便于安全管理。否则，职工在偏僻的角落里，也不管那里是否有引起火灾或爆炸的危险，而偷偷摸摸地在那里吸烟，更容易发生事故。

即使在木料加工厂、纺织厂和面粉厂，以及制造、储存、使用可燃液体和可燃物品的工厂，甚至在操作车间、包装或搬运的生产区域内也应建立吸烟室，以安全的方式允许职工吸烟。

严禁吸烟的生产区域应当在醒目的地点，用国家标准规定的"禁止吸烟"和"禁止烟火"等禁止标志来标明，以示职工这里是烟火禁止区域，并教育职工必须严格遵守其规定。对违反其规定者应给予严肃的批评和处理。不管任何人，包括领导和外来参观的人员等也都必须严格遵守这个规定。

为了时刻提醒职工严禁在禁止烟火的生产区域内吸烟，还可印刷一些精美的宣传画张贴在仓库和有火灾或爆炸危险厂房内的墙上及门上。

在有严重危险的生产区域或操作车间，应该严格禁止职工携带火柴、打火机等火种，及其他吸烟用具进入危险区域。

即使是在火灾爆炸危险较小的工厂内，也应教育职工不要随意将未熄灭的火柴梗和烟头扔在地板上，一定要把火柴梗和烟头弄熄灭后放进烟灰缸内或痰盂内。这样可以帮助职工克服把火柴梗和烟头随便丢弃在可能有危险区域的坏习惯。

四、消除摩擦和撞击引起的火灾或爆炸

在工业生产过程中，因摩擦和撞击产生的过热往往成为爆炸物品、可燃气体、蒸气及可燃粉尘和纤维着火爆炸的根源之一，在发生爆炸事故中占很大的比重。

通常在有可燃粉尘和纤维积聚的生产场所，例如纺织厂、面粉厂、木材加工厂以及塑料厂和金属粉末加工厂等，容易由于轴承和传动部件过热而引起火灾或爆炸。所以应当经常检查轴承是否润滑良好，有无发热现象。同时还应经常清除积聚在轴承附近的粉尘和纤维。

轴承的下面应放置盛油盘，并应经常清洗，以防止油滴滴在地板上或可燃物质上。轴承的润滑孔应用盖盖好，防止粉尘和粒状物质进入轴承而引起过热。

有些火灾是由于在加工过程中工件被卡住，剧烈的摩擦产生大量的热量而造成。另一个经常被人们忽视的原因是机器的传送带调节不当，如果皮带的张力太紧或太松，都会因摩擦引起严重的过热而导致火灾。

除上述之外，在具有火灾或爆炸危险性的生产过程中，消除摩擦和撞击引起的火灾或爆炸的安全措施如下：

1. 机器的轴承等传动部分，应经常加油，使之保持一定的油位，并保持良好的润滑，同时还应经常清除附着的可燃污垢。机件的摩擦部分，如搅拌机和通风机上的轴承，应采用有色金属制造的轴瓦，以消除火花。

2. 设备上易产生撞击火花的部件，如鼓风机、通风机上的风翼等，应采用铜或铝的合金、铍铜锡合金或铍镍合金等制造。不能使用特种金属制造的设备，可采用惰性气体保护或真空操作。

为避免铁器工具撞击产生火花，工具也应采用撞击时不产生火花的材料制造，如采用铜或铜铍合金或不锈钢等。

3. 粉碎机、提升机等在物料输入前，应安装磁铁分离器，以吸离混杂在物料中的铁器，防止铁器随物料输入设备内部发生撞击起火。粉碎、研磨容易分解起火、爆炸的物料时，如碳化钙的破碎等，应灌充惰性气体加以保护，以减少设备内空气中的含氧量。

4. 输运可燃气体或易燃液体的管道，应经过耐压试验，并经常检查，防止破裂或接口处松脱。

5. 搬运盛装可燃气体和易燃液体的金属容器时，应轻拿轻放，严禁抛掷或在地上拖拉，并防止铁桶相互撞击，以免发生火花。

6. 在具有爆炸危险性的场所，地面应采用不发火的材料建成。不准穿带铁钉鞋的人员进入易爆场所，以免与地面摩擦、撞击产生火花。

五、消除电气设备引起的火灾或爆炸

在工业生产中所发生的火灾或爆炸，由电气设备所引起是首要的原因，它占有最大的比例。电气设备的安装和维护不善而造成的短路，或者电气设备过热和产生的火花又是导致火灾或爆炸的主要原因。

在气温较高时，有些电气设备在运行中发热量较大，如变压器、电容器等，就会引起火灾。因此，在夏季要做好变压器室、配电室的通风降温工作，对电气设备的温升情况，要经常进行检查，不得使之超过规定的允许温度。

在电气设备运行时，应注意不要超过设备的额定负荷。防止超负荷运行使设备过热而引起火灾。

有的电气火灾是由于电气设备操作人员的疏忽大意所造成。有些操作人员对电气设备、电加热器等没有进行妥善处理，便仓促离开作业岗位，留下了火灾的隐患。有些情况是在临下班前恰好停电，操作人员误认为电加热器等设备不再发热，也没有拉开电闸或拔掉插头，以切断电源，便离开岗位，以后来电岗位上无人，便有可能发生火灾。

然而，除上述之外，电气设备所产生的电火花是引燃可燃气体、蒸气或可燃粉尘和纤维着火爆炸的一个主要着火源。因此，具有火灾或爆炸危险性的工业生产，消除电气设备引起的火灾或爆炸的安全措施如下：

1. 电线要绝缘良好，电线布置应采用钢管穿线，免受生产过程中产生的蒸气及气体的腐蚀，电线的绝缘材料也应具有防腐蚀的性能。

2. 根据火灾或爆炸危险场所的区域等级和爆炸性物质的性质，选定防爆电气动力设备，其选型的原则是安全可靠，经济合理。

起动和配电设备应安装在另外无爆炸危险的房间内。在电气动力设备房间只能安装防爆油封式或其他封闭式的电气按钮或开关。在油封式电气设备内，油液面不能低于电器内每个接触部分。同时，油温不能超过 80℃，并应安装安培表，以防负荷过大，发生着火。

3. 普通类型的电动机和电开关，应安装在用砖墙隔开的单独房间内。电动机的传动轴用填函保护后，穿过墙壁通入厂房内。普通类型的电气开关，亦用填函保护或其他安全方法保护。

4. 在爆炸危险性较大的生产厂房内的电气照明设备，应采用防爆式照明灯。保证照明灯防爆性的基本部位是灯壳的密封性、抗爆性和机械强度。普通电灯必须经过改装后才可用来照明。例如，将一般日光灯装入高强度玻璃管内，两端用橡胶塞进行密封，也可以作为临时防爆照明。

5. 其他能产生火花、导致危险的电气设备，如电铃、电钟、分析仪器等，均应安装在易燃易爆厂房的外面房间内，否则也应采取有效的防爆或隔绝措施。

6. 在易燃易爆场所严禁使用开放式电加热设备，以及普通行灯和电钻等能产生电火花的电气设备。同时，禁止用电热烘箱烘烤易燃易爆的物品。

7. 暂时架设或临时使用的电线，特别是当发生故障或过载时，其产生的热量虽然不能烧断保险丝或使断路器跳闸，但它足以引燃某些可燃物质。所以，除非万不得已，一般不应使用这类电线，并且应尽快地拆除它。

8. 具有爆炸危险性的连续性工业生产，应备有两路供电电源，并应安装自动切换装置。当一路电源发生故障突然停电时，即能自动接上另一路电源供电。

9. 电气设备的保险丝必须与额定的容量相适应。

10. 对一切电气设备，都应制定规章制度。并定期地对电气装置和所有的电气设备进行检修和调试，及时发现和处理其故障，以保证设备正常地连续运转。

六、消除静电放电引起的火灾或爆炸

静电电荷产生的火花，常常是工业生产中发生火灾或爆炸的一个根源。据有关资料报道，日本在 1965 年～1973 年间，由静电引起的火灾平均每年达 100 次以上。

严寒的冬天和炎热的夏天，气候干燥，最容易产生静电。由于静电电位很高，其放电火花能量足以能够引起易燃易爆物质的着火或爆炸。例如，人们在脱化纤工作服时，产生 3kV 左右的静电电压是常有的事。然而，当静电电压达 300V 时，其放电的火花便可使汽油蒸气着火。尤其是在石油化工企业中，防止静电引起的灾害显得格外重要。

消除静电放电引起的火灾或爆炸的安全措施如下。

1. 在有爆炸危险性的场所，一般不允许采用平皮带传动，应用导电的三角皮带较为安全，并注意皮带和皮带罩不要有接触。最为安全的方法是装设单独的防爆式电动机，电动机和设备之间用轴直接传动，或经过减速器进行传动。

防止传动皮带静电负荷增高的办法是涂刷甘油和水 1∶1 的混合液，或其他具有吸水性与导电性的覆盖层。

2. 下列生产设备应有可靠的接地：

输送或生产可燃粉尘的设备和管道；

生产或加工易燃液体和可燃气体的设备和贮罐；

输送易燃液体和可燃气体的导管以及各种阀门；

灌油设备和油槽车；

通风管道上的金属网过滤器；

其他能产生静电的生产设备。

3. 金属管道上的接地线，受到法兰上填料的绝缘而使电路中断，因此在法兰上应装设金属连接片以导电。用非导电材料制成的管道，必须在管外或管端缠绕铜丝或铝丝，金属丝的末端应固定在金属导管上，与接地系统相连接。

4. 易燃易爆的生产厂房内，最好采用环形接地网，用金属条或丝将各个设备的接地线连接起来。接地装置的引下线，一般可采用条钢，接地板可采用3m长的钢管或带型的钢条。钢管或型钢接地极应垂直打入地下，其上端离地面0.2~0.5m，接地极至少须有两根钢管或型钢组成。

5. 电阻很大的土壤，可施加食盐以增加土壤的导电性能。接地装置的导电线连接处，均应焊接牢固或用螺栓拧紧，其总电阻一般不应超过100Ω。

6. 对易燃液体在管道内流动的速度应有所限制。

（1）限制初始流速。空油管开始输油时，管道中难免存在少量的水或其他油品，而轻质油内掺有水或别种油品，容易产生静电。所以，为了让水稳定地排出管道，低速输油对减少静电产生是大有好处的。最好规定初始流速限制在1m/s以下。

（2）限制输油速度。当管内已无剩水，可以逐步提高输油速度。为了限制静电积累，推荐：对$DN20$管，苯流速限制在3m/s以下，汽油、煤油、燃料油和轻柴油等应限制在5m/s以下，重柴油、重油、重燃料油等难以挥发性液体流速可大些，约为7~9m/s。对$DN15$管，苯流速限制在5m/s以下，汽油、煤油、燃料油和轻柴油等应限制在7m/s以下。总之，随着管径的减小，输油速度可适当提高，但管径不论怎样小，轻质油品的流速最高不得超过12m/s。

7. 灌注易燃液体时，应防止产生液体飞溅和剧烈搅拌的现象。禁止使液体从高处由排液管自行流入容器中，向贮罐输送易燃液体的导管，应放在液面之下或将液体沿容器的内壁缓缓流下，以免产生静电。

8. 在工艺条件许可时，可采用喷水雾等办法，以提高场所环境空气的相对湿度，使其相对湿度保持在70%以上为宜。另外，可根据工艺条件和现场环境等具体情况等，选用合适的静电消除器。同时，还可根据静电起电序列，选用适当的材料匹配，使生产过程中产生的静电相互抵消，从而达到减少或消除静电的危险。

9. 采用导电性地面，以提高易燃易爆厂房内地板的导电性能。

操作人员在进行工作时，应穿防静电工作服和防静电鞋，并戴防静电手套等。

七、消除日光聚集引起的火灾或爆炸

直射的日光通过凸透镜或有气泡的平板玻璃等，均能形成聚焦。在焦点处温度很高，这种高温不仅能引起爆炸物品的爆炸，还可以引起可燃气体、蒸气、粉尘和纤维一类的物质起火燃烧。当这类物质与空气混合后，其浓度达到爆炸极限时，也会因聚焦高温而引起爆炸。

有些化学反应在日光的作用下就能发生爆炸。例如，氯与氢、氯与乙烯化合等反应。

有些自燃点较低的物质，在日光的暴晒下，积热不散，温度升高，当温度达到其自燃点时，也能起火燃烧。例如，硝化纤维、电影胶片等易燃物质。

因此，日光的聚集、照射和反射作用等，均可使被照射的易燃易爆物质发生火灾或爆炸，不可忽视。

消除日光聚集引起的火灾或爆炸的安全措施如下：

1. 在有火灾或爆炸危险性的生产厂房或仓库，为避免日光的照射，必须采用遮日光的措施。如将窗户上的玻璃涂上白漆，或者采用磨砂玻璃。

2. 易燃易爆物品以及受热容易蒸发析离气体的物质，不得放在日光下暴晒。

3. 桶装的易燃液体不得受日光暴晒，防止液体受热膨胀鼓桶，导致爆裂引起火灾。

八、消除化学能引起的火灾或爆炸

在化工生产中往往有许多放热的化学反应，如硝化、氧化、聚合反应等，如果操作失误，工艺条件控制不当，使化学反应异常激烈，便可引起着火或爆炸。

在贮存化学物品和其他可燃物品时，由于混放而造成化学性质相抵触，则可发生火灾或爆炸。例如，雷汞遇浓硫酸会发生猛烈的分解而爆炸；过氧化钠遇水放出大量的热及原子态的氧，若遇可燃物品即能引起燃烧。

消除化学能引起的火灾或爆炸的安全措施如下：

1. 厂矿企业应根据各自生产的性质，制定安全技术操作规程和防火制度。操作人员必须特别注意温度、加料和搅拌等关键性的安全操作。

2. 操作人员必须熟悉有关的生产过程、原料和成品的危险性以及防火制度等。

3. 具有火灾或爆炸危险性的原料和成品，必须按时进行化验分析，以便在生产过程中去掉一切有害的杂质。

4. 试制新产品或改变生产原料、设备和操作方法时，必须首先试验和了解生产过程中火灾或爆炸的危险性，在原料性质未明了前，不得任意加热。正式投入生产前，必须首先掌握安全生产的技术和采取可靠的安全技术措施。

5. 具有火灾或爆炸危险性的生产设备，在投入生产前，必须经过可靠的检查和试验，加强设备维护保养制度，定期进行检修，以防设备腐蚀损坏，导致物料泄漏，引起火灾或爆炸。

6. 化工生产的计量、控制仪表，如压力表、温度计、流量计和安全阀等各种安全附件，是保证操作条件正常、避免发生事故的必要工具，应随时注意记录，经常检查仪表和安全附件的精确灵敏程度，如有损坏，应立即检修或调换。为了便于管理和操作人员进行岗位巡回检查，可将正常的操作条件，用有色标志记在仪表上。

7. 断水和断电的紧急处理措施，必须事先考虑周到，否则临时慌乱，容易发生事故。如冷却水中断时，蒸馏系统中的蒸气无法冷凝，使系统压力增高，冒出的易燃液体蒸气，遇火源就会引起着火。这类厂矿企业应该有足够的生产用水和备用水源。当断水时，应该紧急停止加热，使用备用水源冷却。如发生断电时，反应器的搅拌突然停止，某些激烈的放热反应，则有局部产生剧烈反应，而引起火灾或爆炸的危险。这类厂矿企业就须装有两路独立的电源供电，或者采取其他安全技术措施。

8. 在贮存化学物品和其他可燃物品时，应根据其化学性质采取分类、隔离等措施进行存放。

九、消除雷电引起的火灾或爆炸

雷电产生的火花，温度可高到使金属熔化。如果雷电通过有火灾或爆炸危险性的生产厂房或仓库，不仅能引起爆炸物品一类物质的爆炸，还可以引起可燃气体、蒸气、粉尘和纤维一类的物质着火。当这类物质与空气混合后，其浓度达到爆炸极限时，也会因雷电而引起爆炸。因此，为避免雷电危害，对于易遭受雷击的建筑物、构筑物、露天的生产设备及贮存容器等，特别是遭受雷击能够引起火灾或爆炸的厂房和仓库，必须安装避雷装置。

消除雷电引起的火灾或爆炸的安全措施就是安装避雷装置。

下列生产厂房和设备应安装防止直接雷击和感应雷击的避雷装置：

1. 生产和贮存爆炸物品的厂房和仓库。
2. 经常散发可燃气体、蒸气以及可燃粉尘和纤维，与空气能形成爆炸性混合物的厂房和仓库。
3. 大型贮油罐和可燃气体贮罐。
4. 露天高度在15m以上，具有火灾或爆炸危险性的生产设备。
5. 烟囱和水塔。
6. 发电站、配电站和高压输电线的避雷装置，应根据电气设备的防雷规定办理。

十、消除其他着火源引起的火灾或爆炸

其他着火源有炽热的物体、高温表面以及自发性起火等等。例如，炽热的烙铁、热处理的金属，以及高温物料输送管线等，与易燃液体和一般可燃物质接触能引起火灾，与具有爆炸危险性的物质接触能引起爆炸。再如，含有油脂的棉纱头等若存放不当易引起自行着火。

消除其他着火源引起的火灾或爆炸的安全措施如下：

1. 炽热的物体、高温表面应与可燃物质之间保持一定的距离，或者采用隔热措施。
2. 加热装置、高温物料输送管线等，其表面温度较高，应防止可燃物质落在上面。

高温表面的隔热保温层应完好无损，并防止可燃物质因泄漏、溢料、泼溅等而积聚在保温层内。

3. 加热温度高于物料自燃点的工艺过程，应严防物料外泄或空气进入。

为防止易燃物料与高温的设备、管线表面相接触，可燃物质的排放口应远离高温表面。

4. 不准在高温设备或管线上烘烤衣物，或放置可燃物品。
5. 具有爆炸危险性较大的生产厂房内，不应采用蒸汽采暖设备，应用热水采暖设备。
6. 使用电烙铁、电熨斗等，应用非燃烧体作垫架，用后及时取下，待冷却至室温后再收存好。
7. 不准用可燃材料做白炽灯罩，灯头与可燃物品应保持安全距离。
8. 为防止自燃物品引起的火灾，应将含油脂的抹布和棉纱头等，放入带盖的金属桶内存放，并放置在安全地点。

第四节 可燃粉尘爆炸的防止措施

一、可燃粉尘

所谓可燃粉尘,即是粒径极小,遇火源能发生燃烧的固体物质,统称为可燃粉尘。例如,锯末粉尘、煤粉尘、小麦粉尘、硫磺粉尘、淀粉粉尘等均属于可燃粉尘。

一般粒径小于 $10\mu m$,悬浮混合在空气中的粉尘,称为悬浮粉尘或浮游粉尘。

沉降下来或堆积在物体上的粉尘,称为沉积粉尘或堆积粉尘。

二、可燃粉尘的种类

可燃粉尘的种类很多,有铝粉、镁粉、锌粉、有机玻璃粉、聚乙烯塑料粉、合成橡胶粉、面粉、谷物淀粉、糖粉、煤粉、木粉……等等。

可燃纤维的种类也很多,有棉纤维、麻纤维、醋酸纤维、腈纶纤维、涤纶纤维、维纶纤维……等等。

这说明可能发生粉尘爆炸的工业范围是十分广泛的。

美国农业技术通报 490 期,按粉尘的爆炸性列出了 133 种粉尘。现列出一些常见的爆炸性粉尘供参阅,见表 13-21。

一些常见的爆炸性粉尘　　　表 13-21

种 类	实 例
碳	煤、泥煤、木炭、焦炭、油烟
肥料	骨粉、鱼粉、血粉
粮食产品和副产品	淀粉、糖、面粉、可可、奶粉、谷物粉尘
金属粉末	铝粉、镁粉、锌粉、铁粉
树脂、腊和肥皂	虫胶、松脂、胶树脂酸钠、肥皂粉、石蜡
香料、药剂和农药	肉桂、胡椒、尤胆、除虫菊、茶末
木料、纸张和单宁酸物质	木粉、木粉尘、纤维素、软木、树皮粉尘、木提取液
其他	硬橡胶、硫磺、烟草、塑料等

三、粉尘爆炸的条件

粉尘爆炸需要同时具备三个条件:

1. 粉尘本身具有可燃性;
2. 粉尘须悬浮在空气中,并与空气混合达到爆炸极限;
3. 有足够能引起粉尘爆炸的热源。

四、粉尘爆炸的原因

可燃粉尘的爆炸问题是从 1878 年美国一家面粉厂发生爆炸时发现的。此后在机械化的磨粉厂、谷仓、制茶与可可的工厂,以及生产铝、镁、碳化钙的工厂中,陆续发现悬浮在空气中的可燃粉尘有极大的爆炸危险性。

可燃物质的颗粒在进行粉碎的过程中,其体积会无限地减小下去,即每当颗粒被粉碎时，就会出现新的表面。因此，它的总表面积与粉碎的程度是成比例地增大。所以，当颗粒状的物体被无限度地粉碎后，与颗粒的最初表面积相比，其总表面积将成比例地增大。如果当颗粒被粉碎成为直径极小的微粒，它就能悬浮在空气中。通常直径<10μm的微粒便能在运动的气流中长时间地悬浮。这时，悬浮在空气中的微粒与空气形成云雾状的混合物，也就是说，此时空气中含可燃粉尘的浓度达到了其爆炸极限。此时，这种微粒因为能与空气充分地接触，并且接触的表面积又极大，所以非常容易着火，即微粒云雾状的混合物，只需供给一点很小的热量，也会使其着火。并且，只要其中有一颗微粒着火，其燃烧的热能便可使相邻的微粒也着火燃烧，从而发生连锁反应扩大燃烧范围。这种燃烧是在极短的时间内便告完成，即发生爆炸现象。这就是所谓的粉尘爆炸。

极细短的可燃纤维与可燃粉尘一样，也能够悬浮混合在空气中，形成爆炸性混合物，当其接触火源时也能急剧燃烧，发生爆炸现象。

可燃粉尘通常是人为进行粉碎的，故在一些厂矿企业中，因加工麻、烟、糖、谷物、煤、硫、铝，等等物质，由于粉碎、研磨、过筛等生产过程中就会产生可燃粉尘。在一般情况下，粉尘爆炸事故与可燃气体或可燃液体的蒸气所造成的爆炸事故相比，发生的次数和事故损害的程度相对来说是比较少的。但随着近代工业的发展，如塑料、有机合成、粉末金属等生产多采用粉状原料。因此，由于厂矿企业中粉尘种类的增多，使用量的增加等因素，便大大增加了粉尘爆炸的潜在危险性。

可燃粉尘或可燃纤维发生爆炸的破坏力不可轻视。例如，1987年3月15日凌晨2时39分，我国哈尔滨亚麻厂的梳麻、前纺、细纱、准备四个车间发生一起重大的可燃纤维爆炸事故。这次爆炸事故人员伤亡严重，其中死亡57人，受伤170多人，厂房、设备均遭到破坏，爆炸引起的火灾直至当日凌晨6时才扑灭。

然而，在煤矿发生煤尘爆炸造成的损失常常要比瓦斯爆炸大得多。因此，煤尘爆炸一直是煤矿发生重大破坏、火灾及造成人员伤亡事故的主要原因之一。

所以，防止可燃粉尘或可燃纤维的爆炸应引起我们足够的重视。

五、粉尘的爆炸极限

在常温常压的条件下，各种可燃粉尘或可燃纤维悬浮在空气中，与空气混合形成的爆炸性混合物，都有一定的爆炸浓度范围，即爆炸极限。可燃粉尘或可燃纤维只有在这个浓度范围内才能发生爆炸，因此，可燃粉尘或可燃纤维形成的爆炸性混合物也存在着爆炸下限和爆炸上限。

可燃粉尘或可燃纤维的爆炸极限则通常以单位体积空气中的重量来表示。如，g/m^3，或 mg/m^3。

可燃粉尘或可燃纤维的爆炸下限一般为几十～几百克/m^3；而爆炸上限可达 2～6kg/m^3。当可燃粉尘浓度达到爆炸下限时，其含粉尘量已相当多，象云雾一样的状态存在，故有形迹可以察觉。这样大的浓度在厂矿企业的生产过程中，厂房内可燃粉尘形成爆炸性混合物是比较困难的，通常只有在设备容器内部或尘源发生点及二次尘源扬尘点附近才能达到。

由于粉尘具有一定的粒度和沉降性，因此，粉尘的爆炸上限因为数值太大，以至在绝大多数生产场所都难以达到，所以没有多大实际意义。例如，糖粉的爆炸上限为

$13500 g/m^3$，这一浓度只有沉积粉尘在冲击波的作用下，才能达到如此高的悬浮粉尘浓度。因此，从厂矿企业安全技术方面考虑，主要是要求生产作业场所的可燃粉尘不达到其爆炸下限的浓度。

但是，有一点是必须注意的，即可燃粉尘发生爆炸，并不一定要在所有场所的整个空间都形成爆炸性混合物，才发生爆炸，一般只要可燃粉尘在厂房中成层地附着于墙壁、天花板、设备上就有可能引起爆炸。

某些可燃粉尘或可燃纤维的爆炸下限列入表13-22，供参阅。

某些粉尘和纤维的爆炸下限　　　　　表13-22

序号	粉尘名称	爆炸下限(g/m^3)	云状粉尘自燃温度(℃)	粉尘平均粒径(μm)
1	铝（含油）	37～50	400	10～20
2	铁粉	153～204	430	100～150
3	镁	44～59	470	5～10
4	锌	212～284	530	10～15
5	锆石	92～123	360	5～10
6	红磷	48～64	360	30～50
7	碳黑	36～45	>690	10～20
8	萘	28～38	575	8～100
9	蒽	29～39	505	40～50
10	硫磺	35	235	30～50
11	乙酸钠酯	51～70	520	5～8
12	阿司匹林	31～41	405	60
13	聚乙烯	26～35	410	30～50
14	聚苯乙烯	27～37	475	40～60
15	聚乙烯醇	42～55	450	5～10
16	聚丙烯酯	35～55	505	5～7
17	聚氨酯（类）	46～63	425	50～100
18	聚乙烯四钛	52～71	480	<200
19	聚乙烯氮戊环酮	42～58	465	10～15
20	聚氯乙烯	63～86	595	4～5
21	氯乙烯	44～60	520	30～40
22	酚醛树脂	36～49	520	10～20
23	硬质橡胶	36～49	360	20～30
24	天然树脂	38～52	370	20～30
25	松香	15	325	50～80
26	硬蜡	26～36	400	30～50
27	裸麦粉	67～93	415	30～50
28	砂糖粉	77～99	360	20～40
29	软木粉	44～59	460	30～40
30	烟煤粉	41～57	595	5～10
31	炼焦用煤粉	33～45	610	5～10
32	贫烟粉	34～45	680	5～7
33	泥煤焦炭粉	40～54	615	1～2
34	炼焦炭粉	37～50	775	4～5

六、粉尘爆炸的特点

粉尘爆炸有以下几个特点。

1. 粉尘爆炸有产生二次爆炸的可能性。所谓二次爆炸，即在粉尘爆炸中，初始爆炸的气浪会将沉积在它周围的粉尘扬起，扬起的粉尘在空间又会形成新的爆炸浓度，从而产生新的连续爆炸，这就叫做二次爆炸。

由于二次爆炸，扩大了爆炸范围，从而会产生更大的破坏。这种连续爆炸会造成极其严重的后果，以至达到破坏生产装置和造成人员伤亡。

2. 粉尘爆炸通常会产生两种主要有害气体。一种是一氧化碳，另一种是爆炸性粉尘自身分解的有害气体。爆炸后的有害气体往往能造成大面积的人员中毒伤亡。对于这一点，必须有足够的重视。

3. 粉尘在发生爆炸时，因为粉尘颗粒会一边燃烧，一边飞散，所以在粉尘爆炸之后，通常还会残留着燃烧现象。

七、粉尘爆炸性与体积的关系

粉尘的物理状态不同，其着火的难易程度也不一样，一般由下面的 K_0 值所决定。

$$K_0 = \frac{物体的表面积\ H_0}{物体的体积\ V_0}$$

因为把一个物体分成若干微粒后，会露出很多新的表面，所以，现将体积为 V_0 的物质，细分为 $V_1+V_2+V_3+\cdots\cdots V_n$ 等若干个微小体积，把其表面积 H_0 细分为 $h_1+h_2+h_3+\cdots\cdots h_n$ 若干个微小体积的表面积。

因此，$h_1+h_2+h_3+\cdots\cdots h_n > H_0$。如果 h 中的 n 越大，其和与 H_0 的差就增大。

然而，$V_1+V_2+V_3+\cdots\cdots V_n = V_0$。所以，当物体分割越细，$K_0$ 的值就越大，如果 K_0 值变得极大，它们就会飞散飘浮在空气中，甚至有时会形成云雾状，如果要使它们沉降下来，则需很长的时间。

因此，对于同一体积的物质，若 K_0 值越大，就越容易着火。例如，用火柴点燃一根柱状的木材是不可能的。但是，如果用刨子把柱状的木材刨成细而薄的纸状刨花，使 K_0 值增大，此时，就是用一根火柴也极易使之着火。同样的道理，煤块用一根火柴一般也不可能将其点燃，但是，如果将煤块加工成微粉状，使 K_0 值增大，并使它在空气中形成云雾状，这时，如再用火柴点火的话，就会在瞬间燃烧，或产生爆炸现象。

然而，成包成堆的可燃粉尘或可燃纤维，接触到火源只会引起燃烧，而不会造成爆炸。

八、粉尘爆炸的影响因素

粉尘爆炸的影响因素甚多，总的说，有粉尘自身形成和外部条件形成两个方面的因素。

粉尘自身形成的因素，又有化学因素和物理因素两个方面。化学因素主要是指其燃烧热和燃烧速度。此外，还有其与水蒸汽及二氧化碳的反应性能等。物理因素主要是指粉尘在空气中的浓度和粒度分布。此外，对粒子形状，粒子的比热，热传导率，表面状态，带电性和粒子凝聚特性等也是需要考虑的。

粉尘外部条件形成的因素，则有气流运动状态、氧气含量、可燃气含量、湿度、惰性气体含量、阻燃性粉尘含量、灰分、点火源状态等。

掌握粉尘爆炸的影响因素，就可判断在生产场所的危险状况，也可进一步为采取可靠的安全技术措施提供依据。

1. 燃烧热。燃烧热高的粉尘，其爆炸下限低，爆炸威力也大，参见图 13-12。
2. 燃烧速度。燃烧速度高的粉尘，最大爆炸压力较大。

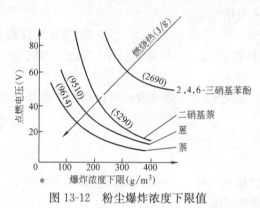

图 13-12　粉尘爆炸浓度下限值

3. 粒度大小。粉尘爆炸与可燃气体不一样，就是同种粉尘，由于粉碎处理的方法不同，其粒度的大小也是不一样的。正因为粒度大小不一样，所以它的爆炸下限值也不相同。

图 13-13 示出了粉尘爆炸的下限值，能通过 200 目的量越少，其爆炸下限浓度就越高。由图可知，如果粉尘的粒度达到了某种程度以上，对爆炸下限浓度就没有多大影响了。

粉尘的粒度越小，其自重越轻，容易飞扬，在空气中悬浮的时间就长，也就容易与空气混合形成爆炸性混合物。

其次，粉尘的粒度越小，便具有很大的比表面积，其表面积越大，反应越容易，这也是粉尘造成爆炸的原因之一。

再者，粉尘的粒度越小，其燃点也越低，爆炸下限也减小，所需点燃能量就小，因此也容易发生爆炸。

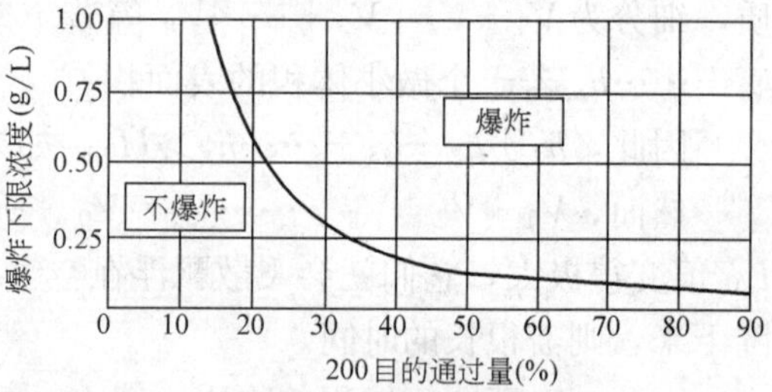

图 13-13　粉尘爆炸的下限浓度和粒度分布

大多数爆炸性粉尘的粒度在 $1\mu m$ 至 $150\mu m$ 的范围内。因此限制微小粒度粉尘的产生，或者设法使微小粒度粉尘凝聚成较大颗粒粉尘，对防止爆炸是有作用的。

此外，可燃粉尘粒度的形状与爆炸混合物的形成也有很大的关系。锐粒表面积大，爆炸下限值小；圆粒表面积小，爆炸下限值大。因此，锐粒状态的粉尘比较容易与空气混合形成爆炸性混合物。以铝粉和镁粉为例，它们的粒度形状与爆炸下限的关系如下：

铝粉：喷出的圆粒　　爆炸下限为 $40g/m^3$；
　　　磨碎的锐粒　　爆炸下限为 $35g/m^3$；
镁粉：喷出的圆粒　　爆炸下限为 $30g/m^3$；
　　　磨碎的锐粒　　爆炸下限为 $20g/m^3$。

4. 水分。可燃粉尘本身的含水量越小，越容易分散飞扬悬浮在空气中与空气形成爆炸性混合物，也越容易点燃爆炸。而含水量越大，则容易凝聚成较大的颗粒沉落在地面，也就不易点燃爆炸。因此，除遇水产生爆炸的粉尘以外，其他可燃粉尘的含水量＞30％时，就不会点燃爆炸了。

然而，粉尘爆炸还受到周围空气中水分含量的影响。随着水分的增加，其爆炸下限值便会升高，特别是从 10％左右开始急速升高。参见图 13-14。

这是因为水分的增多，增加了粉尘的凝聚沉降，使其爆炸下限不易达到。再者水分的蒸发要吸收大量的热量，使温度不易达到其燃点而破坏化学反应链。同时，水分蒸发所产生的水蒸汽占据了一定的空间，稀释了空气中的氧含量，从而降低了粉尘的燃烧速度。

因此，在厂矿企业的生产过程中，只要生产工艺条件许可，湿式作业或洒水是防止粉尘爆炸的有效措施。

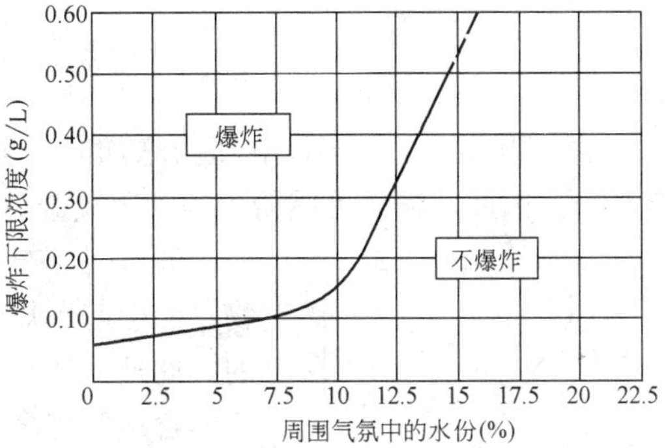

5. 氧含量。氧含量是粉尘爆炸敏感的一个因素。随着空气中氧含量的增加，其爆炸极限也扩大。在纯氧中的爆炸下限可下降到只有空气中的 1/3 至 1/4，而能够发生爆炸的最大粒度直径则加大到空气中相应值的 5 倍。氧含量与爆炸下限和粒径的关系参见图 13-15。

图 13-14 爆炸下限浓度和周围气氛中的水分的关系
（通过 20 目的碳尘）（卡斯尔、利布曼）

6. 惰性粉尘和灰分。可燃粉尘的纯度越高，即含如粘土、石粉、炉灰等非燃物质越少，则越容易与空气混合形成爆炸性混合物。

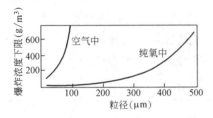

图 13-15 爆炸浓度下限与粒径及氧含量的关系

其次，可燃粉尘如含挥发性物质越多，越是容易氧化，也越容易与空气混合形成爆炸性混合物。例如，煤粉含挥发性物质多，而焦炭粉含挥发性物质少，煤粉则容易与空气混合形成爆炸性混合物。

反之，可燃粉尘如含惰性粉尘和灰分越高，则难以与空气混合形成爆炸性混合物。

这是因为惰性粉尘和灰分的吸热作用而抑制了可燃粉尘的爆炸。例如，煤粉中含有 11% 的灰分时，还能够发生爆炸，但当其灰分达到 15%～30% 时，就很难发生爆炸了。根据这一原理，在煤矿井下煤巷道顶部设置岩粉棚，一旦发生爆炸，岩粉棚受爆炸冲击波的作用而自动翻转，将岩粉撒出，可抑制煤尘二次爆炸。

7. 可燃气体含量。一般来说，在同一场所中，当可燃粉尘悬浮在空气中与空气混合形成爆炸性混合物时，同时又有可燃气体存在，其爆炸危险性就提高。这是因为，多种危险物质混合后，按相乘效果判断，其爆炸下限值比它们各自的爆炸下限值均低。例如，悬浮在空气中的煤尘，在有甲烷存在时，煤尘、甲烷、空气混合物产生的相乘效果，根据实验得出表 13-23 中的爆炸下限值。

煤尘、甲烷与空气混合后的爆炸下限　　　　表 13-23

悬浮煤尘(g/m³)	0	10.3	17.4	27.9	37.5	47.8
甲烷(%)	5.0	3.7	3.0	1.7	0.6	0

两种或两种以上的可燃物质共存时，与空气混合所形成的爆炸性混合物，最小点燃能量有一定程度的降低。这说明可燃粉尘与可燃气体同时存在时，大大增加了粉尘的爆炸危险性。现仍以煤尘和甲烷为例，图 13-16 示出了当煤尘与甲烷同时存在时，煤尘的爆炸下

限有如下的关系：

含甲烷煤尘的爆炸下限＝纯煤尘的爆炸下限×$\left(1-\dfrac{\text{甲烷含量\%}}{5\%}\right)$

$=68\left(1-\dfrac{\text{甲烷含量\%}}{5\%}\right)$ （g/m³）

8. 温度和压力。当温度和压力增加时，可燃粉尘的爆炸下限会降低，所需点燃能量也会减小。因此，输送可燃粉尘的管道应避免日光曝晒。

9. 最小着火能量。可燃粉尘与空气形成的爆炸性混合物，能引起爆炸的最小着火能量是随其粉尘的种类不同而异的。此外，还与粉尘的浓度、粒径、含水量、氧含量、可燃气体含量等许多因素有关。

在一般情况下，粉尘爆炸性混合物的最小着火能量为10mJ至数百毫焦，相当于可燃气体的着火能量的100倍左右。其原因在于可燃粉不管粉碎得多么微小，其粉尘粒径与可燃气体分子相比，仍然要大得多。因此，要使粉尘微粒的温度上升到着火温度，则需要很多的热量。正因为需要这样多的热量，故满足这种条件的机会也就比可燃气体的场合少，所以粉尘爆炸的危险性要比可燃气体小些。

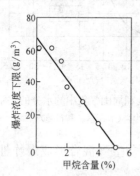

图 13-16　甲烷含量对炭尘爆炸浓度下限的影响

某些可燃粉尘爆炸所需要的最小着火能量见表 13-24 和表 13-25。

某些粉尘最小点燃能量和最大爆炸压力　　表 13-24

粉尘名称 （200目以下）	最小点燃能量 (mJ)	最大爆炸压力 (Pa)	粉尘名称 （200目以下）	最小点燃能量 (mJ)	最大爆炸压力 (Pa)
钛	10	5.4917×10⁵	玉米粉	30	7.5511×10⁵
铝	15	6.1782×10⁵	砂糖	30	6.1782×10⁵
镁	40	6.4724×10⁵	可可	100	4.2169×10⁵
锌	650	3.4323×10⁵	咖啡	160	3.4323×10⁵
醋酸纤维类	10	7.5511×10⁵	酞酐	15	4.8053×10⁵
酚醛树脂	10	5.4917×10⁵	硫	15	5.4917×10⁵
聚苯乙烯	15	6.1782×10⁵	硬脂酸铝	15	6.5705×10⁵
尿素树脂	80	5.8840×10⁵	己二酸	70	5.1975×10⁵

某些粉尘和空气混合时的最小着火能量　　表 13-25

序号	粉尘名称	最小着火能量(mJ)		序号	粉尘名称	最小着火能量(mJ)	
		粉尘云	粉尘层			粉尘云	粉尘层
1	烯丙醇酯树脂	20	80	14	多聚甲醛	20	—
2	铝粉	10	1.6	15	季戊四醇	10	—
3	硬脂酸铝	10	40	16	酚醛树脂	100	40
4	乙酸纤维素	10	—	17	酞酐	15	—
5	烟煤	60	560	18	沥青	20	6
6	对苯二甲酸二甲脂	20	—	19	聚乙烯	30	—
7	二硝基甲苯酰胺	15	24	20	聚苯乙烯	15	—
8	铁锰合金	80	8	21	硅	80	2
9	硬沥青	25	4	22	硬脂酸	25	—
10	铁	20	7	23	硫磺	15	1.6
11	镁	20	0.24	24	尿素树脂	80	—
12	锰	80	3.2	25	乙烯基树脂	10	—
13	甲基丙烯酸甲脂	15	—				

九、粉尘爆炸危险度分级

由于影响可燃粉尘爆炸的因素甚多,目前对其理论研究尚不够完善,因此对粉尘爆炸危险度的分级还难以作出科学的划分,世界各国的分级方法也不相同。

我国有关部颁标准,可燃粉尘按其电火花试验结果,将其划归第Ⅲ类,第Ⅰ、Ⅱ类为可燃性气体,并且又将其分为A、B两个级,具体分类、分级情况见表13-26。

可燃粉尘爆炸危险度分类、分级　　　　　　　表13-26

类和级	粉尘性质 组别温度(℃)	T_1-1 $T>270$	T_1-2 $270 \geqslant T>200$	T_1-3 $200 \geqslant T>140$
ⅢA	非导电性易燃纤维	木棉纤维、烟草纤维、纸纤维、亚硫酸纤维素、人造毛短纤维	木质纤维	
ⅢA	非导电性爆炸性粉尘	小麦、玉米、砂糖、橡胶、染料、聚乙烯、苯酚树脂	可可、米糖	
ⅢB	导电性爆炸性粉尘	镁、铝、铝青铜、锌、钛、焦炭、炭黑	铝(含油)、铁、煤	
ⅢB	火药、炸药粉尘		黑火药、梯恩梯	硝化棉、吸收药、黑索金、特屈儿、泰安

下面介绍原苏联和英国对可燃粉尘的分级原则,从中可以看出各国对可燃粉尘爆炸危险度分级标准相差较大,一时还难以统一。

1. 原苏联分级标准。主要根据可燃粉尘的爆炸下限,并兼顾其着火难易程度,分为4级,见表13-27。

苏联的粉尘爆炸危险度分级标准　　　　　　　表13-27

名　称	级　别	爆炸下限 (g/m³)	堆积状态着火温度(℃)	举　例
危险的爆炸性粉尘	1 2	≤15 15~65	—	硫、糖、小麦、树脂萘、铝、淀粉、干草
可燃性粉尘	3 4	≥65	≤250 >250	烟草 锯末

2. 英国分级标准。主要以点燃难易为准,分为3级,但没有明确的定量分界线。

1级粉尘。只需很小的热源,便能立即着火,并能在空间传播火焰。

2级粉尘。容易着火,但需较大的热源。

3级粉尘。实验中难于着火。

此外,美国以匹茨堡煤作标准建立了一种相对爆炸指数,作为对各种工业粉尘的分级依据。日本则以易燃性、导电性、纤维性进行分级。总之,各国的分级方法不一致,尚难以比较。

十、粉尘爆炸的防止

目前,防止粉尘发生爆炸的基本方法有两种。一种是防止可燃粉尘与空气混合形成爆炸性混合物;另一种是在粉尘爆炸性混合物的形成难以避免的情况下,防止着火源点燃这种混合物质。

在厂矿企业生产中,防止粉尘爆炸可采取以下的安全措施。

1. 在容易产生可燃粉尘的作业场所,应采取特别的措施来防止粉尘积累。这可以通过使用局部排气设备来减少作业现场空气中含可燃粉尘的浓度。如果可能,应把产生粉尘的生产隔离开来,或者把产生粉尘的设备完全密封,以防止粉尘逸散到其他生产区域或作业场所的空气中。

2. 在容易产生可燃粉尘的作业场所,粉尘往往会在设备、装置的上面,或者场所的角落处逐渐沉降而堆积起来。在有这种情况的地方,如果发生了粉尘的小爆炸,其爆炸气浪能使堆积的粉尘立即飞扬起来,由此而导致粉尘的第二次爆炸。所以,在这种环境内应经常清扫设备、装置上,以及作业现场堆积的粉尘是极为重要的。

3. 具有较大爆炸危险性的建筑物,如生产面粉的厂房或塑料车间等,应装置除尘设备。在设计其结构时,应使爆炸压力在预定的区域造成小的破坏,而不使整个结构倒塌。

4. 因粉尘爆炸是一种激烈的燃烧,所以,可燃粉尘在氧气中的爆炸下限会降低,而使发生爆炸的危险性增大。与此相反,如果充入了阻燃性粉尘或惰性气体等,就可使爆炸下限升高,而使发生爆炸的危险性减小。因此,为了提高安全性,在易发生粉尘爆炸的设备、装置中,可采用充入惰性气体的保护措施。

5. 如生产工艺条件许可,可以采用湿式作业的方法防止粉尘的发生源的粉尘飞扬到场所空气中。或者采用洒水、喷水雾的方法来增加生产场所地面和空气的湿度,以防止粉尘飞扬。

6. 因粉尘爆炸如果没有着火源是不会发生的,所以,必须彻底消除生产场所内有产生着火源的一切可能性。

据此,在有粉尘爆炸危险性的生产场所,可采用消除或控制明火、电气火花、摩擦与撞击、静电火花、炽热物体和过热等着火源的措施,来防止粉尘发生爆炸。同时,还应采取一切措施防止轴承过热、随便吸烟、手持工具火花等。

7. 粉尘在输送管道内与管壁之间的摩擦所产生的静电,倘若在装置内积聚,在一定的条件下会发生放电而产生静电火花,并由此能引起粉尘爆炸。这种事例在制糖、淀粉或面粉等加工厂是发生得比较多的。

有时这种摩擦所产生的静电电压可高达数千伏,因此,为防止静电积聚而导致粉尘爆炸,设备、装置等必须接地良好。

8. 镁粉、碳化钙粉尘等与水接触会引起自燃或爆炸,这类物质的粉尘在生产过程中应防止与水接触。

还有些粉尘相互接触或混合会引起爆炸,例如,溴与磷、锌粉、镁粉的接触混合。这类粉尘在生产或存放时应避免接触混合。

9. 在此,值得提出注意的,在扑灭粉尘爆炸起火时,如采用水作为灭火剂,不可使用高压密集的水流进行喷射,只能使用雾状水。因为高压密集的水流会激起粉尘飞扬,有造成粉尘再次发生爆炸的可能性。

第五节 静电的危害及控制

一、静电的概念

静电是指绝缘物质上携带的相对静止的电荷。它是由两种不同性质的物体相互接触摩擦时,由于它们对电子的吸力大小各不相同,在物质间发生了电子转移,使其中一物体失去一部分电子而带正电荷,另一物体则获一部分电子而带负电荷。如该物体对地绝缘,则电荷无法泄漏,便停留在物体的表面上,不像金属导体里的电流那样容易流动,因而这种电荷便称之为静电。

静电现象是人们最早发现的电现象。例如,人们很早就观察到琥珀在皮毛上摩擦一阵再分开,前者就带正电荷,后者就带负电荷,能够吸引或排斥羽毛和纸屑等轻小物体。后来人们又进一步发现,玻璃棒在丝绸上摩擦,或硬橡胶钢笔杆在毛织物上摩擦等,也具有同样的作用和性质。

我国古代劳动人民对静电现象早就有所认识,远在东汉时期,王充在《论衡》中就有"顿牟掇芥"现象的记载。

在我们日常的生活中,只要留心观察,也可以随时遇到静电现象的情况。例如,用塑料梳子梳理头发时,梳子能使干燥的头发吸竖起来,有时甚至还可听到轻微的"嚓、嚓"声。尤其是在黑暗处脱腈纶混纺的毛线衣时,便能看见闪烁的静电火花和听到轻微的静电放电声。

静电技术作为一门先进的科学技术,在工业生产中得到越来越多的应用。例如,静电除尘、静电喷漆、静电植绒、静电复印、静电选矿等等。但是,静电有时却会给某些工业生产带来不良的影响,甚至造成多种危害,尤其是静电放电火花常常成为引起火灾或爆炸事故的着火源。

静电现象虽然很早就被人们发现,但对静电的研究却是随着高分子材料生产的发展,即大约从20世纪50年代才开始大量出现的,故静电的研究乃是一门比较年轻的学科。因此,人们对静电产生的原因及消除的方法还没有完全掌握,对它的危害性还缺乏足够的认识,所以,由静电所造成的各种危害事故仍时有发生。

随着工业生产的迅速发展,尤其是石油、化学工业的发展,化纤、塑料等高分子材料的普遍使用,以及橡胶制品生产、造纸、纺织等行业和其他制造、加工高电阻材料的生产等,防静电造成的危害,引起了人们广泛的重视。因此,在现代工业生产中,为了防止静电引起的各种危害,安全技术人员对静电产生的原因、特性、危害以及消除方法等,必须进行深入、系统的研究。

二、静电的产生

静电的产生是一个十分复杂的过程,它与很多因素有关。实验证明,不仅仅是摩擦时,而只要两种不同的物质紧密接触后再分离时,就有可能产生静电。静电的产生可以从物质的内部结构特性和外界条件的作用两个方面来进行解释。

1. 内部结构特性

(1) 逸出功。一切物质是由分子组成的，而分子又是由原子组成的。原子是由带正电荷的原子核和围绕着原子核作高速旋转的带负电荷的电子所组成。电子由于不停地高速旋转，有离开原子核的倾向，但电子又与原子核相互吸引，因而使它只能在固定的轨道上运动。原子核所带的正电荷数量与其外围电子所带的负电荷数量总和相等。因此，物质在正常情况下都不呈现电性，都是中性的。物质获得或失去电子都导致带电，获得电子则带负电，失去电子则带正电。

原子核对其周围的电子有束缚力，并且不同的物质对束缚电子的能力是各不相同的。这种束缚力可用逸出功来衡量。因此，所谓逸出功就是把一个电子从物质的内部移到物质的外部所需要外界作的功。逸出功又称为脱出功，或者称为功函数。

由于不同的物质使电子脱离原物体表面所需的逸出功的大小有所区别，因此，当两种不同性质的物质紧密接触时，其间距在 25×10^{-8} cm 以下，即可认为是紧密接触，在接触面上就会产生电子转移。逸出功小的物质易失去电子而带正电荷，逸出功大的物质便会增加电子而带负电荷。当这两种物质分开后，就会各自带上了静电电荷。所以，各种物质逸出功的不同是静电产生的基础。

两种不同性质的物质紧密接触，由于电子转移的结果，可使其中一种物质的接触面一侧失去电子而出现正电荷层，另一种物质的接触面一侧得到电子而出现负电荷层，从而形成了"双电荷层"。

双电荷层不仅适于说明固体与固体接触面的静电荷转移，而且还可以解释固体与液体、固体与气体、液体与另一种不相混溶的液体等接触的情况下，静电产生的原因。

(2) 电阻率。静电的产生与物质的导电性能有很大的关系，它以电阻率来表示。电阻率越小的物质，其导电性能越好。

电阻率可分为体电阻率和表面电阻率两种。体电阻率等于单位长度、单位面积的介质电流通过其内部的电阻，单位为 $\Omega \cdot cm$。表面电阻率是任一正方形对边之间的表面电阻，单位为欧。研究液体带静电则用体电阻率；研究固体带静电则应用表面电阻率。

根据大量的实验资料表明，电阻率在 $10^6 \Omega \cdot cm$ 以下的物质，因其本身具有较好的导电性能，静电将会很快泄漏，不会引起危害。电阻率 $>10^{16} \Omega \cdot cm$ 或 $<10^{10} \Omega \cdot cm$ 的物质则都不易产生静电。电阻率在 $10^{11} \sim 10^{15} \Omega \cdot cm$ 的物质最容易产生静电。

然而，只有当物体表面是绝缘材料或被绝缘材料隔离的导电材料制成时，才能在其表面上积聚静电电荷。一般认为，体电阻率 $<10^6 \Omega \cdot cm$ 的材料为导静电材料，体电阻率介于 $10^6 \sim 10^{10} \Omega \cdot cm$ 之间的材料为半导静电材料，体电阻率 $>10^{10} \Omega \cdot cm$ 的材料为静电绝缘材料。因此，电阻率的大小是静电能否积聚的条件。

汽油、煤油、苯、乙醚等，它们的电阻率都在 $10^{11} \sim 10^{14} \Omega \cdot cm$ 之间，静电都容易产生和积聚。水是静电的良导体，但少量的水混于油中，水滴同油品相对流动时便会产生静电，并使油品静电积累增多。

电阻率因测定方法、物质成分的不同而有较大的出入，常见物质的电阻率参阅表13-28。

(3) 介电常数。物质的介电常数，也称电容率，是决定静电电容的主要因素，它与物质的电阻率一起密切影响静电产生的结果。

常见物质的电阻率表 表 13-28

序号	物质名称	电阻率($\Omega \cdot cm$)	序号	物质名称	电阻率($\Omega \cdot cm$)
1	蒸馏水	10^6	35	人造蜡	$10^{13} \sim 10^{16}$
2	硫酸	1.0×10^2	36	凡士林	$10^{11} \sim 10^{15}$
3	醋酸	8.9×10^8	37	木棉	10^9
4	醋酸甲酯	2.9×10^5	38	羊毛	$10^9 \sim 10^{11}$
5	醋酸乙酯	1.0×10^7	39	丙烯纤维	$10^{10} \sim 10^{12}$
6	酯酐	2.1×10^8	40	绝缘化合物	$10^{11} \sim 10^{15}$
7	乙醛	5.9×10^5	41	纸	$10^5 \sim 10^{10}$
8	甲醇	2.3×10^6	42	绝缘纸	$10^9 \sim 10^{12}$
9	乙醇	7.4×10^8	43	尼龙布	$10^{11} \sim 10^{13}$
10	正丙醇	5.0×10^7	44	油毡	$10^8 \sim 10^{12}$
11	异丙醇	2.8×10^5	45	干燥木柴	$10^{10} \sim 10^{14}$
12	正丁醇	1.1×10^8	46	导电橡胶	$2 \times 10^2 \sim 10^3$
13	正十八醇	2.8×10^{10}	47	天然橡胶	$10^{14} \sim 10^{17}$
14	丙酮	1.7×10^7	48	硬橡胶	$10^{15} \sim 10^{18}$
15	丁酮	1.0×10^7	49	氯化橡胶	$10^{13} \sim 10^{15}$
16	乙醚	5.6×10^{11}	50	聚乙烯	$> 10^{18}$
17	石油醚	8.4×10^{14}	51	氯乙烯	$10^{12} \sim 10^{16}$
18	汽油	2.5×10^{13}	52	聚苯乙烯	$10^{17} \sim 10^{19}$
19	煤油	7.3×10^{14}	53	聚四氟乙烯	$10^{16} \sim 10^{19}$
20	轻质柴油	1.3×10^{14}	54	糠醛树脂	$10^{10} \sim 10^{13}$
21	苯	$1.6 \times 10^{13} \sim 10^{14}$	55	酚醛树脂	$10^{12} \sim 10^{14}$
22	甲苯	$1.1 \times 10^{12} \sim 2.7 \times 10^{13}$	56	尿素树脂	$10^{10} \sim 10^{14}$
23	二甲苯	$2.4 \times 10^{12} \sim 3 \times 10^{13}$	57	硅酮树脂	$10^{11} \sim 10^{13}$
24	庚烷	1.0×10^{13}	58	蜜胺树脂	$10^{12} \sim 10^{14}$
25	己烷	1.0×10^{19}	59	聚酯树脂	$10^{12} \sim 10^{15}$
26	液体碳氢化合物	$10^{10} \sim 10^{18}$	60	丙烯树脂	$10^{14} \sim 10^{17}$
27	液氢	4.6×10^{19}	61	环氧树脂	$10^{16} \sim 10^{17}$
28	硅油	$10^{13} \sim 10^{15}$	62	钠玻璃	$10^8 \sim 10^{15}$
29	绝缘用矿物油	$10^{15} \sim 10^{19}$	63	云母	$10^{13} \sim 10^{15}$
30	米黄色绝缘漆	$10^{14} \sim 10^{15}$	64	二硫化碳	3.9×10^{13}
31	黑色绝缘漆	$10^{14} \sim 10^{15}$	65	硫	10^{17}
32	硅漆	$10^{16} \sim 10^{17}$	66	琥珀	$> 10^{18}$
33	沥青	$10^{16} \sim 10^{19}$	67	赛璐珞	$10^{10} \sim 10^{12}$
34	石蜡	$10^{13} \sim 10^{16}$			

物质的介电常数通常采用相对介电常数来表示,其单位为:F/m。相对介电常数是一种质的介电常数与真空的介电常数的比值,真空介电常数为:8.85×10^{-12}F/m。

介电常数大的物质,其电阻率均小,如果流体的相对介电常数超过 20F/m,并以连续相存在,且有接地装置,一般认为,不论是贮运还是管道输送,都不会产生静电。

某些物质的相对介电常数参阅表 13-29。

某些物质的相对介电常数　　　　表 13-29

序号	物质名称	相对介电常数	序号	物质名称	相对介电常数
1	氢	1.000264	18	干木材	2~3
2	空气	1.000586	19	纸	1.2~2.6
3	二氧化碳	1.000985	20	硬橡胶	3.0
4	苯	2.3	21	聚乙烯	2.2~2.4
5	甲苯	2.4	22	聚氯乙烯	3~3.5
6	二甲苯	2.4	23	聚四氟乙烯	2~2.2
7	甲醇	33.7	24	赛璐珞	3.0
8	乙醇	25.7	25	酚醛塑料	4~6
9	异丙醇	25.0	26	有机玻璃	3~3.6
10	己烷	1.9	27	石英玻璃	3.5~4.5
11	庚烷	2.0	28	硼硅玻璃	4.5
12	水	80.4	29	钠钙玻璃	6.8
13	变压器油	2.1~2.2	30	水晶	3.6
14	汽油	1.9~2.0	31	白云母	6.8~7.2
15	硅油	2.5~2.6	32	氧化钛陶瓷	60~100
16	石蜡	2~2.5	33	块滑石	5.6~6.5
17	瓷	5.5~6.5	34	尼龙	3.55

2. 外部作用条件

(1) 接触起电。当两种不同性质的物质,在表面互相紧密接触时,其间距<25×10^{-8}cm 时,就会产生电子转移,形成双电荷层。如果这两个接触的表面分离十分迅速时,就会使这两种物体的接触面上各自带上正、负静电荷。即使金属导体也会如此,只不过是由于金属材料具有良好的导电性能,所产生的静电往往沿某一通道迅速消失,而不易被人们觉察到。

摩擦产生静电就在于通过摩擦大大增加了两种不同性质的物质,相距 25×10^{-8} cm 以下的接触面积,并增加接触的机会和分离的速度,因此能产生较多的静电。同时,由于摩擦,使物体表面温度升高,也有利于静电的产生。

此外,物质的撕裂、剥离、拉伸、压碾、撞击等也易产生静电。

在工业生产过程中,如物料的粉碎、筛分、滚压、搅拌、喷涂、过滤和抛光等工序,均存在摩擦作用的因素,因此,也易产生静电。

(2) 附着带电。某种极性离子或自由电子附着在与地绝缘的物体上,也能使该物体呈带静电的现象。

(3) 感应起电。带电的物体能使附近与它并不相连接的另一导体表面的不同部分也出现极性相反的电荷的现象。这种使导体带静电的现象称为感应起电。

在工业生产中,带静电物体能使附近不相连的导体,如金属管道和金属零部件表面的不同部位出现正、负电荷,即为感应起电所致。

(4) 极化起电。静电非导体置入静电场内,其内部或表面的分子能产生极化而出现电荷的现象,称为静电极化作用。如在绝缘容器内装有带静电的物体时,这时其容器的外壁也具有带电性，就是极化起电所造成的原因。

（5）其他。有些带结晶组织的材料，在增加压力或温度变化的时候，也会出现带静电的现象。

此外，环境的温度、湿度、物料原带电状态，以及物体的形态等等，对静电的产生均有一定的影响。

三、固体起电

如前所述，两种不同性质的固体物质在接触之前都是呈中性的。在紧密接触时，即可出现双电荷层，再迅速分离时，可分别带上正电荷和负电荷，即产生了静电。

现以橡胶皮带与皮带辊轮为例，分析固体物质带静电的情况，如图13-17所示。皮带与皮带辊轮在接触之前可认为不带电而呈中性。当进行运转时，两者就会紧密接触，因而就有电子由疏电物质向亲电物质转移，在接触面上形成双电荷层。当皮带继续运行，就与辊轮脱离接触，在分离时，虽有部分电子回到皮带上去，但因皮带是绝缘物体，所带正电荷不能全部中和。于是，皮带就带上了静电。同时，部分电荷会自行消散或随着微弱的火花放电而消失。但因皮带继续运行，皮带上所带的静电电荷会逐渐达到饱和状态而不再增加，出现一个相对稳定的带电状态。皮带辊轮上的多余电子则导入大地。

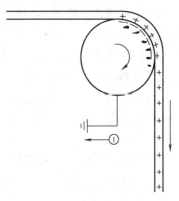

图13-17 皮带与皮带轮带电过程示意图

固体绝缘材料没有自由电子，但其表面常常因有杂质吸附、氧化等原因，形成具有电子转移能力的薄层，在摩擦、挤压、滚压、剥离等情况下均能产生静电。

同绝缘材料一样，金属材料也能产生静电，只因金属材料具有良好的导电性能，所产生的静电可迅速消失，人们难以觉察。因此，处在绝缘状态的金属与绝缘材料摩擦时，两者都有可能带电。金属与金属之间，紧密接触也能产生双电荷层，但在分离时，所有相互接触的各点不可能同时迅速分离，接触面积累起来的正、负电荷通过晚离开的那些点得到中和，致使两种金属都不带电。

除不同材料外，相同材料摩擦时，由于方向或温度不同，也会产生静电。例如，用一根橡胶棒交叉地在另一根同样的橡胶棒上来回摩擦时，两根橡胶棒上会带上相反的电荷；两根不同温度的玻璃棒相互摩擦时，热的玻璃棒带负电，冷的玻璃棒则带正电。

由于泄漏和中和，如果没有新的静电产生，任何物体所带的静电经过或长或短的时间都会自行消失。如果不断有新的静电产生，经过一定时间，可达饱和状态，出现相对稳定的带电状态。

固体物质静电的积累除决定于双电荷层的特征外，还决定于静电的消散和摩擦速度、摩擦压力、摩擦长度等因素。其中，静电的消散又决定于材料的电阻率和介电常数等。

四、粉体起电

这里所称的粉体是指聚积的粉末状的物料。在粉体与粉体、粉体与管壁、容器壁或其他器具摩擦和碰撞时，粉体本身就会带上静电。

粉体物料与整块固体相比，具有分散性和易悬浮于空气中的特点。由于分散性，粉体的表面积比同样质量、同样材料的整块固体的表面积要大得多。因此，粉体表面摩擦的机会也比整块固体大得多，故产生的静电也要多得多。由于粉体有悬浮的特性，粉体的微小颗粒与大地总是绝缘的，故所产生的静电不易消散，并且与组成粉体的材料是否是绝缘材料无关。所以，金属粉体处于悬浮状态时，也容易带有静电。

粉体材料在输送或搅拌的过程中，很容易产生静电。粉体产生静电与其材料的性质、粉体颗粒大小、输送管道或搅拌器材质、时间长短、运动速度等因素有关。

1. 材料性质的影响

粉体与管道、搅拌器的材质相同时，产生静电荷较小，而且粉体带电状况也不规则，有的粉体颗粒带正电，有的粉体颗粒带负电，也有的粉体颗粒不带电。

当粉体为绝缘材料时，而管道、搅拌器为金属材料制成时，粉体产生静电的多少与管道、搅拌器的金属材料种类关系不大，这时主要取决于粉体本身的性质。

当粉体与管道、搅拌器均为绝缘材料时，材料的性质对产生静电的影响就比较大，有时甚至可改变粉体静电电荷的符号。

2. 时间长短的影响

这里所指的时间，是粉体在管道中输送或粉体在搅拌器中所经过的时间。

对粉体输送管道，当输送速度一定时，输送时间和输送距离成正比。时间越长，发生摩擦和碰撞的粉体颗粒越多，次数也大大增加，这都使粉体静电增加。同时，粉体颗粒的碰撞也会造成放电机会，致使部分电荷消失，而且这一放电过程随着粉体电荷的增加而加强。因此，在开始的一段时间，粉体静电随时间增加，而经过一段时间后，静电的产生与消失接近平衡，粉体静电便不会再增加，即粉体颗粒带电状态趋于饱和。

粉体静电的产生与消失能较快地达到平衡，带电状态趋于饱和所需时间一般不超过数十秒。

3. 运动速度的影响

运动速度是指粉体输送或搅拌速度。速度越快，粉体颗粒的摩擦和碰撞愈剧烈，静电产生也愈快。当然，运动速度对放电，电荷的消失也有影响。实验证明，随着运动速度的加快，粉体颗粒带电达到饱和状态所需要的时间愈短。

4. 粉体颗粒大小的影响

从粉体单个颗粒来看，颗粒直径大的比颗粒直径小的能带有更多的静电电荷。但从单位质量来看，粉体颗粒愈小，则粉体的表面积愈大，所带的电荷也愈多。

除上述之外，粉体产生静电还与管料和料槽的结构有关。如弯曲的管道比直管道容易产生静电；管道收缩部分比均匀部分容易产生静电；料槽安装的倾斜角度对静电的产生也有影响等。还有粉体的数量、湿度、温度等因素对粉体静电的产生也有很大的影响。

粉体产生静电的电压可高达数千伏至数万伏。

五、液体起电

液体与固体处于静止状态接触时，在其接触面上会出现双电荷层。此时，液体的电子便转移到固体接触面一侧。

当液体在管道内流动时，由于湍动冲击和热运动的作用，部分带电荷的液体分子便进入到液体的内部。当液体带着电荷因流动而离开管道内壁，液体也就带上了静电电荷。然而，当这些带电荷的液体分子离去时，管道内壁被双电荷层束缚的电子，将成为自由状态，由于同性相斥，该电子便聚集到管道外侧，管道内壁上留出中性的位置，以让后来补充的中性液体建立起新的"双电荷层"。这样，液体在不断的流动中，产生静电。

也有人认为，液体带电与液体的电离现象有关。电离现象是指液体本身能分解为正离子和负离子。当液体沿固体表面流动时，与固体表面接触的极薄的一层，是由一种电性的离子组成，并不随液体流动，是一个固定的电荷层。与这层相邻的较厚的一层是由另一种电性的离子组成，是随液体流动的滑移电荷层。因此，在液体沿固体表面流动的过程中，其两端积累起不同符号的电荷，即产生了静电。

液体在管道内流动产生静电时，管道上同时也产生符号相反的静电。如管道由导电材料制成，并且又是接地的，则管道外壁多余的电子可导入大地。当管道由绝缘材料制成时，液体流入管道内，双电荷层同样能建立，但因湍动冲击而留在管内壁上的电荷，不像导电材料管道那样，可以很快地聚集到管外壁并导入大地，这样便限制了新的双电荷层的建立，以至限制了液体物料静电的产生量。管内壁建立了一层带电层后，在强电场的作用下，通过极化起电，管外壁也将出现带电性，其电性的强弱程度决定于液体的流速。绝缘材料管道外壁的极化束缚电荷本身，虽然对外放电的危险不大，但能使附近的导体产生感应静电。

随液体流动的电荷称为冲流电流。冲流电流的大小与液体本身的性质、管道的材料、管道的几何形状、管道内表面粗糙程度，以及液体和管道的直径等多种因素有关。此外，液体内含有杂质，如水或泥浆等，对冲流电流也有重要的影响。

液体在管道内流动产生静电以后，随着电荷的积累，在其静电场的作用下，电荷通过管壁消散。而且液体积累的电荷越多，消散也越快。因此，液体在管道内流动产生的静电不可能无限地增加，而是经过一定的时间，亦流经一定的距离之后，也就是说，液体流过一定长度的管道以后，液体静电的积累和消散量接近平衡，达到静电饱和状态。这时液体在管道内便形成稳定的冲流电流。

液体达到静电饱和状态，所需流经管道的长度，称为饱和长度。

由于冲流电流的存在，液体流经一段管道后，就会造成管道一端有较多的正电荷，另一端有较多的负电荷，若管壁是绝缘的，则管道两端产生电压，称之为冲流电压。冲流电压等于冲流电流与管道两端间液体的总电阻的乘积。

液体除了沿固体流动时会产生静电外，还有其他几种起电形式。

1. 沉降起电

两种不相混溶的液体放在一起，由于比重的不同将发生沉降式相对运动。分子间的接触分离使液体带有不同极性的电荷。固、气相杂质在液体中沉降、搅动同样也会产生静电。

2. 溅泼起电

液体在溅泼时，形成部分雾滴，当其与空气中灰尘接触分离时，就使液体雾滴带上了静电。当液滴碰到物体时，借助滚动的惯性将与物体接触建立的双电荷层分离，使液体液滴带上静电。

3. 喷射起电

液体由喷嘴高速喷出时,液体微粒与喷嘴紧密接触后,在接触面形成双电荷层,然后又迅速分离,结果使液体微粒和喷嘴分别带上了不同符号的静电电荷,形成喷射起电。

此外,液体在冲刷、灌注,以及剧烈晃动等过程中,都可能产生静电。例如,油品在注入贮罐内时,罐内油面的电压可高达数千至数万伏。

六、气体起电

气体产生静电的原理与液体是一致的,即也是由于接触和分离而产生的。

完全纯净的气体是不会产生静电的。但是,所有的气体几乎均含有少量的固态或液态颗粒的杂质,例如,铁锈、水分和气体凝固物等等。因此,在压缩或排放气体时,气体在管道内高速流动或由阀门、缝隙等处高速喷射时,由于气体中杂质的碰撞、摩擦等作用,都会产生静电。

在气流中插入接地金属网,会增加气体与网的摩擦机会,反而易增加静电的产生。

气体产生的静电比固体、粉体或液体产生的静电要弱一些,但有时也能高达万伏以上。

七、人体起电

人体可以在许多条件下带上静电。人体带上静电的形式通常有以下3种:

1. 摩擦起电

人体穿着的衣服,由于衣服之相充分地接触和摩擦会带上极性相反的电荷。在脱衣时,两件带有异性电荷的衣服在彼此脱离接触时,人体就带上了静电。

不仅衣服摩擦可以产生静电,致使人体带上静电。而且穿着胶底鞋在绝缘地板上来回走动后,人体也会带上静电;人坐在人造革等绝缘材料为表面的椅子上,当站起时,人体也会带上静电;即使用干抹布擦拭绝缘桌面后,也能使人体带上静电。

2. 感应起电

当人与带电体接近时,因静电感应,可使人体在面向带电体的一面,带上与带电体相反的异性电荷;而人体背向带电体的一面,带上与带电体相同的同性电荷。

3. 附着起电

人在带电微粒的空间活动后,可由带电微粒附着人体,而使人体带上静电。

人体带电的初期,静电电荷分布在局部地方,由于人体对静电有一定的传导能力,因而经过一定时间后,就会形成人体周身带电。电荷流散到全身表面,达到静电平衡。

人体带电的极性,与人体穿着的衣服材料和人在活动场所接触的材料有关,是由它们在静电序列里的相对位置来决定的。例如,某人内穿棉布衬衣,外套羊毛毛衣。当他脱去毛衣时,毛衣带正电,棉布衣带负电,这时即人体带了负电。

八、静电的特性

从安全技术的角度考虑,静电有如下特性:

1. 静电电压高

在生产过程中所产生的静电,电量都很小,一般只是微库级到毫库级。但是,由于带电体的电容可以在很大的范围内发生变化，根据电压 V 与电容 C 和电量 Q 之间有以下关系。

$$V = \frac{Q}{C}$$

因此，在电量保持不变的情况下，电压与电容成反比关系。电容越大，电压越低；电容越小，电压越高。

当两种物体紧密接触产生静电时，其间距离为 $d_1 = 25 \times 10^{-8}$ cm；两种物体若带着静电分离开来，其间距离增大至 $d_2 = 0.1$ cm 时，则前后电容之比为：

$$\frac{C_1}{C_2} = \frac{d_2}{d_1} = \frac{0.1}{25 \times 10^{-8}} = 4 \times 10^5$$

这就是说，物体由接触到分离时，电容减小为原来的 40 万分之一，根据电压与电容成反比的关系，电压则增加为原来的 40 万倍。如果原来的电压是 0.01V，则现可以达到 4000V。所以，静电的特点之一就是电量不大，却可得到很高的电压。

然而，当两种物体分离时，由于中和和泄漏，其上电量不可能维持不变，而是要减少一些。因此，实际测得的电压要比按上式方法计算得到的数值低一些。

2. 静电能量不大

静电能量即静电场的能量。因为电压是在静电场中移动单位电量所做的功，所以，静电能量 W 与其电压 V 和电量 Q 的关系如下。

$$W = \frac{1}{2} QV$$

虽然静电电压很高，但由于电量很小，故其能量也很小。静电能量一般不超过数毫焦耳，少数情况能达到数十毫焦耳。

静电能量越大，发生火花放电时所出现的危险性也就越大。

3. 绝缘体上静电泄漏很慢

静电在绝缘体上泄漏很慢是静电的另一特点。

静电泄漏的快慢决定于泄漏时间常数，也就是决定于材料介电常数和电阻率的乘积。因为绝缘体的介电常数和电阻率都很大，所以绝缘体上的静电泄漏很慢。这样就使得绝缘体在产生静电的过程停止以后，能在较长的一段时间里，仍保持一定的静电，因而造成由静电引起的危险程度也相应增加。

理论证明，电荷全部消散需要无限长的时间，所以人们用"半衰期"这一概念去衡量物体静电消散的快慢。

所谓半衰期，就是带电体上电荷消散到原来一半所需要的时间。用公式表示如下。

$$t_{\frac{1}{2}} = 0.69 RC$$

式中　R——电阻，Ω；

　　　C——电容，pF（微微法拉）；

　　　$t_{\frac{1}{2}}$——半衰期，s。

固体带电为表面带电，其对地电容值相差不多，因此，表面电阻越大，半衰期就越长。一般说来，每平方米薄膜的对地电容为 2~3pF。因此，可以粗略地估计出 $1 \times 1 \text{m}^2$ 的薄膜不同表面电阻的半衰期，见表 13-30。

$1\times1m^2$ 薄膜不同表面电阻的半衰期　　　　　　　　　表 13-30

表面电阻(Ω)	10^{14}	10^{13}	10^{12}	10^{11}	10^{10}	10^{9}
半衰期(s)	2×10^2	2×10	2	2×10^{-1}	2×10^{-2}	2×10^{-3}

液体由于不同物质的电介常数相差很大，所以电容值不能认为大致相同，其半衰期可用下列经验公式求出。

$$t_{\frac{1}{2}}=6.5\times10^{-14}\varepsilon\rho$$

式中　ε——电介常数；

　　　ρ——电阻率；

　　　$t_{\frac{1}{2}}$——半衰期，s。

某些液体的半衰期与介电常数关系见表 13-31。

某些液体的半衰期　　　　　　　　　　　　　　表 13-31

物 质 名 称	介 电 常 数	半 衰 期(s)
己 烷	1.9	1.2×10^5
二甲苯	2.4	1.5×10^2
甲 苯	2.4	1.5×10
苯	2.3	1.4×10^{-1}
庚 烷	2.0	1.3×10^{-1}
乙 醇	25.7	1.1×10^{-4}
甲 醇	33.7	7×10^{-6}
水	80.4	1×10^{-6}
异丙醇	25.0	4×10^{-7}

半衰期是衡量静电危险性的综合指标，因此，十分重要。有的国家按经验将静电安全半衰期的上限定为 0.012 秒。即在此条件下物体即使产生静电，也不会积累起来，因此是安全的。

4. 尖端放电

静电电荷的分布同导体的几何形状有密切关系。导体表面曲率越大的地方，电荷密度越大。因此，在导体带有静电后，静电电荷就集中在导体的尖端，即曲率最大的地方。电荷集中，电荷密度就大，使得尖端处电场很强，容易产生电晕放电，也就是尖端放电。因为电晕放电可能发展成为火花放电，所以导体的尖端有较大的危险性。

另一方面，在一定的条件下，也可以用尖端放电的原理来消除静电，以防止静电引起事故。

5. 静电感应放电

静电感应是导体在静电场中特有的现象。所谓静电感应，就是导体在静电场中，其表面不同部位感应出不同电荷，或导体上原有电荷重新分布的现象。

由于静电感应，不带电的导体可以变成带电的导体，即不带电的导体可以感应起电。

根据静电感应和感应起电的原理，在生产过程中，某一条管道或设备部件产生了静电，在这电场中，与地绝缘的金属设备上，甚至包括人体上就有可能产生很高的电压，并在预想不到的地方产生放电，发生危险的放电火花，或使人受到电击。这往往是一个容易被人们忽视的危险因素。

静电感应放电是发生在与地绝缘的导体上，自由电荷可一次性全部放掉，因此，危险性较大。

6. 静电屏蔽

导体在静电场中达到平衡时，导体内电场强度为零，所以空腔导体在静电场中达到平衡时，其空腔内电场强度也为零。如果空腔内有电荷，且其外表面接地，则其外表面上的感应电荷泄入大地，导体外部电场强度为零。这两种情况称为静电屏蔽。

静电场可以用导电的金属元件加以屏蔽。可以用接地的金属网、容器以及面层等将带静电的物体屏蔽起来，不使外界遭受静电危害。与此相反，使被屏蔽的物体不受外电场感应起电，也是一种静电屏蔽。

静电屏蔽在安全技术上广为利用，例如，在爆炸危险场所，可利用静电屏蔽的原理，防止雷电等自然界产生的静电的危害。

九、静电带电序列

按照物质得失电子的难易，亦即按照相互接触时起电性质的不同，可以把不同物质排列成一个序列，这个序列就是静电带电序列。

静电带电序列从正负电荷着眼，是把物质按照由带正电到带负电的次序理成的排列次序。

在同一静电带电序列中，前后两种物质紧密接触时，前者易失去电子带正电，后者易获电子带负电。

应当指出，物质呈现的电性还受到所含杂质成分、表面氧化和吸附情况、温度、湿度、压力、外界电场等因素的影响，有可能出现与静电带电序列不相符合的情况。

根据静电带电序列，选择适当的材料，采取合理的生产工艺，是工业生产中控制静电产生的一个措施。

静电带电序列参阅表 13-32。

静电带电序列　　　　　　　　　　表 13-32

（+）	（+）	（+）	（+）
铅 锌 铝 铬 铁 铜 镍 金	羊毛 尼龙 人造纤维 绢 木棉 麻 玻璃纤维 醋酸脂	石棉 毛皮、人发 玻璃 云母 棉 木材 人的皮肤 纸 橡胶	聚苯乙烯

(+)	(+)	(+)	续表 (+)
白金	维尼纶 聚酯 丙烯 聚偏二氟乙烯	硝纤、象牙、赛珞珞 玻璃纸	聚丙烯 聚乙烯 氯乙烯 聚四氟乙烯
(—)	(—)	(—)	(—)

十、静电击穿场强

静电积累足够数量时,能使电极间的介质被局部击穿,形成放电通路,此时静电电场的强度称为静电击穿场强。

因此,当带电体附近的电场强度达到一定数值时,即可发生放电。

某些物质在冲击电压下的击穿场强见表 13-33。

某些物质的击穿场强 (kV/cm)   表 13-33

固体物质名称	击穿强度	液体物质名称	击穿强度	气体物质名称	击穿强度
云母	200～2000	乙醇	700～800	空气	35.5
有机玻璃	130～400	四氯化碳	1600	氢	15.5
瓷	200～280	二硫化碳	1400	氧	29.1
绝缘纸	80～500	丙酮	640	氮	38.0
绝缘漆	200～1200	苯	1500	二氧化碳	26.2
石蜡	200～300	硝基苯	1300	一氧化碳	45.5
橡胶	100～300	甲苯	1300	氨	56.7
聚乙烯	180～280	二甲苯	1500	甲烷	22.3
聚氯乙烯	160～200	氯仿	1000	丙烷	37.2
塑料	30～290	变压器油	1000	乙炔	75.2

十一、静电引起危害的原因

静电技术虽然作为一门先进的科学技术,在许多方面得到广泛地应用。但是,在某些工业生产过程中,物料、装置、构筑物以及人体所产生的静电积累,对安全生产已构成严重的危害。

静电能引起各种危害的根本原因,就是静电放电火花具有点燃易燃易爆物质的能量 W_H,其大小为:

$$W_H = \frac{1}{2}CV^2 \quad (J)$$

因此,静电火花常常成为引起火灾或爆炸的着火源之一。但静电火花能量 W_H 必须大于周围易燃易爆物质点燃时所需要的最小着火能量 W_i,即:

$$W_H > W_i$$

通常,点燃可燃粉尘或可燃纤维与空气形成的爆炸性混合物所需要的最小着火能量,大于可燃气体或可燃液体蒸气与空气形成的爆炸性混合物所需要的最小着火能量。当静电放电能量小于爆炸性混合物的最小着火能量的 1/4 时，则认为是安全的。

实际上，评价静电火花点燃能力还要考虑放电火花的电位差。差不多所有可燃气体在放电火花电位差为 3000V 时就可以点燃，大部分可燃粉尘或可燃纤维在放电火花电位差为 5000V 时便可以点燃。

再者，由于静电放电具有一定的能量，因此，还可以造成人体伤害。

另外，造成静电危害的另一个原因就是静电具有一定的静电引力或斥力。因此，在静电力的作用下，能妨碍某些生产的正常进行。

十二、静电引起的火灾或爆炸

在静电危害中，最为严重的是由静电放电火花而引起的易燃易爆物质的火灾或爆炸。

静电电量虽然不大，但因其电压很高，而且容易发生火花放电，如果在火花放电场所有易燃易爆物品，又有可燃气体、蒸气或粉尘与空气形成的爆炸性混合物，并且静电放电火花的能量已达到或大于其周围易燃易爆物质的最小着火能量时，即可引起火灾或爆炸事故。

在工业生产中，无论是涉及固体或粉体的作业，还是涉及液体或气体的作业，都存在着这种危害。

1. 金属粉体、药品粉体、合成树脂和天然树脂粉体、燃料粉体、农作物粉体等都能与空气形成爆炸性混合物，这些可燃性粉体在研磨、搅拌、筛分、输送、倒装及其他具有摩擦、撞击、喷射、振动等的生产工艺工程中，都比较容易由静电火花而引起爆炸。

2. 轻质油品及化学溶剂，如汽油、煤油、酒精、苯等易挥发与空气形成爆炸性混合物，在这些液体的载运、搅拌、过滤、灌注、流出等生产过程中，也容易由静电火花引起爆炸或火灾事故。

与轻质油品相比，重油和渣油的危险性相对较小，但也有此类油品贮罐发生爆炸的事例。

3. 可燃性气体，如氢气、乙炔等极易与空气形成爆炸性混合物，在高压喷射时，容易由静电火花引起爆炸或火灾事故。其他蒸气，甚至水蒸汽在高速喷射时，也可能引起所在场所爆炸性混合物发生爆炸。

如高速喷射的气体或蒸气中混有固体或液体杂质时，静电更容易产生，因而引起火灾或爆炸的危险性更大。

4. 橡胶、塑料、造纸等行业经常用到一些化学溶剂，在其原料的搅拌、制品碾压、分离等生产过程中，也易由静电火花引起火灾或爆炸事故。

十三、静电电击

人体在生产活动过程中，由于服装穿着等固体物质的接触和分离，或者由于静电感应等原因，均可使人体产生静电。当人体与其他物体之间发生放电时，人体即会遭到静电电击。

静电电击与触电电击不同。触电电击是指直接触及带电体时产生的电流，持续通过人体某一部分造成的伤害。而静电电击则是由于静电放电时产生的瞬间冲击电流，通过人体某一部分造成的伤害。

因为静电电击是通过放电造成的,所以电击时人的感觉与放电能量有关,又因为静电能量 $W=\frac{1}{2}CV^2$,所以静电电击严重程度决定于人体电容的大小和人体电压的高低。

人体对地电容与人体位置、人体姿势、鞋和地面情况等因素有关,通常在数十至数百微微法之间,也有超过 1000pF 的情况。站立地面的人体对地电容可参阅表 13-34。

人体电容与地面的关系   表 13-34

电容(微微法) 地面种类	鞋类 解 放 鞋	棉 胶 鞋
水泥	450	1100
红橡皮	200	220
木板	60	53
铁板	1000	3500

当人体电容为 90pF 时,静电电击程度与人体电压的关系参阅表 13-35。

人体电压与静电电击的关系   表 13-35

人体带电电位(kV)	静 电 电 击 的 程 度	备 注
1.0	无任何感觉	
2.0	手指外侧有感觉,但不痛	产生微弱的放电响声
2.5	放电部分有针刺感,有些微颤样的感觉,但不痛	
3.0	有像针刺样的感觉	可见到放电时的发光
4.0	手指有微痛感,好像用针深深地刺一下的感觉	
5.0	手掌至前腕有电击痛感	由指尖延伸出放电的发光
6.0	手指强烈疼痛,手腕后部有沉重感	
7.0	手指和手掌感到强烈疼痛,有麻木感	
8.0	手掌至前腕有麻木感	
9.0	手腕感到强烈疼痛,手有严重的麻木感	
10.0	全手感到疼痛,有电流流过感	
11.0	手指感到剧烈麻木,全手有强烈的触电感	
12.0	有较强的触电感,全手有强烈的打击感	

由上表看出,当人体带电电位约为 3kV 时,人体即有明显的电击感觉。因此,人体带电电位的界限可定为 3kV。

带电导体向人体放电发生静电电击的界限与其静电电容有关,图 13-18 中,直线表示的带电电位是发生静电电击的界限,在此带电电位以上向人体产生放电时,在人体上的放电电荷超过 20~30μC,人体即受到静电电击。

带电非导体向人体放电发生静电电击的界限,一般以带电电位为 10kV,带电电荷密度为 $10^{-5}C/m^2$ 这一数值作为一个大致的标准。这个标准对于带电情况很不均匀的绝缘体、含有局部低电阻率区域的绝缘近或近旁有金属导体的绝缘部件是不适用的。

由于静电能量较小,在厂矿企业生产过程中产生的静电所引起的电击虽然不致使人直接致命,然而由于静电电击可造成作业人员疼痛的感觉或指尖灼伤,甚至由于静电电击造成作业人员无意识的反应,导致误动作,引起伤亡事故。例如,人体在转动机件附近放电时,往往因误动作而使人被机器轧伤、挤伤或绞伤等。

此外,人体还会因为静电电击的原因,可能引起摔倒、高处坠落等二次伤害事故的发生。

十四、静电妨碍生产

在某些生产过程中,由于静电的存在,将会妨碍生产的正常进行,或者降低产品的质量。例如:

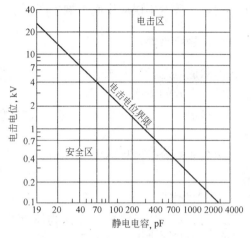

图 13-18　带电体为导体时电击电位界限值图

1. 在纺织和纤维加工行业中,由于静电电场力的作用,可使抽丝生产过程出现漂动、粘合、纠结等妨碍生产的情况。同时还会使纺纱、织布等生产过程出现乱纱、挂条、缠花和断头等妨碍生产的情况。

在织布、印染等生产过程中,由于静电电场力的作用,可出现吸附灰尘,降低产品质量。甚至影响缠卷,使缠卷不紧。

2. 在粉体加工行业中,由于静电电场力的作用,粉体筛分时,筛网吸附了细微的粉末,使筛目变小,降低了生产效率。

在气流输送粉体物料时,管道的某些部位由于静电的作用,积累一些被输送物料,减小了管道的流通面积,使输送效率降低。

在球磨生产过程,因为钢球带电而吸附了一层粉末,这不但会降低球磨的粉碎效率,而且当这层粉末脱落下来混进产品中,会影响产品的细度,降低产品质量。

在粉体装袋时,因为静电斥力的作用,可造成粉体四散飞扬,即损失了产品,又污染了作业环境。

在粉体计量时,由于计量器具吸附粉体,造成计量误差,影响投料或包装重量的准确性。

3. 在塑料、橡胶行业中,由于制品与辊轴的摩擦或制品的挤压和拉伸,会产生较多的静电。因静电不能迅速消散,会吸附大量的灰尘而降低产品的质量。

塑料薄膜还会因静电作用缠卷不紧。

4. 在印刷行业中,由于接触和分离,会使纸张带上静电,其电压可超过 3kV。因此,使纸张运动受到妨碍,导致纸张不易分开,造成套印不准等现象。

此外,油墨带上静电后可发生溅墨,降低印刷质量。

5. 在感光胶片行业中,由于胶片与辊轴的高速摩擦,胶片上的静电电压可高达数千伏以上,在暗室中发生静电放电,可使胶片感光而报废。同时,静电还可使胶卷基本吸附灰尘或纤维,降低了胶片质量。

6. 由于静电的存在,还会对无线电通讯、磁带录音机,以及各行业中的电子设备等产生干扰，导致发生误动作而影响生产。

十五、静电接地

在消除静电危害的方法中，最为人们熟悉的是静电接地。接地简单易行，是防止静电中最基本、有效的措施。

静电接地就是将生产设备、工艺装置等用导线连接起来，再把导线的引出端埋入地下。

接地只能消除带电导体上的静电，而对非导体上的静电是无法消除的，这一点应予注意。

1. 接地的作用

接地的主要作用是将静电导体物体上产生的静电泄漏至大地，以防止物体上积累静电，同时也限制了带电物体的电位上升或由此而产生的静电放电，以及防止静电感应的危险。

对于非导体物体，在一般情况下，接地是不能消除静电非导体物体上的静电的，因此，对非导体物体上的静电应采取其他措施予以消除。

2. 接地对象

（1）凡加工、贮存、运输能够产生静电的金属容器、设备、工艺装置等均应接地。例如，各种贮罐、混合器、物料输送设备、排注器、过滤器、反应器、吸附器、粉碎机械等金属体，应连成一个连续的导静电整体并加以接地。不允许设备内部有与大地绝缘的金属体。

（2）输送物料能够产生静电危险的绝缘管道的金属屏蔽层应接地。各种静电消除器的接地端，以及高绝缘物料的注料口、加热站台、油品车辆、船体、铁路轨道、浮动罐体应连成导电通路并接地。

（3）在易燃易爆场所或静电对产品质量、人身安全有影响的地方所使用的金属用具、门把手、窗插销、移动式金属车辆、家具、金属梯子以及编有金属丝的地毯等均应接地。

（4）为防止感应带电，凡在有静电产生的场所内，平行管道间距<10cm 时，每隔 20m 连通一次。若相交间距<10cm 时，相交或相近处应连通。金属构架、构架物与管道、金属设备间距<10cm 时也应接地。此外，人体产生的静电也需接地。

（5）对于能产生静电的旋转体，可采用导电性润滑油或滑环、碳刷接地。

十六、接地方式

1. 直接接地

凡是可能产生静电和带静电电荷的金属导体，以及有可能受到静电感应的金属导体，均应采取直接接地。

2. 间接接地

凡是体导电率为 1×10^{-8} S/m 以上的静电的导体，以及表面电阻为 1×10^{9} Ω 以下物体的表面，或者是体导电率为 $1\times10^{-8} \sim 1\times10^{-10}$ S/m 范围的亚导体以及表面电阻为 $1\times10^{9} \sim 1\times10^{11}$ Ω 范围的物体的表面，均应另设与该物体紧密接触，且其接触面积>20cm^2 的金属导体接地。接触面间可使用导电涂料或导电粘合剂连接。

3. 跨接接地

凡是两个以上相互绝缘而且与大地也绝缘的金属导体,其两个金属导体间应跨接之后再接地。

十七、接地要求

1. 静电接地线一般宜单独设置,不应与防电气设备漏电的接地线共线,更不应与避雷针接地线共线。

2. 静电接地装置与防雷接地装置的距离不得<3m,并与易燃易爆物质排出口也应保持 3m 以上的距离。

3. 静电接地电阻应在 100Ω 以下,每组静电接地应采用二根接地极对称布置。

4. 设备、管道连接的跨接端及引出端的位置,应选择在不受外力损害,便于维护检修,并能与接地干线容易连接的地方。

5. 大型设备的接地装置可利用钢筋混凝土基础的埋地部分。

6. 以法兰连接的管道,或通过阀门、流量计、滤网、泵等装置连接的管道,中间应用金属跨接线或跨接片,跨接电阻<4Ω。

管道与管道之间有体电阻率>10^6Ω·cm 的非金属管道或设备时,两边管道应分别接地。

7. 接地线应有足够的机械强度、耐腐蚀性,在有强烈腐蚀性的土壤的地段,应采用铜或镀锌的接地体。

一般敷设在地下的接地体都不宜涂刷防腐油漆。

静电接地体的材料选择及制作要求参阅表 13-36。

接地体的材料规格 (mm)　　　　　　　表 13-36

材料及用途		建筑物内	建筑物外	地下
扁钢		25×4	40×4	40×5
圆钢		ϕ8	ϕ10	ϕ10
角钢				150×5
钢管				Dg50
金属编织软铜线	槽车	≮25mm²		
	管道、设备跨接用	≮16mm²		
	缠绕绝缘管用	≮2.5mm²		
	缠绕橡皮管用	≮1.5mm²		

8. 静电接地应连接可靠,不得有任何中断之处。

十八、固定设备静电接地

1. 室外大型贮罐的接地

贮罐如有避雷装置的,可不必另设静电接地。钢制贮罐壁厚在 4mm 以上可不设避雷装置,但贮罐须设静电接地装置。

贮罐应有两处以上的接地部位,同时应注意接地部位应避免设在罐的进液口附近。接地导体的连接,应先在贮罐上焊接一个与罐体材质相同的连接端子,然后通过端子连接。

接地导体可使用截面积为 38mm² 的铜质线。

2. 金属管道的接地

输送液体、粉体或它们与气体混合物的管道系统，均应安装防止静电带电的接地。

管道系统的末端、分叉、变径、主控阀门、过滤器，以及直线管道每隔 200～300m 处均应设置接地点。车间内管道系统接地点不应少于两处。

接地点、跨接点的具体位置可与管道的固定托架位置一致。

如果管道系统为绝缘材质，则应在管道外面缠绕接地金属线作为静电屏蔽。

如果管道系统中有部分管段或部件是非导体时，则应将导体之间进行跨接并接地。

3. 设备装置的接地

设备装置的接地方法与贮罐及管道系统的接地相同，但其接地导体的截面积为 14mm² 及以上即可。

设备装置与已接地的电气设备有跨接线时，可不必再考虑防静电接地。

十九、移动设备静电接地

1. 油轮的接地

在进行装卸操作之前，应首先将船上的罐体与陆地上带有连接器的专用接地导体的端子进行可靠的接地。

装卸完毕，将软管线拆除之后，应经过规定的静置时间，才能将接地线拆除。如在拆除软管或装料臂等部件时，出现了漏油现象，处理漏油的金属容器必须接地。

陆地上的配管系统与油船上配管之间使用绝缘性管段连接时，绝缘性管段两侧的配管不许有跨接线。

2. 罐车的接地

在装卸操作之前，应利用设置在车体或陆地上的带有连接器具的专用接地导体将罐车可靠接地。

在装卸操作完毕，以及拆除软管或装料臂之后，应经过规定的静置时间，才可拆除接地线。

罐车停车的轨道与接地的给油管若事先已有可靠的电气连接，每次给油时可不必另行接地。

3. 油罐汽车的接地

油罐汽车应尽量使用导电性材料的轮胎，以利于接地。

油罐汽车的接地，应使用附属在油罐汽车上的接地导体与设置在装料臂上的接地端子进行可靠的接地。接地连接地点应在远离油罐汽车的安全的场所。

二十、抗静电剂

抗静电剂实质上就是能减少静电的杂质。抗静电剂也称为抗静电添加剂，是特制的化学试剂，具有较好的导电性或较强的吸湿性。使用抗静电剂可从根本上消除静电危害，在容易产生静电的高绝缘材料中，加入抗静电剂之后，能降低材料的体积电阻或表面电阻，加速静电泄漏，以消除静电危害。

在国外一些工业发达的国家中，使用添加抗静电剂的办法已很普遍。据有关资料报道，日本生产的抗静电剂有数十种，其中有的具有耐热、耐洗、耐磨等不同性能。我国也有一些单位生产抗静电剂，如上海、天津生产的 TM、SN、MPN 型抗静电剂，即这些物质是一种离子型表面活性物质，在化纤、塑料等工业中已普遍使用，效果良好。北京研制的抗-1、抗-9、抗-10 等抗静电剂用于炼油生产，亦取得一定的成效。有的抗静电剂只需加入万分之几的微量，即可显著消除生产过程中产生的静电。

在使用抗静电剂时，应注意防止某些抗静电剂的毒害性或腐蚀所造成的危害。

在工业生产中，许多行业使用了抗静电剂都收到显著的效果。例如：

1. 在聚酯薄膜行业中，采用烷基二苯醚磺酸钾作表面涂层达到抗静电的作用。

2. 在塑料行业中，采用内加型表面活性剂作为抗静电剂。对于聚氯乙烯塑料，采用酰胺基季胺硝酸盐，即 SN 抗静电剂是一种比较成功的抗静电剂。

3. 在化纤行业中，大部分采用季胺盐为抗静电剂，这种抗静电剂有腐蚀作用，使用时应加以注意。

4. 在橡胶行业中，采用加入导电炭黑或少量金属粉等为添加剂，可制成电阻率很低的导电橡胶。对于不容许掺加炭黑的乳白色等橡胶，可采用胺盐抗静电剂。

5. 在石油行业中，可采用环烷酸盐、合成脂肪酸盐等为抗静电剂。

6. 在粉体作业的行业中，可采用石墨，2、3-乙二醇胺为抗静电剂。但对于悬浮状粉尘和蒸气的静电，因其每一微小的颗粒都是互相绝缘的，所以任何抗静电剂都不起作用。

二十一、静电中和法

静电中和法是消除静电的重要措施。静电中和法是在静电电荷密集的地方设法产生带电离子，将该处静电电荷中和掉。静电中和器就是能产生电子和离子的装置，使物体上的静电电荷得到相反符号电荷的中和，从而消除静电的危害。静电中和法可用来消除绝缘体上的静电，依其产生相反电荷或带电离子方式的不同，静电中和器主要有以下几种类型。

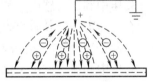

图 13-19 感应中和器工作原理图

1. 感应中和器。感应中和器没有外加电源，由若干组末端接地的放电针及其支架等附件组成。其工作原理如图 13-19 所示，生产物料上的静电在放电针上感应出相反的电荷，针尖附近形成很强的电场，并将气体（或其他介质）电离，形成电晕放电，产生正离子和负离子。在电场的作用下，正、负离子分别向生产物料和放电针移动，使静电电荷得到中和。如果生产物料上不断有新的静电产生，则电晕持续不断，电晕电流也持续不断。

用于消除液体静电的中和器，其放电针可采用钨针或不锈钢针，但以钨针较好，针的直径称为 0.1~0.8mm。用于消除固体静电的中和器，其放电针可用钨丝、导电纤维或铜丝制成，可做成刷形。为了防止静电中和器放电针被损坏，以及为了防止放电针刺伤人或物，静电中和器应带有保护罩或保护

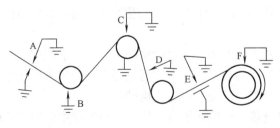

图 13-20 中和器位置选择图
D、F—正确位置；A、B、C、E—错误位置

杠。当带静电体电压较高时，可用放电线来代替放电针，放电线越细，消电效果越高。

静电中和器安装的位置应选择适当，为消除绝缘材料上的静电，中和器的位置可参考图 13-20 进行选择，图中，D、F 两位置是正确位置，其余四处，B 因设在摩擦面的背面，C、E 因设在有接地物体的对面，均系错误位置。

感应静电中和器结构简单，容易制作，安装和维修也较方便，但消除静电不够彻底，同时作用范围也比较小，范围半径一般只有 10～20mm。

感应静电中和器适用于石油、化工、橡胶等行业。

2. 高压中和器。高压中和器带有高压电源，按照电源种类的不同，分为直流高压中和器和交流高压中和器，而交流高压中和器又有工频和高频之分。

高压中和器是利用高电压在放电针尖端附近造成的强电场使空气电离来消除静电的，其工作原理见图 13-21。直流高压中和器提供极性不变的电场，在该电场的作用下，与带电静电体电荷相反符号的离子移向带静电体，并将其上的静电电荷中和掉。交流高压中和器提供极性交变的电场，因此，如果绝缘体带负电，则电源半周时绝缘体上的静电将得到中和，反之，如果绝缘体带正电，则电源负半周时绝缘体上的静电得到中和。

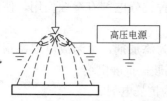

图 13-21　高压中和器的原理

目前，用的较多的为交流高压中和器。交流高压中和器主要由高压电源和多支放电针组成。放电针装置的两接地极之间不可太近也不可太远，太近了则屏蔽作用加强，中和效能降低，太远了则电场强度减弱，中和效能也会降低。两接地极应在放电针的前方，其间距离约为 25～40mm。放电针的支架宜用绝缘材料制成，而不宜用金属材料制成，以免增大带静电体对地分布电容，降低中和效果。

高压中和器各部分的绝缘应保持良好，防止闪络和击穿。

高压中和器与感应中和器相比，其结构和维修都比较复杂，作用范围也比较小，而且由于有高压电源，其防止火灾和爆炸、防止触电的安全性较低。但由于高压中和器不是靠感应，而是靠外接高压电源来产生电晕的，其消除静电比较彻底。

高压中和器主要用于化纤、橡胶、塑料、印刷等行业。

3. 放射线中和器。放射线中和器是利用放射性同位素使空气电离，产生正离子和负离子，消除生产物料上的静电。

镭（Ra）、钋（Po）、钚（Pu）等元素的同位素能放射 X 射线，铊（Tl）、锶（Sr）、氪（Kr）等元素的同位素能放射 β 射线，均可作为放射线中和器的放射性同位素。α 射线和 β 射线比较，前者电离能力比后者强，后者穿透能力比前者强，即后者射程比前者大。除 α 射线和 β 射线外，α 射线也可用来消除静电，γ 射线由于穿透能力太强，不便防护而不用于消除静电。

使用放射线中和器一定要控制放射线对人体的伤害和对产品的污染。放射线中和器的放射性同位素元件应有铅制屏蔽装置或其他屏蔽装置，使中和器只能在其特定方向使空气电离而发挥中和作用。放射线中和器应有坚固的外壳，以防止机械损伤。

放射线中和器结构简单，不要求外接电源，消电效果也比较好。放射线中和器工作时不产生任何火花，适用于有火灾和爆炸危险的场所。

4. 离子流中和器。离子流中和器是将电离子的空气输送到较远的地方去消除静电的一种中和器。离子随着空气移动即构成所谓离子流。

离子流中和器主要由离子发生器和送风系统组成,其离子发生器由高压电源、电晕针、导引环、导引电阻等组成,其送风系统由风源、风道等组成。中和器工作时,在高压电源的作用下,电晕针附近的空气发生电离,并被吹送出去发挥中和作用。

对于交流电晕,离子输送距离很小,而对于直流电晕,离子输送距离可达 1m 以上,因此,宜采用直流高压电源。随着电压升高,总电晕电流,沿导引环、导引电阻的泄漏电流,以及消除静电的中和电流都有所增加,但电流利用率,即中和电流与电晕电流的比值却有所下降。因此,高压电源的电压不宜太高,以 8kV 左右为好。为了适应不同的要求,电压高低和极性均应可调。电晕针宜采用钨针,在不引起火花放电的条件下,电晕针应尽量靠近导引环,以提高中和电流。导引环中心小孔孔径不宜超过 4mm,导引电阻不宜低于 $100 \sim 200 M\Omega$。喷口处气流速度为 100m/s 左右时,1m 以内有明显的消电作用。此外,带静电体背后近处不应有大块金属,以免降低消除静电效果。

离子流中和器要求配气系统的空气需要净化和干燥,空气里不应有可见灰尘和油雾,相对湿度应控制在 70% 以下。

离子流中和器作用范围大,消除静电效果也较好,与一般高压中和器相比,消耗功率要小得多,电晕针数也要少得多,若做成防爆通风、充气型结构,并装设必要的气电连锁装置,可用于爆炸危险场所;若加上挡光装置,离子流中和器可用于要求严格防光的场所。

第六节 危险化学品

一、危险化学品

凡是具有易燃、易爆、腐蚀和毒害等危险性质,并在一定条件下能引起燃烧爆炸和导致人身中毒、灼伤或死亡等事故的化学物品,统称为危险化学品。

为了加强对危险化学品的安全管理,保证安全生产,保障人民生命财产的安全,保护环境,经 2002 年 1 月 9 日国务院第 52 次常务会通过的《危险化学品安全管理条例》,自 2002 年 3 月 15 日起施行。该条例对危险化学品的生产、储存和使用;危险化学品的经营;危险化学品的运输;危险化学品的登记与事故应急救援;法律责任等作了详细的规定。

二、危险化学品的分类

危险化学品品种繁多,目前已有 6000 多种,常见的、用途较广的近 2000 余种。危险化学物品不但分别具有各自的物理、化学性质,而且还分别具有不同程度的爆炸、助燃、易燃、毒害、腐蚀和放射性等危险特性。如果在生产、使用、贮存和运输过程中,思想麻痹、安全措施不力,当它们受到较为剧烈的振动、撞击、摩擦或接触火源、热源,受日光暴晒、雨淋水浸、温湿度变化的影响以及性质相抵触的物品互相接触时,往往会引起燃烧、爆炸、中毒、灼伤等事故,严重的还能造成国家财产巨大的损失和人身伤亡。因此,安全技术工程人员必须熟悉并掌握危险化学品有关的安全技术知识,便于在生产、使用、贮存和运输等过程中,采取相应的安全措施,以保证安全。

《常用危险化学品分类及标志》（GB 13690）对常用危险化学品按其主要危险特性进行了分类。将常用的危险化学品分为：爆炸品、压缩气体和液化气体；易燃液体；易燃固体、自燃物品和遇湿易燃物品；氧化剂和有机过氧化剂；有毒物；放射性物品；腐蚀品等8类。

为了适用于危险货物运输、储存、生产、经营、使用和处置，《危险货物分类和品名编号》（GB 6944）将危险化学品分为爆炸品；气体；易燃液体、易燃固体、易于自燃的物质、遇水放出易燃气体的物质；氧化性物质和有机过氧化物；毒性物质和感染性物质；放射性物质；腐蚀性物质和杂项危险物质和物品9类。

在《危险化学品管理条例》中，将危险化学品分为，爆炸品、压缩气体和液化气体、易燃液体、易燃固体、自燃物品和遇湿易燃物品、氧化剂和有机过氧化物、有毒品和腐蚀品等7大类。

世界各国对危险化学品的分类，所遵循的原则基本相同，只是略有合并，删减而已，如有的国家按八类分，国际海运危险货物运输规则是按9类分的。

我国的危险化学品分类方法，是根据危险化学物品特性中的主要危险性和生产、贮存、运输、使用时便于管理的原则确定的。而不是按照化学、物理学、毒理学等分类方法进行分类。

例如：氯气和光气均有剧毒，环氧乙烷有氧化性，但它们大多经过压缩，贮存于钢瓶内，所以列入压缩气体和液化气体一类；氯酸钾有强氧化性，又易爆炸，但它的主要危险性是有强氧化作用，所以列入氧化剂一类；丙烯腈剧毒，又极易燃烧，两种性质相比较，其主要特性是易燃，所以将丙烯腈列入易燃液体一类；硝酸有强氧化性，但它的腐蚀性比较突出，所以将硝酸列入腐蚀物品一类。

由此可见，各类危险化学品性质相当复杂，往往除了具有该类的危险性以外，还具有其他的危险性，即使是同一类别中的不同品种的物品也要区别对待。例如，浓硫酸和浓硝酸同属于一级无机酸性腐蚀物品，但对它们的贮存容器的材质却有不同的要求，浓硫酸可以用铁质容器，而浓硝酸则需用纯铝材质的容器，不得混淆。

三、危险化学品货物的标志

为了识别危险化学品货物的运输与包装，以便很快地辨识危险化学品的主要特性，现将危险货物包装标志列于表13-37中。

危险货物包装标志　　　　　　　　　　　表13-37

标志号	标志名称	标 志 图 形	对应的危险货物类项号
标志1	爆炸品	1.5 爆炸品 1 (符号:黑色,底色:橙红色)	1.1 1.2 1.3

续表

标志号	标志名称	标志图形	对应的危险货物类项号
标志 2	爆炸品	1.4 爆炸品 （符号：黑色，底色：橙红色）	1.4
标志 3	爆炸品	1.5 爆炸品 （符号：黑色，底色：橙红色）	1.5
标志 4	易燃气体	易燃气体 （符号：黑色或白色，底色：正红色）	2.1
标志 5	不燃气体	不燃气体 （符号：黑色或白色，底色：绿色）	2.2
标志 6	有毒气体	有毒气体 （符号：黑色，底色：白色）	2.3

续表

标志号	标志名称	标志图形	对应的危险货物类项号
标志7	易燃液体	(符号：黑色或白色，底色：正红色)	3
标志8	易燃固体	(符号：黑色，底色：白色红条)	4.1
标志9	自燃物品	(符号：黑色，底色：上白下红)	4.2
标志10	遇湿易燃物品	(符号：黑色或白色，底色：蓝色)	4.3
标志11	氧化剂	(符号：黑色，底色：柠檬黄色)	5.1

续表

标志号	标志名称	标志图形	对应的危险货物类项号
标志12	有机过氧化物	有机过氧化物 5.2 （符号：黑色，底色：柠檬黄色）	5.2
标志13	剧毒品	剧毒品 6 （符号：黑色，底色：白色）	6.1
标志14	有毒品	有毒品 6 （符号：黑色，底色：白色）	6.1
标志15	有害品(远离食品)	有害品（远离食品）6 （符号：黑色，底色：白色）	6.1
标志16	感染性物品	感染性物品 6 （符号：黑色，底色：白色）	6.2

续表

标志号	标志名称	标志图形	对应的危险货物类项号
标志17	一级放射性物品	（符号：黑色，底色：白色，附一条红竖条）	7
标志18	二级放射性物品	（符号：黑色，底色：上黄下白，附二条红竖条）	7
标志19	三级放射性物品	（符号：黑色，底色：上黄下白，附三条红竖条）	7
标志20	腐蚀品	（符号：上黑下白，底色：上白黑下）	8
标志21	杂类	（符号：黑色，底色：白色）	9

注：表中对应的危险货物类项号及各标志角号是按 GB 6944 的规定编写的。

危险货物标志的尺寸一般分为4种，第1号别的长为50，宽为50；第2号别的长为

100，宽为100；第3号别的长为150，宽为150；第4号别的长为250，宽为250。如遇特大或特小的运输包装件，标志的尺寸可按规定适当扩大或缩小。

标志的标打，可采用粘贴、钉附及喷涂等方法。在箱包装，标志的位置应位于包装端面或侧面的明显处。对袋、捆包装，标志的位置应位于包装明显处。对桶形包装，标志的位置应位于桶身或桶盖。对集装箱、成组货物，标志的位置应粘贴四个侧面。

每种危险品包装件应按其类别贴相应的标志。但如果某种物质或物品还有属于其他类别的危险性质，包装上除了粘贴该类标志作为主标志以外，还应粘贴表明其他危险性的标志作为副标志，副标志图形的下角不应标有危险货物的类项号。

储运的各种危险货物性质的区分及其应标打的标志，应按 GB 6944、GB 12268 及有关国家运输主管部门规定的危险货物安全运输管理的具体办法执行，出口货物的标志应按我国执行的有关国际公约（规则）办理。

标志应清晰，并保证在货物储运期内不脱落。标志应由生产单位在货物出厂前标打，出厂后如改换包装，其标志由改换包装单位标打。

四、危险化学品的生产、储存和使用

根据我国《危险化学品安全管理条例》，危险化学品的生产、储存和使用必须遵守如下规定。

1. 国家对危险化学品的生产和储存实行统一规划、合理布局和严格控制，并对危险化学品生产、储存实行审批制度；未经审批，任何单位和个人都不得生产、储存危险化学品。

设区的市级人民政府根据当地经济发展的实际需要，在编制总体规划时，应当按照确保安全的原则规划适当区域专门用于危险化学品的生产、储存。

2. 危险化学品生产、储存企业，必须具备下列条件：

（1）有符合国家标准的生产工艺、设备或者储存方式、设施；
（2）工厂、仓库的周边防护距离符合国家标准或者国家有关规定；
（3）有符合生产或者储存需要的管理人员和技术人员；
（4）有健全的安全管理制度；
（5）符合法律、法规规定和国家标准要求的其他条件。

3. 设立剧毒化学品生产、储存企业和其他危险化学品生产、储存企业，应当分别向省、自治区、直辖市人民政府经济贸易管理部门和设区的市级人民政府负责危险化学品安全监督管理综合工作的部门提出申请，并提交下列文件：

（1）可行性研究报告；
（2）原料、中间产品、最终产品或者储存的危险化学品的燃点、自燃点、闪点、爆炸极限、毒性等理化性能指标；
（3）包装、储存、运输的技术要求；
（4）安全评价报告；
（5）事故应急救援措施；
（6）符合《危险化学品安全管理条例》第八条规定条件的证明文件。

省、自治区、直辖市人民政府经济贸易管理部门或者设区的市级人民政府负责危险化学品安全监督管理综合工作的部门收到申请和提交的文件后,应当组织有关专家进行审查,提出审查意见后,报本级人民政府作出批准或者不予批准的决定。依据本级人民政府的决定,予以批准的,由省、自治区、直辖市人民政府经济贸易管理部门或者设区的市级人民政府负责危险化学品安全监督管理综合工作的部门颁发批准书;不予批准的,书面通知申请人。

申请人凭批准书向工商行政管理部门办理登记注册手续。

4. 除运输工具、加油站、加气站外,危险化学品的生产装置和储存数量构成重大危险源的储存设施,与下列场所、区域的距离必须符合国家标准或者国家有关规定:

（1）居民区、商业中心、公园等人口密集区域;

（2）学校、医院、影剧院、体育场（馆）等公共设施;

（3）供水水源、水厂及水源保护区;

（4）车站、码头（按照国家规定,经批准,专门从事危险化学品装卸作业的除外)、机场以及公路、铁路、水路交通干线、地铁风亭及出入口;

（5）基本农田保护区、畜牧区、渔业水域和种子、种畜、水产苗种生产基地;

（6）河流、湖泊、风景名胜区和自然保护区;

（7）军事禁区、军事管理区;

（8）法律、行政法规规定予以保护的其他区域。

已建危险化学品的生产装置和储存数量构成重大危险源的储存设施不符合前款规定的,由所在地设区的市级人民政府负责危险化学品安全监督管理综合工作的部门监督其在规定期限内进行整顿;需要转产、停产、搬迁、关闭的,报本级人民政府批准后实施。

这里所称重大危险源,是指生产、运输、使用、储存危险化学品或者处置废弃危险化学品,且危险化学品数量等于或者超过临界量的单元（包括场所和设施）。

5. 危险化学品生产、储存企业改建、扩建的,必须依照本条例第九条的规定经审查批准。

6. 依法设立的危险化学品生产企业,必须向国务院质检部门申请领取危险化学品生产许可证;未取得危险化学品生产许可证的,不得开工生产。

国务院质检部门应当将颁发危险化学品生产许可证的情况通报国务院经济贸易综合管理部门、环境保护部门和公安部门。

7. 任何单位和个人不得生产、经营、使用国家明令禁止的危险化学品。

禁止用剧毒化学品生产灭鼠药以及其他可能进入人民日常生活的化学产品和日用化学品。

8. 生产危险化学品的,应当在危险化学品的包装内附有与危险化学品完全一致的化学品安全技术说明书,并在包装（包括外包装件）上加贴或者拴挂与包装内危险化学品完全一致的化学品安全标签。

危险化学品生产企业发现其生产的危险化学品有新的危害特性时,应当立即公告,并及时修订安全技术说明书和安全标签。

9. 使用危险化学品从事生产的单位,其生产条件必须符合国家标准和国家有关规定,并依照国家有关法律、法规的规定取得相应的许可,必须建立、健全危险化学品使用的安全管理规章制度,保证危险化学品的安全使用和管理。

10. 生产、储存、使用危险化学品的，应当根据危险化学品的种类、特性，在车间、库房等作业场所设置相应的监测、通风、防晒、调温、防火、灭火、防爆、泄压、防毒、消毒、中和、防潮、防雷、防静电、防腐、防渗漏、防护围堤或者隔离操作等安全设施、设备，并按照国家标准和国家有关规定进行维护、保养，保证符合安全运行要求。

11. 生产、储存、使用剧毒化学品的单位，应当对本单位的生产、储存装置每年进行一次安全评价；生产、储存、使用其他危险化学品的单位，应当对本单位的生产、储存装置每两年进行一次安全评价。

安全评价报告应当对生产、储存装置存在的安全问题提出整改方案。安全评价中发现生产、储存装置存在现实危险的，应当立即停止使用，予以更换或者修复，并采取相应的安全措施。

安全评价报告应当报所在地设区的市级人民政府负责危险化学品安全监督管理综合工作的部门备案。

12. 危险化学品的生产、储存、使用单位，应当在生产、储存和使用场所设置通讯、报警装置，并保证在任何情况下处于正常适用状态。

13. 剧毒化学品的生产、储存、使用单位，应当对剧毒化学品的产量、流向、储存量和用途如实记录，并采取必要的保安措施，防止剧毒化学品被盗、丢失或者误售、误用；发现剧毒化学品被盗、丢失或者误售、误用时，必须立即向当地公安部门报告。

14. 危险化学品的包装必须符合国家法律、法规、规章的规定和国家标准的要求。

危险化学品包装的材质、型式、规格、方法和单件质量（重量），应当与所包装的危险化学品的性质和用途相适应，便于装卸、运输和储存。

15. 危险化学品的包装物、容器，必须由省、自治区、直辖市人民政府经济贸易管理部门审查合格的专业生产企业定点生产，并经国务院质检部门认可的专业检测、检验机构检测、检验合格，方可使用。

重复使用的危险化学品包装物、容器在使用前，应当进行检查，并作出记录；检查记录应当至少保存2年。

质检部门应当对危险化学品的包装物、容器的产品质量进行定期的或者不定期的检查。

16. 危险化学品必须储存在专用仓库、专用场地或者专用储存室（以下统称专用仓库）内，储存方式、方法与储存数量必须符合国家标准，并由专人管理。

危险化学品出入库，必须进行核查登记。库存危险化学品应当定期检查。

剧毒化学品以及储存数量构成重大危险源的其他危险化学品必须在专用仓库内单独存放，实行双人收发、双人保管制度。储存单位应当将储存剧毒化学品以及构成重大危险源的其他危险化学品的数量、地点以及管理人员的情况，报当地公安部门和负责危险化学品安全监督管理综合工作的部门备案。

17. 危险化学品专用仓库，应当符合国家标准对安全、消防的要求，设置明显标志。危险化学品专用仓库的储存设备和安全设施应当定期检测。

18. 处置废弃危险化学品，依照固体废物污染环境防治法和国家有关规定执行。

19. 危险化学品的生产、储存、使用单位转产、停产、停业或者解散的，应当采取有效措施，处置危险化学品的生产或者储存设备、库存产品及生产原料，不得留有事故隐患。处置方案应当报所在地设区的市级人民政府负责危险化学品安全监督管理综合工作的部门和同级环境保护部门、公安部门备案。负责危险化学品安全监督管理综合工作的部门应当对处置情况进行监督检查。

20. 公众上交的危险化学品，由公安部门接收。公安部门接收的危险化学品和其他有关部门收缴的危险化学品，交由环境保护部门认定的专业单位处理。

五、危险化学品的经营

根据我国《危险化学品安全管理条例》，危险化学品的经营必须遵守如下规定。

1. 国家对危险化学品经营销售实行许可制度。未经许可，任何单位和个人都不得经营销售危险化学品。

危险化学品经营企业，必须具备下列条件：
（1）经营场所和储存设施符合国家标准；
（2）主管人员和业务人员经过专业培训，并取得上岗资格；
（3）有健全的安全管理制度；
（4）符合法律、法规规定和国家标准要求的其他条件。

2. 经营剧毒化学品和其他危险化学品的，应当另向省、自治区、直辖市人民政府经济贸易管理部门或者设区的市级人民政府负责危险化学品安全监督管理综合工作的部门提出申请，并附送《危险化学品安全管理条例》中第二十八条规定条件的相关证明材料。

省、自治区、直辖市人民政府经济贸易管理部门或者设区的市级人民政府负责危险化学品安全监督管理综合工作的部门接到申请后，应当依照有关的规定对申请人提交的证明材料和经营场所进行审查。经审查，符合条件的，颁发危险化学品经营许可证，并将颁发危险化学品经营许可证的情况通报同级公安部门和环境保护部门；不符合条件的，书面通知申请人并说明理由。

申请人凭危险化学品经营许可证向工商行政管理部门办理登记注册手续。

3. 经营危险化学品，不得有下列行为：
（1）从未取得危险化学品生产许可证或者危险化学品经营许可证的企业采购危险化学品；
（2）经营国家明令禁止的危险化学品和用剧毒化学品生产的灭鼠药以及其他可能进入人民日常生活的化学产品和日用化学品；
（3）销售没有化学品安全技术说明书和化学品安全标签的危险化学品。

4. 危险化学品生产企业不得向未取得危险化学品经营许可证的单位或者个人销售危险化学品。

5. 危险化学品经营企业储存危险化学品，应当遵守本条例第二章的有关规定。危险化学品商店内只能存放民用小包装的危险化学品，其总量不得超过国家规定的限量。

6. 剧毒化学品经营企业销售剧毒化学品，应当记录购买单位记的名称、地址和购买人员的姓名、身份证号码及所购剧毒化学品的品名、数量、用途。记录应当至少保存1年。

剧毒化学品经营企业应当每天核对剧毒化学品的销售情况；发现被盗、丢失、误售等情况时，必须立即向当地公安部门报告。

7. 购买剧毒化学品，应当遵守下列规定：

（1）生产、科研、医疗等单位经常使用剧毒化学品的，应当向设区的市级人民政府公安部门申请领取购买凭证，凭购买凭证购买；

（2）单位临时需要购买剧毒化学品的，应当凭本单位出具的证明（注明品名、数量、用途）向设区的市级人民政府公安部门申请领取准购证，凭准购证购买；

（3）个人不得购买农药、灭鼠药、灭虫药以外的剧毒化学品。

剧毒化学品生产企业、经营企业不得向个人或者无购买凭证、准购证的单位销售剧毒化学品。剧毒化学品购买凭证、准购证不得伪造、变造、买卖、出借或者以其他方式转让，不得使用作废的剧毒化学品购买凭证、准购证。

六、危险化学品的运输

根据我国《危险化学品安全管理条例》，危险化学品的运输必须遵守如下规定。

1. 国家对危险化学品的运输实行资质认定制度；未经资质认定，不得运输危险化学品。

危险化学品运输企业必须具备的条件由国务院交通部门规定。

2. 用于危险化学品运输工具的槽罐以及其他容器，必须依照有关的规定，由专业生产企业定点生产，并经检测、检验合格，方可使用。

质检部门应当对前款规定的专业生产企业定点生产的槽罐以及其他容器的产品质量进行定期的或者不定期的检查。

3. 危险化学品运输企业，应当对其驾驶员、船员、装卸管理人员、押运人员进行有关安全知识培训；驾驶员、船员、装卸管理人员、押运人员必须掌握危险化学品运输的安全知识，并经所在地设区的市级人民政府交通部门考核合格（船员经海事管理机构考核合格），取得上岗资格证，方可上岗作业。危险化学品的装卸作业必须在装卸管理人员的现场指挥下进行。

运输危险化学品的驾驶员、船员、装卸人员和押运人员必须了解所运载的危险化学品的性质、危害特性、包装容器的使用特性和发生意外时的应急措施。运输危险化学品，必须配备必要的应急处理器材和防护用品。

4. 通过公路运输危险化学品的，托运人只能委托有危险化学品运输资质的运输企业承运。

5. 通过公路运输剧毒化学品的，托运人应当向目的地的县级人民政府公安部门申请办理剧毒化学品公路运输通行证。

办理剧毒化学品公路运输通行证，托运人应当向公安部门提交有关危险化学品的品名、数量、运输始发地和目的地、运输路线、运输单位、驾驶人员、押运人员、经营单位和购买单位资质情况的材料。

剧毒化学品公路运输通行证的式样和具体申领办法由国务院公安部门制定。

6. 禁止利用内河以及其他封闭水域等航运渠道运输剧毒化学品以及国务院交通部门规定禁止运输的其他危险化学品。

利用内河以及其他封闭水域等航运渠道运输前款规定以外的危险化学品的，只能委托有危险化学品运输资质的水运企业承运，并按照国务院交通部门的规定办理手续，接受有关交通部门(港口部门、海事管理机构,下同)的监督管理。

运输危险化学品的船舶及其配载的容器必须按照国家关于船舶检验的规范进行生产,并经海事管理机构认可的船舶检验机构检验合格,方可投入使用。

7. 托运人托运危险化学品,应当向承运人说明运输的危险化学品的品名、数量、危害、应急措施等情况。

运输危险化学品需要添加抑制剂,或者稳定剂的,托运人交付托运时应当添加抑制剂或者稳定剂,并告知承运人。

托运人不得在托运的普通货物中夹带危险化学品,不得将危险化学品匿报或者谎报为普通货物托运。

8. 运输、装卸危险化学品,应当依照有关法律、法规、规章的规定和国家标准的要求并按照危险化学品的危险特性,采取必要的安全防护措施。

运输危险化学品的槽罐以及其他容器必须封口严密,能够承受正常运输条件下产生的内部压力和外部压力,保证危险化学品在运输中不因温度、湿度或者压力的变化而发生任何渗(洒)漏。

9. 通过公路运输危险化学品,必须配备押运人员,并随时处于押运人员的监管之下,不得超装、超载,不得进入危险化学品运输车辆禁止通行的区域;确需进入禁止通行区域的,应当事先向当地公安部门报告,由公安部门为其指定行车时间和路线,运输车辆必须遵守公安部门规定的行车时间和路线。

危险化学品运输车辆禁止通行区域,由设区的市级人民政府公安部门划定,并设置明显的标志。

运输危险化学品途中需要停车住宿或者遇有无法正常运输的情况时,应当向当地公安部门报告。

10. 剧毒化学品在公路运输途中发生被盗、丢失、流散、泄漏等情况时,承运人及押运人员必须立即向当地公安部门报告,并采取一切可能的警示措施。公安部门接到报告后,应当立即向其他有关部门通报情况;有关部门应当采取必要的安全措施。

11. 任何单位和个人不得邮寄或者在邮件内夹带危险化学品,不得将危险化学品匿报或者谎报为普通物品邮寄。

12. 通过铁路、航空运输危险化学品的,按照国务院铁路、民航部门的有关规定执行。

七、危险化学品的登记与事故应急救援

根据我国《危险化学品安全管理条例》,危险化学品的登记与事故应急救援必须遵守如下规定。

1. 国家实行危险化学品登记制度,并为危险化学品安全管理、事故预防和应急救援提供技术、信息支持。

2. 危险化学品生产、储存企业以及使用剧毒化学品和数量构成重大危险源的其他危险化学品的单位,应当向国务院经济贸易综合管理部门负责危险化学品登记的机构办理危险化学品登记。危险化学品登记的具体办法由国务院经济贸易综合管理部门制定。

负责危险化学品登记的机构应当向环境保护、公安、质检、卫生等有关部门提供危险化学品登记的资料。

3. 县级以上地方各级人民政府负责危险化学品安全监督管理综合工作的部门应当会同同级其他有关部门制定危险化学品事故应急救援预案，报经本级人民政府批准后实施。

4. 危险化学品单位应当制定本单位事故应急救援预案，配备应急救援人员和必要的应急救援器材、设备，并定期组织演练。

危险化学品事故应急救援预案应当报设区的市级人民政府负责危险化学品安全监督管理综合工作的部门备案。

5. 发生危险化学品事故，单位主要负责人应当按照本单位制定的应急救援预案，立即组织救援，并立即报告当地负责危险化学品安全监督管理综合工作的部门和公安、环境保护、质检部门。

6. 发生危险化学品事故，有关地方人民政府应当做好指挥、领导工作。负责危险化学品安全监督管理综合工作的部门和环境保护、公安、卫生等有关部门，应当按照当地应急救援预案组织实施救援，不得拖延、推诿。有关地方人民政府及其有关部门并应当按照下列规定，采取必要措施，减少事故损失，防止事故蔓延、扩大：

（1）立即组织营救受害人员，组织撤离或者采取其他措施保护危害区域内的其他人员；

（2）迅速控制危害源，并对危险化学品造成的危害进行检验、监测，测定事故的危害区域、危险化学品性质及危害程度；

（3）针对事故对人体、动植物、土壤、水源、空气造成的现实危害和可能产生的危害，迅速采取封闭、隔离、洗消等措施；

（4）对危险化学品事故造成的危害进行监测、处置，直至符合国家环境保护有关标准的要求。

7. 危险化学品生产企业必须为危险化学品事故应急救援提供技术指导和必要的协助。

8. 危险化学品事故造成环境污染的信息，由环境保护部门统一公布。

八、爆炸品

凡是受到高热、摩擦、撞击、振动等因素的影响，或受一定物质的激发作用，能发生剧烈的化学反应，在极短的时间内放出大量的热量和气体，同时伴有光、声等效应的物品，统称为爆炸品。

九、爆炸物品的特性

爆炸性是一切爆炸物品的主要特性。爆炸物品都具有化学不稳定性，在一定外界因素的作用下，会发生猛烈的化学反应。爆炸物品所发生的爆炸与爆炸性混合物所发生的爆炸有所不同，主要有以下几个特点。

1. 爆炸物品爆炸时的化学反应速度极快，通常在万分之一秒的时间内可以完成，因为爆炸能量在极短的时间内放出，所以具有巨大的破坏力。例如：1kg 包装的硝铵炸药，完成爆炸的反应时间只有 3×10^{-6} 秒，其爆炸功率可达 20 万 kW。

爆炸性混合物爆炸时的反应速度比爆炸物品爆炸的速度要慢得多，一般为数十至数百分之一秒,所以爆炸功率要小得多。

2. 爆炸物品爆炸时能产生大量的热能,这是爆炸物品能量的主要来源。例如:1kg 硝铵炸药爆炸时,能放出 3868~9956kJ 的热量,可产生 2400~3400℃的高温。

爆炸性混合物爆炸后也有大量的热量产生,但温度很少超过 1000℃。

3. 爆炸物品爆炸后能产生大量的气体,造成高压。例如:1kg 硝铵炸药爆炸时,产生 869~963L 气体,并在瞬间放出,使压力猛升到 10^3 MPa,所以破坏力很大。

爆炸性混合物爆炸时虽然也放出气体产物,但相对来说气体量要少,而且因为爆炸反应速度较慢,所以压力很少超过 1MPa。

4. 爆炸物品爆炸不需要外界供氧。这是由于其本身分子中含有特殊的不稳定基团,例如:迭氮基($-N=N\equiv N$)、重氮基($=N\equiv N$)等,在爆炸时会引起分解或自身的氧化—还原反应。

爆炸性混合物爆炸则通常需要一定数量的氧含量。

十、敏感度

各种爆炸物品都有发生爆炸的可能性,这是由于它本身的组成和性质所决定的。但是,任何爆炸物品都需要通过外界各种方式给予它一定的能量——起爆能,才能发生爆炸。

以炸药为例,不同炸药所需的起爆能量是不同的。某一炸药所需要的最小起爆能,即为该炸药的敏感度。

敏感度的高低是以引起炸药所需要的最小能量来表示。起爆能同敏感度成反比,起爆能越小,则敏感度越高。

敏感度是确定炸药爆炸危险性的一个非常重要的标志。爆炸物品的敏感度同它的爆炸危险性成正比,敏感度越高,则爆炸危险性也越大。

十一、爆炸品敏感度的影响因素

影响爆炸品敏感的度因素很多,而不同爆炸品的化学组成与结构是内在因素,另外还有影响爆炸品敏感度的外来因素。总结起来,主要有以下几个方面。

1. 温度。爆炸品受热,使之本身温度升高,从而易发生氧化—还原反应,其反应速度随着温度的升高而加快,当反应达到一定程度时,就会发生燃烧或爆炸。例如,硝化纤维在 40℃以上,就有可能发生爆炸。因此,爆炸品在贮存、运输中,一定要远离火种、热源,避免在烈日下暴晒,夏季注意通风降温,严禁在爆炸品旁边吸烟等。

然而,低温对某些个别爆炸品也有不利影响。例如,硝化甘油(爆胶)在低温情况下能生成不安定的晶体。这种晶体对摩擦非常敏感,甚至微小的外力作用就足以引起爆炸。所以,在一般情况下,爆胶贮存温度不得低于 10℃。

2. 机械作用。撞击、摩擦、剧烈震动等机械能的作用都可能引起炸药爆炸,尤其是对一些开始变质的炸药更加敏感。在贮运过程中,如装卸操作不慎,用铁底车厢运输铺垫不良;装车堆放不实,捆绑不牢,行车时受到剧烈振动,整体包装或开箱检验时用铁质工具敲击等都易引起炸药爆炸。

3. 接触明火。大多数爆炸物品,一旦与明火接触立即会引起爆炸。在贮运过程中,汽车排气管喷出的火星，电气火花，以及雷电感应等，都能导致炸药爆炸。

4. 氧化剂和强酸作用。氧化剂和有强氧化性的酸类，能与有机结构的炸药发生剧烈反应，并产生大量的热量，从而导致爆炸。

5. 杂质。杂质对炸药的敏感度也有很大影响，而且不同的杂质所起的影响也不同。

在一般情况下，固体杂质，特别是硬度高、有尖棱的杂质，能增加炸药的敏感度。因为这些杂质能使撞击能量集中在尖棱上，产生高能中心，促使炸药爆炸。例如，梯恩梯炸药混进砂粒后，敏感度显著提高。因此，在贮运过程中，特别是在炸药撒漏时，要防止砂粒、尘土混入。

与此相反，松软的或液体杂质混入炸药后，通常会使敏感度降低。例如，苦味酸含水量超过35%，硝铵炸药含水量大于3%时，就不会爆炸。因此有些炸药在贮运中因受潮或淋雨，促使敏感度下降而无法使用，只好报废。

此外，个别爆炸品与金属接触，也能发生化学反应，从而影响其敏感度。例如，苦味酸在温度较高、湿度较大的情况下，能与铁、锌、铝等金属接触后，能生成极不安定的苦味酸盐，其敏感度比苦味酸更高，更易爆炸。因此，在贮运过程中，对苦味酸之类的炸药应避免与上述金属接触，对其包装容器也需严格要求，不得用金属容器进行包装。

十二、爆炸品的分类

爆炸品的分类方法很多，按其性质、用途和贮运安全的要求，可分为下列4类。

1. 点火器材

这种器材主要用于点火和引爆雷管或黑火药，对火焰作用极为敏感。如导火索、点火绳、点火棒、拉火管等。

2. 起爆器材

这种器材是用来引爆炸药一类物品的。如导爆索和雷管等。

这类爆炸品的危险性较大，对外界作用的敏感性很高，遇到火焰、火花、摩擦、撞击，以及轻微振动，都有可能引起爆炸。雷管中装的炸药是雷汞，按装药量不同分为1~10号，号数越大爆炸的威力也越大。雷管又分为电雷管和火雷管两种，受潮会分解失效。

3. 炸药和爆炸性药品

这是用途不同的两类物品。炸药通常是指在工农业生产或军事上利用化学能的物品，按它们的敏感度和爆炸威力又可分为三类，即起爆药，如雷汞、迭氮铅等；爆破药，如梯恩梯、黑索金等；火药，如硝酸盐类、烟花剂等。

4. 其他爆炸性物品

这种爆炸品是指含有火(炸)药的制品，如发令纸、小口径枪弹、信号弹、猎枪子弹、礼花弹、火炬信号、焰火和爆竹等。

十三、压缩气体和液化气体

气体在常温和常压的情况下都是十分稀疏的物质，即少量的气体能占据庞大的空间，但是任何气体都是可以压缩的。在工业生产中，为了便于贮运和使用，往往把需用的气体以一定的压力压入贮存于钢瓶中，使气体中分子与分子之间的距离大大缩小，这样的气体就称为压缩气体。

对压缩气体继续施加压力，有时还需在施加压力的时候同时降低温度，则压缩气体就会变成液体状态，这种处于液体状态的压缩气体称为液化气体。

此外，还有一种气体极不稳定，需溶解于溶剂中，如乙炔则需溶解在丙酮中并贮存于钢瓶内，这种气体称为溶解气体。

十四、压缩气体和液化气体的特性

压缩气体和液化气体的特性有以下几点。

1. 气体都具有压缩性。一定量的气体在温度不变时，对它施加的压力越大，它的体积就会变得越小，甚至可再施加压力将其成为液态，这就是气体的压缩性。因此，气体通常都以压缩或液化状态贮存在钢瓶中。

气体只有将温度降低到一定程度时施加压力才能液化。若温度超过此值，无论施加多大的压力都不能使气体液化。这个加压能使气体液化时的最高温度称为临界温度。不同的气体，其临界温度也不相同。

气体在临界温度时，仍需对其施加压力才能液化，否则还为气体。在临界温度时使气体液化所需要的最小压力称为临界压力。各种气体的临界压力也不相同。

临界温度和临界压力是了解气体液化的两个重要数据。

某些气体的临界温度和临界压力参阅表 13-38。

一些气体的临界温度和临界压力　　　　　表 13-38

气 体 名 称	临界温度(℃)	临界压力(大气压)	气 体 名 称	临界温度(℃)	临界压力(大气压)
氦气(He)	－267.9	2.26	乙烯(C_2H_4)	9.5	50.7
氢气(H_2)	－239.9	12.8	二氧化碳(CO_2)	31.1	72.9
氖气(Ne)	－228.7	26.9	乙烷(C_2H_6)	32.3	48.2
氮气(N_2)	－146.9	33.54	氨气(NH_3)	132.3	111.3
一氧化碳(CO)	－140.0	34.5	氯气(Cl_2)	144.0	76.1
氧气(O_2)	－118.4	49.7	二氧化硫(SO_2)	157.5	77.8
甲烷(CH_4)	－82.1	45.8			

临界温度比常温高的气体，可以用单纯压缩的办法使其液化。如氯气、氨气、二氧化碳、乙烷等。

临界温度比常温低的气体，就必须在加压的同时降低其温度达到临界温度以下，才能使其液化。如氮气、氧气、氢气等。

2. 气体受热膨胀性。气体受热的温度越高，它膨胀后形成的压力越大，这就是气体的受热膨胀性。

压缩气体或液化气体贮存于钢瓶内压力较高，如受高温、暴晒，气体就会急剧膨胀，对钢瓶内壁产生很大的压力，当压力超过钢瓶的耐压强度，就会造成爆炸。特别是液化气体钢瓶装得太满时，由于液化气体遇热膨胀，产生极高的压力，把钢瓶胀破，引起爆炸。

3. 压缩气体和液化气体所装得容器不得泄漏，其原因除了有毒、易燃以外，还因有些气体之间能互相作用而发生危险。例如，氢气与氯气相混，经光线照射能立即引起爆炸。

4. 油脂等可燃物在高压纯氧的冲击下能引起燃烧，甚至造成钢瓶爆炸。

十五、易燃液体

广义地讲,凡是在常温下以液体状态存在,极易挥发和燃烧的物质,均称为易燃液体。

我国是统一采用以液体的闪点的高低为基准来划分易燃液体和可燃液体的。因此,按照我国现行的规定,凡是闪点≤45℃以下的液体都属于易燃液体。而闪点>45℃以上的液体则属于可燃液体。

然而世界各国对易燃液体和可燃液体的划分却有着某些区别。例如,美国国家安全卫生局和国家防火协会则规定,易燃液体是指燃点低于100°F和在100°F时的蒸气压不高于40磅/英寸^{2}的液体。可燃液体是指燃点在100°F或高于100°F的液体。

十六、易燃液体的特性

易燃液体除具有一般液体所具有的共同特点外,还具有以下一些特性。

1. 易燃性

(1) 闪点低。易燃液体的闪点在45℃以下,所以在常温条件下,遇火源即能使其表面的蒸气闪燃,常常由此而引起燃烧。

(2) 燃点低。易燃液体的燃点也很低,一般比其闪点高1~5℃。因此,当其达到燃点温度时,燃烧不只局限于液体表面蒸气的闪燃,而是由液体源源供应的可燃蒸气获得持续燃烧。

(3) 挥发性大。易燃液体都十分容易挥发。所以在易燃液体的液面附近的可燃蒸气的浓度就较高,如遇火源就会立即发生燃烧。由此可见,易燃液体的挥发性越大,其易燃性也就越大。易燃液体的挥发性强弱则取决于它们各自的沸点,通常情况下,沸点低的液体易挥发。

由于大多数易燃液体的蒸气比空气重,故往往易沉积在低洼的地方,不易散发,这就更增加了着火燃烧的危险性。

(4) 最小点燃能量小。易燃液体的蒸气只需要极小的能量的火花就可以点燃,一般只需要0.2mJ。

2. 易爆性

易燃液体大多是些蒸发热,或称气化热,较少的液体,极易挥发。挥发出来的可燃蒸气与空气混合,当其浓度达到爆炸极限范围以内时,遇火源则会发生爆炸,这就是易燃液体蒸气的易爆性。

3. 流动扩散性

液体的流动性的强弱取决于其黏度,黏度越小,其流动性越强,反之越弱。而易燃液体的黏度一般都很小,故很容易流动。所以,当其发生渗漏时会很快向四周扩散,如果一旦起火,液体流到哪里,火就烧到哪里,致使火势蔓延迅速,并扩大了燃烧面积,这给扑救工作带来一定的困难。因此,为了防止易燃液体的泄漏、流散,应备有事故槽或筑防火堤等。当易燃液体发生火灾时,应设法堵截流散的液体,阻止火势蔓延扩大。

再者还因渗透、毛细管浸润等作用,即使盛装容器只有细微裂纹,易燃液体也会渗出容器壁外,扩大其表面积,源源不断地进行挥发,造成周围空气中的浓度不断增高,这样便增加了燃烧爆炸的危险性。

4. 受热膨胀性

易燃液体的热膨胀系数通常比水要大得多，当其受热后，本身体积要膨胀，同时蒸气压力也随之增加。部分液体挥发成蒸气，造成整个气体的体膨胀更为迅速。此时，若易燃液体贮存于密闭的容器中，则会造成容器的"鼓桶"现象，甚至爆裂，这就是受热膨胀的缘故。如果在烈日下曝晒受热，便常常会出现鼓桶以及玻璃容器发生爆裂。因此，盛装易燃液体的容器应有不小于5%的空隙，并应避热存放，夏季应贮存于阴凉处或用淋水降温的安全措施加以保护。

5. 忌氧化剂和酸

易燃液体与氧化剂或某些有氧化性的酸类接触，容易发生剧烈的氧化反应，从而导致燃烧或爆炸。再者与酸类接触，还因酸的腐蚀作用会造成"烂桶"，使易燃液体外溢，有引起燃烧的危险。

6. 电阻率大，容易积聚静电

大部分易燃液体，如醚类、酮类、芳香烃、石油及其产品、二硫化碳等，都是电的不良导体，其电阻率较大，当其在管道、贮罐、槽车、油船的输送、灌注、喷溅和流动过程中，由于摩擦而产生静电，当静电荷积聚到一定程度时，就会放电而产生火花，有引起燃烧爆炸的危险。

7. 水溶性

大部分易燃液体是不溶于水的。但醇类、醛类、酮类能与水以任何比例相溶。根据易燃液体的水溶性，就可以正确地选用相适应的灭火剂，以及采取安全的贮存方法。

8. 腐蚀毒害性

许多易燃液体本身或其蒸气对人体是有毒害的，有的毒性还较大。例如，甲醇、丙烯腈、二硫化碳等。有的易燃液体或其蒸气还有刺激性和腐蚀性。因此，须防止人员中毒和灼伤。

十七、易燃固体

凡燃点较低，遇明火、受热、撞击、摩擦或与氧化剂接触能引起剧烈燃烧的固体物品，称为易燃固体。

这里所指的易燃固体主要是一些化工原料或化学产品，它们往往具有不同程度的毒性、腐蚀性、爆炸性等。

十八、易燃固体与可燃固体的区分

易燃固体是指高熔点固体，其燃点在300℃以下；低熔点固体，其闪点在100℃以下，并作为化工原料或及其制品而使用的燃烧固体。

可燃固体是指高熔点固体，其燃点在300℃以上；低熔点固体，其闪点在100℃以上，并作为化工原料或及其制品而使用的燃烧固体，如石蜡、沥青、塑料制品、合成纤维等，以及燃点在300℃以下的天然纤维及其农副产品，如棉、麻、纸张、芦苇、烟叶、木屑等等。

十九、易燃固体的特性

易燃固体的特性如下。

1. 易燃固体的主要特性是燃点低。并容易与空气中的氧发生作用，放出大量的热量，在这种情况下，遇明火、受热等均能引起燃烧。

2. 与强氧化剂接触能发生剧烈反应而发生燃烧或爆炸。例如红磷与氯酸钾接触即能如此。

3. 有些易燃固体与氧化性酸接触能发生剧烈反应，并会发生爆炸。例如，萘与发烟硝酸接触即会发生爆炸。有些易燃固体遇酸则会燃烧，如 H 发泡剂。

4. 对火种、热源、摩擦、撞击、振动比较敏感。例如，五硫化磷、红磷等，遇火源、高温热源则会猛烈燃烧，受到摩擦、撞击、振动等也能起火燃烧。

还有一些易燃固体，受热时会迅速升华，在固体表面形成易燃蒸气层，一旦遇到火源或其他激发能量，也会引起燃烧，如樟脑、萘等。

还有一些易燃固体，在受热后会迅速分解，产生可燃气体，若遇火源，易引起燃烧，如硝化纤维等。

5. 有些易燃固体金属粉末，如镁粉、铝粉、锰粉、钛粉等，遇火源能与氧直接化合而燃烧，不会产生气体和火焰，只发出炽烈的白光，燃烧时的温度可达几千度。这些金属粉末在较高温度的情况下，能与水发生反应产生可燃气体——氢气，随着反应的温度升高，往往会引起燃烧。

有些易燃固体粉末，如硫磺粉末，以及上述金属粉末等，由于其质轻容易悬浮在空气中，当其达到一定浓度时，遇火源能发生爆炸。

6. 许多易燃固体具有毒性，或者燃烧产物有毒。凡含有硝基、胺基、氯酸基、氯磺酸基，以及含磷、硫等的有机易燃固体均属于此。例如，二硝基苯、2,4-二硝基苯酚、三硫化四磷、重氮氨基苯等。

二十、自燃物品

凡不需要外界火源的作用，由于本身与空气氧化而放出热量，或受外界温度、湿度的影响，发热并积热不散，达到自燃点而引起自行燃烧的物品，称为自燃物品。

二十一、自燃物品的特性

自燃物品由于化学组成的不同以及影响自燃的条件不同，故有各自不同的特性。

1. 某些自燃物品的化学性质活泼，极易氧化而引起自燃。如黄磷，它的化学性质非常活泼，具有很强的还原性，接触空气能迅速与氧化合，产生大量的热，能很快引起自燃。

2. 某些自燃物品的化学性质很不稳定，容易发生分解而导致自燃。如硝化纤维及其制品，由于本身有含氧的硝酸根而很不稳定，在空气中甚至在常温下，也能发生缓慢分解，在阳光及潮解的作用下，会加速分解而析出一氧化氮，一氧化氮与氧化合生成二氧化氮。而二氧化氮又与潮湿空气中的水化合，生成硝酸及亚硝酸，硝酸及亚硝酸会进一步加速硝化纤维及其制品的分解，放出的热量也越来越多，因而引起自燃。

3. 某些自燃物品的分子含有较多的不饱和双键（—C═C—），由于双键的存在，使得它容易和空气中的氧产生氧化作用而放出热量，如果热量积聚不散，就会促使自燃物品逐渐达到自燃点而引起自燃。

4. 自燃物品的自燃点一般都比较低,又容易氧化。因此,自燃物品在空气中易氧化,氧化产生的热量又能使其温度升高,而温度升高后,氧化反应速度则相应加快,产生更多的热,使温度升得更高,如此互为因果,终可导致自燃物品发生自燃。

5. 在潮湿、受热的情况下,自燃物品能分解发热,温度升高而引起自燃。尤其是疏松多孔的自燃物品更容易引起自燃。

6. 助燃物质也能引起自燃物品的自燃。如果没有氧和氧化剂,自燃物品是不能发生自燃的。因此,促进氧化反应的一切因素均能促使自燃物品的自燃,如接触氧化剂和对氧化反应有催化作用的金属粉末等,均能增加自燃物品发生自燃的危险。

二十二、遇水易燃物品

凡是能与水发生剧烈反应,放出可燃气体,同时产生大量的热量,使可燃气体的温度猛升到其自燃点,从而引起燃烧或爆炸的物质,称为遇水易燃物品。

遇水易燃物品,除遇水剧烈反应外,也能与酸类或氧化剂发生剧烈反应引起燃烧或爆炸,并且发生燃烧或爆炸的危险性比遇水时更大。

二十三、遇水易燃物品的特性

遇水易燃物品有如下的特性。

1. 与水或空气中的水分能发生剧烈反应,放出大量的易燃气体和大量的热量,其热量能使易燃气体自燃或爆炸。例如:

$$2Na+2H_2O = 2NaOH+H_2\uparrow$$

即使反应当时不发生燃烧或爆炸,但放出来的易燃气体可能在容器中或室内形成爆炸性混合物而导致危险。

2. 与酸类反应时更加剧烈,放出大量的易燃气体和大量的热量,极易引起燃烧或爆炸。例如:

$$NaH+HCl = NaCl+H_2\uparrow$$

3. 对人体的皮肤有腐蚀性,接触后能灼伤皮肤。有些遇水燃烧物品对人体有毒害作用,如硼氢化合物类。

二十四、氧化剂

凡能氧化其他物质而自身被还原,也就是在氧化—还原反应中能获得电子的物质称为氧化剂,失去电子的物质称为还原剂。

不同性质的氧化剂,得到电子的能力也不同,有些物质很容易得到电子,有些物质则不容易得到电子,通常把得电子能力很强的物质称为强氧化剂,反之则称为弱氧化剂。

二十五、氧化剂的特性

氧化剂具有以下一些特性。

1. 遇热分解。氧化剂都有遇热分解的特性。如硝酸盐类遇热能放出氧和氧化氮气体。氯酸盐、高锰酸盐遇热特别是与火种接触,即能引起猛烈燃烧。过氧化钠受热易分解放氧,在受热的情况下遇到棉花、碳或铝粉等会发生爆炸。过氧化苯甲酰受热失水干燥后,极易燃烧和发生爆炸，因此须使其含水量保持在30%以上。

2. 吸水性。有些氧化剂容易吸水变质，如过氧化钠、过氧化钾遇水则会剧烈分解放热，若同时遇有机物、易燃物即能引起燃烧。高锰酸锌吸水后的液体接触有机物如纸、棉布等，则能引起燃烧。

3. 化学敏感性。氧化剂与还原剂、有机物、易燃物等接触时，有些则可以立即发生不同程度的化学反应，甚至能引起燃烧或爆炸。如氯酸钾、氯酸钠与蔗糖或淀粉接触；高锰酸钾与甘油或松节油接触；三氧化铬与酒精等混合，均能引起燃烧或爆炸。

有些氧化剂经摩擦、振动、撞击等外界因素的作用，会引起燃烧或爆炸。如氯酸钾、氯酸钠在码垛时木箱之间的摩擦；用扫帚扫撒在地上的硝酸银等均能引起燃烧或爆炸。过氧化苯甲酰由于分解温度只有103℃，故在拧瓶盖时如操作不当，都可引起爆炸。

同属于氧化剂类的物品，由于氧化性的强弱不同，相互混合会发生复分解反应而产生高温，有时会引起燃烧或爆炸。如硝酸铵和亚硝酸钠、硝酸钠和氯酸盐等的混合，都能发生剧烈反应而导致燃烧或爆炸。

4. 遇酸分解。氧化剂特别是碱性氧化剂，遇酸后能产生剧烈反应。如过氧化钠等遇强酸能引起燃烧或爆炸。强碱弱酸的高锰酸钾与硫酸接触，能立即发生爆炸和燃烧。

5. 毒性。氧化剂一般都具有不同程度的毒性，有的还具有腐蚀性，人吸入或接触可能发生中毒、灼伤等危害。如硝酸盐、氯酸盐、三氧化铬等。

二十六、放射性物品

物质能够由不稳定原子核内部自发地、不断地放出人肉眼所看不见的射线的这种性质叫做放射性。具有放射性的元素称为放射性元素，含有放射性元素的物品，称为放射性物品。

二十七、放射性物品的特性

放射性物品具有以下一些特性。

1. 具有放射性。放射性物品所放射出的射线，通常有三种，α射线，也称甲种射线；β射线，也称乙种射线；γ射线，也称丙种射线。

各种不同的放射性元素或化合物，有的能放射一种射线，有的能同时放射出几种射线。如镭的同位素，能同时放出三种射线，一种带正电荷称为α射线，一种带负电荷称为β射线，还有一种不带电荷的射线，不受磁场影响，称为γ射线。

除上述三种射线以外，还有中子流。中子是不带电的中性粒子，它是原子核组成部分，在自然界，中子并不单独存在，只有在原子核分裂时，才能从原子核内释放出来。一般放射性同位素很少直接放射中子。如将某些放射性物质和非放射性物质放在一起时，便产生中子流。

如果上述射线从人体外部照射时，β、γ射线和中子流对人体的危害很大，剂量大时易使人患放射病，甚至死亡。如果放射性物质进入体内时，则α射线的危害最大，其他射线的危害也很大。所以要严防放射性物品进入体内。

2. 许多放射性物品毒性很大。如钋^{210}、镭^{226}、镭^{228}、钍^{228}、钍^{230}等都是剧毒的放射性物品；钠^{22}、钴^{60}、锶^{90}、碘^{131}、铅^{210}等也是毒性很大的放射性物品。

3. 不能用化学中和方法使其放射性物品不放出射线,而只能设法把放射性物品清除或者采用适当材料予以吸收屏蔽。各种射线常用的吸收屏蔽材料见下表 13-39。

各种射线常用的吸收屏蔽材料　　　　　　表 13-39

射线种类	α射线	β射线	γ射线	中子流
材料名称	空气、铝箔	铝板、铁片、有机玻璃、木材、塑料板	铅层、铁层、铅橡皮、铅玻璃、混凝土、岩石、砖、土壤、水	水、石蜡、硼酸

二十八、毒害品

凡少量侵入人、畜体内或接触皮肤能与机体组织发生作用,破坏正常的生理功能,引起机体产生暂时的或永久性的病理变态,甚至死亡的物品,称为毒害品。

二十九、毒害品的特性

毒害品有以下一些特性。

1. 毒性。这是毒害品的主要特性。少量的毒害品侵入人体即能引起中毒,不但口服会中毒,吸入其蒸气也有中毒的危险,有些毒害品还能通过皮肤吸收而引起中毒。

不同的毒害品,它们的毒性是各不相同的,其毒性的大小,则由它们本身的性质所决定。

2. 毒害品在水中的溶解度越大,毒性也越大。这是因为越易溶于水的毒害品,侵入人体之后越易被吸收。例如,氯化钡易溶于水,其毒性就大,而硫酸钡在水中和脂肪中均不溶,故无毒性。

有些毒害品不溶于水而易溶于脂肪,对人体也有毒害作用,称为脂溶性毒物。

还有些毒害品既不溶水也不溶于脂肪,但侵入人体后经过变化,被人体吸收也会呈现中毒。

三十、腐蚀物品

凡是对人体、动植物体、纤维制品和金属等能发生化学反应,并使其表面受到破坏或者造成损毁的物品,称为腐蚀物品。

三十一、腐蚀物品的特性

腐蚀物品有以下一些特性。

1. 腐蚀性

固体、液体和气体的腐蚀物品均可对人体造成化学灼伤。

腐蚀物品接触人的皮肤、眼睛或侵入呼吸道、消化道等,就可和表面细胞组织发生反应,使细胞组织受到破坏,而造成灼伤。人体内部器官被灼伤时,严重的会引起炎症,如肺炎等,甚至造成死亡。

固体腐蚀物品能灼伤与它直接接触的人体表面,液体或气体腐蚀物品则能透过衣物侵害人体表面的很大部分面积,并能很快通过呼吸道侵入人体的内部器官而造成灼伤。

有些腐蚀物品对人体的皮肤的灼伤作用较小,但对某些器官却有强烈的刺激。如氨水就是如此,稀的氨水对皮肤的灼伤作用较为轻微,但对眼睛的刺激却很大,严重时甚至能引起失明。

腐蚀物品中的酸和碱,甚至盐类,都能使金属遭受不同程度的腐蚀。特别是无机酸,如盐酸、硝酸等,以及挥发出来的酸蒸气,对金属包装容器和车辆船舶的金属结构,以及危库等建筑物的钢筋混凝土结构、门窗、照明灯具、排风设备等都有腐蚀作用。

腐蚀物品对木材、布匹、皮革等有机物也能造成腐蚀,例如,浓氢氧化钠溶液接触棉花能使其纤维组织溶解。

此外,氢氟酸能腐蚀玻璃。

2. 毒性

腐蚀物品中很多还具有不同程度的毒性,如五溴化磷、偏磷酸、氢氟酸等。特别是具有挥发性的腐蚀物品,如发烟硝酸、发烟硫酸、浓盐酸、氢氟酸等,挥发出有毒性的气体与蒸气,不但能腐蚀人的肌体,而且还有引起中毒的危险。

3. 易燃性

有些有机的腐蚀物品还具有燃烧性,如冰醋酸、蚁酸、醋酐等,接触火源会引起燃烧。

某些无机酸性腐蚀物品,虽然本身不会燃烧,但当它们与某些可燃物质接触时,易氧化发热而引起燃烧。如硝酸、硫酸、高氯酸等,与松节油、食糖、稻草、纸张等接触后,有时会因发热而引起燃烧。

再者,高氯酸浓度超过72%时遇热极易发生爆炸,则属于爆炸品。而其浓度低于72%时则属于无机酸性腐蚀物品,但遇还原剂、高热等也会发生爆炸。

三十二、各类危险化学物品新产品的鉴别

随着我国化学工业和现代科学技术的飞速发展,化工产品的数量和品种日益增多。因此,对我国现行有关规则中没有载列的化工新产品,如何鉴别它是否属于化学危险物品,若属于化学危险物品,又应属于何类何项,这不仅是运输、贮存部门当前迫切希望解决的问题,而且也是厂矿企业中安全技术人员及有关人员所十分关心的问题。

化学新产品之所以鉴定比较困难,其主要原因,不仅在于任何一种化学危险物品常常具有多种危险性质,而且还在于目前很多危险物品与非危险物品之间,危险物品类、项之间的划分,没有具体的数字标准。为此,笔者就有关这方面问题的资料,仅从新产品的性质等方面去进行鉴别,初步汇总如下,仅供阅者参考。

1. 爆炸品的鉴别

根据爆炸品的含义,故受高热、撞击等外力作用或受其他物质激发能发生爆炸是该类物品的主要性质。然而,受高热和撞击等外力作用能发生爆炸的物品是很多的,但不能都列于此类。只能对热和撞击等都非常敏感,能在瞬间引起剧烈化学反应的物品,才能属于此类。所以,单凭爆炸这一点作鉴别该类物品的条件还不充分。

因此,有人推荐,以二硝基苯的敏感度作为鉴别爆炸品的参考,故凡对热和撞击等作用的敏感度高于二硝基苯的炸药及爆炸性药品及其制品,均属爆炸品类。而敏感度等于或低于二硝基苯的物品,均不属爆炸品类。参照二硝基苯还提出更为具体的数字指标:凡冲

击敏感度试验,在落锤机上当锤重为 10kg,高度为 25cm 时,爆炸率为 2% 以上;或温度敏感试验,爆发点为 350℃ 以下;或爆速在 3000m/s 以上的属于爆炸品。我国《危险货物运输规则》中所列的爆炸品基本上符合此条件,故这一建议有参考价值。

爆炸品新产品分类的鉴别是容易的,可按其用途分为 4 类。

(1) 点火器材:凡用以引燃起爆器材或炸药的制品,如导火索、导火绳等均属此类。

(2) 起爆器材:凡用以引爆炸药的制品,如雷管、导爆索等均属此类。

(3) 炸药及爆炸性药品:凡用于军事、工农业等方面的炸药及具有爆炸性的药品,敏感度高于二硝基苯者均属此类。

(4) 其他爆炸性物品:除点火器材与起爆器材以外的炸药及爆炸性药品的制品,如各种枪弹、鞭炮等均属此类。

2. 压缩气体和液化气体的鉴别

该类物品较易于鉴别。通常从物品的沸点比常温为低,即在常温、常压下为气态,并以较高的压力装于容器中就可以基本上确定为此类物品。

但是,单凭沸点低这一项还不足以作为鉴别该类物品的标准,仅可作为参考。因为一些危险物品尽管其沸点比常温低,但仍列于其他类中。

从实践发现,以临界温度的高低来鉴别该类物品较为合理。临界温度低于 50℃ 或临界温度虽然高于 50℃,但在 50℃ 时具有 3kg 以上压力的压缩气体及液化气体即可属于此类物品。因为充有 3kg 以上压力气体的容器在受热或撞击时,容易发生爆炸。

按毒性、可燃、助燃等性质,此类物品可分为 4 类。

(1) 剧毒气体:在剧毒气体中氨的毒性较小,故可考虑用氨的毒性作为鉴别该类物品的参考。凡毒性<氨者可不属于此类气体。或毒性>低毒,即浓度>1% 时,6 只大鼠吸入 4 小时死亡 2~4 只的气体,可列于此类。

(2) 易燃气体:凡能燃烧的气体,只要其毒性较小,均可列入此类。硫化氢、氰化氢等气体,虽然也可燃烧,但其毒性更为突出,故列为剧毒气体;而一氧化碳、水煤气等虽极毒,但以易燃性为主,故列为易燃气体类中。

(3) 助燃气体:可以助燃的气体很多,如氯气就可以助燃。然而除氧外等少数几种气体外,其他能助燃的气体用毒性较强,故列于剧毒气体中。所以,助燃气体应以氧气或含有氧气或高温时能放出氧气的气体。凡有此性质者均可列为此类。

(4) 不燃气体:在常温条件下,无毒、不燃、不助燃的气体可列入此类。

3. 易燃液体的鉴别

该类物品也较易鉴别。因为该类物品有着明确的数字标准:闪点<28℃ 以下的为一级易燃液体;闪点≥28℃,≤45℃ 以下的为二级易燃液体。

但常有这样一些情况,即有些危险物品新产品不仅闪点很低,在 45℃ 以下,而且还具有其他一些危险性质。这时不应仅根据闪点这一项标准来判别其属于易燃液体类,而应分析这些性质中那一种性质为该物品的主要特性,同时还应结合该物品的包装情况,以及考虑运输中哪种性质危害性更大,然后再确定该物品应属于哪一类。如很多油剂或乳剂农药,大都闪点较低,但因其毒害性比易燃性更为突出,故应属于毒害品类。

4. 易燃固体的鉴别

燃点是鉴别易燃固体易燃性的重要指标之一。然而尚无究竟燃点为多少度属于易燃固体的具体数字标准。因为除燃点外,燃烧速度快,燃烧后能放出剧毒或有毒的气体等,也是鉴别该类物品必须考虑的重要内容。

通过数十种易燃固体的比较分析,发现下述两个数据可作为鉴别该物品的参考。

(1) 熔点较高的易燃固体其燃点大多在 300℃ 以下。
(2) 熔点较低的易燃固体其燃点大多在 100℃ 以下。

考虑其燃烧速度可用二级易燃固体中较易得到的硫磺、萘、生松香、镁条等作为比较的标准。凡燃烧速度与上述物品相似或较慢者为二级易燃固体。凡燃烧速度比上述物品快者为一级易燃固体。细镁条在空气中的燃烧速度为每秒钟约 0.5cm,此速度可供参考。

5. 自燃物品的鉴别

显然,只有自燃点较低的物品才能属于化学危险物品自燃物品类。因此,可考虑采用自燃点 200℃ 作为鉴别该类物品的参考。

6. 遇湿易燃物品的鉴别。

该类物品的鉴别是容易的。凡与水能剧烈反应;产生可燃气体;并放出大量的热而引起燃烧、爆炸的物品,均属此类。

但必须注意的是,与水反应剧烈、产生可燃气体、放出大量的热,是该类物品必须同时具备的三个条件,缺一不可。如过氧化钠遇水反应也非常剧烈,也同时放出热量,但不产生可燃气体,故不属此类。又如镁粉与水反应能放出氢气也放出大量的热,但由于在常温下反应不剧烈,所以镁粉也不属于此类。

7. 氧化剂的鉴别。

氧化剂的氧化性强烈到何种程度方属该类物品,尚无明确的数字标准,这是该类物品新产品难于鉴别的主要原因。

然而,氧化剂的化学组成都具有比较明显的特征:分子中含有高价态的原子或过氧基(—O—O—)。可据此来大体鉴别物品是否可属此类。如无机氧化剂分子中很多都含有:Cl^{+7}、Cl^{+5}、N^{+5}、N^{+3}、Mn^{+7}、Cr^{+6}、I^{+7}、I^{+5} 及 —O—O— 等成分;有机氧化剂除个别外大都含有 —O—O—。故从化学产品的分子式或结构式就可初步知道该物品是否具有强氧化性。

不过仅从分子式来鉴别某化学产品是不够的,例如硝酸银,其分子式中含有 N^{+5},具有强氧化性,但硝酸银不属于氧化剂而属于普通化学物品。而属于化学危险物品的氧化剂不但具有强烈的氧化性能,而且遇酸碱或受潮湿、强热、摩擦、撞击或与易燃有机物、还原剂等接触,即能分解引起燃烧或爆炸,可根据这一点来进一步鉴别该类物品。

氧化剂的分解温度大多低于 500℃,而且遇硫磺、木炭、糖粉、淀粉等干燥的易燃物品,经摩擦、撞击或加热易发生猛烈地燃烧或爆炸。

因此,氧化剂的鉴别,可首先从新产品的分子式或结构式上判断其是否具有强氧化性。然后再依分解温度低于 500℃ 及与硫磺、木炭、糖粉、淀粉等易燃物品、有机物品混合时,经摩擦、撞击或受热能发生燃烧、爆炸的猛烈程度而鉴别之。

8. 毒害品的鉴别

毒害品中剧毒品的鉴别有着明确的数字标准。即口服或由皮肤接触毒害品时,生物试验致死中量 LD_{50} 在 50mg/kg 以下,人体吸入气体毒害品,致死量在 2mg/L 以下,能造成死亡者,均属剧毒品。

而有毒品没有明确的数字标准。因为毒物的致死中量数值不能很好地表示其慢性毒性的大小。可是鉴别某一物品是否属于毒害品，则不仅应考虑其急性毒性，还应考虑其慢性毒性的大小。

我国国家标准《职业性接触毒物危害程度分级》可供鉴别毒害品时参考。

《危险货物运输规则》中所列的有毒品，其致死中量不少已属中度危害，可供鉴别有毒品新产品时参考。

9. 放射性物品的鉴别

放射性物品的鉴别可通过该物品是否具有放出放射线的性质进行确定。

运输中常见的放射性物品有：放射性同位素；放射性化学试剂和化工制品；放射性矿石；涂有放射性发光剂的工业成品或带有放射性的其他物品。

10. 腐蚀物品的鉴别

凡对人体、动植物体、纤维制品、金属等能造成强烈腐蚀，甚至引起燃烧、爆炸的应属该类物品。

测定腐蚀物品腐蚀性强弱的方法很多，下列几种供参考。

用测定一定表面积的金属试样在腐蚀性物品中停留一段时间后损失的质量来表示，则：

$$腐蚀强度 = \frac{损失质量}{金属面积 \times 停留时间}$$

其单位可用 $mg/(cm^2 \cdot h)$，也有用测金属被腐蚀的深度 mm/年等来表示的。

此外还可用测定纤维制品试样，在腐蚀性物品中浸泡一定时间后的强度损失来表示。

生物试验，以动物皮肤接触后观察能否引起皮炎、溃疡等。

由于腐蚀物品的性质相差较大，具体的数字标准还有待在实践中进一步摸索。但从这类物品对人体、动植物体、金属、纤维制品等具有强腐蚀等几方面综合考虑，对其鉴别还是可行的。

对于腐蚀物品只要知道其为酸性还是碱性；是无机物还是有机物等，这样其类别也就基本上可以鉴别了。

第七节　设备与工艺过程的防火防爆

一、变压器起火的原因及防止措施

工业生产中一般使用的油浸变压器，其结构如图13-22所示。油浸变压器外壳是用铁皮、钢管制成的，好像烧不起来，其实不然，变压器是很容易起火的。变压器内有很多的绝缘油，一般的有几百公斤，大型的有几千公斤。这种油是一种闪点在140℃以上的可燃液体。变压器的线圈是用棉纱或纸做绝缘物的，另外还有木质支架等。如果变压器经常超负荷运行，不及时维修，往往会引起火灾。

变压器爆炸起火的主要原因有以下几种：

1. 线圈绝缘损坏，产生短路。变压器的线圈是用棉纱或纸作绝缘，这种绝缘材料如果受到超负荷发热或绝缘油酸化腐蚀等作用，将会发生老化变质，逐渐损坏，失去绝缘作用，引起线圈匝间、层间短路，使电流剧烈增加，导致线圈发热燃烧。同时，变压器油发生分解，产生可燃性气体，与空气混合达到一定浓度，便形成爆炸性混合物，一遇到火花就可发生燃烧或爆炸。

2. 连接处接触电阻过大产生高温。在线圈和线圈之间，线圈端部和分接头间，如果连接不好，或分接头转换开关位置没有放正，接触不良，都可能使接触电阻过大，发生局部过热，产生高温，使油分解产生的油蒸气引起燃烧或爆炸。

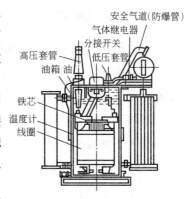

图 13-22　变压器的组件

3. 变压器铁芯过热引起火灾。变压器铁芯的硅钢片之间，或铁芯与夹紧螺丝之间的绝缘损坏，引起涡电流发热，形成铁芯起火，并可使变压器油分解燃烧。

4. 油中闪弧。闪弧可能发生在高、低压线圈之间，或高压线圈和变压器油箱壁之间；也可能发生在瓷套管的表面。油内导电体相间距离或同外壳的距离太近，或绝缘油受潮后劣化变质，油的绝缘强度降低，因而发生闪弧，使绝缘油燃烧。雷电过电压或操作过电压也会引起闪弧现象。

5. 另外，如变压器的电容套管制造不良，维护不周或运行年久，使套管内的绝缘层损坏、老化，产生绝缘击穿，引起高温，使套管爆炸起火，或者由于小动物接近带电部分引起短路，以及外界火源的影响等因素，都可引起变压器发生燃烧爆炸事故。

为了防止变压器着火，应采取如下安全措施。

1. 在变压器上安装水银温度计，以测量变压器中油的温度。当环境温度在 35℃ 时，变压器油的温度不能超过 95℃。因为油浸式变压器绝缘材料的容许温度不得超过 105℃。如超过 105℃，可使绝缘过早老化和损坏，变压器只能使用 2~3 年。在正常情况下，变压器可使用 20~30 年。

对 1000kVA 以下的变压器应装有水银温度计，而对 1000kVA 以上的变压器应装有温度信号器。

2. 安装排气保险管。由于油的热分解，析出大量的气体，使变压器内压急剧增高，如不安装排气管，可使油箱爆炸或破裂，排气管上端装有玻璃片，以阻止油气溢出。

对 ≥1000kVA 的变压器都应安装排气管。

3. 安装击穿保险器，以预防在低压绕组和其相连的电网上出现高电位的设备。凡是电压在 525V 以下的变压器都应安装有击穿保险器。

4. 安装过电流继电器，用来保护变压器在短路和过负荷时，所发生的大电流不致造成变压器的绕组及线路着火。

5. 加强对变压器运行的监视，认真做好巡回检查，特别应注意对引线、套管、油位等部位的检查和油温、音响的监视。适时地更换变压器中的油，并保持正常油位。

6. 变压器不宜设置在有火灾危险场所的附近。室内变压器应装在耐火、防爆的建筑物内，须有防爆门使之与车间隔绝，并且在同一室内不得安装两台以上。

7. 大型电力变压器周围，应设置适当的消防器材。室外变压器周围应筑围墙或栅栏。

8. 室内变压器和室外变压器，均应设置符合要求的事故蓄油坑。室外变压器若相邻间距太小,应设防火墙进行分隔。

二、油开关爆炸的原因及防止措施

厂矿企业的变、配电所一般都装有油开关用来接通和切断电源。油开关也叫油断路器,有多油和少油之分,油开关有很强的灭弧能力,既能在正常时切断负荷电流,又能在异常时切断短路电流。

多油开关主要由油箱、触头和套管组成,其结构如图13-23所示。用油开关切断电源时,会产生电弧,电弧通过油开关的灭弧装置而熄灭。如果油开关不能迅速有效地灭弧,电弧将产生3000～4000℃的高温,使油分解成含有氢的可燃气体,可能引起燃烧或爆炸。

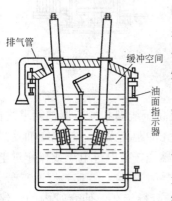

图13-23 多油量开关剖面图

油开关不能灭弧而引起燃烧或爆炸的原因有以下两种:

1. 油开关断路容量不足。油开关的断路容量决定于它的结构、灭弧装置和触头的开断速度等。各种型号的油开关都有规定的断路容量,有的大,有的小。由于电力系统不断扩大,短路容量也越来越大,油开关的断路容量也须相应增加,和电力系统的短路容量相适应。如果油开关的断路容量小于电力系统的断路容量,在发生短路故障时,油开关就不能切断很大的短路电流,不能及时熄灭电弧,因而往往引起燃烧爆炸。

2. 油开关的油面过低或过高。油开关在电弧熄灭以后,气泡经过油面上升,得到充分冷却,因此与开关盖下面的空气混合后不会发生燃烧或爆炸,并通过排气管排到开关盖外。如果开关内油量太少,气体来不及冷却,在高温下与上层空气混合就会发生燃烧或爆炸。还有,因油量太少,开关触头不能浸在油内,开关断开时发生电弧,不能熄灭,也会发生燃烧或爆炸。

此外,油开关的盖到油面之间应保持一段空间作缓冲用,不能用油把油箱全部充满。因为当开关内产生电弧时,会产生大量气体,气体压力迅速增大,如果没有缓冲空间,强大的气体压力就会剧烈地向各方面传递,当传到油箱时,可能由于油箱壁承受不了其压力而发生爆炸。

对少油开关来讲,少油开关的油只起灭弧作用,其油量只有多油开关的1/10。少油开关主要是依靠油在电弧作用下产生的气体横吹灭弧的。由于少油开关油量少,从爆炸和着火的角度看,少油开关比较安全。但少油开关的外壳是带电的,安装时必须保证足够的安全距离,其外壳应漆成红色,以明示有电。

防止多油开关爆炸的措施如下:

1. 提高油开关箱的机械强度,并在多油式开关的箱盖上面安装一个保险门,当箱内的油膨胀或有大量气体产生时,均可由此门排出,而不致引起爆炸。

2. 油开关的断路容量应不小于所属电力系统的短路容量。

3. 应使油箱内的油保持在标准线,不能过低,也不能过高。

4. 油箱内的油要保持清洁,不得混入杂质,发现有老化或弄脏时应予更换,并注意保养和维修。

三、电开关的防火措施

电开关的防火措施如下:

1. 安装电开关应与房内的防火要求相适应,例如,在有爆炸危险的场所,应采用防爆型或防爆充油型的开关,否则开关应安装在室外安全地点。
2. 闸刀开关应安装在非燃烧材料制成的闸板上或闸盒内。
3. 开关的额定电流和额定电压均应和实际使用情况相适应。
4. 线路和设备应连接牢固,避免产生过大的接触电阻。
5. 单相开关必须接在火线上,否则开关虽断,电气设备仍然带电,一旦火线接地或搭接金属物体,仍有自发接地短路引起火灾的危险。

四、电动机起火的原因及防止措施

合上开关,电流便通过电动机的线圈,电动机就开始转动。此时,线圈和铁芯都要发热,温度逐渐升高,热量通过电动机的外壳和冷却风扇的作用散发到周围空气中,电动机发出的热量和散去的热量相互平衡,电动机的温度便趋向于稳定。在正常情况下,电动机的温度保持在容许的限度以下,一般电动机的容许温升为65℃。

如果电动机出现不正常的情况,使发热量大于散热量,两方面的平衡受到破坏,电动机的温度便会继续上升,如果温度升得很高,电动机的绝缘层就会起火,并引燃附近的可燃物而造成灾害。

电动机发热起火的原因,常见的有以下几种:

1. 电动机超负荷或低电压运行。电动机所带的机械负荷超过了它的容量,或者给予电动机的供电电压太低,使电动机的转速大幅度下降,结果使通入电动机的电流剧烈增加。由于发热量与电流的平方成正比,发热量的大量增加使电动机的温度升得很高,结果将绝缘烤焦而引起火灾。
2. 三相电动机二相运行。有时,三相电动机的三只熔断器有一只熔丝熔断,使电动机变成二相运行,如果机械负荷不变,通入电动机的电流会增大到2倍左右,发热量可增大到4倍左右,因而使电动机发生燃烧。
3. 电动机轴承被卡住。电动机轴承内的润滑油陈旧或缺少,积聚的污垢使轴承发热膨胀,甚至被卡住不能转动,其结果犹如增加负荷,使电动机的线圈电流大大增加,导致线圈发热而起火。
4. 电动机线圈绝缘损坏,发生短路。电动机的绝缘损坏,使电动机线圈发生短路,强烈地发热或产生电弧火花因而起火。在检修和安装电动机时,因不慎碰伤了线圈绝缘,在通电后也会引起线圈短路起火。
5. 通风槽受到阻碍。电动机的维护工作做得不好,使灰尘、纤维和其他杂物堵塞了电动机的通风槽,妨碍了散热,因而使温度升高而起火。

防止电动机起火的安全措施如下:

1. 安装电动机要符合防火防爆的要求,在具有爆炸危险性的车间内不得安装非防爆性的电动机,否则应安装在屋外安全地点或单独的房间内。

2. 电动机的基础应为非燃烧体，如安装在可燃物体的基础上，应用铁板或其他非燃烧材料与其可燃物体基础隔开。

3. 电动机旁不准堆放可燃物质，以防电动机起火时蔓延。

4. 平时注意维护和检修，作业完毕后，应及时切断电动机的电源。

五、电气照明的防火措施

为防止电气照明而引起火灾，电气照明应采取如下防火措施。

1. 照明线路上应安装保险丝或自动开关装置，以保证发生事故时，立即切断电源。

2. 车间内的照明，功率大的灯泡，应用灯罩进行防护。

3. 在没有爆炸危险性及腐蚀性蒸气的厂房内，可采用非密闭式的灯罩，如图 13-24 所示。在有大量水蒸气的厂房内应采用防水灯罩。

4. 在有爆炸危险性的厂房内，可将所有的电气照明安装在室外，让其光线通过窗户或墙洞射入厂房内。

5. 在有爆炸危险性的厂房内，可采用防爆型电气照明装置，如图 13-25 所示。这种灯罩必须绝对密闭无缝，在玻璃保护罩及灯罩之间加密封垫圈，在保护罩外沿加坚固的金属保护网栅。

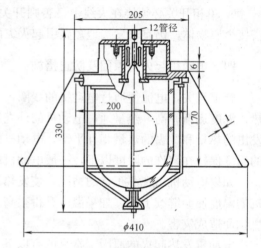

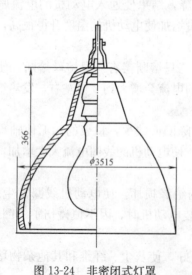

图 13-24 非密闭式灯罩

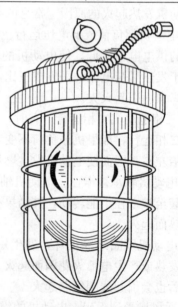

图 13-25 防水灯罩、防爆灯罩

六、焊接作业的防火措施

1. 焊接作业应严格执行动火制度。

2. 焊接应选择在安全的地点进行，周围的易燃物品应彻底清除，与可燃建筑构件应保持适当的距离，或用非燃烧材料隔开。

3. 高处焊接时，下面的脚手架应用非燃烧材料隔板遮盖。在操作部位的下方，应用非燃烧材料作为接火盘。风天焊接时，应设有风档，防止火花飞溅。地面应设专人看火。

4. 电焊和气焊如在同一地点操作，电焊的导线与气焊的管线不可敷设在一起，相互应保持10m以上的距离。

5. 不得利用与易燃易爆生产设备有联系的金属构件作为电焊地线，以防止在电气通路不良的地方产生高温或电火花，引起着火或爆炸。

6. 在特别重要的场所进行焊接时，必要时应有专人看护，并准备必要的和数量足够的灭火器材。

7. 有类似下述情况而又没有采取相应的安全措施时，不得进行焊接。
（1）制作、加工和贮存易燃易爆危险物品的房间内；
（2）在贮存易燃易爆物品的贮罐和容器的附近；
（3）在带电设备旁；
（4）刚涂过油漆的建筑构件或设备；
（5）盛过易燃液体或可燃气体而没有经过清洗、置换处理过的容器。

8. 焊接作业结束后，应将现场清理干净，将余火熄灭后方可离开。

七、采暖设备的防火措施

1. 甲、乙类生产厂房中严禁采用明火采暖设备。

2. 在散发可燃粉尘、纤维的厂房内，散热器采暖的热媒温度不应过高，热水采暖不应超过100℃，蒸汽采暖不应超过110℃。但输煤廊的蒸汽采暖可增至130℃。

3. 生产过程中散发的可燃气体、蒸气、粉尘与采暖管道、散热器表面接触能引起燃烧的厂房，应采用不循环使用的热风采暖。

4. 生产过程中散发的粉尘受到水、水蒸气的作用能引起自燃、爆炸，以及受到水、水蒸气的作用能产生爆炸性气体的厂房，应采用不循环使用的热风采暖。

5. 采用蒸汽和热水采暖的设备管道，沿着可燃结构铺设时，或在可燃结构旁边装有散热器时，均应保持一定的距离。当采暖设备的温度不超过100℃时，与可燃结构件应保持不小于5cm的距离。当采暖设备的温度超过100℃时，与可燃结构件应保持不小于10cm的距离，或者采用非燃烧材料隔热。

6. 在生产过程中散发可燃粉尘、纤维的厂房内，不应安装肋形散热器。因为这种散热器易于积聚大量粉尘，尤其是采用蒸汽采暖设备时，其采暖设备表面温度很高，能使积聚的可燃粉尘、纤维碳化，并由此可能引起燃烧而造成火灾。所以，在这样的厂房内最好采用直径约为120mm的光面排管散热器进行采暖。

7. 在甲类生产厂房中，不宜采用蒸汽采暖设备，而应采用热水采暖设备。

8. 厂房内有与采暖管道接触能引起燃烧爆炸的气体、蒸气或粉尘时，不应穿越采暖管道，如必须穿越时，应采用非燃烧材料予以隔绝。

9. 甲、乙类生产的厂房与甲、乙类库房的采暖设备和管道，其保温材料应采用非燃烧材料。

10. 可燃液体或其他易燃材料，均不能放在散热器上，以免引起自燃。

11. 供采暖设备用的供热锅炉，应设置在耐火等级为一、二级的建筑内。如锅炉受热面积小于 450m²，也可设置在耐火等级为三级的建筑内。

12. 在三级耐火等级建筑的集中式锅炉房内，从锅炉的保温层到顶板突出部分，应保持 2m 的距离。

八、通风设备的防火措施

通风设备可分为两种形式。一种是利用通风设备将车间厂房内含有可燃气体、蒸气和粉尘的污浊空气排出室外，这称为排风。另一种是把新鲜空气或净化后的空气利用通风设备送入室内，这称为送风。排风和送风均称为通风。

车间内所有的通风设备，按照排出混合物的火灾危险性程度可分为以下五类。

第一类：送风及排风设备所输送的空气不含有燃烧或爆炸危险的混合物。

第二类：排出无爆炸危险，但含有可燃的废屑。

第三类：排出温度高于 80℃ 以上的热空气和烟灰。

第四类：排出含有火灾和爆炸危险的粉尘和废屑。

第五类：排出含有能爆炸的可燃气体或易燃、可燃液体的蒸气。

根据送入或排出的气体的不同，对通风设备有不同要求的防火措施。

1. 第一、二类的通风设备可以用任何类型的通风机和电动机，可直接安装在车间厂房内，不需单设通风室。

2. 第一类通风设备的通风管道，可以用可燃烧材料制成，第二、三、四、五类通风设备的通风管道，只能用非燃烧材料制成。

3. 第三类通风设备的每一部分，都应用非燃烧材料制成，通风管道不准用低熔点的焊条焊接。通风管道通过可燃或难燃结构处，应设置隔热层，管道靠近可燃烧结构时，应保持一定的防火间距。

4. 第四、五类通风设备的风机叶轮，应用撞击不产生火花的有色金属制成，所用的电动机及其电气开关，如果和通风设备安装在同一房间内，应采用防爆型的。如果没有防爆型的时，则应将它们安装在另外一个没有爆炸危险的房间内，电动机和通风设备连接的传动轴，穿越墙的地方应密闭，以防可燃气体、蒸气及粉尘进入。送风管道上应设有止回阀。

5. 在排出特别易引起燃烧或爆炸的可燃气体、蒸气和粉尘时，应避免直接通过通风设备排出室外，最好采用带有喷射器装置的通风设备。这样可避免通风设备的叶轮与外壳撞击产生火花而引起爆炸或燃烧事故的发生。

6. 排除有燃烧和爆炸危险粉尘的空气，在进入排风机前应进行净化，对于空气中含有容易爆炸的铝、镁等粉尘，应采用不产生火花的除尘器，如粉尘与水接触能形成爆炸性混合物，不应采用湿式除尘器。

7. 净化有爆炸危险粉尘的干式除尘器和过滤器，宜布置在生产厂房之外的独立建筑内，且与所属厂房的防火间距不应小于 10m，但有连续清灰设备，或者风量不超过 15000m³/h，且集尘斗的贮尘量小于 60kg 的定期清灰的除尘器和过滤器，可布置在生产厂房的单独房间内。

8. 有爆炸危险的粉尘、碎屑的除尘器、过滤器和管道，均应设有泄压装置。

9. 净化有爆炸危险的粉尘的干式除尘器和过滤器，应布置在系统的负压段上。

10. 排除、输送有燃烧或爆炸危险气体、蒸气和粉尘的排风系统，应设有导除静电的接地装置，其通风设备不应布置在建筑物的地下室、半地下室内。

11. 排除有爆炸或燃烧危险的气体、蒸气和粉尘的排风管不应暗设，并应直接通到室外的安全处。

12. 送、回风总管穿过机房的隔墙和楼板处；通过贵重设备或火灾危险性大的房间隔墙和楼板处的送、回风管道；多层建筑和高层工业建筑的每层送、回风水平风管与垂直总管的交接处的水平管道上，均应设防火阀。

13. 防火阀的易熔片或其他感温、感烟等控制设备一经作用，应能顺气流方向自行严密关闭，并应设有单独支吊架等防止风管变形而影响关闭的措施。

易熔片及其他感温元件应装在容易感温的部位，其作用温度应较通风系统在正常工作时的最高温度约高 25℃，一般可采用 72℃。

14. 通风系统的风管和设备的保温材料，消声材料及其粘结剂，应采用非燃烧材料或难燃烧材料。

风管内设电加热器时，电加热器的开关与通风机的开关应连锁控制，电加热器前后各 80cm 范围内的风管和穿过没有火源等容易起火房间的风管，均应采用非燃烧保温材料。

15. 通风管道不宜穿过防火墙和非燃烧体楼板等防火分隔物。如必须穿过时，应在穿过处设防火阀。穿过防火墙两侧 2cm 范围内的风管保温材料应采用非燃烧材料，穿过处的空隙应用非燃烧材料填塞。

有爆炸危险的厂房，其排风管道不应穿过防火墙和车间隔墙。

16. 在发生火灾事故时，应立即停止通风机运行。

九、电加热器的防火措施

电加热器是将电能转换成热能的一种设备，其种类繁多，用途广泛。常见的电加热器有工业电炉、电烘箱、电烙铁等。

电加热器加热温度过高或时间过长都会引起可燃物料燃烧，甚至爆炸，或者将电加热器随意放置，以及管理不严或操作不当等原因而酿成火灾。因此，使用电加热器应采取以下的防火措施。

1. 使用电加热器时，应有专人看管，并在专门的房间内使用。

2. 电加热器不能放在可燃的基础上或易燃物质附近。

3. 电加热器导线的负荷能力应能满足电加热器的要求，应用插头向插座上连接。

4. 电加热器的电流不超过 6A，可直接插入照明电路中。而工业上用的电加热器，在任何情况下都要设置单独的电路，并应安装适合的熔断器。

5. 在加热或烘干易燃物质，以及受热能挥发可燃气体或可燃蒸气的物质时，应采用封闭式电加热器，并采取防爆措施。熔融可燃物质或对易燃、可燃液体加热时，必须严格控制温度，严禁电加热器的工作温度高于可燃物质的燃点。

6. 电炉丝与被加热设备的器壁之间应有良好的绝缘，以防短路引起电火花，将器壁击穿，使设备内的易燃物质或泄漏出的气体和蒸气发生燃烧或爆炸。

7. 需要烘干沾有易燃液体的物件时，在将物件放入烘箱之前，应将易燃液体充分沥干，并应采用吹热风加热，热风应一次排出，不再循环。烘箱的门严禁插销，以便于弹开，利于泄爆。室内应有排风装置，以降低室内可燃蒸气的浓度。

8. 在突然停电，或停止加热以及工作结束时，一定要切断电源，并进行认真地检查后，确证安全方可离开。

十、加热设备的防火措施

加热是促进化学反应和物料的蒸发、蒸馏等必要的方法。所谓加热，即为使热源将热能传递给较冷物体而使其变热的过程。根据热源的获得，加热可分为直接加热和间接加热两种类型。直接加热是使直接热源加热，将热能直接加于物料，如烟道气加热、电流加热和太阳辐射能加热等。间接加热是使上述直接热源的热能加于一中间载热体，然后由中间载热体将热能再传给物料，如蒸汽加热、热水加热、矿物油加热等。

使用加热设备时应采取以下的防火措施。

1. 炉子的烟囱、烟道等灼热部位，应与房屋可燃结构隔离或采用非燃烧材料进行隔绝。附近不得堆放易燃、可燃物品。并应定期检查炉壁烟道和液体或气体燃料的管道，如发现裂缝、空隙或隔热不良等情况，应及时进行修理。烟囱、烟道应定期清除积灰。

2. 使用煤粉作燃料的炉子，为防止煤粉尘发生爆炸，在制粉系统上，应安装爆破片。煤粉漏斗内的燃料，应保持一定的贮量，不能使燃料倒空，以免空气进入，形成煤粉与空气的爆炸混合物。

3. 使用液体和气体作燃料的炉子，在炉子点火前，应先用水蒸汽或空气清扫炉膛，以排除其中可能积聚的爆炸混合气体，避免点火时发生爆炸。点火的程序应该是先点火，后送燃料。

4. 使用直接火加热，应将加热炉的炉门和加热设备之间用砖墙完全隔绝，不使生产厂房内存在明火。炉膛的构造应利于烟道气对设备进行加热，不使火焰直接接触加热设备，防止温度过高而将加热锅或管子烧穿引起火灾。

5. 加热锅内残渣应经常清除，以免局部过热引起锅底破裂。

6. 加热锅的容量较大时，应备有紧急放空罐，当加热锅发生漏料时，可将锅内物料直接排出车间外或地下的应急备用放空罐内。

十一、干燥设备的防火措施

干燥在工业生产中，常指借热能使物料中水分或溶剂气化，并由惰性气体带走所生成的蒸气的过程。干燥可分为自然干燥和人工干燥两种。人工干燥又有真空干燥、冷冻干燥、气流干燥、微波干燥、红外线干燥和高频率干燥等方法。

使用干燥设备时应采取以下的防火措施。

1. 应该严格控制各种物料的干燥温度。根据情况应安装温度计、温度自动调节仪和报警信号，并要有专人管理。

2. 干燥物料中含有自燃点很低及其他有害的杂质，必须在烘前彻底清除，干燥室中不得放置容易自燃的物料。

3. 干燥室与生产车间应用防火墙隔绝，并安装良好的通风设备，电气开关应安装在室外。

4. 操作干燥室或干燥箱时，应注意防止可燃的干燥物直接接触热源，以免引起燃烧。

5. 干燥易燃易爆物料时，应采用蒸汽加热的真空干燥箱。真空能降低爆炸的危险性。但当烘干结束去除真空时，一定要等到温度降低后才可放进空气。如果干燥箱的温度未降到规定的温度就过早地把空气送入，容易引起干燥物着火。对易燃易爆物料采用流速较大的热空气干燥时，排气用的设备和电动机应采用防爆型。

6. 在用电烘箱烘烤能够蒸发易燃蒸气的物质时，电炉丝应完全封闭，箱上加防爆门。

7. 利用烟道气直接加热可燃物料时，在滚筒或干燥器上应安装爆破片，以防烟道气混入一氧化碳而引起爆炸。同时，要注意加料不能中断，滚筒不能中途停止运转，如发生上述情况，应立即封闭烟道的入口，并灌入氮气。

十二、蒸馏设备的防火防爆措施

蒸馏是利用液体混合物中各组分挥发度的不同，以分离组分的方法。一般是将液体混合物加热至沸腾，分出生成的蒸气而使冷凝成为液体。由于生成的蒸气或冷凝的液体中比原液体混合物含有较多的易挥发组分，在剩余的液体混合物中就含有较多的难挥发组分。因此，蒸馏可使原液体混合物中各组分得到部分或完全分离。

蒸馏的方法很多，有简单蒸馏、真空蒸馏、蒸汽蒸馏、精馏、萃取蒸馏、恒沸蒸馏和分子蒸馏等。蒸馏主要用于物质的精制和混合物的分离。蒸馏广泛应用于化学、石油、医药、食品、香料、冶金、原子能等工业。

蒸馏过程中应采取以下的防火防爆措施。

1. 常压蒸馏系统内，对凝固点较高的物质，应防止管道被凝结阻塞，使锅炉压力增高而发生爆炸。为防止塔壁被腐蚀，使易燃液体或蒸气逸出，遇明火或灼热的炉壁而发生燃烧，对自燃点很低的液体应防止高温时漏出，遇空气而自燃。对高热的蒸馏系统应防止冷水突然漏入塔内，水迅速汽化而使塔内压力突然增高，将物料冲出。操作时应将塔内及蒸汽管道内的冷凝水放尽，再投入生产和通入蒸汽。

对于用直接火加热蒸馏高沸点物质时，应防止产生自燃点很低的树脂油焦状物，遇空气而自燃，并防止蒸干，使残渣脂化结垢引起局部过热而着火爆炸。油焦和残渣必须经常清除。冷凝器的冷却水中途不能中断，否则，能使未冷凝的可燃蒸气逸出遇明火而着火。

2. 真空蒸馏设备中温度很高时，突然放入或漏入空气，对于某些易燃易爆物质，均有引起爆炸或燃烧的危险。因此，真空蒸馏系统不能漏气，真空泵应装有止逆阀，防止突然停车时，空气流入蒸馏设备内。蒸馏完毕后，对于特别危险的物质，应先待蒸馏锅冷却，灌入惰性气体后再停真空泵。

真空蒸馏应注意操作顺序，先开真空活门，再开冷却器活门，最后打开蒸汽活门。

真空蒸馏易燃液体时，其排气管应通出厂房外，管上并须安装阻火器。

3. 高压蒸馏设备应经过严格的耐压检查，并必须装设安全阀以及温度、压力的控制和调节仪表。

蒸馏操作时严禁超压，如果安全阀启跳，应暂停进料，待查清原因并采取措施后再继续生产。

4. 实验室蒸馏低沸点易燃液体时，应该采用蒸汽、封闭式电加热的水浴或油浴，以及红外线灯泡等加热。如必须采用明火加热蒸馏易燃液体时,应严格控制物料不得超过蒸馏瓶容积的 2/3,加热勿太急,以防止出料口阻塞,压力增高冲掉瓶塞,易燃液体的蒸气遇明火而燃烧。

十三、研磨混合设备的防火防爆措施

一般利用挤压、撞击、研磨、劈裂等作用,有时还有弯曲和撕裂等附带的作用,用以粉碎固体物料的设备,称为粉碎设备。在干法粉碎中,粉碎机可按粉碎物料的大小和所得粉碎成品的尺寸分为 4 类:一是粗碎或预碎设备,处理直径 40～1500mm 范围内的物料,所得成品的直径约为 5～50mm,如颚式破碎机和锥式轧碎机等。二是中碎和细碎设备,处理直径 5～50mm 范围内的物料,所得成品的直径约为 0.1～5mm,如锤击式粉碎机。三是磨碎或研磨设备,处理直径 2～5mm 范围的物料,所得成品的直径约为 0.1mm 左右,并可<0.074mm,如球磨、棒磨和环滚研磨机等。四是胶体磨,处理直径 0.2mm 左右的物料,所得成品的直径可小至 0.01μm。在湿法粉碎中,一般使用上述三、四两类设备。

使用研磨混合设备时应采取以下的防火防爆措施。

1. 研磨混合设备必须密闭,操作室内须有良好的通风设备,以减少空气中可燃粉尘的含量,必要时操作室内应装置喷雾设备。

2. 能产生可燃粉尘的研磨混合设备,须有可靠的接地装置,以免产生静电火花。并应注意轴承润滑,防止轴承缺油磨擦发热。同时还应消除可能产生撞击的现象,避免引起撞击火花。研磨时,研磨混合设备内应通入不燃的惰性气体予以保护,防止产生爆炸。研磨混合设备上还应安装爆破片。

3. 为防止金属物料落入破碎、研磨设备内,物料在投入设备前,应先将坚硬的物件和混入的金属物件拣出,或安装磁力分离器将其分离。

4. 加料斗应用非燃烧材料制成,结构应密闭,加料斗在研磨粉碎时,物料应加满,使加料斗的口一直有物料进入设备内,加料后必须将加料斗上的盖子盖紧,以免研磨混合设备内部进入空气,而使可燃粉尘形成爆炸性混合物。

5. 粉体输送管道应能完全消除可燃粉尘沉积的可能性。因此,敷设粉体的输送管道与水平线的倾斜角不得<45°。

6. 物料在初次研磨混合前,应先在研钵中试磨和混合,试验是否有粘结现象和着火性质。

7. 发现研磨混合系统中的可燃粉末阴燃或燃烧时,必须立即停止输送粉体,消除空气进入系统中的一切可能性,必要时灌入二氧化碳气体,燃烧处可用水蒸汽或二氧化碳气体灭火,不宜用加压的水流或泡沫扑救,以免冲击后造成粉尘飞扬。燃烧和爆炸事故扑救后,应消除引起燃烧或爆炸的因素,换上新的爆破片后,才可以重新开动设备。

十四、高压反应设备的防火防爆措施

高压反应设备应用在必须有压力条件下方能进行化学反应的工业生产。如合成法制取氨,参加反应的物质是氢气和氮气,因在常压下浓度太低,反应速度太慢,所以就需要加压、加温和催化,使反应速度加快,以得到更多的合成氨产品。还有一种情况是由于化学反应的结果,对设备器壁产生很大的压力,因此对这类化学反应的工业生产也需要使用高压设备,这种高压设备称为高压釜。

高压反应设备有很大的火灾和爆炸危险性,主要是因为这类设备容器都具有很高的压力,再加上如果设备容器内参加反应的介质或者生成的产物又具有可燃性,因此,火灾和爆炸的危险性很大。例如,合成氨的设备就具有 32MPa 左右的压力,如果设备容器万一发生爆炸,就会造成巨大的破坏,以致使厂房倒塌,人员伤亡。甚至还要影响到周围的四邻建筑和人员,而且在发生爆炸之后通常还有剧烈的燃烧发生。因为高压下的气体或液体在着火时,火焰是十分强烈的。因此,高压反应设备应采取以下的防火防爆措施。

1. 高压反应容器以及与其相连接的管道、阀门的结构等,都应能承受最高反应压力的要求。容器的机械强度必须经过严密的计算,并采用适当的安全系数,一般为 2~10,还要考虑温度升高和腐蚀作用所形成的压力变化。

2. 高压反应容器上的填料,必须保证其气密性而不泄漏,并应装设可靠的安全阀,以保证容器设备内压力一旦超过最高工作压力时,即能自行启阀泄压。当高压反应容器设备安全开启时,有可能逸出可燃气体、蒸气或有毒有害气体的,在高压反应器上应加装冷凝吸收设备或接上通外屋外的排气管。

3. 高压反应容器设备上的压力表、温度计等安全附件,必须灵敏准确,并应定期校验。

4. 有腐蚀作用的化学反应,反应器内壁应加防护衬垫或采取其他防腐措施,并定期检查其腐蚀情况,以免影响反应器的耐压能力。

5. 高压釜中反应溶液的装载体积,一般不得超过高压釜总容积的 80%。

6. 高压反应设备所在厂房应防爆,并应和其他生产车间隔离,必要时应在设备周围加上防护墙。

7. 高压釜加热速度不能太急,应缓慢开启加热蒸汽阀,使压力逐渐上升。

8. 放松或旋紧高压反应设备上的螺栓时,必须按对角顺序慢慢旋动,以防损坏螺纹纹路,并要注意高压反应设备的螺栓受内部应力作用变形松动。高压反应设备上以及所有与其相连的管道法兰及阀门上的螺栓,严禁在带压力的状况下进行放松或旋紧等修理。

9. 高压反应设备起火时,首先应及时切断反应介质来源,并最好用水蒸气、氮气、二氧化碳或干粉灭火剂等扑救,不可直接用水扑救,因为此时用水扑救能影响容器设备的机械强度。

十五、输送可燃气体、易燃液体的工艺管道的防火防爆措施

1. 管道内应保持正压。

2. 全厂性外管线宜集中架设,其平面布置与高度应有利于消防和厂内交通方便。

3. 全厂性的输送可燃气体、易燃液体的工艺管道,宜采用地上敷设,且不得在与无生产联系的生产单元及贮罐区的上空或地下穿越。

4. 全厂性大型架空管廊(外边线)与各种建(构)筑物的防火间距应按下列要求确定。

甲类生产单元　　　　10m;
乙类生产单元　　　　8m;

丙类生产单元　　　　　　　6m；
全厂性重要辅助生产设施　　　　8m；
机修、仪修、电修、汽车库、中心实验室等明火或散发火花地点　　6m；
甲、乙类浮顶贮罐、丙类固定贮罐　　　10m；
甲、乙类固定顶贮罐　　　　15m；
液化石油气贮罐　　　　　20m；
水槽式可燃气体贮罐　　　　10m；
甲类物品库房（棚）　　　　15m；
桶装乙、丙类易燃和可燃液体堆场　　　　10m；
甲、乙类易燃和可燃液体与液化石油气的码头装卸地带　　10m；
甲、乙类易燃和可燃液体与液化石油气的汽车装卸地带　　6m；
甲、乙类易燃和可燃液体与液化石油气的铁路装卸线（中心线）　　8m；
甲、乙类易燃和可燃液体与液化石油气的火车槽车洗涤站　　8m；
甲、乙类易燃和可燃液体与液化石油气、压缩可燃和助燃气体的灌装间　　10m；
散发可燃气体的全厂性污水处理设施　　　10m；
厂内铁路走行线（中心线）　　　　6m；
当管廊宽度＜3m时，上述防火间距可减少50％。

5. 穿越墙处的管道必须套在铁制的套管内，管道和套管间的空隙应用石棉或其他非燃烧纤维填实。

6. 可燃气体和易燃液体的管道不允许与电缆敷设在一起。同氧气管道一起敷设时，氧气管道应配置在其他管道的旁侧，不得上下敷设，两类管道之间宜有非燃烧物料管道隔开，或保持250mm的净间距。各种管道应按规定漆成不同的颜色，以及在管道上标明管道内介质的名称与介质流动的方向，以示区别。

7. 管道的支架应用非燃烧材料制成。有重大火灾危险的管道进入生产厂房之处，应在厂房外离外墙和最近设备3～5m处安设闸门、活门等，以便在紧急情况下启闭。

8. 当输送可燃气体和易燃液体的管道壁温在60℃以上，应采用非燃烧材料制成的保温层。

9. 管道上的闸门、活门的手轮和按钮等，应安设在便于作业人员操作的地方。

10. 输送可燃气体和易燃液体的管道，应采取静电接地措施，以导除可燃气体和易燃液体在管道内流动过程中产生的静电。

十六、输油泵的防火措施

输送流体的动力设备中适于液体输送的设备，称为泵。因此，泵是输送液体的工具，且大多数石油产品的液体都具有易燃易爆的特性，尤其是轻质石油产品。所以，首先应根据油品的性质和生产的需要选用合适的油泵，其次，要切实做好输油泵的防火安全工作。

输油泵应采取以下的防火措施。

1. 油泵房的建筑耐火等级不宜低于二级，其地面宜采用非燃烧、不渗油、撞击不产生火花的材料铺成。同时，油泵房还应考虑泄压面积。

2. 如果在停电、停气或其他异常情况下，有可能发生油倒流而造成事故的油泵，在其出口管线上应安设止回阀。

3. 热油泵和冷油泵同设在一厂房内,则应用防火墙隔开。

4. 热油泵的自然通风孔应设在厂房的上部,而冷油泵的自然通风孔则应设在厂房的下部。如果采用机械通风,电动机应采用防爆型,通风机的叶片应用撞击不产生火花的有色金属制造。

5. 输油泵应配防爆型的电动机和电气开关,并应有良好的接地装置。

6. 油品的闪点低于45℃时或温度超过油品闪点的泵房,厂房内的照明设备等应采用防爆型的。

7. 输油泵应配置压力表、温度计、流量计等仪表。

8. 严禁输油泵长时间地空转,以免摩擦发热,损坏油泵的结构,并引起油蒸气燃烧。

9. 油盘根不可过紧,以免发热冒烟起火。

10. 输油泵结合面使用的垫子,应用耐油石棉纸柏或青壳纸,禁止使用橡胶垫或塑料垫。

11. 轻质油泵房和热油泵房应安装固定的蒸汽灭火装置,其他油泵房应安装半固定的蒸汽灭火设备。

12. 做好输油泵的维护和保养工作,在油泵启动后,应经常检查油泵的运转情况,发现油泵有发热、异声等反常现象,应立即停泵检查,找出原因,及时排除故障。

检修输油泵时,管线上应装盲板,以防油品倒流造成危险。

十七、油船运输的防火措施

油船装运的油类都是易燃、可燃液体,并易挥发,挥发出来的油蒸气与空气混合到一定比例范围时,遇到火源便会发生燃烧,且可能发生爆炸,因此具有较大的火灾、爆炸危险性。满载油品的油船万一发生燃烧、爆炸,难以扑救,船只烧毁,油品大量流散,殃及港口及附近的船只。因此,油船运输应采取以下的防火措施。

1. 油品闪点在45℃以下,应用一级油船运输,油品闪点在45℃以上的,可以用二级油船运输。

2. 开始装油阶段,输油的速度不应>1m/s,以后可逐渐加快,但最快也不得超过4m/s,以减少静电产生。

3. 严格控制火种,作业时要防止产生火花,应使用撞击不产生火花的工具。船上禁止敲打铁器,不可穿带有铁钉的鞋子,不能让烟囱冒火星,如有船或有明火的小船靠近,停靠区30m以内不可有明火作业。

4. 油船的气密要求高,油舱、油管等各部位不得渗漏。观察孔口,应设有阻火的铜丝网。

5. 泵舱原动机设在机舱时,机舱传动轴穿过泵舱壁处的气密防爆填料,要保持湿润。装运一、二级油品的泵房传动轴不能穿过机舱,以防油气进入,接触炉膛等灼热物,引起火灾或爆炸。

6. 油船上使用的电气设备和照明灯具,必须符合防爆要求,并应安装避雷和导除静电的装置。

7. 舱面油管法兰接口处,应加铜片搭接,装卸油品时,必须接好接地电缆。接软管时，必须先接好接地电缆，后接软管，卸油完毕，应先拆软管，后拆接地电缆。因橡胶、塑料等绝缘管道输送油品，有产生静电的危险，故最好采用内壁衬有铜丝网，或在软管外加金属屏蔽层并接地。禁止用水冲洗刚拆下的油管和甲板上的残油，以防产生静电火花。

8. 油舱透气管应装设呼吸阀，呼吸阀由真空阀和压力阀混合组成。其结构要求为，当油舱内的气压＞大气压力 0.021MPa 时向外排气；在闭式卸油时，由于油温降低，体积缩小等原因，油舱压力＜大气压 0.007MPa 时，能使空气进入货油舱，以保持舱内压力不再下降。在海上航行或闭式卸油时，呼吸阀应置于自动调节位置；装油或压载时，呼吸阀应置于关闭位置；发生火警或雷雨天气停止装卸时，应置于关闭位置。呼吸阀的好坏和灵便，可利用开始装油速度缓慢时，进行检查和调节。

9. 在装卸油品过程中应加强巡查，防止漏油。遇雷雨或附近发生火警时，油船应立即停止装卸，并关阀封舱准备离泊。

10. 油船在航行途中应提高警惕，谨慎驾驶，严防撞船。

11. 油船抛锚时，锚链绞车及锚链孔处应安装喷水装置，并在操作时开启，以消除锚链与钢板摩擦产生的火花。带缆应用棕麻缆，不得使用钢缆和尼龙缆，以防摩擦火花和产生静电，如必须使用钢缆和尼龙缆时，应先用水湿润，与舷墙钢板摩擦的部位，应用帆布包扎好。

12. 油船上应配备足够的消防器材，并要定期进行检查，以保持其经常处于良好的状态。

13. 油船在修理前须将相应的油舱、干隔舱、烧油舱、加温管线、泵房、机舱等部位彻底清洗干净，并经安全分析合格后，方可动火进行检修。

14. 油船洗舱时，一要接地，二要控制水压。洗舱机应是铜质结构，水温宜为 70～90℃，水压宜在 0.5～0.6MPa 之间。

十八、氧化反应过程的防火防爆措施

氧化反应就是在化学反应中使物质分子中的原子失去电子，并有负电荷减少或正电荷增加的反应。

从狭义上来讲，物质与氧进行化合的反应称为氧化反应。氧化反应在工业生产中有着广泛的应用，例如：氨氧化成二氧化氮制备硝酸；甲醇氧化制备甲醛；乙烯氧化制备氧化乙烯（环氧乙烷）；乙醛氧化制备醋酸，等等。

由于被氧化的物质，一般都具有易燃易爆的性质，如乙烯是可燃气体；甲醇是易燃液体；萘是易燃固体，在生产过程中又常采用空气或氧气进行氧化，故反应系统随时都可能形成爆炸性混合物。

对某些氧化剂，如氯酸钾、高锰酸钾、铝酸酐等，均为强氧化剂，具有很强的助燃性，遇高温、受摩擦或撞击，以及与有机物及酸类接触，即能发生燃烧或爆炸。

在某些氧化过程中，还可以生成过氧化物，如在乙醛氧化生产醋酸的过程中有醋酸生成，这种过氧化物的性质极不稳定，受高温、摩擦或撞击便会分解，容易发生燃烧或爆炸。

氧化反应既需要加热，反应过程中又会放热。有的物质的氧化，如氨在空气中的氧化和甲醇蒸气在空气中的氧化，其物料的配比接近爆炸下限，若配比失调或温度控制不当，极易引起爆炸。

综上所述，氧化反应使用的原料既有易燃可燃物质，又有助燃的氧化剂，在反应过程中既需加热，而反应本身又要放热，故易引起火灾或爆炸。因此，在操作具有氧化反应的生产过程中应采取如下的安全措施。

1. 反应的气体或蒸气与空气或氧的体积混合比例，应该控制在爆炸极限以外。严格按照生产工艺规定的温度、压力、流量进行操作，并确保温度计、压力计、流量计等仪表的灵敏精确。

2. 为防止氧化反应器发生爆炸或燃烧时危及人身和生产设备的安全，在氧化反应器上或前后管道上，都应安装防爆片和阻火器。

3. 在氧化反应设备系统中，宜装有氮气或水蒸气灭火装置。

4. 氧化设备及管道内部产生的焦状物要经常清除，以防自燃。清理焦状物应在停车时进行。

5. 氧化反应设备和管道应安装防止静电的接地装置，以防可燃气体和液体在管道中流速过快而产生静电火花，引起可燃气体和液体的燃烧或爆炸。

6. 操作过程中要注意配料和加料的数量，以防止配料错误和加料太多太猛。固体氧化剂应粉碎后使用，最好呈溶液状态使用，反应时应不断地搅拌。

十九、还原反应过程的防火防爆措施

在化学反应中，使物质分子中的原子得到电子，并有负电荷增加或正电荷减少的反应称为还原反应。还原反应在医药、染料工业中被广泛应用。

在工业生产中，还原反应一般有两种，一种是将化合物中的氧变换成氢；另一种是催化加氢。还原反应的危险就在于氢是易燃易爆的气体。催化加氢又属于高压操作，其反应过程愈剧烈，发生火灾或爆炸的危险性就会愈大。

为了避免在还原反应中发生燃烧或爆炸事故，须采取下列安全措施。

1. 氢气进入压缩机的纯度应在99%以上，氢气压缩机必须保证良好的润滑和冷却，并要有安全可靠的安全阀、压力计和接地装置。车间厂房内的电气设备应符合防爆要求，且不宜在厂房顶部敷设电线及安装配电箱。

2. 车间厂房内必须严格动火制度，并应有良好的通风设备，厂房建筑应采用轻质屋顶，屋顶应设置气楼或风帽，使厂房内的氢气及时逸出，防止积聚而引起危险。反应过程中产生的氢气可采用排气管导出车间厂房屋顶，经阻火器后再向外排放。车间厂房内还可安装氢气检测器和报警装置，以便及时报警发现问题，采取处理措施。

3. 遇水和空气能自燃的催化剂，须按规定浸在酒精中贮存，如雷尼镍。雷尼镍、钯炭等触媒吸潮后在空气中有自燃的危险，即使没有火源存在，也能使氢气和空气的混合物发生燃烧或爆炸。因此，用它们来活化氢气进行还原反应时，必须先用氮气把反应器内的空气全部置换干净，并经分析测定，证实含氧量降低到符合要求后，方可通入氢气。反应结束后，应先用氮气把反应器内的氢气进行置换处理，然后方能打开孔盖出料，以免外界空气和反应器内的氢气相混，在雷尼镍等触媒的作用下引起燃烧或爆炸。

4. 还原剂保险粉遇水发热，易引起易燃物品燃烧，故应妥善贮藏，防止受潮；用水溶解时，要控制温度，可以在开动搅拌的情况下将保险粉分次加入冷水中，待溶解后再与有机物接触进行反应。

5. 还原剂氢硼化钾（钠）遇水和酸后会放出大量的氢气，同时产生高热，可能引起氢气燃烧而发生爆炸事故。在工艺过程中，调节酸、碱度时应特别小心谨慎，防止加酸过快和过酸。

6. 使用氢化锂铝作还原剂时，应特别注意安全问题，因这种催化剂危险性很大，遇空气和水都能发生燃烧，必须在氮气的保护下方可使用，平时应浸没于煤油中贮存。

7. 高压加氢的操作室，应用砖墙与高压釜隔绝。

8. 遵守操作规程，严格控制加料速度和温度。

9. 还原剂应加强管理，严禁还原剂和氧化剂混放。

10. 在还原锅直接通蒸汽时，速度不能太快，以免铁泥冲出，使冷凝器堵塞而发生危险。

11. 还原后的铁质残渣，具有一定的活性，还能发热，应及时移到露天安全地点存放处理。

二十、硝化反应过程的防火防爆措施

硝化反应通常是指用硝基（—NO_2）取代有机化合物分子中氢原子的化学反应。硝化反应是制造炸药，以及制造各种医药、农药和染料中间体的重要反应过程。

被硝化的物质原料，如苯、甲苯、苯酚以及萘、甘油、脱脂棉等，这些物质都具有易燃易爆的特性，有的化合物还兼有毒性，如使用或储存不当，就会发生燃烧或爆炸。

常用的硝化剂，如浓硝酸、发烟硝酸和混合酸（浓硝酸和浓硫酸的混合物），具有强烈的氧化性和腐蚀性。它们与油脂、有机物，特别是不饱和的有机化合物接触，即能引起燃烧。在制备混合酸时，若温度过高或落入水，会促使硝酸的大量分解蒸发，从而不仅能导致设备的强烈腐蚀，还能造成爆炸事故。

硝化反应是一个放热反应。在硝化反应过程中，倘若稍有疏忽，如中途停止搅拌；冷却水供应不良；加料速度过快等，都会使反应温度猛增，使混合酸的氧化能力增强，并有多硝基化合物生产，很容易引起火灾或爆炸事故。

硝化反应生成的产物一般都具有爆炸的危险性，特别是多硝基化合物和硝酸酯，如受热、摩擦、撞击或接触火源，极易发生爆炸，并且有很大的破坏力。

因此，在操作硝化反应过程中，必须遵守下列安全规定：

1. 禁止混合酸与棉纱头、棉布等易燃物接触，防止因强烈氧化而引起自燃。

2. 为严格控制硝化反应温度，必须控制好加料速度，硝化剂的加料应采用双重阀门控制，并设置必要的冷却水系统，水源不得少于两个，防止超温而引起冲料和燃烧事故。

3. 反应过程中应连续搅拌，保持物料混合良好，并备置有吹入惰性气体（如氮气等）搅拌或人工搅拌的辅助设施。搅拌机应有能自动联接的备用电源，以防止机械搅拌器在突然断电时停止运行，引起事故。

4. 搅拌轴应采用硫酸作润滑剂，温度计套管应采用浓硫酸作导热剂，切勿使用普通机油或甘油，以防止机油或甘油被硝化而形成爆炸性物质。

5. 硝化锅应附设相当容积的紧急放料槽，以备在万一发生事故时，即可采取紧急放料措施。

6. 确保硝化设备的严密完好，防止硝化物料溅落在蒸汽管道等载热体上而引起爆炸或火灾。如管道堵塞时，可用蒸汽加温疏通，严禁用金属棒敲打或用明火加热疏通。

7. 冷却水出口应装存酸度自动报警器，或用 pH 试纸定时测试，以便有利于及时发现设备穿漏。否则，冷却水侵入硝化反应器内和酸混合，会产生高热而引起爆炸。

8. 车间内禁绝火种，电气设备必须采用防爆式。当检修设备需要动火作业时，应拆卸设备和管道，移至车间外安全地点，并用水蒸气反复冲洗设备和管道上沾染的残留物质，而后再用火在空旷地点试烧，证明确保安全，方可进行动火作业。

9. 需报废的设备和管道，应妥善处理后堆放，不得随意拿用，以免发生爆炸事故。

二十一、氯化反应过程的防火防爆措施

氯化反应就是氯原子取代有机化合物中氢原子的化学反应。在化工生产中，通过氯化反应可以制造许许多多的化工原料和化工产品，如利用甲烷和氯反应可制得甲基化剂一氯甲烷或用作溶剂的二氯甲烷、三氯甲烷、四氯化碳等；用乙烯和氯反应可制得聚氯乙烯的原料氯乙烯；用丙烯和氯在高温下反应可制得合成甘油的原料一氯丙烯；用苯和氯反应可制得用作溶剂和染料中间体的氯化苯；等等。因此，氯化反应在化工生产中应用十分普遍。

氯化反应所用的原料，如苯、乙烯、丙烯、乙炔等，几乎都是易燃易爆的化学危险品，接触明火或炽热物体易引起燃烧或爆炸。再者，氯化反应又是一个放热反应，尤其是在较高温下氯化，反应更为猛烈，例如，氯和丙烯在 500℃ 时生成氯丙烯的反应，原料进入反应器时预热温度为 300℃。在这样高的温度下发生反应，如果温度控制不当，就可能引起燃烧或爆炸。为此，在进行氯化反应时，为防止火灾或爆炸，应采取如下安全措施：

1. 氯化反应用的设备、容器、管道必须采取防腐措施，并保证其严密性。对在反应中排出的氯化氢气体，用水进行有效的吸收，不使其腐蚀设备和污染周围环境。

2. 氯化反应是一个放热反应，因此反应设备必须装有良好的冷却系统，并严格控制氯气的流量，以避免因通氯气过快温度剧升而引起爆炸。

3. 使用日光进行氯化反应的设备，应特别注意电气设备的绝缘性能，防止产生电火花。

4. 氯气是一种窒息性毒气，可引起人员中毒。氯气还有助燃性和腐蚀性，所以车间应备有防毒面具和氧气呼吸器等气体防护器材，以备急用。

5. 氯化反应生产车间应严格控制火种。

二十二、重氮化反应过程的防火防爆措施

重氮化反应就是把含有胺基的有机化合物在酸性溶液中与亚硝酸钠作用，使胺基（—NH_2）转变为重氮（—N_2）化合物的反应。在工业生产中，利用重氮化反应可以生产染料、医药等产品。

重氮化反应的主要危险是燃烧或爆炸，其原因主要在于所产生的重氮盐，如重氮盐酸盐、重氮硫酸盐等，特别是含有硝基的重氮盐，如重氮二硝基苯酚等。它们在温度稍高或光的作用下极易分解，有的甚至在室温时也能分解。尤其在干燥的状态下，有些重氮盐很不稳定，活性大，受热或摩擦、撞击易分解爆炸。含重氮盐的溶液若洒落在地上或蒸汽管

道上，干燥后亦能引起燃烧或爆炸。

在酸性介质中，有些金属如铁、铜、锌等会促使重氮化合物激烈地分解，甚至引起爆炸。

作为重氮剂的芳胺类化合物都是可燃的有机物质，在一定条件下，也会发生燃烧或爆炸。

重氮化反应使用的亚硝酸钠是较强的氧化剂，在175℃时便发生分解，能引起有机物燃烧或爆炸。亚硝酸钠还具有还原剂的性质，遇比它强烈的氧化剂，如氯酸钾、硝酸铵等，又能被氧化而导致燃烧或爆炸。在重氮化反应过程中，若温度过高，亚硝酸钠的投料过快和过量，会增加亚硝酸的浓度，加速物料的分解，从而产生大量的氧化氮气体，有引起爆炸的危险。

防止重氮化反应过程中发生燃烧或爆炸的安全措施如下：

1. 重氮化反应应在水溶液中或潮湿及在0～5℃的低温条件下进行。
2. 用重氮盐生产染料或其他产品时，在反应过程中须检查半成品中是否有残留未转化的重氮盐存在，如果有，此反应仍需继续进行，一直到重氮盐完全转化为止。否则，未转化的重氮盐在下一道干燥或研磨工序中，会因加热或磨擦而引起爆炸。
3. 避免重氮盐溶液洒落在地上或蒸汽管道上，否则重氮盐干燥后也会引起燃烧或爆炸。因此，当放料完毕后，宜将作业场所和设备用水冲洗干净。
4. 重氮化反应过程应防止产生大量氧化氮气体，反应锅上的排气管应个个都清洗，以免木质排气管受氧化氮氧化而着火。
5. 停用的重氮化反应器应储满清水，以防止残留的重氮盐干燥后，经摩擦、撞击而引起爆炸危险。

二十三、磺化反应过程的防火防爆措施

磺化反应就是用磺酸基（—SO_3H）来取代氢原子，主要是芳香族化合物上的氢原子。

磺化反应中使用的磺化剂主要是用浓硫酸、发烟硫酸和氯磺酸。芳香族化合物经磺化后的产物，其火灾危险性一般来说是比较低的，但是，如不慎也有引起燃烧或爆炸的危险。因此，在磺化反应过程中，为防止燃烧或爆炸，应采取如下安全措施。

1. 使用发烟硫酸或氯磺酸进行磺化时，不能加料太快，也不能使冷却水漏入磺化锅内，否则有可能引起发热，使磺化产物发生分解，甚至引起爆炸。
2. 进行磺化硝基化合物时所用的硫酸，应检查其硒和砷的含量，不使之超过应有限度，否则亦能引起爆炸。

二十四、聚合反应过程的防火防爆措施

聚合反应就是将若干个分子结合为一个组成相同而分子量较大的高分子的化合物。在现代化学工业中，聚合反应的方法应用日益广泛，例如，在催化剂的作用下，用聚合丁二烯的方法制造合成橡胶，又如用聚合的方法生产高压、中压、低压聚乙烯；聚丙烯以及丙烯酸酯类的高聚物；聚氯乙烯等等。

聚合反应过程是剧烈的放热过程，其原料和单体大多属于易燃易爆物质，有的聚合反

应是在高压下进行,有的生产过程还有发生粉尘爆炸的危险。因此,为防止聚合反应过程中发生燃烧或爆炸,应采取如下的安全措施。

1. 为预防聚合反应的温度和压力突然增高,必须严格控制配料成分、加料速度,并采取可靠的温度调节。

2. 用金属钠作催化剂,应防止冷却水进入聚合器内。

3. 聚合反应的设备、管道必须密闭。易积聚气体的地方应经常作气体分析,如可燃气体浓度超过规定的范围,需采取措施。

4. 加压反应的聚合器上应安装安全阀和防爆片,防爆片应采用铜或铝等不产生火花的材料制作,避免防爆片破裂时产生火花而引起二次爆炸事故。

5. 定期清除设备系统中的热聚物质,发现管道气流阻力增大时,必须设法抽出气体,用氮气吹洗,以免压力增高而造成燃烧或爆炸。

6. 在每次新加料之前必须清理设备的内壁。

7. 在聚合反应生产车间应采用氮气保护系统,所用氮气应经过精制,其纯度应在99.5%以上。无论在开始操作还是操作结束后打开设备前,均应用氮气清洗整个系统。当发生故障,温度升高或发现有局部过热等现象时,经过设备中充入氮气加以保护,防止发生燃烧或爆炸事故。

8. 聚合反应部分和单体生产部分,必须有防火墙隔绝,以免燃烧或爆炸时相互影响。

二十五、热裂化的防火措施

裂化又称裂解,即指有机化合物受热分解和缩合而成分子量不同的产品的过程。根据是否采用催化剂,裂化又分为热裂化和催化裂化两种形式。裂化一般是指对石油产品和其他烃类的裂化。石油产品的裂化,主要是以重质油品为原料,在加热、加压或催化剂的作用下,使其所含的烃类断裂成分子量较小的烃类,再经分馏而得裂化气体、裂化汽油、煤油、残油和焦炭等。分子量较小的烃类主要是烷烃和烯烃,分子量较大的烃类主要是芳烃,其他烃类的裂化较少。石油的裂化还有焦化、气相裂化、液相裂化、加氢裂化、脱氢裂化、氧化裂化等方法。裂化根据不同的条件有热裂化和氧化裂化,热裂化如管式炉裂化、砂子炉裂化、蓄热炉裂化、熔盐炉裂化等,氧化裂化如浸没燃烧裂化、火焰裂化等。此外,还有等离子体裂化等。裂化以水蒸气管式炉裂化应用最广。

热裂化是将分子量较大烃类在高温下裂解为分子量较小的烃类。因为在加热时加热的温度已达到油品的自燃点,加热后如果设备或管道发生渗漏,油气逸出便会立即起火燃烧,再加上热裂化又是在高温和压力下进行,如果设备或管道由于受油品腐蚀,强度减弱,便有可能发生破裂,设备或管道内的物品便会大量散发,随之而来的便是燃烧或爆炸。因此,热裂化的火灾危险性较大,故热裂化应采取以下的防火措施。

1. 热裂化的设备及管道必须保证严密可靠,严防渗漏。

2. 加热炉内因油温高达490℃,加热的油便开始裂解,部分生成焦炭,沉积在加热炉中,往往会导致炉管结焦,造成导热不良,引起局部过热,从而可使炉管出现穿孔,发生漏油和造成火灾危险。同时由于管道阻塞,将导致输油泵出口压力升高,可引起其他危险。因此须定期清除结焦。

3. 高压蒸发、低压蒸发和分馏的防火措施与常压蒸馏基本相同,可以参照。

4. 因为输入换热器的油气温度已达油品的自燃点，且换热器的压力也越高，易发生泄漏，有时也会结焦，致使换热器的冷却效率下降。所以，换热器管道进口处应设置温度、压力等控制仪表，并设置蒸汽灭火和吹扫管线的装置。

5. 换热器周围应有防止液体流散的围堤，其下水道口应设水封井。换热器还应定期进行清扫，以除去结焦，并应定期进行检修，必要时应予以更新。

二十六、催化裂化的防火措施

催化裂化为裂化的一种形式，即在高温和催化剂的作用下进行。通常以蜡油、脱沥青油或蜡膏为原料，在温度为 450～480℃，压力为 0.5MPa 的条件下，通过合成硅酸铝催化剂的作用，进行裂化，然后再经分馏可获得汽油、柴油、燃料油等产品。

催化裂化应采取以下的防火措施。

1. 催化裂化除加热、裂解、分馏等工艺防火与热裂化相似外，增加了催化剂的防火问题。在再生器中鼓入空气将催化剂附着的焦炭烧去，有时会产生大量的一氧化碳，造成二次燃烧，增加了燃烧爆炸的危险性，如果操作不当，再生器中的空气与明火进入反应器中，即可发生燃烧或爆炸。因此，再生后的催化剂经 U 形管返回到反应器的这一操作过程须十分注意。在催化剂进入再生器前应将油气分离掉，以避免油气进入再生器而引起爆炸。

2. 反应器进油前，必须先用蒸汽将塔内的空气清除干尽。

3. 其他防火措施可参照常、减压蒸馏。

二十七、加氢裂化的防火措施

加氢裂化是指在镍、钨催化剂等条件下进行裂化和加氢的过程。加氢裂化通常以重油、柴油、蜡油为原料与氢气按一定的比例混合，在加温、加压及催化剂的作用下，发生加氢裂化、异构化等反应，生成物和氢气经冷却、分离、碱洗、水洗后分馏，得到汽油、煤油等产品。加氢裂化可以减少焦炭的形成，从而增加油分的产量。

加氢裂化应采取以下的防火措施。

1. 氢气经压缩后压力很高，可达 10～15MPa，如果设备、管道发生渗漏，导致氢气高速喷出，便会由于与空气高速摩擦产生静电火花而引起燃烧。因此，设备、管道应严禁渗漏，万一发生渗漏，应立即停车检修。

2. 高压氢气与钢长期接触后会使钢材发生氢脆，致使钢材强度降低，易造成设备、管道发生破裂，导致易燃物质大量散发，进而引起燃烧或爆炸。因此，加氢裂化系统中的高压设备应定期更新，不得带病运行。

3. 加氢裂化反应采用的有隔热衬里的反应器，其外壁应涂刷超温显示剂，以便及时发现温度异常现象。

4. 反应后进入高压分离器前，须经降温。在冷却器入口处须注入一定量的软水，以溶解反应中生成的氨，防止产生硫酸铵和碳酸氢铵结晶，从而堵塞管道和冷却器，导致事故的发生。

5. 高压分离、低压分离和分馏工艺的防火措施，与常、减压蒸馏基本相同，可以参照。

6. 加氢裂化和高压分离设备上应装设可燃气体报警装置，以便万一渗漏便可及时发觉、处理。

二十八、催化重整的防火措施

重整是指以直馏汽油、粗汽油以及其他烃类为原料，在一定条件下转化为芳烃或高辛烷值汽油的加工过程。

催化重整即为在加热、加压和催化剂的作用下进行的重整。所用的催化剂有钼铝催化剂、铬铝催化剂、铂催化剂、镍催化剂等。所起的反应有脱氢、加氢、芳构化、异构化、脱烷基化和重烷基化等。直馏汽油、粗汽油等馏分的催化重整，主要是使原料油中的脂肪烃脱氢、芳烃化和异构化，同时伴有轻度的热裂化，可以提高汽油的辛烷值。催化重整与热重整相比，能更多地提高辛烷值，但不显著影响其挥发度，并可用以制取芳烃。催化重整还可用于天然气、炼油厂气等的重整，常采用通入空气和蒸汽的方法，使烷烃一部分转变为氢和一氧化碳，以制取较低热值的煤气，适应具体要求。催化重整根据所用设备的不同，有固定床催化重整、流动床催化重整、蓄热器催化重整等，根据所用催化剂和其他条件的不同，有临氢催化重整、铂重整等。催化重整主要用以制造高辛烷值汽油和芳香烃。

催化重整应采取以下的防火措施。

1. 加热和分馏的具体防火措施分别与热裂化中的加热及减压蒸馏相同，可以参照。
2. 重整反应器隔热衬里的外壁应涂超温显示剂，即高温变色漆，以便及时了解外壁温度情况。

目前，国内超温显示剂的显示范围为，310℃以下呈蓝色，310℃以上变为白色。

3. 预热反应后，分离器排放的富氢气体，宜导入火炬。
4. 加氢部分的防火措施与加氢裂化基本相同。
5. 重整产物由抽提塔中部输入，溶剂则从塔顶喷下，因溶剂比重大，所以在塔内形成递流抽提，塔内温度为130～150℃，压力为0.8MPa，虽然温度、压力均不及热裂化高，但防火措施应与热裂化相同。
6. 汽提、精馏等的防火措施与常、减压蒸馏相同。

二十九、空气深冷分离过程的防火防爆措施

在工业生产中使用空气深冷分离装置（简称空分装置），把空气液化分馏，以制取氮气和氧气。

为防止空气深冷分离过程中发生燃烧或爆炸，应采取如下的安全措施。

1. 空分设备的空气吸入口应远离其他车间，与乙炔生产车间须距离300m以上，或将空气吸入口移至远方，使空气中乙炔含量不超过$0.25cm^3/m^3$。被吸入空分设备的空气在进入空分装置前，必须经过过滤装置吸附和清净。
2. 定期从空分分离设备中放出液态氧，以防乙炔聚集在分离设备的冷凝器中，而引起爆炸。
3. 空压机必须采用优质润滑油，其闪点不低于240℃，并防止油渣和灰尘聚积在压缩机上。
4. 空分车间内应保持清洁，油棉纱、油拭布等不得存放在车间内，润滑油应该存放在隔离处所。

5. 与氧气接触的设备、导管、阀门等，在投入生产前，应先用二氯乙烷、四氯化碳或乙醇清洗脱脂。操作过程中，作业人员手上的油脂也必须清洗干净。

6. 氧压机应安装在单独的、隔离的房间内，氧压机的润滑只能采用蒸馏水，严禁用油作润滑剂。

7. 空分设备系统上，应安设有可靠的压力计和安全阀，并要严格遵守安全操作规程。

8. 定时分析测定储气罐中氧气的纯度和洗涤塔中碱液内的含油量。

三十、食盐水溶液电解过程的防火防爆措施

在水溶液中或熔融状态下能导电的化合物称为电解质。电解质通过电流而发生化学反应的过程称为电解。在工业生产中，电解食盐水溶液可以制得烧碱、氯气和氢气等产品。

电解食盐水溶液的主要危险是电解过程中能产生可燃的氢气和助燃的氯气，同时在电流的作用下，还可能产生电火花，引起燃烧或爆炸。具体引起电解槽发生燃烧或爆炸的原因主要有以下两个方面。

1. 氯气中含氢浓度达 4% 以上时，遇到声、光、电、火花、热、震动等，就能发生爆炸。氢气与空气混合，也能形成爆炸性混合物。能形成这种爆炸性混合物的具体情况有：盐水中含有杂质，特别是铁杂质，致使产生第二阴极而放出氢气，氢气压力过大，没有及时调整，隔膜质量不好，有脱落之处，盐水液面过低、隔膜露出；槽内阴阳极放电，而烧毁隔膜；液氯废气因液氯提纯而使氢气在废气里的浓度相对增高，氢气系统不严密而逸出氢气等，都可能引起电解槽爆炸或着火事故。

2. 引起氢气或氢气与氯气的混合物燃烧或爆炸可能的着火源是电解槽的槽体接地产生的电火花。断电器因结盐、结碱漏电及氢气管道系统漏电产生电位差而发生放电火花；排放碱液管道对地的绝缘不好而发生放电火花；电解槽内部构件间由于较大的电位差或两极之间的距离缩小而发生放电火花；雷击排空管引起氢气燃烧以及其他一般着火源等。

根据食盐水溶液电解过程中存在的燃烧或爆炸危险性，应采取如下防火防爆的安全措施。

1. 按照规定保证盐水质量，除去盐水中的有害杂质。

2. 采取控制液面的措施，不使液面过低。

3. 隔膜必须经常检查，定期检修。隔膜不能产生孔穴，以免阴极和阳极中的气体相互渗漏。

4. 定期从氯气总管和电解槽中，取样分析测定氯气和氢气的成分，如果氯气中含有氢气或氢气中含有氯气，应立即消除渗漏。氯气总管中含氢量一般应控制在 0.6% 以下，如果含氢量超过 3.5%，应采取有效措施进行处理。

因此，气体管道连接处应保证气密，并对车间厂房内的空气进行采取分析。

5. 电解的厂房建筑应符合甲类生产的要求，应采用一、二级耐火等级建筑，并有足够的防爆泄压面积和良好的通风。

6. 厂房应安装避雷装置，保护氢气排空管的避雷针应高出管顶 3m 以上。

7. 电解槽与其他车间的设备和储气罐相连接的导管上必须装有水封装置。

8. 不得向室内排放氢气，氢气排空管应伸出屋顶，并在管顶安装阻火器。发现氢气管道着火时，不应停电，而应切断氢气来源扑灭火灾，或通入惰性气体。

9. 氢气系统与电解槽的阴极箱之间应有良好的电气绝缘，整个氢气系统的设备、管道应接地良好。

第八节 仓库的防火防爆

一、储存物品的火灾危险性分类

对储存物品的火灾危险性进行分类，主要是为了对储存物品的库房在设计防火要求上能够区别对待，以致使厂矿企业储存物品的库房达到既保障安全，又经济合理的目的。

1. 储存物品的火灾危险性应根据储存物品的性质和储存物品中的可燃物数量等因素，分为甲、乙、丙、丁、戊类，并应符合表 13-40 的规定。

储存物品的火灾危险性分类　　　　表 13-40

仓库类别	项别	储存物品的火灾危险性特征
甲	1	闪点<28℃的液体
	2	爆炸下限<10%的气体，以及受到水或空气中水蒸汽的作用，能产生爆炸下限<10%气体的固体物质
	3	常温下能自行分解或在空气中氧化能导致迅速自燃或爆炸的物质
	4	遇酸、受热、撞击、摩擦以及遇有机物或硫磺等易燃的无机物，极易引起燃烧或爆炸的强氧化剂
	5	
	6	受撞击、摩擦或氧化剂、有机物接触时能引起燃烧或爆炸的物质
乙	1	闪点≥28℃，但<60℃的液体
	2	爆炸下限≥10%的气体
	3	不属于甲类的氧化剂
	4	不属于甲类的化学易燃危险固体
	5	助燃气体
	6	常温下与空气接触能缓慢氧化，积热不散能引起自燃的物品
丙	1	闪点≥60℃的液体
	2	可燃固体
丁		难燃烧物品
戊		不燃烧物品

2. 同一座仓库或仓库内任一防火分区内，当储存不同火灾危险性的物品时，该仓库或防火分区的火灾危险性应按其中火灾危险性最大的类别确定。

3. 丁、戊类储存物品的可燃包装重量大于物品本身重量 1/4 的仓库，其火灾危险性应按丙类确定。

为了能结合生产实际来确定储存物品火灾危险性的类别，现将储存物品的火灾危险性分类举例说明，详见表 13-41。

储存物品的火灾危险性分类举例　　　　　　表 13-41

储存物品类别	举　例
甲	1. 己烷,戊烷,石脑油,环戊烷,二硫化碳,苯,甲苯,甲醇,乙醇,乙醚,蚁酸甲酯,醋酸甲酯,硝酸乙酯,汽油,丙酮,丙烯,乙醚,乙醛,60度以上的白酒 2. 乙炔,氢,甲烷,乙烯,丙烯,丁二烯,环氧乙烷,水煤气,硫化氢,氯乙烯,液化石油气,电石,碳化铝 3. 硝化棉,硝化纤维胶片,喷漆棉,火胶棉,赛璐珞棉,黄磷 4. 金属钾、钠、锂、钙、锶,氢化锂,四氢化锂铝,氢化钠 5. 氯酸钾,氯酸钠,过氧化钾,过氧化钠,硝酸铵 6. 赤磷,五硫化磷,三硫化磷
乙	1. 煤油,松节油,丁烯醇,异戊醇,丁醚,醋酸丁酯,硝酸戊酯,乙酰丙酮,环己胺,溶剂油,冰醋酸,樟脑油,蚁酸 2. 氨气,液氨 3. 硝酸铜,铬酸,亚硝酸钾,重铬酸钠,铬酸钾,硝酸,硝酸汞,硝酸钴,发烟硫酸,漂白粉 4. 硫磺,镁粉,铝粉,赛璐珞板(片),樟脑,萘,生松香,硝化纤维漆布,硝化纤维色片 5. 氧气,氟气 6. 漆布及其制品,油布及其制品,油纸及其制品,油绸及其制品
丙	1. 动物油、植物油、沥青、蜡、润滑油、机油、重油、闪点≥60℃的柴油、糠醛,>50度至<60度的白酒 2. 化学、人造纤维及其织物,纸张,棉、毛、丝、麻及其织物,谷物,面粉,天然橡胶及其制品,竹、木及其制品,中药材,电视机,收录机等电子产品,计算机房已录数据的磁盘储存间,冷库中的鱼、肉间
丁	自熄性塑料及其制品,酚醛泡沫塑料及其制品,水泥刨花板
戊	钢材,铝材,玻璃及其制品,搪瓷制品,陶瓷制品,不燃气体,玻璃棉,岩棉,陶瓷棉,硅酸铝纤维,矿棉,石膏及其无纸制品,水泥,石,膨胀珍珠岩

二、爆炸物品仓库的安全措施

爆炸物品在受到外界能量,如热能、电能、机械能和光能、冲击波能等的作用下,极易发生燃烧爆炸。爆炸的瞬间能释放出巨大的能量,使周围的人员、牲畜及建筑物等受到极大的伤害和破坏。因此,对爆炸物品仓库的防火防爆工作必须高度重视,加强安全措施。

1. 爆炸物品仓库应选择在人烟稀少的空旷地带。在山区和丘陵地带,可利用自然地形作屏障或挖掘山洞建库。

2. 爆炸物品仓库与周围建筑、交通要道、输电线路等,应保持一定的安全距离。

爆炸物品仓库与周围建筑物的空气冲击波安全距离可按下式进行计算:

$$R = K\sqrt{q}$$

式中　R——最小外部安全距离,m;
　　　K——安全系数;
　　　q——炸药重量,kg。

其计算方法的有关规定如下:

1. 从爆炸物品仓库到居住区、主要公路线、铁路编组站、重要航道、其他厂矿企业或易燃易爆仓库的安全系数 K 取 5~8,如爆炸物品仓库筑有土围,K 可减为 2~4。

2. 从爆炸物品仓库到次要的单独房屋及建筑物的安全系数 K 取 2~4,如筑有土围,K 可减为 1.1~1.9。

3. 大型总仓库有若干单个库房组成者,炸药重量按单个库房设计储存的最大炸药量计算,不需按总储存量计算,外部安全距离是从单个仓库的墙根算起。

4. 以上计算的距离,适于平坦地形,如有天然屏障,安全距离可减少一半。如果一面<$1.5\sqrt{q}$m处的山丘、土堤等坚固障碍物,而相反方向是平坦地形,则这一方向的安全距离须增大一倍。

5. 爆炸物品仓库不得同时存放性质相抵触的爆炸物品和其他物品,并不得超过规定的储存数量。

爆炸物品仓库的最大存药量规定如下:

总库:梯恩梯、硝铵炸药(净重) 240t

   导爆索、雷管(连皮重)、导火索 120t

分库(厂内的成品周转库):

   炸药 40t

   雷管、导爆索、导火索 总容量不超过三天的产量

使用炸药单位的仓库容量,一般以满足三个月的需要量来考虑,同时应根据周围环境情况,适当增加或减少。若安全距离不够,而又必须储存较多的药量时,可适当增加单个库房的数量,分散储存,以减小安全距离。

6. 爆炸物品库房相互之间的最小允许距离,可按下式进行计算:

$$R = K_1 \sqrt{q}$$

式中 R——最小允许距离,m;

   K_1——殉爆安全系数,见表13-42;

   q——最大存药量,kg。

爆炸物品库房之间安全距离计算系数 K_1   表13-42

主爆药名称	储存方式	殉爆药名称							
		硝铵炸药及低含量的硝化甘油类炸药		含40%以上的硝化甘油类炸药		梯恩梯		黑索金、特屈儿、泰安	
		无土围	有土围	无土围	有土围	无土围	有土围	无土围	有土围
硝铵炸药及低含量的硝化甘油类炸药	无土围	0.25	0.15	0.35	0.25	0.40	0.30	0.70	0.55
	有土围	0.15	0.10	0.25	0.15	0.30	0.20	0.55	0.40
含40%以上的硝化甘油类炸药	无土围	0.50	0.30	0.70	0.50	0.80	0.60	1.40	1.10
	有土围	0.30	0.20	0.50	0.30	0.60	0.40	1.10	0.80
梯恩梯	无土围	0.80	0.60	1.00	0.80	1.20	0.90	2.10	1.60
	有土围	0.60	0.40	0.80	0.50	0.90	0.50	1.60	1.20
黑索金、特屈儿、泰安	无土围	2.00	1.20	2.80	2.00	3.20	2.40	5.50	4.40
	有土围	1.20	0.80	2.00	1.20	2.40	1.60	4.40	3.20

雷管库房相互之间及雷管库房与炸药库房之间的最小允许距离,可按下式进行计算:

$$R = K_2 \sqrt{N}$$

式中 R——最小允许距离,m;

   K_2——安全系数,见表13-43;

   N——库房内存放的雷管数,个。

雷管库房之间、雷管库房与炸药库房之间安全距离计算系数 K_2 表 13-43

库 房 种 类	安全系数 K_2		
	双方均无土围	单方有土围	双方均有土围
雷管库房与雷管库房	0.10	0.067	0.05
雷管库房与炸药库房	0.06	0.04	0.03

在计算雷管库房与炸药库房的安全距离时，可不考虑炸药的存药量，只计算雷管存放量。

导爆索库房相互之间安全距离与雷管库房的计算公式相同，按 1m 导爆索相当于 10 个雷管换算后代入上式中计算。

7. 爆炸物品库区内如有多个库房，存放多种爆炸物品时，应尽量采用棋盘式布置，将危险性大的库房设置在端部，不要布置在库区出入口附近。

8. 爆炸物品库房应为单层建筑，墙壁和屋面应采用非燃烧材料建造，内墙壁应粉刷。地面可铺木板或沥青，也可采用混凝土地面，但雷管库若用混凝土地面则必须铺橡胶板，有炸药撒落的也不能采用混凝土地面，地面应平整、无缝。屋顶一般采用轻质材料建造，若用木质天花板应抹灰刷白。

9. 每个爆炸物品库房应有套间（门斗）和装卸雨篷。库房的门应为双扇的木门，并向外开启，门洞宽度不宜<1.5m，不应设置门槛，不应采用吊门、侧拉门或弹簧门。每间库房设门数目，须根据库房的面积，以库房最远端到出口的距离不>15m 来决定。设置土围的库房，其安全出口应设在土围有出口的一面。窗户应设铁栏杆。窗户的采光面积与地面面积之比为 1/25～1/30。向阳面的窗户玻璃应涂上白漆或采用磨砂玻璃。门窗应严密无缝。通风口须有铁丝网栏护。

10. 爆炸物品仓库四周应有一道排水沟，以及时排除积水。

11. 爆炸物品地上仓库均应筑土围围护，以阻隔冲击波和破片。土围的高度不应低于库房屋檐的高度。土围顶部宽度不应<1m，下部按土壤静止角来决定，土壤静止角一般不<45°，不>60°。土围的根部距库房的距离以 1.5m 左右为宜，在有出入通道的一面，也不应>3m。土围内应有排水沟并引出围外。

筑土围应用塑性或松散的土壤来堆筑。若为防止雨水冲刷，其底脚可用砖石砌成，但高度不得超过 0.8m。其表面可种草植被，或在外侧栽培灌木丛以防泥土流失，土围内禁止积存杂草、枯树等可燃物。

爆炸物品仓库围墙外 50m 应视为禁区，其库区内可建筑炸药及起爆药材料仓库；切割导火索用的非燃烧材料建成的工作棚；硝铵炸药加工室、消防器材室、消防水池等，其他建筑应设在禁区以外。警卫室应设在仓库围墙外 50m 地段。

爆炸物品仓库围墙离库房的距离不应<40m。

12. 爆炸物品仓库的上空，不得架设任何电线或电缆。引入爆炸物品仓库的供电线路应采用铠装电缆，沿地下敷设，或将导线装于钢管内，在库房进口处单独接地。如采用架空线路供电时，在线路引入一端应安装避雷器，并须用长度不<50m 的电缆引入库房，进口处应单独接地。

13. 爆炸物品库房内可采用装于库外的投光灯照明，或采用装在库房墙壁内的壁龛灯照明，也可采用防爆型照明灯。小型或夜间没有进出货任务的仓库，以库房内不装设照明设备为好。

14. 爆炸物品仓库应装设避雷装置，避雷针与库房的距离不应<3m，每个避雷针都应有单独的接地极板，并与地下电缆及库房的所有金属物体保持3m以上的距离。

爆炸物品仓库还应装设二次防雷装置。二次防雷措施一般是将库房内的金属物件接地。如系金属构件的屋顶，则必须将金属屋顶接地；如系钢筋混凝土屋顶，可将屋面钢筋焊接成网格，并连接成整体的电气通路，然后接地；如系非金属屋顶，则应在屋顶上装设每边长6～12m的金属网格，然后在库房沿纵向两侧每隔12～24m设一段引下线接地。接地极板埋入的深度为0.8m，距建筑物基础0.5～1.0m，与避雷针接地极板不应<3m的距离，接地冲击电阻值不得>5Ω。

15. 爆炸物品仓库必须建立定期检查制度。对变质、过期的炸药，必须及时进行处理，需要销毁的炸药，必须选择安全的地点，并应由有经验的人员负责指导，及时销毁。

16. 管理爆炸物品仓库必须由政治可靠、工作认真负责，并熟悉爆炸物品知识的人员担任。

17. 爆炸物品仓库，必须建立严格的安全管理制度。禁止使用油灯、蜡烛和其他明火照明。不准把火种、易燃物品等容易引起爆炸的物品和铁器带入仓库。严禁在爆炸物品仓库内住宿、开会或加工火药，并禁止无关人员进入仓库。收存和发放爆炸物品，必须建立严格的收发、登记制度。

18. 堆放各种爆炸物品时，应做到轻装、轻卸，轻拿轻放，严禁摔掼撞击，堆放要稳固、整齐，便于搬运。库房内堆垛与墙壁的距离不应<0.2m，堆垛间的距离不应<1.3m。对着门的通道宽度不应<1.5m。

炸药箱堆垛高度不得超过2m，每堆不得超过770箱；雷管箱堆垛高度不得超过1.6m，每堆不得超过330箱。

储存量在5t以下的小型仓库，炸药箱一般不超过5箱的高度，雷管箱不超过4箱的高度。

堆放时，箱装爆炸物品的标志应向外，以便于查看核对。为有利于通风、防潮、降温，爆炸物品的包装箱不宜直接放在地面上，而应铺垫20cm厚的方木或垫板。

19. 库房内不准开箱，如需开箱取样检查或发货，普通炸药应移至套间开启，较敏感的炸药和雷管须移至土围外开启，并应在妥善封好后再搬回仓库。对散落在地面上的炸药应及时清扫干净，分别集中，妥善处理。

20. 仓库内不得使用铁制或容易产生火花的金属工具。

21. 地上、半地下仓库的库内温度，一般应控制在15～30℃为宜，高温地区也不得超过35℃，库内的相对湿度，一般不应超过65%～70%，储存易吸潮的炸药，相对湿度不得超过65%。某些有特殊要求的炸药，应按其说明书的温度和湿度要求储存。

22. 使用爆炸物品的工地，临时存放爆炸物品时，不得超过规定的限量，并要选择安全可靠的地点单独存放，指定专人看管，严禁任意放置在工棚和施工现场。

23. 爆炸物品仓库应备有储存足够水量的防冻水池或消防用水管道，消防水池的容积和消火栓的配置均应根据仓库的面积来确定。较大的库区，消防水池的容积一般为100～

200m³，较小的库区，消防水池的容积在 50～70m³ 即可。消防水池和消火栓应选择有利施救的地方设置，但消火栓不得设在土围内或设在对着土围开口的一面。

24. 根据爆炸物品仓库的大小，设置必要的消防车辆与其他消防器材，并应有专人负责管理。同时根据仓库的大小和配备警卫、管理人员的情况，建立健全专职消防队或义务消防队组织，并建立健全消防制度。

三、危险化学物品仓库应采取的安全措施

危险化学物品仓库是易燃易爆等化学物品集中储存的场所，存放的物品种类繁多，性质不尽相同。如果库址选择不当，布局不合理，建筑不符合要求，管理不善，就容易引起燃烧、爆炸，甚至造成重大恶性事故。一些大型危险化学物品仓库，一旦发生火灾，即使动用现代化的消防技术力量，有时也难以扑救。因此，危险化学物品仓库应采取良好的安全措施。

1. 大型危险化学物品仓库应设置在城市的郊区，不得设在城镇人口密集的地区，并应选在当地主导风向的下风方向。在规划布局时，这类仓库与邻近居住区和公共建筑物的距离至少保持 150m；与邻近厂矿企业、铁路干线的距离至少保持 200m；与公路至少保持 50m 的距离。

2. 厂矿企业生产所属的危险化学物品仓库应设置在厂区的边缘及下风向，并根据仓库的性质，仓库与四周建筑物、构筑物保持相应的安全距离。在防火安全距离内，不得堆放任何可燃材料。

3. 危险化学物品仓库库房的耐火等级、层数和面积应符合有关规定的要求。

4. 有爆炸危险的甲、乙类物品库房不应设在建筑物的地下室、半地下室内。

5. 危险化学物品库房安全出的数目不宜少于两个，库房的门应向外开启。

6. 甲类危险化学物品库房与建筑物的防火间距应符合有关规定的要求。

7. 甲类危险化学物品库房与明火或散发火花地点的防火间距不应<30m。甲类危险化学物品库房之间的防火间距不应<20m。

8. 乙类危险化学物品库房与建筑物的防火间距应符合有关规定的要求。

9. 乙类危险化学物品库房与民用建筑之间的防火间距，不应<25m。

10. 甲、乙类危险化学物品库房与重要公共建筑之间的防火间距，不应<50m。

11. 储存氧化剂、易燃液体、易燃固体和剧毒物品的库房，应采用容易冲洗的非燃烧地面。有防止产生火花要求的库房地面，应采用不发火地面。

12. 库房檐口高度不应低于 3.5m。库房应采用双层通风式的屋顶，以利通风、隔热。

13. 为防止阳光照入库内，库房的门窗外部应设置遮阳板，并应加设门斗。库房的窗应采用高窗，窗的下部离地面应不低于 2m，窗玻璃应采用毛玻璃、或涂色漆的玻璃，以防止阳光的透射和因玻璃上的气泡疵点而引起聚焦起火。

14. 为配合仓库内通风，一般可在窗户的下方离地面 30cm 处建面积为 30×20cm，其型式为内高外低的墙脚通风洞。墙脚通风洞内衬铁丝或铜丝网，外装铁栅栏及铁板闸门防护，需要通风时将铁闸门打开。

15. 危险化学物品库房内，除安装防爆的电气照明设备外，不得安装其他任何电气设备。如电气照明亮度不够或安装防爆灯有困难时，可在库房外安装与窗户相对的投光照明灯，或者采用在墙身内设壁龛，内墙面用固定钢化玻璃隔封，电气线路安装在库房外的壁

龛式隔离照明灯。

16. 大型危险化学物品仓库，必须设置独立的避雷装置。

17. 大型危险化学物品仓库应根据仓库分储的原则，做到定品种、定数量、定库房、定人员进行保管。厂矿企业所属的小型仓库应分间、分类、分堆储存。

铁路、交通部门短期储存仓库，必须同库储存时，则应保持一定的安全距离，隔离存放。

18. 根据储存危险化学物品的性质，采取相应的安全储存方法。

特别危险的物品必须单独储存，性质相抵触或灭火方法不同的物品应分库储库。

遇水发生燃烧的物品不得堆放在露天或低洼易受潮的地方。遇热分解自燃的物品应该储存在阴凉通风的库房内，必要时须采取降温措施。

19. 危险化学物品库房内的物品应分堆储存，并应保留必要的人行通道和堆垛之间的检查通道。每一库房应根据储存物品的性质和包装容器的情况，规定库房内储存物品的限额和堆置的标准。

普通商品和物品，不应放入化学危险物品仓库内储存。

20. 危险化学物品仓库应加强警卫，严格出入库制度，禁止能发生火星的机车进入仓库区域内，蒸汽机车必须用一节以上的空货车皮与装载危险化学物品的货车隔离，并采取有效的防火措施后，方可进入库区，在库区内应停止摇炉清灰，并关闭灰箱上部两侧的风门，防止炭火散落。允许进入仓库区域内的运货汽车，其排气管应安装火星熄灭器，汽车与库房之间，应划定安全停车线，一般为5m，防止汽车与仓间门距离过近，严禁在仓库区内检修汽车。

21. 仓库区域内严禁烟火，并禁止携带火种和发生产生火花的行为，在明显地点应有安全标志。如因工作需要必须动火时，需办动火作业安全许可证，并采取安全措施，经安全分析合格后，同时应经单位领导或有关部门批准，在指定的安全地点进行。

22. 不准在库房内或露天堆垛附近休息、试验、分装、打包和其他可能引起火灾的任何不安全操作。

23. 容器包装要密闭，完整无损，一旦发现破损渗漏，必须立即进行妥善处理。

改装危险化学物品必须在安全地点进行，对易燃易爆物品应使用不发生火花的工具。

24. 加强货物入库验收和平时的检查制度，对性质不稳定，容易分解、变质、引起燃烧、爆炸的危险化学物品，应该定期进行测温、化验，防止自燃或爆炸。

25. 装卸、搬运化学易燃、易爆物品时，应轻拿轻放，防止剧烈震动、撞击、倾倒和重压，以免容器破损、泄漏而发生危险。

26. 盛装危险化学物品的容器和运输工具，在使用前后必须进行检查，彻底清洗，以防引起燃烧、爆炸或中毒事故，对不慎撒落在地面上和垫仓板上的危险化学物品必须及时清除干净。

装卸运载易燃和可燃液体时，在可能有产生静电的设备和车辆上，应安装可靠的接地装置。

27. 危险化学物品库区应设有消防通风与报警装置，并保证准确有效。储存剧毒和放射物品的仓库，应配备防毒器材及隔离、消除、吸收毒物的设施。

28. 根据危险化学物品仓库的规模和储存物品的性质，应设有足够的消防水源和配备相应的消防、医疗设备，并应健全安全保卫组织，对规模较大的仓库，应设有专职消防队。

29. 建立健全防火安全责任制，按级、按区指定防火安全负责人，使各项防火安全措施和制度得以有效贯彻执行，确保危险化学物品仓库的储存安全。

四、煤堆的防火措施

煤是一种固体燃料。它是由植物在适宜的地质环境中经过漫长地质年代的天然煤化作用逐渐转变而成。

煤堆容易自燃起火，其原因是由于煤堆内部接触空气所发生的氧化反应。氧化反应产生的热量不能散发出来，因而又加速了煤的氧化。这样，使热量逐渐积聚在煤堆里层，促使煤堆内部温度不断升高，当温度达到煤的燃点时，煤堆就会自行着火。

另一种自燃原因就是煤和水蒸气相遇，由于煤本身有一种吸附能力，水蒸气能在煤表面凝结变成液体状态，并析出大量的热，当煤堆温度达到一定温度后，再因氧化作用，温度会继续升高达到煤的自燃点，发生自行着火。

上述这两种情况在煤堆的自行着火过程中是相互进行的。因此，在储存煤时应采取一定的安全措施，切不可麻痹大意。

此外，煤的粒度越细碎越容易自燃，因粉状煤与空气接触面增大，容易氧化，且不易通风散热。含硫的煤因极易氧化也易发生自燃。

储存煤的防火措施如下：

1. 储煤场一般都设在露天，其场地应选择在地势较高、平坦、干燥的地点。可用黄泥和白灰混合的地面，最好采用水泥地面，并应设排水设施。

2. 露天储煤场与建筑物、铁路和装卸设备应保持一定的防火间距。

3. 煤堆一般宜堆成长方形，并使煤堆长向与当地主导风向平行，以减少与空气的接触。煤堆不宜过高过大，煤堆的储存时间及高度要求见表13-44。储煤场的道路宽度不应<4m，堆与堆的最小间距不应<2m。

煤堆的储存时间、高度   表13-44

煤的种类	储存期限（月）	煤堆高度(m)		煤堆宽度（m）	煤堆长度（m）
		2月以下	2月以上		
褐煤	1.5	2～2.5	1.5～2	<20	不限
烟煤	3	2.5～3.5	2～2.5	<20	不限
瘦烟煤	6	3.5	2.5	<20	不限
无烟煤	6	不限	不限	不限	不限

4. 储煤场的地下禁止敷设电缆、采暖管道和易燃、可燃液体及可燃气体的管道。

5. 煤堆应层层压实，减少与空气的接触面，减少氧化的可能性，或用多洞的通风孔散发煤堆内部的热量，使煤堆的温度经常保持在较低的状态。

6. 较大的煤仓中，煤块与煤粉应分别堆放。

7. 经常检查煤堆温度，煤堆自燃起火一般发生在离底部1/3堆高处，测量温度时应在此部分进行。如发现煤堆温度超过65℃，应立即进行冷却降温处理。

8. 室内储煤最好采用非燃烧材料建造的库房，室内通风要良好，煤堆高度距屋顶不得少于 1.5m。

9. 为在煤堆着火之初能及时扑灭，储煤场应有专用消火栓、消防水桶、铁铲、干沙等灭火工具。

10. 如发现煤堆已着火，不能直接往煤堆上浇水进行扑灭，因这样水往往浸透不深，并可产生水煤气，会加速燃烧，如果用大量的水能将煤淹没，可用水扑救。一般都是将燃烧的煤从煤堆中挖出后，再用水浇灭。此外，还可用泥浆水灌浇，泥浆可在煤的表面糊上一层泥土，阻止煤堆继续燃烧。

在进行扑灭煤堆火时，应注意防止煤堆塌陷伤人的事故。

五、棉花仓库的防火措施

棉花是一种具有较大火灾危险性的物质，它不仅易燃，而且还可发生自燃、阴燃，一旦发生火灾，后果十分严重。因此，须认真做好棉花仓库的防火安全工作。

1. 棉花仓库宜建在市区的边缘，并处在常年主导风的上风或侧风方向，地势略高于周围地面，靠近水源的地方，库区应修筑围墙。

生产单位的棉花仓库也应建在厂区的常年主导风向的上风侧，并将库区与生产、生活区分开布置，以防外来火源危及仓库安全。

2. 棉花仓库的库房、露天及半露天堆场与屋外变配电站之间的防火间距，应符合表 13-45 中的要求。

库房、堆场与屋外变配电站的防火间距（m） 表 13-45

名　称			变配电站总贮油量(t)		
			<10	10～50	>50
库房	耐火等级	一、二级	12	15	20
		三级	15	20	25
露天、半露天堆场			50		

3. 棉花仓库的库房、露天及半露天堆场与电力架空线的防火间距应不<电杆高度的 1.5 倍。

4. 棉花露天、半露天堆场与散发火花地点、铁路、公路、厂区内道路的防火间距，应符合有关规定的要求。

5. 棉花露天、半露天堆场与易燃、可燃液体贮罐的防火间距应符合表 13-46 的要求。

堆场与易燃、可燃液体贮罐的防火间距（m） 表 13-46

名称	储量(吨)	液体总贮量(m^3)							
		易 燃 液 体				可 燃 液 体			
		1～50	51～200	201～1000	1001～5000	5～250	251～1000	1001～5000	5001～25000
露天、半露天堆场	5～100	20	25	30	40	20	25	30	40
	101～500	25	25	30	40	25	25	30	40
	501～1000	30	30	30	40	30	30	30	40

6. 棉花露天、半露天堆场与甲类生产厂房、甲类物品仓库、其他生产建筑及民用建筑的防火间距，应符合有关规定的要求。

7. 露天、半露天仓库的棉花堆垛应按总贮量分设堆场，场与场之间应保持不<30m的防火间距，每个堆垛的总贮量不得超过1000t，垛高不宜超过5m，堆垛与堆垛之间要留有通道，其通道一般不<4m。4~6个堆垛可为一组，组与组之间一般不<15m。

棉花堆垛应用防水油布盖好，堆垛下面应垫有一定高度的捆栅。场地的枯草等可燃物质应经常清除。

8. 棉花库房的耐火等级、层数和面积，应符合表13-47的要求。

棉花库房的耐火等级、层数和面积 表13-47

棉花库房	耐火等级	最多允许层数	最大允许建筑面积(m²)			
			单 层		多 层	
			每座库房	防火墙隔间	每座库房	防火墙隔间
	一、二级	不限	4000	1000	3000	1000
	三级	3	2100	700	1200	400

当库房内装有自动灭火设备时，其建筑面积可按本表增加50%。

对原有超过最大允许建筑面积或防火间距不足的库房，应采取增设防火墙的办法加以补救。

9. 库房内储存的棉花，必须有一定的限额，不得堆得过高、过满，堆垛之间、堆垛与墙、屋顶之间应保持一定的距离，其主要通道的宽度一般不应<2m；一、二级耐火等级的库房，堆垛的顶距一般不<0.5m；人字形屋顶和三级耐火建筑等级的库房，堆垛高度一般不超过横梁；堆垛距外墙壁一般为0.5m，距内墙壁一般为0.3m，距屋柱一般为0.2m，以利通风、检查和装卸操作。

10. 库房内不应设置保管员办公室与休息室等，保管员办公室应单独建造，如与库房连建时，应用防火墙隔开。

11. 库房内除电气照明线路外，不得敷设其他动力线路。引进线路须穿管，灯具应放在通道上方，距堆垛水平距离不应<0.5m，不得采用碘钨灯、日光灯进行照明，电气开关应设在库房外，并安装防雨防潮装置。

12. 动力电气线路及其插座应装在库外，使用机械装卸设备时，电源由橡套电缆引入库内，橡套电缆应不破损，并不得有接头，机械的电气开关应带金属防护罩。

13. 库区内严禁吸烟，不得进行明火作业，进入库区的蒸汽机车和内燃机车必须安装防火罩，进库的汽车的排气管须装火星熄灭器。

14. 在库区工作的电瓶车、铲车、吊车等，必须有防止喷火或打出火花的安全装置。

15. 库房内不应安装采暖设备。

16. 新进库的棉花包，应设明显的标记，在24h内不得堆放在库房内，并须进行检查，以防运输途中带入火种，引起火灾。松散的棉花、废花不可同棉花包混放在一起，受潮或沾有油脂的棉花包或棉花必须经过处理后方可入库。

17. 棉花库房应装设避雷设备，露天堆场也应设置独立的避雷针，以防雷击起火。

18. 危险化学品严禁放入棉花仓库。
19. 棉花库区内，应设置充足的消防水源，并配备一定数量的消防器材。
20. 建立行之有效的安全保卫制度。

此外，由于棉花有阴燃的特性，在扑救此类火灾时，一定要把堆垛和燃烧过的棉花包拆开，将火彻底熄灭，并留人监守，以防阴燃，再次酿成灾害。

六、日用百货仓库的防火措施

日用百货种类繁多，许多均为易燃、可燃物品，即使是难燃烧或非燃烧的商品，其包装材料均为木材、纸箱、泡沫塑料等可燃物，同样会发生火灾。一旦发生火灾，除易燃、可燃物品烧毁外，难燃烧及非燃烧的物品虽然不致完全烧毁，但因受热、受潮，也会造成严重损失。因此，日用百货仓库需加强防火安全工作。

日用百货仓库应采取以下的防火措施。

1. 日用百货仓库应选择周围环境安全、交通方便、水源充足的地点建库。
2. 库房建筑结构，防火间距等应符合现行的《建筑设计防火规范》的要求。
3. 仓库须有良好的防火分隔，面积较大的或多层的百货仓库中要设防火墙或楼板，以阻止火灾发生的火焰扩大蔓延。
4. 商品必须按性质分类分库贮存，属于危险化学物品管理范围内的商品，必须贮存在专用的仓库中，不得在百货仓库中混放。对规模较小的仓库，一些数量不多的易燃、可燃商品，又没有条件分库存放时，可分间、分堆隔离贮存，但须控制贮存量，同其他商品保持一定的安全距离，并注意通风，指定专人保管。
5. 每座库房均必须限制贮存量，否则商品堆得过多过高，平时检查困难，发生火灾时也不利于扑救和进行疏散。
6. 面对库房门的主要通道宽度一般不应<2m，仓库的门和通道不得堵塞。在商品堆放时，其垛距、墙距、柱距、梁距均不应<50cm，并尽可能在库房照明灯的下方布置通道和留出垛距。
7. 库房内不得进行拆包分装等加工生产。此类加工须在库房外专用房间内进行，拆下来的包装材料应及时清理，不得与百货商品混放在一起。并不得在库房内设置办公室、休息室和住宿人员。
8. 库房内严禁吸烟、用火。贮存易燃商品的库房内，不得进行任何明火作业。
9. 库房内严禁明火采暖。因防冻需要采暖时，应用暖气，其散热器与可燃商品堆垛应保持一定的安全距离。
10. 进入易燃、可燃百货仓库区的蒸汽机车和内燃机车，须装防火罩，蒸汽机车应关闭风箱和送风器，并不得在库区清炉出灰。仓库应有专人负责进行监护此项工作。汽车、拖拉机进入库区应戴防火罩，并不得进入库房内。进入库房的电瓶车、铲车等，必须有防止打出火花的防火铁罩等安全装置。
11. 严禁在库房的闷顶内架设电线。库房内并不得乱拉临时电源线，确有必要时，应经批准，由正式电工安装，用后应及时拆除。
12. 库房内不准使用碘钨灯、日光灯照明，而应采用<60W的白炽灯照明。照明装置应安装在库房的走道上方。灯具距货堆、货架不应<50cm。灯具外应加玻璃罩或金属网

予以保护。

13. 库区电源应当设总闸、分闸，每座库房应单独安装开关箱，开关箱应设在库房外，并安装防雷、防潮等保护措施，下班后库房的电源必须切断。

库房内不准使用电熨斗、电炉、电钟、交流收音机和电视机等。

14. 电气设备除经常检查外，每半年至少进行一次绝缘测试，发现异常情况，必须立即修理。

15. 百货商品入库前必须进行认真检查，在对棉、毛、麻、丝、化纤等纺织品或用麻布、稻草、纸张等包装的商品有夹带火种可疑时，应将其放到观察区观察24h，确认无危险后，方可入库归垛。

16. 仓库保管人员在离开库房时必须认真检查，确认安全后，再切断电源，闭门上锁。在节假日和夜间应加强巡查，以确保安全。

17. 日用百货仓库应根据需要配备一定数量和适当种类的灭火器材，大型的百货仓库，应安装自动报警装置。

七、木材仓库的防火措施

木材的用途极为广泛，是国家经济建设和人民生活不可缺少的重要物质。木材仓库通常是指林业部门的储木场，以及木材公司、木材加工厂、造纸厂和一些厂矿企业的木材仓库。木材储存的形式，一般有露天、半露天堆场和库房三种。

木材是一种可燃物质。木材仓库，特别是木材加工厂的木材仓库，木质干燥，而且经过粗加工的板材较多，容易发生火灾事故。由于木材粗重，堆垛高大，一旦发生火灾，燃烧速度快，扑救较为困难，易造成很大损失。因此，必须加强木材仓库的防火措施。

1. 木材仓库应选择在城镇的边缘，靠近天然水源充足的地方。厂库合一的单位应把厂区和库区分开设置。库区应采用围墙或铁丝网围栏起来，围墙高度不宜低于2m。

2. 露天、半露天的木材堆场与其他建筑物的防火间距应符合表13-48的要求。

露天、半露天木材堆场与建筑物的防火间距（m） 表13-48

木材堆场总储量(m^3)	建筑物耐火等级		
	一、二级	三级	四级
50～1000	10	15	20
1001～10000	15	20	25
10001～25000	20	25	30

如果堆场的总储量超过上表规定时，宜分设堆场、堆场之间的防火间距，不应<较大堆场与四级建筑的间距。

堆场与甲类生产厂房、甲类物品库房以及民用建筑的防火间距，应按上表的规定增加25%，且不应<25m。

堆场与明火或散发火花地点的防火间距，应按表13-48四级建筑的规定增加25%。

堆场与甲、乙、丙类液体贮罐的防火间距，不应<表13-48和甲、乙、丙类液体贮罐相应储量与四级建筑间距的较大值。

10001～25000m^3一栏，仅适用于圆木堆场。

3. 圆木储存库区应划分原木、成材、综合利用剩余物堆放区，各区域间应留有 30m 的防火隔离带。

4. 圆木应成垛堆放置，垛宽可根据所垛原木长度而定，堆垛高度不宜超过 10m，长不应超过 200m，堆垛与堆垛之间应留有 1.5m 能两人并行的通道。堆垛至少应有一面靠道路。一般厂矿企业的所属原木仓库，由于品种多，一般堆垛高都在 4m 左右，长不超过 30m，堆垛与堆垛之间的距离仍应保持上述要求。

5. 如果圆木储量很大，则应分组堆放，每组堆存面积不宜超过 $2 \times 10^4 m^2$，组间应留 15m 的防火间距，每两组就应构成一个垛区，区间应保持 25m 的防火间距。

堆放面积 > 4 个垛区时，每 4 个垛区应出 50m 的防火隔离地段。

6. 露天储存的成材应成垛堆放，垛高（包括底垫层）不应超过 8m，长度与宽度可随木材而定，垛间应留有 1.5m 的通道，两垛或数垛之间应留有消防通道。

7. 如果成材的堆放数量很大，则应分组，组的面积应限制在 $1000m^2$ 以下，组与组之间应有 15m 的防火间距。

8. 成材储存于棚内及库房内也应有面积限制，一般以不超过露天堆场一个组的面积为宜，同时应按成材的长度、垛的尺寸，因地制宜，但在棚间和库间应留有一定的防火间距。

9. 木材仓库区边缘外侧与国家铁路编组站钢轨距离，不应 < 50m。铁路蒸汽机车进入库区时，应关闭机车燃烧室的通风箱，机车烟囱设防火帽，并不得在库区清炉出灰。

10. 木材仓库与锅炉、烟囱的距离不能少于 30m，同时也要做好库区周围环境的防火工作。

11. 木材仓库内一般不得进行明火作业，如需动火时，必须办理动火安全作业证，并采取有效的防火措施，作业结束后，应认真检查，熄灭火种，确认安全，方可离开作业现场。

12. 木材仓库内严禁吸烟。如必须用火炉取暖时，应经有关部门批准，并符合火炉安全使用有关规定。

13. 电气高压线应布置在库区边缘，不得穿越库区的上空，引入库区的接户线应尽量缩短引入的长度，防止高压线路发生故障引起火灾。

14. 库内的配电线路敷设，应尽可能采用直埋电缆，如采用架空线，与储木场的防火间距不应 < 电杆高度的 1.5 倍。

15. 库区应设置防雷装置。

16. 严禁将火种带入库区，加强消防值班，注意清除库区内枯草、刨花、树皮、锯木等易着火的杂物，将其堆放到库区的边缘指定地点，并及时处理。

17. 库区内应有环形消防通道，以保证起火时消防车辆能迅速到达每个木材堆垛。

18. 库内区应有充足的消防水源。木材堆场的储存量相当或超过 $10000m^3$ 时，应至少保持 45L/s（以 6h 计算）的消防用水量，消防水源的保护半径不应 > 150m。

19. 远离公安消防的大型木材仓库，应设企业专职消防队，配备消防车辆。并在木材堆垛设固定塔架的高压消防管枪，同时在塔上设防火观察哨，并设有报警信号装置。

八、金属钾（钠）仓库的防火措施

金属钾（钠）与水接触能产生氢气，同时放出大量的热，可引起燃烧爆炸，因此，储存金属钾（钠）的仓库应采取以下防火措施。

1. 金属钾（钠）仓库应采用单层建筑，其耐火等级不应低于二级。建筑物的门窗应设有防止雨水侵入的措施。

2. 独立的仓库总贮量不宜超过50t，每幢库房的储量不宜超过10t。数量在3t以下时，可以允许储存在化学物品总仓库内，但应用防火墙与其他化学物品隔开，并各自设出入口。

3. 金属钾（钠）只允许浸没在煤油等矿物油内贮藏。

4. 贮存金属钾（钠）的铁桶应放置在比地面高20cm以上的木垫板上，以防受潮腐蚀生锈而泄漏。

九、酸类仓库的防火措施

酸类仓库一般储存有硝酸、硫酸、盐酸、氢氟酸等无机酸。这些酸不但腐蚀性强，而且还有毒性，有的还是强氧化剂，接触有机物会引起燃烧。如浓硝酸与木屑接触就能起火，与油类或纤维混合还能形成爆炸性的硝化物；如浓硫酸与氯酸钾接触，即能发生爆炸。酸类与金属接触还能产生可燃气体氢，弄得不好，也会引起燃烧、爆炸。因此，储存酸类的仓库应采取以下的防火措施。

1. 酸类仓库宜为单层建筑，并应有防腐蚀的措施。

2. 酸类库房不应设在地下室，且库房内应有良好的通风，以便能及时排出废气。

3. 大型酸库应设在独立区域内，坛装酸库应设在厂区边缘下风侧。

4. 酸类库房应用非燃烧材料建成，库房地板及墙面应为耐酸的。库房内应设有暗沟，防止排溢出的酸液流散接触有机物质而引起火灾。

5. 室内或半露天的坛装酸库，每一库房的储量不宜过大，一般不应超过1200坛。酸坛在库内应分组储存，每组不超过100坛，组间应留有宽为1m的通道。

6. 酸库库房之间的防火间距应符合表13-49的要求。

酸类库房之间的防火间距（m） 表13-49

防火间距 耐火等级	一、二级	三级	四级
一、二级	10	12	14
三级	12	14	16
四级	14	16	18

防火间距应按相邻厂房外墙的最近距离计算，如外墙有凸出的燃烧构件，则应从其凸出部分外缘算起。

酸类库房与散发可燃气体、可燃蒸气的甲类生产厂房的防火间距，应按表13-49增加2m。

两座库房相邻两面的外墙为非燃烧体且无门窗孔洞，无外露燃烧屋檐，其防火间距可按表13-49减少25%。

7. 严禁酸类与爆炸品、易燃物、有机物、氧化剂以及剧毒物品在一起存放，酸坛应紧密地装在筐内或木格箱内。

8. 各类酸坛的露天堆场应分组布置，各组内不宜超过1600坛，可双层排列，组与组之间应留有通道，一般不宜≮4m。

浓硝酸不宜露天堆放。

9. 露天堆场应做成耐酸地面，且应具有≮1%的排水坡度，在堆场四周应有排水设施。

10. 稀酸和浓酸贮槽应用耐酸材料制造，槽下方应设事故槽，其容量不应＜贮槽总容量的1/3。

11. 酸坛应防高温作用。酸坛的盛酸量只能为该坛容积的90%，剩余的10%是供酸受热膨胀时缓冲，免得酸坛胀裂。如一旦破裂，可用烧碱等进行中和处理。

12. 冬季寒冷地区，对凝固点较高的发烟硫酸和浓硫酸，应采取防寒措施。

13. 装运酸坛时，坛盖应用石膏密封，坛外装木框，以防搬运时酸坛倾覆破碎。硝酸坛外面应用非燃烧的材料填充。

14. 库区的电气照明设备应采取耐酸防腐保护措施。

十、硝酸纤维仓库的防火措施

硝酸纤维是经纤维素硝化制得，用于生产赛璐珞、影片底片漆、炸药等。硝酸纤维一般呈白色或微黄色棉絮状，能溶于丙酮。由于硝化棉在硝化过程中的条件不同，其含氮量也不相同，其溶解度也互有差异。含氮量超过12.5%即为爆炸品。硝酸纤维遇火星、高温、氧化剂、大多数有机胺会发生燃烧或爆炸。干燥的硝酸纤维久贮变质后，易引起自燃。通常加乙醇、丙醇或水作湿润剂，但湿润剂干燥后，也易发生火灾。因此，硝酸纤维仓库应采取以下的防火措施。

1. 硝酸纤维仓库应采用单层耐火、保温的建筑，并设有向外开启的双重门，以防热气侵入库房内。

2. 硝酸纤维库房应按防爆厂房设计，贮藏每1t硝酸纤维，应有不＜$0.5m^2$的泄压面积。库房内须装置防爆泄压孔和垂直的排气管，直通室外。

3. 库房内的温度最高不要超过27℃，必要时须采取冷风、淋水等冷却降温措施。

4. 贮存棉花棉，应渗入30%的丁醇、酒精等溶剂，以稳定其性质。溶剂不足时应随时注意补充。

5. 废电影胶片应溶解在溶剂中贮藏较为安全，否则，应该经常取出检查和翻卷，使其通风散热。已经发粘并有分解现象的电影胶片，应检出后及时处理。

6. 检查硝酸纤维稳定性的方法，是测定其耐热度和自燃点。耐热度是指硝酸纤维在80℃时，使碘淀粉试纸变色的时间，如变色时间少于10min，或自燃点低于120℃～180℃，则有分解着火的危险。

7. 贮存某些硝化纤维制品，如赛璐珞等，应注意防止受潮发霉，并注意贮存期限，当储存期较长时，应定期检查有无发热霉变，尤其夏天炎热季节要经常检查，使其通风散热，防止发生自燃起火。

8. 如有条件，硝酸纤维库房应安装自动喷水灭火装置。

十一、白磷仓库的防火措施

白磷是由磷灰石和焦炭在电炉中加热，急速冷却磷蒸气而得。白磷纯品为无色蜡状固体，受光和空气氧化后表面变为淡黄色。在黑暗中可见到淡绿色的磷光。白磷在空气中会冒白烟燃烧，受撞击、摩擦或与氯酸钾等氧化剂接触能立即引起燃烧，甚至爆炸。因此，白磷仓库应采取以下的防火措施。

1. 白磷库房建筑应采用耐火等级不低于二级的结构。
2. 白磷应贮存在水槽中，且必须浸没在水下，以隔绝空气防止自燃。
3. 为防止水槽中的水在冬天冻结，库房内的温度应保持在0℃以上。
4. 搬运时应轻拿轻放，防止包装破损而漏水。
5. 应采取措施，防止将磷屑带入其他生产车间或仓库内。
6. 白磷着火时，可用雾状水将其扑灭，但火熄灭后应仔细检查现场，将剩余的白磷移入水中，以防止复燃。

十二、电石仓库的防火措施

电石是将含碳酸钙96%以上的石灰石焙烧，得到含氧化钙92%左右的生石灰，然后与颗粒状焦炭按一定比例混合，放在电弧炉中高温熔融，即生成液态电石，待出炉冷却后便可得到电石。

电石与水作用便可产生乙炔，俗称"电石气"。乙炔极易燃烧、爆炸。乙炔的爆炸极限范围较宽，在空气中为2.5%～82%，在纯氧中为2.3%～93%。乙炔与纯铜、银、汞等金属接触能生成容易发生爆炸的乙炔铜、乙炔银、乙炔汞等化合物。乙炔还能和氯、溴及次氯酸盐等化合，发生燃烧或爆炸。又因乙炔气中常常含有磷化氢气体，遇空气容易自燃。因此，贮存电石的仓库应采取以下的防火措施。

1. 电石仓库必须是一、二级耐火等级的建筑，并按防爆厂房设计，库房屋顶应采用非燃烧材料建造。库房宜布置在地势较高的干燥地带，并应远离散发大量水汽或水雾的建、构筑物。库房的地坪须高出潮水淹没最高水位40cm以上，门窗应有防止雨水侵入的遮盖设施。
2. 电石仓库不许采用地下室仓库。电石仓库的总储量不应超过1000t。
3. 电石库房与邻近建筑物应保持一定的防火间距，并应符合表13-50的要求。

电石仓库与邻近建筑物的防火间距（m） 表13-50

建筑物名称			防火间距	
			贮量≤10t	贮量>10t
明火或散发火花的地点			30	30
民用建筑			25	30
重要公共建筑			50	50
其他建筑	耐火等级	一、二级	12	15
		三级	15	20
		四级	20	25
其他甲类物品库房			20	20

4. 电石库房之间的防火间距不宜<20m。电石库房与明火作业地点的距离不应<30m。

5. 电石库房应有良好的自然通风和机械通风，其机械通风设备应符合防爆要求。库房内应保持干燥，相对湿度不应超过80%。

6. 电石库房的电气设备及电气照明设备均应采用防爆型，或将照明设备安装在库房外，利用反射方法将灯光从玻璃窗射入库房内。

7. 库房内的电石桶应放置在比地坪高20cm的木垫板上，堆垛不宜过高，以防倾倒撞击。

8. 装卸搬运电石桶时，须先经过检查，发现问题，应及时处理，如对可疑的电石桶，可先将桶盖上的螺丝松一松，再旋紧，以排放出桶内可能产生的乙炔气。搬运时应轻装轻放，防止碰撞产生火而引起爆炸。雨天搬运时，必须备有可靠的遮雨设备，以防雨水侵入电石桶内。

9. 电石库房内严禁烟火。开桶时不允许使用焊灯或钢凿，而应使用不产生火花的工具，或在钢制工具上涂抹矿物油或植物油，以防钢制工具碰撞桶皮而产生火花。电石桶开启用过后，仍应用盖子将桶盖盖好。

10. 电石粉末容易自燃，火灾危险性很大，在进行处理前，应放在密封铁桶内，不得在库房内随地堆放。处理电石粉末时，可选择远离库外空旷的露天场地，将电石粉末分成若干份，然后一份、一份地投入水坑中，用水将电石粉末分批分解，水要保持充足，其附近严禁一切明火。

11. 电石库房应设置醒明的安全标志，并在明显和拿取方便的地点设置二氧化碳、"1211"、干粉灭火器等消防器材。

十三、易燃、可燃液体仓库的防火措施

易燃、可燃液体仓库一般有地上、半地下和地下贮罐三种形式，由于贮罐区储有大量的易燃、可燃液体，洩漏和散发着可燃蒸气，往往由于明火操作控制不严，以及静电火花、雷击、电气设备不良或自燃等原因而引起火灾。贮罐发生火灾时，会出现猛烈的燃烧或爆炸，造成有的罐底边缘破裂或罐盖飞出，有的罐体破裂，使易燃、可燃液体向四周流散，不仅使储罐区本身遭受重大经济损失，而且危及周围地区的安全。重质油品贮罐在燃烧过程中还可能发生喷溅或沸腾外溢，使火势扩大蔓延，并威胁扑救人员的安全。因此，易燃、可燃液体仓库应采取必要的防火措施。

1. 独立经营的易燃、可燃液体仓库，一般应设在城市常年主导风向下风的郊区，或人烟稀少、交通方便的地方。根据库址的工程地质条件，一般宜采用隐蔽库和山洞库。

独立经营的易燃、可燃液体贮罐区在海边、河岸300m以内布置时，应位于江河两岸的居民点、重要公共建筑、重要桥梁、造船厂、码头、城市水源地的下游，其间距一般不应<300m，且应不被流水淹没或冲刷。如在上游及潮汐江河地区设置时，其间距不宜<1000m，且应有防止贮罐发生火灾事故时，油品不致流入水体的设施。

独立经营的易燃、可燃液体贮罐区，如果设在森林地带时，距针叶树林不应<50m，距阔叶树林不应<20m，为便于伪装和隐蔽，在库区内可种少量阔叶林，但应防止野火焚树对贮罐的威胁。

2. 复土隐蔽罐罐顶复土层厚度不宜<1m，非金属罐复土层厚度可适当减小，山洞油

库洞体顶部岩石厚度应不<30m。

3. 厂矿企业、交通或其他企业为满足自身需要而设置的附属易燃、可燃液体储罐区布置在厂内时，应位于厂区边缘，且位于明火及散发火花地点的平行风向或下风向，但不得布置在产生飞火设备的下风向。

4. 独立经营的易燃、可燃液体仓库贮罐应分成若干基区，各基区应保持一定的安全距离。

贮罐区的地势应为较低的平坦地带，如布置在高低不平的丘陵地带时，宜将容量大的油罐布置在低处，容量小的油罐布置在高处。在山区建库时，贮罐区不宜设在窝风地带、山坡高地及山涧上游。

5. 易燃、可燃液体贮罐区与建筑物的防火间距应符合有关规定的要求。

6. 易燃、可燃液体贮罐与铁路、道路的防火间距，不应<表13-51的要求。

易燃、可燃液体、贮罐与铁路、道路的防火间距（m） 表13-51

防火间距名称	厂外铁路中心线	厂内铁路中心线	厂外道路路边	厂内道路路边	
				主要	次要
甲、乙类液体贮罐	35	25	20	15	10
丙类液体贮罐	30	20	15	10	5

7. 易燃、可燃液体贮罐与泵房、装卸设备的防火间距不应<表13-52的要求。

易燃、可燃液体贮罐与泵房、装卸设备的防火间距（m） 表13-52

防火间距 \ 项别 \ 贮罐名称	泵房	铁路装卸设备	汽车装卸设备
易燃液体贮罐	15	20	15
可燃液体贮罐	10	12	10

装卸设备与建筑物的防火间距不宜<15m，单罐容量≥2000m³的易燃液体贮罐距甲、乙类生产单元的防火间距不应<50m，距丙类生产单元的防火间距不应<40m。

8. 易燃、可燃液体贮罐之间的防火间距不应<表13-53的要求。

易燃、可燃液体贮罐之间的防火间距 表13-53

防火间距名称	立式固定顶罐			卧式储罐
	地上	半地下	地下	
易燃液体	0.75D	0.5D	0.25D	D
可燃液体	0.5D	0.4D	—	0.75D

D为两相邻贮罐中较大罐的直径（m）。

浮顶贮罐之间或闪点>120℃的可燃液体贮罐之间的防火间距，可按表13-53减少25%，并可不>25m。

地上卧式贮罐成排布置时，排与排之间的防火间距，不应＜其中最长卧罐长度的一半。

9. 易燃、可燃液体贮罐必须用非燃烧材料建造，并应建造在非燃烧材料的基础上，贮罐绝热层也应以非燃烧材料制成。

10. 沸点和闪点极低，又易挥发的易燃液体贮罐，最好采用半地下或地下的两种型式，如采用地上型式，则应有良好的隔热和冷却装置。对于火灾危险性很大的易燃液体贮罐，如有条件可通入氮气、二氧化碳等惰性气体进行保护。

11. 厂矿企业生产工艺上用的中间贮罐，可装置玻璃液面计，但外围应有保护装置，以防玻璃碰碎，易燃、可燃液体流出而造成火灾。

原料或成品的大型易燃、可燃液体贮罐不允许安装玻璃液面计和取样旋塞，而应采用浮球式、气动式、压差式等较为安全的液面指示计或采用人工测量的方法。

12. 易燃、可燃液体贮罐的排气管上应装置阻火器，大型贮罐还应装置呼吸阀。

13. 为了防止雷击和静电放电引起火灾，贮罐和其连接的管线上，应设导电接地线，金属贮罐的导电接地线应装在金属贮罐的下边缘处，接地引下线与打入地下 2.5m 深的接地极搭接焊接。一般直径＜5m 的贮罐可一处接地；直径在 6~20m 的贮罐可二、三处接地；直径＞20m 的贮罐可在四处接地。

14. 易燃、可燃液体安设避雷针必须经过设计计算，应符合有关安全规定的要求，不得随便安设。

高度在 5m 以上的地面立式轻质易燃液体贮罐，应安装避雷针。避雷针的保护范围，应使其贮罐的最高附件点处在防雷装置的保护范围以内，且其尖端至少要比呼吸阀的顶高出 5m，并与呼吸阀的水平距离不＜3m。避雷针最好单独设置。

浮顶贮罐一般可不设避雷针，但是浮顶与罐体必须有可靠的导线连接。

钢筋混凝土贮罐的底、圈、顶的钢筋，应互相焊接以连通，设在罐顶上的避雷针与之相连，并沿贮罐外壁敷设接地引下线，共同接地。如果混凝土钢筋未能相互焊接连通，则应设独立的避雷针。独立的避雷针应设在防火堤外边。

15. 为防止贮罐破裂，易燃、可燃液体流淌，特别是防止发生火灾时，由于贮罐被炸坏而造成易燃、可燃液体流淌燃烧，使火灾扩大蔓延。因此，地上和半地上贮罐应设置砖或土砌成的防火堤。防火堤应能承受液体满堤时的静压力。

防火堤的高度宜为 1~1.6m，如采用土堤，其顶宽度不宜＜0.5m。堤内的空间计算容积，应能容纳全组贮罐地上部分总贮量的半数液体，或最大的一个贮罐的地上部分贮量。防火堤的实际高度，应比计算高度至少高出 0.2m，以供灭火时容纳泡沫用。

16. 防火堤内的下水道，应装有闸门式的启闭装置，并应通过防火堤外周的水封，与生产下水道相通。

17. 贮罐的防火堤应保持完整，不得挖洞、开孔，如因工作需要挖开时，应在缺口处准备好堵漏材料和工具，作业结束后应及时将缺口修复。

防火堤上应在不同方向设两个以上的安全出入台阶或坡道，如贮罐区内设有分隔堤时，其分隔堤上至少设一个台阶或坡道。

当管线穿越防火堤或分隔堤时，其穿越处应用非燃烧材料进行封闭。

18. 贮罐的防火堤内，禁止架设电线和任何电气设备，贮罐区的照明，应采用装在防火堤外的探照灯。

19. 输送易燃、可燃液体的泵房应单独设置，泵和电动机与电气开关等应符合防火防爆的要求。

20. 易燃、可燃液体贮罐灭火时，其着火面上必须覆盖一定厚度的泡沫灭火剂层，才能奏效。如果罐内贮存的易燃、可燃液体面过高，甚至超过罐壁泡沫室喷口。此时，不但着火时不能向罐内注入泡沫进行灭火，而且罐内的液体还会通过泡沫室流出，从而影响灭火装备的效能。因此，每个贮罐都必须明确规定罐内允许贮量的最大安全高度，控制罐内最高液面处在泡沫室的下沿口以下。

贮罐安全贮量高度的计算方法如下：

$$H = \frac{D_t}{D}(H_1 - H_2)$$

式中　H——贮罐贮量安全高度；

　　　H_1——贮罐总高度（底板至顶板下缘）；

　　　H_2——泡沫灭火剂覆盖层厚度，见表13-54；

　　　D——罐内收易燃、可燃液体时温度下的平均密度。

　　　D_t——贮存期间最高温度下的罐内存液密度。

贮存不同闪点易燃、可燃液体的必需泡沫厚度（mm）　　表13-54

易燃、可燃液体的闪点	用化学泡沫时	用空气泡沫时
<28℃	450	300
≥28至≤45℃	300	300
>45℃	180	300

贮罐安全容量的计算方法如下：

从贮罐容量表中查出其安全贮量高度的容量（V_H），乘以最高温度下密度（D_t）即得

$$G = V_H \cdot D_t$$

式中　G——贮罐安全容量，kg；

　　　V_H——贮罐安全贮量高度下的容积（可从该贮罐的容积表中查得）；

　　　D_t——贮存期间最高温度下的液体密度。

21. 易燃、可燃液体仓库应建立健全防火安全规章制度，并严格执行。加强对各类火种、火源和有散发火花危险的机械设备、作业活动等的控制和管理。

22. 易燃、可燃液体仓库应配备灭火性能适宜及数量足够的消防器材。并根据仓库规模的大小和消防设施的状况，建立专职消防队或义务消防队，同时应与毗邻单位结成联防，达到互相配合，互相支持地进行火灾扑救工作。

十四、易燃、可燃液体桶装仓库的防火措施

易燃、可燃液体的贮存也有用小容器200L桶进行包装的，然后放置于库房内。因桶装易燃、可燃液体容易渗漏，库房内经常有易燃、可燃液体的蒸气集聚，而油桶着火时又往往炸裂桶皮，造成易燃、可燃液体四溅流淌，使储存场所的桶装易燃、可燃液体出现燃烧或爆炸连锁反应的严重局面。因此，易燃、可燃液体桶装仓库应采取以下的防火措施。

1. 易燃、可燃液体桶装库房应为地面建筑，不得采用半地下或地下式，以免可燃蒸气不易扩散，增加火灾危险因素。

2. 桶装库房的耐火等级、层数和面积应符合表 13-55 的要求。

3. 桶装库房与其他建筑物间的防火间距应符合表 13-56 的要求。

桶装库房的耐火等级、层数和面积　　表 13-55

易燃、可燃液体类别	耐火等级	最多允许层数	每座库房最大允许占地面积(m^2)			
			单层		多层	
			每座库房	防火墙隔间	每座库房	防火墙隔间
闪点<28℃	一、二级	1	750	250	—	—
闪点≥28℃至60℃	一、二级	1	1000	250	—	—
	三级	1	500	250	—	—
闪点>60℃	一、二级	3	2100	700	1500	500
	三级	1	1200	400	—	—

闪点<28℃的桶装库房与其他建筑间的防火间距（m）　　表 13-56

名　　称		储量(t)	
		≤10	>10
民用建筑		25	30
其他建筑	一、二级	12	15
	三级	15	20
	四级	20	25

闪点>28℃的易燃、可燃液体桶装库房与其他建筑物间的防火间距按一般工业厂房的间距确定。

4. 桶装库房的地面应采用不发生火花地面，并应有 1% 的坡度，坡向库外集油沟或集油井。

5. 桶装库房的泄压比应为 $0.05 \sim 0.10 m^2/m^3$，宜优先采用屋顶泄压设施。

6. 桶装库房面积在 $100 m^2$ 以上贮存汽油等轻质桶装易燃液体，以及面积超过 $200 m^2$ 贮存润滑油等桶装可燃液体，最少要开设两个大门，其门的宽度不应<2.0~2.1m，并且从库房内通行道上任何位置到最近的一个大门的距离不>30m（轻油库房）或50m（润滑油库房）。

7. 桶装库房主要运输通道不应<1.8m，检查通道不<1m，通道应便于疏散和易于发现桶漏泄。

8. 桶装库房的净高不应<3.5m。

9. 桶装库房的照明应采用室外布线，可采用装在墙上壁龛内的反射灯照明。易燃液体桶装库房和灌装间的室内照明应采用防爆型灯具装置。

10. 桶装库房应增开窗户，以加强自然通风。为利于排除库房内可燃蒸气，还应设置机械通风装置。采用机械通风时，通风机壳和叶轮应采用撞击不产生火花的有色金属材料制造。

当采用通风孔通风时，其通风孔应有防止飞火进入的防护装置。

11. 储存在库房内的桶装易燃、可燃液体应直立堆放,闪点在28℃以下的不能超过二层;闪点在28~45℃之间的不应超过三层;闪点在45℃以上的不应超过四层堆放。堆垛与堆垛之间的距离不能<1m,堆垛与墙的间距不应<0.25~0.5m。

12. 润滑油和润滑油脂桶的贮存,应与轻质油桶分库存放。闪点在45℃以下的易燃液体桶应单库储存。

13. 灌装和发送闪点≤45℃的易燃液体时,必须设在单独场地或独立的建筑物内。在同一建筑物内灌装和发送时,应将易燃液体和可燃液体用防火墙隔开。灌装间应通风良好,并应尽量安设局部排风装置及可燃气体浓度检测报警器。

14. 闪点≤45℃的轻油灌油间与相邻建、构筑物的防火间距,不应<表13-57的要求。

闪点≤45°灌油间与其他建、构筑物的防火间距(m)　　　　表13-57

序号	建、构筑物名称	耐火等级	防火间距
1	灌装罐(<1000m³)	—	12
2	桶装库房	一、二级	15
		三级	25
3	有明火生产建筑	一、二级	40
4	无明火生产建筑	一、二级	15
5	库内铁路中心线	—	30

闪点>45℃的灌桶间与表13-57序号的1、2、3项的防火间距可减少25%,黏油灌桶间与上表序号的3、4、5项防火间距,可减少25%,黏油灌桶罐可安装在黏油间的上层。

15. 桶装库房内不得住人。

16. 操作工具应用撞击不会产生火花的有色金属材料制造,进入库房内不应穿有带铁钉的鞋,作业完毕后应切断电源。

17. 桶装仓库应建立健全防火安全规章制度,并严格执行。

18. 桶装仓库应配备灭火性质适宜,数量足够的消防器材,并确保其好用。消防器材应设置在醒目、使用方便的地点。

十五、易燃、可燃液体桶装堆场的防火措施

露天场地堆放闪点<45℃桶装易燃液体的火灾危险性较大。因为露天温度升高可使桶内易燃液体膨胀,蒸气压力增大,当超过桶皮所能承受的压力时便会胀破裂。因此,装易燃液体的桶不宜在露天堆放。如因条件所限而必须在露天场地堆放时,则应在露天场地搭设非燃烧结构的遮棚,以及在炎热季节采取喷淋降温的措施。

装可燃液体的桶在露天场地堆放时,应采取以下防火措施。

1. 露天堆场不应设在铁路、公路干线附近,但应有专用的道路。也不宜设在陡壁的山脚下。露天堆场场地应平坦,基地应高出邻近地面0.2m,场地周围应有排水沟。桶堆应用土堤或围墙予以保护,其高度不宜<0.5m,为避免阳光照射,可在堆场周围种植阔叶林。

2. 装可燃液体的桶应分堆放置,各堆之间应保持一定的防火间距,以便于扑救工作。

堆放应成排，排之间应留有不＜1m的检查通道。每堆的大小可采用15m×15m，每个土堤内不超过4堆，堆垛与土堤之间应留有不＜5m的距离，以防可燃液体流散和便于扑救。

3. 为避免日晒，可在堆场上设非燃烧材料的棚子，土堤内地面应略高于堤外，且倾向排水沟有一定的坡度，堤外排水沟经水封井将污水导致工业下水道。

4. 堆场宜设单独分装可燃液体的地点。

5. 堆场内不应设置电气设备，照明设备应设在土堤外。

6. 空桶堆场地势应略高，能排除污水。

7. 修补空桶，应清洗干净，确认无炸爆危险后，移至安全可靠地点，方可动火焊接。

8. 汽车进入堆场，应采取必要的防火措施，如在汽车的排气管上安装火花熄灭器等。

十六、液化石油气贮罐的防火措施

液化石油气是一种被压缩液化了的石油气体。其主要成分是丙烷和丁烷。在常温常压下丙烷和丁烷都以气体状态存在，但降低到一定温度和增加到一定压力后，就会变成液体。它们由气体变为液体的，体积几乎缩小到1/250～1/300。根据这一特性，同时为了便于贮存和运输，人们通常总是采取加压的措施，使之变成液体装在压力容器内。液化石油气的名称即由此而来。液化石油气也可简称"液化气"。

液化石油气具有易燃、易爆的特性，通常以高压液化的方式贮存，如有渗漏，能气化成大量的可燃气体，其爆炸下限比较低，只要达到2%浓度时，遇火就能发生爆炸。液化石油气在气体状态时的相对密度为空气的1.5～2.0倍，易在地面及低洼处积聚不散，遇明火就会发生爆炸燃烧。另外，由于液化石油气采用了压力容器贮存，相应地又增加了它在使用过程中的不安全因素，因此，液化石油气贮罐应采取如下的防火措施。

1. 为防止液化石油气积聚而引起爆炸燃烧，其贮罐应布置在通风良好，远离明火或散发火花的露天地带，并宜设在本单位以本地区全年频率风向的上风侧，或设在火源或明火的平行风向或下风向，但不应布置在能产生飞火设备的下风向和运输繁忙的道路两侧。

2. 液化石油气贮罐或罐区与建筑物、堆场的防火间距，应符有关规定的要求。

如容积超过1000m³的液化石油气单贮罐或总贮量超过5000m³的罐区，与明火或散发火花地点和民用建筑的防火间距不应＜120m，与其他建筑的防火间距则应按有关的规定增加25%。

3. 液化石油气罐区宜设置高度为1m的非燃烧体实体防护墙。

4. 液化石油气贮罐与所属泵房的距离不应＜15m。

5. 液化石油气贮罐不宜与易燃、可燃液体贮罐同组布置，更不应设在一个土堤内。分开设置时，也应设法防止易燃、可燃液体贮罐发生事故时，其液体流入液化石油气罐区。布置压力卧式液化石油气罐时，为防止万一发生爆炸时，气罐沿纵轴方向飞出造成严重后果，罐的纵轴不应对着重要建筑物、重要设备、交通要道和人员集中的场所。

6. 液化石油气贮罐区内部及距贮罐外壁30m范围的地面上，不应有与地下管沟直接相通的设施，若与管沟相通，应采取措施防止气体从地面窜入地下沟。

7. 液化石油气贮罐宜单独设置，数个贮罐的总容积超过3000m³时，应分组布置，组内贮罐宜采用单排布置，组与组之间的防火间距不宜<20m（罐壁与罐壁）。当贮罐组设有防火堤时，除满足上述要求时，并应在两组防火堤外侧基脚线之间留有7m的消防通道。贮罐与围墙间应留有一定的距离或场地，以便于灭火操作。

8. 液化石油气贮罐可直接埋入地下，但不应设置在建筑物的地下室内，也不宜设在室内。

9. 液化石油气贮罐之间的防火间距，不宜小于相邻较大罐的直径。

10. 卧式贮罐成排布置时，排与排之间不应小于卧罐长度的一半，且不<6m，贮罐四周宜设防火堤，防火堤的高度可为1m，贮罐的罐体、基础外露部分及罐组内的地面应为非燃烧材料。

11. 液化石油气贮罐上应设有安全阀、压力计、液面计、温度计以及超压报警装置。无绝热措施时，应设淋水冷却设施。

厂矿企业内的液化石油气贮罐的安全阀及放空管应通往全厂性火炬。独立贮罐的放空管应通往安全地点放空。安全阀和贮罐之间如安装有截止阀时，截止阀应常开，并加铅封。

12. 液化石油气贮罐应设静电接地及防雷设施。罐区内电气设备均应为防爆型。罐区内不应有与该罐区无关的管线穿越。

13. 液化石油气贮罐区应有消防给水设施。采用低压给水系统，罐区可设消防水池。

14. 液化石油气贮罐区应严禁烟火，并建立健全防火安全制度，且在明显的位置设有醒目的安全标志。

十七、城市液化石油气站及使用液化石油气气瓶的防火措施

城市液化石油气站一般位于居民较为集中的地区，一旦发生事故，将会造成严重的经济损失和重大伤亡，后果不堪设想。因此，城市液化石油气站应采取如下的防火措施。

1. 城市液化石油气站应为一、二级耐火等级的建筑，宜采用敞开式或半敞开式灌装站。地面应采用撞击不产生火花的非燃烧材料建造。建筑物应考虑防爆泄压，室内应有良好的通风，通风口应接近地板面，以便排除液化石油气。

2. 液化石油气气化站或混气站，其贮罐与重要公共建筑和其他民用建筑、道路之间的防火间距，应不<表13-58的要求。但与明火或散发火花地点的防火间距不应<30m。

贮罐与重要公共建筑和其他民用建筑、道路之间的防火间距（m） 表13-58

名 称	总容积(m³)	
	<10	10~30
	防 火 间 距	
一般民用建筑	12	18
重要公共建筑	25	25
道路	10	10

3. 液化石油气气化站或混气站的周围应设置非燃烧体实体围墙，其高度不得低于2m。

带有明火的气化装置应设在室内,并用防火墙与相邻的房间隔开。

站内应设置消火栓。

4. 液化石油罐装站应有防静电和防雷装置,电气设备应采用防爆型。

5. 液化石油气供应站的供应范围,一般不超过 1000 户。供应站的气瓶库贮量,一般按最大日销量的一天耗用量计算。气瓶库的液化石油气总贮量不宜超过 $10m^3$。

6. 液化石油气气瓶库的总贮量不超过 $10m^3$ 时,与建筑物的防火间距(管理室除外)不应<10m;若超过 $10m^3$ 时,不应<15m。

7. 液化石油气气瓶库与主要道路的间距不应<10m,与次要道路不应<5m,距重要的公共建筑不应<25m。

8. 当液化石油气气瓶库与办公室或值班室布置在同一建筑物内时,两者之间的隔墙应为防火墙,防火墙上不得开设门窗洞口。

9. 在使用液化石油气瓶时,气瓶与火源、热源的间距不应<1.5m,不准用火烤、开水烫或在阳光下暴晒气瓶。

10. 在需点燃液化石油气时,应先点燃引火物,然后再开气瓶,不应颠倒顺序。

11. 使用液化石油气瓶过程中,应有人看守,不应离开,防止水沸溢浇灭火,造成可燃气体流窜引起爆炸。

12. 要经常检查液化石油气瓶及配件的气密性,气瓶漏气应用肥皂水检查,严禁用明火试漏。

13. 使用液化石油气瓶者需懂得使用气瓶的安全常识,并教育儿童不要随便玩弄气瓶。

14. 发现液化石油气瓶严重漏气时,应打开门窗通风,附近严禁动火,严禁拉电源开关,待排除故障后及可燃气体后,方可使用。漏在地面上的废液,应用沙土覆盖后清除至安全地点。

15. 当液化石油气瓶着火时,应立即关闭阀门,用干粉灭火器或用湿麻袋捂盖等方法灭火。

十八、可燃气体贮罐的防火措施

可燃气体贮罐在正常情况下,由于罐内有一定的压力,比较安全,但由于操作错误造成抽瘪或将钟罩顶出出水封槽,可使气体喷出罐外遇火爆炸;或者检修时气体置换不净,而由于动火作业引起爆炸;或者因气罐受腐蚀,裂隙漏气引起火灾;或者贮罐中可燃气体不纯,混有空气或含氧量过高而引起爆炸;或者水封不良或水封冻结而漏气引起火灾;或者充气过多,可燃气体由钟罩下部边缘漏出而引起火灾;等等。为消除这些不安全因素,确保安全,可燃气体贮罐应采取以下防火措施。

1. 相对密度>0.7 的可燃气体贮罐,应布置在明火及散发火花地点的平行风向或下风向,但不得布置在产生飞火设备的下风向。

2. 可燃气体贮罐应设在室外露天场地,距贮罐四周 5m 还应设置轻便的栏杆围护。城市煤气贮罐宜分散布置在用户集中的安全地段。

3. 氢气贮罐地面应高于相邻散发可燃气体、可燃蒸气的甲、乙类生产单元地面,防止易燃液体、液化石油气及可燃气体等积聚在氢气贮罐附近的地面上。

湿式可燃气体贮罐或罐区与建筑物、堆场的防火间距，不应＜表 13-59 中的要求。

贮气罐或罐区与建筑物、堆场的防火间距（m）　　　　表 13-59

防火间距名称		总容积(m³)	≤1000	1001～10000	10001～50000	＞50000
明火或散发火花地点,民用建筑,甲、乙、丙类液体贮罐,易燃材料堆场,甲类物品库房			25	30	35	40
其他建筑	耐火等级	一、二级	12	15	20	25
		三级	15	20	25	30
		四级	20	25	30	35

总容积按其水容量（m³）和工作压力（绝对压力 9.8×10^4 Pa）的乘积计算。

干式可燃气体贮罐与建筑物、堆场的防火间距应按上表增加 25%。

容积不超过 20m³ 的可燃气体贮罐与所属厂房的防火间距不限。

4. 可燃气体贮罐与铁路、道路的防火间距，不应＜表 13-60 中的要求。

可燃气体贮罐与铁路、道路的防火间距（m）　　　　表 13-60

名　称	防火间距	名　称	防火间距
厂外铁路线(中心线)	25	厂内次要道路(路边)	5
厂内铁路线(中心线)	20	厂外道路(路边)	15
厂内主要道路(路边)	10		

如系电力牵引机车，其贮罐与铁路线的防火间距可适当减少，但与厂内铁路线不应＜15m，与厂外铁路线不应＜20m。

可燃气体贮罐或罐区之间的防火间距应符合下列要求。

1. 湿式贮罐之间的防火间距，不应＜相邻较大罐的半径。

2. 干式或卧式贮罐之间的防火间距，不应＜相邻较大罐直径的 2/3，球形罐之间的防火间距不应＜相邻较大罐的直径。

3. 卧式、球形罐与湿式贮罐或干式贮罐之间的防火间距，应按其中较大者确定。

4. 一组卧式或球形罐的总容积不应超过 30000m³。组与组的防火间距，卧式贮罐不应＜相邻较大罐长度的一半；球形罐不应＜相邻较大罐的直径，且不应＜10m。

5. 可燃气体贮罐应有静电接地和防雷设施。

6. 湿式可燃气体贮罐应尽量装有罐上下限的指示信号和低压报警装置，以免顶翻或抽瘪钟罩。

7. 进入贮罐内的气体，必须保证纯净，并定期定时分析测定气体成分。

8. 贮罐与生产设备连接的管线上，必须装设水封槽。

9. 贮罐安装必须正确，罐壁内外均应涂刷防腐的涂料。

10. 湿式贮罐的环形水封和水封槽内，应保持一定高度的水位，冬天应采取保温措施，以免水封冻结失效。

11. 严格控制充气量，并安装安全控制计量仪器信号和设备，如放空管、安全帽等，以防止湿式贮罐上升过高，钟罩倾斜而漏气。同时还要防止抽气过多，形成真空，压坏贮罐。

12. 可燃气体贮罐上不允许安装任何可能引起火花而又不封闭的电气设备。

13. 液氨贮罐上应安装有液面计、压力表和安全阀。常温压力液氨贮罐露天布置时，贮罐应采用绝热措施或设有冷却喷淋设施。

14. 高压固定容积的可燃气体贮罐应符合压力容器的有关规定和要求，罐上应装压力计和安全阀。

15. 可燃气体贮罐在检修时，应用惰性气体置换，并采集气样进行安全分析，分析合格，确认无爆炸燃烧危险后，才可进行动火作业。

十九、助燃气体贮罐的防火措施

助燃气体通常是指氧气。在正常情况下，大气中含有20.9%的氧气，工业生产中的氧气是将空气液化后分段蒸发，分离而得到。氧气本身虽然不会燃烧，但却有很强的助燃性。如果把点燃的火柴吹灭，在空气中就不会再起火燃烧，火柴梗上留有的点火星便会很快熄灭。然而，如果把留有火星的火柴梗插入纯氧中，火星便会立即起火燃烧，把火柴梗迅速烧尽。这表明纯氧的氧化作用要比空气强烈得多。再者，若使油脂特别是含不饱和脂肪酸的油脂与纯氧接触，其氧化过程会大大加快，并迅速放出大量的热，由于来不及散发，使温度骤然上升，便会引起燃烧。此外，氧气与乙炔、氢气、甲烷、一氧化碳等可燃气体相互混合达到一定比例，便会形成爆炸性混合物，一旦遇火源便会发生猛烈地爆炸。因此，氧气贮罐应采取以下的防火措施。

1. 湿式氧气贮罐或罐区与建筑物、贮罐、堆场的防火间距，应符合有关规定的要求。

氧气贮罐与其制氧厂房的间距，可按工艺布置要求确定。

容积不超过 $50m^3$ 的氧气贮罐与所属使用厂房的防火间距不限。

2. 氧气贮罐之间的防火间距，不应＜相邻较大罐的半径，氧气贮罐与可燃气体贮罐之间的防火间距不应＜相邻较大罐的直径。

3. 液氧贮罐与其泵房的间距不宜＜3m。

设在一、二级耐火等级库房内，且容积不超过 $3m^3$ 的液氧贮罐，与所属使用建筑的防火间距不应＜10m。

$1m^3$ 的液氧可按折合 $800m^3$ 标准状态气氧计算。

4. 液氧贮罐周围5m范围内不应有可燃物和设置沥青路面。

第九节 灭火的方法和消防器材的使用

一、消防工作的方针

新中国成立以来，党和政府历来十分重视消防工作。早在1957年，我国就制定并颁布了《消防监督条例》，提出了"以防为主、以消为辅"的消防工作方针。从而推动了全国的消防工作，保护国家和人民生命财产安全发挥了很大的作用。

然而，50年来我国各方面的情况都发生了很大的变化，目前我国已进入了以社会主义现代化建设为中心任务的新时期。因此对消防工作提出了更高的要求，同50年前相比，我国各级公安消防监督机关也逐渐健全，消防监督力量有了较大的加强，已经能够承担起比较繁重的任务，因此原来的条例已不能适应当前新形势的要求。

1984年5月11日经第六届全国人大常委会第五次会议批准，1984年5月13日国务院公布新的消防条例《中华人民共和国消防条例》，1984年10月1日起开始实施。新的消防条例提出我国消防工作的方针是："预防为主、防消结合"。1998年4月29日，第九届全国人民代表大会常务委员会第二次会议通过了《中华人民共和国消防法》，将预防为主、防消结合的消防方针列入了法律。

这一方针更加准确地反映了"防"和"消"的关系，"防"和"消"是同火灾作斗争的两个基本手段，它正确地反映了同火灾作斗争的客观规律。"预防为主"就是要把预防火灾的工作放在首要的位置上，要积极开展防火安全技术知识的教育，提高广大人民群众对发生火灾的警惕性；健全防火组织；制定防火制度；配备消防器材；进行防火检查；消除火险隐患；贯彻建筑防火措施等等。只有认真地搞好"防"，才可能把引起火灾的危险因素消灭在起火之前，尽量减少火灾事故的发生。"防消结合"就是在积极做好预防火灾工作的同时，应在组织上、物质上和技术上要做好"消"的灭火战斗准备工作，以便一旦发生火灾便能迅速赶赴火场，及时有效地将火灾扑灭。因此，"防"和"消"是相辅相成的，两个方面是缺一不可的。

在厂矿企业安全技术工作的实践中，消防技术已成为安全技术专业上的一个重要组成部分。因此，这就要求我们搞安全技术工作的人员，要以消防工作方针为指南，以消防法为根本，加强消防专业技术知识的学习，以便更好地履行国家赋予我们保护公共财产和人民生命安全的神圣职责。

二、火灾

火灾，应按所造成的危害程度而定，并不是每次起火都叫火灾。如果起火后，能及时扑灭，又未造成损失的，或者损失很小的，都不叫火灾，通称为火警。所谓火灾，是指失去控制并对财物和人身造成损害的燃烧现象。

根据我国公安部和原劳动部于1996年11月11日颁布的《火灾统计管理规定》中的有关内容，按照一次火灾事故所造成的人员伤亡、受灾户数和财物直接损失金额，将火灾划分为三类。

（一）凡具有下列情形之一的，为特大火灾：
1. 死亡10人以上（含本数，下同）；
2. 重伤20人以上；
3. 死亡、重伤20人以上；
4. 受灾50户以上；
5. 直接财物损失100万元以上。

（二）凡具有下列情形之一的，为重大火灾：
1. 死亡3人以上；
2. 重伤10人以上；

3. 死亡、重伤 10 人以上；

4. 受灾 30 户以上；

5. 直接财物损失 30 万元以上。

（三）不具有上述两项情形的火灾，为一般火灾。

三、火灾分类标准

火灾分类标准，是重要的消防基础标准。我国目前尚无这方面的标准，仅在火灾统计分析工作上，根据不同的目的和要求，形成一套火灾统计分类原则。

火灾分类国际标准，即《火灾分类》（ISO 3941），是以火灾中燃烧物的特性为依据的，这一分类原则有助于选择灭火措施。

因此，我国根据国际通用的原则和物质燃烧的特性。为正确地防火和灭火，特别是为正确地选择灭火器材，采用有效的灭火方法，扑救各类火灾提供科学依据。我国火灾分类国家标准（GB 4968），将火灾分为如下四类。

1. A 类火灾

指固体物质火灾，这种物质往往具有有机物性质，一般在燃烧时能产生灼热的余烬。如木材、棉、仓、麻、纸张火灾等。

2. B 类火灾

指液体火灾和可熔化的固体物质火灾。如汽油、煤油、柴油、原油、甲醇、沥青、石蜡火灾等。

3. C 类火灾

指气体火灾。如煤气、天然气、甲烷、乙烷、丙烷、氢气火灾等。

4. D 类火灾

指金属火灾。如钾、钠、镁、钛、锆、锂、铝镁合金火灾等。

四、扑灭火灾的基本方法

扑灭火灾，就是停止物质的燃烧。要停止物质的燃烧，就要破坏燃烧的条件。因此，扑灭火灾的基本方法有以下四种。

1. 窒息法。此法就是使燃烧区周围空气中氧的浓度低于维持物质燃烧的浓度，或者根本不使氧或其他助燃物质进入燃烧区，从而使燃烧因缺乏足够的助燃物质而停止。

在实际运用窒息法扑灭火灾时，可用石棉毯、湿麻袋、湿棉被、黄沙等非燃烧或难燃烧物质覆盖在正在燃烧的物体上；或者用水蒸气或二氧化碳等惰性气体向起火的容器设备内灌注；或者将起火的船舱、建筑物和容器设备的门窗、孔洞等封闭起来与外界隔绝。

2. 隔离法。此法就是限制和停止可燃物质进入燃烧区，其中也包括将燃烧区的可燃物质撤出燃烧区，从而使燃烧因缺少可燃物质而停止。

在实际运用隔离法扑灭火灾时，可将靠近火源的可燃、易燃和助燃的物品搬离燃烧区，或者把已经着火的物体移至安全地点；或者关闭可燃气体、可燃液体管道的阀门，减少和中止可燃物质进入燃烧区域；或者拆除与燃烧物体毗连的易燃建筑物等。

3. 冷却法。此法就是把水或其他灭火剂直接喷洒在燃烧物质上，以降低燃烧物的温度，使燃烧物的温度降低到该物的燃点以下，从而使燃烧缺乏足够的温度而停止。

在实际运用冷却法扑灭火灾时，可将水或其他灭火剂直接喷洒在燃烧的物质上，以降低燃烧物本身的温度；或者将水或其他灭火剂直接喷洒在燃烧区附近的可燃物体上，使其温度降低，防止辐射热影响而起火。

4. 化学中断法，也称抑制法，也有称为中断化学反应法。此法就是用含氟、溴的化学灭火剂直接喷向燃烧物的火焰，让此类化学灭火剂参与到燃烧反应的历程中去，从而使燃烧游离基的连锁反应中断，以达到停止燃烧的目的。对于化学中断法的灭火原理，尚在进一步研究中。

在实际运用化学中断法扑灭火灾时，可将含氟、溴的化学灭火剂，如"1211"，直接喷向燃烧物的火焰。

对于各种不同环境中的不同性质的火灾，其扑救的方法也各不相同。有时只需要一种灭火方法就能将火灾扑灭，而有时为了加速扑灭火灾，就可以同时使用几种灭火方法，如在扑救油贮罐火灾时，就可以采用既用泡沫灭火剂覆盖油面，又用水冷却贮罐等措施。

五、选择灭火剂的基本要求

欲要灭火，就需要有灭火剂，这是用来在燃烧区内造成停止燃烧的重要条件。所谓灭火剂，就是能够有效地破坏燃烧条件，中止燃烧的物质。

一切灭火措施都是为了破坏已经产生的燃烧条件，并使燃烧的连锁反应中止。灭火剂在被喷射到燃烧物和燃烧区域后，通过一系列的物理、化学作用，能使燃烧物冷却、燃烧物与氧气隔绝、燃烧区内的氧的浓度降低、燃烧的连锁反应中断，最终致使维持燃烧的必要条件受到破坏，从而起到灭火作用。

现代使用的灭火剂，除了水以外已经发展到许多种类，其中有泡沫、二氧化碳、干粉、卤代烷和惰性气体等。为了有效地扑灭火灾，则应根据火灾燃烧物的性质和火场火势情况，采用适合与足够的灭火剂。

选择灭火剂的基本要求是灭火效能高、使用方便、来源丰富、成本低廉，对人体和物体基本无害等。

六、水在消防上的作用

水是氢和氧的化合物，化学分子式为 H_2O，水有液、固、气三种状态。

水是最廉价、来源最丰富、使用最方便的灭火剂。据测定，水的热容量比任何液体都要大，要使一升的水升高 1℃，需要 4.186kJ 的热量，要使一升水全部气化，需要吸收 2268kJ 的热量。因此，水有显著的冷却作用。所以，当把水浇到燃烧物的表面，能使燃烧物的表面温度迅速下降到燃点以下，燃烧也就停止了，这就是水的主要灭火性能。同时，一升的水能够生成 1700 多升的水蒸气，水蒸汽可稀释可燃气体和助燃气体在燃烧区的浓度，形成不能燃烧的混合物，并能阻止空气中的氧通向燃烧物，使火熄灭。

用水灭火，必须经过泵加压，接上水带和水枪，形成密集的水流或雾状水，这样在消防上才有实际应用的价值。

水可以用来扑救任何建筑物和一般物品的火灾，水在消防上还有以下作用：

1. 雾状水能够扑灭液体火灾，雾状水滴遇热迅速气化，吸收大量的热量和隔断火焰，并在不溶于水的液体表面上形成不燃性的乳浊液。对能溶解于水的液体，能起到稀释的作用，从而扑灭火灾。

2. 雾状水能够吸收和溶解某些气体、蒸气和烟雾，并能润湿粉尘，对扑救气体灾（如氨）和消除火场上的烟雾有一定的作用。

3. 水能使某些物质的分解反应趋于缓和（如硝酸铵），水可以降低某些爆炸物品的爆炸和着火性能（如火棉、黑色火药等）。

4. 水能冻结液压气体钢瓶的阀门，堵塞漏气，如氯气钢瓶阀门漏气时，冲水冷却，可暂时堵塞阀门漏气。

5. 水蒸气能消除静电积聚，防止产生静电火花。

6. 洒水冷却和保护未着火的建筑物、生产设备和容器，可以防止火焰扩展蔓延。

用水灭火，有极大的优越性，而且水是取之不尽用之不竭。但是水也有一定的灭火范围，并不是所有的火灾都可以用水去扑救，例如，汽油、煤油等，其相对密度比水轻，又不溶于水，这类液体发生火灾，在一般情况下，用水扑救往往不能将火扑灭，因为它们能浮到水面上来继续燃烧。

纯净的水是不导电的，但是一般的水都具有导电性能，所以不能用水来扑救未切断电源的高压电气装置火灾，否则，电流可以通过密集的水流造成人身触电伤亡的危险。但可以用开花水流扑救电气火灾。

能与水起化学反应，分解出可燃气体或产生大量热量的物质，例如钾、钠、电石等，这类物质发生火灾，也不能用水去扑救，否则，不但不能扑灭火灾，反而会加剧燃烧，扩大火灾。

水对炽热的金属或矿渣，以及熔融的盐类也不能扑救。因为水接触到这类物质会迅速气化，形成很大的压力，促使高热物质爆溅伤人。同时水遇到这类炽热的物质还能分解成氢气和氧气，引起爆炸。

对某些高温的生产设备和装置的火灾，也不宜用水去扑救，因为可使金属的机械强度受到影响，设备要遭到损坏。

水的表面张力较大，用它来扑救被压紧状态的可燃物火灾时，例如扑救成包的棉花火灾时，需要在水中添加渗透剂。

此外，精密仪器设备，贵重文物档案若发生火灾，也不宜用水来扑救。

但是，这些也不是绝对的，用水扑灭不了的易燃液体和不能用水扑救的电气等火灾，如果水质经过处理，含盐量少，并装置良好的接地等保护，也可用来扑救高压电气装置的火灾。此外，只要改变水流的形状，使用喷雾水枪或采用水蒸气，也可以扑救某些易燃液体的火灾。

水蒸气具有量大、破坏性小、价格低廉等特点，可广泛应用于扑救密闭性较好的船仓、地下室、高温反应器和可燃气体等火灾，对于扑救那些空气不大流通的地方的火灾，也有一定的效果。

因为扑救火灾主要靠水，所以，在一些特定的条件下，采用适量的水和不同形状的水流或水蒸气也可以扑救一些原来不能用水扑救的火灾，但这要根据火场上的具体情况来定。

七、蛋白泡沫灭火剂

蛋白泡沫灭火剂是以动物性蛋白质或植物性蛋白质的水解浓缩液为基料，加入适当的稳定剂、防腐剂和防冻剂等添加剂的起泡性液体，是我国石油化工消防中应用最为广泛的灭火剂之一。

蛋白泡沫灭火剂通常是黑褐色，黏稠状，具有天然物分解后的异臭，pH 值为 6～7.5，相对密度在 1.12～1.20 的范围内。

蛋白泡沫灭火剂平时贮存在原包装桶或贮罐内，灭火时，通过负压比例混合器或压力比例混合器把蛋白泡沫液吸入或压入带有压力的水流中，使泡沫与水按 6∶94 或 3∶97（体积比）的比例混合，形成混合液。混合液经过泡沫管枪或泡沫产生器时吸入空气，在泡沫管枪或泡沫产生器中经机械混合后产生泡沫，并喷射到燃烧区灭火。

蛋白泡沫灭火剂主要用于扑救各种不溶于水的可燃、易燃液体，如各种石油产品、油脂等火灾，也可以用于扑救木材等一般可燃固体的火灾。由于蛋白泡沫具有良好的热稳定性，因而在油罐灭火中被广泛应用。还由于它析液较慢，可以较长时间密封油面，所以在防止油罐火灾蔓延时，常将蛋白泡沫喷入未着火的油罐，以防止附近着火油罐的辐射热引燃。另外，在飞机的起落架发生故障而迫降时，在跑道上喷洒一层蛋白泡沫，可以减少机身与地面的摩擦，防止飞机起火。

蛋白泡沫不能用于扑救水溶性可燃、易燃液体和电气及金属火灾。

八、氟蛋白泡沫灭火剂

氟蛋白泡沫灭火剂即为含有氟碳表面活性剂的蛋白泡沫灭火剂，也称为氟蛋白泡沫液。

蛋白泡沫液中加入适量的"6201"预制液，即可成为氟蛋白泡沫灭火剂。"6201"预制液又称为 FCS 溶液，是由"6201"氟碳表面活性剂、异丙醇和水按 3∶3∶4 的质量比配制成的水溶液。"6201"预制液为橙黄色液体，相对密度为 1.1（5℃），pH 值为 7。

氟蛋白泡沫的灭火原理与蛋白泡沫基本相同。但由于氟碳表面活性剂的作用，使它的水溶液、泡沫和灭火性能等发生了重大变化，灭火效率大大优于蛋白泡沫灭火剂。

"6201"氟碳表面活性剂水溶液具有很低的表面张力。蛋白泡沫液与水按规定混合比配制的水溶液，其表面张力为 4.5Pa 左右，而按规定混合比例配制的氟蛋白泡沫灭火剂的水溶液，在"6201"含量为 0.015% 时的表面张力仅为 2.1Pa 左右。同时，"6201"还可降低灭火剂水溶液与油类之间的界面张力。表面张力和界面张力的降低都意味着产生泡沫所需的能量相对减少。

泡沫的临界剪切应力是衡量泡沫的流动性能的标志，临界剪切应力越小，泡沫的流动性就越好。氟蛋白泡沫液的剪切应力仅为 9.8Pa 左右。泡沫的临界剪力应力可用专门的泡沫黏度计测得。因此，氟蛋白泡沫的流动性好。使用氟蛋白泡沫灭火，并能以较薄的泡沫层即可较快地把油面覆盖，且泡沫层又不易受到分隔破坏。即使由于机械作用使泡沫层破裂或断开时，也因它有良好的流动性而能自行愈合。所以，氟蛋白泡沫具有很好的自封能力。

氟蛋白泡沫由于氟碳表面活性剂分子中的氟碳链既有疏水性又有很强的疏油性，使之既可以在泡沫和油的交界面上形成水膜，也能把油滴包于泡沫中，阻止油的蒸发，降低含油泡沫的燃烧性。蛋白泡沫中所含汽油量达 8.5% 时即可自由燃烧，而氟蛋白泡沫中的汽油含量需高达 23% 以上时才能自由燃烧。

在扑救油类火灾时，常常将泡沫灭火剂与干粉灭火剂联合使用，以同时发挥两种灭火剂的各自长处，缩短灭火时间。其中干粉灭火剂可以迅速压住火势，泡沫剂可覆盖在油面上，防止复燃，最后干粉灭火剂还能扑灭边缘残火，将火迅速扑灭。但蛋白泡沫不能与一般干粉灭火剂联用。因为一般干粉灭火剂中常用的一些防潮剂，如硬脂酸盐对泡沫的破坏作用很大，两者一经接触，泡沫便会很快被破坏而消失。故蛋白泡沫只能与少数经过特制的，又能与泡沫相容的干粉灭火剂联用，在使用上就受到一定的限制。而氟蛋白泡沫由于氟碳表面活性剂的作用，使之具有抵抗干粉灭火剂破坏的能力，当"6201"的含量达0.015%～0.02%时，与干粉灭火剂的相容性能就十分良好。因此，氟蛋白泡沫灭火剂可与干粉灭火剂联用。

氟蛋白泡沫灭火剂的使用方法与蛋白泡沫灭火剂相同。

氟蛋白泡沫灭火剂主要用于扑救各种非水溶性可燃、易燃液体和一般可燃固体物质的火灾，特别被广泛应用于扑救非水溶性可燃、易燃液体的大型贮罐、散装仓库、输送中转装置、生产加工装置、油码头的火灾，以及飞机火灾。在扑救大面积油类火灾时，氟蛋白泡沫与干粉灭火剂联用则效果更好。此外，氟蛋白泡沫灭火剂的显著特点就是可以采用液下喷射的方式扑救油罐火灾。但在使用液下喷射方法扑救原油及重油火灾时要防止油品的沸溢或喷溅。

氟蛋白泡沫灭火剂不能用于扑救水溶性可燃、易燃液体和遇水燃烧、爆炸物质，以及带电设备的火灾。

九、抗溶性空气泡沫灭火剂

所谓抗溶性空气泡沫灭火剂，就是用于扑救水溶性可燃液体火灾的泡沫灭火剂。它是由抗溶性空气泡沫液与水按比例混合，经机械作用而制成的。

抗溶性空气泡沫灭火剂，是在水解蛋白液中添加了在水中不溶解的脂肪酸锌皂，当形成泡沫时，它能够均匀地分布在泡沫壁上，有效防止水溶性溶剂溶化泡沫中的水分，从而保护泡沫，使泡沫能牢固地覆盖在溶剂液面上，起到灭火的作用。

抗溶性空气泡沫灭火剂，主要应用于扑救酒精、甲醇、丙酮、醋酸乙酯等一般水溶性可燃、易燃液体的火灾。不宜用来扑救低沸点的醛、醚以及有机酸、胺类等液体的火灾。它虽然也可以用来扑救一般油类物质的火灾和固体物质的火灾，但因价格较贵，一般不予采用。

抗溶性空气泡沫灭火剂的发泡倍数良好，抗烧性也较强，在扑救酒精火灾时，最低强度可采用 $1L/(m^2 \cdot s)$，在扑救一般溶剂火灾时，其泡沫供给强度一般应在 $1.5L/(m^2 \cdot s)$ 以上。在使用抗溶性空气泡沫灭火时，泡沫液不能预先与水混合，因为与水混合后会使锌酸锌沉淀下来，影响抗溶效果，甚至完全失去灭火能力。所以在实际应用时，要尽量缩短抗溶性空气泡沫液与水动态混合的时间。在进行混合时，一般可采用水泵吸液混合，或用压力比例混合器进行混合，如果使用管道输送混合液时，要求管道里的混合液输液速度在 2m/s 以上，输送距也不宜过长，管道最好不超过 200m。

用于固定灭火装置时，最好采用引导泡沫施放的缓冲装置，使泡沫能平稳地流淌到燃烧溶剂的液面上，则灭火效果更明显。

如果采用移动式管枪和吸液设备扑救火灾，泡沫最好能射在贮罐内壁，让泡沫沿罐壁缓缓地铺满液面。而不能让泡沫冲到液面以下，防止泡沫失去抗溶性能而不能灭火，这样就可以发挥较好的灭火效果。

抗溶性空气泡沫液有较大的腐蚀性，因此贮液容器必须经过防腐处理。抗溶性空气泡沫液应贮存在密闭的容器内，并将该容器贮藏在阴凉干燥处，避免日光直射，贮藏温度应在0～30℃范围内。使用时要防止不必要的搅拌，不能与其他类型的空气泡沫液相混合。

十、高倍数泡沫灭火剂

高倍数泡沫灭火剂不同于普通型泡沫灭火剂，它是一种以合成表面活性剂为基料的泡沫灭火剂，它的特点是以少量的高倍数泡沫液（即高倍数泡沫灭火剂）和水按一定比例进行混合后，再通过高倍数泡沫发生装置，吸入大量的空气，把混合液吹成比原来体积大数百倍，甚至上千倍的象肥皂泡那样的泡沫，因而称为高倍数泡沫。而普通泡沫灭火器的发泡量仅为原来体积的6～10倍。

高倍数泡沫液是由发泡剂、泡沫稳定剂和组合抗冻剂等组成。目前所采用的发泡剂有脂肪醇硫酸钠；烷基苯磺酸钠（ABS）；聚氧乙烯脂肪醇硫酸钠（ES）；烷基磺酸钠（AS）等。发泡剂是一种阴离子型表面活性剂，具有较好的发泡性能，并有一定的耐硬水能力。泡沫稳定剂是十二醇，它可降低泡沫的析液速度，使泡沫在相当长的一段时间内保持一定的水分，不致被迅速破坏。组合抗冻剂为多种成分的混合物，这种混合物可提高泡沫液的抗冻能力和耐热性，并对稳定剂和发泡剂有一定的助溶作用。

高倍数泡沫发生装置主要是以0.4～0.6MPa压力的水，通过混合器的喷管，产生真空，将泡沫液吸入混合器内混合，成为有一定浓度的泡沫混合液，再经旋叶式喷头形成雾状液滴，均匀地洒在发泡网上。同时，用鼓风机把大量具有一定压力和流速的空气吹在发泡网上，再经棉纱、尼龙或不锈钢等制成的发泡网整流，形成许多股均匀的细小气流，将泡沫吹成无数个直径约为5～6mm的空气泡沫，并不断地推向前去，越来越多，越堆越高。泡沫可迅速充满燃烧的空间，使燃烧物和空气隔绝，将火窒息。大型的高倍数泡沫发生装置可在1min内产生1000m^{3}以上的泡沫。

另外，高倍数泡沫还有冷却作用。泡沫液膜上的水分遇到高温而蒸发，一方面可以吸收大量的热，使火源区域的温度迅速下降，另一方面水蒸气又能稀释燃烧区域空气中的含氧量，把火熄灭。

高倍数泡沫相对密度小，又具有较好的流动性，所以在产生泡沫的气流作用下，通过适当的输送管道可以把高倍数泡沫输送到一定的高度或较远的地方去灭火。

高倍数泡沫主要适用于扑救非水溶性可燃、易燃液体的火灾和一般固体物质的火灾。高倍数泡沫还可以扑灭那些火源集中、泡沫容易堆积等场所的火灾，如船舱、大型油池、地下建筑、室内仓库、矿井巷道、机场设施等等。对扑救一般油类、木材、煤炭、纤维等发生的火灾，也有较好的效果。但在室外施用时，要有一定的措施把泡沫覆盖在灭火的范围内。

高倍数泡沫灭火剂的成本低、原料来源广、设备简单、操作方便，具有良好的隔绝空气和冷却作用。同时，又有很好的稳定性，能阻火场的热传导、对流和辐射，是一类很有价值的消防技术装备。

十一、卤代烷灭火剂

卤代烷是由卤素原子取代烷烃分子中的部分氢原子或全部氢原子后，得到的一类有机化合物的总称。一些低级烷烃的卤代物都具有不同程度的灭火作用，这些具有灭火作用的低级卤代烷烃统称为卤代烷灭火剂。

通常用作灭火剂的多为甲烷或乙烷的卤代物，卤原子为氟、氯、溴。目前最为常用的卤代烷灭火剂有二氟一氯一溴甲烷、三氟一溴甲烷、二氟二溴甲烷和四氟二溴乙烷。因这些灭火剂的化学名称书写繁琐，目前国际上以代号来代表这些灭火剂。其命名原则是用四个阿拉伯数字分别表示卤代烷中碳和卤族元素的原子数，氢原子数则不计，其排列顺序为碳、氟、氯、溴，如果末尾的数字是零则省略。在代号前面还要冠以 Halon，以区别于一些其他化合物。

几种常用的卤代烷灭火剂，其化学式及代号如下所示：

二氟一氯一溴甲烷	CF_2ClBr	Halon	1211
三氟一溴甲烷	CF_3Br	Halon	1301
二氟二溴甲烷	CF_2Br_2	Halon	1202
四氟二溴乙烷	$C_2F_4Br_2$	Halon	2402

国外使用较多的有 1301 和 1211，国内生产和使用较多的则为 1211。

在正常情况，1211 和 1301 均为无色气体，密度均为空气的 5 倍，都易于用加压的办法使其液化。1202 和 2402 的沸点较高，一般条件下都是无色易挥发的液体。作为灭火剂使用时均是用氮气和二氧化碳等加压装入容器中，使用时由于压力作用从喷嘴以雾状喷出，在燃烧热的作用下迅速变成蒸气。

卤代烷灭火剂的共同特点是由于化合物本身含有氟的成分，故都具有良好的热稳定性和化学惰性，久贮不变质，对多数常用金属（钢、铝、铜等）容器材料的腐蚀性很小，电绝缘性能也较好。且由于它们是一种液化气体，所以灭火后不留痕迹。卤代烷灭火剂的灭火效率比二氧化碳灭火剂高好几倍。

衡量卤代烷灭火剂的灭火效能通常是用它们的抑爆峰值来表示的。所谓抑爆峰值就是把灭火剂加入到可燃气体和空气的混合物中，当添加量达到使燃烧不能进行的值时，就称为该灭火剂对此种可燃物质的抑爆峰值。抑爆峰值一般以灭火剂所占质量百分数或体积百分数来表示。抑爆峰值越小，则表示灭火效率愈高。

卤代烷灭火剂主要是通过抑制燃烧的化学反应过程，使燃烧中断，达到灭火目的。其作用是通过夺取燃烧连锁反应中的活泼性物质来完成的，这一过程即为断链过程或抑制过程。由于完成这一化学过程所需时间往往比较短，所以灭火也就迅速。而其他一些灭火剂则大都是通过冷却和稀释等物理过程进行灭火的。所有的卤元素对燃烧都有抑制作用，溴比氯和氟更为有效，因此含溴的卤代烷灭火效率都较高，且每个分子中含两个溴原子的 1202 要比只含一个溴原子的 1211 和 1301 的灭火效率都高。

卤代烷灭剂适用于扑救各种易燃液体火灾和电气设备火灾，不适于扑救活泼金属、金属氢化物和能在惰性介质中自身供氧燃烧的物质的火灾，扑灭固体纤维物质火灾时要用较高的浓度。

卤代烷灭火剂的生产成本较高，价格较贵，因此，在选择使用卤代烷或其他种类灭火剂时，如二氧化碳灭火剂，则应综合考虑灭火效率、人身安全、药剂及设备费用等多种因素。再者，卤代烷灭火剂有一定的毒性，故使用时应注意安全。

十二、泡沫灭火器

标准型泡沫灭火器，筒内盛装着碳酸氢钠与发沫剂的混合溶液。另外，还装有一瓶硫酸铝溶液，悬挂在筒身内。这两种溶液互不接触。在使用时只要将筒身颠倒，两种溶液就能很快地混合，发生下列化学反应：

$$6NaHCO_3 + Al_2(SO_4)_3 \cdot 18H_2O = 3Na_2SO_4 + 2Al(OH)_3 + 18H_2O + 6CO_2 \uparrow$$

这时就会大量产生一种含有二氧化碳气体的化学泡沫，同时使灭火器中的压力很快上升，在压力的作用下，将生成的泡沫从喷嘴中喷射出来，喷射距离约为10m左右，喷射时间约为1min。

泡沫比油类的密度小，喷射后便组成如绒毯一样厚的遮盖层，覆盖在燃烧着的液面上，使燃烧液隔绝了空气，以便熄灭了。所以，泡沫灭火器适用于扑救汽油、煤油、柴油、苯、香蕉水、松香水、凡立水等非水溶性可燃、易燃液体，以及木材、纤维、橡胶等固体物质的初起火灾。

泡沫灭火器也有它的局限性，对可以溶解于水的水溶性易燃液体，它的灭火效果就不显著，如喷射在丙酮、酒精、甲醇等水溶性易燃液体上，泡沫里的水分会很快被这些水溶性易燃液体所稀释，破坏了泡沫，起不到隔绝空气的作用。如果使用泡沫灭火器扑救电气设备火灾，应先切断电源，然后才可扑救，因泡沫是导电的，以免发生触电。另外，对亲水的化学物品发生的火灾，也不应使用。

目前一般使用的泡沫灭火器，有标准型、小型、中型、大型、特型等数种，其中的手提式和推车泡沫灭火器最为常见，又以标准型手提式泡沫灭火器的使用最为普遍。

手提式泡沫灭火器是由筒身、瓶胆、筒盖、提环等部件构成。筒身用钢板滚压焊接而成。筒身内悬挂玻璃或聚乙烯塑料制成的瓶胆，瓶胆内装酸性溶液，筒内装碱性溶液，瓶胆用瓶盖盖上，以防溶液蒸发，或因振荡溅出而与碱性溶液混合。筒盖用塑料或钢板压制，装有滤网、喷嘴。筒盖与筒身之间装有密封垫圈，筒盖用螺栓、螺母固定在筒身上。

手提舟车式泡沫灭火器的结构和构造基本上与手提式泡沫灭火器相同，如图13-26所示。只是在其筒盖上装有瓶盖机构，可防止在车辆或船舶行驶过程中因振动和颠簸而溅出瓶内的碱性溶液。

在提取泡沫灭火器及奔赴火场途中，切勿将灭火器筒横扛在肩上，筒身必须保持垂身、平稳。否则，灭火器中的两种药剂会很容易相混合，所产生的泡沫便会立即喷射出来，不到火场便会喷完。

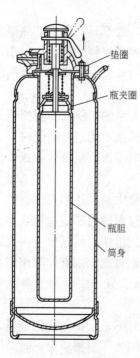

图13-26 MPZ型舟车式泡沫灭火器构造图

在使用泡沫灭火器时，要一手握提环，一手托底边，将灭火器颠倒过来，轻轻抖动几下，泡沫就会喷射出来。

在使用泡沫灭火器时，灭火器筒身的盖与底不能对着人体的任何部位，防止因喷嘴堵塞导致灭火器筒身的盖、底弹出伤人。如果灭火器颠倒过来而泡沫喷射不出来，则应将筒身平放在地上，用铁丝疏通喷嘴，切不可旋开筒盖，以免筒盖飞出伤人。

在用泡沫灭火器扑救容器内的易燃液体火灾时，要将泡沫喷射在容器的内壁上，使泡沫平稳地覆盖在油面上，不要将泡沫直接喷射油面，以免泡沫冲击油面使燃烧的液滴飞溅。在用泡沫灭火器扑救固体物质火灾时，要接近燃烧物，并以最快的速度向燃烧物体普遍喷射泡沫。

此外，在用泡沫灭火器时还应注意，水和泡沫不能同时喷射在一起，否则泡沫会被水冲散，失去灭火的作用。

泡沫灭火器应存放在醒目、使用方便的地方，存放地点的环境温度应在$-8 \sim 45℃$之间。超过$45℃$能使筒内的碳酸氢钠分解出二氧化碳而失效；低于$-8℃$易使筒内的药剂发生冰冻。

泡沫灭火器的喷嘴应经常疏通，或套上纸套，以防止灰尘、木屑等杂物将喷嘴堵塞。

泡沫灭火器应半年检查筒内药剂一次，每年更换一次药剂，以防失效。换装新药剂后，应在筒身上贴上更换药剂日期的标签。

放置在露天的泡沫灭火器应加以保护措施，避免风吹、雨淋和暴晒。当寒冬气温较低时，要采取保温措施，如利用棉絮或其他保温材料制成套子，将灭火器套起来，以防冰冻。

十三、酸碱灭火器

酸碱灭火器在构造和外形上与手提式泡沫灭火器基本相同，其不同之处是筒身内瓶胆较短小，并装有瓶夹固定，瓶胆内装的是浓硫酸，瓶胆口有铅塞，以塞住瓶口，防止瓶内浓硫酸吸水稀释或同瓶胆外碱性溶液相混合。筒身内装有碳酸氢钠的水溶液，没有发泡剂，如图13-27所示。

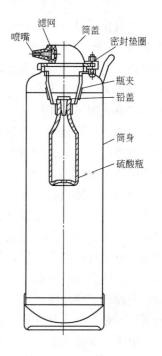

图13-27 MS型手提式酸碱灭火器构造图

酸碱灭火器在使用时，将筒身颠倒，筒内所装的碳酸氢钠水溶液就与瓶胆中的硫酸相混合，并立即发生下列化学反应：

$$2NaHCO_3 + H_2SO_4 =\!=\!= Na_2SO_4 + 2H_2O + 2CO_2 \uparrow$$

反应时产生二氧化碳气体和水，由于二氧化碳气体迅速增加，而使筒身内压力增高，水溶液便从灭火器筒的喷嘴喷射出来，覆盖在燃烧物的表面，使燃烧物冷却或与空气隔开，以达到灭火的作用。

酸碱灭火器适用于扑灭竹、木、棉花、纸张等一般可燃物质的初起火灾。

酸碱灭火器以标准型10L较为普遍，标准型10L手提式酸碱灭火器一般能喷射10m左右的距离，喷射时间为50min。由于喷射出来的液体往往含有酸性，故对物质有腐蚀作用。对忌酸性的化学物品，如氰化钠等，对忌水的化学物品，如钾、钠、镁、电石等，以及油类物质的火灾都不宜使用。

在扑救电气设备火灾时,应先将电源切断后才能使用,否则电流会通过喷射的溶液进行传导,造成短路、爆炸,或传到人体上引起触电伤亡。

在提取酸碱灭火器奔赴火场途中,必须保持灭火器筒身平稳,防止在中途过早地将药剂混合而喷射出来。

在使用酸碱灭火器时,应一手握住提环,一手紧托筒身的底边,然后颠倒筒身,上下摇晃几次,筒身内的液体便从喷嘴喷射出来。扑救火灾时,应将液流射向燃烧最猛烈的地方。

在颠倒灭火器筒身,上下摇晃时,筒盖和筒底部分不能对着人的身体,以防筒身的盖和底弹出,造成伤人事故。如果灭火器颠倒后,药剂喷射不出来,应将筒身平放在地面,人不要站在筒盖、喷嘴或筒底前,用铁丝等合适的材料疏通喷嘴后,然后便可使用。并要注意在药剂喷尽前,不能旋松筒盖,以防筒盖弹出伤人。

酸碱灭火器应放置在醒目、使用方便的地方。放置在露天的灭火器应加以保护措施,避免暴晒、风吹、雨淋。

酸碱灭火器不能挂在高温附近,防止灭火器内的药剂和水分被蒸发。

灭火器的喷嘴要经常疏通,或套上纸套,防止灰尘、木屑等杂物堵塞。

灭火器应半年检查药剂一次,1年更换一次药剂,以免失效。

当放置灭火器地点的环境温度低于5℃时,应用棉絮或其他保暖材料制成套子,将灭火器套起来,以防止灭火器筒内药剂冻结。

十四、二氧化碳灭火器

二氧化碳是由一个碳原子和两个氧原子组成的一种稳定的化合物,其化学式为CO_2。在常温常压下,纯净的二氧化碳是一种无色无嗅的气体,对空气的相对密度约为1.5。二氧化碳本身不燃烧,不助燃。制造方便,易于液化,便于灌装和贮存,所以,二氧化碳被人们用作为一种灭火剂。

二氧化碳容易用降温加压的办法使其液化,工业上通常将二氧化碳制成液态装于钢瓶中,因此,二氧化碳灭火器的钢瓶里面装的是二氧化碳液体。液态的二氧化碳易挥发成气体,当液态的二氧化碳转化为气态后,其体积要比原来液态的体积增大760倍。当它从灭火器的喇叭形喷管喷射出来,部分变成白色的雪花状物,又称"干冰",温度很低(-76℃)。干冰吸收热量后直接升华为二氧化碳气体,这样就冷却了燃烧物质。然而,这种冷却作用还远远不足以扑灭火焰。因二氧化碳比空气重,又不燃烧,也不助燃,所以当二氧化碳覆盖在燃烧物的表面和周围时,燃烧物表面的或燃烧区的空气便被稀释和冲淡,使氧或可燃气体的百分比含量降低,当燃烧区空气中的氧含量低于12%时,或者二氧化碳的浓度达到30%～35%时,燃烧便会停止。因此,二氧化碳的灭火作用主要是增加燃烧物表面或燃烧区空气中既不燃烧又不助燃的成分,相对减少燃烧物表面和燃烧区空气中的氧气含量,从而扑灭火灾。

由于二氧化碳是一种惰性气体,对绝大多数物质没有破坏作用,灭火后能很快逸散,事后不留痕迹,又没有毒害作用。所以,二氧化碳灭火器对扑救精密仪器、电子设备、内燃机、珍贵文物、文件档案、小范围的油类、某些忌水物质发生的火灾最为合适。另外,因为二氧化碳是一种不导电的物质，所以还可以用来扑救600V以下的各种带电设备的火灾。

二氧化碳灭火器也有它的局限性，不宜用来扑救金属钾、钠、镁粉、铝粉和铅锰合金等物质的火灾，因为二氧化碳能够同这些物质起化学作用。再者，二氧化碳灭火器也不宜用来扑救某些能在惰性介质中由自身供氧燃烧的物质（如硝化纤维）的火灾。此外在扑救纤维物质内部的阴燃火灾时，必须注意防止复燃。

另外，吸入一定量的二氧化碳，能够使人窒息。当空气中的二氧化碳含量达5%时，人的呼吸就会发生困难，超过10%时，就能很快使人死亡。因此，在使用二氧化碳灭火器时，必须注意人身安全。

二氧化碳灭火器有手轮式和鸭嘴式两种。手轮式的构造如图13-28所示，主要由器筒（钢瓶）、启闭阀、喷筒等部分构成。鸭嘴式的构造如图13-29所示，除启闭阀与手轮式二氧化碳灭火器不同外，喷筒与启闭阀连接管改为钢丝高压胶管，其余部分则完全相同。

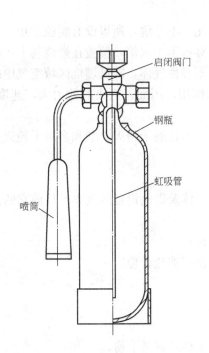

图13-28　MT型手轮式二氧化碳灭火器构造图

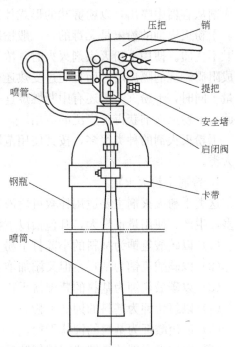

图13-29　MTZ型鸭嘴式二氧化碳灭火器构造图

在使用手轮式二氧化碳灭火器时，先将铅封去掉，手提提把，翘起喷筒。再将手轮按逆时针方向旋转开启，二氧化碳即自行喷出。

在使用鸭嘴式二氧化碳灭火器时，应先拨去保险插销，一手持喷筒把手，并紧压压把，二氧化碳即自行喷出。不用时将手放松，即自行关闭。

因二氧化碳灭火器的喷射距离一般只有2~3m，喷射时间≤20s，所以在喷射灭火时，人要站在上风处，尽量靠近火源。要从火势蔓延最危险的一边喷起，然后逐渐移动，不留下火星。手要握住喷筒木柄，以免冻伤。在空气不流通的场所，喷射后应立即进行通风换气。

二氧化碳灭火器应放置在醒目、取用方便的地方，存放地点的温度不得超过42℃。且不能接近热源，防止因温度升高，内压增大，使安全膜破裂而失效。

在搬运二氧化碳灭火器时，应轻拿轻放，防止撞击。在冬季使用时，阀门开启后，不得时启时闭，以防阀门冻结堵塞。

二氧化碳灭火器需定期检查其重量，如称量后发现钢瓶内二氧化碳的重量减少1/10时，应查明原因并补充灌装。

二氧化碳灭火器钢瓶每隔3年应经水压试验检验，以确保安全使用。

十五、干粉灭火器

干粉灭火剂是一种干燥、易于流动的微细固体粉末，是由能灭火的基料和防潮剂、流动促进剂、结块防止剂等添加剂组成。其基料的含量一般在90%以上，添加剂的含量一般在10%以下。干粉灭火剂一般借助于专用的灭火器或灭火设备中的气体压力，将干粉灭火剂从容器中喷出，以粉雾状的形式扑灭火灾。

干粉灭火剂的粉末是无毒的，一般情况下不熔化、不分解，所以没有腐蚀作用，并可久贮不变质。使用干粉灭火剂灭火时，浓云般的粉雾包围了火焰，覆盖在燃烧物上，能够构成阻碍燃烧的隔离层，而且通过受热还会分解出不燃性气体，降低燃烧区域空气中的氧含量。同时，干粉灭火剂还有中断燃烧连锁反应的作用，因而，灭火的效力大，速度快。因此，干粉灭火剂获得了广泛的应用。

干粉灭火剂的种类很多，按其使用范围，主要分为普通干粉灭火剂和多用干粉灭火剂两大类。

1. 普通干粉灭火剂

这类干粉灭火剂主要适用扑救可燃液体、可燃气体及带电设备的火灾。目前它的品种最多，生产、使用量也最大，其包括以下数种。

（1）以碳酸氢钠为基料的小苏打干粉（钠盐干粉）。

（2）以碳酸氢钠为基料，但又添加增效基料的改性钠盐干粉。

（3）以碳酸氢钾为基料的紫钾盐干粉。

（4）以氯化钾为基料的钾盐干粉。

（5）以硫酸钾为基料的钾盐干粉。

（6）以尿素和碳酸氢钾或碳酸氢钠反应产物为基料的氨基干粉。

其中，以氨基干粉（钾盐）的灭火效力最高；小苏打干粉的灭火效力最低。前者的灭火效力约为后者的3~4倍。

2. 多用干粉灭火剂

这类干粉灭火剂不仅适用于扑救可燃液体、可燃气体及带电设备的火灾，而且还适用扑救一般固体的火灾。此类干粉灭火剂包括以下数种。

（1）以磷酸盐（如磷酸二氢铵、磷酸或焦磷酸盐）为基料的干粉灭火剂。

（2）以硫酸铵与磷酸铵盐的混合物为基料的干粉灭火剂。

（3）以聚磷酸铵为基料的干粉灭火剂。

干粉灭火器是以高压二氧化碳气体作为动力、喷射干粉灭火剂的灭火工具。适用于扑救易燃液体、可燃气体和电气设备的初起火灾。

干粉灭火器有手提式、推车式和背负式三种类型。人们一般常用的为手提式干粉灭火器，其构造如图13-30所示。灭火器筒身外部悬挂充有高压二氧化碳气体的钢瓶，作为喷射的动力。钢瓶与筒身由器头上的螺母进行连接。在器头中有一穿针，当打开保险销，再拉动拉环时，穿针即刺穿钢瓶口的密封膜，使钢瓶内高压二氧化碳气体沿进气管进入筒内。筒内装有干粉，并有一出粉管，在出粉管下端安装一防潮堵。干粉利用二氧化碳气体的压力，沿出粉管经喷管喷出。

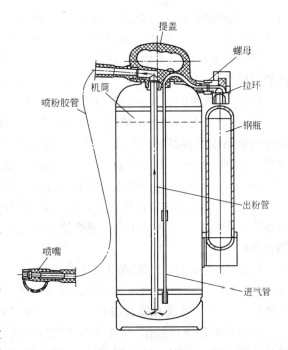

图13-30 MF型手提式干粉灭火器构造图

手提式干粉灭火器的喷射距离一般为2～5m，喷粉时间为8～20s。在使用干粉灭火器时，先将干粉灭火器提到起火现场，在离火源7～8m时，把灭火器竖立在地上，然后一手握紧喷嘴胶管，把喷口对准火源，另一只手拉住提环，用力向上拉起。这时，干粉灭火器身旁的二氧化碳气体钢瓶盖即打开，二氧化碳气体便冲进干粉瓶中，产生较大的压力，此时，应立即将干粉灭火器移近火源，筒内的干粉灭火剂就会伴随二氧化碳气体一起从喷嘴喷射出，一股带有粉末的强大气流，扑向燃烧区，将火熄灭。为了获得良好的灭火效果，喷射干粉时要尽量从火焰根部快速而平稳地推移前进。

干粉灭火器应放置在醒目、取用方便的地方，存放地点的温度为-10～45℃范围内。

每年应检查一次二氧化碳钢瓶的存气量，如瓶内二氧化碳气体的质量少于规定量，则应充装新气。

存放地点应阴凉通风，不能置于日光下曝晒或强辐射热下烘烤，以防二氧化碳气体因温度升高而膨胀，造成漏气。

定期检查干粉是否有结块现象，若有结块需及时更换。并定期检查出粉管和进气管、喷管有无粉块堵塞，以确保干粉灭火器随时好用。

十六、"1211"灭火器

所谓"1211"，是二氟一氯一溴甲烷的简称。其化学式为CF_2ClBr。"1211"灭火剂是卤代烷灭火剂的一种，是一种液化气体灭火剂。在国外，"1211"灭火剂简称为BCF。

"1211"灭火剂，在常温常压下为无色气体，低毒，略带芳香味，密度约为空气的5倍，通过适当的加压压缩后，可以变为液态贮存在钢瓶中。

"1211"灭火剂的毒性较小，在非密闭的场所中使用可视为无毒。通过试验证明，人在低于4%浓度时，停留数分钟不致产生严重影响。当人员离开危险场所，吸入的

"1211"便会消除掉，多次反复接触，一般也无毒性积累影响。只有当空气中的"1211"的浓度超过5%～10%时，人才有发生中毒的危险。在这里需指出的是，在灭火过程中，当"1211"灭火剂与火焰或高温（500℃以上）的炽热物品接触时，便会分解产生有刺激性的气体和一定毒性的产物，并且灭火过程越长，这些毒性分解物也越多。因此，在设计"1211"灭火系统时，灭火时间宜控制得短些，一般不超过10s。

"1211"灭火剂对金属的腐蚀性也极小，干燥的"1211"灭火剂可以贮存在用钢、铝、铜等材质制成的容器里，而且长期贮存也不会变质。"1211"灭火剂的绝缘性能良好，其绝缘电阻率为 $90.0 \times 10^{12} \Omega \cdot cm$，气态击穿电压为 36.6kV/cm，液态击穿电压为 22.9kV/cm，因此，完全可以用来直接扑救高压电气设备的火灾。

"1211"灭火剂之所以能灭火，主要是它与燃烧物接触后，受热产生溴离子，并立即与燃烧中产生的氢游离基化合，使燃烧连锁反应迅速中断，将火扑灭，同时也有一定的冷却和窒息作用。

"1211"灭火剂，特别适用于扑救油类、有机溶剂、精密仪器、图书资料等的初起火灾，其灭火效率比二氧化碳灭火剂约高4倍多，而且灭火后不留任何痕迹，并在具有爆炸性气体存在的车间或容器设备里，只要充灌"1211"到占该爆炸性气体容积的6.75%，就能够起到抑制爆炸的作用。因此，"1211"是一种高效、低毒、能够扑救多种类型火灾的优良灭火剂。所以，"1211"灭火剂得到广泛的应用。目前，已广泛地应用在船舶、油罐、油田、矿井、电厂、精密仪器、化工企业等灭火设备方面。

目前国内制造的采用"1211"灭火剂的轻便式灭火器，也有称手提式灭火器的，有 0.5kg、1kg、2kg、4kg、6kg 等数种，这种灭火器材，使用轻简，保养简单，平时只要放在干燥、阴凉、无腐蚀性气体的场所，就能长期有效。也可以把"1211"灭火剂充灌在大型钢瓶中，设计成推车式"1211"灭火器，如天津消防器材厂生产的有25kg、40kg 等；广州消防器材厂生产的有20kg、30kg、40kg 等。有时还可以将推车式的"1211"灭火器配套装在各种专勤消防车上，装备专业消防队伍。也还可以根据需要，设计成大型自动化固定灭火装置，安装在大型浮顶油罐、大型轮船、地下工程建（构）筑物上的某些要害部位，达到自动报警、自动灭火，确保安全的目的。

通常，人们所使用的"1211"灭火器为手提式，其外型如图 13-31 所示，主要由筒身（钢瓶）和筒盖两部分组成。筒身由无缝钢管或钢板滚压焊接而成。筒盖一般用尼龙塑料或铝合金制造，由压把、压杆、喷嘴、密封阀、虹吸管、安全销等构成。灭火剂装量较大的灭火器还配置有提把和橡胶导管等。"1211"灭火剂为 0.5kg 的灭火器，其射程为 2m，喷射时间为 8～10s。

使用手提式"1211"灭火器时，首先要拨掉安全销，然后用一只手紧握压把开关，压杆就将密封阀开启，此时，灭火器内的"1211"灭火剂在氮气压力的作用下，通过虹吸管由喷嘴射出。当松开压把时，压杆在弹簧的作用下，恢复原位，封闭喷嘴，"1211"灭火器便停止喷射。在使用手提式"1211"灭火器的过程中，应垂直操作，不可放平和颠倒使用，喷嘴要对准

图 13-31 MY型手提式"1211"灭火器外形图

火源根部，并向火源边缘左右扫射，快速向前推进。如遇零星小火可点射灭火。

手提式"1211"灭火器应放置在存取醒目、使用方便的地点，不应放在采暖或加热设备附近，也不应放在阳光强烈照射的地方。每半年应检查一次其总重量，如果重量低于瓶体标明重量的 9/10 时，则应补充药剂和充气。

十七、7105 灭火剂

7105 灭火剂为轻金属火灾专用灭火剂。7105 灭火剂化学名称为三甲氧基硼氧六环 $(CH_3O)_3B_3O_3$，为无色透明的可燃液体，热稳定性较差，在火焰温度的作用下能分解或燃烧。灭火原就是利用 7105 燃烧，可很快耗尽金属表面附近的氧，同时生成水和二氧化碳可稀释周围空气中的氧，起窒息作用。分解或燃烧后生成硼酸酐 B_2O_3，在高温条件下形成玻璃状熔层，流散在轻金属表面及缝隙中，形成硼酐膜，使金属与空气隔绝。在窒息与隔绝的双重作用下，燃烧即停止。

7150 灭火剂主要用于铝、镁及其合金、海绵状的钛等轻金属的火灾。以干燥的空气或氮气作为推进剂，将 7150 灭火剂灌入灭火器中，灭火时尽量使硼酸膜稳定。

储运时应按易燃液体规定进行，并防止潮湿和高温。

十八、水蒸气灭火

这里所说的水蒸气是指工业锅炉制备的饱和蒸汽或过热蒸汽。饱和蒸汽的灭火效果优于过热蒸汽。凡是有工业锅炉的厂矿企业，均可设置固定式或半固定式（蒸汽胶管加喷头）蒸汽灭火设施。

水蒸气在工业上可视为惰性气体，一般用于易燃和可燃液体、可燃气体火灾的扑救。常应用于房间、舱室内，也可应用于敞开的空间。水蒸气灭火原理是在燃烧区内充满水蒸汽后可阻止空气进入燃烧区，使燃烧窒息。实验得知，水蒸气对汽油、煤油、柴油和原油等油品类火灾，当空气中的水蒸气含量达到 35%（体积比）时，燃烧即停止。

在使用水蒸气灭火设施进行灭火时，应注意防止蒸汽灼伤。

十九、氮气灭火

氮气是空气中的组成部分，约占空气体积的 79% 左右，采用空气深冷分离的方法制取氧气的时候，可获取大量的氮气。氮气为无色无味透明的气体。在工业生产中，常称为工业惰性气体。在石油化工企业中，常用氮气对化工设备与管道进行清洗、置换，以置换出设备容器与管道中的可燃气体或空气，以防止设备容器与管道中的可燃气体与空气混合形成爆炸性混合物，防止爆炸事故的发生。因此，在化工企业中常用设置固定或半固定的设施，用氮气作为灭火剂扑灭设备与管道中可燃物料的火灾。

氮气灭火的原理是氮气被大量施放到燃烧区域后，便可迅速稀释可燃气体和氧气的浓度，当氮气的施放量达到可燃气体维持燃烧的最低含氧量以下时，燃烧即自行停止。

二十、火灾发生后的报警

在日常生活和工作中，如果因意外情况发生了火灾，首先应立即向公安消防部门报警，同时，应先使用现场的灭火器材控制火势蔓延。但是，由于突然而来的火灾，往往会使人惊慌失措，结果由于不会报警，扑救不力，小火变成了大火。因此，怎样报火警这个普通的常识，也应广为宣传，使之家喻户晓，人人皆知。

那么，应怎样报警呢？

发生火灾时，千万不要惊慌，应一面叫人迅速报警，一面组织力量积极扑救。打电话报警时，情绪要镇静。现在的火警电话号码是"119"。火警电话是直通消防队的，电话接通后，要讲清楚起火的单位和详细地点，也要讲清起火部位，燃烧的物质和火灾程度等情况，以便消防部门及时派出相应的灭火力量。

打电话报警时，还要注意消防队值班员的发问，并把自己的姓名和电话号码告诉值班员，以便消防部门及时同火场联络，了解火场情况，及时有效地采取灭火措施。

报警后，起火单位还要尽可能及时清理通往火场的道路，以便消防车辆能进入火场。同时，并应派人在起火地点附近路口迎候消防车辆，使之能迅速准确地达到火场投入灭火战斗。

远离城镇的单位发生火灾后怎样报警，要看当地的具体情况。但不管条件如何，都不能只顾了扑救而忘了报警，即使是呼喊，动员左邻右舍帮助扑救，也比独自奋战强。如果发生火灾的地点离消防队比较近，而且又有电话，就应该直接拨电话向消防队报警，讲清楚是哪个单位发生火灾了等情况，并应派人到路口去迎候消防车辆。如果附近没有消防队，也没有电话，应该向单位义务消防队报警。报警的方法，可以敲钟、打锣或摇警报器，但不管采用哪种报警信号，都必须事先明确规定，否则，易被人们误解。总之，不管条件如何，发生火灾后一定不要忘了报警和组织更多的人员投入灭火战斗。

有的人以为消防队救火要收费，故不愿向消防队报警，这不是事实。国家公安消防部门的任务就是保护人民生命财产安全，所需经费全部由国家开支。但需指出的是，阻拦报警和谎报火警都是错误的，情节严重的还要受到法律制裁。

为了减少国家财产和人民生命的损失，每个公民都有发现火情及时报警的责任。

二十一、火灾自动报警装置

火灾自动报警装置是火灾信号传递的可靠设备。火灾自动报警装置主要由自动报警控制装置、线路网和火灾自动报警器三部分组成。

自动报警控制装置包括接受器和电源充电设备等，其作用是将火灾自动报警器或其他传入的火灾信号，用声和光进行报警。人们听到或看到自动报警控制装置上的声、光显示，便会立即采取扑救火灾的有效措施。

线路网是采用地下电缆，敷设在自动报警控制装置和火灾自动报警器之间。

火灾自动报警器的主要作用是将火灾信号转换为电信号，然后通过线路网输送到自动报警控制装置中去。

火灾自动报警装置一般安设在火灾危险性较大和特别重要的场所。在厂矿企业中，火灾自动报警装置一般安设在重要的生产单元或仓库里。

我国目前所采用的火灾自动报警装置大致有以下几种：

1. 感温报警器。利用起火时产生的热量，使报警器中的感温元件发生物理变化，作用于报警装置而发出警报。此类火灾自动报警装置种类繁多，按其敏感元件的不同，可分为定温式感温报警器、差动式感温报警器和定温差动式感温报警器等。

2. 红外线光电报警器。利用红外探测元件接收火焰的闪动辐射，而产生相应的电信号进行报警。该类报警器能控制瞬息间燃烧的火焰。红外线光电报警器适用于输油管道、燃料仓库、石油化工装置的火灾报警。

3. 离子感烟报警器。由电离室和电子开关组成，利用着火前或着火时所产生的烟尘颗粒进行报警。当烟气进入电离室，使电离电流减弱，改变电压分配，打开开关电路，送出讯号而报警。此种类报警器能在火灾起火初期即可发现初起的火灾。

4. 可燃气体报警器。此种报警器采用了不同的敏感元件，如铂金丝、催化元件和灵敏半导体元件等。可燃气体报警器主要用来控制场所空气中可燃气体的浓度，当可燃气体的浓度超过报警点时，便能发出警报。

二十二、火灾的扑救

火场不论大小，都应该有领导地进行灭火战斗，特别是一些大的火场，应成立火场指挥部。参加灭火战斗的广大群众和各专业队伍，应在火场指挥部的统一领导下，分别组成几支队伍协同战斗，有担任协同公安消防队灭火的战斗队；有抢救人员或物资的战斗队；有警戒火场、维持秩序的战斗队；有负责救护伤员、供应灭火物质的战斗队，这样各负其责，互相配合，协同作战。

为了防止坏人的破坏和捣乱，为事后追查起火原因，打击破坏活动提供线索和依据，应禁止非扑救人员进入火场。同时，为保持道路畅通，使消防队伍能够顺利地进行灭火战斗，一定要维持好火场上的秩序。

再者，火场一般都比较复杂，越是复杂的火场，越是要有条不紊。在灭火战斗中要讲究科学方法，善于战斗，敢于战斗，同时还要注意人身安全，避免不必要的牺牲。在灭火时要根据实际情况，既能攻得上，又要撤得出，做到迅速扑灭火灾。并且一定要避免盲目行动，到处乱扑，到处洒水，乱拉乱扯，否则不但不能迅速灭火，反而会影响灭火战斗的顺利进行，造成不必要的损失和伤亡。

总之，只有在火场指挥部的统一指挥下，进行有组织、有步骤的战斗，才能迅速扑灭火灾，把火灾损失控制到最低限度。

二十三、扑救化学火灾应注意的事项

扑救化学火灾，是比较复杂的灭火任务，有许多化学物品着火时，不能按照一般扑救的方法直接用水灭火，而需要使用特种设备和药剂。化学工业生产中有高压设备和高温设备，生产过程中使用的原料和生产的半成品、成品，大多具有爆炸、易燃和腐蚀性，起火时还能散发有毒有害气体和浓烟。如果灭火方法不正确，不但不能顺利扑灭火灾，还可能招致爆炸、中毒、受伤等不幸事故。

不能用水（包括水蒸气和含水的泡沫）扑救的化学物品火灾有：金属钾、钠、钙、镁、钛、铝粉、锌粉、铝镁合金、氢化钠（钾）、硼氢化钾（钠）、电石、磷化钙、发烟硫酸、氯磺酸、三氯化磷、五氯化磷、五氧化磷、无水氯化铝、过氧化钾（钠）、过氧化钡、镍催化剂、氯化硫酰、氯化亚砜、氧氯化磷、氯化硫、氯化铬酰、四氯化硅、四氯化钛、五氯化锑、氯乙酰、苯基氯硅烷等各种忌水的物质。

易燃与可燃液体，根据与火、水共处性质的不同，用水灭火时，可分为三类不同液体。

1. 比水轻不溶于水的，如石油烃类化合物和苯等芳香族化合物，对这一类液体的火灾，须用化学泡沫和空气机械泡沫灭火。这类物质着火时若数量不多，可用喷雾水和二氧化碳、化学干粉灭火。

2. 溶解于水或稍溶解于水的，如醇类（甲醇、乙醇、丙醇）、醚类（乙醚、异丙醚）、酯类（醋酸甲酯、醋酸乙酯）、酮类（丙酮、丁酮）等。

扑救这类液体的火灾，如着火的数量不多，可用雾状水、化学泡沫、皂化泡沫（即抗溶性泡沫）、二氧化碳和化学干粉。皂化泡沫扑救此类液体的火灾比较有效。如果使用化学泡沫灭火，其泡沫强度必须比扑救第一类液体火灾大3～5倍。

3. 不溶于水的，密度又比水大的，如二硫化碳等。扑救这类液体的火灾可以用水扑救，因为水能浮在此类液体面上。储存二硫化碳时，就需用水盖覆在二硫化碳液面上进行保护，输送二硫化碳时，也是利用水力压送的。

扑救气体火灾最主要的是首先应堵塞可燃气体来源。当可燃气体从设备、管道或储槽中逸出着火时，必须首先设法制止可燃气体来源，如关闭气源阀门，切断气体来源，然后用密集水或二氧化碳、氮气喷射。切断火焰与喷出气流，火焰即可扑灭。在灭火的同时，必须用水冷却附近的生产装置和建筑物，修补漏气的工作必须迅速进行，否则可能造成第二次着火爆炸。

如果着火的可燃气体压力不大，亦可使用雾状水、水蒸气或干粉，以及石棉毯、湿布等灭火。

对于粉体状固体着火后，不能使用密集水流灭火，否则由于水流冲击而造成粉尘飞扬，扩大灾害。而应该通入水蒸气、二氧化碳或氮气灭火。没有以上灭火剂时，可使用雾状水。

对于熔融的氧化剂着火，亦不宜用加压水流冲击，应采用雾状水为宜。因为熔融的氧化剂，经水流冲击后即要流散，遇可燃物质有可能引起燃烧。因此，对熔融的氧化剂着火时，禁止用水施救，最好先用干砂压盖，然后再用水扑救。

二十四、火场中物资的疏散

在灭火战斗中，要以极大的努力及时疏散火场中的物资，最大限度地减少火灾所造成的损失。

在考虑疏散物资时，要看火场中的具体情况，有时可以采取保护性措施，有时应立即组织人员进行疏散。例如，属于以下几方面的物资均应进行疏散。

1. 当火灾对物资已形成直接威胁，并不易保护时，特别是那些贵重的物品，易燃易爆物品，怕水的物品，以及珍贵的文物等。

2. 当楼梯、通道上堆放的物品妨碍灭火战斗的行动，或必须消除火势蔓延的媒介时。

3. 当有可能造成楼板塌陷或房屋倒塌时，如当建筑物和物资大量吸水后，楼板的荷载大增，以及建筑结构受高温发生变形等等，就应及时地进行疏散。反之，如有可能对物资采取保护性措施，或对灭火影响不大的，一般不必采用疏散的方法。

在疏散火场中的物质时，应注意以下事项。

1. 要有组织、有领导地进行，以流水作业的程序为好，这样可避免发生混乱现象。

2. 要疏通通道，并尽量利用通道，把已受火势直接威胁的物资先行疏散，疏散出火场的物品应存放在上风安全的地方。

3. 因时因地利用现场有的机械化工具进行疏散，如输送机、起重机、装卸设备等。

4. 对疏散出来的物资应防止飞火或水渍等侵袭，并应派专人看护。

5. 在疏散物资过程中，凡对有毒害的物品或遇撞击易引起爆炸的物品，在搬运时应小心谨慎。

6. 疏散物资的人员要与消防队等灭火人员密切配合，疏散物资的人员不要堵塞道路而影响消防队员的灭火战斗。消防队员对疏散物资的人员应做好掩护，为疏散物资人员创造条件。

二十五、火灾现场的保护

保护火灾现场的目的，主要是为了便于调查发生火灾的原因。

发生火灾后，必须查明原因，而火灾现场保护的好坏，是能否查清火灾原因的一个重要条件。因为一个保持得比较完整的火灾现场，往往能从已经烧毁或尚未完全烧毁的建筑和物件中，看出火势蔓延的方向和路线，从而可取得起火原因可靠的物证。如果火灾现场遭到破坏，势必给调查工作造成极大的困难。

另外，消防部门和其他有关部门，在火灾扑灭后，还要分析研究火灾前的防火措施和火势发展的过程，以及扑救的措施是否得当，总结经验教训，同样也需要保护火灾现场。

保护火灾现场的办法如下：

1. 在扑救火灾过程中，消防指战员进行火场侦察时，应注意发现和保护起火地点，特别在清扫火底时，不要轻易采取拆破和移动物件的措施，尽可能保持燃烧后的实际状态。

2. 在火灾扑灭后，应立即划出警戒区域，设置纠察，禁止无关人员进入，把现场保护起来。清理火场的工作，须经过现场勘察以后，并得到有关部门的同意后，方可进行。

3. 勘察现场的人员进入现场时，不要随意走动，特别是进入重点勘察区域的人员，不宜过多，防止踩坏覆盖的痕迹和物件。

二十六、火灾起火原因的调查

凡是发生了火灾，不论损失大小，都必须认真追查起火原因，严肃处理，这是消防工作的重要任务之一。

发生了火灾，往往在政治上、经济上和对人民的生命安全造成严重损失。任何一次火灾，都有其直接的和间接的原因，也表明这个地方或这个单位在消防工作上存在着一定的问题。因此，查明原因，就能发现火灾发生的规律、特点，帮助人们吸取教训，提高警惕，落实各种防火措施，从而减少和杜绝火灾的发生。

再者，只有查明原因，才能判定火灾的责任和性质，处理失职者，打击坏人，教育群众。

火灾起火原因，有时暴露得比较明显，比较容易查清，但更多的时候却比较隐蔽，难以判明。这是因为火灾本身有很大的破坏作用，加上火灾发生后，往往有很多的人员参加扑救，容易使火灾现场遭到破坏；坏人纵火破坏又往往伪造现场，蒙蔽人们的视线，逃避惩罚。有些火灾的直接责任者，从私心出发，怕追究责任，有时也会隐瞒真相，甚至歪曲事实。在生产中由于不断地采用新材料、新工艺、新技术、新设备，给调查火灾原因提出了许多新的课题。这些种种原因，都给调查工作带来一定的困难。但是，由于火灾的发生是有其固有的规律和过程的，只要我们认真调查研究，注重科学分析，任何疑难复杂的火灾起火原因，都是可以查清而真相大白的。

调查火灾起火原因，通常要注意以下几个方面的问题。

1. 深入群众进行调查访问，切实掌握起火前的现场情况，要弄清楚起火的时间，这是调查火灾起火原因的首要步骤。一般应通过有关人员，了解有关火灾的各种情况，如起火的时间、地点；火、烟的趋势；有无异常声音、气味和可疑的人与物等，以及建筑物的结构，室内外的火源、电源；易燃、可燃物品和机器设备的分布；人员进出和防火安全制度的执行情况；设备材料的变化和安全设施；火警、火灾的历史状况等等。

2. 仔细勘察现场，确认起火地点，搜集物证，这是确定火灾起火原因的关键所在。勘察现场应与调查访问相结合，因为一切客观事物都是相互联系的，要把调查访问的情况同现场周围环境、燃烧特点等情况互相印证，相互补充，如有疑问，应再进一步调查，在这个基础上确定起火地点。

勘察火灾现场是一项非常艰苦、细致的工作。要肯定或否定某种火灾原因，都必须经过现场勘察。当起火地点初步确定之后，必须以顽强的毅力，细致地进行重点勘察，一层一层地清除灰烬，尽力保留地面残留物的原状，搜集各种可能引起火灾的物证，切不可粗心大意。

3. 综合分析，以科学的态度确定火灾起火原因，这是调查火灾原因的最后关键一步。将调查访问和现场勘察获得的各种材料，联贯起来进行分析研究，推理判断。把起火时间、地点和起火原因的各种可能性，一一排队，逐个反复推敲，对每一种可能性都应作出肯定或否定的结论。如果涉及到一些复杂的技术问题，应聘请有关专业部门进行技术鉴定，以提供科学依据，必要时还应根据现场条件，进行模拟试验，取得科学的旁证。总之，确定火灾起火原因必须以科学的态度，严肃谨慎，重证据，重调查研究，防止主观地、轻率地下结论。

4. 在调查火灾起火原因的全过程中，应自始至终不要忘记可能存在坏人的破坏。

第十四章 压力容器安全技术

第一节 压力容器基础知识

一、压力容器的专业含义

压力容器,从广义上来说应该包括所有承受着流体压力载荷的密闭容器。但在工业生产中,承载压力的容器的应用极为普遍,尤其在石油精炼和化学工业中,几乎每一个生产工艺过程都离不开压力容器,而且还常常是生产中的主要设备。除此之外,压力容器还广泛用于基本建设、医疗卫生、地质勘探等国民经济各部门。然而,其中有一部分压力容器相对来说比较容易发生事故,而且发生事故后的危害性往往也比较严重。因此,对这类压力容器的安全问题就需特别注意。许多工业发达的国家把这类压力容器作为一种特殊的设备,并颁布专门的安全技术标准或规范,并由专门的机构进行安全技术监察,按规定的技术规范或规程等进行制造和使用。

为了防止压力容器发生事故,保证其安全运行,就需要研究压力容器的各种破坏形式及其产生的原因,研究可能造成各种形式的破坏的不安全因素,以及研究防止产生这些不安全因素的具体措施和检验方法,以便防患于未然预防压力容器事故的发生。为了更好地进行安全管理,对这样一种作为特殊设备的压力容器,首先需要人为地划定一个界限范围,不可能也不必要将所有承载压力的容器都作为特殊的设备,例如像贮水塔那样的设备。

关于压力容器的界限范围,目前在国际上还没有一个完全统一的规定。不过既然压力容器系指那些比较容易发生事故,而且是事故危害比较大的特殊设备,那么其界限范围就应该从发生事故的可能性和事故危害性的大小来考虑。一般来说,压力容器发生爆炸事故时,其危害的严重程度与压力容器的工作介质、工作压力及其容积有密切关系。

工作介质是指容器内所盛装的,或在容器内参加反应的物质。压力容器破裂时所释放的能量与工作介质的物性状态有很大关系。工作介质是液体的压力容器,由于液体的压缩性很小,因此在容器破裂时,所释放的能量也较小。而工作介质是气体的压力容器,因气体具有很大的压缩性,因而在容器破裂时,气体瞬间膨胀所释放的能量也就很大。同样容积和同样压力的压力容器,工作介质为气体的要比工作介质为液体的爆破能量大数百倍乃至数万倍。例如,一个容积为 $10m^3$、工作压力为 11 个绝对大气压的容器,如果盛装空气,则容器破裂时所释放的能量约为 $1.334×10^7 J$,而如果盛装的是水,则其破裂时所释放的能量仅为 $2.158×10^3 J$。前者约为后者的 6180 倍。由此可见,容器内的介质为液体时,即使容器发生破裂,其危害性也较小,因此一般都不把这类介质为液体的容器列入压力容器的范围。不过这里所说的液体是指常温下的液体,而不包括温度高于其标准沸点的饱和液体和液化气体，因为这些介质虽然在容器中由于压力较高而绝大部分呈液态，实际上是呈气、液并存的饱和状态，一旦容器破裂，容器内压力下降，这些饱和液体将立即气化，体积急剧膨胀，发生所谓"蒸气爆炸"（爆沸），其所释放的能量还是很大的。所以，从工作介质的性质和状态来考虑划分压力容器的界限范围，应包括压缩气体、水蒸气、液化气体和工作温度高于其标准沸点的饱和液体。

划分压力容器的界限，还应考虑容器的工作压力和容积这两个条件。一般来说，工作压力越高，或者容器的容积越大，则容器破裂时气体膨胀所释放的能量也越大，所发生事故的危害也越严重。但压力和容积的划分不像工作介质那样有一个比较明显的界限，所以一般均是人为地规定一个比较适当的下限值，关于压力的下限，我国现规定以1个表大气压作为压力容器的压力下限。至于压力容器的容积，当然也需有个下限，因为总不能把一些容积很小而盛装有压力的气体的微型容器也作为特殊设备来管理。因此，通常以容器的工作压力和它的容积的乘积达到某一指定的数值作为压力容器的下限。这样，把压力和容积结合起来考虑，还是比较合适的。

根据《压力容器安全技术监察规程》的规定，压力容器在安全技术专业上的含义，必须同时具备下列三个条件。

1. 最高工作压力（PW）$\geqslant$0.1MPa（不含液体静压力，下同）。
2. 内直径（非圆形截面指断面最大尺寸）$\geqslant$0.15m，且容积（V）$\geqslant$0.025m^3。
3. 介质为气体、液化气体或最高工作温度高于等于标准沸点的液体。

二、压力容器的分类

压力容器的使用十分普遍，其型号也较多，根据不同的要求，压力容器的分类方法有许多种。例如：从管理角度考虑，常把压力容器分为两大类，即固定式容器和移动式容器。所谓固定式容器是指除了用作运输储存气体的盛装容器以外的所有容器。这类容器有固定的安装和使用地点，工艺条件和使用操作人员也比较固定，容器一般不单独装设，而是用管道与其他设备相连接。所谓移动式容器是指一种专门用作盛装气体的容器，这类容器没有固定的使用地点，一般也没有专责的操作人员，使用环境经常变迁。按其容积大小及结构形状分为气瓶、气桶和槽车等。又如，按容器的壁厚分，有薄壁容器和厚壁容器。也就是以容器外径与内径之比值进行划分的，当其比值$\leqslant$1.1时为薄壁容器，当其比值$>$1.1时为厚壁容器。按容器的壳体承受压力的方式分，可分为内压容器和外压容器；按容器的工作壁温分，可分为高温容器、常温容器和低温容器；按容器壳体的几何形状分，可分为球形容器、圆筒形容器和圆锥形容器等；按容器的制造方法分，可分为焊接容器、锻造容器、铆接容器、铸造容器等；按容器的制造材料分，可分为钢制容器、铸铁容器、有色金属容器和非金属容器；按容器的安放形式分，可分为立式容器和卧式容器，等等。总之，对压力容器各种不同的分类方法都是从各种不同的需要的角度来划分的。为了更好地对压力容器进行安全技术上的管理和监督检查，通常按以下方法进行分类：

1. 压力是压力容器最主要的一个工作参数，从安全技术方面来看，容器的工作压力越大，发生破裂事故后所造成的危害也越严重。因此，为了便于对压力容器进行分级管理和技术监督，按压力容器的设计压力（P）分为低压、中压、高压、超高压4个等级，具体划分见表14-1：

第一节 压力容器基础知识

压力容器的压力等级划分表　　　　　表 14-1

压力容器的类别及代号	压力 MPa	压力容器的类别及代号	压力 MPa
低压容器　代号 L	$0.1 \leqslant P < 1.6$	高压容器　代号 H	$10 \leqslant P < 100$
中压容器　代号 M	$1.6 \leqslant P < 10$	超高压容器　代号 U	$P \geqslant 100$

2. 压力容器虽然在厂矿企业生产中的具体用途非常繁杂，但根据压力容器在生产工艺过程中的作用原理，可分为反应压力容器、换热压力容器、分离压力容器、贮存压力容器等4种。在一种压力容器中，如果同时具备两个以上的工艺作用原理时，应按工艺过程中的主要作用来划分。具体划分如下：

(1) 反应压力容器（代号 R）。主要是用于完成介质的物理、化学反应的压力容器。如反应器、反应釜、分解锅、分解塔、聚合釜、高压釜、超高压釜、合成塔、变换炉、蒸煮锅、蒸球、蒸压釜、煤气发生炉等。

(2) 换热压力容器（代号 E）。主要是用于完成介质的热量交换的压力容器。如管壳式余热锅炉、热交换器、冷却器、冷凝器、蒸发器、加热器、硫化锅、消毒锅、染色器、烘缸、磺化锅、蒸炒锅、预热锅、溶剂预热器、蒸锅、蒸脱机、电热蒸汽发生器、炉气发生炉水夹套等。

(3) 分离压力容器（代号 S）。主要是用于完成介质的液体压力平衡和气体净化分离等的压力容器。如分离器、过滤器、集油器、缓冲器、洗涤器、吸收塔、铜洗塔、干燥塔、汽提塔、分汽缸、除氧器等。

(4) 贮存压力容器（代号 C，其中球罐代号 B）。主要是用于盛装生产用的原料气体、液体、液化气体等的压力容器。如各种型式的储罐。

3. 为了有利于安全技术管理和监督检查，根据压力高低、工作介质的危害程度以及在生产过程中的重要作用，把压力容器分为三类，即第一类压力容器、第二类压力容器、第三类压力容器。具体划分如下：

(1) 有下列情况之一者为第一类压力容器：

非易燃或无毒介质的低压反应容器；

非易燃或无毒介质以及易燃或有毒介质的低压换热容器；

非易燃或无毒介质以及易燃或有毒介质的低压分离容器；

非易燃或无毒介质的低压贮存容器。

(2) 有下列情况之一者为第二类压力容器：

中压容器；

易燃介质或毒性程度为中度危害介质的低压反应容器和低压贮存容器；

毒性程度为极度和高度危害介质的低压容器；

低压管壳式余热锅炉；所谓管壳式余热锅炉是指烟道式余热锅炉以外的，结构类似压力容器，并按压力容器标准、规范进行设计和制造的余热锅炉。

搪玻璃压力容器。

(3) 有下列情况之一者为第三类压力容器：

毒性程度为极度和高度危害介质的中压容器和 $P \cdot V \geqslant 0.2 \text{MPa} \cdot \text{m}^3$ 的低压容器；

易燃或毒性程度为中度危害介质，且 $P \cdot V \geqslant 0.5 \text{MPa} \cdot \text{m}^3$ 的中压反应容器和 $P \cdot V \geqslant 10 \text{MPa} \cdot \text{m}^3$ 的中压贮存容器；

高压、中压管壳式余热锅炉；

高压容器。

在对压力容器进行上述分类时，还应注意以下几个事项：

(1) 所谓易燃介质是指与空气混合后的爆炸下限<10%，或者其爆炸上限和下限之差值≥20%的气体。

(2) 介质的毒性程度应按照《职业性接触毒物危害程度分级》（GB 5044）的规定，分为四级，其最高容许浓度分别为：极度危害（Ⅰ级）<0.1mg/m³；高度危害（Ⅱ级）0.1～<1.0mg/m³；中度危害（Ⅲ级）1.0～<10mg/m³；轻度危害（Ⅳ级）≥10mg/m³。

(3) 当压力容器中的介质为混合物质时，应比较介质的组成并按上述的毒性程度或易燃介质的划分原则，由设计单位的工艺设计或使用单位的生产技术部门，决定介质毒性程度或是否属于易燃介质。

在上述三类压力容器中，显而易见，第三类压力容器的危险性最大，而第一类压力容器的危险性相对较小。

三、压力容器的结构

压力容器的结构一般说来是比较简单的，因压力容器的主要作用是贮装压缩气体或液化气体，或者是为这些介质的传热、传质或化学反应提供一个密闭的空间，它的主要部件是由一个能承受压力的壳体及其他必要的连接件和密封件。

1. 容器壳体

压力容器密闭的壳体的形状可以是球形、圆筒形、椭圆形、圆锥形等，最为常用的是球形和圆筒形，极个别情况下也有使用方形、半圆筒形、葫芦形等特殊结构形状的。

从受压壳体的应力情况来看，壳体最适宜的形状是球形。因在内压力的作用下，球形壳体的应力是圆筒形壳体的1/2。如果制造容器的钢板厚度相同，球形壳体的安全系数要比圆筒形壳体大一倍。可见，球形壳体是一种最为安全的结构型式。在体积一定的情况下，球体的表面积最小，反之，在表面积一定时，球体的内容积为最大，即可贮存介质的数量最多。因而制造同样容积的容器，球形容器要比圆筒形容器节约钢材，还可以节省隔热材料或减少热的传导，所以球形容器最适宜用作液化气体贮罐。但是球形容器的制造比较复杂，制造成本也比较高，如果作为反应或传热、传质用容器，不便于在其内部安装工艺附件装置，也不利于内部相互作用的介质的流动。因此球形容器一般广泛用作盛装容器。

圆筒形容器是使用得最为普遍的一种压力容器，是由一个圆筒体和两端的封头（端盖）组成，见图 14-1。

筒体是压力容器的主体部分，筒体一般是用钢板在卷板机上卷制成形，然后用焊接方法将对接处熔焊成一个筒节，此焊缝称为纵焊缝，直径小的圆筒体只有一条

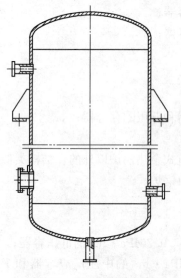

图 14-1　低压圆筒形容器

纵焊缝，直径大的圆筒体可有多条纵焊缝。由于钢板及卷板机宽的关系，除制造较短容器外，一台容器的筒体常需要多个筒节构成，筒节与筒节间经组装对接，并用同样的焊接方法将相邻筒节焊成一体，此焊缝称为横焊缝。根据容器筒体所需的长度，可由两个或两个以上的筒节组装焊接而成。因圆筒体的环向应力比轴向应力大一倍，因此在制造容器筒体时应尽量使纵焊缝减至最小。如筒体直径较小时，可用无缝钢管制作。制成的筒体再与前、后封头组焊便制成了容器的壳体。

夹套容器的筒体是由两个大小不同的内、外圆筒组成。两圆筒用环形板焊接相连，中间形成一个夹层空间，用以通入水蒸气等有压力的气体，使其与内筒中的介质进行热交换。这种夹套型换热容器，外筒体与一般承受内压的容器一样，而内圆筒则是一个承受外压的圆形壳体。

2. 容器封头或端盖

压力容器的封头或端盖是容器的主要构成部分。通常将凡是与筒体焊接连接而不可拆的称为封头；而将与筒体以法兰等连接成可拆的称为端盖。封头或端盖按其形状可分为凸形封头、锥形封头和平板封头。其中平板封头除用人孔及手孔的端盖外，一般很少采用，这是因为平板封头在介质压力的作用下可产生较大的弯曲力。凸形封头是压力容器中广泛采用的封头结构型式，锥形封头一般也只用于某些用途的容器。

凸形封头有椭圆形封头、碟形封头、半球形封头和无折边球形封头等，其形状如图 14-2。

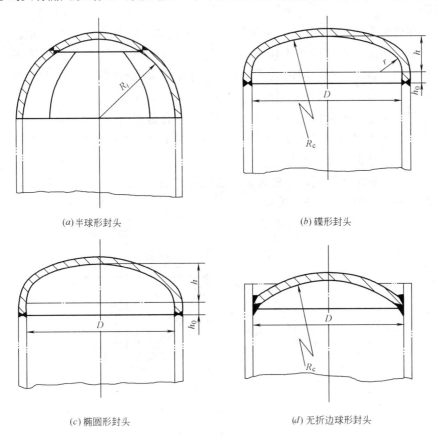

(a) 半球形封头　　　　　　　　(b) 碟形封头

(c) 椭圆形封头　　　　　　　　(d) 无折边球形封头

图 14-2　凸形封头

椭圆形封头一般由半椭圆球体和圆筒体两部分组成，如图14-2（c）所示。半椭圆球体的纵剖面为半条椭圆形曲线，曲率半径呈连续变化，没有形状突变处，应力分布比较均匀，制造容易，故广泛用于压力容器中。采用椭圆形封头最好采用标准形，其长短轴之比（$D/2h$）为2。若采用非标准椭圆形封头时，长短轴之比的值不得＞2.6。

碟形封头由几何形状不同的三部分组成，如图14-2（b）所示。中央是半径为R_c的球面，与筒体连接部分是高度为h_0的圆筒体（即直边），球面体与圆筒体由曲率半径为r的过渡圆弧（即折边）所连接。过渡圆弧部分可使球面体与圆筒体平滑过渡，以减小连接处因形状突变而产生的局部应力。

在封头半径与高度之比值相同的情况下，碟形封头较椭圆形封头存在较大的弯曲应力，因此应尽量少采用碟形封头。若需采用碟形封头时，封头过渡区的较角半径应不＜封头内直径的10%，且应不＜封头厚度的3倍。

半球形封头实际上是一个半球体，由于其深度与半径相同，整体压制成形较为困难，故直径较大的半球形封头一般均是由几块大小相同的梯形球面板和顶部中心的一块圆形球面板（球冠）组焊而成，如图14-2（a）所示。半球形封头是压力容器封头最好的一种型式，在相同的直径和承受相同的压力下，所需的壁厚最小，在相同的容积下其表面积也最小。因此，半球形封头不仅受力状况好，而且节省金属材料。但由于半球形封头的深度不大，加工制造比较困难，故除了压力较高、直径较大的压力容器和有特殊需要者外，一般都很少采用。

无折边球形封头是一块深度很小的球面体（球冠），如图14-2（d）所示。它结构简单、制造容易。但由于它与筒体连接处附近存在很高的局部应力，因此只适用于直径较小、压力较低的容器上。在任何情况下，无折边球形封头的球面半径都不应＞圆筒体的内直径，通常球面内半径R_c取0.9倍封头内直径D，即R_c/D为0.9。

当容器内的工作介质含颗粒状或粉末状的物料或者是黏稠的液体时，为有利于汇集和卸下这些物料，压力容器的底部常采用锥形封头。为了使气体在容器内均匀分布或者需改变流体的流速，通常也采用锥形封头。

锥形封头有两种结构型式，一种为无折边锥形封头，见图14-3（a）所示；另一种为带折边锥形封头，见图14-3（b）所示。

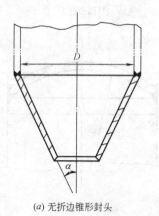
(a) 无折边锥形封头

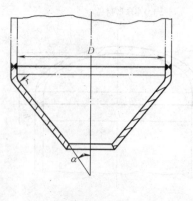
(b) 带折边锥形封头

图14-3 锥形封头

无折边锥形封头的锥体与圆筒体直接连接，壳体形状突然不连续，在连接处附近产生较大的局部应力，因此仅适用于压力较低的容器。若因生产工艺确实需要采用无折边锥形封头，其半顶角 α 不得 $>30°$，并应在锥体与筒体的连接处采取局部加强结构。如果需要采用半顶角 $\alpha>30°$ 的锥形封头，则应采用带折边的锥形封头，以免产生过高的附加弯曲应力。

带折边锥形封头由圆锥体、过渡圆弧及圆筒体三部分组成，多用于锥体半顶角 α 等于或大于 30° 的容器上。根据圆锥形封头的受力情况，锥体半顶角 α 越大，锥体的应力也越大，所需的厚度也就越大。当采用折边锥形封头时，其半顶角一般不 $>45°$，折边过渡区的转角内半径 r 应不 $<$ 圆筒体内直径 D 的 10%，且应不 $<$ 锥体厚度 S 的 3 倍。标准带折边锥形封头的半顶角有 30°和 45°两种，过渡圆弧曲半径 r 与直径 D 之比值规定为 0.15。

3. 法兰

法兰是压力容器可拆连接结构重要部件。法兰与容器圆筒体的连接型式有整体法兰、活套法兰和螺纹法兰等三种。

整体法兰与圆筒体固定成为一个不可拆的整体。根据它与筒体的连接方式又有平焊法兰和对焊法兰之分。平焊法兰的形状见图 14-4（a）所示。平焊法兰套装在筒体的外面，用填角焊接。这种法兰易于制造，但刚性较差，受力后常会发生变形并导致容器筒体的弯曲，可使筒壁产生附加的弯曲应力，以及造成密封上的困难。因此，平焊法兰一般只在低压容器中应用。对焊法兰的形状如图 14-4（b）所示，是由颈圈与筒体进行对焊。因这种法兰带有一段根部较深的颈圈，故刚性较好，不易变形，有利于容器的紧固密封，焊接强度比平焊法兰的填角焊要好，一般都用于中压容器上。

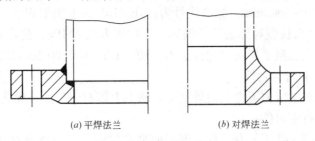

(a) 平焊法兰　　　(b) 对焊法兰

图 14-4　整体法兰

活套法兰是套在筒体外面而不与筒壁固定成整体的一种法兰。活套法兰与筒体没有刚性的联系，不会使器壁产生附加应力，并可以用与筒体不相同的材料来制造。但它的载荷较重，直径与压力相同的容器，所需的厚度要比整体法兰大得多，故活套法兰一般只用于搪瓷或有色金属制造的低压容器上。

活套法兰的形式较多，图 14-5 所示为常用的几种，（a）为套在翻边筒体上的活套法兰，多用压力很低的有色金属制造的容器；（b）为套在筒体焊接环上的活套法兰，常用于钢制搪瓷容器；（c）为套在一个由两个半圈组成的套环上的活套法兰。

螺纹法兰是用螺纹与筒体连接的一种法兰。它与筒体的联系既不是完全固定，也不是完全自由，这种连接结构可减小法兰对器壁产生的附加应力。但因在直径较大的容器壳体和法兰上加工螺纹相当麻烦，故螺纹法兰一般只用于管式容器和高压管道上。有时也常将

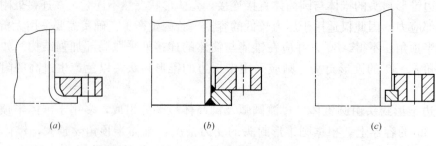

图 14-5 活套法兰

用于管道连接的法兰称为管法兰。螺纹法兰的结构形状如图 14-6 所示。此外，属于这一类既非完全固定成一体，但又有一定联系的连接形式的法兰还有铆接法兰，常用于铜制容器。

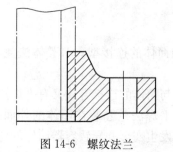

图 14-6 螺纹法兰

为了制造使用方便，压力容器的法兰连接件，对常用的法兰的结构尺寸国家有关工业部门已制订了部颁标准系列。压力容器法兰标志由 5 个部分组成：

<u>法兰</u>　<u>（密封面型代号）</u>　<u>（公称压力数值</u>
　1　　　　　2　　　　　　　　3

<u>公称直径数值</u>　<u>标准代号</u>
　　4　　　　　　　5

法兰密封面型式代号为：G 代表平型密封面；CG 代表带衬环的平型密封面；Y 代表凹凸型密封面；CY 代表带衬环的凹凸型密封面；S 代表榫槽型密封面；CS 代表带衬环的榫槽型密封面。公称压力数值有 0.25、0.6、1.0、1.6、2.5、4.0、6.4MPa 等若干等级。公称直径范围从 300～3000mm。标准代号为：JB 1158 为甲型平焊法兰、JB 1159 为乙型平焊法兰、JB 1160 为长颈对焊法兰。例如，公称压力为 4MPa、公称直径为 800mm、带衬环的凹凸型密封面乙型平焊法兰的标志为：法兰 CY 40—800 JB 1159。

4. 法兰密封面和密封之件

为保证容器在正常压力下介质向外泄漏，法兰上需有密封面。除此之外，两法兰密封面连接之间还需装有密封件。

法兰密封面的型式常用的有三种，即平面型密封面、凹凸型密封面和榫槽型密封面，如图 14-7 所示。

平面型密封面就是一个光滑的平面。为加强密封性能，常在压紧面上车制出几条宽约 1mm、深约为 0.5mm 的沟圈。这种密封面结构简单，易加工，但安装时垫片不易装正，而且在紧固螺栓时垫片常向两边挤出，故密封性能较差，一般用于无毒介质的低压容器上。

凹凸型密封面是一个带凹面和另一个带凸面的一对密封面。这种密封面在安装时把垫片放在凹面上，垫片易装正而且紧固螺栓时也不会向外挤出，密封性能比平面型好。但加工比较困难，一般多用于中压容器上。

榫槽型密封面是一个带凸出的榫头和另一个带凹进去的榫槽的一对密封面，垫片可固定安放在榫槽内，在紧固螺栓的垫片不可能向两边挤出，因此密封性能更好。但结构复杂，加工更为困难，故这种密封面一般只用于易燃或有毒害的介质，或用于压力较高的中

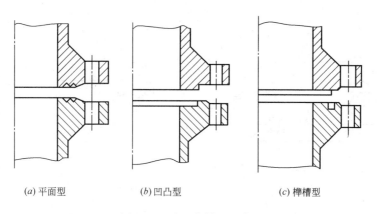

(a) 平面型　　　(b) 凹凸型　　　(c) 榫槽型

图 14-7　法兰密封面型式

压容器上。

容器法兰连接所用的垫片一般有 3 种，即非金属软垫片，缠绕垫片和金属垫片。

非金属垫片是用弹性较好的板材按法兰密封面的直径及宽度剪成一个圆环。其材料可根据容器的工作压力、温度以及介质的腐蚀性来选用，对无腐蚀性介质、低压、常温容器一般多选用橡胶板；对温度较高的中低压容器常选用石棉橡胶制垫片；对具有腐蚀性介质的低压容器常选用耐酸石棉板垫片，压力较高时则选用聚乙烯、聚四氟乙烯制垫片。

缠绕垫片是用石棉带与薄金属带一起缠绕数圈制成的圈环。这种垫片有一定的弹性，而且是多道密封，故密封性能较好，适用于压力或温度波动较大，尤其是直径较大的低压容器上最佳。

金属垫片是用薄金属板（如紫铜、铝）材料制成的圈环。这种垫片有较好的密封性能，但制造较为费时，一般只用于压力较高的高压容器或中压容器上。

5. 开孔与接管

容器壳体上开孔及接管，如人孔、手孔、视镜孔、物料进出口孔及安装温度计、压力表、安全阀用接管等，均为压力容器不可缺少的组成部分。

为了便于容器内部清理和定期检验以及器内附件的安装与拆卸，压力容器一般都开设有人孔或手孔。人孔或手孔有圆形和椭圆形两种。立式容器的椭圆形人孔，一般开在圆筒体上，这样可以把椭圆孔的短径放在容器的轴向上，既可减小开孔对筒体的削弱，又适宜于人的进出。卧式容器的人孔开在圆筒体上时一般为圆形孔，椭圆形人孔只开在碟形封头上。

人孔和手孔的封闭型式有内闭式和外闭式两种。内闭式人孔或手孔的孔盖放在孔的里面，用两个螺栓（手孔则为一个螺栓）把紧在孔外放置并支承在孔边的横杆上，如图 14-8 所示。这种孔盖密封性能较好，器内的气体的压力可以帮助压紧孔盖，有自紧密封作用。尤其是可以防止因垫片等的失效而导致器内介质的大量喷出，适用于工作介质为高温或有毒害气体的容器。

外闭式人孔或手孔的结构一般就是一个带法兰的短管和一个平板型盖或稍加压弯的不折边的球形盖，用螺栓或双头螺栓紧固，盖上还焊有手柄。开启次数较多的人孔，常采用铰接的回转盖，如图 14-9 所示。这种外闭式人孔使用带有铰链的螺栓和带缺口螺孔的法兰，孔盖有销钉与短管铰接，拧松螺母翻转螺栓后即可把整个孔盖绕着销钉翻转下来，装卸都很方便，适用于装在容器高处的人孔结构。

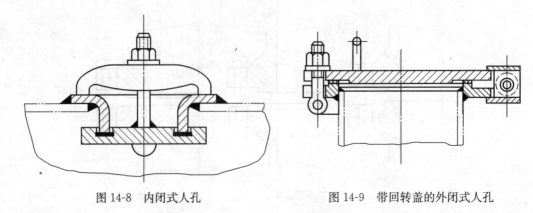

图 14-8　内闭式人孔　　　　图 14-9　带回转盖的外闭式人孔

压力容器接口管就是容器专门用来与其他设备管道连接的一种附件。常用的接口管有三种型式：螺纹短管式、法兰短管式和平法兰式，如图 14-10 所示。

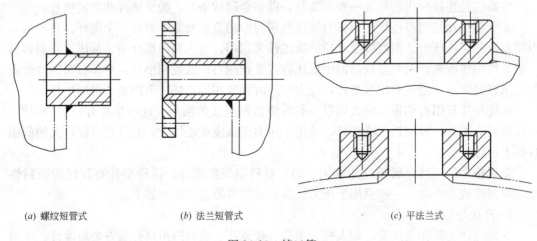

(a) 螺纹短管式　　　　(b) 法兰短管式　　　　(c) 平法兰式

图 14-10　接口管

螺纹短管式接口管为一段带有内螺纹或外螺纹的短管。短管插入并焊接在容器器壁上，短管螺纹用来与其他管件连接。这种型式的接口管一般用于连接直径较小的管道，如接装测量仪表等。

法兰短管式接口管为一段焊接有一个管法兰的短管。法兰用以与其他管件连接。这种型式的接口管，在容器外面的一段短管要具有一定的长度，以便短管法兰与其他管件连接时能顺利地穿进螺栓和上紧螺帽，其长度一般不应<100mm。如容器的接口管外面需有保温层，其短管的长度还要长一些。法兰短管式接口管多用于直径稍大的容器接口管。

平法兰式接口管为法兰短管式接口管除掉了短管的一种特殊型式，实际上就是直接焊在容器开孔上的一个管法兰，不过其螺孔与一般管法兰不同，是一种带有内螺纹的不穿透孔。这种接口管与容器的连接有贴合式和插入式两种型式，贴合式接口管有一面加工成圆柱形状或球状，致使与容器的外壁贴合，并焊接在容器开孔的外壁上，可使容器的孔开得小一些。插入式的法兰两面都是平面，从容器开孔插入到器壁内表面进行两面焊接。平法兰式接口管既可作接口管与其他管件连接，又可作补强圈，对器壁的开孔起补强作用，故容器开孔不需另外再进行补强。

容器开孔以后，不但减小了器壁的受力截面积，而且还造成容器壳体结构的连续性被破坏，因而引起应力集中，使开孔外边缘的应力大大增加。为了保证容器的安全运行，容器开孔后，就需对开孔进行补强措施，以抵抗开孔边缘的局部应力的增加。

开孔补强当然也可用增加容器壳体壁厚的方法，即把容器筒体或封头的厚度加大到使开孔边缘的局部应力减小到允许的范围之内，这就是整体补强。很显然，用增加容器整体壁厚来降低开孔边缘的局部应力的补强措施是不经济，也是不合理的，因此容器的开孔常采用局部补强措施，即在开孔边缘增设补强结构。

容器开孔常用的补强结构有两种，一种是补强圈补强，另一种是厚壁短管补强。

补强圈补强就是在开孔边缘焊上一个金属圈，如图 14-11 所示。补强圈用与容器相同的材料制成，贴合在容器的外壁并与壳体及接口管牢固地焊接在一起，使其与器壁同时受力。补强圈的外径约为开孔直径的两倍，厚度与容器的壁厚相同；圈上开设有一个带螺纹的小孔，用作检查焊缝的致密性。

用厚壁短管补强就是把与开孔连接的接口管的一段管壁加得很厚，如图 14-12 所示。这段接口管除了承受管内压力所需的厚度外，还有一部分剩余厚度可用来加强开孔边缘。厚壁短管插入孔内并高出器壁的内表面，与器壁进行两面焊接。厚壁短管的厚度应稍大于或等于器壁的厚度，长度约为壁厚的 3～5 倍。这种补强结构制造容易，用料也较节省，而且用以补强的金属都集中存开孔边缘的局部应力最大的区域内，故补强效果较好，已被广泛采用。特别对那些应力集中比较敏感的低合金高强度钢制容器，采用厚壁短管补强结构进行开孔补强尤为适用。

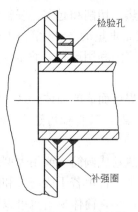 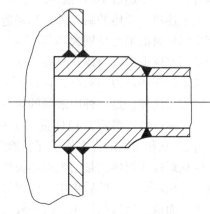

图 14-11　补强圈补强　　　　　　　图 14-12　厚壁短管补强

6. 支座

支座是用来支承压力容器（含工作介质）质量和固定容器位置的。室外安装的容器还需承受风力等外来载荷的作用，支座应能承受所有载荷的综合作用。

根据容器的安放位置，支座可分为立式和卧式两种。立式支座有悬挂式、支承式、裙式等；卧式容器支座主要采用鞍式、环圈式；球形容器支座主要采用柱式和裙式两种。

常用支座的结构尺寸均有相应的标准系列。

四、高压容器的结构

高压容器一般都为非盛装用容器，除极少数为球体外，绝大部分为圆筒形容器。圆筒形高压容器和中低压容器一样,主要也是由一个圆筒体和两端的封头(或端盖)等组成。但高压容器的工作压力较高,壳壁较厚,容器的外径与内径之比值 K 一般都 >1.1,因此其制造要比中低压容器困难。随着工业生产的迅速发展,为了提高单机的生产能力,容器设备正逐渐趋向大型化,所以高压容器的直径和壁厚也越来越大,其制造方法也越来越多,这样就使高压容器出现了各种不同的结构,其中以高压容器筒体的结构变化为最多。

1. 容器的筒体结构

高压容器的筒体按其壳壁的构成可分为单层筒体、多层板筒体和绕带筒体等三类型式。

单层筒体。单层筒体结构较简单,但在制造上需要具有大型设备,并且由于壳壁为单层,当筒体金属存有裂纹等缺陷,且缺陷附近的局部应力达到一定程度时,裂纹将沿壳壁继续扩展,最终可导致整个壳体的破坏。再者,容器壳体在承受内压时,壳壁上所产生的应力沿壁厚方向的分布不均匀,壳壁越厚,内外壁上的应力差别也越大。单层筒体不能改变这种应力分布不均匀的状况,因此也就不能充分发挥整个壳体材料的作用。所以,目前生产的高压容器很少采用这种结构。现世界各国生产和使用的单层筒体主要有整体锻造式、锻焊式和厚板焊接式三种结构型式。

(1) 整体锻造式筒体。是用大型钢锭在中间冲孔后套入一根心轴放在锻造水压机上进行锻压成形,然后再经切屑加工而制成。筒体的端部与底部一般都是和圆筒整体锻制,但也有另制法兰用螺纹与圆筒体进行连接的。这种筒体常作成直径较小而长度较大的细长形,筒体直径一般不超过1m,很少超过1.5m,长度常达20~30m。整体锻造式筒体除在结构上存在上述单层筒体的缺点外,其制造还需要锻压、加热、切削和起重等一整套大型设备,且金属材料的消耗特别大,其筒体毛坯的重量常达成品重量的2~3倍。因此,目前已很少采用整体锻造式筒体,只有一些工业发展较早的国家为利用现有的锻压设备,采用这种方法生产一些压力不太高、直径也不太大的高压容器。

(2) 锻焊式筒体。是一种由锻制的筒节和端部法兰组装焊接而成的筒体,这种结构只有环焊缝而无纵焊缝。锻焊式筒体常用于直径较大的高压容器,其直径可达5~6m。20世纪60年代西欧和美国的许多原子能容器多采用这种结构。

(3) 厚板焊接式筒体。是用大型卷板机将厚钢板冷卷或热卷成圆筒,或用大型水压机将厚钢板压弯成圆筒瓣,然后再用电渣焊焊接纵缝以制成筒带,再由若干段筒节和锻制的端部法兰组焊而成。这种结构生产效率较高,金属材料消耗量小,筒体材料也可以通过调质处理来提高其机械性能,因此要比整体锻造式优越。厚板焊接式在20世纪60年代曾盛行于美国和西欧。

此外,铸锻焊式和电渣焊成型的单层筒体正在试制或试用阶段。铸锻焊式筒体是用钢水浇铸出空心的筒节毛坯,经过锻造、热处理以改善其机械性能并制成筒节,再由若干段筒节和端部法兰组焊成容器筒体。电渣焊成型筒体是由一个很短的圆筒(母筒)和利用电焊焊在母筒上面连续不断地堆焊熔化的金属构成。筒体的堆焊成型只在一种特制的机床上进行,母筒在卡盘上夹紧,熔化的金属在母筒上面堆焊成一圈圈的螺圈条,经过冷却凝固成为一体,直至达到所需的筒体长度为止。堆焊时焊圈的内外表面同时进行切削加工,以获得所要求的尺寸和光洁度。

多层板筒体。多层板筒体的壳壁由数层或数十层紧密贴合的金属构制成。这种壳体结构因为是多层结构,可以通过制造工艺过程在层板间产生预应力致使壳壁上的应力沿壁厚分布较为均匀,壳体材料可得到较充分的利用,故壁厚也可稍薄。如果容器的工作介质具有腐蚀性,便可采用耐腐蚀的合金钢作内筒,用碳钢或其他强度较高的低合金钢板作层板,以充分发挥各种材料的特性,节省贵重金属。当壳壁材料中存有裂纹等缺陷时,其缺陷一般不易扩展到其他各层,同时由于使用的是薄板材料,故具有较好的抗脆裂性能。再者在制造上,也不需要大型的锻压设备。因此,近年来制造的高压容器,特别是大型高压容器,多采用这种结构,而且制造方法也在不断发展。目前,这种多层板筒体按其制造工艺过程的不同可分为多层包扎焊接式、多层烧板式、多层卷烧焊接式和多层热套式等4种型式。

(1) 多层包扎焊接式筒体。是由若干段筒节和端部法兰组焊而成。筒节是由一个用厚度为15～25mm,钢板卷焊成内筒,然后再在其外面包扎焊接上多层厚度为6～12mm的薄钢板构成。每层层板一般是先卷压成两块半圆形,包扎时将它紧贴在内筒外面并用拉紧装置拉紧,然后进行纵缝焊接。如此一层一层地包扎焊接,直至达到所需要的壁厚为止。层板间的纵缝相互错开,使其分布在筒带圆周上的各个方位。筒节上开有一个穿透各层层板的小孔,用作当内筒破裂泄漏时能及时检查发现,以防止缺陷继续扩大。筒体的端部法兰过去多采用锻制,现也采用多层包扎焊接结构,法兰上的螺孔采用具有较小的压力侧角的近似梯形螺纹,使螺栓的轴向力能均匀地分布至各层。多层包扎焊接式高压容器在20世纪30年初首先由美国斯米思(A·O·Smith)公司采用后,很快即传至欧洲及日本等工业国家。我国在20世纪50年代中期试制成功。目前很多化肥设备用的高压容器仍采用这种结构,如我国从美国及日本引进的年产30万t合成氨设备,其中的氨合成塔均为多层包扎焊接式筒体。

(2) 多层绕板式筒体。是由若干段筒节组焊而成。其筒节由内筒、绕板层和外筒三部分构成,内筒是用稍厚的钢板卷焊而成,绕板层则是用厚3～5mm的带状钢板在内筒外面连续卷绕的多层非同心圆螺旋状层板,绕板时用压力辊对内筒及绕板层施加压力,使层板被拉紧贴合在内筒上,外筒是两块半圆形的壳体、紧包在绕板层外面,焊接纵缝。这种筒体除内筒和外筒外,几乎没有纵焊缝,有利于容器的强度。在制造上,机械化程度高,绕板过程为连续进行,生产效率高,并且节省材料。近年上,在国际上发展较快,日本采用较多,我国也有一些容器制造厂制造。

(3) 多层卷绕焊接式筒体。其结构与多层绕板式筒体相似,其筒节也是由内筒、绕板层和外筒三部分组成。内筒及外筒与多层绕板式完全一样,中间绕板层也为多层非同心圆的螺旋状层板。所不同的是多层卷绕焊接式的卷绕方向与钢板轧制方向垂直,筒节一般都做得较长,因钢板宽度有限,故卷绕的层板要加以拼焊,每一层的层板都有1～3条纵焊缝。内筒外面第一层层板与包扎焊接式相似,是由两块或三块筒瓣组成一个圆筒包扎焊接在内筒外面,其中一块筒瓣为楔形板,是用厚钢板加工制成,使其一边与层板等厚而另一边比层板厚一倍,这样在第一层包扎焊接后就有一个接缝边高出一个层板的厚度,于是第二层即可从此处开始卷绕,直至达到所需要的层数。层板末端也焊上楔形板,最后再包焊上外筒。这种筒体环焊缝较少,层板可以稍厚,层数较绕板式少,但由于层板要拼焊,有很多纵焊缝,且不能连续卷绕,生产效率也不太高。多层卷绕焊接式高压容器是由美国努特(Nooter)公司在1968年首先试制采用。我国引进的年产30万t合成氨设备中的氨合成塔筒体就有这种多层卷绕焊接结构的。

(4) 多层热套式筒体。有较悠久的历史，这种结构最初仅用于大炮的炮筒，现已大量应用到高压容器的筒体上。其筒体是由几个用 20～50mm 中等厚度的钢板卷焊成的圆筒体经加热套合制成筒节，再由若干段筒节和端部法兰组焊而成。筒节中的每一层圆筒与其外面一层之间均为过盈配合，在层间产生预应力，可改善筒体在受压时的应力分布不均匀的状况。过盈配合需运用热胀冷缩原理，将待套合的外筒节加热膨胀到其内径＞内筒节外径时，将两筒节进行套合，然后待外筒节冷却后既与内筒节形成过盈组合。多层热套式筒体承受压力状况好，但由于开始时要求每一层套合面都要精密加工，以确保层间的计算过盈量，使得制造困难，因此，在相当长的一段时间其应用发展处于停滞状态。近年来，由于制造工艺的改进简化，其套合面可不经精密的机械加工，只需粗加工或经喷沙处理，其过盈量的控制要求也放宽，因此便得制造周期缩短，成本降低，故多层热套式筒体结构又获得发展。目前我国设计年产 30 万 t 和 15 万 t 合成氨的氨合成塔多采用这种多层热套式筒体结构，我国从法国引进的氨合成塔筒也为这种结构。

多层板筒体除上述四种结构形式外，还有绕带筒体。绕带筒体的壳壁是由一个用钢板卷焊而成的内筒和在外面缠绕的多层钢带构成。绕带筒体所用的钢带，根据横断面形状有槽型和平型两种。

槽型钢带绕制筒体其内筒的外壁车削有与钢带断面形状相同的螺旋形沟槽，内筒外面绕上一排排紧靠的槽型钢带，钢带的始端与末端用焊接固定，绕完一层后再在钢带外面继续缠绕若干层，直至达到所需的筒壁厚度。筒体的端部法兰也可用同样的方法绕成。这种结构最初在德国采用，后来在原苏联及东欧一些国家也得到应用。但由于其制造工艺复杂，生产效率太低，故目前制造的高压容器已很少采用这种结构。

平型钢带绕制的筒体是在一个用稍厚钢板卷焊的整长内筒与锻制的端部法兰对焊后，再在内筒外面缠绕多层平型钢带使得到所需的筒壁厚度而成。钢带绕制的方式有多种，我国小化肥行业多采用的是倾角错绕扁平钢带高压容器。

2. 容器的封头

过去制造的高压容器，除整体锻造式利用锻成的筒体在端部加热再行锻压收口，直接锻出凸形封头外，其他高压容器的封头绝大部分都采用平形。其主要原因是受到加工设备的限制，其次是过去筒体上所必需开的孔都开在封头或端盖上，采用平形封头开孔可将封头整体加厚而不必另行补强。因此，只得用大型锻件加工制造成平形封头。为降低圆筒与平形封头连接所产生的局部应力，平形封头常采用减小内径或增大外径的结构来加强筒体端部。

但随着高压容器的大型化，用大型锻件加工制造的平形封头就显得很笨重。因此近年来制造的高压容器，多采用冲压成形的半球形封头。半球形封头的厚度比同样直径、同样压力的平形封头小得多，既可节省金属材料，又能减轻容器重量。我国从美国、日本和法国引进的 30 万 t 合成氨设备中的高压容器大部分都是采用半球形封头。

对于高压容器的端盖，目前仍然多采用平形，其原因是与容器的密封型式有关，再者就是容器的端盖若采用凸形的，需较宽较厚的法兰，金属材料既不能节省，还增加了端盖制造的困难。

3. 容器的密封

高压容器的高压密封是除容器壳体外的一个重要组成部分。对高压密封结构的要求首先是安全可靠,即要求在升压、降压和正常运行过程中,在温度或压力波动的情况下能始终保持严密不漏。然后再要求高压密封结构简单、使用材料少、制造方便、易于安装和拆卸等。高压容器所采用的密封结构,按其作用原理可分为强制式密封和自紧式密封两大类型。

(1) 强制式密封

强制式密封是通过紧固端盖与筒体法兰的连接螺栓等强制方式将密封面压紧来达到密封的,这种高压密封主要有单锥面密封、平垫圈密封、八角形或椭圆形截面垫圈密封、卡扎里密封、"O"型截面垫圈密封等数种型式。

单锥面密封。具有一个中间凸起成锥体的端盖1和端部内表面为锥体的筒体法兰2,利用端盖和筒体法兰的连接螺栓3将这两个锥体压紧来达到密封,其结构如图14-13所示。单锥面密封又分为无垫片和有垫片两种。无垫片单锥面密封,筒体内锥面的锥角>端盖的锥角,两锥面体形成线接触,单位面积上的压紧力较大,故不需要垫片也能密封。有垫片的单锥面密封,筒体内锥面与端盖锥体具有相同的锥角,一般约为30°,两锥面之间有一层很薄的紫铜或铝的垫片,利用垫片受压变形来填满两锥面间的微小凸凹不平处以达到密封。单锥面密封结构简单,如密封面具有较高的光洁度,可用于工作压力高达30MPa的高压容器上。但由于单锥面密封需很大紧固力,连接螺栓及端盖的尺寸需较大,其密封面性能易受温度波动的影响,且又因端盖与筒体常发生咬合现象而使拆卸相当困难,因此目前已较少采用。

平垫圈密封。其结构与一般法兰连接密封相同,由于工作压力较高,密封面一般都采用凹凸型或榫槽型。为了减轻端盖与筒体法兰连接螺栓的载荷,有些高压容器则采用如图14-14所示那样的带压紧环的平垫圈密封。此种密封是在平垫圈1的上面装有一个压紧环2和若干个压紧螺栓3,垫圈下面是托板4,与筒体法兰5之间只有很小的缝隙,外圈凹下去与筒体法兰内圈凹下去部分构成一个放置垫圈的沟槽。然后通过压紧螺栓3,施力于压紧环2以压紧平垫圈来达到高压容器的密封。

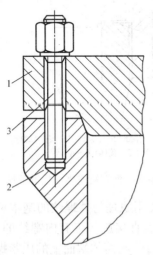

1—端盖;2—筒体法兰;3—连接螺栓

图 14-13 单锥面密封

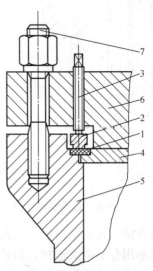

1—密封垫圈;2—压紧环;3—压紧螺栓;
4—托板;5—筒体法兰;6—端盖;
7—连接螺栓

图 14-14 带压紧环的平垫圈密封

八角形或椭圆形截面垫圈密封。其结构如图14-15所示。垫圈横断面呈八角形或椭圆形，用软铜锻制，工作介质有腐蚀性时可用超低碳合金钢，直径较大时也可焊制。端盖2和筒体法兰3的密封面上都开有梯形沟槽，沟槽的锥角与垫圈1的锥角相同。垫圈的上半部与下半部分别嵌入端盖与筒体法兰的梯形沟槽中，用连接螺栓紧固，使沟槽的斜面与垫圈的斜面紧密贴合，以达到密封。此种密封较为可靠，结构简单，一般适用于直径不超过1m，压力不超过40MPa的高压容器。国内外石油工业用高压容器采用八角形或椭圆形截面垫圈密封结构的较多。

卡扎里密封。为具有一个横断面呈三角形的金属铜或铝的垫圈。其密封也是通过压紧螺栓压紧密封垫圈上的压紧环，再由压紧环压紧密封垫圈来达到的。卡扎里密封的筒体与端盖是用螺纹连接的，没有连接螺栓。按螺纹连接型式有外螺纹连接和内螺纹连接两种。

外螺纹连接卡扎里密封。其结构如图14-16所示。旋紧压紧螺栓3使压紧环2对垫圈1的斜面施加一个压紧力，其力的垂直向下分力使垫圈1紧压筒体5的端部密封面，其水平向内分力使垫圈紧压端盖4的侧部密封面，从而达到较好的密封。端盖4与筒体5是用一个带锯齿形内螺纹的套筒6进行连接，套筒的下段是连续内螺纹和筒体的外螺纹啮合。此种密封适用于温度反复波动的容器，其缺点是结构较复杂，密封零部件多且精度要求高，加工较困难，但卡扎里密封有长期的使用实践，在压力为80MPa、温度为300℃的条件下使用情况良好。

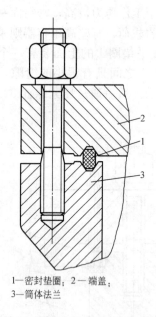

1—密封垫圈；2—端盖；
3—筒体法兰

图14-15　八角形截面垫圈密封

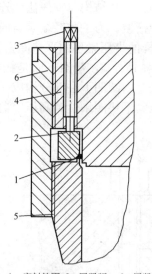

1—密封垫圈；2—压紧环；3—压紧螺栓；
4—端盖；5—筒体；6—套筒

图14-16　外螺纹连接卡扎里密封

内螺纹连接卡扎里密封，其结构如图14-17所示。作用原理与外螺纹的基本相同，其端盖与筒体不用套筒螺纹连接，而是将带有外螺纹的端盖直接旋入带有内螺纹的筒体内。三角形截面的密封垫圈置于端盖与筒体连接交界处，通过装在筒体端面上的压紧螺栓3压紧垫圈1上的压紧环2，使垫圈内侧面及底平面分别与端盖侧面及筒体端面紧密贴合以达到密封。内螺纹连接卡扎里密封适用于小型高压容器。

此外，还有一种带有连接螺栓的卡扎里密封。这种密封结构型式是把外螺纹连接的卡扎里密封改为螺栓连接,其他密封元件均与卡扎里密封相同,其结构如图 14-18 所示。其优点是不需要使用带有内螺纹的长套筒,端盖等的加工也较容易。

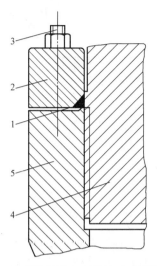

1—密封垫圈;2—压紧环;3—压紧螺栓;
4—端盖;5—筒体

图 14-17 内螺纹连接卡扎里密封

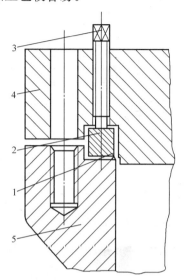

1—密封垫圈;2—压紧环;3—压紧螺栓;
4—端盖;5—筒体法兰

图 14-18 带连接螺栓的卡扎里密封

"O"形截面垫圈密封。此种密封结构是用横截面为"O"形的密封圈代替平垫圈,其结构如图 14-19 所示。"O"形密封垫圈是用不锈钢管制成一个圆圈,将接头焊合磨平而成。垫圈表面需要有▽▽▽7 以上的光洁度,故一般都需进行表面电镀或喷涂塑料。"O"截面密封垫圈与端盖及筒体法兰为线接触,故其垫圈压紧力比平垫圈小得多。同时钢管垫圈的弹性较好,因而能适应温度及压力的波动。用于高温容器的"O"形垫圈,为防止其在高温条件下失去弹性,常在垫圈内腔充入一定压力的惰性气体,形成一种充气式的"O"形密封垫圈。"O"形截面垫圈密封结构简单,密封性能较好,适用于压力不太高的高压容器。这种密封结构在 20 世纪 60 年代才开始在欧洲一些国家的原子能容器上推广使用,近年来在德国等,采用双道"O"形截面垫圈密封已较为普遍。

(2) 自紧式密封

自紧式密封是利用容器内介质的压力使密封面产生压紧力来达到密封。其密封能力随介质压力的增大而加强,故在较高的压力下也可保持可靠的密封性能。自紧式密封结构的自紧作用可以是轴向的,也可以是径向的,常用的有氮气式密封、伍德密封、双锥面密封、自紧式八角形截面垫圈密封、三角形截面垫圈密封、自紧式"O"形截面垫圈密封和"⊓"形截面垫圈密封等数种型式。

氮气式密封。具有一个楔形截面,用退火紫铜或软钢制成的密封垫圈,套在浮动端盖的斜肩上。然后利用螺栓通过法兰施加压力于其下面的垫圈,使之达到初步密封,其结构如图 14-20 所示。当容器加压后,浮动端盖 2 受容器内压力的作用向上移动紧压垫圈斜面,使垫圈紧压筒体法兰内密封面,从而获得可靠的密封。这种密封结构较简单,使用可靠,适用于中小型高压容器。因为这种密封结构为美国氮气工程公司推荐,且在合成氨工业上使用广泛,所以被称为氮气式密封。

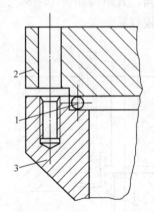

1—密封垫圈；2—端盖；3—筒体法兰

图 14-19　"O"形截面垫圈密封

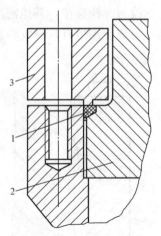

1—密封垫圈；2—浮动端盖；3—法兰

图 14-20　氮气式密封

伍德密封。其结构如图 14-21 所示。其密封圈 1 也为一个楔形截面的软钢圈，放在筒体 2 的端部内锥面与浮动端盖 3 的凸形圆肩之间。浮动端盖由吊挂螺栓 4 吊挂在筒体端面放在支承圈 5 上。密封垫圈上面为一个压紧环 6，是由三块或四块环块组成，便于拆卸时能从筒体内取出，故又称四合环。四合环与密封垫圈的接触面为一斜面，调整拉紧螺栓 7 便可将垫圈顶紧，以保持升压前的预密封。当器内充满压力后，其器内介质压力便推动浮动端盖向上移动，从而使浮动端盖与密封垫圈之间，以及密封垫圈与压紧环之间产生压紧力达到自紧密封。这种密封结构的密封性能较好，且不受压力或温度波动的影响，适用于合成氨、合成甲醇等工业中的高压容器。

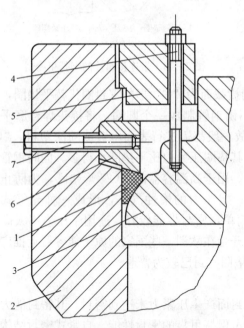

1—密封垫圈；2—筒体；3—浮动端盖；4—吊挂螺栓；
5—支承圈；6—压紧环；7—拉紧螺栓

图 14-21　伍德密封

双锥面密封。其结构如图 14-22 所示。具有双锥面的金属密封垫圈 1 置于筒体法兰 2 的内锥面和端盖 3 的沟槽之间，密封圈与筒体及密封圈与端盖的锥面之间各放有一个厚度为 1mm 的退火紫铜、铝制垫片，靠连接螺栓将金属垫片在锥面上压至塑性变形，使其填满锥面密封面的凹凸不平处，从而达到密封。为增加密封的可靠性，在密封垫圈的锥面上还加工出 2～3 条深约 1mm 的环形沟槽。垫圈套在端盖的中心突台上，防止紧固连接螺栓时垫圈过分向内变形。端盖中心突出台的外圆侧面铣有数条宽的轴向槽，当容器内介质的压力通过此宽槽作用于垫圈的内表面使之向外扩张，增大密封面间的压紧力，达到径向自紧密封作用。这种密封结构简单，密封性能良好，制造容易，拆装方便。在压力为 30～70MPa、温度为 500℃ 的条件下使用，密封效果良好，因此，近年来在国内外的高压容器中得到广泛应用。

自紧式八角形截面垫圈密封。此种密封结构与强制式八角形垫圈密封相同，自紧作用原理与双锥面密封相似。其密封垫圈截面虽也为八角形，但外侧面的直边高度较内侧面为大，即截面呈非对称的八角形。密封垫圈的整个宽度与其厚度之比较强制式八角形垫圈大，故刚性较小。当紧固连接螺栓时，垫圈的外侧斜面与沟槽接触达到预紧密封。当容器加压后，密封垫圈向外扩大，斜面上的压紧力便增大，从而达到径向自紧密封作用。

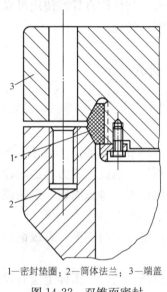

1—密封垫圈；2—筒体法兰；3—端盖

图 14-22　双锥面密封

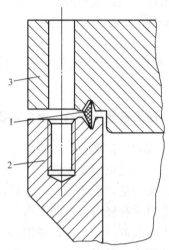

1—密封垫圈；2—筒体法兰；3—端盖

图 14-23　三角形截面垫圈密封

三角形截面垫圈密封。其结构如图 14-23 所示。密封垫圈截面呈等腰三角形，垫圈的内侧面为圆柱面，外侧为一条棱。垫圈用退火软钢制成，或在垫圈的表面镀上一层紫铜、银等金属。端盖和筒体法兰的密封面上各开有一条 V 形密封槽，槽底直径小于垫圈的内侧圆柱面的直径，紧固端盖与筒体法兰的连接螺栓使密封圈向内收缩，将密封圈上下顶端嵌入 V 形槽中达到初步预紧。当容器加压后，密封圈在介质压力的作用下向外弯曲变形，其内表面由原来的圆柱形变成腰鼓形，两侧面则紧压在筒体法兰及端盖的槽外侧锥面上，密封便由线接触变成面接触。容器内介质的压力越高，密封垫圈的径向变形则越大，径向自紧作用越强。此种密封结构密封性能强，使用可靠，且不受压力及温度波动的影响，但要求有较高的精度和光洁度，故加工较困难。

自紧式"O"形截面垫圈密封。其结构与图 14-19 所示相同。密封的管状垫圈内侧面钻有若干个径向小孔，当容器加压后，有压力的介质便进入密封垫圈的空心腔内，使其向外胀大，形成轴向自紧密封。

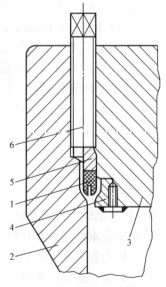

1—密封垫圈；2—筒体；3—端盖；
4—端盖密封锥面；5—压紧环；6—抗剪螺栓

图 14-24　"π"形截面垫圈密封

"π"形截面垫圈密封结构如图 14-24 所示。密封垫圈 1 为截面呈"π"形的金属圈，垫圈两侧密封可制成锥面或圆弧面，并可在其表面电镀一层银、镍或喷涂一层薄四氟乙烯，以降低对筒体及端盖密封面光洁度的要求。筒体 2 的密封面也为锥面，端盖 3 的底部外周也镶合密封锥面 4，端盖与筒体利用分布在其交界面上的若干个抗剪螺栓 6 来连接，当拧紧抗剪螺栓时便可使压紧环 5 紧压垫圈以达到预紧。当容器加压后，介质的压力作用在密封垫圈的环槽上，使之向外膨胀变形，达到径向自紧密封。这种密封结构简单，近几年由美国在一些高压容器上开始使用，使用情况表明，其密封性能良好，使用可靠，特别是配合使用抗剪螺栓连接结构，更能充分发挥其优越的密封性能。

第二节　压力容器的设计与制造安全

一、压力容器设计的安全技术要求

压力容器的正确设计是保证容器安全运行的一个基本环节，容器由于设计不当存在先天不足的事故隐患而发生破坏事故的例子在国内外屡见不鲜。因此，压力容器的设计应符合国家有关规范，手续齐全，选材得当，计算正确，结构合理，考虑周密。总的说来，应符合安全可靠和经济合理的要求。

压力容器的设计单位，必须持有省级以上（含省级）主管部门批准，省级锅炉压力容器安全监察机构备案，否则，不得设计压力容器。

压力容器的设计工作应由具有专业技术知识的人员担任。设计总图样上应有设计、校核、审核人员的签字。第三类压力容器的总图应由设计单位总工程师或压力容器设计技术负责人批准。在压力容器的设计总图上，还应注明下列内容：

（1）压力容器的名称、类别。
（2）设计条件，包括温度、压力、介质（组分）、腐蚀裕量、焊缝系数、自然基础条件等。液化石油气储罐应增加装量系数，对有应力腐蚀倾向的材料应注明腐蚀介质的限定含量，对有时效性的材料应考虑工作介质的相容性，还应注明压力容器的使用年限。
（3）主要受压元件的材料牌号及材料要求。
（4）主要特性参数。
（5）制造要求。
（6）热处理要求。
（7）防腐蚀处理要求。
（8）无损检测要求。
（9）耐压试验和气密性试验要求。
（10）安全附件规格和订购特殊要求。
（11）压力容器铭牌的位置。
（12）包装、运输、现场组焊和安全要求。

特殊情况的要求如下：
（1）夹套压力容器应分别注明壳体和夹套的试验压力、允许的内外差值，以及试验步骤和试验的要求。

(2) 装有触媒的反应容器和充有充填物的大型压力容器，应注明使用过程中定期检验的技术要求。

(3) 由于结构原因不能进行内部检验的，应注明计算厚度，使用中定期检验和耐压试验和气密性试验的，应注明计算厚度和制造及使用的特殊要求。

(4) 对不能进行耐压试验和气密性试验的，应注明计算厚度和制造及使用的特殊要求，并应与使用单位协商提出推荐的使用年限和保证安全的措施。

(5) 对有耐热衬里的反应容器，应注明防止受压元件超温的技术要求。

(6) 为防止介质造成的腐蚀（应力腐蚀），应注明介质纯净度的要求。

(7) 亚铵法造纸蒸球应注明防腐技术要求。

(8) 有色金属压力容器制造、检验的特殊要求。

(9) 压力容器的设计压力不得低于最高工作压力，装有安全泄放装置的压力容器，其设计压力不得低于安全阀的开启压力或爆破片的爆破压力。

压力容器设计从安全技术角度出发还需注意以下事项：

(1) 盛装临界温度高于50℃的液化气体的压力容器，如设计有可靠的保冷设施，其最高工作压力应为所盛装液化气体在可能达到的最高工作温度下的饱和蒸气压力；如无保冷设施，其最高工作压力不得低于该液化气体在50℃时的饱和蒸气压力。

(2) 盛装临界温度低于50℃液化气体的压力容器，如设计有可靠的保冷设施，并能确保低温储存的，其最高工作压力不得低于试验实测的最高温度下的饱和蒸气压力；没有实测数据或没有保冷设施的压力容器，其最高工作压力不得低于所装液化气体在规定的最大充装量时，温度为50℃的气体压力。

(3) 常温下盛装混合液化石油气的压力容器，应以50℃为设计温度。当其50℃的饱和蒸气压力低于异丁烷50℃的饱和蒸气压力时，取50℃异丁烷的饱和蒸气压力为最高工作压力；如其高于50℃异丁烷的饱和蒸气压力时，取50℃丙烷的饱和蒸气压力为最高工作压力；如其高于50℃丙烷的饱和蒸气压力时，取50℃丙烯的饱和蒸气压力为最高工作压力。

如果设计单位在既定介质条件下根据压力容器安装地区的最高气温条件（非极端气温值），能提供可靠的设计温度数据，其最高工作压力可以按该设计温度确定，但必须事先经设计单位技术总负责人批准，并报送省级主管部门和同级锅炉压力容器安全监察机构备察。

(4) 对贮存压力容器，其壳体的金属温度仅由大气环境气温条件所确定，其最低设计温度可按该地区气象资料，取历年来月平均最低气温的最低值。所谓月平均最低气温系指当月各天的最低气温值相加后除以当月的天数。

(5) 盛装液化气体的压力容器设计贮存量，不得超过下式的计算值。

$$W = \phi V P t$$

式中　W——容器的贮存量，t；

　　　V——压力容器的容积，m^3；

　　　ϕ——装量系数，一般取0.9，容积经实际测定者可取>0.9，但不得>0.95；

　　　Pt——设计温度下的饱和液体密度，t/m^3。

(6) 对容易受腐蚀、冲蚀或磨损的压力容器或受压元件，如无可靠的防护措施，则应适当增加厚度附加量。设计单位还应充分考虑使用单位的要求。

（7）全国制压力容器受压元件的强度计算方法和许用应力选取，应按照国家标准 GB 150 的有关规定执行。对某些构造特殊，在该标准范围内无法解决的强度计算，可以参照国内、外有关规范、标准进行，但应取得设计单位总工程师或压力容器设计技术负责人的批准，并报省级主管部门和同级锅炉压力容器安全监察机构备案。

（8）有色金属材料制压力容器受压元件的强度计算方法，可参照国家标准 GB 150 或有关标准的规定进行。对受外压的圆筒形和球形壳体壁厚计算，可根据所选用的材料牌号，参照国外相近或类同的材料计算图表进行计算。因冷、热加工或热处理而提高抗拉强度的材料，用于制造焊接压力容器，其焊接接头的许用应力，应采用材料在退火状态下的许用应力保证值。空气分离设备的设计温度低于 20℃时，按 20℃时的性能计算。许用应力应按照相应国家标准和专业标准提供的力学性能，按下表 14-2 中规定的安全系数选取。

铝、铜、钛、镍及其合金安全系数　　　　　　　　　　　　　　表 14-2

材料	条件 安全系数		设计温度下的抗拉强度 σ_b^t	设计温度下的屈服点 σ_s^t	设计温度下的持久强度 σ_d^t (10^5h 后发生破坏) 平均值	设计温度下的蠕变极限平均值（每 1000 小时蠕变率为 0.01% 时的 σ_n^t）
铝铜钛镍及其合金	板锻件管棒	钛	$n_b \geqslant 3.0$	$n_s \geqslant 1.5$	$n_d \geqslant 1.5$	$n_n \geqslant 1.0$
		镍	$n_b \geqslant 3.0$	$n_s \geqslant 1.5$	$n_d \geqslant 1.5$	
		铝	$n_b \geqslant 4.0$	$n_s \geqslant 1.5$		
		铜	$n_b \geqslant 4.0$	$n_s \geqslant 1.5$		
	铸件					
	螺栓		$n_b \geqslant 5.0$	$n_s \geqslant 4.0$		

注：1. 当无法确定设计温度下屈服强度（条件屈服限），而以抗拉强度为依据确定许用应力时，n_b 应适当提高。
　　2. 铸件的系数应在板、锻件、管、棒的基础上除以 0.8。

（9）铸铁压力容器受压元件的强度设计许用应力，灰铸铁为设计温度下抗拉强度除以安全系数 10.0；可锻铸铁、球墨铸铁为设计温度下抗拉强度除以安全系数 8.0。

（10）铸钢压力容器受压元件的强度设计许用应力，材料抗拉强度除以安全系数 4.0，并须考虑铸造系数，其值不应超过 0.9。

（11）焊接压力容器（指电弧焊、气焊、电渣焊压力容器）的焊缝系数应按表 14-3 中选取。所谓焊缝系数就是表示焊缝强度受影响的程度而引出的，确定容器壁厚的一个参数，它表示焊缝强度与原材料强度的比值。

（12）压力容器限定的最小壁厚（不包括腐蚀裕量）应在相应的设计规范中予以规定。

（13）压力容器需根容器的操作方便，安装、检修、检验的方便，应开设检查孔，检查孔包括人孔、手孔、螺纹管塞检查孔等。容器内径＞1000mm 的，应至少开设一个人孔；容内径＞500m≤1000mm 的，应开设 1 个人孔或 2 个手孔；容器内径＞300mm～≤500mm 的，至少应开设两个手孔。圆形人孔直径应不＜400mm；椭圆形人孔尺寸应不＜400×300mm；圆形手孔直径应不＜100mm，椭圆形手孔尺寸应不＜75mm×50mm。容器上设有可拆的封头盖板之类或其他能够开关的盖子，凡能起到人孔或手孔的作用可不必再设置人孔或手孔。但其尺寸应＜所代替的人孔或手孔规定尺寸。如压力容器上设置螺纹管塞检查孔，则可不再设置手孔。螺纹管塞检查孔即是带有标准锥管螺纹的管座并配装封闭塞或帽盖，如密封可靠也可采用圆柱管螺纹连接。螺纹管塞的公称管径应不＜50mm。

压力容器的焊接接头系数　　　　　　　　　　　　　表 14-3

无损检测比例 焊接接头系数 接头型式	全部无损检测[①]					局部无损检测[①]					无法无损检测[①]				
	钢	有色金属				钢	有色金属				钢	有色金属			
		铝[②]	铜[②]	镍[②]	钛		铝[②]	铜[②]	镍[②]	钛		铝[②]	铜[②]	镍[②]	钛
双面焊或相当于双面焊全熔透的对接焊缝[③]	1.0	0.85 0.90	0.85 0.95	0.85 0.95	0.90	0.85	0.80 0.85	0.80 0.85	0.80 0.85	0.85	—	—	—	—	—
有金属垫板的单面焊对接焊缝	0.90	0.80 0.85	0.80 0.85	0.80 0.85	0.85	0.80	0.70 0.80	0.70 0.80	0.70 0.85	0.80	—	—	—	—	0.65
无垫板的单面焊环向对接焊缝	—	—	—	—	—	—	0.65 0.70	0.65 0.70	—	—	—	—	—	—	0.60

① 此表所指无损检测,对钢制压力容器以射线和超声波检测为准,对有色金属压力容器原则上以射线检测为准。
② 表中所列有色金属制压力容器焊接接头系数上限值指采用熔化极惰性气体保护焊;下限值指采用非熔化极惰性气体保护焊。
③ 相当于双面焊全熔透的双接焊缝指单面焊双面成型的焊缝,按双面焊评定(含焊接试板的评定),如氩弧焊打底的焊缝或带陶瓷、铜衬垫的焊缝等。

检查孔的开设位置应合理、恰当,便于清理内部。手孔或螺纹管塞检查孔,应分别开设在两端的封头上或封头附近的筒体上,球形压力容器的人孔应设在板带上。

(14) 如压力容器上不设置检查孔,其容器需按既定的介质条件,无腐蚀或轻微腐蚀,无需作内部检查和清理;并需对焊缝须进行全部无损操作检查;还需设计者在设计图样上注明计算厚度,便于使用过程中进行测厚检查。

(15) 压力容器开孔的尺寸及补强要求;压力容器封头的型式和技术要求;压力容器外压圆筒加强圈与壳体间的连接等均应按国家标准《钢制压力容器》(GB 150)的有关规定执行。

(16) 压力容器快开门(盖)及其锁紧装置的设计必须符合以下要求:快开门及其锁紧装置达到预定工作部位,方能升压运行的联锁控制机能;压力容器的内部压力完全释放,锁紧装置脱开,方能打开快开门的联锁联动作用;具有与上述动作同步的报警装置。

(17) 有保温层的大型压力容器,如设计采用固定不可拆的保温结构,应提出对外表面进行全面宏观检查的要求,必要时应提出对全部焊接接头进行外表面无损探伤检查的要求。

(18) 焊制压力容器的筒体纵向接头、筒节与筒节(封头)连接的环向接头,以及封头、管板的拼接接头,必须采用全熔透的对接接头型式。球形压力容器的球壳板不得拼接。对接接头的设计可参照国家标准《钢制压力容器》(GB 150)附录 K 进行。下图 14-25 所示接头型式不允许使用。

(19) 设计者在对角接接头的强度进行验算时,应将允许载荷写入设计技术文件中。

(20) 压力容器上的补强板,应至少设置 1 个直径不＜M6 的泄漏信号指示孔。

(21) 钢制压力容器接管(凸缘)与筒体(封头),壳体连接,平封头与筒体连接,以

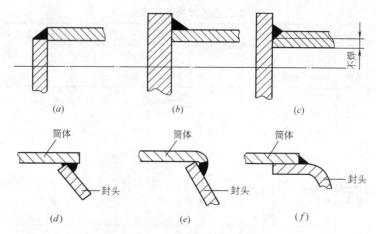

图 14-25　不允许采用的角焊缝 (a)、(b)、(c)
和筒体与封头的连接 (d)、(e)、(f) 型式

及夹套压力容器的接头设计，可参照国家标准《钢制压力容器》(GB 150) 附录 K 进行。上述连接型式有下列情况之一的，原则上应采用全熔透型式。

1) 介质为易燃或毒性程度为极度危害和高度危害的压力容器。
2) 需作气压试验的压力容器。
3) 第三类压力容器。
4) 低温压力容器。
5) 按疲劳准则设计的压力容器。
6) 直接受火焰加热的压力容器。

(22) 奥氏体不锈钢受压元件用于有晶间腐蚀介质场合时，必须满足抗晶间腐蚀检验的要求。

(23) 设计压力≤2.5MPa 以水为介质的直接受火焰加热连续操作的压力容器和管壳式余热锅炉用水的水质，应符合国家标准《工业锅炉水质标准》(GB 1576) 的规定。设计压力＞2.5MPa 的上述设备用水的水质要求，由设计单位在设计图样上规定。

二、压力容器的设计温度

温度是压力容器一项很重要的工艺参数。压力容器的温度工艺参数常常用设计温度来表示，除设计温度外，还有工作温度、介质温度等。

介质温度在容器内不可能是完全等区间的，作为一台压力容器，介质温度会因介质反应的层次而有所差异。因此，容器中温度的测量点不能只有一处，而这些介质温度如果控制在工艺条件范围之内，就称为容器的操作温度。工作温度是指压力容器壳体材料所能承受的最高和最低操作温度的总称。因此，作为一台压力容器有最高或最低工作温度之分。通常对在低温状况下使用的容器，要控制最低工作温度；对在高温状况下使用的容器，要控制最高工作温度。

设计温度是指压力容器在工作过程中和相应的设计压力下壳壁或金属元件可能达到的最高或最低温度，通常可按下述方法确定设计温度。

1. 对于加热或冷却的容器壁温，在有保温层的情况下可取工作介质的最高和最低温度；对用蒸汽或其他液体间接加热或冷却的容器壁温应取加热介质的最高温度或冷却介质的最低温度；对无保温容器应根据工艺操作情况考虑环境温度的影响以确定设计壁温；当压力容器的各个部位在工作过程中产生不同温度时，可取预计的最高或最低温度作为容器壳壁的设计温度。

2. 对盛装液化气体的压力容器，其设计温度应取介质可能达到的最低温度。

3. 当金属承压元件与两种不同温度介质接触的，如热交换器、冷却器等，一般应按两者中较高温度进行设计；对操作温度低于－20℃的压力容器，按两者中较低温度进行设计。设计时还应考虑容器可能存在的结垢等情况下壳壁的实际温度。

4. 对于容器壁温受环境气温影响而可能≤－20℃时，设计温度还应考虑地区的最低温度。

由于金属材料的强度与温度有直接的关系，因此，制造压力容器材料的选用与设计温度有密切的关系，一般情况下设计温度应取容器在正常操作时相应的设计压力下壳壁可能达到的最高或最低温度。

按照设计温度的高低，压力容器可分为低温容器、常温容器和高温容器。当容器的设计温度≤－20℃时为低温容器。对于高温容器，目前尚未有明确的规定，通常将工作壁温≥200℃的容器视为高温容器。设计温度在－20℃与200℃之间的压力容器为常温容器。

三、压力容器的制造与现场组焊

为了确保压力容器在规定的工作条件下安全运行，就必须使制成的容器具有合格的质量。国家规定压力容器的制造和现场组焊单位，必须持有省级以上（含省级）有关部门颁发的制造许可证，并按批准的范围制造或组焊。无制造许可证的单位不得制造或组焊压力容器。

制造和现场组焊单位，必须严格执行国家和有关部门制定的规范、标准，严格按照设计图样制造和组焊压力容器。制造和现场组焊单位对原设计的修改和主要受压元件材料代用，必须事先取得原设计单位的设计修改证明件，对改动部位应作详细记录。压力容器的设计总蓝图样上，必须盖有压力容器设计资格印章，设计资格印章中应注明设计单位名称、技术负责人姓名、《压力容器设计单位批准书》编号及批准日期。主要受压元件是指压力容器中的筒体、封头（端盖）、球壳板、换热器管板和换热管、膨胀节、开孔补强板、设备法兰、M36以上的设备主螺栓、人孔盖、人孔法兰、人孔接管及直径＞250mm的接管。

焊接钢制压力容器的焊工必须按《锅炉压力容器焊工考试规则》进行考试，并取得焊工合格证后，才能在有效期间担任合格范围内的焊接工作。焊工的焊接技术与其从事焊接工作的连续性有关，因此，焊工在任何情况下中断焊接工作半年以上时均要经过重新考试，只经过一种材料焊接考试合格的焊工，只能焊接本类材料制造的受压元件，改焊其他材料制造的受压元件时应经新的材料焊接考试合格。

压力容器制造质量主要取决于容器的材料质量、焊接质量和检验质量。

压力容器制造材料的质量直接影响容器的安全运行和使用寿命，因此，压力容器制造单位对压力容器的材料，在投产前应认真地核对质量证明文件，并核对炉批号和材料牌号的标识。按相应标准的规定，认真检查材料表面质量，不合格的材料决不能投用。用于制造第三类压力容器的材料必须进行复验,以证实材料的可靠性。复验内容至少应包括每批材料的力学性能、弯曲性能和每个炉批号的化学成分,具体复验数量由制造单位根据材料质量情况确定。用于制造第一、二类压力容器的材料,如果有质量证明书但内容项目不全,制造单位对材料的性能和化学成分有怀疑时,设计图样上有要求时,使用单位要求增加的项目等情况之一的应复验,缺少的项目应补齐。

压力容器的组焊质量直接反映了容器的制造质量,并直接影响到压力容器使用的安全性。因焊接接头处及其热影响区的焊接缺陷往往是容器破裂的发源地,这些焊接缺陷如焊缝咬边、焊缝削弱或过分加强、焊缝裂纹、未焊透、气孔和夹渣等。因此,为了获得优良的焊接质量,应做好焊接环境、焊接工艺评定、焊缝质量和细装质量的检验工作。

焊接环境对焊接质量有较大影响,环境温度过低,焊接时易产生裂纹;空气中温度过大,焊条易受潮,坡口有水分,焊接时可造成焊接气孔;室外焊接如果天气刮风、下雨、下雪等,施焊就困难并且焊缝易产生缺陷。所以,当确保焊接质量,需保证有良好的焊接环境。如果没有采取可靠有效的防护措施。禁止在风速达 10m/s 以上;相对湿度>90%;下雨或下雪时进行焊接。当焊接环境温度低于 0℃时,应先在始焊处 100mm 的范围内先行预热,使其达到用于触摸时感到温暖时方可进行焊接。

压力容器的组焊不应采用十字焊接,相邻的两筒节间的纵缝和封头拼接焊缝与相邻筒节的纵缝应错开,其焊缝中心距应大于筒体厚度的三倍,且不<100mm。在压力容器上焊临时吊耳和拉筋垫板等,应采用与压力容器壳体相同或焊接性能相似的材料,并用相适应的焊材及焊接工艺。临时吊耳和拉筋垫板割除后留下的焊疤必须打磨平滑,打磨后的厚度不应小于设计厚度。压力容器不允许强力组装。

对筒体(球壳、多层压力容器内筒)和封头制造,主要需控制坡口几何形状和表面质量,筒体直线度,纵、环焊缝对口错边量和棱角度,同一断面的最大最小直径差,多层包扎压力容器的松动面积和套合压力容器套合面的间隙,封头的拼接成形和主要尺寸偏差,球壳板的尺寸偏差和表面质量,筒体与封头的不等厚度对接连接。

为容器制造作好充分技术准备,为保证焊接质量,需做好压力容器焊接工艺评定。所谓焊接工艺评定是指按预定的焊接工艺规程,对样板施焊、热处理,然后对样板进行外观检查、无损探伤、焊接接头机械性能测定(强度和延伸率测定试样 2 个,弯曲试验试样 6 个,冲击值试样 9 个)、焊接接头金相试验和硬度试验,根据上述检查和试验的结果进行评定是否合格,最后按评定合格的焊接工艺施焊。对要求做晶间腐蚀倾向试验的,则焊接接头除需进行上述试验外,还应按《不锈钢耐酸晶间腐蚀倾向试验方法》作试验。

钢制压力容器施焊前的焊接工艺评定应符合国家标准《钢制压力容器焊接工艺评定》的规定。有色金属压力容器的焊接工艺评定应符合有关标准要求。焊接工艺评定完成后,应提出完整的焊接工艺评定报告,并根据该报告和图样的要求,制定焊接工艺规程。焊接工艺评定所用的焊接设备、仪表、仪器以及规范参数调节装置,应定期检定,不符合要求的不得使用。焊接试件应由压力容器制造单位技术熟练的焊工焊接,不允许用外单位的焊工进行焊接。

经评定合格的焊接工艺,需要改变焊接工艺参数、热处理方式、焊接方法、焊接材料的任何一项内容,都必须重新进行焊接工艺评定。制造单位采用新材料试制容器或首次焊接的钢种也应重做焊接工艺的评定。

压力容器焊接的表面质量要求为：焊缝的形状、尺寸以及外观应符合技术标准和设计图样的规定；焊缝不得有裂纹、气孔、弧坑和肉眼可见的夹渣等缺陷，焊缝上的熔渣和两侧的飞溅物必须清除；焊缝与母材应圆滑过渡。用标准抗拉强度＞540MPa的钢材及Cr-Mo低合金钢材料造的压力容器、奥氏体不锈钢材制造的压力容器、低温压力容器、球形压力容器以及焊缝系数取1.0的压力容器，其焊缝表面不得有咬边。除上述以外的压力容器的焊缝表面的咬边深度不得＞0.5mm，咬边的连续长度不得＞100mm，焊缝两侧咬边的总长不得超过该焊缝长度的10%。有色金属压力容器的焊缝表面咬边，应符合有关标准的规定。对角焊缝的焊脚尺寸，应符合技术标准和设计图样的要求，其外形应平缓过渡。

焊缝经过宏观检查或无损探伤检查后发现有不允许的缺陷时，可以进行返修。但是金属经多次熔焊以后常常会改变机械性能和金相组织，使塑性和韧性降低，因此对焊缝的返修必须严格控制和认真进行。

焊缝的返修应由合格的焊工担任，返修工艺措施应得到焊接技术负责人的同意。压力容器的任何焊缝，在同一部位（即焊补的填充金属重叠）的返修次数不应超过两次。对经过两次返修仍不合格的焊缝，如需要再进行返修，应经过制造单位技术负责人的批准。焊缝返修的次数、部位和无损探伤结果等，应记入压力容器质量证明书中。

要求焊后热处理的压力容器，焊缝应在热处理前进行返修。如果容器在热处理后仍有焊缝需要返修的，则返修后必须按原热处理的工艺重新再做焊后热处理。有抗晶间腐蚀要求的奥氏体不锈钢制压力容器，焊缝返修部位仍需保证原有要求。

压力容器在压力试验后，一般不应再进行焊缝返修，如确需返修的，返修部位必须按原要求经无损探伤检验合格。由于焊缝或接管泄漏而进行的返修，或返修深度＞1/2壁厚的压力容器，还应重新进行压力试验。

压力容器主要受压元件焊缝附近50mm处的指定部位，应打上焊工的代号钢印。对不能打钢印的，可用简图记载，并列入产品质量证明书，提供给使用单位。

压力容器存在较大的残余应力时，对其安全性能是不利的，因此应设法消除。采取合适的消除应力处理，可以将残余应力降至很低的程度。经过消除残余应力处理的压力容器能大大提高其抗脆断性能。消除残余应力最常用的方法就是将焊件进行热处理，即将焊件加热到消除应力的温度范围内，使材料具有良好的延性，在这种情况下，残余应力就会使材料产生塑性变形从而把应力释放，有效地消除焊接时产生的高残余拉应力，而且还可以减小或消除焊缝附近的局部脆化，使其韧性提高到接近母材的水平。焊后热处理还有利于减缓或防止应力腐蚀。

压力容器是否需要进行热处理，主要取决于其残余应力的大小以及工作介质是否具有应力腐蚀的特性。焊件越厚，焊接残余应力越大，因此对容器壁较厚的均应进行热处理，如碳钢壁厚＞34mm；16MnR壁厚＞30mm；15MnVR壁厚＞28mm；12CrMo壁厚＞16mm的压力容器，焊后均应进行热处理，再者，其他低合金钢容器，不管壁厚如何也均应进行热处理。对冷成形的凸形封头，一般都应进行热处理；对冷成形的筒体，如果壁厚不＜筒体直径的3%（碳钢、16MnR）或2.5%（其他低合金钢），也应进行热处理。此外，工作介质对容器能产生应力腐蚀时，残余应力的存在会大大加剧应力腐蚀的进行，这样的容器也必须进行热处理。

不同的钢种热处理的温度是不同的，如碳钢焊后热处理的温度为600～650℃；含钒低合金钢为550～590℃；铬钼耐热钢、马氏体不锈钢、铁素体不锈钢等在650～760℃不同的温度范围内进行热处理。容器在进行热处理时，加热和冷却的速度不能过快，对于厚壁容器应控制在50～150℃/h，加热炉内各点最大温差不得超过50℃；保温时间按板厚确定；每毫米厚度为1～2分钟，但最短不少于半小时，最长不超过3小时。

压力容器消除残余应力的焊后热处理可以整体进行，也可以分段进行。整体进行热处理对消除残余应力较为有效，因为整个容器的温度比较均匀，不存在温度梯度，所以只有在条件确实不允许的情况下才采取分段热处理。若采取分段热处理时，两次加热的重叠部分应不<1500mm。在炉外的部分应采取保温措施，使容器不致于产生过大的温度梯度，而且在加热的交界处不应有开孔接管和其他结构不连续部分。

近年来，国内外对大型球罐的焊后热处理已采用器内燃烧法进行。即在球罐外壁包上绝热层，在容器内装上几个喷嘴，喷入燃料油或石油液化气使燃料燃烧将器壁加热，在球罐四周装设热电偶以测定壁温，并控制燃烧器燃料的耗量以控制升温速度，并保证容器内不产生过大的温度梯度。在达到规定的热处理温度后燃火、保温。在这一热处理过程中应避免火焰直接冲刷球罐壁而防止局部过热，同时应做好防火、防爆措施。

消除焊接残余应力的热处理，也可以采用焊缝局部加热的方法，但这种方法消除残余应力的效果较差，温度控制也较困难。采用焊缝局部热处理时，应注意勿使加热部分与不加热部分的温差对材料产生不良的影响，加热范围应保证能足以消除焊缝及其附近的残余应力。

对环焊缝和修补后的焊缝，允许采用局部热处理。局部热处理的焊缝应包括整条焊缝。焊缝每侧加热宽度不得小于壳体名义厚度的两倍，靠近加热部位的壳体应采取保温措施。

热处理应在焊接工作全部结束并经验收合格后，于压力试验之前进行。有色金属制压力容器的热处理，应符合相应标准的规定。对采用电渣焊接的铁素体材料制成的压力容器受压元件，应于焊后进行晶粒化正火热处理。

为了查证压力容器焊接接头的机械性能，检验焊缝的强度、塑性和韧性，应该在焊接容器的同时，用相同的条件加焊出专供试验用的焊接试板，以便从焊接试板中切取试样进行所需的拉力、冷弯和冲击韧性试验项目等。

根据《压力容器安全技术监察规程》的规定，圆筒形压力容器的纵焊缝必须至少制作产品焊接试板一块，且应作为筒节纵焊缝的延长部位，采用施焊压力容器相同的条件和焊工艺同时焊接。现场组焊球形压力容器应制作立、横和平加仰焊三个位置的产品焊接试板各一块，且应在现场焊接产品前，由施焊该球形压力容器的一般水平的焊工采用相同的条件和焊接工艺进行。钢制多层包扎压力容器、热套压力容器的产品焊接试板，按国家标准GB 150规定执行。对设计压力≥10MPa的压力容器；壳体厚度>20mm的15MnVR的压力容器；壳体为Cr-Mo低合金钢的压力容器；壳体材料标准抗拉强度，按下限值≥540MPa的压力容器；低温压力容器或设计温度<0℃，且壳体名义厚度>25mm的20R和>38mm的16MnR的压力容器；需要经热处理达到设计要求的材料力学性能和弯曲性能的压力容器；设计图样上或用户协议中要求按台做检查试板的压力容器；设计图样注明盛装毒性程度为极度和高度危害介质的压力容器；现场组焊的压力容器；有色金属制造的压力容器等,每台均应制作产品焊接试板。

若制造单位能提供连续 30 台同钢号、同焊接工艺的产品焊接试板测试数据,证明焊接质量稳定,由压力容器制造单位技术负责人或总工程师批准,报省级锅炉压力容器安全监察机构审查同意后,可减少产品焊接试样数量,具体为以同钢号、同焊接工艺,时间不超过六个月内投料的产品组批,每批不超过 15 台,由制造单位从中抽两台产品制作焊接工艺纪律检查试样。如因生产周期长,在六个月内不能完成一批的产品,则在不超过六个月的期限内,必须至少做一台压力容器的焊接工艺纪律检查试板。若批代台制作焊接工艺纪律检查试板过程中,只要有一块试验不合格,则所代表的批即为不合格,应立即恢复逐台(件)制作产品焊接试板。

产品焊接试板的制作应符合以下要求:产品焊接试板的材料,焊接和热处理工艺,应与所代表的受压元件一致;需要热处理的压力容器、受压元件,其产品焊接试板应与其同炉进行热处理;产品焊接试板应由焊接产品的焊工焊接,并于焊接后在焊接试板上打上焊工和检验人员的代号钢印;焊接试板应经外观检查和射线探伤,外观质量应符合压力容器焊缝的表面质量规定,射线探伤评定标准应与所代表的压力容器一致,并做出评定报告。如产品焊接试板焊缝不合格,允许按产品的返修焊接工艺进行返修,返修后应重作射线探伤检查;凡需经热处理以达到材料力学性能和弯曲性能要求的压力容器,每台均应做母材热处理试板,并符合国家标准《钢制压力容器》(GB 150)的规定;对铸(锻)造受压元件、管件、螺柱的产品焊接试样要求,应在设计图样上予以规定。

钢制压力容器产品焊接试板尺寸、试样截取和数量、试验项目、合格标准和复验要求,按国家标准 GB 150 附录 G "产品焊接试板焊接接头的力学性能检验"的要求。对采用厚度>25mm 的 20R 钢板,厚度>38mm 的 16MnR、15MnVR、15MnVNR 钢板和任意厚度 18MnMoNbR、13MnNiMoNbR 钢板制造的压力容器,当设计温度低于 0℃时,还应按国家标准 GB 150 的要求进行复比(V 型)低温冲击试验。对焊接的管子接头试样的截取、试验项目和合格标准,按《蒸汽锅炉安全技术监察规程》的有关规定进行。有色金属压力容器的产品焊接试样的尺寸、试样截取和数量、试验项目和合格标准等,应按有关标准或设计图样的规定进行。

要求作晶间腐蚀倾向试验的奥氏体不锈钢压力容器,可以从产品焊接试板上切取检查试样,试样数量应不少于两个,其试样的形式、尺寸、加工和试验方法,应按国家标准《不锈耐酸钢晶间腐蚀倾向试验方法》(GB 4334)进行,其试验结果评定,按产品技术条件或设计图样要求验收。

制成的压力容器应由容器制造单位在压力容器明显的部位装设用耐腐蚀材料制作的产品金属铭牌,未装设产品铭牌的压力容器不得出厂。

产品铭牌上至少应载名容器的制造单位名称、制造许可证编号、压力容器类别、制造年月、压力容器名称、产品编号、设计压力、设计温度、最高工作压力、最大允许工作压、压力容器净重、检验标记。

四、无纵向焊缝锻钢制压力容器制造与现场组焊的安全技术要求

无纵向焊缝锻钢制压力容器制造与现场组焊的安全技术要求如下:
1. 设计单位应制定专门技术条件,明确对选材、设计、制造、热处理、焊接、检验、返修等的具体规定。

2. 锻件用材料的延伸率 δ_5 不得 $<12\%$。

3. 筒体内表面必须进行精细加工。同一横截面上的最大和最小内直径差，不得超过该截面平均内直径的 1.0%。内表面粗糙度 R_a 应不 $<12.5\mu m$。

4. 质量检验的要求，应参照行业标准《压力容器锻件技术条件》（JB 755）执行。

五、铸铁压力容器制造与现场组焊的安全技术要求

铸铁压力容器制造与现场组焊的安全技术要求如下：

1. 制造铸铁压力容器的单位，必须具有较长的生产历史，一定的生产水平和经验，以及比较先进的装备条件。

2. 铸铁受压元件加工后的表面不得有裂纹，如有缩孔、砂眼、气孔、疏松等铸造缺陷，不应有超过有关标准或技术条件的规定。在突出的边缘和凹角部位，应具有足够的半径，应避免表面形状和交接处壁厚的突变。

3. 铸铁压力容器的抗拉强度和硬度要求，必须满足设计图样的要求。

4. 表面缺陷可以用螺纹塞头修补，但塞头深度不得 $>$ 截面厚度的 40%，塞头直径不得大于塞头深度，且不 $>8mm$。

5. 试制的产品，应进行液压破坏试验，以验证设计的准确性，否则，不得转入批量生产。试验应有完整的方案和可靠的安全措施，试验结果应报省级有关锅炉压力容器安全监察机构备案。

六、不锈钢和有色金属压力容器制造与现场组焊的安全技术要求

不锈钢和有色金属压力容器制造与现场组焊的安全技术要求如下：

1. 有色金属压力容器及其受压元件的制造，除应符合《压力容器安全技术监察规程》所规定的要求外，还应符合专门技术条件或设计图样的要求。

2. 必须有专用的制造车间或专用的场地，不得与黑色金属制品或其他产品混杂生产。

作业场所需保持清洁、干燥，严格控制灰尘。加工成型和焊接，应有满足需要的专用工装和设备。

3. 必须控制表面机械损伤和飞溅物。

4. 从事有色金属压力容器焊接的焊工，必须经专门的技术培训，并考试合格。焊工考试应参照《锅炉压力容器焊工考试规则》的有关规定进行，取得焊工合格证后，方能担任考试合格范围内的焊接工作。

5. 一般应采用气体保护电弧焊。

七、铝制压力容器制造与现场组焊的安全技术要求

铝制压力容器制造与现场组焊的安全技术要求如下：

1. 母材和焊接接头的腐蚀试验，应符合专门的技术条件和设计要求。

2. 接触腐蚀介质的表面，不应有机械损伤和飞溅物。

3. 卧式压力容器，应保证各支座与压力容器保持充分接触。

4. 焊接接头的坡口面应采用机械方法加工，表面应光洁平整，在焊接前应作专门清洗。

八、钛制压力容器制造与现场组焊的安全技术要求

钛制压力容器制造与现场组焊的安全技术要求如下：

1. 焊接接头的坡口面必须采用机械方法加工。在焊接前坡口及其两侧必须进行严格的清洁处理。
2. 焊接材料必须进行除氢和严格的清洁处理。
3. 承担焊接接头组对的操作人员，必须戴洁净的手套，不得摸触坡口及其两侧附近区域，严禁用铁器敲打钛板表面及坡口。
4. 焊接组对清洗完成后，应立即进行焊接。
5. 焊接用氩气和氦气的纯度应不低于 99.99%，露点应不高于 $-50℃$。
6. 在焊接过程中应采取措施防止坡口污染。
7. 应采取有效措施避免在焊接时造成钢与钛互熔。
8. 在焊接过程中，每焊完一道都必须进行焊层表面颜色检查，对表面颜色不合格的应全部除去，然后重焊。焊层表面颜色检查应参照有关标准的规定。
9. 必须采用惰性气体双面保护电弧焊接或等离子焊接。

九、铜制压力容器制造与现场组焊的安全技术要求

铜制压力容器制造与现场组焊的安全技术要求如下：

1. 焊接接头的坡口面及其两侧附近区域，应进行认真清理，露出金属光泽，并应及时施焊。
2. 若采用氢氧焰或氧炔焰焊接，应满足以下要求：
   （1）采用退火状态铜材；
   （2）宜采用瓶装乙炔气，并应控制乙炔气的纯度；
   （3）根据材料和焊接工艺，焊接前应预热到规定的温度范围；
   （4）多层焊接时，在焊接过程中应连续完成，不宜中断；
   （5）在焊条或被焊接头上，应涂有适当的焊剂；
   （6）铜基材料应采用中性到微氧化性火焰，铜镍合金应采用中性到微还原性火焰；
   （7）焊接环境的温度一般不应低于 $0℃$，否则应进行预热。
3. 纯铜不应采用氢氧焰或氧炔焰焊接。

十、压力容器的无损探伤

压力容器的焊接缺陷除了咬边、焊缝削弱或过分加强等表面缺陷可以通过宏观检查发现外，其他缺陷如气孔、灰渣、未焊透、裂纹等大多隐藏在焊缝内部，用肉眼检查难以发现。因此，为了发现并进而消除焊接缺陷，压力容器的焊缝一般均要求进行无损探伤检查。

焊缝无损探伤检查一般用射线探伤和超声波探伤。表面缺陷可用磁粉探伤或着色探伤。

焊缝的射线探伤能比较容易地查出气孔、灰渣和未焊透等焊接缺陷，而且可提供检查底片作为焊缝质量评定的依据和存档作为容器设备技术资料。但射线探伤对焊接裂纹敏感

性差，检查操作比较麻烦，有时还会受到探伤设备能力的限制，不能用于过厚的焊接件。

超声波探伤具有操作方便、无射线危害等优点，但超声波探伤检查能否发现并正确判断焊接中的缺陷，在很大程度上决定于无损探伤检查人员的技术熟练程度和探伤仪器的准确灵敏度，但超声波探伤发现的缺陷比较难以如实地记录存查。

磁粉探伤和着色探伤只适用于表面裂纹缺陷的检查，主要用来检查超声波探伤难以检查和发现的缺陷和部位，如容器与接管或法兰的角焊缝、复合钢板的复合焊缝、合金钢板火焰切割坡口、焊缝缺陷修磨表面等。

为了确保焊缝不存在超过规定允许的缺陷，压力容器的焊缝最好全部经过无损探伤检查。但由于压力容器的焊缝数量一般比较多，全部进行无损探伤检查需要耗用大量的时间、人力和物力，而且随着焊接技术的提高，一般焊缝的质量基本上有了保证。因此，对那些不太重要而又不容易产生缺陷的压力容器，其焊缝也就不一定要求全部经过无损探伤检查。

为此，在这里引出压力容器焊缝的无损探伤检查程度一词，无损探伤检查程度是指焊缝经过全部无损探伤、局部无损探伤或不经过无损探伤的比率。压力容器焊缝的无损探伤检查程度，主要由容器的使用条件和制造条件来确定。

$$焊缝检查程度 = \frac{被检查的焊缝长度}{容器焊缝总长度} \times 100\%$$

在使用条件方面，对那些事故危害性严重、存在缺陷时发生事故的可能性大的压力容器，对焊缝的无损探伤检查程度要求就高。例如，工作介质为剧毒气体的压力容器，一旦爆炸就会引起人员的严重中毒；高压容器发生破裂时也会产生较大的破坏作用；低温压力容器（如低于$-20℃$），由于钢材在低温下对缺口较为敏感，焊接缺陷的存在常会引起脆性破裂。所以对诸如此类的压力容器，为求安全可靠，对焊缝的无损探伤检查程度均应该高一些，甚至所有的焊缝必须全部检查，也就是说，焊缝检查程度必须达100%。

在制造条件方面，主要是根据产生缺陷的可能来决定焊缝检查程度。例如，材料的可焊性差，产生缺陷的可能性就大；容器的器壁过厚，也会增加焊接的困难，产生缺陷的机会也较多。因此，对这类容器焊缝检查程度也就应高一些。

根据国家有关规定，压力容器的对接焊接接头射线探伤或超声波探伤的比例，按台计分为全部（100%）和局部（≥20%）两种。凡符合下列情况之一的压力容器对接接头的对接焊缝，必须进行全部射线或超声波探伤。

1. 国家标准 GB 150 中规定进行全部射线或超声波探伤的压力容器。
2. 第三类压力容器。
3. 设计压力≥5MPa 的压力容器。
4. 第二类压力容器中易燃介质的反应压力容器和储存压力容器。
5. 设计压力≥0.6MPa 的管壳式余热锅炉。
6. 钛制压力容器。
7. 设计选用焊缝系数为 1.0 的压力容器。
8. 不开设检查孔的压力容器。
9. 公称直径≥250mm 接管的对接焊接接头的压力容器。
10. 压力容器使用单位要求全部探伤的压力容器。

11. 工作介质为易燃或毒性程度为极度、高度、中度危害的铝、铜材质制成的压力容器。
12. 采用气压试验的铝、铜材质制成的压力容器。
13. 设计压力≥1.6MPa 的，铝、铜材质制成的压力容器。

除上述规定之外的压力容器，其对接接头的对接焊缝应作局部探伤检查。压力容器焊缝的局部探伤检查是在保证焊缝质量的基础上用抽查的方法来代替对全部焊缝的检验。采用这种抽查的方法是基于材料的可焊性、有比较成熟的焊接经验、对保证焊缝的质量有较大的把握等。对压力容器的制造单位来说，不仅要保证探伤抽查部分的焊接质量，还必须保证未抽查部分的焊缝的焊接质量。为保证全部焊缝的质量，局部无损探伤必须是有代表性的抽查，而且首先要抽查那些容易存在焊接缺陷的部位。局部探伤检查部位可由制造单位检验部门根据实际情况选定。在一般情况下，可以每一道纵焊缝和环焊缝各抽查一处。但对压力容器所有的T型连接部位，以及拼接接头（管板）的对接接头必须进行射线探伤。

局部无损探伤的抽查数量在任何情况下都不应少于焊缝总长度的20%。经过局部射线探伤或超声波探伤的焊接接头，若在探伤部位发现超标缺陷时，则应进行不少于该条焊缝长度10%的补充探伤；如果仍发现不合格时，则应对该条焊缝进行100%无损探伤。

压力容器的对接接头进行全部或局部探伤，采用射线和超声波两种探伤方法进行时，其质量要求，按各自标准均合格的，方可认为探伤合格。

压力容器的无损探伤应由专职的无损探伤人员进行，无损探伤人员应按照《锅炉压力容器无损检测人员资格鉴定考核规则》进行考核，取得资格证书的方能承担与考试合格的探伤种类和技术等级相应的无损探伤工作。

在进行无损探伤时，对压力容器的焊接接头，必须先进行规定的形状尺寸和外观质量检查，检查合格后才能进行规定的无损探伤检验。有裂纹倾向的材料应在焊接完成24h后，才能进行无损探伤检验。

对钢制压力容器射线探伤，应按照国家标准《钢熔化焊对接接头射线照相加质量分级》（GB 3323）的规定执行。射线照相的质量要求不应低于AB级。全部射线探伤的压力容器对接焊缝Ⅱ级合格；局部射线探伤的压力容器对接焊缝Ⅲ级合格，但不得有未焊透缺陷。有色金属制压力容器和采用铸造方法制造的压力容器的射线探伤和合格标准，应符合专门技术条件的规定。

对钢制压力容器对接焊接接头超声波探伤，应按《锅炉和钢制压力容器对接焊缝超声波探伤》（JB 1152）的规定执行。全部超声波探伤的压力容器对接焊缝Ⅰ级合格，局部超声波探伤的压力容器对接焊缝Ⅱ级合格。

当压力容器壁厚≤38mm 时，其对接接头的对接焊缝应选用射线探伤；由于结构等原因，确实不能采用射线探伤时，可选用超声波探伤。对标准抗拉强度≥540MPa 的材料，且壳体厚度>20mm 的铜制压力容器，每条对接接头的对接焊缝除射线探伤外，应增加局部超声波探伤。

当压力容器壁厚>38mm，其对接接头的对接焊缝，如选用射线探伤，则每条焊缝还应进行局部超声波探伤；如选用超声波探伤，则每条焊缝还应进行局部射线探伤，其中应包括所有的T形连接部位。

当要求探伤的角接接头、T形接头，不能进行射线或超声波探伤时，应作表面探伤。对有色金属制压力容器对接接头的对接焊缝，应选用射线探伤。

钢制压力容器对接、角接和T型接头的表面探伤，应按照国家标准GB 150的有关规定进行磁粉或渗透探伤。磁粉探伤应按《钢制压力容器磁粉探伤》（JB 3965）的规定进行，检查结果不得有任何裂纹、成排气孔，并应符合Ⅱ级的线性和圆形缺陷显示。渗透探伤应按照国家标准GB 150的有关规定进行，不得有任何裂纹和分层。对有色金属制压力容器的表面探伤应按相应的标准进行。

进行局部探伤的压力容器，制造单位对未探伤部分的质量仍应负责，如经进一步检验发现仅属于气孔之类的超标缺陷，则由制造单位与使用单位协商解决。

对压力容器无损探伤的原始记录，制造单位必须认真做好，并正确填发报告，妥善保管好底片（包括原返修片）和资料，其保存期限不应少于5年。

十一、压力容器的耐压试验

压力容器的耐压试验，是指压力容器在停机检验时，所进行的超过最高工作压力的液压试验或气压试验，其周期每10年至少进行一次。

压力容器的耐压试验是用水或其他适宜的液体作为加压介质，在容器内施加比其最高工作压力还要高的试验压力，并检查容器在试验压力下是否有渗漏、明显的塑性变形以及其他缺陷。耐压试验的主要目的是检验压力容器的强度，同时也可以通过局部地方的渗透等现象来发现容器潜在的局部缺陷。

压力容器进行耐压试验时，在一般情况下常用水作为加压介质，这是由于水的来源和使用都比较方便，又具有作耐压试验所需的各种性能。因此，耐压试验通常也就被称为水压试验。由于耐压试验对承压设备来说是一次超压工作，因此具有一定的危险性，有可能因容器超压破裂而造成一定的破坏，但这要比容器在使用过程中发生破裂事故所造成的破坏程度小得多。这是因为耐压试验是预防性试验，在试验时就考虑到容器有破裂的可能性，因而事先就采取了一些必要的措施。如果用气体作为加压介质时，其危险性更大，因为压缩一定容积的气体至某一压力所需要的功要比压缩同体积的液体至相同压力时大得多。这也就是说，一旦容器破裂，相同体积、相同压力的气体所释放的能量要比液体大得多。因此压力容器在进行耐压试验时，除非有特殊要求外，一般均不采用气体作为加压介质。如果需要用气体作为加压介质进行耐压试验，首先要全面复查有关技术文件，采取可靠的安全措施，并经有关部门检查、批准后方可进行。

1. 压力容器耐压试验的试验压力

在常温下使用的固定式容器，耐压试验的试验压力，一般为设计压力的1.25倍。压力很低的低压容器，试验压力可适当提高，除了直径特大的压力容器外，一般多按表14-4的规定进行，且试验的压力应符合容器设计图样的要求。

2. 压力容器耐压试验的试验温度

耐压试验加压介质的温度不得低于设备材料的脆性转变温度，以防容器发生脆性破裂事故。用液体做加压介质，为了防止试验时在器壁外结露，妨碍检漏工作，液温不应低于大气露点。当采用可燃性液体来进行耐压试验时，试验温度必须低于可燃性液体的闪点。当采用水为加压介质时，水温不宜过高，因水温过高，泄漏的水易挥发，也使检漏不便。当采用气体为加压介质时，气体的温度不应低于15℃，除碳素钢和低合金钢材料制的压力容器，其试验用气体温度应符合设计图样的规定。

压力试验的试验压力　　　　　　　　表 14-4

压力容器名称	压力等级	耐压试验压力 $P_T=\eta \cdot p$ MPa		气密性试验压力 MPa
		液(水)压	气压	
钢制和有色金属制压力容器	低压	1.25P	1.15P	1.00P
	中压	1.25P	1.15P	1.00P
	高压	1.25P		1.00P
铸铁		2.00P		1.00P
搪玻璃		1.25P	1.00P	1.00P

注：1. 钢制低压压力容器耐压试验压力取 1.25P 和 P+0.1 二者中较大者。
　　2. P 为压力容器的设计压力。对不是按内压强度计算公式决定壁厚的压力容器（如考虑稳定性等因素设计的），应适当提高耐压试验的试验压力。
　　3. 对设计温度（壁温）≥200℃的钢制或≥150℃的有色金属制压力容器，耐压试验压力 P'_T 按下式计算：

$$P'_T = P_T \cdot [\sigma]/[\sigma]^t = \eta \cdot P \cdot [\sigma]/[\sigma]^t$$

式中　P——压力容器的设计压力，MPa（对在用压力容器为最高工作压力）；
　　　P'_T——设计温度下的耐压试验压力，MPa；
　　　P_T——试验温度下的耐压试验压力，MPa；
　　　η——耐压试验压力系数；
　　　$[\sigma]$——试验温度下材料的许用应力，MPa；
　　　$[\sigma]^t$——设计温度下材料的许用应力，MPa。

碳素钢、16MnR 和正火 15MnVR 制压力容器采取液压试验时，液体温度不得低于 5℃；其他低合金钢制压力容器，液体温度不得低于 15℃。如果由于板厚等因素造成材料无延性转变温度升高，则需相应提高液体温度。其他材料制压力容器液压试验温度按设计图样规定。铁素体钢制低温压力容器液压试验时，液体温度不得低于受压元件及焊接接头进行复比冲击试验的温度再加 20℃。

对国外引进的压力容器进行耐压试验时，加压介质的种类及其温度应按制造厂商的技术条件要求进行。

除了加压介质外，周围环境温度若低于 0℃时，应将加压介质的温度保持在 5℃以上，以防冻结。

3. 耐压试验的准备工作

耐压试验应在内外部检验合格后进行。在压力容器进行耐压试验时，应先将容器内部的残留物质清除干净，特别是对与加压介质接触后能引起对容器器壁产生腐蚀的物质必须清除彻底。外部有保温层或其他覆盖层的容器，为了不影响对器壁渗透情况的检查，最好将这些覆盖层拆除。有金属或非金属材料衬里的容器，经检查后确认衬里良好无损，无腐蚀或开裂现象，可不拆除衬里。

将容器的人孔、安全阀座孔及其他管孔用盲板封严，只在容器的最上部保留一个装有截止阀的接管，以便容器装试验用水时器内的空气由此排尽。在容器的下部选择一管孔作为进水孔。

准备合适的试压泵，将试压泵与容器的进水管孔用管道连接好。在试压泵与容器之间最好装设一个压力缓冲器。试压泵的出口管（缓冲器前）应另接一个带有截止阀的短管，用以连接水源，给容器内装水。

为了准确地测定容器的试验压力，须装设两个压力表，一只装在容器上，另一只装在缓冲器上。压力表的最大量程应为容器试验压力的1.5～2倍，压力表的精度等级，低压容器不低于2.5级，中压容器不低于1.5级，高压容器不低于1级。最后明确参加试验的人员，各人员的职责，并指定专人负责统一指挥，交待清楚试验过程中的安全注意事项。用气体进行耐压试验时，还应做好相应的安全防护措施，以防人员伤亡。

4. 耐压试验的操作程序和检查

试压装置装设妥善后，一切准备工作就绪，即可往容器内充装水，此时容器顶部的排气管的截止阀应全开，使容器内的空气不断由此排出，直至容器内全部充满水，并从排气阀溢出水后才能此阀关闭，并关闭与水源相连的进水阀。

在装水过程中，可能由于室内湿度太大以及水温与室温相差太大，致使容器外壁因空气中的水分凝结而附有水珠。在这种情况下，为了不影响对容器的检查，可采用通入水蒸气或其他方法来提高水温，以减小水与室内的温差。同时应使容器外表面保持干燥，待压力容器壁温与液体温度接近时，才能缓慢升压至设计压力。

容器装满水后即用试压泵向容器内打水加压。加压时要使容器内部的压力平稳而缓慢上升。当容器内的压力上升到工作压力时，应暂停升压，并进行检查。主要检查各连接处，如法兰、盲板、排气阀等处有无泄漏，若发现有泄漏时，应将容器内部的压力卸掉以后方可进行修理，严禁带压紧螺栓。若没有发现泄漏或其他异常情况时，则继续用试压泵缓慢加压至规定的试验压力。为了防止容器由于加载过快而造成损坏，从工作压力升至试验压力的加压时间一般不应少于5min。当容器升压到规定的试验压力后，根据容器容积的大小保压10～30min，然后降至设计压力，保压时间不少于30min，同时在保压下对容器进行检查，检查期间压力应保持不变，不得采用连续加压以维持试验压力不变的做法。重点检查容器各焊缝、金属壁以及各连接处有无泄漏，容器有无局部或整体的塑性变形等。检查时可用小锤轻轻敲击焊缝的周围。

容器经检查后，按级按降压速度降压，然后可打开容器下部的放水阀，同时打开顶部的放气阀，将试压用水放净。不可把装满水的容器长时间密闭放置，特别是在气温变化悬殊的情况下，以免容器内的水因温度变化而膨胀，产生较大的压力。容器放净水后，应打开各孔盖，将容器内部自然通风晾干，若容器的工作介质遇水后会对器壁产生腐蚀，或容器有其他特殊要求，放水后应用压缩空气或惰性气体将容器内部吹干。

当容器由于结构或支承的原因，不能向压力容器内安全充灌液体，以及运行条件不允许残留试验液体的压力容器，可按容器设计图样规定采用气压试验。

用气体作耐压试验介质时，应先缓慢将容器升压至规定试验压力的10%，保压5～10min，并对所有焊缝和连接部位进行初次检查；如无泄漏可继续升压到规定试验压力的50%；如无异常现象，然后按每级为规定试验压力的10%，逐级升压到试验压力，并根据容器容积的大小保压10～30min，然后降至设计压力，保压进行检查，其保压时间不少于30min。检查期间压力应保持不变。不得采用连续加压的方法维持试验压力不变，不得在压力下紧固螺栓。

5. 压力容器耐压试验合格标准

压力容器在液压试验后，无渗漏、无可见的异常变形、试验过程中无异常的响声，即可认为合格。压力容器经气压试验，用肥皂液或其他检漏液检查无漏气、无可见的异常变形即为合格。

6. 压力容器耐压试验时的注意事项

(1) 压力容器在试验前,各连接部位的紧固螺栓必须装配齐全,紧固妥当。压力表应装在试验装置上便于试验人员观察的位置。

(2) 压力试验场地应有可靠的安全防护设施,并需经单位技术负责人和安全技术部门的检查认可。在进行气压试验时,试验单位的安全技术部门应在现场进行监督。在耐压试验过程中,不得进行与试验无关的工作,无关人员不得在试验现场停留。

(3) 当用水为试验介质时,所用的水必须清洁。奥氏不锈钢压力容器用水进行耐压试验后应立即将水渍除干净。若无法达到这一要求时,则应控制水中的氯离子含量不超过 25mg/L。

(4) 当采用可燃性液体为试验介质时,除试验的温度必须低于可燃性液体的闪点外,其试验场地附近不得有火源,且应在试验场地配备适用的消防器材。

(5) 气压试验所用的气体应为干燥、洁净的空气、氮气或其他气体。具有易燃介质的在用压力容器必须进行彻底的清洗和置换,否则严禁用空气作为试验介质。

(6) 有色金属制压力容器的耐压试验,应符合相应标准规定的特殊要求。

(7) 在耐压试验过程中,如遇有发生异常响声、加压装置继续运转而压力表指针却突然停止不动或甚至有轻微下降、容器外壁油漆剥落或加压装置发生故障等不正常现象时,应立即停止试验,并查明原因,降压后进行处理。待故障消除后再继续进行耐压试验。

(8) 耐压试验对压力容器来说是一次过载,因此不可随便地、重复多次对压力容器进行耐压试验。对来历不明的压力容器,如无设计资料或制造材质不明等,不可盲目进行耐压试验,更不能试图通过耐压试验来推算容器的工作压力。

(9) 对现场组装焊接的压力容器,在耐压试验前,应按标准规定对现场焊接的焊接接头进行表面探伤,耐压试验后应作局部表面探伤,若发现裂纹等超标缺陷,则应作全部表面探伤。

十二、压力容器的气密性试验

压力容器的气密性试验与压力容器的耐压试验不同,耐压试验主要是检验压力容器的强度,而气密性试验主要是检验压力容器的各连接部位,包括焊缝、铆缝和可拆卸连接处的密封性能,以确保容器能在使用压力下严密不漏。因为气密性试验一般都采用气体作为试验介质,所以通常称为气密性试验。当然,在某些特殊情况下,也可用水来代替气体对容器进行气密性试验。

介质毒性程度为极度、高度危害或设计上不允许有微量泄漏的压力容器,必须进行气密性试验。对设计图样要求作气压试验的压力容器,是否需要再进行气密性试验,应在设计图样上规定。

压力容器在进行气密性试验时,安全附件应安装齐全,并检查合格。

气密试验用的加压介质应为空气、氮气或其他惰性气体。具有易燃介质的在用压力容器,必须进行彻底的清洗和置换,否则严禁用空气作为试验介质。为了确保容器在气密性试验中不发生破裂爆炸,造成大的危害,气密性试验应经过规定的耐压试验并证明合格后方可进行,试验的环境温度不宜低于5℃。对碳素钢和低合金钢制压力容器,其试验用气体的温度应不低于5℃,其他材料制压力容器可按设计图样规定。

气密性试验的试验压力应符合设计图样的要求,压力容器在进行气密性试验时,首先应使试验系统压力保持平衡,然后缓慢通气,达到试验压力的10%(不<1个表压)暂停进气,对连接密封部位及焊缝等进行检查,若无泄漏或异常现象便可继续升压。升压应分梯次逐级提高,每级一般可为试验压力的10%~20%,每级之间应适当保压,以观察有无异常现象。在达到试验压力后,应先观察有无异常现象,然后由专人进行检查和记录。

容器在试验压力下应保压10~30min,保压过程中,试验压力不得下降。

在对容器进行气密性检查时,可用肥皂液涂抹焊缝或法兰连接处等部位,以检查是否有泄漏。对小容积的压力容器可以使容器在规定的气密试验压力下,将容器小心地浸入水中进行泄漏检查,根据有无水泡出现来判断容器是否严密。

试验结束后,应缓慢将容器内的气体排净。试验合格,应按规定出具气密性试验报告书。

若在进行气密性试验时发现焊缝有泄漏,需要补焊时,补焊后要重新进行耐压试验和气密性试验,如果要求焊后进行热处理的容器,补焊后还应先重新进行热处理。

压力容器在进行气密性试验时还应注意以下事项。

1. 气密性试验的压力、介质、温度、试验程序、试验设备、检查方法及合格标准等,应符合有关规程、标准和设计图样的规定。

2. 试验单位应向压力容器的所在单位安全技术部门提出书面申请,并由有关负责人签字确认。现场的安全检查应由试验单位现场指挥和容器所在单位安全技术部门的代表负责组织实施。

3. 试验场地应划定安全防护区域,并要有明显的安全标志和可靠的安全防护设施。

4. 试验用的压力源装置,应安放在安全可靠、便于操作控制的地点。试验用压力表的量程精度与刻度,须与试验要求匹配,并装在便于观察和记录的位置。

5. 可拆卸的部件一般应拆卸,各紧固螺栓必须装配齐全,紧固可靠;不参与气密性试验的部分或设备,必须用盲板隔断。

6. 容器内部的剩余介质应采用妥善的方法将其全部清理干净。

7. 容器与生产装置一起进行气密性试验时,须由生产单位先制定试验方案,并经单位技术负责人批准后方可实施。

8. 试验用压力源的额定出口压力及流量,应与所试验的容器的压力、容积等相关参数相适应。若压力源的出口压力>容器设计压力的2倍,在试验装置中应增设缓冲罐。在缓冲罐上应装设安全阀和压力表,并在出口管路上装设调节阀。对特殊或大型容器还应装设自动记录仪表和压力联锁装置。压力源输送管道应采用无缝钢管。

9. 在升压过程中,严禁工作人员在现场作业或进行检查工作。在容器有压力时,不得紧固螺栓或进行修理工作。

10. 对盛装易燃介质的,如果以氮气进行气密性试验,试验后应保留0.05~0.1MPa的余压,以保持密封。

11. 气密性试验的技术资料,包括气密性试验申请表、清洗和置换记录表和气密性试验报告书等,应由容器使用单位归入技术档案。

第三节 压力容器安全附件的选用与安装

一、压力容器的安全附件

压力容器的安全附件主要有安全阀、爆破片、压力表、液面计、测温仪表及紧急切断阀等。

安全附件是承压设备安全、经济运行不可缺少的一个组成部分。因此，必须根据压力容器的结构、大小、用途等分别装设相应的安全附件。例如，在生产中可能因物料的化学反应而使其内压增高的容器，最高工作压力<压力来源处的容器和盛装液化气体的容器等，则必须装设安全阀或爆破片和压力表；盛装液化气体的容器、槽车等必须装设液面计和紧急切断阀；低温和高温容器以及必须控制容器壁温的容器，则必须装设测温仪表，等等。

安全附件的设计、制造，应符合相应的国家标准或行业标准的规定，使用单位则必须选用有制造许可证的单位生产的合格产品。

在选用安全附件时，还应注意满足两个基本要求，一是安全附件的压力等级、仪表精度和使用温度范围必须满足承压设备工作的要求；二是制造安全附件的材质必须满足与承受设备内工作介质不发生腐蚀或不发生较为严重腐蚀的要求。

对使用中的安全附件，则应进行定期检验，以确保其处于完好状态，定期检验的周期应根据安全附件的种类以及使用单位的实际情况来确定。

二、安全泄压装置的作用

压力容器是一种承受压力的设备，每一台压力容器均是按预定的使用压力进行设计的，故其容器壁厚只允许承受一定的压力，即所谓最高使用压力，在这一压力范围内，压力容器可以安全运行，若超过了最高使用压力，容器就有可能因过度的塑性变形而遇到破坏，并因此而造成重大事故。所以，为了确保压力容器的安全运行，预防因超压而发生事故，除采取措施以杜绝或减少可能引起容器产生超压的各种因素外，在压力容器上还需要装设安全泄压装置。

安全泄压装置就是为保证压力容器安全运行、防止其发生超压的一种安全装置，这种安全装置当容器在正常的工作压力下运行时，能保持严密不漏，但当器内压力超过最高工作压力，便能自动把容器内部的气体迅速排出，使容器内的压力始终保持在最高工作压力范围以内。

安全泄压装置除了具有把容器内超过最高工作压力自动地降低这一种主要功能外，还具有自动报警的作用。当其开放排气时，由于气体的流速较高，常常发出较大的响声，成为容器内压力过高的音响讯号。

三、安全泄压装置的种类

安全泄压装置按其结构型式可分为阀型、断裂型、熔化型和组合型等4种类型。

1. 阀型安全泄压装置。阀型安全泄压装置即为安全阀，通过阀的开放排气以降低容器内的压力。这种安全泄压装置的特点为仅排泄压力容器内高于最高工作压力的部分压力，当容器内的压力降至正常操作压力时，即自行关闭。因此，这种安全泄压装置可以避免容器因一旦发生超压就需把全部气体排出容器外而造成生产中断。正因如此，阀型安全泄压装置广泛用于各种压力容器中。这种安全泄压装置的不足之处是密封性能较差，在正常的工作压力下常会有轻微的泄漏；或由于弹簧的惯性作用，阀的开放常有滞后作用；或用于不洁净的气体时，阀口有被堵塞或阀瓣有被粘住的可能。

2. 断裂型安全泄压装置。断裂型安全泄压装置即为常用的爆破片和防爆帽，爆破片多用于中、低压力容器，防爆帽多用于高压和超高压力容器。此种安全泄压装置是通过装置元件的断裂而将容器内的气体排出。其特点是密封性能较好，泄压反应较快，气体内所含的杂质污物等对它的影响较小。由于这种安全泄压装置在泄压后即不能继续使用，故容器需中止运行，因此适用于超压可能性较小，且又不宜装设阀型安全泄压装置的压力容器中。

3. 熔化型安全泄压装置。熔化型安全泄压装置即为常用的易熔塞，是通过易熔合金的熔化使容器内的气体从原来填充有易熔合金的孔中排出以泄放容器内压力的。当容器内的温度升高到一定程度后，易熔合金方能熔化，器内压力才能泄放。因此，这种安全泄压装置主要用于防止容器由于温度升高而发生超压现象。由于易熔合金的强度很低，故这种安全泄压装置的泄放面积不可太大，只适用于装设在需要泄放量很小的压力容器上，一般多用于液化气体气瓶。

4. 组合型安全泄压装置。组合型安全泄压装置为同时具有阀型和断裂型或者阀型和熔化型的泄放装置。常见的弹簧安全阀和爆破片的组合型。此种类型的安全泄压装置同时具有阀型和断裂型安全泄压装置的功能，即可以防止阀型安全泄压装置的泄漏，又可在排放容器内过高的压力后使容器继续运行而不中断生产。组合型安全泄压装置的爆破片可以装设在安全阀的入口侧，也可装设在出口侧，前者是利用爆破片把安全阀与气体隔离开，以防安全阀受腐蚀或受污物堵塞粘结等。当容器发生超压时，爆破片断裂、安全阀开放排气。当压力降至正常操作压力时，安全阀关闭，容器便可继续进行。这种组合型安全泄压装置要求爆破片的断裂对安全阀的正常动作没有任何妨碍，并且应在爆破片与安全阀之间设置检查孔，以便及时发现爆破片的异常情况。后者即爆破片装在安全阀出口侧，可使爆破片不受气体的压力与温度的长期作用而产生疲劳，利用爆破片来防止安全阀的泄漏，这种组合型安全泄压装置应能及时将安全阀与爆破片之间的由安全阀泄漏的气体排出，否则安全阀将失去作用。

四、压力容器的安全泄放量

安全泄压装置的作用是防止压力容器超过最高工作压力，因此，就需使安全泄压装置的排气量大于压力容器容量的安全泄放量，只有这样才能保证安全泄压装置在开启以后，容器内的压力不会继续升高。安全泄压装置的排气量是指处于全开状态时，在排放压力下单位时间内排出的气量。压力容器的安全泄放量是指压力容器在发生超压时，为使其压力不再继续升高，在单位时间内所必须泄放的气量。

压力容器的安全泄放量为：容器在单位时间内由产生气体压力的设备所能输入的最大气量；或容器在受热时单位时间内容器内所能蒸发、分解的最大气量，或容器内部的工作介质发生化学反应,在单位时间内所能产生的最大气量。因此,对于各种不同的压力容器则应分别按不同的方法来确定其安全泄放量。

1. 压缩气体或水蒸汽压力容器的安全泄放量

用以储存或处理压缩气体或水蒸气的压力容器,由于器内不可能产生气体,即使容器受到较强的辐射热的影响,容器内气体的压力一般也不致显著升高,故这一类压力容器的安全泄放量取决于容器的气体输入量。因此,对于压缩机储气罐和汽包等压力容器的安全泄放量,应取设备的最大生产能力(产气量)。

对气体储罐等压力容器的安全泄放量,则可以由容器的进气管直径及气体的最大流速等来确定,可按下式进行计算。

$$G' = 2.83 \times 10^{-3} \rho \cdot V \cdot d^2$$

式中 G'——压力容器的安全泄放量,kg/h;
  ρ——泄放压力下的气体密度,kg/m³;
  V——压力容器进口管内气体的流速,m/s;
  d——压力容器进口管的内径,mm。

2. 液化气体压力容器的安全泄放量。

液化气体受热蒸发,体积迅速增大,因此用以储存或处理液化气体的压力容器,则应按其可能遇到的最不利的受热情况下的蒸发量来进行计算:

对半球形封头的卧式压力容器,$A = \pi D_o L$;

对椭圆形封头的卧式压力容器,$A = \pi D_o (L + 0.3 D_o)$;

对立式压力容器,$A = \pi D_o L'$;

对球形压力容器,$A = \frac{1}{2} \pi D_o^2$ 或从地平面起到 7.5m 高度以下所包括的外表面积,取两者中较大的值。

式中 D_o——压力容器的直径,m;
  L——压力容器的总长度,m;
  L'——压力容器内的最高液位,m。

对具有完善的绝热材料保温层的液化气体压力容器,其安全泄放量可按下式进行计算:

$$G' = \frac{2.61(650-t)\lambda \cdot A^{0.82}}{\delta \cdot r}$$

式中 G'——压力容器的安全泄放量,kg/h;
  t——泄放压力下的饱和温度,℃;
  λ——常温下绝热材料的导热系数,kJ/(m²·h·℃);
  A——压力容器的受热面积,m²。

确定安全泄放量。

当介质为易燃液化气体或装设在有可能发生火灾的环境中工作时的非易燃液化气体的压力容器,其安全泄放量应按容器周围发生火灾的情况下的蒸发量来考虑。确定容器在火灾情况下的蒸发量,关键在于确定容器在火灾情况下的吸热量。因此,对无绝热材料保温层的压力容器,其安全泄放量可按下式进行计算。

$$G' = \frac{2.55 \times 10^5 \cdot F \cdot A^{0.82}}{r}$$

式中　G'——压力容器的安全泄放量,kg/h;

　　　r——在泄放压力下液化气体的汽化潜热,kJ/kg;

　　　F——系数,压力容器装在地面以下,用砂土覆盖时,F 取 0.3;压力容器在地面上时,F 取 1;对设置在 $>10\text{L/m}^2$·分喷淋装置下时,F 取 0.6。

　　　A——压力容器的受热面积,m^2。

对介质为非易燃液化气体的压力容器,并且装设在无火灾危险的环境中工作时,安全泄放量可根据其有无保温层而分别选用不低于按公式 $G' = \dfrac{2.55 \times 10^5 \cdot F \cdot A^{0.82}}{r}$ 或 $G' = \dfrac{2.61(650-t)\lambda \cdot A^{0.82}}{\delta \cdot r}$ 计算值的 30%。

由于化学反应使气体体积增大的压力容器,其安全泄放量,应根据压力容器内化学反应可能生成的最大气量以及反应时所需的时间来决定。

五、安全阀的种类

安全阀的种类,按其整体结构及加工载机构的型式可分为杠杆式、弹簧式和脉冲式三种。

1. 杠杆式安全阀。其结构如图 14-26 所示。由阀体、阀芯、阀座、杠杆、限制导架、支点轴以及重锤等主要部件组成。杠杆安全阀利用重锤和杠杆来平衡作用在阀瓣上的力,根据杠杆原理,其加载机构作用在阀瓣上的力与重锤重力之比应等于重锤至杠杆支点的距离与阀杆中心至支点的距离之比,因此可以使用质量较小的重锤通过杠杆的作用获得较大的作用力。而且可以靠移动重锤的位置或变换重锤的质量来调整安全阀的开启压力。杠杆式安全阀结构简单,调整容易,所加载荷不因阀瓣的升高而增加,适宜用于温度较高的场合。因此,在温度较高的压力容器上用得比较普遍,一般都用于蒸汽锅炉。但杠杆式安全阀的结构比较笨重,重锤与阀体的尺寸很不相称,用于高压下就受到限制。其加载机构比较容易振动,因重锤的重力与阀内气体压力的作用力在工作时都接近于平衡状态,又是在一个长的杠杆上悬挂着重锤,所以常会因振动而发生泄漏现象。另外,杠杆式安全阀的回座压力一般都比较低,有的要降到工作压力的 70% 以下才能保持密封,这对持续生产十分不利。

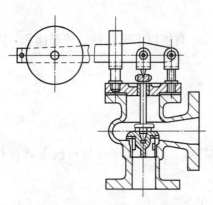

图 14-26　杠杆式安全阀

2. 弹簧式安全阀。其结构如图 14-27 所示。弹簧式安全阀是利用压缩弹簧的力来平衡作用在阀瓣上的力。当作用在阀芯上的气体压力超过弹簧压力的时候,阀芯抬起,排出气体;当容器内压力降低到安全限度之内后,阀芯在弹簧力的作用下,迅速关闭。螺旋圈形弹簧的压缩量可以通过转动它上面的调整螺母来调节，螺纹往下旋，弹簧被压缩，安全阀的排气压力增高；螺纹往上旋，弹簧的压力减小，安全阀的排气压力降低，因此，这种结构可根据需要校延安全阀的开启压力。弹簧式安全阀结构紧凑，灵敏度较高，安装位置不受严格限制，而且对振动的敏感性差，故使用范围广泛，也可用于移动式的压力容器上。但这种安全阀所加的载荷会随着阀的开启而发生变化，因为随着阀瓣的升高，弹簧的压缩量增大，作用在阀瓣上的力也跟着增加。这对安全阀的迅速开启不利。另外，阀体上的弹簧可由于长期受高温的影响而致弹力减小。

3. 脉冲式安全阀。由主阀和辅阀构成，通过辅阀的脉冲作用带动主阀动作。辅阀为具有一套重锤杠杆式或弹簧式的加载机构，通过管子与装设主阀的管路相通。当容器内的压力超过规定的工作压力时，辅阀的阀

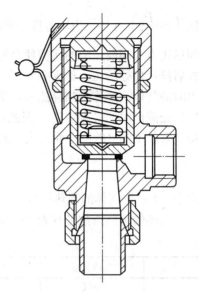

图 14-27　弹簧式安全阀

瓣开启，气体便由辅阀排出后通过一根旁通管进入主阀活塞下的空室并推动活塞，活塞通过阀杆将主阀瓣顶开，气体从主阀排出。当容器内的气体压力降至工作压力时，辅阀阀瓣下降，辅阀关闭，从而使主阀活塞下面空室内的气体压力降低，主阀瓣随着关闭，容器继续运行。脉冲式安全阀结构复杂，故通常只适用于安全泄放量很大的容器上。

安全阀的种类按照气体排放的方式又可分为全封闭式、半封闭式和敞开式等三种。全封闭式安全阀排气时，气体全部通过排气管排放，介质不向外泄漏，主要用于工作介质为有毒有害、可燃气体的容器上。半封闭式安全阀所排出的气体一部分通过排气管，也有一部分从阀盖与阀杆之间的间隙中漏出，多用于排出的气体不会造成周围环境污染的容器上。敞开式安全阀没有装排气管的连接结构，排出的气体直接由阀瓣上方排入周围的大气空间，多用于工作介质为压缩空气等的容器上。

按照安全阀阀瓣开启的最大高度与阀孔直径之比，安全阀的种类又有全启式安全阀和微启式安全阀之分。

所谓全启式安全阀即是指阀瓣开启高度已经使阀间隙的面积≥阀孔道的截面积。因为阀间隙面积为 πdh，d 为阀孔直径，h 为阀瓣最大开启高度，而阀孔的截面积为 $\pi d^2/4$，要达到阀间隙面积不＜阀孔截面积的条件便是 $h \geqslant d/4$，亦即全启式安全阀的最大开启高度应＞阀孔直径的 1/4。

微启式安全阀的开启高度较小，一般都＜$d/20$，由于其制造、维修和调试比较方便，宜用于排量不大的容器上。公称直径在 50mm 以上的微启式弹簧安全阀，为增大阀瓣的开启高度，使之达到 $h \geqslant d/20$，一般均在阀座上装设一个简单的调节圈。调节圈用螺丝固定在阀座上，通过上下调节，以调整排出气流作用在阀瓣上的力。

六、安全阀排气能力的计算

安全阀排气能力的大小除了同安全阀本身的结构有关外，还同排放介质的性质和状态有关，同时还与阀后压力（安全阀出口压力，P_0）和阀前压力（安全阀入口压力，P）的

比 $\left(\beta=\dfrac{P_0}{P}\right)$ 有关。当压力比的值越小，排气量越大，但当其压力比值小到一定程度以后，阀后压力与阀前压力的比值便会始终保持一定的数值不变，这就产生了临界现象，这时在阀后排气口处的压力称为临界压力，常用符号 P_L 表示。当阀后排气口处的压力当临界压力时的气体流速称为临界速度，常用符号 V_L 表示，这个速度为容器内气体介质由阀后排气口处流出时的最大速度。因此，当 $\beta \leqslant$ 临界压力比，常用符号 β_L 表示，即 $\beta_L = P_L / P$，排气量就不随 β 的减小而增大，而等于 β_L 时的值。临界压力比 β_L 可按下式进行计算。

$$\beta_L = \left(\dfrac{2}{K+1}\right)^{\dfrac{K}{K-1}}$$

式中　K——气体的绝热指数。

气体的绝热指数可查表 14-5 求得。

常用气体绝热指数 K 值表　　　　表 14-5

序号	气体名称	绝热指数 K 值	序号	气体名称	绝热指数 K 值
1	空气	1.4	19	正丁烷	1.10
2	氮气	1.4	20	乙烯	1.22
3	氧气	1.397	21	丙烯	1.15
4	氢气	1.412	22	氩气	1.66
5	一氧化碳	1.395	23	F-11	1.135
6	一氧化氮	1.4	24	F-12	1.138
7	氯气	1.35	25	F-13	1.15
8	氰化氢	1.31	26	F-21	1.12
9	硫化氢	1.32	27	F-22	1.194
10	二氧化碳	1.295	28	F-114	1.094
11	氦气	1.66	29	氯甲烷	1.28
12	二氧化氮	1.31	30	氯乙烷	1.19
13	二氧化硫	1.25	31	过热蒸汽	1.3
14	一氧二氮	1.274	32	干饱和蒸汽	1.135
15	氨气	1.32	33	乙炔	1.25
16	甲烷	1.315	34		
17	乙烷	1.18	35		
18	丙烷	1.13	36		

当安全阀排出介质为气体，压力比 P_0/P 的值等于临界压力 β_L，即为临界条件下，安全阀排气的力可按下式进行计算。

$$G = 7.6 \times 10^{-2} \cdot C_0 \cdot X \cdot P \cdot A \cdot \sqrt{\dfrac{M}{ZT}}$$

式中　G——安全阀排气能力，kg/h；

　　　A——安全阀最小排气截面积，mm²；

　　　P——安全阀排放压力（绝压），取 $1.1P + 0.1$ MPa；

　　　C_0——流量系数，与安全阀的结构有关。

C_0 值：最好能按实际试验数据，在没有试验数据时，按下列数值选用：

全启式安全阀 $C_0 = 0.60 \sim 0.70$；

带调节圈的微名式安全阀，$C_0 = 0.40 \sim 0.50$；

不带调节圈的微启式安全阀，$C_0 = 0.25 \sim 0.35$。

X——气体特性系数,见表 14-6;

M——气体摩尔质量,kg/kmol;

T——气体的温度,K;

Z——气体在操作温度压力下的压缩系数,可按有关手册查得。

A 值:对全启式安全阀,即 $h \geqslant \frac{1}{4}d$ 时,$A = \frac{1}{4}\pi d^2$;对微启式安全阀,即 $h < \frac{1}{20}d$ 时,平面型密封 $A = \pi D h$;锥型密封封面 $A = \pi d \cdot h \cdot \sin\phi$。

h——安全阀开启高度,mm;

d——安全阀阀座喉径,mm;

D——安全阀阀座口径,mm;

ϕ——锥型密封面的半锥角。

不同 K 值的气体的特性系数 X 值　　　　　　　　表 14-6

K	X	K	X	K	X	K	X
1.00	315	1.20	337	1.40	356	1.60	372
1.02	318	1.22	339	1.42	358	1.62	374
1.04	320	1.24	341	1.44	359	1.64	376
1.06	322	1.26	343	1.46	361	1.66	377
1.08	324	1.28	345	1.48	363	1.68	379
1.10	327	1.30	347	1.50	364	1.70	380
1.12	329	1.32	349	1.52	366	2.00	400
1.14	331	1.34	351	1.54	368	2.20	412
1.16	333	1.36	352	1.56	369		
1.18	335	1.38	354	1.58	371		

七、安全阀的选用

压力容器选用何种型式的安全阀,主要取决于容器的工艺条件和介质的特性。按安全阀的加载机构型式选用,一般的压力容器宜选用弹簧式安全阀。因为弹簧式安全阀结构紧凑、轻便,也较为灵敏可靠。对工作压力不高、工作温度较高的压力容器,大多选用杠杆式安全阀。按安全阀的气体排放方式进行选用时,若容器的工作介质为易燃易爆或有毒有害物质,或者是制冷剂及能造成污染大气的气体,则应选用封闭式安全阀,反之,若只有空气和其他不会污染环境的故气体可采用半封闭式或敞开式安全阀。按安全阀的封闭机构的型式选用时,对高压容器以及安全泄放量较大但容器壁厚又不大富裕的中、低压容器宜采用全启式安全阀,因这些容器采用全启式安全阀可以减小容器的开孔尺寸。但全启式安全阀的回座压力一般比容器的正常操作压力低,故对要求压力绝对平稳的容器不太适宜。

选用安全阀时,除正确选型外还应注意其压力范围。虽然安全阀的加载可以调节,但每种安全阀均有一定的工作压力范围。因弹簧的刚度不同,故不宜把高压用的弹簧式安全阀放松弹簧用于低压容器上,也不宜把低压用的安全阀压缩弹簧用于高压容器上。

选用安全阀最为关键的问题还是其排放能力,因此,选用安全阀时不论选何种结构或何种型式的安全阀,都必须具有足够的排放量,即安全阀的排量应大于容器的安全泄放量，以便保证容器内介质在超压时，安全阀能迅速把气体排出，保证容器内压力不超过规定值。

再者，在选用安全阀时必须选用有制造许可证的单位生产的产品。对安全阀的设计、制造单位，其设计、制造应符合国家标准和行业标准的规定，其出厂必须附有产品质量证明书，并在产品上装设牢固的金属铭牌。

安全阀的质量证明书应包括下列内容。

1. 铭牌上的内容。
2. 制造依据的标准。
3. 检验报告。
4. 监检报告。
5. 其他特殊要求。

安全阀的金属铭牌上应载明下列内容。

1. 制造单位、制造许可证编号。
2. 型号、型式、规格。
3. 产品编号。
4. 公称压力，MPa。
5. 阀座喉径，mm。
6. 排放系数。
7. 适用介质、温度。
8. 检验合格标记、监检标记。
9. 出厂年、月。

此外，在选用安全阀时，对杠杆式安全阀应有防止重锤自由移动的装置和限制杠杆越出的导架；对弹簧式安全阀应有防止随意拧动调整螺丝的铅封装置；对静重式安全阀应有防止重片飞脱的装置。

八、安全阀的安装与调试

安全阀能否正常工作与其的安装是否正确有很大的关系，否则不但会失去安全阀应有的作用，而且会导致意外事故的发生。

压力容器的安全阀应直接装设在容器本体上，并应铅直安装，而且还应装设在容器液面以上的气相空间。当安全阀确实不便安装在容器本体上时，则应装在连接压力容器气相空间上的管道上。为了尽量减小安全阀与容器之间的管路的阻力，应避免使用急转弯、截面局部收缩等增加管路阻力甚至会引起污垢物积聚而发生堵塞等的配管结构，不宜在这段连接管中装设中间截止阀门。

压力容器与安全阀之间的连接管和管件的通孔，其截面积不得＜安全阀的进口截面积。当压力容器一个连接口上装设数个安全阀时，则该连接口入口的面积，应至少等于数个安全阀的进口面积总和。

对于盛装易燃、毒性程度为极度、高度、中度危害或黏性介质的压力容器，为便于安全阀的更换、清洗，可在压力容器与安全阀之间装设截止阀。但截止阀的结构和通径尺寸应不妨碍安全阀的正常泄放，并必须有可靠的措施、严格的制度，以确保压力容器在正常运行时，截止阀必须保持全开，并加铅封，使他人不得任意将截止阀关闭。

安全阀的安装位置还应考虑便于日常检查、维护和检修。安装在室外露天的安全阀，应有防止环境气温低于0℃时，阀内水分冻洁而影响安全阀排放的可靠措施。

对安装封闭式安全阀应配置排放管，以便将气体排放到室外或其他安全场所。为减小安全阀排放时的阻力，排放管应保持畅通，并尽量避免曲折和急转弯，其排放管的直径应不小于安全阀出口的公称直径。排放管应有可靠的支承和固定措施，以免安全阀在工作时产生过大的附加应力或引起大的振动。排放管如有可能积聚冷凝液体或雨水等，应在能够将其全部排净的地方设置敞开的排污口。排放管原则上应一阀一根，若两个以上的安全阀共用一根排放管时，排放管的截面积不应<所有安全阀出口截面积的总和，排放管上不得装任何阀门。但能相互产生化学反应的两种气体，以及可燃气体和氧气等不能共同一根排放管。

为了做到安全排放，应根据排放介质的不同性质而采取相应的措施。如介质为有毒有害应导入封闭系统回收利用；如介质为易燃易爆气体则可采取火炬排放，若排入大气则应引至远离明火或存放易燃物且通风良好的地方排放，排放管应逐段用导线接地以导除静电。如可燃气体的温度高于其自燃点，排入大气前应先预冷却，使可燃气的温度低于其自燃点后再排入大气。气液混合物排放前应先预分离，其排放只能是经过气液分离后的气体。如介质具有腐蚀性，排放管应采取相应防腐蚀措施。

安全阀与管路上连接螺栓必须均匀地上紧，以免阀体产生附加应力而破坏安全阀零件的同心度，影响其正常工作。

新安全阀在安装前，应根据使用情况调试后才准安装使用。安全阀在进行校验和压力调试时，必须有使用单位主管压力容器安全的技术人员在场，调整后的安全阀应加铅封，调整及校验装置用压力表的精度应不低于1级，在线调校时应有安全防护措施。

安全阀的校正调试，其主要目的是保证安全阀的正常工作，即在工作压力下保持严密不漏，容器压力超过工作压力时能及时开放排气。

安全阀的校正调试包括阀的加载的校正和调节圈的调整，前者是通过调节施加在阀瓣上的载荷来校正安全阀的开启压力，对于杠杆式安全阀就是调节重锤的位置，对于弹簧式安全阀就是调节弹簧的压缩量。这种校正工作最好在采用的气体试验台上进行，若无条件时也可用水压作为试验介质进行初步校正，然后再在容器上校正。后者就是通过调整阀上调节圈的位置来调整安全阀的排放压力和回座压力。这种调整工作应在容器上进行，如果安全阀在开启压力下仅有泄漏声而并不起跳，且容器内的压力有继续升高的趋势，则应停止试验，卸压后把安全阀的调节圈与阀瓣之间的间隙调整得小一些；如调整后安全阀能开启排气，但压力下降后有剧烈振动和"蜂鸣"声，则为调节圈的间隙仍稍大，应再予调整；如调整后安全阀的回座压力大大降低，甚至<工作压力的80%，则是调节圈的间隙过小，应适当调大。

在校正安全阀的加载时，一般为调整其开启压力为压力容器工作压力的1.05～1.10倍。对于压力较低的低压容器，为保证安全阀在工作压力下的严密性，开启动力可以调节至比工作压力大0.1MPa，但不得超过容器的设计压力。

经过校正调整的安全阀应进行铅封，使其调整加载的装置，以及固定调节圈的螺钉均不能受到意外的变动。

九、安全阀的检验与维护

安全阀应定期进行校验，按国家有关规定每年至少作一次定期校验，经过校验合格的安全阀，应进行铅封。若安全阀在运行中发现泄漏等异常情况，或校验不合格，则应对安全阀进行解体检查。解体后，对阀芯、阀座、阀杆、弹簧、调节螺丝、锁紧螺母、阀体等逐一仔细检查，主要检查有无裂纹、伤痕、腐蚀、磨损、变形等缺陷，然后根据缺陷的大小，损坏程度进行修复或更换零部件。组装后进行耐压试验和气密性试验。

耐压试验的目的是试验安全阀是否具有足够的强度，一般可分阀体的密封面以下部分和密封面以上部分进行。试验阀体下部时，压力从阀进口处引入，并使密封面强制密封，试验压力为工作压力的1.5倍。试验阀体上部时，压力从阀出口处引入，另两端封闭，试验压力应≤工作压力。安全阀在试验压力下无发现变形或阀体渗漏等现象即认为耐压试验合格。

气密性试验是试验安全阀密封机构的严密程度，试验压力为工作压力的1.1倍。试验介质应为气体。用于蒸汽的安全阀，试验介质可用饱和蒸汽，用于一般气体的安全阀，试验介质可用空气或其他惰性气体。安全阀在试验压力下无泄漏现象即可认为气密性试验合格。

安全阀经过耐压试验和气密性试验后，还应根据容器工作压力的情况进行校正调整，以保证其能在工作压力下保持严密不漏，容器压力超过工作压力时能及时开放排气。

要使安全阀动作灵敏可靠和密封性能良好等，必须在压力容器的运行过程中加强对安全阀的日常维护和检查。首先要经常保持安全阀的清洁，防止阀体弹簧等被油垢脏物等所粘满或被锈蚀。其次要经常检查安全阀的铅封是否完好；杠杆式安全阀的重锤是否有松动、被移动及另挂重物的现象。再者就是检查安全阀是否有渗漏的迹象，若发现这种现象应及时进行更换或检修。禁止用增加载荷的办法，例如加大弹簧的压缩量或增加重锤对阀瓣的力矩等，来减除泄漏。

为了防止安全阀的阀瓣和阀座被气体中的油垢、水垢或结晶物等粘住或堵塞，用于空气、水蒸气以及带有黏滞性物质而排放时又不会造成对周围环境污染而损害人体健康的其他气体的安全阀，应定期作手提排气试验。试验时应缓慢操作，提起弹簧式安全阀的扳手或重锤式安全阀的重锤，听到阀内有气体排出时，即慢慢放下，但不得将提升扳手或重锤迅速提起又突然放下，以防止阀瓣在阀座上剧烈振动，冲击损坏密封面。排气试验后如发现安全阀有泄漏的声音，则可能是阀瓣倾斜，可重新将提升扳手或重锤提起进行试验。安全阀手提排气试验的间隔期限可根据气体介质的清洁程度而确定。

若在检查中发现安全阀失灵或有故障时，应立即处置或停止运行。

十、爆破片的选定

爆破片又称防爆片、防爆膜、防爆板、爆破膜等，是一种断裂型的压力容器的安全泄压装置。由于爆破片是利用膜片的断裂来泄放容器内的压力，因此膜片一旦破裂，即不能再继续有效地使用，容器泄压后处于敞开状态，将被迫停止运行，这也是爆破片与安全阀的不同之处。但爆破片是安全阀的代用泄压装置，只是在不宜装设安全阀的压力容器上使用，或者与安全阀共同使用。

爆破片一般应用于下列种类的压力容器。

1. 压力容器内的工作介质为不洁净的气体。这些不洁净的气体中常混杂有易于结晶或聚合，或带有较多的黏性或粉状物质。对这类工作介质的压力容器，若采用安全阀作为泄压装置，气体中的杂质就会在长期的运行过程中积聚在阀瓣上，使安全阀的阀芯和阀座粘住，或者堵塞安全阀的通道，减小气体对阀瓣的作用面积，使安全阀不能按规定的压力开启，失去安全泄压装置应有的作用。因此，这类工作介质的压力容器的安全泄压装置就只能采用爆破片。

2. 压力容器内的压力会由于化学反应或其他原因迅猛上升。对这类压力容器如果采用安全阀作为安全泄压装置，会因容器内压力骤增而难以及时泄放过高的压力，再者由于惯性的影响，安全阀还来不及开启，或者即使已经开启，而在短时间内，压力仍迅速增高，最后导致容器爆破。因此，这类容器的安全泄压装置必须采用爆破片。

3. 压力容器内的工作介质为剧毒气体或极为昂贵的气体，其容器内的气体介质不允许有任何泄漏。但对于安全阀来说，微量的泄漏是难免的，即使是用弹性好的材料作密封元件，也不能完全达到严密不漏。因此，对于工作介质为此种气体的压力容器，不宜采用安全阀作为安全泄压装置，而应该采用爆破片，以免污染周围环境或浪费极昂贵的物质。

4. 对气体排放口径<12mm，或>150mm，并要求全量泄放或全量泄放时要求毫无阻碍的压力容器，也应该采用爆破片作为安全泄压装置以代替安全阀。

压力容器装设的爆破片，其设计爆破压力的选定是一个至关重要的问题。设计爆破压力选定过低，则爆破片有可能在容器正常运行条件下就发生爆破，从而使容器内的工作介质全部泄放，致使容器不能继续运行。但若爆破片的设计爆破压力选定过高，因容器的设计压力不得<它的安全泄压装置的泄放压力，将会过分增高压力容器的设计压力，这样使得容器的壁厚增加，同时增加容器的质量和制造成本。

由于上述等原因，一般压力容器用爆破片的设计爆破压力与工作压力（最高操作压力）之比值采用1.25。对于压力比较稳定的压力容器，采用这一比值是比较合适的，但若用于压力波动幅度较大的压力容器，其比值还应适当增大。但在任何情况下，爆破片的设计爆破压力都不得超过压力容器的设计压力。

在设计压力容器时，如果采用最大允许工作压力作为爆破片的调整依据，应在设计图样上和压力容器铭牌上予以注明。

十一、爆破片泄放面积的计算

爆破片应具有足够的泄放面积，以保证膜片破裂时能及时泄放容器内的压力，从而防止容器的压力继续升高发生爆炸。爆破片的泄放面积，即爆破片夹盘的通道截面积，应不小于按下式计算的数值。

$$A \geqslant \frac{G'}{7.6 \times 10^{-2} \cdot C_o \cdot X \cdot P \cdot A \sqrt{\dfrac{M}{ZT}}}$$

式中　A——爆破片泄放面积，mm^2；

　　　G'——压力容器安全泄放量，kg/h；

　　　C_o——流量系数；

对一般直圆管 $C_0=0.71$；

对喇叭型接管 $C_0=0.87$。

P——爆破片设计爆破压力，MPa；

X——气体特性系数，按表 14-6 选取；

M——压力容器内气体的摩尔质量，kg/kmol；

T——压力容器内气体的绝对温度，K；

Z——气体的压缩系数。

十二、爆破片的制造与安装

爆破片的膜片按其断裂时受力变形的基本形式，可将爆破片分为拉伸破坏型、剪切破坏型、弯曲破坏型等数种，其区别主要为膜片的预制形状和制造膜片所用的材料不同，其中又以拉伸破坏型爆破片使用最为广泛。拉伸破坏型爆破片的膜片一般为等厚的圆形薄片，并常在使用前施加液体使其由平形变动凸形，即为正拱型。反之，也有将爆破片的膜片制成反拱型的，如压缩爆破片的膜片。此外，还有用平形薄片直接作为爆破膜的，这种爆破膜称为平板型爆破膜。

制造爆破膜片的材料，拉伸型多采用塑性较好的材料，如铝、铜、黄铜、不锈钢和低碳钢等；弯曲型则多采用脆性材料，如铸铁、硬质塑料等。为防止膜片金属在高温下产生蠕变，而使膜片在低于设计爆破压力的情况下爆破，爆破膜材料分别限定其使用温度范围，常用材料的膜片的最高许用温度见表 14-7。

爆破膜片材料最高使用温度　　　　　　　　　　　　　　表 14-7

膜片材料	铝	黄铜	铜	低碳钢	不锈钢	蒙化合金 （镍铜合金）	因科镍合金 （镍铬铁合金）
最高使用温度(℃)	100	150	200	380	400	430	480

在工作介质为可燃性气体的容器上，不得使用铸铁或低碳钢材料制造的爆破膜片，以免膜片破裂的产生火花，而引起可燃性气体在容器外产生燃烧或爆炸。

对用于制造爆破膜片的材料必须经过严格的外观检查和实际厚度测定。膜片表面要求平整、光洁，无任何伤痕、裂纹、锈蚀、凹坑、气孔等表面缺陷。厚度必须均匀。制成后的膜片应逐片进行测厚，实际测厚度与设计厚度之间的偏差应允许的范围之内，当膜片厚度为>0.5mm 时，允许偏差为±4%；当膜片厚度为≤0.5mm 时，允许偏差为±3%。

因为爆破膜片的设计爆破压力是根据爆破膜片厚度计算公式而得到的，为一个理论计算数值，与实际爆破压力存在着一定的误差。所以制成后的膜片还必须进行抽样作实际爆破压力试验，以检验其爆破压力偏差，合格后方可安装使用。抽样检验数量应不少于同一生产批量的 5%，且不少于 3 个。抽样检验的爆破膜片应尽可能在与使用条件相同的情况下进行，其中包括试验温度以及膜片的夹紧装置。抽样检验用的压力表的量程应为设计爆破压力的 1.5~3.0 倍，其精确等级不低于 1.5 级，并应采用带有定针的压力表或设有压力自动记录装置。所有抽样检验的膜片，其实际爆破压力与设计爆破压力之间的偏差均应在允许的范围之内。设计爆破压力为工作压力 1.25 倍的爆破膜片，抽检试样的实际爆破压力允许偏差见表 14-8。

爆破膜片爆破压力允许偏差，MPa 表 14-8

设计爆破压力	1≤~<4	4≤~<10	10≤~300
允许偏差/(%)	±8	±6	±4

设计爆破压力等级＞工作压力 1.5 倍的爆破膜片，抽检试样的焊破压力的允许偏差可比表 14-8 中的数据大 50%。

所谓同一生产批次是指同材料、同规格、同炉号、同制造工艺生产的产品，在抽样检验时，若其中有一个试样的实际爆破压力不符合要求，则这一批次的膜片应认为不合格，均不得投入使用。

在进行实际爆破压力检验时，通常以压缩空气或氮气作为实际爆破压力的试验介质，若作常温状况下的检验，其试验介质的温度为 20±5℃；若作规定温度下的检验，可将爆破膜片用夹紧装置装好后，浸没于液态载热体或置于烘箱内加热到规定温度，再进行试验。

经爆破压力检验后的试样，应进行外观检查，若发现爆破膜片不是由于断裂而是因为夹紧装置周边滑脱而泄压的，则应进行抽取试样重新进行检验。

此外，爆破片的设计、制造均应符合有关相应的国家标准、行业标准的规定，对使用单位来说，则必须选用有制造许可证的单位生产的产品。

爆破片压安装时，夹紧装置和膜片垫片不得有油污，夹紧装置应用螺栓上紧，使膜片周边压牢，以防膜片受压后滑脱，然后装在容器的接口管法兰上。比较简单的爆破片则没有专用的夹紧装置，而是直接利用容器上的接管的法兰夹紧膜片。对直径较小的爆破片也可用螺纹套管通过垫圈将膜片压紧。对正拱型爆破片应将膜片凹面安装于容器一侧，对反拱型爆破片则应将膜片凸面安装于容器一侧。

爆破膜片的夹紧装置为爆破片组合件之一，也称夹盘或夹持器。夹盘的内径与平面间应加工成圆角，以免膜片受介质压力作用而挤压，在尚未达到设计爆破压力时，周边就被锐角边缘切断。

对易燃、毒性程度为极度、高度或中度危害介质的压力容器，还应在爆破片的排出口装设导管，将排放介质引至安全地点，并进行妥善处理，不得直接排入大气，以防发生燃烧、爆炸、中毒事故，或者污染周围环境。

十三、爆破片的使用与检查

爆破片作为压力容器的单独泄压装置时，见图 14-28 所示，根据需要可在爆破片和容器之间装设截止阀。截止阀在容器运行中应处于全开状态，并加铅封，以防止任意关闭。

当爆破片和安全阀串联使用时，如爆破片安装在安全阀的出口侧，如图 14-29 所示，其爆破片和安全阀之间所装的压力表和截止阀，二者之间在容器运行中不得积存压力，并应能疏水或排气。这种结构要求爆破膜片和安全阀具有各自单独使用时的性能，并还必须保证爆破膜片破裂后不妨碍安全阀的动作，且应在膜片与安全阀之间装设压力表，以便膜片泄漏或破裂时能及时发现。

当爆破片和安全阀串联使用时，如爆破片装在安全阀的进口侧，如图 14-30 所示。在容器运行中，应注意检查爆破片和安全阀之间所装的压力有无压力指示，截止阀打开后有

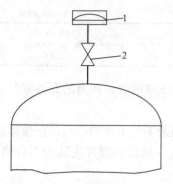
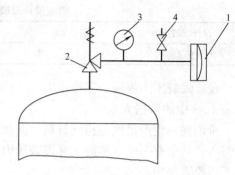

图 14-28　爆破片单独使用
1—爆破片；2—截止阀

图 14-29　爆破片和安全阀串联使用
1—爆破片；2—安全阀；3—压力表；4—截止阀

无气体漏出，以判断爆破片的完好情况。采用此种结构时，要求爆破片和安全阀具有各自单独使用时应具备的性能，并且此处的安全阀应为一种特殊设计的安全阀，即不论安全阀与爆破膜片之间是否存在压力，当容器内升压至安全阀开启压力值时就能动作排气，并在膜片与安全阀之间安装一种使安全阀排泄出来的气体能及时、安全地加以回收的装置。故这种结构适用于介质为剧毒气体或昂贵的气体的压力容器使用。

当爆破片和安全阀并联使用时，如图 14-31 所示，爆破片和容器之间所装截止阀，在容器运行中应是全开状态，并加铅封，以防任意关闭而失去爆破片的作用。

爆破片在使用过程中，应定期检查爆破片有无泄漏及其他异常现象。

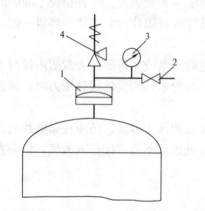
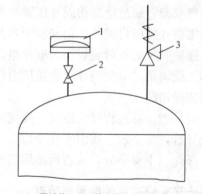

图 14-30　爆破片和安全阀串联使用
1—爆破片；2—截止阀；3—压力表；4—安全阀

图 14-31　爆破片和安全阀并联使用
1—爆破片；2—截止阀；3—安全阀

爆破片应定期更换，更换期限由使用单位根据实际情况确定，但一般每年至少更换一次。对于超过爆破片标定爆破压力而未爆破的爆破片应立即更换。

十四、爆破帽

爆破帽又称防爆帽，是一种断裂型的安全泄压装置，因为其外形似"帽"，故得名。

爆破帽的样式较多，但其基本原理是相同的，其主要元件就是一个一端封闭、中间具有一薄弱断面的厚壁短管。当容器内的压力超过规定压力的，以致薄弱断面上的拉伸应力达到材料的强度极限时，爆破帽就在此薄弱断面处断裂，容器内的气体即由管孔中排出。

图 14-32 所示便是一些高压容器所使用的爆破帽。为了防止爆破帽断裂飞出伤人,在其外面常装有套管式保护装置。

爆破帽结构简单,制造容易,且爆破压力误差较小,比较容易控制。爆破帽一般只适用于高压、超高压容器,因此类容器的安全泄压装置不需太大的泄放面积,且爆破压力较高,爆破帽的薄弱断面可保持较大的厚度,而使之易于制造。

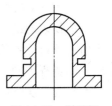

图 14-32 爆破帽

十五、压力表的选用

当测量压力容器内压力而使用的压力表应根据使用要求,针对具体情况进行具体分析,在满足工艺技术条件的前提下,全面地综合考虑,经济、合理地选用压力表的种类、型号、量程和精度等级,有时还需要考虑是否带有报警、运传变送等附加装置。

压力表选用的依据如下:

1. 根据压力容器的设计压力或最高工作压力正确地选用压力表的精度等级,对低压容器使用的压力表,其精度不应低于 2.5 级;对中压及高压容器使用的压力表,其精度不应低于 1.5 级。

2. 选用的压力表,必须应与压力容器的工作介质相适应。

3. 在选择压力表量程时,应根据被测压力变化的快慢而留有足够的余地,因此,选用压力表刻度极限值应为容器最高工作压力的 1.5~3.0 倍,最好选用 2 倍。

4. 为便于操作人员观察和减少视差,选用压力表的表盘直径不应<100mm。并根据容器的最高工作压力,在压力表刻度盘上划出指示最高工作压力的红线作为警戒,但不准将红线划在表盘玻璃片上,以免因表盘玻璃片位置的转动而产生误判,导致事故的发生。

5. 在选用压力表时,还应选用有制造许可证的单位生产的产品,其产品质量须符合国家标准或行业标准的有关规定,并附有产品质量合格证。

此外,为对仪表的精确等级有所了解,现将仪表精确等级知识作简要介绍。

所谓仪表的精确度,实际上是指仪表的准确程度,是衡量一台测量仪表的品质指标之一。人们进行测量的目的,就是希望能正确地反映客观实际,得到要测量参数的"真实值"。然而,无论人们怎样努力,包括从测量原理、测量方法、仪表精度等方面的努力,都是无法测量"真实值",而只能尽量接近"真实值"。也就是说,测量值与"真实值"之间始终存在着一定的差值,这一差值即为测量误差。测量误差通常用绝对误差和相对误差的方法来表示。

$$绝对误差 = 测量值 - 真实值$$

$$相对误差 = \frac{绝对误差}{真实值}$$

在测量中由仪表引起的误差,称为仪表的误差,也常用绝对误差和相对误差的方法来表示。

$$绝对误差 = a - b$$

$$相对误差 = \frac{a-b}{b}$$

式中 a——测量仪表的示值;

b——标准仪表的示值。

测量仪表的绝对误差在测量范围内的各点上是不同的,因此绝对误差即指绝对误差的最大值。评价一台仪表准确与否,单凭绝对误差或相对误差是不够的,因每台仪表的测量范围,即量程不同,因而即使有同一绝对误差亦可能有不同的准确度。为了更好地反映仪表的准确度,实际中常用相对百分误差来表示,其意义如下。

$$\Delta = \frac{a-b}{标尺上限值-标尺下限值} \times 100\%$$

式中 Δ——相对百分误差;
　　　a——被测参数的测量值;
　　　b——被测参数的标准值。

国家就利用这一办法来统一规定仪表的准确度等级的,也就是用仪表的相对百分误差的极限值作为准确度等级,并常用 ⓐ、ⓑ 等符号标注在仪表面板上。

我国常用仪表的准确度等级大致有:

高　　　　　　　　　仪表准确度等级　　　　　　　　　低

0.005、0.02、0.05　　0.1、0.2、0.35、0.5　　1、1.5、2.5、4.0

Ⅰ级标准仪表　　　　Ⅱ级标准仪表　　　　一般工业用仪表

由于人们习惯上的原因,准确度常被称为精确度。因此,准确度等级也常被称为精确度等级,简称精度等级。

十六、压力表的安装

对压力表的安装应注意如下事项:

1. 对容器的测压点应选在被测介质作直线流动的直管段上,不可选在管路拐弯、分岔、死角或能形成漩涡的地方。

2. 测量流动介质时,导压管应与介质流动方向垂直,管口与器壁应平齐,不能有毛刺。

3. 测量液体时,取压点应在容器内液面以下,测量气体时,取压点应在容器内气相空间处。

4. 压力表的导压管应直接与压力容器本体相连接。其导压管应粗细合适,一般内径为 6~10mm,长度应尽可能短,最长不应超过 50m。

5. 导压管水平安装时应保证有 1:10~1:20 的倾斜度,以利存在于其中的流体或气体的排出。如果被测介质易冷凝或冻结,导压管则必须加装伴热管,并进行保温。

6. 当测量液体压力时,在导压系统最高处应装设集气器;当测量气体压力时,在导压系统最低处应装设水分离器;当被测介质有可能产生沉淀物析出时,在压力表前应加装沉降器。

7. 压力表应装在便于操作人员观察和清洗,且应避免受到辐射热、冻结或振动的不利影响的地方。

8. 为便于卸换和校验压力表,压力表与容器之间应装设三通旋塞或针型阀。压力表与压力容器之间不得连接其他用途的任何配件或接管。

9. 用于水蒸汽介质的压力表,在压力表与容器之间应装在存水弯管。用于具有腐蚀性或高黏度介质的压力表,在压力表与容器之间应装设有隔离介质的缓冲装置,以防压力表腐蚀或堵塞等。

10. 当被测压力波动剧烈和频繁时,应装缓冲器或阻尼器。

11. 压力表的连接处,应根据被测压力的高低和介质的性质,选用适当的材料作为密垫片,以防泄漏。一般低于80℃及2MPa时,用牛皮或橡胶垫片;350~450℃及5MPa时,用石棉或铝制垫片;温度及压力更高时,可用退火紫铜或铝制垫片。但测量氧气压力时,不能使用浸油垫片、有机化合物制垫片;测量乙炔压力时,不得使用铜制垫片,以防止发生爆炸的危险。

12. 压力表必须铅直安装。如压力表安装在室外时还应加保护罩。

13. 为安全起见,测量高压用的压力表除选用表壳有通气孔的外,安装时其表壳应朝向墙壁或无人员通过之处,以防发生意外伤人事故。

此外,压力表在安装前,应按国家质量技术监督部门的有关规定进行校验,校验合格后应加铅封,并注明下次校验日期。未经检验合格和无铅封的压力表不得安装及使用。

十七、压力表的使用与维护

压力表的准确、灵敏、可靠直接影响到压力容器的安全运行,因此,压力表应定期进行检验,每年至少检验一次,校验压力表必须由有资质的计量单位进行,经检验合格的压力表应重新铅封并出具检验合格证。

压力表有下列情况之一时,应停止使用。

1. 有限止钉的压力表,在无压力时其指针不能回到限止钉处;无限止钉的压力表,在无压力时其指针距零位的数值超过压力表的允许误差。

2. 表盘封面玻璃破裂或表盘刻度模糊不清。

3. 封印损坏或超过校验有效期限。

4. 表内弹簧管泄漏或压力表指针松动。

5. 其他影响压力表准确指示的缺陷。

对运行中的压力表应保持其清洁,表盘上的玻璃要明亮清晰,使表盘内容指针指示的压力数值能清楚易见。

十八、液位计的选用与安装

液位计也称液面计,是压力容器的重要安全附件之一,它可以用来指示容器内液位的高低,操作人员可以通过液位计来观察容器内液面位置的变化,为正确操作提供依据,以防止容器内液位过高或过低而发生意外事故。

为了计算容器内物料的数量,以及为正常生产和掌握消耗定额,以确定产品产量等技术经济管理提供可靠依据,用于此目的而测量容器内整个液面高度的液位计,称为宽界液位计。为保持容器内液位高度稳定,用于测量液位保持在某一规定值的液位计,称为狭界液位计。液位计的型式很多,按其结构原理的不同,大致可分为如表14-9所列的几种类型。

液位测量仪表的种类 表 14-9

液位测量仪表的种类		作用原理	主要特点
玻璃液位计		连通器原理	结构简单,价格低廉,但玻璃性脆易损,读数不太明显
浮标液位计		浮标浮于液体中,随液面变化而升降	结构简单,价格低廉
差压液位计		基于液面升降时能造成液柱差的原理	敞口或封闭容器都能应用,但要注意"零点迁移"问题
电式液位计	电容液位计	置于液体中的电容,其电容值随液位高低而变化	仪表轻巧,测量滞后小,能远距离指示,但线路复杂,成本高
	电阻液位计	置于液体中的电阻,其电阻值随液位高低而变化	
	电接触液位计	应用电极等电装置,当液面超过规定范围时,发出电信号	阶跃测量,用于要求不高的场合
辐射式液位计		放射性同位素和吸收程度随液位高低而改变	非接触测量,能测各种物位,但成本高,使用和维护不便
超声波液位计		利用超声波在气体、液体或固体中的衰减程度、穿透能力和辐射声阻抗等各不相同的性质	非接触测量,准确性高,惯性小,但成本高,使用和维护不便

在选用压力容器用液面计时,可根据容器的工作压力,盛装介质和温度等具体情况正确选用,并应符合有关标准的规定,还应符合下列要求。

1. 盛装 0℃ 以下介质的压力容器上,应选用防霜液位计。
2. 寒冷地区室外使用的液位计,应选用夹套型或保温型结构的液位计。
3. 用于易燃、毒性程度为极度、高度危害介质的液化气体压力容器上,应采用板式或自动液面指示计,并应有防止泄漏的保护装置。
4. 要求液面指示平稳的,不应采用浮子(标)式液位计。

液位计在安装使用前,对低、中压容器用液位计,应进行 1.5 倍液位计公称压力的水压试验,高压容器用的液位计,应进行 1.25 倍液位计公称压力的水压试验,试验合格后方可安装使用。

液位计安装时,应做到接管防堵、横平竖直、中心对准、用力均匀,并应安装在便于观察的位置,如液位计的安装位置不便于观察,则应增加其他辅助设施。对盛装易燃液化气体的压力容器的液位计,在装设照明装置时其照明装置应符合防爆要求。对大型压力容器还应有集中控制的设施和警报装置。液位计的最高和最低安全液位,应作出明显的标记。

十九、液位计的使用与维护

液位计有下列情况之一的,应停止使用。
1. 超过检验周期。
2. 玻璃板(管)有裂纹、破碎。

3. 阀件固死。

4. 经常出现假液位。

压力容器运行操作人员应加强对液位计的维护管理,并检查其使用状况是否正常,使之经常保持完好和清晰。

对液位计应实行定期检修,使用单位可根据运行实际情况,在管理制度中予以具体规定。

二十、测温仪表的选用

温度的测量与控制是保证压力容器实现安全运行的关键之一。因此,凡是需要控制壁温的压力容器上,都必须装设测试壁温的测温仪表或温度计,严防超温。

温度测量范围甚广,测温仪表的种类也很多,若按使用的测量范围分,常把测量600℃以上的测温仪表叫做高温计,把测量600℃以下的测温仪表叫做温度计;若按用途分,可分为标准仪表、范型仪表和实用仪表;若按工作原理分,则常分为膨胀式温度计、压力式温度计、热电阻温度计、热电偶高温计、辐射高温计等五类;若按测量方式分,则可分为接触式与非接触式两大类,接触式测温元件与被测介质直接接触,非接触式测温元件与被测介质不直接接触。各种测温仪表的特点如表14-10所示。

各种测温仪表的特点　　　　表 14-10

型 式	测温仪表种类	优 点	缺 点
接触式测温仪表	玻璃液体温度计	结构简单,使用方便,测量准确,价格低廉	测量上限和精度受到玻璃质量的限制,易破碎,不能自动记录和远传
	压力表式温度计	结构简单,不怕振动,具有防爆性,价格低廉	精度低,测温距离较远时,仪表的滞后性较大
	双金属温度计	结构简单,机械强度大,价格低	精度低,量程和使用范围均有限
	热电阻	测温精度高,便于远距离、多点、集中测量和自动控制	不能测量高温,由于体积大,测点温度时较为困难
	热电偶	测温范围广,精度高,便于远距离、多点、集中测量和自动控制	需要自由端补偿,在低温段测量精度较低
非接触式测温仪表	辐射式高温计	测温元件不破坏被测物体温度场,测温范围广	只能测高温,低温段测量不准,环境条件会影响测量准确度。对测量值需修正后才能获得真实温度

测温仪表种类型号繁多,压力容器用测温仪表应正确选用,以经济、有效地进行温度测量。测温仪表,包括二次仪表的选用原则如下:

1. 被测容器的温度是否需要指示、记录。

2. 是否便于读数和记录。

3. 测温范围的大小和精度要求如何。

4. 测温元件的大小适当与否。

5. 在被测容器的温度随时间变化的场合,测温元件的滞后能否适应测温要求。

6. 被测容器和环境条件对测温元件是否有损害。

7. 仪表使用是否方便。

8. 仪表寿命。

二十一、测温仪表的安装与使用

在选择了既经济合理，又能满足生产必需的精度等要求的测温元件与二次仪表后，就需正确安装，安装不符合要求，往往使测量不准。在安装测温元件时应注意以下事项。

1. 测温元件的安装应确保测量的准确性。所谓测温元件，就是测温仪表的敏感元件，如热电偶、热电阻等。首先必须正确选择测温点，使测温点的温度具有代表性，如测量容器中流体的温度时，测温元件的工作端应处于容器中流速最大，即容器中心位置上，不应把测温元件插至被测介质的死角区。测温元件应迎着介质流向插入，即测温元件应与被测介质形成逆流，不得形成顺流，不得已时，必须与流向垂直。

2. 测温元件的安装应避免热辐射而引起的测温误差。如在温度较高的场合，应尽量减小被测介质与器壁表面之间的温度差，以减少热辐射所引起的测温误差。因此，在安装测温元件的地方，若器壁暴露于空气中，则应在其表面包一层隔热层，必要时，可在测温元件与器壁之间加装防辐射罩，以消除测温元件与器壁间的直接辐射作用。为避免测温元件外露部分的热损失而引起的测温误差，测温元件要保证有足够长的插入容器的深度，以及测温元件的外露部分应采取保温措施。

3. 使用热电偶、热电阻测温时，应防止干扰信号的引入，同时应使接线盒的出线孔向下方，以防水汽、灰尘等侵入而影响测量。

4. 安装压力表式温度计的温包时，应将温包自上而下垂直安装。使用膨胀温度计时，温度计不得水平安装。

5. 测温元件的安装应确保安全可靠。可根据被测介质的工作压力、温度和其他特性，合理地选择测温元件保护管的壁厚与材料。凡是安装承受压力的测温元件时，都必须保证密封，当工作介质压力超过 10MPa 时，则必须另外加装保护外套。

6. 高温下工作的热电偶，其安装位置应尽可能保持垂直，以防止保护管在高温下产生变形，若必须水平安装时，则不宜过长，且应装有用耐火黏土或耐热合金钢制成的支架。

7. 在介质中有较大流速的容器中安装测温元件时，测温元件须倾斜安装，以免受到过大的冲击，若被测介质中有尘粒等，为保护测温元件不受磨损，应加装保护屏或护管。

8. 在薄壁容器上安装测温元件时，需要在连接头处加装加强板，在有色金属制容器上安装时，凡与容器器壁相接触以及与被测介质直接接触的部分，其有关部件均需与容器壁同材质，以免影响生产工艺的要求。

9. 测温元件的安装应便于便于仪表工作人员的维修、校验和拆装。

对测温仪表连接导线与补偿导线的安装应符合下述要求。

1. 连接导线与补偿导线必须预防机械损伤，应尽量避免高温、潮湿、腐蚀性及爆炸性气体与粉尘的作用，禁止敷设在炉器、烟道及热力管道上。

2. 为保护连接导线与补偿导线不受外来的机械损伤，并削弱外界电磁场对电子式显示仪表的干扰，导线应加以屏蔽，即把连接导线或补偿导线穿入钢管内。钢管还需有两处接地。钢管管径应根据管内导线（包括绝缘层）的总截面积决定，一般不超过钢管截面积的 2/3，钢管之间宜用丝扣连接，禁止使用焊接。管内杂物应清除，管口应无毛刺。

3. 导线、电缆等在穿管前应检查有无断头和绝缘性能是否达到要求,管内导线不得有接头,否则应加装接线盒。补偿导线不应有中间接头。

4. 钢管的敷设应便于施工、维护和检修,在管路中还应合理加装汇线盒,钢管在拐弯处的曲率半径不应＜管径的 6 倍。

5. 补偿导线最好与其他导线分开敷设,在任何地方都不得和强电导线并排敷设。

6. 根据管内导线芯数及其重要性,应留有适当数量的备用线。

7. 配线穿管工件应选择在干燥的天气进行。在穿管时同一管内的导线必须一次穿入,同时,导线不得有曲折,迂迴等现象,也不宜拉得过紧。

8. 配线及穿管工作结束后,必须进行校对与绝缘试验。在进行绝缘试验时,导线应与仪表断开。

在使用测温仪表时,如用接触式温度计测量温度,测温元件与被测介质必须有良好的热接触。当测量不断变化的温度时,应采用时间常数较小的测温元件。测温元件不能被所测介质腐蚀。此外,对测温仪表应定期进行校验。

第四节　压力容器的使用安全与定期检验

一、压力容器的技术管理

压力容器作为一种特殊设备,必须加强技术管理,建立严格的操作制度,并严格贯彻执行,才能确保容器的安全运行。

使用压力容器单位的技术负责人(主管厂长或总工程师)必须对压力容器的安全技术管理负责,并指定具有压力容器专业知识的工程技术人员,专职负责安全技术管理工作。

使用压力容器单位的安全技术管理工作主要包括如下:

1. 贯彻执行国家有关压力容器安全技术监察规程和压力容器安全技术规范。
2. 编制压力容器的安全管理规章制度。
3. 参加压力容器安装的验收及试车工作。
4. 检查压力容器的运行、维修和安全附件校验情况。
5. 压力容器的检验、修理、改造和报废等技术审查。
6. 编制压力容器的年度定期检验计划,并负责组织实施。
7. 向主管部门和当地有关部门报送当年压力容器数量和变动情况的统计报表,压力容器定期检验计划的实施情况,存在的主要问题等。
8. 压力容器事故的调查分析和报告。
9. 检验、焊接和操作人员的安全技术培训管理。
10. 压力容器使用登记及技术资料的管理。

压力容器使用单位应在工艺操作规程和岗位操作规程中,明确提出压力容器安全操作要求,其内容至少应包括如下:

1. 压力容器的操作工艺指标,含最高工作压力,最高或最低工作温度。
2. 压力容器的岗位操作法,含开、停车的操作程序和注意事项。

3. 压力容器运行中应重点检查的项目和部位，运行中可能出现的异常现象和防止措施，以及紧急情况的处理和报告程序。

此外，压力容器使用单位应对压力容器操作人员进行安全教育和具备安全操作压力容器所必需的知识和技能教育，并经当地有关部门考核合格，操作人员应持特殊工种安全操作证方可上岗操作。

二、压力容器技术档案

压力容器技术档案是正确使用容器的依据，并可以掌握容器的情况，避免盲目使用容器而发生事故。因此，每台压力容器均应建立技术档案。压力容器技术档案，应包括容器的原始技术资料、使用记录和安全装置技术资料等。

1. 容器的原始技术资料

容器的原始技术资料包括容器的设计资料和制造资料。容器的设计资料应有容器设计总图样和受压零部件图样，以及容器设计、安装（使用）说明书。中高压反应压力容器和储存压力容器还应有受压部件的强度计算书，按应力分析进行设计的压力容器还应有局部应力的计算资料等。容器的制造资料应有容器竣工图样，如在原蓝图上修改，则必须有修改人、技术审核人确认标记。此外还应有证明经过检验合格的出厂合格证、产品质量证明书、压力容器产品安全质量监督检验证书。产品质量证明书中应包括容器主要零部件的机械性能和化学成分的实际检验结果、零件无损探伤结果、焊接质量检查结果以及容器耐压试验和气密性试验结果等。容器如果经过热处理，还应有热处理过程的记录。焊缝经过返修的，对返修部位、返修次数和返修后的检验结果均应记录保存。

压力容器的设计资料和制造资料，分别由容器的设计单位和制造单位提供。当容器安装完毕投入生产后，由压力容器的安装单位将这些原始技术资料连同容器一并移交给使用单位。

2. 容器的使用记录

容器的使用记录主要包括容器的实际操作条件、容器的使用情况和容器的检验和修理记录等。容器的实际操作条件有操作压力、操作温度、工作介质、压力及温度的波动范围、间歇操作周期、工作介质的成分和特性（对容器是否有腐蚀作用）等。容器的使用情况包括容器开始使用日期、每次开停车日期及中途变更使用条件的记录等，如果容器已经检修或检验过，应记明检修日期、检修内容、容器承压部件的更换情况，以及水压试验情况和发现的缺陷、修理情况、检验结果等。

压力容器的使用记录应由专责管理人员定期地持续地将使用情况记录下来归存技术档案。

3. 安全装置技术资料

安全装置技术资料包括容器上每件台安全装置的名称，技术说明书，以及规格型号、作用原理图样、使用技术条件、使用范围等。

此外，安全装置检验或更换的记录资料，包括容器上每件台安全装置的校正日期、检验结果等均应如实地记录下来归存技术档案。

如果容器曾发生过操作超压、超温等事故，也应将有关事故的记录资料和处理报告归存技术档案。

当压力容器调出原使用单位时,原使用单位应将技术档案连同容器一并移交给新的使用单位。

三、压力容器的安全操作

1. 压力容器的操作人员均必须经过严格的安全技术培训,使之熟悉岗位责任制、岗位操作法,以及本岗位压力容器的技术性能、设备结构、工艺指标,可能会发生的事故与应急安全措施等,特别要训练他们处理事故的技能,如进行事故预想、开展处理事故演习等,然后通过笔试和实际操作考核,合格后,由安全技术部门发给安全作业证后,方可持证上岗操作。

2. 压力容器在投入使用前,为了防止误操作,除了设置联锁装置外,还应在现场设置工艺流程图,如条件允许,最好在总控制室设置电子模拟装置流程图。设备、管道、阀门等应按国家有关部门的规定,涂刷漆色,标示介质的流动方向,对反丝扣的阀门,一定要标明开关方向,以防在使用时发生误操作。

3. 压力容器在投入使用前,应预先将各种安全装置,如安全阀、爆破片、压力表、液位计、温度计、切断阀和减压阀等,均调试好,并按规定安装在压力容器上。

安全装置除在调试工作间调试好后,还需在装在容器上后进行实际的调试,以确保各种安全装置处于正常、灵敏的良好状态。

4. 压力容器在正式投入使用前,须经过单体、联运空运转和低负荷试运转无问题后方可正式投入运行。

在原始开车和正常开停车时,一定要按开停车操作票进行操作。因压力容器的阀门颇多,人的记忆力有限,难免出现差错,开停车中由于操作程序错误,或者错开阀门,往往是造成事故的常见原因。为了避免事故的发生,按事先规定的开停车操作程序进行操作,实行开停车操作票制度是一个很好的办法,很多厂矿企业均已实行,收到很好的效果。所谓开停车操作票,就是事先制定的压力容器开停车的操作程序和开停车操作中应注意的安全事项。在压力容器开停车操作时,操作人员可根据操作票所规定的操作程序和安全注意事项进行操作,防止误开、误关阀门或者漏开漏关阀门及其他误操作行为的发生,以确保压力容器开停车过程的安全。作业完毕,由操作人员和监护人员在操作票上签字,存档备查。

5. 操作压力容器应严格按操作规程进行,加载卸载时要保持平稳均衡,在升压或降压,升温或降温,以及加减负荷时,均应当缓慢平衡,不得将压力、温度和负荷骤升猛降。

开始加载时,速度不宜过快,因为过高的加载速度会使压力容器存在微小缺陷的区域的材料韧性降低,容易引起脆性破裂。对在高温或低温下操作的压力容器,加温或降温也均应缓慢进行,以减小壳体的温差,运行中更应避免壳体温度的突然变化,以防止产生过大的热应力。操作中压力的频繁或大幅度的波动,对容器的抗疲劳是不利的,严重时会使容器产生疲劳破坏,因此,操作中应保持操作压力的平稳。

6. 压力容器严禁超压、超温、超负荷运行。因压力容器的设计是根据预定的最高工作压力、温度、负荷和介质特性,从而确定容器的材质、容积、壁厚和管径,确定容器上安全附件的材质、规格及数量等。超压往往是导致容器破裂爆炸的主要原因之一,有时超压虽不立即导致容器发生破裂爆炸,但可使材料中存在的缺陷加快扩展速度,缩短了容器的使用寿命或使容器发生破裂爆炸潜伏下隐患。因此,当容器的压力超过最高工作压力、安全泄压装置不灵,以及采取其他的操作措施又无法使压力下降时,应立即采取紧急措施,按操作规程的程序切断压力容器的压力来源,并开启容器的排泄装置,使容器内的压力降回至规定的操作压力,或将容器内的全部介质排放。

材料的强度是随温度的升高而降低的,超温则使材料的强度下降,因而产生较大的塑性变形,还可使容器发生蠕变破裂,因此,压力容器在运行中不得超过最高容许工作温度。同样,压力容器在运行中也不得低于最低容许工作温度,特别是低温容器或工作温度较低的容器,如果操作温度低于规定的温度,就有可能导致容器发生脆性破裂。

超负荷运行也会对容器产生许多危害,如加快容器和管道的磨损,使其壁厚减薄。有的压力容器充装过量,温度稍有升高,压力就会急剧上升,从而导致容器发生破裂爆炸。

7. 压力容器的破裂爆炸及发生事故之前一般都有先期征兆,只要在操作过程中认真观察,勤于检查,是能够及时发现各种事故隐患的。因此,操作压力容器必须建立和健全巡迴检查制,定时、定点、定路线地对运行中的压力容器进行检查。有些厂矿企业建立了压力容器巡迴检查翻牌制,将检查牌固定在容器检查点上,操作人员按时进行检查后,将检查牌翻在相应的时序上,并作好操作和巡迴检查记录。

在工艺方面,主要检查压力容器是否超温、超压、超负荷,生产系统和单台压力容器的各点温度、压力和流量等均应在工艺指标允许的波动范围内,凡直接影响安全生产的工艺指标均应在巡迴检查之列。

在容器状况方面,主要检查压力容器的法兰、管道和容器本体有无泄漏,外壳有无变形、鼓包或腐蚀等现象,其保温防腐层是否完好,管道有无振动及磨损,以及有关的电气、仪表、阀门等情况是否完好。

在安全附件方面,主要检查安全阀、爆破片、压力表、液位计、切断阀、安全联锁、声光报警信号装置等是否齐全、完好、灵敏、可靠。

实践证明,如认真执行巡迴检查制,对压力容器的安全生产是有保证的。

四、压力容器异常现象的紧急处理

压力容器在运行中如果发生了严重威胁安全的异常现象时,操作人员应立即采取紧急措施,停止容器运行,并按规定的报告程序,及时向本厂有关部门报告。

停止容器运行应妥善地泄放容器内的工作介质以降低容器内的压力,并切断向容器内输送工作介质的管道或停止压缩机的运行。在连续生产单元中的压力容器,在停车时必须与前后有关操作岗位联络妥当。

压力容器在运行中若发生下列异常现象之一时,操作人员应立即停止容器运行:

1. 压力容器工作压力、介质温度或壁温超过许用值,采取了一定措施仍不能得到有效控制。
2. 压力容器的主要受压元件发生裂缝、鼓包、变形、泄漏等危及安全的现象。
3. 安全附件失效。
4. 接连管件、紧固件损坏,难以保证安全运行。
5. 操作岗位发生火灾,直接威胁到压力容器的安全运行。

6. 过量充装。

7. 压力容器液位超过规定，采取措施后仍不能得到有效控制。

8. 压力容器与管道发生严重振动，危及安全运行。

9. 压力容器发生其他危及安全的情况。

五、压力容器的维护保养

加强压力容器的维护保养，使其经常处于完好状态，不仅可延长其使用寿命，而且也是防止压力容器在使用中发生事故的一项重要措施。压力容器的维护保养一般包括以下几个方面的内容：

1. 确保容器的防腐层完好无损，防止工作介质及其他介质对容器的腐蚀。

为了防止工作介质及其他介质对压力容器的腐蚀，大多数压力容器采用了防腐层来防止腐蚀，如金属喷镀、无机涂层、有机涂层、金属衬里等。检查和维护防腐层的完好，是防止容器腐蚀的关键。若容器的防腐层自行脱落或受碰撞而遭到损坏，腐蚀性介质就会与材料直接接触，则容器也就会发生腐蚀。因此，要使容器的防腐层经常保持完好无损，若发现防腐层破坏，即使是局部的，也应采取修补的方法，及时妥善地处理。

灰尘、油污、潮湿及有腐蚀性的介质，如积附在容器、管道及阀门等的上面，也易引起腐蚀，故应及时清除，经常保持容器等外表的清洁和干燥。

有些压力容器外壳包有保温层，这些保温层也能起到防止外界腐蚀性介质腐蚀的作用，故也应保护保温层的完好无损。

2. 容器的安全装置应齐全、灵敏，并按规定进行校验。

压力容器的安全装置是防止容器发生事故的重要设施，没有按规定装设安全装置的压力容器不得投入运行，发现安全装置不灵时应及时进行检修或更换，不得将安全装置任意拆下或封闭不用。安全装置应始终保持灵敏、准确、可靠，并按规定进行检查试验和校正，以确保压力容器运行中的安全。

3. 压力容器的紧固件必须完整可靠，紧固件所用材料必须符合设计要求。

4. 及时消除跑、冒、滴、漏现象。

容器的跑、冒、滴、漏，不仅浪费原料和能源，污染作业环境，恶化劳动条件，损害操作人员的身体健康，而且还易造成容器、管道、阀门及安全附件的腐蚀。严重的跑、冒、滴、漏，还有可能引起燃烧、爆炸或人员中毒事故。因此，要正确地选用压力容器与管道等的连接方式，以及选用合适的垫片材料、填料等，使压力容器密封处及与管道连接处等密封良好，并经常对压力容器的零部件进行检查，以保持其处于完好状态，从而及时地消除跑、冒、滴、漏现象。

5. 减轻和消除压力容器的振动。

风载荷的冲击或者由于机械振动的传递有时可引起压力容器的振动，这对容器的抗疲劳是不利的。因此，当发现容器有较大的振动时应采取适当措施，如隔断振源，加强支承装置等，以减轻和消除压力容器的振动。

6. 对压力容器应实行计划检修。

对运行中的压力容器实行计划检修，是对容器实行维护保养最为重要的措施之一。不实行计划检修，拼设备的状况是无法保证安全生产的。

7. 对长期或临时停止使用的压力容器，也应加强维护保养。

压力容器在运行中的腐蚀情况一般要比停运时轻，有些容器就是在停用期间因腐蚀而损坏的，因此，对停用期间的容器也必须做好维护保养工作。

当容器停用时，应将容器内部的工作介质排空放净，对具有腐蚀性的介质，要经排放、置换、清洗等技术处理，并将容器内锈蚀物、油垢等杂质清除干净，保持容器的清洁和干燥。同时根据容器停用时间的长短，以及容器和容器所在环境的具体情况等，可在容器的内外表面涂刷油漆等保护层，或者在容器内用专用器皿放置吸潮剂等。对停用的容器还应定期进行检查，若发现油漆等保护层脱落应及时补刷，使保护层经常保持完好无损，或者及时更换容器内失效的吸潮剂。

六、压力容器的检修

压力容器在检修时，常由于隔离、清洗、置换等安全措施未做好，而发生火灾、爆炸、中毒、窒息和机械伤害等事故。因此，必须做好压力容器检修过程中的安全生产工作，不得有丝毫的麻痹。

压力容器在检修前，应做好上述所说泄压、隔离、清洗、置换等工作。在压力容器停运之后，首先安排气泄压，当压力容器内部有压力时，不得进行任何修理或紧固工作，以免发生意外，如需卸下或者上紧承压部件，必须将容器内部的压力全部排净以后方可进行。

检修的压力容器与其他内部还有气体的设备的连接管道必须彻底隔离，这是确保检修安全的重要措施。检修的容器和运行系统进行隔离的最可靠的办法是将与检修的容器相连接的管道、管道上的阀门等可拆部分拆下，然后在管路一侧的法兰上安设盲板。盲板必须保证能承受运行系统管路的工作压力，并按管道内工作介质的性质、压力、温度等选用合适的材料做垫片。如果无可拆部分或者可拆部分拆卸十分困难，则应在和检修的容器相连的管道法兰接头之间插上盲板。

对检修的容器中存在的易燃或有毒有害气体还须进行置换，目前大多采用蒸汽或氮气等作为置换介质，也可采用注水排气法将容器中的易燃或有毒有害气体排出，达到置换的目的。如果检修人员需要进入容器设备内进行作业时，则还须用空气再置换蒸汽或氮气等惰性气体，并经安全分析合格后，方可进入。

置换前应制定置换方案，绘制置换流程图。置换时要防止死角，安全分析采样要有代表性。用注水排气法置换时，一定要将容器设备内完全被水充满，使容器中易燃或有毒有害气体全部排出，对有些易溶于水的气体要多次反复进行置换，防止由于温度和压力的影响，使之解析出来，使安全分析合格也变得不合格，乃至发生爆炸、中毒事故。

对附着在容器设备上的易燃或有毒有害物体的残渣或沉积物等，必须进行清洗去除，以防在检修容器时，因动火作业等而使温度升高，这些残渣或沉积物等则分解和挥发，达到一定浓度时，可发生燃烧、爆炸或中毒事故。

压力容器在检修施工中除采取上述安全措施外，还应遵守以下安全要求：

1. 压力容器受压元件的修理或技术改造，必须保证其结构和强度，满足安全使用的要求。

2. 采用焊接方法对压力容器进行修理或技术改造，其焊接工作必须由考试合格，并持有压力容器焊接合格证的焊接人员担任。

3. 压力容器的焊补、挖补、更换筒节及热处理等技术要求，应参照相应制造技术规范，制定施工方案及合于使用的质量要求，焊接工工艺应经焊接技术负责人审查同意。

4. 缺陷清除后，一般均应进行表面探伤，确认缺陷已完全消除。完成焊接工作后，应再做无损探伤，确认修补部位符合质量要求。

5. 母材堆焊修补部位，必须磨平。焊缝缺陷清除后的修补长度不宜<100mm。

6. 有热处理要求的，应在补焊后重新做热处理。

7. 受压元件不得采用贴补的修理方法。

8. 压力容器检修后，在投入运行前，必须恢复容器上原有的所有安全装置，并经检验合格。同时还应对容器运行彻底清理，特别要防止容器或管道内残留有能与工作介质发生化学反应或能引起腐蚀的物质。

9. 对于特殊的生产过程，在开车升（降）温的过程中，需要带温带压紧固螺栓的压力容器设备，必须按照设计要求制定有效的操作要求和安全防护措施，并经有关技术负责人批准。在实际操作时，安全技术部门应派人到现场进行监督，以确保安全。

七、压力容器的定期检验

压力容器的定期检验是指在容器的使用过程中，每间隔一定的期限即采取各种适当而有效的方法对容器的各个承压部件和安全装置进行检查和必要的检验，以便早期发现容器存在的各种缺陷，使之在还没有危及容器安全运行之前即被消除，或采取适当措施进行特殊的监护，防止压力容器在运行过程中发生破裂事故。

压力容器由于长期承受压力和其他一些载荷，或受到腐蚀性工作介质的腐蚀，或在高温或深冷的工艺条件下运行，因此压力容器在使用过程中，原材料或制造过程中遗留的微小缺陷就会发生扩展变化，也有可能产生新的缺陷。例如，容器承压部件设计壁厚太小、应力过大，或容器操作使用不当、超温超压运行而产生较大的塑性变形；容器结构不良、材料选用不当或焊接质量低劣，在焊缝及其附近或其他局部应力过大的地方存有裂纹，这些裂纹在使用过程中不断扩展；由于工作介质对容器材料具有腐蚀性，使容器部件发生局部腐蚀或均匀腐蚀而致壁厚逐渐减薄，或由于晶间腐蚀，应力腐蚀而致材料的机械性能降低；等等。压力容器的这些缺陷如果不能及早地发现或消除，任其扩展，则势必在继续使用的过程中会发生断裂破坏，最终导致严重的破裂事故。

由上可见，对压力容器实行定期检验，能及早地发现缺陷，消除隐患，乃是保证压力容器安全运行的一项行之有效的措施，这已被长期的生产实践所证实。因此，压力容器的使用单位，必须根据国家有关规定，认真安排压力容器的定期检验工作，并将压力容器年度检验计划报主管部门和当地锅炉压力容器安全监察机构。并且从事检验工作的检验单位应经省、市、自治区锅炉压力容器检验机构的资格认可，其检验人员也须经当地有关部门的考核批准后，方可从事相应的检验工作。

压力容器的定期检验，根据其检验项目、范围和期限等可分为外部检查、内外部检查和耐压试验等三类。

八、压力容器检验前的准备工作及安全注意事项

压力容器在检验前，有关检验人员应审查下列内容和资料：

1. 设计单位资格，设计、安装（使用）说明书，设计图样，强度计算书等。
2. 制造单位资格，制造日期，产品合格证，质量证明书，竣工图，压力容器检验单位出具的安全质量监检报告，压力容器安全监察机构审核签发的进口压力容器安全性能检验报告。
3. 大型压力容器现场组装单位资格，安装日期，验收记录，以及有关规范规定的竣工验收文件和资料等。
4. 容器的运行记录、开停车记录，以及有关运行参数，介质成分，载荷变化情况，运行中出现的异常情况等资料。
5. 检验资料，历次检验报告、记录和有关资料。
6. 有关修理或改造的资料，重大修理、改造方案，批准文件，施工记录，检验报告，竣工图等。
7. 容器使用登记证件等。

容器在进行外部检验前应采取如下安全措施：
1. 影响内外表面检验的附设部件或其他物件，应按检验要求进行清理或拆除。
2. 为检验而搭设的脚手架、轻便梯等设施，必须安全牢固，并便于进行检验和检测工作。
3. 对槽、罐车类检验时，应采取防止车体移动的措施。
4. 高温或低温条件运行的压力容器，应按要求缓慢地降温或升温，防止容器造成损伤。
5. 必须切断与压力容器有关的电源，卸除熔断器，并设置明显的安全标志或锁定。
6. 如需要现场进行射线探伤时，应隔离出透照区，并设置安全标志，防止无关人员误进透照区。

容器进行内外部检验时，应采取如下安全措施：
1. 必须将被检验容器内部介质排除干净，并用盲板隔断所有液体、气体或蒸汽的来源，设置明显的隔离标志。
2. 具有易燃、助燃、毒性或窒息性介质的，必须进行置换、中和、清洗，并按有关规定取样分析，分析结果应达到有关规范、标准的规定。
3. 压力容器内部空间的气体，含氧量应在 18%～21% 之间，必要时，应配备通风、气体防护等设施。
4. 能够转动的或其中有可能动的部件的压力容器，应锁住开关，固定牢靠。
5. 检验用灯具和工具的电源电压，应符合国家标准《安全电压》(GB 3805) 的规定。
6. 内部检验时，应设专人进行监护，并有可靠的联络措施。

九、压力容器的外部检查

压力容器的外部检查是指专业人员在压力容器运行中的定期在线检查。外部检查的目的是及时发现容器在外表及操作工艺方面所存在的不安全因素，并确定容器能否在保证安全的情况下继续运行。

压力容器的外部检查应以宏观检查为主，必要时可进行测厚、壁温检查和腐蚀介质含量的测定等。外部检查每年至少一次，其检查内容如下：

1. 容器的外表、接口部位、焊接接头等处有无裂纹、过热、变形、泄漏等。
2. 容器的外表面有无腐蚀，外壁的防腐层是否完整。
3. 容器外壁的保温层是否有破损、脱落、潮湿、跑冷等现象。
4. 容器的检漏孔、信号孔处有无漏液、漏气情况，并疏通检漏管。
5. 容器与相邻管道或构件有无异常振动、响声，有无相互摩擦的情况。
6. 容器是否按规定装设了安全附件，安全附件的选用、装设是否符合有关规定的要求，安全附件的维护是否良好，有无超过规定的使用期限。
7. 容器及其连接管道或构件的支承或支座是否损坏，基础是否下沉、倾斜、开裂，紧固螺栓是否齐全、完好。
8. 容器的疏水、排污装置是否完好。
9. 容器的运行情况是否稳定，运行参数是否符合安全技术操作规程，运行日志、检修记录是否保存完整。
10. 容器的安全状况等级为 4 级的监控情况如何。

对压力容器外部检查的情况，包括检验日期、发现的问题以及检验结论等，均应填写容器检验记录存档。

安全状况等级的规定，见《在用压力容器检验规程》。

十、压力容器的内外部检验

压力容器的内外部检验是指专人检验人员，在压力容器停止运行时的检验。内外部检验的目的是尽早发现容器内、外部所存在的缺陷，包括在本次运行中新产生的缺陷以及原有缺陷的发展情况，确定容器还是否能继续运行或保证安全运行所必须采取的适当措施。

容器内外部检验的间隔期限，可根据容器的具体情况，包括操作条件、环境以及原有的缺陷情况等而定。

容器的安全状况等级为 1~3 级的，每隔 6 年至少进行内外部检验一次。

容器的安全状况等级为 3~4 级的，每隔 3 年至少进行内外部检验一次。

有下列情况之一的压力容器，内外部检验的期限应予适当缩短：

1. 介质对压力容器材料的腐蚀情况不明；介质对介材料的腐蚀速率＞0.25mm/年；以及设计者所确定的腐蚀数据与实际不符的。
2. 材料表面质量差或内部有缺陷，材料焊接性能不好，制造时曾多次返修的。
3. 使用条件恶劣或介质中硫化氢及硫元素含量较高，一般指＞100mg/L 时。
4. 使用已超过 20 年，经技术鉴定后由检验员确认按正常检验周期不能保证安全使用的。
5. 停止使用时间超过 2 年的。
6. 经缺陷安全评定合格后继续使用的。
7. 经常改变使用介质的（如印染机）。
8. 搪玻璃设备。
9. 球形储罐。（使用 $\sigma_b \geqslant 540$MPa 材料制造的，使用一年后应开罐检验）
10. 介质为液化石油气且有氢鼓包应力腐蚀倾向的，每年或根据需要进行内外部检验。

11. 采用"亚铵法"造纸工艺，且无防腐措施的蒸球每年至少一次或根据实际情况需要缩短检验周期。

安全等级为1、2级，有下列情况之一的压力容器，内外部检验期限可以适当延长：

(1) 非金属衬里层完好的，但其检验周期不应超过9年。

(2) 介质对材料的腐蚀速率低于0.1mm/年的或者有可靠的耐腐蚀金属衬里的压力容器，通过1～2次内外部检验，确认腐蚀轻微或衬里完好的，但不应超过12年。

(3) 装有触媒的反应容器以及装有充填物的大型压力容器，其定期检验周期由使用单位根据设计图样和实际情况确定。

压力容器的内外部检验应以宏观检查、壁厚测定为主，必要时可采用表面探伤；射线探伤；超声波探伤；硬度测定；金相检验；应力测定；声发射检测和耐压试验等检验方法。内外部检查的内容如下：

1. 压力容器外部检查的全部内容
2. 结构检查应重点检查下列部位：
(1) 筒体与封头的连接处。
(2) 方型孔、人孔、检查孔及其补强处。
(3) 角接处。
(4) 搭接处。
(5) 布置不合理的焊缝。
(6) 封头（端盖）。
(7) 支座或支承。
(8) 法兰。
(9) 排污口。
3. 几何尺寸的检查，可根据原始资料审查情况，并结合下列内容进行检查，同时做好记录：
(1) 纵、环焊缝对口错边量、棱角度。
(2) 焊缝余高，角焊缝的焊缝厚度和焊脚尺寸。
(3) 同一断面上最大直径与最小直径。
(4) 封头表面凹凸量、直边高度和纵向皱折。
(5) 不等厚板（锻）件对接接头未进行削薄过渡的超差情况。
(6) 布置不合理的焊缝。
(7) 直立压力容器和球形压力容器支柱的铅垂度。
(8) 绕带式压力容器相邻钢带间隙。
4. 表面缺陷的检查主要包括腐蚀与机械损伤、表面裂纹

在检查压力容器的腐蚀与机械损伤情况时，应测定其深度、直径、长度及其分布，并标图记录，对非正常的腐蚀应查明原因。

在对压力容器进行表面裂纹检查时，对内表面的焊缝，包括近缝区，应以肉眼或5～10倍的放大镜检查裂纹情况。有下列情况之一的，应进行不＜焊缝长度20%的表面探伤检查：

(1) 材料强度级别 σ_b＞540MPa 的。

(2) Cr-Mo 钢制的。
(3) 有奥氏体不锈钢堆焊层的。
(4) 介质有应力腐蚀倾向的。
(5) 其他有怀疑的焊缝。

在检查时若发现裂纹，检验人员应根据可能存在的潜在缺陷，确定增加表面探伤的百分比，如仍发现裂纹，则应对全部焊缝的表面进行探伤检查。同时要进一步检查外表面的焊缝可能存在的裂纹缺陷。内表面的焊缝已有裂纹的部位，对其相应外表面的焊缝应进行抽查。

对压力容器的应力集中部位、变形部位、异种钢焊接部位、补焊区、工卡具焊迹、电弧损伤处和易产生裂纹部位等，应重点进行检查。

压力容器有晶间腐蚀倾向的，可采用金相检验或锤击检查。在用锤击检查时，用 0.5~1.0kg 重的手锤，敲击焊缝两侧或其他部位。

对绕带式压力容器的钢带始、末端焊接接头，应进行表面裂纹检查。

再者，对焊接敏感性材料还应注意检查可能发生的焊趾裂纹；对变形及变形尺寸测定，可能伴生的其他缺陷，应进行原因分析。

5. 壁厚测定

对压力容器进行壁厚测定检查时，其测定位置应有代表性，并有足够的测定点，测定后应标图记录。测定点的位置，一般应选择下列部位：

(1) 液位经常波动的部位。
(2) 易腐蚀、冲蚀的部位。
(3) 制造成型时，壁厚减薄部位和使用中产生的变形部位。
(4) 在进行表面缺陷检查时，发现的可疑部位。

在利用超声波测厚仪测定壁厚时，如遇到母材存在夹层缺陷，应增加测定点或用超声波探伤仪，查明夹层分布情况，以及与母材表面的倾斜度。

在测定临氢介质的压力容器壁厚时，如发现壁厚"增值"，则应考虑氢腐蚀容器器壁的可能性。

6. 材质的检查

(1) 主要受压元件材质的种类和牌号应查明。材质不明者，对无特殊要求的调制压力容器，允许按钢号 A_3 材料强度的下限值进行强度校核，对丁槽、罐车和有特殊要求的压力容器，必须查明材质。

对于已经进行过此项检查，并且已经作出过明确处理的，不再重复检查。

(2) 对主要受压元件材质是否劣化，可根据具体情况，采用化学分析、硬度测定、光谱分析或金相检验等检验方法进行确定。

7. 对有覆盖层的压力容器的检查

对有金属衬里的压力容器，如发现衬里有穿透性腐蚀、裂纹、局部鼓包或凹陷，检查孔已流出介质，应局部或全部拆除衬里层，查明本体的腐蚀状况或其他缺陷。

对用奥氏体不锈钢堆焊衬里的，应检查堆焊层的龟裂、剥离和脱落等情况。

对于用非金属材料作衬里的，如发现衬里破坏、龟裂或脱落，或在运行中本体壁温出现异常，应局部或全部拆除衬里，查明本体的腐蚀状况或其他缺陷。

对于内外表面有覆盖层的压力容器，应先检查内表面，如发现有裂纹等严重缺陷，则应在外表面局部或全部拆除覆盖层，进行检验

8. 焊缝埋藏缺陷检查

有下列情况之一时，一般应进行射线探伤或超声波探伤抽查，必要时还应相互复验：

(1) 制造中焊缝经过两次以上返修或使用过程中焊缝补焊过的部位。
(2) 检验时发现焊缝表面裂纹，认为需要进行焊缝埋藏缺陷检查的。
(3) 错边量和棱角度有严重超标的焊缝部位。
(4) 使用中出现焊缝泄漏的部位及其两端延长部位。
(5) 使用单位要求或检验人员认为有必要的部位。

对焊缝埋藏缺陷检测的方法和抽查数量，由检验人员根据具体情况而确定。对已进行过此项检验的，再次检验时，如无异常情况，一般可不再复查。

9. 安全附件的检查

安全附件的检查分为运行检查和停机检查两种。所谓运行检查是指压力容器在运行状态下对安全附件的检查。所谓停机检查是指压力容器在停止运行的状态下对安全附件的检查。运行检查可与外部检查同时进行，停机检查可与内外部检查同步进行，也可单独进行。

(1) 对压力表进行运行检查时，检验人员应注意同一系统上的压力表读数是否一致，如发现压力表指示失灵，刻度不清，表盘玻璃破裂，泄压后指针不回零位，铅封损坏等情况，应立即更换。

对压力表进行停机检查时，检验人员应检查压力表的精度等级、表盘直径、刻度范围、安装位置等，使之符合有关规程、标准的要求。压力表的检验必须由有资质的检验单位进行，校验合格后，重新铅封并出具合格证。

(2) 对安全阀进行运行检查时，检验人员应注意安全阀的锈蚀情况，铅封有无损坏，是否在合格的校验期内。检查中发现安全阀失灵或有故障时，应立即处置或停止其运行。

安全阀与排放口之间装设截止阀的，运行期间必须处于全开位置并加铅封。检验人员在对其进行检查时，如需动用该阀，应指派专人操作，运行负责人和检验人员应在场，做好操作记录。

对拆换下来的安全阀进行停机检查时，应对安全阀进行解体检查、修理和调整，并进行耐压试验和密封试验，然后校验开启压力，使之符合有关规程、标准的要求。

新安全阀应根据使用情况调试后，才准安装使用。安全阀校验合格后，打上铅封并出具合格证。

(3) 对爆破片进行运行检查时，检验人员应检查爆破片的安装方向是否正确，并核实铭牌上的爆破压力和温度是否符合运行要求。

爆破片单独作泄压装置时，应检查爆破片和容器间的截止阀是否处于全开状态，是否加有铅封，爆破片有无泄漏及其他异常现象。

当爆破片和安全阀串联使用时，且爆破片装在安全阀出口侧，检验人员应注意检查爆破片和安全阀之间所装的压力表和截止阀，二者之间不积存压差，能疏水或排气。且爆破片装在安全阀进口侧，检验人员应注意检查爆破片和安全阀之间所装的压力表有无压力指示，截止阀打开后有无气体漏出，以判定爆破片的完好情况。

(4) 对液面计进行运行检查时,应检查液面计最高和最低安全液位有无明显的标记,能否正确指示出容器中介质的实际液面。检查时应注意防止假液位。

对寒冷地区室外使用和介质低于 0℃ 的压力容器,以及槽、罐车等,其液面计的选型应符合有关规范和标准的要求,并检查使用状况是否正常。

对超过检验限期、玻璃管(板)损坏、阀件固死或经常出现假液位的液面计,应停止运行。

(5) 对拆下来的紧急切断装置进行停机检查时,应解体、检验、修理和调整,并进行耐压、密封、紧急切断、耐振动等性能试验,具体要求应分别符合有关规定。检验合格后,重新进行铅封并出具合格证。

10. 对压力容器紧固件的检查

对高压螺栓应逐个清洗,检查其损伤和裂纹情况,必要时应进行表面无损探伤。重点检查螺纹及过渡部位有无环向裂纹。

第五节 压力容器的破裂形式及预防

一、压力容器的破裂形式

从压力容器危及安全的角度来看,最主要的是预防它在运行过程中发生突然破裂。而要防止压力容器发生破裂事故,就必须了解压力容器的破坏机理,即了解压力容器为什么会发生破裂,以及是怎样发生破裂的。只有掌握了压力容器发生破裂的规律,才能得出较为正确的防止破坏的措施。

压力容器发生破裂后,表现在其结构形状变化、尺寸变化、材料内部组织及性能的变化上。在其断裂处即断口处,集中地表现其破裂特征。因此,为了更好地对压力容器的破裂产生的原因、过程和破裂后的特征进行分析研究,以便分别制定防止压力容器破裂的相应措施。所以,根据压力容器产生破裂的基本机理、破裂过程、破裂特征,将压力容器的破裂分为韧性破裂、脆性破裂、疲劳破裂、腐蚀破裂和蠕变破裂等 5 种形式。

二、压力容器的韧性破裂及预防

韧性破裂又称为塑性破裂或延性破裂。韧性破裂是压力容器在压力作用下,容器壁上产生的应力超过材料的强度极限而发生断裂的一种破坏形式。

金属材料在外力的作用下,首先是产生弹性变形。当外力引起的应力超过材料的弹性极限时,还将产生塑性变形。若外力不断增大,致使引起的应力超过材料的强度极限,材料即发生断裂。因此,一般金属材料在外力作用下的变形过程可分为弹性变形、塑性变形和断裂三个阶段。

所谓弹性变形是指金属材料由外力作用所引起的变形,若外力卸除后能立即或在一定的时间内消失。金属材料的弹性变形是由于外力而使原子间距离发生改变而引起的,改变后原子间的吸力、斥力和外力之间又建立起新的平衡,金属即产生变形。但外力一经卸除,原子间的这种新的平衡关系又被破坏,原子间的作用力又迫使原子回到原来的平衡位置,于是变形随之消失,金属材料恢复原状。

所谓塑性变形是指金属材料受外力作用时所引起的变形，并不一定在外力卸除后都能全部消失，若所受外力过大，致使变形引起的应力超过一定的限度，即使外力完全消除，金属材料也不能完全恢复原来的形状，而留下一部分残余变形。

所谓金属材料的断裂是指外力引起的应力超过屈服极限后，金属材料开始产生明显的塑性变形，如外力继续增大，变形速度即迅速增加，当应力达到一定的程度时，材料即发生断裂。金属的断裂是裂纹的发生和扩展的过程，金属在加工过程中就可能在晶体中留下显微裂纹，这些裂纹在金属的塑性变形中得到扩展。也有些是由于金属中存在着脆性夹杂物，在金属发生塑性变形时，在这些夹杂物中或夹杂物与基体界面上形成显微空洞，随着塑性变形的增加，裂纹的扩展或显微空洞的长大和聚合，使它的边缘上的应力达到了材料的断裂强度，金属即发生断裂。

压力容器的韧性破裂就是指器壁材料发生破坏的形式是属于韧性断裂。金属材料的韧性断裂是显微空洞形成和长大的过程，对于用碳钢及低合金钢制成的压力容器来说，断裂首先是在塑性变形严重的地方，材料中的脆性夹杂物断裂或使夹杂物与基体界面脱开而形成显微空洞，在外力的继续作用下，显微空洞开始长大和聚焦，最后形成裂纹，导致断裂，这就是压力容器的韧性破裂。

压力容器的韧性破裂是在器壁发生大量的塑性变形之后发生的，器壁的变形将会引起容器容积的变化。而器壁的变形又是在压力载荷下产生的。这对于具有一定直径与壁厚的容器，其容积变形与其所承受的压力有很大的关系。当压力较小时，器壁的应力也较小，器壁产生弹性变形，容器的容积与压力成正比例地增加，如果卸除载荷，即把容器内的压力降低，容器的容积可恢复原来的大小，而不会产生容积残余变形。若当压力升高致使容器壁上的应力超过材料的弹性极限时，容器的容积变形不再与压力成比例关系，而是在压力卸除以后，容器不能完全恢复原来的形状，并留下一部分容积残余变形。若压力升高至使容器器壁上的应力达到材料的屈服极限，器壁将产生明显的塑性变形，容器的容积将迅速增大。当压力上升到某一定值后，容器可达到全面屈服状态，此后往往压力不再增高甚至下降的情况下，容器的容积会继续增加，此时的压力被认为是容积的屈服压力。在容器的压力超过它的屈服压力之后，如果把压力卸除，容器会留下较大的容积残余变形，有些甚至用肉眼观察或直尺测量即可发现，一般可见容器的直径增大。容器在超过屈服压力以后，如果压力继续增高，容器的容积变形将更快地增加，至器壁上的应力达到材料的断裂强度时，压力容器便发生韧性破裂。

压力容器发生韧性破裂后常具有以下一些特征：

1. 破裂后的容器发生明显的形状改变，主要表现为容器的容积明显增大。韧性破裂的容器，最大圆周伸长率常达 10% 以上，容积的增长率也常高于 10%，有的甚至达 20%。

2. 断口呈暗灰色纤维状。这是因为用碳钢或低合金钢制作的压力容器在发生韧性破裂时，也具有这样一些金属韧性断裂的特征，即断裂是由于显微空洞的形成、长大和聚集，最后形成锯齿形的纤维状断口，其断裂形式多数属于穿晶断裂，因此断口没有闪烁金属光泽而呈暗灰色的纤维状。再者断口也不齐平，而与主应力方向成 45°角，圆筒形容器纵向裂开时，其破裂与半径方向成一角度，即裂口是斜断的。

3. 容器破裂时一般不是碎裂。这是因为韧性破裂的容器，其材料具有较好的塑性和韧性，所以破裂方式一般不是碎裂，即不产生碎片，而只是裂开一个裂口。裂口的大小则与容器爆破时释放的能量有关，如盛装液化气体的容器，由于破裂后器内压力下降，液化气体迅速蒸发，产生大量的气体，使容器的裂口不断扩大。

4. 容器破裂时的实际爆破压力接近于计算爆破压力。这是由于金属的韧性断裂是经过大量的塑性变形，而且是在外力引起的应力达到其断裂强度时产生的。因此，韧性破裂的压力容器，器壁上产生的应力一般也都达到或接近容器材料的抗拉强度，故容器是在较高的应力下破裂的，其实际爆破压力往往接近于计算爆破压力。

压力容器只有在它受力的整个截面上材料都处于屈服状态下才会产生塑性变性，最后导致韧性破裂。造成韧性破裂的具体原因一般有以下几种情况。一是盛装液化气体的容器充装过量。由于操作疏忽、计量错误或其他原因造成盛装高临界温度的液化气体的容器充装过量，使容器在充装温度时即被液态气体充满，致使在运输或使用过程中，容器内液态气体的温度受到环境温度的影响或日光暴晒而升高，体积急剧膨胀，造成容器器壁压力迅速上升并使容器产生塑性变形，导致容器破裂。二是容器在使用中违反安全规定超压运行或操作失误，造成容器内的压力超过其最高许用压力，而容器又没有装设安全泄压装置或安全泄压装置失灵，造成压力不断上升，使容器发生过量的塑性变形而破裂。三是容器维护不良，对防腐考虑不周，使容器发生大面积均匀腐蚀或局部腐蚀，致使壁厚严重减薄，造成容器在正常的操作压力下发生破裂。此外，性质相抵触的化学物质在不正常的情况下相遇，发生剧烈的化学反应，致使容器内的温度、压力骤增，导致容器破裂。

防止压力容器发生韧性破裂，最根本的办法就是保证容器在使用情况下，器壁上的应力都低于器壁材料的屈服极限，这就必须做到以下事项：

1. 设计正确合理。设计容器时应经过认真的设计计算，使容器具有足够的壁厚，以保证在规定的工作压力下，器壁上的应力在许用应力范围以内。

2. 容器上应按规定装设安全泄压装置，并保证灵敏好用。

3. 认真执行安全操作规程，防止容器超压运行。

4. 加强对容器的维护检查，采取有效措施防止腐蚀。在检查中若发现容器器壁被腐蚀以致使厚度严重减薄，或容器在使用中曾发生过显著的塑性变形，均应停止继续使用。

三、压力容器的脆性破裂及预防

有些压力容器在破裂时根本没有宏观变形，器壁的应力也远远没有达到材料的强度极限，有的甚至还低于屈服极限，这种破裂现象和脆性材料的破裂很相似，故称为脆性破裂。脆性破裂是在较低的应力状态下发生的，因此又称为低应力破坏。

脆性破裂早先多见于桥梁及船舶，并且大多数是在严寒的冬天中发生的，因此，钢的脆性断裂和低温有着密切的联系。人们从大量的冲击试验中获知，钢在低温下的冲击值显著降低，这种现象称为钢的冷脆性。

钢的冷脆性表明在温度较低时，钢会由韧性状态转变成脆性状态，使得钢对缺口的敏感性增大，缺口的形状和大小就必然成为影响脆性断裂的主要因素。此外，同样的材料存在相同的缺陷时，其应力的大小也成为影响脆性断裂的因素之一。但是，仅仅用钢的冷脆性来解释或探求防止钢构件的脆性断裂是不够全面的。因此，在 20 世纪 50 年代兴起的一门新学科——断裂力学，为解决脆性断裂问题提供了一个很好的条件。

断裂力学是研究带有裂纹的材料和构件的断裂现象及其规律的一门学科。过去，人们总是把金属材料看成是均匀完整的物体，而且认为其各处的各种性能都是一致的，因而可以把个别试件测试到的性能和观察到的结构组织任意推广应用到用相同的材料制成的各种构件上去。实践证明，这种认识是比较片面的，材料的均匀和连续总是相对的，不均匀和不连续是绝对的。任何材料和它的构件总是存在各种各样的缺陷，只不过有时缺陷较小，用肉眼不易观察或使用的探测仪器因灵敏度低而没有被发现。

断裂力学认为材料内部总是存在缺陷（将它简化为裂纹），当材料受到外力的作用时，裂纹尖端附近的区域就产生应力应变集中效应，当此区域的应力应变高到一定的数值，超过材料的负荷极限时，裂纹便开始迅速扩展，并造成整个材料或构件在低应力状态下发生脆性破裂。

压力容器发生脆性破裂时的特征，在破裂形状、断口特征等方面正好与韧性破裂相反。

1. 脆性破裂后的容器没有明显的塑性变形。破裂后的容器的容积和周长没有变化或变化甚微，容器的器壁厚一般也没有减薄。

2. 裂口齐平、断口呈金属光泽的结晶状。在容器器壁很厚的容器脆断口上，常常可以找到人字形纹路，呈辐射状，这是脆性断裂的最主要的宏观特征之一，人字形的尖端总是指向裂纹源，而始裂点往往都是有缺陷或在几何形状突变处。

3. 容器在脆性破裂后常裂成碎块，且常有碎片飞出。这是由于容器在发生脆性破裂时材料的韧性较差，而且脆断的过程又是裂纹迅速扩展的过程，因此，脆性破裂往往是在一瞬间发生，容器内的压力无法通过一个裂口释放。所以脆性破裂的容器常裂成碎片，并有碎片飞出，即使是在水压试验时容器发生脆性破裂，器内液体膨胀功并不大，也常产生碎片。

4. 容器发生脆性破裂时，器壁上的压力并不高，有的甚至低于设计压力，应力通常小于材料的屈服极限。这是由于脆性破裂是由裂纹而引起的，因此，脆性破裂不需要很高的应力，在正常操作压力或在水压试验压力下均可发生。

5. 脆性破裂多数在温度较低的情况下发生，也有的容器在运行中则常在温度突变的情况下发生脆性破裂。

6. 用中、低强度材料制造的容器，器壁厚的容器通常比器壁薄的容器更容易发生脆性破裂。这主要是因为当器壁很厚时，厚度方向的变形受到约束，接近所谓平面应变状态，于是裂纹尖端附近形成了三向拉应力，材料的断裂韧性随之降低，产生所谓的"厚度效应"，因此同样的钢材，厚板要比薄板更容易发生脆性破裂。

防止脆性断裂最基本的措施就是减小或消除构件的缺陷，要求材料具有较好的韧性，就预防压力容器的脆性破裂来说，应注意以下几个方面：

1. 减少容器结构及焊缝的应力集中。因裂纹是造成脆性破裂的主要因素，而应力集中往往又是产生裂纹的主要原因，应力集中处常常先产生裂纹，以致很快扩展最后使容器破裂。因此，压力容器必须在设计及制造工艺上采取具体措施来减少或消除应力集中。

2. 容器的材料在使用条件下要有较好的韧性。要做到这一点，首先要合理地选用材料，设计容器时要根据其使用条件，首先是温度条件，选用在使用温度下仍能保持较好韧性的材料。对低温下使用的容器，应提出材料在使用温度下必需的最低冲击值。再者，要保证材料具有较好的韧性，还需采取适当的焊接及热处理工艺。此外，在使用过程中也需防止容器材料的韧性降低，如防止容器的使用温度低于它的设计温度；开停容器时要防止压力的急剧变化，因材料的断裂韧性会因加载速度过大而降低。

3. 消除残余应力。有些容器虽然应力并不大，但因存在较大的残余应力，这两者互相叠加往往就是以使裂纹附近的应力强度＞材料的断裂韧性，最后导致整个容器脆性破裂，因此，消除残余应力也是防止容器发生脆性破裂的一项重要措施。

焊缝的残余应力是焊接容器中最主要的残余应力，特别是在一些布置不合理的焊缝中。因此在焊接容器时应采取一些适当的措施，以减小或消除焊接残余应力，在焊接较厚器壁的容器时，在焊后应进行消除残余应力的热处理。

此外，容器在制造过程中的冷加工变形，工作中内部压力的剧烈变化等均会使容器的残余应力增大，这些在制造和使用容器时应加以充分注意。

4. 加强对容器的检验。对已经制成的或在使用的压力容器加强检验，使之能及早地发现缺陷，这也是防止发生脆性破裂事故的一项措施。如在焊后加强对焊缝等的宏观检查和无损探伤，则可以避免把一些有裂纹的容器盲目地投入使用以致发生脆性破裂。有些容器虽然有裂纹，经过消除或采取一些防止裂纹扩展的措施后仍可继续使用，或者一些容器没有补救措施而至容器报废，也可以避免容器在使用过程中发生脆性破裂事故而造成更大的损失。

四、压力容器的疲劳破裂及预防

压力容器的疲劳破裂是容器在反复的加压和卸压过程中，壳体材料长期受到交变载荷的作用而出现金属疲劳，因此而产生的一种破裂形式。压力容器发生疲劳破裂时，一般都不产生明显的塑性变形，其破裂的形式与脆性破裂相近似，但其产生的原因和发展过程与脆性破裂则完全不同。

疲劳破裂是压力容器较为常见的一种破裂形式，据国外有关资料报道，压力容器运行中的破坏事故有75%以上是由疲劳所引起的，由此可见压力容器的疲劳破裂是不能忽视的。

承受交变载荷的金属构件，尽管载荷在构件内引起的最大应力并不高，有时还低于材料的屈服极限，但长期在这种载荷的作用下，也会发生突然断裂，这种现象称为金属的疲劳。

金属的疲劳裂纹的产生是由于金属在交变载荷作用下，在金属的表面、晶界及非金属夹杂物等处集中产生了不均匀的滑移而引起的。在低应力情况下，滑移引起了金属加工硬化现象，滑移产生了空洞。在形成空洞的棱角处将引起应力集中，并使空洞扩大为裂纹核心，裂纹核心再经不断扩展，最后形成宏观的疲劳裂纹。

在有应力集中的情况下，疲劳裂纹核心常常产生在应力高度集中的部位。例如压力容器的接管口以及其他几何形状不连接处，疲劳裂纹常常在这些地方开始产生。

疲劳裂纹的扩展通常从金属表面上的驻留滑移带或非金属夹杂物等处开始，沿最大切应力方向的晶面向内扩展，裂纹的方向逐渐转向和主应力垂直，扩展的深度只有几个晶粒。

疲劳破裂的断口一般用肉眼即可看到有两个明显不同的区域，一个是疲劳裂纹产生及扩展区，另一个则是最后断裂区。在疲劳裂纹产生及扩展区，常可见到象贝壳一样的花纹，这些花纹是一条条以疲劳裂纹策源点为中心的同心弧线，裂纹断面在交变载荷下受到反复的挤压和研磨，比较平滑，有时光亮得像细瓷断口一样。在最后断裂区，由于有效截面积逐渐缩小，应力不断增大，以致超过材料的断裂强度，这个区域的断口和静负荷下带有尖锐缺口的构件断口相似，如果是塑性材料，则断口呈暗灰色的纤维状，若为脆性材料，则断口呈粗粒的结晶状。

压力容器的疲劳破裂，绝大多数属于金属的低周疲劳。所谓金属低周疲劳，是在应力较高，一般都接近或高于材料的屈服极限，而应力交变频率较低的情况下发生的。金属的低周疲劳断裂时应力交变次数可在 100～1000 次之间。在压力容器的接管、开孔、转角以及其他几何形状不连续的地方，在焊缝附近，在钢板存有缺陷的地方等，都有程度不同的应力集中。有些地方的局部应力往往要比设计应力大好几倍，所以有可能达到甚至超过材料的屈服极限。这些较高的局部应力若仅仅是几次的作用，并不会造成容器的破裂，但若反复地加载和卸载，将会使受力最大的晶粒产生塑性变形，并逐渐发展成微小的裂纹。随着应力的周期变化，裂纹即逐步扩展，最后导致容器破裂。

压力容器的疲劳破裂的特征和脆性破裂一样，一般没有明显的塑性变形，即破裂后的容器直径不会有明显的增大，大部分器壁壁厚也没有显著的减薄。疲劳破裂只使容器开裂一个破口，使容器泄漏而失效，因此一般不象脆性破裂那样常常产生碎片。再者，疲劳破裂一般是在容器经反复的加压和卸压以后发生，即经过交变载荷多次作用后才发生。另外，疲劳破裂的断口有明显的宏观特征，即有疲劳裂纹产生及扩展区和最后断裂区两个明显的区域，其两区域的颜色并有所区别，有时可见到裂纹扩展的弧形纹路，若断口上的疲劳线比较清晰，还可以比较容易找到疲劳裂纹产生的策源点。

为了防止压力容器发生疲劳破裂事故，除了在运行中尽量避免那些不必要的频繁加压和卸压，过分的压力波动和悬殊的温度变化等载荷因素外，主要的还在于设计压力容器时就需采取适当的技术措施。首先是尽可能地减少应力集中，使容器器壁上个别部位的局部应力不至于达到或超过所选材料的屈服极限；其次是如果容器上难以避免地要出现较高的局部应力时，则应作疲劳分析设计。

对应力反复交变次数超过 1000 次，局部应力较高的压力容器均应进行疲劳设计。这里所指应力交变次数应包括容器的开（加压）停（卸压）次数、压力变化幅度较大（如大于设计压力 20%）的次数，以及容器器壁温度变动较大的次数等。这里所指的局部应力应包括由压力引起的应力和温度应力等。疲劳设计的主要依据是所用材料的低周疲劳曲线，选取一定的安全系数，作出设计曲线，按容器所需的使用寿命决定它的最高应力，或者按容器的最高局部应力决定它的使用寿命。

五、压力容器的腐蚀破裂及预防

压力容器的腐蚀破裂是指容器壳体由于受到腐蚀介质的腐蚀而产生的一种破裂形式。压力容器因腐蚀而发生破裂的事例屡见不鲜，特别是在石油、化工工业中。据有关资料统计报道，压力容器的腐蚀破裂在整个压力容器破裂事故中，约占 28%。

从钢的腐蚀破裂现象形式可分为均匀腐蚀、点腐蚀、晶间腐蚀、应力腐蚀和腐蚀疲劳等形式。其中点腐蚀和晶间腐蚀属于选择性腐蚀，应力腐蚀和腐蚀疲劳属于腐蚀断裂。

均匀腐蚀是指分布在材料整个接触表面的腐蚀现象。均匀腐蚀可使构件的厚度逐渐减薄，当构件被腐蚀介质腐蚀至剩余厚度不能承受外加载荷时，构件即被破坏。这种腐蚀只减弱构件的承载面积，而不会对剩余金属的机械性能产生影响。均匀腐蚀是危险性比较小的腐蚀破坏形式，因为它比较容易发现，而且对于接触有腐蚀性介质的构件，在设计时一般都根据它需要的使用年限和介质对材料的腐蚀速率留有腐蚀裕度，故在实际中，由于均匀腐蚀而造成的破坏较为少见。

点腐蚀是指材料表面上受到点状的局部腐蚀，包括局限在个别点上的深坑腐蚀、面积较大的密集斑点腐蚀等。碳钢、低合金钢及不锈钢都可以发生点腐蚀破坏。碳钢和低合金钢在潮湿的空气中、土壤里以及海水中均容易产生点腐蚀，特别是在它的表面存在氧化皮时，氧化皮的表面积所占的比例越大，点腐蚀的深度也愈深。不锈钢的点腐蚀常常是由含氯化物的溶液引起，海水、普通自来水以及含有氯化铁或氯化铜的溶液均可使不锈钢发生点腐蚀。这是由于在某些氯化物溶液中，氯以离子状态存在，这种氯离子可破坏不锈钢表面的钝化膜，点腐蚀便集中在钝化膜受到破坏的表面发生。钢的点腐蚀常常是由于产生穿孔而造成破坏，非穿透的点腐蚀一般说来仅仅是减少构件受腐蚀处的承载面积，而其余未被腐蚀部分则不受影响，只有产生大面积的密集斑点腐蚀才会影响构件的强度，特别严重时才会造成破坏。局部的深坑腐蚀可以引起应力集中，使深坑周围的材料产生较高的局部应力，如果承受的是反复交变载荷，则有产生疲劳破坏的可能。若材料的塑性较差，或处在较低的使用温度下，也有可能产生脆性破坏。然而，对一般压力容器来说，这种腐蚀并不是最危险的，因为它并不像裂纹那样产生严重的应力集中。

晶间腐蚀是一种局部的选择性的腐蚀破坏。这种腐蚀破坏沿金属晶粒的边缘进行，腐蚀性介质渗入金属的深处，金属晶粒之间的结合力因腐蚀而受到破坏，材料的强度及塑性几乎完全丧失，因此在很小的外力作用下即会损坏。晶间腐蚀可以在许多金属材料中产生，如铜铝合金、铝镁合金、镍钼合金等，在黑色金属中，只有铁素体不锈钢和奥氏体不锈钢（镍铬钢）才有可能产生晶间腐蚀。晶间腐蚀是一种危险性比较大的腐蚀破坏形式，因为它不在构件表面留下腐蚀的宏观迹象，也不减少厚度尺寸，只是沿着金属的晶粒边缘进行腐蚀，使其强度及塑性大为降低，因而容易造成构件在使用过程中损坏。

应力腐蚀也称腐蚀裂开，是金属在腐蚀介质和拉伸应力的共同作用下而产生的一种破坏形式。金属发生应力腐蚀时，腐蚀和应力是互相促进的，一方面腐蚀使金属的有效载面积减小和表面形成缺口，产生应力集中，若是晶间腐蚀，则还会使金属的晶间结合力降低；另一方面应力加速腐蚀的进展，使表面缺口向深处或沿晶间扩展，最后导致断裂。因此，应力腐蚀可以使金属在应力低于它的强度极限的情况下破坏。应力腐蚀是一种最危险的腐蚀破坏形式，特别是在压力容器中，因为它常常是在未能被发现的情况下突然发生损坏。

疲劳腐蚀也称腐蚀疲劳，是金属材料在腐蚀和应力的共同作用下引起的一种破坏形式，其结果是造成金属的断裂而破坏。疲劳腐蚀与应力腐蚀不同的是疲劳腐蚀是由交变的拉伸应力和介质对金属的腐蚀作用所引起的。金属发生疲劳腐蚀时，介质的腐蚀作用与材料的疲劳也是互相促进的，一方面腐蚀使金属表面局部损坏并促使疲劳裂纹的产生和发展，另一方面交变的拉伸应力破坏金属表面的保护膜，并促进表面腐蚀的产生。疲劳腐蚀也是在表面形成腐蚀缺口并引起应力集中，造成疲劳腐蚀裂纹的策源点，在交变的拉伸应力下，被破坏的保护膜无法再形成，沉积在腐蚀坑中的腐蚀产物又阻止氧的扩散使保护膜难以恢复。因此，在腐蚀与交变应力的共同作用下，裂纹不断扩展加深，直至金属最后断裂。腐蚀疲劳破坏的构件，其宏观特征是具有疲劳破坏的断口，即断口常有两个明显不同的区域，一是腐蚀疲劳裂纹产生及扩展区，另一个是最后断裂区。疲劳腐蚀的裂纹多为穿晶分布的，裂纹形成后以穿晶方式向内部逐步扩展。

压力容器的腐蚀破裂从金属的破坏现象来看也是各式各样的，有均匀腐蚀、点腐蚀、晶间腐蚀、应力腐蚀和疲劳腐蚀，而其中最危险较常见的是壳体金属被应力腐蚀破坏而产生的破裂。因为压力容器一般都承受较大的拉伸应力，而在它的结构中又常常难以避免地存在程度不同的应力集中，如开孔处就是应力集中点，容器的工作介质又常常具有腐蚀性，这就易造成严重的应力腐蚀。下面所述几种情况造成的压力容器的腐蚀破裂，更应特别引起注意：

1. 钢制容器的氢脆。在高温高压的还原性介质（特别是氢）的作用下，碳钢的强度和塑性都会严重降低，而它的外表面却没有明显的破坏，这一现象就是所谓的氢脆。

钢的氢脆是因为高温高压的氢进入钢内，与渗碳体相互作用，生成甲烷，使钢脱碳，从而使钢的强度及塑性大为降低。氢与渗碳体相互作用生成的甲烷不能溶解于纯铁体，而产生巨大的内压力，可使钢沿晶界发生破裂。渗入钢中的氢原子沿钢的晶粒边界或晶格中的缺陷处结合为氢分子，也会产生很大的内压力，从而使钢的强度大为降低。

由于氢脆而破裂的容器，除需要具备一定的温度、压力及介质条件以外，在它的腐蚀面及断口上也具有一些特征，在微观上它的腐蚀面常常可以见到钢的脱碳铁素体组织，沿着断口由腐蚀面向外观察金相组织，有时可以看出脱碳层的深度，被氢腐蚀的破坏带有沿着晶界扩展的腐蚀裂纹。氢腐蚀严重的容器，有时在宏观上可以发现由于氢腐蚀而产生的特征——鼓包现象。

2. 钢制容器的碱脆。碱脆又称苛性脆化，是钢在热碱溶液和拉伸应力的共同作用下产生应力腐蚀的一种破坏形式。

钢的碱脆一般要同时具备3个条件，即高温、高的碱浓度和拉伸应力。约10％的氢氧化钠就会引起碱脆，而5％就不会。对引起钢的碱脆的拉伸应力可以是外应力也可以是内应力，或者是两者的联合作用，但更为重要的因素乃是应力的均匀与否，不均匀的拉伸力最容易引起碱脆。

碱脆常常发生在锅炉的部件中，因为它有可能同时具备发生碱脆的3个条件。锅炉用水经处理后一般都含有过剩的碱，虽然在正常情况下，炉水中碱的浓度会被调节到使之对钢不产生腐蚀，但在局部地方常常会因氢氧化钠富集而使水的碱浓度增大，最为常见处是在漏缝处。这是因为在铆接及法兰连接处如果有一漏缝，蒸汽外漏而水不能泄出，则进到漏缝的水将会被浓缩而含有越来越多的氢氧化钠，直至达到发生碱脆所需要的浓度。至于不均匀的拉伸应力，在锅炉的承压部件中普遍存在，特别是在铆接漏缝的捻铆处以及把紧不均匀的法兰连接泄漏处，局部应力可能最大。因此，锅炉发生碱脆破裂事故的可能性较大。

关于压力容器发生碱脆破裂的事故较为少见，但如果存在上述的3个条件也会发生碱脆。

钢制容器的碱脆一般具有这样一些特征，断裂发生在应力集中的地方，且断口与主要拉伸应力大体上成垂直；在断裂处附近常常可以发现有沿着晶界分布的许多分枝型裂纹；断口作金相检查时可以看出裂纹是沿着金属的晶粒边界扩展的；在断口上往往粘附有许多磁性氧化铁；有的容器碱脆时还有一定的塑性变形。当然，并不是所有的碱脆断裂都具有上述特征，有些构件发生碱脆时就不一定在断裂处附近能找到其他的分枝型裂纹。

3. 一氧化碳等引起的容器腐蚀破裂。盛装一氧化碳、二氧化碳混合气体的容器（气瓶）发生的破裂事故，也是由应力腐蚀而产生的容器腐蚀破裂。

经反复对比试验和分析研究，一氧化碳气体中含有二氧化碳及水分，因而对钢瓶产生应力腐蚀。在一般情况下，一氧化碳可被铁吸附，在金属表面形成一层保护膜，但由于气瓶反复充装在器壁上产生的交应力的影响，这层保护膜遭到局部破坏，在保护膜被破坏的地方，因二氧化碳和水的作用，使铁发生快速溶解并形成向纵深方向扩展的裂纹。在无水的一氧化碳气体中，不存在应力腐蚀的现象。

4. 高温硫化氢引起的应力腐蚀。在某些容器的工作介质中，常常含有硫化氢气体，温度较高的硫化氢气对钢制容器产生一般性腐蚀，在某些情况下也可能产生应力腐蚀。试验表明，含量为 1%～5% 的硫化氢对钢的腐蚀与浓度成正比。当硫化氢在钢表面上生成的薄膜被破坏或产生裂纹时，在外应力或内应力的作用下，加上硫化氢的腐蚀作用，将使裂纹逐步扩展，最后导致金属的断裂。此时，硫化氢的存在还会影响氢在钢中的扩散作用，从而加速氢的腐蚀进程。

5. 氯离子引起的不锈钢容器的应力腐蚀。在用奥氏体不锈钢制造的压力容器中，如果有氯化物溶液存在也会产生应力腐蚀。这种腐蚀是由溶液中的氯离子所引起，氯离子可使不锈钢表面的纯化膜受到破坏，在拉伸应力的作用下，钝化膜被破坏的区域就会受到腐蚀而产生裂纹，最后导致金属的断裂。氯离子引起的奥氏体不锈钢的应力腐蚀，其裂纹通常是穿晶型的，并且多数是分枝状裂纹。这种氯离子引起的应力腐蚀可以由外应力引起，也可以由内应力引起，多数腐蚀裂纹均产生在焊缝附近，说明焊接残余应力是一个重要因素。

此外，在压力容器中还有其他一些气体也能产生应力腐蚀。如合成氨工艺中的氮—氢—氨混合气，氢的腐蚀作用如前所述，氮也能在高温高压的作用下渗入碳钢中，与铁及其他合金元素生产氮化物，使钢变硬变脆，改变其机械性能。氨则部分地分解为原子氢和氮，加速腐蚀作用。

防止压力容器腐蚀破裂的措施多种多样，需根据不同的介质和不同条件来采取不同的方法，其常用的措施如下：

（1）选择合适的抗腐蚀材料。某种介质只对某种金属材料产生腐蚀作用，如高温高压的氢可使碳钢发生严重的脱碳，造成氢脆，而使用铬钼钢则不产生这种腐蚀作用。因此，应根据容器的工作介质的腐蚀特点选用合适的抗腐蚀材料。

（2）使容器与腐蚀介质隔离。为了避免腐蚀介质对容器壳体产生腐蚀，可采用耐腐蚀的材料把腐蚀介质与容器的壳体进行隔离。常用的方法是表面涂层和在容器内加衬里。表面涂层如电镀、油漆、搪瓷等。容器的衬里可用抗腐蚀介质的金属材料和非金属材料做衬里。

（3）消除能引起应力腐蚀的各种因素。在容器的设计、制造和使用过程中采取相应的措施来消除能引起应力腐蚀的因素。如从结构上减小或消除过大的局部应力，在焊接时尽量减小焊接残余应力，在使用中采取消除能引起应力腐蚀的杂质等。

六、压力容器的蠕变破裂及预防

金属材料的变形与它的受力大小有关,而与受力的时间长短无关,而且只要材料的应力不超过它的屈服强度,它就不会产生明显的塑性变形,这些都是金属材料在常温下的变化规律。但如果金属材料在高温条件下承受载荷,情况就不同了。在高于一定温度下受到应力作用的金属材料,尽管应力<它的屈服强度,它也会随着时间的增长,持续而缓慢地产生塑性变性,这种现象称为金属的蠕变。

在高温下工作的压力容器,受到应力作用的壳体会由于长时期处在高温的作用下而产生缓慢而连续的塑性变形,使容器的直径逐步增大,器壁厚度逐渐减薄,严重时便会导致容器破裂。这种由于金属材料的蠕变而造成压力容器的破裂,称之为蠕变破裂。

压力容器的蠕变破坏是比较少见的,特别是容器壳体因蠕变而产生破裂的情况就更为罕见。这是因为在高温下工作的压力容器所占的比例较少,而有些装置虽然操作温度较高但往往在结构上,或从工艺流程上采取适当措施而使容器壳体的温度保持在较低的水平上。此外,即使有些容器壳体的工作温度较高,在设计时也会采用合适的材料来控制其蠕变速度。因此,压力容器的蠕变破裂一般只见于容器的个别部件,如管道等,而且多发生在不正常的使用情况下。

压力容器或其部件的蠕变破裂常见于以下一些原因:

1. 设计时选择不当。如错用碳钢来代替抗蠕变性能较好的合金钢来制造高温容器或其部件。

2. 设计结构不合理,使部件的部分区域产生过热现象。

3. 制造时材料组织的改变,使抗蠕变性能降低。如奥氏体不锈钢的焊接常常使其热影响区材料的抗蠕变性能恶化;大的冷弯变形也有可能产生同样的影响。

4. 有些材料长期受着高温和压力的作用而发生金相组织的变化,特别是钢的石墨化,使得钢的强度及塑性显著降低,因而造成容器及其部件的蠕变破裂。所谓钢的石墨化是指钢中的渗碳体分解为铁及石墨。

5. 操作不正常,维护不当,致使容器及其部件局部过热。

压力容器发生蠕变破裂时,一般都具有比较明显的塑性变形,其变形量的大小则视材料在高温下的塑性而定。但是,有些材料在常温下进行加载试验时具有良好的塑性,而会在较高的使用温度下变脆,这时破裂的部件常常没有明显的塑性变性。此外,在蠕变破裂后对材料进行检验可以发现材料有晶粒长大,再结晶及回火效应,碳化物、氮化物及合金组分的沉淀以及钢的石墨化等明显的金相组织变化。

对于预防压力容器的蠕变破裂,首先是在设计容器时应根据容器的使用温度选用合适的材料,因金属材料只有在较高的使用温度下才会产生蠕变破坏,故一般认为,如果材料的使用温度<它的熔化温度的25%～35%,则可不考虑它的蠕变破坏,对于碳钢和低合金钢,通常以350～400℃为考虑蠕变的温度界限。同时并按所选择的材料在使用温度和需要的使用寿命下的蠕变极限选取许用应力,这是因为同样的材料在同样的高温下,应力不同其蠕变速度也不同,应力大,则蠕变速度加快。再者,在制造容器时应避免采用能使材料抗蠕变性能降低的加工方法。此外,在使用压力容器时也应防止容器及其部件发生局部过热的现象。

第十五章 气瓶安全技术

第一节 气瓶的设计与制造

一、气瓶的分类

气瓶是我国最多的特种设备,据测算我国目前在用的气瓶总量已超过1亿只。

气瓶作为一种移动式的压力容器,广泛地应用于厂矿企业中。人们与其接触的机会较多。前章所述的对压力容器的安全技术要求,对气瓶来讲,一般也是适用的,但由于气瓶在使用方面存在着一些特殊的问题,故为保证气瓶的安全使用,还需要有一些特殊的安全技术要求。

气瓶的种类繁多,为了更好地对气瓶进行安全管理,气瓶可作以下分类:

1. 按所充装气体的临界温度的不同,可分为永久气体、高压液化气体、低压液化气体三种气瓶。

永久气体,是指临界温度＜－10℃的气体。

高压液化气体,是指临界温度≥－10℃,且≤70℃的气体。

所谓低压液化气体,是指临界温度＞70℃的气体。

2. 按结构不同,气瓶可分为无缝、焊接两种。

3. 按制造材料不同,气瓶可分为碳钢、锰钢、铬钼钢等黑色金属材料制气瓶,或不锈钢、铝合金等材料制气瓶。

4. 按制造方法不同,气瓶可分为冲压拉伸法、钢管旋压法、焊接成形法制气瓶。

5. 按公称工作压力不同,气瓶可分为高压和低压气瓶,其中高压气瓶有30MPa、20MPa、15MPa、12.5MPa和8MPa 5个级别,低压气瓶有5MPa、3MPa、2MPa、1.6MPa和1MPa 5个级别。

二、气瓶的公称工作压力

气瓶的公称工作压力,对于盛装永久气体的气瓶,系指在基准温度时(一般为20℃),所盛装气体的限定充装压力。对于盛装液化气体的气瓶,系指温度为60℃时瓶内气体的压力限定值。

由上可见,公称工作压力的实质是限定充装压力。所谓限定值,表明的是一个界线。对于气瓶的安全来讲,这个限定的概念是至关重要的。

根据《气瓶安全监察规程》的有关规定,对盛装高压液化气体的气瓶,其公称工作压力不得＜8MPa;对盛装毒性程度为极度和高度危害的液化气体的气瓶,其公称工作压力的选用应适当提高。对常用气体气瓶的公称工作压力如下表15-1中的规定。

常用气体气瓶的公称工作压力　　　　　　　表 15-1

气体类别		公称工作压力(MPa)	常 用 气 体
永久气体 $t_c<-10℃$		30	空气、氧、氢、氮、氩、氖、氪、氙、甲烷、煤气等
		20	
		15	空气、氧、氢、氮、氩、氖、氪、氙、甲烷、煤气、三氟化硼、四氟甲烷(F-14)、一氧化碳等
液化气体 $t_c\geqslant-10℃$	高压液化气体 $-10℃\leqslant t_c\leqslant 70℃$	20	二氧化碳、氧化亚氮、乙烷、乙烯等
		15	
		12.5	氙、氧化亚氮、六氟化硫、氯化氢、乙烷、乙烯、三氟氯甲烷(F-13)、三氟甲烷(F-23)、六氟乙烷(F-116)、偏二氟乙烯、氟乙烯、三氟溴甲烷(F-13B1)等
		8	六氟化硫、三氟氯甲烷(F-13)、六氟乙烷(F-116)、偏二氟乙烯、氟乙烯、三氟溴甲烷(F-13B1)等
	低压液化气体 $t_c>70℃$	5	溴化氢、硫化氢、碳酰二氯(光气)等
		3	氨、丙烷、丙烯、二氟氯甲烷(F-22)、三氟乙烷(F-143)等
		2	氯、二氧化硫、环丙烷、六氟丙烯、二氯二氟甲烷(F-12)、偏二氟乙烷(F-152a)、三氯氯乙烷、氯甲烷、甲醚、四氧化氮、氟化氢、溴甲烷等
		1.6	液化石油气
		1	正乙烷、异丁烷、异丁烯、丁烯-1、丁二烯-1,3、二氯氟甲烷(F-21)、二氯四氟乙烷(F-114)、二氯氯乙烷(F-142)、二氟溴氯甲烷(F12B1)、氯乙烷、氯乙烯、溴乙烯、甲胺、二甲胺、三甲胺、乙胺、乙烯基醚、环氧乙烷等

注：1. t_c——临界温度，℃。
　　2. 液化石油气——应符合国家标准《液化石油气》(GB 11174)的规定。

三、气瓶的压力系列与公称容积系列

气瓶的压力系列如下表 15-2 规定。气瓶的水压试验压力应为公称工作压力的 1.5 倍。

气瓶压力系列　　　　　　　表 15-2

压 力 类 别		高　　压					低　　压				
公称工作压力	MPa	30	20	15	12.5	8	5	3	2	1.6	1
水压试验压力	MPa	45	30	22.5	18.8	12	7.5	4.5	3	2.4	1.5

气瓶的公称容积从 0.4L 到 12L 为小容积气瓶，气瓶的公称容积从 100L 到 1000L 为大容积气瓶，其他由 12L 到 100L 的气瓶为中容积气瓶。

四、气瓶制造应符合的安全技术要求

1. 气瓶制造单位必须持有质量技术监督行政部门颁发的制造许可证，并按批准的项目和审批的设计文件制造气瓶。

2. 气瓶正式投产前，应按有关标准进行型式试验，型式试验的内容和要求还应符合《气瓶安全监察规程》中《气瓶型式试验技术评定的内容和要求》的规定。

3. 符合下列情况之一者，应按照《气瓶安全监察规程》中《气瓶型式试验技术评定

的内容和要求》，重新进行型式试验：

（1）改变原设计。

（2）中断生产超过六个月。

（3）改变冷热加工、焊接、热处理等主要制造工艺。

4. 气瓶应按批组织生产，气瓶的分批和批量，应符合下列规定。

（1）无缝气瓶应按同一设计、同一炉号材料，同一制造工艺以及按同一热处理规范连续进行热处理的条件分批。

（2）焊接气瓶应按同一设计、同一材料牌号、同一焊接工艺以及按同一热处理规范连续进行热处理的条件分批。

（3）纤维缠绕气瓶的金属内胆的分批，与本条第1款相同；成品瓶按同一规格、同一设计、同一制造工艺，连续生产为条件分批。

（4）低温绝热气瓶应按同一设计、同一材料牌号、同一焊接工艺、同一绝热工艺为条件分批。

（5）小容积气瓶的批量不得＞202只；中容积气瓶的批量不得＞502只；大容积气瓶批量不得＞50只。特殊情况按产品标准的规定。

5. 无缝气瓶制造单位应在有关技术文件中，对气瓶冲压、拉拔的冲头，旋压或模压收口的模板或模具，做出投入使用前的工艺验证、定期检查、修理和更换的规定。

6. 焊接气瓶瓶体的纵、环焊缝，必须采用自动焊。瓶阀阀座与瓶体的焊接，应尽量采用自动焊。制造单位必须进行焊接工艺评定，并制定出焊接工艺规程和焊缝返修工艺要求，且应符合相应标准的规定。

7. 焊接气瓶的施焊焊工，必须按《锅炉压力容器压力管道焊工考试规则》考试合格，取得相应的焊接资格。

8. 气瓶的焊接工作，应在相对湿度不＞90%，温度不低于0℃的室内进行。

9. 气瓶的热处理，必须采用整体热处理。经整体热处理的焊接气瓶，不得再进行焊接工作，如再施焊，必须重新进行热处理。

10. 气瓶制造质量的检验和检测项目及要求，应符合相应的国家标准或经评审备案的企业标准的规定。水压爆破试验宜采用自动记录装置，绘制出压力—进水量曲线。

11. 从事气瓶无损检测工作的人员，必须按《锅炉压力容器无损检测人员资格考核规则》进行考核，并取得资格证书。所承担的无损检测工作，应与资格证书中的探伤方法和等级相一致。

12. 气瓶出厂时，制造单位应逐只出具产品合格证，按批出具批量检验质量证明书、产品合格证和批量检验证明书。产品合格证和批量检验质量证明书的内容，应符合相应的产品标准的规定。同时必须在产品合格证的明显位置上，注明制造单位的制造许可证编号。

五、气瓶瓶阀应符合的安全技术要求

瓶阀应满足下列要求：

1. 瓶阀材料应符合相应标准的规定，所用材料既不与瓶内盛装气体发生化学反应，也不影响气体的质量。

2. 瓶阀上与气瓶连接的螺纹，必须与瓶口内螺纹匹配，并符合相应标准的规定。瓶阀出气口的结构,应有效地防止气体错装、错用。

3. 氧化和强氧化性气体气瓶的瓶阀密封材料,必须采用无油的阻燃材料。
4. 液化石油气瓶阀的手轮材料,应具有阻燃性能。
5. 瓶阀阀体上如装有爆破片,其公称爆破压力应为气瓶的水压试验压力。
6. 同一规格、型号的瓶阀,重量允差不超过5%。
7. 非重复充装瓶阀必须采用不可拆卸方式与非重复充装气瓶装配。
8. 瓶阀出厂时,应逐只出具合格证。

六、气瓶易熔合金塞应符合的安全技术要求

易熔合金塞应满足下列要求:
1. 易熔合金不与瓶内气体发生化学反应,也不影响气体的质量。
2. 易熔合金的流动温度准确。
3. 易熔合金塞座与瓶体连接的螺纹应保证密封性。

七、气瓶瓶帽应符合的安全技术要求

气瓶瓶帽是为保护瓶阀而设置的,气瓶在运输、装卸时不戴瓶帽,由于碰撞造成瓶阀阀杆歪斜、断裂的屡见不鲜,造成瓶阀飞出甚至气瓶爆炸的,也时有发生。为了气瓶的安全使用,除气瓶在运输和装卸时应配戴好瓶帽外,瓶帽本身还应符合以下的安全技术要求:
1. 有良好的抗撞击性。
2. 不得用灰口铸铁制造。
3. 无特殊要求的,应配戴固定式瓶帽,同一工厂制造的同一规格的固定式瓶帽,重量允差不超过5%。

八、永久气体气瓶的公称工作压力与充装量

气瓶作为一种盛装容器,其公称工作压力应等于或稍高于容器的最高工作压力,所谓最高工作压力是指气瓶在使用过程中可能产生的最大压力。气瓶的最高工作压力取决于其充装量和最高使用温度。对永久气体来说,即指临界温度低于-10℃的各种气体,其充装量是指永久气体在某一充装温度下的充装压力;对液化气体来说,充装量则是指气瓶单位容积内所盛装液化气体的重量。所谓最高使用温度则是指气瓶在充装气体后可能达到的最高温度。

气瓶使用温度的变化,一般均受周围环境温度高的影响,使气瓶温度升高,最为常见的是气瓶靠近高温热源或在烈日下暴晒。为了安全起见,气瓶的最高使用温度则应按气瓶在烈日下暴晒的温度来考虑的。我国幅员广阔,各地区的气温相差较大,从气瓶使用的流动性来看,气瓶的最高使用温度不能只按地区分别考虑,因某一地区设计、制造或充装气体的气瓶并不一定只限定在本地区内使用,所以气瓶的最高使用温度应统一按全国的最高气温和地面温度来考虑。根据我国的气温和地温的实际情况,《气瓶安全监察规程》中规定,气瓶是在-40~60℃的正常环境下使用的,永久气体的气瓶的公称工作压力是以20℃为基准温度的。

第一节 气瓶的设计与制造

气瓶在使用过程中可能达到的最高使用温度若为60℃，则按照压力容器设计压力应等于或稍大于其在工作过程中可能达到的最大压力的准则，气瓶的设计压力就应为所装气体在60℃时的压力。然而，永久气体气瓶是一种通用的盛装容器，适用于盛装各种永久气体，但每一种永久气体在高压的情况下，压力随温度的变化规律是不完全一样的。有些气体，例如甲烷，压力随温度的变化规律与理想状态气体的差别甚大。在相同的充装条件下，各种气体的温升虽然相同，但压力的增加却并不是一样的。因此，要使气瓶具有通用性，便不能根据统一的充装压力来分别确定各种气瓶的设计压力，而应根据标准化的需要，确定统一的气瓶的公称工作压力系列。我国目前所用的永久气体气瓶的公称工作压力有30MPa、20MPa、15MPa等三种。永久气体在进行充装时，则应根据不同的气体，在基准温度20℃时，其充装压力不得超过该气体气瓶的公称工作压力。

永久气体气瓶的充装量应为保证气瓶在使用过程中可能达到的最高工作压力不超过该气瓶的设计压力，即为所充装的气体在60℃时的压力不应高于气瓶的设计压力。永久气体的充装量是以充装完毕时的温度和压力来计算的，因此，各种永久气体则应根据气瓶的公称工作压力，按充装完毕时的温度，以确定不同的充装压力。

如果将气瓶由于温度及压力的变化而引起容积的改变忽略不计，气瓶的最大充装压力可按下式进行计算。

$$P \leqslant \frac{P_0 T Z}{T_0 Z_0}$$

式中　P——气瓶充装压力（绝对）的极限值，MPa；
　　　T——气瓶的充装温度，K；
　　　Z——在压力为P、温度为T时气体的压缩系数；
　　　P_0——气瓶的许用压力（绝对），MPa；
　　　T_0——气瓶的最高使用温度，K；
　　　Z_0——在压力为P_0、温度为T_0时气体的压缩系数（有关空气、氮、一氧化碳、氧、氢、甲烷及二氧化碳的压缩系数可从表15-3至表15-9中查得）。

空气的压缩系数　　　　　　　　　表15-3

压力(MPa) 温度(K)	0.1	0.5	1	2	4	6	8	10	15	20
90	0.9764							0.4581	0.6779	0.8929
100	0.9797	0.8872					0.3498	0.4337	0.6386	0.8377
120	0.9880	0.9373	0.8660	0.6730			0.3371	0.4132	0.5964	0.7720
140	0.9927	0.9614	0.9205	0.8297	0.5856	0.3313	0.3737	0.4340	0.5909	1.7699
160	0.9951	0.9748	0.9489	0.8954	0.7802	0.6603	0.5696	0.5489	0.6340	0.7564
180	0.9967	0.9832	0.9660	0.9314	0.8625	0.7977	0.7432	0.7084	0.7180	0.7986
200	0.9978	0.9886	0.9767	0.9539	0.9100	0.8701	0.8374	0.8142	0.8061	0.8540
250	0.9992	0.9957	0.9911	0.9822	0.9671	0.9549	0.9463	0.9411	0.9450	0.9713
300	0.9999	0.9987	0.9974	0.9950	0.9917	0.9901	0.9903	0.9930	1.0074	1.0326
350	1.0000	1.0002	1.0004	1.0014	1.0038	1.0075	1.0121	1.0183	1.0377	1.0635
400	1.0002	1.0012	1.0025	1.0046	1.0100	1.0159	1.0229	1.0312	1.0533	1.0795
450	1.0003	1.0016	1.0034	1.0063	1.0133	1.0210	1.0287	1.0374	1.0614	1.0913
500	1.0003	1.0020	1.0034	1.0074	1.0151	1.0234	1.0323	1.0410	1.0650	1.0913

氮的压缩系数   表 15-4

压力(MPa) 温度(K)	0.1	0.5	1	2	4	6	8	10	20
70						0.3400	0.4516	0.5623	1.1044
80	0.9593					0.3122	0.4140	0.5148	1.0061
90	0.9722					0.2938	0.3888	0.4826	0.9362
100	0.9798	0.8910				0.2823	0.3720	0.4605	0.8840
120	0.9883	0.9397	0.8732	0.7059		0.2822	0.3641	0.4438	0.8188
140	0.9927	0.9635	0.9253	0.8433	0.6376	0.4251	0.4278	0.4799	0.7942
160	0.9952	0.9766	0.9529	0.9042	0.8031	0.7017	0.6304	0.6134	0.8107
180	0.9967	0.9846	0.9690	0.9381	0.8782	0.8125	0.7784	0.7530	0.8550
200	0.9978	0.9897	0.9791	0.9592	0.9212	0.8882	0.8621	0.8455	0.9067
250	0.9992	0.9960	0.9924	0.9857	0.9741	0.9655	0.9604	0.9589	1.0048
300	0.9998	0.9990	0.9983	0.9971	0.9964	0.9973	1.0000	1.0052	1.0559
350	1.0001	1.0007	1.0011	1.0029	1.0069	1.0125	1.0189	1.0271	1.0810
400	1.0002	1.0011	1.0024	1.0057	1.0125	1.0199	1.0283	1.0377	1.0926
450	1.0003	1.0018	1.0033	1.0073	1.0153	1.0238	1.0332	1.0430	1.0973
500	1.0004	1.0020	1.0040	1.0081	1.0167	1.0257	1.0350	1.0451	1.0984

一氧化碳的压缩系数   表 15-5

压力(MPa) 温度(K)	0.1	0.4	0.7	1	4	7	10
200	0.9973	0.9893	0.9813	0.9734			
250	0.9989	0.9957	0.9926	0.9896	0.9632		
300	0.9997	0.9987	0.9977	0.9968	0.9907	0.9896	0.9935
350	1.0000	1.0002	1.0003	1.0005	1.0042	1.0112	1.0216
400	1.0002	1.0010	1.0017	1.0025	1.0042	1.0112	1.0216
450	1.0003	1.0014	1.0025	1.0035	1.0152	1.0286	1.0433
500	1.0004	1.0016	1.0029	1.0041	1.0172	1.0314	1.0469
600	1.0005	1.0018	1.0032	1.0045	1.0186	1.0332	1.0485

① 1atm=101325Pa

氧的压缩系数   表 15-6

压力(MPa) 温度(K)	0.1	0.5	1	2	4	6	8	10	20
75								0.4200	0.8301
80								0.4007	0.7912
90								0.3696	0.7281
100	0.9757							0.3464	0.6798
120	0.9855	0.9246	0.8367					0.3173	0.6418
140	0.9911	0.9535	0.9034	0.7852	0.1334	0.1940	0.2527	0.3099	0.5815
160	0.9939	0.9697	0.9379	0.8689	0.6991	0.3725	0.2969	0.3378	0.5766
180	0.9960	0.9793	0.9579	0.9134	0.8167	0.7696	0.5954	0.5106	0.6043
200	0.9970	0.9853	0.9705	0.9399	0.8768	0.8140	0.7534	0.6997	0.6720
250	0.9987	0.9938	0.9870	0.9736	0.9477	0.9237	0.9030	0.8858	0.8563
300	0.9994	0.9968	0.9941	0.9884	0.9771	0.9676	0.9597	0.9542	0.9560
350	0.9998	0.9990	0.9979	0.9961	0.9919	0.9890	0.9870	0.9870	1.0049
400	1.0000	1.0000	1.0000	1.0000	1.0003	1.0011	1.0022	1.0045	1.0305
450	1.0002	1.0007	1.0015	1.0024	1.0048	1.0074	1.0106	1.0152	1.0445
500	1.0002	1.0011	1.0022	1.0038	1.0075	1.0115	1.0161	1.0207	1.0523

第一节 气瓶的设计与制造

氢的压缩系数 表 15-7

压力(MPa) 温度(K)	0.1	0.4	0.7	1	4	7	10
50	0.9919	0.9675	0.9431	0.9186			
100	0.9998	0.9992	0.9987	0.9983	1.0029	1.0222	1.0560
150	1.0006	1.0024	1.0041	1.0058	1.0260	1.0507	1.0796
200	1.0007	1.0028	1.0048	1.0069	1.0283	1.0513	1.0760
250	1.0006	1.0025	1.0044	1.0065	1.0264	1.0469	1.0682
300	1.0006	1.0024	1.0042	1.0059	1.0238	1.0420	1.0607
350	1.0005	1.0020	1.0036	1.0053	1.0213	1.0376	1.0541
400	1.0005	1.0020	1.0034	1.0048	1.0193	1.0339	1.0486
450	1.0004	1.0016	1.0030	1.0044	1.0176	1.0307	1.0439
500	1.0004	1.0016	1.0028	1.0040	1.0160	1.0280	1.0400

① 1atm=101325Pa

甲烷的压缩系数 表 15-8

压力(MPa) 温度(K)	0.1	0.5	1	2	4	6	8	10	20
100								0.4313	0.8498
150	0.9856	0.9243	0.8333					0.3405	0.6578
200	0.9937	0.9682	0.9350	0.8629	0.6858	0.3755	0.3218	0.3657	0.6148
250	0.9972	0.9841	0.9678	0.9356	0.8694	0.8035	0.7403	0.6889	0.6953
300	0.9982	0.9915	0.9828	0.9663	0.9342	0.9042	0.8773	0.8548	0.8280
350	0.9988	0.9954	0.9905	0.9821	0.9657	0.9513	0.9390	0.9293	0.9226
400	0.9995	0.9976	0.9957	0.9908	0.9833	0.9771	0.9721	0.9691	0.9783
450	0.9999	0.9996	0.9991	0.9965	0.9941	0.9923	0.9917	0.9922	1.0128
500	1.0000	1.0000	1.0000	1.0003	1.0009	1.0021	1.0043	1.0068	1.0335
600	1.0002	1.0010	1.0021	1.0040	1.0083	1.0128	1.0175	1.0227	1.0555

二氧化碳的压缩系数 表 15-9

压力(MPa) 温度(K)	0.1	0.5	1	2	4	6	8	10	20
0	0.9933	0.9658	0.9294	0.8496					
50	0.9964	0.9805	0.9607	0.9195	0.8300	0.7264	0.5981	0.4239	
100	0.9977	0.9883	0.9764	0.9524	0.9034	0.8533	0.8022	0.7514	0.5891
150	0.9985	0.9927	0.9853	0.9705	0.9416	0.9131	0.8854	0.8590	0.7651
200	0.9991	0.9953	0.9908	0.9818	0.9640	0.9473	0.9313	0.9170	0.8649
250	0.9994	0.9971	0.9943	0.9886	0.9783	0.9684	0.9593	0.9511	0.9253
300	0.9996	0.9982	0.9967	0.9936	0.9875	0.9822	0.9773	0.9733	0.9640
350	0.9998	0.9991	0.9983	0.9964	0.9938	0.9914	0.9896	0.9882	0.9895
400	0.9999	0.9997	0.9994	0.9989	0.9982	0.9979	0.9979	0.9984	1.0073
450	1.0000	1.0000	1.0003	1.0005	1.0013	1.0023	1.0038	1.0056	1.0070

九、高压液化气体气瓶的公称工作压力与充装量

高压液化气体也可称为低临界温度液化气体,是指临界温度在 $-10 \sim 70℃$ 的各种气体。这种液化气体在充装时因温度低于其临界温度,而压力较高,因此均呈液态。充装后,在运输、使用或储存的过程中,因受到周围环境温度的影响,瓶内气体的温度便会高于其临界温度。此时瓶内的液化气体就会气化,使瓶内的压力迅速升高,气瓶内气体的压力就不是其饱和蒸气压,而是与永久气体一样,取决于气瓶的充装量。然而不同的是,永久气体的充装量是以充装终了时的温度与压力来计算的,而高压液化气体则因充装是液态,故只能以其充装系数来计量。所谓充装系数即为单位容积内所充装的液化气体的质量。

高压液化气体气瓶的公称工作压力也与永久气体气瓶一样,是按统一的标准系列确定的。我国目前使用的高压液化气体气瓶的公称工作压力规定为 20MPa、15MPa、12.5MPa、8MPa 四种。充装高压液化气体气瓶时,则应根据气瓶的公称工作压力与所装液化气体的性质来限定气瓶的充装量。

高压液化气体的充装量,必须保证所装入瓶内的液化气体全部气化后,在 60℃ 下的压力不得超过气瓶的公称工作压力。换句话说,也就是液化气体充装系数不应大于它在温度为 60℃,压力为气瓶公称工作压力下的密度。根据气瓶公称工作压力及气瓶可能达到的最高使用温度(我国规定为 60℃),利用气体状态方程进行计算出高压液化气体的充装系数。

$$F_r = \frac{PM}{ZRT}$$

式中 F_r——高压液化气体充装系数,kg/L;
  P——气瓶许用压力(绝对),按有关标准的规定,取气瓶的公称工作压力为许用压力,MPa;
  M——气体分子量;
  R——气体常数,$R=8.314\times10^{-3}$ MPa·m³/(kmol·K);
  T——气瓶最高使用温度,K;
  Z——气体在 P、T 状态下的压缩系数。

高压液化气体在各种温度和压力下的压缩系数 Z 可根据其对比压力 P_r $\left(P_r=\dfrac{P}{P_c},\ P_c\text{ 为气体的临界压力}\right)$ 和对比温度 T_r $\left(T_r=\dfrac{T}{T_c},\ T_c\text{ 为气体的临界温度}\right)$ 从图 15-1 和图 15-2 中分别查出 $Z°$ 和 Z',然后按下式进行计算。

$$Z = Z° + Z'\theta$$

$$\theta = \frac{3}{7}\left(\frac{\lg P_c}{(T_c/T_b)^{-1}}\right) - 1.0$$

式中 Z——气体的压缩系数;
  $Z°$——简单气体的压缩系数,查图 15-1;
  Z'——非简单气体压缩系数校正值,查图 15-2;

θ——压缩系数校正因数;

P_c——气体的临界压力,MPa(绝压);

T_c——气体的临界温度,K;

T_b——气体的沸点(常压下),K。

高压液化气体充装系数的确定,应符合下列原则:

(1) 瓶内气体在气瓶最高使用温度下所达到的压力不超过气瓶许用压力;

(2) 在温度高于最高使用温度5℃时,瓶内气体压力不超过气瓶许用压力的20%。

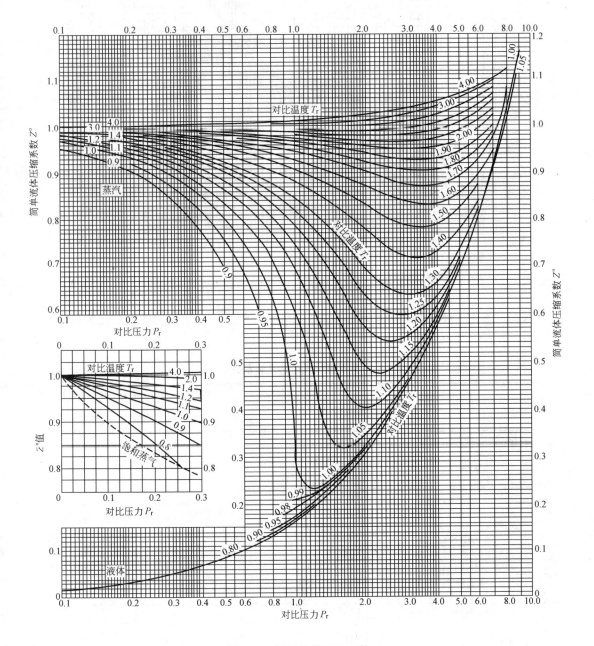

图15-1 简单流体压缩系数

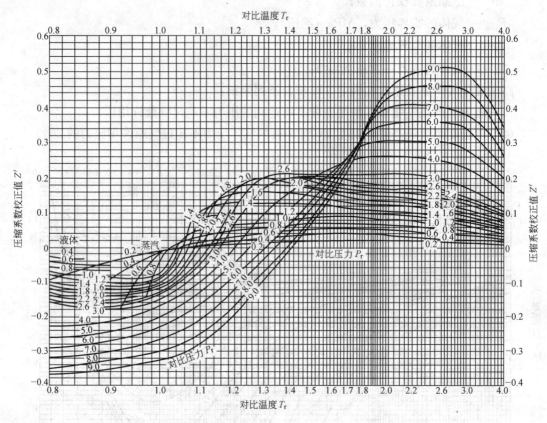

图 15-2 非简单流体压缩系数校正值

根据《液化气体气瓶充装规定》(GB 14193) 的规定，高压液化气体的充装系数见表 15-10。

高压液化气体的充装系数　　　　表 15-10

序号	气体名称	化学式	气瓶在不同公称工作压力(MPa)下的充装系数(kg/L)不>			
			20.0	15.0	12.5	8.0
1	氙气	Xe			1.23	
2	二氧化碳	CO_2	0.74	0.60		
3	氧化二氮(笑气)	N_2O		0.62	0.52	
4	六氟化硫	SF_6			1.33	1.17
5	氯化氢	HCl			0.57	
6	乙烷	C_2H_6 [CH_3CH_3]	0.37	0.34	0.31	
7	乙烯	C_2H_4 [$CH_2=CH_2$]	0.34	0.28	0.24	
8	三氟氯甲烷 [R-13]	CF_3Cl			0.94	0.73
9	三氟甲烷 [R-23]	CHF_3			0.76	
10	六氟乙烷 [R-116]	CF_6 [CF_3CF_3]			1.06	0.83
11	1,1-二氟乙烯 [R-1132a]	$C_2H_2F_2$ [$CH_2=CF_2$]			0.66	0.46
12	氟乙烯(乙烯烯基氟) [R-1141]	C_2H_3F [$CH_2=CHF$]			0.54	0.47
13	三氟溴甲烷 (R-13B1)	CF_3Br			1.45	1.33
14	硅烷	SiH_4		0.3		
15	磷烷	PH_3		0.2		
16	乙硼烷	B_2H_6		0.035		

十、低压液化气体气瓶的公称工作压力与充装量

低压液化气体也可称为高临界温度液化气体,是与高压液化气体相对而言,是指温度>70℃,且在60℃时的压力>0.1MPa的各种气体。低压液化气体只要充装量不超过规定,气瓶内的气体均为气液两态并存,瓶内的压力也始终是液化气体的饱和蒸气压力。液化气体的饱和蒸气压是随气体的温度而变化的,其公称工作压力就是气体在最高使用温度下的饱和蒸气压力。因此,低压液化气体气瓶的公称工作压力应等于或高于所装液化气体在60℃时的饱和蒸气压力。

液化气体在60℃时(或其他所需温度)的饱和蒸气压可按下列饱和蒸气压通用计算公式进行计算。

$$\lg \frac{P}{P_0} = \frac{Mq}{4.57}\left(\frac{1}{T_0} - \frac{1}{T}\right)$$

式中　P——液化气体在60℃时(或其他所需温度)的蒸气压,MPa,绝压;
　　　P_0——液化气体在某一已知温度下的蒸气压,MPa,绝压;
　　　T——气瓶最高使用温度,333K(或其他所需温度);
　　　T_0——某一已知温度,K;
　　　M——气体相对分子质量;
　　　q——气体的汽化热,4.2kJ/kg。

由于各种低压液化气体在60℃时的饱和蒸气压力相当分散,因此不可能完全按照各自的饱和蒸气压作为公称工作压力来制造气瓶,但仍需制定出这些气瓶的标准公称工作压力系列。目前我国的低压液化气体气瓶的公称工作压力规定为5MPa、3MPa、2MPa、1.6MPa、1MPa五种。

气瓶内的低压液化气体在正常状态下是以气液两态并存的,当温度升高时,瓶内气体的饱和蒸气压增大,瓶内的液体也要膨胀,因此随着温度的增加,瓶内液体所占的容积逐渐增大,而气体所占的容积则逐渐减小。当温度升高到一定程度后,瓶内的容积有可能被液体全部充满。如温度继续增加,瓶内液体的继续膨胀会使瓶内的压力急剧增高,甚至会因此而造成气瓶破裂或爆炸。为了避免气瓶因液体膨胀而产生过大的压力,就须使瓶内的液化气体在气瓶可能达到的最高温度下不会被液体全部充满,也即是液化气体充装系数不应>所装液化气体在60℃时液相的密度。为了确保安全,并考虑到量具等的误差,还需有适当的裕量。所以,一般来说,充装系数为所装液化气体在60℃时液相密度的95%~98%。这样,即使气瓶在使用过程中瓶内的温度上升到最高使用温度,瓶内的液相也只能占有95%~98%的瓶内容积,还有2%~5%的气相空间,这就保证了气瓶的压力不会超过瓶内所装液化气体在60℃时的饱和蒸气压。

因此,低压液化气体的充装系数为:

$$F_d \leqslant (0.95 \sim 0.98)\rho$$

式中　ρ——液化气体在温度为60℃时的液相密度。

各种液化气体在上述条件下的密度ρ,可根据其在任一已知温度T_0下的密度ρ_0,按下式计算出:

$$\rho = \frac{\omega \rho_0}{\omega_0}$$

式中 ω 和 ω_0 分别为液化气体在温度为 60℃（333K）和 T_0 时的液体膨胀因数。ω 和 ω_0 分别可根据液化气体在温度为 333K 时的对比压力 P_r $\left(P_r=\dfrac{P}{P_c}\right.$，$P$ 为 333K 时的饱和蒸气压，P_c 为临界压力$\left.\right)$、对比温度 T_r $\left(T_r=\dfrac{T}{T_c}=\dfrac{333}{T_c}\right.$，$T_c$ 为临界温度$\left.\right)$ 和温度为 T_0 时的对比压力 P_{r0} $\left(P_{r0}=\dfrac{P_0}{P_c}\right.$，$P_0$ 为温度 T_0 时的饱和蒸气压$\left.\right)$、对比温度 T_{r0} $\left(T_{r0}=\dfrac{T_0}{T_c}\right)$ 由图 15-3 查出。

各种常用的液化气体的充装系数，可按表 15-11 中选定。

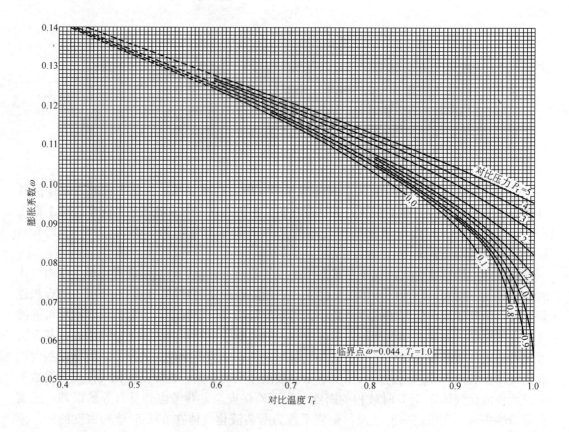

图 15-3　饱和液体膨胀因数

十一、气瓶的颜色标志

气瓶颜色标志系指气瓶外表涂敷的字样内容、色环数目和涂膜颜色按充装气体的特性作规定的组合，是识别充装气体的标志。

1. 气瓶外表面的漆膜颜色既是保护瓶体免遭腐蚀的防护层，也是醒目的识别标记。因此，漆膜颜色必须保持完好，漆膜颜色脱落或模糊不清时，应按国家标准《气瓶颜色标记》（GB 7144）中规定重新漆色。

气瓶颜色标记见表 15-12。

低压液化气体的绝和蒸气压力和充装系数

表 15-11

序号	气体名称	分子式	60℃时的饱和蒸气压力（表压）(MPa)	充装系数(kg/L)
1	氨	NH_3	2.52	0.53
2	氯	Cl_2	1.68	1.25
3	溴化氢	HBr	4.86	1.19
4	硫化氢	H_2S	4.39	0.66
5	二氧化硫	SO_2	1.01	1.23
6	四氧化二氮	N_2O_4	0.41	1.30
7	碳酰二氯(光气)	$COCl_2$	0.43	1.25
8	氟化氢	HF	0.28	0.83
9	丙烷	C_3H_8	2.02	0.41
10	环丙烷	C_3H_6	1.57	0.53
11	正丁烷	C_4H_{10}	0.53	0.51
12	异丁烷	C_4H_{10}	0.76	0.49
13	丙烯	C_3H_6	2.42	0.42
14	异丁烯(2-甲基丙烯)	C_4H_8	0.67	0.53
15	丁烯-1	C_4H_8	0.66	0.53
16	丁二烯-1,3	C_4H_6	0.63	0.55
17	六氟丙烯(全氟丙烯)	C_3F_6	1.69	1.06
18	二氯二氟甲烷(F-12)	CF_2Cl_2	1.42	1.14
19	二氯氟甲烷(F-21)	$CHFCl_2$	0.42	1.25
20	二氟氯甲烷(F-22)	CHF_2Cl	2.32	1.02
21	二氯四氟乙烷(F-114)	$C_2F_4Cl_2$	0.49	1.31
22	二氟氯乙烷(F-142b)	$C_2H_3F_2Cl$	0.76	0.99
23	三氟乙烷(F-143)	$C_2H_3F_3$	2.77	0.66
24	偏二氟乙烷(F-152a)	$C_2H_4F_2$	1.37	0.79
25	二氟溴氯甲烷(F-12B_1)	CF_2ClBr	0.62	1.62
26	三氟氯乙烯	C_2F_3Cl	1.49	1.10
27	氯甲烷(甲基氯)	CH_3Cl	1.27	0.81
28	氯乙烷(乙基氯)	C_2H_5Cl	0.35	0.80
29	氯乙烯	C_2H_3Cl	0.91	0.82
30	溴甲烷(甲基溴)	CH_3Br	0.52	1.50
31	溴乙烯	C_2H_3Br	0.35	1.28
32	甲胺	CH_3NH_2	0.94	0.60
33	二甲胺	$(CH_3)_2NH$	0.51	0.58
34	三甲胺	$(CH_3)_3N$	0.49	0.56
35	乙胺	$C_2H_5NH_2$	0.34	0.62
36	二甲醚	C_2H_6O	1.35	0.58
37	乙烯基甲醚	C_3H_6O	0.40	0.67
38	环氧乙烷	C_2H_4O	0.44	0.79

GB 7144 气瓶颜色标记 表 15-12

气瓶的漆膜颜色编号、名称和色卡

GB/T 3181 颜色编号、名称	GSB G51001 漆膜色卡
P01 淡紫	
PB06 淡(酞)蓝	
B04 银灰	
G02 淡绿	
G05 深绿	
Y06 淡黄	
Y09 铁黄	
YR05 棕	
R01 铁红	
R03 大红	
RP01 粉红	
铝白	
黑	
白	

2. 字样是指气瓶充装介质名称、气瓶所属单位名称和其他内容，如溶解乙炔气瓶的"不可近火"等。介质名称一般用汉字表示，凡属液化气体，在介质名称前一律冠以"液化"、"液"的字样。凡属医用或呼吸用气体，在气体名称前应分别加注"医用"或"呼吸用"字样。对于小容积气瓶，充装气体名称可用化学式表示。

3. 气瓶上的字样一律采用仿宋体，对容积 40L 的气瓶，字体高度为 80～100mm。对其他规格的气瓶，字体大小宜按相应比例放大或缩小，宜适当调整。

对于立式气瓶，介质名称按瓶的环向横写，位于瓶高 3/4 处，单位名称按瓶的轴向竖写，位于介质名称居中的下方或转向 180°的瓶面。对于卧式气瓶，介质名称和单位名称均以瓶的轴向从阀端向右，分项横列于瓶身中部，单位名称位于介质名称之下，项间距为瓶身周长 1/4 或 1/2。

4. 色环是识别充装同一介质，但具有不同公称工作压力的气瓶标记。凡充装同一介质且公称工作压力比规定起始级高一级的气瓶加一道色环，高二级加二道，依此类推。

对于容积为 40L 的气瓶，单色环宽度为 40mm，多环每环宽度为 30mm，其他规格的气瓶，色环宽度宜按相应比例放宽或缩窄。多环的环间距等于环宽度。

对立式气瓶，色环应位于瓶高 2/3 处，且介于介质名称和单位名称之间。对卧式气瓶，色环应位于距阀端 1/4 瓶长处。

5. 色环、字样、防振圈之间均应保持适当距离。

6. 根据国家标准《气瓶颜色标记》（GB 7144）的规定，盛装各种常用介质的气瓶的颜色标记见表 15-13。表 15-13 中未列入介质的气瓶，其颜色标记按表 15-14 规定执行。此外，气瓶的瓶帽、护罩、瓶耳、底坐的涂膜颜色应与瓶色相一致。

各种常用介质的气瓶颜色标志　　　　表 15-13

序号	充装气体名称	化 学 式	瓶色	字 样	字色	色 环
1	乙炔	CH≡CH	白	乙炔不可近火	大红	
2	氢	H_2	淡绿	氢	大红	$P=20$,淡黄色单环 $P=30$,淡黄色双环
3	氧	O_2	淡(酞)蓝	氧	黑	
4	氮	N_2	黑	氮	淡黄	$P=20$,白色单环 $P=30$,白色双环
5	空气		黑	空气	白	
6	二氧化碳	CO_2	铝白	液化二氧化碳	黑	$P=20$,黑色单环
7	氨	NH_3	淡黄	液氨	黑	
8	氯	Cl_2	深绿	液氯	白	
9	氟	F_2	白	氟	黑	
10	一氧化氮	NO	白	一氧化氮	黑	
11	二氧化氮	NO_2	白	液化二氧化氮	黑	
12	碳酰氯	$COCl_2$	白	液化光气	黑	
13	砷化氢	AsH_3	白	液化砷化氢	大红	
14	磷化氢	PH_3	白	液化磷化氢	大红	
15	乙硼烷	B_2H_6	白	液化乙硼烷	大红	
16	四氟甲烷	CF_4	铝白	氟氯烷 14	黑	
17	二氟二氯甲烷	CCl_2F_2	铝白	液化氟氯烷 12	黑	
18	二氟溴氯甲烷	$CBrClF_2$	铝白	液化氟氯烷 12B1	黑	
19	三氟氯甲烷	$CClF_3$	铝白	液化氟氯烷 13	黑	
20	三氟溴甲烷	$CBrF_3$	铝白	液化氟氯烷 13B1	黑	
21	六氟乙烷	CF_3CF_3	铝白	液化氟氯烷 116	黑	
22	一氯二氟甲烷	$CHCl_2F$	铝白	液化氟氯烷 21	黑	
23	二氟氯甲烷	$CHClF_2$	铝白	液化氟氯烷 22	黑	
24	三氟甲烷	CHF_3	铝白	液化氟氯烷 23	黑	
25	四氟二氯乙烷	$CClF_2—CClF_2$	铝白	液化氟氯烷 114	黑	$P=12.5$,深绿色单环
26	五氟氯乙烷	$CF_3—ClCF_2$	铝白	液化氟氯烷 115	黑	
27	三氟氯乙烷	$CH_2Cl—CF_3$	铝白	液化氟氯烷 133a	黑	
28	八氟环丁烷	$CF_2CF_2CF_2CF_2$	铝白	液化氟氯烷 C318	黑	
29	二氟氯乙烷	CH_3CClF_2	铝白	液化氟氯烷 142b	大红	
30	1,1,1-三氟乙烷	CH_3CF_3	铝白	液化氟氯烷 143a	大红	
31	1,1-二氟乙烷	CH_3CHF_2	铝白	液化氟氯烷 152a	大红	

续表

序号	充装气体名称		化学式	瓶色	字样	字色	色环
32	甲烷		CH_4	棕	甲烷	白	$P=20$,淡黄色单环 $P=30$,淡黄色双环
33	天然气			棕	天然气	白	
34	乙烷		CH_3CH_3	棕	液化乙烷	白	$P=15$,淡黄色单环 $P=20$,淡黄色双环
35	丙烷		$CH_3CH_2CH_3$	棕	液化丙烷	白	
36	环丙烷		$\overline{CH_2CH_2CH_2}$	棕	液化环丙烷	白	
37	丁烷		$CH_3CH_2CH_2CH_3$	棕	液化丁烷	白	
38	异丁烷		$(CH_3)_3CH$	棕	液化异丁烷	白	
39	液化石油气	工业用		棕	液化石油气	白	
		民用		银灰	液化石油气	大红	
40	乙烯		$CH_2{=}CH_2$	棕	液化乙烯	淡黄	$P=15$,白色单环 $P=20$,白色双环
41	丙烯		$CH_3CH{=}CH_2$	棕	液化丙烯	淡黄	
42	1-丁烯		$CH_3CH_2CH{=}CH_2$	棕	液化丁烯	淡黄	
43	2-丁烯(顺)		$\begin{array}{c}H_3C\text{—}CH\\ \parallel\\ H_3C\text{—}CH\end{array}$	棕	液化顺丁烯	淡黄	
44	2-丁烯(反)		$\begin{array}{c}H_3C\text{—}CH\\ \parallel\\ HC\text{—}CH_3\end{array}$	棕	液化反丁烯	淡黄	
45	异丁烯		$(CH_3)_2C{=}CH_2$	棕	液化异丁烯	淡黄	
46	1,3-丁二烯		$CH_2{=}(CH)_2{=}CH_2$	棕	液化丁二烯	淡黄	
47	氩		Ar	银灰	氩	深绿	
48	氦		He	银灰	氦	深绿	$P=20$,白色单环 $P=30$,白色双环
49	氖		Ne	银灰	氖	深绿	
50	氪		Kr	银灰	氪	深绿	
51	氙		Xe	银灰	液氙	深绿	
52	三氟化硼		BF_3	银灰	氟化硼	黑	
53	一氧化二氮		N_2O	银灰	液化笑气	黑	$P=15$,深绿色单环
54	六氟化硫		SF_6	银灰	液化六氟化硫	黑	$P=12.5$,深绿色单环
55	二氧化硫		SO_2	银灰	液化二氧化硫	黑	
56	三氯化硼		BCl_3	银灰	液化氯化硼	黑	
57	氟化氢		HF	银灰	液化氟化氢	黑	
58	氯化氢		HCl	银灰	液化氯化氢	黑	
59	溴化氢		HBr	银灰	液化溴化氢	黑	
60	六氟丙烯		$CF_3CF{=}CF_2$	银灰	液化全氟丙烯	黑	
61	硫酰氟		SO_2F_2	银灰	液化硫酰氟	黑	
62	氘		D_2	银灰	氘	大红	
63	一氧化碳		CO	银灰	一氧化碳	大红	

第一节　气瓶的设计与制造　　607

续表

序号	充装气体名称	化 学 式	瓶色	字 样	字色	色 环
64	氟乙烯	$CH_2=CHF$	银灰	液化氟乙烯	大红	$P=12.5$,淡黄色单环
65	1,1-二氟乙烯	$CH_2=CF_2$	银灰	液化偏二氟乙烯	大红	
66	甲硅烷	SiH_4	银灰	液化甲硅烷	大红	
67	氯甲烷	CH_3Cl	银灰	液化氯甲烷	大红	
68	溴甲烷	CH_3Br	银灰	液化溴甲烷	大红	
69	氯乙烷	C_2H_5Cl	银灰	液化氯乙烷	大红	
70	氯乙烯	$CH_2=CHCl$	银灰	液化氯乙烯	大红	
71	三氟氯乙烯	$CF_2=CClF$	银灰	液化三氟氯乙烯	大红	
72	溴乙烯	$CH_2=CHBr$	银灰	液化溴乙烯	大红	
73	甲胺	CH_3NH_2	银灰	液化甲胺	大红	
74	二甲胺	$(CH_3)_2NH$	银灰	液化二甲胺	大红	
75	三甲胺	$(CH_3)_3N$	银灰	液化三甲胺	大红	
76	乙胺	$C_2H_5NH_2$	银灰	液化乙胺	大红	
77	二甲醚	CH_3OCH_3	银灰	液化甲醚	大红	
78	甲基乙烯基醚	$CH_2=CHOCH_3$	银灰	液化乙烯基甲醚	大红	
79	环氧乙烷	$\overline{CH_2OCH_2}$	银灰	液化环氧乙烷	大红	
80	甲硫醇	CH_3SH	银灰	液化甲硫醇	大红	
81	硫化氢	H_2S	银灰	液化硫化氢	大红	

注：1. 色环栏内的 P 是气瓶的公称工作压力，MPa。
　　2. 序号39，民用液化石油气瓶上的字样应排成二行。"家用燃料"居中的下方为"（LPG）"。

其他介质的气瓶颜色标记　　表 15-14

充装气体类别		气瓶涂膜配色类型		
		瓶色	字色	环色
烃类	烷烃	棕	白	淡黄
	烯烃		淡黄	白
稀有气体类		银灰	深绿	
氟氯烷类		铝白		深绿
剧毒类		白	可燃气体:大红 不燃气体:黑	无机气体:深绿 有机气体:淡黄
其他气体		银灰		

气瓶的漆色、标志示意如图 15-4 所示。

十二、气瓶警示标签

气瓶警示标签由面签和底签两部分组成。

1. 面签上印有图形符号，用来表示瓶装气体的危险特性。当瓶装气体同时具有两种或三种危险特性时应使用两个或三个面签。当使用两个或三个面签时，次要危险特性警示

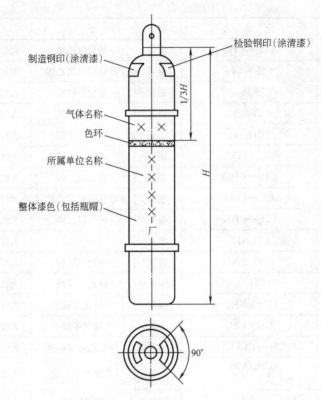

图 15-4 气瓶的漆色、标志示意图

说明：①字样一律采用仿宋体，字体高度一般为 80mm。
②色环宽度一般为 40mm。

面签应放在主要危险特性警示面签的右边或上边。面签的基本排列见图 15-5，也可采用其他类似的排列，但应注意将主要危险特性面签粘贴在次要危险特性面签的上面。

2. 底签上印有瓶装气体的名称及化学分子式等文字，并在其上粘贴面签。

面签和底签可整体印刷，也可分别制作，然后贴在气瓶上。

面签的形状为菱形。

十三、气瓶警示标签的文字与符号

1. 面签：将表 15-15 所规定的符号、颜色及文字印在面签上。文字和符号的尺寸应使其在面签上可容易地识别和辨认。面签上的符号为黑色，文字为黑色印刷体；但对腐蚀性气体，其文字说明"腐蚀性"应以白色字印在面签的黑底上。

每个面签上有一条黑色边线，该线画在边缘内侧，距边缘 $0.05a$。a 为面签的边长。

2. 底签：底签上文字的大小应在底签上易于识别和辨认，字色为黑色。底签上至少应有下列内容：

(1) 对单一气体，应有化学名称及分子式。

(2) 对混合气体，应有导致危险性的主要成分的化学名称及分子式。如果主要成分的化学名称或分子式已被标识在气瓶的其他地方，也可只在底签上印上通用术语或商品名称。

气瓶盛装气体危险性警示标志　　　　　　　表 15-15

气体	危险特性警示面签		
气体及混合气体的特性	危险性说明	底色	符号在面签的上半部,危险性说明文字在面签的下半部
易燃	易燃气体	红	
永久或液化气体,不易燃,无毒		绿	
氧化性	氧化剂	黄	
毒性	有毒气体	白	
腐蚀性	腐蚀性气体	面签的上半部为白色 面签的下半部为黑色	

(3) 气瓶及瓶内充装的气体在运输、储存及使用上应遵守的其他说明及警示。

(4) 气瓶充装单位的名称、地址、邮政编码、电话号码。

十四、气瓶警示标签的尺寸、材料和颜色

1. 气瓶警示标签的尺寸见表15-16。

面签尺寸（mm） 表15-16

气瓶外径 D_{max}	面签边长 a
$D<75$	$a=15$
$75<D<180$	$a=30$
$D>180$	$a=40$

底签的尺寸应根据面签的数量、大小及底签上文字的多少来确定。其长度方向最大尺寸可根据需要，按面签边长的倍数选择 $5a$、$6a$ 或 $7a$；底签的基本形状如图15-5所示，也可制作成矩形或曲边矩形。

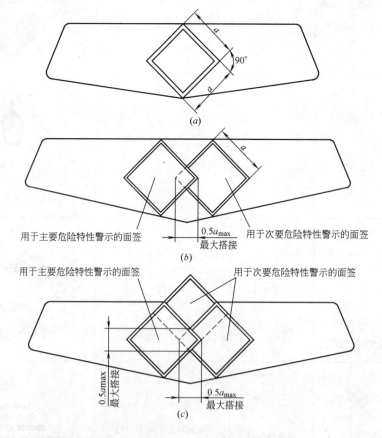

图15-5 主要危险特性警示面签和次要危险特性警示面签在底签上的布置
(a) 仅一个危险特性警示面签在底签上的布置；
(b) 一个主要危险特性警示面签和一个次要危险特性警示面签在底签上的布置；
(c) 一个主要危险特性警示面签和两个次要危险特性警示面签在底签上的布置。

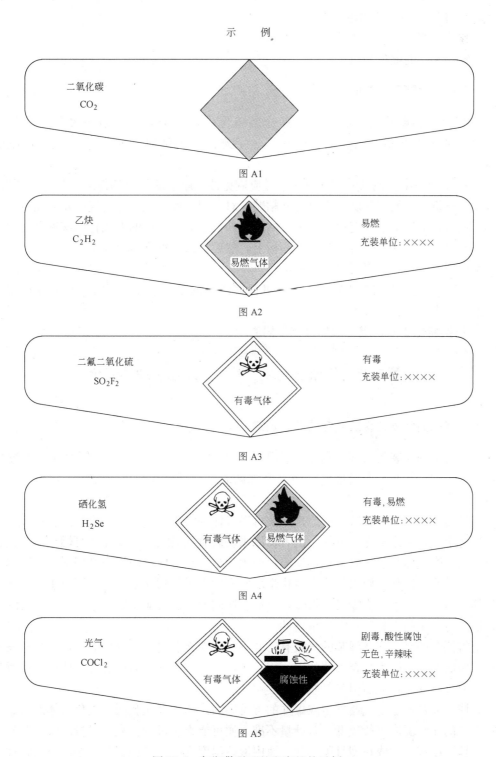

图 15-6 气瓶警示面签和底签的示例

2. 气瓶警示标签的材料

标签应采用在运输、储存及使用条件下耐用的不干胶纸印制。

3. 气瓶警示标签的颜色

面签：根据表 15-15 选用面签的底色

底签：底签的颜色为白色

十五、气瓶警示标签的应用

1. 标签的粘贴和更换必须由气瓶充装单位进行。每只气瓶第一次充装时即应粘贴标签。如发现标签脱落、撕裂、污损、字迹模糊不清时，充装单位应及时补贴或更换。

2. 标签应被牢固地粘贴在气瓶上，且应避免被气瓶上的任何部件或其他标签所遮盖。标签不应被折叠，面签和底签不可分开粘贴。对采用集束方式使用的气瓶及采用木箱运输的小型气瓶，除按上述规定在气瓶上粘贴标签外，还应以类似的方式将标签粘贴在包装箱的外部或将其粘贴在一个有一定强度的板上，然后将该板牢固地拴在箱上。在气瓶的整个使用期内标签应保持完好无损、清晰可见。

3. 标签应优先粘贴在瓶肩处，但不可覆盖任何钢印标志。也可将其粘贴在从瓶底至瓶阀或瓶帽大约三分之二处。

4. 更换新标签前，应将旧标签完全揭去。

第二节 气瓶的充装、贮存、运输和使用安全

一、气瓶的气体充装应遵守的安全规定

气体的正确充装是保证气瓶安全使用的关键之一。气瓶由于充装不当而发生爆炸事故，屡见不鲜。在充装方面最危险而又最常见的事故是氧气与可燃气体混装和气体充装过量。

氧气与可燃气体混装常是用原来盛装可燃气体的气瓶，未经置换、清洗等处理，而且瓶内还有余气，又用来充装氧气；或者将原来盛装氧气的气瓶用来充装可燃气体，其结果使瓶内的可燃气体与氧气发生化学反应，产生大量的热，使瓶内压力剧烈增加，造成气瓶破裂甚至爆炸。这种由瓶内气体发生化学反应而发生爆炸的能量要比气瓶由于承受不了瓶内气体压力而发生破裂的能量大得多，再加上瓶内的化学反应是以很高的速度进行的，因此，爆炸时产生的大量碎片极具杀伤性。

值得注意的是，气体混装的气瓶有时并不一定在充装过程中发生爆炸，而是常发生在使用气瓶的时候，因为混合气体的爆炸需要具备一定的条件，而这混合气体在使用时常会产生"回火"现象，从而引起气瓶爆炸。

气瓶充装过量也是气瓶破裂或爆炸的常见原因。特别是充装低压液化气体的气瓶，因液化气体的充装温度一般较低，若计量不准，便可能充装过量。充装过量的气瓶若放置或使用环境温度较高，或在烈日下暴晒，瓶内液体温度升高，体积膨胀，瓶内空间将被液体占满，并产生很大的压力。经实际测定和理论计算，如液氨、液氯的满液钢瓶，温度升高 $1℃$，则瓶内的压力便增加 $1.0\sim1.5MPa$，满液钢瓶只要温度上升 $5\sim10℃$，钢瓶就会屈服变形或发生爆炸。

为了预防气瓶在充装气体时发生爆炸事故,应遵守如下安全规定:

1. 气瓶充装单位应向省级质量技术监督行政部门锅炉压力容器安全监察机构提出注册登记书面申请。经审查,确认符合条件的,由省级质量技术监督部门锅炉压力容器安全监察机构注册登记,未办理注册登记的,不得从事气瓶充装工作。

气瓶充装注册登记有效期为4年,有效期满后,气瓶充装单位应办理换发注册登记手续,逾期不办者,不得从事气瓶充装。

2. 气瓶充装单位应有保证充装安全的管理体系和各项管理制度;有熟悉气瓶充装安全技术的管理人员和经过有关气体性质、气瓶的基本知识、潜在危险和应急处理措施等内容专业培训的操作人员;有与所充装气体相适应的场地、设施、装备和检测手段;有符合要求的安全设施,具有一定的气体储存能力和足够数量的自有产权气瓶。充装毒性、易燃和助燃气体的单位还应有处理残气、残液的装置。

3. 气瓶实行固定充装单位充装制度,气瓶充装单位只充装自有气瓶和托管气瓶,不得为任何其他单位和个人充装气瓶(车用气瓶除外)。气瓶充装前,充装单位应有专人对气瓶逐只进行充装前的检查,确认瓶内气体并做好记录。无制造许可证单位制造的气瓶和未经安全监察机构批准认可的进口气瓶不准充装,严禁充装超期未检气瓶和改装气瓶。

4. 气瓶充装单位必须在每只充气气瓶上粘贴符合国家标准《气瓶警示标签》(GB 16804)的警示标签和充装标签。

5. 气瓶充装前,若发现有下列情况之一的,应先进行处理,否则严禁充装:

钢印标记、颜色标记不符合规定,对瓶内介质未确认的;

附件不全、损坏或不符合规定的;

瓶内无剩余压力的;

超过检验期限的;

经外观检查,存在明显损伤,需进一步进行检验的;

氧化或强氧化性气体气瓶沾有油脂的;

易燃气体气瓶的首次充装或定期检验后的首次充装,未经置换或抽真空处理的。

6. 永久气体的充装装置,必须防止可燃气体与助燃气体的错装和防止不相容气体的错装。充气后在20℃时的压力,不得超过气瓶的公称工作压力。

7. 采用电解法制取氢、氧气的充装单位,应制定严格的定时测定氢、氧纯度的制度,宜设置自动测定氢、氧浓度和超标报警的装置。当氢气中含氧或氧气中含氢超过0.5%(体积比)时,严禁充装,同时应查明原因,及时处理。

8. 气瓶在充装液化气体时,必须按规定的充装系数进行充装,不得过量充装,并实行充装重量复验制度,若发生过量充装时,应设法将超装量抽出,否则,充装过量的液化气瓶不得出厂。

9. 为防止由于计量误差而造成过量充装,称重衡器应保持准确,称重衡器的最大称量值,应为常用称量的1.5~3.0倍。称重衡器的校验期限不得超过三个月。称重衡器应设有超装警报和自动切断气源的装置。

液化气体的充装量应包括气瓶内原有的气液重量,不得把气瓶内原有的气液重量忽略不计;也不得用贮罐减量法来确定气瓶的充装量(即按液化气体大贮罐原有的重量减去装瓶后贮罐的剩余重量)。

10. 严禁从液化石油气槽车直接向气瓶灌装。

11. 气瓶应尽量做到专用,若确实需要将气瓶改装其他气体时,必须取得充装单位的同意,其改装工作应由气瓶检验单位进行。这种气瓶的设计压力,不得低于改装后的气体所规定使用气瓶的设计压力,同时充气单位对这种气瓶在充装以前,必须进行专门清洗,换装相应的附件和更改气瓶颜色标记。

12. 充装后应逐只检查,发现有泄漏或其他异常现象,应妥善处理。

13. 气瓶在充装后,应由充装操作人员认真填写充装记录,其内容应包括:气瓶编号、气瓶容积、实际充装量、充装者和复验人员姓名或代号、充装日期等。

14. 气瓶充装操作人员应保持相对稳定,并应对他们定期进行安全技术知识教育和考核,以不断提高他们的业务水平。

15. 气瓶充装实行年审制度。地市级质量监督行政部门安全监察机构应每年对气瓶充装站进行一次年审。年审时,应对气瓶充装站工作的质量进行综合评价。对年审不合格的充装站应警告或暂停充装进行整顿,整顿合格后可恢复充装。对整顿不合格的,报请省级质量技术监督行政部门取消充装资格。

二、永久气体气瓶充装前的检查与处理

1. 充装前的气瓶应由专人负责,逐只进行检查,检查内容至少应包括:
(1) 国产气瓶是否是由具有"气瓶制造许可证"的单位生产的;
(2) 气瓶外表面的颜色标记是否与所装气体的规定标记相符;
(3) 气瓶瓶阀的出口螺纹型式是否与所装气体的规定螺纹相符。即:可燃气体用的瓶阀,出口螺纹应是左旋的;非可燃性气体用的瓶阀,出口螺纹应是右旋的;
(4) 气瓶内有无剩余压力。如有剩余气体,应进行定性鉴别;
(5) 气瓶外表面有无裂纹、严重腐蚀、明显变形及其他严重外部损伤缺陷;
(6) 气瓶是否在规定的检验期限内;
(7) 气瓶的安全附件是否齐全和符合安全要求;
(8) 盛装氧气或强氧化性气体的气瓶,其瓶体、瓶阀等是否沾染油脂或其他可燃物。

2. 具有下列情况之一的气瓶,禁止充装:
(1) 不具有"气瓶制造许可证"的单位生产的;
(2) 原始标记不符合规定,或钢印标志模糊不清、无法辨认的;
(3) 颜色标记不符合《气瓶颜色标志》(GB 7144)的规定,或严重污损、脱落,难以辨认的;
(4) 有报废标志的;
(5) 超过检验期限的;
(6) 附件不全、损坏或不符合规定的;
(7) 氧气瓶或强氧化性气体气瓶的瓶体或瓶阀上沾有油脂的;
(8) 气瓶生产国的政府已宣布报废的气瓶。

3. 颜色或其他标记以及瓶阀出口螺纹与所装气体的规定不相符的气瓶,除不予充气

外，还应查明原因，报告上级主管部门或当地质量技术监督部门锅炉压力容器安全监察机构，进行处理。

4. 无剩余压力的气瓶，充装前应将瓶阀卸下，进行内部检查。经确认瓶内无异物，并按5条的规定处理后方可充气。

5. 新投入使用、或经内部检验后首次充气的气瓶，除压缩空气气瓶外，充气前都应按规定先置换去瓶内的空气。经分析合格后方可充气。

6. 检验期限已过的气瓶、外观检查发现有重大缺陷或对内部状况有怀疑的气瓶，应先送检验单位，按规定进行技术检验与评定。

7. 国外进口的气瓶，外国飞机、火车、轮船上使用的气瓶，要求在我国境内充气时，应先经由有关部门认可和指定的单位进行检验。

8. 发现氧气瓶内有积水时，充气前应将气瓶倒置，开启瓶阀完全排除积水后方可充气。

9. 经检查不合格（包括待处理）的气瓶应分别存放，并作出明显标记，以防与合格气瓶相互混淆。

三、永久气体气瓶充装应注意的安全事项

1. 气瓶充装系统用的压力表，精度应不低于1.5级，表盘直径应不<150mm。压力表应按有关规定定期进行校验。

2. 装瓶气体中的杂质含量应符合相应气体标准的要求。下列气体禁止装瓶：

（1）氧气中的乙炔、乙烯及氢的总含量达到或超过2%（按体积计，下同）或易燃性气体的总含量达到或超过4%者。

（2）氢气中的氧含量达到或超过0.5%者。

（3）其他易燃性气体中的氧含量达到或超过4%者。

3. 气瓶充装气体时，必须严格遵守下列各项：

（1）充气前必须检查确认气瓶是经过检查合格或妥善处理了的。

（2）用卡子代替螺纹连接进行充装时，必须认真仔细检查确认瓶阀出气口的螺纹与所装气体所规定的螺纹形式相符。

（3）开启瓶阀时应缓慢操作，并应注意监听瓶内有无异常音响。

（4）充装易燃气体的操作过程中，禁止用铁质扳手等金属器具敲击瓶阀或管道。

（5）在瓶内气体压力达到充装压力的1/3以前，应逐只检查气瓶的瓶体温度是否大体一致，瓶阀的密封是否良好。发现异常时应及时妥善处理。

（6）气瓶的充气速度不得>8m³/h（标准状态气体）且充装的时间不应少于30min。

（7）用充气排管按瓶组充装气瓶时，在瓶组压力达到充装压力的10%以后，禁止再插入空瓶进行充装。

4. 气瓶的充装量应严格控制，确保气瓶在最高使用温度（国内使用的，定为60℃）下，瓶内气体的压力不超过气瓶的许用压力。根据《钢质无缝气瓶》（GB 5099）的规定，国产气瓶的许用压力为水压试验压力的0.8倍。

5. 用国产气瓶充装的各种常用永久气体，充装压力（表压）不得超过表15-17规定。

常用永久气体在不同充装温度下的最高充装压力　　　表 15-17

气体名称	充装温度(℃) / 最高充装压力(MPa)	气瓶公称工作压力 15MPa	20MPa
氧气	5	14.0	18.2
	10	14.3	18.7
	15	14.7	19.2
	20	15.1	19.8
	25	15.4	20.3
	30	15.8	20.8
	35	16.1	21.3
	40	16.5	21.8
	45	16.9	22.4
	50	17.2	22.9
空气	5	14.1	18.5
	10	14.4	19.0
	15	14.8	19.5
	20	15.2	20.0
	25	15.5	20.5
	30	15.8	21.0
	35	16.1	21.5
	40	16.4	22.0
	45	16.7	22.5
	50	17.0	23.0
氮气	5	14.1	18.6
	10	14.5	19.0
	15	14.8	19.5
	20	15.2	19.9
	25	15.5	20.5
	30	15.9	21.0
	35	16.2	21.5
	40	16.5	21.9
	45	16.9	22.4
	50	17.2	22.9
氢气	5	14.7	19.7
	10	15.0	20.1
	15	15.3	20.4
	20	15.6	20.8
	25	15.9	21.2
	30	16.2	21.6
	35	16.5	22.0
	40	16.8	22.4
	45	17.1	22.8
	50	17.4	23.2

第二节　气瓶的充装、贮存、运输和使用安全

续表

气体名称	充装温度(℃)	最高充装压力(MPa) 气瓶公称工作压力 15MPa	20MPa
甲烷	5	12.9	16.5
	10	13.3	17.2
	15	13.8	17.8
	20	14.2	18.5
	25	14.7	19.2
	30	15.2	19.9
	35	15.6	20.5
	40	16.0	21.2
	45	16.5	21.8
	50	17.0	22.5
一氧化碳	5	14.0	18.3
	10	14.3	18.9
	15	14.7	19.4
	20	15.0	19.9
	25	15.4	20.4
	30	15.7	20.8
	35	16.1	21.3
	40	16.4	21.8
	45	16.8	22.3
	50	17.2	22.8
氩气	5	14.0	18.3
	10	14.4	18.8
	15	14.8	19.4
	20	15.1	19.9
	25	15.5	20.4
	30	15.8	20.9
	35	16.2	21.4
	40	16.5	21.9
	45	16.9	22.4
	50	17.2	22.8

有特殊要求的气体，除符合第 4 条的要求外，还应符合有关的专门技术条件的规定。

6. 充装温度应按下列方法中的任一种确定，由充气单位根据经验自行选定。

(1) 在控制一定的充装速度的条件下，取气体贮罐（指压气机出口、并紧靠充装处的气体贮罐或贮瓶）内的气体实测温度为气瓶充装温度；

(2) 取充气间的环境室温加上充气温差（指在测温试验时实际测定得出的气瓶充装温度与室温之差）作为气瓶的充装温度。充气温差应在规定的充气速度下，由实验确定。

7. 充装后的气瓶，应有专人负责，逐只进行检查。不符合要求时，应进行妥善处理，检查内容包括：

(1) 瓶内压力是否在规定范围内。
(2) 瓶阀及其与瓶口连接的密封是否良好。
(3) 气瓶充装后是否出现鼓包变形或泄漏等严重缺陷。
(4) 瓶体的温度是否有异常升高的迹象。

四、气瓶充装单位应履行的义务

气瓶充装单位应当履行以下义务：

1. 向气体消费者提供气瓶，并对气瓶的安全全面负责。
2. 负责气瓶的维护、保养和颜色标志的涂敷工作。
3. 按照安全技术规范及有关国家标准的规定，负责做好气瓶充装前的检查和充装记录，并对气瓶的充装安全负责。
4. 负责对充装作业人员和充装前检查人员进行有关气体性质、气瓶的基础知识、潜在危险和应急处理措施等内容的培训。
5. 负责向气瓶使用者宣传安全使用知识和危险性警示要求，并在所充装的气瓶上粘贴符合安全技术规范及国家标准规定的警示标签和充装标签。
6. 负责气瓶的送检工作，将不符合安全要求的气瓶送交地（市）级或地（市）级以上质监部门指定的气瓶检验机构报废销毁。
7. 配合气瓶事故调查工作。车用气瓶、呼吸用气瓶、灭火用气瓶、非重复充装气瓶和其他经省级质监部门安全监察机构同意的气瓶充装单位，应当履行上述规定的第1项、第4项、第5项、第7项义务。

五、气瓶充装单位的安全管理

1. 充装单位应当采用计算机对所充装的自有产权气瓶进行建档登记，并负责涂敷充装站标志、气瓶编号和打充装站标志钢印。充装站标志应经省级质监部门备案。鼓励采用条码等先进信息化手段对气瓶进行安全管理。
2. 气瓶充装单位应当保持气瓶充装人员的相对稳定。充装单位负责人和气瓶充装人员应当经地（市）级或者地（市）级以上质监部门考核，取得特种设备作业人员证书。
3. 气瓶充装单位只能充装自有产权气瓶（车用气瓶、呼吸用气瓶、灭火用气瓶、非重复充装气瓶和其他经省级质监部门安全监察机构同意的气瓶除外），不得充装技术档案不在本充装单位的气瓶。
4. 气瓶充装前和充装后，应当由充装单位持证作业人员逐只对气瓶进行检查，发现超装、错装、泄漏或其他异常现象的，要立即进行妥善处理。

充装时，充装人员应按有关安全技术规范和国家标准规定进行充装。对未列入安全技术规范或国家标准的气体，应当制定企业充装标准，按标准规定的充装系数或充装压力进行充装。禁止对使用过的非重复充装气瓶再次进行充装。

5. 气瓶充装单位应当保证充装的气体质量和充装量符合安全技术规范规定及相关标准的要求。

6. 任何单位和个人不得改装气瓶或将报废气瓶翻新后使用。

7. 地（市）级质监部门安全监察机构应当每年对辖区内的气瓶充装单位进行年度监督检查。年度监督检查的内容包括：自有产权气瓶的数量、钢印标志和建档情况、自有产权气瓶的充装和定期检验情况、充装单位负责人和充装人员持证情况。气瓶充装单位应当按照要求每年报送上述材料。

地（市）级质监部门每年应当将年度监督检查的结果上报省级质监部门。对年度监督检查不合格应予吊销充装许可证的充装单位，报请省级质监部门吊销充装许可证书。

六、永久气体气瓶改装应遵守的安全规定

1. 使用过的气瓶，严禁随意更改颜色标记，换装别种气体。

2. 使用单位需要更换气瓶盛装气体的种类时，应提出申请，由气瓶检验单位负责对气瓶进行改装。

3. 气瓶改装时，应对瓶内部进行彻底清理、检验；换装相应的附件；并按《气瓶颜色标记》（GB 7144）的规定，更改换装气体的字样、色环和颜色标记。

七、液化气体气瓶充装前的检查与处理

1. 充装操作人员应熟悉所装介质的特性（燃、毒及腐蚀性等）及其与气瓶材料（包括瓶体及瓶阀等附件）的相容性。

常用液化气体的特性及其与金属材料的相容性可参考表 15-18。

常用液化气体特性及其与金属材料的相容性　　表 15-18

序号	气体名称	介 质 特 性	与金属材料相容性
1	氨	可燃、毒、碱性腐蚀	不能用铜及其合金制部件
2	氯	氧化性、毒、强腐蚀的刺激性	不得用铝合金气瓶充装
3	溴化氢	不燃、毒、酸性腐蚀	不得用铝合金气瓶充装
4	硫化氢	可燃、剧毒、酸性腐蚀	
5	三氧化硫	不燃、毒、酸性腐蚀	
6	四氧化二氮	强氧化性、剧毒	
7	碳酰二氯	不燃、剧毒、酸性腐蚀	不得用铝合金气瓶充装
8	氟化氢	不燃、毒、酸性腐蚀	不得用铝合金气瓶充装
9	丙烷	可燃、无毒气体	
10	环丙烷	可燃、无毒气体	
11	正丁烷	可燃、无毒气体	
12	异丁烷	可燃、无毒气体	
13	丙烯	可燃、无毒气体	
14	异丁烯	可燃、无毒气体	
15	丁烯-1	可燃、无毒气体	
16	丁二烯-1,3	可燃、不稳定性气体	
17	六氟丙烯	不燃、无毒气体	

续表

序号	气体名称	介质特性	与金属材料相容性
18	二氯二氟甲烷	不燃、无毒气体	
19	二氯氟甲烷	不燃、无毒气体	
20	二氟氯甲烷	不燃、无毒气体	
21	二氯四氟乙烷	不燃、无毒气体	
22	二氯氯乙烷	可燃、无毒气体	
23	三氟乙烷	可燃、无毒气体	
24	偏二氟乙烷	可燃、无毒气体	
25	二氟溴氯甲烷	不燃、无毒气体	
26	三氟氯乙烯	可燃、不稳定性气体	
27	氯甲烷	可燃、无毒气体	不得用铝合金气瓶充装
28	氯乙烷	可燃、无毒气体	
29	氯乙烯	可燃、不稳定、毒性气体	
30	溴甲烷	可燃、剧毒性气体	不得用铝合金气瓶充装
31	溴乙烯	可燃、不稳定、毒性气体	
32	甲胺	可燃、毒、碱性腐蚀	
33	二甲胺	可燃、毒、碱性腐蚀	
34	三甲胺	可燃、毒、碱性腐蚀	
35	乙胺	可燃、毒、碱性腐蚀	
36	甲醚	可燃性气体	
37	乙烯基甲醚	可燃、不稳定性气体	
38	环氧乙烷	可燃、不稳定、毒性气体	
39	氙	不燃、无毒气体	
40	二氧化碳	不燃、窒息性气体	
41	氧化亚氮	不燃、麻醉用气体	
42	六氟化硫	不燃、无毒气体	
43	氯化氢	不燃、毒、酸性腐蚀	瓶阀应用耐酸不锈钢制造
44	乙烷	可燃、无毒气体	
45	乙烯	不燃、无毒气体	
46	三氟氯甲烷	不燃、无毒气体	
47	三氟甲烷	不燃、无毒气体	
48	六氟乙烷	不燃、无毒气体	
49	偏二氟乙烯	可燃、不稳定性气体	
50	氟乙烯	可燃、不稳定性气体	
51	三氟溴甲烷	不燃、无毒气体	

2. 国产气瓶是否是由具有"气瓶制造许可证"的单位生产的。

3. 气瓶外表面的颜色标记是否与所装气体的规定标记相符。

4. 气瓶瓶阀的出口螺纹型式是否与所装气体的规定相符：即可燃气体用的瓶阀，出口螺纹是左旋的；非可燃性气体用的瓶阀，出口螺纹是右旋的。

5. 气瓶内有无剩余压力。如有剩余气体，应进行定性鉴别。

6. 气瓶外表面有无裂纹、严重腐蚀、明显变形及其他严重外部损伤缺陷。

7. 气瓶是否在规定的检验期限内。

8. 气瓶的安全附件是否齐全和符合安全要求。

9. 有下列情况之一的气瓶，禁止充装：

（1）不具有"气瓶制造许可证"的单位生产的。

（2）原始标记不符合规定，或钢印标志模糊不清，无法辨认的。

（3）颜色标记不符合《气瓶颜色标志》（GB 7144）的规定，或严重污损脱落，难以辨认的。

（4）有报废标记的。

（5）超过检验期限的。

（6）附件不全、损坏或不符合规定的。

（7）气瓶瓶体或附件的材料与所装介质的性质不相容的。

（8）低压液化气体气瓶的许用压力＜所装介质在气瓶最高使用温度下的饱和蒸气压力的。

国内使用的低压液化气体气瓶，最高使用温度定为60℃。

10. 颜色或其他标记以及瓶阀出口螺纹与所装气体的规定不相符的气瓶，除不予充气外，还应查明原因，报告上级主管部门或当地有关部门，进行处理。

11. 无剩余压力的气瓶，充装前应将瓶阀卸下，进行内部检查。经确认瓶内无异物，并按12条的规定处理后方可充气。

12. 新投入使用或经内部检验后首次充气的气瓶，充气前都应按规定先置换去瓶内的空气，并经分析合格后方可充气。

13. 检验期限已过的气瓶、外观检查发现有重大缺陷或对内部状况有怀疑的气瓶，应先送检验单位，按规定进行技术检验与评定。

14. 国外进口的气瓶，外国飞机、火车、轮船上使用的气瓶，要求在我国境内充气时，应先经由当地质监部门或安全监察机构认可和指定的单位进行检验。

15. 经检查不合格（包括待处理）的气瓶，应分别存放，并作出明显标记，以防与合格气瓶相互混淆。

八、液化气体气瓶充装应注意的安全事项

1. 实行充装质量逐瓶复验制度，严禁过量充装。充装超量的气瓶不准出厂。采用连续自动称重进行充装时，以抽检替代逐瓶复验，应有相应的抽检制度，并经充装注册机构核准。

2. 称重衡器应保持准确，其最大称量值应为常用称量的1.5～3.0倍。称重衡器按有关规定定期进行校验，每班应对衡器进行一次核定。称重衡器必须设有超装警报或自动切断气源的装置。

3. 易燃液化气体中的氧含量达到或超过下列规定值时，禁止装瓶：

（1）乙烯中的氧含量2%（按体积计，下同）；

（2）其他易燃气体中氧含量4%。

4. 气瓶充装液化气体时，必须严格遵守下列各项：

（1）充气前必须检查确认气瓶是经过检查合格或妥善处理了的；

(2) 用卡子连接代替螺纹连接进行充装时，必须认真仔细检查确认瓶阀出口螺纹与所装气体所规定的螺纹型式相符；

(3) 开启瓶阀应缓缓操作，并应注意监听瓶内有无异常音响；

(4) 充装易燃气体的操作过程中，禁止用铁质扳手等金属器具敲击瓶阀或管道；

(5) 在充装过程中，应随时检查气瓶各处的密封状况，瓶壁温度是否正常。发现异常时应及时妥善处理。

5. 严禁从液化石油气储罐或罐车直接向气瓶灌装，不允许瓶对瓶直接倒气。

6. 液化气体的充装量必须精确计量和严格控制，禁止用贮罐减量法（即根据气瓶充装前后贮罐存液量之差）来确定充装量。充装过量的气瓶，必须及时将超装的液量妥善排出。

7. 液化石油气体的充装量不得＞所装气瓶型号中用数字表示的公称容量（以 kg 计）。其他液化气体的充装量不得＞气瓶的公称容积与充装系数的乘积。

8. 充装后应逐只检查气瓶，发现有泄漏或其他异常现象，应妥善处理。

9. 充装前的检查记录、充装操作记录、充装后复验和检查记录应完整，内容至少应包括：气瓶编号、气瓶容积、实际充装量、发现的异常情况、检查者、充装者和复称者姓名或代号、充装日期。记录应妥善保存、备查。

10. 操作人员应相对稳定，由厂矿企业考核后持证上岗并定期进行安全教育。

九、液体气体气瓶改装应遵守的安全规定

1. 使用过的气瓶，严禁随意更改颜色标记，换装别种气体。

2. 使用单位需要更换气瓶盛装气体的种类时，应提出申请，由气瓶检验单位负责对气瓶进行改装。

3. 对低压液化气体气瓶，充气单位应先进行校验，确认换装的气体，在气瓶最高使用温度下的饱和蒸气压力不大于气瓶的许用压力后，方可进行改装。

4. 气瓶改装时，应对瓶内部进行彻底清理、检验，换装相应的附件，并按《气瓶颜色标记》（GB 7144）气瓶颜色标记的规定，更改换装气体的字样、色环和颜色标记。

十、气瓶贮存应遵守的安全规定

1. 气瓶贮存应置于专用仓库内，专用仓库建筑应符合《建筑设计防火规范》（GB 50016）的有关规定。

2. 气瓶仓库内不得有地沟、暗道，严禁明火和其他热源。仓库内应通风、干燥，避免阳光直射气瓶，并需有防止雨、雪和腐蚀性物质腐蚀的措施。

3. 盛装易起聚合反应或分解反应气体的气瓶，必须规定贮存期限，并应避开放射性线源。

4. 空瓶与实瓶两者应分开放置，并有明显的标志，以防把实瓶当空瓶充装，发生事故。

5. 盛装介质为有毒有害气体的气瓶和瓶内气体相互接触能引起燃烧、爆炸或产生毒物的气瓶，应分室存放，不得混存，并在附近设置防毒用具或灭火器材。

6. 气瓶放置应整齐，配戴好瓶帽，并留有通道。立放时应妥善固定，横放时头部应

朝一方向，并应防止滚动，垛高不宜超过五层。乙炔气瓶严禁横放。

7. 库房内的气瓶应定期进行检查，若发现泄漏、腐蚀、倾倒等应及时处理。

十一、气瓶仓库应采取的安全技术措施

1. 气瓶仓库和相邻的生产厂房及居住建筑，应相隔一定的距离。

2. 盛装介质为可燃气体，其爆炸下限<10%时，气瓶仓库和充气站都应设置易掀开的轻质屋盖，或考虑必要的泄压面积。

3. 气瓶仓库和充气站的门窗全应向外开启，门窗玻璃应涂白色，防止阳光直射。库内温度不应超过35℃，地板应采用不产生火花的材料制成。

4. 充气站内压缩机和贮气瓶室之间，应用耐火墙进行隔绝。贮气瓶室只作临时仓库之用，限贮可燃介质的气瓶250瓶，氧气及不可燃气体的气瓶800瓶。

5. 气瓶仓库的最大储存量不应超过表15-19的规定。

气瓶仓库的贮存量   表15-19

名　　称	仓库与灌装间在同一建筑物内的贮量(瓶或桶)	单独仓库的贮量(瓶或桶)	
		总贮量	每一防火墙隔间贮量
液化石油气瓶(按15kg瓶计)		360	
永久气瓶及液氨、液氧瓶(按40L/瓶计)	500	3000	500
氧气瓶(按40L/瓶计)	2400	7200	2400

6. 当气瓶直立放置时，为防止气瓶倾倒，应把气瓶放在特设的框架中或加栏杆围护。气瓶外应配戴防震圈，防止倾倒时受撞击而损坏气瓶或发生意外事故。

十二、气瓶运输和装卸时应遵守的安全规定

气瓶在运输和装卸过程中容易受到震动或碰击，如果气瓶原来存在着一些缺陷，在这种情况下就易发生事故，有时甚至会使气瓶发生粉碎性爆炸。曾有这样的报道，某运输公司用拖挂车装运氧气瓶，在卸车时，将一个气瓶撞击到另一个气瓶的瓶体上，结果引起两个气瓶同时发生爆炸，气瓶碎片除在原地留有较完整的两个瓶底及一大块外，其余全部飞出，将附近库房的墙壁击穿，最大的洞约为1000mm×800mm，碎片最远飞离200余米，造成人员伤亡事故。

同时，气瓶在运输和装卸过程中若受到猛烈的冲击碰撞，常会把气瓶的瓶阀撞坏或碰断，造成气瓶内高压气体外喷伤人，或造成瓶内喷出的可燃气体着火燃烧。

因此，为预防气瓶在运输和装卸过程中发生事故，应遵守以下安全规定：

1. 运输气瓶的工具上应有明显的安全标志。

2. 气瓶的瓶帽及防震圈应配戴齐全，并旋紧瓶帽。装卸气瓶时应轻装轻卸，严禁抛、滑、滚、碰。

3. 吊装时，严禁使用电磁起重机和链绳。

4. 瓶内气体相互接触能引起燃烧、爆炸，产生毒物的气瓶，不得同车（厢）运输。如助燃气体的氧气瓶、氯气瓶与易燃气体的氢气瓶、乙炔气瓶和液化石油气瓶等，不得同车（厢）运输。

5. 易燃、易爆、腐蚀性物品或与瓶内气体起化学反应的物品，不得与气瓶同车（厢）运输。

6. 气瓶装在车上应妥善加以固定，防止气瓶跳动或滚落。汽车装运气瓶一般应横向放置，瓶下用木块等物垫牢，瓶头部朝向一方，气瓶装车垛高不得超过车厢高度，且不超过五层。气瓶若需在车上直立排放时，如乙炔气瓶则应直立放置，其车厢高度应在瓶高的 2/3 以上。

7. 气瓶运输时不得长时间在烈日下暴晒，以防气瓶受热，瓶内气体膨胀，压力增高，造成瓶体破裂爆炸。夏季运输气瓶时应有遮阳设施，以避免暴晒，城市的繁华市区应避免白天运输。

8. 运输气瓶的车辆上严禁烟火。运输可燃气体或有毒有害气体的气瓶时，运输工具上应配备足够的灭火器材或防毒用具。

9. 运输气瓶时应遵守公安、交通部门的有关危险物品运输的有关条例和有关规定，运输气瓶的运输工具不得在繁华的市区、重要机关附近、居民密集地段或人多的地点随意停靠。车、船停靠时，司机与押运人员不得同时离开。

10. 装有液化石油气的气瓶，不应长途运输，严禁运输距离超过 50km。液化石油气的长途运输应用铁路罐车或汽车槽车，用货运汽车运输充好气的液化石油气瓶，是十分不安全的，而且也是不经济的，故不允许这种长途运输方式。

11. 充气气瓶的运输应严格遵守危险品运输条例的规定。

12. 运输企业应制定事故应急处理措施，驾驶员和押运员应会正确处理。

十三、气瓶使用时应遵守的安全规定

气瓶使用不当也可直接或间接造成爆炸、着火燃烧或人员中毒伤亡事故，如气瓶在使用过程中，将气瓶置于烈日下长时间暴晒，或将气瓶靠近高温热源，是气瓶发生爆炸常见的直接原因。气瓶有时虽局部受热不致于发生爆炸，但却可使气瓶上的安全泄压装置泄气，如使气瓶的易熔塞熔化，会使瓶内的可燃气体或有毒有害气体喷出，造成着火或人员中毒伤亡。

此外，气瓶操作不当也常会发生着火或烧坏气瓶附件等事故，如打开气瓶的瓶阀时开得过快，使减压器或管道中的压力迅速增高，温度也因此会过快升高，严重时便使橡胶垫圈等附件烧毁。再如盛装可燃气体气瓶瓶阀发生泄漏，氧气瓶阀及其他附件沾有油脂类物质等也常会引起着火燃烧事故。

因此，为了预防气瓶由于使用不当而发生事故，在使用气瓶过程中应遵守如下安全规定：

1. 采购和使用有制造许可证的企业的合格产品，不得使用超期未检的气瓶。
2. 使用者必须到已办理充装注册的单位或经销注册的单位购气。
3. 不得擅自更改气瓶的钢印和颜色标记。
4. 气瓶使用前应进行安全状况检查，对盛装气体进行确认。不符合安全技术要求的气瓶严禁入库和使用，使用时必须严格按照使用说明书的要求使用气瓶。
5. 气瓶使用时应正确操作，在开气瓶阀门时应缓慢开启，防止瓶内气体高速喷出，冲击摩擦产生高温或产生静电作用而引起可燃气体的燃烧或爆炸。在开气瓶阀门时不得用钢制扳手敲击瓶阀，以防产生火花。氧气瓶的瓶阀及其他附件严禁沾染油脂，也不得用沾染油脂的手、手套和工具去操作氧气瓶。气瓶的瓶阀和减压器泄漏时不得继续使用。气瓶使用到最后时，瓶内的气体不得用尽，必须留有剩余压力，永久气体气瓶的剩余压力，应不<0.05MPa，液化气体气瓶应留有不少于0.5%～1.0%规定充装量的剩余气体。

6. 气瓶的放置地点，不得靠近热源。因气瓶的设计压力是按正常情况下瓶内介质可能达到的最高温度，并加一定的安全系数而确定的。若在使用中气瓶受到明火烘烤、烈日暴晒等而使气瓶受热，温度升高，瓶内的压力也将随之升高。因此，气瓶需防止受热升温，与明火的距离应在10m以外，夏季应采取防暴晒设施。

7. 盛装易起聚合反应或分解反应气体的气瓶，应避开放射性射线源放置。

8. 气瓶立放时应采取防止倾倒措施。

9. 气瓶禁止敲击、碰撞。因敲击、碰撞气瓶会恶化瓶体材料的机械性能，使材料变脆，强度降低，发生破裂爆炸。敲击或碰撞还可能折断阀杆，使瓶内气体介质大量外泄，或引起燃烧爆炸，或造成人员中毒伤亡事故。

10. 严禁在气瓶上进行电焊引弧。

11. 严禁用温度超过40℃的热源对气瓶加热。冬季瓶阀冻结时，不得用明火烘烤，可用温水解冻，水温以不超过40℃为宜。

12. 每种气体气瓶要有专用的减压器，氧气和可燃气体的减压器不能互用。

13. 在可能造成回流的使用场合，使用设备上必须配置防止倒灌的装置，如单向阀、止回阀、缓冲罐等。如利用气瓶内的气体作为原料通过反应设备时，需在气瓶与反应设备之间安设缓冲罐，缓冲罐的容积应能容纳倒流的全部物料。

14. 液化石油气瓶用户及经销者，严禁将气瓶内的液化石油气向其他气瓶倒装，严禁自行处理气瓶内的残液。

15. 气瓶投入使用后，不得对瓶体进行挖补、焊接修理。

16. 严禁擅自更改气瓶的钢印和颜色标记。

十四、气瓶和瓶装气体的经销应遵守的安全规定

1. 经销有制造许可证企业的合格气瓶和气体，不得经销无证企业的产品或不合格气瓶及不合格气体。

2. 瓶装气体和气瓶经销单位必须取得工商管理部门颁发的营业执照，还应在地、市级以上（含地、市级）质量技术监督行政锅炉压力容器安全检查监察机构办理安全注册，否则不得经销。

3. 气体充装单位负责瓶装气体经销单位的安全管理，可以是直接管理，也可以通过签订合同或协议进行管理。

十五、气瓶减压器在装卸和使用时应注意的安全事项

由于气瓶瓶内的压力一般都较高，实际使用压力又往往比较小，因此单靠启闭气门不能准确地调节气体的放气量。为降低压力，并保持稳压，就需要装上减压器。不同工作气体有不同的减压器，不同的减压器外表都漆以不同颜色的油漆来加以区别。如用于氧的为天蓝色、用于乙炔的为白色、用于氢的为深绿色、用于氮的为黑色、用于丙烷的为银灰色等等。应注意的是，用于氧的减压器，可用在装有氮气或空气的气瓶上，而用于氮气或空

气的减压器只有在彻底洗除油脂后才可用于氧的气瓶上。

减压器必须正确装卸和使用，才可保证气瓶的正常使用。减压器在装卸和使用时应注意以下安全事项：

1. 减压器在装卸时，须防止管接头丝扣滑牙，以免装旋不牢而射出。卸下时要注意轻放，避免撞击、振动，并妥善保存，不要放置在有腐蚀性物质的地点，同时还应防止灰尘侵入表内，以免管路阻塞压力表失灵。

2. 在安装减压器前，应先将气瓶气门联接的污物吹除，安装好后先开气瓶气门，然后再将减压器调节螺丝慢慢旋紧，使支杆顶住活门，减压阀座开启。气体便经低压室流向使用部分。当气体流入低压室时，应注意有无漏气现象。

3. 使用完毕后应将气瓶气门关闭，并放尽减压器进出口的气体，以免减压器的弹簧长期受压缩疲劳而失灵。

4. 氧气瓶用的减压器，内外均应严防被油脂玷污，以免氧气与油脂发生化学反应而引起燃烧。

5. 放气和打开减压器时，动作应轻缓。

6. 减压器在使用过程中须经常注意观察压力表的读数。

十六、气瓶内留有余气的作用

气瓶内贮存的气体品种很多，但不管是盛装何种气体的气瓶，使用到最后，都必须留有一定压力的余气，使其他种类的气体无法侵入。根据有关规定，永久气体气瓶的剩余压力应不<0.05MPa；液化气体气瓶应留有不少于0.5%～1.0%规定充装量的剩余气体。例如，氧气瓶则应留有不<0.05MPa表压的余气；液氨气瓶则应留有不少于0.5%～1.0%规定充装量的剩余氨气；乙炔瓶内则应留有0.05～0.1MPa表压的余气。气瓶在使用过程中，如果已经用到0.05MPa表压，或者已经用到0.5%～1.0%规定充装量，则应立即关紧瓶阀，不让瓶内余气漏掉。

气瓶内所盛装气体的纯度都有一定的要求，以保证气体质量和使用过程中的安全。若气瓶内不留一定压力或一定重量的余气，则气瓶周围环境中的空气或其他气体就会侵入瓶内，这样一来，气瓶内原来盛装的气体就必然不纯了，在使用过程中就易发生意外事故。例如，氮气本身不燃不爆，能广泛地用于置换易燃易爆气体，以便进行设备检修动火作业等。如果氮气瓶内进入空气，在用氮气进行置换时，势必会发生危险。又如，在化学分析中，对氮气的纯度要求很高，稍有不纯，便影响分析数据的准确性，从而使工作失败。

更为重要的是，气瓶内若不留余气，还有可能侵入与瓶内原盛装介质的性质相抵触的气体。例如，用氢氧焰切割钢板时，如果氢气瓶或氧气瓶内不留有余气，则常常会发生氢气侵入氧气瓶内，或氧气侵入氢气瓶内的情况，即在作业现场就能发生气瓶破裂爆炸事故。即使是切割作业停止，氢氧焰熄火后形成的气瓶内气体的相互倒灌侵入，在作业现场虽未发生气瓶破裂爆炸，但混有氢气的氧气瓶，或混有氧气的氢气瓶在充装气体后，下一次使用过程中仍存在破裂爆炸的危险。再如，在用氧炔焰焊割时，如果氧气瓶内氧气全部用光，不留余气，乙炔气体就会倒灌而侵入氧气瓶内，在下次动火作业时，也会发生氧气瓶破裂爆炸的事故。

气瓶在充装气体前，充气单位对每一只气瓶都要做余气检查，不留余气的气瓶不能立刻充装,一定要经过严格的清洗、置换后方可允许充气。这样就必然增加了充气单位操作人员的工作量,浪费人力物力,并影响充气单位的生产秩序。若充装操作人员万一疏忽,有空瓶漏网,充入了性质相抵触的气体后,便会后患无穷。

因此,气瓶在使用后留有余气,对防火防爆安全和提高生产效率均有重要的作用。为此,在使用气瓶的过程中,必须做到瓶内留有余气,以防止不必要的事故和损失。

十七、氧气瓶爆炸的防止

氧气是一种无色、无味、无毒的气体,在空气中的含量约为20.93%(在标准大气压下,纬度为45°的海平面),可谓取之不尽,用之不竭。人们采用空气液化法,从空气中提取99%以上的纯氧,压进容积大小不同的钢瓶内,即可广泛地应用于医疗、登山、航空、炼钢、焊接等等。

在厂矿企业中,人们接触最多的是氧炔焰。如果单独用乙炔在空气中燃烧,其温度最高也不超过1000℃,既不能把钢板割开,也不能使金属熔接。只有当纯氧和乙炔混合后,燃烧的温度便可高达3500℃以上,才可对金属进行焊接或切割。

氧气本身不会燃烧,然而氧气瓶却会发生爆炸,这就需要对具体情况进行具体分析。氧气瓶内充有高达15MPa的高压氧气,在一些外来因素的作用下,可能引起爆炸,这些因素主要有以下几个方面:

1. 把充过氢、乙炔等易燃气体的钢瓶误充氧气,或将某种可燃气体,如乙炔、丙烷等倒灌入氧气瓶内。

2. 植物、动物和矿物的油类物质进入氧气钢瓶或附件内。

3. 充气的速度过快,或钢瓶在烈日下暴晒,或钢瓶接近热源,都能使瓶内气体受热、体积膨胀,压力升高。

4. 钢瓶质量不好,有脆性和薄层或其他缺陷,特别是在冬季气温较低的情况下,脆性增加。

5. 由于长期使用,维护不当,瓶壁腐蚀严重。

6. 在贮存、运输、使用过程中,由于不慎而造成猛烈的撞击等等。

当氧气瓶混进氢气、乙炔气等可燃气体后,发生化学性爆炸前,往往出现这样一种征兆,即气体在瓶内急剧膨胀,发出响声,瓶体抖动,接着很快就发生猛烈爆炸。

为了防止氧气瓶发生爆炸,应遵守以下安全规定:

1. 充气前必须认真检查气瓶,如发现气瓶超过试压期限而未再检验,或气瓶已腐蚀、变形、阀门损坏泄漏等,应停止使用。

2. 充气前还应检查鉴别瓶内所装的气体介质是否与欲充装的气体相同,防止误充。在未知明瓶内所装的介质是何种气体之前,不得随意充装。

3. 充气时,需严格控制充气速度和压力标准。

4. 严禁氧气瓶阀和减压器等与各种油类物质接触。同时,氧气瓶也不得与各种油类物质同车运输和贮存。

5. 在运输、贮存和使用氧气瓶时,要防止气瓶受热,避免靠近高温热源,夏季应防止烈日暴晒。

6. 在运输、贮存和使用氧气瓶过程中,应轻装轻卸,避免剧烈震动和撞击。

7. 贮存气瓶的库房和气瓶在使用时，应远离明火，其距离一般规定应在 10m 以上。

8. 气瓶内的氧气不能全部用尽，应留有剩余压力使气瓶内保持一定的正压。

总之，只要掌握了氧气瓶的性能和规律，就能够防止其发生爆炸事故，做到安全使用和安全生产。

十八、使用氢气瓶时应注意的安全事项

氢是一种最轻的化学元素，在相同体积下其质量仅为空气的 6.9%，因此，氢分子运动和扩散速度比其他所有物质的分子都快。

氢的化学活性很大。在常温下，不需氧气和明火，便能和氟发生猛烈的爆炸反应。在高温下，氢能使许多重金属的氧化物还原成金属，并能与非金属进行化合。在光的作用下，氢能和氯发生燃烧和爆炸。

氢在空气中燃烧，温度可高达 2000℃。在 20℃时，空气中氢气浓度达 4.0%～75%时，遇明火便会发生猛烈爆炸，并且比一般易燃液体蒸气爆炸时的威力大，因此其危害性也大。

因为氢气具有易扩散、易燃烧、爆炸，燃烧温度高，爆炸威力大等特点，而且化学活性又大，所以存在一定的危险性。为了便于贮运和使用，通常把氢气加压后贮存在密闭的钢瓶中。氢气瓶在使用过程中必须注意以下安全事项：

1. 用氢气进行化学反应的车间或生产单元，必须符合防爆要求，且应通风良好，屋顶高端要有排气口，以防氢气积聚。厂房内有氢气的生产设备和管道必须密闭，以防氢气外逸或空气侵入生产设备或管道而引起危险。

2. 在使用氢气进行切割金属时，氢气钢瓶与明火距离不得＜10m，否则，必须采取可靠的安全措施。氢气瓶不得靠气热源或受烈日暴晒。

3. 氢气钢瓶应远避氟、氯等危险品，与氯气钢瓶等必须分库贮放。

4. 生产氢气或有使用氢气的生产设备和管道应接地，氢气在管道中输送时，其速度一般不宜超过 0.7～1m/s，以防止产生静电而引起危险。

5. 氢气真空泵或压缩机使用的润滑剂，必须是非燃烧物质，如磷酸三甲苯脂等，普通的油脂类润滑剂不能使用。

6. 液态氢的容器必须有良好的绝热装置，并且不可混进空气，因为液态氢温度很低（−252.8℃），混入空气后凝成冰晶，沉入底部，在受到猛烈冲击时容易发生爆炸。

7. 氢气一旦发生燃烧时，应立即关闭阀门，勿使氢气继续外泄，同时，使用二氧化碳、氮气等灭火剂扑救。

8. 在存放氢气瓶的场所，一定要严禁烟火。

第三节 气瓶的定期技术检验

一、气瓶的定期检验

根据《气瓶安全监察规程》的有关规定，各种气瓶必须定期进行检验。

对各类气瓶的检验周期，不得超过下列规定：

1. 盛装腐蚀性气体的气瓶、潜水气瓶以及常用与海水接触的气瓶每二年检验一次。

2. 盛装一般性气体的气瓶，每三年检验一次。

3. 盛装惰性气体的气瓶，每五年检验一次。

4. 液化石油气钢瓶，按国家标准《液化石油气钢瓶定期检验与评定》（GB 8334）的规定执行。

5. 低温绝热气瓶，每三年检验一次。

6. 车用液化石油气钢瓶每五年检验一次，车用压缩天然气钢瓶，每三年检验一次。汽车报废时，车用气瓶同时报废。

7. 气瓶在使用过程中，发现有严重腐蚀、损伤或对其安全可靠性有怀疑时，应提前进行检验。

8. 库存和停用时间超过一个检验周期的气瓶，启用前应进行检验。

9. 发生交通事故后，应对车用气瓶、瓶阀及其他附件进行检验，检验合格后方可重新使用。

承担气瓶定期检验的单位，应符合国家标准《气瓶定期检验站技术条件》的规定，经省级以上（含省级）质量技术监督行政部门锅炉压力容器安全监察机构核准，取得资格证书。

从事气瓶定期检验工作的检验人员，应当经资格考核合格，取得气瓶检验人员证书后，方可从事气瓶检验工作。

气瓶定期检验证书有效期为4年。有效期满前，检验机构应当向发证部门申请办理换证手续，有效期满前未提出申请的，期满后不得继续从事气瓶定期检验工作。

气瓶检验机构应当有与所检气瓶种类、数量相适应的场地、余气回收与处理设施、检验设备、持证检验人员，并有一定的检验规模。

气瓶定期检验机构的主要职责是：

（1）按照有关安全技术规范和气瓶定期检验标准对气瓶进行定期检验，出具检验报告，并对其正确性负责；

（2）对气瓶附件进行更换；

（3）按气瓶颜色标志有关国家标准的规定，去除气瓶表面的漆色后重新涂敷气瓶颜色标志，打气瓶定期检验钢印；

（4）对报废气瓶进行破坏性处理。

气瓶检验机构应当严格按照有关安全技术规范和检验标准规定的项目进行定期检验。检验气瓶前，检验人员必须对气瓶的介质处理进行确认，达到有关安全要求后，方可检验。检验人员应当认真做好检验记录。

气瓶检验机构应当保证检验工作质量和检验安全，保证经检验合格的气瓶和经维修的气瓶阀门能够安全使用一个检验周期，不能安全使用一个检验周期的气瓶和阀门应予报废。

气瓶检验机构应当将检验不合格的报废气瓶予以破坏性处理。禁止将未做破坏性处理的报废气瓶交予他人。

气瓶检验机构应当按照省级质监部门安全监察机构的要求，报告当年检验的各种气瓶的数量、各充装单位送检的气瓶数量、检验工作情况和影响气瓶安全的倾向性问题。

气瓶在检验之前，应对气瓶进行处理，达到下列要求方可检验：

1. 在确认气瓶内气体压力降为零后，方可卸下瓶阀，以防瓶内还有压力，瓶阀飞出伤人。

2. 毒性、易燃气体气瓶内的残留气体应回收，不得向大气排放。

3. 易燃气体气瓶须经置换，液化石油气瓶须经蒸汽吹扫，达到规定的要求。否则，严禁用压缩空气进行气密性试验。液化石油气瓶须蒸汽吹扫，是因为国内液化石油气中含有重组分气体，有些类似沥青的黏性物质沾在气瓶内壁上，由于这类物质挥发很慢，气瓶经放置后，往往瓶内的可燃物与空气混合后仍可达到爆炸极限，用冷水浸泡无法将这些黏性物质从瓶内除掉，故只能用蒸汽吹扫才能除去。

气瓶定期检验必须逐只进行。各类气瓶定期检验的项目和要求，应符合相应的国家标准的规定，检验中严禁对气瓶瓶体进行挖补、焊接修理等。检验合格的气瓶，应按规定打检验钢印，涂检验色标。经检验不符合标准的气瓶应判废。

气瓶检验后，气瓶检验员应认真填写检验记录，内容至少包括：气瓶制造厂名称或代号、瓶类、瓶号、检验项目和检验结论。检验记录应保存在检验单位，保存一个检验周期备查。

对进口气瓶，检验合格后，由负责检验的单位逐只打检验钢印、涂检验色标。其气瓶表面的颜色、字样和色环应符合《气瓶颜色标记》（GB 7144）的规定。

气瓶检验单位应定期向当地质量技术监督行政部门锅炉压力容器安全监察机构报告当年气瓶检验工作情况和气瓶的安全技术情况。以便使省级质量技术监督行政部门掌握本管辖区内气瓶检验工作情况以及气瓶的安全技术状况。省级质量技术监督行政部门可根据基层工作情况对工作进行指导，根据气瓶的安全技术状况采取相应的措施。

二、气瓶的定期检验项目

气瓶的定期技术检验项目如下：

1. 内、外表面检查。

2. 水压试验。容积>12L 的高压气瓶，应同时做容积残余变形测定。

3. 有下列情况之一的，应测定气瓶最小壁厚：

（1）高压气瓶的容积残余变形率>6%的；

（2）容积>12L 的高压气瓶，重量损失超过 5%的；

（3）气瓶有严重腐蚀或有其他影响强度的缺陷时。

三、气瓶的降压使用与报废处理

气瓶经技术检验后，有下列情况之一的，应降压使用或报废处理：

1. 瓶壁有裂纹、渗漏或明显变形的应报废处理。

2. 经测量瓶壁的最小壁厚，进行强度核算（不包括腐蚀裕度），不能按原设计压力使用的。

3. 高压气瓶的容积残余变形率>10%的。

气瓶经定期检验后，对少数尚有使用价值的气瓶，即气瓶不能按原工作参数（主要是承受压力）继续使用到下次检验时，但如果气瓶降低一个或数个压力等级使用，还有一定的使用价值时,可允许改装后降压使用。但应由检验单位打上降压钢印标记。

对需报废的气瓶,应由气瓶检验员填写《气瓶判废通知书》,并通知气瓶产权单位,同时由气瓶检验单位对报废气瓶进行破坏性处理。

气瓶检验单位对报废气瓶进行破坏性处理的方式可由检验单位自行决定,最常用的方法有压扁、切割成两段或在瓶身上用气割方法切下一块,将瓶体解剖等等。经地、市级质量技术监督行政部门锅炉压力容器安全监察机构同意,可指定检验单位,集中进行破坏性处理。

气瓶检验单位对报废的气瓶进行破坏性处理,是为了防止报废气瓶重新流入气瓶的使用领域而造成意外事故的发生。

根据有关规定,如果发现报废气瓶又投入使用领域,则要追究检验单位的责任。

附:

气瓶判废通知书

( )字 第 号

_____:

根据《气瓶安全监察规程》和国家标准(GB)的规定,经检验,你单位_____气瓶共_____只已判废,对其中的_____只已做破坏性处理。特此通知。

检验员:(签字或盖章) (检验单位章)

年 月 日

瓶 号	瓶 类	公称容积	判废原因	处理结果

注:本表格一式二份,检验单位存档一份,气瓶产权单位一份。

四、气瓶改装的安全技术要求

气瓶的改装应由气瓶检验单位进行,并应符合下列安全技术要求:

1. 根据气瓶制造钢印标记和安全状况,确定改装后的充装气体和气瓶的公称工作压力。

2. 用适当的方法对气瓶进行彻底的清理。冲洗和干燥后,换装相应的瓶阀和其他附件。

3. 按规定打检验钢印和涂检验色标,并按改装后盛装的气体更换气瓶的颜色、字样和色环。

4. 将气瓶的改装情况，通知气瓶的产权单位，记入气瓶档案。

五、气瓶的水压试验

气瓶属流动性压力容器，因此应和其他压力容器一样，定期地进行技术检验。但由于气瓶的直径较小，其内部检查只能用灯火检查，而其内壁又难以像大直径的压力容器可彻底清理，故除了较为明显的缺陷，如鼓包、变形等以外，其他如裂纹等缺陷难以发现。因此，气瓶的耐压试验便成为气瓶技术检验中的关键项目，气瓶能否继续使用，在很大程度上是通过耐压试验来确定的。气瓶的耐压试验通常是以水为介质进行液压试验，为此，气瓶的耐压试验常称为水压试验。

气瓶在进行水压试验时，其试验压力要求比其他压力容器的试验压力高，世界上很多国家的有关规范都如此规定。这是因为气瓶的一些重大缺陷常需要通过水压试验来发现，并且因气瓶的流动性使用，较易受到碰撞和冲击，存在的裂纹等缺陷容易扩展，再加上其使用时的周围环境复杂多变，因此气瓶水压试验的试验压力要求就高。我国《气瓶安全监察规程》规定，气瓶水压试验的试验压力为公称工作压力的1.5倍。

然而，仅靠提高气瓶水压试验的试验压力并不能完全保证气瓶的安全使用。如果反复用较高的压力对气瓶进行试验，使气瓶瓶壁应力超过材料的屈服极限，则气瓶会产生较大的塑性变形，这不但会使材料的韧性降低，而且还会使气瓶的缺陷，如裂纹等进一步扩展，导致气瓶在以后的使用过程中破裂爆炸。因此，对高压气瓶，在进行水压试验的同时，应进行容积残余变形测定，以便掌握其在水压试验时的应力情况。

气瓶在进行水压试验时，应遵守以下事项：

1. 气瓶在进行水压试验前，内部必须彻底清理，同时进行内、外部检查，对新制造的气瓶要逐个测定重量。

2. 气瓶灌满水后，在试压以前，应停留一定的时间，以排除瓶内的残余气体。

3. 试验环境的气温和试验用水的温度不得低于5℃。

4. 气瓶与试验操作人员之间，应设置可靠的安全防护设施。

5. 试压系统不得有渗漏现象和存留气体。

6. 试验时，应先升压至气瓶的设计压力，然后卸压，反复进行数次，以排除水中的气体，然后再缓慢升压。如无渗漏现象，继续升压至试验压力。试验压力下的持续时间为：对新制造的高压气瓶，不得少于1min；对使用过应定期检验的高压气瓶为1～2min；对新制造的低压气瓶不得少于3min；对使用过应定期检验的低压气瓶不得少于5min。

7. 容积>12L的高压气瓶，如使用单缸试压泵进行水压试验，活塞的起始和终止位置，均应在同一死点上。

8. 对同一气瓶，不应连续重复进行超压试验。

9. 试压泵上应装有2只精度级别不低于1.5级的压力表，其压力表的校验期限，不得超过3个月。

10. 气瓶称重衡器的最大刻度值，应为常用称重量的1.5～3.0倍。其称重衡器的校验期限不得超过3个月。

对容积>12L的高压气瓶，在进行水压试验的同时，应进行容积残余变形测定。

气瓶的容积残余变形测定通常用瓶内测定法测定,简称内测法。所谓内测法就是气瓶在水压试验时,利用瓶内在试验压力下所进注的水量与其在卸压后,由瓶内所排出的水量来计算所测气瓶的容积全变形与容积残余变形。

气瓶的残余变形率(η)用下式进行计算。

$$\eta = \frac{\Delta V'}{\Delta V} \times 100\%$$

式中　$\Delta V'$——容积残余变形值,mL;
　　　ΔV——容积全变形值,mL。

用内测法测定容积残余变形时,容积全变形值用下式进行计算。

$$\Delta V = \frac{1}{1+P_T+\beta_t}(A-B-V \cdot B_T \cdot \beta_t)$$

式中　A——试验时总压入水量,mL(实际测定);
　　　B——试验管路在试验水温和试验压力下的压入水量,mL(实际测定,不包括管路容积。在5~40℃范围内任意水温下的实测值均可;不同试验压力使用同一管路时,应按不同试验压力分别测定;管路的几何尺寸改变时应重新测定);
　　　V——气瓶的实际容积,mL;
　　　P_T——试验压力,MPa;
　　　β_t——试验压力及试验水温下的水的等温压缩系数,MPa。

六、气瓶的钢印标记和检验色标

1. 气瓶的钢印标记。
(1) 气瓶的钢印标记包括:制造钢印标记和检验钢印标记。
(2) 气瓶的钢印标记应符合下列规定:
① 钢印标记打在瓶肩上时,其位置如图15-7所示,打在护罩上时,如图15-8所示。
② 钢印标记的项目和排列,如图15-9和图15-10所示。

图 15-7

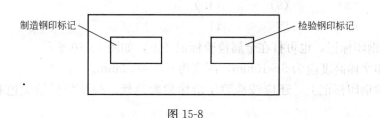

图 15-8

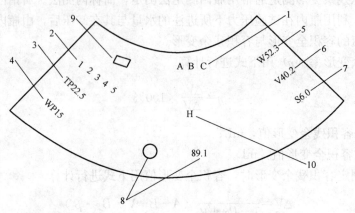

图中标记含义：
1— 气瓶制造单位代号；
2— 气瓶编号；
3— 水压试验压力，MPa；
4— 公称工作压力，MPa；
5— 实际重量，kg；
6— 实际容积，L；
7— 瓶体设计壁厚，mm；
8— 制造单位检验标记和制造年月；
9— 监督检验标记；
10— 寒冷地区用气瓶标记。

图 15-9　制造钢印标记

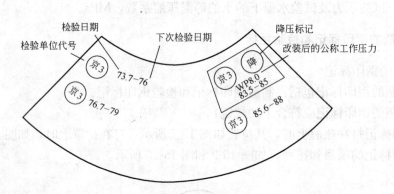

图 15-10　检验钢印标记

③ 制造钢印标记，也可在瓶肩部沿一条圆周线排列。各项目的排列应以图 15-8 中的指引号为顺序，即：

(1)　　(2)　　　(3)　　　(4)　　(5)　　　(6)
ABC　　12345　　TP22.5　　WP15　　W52.3　　V40.2
(7)　　(8)　　　(9)　　　(10)
S6.0　　○89.1　　▱　　　H

④ 检验钢印标记，也可打在金属检验标记环上，如图 15-10 所示。

(3) 钢印字体高度应为 5~10mm，深度为 0.3~0.5mm。

(4) 检验钢印标记上，还应按检验年份涂检验色标。检验色标的颜色和形状如下表15-9。

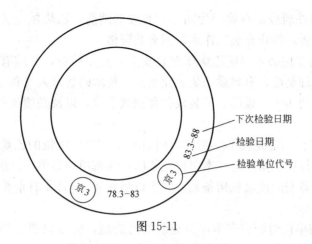

图 15-11

气瓶的检验年份检验色标的涂膜颜色和形状　　　　　　　　　　　　表 15-20

检 验 年 份	颜　　色	形　　状
1999	深绿	矩形
2000	粉红	椭圆形
2001	铁红	
2002	铁黄	
2003	淡紫	
2004	深绿	
2005	粉红	矩形
2006	铁红	
2007	铁黄	
2008	淡紫	
2009	深绿	

2. 气瓶的检验色标。

(1) 在气瓶检验钢印标志上应按检验年份涂检验色标。检验色标的式样见表 15-20，10 年一循环。

小容积气瓶和检验标志环的检验钢印标志上可以不涂检验色标。

(2) 公称容积 40L 气瓶的检验色标，矩形约为 80mm×40mm；椭圆形的长短轴分别约为 80mm 和 40mm。其他规格的气瓶，检验色标的大小宜适当调整。

第四节　乙炔气瓶的充装、贮存、运输和使用安全

一、乙炔瓶的充装安全

1. 乙炔瓶充装单位应向省级质量技术监督行政部门锅炉压力容器安全监察机构提出充装注册登记书面申请，经审查符合条件的，发给充装注册登记证。未办理注册登记的，不得从事乙炔瓶的充装工作。

2. 乙炔瓶充装注册登记有效期为四年，有效期满前，乙炔瓶充装单位应重新办理注册登记，逾期不办者，停止充装工作或取消充装资格。

3. 乙炔瓶充装单位必须保证乙炔瓶充装安全和充装质量，并应有保证充装安全的管理体系和必要的管理制度；有熟悉乙炔瓶充装安全技术的管理人员和经过专业培训的操作人员；有符合规定的场所、设施、工装设备和测试手段，以及必须认真贯彻执行有关安全法规和技术标准。

4. 乙炔瓶应实行固定充装单位制度，档案不在本充装单位的乙炔瓶，不得回收和充装。乙炔瓶充装单位应列出固定在本单位充装的乙炔瓶用户名单，投送所在地的地、市质监部门锅炉压力容器安全监察机构备案，并于以后每年 11 月 1 日前将当年的变动情况投送一次。

5. 乙炔瓶充装单位对固定在本单位充装的乙炔瓶，应逐只建立档案，其档案内容应包括乙炔瓶编号、产品合格证、质量证明书、定期检验记录、充装记录等。

6. 乙炔瓶充装单位应保证固定在本单位充装的乙炔瓶定期进行检验，及时补加溶剂，以保证充装质量和充装安全。

7. 乙炔瓶用户应就近选择充装单位，不购买、不使用违反规定充装的、质量不符合标准的乙炔瓶。

8. 严禁违反规定充装乙炔瓶，严禁销售质量不合格的乙炔瓶。

9. 乙炔瓶用户改变固定充装单位时，应办理乙炔瓶和其档案的转户手续。用户临时改变充装单位时可不办理转户手续，但充装单位应对临时用户的乙炔瓶作出标记，单独充装和存放。

10. 无制造许可证的单位制造的乙炔瓶；没有经过有关部门监督检验合格，并打监督检验钢印的进口乙炔瓶；除临时改变充装单位，档案不在本充装单位保存的乙炔瓶，不得进行充装。

11. 乙炔瓶在充装前，充装单位应有专职人员对乙炔瓶逐只进行检查，其检查结果应填写在充装记录中，并由检查人签字。

无制造许可证单位生产的乙炔瓶、未经省级以上（含省级）质量技术监督行政部门检验机构检验合格的进口乙炔瓶、档案不在本充装单位又未办理临时充装变更手续的乙炔瓶，严禁充装。

12. 乙炔瓶的钢印标记不全或不能识别的；乙炔瓶超过检验期限的；乙炔瓶颜色标记不符合《气瓶颜色标记》(GB 7144) 规定的或表面漆色脱落严重的；乙炔瓶的附件不全、损坏或不符合规定的；乙炔瓶内无剩余压力或怀疑混入其他气体的；乙炔瓶内溶剂重量不符合《溶解乙炔充装规定》(GB 13591) 要求的；乙炔瓶经外观检查，存在明显损伤，需进一步进行检验的；乙炔瓶首次充装或经装卸瓶阀、易熔合金塞后，未经置换合格的等，均应先进行处理或检验，否则严禁充装。

13. 乙炔瓶在充装前，必须按《溶解乙炔充装规定》(GB 13591) 测定溶剂补加量。乙炔瓶补加溶剂后，必须对瓶内溶剂量进行复核。

14. 乙炔瓶充装时，其充装容积流速应进行适当控制，一般应 $<0.015 m^3/h$；瓶壁温度不得超过 40℃，充装时可用自来水喷淋冷却，也可以进行强制冷却；乙炔瓶一般应分两次充装，中间的间隔时间不少于 8h。

15. 乙炔瓶充装后，其乙炔充装量和静置 8h 后的瓶内压力，应符合相应国家标准的规定；并不得有泄漏或其他异常现象，否则，乙炔瓶应严禁出厂，并应作妥善处理。在任何情况下，乙炔瓶的充装压力不得>2.50MPa。

16. 乙炔瓶充装后，充装单位应逐只认真填写充装记录，其记录内容应包括充装前检查结果、充装日期、充装间室温、乙炔瓶编号、皮重、实重、剩余压力、剩余乙炔量、溶剂补加量、乙炔充装量、静置后压力、发生的问题及处理结果、操作人员签字等。乙炔瓶充装记录应至少保存 12 个月。

17. 乙炔瓶的充装单位应负责保护好乙炔瓶的外表面颜色标记，并应做好充装过程中受损漆层的修复。

18. 乙炔瓶的充装单位应保持充装前的检查人员和充装时的操作人员的相对稳定，并定期地对其进行安全教育。

19. 乙炔瓶充装单位所在地的地、市锅炉压力容器安全监察机构，应加强对充装单位的监督检查，每年至少抽查一次，对违反乙炔瓶充装安全规定的充装单位，应提出批评，令其改正，对屡犯不改的，省级有关部门应撤销其充装单位的注册登记证。

20. 乙炔瓶充装单位不遵守、不执行《溶解乙炔气瓶安全监察规程》和有关国家标准或行业标准的规定，致使发生事故，后果严重的，应依照法律的规定追究其经济责任和刑事责任。

二、贮存乙炔气瓶应遵守的安全规定

1. 乙炔瓶瓶库的设计和建造应符合《建筑设计防火规范》（GB 50016）和《乙炔站设计规范》（GB 50031）的有关规定。

2. 贮存乙炔瓶的场所，应按照《建筑灭火器配置设计规范》（GBJ 140）的要求配置灭火器材，但不得配置和使用化学泡沫灭火器材。

3. 使用乙炔瓶的现场，乙炔气的存贮量不得超过 $30m^3$，$30m^3$ 相当于公称容积为 40L 的乙炔瓶 5 瓶。

4. 乙炔瓶的贮存量超过 $30m^3$ 时，应用非燃烧体或难燃烧体隔离出单独的贮存间，其中一面应为固定墙壁；乙炔气的贮存量超过 $240m^3$ 时，应建造耐火等级不低于二级的贮瓶仓库，与建筑物的防火间距不应<10m，否则应用防火墙予以隔开。

5. 乙炔瓶的贮存仓库或贮存间，应避免阳光直射，并应避开放射性射线源，与明火或散发火花地点的距离不得<15m。

6. 贮存乙炔瓶环境温度一般不应超过 40℃，不能保证时，应采取遮阳或喷淋等措施降温。

7. 乙炔瓶的贮存仓库或贮存间应有良好的通风、降温设施，不得有地沟、暗道和底部通风孔，并且严禁任何管线穿过。

8. 乙炔瓶的贮存仓库或贮存间应有专人负责管理，并在醒目处设置"乙炔危险""严禁烟火"的标志。

9. 空瓶与实瓶应分开、整齐放置，并有明显的标志。

10. 贮存乙炔瓶时，应保持其直立位置，且应有防止倾倒的措施。

11. 严禁乙炔瓶与氧气瓶、氯气瓶及易燃物品同室贮存。

12. 乙炔瓶不得贮存在地下室或半地下室内。

三、运输和装卸乙炔气瓶应遵守的安全规定

1. 运输乙炔瓶的车、船应符合公安和交通部门的有关规定，运输车、船要有明显的危险物品运输标志，严禁无关人员搭乘，必须经过市区时，应按照当地公安部门交通机关规定的路线和时间行驶。
2. 运输乙炔瓶的车、船严禁停靠在人口稠密区，重要机关和有明火的场所，中途停靠时，驾驶人员和押运人员不得同时离开。
3. 不应长途运输装有乙炔气的乙炔瓶。
4. 乙炔瓶应轻装轻卸，严禁抛、滑、滚、碰和倒置。
5. 吊瓶乙炔瓶应使用专用夹具，严禁使用电磁起重机和用链绳捆扎。
6. 运输乙炔瓶应戴好瓶帽，立放时应妥善固定，且厢体高度不得低于瓶高的 2/3。
7. 装卸乙炔瓶作业现场严禁烟火，并必须配置适宜的灭火器材。
8. 夏季运输时应采取遮阳暴晒措施。

四、使用乙炔气瓶应遵守的安全规定

1. 使用乙炔瓶前，应对乙炔瓶的钢印标记、颜色标记及安全状况进行检查，凡是不符合规定的乙炔瓶不准投入使用。
2. 乙炔瓶的放置地点，不得靠近热源和电气设备，与明火的距离不得<10m，高处作业时，此距离为在地面的垂直投影距离。
3. 乙炔瓶在使用过程中，必须直立，并应采取防止倾倒的措施，严禁卧放使用。
4. 乙炔瓶经倾斜搬运和水平滚动，应竖立直放静置 10~15 分钟后方可投入使用。
5. 乙炔瓶严禁放置在通风不良或有放射性射线源的场所中使用。
6. 在密闭或室内的环境中使用乙炔瓶时，要杜绝泄漏，加强场所的通风，以避免发生燃爆事故。
7. 乙炔瓶严禁敲击、碰撞，严禁在乙炔瓶体上引弧，严禁将乙炔瓶放置在电绝缘体上使用。
8. 应采取措施防止乙炔瓶受暴晒或受烘烤，严禁用 40℃ 以上的热水或其他热源对乙炔瓶进行加热。在冬季当瓶口冻结时，严禁用火烘烤，只可用 40℃ 以下的热水解冻。
9. 移动作业时，应采用专用小车搬运乙炔瓶，如乙炔瓶和氧气瓶放在同一辆小车上搬运，必须用非燃材料隔板将乙炔瓶和氧气瓶隔开。
10. 乙炔瓶阀出口处必须设置专用的减压器和回火防止器。正常使用时，减压器指示的放气压力不得超过 0.15MPa，放气流量不得超过 0.05m³/h，如需较大放气流量时，则应采用多只乙炔瓶汇流供气。
11. 乙炔瓶在使用过程中，开闭乙炔瓶阀的专用扳手，应始终装在阀上，以保证在突然发生事故时，能及时关闭阀门，避免事故扩大。暂时使用时，必须关闭焊、割工具的阀门和乙炔瓶瓶阀，严禁手持点燃的焊、割工具调节减压器或开、闭乙炔瓶瓶阀。
12. 乙炔瓶在使用过程中，发现泄漏应及时处理，严禁在泄漏的情况下使用。
13. 乙炔瓶内气体严禁用尽，必须留有不低于 0.05MPa 的剩余压力。

14. 使用乙炔瓶的单位和个人不得擅行对瓶阀、易熔合金塞等附件进行修理或更换；严禁对在用乙炔瓶瓶体和底座等进行焊接修理。

15. 停止作业应取下减压器，必须关闭乙炔瓶主阀，在确认无泄漏时，方可离开作业地点。

五、乙炔气瓶意外事故的处理

在使用乙炔气瓶的过程中，如遇意外事故可按以下方法进行处理，以便做到临危不乱，沉着冷静，将事故控制在萌发状态，防止事故扩大。

1. 对储存、使用时出现的起火事故，若是安全阀和主气阀处着火，应用干粉灭火器或二氧化碳灭火器进行灭火；若是气瓶起火，可采用灭火器灭火，同时采用大量的水来冷却气瓶瓶体，或将气瓶推入水池中；若是减压器安装部位着火，应立即停止使用，并关闭主阀。

2. 如遇有气瓶表面发热，可把发热的气瓶移至安全地带，或者连续注水 4~5h，也可将气瓶推入水池中冷却。乙炔气瓶瓶体表面温度升高时，其肩部最易引起温度上升，此时不得采用打开主阀用降低瓶内的压力的方法来实行降温，以免导致气瓶内分解反应加剧而发生燃爆事故。

3. 不论在何种情况下，若出现气瓶表面温度升高的异常现象，应首先停止使用，然后再设法处理，并尽快与充装单位联系，以便查明原因。

4. 当遇有气瓶内丙酮喷出时，应立即停止使用，关闭瓶阀，将喷丙酮的气瓶放置于通风阴凉处，防止暴晒，并静置 24h 以上；或者将乙炔气瓶的流量关小，若使用多个焊割炬时，则应减少大部分焊割炬后再使用。若上述方法均无法解决丙酮喷出，则应关闭瓶阀，送回充装单位处理。

第十六章 锅炉安全技术

第一节 锅炉及其主要部件

一、锅炉

锅炉是一种利用燃料燃烧所释放出来的热能加热所装载的水,使之成为高压蒸汽、热水或高温水的容器。

锅炉本体设备中汽水系统称为"锅",其工作任务是吸收燃料燃烧放出的热能,使水蒸发并最后成为规定压力和温度的过热蒸汽。汽水系统由省煤器、汽包、集箱、水冷壁、过热器等组成。

锅炉本体设备中燃烧系统称为"炉",其工作任务是使燃料能在炉内很好地燃烧,以释放出热能。燃烧系统由燃烧室、给煤机和炉排或者为喷燃器、空气预热器等组成。

二、锅炉的类型和锅炉产品型号的编制

目前,厂矿企业中使用的锅炉,类型繁多,名称各异,但就其锅炉本体结构特点而言,可分为火管锅炉、水管锅炉及水火管组合锅炉等3种类型。

锅炉产品型号是反映锅炉结构型式主要特征的代号。目前,我国工业锅炉产品型号的编制方法如下:

锅炉产品型号由三部分组成,各部分之间用短横线相连。

型号的第一部分表示锅炉型式、燃烧方式和蒸发量,共分三段,第一段用两个汉语拼音字母代表锅炉整体型式,详见表16-1和表16-2;第二段用一个汉语拼音字母代表燃烧方式,废热锅炉至燃烧方式代号,详见表16-3;第三段用阿拉伯数字表示蒸发量为若干t/h,热水锅炉的出水用有效带热量表示,单位为(4.2×10^4J/h),废热锅炉用受热面表示,单位为m^2,各段应连续书写,相互衔接。

水管锅炉有快装、组装、散装三种型式。为了区别快装锅炉与其他两种型式,在型号第一部分第一段用K(快)代替锅筒数量代号,组成KZ(快、纵)、KH(快、横)和KL(快、立)三个型式代号。对纵横锅筒式也用KZ(快、纵)型式代号,强制循环式用KQ(快、强)型式代号。

第一节　锅炉及其主要部件

火管锅炉　　　　　　　　　　　　　　　　　　　表 16-1

锅炉整体型式	代号	锅炉整体型式	代号
立式水管	LS(立、水)	卧式内燃	WN(卧、内)
立式火管	LH(立、火)		

水管锅炉　　　　　　　　　　　　　　　　　　　表 16-2

锅炉整体型式	代号	锅炉整体型式	代号
单锅筒立式	DL(单、立)	双锅筒横置式	SH(双、横)
单锅筒纵置式	DZ(单、纵)	纵横锅筒式	ZH(纵、横)
单锅筒横置式	DH(单、横)	强制循环式	QX(强、循)
双锅筒纵置式	SZ(双、纵)		

燃烧方式　　　　　　　　　　　　　　　　　　　表 16-3

燃烧方式	代号	燃烧方式	代号
固定炉排	G(固)	下饲炉排	A(下)
活动手摇炉排	H(活)	往复推饲炉排	W(往)
链条炉排	L(链)	沸腾炉	F(沸)
抛煤机	P(抛)	半沸腾炉	B(半)
倒转炉排加抛煤机	D(倒)	室燃炉	S(室)
振动炉排	Z(振)	旋风炉	X(旋)

型号的第二部分表示介质参数，共分两段，中间以斜线相连。第一段用阿拉伯数字表示锅炉工作压力为若干MPa，第二段用阿拉伯数字表示过热蒸汽温度为××℃，热水锅炉为出水温度。蒸汽温度为饱和温度时，型号的第二部分无斜线和第二段。

型号的第三部分表示燃料种类和设计次序，共分两段，第一段以汉语拼音字母代表燃料种类，详见表16-4，如同时使用数种燃料，主要燃料放在前面，废热锅炉无燃料代号，第二段以阿拉伯数字表示设计次序，和第一段连续顺序书写，原型设计无第二段。

燃烧品种　　　　　　　　　　　　　　　　　　　表 16-4

燃料品种	代号	燃料品种	代号
无烟煤	W(无)	气体	Q(气)
贫煤	P(贫)	木柴	M(木)
烟煤	A(烟)	稻糠	D(稻)
劣质烟煤	L(劣)	甘蔗渣	G(甘)
褐煤	H(褐)	煤矸石	S(石)
油	Y(油)		

为了更好地表明锅炉产品型号，现举例说明锅炉型号代号的表示意义：

$$DZL4\text{-}13\text{-}W$$

表示单锅筒纵置式链条炉排，蒸发量为4t/h，工作压力为1.3MPa，饱和温度，燃用无烟煤，原型设计的锅炉。

$$SHS10\text{-}13/250\text{-}A$$

表示双锅筒横置式室燃，蒸发量为10t/h，工作压力1.3MPa，过热蒸汽温度250℃，燃用烟煤煤粉，原型设计的锅炉。

三、锅筒

锅筒是锅炉的重要部件,在锅筒式锅炉(也称锅壳式锅炉)中,在锅筒内设置了燃烧室及受热面(炉胆),它实际上成为锅炉整体,且锅筒的一部分往往又是锅炉受热面的主要组成部分,此外它也是锅炉的容水及容汽空间和汽水分离的场所。

在水管锅炉里,锅筒(又称汽包、汽鼓)一般是不受热的,因此它没有受热面的作用。它起汽水回路汇集点的作用,使下降管与上升管封闭构成水循环回路,此外,它使锅炉具有足够的汽水空间,以保证水位相对稳定和具有一定适应负荷变化的能力,它也是汽水分离的场所,以免蒸汽被污染。

锅筒是用钢板焊制成的圆筒形容器,两端焊有椭圆形封头。锅筒可以悬挂在钢架上或支承在活动支架上,也有些是靠受热面管子支撑着的。无论采用哪一种方法,均要保证锅筒在受热后能自由膨胀。低压工业锅炉制造锅筒的材料是专用的锅炉碳素钢,如 Q235、15 号钢、20 号钢等。

锅筒两端的封头是用钢板冲压制成,焊在筒体上。为了便于作业人员进入内部进行安装和检修,在一端或两端的封头上设有人孔,人孔一般为椭圆形。

管子与锅筒的连接方法有胀接和焊接两种,胀接便于拆换管子,且有一定的严密性,故在中低压锅炉中广泛应用。中压以上的锅炉一般均采用焊接,因焊接有可靠的强固性和严密性。

在锅筒内还设有内部装置,如给水装置、炉内加药装置、排污装置和汽分离装置等。此外,在锅筒外壁上还装有一些指示仪表和安全装置,如水位表、压力表、安全阀、水位警报器等。

锅筒是体积大筒壁厚的部件,壁越厚,加热时产生的附加热应力也越大,为了不使锅筒产生危险的附加应力,故要求加热的速度不宜过快。在锅炉上水时,由于水温与锅筒壁之间具有一定的温差。造成筒壁上半部和下半部的温度不同,使锅筒产生热应力。为了使这个热应力不致达到危险的程度,故上水速度不宜过快。

在水管锅炉里,锅炉点火后,随着吸热量增加,锅筒内逐渐产生蒸汽。由于蒸汽向锅筒上半部内壁的凝结放热系数大于水向锅筒下半部的对流放热系数,因此上半部温度高于下半部温度,这一温差存在的结果,便形成了附加热应力,也称温度应力,从而使锅筒产生弯曲。再者,由于锅筒的壁较厚,热阻较大,在升火过程中,锅筒内壁温度高于外壁温度,其差称为温降。温降同样可形成附加热应力。限制锅炉升火的速度,就是为了使温差、温降不超过一定的数值,否则热应力过大,加上锅筒又受到内部压力的作用,就会使锅筒钢材工作处于危险状态。若要加快升火速度,就得减少锅筒的温差和温降。为此,在水管锅炉的锅筒上需敷设保温层,使锅筒壁上的温度分布尽可能趋于相同。必要时还应引外来蒸汽进入锅筒,对锅筒先行预热。

锅炉在正常运行时,锅筒因容积大,水容量也大,其蓄热能力也大,因此负荷波动时,水位及压力都比较稳定。但是,若锅炉发生意外爆炸事故,其破坏力也是很大的。

锅炉在停炉过程中,炉水温度不断下降,锅筒内壁温度也随之降低,而外壁面有良好的保温层,故外壁的温度高于内壁的温度,因此停炉时也有温降,但与升火时的方向相反。再者,炉水与下半部壁面的放热系数>蒸汽与上半壁面的放热系数,使锅筒下半部壁面温度低于上半壁面温度,因此也有温差产生。为此在停炉时减温的速度也要受到锅筒的限制。

此外,在卧式锅壳式锅炉中,由于烟气冲刷锅筒的接缝,使整个锅筒受热情况复杂化,此时更应严格控制锅炉的升火和停炉速度,以免损坏锅筒。

四、集箱

集箱也称为联箱,与管子连接用来汇集和分配管内工作介质的流量,用于水冷壁系统、过热器、省煤器或对流管束等。

集箱多用钢号为 10 或 20 的无缝钢管制造,其外径多在 159mm 以上,两端焊有封头。集箱上开有较多的管孔,管子与集箱连接有胀接与焊接两种,现多采用焊接连接。

集箱上设有手孔、排污管座,过热器出口集箱设有安全阀、放空阀、压力表和测温仪表等。

五、对流管束

对流管束是水管锅炉的蒸发受热面,由许多管子组成,也称沸水管。

对流管束放置在炉膛出口后的对流烟道内,主要以对流传热方式吸收烟气的热量,是锅炉水循环回路的一部分。从构造和其配置情况来看有卧式直水管和立式弯水管,管子的排列方式有顺列和错列两种。不论哪种方式,对流管束主要是受烟气的横向冲刷,因此传热情况较好。从传热角度上看,管子错列比顺列要好,但错列的管束易沉积灰,且不便清除,飞灰磨损也较严重,因此在水管锅炉的实际结构中采用顺列管束为多。卧式直水管因在结构上存在许多缺陷,现已逐渐被淘汰。

组成对流管束管子的直径为 51~102mm,为锅炉无缝钢管,其两端可与集箱、管板或锅筒连接。连接的方法有胀接和焊接。管束通常是悬吊或支承在与其连接的部件上,并能使其在受热后能自由膨胀。此外在大多数的管束中砌有烟道隔墙,把管束分为若干部分,烟气在其中迂回曲折地冲刷管束,以提高烟速和改善冲刷条件。由于增加了烟气流程,提高了传热温差,从而可以提高传热效果。加设隔墙还可使管束有受热强弱的区别,为水循环提供了有利条件。

六、水冷壁

水冷壁是锅炉的主要蒸发受热面,其吸热依靠高效率的辐射作用,吸热强度远高于对流管束。水冷壁的作用是吸收高温辐射热,以加速管内的汽化过程;其次是保护炉墙,防止结渣;再者是以水冷壁代替对流管束,节约金属材料。

低压工业锅炉的水冷壁是用无缝钢管制成,其外径为 51~83mm 之间,现趋向于使用较细的管子,以节约金属材料,增加循环动力,提高水循环速度。

水冷壁管子下部与循环回路的下集箱连接,管子上部可直接与锅筒连接,也可与上集箱连接后,再用导汽管与锅筒相连。连接的方法也有胀接和焊接两种,对低压工业锅炉,通常与集箱连接采用焊接,与锅筒连接采用胀接。水冷壁其上端一般是吊在锅筒或上集箱上,下集箱则支持在可以活动的支座上。当水冷壁较高时,在管子中间尚设有支承点,以保证其垂直方向的自由膨胀和限制其横向位移。但要注意确保水冷壁管穿墙处的密封性和自由膨胀的灵活性。

近年来出现带有翼片的膜式水冷壁，可以更为有效地吸收热量和保护炉墙。翼片可以用扁钢在无缝钢管上焊成，也可在无缝钢管上轧出。采用膜式水冷壁可以使炉墙结构大为简化，使保温、绝热材料直接敷于水冷壁上，节省大量耐火砖和红砖。此外，还能使炉膛的密封性提高，减少炉膛的漏风，从而降低引风机的耗电量和排烟损失，提高锅炉热效率。

七、炉胆

炉胆是锅壳式锅炉特有的部件，为钢板卷制的壳体，放置在锅筒内的燃烧室。在炉胆内部装有炉排等燃烧设备，燃料即在其中燃烧。炉胆也是受热面的一部分。

炉型不同其炉胆外形也不相同，卧式锅炉的炉胆为圆柱形，立式锅炉的炉胆为上小下大的圆锥形，其上还带有炉胆顶（封头）。

炉胆的内表面是燃烧室，外表面是炉水，因此炉胆内外表面的温差较大。为避免产生过大的热应力，其壁厚不能太厚，一般不应超过20mm。但炉胆壁厚也不能太薄，一般不应<8~10mm。因为炉胆要承受工作介质的外压力，如壁厚过薄，在外压力的作用下易失去稳定性。此外，炉胆外表面结水垢，内表面受烟气浸蚀，也不得使其壁厚太薄。

炉胆因受到高温火焰的灼烧，从而造成热膨胀，在立式锅炉中，炉胆不很高，热膨胀量不大，依靠炉胆上下连接部件就可将其吸收。在卧式锅炉中，炉胆长度有超过10m的，其热膨胀量很大，单纯靠炉胆两端的连接件是无法完全吸收的，因此须把炉胆本身制成弹性元件。这些弹性元件有阿登生环或波浪形接头，也可将整个炉胆压制成波纹管起弹性元件作用。

由于炉胆直接受火焰灼烧，因此应尽量把接缝放在温度较低的区域，对于卧式锅炉，火筒的纵向焊缝应放在底部或两侧；对于立式锅壳式锅炉的炉胆与下脚圈的接缝应低于炉排平面。

八、炉墙

炉墙组成密闭的燃烧室和烟道，起绝热和密封的作用。因此，炉墙需具有足够的耐热性，良好的绝热性和密封性，一定的机械强度。此外，炉墙还应具有一定的抗腐蚀性、防震性和承受温度剧烈变化的能力，同时还应具有重量轻，结构简单，便于施工和造价尽可能低廉等。

砌筑炉墙的材料主要为耐火黏土砖、硅藻土砖、红砖，以及石棉制品等。炉墙有重型炉墙、轻型炉墙和管承式炉墙等三种形式。轻型炉墙的结构特点为炉墙重量分段地由锅炉钢架直接承受，故又称钢架承托式炉墙，其炉墙一般由耐火砖、硅藻土和绝热材料等三层组成，其炉墙壁较薄，**重量较轻**。现均采用大型预制耐火混凝土板和密封涂料制成壁板式的轻型炉墙。管承式炉墙的结构特点为炉墙重量由锅炉水冷壁管来承受，而不与锅炉钢架直接发生联系，其炉墙由数层敷设在水冷壁管子上的耐火材料和绝热材料所组成。轻型炉墙和管承式炉墙多用于大型锅炉。低压锅炉多采用重型炉墙，其结构特点是炉墙直接砌筑在锅炉基础上，即炉墙重量直接由锅炉基础来承受。其炉墙由耐火砖和红砖构成，因受稳定性和砖的强度的限制，炉墙高度一般不超过10~12m。由于笨重，施工速度慢，故大型锅炉不宜采用。但由于其结构简单，又节省钢架的材料，故小型锅炉均采用重型炉墙。

为了保证自由膨胀，避免炉墙受热膨胀而发生变形，在炉墙内层的交角处，沿整个炉墙高炉需留有垂直的膨胀间隙，即膨胀缝，并在膨胀缝内填以石棉绳，以确保密封。此外，凡是有管子或其他金属件通过炉墙的地方，也同样需留膨胀缝，并填以密封填料。

九、炉排

燃烧设备是锅炉的重要组成部分，按照燃烧方式的不同，可分为层燃炉（火床燃烧）和室燃炉（煤粉炉、燃气炉等）两大类。炉排为火床燃烧设备，其作用是用来支持燃烧和燃料层，并通过它的通风孔隙将助燃的空气导入燃料层。按照燃料与炉排之间的相对运动情况，可分为燃料层不移动的炉排，燃料层在炉排上移动而炉排本身不移动，燃料随炉排一起移动的3种炉排。

人工手烧固定炉排和手摇活动炉排就属于燃料层不移动的炉排。其结构简单，通用性广，但只适用于小型锅炉，多用于蒸发量为4t/h以下的锅炉，配有抛煤机的手摇活动炉排一般也只用于蒸发量不超过10t/h的锅炉。手摇炉排可改善除渣的工作条件，常和机械化加煤设备 抛煤机配套使用，组成半机械化的燃烧装置。其整个炉排由很多块可以转动的炉排片组成，当摇动手柄时，炉排片也随之转动，炉排上的灰渣即落入灰渣斗内。为了在排渣时不影响锅炉的正常运行，常将全部炉排分成与投煤炉门数目相等或抛煤机台数相等的若干组，分别用若干个手柄来控制，这样便可一组一组地清除炉排上的灰渣。

振动炉排和往复推动炉排属于燃料层在炉排上移动，而炉排本身不移动的炉排。这两种炉排在工业锅炉上均有应用，其燃烧装置的机械化程度比上述固定炉排和手摇活动炉排均有所提高。振动炉排的燃烧方式与链条炉排相近，但结构简单。往复推动炉排适用于燃烧劣质煤，且有良好的消烟效果，为一种小型锅炉上较适用的机械化燃烧设备。

链条炉排和抛煤机链条炉排为燃料层随炉排一起移动的炉排。链条炉排的工作面（承托燃料的一面）由电动机通过变速传动装置驱动，将煤连续不断地送入燃烧室内燃烧，最后将灰渣排入灰渣斗内，以实现投煤和排渣的机械化。链条炉排的移动方向通常由前向后移动，而配有机械抛煤机的链条炉排则是由后向前移动，故又称"倒转炉排"。炉排的移动速度和煤层厚度可根据煤种及负荷进行调节，燃烧需要的空气是从炉排下面分段送入的，称为一次风。少量空气在燃烧室上部送入，其主要作用是扰动，以利燃烧完全，称为二次风。燃烧过程可分为着火准备（燃料加热、干燥、析出挥发物和着火）、燃烧和燃尽3个阶段。各阶段所需要的空气量是不同的，由于采用了炉排下分段送风，便可根据炉排各区段上的燃烧特点合理地调整风量。链条炉排按其结构可分为链带式炉排、横梁式炉排和鳞片式炉排（不漏煤式炉排）三种形式。链带式炉排结构简单，制造安装方便，但容易漏煤，炉排片易折断，检修更换不便，故在一些小型工业锅炉上被采用。横梁式炉排为部分地改进了链带式炉排的缺点。鳞片式炉排为比较完善的链条炉排，其炉排片不易损坏，换装也较方便，不漏煤，但其结构比较复杂，故多用于蒸发量为10t/h以上的锅炉。

抛煤机链条炉排的结构与上述链条炉排一样，只是其作用主要是用来排渣和承托燃料。配有风力抛煤机的炉排移动方向与普通链条炉排相同，配有机械抛煤机的炉排则是倒转炉排。目前多采用风力机械式抛煤机，抛煤式给煤可利用重力分离作用，使煤按颗粒大小散布在炉排上，底层和后面为大块煤，上面和前面为小块煤，最上层为煤粉，部分煤细粉末呈悬浮状态在空间燃烧，使着火条件得到改善。由于大块煤与煤粉末已分层，使通风

十、锅炉构架

锅筒式锅炉一般没有锅炉构架。容量较大的水管锅炉则有锅炉构架，构架又称钢架。构架的作用为支承锅筒、集箱、受热面、平台、扶梯和其他构件。

锅炉构架大致可分为支承式和悬吊式两种。工业锅炉所用的构架几乎均为支承式构架，一般由型钢焊接成框架，横梁直接支承锅筒、集箱、受热面管子等的重量，并把这些荷重传递给立柱，立柱再将这些荷重集中作用在锅炉基础上。辅助梁和桁架用来增强钢架的刚性和稳固性，并用以支承炉墙和管子等。

锅炉构架的各部件应防止受热，以免产生额外的热应力，为此这些部件应装置在炉墙和烟道的外面，并采取必要的冷却措施。

十一、蒸汽过热器

过热器是把从锅筒出来的饱和蒸汽加热干燥，并使蒸汽过热到一定温度。饱和蒸汽在过热器内加热是在压力不变的情况下，热焓量增加，温度升高变成过热蒸汽。采用过热蒸汽在汽轮机内作功可以提高汽轮机的效率，降低汽耗量，减轻汽轮机末级叶片的水滴浸蚀作用，并可减少蒸汽输送管道中的凝结水损失，从而大大提高蒸汽动力设备的安全经济性。

根据传热方式的不同，过热器可分为对流式、辐射式和半辐射式3种。对流式过热器主要依靠与烟气直接接触而获得热量，辐射式过热器主要依靠炉膛火焰的辐射传热而获得热量，半辐射式过热器既依靠烟气直接接触又依靠火焰的辐射传热而获得热量。对流式过热器应用较广，大型、中型、小型锅炉都采用，特别是小型工业锅炉几乎均采用对流过热器。

按照过热器放置的方式不同，过热器可分为立式过热器和卧式过热器。立式过热器的蛇形管悬挂在烟道中，其特点是不易积灰，支吊方便，吊架可固定在锅炉烟道外部的钢架上，自由膨胀性能好，便于布置在立式水管锅炉中，但这种过热器的排水性能较差。卧式过热器的蛇形管是水平放置的，其显著的特点是疏水方便，但这种过热器易积灰，支吊困难，并由于支吊架得不到冷却易变形，甚至损坏。

由于过热器中的工作介质（过热蒸汽）温度较高，而从金属管壁到蒸汽的放热条件又比到水的放热条件差得多，加之管内有盐垢及腐蚀，管外又受到飞灰的磨损，故过热器的工作条件较差。但是，过热器的可靠性对于整个锅炉运行有着重大的影响，因此，对过热器的构造、材料的选用有着较高的要求。

过热器是由集箱和许多细长的蛇形管及支吊设备组成。蛇形管用无缝钢管弯制，材料为优质碳素钢或耐热合金钢。蛇形管与集箱的连接，过去多采用胀接，现在一般均采用焊接。蛇形管直接焊在集箱管孔内，或通过管接头与集箱焊接。焊接连接可使结构较严密，又由于没有手孔，故集箱强度可得到提高。

过热器蛇形管的支吊架是工作在高温烟气的冲刷之下，又无良好冷却条件，因而需应用耐热性能较好的材料制成，支吊架应能在高温下保证安全工作，并且使每根蛇形管能自由膨胀。小型锅炉的立式过热器，一般依靠过热器集箱把蛇形管自由吊挂在烟道中，而集箱则固定在锅炉钢架上或锅筒上。集箱支持于两点或三点上，其中一点固定，另外一点或两点不固定，以保证自由膨胀。

由于要求将蒸汽加热到较高温度，故过热器要求布置在烟道的高温区。但对于对流式过热器来说，又不宜使进入过热器的烟气温度过高，以防管壁过热而烧坏，故一般将过热器布置在一部分对流蒸发管束之后。这样既保证了蒸汽过热到较高温度，又可使过热器管壁的工作情况较好。

按照蒸汽与烟气的流向，可以将过热器的连接系统布置成顺流、逆流、双逆流以及混合流动等方式。使蒸汽在过热器中的流动方向与烟气流动方向一致，或者相反，这就成为顺流布置或逆流布置。而把顺流和逆流混合布置在一起便成为混流式布置。此外还有双逆流式的布置。在这些布置形式中，混流和逆流式布置则集中了逆流和顺流的长处，既有较高的平均温度差，又保证了过热器入口处管壁有较安全的工作条件，因此获得了广泛的应用。

十二、省煤器

省煤器是利用排烟的余热来加热给水的热交换设备。其主要作用是回收利用锅炉排烟部分的余热，提高给水温度，减少排烟热量的损失，从而提高锅炉的效率。一般给水每提高 1℃，排烟温度可下降 2~3℃。由于装设了省煤器，可使锅炉的效率提高 5%~15%。由于给水温度的提高，使水在蒸发受热面中可以减少热量吸收，因此可以减少燃料的消耗量。再者，由于水冷壁管和对流管束的任务可部分地由省煤器来代替，故在蒸发量相同的条件下，使用省煤器后可减少蒸发受热面，并节省钢材。此外，由于提高了进入锅筒的给水温度，使给水温度与锅筒的温度相同或接近，从而可避免因热应力所引起的各种故障。

按照给水被加热的程度不同，省煤器可分为非沸腾式和沸腾式两种；按照制造材料的不同，省煤器又可分为铸铁管式和钢管式两种。

铸铁管式省煤器是由许多带鳍片的铸铁管构成，各管之间用弯头连接。给水从下进入省煤器向上流动，烟气从上向下流动，形成逆流放热，以增强传热效果。使用带鳍片的管子，可增加受热面积。鳍片的形状有圆形和方形两种。水在铸铁管式省煤器中加热后的最终温度不得达到沸腾温度，而必须比锅炉工作压力下的沸点温度低 20~50℃。这是因为当水在其中沸腾时，若低温给水与省煤器中形成蒸汽接触，蒸汽便会骤然凝结而形成真空空隙，此时水就会急速补充流入空隙，从而产生水冲击。由于铸铁的抗冲击强度较差，故铸铁管式省煤器只能做成非沸腾式，并且只能用于低压锅炉中。

铸铁管式省煤器应装设旁路烟道和旁路给水管路。锅炉升火或省煤器发生故障需检修时，可使烟气或给水不经省煤器而从旁路通过。没装设旁路烟道的省煤器，当锅炉升火或停止给水的时候，给水仍由水泵打进省煤器，但在省煤器出口处接一根管子将水送回给水箱，以防省煤器被烧坏。当省煤器发生过热现象时，可用省煤器出口处装设的安全阀或放空阀来排除所产生的蒸汽。没有旁路烟道的省煤器，若发生故障，必须停炉才能进行检修。

铸铁管式省煤器耐磨抗腐蚀能力较强，用于未经除氧处理的小型低压热水锅炉较为适宜，但其比较笨重、强度差、易积灰，故须装设吹灰器，定时吹除积灰。此外，因连接法兰较多，易发生漏水现象。

钢管式省煤器能承受高压，不怕产生水冲击，故可制成沸腾式省煤器。在沸腾式省煤器中，水的最终加热温度不仅允许达到水的饱和温度，并且还有一部分水蒸发为蒸汽。其蒸发的蒸汽量约占总给水量的 10%～15%，最高可达 25%。

钢管省煤器由许多平行的蛇形管组成。蛇形管的两端分别用焊接法连接于放在烟道外面的进口和出口集箱上，集箱多为圆形的。为增强传热效果，蛇形管多布置成交错排列。省煤器管常分成几组，每组之间留有 600～1000mm 的距离，以便检修。给水由下面进入省煤器，沿蛇形管向上流动，烟气则由上往下流动，构成逆流流动方式，这样当水在省煤器内沸腾时，更有利于汽水混合物的流动，并可防止形成"汽塞"，以避免蛇形管过热烧坏。

钢管式省煤器也可做成非沸腾式，与沸腾式在结构上没有什么区别，仅在管路连接系统上有所差别。沸腾式省煤器出口与锅筒之间没有任何截门，以致使省煤器中产生的蒸汽能顺利地导入锅筒，但在省煤器前装有相应的截门。沸腾式省煤器不论是对水还是对烟气，一般都不需要截断，故通常不设旁通烟道和给水旁路管路。在沸腾式和非沸腾式省煤器的进口与锅筒之间均装有再循环管，当锅炉升火时，开放再循环管上的阀门，由于省煤器中的水被加热与再循环管中的水产生重度差，使水在锅筒与省煤器之间形成自然循环，从而使省煤器得到冷却，也保证了省煤器的安全使用。对钢管非沸腾式省煤器也可利用旁路烟道来保护省煤器的安全使用。

钢管式省煤器结构简单，制作容易，不易积灰，但蛇形管内部清洗困难，且钢管耐腐蚀性差，故若采用钢管式省煤器时，其给水必须经过除氧处理。

不论哪种省煤器，都应至少配置一个安全阀，其安全阀的截面积由设计单位确定。在省煤器进口应装设逆止阀，以防给水泵或水管路发生故障时，水通过省煤器泄出。此外，省煤器上还应装设压力表、测量温度仪表等安全附件。

十三、空气预热器

空气预热器的主要作用是进一步降低排烟温度，利用排烟余热，帮助提高燃烧用的空气温度，从而缩短燃料干燥的时间和促进挥发份的析出，使燃料迅速着火，加快燃烧速度，增强燃烧稳定性，提高锅炉热效率。此外，由于排烟温度的降低，还可改善引风机的运行条件，减少引风机的电耗。

空气预热器按传热方式可分为表面式空气预热器和再生式空气预热器。前者烟气热量是通过壁面连续地传给空气，后者烟气和空气交替地接触受热面。当烟气流过受热面时，热量由烟气传给受热面，并积蓄起来，当空气流过受热面时，热量传给空气，从而提高了空气的温度。

再生式空气预热器多采用回转式结构，故又称回转式空气预热器，这种预热器多用于大型锅炉。表面式空气预热器有板式、铸铁管式和钢管式等，板式和铸铁管式由于结构笨重、阻力大、易堵灰、严密性较差等缺点，故现在已很少采用。目前中小型工业锅炉用得较多的是钢管式空气预热器。钢管式空气预热器通常由直径 35～51mm，壁厚 1.5～3mm 的钢管制成，管子两端垂直地焊接在上、下管板上，管子在空气流动方向上一般成交错排列。为保证空气流速和良好传热，上下管板之间还设有分隔板和导流箱，以使空气沿预热器高度方向由下而上绕流，在管外横向流过，而烟气则在管内由上而下流动。管式空气预热器的构造简单，结构紧凑，严密性好，且传热效果好，因而得到广泛地应用。

空气预热器在运行中常遇到的问题是飞灰磨损及烟气腐蚀。长期地飞灰磨损及烟气腐蚀可致使空气预热器破损，引起空气预热器严重泄漏。大量的空气漏入烟气，严重时锅炉便无法维持运行。为防止飞灰磨损，设计时应注意气流分布均匀，选择合适的烟气流速，在运行中应注意不要随意将引风机开得过多，以维持烟气流速在设计的范围内。此外，为了保护钢管和检修的方便，还可在管子入口处装设防磨套管，套管长约110~200mm，外径略小于预热器钢管内径，外端制成锥形，并高出管板表面约20~80mm。还有一种保护钢管的方法，是在管端上加接一段短管，使强烈磨损部位转移到新加的短管内。在这些短管之间，可用耐火混凝土浇筑抹平，这样，即使短管磨穿，还有混凝土起保护作用。空气预热器的腐蚀均发生在烟气侧，其防止的方法是提高预热器入口的温度，常采用的方法有将送风机的吸风口装在锅炉房温度较高的地方，以便吸入温度较高的空气；装置热空气再循环管；在送风机前或后装置热交换器，利用汽动泵的排汽或其他废气来加热空气。

有些管式空气预热器当进风量达到一定值时，常会产生严重的振动和噪声，长期地振动会引起预热器箱体金属的疲劳破裂。为防止疲劳破裂，可加装防振隔板以消除共振源。

对管式空气预热器的堵灰问题，可采用较高的烟气流速和采用在烟气进入预热器之前处装设吹灰挡板的办法来解决。

十四、锅炉的给水设备

锅炉的给水设备是保证锅炉运行的重要附属设备之一。锅炉给水设备的种类很多，常用的有射水器、蒸汽往复式给水泵和离心式给水泵等。

射水器也称蒸汽喷射器，是一种结构简单、工作可靠的给水设备。射水器由蒸汽喷嘴、汽水混合室、渐扩管等主要部分组成。运行时先打开进水阀，后打开蒸汽阀，使蒸汽进入射水器内。蒸汽从高速喷嘴喷出，造成蒸汽喷嘴周围水室中压力下降，形成真空，从而将水吸入射水器内并在汽水混合室内混合，此时水温也随之升高。混合后的热水，流入后段渐扩管时，流速逐渐降低，但静压力增加，当压力超过锅筒工作压力时进入锅筒。

射水器一般用于蒸汽压力不大于0.8MPa的小型锅炉上。

在使用射水器时应注意以下事项：

1. 进水温度不能过高，以防止水沸腾破坏射水器内的真空度。
2. 吸水高度宜在2m以内。
3. 进汽的蒸汽压力不得过低。
4. 射水器内不得结垢或堵塞。
5. 射水器喷口冲刷磨损不得超过限度。
6. 水出口处的止逆阀不得失效，以避免锅炉汽水倒灌，进入射水器内。

蒸汽往复式给水泵有立式、卧式、单缸和双缸等型式，常用的卧式双缸蒸汽往复泵由水泵和蒸汽驱动两部分组成。左边是两个汽缸，右边为两个水缸。因该种给水泵有两个汽缸，同时又装有牵动装置互相牵动，因此，当一个活塞停止运动时，而另一个活塞就开始运动，故该种水泵能连续不断地向锅炉供水。此外，因两个活塞的位置不在同一侧，当一个活塞在死点时，另一个活塞上面的气门就打开进汽，故活塞不论在什么位置，只要进汽阀打开，往复式水泵就能工作。

离心式水泵是利用叶轮旋转的离心力作用将水送出去。为提高水泵的压头和制造上的方便，一般均将许多叶轮顺序地装在同一根轴上，使水每流过一级叶轮就能增加一次压力。每一叶轮为一级，级数越多，水的压力就越高。离心水泵启动前，必须先灌入引水，以排出泵体和进水管道内的空气，然后才能启动送水。对锅炉来说，要求给水泵的吸入端有适当的正扬程，这样水泵启动后即可出水，同时防止汽化。

十五、锅炉的通风设备

为保证锅炉燃烧过程的正常进行，须不断地把燃料燃烧所需要的空气送入炉内，并及时地将燃烧后的产物（烟气）通过受热面、烟道及除尘器等引出炉外。这种气流现象就是锅炉的通风。造成这种气流的设备就是通风设备。

通风的方法有自然通风和机械通风两种。自然通风是利用烟囱所产生的吸力来克服烟、风道的阻力而达到通风的目的。烟囱之所以能产生吸力是由于在同一高度下，烟囱内的烟气重度比烟囱外的冷空气重度小，使冷空气从炉排下面进入燃烧室参与燃烧，烟气沿烟囱上升排放到大气中。烟囱越高，排烟温度越高及冷空气温度越低，烟囱的吸力就越大。但锅炉在很高的排烟气温度下工作是不经济的，因增加烟囱的高度，会使烟囱的造价大大提高。通风力可借装在烟道上的烟道门进行调节。对于没有装设尾部受热面的工业小型锅炉，可采用自然通风。

空气预热器、省煤器和除尘器的应用，特别是煤粉炉的应用使空气的流动阻力大大增加，而排烟气温度的降低，又使烟囱的吸力大为减小。因此，在此种情况下就须采用机械通风，机械通风也称作人工通风。机械通风常用的设备是送风机和引风机。送风机是在常温下进行工作，结构较简单。引风机的作用是将燃烧后的产物烟气自炉膛经对流受热面、除尘器、烟道等吸出，经烟囱排放到大气中。通过引风机为高温和具有灰粒等杂质的烟气，因此引风机的轴承、传动部件、电动机等应尽可能远离高温的机壳，轴承箱内应设置冷却水管，风机叶片数目也不宜太多，转速以 980r/min 以下为好，以避免部件变形和磨损，确保引风机的运行正常。

锅炉上所用的风机多为离心式通风机，工作时，叶片之间的气体由于离心力的作用而甩向外壳，并由风机出口排出。此时出口处风压升高，而风机入口处风压降低，外界空气则通过风机入口不断补充，如此完成气体的输送工作。在风机入口处还装有导向挡板，用以调节风量。通过风机的气体数量称为风机的流量，风机出、入口风压的差值称为风机的全压，这是表示风机性能的两个主要参数。效率、转速、轴功率等也是表示风机性能的参数。风机容量的大小应选择合适，若容量不足会直接影响锅炉的出力和效率；若容量过大，则会造成浪费。

机械通风可调节，在现代锅炉设备中，采用机械通风在技术上是可行的，在经济上是合理的。而且离开了机械通风，锅炉就无法正常运行。

第二节 锅炉的安全技术要求

一、对压力表的安全技术要求

压力表用于测量锅筒内蒸汽压力的大小。压力表的准确、灵敏、可靠直接影响到锅炉的安全运行。因此，每台锅炉必须装有与锅筒蒸汽空间直接相连接的压力表。此外，在给水调节阀前；可分式省煤器出口；过热器出口和主汽阀之前；再热器出、入口；直流锅炉启动分离器；直流锅炉一次汽水系统前阀；强制循环锅炉水循环泵出、入口；燃油锅炉油泵进、出口；燃气锅炉的气源入口等部位，都应装设压力表。

压力表应根据锅炉的工作压力选用。对于额定蒸汽压力<2.5MPa 的锅炉，压力表的精确度不应低于 2.5 级；对于额定蒸汽压力≥2.5MPa 的锅炉，压力表的精确度不应低于 1.5 级。压力表的表盘刻度极限值应为工作压力的 1.5～3.0 倍，最好选用 2 倍。否则，由于弹簧管的弹性后效和残余变形，将导致压力表的指示不准确。压力表的表盘大小应保证司炉工人能清楚地看到压力指示值，因此，表盘直径应不<100mm。

选用的压力表应符合有关技术标准的要求，其检验和维护应符合国家质监部门的规定。压力表装用前应进行校验，并注明下次的校验日期。压力表的刻度盘上应划有红线标志，以指示出工作压力，使司炉人员便于一目了然，不把蒸汽压力烧过红线。红线标志不能刻画在表盘玻璃上，因红线标志若划在表盘玻璃上，读压力值时易产生偏差，或揩擦表盘玻璃时，还容易移动红线标志的位置。压力表装用后每半年至少校验一次。压力表检验后应封印。

压力表应装设在便于观察和吹洗的位置，并应防止受到高温、冰冻和振动的影响。压力表和存水弯管之间应装有旋塞，以便吹洗管路、卸换压力表。压力表存水弯管的作用在于阻止蒸汽直接进入压力表的弹簧管内，避免损坏压力表的机件，若存水弯管用钢管时，其内径不应<10mm；如用铜管时其内径一般不应<6mm。

压力表有下列情况之一时，应停止使用：

1. 有限止钉的压力表在无压力时，指针转动后不能回到限止钉处；没有限止钉的压力表在无压力时，指针离零位的数值超过压力表规定允许误差。
2. 表面玻璃破碎或表盘刻度模糊不清。
3. 封印损坏或超过校验有效期限。
4. 表内泄漏或指针跳动。
5. 其他影响压力表准确指示的缺陷。

二、对水位表的安全技术要求

水位表是锅炉的重要安全附件之一，它用于指示锅炉锅筒内水位的高低，运行人员可以通过水位表来观察水位，防止锅炉发生满水或缺水事故。因此，每台锅炉均应安装灵敏、可靠的水位表。

水位表通过连接管分别与锅筒的汽水空间连接。根据连通管原理，在两个互相连通的容器里，水面高度必定相等，因此水位表能正确指示锅筒内水位的变化情况。

常用的水位表有玻璃管式水位表和平板玻璃水位表。

玻璃管式水位表，如图 16-1 所示，由汽连接管、汽旋塞、水连接管、水旋塞、玻璃管和放水旋塞等构成。这种水位表一般安装在小型低压锅炉上。玻璃管内径不应<8mm，以防内径太小发生毛细管现象，造成指示误差。为了防止玻璃管爆裂的汽水和玻璃碎渣飞溅伤人，这种水位表应装置防护罩。

平板玻璃水位表，如图 16-2 所示，由汽连接管、通汽塞、锻钢框盒、平板玻璃、通

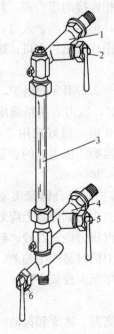 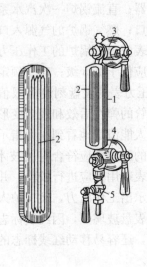

图 16-1 玻璃管式水位计　　　　　图 16-2 玻璃板式水位计
1—汽连管；2—汽旋塞；3—玻璃管；4—水连管；　　1—金属框；2—带槽纹的玻璃板；3—汽旋塞；
5—水旋塞；6—放水旋塞　　　　　　　　　　　　4—水旋塞；5—放水旋塞

水塞门、排水汽塞门等构成。平板玻璃嵌在锻钢框盒内，平板玻璃和框盒之间用石棉纸板作衬垫，并用螺栓将框盒拧紧在框盒上，使之不漏汽和水。这种水位表显示水位清晰，使用中也较安全。

根据有关规定，每台锅炉至少应装两个彼此独立的水位表，这是因为当一个水位表发生故障时，另一个水位表仍可显示水位，不必立即停炉。但符合下列条件之一的锅炉可只装一个直读式水位表：

1. 额定蒸发量≤0.5t/h 的锅炉；
2. 电加热锅炉；
3. 额定蒸发量≤2t/h，且装有一套可靠的水位示控装置的锅炉；
4. 装有两套各自独立的远程水位显示装置的锅炉。

水位表应装在便于观察的地方，光线应充足，水位表距离操作地面高于 6m 时，应加装远程水位显示装置。远程水位显示装置的信号不能取自一次仪表。

水位表应有下列标志和防护装置：

1. 水位表应有指示最高、最低安全水位和正常水位的明显标志，水位表的下部可见边缘应比最高火界至少高 50mm，且应比最低安全水位至少低 25mm，水位表的上部可见边缘应比最高安全水位至少高 25mm。
2. 为防止水位表损坏时伤人，玻璃管式水位表应有安全防护装置，如保护罩、快关阀、自动闭锁珠等，但不得妨碍观察真实水位。
3. 水位表应有放水阀门或放水旋塞和接到安全地点的放水管。

水位表的结构和装置应符合下列要求：

1. 锅炉运行中能够吹洗和更换玻璃管（板）、云母片，以保持水位表的畅通、清洁明亮。

2. 用两个及两个以上玻璃板或云母片上下交错并列成一个水位表时，应能够保证连续指示水位。

3. 水位表和锅管之间的汽水连接管内径不得<18mm，连续管长度>500mm或有弯曲时，其内径应适当放大，以保证连接管的畅通以及水位表的灵敏准确。

4. 连接管应尽可能短，汽连管中的凝结水应能自行流向水位表，水连管中的水应能自行流向锅筒，以防形成假水位。

5. 水位旋塞的内径及玻璃管的内径都不得<8mm。

6. 水位表和锅筒之间的汽水连接管上，如装有阀门，在正常运行时必须将阀门全开，为防止随意扳动，应铅封加锁。

7. 水位表的汽、水旋塞应保持严密，不应漏汽、漏水。

水位表在运行过程中可能会发生一些不正常的现象。例如，水位吊滞、水位模糊不清、汽水共腾等，其处理的方法是首先冲洗水位表，查明原因，然后采取相应的措施。

对高低水位警报器，要定期作报警试验和消除下部积存的污物，以保持警报器灵敏可靠。

三、对安全阀的安全技术要求

安全阀是锅炉不可缺少的安全附件，每台锅炉必须安装灵活可靠的安全阀。当锅炉内蒸汽压力超过规定工作压力时，安全阀应能自动开启，排出蒸汽，并发出警报，以便操作人员采取措施，及时处理。同时可因一旦措施不利，而由于安全阀有足够的排汽截面积，能将锅炉在最大连续蒸发量的情况下产生的蒸汽通过安全阀排出，使锅炉蒸汽压力下降，致锅炉蒸汽压力控制在最高允许压力范围以内。当压力降低到规定工作压力之内时，安全阀应自动关闭，这样便可避免因超压而造成爆炸事故。

每台锅炉至少装2个安全阀（不包括省煤器安全阀）。符合下列规定之一的，可只装1个安全阀：

1. 额定蒸发量≤0.5t/h的锅炉；
2. 额定蒸发量<4t/h且装有可靠的超压联锁保护装置的锅炉。

可分式省煤器出口处、蒸汽过热器出口处、再热器入口处和出口处以及直流锅炉的启动分离器，都必须装设安全阀。锅炉的安全阀应采用全启式弹簧式安全阀、杠杆式安全阀和控制式安全阀，选用的安全阀应符合有关技术标准的规定。

额定蒸汽压力<0.10MPa的锅炉应采用静重式安全阀或水封式安全装置。水封装置的水封管内径不应<25mm，且不得装设阀门，同时应有防冻保温措施。

安全阀应铅直安装，并应尽可能装在锅筒、集箱的最高位置。在安全阀和锅筒之间或安全阀和集箱之间，不得装有取用蒸汽的出汽管和阀门。

安全阀的总排放量，必须大于锅炉最大连续蒸发量，并且在锅筒和过热器上所有安全阀开启后，锅筒内蒸汽压力上升幅度不得超过设计压力的1.1倍。

过热器和再热器出口处安全阀的排放量应保证在该排放量下过热器和再热器有足够的冷却，不至于烧坏。直流锅炉启动分离器的安全阀排放量应>锅炉启动时的产汽量。省煤器安全阀的截面积由设计单位确定。

杠杆式安全阀要有防止重锤自行移动的装置和限制杠杆越出的导架。弹簧式安全阀要有提升手把和防止随便拧动调整螺钉的装置。静重式安全阀要有防止重片飞脱的装置。冲量式安全阀的冲量接入导管上的截止阀要保持全开并加铅封。用压缩空气控制的安全阀必须有可靠的气源和电源。

对于额定蒸汽压力≤3.82MPa的锅炉,安全阀喉径不应＜25mm；对于额定蒸汽压力＞3.82MPa的锅炉,安全阀喉径不应＜20mm。

几个安全阀如共同装设在一个与锅筒直接相连接的短管上,短管的通路截面积应不＜所有安全阀排汽面积的1.25倍。

锅筒和过热器的安全阀始启压力应按表16-5中的规定进行调整和校验。省煤器、再热器、直流锅炉启动分离器的安全阀始启压力为装设地点工作压力的1.1倍。

锅筒、过热器的安全阀的整定压力　　　　　　　　　表 16-5

额定蒸汽压力(MPa)	安全阀的整定压力	额定蒸汽压力(MPa)	安全阀的整定压力
≤0.8	工作压力+0.03MPa	0.8≤P≤5.9	1.06倍工作压力
	工作压力+0.05MPa	＞5.9	1.05倍工作压力
0.8≤P≤5.9	1.04倍工作压力		1.08倍工作压力

注：1. 锅炉上必须有一个安全阀,按上表中较低的始启压力进行调整,对有过热器的锅炉,按较低压力进行调整的安全阀,必须为过热器上的安全阀,以保证过热器上的安全阀先开启。
2. 上表中的工作压力,对于脉冲式安全阀系指冲量接出地点的工作压力,对其他类型的安全阀系指安全阀装置地点的工作压力。

安全阀回座压差一般应为整定压力的4%～7%,最大不超过10%。当整定压力＜0.30MPa时,最大回座压差为0.03MPa。

安全阀一般应装设排汽管,排汽管应直通安全地点。其排汽管应有足够的截面积,以保证排汽畅通。安全阀排汽管底部应装有接到安全地点的疏水管。在排汽管和疏水管上都不得装设阀门。省煤器的安全阀应装排水管,并通至安全地点。在排水管上不得装设阀门。

对于新安装的锅炉及检修后的安全阀,均应检验安全阀的整定压力和回座压力。控制式安全阀应分别进行控制回路可靠性检验和开启性能试验。

在用锅炉的安全阀每年至少应校验一次。

安全阀经检验后,其整定压力、回座压力、密封性等检验结果应记入锅炉技术档案。经检验合格后的安全阀应加锁或进行铅封。严禁用加重物、移动重锤、将阀芯卡死等手段任意提高安全阀始启压力或使安全阀失效。锅炉运行中安全阀严禁解列。

为防止安全阀的阀芯和阀座粘住,应定期对安全阀做手动的排放试验。

四、对排污装置的安全技术要求

排污装置用于排除锅炉内水垢等污物,也用于换水放水。锅筒及每组水冷壁下集箱的最低处,都应装设排污阀；过热器或再热器集箱、每组省煤器的最低处,都应装设放水阀。排污阀的公称通径为20～65mm,卧式锅壳式锅炉锅筒上的排污阀的公称直径不得＜40mm。

有过热器的锅炉一般应装设连续排污装置。每台锅炉应装设独立的排污管,排污管的弯头应用无缝管制造,并应尽量减少弯头,以保证排污畅通并接到室外安全的地点或排污膨胀箱。连续排污的目的在于防止炉水盐碱度过高,饱和蒸汽带水和排除炉水表面悬浮物油脂,以保证蒸汽品质。

蒸发量≥1t/h或额定蒸汽压力≥0.7MPa的锅炉,排污管应装两个串联的排污阀。

锅炉的排污阀,排污管不允许用螺纹连接。

操作排污阀进行排污时,应用手或专用扳手,不可用锤打或加长手柄的办法进行硬性操作,以免损坏阀门。开启排污阀时动作要缓慢,以防管道振动,这是因为从静止到流动,从冷到热要缓慢的改变,否则会发生管道和排污阀崩裂的危险。

排污阀应该采用直通路的阀门,如闸阀、扇形阀或斜截止阀等,弯曲通路的球型阀不能使用。排污管道上串联两个排污阀时,一般在靠近锅炉的一侧装闸阀,作为隔绝阀,先开后关;外侧装快速闸阀作为工作阀,后开先关。串联两个排污阀时,应先确定工作阀和隔绝阀,其排污操作的原则为隔绝阀先开后关,工作阀后开先关。

几台锅炉的定期排污如合用一个总排污管,必须有妥善的安全措施,采用有压力的排污膨胀箱时,排污箱上应装设安全阀。定期排污的目的在于排除锅炉内沉积物。排污时不能几台锅炉同时进行排污,应当逐台顺序进行,否则会发生意外事故。

锅炉定期排污应该在高水位低负荷的时候进行,这样比较安全,不影响锅炉的正常运行,其排污效果也好,同时排污后进水,不会引起较大的压力下降。排污完毕,各阀门应关严,不得有泄漏。

五、对防爆门的安全技术要求

防爆门可自行开启泄压防爆,是燃用煤粉、油和气体燃料锅炉上一个重要的安全装置。

燃烧室、锅炉出口烟道、省煤器烟道、引风机前的烟道、引风机后的水平烟道或倾斜小于30°的烟道、粗粉分离器、细粉分离器、煤粉仓及各煤粉管道(如磨煤机、细粉分离器进出口的煤粉管道),均应装设防爆门。

防爆门应装在不致威胁司炉人员安全的地方,并设有导出管,导出管的周围不得存放易燃易爆物品。

防爆门应严密不漏。

防爆门应定期启动,以防止锈蚀。

六、对汽水管道及附件的安全技术要求

汽、水管道每隔一定的距离,应装有伸缩节以备膨胀、收缩时不损坏管道或接口。管路上的阀门和支点装置,必须选择在便于操作或维修的地方。

汽、水管道要按有关规定分别漆上不同的颜色和管内介质流动方向的标志,管道上的阀门应有开关方向标志,主要调节阀门还应有开度指示。汽、水管道应采取保温措施,防止大量热量散失,以节约能源。

主汽阀应装在靠近锅筒或过热器集箱的出口处。单元机组的锅炉,主汽阀可以装设在汽机入口处。立式锅壳式锅炉的主汽阀可以装设在锅炉房内便于操作人员操作的地方。连

接锅炉和蒸汽母管的每根蒸汽管上，应装设两个蒸汽闸阀或截止阀，闸阀之间或截止阀之间应装有通向大气的疏水管和阀门，其内径不得＜18mm。

额定蒸发量≥220t/h的锅炉应装设遥控的向空排汽阀。

不可分式省煤器入口的给水管上应装设给水截止阀和给水止回阀。对于单元机组，若事先征得使用单位及其主管部门同意可不装给水止回阀。可分式省煤器的入口处和通向锅筒的给水管上都应分别装设给水截止阀和给水止回阀。给水截止阀应装在锅筒或省煤器入口集箱和给水止回阀之间，并与给水止回阀紧接相连。

额定蒸发量＞4t/h的锅炉，应装设自动给水调节器，并在司炉人员便于操作的地点装设手动控制给水的装置。

为便于处理额定蒸汽压力≥3.82MPa锅炉的满水事故，应在锅筒的最低安全水位和正常水位之间接出紧急放水管和阀门。

在锅筒、过热器、再热器和省煤器等可能集聚空气的地方都应装设排气阀。

工作压力不同的锅炉应分别有独立的蒸汽管道和给水管道。如合用一条蒸汽母管时，较高压力的蒸汽管道上必须有自动减压装置，以及防止低压侧超压的安全装置。给水压力差不超过其中最高压力的20％时，可以由总的给水系统向锅炉给水。

锅炉的给水系统，要保证安全可靠地供水。锅炉房应有给水设备，除属于1级电力负荷或有可靠电源的锅炉房或因停电而停止给水后不会造成事故的锅炉外，都应有备用的汽动给水设备。

额定蒸发量≥1t/h的锅炉应有炉水取样装置，如对蒸汽品质有要求时，还应有蒸汽取样装置。

七、锅炉给水设备的安全技术要求

根据《蒸汽锅炉安全技术监察规程》中的有关规定，每台锅炉应该装设两台独立工作的给水泵，其中一台必须是汽动给水泵，包括射水器。每台给水泵的容量至少是锅炉最大连续蒸发量的120％。工作压力≤4个表大气压和蒸发量≤150kg/h的锅炉可以装置一台给水泵。

各给水泵应能够并列运行，给水泵的出口处，应装置止逆阀。

八、对测量温度仪表的安全技术要求

当测量下列温度，在锅炉的相应部位应装设测量温度的仪表，以监视锅炉安全运行。
1. 过热器出口、再热器进出口的气温。
2. 由几段平行管组组成的过热器的每段出口的气温。
3. 减温器前、后的气温。
4. 铸铁省煤器出口的水温。
5. 燃煤粉锅炉炉膛出口的烟温。
6. 再热器和过热器入口的烟温。
7. 空气预热器空气出口的气温。
8. 热烟处的烟温。
9. 燃油锅炉燃烧器的燃油入口油温。

10. 额定蒸汽压力≥9.8MPa 的锅炉的锅筒上、下壁温。
11. 额定蒸汽压力>9.8MPa 的锅炉的过热器、再热器蛇形管金属壁温。
12. 燃油锅炉空气预热器出口烟温。

有过热器的锅炉，还应装设过热蒸汽温度的记录仪表。

九、锅炉保护装置

1. 额定蒸发量≥2t/h 的锅炉，应装设高低水位报警、低水位联锁保护装置；额定蒸发量≥6t/h 的锅炉，还应装蒸汽超压的报警和联锁保护装置。
2. 用煤粉、油或气体作燃料的锅炉，应装有下列功能的连锁装置：
(1) 全部引风机断电时，自动切断全部送风和燃料供应；
(2) 全部送风机断电时，自动切断全部燃料供应；
(3) 燃油、燃气压力低于规定值时，自动切断燃油或燃气的供应。
3. 用煤粉、油或气体作燃料的锅炉，必须装设可靠的点火程序控制和熄火保护装置。
4. 有再热器的锅炉，应装有下列功能的保护装置：
(1) 再热器出口气温达到最高允许值时，自动投入事故喷水；
(2) 根据机组运行方式，自动控制条件和再热器设计，采用相应的保护措施，防止再热器金属壁超温。
5. 直流锅炉应有下列保护装置：
(1) 任何情况下，当给水流量低于启动流量时的报警装置；
(2) 锅炉进入纯直流状态运行后，中间点温度超过规定值的报警装置；
(3) 给水断水时间超过规定时间时自动切断锅炉燃料供应的装置。
6. 锅炉运行时保护装置与联锁装置不得任意退出停用，联锁保护装置的电源应可靠。
7. 几台锅炉共用一个总烟道时，在每台锅炉的支烟道内应设烟道挡板，挡板应有可靠的固定装置，以保证锅炉运行时，挡板处在全开启位置，不能自行关闭。

十、对锅炉房的安全技术要求

为防止锅炉爆炸造成严重后果，锅炉一般应装在单独建造的锅炉房内。在如浴室、教室、餐厅、观众厅、候车室等人口密集的房间内或其上面、下面、主要疏散出口的两旁，不得设置锅炉房。锅炉房也不得与聚集人多的房间贴邻。

锅炉房若设在高层主体建筑以外的作为辅助设施的多层建筑的地下室、半地下室或第一层中，须同时符合以下条件：

1. 每台锅炉的额定蒸发量不超过 10t/h，额定蒸汽压力不超过 1.6MPa。
2. 每台锅炉必须有超压联锁保护装置和低水位联锁保护装置。用油或气体作燃料的锅炉还必须装设可靠的点火程序控制和熄火保护装置。
3. 每台锅炉的安全附件和联锁保护装置要经常维护和定期检验，以确保其灵敏、准确、可靠。
4. 锅炉间的建筑结构应有相应的抗爆措施。
5. 独立操作的司炉工人须持有司炉操作证，且连续操作同类型锅炉 5 年以上，并未发生过事故。

6. 锅炉房必须有安全疏散通道。

锅炉房不宜设在高层或多层建筑的地下室、楼层中间或顶层。当锅炉房设在地下室时，应采取强制通风措施。

锅炉房不得与甲、乙类及使用可燃液体的丙类火灾危险性房间相连，若与其他生产厂房相连时，应用防火墙隔开。余热锅炉不受此限制。

锅炉房建筑的耐火等级和防火要求应符合《建筑设计防火规范》及《高层民用建筑设计防火规范》的要求。

锅炉间的外墙或屋顶至少应有相当锅炉占地面积10％的泄压面积（如玻璃窗、天窗、薄弱墙等）。泄压处不得与聚集人多的房间和通道相邻。

锅炉房内的设备布置应便于操作、通行和检修。锅炉房应有足够的光线和良好的通风，以及必要的降温和防冻措施。锅炉房地面应平整无台阶，以便于行走和冲洗，并应有防止积水的措施。锅炉房承重梁柱等构件与锅炉应有一定距离或采取其他措施，以防止受高温而损坏。

锅炉房每层至少应有两个出口，且应分别设在两侧。锅炉前端的总宽度，包括锅炉之间的过道在内，不超过12m，且面积不超过200m² 的单层锅炉房，可以只开一个出口。锅炉房通向室外的门应向外开，在锅炉运行期间内不准锁住或闩住。锅炉房内工作室或生活室的门应向锅炉房内开。锅炉房的出入口和通道应畅通无阻。若锅炉房设于地下室或下层地下室，则出口应通向地下室外的楼梯或过道，并具有通向太平门的楼梯。

在锅炉房内的操作地点，以及水位表、压力表、温度计、流量计等处，应有足够的照明。锅炉房应有备用的照明设备或工具，以便当正常照明电源或设备发生故障时，能继续维持锅炉运行。

露天布置的锅炉应有操作间，并应有防雨、防风、防冻、防腐的措施。

锅炉房及烟囱的建筑结构设计应考虑当地可能发生的最强烈的地震问题。

烟囱无论是砖砌的，还是钢筋混凝土浇筑的，或是钢材制造的，均应设置避雷装置。砖砌和钢筋混凝土浇筑的烟囱，在设置避雷装置时，可利用铁爬梯作为引下线，或者利用钢筋混凝土中的钢筋作为引下线，但必须进行可靠的连接。

锅炉房内应永久张挂字迹清晰的常规的和应急的锅炉操作安全规程。

为防止锅炉在运行中负荷突变而发生事故，锅炉房操作间和主要用蒸汽地点，应设有通信或信号联络装置。

第三节 锅炉水处理

一、锅炉水处理

水是制取蒸汽的原料。锅炉在运行过程中，水被不断地加热而变成蒸汽，因此水的品质对锅炉设备的安全、经济运行是十分重要的。如果锅炉给水不进行必要的处理，锅炉水中的碱可在给水管路、省煤器、锅炉受热面上生成水垢，在过热器和热力设备中生成盐类附着物，在锅炉和其他设备中发生金属腐蚀。在锅炉中有水垢时，不仅会降低锅炉热效率，增加燃料的消耗，而且还会堵塞炉管，妨碍锅炉水的正常循环，促使炉管过热，引起炉管爆管事故。同时，为消除水垢，给锅炉的检修工作也带来不少的困难。另外水中溶解的氧气和二氧化碳等，对锅炉壁也有一定的腐蚀作用，悬浮在水中的尘土、水藻、动植物的残渣及油脂等，还会导致锅水起沫，甚至引起汽水共腾，影响锅炉的安全运行。所以，为保证锅炉的安全运行，必须进行锅炉水处理，并做好水质监督。

锅炉水处理主要有锅内加药处理和锅外化学处理两种方法。

1. 锅内加药处理。锅内加药处理是将碱性或胶质药剂加入锅炉内，在锅内与原水（生水）起作用，使水中的硬度盐类，如钙、镁的重碳酸盐及钙、镁的硫酸盐、硝酸盐及氯化物等，变成非粘附性的水渣而析出，同时使已附着在锅壁上的水垢松软脱落，通过排污管，将锅内这些沉渣排出锅外。

(1) 锅内加橡碗烤胶软化法。橡碗烤胶是利用栎树的果壳（橡碗）浸提加工制成的烤胶，是一种有机胶质，用橡碗烤胶作锅内水处理防止结垢，其成本低廉，使用简单方便，为工业锅炉锅内水处理的有效方法之一。但其处理后的水和蒸汽均略带臭味，锅炉水呈茶色，不可饮用，也不适于印染工业使用。

橡碗烤胶加入锅水后，有机胶质以内酯状鞣花酸和没食子酸的形式出现，可以和锅水中的钙、镁盐类生成单宁酸钙、单宁酸镁和没食子酸钙、没食子酸镁沉淀，由于单宁在水溶液中成胶体状，胶体微粒具有较大的吸附表面，能使钙、镁盐形成较大的颗粒沉淀于锅水下部，而随排污排出锅外。再者由于单宁本身具有强烈的吸附性，在金属表面能形成隔离膜，既能抑制电腐蚀的作用，又可使钙、镁盐沉淀物不易粘附在锅壁上，从而阻止水垢的积集和增长。此外，在一定温度和压力下，在碱性介质中，经过一定的时间，单宁能与氧结合而使水中腐蚀性气体减少。

橡碗烤胶防垢主要适用于高碱度的给水，即总碱度大于总硬度的水，对于碳酸盐硬度的给水，即总硬度等于总碱度的水，要配合少量的纯碱；对含有永久硬度的给水，即总碱度小于总硬度的水，要配以适当的纯碱。所以，利用橡碗烤胶防垢以前，应弄清楚水质情况，不但要分析化验给水的总硬度，还要分析化验给水的总碱度，以便对不同的水质采用不同的配方。

橡碗烤胶及纯碱的配方确定后，可按正常耗水量计算出用药量，用80℃以上的热水溶解后，倒入锅炉给水箱中，以供锅炉使用。橡碗烤胶在锅炉工作压力高于1MPa以上时，由于单宁和没食子酸在180℃以上的温度可失羧分解，会影响防垢和除垢的作用。此外，在使用橡碗烤胶进行锅内水处理时，对于已生水垢的锅炉，应将原有的水垢清除干净，否则，橡碗烤胶能使原水垢龟裂脱落而引起堵管。在使用橡碗烤胶进行锅内水处理时，还应加强排污工作。

(2) 锅内加石墨水处理。将石墨单独加入锅内进行防垢，近年来已在小型锅炉上获得了使用，并取得了一定的效果。其具体方法是将粒度为140目以上的石墨粉加入锅水内。这种微小的石墨粉末悬浮在锅水中，可形成许多个结晶核心，大量的结晶核心阻止了晶粒的长大，防止了水垢的形成，并能剥落老垢。锅水经过石墨处理后产生的蒸汽。经有关部门鉴定无毒性，可直接用于蒸饭、冲开水、制豆腐和酿酒等。

(3) 锅内加磷酸三钠校正处理。对于容量较大的工业锅炉，磷酸三钠可作为锅外水处理后的校正处理，并适用于任何压力的锅炉。

磷酸三钠能彻底清除水中的残余硬度，锅水中磷酸根含量维持在 15~20mg/L 左右，就能保证锅炉无垢运行。

磷酸三钠游离时产生的磷酸根,可附着在锅炉设备金属表面而形成保护膜,防止气体的腐蚀和锅炉的苛性脆化。

在对锅内加磷酸三钠时,一般是先将其配成溶液后放入差压式加药罐中,然后利用给水管路上的压差,如省煤器前、给水泵出口与锅筒进水口,把加药罐中的磷酸三钠溶液间断地加入锅内。也可利用计量泵连续地向锅内注入。后者效果较好。

2. 锅外化学处理。锅外化学水处理的效果较好,但需要另外的设备装置,投资也较多。如果原水中含泥沙等杂质较多,还需增加一套预处理设备装置。锅外化学水处理的方法较多,目前应用较普遍且效果较好的,有石灰—纯碱软化法、钠离子交换软化法两种。

(1) 石灰—纯碱软化法。石灰—纯碱软化法是将生石灰配制成熟石灰乳,即氢氧化钙,加入水中。在熟石灰乳的作用下,原水中的碳酸氢盐被沉淀出来;原水中的二氧化碳生成碳酸钙后被析出;原水中的铁以氢氧化铁的形式沉淀;原水中的硅也可除去50%左右。经过处理后水中的碱度降低,一般可降低到 $0.4 \sim 0.6$ mmol/L,有机物可除去25%左右。

如果原水中含有氯化物和硫酸盐时,先加石灰水就难以除去,故还需要配加纯碱。在碳酸钠的作用下,钙的氯化物和硫酸盐可生成碳酸钙沉淀析出;镁的氯化物和硫酸盐可生成氢氧化镁沉淀析出。

当加速沉淀物的析出,在处理沉淀过程中应加入凝聚剂硫酸亚铁或硫酸铝,以促使凝聚物沉淀,提高净水效果。

(2) 钠离子交换软化法。钠离子交换软化就是使原水流过装有阳离子交换剂的过滤器,水中的钙、镁离子被交换剂中的阳离子所置换,并存留在交换剂中,从而使水得到软化。

离子交换剂是一种复杂的化合物,其中的钠离子能将水中结垢物质的钙、镁阳离子置换出来,此种物质称为阳离子交换剂,其阳离子称为交换离子。钠离子全部为钙、镁离子置换后,便失去了净水能力,此时就需要用食盐水来还原再生,其方法是将食盐水流过装有失效离子交换剂的容器,食盐水中的钠离子便能将交换剂中的钙、镁离子置换出来,离子交换剂便又恢复了净水的功能。

经过钠离子交换后,水的硬度可大大降低,一般可降低到0.02mmol/L以下,甚至可以完全消除硬度。但是,水的碱度不会降低,构成给水碱度的碳酸盐只不过是变成了重碳酸盐,仍旧留在水中。水中的钙、镁盐类转变为钠盐后,水中的含盐量反而比以前提高。所以,碱度较高含盐较多的原水,只进行钠离子交换后,还不适宜作为锅炉用水,而必须采用氢-钠离子交换软化,甚至还要进行除盐处理才行。当原水中含盐不高,暂时硬度<1mmol/L时,只需作钠离子交换软化后,便可供锅炉使用。

国产钠离子交换剂常用的有天然沸石、磺化煤、732#苯乙烯强酸性树脂等。钠离子交换软化法由于再生剂氯化钠易于得到,且较为便宜,同时也不需要什么防腐措施,且水质能满足工业锅炉的要求,故目前得到广泛的应用。

此外,还有一种方法,就是将一部分经过钠离子交换过的软水和一部分未经过处理过的原水混合后供给锅炉使用。这样,软水中含有的碳酸氢钠在锅炉内受热分解为碳酸钠,使其去软化那部分未经过处理的原水,可降低原水的硬度和碱度。

二、锅炉给水的除氧处理

水与空气接触时,能溶解氧、氮、二氧化碳等气体。溶解于水中的氧和二氧化碳对锅炉本体及给水管道有着强烈的腐蚀作用,尤其是溶解于水中的氧,其腐蚀性更大,因此,应设法将溶解于水中的氧除去。在工业锅炉上使用较为普遍的除氧办法为热力除氧,其他还有化学除氧等。

1. 热力除氧。气体在水中的溶解度与水的温度有关,在一定的压力下,提高水的温度会使水中气体的溶解度降低。当水沸腾时,气体的溶解度就接近零,此时向水中不再溶有气体,热力除氧就利用这一原理。

热力除氧法就是用蒸汽将水加热至饱和温度,使水中溶解的氧气放出。热力除氧常用的是工作压力为 0.11~0.12MPa 的大气压热力除气器,水箱的温度为 102~104℃,除氧效果最好。经过除气器后,水中的含氧量可降至 0.03mg/L 以下。热力除氧不仅能除去溶解于水中的氧气,还能同时除掉溶解于水中的其他气体,可使水中游离二氧化碳含量降至 2mg/L 以下,从而满足锅炉用水水质标准的要求。

2. 化学除氧。化学除氧就是采用药剂除氧或钢屑除氧。

药剂除氧即向锅炉给水中加入亚硫酸钠或联氨等还原剂,使其与氧化合生成无腐蚀性的物质,从而将水中溶解的氧除掉。为使亚硫酸钠与氧的反应能在水进入锅炉前进行完毕,必须将水加热,一般不应低于 70~80℃,并保持适当的亚硫酸钠过剩量。通常是将亚硫酸钠配制成 6%~9% 的溶液,通过压差式加药罐加入水中。加联氨除氧的反应远比加亚硫酸钠除氧的反应快,故在实际应用中不需保持联氨过剩量。联氨除氧不会增加锅炉用水的含盐量,但联氨对人体有毒害作用,故使用时必须注意人体防护。

3. 钢屑除氧。钢屑除氧是使水流过装有钢屑的过滤器,钢屑被氧化,同时去除溶解于水中的氧气。钢屑与氧的反应,水温越高,则反应速度越快,故水温一般应控制在 70℃ 以上。影响钢屑除氧的另一个因素是钢屑表面的清洁程度,若钢屑表面沾有油污、铁锈时,除氧效果则大大下降。因此,表面被污染的钢屑在使用前应先用 2% 浓度的氢氧化钠溶液清洗油污,然后再用 2%~3% 浓度的盐酸溶液清除锈垢,残留的酸液也需用热水冲净。此外,钢屑装填密度也会影响除氧效果,一般钢屑装填密度多在 $0.8~1t/m^3$ 的范围内,为此装填钢屑时应逐层捣紧。

三、锅炉给水的物理处理和电化学处理

锅炉给水的物理处理就是让水通过高频水改器或永磁和电磁软水器等,而后进入锅炉。

水分子是极性很强的分子,所谓极性是指分子中带正电荷的质点和带负电荷的质点不相重合,使水分子的一端带正电,另一端带负电。水的分子常由于极性吸引而聚合成多分子综合体,在一般情况下,水中单分子与多分子处于平衡状态,但在高频电场或在高强磁场的作用下,水的缔合形式发生改变,生成一种稳定双分子。双分子具有稳定性强,拆开时需一定的能量,极性接近消失,与其他分子间吸引力减弱等特点,使得这种双分子的水具有以下性质:

1. 盐类在这种水中不易溶解,易结晶析出。

2. 盐类结晶形式改变，生成无定形的结晶，不易粘结成水垢，而易成为泥渣。

3. 能破坏原有的水垢，使水垢脱落变成泥渣。

物理水处理具有体积小，结构简单，可安装在管道上，容易维护，运行耗费少，处理后水的质量好，水容量大的小型锅炉适于采用等优点。但使用物理水处理这种方法时，应注意以下事项：

1. 锅炉应具有较大的水容，且能保证可靠地排除沉渣。

2. 水质具有强烈的腐蚀性时不宜采用此法。

3. 锅炉运行时，应加强排污。对已结垢的锅炉，在使用初期应加强检查和及时清除泥渣。

4. 进水温度不宜过高，以免损坏线圈绝缘和造成磁铁退磁。

5. 要保证软水器的导线经常处于良好状态，防止运行中漏电或电压下降。

6. 锅炉给水最好是连续的。

7. 对于永磁软水器，应定期检查处理后水中沉淀物结晶的情况，以判断磁铁是否失效。

电化学水处理即是用电渗析的方法除掉溶解于水中的盐类。电化学水处理与离子交换水处理相结合，主要用于水的高度除盐及制取纯水。

电渗析水处理具有设备简单，占地面积小、维护、操作方便等优点，且处理后的水在锅炉中不会生成大量泥渣，但其设备投资费用高，水量损失较大。

四、锅内水垢的清除

为了防止锅内水垢的产生，人们采用水处理的办法清除水中有害杂质。但是，无论采取哪种水处理方法都不能绝对地清除水中有害杂质。因此，在运行锅炉中不可避免地有一个水垢的生成过程。为了避免事故的发生，对已经结垢的锅炉必须及时采取有效的措施进行除垢。目前，清除水垢的方法有手工除垢、机械除垢和化学除垢等 3 种。

1. 手工除垢。手工除垢是用特制的刮刀、铲刀及钢丝刷等专用工具，依靠人工进行除垢。这种除垢方法劳动强度大，停炉时间长，很不经济，故只适用于清除面积小，结构不紧凑的锅炉，对于水管锅炉及结构紧凑的火管锅炉的管束上结垢，则不易清除。

手工除垢应注意不得敲铲过猛，以免损伤金属表面，特别是对铆接锅炉，不要将铆钉铲坏。进入锅炉内部除垢时，应将所有的与其连通的汽水管道全部断绝开，同时还要加强通风，以免发生人身伤亡或窒息等意外事故。

2. 机械除垢。机械除垢的机具主要有电动洗管器和风动除垢器。电动洗管器主要由电动机、铣刀头和金属软管内的软轴组成，是用来清除管内的水垢。使用时，电动洗管器的电动机带动软轴旋转，固定在软轴上的铣刀也随之一同旋转，利用旋转的铣刀头刮掉管壁上的水垢。使用电动洗管器刮削水垢时要注意防止损伤金属管壁，电动机应接地，以免发生人身触电事故。

风动除垢器常用的是空气锤或压缩空气枪，在清除水垢时应与水垢面成 $10°\sim15°$ 角，不得将空气锤或压缩空气枪与水垢面放成直角，以免损伤金属面。

3. 化学除垢。化学除垢又常称为水垢的"化学清洗"，是用化学反应的方法将坚硬的水垢溶解或转变成松软的渣泥，然后用水冲掉。由于所使用的化学清洗剂不同和化学反应的性质不同,其化学除垢的方法有盐法、酸法、碱法、氯化法、还原法、转化法等,目前应用较多的是酸法和碱法。

盐酸和硫酸为酸洗清除水垢常用的药剂,尤其是盐酸应用最为广泛。酸能除去金属表面的沉积物,但也会引起金属的腐蚀,因此为了防止酸对金属的腐蚀,向酸类清洗液中加入少量的酸洗缓冲剂,就能大大减少甚至停止酸对金属的腐蚀损坏,而几乎又不减弱酸对水垢的作用。

用酸类清洗液进行清除水垢时,应在有经验的技术人员的指导下进行。配制酸液时应先加水,再加酸洗缓冲剂,最后加酸,次序不可颠倒。操作人员应配戴好防酸防护用品,作业现场严禁吸烟和动用明火,以防酸与金属反应产生的氢气发生爆炸,造成人员伤亡。清洗时应定时地对被清洗设备进行检查,防止发生泄漏,如发生严重泄漏,则应立即停止清洗,待修复后再继续进行清洗。

碱洗常用的药剂有碳酸钠和磷酸三钠等,碱洗除垢的效果要比酸洗差,但比酸洗安全,故碱洗也是一种经常采用的化学除垢方法。

在用碱液清除水垢时,操作人员应穿戴防碱防护用品;破碎大块苛性碱时,应在桶内或用布包住进行;溶解块状苛性碱,应在带盖的桶槽内进行;如有碱液溅到衣服上或皮肤上,应立即用清水冲洗,然后再用2%~3%的硼酸溶液清洗。

第四节 锅炉的安全运行

一、锅炉的点火及升压应注意的安全事项

锅炉点火前,应先打开所有的风、烟道挡板,但风机入口挡板应先关严,等风机启动后再逐渐打开。开动引风机5min以上,以排除烟道内存留的可燃性气体或可燃性沉积物,然后再开始点火。

锅炉点火前,应该先进水至最低水位线,然后再点火,不允许边生火边进水。

燃油或燃煤粉的锅炉,必须用明火点火,如用热炉膛点火,会使燃料在炉膛内积聚,着火时引起喷爆事故。点火前要先通风,以便排出炉膛及烟道内的残余可燃性气体或煤粉。若一次点火不着,须进行自然或机械通风5~10min后才能再用明火点火。此外,在点火时,司炉人员应注意不要站在火口,以防发生喷爆回火伤人。

锅炉点火之后,必须注意燃烧要缓慢加强,使炉温逐渐升高,锅炉各部均匀受热。从冷炉点火升压到工作压力,一般应控制在3~4h,从点火到升压所需时间,约为整个升火过程时间的一半。

对新安装或经大修后的锅炉,初次生火时间应该适当长一些,火力应该适当弱一些,等炉墙烘干后再逐渐加大火力。

对新安装或经大修,或长期停用后复用的锅炉,为清除锅炉内部油污等,应用碱进行煮炉,并在煮炉后用清水冲洗干净。

当锅炉压力升至0.05~0.1MPa时,应冲洗锅筒水位表,并保持其正常工作。

当锅炉压力升至0.15~0.2MPa时,应关闭空气阀,并检查安全阀是否泄漏,若发现有泄漏时应采取措施,予以消除。

当锅炉压力升至 0.2~0.3MPa 时，应顺次缓慢地进行锅筒及水冷壁下联箱的放水，以检查其放水阀是否良好，并放出沉积物及使下部受热均匀。放水时，应注意锅筒内水位不得低于最低水位线。

当锅炉压力升至 0.3MPa 以上时，允许重新拧紧人孔、手孔和法兰连接螺栓。在进行热拧紧作业时，汽压不得升高，操作需谨慎缓慢，用力不得过大，不允许将扳手手柄接长硬旋。在工作压力下，不允许拧紧螺栓，否则会发生危险。

当需要检验安全阀时，则应在锅炉压力升至工作压力时，减弱火势，进行校验调整。

并炉送汽前，应微开锅炉主汽阀或其旁通阀，进行蒸汽管道的暖管工作。暖管时间应视管道直径大小、长度、冷却程度及气温而定。暖管工作完毕后，全开母管或分汽缸联接阀。当锅炉汽压低于母管蒸汽压 0.02~0.05MPa 时，缓慢打开锅炉主汽阀并汽。并汽完毕，关闭主汽管和过热器出口疏水阀。

在锅炉点火升压过程中，如锅炉发生事故，应立即停止升压，待查原因并消除故障后，再进行并压并汽工作。

二、锅炉升火前应注意的安全事项

锅炉在升火前应做好如下各项安全检查工作：
1. 检查炉墙、挡火墙、拱、伸缩缝等有无裂纹变形。
2. 检查人孔门、检查门、看火门、防爆门等装置是否正常严密。
3. 检查燃烧室和烟道内应无焦渣、积灰及其他异物。
4. 检查风道、烟道的调节门、挡板是否开关灵活，自然通风是否正常。
5. 检查所有管子受热面和联箱等应无变形损坏。
6. 检查各汽水管道的阀门，开关是否灵活，其装置是否完整正常。
7. 检查水位表、安全阀、压力表及其他测量、控制仪表是否完整、清洁、有效。
8. 有省煤器的锅炉，应把省煤器烟气挡板关严，开启旁路烟气挡板。若无烟气旁路装置，则应开启省煤器烟气挡板，同时开启省煤器的再循环管。
9. 检查主汽管、给水管、排污管上如有临时盲板是否拆除，过热器疏水阀是否开启。
10. 检查所有转动机械的旋转方向是否正确，联轴器螺栓联接是否牢固；轴承油箱内润滑油是否充足，油塞有否泄漏现象，电气设备是否正常，冷却水是否畅通不漏。
11. 启动炉排电动机，作各挡速度的试运转，检查有无运转异常现象。
12. 检查燃煤锅炉的煤斗存煤是否充足，燃气体燃料的锅炉应检查燃料气的压力是否合适。
13. 检查炉排装置是否完好，燃煤粉或气体燃料的锅炉、燃烧器是否正常。

上述检查工作完毕后，用软化水缓慢向锅炉进水。进水温度以 45~50℃ 为宜，进水时间不宜少于 1h。进水时应打开锅筒上的空气阀或抬起一个安全阀，以排除锅筒内的空气。在进水过程中，还应检查拆卸过的人孔、手孔及法兰接合面等。如发现有渗漏应及时处理。

当锅筒内水位升至水位表的最低水位指示时停止进水。停止进水后，锅筒内水位应保持不变，如发现水位表有上升或下降时，应查明原因，予以处理。

三、锅炉的烘炉

锅炉的炉墙或拱砌好后，在投入运行前必须进行烘烤干燥，这就是烘炉。新砌的炉墙和炉拱，不经过烘炉或烘炉的方法不正确，如火过急或火焰偏斜，使炉墙或炉拱干燥过快，可造成炉墙或炉拱的裂纹、变形，甚至严重损坏。

烘炉前须完成下列工作：
1. 引风机、送风机、锅炉给水泵及炉排均已试运转合格。
2. 有足够的烘炉用软水。
3. 烘炉用的热工和电气仪表均已安装校验完毕。
4. 有足够的燃料和必需的工具、材料、安全用具等。
5. 将需烘的锅炉与其他运行或检修的锅炉隔开。

烘炉一般采用火焰法，烘炉时间应视锅炉的型式、炉墙的结构及炉墙的湿度等因素而定。

开始烘炉时，火焰应在燃烧室中部，勿使火焰偏斜或靠近炉墙。烘炉的温度应缓慢升高，一般第一天温升不超过 50℃，以后每天温度递增不超过 40℃，炉膛出口烟气温度最终不得超过 420℃。

烘炉时，锅炉锅筒的水位应保持在水位表的最低水位处。链条炉在烘炉期间，应定期转动炉排，以防烧坏炉排。

烘炉时应常检查炉墙情况，如发现有裂纹、凹凸等缺陷，应采取补救措施。

烘炉完成时，可采炉墙外层砖缝里的灰浆样进行含湿度的分析，以确定烘炉是否合格，炉墙灰浆湿度在 2.5% 以下为合格，否则应延长烘炉时间。此外，还可用温度表测量红砖墙外表向里 100mm 深处，来确定烘炉是否合格，若温度达到 50℃ 并维持 48h 为合格。

四、锅炉的煮炉

为了清除炉内铁锈、铁渣、油脂和泥污，以免影响蒸汽品质和损坏设备，对新安装、大修和长期停用后复用的锅炉都应进行煮炉。

煮炉与烘炉可连续进行，也可在烘炉后单独进行。当煮炉与烘炉连续进行时，在烘炉前应同时做好煮炉的准备工作。

煮炉的药品氢氧化钠或磷酸三钠或碳酸钠应在溶解后加入炉内，不得将固体药品直接加入炉内。配制和向炉内加入药品时，应做防护工作，注意人身安全。

为保证煮炉效果，在煮炉后期应使蒸汽压力保持在锅炉工作压力的 75%～100%，锅炉负荷在 5%～15% 范围内。产生的蒸汽向空排放，其煮炉的时间一般为两昼夜。

煮炉过程中，各点排污的时间不得超过半分钟，以防止破坏水循环。煮炉时只投入一只水位表，其余作为备用。锅筒的水位应维持在最高水位线。有过热器的锅炉应防止炉水进入过热器。

煮炉时若炉水碱度低于 45mg/L 或磷酸根低于 500mg/L 时，则应补加碱液。

煮炉结束后，放掉已冷却的炉水，用清水将锅炉内部冲洗干净，然后进行全面检查，尤其应检查排污阀、水位表是否有阻塞现象。

煮物后，锅筒、联箱内应无锈斑、油污和焊渣；锅筒、联箱内壁用旧布轻揩擦便能露出金属本色时为合格。

五、锅炉的停炉

锅炉的停炉分紧急停炉和正常停炉两种情况。

紧急停炉又称为事故停炉。锅炉在运行时，如遇到下列之一的紧急情况，应采取紧急停炉：

1. 锅炉水位低于水位表最低可见边缘。
2. 不断加大给水及采取其他措施，但水位仍然继续下降。
3. 锅炉水位超过最高可见水位（满水），经放水仍不能见到水位。
4. 给水泵全部失效或给水系统故障，不能向锅炉进水。
5. 水位表或安全阀全部失效。
6. 设置在汽空间的压力表全部失效。
7. 锅炉元件损坏且危及运行人员安全。
8. 燃烧设备损坏，炉墙倒塌或锅炉构架被烧红等严重威胁锅炉安全运行。
9. 其他异常情况危及锅炉安全运行。
10. 烟道中的气体发生爆炸或燃烧而危及锅炉运行人员安全时。
11. 其他危及安全生产的情况等。

当锅炉运行中发现下列之一情况时，应及时报告有关人员，然后停止锅炉运行：

1. 铆缝、铆钉处发生泄漏时。
2. 炉管、水冷壁管、过热器管和省煤器管发生泄漏时。
3. 过热器蒸汽温度超过金属允许承受的温度，经多方设法调整或降低负荷仍无法恢复正常时。
4. 锅炉严重结焦，难以维持正常运行时。
5. 锅炉给水、炉水及蒸汽品质严重恶化，经努力调整仍无法恢复正常时。

锅炉在紧急停炉时，应停止向炉内添加燃料和通风，关闭风闸挡板和灰门，如遇炉管爆管紧急停炉时应打开烟道闸板。

迅速扒出炉水或把燃煤放入灰渣斗中，用水浇熄。熄灭炉火还可用沙土或湿煤灰压在燃烧的煤层上，禁止用水直接浇入或用生煤压火。小型锅炉可以将红火扒出炉外用水浇熄。

用可燃气体作燃料的锅炉，应迅速将气阀关闭，使火熄灭。

熄火后，将炉门、烟道挡板和灰门等打开，以冷却炉排。同时迅速开启排汽阀门，排汽降压。并列运行的锅炉须与总汽管完全隔断。如果不是缺水事故而进行的紧急停炉，可以用加水及进行排污的方法来降低炉内的汽压。

总之，锅炉在紧急停炉时，应根据发生事故的情况而采取有效的技术措施，避免发生并发事故或使已发生的事故后果进一步扩大。

锅炉的正常停炉即为有计划的停炉，如锅炉运行了一定的时期后需按检修计划而停炉检修。

正常停炉应按锅炉安全操作规程中的规定有顺序地进行。首先是降低负荷，停止供给燃料，减少风量，待火床上燃料燃尽后，停止送、引风机，关闭锅炉后部烟道挡板，改为自然通风，维持必需的冷却风量，同时将自动给水改为手动。

将锅筒水位维持在最高水位，有旁路烟道的省煤器，应打开旁路挡板，关闭省煤器烟道挡板，但锅炉的进水仍应经过省煤器。对于非沸腾式省煤器，如无旁路烟道，应密切注意省煤器出口水温，并用连续进水，放水至给水箱的方法，使其低于锅筒内汽压下的饱和温度（20℃）。对于沸腾式省煤器，在锅炉停止进水后，应开启其再循环管。

链条炉在停止供汽后，炉排应继续空转一定时间，并保持必需的吸风机冷却炉排，同时将灰斗及各段风室的炉灰全部除尽。

当锅炉内尚有汽压时，锅炉运行人员不得离开岗位，应继续监视锅炉。正常停炉4～6h内，应紧闭炉门和烟道挡板，以免锅炉急剧冷却造成不良的后果。经4～6h后，打开烟道挡板，缓慢加强通风，锅炉适当放水。经8～10h后，可视需要增加进水放水次数。如有必要可启动引风机加速冷却。在停炉18～24h后，在炉水温度不超过70～80℃时，方可将炉水全部放尽，放水前应打开空气阀。

对于锅筒、联箱有缺陷的锅炉，停炉过程更应缓慢。

锅炉放尽水后，应将与其他运行着的锅炉有联系的蒸汽、给水、排污系统完全隔断，必要时可加盲板进行隔绝。

六、锅炉停用后的保养

锅炉若长期停用，应放出锅水。但因锅内湿度很大，通风又不良，长期处于潮湿状态，使锅炉金属表面被严重腐蚀，金属壁减薄，机械强度降低，威胁锅炉以后的安全运行，并缩短锅炉的使用年限。因此，当锅炉长时间不用时，必须对锅炉进行保养。

锅炉停炉保养的方法很多，工业锅炉主要采用干法和湿法保养。一般短期停用则采用湿法保养，而长期停用则采用干法保养。

干法保养：

1. 彻底清除锅炉内外的水垢和烟灰等，并利用热炉放火和热风烘烤、微火烘烤等办法将锅炉烘干。

2. 锅炉烘干后，在锅筒和各集箱内放入适量的生石灰等干燥剂。

3. 严密封闭各孔、口，与大气相通的阀门也应关严，使锅炉与外界大气隔绝。

4. 必要时在烟道内也应放置干燥剂，并将各部烟门关闭严密。

5. 每隔一定时期进行检查，若干燥剂已吸湿失效后应及时予以更换。或者将已吸湿的干燥剂取出，加热到105～110℃烘干，再重新置入锅炉内使用。

6. 锅炉外壁涂防腐漆。

7. 用干法保养的锅炉，在投入运行前，必须将锅内盛放的干燥剂连同盛干燥剂的槽一同取出。

湿法保养：

1. 湿法保养是将锅炉充满除过氧的给水，并保持一定的压力和给水溢流量，防止氧气渗入炉内，达到防腐的目的。

2. 锅炉停运前适当增大连续排污，并进行定期放火，以降低炉水含盐量。停炉后汽压降到零以前，即应用给水将锅炉充满，投入保养。

3. 保养水用专用管从给水母管接来，最好从过热器的出口联箱进入锅炉，由锅筒的最高点引出，引出的水位放入除氧器，以收回再用。

4. 在保养期间，应维持锅炉有一定的压力，防止空气渗入，给水溢流量应保持在 500L/h 左右。

其他保养方法，还有蒸气压力法、碱液法、充氮气法等等。各厂矿企业可根据实际情况选用。

七、给水泵在运行中应注意的事项

给水泵是保证锅炉正常运行的重要附属设备之一，在给水泵运行中应注意以下事项：
1. 保证给水泵润滑系统有足够的油量和正常流通。
2. 给水泵的填料应有良好的严密性，以防止漏水。
3. 随时监视出水压力，当有空气进入水泵时，应立即打开放气阀进行放气，并防止锅炉内汽水倒灌。
4. 给水泵的压力表和压流表指针不得超过规定的数值。
5. 注意离心泵轴承和电机的温度，防止温度过高，并注意防止发生空转现象。

八、风机在运行中应注意的事项

1. 定时检查风机或电动机的轴承温度，一般以 60℃ 左右为宜，最高不得超过 80℃。
2. 定时检查和添加轴承的润滑油脂。
3. 定时用探棒来探听轴承及风机声音，发现尖锐或周期性的响亮的声音，应及时分析、判断和检查。
4. 定时检查风机和电动机的振动情况，发现异常现象应及时进行处理。
5. 风机应按开车、停车和运转的安全操作规程进行操作。
6. 经常监视电机的电流，不得超过其额定电流。
7. 定期检修，清除风机内的灰尘、污垢及各种杂物，以防锈蚀。

第五节 锅炉的故障处理

一、压力表指针不动的原因与处理

压力表指针不动的原因与处理方法如下：
1. 未打开旋塞。
2. 存水弯管与弹簧弯管堵塞。
3. 指针或指针轴松动。
4. 弹簧弯管焊口开裂。
5. 扇形齿轮和小齿轮轴脱节。

二、压力表指针回不到零位的原因与处理

压力表指针回不到零位的原因与处理方法如下：
1. 弹簧弯管经常受到高温烘烤，或受到猛烈冲击失去弹力。

2. 弹簧管发生疲劳而失去弹力。
3. 指针或指针轴松动。
4. 锅筒内还有汽压、三通旋塞漏气。

三、压力表指针跳动上升的原因与处理

压力表指针跳动上升的原因与处理方法为齿轴或扇形齿轮和小齿轮间生锈或夹有脏物。

四、压力表指针不稳定的原因与处理

压力表指针不稳定的原因与处理方法如下：
1. 弹簧游丝损坏。
2. 存水旁管或弹簧管内积有水垢。

五、压力表指针在汽压正常时升不到额定压力的原因与处理

在汽压正常时，压力表指针升不到额定压力的原因与处理方法如下：
1. 阀门漏汽或漏水，应检修阀门。
2. 连接管路堵塞，应清理连接管路使其畅通。
3. 阀门未全开启，应检查阀门并全开启。

六、水位表漏水漏汽的原因与处理

水位表漏水漏汽的原因与处理方法如下：
1. 旋塞不严密。
2. 旋塞芯子磨损。
3. 填料不严密或变硬。

七、水位表停滞不动的原因与处理

水位表停滞不动的原因与处理的方法如下：
1. 水旋塞开关被水垢堵塞。
2. 水旋塞未开。
3. 水旋塞被填料堵塞。

八、水位表指示偏高的原因与处理

水位表指示偏高的原因与处理方法如下：
1. 汽旋塞开度过小。
2. 汽旋塞被填料或杂物堵塞。
3. 锅炉水中起泡沫，即汽水共腾。

九、水位表玻璃管爆裂的原因与处理

水位表玻璃管爆裂的原因与处理方法如下：

1. 玻璃管质量不好或有裂纹。
2. 水位表上下接头不在一条直线上而受力不均。
3. 玻璃管更换后未经预热。
4. 冲洗玻璃管方法不正确。
5. 玻璃管腐蚀、磨损，致使管壁减薄。
6. 关闭爆裂破损水位表的水汽旋塞。
7. 清除破碎的玻璃管，装上备用的玻璃管和垫圈。
8. 轻轻打开汽水旋塞进行预热，当管内有潮气出现时，再轻轻打开放水旋塞，待汽水混合物自放水旋塞排出后，慢慢关闭放水旋塞，然后逐渐将汽水旋塞开至正常位置。

十、安全阀漏气的原因与处理

安全阀漏气的原因与处理方法如下：
1. 阀芯和阀座接触面不严密。
2. 阀芯和阀座接触面之间有脏物。
3. 阀杆中心线不正。

十一、安全阀到起跳压力时不开启的原因与处理

安全阀到起跳压力时不开启的原因与处理方法如下：
1. 阀芯和阀座粘住。
2. 弹簧调整的压力过大。
3. 杠杆被卡住或杠杆的支点轴内生锈，或重锤与支点距离太长。

十二、安全阀不到起跳压力就开启的原因与处理

安全阀不到起跳压力就开启的原因与处理方法如下：
1. 弹簧调整的压力不够或弹簧弹力不足。
2. 重锤向前移动，与支点距离变近。

十三、安全阀排汽后阀芯不回座的原因与处理

安全阀排汽后阀芯不回座的原因与处理方法如下：
1. 弹簧歪曲。
2. 阀芯不正。
3. 阀杆不正。
4. 杠杆偏歪卡住。

十四、锅炉缺水事故的处理

当锅炉水位低于最低许可水位时，称为锅炉缺水。锅炉严重缺水，会造成爆管、鼓包、变形。若处理不当，在锅炉缺水的情况下大量进水，可引起极其严重的后果，甚至造成锅炉爆炸。为此，一定要避免发生缺水事故。

锅炉缺水可分为严重缺水和轻微缺水两种情况。当水位降至最低允许水位以下时，或

在水位表内不能直接看到水位时,但用"叫水"方法,水位仍能出现在水位表中,称为轻微缺水。如果在水位表内看不到水位,而且用"叫水"法后,水位仍不能在水位表的玻璃管(板)内出现时,称为严重缺水。

所谓"叫水",是指关闭水位表汽旋塞后,在锅筒内水位不低于通水孔的位置下,利用压差,使炉水上升的一种方法。"叫水"的方法是先把水位表的放水旋塞打开,再开关水位表的汽旋塞,然后反复地关、开放水旋塞。

锅炉缺水时,水位表中看不到水位,且玻璃管(板)上呈白色;装有高低水位警报器的低水位发出报警信号;蒸汽流量大于给水流量。严重缺水时,有过热器的锅炉,过热温度急剧上升,有时可嗅到焦味。

发生锅炉缺水事故的主要原因是司炉人员疏忽大意,对水位表监视不严或误操作;给水自动调节器动作失灵;水位表指示不正确;排污阀泄漏或在排污后未关排污阀;炉管或省煤器破裂漏水等,都可能造成锅炉缺水。

当锅炉发生缺水事故时,应首先进行锅筒水位表通水部分的冲洗工作,再用"叫水"法检查水位,以判断是轻微缺水还是严重缺水。若确定为轻微缺水,应谨慎地向锅炉进水,并注意水位在水位表内变动情况,必要时可投入备用给水管路。若判明为严重缺水时,则应紧急停炉,严禁向锅炉内给水。因严重缺水时,锅炉水位低到什么程度一时无法判断,有可能水冷壁管已部分干烧、过热,此时若强行进水,温度很高的汽包和水冷壁管,被给水急剧冷却时,会产生巨大的热应力,有可能造成管子及焊口大面积损坏,甚至炉管被爆裂。

十五、锅炉满水事故的处理

当锅炉内的水位超过了最高许可水位时,称为锅炉满水。锅炉满水事故会造成蒸汽带水,蒸汽质量变坏和蒸汽管道内发生水冲击,致使用汽单位带来严重影响和使锅炉本体、蒸汽管道及阀门振坏。严重时,会使锅筒内的蒸汽空间减小而造成蒸汽压力突然增大。如果突然增大的蒸汽压力过高,就有发生爆炸的危险。

锅炉满水分为轻微满水和严重满水两种情况。当水位超过汽包水位表的最高允许水位,但在水位表上仍能见到水位时,称为轻微满水。当水位不但高于允许水位,而且超过水位表上可见部位,即汽包水位表内全部充满水时,水位警报器发生水位高的警报信号,此即为严重满水。

锅炉满水时,过热蒸汽温度下降、给水流量不正常地>蒸汽流量、蒸汽含盐量增大。严重满水时,蒸汽管内发生水冲击、法兰处向外冒汽等。

锅炉满水的主要原因是由于操作人员疏忽大意,对水位监视不严或误操作而造成,如在锅炉启停和加减负荷时,未掌握水位变化,调节幅度过大,造成锅炉满水。再者是给水自动调节器动作失灵,操作人员未能及时发现和消除,同样会造成锅炉满水。其次是水位表指示不正确使操作人员判断失误,也会造成锅炉满水,如汽包水位表的汽联通管泄漏时,水位表指示偏高;水联通管泄漏时,水位表指示偏低;当水位表联通管堵塞时,水位表中的水位将逐渐升高等,在监视水位时若对这些情况判断不正确,就有可能造成锅炉满水。此外,开启备用泵时因联系不周,造成水压力过高,也有可能造成锅炉满水。

当锅炉发生满水事故时,应先进行锅筒各水位表的冲洗与对照,以确定水位表指示是否正确。如果尚能看到水位,则表明为轻微满水;如果看不到水位,则表明为严重满水。

若判明为轻微满水，则应当适当减少给水量，必要时应开启排污阀放水，同时应注意水位在水位表中的出现。如果过热汽温下降，应打开主汽管、集汽箱上的疏水阀，防止管内发生水冲击，必要时打开过热器疏水阀，同时关小鼓风机和引风机的调节门，使燃烧减弱。若经采取上述措施仍然无效时，且又证实为严重满水时，应紧急停炉。并且继续放水，严密监视水位，待水位正常后，关闭排污阀及各疏水阀。然后将事故原因查明和消除后，锅炉可重新升火，恢复正常运行。

十六、锅炉汽水共腾的处理

汽水共腾是锅筒内水位波动的幅度超出正常情况，水面翻腾的程度异常剧烈的一种反常现象。锅炉发生汽水共腾时，水位表内的水位产生激烈的波动，看不清水位，过热蒸气温度急剧下降，炉水含盐量增加。严重时蒸汽管内可发生水冲击和法兰连接处向外冒汽。有过热器的锅炉，由于蒸汽大量带水进入过热器内，水分蒸发，在过热器管壁内会沉积盐垢，影响过热器的传热，易使过热器超温，严重时会使过热器造成爆管。

产生汽水共腾的原因，主要是锅炉水质不良，水中含盐浓度太高；没有及时进行排污，特别是上汽包的表面排污，造成炉水碱度增高，悬浮物过多，油污过大等。另外的原因是锅炉负荷突然增加，造成蒸汽大量带水。

当锅炉发生汽水共腾时，可按下列措施进行处理：

1. 降低锅炉负荷。
2. 适当增加排污次数和排污量，以降低炉水的含盐量。炉水含盐浓度最高处一般在水面下 100～200mm 之间，故主要应打开炉水表面排污阀。同时应加强给水，防止水位过低。
3. 开启过热器疏水阀和蒸汽管上的直接疏水阀，将其存水放尽。
4. 坚持炉水水样的分析检验。
5. 加强水质处理，在炉水质量未改善前，不得增加锅炉负荷。

十七、锅炉水冲击的处理

水冲击是指热力设备或管路中，由于水与蒸汽相遇，部分热量被水迅速吸收，蒸汽凝结成水，体积突然缩小，瞬间造成局部真空，从而引起周围介质的高速冲击作用的一种现象。发生水冲击时，常有很大的响声和震动，并且可以沿着管路传到整个系统，以致造成设备部件损坏，甚至管道破裂。

锅炉发生水冲击的部位有省煤器、蒸汽管道和给水管道等。

1. 省煤器内水冲击的处理。省煤器内发生水冲击的原因主要是升火时空气阀未开足或无空气阀，使省煤器内上部存有空气或蒸汽；省煤器入口给水管道上的逆止阀动作不正常。若省煤器内发生水冲击时，其处理办法为开启空气阀，排净空气；延长升火时间，如有旁路烟道应立即将进入省煤器的烟气隔开；检查给水管路上的逆止阀的动作情况。

2. 蒸汽管道水冲击的处理。蒸汽管道发生水冲击的原因主要是送汽前没很好地暖管和疏水。锅炉满水，蒸汽中带大量水分进入汽管内，使汽管发生剧烈冲击，严重时能损坏支架和法兰垫，甚至使管子爆裂。若蒸汽管道发生水冲击时，其处理办法为开启过热器和蒸汽管上的疏水阀进行疏水，并注意暖管；检查锅筒内的水位以及过热蒸汽温度；检查蒸汽管路的支架和吊架的情况。

3. 给水管道水冲击的处理。给水管道发生水冲击的原因主要是在向给水管内注水时，未将给水管上的空气阀打开放出管内的空气；给水管路固定得不好，或者支架松脱；给水泵运行不正常，逆止阀忽开忽关，引起给水压力剧变。若给水管道发生水冲击时，其处理办法为开启给水管道上的空气阀放出管内空气；检查给水管路的支架、吊架，清除发现的缺陷；检查给水泵出口逆止阀，倾听其内部是否有撞击声，检查水泵出口压力表指针是否有剧烈的摆动；如锅炉有备用管路时，隔断发生水冲击的管道，改用备用给水管道向锅炉进水。

十八、锅炉炉管和水冷壁管损坏的原因与处理

锅炉炉管和水冷壁管发生爆裂损坏，是锅炉在运行过程中常遇到的事故，发生此类事故时，轻者需停炉检修，影响生产，重者可因爆裂口较大，造成大量汽水喷出，甚至冲塌炉墙，使事故进一步扩大。锅炉炉管和水冷壁管发生爆裂损坏时，有明显的爆破声，爆裂后有较大的喷汽声，此外还有炉膛由负压变正压；炉门口及其他孔、口喷出烟气和蒸汽；水位迅速下降；汽压和给水压力下降；排烟气温度下降；炉内火焰发暗或造成熄火；灰渣变湿等现象。

锅炉炉管和水冷壁管爆管损坏的原因主要有以下几种：

1. 水处理不好，锅炉给水质量差，使管内严重结垢，且又未按计划检修。
2. 安装或检修质量差，如忘记将管内砂子倒出，或不慎将杂物掉入管内未取出，而造成阻塞，使水循环受阻，从而引起管壁局部过热鼓包。
3. 不按操作规程进行操作，如升火过猛，或停炉过快，使管子骤热骤冷，温差过大，致使金属管收缩不均，造成管焊口破裂。
4. 炉管上结焦未及时清除，造成受热不均，水循环被破坏。
5. 锅炉的设计、制造或改造不佳，使用材料的材质不当，或水循环不良。
6. 锅筒或水冷壁联箱的支架安装不正确，阻碍管子的自由膨胀，使胀口泄漏或产生环形裂纹。
7. 折烟墙不严，烟气发生短路引起炉管磨损加剧，从而使管壁减薄，强度不足而爆裂等。

当发生锅炉炉管和水冷壁管爆管损坏时，可按下列方法进行处理：

1. 立即停止锅炉运行，熄灭燃烧室火焰，关闭灰门，放下烟道挡板，减弱通风。可仅留一部分间隙，以便排出烟气。
2. 如有数台锅炉并联供汽，应截断与其他锅炉的联系。
3. 加强水位监视，防止水位过低，引起局部过热。如炉管裂口较大，在加强给水后，水位表内仍见不到水位，应停止给水。
4. 如爆管的裂口不大，并能维持正常水位，可以作减负荷短时间运行，但要立即开启备用炉，然后将其停下。

十九、锅炉省煤器管损坏的原因与处理

锅炉省煤器管损坏时，一般有水位表水位下降或给水量不正常地＞蒸汽流量，省煤器

附近有泄漏的异声,省煤器出口水温显著升高,省煤器入口水压降低,省煤器下部的灰斗内发生冒汽及有湿灰,省煤器两侧烟气温差增大等现象。

造成锅炉省煤器管损坏的原因主要有以下几种:

1. 给水质量差,使管内壁腐蚀。
2. 给水温度和流量变化太大,使管壁产生热应力而引起省煤器管裂缝。这主要是在锅炉升火时,操作人员没能正确地进行给水与放水,或由于再循环管工作不正常,使管中水的流速太慢而使管壁温度很高,进而又突然给水,使省煤器管温骤降,若经这样反复多次剧烈的温度变化,就会使管子强度或结构薄弱处发生裂缝。此外,水位忽高忽低,给水调节阀开度忽大忽小,或负荷变化过大,都可使省煤器管产生裂纹。
3. 由于间断进水,使汽化产生水冲击而把管子损裂。
4. 省煤器管的外部积有烟灰,遇有潮湿使管壁外部腐蚀减薄,以及管壁外部经常受到飞灰冲刷,管壁磨薄而裂开。
5. 材质不良或检修质量不好,如管子或管子焊口处质量不合格,也会引起管子损坏。

当省煤器管损坏时可按下列方法进行处理:

1. 省煤器能隔开的应立即隔开,开启旁路烟道挡板,关闭省煤器的烟气进出口挡板,并开启直通给水管阀门,直接向锅炉给水,维持正常水位。
2. 省煤器被隔绝后,在同一负荷情况下,如不向锅炉直接给水,过热蒸汽温度将升高,应设法保持其温度不超过允许范围。
3. 在隔开故障省煤器后,应将省煤器中存水立即放掉。
4. 如省煤器不能隔开的,应立即停炉。停炉后不得把省煤器的再循环系统的阀门打开,以免炉水经省煤器泄漏处漏掉,影响蒸发设备的安全生产。

二十、锅炉过热器管损坏的原因与处理

锅炉过热器管损坏时,过热器部位有蒸汽喷出的响声,尚有蒸汽流量不正常地小于给水流量;燃烧室负压不正常地减小或变成正压,严重时从炉门等处向外喷出蒸汽或火焰,但在程度上要比排管和水冷壁管损坏时轻一些;过热器温度发生变化,或排烟温下降等现象。

造成锅炉过热器管损坏的原因主要有以下几种:

1. 炉水含盐浓度大,汽水共腾,水位太高及汽水分离器失效等而使蒸汽品质差,在过热器管内积沉盐垢,而使管壁温度增高,超过了钢管的耐热极限。
2. 燃烧方式不正确,使火焰延伸到过热器处,或由于过热器前的受热面管子发生积灰、结焦,而使过热器处烟温升高。
3. 过热器管内蒸汽流量及管外烟气流量分配不均匀,部分管子温度过高。
4. 由于升火、停炉时,未将过热器疏水阀打开,过热器得不到冷却。
5. 过热器管材质量不合标准,制造上有缺陷或安装不良。
6. 过热器管道内被杂物堵塞。

当过热器管损坏时,应按下列方法进行处理:

1. 过热器管损坏不严重时,可在短时间内继续运行,直到备用锅炉投入运行时为止。
2. 过热器管损坏严重时,应立即停炉修理,防止已损坏的过热器管喷出的蒸汽吹坏邻近的管子。

二十一、锅炉烟道尾部燃烧或气体爆炸的原因与处理

锅炉烟道尾部燃烧或气体爆炸，即炉膛中没有燃尽的可燃物，附着在尾部受热面上，或烟道内有可燃气体存在，在一定条件下，引起可燃物重新着火燃烧或可燃气体爆炸。尾部燃烧或气体爆炸常将省煤器、空气预热器损坏，甚至造成引风机损坏。此类事故，在燃油炉和煤粉炉发生较多。在发生烟道底部燃烧或气体爆炸时，有排烟温度明显上升，热风温度也升高；烟道负压急骤变化，尾部防爆门有时发生动作；烟道门冒火星或烟气；烟囱冒黑烟等现象。

锅炉烟道底部燃烧或气体爆炸产生的原因主要有以下几种：

1. 生火前，烟道内未经通风排气，有煤粉或可燃气体积存。
2. 燃烧室内的可燃气体及烧油炉的油雾等未完全燃烧，进入烟道后引起燃烧。
3. 燃烧室负压过大，燃料在炉膛内停留时间太短，使来不及燃烧的燃料进入尾部管道。
4. 烟道各部分的门、孔或风挡门不严，从而漏入新鲜空气助燃。

当发生烟道尾部燃烧或气体爆炸时，可按下列方法进行处理：

1. 停止供给燃料，停止送风和引风，完全关闭烟道闸门及灰门，并用吹灰蒸汽充满烟道。
2. 加强锅炉的进水和排水，以避免省煤器不被烧坏。
3. 熄火后检查设备，确认可以继续运行，应开启引风机 10~15min 后，再重新点火。
4. 有条件的应将尾部受热面的油垢清除掉。

二十二、链条炉排卡住的原因与处理

链条炉排卡住时，会造成链条炉排传动机构的保险弹簧跳动或保险销折断，炉排电机电流不正常地增加，炉排停止转动。

链条炉排卡住的原因常有以下几种：

1. 炉排片断裂或边条销子脱落而卡住炉排。
2. 燃料煤中的金属杂物或炉灰、焦渣卡住炉排。
3. 炉排横梁弯曲。
4. 大轴轴承缺油磨损，造成温度过高而抱轴。
5. 炉排两端调节不好，造成炉排跑偏而将炉排卡住。
6. 炉条链子太松与主轴牙齿啮合不好。
7. 老鹰铁烧坏或灰坑堵满。

在锅炉运行中，如果遇到炉排被卡住，应立即停止电机转动，然后用扳手将炉排倒转。根据炉排倒转时用力的大小，可以推断其故障的轻重情况。如果倒转时用力不大，又无异常情况，则倒转一定距离后，再次启动炉排，若情况正常，即可恢复正常运行。如再度卡住应停止运行，需找出炉排卡住的真正原因并解除之，方可恢复正常运行。

如果是老鹰铁被灰渣挤住而竖起，可以从看火门处伸入火钩，将其拨正，如不能将其拨正，则应停止炉排进行处理。

为防止链条炉排被卡住而影响锅炉正常运行，应采取如下措施：

1. 因分段风室内的积灰和漏煤，不但阻碍进风，并要引起燃烧，使炉排发热而发生故障，如炉排横梁弯曲等。所以必须定期地从链条炉排的分段风室内清除积灰和漏煤。

2. 炉排的运转部分的润滑应保证良好，故对炉排的主轴轴承和变速箱应正常地加油。

3. 注意灰渣斗内不要存灰过多，以免炉排过热卡住。

4. 注意炉排及挡灰设备状况，如发现有损坏的炉排片，要及时除去，并将其余炉排片均匀拨开，以减少漏煤。

5. 保持防焦箱的清洁，不允许防焦箱上结焦，如发现有结焦应及时清除。

6. 保持电机电流稳定，若发现电机电流比正常时增大，则表明炉排阻力增加，应迅速设法消除，使之恢复正常。

7. 严禁任意压紧炉排传动机构的安全弹簧或任意加强保险销。

二十三、锅炉运行中电源突然中断的处理

1. 立即将各电动机的电源开关扳回到停止位置。

2. 开动汽动给水泵，维持锅炉给水及正常水位。若能维持正常水位，可以不关闭主蒸汽阀，水位不能保持时，则应关闭主蒸汽阀。

3. 做好升火前的准备工作，待电源恢复后即可升火。电源恢复前，应按正常停炉程序进行处理。

4. 如燃料为气体的锅炉，则应在电源突然中断后，立即关闭燃料气的进气阀和总气阀，开启烟道挡板，加强自然通风或引风，待电源恢复后，重新按正常升火程序点火。

第六节　锅炉的安全管理与技术检验

一、锅炉的使用登记

锅炉是工业生产中广泛使用并有爆炸危险的承压设备，为了加强在用锅炉的安全管理工作，根据《锅炉使用登记办法》的规定，使用锅炉的单位必须向有关部门进行使用登记。

1. 凡使用固定式承压锅炉的单位，应向锅炉所在地的县级及县级以上有关部门办理登记手续。

电力系统发电用锅炉应按电力部门的有关规定所在地的省级电力部门办理登记手续，并报省级有关部门备案。

铁路系统内工作压力<0.1MPa固定式蒸汽锅炉和供热量≤0.70MW的热水锅炉的使用登记由铁路监察部门自行办理。

2. 使用锅炉单位在申请办理锅炉登记手续时，应填写一份《锅炉登记表》和《锅炉登记卡》，并应向登记机关交验《蒸汽锅炉安全监察规程》或《热水锅炉安全技术监察规程》规定的与安全有关的出厂技术资料、安装质量检验报告、锅炉房平面图、水处理方法及水质指标、锅炉安全管理的各项规章制度、持证司炉工人数等资料。

在用或移装的旧锅炉办理登记时，如使用锅炉单位提不出《蒸汽锅炉安全监察规程》或《热水锅炉安全技术监察规程》规定的与安全有关的出厂技术资料，以及安装质量检验

报告两项资料时，可以锅炉结构示意图及需要核算强度的受压部件图、锅炉受压元件强度及安全阀排放量的计算资料、锅炉检验报告等资料代替。

对额定蒸汽压力<0.1MPa 的蒸汽锅炉和额定供热量<0.6MW 的热水锅炉进行登记时，只需交验锅炉制造厂质量证明书或检验报告。

3. 登记机关对送审资料审查合格后，即应给使用单位签发《锅炉使用登记证》，并在《锅炉登记表》上盖章后连同全部送审资料退使用单位保存。《锅炉登记卡》则留登记机关存查。

4. 锅炉经重大修理或改造后，使用单位须携带《锅炉登记表》和修理或改造部分的图纸及施工质量检验报告等资料，到原登记机关办理备案或变更手续。

5. 锅炉拆迁过户时，原使用单位应向原登记机关办理注销手续，交回《锅炉使用登记证》。锅炉的全部安全技术资料应随锅炉转至接收单位，接收单位应重新办理锅炉登记手续。

6. 锅炉报废时，使用单位应向原登记机关交回《锅炉使用登记证》，办理注销手续。因不能保证安全运行而报废的锅炉，严禁再作承压锅炉使用。

7. 对超过定期检验周期，未经许可逾期不检者；有危及安全的严重事故隐患在限期内不修复者；管理混乱，违章操作，屡教不改者；经检验确认，必须报废的锅炉，登记机关对有上述情况之一者，应收回《锅炉使用登记证》。

8. 没有取得《锅炉使用登记证》的锅炉，不准投入使用。对违反规定的，锅炉压力容器安全监察机构可视情节轻重给予查封或经济处罚。

二、锅炉的检验

锅炉在运行中时刻受到水、烟气、空气中有害物质的侵蚀，同时又受到温度、压力的作用，因此锅炉钢板、钢管容易发生腐蚀、疲劳、鼓包，以致损坏。若不及时加以整修，就会造成严重的事故，为保证锅炉安全运行，必须对锅炉进行检验。

在用锅炉的检验工作包括外部检验、内部检验和水压试验。

运行的锅炉每年应进行一次外部检验。每两年应进行一次内部检验。水压试验一般每6年进行一次。对不能进行内部检验的锅炉，应每3年进行一次水压试验。

除定期检验外，锅炉有下列情况之一时，也应进行内部检验：

1. 移装锅炉投运前。
2. 锅炉停止运行1年以上需重新投入或恢复运行前。
3. 受压元件经重大修理或改造后及重新运行1年后。
4. 根据锅炉运行情况，对设备安全可靠性有怀疑时。

(1) 外部检验重点如下：

① 锅炉房内各项制度是否齐全，司炉工人、水质化验人员是否持证上岗。

② 锅炉周围的安全通道是否畅通，锅炉房内可见受压元件、管道、阀门有无变形、泄漏。

③ 安全附件是否灵敏可靠，水位表、安全阀、压力表等与锅炉本体连接通道有无堵塞。

④ 高低水位报警装置和低水位联锁保护装置动作是否灵敏可靠。

⑤ 超压报警和超压连锁保护装置动作是否灵敏可靠。
⑥ 点火程序和熄火保护装置是否灵敏、可靠。
⑦ 锅炉附属设备运转是否正常。
⑧ 锅炉水处理设备是否正常运转，水质化验指标是否符合标准要求。

（2）内部检验的重点如下：

① 上次检验有缺陷的部位。
② 锅炉受压元件的内、外表面，特别在开孔、焊缝、板边等处应检查有无裂纹、裂口和腐蚀。
③ 管壁有无磨损和腐蚀，特别是处于烟气流速较高及吹灰器吹扫区域的管壁。
④ 锅炉的拉撑以及与被拉元件的结合处有无裂纹、断裂和腐蚀。
⑤ 胀口是否严密，管端的受胀部分有无环形裂纹和苛性脆化。
⑥ 受压元件有无凹陷、弯曲、鼓包和过热。
⑦ 锅筒和砖衬接触处有无腐蚀。
⑧ 受压元件或锅炉构架有无因砖墙或隔火墙损坏而发生过热。
⑨ 受压元件水侧有无水垢、水渣。
⑩ 进水管和排污管与锅筒的接口处有无腐蚀、裂纹，排污阀和排污管连接部分是否牢靠。

（3）水压试验。

① 水压试验前应进行内外部检验，如必要时还应做强度核算。不得用水压试验的方法确定锅炉的工作压力。
② 水压试验压力应符合表 16-6 的规定。

锅炉水压试验压力　　表 16-6

名　　称	锅筒工作压力	试 验 压 力
锅炉本体	<0.8MPa	$1.5P$ 但不<0.2MPa
锅炉本体	0.8~1.6MPa	$P+0.4$MPa
锅炉本体	>1.6MPa	$1.25P$
过热器	任何压力	与锅炉本体试验压力同
可分式省煤器	任何压力	$1.25P+0.5$MPa

再热器的试验压力为 $1.5P_1$（P_1 为再热器的工作压力）。直流锅炉本体的水压试验压力为介质出口压力的 1.25 倍，且不<省煤器进口压力的 1.1 倍。

水压试验时，应力不得超过元件材料在试验温度下屈服强度的 90%。

③ 锅炉进行水压试验时，水压应缓慢地升降，当水压上升到工作压力时，应暂停升压，检查有无漏水或异常现象，然后再升压到试验压力。焊接的锅炉应在试验压力下保持 5 分钟，铆接的锅炉应在试验压力下保持 20 分钟，然后降到工作压力进行检查。检查期间压力应保持不变。

④ 水压试验应在周围气温高于 5℃时进行，低于 5℃时必须有防冻措施。水压试验用的水应保持高于周围露点的温度，以防锅炉表面结露，但也不宜温度过高以防止引起汽化和过大的温差应力，一般以 20~70℃为宜。

合金钢受压元件的水压试验温度应高于所用钢材的脆性转变温度。

⑤ 锅炉进行水压试验时,在受压元件金属壁和焊缝上没有水珠和水雾;铆缝和胀口处,在降到工作压力后不滴水珠;水压试验后,用肉眼观察没有发现残余变形,即可认为合格。

锅炉检验结果应记入锅炉技术档案,并有检验人员签名。

三、进入锅炉内部作业时应遵守的安全规定

1. 在进入锅筒内部作业前,必须用能指示出隔断位置的强度足够的金属盲板,将连接其他运行锅炉的蒸汽、给水、排污等管道全部可靠地隔开。

2. 打开锅筒上的人孔和集箱上的手孔,进行一定时间的通风。

3. 在锅筒内进行作业时,锅筒外应有专人进行监护。

4. 在进入烟道或燃烧室作业前,必须进行通风,并将与总烟道或其他正在运行锅炉的烟道相连的烟道闸门关严密,同时采集烟道或燃烧室内的样气,进行安全分析,做好防火、防爆、防毒、防窒息工作。

5. 用油或可燃气体作燃料的锅炉,应可靠地隔断油、气的来源。

6. 在锅筒内或潮湿的烟道内作业时,应使用电压不超过12V的低压行灯照明。在干燥的烟道内作业时,且有妥善的安全措施,可采用不高于36V的照明电压。严禁使用明火照明。

7. 作业结束后,作业负责人必须清点人员和工器具,以防遗留在作业处。

四、锅炉事故的分类及报告

锅炉事故系指锅炉因设计、制造与安装过程中存在的缺陷,或在运行过程中因维护不当,年久失修,运行操作方法不正确及违反操作规程,造成的锅炉设备损坏、停止运行或减少供汽量等现象。

根据《锅炉压力容器事故报告办法》,按照锅炉设备损坏的程度不同,将锅炉事故分为爆炸事故、重大事故和一般事故。

1. 爆炸事故,系指锅炉在使用过程中或试压时发生破裂,使压力瞬时降至等于外界大气压力的事故。

2. 重大事故,系指锅炉受压元件严重损坏,如变形、渗漏,或锅炉附件损坏或炉膛爆炸等,致使锅炉被迫停止运行,必须进行修理的事故。

3. 一般事故,系指锅炉损坏程度不严重,不需要停止运行进行修理的事故。

锅炉发生爆炸事故,或因设备损坏造成人员伤亡事故的单位,应立即将事故概况用电报、电话或其他快速方法报告企业主管部门和当地有关部门。当地有关部门和主管部门应及时、迅速地用电话或电报各自逐级上报,直至国家主管部、委、局。

发生锅炉爆炸事故的单位,应立即组织调查,当地有关部门应派员参加调查。事故发生后,除防止事故进一步扩大或抢救伤员而采取必要的措施外,一定要保护好事故现场,以备调查、分析事故。调查事故时,应认真查清事故发生的原因,提出改进的措施和对事故责任者的处理意见。根据调查结果填写《锅炉压力容器事故报告书》,并附上事故照片,报送当地有关部门和主管部门。当地有关部门应逐级上报国家主管部委。

发生锅炉重大事故的单位，应尽快地将事故情况、原因及改进措施书面报告当地有关部门。当地有关部门应逐级上报至省、市、自治区主管部门。省、市、自治区主管部门，在每季度终了后的15日内将该季度的爆炸事故和重大事故，填写《锅炉压力容器爆炸事故重大事故季报表》，上报国家主管部委。

锅炉设备发生一般事故时，由锅炉使用单位分析事故原因，采取改进措施，不需要统计上报。

重大事故与一般事故的主要区别，在于锅炉受压元件或其他主要部件是否损坏，是否必须大修，例如，炉膛发生轻微爆炸，并未造成设备元件或主要部件损坏，也不需停炉大修，便可定为一般事故。但是因供汽停止而迫使其他的生产单元的生产也停止，这样的事故也可定为重大事故。

五、锅炉司炉工人安全技术的考核管理

锅炉司炉工人为锅炉这种特种设备的特种作业人员，为了加强对锅炉司炉工人的安全技术培训、考核和管理，确保锅炉的安全运行，根据《锅炉司炉工人安全技术考核管理办法》的规定，对锅炉司炉工人必须实行培训、考核和持司炉操作证操作。

1. 司炉工人的基本条件为年满18周岁、身体健康、没有妨碍从事司炉作业的疾病和生理缺陷，遵守纪律，热爱本职工作，一般应有初中以上文化程度。

2. 司炉工人考试前的理论和实际操作培训可由本单位、主管单位或委托其他单位进行。培训时间，批领取1、2、3类操作证者应不少于6个月，批领取4类操作证者应不少于3个月。

3. 司炉工人考核一般应由当地锅炉压力容器安全监察机构统一组织，有条件的锅炉使用单位，经当地锅炉压力容器安全监察机构批准后，可自行组织考核，但试题、合格标准和考核成绩应报当地锅炉压力容器安全监察机构审核。

4. 司炉工人的考核应包括理论和实际操作两部分。

理论部分考核的考试大纲内容介绍如下：

(1) 压力、温度、介质、燃料、通风、传热等方面的基础知识。
(2) 锅炉的分类、结构及其简单的工作原理。
(3) 司炉安全附件的名称、作用、结构及简单的工作原理。
(4) 各种热工仪表、自控和连锁保护装置的用途和操作注意事项。
(5) 锅炉附属设备的用途和操作要领。
(6) 锅炉给水、炉水标准及常用的水处理方法。
(7) 锅炉运行的操作要领。
(8) 水垢、烟灰、结焦对锅炉的危害及防治方法。
(9) 锅炉常见事故的类别、原因、预防及处理。
(10) 锅炉维护保养方面的基础知识。
(11) 锅炉安全法规中有关安全运行的内容。

实际操作部分考核的考试大纲内容如下：

1. 锅炉起动前的检查、准备、点火、升压、运行、调整、压火、停炉等操作。
2. 安全附件的检查及调整。

3. 各种辅机及附属设备的操作。

4. 反事故演习。

5. 司炉操作证分为 1、2、3、4 类，具体分类见表 16-7。

司炉操作分类 表 16-7

类别	允 许 操 作 的 锅 炉
1	工作压力≥3.9MPa 的蒸汽锅炉
2	工作压力<3.9MPa、出力>4t/h 的蒸汽锅炉和供热量>2.8MW 的热水锅炉
3	工作压力≥0.1MPa、出力≤4t/h 的蒸汽锅炉和供热量≤2.8MW 的热水锅炉
4	工作压力<0.1MPa 的蒸汽锅炉和供热量≤0.1MW 的热水锅炉

6. 符合基本条件并经考核合格的司炉工人，由当地锅炉压力容器安全监察机构签发司炉特种作业操作证。

7. 司炉工人只允许操作不高于核准类别的锅炉。低类别司炉工人升为高类别司炉工人时应经过重新培训和考核，并换发相应类别的司炉特种作业操作证。

8. 对取得司炉操作证的司炉工人，一般每四年应进行一次复审，复审工作由发证机关或其指定的单位组织进行。复审结果由负责复审的单位记入司炉特种作业操作证复审栏内。对连续从事司炉工作而无事故的司炉工人经原发证机关同意后可免于复审。复审不合格者，应注销司炉操作证。

9. 对司炉工人的安全技术培训、考核，以及签发司炉特种作业操作证和复审应严格，防止走过场。

10. 锅炉使用单位应保持司炉工人队伍的相对稳定，不随意调动司炉工人。

第十七章 电气安全技术

第一节 电的基本知识

一、火线和零线

如图 17-1 所示,发电机或变压器的 3 相线圈互相连接成星形。由线圈始端引出的 3 条导线,即 A—A、B—B、C—C 线称为相线。3 相线圈的公共点称为中性点,由中性点引出的导线即为中性线。如果发电机或变压器的中性点是接地的,则中性点和大地等电位,亦即两者之间没有电压差。因为大地是零电位,所以此时的中性点可称为零点,中性线则称为零线,相线通常称为火线。

现采用的 380/220V 低压系统,一般都是从变压器引出 4 根线,即 3 根相线和 1 根中性线。这 4 根线兼作动力和照明用。动力用 3 根相线;照明用 1 根相线和零线。在这样的低压系统中,考虑到正常和故障情况下,能使电气设备运行可靠,并且有利于人身和设备的安全,一般都把系统的中性点直接接地。这就

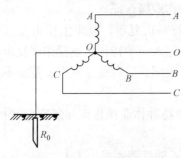

图 17-1 火线、零线示意图

是系统的工作接地。也有些地区根据自己的特点,低压系统采用中性点不直接接地的运行方式,这对于减少触电事故收到了好的效果。

二、短路与断路

电源通向负载的两根导线不经过负载而相互直接接通,就发生了电源被短路的情况,也就是说,在电力线路中,火线和火线、火线和零线、火线和机壳、或者火线和大地直接碰在一起的现象称为短路。当发生短路故障时,在电路中的电流叫做短路电流。短路电流可能增大到远远超过导线所允许的电流限度,如果不加防止,短路会造成电气设备的过热,甚至烧毁电气设备,或者造成人身事故。

例如,直流电源的电动势 $E=110V$,内阻 $R_内=0.01\Omega$,线路电阻 $R_线=0.7\Omega$,负载电阻 $R_负=21.3\Omega$,如果负载接线两端发生短路故障,比较正常电流和短路电流。

当没发生短路时,电路的总电阻为:
$$R = R_内 + R_线 + R_负$$
$$= 0.01 + 0.7 + 21.3$$
$$\approx 22\Omega$$

根据主电路的欧姆定律,电路中的电流为

$$I=\frac{E}{R}=\frac{110}{22}=5\text{A}$$

然而当发生短路故障时，$R_负$ 为 0，此时电路中的总电阻为：

$$R=R_内+R_线=0.01+0.7=0.71\Omega$$

根据主电路的欧姆定律，电路中的电流为

$$I=\frac{E}{R}=\frac{110}{0.71}=155\text{A}$$

通过计算可见，短路电流是正常电流的 $\frac{155}{5}=31$ 倍。这样大的电流可以烧毁导线，甚至引起火灾事故，严重的短路还会破坏电力系统的的稳定。因此，在电路中应安装适当的保护装置，例如，安装自动开关、熔断器等，当发生短路时，这些装置便可将短路点及时切除，断开电路，以限制短路造成的破坏。

断路一般是指电路中某一部分断开，例如导线、电气设备的线圈等断线，使电流不能导通的现象。

实践证明，电流通过导体所产生的热量和电流的平方、导体本身的电阻值以及电流通过的时间成正比。这是英国科学家焦耳和俄国科学家楞次得出的结论，被人称作焦耳-楞次定律。用公式表达为：

$$Q=I^2Rt$$

式中　　I——通过导体的电流，单位是 A；

　　　　R——导体的电阻，单位是 Ω；

　　　　t——电流通过导体的时间，单位是 s；

　　　　Q——电流在电阻上产生的热量，单位是 J。

三、电力系统

电灯和电动机用的电一般都是发电机产生的。在火力发电厂里，煤或石油在炉膛里燃烧发出热能，锅炉里的水受热后变成蒸汽，蒸汽推动汽轮机的叶片使汽轮机转动，汽轮机带动发电机发出电能。在水力发电站，水流使水轮机转动，水轮机带动发电机发出电能。

把许多发电机互相连接起来向用户供电，就构成了电力系统，如图 17-2 所示。

在电力系统里，先用升压变压器把发出来的电压升高，再用输电线路把各地的发电机连成网，然后把电能送到降压变压器，最后把电压降低到 380V 和 220V，分送到各个低压用户。

四、高压与低压

在厂矿企业电气管理中，通常以 1kV 为界限，即额定电压 1kV 以下的称为低压，额定电压 1kV 及以上的称为高压。

然而，从安全技术的角度出发，为了保证在运行、检修和安装电气设备时的安全，以便采取不同的组织措施和技术措施，将电气设备分为高压和低压两种：

设备对地电压在 250V 以上者为高压。

设备对地电压在 250V 及以下者为低压。

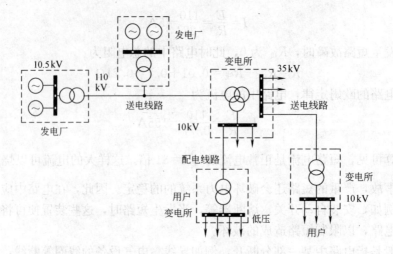

图 17-2 电力网单线图

五、对地电压、接触电压和跨步电压

根据欧姆定律,电流通过接地体的流散电阻会产生电压,这个电压叫做接地体的对地电压,如图 17-3 所示。

接地点附近,周围各点是带电的。离接地点越远,对地电压越低。

如果用曲线来表示接地体及周围各点的对地电压,这种曲线就叫做对地电压曲线。显然,随着离开接地体,曲线逐渐变平,或者说曲线的陡度逐渐减小。接地体的对地电压曲线大体上具有双曲线的特点。

图 17-4 是单一接地体的对地电压曲线。有了这样的曲线,就可以比较方便地讨论接触电压和跨步电压了。

如果人体同时接触具有不同电压的两处,则在人体内有电流通过,人体构成电流回路的一部分。这时,加在人体两点之间的电压差即所谓的接触电压。图 17-4 中的甲,站在地上,其手部触及已漏电的变压器,手、足之间出现电压差,大小等于漏电设备对地电压 U_D 与甲所站立地点对地电压之差,即图上标出的 U_c,U_c 即是甲所承受的接触电压。

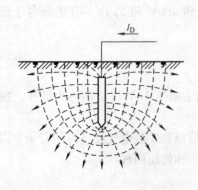

图 17-3 地中电流呈半球形流散

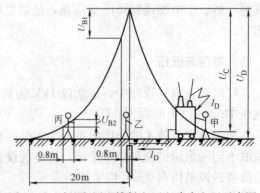

图 17-4 对地电压、接触电压和跨步电压示意图

跨步电压系指人站立在地上具有不同对地电压的两点，在人的两脚之间所承受的电压差。跨步电压与跨步大小有关。人的跨步一般按 0.8m 考虑，图 17-4 中所画的乙、丙 2 人都承受了跨步电压。乙正好处在接地体位置，承受了最大的跨步电压 U_{b1}，丙离开接地体有一定的距离，承受的跨步电压 U_{b2} 较小。对于一般接地体，离开接地体 20m 以外，跨步电压接近于零。

第二节　电对人体的危害

一、触电伤害的类型

触电一般是指人体直接触及或过分地接近带电体，由于带电体的电流通过人体内部或者由于电流引起强烈的电弧，从而对人体造成伤害。因此，从本质上讲，触电是电流对人体造成的伤害。

电流对人体的伤害有两种类型，即电击和电伤。

所谓电击是指人体直接触及带电体后，电流通过人体内部，破坏人体的心脏、肺部以及神经系统的正常功能，直至危及生命。在低电压系统中，在通电电流较小、通电时间不长的情况下，电流引起人体的心室颤动是电击致死的主要原因；在通电时间较长，通电电流较小的情况下，窒息会成为电击致死的原因。

绝大部分因触电引发的死亡事故，都是由于电击所造成的。通常所说的触电事故基本上是指电击而言。人体直接触及带电的导线，漏电设备的外壳或其他带电体，以及雷击等都可能导致电击。

所谓电伤，是指电流的热效应、化学效应或机械效应对人体造成的伤害。电伤多见于人体外部，并常常在机体上留下伤痕。

电弧烧伤是最常见也是最为严重的电伤。在低电压系统中，带负荷拉开裸露的闸刀开关时，电弧可能灼伤人手部或面部。线路短路，开启式熔断器熔断时，灼热的金属微粒飞溅出来可能对人体造成灼伤。错误地操作而引起短路，也可能导致电弧灼伤等。在高电压系统中，由于错误操作，会产生强烈的电弧而导致严重的烧伤，当人体过分接近带电体，其间距小于放电距离时，会直接产生强烈的电弧，若人体当时被打开，虽然不一定因电击致死，却可能因电弧烧伤而死亡。

电烙印也是电伤的一种。当载流导体长期接触人体时，由于电流的化学效应和机械效应的作用，接触部位皮肤变硬、形成肿块，如同烙印一样，即为电烙印。此外，金属微粒因某种化学原因渗入皮肤，可使皮肤变得粗糙而坚硬，导致所谓皮肤金属化，电烙印和皮肤金属化都会对人体造成局部的伤害。

当然，电击和电伤也可能同时发生，这在高压触电事例中是常见的。

二、触电的方式

按照人体触及带电体的方式，触电可分为以下 3 种情况：

1. 单相触电。单相触电是指人体在地面或其他接地导体上，人体某一部位直接触及一相带电体的触电，如图 17-5 所示。大部分触电事故都是单相触电，单相触电的危险程度与电网运行方式有关。一般情况下,接地电网里的单相触电比不接地电网里的危险性大。

2. 两相触电。两相触电是指人体的两处同时触及两相带电体的触电,如图 17-6 所示。两相触电加于人体的电压总是比较大的,可达到 380V,对人体的危险性一般比较大。

3. 跨步电压触电。当带电体接地有电流流入地下时,电流在接地点周围土壤中产生电压降。人体接近接地点时,两脚之间出现的电压即为跨步电压,由此引起的触电称为跨步电压触电。高压故障接地处,或有大电流流过的接地装置附近都可能出现较高的跨步电压。如图 17-7 所示。

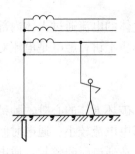
图 17-5 单相触电示意图

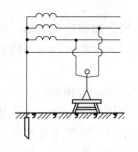
图 17-6 两相触电示意图

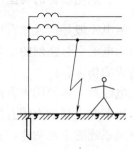
图 17-7 跨步电压触电示意图

三、电流对人体的伤害

电流通过人体内部,对人体造成伤害的严重程度,与通过人体电流的大小、电流通过人体的持续时间、电流通过人体的途径、电流的频率以及人体状况等多种因素有关。在这些因素中,电流大小与通电时间的长短关系更大。

1. 伤害程度与电流大小的关系。电流通过人体时,人体会有麻、疼等感觉,会引起颤抖、痉挛、心脏停止跳动等症状。甚至引起死亡。通过人体的电流越大,人体的生理反应越明显、感觉越强烈,引起心室颤动所需的时间越短,致命的危险就越大。

对于工频交流电,按照通过人体电流大小的不同,人体呈现的不同状态,可将电流划分为以下三级。

(1) 感知电流。感知电流是引起人体的感觉的最小电流。人体对电流最初的感觉是轻微麻抖和轻微刺痛。根据有关资料表明,对于不同的人,感知电流也不相同,成年男性平均感知电流约为 1.1mA,成年女性约为 0.7mA。感知电流的概率曲线如图 17-8 所示。

感知电流一般不会对人体造成伤害,但当电流增大时,感觉增强,反应变大,可能会导致坠落等二次事故。

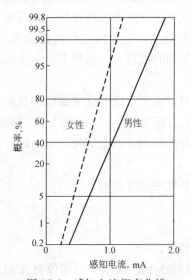
图 17-8 感知电流概率曲线

由于感知电流为 1mA 左右，因此可推荐小型携带式电气设备的最大泄漏电流为 0.5mA，重型移动式电气设备的最大泄漏电流为 0.75mA。

（2）摆脱电流。所谓摆脱电流是指人体触电后能自主摆脱电源体的最大电流。根据有关实验资料表明，对于不同的人，摆脱电流也不相同，成年男性的平均摆脱电流约为 16mA，成年女性约为 10.5mA。

摆脱电流的概率曲线如图 17-9 所示。从安全角度考虑，宜取概率为 0.5% 时人体的摆脱电流为最小摆脱电流。由此可知，男性最小摆脱电流为 9mA，女性为 6mA。

摆脱电流是人体可以忍受而一般不致造成不良后果的电流。摆脱电源的能力是随着触电时间的延长而减弱的，也就是说，一旦触电后不能摆脱电流时，其后果是比较严重的。

（3）致命电流。致命电流是指在较短时间内危及人体生命的最小电流。在电流不超过数百毫安的情况下，电击致命的主要原因是电流引起心室颤动造成的。因此，可以认为引起心室颤动的电流即为致命电流。

所谓心室颤动，即为心脏有节奏的收缩与扩张的过程中，把新鲜血液送到全身，再送到肺部予以净化，如此反复进行。心脏的工作是同微弱的电信号联系在一起的，医学上的心电图就是这种电信号的反映。当外来电流通过心脏时，原有的电信号受到破坏，心脏的正常工作受到破坏，由正常跳动变为每分钟数百次以上的细微的颤

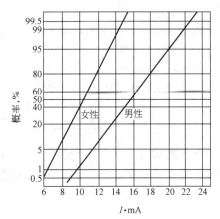

图 17-9　摆脱电流概率曲线

动，这就是心室颤动。当发生心室颤动时，由于颤动极细微，心脏不再起压送血液的作用，即血液中止循环。

心室颤动的电流与通电时间的长短有关，当通电时间超过心脏搏动周期时，心室颤动电流仅数十毫安，一般认为在 50mA 以上；当通电时间不足心脏搏动周期，但超过 10ms 并发生在心脏搏动的特定时刻时，心室颤动电流在数百 mA 以上。

工频电流径由手—躯干—手的途径，对成年男性的实验资料列入表 17-1，工频电流

工频电流对人体作用的实验资料，电流途径：手—躯干—手（mA）　　表 17-1

感　觉　情　况	被试者百分数		
	5%	50%	95%
手表面有感觉	0.7	1.2	1.7
手表面有麻痹似的连续针刺感	1.0	2.0	3.0
手关节有连续针刺感	1.5	2.5	3.5
手有轻微颤动，关节有受压迫感	2.0	3.2	4.4
前肢部有强力压迫的轻度痉挛	2.5	4.0	5.5
上肢部有轻度痉挛	3.2	5.2	7.2
手硬直有痉挛，但能伸开，已感到有轻度疼痛	4.2	6.2	8.2
上肢部与手部有剧烈痉挛，失去感觉，手的前表面有连续针刺感	4.3	6.6	8.9
手的肌肉直到肩部全面痉挛，但还可能摆脱带电体	7.0	11.0	15.0

径由单手—躯干—双足的途径，对成年男性的实验资料列入表17-2。由表可知，实验的分散性很大，如电流经由手—躯干—手的途径通过人体时，大约5%的人在0.7mA就有感觉，而95%的人要在1.7mA才有感觉。摆脱电流也是如此。

工频电流对人体作用的实验资料，电流途径：单手—躯干—双足（mA）　　表 17-2

感 觉 情 况	被试者百分数		
	5%	50%	95%
手表面有感觉	0.9	2.2	3.5
手表面有麻痹似的针刺感	1.8	3.4	5.0
手关节有轻度压迫感，有强度的连续针刺感	2.9	4.8	6.7
前肢部有压迫感	4.0	6.0	8.0
前肢部有压迫感，足掌开始有连续针刺感	5.3	7.6	10.0
手关节有轻度痉挛，手部动作困难	5.5	8.5	11.5
上肢部有连续针刺感，腕部及手关节有强度痉挛	6.5	9.5	12.5
肩部以下有强度连续针刺感，肘部以下僵直，还可以摆脱带电体	7.5	11.0	14.5
手指关节、踝骨、足跟有压迫感，手部大拇指痉挛	8.8	12.3	15.8
只有尽最大努力才可能摆脱带电体	10.0	14.0	18.0

心室颤动电流是致命电流，不允许在人体上作这样大的电流的实验，因此，尚无这方面人的实验资料。心室颤动电流的资料是根据动物实验和综合分析而得出来的，见表17-3。

工频电流对人体作用的分析资料　　表 17-3

电流范围	电流(mA)	通电时间	人体的生理反应
O	0~0.5	连续通电	没有感觉
A_1	0.5~5	连续通电	开始有感觉，手指手腕等部位有痛感，没有痉挛，可以摆脱带电体
A_2	5~30	数分钟以内	痉挛，不能摆脱带电体，呼吸困难，血压升高，是可以忍受的极限
A_3	30~50	数秒到数分	心脏跳动不规则，昏迷，血压升高，强烈痉挛，时间过长即引起心室颤动
B_1	50~数百	低于心脏搏动周期	受强烈冲击，但未发生心室颤动
		超过心脏搏动周期	昏迷，心室颤动，接触部位留有电流通过的痕迹
B_2	超过数百	低于心脏搏动周期	在心脏搏动周期特定的相位触电时，发生心室颤动，昏迷接触部位留有电流通过的痕迹
		超过心脏搏动周期	心脏停止跳动，昏迷，可能致命的电灼伤

表17-3中，O是没有感觉的范围；A_1、A_2和A_3是不引起心室颤动、不致产生严重后果的范围；B_1和B_2是容易产生严重后果的范围。

考虑到通电时间长短的影响，国际电工委员会（IEC）建议按图17-10确定电流对人体的作用。图中a以左下的Ⅰ区是没有感觉的区域，a是有感觉的起点；a和b之间的Ⅱ区是开始有感觉但一般没有病理伤害的区域；b和c之间的Ⅲ区是有感觉但一般不引起心室颤动的区域；c和d之间的Ⅳ区是有心室颤动危险的区域；d以右的Ⅴ区是心室颤动危险较大的区域。图 17-10 比较明确地提出了心室颤动电流的界限，为设计和鉴定防止触电的安全装置提供了比较方便的依据。该图的不足之处是没有提出摆脱电流的界限。

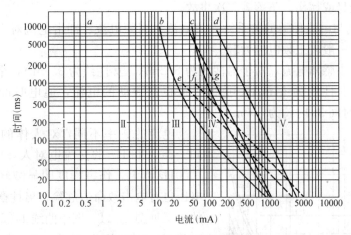

图 17-10　电流对人体的作用

2. 伤害程度与通电时间的关系。表 17-3 和图 17-10 均表明通电时间越长，越容易引起心室颤动，即电击危险性越大。这是因为通电时间越长，能量积累增加，引起心室颤动的电流减小，当发生心室颤动的概率为 0.5％时，引起心室颤动的工频电流和通电时间的关系可用下式表述：

$$I = \frac{116}{\sqrt{t}} \text{mA}$$

I——心室颤动电流，mA；
t——通电时间，s；
上式所允许的时间范围在 0.01～5s 内。
心室颤动电流与时间的关系亦可用下式表述，
当 $t \geqslant 1$s 时，$I = 50$mA，
当 $t < 1$s 时，$I = \frac{50}{t}$mA。

再者，当通电时间短促时，只在心脏搏动的特定时刻才可能引起心室颤动。因此，通电时间越长，与该时刻重合的可能性越大，心室颤动的可能性，亦即电击的危险性也越大。

另外，通电的时间越长，人体电阻因出汗等原因而降低，导致通过人体的电流进一步增加，电击的危险性也随之增加。

3. 伤害程度与电流途径的关系。电流通过心脏会引起心室颤动，更大的电流还会促使心脏停止跳动，这都会中断人体血液循环导致死亡。

电流通过中枢神经或有关部位，会引起中枢神经强烈失调而导致死亡。

电流通过头部会使人立即昏迷，若电流过大，会对脑产生严重的损害，使人不醒而死亡。

电流通过脊髓，可能导致人体肢体瘫痪。

从左手到胸部，电流途经心脏，路径也短，是最危险的电流途径。从手到手，从手到脚也是很危险的电流途径。从脚到脚的电流途径虽然危险性较小，但可能因痉挛而摔倒，导致电流通过全身或摔伤、坠落等二次事故。

4. 伤害程度与电流种类的关系。直流电流、高频电流、冲击电流对人体都有伤害作用，其伤害程度一般较工频电流为轻。

直流电的最小感知电流，对于男性约为 5.2mA，女性约为 3.5mA，平均摆脱电流男性约为 76mA，女性约为 51mA。可能引起心室颤动的电流，通电时间 0.03s 时约为 1300mA，通电时间 3s 时约为 500mA。

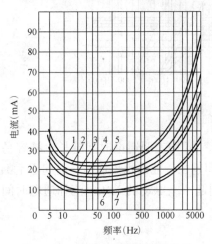

图 17-11 摆脱电流与频率的关系

电流的频率不同，对人体的伤害程度也不同。25～300Hz 的交流电对人体的伤害最严重，1000Hz 以上，伤害程度明显减轻，但高压高频电压也有电击致命的危险。男性摆脱电流与频率的关系见图 17-11。图中曲线 1、2、3、4、5、6、7 相应的概率分别为 99.5%、99%、75%、50%、25%、1% 和 0.5%。如系女性，则摆脱电流约降低 1/3。

10000Hz 高频交流电最小感知电流，对于男性约为 12mA，女性约为 8mA。平均摆脱电流，对于男性约为 75mA，女性约为 50mA。可能引起心室颤动的电流，通电时间 0.03s 时约为 1100mA，通电时间 3s 时约为 500mA。

雷电和静电都能产生冲击电流。冲击电流能引起强烈的肌肉收缩，给人以冲击的感觉。冲击电流对人体的伤害程度与冲击放电能量有关。数十至一百微秒的冲击电流使人有感觉的最小值为数十毫安以上，甚至 100A 的冲击电流也不一定引起心室颤动使人致命。当人体电阻为 1000Ω 时，可以认为，冲击电流引起心室颤动的电流的界限是 27W·s。

5. 伤害程度与人体状况的关系。随着人体条件不同，不同的人对电流的敏感程度，以及不同的人通过同样电流的危险程度不完全相同。

女性对电流较男性敏感，据有关实验资料表明，女性的感知电流和摆脱电流约比男性的低 1/3。

小孩遭受电击较成人危险。

当人体患有心脏疾病等病症时，受电击伤害的程度比较严重，而健壮的人遭受电击的危险性较小。一般认为心室颤动电流约与体重成正比。

四、安全电压

安全电压取决于人体允许电流和人体电阻。

1. 人体允许电流。在摆脱电流范围内，人触电以后能自主地摆脱带电体，解除触电危险。在一般情况下，可以把摆脱电流看作是允许的电流。在装有防止触电的速断保护装置的场合下,人体允许电流可按 30mA 考虑。在空中、水面等可能因电击造成严重二次事故的场合,人体允许电流应按不引起强烈痉挛的 5mA 来考虑。

应当指出,这里所说的人体允许电流并不是人体长时间能够承受的电流。

2. 人体电阻。人体电阻不是纯电阻。人体电阻主要由体内电阻、皮肤电阻和皮肤电容组成,皮肤的电容很小,可以忽略不计。

体内电阻基本上不受外界因素的影响,其数值约为 500Ω。

皮肤电阻随着条件的不同在很大的范围内变化,使得人体电阻也在很大的范围内变化。皮肤表面 0.05~0.2mm 厚的角质层的电阻高达 10000~100000Ω,但角质层不是一张完整的薄膜,而且很容易遭到破坏,计算人体电阻时,不宜考虑在内。除去角质层,人体电阻一般不低于 1000Ω。

不同条件下的人体电阻可按表 17-4 考虑。一般情况下,人体电阻可按 1000~2000Ω 考虑。

不同条件下的人体电阻(Ω)　　　　　　　　　　　　　　　表 17-4

接触电压(V)	人 体 电 阻			
	皮肤干燥(1)	皮肤潮湿(2)	皮肤湿润(3)	皮肤浸入水中(4)
10	7000	3500	1200	600
25	5000	2500	1000	500
50	4000	2000	875	440
100	3000	1500	770	375
250	1500	1000	650	325

(1) 干燥场所的皮肤,电流途径为单手至双足。
(2) 潮湿场所的皮肤,电流途径为单手至双足。
(3) 有水蒸汽等特别潮湿场所的皮肤,电流途径为双手至双足。
(4) 游泳池或浴池中情况,基本上为体内电阻。

影响人体电阻的因素很多,除皮肤厚薄外,皮肤潮湿、多汗、有损伤、带有导电粉尘都会降低人体电阻;接触面积加大、接触电压增加也会降低人体电阻;通过电流加大、通电时间加长,会增加发热出汗,也会降低人体电阻。考虑到皮肤干湿对人体电阻的影响,人体电阻和接触电压的关系如图 17-12 所示。图 17-12 中,a 是人体电阻的上限;c 是人体电阻的下限;b 是人体电阻的平均值。a 和 b 之间相应于干燥的皮肤;b 和 c 之间相应于潮湿的皮肤。

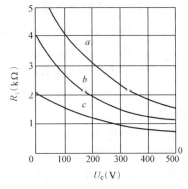

图 17-12　人体电阻和接触电压的关系

五、安全电压值

所谓安全电压值,是指为防止因触电而造成人身直接伤害,而采用的由特定电源供电的电压系列。

安全电压值通常是由国家以法规或标准的形式进行规定的。国际电工委员会规定,接触电压的限定值为50V，并规定25V以下者不需考虑防止电击的安全措施。世界各国对安全电压值的规定多有不同，有的规定安全电压的上限值为50V，有的规定为40V，也有的规定为36V和24V的，等等。其中以规定50V和25V居多。这一规定均是以人体允许电流与人体电阻的乘积为依据的。50V一级大体相应于人体允许电流为30mA、人体电阻为1700Ω的情况，即大体相当于危险环境的安全电压。25V一级人体相应于人体允许电流30mA，人体电阻650Ω的情况，即大体相当于特别危险环境的安全电压。此外，有的国家还规定有2.5V一级的安全电压，这一级大体相应于人体允许电流为5mA、人体电阻为500Ω的情况，即相当于人体大部分浸入水中，且如果不能摆脱带电体或发生强烈痉挛即可招致其他严重伤亡的情况。

我国在1983年7月颁布了国家标准《安全电压》（GB 3805—83）。在这一标准中，对安全电压额定值规定为42、36、24、12、6V 5个等级，并同时规定，这个电压系列的上限值在任何情况下，两导体间或任一导体与地之间均不得超过交流（50～500Hz）有效值50V。并还规定，当电气设备采用了超过24V的安全电压时，必须采取防止直接接触带电体的保护措施。

因采用低压电气设备不经济，而且比较笨重，所以采用这种方法一般只用于局部照明、手持电工工具等小型电器设备。如手提照明灯，危险环境和特别危险环境的局部照明和携带式电动工具等，如无特殊安全结构和安全措施，其安全电压一般均应采用36V。而工作地点狭窄，人员行动困难，以及周围有大面积接地导体环境，如金属容器内、隧道内、矿井内等的手提照明灯，其安全电压均应采用12V。

第三节 绝缘与安全间距

一、绝缘

绝缘就是用绝缘物把带电体封闭起来。良好的绝缘是保证电气设备和线路正常运行的必要条件，也是防止触电事故的重要措施。

电气设备或线路的绝缘必须与所采用的电压相符合，必须与周围环境和运行条体相适应。电工绝缘材料的电阻率一般在$10^9 \Omega \cdot m$以上。瓷、玻璃、云母、橡胶、木材、胶木、塑料、布、纸、矿物油等，都是常用的绝缘材料。应当注意，很多良好的绝缘材料在受潮后会降低绝缘性能。

1. 绝缘的破坏。绝缘物在强电场的作用下，遭到急剧的破坏，丧失绝缘性能，这就是击穿现象。这种击穿称为电击穿，击穿时的电压称为击穿电压，击穿时的电场强度称为材料的击穿电场强度或击穿强度。

固体绝缘击穿后一般不能恢复绝缘性能，而液体和气体绝缘击穿后还能恢复绝缘性能。

固体绝缘击穿有热击穿和电击穿两种基本形式。热击穿是绝缘物在外加电压作用下，由于流过泄漏电流引起温度过分升高，直至绝缘材料中电流流经某途径发生熔化和烧穿。电击穿是绝缘材料在强电场的作用下，其内的离子获得高速，从而使中性分子产生碰撞电离，以至产生大量电流将绝缘材料击穿。

绝缘材料除因击穿而破坏外，腐蚀性气体、蒸汽、潮气、粉尘、机械损伤、老化等均会降低或导致破坏其绝缘性能。

2. 绝缘性能指标。为了防止绝缘损坏造成意外事故，应当按照有关规定，用绝缘电阻、击穿强度、泄漏电流、介质损耗等指标来检查绝缘性能。

绝缘电阻可分为体积电阻和表面电阻，前者是电流通过绝缘厚度的电阻值，后者是电流通过绝缘表面的电阻值，绝缘的全电阻就是这两者的并联值。绝缘电阻是最基本的绝缘性能指标，足够的绝缘电阻能把泄漏电流限制在很小的范围内，能防止因漏电引起的触电事故。

绝缘电阻通常用摇表（兆欧表）测定。摇表测量实际上是给被测物加上直流电压，测量通过它上面的泄漏电流，表盘上给出的是经过换算得到的绝缘电阻值。

电气设备的绝缘材料应有足够的耐压强度（击穿强度），以使之能承受可能出现的过电压。

电气设备承受过电压的能力用工频交流耐压试验和直流耐压试验来检验。前者应用较为普遍，后者只用于电力电缆等少数电气设备。耐压试验的试验电压选择为被试设备额定电压的一倍多至数倍，但不得低于1000V。

电力变压器、电动机、低压配电装置等在投入运行前应运行工频耐压试验，电工安全用具应按规定定期作工频耐压试验，充油电气设备的绝缘油应在油杯中用标准电极作耐电强度试验等。绝缘油的耐电强度不得低于表17-5中所列数值。

绝缘油的耐电强度（kV） 表17-5

使用电压	15及以下	20～35	44～220
新油及再生油	25	35	40
运行中的油	20	30	35

耐压试验的加压时间，对于瓷和液体为主要绝缘的设备为1min，对于以有机固体为主要绝缘的设备为5min，对于电压互感器为3min，对于油浸电力电缆为10min，升压速度和减压速度应符合规定，不得太快或太慢。

耐压试验应在测量绝缘电阻合格后进行。试验电压应按规定选取，不得任意超过规定值。试验电流不应超过试验装置的允许电流，为了人身安全，试验场地应设立防护围栏，应能防止工作人员偶然接近带电的高压装置。试验装置应有完善的保护接零或保护接地措施，试验前后应注意放电。每次试验之后，应使调压器迅速回零位，最好能有自动回零装置。

泄漏电流是电气设备在外加高压作用下经绝缘部分泄漏的电流。作泄漏电流试验时，由于外加电压较高，而且电压稳定，比较容易发现绝缘硬伤、脆裂等内部缺陷。

泄漏电流试验只对某些安全要求较高的设备，如绝缘手套、绝缘靴、绝缘垫及某些日用电器和电动工具等才有必要按规定进行。

介质耗损通常是指绝缘材料介质损耗的正切值。该值能很好地反映绝缘材料的性能。绝缘材料在外加交流电压作用下，其上电流由以下3部分组成，见图17-13。

位移电流 I_W——充电性的电容电流，领前电压90°，不产生电能损耗。

吸收电流 I_X——与极化作用相联系的电流，具有充电和产生电能损耗双重效应，与电压矢量夹角<90°。

漏导电流 I_L——通过材料绝缘电阻的电流,与电压同相,产生电能损耗。

总电流 I 与电压矢量的夹角 θ 即功率因数角,总电流 I 的有功分量产生的损耗即所谓介质损耗,θ 角的余角 δ 称介质损耗角。显然,介质损耗角 $\delta = 90°-\theta$,δ 角愈大或其正切值 $\mathrm{tg}\delta$ 愈显著增加,因此,测量 $\mathrm{tg}\delta$ 能很好地检验绝缘的质量。

3. 绝缘电阻。不同的线路或设备对绝缘电阻有不同的要求。一般来说,高压比低压要求要高,新设备比老设备要求要高,移动的比固定的要求要高。

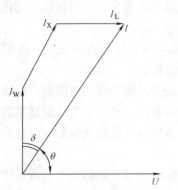

图 17-13　绝缘材料的电压、电流矢量图

下面列举数种主要的线路和设备应当达到的绝缘电阻值:

新装和大修后的低压线路和设备,要求绝缘电阻不低于 0.5MΩ。运行中的线路和设备,要求可降低为每伏工作电压 1000Ω。在潮湿的环境,要求可降低为每伏工作电压 500Ω。

携带式电气设备的绝缘电阻不应低于 2MΩ。

配电盘二次线路的绝缘电阻不应低于 1MΩ,在潮湿环境可降低为 0.5MΩ。

高压线路和设备的绝缘电阻一般不应低于 1000Ω。

架空线路每个悬式绝缘子的绝缘电阻不应低于 300MΩ。

运行中电缆线路的绝缘电阻可参考表 17-6 的要求,干燥季节应取表中较大数值,潮湿季节可取表中较小的数值。

电缆线路的绝缘电阻　　　　　　　表 17-6

额定电压(kV)	3	6~10	20~35
绝缘电阻(MΩ)	300~750	400~1000	600~1500

电力变压器投入运行前,绝缘电阻不应低于出厂时的 70%,运行中的可适当降低。

对于电力变压器、电力电容器、交流电动机等高压设备,除要求测量其绝缘电阻外,为了判断绝缘的受潮情况,还要求测量吸收比 R_{60}/R_{15},吸收比是从开始测量起 60s 的绝缘电阻 R_{60} 对 15s 的绝缘电阻 R_{15} 的比值。绝缘受潮以后绝缘电阻降低,而且极化过程加快,由极化过程决定的吸收电流衰减变快,亦即测量得到的绝缘电阻上升变快。因此,绝缘受潮以后,R_{15} 比较接近 R_{60},而对于干燥的材料,R_{60} 比 R_{15} 大得多。一般没有受潮的绝缘,吸收比应>1.3,受潮或有局部缺陷的绝缘,吸收比接近于 1。

二、屏护

屏护是采用遮拦、护盖、匣箱等屏护装置把带电体同外界隔绝开来,以防止人体触及或接近带电体所采取的一种安全措施。

开关电器的可动部分一般不能包以绝缘,而需要屏护。其中,防护式开关电器本身带有屏护装置,如胶盖闸刀开关的胶盖、铁壳开关的铁壳等;开启式石板闸刀开关,要另加屏护装置。开启、裸露的保护装置或其他电气设备也需要加设屏护装置。某些裸露的线路，如人体可能触及接近的天车滑线或曲线也需要加设屏护装置。对于高压设备，由于全部绝缘往往有困难，如果人接近至一定程度时，即会发生严重的触电事故，因此，不论高压设备是否有绝缘，均应采取屏护或其他防止接近的措施。

屏护装置除作为防止触电的作用外，有的屏护装置还起到防止电弧伤人、防止弧光短路或便利检修作业的作用。

屏护装置有永久性屏护装置，如配电盘的遮拦、开关的罩盖、母线的护网等；也有临时性屏护装置，如检修作业中使用的临时遮拦和临时设备的屏护装置；还有移动屏护装置，如跟随行车移动的行车滑线的屏护装置。

屏护装置不直接与带电体接触，对所用材料的电气性能没有严格要求。屏护装置所用的材料应有足够的机械强度和良好的耐燃烧性能。

根据具体情况，可采用板状屏护装置或网眼状屏护装置。网眼状屏护装置的网眼不应 $>20mm\times20mm\sim40mm\times40mm$。

变配电设备应安设完善的屏护装置。安装在室外地上的变压器，以及安装在车间或作业场所的变配电装置，均需装设遮拦或栅栏作为屏护。遮拦高度不应低于 1.7m，下部边缘离地面不应超过 0.1m。对于低压设备，网眼遮拦与裸导体距离不宜<0.15m；10kV 设备不宜<0.35m；20~35kV 设备不宜<0.6m。户内栅栏高度不应低于 1.2m；户外栅栏高度不应低于 1.5m。对于低压设备，栅栏与裸导体距离不宜<0.8m，栅条间距离不应超过 0.2m。户外变电装置围墙高度一般不应低于 2.5m。

凡用金属材料制成的屏护装置，为了防止屏护装置意外带电而造成触电事故，必须将屏护装置接地或接零。

屏护装置应与以下安全措施结合使用：

1. 屏护装置应有足够的尺寸，与带电体之间应保持一定的间距。
2. 被屏护的带电部分应有明显标志，以标明规定的符号或涂上规定的颜色。
3. 遮拦、栅栏等屏护装置上，应根据被屏护对象挂有"高压，生命危险"、"切勿攀登，生命危险"等警告牌。
4. 结合采用信号装置和连锁装置。前者一般是用灯光或仪表指示有电；后者是采用专门装置，当人体越过屏护装置而可能接近带电体时，被屏护的装置能自动切断电源。

三、安全间距

为了防止人体触及或接近带电体造成触电事故；为了避免车辆或其他器具碰撞或过分接近带电体造成事故，以及为了防止火灾、防止过电压放电和各种电气短路事故等，因此，在带电体与地面之间，带电体与其他设施和设备之间，带电体与带电体之间，均需保持一定的安全距离。这种在电气上的安全距离，通常简称间距。安全距离的大小，决定于电压的高低、设备的类型、安装的方式和气象条件等因素。

1. 线路间距

架空线路导线与地面和水面的距离，不应低于表 17-7 所列数值。

架空线路应避免跨越建筑物。架空线路不得跨越燃烧材料制作屋顶的建筑物。如架空线路必须跨越建筑物时，应与有关部门协商并征得其同意，以及采取相应的安全技术措

导线与地面或水面的最小间距（m） 表 17-7

线路经过地区	线路电压(kV)		
	1以下	10	35
居民区	6	6.5	7
非居民区	5	5.5	6
交通困难地区	4	4.5	5
不能通航或浮运的河、湖冬季水面（或冰面）	5	5	5.5
不能通航或浮运的河、湖最高水面（50年一遇的洪水水面）	3	3	3

施。架空线路与建筑物的间距不应低于表17-8中所列数值。架空线路沿建筑物近旁通过时，其最小水平间距也应满足表17-8的要求。

导线与建筑物的最小间距（m） 表 17-8

线路电压(kV)	1以下	10	35
垂直距离	2.5	3.0	4.0
水平距离	1.0	1.5	3.0

架空线路导线与街道或厂区树木的间距，不应低于表17-9中所列数值。在校验导线与树木之间的间距时，应考虑树木在修剪周期内生长的需要。

导线与树木的最小间距（m） 表 17-9

线路电压[kV]	1以下	10	35
垂直间距	1.0	1.5	3.0
水平间距	1.0	2.0	—

架空线路与铁路、道路、通航河道、索道及其架空线路等设施交叉或接近时的安全间距，不应低于表17-10中所列数值。并需注意与设施交叉时和平行时的要求是不相同的，高压架空线路所要求的安全间距还要大一些。表中各项水平间距，如系开阔地区，一般不应<电杆高度，表中特殊管道系指输送易燃、易爆物质的管道。

架空线路与工程设施的最小间距（m） 表 17-10

工程设施及项目名称				线路电压(kV)		
				1及以下	10	35
铁路	标准轨距	垂直间距	至轨顶面	7.5	7.5	7.5
			至承力索或接触线	3.0	3.0	3.0
		水平间距	电杆外缘至轨道中心 交叉	5.0		
			平行	杆高加3.0		
	窄轨	垂直间距	至轨顶面	6.0	6.0	7.5
			至承力索或接触线	3.0	3.0	3.0
		水平间距	电杆外缘至轨道中心 交叉	5.0		
			平行	杆高加3.0		
道路		垂直间距		6.0	7.0	7.0
		水平间距(电杆至道路边缘)		0.5	0.5	0.5

续表

工程设施及项目名称			线路电压(kV)		
			1及以下	10	35
通航河流	垂直间距	至50年一遇洪水位	6.0	6.0	6.0
		至最高航行水位的最高桅顶	1.0	1.5	2.0
	水平间距	边导线至河岸上缘	最高杆(塔)高		
弱电线路	垂直间距		1.0	2.0	3.0
	水平间距(两线路边导线间)		1.0	2.0	4.0
电力线路	1kV及以下	垂直间距	1	2	3
		水平间距(两线路边导线间)	2.5	2.5	5.0
	10kV	垂直间距	2	2	3
		水平间距(两线路至导线间)	2.5	2.5	5.0
	35kV	垂直间距	3	3	3
		水平间距(两线路边导线间)	5.0	5.0	5.0
特殊管道	垂直间距 电力线在上方		1.5	3.0	3.0
	电力线在下方		1.5	—	—
	水平间距(边导线至管道)		1.5	2.0	4.0
索道	垂直间距 电力线在上方		1.5	2.0	3.0
	电力线在下方		1.5	2.0	3.0
	水平间距(边导线至管道)		1.5	2.0	4.0

在检查以上各项安全间距时，均需考虑到当地气象条件的变化。最小垂直间距应以线路弛度最下为准，此时，还应考虑到导线有覆冰、周围空气-5℃、无风、周围空气温度很高、无风等情况。最小水平间距（或偏斜时的间距）应当考虑到覆冰、气温-5℃、风速10m/s，无冰、最大风速及相应气温等情况。

不同线路同杆架设时，须征得有关部门的同意。在这种情况下，强电线路必须位于弱电线路的上方，高压电力线路必须位于低压电力线路的上方，各线路间的安全间距应满足表17-11中的要求。

同杆线路的最小间距（m） 表17-11

项 目	直线杆	分支(或转角)杆
10与10kV	0.8	0.45/0.60*
10与低压	1.2	1.0
低压与低压	0.6	0.3
低压与弱电	1.2	—

* 转角或分支线横担距上面的横担采用0.45m，距下面的横担采用0.6m。

线距的档框可采用表17-12中所列数值。

线路档距（m） 表17-12

线路电压(kV)	10	低 压
城区	40~50	40~50
郊区	60~100	40~60

接户线的长度一般不得超过25m。所谓接户线系指从配电网到用户进线处第一个支持物的一段导线。10kV接户线对地高度不应<4.0m。低压接户线在进线处的对地高度一般

应在 2.5m 以上，如采用裸导线作接户线时，对地高度应在 3.5m 以上。低压接户线跨越通车街道时，对地距离不应<6m；跨越通车困难的街道或人行道时，不得<3.5m。

低压接户线与建筑物有关部分的间距，不应<下列数值：

与接户线下方窗户的垂直间距　　　　0.3m
与接户线上方阳台或窗户的垂直间距　　0.8m
与窗户或阳台的水平间距　　　　　　0.75m

接户线端头与进户线管口之间的垂直高度一般不应>0.5m。所谓进户线系指从接户线引入室内的一段导线。

户内低压电气线路有多种敷设方式，间距要求也各不相同。户内低压线路与工业管道和工艺设备之间的最小间距见表 17-13。

户内线路与工业管道和工艺设备之间的最小间距（mm）　　表 17-13

名称	布线方式	导线穿金属管	电缆	明敷绝缘导线	裸母线	天车滑触线	配电设备
煤气管	平行	100	500	1000	1000	1500	1500
	交叉	100	300	300	500	500	—
乙炔管	平行	100	1000	1000	2000	3000	3000
	交叉	100	500	500	500	500	—
氧气管	平行	100	500	500	1000	1500	1500
	交叉	100	300	300	500	500	—
蒸汽管	平行	1000(500)	1000(500)	1000(500)	1000	1000	500
	交叉	300	300	300	—	—	—
暖热水管	平行	300(200)	500	300(200)	1000	1000	100
	交叉	100	100	100	500	500	—
通风管	平行	—	200	100	1000	1000	100
	交叉	—	100	100	500	500	—
上、下水管	平行	—	200	100	1000	1000	100
	交叉	—	100	100	500	500	—
压缩空气管	平行	—	200	100	1000	1000	100
	交叉	—	100	100	500	500	—
工艺设备	平行	—	—	—	1500	1500	—
	交叉	—	—	—	1500	1500	—

在应用表 17-13 时，应注意以下问题：

（1）表内无括号的数字为电线管路在管道上面时的数据，有括号的数字为电线管路在管道下面时的数据。电线管路应尽可能敷设在热力管道下方。

（2）在不能满足表中所列间距的情况下，应采取下列措施：

电线管路与蒸汽管不能保持表中间距时，应在蒸汽管或电线管外包以隔热层，此时平行净距可减为 200mm，交叉处仅须考虑施工操作和便于维护的距离。

电线管与暖水管不能保持表中间距时，可在暖水管外包隔热层。

裸母线与其他管道交叉不能保持表中间距时，应在交叉处的裸母线外加装保护网或保护罩。

（3）当上水管与电线管路平行敷设且在同一垂直面时，应将电线管路敷设于水管上方。

(4) 裸母线应敷设在经常维护的管道上方。

户内低压裸导线与地面、生产设备和建筑物之间的最小间距不应<下列数值：

距地面	3.5m
距汽车通道的地面	6m
距起重机铺板	2.2m
距需要经常维护的管道	1m
距需要经常维护的生产设备	1.5m
固定点间距 2m 以内的距建筑物	0.05m
固定点间距 2～4m 时距建筑物	0.10m
固定点间距 4～6m 时距建筑物	0.15m
固定点间距 6m 以上时距建筑物	0.20m

户内裸导体采用网状遮栏保护时，离地面最小高度可以减低为 2.5m。

户内明线安装高度可适当<户外的高度，但必须满足表 17-14 的要求，如不能满足该表中的要求时，应将导线穿管敷设或采用其他型式的布线。

户内低压明线离地面最小高度（m） 表 17-14

敷设类别	木板槽	塑料线直沿墙壁敷设	瓷夹板明线	瓷柱直接支持敷设	塑料护套线
水平敷设	0.15	0.20	2.0	2.0	0.15
垂直敷设	0.15	1.3	1.3	1.3	0.15

电缆线路可以暗设，也可以明设。暗设的电缆有沿电缆隧道或电缆沟敷设的，也有直接埋在地下的。与架空线路比较，电缆线路安全性能好，但安装费用高。户外直接埋在地下的电缆与各种工程设施平行或交叉时的最小允许间距应符合表 17-15 中的要求。

直接埋地电缆与工程设施之间的最小允许间距（m） 表 17-15

敷设条件	平行敷设	交叉敷设
与电杆或建筑物地下基础之间	0.6	—
控制电缆与控制电缆之间	0.05	—
10kV 以下的电力电缆之间或与控制电缆之间	0.1	0.5
10～35kV 的电力电缆之间或与其他电缆之间	0.25	0.5
不同部门的电缆(包括通讯电缆)之间	0.5	0.5
与热力管道之间	2.0	0.5
与水管、压缩空气管道之间	0.5	0.5
与可燃气体、易燃、可燃液体管道之间	1.0	0.5
与道路之间	1.5	1.0
与普通铁路路轨之间	3.0	1.0
与直流电气化铁路路轨之间	10	—

当电缆相互交叉时，高压电缆应在低压电缆的下方，如果其中一条电缆在交叉点前后 1m 范围内穿管保护或用隔板隔开，最小间距可减为 0.25m。电缆与道路、铁路交叉时应穿管保护，其保护管应伸出路面或轨道外 2m 以上。

电缆与热力管道交叉或平行敷设时，如果中间有隔热层，平行和交叉的最小间距可分别减为 0.5m 和 0.25m。当电缆与热力管道交叉时的隔热措施，如采用电缆穿石棉水泥管保护时，其保护管应超过热力管两端2m；如采用隔热层保护时，隔热层应超过热力管两边和电缆两边1m。

电缆与建筑物基础的间距，应能保证电缆埋设在建筑物散水以外，电缆引入建筑物时应穿管保护，保护管亦应超出建筑物散水以外。

直接埋在地下的电缆与一般接地装置的接地体之间应相距0.25～0.5m。

直接埋在地下的电缆，其埋设土层深度一般不应<0.7m，并应在冻土层以下。

户内电缆线路应尽量明设，埋入地下时应当穿管。户内明设的电缆与其他线路的最小间距不应<下列数值：

低压电缆之间	35mm
低压电缆与高压电缆之间	150mm
低压电缆与照明线路之间	100mm
高压电缆与照明线路之间	150mm

沿电缆沟和电缆隧道敷设的低压电缆应满足表17-16的间距要求。

电缆沟和隧道电缆与工程设施的最小间距（m） 表17-16

敷设条件	隧道高度 1000mm	电缆沟深度	
		600mm以下	600mm以上
两边有电缆支架,支架间水平距离	1000	300	500
一边有电缆支架,支架与墙壁之间	900	300	450
支架层间(电力电缆)	200	150	150
支架层间(控制电缆)	120	100	100
电力电缆间水平距离	35	35	35

2. 设备间距

变配电设备包含不少高压设备和大量裸露带电体。因此，除绝缘和层护外，还必须保证各部分有足够的安全间距。变配电设备各项安全间距一般不应<表17-17所列数值。

变配电设备的最小允许间距（mm） 表17-17

额定电压(kV)		1以下	1～3	6	10	20	35	60
不同相带电部分之间及带电部分与接地部分之间	户外	—	200	200	200	300	400	650
	户内	15～30	75	100	125	180	300	550
带电部分至板状遮栏	户外	—	—	—	—	—	—	—
	户内	50	105	130	155	210	330	580
带电部分至网状遮栏	户外	—	300	300	300	400	500	700
	户内	100	175	200	225	280	400	650
带电部分至栅栏	户外	—	950	950	950	1050	1150	1350
	户内	100	825	850	875	930	1050	1300
无遮栏裸导体至地面	户外	—	2700	2700	2700	2800	2900	3100
	户内	—	2375	2400	2425	2480	2600	2850
需要不同时停电检修的无遮栏裸导体之间	户外	—	2200	2200	2200	2300	2400	2600
	户内	—	1850	1900	1925	1980	2100	2350

表中低压不同相导体间及带电部分与接地部分之间一项，如果空气中的间距，可取15mm；如系沿绝缘表面的间距应取 30mm。表中需要不同时停电检修的无遮栏裸导体之间一项，系指水平间距，如果垂直间距，35kV 以下者可减为 1000mm。

室内安装的变压器，其外廓与变压器室四壁应留适当间距。变压器外廓至后壁及侧壁的距离，容量 1000 千伏安及以下者不应<0.6m，容量 1250 千伏安及以上者不应<0.8m；变压器外廓至门的间距，分别不应<0.8m 和 1.0m。

变配电室架空出线至地面的间距不应<4.5m，至屋顶面的间距不应<2.75m。

配电装置的布置，应考虑设备搬运、检修、操作和试验的便利，以及为了作业人员的人身安全，配电装置需保持必要的安全通道。低压配电装置正面通道的宽度，单列布置时不应<1.5m；双列布置时不应<2m。

低压配电装置背面通道应符合下列要求：

(1) 宽度一般不应<1m，实有困难时可减为 0.8m。

(2) 通道内高度低于 2.3m 无遮栏的裸导电部分与对面墙或设备的间距不应<1m，与对面其他裸导电部分的间距不应<1.5m。

通道上方裸导电部分的高度低于 2.3m 时，应加遮护，加遮护后的通道高度不应低于 1.9m。

高压配电装置与低压配电装置宜分室装设，如在同一室内单列布置时，高压开关柜与低压配电屏之间的间距不应<2m。配电装置长度超过 6m 时，屏后应有两个通向本室或其他房间的出口，且其间距不应超过 15m。

车间低压配电盘底口距地面高度暗装的可取 1.4m，明装的可取 1.2m。明装的电度表板底口距地面高度可取 1.8m。

一般开关设备安装高度为 1.3~1.5m。为了便于操作，开关手柄与建筑物之间应保持 150mm 的距离。平开关（板地开关）离地面高度可取 1.4m。拉线开关距地面高度可取 3m。明装插座距地面高度可取 1.3~1.5m；暗装的可取 0.2~0.3m。

室内吊灯灯具高度距地面一般应>2.5m，如受条件限制可减为 2.2m。如果还需降低，则需采取适当的安全措施。当灯具在桌面上方或人员碰不到的地方时，其高度可减为 1.5m。户外照明灯具高度不应<3m，墙壁上灯具高度允许减为 2.5m。

3. 检修间距。在电气检修作业中，为防止检修作业人员及其所携带的工器具触及或接近带电体，必须保证足够的检修间距。

在低压作业中，作业人员及其所携带的工器具与带电体之间的最小间距不应<0.1m。

在高压无遮栏作业中，作业人员及其所携带的工器具与带电体之间的最小间距，10kV 及以下者不应<0.7m；20~35kV 者不应<1.0m。当用绝缘杆作业时，上述间距可分别减为 0.4m 和 0.6m。不能满足上述间距时，应装设临时遮栏。

在线路上进行作业时，作业人员及其所携带的工器具与临近带电线路的最小距离，10kV 及以下者不应<1.0m；35kV 者不应<2.5m。如不足上述距离，作业人员临近的带电线路应采取停电措施。

在作业中使用喷灯或气焊时，火焰不得喷向带电体，火焰与带电体之间的最小间距，10kV 及以下者不应<1.5m，35kV 者不应<3m。

在架空线路附近进行起吊作业时，起重机具，包括被起吊物体，与线路导线之间的最小间距，可参阅表 17-18 中所列数值。

起重机具与线路导线的最小间距（m） 表 17-18

电压(kV)	1 以下	10	35
距离(m)	1.5	2	4

第四节 保护接地与保护接零

一、电气上的"地"

当运行中的电气设备发生接地故障时，接地电流将通过接地体，以半球面形状向大地中流散，如图 17-14 所示。

在距离接地体越近的地方，由于半球面较小，与半球面对应的土壤电阻大，接地电流通过此处的电压降也较大，所以电位就高。反之，在远离接地体的地方，由于半球面大，故电阻就小，所以电位也就低。

这是因为球面积与半径的平方成正比，半球形的面积随着远离接地体而迅速增加，因此，与半球形面积对应的土壤电阻随着远离接地体而迅速减小。试验证明，在离开单根接地体或接地点 20m 以外的地方，球面积就相当大了。离开接地体 20m 处半球（面积可达 2500m²），其土壤电阻已小到可忽略不计，故该处的电位近于零。这电位等于零的地方，在电气上通常称为"地"，而不是接地体周围 20m 以内的地。

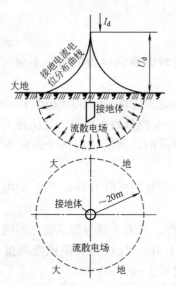

图 17-14 地中电流和对地电压分布图

二、保护接地

保护接地是一种技术上的安全措施。所谓保护接地，就是把在故障情况下可能呈现危险的对地电压的金属部分同大地紧密地连接起来。

保护接地应用很广，无论是动电或静电，无论是交流或直流，无论是低压或高压，也无论是一般环境或特殊环境，都经常采取接地措施，以保障安全，便利工作。

三、保护接地的原理

如图 17-15 所示，如果电网与地之间没有直接的电连接，即电网对地是绝缘的，当带电部分意外碰壳时，故障电流将通过人体和电网与大地之间的电容构成回路。若各相对电容相等，该电流可由下式求得：

$$I_D = \frac{3U}{\sqrt{9R_r^2 + 1/\omega^2 C^2}}$$

式中　U——电网相电压；

R_r——人体电阻；

$\omega=2\pi f$——电源角频率；

C——电网每相导线与地之间的电容。

由此可见，电容愈大，电流也愈大；电容愈小，电流也愈小。在一般情况下，这个电流是不大的，但如电网分布很广，或者电网绝缘强度显著下降，这个电流便可能达到危险程度，此时就有必要采取保护接地措施。

图17-16所示，是表示电气设备采取了保护接地措施。此时通过人体的电流仅是全部接地电流 I_D 的一部分，即为：

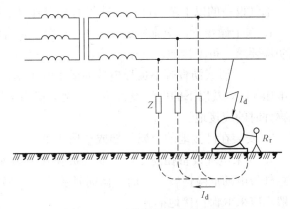

图17-15 不接地的危险性原理图

$$I_\mathrm{R}=\frac{R_\mathrm{B}}{R_\mathrm{b}+R_\mathrm{r}}I_\mathrm{D}$$

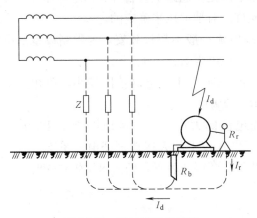

图17-16 保护接地原理图

式中，R_b 是保护接地装置的接地电阻，很显然，R_b 愈小，流经人体的电流也愈小。如果限制 R_b，在适当的范围内，就可保护人身安全。

在对地绝缘的电网中，单相接地电流的大小主要取决于电网的特征，如电压的高低、范围的大小、敷设的方式等。在一般情况下，由线路对地电容决定的电抗都比较大，而绝缘电阻还要大得多，数以兆欧计，计算时可看作是无限大。因此，单相接地电流一般都很小，这就有可能采用保护接地把碰壳设备对地电压限制在安全电压以下。

但需注意，在变压器中性点直接接地的电网中，要想做到这一点是不现实的。这也就是说，对地绝缘电网可以采用保护接地作为安全技术措施，而接地电网就不能采用这种保护接地安全技术措施。

四、保护接地的应用范围

保护接地适用于不接地电网。在这种电网中，不论环境怎样，凡由于绝缘破坏或其他原因而可能呈现危险电压的金属部分，一般都应采取保护接地措施，它主要包括：

1. 电机、变压器、开关设备、照明器具及其他电气设备的金属外壳、底座及与其相连的传动装置。

2. 户内外配电装置的金属构架或钢筋混凝土构架，以及靠近带电部分的金属遮栏或围栏。

3. 配电屏、控制台、保护屏及配电柜（箱）的金属框架或外壳。
4. 电缆接头盒的金属外壳、电缆的金属外皮和配线的钢管。
5. 某些架空电力线路的金属杆塔和钢筋混凝土杆塔、互感器的二次线圈等。

电气设备的以下金属部分，除另有规定外可不接地：

1. 在干燥场所，交流额定电压 127V 以下，直流额定电压 110V 以下的电气设备，如无防爆要求，可不接地。
2. 在杂质或沥青等不良导电地面的干燥房间内，交流额定电压 380V 及以下，直流额定电压 440V 及以下的电气设备不需接地。但当维护人员，有可能同时触及电气设备和接地物件时的应接地。
3. 安装在已接地的金属构架或金属底坐上的电气设备，可不接地。
4. 如果电气设备在高处，作业人员须登上木梯才能接近并进行作业时，由于人体触及意外带电的危险性较小，而人体同时触及带电部分和设备外壳的可能性和危险性较大，一般不应采取保护接地措施。

五、接地电阻值

从保护接地的原理可知，保护接地的基本原理是限制漏电设备外壳对地电压在安全范围以内，因此，接地电阻的大小主要是根据允许的对地电压来确定的。

在 1000V 及以下的低压系统中，单相接地电流一般不超过数安，为限制设备漏电时外壳对地电压不超过安全范围，一般要求保护接地电阻 $R_b \leqslant 4\Omega$。

当配电变压器或发电机的容量不超过 100kVA 时，由于电网范围较小，单相接地电流也较小，可以放宽对接地电阻的要求，取 $R_b \leqslant 10\Omega$。

1000V 以上的高压系统按单相接地短路电流的大小，分为接地电流小于 500A 及 500A 以下的小接地短路电流系统和接地电流 500A 以上的大接地短路电流系统。对于小接地短路电流的高压系统，如果同低压设备共用一套接地装置，则要求发生碰壳时设备对地电压不超过 120V。因此，要求接地电阻：

$$R_b \leqslant \frac{120}{I_d}$$

应当注意，即使接地电流 I_d 很小，R_b 也不得超过 10Ω。一般电力变压器工作接地电阻不 $>$kΩ 级，能够满足共同接地的要求。如果高压设备和低压设备各有独立的接地装置，则要求发生碰壳时设备对地电压不超过 250V。为此，要求接地电阻：

$$R_b \leqslant \frac{250}{I_d}$$

同样，也要求 R_b 不超过 10Ω。

对于大接地短路电流的高压系统，由于接地短路电流很大，很难限制碰壳设备对地电压不超过某一安全范围，这时主要是靠保护装置迅速切断电源来保障安全，为此，其接地电阻不宜超过 0.5Ω。

发电厂和变电所的接地具有综合接地的性质，即发电厂或变压器的工作接地，其他设备的保护接地或重复接地，以及防雷接地共用一套接地装置。随着发电厂或变电所容量的不同，接地短路电流在很大的范围内变化，而对地电压又决定于接地短路电流与接地电阻的乘积，所以使得对地电压也在很大的范围内变化。因此，接地电阻的大小不足以说明接地装置所能保证的安全程度，这就有必要从限制接触电压和跨步电压的角度去要求。

对于小接地短路电流系统，要求接触电压和跨步电压不超过 50V，考虑到人脚底下土壤的电阻，接触电势和跨步电势应＞接触电压和跨步电压，当人体电阻为 1500Ω 时，一只脚的接地电阻可按 3ρ 计算，可求得允许的接触电势 E_i 和跨步电势 E_k 分别为：

$$E_i = 50 + 0.05\rho \quad V$$

$$E_k = 50 + 0.2\rho \quad V$$

ρ 为土壤电阻率，单位为 $\Omega \cdot m$。

对于大接地短路电流系统，考虑到电流保护装置动作很快，短路故障存在的时间很短，只考虑 0.03～3s 范围内电流对人体的作用。对于体重 70kg 的人体，在这样短促的作用下，所能经受的最大电流可按下式考虑：

$$I = \frac{165}{\sqrt{t}} \quad V$$

I——引起心室颤动的电流，mA；
t——电流通过人体的时间，s。

如果考虑到人脚下土壤的电阻，当人体的电阻为 1500Ω 时，可求得允许接触电势和跨步电势分别为：

$$E_i = \frac{250 + 0.25\rho}{\sqrt{t}} \quad V$$

$$E_k = \frac{250 + \rho}{\sqrt{t}} \quad V$$

按照接触电势和跨步电势的允许值，可以对接地装置提出适当的要求。

高压线路金属杆塔和混凝土杆的接地电阻一般不应超过 10～30Ω，且土壤的电阻率 ρ 越高，允许接地电阻越大。低压线路杆塔接地电阻一般不应超过 50Ω。

防雷接地装置的接地电阻取决于防雷装置的种类，被保护对象的重要性和土壤电阻系数的大小。一般独立避雷装置具有单独的接地装置，接地电阻不应＞10Ω，其接地装置在地下与其他接地装置的距离一般需＞3m，在地面上与其他设备或构件之间一般需＞3～5m。对装设在建筑物上的避雷针，其接地装置允许和电气设备的接地装置共用，接地电阻不得＞1Ω。避雷器的接地装置也可和其他接地装置共用，接地电阻不得＞5～10Ω。其他防雷接地的接地电阻一般不＞10Ω，不重要的地方，有放宽至 30Ω 的。

六、绝缘监视

在不接地电网中，发生一相接地故障时，其他两相对地电压可能升高到接近线电压，会增加绝缘的负担，还会大大增加触电的危险性。而且一相接地的接地电流很小，线路和设备还能继续工作，故障可能会长时间存在，这对安全是非常不利的。为此，在不接地电网中，需要对电网的绝缘进行监视。

低压电网的绝缘监视，是用三只规格相同的电压表来实现的，其接线如图 17-17 所示。当电网对地绝缘正常时，三相平衡，三只电压表读数均为相电压，当一相接地时，该相电压表读数便急剧降低，而另外两相电压表则显著升高。即使系统没有接地，而是一相或两相对地绝缘显著恶化时,三只电压表也会给出不同的读数,从而引起作业人员的注意。

为了不降低系统中保护接地的可靠性,应当采用高内阻的电压表。

高压电网也可以用类似的方法进行绝缘监视,其接线如图 17-18 所示。监视仪表通过电压互感器同高压连接。互感器有两组低压线圈,一组接成星形,供绝缘监视的电压表用;一组接成开口三角形,开口处接信号继电器。正常时,三相平衡,三只电压表读数相同,三角形开口处电压为零,信号继电器不动作。当一相接地或一、两相绝缘明显恶化时,三只电压表便出现不同的读数,同时,三角形开口处出现电压、信号继电器动作,发出信号。

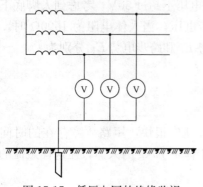

图 17-17 低压电网的绝缘监视

上述绝缘监视装置是以监视三相对地平衡为基础的,对于一相接地的故障很敏感,但对于三相绝缘同时恶化,即三相绝缘同时降低的故障是没有反应的。其另一缺陷是当三相绝缘都在安全范围以内,但相互间差别较大时,可能给出错误的指示或信号。由于这两种情况很少发生,故上述绝缘监视装置还是适用的。

在低压电网中,为了很好地检查和监视电网的绝缘情况,可以采用绝缘电阻偏差计。绝缘电阻偏差计的原理接线如图 17-19 所示。经整流后的直流电接向电容器 C 的两端,经扼流线圈 E、电网对地绝缘电阻 R、千欧计 kΩ、继电器线圈 J 等构成回路。电流直接反映绝缘电阻的大小。因此,经过适当分度,千欧计可直接给出电网绝缘电阻值。当电网对地绝缘降低到一定程度时,继电器 J 动作,通过信号装置发出绝缘低于标准的信号。同时,由于同步电动机 TD 带动的时间计算器 S 开始工作,计算绝缘低于标准所持续的时间。

利用绝缘电阻偏差计,一般是测得三相对地绝缘电阻的并联值,如果电源和负载均可断开,则操作转换开关 HK,可分别测得各相对地绝缘电阻。

图 17-19 中的 R、JK 支路是检查用的,用以检查偏差计是否失灵。

绝缘电阻偏差计对于一相或两相对地绝缘降低,或者三相对地绝缘同时降低都有指示,是一种比较完善的绝缘监视装置。

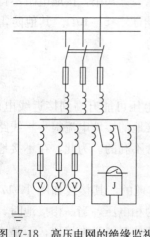

图 17-18 高压电网的绝缘监视

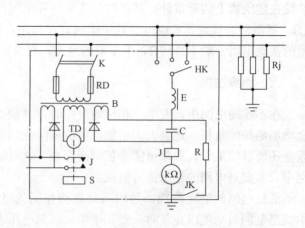

图 17-19 绝缘电阻偏差计原理接线圈

七、高压窜入低压的防护

如图 17-20 所示，如果因为高压线折断或绝缘损坏等原因致使高压系统意外地碰到低压系统，则整个低压系统的对地电压升高到高压系统的对地电压，这对整个低压系统的作业人员来说将是非常危险的，而且这一故障可能较长时间地存在，这就更增加了问题的严重性。

在不接地的低压电网中，为了减轻高压窜入低压的危险，则应当把低压电网的中性点或者一相经击穿保险器接地，见图 17-21。

击穿保险器主要由两片铜制电极夹以带孔的云母片组成，其击穿电压不超过数百伏，一般不超过额定电压的两倍，JBO 型击穿保险器的击穿电压，见表 17-19。

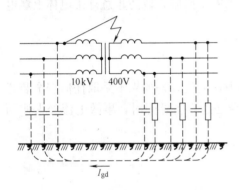

图 17-20 高压窜入低压的危险

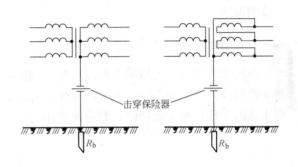

图 17-21 击穿保险器的连接

JBO 型击穿保险器的击穿电压（V） 表 17-19

额定电压	220	380	500
击穿电压	351~500	501~600	601~1000

在正常情况下，击穿保险器处在绝缘状态，系统不接地，当高压窜入低压时，云母片带孔部分的空气隙被击穿，故障电流经接地装置流入大地。这个电流即高压系统的接地短路电流，它可能引起高压系统过电流保护装置动作，切除故障，断开电源，如果这个电流不大，不足以引起高压保护装置动作，则可以通过选定适当的接地电阻值，控制低压系统电压升高不超过 120V。这就要求接地电阻：

$$R_b \leqslant \frac{120}{I_{gd}}$$

上式中 I_{gd} 为高压系统单相接地短路电流。

在一般情况下，$R_b \leqslant 4\Omega$ 是能满足上述条件的。

在正常情况下，击穿保险器必须保持绝缘良好。否则，不接地系统变成接地系统，

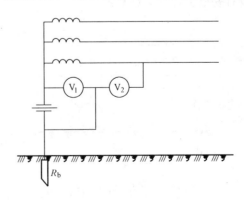

图 17-22 击穿保险器的监视

系统内的保护接地是不能保证安全的。因此，对击穿保险器要经常检查，或者像图 17-22 那样，接上两只电压表进行经常性的监视。正常时，两电压表读数各为相电压的一半，如果击穿保险器内部短路，失去绝缘性能，电压表 V_1 读数降至零，电压表 V_2 读数上升至相电压。

为了不降低系统保护接地的可靠性，应当采用高内阻的电压表作监视。

八、保护接零

所谓保护接零，就是把电气设备在正常情况下不带电的金属部分与电网的零线紧密地连接起来。

保护接零是中性点直接接地。在通常应用的 380/220V 的三相四线制、变压器中性点直接接地的系统中，普遍采用保护接零作为技术上的安全措施，以防止意外带电体上触电事故的发生。

九、保护接零的原理

在三相四线制、变压器中性点直接接地的电网中，电气设备如果不采取任何安全装置是非常危险的。如图 17-23 所示，当有一相带电部分碰连设备外壳时，事故电流经人体和变压器的工作接地构成回路，其电流大小为：

$$I_R = \frac{U}{R_r + R_0}$$

U——相电压，220V；
R_r——人体电阻；
R_0——工作接地电阻。

工作接地电阻 R_0 通常在 4Ω 以下，要比人体电阻 R_r 小得多，可忽略不计，如果人体电阻按 1000Ω 考虑，则通过人体的电流为：

$$I_R = \frac{220}{1000} = 0.22 \text{ 安} = 220\text{mA}$$

然而 20～25mA 以上的工频电流对人就有危险，而 100mA 的电流就足以使人丧失性命，220mA 的电流给人造成的危害有多大可想而知。因此，在中性点直接接地的系统中，没有安全装置是绝对不允许的。

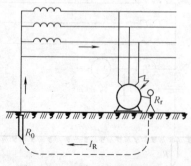

图 17-23　没有安全装置的设备漏电危险性示意图

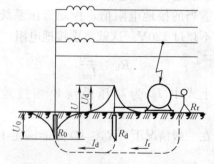

图 17-24　采用保护接地的分析用图

第四节 保护接地与保护接零

电网采用保护接地是否就能保障安全呢,图 17-24 中电动机设有保护接地装置,接地电阻为 R_d,当一相带电体碰连外壳时,人体处在和保护接地装置并联的位置,事故电流大部经过保护接地电阻 R_d 和工作接地电阻 R,形成回路,只有很少一部分通过人体。通过人体的电流决定于人体电阻和人体的接触电压。图 17-25 为采取保护接地的简化电路图。如图 17-24 所示的情况,人体接触电压即电动机外壳对地电压,亦即降在接地电阻 R_d 上的电压。为了知道人体承受的电压,可以先求出事故电流。因为 R_r 比 R_d 大得多,所以可近似地认为事故电流为:

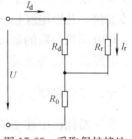

图 17-25 采取保护接地的简化电路图

$$I_d = \frac{U}{R_0 + R_d}$$

根据有关规定,R_0 和 R_d 都不得超过 4Ω,如果都按 4Ω 考虑,可以得到接地电流为:

$$I_d = \frac{220}{4+4} = 27.5 \text{A}$$

与此同时可以近似地求出人体所承受的电压为:

$$U_r = I_d \cdot R_d = 27.5 \times 4 = 110 \text{V}$$

如果人体电阻按 1000Ω 考虑,则通过人体的电流为:

$$I_R = \frac{U_r}{R_r} = \frac{110}{1000} = 0.11 \text{A} = 110 \text{mA}$$

这个电流数值对人来说仍是非常危险的。

另一方面,这 27.5A 的事故电流不足以引起中等容量以上的线路的保护装置动作,设备上的危险电压会长时间存在。一般采用自动开关作保护装置的线路,要求事故电流>其整定电流的 1.25 倍;采用熔断器作保护装置的线路,要求事故电流>其额定电流的 4 倍。只有这样,才能保证在发生事故时,保护装置迅速地切断电源。因此,从安全的角度考虑,对于上述 27.5A 的电流,只能使用整定为 $\frac{27.5}{1.5} = 22$A 以下的自动开关或 $\frac{27.5}{4} = 6.9$A 以下的熔断器。这当然不能令人满意。

也就是说,在接地电网中,如果用电设备采取保护接地,虽然能够降低设备漏电时触电的危险性,但一般不能消除这种危险性。因此,在接地电网中,除装设有漏电时能自动切断电源的自动装置以及采取了其他防止触电措施的少数情况外,不能采用保护接地,而只能采取保护接零作为安全措施。保护接零的原理如图 17-26 所示,如果一相带电部分碰连设备外壳,则通过设备外壳形成相线对零线的单相短路。短路电流总是比较大的,能使线路上的保护装置迅速动作,从而把故障部分断开电源,消除触电危

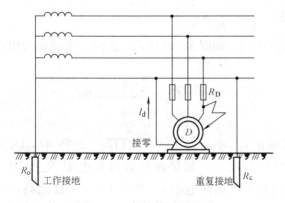

图 17-26 保护接零原理图

险，保障安全。

保护接零的应用十分广泛，在 380/220V 三相四线、中性点直接接地的电网中，不论环境如何，凡因绝缘损坏而可能呈现对地电压的金属部分均应接零。例如，电动机的外壳、与电动机相联的金属构架和机器、车间的配电箱、配电室的开关框、穿有电线的金属管、电缆的金属外皮等，都必须可靠地接零。

十、工作接地

变压器低压中性点的接地即为工作接地。工作接地在减轻故障接地的危险、稳定系统的电位等方面起着重要作用。

1. 减轻一相接地的危险性。如图 17-27 所示，如果电网中性点不接地，当有一相碰地时，接地电流不大，设备仍能运转，故障可能长时间存在，但这时电流通过设备和人体回到零线而构成回路，这是很危险的。应当看到，发生上述故障时，不只是某一接零设备处在危险状态，而是由该变压器供电的所有接零设备都处在危险状态。同时，没有碰地的两相对地电压显著升高，大大增加触电危险。

如果像图 17-28 所示，变压器中性点直接接地，即变压器有工作接地，上述危险就可

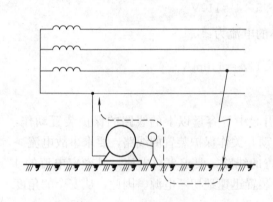

图 17-27 变压器中性点不接地时一相接地

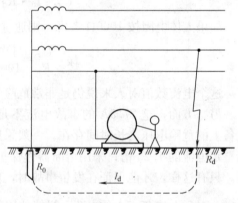

图 17-28 变压器中性点接地时一相接地

减轻或基本消除。这时，接地电流 I_d 主要通过碰地处接地电阻 R_d 和工作接地电阻 R_0 成回路，接零设备对地电压为：

$$U_0 = I_d R_0 = \frac{U}{R_d + R_0} R_0$$

减小 R_0，可以限制 U_0 在某一安全范围以内，如图 17-29 所示，此时，未碰地两相对地电压升高为：

$$U_s = \sqrt{U^2 + U_0^2 - 2UU_0 \cos 120°}$$
$$= \sqrt{U^2 + U_0^2 + UU_0}$$

通常规定 U_s 不超过 250V，当 $U_s = 250V$ 时，$U_0 = 52V$。在这种情况下，如果碰地处接地电阻 $R_d = 10 \sim 15\Omega$，则要求工作接地电阻 R_0 在 $3.1 \sim 4.65\Omega$ 之间，因此，规定 R_0 不得超过 $k\Omega$。在土壤电阻率较高的区域，

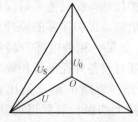

图 17-29 一相碰地时中性点位移

降低中性工作接地电阻比较困难，碰地处接地电阻又常常较大，允许把 R_0 提高到不超过 10Ω。

2. 稳定系统电位。工作接地能稳定系统的电位，限制系统对地电压不超过某一范围，减轻高压窜入低压的危险。如图 17-30 所示，当因绝缘损坏或其他原因高压意外窜入低压时，由于变压器有工作接地，低压零线对地电压升高为：

$$U_0 = I_{gd} R_0$$

减小 R_0，同样可以限制 U_0 在某一安全范围之内。根据规定，U_0 不得超过 120V，这就要求变压器工作接地电阻：

$$R_0 \leqslant \frac{120}{I_{gd}}$$

对于不接地的高压电网，接地短路电流一般不超过 30A，因此，$R_0 \leqslant 4Ω$ 是能满足要求的。

有些地方，对于比较简单的 380/220V 三相四线制电网，采用中性点不接地的运行方式，电网中的用电设备则采用接地保护，并在送电端装设对接地故障极为灵敏的速断保护装置。则这种情况是没有工作接地的。

应当注意，如果高压系统采用两线一地制供电，高压工作接地必须与低压工作接地分开，以免低压零线带电。如图 17-31 所示，当高压系统采用两线一地制供电，低压系统采用三相四线制供电时，配

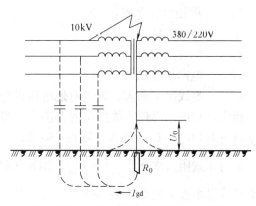

图 17-30　中性点接地时高压窜入低压

电变压器有两个工作接地，即高压工作接地和低压工作接地。低压工作接地在正常情况下没有或只有很小的电流流过，低压零线基本上不带电。而高压工作接地在正常情况下有高压负荷电流 I_c 流过，并且变压器愈大，可能流过的电流愈大。接地电阻 R_c 上有一定的电压降，按照规定，为了避免接触电压或跨步电压对人的伤害，通常要求两线一地制高压工作接地电阻对地电压不得超过 50V，这就要求其接地电阻：

$$R_g \leqslant \frac{50}{I_g}$$

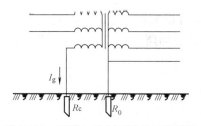

图 17-31　两线一地制系统的工作接地

在这样的系统中，因为高压接地电阻 R_g 上可能出现数十伏的对地电压，所以高、低压不能共用一套接地装置，也不能将其接地装置联在一起，也不能相距太近，以免低压零线带电而产生有害的火花或引起人身伤亡事故。

十一、重复接地

将零线上的一处或多处通过接地装置与大地再次连接，称为重复接地。在保护接零原理图 17-26 中的 R_c 即为重复接地。重复接地在降低漏电设备对地电压、减轻零线断线的

危险性、缩短故障时间、改善防雷性能等方面起着重要作用。

1. 降低漏电设备对地电压。如图17-32所示,是没有安设重复接地的保护接零系统,当发生碰壳短路时,线路保护装置将迅速动作,切断电源。但从发生碰壳短路起,到保护装置动作完毕的短时间内,设备外壳是带电的,其对地电压即短路电流在零线部分产生的电压降为:

$$U_d = U_l = I_{dl} Z_l = \frac{U}{Z_x + Z_l} Z_l$$

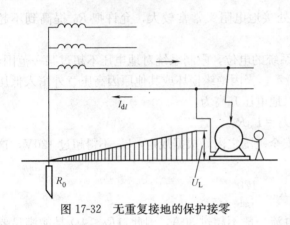

图 17-32 无重复接地的保护接零

I_{dl}——单相短路电流;
Z_l——零线阻抗;
Z_x——相线阻抗;
U——电网相电压。

显然,零线阻抗愈大,设备对地电压也愈高。这个电压通常要比安全电压高出很多。应当指出,意图用降低零线阻抗的办法来获得设备上的安全电压是不现实的。例如,如果要求设备对地电压$U_d = 50V$,则在380/220V系统中,相线电压降为220−50=170V,零线阻抗与相线阻抗之比$\frac{50}{170} = \frac{1}{3.4}$,即零线阻抗为相线的1/3.4,或者说零线导电能力应当为相线导电能力的3.4倍,这显然很不经济,也是不现实的。当然,只要条件允许,加大零线总是有利于安全的。

一般情况下,零线导电能力不应低于相线导电能力的二分之一。按此原则,可取$Z_x = \frac{1}{2} Z_l$,代入上式可求得设备漏电时的对地电压:

$$U_d = \frac{U}{\frac{1}{2} Z_l + Z_c} Z_l \approx 147V$$

由此可见,在单纯接零的情况下,还是有触电危险的。

如图17-33所示,加上重复接地R_c,则触电危险即可以减轻。这时,短路电流大部分通过零线成回路,小部分电流通过重复接地和工作接地成回路。后一部分电流在重复接地的接地电阻上的电压即设备对地电压,其大小为:

$$U_d = I_d R_c = \frac{U_c}{R_c + R_0} R_c$$

$I_d = \frac{U_c}{R_c + R_0}$——接地电流;
R_c——重复接地电阻;
R_0——工作接地电阻。

一般情况下,$R_c \leq 10\Omega$,$R_0 \leq 4\Omega$,假定零线电压U_c仍然为147V,实际上由于R_c和R_0与零线并联,零线上的电压还会低一些,则可得到对地电压为:

$$U_\mathrm{d}=\frac{147}{10+4}\times 10=105\mathrm{V}$$

这个电压虽然对人还有危险，但比没有重复接地时减轻了许多。也就是说，重复接地有降低漏电设备在保护装置动作前的对地电压的作用。并且，重复接地电阻愈低或一条支路上重复接地处数愈多，降低对地电压的作用愈显著。例如，当一条零线上有两处重复接地，每处的接地电阻均为 10Ω，若发生碰壳时，对地电压仅为：

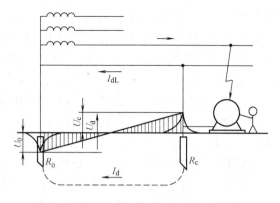

图 17-33　有重复接地的保护接零

$$U_\mathrm{d}=\frac{147}{\frac{10}{2}+4}\times\frac{10}{2}\approx 82\mathrm{V}$$

很显然，危险性减小。

2. 减轻零线断线时的触电危险。图 17-34 所示是没有重复接地的接零系统，如图所示，当零线断裂，又有一相碰壳时，事故电流通过触及设备的人体和工作接地构成回路。因为人体电阻比工作接地电阻 R_0 大得多，所以在断线处以后，人体几乎承受全部相电压。

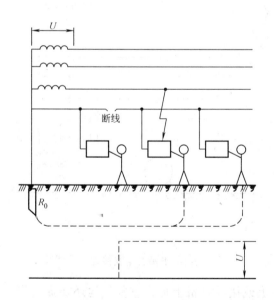

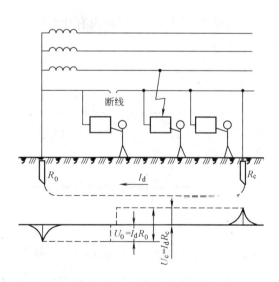

图 17-34　无重复接地时零线断线　　　　图 17-35　有重复接地时零线断线

如像图 17-35 那样，在零线上加重复接地 R_c，情况就不一样了，此时较大的事故电流通过 R_c 和 R_0 形成回路。在断线处以后，设备对地电压为 $U_\mathrm{cd}=I_\mathrm{d}R_\mathrm{c}$，在断线处前，设备对地电压为 $U_0=I_\mathrm{d}R_0$。因为 U_cd 和 U_0 都小于相电压，所以事故严重程度一般均会减轻一些。

从减轻零线断线事故的严重程度来看，在同一条零线上，适当多加重复接地是有好处的,尽管如此,零线断裂还是相当危险的,故应避免这样的事故。

在此还需指出,在零线断裂的情况下,如果三相不平衡,即使没有设备发生碰壳,零线上也会呈现一定的电压,使人体受到威胁。在这方面,重复接地有减轻或消除危险的作用。根据有关规定,在中性点直接接地的系统中,单相220V的用电设备应均匀地分配三相线路,由单相负荷不平衡所引起的中性线电流一般不得超过变压器额定电流的25%。如果零线完好,由于零线阻抗很小,这25%的不平衡电流只在零线上产生很小的电压降,对人体没有什么危害。但是,如果零线断裂,断裂处以后的零线可能会呈现数十伏的电压。如果不平衡超过有关规定,将更增加触电的危险性。

在两相停止用电,仅一相保持用电的特殊情况下,如果零线断裂,如图17-36所示,电流将通过该相负荷、人体、工作接地成回路。因为人体电阻较大,所以大部分电压降在人体上,造成触电危险。

上述情况,如果零线上或设备上装有重复接地,见图17-37,则设备对地电压即重复接地电阻上的电压降,一般情况下,R_c 与负载电阻或 R_0 比较,不会是太大的数值,其上电压降只是电源相电压的一部分。从而减轻或消除了触电的危险。例如,假设该相负荷为1kW,则其电阻 $R_r = 48.4\Omega$,再假设 $R_0 = 4\Omega$;$R_c = 10\Omega$,可求得设备对地电压为:

$$U_{cd} = I_d R_c = \frac{U}{R_0 + R_c + R_f} R_c$$
$$= \frac{220}{4 + 10 + 48.4} \times 10$$
$$\approx 35V$$

这个电压对人体来说就没有什么危险。

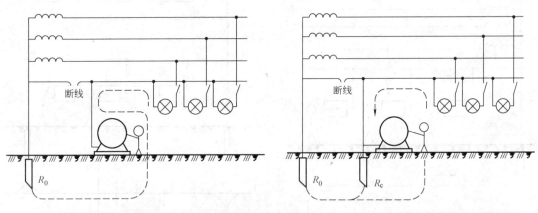

图17-36 负荷不平衡无重复接地时零线断线　　图17-37 负荷不平衡有重复接地时零线断线

3. 缩短碰壳或接地短路持续时间。在零线上或接零设备上加设重复接地还能提高发生碰壳时的短路电流,这是因为重复接地和工作接地构成零线的并联分支,所以当发生短路时,能增加短路电流,并且线路越长,效果越显著,这样也就加速了线路保护装置的动作,缩短了事故持续的时间。

4. 改善防雷性能。架空线路零线上的重复接地,对雷电流有分流作用,有利于限制雷电过电压,改善防雷性能。

由上述可知,在保护接零系统中,重复接地是不可缺少的,特别是在线路的终点和分支点,重复接地更为重要。

重复接地可以从零线上直接接地,也可以从接零设备外壳上接地。

户外架空线路宜采用集中重复接地。架空线路终端,分支线长度超过 200m 的分支处,以及沿线每隔 1000m 处,零线应重复接地。高压线路与低压线路同杆敷设时,共同敷设段的两端,均应在零线上装设重复接地。

电缆有专用的芯线作为零线,或者利用其金属外皮作为零线进行重复接地。

车间内部宜采用环形重复接地。零线与接地装置至少须有两点连接,除进线处一点外,其对角处最远点也应连接,而且车间周围边长超过 400m,每 200m 处应有一点连接。

每一重复接地的接地电阻,一般不得超过 10Ω,在变压器低压工作接地的接地电阻允许不超过 10Ω 的场合,每一重复接地的接地电阻允许不超过 30Ω,但不得少于三处。

十二、保护接零与保护接地的配合

由同一台变压器供电的采用保护接零的系统中,所有用电设备都必须同零线连接,构成一个零线网。如果有个别设备离开零线网,采取保护接地措施,则易发生触电危险。

个别设备接地而不接零会发生如图 17-38 所示的危险。在图中,设备 D 接地而未接零,当设备 D 漏电时,电流通过 R_d 和 R_0 构成回路。当电流不太大时,线路可能不能断开,故障就会长时间存在,且该设备对地电压和零线对地电压分别为:

$$U_d = \frac{R_d}{R_0 + R_d} U$$

$$U_0 = \frac{R_0}{R_0 + R_d} U$$

U_d 和 U_0 都可能是危险电压,即该设备及其他所有接零设备都可能带有危险电压。因此,在设备 D 未装设漏电时能自动切断电源的自动装置或未采取相应措施的情况下,不允许其采取接地保护。

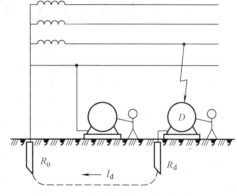

图 17-38 个别设备不接零的危险

如果把设备 D 的外壳再同电网的零线连接起来,则设备 D 的接地就成了系统的重复接地,这对人身安全无疑是有益的。

在同一建筑物内,如有中性点接地和中性点不接地的两种供电方式,则应分别采取保护接零和保护接地的措施。两者都有接地装置,而且要想截然分开是不可能的,因为这两者是通过各种金属结构、管道、电缆的金属外皮等多次连接起来的。在这种情况下,两者可共用一套接地装置。对于接地的供电系统,各部分应满足保护接零的要求,对于不接地的供电系统,应满足保护接地的要求,其接地装置的接地电阻应按两个系统中要求较高的一个来考虑。

十三、接地装置和接零装置

接地装置和接零装置均为成套的安全装置。接地装置是由接地体和接地线(包括地线网)所组成;接零装置是由接地装置和零线网(不包括工作零线)所组成。

1. 自然接地体和人工接地体。利用自然接地体不但可以节省钢材、节省施工费用，还可以降低接地电阻。如有条件，应当优先利用自然接地体，当自然接地体无法满足要求时，再装设人工接地体。

凡与大地有可靠接触的金属导体，如埋在地下的金属管道（流经可燃或爆炸介质的管道除外）、钻管、直接埋设的电缆的外表、建筑物的金属桩等均可作为自然接地体。

人工接地体多采用钢管、角钢、扁钢、圆钢等钢材制成。在一般情况下，接地体均竖直埋设，多岩石地带，接地体可水平埋设。

竖直埋设的接地体通常采用直接为 40～50mm 的钢管或 40mm×40mm×4mm～50mm×50mm×5mm 的角钢。接地体的长度以 2.5m 左右较为合适，太短会增加接地电阻；太长会增加施工困难，也会增加钢材的消耗，而接地电阻减小却甚微。垂直接地体一般由两根以上的钢管或角钢组成，可以成排布置，也可作环形布置或放射形布置，几种典型的布置如图 17-39 所示。相邻钢管或角钢之间的距离以不超过 3～5m 为宜。钢管或角钢上端用扁钢或圆钢连接成一个整体。竖直埋设角钢接地体的安装如图 17-40 所示。

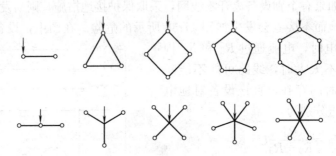

图 17-39 垂直接地体的布置

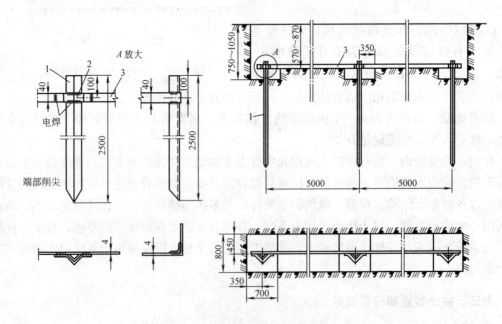

图 17-40 角钢接地体的安装　单位：mm
1—角钢接地体；2—卡板；3—连接扁钢

水平埋设的接地体通常采用 40×4mm 的扁钢或直径 16mm 的圆钢。水平接地体多作放射形布置，也可成排布置或作环形布置，几种典型的布置如图 17-41 所示。

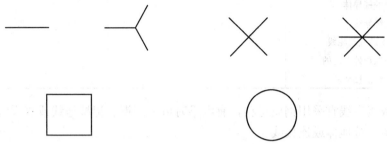

图 17-41 水平接地体的布置

2. 接地线和接零线。接地线和接零线均可利用自然导体，例如：建筑物的金属结构（梁、柱子等），及设计规定的混凝土结构内部的钢筋、生产用的金属结构（行车轨道、配电装置的外壳、设备的金属构架等）、配线的钢管、电缆的铅、铝包皮等。上、下水管、暖水管等各种金属管道，流经可燃或爆炸性介质的管道除外，亦可用作 1000V 以下的电气设备的接地线和接零线。

值得注意的是，在爆炸危险场所，不得利用金属管道、建筑物和构筑物的金属构架、电气线路中的工作零线，作接地或接零线用。

如果车间内电气设备较多，宜敷设接地体干线或接零干线，二者的区别在于接地体干线只与接地体连接，接零干线与除与接地体连接外，还需与电源变压器低压中性点连接。图 17-42 所示，各电气设备分别与接地干线或接零干线连接，而接地干线或接零干线与接地体连接。

接地干线宜采用 15mm×4mm～40mm×4mm 的扁钢沿车间内四周敷设，离地面高度应保持在 200～250mm 以上，与墙壁之间应保持 15mm 以上的距离。

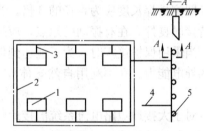

图 17-42 接地装置简图
1—电气设备；2—接地干线（或接零干线）；
3—接地支线（或接零支线）；
4—接地体连接线；5—接地体

3. 接地装置和接零装置的安全要求。接地装置和接零装置本身就是安全装置，为保证其可靠而良好地运行，以确保人身安全，接地装置和接零装置须满足以下要求：

（1）有足够的机械强度。为了保证足够的机械强度，并考虑到防腐蚀的要求，钢接零线、接地线和接地体的最小尺寸和铜、铝接零线和接地线的最小尺寸，可见表 17-20 和表 17-21。

钢接零线、接地线或接地体最小尺寸　　　　　表 17-20

材料种类	地 上		地 下
	屋内	屋外	
圆钢直径(mm)	5	6	8
扁钢截面(mm²)	24	48	48
厚度(mm)	3	4	4
角钢厚度(mm)	2	2.5	4
钢管管壁厚度(mm)	2.5	2.5	3.5

铜、铝接零线或接地线最小尺寸　　　　　　　　　　　　　　表 17-21

材料种类	铜(mm^2)	铝(mm^2)
明设的裸导体	4	6
绝缘导线	1.5	2.5
电缆接地芯或与相线包在同一保护外套内的多芯导线的接地芯	1	1.5

接地线或接零线宜采用钢质材料，有困难时可采用铜、铝接地线或接零线。地下不得采用裸铝导体作接地体或连接线。

携带式电气设备因经常移动，其接地线或接零线应采用截面不＜1.5（mm^2）的铜绞线。

（2）保证导电的连续性。电气设备至接地体之间或电气设备至变压器低压中性点之间，必须保证导电的连续性，不得有断开的现象。当采用建筑物的钢结构、引车轨道、工业管道、电缆的金属外表等自然导体作接地线时，在其伸缩缝或接头处应另加跨接线，以保证连续可靠。

自然接地体与人工接地体之间务必连接可靠，以保证接地装置导电的连续性。接地装置之间的连接一般采用焊接。扁钢搭焊长度应为宽度的 2 倍，且至少在三个棱边进行焊接；圆钢搭焊长度应为直径的 6 倍。当不能采用焊接时，可采用螺栓或卡箍连接，但必须保持接触良好。在有振动的地点，应采取防松措施。

当采用保护接零时，为了能达到促使保护装置迅速动作的单相短路电流，零线应有足够的导电能力。在不利用自然导体作零线的情况下，保护零线导电能力宜不低于相线的 1/2。

对于大接地短路电流系统的接地装置，还应校验其热稳定性，即校核接地装置的接地线能否承担单相接地短路电流转换出来的大量热能的考验。而对一般低压系统的接地装置，所通过电流不大，可不必校验。

接地线或接零线应尽量安装在人员不易接触到的地方，以免发生意外损坏，但又必须是在明显处，以便于定期检查。

接地线或接零线与铁路交叉时，应加钢管或角钢保护，或略加弯曲向上拱起，以便在振动时有伸缩余地，避免断裂。当穿过墙壁时，应敷设在明孔、管道或其他坚固的保护管中；与建筑物伸缩缝交叉时，应弯成弧状或另外加补偿装置。

为了防止腐蚀，钢制的接地装置应采用镀锌件制成，焊接处可涂沥青漆防腐。明设的接地线和接零线可以涂漆防腐。在有强烈腐蚀性的土壤中，接地体应采用镀铜、镀锌的钢制件，并且应适当增大其截面积。在采用了化学方法处理土壤时，要注意控制其对接地体的腐蚀性。

接地体与建筑物之间的距离一般不应＜1.5m。接地体与独立避雷针的接地线之间的地中距离不应＜3m。接地装置地上部分与独立避雷针的接地线之间的空间距离不应＜3～5m。

为了提高接地的可靠性，电气设备的接地支线或接零支线应单独与接地干线或接零干线或接地体相连接，不得串联连接。接地干线或接零干线应有两处同接地体直接连接，自然接地体至少应在不同的两点与接地干线相连接,以提高可靠性。

一般厂矿企业变电所的接地,既是变压器低压边中性点的工作接地,又是高压设备的保护接地,又是低压配电装置的重复接地,有时还是防雷装置的防雷接地,各部分应单独有自己的接地线与接地体相连,不得串联连接。此外,变配电装置最好有两条接地线与接地体相连。

为了使接地电阻少受季节及其他因素的影响,接地体最高点离地面的深度一般不应<600mm,但也不宜太大,太大了增加施工困难,一般以不超过1m为好,并且任何接地体都必须埋在大地冻土层以下。

十四、接地和接零的检查和测量

接地和接零的检查主要是对接地线和接零线的外观检查,测量主要是对接地电阻和相零回路阻抗的测量。检查和测量的周期以每年一次为宜。接地电阻宜在每年3~4月份或其他土壤电阻率较高的季节进行测量,埋设在有腐蚀性的土壤中的接地装置,每5年要挖开地面检查一次腐蚀情况。

1. 接地线或接零线的外观检查。

接地线或接零线外观检查主要包括以下内容:

检查因绝缘损坏而可能呈现危险对地电压的金属部分是否已接地或接零,对于新安装的设备、临时性设备、移动式设备、携带式设备要特别注意这一点。检查接地线或接零线与电气设备和接地干线或接零干线的连接,是否牢固和接触良好。当用螺栓连接时,是否有弹簧垫圈防止松脱。

检查接地线或接零线相互间是否焊接良好,迭焊长度与焊缝是否合乎要求。当利用电线管、封闭式母线外壳或行车钢轨等自然金属体作接地线或接零线时,各段之间是否有良好的焊接,有无脱节现象。

检查接零线、接地线穿过建筑物墙壁、经过建筑物伸缩缝时,是否采取了适当的保护措施。

在有腐蚀性物质的环境中,检查接零线、接地线表面是否涂有必要的防腐涂料。

除专门检查外,外观检查还应当与设备大修、小修同时进行,发现问题要及时处理。

2. 接地电阻的测量。接地电阻可用电流表——电压表法测量,也可用专用仪器进行测量。

用电流表——电压表法测量接地电阻的原理如图17-43所示,图中B是测量用变压器,R_c是被测接地体,S_y、S_L分别为电压极、电流极与R_c之间的距离。接通电源后,电流沿R_c和电流极构成回路。如果S_y和S_L都有足够的大小,能使R_c和电流极的对地电压曲线互不影响,并能使电压极位于R_c和电流极的对地电压曲线趋近于零的范围之外,则可根据电流表的读数I_A和电压表的读数U_V求得接地电阻。

$$R_c = \frac{U_V}{I_A}$$

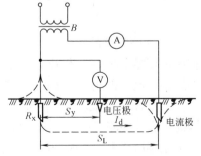

图17-43 用电流表-电压表法测量接地电阻

为了安全,以及为了能使测量电流与电网分开,消除电网可能给测量带来的影响,测量用变压器应采用双线圈变压器。

为使测量结果更符合实际情况,测量时的接地电流不要太小,最好能保持在实际接地电流的 20% 以上。因此,测量用变压器的容量一般要在 1kVA 以上。

电流极的流散电阻不宜太大,一般需用一根直径为 40~50mm,长为 2.5m 左右的钢管。如果被测接地体流散电阻很低,电流极需用几根钢管组成。

为了减小测量误差,应采用高内阻的电压表,测量电压的电压极可用一根直径为 25mm,长 1m 左右的钢管或圆钢。

接地电阻测量仪的种类很多,按其工作原理可分为电桥型、流比计型、电位计型和晶体管型等数种类型。

接地电阻测量仪本身都能产生交变的接地电流,不需外加电源。电流极和电压极是配套的,使用简单,携带方便,并且抗干扰性能也较好,故应用十分广泛。

接地电阻测量仪一般有 E、P、G 3 个接线端钮,如图 17-44 所示,测量时分别接于被测接地体,电压极和电流极,以大约 120r/min 的速度转动手柄时,即可产生适当的交变电流沿被测接地体和电流极构成回路,待其稳定后,可直接得出被测的接地电阻值。

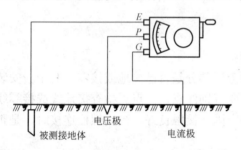

图 17-44 用接地电阻测量仪测量接地电阻

测量接地电阻时,应将被测接地体同其他接地体分开,以确保测量的正确性。

在进行测量时,应尽可能把被测接地体同电网分开,这有利于测量时的人身安全,也有利于消除杂散电流引起的误差,还能防止将测量电压反馈到被测接地体连接的其他导体上引起事故。用电流表-电压表法测量时,测量电压不宜超过安全电压。测量过程中电流极和被测接地体附近地面的电位有不同程度的升高,特别是电流极,其流散电阻较大,周围电位较高,必须注意防止接触电压和跨步电压触电的危险。

为了减小测量误差,电流极与被测接地体的距离 S_L 和电压极与被测接地体的距离 S_y 宜 $>$ 80m,对于网络接地体,S_L 和 S_y 宜 $>$ 网络最大对角线长度的 4~5 倍,有困难时可减至 2~3 倍。对于垂直埋设的单管接地体,S_L 可减为 40m,S_y 可减为 20m。电流极和电压极之间的距离可取 20m,如电流极由多管组成,宜取 40m。测量时宜取 S_y 和 S_L 的 50%~60%,并按 S_L 的 5% 移动电压极 2 次,如果 3 次测得电阻值接近,最后取平均值即可。

3. 相零回路阻抗的测量

在保护接零系统中,为了线路上的保护装置在漏电时能迅速切断电源,必须保证足够的单相短路电流。因此,相零回路的阻抗必须限制在一定的范围以内。虽然相零回路阻抗可以计算求出,但计算结果往往很不准确。更重要的是单纯计算不能发现回路中隐藏的缺陷。因此,有必要测量相零回路阻抗。

测量相零回路阻抗有断开电源和不断开电源两种测量方法。

断开电源的测量方法如图 17-45 所示,开关 1K 打开以切断电源。1K 以下其他开关

(如 2K) 必须合上以接通相线。变压器 B 一次侧为 220V, 二次侧为 12V、36V 均可。变压器 B 二次侧的一头接向零线, 另一头接向 1K 负载边的一条相线。如果在测量终端将该相与设备外壳短接, 合上开关 3K 时, 将有电流沿该相线和零线流通。通过电压表和电流表读出数值 U 和 I, 可以求出被测部分的相零回路阻抗。

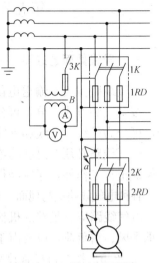

图 17-45 断开电源测量相零回路阻抗

$$Z_{XI} = \frac{U_v}{I_A}$$

测量应尽量靠近配电变压器, 以便测量结果更接近实际情况。

用这种方法测得的阻抗不包括被测系统配电变压器的阻抗。如果计算短路电流, 还应加上变压器的阻抗。

不断开电源的测量方法如图 17-46 所示, 在被测处相线与设备外壳之间串进一套测量装置。当开关 K 两边都不接通时, 电压表测得 U; 当开关 K 接通左边的电阻时, 电压表和电流表分别测得 U_R 和 I_R; 当开关 K 接通电感 X 时, 电压表和电流表分别测得 U_x 和 I_x。如果 R 和 X 比相零回路阻抗大得多, 可以近似求得相零回路的电阻和电抗分别为:

$$R_{XL} = \frac{U - U_R}{I_R}$$

$$X_{XL} = \frac{U - U_X}{I_X}$$

再由此可求得相零回路阻抗:

$$Z_{XL} = \sqrt{R_{XL}^2 + X_{XL}^2}$$

这种方法测得的相零回路包括变压器在内的全部阻抗。当电网电压波动较大时, 测量结果误差较大。但由于用这种方法测量时不断开电源, 所以要特别注意人身安全。

除测量相零回路阻抗之外, 为检查零线、接零线、接地线各部是否完整和接触良好, 还可采用低压试灯的方法。这种检查方法的原理如图 17-47 所示。在外加低电压的作用下, 电流沿试灯和甲、乙两点之间的零线构成回路。如果试灯很亮, 则说明甲、乙两点之间的零线断裂或接触不好。图 17-47 中试灯可用电流表来代替, 借电流表的指示来判断。外加低电源可以用低压直流电源, 也可用从双线圈变压器取得的 12V 或 36V 低压交流电源。用这种方法虽然不能测得相零回路阻抗, 且反映情况也不十分准确, 但由于方法较简单, 因此应用较广泛。

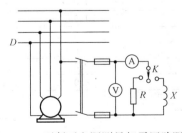

图 17-46 不断开电源测量相零回路阻抗

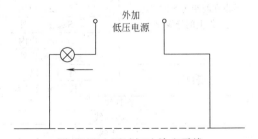

图 17-47 用试灯法检查零线

第五节 电气线路与电气设备的使用安全

一、导线截面的选择

电气线路担负着输送电能的任务,主要由导线及其支持件组成。电气线路的种类很多,按其安装方式来分,可分为架空线路、电缆线路、穿管线路等多种线路;按其用途来分,可分为母线、干线和支线;按其绝缘情况来分,可分为裸线和绝缘线等。

电气线路必须有足够的绝缘强度,应能满足相间绝缘和对地绝缘的要求。线路绝缘除能保证正常工作外,还应经得起过电压的考验。

各种电气线路应与地面、建筑物、树木、工业设备和工业管道等,保持必要的安全间距。

电气线路应有足够的机械强度。架空线路除应能担负其本身重量产生的拉力外,还应能承受风、雪负荷,以及由于热胀冷缩所产生的内应力。导线的机械强度安全系数不宜低于 2.5~3.5。按照机械强度的要求,户外架空线路导线最小允许截面,见表 17-22 中所示。如档距较大或运行条件较差,表中所列数值还需适当加大。如档距不超过 25m,表中所列数值可适当降低,即允许采用 $10mm^2$ 的多股铝线或 $6mm^2$ 的铜线。

户外架空线路导线最小允许截面　　　　　　　表 17-22

导线种类	铝及铝合金		铜		铁	
	单股	多股	单股	多股	单股	多股
最小允许截面(mm^2)	不许使用	16	10	10	$\phi 3.5$ (mm)	10

按照机械强度的要求,其他低压线路导线最小允许截面见表 17-23 所示。在此需注意的是,移动设备一定要采用铜芯软线,而接户线和沿绝缘支持件敷设的导线一般不应采用软线。

一些导线的最小允许截面(mm^2)　　　　　　　表 17-23

用	途	最小允许截面		
		铜芯软线	铜线	铝线
灯头引线	民用建筑、户内	0.4	0.5	1.5
	工业建筑、户内	0.5	0.8	2.5
	户外	1.0	1.0	2.5
移动设备电源线	生活用	0.75	—	—
	生产用	1.0	—	—
敷设在间距为 S 的绝缘支持件上的绝缘导线	S<1m,户内	—	1.0	1.5
	S<1m,户外	—	1.5	2.5
	S≤2m,户内	—	1.0	2.5
	S≤2m,户外	—	1.5	2.5
	S≤6m,户内	—	2.5	4
	S≤6m,户外	—	2.5	6
受户线	长 10m 以下	—	2.5	6
	长 25m 及以下	—	4.0	10
穿管线		1.0	1.0	2.5
木槽板配线		—	1.0	2.5
户内裸线		—	1.5~2.5	4
户外裸线		—	2.5~4	4~16

除机械强度的要求外，导线截面还必须满足发热和允许电压损失的要求。前者主要受最大持续负荷的限制。如果负荷太大，导线将过度发热，可能造成停电或着火事故。后者主要是指消耗在线路上的电压降。如果电压降太大，用电设备将得不到应有的电压，便不能正常运转，也可能造成事故。在380/220V保护接零系统中，导线还必须满足单相短路电流对其阻抗的要求。

此外，导线截面的选择，还应符合基本建设投资省、运行经济，以及技术合理的原则。导线截面选择过大，会增加有色金属的消耗量，显著地增加线路的建设费用。而导线截面选择过小，则会在线路上造成过大的电压损耗和电能损耗，使负荷侧电压过低，同样也影响了线路运行的经济性。

按照发热的要求，塑料绝缘线的最高工作温度不得超过70℃，橡皮绝缘线不得超过65℃，一般裸导线也不得超过70℃。在周围环境温度为35℃，绝缘导线允许的最大持续电流可参表17-24选用。由表17-24可知，导线允许的最大持续电流除取决于导线的截面外，还与导线的材料、敷设的方式、导线的结构以及导线的绝缘材料等因素有关。如果周围环境温度高于35℃，温度每增加5℃时，允许电流应减小10%左右；如果周围环境温度低于35℃，温度每降低5℃时，允许电流可增加10%左右。裸导线由于散热条件较好，允许电流可大一些。电缆线路的允许电流也应根据电缆芯线截面、电缆的截面、敷设方式等因素决定。

按照电压损失的要求，动力线路电压损失一般不应超过5%，最大不应超过8%～10%；照明线路的电压损失一般不应超过6%。电压损失可以用公式计算，也可查表计算。

二、线路的其他安全要求

1. 裸线和绝缘线

在任何情况下，线路的绝缘水平必须与电压等级相适应。户外架空线，只要满足规定的安全间距，可以采用裸线。而户内线路，除厂矿企业厂房可采用裸导体外，一般不得采用裸线、漆包线、纱包线，更不得采用铁丝，而应采用良好的绝缘线。

2. 铝线

由于铜是国家工业建设和国防建设中的重要物资，以铝代铜的经济技术政策是很重要的。铝线与铜线相比，具有重量轻、价格低的优点。另一方面，由于铝线的化学性能和机械性能较差，铝线的表面容易形成导电不良的氧化层，从而增大接触电阻，而且铝、铜接头容易腐蚀，造成严重发热。因此，在一般情况下，应优先考虑采用铝线，只有在下列安全性要求较高的情况下才不采用铝线。

（1）重要的资料室、重要的仓库和重要的集会场所。
（2）易燃、易爆的生产厂房和仓库。
（3）重要配电装置的二次回路。
（4）可移动的导线或敷设在剧烈振动场所的截面积16mm^{2}以下的导线。
（5）电气设备接地线。

此外，在有腐蚀性气体或蒸汽、潮湿、可燃的场所，人员众多的公共场所，以及建筑物平顶内采用铝线时，应当穿管敷设。

表 17-24 绝缘导线的安全载流量（A）

导线截面 (mm²)	塑料绝缘线 明线敷设		塑料绝缘线 穿管敷设 二根		塑料绝缘线 穿管敷设 三根		塑料绝缘线 穿管敷设 四根		塑料绝缘 护套线 二芯		塑料绝缘 护套线 三及四芯		橡皮绝缘线 明线敷设		橡皮绝缘线 穿管敷设 二根		橡皮绝缘线 穿管敷设 三根		橡皮绝缘线 穿管敷设 四根		橡皮绝缘 护套线 二芯		橡皮绝缘 护套线 三及四芯	
	铜	铝	铜	铝	铜	铝	铜	铝	铜	铝	铜	铝	铜	铝	铜	铝	铜	铝	铜	铝	铜	铝	铜	铝
0.2	3								3		2										3		2	
0.3	5								4.5		3										4		3	
0.4	7								6		4										5.5		3.5	
0.5	8								7.5		5										7		4.5	
0.6	10								8.5		6										8		5.5	
0.7	12								10		8										9		7.5	
0.8	15								11.5		10										10.5		9	
1	18		15		14		13		14		11		17		14		13		12		12		10	
1.5	22	17	18	13	16	12	15	11	18	14	12	10	20	15	16	12	15	11	14	10	15	12	11	8
2	26	20	20	15	17	13	16	12	20	16	14	12	24	18	18	14	16	13	15	11	17	15	12	10
2.5	30	23	26	20	25	19	23	17	22	19	19	15	28	21	24	18	23	17	21	16	19	17	16	13
3	32	24	29	22	27	20	25	19	25	21	22	17	30	22	27	20	25	18	23	17	21	18	19	14
4	40	30	38	29	33	25	30	23	33	25	25	20	37	28	35	26	30	23	27	21	28	21	21	17
5	45	34	42	31	37	28	34	25	37	28	28	22	41	31	39	29	34	26	30	23	33	24	24	19
6	50	39	44	34	41	31	37	28	41	31	31	24	46	36	40	31	38	29	34	26	35	26	26	21
8	63	48	56	43	49	39	43	34	51	39	40	30	58	44	50	40	45	36	40	31	44	34	34	26
10	75	55	68	51	56	42	49	37	63	48	48	37	69	51	63	47	50	39	45	34	54	41	41	32
16	100	75	80	61	72	55	64	49					92	69	74	56	66	50	59	45				
20	110	85	90	70	80	60	74	56					100	78	83	65	74	60	68	52				
25	130	125	100	80	90	65	85	65					120	92	92	74	83	66	78	60				
35	160	125	125	96	110	84	105	75					148	115	115	88	100	74	97	70				
50	200	155	163	125	142	109	120	89					185	143	150	115	130	100	110	82				
70	255	200	202	156	182	141	161	125					230	185	186	144	168	130	149	115				
95	310	240	243	187	227	175	197	152					290	225	220	170	210	160	180	140				
120													355	270	260	200	220	173	210	165				
150													400	310	290	230	260	207	240	188				
185													475	370										
240													580	445										
300													670	520										
400													820	630										
500													950	740										

三、导线的连接

敷设线路的时候,往往需要在分接支路的地方或导线不够长的地方连接导线。导线的接头是线路的薄弱环节,接头常常是线路发生故障的地方。接头接触不良或松脱,会增大接触电阻,使接头处过热而烧毁绝缘,有时还可能产生火花。严重的会酿成火灾或触电事故。

因此,导线的接头应紧密可靠,接头处的机械强度不应低于导线本身机械强度的80%,接头处的绝缘强度不应低于导线本身的绝缘强度。

做接头的时候需把绝缘层剥掉,剥去的长度一般为50~100mm,切剥时不应损伤线芯。

单股导线的连接有平接头、丁字接头、十字接头、终端接头等几种方法。多股导线的连接有平接头、丁字接头两种。软线和导股导线相互连接时,应使软线先在单股导线上缠绕7~8圈,再把单股线向后弯曲,以防止脱落。

导线连接好后,应用电工绝缘带进行包扎,不使导体裸露,并应达到应有的绝缘强度。常用的绝缘带有橡胶带、黄蜡布带、带黏性的黑胶布带、带黏性的塑料带等,禁止用医用胶布或伤湿止痛膏之类代替绝缘胶带。在缠绕时应用力拉紧胶布带,粘接可靠,以免潮气侵入。

在敷设线路时,应尽量减少导线的接头,接头过多的导线不宜使用。对于可移动线路和户外线路的接头,更应特别注意。

四、电缆

在电力系统中,电力电缆和控制电缆是最为常用的两种电缆。电力电缆用于输送和分配电能,控制电缆用于连接测量、保护和控制等二次回路。

电力电缆按其所使用的绝缘材料的不同,可分为油浸纸绝缘电力电缆、橡皮绝缘电力电缆和聚氯乙烯绝缘电力电缆等。统包绝缘在芯线外面、芯线之间、芯线与铅皮之间填以黄麻。电缆的统包绝缘外面裹以无缝铅皮,用来防止水分浸入绝缘内,并防止绝缘油流出,以免降低绝缘能力,造成击穿事故。电缆外部的两层钢铠用来防止机械损伤,钢铠与铅皮之间用浸沥青黄麻层保护,此保护层可使铅皮不致受到钢铠的机械损伤和周围介质的化学腐蚀。钢铠外的浸沥青黄麻是为防腐而缠绕的。

电缆线路可以暗设,也可以明设。暗设的电缆有沿电缆隧道或电缆沟敷设的,也有直接埋在地下的。与架空线路相比较,电缆线路安全性能好,但安装施工费用较高。户内电缆线路应尽量明设,埋入地下时应当穿管。对于户外埋地电缆,应绘制平面图,作为资料存档,必要之处地面上应设置标志等,以免日后在动土作业时发生事故。为了防止机械损伤,1000V以上的电缆应采用铠装电缆,弯曲时曲率半径不应过小。

五、车间配线

车间内电气线路很多,其线路种类也很多,干线有明母线、暗母线、地下管配线等3种配线方式。明母线的干线安装在车间厂房内上方,经穿管线向下引至配电箱,再埋入地下的管线引至用电设备。其金属电线管均可作为接地线或接零线使用,各部分必须保持接触良好。暗母线是有屏护网的母线,沿墙或柱敷设,用电设备的电源线由其上的分线盒接出，其屏护网可用作接地线或接零线。地下管配线的干线和支线均由埋设在地下的穿管线组成，金属电线管亦可作为接地线或接零线。

车间内支线有木槽板配线、瓷夹板配线、穿管配线、瓷瓶配线等多种配线方式。各种配线方式的适用范围，可参阅表17-25。

各种装线方式的适用范围　　　　　　　　　　　　　表 17-25

敷设方式＼场所情况	干燥	潮湿	易燃易爆	可燃	腐蚀	户外
木槽板	适	不可	不可	不可	不可	不可
瓷夹板	适	不可	不可	不适	不可	不适
瓷柱	适	可	不适	可	不适	可
瓷瓶	适	适	不适	适	可	适
塑料管	适	适	不适	适	可	适
钢管	可	适	适	适	适	适

表中易燃、易爆一项系指有高度易燃、易爆危险和有一般易燃危险或可能爆炸的场所，如汽油提炼车间、乙炔站、电石仓库和油漆制造车间、氧气站等。表中可燃一项系指一般可燃物质的生产或加工场所，如锯木车间、可燃性油类及固体燃料仓库等。

六、母线

母线是用来汇集和分配电流的导体，有硬母线和软母线之分。在厂矿企业一般的变配电装置中，以硬母线用的较多。

硬母线通常用铝排或铜排制成。按 A、B、C 三相分别涂以黄、绿、红色，以便于识别和起防腐作用。但任何接触面不能涂漆。

为了方便起见，母线的排列应有一定的顺序。垂直布置的母线，A、B、C 三相一般由上向下排列；水平布置的母线，A、B、C 三相一般由内向外排列，母线引下线，A、B、C 三相一般为自左至右排列。

母线的截面应满足负荷电流和机械强度的要求，还应经得起短路故障时动稳定和热稳定的考验。为了安全，母线之间、母线与接地体之间、母线与其他装置之间均应保持一定的间距；电压愈高，所要求的间距也愈大。

母线可采用焊接、压接和搭接三种连接方法。铜铝之间在干燥的室内可以直接连接，在室外或潮湿的室内应采用铜、铝过渡接头。钢母线连接处应当涂锡。母线连接应力求接触良好。如果接触电阻太大，可能由于接头过热而造成事故。

软母线多用在户外。软母线的连接方法应采用专用线夹连接或压接，不得采用一般锡焊或绞接的方法。软母线在档距内不得有接头，其连接应在杆柱的跨接线上进行。应注意软母线不得过松或过紧。

母线支架、母线遮栏及其他有关的不带电金属部件应根据电网情况，可靠接地或接零。运行中应保持母线支架、母线卡子等各部螺栓不松动。并应保持母线清洁和平整，以及保持母线的涂漆不脱落，接头处涂漆不因发热而变色等。

七、临时线

对临时线应有一套严格的安全管理制度，应有专人负责进行装设和拆除。在装设前应得到安全技术部门或有关部门的批准。

临时线应采用四芯或三芯的橡套软线,线路布置应当整齐。临时线应满足基本安全要求,其长度一般不宜超过 10m,离地面高度一般不应低于 2.5m。有关设备应采取保护接零或其他安全措施,如必要的遮拦,必要的警告牌等。临时架空线其长度不得超过 500m,离地面高度不应<4~5m,与建筑物、树木或其他导线的间距一般不得<2m。临时线应有使用期限限制,一般不应超过一个月,使用完毕,应立即拆除。

八、变压器的使用安全

变压器是一种静止电气设备,由铁芯、线圈、绝缘油和绝缘套管等组成。一般的变压器起升高电压或降低电压的作用,厂矿企业中的变压器都是起降低电压作用的,通常是把 6~10kV 的高压电变换为 380/220V 的低压电,这种变压器就是所谓的配电变压器。

变压器的结构如图 17-48 所示,油箱 11 里充满绝缘油,线圈 13 和铁芯 12 都浸没在绝缘油里。高、低压线圈端部分别经高压套管 8 和低压套管 9 引出油箱。工作时,油在油箱和散热管内循环,通过散热管散热冷却。油箱上部有油枕 4,其下部有油管与油箱相连,上部与外界相通,其作用是给油的热胀冷缩留有缓冲余地。同时,由于有了油枕,减小了油与空气的接触面积,可减缓油的氧化变质。油枕上有油标 5 供观察之用,油枕经呼吸器 3 或注油器与外界相通。大型变压器油枕与油箱之间的油管上装有气体继电器 7,其作用是当变压器内部发生故障时,给出信号或切断变压器电源。大型变压器上还装有防爆管 6,其下部与油箱连通,上部有不结实的膜片与外界隔开,当变压器内部突然出现故障,压力急剧增加时,膜片被冲破,泄去油箱内压力,防止油箱爆炸。此外,油箱上还装有测量油温的温度计和调节电压的分接开关 10 等附件。

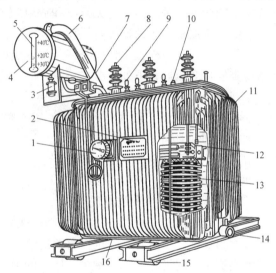

图 17-48 变压器结构图
1—温度计;2—铭牌;3—呼吸器;4—油枕;5—油标;
6—防爆管;7—气体继电器;8—高压套管;9—低压套管;
10—分接开关;11—油箱;12—铁芯;13—线圈;
14—放油阀;15—小车;16—地线端

对于室内安装的变压器,为了减小火灾的危险,变压器室必须是耐火建筑,变压器室的门应以非燃材料制成,并且应向外开启。对于油量 600kg 以上的变压器,室内应有适当的储油坑,坑内应铺上卵石,且地面向坑边应稍有倾斜。为了安全起见,安装时应考虑将油标、温度计、气体继电器、取油样放油阀等放在最为方便的地方,通常是靠近门的一面。为使变压器散热良好,变压器的下方应设有通风道,墙上方或屋顶应设排气孔。但应注意通风孔需装设铁丝网以防止小动物钻入而引起各种短路事故。此外,变压器室的门应上锁,并在外面悬挂"高压危险!"的标志牌。

变压器的外壳应可靠接地,对于采用保护接零的低压系统,变压器低压边中性点应直接接地，而对于保护接地的系统，中性点应通过击穿保险器接地。

变压器的保护装置应满足选择性的要求，即在低压线路上发生短路时，低压边的保护装置应先动作，切除故障，而高压边的保护装置不应动作。用熔断器保护变压器时，其低压边的熔丝按变压器的额定电流选用，高压边的熔丝按额定电流的 2～3 倍（容量 100kVA 以下）或 1.5～2 倍（容量 100kVA 以上）选用。

在运行中应注意变压器高压侧电压不应与相应的额定值相差 5% 以上。变压器各相电流不应超过额定电流；最大不平衡电流不得超过额定电流的 25%。变压器上层油温，不得超过 85℃。变压器里的油兼有绝缘和散热的双重作用，必须保证足够的油量及其质量。要经常观察有无漏油或渗油现象。正常油面是随着油温的升降而升降，因此要注意观察油面指示是否正常，有无假油面现象。此外，还要观察油的颜色是否由浅黄色加深或变黑。在运行中还要检查变压器的音响是否正常，正常时变压器应只有均匀的嗡嗡声。同时还要查看变压器的套管是否清洁，有无裂纹和放电痕迹，还要查看接头有无腐蚀，是否过热。此外，还应检查油枕的集污器内有无积水和污物。对于有防爆管的变压器，要检查防爆隔膜是否完整。上述各项检查工作应坚持经常或定期地进行。

当检查发现变压器有下列情况之一时，应停止变压器的运行：

1. 音响很不均匀或者爆裂声。
2. 漏油致使油面低于油面计上的限度，并继续下降时。
3. 油枕喷油或防爆管喷油。
4. 正常条件下温度过高，并不断上升。
5. 油色过深，油内出现碳质。
6. 套管内有严重裂纹和放电现象。

运行中的变压器，一般每 10 年应大修一次，每年小修一次。大修和小修内容可根据具体情况适当安排。小修时，除进行有关的修理项目以外，还应检查高压边和低压边的熔丝，应测定变压器的绝缘电阻。测量变压器的绝缘电阻应作记录，记入设备档案。如测得绝缘电阻较前一次下降 30%～50%，应对绝缘油进行耐压试验。对于绝缘油，一般应每年测定一次。小修时还应测量变压器绕组的直流电阻。630kVA 及以下的变压器，各相电阻之差不应超过相电阻的 4%，各线电阻之差不应超过线电阻的 2%。630kVA 以上的变压器，各相电阻之差不应超过相电阻的 2%。若此值过大，则表明变压器绕组有匝间短路或某处有接触不良的故障。

九、高压开关的使用安全

高压开关主要包括油断路器、负荷开关、隔离开关和跌落式保险器等。

油断路器又称为油开关。厂矿企业的变、配电所一般都装有油开关，用来接通和切断电源。油开关有多油量和少油量之分。油开关有很强的灭弧能力，既能在正常时切断负荷电流，又能在异常时切断短路电流。

多油开关主要由油箱、触头、套管等部件组成，其结构如图 17-49 所示。多油开关的油主要起灭弧和绝缘作用，其动、静触头都浸泡在绝缘油里。触头分断时，电弧燃烧使触头间产生高压气泡，触头间的电弧在气泡中很快被熄灭。如果油开关选用不当或维修不及时，可能由于油箱内部着火或压力过高而引起爆炸事故。多油开关的油面不得太低或太高。油面太低，会给灭弧造成困难；而油面太高，会减少油面到油箱上部的缓冲空间，当开关内产生电弧时，会产生大量气体，气体压力迅速增大，如果没有这一缓冲空间，强大的气体压力就会剧烈地向各方面传递，当传到油箱时，可能由于油箱承受不住其压力而发生爆炸。大型油开关的排气管有防爆作用，必须保持完好。

少油开关的油量只有多油开关的 1/10，其灭弧原理如图 17-50 所示。触头分离时，电弧燃烧产生大量气体，沿箭头方向横向吹灭电弧。少油开关的油只起灭弧作用，故油量很少。从爆炸和着火的角度来看，少油开关比较安全。但少油开关的外壳是带电的，安装时与其他物体必须保持足够的安全间距，此外，少油开关的外壳应漆成红色。

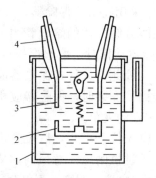

图 17-49 多油开关原理图
1—油箱；2—动触头；
3—静触头；4—套管

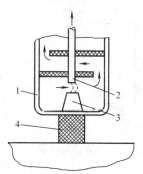

图 17-50 少油开关原理
1—油箱；2—动触头；
3—静触头；4—绝缘瓷瓶

在选用油开关时，除注意开关的额定电压和额定电流应符合线路的要求外，开关的额定开断电流必须大于线路上的最大短路电流，亦即开关必须有足够的断流容量。此外，油开关触头接触要良好，而且三相应同时接触，油开关的油位应保持适当的高度。还必须保持油开关的绝缘良好，3~10kV 油开关的绝缘电阻不得低于 300MΩ。油箱内的油要保持清洁，不得混入杂质，发现老化或弄脏时应予及时更换。

隔离开关又叫隔离闸刀。隔离开关主要用来隔断电源，保证检修作业的安全。隔离开关没有灭弧装置，不能带负荷操作，而只能在电气线路已经切断的情况下用来隔断电源，使在隔离开关以后的配电装置不带电。

隔离开关有单极和三极之分，其刀片和固定触头都装在绝缘子上。一般隔离开关是裸露的，应有明显可见的断开点。隔离开关不能用来切断负荷电流，否则将发生强烈电弧而造成严重的事故。由于隔离开关只能切断电压而不能切断电流，因此它必须与油开关配合使用。而且隔离开关和油开关的操作应当很好地配合，在拉闸时应先拉油开关，后拉隔离开关；合闸时先合上隔离开关，后合上油开关。为了防止错误操作，必须在油开关和隔离开关操作机构上装设机械的或电磁的联锁装置。不论哪种联锁装置，都必须保证开关在合闸位置时，只有先拉开油开关后才可能拉开隔离开关。开关在分闸位置时，次序正好相反，即只有先合上隔离开关后才可能合上油开关。开关的操作机构连同其联锁装置必须动作灵活、准确可靠。

负荷开关是带有专用灭弧触头、灭弧装置和弹簧断路装置的隔离开关。负荷开关有一定的灭弧能力，其开断能力介于油开关和隔离开关之间。老式负荷开关的灭弧室衬套是用胶木或有机玻璃等材料制成。在电弧的高温作用下,衬套分解出大量的气体吹灭电弧。新式的负荷开关是靠压缩空气吹灭电弧的。

负荷开关的最大开断电流虽然比额定电流大一些,但负荷开关一般只能用来切断和接通正常线路,而不能用来切断或接通发生短路故障的线路。因此,在大多数情况下,负荷开关应与高压熔断器配合使用,由高压熔断器担负切断短路电流的任务。

和隔离开关一样,负荷开关应有明显的断开点。此外,负荷开关合闸时,灭弧触头应先闭合,工作触头后闭合;分闸时,工作触头应先断开,灭弧触头后断开。触头应无烧伤,灭弧管应完整清洁。

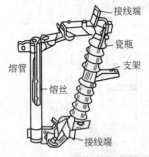

图 17-51 跌落式保险器

在要求不高的场合,经常采用跌落式保险器,见图 17-51。这种保险器的熔丝装在能分解气体的熔丝管内,管内产生的电弧能很快熄灭。保险器动作时,熔丝管跌落下来,管外电弧很快被拉长而熄灭。因此,跌落式保险器能在正常时和故障时切断和接通线路。安装时,保险器应稍微倾斜,大致与垂直线保持 25°～30°的夹角。

跌落式保险器拉闸时,应先拉开中相,后拉开边上两相,合闸时顺序相反。在有风时拉闸应注意风向,从下风向位置开始逐个拉闸。熔件的额定电流不得大于保险器的额定电流,否则,不仅会导致熔丝管发热,甚至有可能引起熔丝管爆炸。

十、互感器的使用安全

互感器的原理和变压器相似,其作用是把线路上的高电压变换成低电压,把线路上的大电流变换成小电流,以便于各种测量仪表和继电保护装置使用。变换电压的叫电压互感器,变换电流的叫电流互感器。有了互感器不但可以简化仪表和继电器的结构,而且能使作业人员远离高压部分,免受高压威胁。我国生产的电压互感器二次边额定电压一般均为100V,电流互感器二次边额定电流多为5A。

电压互感器有单相和三相的,三相的又有三柱和五柱之分。从绝缘情况来看,电压互感器又可分为油浸、浇筑和干式三种类型。后两种互感器只用于 10kV 或 3kV 以下的电力系统。

电压互感器的典型接线如图 17-52 所示。从互感器二次边出来可以接各种测量仪表,可以接绝缘监视的仪表或仪器,也可以接其他继电保护装置。为防止高压窜

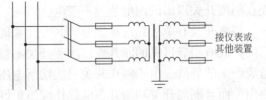

图 17-52 电压互感器接线图

入低压,互感器二次边必须可靠接地。为了防止短路时烧毁互感器,互感器一次边和二次边均应装有保险装置。

在运行和检修中,要注意防止电压互感器反馈送电造成的事故,如图 17-53 所示供电系统,为了能安全地在母线甲上进行检修作业,仅仅拉开 1K、3K 和 5K 是不够的,还必须再拉 7K,否则,母线乙的高压电会借助两个电压互感器反馈到母线甲上,这将给检修作业人员造成很大的危险。

电流互感器一次边匝数很少,并串联在主电路中,其二次边匝数很多,并与各种测量仪表以及继电器的电流线圈串联。电流互感器的典型接线如图 17-54 所示。为了防止高压窜入低压,电流互感器的二次边应接地。在正常运行时,电流互感器二次回路阻抗很小,线圈两端电压不过几伏,但当二次边开路时,其电压可达 500~5000V。若出现这种情况,除可能烧毁互感器外,还有可能危及人身安全,见图 17-55 所示。因此,电流互感器的二次回路应连接可靠,并不许装设开关和熔断器,即使因某种原因需拆除二次边的仪表或其他装置时,也必须先将二次边短路,然后再行拆除。

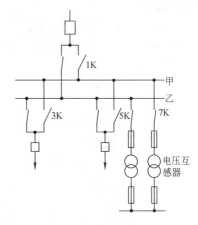

图 17-53 电压互感器反馈送电示意图

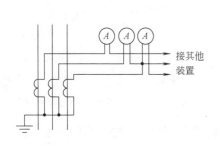

图 17-54 电流互感器接线图

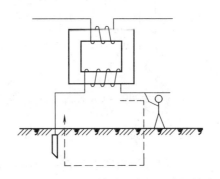

图 17-55 电流互感器二次边开路的危险

十一、电力电容器的使用安全

在电力系统中,有许多根据电磁感应原理工作的设备,如变压器、感应电动机等。这类设备除线路取得一部分电流做功外,还要在线路上消耗一部分不作功的电感电流,这就使得线路上的电流要额外地增大一些。因为这类设备都具有电感性的负载,依靠磁场来传送和转换能量,所以这类设备在运行过程中不仅要消耗有功功率,而且需要一定数量的无功功率。在交流电路中,电压与电流之间的相位差的余弦称为功率因素,用符号 $\cos\psi$ 来表示,在数值上是有功功率和视在功率的比值。当电感电流为零时,功率因数等于 1,当电感电流所占比例逐渐增加时,功率因数逐渐下降。因此,功率因数愈低,线路额外负担愈大,电力变压器或发电机的额外负担也愈大。这除了降低线路、变压器及其他设备的利用率外,还会增加线路上的功率损耗,增加电压损失,降低供电质量。对于电源不足的电网,将使周波降低。为此,应设法提高功率因素。提高功率因素最为方便的办法就是并联电容器,产生电容电流去抵消电感电流,使无功电流减小到一定的范围内。所谓并联补偿电容器就是指的这种电容器,即为移相电容器。

厂矿企业中广泛采用的并联补偿电容器,可安装在高压侧,也可安装在低压侧;可集中安装,也可分散安装。从补偿的完善程度看,低压补偿要比高压补偿好,分散补偿要比集中补偿好。从节省投资和便于管理的角度看,高压补偿要比低压补偿好,集中补偿要比分散补偿好。

高压补偿电容器的接线如图 17-56 所示。低压补偿电容器的接线如图 17-57 所示，其中（a）图是集中安装电容器的接线图；（b）是分散安装电容器的接线图。

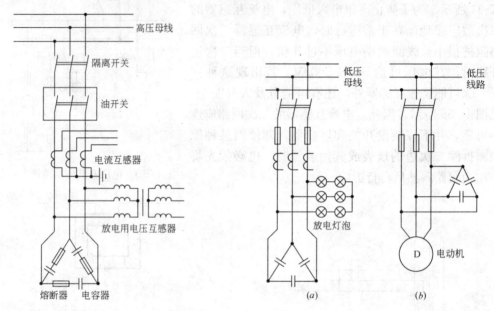

图 17-56　高压补偿电容器接线图　　　　图 17-57　低压补偿电容器接线图

电容器应有短路保护装置，当用熔断器进行保护时，其熔丝额定电流不应大于电容器额定电流的 1.2～1.3 倍。

运行中的电容器脱离电源后，其金属板上尚残存一些电荷，两极之间有所谓残留电压。在交流系统中，残留电压可达到电压极大值（幅值）的两倍，甚至更高一些。虽然残留电压随着时间的消逝而降低，但如果没有专门的放电负荷，而仅靠电容器本身放电，由于电容器的绝缘电阻高达数 $1M\Omega$，放电将非常缓慢。高压电容器上的残留电压若靠本身放电降到安全数值通常需要几个小时的时间。为了避免残留电压伤人，应根据电容的大小，并联适当的放电电荷。高压电容器可以用电压互感器作为放电电荷，低压电容器可以用灯泡或电动机绕组作为放电电荷。放电电阻不宜过大，电阻应满足经过 30s 放电后，电容器两端残留电压不超过 65V 的要求。但放电电阻也不宜太小，以免能量损耗太大，一般每千法电容的放电电阻的能量损耗不宜超过 1W。

对于低压电容器，放电电阻可以稍大一些。

如果电容器支路的保险熔断，则电容器不能通过放电负荷放电，残留电荷会保持相当长的时间。因此，作业人员若接近电容器时，应先用可携带的专用放电负荷进行放电。

电容器在运行中，电流不应超过额定值的 1.3 倍，电压不应超过额定值的 1.1 倍，外壳温度不应超过 55℃，周围温度不应超过 40℃，也不应低于－25℃，电容器各接点应保持接触良好。当发现电容器外壳膨胀、漏油严重或有异常响声时，应停止使用，以防止爆炸。如果三相电流出现严重的不平衡，也应该停止运行，进行检查。如果熔断器熔断，应查明原因，并作适当处理以后再投入运行。不论是高压电容器还是低压电容器，都不得在带有残留电荷的情况下合闸，否则，可能会产生很大的电流冲击。电容器重新合闸时，应先放电。

电容器应放置在专门的间隔内,应避免阳光直射,受阳光直射的玻璃应涂以白色。室内应保持通风良好,并保持干燥,相对湿度不应>80%,还应有适当的防尘措施。电容器可以分层安装,但层与层之间不得有隔板,以免妨碍通风。对于10kV的电容器,相邻电容器之间的间距不得<50mm。电容器离地面高度不得低于100mm。电容器的外壳和铁架均应采取接零或接地措施。

十二、电动机的使用安全

电动机是厂矿企业最常用的电气设备。其用途是把电能转换为机械能。电动机的种类很多,有直流电动机和交流电动机。交流电动机又分为同步电动机和异步电动机,而异步电动机又分为绕线式电动机和鼠笼式电动机,其中以鼠笼式电动机用得最为广泛,在某些需要调速的地方,常用绕线式电动机。

国产三相异步电动机有10多个系列,其中J系列是防护式鼠笼电动机,JO系列是封闭式鼠笼电动机,JB系列是防爆式鼠笼电动机,JR系列是防护式绕线电动机等等。每系列产品按功率大小和转速高低分为很多等级。

为了保证安全,必须正确选用电动机。首先是按照作业环境选定适当的防护形式。例如,潮湿、多尘的环境或者户外,应选用封闭式电动机;有可燃或爆炸性气体的环境,则应选用防爆式电动机等。

电动机的功率必须与生产机械载荷的大小及其持续和间断的规律相适应。电动机功率太小,势必造成电动机过负荷工作,引起电动机过热。过热对电动机的绝缘是很不利的,不仅会加速绝缘的老化,缩短电动机的使用寿命,而且还可能由于绝缘损坏而造成触电事故。因此,在运行时必须保持电动机各部分的温度不超过最高允许温度。为了更好地反映电动机的发热,还规定了电动机的最大允许温升,即电动机最高允许温度与周围环境温度之差。新系列电动机的最大允许温升一般都是按周围环境温度40℃设计的,即周围环境40℃时具有额定功率。表17-26中分别列出了采用A级、E级、B级绝缘材料的电动机的最大允许温升和最高允许温度(系温度计测量数值)。如果电动机采用更好的绝缘材料,电动机线圈或铁芯等处的允许温升还可高一些。

电动机发热的规定 表17-26

电动机的部位		A级绝缘		E级绝缘		B级绝缘	
		最大允许温升(℃)	最高允许温度(℃)	最大允许温升(℃)	最高允许温度(℃)	最大允许温升(℃)	最高允许温度(℃)
定子线圈		55	95	65	105	70	110
转子线圈	绕线式	55	95	65	105	70	110
	鼠笼式	无 标 准					
定子铁芯		60	100	75	115	80	120
滚动轴承		55	95	55	95	55	95
滑动轴承		40	80	40	80	40	80
滑环		60	100	70	110	80	120

如果周围环境温度高出 40℃，电动机应降低功率使用。一般温度每提高 5℃，应降低功率 5%。如果周围环境温度低于 40℃，可适当提高电动机的功率，根据具体情况，提高 5%~8%。

应当注意，老系列的电动机都是按照周围环境温度 35℃ 设计的，即 35℃ 时具有额定功率，40℃ 时允许的功率应当比额定功率降低 5%。此外，还应当注意，电动机过热不一定是由于过负荷或周围环境温度过高造成的。三相电动机两相运行、电动机内部绕组或铁芯短路、装配或安装不符合要求等因素，均可能造成电动机过热。

选用电动机时，除考虑到环境和功率的要求之外，还应考虑到转速、启动、调速、机械特性、安装及其他要求。

电动机运行时，除上述应注意各部分温度不超过允许温度外，还应注意以下事项：

1. 电压波动不得太大。因为转矩与电压的平方成正比，所以电压波动对转矩的影响很大。一般情况下，电压波动不得超过 −5%~+10% 的范围。

2. 电压不平衡不得太大。三相电压不平衡会引起电动机额外的发热，故一般三相电压不平衡不得超过 5%。

3. 三相电流不平衡不得太大。如果电流不平衡不是电源造成的，则可能是电动机内部有某种程度的故障。当各相电流均未超过额定电流时，最大不平衡电流不得超过额定电流的 10%。

4. 音响和振动不得太大。对于新安装的电动机，同步转速 3000r/min 的，要求振动值不超过 0.06mm；1500r/min 的不超过 0.1mm；1000r/min 的不超过 0.13mm；750r/min 以下的不超过 0.16mm。

5. 绕线式电动机的电刷与滑环之间应接触良好，没有火花产生。

6. 三相电动机不得两相运行。电动机一相断电，仅剩两相运行时，易因过热而损坏绝缘，故应立即切断电源。

7. 机械部分不被卡住。

电动机必须保持足够的绝缘能力，应有足够的绝缘电阻。在热状态（75℃）时，1000V 以下的电动机的绝缘电阻不应低于 0.5MΩ；1000V 以上的电动机的绝缘电阻，定子线圈不应低于每 1000V 1MΩ，转子线圈不低于 0.5MΩ。

十三、保护电器的使用安全

保护电器主要包括各种熔断器、磁力启动器的热继电器、电磁式过电流继电器和失压（欠压）脱扣器等。继电器和脱扣器的区别在于：继电器带有触头，通过触头进行控制；而脱扣器没有触头，直接由机械运动进行控制。这些保护电器分别起短路保护、过载保护和失压（欠压）保护的作用。

短路保护是指线路或设备发生短路时，迅速切断电源。熔断器、电磁式过电流继电器和脱扣器都是常用的短路保护装置。应当注意，在中性点直接接地的三相四线制系统中，当设备发生碰壳接地时，短路保护装置应迅速切断电源，以防触电。在这种情况下，短路保护装置直接起着保护人身安全和设备安全两方面的作用。

过载保护是当线路或设备的载荷超过允许范围时，能及时切断电源的一种保护。热继电器和热脱扣器是常用的过载保护装置；熔断器可用作照明线路或其他没有冲击载荷的线路或设备的过载保护装置。由于设备损坏往往造成人身事故，过载保护对人身安全有重要意义。

失压（欠压）保护是当电源电压消失或低于某一限度时，能自动断开线路的一种保护。其作用是当电压恢复时，设备不致突然启动而造成事故，同时能避免设备在过低的电压下勉强运行而遭致损坏。失压（欠压）保护由失压（欠压）脱扣器等元件执行。

1. 熔断器。低压熔断器有管式熔断器、插式熔断器、塞式熔断器、盒式熔断器、羊角熔断器等多种形式。管式熔断器有两种，一种是纤维材料管，由纤维材料分解大量气体灭弧；一种是陶瓷管，管内填充石英砂，由石英砂冷却和熄灭电弧。管式熔断器和塞式熔断器都是封闭式结构，电弧不易与外界接触，适用范围较广。管式熔断器多用于大容量的线路，一般动力负荷大于 60A 或照明负荷大于 100A 者，应采用管式熔断器。塞式熔断器只用于小容量的线路。插式熔断器和盒式熔断器都是防护式结构，有瓷壳保护，常用于中、小容量的线路，盒式熔断器主要用于照明线路。羊角熔断器是开启式结构，主要用于小容量线路的进户线上。

熔断器的熔件由铅、锡、锌等材料制成，通常做成丝或片的形状。一般情况下通过熔件的电流超过其额定电流的 1.2~1.3 倍时，熔件就会熔断，而且电流愈大，熔断愈快。

为了改善熔断器的保护性能，对于启动时有冲击的负荷，可以采用两组并联的闸刀开关和熔断器，见图 17-58。启动组熔断器的额定电流按启动电流选取；运行组熔断器的额定电流只需按低于正常负荷电流选取，从而可改善保护性能。

熔断器保护须满足运行要求和安全要求。同一熔断器可配用几种不同规格的熔件，要注意熔件的额定电流不得超过熔断器的额定电流。不得使用未注明额定电流的熔件。

熔断器各部分应接触良好，触头钳口应有足够的压力。安装时应有防止电弧飞出的措施。

在有爆炸危险的生产环境中，不应装设电弧可能与外界接触的熔断器。

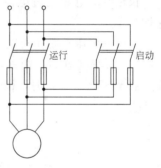

图 17-58 用两组闸刀开关和熔断器控制电动机

在更换熔断器时，应配备适当的安全用具，在条件允许的情况下应尽量停电更换。

2. 热继电器。热继电器和热脱扣器也是利用电流的热效应制成的。热继电器的基本结构如图 17-59 所示。它主要由热元件、双金属片、扣板拉力弹簧、绝缘拉板、触头等元件组成。负荷电流通过热元件，并使其发热。在它近旁的双金属片也受热而变形。双金属片由两层热胀系数不一样的金属片冷压粘合而成，上层热胀系数小，下层热胀系数大，受热时间上弯曲。当双金属片向上弯曲到一定程度时，扣板失去约束，在拉力弹簧作用下迅速绕扣板轴逆时针转动，并带动绝缘拉板向右方向移动而拉触头。

对于磁力启动器，热继电器的触头串联在吸引线圈回路中；对于减压启动器，热继电器的触头串联在失压脱扣器线

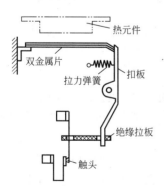

图 17-59 热继电器原理图

圈回路中；而对于自动空气开关，热脱扣器直接把机械运动传递给开关的脱扣轴。这样，热继电器或热脱扣器的动作就能通过磁力启动器、减压启动器或自动空气开关断开线路。同一热继电器或同一热脱扣器可以根据需要配用几种规格的热元件。每种额定电流的热元件，动作电流均可在小范围内整定。一般情况下，热元件通过整定电流时，继电器或脱扣器不动作；通过 1.2 倍整定电流时，动作时间将近 20min；通过 1.5 倍整定电流时，动作时间将近 2min；通过 6 倍整定电流时，动作时间仍大于 6s。可见其热容量较大，动作较慢，只宜作过载保护，不宜作短路保护。继电器或脱扣器的动作电流整定为长期允许负荷电流的大小即可。

3. 电磁式脱扣器。电磁式过电流继电器（或脱扣器）是依靠电磁力的作用进行工作的，其工作原理如图 17-60 所示。电磁部分主要由线圈和铁芯组成。线圈串联在主线中，当线路电流达到继电器（或脱扣器）的整定电流时，在电磁吸力的作用下，衔铁很快被吸合。衔铁可以带动触头实现控制（继电器），或者借助中间机构通过脱扣轴实现控制（脱扣器）。

不带延时的电磁式过电流继电器（或脱扣器）的动作时间不超过 0.1s，短延时的仅为 0.1～0.4s，这两种均适用于短路保护。从人身安全的角度看，采用这种继电器（或脱扣器）有很大的优越性，因为它能大大缩短碰壳故障存在的时间，迅速消除触电的危险。

长延时的电磁式过电流继电器（或脱扣器）的动作时间都在 1s 以上，适用于过载保护。

失压（欠压）脱扣器也是利用电磁力的作用进行工作的，其原理如图 17-61 所示。所不同的是正常工作时，衔铁处在闭合位置；而且吸引线圈并联在线路上。当线路电压消失或降低至 30%～65%时，衔铁被弹簧拉开，通过脱扣机构、减压启动器或自动空气开关断开线路。

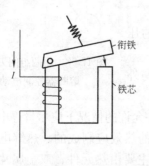
图 17-60 电磁式过电流继电器的动作原理

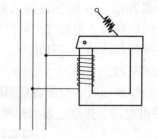
图 17-61 欠压（失压）脱扣器原理

十四、开关电器的使用安全

开关电器的主要作用是接通和断开线路，在生产作业场所，开关电器主要用来启动和停止用电设备。闸刀开关、铁壳开关、自动空气开关、减压启动器、变阻器、磁力启动器等，都属于这类开关电器。

1. 闸刀开关。闸刀开关是一种最简单的开关电器，常用的有胶盖闸刀开关和石板闸刀开关。前者刀闸下方配用熔丝；后者刀闸下方配用管式熔断器。闸刀开关是靠拉长电弧而使之熄灭的，为了克服手动拉闸不快，电弧强烈燃烧的缺点，容量较大的闸刀开关常带有快动作灭弧刀片。这种闸刀开关在拉闸时,主刀片先被拉开,与刀座之间不产生电弧。当主刀片被拉开至一定程度时,灭弧刀片在拉力弹簧作用下迅速断开,电弧被迅速拉长而熄灭。合闸时,由于灭弧刀片先于主刀片接触刀座,主刀片与刀座之间不产生电弧。

由于闸刀开关没有专用的灭弧装置,断流能力有限,不宜用于大容量的线路。胶盖闸刀开关只能用来控制 5.5kW 以下的三相电动机。闸刀开关的额定电压必须与线路电压相适应。380V 的动力线路,应采用 500V 的闸刀开关;220V 的照明线路,可采用 250V 的闸刀开关。对于照明负荷,闸刀开关的额定电流大于负荷电流即可;对于动力负荷,开关的额定电流应大于负荷电流的 3 倍。此外,还应注意闸刀开关所配用熔断器和熔件的额定电流不得大于开关的额定电流。用闸刀开关控制电动机时,为了维护和操作的安全,应在闸刀上方另装一组插式熔断器。

2. 铁壳开关。铁壳开关也是一种手动的开关电器,主要由闸刀、熔断器、铁制外壳、操作手柄等几部分所组成。铁壳开关借助专门的弹簧和凸轮机构使拉闸、合闸迅速进行;有的铁壳开关还带有简单的灭弧装置。因此,铁壳开关的断流能力较强,能用来控制 15kW 以下的三组电动机。其额定电流也应大于电动机满载电流的 3 倍,并且不小于所配用熔断器的额定电流。

铁壳开关有铁壳保护,其铁盖上有机械联锁装置,能保证合闸时打不开盖,而开盖时合不上闸。因此,铁壳开关在使用中较为安全。

铁壳开关接线时应注意电源线接在闸刀的刀座上,熔断器应当是在负荷侧。也有的铁壳开关,熔断器是接在电源侧。

3. 自动空气开关。自动空气开关也称为自动开关,实际上是一种半自动的开关电器。其简化了的工作原理如图 17-62 所示。正常工作时,开关的触头 1 由触头支架 2 和脱扣钩 3 保持在闭合状态。当脱扣钩 3 在脱扣杆 5 的作用下绕轴 4 顺时针转动时,触头支架 2 在弹簧 6 的作用下迅速向左方运动,触头 1 迅速分断。图 17-62 中,部件 7 是电磁式过电流脱扣器,线路电流过大时,其衔铁吸合并推动脱扣杆 5 向上移动,使触头分断;部件 8 是失压(欠压)脱扣器,线路电压消失或过低时,其衔铁释放,也推动脱扣杆 5 向上移动,使触头分断。

自动开关除了可以装有各种电磁式过流脱扣器和失压(欠压)脱扣器外,还可以装有热脱扣器及其他型式的脱扣器,能做到短路时很快地动作,过载时与用电设备较好地配合,从而有比较完善的保护性能。

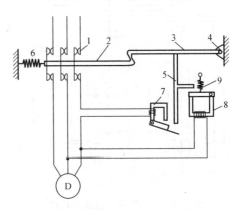

图 17-62 自动开关简化了的工作原理
1—触头;2—触头支架;3—脱扣钩;4—轴;
5—脱扣杆;6、9—弹簧;7—过电流脱扣器;8—失压(欠压)脱扣器

自动开关触头上部装有栅片弧罩,有良好的灭弧性能,断流能力很强,最大开断电流可高达数千安到数十千安。

自动空气开关操作方便,使用安全,因此广泛应用于交、直流线路和电动机等用电设备的控制和保护。此外,自动空气开关的四连杆机构有联锁作用,即当线路未恢复正常、脱扣器未回复原位时，开关是合不上闸的。

自动空气开关有装置式和万能式两种类型。前者有塑料外壳，内部结构紧凑，壳外仅露出操作手柄，后者系框架式结构，较前者有更大的断流能力。

选用自动空气开关时，应注意线路单相短路电流要≥开关瞬间或短延时动作过电流脱扣器整定电流的1.5倍；应能满足正常工作的要求；应能躲过线路上的峰值电流而不动作；应能承受短路电流的冲击而不致损坏；并可靠地切除短路故障；各种脱扣器应能满足相应的要求等。

十五、减压启动器的使用安全

因为鼠笼式电动机的启动电流高达额定电流的5~7倍，所以10kW以上或者容量20%以上的鼠笼式电动机应采用减压启动装置，即在较低的电压下启动，电动机转动起来以后，经过转换操作，电动机全压运行。这样能限制启动电流，减轻启动时的电流冲击。星-三角启动器、电阻减压启动器、自耦减压启动器都属于减压启动装置。减压启动装置需要接通和断开较大的电流，触头间的电弧往往比较强烈。因此，减压启动装置的触头一般都浸没在绝缘油里，从而大大改善了灭弧性能。

星-三角启动器只能用于运行时三角形连接的电动机的减压启动。其原理是启动时把电动机的三相绕组连接成星形，使每相绕组的电压减至额定电压的58%。启动器的手柄有停止、启动以及运转三个位置。启动器装有失压（欠压）脱扣器和过电流继电器或脱扣器。停机用按钮操作。

电阻减压启动器的原理是启动时串联一个适当的电阻或电抗起分压作用，使电动机上的电压降低到某一范围。启动器的手柄也有三个位置。启动器除装有失压脱扣器外，还可以装设热继电器。因为电流愈大，启动电阻上的电压降也愈大，所以在启动瞬间，电动机上的电压较低，电动机的启动转矩降低很多。因此，电阻减压启动器比较适用于轻载启动的电动机。

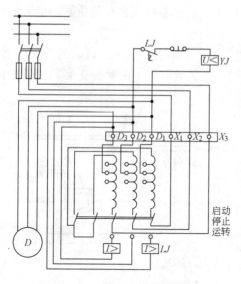

图17-63 自耦减压启动器接线图

自耦减压启动器又称为启动补偿器，是一种比较完善的启动装置。这种启动器利用自耦变压器实现减压启动；运行时自耦变压器脱离电源，电动机全压工作。启动器的接线如图17-63所示。启动器的自耦变压器有三个抽头，以供选择启动电压。QJ3型自耦减压启动器三个抽头的电压分别为电源电压的80%、60%和40%。对于惯性较大的载荷，应采用较高的启动电压。启动器除装有失压（欠压）脱扣器外，还可以装设热继电器或电磁式过电流继电器。自耦减压启动器应用较广，能用来启动10kW至100多kW的三相鼠笼式电动机。

电阻减压启动器的启动电阻、自耦减压启动器的自耦变压器都是按短时工作设计的。使用中应注意每次启动时间不能太长，每小时内启动次数不能太多，相邻两次启动之间需间隔一段时间。这些都必须按产品要求进行操作，以免过热而烧坏启动器。

十六、转换开关和插座的使用安全

用来启动和停止电动机的，有时还会用到转换开关和插座。转换开关包括组合开关，主要用于小容量电动机的控制。转换开关的手柄按 45°—0—45° 3 个位置，中间的是断开电源的位置，左右两边的或者都是正转位置，或者一个是正转位置，另一个是反转位置。转换开关可用来控制 7.5kW 以下的电动机。

插座有单相两孔插座、单相三孔插座和三相四孔插座之分。两孔插座适用于不需要保护接零或接地线插孔。插座的接线如图 17-64 所示。接零线或接地线的插孔比其他插孔稍大一些，其相应的插头也稍大一些。这样就能保证与设备外壳直接相连的接零或接地插头只能插入零线或地线插孔，而不能错误地插入其他插孔，以致使设备

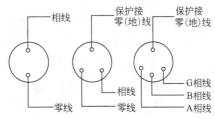

图 17-64 插座接线图

外壳带电。接零或接地插头还比其他插头稍长一点，以便接通时首先接通，断开时后断开。此外，应注意插头的接线，较粗大的插头应连接设备外壳，切不可错误地把其插头接向设备外壳。否则，很可能导致触电事故。还应注意防止两孔插座仅一极插入、三孔插座仅一极或两极插入而造成的事故。

明装插座离地面高度一般不<1.3～1.5m；暗装插座离地面高度可取 0.2～0.3m。插座可以用来控制 2kW 以下的用电设备，但只宜用来控制 0.5kW 以下的电动机。

在转换开关和插座的前面线路上应加装熔断器。转换开关的前面最好加装闸刀开关，以免停机时由于某种偶然原因碰撞转换开关的手柄而可能发生的误操作。转换开关和插座如有金属外壳，其外壳应接零或接地。

十七、照明设备的使用安全

电气照明广泛用于生产和生活的各个领域，照明设备由灯具、灯头、线路和开关等组成。

首先应当根据作业环境，选用适当型式的灯具及其他设备，例如，在有爆炸或火灾危险的环境中，应采用防爆式灯具，并采用防爆式开关，或者将开关装设在其他地方或室外无爆炸危险的地点。在有腐蚀性气体或蒸气，或特别潮湿的环境，应采用封闭式或防水式的灯具，而且开关设备应加以保护。在多尘的环境，应采用防尘式灯具以及有相应措施的开关设备等等。

室内吊灯灯具距地面的高度一般不应<2.5m，受条件限制时，可减为 2.2m。如果还要降低，则应采取适当的安全措施。当灯在桌面上方或其他人不能够碰到的地方时，允许高度可减为 1.5m。户外灯具高度一般不应<3m，墙上灯具允许高度可减为 2.5m，不足上述高度时应采取相应的安全措施。

灯具安装应牢固可靠。户外灯具除要考虑承受本身重量外，还要考虑承受风力。吊灯导线不应承受过分拉力。在生产作业现场，通常采用直径不<10mm 的吊管悬挂灯具，但应注意管内导线不应有接头。直接用导线悬挂灯具者，吊线盒里和吊灯头里均应采取挂线

措施，以防脱落。灯具、日光灯镇流器等发热设备的安装，应避免可燃物件，或采取隔热措施，以免发生火灾。开关设备应排列整齐，便于操作。照明插座和开关离地面高度以不＜1.5m 为宜。

生产现场照明设备一般应采取保护接零或接地措施，明线敷设时，可利用可绕导线将照明器外壳上的接地端钮与距照明器最近的固定支架上的工作零线相连，但不能将照明器的外壳与支线部分的工作零线相连。穿管敷设时，如零支线没有断开的可能，则允许用工作零线兼作保护零线。

照明设备的灯头分插口灯头和螺口灯头。插口灯头带电部分封闭在里面，比较安全，但插口灯头承受重量较小。螺口灯头的螺旋部分容易暴露在外，这就要求螺口灯头的螺旋部分接于零线，而灯头内的弹簧舌片接于相线。为了安全可靠起见，最好在螺口灯头上另外再加防护环，或者采用带有保护环的螺口灯头，使其带电部分不暴露在外。为了防止火灾，150W 以上的灯泡不应采用胶木灯头，而应采用瓷灯头。从安全的角度出发，灯头不宜带有开关或插座。

照明线路的开关应能同时切断相线和零线，只有在危险性较小的场所，才允许用单极开关，但单极开关必须装在相线上。照明开关应有明显的开、合位置，相邻开关或插座相、零线的配置，以及开、合位置都应当一致。不同电压等级的插座应有明显的标志，以免混淆。照明线路熔丝的额定电流一般不应超过 15A，对于厂矿企业的厂房等，可以放宽至 20A。熔丝的额定电流应＞正常负荷电流，但应＜正常负荷电流的 1.5 倍。

照明线路应避开热力管道，其间距不得＜30cm。户内照明线路，每条线路上的灯盏数一般不多于 20 个，而户外照明线路，一般不多于 10 个。但节日彩灯不受此限制。计数时插座亦应按灯考虑，其电流可按 2.5A 计入。作业场所照明线路的绝缘电阻，每伏工作电压不得低于 1000Ω，在特别潮湿的环境，可以放宽至每伏工作电压 500Ω。

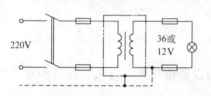

图 17-65　双圈变压器接线图

局部照明采用的 36V 或 12V 等的电压应由双圈变压器供给，如图 17-65 所示，双圈变压器的一次线圈和二次线圈没有电的联结，作业人员可免受一次电压的威胁。在中性点接地系统中，为了防止漏电，其外壳应当接零。为了防止高压窜入低压，可将一次线圈和次线圈分别装在两个铁芯柱上，或者在两个线圈中加隔离层，并将变压器的铁芯或线圈隔离层接零。变压器的二次线圈也可以接零。为防止短路，变压器一次侧和二次侧均应装设熔断器。

机床局部照明的双圈变压器可以从动力线路上引下电源，如果动力线路熔丝额定电流不超过 25A，允许不装熔断器。变压器一次侧应采用有护套的三芯软线，长度一般不应超过 2m。对于移动范围不大的局部照明，二次侧也应采用 0.75mm² 以上的软铜线；对于移动范围较大的行灯，二次侧也应采用有护套的软线。行灯应有完整的保护网，应有耐热、耐湿的绝缘手柄。不可用其他灯具代替行灯。

当事故照明采用直流电供电时，因直流电源一般还要同时供给控制线用电，不允许接地，所以，在中性点接地系统中，直流电源应从不接地的工作零线部分引进事故照明装置，如图 17-66 所示。

十八、携带式电动工具的使用安全

携带式电动工具最为常见的是手电钻等小型电气设备，使用时需经常移动，振动性往往较大，比较容易发生碰壳事故；这类电气设备往往是在作业人员紧握之下工作的，其电源线的绝缘容易由于拉、磨或其他机械原因而遭到破坏，因此，存在较大的触电危险性。所以在使用携带式电动工具时应采取以下安全措施：

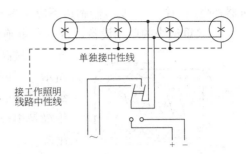

图 17-66 直流电源事故照明接线图

1. 接零或接地。接零或接地是使用携带式电动工具的主要的安全措施之一。携带式单相设备的零线或地线不宜单独敷设，而应当和电源线采取同样的防护措施。最好采用带有接零或接地芯线的橡皮套软线（橡皮套电缆）作电源线，其专用芯线用作接零线或接地线。保护零线或地线应采用截面积为 $0.75\sim1.5\text{mm}^2$ 以上的铜线。

携带式单相设备（包括三相设备）的电源插座和插头应有专用的接零或接地插孔和插头，其结构应能保证插入时，接零或接地插头在导电插头之前先接通，拔出时接零或接地插头在导电插头断开之后再拔出。同时，其结构还应保证接零或接地插头和导电插头与各自的插孔之间不得互相插错。为此，插座的接零或接地插头往往做得长一些，也大一些，与粗线插头有明显差别，这样以防止接零插头插入相线插孔，增加接零或接地的可靠性。此外，凡有接零或接地要求的，不得使用两孔插座。

在公共场所及生活室内，如地板由木材或其他绝缘材料制成，其触电危险性较小，采取接零或接地会将大地电位引入室内，增加触电的危险，因此，不应采取接零或接地措施。这时，零线必须采用与相线相同的绝缘线。这类场所的单相线路，往往分布很广，相、零线容易混淆，此时又考虑到要有利于切除短路和过载事故，避免和减轻火灾的危险，相线和零线上都应装设熔断器。

2. 安全电压。采用安全电压的携带式电动工具可以大大降低触电的危险性。安全电压应由双线圈变压器供给，其安全要求，一般和行灯相同。手持电动工具是可以改装的，有些厂矿企业曾摸索出一些把 220V 单相手电钻改装成 36V 电钻的经验。由于安全电压单相设备要求装设一套降压设备，又由于电气设备，特别是动力设备材料消耗随着额定电压的降低而增加，使用这种设备是不经济的。但是，在某些特定的场所，采用安全电压单相设备是一种可靠的安全措施。

3. 采用隔离变压器。鉴于不接地电网中单相触电的危险＜接地电网中单相触电的危险，在接地电网中，可以装设一台隔离变压器，如图 17-67 所示，并由该隔离变压器给单相设备供电。隔离变压器的变压比是 1：1，即原、副边电压是相等的，隔离变压器副边线圈与原边线圈、与变压器外壳、与大地均保持良好的绝缘。因此，单相设备配用隔离变压器之后，不存在电压配合问题，可以直接接用。其与没有隔离变压器时不同的只是转变为单相设备在不接地电网中工作，从而减轻了触电的危险性。

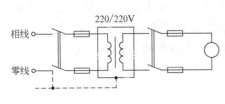

图 17-67 隔离变压器接线图

为了防止隔离变压器本身漏电造成事故，变

压器外壳应当接零。变压器副边不应接零或接地，否则，会破坏副边不接地的运行方式。

4. 双重绝缘的单相设备。带有双重绝缘结构的携带式电气设备，是一种新型的、安全性能较高的电气设备。双重绝缘的基本结构如图 17-68 所示。所谓双重绝缘是指工作绝缘和保护绝缘。其中工作绝缘是保证设备正常工作和防止触电的基本绝缘，而保护绝缘是用来当工作绝缘损坏时，防止设备金属壳体带电的绝缘。

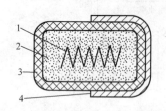

图 17-68 双重绝缘结构示意图
1—带电体；2—工作绝缘；3—保护绝缘；4—金属壳体

双重绝缘的单相设备按其外部结构型式，大体上可分为全塑料壳型、半塑料壳型、金属壳内配置绝缘内衬或绝缘筋条型等 3 种。

5. 采用防护用具。在使用携带式电气设备过程中，作业人员采用绝缘靴、绝缘手套、绝缘垫板等安全防护用具，使作业人员与大地或者使作业人员与单相设备的外壳（包括与其相连的金属导体）隔离开来，这虽然不是什么先进的方法，但在目前仍是一种可行的安全措施。在此应指出，为防止机械伤害，在使用手电钻时作业人员不应戴线手套。

此外，在使用携带式电动工具的过程中，应注意电源线的完整，注意电源线与电动工具之间要有防止拉脱线头的紧固装置。对于携带式电动工具还应加强管理，定期检查，以保持其完好。新的和检修后的携带式电动工具，其绝缘电阻不宜低于 5MΩ，使用中的也不宜低于 2MΩ。

十九、交流电焊机的使用安全

电焊在厂矿企业中应用广泛，而且种类很多，其中用得最多的是接触焊和电弧焊。

交流电焊机的主要组成部分是电焊变压器，这种变压器二次侧具有低电压，大电流的特点。

接触焊一般是固定设备，变压器二次电压只有 20 多伏，其安全要求与一般电气设备大致相同。电弧焊是通过交流电焊机进行的。

交流电焊机的工作原理如图 17-69 所示。变压器 B 二次侧的空载电压一般约 60~75V，有的还稍高一些。电抗线圈 DK 是用来限制和调节焊接电流的。当焊钳与工件之间产生电弧时，二次回路流过数十至数百安的电流，在电抗线圈 DK 上产生较大的电压降，使焊钳与工件之间的工作电压维持在 30V 左右。电抗线圈 DK 是可以调节的，以适应焊接电流变动的需要。

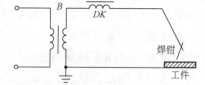

图 17-69 交流电焊机的原理

由电弧焊的原理可知，电弧燃烧时，工作电压仅 30V 左右，一般是不会发生触电事故的。但当电弧熄灭，特别是在更换焊条时，焊钳与工件之间高达 70V 以上的电压，对作业人员的威胁是较大的。为此，为了防止触电及其他事故，作业人员应戴帆布手套，穿胶底靴。在金属容器中进行电焊时，作业人员还应戴上安全帽、护肘等劳动防护用品。

在有高度触电危险的作业环境中进行电焊时，为了避免触电事故，可采用特殊结构的安全焊钳，使更换焊条在断电的情况下进行。还可采用不同型式的熄弧自动断电装置，以保障作业人员的人身安全。

电焊机 B 二次侧线路经常通过很大的电流，而且需要经常移动，线路容易遭到破坏。为了安全起见，二次侧线路最好采用两根软绝缘线。固定使用的电焊机的电源线应和其他配电线路同样要求；可移动的电焊机的电源线应按临时线处理，需保持适当的高度，而且不宜过长，导线以采用橡套软线为宜。

电焊机部分和其他电气设备一样，应采取保护接零或接地的措施。

为了防止高压窜入低压造成危害，交流电焊机二次侧应当接零或接地。但必须注意二次侧接焊钳的一端是不允许接零或接地的，以避免出现图 17-70（a）所示的危险电流。因此，正确的接法应当像图 17-70（b）那样，将二次侧接工件的一端接零或接地。

为了避免有害的电流，焊接时最好把焊件与大地隔绝开来。

此外，焊接时电弧温度高达 6000℃，要注意火灾的危险。

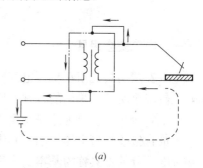

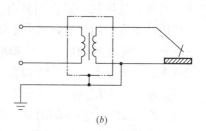

图 17-70　交流电焊机接零
(a) 错误接法；(b) 正确接法

二十、炼钢电弧炉的使用安全

电炉在工业上应用很广，种类也很多，用得最多的是直接加热的三相电弧炉。电弧炉是大型用电设备，控制较为复杂。

电弧炉的电气设备，主要由电炉变压器、限流电抗器、高压开关、低压短网路，以及测量、保护和控制装置组成。

电弧炉变压器的一次电压一般在 10kV 以上，二次电压一般为 200V 左右，二次侧电流高达数千至数万安。变压器的负荷很不规则，工作很繁重。变压器应有较高的机械强度和电绝缘强度，应有较大的过载能力，应有较好的冷却系统。包括短网路在内，电弧炉其他电气设备的工作也很繁重。

电弧炉变压器的低压侧是不接地的。因此炉壳及其他不带电金属部分均应采取接地措施。电弧炉的辅助电气设备系由其他方面供电，故应根据供电系统的特点采取接零或接地措施，接地装置可以共用。

从安全角度来讲，电炉操作人员经常站在铁板上，而且因作业之故满身是汗，较易触电。同时，在操作和维修过程中，作业人员有可能意外触及带电部分。因此，接地和接零措施必须完善。例如，搅拌钢液时，铁钎很可能触及电极，为了安全起见，应使铁钎与接地金属构件相连，保持接地。电弧炉接地线应采用截面积不 $<16mm^2$ 的钢绞线。

电弧炉应当装有必要的联锁装置和信号装置。例如，电极提升和电炉倾斜时，应当能自动断电；转换电压时，开关与开关之间应有可靠的联锁装置，防止发生短路爆炸事故；电炉及其控制室均应装设有音响和灯光的双重信号装置等。

应当注意，必须在停电的情况下进行装料、出钢、装置电极、检查电炉等项作业。一般情况下，应当在空载时操作电源油开关。

变压器的高压部分和控制部分应与电炉隔开单独安装，但距离不宜过大，变压器二次侧短网路不宜太长。短网路宜用软铜线编织而成，外用石棉绝缘，并在两侧设置遮栏，挂警告标示牌。

第六节 电工安全用具

一、电工安全用具

电工安全用具是指在从事电气作业时，为了防止触电、灼伤和坠落等伤亡事故，保障作业人员安全所必须采用的各种专用电工工具和用具。

电工安全用具可分为绝缘安全用具和非绝缘安全用具两类。绝缘安全用具是用来防止作业人员直接接触带电体用的。其中凡是绝缘强度能够承受设备的运行电压，且可以直接接触带电部分的工具称为基本安全用具。高压基本安全用具有高压绝缘棒、高压验电器、绝缘夹钳等。低压基本安全用具有绝缘手套、装有绝缘柄的工具、验电笔、钳形电流表等。使用基本安全用具时，其电压等级一定要和设备的电压相符合。用来加强基本安全用具的可靠性和防止接触电压及跨步电压危险的工具称为辅助安全用具。高压辅助安全用具有绝缘手套、绝缘靴、绝缘垫和绝缘站台等。低压辅助安全用具有绝缘鞋、绝缘垫、绝缘站台等。基本安全用具的绝缘强度能长时间承受电气设备的工作电压，能直接用来接触带电设备；而辅助安全用具的绝缘强度不足以承受电气设备的工作电压，只能加强基本安全用具的安全作用，故不能用辅助安全用具直接从事对高压电气设备的操作。非绝缘安全用具是保证检修安全用的，如携带型临时接地线，可移动式遮栏、标志牌、护目镜和防止高处坠落的登高作业安全用具等。

1. 绝缘杆和绝缘夹钳

绝缘杆又称为绝缘棒、操作杆或拉闸杆，见图 17-71。绝缘夹钳又称为绝缘夹，见图 17-72。绝缘杆和绝缘夹钳都是基本安全用具，用于 35kV 及以下的操作。绝缘杆和绝缘夹钳都由工作部分（钩或钳口）、绝缘部分和握手部分组成。握手部分与绝缘部分用浸过绝缘漆的木材、硬塑料、胶木或玻璃钢等制成，其间有护环分开。

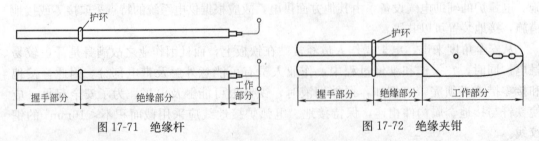

图 17-71 绝缘杆　　　　　图 17-72 绝缘夹钳

绝缘杆主要用来操作高压隔离开关、操作跌落式保险器、安装和拆除临时接地线，以及进行测量和试验等项作业。绝缘夹钳主要用来拆除和安装熔断器及其他类似的作业。

为了确保作业人员的人身安全,绝缘杆和绝缘夹钳的绝缘部分和握手部分的最小长度不应低于表 17-27 所列数值。

绝缘杆和绝缘夹钳的最小长度（m）　　　　　表 17-27

电压(kV)		户内设备用		户外设备及架空线用	
		绝缘部分	握手部分	绝缘部分	握手部分
10 及以下	绝缘杆	0.7	0.3	1.1	0.4
	绝缘夹钳	0.45	0.15	0.75	0.2
35 及以下	绝缘杆	1.1	0.4	1.4	0.6
	绝缘夹钳	0.75	0.2	1.2	0.2

绝缘杆工作部分金属钩的长度,在满足作业需要的情况下,应尽量做得短一些,一般不宜超过 5～8cm,以免在作业时造成相间短路或接地短路。

2. 绝缘手套和绝缘靴

绝缘手套和绝缘靴都是用特殊的橡胶制成,一般作为辅助安全用具,但绝缘手套可作为低压作业的基本安全用具,绝缘靴可作为防护跨步电压的基本安全用具。绝缘手套的长度至少应超过手腕 10cm。应当注意,不能用医用或化学用的手套来代替绝缘手套,不能用普通防雨胶靴代替绝缘靴,也不能将绝缘手套和绝缘靴作其他用途。

3. 绝缘垫和绝缘站台

绝缘垫和绝缘站台在任何情况下只作为辅助安全用具。绝缘垫用特种橡胶制成,厚度不应＜5mm,表面应有防滑条纹,最小尺寸不应＜0.8m×0.8m。

绝缘站台用木板或木条制成,见图 17-73。相邻板条之间的距离不得＞2.5cm,以免鞋跟陷入。台面板用支持绝缘子与地面绝缘,绝缘子高度不得＜10cm。台面板边缘不得伸出支持绝缘子以外,以免站台翻倾,人员摔倒。绝缘站台的最小尺寸不得＜0.8m×0.8m,但为了便于移动和检查,最大尺寸也不宜＞1.5m×1.0m。

4. 携带式电压和电流指示器

携带式电压指示器通常又称试电笔或验电笔、验电器,分高压和低压两种（见图 17-74）,用来检验导体是否有电。

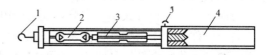

(a) 高压验电器

1—工作触头；2—氖灯；3—电容器；4—握柄；5—接地螺丝

(b) 低压验电器

1—工作触头；2—氖灯；3—碳质电阻；4—握柄；5—弹簧

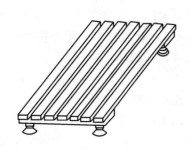

图 17-73　绝缘站台

图 17-74　验电器

验电器一般都靠发光指示有电,新式高压验电器有靠音响指示的。

高压验电器不能直接接触带电体,只能逐渐接近带电体,至灯亮或发出其他信号为止。验电器不应受邻近带电体的影响而使指示灯发亮。验电器一般不应接地,如必须接地时,应注意防止由接地线引起短路事故。低压验电器只能用于500V以下的电气设备,不允许在高压设备上使用。

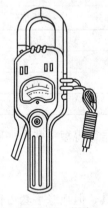

图 17-75 钳表

验电器在使用之前,应检验验电器是否完好,以免在现场给出错误的指示。

携带式电流指示器通常指钳型电流表或钳表,见图17-75,用来在不断开线路的情况下测量线路的电流。

使用钳表在测量时,应当注意人体与带电体之间保持足够的安全间距。

对于高压,不能用手直接拿着钳表进行测量,而必须接上相应等级的绝缘杆之后才能进行测量。

在潮湿和雷雨天气,禁止在户外用钳表进行测量。

5. 登高安全用具

登高安全用具包括梯子、高凳、安全腰带、脚扣、登高板等。

梯子和高凳可用木材制作,也可用竹料制作,不宜用金属材料制作。梯子和高凳应坚固,并应能承受作业人员携带工具攀登时的总重量。

梯子分靠梯和人字梯两种。为避免靠梯翻倒,靠梯的梯脚与墙之间的距离不得<梯长的1/4。为避免滑落,其间距不得>梯长的1/2。为了限制人字梯的开脚度,其两侧之间应加拉链或拉绳。为了防滑,在光滑坚硬的地面上使用的梯子,梯脚应加胶套或胶垫。在泥土地面上使用的梯子,梯脚应加铁尖。

在梯子上作业时,梯顶一般不应低于作业人员的腰部,或者说作业人员应站在距离梯顶1m以下的横档上作业。切忌站在梯子或高凳的最高处或最上面的一、二级横档上作业。

脚扣和登高板都是登杆用具,应有良好的防滑性能。脚扣分为木杆用脚扣和水泥杆用脚扣两种。脚扣的主要部分用钢料制成,木杆用脚扣的半圆形环上及其根部均有向内突出的小齿,以刺入木杆而起防滑作用;水泥杆用脚扣的半圆形环上及其根部装有橡胶管或橡胶垫起防滑作用。脚扣有大小号之分,以适应电杆粗细不同的需要。

登高板也称站脚板,登高板主要由坚硬的木板和绳子组成。

安全腰带也称安全带,是防止坠落的安全用具。安全腰带用皮带、帆布或化纤材料制成。安全腰带由大小两根带子组成,小的系在腰部偏下作束紧用,大的绕在电杆或其他牢固的构件上起防止坠落的作用。安全腰带的宽度不应<60mm。绕电杆带的单根拉力不应低于2205N。为了防止偶然脱落,有的安全腰带另附有保险绳和扣环。

6. 临时接地线、遮栏和指示牌

在电气检修作业及其他场合,经常用到临时接地线、遮栏和指示牌等安全用具。

临时接地线一般装设在被检修区段两段的电源线上,用来防止突然来电,还可用来消除邻近高压线路上的感应电,以及用来放尽线路或设备上可能残存的静电。实践证明,临时接地线在保证作业人员安全方面有很大的作用。

临时接地线主要由软导线和接线夹头组成，如图17-76所示。其中，三根短的软导线是接向三根相线用的，一根长的软导线是接向地线用的。临时接地线的夹头必须坚固；软导线应采用25mm²以上的多股软铜线；各部分连接必须牢靠，夹头与软导线的连接应用螺丝连接后再加锡焊。

装设临时接地线时，应先接接地端，后接线路或设备一端；拆除时顺序相反。在一般情况下，应验明线路或设备确实无电后才可装设临时接地线。不得用短路法来代替临时接地线。

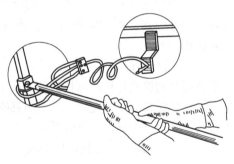

图17-76 临时接地线

遮栏主要是用来防止作业人员无意碰到或过分接近带电体。此外，遮栏也用作检修安全间距不够时的安全隔离装置。

遮栏是用干燥的木材或其他绝缘材料制成。在过道和隔离入口等处可采用栅状遮栏。遮栏必须安置牢固，不影响作业的方便。遮栏的高度及其与带电体的间距应符合屏护的安全要求。如因其他原因不能设置遮栏时，可以设置绝缘板或绝缘罩，起遮栏作用。

指示牌是用绝缘材料制成。指示牌应有明显的标记。其作用是警告作业人员不得过分接近带电体；指出作业人员确切的作业地点；提醒作业人员采取安全措施；以及禁止向某段设备送电等。

指示牌的种类很多，如"止步，高压危险"、"已接地"、"有人工作，禁止合闸"等，均应按规定使用。

二、电工安全用具的使用和检验

电工安全用具是直接保护作业人员人身安全的，故必须保持其良好的性能。为此，须正确使用安全用具，并对安全用具进行经常和定期的检查和检验。

1. 安全用具的使用

首先应根据作业条件选用适宜的安全用具。操作高压跌落式保险器及其他开关时，必须使用相应电压等级的绝缘杆，并戴上绝缘手套；如在雨雪天气户外操作，必须戴绝缘手套、穿绝缘靴或站在绝缘台上操作；更换熔断器时，应戴护目眼镜和绝缘手套，必要时还应使用绝缘夹钳；高处作业时，应有合格的登高安全用具，并戴上安全帽。

每次使用安全用具前，必须进行外观检查。如检查安全用具的表面有无损坏；检查绝缘手套、绝缘靴有无裂缝、啮痕；检查绝缘垫有无破损；检查安全用具的瓷元件部分有无裂纹等。使用前，须将安全用具上面的灰尘、污垢擦拭干净。验电器在每次使用前都应检验其是否良好，以免在使用时给出错误的指示。

安全用具每次使用完毕，须擦拭干净。安全用具不得任意作它用，也不得用其他用具代替安全用具。例如，不得用医疗用或化学用手套代替绝缘手套，不得用普通雨胶靴代替绝缘靴；也不得用绝缘手套和绝缘靴作其他用，不得用断路法代替临时接地线，不得用普通绳索代替安全腰带等等。

其次，安全用具应有专人进行妥善保管，以防止受潮、脏污和损坏。绝缘杆应垂直吊挂在室内或放在木架上，不要接触墙壁或放在地上。绝缘手套、绝缘靴、绝缘夹钳应存放在柜内，不应存放在过冷、过热、日光曝晒和有酸、碱、油类的地方，以防胶质老化，也不应和其他硬、刺、脏物混放在一起或压以重物，以防损坏或变形。验电器应存放在盒内，防止积灰和受潮。

2. 安全用具的检验

安全用具的检验包括耐压检验和泄漏电流检验，除几种辅助安全用具要求作上述两种检验外，一般只要求作耐压检验。安全用具的检验内容、检验标准、检验周期可参阅表17-28。对于新购置的安全用具，要求应严格一些。例如，新的高压绝缘手套，检验电压应为12kV，泄漏电流12mA；新的绝缘靴，检验电压应为20kV，泄漏电流10mA。

安全用具检验标准　　表17-28

名　称		电压(kV)	检验标准			检验周期(a)
			耐压检验电压(kV)	耐压持续时间(min)	泄漏电流(mA)	
绝缘杆、绝缘夹钳		35及以下	三倍线电压但不得低于40	5	—	1
绝缘挡板绝缘罩		35	—	5	—	1
绝缘手套		高压 低压	8 2.5	1	≤9 ≤2.5	0.5
绝缘靴		高压	15	1	≤7.5	0.2
绝缘鞋		1及以下	3.5	1	≤2	0.5
绝缘垫		1以上 1及以下	15 5	以2~3cm/s的速度拉过	≤15 ≤5	2
绝缘站台		各种电压	40	2	—	3
绝缘柄工具		低压	3	1	—	0.5
高压验电器		10及以下 35及以下	40 105	5	—	0.5
钳形电表	绝缘部分	10及以下	40	1	—	1
	铁芯绝缘	10及以下	20	1	—	1

高处作业安全用具，主要是进行拉力检验，其检验标准列入表17-29，检验周期均为半年。

高处作业安全用具检验标准　　表17-29

名　称	安全腰带		安全腰绳	登高板	脚扣	梯子
	大带	小带				
试验静拉力(N)	2205	1470	2205	2205	1470	(荷重)180kg

第七节　电气作业的安全措施

一、电气作业的分类

在电气装置及其邻近处的作业，根据其危险程度，可分为如下几种：

1. 全部停电的作业。
2. 部分停电的作业。
3. 不停电的作业。

全部停电的作业。它是指在作业时，工作室内所有的电气装置，包括所有的进出线路，已经全部停电。通向邻近高压室的门已全部闭锁，以及室外高压设备也全部停电，其中包括所有的进出线路。

部分停电的作业。它是指仅在停电的电气装置上进行作业，但室内及其他装置仍未停电，或室内虽然已全部停电，但通向邻近的高压室的门未全部闭锁，以及双回架空线路停电的作业等。

不停电的作业。它是指作业本身不需要停电或不存在偶然触及带电体部分的可能性，许可在带电设备的外壳上，或带电体部分上进行的作业。

与邻里共用的低压装置，包括母线，如果其带电体部分有着坚固、紧密封闭的遮栏或处在相当的高度，作业人员在作业过程中根本不可能触及时，则可以不停电。

二、倒闸操作的安全要求

倒闸操作必须根据值班调度员或值班负责人的命令，受令人复诵无误后执行。倒闸操作由操作人填写操作票，见表 17-30。

发电厂（变电所）倒闸操作票　　　编号：　　　　　表 17-30

| 操作开始时间： | 年　月　日　时　分， |
| 终了时间： | 日　时　分 |

操作任务：		
√	顺序	操 作 项 目
备注：		

操作人：　　　　监护人：　　　　值班负责人：　　　　值长：

单人值班，操作票由发令人用电话向值班员传达，值班员应根据传达填写操作票，复诵无误，并在"监护人"签名处填入发令人的姓名。

每张操作票只能填写一项操作任务。

应拉合的开关和刀闸；检查开关和刀闸的位置；检查接地线是否拆除；检查负荷分配；装拆接地线；安装或拆除控制回路或电压互感器回路的保险器；切换保护回路和检查是否确无电压等项目均应填写操作票内。

停电拉闸操作必须按照开关、负荷侧刀闸、母线侧刀闸顺序依次操作，送电合闸的顺序与此相反。严防带负荷拉刀闸。

操作人和监护人应根据模拟图板或结线图核对所填写的操作项目，并经值班负责人审核签名。

操作前应核对设备名称、编号和位置，操作中应认真执行监护复诵制。必须按操作顺序操作，每操作完一项做一个记号"√"，全部操作完毕后进行复查。

倒闸操作必须由两人执行，其中一人对设备较为熟悉者作监护，另一人进行操作。单人值班的变电所倒闸操作可由一人执行。特别重要和复杂的倒闸操作，由熟练的值班员操作，值班负责人或值班长进行监护。

当操作中发生疑问时，不得擅自更改操作票，必须向值班调度员或值班负责人报告，待弄清楚后再进行操作。

用绝缘棒拉合刀闸或经传动机构拉合刀闸和开关，均应戴绝缘手套，雨天操作室外高压设备时，绝缘棒应有防雨罩，还应穿绝缘靴。若接地网电阻不符要求的，即使晴天也应穿绝缘靴。有雷电天气时，禁止进行倒闸操作。

装卸高压可熔保险器，应戴防护眼镜和绝缘手套，必要时应使用绝缘夹钳，并站在绝缘垫或绝缘台上。

开关遮断容量应满足电网要求，如遮断容量不够，必须将操作机构用墙或金属板与该开关隔开，并设远方控制，重合闸装置必须停用。

电气设备停电后，即使是事故停电，在未拉开有关刀闸和做好安全措施以前，不得触及设备或进入遮栏，以防突然来电。

在发生人身触电事故时，为解救触电人，可以不经许可，即行断开有关设备的电源，但事后必须立即向上级报告。

事故处理，拉合开关的单一操作。拉开接地刀闸或拆除全厂（所）仅有的一组接地线的各项工作可以不要操作票，但这些操作应记入操作记录簿内。

操作票应先编号，按照编号顺序使用。作废的操作票，应在票上写明"作废"的字样，已操作的操作票应注明"已执行"的字样。

操作票应保存 3 个月。

三、在全部停电或部分停电的电气设备上作业时需完成的安全措施

在全部停电或部分停电的电气设备上作业时，必须完成下列措施：
1. 将设备断开电源。
2. 验电、放电。
3. 装设接地线。
4. 悬挂"禁止合闸，有人工作"的指示牌或装设临时遮栏。

上述措施应由值班员执行，并需有监护人在现场进行监护。对于无经常值班人员的电气设备和线路，可由工作负责人或断开电源人员执行。

四、低压带电作业的安全要求

1. 在低压设备带电体上作业,应符合如下安全要求:

(1) 必须经过安全技术的培训,并经考核合格,取得由地、市以上有关部门或指定的单位审核后发给的特种作业合格证的电气作业人员,方可参加此作业。

(2) 要穿戴好绝缘安全防护用具。

(3) 要设专人进行监护。

(4) 使用的工器具应安全可靠,尽量少露金属部分,以防止接地与短路。

(5) 严禁带负荷接入或断开电气回路。

(6) 严禁用手同时接触有电位差的两个导电部分,注意头、脸部不能触及导电部分和接地部分。

(7) 采取有效措施,防止短路和接地。

2. 在低压线路上进行带电作业时应遵守如下安全规定:

(1) 在低压线路上带电作业时,应使用有绝缘柄的工器具,作业时应站在绝缘物上,并戴手套和安全帽。

(2) 高、低压线路同杆架设,在低压线路上作业时,要与高压线路保持安全间距。并采取防止误碰高压电线路的安全措施。对带电导线未采取绝缘措施不得穿越。

(3) 上杆前应先分清火、地线,断开导线时,应先断开火线,后断地线。搭导线时,顺序相反。

(4) 接火线时,应先将两个线头搭实后再缠绕接好。禁止人体同时接触两根导线。

五、在二次回路上作业应采取的安全措施

在继电保护、仪表等二次回路上的作业有两种情况。在高压室遮栏内或导电部分小于表 17-31 中规定的安全间距进行继电器和仪表等检查试验时,需将高压设备停电的作业;检查高压电动机和起动装置的继电器和仪表需将高压设备停电的作业,应填写第一种工作票(见表 17-32)。在一次电流继电器有特殊装置可以在运行中改变定值的;在对连接于电流互感器或电压互感器二次绕组并装在通道上或配电盘上的继电器和保护装置,可以不断开所保护的高压设备的作业,应填写第二种工作票(见表 17-33)。

上述作业至少由两人进行。

所有电流互感器和电压互感器的二次绕组应有永久性的、可靠的保护接地。

在带电的电流互感器二次回路上作业时,应采取下列安全措施:

1. 严禁将变流器二次侧开路。

2. 短路变流器二次绕组,必须使用短路片或短路线,短路应妥善可靠,严禁用导线缠绕。

3. 严禁在电流互感器与短路端子之间的回路和导线上进行任何作业。

4. 作业时须认真、谨慎,不得将回路的永久接地点断开。

5. 作业时必须有专人监护,使用绝缘工具,并站在绝缘垫上。

在带电的电压互感器二次回路上作业时,应采取下列安全措施:

1. 为严防短路或接地,在作业时应使用绝缘工具、戴手套,必要时作业前停用有关

保护装置。

2. 接临时负载时，必须装有专用的刀闸和可熔保险器。

3. 电压互感器的二次回路通电试验时，为防止由二次侧向一次侧反充电，除应将二次回路断开外，还应取下一次侧保险或断开刀闸。

六、检修低压配电装置的安全措施

检修低压配电装置，如在低压配电盘、配电箱和电源干线上作业，应填写第二种工作票。在低压电动机和照明回路上作业，可用口头联系。上述作业均至少要由两人进行，并同时做好下列安全措施：

1. 将需检修设备的各方面电源断开，并取下可熔保险器，在刀闸操作把手上挂"禁止合闸，有人工作！"的标示牌。

2. 作业开始前必须先验电。

3. 根据作业需要采取其他相应的安全措施。

4. 停电更换保险后，恢复操作时应戴手套和护目镜。

七、检修高压电动机的安全措施

检修高压电动机和启动装置时首先应填写第一种工作票，并同时做好下列安全措施：

1. 断开电源开关、刀闸，经验明确无电压后装设接地线，或在刀闸间装绝缘隔板，小车开关应从成套配电装置内拉出，并关门上锁。

2. 在开关、刀闸的把手上悬挂"禁止合闸，有人工作！"的标示牌。

3. 拆开后的电缆头应三相短路接地。

4. 做好防止被其带动的机械引起电动机转动的措施，并在有关阀门上悬挂"禁止合闸，有人工作！"的标示牌。

5. 禁止在转动着的高压电动机及其附属装置回路上进行作业。若必须要在转动着的电动机转子电阻回路上进行作业时，应先提起碳刷或将电阻完全切除。作业时要戴手套或使用有绝缘把手的工具，同时穿绝缘靴或站在绝缘垫上。

6. 电动机的引出线和电缆头以及外露的转动部分，均应装设牢固的遮栏或护罩。电动机及启动装置的外壳均应接地。禁止在运转中的电动机的接地线上进行作业。

7. 作业全部终结，需送电试验电动机或启动装置时，应收回全部工作票，并通知有关机械部分检修作业的人员后，方可送电。

八、检修配电变压器台应遵守的安全规定

1. 配电变压器台（架、室）在停电检修时，应填用第一种工作票。

2. 在配电变压器台（架、室）上进行作业，不论线路已否停电，必须先拉开低压刀闸，后拉开高压刀闸或跌落保险，在停电的高压引线上接地。

3. 配电变压器停电进行试验时，台架上严禁有人，地面有电部分应设围栏，悬挂"止步，高压危险！"的标示牌，并有专人负责监护。

4. 电容器进行停电作业时，应先断开电源，将电容器放电接地后，才能进行作业。

九、进行电力电缆作业应遵守的安全规定

1. 进行电力电缆停电作业应填用第一种工作票,不需停电的作业应填用第二种工作票。

2. 作业前必须详细核对电缆名称,标示牌是否与工作票所写的相符合,所采取的安全措施正确可靠后,方可开始作业。

3. 挖掘电缆作业,应由有经验的人员交待清楚后才能进行,当挖到电缆保护板后,应由有经验的人员在现场进行指导方可继续作业。

4. 挖掘电缆沟前,应做好防止交通事故的安全技术措施。

5. 挖掘出的电缆或接头盒,如下面需要挖空时,必须将其悬吊保护,悬吊电缆应每隔1.0~1.5m吊一道。悬吊接头盒应平放,不得使接头受到拉力。

6. 敷设电缆作业时,应由专人统一指挥。

7. 移动电缆接头盒一般应停电进行,如带电移动,应平正移动,防止绝缘损伤爆炸。

8. 锯电缆以前,须与电缆图纸核对是否相符,并确切证实电缆无电后,用接地的带木柄的铁钎钉入电缆芯后,方可作业。扶木柄的人员应戴绝缘手套并站在绝缘垫上。

9. 进电缆井前,应先排除井内浊气。在电缆井内作业,应戴安全帽,并做好防火、防水及防止高处落物等措施,电缆井口应有专人进行看守。

10. 制作环氧树脂电缆头和调配环氧树脂作业过程中,应采取防毒和防火措施。

十、在带电架空电力线路附近进行去树作业时应注意的安全事项

1. 在线路带电的情况下,砍伐靠近线路的树木时,工作负责人必须在作业开始前向全体作业人员说明,电力线路有电,不得攀登杆塔、树木、绳索等不得接触导线。

2. 上树砍剪树木时,不应攀抓脆弱和枯死的树枝;不应攀登已经锯过的或砍过的未断树枝,以防摔跌。

3. 上树后,人和绳索应与导线保持安全间距,并应注意树上蚂蜂等昆虫的叮咬。

4. 去树时,应使用安全带,但防止将安全带栓在被锯的树叉上。

5. 注意树枝倒落方向,应设法用绳索控制树枝与导线相反的方向倒落,防止树枝倒落在导线上。绳索应有足够的长度,以免拉绳的作业人员被倒落的树枝砸伤。如果树枝掉在导线上时,严禁用手直接去取树枝,以防触电。

6. 去树作业应设专人进行监护,监护人除监护去树作业的人员外,还须注意砍剪的树枝下面和倒树范围内不得有人逗留,防止砸伤行人和车辆。

十一、进行高压电气试验应遵守的安全规定

1. 高压电气试验应填写第一种工作票。在同一电气连接部分,高压试验的工作票发出后,禁止再发出第二张工作票。

2. 参加高压试验的作业人员不得少于2人,作业时应穿绝缘靴或站在绝缘垫上。

3. 试验装置的金属外壳应可靠接地,高压引线应尽量缩短,必要时用绝缘物支持牢固。

4. 试验装置的低压回路中应有两个串联电源开关,并加装过载自动掉闸装置。

5. 试验装置的电源开关,应使用明显的双极刀闸,为防止误合刀闸,可在刀刃上加绝缘罩。

6. 试验现场应装设遮栏或围栏,向外悬挂"止步,高压危险!"的标示牌,并有专人看守。被试设备两端不在同一地点时,另一端也应有专人看守。

7. 加压前必须认真检查试验设备,通知有关人员离开被试设备,取得试验负责人的许可,方可加压试验。

8. 试验中如发现异常现象,应立即退回调压器,然后再切断电源,认真检查处理。

9. 变更接线或试验结束时,应首先断开试验电源进行放电,并将升压设备的高压部分短路接地。

10. 未装地线的大电容被试设备,应先行放电再进行试验。高压直流试验时,每告一段落或试验结束时,应将设备对地放电数次,并短路接地。

11. 试验结束时,试验作业的人员应拆除自装的接地线,并检查被试设备上是否有遗忘的工具、导线和其他物件。将被试设备恢复运行状态。

十二、用携带型仪器进行测量作业应遵守的安全规定

1. 使用携带型仪器在高压回路上进行测量作业时,需要高压设备停电或采取安全措施的,应填用第一种工作票,并至少由两人进行。

2. 使用携带型仪器进行测量作业,应在电流互感器和电压互感器的低压侧进行。

3. 电流表、电流互感器及其他测量仪器的接线和拆卸,需要断开高压回路者,应将此回路所连接的设备和仪器全部停电后,方能进行。

4. 电压表、携带型电压互感器和其他高压测量仪器的接线和拆卸无需断开高压回路者,可以带电进行。但应使用耐高压的绝缘导线,导线的长度应尽可能缩短,不得有接头,连接要牢固,以防接地和短路,必要时用绝缘物加以固定。

5. 使用电压互感器进行作业时,应先将低压侧所有的接线接好,然后用绝缘工具将电压互感器接到高压侧。作业时应戴手套和防护眼镜,站在绝缘垫上,并有专人进行监护。

6. 连接电流回路的导线截面,应适合所测电流数值。连接电压回路的导线截面不得 $<1.5\text{mm}^2$。

7. 非金属外壳的仪器,应与地绝缘,金属外壳的仪器和变压器外壳应接地。

8. 所有测量用装置均应设遮栏和围栏,并悬挂"止步、高压危险!"的指示牌。仪器的布置应使作业人员距带电部分不<表 17-31 中规定的安全间距。

设备不停电时的安全间距　　　　　　　　表 17-31

电压等级(kV)	安全间距(m)	电压等级(kV)	安全间距(m)
10 及以下(13.8)	0.7	154	2.00
20～30	1.00	220	3.00
44	1.20	300	4.00
60～110	1.50		

十三、用钳形电流表进行测量作业应遵守的安全规定

1. 值班人员在高压回路上使用钳形电流表进行测量作业，应由两人进行。非值班人员进行测量时，应填用第二种工作票。
2. 在高压回路上进行测量时，严禁用导线从钳形电流表另接表计测量。
3. 使用钳形电流表时，应注意钳形电流表的电压等级。在测量时应戴绝缘手套，站在绝缘垫上，不得触及其他设备，以防短路或接地。
4. 观测表计时，要特别注意保持头部与带电部分的安全间距。
5. 测量低压可熔保险器和水平排列低压母线电流时，测量前应将各相可熔保险器和母线用绝缘材料加以保护隔离，以免引起相间短路，同时应注意不得触及其他带电部分。
6. 在测量高压电缆各相电流时，电缆头线间距离应在 300mm 以上，且绝缘要良好，测量要方便；当有一相接地时，严禁测量。

十四、用摇表测量绝缘作业应遵守的安全规定

1. 使用摇表测量高压设备绝缘时，应由两人担任。
2. 测量用的导线，应使用绝缘导线，其端部应有绝缘套。
3. 测量绝缘时，必须将被测设备从各方面断开，并验明无电压，证明设备确实无人作业后方可进行。
4. 在测量中禁止他人接近设备。在测量绝缘前后，必须将被试设备对地放电。在测量线路绝缘时，应取得对方允许后方可进行。
5. 在有感应电压的线路上，如同杆架设的双回路线路或单回与另一线路有平行段，进行测量绝缘时，必须将另一回线路同时停电后方可进行。
6. 在有雷电天气时，严禁测量线路绝缘。
7. 在带电设备附近测量绝缘电阻时，测量人员和摇表安放位置必须选择适当，保持安全间距，以免摇表引线或引线支持物触及带电部分。在移动引线时，必须注意监护，防止作业人员触电。

第八节 电气安全作业的组织措施与技术措施

一、电气作业安全管理的重要性

发生触电事故的原因很多，有的是由于电气设备不符合安全要求，有的是由于电气设备的安装不符合有关规定，有的是由于绝缘损坏而产生漏电，有的是由于错误操作或违章作业，有的是由于缺少必须的安全技术措施，有的是由于制度不健全或执行制度不严格，有的是由于作业现场混乱等等。总的说来，触电事故的共同原因是安全组织措施不健全和安全技术措施不完善。

安全组织措施与作业人员的主观能动作用，有着密切的联系。从某种意义上说，组织措施比技术措施显得更为重要。实践证明，如果只有完善的安全技术措施，而没有相适应的组织措施，触电事故还是有可能发生的。因此，既要有健全的组织措施，还需在作业中

采取必要的安全技术措施，这样才可避免触电事故的发生。由此可见，组织措施和技术措施应当是互相联系、相辅相成的两个方面，是缺一不可的。没有组织措施，技术措施就得不到可靠的保证；没有技术措施，组织措施就成为不能解决实际问题的空洞条文。

因此，电气作业安全管理工作是一项复杂的工作，包含的内容很多。电气作业安全管理除有高度的艺术性外，还有很强的科学性。为了避免可以避免的触电事故，必须做好电气作业安全管理工作，其中包括组织工作和技术工作。

二、保证电气安全作业的组织措施

在全部停电或部分停电的电气设备上作业时，必须完成下列保证安全的组织措施：
1. 工作票制度。
2. 工作许可制度。
3. 工作监护制度。
4. 工作间断、转移和终结制度。

三、工作票制度

工作票是准许在电气设备上作业的书面命令，下列作业必须办理工作票：

无论高压或低压，所有在电气设备上，或在电气设备附近的作业，当需要采取安全措施时，均须办理工作票。

工作票有第一种工作票和第二种工作票两种形式。

填用第一种工作票的作业为：高压设备上作业需要全部停电或部分停电者；高压室内的二次接线和照明等回路上的作业，需要将高压设备停电或实施安全措施的。第一种工作票的式样如表 17-32 所示。

××××厂电气第一种工作票　　　　　　　　表 17-32

```
工 作 地 点_____
工 作 内 容_____
工 作 负 责 人_____工作班共_____人
安全措施： 1. 切断_____开关
          2. 拉开_____隔离开关(刀开关)
          3. 在  _____放绝缘隔板
          4. 在  _____挂接地线
          5. 其他_____
                    （以上几项由工作负责人填写）
工作票审查意见：_____检修班长_____
安全措施设置及注意事项：_____
_____
_____
                                            值班员_____
工作开始_____年_____月_____日_____时_____分
工作负责人_____值班员_____
检修结论： 1. 检修变更情况_____
          _____
          2. 质    量_____
          3. 工作结束_____年_____月_____日_____时_____分工作负责人_____
验收意见：_____
_____
安全措施拆除_____年_____月_____日_____时_____分值班员_____
```

注：第一联：工作人员作为联系工作后存查。
　　第二联：值班电工存查。

填用第二种工作票的作业为：带电作业和带电设备外壳上的作业；控制盘和低压配电盘、配电箱、电源干线上的作业；二次结线回路上的作业，无需将高压设备停电者；转动中的电机、同期调相机的励磁回路或高压电动机转子电阻回路上的作业；非当班值班人员用绝缘棒和电压互感器定相或用钳形电流表测量高压回路的电流。第二种工作票的式样如表 17-33。

××××厂电气第二种工作票　　　　　　　　　表 17-33

1. 工作负责人：　　　姓名　　　　　　职称
   工作人员共　　　　　人

姓　名	姓　名	姓　名	姓　名	姓　名

2. 工作任务（工作地点及内容）_____
   _____
   _____

3. 工作开始　年　月　日　时　分
   工作终结　年　月　日　时　分

4. 工作条件（停电或不停电）_____
   _____

　　　　　　　　　　　　　　　　　　　　　　　　　工作票签发人：
拆除下列保护压板：_____
　　　　　　　　　　　　　　　　　　　　　　　　　工作负责人：

5. 许可开始工作时间　年　月　日　时　分。值班负责人：

6. 工作终结：工作已终结，材料工具已清理完毕，工作人员全部撤出。
   工作已于　年　月　日　时　分交回
   工作负责人　　　　　　　　　　　　　　　　　　　　　值班负责人：

注：第一联：工作人员作为联系工作后存查。
　　第二联：值班电工存查。

在下列情况下作业，不必办理工作票，允许用电话或口头联系。但口头或电话命令，必须清楚正确，值班员应将发令人、负责人及工作任务详细记入作业记录簿中，并向发令人复诵核对一遍。

1. 远离带电体部分的作业，无需停电或装设遮栏者。
2. 无需停电且符合安全距离的高压设备外壳的日常工作。
3. 值班人员进行的日常例行工作。
4. 专责人员在通讯设备上的日常维护工作。
5. 值班电工在低压设备上装拆临时线，更换保险器，以及在照明回路上无需停电的工作。
6. 值班人员用符合电压等级的绝缘棒或钳形电流表进行测量工作。

遇到下列的作业可以不要工作票：

1. 处理紧急事故。
2. 拉开接地刀闸或拆除一组携带型地线。
3. 仅进行一个油开关或一个空气开关的拉闸或合闸。

4. 当开关与隔离刀闸有可靠的联锁装置时，拉、合隔离刀闸的单人作业。

5. 低压设备上不涉及并列、解列的单项作业。

6. 有可靠闭锁装置的抽屉开关拉出或推入。

工作票应用钢笔或圆珠笔填写一式两份，文字需正确清楚，不得任意涂改，如有个别错、漏字需要修改时，字迹也应清楚。两份工作票中的一份必须经常保存在作业地点，由作业负责人收执，另一份由值班员收执，按值移交。值班员应将工作票号码、工作任务、许可工作时间及完工时间记入作业记录簿中。在无人值班的设备上作业时，第二份工作票由工作许可人收执。

一个工作负责人只能发给一张工作票。工作票上所列的作业地点，以一个电气连接部分为限。如施工设备属于同一电压、位于同一楼层、同时停送电，且不会触及带电导体时，则允许在几个电气连接部分共用一张工作票。作业前工作票内的全部安全措施应一次实施。建筑工、油漆工等非电气作业人员进行作业时，工作票应发给监护人。

在几个电气连接部分上，依次进行不停电的同一类型的作业，可以发给一张第二种工作票。若一个电气连接部分或一个配电装置全部停电，则所有不同地点的作业，可以发给一张工作票，但应详细填写主要工作内容。几个班同时进行作业时，工作票可发给一个总的负责人，在工作班成员栏内只填明各班的负责人，不必填写全部作业人员名单。

若至预定时间，一部分作业尚未完成，仍须继续作业而不妨碍送电者，在送电前应按照送电后现场设备带电情况，办理新的工作票，布置好安全措施后，方可继续作业。

第一、二种工作票的有效时间，以批准的检修期为限。第一种工作票至预定时间，作业尚未完成，应由工作负责人办理延期手续。工作票有破损不能继续使用时，应补填新的工作票。

需要变更作业班中的成员时，须经工作负责人同意。需要变更工作负责人时，应由工作票签发人将变动情况记录在工作票上。若扩大工作任务，必须由工作负责人通过工作许可人，并在工作票上增填工作项目。若须变更或增设安全措施者，必须填用新的工作票，并重新履行工作许可手续。

四、工作许可制度

工作票签发人应由车间、工区熟悉作业人员的技术水平、熟悉设备情况、熟悉安全作业规程的生产负责人、技术人员或经厂主管生产负责人批准的人员担任。工作票签发人员名单应书面公布。

工作票签发人不得兼任该项工作的工作负责人。工作负责人可以填写工作票。工作许可人不得签发工作票。

工作负责人和允许办理工作票的值班员（工作许可人）应由车间或工区主管生产的负责人书面批准。

工作许可人（值班员）在完成施工作业现场的安全措施后，还应会同工作负责人到现场再次检查所实施的安全措施，以手触试，证明检修设备设备确无电压；对工作负责人指明带电设备的位置和注意事项；和工作负责人在工作票上分别签名。完成上列手续后，工作班方可开始作业。

工作负责人、工作许可人任何一方不得擅自变更安全措施，值班人员不得变更有关检修设备的运行结线方式。工作中如有特殊情况需要变更时，应事先取得对方的同意。

五、工作监护制度

完成工作许可手续后，工作负责人（监护人）应向工作班人员交待现场安全措施，带电部位和其他注意事项。工作负责人（监护人）必须始终在作业现场，对工作班人员的安全认真监护，及时纠正违反安全的动作。

所有工作人员，包括工作负责人，不允许单独留在高压室内和室外变电所高压设备区。若工作需要，如测量极性、回路导通试验等，而且现场设备具体情况允许时，可以准许工作班中有实际经验的一人或数人同时在他室进行作业，但工作负责人应在事前将有关安全注意事项予以详尽的指示。

工作负责人（监护人）在全部停电时，可以参加工作班作业。在部分停电时，只有在安全措施可靠，作业人员集中在某一作业地点，不致误碰导电部分的情况下，方能参加作业。

工作票签发人或工作负责人，应根据作业现场的安全条件、作业范围、作业需要等具体情况，增设专人监护和批准被监护的人数。专职监护人员不得兼做其他作业。

作业期间，工作负责人若因故必须离开作业地点时，应指定能胜任的人员临时代替，离开前应将作业现场情况交待清楚，并告知作业人员。原工作负责人返回作业地点时，也应履行同样的交接手续。若工作负责人需长时间离开作业现场，应由原工作票签发人变更新的工作负责人，两位工作负责人应做好必要的交接。

值班员如发现作业人员违反安全规程或任何危及作业人员安全的情况，应及时向工作负责人提出改正意见，必要时可暂时停止作业，并立即向上级报告。

六、工作间断、转移和终结判度

工作间断时，工作班人员应从作业现场撤出，所有安全措施保持不动，工作票仍由工作负责人执存。间断后继续作业，无需通过工作许可人。每日作业结束后，应清扫作业地点，开放已封闭的通路，并将工作票交回值班员。次日再进行作业时，应得到值班员的许可，取回工作票，工作负责人必须事前再重新认真检查安全措施是否符合工作票的要求后，方可作业。若无工作负责人或监护人带领，作业人员不得进入作业地点。

在未办理工作票终结手续以前，值班员不得将施工的设备合闸送电。在工作间断期间，若有紧急需要，值班员可在工作票未交回的情况下合闸送电，但应先将工作班全体作业人员已经离开作业地点的确切根据通知工作负责人或电气分区负责人，在得到他们可以送电的答复后方可执行，并应拆除临时遮栏、接地线和标示牌，同时恢复常设遮栏，换挂"止步，高压危险！"的标示牌。并且还必须在所有通路派专人守候，以便通知工作班人员"设备已经合闸送电，不得继续作业"。守候人员在工作票未交回以前，不得擅自离开守候地点。

作业结束以前，若需将设备试加工作电压时，应通知全体作业人员撤离作业地点，并将该系统的所有工作票收回，拆除临时遮栏、接地线和指示牌，恢复常设遮栏等。同时应在工作负责人和值班员进行全面检查确认无误后，由值班员进行加压试验。工作班若还需作业时，应重新履行工作许可手续。

在同一电气连接部分用同一工作票依次在几个作业地点转移作业时，全部安全措施由值班员在开工前一次做完，不需再办理转移手续，但工作负责人在转移作业地点时，应向作业人员交待带电范围、安全措施和注意事项。

全部作业完毕后，工作班应清扫、整理作业现场。工作负责人应先进行周密的检查，待全体作业人员撤离作业地点后，再向值班人员讲清所检修的项目、发现的问题、试验结果和存在的问题等，并与值班人员共同检查设备状况，有无遗留物件，是否清洁等，然后在工作票上填写工作终结时间，经双方签名后，工作票方告终结。

只有在同一停电系统的所有工作票结束，拆除所有接地线、临时遮栏和标示牌，恢复常设遮栏，并得到值班调度员或值班负责人的许可命令后，方可合闸送电。

已结束的工作票，应保存3个月。

七、停电

在电气作业的地点，必须停电，断开电源的设备有：

1. 检修的设备。
2. 与作业人员在进行作业中正常活动范围的距离＜表17-34中规定的带电设备。

工作人员工作中正常活动范围与带电设备的安全间距　　表17-34

电压等级(kV)	安全间距(m)	电压等级(kV)	安全间距(m)
10及以下(13.8)	0.35	154	2.00
20~35	0.60	220	3.00
44	0.90	330	4.00
60~110	1.50		

3. 在44kV以下的设备上进行作业，上述安全间距虽＞表17-34中规定的数值，但＜表17-31规定的数值。
4. 带电部分在作业人员身后或两侧无可靠安全措施的设备。

将检修设备停电，只有做到下列措施才算切断了电源：

5. 设备停电，必须把各方面的电源完全断开，任何运用中的星形接线设备的中性点，必须视为带电设备。禁止在只经开关断开电源的设备上作业。必须拉开刀闸，使各方面至少有一个明显的断开点，以致使作业人员能处在停电设备的范围内进行作业，并与带电部分保持规定的安全间距。

为了防止有反送电源的可能，应将与停电设备有关的变压器和电压互感器从高、低压两侧断开。对于柱上变压器等，应将高压熔断器的熔丝管取下。

断开的隔离开关操作手把必须锁住。根据需要取下开关控制回路的熔丝管。

八、放电

放电的目的是消除被检修设备上残存的电荷。放电应采用专用的导线，用绝缘棒或开关操作，人手不得与放电导体相接触，并应注意线与地之间、线与线之间均应放电。

电容器和电缆的残存电荷量较多，最好有专门的放电设备。

九、验电

对已停电的设备或线路要在挂设接地线之前进行验电，验电时必须按电压等级选用相适应且合格的验电器。在检修设备进出线两侧分别验电，验电前应先在有电的设备上进行试验，确认验电器良好。如果在木杆、木梯或木架构上验电，不接地线不能指示者，可在验电器上接地线，但必须经值班负责人许可。

高压设备验电，应由两人进行，其中一人验电，另一人进行监护。高压验电必须戴绝缘手套。35kV及以上的电气设备，在没有专用验电器的特殊情况下，可以使用绝缘棒代替验电器，根据绝缘棒端有无火花和放电噼啪声来判断有无电压。

表示设备断开和允许进入间隔的信号，经常接入的电压表等，不得作为设备无电压的根据。但如果其指示有电，则禁止在该设备上进行作业。

同杆塔架设的多层线路验电时，应先验低压，后验高压；先验下层，后验上层。

验电作业应在施工或检修设备的进出线的各相进行。联络用的开关或隔离开关检修时，应在其两侧验电。

十、装设接地线

当验明设备确已无电压后，应立即将检修设备接地并三相短路。这是保护作业人员在作业地点防止突然来电的可靠安全措施，同时设备断开部分的残存电荷，亦可因接地而放尽。

对于可能送电至停电设备的各方面或停电设备可能产生感电压的都要装设接地线，所装接地线与带电部分应符合安全间距的规定。

检修母线时，应根据母线的长短和有无感应电压等实际情况确定地线数量。检修10m及以下的母线，可以只装设一组接地线。在门型架构的线路侧进行停电检修，如作业地点与所装接地线的间距<10m，作业地点虽在接地线外侧，也可不另装接地线。

检修部分若分为几个在电气上不相连接的部分，如分段母线以刀闸或开关隔开分成几段，则各段应分别验电接地短路。接地线与检修部分之间不得连有开关或保险器。降压变电所全部停电时，应将各个可能来电侧的部分接地短路，其余部分不必每段都装设接地线。

在室内配电装置上，接地线应装在该装置导电部分的规定地点，这些地点的油漆应刮去，并划下黑色记号。

所有配电装置的适当地点，均应设有接地网的接头。接地电阻必须符合要求。

装设接地线必须由两人进行。若为单人值班，只允许使用接地刀闸接地，或使用绝缘棒合接地刀闸。

装设接地线必须先接接地端，后接导体端，拆接地线的顺序与此相反。

装、拆接地线均应使用绝缘棒或戴绝缘手套。

接地线应用多股软裸铜线，其截面应符合短路电流的要求，但不得<25mm^2。接地线在每次装设以前应经过详细检查。损坏的接地线应及时修理或更换，禁止使用不符合规定的导线作接地或短路之用。

接地线必须使用专用的线夹固定在导体上，严禁用缠绕的方法进行接地或短路。

每组接地线均应编号，并存放在固定地点，其存放位置亦应编号，接地线号码与存放位置号码必须一致。

装、拆接地线应做好记录，交接班时应交待清楚。

十一、悬挂标示牌和装设遮栏

标示牌的作用是提醒人们注意。例如，在一经合闸即可送电到作业地点的开关和刀闸的操作把手上，应悬挂"禁止合闸，有人工作！"的标示牌。如果线路上有人进行作业，应在线路开关和刀闸操作把手上悬挂"禁止合闸，线路有人工作！"的标示牌。在临近带电部分的遮栏上应悬挂"止步，高压危险！"的标示牌，等等。标示牌的悬挂和拆除，应按调度员的命令执行。

部分停电的作业，安全间距＜表 17-31 规定距离以内的未停电设备，应装设临时遮栏，临时遮栏与带电体部分的间距，不得＜表 17-34 中所规定的数值。临时遮栏可用干燥木材、橡胶或其他坚韧绝缘材料制成，装设应牢固，并悬挂"止步，高压危险！"的标示牌。

35kV 及以下设备的临时遮栏，如因作业特殊需要，可用绝缘挡板与带电体部分直接隔绝，此种挡板必须具有高度的绝缘性能。

在室内高压设备上作业，应在工作地点两旁间隔和对面间隔的遮栏上和禁止通行的过道上悬挂"止步，高压危险！"的标示牌。

在室外地面高压设备上作业，应在作业地点四周用绳子做好围栏，围栏上悬挂适当数量的"止步，高压危险！"的标示牌，其标示牌必须朝向围栏里面。

在室外架构上作业，则应在作业地点邻近带电体部分的横架上，悬挂"止步，高压危险！"的指示牌。此项标示牌在值班人员的监护下，由作业人员悬挂。在作业人员上下用的铁架或梯子上，应悬挂"从此上下！"的标示牌。在邻近其他可能误登的架构上，应悬挂"禁止攀登，高压危险！"的标示牌。

严禁作业人员在作业中移动或拆除标示牌和遮栏。

第九节 漏电保护装置

一、电压型漏电保护器

电压型漏电保护器是以反映设备外壳对地电压为基础的，其基本接线如图 17-77 所示。作为检测机构的电压继电器 YJ 一端接地，另一端在使用时直接接于电动机的外壳。当电动机漏电，电动机对地电压达到危险数值时，继电器迅速动作，切断作为执行机构的接触器 JC 的控制回路，从而切断电动机的电源。在图 17-77 中，R_x 是限流电阻，双头开关 K 是检查用的，也可以用复式按钮代替。如果要检查漏电保护器的动作是否正常，便可按下按钮 K，若按下按钮时漏电保护器能按整定的时间动作，则说明漏电保护器工作正常，否则应进行检修。按钮松开应能自动跳开。为了灵敏可靠，继电器应有很高的阻抗。由于继电器有很高的阻抗，对继电器接地的要求可以降低。

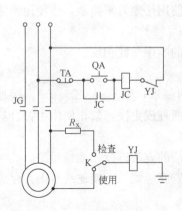

图 17-77 电压型漏电保护装置

电压型漏电保护器适用于设备的漏电保护，可用于接地系统，也可用于不接地系统；可以单独使用，也可以与保护接零或保护接地同时使用。但要注意继电器的接地线和接地体应与设备重复接地或保护接地的接地线和接地体分开，否则，漏电保护器失效。

图 17-78 和图 17-79 是从图 17-77 演变出来的两种接线，其特点是省去了继电器的接地。前者是将继电器接地的一端改为接向电动机星形绕组的中性点，后者是将继电器接地的一端改为接向一个星形负荷的辅助中性点。

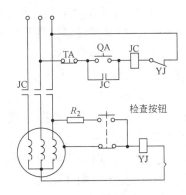 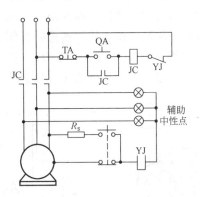

图 17-78　利用电动机中性点的电压型漏电保护装置　　　图 17-79　有辅助中性点的电压型漏电保护装置

必须注意，电压型漏电保护器在以下情况下会失灵：

1. 当发生相间短路或发生不接地的两相触电时，因为没有电流通过灵敏电流继电器的线圈，故漏电保护器不动作。

2. 当零线接地时，如果发生触电事故，人体电流从大地直接回到零线，灵敏电流继电器不动作。

3. 零线虽未接地，但是对地绝缘过低时，通过灵敏电流继电器线圈的电流不足以使灵敏电流继电器动作，漏电保护器也要失灵。

4. 如果零线在漏电保护器和变压器中性点之间断开，灵敏电流继电器不能动作。

因此，必须经常注意维护零线，不使绝缘电阻降低或断开。

二、零序电流型漏电保护器

零序电流型漏电保护器以零序电流作为动作信号。可分为有互感器零序电流型和无互感器零序电流型两种。

1. 有互感器零序电流型漏电保护器。此种类型的漏电保护器用环形的零序电流互感器作为取得漏电信号的检测机构，按照其中间机构的不同，又可分为电磁脱扣型、灵敏继电器型和晶体管放大型等 3 种。

零序电流互感器和普通电流互感器相同的地方，是既有原线圈又有副线圈，原线圈和副线圈共用一个铁芯。零序电流互感器和普通电流互感器不同的地方，是零序电流互感器的原线圈由 a、b、c 三相线圈（或包括零线）并联构成，并且要并联得非常好，严密得就象一个线圈一样。在正常情况下，a、b、c 三相的电流应该是平衡的。当三相电流平衡时，三相电流中的正电流和三相电流中的负电流相加等于零。三相电流都会在铁芯中产生磁通，因为正电流和负电流所产生的磁通方向相反，所以三相电流平衡时，三相电流在铁芯中所产生的磁通的总和等于零。在这种情况下，没有磁通穿过副线圈，在副线圈中就不会产生感应电势。如果a、b、c三相电流不平衡时，就会在铁芯中产生磁通，在副线圈中产生感应电势。根据这一原理制成的电流互感器就叫做零序电流互感器。在电流型漏电保护器中，利用零序电流互感器构成检测回路。

（1）电磁脱扣型漏电保护器的原理如图17-80所示。这种漏电保护器以极化电磁铁 T 作为中间机构。这种电磁铁由于有永久磁铁而具有极性，并且在正常情况下，永久磁铁的吸力克服弹簧的拉力使衔铁保持在闭合位置。图17-80中，三相电源线穿过环形的零序电流互感器 H 构成互感器的原边，与极化电磁铁连接的线圈构成互感器的副边。正常运行时，互感器原边三相电流在其铁芯中产生的磁场互相抵消，互感器副边不产生感应电势，电磁铁不动作。当设备发生漏电时，出现零序电流，互感器副边产生感应电势，电磁铁线圈中有电流流过，并产生交变磁通，这个磁通与永久磁铁磁通叠加，产生去磁作用，使吸力减小，衔铁被反作用弹簧拉开，脱扣机构 TK 动作，并通过开关使设备断开电源。图17-80中，JA、R_s 是检查支路，JA 是检查按钮，R_s 是限流电阻。

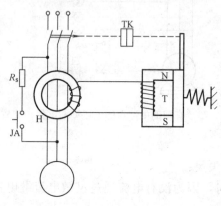

图17-80 电磁脱扣型漏电保护装置

用这种电磁铁做成的电磁脱扣型漏电保护器的动作电流可以设计到30mA以下。而且这种漏电保护器使用元件较少，结构简单，承受过电流冲击和过电压冲击的能力较强，当主电路缺相时，仍能发挥保护作用。但如不采用极化电磁铁而采用普通电磁铁，其灵敏度将大大降低。极化电磁铁的磁系统宜采用高导磁率材料制成，其加工精度要求较高。再者极化电磁铁的衔铁所受永久磁铁的吸力和反作用弹簧的拉力都很小，而且接近平衡，比较容易受灰尘、潮气因素的影响而降低灵敏度，甚至失灵，为此，极化电磁铁宜采用密封式结构。此外，为防止周围磁场的影响，对极化电磁铁应采取屏蔽措施；为防止剧烈振动而造成误动作，故在有剧烈振动的地方，安装时应采取防振措施。

（2）灵敏继电器型漏电保护器。此种类型的漏电保护器以灵敏继电器作为中间机构，其工作原理如图17-81所示。零序电流互感器 H 的副边接向继电器的线圈。继电器的常开触点串联在中间继电器 ZJ 的线圈电路中。中间继电器的常闭触点串联在开关设备的脱扣线圈 TX 电路中。当设备漏电时，继电器动作，并通过中间继电器和开关使设备断开电源。

这种漏电保护器的特点与电磁脱扣型漏电保护器大致相同。动作电流也可以设计到30mA以下。为了提高灵敏度，此种漏电保护器应采用极化继电器作为中间机构。

（3）晶体管放大型漏电保护器。此种类型的漏电保护器以晶体管放大器作为中间机构，其工作原理如图17-82所示。当发生漏电时，零序电流互感器将电讯号传给晶体管放大器，经放大后供给继电器，再由继电器控制开关设备，使其断开电源。

图17-83是一种比较简单的晶体管放大型漏电保护器线路图。其零序电流互感器 H

第九节 漏电保护装置

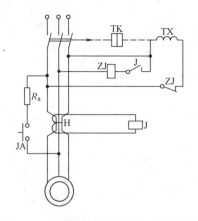

图 17-81 灵敏继电器型漏电保护装置

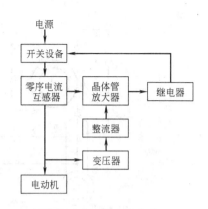

图 17-82 晶体管放大型漏电保护装置工作原理图

有三个线圈，L_1 是原线圈，通过零序电流；L_2 是副线圈，给放大器输入漏电信号；L_3 是反馈线圈，放大后的信号从这里反馈回去。放大器由 3AX31 型晶体二极管等元件组成。R_1 和 R_2 是调节灵敏度和防止短路用的，R_3 起调节和限流作用。两支晶体二极管起过电压保护作用，滤波电容 C_1 与 L_2 构成谐振回路起稳定作用，以防止一次回路方面电压冲击波或高次谐波侵入电子元件造成误动作。C_2 是继电器的交流旁路电容起滤波作用，兼起对继电器断电时所产生感应过电压的防护作用。C_3 是整流器的滤波电容。此种晶体管放大型漏电保护器的动作电流不超过 20mA，动作时间不超过 0.1s。

图 17-84 也是一种晶体管放大型漏电保护器线路图。因为增加了一级放大，这种漏电保护器具有更高的灵敏度，其动作电流可以不超过 15mA。

晶体管放大型漏电保护器灵敏度很高，动作电流可设计到 5mA，而且

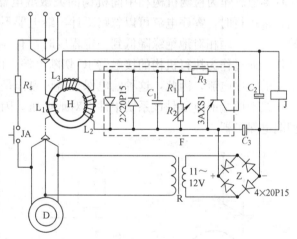

图 17-83 晶体管放大型漏电保护装置线路图

整定误差小，动作准确，并容易取得动作延时，便于实现分段保护。但是，此种漏电保护器应用元件较多，结构比较复杂。再因晶体管承受冲击能力较弱，故晶体管放大器与零序电流互感器之间宜装设过电压保护环节。若当主电路缺相时，漏电保护器可能失去电源而丧失保护性能，可采用图 17-85 所示三相整流的晶体管漏电保护器或其他专门型式的漏电保护器。

有互感器的零序电流型漏电保护器可用于设备，也可用于线路；可用于不接地系统，也可用于接地系统。在三相四线制系统中，如果设备同时采用了保护接零，零线不应作为互感器的原边，以便使互感器能反映漏电引起的零序电流，这对于发现漏电故障，切除漏电设备是有利的。但如果用于小容量线路，由于线路上可能有不平衡的单相负荷，零线应该与三条相线一起作为互感器的原边，否则，只要负荷不平衡，漏电保护器就可能产生误

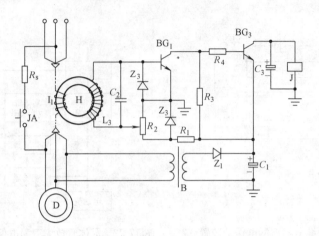

图 17-84　两只晶体管放大型漏电保护装置线路图

动作。

2. 无互感器零序电流型漏电保护器。此种漏电保护器主要用于不接地系统，其基本接线如图 17-86 所示。为防止高压窜入低压引起的事故，电源的中性点通过击穿保险器 JCB 接地。作为检测机构和中间机构的灵敏继电器 LJ 的线圈并联在击穿保险器的两端。当正常运行时，零序电流可以忽略不计，继电器不动作。当有人单相触电，或一、两相接地，或一、两相对地绝缘降低到一定程度时，有零序电流通过继电器线圈，继电器便迅速动作，通过作为执行机构的接触器 JC 切断电源。由于流过继电器线圈的电流是该系统中全部的零序电流，因此，这种漏电保护器可看作是零序电流型漏电保护器。另一方面，继电器线圈两端的电压是该系统中性点对地电压，因此，这种漏电保护器也可以看作是电压型漏电保护器。

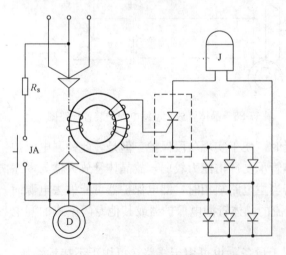
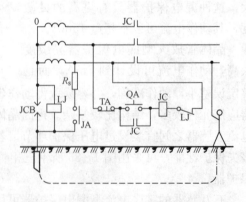

图 17-85　三相整流晶体管型漏电保护装置　　　图 17-86　无互感器零序电流型漏电保护装置

无互感器零序电流型漏电保护器对单相触电事故和设备漏电事故都能发挥作用，但动作后可造成全系统停电，因此，此种漏电保护器较适用于小容量的配电系统。再者，此种漏电保护器所用的灵敏电流继电器应有很高的阻抗，动作电流应限制在安全范围以内。

为了提高漏电保护器的灵敏度和可靠性,可以采用直流继电器代替交流继电器。此时,应当加上整流装置把零序电流变成直流,带有桥式整流装置的接线如图 17-87 所示。

灵敏电流继电器的连接可以根据具体情况作相应的改变。对于三角形接法的电源,可以像图 17-88 那样,把继电器线圈 LJ 接入辅助中性点与地之间。而对于不接地的三相四线制系统,继电器线圈一端接地,另一端接于中性线即可。

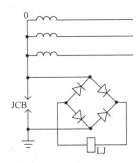 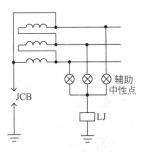

图 17-87 带有桥式整流装置的直流继电器接线图　　图 17-88 有辅助中性点时继电器接线图

三、泄漏电流型漏电保护器

泄漏电流型漏电保护器除能反映零序电流外,还能反映泄漏电流的大小。此种漏电保护器的基本线路如图 17-89 所示。图中,继电器 J 由整流器 Z_1 和 Z_2 供给直流电源,直流电流经零序电压互感器 YH、变压器 B 和线路对地绝缘电阻 R_f 构成回路,电容器 C 和 YH、B 一起构成滤波器。通过继电器线圈的电流主要取决于整流器 Z_1 和 Z_2 的输出电压以及线路对地绝缘电阻的大小。整流器 Z_1 以变压器 B 作为电源,其输出电压基本上是固定不变的,整流器 Z_2 的输出电压取决于互感器 YH 原边的电压,即决定于各相对地绝缘电阻的不平衡程度,不平衡程度愈大,输出电压也愈大。因此,当设备漏电或有人单相触电或各相对地绝缘显著不平衡时,互感器 YH 输出零序电压,整流器 Z_2 输出直流电压,从而使继电器动作,通过接触器切断电源。如果没有设备漏电,也无人单相触电,各相对地绝缘也没有显著的不平衡,但各相对地绝缘电阻显著降低,由于泄漏电流显著增加,也可以引起继电器动作,通过接触器切断电源。由此可见,此种漏电保护器不仅在有人单相触

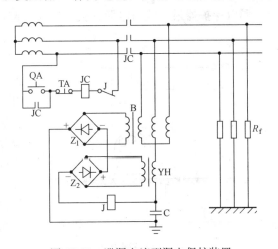

图 17-89 泄漏电流型漏电保护装置

电时或发生漏电时能起到保护作用,而且在电网对地绝缘恶化时也有保护作用。在这种漏电保护器中,装上千欧计或信号继电器还可以监视电网对地绝缘情况。

这种漏电保护器有很高的灵敏度,既可用于供电线路,也可用于电气设备。但这种漏电保护器只能用于不接地电网。为了能保证这种漏电保护器有很高的灵敏度,又不致降低对地绝缘,变压器 B 和互感器 YH 应有较高的感抗(500Ω 以上)。

四、漏电电流动作保护电器

漏电电流动作保护电器简称漏电电流电器，通常又称为漏电保护器或触电保安器。漏电保护器的功用主要是用来防止因漏电而引起的触电事故和防止单相触电事故，其次是防止因漏电引起的火灾事故，以及监视或切除一相接地故障。此外，有的漏电保护器还能够切除三相电动机两相运行的故障。因此，漏电保护器实际上是保证人身和设备安全的一种保护装置。

漏电保护器适用于 1000V 以下的低压系统，但作为检查漏电情况，也可用于高压系统。

用来防止触电事故及其他事故的漏电保护器在世界上一些国家应用已很普遍，例如，日本规定，对地电压 300V 以上者，均要求装设漏电保护器；对地电压 300V 以下、150V 以上者，凡有可能触及或者所在场所环境潮湿者，也要求装设漏电保护器；对地电压 150V 以上的携带式或移动式电气设备，都要求装设漏电保护器；对地电压 150V 以下、60V 以上，凡是可能触及或所在场所环境特别潮湿者，也要求装设漏电保护器。日本还规定，不单生产设备要求装设漏电保护器，住宅、食堂、学校、浴室等生活场所的电气设备也要装设漏电保护器。再如，美国规定，住宅户外，水池附近、建筑工地以及其他可能触及且有良好接地通路的场所，120V 单相插座均要求装设漏电保护器。

我国一些生产厂家也制成了不同类型的漏电保护装置，有的还达到了很高的性能指标。为了满足安全用电的需要，减少触电伤亡事故，加强对漏电保护器产品的质量监督，以促进我国漏电保护器的健康发展，国家标准《漏电电流动作保护器》（GB 6829），对漏电保护器的结构和性能要求，正常工作条件等作了明确的规定。

漏电保护器最好能与电源开关组装在一起，使这种新型的电源开关具备能实现短路保护、过载保护、漏电保护和欠压保护的效能。

如图 17-90 所示，设备或线路漏电时出现两种异常现象，一是三相电流的平衡遭到破坏，出现零序电流，二是某些正常时不带电的金属部分，如外壳出现对地电压。漏电保护器就是通过检测机构取得这两种异常信号，经过中间机构的转换和传递，然后促成执行机构动作，并通过开关设备断开电源，起到保护作用。有时异常信号很微弱，中间还需增设放大环节。

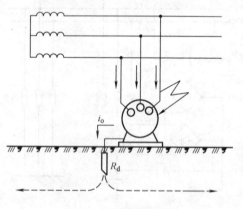

图 17-90 设备漏电图

漏电保护器的种类很多，按照反映信号的种类，可分为电流型漏电保护器和电压型漏电保护器。前者一般反映零序电流的大小，后者反映对地电压的大小。电流型漏电保护器又可分为零序电流型和泄漏电流型两种。

按照中间机构的有无，漏电保护器可分为直接传动型漏电保护器和间接传动型漏电保护器。前者没有中间机构，后者分为储能型和放大型两种，分别以储能器和放大器作为中间机构。储能器能积累讯号，待积累到一定程度再通过开关设备断开电源。放大器能放大信号,将信号放大后再通过开关设备断开电源。

电压型漏电保护器的主要参数是动作电压和动作时间,电流型漏电保护器的主要参数是动作电流和动作时间。

电压型漏电保护器的动作电压最好不超过安全电压。

电流型漏电保护器的动作电流值可分为 0.006、0.01、0.03、0.1、0.3、0.5、1、3、5、10、20A 等 11 个等级。其中,30mA 及 30mA 以下的属高灵敏度,30mA 以上、1000mA 及 1000mA 以下的属中灵敏度,1000mA 以上的属低灵敏度。在实际中应根据具体要求选择保护器的灵敏度。为了避免误动作,保护器的不动作电流不宜低于动作电流的 1/2。

漏电保护器的动作时间决定于保护要求,可分为:快速型动作时间不超过 0.1s,定时限型动作时间不超过 0.1~2s,反时限型动作电流时动作时间不超过 1s,2 倍动作电流时动作时间不超 0.2s,5 倍动作电流时动作时间不超 0.03s,对于线路额定电流单相 40A 以上、三相 60A 以上的大型漏电保护器,要求不超过 0.15s。

以防止触电为目的的漏电保护器宜采用高灵敏度快速型漏电保护器。一般说来,动作时间 1s 以上者,动作电流不超过 30mA;动作时间 1s 以上者,动作电流和动作时间的乘积不超过 30mA·s。

五、中性线接地保护装置

在三相四线制不接地系统中,如果中性线故障接地,虽然一般不会出现漏电现象,但由于系统的正常工作状态被破坏,将会造成潜在的危险。同时,系统中如装设了无互感器零序电流型漏电保护器,也将会因中性线接地而失去保护作用。因此,在这种系统中,为了及时发现或切除中性线接地故障,最好采用中性线接地保护装置。

中性线接地保护装置的原理如图 17-91 所示。灵敏继电器 J 由变压器 B 经整流器 Z 供给电流电源。中性线没有接地时,继电器不动作,当中性线接地后,形成电流回路,继电器动作,给出信号并通过开关设备以切断电源。这个线路可以实现自动重合,日光灯启动器 QD 用以取得重合延时。

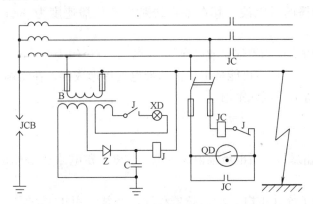

图 17-91 中性线接地保护装置原理图

此种保护装置也能反映泄漏电流的大小,因此,只要适当选择元件,即可兼作漏电保护器使用。

第十节 雷电的危害及其防护

一、雷电的形成及种类

雷电是一种自然现象，是一种大气中的放电现象。最为常见的是线性雷，云层中有时能见到片形雷，个别情况下会出现球形雷。

雷云是构成雷电的基本条件。云是由地面蒸发的水蒸气形成的，水蒸气上升过程中，遇到上部冷空气凝成小水滴，成为积云，此外，水平移动的冷气团或热气团，在其前锋交界面上也会形成积云。云中水滴受气流吹袭时，分裂成较小的水滴和较大的水滴，分别带负电和正电。较小的水滴被气流带走，形成带负电的雷云，较大的水滴留下来形成带正电的雷云。也有人根据冰晶组成的云带正电荷，而水滴组成的云带负电荷的发现，认为水滴结冰过程中发生电荷的转移，冰晶带正电，水带负电，遇强烈气流把水带走后，形成带相反电荷的雷云。随着电荷的不断积累，雷云的电位逐渐升高。当带不同电荷的雷云互相接近到一定程度的时候，或雷云与大地凸出物接近到一定程度时，就会发生强烈的放电。这种放电，时间很短，一般仅为 $50\sim100\mu s$，放电电流异常强大，能达 $200\sim300kA$，放电过程出现强烈的闪光。由于放电时温度可高达 20000℃，周围的空气受热急剧膨胀，发出爆炸的轰鸣声，这就是闪电和雷鸣。

雷云和大地之间的放电现象称为直击雷。从雷电危害的角度考虑，除直击雷外，还有感应雷、雷电侵入波和球雷等几种雷电现象。

感应雷也称为雷电感应或感应过电压。感应雷分静电感应和电磁感应两种。静电感应是由于雷云放电前在地面凸出物的顶部感应大量异性电荷，在雷云放电后，凸出物顶部的电荷顿时失去束缚，凸出物顶部对地呈现很高电压，电荷以极高的速度流回地中。电磁感应是由于雷击时，巨大的雷电流在周围空间产生迅速变化的强大电磁场，这种电磁场能在附近金属导体上感应出很高的电压。

雷电侵入波是由于雷击，在架空线路或空中金属管道上产生的冲击电压沿线路或管道的两个方向迅速传播的雷电波，其在架空线路中的传播速度为 $300m/\mu s$，在电缆中为 $150m/\mu s$。

球形雷是雷电时形成的发红光或白光的火球，其直径约为 20cm，也有达 10m 的，其运动速度约为 2m/s。球形雷可能是由特殊的带电气体形成的，在雷雨季节，球形雷可以通过门、窗、烟囱等通道侵入室内。

二、雷电参数

雷电参数系指雷暴日、雷电流幅值、雷电流陡度、雷电冲击过电压、雷电放电时间等参数。

1. 雷暴日。为了统计雷电活动的频繁程度，经常采用年平均雷暴日数来进行衡量。只要一天之内能听到雷声的就算一个雷暴日。通常所说的雷暴日均是指一年内的平均雷暴日数，即年平均雷暴日。雷暴日数愈大，则表明雷电活动愈频繁。

我国把年平均雷暴日不超过 15d 的地区叫少雷区，超过 40d 的叫多雷区。进行防雷设计时，应考虑到当地雷暴日的条件。

在我国，广东省的雷州半岛与海南省一带是雷电活动最为频繁的地区，年平均雷暴日高达100～133d。西北地区年平均雷暴日一般在15d以下，长江以北大部分地区，包括东北地区，年平均雷暴日在15～40d之间。长江以南地区年平均雷暴日在40d以上，北纬23°以南地区年平均雷暴日均超过80d。

2. 雷电流幅值。雷电流幅值即雷电冲击电流的最大值，亦即主放电时雷电流的最大值。

雷电流幅值可高达数十至数百千安。根据实测可绘制雷电流概率曲线。我国年平均雷暴日在20d以上地区的雷电流幅值概率曲线如图17-92所示。该概率曲线也可用下式表达：

$$\lg P = -\frac{I_{lf}}{108}$$

式中 P——雷电流幅值的概率，%；
I_{lf}——雷电流幅值，kA。

作防雷设计时，雷电流幅值可按

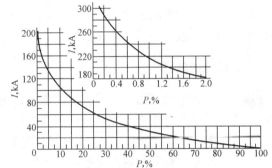

图17-92 全国雷电流幅值概率曲线

100kA考虑。对于100kA的雷电流幅值，可按上式或图17-92求得其概率为11.9%，即每100次雷击中，大约有12次雷击的雷击流幅值达到100kA。

年平均雷暴日在20日以下的地区，雷电流幅值的概率可用下式表达：

$$\lg P = -\frac{I_{lf}}{54}$$

3. 雷电流陡度。雷电流陡度即雷电流随时间上升的速度。雷电流陡度可高达50kA/μs，平均陡度约为30kA/μs。

雷电流陡度与雷电流幅值和雷电流波头时间的长短有关，作防雷设计时，一般取波头为2.6μs，波头形状为斜角波。

雷电流陡度越大，其对电气设备造成的危害也越大。因此，在防雷要求较高的场合，波头形状宜取半余弦波。

4. 雷电冲击过电压。雷击时的冲击过电压很高，直击雷冲击过电压可用下式表达：

$$V_Z = I_{lf} R_c + L \frac{d_{lf}}{d_t}$$

式中 V_Z——直击雷冲击过电压，kV。
I_{lf}——雷电流，kA。
R_c——防雷装置的冲击接地电阻，Ω。
$\frac{d_{lf}}{d_t}$——雷电流陡度，kA/μs。
L——雷电流通路的电感，如通路长度l以m为单位，则$L=1.3l$μA（微亨）。

感应过电压也很高，当雷击点距电力线路50m以上时，线路上的静电感应过电压可按下式计算：

$$V_g = \frac{25 I_{lf} h}{S}$$

式中 V_g——感应过电压，kV；
　　I_{lf}——雷电流幅值，kA；
　　h——线路平均高度，m；
　　S——雷击点至线路的水平距离，m。

5. 雷电放电时间。雷电放电时间也是一个可参考的参数，尽管大约有50%的直击雷有重复放电性质，平均每次雷击有三、四个冲击，最多能出现几十个冲击，但全部放电时间仍然很短，一般不超过500ms。

三、雷电的危害

雷电有很大的破坏力，有多方面的破坏作用。雷电可造成设备或设施的损坏，引起火灾或爆炸，危及人身安全。就其破坏因素来看，主要有以下3方面的破坏作用：

1. 电性质的破坏作用。雷电数十万乃至数百万伏的冲击电压可能毁坏电气设备的绝缘，造成大面积、长时间的停电事故。绝缘损坏引起的短路火花和雷电的放电火花还可能引起火灾或爆炸事故。绝缘的损坏，为高压窜入低压，为设备漏电准备了危险的条件，由此而可能造成严重的触电事故。巨大的雷电电流流入地下，会在雷击点及其连接的金属部分产生极高的对地电压，可能直接导致接触电压或跨步电压的触电事故。

2. 热性质的破坏作用。热性质的破坏作用表现在巨大的雷电流通过导体，在极短的时间内转换出大量的热能，造成易燃物品的燃烧或造成金属熔化、飞溅而引起火灾或爆炸。如果雷击在易燃物体上，更容易引起火灾。

3. 机械性质的破坏作用。巨大的雷电流通过被击物时，瞬间产生大量的热，使被击物内部的水分或其他液体急剧气化，剧烈膨胀为大量气体，致使被击物遭到破坏，甚至爆裂成碎片。此外，同性电荷之间的静电斥力，同方向电流或电流拐弯处的电磁推力也有很强的破坏作用。雷击时的气浪也有一定的破坏作用。

上述雷电的破坏作用是综合出现的，其中尤以伴有火灾或爆炸最为严重。

四、避雷针的防雷原理

目前还没有方法使大气中的雷电消除，因此，只有搞好防雷工作。防雷的基本方法就是使雷电流通过适当的通道进入大地，最常用的方法就是使雷电流通过避雷针或避雷线等，经过引下线和接地装置而进入大地。

我国古代的宝塔有些用铁链从塔顶引下，其末端埋入水井中，这就构成了一个完整的防雷装置，从而起到保护宝塔的作用，这是我国劳动人民对雷电进行防护的一种方法。在国外，直到1775年，美国的布·弗兰克林才用实验证明雷电是一种物理现象，并正式提出采用高而尖的铁杆保护建筑物的原理。

避雷针的防雷作用不在于避雷，而在于接受雷电流，因此，避雷针更正确的名称应该是"接闪器"。但因避雷针这一名词已被广泛地采用，成为惯用名称，难以改动。

避雷针是人为地设立地面上最突出的良导体，它的端部电场强度最大，雷电先驱自然地被吸引过来，这就是避雷针引雷效应的基本原因。

避雷针具有引雷效应,在避雷针下周围的一定空间内,建筑物就可以避免受直接雷击,这个空间称为避雷针的保护范围。用避雷针引来雷电,还需安全地引流入地,因此,建筑物的防雷装置一般有接闪器、引下线和接地体等3个部分组成。避雷针是接闪器的一种形式,此外还有避雷带和避雷网等。引下线和接地体是用来传导雷电流和散发雷电流的。

防雷装置的运行实践表明,只有正确地设计和合理地安装防雷装置,才能起到应有的保护作用,否则,不仅不能保护建筑物,有时甚至会发生更多的雷击事故。此外,管理不善,引下线或接地装置遭到损坏等都是不安全的。

五、接闪器

避雷针一般用镀锌圆钢或焊接钢管制成,圆钢截面不得＜100mm^2,钢管厚度不得＜3mm,其直径不应＜下列数值:

针长1m以下　　圆钢12mm
　　　　　　　　钢管20mm
针长1~2m　　　圆钢16mm
　　　　　　　　钢管25mm
烟囱顶上的针　　圆钢20mm

明装避雷网和避雷带一般用圆钢或扁钢制成,其尺寸不应＜下列数值:
圆钢直径8mm
扁钢截面48mm^2
扁钢厚度4mm

除存有易燃、易爆的物质外,建筑物的金属屋面可用作接闪装置。

接闪器应镀锌或涂漆,但在接闪器尖端不宜涂漆,在腐蚀较强的场所,还应适当加大截面或采取其他防腐措施。当接闪器截面锈蚀30%以上时,应予更换。

接闪器的顶端可做成尖形、圆形或扁形,没有必要做成三叉或四叉形。

砖木结构房屋,可把接闪器敷设于以墙顶部或房屋脊上,用抱箍对镇螺丝固定于梁上,固定部分的长度约为针高的1/3。避雷针插在砖墙内的部分约为针高的1/3,插在水泥墙的部分约为针高的1/4~1/5。利用木杆做接闪器的支持物时,针尖的高度须超出木杆30cm。

避雷带及连接条均可用卡钉直接钉附在墙上,为避免接闪部位的振动力,可将避雷带支起10~20cm,其支点间距不应大于1.5~2m,设计和施工时应注意美观和伸缩问题。

六、引下线

防雷装置的引下线应满足机械强度、耐腐蚀和热稳定的要求。引下线一般采用圆钢或扁钢制成,其截面不应小于48mm^2,在易遭受腐蚀的部位,其截面应适当加大,尺寸不应＜下列数值:
圆钢直径8mm
扁钢截面48mm^2
扁钢厚度4mm

为了避免很快腐蚀，最好不要采用钢绞线作引下线。

建筑物的金属构件，如消防梯、烟囱的铁扒梯等可作为引下线，但所有金属部件之间均应连成电气通路。

引下线应沿建筑物的外墙敷设，从接闪器到接地体，引下线的敷设路径应尽可能短而直。根据建筑物的具体情况，不可能直线引下时，也可以弯曲，但应注意，弯曲开口处的距离不得≤弯曲部分线段的实际长度的0.1倍。引下线也可以暗装，但截面应加大一级，暗装时应注意墙内其他金属构件的距离。

引下线的固定支点间距不应<1.5～2m，敷设引下线时应保持一定的松紧度。引下线应避开建筑物，构筑物的出入口和行人较易接触的地点，以避免遭受接触电压的危险。在引下线易受机械损坏的地方，地面上约1.7m至地下0.3m的一段引下线和接地线应加钢管予以保护，为减少接触电压的危险，可用绝缘材料包扎起来。

互相连接的避雷针、避雷网、避雷带或金属屋面的接地引下线，一般不应少于两根，其间距不应>下表17-35中所列数值。

引下线之间的距离（单位：m） 表17-35

建筑物、构筑物类别	工业第一类	工业第二类	工业第三类
最大距离	18*	24	30**

* 用于防直击雷为18m，用于防雷电感应为18～24m。
** 有困难时可放宽为40m，建筑物或构筑物周长和高度均不超过40m时，可只设一根引下线。

采用多根明装引下线时，为了便于测量接地电阻以及检验引下线和接地装置的连接状况，宜在每条引下线距地面1.8～2.2m处设置断接卡子。利用混凝土柱内钢筋作为引下线时，须将焊接的地线连接条引到首尾配电盘处，并连接到接地端子上，测量接地电阻时，可在地线端子处进行。

引下线截面锈蚀达30％以上时，应及时予以更换。

七、防雷接地装置

接地装置是防雷装置的重要组成部分。接地装置向大地泄放电流，限制防雷装置对地电压不致过高。

防雷接地装置与一般接地装置的要求大致相同，只是所用材料的最小尺寸应稍>其他接地装置的最小尺寸。若采用圆钢时最小直径为10mm；扁钢最小厚度为4mm，最小截面为100mm^2；角钢最小厚度为4mm；钢管最小壁厚为3.5mm，直径为35mm。

除独立避雷针外，在接地电阻满足要求的前提下，防雷接地装置可以和其他接地装置共用。设置独立接地装置时，最好放在人们不常到或较少到的建筑外侧，并应远离由于高温的影响而使电阻率升高的地方。

为了防止跨步电压伤人，防直击雷接地装置距建筑物和构筑物出入口和人行道的距离不应<3m。当<3m时，应采取接地体局部深埋、隔以沥青绝缘层或敷设地下均压条等安全措施。

接地装置的接地体在一般情况下均应使用镀锌钢材，以延长其使用年限，当接地体埋设在可能有化学腐蚀性的土壤中时，则需适当加大接地体和连接条的截面，并加厚镀锌层，各焊接点须刷漳丹油或沥青油，以加强防腐。

接地电阻值在很大的程度上决定于土壤电阻率，为了符合所要求的电阻值，应选择土壤电阻率较低的地方安装接地装置。

接地装置与引下线的连接的可靠程度将直接影响避雷装置的质量。当采用建筑物结构内钢筋作引下线和接地装置时，钢筋间要求进行可靠的绑扎，而不要求焊接，但这仅适用于大型建筑。对于那些结构简单，如只有四根柱子的框架结构的独立式建筑，墙板上并无钢筋，在这种情况下，钢筋要求进行焊接。

八、防止防雷装置上高电位导致反击的安全措施

所谓反击，即为当防雷装置接受雷击时，在接闪器、引下线和接地体等雷电流通道上都会产生很高的冲击电压，如果防雷装置与建筑物内外电气设备、电线或其他管线的绝缘间距不够，它们之间就会产生放电，这种现象称之为反击。

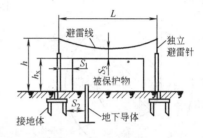

图 17-93 避雷针、线离被保护物的间距

反击可能击穿与邻近的导体之间的绝缘，发生剧烈放电，从而造成电气设备绝缘破坏，金属管道烧穿，甚至引起火灾、爆炸及人身伤亡事故。

为了防止反击事故，必须保证接闪器、引下线、接地体与邻近的设施之间保持一定的间距，如图 17-93 所示。即

$$S_1 \geqslant 0.3R_c + 0.1h_x$$

$$S_2 \geqslant 0.3R_c$$

$$S_3 \geqslant 0.15R_c + 0.04L + 0.08h_x$$

式中 S_1、S_2、S_3——分别为避雷针地上部分与被保护物之间、避雷针地下部分与被保护物地下导体之间，避雷线与被保护物之间的最小间距；

R_c——为避雷针（线）接地装置的冲击电阻；

h_x——为被保护物的高度；

L——为两避雷针之间的间距。

根据我国的建筑物防雷规范规定，对于第一类工业建筑物 S_1、S_2、S_3 不应 $<3m$，对于民用建筑物 S_1、S_2 不应 $<2m$。

对于装设在建筑物或构筑物上的防雷装置，不能保证要求的最小间距时，为了防止对其不带电体的反击事故，可将引下线与邻近的不带电的金属导体在室外地下相连。但在此情况下，应妥善处理接触电压和跨步电压的问题。

为了防止防雷装置对带电体的反击事故，可以在可能发生反击的地方，加装避雷器以限制带电体上可能产生的高压。应当注意，不得在避雷针构架上架设低压线或通讯线。装有避雷针和避雷线的构架上的照明灯电源线，也必须采用直埋于地下的带金属护层的电缆或穿入金属管的导线。电缆护层或金属管必须接地，埋地长度应在 10m 以上，方可与配电装置的接地网相连，电缆也才能与电源线、低压配电装置相连接使用。

此外，降低防雷装置的接地电阻，也有利于防止反击事故。

九、避雷针的保护范围

避雷针的保护范围是人们根据雷电理论、模拟试验和雷击事故统计等3种研究结果进行分析而规定出来的。在避雷针保护范围内,建筑物可以避免遭受直接雷击。避雷针保护范围的确定对经济可靠地设计防雷装置是很重要的。

1. 单支避雷针的保护范围。单支避雷针的保护范围是以避雷针为轴的折线圆锥形,如图17-94所示。从避雷针的顶点向下作45°斜线,构成圆锥形的上半部;从距离针脚1.5倍针高处向上作斜线与前一斜线在针高1/2处相交,交点以下构成圆锥形的下半部。

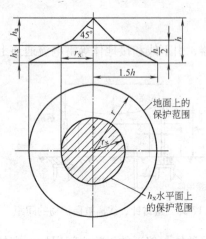

图17-94 单支避雷针的保护范围

其避雷针在地面上的保护半径 r 为:
$$r = 1.5h$$

式中:h 为避雷针从地面算起的高度,单位为 m。

在任一高度 h_x 的平面上的保护半径 r_x 可按下式进行计算:

当 $h_x \geqslant \dfrac{h}{2}$ 时,$r_x = (h - h_x)P$

当 $h_x < \dfrac{h}{2}$ 时,$r_x = (1.5h - 2h_x)P$

式中 P——高度影响系数,当 $h \leqslant 30$m 时,$P=1$;当 $30 < h \leqslant 120$m 时,$P = \dfrac{5.5}{\sqrt{h}}$。

2. 两支等高避雷针的保护范围。两支等高避雷针的保护范围如图17-95所示。两针外侧的保护范围按单支避雷针确定,两针之间的保护范围按连接两针顶点 A、B 及中点 O 的圆弧确定。O 点的高度 h_0 按下式确定:
$$h_0 = h - \dfrac{D}{7P}$$

式中 D——两针之间的间距;
h_0——两针间保护范围最低高度;
P——高度影响系数,仍按单支避雷针的系数 P 确定。

两针之间 h_x 水平面上最小保护宽度 b_x 按下式计算:
$$b_x = 1.5(h_0 - h_x)$$

当两针之间间距增大至 $D = 7hP$ 时,$h_0 = 0$,即两针之间不能再构成联合保护范围。两针间间距与针高之比(D/h)不宜>5。

3. 三支等高避雷针在 h_x 平面上的保护范围。3支等高避雷针在 h_x 平面上的保护范围如图17-96所示。以三针为顶点的三角形外侧保护范围应按单支和双支等高避雷针确定,其内侧保护范围也按双支等高避雷针确定,如果每两针之间都能满足 $b_x \geqslant 0$ 的条件,则高度 h_x 水平面上全部面积在三针联合保护范围之内。

4. 4支及4支以上的等高避雷针的保护范围,可以分成两组或两组以上3支等高避雷针,再按3支等高避雷针确定其保护范围,见图17-97。

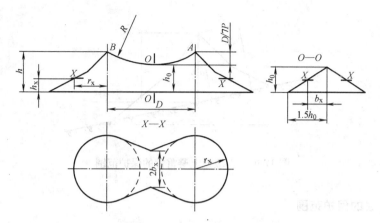

图 17-95 两支等高避雷针的保护范围

5. 两支不等高避雷针的保护范围。当两支避雷针的高度不同时，其保护范围如图 17-98 所示。其外侧保护范围按单针确定，内侧高针附近 A 与 A′ 之间的保护范围也按单针确定，A′ 与 B 等高，是等效避雷针的顶点，A′ 与 B 之间的保护范围按两支等高避雷针确定，其最低点高度 h_0 为

$$h_0 = h_B - \frac{D'}{7P}$$

式中 h_B——较低避雷针的高度；
D'——较低避雷针与等效避雷针之间的间距。

6. 斜坡避雷针的保护范围。斜坡上避雷针的保护范围与平地的不同，图 17-99 所示为一面靠山，一面为平地的坡地上避雷针的保护范围。斜坡避雷针的保护范围，即取斜坡的平均坡度作基线，由避雷针尖

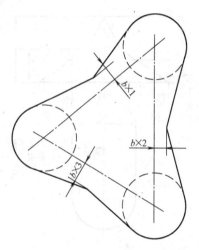

图 17-96 三支等高避雷针保护范围

端间基线作垂直线 h_1，作为等效避雷针的高度，基线作为假想地面，按单支避雷针的保护范围作图，即得斜坡上单支避雷针的保护范围。

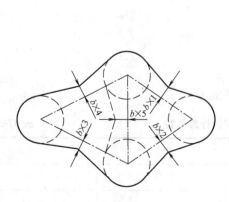

图 17-97 4 支等高避雷针在 h_x 水平面上的保护范围

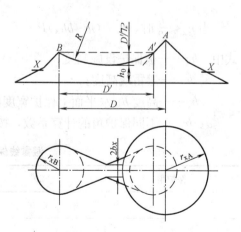

图 17-98 两支不等高避雷针的保护范围

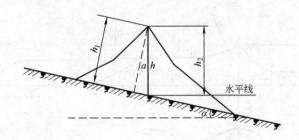

图 17-99　斜坡地上避雷针的保护范围

十、避雷线的保护范围

避雷线的功用和避雷针相似,主要用来保护电力线路,这时的避雷线也叫架空地线。避雷线也可用来保护狭长的设施。

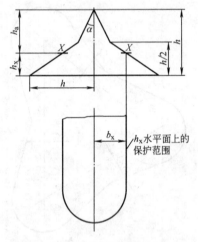

图 17-100　单根避雷线的保护范围

1. 单根避雷线的保护范围。单根避雷线的保护范围可按图 17-100 确定。图中,h 是避雷线最大弧垂点的高度,又称为避雷线的保护角。保护角越小,保护效果越好。当保护角在 20°以下时,绕击率不超过 0.1%（所谓绕击率即为绕过避雷线击中被保护装置的雷击次数与雷击次数的比值）；当保护角超过 30°时,绕击率显著增加。一般避雷线的保护角取 20°~30°。选取保护角既要从安全角度考虑到被保护设施的特点和重要性,又要考虑到当地雷电活动情况和经济上的合理性。

避雷线同避雷针相似,其保护范围由折线分成上、下两部分,当地面上保护宽度的一半为 h,其任一高度 h_x 上的保护宽度 b_x 由下式确定:

当 $h_x \geq \dfrac{h}{2}$ 时,$b_x = a(h-h_x)P$

当 $h_x < \dfrac{h}{2}$ 时,$b_x = (h-bh_x)P$

式中　h_x——被保护设施高度；
　　　h——避雷线高度；
　　　b_x——高度 h_x 水平面上保护宽度的一半；
　　　a、b——不同保护角的计算系数,按表 17-36 确定。

避雷线保护范围的计算系数　　　　　表 17-36

保护角	20°	25°	30°
a	0.36	0.47	0.58
b	1.64	1.53	1.42

2. 两根平行避雷线的保护范围。两根平行避雷线的保护范围按图 17-101 确定。两根避雷线外侧的保护范围按单根避雷线确定。两避雷线内侧保护范围由通过两避雷线最大弧垂点及 O 点的圆弧确定。O 点在两避雷线中间,所在高度为:

$$h_0 = h - \frac{D}{4P}$$

式中 h_0——两避雷线保护范围最低点高度;
D——两避雷线之间的间距。

式中的系数 P 同前。

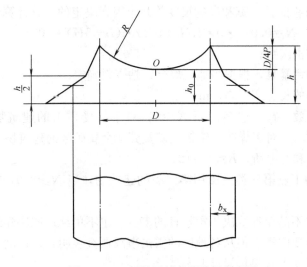

图 17-101 两根平行避雷线保护范围

十一、避雷针和避雷线联合保护范围

避雷针和避雷线联合保护范围按图 17-102 确定。将避雷线各点看作是等效避雷针,如等效避雷针 B 和 C,其等效高度取避雷线该点高度的 80%,然后在 A 与 B、A 与 C 之间分别按两支避雷针的方法确定其保护范围。

十二、避雷网和避雷带

避雷网和避雷带主要用于工业和民用建筑对直击雷的防护,其保护范围无需进行计算。避雷网的网格大小可根据具体情况进行选择。对于工业建筑物,根据防雷的重要性可采用 $6 \times 6 \sim 6 \times 10m$ 的网格或适当间距的避雷带。对于民用建筑可采用 $6 \times 10m$ 的网格。

应当注意,不论何种建筑物,对其屋角、屋脊和尾檐等易遭受雷击的突出部分均应装设避雷带。

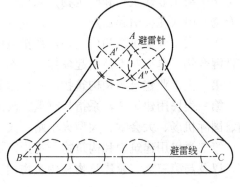

图 17-102 避雷针和避雷线的联合保护范围

十三、需要设防雷装置的建筑物

从防止雷电的安全角度出发，最好是对所有的建筑物都安设防雷装置。然而，事实上没有这种可能，也没有这种必要。这是因为，如在某一地区根本不会发生雷击现象或极少发生雷击现象，那就没有必要考虑防雷问题。再者装设防雷装置要使用一定数量的钢材，因而提高了建筑物的造价。根据我国目前的经济水平，还不可能对所有的建筑物都采取防雷装置。因此，只能根据各地区的雷电活动情况，以及建筑物所在地点和建筑物本身的重要性，来综合考虑是否安装防雷装置。

建筑物是否需要装设防雷装置，根据我国有关技术规范的规定，主要是根据该地区的年平均雷暴日和建筑物的长、宽和高的尺度等几个因素决定的。其计算公式如下：

$$N=0.015 \cdot n \cdot K(L+5H) \cdot (B+5H) \cdot 10^{-6}$$

式中 N——年计雷击次数；
  n——年平均雷暴日，根据当地气象台、站资料确定；
L、B、H——建筑物的长、宽、高，m；
  K——校正系数，在一般情况下 $K=1$；对于易受雷击的建筑物和构筑物，$K=1.5\sim2.0$；对于煤矿、铝矾土矿及其他金属矿区的建筑物和构筑物，以及对发电厂和变电所，$K=8\sim12$。

按防雷要求划为工业第三类或民用第二类的建筑物，当 $N\geqslant0.01$ 时，应考虑装设防雷装置。

因为雷击事故并不简单地取决于雷暴日的多少，也不单纯地取决建筑物的长、宽和高度。高度虽然是个重要因素，但从各地区的雷击事故调查表明，往往潮湿地点的低小建筑物容易遭受雷击，因此上式只供设计时参考。

此外，雷击选择性也是个重要因素，设计时应调查研究，因地制宜，对具体情况进行具体分析，以达到安全适用、技术先进、经济合理。

为使在设计时有所依据，我国《电力设计技术规范》中把工业建筑物和构筑物防雷分为三类，把民用建筑物防雷分为二类，即：第一类工业建筑物和构筑物，第二类工业建筑物和构筑物；第三类工业建筑物和构筑物；第一类民用建筑物；第二类民用建筑物和构筑物。

第一类工业建筑物和构筑物，系指使用或贮存大量爆炸性物质，正常时能形成爆炸性混合物，电火花会引起强烈爆炸，造成巨大破坏和人身伤亡。

第二类工业建筑物和构筑物，系指虽然使用或贮存危险性物质，但正常时不会形成爆炸性混合物，电火花不易引起爆炸，或不致造成巨大破坏和人身伤亡。

第三类工业建筑物和构筑物，系指除上两类外，凡需要防雷的建筑物和构筑物。

第一类民用建筑物，系指具有重大政治意义的建筑物，如国家重要机关办公楼、迎宾馆、国际机场、大会堂、大型火车站、大型体育馆、大型展览管等。

第二类民用建筑物和构筑物，系指重要的公共建筑物，如大型百货公司、大型影剧院等，以及与第三类工业建筑物和构筑物相当的民用建筑物和构筑物。

十四、直击雷的防护措施

采用避雷针、避雷线、避雷网、避雷带是防止直击雷的主要防护措施。这些避雷装置由接闪器、引下线和接地装置组成。高耸的针、线、网、带等均为接闪器,它们比被保护设施更接近雷云,在雷云对地放电之前,接闪器在电场的影响下,上面积聚了大量的异性电荷,它们与雷云之间的电场强度超过附近地面被保护设施与雷云之间的电场强度。放电时,接闪器承受直接雷击,强大的雷电流通过阻值很小的引下线、接地体泄入地中,使被保护设施免受直接雷击。

避雷针、避雷线、避雷网、避雷带都有一定的保护范围,被保护设施应完全置于上述这些避雷装置的保护范围内才能免遭直击雷。

十五、雷电感应的防护措施

雷电感应,特别是静电感应,也能产生很高的冲击电压,在电力系统中应与其他过电压同样考虑,在建筑物和构筑物中,主要考虑由反击引起的爆炸或火灾事故。

为了防止静电感应产生的高压,应将建筑物内的金属设备、金属管道、结构钢筋等接地。接地装置可以和其他接地装置共用,接地电阻不应$>5\sim10\Omega$。

建筑物在采取静电感应的措施时,对于金属屋顶,应将屋顶妥善接地;对于钢筋混凝土屋顶,应将屋面钢筋焊成 6~12m 网格,连成通路,并予以接地;对于非金属屋顶,应在屋顶上加装边长 6~12m 的金属网格,并予以接地。屋顶或其上金属网格的接地不得少于 2 处,且其间距不得超过 18~30m。

为防止电磁感应,平行管道相距不到 100mm 时,每 20~30m 须用金属线跨接,交叉管道相距不到 100mm 时,也应用金属线跨接,管道与金属设备或金属结构之间距离小于 100mm 时,也应用金属线跨接。此外,管道接头、弯头等接触不可靠的地方,也应用金属线跨接,其接地装置也可与其他接地装置共用。接地电阻不应$>10\Omega$。

雷电感应的防护措施主要是针对有爆炸危险的建筑物和构筑物,其他建筑物和构筑物一般不需考虑雷电感应的防护。

十六、雷电侵入波的防护措施

当架空线路或架空管道遭到雷击时,雷击点会产生高电压,如果雷电荷不能就地导入地中,高电压将以波的形式沿着线路或管道传到与之相连接的设施上,危及设备和人身安全。沿线路或管道传播的高压冲击波,称为侵入波,雷电侵入波造成的雷电事故很多,在低压电力系统中这种事故占雷电害事故的 70% 以上,因此,对雷电侵入波须采取防护措施。

1. 装设避雷器。装设避雷器是防止雷电侵入波的主要防护措施。避雷器装设在被保护物的引入端,见图 17-103。其上端接在线路上,下端接地。正常时,避雷器的间隙保持绝缘状态,不影响系统的运行。当因雷击时,有高压冲击波沿线路侵来时,避雷器间隙击穿而接地,从而强行切断冲击波。这时,能够进侵入被保护物的电压,仅为雷电流通过避雷器及其引下线和接地装置而产生的所谓残压。雷电流通过以后,避雷器间隙已恢复绝缘状态,以便系统正常运行。

避雷器有保护间隙避雷器、管型避雷器、阀型避雷

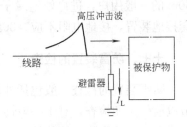

图 17-103 避雷器保护原理

器和磁吹避雷器等 4 种，其中以保护间隙避雷器和阀型避雷器应用最为广泛。

保护间隙避雷器是一种最简单的避雷器，由镀锌圆钢制成的主间隙和辅助间隙组成，见图 17-104 所示。主间隙做成角形，水平安装，以便其间产生电弧时，因空气受热上升，电弧转移到间隙的上方，拉长而熄灭。因主间隙暴露在空气中，比较容易短接，所以加上辅助间隙以防止意外的短路。该装置灭弧能力差，不能熄灭较大的工频电弧。另外，击穿电压受湿度、气压、温度的影响，稳定性差，故主要用于低压小电流电网。

阀型避雷器由装在瓷套内的一组串联的火花间隙和一组串联的电阻阀（非线性电阻）组成，图 17-105 为用于 10kV 额定电压的 FS-10 阀型避雷器。高压冲击波侵来时，避雷器的火花间隙被击穿，巨大的雷电流通过电阻阀片只遇到很小的电阻，进入被保护物的只是不大的残压，被保护物可免遭危害，而尾随雷电流而来的工频电流在电阻阀片上将遇到很高的电阻，有限的工频电流很快被火花间隙阻断熄灭，恢复正常工作状态。

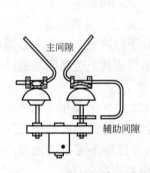 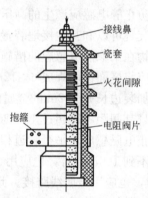

图 17-104　保护间隙避雷器　　　　图 17-105　FS-10 阀型避雷器

避雷器按使用处的电气设备额定电压选择。架空线终端及变配电装置的母线上都需装设避雷器进行保护。低压线路可使用仅由一个火花间隙和一个电阻阀片组成的低压阀型避雷器或 2～3mm 的保护间隙进行保护。避雷器接地可与电气设备接地共用接地装置，接地电阻不应＞5～10Ω。安装避雷器时应尽量靠近被保护物。

2. 接地。接地可以降低雷电侵入波的陡度。在架空管道进户处及邻近的 100m 内，采取 1～4 处接地措施，可防止沿架空管道传来的雷电侵入波，接地体可与附近电气设备接地装置共用，接地电阻不应＞10～30Ω。

容易遭雷击的较重要的低压架空线路，除使用避雷器外，还应辅以接地保护，即将进户处和邻近三基杆子的绝缘子铁脚接地，降低绝缘，在雷电侵入波袭击时，使雷电流在入户前全部泄入地中，以保护室内人身和设备的安全。少雷区或离高低压线路接地点不超过 50m 的一般用户，进户处绝缘子铁脚可不接地。上述接地也可与电气设备的接地共用一套接地装置，接地电阻不应＞30Ω。

十七、防雷装置的检查

防雷装置的检查一般包括外观检查和测量两个方面。对于重要工程，应在每年雷雨季节以前作定期检查，对于一般性工程，应每隔 2、3 年在雷雨季节以前做定期检查，有特殊需要时，可作临时性的检查。

外观检查的事项如下：

1. 检查是否由于修缮建筑物或建筑物本身的变形使防雷装置的保护情况发生改变。
2. 检查有无因挖土方、敷设其他管线或种植树木等，而挖断接地装置。
3. 检查接闪器、引下线等各部的连接是否牢靠。
4. 检查各处明装导体有无因锈蚀或机械力的损伤而折断的情况。
5. 检查接闪器有无因接受雷击而熔化或折断的情况。
6. 检查引下线距地 2m 一段的绝缘保护处理有无破损情况。
7. 检查接地装置周围的土壤有无沉陷情况。
8. 对于阀型避雷器，应检查瓷套有无裂纹、破损、表面是否清洁等。

测量检查包括避雷器的测试和接地电阻测量。避雷器的测试包括绝缘电阻测量、泄流电流的测量、工频交流放电电压的测试（只对 FS 型避雷器进行）。

除上述事项外，对于暗装防雷网或利用混凝土柱钢筋作为引下线的工程，由于设计的规定，一般都非常可靠，不需平时检验。但每隔 5、6 年，须由顶部明装防雷线的地方作接地电阻测量，或在首层配电盘接地端子处测量。

根据检查的情况，如发现有不合乎要求的地方，应及时作补救处理。例如，导体腐蚀达 30% 以上时，应予更换导体；发现接地装置的电阻值有很大变化时，应将接地系统挖开作进一步检查与处理。并应注意，无论何时对建筑物等作修改或补救处理时，必须按照原设计图纸进行施工。

对防雷装置进行检查后，还应对检查情况及处理情况作出记录，以便备案存档待查。

十八、人身防雷安全措施

雷暴时，雷云直接对人体放电、雷电流流入地下产生的对地电压以及二次放电都可能对人体造成电击。因此，须采取必要的安全措施：

1. 雷暴时，人应尽量避免在户外或野外逗留，若在户外或野外时最好穿塑料等不浸水的雨衣，如有条件，应进入有宽大金属构架或有防雷设施的建筑物、汽车或船只内。如依靠建筑物屏蔽的街道或高大树木屏蔽的街道躲避，应注意离开墙壁和树干 8m 以外。

2. 雷暴时，人应尽量离开小山、小丘或隆起的小道，尽量离开海滨、湖滨、河边、池旁，尽量离开铁丝网、金属晒衣绳以及旗杆、烟囱、宝塔、孤独的树木附近，还应尽量离开没有防雷保护的小建筑物或其他设施。

3. 雷暴时，在户内应注意雷电侵入波的危害，人体应离开照明线、动力线、电话线、收音机和电视机电源线、引入室内的收音机和电视机天线以及与其相连的各种导体，以防止这些线路或导体对人体的二次放电。据有关资料表明，户内 70% 以上对人体二次放电的事故均发生在相距 1m 以内的场合，相距 1.5m 以上尚未发现死亡事故，因此，雷暴时人体最好离开可能传来雷电侵入波的线路和导体 1.5m 以上。并应注意到，仅仅依靠拉开电源开关对防止雷击是起不了多大作用的。

4. 雷暴时，应注意关闭门窗，以防止球形雷侵入室内而造成危害。

第十八章 起重运输安全技术

第一节 起重机械的分类与基本参数

一、起重机械的分类

起重机械是现代厂矿企业中实现生产过程机械化、自动化，减轻繁重体力劳动，提高劳动生产率的重要生产工具和设备。

起重机械主要用于物体短距离内的提升、下降和传输。目前，在轧钢厂和热电厂所使用的起重机，以及应用于船坞上的塔式起重机等，均能起吊数百吨的物体。根据起重机械的运动机构和用途特征，可把起重机械分为单动作和复杂动作两大类。单动作的起重机械是指只有一个起升机构的起重机械，主要包括千斤顶和绞车；复杂动作的起重机械是指具有两个以上机构的起重机械，可分为桥式类型起重机和旋转类型起重机。起重机械的分类见起重机分类模型图，图 18-1。

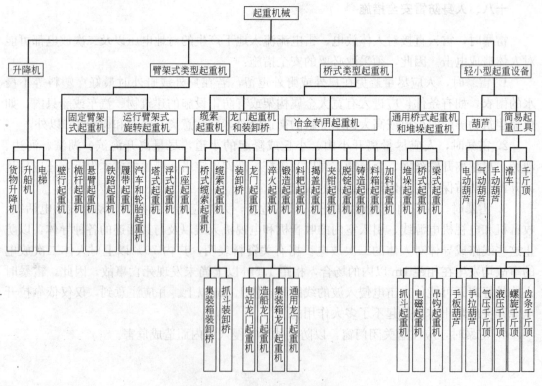

图 18-1 起重机分类模型图

二、起重机的工作类型

起重机的工作类型是指起重机工作的忙闲程度和载荷变化程度的参数。在设计和使用起重机时必须首先确定其工作类型,以达到经济合理的目的,并提高起重机操作的安全性。

工作忙闲程度也称工作繁重程度,对起重机来说,是指在一年总时间约8700h内,起重机的实际运转时数与总时数的比;对起重机机构来说,则是指某一机构在一年时间内运转时数与总时数的比。

根据起重机的工作忙闲程度和载荷变化程度,我国现行标准把起重机分为6类,手动的为一类型;动力驱动的起重机机构工作类型分为轻型、中型、重型、特重型、连续特重型5类,见表18-1。

动力驱动起重机机构类型的分类　　　　　　表18-1

工作类型	延续时间率 $JC(\%)$	机构的平均利用率		每小时接合次数	每小时起吊次数	周界温度(℃)	机构的工作特点及典型情况
		年利用系数 K_n	日利用系数 K_l 载荷利用系数 K_L				
轻型	15	0.25	0.33　0.25~0.5	≤60	2~10	25	工作间歇时间长,速度低。电站、泵房、变电维修所用起重机。门座、塔式起重机的大车运行机构
中型	25	0.5	0.67　0.5~0.75	60~120	5~15	25	在各种不同大小载荷下工作,速度一般。中批生产的机械、装配、机修厂房等用的起重机。塔式起重机的旋转机构,电葫芦等
重型	40	0.75	0.67　0.75~1	120~240	10~20	25	经常在接近额定载荷下工作,速度较大。所有的部件安全系数不<5。大量生产的工艺厂房、料库、铸锻厂房用的桥式起重机的起升机构。用于起吊易燃、易爆物品、毒害品、酸类、炽热金属的起升机构
特重型	60	1.00	1.00　1	240~480	20~40	40	经常在额定载荷下工作,速度高。冶金企业工艺厂房和仓库的起重机,堆料场装卸桥小车的起升、运行机构
连续特重型	80	1.00	1.00　1	480	40~80	60	高速满载。夹钳、料耙起重机的起升、运行机构。港口、铁路枢纽站起重机的起升机构、抓斗闭合机构和旋转机构

起重机的工作类型和起重量是两个不同的概念。同一台起重机的各机构的工作类型可以各不相同。起重量大的不一定是重型起重机,起重量小的也不一定是轻型起重机。如水电站用的起重机的起重量可达数百吨,但使用几率却很小,只有在安装机组或维修机组时才使用,其余的时间均停歇,因此尽管起重量很大,但仍然属于轻型工作类型的起重机。又如铁路货场用的龙门起重机,其起重量一般为10~20t,但工作却很繁忙,虽然其起重量不大,但也属于重型工作类型的起重机。

起重机的工作类型与安全有着十分密切的关系。起重量、跨度、起升高度相同的起重机,若工作类型不同,在设计制造时所采用的安全系数就不相同,也就是起重机的零部件型号、尺寸、规格均不相同。如钢丝绳、制动器的安全系数不同,轻型的安全系数小,重型的安全系数大,所选出的型号就不相同。再如,同是起重量为10t的桥式起重机,对中型工作类型的起升电动机功率为$N=16kW$,而对重型工作类型的起升电动机功率为$N=23.5kW$。

如果把轻型工作类型的起重机用在重型工作类型的场所,其起重机的使用寿命就会大大缩短,还会经常出现故障,影响安全生产。因此,在选用起重机时一定要使其工作类型与工作条件相符合。

三、起重机械的基本参数

起重机械的基本参数有额定起重量、起升高度、跨度和轨距、幅度和额定工作速度。

1. 额定起重量。起重量在正常工作时允许起吊的物体质量和可从起重机上取下的取物装置质量的总和,称为该起重机的额定起重量。单位为t。对抓斗式和电磁盘式起重机的额定起重量,包括起吊物体的质量和抓斗或电磁吸盘的质量。对于不同幅度和臂架式起重机有不同的额定起重量。

2. 起升高度。起升高度是指起重机运行轨道顶面或地面到取物装置上极限位置的垂直距离。如用吊钩时应量到吊钩钩环中心,如用抓斗时或其他容器时应量到抓斗或容器的最底部。对某些起重机的取物装置可放到地面或运行轨道顶面以下时,其下放的距离称为下放深度。起升高度和下放深度之和称为总起升高度。单位为m。对桥式起重机起升高度我国规定,标准起升高度为12m,每加2m为一级,直至36m。

3. 跨度和轨距。跨度是指桥式类型起重机大车运行两条钢轨中心线之间的距离。桥式类型起重机的小车运行两条钢轨中心线之间的距离称为小车轨距。跨度和轨距的单位均为m。起重机跨度,我国规定由10.5m起,每加3m为一级,直至31.5m。>31.5m为非标准跨度。

4. 幅度。幅度是指臂架式起重机的臂架旋转中心线与起重机取物装置铅垂中心线之间的水平距离。单位为m。

5. 额定工作速度。额定工作速度是指重机在额定起重量下,起升、变幅、旋转和运行的工作速度。

起升速度是指起重机起升机构取物装置的上升速度。单位为m/min。

变幅速度是指臂架式起重机的取物装置从最大幅度到最小幅度所需要的时间。单位为s,也有用m/min来表示的。

旋转速度是指回转式起重机绕其旋转中心的旋转速度。转的符号为r,单位为r/min。

运行速度是指起重机运行机构的行走速度。单位为m/min。对于自行式起重机则用km/h表示;对于浮游式起重机即为航行速度,单位为节,符号为K_n,$1K_n=1nmile$(海里)/h$=1.825km/h$。

由于工业技术的不断发展,要求起重机的工作速度也越来越高,目前有的桥式类型起重机的运行速度可高达120~260m/min,其起升速度可达200m/min。

第二节 起重机具的使用安全

一、滑轮及滑轮组的使用安全

在物体的起重吊运作业中,滑轮及滑轮组作为一种主要的起重吊运工具,常和卷扬机相配合而得到广泛地应用。

滑轮按制作的材料来分,有木制滑轮和钢制滑轮两种;按滑轮的类型来分,有定滑轮、动滑轮、滑轮组;按其作用来分,有导向滑轮和平衡滑轮;按滑轮的多少来分,又有单门滑轮、双门滑轮、三门滑轮,直至十二门滑轮等数种。

在起重吊运作业中,定滑轮是用来支持绳索运动的,能改变绳索受力的方向,但不能改变绳索的速度,也不省力,通常作为导向滑轮和平衡滑轮使用。动滑轮可以省力,即用较小的力拉起较重的物体。导向滑轮又称开门滑子,它类似定滑轮,既不能省力,也不能改变绳索的速度,仅能改变绳索的运动方向,一般用在桅杆脚等地方作导向用。滑轮组是一定数量的定滑轮和动滑轮及绕过它们的绳索所组成的简单起重工具。滑轮组既能改变力的方向,又能省力,还可以组成多门滑轮组,以达到用较小的力吊起较重的物体。详见图18-2。

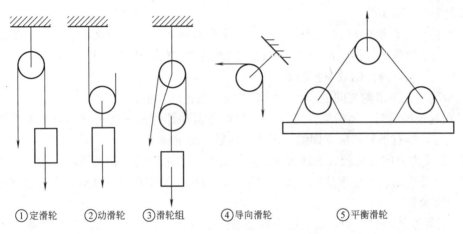

①定滑轮　②动滑轮　③滑轮组　④导向滑轮　⑤平衡滑轮

图 18-2 滑轮的类型

滑轮安装在滑轮夹套中,夹套上联有吊钩或吊环,滑轮的门数由一门到十几门不等,可根据需要去选用。国内生产的滑轮系列产品代号中,第一位代号 H 表示起重用滑轮,第二位数字代号表示起重量(t),第三位符号表示间隔号,第四位数字代号表示滑轮门数,在其后用 K 表示开口滑轮,最后面用字母符号表示吊头结构,如 G 表示吊钩型,D 表示吊环形,L 表示链球形,W 表示吊梁形。例如,H10×2G 则表示额定起重量为 10t 的双轮吊钩型滑轮。

滑轮的起重量,一般是标在滑轮夹套的铭牌上,在使用时应按规定的起重量使用。滑轮起重量的大致情况是一门和二门滑轮的起重量为 1~5t,三门的可达 20t,四门的可达40t,五门和六门的可达 50t,八门的可达 140t,特殊的可达到 350t。

起重滑轮组的绳索穿绕方法可分为顺穿和花穿四种方法。顺穿又可分为单头顺穿和双头顺穿;花穿又可分为小花穿和大花穿。在吊运重型物体或构件时,采用双头顺穿较好,可利于滑轮工作平衡,避免滑轮倾斜,并可减少滑轮运行阻力,加快吊运速度。

滑轮在起重吊运作业中占有相当重要的位置,若使用不当,很容易发生意外事故,因此,在使用滑轮时须注意以下安全事项:

1. 滑轮、滑轮组上应有铭牌,标明滑轮的尺寸、种类和性能等。起重吊运时应根据铭牌选用合适的滑轮。

2. 严格按滑轮铭牌上的起重量使用，禁止超荷载使用。

3. 滑轮的轮轴应经常保持清洁，涂上润滑油脂。且每日应进行一次全面检查，如用手转动滑轮，视其转动是否灵活；清除轴上润滑油槽与孔槽中的铁屑及尘土等污垢；检查油孔与轴承间隔套上的油槽是否对准；滑轮是否有裂纹，若有则必须更换新的，不得焊修。

4. 在使用前应对滑轮进行检查，检查滑轮的轮槽、轮轴、夹板、吊钩或吊环等各部件是否有裂纹或损伤。若发现滑轮、吊钩有变形及裂纹，轴的定位装置不完善时，严禁投入使用。特别要注意滑轮的允许承重力是否超过所承担的起重量。

5. 滑轮直径一般不得<绳索直径的 16 倍。

6. 滑轮与绳索必须选配恰当，如果轮槽窄，绳索粗，将造成轮缘被钢丝绳挤压破坏，绳索被严重磨损；如果轮槽过宽，钢丝绳受力被压扁，易损坏，故一般选用轮槽宽度较绳索直径大 1～2.5mm 为宜。

7. 在使用多门滑轮组时，滑轮的允许承载能力是由各轮平均承担的，故不能以其中的一个或两个滑轮来承担全部荷载。如在多门滑轮中，仅使用其中几门滑轮时，滑轮的起重量应相应降低，降低的数量按门数比例确定。

8. 滑轮组上下滑轮之间的净距一般不<滑轮直径的 5 倍。

9. 在起重吊运时，当滑轮受力后，再检查各运动部件的运转情况，有无卡绳索、磨绳索的地方，如有不妥，应立即给予调整，然后才能继续工作。

10. 在受力方向变化较大的地方和高处作业时，禁止使用吊钩型滑轮，而应采用吊环型滑轮，以防脱钩而发生事故。若受条件限制，需用吊钩型滑轮作业时，则必须在吊钩上加装封闭锁装置。

11. 滑轮在使用过程中，禁止用手直接攀抓正在运行的绳索。在必需的情况下，也只能用撬棍去接触钢丝绳。并认真检查钢丝绳的牵引方向和导向滑轮的位置是否正确，以防止绳索脱出轮槽被卡住而造成事故。

12. 当滑轮轮轴磨损量达到轮轴公称直径 3％～5％时，则需要更换新轴；当滑轮槽壁磨损量达到原厚的 10％及径向磨损量达到绳直径的 25％时，应进行检修或更换滑轮。

二、撬杠的使用安全

撬就是用撬杠将重物撬起来，一般在起重量较轻，约 2～3t，起升高度不大的作业中可用此方法。如在重物下安放或抽除垫木、千斤顶、滚杠等；用此方法较为简单易行。撬的时候可用一根撬杠进行操作，也可由若干人员同时使用几根撬杠进行操作。

撬是利用杠杆的作用原理，撬杠的支点越靠近重物越省力。一般选用硬木做支点较为合适，若支点下的土质较松软时，可在硬木下垫一块钢板。

撬杠通常是用工具钢或圆钢制成，如遇起重量和起升高度较大的重物时，也可使用枕木、圆木或钢轨作为撬杠撬起重物。

在没有千斤顶时，撬杠常用来升高或降低重物。如将卸在枕木垛上的一件重物的底座落到地面上，先将重物底座的一端用撬杠撬起，抽起一根枕木，放下底座，这时如重物的底座倾斜太大；有可能造成重物倾倒时，可在底座放下前，在原枕木位置上垫一根比枕木低的方木。然后再将重物底座的另一端撬起，抽出与前一根相对应的枕木，或换用一根较低的方木。放下底座，这时整个重物底座就落下一根枕木的高度。按相同的方法分别抽出重物底座下的其他枕木，最后便使重物底座落在地面上。起重物底座逐步升高也可用此方法，只需把抽去枕木变为垫枕木即可。

在使用撬杠时，应注意以下安全事项：

1. 使用撬杠的主要危险是易于滑动。因此在用撬杠撬重物时，撬杠的受力点或边缘应与被撬重物很好地咬合。

2. 使用光秃而又破损的撬杠易造工伤事故，因此对此种撬杠应修理后再使用。

3. 为防止在使用撬杠时，撬杠滑动或被撬重物突然移动，以避免使用撬杠的作业人员摔倒或重物砸在手上，使用撬杠的作业人员应站在合适的位置，而绝不能跨站在撬杠上面。

4. 使用撬杠的作业人员的手或所戴手套应是干燥的，不应有油污或油脂，以免撬杠滑脱伤人。

5. 不使用的撬杠应存放好，以免倒在地上砸伤或绊倒他人。

三、千斤顶的使用安全

千斤顶又称举重器，通常是用它将设备或构件顶升或降落一个不大的高度，在结构安装工作中，可用来矫正构件的斜歪现象和将构件调直或顶弯。由于千斤顶结构简单、重量轻、便于搬动、操作方便可靠、能用较小的力顶升较重的物件，因此在起重作业中得到广泛使用。

千斤顶按其构造可分为齿条式、螺旋式、液压式或分离式4种基本类型。

齿条千斤顶为杠杆棘爪锯齿条式结构，利用手柄作上、下摆动，通过上、下齿板（棘爪）使锯齿条作垂直移动，从而使支承在锯齿条下部钩子上或在上部顶盖上的重物作有限移动。齿条千斤顶具有坚固耐用、维修方便、轻便灵活等优点。

螺旋千斤顶是由底座、锯齿形螺杆、铜螺母、手柄等部件构成。普通螺旋千斤顶使用自锁螺纹，其螺纹角为 $4°\sim4°30'$。横移螺旋千斤顶下部有横移螺杆，可使被起升的重物作小距离横移。自落螺旋千斤顶用梯形双线非自锁螺纹再加上一套制动装置，当需要快速自落时旋松制动螺栓，当载荷超过一定值时，即可自动快速降落。螺旋千斤顶操作时安全可靠，并具有自锁能力。常用的螺旋千斤顶起重量为 $5\sim50t$，起升高度为 $130\sim140mm$。

液压千斤顶有手动和电动的两种，由油泵、活塞、缸筒和阀等部件所构成。常用的油压千斤顶的起重量为 $3\sim50t$，最大的可达 $500t$，甚至更大，其活塞的行程一般为 $200mm$。一般的液压千斤顶在构造上其油泵和活塞组合为一个整体，一个油泵只供应一个起重活塞用油。当使用几个这种千斤顶共同顶升某一物件时，常会因各个千斤顶的动作不同步而出现工作压力不一致的现象，造成工作上的困难，特别是由于个别个斤顶承压过大而遭到破坏。在使用液压千斤顶时，还会由于垫圈和止油阀的损坏，液压油大量回流或泄漏，起重活塞有突然下降的危险，故应在液压千斤顶旁设置安全枕木垛。

分离式千斤顶为一种新型的液压千斤顶，由一个油泵同时向几个起重活塞供油，中间用耐高压的油管连接，因而几个起重活塞的工作压力均相等，避免了几个千斤顶动作不同步的现象，给工作带来方便。分离式液压千斤顶可以在垂直、横卧和倒放等几种位置上工作,可以完成升举、横推、挤压、拉伸、弯曲等动作。

为了安全起见,在使用千斤顶时应注意以下的事项:

1. 使用千斤顶时,应检查标在千斤顶上的允许负载或其他标志,以确保千斤顶能支承住重物,如果千斤顶上没有标记负载的铭牌,则应确认它的负载能力。

2. 每次使用千负顶前,应进行检查,看其齿轮有无损坏,或夹持装置有无故障等。不要使用任何有液体漏泄迹象的千斤顶。

3. 放置千斤顶的基础,必须稳固可靠。在地面上设置千斤顶时,千斤顶底座应垫上枕木或结实的硬质木块上,以扩大支承面积。其千斤顶底座所垫材料的尺寸至少比千斤顶大一倍。这样所垫材料才不会翻转、移位或陷下。如果地面不十分平整,应用结实的垫片或楔形片调节成水平面。

4. 选用的千斤顶,其起重能力不得＜被起重物体的重量。若同时使用几台千斤顶起重某一物件时,每台千斤顶的起重能力不得＜其计算载荷的1.2倍,以防止因不同步而造成个别千斤顶超负荷损坏。千斤顶的最小高度应适合物体底部或施力点的净高。对于起落高度较大的工作,应尽量选用起升高度较大的千斤顶,起落过程中以枕木垛支承重物时,起升高度应至少等于枕木厚度加上枕木垛的弹性变形量。

5. 千斤顶在放置中,应使载荷的重心作用线与千斤顶轴线保持一致,在顶升过程中严防由于基底偏沉或载荷水平位移而发生千斤顶偏歪、倾斜的危险。

6. 为防止载荷滑动,在千斤顶顶头和载荷之间不允许金属与金属相接触,故应在千斤顶顶头和载荷接触面之间放置一个比顶头更长、更宽的硬木垫片,其厚度最好为5cm。

7. 千斤顶的施力点应选择在有足够强度的部位,防止顶起重物后造成施力点变形或破坏。

8. 把千斤顶的手柄装在插座上时,应保持操作区域的开阔,在施加压力之前,应确保手柄无阻碍地旋转。如果载荷在移动过程中碰上障碍物,会使手柄突然向上窜动而撞击操作人员。因此,操纵手柄的人员应站在一边安全的位置,当手柄反冲时就不会碰到其身体或脸部。

9. 千斤顶安放好后,应先将载荷稍稍顶起,然后检查千斤顶有无异常现象再继续顶升,顶升过程中要保持平稳,不得任意加长手柄或过猛地操作。

10. 当载荷被抬高以后,应随时将金属支架或粗实的垫木或垫块放在载荷底下,以便去掉千斤顶后,用来支承载荷。绝不允许抬高载荷后仍只用千斤顶来支撑载荷。千斤顶上的手柄应立即拆卸掉,并放在靠近的地方,防止人员行走时碰在上面。

11. 千斤顶的顶升高度,不得超过有效顶程,当套筒出现红色警界标志时,表示千斤顶已起升至额定高度。否则易损坏千斤顶,还可能发生意外事故。

12. 当顶升庞大的载荷时,应使用两台或更多的千斤顶同时作业,要求千斤顶同步起升,载荷的重量要均匀地分布在每台千斤顶上。每台千斤顶每次只升高一台,以保持载荷总是在同一水平面上,而且保证每台千斤顶顶头上的作用力相等。

13. 当顶升大型物件时,两端应分开起落,当一端起落时,则另一端必须用枕木等材料垫实放稳。

14. 液压千斤顶在将载荷升高后,可能需要调整,因此要在升高的载荷底下放入垫块,这一点特别重要。

15. 当沉重的载荷将螺旋千斤顶的浮动顶头压紧时,螺旋千斤顶会不停扭转,因此应尽可能安全而牢固地固定住螺旋千斤顶的底座,以便升举力作用在螺杆上面时,千斤顶底座不会扭转,也不会从载荷下边滑出。

16. 当千斤顶卸载时,操作人员身体的任何部位都不要碰到活动的手柄。液压千斤顶放低时,只需微回油门即可缓慢下放。

17. 操作千斤顶的作业人员应穿安全鞋,因为当载荷被升高或移动时,千斤顶的手柄可能滑动和掉落,机器设备上的部件也可能松动和脱落而砸伤作业人员的脚。

18. 操作千斤顶的作业人员还应备有破布、棉纱或其他擦拭用品,用来擦掉手上和千斤顶手柄上的油污。这样,操作者就能够握紧千斤顶手柄。

19. 当千斤顶出现任何毛病时,如齿条千斤顶有齿条损坏;液压千斤顶有漏油现象等,均应立即停止使用,进行检修,然后经检验合格后方能恢复使用。

20. 千斤顶使用后,应认真进行检查和必要的维护保养,并妥善存放。在任何情况下,绝不能把千斤顶抛扔或掉落在地板上,致使千斤顶金属构件破裂或变形。用这样的千斤顶举起载荷时,千斤顶就会突然损坏而造成工伤事故。

四、手摇绞车的使用安全

手摇绞车为人力驱动,是由手柄、卷筒、钢丝绳、摩擦制动器、止动棘轮装置、小齿轮、大齿轮、变速器等部件构成。

为安全起见,在手摇绞车上装有安全摇柄或制动装置,用来止动棘轮以制动被起吊物体悬吊于一定位置,防止卷筒倒转。当被起吊物体下降时,则由摩擦制动器减低下降速度,保证其安全可靠。

在使用手摇绞车时应注意以下安全事项:

1. 绳索与卷筒的联系有定梢法和拉梢法两种方法。如卷筒长度较大,能容纳所需卷入的钢丝绳时,可采用定梢法。根据钢丝绳的捻向,将绳头固定在卷筒的左边或右边,并从卷筒的下方绕入,以增加绞车的稳定性。如绳索很长不能完全容纳在卷筒上时,就应采用拉梢法。

2. 钢丝绳绕入卷筒的方向应与卷筒轴线垂直,以使钢丝绳排列整齐,不致出现斜绕和互相错叠挤压的情况。为使钢丝绳能正确地绕入卷筒,可在绞车正前方设置转向滑轮,使钢丝绳卷绕到卷筒中间时,钢丝绳与卷筒轴线成直角。

3. 绞手必须用地锚固定牢靠,防止滑动或倾覆。

4. 绞车的设置地点必须能使操作人员清楚地看到被起吊或拖移的物体。

5. 绞车在使用前应检查其传动部分的润滑情况,齿轮有无裂纹破损,以及钢丝绳在卷筒上的连接是否牢固。

6. 当物体被起吊后悬空时,在没有制动前,不得放松绞车的手柄,其作业区地面上不得站人。

7. 为保证绞车的安全运行,卷筒上的钢丝绳不能全部放出,至少要保留3～4圈。

8. 正在使用中的绞车,如发现钢丝绳在卷筒上的绕向不正,必须在停用后才能校正。

9. 绞车的齿轮上应装设防护装置,以防发生意外事故。

10. 作业结束后,应将绞车手柄取下存放在工具箱内。

五、电动卷扬机的使用安全

在机械驱动的卷扬机中，以电力驱动的占绝大多数，此外尚有用蒸汽、柴油或汽油来进行驱动的。卷扬机既是起重设备又是牵引设备，即可单独使用，也可安装在其他起重机械上使用。

电动卷扬机由电动机、制动器、减速器、卷筒等部件所构成。电动卷扬机的工作原理和手摇绞车一样，是通过速度变化来增大牵引力，增加起重能力。不同之处是用电动机代替人力驱动，一般速度比较大，并可以调速，操作方便。

在使用电动卷扬机时应注意以下安全事项：

1. 卷扬机安装应牢固可靠，移动式的电动卷扬机应用地锚锚住，使之能承受起吊钢丝绳的拉力，以避免卷扬机滑动或倾覆的危险。

2. 安装卷扬机时，卷扬机距起吊物体的距离应在 15m 以上；导向滑轮与卷扬机的距离应＞20 倍卷筒的宽度。

3. 为保护操作卷扬机人员的安全，使之与飞速运动的钢丝绳隔开，应在卷扬机上装设安全挡板，即使钢丝绳在牵引物体中万一发生断裂现象，操作人员也不会被弹回来的钢丝绳打着。

4. 卷扬机在使用前应检查其减速箱的油量、油的纯度及各滑动轴承是否有油。减速箱一般用 30 号机油，滑动轴承用干黄油。

5. 卷扬机在开车前应先用手扳动齿轮空转一圈，检查各部分零件是否转动灵活，特别注意制动闸是否好用，待确认无误后，再进行作业。

6. 为避免电动机受潮淋雨，烧毁电气装置，一般应用枕木将底座垫高，并设置防雨棚。

7. 卷扬机的操作人员应熟悉卷扬机的性能和起重吊运指挥信号，作业时，机身周围严禁站留其他人员。非指定的司机严禁开车。

8. 卷扬机上的电气设备应可靠接地，以防发生触电事故。

9. 起吊物体时，卷扬机卷筒上钢丝绳余留圈数，不得少于 3 圈，以避免载荷直接作用于钢丝绳的末端固定装置上。如此时钢丝绳末端固定装置松动，就会造成坠落事故。

10. 严禁超载荷使用卷扬机。不得将起吊物体在半空中过长时间地悬挂。吊运物体下严禁人员逗留或行走，为此，吊运作业区应设置有醒目标志的围栏，并派专职人员进行监护。

11. 卷扬机运物吊架，一般不准用于载人。

12. 操作卷扬机的人员应严格做到信号不明、钢丝绳跑偏、超负荷、制动不灵不开车。

13. 当用多台电动卷扬机起吊同一台物体时，要统一指挥，注意卷扬机的同步操作。

14. 卷扬机停车后，应切断电源，将控制器打到零位，用保险闸制动刹紧，跑绳放松。

15. 钢丝绳卷入卷筒时不得有扭转、急剧弯曲、压绳、绳与绳之间排列过松等现象，否则应停车排除。

六、手拉葫芦的使用安全

手拉葫芦又称环链葫芦、神仙葫芦等，是一种结构紧凑、使用方便的手动起重机具，广泛用于厂矿企业、建筑工地、码头、仓库等处安装设备或起吊物体。此外还可与手动单梁起重机械配套使用。我国生产的 HS 型系列手拉葫芦，其起重量为 0.5～30t，起升高度为 2.5～3m，最大起升高度为 12m。

手拉葫芦除用吊运外，还可用于拉紧重型金属桅杆的缆风绳。当搬运较大物体时，可用手拉葫芦进行固定，也可用于物体的短距离搬运、就位、找平与找正等。

在使用手拉葫芦进行作业时应注意以下安全事项：

1. 作业前应认真检查手动葫芦的吊钩、链条、制动器、墙板等主要受力部件不得有损坏，转动部分是否灵活，有无卡链现象，并进行润滑。
2. 使用前应先进行试吊，检验制动器是否可靠，确认可靠后方可进行操作。
3. 严禁超载使用。链条应垂直悬挂，不得有错扭的链环。
4. 使用时，手拉葫芦无论处在何种位置，拉链与链轮方向一致，防止拉链脱槽。操作者应站在与手拉链条同一平面内曳动手拉链条。操作时先将手链反拉，将起重链条倒松，使其有足够的起升距离。操作时用力应均匀和缓，不可过锰，以免手拉链条跳动或卡坏。
5. 在使用过程中，应根据起重能力的大小决定拉链人数。操作者如发现拉不动时，应先查明原因，不能盲目增加人员或猛拉。此时应立即停止使用进行检查，重物是否与其他物体相牵挂，葫芦机件有无损坏；重物是否超出额定起重量。

七、电动葫芦的使用安全

电动葫芦是一种把电动机、卷筒、减速器、制动器及运行小车合为一体的小型轻巧的起重机械，由运行和起升两个部分组成，多安装在直线或曲线工字梁轨道上，用以提升和移动物体，常与电动单梁、电动悬挂、悬臂等起重机配套使用。

电动葫芦按用途可分为普通电动葫芦和专用电动葫芦两大类。普通电动葫芦可应用在 $-20 \sim -35℃$ 范围之内及多灰尘的作业环境中，不可在有爆炸危险或有酸、碱蒸气的气体中，也不可用来运送熔化金属及易燃易爆物品。专用电动葫芦有防爆、防腐、防湿热等几种，主要用于有特殊要求的作业场所中。

电动葫芦根据电动机、制动器、减速器、卷筒等几个主要部件的不同布置，分为 TV 型、CD 型、STV 型、MD 型、DF 型等十多种。电动葫芦的起重量一般在 0.5～5t，最大的可达 10t，提升速度一般为 4.5～10m/min，提升高度按类型的不同而异，一般在 6～30m。

使用电动葫芦时应注意以下的安全事项：

1. 对电动葫芦应定期检修，调整制动器，保证溜钩距离。制动部分不可沾有润滑剂，避免刹车失灵。
2. 经常检查起重钢丝绳，如发现有断丝根数超过规定时，则必须更换，以确保安全。
3. 起重钢丝绳在卷筒上应排列整齐，不得有重叠散乱现象。
4. 电动葫芦行走滚轮及运行轨道上，不可沾染润滑剂。
5. 不得超负荷提升物体，并避免操纵时的急骤升降，以免出现冲击载荷而发生事故。

6. 运行中发现有不正常音响时，应立即停止运行进行检查。

7. 初次使用的电动葫芦，应进行超负荷 25% 的静载荷试验，合格后才可正式投入正常使用。

8. 电动葫芦运行的工字钢梁的两端应装设安全挡板，电动葫芦本身应有缓冲器。

八、各式桅杆的使用安全

桅杆又称为扒杆或枪杆。在起重作业中用桅杆起重吊运物体较为普遍，尤其是安装形大体重的设备及构件时，多采用桅杆。桅杆也多用于作业面拥挤而起重机不便调动的场所。

桅杆的种类很多，按使用材质来分，可分为木质桅杆和钢结构桅杆，而钢结构桅杆又可分为管形结构和桁架结构两种型式。常用的各式桅杆有独脚桅杆、双桅杆、四桅杆、龙门桅杆、人字桅杆等，此外还有悬臂形桅杆、摇臂桅杆和牵缆式桅杆等。

1. 独脚桅杆。独脚桅杆也称单桅杆，有木质、钢管、桁架式钢结构等几种型式。桅杆的断面和长度应根据起重物体的重量和起吊高度来确定。在使用独脚桅杆吊运物体时，桅杆与地面应有一定的倾斜角，一般不>15°，以利于被吊运物体避免撞击桅杆。缆风绳采用 4~8 根，并与地锚连接牢固，缆风绳与地面的夹角取 30°~45°，以增强桅杆的稳定性。

木质独脚桅杆常用一整根坚韧的木料做成，木料粗细按其重量大小而定。制作桅杆的木料最好用杉木，也可根据本地区的木材资源，尽量选用合适的木料。当缺乏粗木料时，可用两根或三根等长木料绑扎在一起使用。若木料长度不够，允许接长使用，但接头处木料粗细应一致，并做成阶梯形，用铁箍或钢丝绳捆扎牢固。如木料有严重节疤、裂缝、弯曲和腐烂等情况不能做桅杆。木质独脚桅杆的起重高度一般在 15m 以内，起重量在 20t 以下。

木质独脚桅杆主要由桅杆、支座、缆风绳、地锚、起重索具、滑轮组和卷扬机等几部分组成。木桅杆的大小和长短，决定于起重量和起重高度，为保证木桅杆具有必需的强度和刚度，有时可采用型钢或钢管加固。为了把桅杆所承受的全部载荷传递给地面，桅杆底部可采用桅杆支座。简易的支座可用方木制成或用木板铺成。大型桅杆的支座为便于移动，可在桅杆底部设置木排和滚杠，并铺垫好滑行道。在桅杆顶端系有起重滑轮组，起重绳的跑头经过导向滑轮引向卷扬机。绑在桅杆底部的导向滑轮的另一侧，必须设置牵索，防止在承力时桅杆被拉动。

木桅杆在起重作业中由于其起重量及起重高度受到本身强度的限制，所以其使用范围只限于吊装轻型物体，而重型物体则要用强度大的金属桅杆来代替木桅杆。

金属独脚桅杆一般选用无缝钢管制成，在没有无缝钢管的情况下也可用有缝管，但外边必须采取加固措施。在桅杆顶部设有固定缆风绳的缆风盘，有时焊一短管来悬吊滑轮组或焊一吊耳再通过卸扣连接滑轮组。桅杆底部焊有底座。如果钢管的高度不够时，可将两根钢管连接在一起，连接时在接口内加紧密套接的插管，在连接口外边用四根角钢对称焊牢。

钢管独脚桅杆的起重高度一般在 25m 以内，起重量在 100t 以下。

2. 人字形桅杆。人字形桅杆架设方便，稳定性好，而且能横跨被吊运物体的上方，独脚桅杆则做不到，因此在起重作业中人字形桅杆应用较为广泛。

人字形桅杆由两根圆木（或钢管）、缆风绳、滑轮组、导向滑轮、卷扬机等组成，在顶端用钢丝绳绑扎或用钢件铰接成人字形。顶端夹角一般为 $25°\sim36°$。在人字形桅杆顶部交叉处，悬挂起重滑轮组，桅杆下端两脚的距离约为高度的 1/3，桅杆与地面的夹角为 $55°$、$65°$、$75°$ 等，夹角不同，其起重量也不同。为了防止桅杆两脚向外滑移，两脚间要用千斤绳拉住，并要在桅杆的倾斜方向，用钢丝绳固定两脚。缆风绳的数量应根据桅杆的起重量和起升高度来决定，一般不少于 4 根，前后各两根，互成 $45°\sim60°$ 角。当起重量较大时，可在后缆风绳中间加一副背索滑轮组。桅杆向前斜度可用缆风绳和背索滑轮组进行调整。

人字形桅杆的高度是指从桅杆交叉处至地面的垂直距离。杆的长度是指从交叉点起至桅杆底端，桅杆长度一般不大于 $40d\sim60d$（d 是指木桅杆的上部交叉点处的直径）。人字形桅杆的起重量较大，横向稳定性较好，适用于无需移动的物体的升降或机械设备的组装等。

3. 格构式桅杆。由于钢管桅杆的起重吨位及起重高度满足不了高、重、大机械设备吊运的需要，因而制作出重型金属桅杆，重型金属桅杆多用轧制型钢制作，采用格构式结构，所用钢材为镇静钢、低合金钢，最好用 45 号钢。

格构式桅杆采用型钢制成桁架，截面一般成方形。为搬运安装的便利，常分解为几段，段间以筋板连接，用高强精制螺栓紧固。在桅杆顶部有缆风盘、吊耳，底部有底座和挂导向滑轮的串轴。有的桅杆底座制作成球铰形状，可以回转 $360°$。这种格构式桅杆具有结构简单、制作方便、装拆容易、起重量可大可小、适应性强、工作速度低、振动小、吊运物体时安全可靠的特点。目前国内采用的格构式桅杆，起重量已达 350t（吊升 56m），而且已在制造 600t（吊升 30m）的格构式桅杆。

格构式桅杆可根据起重作业的需要，采用单根斜立桅杆、双桅杆，以及多桅杆组合使用。

吊运重型物体时，一般采用双桅杆。两副桅杆的中心和基础中心之间的距离应保持相等，避免在吊运物体过程中两桅杆的受力不等。在使用双桅杆吊运物体过程中，起重吊运指挥人员和卷扬机司机必须配合协调，否则会改变机索吊具的受力，出现与理论计算不符的情况，容易发生意外事故。

对高、重、大的物体，有时用两副格构式桅杆仕仕不能完成起重吊运任务，因而采用多个桅杆组合使用，这是一项以小吊大的吊运方法，目前在国内应用较广。在使用多桅杆吊运物体时，应使跑绳的线速度相等，故应采用同一转速的卷扬机，最好能采用自动控速装置实行同步吊运。为使两对角之间两副桅杆传递受力均等，可使用一副平衡轮加在桅杆同一侧，以确保两桅杆受力相等。此外，在使用多桅杆组合吊运物体时，还应注意桅杆和跑绳之间的夹角，桅杆与起重滑轮组之间的夹角保持相等，并注意多副桅杆相互位置的布置方法，力的均匀传递等因素，处理好这些因素是决定采用多桅杆吊运物体成功的关键。

4. 龙门桅杆。龙门桅杆的横向比较稳定，只需要前、后缆风即可保持其垂直位置。起重量大的龙门桅杆可采用钢结构型式。

龙门桅杆由桅杆、横梁、缆风盘、平缆风、导向滑轮、定滑轮、底座连接装置、底座、横向缆风绳、斜缆风绳、动滑轮等部件构成。龙门桅杆主要由两副独脚桅杆用横梁连接而成，在横梁上安装有两副起重滑轮组。为保证吊运时的稳定性，在龙门桅杆的顶部设置有斜缆风绳，在底部设置有横向牵引绳，防止起吊物体时龙门桅杆产生位移。为便于吊运物体的就位，龙门桅杆可以在吊运平面内以底座为中心前后倾斜10°角。

5. 回转式桅杆。回转式桅杆主要由桅杆、回转桅杆、缆风绳、变幅滑轮组、起重滑轮组、底座等部分组成，缆风绳把主桅杆固定成垂直位置。

回转式桅杆能回转360°，可以把重大的物体吊运到桅杆作用半径内的任何位置。

在使用桅杆起重机具吊运物体时，应根据被吊运的物体的外形尺寸和重量，确定采用单桅杆或双桅杆、直立桅杆或倾斜式桅杆，但不论采用哪一种桅杆进行吊运物体，都必须注意以下事项：

（1）使用符合计算载荷的桅杆结构，以及相应的吊运索具。

（2）吊运的物体与桅杆之间，起重滑轮组的跑绳与桅杆本体之间，应保持不少于500mm 的间隙。

（3）从桅杆底脚到紧固缆风绳的锚点之间应有确定的距离，一般比桅杆高度大 6m 左右。

（4）桅杆底脚基础下的土壤要进行夯实处理，以达到相应的承压值。如土壤比压分别为 1.5、2、2.5、3（MPa），则基础上的容许压力分别为 1100、1470、1830、2200（kN）。

（5）如把缆风绳或牵绳紧固在已有的建筑物主体结构上或已安装好的设备上，必须经过仔细的检查和受力计算。

（6）使用倾斜式桅杆吊运物体时，应将桅杆底脚紧固好，以防止产生位移。

（7）在整个吊运过程中，应保证起重滑轮组的垂直度，并核算桅杆所能承受的扭矩。

（8）在吊运过程中，吊运的物体是否要跨越桅杆的缆风绳。

（9）全部吊运工具在受力或不受力情况下的风载荷。

（10）桅杆有无可能产生单方向超载。

（11）缆风绳的预加张力。

（12）计算金属桅杆时，必须考虑动载荷系数。

（13）载荷的牵动拉力在需要时也须计算。

（14）当使用双桅杆吊运物体时，还必须考虑由于一副滑轮组超载，导致吊运的物体产生最大的容许偏斜量。

（15）桅杆的底座结构应便于倾斜或转动，底板的尺寸应保证吊运物体时，桅杆不会下沉。为避免倾斜式桅杆产生位移，应将桅杆底座用钢索连到设备基础上或连到安装设备的底座上。起重量超过 100t 的桅杆有时可用地脚螺柱安装在固定式专用的混凝土基础上。

在使用各式桅杆吊运物体时应注意如下安全事项：

（1）各式桅杆在使用前，均必须经过全面检查，并进行力的分析和核算，以确保起重吊运作业安全进行。

（2）桅杆的高度要选择适当，防止由于高度不够，使物体吊不到位而造成返工。

（3）桅杆柱脚与地面或支座应垫牢靠，如有缝隙，须用木楔塞紧，防止滑动。

（4）卷扬机至桅杆底座处，导向滑轮的距离应大于桅杆高度。当受吊运场地限制时，其最小距离也不得<8m，以便钢丝绳跑绳引入卷扬机绳筒时，接近水平。

（5）吊运前应认真检查桅杆上的绳索、滑轮等各个部件，发现有不当之处应及时调整。

（6）当物体起吊刚离开支承面时，应仔细检查，待确认各部件处于良好状态时，方能继续起吊。

（7）当物体起吊后，物体不得与桅杆碰撞。操作人员应听从起重吊运指挥人员的统一指挥，集中精力谨慎操作。

（8）地锚应派专职人员看守，随时注意地锚的牢固情况，防止物体起吊后被拉出。缆风绳应受力均匀，使桅杆保持直立状态。

（9）物体起吊后，不得悬空停留过久，如需停留时间较长，则应在物体下面搭设支架或枕木垛，将物体落位在上面。

（10）使用回转桅杆时，如回转桅杆（副杆）放得越接近水平，则容许的吊重就越小，因此必须按事先使用要求进行工作。

此外，对新制作的桅杆和使用过的桅杆定期进行静力试验，以验证桅杆的强度和稳定性。静力试验是检查机具在满负荷和超负荷下的工作能力，弹性变形的情况以及各连接部件的可靠性等方面是否能达到原设计能力。它是以重物或其他方法代替工作负荷，试验的时间一般要求为10min左右。桅杆的试验是在吊运以前的重要准备工作，应严格按照规定进行，以保证机具符合原设计能力，满足吊运物体时的要求。

在雷雨季节，如周围无高于桅杆的建筑物时，桅杆应装设避雷装置。一般不允许在雨雪天、夜间、雾天和五级风以上的情况下使用桅杆从事作业。

九、地锚的使用安全

地锚也称地龙或锚碇，是用来固定卷扬机、导向滑轮、缆风绳、溜绳、起重机及桅杆的平衡绳索。

地锚有立式地锚、卧式地锚、混凝土地锚、活地锚、半埋式地锚等数种型式。

立式地锚也称立龙或站龙，适用于土质地层，以枕木、圆木或方木作地锚柱，挖坑埋入土中。上下挡木可以使用枕木、圆木或方木。坑内以土或石块回填夯实，上下挡木紧贴土壁。以石块回填时，表面应盖一层不透水的土层，以防雨水浸入坑内，浸软土壁。地锚柱一般露出地面0.6~1.0m左右。

立式地锚一般应使地锚柱略向后仰，不得向前倾斜。受力较大的地锚柱缠捆钢丝绳处，应衬以硬木或钢板以加大承压面积。对于载荷较大的地锚，常在立式地锚后方加设一个或两个立式地锚，用缆绳相连，共同受力，这种地锚称为双立式地锚或三立式地锚。

卧式地锚又称困龙，即把木料横着埋入坑内，缆索捆在横木中间一点或两点上。横木埋好后用土回填夯实。卧式地锚能承受较大的拉力，一般可达30~50kN。

混凝土地锚是依靠其自重来平衡作用力，埋入混凝土中的拉杆系于型钢的横梁上，混凝土的强度等级一般不<C11。

活地锚在地面上固定不需挖坑或挖浅坑，是在钢底板上压上一定的重物，如钢锭等，利用摩擦力或土壤的粘聚力及被动土压力作锚碇之用。活地锚具有减少土方作业量，少用材料，转移方便等特点。

半埋式锚桩是用工具式混凝土块堆叠组合成的，每块混凝土块的尺寸一般为0.9m×0.9m×4m，重为7.5t左右，是由钢筋网及混凝土制成，每块约耗用0.5t的钢筋和3.3m^3的混凝土。堆叠时可把一块或几块混凝土块埋到地下，使混凝土的表面与地平面取平。地面上的混凝土块数，则可根据锚桩所承受的载荷来确定。半埋式锚桩一般可承受载荷150～800kN。

100t级以上的工具式锚桩，其埋地部分最好使用高压容器，使用时将容器内部充满水。如果土壤是软土，容许的比压力为0.15MPa，挖坑的深度只需2m，在容器上堆土并夯实，上面再压45t重的混凝土块，用两组100t的牵引滑轮组与容器相连。在埋充水的容器的同时，先系好连接的拉索。为避免容器壁板变形，在系拉索的部位垫以用角钢制成的三角撑架。容器由临时供水管从容器上口充水。

地锚在起重作业中起着很重要的作用，是影响安全吊运的关键，因此，在使用地锚时应注意如下安全事项：

1. 根据土质情况按设计尺寸开挖土方，开挖的基槽应规整。
2. 地锚埋设地点应比较平整，不潮湿，不积水，防止雨水渗入坑内泡软回填土壤，降低土壤的摩擦力。
3. 拉杆或拉绳与地锚木的连接处，应用薄钢板垫好，防止由于应力过分集中而损伤锚木。
4. 地锚只能在规定的方向受力，其他方向不允许受力，不得超载荷使用。
5. 地锚附近不得取土，特别是地锚前面更不得取土。地锚拉绳与地面的水平夹角应在30°左右，避免地锚承受过大的竖向拉力。
6. 重要地锚应经过试拉以后，才能正式投入使用。使用时应指定专人检查、看守，如发生变形，应采取措施修整，避免发生事故。
7. 固定的建筑物或构筑物，可以作为地锚利用，但在利用前必须经过详细核算，确认安全可靠时才可利用。

十、麻绳的使用安全

麻绳是起重作业中常用的绳索之一，具有轻便、容易捆绑等优点。但麻绳的强度较低，易磨损和被腐蚀，故在起重作业中，往往只用于辅助作业和吊运小工件与≤500kg重的物体。

麻绳有土法制造和机器制造的两种，前者一般用当地生产的麻类植物制造，规格不严，搓拧较松，不宜在起重作业中使用。机制麻绳的质量较好，按使用的原材料不同，分为印尼棕绳（也称吕宋绳）、白棕绳、混合绳和线麻绳四种。

印尼棕绳是用印度尼西亚生产的西沙尔麻（白棕）为原料而制成，具有拉力和扭力强、滤水快、抗海水浸蚀性能强、耐磨损且富有弹性、受突然增加的拉力时不易折断等特点，适用于水中起重作业，船舶用锚缆、拖缆和陆地起重作业等。

白棕绳是以龙舌兰麻为原料而制成，具有西沙尔麻的特点，因系野生，质量略次，用途同印尼棕绳。

混合绳是用龙舌兰麻和苎麻各半，再掺入10%的大麻混合捻成。由于苎麻拉力强，但韧性差、有胶质、遇水易腐蚀。混合绳的拉力虽大于白棕绳，但耐久、耐腐蚀性低，特别是在水中使用及天热水暖时更为显著，故使用时应加以注意。

线麻绳是用大麻纤维为原料而制成，具有柔韧、弹力大、拉力强等特点，其用途与混合绳略同。

在起重作业中的麻绳保管不善或使用不当，容易造成局部触伤或机械磨损，以及受潮或受化学介质的浸蚀。因此，为确保起重作业的安全，在使用麻绳时应注意以下的安全事项：

1. 每次使用前均应仔细进行检查，对存在的问题予以妥善处理。当麻绳表面均匀磨损不超过直径30%，局部触伤不超过同截面直径的10%，可按直径折减降低级别使用。如局部触伤和局部腐蚀情况严重的，可截去损伤部分，插接后继续使用。

2. 断丝的麻绳禁止使用。

3. 成卷或原封整卷麻绳在拉开使用时，应先把麻绳卷平放在地上，卷内有绳头的一面着地，从卷内拉出绳头，不可从卷外拉出绳头，以免麻绳打结。

4. 绕麻绳的卷筒、滑轮的直径应>麻绳直径的7倍。由于麻绳易于磨损和破断，最好选用木制滑轮。如无木制滑轮，也可选用符合麻绳直径要求的金属滑轮。

5. 麻绳绳圈使用时要抖直，麻绳有结的地方不要穿过滑轮等狭窄之处，以免损伤麻绳。

6. 麻绳打结后，强度要降低50%以上，故应用插接法连接。长期在滑轮上使用的麻绳，应定期更换穿绳方向，使麻绳磨损均匀。麻绳的绳头可利用绳头扣绑扎，以避免绳头松散。

7. 用麻绳捆绑有棱角尖锐的物体时，应垫以木板、麻片等，以避免物体尖锐处割伤麻绳。

8. 不要在地面上、物体棱角处拖拉麻绳，以免麻绳被磨坏，或因砂石屑嵌入麻绳内而使麻绳被磨伤。

9. 麻绳在使用中应注意避免受潮、淋雨，不得与酸、碱及腐蚀性的化学物质接触，以避免麻绳浸蚀损坏。

10. 麻绳用完后，应立即收回晾干清除沾染的灰尘及污染，卷成圆盘，平放在干燥的库房内的木板上妥善保存。

11. 麻绳应用特制的油涂抹保护，油的各种成份质量比为：工业凡士林83%，松香10%，石蜡4%，石墨3%。

十一、钢丝绳的使用安全

钢丝绳又称钢索，由钢丝与绳芯组成。先用高强度的优质碳素钢（50号、60号、65号钢）经过冷拉和热处理等工艺过程制成直径为0.22~3.2mm的钢丝，其钢丝的强度极限可达1400~2200kN/mm，然后用钢丝捻成股，再将若干根钢丝股和植物纤维等制成的芯一共捻制成粗细一致的钢丝绳。制绳芯的材料有植物纤维、石棉和软钢丝等，绳芯可支承钢丝股，并能增加钢丝绳的挠性，同时还可蓄存一定量的润滑油脂，在钢丝绳受力后，润滑油便被挤到钢丝间起到润滑作用。

钢丝绳具有断面相等、强度高、耐磨损、弹性大、在高速下运转平稳、无噪声、自重轻、工作可靠、成本较低等优点，是起重作业中最为常用的绳索之一。但钢丝绳不易弯曲，使用时需增大卷筒和滑轮的直径，因而相应地增加了机械卷筒的尺寸和重量。

钢丝绳按捻制的方向和外形可分为顺绕钢丝绳、交绕钢丝绳和混绕钢丝绳三种类型。

顺绕钢丝绳即钢丝绕成股和股捻成绳的方向相同。此类钢丝绳具有较好的挠性，且外表平滑，耐磨损，但由于捻向一致，易扭转松散，不适于单绳起重吊运。

交绕钢丝绳即钢丝绕成股和股捻成绳的方向相反。此类钢丝绳由于弹性应力所产生的扭转变形方向也相反，具有互相抵消作用，故不易扭转松散，在起重机械和起重作业中采用较广泛。但此类钢丝绳挠性较小，外表不平滑，与滑轮和卷筒的接触面小，因而较易磨损。

混绕钢丝绳即钢丝绳中相邻层股的绕捻方向相反。此类钢丝绳具有扭转变形方向相反而具有互相抵消作用，故不易自行松散和扭转。混绕钢丝绳具有顺绕和交绕钢丝绳的综合优点，但制造较复杂，成本略高。

根据钢丝绳断面结构可分为普通型和复合型。

普通型结构的钢丝绳系由直径相同的钢丝所制成，通常是由6根钢丝股围绕一根绳芯捻制成，相邻各层钢丝的捻距不相等，故形成点接触。普通型钢丝绳使用寿命短，但因制造成本低，柔性较好，目前在起重机械上仍应用较广。

复合型钢丝绳系由不同直径的钢丝绕制而成，通过断面尺寸的适当配置，使每层钢丝的捻距相等，钢丝间形成线接触，绳股断面排列紧凑，相邻钢丝接触良好。尤其外层钢丝粗耐磨，大大增加了钢丝绳的使用期限，而内部的细钢丝仍能增加钢丝绳的柔软性，其强度要高于普通型钢丝绳，近年来在起重作业中已多采用此类钢丝绳。

钢丝绳的种类型号很多，在起重吊运作业中，应根据实际作业需要选用合适的钢丝绳。首先应根据承载状况选用适当规格的钢丝绳，以保证钢丝绳有足够的强度。其次应根据作业用途进行选用，如作捆绑用，应选纤维芯钢丝绳，取其柔软性，如单绳起吊时，不可选用同向捻钢丝绳，以免扭转松散。再者应根据作业环境选择，如冶金熔炼中间可选用石棉芯钢丝绳，取其耐高温的特性。

在选用钢丝绳时，需特别注意的问题是，不分钢丝绳结构，单纯从钢丝绳的直径来判断其破断力和承载能力是不对的！

为了起重吊运作业的安全可靠，在选用钢丝绳时，还应根据每根钢丝绳所受最大静负荷，还需考虑一定的安全系数，如吊挂和捆绑用的钢丝绳，因受力复杂，磨损严重，安全系数应取6；缆风用钢丝绳的安全系数应取3.5等。然后再根据钢丝绳所承受最大静负荷的安全系数，求出钢丝绳的破断力，再查表就可以选择钢丝绳的型号与钢丝绳的直径。

由于钢丝绳在滑轮中多次穿绕，为保证一定的使用期限，要求选定的钢丝绳直径和滑轮卷筒的直径有一定的比值，即：$D_{轮径} \geqslant e d_{绳径}$，$e$值可根据起重机械类型所用滑轮的最小容许直径确定，如电动葫芦的e值为20；乘人吊笼的e值为40；桥式类特重型起重机的e值为30等。

钢丝绳在工作中，要受到拉应力、弯曲应力、接触应力等的作用，若使用不当，易造成损坏，或使用不符要求的钢丝绳等则有被拉断而发生事故的危险。因此，在使用钢丝绳时应注意以下安全事项：

1. 钢丝绳的使用期限和安全使用在很大程度上决定于良好的维护，定期检查，按规定更换新的钢丝绳。

2. 新领取的钢丝绳必须要有产品合格证，如果用其他型号的钢丝绳代替旧钢丝绳的应经过必要的计算，不能单纯地从绳的直径的大小来判断是否可用，对捆绑绳应根据不同情况取适当的安全系数，考虑最不利的倾斜角的影响。据有关试验资料表明，捆绑绳不仅与绳的夹角有关，而且与捆绑时钢丝绳的曲率半径有关。一般绳的曲率半径大于绳径 6 倍以上起重能力不受影响，当曲率半径为绳径的 5 倍时，起重能力降至原起重能力的 85%；曲率半径为绳径的 4 倍时，降至 80%；3 倍时降至 27%；2 倍时降至 65%；1 倍时降至 50%。

3. 使用钢丝绳时，不得使钢丝绳发生锐角曲折，或由于被夹、被砸而被压成扁平的现象。

4. 钢丝绳应经常保持清洁，使用时每月最少需润滑两次，受热辐射的钢丝绳每五天需润滑一次，在保存期间最少每六个月润滑一次，以防钢丝绳生锈。润滑前应先用钢丝刷刷去钢丝绳上的污垢，并用浸过煤油的抹布清洗钢丝绳，然后再涂抹润滑油，并使润滑油浸到绳芯。

5. 穿越钢丝绳的滑轮边缘不许有破裂现象，以避免损坏钢丝绳。

6. 钢丝绳如与被起吊物体或建筑物的尖角直接接触，应加垫木块。

7. 在起重作业中应严防钢丝绳与电焊线或其他电源线接触，以免触电及电弧打坏钢丝绳。

8. 当避免钢丝绳打结、松散，在从钢丝绳的卷绳木滚上取绳时，应使木滚在架子上把绳拉直展开，然后按需要的长度截取。

9. 钢丝绳在卷筒上，应能按顺序整齐排列。

10. 对起重吊运危险物品的起升用钢丝绳，一般应采用比设计工作级别高一级的工作级别的安全系数。

11. 对吊运钢水或炽热金属的钢丝绳，应采用石棉芯等耐高温的钢丝绳，并宜有防热辐射的保护罩。

12. 应特别重视钢丝绳的接头，如钢丝绳与卷筒的连接处应用压板等可靠的办法连接牢固。两根钢丝绳相互连接时，须使用专用的绳卡，一般卡子数不得少于 3 个，卡子的间距不得<钢丝绳直径的 6 倍，最后一个卡子距绳头不<140~150mm，上卡子时应一反一正，并要把卡子拧紧到将钢丝绳压扁 1/3 左右，以防止在吊运物体时绳套滑动。

用编结连接钢丝绳时，编结长度不应<钢丝绳直径的 15 倍，并且不得<300mm。其连接强度不得<钢丝绳破断拉力的 75%。

用楔块、楔套连接时，楔套应用钢材制造。其连接强度不得<钢丝强破断拉力的 75%。

用锥形套浇铸法连接时，连接强度应达到钢丝绳的破断拉力。

用铝合金套压缩法连接时，应以可靠的工艺方法使铝合金套与钢丝绳紧密牢固地贴合。其连接强度应达到钢丝绳的破断拉力。

不得将钢丝绳打结使用。

13. 当吊钩处于工作位置最低点时，钢丝绳在卷筒上的缠绕，除固定绳尾的圈数外，不得少于 2 圈。

14. 对日常使用的钢丝绳每天都应进行检查,包括对端部的固定连接、平衡滑轮处的检查,并作出安全性的判断。

15. 钢丝绳使用后应成卷平放在干燥库房内的木板上,存放前应涂抹防锈油。

16. 钢丝绳在直径磨损变小、表面腐蚀、断丝、结构破坏和超载后,应降级使用,直至报废。

钢丝绳应按有关钢丝绳检验和报废标准报废。对于符合国家标准《圆股钢丝绳》(GB 1102)的钢丝绳,在断丝与磨损的指标上,也可按下述要求检查报废:

(1) 钢丝绳的断丝数达表18-2中数值时。

钢丝绳报废断丝数　　　　　　　　　　　　　　表18-2

钢丝绳断丝数(根)　　安全系数	钢丝绳结构(GB 1102—74)			
	绳 6W(19)　绳 6X(19)		绳 6X(37)	
	一个节距中的断丝数			
	交互捻	同向捻	交互捻	同向捻
<6	12	6	32	11
6~7	14	7	26	13
>7	16	8	30	15

注:① 上表中断丝数是指细钢丝,粗钢丝每根相当于1.7根细钢丝。
② 一个节距,指每股钢丝绳缠绕一周的轴向距离。

(2) 钢丝绳有锈蚀或磨损时,应将表18-2报废断丝数,按表18-3折减,并按折减后的断丝数报废。

抗减系数表　　　　　　　　　　　　　　　表18-3

年	10	15	20	25	30~40	>40
断丝数	85	75	70	60	50	0

(3) 吊运炽热金属或危险品的钢丝绳的报废断丝数,取一般起重机钢丝绳报废断丝数的一半,其中包括钢丝表面磨蚀进行所折减。

十二、吊索、绳扣与绳夹的使用安全

在起重作业中,常用钢丝绳制成一种吊具,一般称为吊索,也有称为千斤绳、绳套、栓绳或吊带的。

吊索常用在把物体连接在吊钩、吊环上或用来固定滑轮、卷扬机等吊装机具。吊索有封闭式和开口式两种。

吊索的用法较多,常用的有兜,适用于起吊包装物体和块状物体等;套捆,适用于一次起吊几个包装块体,可避免在起吊途中物体散落;八字拴法,适用于吊运长形的物体,为防止打滑,可加绕空道一圈;吊索与卸扣配合使用,使用开口吊索时,常用卸扣将端头与吊绳套接。

在使用吊索时,应根据所吊运物体的重量、吊索的根数和吊索与水平面的夹角大小来选用。吊索与水平面夹角越大,吊索的内力越小,反之,夹角越小,吊索的内力越大,而且其水平分力还会对起吊的物体产生相当大的压力。因此在起吊物体时,吊索最理想是垂

直的，一般不应<30°，有夹角的应控制在 45°～60°之间。

打绳扣花起重作业中是经常性的操作，在打绳扣时应符合如下安全要求：

1. 牢固。在绳子受力后不松动，不脱扣。
2. 快。结扣时快，解扣时也快。
3. 对绳的损伤小。一般的绳扣对绳是有损伤的，尤其是钢丝绳。绳扣应该结法简单，绕的圈数少，弯转缓和。有时在绳扣中间插一根短木棒，以减少绳的损伤。

常用的绳扣有果子扣，是最为普遍的绳扣，使用方便，不会因受力而变形，甚至发生滑脱现象；三角扣，比果子扣容易结也容易解，如在扣的中间插一根短木棒，则解扣更为方便，钢丝绳的连接多用此法；环扣，常用来抬吊物体，此扣扣得紧又容易解，绳子较长时，用此扣最为便利，悬吊表面圆滑的物体时，多采用此种结扣的方法；缆风扣，绑扎各种桅杆的缆风绳，可用此种绳扣；卡环扣，卡环又称卸扣，是起重作业中常用的一种吊具。

绳夹是用于固结钢丝绳末端的钢丝绳卡子，常用的绳夹有骑马式绳夹；U型绳夹；L型绳夹等。其中骑马式绳夹是一种连接力最强的标准钢丝绳绳夹，故应用较为广泛。

使用绳夹时，应注意如下安全事项：

1. 每个绳夹应拧紧至卡子内，将钢丝绳压扁 1/3 为止，以确保使用安全。
2. 钢丝绳在受力后会产生变形，应立即检查绳夹是否有走动，并对绳夹进行第二次拧紧。
3. 一般绳夹间的间距最少为钢丝绳直径的 6 倍，钢丝绳绳夹所用的数目，最少不得少于 3 个。
4. 对起吊重要的物体时，为便于检查，可在绳头的尾部加一个保险绳夹，以便于检查绳夹在起吊物体过程中，是否有走动。

十三、链条的使用安全

链条是由链环组成，具有挠性好、使用方便等特点，在起重机械、电动葫芦、手动葫芦中广泛应用。链条可用在较小直径的链轮和卷筒，使载荷产生的力矩较小，从而可减小机构的尺寸。但在同样的载荷下，链条自重较钢丝绳大，易磨损，不能承受冲击，速度较低，因此规定在光滑卷筒上工作时速度<1m/s；在链轮上工作时速度<0.1m/s。

链条多用热轧圆钢经过成型和焊接而制成。当链条的链环产生裂纹时，往往难以发现，从而引发事故，因此在使用链条过程中应注意以下安全事项：

1. 使用的链条应具有出厂合格证，合格的链条上每隔 20 个链环长度或每米长度上均应有明显压印或刻印质量等级的代号，链条的所有端部有明显的检验标志。
2. 焊接环形链的安全系数不得<表 18-4 中的数值。

焊接环形链的安全系数　　　　　　表 18-4

	光卷筒或滑轮		链轮		捆绑物品	吊挂用（带小钩、小环等）
	手动	机动	手动	机动		
安全系数	3	6	4	3	6	5

3. 如果不明链条的技术数据，可作试验以确定许用承载能力。试验时，是从 50m 长的链条中取 5 个链环作破断试验，然后用破断载荷之半再拉，要求不得有永久变形和断裂

开焊等缺陷。

4. 链条不得超负荷使用。

5. 使用链条时，应理顺各个链环，不可将链条打结后承载，以免受力状态恶化而造成链环断裂。并应尽量避免承受冲击载荷，以免损伤链环焊缝。

6. 链条在工作时，与铅垂线之夹角不应＞30°。

7. 对链条应定期检查其磨损、塑性变形、焊缝及有无裂纹等情况，当链环直径磨损达原直径的10%；链条发生塑性变形，伸长达原长度的5%；或发现链环上有裂纹时，均应停止使用，作报废处理。

8. 对链条应定期进行负荷试验，一般进行超载试验，并测定其变形量，若负荷试验不合格，则应停止使用。

9. 链条在高温或低温环境中工作时，因链条的载荷能力将受到温度的影响，因此需按有关标准降低载荷使用。

十四、卡环的使用安全

卡环又称为卸甲，用于吊索和构件吊环之间的连接，由弯环与销子两部分构成。

卡环有销子或卡环、螺栓式卡环和椭圆销卡环等三种，常用的为后两种。螺栓式卡环的销子和卡环采用螺纹连接。椭圆销卡环目前常用吊装柱子，其优点是在柱子安装并临时固定后，操作人员可在地面用事先系在椭圆销尾部的棕绳将销子拉出，解开吊索，因而可避免高处作业，降低劳动强度，提高吊运效率。

在使用卡环时应注意如下安全事项：

1. 卡环是用20号钢锻造热处理制成，硬度HB≤155。禁止使用铸造、焊补的卡环。

2. 发现卡环与销子有严重磨损、变形或疲劳裂纹时，应及时更换新卡环。

3. 绑扎时应使柱子起吊后，销子尾部朝下，以便拉出销子。

4. 卡环只能纵向受力，不得横拉。

5. 在物体起吊前，应用铁丝将销子与吊索头连在一起，防止销子在拉出时而落下来砸伤人员。

十五、吊钩的使用安全

吊钩在起重机械上是应用最广的取物装置，有单钩、双钩、吊环等3种型式，单钩是最常用的一种吊钩，构造简单，使用方便，但在起重量较大时适于采用双吊钩和吊环，因双吊钩和吊环受力对称，钩件材料能充分利用。但利用吊环起吊物体时，吊起物体的索具只能依靠穿入的方式系于吊环上，这样便在使用吊环上不如吊钩来得方便。

吊钩根据使用条件不同而制成各种不同的断面形状，如起重滑车用工字形断面的吊钩，电动葫芦用丁字形断面吊钩，一般起重机械则用梯形断面的通用单钩和双钩等。根据吊钩的制造方法，吊钩又可分为锻造钩和板钩。锻造钩一般采用20号钢，经锻造和冲压之后退火热处理，再进行机械加工，热处理后要求其表面硬度为HB 95～135之间。锻造钩可分为单钩和双钩，单钩主要用在起重量在75t以下的起重机械上，而双钩则主要用在50～100t的起重机械上。板钩一般用在75t以上的大起重量起重机械上的主钩。板钩在钩口上装有护板。板钩由每块厚30mm的切割成型板片铆合制成的，一般用A_3或16Mn钢板气割出型板，或轧制钢板成型板。板钩由于其板片不可能同时断裂，因此板钩在起重吊运作业中的可靠性较高。但制造板钩的钢板片表面不得有裂纹、裂口等，如存在这些缺陷，板片应更换，不得用焊接的方法进行修补。板钩也可以制成单钩和双钩，单钩起重量为37.5~175t，而双钩的起重量则为100~350t。

因为铸造在目前尚存在着许多质量缺陷，而不能保证材料的机械性能，故目前还不能用铸造吊钩。同样的道理也不能采用焊接吊钩。由于吊钩在起动、制动时要受到很大的冲击载荷，因此也不能用强度高、冲击韧性低的材料制造吊钩。

吊钩作为起重机械上的重要部件之一，一旦损坏折断，极易造成重大事故，因此在使用时应注意如下的安全事项：

1. 吊钩、吊环应有制造单位的合格证等技术证明文件或资料，方可投入使用。否则应经检验，查明其性能，合格后方可使用。

2. 吊钩、吊环的表面应光洁，无剥裂、锐角、毛刺、裂纹等缺陷。

3. 吊钩宜设置有防止吊物意外脱钩的保险装置。

4. 采用新材料制造吊钩，在质量未稳定前，应对全部吊钩作100%的材料机械性能检验。检验结果应符合相应的材料标准。

5. 吊钩装配部分每季度至少应检查1次，并清洗润滑，如有零件损坏应修复或更换新件，更换新件要保证其材料的机械性能。装配后，吊钩应能灵活转动，定位螺栓必须锁紧。

6. 对新投入使用的吊钩应进行负荷试验，一般以额定载荷的1.25倍作为试验载荷，悬挂时间不少于10min。吊钩卸去检验载荷后，不应有任何明显的缺陷和变形，钩口开口度的增加不应超过原开口度的0.25%。如有永久性变形和裂纹，则应报废。

对使用了一段时间的吊钩，也可做负荷试验，以确定使用载荷。

7. 吊钩经检查，若出现下述情况之一时，应作报废处理：

(1) 用20倍放大镜观察吊钩表面，有裂纹、破口或发纹。

(2) 吊钩的危险断面磨损达原尺寸的10%。

(3) 吊钩的开口度比原尺寸增加15%。

(4) 扭转变形超过10%。

(5) 吊钩的危险断面或吊钩颈部产生塑性变形。

(6) 板钩衬套磨损达原尺寸的50%时，应报废衬套。

(7) 板钩心轴磨损达原尺寸的5%时，应报废轴心。

8. 对吊钩还可采用无损探伤对吊钩进行检测。发现有毛病的吊钩就应更换新的吊钩，不得对吊钩上的缺陷采用焊接或整形修理。

十六、平衡梁的使用安全

在吊装精密机件与构件时，多采用平衡梁进行起吊，这样可以保持机件平衡和不致被绳索擦坏；可以缩短吊索的高度和减小动滑轮的起吊高度，可以缩短捆绑起吊机件的时间，还可以减少机件起吊时所承受的压力，以避免机件出现危险变形。因此，平衡梁在起重作业中是应用较为普遍的一种吊具。

在起重作业中，一般都是根据被起吊物件的重量、长度、结构的特殊要求等条件来选用圆木、方木、型钢、无缝钢管等制作的平衡梁。常用的平衡梁有管式平衡梁、钢板平衡梁、槽钢型平衡梁、桁架式平衡梁等。

管式平衡梁是由无缝钢管、吊耳、加强板等焊接而成。一般可用来吊装排管、钢结构的构件及中小型的零部件。

钢板平衡梁是用钢板切割制成。钢板的厚度可按被起吊物体的重量确定，这种平衡梁制作简便，可在作业现场就地加工制作。

槽钢型平衡梁是由槽钢、吊环板、吊耳、加强梁、螺栓等组成。其特点分布板提吊点可以前后移动，可根据被起吊物体的重量、长度等来选取吊点，并且同时选用配套的卸扣等，使用起来方便、安全、可靠。

桁架式平衡梁是由各种型钢、吊耳板、吊耳、桁架、转轴、横梁等焊接而成。当吊点伸开的距离较大时，一般采用桁架式平衡梁，以增加其刚性。并且可以使物件起吊时高度减小，并使物件不受压力。

使用平衡梁时应注意以下安全事项：

1. 平衡梁一般配合吊索共同使用，在使用时应注意吊索与平衡梁的水平夹角不能太小，以防止水平分力太大使平衡梁产生变形。

2. 吊索与平衡梁的水平夹角应控制在 $45°\sim60°$ 之间。当吊索与平衡梁的夹角较小时，应用卸扣将挂于起重机吊钩上的两个8股头锁在一起，以防吊索脱钩。

十七、起重抓斗的使用安全

起重抓斗是一种专用的自动取物装置，主要用来装卸大量散粒的物料。由于抓斗是自动装载和自动卸载，因此采用抓斗可使装卸生产效率大大提高，并可避免繁重的体力劳动，抓斗在铁路专用货场、海港、航空港、散粒物料贮运场、建筑工地以及其他厂矿企业中得到广泛的应用。

抓斗根据其操作特点可分为单绳抓斗、双绳抓斗和电动抓斗等3种，其中以双绳抓斗的使用最为广泛。

所谓双绳抓斗即指抓斗的装卸物料过程是由两根钢丝绳来控制的，其中一根为抓斗的开闭绳，另一根为抓斗的支持绳，这两根钢丝绳则分别由两个独立的卷筒进行驱动。

双绳抓斗的工作过程可分为4个步骤。降斗，张开的抓斗下降到散粒物料堆上，此时抓斗的开闭绳和支持绳以相同的速度下降，在下降过程中，抓斗自重则主要由支持绳来承担，以免抓斗在下降过程中自行关闭。闭斗，此时抓斗已插入散粒物料堆，支持绳保持不动，而开闭绳则开始上卷，迫使抓斗颚板闭合以抓取物料。升斗，当抓斗抓满物料后，支持绳和开闭绳则以同样的速度上卷，直至抓斗提升到预定的高度为止。开斗，当抓斗运行到物料卸载点的上方时，开闭绳放松，支持绳保持不动并承受整个抓斗的重量，此时颚板在自重、下承重、下承梁以及抓斗中物料重量的共同作用下张开卸下物料。然后抓斗又保持张开状态进入第二个工作循环。

在使用抓斗过程中，应注意如下的安全事项：

1. 抓斗上的滑轮和钢丝绳应按各自的有关标准定期进行检验。

2. 抓斗刃口板磨损严重或有较大的变形应及时修理或更换。在更换新刃口板时，应用经过试验证明能确保焊接质量的焊条进行焊接，并对焊缝进行严格的检查。

3. 抓斗不得从人员上方越过，以免发生意外事故。

十八、起重电磁吸盘的使用安全

对具有导磁性的黑色金属及其制品，采用电磁盘作为取物装置，可以大大缩短物料的装卸时间。起重电磁盘在冶金厂和机械厂应用较多。

起重电磁盘也称起重电磁铁，通常为圆形，主要由外壳、线圈、外磁极和内磁极所组成。

起重电磁铁的缺点是自重大，受温度以及锰、镍含量的影响，其起重能力也受到被起重物体形状的影响。

在使用电磁铁吊运物体时，应注意如下安全事项：

1. 由于起重电磁铁吊运的物体多是散碎的钢铁，吊运过程中应防止碎料相互撞击而飞出伤人。

2. 因为电磁铁一旦断电，其吊运的物体就要坠落下来，虽有的电磁铁经过改进有一定的延迟时间，故不得将吊运物体的电磁铁从人员或设备上面通过，以避免发生危险。

3. 由于电磁铁受到温度的影响，故不得吊运200℃以上的物体。当需要吊运超过该温度以上的物体时，应使用有特殊散热装置的电磁铁，如通风散热装置或在电磁铁上加装散热片等。

第三节　各种起重机的使用安全

一、使用桥式起重机应注意的安全事项

桥式起重机外观呈桥形，是用吊钩、抓斗或电磁吸盘吊运物体的起重机，也称通用桥式起重机，在厂矿企业中常称它为天车或行车。桥式起重机由运行机构、起升机构、金属构件与电气设备所组成。

桥式起重机广泛用于厂矿企业，在固定跨距内装卸和搬运物料。在许多厂矿企业，桥式起重机不仅是起重运输工具，而且是完成生产工艺过程的主要生产设备。

据统计资料表明，桥式起重机的产量占整个起重机械总产量（以t计）的45%以上，尤其是起重量为5～50t的通用桥式起重机，其产量占整个桥式起重机总产量的60%～80%，这充分表明桥式起重机在生产建设中的重要作用。

桥式起重机可分为单梁、双梁桥式，单梁又可分为手动单梁和电动单梁桥式。电动单梁桥式起重机的起重量为0.5～10t，跨度为4.5～13m。电动双梁桥式起重的起重量为5～280t，最大可达600t。

桥式起重机是由大车（包括桥架及其运行机构、司机室等）和小车（起升、运行机构）所组成。

桥式起重机大车是由桥架及其上的运行机构组成，桥架是由两根纵向主梁和两根横向端梁互相联接成一个刚性框架，由车轮支承在轨道上。运行机构直接安装在桥架上。桥架的结构形式可分为桁架结构、箱形结构及管形结构。

桥式起重机主梁质量直接影响到起重机的安全运行。主梁也称大梁，是主要受力部件，应有足够的强度、刚度和稳定性。为了使起重小车减少"爬坡"和"下滑"，桥式起重机在空载时，主梁跨中应有一定的上拱度，其上拱度为 $h=\dfrac{L_k}{1000}$（L_k——主梁跨度），其主梁水平旁弯值为 $f_x=\dfrac{L_k}{2000}$。

桥式起重机的主梁在满载时，允许有一定的弹性下挠，其挠度值为 $f_0 \leqslant \dfrac{L_k}{700}$。

正常运行的桥式起重机在主梁满载时还应有一定的上拱或接近水平线。所谓主梁变形，是指主梁上拱严重减少和残余下挠（空载时起重机主梁低于水平线的下挠值）。主梁变形对起重机的安全使用和承载能力都将产生严重影响，甚至导致重大事故的发生。如主梁严重变形，小车轨道就会产生"坡度"，其结果使小车运行阻力增大，可使小车行走电机经常烧坏。另一方面，由于"坡度"，小车制动后会自行"溜车"，使被吊运物体无法准确停放在应放置的位置，甚至引发事故。其次对于集中驱动的大车运行机构，由于主梁严重下挠，使传动轴弯曲，从而引起联轴节的牙齿折断，连接螺栓断裂等等。主梁下挠后，还常引起主梁向内水平旁弯。水平旁弯后，小车轨道也会变形，小车运行时就会发生"啃道"，运行阻力就会增加，严重时可能会引起小车出轨而造成事故。此外，由于主梁下挠后，主梁受力恶化，使主梁下盖板及腹板的下部（受拉区）产生较大的裂纹。因此，主梁变形与安全生产密切相关，应引起设备管理人员、行车工的重视。

桥式起重机的小车是由小车架及其上的起升机构、小车运行机构、电气设备等组成。为便于检修，在小车上应装设防护栏杆，栏杆应布置在与主梁相垂直的相对两边上，其高度不应低于 1050mm。小车运行机构和大车运行机构基本相同，由电动机、制动器、减速机、传动轴、联轴节、车轮等组成。小车的起升机构由电动机、制动器、联轴节、卷筒及滑轮组、钢丝绳和吊钩等组成。

在使用桥式起重机的过程中应注意以下的安全事项：

1. 桥式起重机司机应年满 18 岁，身体健康，无妨碍操作之疾病者，还必须经安全技术培训，并考试合格后，取得当地有关部门颁发的特种作业合格证书，方能独立进行操作。

2. 司机应了解所驾驶的起重机的构造、性能和工作原理。同时需熟悉起重机上安全装置、制动装置和操作系统的构造及调整方法，并能正确地判断及排除常见的故障。

3. 作业前，司机应对起重机进行检查，检查配电盘上总电源闸刀开关是否断开；检查钢丝绳断丝根数或磨损量是否超过报废标准；检查卷筒上钢丝绳是否有窜槽或叠压现象，其固定压板是否牢固可靠；检查制动器的工作弹簧、销轴、连接板和开口销是否完好；检查各安全装置动作是否灵敏可靠；检查电源供电情况，其电压不得低于额定电压的 85％。

4. 开车前，应将所有的控制手柄扳至零位，并将司机室舱口门及端梁门的开关合上，接通总电源，鸣铃示警后即可开车。

5. 作业中起车要稳，应逐挡加速。

6. 每班第一次起吊载荷时，应进行试吊，先将载荷吊至离地面 50～100mm，然后放下，以试验制动器的可靠性，再进行正常作业。如发现起吊物捆缚不正确时，应重新捆缚。

7. 禁止超负荷运行，对估计不清或接近额定起重量的物件，可用二挡试吊，如二挡吊不起时，严禁用高速挡直接起吊。

8. 禁止斜拉、斜吊。

9. 起吊物体时，禁止突然起吊。当钢丝绳接近拉直（绷紧）时，应一边调节大、小车的位置，一边起吊，以防斜吊。同样，在重物落地时也要缓慢地落地，以确保起吊物体的平稳。

10. 吊运载荷不得从人头上越过。禁止在吊运的物体上站人。

11. 司机在起升、降落起吊物体，以及开动桥式起重机的大小车时，应先发出信号铃。起重机需从视线不清处通过时，应连续鸣信号铃。再者就是当吊运物体接近人员，或在其他紧急情况时，均应断续鸣信号铃或报警。

12. 起重机在正常工作过程中，禁止使用紧急开关、打反车等手段来实现停车。

13. 禁止起重机吊着物体在空中长时间停留，当起重机吊挂着重物时，司机和司索人员禁止离开工作岗位。

14. 当装卸集装箱或其他货物时，应检查包装是否坚实，是否标有起吊符号。当吊运大型钢板或有尖锐棱角的工件时，要用专用的工具进行起吊，在用钢丝绳起吊时，一定要在吊物与钢丝绳之间垫以垫物。

15. 在工作中当电压显著下降或断电的情况下，必须打开主开关，把所有的控制器手柄扳到零位。

16. 当发觉制动器失灵时，在发出警告信号的同时，打反车，把起升控制器扳到适当位置的挡位，反复利用这一方法把大小车开到安全地段，放下重物。若在制动器失效的同时，起升机构也不能工作，应立即切断司机室总开关，使制动器电磁铁断电，制动器抱闸。

17. 起重机在作业中禁止检修。检修时须由梯子上下，禁止跨越。禁止从起重机上往下抛掷物体。切断电源，应挂上"有人工作，禁止合闸！"的警告牌，或者将电源锁定。若需带电作业，需有专人监护。检修后起重机上不得遗留工具或其他物体，以免起重机在工作中造成坠落伤人。

18. 露天作业的桥式起重机，当风力大于6级以上时，应停止作业。

19. 起重作业结束后，应把起重机停在停车线上，把吊钩上升到位，吊钩上不得悬挂重物。

同时将所有的控制器手柄扳到零位，切断电源，锁上司机室门。

20. 填写好交接班日志，接班司机无异议签字认可，方可认为交接完毕，才能离开。

二、桥式起重机的车轮与轨道的安全技术检验

桥式起重机的车轮也称为走轮，是起重机桥架和小车的支承，并在起重机轨道上用来移动起重机。

车轮按滚动面形式可分为圆柱形车轮、圆锥形车轮和鼓形车轮等。按轮缘的数目又可分为单缘车轮和双缘车轮，此外还有无缘车轮（加水平导轮）。目前使用较多的是圆柱形单缘车轮。

车轮材料一般用铸钢，经工频或中频表面淬火，其表面硬度可达 $HB=300\sim380$ 范围内。在一般情况下，车轮可用 $3\sim20$ 年。

车轮的安全技术检验如下：

1. 用小锤敲击车轮，检验轮上是否有裂纹，如有裂纹，则应更新。
2. 轮缘厚度磨损达原厚度的50%，则应更新。
3. 轮缘厚度弯曲变形达原厚度的20%时，则应更新。
4. 踏面厚度磨损达原厚度的15%时，则应更新。
5. 当运行速度低于50m/min时，椭圆度达1mm；当运行速度高于50m/min时，椭圆度在0.5mm时，则应更新。

起重机轨道可采用方轨、起重机专用轨、铁路轨、工字钢等。轨道的固定方式有许多改进，较为先进的是采用橡胶垫块通过钢压板和螺栓，把轨道固定在混凝土梁上。

轨道的安全技术检验如下：

1. 轨道接头要留有缝隙，一般缝隙为1~2mm。在寒冷地区冬季施工或安装时的气温低于常年使用时的气温，且相差在20℃以上时，应考虑温度缝隙，一般为4~6mm。
2. 两根轨道的端头，共4处，均应安装坚固的掉轨限制装置，防止起重机从两端出轨，造成桥式起重机从高处坠落等事故的发生。
3. 轨道接头处的横向位移和高低不平的误差，均不得>1mm。
4. 两根平行的轨道，在跨度方向的各个同一截面上，轨面的高低误差，在柱子处不得超过10mm，在其他处不得超过15mm。
5. 同一侧轨道面，在两根柱子间的标高与相邻柱子间的标高误差，不得超过$B/1500$（B为柱子间距离，单位为mm），但最多不得超过10mm。
6. 轨道跨度，轨道中心与承梁中心，轨道不直线性误差等，不得超过有关的规定。
7. 在使用过程中应常用小锤敲击轨道固定螺钉是否有松动，永久性固定的焊缝是否有裂纹。轨道面上的油垢、室外轨道上的冰雪等应清除。
8. 轻级工作类型的轨道可每年检验一次，中、重级类型的轨道可6个月检验一次。

三、使用汽车式起重机应注意的安全事项

汽车起重机是装在标准的或特制的汽车底盘上的起重机械。汽车起重机运行速度高，机动性能好，便于单机快速转移或与汽车编队行驶。常用于露天装卸各种物料及起吊小型构件。

根据传动方式的不同，汽车起重机可分为机械传动式汽车起重机和液压传动式汽车起重机。

Q51型汽车式起重机为机械传动式汽车起重机，此起重机的额定起重量为5t，其起重机各机构均安装在解放牌汽车底盘上，汽车发动机的功率经功率分配箱传送给转台上的起升、变幅和旋转机构。起重机司机在转台上的司机室内工作，在进行起重作业时，必须使用支承器（支腿）支撑。

Q2-8型汽车式起重机为全回转动臂式的液压汽车起重机，其额定最大起重量为8t，起重机构安装在专用的汽车底盘上，起重作业的所有机构均采用液压传动和操纵，传动平稳，操作简单，并能够无级调速和微动。吊臂为两级伸缩式，由一个单级双向作用的油缸进行伸缩，臂长可在6.95~11.7m之间随意改变。支腿为用油缸收放的液压支腿。见图18-3。

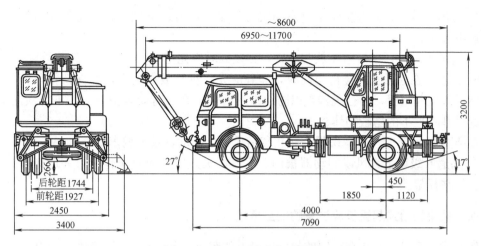

图 18-3　Q2-8 型汽车起重机图

Q100 型汽车式起重机分上车（起重机部分）和下车（特制专用汽车底盘部分）。上车为多电机驱动，由柴油机——发电机供电，通过各机构的直流电动机，分别驱动主钩起升、副钩起升、变幅、旋转各个工作机构。下车为机械传动，是一个前面两桥转向，后面两桥驱动的特制专用底盘。

上车的起升、变幅、旋转各个机构电源的接通、切断和换向，均用直流 24V 低压控制系统操纵，主、副卷筒的离合器用气动操纵，主、副卷筒的制动器用带气动助力的杠杆机构操作。

下车的转向操纵采用液压助力转向机构，刹车用气动操纵，离合器用气动推油机构操纵，主变速箱用杠杆操纵，副变速箱用气动操纵，支腿用液压操纵。

Q100 型汽车式起重机打支腿时最大起重量为 100t，其主吊臂最大长度为 60m，副吊臂最大长度为 18m，最大吊臂长度为 78m，起升高度为 77m。

汽车式起重机在使用前应进行如下的安全检查，以确保在起重作业过程中的安全可靠：

1. 检查冷却水、燃料油、润滑油、轮胎气压等是否充足。
2. 检查钢丝绳有无磨损、断丝、断股，绳卡是否牢固。
3. 检查各部件是否完好，螺栓有无松动，特别是制动部分是否完好。
4. 检查各操纵手柄是否放在中间或停止位置。
5. 检查支腿有无支撑好，并用插销固定。

汽车式起重机在使用过程中应注意以下安全事项：

1. 起钩时，操纵杆不得扳得过紧，防止由于过紧而被卡住，一旦发生情况而扳不回来，以致造成过卷扬，将起重臂反张。所谓反张即是指起重臂超过最大允许角度而往后张。

2. 起钩时，应先推吊钩操纵杆后，徐徐抬起离合器踏板。落钩时，应先把换向器手柄放在落钩位置，才能踏下制动器。

3. 每次正式起吊之前，均应进行试吊，即将被吊运物体吊起离地面 50~100mm，以检验制动器是否安全可靠。在起吊重物时还应在试吊时检查支腿是否牢靠。

4. 起吊重载时，如发生带不动发动机慢下来时，应退下操纵杆，待发动机转速恢复正常后再起吊。

5. 起吊重载时，尽量避免放起重臂，必须放时应先把重物放下，再放起重臂。

6. 起重臂在起吊重载竖得很高时，卸载应先将重物放在地上，并保持钢丝绳拉紧状态，然后放低起重臂，再行脱钩，以防起重机后翻。在没有安全措施时，不得横向受力，不得起吊埋在地下的隐蔽物体。

7. 起重机回转时动作应缓慢，防止载荷大幅度摆动，甚至翻车。

8. 如遇 6 级以上大风或制动器被雨、雪淋潮失效时，应停止作业，并应卸下载荷把起重臂放在托架上。

四、使用轮胎式起重机应注意的安全事项

轮胎式起重机是安装在特制的轮胎底盘上的起重装备，运行速度较低，采用一套柴油机多电机动力系统，司机室只有一个。中小型轮胎式起重机可吊一定的载荷行驶。

QL2-8 型轮胎式起重机为动臂全回转自行通用性液压起重机，其行驶部分采用 CA10B 型解放牌载重汽车。起升、回转、变幅、支腿和稳定器均采用液压传动方式，从而使得起重机易于操作，工作平稳，实现无级调速，较安全可靠。该种起重机在作业中，既可单个机构动作，又可在轻载时几个机构同时联合动作。在规定的额定幅度下，所有不用支腿时的起重量均可作吊重行驶作业。

QL3-16 型轮胎式起重机为全回转动臂自行式轮胎起重机，为柴油机-发电机，多电动机驱动的起重机械，额定起重量为 16t。此种起重机是用柴油机带动直流发电机发电，再分别驱动起升、变幅、旋转、行驶等各工作机构。电气部分采用直流 24V 低压控制系统操纵，行驶制动系统采用气动操纵，行驶转向系统采用液压操纵。此起重机多用于港口、车站、建筑工地等作业场所。

由于轮船式起重机在使用初期，其全部机构的零部件处于磨合状态，故在使用起重机最初的 100h 内，其起重量应控制在一定的范围内，不宜过大，工作速度不宜过快；空车行驶平均速度不宜＞20km/h，吊重行驶时最大起重量也不宜过大。当起重机工作 150h 后，应拆除发动机化油器与进气管之间的限速片，并加铅封，同时更换发动机油及清洗空气滤清器。当起重机工作达 200h 后，应按规定更换各传动系统的润滑油和油路系统中的液压油。

为确保在起重作业过程中的安全可靠，轮胎式起重机在使用前应进行如下检查：

1. 检查各个部件的紧固情况及吊具的牢固程度。
2. 按规定对各润滑点加足润滑油。
3. 检查油路系统的液压油箱中的油是否充足。
4. 检查发动机工作是否正常，启动前检查各操纵手柄是否均处于零位。
5. 检查油路、气路是否有泄漏处。
6. 空载运转起重机各机构，检查各机构运转是否正常。

轮胎式起重机在使用过程中应注意以下安全事项：

1. 工作场地应平整，如不平时，应用木块将支腿下方垫平。轮胎式起重机不可在倾斜的地面上作业，也不得在泥泞和没有夯实的地面上进行起吊作业，以防止翻车事故。

2. 手闸柄应拉紧。

3. 估计被起吊物体的重量,确定起重臂仰角。起吊时需进行试吊,同时检查整机的稳定性,以及制动器的可靠性和捆绑情况。经检查确认无误后方可起升作业。作业时,每一动作开始前,均应先鸣笛示警。

4. 起重机应与附近的设备、建筑物、架空线路保持一定的距离,使其在运行时,不致发生碰撞。

5. 起吊作业中不得扳动支腿操纵手柄,如须调整支腿时,应先将被吊运物体落下后,再行调整。

6. 不得超载吊运重物。

7. 在重物或起重臂下严禁站人,防止钢丝绳断裂或重物滑脱时造成事故。

8. 吊运物体时钢丝绳应垂直于地面,不得斜吊。

9. 不得吊拔埋在地下或冻结在地面上的物体。不得超力矩起吊重物,也不得仰角超过限度,以防翻车、折臂事故发生。

10. 起升卷筒上的钢丝绳在任何情况下均不得少于3圈。

11. 伸缩吊臂时,吊臂前端滑轮组与吊钩之间应保持一定距离。

12. 起重机在输电线下作业,应与输电线保持一定的距离。

13. 被吊运物体起落时,速度要均匀,非特殊情况不得紧急制动和高速下降。当重物接近地面时,应先制动一下,再落下重物,防止有冲击。

14. 起重作业过程中,禁止对起重机各部件进行维修,司机不得离开岗位,如有特殊情况,必须将被吊运物体放在地面上再离开。

15. 遇有下雨或下雪天气,制动器易打滑失灵,故在落钩时应慢一些。

16. 当两台起重机共同抬吊一物体时,应统一指挥,速度应协调,要按比例分配载荷,且每台起重机均不应超载。

17. 回转动作要平稳,不得突然停转,当起吊接近额定起重量时,不得在吊离地面0.5m以上的空中进行回转。

18. 吊重行驶时,起重机的轮胎气压要充足,起步要平稳,并应慢速、均匀行驶,不得进行急刹车。

19. 风力超过6级时,应停止起重作业,并卸下重物,将起重臂放到运行位置,拉紧手制动器。

五、使用塔式起重机应注意的安全事项

塔式起重机是一种塔身竖立,起重臂回转的起重机。塔式起重机具有提升度高、工作辐射面大的特点。由于起重机与竖直的塔身构成"厂"型结构,能够保证更好地包围角型建筑物,从而提高了起重机的有效工作范围。特别是近年来,由于塔式起重机上采用了良好的调速技术与优质材料,以及合理先进的结构,使其具有较高的工作速度和较大的起重力矩,因此塔式起重机被广泛地应用于建筑工地上。

塔式起重机是由金属结构、机械传动机构、电器设备等部分所组成。其机械传动机构有起升机构、回转机构、变幅机构及运行机构。为保证起重机的安全运行还安装了一些必要的安全装置,如起重量限制器、吊钩高度限位器、起重力矩限位器、幅度限位器、旋转

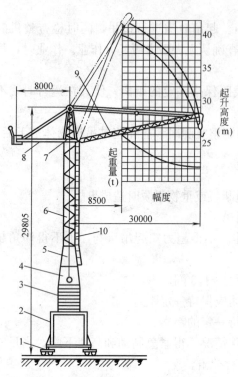

图 18-4 QT1-6 型塔式起重机（上旋式）
1—行走台车；2—龙门架；3、4—第一节架；
5—驾驶室架；6—延接架；7—塔顶；8—平衡臂；
9—起重臂；10—爬梯

力矩联轴节、夹轨钳等。

塔式起重机按旋转方式可分为上旋式塔式起重机和下旋式塔式起重机。

上旋式塔式起重机的塔身不旋转，通过支承装置安装在塔顶上的转塔（起重臂、平衡臂、塔帽等组成）旋转，见图 18-4。

上旋式塔式起重机按旋转支承的构造形式，又可分为塔帽式、转柱式和转盘式 3 种。

1. 塔帽式构造有上、下两个支承。上支承为水平及轴向止推轴承，承受水平及垂直载荷。下支承为水平支承，只承受水平载荷。此种构造的回转部分的结构比较轻巧，转动惯量比较小。但上下支承间距较短，能承受的不平衡力距较小，故一般只用于中小型塔式起重机上。

2. 转柱式构造是吊臂装在转柱上，有上下两个支承。但与塔帽式相反，上支承只承受水平载荷，下支承既承受水平载荷，又承受垂直载荷。由于塔身和塔柱重叠，故金属结构重量大。但由于上下支承间距较大，能承受较大的倾覆力矩，故常用在重型工业建筑塔式起重机上。

3. 转盘式构造为其吊臂装在旋转支承上，旋转支承是塔式起重机的一个重要部件，其下部与塔身连接，上部与起重机及平衡臂连接。这种结构形式具有结构紧凑、重量轻、制造精度高、接触间隙小的特点，在回转工作时冲击力小，回转阻力矩小，现代塔式起重机多采用这种结构形式。

上旋式塔式起重机由于塔身不动，其底部轮廓尺寸较小，可在深狭窄的施工现场使用。

下旋式塔式起重机是将吊臂装在塔身顶部，其塔身平衡重和所有机构均装在塔底部的转台上，塔身以上整体可随支承装置一同旋转。见图 18-5。此类起重机重心低、稳定性好，塔身受力状态较好，维修方便，且多数可以做到整体拖运，快速架设，能够方便地转移施工现场。但由于其平台较低，为使起重机回转方便，故与建筑物应保持一定的安全距离。

下旋式塔式起重机按行走方式又可分为轨道式、轮胎式、履带式 3 种形式，其中以轨道式塔式起重机是目前应用比较多的一种形式，可以带一定负荷行走，在较大的区域范围内进行水平运输。

塔式起重机按变幅方式分，可分为压杆式起重臂和水平小车起重臂两种。

1. 压杆式起重臂塔式起重机变幅是用改变起重臂的倾角来实现的。这种变幅方式比较简单，一般为空载变幅。但由于仰角的限制，起重机的有效幅度为最大幅度的 70%

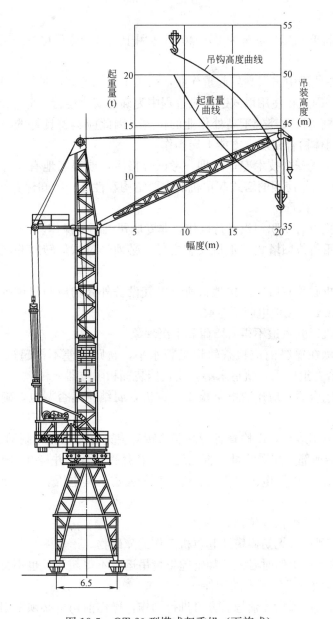

图 18-5　QT-20 型塔式起重机（下旋式）

左右。

2. 水平小车起重臂塔式起重机的起重臂是固定在水平位置上，变幅是通过起重臂上的运行小车来实现的。其优点是能充分利用幅度，起重小车可以开到靠近塔身的地方。但由于起重臂受较大的弯矩和压缩，所以就要把起重臂制作的比较笨重。在相同条件下，压杆式起重臂要比小车变幅式起重臂轻 18%～20%。

塔式起重机按起重量或起重力矩分类。起重量可分为轻型、中型、重型 3 类。

1. 轻型塔式起重机其起重量为 0.5～3t，一般用于 5 层以下的民用建筑施工中。
2. 中型塔式起重机其起重量为 3～15t，适用于工业建筑的综合吊装和较高层民用建筑施工中。

3. 重型塔式起重机其起重量为 20～40t，适用于重型工业厂房的施工及化工、冶金设备的吊装。

塔式起重机在使用中多属高处起重作业，吊重工作幅度大，吊钩工作覆盖面积大，施工现场情况多变，因此在使用塔式起重机过程中为确保安全运行，应注意如下安全事项：

1. 塔式起重机司机大都处于高处作业的位置，因此应具备良好的身体素质和一定的视力，经医务部门体检合格后，方能上岗操作。

2. 司机必须接受安全技术专业培训，考试合格后，取得当地有关部门颁发的特种作业合格证。熟悉所操作使用的塔式起重机的主要结构和性能，熟知保养知识和安全操作规程，并应严格地遵守执行。

3. 塔式起重机应有专职司机进行操作，非专职司机不得操作。

4. 新塔式起重机或旧塔式起重机安装之后，必须经过试运转，并同时调节好各种安全装置。

5. 塔式起重机必须有可靠的接地，所有电气设备外壳均应与机体妥善连接。其接地线截面不得 $<25mm^2$，接地电阻不 $>4\Omega$。

6. 塔式起重机行驶轨道不得有障碍和下沉现象。

7. 塔式起重机在操纵前应检查轨道是否水平，轨距公差不得超过 3mm，直轨应平直，弯轨道应符合弯道要求，轨道末端应设止挡装置和限位器撞杆。

8. 总电源闸闭合后，应用验电笔检查起重机金属结构是否漏电，确认安全后方可上梯子进入司机室。

9. 操作前应空车运转，以检查各控制器的转动装置有无毛病，制动器闸瓦松紧程度，制动是否可靠，传动部分润滑油量是否充足，声音是否正常。并检查钢丝绳的磨损情况。

10. 操作前应检视电源电压是否符合起重机的要求，其电压表上的读数不得低于额定电压的 92%。

11. 检查各手柄是否在零位。

12. 检查施工现场有无妨碍塔式起重机工作的障碍物。

13. 塔式起重机在工作时必须按额定起重量吊运，不得超载，也不得吊运人员和斜拉重物，以及拔除地面下或设备上的物件。

14. 司机必须在得到指挥信号后方可进行操作，操作前司机必须发出电铃等声响信号后方可启动。

15. 操纵控制器时，应从停止（零位）逐挡加速或减速，严禁越挡操纵。无论哪一部分传动装置在运转中变换方向时，均应将控制器先扳到停止点（零位），待传动停止后，再开始逆向运转，禁止直接变换运转方向。

16. 司机应注意被起吊物体绑扎是否牢固合理，防止重物在起吊后在空中坠落或在空中翻转。

17. 在起吊重物过程中，司机不得与其他人员闲谈或做其与工作无关的事，精力应集中。

18. 被吊运物体上升时，吊钩距起重臂端不得 $<1m$。

19. 塔式起重机在运转过程中，如发生意外的突发故障，司机应谨慎进行处理。如制动器突然失灵，被吊运物又处于空中时，司机应首先发出报警信号，根据现场人员分布的位置和被吊运物体的重量与体积，采取果断处理措施。在此种情况下通常是采取继续起升，并将重物转到空旷的地方，用电机控制使重物下降到安全的空旷处。又如突然停电，被吊运物又处于空中时，应首先查明停电原因，若停电时间较长，应采取措施使重物降落到地面。在此种情况下通常是用扳手逐渐松开制动瓦，使重物缓慢下降至地面。

20. 塔式起重机在运转过程中，司机应注意观察和倾听各传动机构有无异常声响，轴承有无过热现象，若发现异常，应及时停机排除，但在运转中不得检查或调整。

21. 工作休息时及下班后，不得将重物悬挂在半空中。

22. 爬升操作时，起重臂严禁处于塔身对角线方向，提升套架时爬升机构的放绳速度必须＞起重机构的提升速度，否则须停止起升电机，防止造成拉断爬升绳。

23. 夜间作业时必须有充足的人工照明。

24. 塔式起重机停止操纵后，应将起重机开到轨道中部位置停放，并用夹轨钳夹紧在钢轨上。吊钩应上升到距起重臂尖 2～3m 处。起重臂应转至平行于轨道的方向。所有的控制器工作结束后，必须将控制器扳到停止点（零位），同时拉开电源总开关。

25. 在遇 6 级以上大风或暴雨时，应停止操作，并用足够的缆风绳固定塔身。

26. 司机室内不得过多地放置润滑油、棉纱头等易燃物品，下机前应将所有的门窗关闭好。

使用轮胎式塔式起重机时，除了参照轨道式塔式起重机的安全事项外，还应注意如下安全事项：

1. 起重机工作场地应平整，并压实。在施工场地需要移动时，其行驶的路面应平整压实。

2. 起重机在工作前应在支腿下垫好垫木，支好支腿，用支腿调平平底盘，其最大倾斜度不得超过 1°。

3. 起重机在施工场地自行移动时，支腿离地面应＞50mm，起重小车应位于 3m 幅度位置。

4. 移动时应注意保护电缆。

六、自升式塔式起重机顶升时应注意的安全事项

自升式塔式起重机是依靠自身的工作机构升降塔身高度的塔式起重机。

自升式塔式起重机采用自升式塔身，仅需占用较小的施工场地便能够随建筑物的升高而升高，稳定性能良好，装拆塔可在低塔时进行。司机室布置在塔顶下面，视野开阔。由于起重机的起升高度、起重能力和一系列的结构特点，特别适用于高层建筑物，大跨度厂房、大型热电站，采用滑升模板施工的高大烟囱、筒仓和其他塔形构筑物，大容量油罐和其他罐体构筑物等的建筑工程施工。

自升式塔式起重机按自升方式可分为绳轮自升结构、链条自升结构、齿条自升结构、丝杆自升结构和液压自升结构等。

按起重臂的型式可分为压杆臂架、压弯臂架和可折曲的两用臂架。

压杆臂架是借助调整臂架的倾角来改变幅度的，见图 18-6。其特点是臂架轻，转台尾部回转半径小，适于狭窄、周围障碍多的施工场地。其缺点是负荷变幅时不稳定。

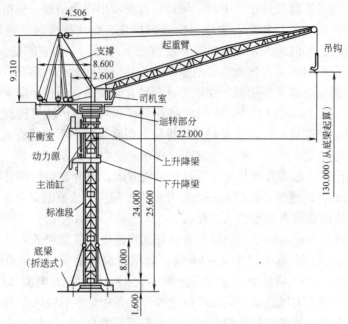

图 18-6　压杆式臂架自升式塔式起重机简图

压弯臂架是通过变幅小车来实现变幅的，其特点是无需特殊设备就可以实现吊重平移，且就位平稳准确，最小工件半径较小。

可折曲的两用臂架，结构繁琐，应用较少。

目前国内外生产的自升式塔式起重机多采用压弯臂架结构的起重臂。如我国自行设计、自行制造的 QT4-10 型自升式塔式起重机，就是采用压弯臂架，小车变幅，外塔架顶升，内塔架逐节接高的结构型式。这种塔式起重机通过更换或增加一些部件或辅助装置可分别用作附着式、内爬式、轨道式、独立固定式进行工作。

附着式即底架固定在钢筋混凝土基础上，每隔 16～20m，用锚固装置附着于建筑结构上。锚固以上的最大自由高度为 35m，最大起升高度为 160m。

内爬式是在建筑物内部利用建筑结构，如电梯井等，随施工进程向上爬升，其最大爬升高度亦可达 160m。

轨道式采用轨距为 6.5m，最大起升高度为 40m。

独立固定式最大起升高度可达 40～50m。

在使用自升塔式起重机过程中，因作业需要进行顶升时，应注意如下的安全事项：

1. 天气在风力 3 级以上时，不得进行顶升作业。
2. 多台塔式起重机同时进行作业时，相邻两塔的高度差应不<5m。
3. 顶升作业应有专人进行指挥，其电源、液压系统等均应有专人进行操作。
4. 顶升前应把平衡重、起重小车移向塔身。
5. 检查定位销，调整好导轮间隙。
6. 顶升过程中严禁旋转塔帽。
7. 顶升结束后，应检查电源是否切断，左右操纵杆要回复到中间位置，套架导轮与塔身脱离接触，各段螺栓要紧牢。

8. 顶升到一定高度就要进行锚固。在安装锚固装置时，应用经纬仪检查塔身的垂直情况，一般允许有1‰～2‰的高度变形。同时要经常检查锚固装置情况，防止下滑松动而造成事故。

七、使用门座式起重机应注意的安全事项

门座式起重机由于具有大型金属结构门形机座而得名。在门座上的起重机部分，包括旋转机构、起升机构和变幅机构等。门形机座腿部所安装的运行机构中的车轮可沿地面轨道行驶。门座门洞的宽度依需要的不同而不等，可通过一列或并列的两至三列铁路车辆及其他车辆。门座式起重机为现代化港口中用来进行船只货物装卸，或造船厂装配工作机械化的必要起重设备。

门座起重机的门架是用钢材焊接或铆接而成，其门架结构形式分为桁架式和钣梁式。由于门架承受着全部起重部分的重量以及货载和风载，同时还承受着各种运动所产生的惯性力和由此而引起的各种力矩，故要求其具有足够的刚性和强度，以承受载荷和减小在工作中所引起的振动。

常见的门架结构型式有八杆门架、交叉门架、圆筒门架等。

八杆门架是由顶部圆环、中部八根支杆以及下部门座等3部分组成。支杆结构可由型钢或钢板焊制。门座多为钢板箱形结构，高度大的门架中部，可用双层支杆。

交叉门架是由箱形截面的两片钢架垂直方向交叉组成。顶部是箱形断面的圆环，上面装有圆形道轨及齿轮。中间有一层或两层水平十字梁用来拉撑4条立腿。上层十字梁可用来装置转柱下支承座。

圆筒门架是把整个门架的中间部分，用大直径钢筒代替上述两种门架的支杆或箱形结构支腿的上半部。顶面上装有大直径滚动轴承和大齿轮，圆筒内装有电梯和爬梯等。

门座起重机上部的起重机部分位于门架上的位置，直接影响门架各腿支承力的分布，且压力大小与臂架旋转的角度部位有关。为了减小各腿压力的不均匀性，单线门座起重机把超过工作允许范围时，应停止工作。

在使用门座起重机过程中，应注意以下的安全事项：

1. 司机应了解起重机的技术性能、构造特点，以及机械和电气部件的使用范围。
2. 作业前，司机应检查起重机周围，排除障碍物，松开夹轨钳；检查操作室内各控制手柄是否在零位，然后再推上各电源开关。
3. 起吊货物前，应作空负荷试验，起吊第一钩货物时，应作刹车试验。
4. 起重机工作时间，司机不得随意离开。无关人员禁止上机。
5. 起重机在作业时，非驾驶司机不得留在操作室内。
6. 司机未接到指挥人员的信号，不得擅自进行吊装。在危险紧急的情况下，司机对任何人员所发出的停机信号，均应立即停机。
7. 禁止吊装超负荷的货物，对重量不明的货物应先查明或估计不会超过额定起重量时，方可起吊。当起吊后发现超负荷，则应立即放下。
8. 严禁钢丝绳斜拉货物或操作时使货物剧烈摆动，引起过大摇角。
9. 在水中或泥中的货物或与其他物件绊在一起的货物，不应直接起吊。
10. 吊运大体积货物时应用绳牵拉，以免摇摆碰撞。

11. 被吊运的货物严禁从人头顶上越过，不得以吊钩或抓斗带人。

12. 起重机在旋转时应防止起重机之间，平衡重与船台之间，以及货物摆动与其他设备之间相互碰撞。

13. 经常清除梯子、平台和栏杆上的油泥、雨水、冰雪等物，以防滑倒。

14. 机件在运转时，严禁加油、清理和检修等。

15. 两台起重机同时起吊一件物品时，应事先制定工作步骤和安全措施，并应尽量慢速操作。

16. 作业结束后，应将起重臂变到最小幅度，吊钩起升到顶端，起重机开到指定的停放地点，夹好防风夹轨钳。

八、使用垂直升降机应注意的安全事项

垂直升降机由井架（或龙门架）、卷扬机、滑轮、钢丝绳等组成。根据垂直运输的形式分为龙门架和井字架。

龙门架是由2根立杆及横梁构成的门式架。在龙门架上装设滑轮、导轨、吊盘、安全装置，以及起重索、缆风绳和卷扬机等，配套组成一个完整的垂直运输系统。

按照龙门架的立杆组成来分，目前常用的有组合立杆龙门架、钢管龙门架等。组合立杆龙门架的立杆是由钢管、角钢和圆钢相互组合焊接而成。钢管龙门架是以单根杆件作为立杆而构成的，其稳定性较组合立杆差，适宜于低层建筑施工中使用。

井字架是由立杆、大横杆、小横杆、八字撑、剪刀撑、天轮梁等组成。除了常用的钢管井架、型钢井架等外，所有立杆式脚手架的框架，都可搭设不同形式和不同井孔尺寸的单孔或多孔井架。井字架的稳定性好，运输量大，可搭设较大高度。

井字架可分为扣件式钢管井架和型钢井架。常用的扣件钢管井架有八柱、六柱和四柱3种，其主要杆件和用料要求与扣件式钢管脚手架基本相同。型钢井架由立柱、平撑、斜撑等杆件组成。在房屋建筑中一般采用单孔四柱角钢井架。其构造有两种，一种是用单根角钢由螺栓连接而成，即是把连接板焊在立柱上，仅平撑、斜撑和立柱的连接，以及立柱的接高用螺栓连接。另一种是在事先组焊成一定长度的节段，然后运至施工现场安装，一般轻型小井架多采用此种方法。

为了确保垂直升降机在使用中的安全，必须设有较完善的安全装置。其安全装置主要有吊盘安全门栏、安全停车装置、吊盘防坠装置（即断绳保护装置）、上升极限位置限制器、卷扬机制动器、音响信号装置等。

在使用垂直升降机过程中应注意以下的安全事项：

1. 垂直升降机必须由经过专门安全技术培训，并经考核取得有关部门颁发的特种作业合格证的专职人员进行操作。

2. 作业前应详细检查龙门架、吊盘、卷扬机制动器、电气设备及各种安全装置是否完好、灵敏可靠，若发现问题需处理好后才能操作。正式使用前，应试运转5min，以检查升降机工作的可靠性。

3. 作业中应集中精力，不得干与工作无关的事，不得擅自离开岗位。

4. 龙门架（井架）须标明起重量，严禁超载使用。提升重物时应缓慢启动，不可突然全速启动、下降或半空刹车，防止损坏传动部件、钢丝绳等。

5. 垂直升降机在运行过程中严禁修理或进行调整。

6. 吊盘严禁乘人上下。

7. 严禁吊运超过吊盘长度的物件，吊盘不得偏重。不得吊运未经放稳或由于升降而导致物体在吊盘内可滚动的物件。

8. 操作升降机人员应听从吊运指挥人员的指挥，启动卷扬机前应先鸣铃。

9. 检修时须先切断电源，并锁上电源开关或有专人监护。

10. 工作完毕后应将吊盘落放到地面，严禁悬吊在半空中。同时切断电源，电源开关闸箱上锁。

第四节　起重机的安全装置与司机室的安全技术要求

一、制动器的使用安全

起重机械作为一种间歇动作的机械，需经常地起动或制动。因此，制动器在起重机械上既是工作装置，又是一种安全装置。根据国家标准《起重机械安全规程》（GB 6067）中的要求，动力驱动的起重机，其起升、变幅、运行、旋转机构均必须装设制动器。人力驱动的起重机，其起升机构和变幅机构也必须装设制动器或停止器。起升机构、变幅机构的制动器，必须是常闭式的，即切断动力时，制动器处于闭合状态。

对吊运炽热金属或易燃、易爆等危险物品，以及发生事故后可能造成重大危险或损失的起升机构，其每一套驱动装置都应装设两套制动器。

每套制动器还应有一定的安全系数，且不应＜表 18-5 中的规定。

制动器的安全系数　　　　　　　表 18-5

机　构	使　用　情　况	安　全　系　数
起升机构	一般的	1.5
	重要的	1.75
	具有液压制动作用的液压传动	1.25
吊运炽热金属或危险品的起升机构	装有两套支持制动器时,对每一套制动器	1.25
	对于两套彼此有刚性联系的驱动装置,每套装置装有两套支持制动器时,对每一套制动器	1.1
非平衡变幅机构		1.75
平衡变幅机构	在工作状态时	1.25
	在非工作状态时	1.15

目前在各类起重机械中所使用的制动器，主要有块式制动器、盘式制动器和带式制动器。三种制动器的结构不同，但工作原理基本相同，都是依靠装在机构轴上的制动轮或制动盘与装在机架上的固定瓦块（钢带或圆盘）相互压紧而产生的摩擦力来实现制动的。

带式制动器由制动轮、制动带及杠杆等组成。在重锤的作用下，制动带紧包在制动轮上，靠制动带与制动轮之间的摩擦而实现制动。在磁铁力的作用下，实现制动器松闸。制动轮的直径一般为 200～760mm，制动带通常用 45 号薄钢带制成，厚度在 2～5mm 之间，宽度一般不＞150mm，为增加摩擦在制动带内表面上钉摩擦垫片，如皮带、石棉制动带等。

瓦块式制动器结构简单，制造方便，多用于龙门起重机。瓦块式制动器可分为电磁瓦块式制动器和液压推杆瓦块式制动器，电磁瓦块式制动器又可分为短行程和长行程两类。

短行程电磁瓦块式制动器上的闸是借助主弹簧，通过框形拉板，使左右制动臂上的制动瓦块压在制动轮上，靠制动轮瓦和制动块之间的摩擦而实现制动。制动器的松闸，是借助电磁铁。当接通电流时，电磁铁的铁芯吸住衔铁，衔铁把顶杆左右推动，制动臂带动制动瓦块同时离开制动轮，制动轮便可自由地转动，从而实现松闸。短行程电磁瓦块制动器上闸、松闸动作迅速；外形尺寸小，自重小；由于铰链少（较长行程），故死行程小；由于制动瓦块与制动臂铰接，制动瓦与制动轮接触均匀，故磨损均匀。但由于短行程电磁铁吸力有限，所以一般用在制动力矩比较小的机构中，其制动轮的直径一般在300mm以下。

当机构需要较大的制动力矩时，短行程电磁瓦块式制动器就无法满足，因此必须采用长行程电磁瓦块式制动器。长行程电磁瓦块式制动器上闸是借助弹簧，松闸借助于电磁铁，通过杠杆系统实现松闸。长行程电磁瓦块式制动器多用在20～30t以上的桥式起重机上。

电磁瓦块式制动器结构简单，能与电动机的操纵电路联锁，因此当电动机工作停止或事故断电时，电磁铁能自动断电，制动器便自动上闸，工作安全可靠。但电磁铁冲击大，对机构可产生猛烈的刹车，从而引起传动机构的机械振动。同时由于起重机构的频繁启动、制动，电磁铁便产生巨大的碰撞声响。再者电磁铁的使用寿命较短，须经常修理更换。

为了克服电磁铁制动器的缺点，则出现了液压推杆瓦块式制动器。液压推杆制动器的结构与长行程瓦块式制动器相似。上闸借助弹簧，松闸则借助液压推杆。由于液压油的作用，使上闸、松闸均比较缓和。

液压推杆推动器，主要由电动机和油泵组成。液压瓦块制动器就是瓦块式制动器的松闸采用液压松闸器，因此制动器起动、制动平稳，没有声响，且每小时操作次数可达720次。

液压电磁瓦块式制动器是在液压制动器和电磁制动器的基础上发展起来的，兼有两者的长处，即无冲击，其结构又简单。

液压电磁制动器上闸借助弹簧，松闸借助液压电磁铁。目前使用较多的为液压电磁推杆瓦块式制动器。

在使用制动器的过程中，应注意以下安全事项：

1. 起升机构制动器，在每班开始作业前均应认真检查，大小车运行机构制动器至少应两三天检查一次。

首先应检查整个制动器动作是否灵活，不得有卡塞现象，电磁铁的动静铁芯应接触良好。在检查时可用扳手压电磁铁动铁芯（短行程），观察各部分的活动是否灵活，制动轮与两个闸瓦间隙是否相等。用手摇晃制动臂，观察其销轴的磨损情况，若销轴或轴孔直径磨损达原直径的5%则应更换新件。对长行程制动器还要特别注意动静铁芯之间不得卡有任何物件，以免烧坏电磁铁。

2. 在检查摩擦片时，若制动片是用铝或铜铆钉固定在铸铁制动瓦上的，铆钉头应低于制动片表面1mm。

当制动轮工作面不光滑，或者制动轮与制动带配合不良时，都会产生严重的磨损，从而减小制动力矩,甚至使制动器失去作用。因此制动带摩擦垫片与制动轮的实际接触面积,不应＜理论接触面积的70%。当制动片磨损达原厚的50%时,则应更换新带。

3. 制动轮的制动磨擦面,不应有妨碍制动性能的缺陷或沾染油污。当制动轮出现裂纹;起升、变幅机构的制动轮,轮缘厚度磨损达原厚度的40%;其他机构的制动轮,轮缘厚度磨损达原厚度的50%;均应作报废处理。若轮面凹凸不平度达1.5mm时,如能修理,修复后轮缘厚度应符合上述的要求,否则也应作报废处理。

4. 制动轮的锥孔与轴不得有相对转动,如发现有相对转动,则应拆开检查键是否被挤扁或键槽是否扩大。可用涂红铅油的办法检查轴孔的实际接触面,接触面不应低于理论接触面积的70%。

5. 制动轮面的工作温度不应超过200℃;工作面应经常用煤油清洗,以防止由于污垢而使制动轮在制动过程中打滑造成事故。

6. 制动臂、顶杆、框形拉杆、主副弹簧都不得有裂纹和永久变形。

7. 地脚螺栓、锁紧螺母以及其锁紧件都不应有损坏或脱落,防止由于锁紧件脱落,轴栓跑出,使制动瓦从制动臂上脱落而发生事故。

8. 对于液压电磁制动器,接通电流,检查制动瓦的张开情况、液压油位。制动杠系统推杆必须灵活,不得有卡塞现象。电磁铁线圈的温度不得超过105℃。

二、防风夹轨钳与风级风速报警器

防风夹轨钳是安装在地面轨道上行驶的露天工作起重机上的一种安全装置,以防起重机械在受到大风吹袭时自由移动或被刮倒。防风夹轨钳及锚定装置或铁鞋应能各自独立承受非工作状态下的最大风力,而不致被吹动。

防风夹轨钳主要有插销式、手动式、电动式(电动重锤式)等几种类型。

锚销式防风装置的原理是在起重机轨道的适当区段,装设钢支架,在起重机不工作时,用插销将钢支架与起重机的钩固定。

手动夹轨钳有垂直螺杆和水平螺杆两种形式。当转动手轮时,垂直螺杆使其上的螺母作垂直方向移动,再通过连杆使夹钳张开并提升,或者下降并夹紧。

电动夹轨钳有弹簧式电动夹轨钳、楔形重锤式电动夹轨器、凸轮自锁式电动夹轨钳及螺杆自锁式电动夹轨钳等型式。弹簧式电动夹轨钳是一种手、电动两用夹轨钳,由电动机、一对圆锥齿轮、中间螺杆、宝塔形弹簧、连杆和钳臂等组成。当电动机转动时,中间螺杆压缩宝塔形弹簧,使夹轨钳夹紧。通过电气联锁,使运行机构一停止,夹轨钳则能自动夹紧。在电动机的对面的中间螺杆上,安装另一对圆锥齿轮,用以带动一个限位开关,起保护作用。

楔形重锤式电动夹轨钳由电动机、制动器、减速器、钢丝绳、连杆、楔形重锤、钳臂等组成。夹轨钳的夹紧力是依靠楔形重锤的重量产生的。当重锤下落后,迫使钳臂的上端分开,而下端钳口夹在钢轨上。当需要松开夹轨钳时,开动重锤的提升机构,把重锤提升。当重锤在自重的作用下,下降到极限位置时,电动机在惯性力的作用下仍然会旋转,为了避免钢丝绳过分松弛而被紊乱,在电动机轴上安装了一个安全制动器。当钢丝绳发生松弛,在杠杆系统自重作用下,安全制动器即上闸。

螺杆自锁式电动夹轨钳由电动机带动一对减速齿轮,再驱动蜗轮,蜗轮带动倒顺牙螺杆，从而使夹钳臂夹紧或开启。

凸轮自锁式电动夹轨钳是在楔形重锤式夹轨钳的基础上发展起来的，它克服了楔形重锤冲击大的缺点。凸轮自锁式电动夹轨钳由钳臂杠杆、偏心轮以及其上的钳牙、弹簧、凸轮和传动机构等组成。其夹轨钳的夹紧作用是依靠重锤向下沿导轨滑动，通过齿条和齿轮带动轴，使凸轮转动。此时凸轮的转动方向是使钳臂杠杆上端张开，于是偏心轮与钢轨侧面夹紧。此种夹轨钳的电动传动机构有电动机、联轴带、减速器、操纵离合器、传动齿轮、驱动凸轮轴等。凸轮轴的左端装有制动器和限位开关的凸轮圆盘。

自锁夹板式夹轨钳由两块夹板和一个液压顶升机构组成。起重运行时，由液压顶升系统把夹板顶起来，当起重机遭到大风吹袭时，夹板落在钢轨上并与钢轨自锁夹紧，夹紧力与起重机的拖拉力成正比例，不需要动。整个夹轨钳及其液压顶升系统构成一个单独的运行小车拖在起重机的后面。此种夹轨钳的夹紧力大，其夹紧力随风力的增大而增大。

锚定装置是固定起重机的装置。当风载荷过大时，夹轨钳往往难以承受，此时须将起重机开到设有锚定装置处，应用柱销将起重机与锚定装置联成一体，以达到防止起重机移动和被大风吹倒的目的。为提高安全可靠性，锚定装置可与防风缆绳联合使用，以减轻塔式起重机的载荷，防止其折断。

此外，防滑靴（俗称铁鞋）也是常用的防风装置，它是通过伸向起重机车轮下的止轮板，依靠摩擦力来防滑的。

露天工作的、金属塔架高于或等于 50m 的塔式起重机、门座起重机都应装设风级风速报警器。当风力>6 级时，风级风速报警器便能发出警报信号并宜有瞬时风速风级的显示能力，以通知起重机司机停止作业，防止在大风状态下作业而发生意外事故。在沿海地区工作的起重机，风级风速报警器可定为当风力>7 级时能发生报警信号。

三、缓冲器

缓冲器是一种吸收起重机械与物体相碰撞能量的安全装置，缓冲器能在起重机制动器和终点开关失灵之后起作用。由于起重机的运动速度较高，为了减少起重机与轨道端头挡板的冲击载荷，以保证起重机能较平稳地停车而不致于产生猛烈的冲击，桥式起重机、龙门起重机、装卸桥的大小车，以及有回转角度限制的汽车起重机、轮胎起重机、履带起重机、铁路起重机、塔式起重机的回转极限位置上，都应装设缓冲器。

缓冲器应具有吸收运动机构的能量并减少冲击的良好性能。目前应用的缓冲器，有橡胶缓冲器、弹簧缓冲器、液压缓冲器和发泡塑料缓冲器等类型。

橡胶缓冲器具有结构简单、成本低廉、维护方便等特点，但由于其缓冲效果不佳，吸收能量少，只适用于车速<50m/min，工作环境温度在-30~50℃的场合，且不宜与油类化学物品接触。

弹簧缓冲器目前应用最为广泛，由冲撞元件和压缩弹簧所组成。该缓冲器结构简单，维修方便，环境温度对其工作几乎没有什么影响。在起重机与缓冲器相碰撞时，撞击动能大部分转换成弹簧的压缩势能，只有小部分转换为热能，其缺点是弹簧缓冲器有较大的反弹力，这对起重机的零部件和金属结构将产生不利的影响。为此，弹簧缓冲器推荐用于车速在 50~120m/min 范围内的起重机上。

为减小反弹作用，可采用弹簧摩擦式缓冲器和带有止动机构的弹簧缓冲器。弹簧摩擦式缓冲器能把撞击所产生的能量大部分转化为热能，工作弹簧的缓冲作用较小，故反弹力也小。带有止弹机构的弹簧缓冲器是在普通弹簧缓冲器的尾部加装一个止弹机构。当起重机产生撞击时，顶杆压缩弹簧止弹掣子沿顶杆尾部螺纹上移动，由于它处于啮合状态，所以没有反弹现象，当小车离开时，依靠工作弹簧的作用，缓冲器顶杆缓缓伸出，恢复原来的工作状态。

液压缓冲器由冲撞元件、活塞、油缸和复位弹簧所组成。当发生碰撞时，加速弹簧使活塞压缩工作腔中的油，受到压力的油由工作腔流经顶杆与活塞底部的环形间隙进入储油腔，利用液体流动的阻尼作用，将冲击能转化为热能，以实现缓冲作用。液压缓冲器无反弹作用，在撞击过程中缓冲力为恒定值，液压缓冲器吸收能量比弹簧缓冲器几乎大一倍，所以具有行程短、尺寸小、工作平稳等优点，适用于具有较大动能的起重机。但液压缓冲器结构较复杂，密封要求高，且环境温度对其工作性能有一定影响。

发泡塑料缓冲器的工作原理与橡胶缓冲器相似，以发泡塑料变形来吸收能量。由于发泡塑料中有大量的气体，故受到冲击时，气体压缩和排出的过程均能消耗较多的能量，其缓冲效果优于弹簧缓冲器，且反弹力小。

此外，还有球状工作介质缓冲器，是由顶杆、球状工作介质（钢球）、复位弹簧等构成。这种缓冲器的缓冲作用是通过球状工作介质与缓冲器壳体内壁的摩擦以及工作介质之间的摩擦来吸收撞击动能。球状工作介质装在弹簧缓冲器内，或者把球状工作介质装在柱塞和壳体内。当发生撞击时，柱塞向壳体内运动的同时，球状工作介质通过可拆卸的喷嘴的孔口从壳体进入柱塞内部空间。此时球状工作介质之间以及壳壁之间的摩擦吸收大部分撞击动能，从而获得缓冲作用。双锥形喷嘴的锥度可根据需要来选择，以获得较为理想的缓冲特性曲线。球状工作介质缓冲器具有液压缓冲器和弹簧缓冲器的共同优点，且又不受环境温度的影响。

当车速超过 120m/min 时，以及避免两台起重机相撞，一般缓冲器则不能满足需要，而需采用光线式防冲撞装置、超声波式防冲撞装置，以及红外线反射器等。

防冲撞装置的原理是通过信号的发射、障碍物对信号的反射、信号的放大、报警、切断电路等程序，达到防冲撞的目的。超声波防冲撞装置的报警距离为 10m 左右，其制动距离约为 7m 左右。电磁波防冲撞装置的灵敏度较高，动作准确，且可以在有烟尘和蒸汽的环境中工作，但对环境温度有一定的要求，其工作温度在 $-10\sim60℃$ 的范围之间。莱塞光防冲撞装置在强磁场的场合下亦能正常工作而不受影响，其报警距离较大。

设计和选用防冲撞装置时，应根据起重机械的工作环境、报警距离、制动距离、起重机械的构造等多方面的情况来确定。

四、偏斜调整和显示装置

对于大跨度的龙门起重机和桥式起重机，由于车轮制造、安装偏差、传动机构的偏差、运行阻力的不同，常使起重机偏斜运行，即龙门起重机一个支腿超前，另一支腿迟后。偏斜运行的起重机，其运行阻力常是正常运行阻力的数倍。运行阻力的增加可使起重机运行时发生啃道，严重时可使起重机的金属构架和运行机构遭到损坏。因此，跨度≥40m 的龙门起重机和桥式起重机等均应安装偏斜调整和显示装置。

偏斜调整和显示装置应保证大跨度的龙门起重机、桥式起重机和装卸桥，当两端支腿因前进速度不同而发生偏斜时,能将偏斜情况向司机指示出来,以便使偏斜得到调整。常见的偏斜调整和显示装置有凸轮式防偏斜装置、钢丝绳——齿条式偏斜指示装置、链轮式防偏装置和电动式偏斜指示装置等数种。

凸轮式防偏斜装置安装在靠近柔性支腿处,在柔性支腿上固定一个转动臂。当起重机运行偏斜时,柔性支腿与桥架发生相对转动,此时固定在柔性支腿上的转动臂,通过叉子带动凸轮转动。在凸轮的周围安置四个开关,K、$K_顺$、$K_反$、$K_极$。当起重机发生偏斜时,开关K便动作发出讯号,提醒司机注意,同时接通装在柔性支腿上的驱动装置中的纠偏电动机的一根线,为纠偏作准备。当起重机向前方向运行时,刚性支腿超前一定量时,开关$K_顺$动作,接通并使纠偏电动机动作,通过运行机构中行星齿轮的差动运动,使纠偏电动机产生速度的方向与运行电动机产生的速度方向一致,使柔性支腿增速,直至两腿平齐,开关K断开。如果起重机向后方向运行,柔性支腿超前时,$K_反$动作,$K_反$接通纠偏电动机,使纠偏电动机产生的速度的方向与运行电动机产生的速度方向相反,使柔性支腿减速,直至两个支腿平齐为止。

纠偏电动机通过运行机构行星传动能使柔性支腿的速度增加或减小10％左右,调整速度的能力有限。当桥架与柔性支腿转角为某一角度时,纠偏电动机可以在运行中自行调整。如果纠偏调整速度与偏斜发展速度不相适应,或控制纠偏电动机的开关失灵,使起重机运行的偏斜量愈来愈大,当偏斜量达到极限值(跨度的7‰)时,即转角达到某一角度时,极限开关$K_极$动作,使超前支腿的运行机构断电,两个支腿对齐后才能重新接通。

钢丝绳——齿条式偏斜指示装置具有偏斜量指示,限制与保护作用。整套装置安装在柔性支腿底部的横梁上。当龙门起重机运行偏斜时,桥架与柔性支腿间的相对扭转,通过钢丝绳使传动杆发生动作,从而带动齿条,通过齿轮又使齿条动作,齿条上有数个凸块,当其与相对应的开关相碰时,通过对应的指示灯指示出偏斜量。指示灯可通过导线装设在司机室内,用不同颜色的灯光指示偏斜量的大小,如偏斜量小于300mm时,亮绿灯;偏斜量达300～425mm时,亮黄灯;偏斜量达425～600mm时,亮橙色灯;偏斜量超过600mm时,亮红灯,同时运行机构电动机断电。

钢丝绳——齿条式偏斜指示装置与偏斜调装置配合使用,以达到偏斜调整。

链轮式防偏装置是当起重机运行发生偏斜时,转动臂发生转动,在转动臂上的偏斜杆或顺时针或反时针偏斜,偏心杆端的链轮,通过链条使驱动链轮转动,再经变速器放大,使旋转开关动作。根据偏斜量的不同,旋转开关发出不同的信号,以显示偏斜量,再通过机械系统纠偏以达到防偏斜的目的。

电动式偏斜指示装置主要由线圈、铁芯、电桥和变压器等组成。当起重机正常运行时,两个装置的顶杆和铁芯有相同的位移量,毫安表指示在零位。当起重机偏斜时,两个装置铁芯的位移量不同,从而破坏了电桥的平衡,毫安表指针移动,有电的信号发出,指示出偏斜量,并且同纠偏机构联锁。

五、限位装置

起重机是通过各种运动来达到提升和运送物体的,如果运动超过规定的范围,将会发生事故。因此,起重机的起升机构的上升与下降、大车和小车的运行机构、变幅机构、回转机构等都必须装设限位装置,以限制起重机各种运动部件的运行范围,避免运行超出规定的范围而造成事故。

限位装置的基本功能就是确保起重机到达极限位置时，能自动切断电源，停止工作。常用的限位装置有上升极限位置限制器、下降极限位置限制器、运行极限位置限制器、变幅极限位置限制器、回转角度位置限制器等。

上升极限位置限制器又称起升高度位置限制器，是用来防止起重机司机或操作人员一时疏忽而造成起重钩过卷扬。过卷扬有可能使钢丝绳折断，吊钩头掉下或挤碎滑轮。因此，上升极限位置限制器必须保证当吊具起升到极限位置时，能自动切断起升的动力源。对于液压起升机构，宜给出禁止性报警信号。在一般情况下，当吊钩滑车升起距起重机300mm左右时，上升极限位置限制器便能自动切断起升的动力源。

上升极限位置限制器有重锤式、螺杆式、凸轮式、蜗轮——蜗杆式和滑轮式等数种类型。

重锤式上升极限位置限制器是利用限位开关和一重锤组成。即在固定转臂一端设置重锤，另一端则悬挂一配重，上升机构正常工作时配重使重锤上翘。当取物装置上升到极限位置时，其托板托起配重，转臂在重锤的重力作用下旋转，从而触动限位开关，切断起升的动力源。

螺杆式上升极限位置限制器是由螺杆和限位开关组成。螺杆与起重小车卷筒底座通盖相连，卷筒转动时，螺杆上的螺母沿螺杆移动，当移动到极限位置时，移动螺母触及限位开关并切断起升的动力源。螺杆式上升极限位置限制器可以单向限位，也可以双向限位，这样不仅可以防止过卷扬，还可以限制钩头落地再放绳而使钢丝绳绞乱。

凸轮式上升极限位置限制器是通过一套齿轮传动机构，把卷筒的转动变成凸轮盘的转动，在与凸轮盘相对应的位置上安装限位开关。当卷筒达到极限转数时，凸轮便触动限位开关，停止卷筒转动。

蜗轮——蜗杆式上升极限位置限制器是采用速比为50的蜗轮减速机构，在蜗轮轴上固定一个凸轮，用凸轮触动限位开关，以切断起升的动力源。

滑轮式上升极限位置限制器也称压绳式上升极限位置限制器，是在卷筒上的钢丝绳通过一个套在光杆上的滑轮，卷筒转动时滑轮转动并沿光杆作轴向移动。当卷筒到达极限位置时，移动的滑轮便触及限位开关，以切断起升的动力源。

下降极限位置限制器也称下降深度限位，是用于某些专用的起重机中。下降极限位置限制器在吊具可能低于下极限位置的工作条件下，应保证吊具下降到下极限位置时，能自动切断下降的动力源，以保证钢丝绳在卷筒上的缠绕圈数不少于原设计所规定的圈数。

运行极限位置限制器又称行程开关，是防止起重机超越允许运行范围的一种保护装置。运行极限位置限制器应保证机构在其运行的极限位置时，自动切断前进的动力源，并停止运动。

运行极限位置限制器主要应用在桥式起重机、龙门起重机、装卸桥、缆索起重机的大车和小车的运行机构上，安装在运行机构行程的终点。行程开关有一个封闭式的铁壳，内部装有若干常闭触头，铁壳外的活动连杆与触头相连，当连杆被挡块碰撞而移动位置，则内部常闭触点断开，从而切断机构运行的动力源。

变幅限位器常用于汽车起重机、轮胎起重机、履带起重机、塔式起重机、铁路起重机等悬臂式起重机上。因悬臂式起重机的起重幅度增大，倾覆力矩也随之增大，易发生起重机倾倒事故，所以悬臂式起重机则应装设变幅限位器。

变幅限位器主要由杠杆和限位开关组成。当起重机的幅度增大时，导槽使杠杆顺时针转动，通过连杆把重块向左移动，使限位开关只允许起重机吊运较小的载荷；当起重机的幅度变小时，重块被连杠往右拉出，使限位开关允许起重机吊运较大的载荷，这样以起到起重机幅度的限位作用。

回转角度限位器主要用于某些对起重臂回转角度有限制要求的起重机上，其功用是防止起重机回转角度过大而引发事故。

六、超载限制器

超载限制器是起重机械上应装设的一种控制起重负荷的安全装置，当起重量超过起重机的额定起重量时，超载限制器便能自动切断起升能源，停止起重机工作。超载限制器包括起重量限制器和起重力矩限制器。起重量限制器广泛应用于各种类型的起重机，起重力矩限制器常用于塔式起重机。

起重量超载限制器按工作原理可划分为机械类型、液压类型和电子类型等。常见的起重量超载限制器有弹簧压杆式起重量限制器、杠杆式起重量限制器和摩擦片式起重量限制器。

弹簧压杆式起重量限制器一般安装在平衡轮附近的起升钢丝绳上，当超负荷时，钢丝绳通过钢丝绳托压迫弹簧压杆，此时固定在钢丝绳托上的顶杆及其上的触头一起移动，触动开关使其断电，电动机便停止运转以达到控制超负荷的目的。

杠杆式起重量限制器是由杠杆、开关和称重等组成。它安装在焊接的箱形支架上，由两块颊板和固定螺栓组成，支承着平衡轮及其杠杆起重量限制器。当起重机超负荷时，杠杆的平衡被破坏，偏心轴开始转动，固定在它上面的带有触头的杠杆随着摆动，触头压开限位开关，从而切断起重机工作电源，起到控制起重量的作用。

摩擦片式起重量限制器多用于较小起重量的起重机上，它是在起升机构的传动系统中装一个摩擦联轴节，调节摩擦联轴节能传递的最大力矩为额定起重量产生的力矩，当超载起升时产生的力矩大于联轴吊所能传递的力矩时，则联轴节便打滑，从而使起重机停止工作，以实现控制起重量的作用。

近年来，电子称装置作为一种较为先进的超负荷限制器已用来控制起重机的起重量，主要由一次元件和二次仪表组成。一次仪表又称传感器，受重力作用，产生变形（伸长或压缩），可将非电量的机械变化转换为电量变化，此电量的变化为一微弱的电压信号，通过桥路送入二次仪表。二次仪表又称电子放大器，接受一次元件输入的电压信号，并对此号进行电压放大和相敏放大，驱动可逆电机旋转，通过电和机械联系来反映被测量的参数。

电子放大器一般采用交流电位差计，或经稍微变动的直流电位差计。传感器是由优质合金钢制成的空心圆柱体，然后在传感器上贴电阻应变片。

国外制造的起重机已较广泛地采用电—机械的称量装置，它是利用弹簧片的压缩变形通过传感器将称量结果用荧光数字显示在起重机的司机室内。传感器可装在吊钩或吊钩的横梁上，也可装在滑轮上。为防止热辐射，也可把传感器放在小车平台上。据报道，这种称量装置的误差仅为1/1000。

起重力矩超载限制器运用机械和电气的原理，是通过对起重量、起重臂长、起重臂的角度等参数进行综合测定，进而换算为起重的倾覆力矩值，并应用电气装置对其进行报警和控制。力矩限制器也可划分为机械类型、液压类型和电子类型等。

根据国家标准《起重机械安全规程》（GB 6067）中的有关规定，超载限制器的综合误差，不应＞8％，当载荷达到额定起重量的90％时，应能发出提示性报警信号。起重机械装设超载限制器后，应根据其性能和精度情况进行调整或标定，当起重量超过额定起重量时，能自动切断起升动力源，并发出禁止性报警信号。

对起重力矩限制器来说，其综合误差不应＞10％。当起重机械装设力矩限制器后，应根据其性能和精度情况进行调整和标定，当载荷力矩达到额定起重力矩时，能自动切断起升或变幅的动力源，并发出禁止性报警信号。

七、幅度指示器

为了保证具有变幅机构的起重机的工作安全性，不致因超载荷而引发倾覆事故，故在起重机的起重臂上都应装设一个幅度指示器。幅度指示器应保证具有变幅机构和起重机能正确指示吊具所在的幅度。

幅度指示器是由一个固定的圆形指示盘，在盘的中心装一个铅垂的活动指针所组成。当变幅时，指针相对于指示盘不断改变位置，指示出各种幅度下的额定起重量。例如，塔式起重机幅度指示器是由一个半圆活动转盘、拨杆、限位器等组成。拨杆随重臂而转动，电刷根据不同的角度，分别接通指示灯触点，将起重臂的不同倾角通过灯光信号传递到司机室的指示盘上。当起重臂变幅到两个极限位置时，则分别撞开两个限位器，切断电路，起保护作用。根据灯光信号可知起重臂的倾角，同时可知允许的起重量，根据允许起重量再调整起重量限位器，以达到防止超载，确保安全运行。

八、联锁保护装置

动臂起重机的支持停止器与动臂变幅机构之间，应设联锁保护装置，使停止器在撤去支承作用前，变幅机构不能开动。

进入桥式起重机和门式起重机的门和由司机室登上桥架的舱口门，应设联锁保护装置。当门打开时，起重机的运行机构不能开动。

司机室设在运动部分时，进入司机室的通道口，应设联锁保护装置。当通道口的门打开时，起重机的运行机构不能开动。

安装在司机室门、扶梯门等处的联锁保护装置，其装置的开关应能在这些门被打开时，能自动切断起重机的总电源，以防止起重机突然启动，造成挤压、绞卷及触电等恶性事故的发生。

九、起重机司机室与安全

为确保起重机司机能够准确、迅速而安全地操纵各种起重机械，司机室的设计应满足下列安全要求：

1. 司机室安装位置应能使司机掌握起重作业的全过程。对龙门起重机、塔式起重机、门座起重机等沿固定轨道行驶的起重机械，司机室应尽可能安装在朝阳位置，司机室屋顶应前高后低，以利雨水从司机室后方流下。

2. 司机室应保证起重机械在各作业位置，司机都有良好的视野，尽可能采用全景司机室。

3. 操纵控制器的操纵杆或手轮应尽可能做到轻松省力，使司机不易疲劳。由于人的足力一般都＞手力的 5 倍左右，且有持久力的特点，故在设计司机室的操作器械时，应使手足有一个合理的分工。

4. 适用司机坐着操纵的操纵台高度一般为 650～700mm 左右，座椅高度一般在 420～450mm 左右。

5. 司机室的安装应牢固可靠，需有减振措施。

6. 司机室内应有合理的照明，其照明灯一般应在 60～100W 范围内。在夏季司机室内的温度不应超过 28℃，否则应采取降温措施；在冬季司机室内的温度不应低于 10℃，否则应采用电热器取暖装置。

7. 在有粉尘或有毒有害气体的环境中工作的起重机，其司机室应采用有防尘、防毒装置的封闭式司机室。封闭式司机室应采用低压电力线单路载波电话机或其他通讯联络装置，以便内外联络。

8. 司机室内外的色彩应同环境温度或气候相协调，司机室内应铺木质或绝缘橡皮的地板，使司机室具有良好的居住性，为司机提供安全舒适的工作环境。

9. 在司机室内应备有种类适当并良好的手提式灭火器材。

此外，司机室外平台须装设不低于 1050mm 的防护栏杆，其平台上下梯子的宽度不应＜600mm，梯子应设防护栏杆，梯子角度不应＞75°。直梯或倾斜角＞75°的斜梯，其高度超过 5m 时，应设有弧形防护圈，直梯高度超过 10m 时，每隔 6～10m 应设带栏杆的休息平台。

对各机构的传动部分的转轴应设有安全防护罩。

第五节 起重吊运指挥信号与起重作业安全

一、起重吊运指挥信号

起重机械在进行起重吊运作业时，驾驶起重机的司机是根据起重指挥人员的指挥来进行操作的。然而，在起重吊运作业现场常因为作业现场中各种噪声的干扰不容易听清，或因口音不标准容易误解，或者指挥人员距离起重机械操作人员较远而无法听见等原因，起重指挥人员用普通喊号的办法无法对起重机械操作人员作业进行指挥，因此，指挥人员与起重机械操作人员之间就必须规定使用一种统一的、双方都明白的特殊的语言，以相互进行联系，利于安全作业。这种特殊的语言即为信号。在任何情况下，这种信号应该是可辨认或听得清楚的。

常用的起重吊运指挥信号有手势信号、旗语信号和音响信号等 3 种。此外，根据现代化起重机具的发展，或者当视觉及音响信号不够用时，也有采用不同的灯光、电话或手提式无线电通讯装置等发出指挥命令和信号。

为了确保起重吊运作业的安全，防止事故发生，适应安全技术科学管理的需要，我国于 1985 年 4 月颁布了《起重吊运指挥信号》的国家标准（GB 5082），该标准中对起重吊运指挥人员和起重机司机所使用的基本信号和有关安全技术作了统一规定。该标准适用于桥式起重机（包括冶金起重机）、门式起重机、装卸桥、缆索起重机、塔式起重机、门座起重机、汽车起重机、轮胎起重机、铁路起重机、履带起重机、浮式起重机、桅杆起重机、船用起重机等类型的起重机械。

1. 指挥人员使用的手势信号。

通用手势信号，即指各种类型的起重机在起重吊运中普遍适用的指挥手势。

(1) "预备"（注意）。手臂伸直，置于头上方，五指自然伸开，手心朝前保持不动（图18-7）。

(2) "要主钩"。单手自然握拳，置于头上，轻触头顶（图18-8）。

图18-7

图18-8

(3) "要副钩"。一只手握拳，小臂向上不动，另一只手伸出，手心轻触前只手的肘关节（图18-9）。

图18-9

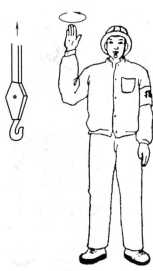
图18-10

(4)"吊钩上升"。小臂向侧上方伸直,五指自然伸开,高于肩部,以腕部为轴转动(图18-10)。

(5)"吊钩下降"。手臂伸向侧前下方,与身体夹角约为30°,五指自然伸开,以腕部为轴转动(图18-11)。

(6)"吊钩水平移动"。小臂向侧上方伸直,五指并拢手心朝外,朝负载应运行的方向,向下挥动到与肩相平的位置(图18-12)。

(7)"吊钩微微上升"。小臂伸向侧前上方,手心朝上高于肩部,以腕部为轴,重复向上摆动手掌(图18-13)。

(8)"吊钩微微下降"。手臂伸向侧前下方,与身体夹角约为30°,手心朝下,以腕部为轴,重复向下摆动手掌(图18-14)。

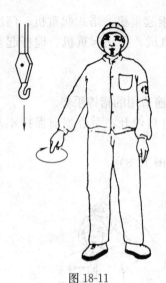

图 18-11

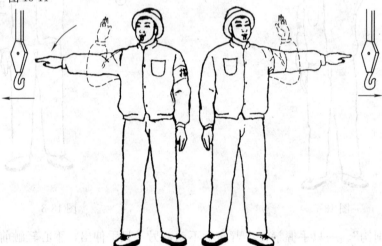

图 18-12

图 18-13

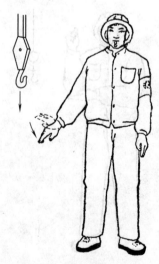

图 18-14

(9)"指示降落方位"。五指伸直,指出负载应降落的位置(图18-15)。

(10)"停止"。小臂水平置于胸前,五指伸开,手心朝下,水平挥向一侧(图18-16)。

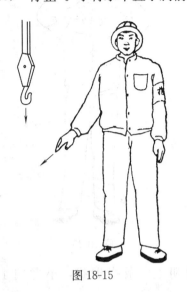

图 18-15

图 18-16

(11)"微动范围"。双小臂曲起,伸向一侧,五指伸直,手心相对,其间距与负载所要移动的距离接近(图18-17)。

(12)"吊钩水平微微移动"。小臂向侧上方自然伸出,五指并拢手心朝外,朝负载应运行的方向,重复做缓慢的水平运动(图18-18)。

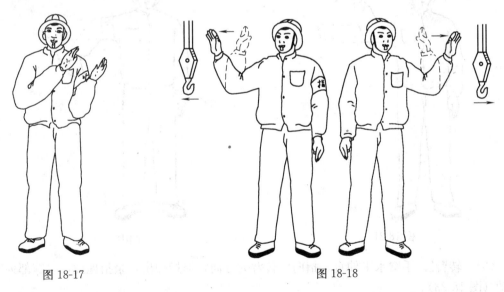

图 18-17   图 18-18

(13)"紧急停止"。两小臂水平置于胸前,五指伸开,手心朝下,同时水平挥向两侧(图18-19)。

(14)"工作结束"。双手五指伸开,在额前交叉(图18-20)。

专用手势信号,即指具有特殊的起升、变幅、回转机构的起重机单独使用的指挥手势。

图 18-19　　　　　　　　图 18-20

(1)"升臂"。手臂向一侧水平伸直,拇指朝上,余指握拢,小臂向上摆动(图18-21)。

(2)"降臂"。手臂向一侧水平伸直,拇指朝下,余指握拢,小臂向下摆动(图18-22)。

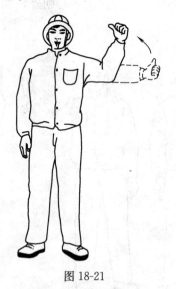
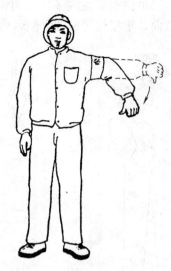

图 18-21　　　　　　　　图 18-22

(3)"转臂"。手臂水平伸直,指向应转臂的方向,拇指伸出,余指握拢,以腕部为轴转动(图18-23)。

(4)"微微升臂"。一只小臂置于胸前一侧,五指伸直,手心朝下,保持不动。另一只手的拇指对着前手手心,余指握拢,做上下移动(图18-24)。

(5)"微微降臂"。一只手臂置于胸前一侧,五指伸直,手心朝上,保持不动。另一只手的拇指对着前手手心,余指握拢,做上下移动(图18-25)。

(6)"微微转臂"。一只小臂向前平伸,手心自然朝向内侧。另一只手的拇指指向前只

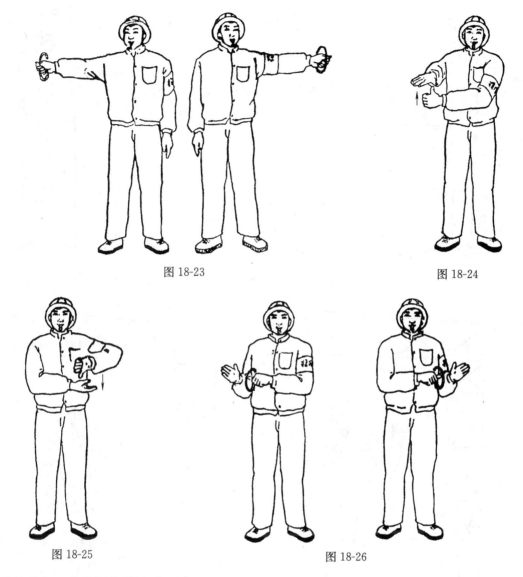

图 18-23   图 18-24

图 18-25   图 18-26

手的手心,余指握拢做转动(图18-26)。

(7)"伸臂"。两手分别握拳,拳心朝上,拇指分别指向两侧,做相斥运动(图18-27)。

(8)"缩臂"。两手分别握拳,拳心朝下,拇指对指,做相向运动(图18-28)。

(9)"履带起重机回转"。一只小臂水平前伸,五指自然伸出不动。另一只小臂在胸前作水平重复摆动(图18-29)。

(10)"起重机前进"。双手臂先向前平伸,然后小臂曲起,五指并拢,手心对着自己,做前后运动(图18-30)。

(11)"起重机后退"。双小臂向上曲起,五指并拢,手心朝向起重机,做前后运动(图18-31)。

(12)"抓取"(吸取)。两小臂分别置于侧前方,手心相对,由两侧向中间摆动(图18-32)。

图 18-27　　　　图 18-28　　　　图 18-29

图 18-30　　　　图 18-31

(13)"释放"。两小臂分别置于侧前方,手心朝外,两臂分别向两侧摆动(图 18-33)。

(14)"翻转"。一小臂向前曲起,手心朝上,另一小臂向前伸出,手心朝下,双手同时进行翻转(图 18-34)。

船用起重机(或双机吊运)专用手势信号。

(1)"微速起钩"。两小臂水平伸向侧前方,五指伸开,手心朝上,以腕部为轴,向上摆动。当要求双机以不同的速度起升时,指挥起升速度快的一方,手要高于另一只手(图

第五节 起重吊运指挥信号与起重作业安全

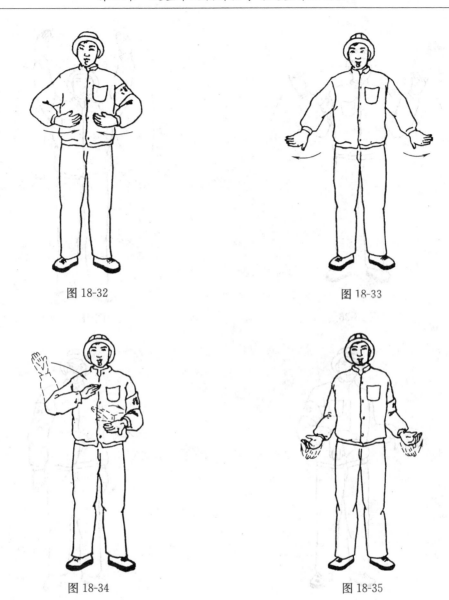

图 18-32　　　　　　　　　图 18-33

图 18-34　　　　　　　　　图 18-35

18-35)。

（2）"慢速起钩"。两小臂水平伸向侧前方，五指伸开，手心朝上，小臂以肘部为轴向上转动。当要求双机以不同的速度起升时，指挥起升速度快的一方，手要高于另一只手（图 18-36）。

（3）"全速起钩"。两臂下垂，五指伸开，手心朝上，全臂向上挥动（图 18-37）。

（4）"微速落钩"。两小臂水平伸向侧前方，五指伸开，手心朝下，手以腕部为轴向下摆动。当要求双机以不同的速度降落时，指挥降落速度快的一方，手要低于另一只手（图 18-38）。

（5）"微速落钩"。两小臂水平伸向侧前方，五指伸开，手心朝下，小臂以肘部为轴向下摆动。当要求双机以不同的速度降落时，指挥降落速度快的一方，手要低于另一只手（图 18-39）。

图 18-36

图 18-37

图 18-38

图 18-39

(6)"全速落钩"。两臂伸向侧上方,五指伸出,手心朝下,全臂向下挥动(图18-40)。

(7)"一方停止,一方起钩"。指挥停止的手臂作"停止"手势,指挥起钩的手臂则作相应速度的起钩手势(图18-41)。

(8)"一方停止,一方落钩"。指挥停止的手臂作"停止"手势,指挥落钩的手臂则作相应速度的落钩手势(图18-42)。

2. 旗语信号。

(1)"预备"。单手持红绿旗上举(图18-43)。

(2)"要主钩"。单手持红绿旗,旗头轻触头顶(图18-44)。

(3)"要副钩"。一只手握拳,小臂向上不动,另一只手拢红绿旗,旗头轻触前只手

第五节 起重吊运指挥信号与起重作业安全　839

图 18-40

图 18-41

图 18-42

图 18-43

的肘关节（图 18-45）。

(4) "吊钩上升"。绿旗上举，红旗自然放下（图 18-46）。

(5) "吊钩下降"。绿旗拢起下指，红旗自然放下（图 18-47）。

(6) "吊钩微微上升"。绿旗上举，红旗拢起横在绿旗上，互相垂直（图 18-48）。

(7) "吊钩微微下降"。绿旗拢起下指，红旗横在绿旗下，互相垂直（图 18-49）。

(8) "升臂"。红旗上举，绿旗自然放下（图 18-50）。

(9) "降臂"。红旗拢起下指，绿旗自然放下（图 18-51）。

(10) "转臂"。红旗拢起，水平指向应转臂的方向（图 18-52）。

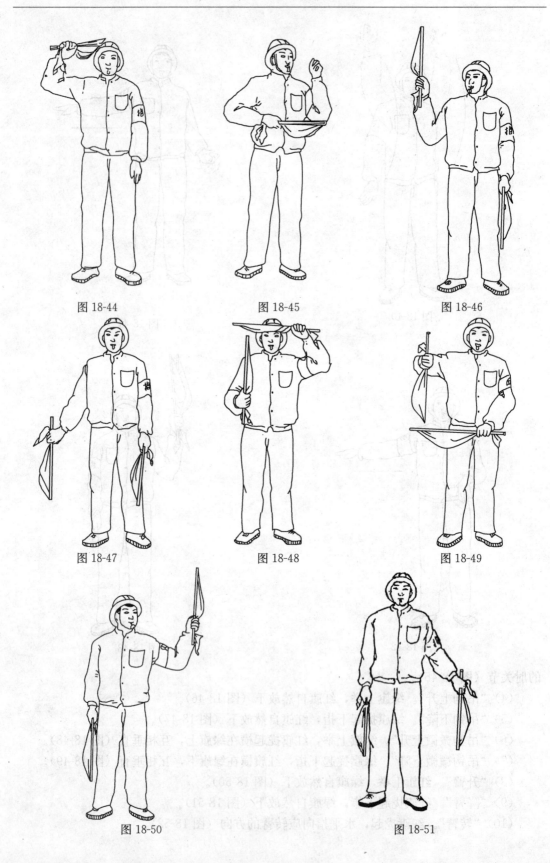

图 18-44　　　　　图 18-45　　　　　图 18-46

图 18-47　　　　　图 18-48　　　　　图 18-49

图 18-50　　　　　图 18-51

图 18-52

（11）"微微升臂"。红旗上举，绿旗拢起横在红旗上，互相垂直（图18-53）。

（12）"微微降臂"。红旗拢起下指，绿旗横在红旗下，互相垂直（图18-54）。

图 18-53　　　　　　　　　　　　图 18-54

（13）"微微转臂"。红旗拢起，横在腹前，指向应转臂的方向；绿旗拢起，竖在红旗前，互相垂直（图18-55）。

（14）"伸臂"。两旗分别拢起，横在两侧，旗头外指（图18-56）。

（15）"缩臂"。两旗分别拢起，横在胸前，旗头对指（图18-57）。

（16）"微动范围"。两手分别拢旗，伸向一侧，其间距与负载所要移动的距离接近（图18-58）。

（17）"指示降落方向"。单手拢绿旗，指向负载应降落的位置，旗头进行转动（图18-59）。

（18）"履带起重机回转"。一只手拢旗，水平指向侧前方，另只手持旗，水平重复挥

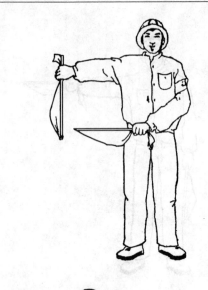

图 18-55

图 18-56

图 18-57

图 18-58

图 18-59

第五节　起重吊运指挥信号与起重作业安全　843

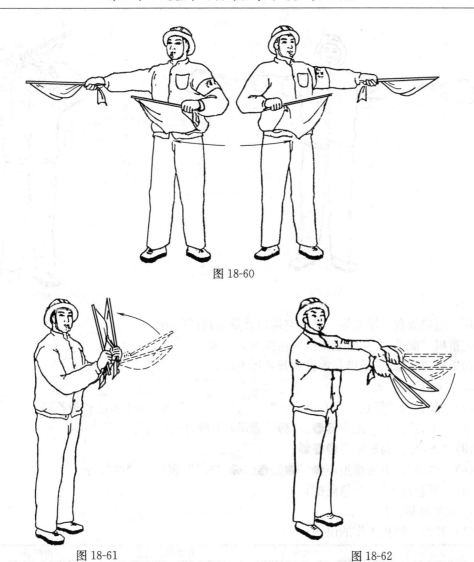

图 18-60

图 18-61　　　　　　　　　　　　图 18-62

动（图 18-60）。

（19）"起重机前进"。两旗分别拢起，向前上方伸出，旗头由前上方向后摆动（图 18-61）。

（20）"起重机后退"。两旗分别拢起，向前伸出，旗头由前方向下摆动（图 18-62）。

（21）"停止"。单旗左右摆动，另外一面旗自然放下（图 18-63）。

（22）"紧急停止"。双手分别持旗，同时左右摆动（图 18-64）。

（23）"工作结束"。两旗拢起，在额前交叉（图 18-65）。

上述手势信号和旗语信号中所提到的吊钩，包

图 18-63

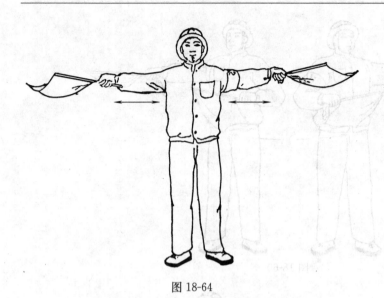

图 18-64

图 18-65

括吊环、电磁吸盘、抓斗等,是指空钩以及负有载荷的吊钩。

起重机"前进",是指起重机向指挥人员开来。

起重机"后退",是指起重机离开指挥人员。

3. 音响信号。

(1) "预备"、"停止"。为一长声"——。""——"表示>1秒的长声符号。

(2) "上升"。为二短声●●。"●"表示<1秒的短声符号。

(3) "下降"。为三短声●●●。

(4) "微动"。为断续短声●○●○●。"○"表示停顿的符号。

(5) "紧急停止"。为急促的长声——。

4. 起重吊运指挥语言。

(1) 开始、停止工作的语言。

起重机的状态	指挥语言	起重机的状态	指挥语言
开始工作	开始	工作结束	结束
停止和紧急停止	停		

(2) 吊钩移动语言。

吊钩的移动	指挥语言	吊钩的移动	指挥语言
正常上升	上升	正常向后	向后
微微上升	上升一点	微微向后	向后一点
正常下降	下降	正常向右	向右
微微下降	下降一点	微微向右	向右一点
正常向前	向前	正常向左	向左
微微向前	向前一点	微微向左	向左一点

(3) 转台回转语言。

转台的回转	指挥语言	转台的回转	指挥语言
正常右转	右转	正常左转	左转
微微右转	右转一点	微微左转	左转一点

(4) 臂架移动语言。

臂架的移动	指挥语言	臂架的移动	指挥语言
正常伸长	伸长	正常升臂	升臂
微微伸长	伸长一点	微微升臂	升一点臂
正常缩回	缩回	正常降臂	降臂
微微缩回	缩回一点	微微降臂	降一点臂

上述起重吊运指挥语言中，前、后、左、右，均以司机所在位置为基准。

5. 起重机司机使用的音响信号。

(1) "明白"。表示服从指挥。用一短声●进行表示。

(2) "重复"。表示请求重新发出信号。用二短声●●进行表示。

(3) "注意"。用长声_____进行表示。

6. 起重吊运指挥信号的配合应用。

(1) 指挥人员在发出"上升"音响信号时，可分别与"吊钩上升"、"升臂"、"伸臂"、"抓取"手势信号或旗语信号相配合应用。

(2) 指挥人员在发出"下降"音响信号时，可分别与"吊钩下降"、"降臂"、"缩臂"、"释放"手势信号或旗语信号相配合应用。

(3) 指挥人员在发出"微动"音响信号时，可分别与"吊钩微微上升"、"吊钩微微下降"、"吊钩水平微微移动"、"微微升臂"、"微微降臂"手势信号或旗语信号相配合应用。

(4) 指挥人员在发出"紧急停止"音响信号时，可与"紧急停止"手势信号或旗语信号相配合应用。

(5) 指挥人员在发出"预备"、"停止"音响信号时，均可与上述(1)~(4)条未规定的手势信号或旗语信号相配合应用。

(6) 指挥人员发出"预备"信号时，要目视起重机司机，司机接到信号在开始工作前，应回答"明白"信号。当指挥人员听到回答信号后，方可进行指挥。

(7) 指挥人员在发出"要主钩"、"要副钩"、"微动范围"手势信号或旗语信号时，要目视起重机司机，同时可发出"预备"音响信号，司机接到信号后，应准确操作。

(8) 指挥人员在发出"工作结束"的手势信号或旗语信号时，要目视起重机司机，同时可发出"停止"的音响信号，司机接到信号后，应回答"明白"信号后，方可离开起重机驾驶岗位。

(9) 指挥人员对起重机械要求微微移动时，可根据作业的需要，重复给起重机司机发出信号。司机应按信号要求，缓慢平稳地操作起重机械。除此之外，如无特殊要求（如船用起重机专用手势信号），其他指挥信号，指挥人员均应一次性给出。司机在接到下一个信号前，必须按原指挥信号的要求操纵起重机械。

7. 使用起重吊运指挥信号的基本要求。

(1) 指挥人员使用手势信号均以本人的手心、手指或手臂表示吊钩、臂杆和机械位移的运动方向。

(2) 指挥人员使用旗语信号均以指挥旗的旗头表示吊钩、臂杆和机械位移的运动方向。

（3）在同时指挥臂杆和吊钩时，指挥人员必须用左手指挥臂杆，右手指挥吊钩。当持指挥旗进行指挥时，一般左手持红旗指挥臂杆，右手持绿旗指挥吊钩。

（4）当2台或2台以上起重机同时在距离较近的作业区域内作业时，指挥人员使用音响信号进行指挥，其音响信号的音调应有明显的区别，并应配合手势信号或旗语信号进行指挥，严禁单独使用相同音调的音响信号进行指挥。

（5）指挥人员使用起重吊运指挥语音进行指挥时，应讲普通语。

8. 指挥人员使用起重吊运指挥信号的要求。

（1）指挥人员应根据标准的信号要求与起重机司机进行联系。

（2）指挥人员所发出的指挥信号必须清晰、准确。

（3）指挥人员应站在使起重机司机能看得清指挥信号的安全位置上发指挥信号，当跟随负载运行指挥时，应随时指挥负载避开人员的障碍物。

（4）指挥人员不能同时看清司机和负载时，必须增设中间指挥人员以便逐级传递指挥信号，当发现错传信号时，应立即发出停止信号。

（5）负载降落前，指挥人员必须确认降落区域安全后，方可发出降落信号。

（6）当同一负载需多人绑挂时，在起吊前应先作好呼唤应答，确认绑挂无误后，方可由一人负责指挥。

（7）同时用两台起重机吊运同一负载时，指挥人员应用双手分别指挥各台起重机，以确保同步运行。

（8）在开始起吊负载时，应先用"微动"信号指挥，待负载离开地面100～200mm稳妥后，再用正常速度进行指挥。必要时，在负载降落前也应使用"微动"信号指挥。

（9）指挥人员应佩戴鲜明的标志，如标有"指挥"字样的臂章、特殊颜色的安全帽、手套、工作服等。这些特殊的标志仅仅只能由指挥人员一人佩戴，以避免混乱，清除人为的事故。

（10）指挥人员所戴手套的手心和手背要易于起重机司机辨认。

9. 起重机司机使用起重吊运指挥信号的要求。

（1）司机必须听从指挥人员的指挥，也只能根据指挥人员所发出的指挥信号来移动起重机械。当指挥信号不明时，司机应发出"重复"信号进行询问，明确指挥意图后，方可起动起重机械。

（2）司机必须熟练地掌握标准规定的通用手势信号和有关的各种指挥信号，并应与指挥人员密切配合。

（3）当指挥人员所发出的指挥信号违反标准的规定时，或者按指挥信号进行操作会引起事故时，司机有权拒绝执行。

（4）司机在起动起重机械前，必须鸣铃示警，必要时在吊运作业过程中也应鸣铃，以通知受负载威胁的地面人员撤离危险区域。

（5）在起重吊运过程中，司机对任何人，不管他是谁，所发出的"紧急停止"信号都应服从，并立即停车。

10. 使用起重吊运指挥信号的其他要求。

（1）对起重机司机和指挥人员，在使用起重吊运指挥信号前，必须由有关部门对其进行信号标准规定安全技术培训，并经考试合格，取得合格证后方能操作或指挥。

(2) 音响信号是手势信号或旗语信号的辅助信号，使用时可根据作业需要确定是否采用。

(3) 指挥用信号旗的颜色，一旗为红色，另一旗为绿色，旗的面料应采用不易退色、不易产生褶皱的材料，旗面幅应为 400mm×500mm，旗杆直径应为 25mm，旗杆长度应为 500mm。

(4) 本文所述起重吊运指挥信号是各类起重机使用的基本信号，如不能满足需要，使用时可根据具体情况进行适当增补，但增补的信号不得与本文所述的国家标准《起重吊运指挥信号》所规定的信号有抵触。再者，所增补的信号，必须向有关人员交待其信号显示的含意，一经确定，就必须严格遵守，不得任意变更，以免误会发生事故。

此外，用电话机或手提式无线电通讯装置指挥起重吊运大型设备，这种方法目前已在我国一些厂矿企业的生产装置安装作业现场较普遍地使用。如起重吊运大型塔类设备等，用无线电通讯装置进行指挥，可收到良好的效果，这对可靠、安全地吊运大型设备创造了良好的通讯指挥条件。

二、起重机司机的安全技术培训与考核

根据国家标准《起重机司机安全技术考核标准》（GB 6720）的规定，起重机司机的条件是年龄须满 18 周岁，具有初中以上文化程度。且身体健康，两眼视力各不低于 0.7，起重机的起升高度在 20m 以上，两眼视力各不低于 1.0，无色盲，以及无听觉障碍，无癫痫病、高血压、心脏病、眩晕和突发性昏厥的疾病，无妨碍起重作业的其他疾病和生理缺陷。因此，厂矿企业在录用起重机司机前应进行身体检查，且这种身体检查以后每 2 年进行一次。

被录用的起重机司机应先参加一个培训班，学习起重机安全技术理论和实际操作技术知识，其培训的时间不得少于 6 个月。培训期满后，由省、地、市有关部门或指定的单位对起重机司机进行考核。安全技术理论考试及格后，再进行实际操作考试。安全技术理论和实际操作考试均及格者，还须在实际驾驶的起重机上实习 1～3 个月，确认操作熟练者，由省、地、市有关部门核发本机种起重操作证，方准独立操作。

轮胎起重机和兼作起重机作的汽车起重机司机，除按规定考取交通管理部门颁发的机动车驾驶执照外，还必须进行上述的安全技术理论和实际操作知识的培训、考核、发证。

取得起重操作证的司机，由考核发证部门或其指定的单位每 2 年进行一次复审，其复审内容包括身体检查，复试本机种安全技术理论和实际操作，违章操作和事故情况。对复审不合格者，可在 2 个月内再进行一次复审，仍不合格者，收缴其起重操作证。凡未经复审者，不得继续从事独立操作起重机。在两个复审期间，作到安全无事故的起重机司机，经所在单位审查，报经发证部门批准后，可以免试，但不得连续免试。

起重机司机安全技术理论培训与考核的内容如下：

1. 起重机的构造、性能和工作原理。
2. 起重机电气、液压和原动机的基本知识。
3. 起重机主要部件的安全技术要求及易损件的报废标准。
4. 起重机钢丝绳的安全负荷、使用、保养及报废标准。
5. 起重机安全装置、制动装置和操作系统的构造、工作原理及调整方法。

6. 起重机一般维护保养知识。
7. 起重机常见故障的判断与排除。
8. 一般物件的重量计算和绑挂知识。
9. 有关电气安全、登高作业安全、防火及急救常识。
10. 国家标准《起重吊运指挥信号》(GB 5082)和有关安全标志。
11. 国家标准《起重机械安全规程》(GB 6067)和起重机安全规程等有关规定。
12. 起重机安全操作技术。
13. 起重机的典型事故案例解析。

起重机司机实际操作的培训与考核，可按照国家标准《起重机司机安全技术考核标准》(GB 6720)中所规定的内容和方法进行。

三、起重指挥、司索作业人员的安全技术培训与考核

为了加强对起重作业的安全技术管理，对起重作业的指挥人员、司索人员也必须进行起重安全技术理论和实际操作技术知识的培训、考核、发证，以提高起重作业的安全技术水平，实现安全作业。

所谓起重指挥，系指直接从事指挥起重机械将物件进行起重、吊运全过程的专业人员。起重指挥是起重作业的具体指挥者。

所谓起重司索，系指在起重指挥的组织下参加起重作业，直接对物件绑扎挂钩、牵引绳索，并完成起重、吊运全过程的专业人员。有些厂矿企业也将起重司索人员称为挂钩人员或挂钩工。

起重指挥人员的条件是必须年满 24 周岁，具有高中文化程度；起重司索人员必须年满 20 周岁，具有初中文化程度。起重指挥及起重司索人员还须身体健康，两眼视力均不低于 0.7，当起升高度在 20m 以上时，两眼视力均不低于 1.0，且无听觉障碍，无癫痫，无高血压、心脏病，无眩晕和突发性昏厥以及无妨碍起重指挥、司索的其他疾病和生理缺陷。因此，厂矿企业在录用起重指挥及起重司索前应进行身体检查，且这种身体检查以后应每 2 年进行一次。

被录用的起重指挥及起重司索应先参加一个培训班，学习起重安全技术理论和实际操作技术知识，其培训的时间不得少于 100 学时。培训期满后，由地、市有关部门或其指定的单位对起重指挥及起重司索进行考核。考核合格者由地、市有关部门核发《起重指挥证》或《起重司索证》，获证后方准参加作业。

获得证的起重指挥与起重司索人员，每两年由考核发证部门或其指定的单位进行一次复审，其复审的内容包括身体检查；复试起重安全技术理论和实际操作技术知识；检查两年来有无违章作业和造成事故。对复审不合格者，可在两个月内再进行一次复审，仍不合格者，收缴其证件。未经复审者，不得继续参加起重作业。凡在两个连续复审期内，做到安全无事故的起重指挥与起重司索人员，经所在单位审查，报经发证部门批准后，可以免审，但不得连续免审。

起重作业指挥人员安全技术理论培训与考核的内容如下：
1. 起重作业所需要的基本力学知识。
2. 国家标准《起重吊运指挥信号》(GB 5082)。

3. 索具、吊具的使用方法、安全负荷、保养及报废标准。
4. 一般物件的重量计算。
5. 一般物件的绑挂技术方法。
6. 一般物件起重吊点的选择原则。
7. 一般起重作业方案的基本内容。
8. 起重作业的基本安全规程。
9. 所指挥的起重机的基本构造与性能。
10. 起重作业各岗位的职责及要求。

起重作业司索人员安全技术理论培训与考核的内容如下：
1. 司索所需要的基本力学知识。
2. 国家标准《起重吊运指挥信号》(GB 5082)。
3. 索具的使用方法、安全负荷、保养及报废标准。
4. 一般物件的重量计算。
5. 一般物件的绑挂方法。
6. 一般物件起重吊点的选择原则。
7. 司索作业时的安全技术知识。
8. 司索的岗位职责及要求。

起重作业指挥人员实际操作考核的内容与范围如下：
1. 场地准备与检查、起重机就位、绑挂吊件、吊升、就位、校正就位、松钩、收杆退车或收钩回车等起重作业的全部过程。
2. 起重吊运指挥信号的运用。
3. 根据起重机械的种类不同，可选重为 0.5~2t 的吊物，吊升高度为 2.5~8m，时间一般不宜超过 25min。

起重作业司索人员实际操作考核的内容与范围如下：
1. 选择索具、吊具。
2. 按要求绑扎吊物，起升前检查、挂钩，吊升中牵引绳索，起升初始检查和就位。
3. 起重吊运指挥信号的运用。
4. 根据起重机械的种类不同，可选重为 0.5~2t 的吊物，吊升高度为 2.5~8m，时间一般不应超过 18min。

此外，在对起重指挥人员及起重司索人员进行实际操作技术考核时，应在特设的场地进行。实际操作技术考核应规定时间，考核时应计时，若超过规定时间则应扣分。

四、起重方案的编制

根据实践经验，对起重量在5t以上的物体应办理《起重作业安全许可证》，而对起重量在20t以上的物体，或者虽重量不足20t，但起重物体的体积庞大；或者虽重量不足20t，但起重作业在危险性较大的场所中进行时，均应编制起重方案及起重作业准备工作的检查。

起重方案的编制应根据起重作业内容、工程性质、工期要求；各种设备总平面布置图，被起吊物体的数量、重量、高度、长度和体积；作业现场现有的机具与技术力量的配备等进行编制。

起重方案的编制内容如下：

1. 起重方案设计说明书，其中包括被起吊物体的数量、重量、重心、几何尺寸、精密程度，以及所使用的起重机具与布置，被起吊物体原堆放的位置，被起吊物体起吊后应放的位置，二次运输路线，起吊程序等。

2. 起重与搬运方法的选择与计算。

3. 起吊与搬运过程中，所用机具最大受力时的验算。

4. 平面布置图，其中包括被起吊物体的运输路线，被起吊物体所需放置的位置，桅杆的组立、移动和拆除，以及其他起重机具的布置，如地锚、缆风绳、卷扬机的布置位置与警戒区的划定等。

5. 起重作业所用机具一览表。

6. 劳动组织与施工进度表。

7. 起吊顺序与指挥信号。

8. 起重作业过程中应采取的安全技术措施。

起重方案编制后，起重作业项目负责人应组织有关人员对起重作业的准备工作进行认真地检查，以便在起重作业过程中，作业秩序井然，有条不紊，起重作业所用机具安全可靠，从而防止事故的发生。其检查的内容如下：

1. 地锚、缆风绳、卷扬机、桅杆等起重机具的自检记录。

2. 施工场地的平整，起重机具基础周围土方的回填夯实。

3. 被起吊的物体需具备正式起吊的条件。

4. 起重作业有关人员分工明细表。

5. 起重作业中的正常供电。

6. 当地天气预报情况。

7. 试吊作业中的问题与采取的措施。

8. 设备找正时的工种配合。

五、起重工应遵守的安全技术规定

从数吨到几百吨，甚至上千吨的设备和物件需要移动位置时，必须使用起重运输机具，采取一定的起重运输方法，以减轻繁重的劳动强度，提高劳动生产率。但是，在起重运输作业过程中往往由于有些设备或物件，量重、体大，再加上作业人员缺乏一定的安全技术知识，因此，稍有疏忽便会发生设备事故或人身伤亡事故。所以，起重作业必须进行细致、周密的准备，对选用的起重机具必须经过验算和有较大的安全储备，要建立在确保安全可靠的基础上，并从思想上高度重视，技术上采取措施，做好各种安全防护措施。

为确保起重运输生产过程中的安全，起重工应遵守以下安全技术规定：

1. 起重工应经过专业训练与安全技术培训，并经考试合格持有特种作业合格证，方能正式从事起重作业。

2. 对所投入使用的起重工具及设备必须事先进行严格地检查，确保完好可靠，必要时应进行计算或试验。

3. 使用的动力设备必须接地可靠，绝缘良好。移动灯具应使用安全电压。

4. 凡参加起重作业的人员，均应熟悉该工程的起重施工方案，并按方案的程序和要求进行施工。

5. 现场指挥信号要统一、明确，坚决反对瞎指挥。

6. 进入作业现场必须戴好安全帽。凡在高处作业的人员，均应佩戴安全带，并应在安全可靠的地方拴挂好安全带。

7. 起重作业开始前，必须仔细检查被起吊物件捆绑是否牢固，重心是否找准，经试吊确认无问题后，方可正式起吊。

8. 使用起重扒杆定位要正确，封底要牢靠，不允许在受力后产生有危险性的扭、弯、沉、斜等现象。

9. 使用缆风绳应不少于 3 根，并不准在电线杆、机电设备和管道支架等处系结。

10. 作业过程中如需利用建筑物或构筑物系结索吊具时，必须经过验算，能够安全承受，并经有关部门同意后，方能使用。

11. 卷扬机操作人员必须熟悉其机械性能，非指定的司机严禁开车，下班后应切断电源并锁定。在作业中钢丝绳卷入卷筒时不得有扭转、急剧弯曲、压绳、绳与绳之间排列过松等现象，否则应停车排除。

12. 起重作业区域周围应设置警戒线，严禁非工作人员通行。遇 6 级以上大风时，严禁露天作业。雷雨季节，如周围无高于桅杆的建筑物时，其桅杆应装设避雷装置。

13. 起吊物件前，必须明确所起吊物件的实际重量，如不明确，必须经过核算，绝对不允许被起吊物件的重量超过起重机具的允许载重负荷。

14. 在起重物件就位固定前，起重工不得擅自离开作业岗位。不得在索具受力或被吊物悬空的情况下中断工作。

15. 用起重机起吊物件时，吊钩钢丝绳应保持垂直状态，不得用吊钩钢丝绳从倾斜方向拖拉物件或斜吊，如果必须采用此种方法作业时，应在前方设置导向滑轮，以策安全。

16. 当起重机设有主钩和副钩时，其主钩和副钩不能同时并用。

17. 被起吊物件悬空时，严禁任何人在吊物或吊臂下停留或通过。卷扬机和滑轮前及牵引钢丝绳旁不准站人。

第六节　厂内运输安全

一、物料的安全搬运

在厂矿企业的各种生产过程中，都需要装卸和搬运物料，这种作业几乎每个职工都要接触到，无论是作为他的本职工作，还是作为他日常工作的一部分，也不管是由手工进行，还是借助于机械来完成。

对其从事任何工作的职工来说，都需要确定其安全操作的能力和效率，搬运工作亦如此，因此需要挑选适宜从事这项工作的人员或给不适宜从事搬运的人员安排其他工作。当厂矿企业录用物料搬运人员时，可在录用前进行身体检查，以查出患有严重背疾或疝气的人员，这些人员就不适合从事物料的搬运工作。

据有关资料统计报道，由搬运物料所引起的工伤事故要占所有工伤事故的

20%～25%。

在厂矿企业生产过程中,脱臼、扭伤、骨折和跌伤,这些都是物料搬运作业过程中常发生的工伤事故,发生的原因主要是由于不安全的搬运方法所造成,例如,提举不当、载荷过重、抓取错误、手和双脚的位置不对,或未穿戴个人劳动保护用品等。为了防止在物料搬运过程中发生的工伤事故,安全技术人员应提出有关安全操作的方法。例如,这种物料能否用手工搬运,所搬运的物料对搬运人员有何危害,能否给搬运人员配备一些使其工作较为安全的辅助工具,搬运人员所穿戴的个人劳动防护用品是否有助于防止搬运人员致伤。一般来说,搬运物料所发生的工伤事故大多数是发生在手指和手上,因此,应当开办安全技术培训班,指导搬运人员如何采取正确的方法装卸和搬运物料。除此之外,还应采取科学的管理方法等,这都将有助于减少物料搬运中工伤事故的发生。

对于物料搬运人员应注意以下安全事项:
1. 检查被搬运物体是否有碎裂、不平整边缘、毛刺、粗糙和光滑表面。
2. 使用结实的夹具紧紧夹住物体,手指应远离夹紧点,特别是当卸料的时候。
3. 搬运木板、管子或其他长形物体时,手应离开物体的两头,以免手被砸伤。
4. 应该擦去被搬运物体上的油脂、湿气或脏物后再进行搬运。
5. 手或手套上不得有油或油垢。
6. 为了避免搬运材料时砸伤脚趾,搬运人员应穿上安全鞋。
7. 当要打开用铁丝或金属带捆绑的包裹或箱子时,搬运人员应戴上防护眼镜和厚实的手套,并应特别小心,防止已拆下的铁丝和金属带来回晃动伤害人的脸部或躯体。为了安全地割开捆条、捆带等,必须使用专门的工具。
8. 如果被搬运物是粉体或有毒有害物质,则搬运人员应配戴适用的个人劳动保护用品或防毒面具。

二、多人联合的安全搬运

当需要搬运重量在500～1000kg以下的物体时,常由于受到通行路线障碍或被搬运物体存放地点狭窄等原因,不便使用机械设备来进行搬运,此时,一般可由2人或更多的搬运人员进行联合搬运。联合搬运通常是使用肩抬。

当被搬运物体的重量在200kg以下,可2人抬运。当2人抬运长管子、圆木或木板时,应当把重物放在同一侧的肩膀上,并步调一致地迈步向前。为防止割、刺伤搬运人员的肩部,同时为减轻疲劳和疼痛,抬运人员应使用肩垫。当2人使用肩担或杠子抬运物体时,2人要并肩行走,扁担或杠子要放在2人的后颈和肩上,手心向上,脚向外侧伸,上体微里斜,2人同时迈步,且应步调一致,以免被抬物体左右摇摆发生意外事故。

当被抬运的物体重量在200～300kg以内时,需4人肩抬。可先用一根牢固的长木杠放在被抬物体的外表,再用两绳套在物体下端绑紧,两头各2人分别站在长杠两端,并肩抬住物体,步调一致向前。

当被抬运的物体在300～400kg以下时,一般用6人肩抬。抬运前将一根长木杠放在重物体上,并使其1/3处放在重物体的重心处,在重物体两端将长杠绑住。在长杠的两端绑上两根木杠，就可以开始抬行。在长杠两端最上面的短杠，应注意在一个水平面上，这样才不致使抬重物体后产生两端不平衡的现象。抬运时可4人在前2人在后，或2人在前4人在后。

当多人联合抬运物体时，在抬运之前均应当先将被抬运的重物捆绑牢靠，同时调整好被抬运的重物，使之平衡，并使每个搬运人员所承受的重量尽可能相等。在抬运之前，还可先抬起来试一试，看是否合适，待合适后再开始抬运。

另外，当多人联合用肩抬运重物时，都应有一人领班指挥这项搬运作业，由领班指挥人员吹起表示"提举"、"上肩"、"起步"或"放下"的哨子，或者由领班指挥人员领喊劳动号子，其他搬运人员接喊劳动号子的办法作为多人联合搬运重物的行动的命令，以使全体搬运人员精力集中、用力均匀、步调一致地安全搬运。同时，吹哨子或喊劳动号子可有节奏地调整搬运人员的呼吸，尤其是在多人联合搬运重物时，作用更为突出，可减轻疲劳感觉。再者，吹哨子或喊劳动号子还可振奋搬运人员的精神，鼓舞干劲，提高工作效率。

三、特殊形状物体的安全搬运

1. 麻袋的搬运。搬运麻袋时应抓住其对应角，使麻袋竖直靠在搬运人员的腹部，然后把麻袋翻转，就势放在肩上。

把麻袋放在肩上时，搬运人员应当稍微弯腰，并把手放在髋骨上，使麻袋的一部分搁在肩上，另一部分搁在上臂和背上，用另一只手抓住麻袋的前端。当将麻袋搬运到预定的地点要放下时，应缓慢地从肩上转动麻袋，直至麻袋靠在髋部和腹部为止。如果必须将麻袋搁在地上时，就应当直背、弯腰而放下麻袋。

2. 圆桶的搬运。搬运圆桶时，搬运人员应备有提取杆，用此杆钩住圆桶的凸边，这样即可以起一个杠杆作用，也可以很好地控制圆桶。

当滚动圆桶时，搬运人员应当用手推动桶的边缘。在滚动过程中要想改变圆桶滚动的方向，应当用手抓住桶的边进行转动，而不应当用脚来踢。

如果要把圆桶放到导板上，应转动该圆桶，使其竖直滑动，再由两个人将其滚上导板。搬运人员应站在导板的外侧，不要站在导板的内侧，也不要站在将要举起或放下的圆桶的下面。

如果要把圆桶从斜板或导板上放下来，应使用绳缆或其他索具来控制圆桶的移动。绳缆可以用来停止或缓冲圆桶的运动。绳缆的一端应可靠地栓在停靠导板的平台上，再将绳缆绕在桶的周围，搬运人员应握紧绳缆的另一端活动头，逐渐地把圆桶从高处缓缓放下。

3. 金属板材的搬运。金属薄板一般都有较锋利的边缘，搬运这类材料时，搬运人员应戴上皮制的手套或有衬垫的手套。手套应为宽口，并超过手腕部分，以保护搬运人员的手腕和前臂不受伤害。成捆的金属薄板应当用机械设备来搬运。

4. 玻璃的搬运。搬运玻璃时，搬运人员应戴手套或手用皮垫，并佩戴长的皮袖套，以保护搬运人员的手腕和前臂。此外，搬运人员还应当围上皮制或帆布制的围裙，穿上皮鞋或帆布鞋，用来保护脚和踝骨。

除了小块的玻璃外，搬运人员每次应只搬一块玻璃，并且在行走过程中应特别小心。

搬运人员在搬运玻璃时应小心地把玻璃拿起来，用一只手心部位托住玻璃的底边，而用另一只手抓住玻璃的顶边，保持其稳定性。绝对不能把玻璃夹在臂下来搬运，因为一旦掉下去就有可能割伤搬运人员的动脉。

如果要将大块玻璃搬运到相当远的地方去，搬运人员应使用框架手推车。此外，在搬运玻璃板时，可由两人或更多的人员用帆布吊具来搬运，这些搬运人员应用衬垫保护头部、颈部和肩部。另外也可以用框架橡皮吸引器进行搬运。

5. 长形物体的搬运。在搬运长的管子、圆木或木板之类的长形物体时，应把长的管子、圆木或木板等扛在肩上来搬运，在搬运人员前面的一头应尽可能抬高些，以超过人体的高度为好，防止冲撞到其他人员，特别是在拐弯的地方，视线不良的时候更应如此。搬运人员在从事这类长形物体的搬运作业时应戴上垫肩。

6. 形状不规则物体的搬运。搬运形状不规则物体时，因这类物体经常需要翻转或掉头，应尽可能地将其牢固地抓紧。如果由于物体太重或太大，一个搬运人员不能进行搬运时，应请求其他搬运人员给予帮助。

7. 废旧金属物料的搬运。当搬运废旧金属物料时，由于从垛上卸下金属块时，会从一些不规则形状或参差不齐的金属块中溅起碎屑或碎末。因此，搬运人员应配戴防护眼镜、皮手套、安全鞋、安全帽等个人劳动保护用品。

重的、圆的或扁平的金属物体，如车轮或油罐盖等，只能用手慢慢地滚动，最好是使用手推车或专用的机械设备来进行搬运。

8. 其他物体的搬运。为了把一些杂物和小型的物体送到高台之上，或把这类物体从高处送至地面时，可用专用吊环、吊桶或料袋，在靠近工作台和脚手架的地方安全地运送各种物料。如果吊钩相当结实，可用吊桶和单吊索提升直管。在用圆桶进行吊送物料时，可在圆桶周围打上绳结，防止提升圆桶时吊钩被拉断。吊运零散物料时，可用帆布袋装好后进行吊运。在吊运金属板材时，为防止金属板在吊运过程中掉落，金属板的各边都必须用结实的马尼拉麻绳缆或钢丝绳制成的吊索拴牢。

在吊运任何物体的过程中，搬运人员都必须佩戴好安全帽，并严禁站在被吊运物体的正下方。

四、人工搬运物料的安全事项

人的体力是有千差万别的，不可能使所有的人员都具有相同的安全提举力，例如，在一般情况下，女职工在身体躯干倾斜时所能提起的最大负荷能力约为成年男工的60%。对于青年人来说，其自身大部分的食物营养差不多都用于身体的成长，德国人发现，在瑞士的某山区，年龄在30～50岁之间的男人中，有55%的人都患有腰肌劳损的毛病。据调查研究分析，其发病的主要原因是患者在青年时期经常从事提起重物的劳动。对于老年人来说，成年期一过，随着年龄的增长，骨骼逐渐变得结实，组织的弹性减小，肌肉的能力削弱，血管壁开始有石灰质形成，因此老年人在从事搬运作业时，很快有疲劳的感觉，同时对疲劳的消除能力也较差，过重的搬运劳动会使老年人增加心脏及血液循环系统的疾病。再者，人的高度和体重不一定表示他的提举能力。有些人个子矮小但很结实，他们就可能比个子高、身体重的人能提举更重的物体。

在重复性的提举搬运作业中，不同的作业方法有不同的提举负载标准，作为搬运人员应该知道有关标准的内容。

当搬运人员要提起沉重或庞大的物件，并把它们搬运到需要的地方时，应首先检查物件周围的地面和通向目的地道路，保证搬运所经过道路畅通，没有障碍物。并检查光线是否充足，特别是在夜间进行搬运时，以避免使被搬运物倾洒或使自己绊倒或滑倒。此外，还应搞清楚，搬运途中所要经过的通道宽度是否足够，如果有障碍物阻挡或通道宽度不够，则应绕道而行，选择一条安全的搬运路线。

然后，搬运人员应检查被搬运的物件，以确定如何提抓物体，如何避开物件可能致伤的锋利边缘、碎片及其他不安全因素。当需把物体从地面上提举起之前，可把物件翻过来看一看，如果物件的表面有泥泞或是湿的，就应清除或擦干，以防物件从手中滑掉而砸伤脚趾。

搬运作业过程中所发生的扭伤和背部致伤大多数是发生在搬运人员用手提起和扔下物件的时候，为了减少该类工伤事故，安全技术人员就需要对从事搬运工作的人员进行物体正确的提举方法方面的培训。为了改善搬运人员的劳动条件，找出合理的搬运操作姿态和最佳负荷量，世界各国的劳动卫生研究机构以及人机工程学的研究人员做了大量的工作，积累了许多宝贵的资料。安全的搬运提举操作姿态有6个基本要素，在实际操作中，作业的程序如下：

1. 双脚位置正确。搬运物料时引起肌肉致伤的原因之一，特别是引起腰背扭伤的原因，是由于提举重物时两脚靠得被提物太近而失掉平衡的结果，把物体提高地面，推、拉物体，或将物体搬运到目的地的过程中，却有可能使身体失去平衡，同时由于下肢和背部肌肉的负荷过重所造成。从运动学的观点来看，双脚的正确位置应是一脚站在运动的方向，而另一脚则站在可推移物体的地方。

因此，安全搬运物体时双脚的正确位置应为双脚分开，一只脚放在被搬运物体的侧面，一只脚放在被搬运物体的后面，双脚之间的距离要合适，以增加稳定性，后脚的位置要适于提举物体时向上推动的动作。致于是右脚放在被搬运物体的侧面或后面，还是左脚放在被搬运物体的侧面或后面，可由搬运人员自己来决定，这主要是看搬运人员的个人习惯。

2. 直背。直不是指垂直，故直背也不是要垂直脊背。一般来说，人体的脊背是倾斜的，特别是当人从地面上提举重物时更是如此。但倾斜应由脊柱形成，以保持正常的曲率，这个正常的脊柱弯曲率就称为"直背"。因此，这里所指的直背就是使人体脊柱、背肌和躯干处于正常的位置。这样可减小对人体内脏的压力，降低疝疾的发生率。

安全搬运物体时，搬运人员背的正确姿态应采用蹲下姿势，并使背伸直。采取直背提举物体的姿势时，人体脊柱能很好地用上劲儿，并且在腰部的中脊盘骨上压力均匀分布。而当弯背提举重物时，脊椎骨形成弧形，其结果是下背部的肌肉被绷紧，从而使作用在盘骨上的压力呈非均匀状态。

采用弯背和直腿的方式来提举重物，除了对中脊盘骨有损伤的危险外，还会对脊部肌肉施加过大的压力。这主要的原因是因手要提举物体，背部必须相对于垂直方向有弯曲较大的角度，才能使手够着地面上的物体，随着这个角度的增大，物体的重量加上搬运人员上半身的重量也迅速增大，故搬运人员需更大的力气才能使背部伸直到垂直的位置。其次是需要肌肉用力才能伸直脊柱。

把一个重物从地面上提起时，需要双腿使出最大的劲儿，而背部则要伸直，并且向前倾斜。当重物提过膝盖时，背部就要返回到垂直位置。为了保持直背，关键的是双脚的位置和膝盖的弯曲程度。

3. 两臂靠近躯体。当提举和携带重物时，双臂应靠近身体，必要时应尽可能伸直，因为弯曲的肘和升高的肩膀可以把不必要的力施加于上臂和胸部的肌肉上。

携带重物时要使双臂有一个固定的姿势，特别是在较长距离搬运的情况下，利用身体的某部分来帮助支撑重物，这将减轻肌肉的紧张程度。直着臂携带物体能使重物依靠在大腿之上。

4. 正确提拿。只靠手指尖抓住重物，这种提举重物的方法不安全，会使手指尖产生过分的压力，并使手臂的部分肌肉和肌腱过分紧张。油腻的双手或沾满油污的物体常难于可靠地抓牢，如有可能，应把双手或物体表面的油污擦洗干净，或者戴上合适的手套。

搬运物体时，应用整个手掌抓住物体，这是正确提举物体的最重要因素之一，而且手指和手掌要伸开，环绕在被搬运物体上。这将减轻双臂局部肌肉的紧张程度，并减少重物滑掉的可能性。

5. 下巴收缩。抬高头顶，收拢下巴，使颈部和头部与脊背一直保持在一条直线上，而且脊柱要笔直稳固。这样会自然地挺起胸膛，并使肩膀适应两臂的有效动作。

下巴后缩的动作，在提举重物前和整个的搬运过程中，应一直保持着。搬运人员在提举重物的最初阶段应向下看，这可能与其想抬起头去看他将要到达的地点是矛盾的。但是，当他提举重物直起腰身时，他的头就会同时自然而然地抬起来。

6. 借助于体重。注意身体的姿势，双脚的位置正确，使身体重量集中在双脚的正上方，以提供一个向上推举的有利姿势，并能确保较好的平衡。膝盖的弯曲程度合适并略向前伸出，这样就能够有效地利用人体自身的重量去推拉物体，使物体向前移动。

当从地面上提取物体时，后脚应猛蹬地面，同时膝关节向前伸出，使身体向前上方运动。此时物体随着后脚的猛蹬动作而开始上举。在短暂的时间内，搬运人员的身体似乎失掉了平衡，这时应立即把后脚移向前方来平衡身体，就像是要行走的样子。利用这种身体向前移动的方法就能顺利地把重物提举起来，然后携带物体行走。

在某些特殊情况下搬运物体时，应注意如下的安全搬运方法：

(1) 如果物体由一个人搬运太重或者太大时，他应请求别人的帮助。

(2) 在提举重物之前，搬运人员应事先考虑所搬运物体的距离和携带重物行走所需要的时间。如果距离较远，特别是在搬运重物途中必须爬登楼梯或爬斜坡时，一定要在搬运途中作稍事休息，以避免筋疲力尽。

(3) 若需要把一物体放在凳子上或桌子上时，首先应将物体搁在其边沿，然后再把物体向里推一段距离，直至确信物体不会掉下来为止。当把物体放下时，要逐渐地松手，并用手和身体从物体的前边来推动以使物体放好，这样可以防止手指被物体压伤。

(4) 放在凳子上或其他支架上的物体应可靠地固定，使物体不要掉下、翻倒或滚动。此外支架要放置正确，且应十分结实，足以能承载所放置的重物。重型物体，如车床卡盘、模具和其他工件夹具等，应存放在约齐腰高的支架上。

(5) 要把一个物体提举到肩膀以上的高度时，应首先把物体提到齐腰部位，将其底边靠放在横档、台架或其他突出的边缘上，然后改换手的位置，随着膝盖的弯曲把物体举高，当物体举过肩部时就应伸直膝盖。

（6）要改变行走方向时，应把物体举到携带位置，然后转动整个身体，双脚也要随着一起扭转。在连续传递作业中，搬运人员和材料的位置都要确定好，这样当传递材料时，搬运人员就不必扭动身体了。

（7）用人工把物体存放在拥挤的地方时，最为安全的方法，就是用手把物体间无阻碍的空隙推动，而不是举起来再放下。

五、使用滚杠搬运物体时应注意的安全事项

滚杠一般都是用无缝钢管制成，用它搬运物体是最简便、最常用的方法之一。

在使用滚杠搬运物体时应注意以下的安全事项：

1. 滚杠上面和下面最好铺设托板和枕木，以防压力过大，滚杠打滑或陷入泥土中，影响物体的安全搬运。
2. 当被搬运的物体需要拐弯前进时，滚杠必须放成扇形面。
3. 放置滚杠时，必须将其两端放整齐。否则长短不一，滚杠受力不均，容易发生事故。
4. 摆置和调整滚杠时，操作人员应将手指的四个指头放在滚杠内，以避免压伤手。
5. 搬运过程中发现滚杠不正时，只能用大锤锤打纠正。
6. 参加搬运的人员，应精力集中，听从统一指挥。

六、使用拖排搬运物体时应注意的安全事项

在搬运物体时，拖排是一种简便易行的运载工具。由于拖排不属于标准构件，因此，各使用单位所采用的规格型式和材料都不相同。常用的拖排有木制拖排和钢制拖排两种。一般来讲，木制拖排适用于滚运，钢制拖排适用于滑运。

用拖排搬运物体，一般是用卷扬机或拖拉机配以滑轮组牵引，运输物体的重量和外形尺寸可以很大，对搬运的通道要求不高，即使有一定的坡度，影响也不大，不需要专门的车道。但在使用卷扬机牵引时，每搬动一次卷扬机就需要设置一次固定地锚，耗用辅助劳动量较大，故搬运效率较低，一般适用于被搬运物体的重量和外形尺寸都很大的情况和在作业现场内的移动。

用拖排搬运物体，虽然在结构和操作方面比较简单容易，但在操作过程中若考虑不周，也易造成被运物体脱排、拖排掉道、滚杠聚堆和地面下沉等事故。因此，在使用拖排搬运物体时应注意以下安全事项：

1. 了解道路的地质情况，修整好搬运通道，用枕木铺平道路，然后摆好滚杠。
2. 将被搬运物体在拖排上固定好，并在物体两侧用楔木、道钉挤紧在拖排上，以避免被运物体在滚运或滑运过程中，从拖排上脱排或倾倒，而发生事故。
3. 如搬运物体的拖排需通过较大的坑、沟，以及地质层较松软的地面时，除应填平夯实外，还应采用钢轨或枕木铺平。

七、操作带式运输机应注意的安全事项

带式运输机是一种靠依次绕过各滚筒后首尾相连的封闭运输带的运动来运输物料的运

输机,带式运输机可以用来运输各种散状物料,也可以运输成件物品。特殊的带式运输机还可用来运送人员。其输送的线路可以是平的,也可以上坡的或下坡的,有的还能以一定的曲率拐弯。带式运输机是各种传送设备中应用最为广泛的一种,大多数厂矿企业中均有使用。带式运输机的结构多种多样,用途繁多,按机架的型式可分为固定式、移动式和移置式3种类型,其中以固定式的带式运输机使用最多。

带式运输机的输送带应有足够的宽度,使其不仅能满足运输能力方面的要求,还应满足材料块度方面的要求,使较大块的物料能稳定随输送带输送。带式运输线应保证各机逆料流方向顺序启动和顺料流方向顺序停车。当两台或多台带式运输机串联运行时,所设计的控制开关应能做到:当其中某一台带式运输机停车时,其他所有给它送料的那几台带式运输机及给料机等也均应该同时停止运行。为了消除输送带上的物料不应有的偏载和明显的忽多忽少的状况,最好采用振动给料机或板式、带式给料机对带式运输机进行均匀地加料。

带式运输机的一边或两边应设有通道,在斜坡通道上应采用不高于100mm的台阶,或采用花纹钢板或其他防滑材料。从带式运输机的传动机构到墙壁的距离,不应小于1m,以便人员安全通行,以及检查和润滑传动机构时能自由出入。带式运输机在隧道、地坑和其他类似的环境中运行时,在作业人员需要进入或在那儿进行操作的工作面上,应配备良好的排水、照明、通风、安全防护、安全通道等设施。

皮带运输机的各个转动和活动部分应采用安全罩加以防护。当皮带运输机的运行速度较高时,在人行通道靠皮带运输机一边应设置防护栏杆,其防护栏杆的高度应超过皮带。

为了使人员能够从皮带运输机上穿越过去,可建造跨接桥,其跨接桥上应设不低于1050mm的扶手栏杆。如果皮带运输机上没有安装跨接接或其他类型的安全人行通道,那就应该严禁任何人员从皮带运输机上面穿越过去。

皮带运输机的起动按钮或开关应设置在一个适当的地点,使得操作人员在启动皮带运输机时,可以尽可能地看到皮带运输机本身。如果皮带运输机要穿过楼板或墙体,那么在各个相邻的地区里都应装有这台皮带运输机的起动和停止开关装置,并且只有当所有这些起动按钮或开关同时被按下时,皮带运输机才会投入运转。这些起动——停止开关装置应有明显的标记,使作业人员能够很清楚地看到它,这样操作起来就十分方便。同时在起动——停止开关装置旁边,应设音响联络信号,在未发出工作信号之前,皮带运输机不得起动。

为了能迅速切断电源,处理意外发生的紧急情况,避免事故的发生,沿皮带运输机的人行通道上应装有紧急停车装置,每个紧急停车装置的间距,一般不宜超过25m。对某些输送线较长的皮带运输机来讲,解决一台皮带运输机要装若干个紧急停车装置的一个好办法是,在皮带运输机的尾部安装上操纵杆式紧急停车装置,并且在传送装置两边的全长上都拉上一根与操纵杆相连接的金属丝。这样,在皮带运输机的运输线上的任何地点,只要拉一下金属丝,就能使皮带运输机停止运行。

对运输有细小颗粒或粉体状原材料的皮带运输机,为防止粉尘飞扬弥漫,在原材料装卸处应设有排气罩,并要安装上良好的通风系统。当原材料是易燃物质时,粉尘在空气中的浓度应维持在爆炸极限浓度下限浓度以下。在这种场所,应采用防爆电气装置,并严禁明火接近粉尘地带,所使用的皮带运输机应该接地,各部件之间应采用电焊连接。

在使用带式运输机的过程中，带式运输机绞伤人员的事故时有报道，因此，在操作带式运输机时应注意如下的安全事项：

1. 操作带式运输机的人员应经过安全技术培训，并经考核合格后持安全作业证方可上岗，这是防止事故发生最好的方法。

2. 带式运输机只能按设计规定完成输送物料任务，不得任意加大输送量，并注意加料均匀，使带式运输机不过载。

3. 操作人员上班时应穿着紧身工作服，以避免身体被卷入正在转动着的机械设备。最好还能穿上防护鞋。若带式运输机通道上的尘埃浓度较高，操作人员应戴上防尘帽和防护眼镜。如尘埃实在过高，应戴上防尘口罩。

4. 在带式运输机开始运转前，操作人员应检查传动部分是否有障碍物卡住，齿轮罩和皮带轮罩等防护装置是否齐全，电气设备接地是否良好。

5. 带式运输机在起动前，操作人员必须先用信号灯或音响装置进行联系，以通知带式运输机周围的人员撤离现场。

6. 带式运输机在运转时禁止进行润滑，除非在润滑部位设有特殊的安全防护装置。

7. 当几台带式运输机串连送料时，必须按顺序依次开动，待全部运输线系统正常运转后，才能送料。停车前，必须把皮带上的物料卸尽。

8. 由于事故而停车的带式运输机在没有弄清楚停车的原因及排除故障之前，不得重新启动。

9. 带式运输机上严禁站人、乘人或躺人，不得在带式运输机运转时从上面直接跨越。

10. 在检修作业开始之前，必须切断带式运输机的电源，并在闸上挂"正在检修，严禁合闸！"的警告牌。若运输线较长，检修人员还应将处于断开位置的带式运输机电源开关用挂锁锁起来，锁的钥匙应由检修负责人保管。若有两个检修作业班同时检修一台带式运输机，为了安全起见，防止正在检修时有人误启动带式运输机而造成人员伤亡事故，两个检修作业班的负责人则应该各自分别去锁住电源开关。

11. 带式运输机的机械、电气、安全装置需调整时，应由经过批准的人员在指定的时间内进行。拆卸、修理防护罩及挡板等时，只能在带式运输机停止运转且不能启动时进行。在某些特殊情况下，如需对运行着的带式运输机的一些装置进行调整时，对转动着的整个设备部件都应该采取非常安全的防护措施，同时应有另一人员站在靠近紧急停车开关处监护着作业人员。如需要拆除防护罩时进行运转，其部件运转区域内人员行走的地方应用杵杆隔开。设备部件调整好后，应及时将安全防护装置按原样予以恢复。

12. 带式运输机的装料点、通道及物料的转运站等，均应经常保持整洁。

13. 运行结束后，应进行信号联系，然后拉下电闸，切断电源，关好操作室门后方可离去。

八、螺旋运输机的使用安全

螺旋运输机是一种利用旋转的螺旋叶片推动散状物料在槽中前进的运输机械，其本身长度一般是有限的，外形为一段半圆形槽，顶面是平的，槽中有一根纵轴，轴上带有大螺距螺杆或焊接在轴上的螺旋形叶片所组成。当螺旋转动时，就能往前传送槽中的物料。

螺旋运输机一般用来传送粉体状或小块状的物料，当用它来传送水泥或砂混合物或颜料时，还可起到搅拌器的作用。

螺旋运输机的不安全因素在于人员的手和脚会被卷进去而被压伤。因此，运输槽上方应该用盖板完全覆盖住，其结构应使得操作人员不用打开盖板就能对所有的中间轴承进行润滑。装料口和卸料口的设计应能防止人员接近旋转的螺旋。当运输槽中的物料堵塞时，为了便于观察和清除堵料，槽盖应制成具有铰链连接或可移动的盖板。这些可开启的盖板最好与螺旋运输机联锁，当打开其中一块盖板时，整个螺旋运输机就会停止运转。运输槽上不需要打开的部分，可以搭焊上一些盖板。

螺旋运输机在运转时，不得进行清扫和检修。

九、斗式提升机的使用安全

斗式提升机是一种用固接在牵引链或橡胶带上的一系列料斗在竖直或接近竖直的方向向上提升散装物料的运输机。根据牵引件的不同，分别称为链斗提升机和带斗提升机。链斗提升机的速度一般较低，链条上按一定的间距固接着料斗，卸载时料斗中的物料靠重力作用沿着前一料斗的斗背滑下。带斗提升机的速度一般较高，料斗在橡胶带上的间距较大，卸载时料斗中的物料主要靠离橡胶带转动产生的离心力而甩出。

为确保斗式提升机的安全使用，防止伤害操作人员，整个斗式提升机都应用防护装置封装起来。在封装的罩壳上应设有清扫门，打开清扫门就能方便地取出所输送的物料。如果斗式提升机是运输对人体有害的物料，或者是运输过程中能扬起粉尘的物料，封装的罩壳结构应力求密封性，如有必要还应装设吸尘装置。

在使用斗式提升机的过程中，应均匀地进行供料，以避免物料在机壳下部卡住料斗。在斗式提升机运行中，严禁进行取料，即取出一些所运送的物料。对链条、橡胶带、料斗及滚筒等部位的积料应及时清除，并经常检查张紧装置的位置和橡胶带的松紧程度，确保料斗不刮进料口的底部，以及确保橡胶带不在滚筒上打滑。

十、机动车辆的安全要求

1. 车辆必须由当地公安部门或交通监理部门核发号牌和行驶证后，方可行驶，如仅限于厂内行驶的车辆，必须由厂交通安全管理部门核发号牌和行驶证。

2. 车辆必须按当地公安部门或交通监理部门规定的时间接受检验，如仅限于厂内行驶的车辆，按厂交通安全管理部门规定的时间接受检验。逾期未经检验的车辆，不得行驶。

3. 机动车的制动器、转向器、喇叭、灯光、雨刷和后视镜等，必须保持齐全有效，行驶途中，如制动器、转向器、喇叭、灯光等发生故障，或雨雪天雨刷发生故障时，应停车修复后方准继续行驶。

4. 经常用于载人的货车，必须装有扶梯、拉手、拉杆等。车厢栏板高度不得低于1m，车厢两侧栏板间应有保险索链。如安装车棚，大型车的车棚不得高于1.75m，小型车的车棚不得高于1.65m。

5. 机动车牵引挂车时，其连接装置必须牢固，并应挂保险链条。挂车的牵引架、挂环发现裂纹、扭曲、脱焊或严重磨损时，不得使用。

6. 牵引车与挂车之间，挂车前后轮之间，应安装防护栏栅。牵引车在空载的情况下，不得拖带载车挂车。

7. 每辆牵引车只准牵引一辆挂车。挂车应安装自动刹车装置、灯光和显示标志。

8. 挂车宽度超过牵引车时，牵引车的前保险杠两端应安装与挂车宽度相等的标杆，标杆两端安装标灯。

9. 机动车拖带损坏车辆时，被拖带的车辆，应由正式驾驶员操纵。小型车不得拖带大型车，拖带车辆不得背行。

10. 每辆机动车只准拖带一辆损坏车辆，牵引索的长度应在5～7m之间。拖带制动器失灵的车辆需用硬牵引。不得拖带转向器失灵的车辆。

11. 夜间拖带损坏车辆时，被拖带车辆的灯光应齐全有效。新车、大修车在走合期，不得拖带车辆。

十一、车辆装载的安全要求

1. 车辆调度人员在下述运输作业计划前，应事先掌握运输线路与货源情况。下达计划时，应将货运路线、装卸场所和安全注意事项向驾驶员交待清楚。

2. 车辆装载不得超过行驶证上核定的数量。

3. 车辆载物的宽度不得超出车厢200mm，高度从地面算起不得超过4m，长度前后共不得超过车身2m，超出部分不得触地。

4. 载运不可解体货物的体积超过规定时，必须经厂交通安全管理部门的批准，指派专人押车，按指定的路线、时间和要求行驶，并悬挂明显的安全标志。

5. 装载货物必须均衡平稳，捆扎牢固，车厢侧板、后栏板要关好、拴牢。货物长度若超过后栏板时，不得遮挡号牌、转向灯、尾灯和制动灯。装载散状、粉体状或液态货物时，不得散落、飞扬或滴漏车外。

6. 载运炽热货物时，必须使用专用的柴油货车，其油箱必须用石棉包扎严密，并按指定的路线行驶。

7. 自动倾卸车驾驶室内应安装车厢起升警报器或指示灯。当装载大、重货物时，其货物不得卡在车厢栏板上。

8. 自动倾卸车在车厢起升前应注意空中有无障碍物，严禁边走边起，边走边落。倾卸货物时，应选择平坦场地。向坑内卸车时，应与坑边缘保持安全距离。在危险地段卸车时，应有专人指挥。

9. 经常用于载人的货车必须由具有5万km或3年以上安全驾驶经历的驾驶员驾驶，并持有当地公安部门或交通监理部门核发带客证的驾驶员驾驶。车上不得超过核定的人数，并指定专人负责车上安全。仅限于厂内行驶的机动车辆，不得用于载人。

10. 随车装卸人员不得超过厂交通安全部门核定的人数。当载运大、重货物未靠车厢前栏板时，货物前不得乘人。当载货物的高度超出车厢栏板时，货物上面不得乘人。

11. 随车装卸人员不得坐在车厢栏板上，在车辆未停稳前，不得上、下车。

12. 机动车车厢以外的任何部位或货运汽车的挂车、拖拉机的挂车、电瓶车、起重车、罐槽车、平板车和轮胎式专用车等，均不得载人。安装有效锁制的自动倾卸车和设有牢固护栏的起重车、平板拖车、垃圾车等，经厂交通安全管理部门核准，可附载装卸人员

1~4人。

13. 当车辆装卸易燃、易爆、剧毒等危险货物时,必须经厂交通安全管理部门和保卫部门的批准,按指定的路线和时间行驶。其车辆必须由具有5万km和3年以上安全驾驶经历的驾驶员驾驶,并应选派熟悉危险品性质及具有安全防护知识的人员担任押运员。

14. 易燃、易爆、剧毒等危险货物必须用货运汽车运输,禁止用汽车挂车及其他机动车运输。其运输车上应根据危险货物的性质配带相应的防护器材和消防器材,车厢两端上方需插有危险标志。

15. 运输危险货物的货车,其排气管消声器处应装设火星熄灭罩,运输易燃、易爆货物的专用车辆,其排气管应装在车厢前一侧,向前排气。车厢周围严禁烟火。

16. 装载液态和气态易燃、易爆介质的罐车,必须挂接地静电导链,装载液化气体的车辆,应有防夏季日光暴晒的措施。

17. 装载氰化钠、氰化钾和用铁桶装的一级易燃液体时,不得使用铁底板的车辆。装卸剧毒物品的车辆,用后应进行彻底地清洗、消毒。

18. 装载易燃、易爆、剧毒物品的车辆,不得混装其他货物。易燃、易爆物品的装载量不得超过货车载重量的2/3,堆放高度不得超过车厢栏的高度。

19. 装载易燃、易爆、剧毒物品的车辆,在两辆以上的车辆跟踪运输时,两车之间最小的间距应为50m,行驶途中不得紧急制动,严禁超车。中途停车应选择安全地段,停车或未卸完货物前,驾驶员和押运员均不得远离车辆。

十二、机动车驾驶员应遵守的安全规定

1. 驾驶员驾驶车辆时,必须携带驾驶证和行驶证。
2. 驾驶员不得驾驶与执照不相符的车辆。
3. 驾驶室内不得超额坐人。
4. 严禁酒后驾驶车辆。
5. 驾驶员不得在车辆行驶时吸烟、饮食、攀谈或做其他有碍安全行车的行为。
6. 身体过度疲劳或患病有碍行车安全时,不得驾驶车辆。
7. 试验车辆时,必须挂试车牌照,不得在非试车区域内试车。
8. 驾驶员不从事驾驶工作,除担任车辆管理工作外,时间达6个月至一年者,需继续担任驾驶工作时,应经当地公安部门、交通监理部门或厂交通安全管理部门重新复试;时间超过一年者,应重新考核,合格后方可继续驾驶车辆。已过退休年龄者,不得从事驾驶工作。

十三、机动车在厂内行驶时应注意的安全事项

1. 在保证安全的情况下,机动车在无限速标志的厂内主干道行驶时,其速度不得超过30km/h,在其他道路上行驶时不得超过20km/h。
2. 机动车在有人看守道口、交叉路口、行人稠密地段、下坡道、转弯处或调头车,以及载运易燃、易爆等危险货物时,其行驶速度不得超过15km/h;在结冰、积雪、积水的道路、无人看守道口,以及恶劣天气能见度在30m以内时,其行驶速度不得超过10km/h;在进出厂房、仓库大门、停车场、加热站、上下地中衡、作业现场、危险地段、

倒车或拖带损坏车辆时，其行驶速度不得超过5km/h。

3. 机动车在恶劣天气能见度在5m以内，或道路最大纵坡在6%以上，能见度在10m以内时，应停止行驶。

4. 执行任务的消防车、工程抢险车、救护车等，在保证安全的情况下，可不受规定时速的限制。

5. 机动车行驶平交道口时，应提前减速。通过有人看守道口时，应做到"一慢、二看、三通过"，遇道口栏杆放下或发出停车信号时，需依次停车于停车线以外，无停车线的应停车在距钢轨5m以外，严禁抢道通过。

6. 机动车通过无人看守道口时，如驾驶员距道口15m处能看到两侧各200m以外的机车时，应做到"一慢、二看、三通过"，如达不到上述视距要求，必须做到"一停、二看、三通过"。当铁路机车或车辆占用了一部分无人看守道口时，机动车不得通过。

7. 通勤客车与载人的货车应按指定的路线行驶，并尽量避免通过无人看守道口，如必须通过无人看守道口时，在通行前应派人作好监护。

8. 当机动车发生故障而被迫停在无人看守道口时，乘车人员、驾驶人员应立即下车到安全地段，驾驶员应采取紧急措施设置防护信号，并使车辆尽快让开道口。

9. 在一定时间内，多辆机动车需频繁通过无人看守道口时，应由用车单位派专人看守。

10. 机动车不得在平行铁路装卸线钢轨外侧2m以内行驶。

11. 同向行驶的机动车，前、后车之间应根据车辆的行驶速度、路面和气候状况，保持随时可以制动停车的距离。

12. 机动车在倒车时，驾驶员应先查明周围情况，确认安全后，方准倒车。在货场、厂房、仓库、窄路面等处倒车时，应有人站在车后的驾驶员一侧进行指挥。

13. 机动车在冰雪、泥泞的道路上行驶时，应缓慢，避免紧急制动。在冰雪道路上行驶时，其车辆的轮胎上应装有防滑链。对同向行驶的车辆，其两车辆之间的距离应保持在50m以上。

14. 机动车停车应停在指定的地点或道路有效路面以外不妨碍交通的地点。不得逆向停车。驾驶员离开车辆时，应拉紧手闸、切断电路、锁好车门。

15. 距通勤车站、加油站、消防车库门口和消防栓20m以内的地段；距交叉路口、平交道口、转弯处、隧道、桥梁、危险地段、地中衡和厂房、仓库、职工医院大门口15m以内地段；纵坡大于5%的路段；道路一侧有障碍物时，对面一侧与障碍物长度相等的地段两端各20m以内，均不得停放机动车辆。

十四、机动车的货物在装卸时应注意的安全事项

1. 在采用机械装卸作业前，应制定作业计划，检查装卸场地和装卸机械的运行路线，针对可能出现的不安全因素，制定必要的安全防护措施。

2. 在装卸危险物品时，装卸负责人应事先制定安全措施，在作业前向全体装卸人员详细进行安全交底，并在作业中对执行情况进行监督检查。

3. 露天工作的装卸机械在大雨、大雪、大雾和6级以上大风等恶劣天气，不能保证安全作业时，应停止作业。

4. 机械与人工同时进行装卸作业时,应互相保持足够的安全距离。

5. 履带式或轮胎式的装卸机械,不准跨越铁路线路行走和进行作业。推土机在铁路两旁推料转堆时,推铲距轨道枕木头不得＜0.3m。

6. 履带式装卸机械通过道口前,必须先征得铁路有关单位的同意,通过无人看守道口时,应在道口两侧铁路线路上适当地点进行防护。

7. 机动车驾驶员应负责监督装卸作业,用吊车装卸货物时,机动车驾驶员和随车人员应离开车辆到安全的地方。

8. 装卸时应按货物堆放顺序进行作业。装载成件货物,应靠紧稳固,对能移动的货物应使用支杆、垫板或挡板固定。高出车厢栏板的货物,应使用绳索捆绑牢固。

9. 机动车在装卸货物时,其车身后栏板与建筑物的停车间距不应＜0.5m;机动车靠近火车直接倒装时,其车身后栏板与铁路车辆的停车间距不应＜0.5m;机动车靠近货垛装卸时,其车身后栏板与货垛的停车间距不应＜1m,与滚动货物的停车间距不应＜2m。当多辆机动车同时进行装卸时,沿纵向前后的车的停车间距应不＜2m,沿横向两车栏板的停车间距应不＜1.5m。

10. 不得在5%以上的坡道上横向起吊作业,如必须作业时,应将车身垫平。

11. 在装卸易燃、易爆等危险物品时,需杜绝烟火,并应有防爆、防静电火花的安全措施,与周围建筑物应保持必要的安全距离。

12. 在装卸易燃、易爆等危险物品时,必须轻拿轻放,严防振动、撞击、摩擦、重压和倾倒。装卸危险物品的机械和工具,应按其额定负荷降低20%使用。

13. 装卸易燃液体时,罐车装车充装系数,油品不得＞95%,液化气体不得＞85%。油品自流装车速度不得＞3m/s。

十五、操作叉车应注意的安全事项

叉车主要有动力装置、传动装置、转向装置、工作装置、液压系统和制动装置等部分组成。动力装置是叉车的动力源,有用蓄电池作驱动的电动叉车和用汽油、柴油作燃料的机动叉车,以及用汽油或柴油和电相结合作为动力源的叉车。传动装置是将原动力传给驱动轮,叉车一般是以前轮为驱动轮。传动装置有机械液力、液压等种。机械传动装置包括变矩器、动力换挡变速箱和驱动桥;液压传动装置包括液压泵、阀门和液压电动机。转向装置一般由转向器、转向拉杆、转向轮等组成,是控制叉车行驶方向的装置。一般叉车的后轮是转向轮。工作装置是提升货物的机构,也称为门架,由内门架、外门架、货叉架、货叉、链轮和链条、起升油缸、倾斜油缸等组成。倾斜油缸可使门架以铅垂线为中心向前或向后倾斜6°~12°,以便货叉叉货和在搬运货物过程中保持货物的稳定。液压系统提供货已起升、门架倾斜所需要的液压。制动装置是使叉车减速与停车的装置,其结构与汽车相似。

叉车的种类很多,按其载货方式的不同,主要有可把松散的物料铲起并倒入送料斗或送料器中的斗式叉车和用货叉架装载货物的货叉式叉车。斗式叉车也称为铲车,货叉式叉车常简称为叉车,货叉式叉车应用最多。斗式叉车的货斗及货叉式叉车的货叉均装设在叉车车体的前方,并能够升降,在叉车车体尾部常配有平衡重块。

叉车是机械化装卸、短距离运输及堆垛的高效设备,具有机动灵活、适应性强、工作效率高的特点，因此在各厂矿企业中，以及仓库、港口和铁路货运站等被广泛用来搬运、堆、拉、提升、堆积和排列货物。

凡是货叉能举过叉车司机头顶的叉车，或是在高处物体有可能掉落的危险场所工作的叉车，都应该配置保护叉车司机的安全架，但该安全架不得妨碍叉车司机操作的良好视线。安全架应能够足以保护叉车司机避免被高处落下的物体或材料砸伤。

叉车应漆有与众不同的颜色，使其易于辨认。每辆叉车上都应有金属铭牌，以说明该叉车的重量和额定载荷量。

叉车应装有喇叭或其他音响装置，其声音应能够足以被周围的人们所清楚地听到，这个音响装置应在操作司机的控制之下。

叉车还应配备二氧化碳灭火器材或气压干粉灭火器材，并训练司机使之能熟练地掌握这些灭火器材的使用方法。这样，叉车上配备了灭火器材，司机又会使用，就能很快将初起火灾扑灭。

在使用叉车的场所，每一辆叉车都要确保司机和其他人员的安全，因此在操作叉车时应注意如下的安全事项：

1. 司机应经过专业训练，并经考试合格持有驾驶证，方能驾驶叉车。

2. 司机在驾驶叉车前，应注意检查燃料系统、音响装置、动力系统、制动器、灯光、转向机构、轮胎气压和提升系统等关键部位。若发现叉车需要修理或在以前作业中产生的缺陷有所发展，应进行修复后再使用。

3. 叉车的任何部位均不得载人。当叉车因某种特殊原因要用于起升人员时，必须采用固定在起升滑架或货叉上的安全平台，同时在车的控制位置上必须要有司机，以确保正确地控制叉车动作。

4. 叉车的额定起重量是在标准起升高度和标准载荷中心距下的起重量。因此，叉车载荷的重量应不超过载荷与载荷中心距特性的规定，以保证叉车的稳定性。所谓标准起升高度，即给定叉车的最大起升高度。所谓载荷中心距，即载荷重心至货叉垂直段前壁的距离。对于每一种叉车，都有一个作为设计依据的、标准的载荷中心距。如果限定了起重量、起升高度和载荷中心距，也就限定了叉车所受的力和力矩，以此为依据去保证强度和稳定性。因此，当载荷外形尺寸的改变使得载荷中心距大于标准载荷中心距时，同样的起重量将产生比额定值大的力矩，从而影响叉车工作装置的受力和整个车体的稳定性。

5. 不允许装载重量与重心位置不清楚的货物。

6. 严禁以增加车体平衡重重量的方法来提高叉车的装载能力。严禁超载起升和搬运货物，以防止降低叉车的稳定性，甚至引起叉车倾翻造成事故。

7. 叉车做牵引车使用时，其行驶速度不得超过 6km/h。

8. 叉车的行驶速度应与行驶区域内人员的活动情况、能见度、路面情况和载荷情况相适应。叉车在室内行驶时，其前进、后退的速度一般不得超过 5km/h。在任何情况下，叉车都应在能实现安全停车的速度下行驶。

9. 在用货叉叉取货物时，货叉应尽可能深地叉入载荷下面，同时应注意叉头不要碰到其他货物或物体。应采用最小的门架后倾来稳定载荷，以免载荷向后滑动。放下载荷时可使门架少量前倾，以便安放载荷和抽出货叉。

10. 叉车在提升物件时，禁止人员站在货叉下或在货叉下通行。

11. 对于堆码不整齐、头重脚轻的货物，不得使用叉车。

12. 用叉车堆垛时，应采用载荷能稳定的最小门架后倾，缓慢地接近货堆。叉车在完成行驶动作并正面靠近货堆后，须把门架调整到近似铅垂的位置并把载荷提升到稍高于堆垛的高度，然后叉车前移，放下货叉，卸下载荷，最后抽出货叉并降至运行位置。叉车驾驶员要确保堆垛货物牢靠。

13. 不允许用货叉上的货物去撞击其他货物而进入堆放地区。在小坡度上进行堆码与叉取货物时，不允许叉车顺坡投下或倾向倾斜作业。

14. 向高处堆码与叉取货物时，应注意防止与天花板相碰，并严禁紧急刹车和快速起步。

15. 叉车在行驶时应遵守交通规则。须与前面行驶的车辆保持一定的安全距离。避免突然启动、停车和高速转弯。叉车在行驶中，司机应注意一切有关指示牌。叉车在转弯时，如附近有行人或其他车辆，应发出信号，在十字路口或其他驾驶员视线受阻的地方，应降低车速并出声响信号。

16. 叉车行驶时，载荷须处于不妨碍行驶的最低位置，门架应适当后倾。当货物重量轻而体积大，司机视线很差时，此时可倒开叉车缓慢后退行驶。

17. 叉车上、下坡时应缓慢而匀速地行驶，不得在坡道上转弯，也不应横跨坡道行驶。当坡度＞10％时，必须将载荷放在前方行驶。

18. 叉车在加燃料前，应关闭发动机、扳紧制动器、司机下车。加燃料时严禁明火和吸烟。在从车上取走加油设备及盖好加油盖之前，不得启动发动机。

19. 叉车在停止工作时，货叉应降至最低位置，各控制器应处于中间装置，关闭动力源，扳紧制动器。

十六、使用电瓶车应注意的安全事项

电瓶车具有灵巧、机动性强的特点，适于在厂矿企业内部运输小型的物件。因此，在厂矿企业中得到广泛地应用。在使用电瓶车的过程中应注意以下安全事项：

1. 电瓶车司机应经安全技术专业培训，并经考核合格，持驾驶证之后方可进行驾驶。

2. 电瓶车司机应懂得电瓶车的构造，熟悉电瓶车的起动、变速、转向和制动等性能。

3. 电瓶车必须有声光信号装置。

4. 司机在每天驾驶前应检查电瓶车的转向装置和制动系统是否良好。

5. 在厂房外面，电瓶车的速度不得＞10km/h；在厂房内部，其速度不得＞5km/h。进出大门时，其速度不得＞3km/h。

6. 电瓶车只能作运输构件之用，除驾驶室外不得载人。

7. 运输危险物品时，应将其物品固定牢靠，并在起动车时应平稳，在转弯过程中应缓慢，在停车时应避免紧急刹车。

8. 电瓶车电门关闭前，司机不得随意离开。电开关的钥匙司机应随身携带，不得任意把钥匙交给他人。

十七、铁路车辆的货物在装卸时应注意的安全事项

1. 作业前必须在车辆两端或尽头线来车一端不＜20m处的来车方向左侧钢轨上，安设带有脱轨器的红色防护信号。作业完毕清除铁路线上的障碍物后，方可撤除。
2. 须用人力推动车辆对货位时，应征得行车有关人员的同意。但仅限于在同一线路内短距离移动车辆，不得有两组车辆同时进行，且每组不得超过两辆。人力推动车辆的最高时速不得超过3km/h。
3. 不得在超过2.5‰坡道的线路上人力推动车辆，推动滚动轴承车辆，线路坡度不得超过1.5‰。并不得手推装载易燃、易爆等危险货物的车辆和装载不良、货物有脱落危险的车辆。
4. 被人力推动车辆的手制动机必须良好，并应派专人负责制动。
5. 在装卸线上使用机械移动车辆时，只准使用轨道车和卷扬机。
6. 开关车门，应指定专人负责，车门前不准站人。开车门时，应使用拉门绳，安设车门卡。关车门时，应将销子插牢。
7. 货物装载不得端重、偏重、集重和超限，如需装运超限货物时，需经运输部门检查，确认符合安全要求后，方准装运。
8. 铁路正线不准卸车。在装卸线旁堆放货物应距钢轨外侧不少于1.5m。在有卸车机的线路上，堆放货物应距卸车机走行轨道外侧不少1m。
9. 使用抓斗或卸车机卸车时，装卸人员不得进入车辆车厢内。如需装卸人员上车清理物料时，必须停止机械作业。作业完毕，卸车机的链斗或刮板应升到安全位置。

十八、铁路槽车在装卸酸类和易燃液体以及清理槽车时应注意的安全事项

酸类及易燃液体对人体有害，装卸的容易发生事故，例如，因有毒有害物质的蒸气逸出而引起中毒，由于液体或冷凝的蒸气溅到人体皮肤上而发生灼伤，可燃液体或液体燃料遇到某些浓酸而燃烧造成烧伤。因此，从铁路槽车中装卸酸类的液体和易燃液体时须注意以下安全事项：

1. 装卸汽车的槽车，应使槽车通过钢轨与大地接触。
2. 在开启槽车的槽孔、顶盖和罩时，应采用有色金属制成的工具，同时，人员应站在上风向，不得用钢铁工具敲打开闭装置，以防发生火灾或爆炸事故。
3. 在用液泵装卸液体时，应及时地开动与停止液泵，及时开启管道上的闸门和球阀，以防槽车过满溢出或管道发生裂缝。

当槽车内需要进入人员进行清理污垢或修理时，除抽尽槽车内的所盛装的介质外，槽车内壁一般是应用蒸汽或水龙带引来的水进行冲洗，没有蒸汽的厂矿企业，可向槽车内灌水，一直灌到槽车顶盖的边缘，以便洗掉浮在内表壁上的残余介质。同时还应注意以下的安全事项：

1. 进入槽车的人员，必须是身体健康，并了解有关安全、急救和救护的知识。
2. 在清理盛装酸类介质的槽车时，作业人员的脸上、脖子和手上等皮肤裸露部分，应涂有预防烧伤的凡士林防护油。
3. 为防止有毒有害气体对作业人员的侵害，以及避免发生缺氧窒息的危险，在人员

进入槽车之前，必须对槽车内的气体进行采样，并进行安全分析，其有毒有害气体必须符合国家规定的工业卫生标准，氧含量必须在 18%～21% 的范围内，方可进入。否则，当人员进入槽车内进行作业时，须配戴长管式防毒面具。

4. 进入槽车时，不得随身携带火柴、打火机等火种。

5. 如果槽车内无上下梯子时，进入槽车前应设置梯子，不允许无梯子而进入槽车内部进行作业。

6. 进入槽车的人员，必须系上安全腰带，腰带的绳索经过槽车孔通到外面。在作业过程中，在槽车外应有一名辅助人员进行专职监护。作业人员与监护人员应事先规定好联络信号。

7. 清理盛装过腐蚀性介质或剧毒物质的槽车时，作业人员必须穿戴特别的防护服、胶皮靴及橡胶手套。

8. 进入槽车内部作业，必须采用≤12V 安全电压的行灯，其行灯开关必须放在槽车外面。

9. 在槽车内部工作时，不允许使用钢铁材料制作的工具进行敲打，而应使用有色金属制作的工具。

十九、铁路车辆运输货物时应注意的安全事项

1. 机车不得进入厂内的易燃、易爆区域，如需进入时必须采取安全措施。

2. 装载危险货物的车辆编入列车时，应最后连挂，解体时优先送往卸货地点。

3. 装载易燃、易爆危险品的车辆，由蒸汽机车牵引时，须用两辆货车与机车隔离，推进时可用 1 辆货车与机车隔离。如用内燃机车、电力机车牵引或推进时，须用 1 辆货车与机车隔离。

4. 速挂易燃、易爆、压缩和液化气体介质的货物车辆时，起动操作应平稳，防止冲撞和空转。

5. 装载易燃、易爆货物组编的车列，在车站、车场通过时，必须与热货物列车隔线通行。

6. 装载易燃、易爆货物的车辆，必须专线停放。

7. 冶炼操作人员向铁路罐车内流放液体金属或熔渣时，其液面与罐口边沿的垂直距离不得＜300mm，不得向线路上乱丢弃杂物，并应及时清除挂在墙、柱和线路上的残渣。

8. 调车人员调配铁路罐车时，应检查车辆和线路状况，步行引导，按"罐位标"对好罐位，并做好止轮措施。

9. 连挂和吊运液体金属、熔渣罐车时，禁止冲撞和猛力拖动。

10. 渣罐车进入渣场作业时，调车人员应对好车位，做好止轮措施后，方准机车摘钩离开车列。

11. 在炼钢车间调移热锭车前，调车人员必须认真检查线路有无障碍和跑钢粘结现象，如发现上述情况，经生产单位处理后，方准调动。

12. 在脱模车间连挂钢锭车或空模车时，调车人员必须彻底检查锭模、保温帽和底盘的装载情况，如发现端重、偏重，应由生产单位处理后，方准调动。

13. 装运热锭、热切头、热模、液体金属和熔渣等灼热物质的特种车辆，严禁在煤气、氧气等管道下方停放。

二十、厂内列车运行和调车作业的安全要求

1. 铁路运输部门的调度工作，必须集中领导，统一指挥。调度人员应随时了解现场情况，遇有危及安全时，应及时采取措施，确保行车安全。

2. 列车运行和调车作业的限制速度不得超过下表 18-6 中的规定。天气恶劣时，还应降低速度。

列车运行和调车作业的限制速度表　　km/h　　　　　　表 18-6

序号	列车运行与调车作业		限制速度
1	厂内正线运行		40
2	在空线上调车作业	牵引运行	30
		推进运行	20
3	在栈桥、矿槽上作业		10
4	调动液体金属车	重车	10
		空车	15
5	调动重铸锭及摆好的空模车		10
6	调动装载爆炸品、压缩气体、超限货物的车辆		15
7	出入厂房、仓库、站修线和在高炉下作业		5
8	在轨道衡上(不包括电子轨道衡)推送车辆		3
9	接近被连挂的车辆		3
10	在尽头线路上取送车		3

3. 车站值班员（调度员）在办理闭塞时，必须亲自检查，确认区间、接车线路空闭，进路有关道岔位置正确，影响进路的调车作业已经停止后，方准给开放信号。

4. 大、中型蒸汽机车，应实行司机、副司机、司炉三乘制。

5. 在机车运行中，乘务人员不得离开机车，准确掌握速度，认真瞭望，确认信号，执行呼唤应答制，严禁臆测行车。遇有信号中断或显示不明时，应立即停车。在作业中除添乘指导和持有许可证者外，严禁其他人员搭乘。值乘探头瞭望时，必须注意侵限情况。此外，机车应在指定的地点清炉、放汽、放水。

6. 在调车作业时，调车人员应按调车作业计划工作，变更计划时应彻底传达。要认真执行"要道、还道"制度，并确认进路。不得站在道心或妨碍邻线机车走行的地点显示信号和联系工作。在推进运行时，应先试拉。

7. 在调车作业时，调度人员值乘厂内小运转时应指派一名连接员在最后或靠近尾部的车辆上值乘。在平板车上瞭望或引导时，如在车辆两侧站立，必须距车边缘不少于 1m，在车辆两端站立，必须距车端部边缘不少于 3m。

8. 调车人员在上、下车时应选好车辆，脚蹬不在两侧、脚蹬不良和无把手的车辆不准上车。上、下车时还应选好地点，场地不平、有积水、结冰和障碍物处不准上、下车。

9. 调质人员在上车时，其车速不得超过 5km/h，下车时的车速不得超过 10km/h。禁止迎面上车或反面上、下车。跟班学习的调车人员，应在列车停稳后再上、下车。

10. 调车人员在车辆移动时，禁止摘风管和提钩销（驼峰解体摘钩除外）；禁止在棚车顶上站立或行走；禁止调正钩位或用脚蹬钩；禁止两人同攀一个车梯；禁止手扒篷布、绳索、车门、链条和脚蹬轴箱上；禁止站立或蹬坐在连接器上。

11. 在尽头线上取送车时，必须控制速度，停车位置距车档前应留有足够的安全距离。

12. 在装卸线取送车时，调车人员应检查线路上有无障碍和车辆正在装载、连挂状态以及装卸机械定位情况，如有危及安全时不准取送。

13. 机车经常进出的厂房应设置带音响的信号。机车驶入有信号设备的厂房前，必须确认开通信号显示后，方可鸣笛按规定速度进入。如无信号设备，应在厂房内外一度停车，待确认厂房内线路无障碍后，方可按规定速度进入。

14. 机车在厂房内作业时，调车人员应特别注意厂房内行车动态，禁止在吊物下通过。

15. 机车车辆出厂房时，调车人员应在厂房前进行监护，机车应鸣笛，按规定速度行驶。

16. 在纵坡大于 2.5‰ 的线路上；警冲标外方和岔道上；道口、桥梁上；以及安全线上，严禁停留车辆。

17. 正在进行装卸作业或施工的线路；站修线和停有堵门车的线路；停有正在技术检查、修理、乘人车辆的线路；无人看守道口的线路；轨道衡、栈桥、矿槽、高炉下与厂房内的线路；停有装有危险物品车辆的线路；以及纵坡超过 2.5‰ 以上的线路（坡度牵出线除外），均不得进行溜放作业。

18. 非工作机车、载人车辆、轨道起重机、冶金车和三个转向架的车辆，装有危险物品的车辆，装有超限或跨装货物及凹型、落下孔的车辆，装载不良与易窜动货物的车辆，以及无手制动机或制动机不良的单个车辆，均严禁溜放。

19. 扳道员应正确及时地准备进路，并认真执行"一看、二扳、三确认、四显示"和"要道、还道"制度。

20. 扳动道岔和显示信号，应由同扳道员进行。扳道员还应准确掌握溜放车组的间距，间距<15m 时不得抢扳道岔。

二十一、厂矿企业码头的货物在装卸应注意的安全事项

1. 码头的护木、系船柱，应保持良好的技术状态。船舶停靠要停稳、拴牢。

2. 码头上门式吊车的走行轨道，距码头边缘应不<2m。

3. 船舶装卸时，船与码头、船与船之间，应挂好安全网。

4. 装卸人员上、下船舶时，不得跨越船帮，上、下船舱扶梯不准披衣、提物，严禁从舱口跳入舱内。

5. 用起重机吊钩拆装船舶舱口钢梁和开关舱口盖板时，应有专人进行指挥，严防吊

具撞击或勾挂船体部位。

6. 起重机使用吊钩、网络等进出船舱作业时，舱内装卸人员应避开并保持不＜3m 的安全距离。用抓斗或网络吊装散装物料时，应严防物料坠落。

7. 使用斜面卷扬机（缆车）装卸船舶时，应有防止溜车的有效装置。缆车上、下时，车上不准载人。坡道上和对卷扬机正下方，不准站人。

第十九章　通用各工种的安全操作技术

第一节　金属热加工各工种的安全操作技术

一、金属热加工车间应采取的安全技术措施

从安全的角度来说，金属热加工车间的生产特点是生产工序多，劳动强度高，起重运输工作量大，生产过程中易产生高温、有毒有害气体和粉尘，使作业环境和劳动条件恶化，因此容易发生工伤事故。

由于在金属热加工的生产过程中，金属熔炼的炉料潮湿、添加合金选用不当，或者起重运输违章作业、浇铸时地坑渗水、热锻冲打时设备失灵、热处理和焊接时工艺不合理、熔渣飞溅，以及安全管理不善等原因，常易引发各种类型的工伤事故。为此，金属热加工车间必须采取一些有效的安全技术措施：

1. 精选炉料，防止混入爆炸物，投入的物料必须充分干燥，添加的合金应充分预热。
2. 地坑要采取严格措施，严防地下水及地上水渗入。
3. 金属熔液出炉时，应采用电动、气动或液压式堵眼机构或旋转式前炉。
4. 熔融金属的容器，必须符合制造质量标准。浇包内金属液不得盛装过满。
5. 锻锤应采用操作机或机械手操纵，防止热锻件氧化皮等飞溅伤人。操作人员与气锤司机座前应设置隔离防护罩，以防止烫伤并隔热。
6. 锻工工序的酸洗池应设防护栏杆或安全盖。
7. 工具与工件在放进热处理盐炉前，必须经过预热，淬火油池周围应设栅栏、栏杆或防护罩。
8. 电焊作业点应予以隔离，或设置适当的屏蔽，其屏蔽材料不宜采用金属表面。

此外，在不影响生产与运输的前提下，各工序各岗位应尽可能做到相互隔离。易产生不安全因素的设备，必要时也应隔离，设置安全栏杆或护网。

金属热加工车间内应有一定宽度的安全通道，其通道地面应平坦、不打滑、无积水，并保证畅通。车间厂房建筑应适合机械通风与自然通风，用以控制车间内空气的污染。车间厂房还应有足够的采光照度。

车间的工人须配备必要的个人劳动保护用品，如安全帽、防护鞋、防护眼镜等。

二、配砂工的安全操作技术

1. 工作前应对设备、防护装置进行检查，确认无问题后方可开车。
2. 送入混砂机的新砂需经筛选、烘干，旧砂需清除金属碎片。开车时应先开通风除尘设备，并戴好防尘口罩。

3. 混砂机在运转时，不得用手扒料和清理碾轮，不准伸手到碾盘内添加粘结剂等附加物料。捅下料口时，应使用适当工具，不得用手。

4. 不得用手到碾盘内取砂样，取样时应使用工具从"取样门"取样。

5. 砸烧碱时必须戴好胶手套和防护眼镜。

6. 运砂机应有专人负责，送砂前应用信号同混砂机工进行联系。皮带打滑或跑偏时须停车处理。

7. 混砂机平台应坚固平坦，禁止堆放其他物品。混砂机系统离人时，应交待旁人看管。下班时应首先停进砂机皮带，再关闭混砂机电源，然后关闭送砂机，最后停通风除尘设备。

8. 使用起重机械时应与有关人员联系，并注意与行车工和挂钩工配合工作。

9. 当混砂机或搅拌机需要进人入内清扫或修理时，除切断电源，挂上"有人检修，严禁合闸！"的警告牌外，还应设专人进行监护。最好是将电源开关用只有一把钥匙的锁锁上，由进入机内的人把钥匙带在身上，以防他人误起动正在检修的设备而伤人。

10. 工作场地应经常洒水，防止粉尘飞扬。

三、造型工的安全操作技术

1. 吊砂箱及翻砂箱时，应检查砂箱柄是否有裂纹、弯曲、松动，箱带是否牢固。

2. 吊砂箱及其他物件时，其吊具、吊索必须良好，链条、钢丝绳必须挂平衡。砂箱必须能承受所载的负荷，禁止在吊起来的砂箱下面修理砂型，如需在吊起的砂箱下工作必须采取可靠的安全措施后方可进行。

3. 翻砂箱时操作人员不准将身体站在靠近砂箱翻转的方向，而应站在砂箱翻转的侧面。合箱时手指不准放在分型面上，以免落箱将手压伤。

4. 深坑造型时，坑沿不得堆放物件，以防坍塌，并应设置围栏。

5. 大件地坑造型时，地坑应有良好的防水层，地坑中的焦炭层应布置数量足够的通气管，以免浇铸时由于蒸汽或瓦斯引起爆炸。

6. 使用风动工具时应先检查风管、接头是否牢固，以免脱落伤人。使用时操作人员的两腿应叉开，以防砸脚，用完后工具应放回指定地点。

7. 合箱时应认真估计铸件的胀力和抬力，有缝要用石棉绳或黄泥垫好，压铁要压够，卡子要拧紧，防止浇铸时跑铁水伤人。

8. 工作中需局部照明时，必须使用36V以下的安全行灯，以防触电。

9. 使用喷灯时，其油量不得超过容积的3/4，并不得漏气漏油，当灯体过热时应停止使用。喷灯点火时，不得将喷嘴对着人和易燃物。在使用喷灯过程中，严禁喷头直射被烘烤物，以免火焰返回将灯体烤热引起爆炸。

10. 砂箱在叠放时，要牢固整齐，不宜过高。

11. 截断芯骨时不准对着人打，放置芯骨时，齿要朝下。

四、金属破碎工的安全操作技术

为防止大块料在炉内"搭棚"，提高熔化效率，必须将炉料破碎为一定大小的块状。生铁锭破碎一般用电动式或气动式生铁破碎机，废铸件的破碎设备有卷扬机式落锤和电磁盘式落锤两种。废钢料破碎可用气割或大、小鳄鱼式剪断机，熔剂和铁合金的破碎一般均用颚式破碎机。金属破碎工在作业时应遵守如下的安全操作技术：

1. 工作前应先检查所使用的工具、设备、安全防护装置是否完好可靠。
2. 破碎机在工作前应对其各润滑部件进行加油，并应先开空车运行一段时间，以检验传动部位是否可靠，若发现问题应及时处理。
3. 采用落锤式碎铁机时，应与行车工密切配合，工作时 15m 以内不得有其他人员在现场作业。铁锤上升、下降应由专人负责指挥。落锤要调整位移时，须得到指挥信号后方可进行。
4. 在摆铁、拣铁时应使用专用工具，锤头不得吊在顶部上空，以防锤头掉下伤人。
5. 铁料摆好后，操作人员必须把门关好，并隐蔽在安全地点，落锤方可进行，严禁中途开门或探头。
6. 人工破碎铸铁时，不得戴手套握锤，在抡大锤前，要使周围的人员离开，并保持一定的距离，特别是锤线方向，不得站人，防止砸伤、碰伤他人。
7. 无论采用何种方法碎铁，在碎铁时，工作场地均不得让无关人员入内。
8. 回收黑色或有色金属必须认真检查，防止有毒、易爆物件混入，以免在破碎时发生中毒、爆炸事故。
9. 搬铸铁块时应从铁垛上面逐层向下搬拿，不得从垛底抽拿，防止铁料垛倒塌砸伤。翻搬铁块时，手脚不得放在铁块底部或两块铁之间，以防挤伤、压伤或砸伤。
10. 工作结束后应将现场清理干净，并将所用的工具收拾妥当，其他物料摆放在指定地点。

五、冲天炉加料工的安全操作技术

1. 加料前必须检查所用设备是否正常，并加油润滑。
2. 所加炉料应符合规定所允许的尺寸和重量。在加入金属炉料前，必须检查焦炭高度，以保证正常熔化。
3. 废筒、圆桶及类似的密闭容器物品应破碎后加入炉内，严禁直接加入炉内，以防在冲天炉内发生爆炸。
4. 在熔化过程中，不得将带有积土的炉料和挂水的炉料加入炉内，以避免爆炸事故。
5. 冲天炉点火后，加料平台上操作人员不得靠近加料炉门，防止炉门喷火灼伤和煤气中毒。
6. 加料平台上的生铁、燃料等必须整齐堆放，其总重量不得超过平台额定负荷，并注意保持人行通道畅通无阻。
7. 加料入炉时，炉底附近不得站人，以防加料操作时物料溅落在人身上。
8. 加料和检查炉料下降情况时，均不得向炉内探身，以防煤气中毒或不慎落入炉中。
9. 鼓风机停止运转后，须关闭风管闸门，以防煤气倒灌。并将风眼盖打开，以防煤气积聚造成爆炸事故。
10. 工作完毕后，应将现场清理整洁，将剩余炉料按指定位置堆放好。

六、冲天炉炉前工的安全操作技术

1. 开炉前，必须清除炉坑周围所有的障碍物。工作地面及炉坑、炉底部有积水不得开炉。

2. 检查开炉所有工具和设备是否齐全完好，炉底板是否牢固、灵活，前炉门、炉盖是否填塞妥当。

3. 开动鼓风机前必须发出信号，出铁口、出渣口、风口、加料口等处的正前方不得站人。然后先打开全部风口，在鼓风机开动 10～15 秒后方可关闭风口。

4. 出铁水前，出铁所用工具及浇包均应经过预热烘干，浇包须放正、放平稳。同时检查卡子是否锁好，吊车是否正常，待一切检查妥当后方可出铁水，浇包盛铁水不能装得太满。

5. 出铁、出渣时，出铁口和出渣口正前方不得站人。

6. 在捅风口过程中，身体要避开火焰喷出方向。铁条抽出时，应注意后面是否有人。观察及清理风眼时，应戴好防护眼镜。

7. 禁止将冷、湿的铁棒与铁水直接接触，以防铁水喷溅伤人。

8. 当发生铁水眼凝结时，须使用专用工具排除故障，不得用手把住铁棍锤打。

9. 堵出铁口时，用泥堵塞不是对着铁水流塞进，否则将引起铁水飞溅。要消除这飞溅，安放泥塞比铁水流稍高一点，向下对准出铁口并与它保持锐角，然后向前推进把出铁口堵住。

10. 在熔化过程中，如果发生炉壳变红，应立即停炉。在某些特殊的情况下，当炉壳烧红的面积直径不＞100mm，而又必须继续开炉时，可用湿黏土、湿破布或用压缩空气吹风等方法使烧红的炉壳冷却，但严禁采用喷水冷却。

11. 风眼盖上的观察片损坏后，应及时更换。风眼盖须与炉体配合紧密，如有损坏应及时更换。

12. 吊炉盖时必须挂牢，待人员离开炉盖后方可起吊。

13. 熔炼过程中，如遇有故障，炉前工应通知其他有关人员协同排除故障。

14. 炉前工必须按规定穿戴劳动保护用品，不穿戴劳动保护用品者不得上岗操作。

七、冲天炉修炉工的安全操作技术

1. 作业前应认真检查所用设备与工具是否安全可靠，并检查所用的软梯、铁架、搭桥等是否牢固可靠。

2. 当两台风管连通的冲天炉，一台开炉，一台检修时，应关好风闸和采取通风措施。

3. 炉内检修所用的照明，其电压不得超过 36V，其照明灯应加防护罩。

4. 凡是进入冲天炉内的作业人员均应戴好安全帽。

5. 加料口应设警告信号或横木，并挂有"有人修炉"的标记，以示冲天炉中有人员正在工作。

6. 在修炉底时应注意走路行人，以防被清除物砸伤。

7. 在开始修炉衬之前，应将所有松动的熔渣和棚料敲碎，并让它落到冲天炉底部。如用錾子和锤子清理渣瘤时，应从上往下打，尽一切可能少破坏原有炉衬，防止较大振动而造成砖砌体裂缝。清理人员应戴防护眼镜。

8. 在顶炉底板时，支柱基础必须牢固可靠，炉底封板应安放灵活。支撑好炉底板后，必须在炉腿和支柱下用砂子盖好，防止铁水凝结。

9. 修砌浇包时应先将包内残铁清除干净，禁止用手在包壁上滑动，防止手被划伤。

10. 修炉工作结束后，应将作业现场清理干净，将材料、工具等放置在指定地点。

八、电弧炉熔炼工的安全操作技术

1. 装料前应认真检查炉体、炉盖、冷却系统、倾炉机械等是否正常，电炉接地是否良好。

2. 入炉料应检查，防止易爆及封闭容器等物件入炉，以免发生爆炸事故，并禁止将带水杂物混入炉料中，炉料大小不得超过规定。

3. 送电前应对电极进行严格检查，防止短路。通电时先用 10min 低压电，当电极埋入炉内加料时，再将功率加到工艺规定的负荷。严禁带负荷送电。

4. 凡接触或盛装铁水、炉渣的工具，应经烘干后再使用。

5. 清除炉渣时，应先除去电极电压，用力不可过猛，以免钢水溅出伤人。

6. 熔炼过程中，往炉内加粉料时，应站在炉门侧面，以防喷火伤人。

7. 用氧气来烧穿电炉出料口时，氧气瓶应离距明火 10m 以上，如实际情况不允许，应不＜5m，但必须采取隔离措施。用氧气烧穿出料口后，应先关闭氧气进入管的通路，然后再将管子抽出。

8. 吹氧操作时，吹氧管必须畅通后才能插入钢液。吹完后，应先抽出氧气管，后关闭氧气阀。操作时不得用吹氧管在炉内探寻炉料或直接与炉壁、炉底接触。

9. 熔化过程中加入生铁、锰铁或其他铁合金时，须经过 600℃ 高温烘烤干燥。

10. 倾倒金属液前，应先切断电源，并将烘烤过的浇包平稳地放置在电炉槽下面。不得用冷、湿物件和管子碰触倾泻着的金属液。

11. 修理炉盖或电极时应停电进行，装电极只能用行车或吊车，人员不得站在炉顶上，而应使用专门的平台或铺板。

12. 工作场地及炉前坑内不得有积水或堆放无关的物件。工作结束后，应将现场清理干净。

九、工频感应电炉工的安全操作技术

工频感应电炉分为有芯感应电炉和无芯感应电炉两种，其安全操作技术基本相同。

1. 装料前应先检查炉体、冷却系统、电气设备和机械装置是否正常，如发现有故障，应排除故障后再装料。

2. 工频感应电炉的感应器为空心铜管，感应线圈需加水套冷却，以防烧坏线圈，工频炉在停电保温时，也不得停水，只有降至室温后方可停水。

3. 加入的炉料应干燥，严禁将易燃物及封闭容器、带水杂物等混入炉料中，以防爆炸伤人。加料时应缓慢加入不得乱抛乱扔。

4. 停电或采用低功率送电保温而造成炉内金属液表层凝固时，必须先升温使其熔化后，才可继续加料，防止形成"隔层"，造成停炉。

5. 在熔化过程中，需打开炉盖时，人员必须站在一侧，以防烧伤。如发现"棚炉"现象，应及时将炉体倾斜一定角度，使凝结部分熔化，严禁用铁棍捅开棚料。

6. 使用的工具必须干燥，搅金属液的铁棍应先预热。

7. 调换电压应先断电，后调整，禁止带电倒闸。

8. 为避免表层结壳，熔化过程中应经常出渣，以保持金属液表面既有薄层炉渣起到保温作用，又能防止表面结壳。

9. 经常检查炉底，若发现有烧红现象，应及时报告处理。炉衬烧损超过规定应停炉补修。

10. 水箱中必须保持工艺规定的水位，如水箱缺水或断水时应停止熔炼。

11. 熔炼过程中需停电时，应先将炉温升高，除清炉内渣子，再倒出全部金属液。若是有芯工频炉，倒出金属液后必须保持熔沟处在一定高度上，并停留 1 小时以上，防止渣子流入熔沟而造成断沟事故。

12. 如发生停电时，必须注意炉内保温，并联系送电时间，若短时间不能恢复送电，应将炉内金属液倒出，按停炉操作处理。

13. 倾斜炉体倒金属液之前，应将回转台上的杂物清除干净，以免滑落伤人。

14. 有芯工频炉每次开炉炼完以后，应将炉盖盖好，以防坩埚急骤受冷而造成裂纹。

15. 大型工频感应炉在修炉时应断电进行，人员与物件进出炉膛应注意自身及周围人员的安全，防止砸伤、碰伤。

十、有色金属熔化工的安全操作技术

1. 工作前应检查坩埚有无裂纹，禁止使用有裂纹的坩埚。

2. 垫坩埚的耐火砖必须确保坩埚平稳。坩埚在使用前必须预热到 600℃ 以上。

3. 炉子周围不得有积水，炉盖、炉板应经常保持干燥，水冷炉盖不得有漏水现象。

4. 中间加料时，应使用钳子不可用手直接投料，添加炉料必须预热干燥，加入速度要慢。

5. 加料不应太满，以防止金属液溢出。与金属液接触的工具，使用前也必须预热。

6. 熔炼后进行浇注时，应先将坩埚扶正，抱坩埚时要将坩埚夹牢。从坩埚向小浇包倾注金属液时，不可过满，在包底垫上一些砂子，以避免金属液溅出烫伤。

7. 坩埚应放在干燥地点，盛有金属溶液的坩埚更应注意放置。

8. 有色金属熔炼场所应注意空气流通，通风排气装置必须保持良好，以便排除有毒有害气体。

十一、铸造浇铸工的安全操作技术

1. 使用的工具如火棒、火钳、钩子等应预热干燥，浇包须经烘烤。

2. 浇铸场地及地坑，必须保持干燥，不得有水，以免被铁水飞溅伤人。

3. 作业人员应戴好防护眼镜、防护帽和鞋盖等劳动保护用品。

4. 浇包里的铁水不应装的太满，一般不得超过其总容量的 80%～90%。抬铁水包时要抬平、抬稳，不要抬偏或突然停止，应步调一致，协调配合好。

5. 用行车吊运铁水包，必须有专人指挥。吊运前应插好保险卡，浇包严禁从人头顶

上越过。用平车运送铁水要放置牢固，应轻推慢行，并确保平车轨道畅通。

6. 浇铸前，砂型上、下箱的压铁应压牢，或用螺栓卡紧，并检查浇冒口，开好气道。

7. 浇铸时不得正面看冒口，并要及时引气，防止型内发生爆炸。浇包的对面不得站人，以防铁水喷出伤人。如发生铁水溢出时要用铁锹取砂、泥堵塞和覆盖。

8. 浇铸时要有专人指挥，无关人员不得靠近。作业人员不戴好防护眼镜，禁止看刚浇好的火口。

9. 浇铸大型铸件时，要有专人扒渣、挡渣、引铁水，以免发生爆炸事故。

10. 浇铸高砂箱铸件时，作业人员应站在地基稳固的地方，超过1m高的大型铸件，应在地坑中浇铸，以免漏箱时发生烫伤事故。

11. 不得将扒渣棍倒着扛和随地乱放。

12. 剩余铁水应倒在指定地点，不准乱倒。

十二、离心浇注机工的安全操作技术

1. 设备周围应保持干燥，地面不得有积水。

2. 开车前应先检查浇注机各部螺丝、插销和安全罩是否牢固，传动部件运转是否正常，铸型是否干燥，有无裂纹，并应安装牢固。

3. 开车后，车头旋转方向严禁站人，浇注时必须挡好防护罩。

4. 浇铸前应将金属液称量准确，不得超过规定重量。运送铁水时不得碰撞，以防止烫伤。非定量浇铸，观察金属液体溢出孔时应戴好防护眼镜，并保持一定的距离。

5. 离心浇铸机禁止超负荷和超速运转。

6. 取铸件时应使用适当工具，采用行车或电动葫芦吊运铸件时，应遵守起重工安全技术规定。

十三、手工清砂的安全操作技术

1. 作业前应首先检查所使用的设备、工具是否良好，若发现问题应修理后再使用。

2. 作业时操作人员应配戴防护眼镜和防尘口罩等劳动保护用品。

3. 铸件在未充分冷却前，不准扒箱清理。打箱时应检查锤头是否牢固，使用大锤时不准戴手套，不准对着周围人员打浇冒口及毛刺，以防碎片与毛刺飞溅伤人。

4. 清理较大铸件时应将铸件放平稳，不准使用重心高或易滚动的物件做垫块，使用行车起吊和翻转铸件应遵守起重工安全技术规定，并注意检查吊具是否良好。

5. 清理完的浇冒口、铁块、芯骨等应堆放在指定的地点。

6. 使用固定或手提砂轮，应先检查砂轮有无裂纹和缺损，砂轮防护罩是否牢固可靠，操作人员应站在砂轮侧面，打磨时不可用力过猛，防止砂轮破碎伤人。

7. 清砂时不可用嘴吹。禁止用风管吹工作服或人体。

8. 用橇棍时应注意前后是否有人，翻动铸件时不得将撬棍穿在铸件孔内，避免撬棍混脱伤人。

9. 清砂应有专门的作业场所，其场所应设置抽气通风装置。其作业场地应经常喷水以保持一定的湿度。

十四、风炉清砂的安全操作技术

1. 作业人员应了解和熟悉风炉的特性，在工作前应检查所有连接部分是否坚固牢靠，操作阀门是否灵活。尤其是当风铲进风管和胶管连接不牢靠严禁凑合使用，以免胶管在使用过程中脱落而伤人。
2. 风铲时要一手掌稳风铲，一手把握铲头方向。并应将风铲放在将清理的铸件边上后再开动。
3. 铲清时铲头对面不得站人，以防止铲空或飞砂伤人。
4. 风铲头在使用过程中，如被铸件粘砂或冷铁卡住，不得用锤猛击，以免损坏风铲或折断铲子。
5. 风铲软管破裂时不要用手抓住末端，而应立即关闭风管上的阀门，切断气源。
6. 工作完毕后，应立即关闭风铲，将铲头取出，并把风铲摆到指定的地点。
7. 作业场地应经常洒水，防止粉尘飞扬。

十五、水力清砂的安全操作技术

1. 工作前应先检查高压水泵、喷枪、连接管道及其他附属装置是否良好，并试喷检查整套装置运转是否正常。
2. 开动水力清砂机时，操作人员应先发出信号，喷枪口不得对着人，水流喷射范围内不准有人。
3. 水力清砂完毕后，铸件运往厂房外或需要翻面时，应先关闭高压水泵。
4. 水力清砂后应将室外的残存铁、铁屑、铁钉等杂物堆放到指定的地点。
5. 高压水泵在运行时，应有专人负责看护，看护人员应注意压力是否正常。
6. 高压水泵的安全阀、压力表等安全附件应定期校验，以确保运行中的安全。

十六、水爆清砂的安全操作技术

1. 吊运铸件、砂箱时应先检查车链条、弹簧、钢丝绳和水池的防振装置是否完好。
2. 开动落砂机前须先查看棚上是否有人，设备启动后附近不得站人。
3. 吊篮装铸件不能过满，铸件不得超出吊篮帮，防止铸件或砂块掉下伤人。
4. 操作人员不得赤膊，水温过高时应停止爆破，防止烫伤。
5. 水爆时应用信号通知周围人员及时撤离后，方能入水爆破。在清理水池用行车抓砂时，应将砂内铁件拣净。用混水泵抽砂时，应检查入口筛网是否完好，防止铁件混入泵内。
6. 打箱时须检查锤把是否牢固，打卡子须先打上面，后打下面，翻箱时人员不得靠近。

十七、滚筒清砂的安全操作技术

1. 清砂滚筒须专人负责操作，开车前应检查设备运转是否正常，有无缺损，紧固件是否松动，护罩是否可靠。
2. 每批铸件连同量铁不得超过滚筒容积的75%~80%，最大件的重量不得超过规定。

3. 装料前应将滚筒销子固定，以免装料时发生旋转伤人。

4. 滚筒装好铸件后，应盖好筒盖，并用螺栓固紧，清理时应先开动通风除尘设备，再开动滚筒。

5. 滚筒在工作时，严禁人员靠近。

6. 卸铸件时须将滚筒盖转到正面，并用插销固定后才能打开筒盖。

十八、喷沙清砂的安全操作技术

1. 工作前应检查储气罐压力表、安全阀、空气压缩机是否正常，喷嘴、储砂缸是否牢固，若发现有堵塞现象，应先修理好再用。

2. 检查通风管及喷砂机门是否密封。工作前 5min，应先启动通风除尘设备。

3. 工作时作业人员应穿戴好劳动保护用品，并戴好防护眼镜和防尘口罩。

4. 开压缩空气阀时要缓慢，气体压力不得超过规定值。

5. 喷砂机工作时，禁止无关人员靠近设备。清扫和调整喷砂机运转部件时，应停机进行。

6. 禁止在敞开地点喷砂。

7. 不准用压缩空气吹身上的灰尘。

8. 工作结束后，通风除尘设备应继续运转 5min 后再关闭，以排出室内空气中的粉尘。

9. 储气罐、压力表、安全阀应定期进行校验。

十九、抛丸清砂的安全操作技术

1. 工作时操作人员应穿戴好劳动保护用品，并应配戴有机玻璃制成的防护面罩，否则禁止抛丸清砂作业。

2. 在抛丸室工作时，非作业人员不得靠近抛丸室。

3. 操作人员禁止穿越吊有铸件的悬链，以免铸件坠落伤人。

4. 当设备发生故障须立即停车时，应拉开总电源手柄。

5. 抛丸机未起动前，禁止打开供铁丸的控制阀门。在工作过程中须经常检查供铁丸系统，防止堵塞。

6. 每当起动一次抛丸机后，均应进行运转检查。在正常的情况下，抛丸机运转时应该是平稳和没有较大的震动的。

7. 抛丸室悬挂输送链上的吊钩挂铸件时，不得超过吊钩的规定载荷范围。吊钩上所挂的铸件，必须牢固和不妨碍吊钩的自由旋转。

8. 散落设备周围的铁丸，应经常清理，并加入到抛丸室中回用。加入到抛丸室中的铁丸必须过筛。

9. 当防护帘遭到损坏而失去防护作用时；当抛丸室或抛丸机有局部地方被铁丸穿透时；当供丸系统被堵塞时；当抛丸机转运不平衡时；以及当抛丸室的通风除尘设备损坏时，均应禁止进行抛丸清砂作业。

10. 在检修设备时，应切断总电源，并将电源锁定，在电源处悬挂"有人检修，禁止合闸！"的警告牌，以免误起动设备而造成人身伤亡事故。

二十、锻工的安全操作技术

1. 工作前应穿戴好工作服与隔热胶底鞋或皮底鞋等劳动保护用品。工作服应光滑平整，没有开襟、口袋，上衣应拖至裤腰，不可把上衣下摆塞到裤子里，也不可把裤管塞到鞋靴里。

2. 设备开动前，应认真检查其电气接地装置、保险装置、防护装置及压力计等仪表是否良好，同时还应检查所使用的工器具也是否良好，尤其是受冲击部位，是否有损伤、松动、裂纹等事故隐患，若发现问题，必须及时修理，严禁带病使用。

3. 当车间内温度较低时，应对设备的有关部件，以及所使用的工具、模具等进行预加热处理，以防在冷态使用时因断裂而造成事故。

4. 清除操作区的一切障碍物，以免影响操作人员的正常工作。

5. 使用燃气加热炉时，在点火前应先检查供气管道与各阀门等是否有漏气，鼓风机运转是否正常，烟道吸力是否符合开炉标准。然后打开炉门、烟道阀门及室内门窗，起动鼓风机，将炉内积蓄的余气排除干净后方可点火。点火时，操作人员的身体应偏于侧面，严格遵守先点火、后开气、再调压的操作顺序，然后关闭炉门，调节烟道阀门。

6. 开动设备时，严禁用湿手或金属工具拉、合电气开关。

7. 在砧上取送模具、冲头、垫铁时等，必须使用夹钳，严禁用手。

8. 夹钳炉中锻件时，应配戴防护眼镜。锻件在传送时不得随意投掷，以防烫伤、砸伤。大的锻件必须用钳夹牢后方可进行搬抬或由吊车传送。

9. 手钳掌钳人员在操作时，不得将手指置于两钳把之间，以防在打击锻件时钳口裂口，钳柄突然相互撞击，挤伤处于钳柄之间的手指。并严禁将身体压住钳柄和用身体腹部对准钳尾，以免在打击锻件时，夹钳突然冲出而造成伤害。而应站在夹钳两侧，也不得将钳把对准他人。锻打时司锤工应听从掌钳人员的指挥，操作信号必须明确。

10. 不得直接锻打冷料或过烧的坯料，以防脆性太高而飞裂伤人。

11. 不得用手或脚直接去清除砧面上的氧化皮。

12. 锻件换钳时，应将锻件放在砧子中心，并用锻锤压住后再行换钳。

13. 手工操作时，打大锤与掌钳者应互相配合好，挥锤与掌钳者应错开一定的角度，严禁对面站立，挥锤者禁止戴手套，挥锤时应注意周围是否有人，严禁在挥锤者背后2~5m内有其他人行走和工作，不得榔头敲榔头地锤击工件。锻打闲歇时，锤头应放在水中，以防脱柄。

14. 汽锤开动时，不准打空锤，不准量工件的尺寸，不准人体的任何部位进入锤头行程之内。检查或修理时，必须将锤头固定。

15. 剁切金属坯料时，切刀要放正掌平，当金属坯料要断开时，应轻锤敲击，金属坯料毛刺、料头可能飞出的方向，严禁人员站立。

16. 车间内主要通道应保持畅通无阻，金属坯料、工具和热锻件必须放在指定的地点，不得随意乱放，坯料、锻件不宜堆放过高，一般不应超过1m，以免倒塌砸伤人。

17. 工作结束后，必须及时关闭动力开关，将锤头滑放到固定位置，将工具、模具、坯料、锻件等放到各自指定的地点，清理好工作场地。

二十一、自由锻工的安全操作技术

1. 锻锤开动前应认真检查各紧固连接部分的螺栓、螺帽、斜楔有无松动或断裂，锤头、锤杆有无开裂现象，锤头与锤杆是否松动。各润滑部分应加油润滑。

2. 锻锤开动后，应集中精力，按照掌钳工的指令进行操作，并随时注意观察和倾听锻造过程中出现的异常，发现问题及时停机检修。

3. 钳口必须与锻件几何形状相符合，以保证夹持牢固，拨较长较大锻件时，钳柄末端应套上钳箍。

4. 操作时钳身要放平，使工件平放在砧子中心位置。首锤应轻击，锻件需斜锻时，必须选好着力点。采用操作机锻造时，不准在操作机持料翻转或更立过程中进行锤击。锻打过程中，严禁往砧面上塞放垫铁，待锤头悬起平稳时方可放置垫铁。

5. 操作时应由掌钳工统一指挥司锤、操作司机和其他人员，指挥信号应明确。

6. 锤头未停稳前不得直接用手伸进锤头行程内取放工件。

7. 剁料及冲孔时，必须将剁刀及冲子的油、水擦拭干净，剁刀必须拿正，不可歪斜。剁切深度较大时，只许加平整垫铁，不得加楔型垫铁。当料头快断开时，拿刀人应特别提醒司锤轻击，料头飞出方向严禁站人。

8. 从垫模中脱出工件或从工件中脱出冲子时，必须使用平整的垫圈，不得用畸形料头代替圆垫。

9. 使用脚踏锤开关锤在测量工件时，脚应离开脚踏开关，防止误踏而发生事故。

10. 行车吊运红热钢料时，行车司机应格外谨慎，其他人员应主动避开，以防止烫伤。

11. 不得用脚推挡刚锻完的锻件。

12. 红热的工件、工具等应放在指定的地点，不得随意乱放。

13. 使用蒸汽锤时应经常检查汽路，防止漏汽伤人。

14. 对胎模锻造，在锻造前应先检查模具是否有裂纹，并预热模具至150～200℃，工作时胎模应平稳地放置在砧座中心方可锤击，不得锤击空腔模具。锤头提升平稳后方可放上模，上下模对准放平后方可锤击。垫铁的上下表面必须平整，放平稳后方可锤击。

15. 工作结束后，应平稳放下锤头，关闭进、排气阀门，空气锤拉断电源开关，并清除氧化皮，将设备、工作场地清扫干净。

二十二、模锻锤工的安全操作技术

1. 装卸模具定位销子时，上模先应支撑好，安装时锤的近旁不得站人，以防位销或手锤头脱落伤人。

2. 锻模燕尾的接触面须保持清洁，不得有杂物嵌入，以免造成锻模与机座两水平接触面间出现间隙。

3. 安装锻模时应先将上模支撑好，不得猛击。固定上模的销子和楔铁在靠操作人员方向，不得露出锤头燕尾100mm以外，防止锻打时伤人。

4. 检查设备或锻件时，应先停车，将气门关闭，采用垫块支撑锤头，并锁住起动手柄。

5. 冬季开锻前应注意预热锤模、锤头及锤杆下部，不允许锻件温度低于终锻温度时继续锻打，禁止打冷铁及空击模具。

6. 发现蒸汽或空气泄漏应停止作业，及时进行修理。

7. 操作过程中应随时检查固定模具的销子有无松动脱落现象，若发现问题应立即停止工作进行修整。

8. 在进行操作时，严禁用手伸入锤头下方取放锻件，更不得用手去清除模膛内的氧化皮等物。

9. 操作过程中要严格控制锤头行程，防止冲击保险缸。

10. 锻大型工件时，应把铁箍握紧，多人操作应由主操作者统一指挥，其他人员应配合一致。

11. 工作结束后，在下模上放入平整的垫铁，缓慢落下锤头，使上下模之间有一定的空间便于烤模具，关闭进气阀门，做好工作场地的清洁卫生。

二十三、司锤工的安全操作技术

1. 开锤前应检查锤头、锤杆是否有开裂现象；锤头与锤杆、下砧与砧座的连接楔子和各部位压紧螺栓有无松动，各部润滑系统是否良好，油泵工作是否正常。

2. 若锻锤停止时间过长，开车前应排出气缸中的冷凝水。

3. 气温低时应预热锤杆至 150~200℃。

4. 锻锤开动后应精力集中，听从掌钳工的指挥。

5. 锻锤开动后应注意细听锻锤运转的声音是否正常，锤头的楔子是否露头松动，发现问题则应立即停车修理。

6. 锻锤开动后应注意观察砧面上的工作变形情况，所用工具是否合适，有无漏气、漏油现象，漏气较大则应立即停锤，以免发生烫伤。

7. 在锻打过程中，工件处于更位过程或未放平稳不准锻打，钳子夹不住工件有松动现象不准锻打，锻件不够始锻温度或低于终锻温度不准锻打，冬季所用工具没有预热不准锻打，掌钳工将钳把对着人身以及剁料时工件不在砧子中央和拿刀不正时不准锻打，砧子没有工件空锻不准锻打。

8. 锻锤在停止锻打或烧料间隔时间，应做到勤检查勤加油润滑。

9. 工作结束后，应平稳地放下锤头，关闭好排气门，拉下电源开关，清理好工作场地。

二十四、摩擦压力机的安全操作技术

1. 工作前应检查摩擦压力和操作系统是否正常，刹车机构、上下限位挡铁等安全装置是否完整可靠，润滑系统是否正常。

2. 装模前必须检查模具闭合高度在允许的范围内方能装模，调整好冲头上下行程，使其保持在规定的范围内。

3. 开车前必须检查锤头定位装置，缓冲垫是否完好，模具固定螺钉是否松动。

4. 锤头下落时，锤头离开轨道部分不得＞锤头长的一半，锤头上提时摩擦轮不得碰到横轴。

5. 模具要对正。在冲压过程中，严禁用手取送工件，取送工件时一定要用钳子。当锤头向下时钳子不得放在模具上。小型工件必须用专门工具进行操作，扶正工件时，一定要用钳子夹紧。

6. 开车前必须先空车试压 2～4 次，观察各部分无异常现象后方准开车操作。

7. 开动设备时须先开动油泵或先打开压缩空气阀门，然后再启动摩擦轮电机。停车时，则应先关闭摩擦轮电机，然后再关闭油泵或压缩空气阀门。

8. 工作时应注意油泵压力或压缩空气是否正常。

9. 开车后操作人员的手不得离开把柄，飞轮转动时不得从事机床调整、装卸模具等工作。

10. 工作结束后，应将冲头平稳落靠，关闭电源，清理工作现场。

二十五、热处理工的安全操作技术

1. 操作人员应经过技术培训，熟悉各种热处理设备的构造、性能和热处理的基本工艺。

2. 工作前必须按规定穿戴好劳动保护用品。

3. 工作前应对电气设备、仪表、通风排气系统和所使用的工具等进行检查。

4. 工件或工具严禁与电极接触，以免造成短路烧坏变压器。工件落入炉中应及时断电将其捞出。

5. 调节变压器的一次电压，必须切断电源，当转动手轮至要求的电压部位时，应确认接触良好后再合上电源开关。

6. 当工件在循环电极盐浴中加热时，工件与电极间的距离应＞每对循环电极本身之间的距离。所有进入盐浴的工件、工具、新盐等，均需预热或彻底烘烤干燥，防止低温沸腾液体（如水）而引起盐浴的局部飞溅与爆炸伤人。

7. 盐液的位置应根据工件的大小和装载量调整，防止工件放入后盐液溢出。

8. 使用箱式电阻炉时，其使用温度不得超过额定值。使用中当工件进出炉时应断电操作，并注意工件或工具不得与电阻丝相碰撞和接触。电炉通电前应先合闸，再开控制柜电钮，停炉时应先关控制柜电钮，再拉闸切断电源。

9. 使用气体渗碳炉时，在渗碳过程中必须点燃从炉中排出的废气。渗碳工作完毕，必须立即用辅助炉盖将渗碳炉罐盖好。

10. 使用离子氮化炉时，为防止装卸零件时的误操作或自动后高压而使零件带高压伤人，在电气线路上应装有保护装置，确保真空罩打开后，高压直流电自动断开。在氮化过程中若发现超温，应在继续送氨的情况下打开炉盖或吊出包子，待温度降至正常温度后再加入炉内继续氮化。洗涤零件时必须远离火源。

11. 使用高频电炉时，必须有两人以上方能操作，并指定操作负责人。在接通高压电之前必须严格检查设备所有的门是否都锁上，防止人身事故的发生。送高压电时必须有一人进行监护，以防意外。在设备开动后，必须每小时检查蒸发锅水位和冷却水压是否正常。当设备在工作过程中若有不正常情况发生时，应首先切断高压电源，再分析、排除故障。检修设备打开机门后，检修人员应用放电棒对阳极、栅极、电容等进行放电处理后再检修，严禁带电进行检修作业。

12. 在热处理校直时，校直压力不得超过设备的额定范围。加压校直时工件两端不得站人。热校直时应采取防烫伤的安全措施。采用垫铁校直时，垫铁必须放正，防止歪斜飞出伤人。手工校直时，用锤不可用力过猛，以防工件溅飞伤人。

13. 热处理所使用的易燃、易爆和有毒害的物品，应有专人负责妥善保管。

14. 热处理工作场所，操作人员不得吸烟、饮水和进食。

二十六、木模工的安全操作技术

1. 工作前应检查所使用的工具、设备是否良好。
2. 必须事先将木料上的铁钉、铁皮等清除干净。
3. 工作中锯放在案上时，锯刃应朝里。铲活时，扶制件的手应放在铲后。
4. 操作木工机械时，应熟悉所操作设备的性能，并须试车待各部分运转正常后，方能工作。同时要穿戴工作服，扎紧袖口，整好衣角，扣好衣扣，并不得戴手套操作。
5. 操作木工刨床时，应将刨刀压铁固定牢固，防止飞料伤人。不得使用刨床刨过小的木料。
6. 车削木料时，事先应检查木料有无裂纹，粘结的料口吃刀不能过深，以防飞出伤人。
7. 在手工送料的木工机床上，必须使用手工夹具和推板。
8. 在机械送料的木工机床上，除了要有防护切削工具外，还必须把送料滚筒和链条也用防护设备隔离，并在防护设备上装置限制器。
9. 木工机械在运转中，如发现有不正常的现象或发生故障时，应切断电源停车检查，将故障消除后方可再投入使用。
10. 木工机械设备上的轴、链条、皮带轮、齿轮、皮带等，以及其他运转部分的防护罩或防护板等，不得随意拆除或移动。
11. 工作场所应严禁烟火，并经配置数量足够的消防器材。下班前应将工作场所的刨花、木屑等清理干净，并将其堆放到指定的地点、做到"人走场地净，活完物料清"。

二十七、电焊工的安全操作技术

1. 电焊工应经体检合格，并经专业安全技术培训，考试合格，持当地有关部门颁发的"特种作业合格证"后，方能独立操作。
2. 焊接前应先检查焊机设备和工具是否安全，如焊机接地及各接线点接触是否良好，焊接电缆绝缘外套有无破损等。
3. 工作时必须按规定穿戴好劳动保护用品。
4. 电焊设备的安装、接线、开关板的安装等均应由电工进行，电焊工不得擅自拆修设备和更换保险丝。
5. 电焊机的接地线不得接在有易燃易爆介质的管道或设备上。
6. 在有燃、爆危险的生产区域内焊接，必须事先按规定办理动火作业安全许可证，同时做好相应的安全措施，否则，焊工应拒绝进行焊接作业。若焊工擅自进行焊接动火作业，发生事故应由焊工自己负责。
7. 在容器内部工作时，应事先按规定办理设备容器内作业安全许可证，并采取相应的安全技术措施，金属容器内照明应采用12V的安全电压行灯，容器外面还必须派专人负责监护，以确保安全。

8. 焊接前需采样进行安全分析时，应不早于动火前半小时，如焊接周围有氧气管道或设备，除需分析可燃性气体外，还须分析含氧量。

9. 必须严格按照动火作业许可证所规定的地点动火，不得擅自超越范围，挪动地点。动火作业若中断半小时，又需重新动火，还应再重新采样进行安全分析。动火作业安全许可证有效日期过后，如需继续进行焊接作业，应重新办理动火作业安全许可证。

10. 在高处进行焊接作业时，应遵守高处作业安全技术规定，电焊工应系安全带，并采取相应的安全措施，不得将工作回线缠绕在身上，地面应有人进行监护。

11. 若需改变焊机接头、更换焊件需要改接二次回线，转移工作地点，以及焊机发生故障需检修等，均必须切断电源后才可进行。

12. 更换焊条时，应戴绝缘手套。在触电危险性较大的狭小作业场所进行焊接时，必须采取专门的安全措施，如采用橡皮垫、戴皮手套、穿绝缘鞋等，以确保焊工身体与焊件间绝缘。

13. 禁止使用简易无绝缘外壳的电焊钳。

14. 下雨天一般不准露天焊接，在潮湿的地带工作时，应站在铺有绝缘物体上，并穿好绝缘靴。

15. 禁止在受热后能分解析出有毒有害物质的涂层或衬里的容器内焊接，如需进行焊接，必须采取可靠的安全措施。

16. 焊接有色金属时应加强作业场所的通风排毒，必要时应使用适宜的防毒面具。

17. 工作结束后，应检查和清理作业现场，灭绝火种，切断电源后方可离去。

二十八、氩弧焊工的安全操作技术

1. 工作前应先检查设备、工具是否良好，焊接电源、控制系统的接地线是否完整无损，氩气、水源必须畅通，如有漏气、漏水现象，应及时修理。

2. 在进行钨极手工氩弧焊时，应加强工作场所的通风，作业人员应配戴好专用的防护面罩和口罩，以防臭氧、氮氧化物和金属烟尘对人体的侵害。

3. 在电弧附近不得赤身，必须穿好工作服，戴好头罩，以防强烈紫外线辐射伤害眼睛和皮肤。也不得在电弧附近吸烟、饮水和进食，以免臭氧、烟尘等侵入体内。

4. 操作人员最好穿着白色工作服，工作时钮扣要扣好，并戴好手套，防止皮肤裸露，以免紫外线辐射而引起脱皮。

5. 由于氩弧焊工经常处于高频电压的作用下，为防止触电，工作时应穿绝缘鞋和戴绝缘手套。

6. 为了减弱高频电磁场对操作人员的影响，可在焊枪的焊接电缆外面套一根由软铜丝编织成的软管进行屏蔽。铜丝软管的一端接在焊枪上，另一端接地，并在外面再用绝缘包上，还可在工作台附近地面上加绝缘垫板。

7. 为防止金属烟尘及有害气体被吸入人体，必要时应戴盔式面罩，即在面罩顶部装设一根细橡皮软管，向面罩内输送经过过滤的新鲜空气。为了能够观察焊件情况，面罩上可装自由向上下翻动的有色玻璃。

8. 操作人员还可配戴静电防尘口罩,即在普通口罩的纱布中间夹一层过氯乙烯纤维材料制成的无纺薄膜,并用聚氯乙烯材料制成支持架支撑,以减少吸入金属烟尘。

9. 每台氩弧焊机可根据工作量的大小、每次连续操作时间的长短,以及劳动条件等情况,配备两名氩弧焊工轮流操作,以尽量减少接触高频电压的作业时间。

10. 磨钍钨极时必须戴口罩、手套,所使用的砂轮机必须装有除尘装置。操作时并应严格执行砂轮机的安全操作技术。

11. 钍钨棒应存放于铅盒内,以避免放射性剂量超过安全范围而损伤人体。

12. 工作场地应定期进行湿式清扫,钍尘应集中深埋处理。

13. 氩气瓶不得碰撞,立放时须有支架,以防倾倒,并远离明火与热源。

14. 工作结束后,应清理现场,切断电源后方可离开。

二十九、气焊(割)工的安全操作技术

1. 工作前必须对所使用的设备、工具进行检查,以确保处于良好状态。

2. 在氧气瓶嘴上安装减压器以前,应先检查瓶阀、接管螺纹和减压器,如有漏气、滑扣、表针动作不灵等则不能使用。检查是否漏气时应用肥皂水,严禁用明火检验漏气。无减压器的气瓶,严禁使用。

3. 在往氧气瓶嘴上安装减压器时,还应先略打开气瓶阀门,进行短时间的吹除,以防瓶嘴堵塞,以及防止灰尘和水分带入减压器。

4. 减压器装上后应用扳手拧紧,其丝扣至少要拧 5 扣以上,以防减压器被吹掉伤人。

5. 开启气瓶时,瓶嘴不得对着人体方向。

6. 减压器出口与气体橡胶软管接头处应用铁丝绑扎牢靠。

7. 在寒冷季节,气瓶阀或减压器冻结时,应使用温水解冻,严禁用火焰烘烤或用铁器猛击瓶阀。

8. 氧气瓶阀和减压器均不得沾染油脂。

9. 氧气瓶内的气体不得用尽,应留有 0.05MPa 以上的余压。

10. 使用乙炔发生器时,应将乙炔发生器设置在空气流通的地方,不可设置在室内,也不能设置在空压机、鼓风机和通风机的吸风口附近,也不得设置在高压线和吊车滑线下等处。

11. 开启电石桶时,不得使用铁制工具猛力敲打,以防发生火花而引起爆炸。

12. 在破碎电石或填装电石时,应戴手套、口罩和眼镜等劳动保护用品,以防中毒和伤害眼睛。

13. 乙炔发生器的零部件,不得使用含铜量在 70% 以上的铜合金制作,以避免生产乙炔铜而引起爆炸。

14. 乙炔发生器起动后,应先排除器内空气,然后才能使用乙炔气。

15. 乙炔发生器和氧气瓶均应距明火 10m 以上,乙炔发生器与氧气瓶的距离也应在 5m 以上,如采取安全可靠的隔离措施后,以上距离也可适当缩短。

16. 乙炔发生器和氧气瓶均不得在烈日下暴晒,也不得靠近火源与热源。

17. 浮桶式乙炔发生器是一种落后的不安全设备,易造成爆炸事故,故不宜采用。

18. 使用乙炔瓶时,必须配用合格的乙炔专用减压器和回火防止器,并严禁在烈日下暴晒和靠近热源。

19. 使用乙炔瓶时，瓶体应立放，以防在使用过程中，瓶内丙酮随同乙炔流出。

20. 存放乙炔瓶的室内应注意通风，防止泄漏的乙炔滞留而引起危险。

21. 现所使用的氧气软管为红色，试验压力为 2MPa；乙炔软管为黑色，试验压力为 0.5MPa，与焊炬连接时，切不可接错。未经气压试验的代用品，以及变质、老化、脆裂、漏气的橡胶软管或沾上油脂的胶管一律不得使用。

22. 乙炔管在使用中若发生脱落、破裂、着火时，应先将焊炬或割炬的火焰熄灭，然后停止供气。氧气软管着火时，应迅速关闭氧气瓶阀门，停止供氧，不得用弯折的办法来消除氧气软管着火。乙炔软管着火时可用弯折前面一段胶管的办法将火熄灭。

23. 禁止将橡胶软管放在高温管道和电线上，或把重物或热的物体压在软管上，也不得将软管与电焊用的导线敷设在一起。软管经过车行道时应采用护套或盖板等加以保护。

24. 使用焊割炬时，必须检查喷射情况是否正常。先开启焊割炬的氧气瓶阀，氧气喷出后，再开启乙炔阀，此时乙炔胶管与焊割炬未接上，用手指贴在乙炔接口上检查是否有吸力，如果没有吸力，甚至有推力，则表明不能用，应立即处理后才能正常使用。接上乙炔胶管时应先检查乙炔气流是否正常，然后再接上。

25. 在通风不良的地点或在设备容器内作业时，点火和熄火均应在设备容器外面进行。

26. 点火时应先开乙炔气活门少许，点燃后迅速调节氧气和乙炔气，按工作需要选取火焰。停火时应先关闭氧气，然后再关闭乙炔气，防止引起回火。

27. 在有燃、爆危险的生产区域内进行焊割动火作业时，应事先按有关规定办好动火作业安全许可证，无动火证严禁动火。需进入设备容器内进行焊割作业时，应事先按有关规定办理进塔入罐安全许可证，严禁贸然进入设备容器内进行焊割作业。

28. 气焊与电焊在同一地点使用时，氧气瓶应垫绝缘物，以防气瓶带电。

29. 在水泥地面上或石子上进行切割工件时，应在工件下垫铁板以抬高工件，以防锈皮和水泥地面等爆溅伤人。

30. 在进行焊割时，不得将橡胶软管背在背上进行作业，禁止使用焊炬或割炬的火焰来照明。

31. 在作业过程中，若作短时间休息时，必须将焊炬或割炬的阀门闭紧，不得将焊炬放在地上。若作较长时间的休息或离开工作地点时，必须将焊炬熄灭，关闭气瓶阀门，放掉减压器的压力，放出管中余气，然后收拾好软管和工具。

32. 工作结束后，应关闭氧气瓶阀和乙炔瓶阀，卸下减压器，收拾好软管和工具，并将现场打扫干净。

第二节　金属冷加工各工种的安全操作技术

一、金属冷加工车间应采取的安全技术措施

利用刀具和工件作相对运动，从毛坯上切去多余的金属，以获得所需要的几何形状、尺寸、精度和表面光洁度的零件，这种加工方法称为金属冷加工，也称为金属切削加工。

第二节 金属冷加工各工种的安全操作技术

金属切削加工的形式很多,一般可分为车、刨、钻、铣、磨、齿轮加工及钳工等。

一般说来,各种机床都装有安全装置,只要机床经常能保持最佳的使用状态,并正确地进行操作,且遵守安全技术操作规程,由机床而引起的人身伤害事故是很少的。但是,当设备的机械部件失灵或在不安全状态形成后进行操作,或在工作中违章作业,粗心大意,仍然会发生人身伤害事故。例如,需要加工的工件或刀具没有安装牢固,造成工件或刀具飞出;工作时操作人员的头部离工件太近,又不戴防护眼镜,金属切屑便有可能飞溅眼内;操作人员的手和身体靠近正在旋转的机件,或者戴手套操作旋转的设备,导致卷入皮带轮、皮带或齿轮等,均能造成人身伤害事故。因此,金属冷加工车间需妥善布置工作场所,并设置必要的安全防护和保险装置。

1. 机床的平面布置应符合以下的安全要求:

(1) 不使零件或金属切屑甩出伤人。

(2) 操作者不受日光直射而产生目眩。

(3) 搬运成品、半成品及清理金属切屑方便。

(4) 车间内通道能使人员及车辆行驶畅通无阻。

2. 机床应设如下的安全防护装置:

(1) 防护罩。以隔离外露的旋转部件,如皮带轮、链轮、齿轮、链条、旋转轴法兰盘和轴头等。

(2) 防护栏杆。在运转时容易伤害人的机床部位,以及不在地面上操作的机床,均应设置高度不低于1050mm的防护栏杆。以防操作人员靠近危险部位或从高处跌落。

(3) 防护挡板。防止磨屑、切屑和冷却液飞溅。

3. 机床应装设如下的安全保险装置:

(1) 超负荷保险装置。当超载时能自动脱开或停车。

(2) 行程保险装置。运动部件到预定位置能自动停车或返回。

(3) 顺序动作联锁装置。在一个动作未完成前,下一个动作不能进行。

(4) 意外事故联锁装置。在突然断电时,补偿机构如蓄能器、止回阀等,能立即起用或进行机床停车。

(5) 制动装置。避免在机床旋转时装卸工件,以及在发生突然事故时,能及时停止机床运转。

此外,良好的企业管理也有助于安全生产。养成经常保持工作场地井然有序的良好习惯,对建立正确的机床操作制度大有裨益,从而也可大大减少人身伤亡事故的发生。

二、普通车床工的安全操作技术

1. 操作人员在工作前应穿戴好工作服,袖口应扣紧,留长发者应戴工作帽,并将发辫挽入工作帽内,操作时不得戴手套和围巾。高速切削时应戴好防护眼镜。

2. 工作前应检查车床上的防护、保险、信号等装置是否完好,并对车床润滑系统注油润滑,确认无误后方可开车。

3. 开车时应先人工盘车或低速空转试,检查车床运转和各传动部位,确认正常后方可开始工作。

4. 装卸卡盘及大的工、夹具时,床面应垫木板,装卸工件后应立即取下扳手。

5. 装卡工件要牢固，夹紧时可将扳手接长套筒，严禁用手锤敲打。在使用扳手时，用力应适当，并注意用力方向的障碍物。滑丝的卡爪不得使用。

6. 床面、小刀架上不得放置工具、量具或其他物件。

7. 加工件与加工好的工件应按指定地点堆码整齐，堆放高度不宜过高。

8. 夹持工件的卡盘、拨盘、鸡心夹的凸出部分最好使用防护罩，以免绞住操作人员的衣服或身体的其他部分，如无防护罩，操作时应注意离开，不要靠近。

9. 用顶针装夹工件时，应注意顶尖与中心孔完全一致，不得用破损或歪斜的顶针。在使用顶针前应将顶尖、中心孔擦拭干净，后尾座顶尖要顶牢。

10. 加工细长的工件时，为保证安全应使用中心架或跟刀架，长出车床的部分应做标志。

11. 在加工偏心工件时，应装牢平衡铁，并应先试转一下确保平衡后再进行切削。

12. 刀具装夹应牢靠，刀头伸出部分不要超出刀体高度的1.5倍，刀下垫片的形状、尺寸应与刀体形状、尺寸相一致，垫片应尽可能的少而平。

13. 操作人员在更换刀具，装卸工件或夹具，修理车床，清除金属切屑时必须停车进行。除车床上装有在运转中自动测量工件的量具外，均应停车进行测量工件，并将刀架移至安全位置。

14. 在磨光工件表面时，要把刀具移至安全位置，并须注意不要让手和衣服接触到工件表面。磨内孔时不可用手指支撑砂布，而应用木棍代替，同时车速不宜太快。

15. 车床上出现长螺卷屑和长紧卷屑时的切削过程较平稳，且不易缠绕在工件和刀具上，又容易清除，是车削加工较为理想的切削。但在高速切削塑性金属材料时，若不采取适当的断屑措施，就易形成带状屑，带状屑连绵不断，经常缠绕在工件或刀具上，不易清除，不仅能划伤工件表面、打坏刀具，且极易伤人，因此，除特殊情况下应尽量避免出现带状屑。对车床切削下来的带状切屑、螺旋状切屑，应用钩子及时清除，切忌用手去拉。为防止切屑伤人，可以用改变刀具角度或在刀具上增加切屑槽、断屑块的方法来控制切削的形状，使带状的切屑，断成小段卷状或块状。

16. 在车削脆性金属材料时，易形成崩碎屑，切屑崩成碎片或针状飞出，极易伤人，且易造成车床导轨表面的研损，因此应采取措施使崩碎切屑转变为螺卷状切屑。

17. 在刀具附近安装排屑器，控制切屑流向，使切屑按预定的方向排出而不飞溅，以确保车工不被切屑伤害。

18. 为防止崩碎的切屑伤害操作人员的眼部或面部，可在合适的位置上安装透明的防护挡板。

19. 切料时不得用手接料，以免料掉伤手，切大料时应留有足够余料，卸下后再砸断，以免切断料掉伤人。

20. 不得在机床运转时离开岗位，因故需离开时，必须停车，并切断电源。

三、钻床工的安全操作技术

1. 工作前应对所用钻床及工具、夹具等进行检查。

2. 工件装夹必须牢固可靠，钻小型工件时，应用工具夹持工件，严禁用手直接拿着工件进行钻孔。

3. 工作时应穿戴好工作服，尤其是扣紧工作服的袖口，严禁戴手套进行操作。

4. 操作者的头部不可离钻床旋转的主轴太近，工作时必须戴好工作帽，以免过长的头发被绞入钻床主轴。为了避免操作者的手与头部与旋轴的主轴接触，确保安全操作，主轴可采用套筒式防护装置。对大型钻床可在钻头周围设置伸缩性的安全防护罩，对小型钻床可安装一个螺旋形弹簧安全装置。钻孔时随着钻头的下降，弹簧被压缩，避免了操作者与旋转的主轴接触，从而防止了操作者被旋转的主轴绞住头发或衣服的危险。而且也使切屑也留在弹簧内，防止了金属切屑伤人。此安全防护装置可以用不同长度的支架连接在钻床上，其长度取决于要钻孔的深度。

5. 钻孔前应先定紧工作台，摇臂钻床还应定紧摇臂，然后才可开钻。

6. 根据具体情况，凡需定紧后才能保证工件的加工质量和安全操作的，一定要将工件固定，并尽可能固定于工作台的中心部位。

7. 使用自动走刀时，要选好进给速度，调整好行程限位块。手动进刀时，一般应按照逐渐增压和减压的原则进行，以免用力过猛而造成事故。

8. 当钻头上有长铁屑时，应停钻后用刷子或铁钩子进行清除。严禁用嘴吹、手拉清除铁屑。

9. 精铰及深钻孔作业时，拔取圆器和销棒不可用力过猛，防止手撞在刀具上。

10. 在开始钻孔和工件快要钻通时，进刀切不可用力过猛，以防发生事故。

11. 不得在旋转的刀具下进行翻转、卡压或测量工件。严禁用手触摸正在旋转的刀具。

12. 工作结束后，应将钻臂降到最低位置，立柱销紧。

四、镗床工的安全操作技术

1. 工作前应检查镗床各系统是否安全好用，夹具及锁紧装置是否完好正常，各传动系统有无障碍，镗杆是否紧固，限位挡块安设是否正确。

2. 升降镗床主轴箱之前，应先松开立柱上的夹紧装置，以避免镗杆被压弯，夹紧装置或螺栓被折断，而导致造成人身伤害事故。

3. 镗床上的镗刀、工件应装卡牢固，压板必须平稳，压板垫铁不宜过高或块数过多。

4. 开车及移动各部位时，应注意手柄位置，扳快速移动手柄时，应先轻轻开动一下，视移动部位和方向是否相符，严禁突然开动快速移动手柄。

5. 镗杆与刀杆、刀盘的锁紧销应牢固可靠，紧固螺栓不得凸出镗刀回转半径。

6. 机床开动时，操作人员不得将手伸过工作台。检验工件时，如手有碰到刀具的危险，应在检验之前将刀具退到安全位置。

7. 操作人员不得在机床运转过程中，测量工件的尺寸或用手摸工件的加工面，不得将头贴近加工孔观察进刀情况，更不得隔着转动的镗杆取放东西。

8. 操作人员站立的位置应适当，注意身体接触转动部件，特别应注意防止绞住衣服而造成事故。

9. 操作镗床时禁止戴手套，应戴防护眼镜。

10. 对绕在镗杆、刀头、工件上的铁屑，不能用手直接去清除。

11. 启动工作台自动回转时，必须将镗杆缩回，工作台上禁止站人。

12. 两人以上共同操作一台镗床时，应相互密切配合，并由主操作人统一指挥。

13. 在立式镗床的工作台周围，尤其是直径较小的工作台周围，应装有金属的安全防护屏障，以封闭工作台的边缘，防止旋转的工作台或突出的工件撞击操作人员。此种安全防护屏障应装上铰链，以便在安装工件和调整机床时易于打开。如果工作台与地板在同一水平面上，则应安装铁管制成的移动式栅栏。

14. 对大型镗床应设有梯子或台阶，以便操作人员进行操作和观察，其梯子坡度不应 >50°，并应设有防滑脚踏板，台阶或梯子必须有扶手。

15. 对专用或自动数控镗床，操作人员必须熟悉其操作的原理，并经试验，空车运转正常后方可进行加工作业。

16. 精密镗床停车 8h 以上再开动时，应先低速运转 3～5min，确认润滑系统及各部件运转正常后，方可开始工作。

17. 工作结束后，应关闭各开关，将机床手柄扳回空位。

五、磨床工的安全操作技术

1. 开车前必须检查工件的装置是否正确，紧固是否可靠，磁性吸盘是否失灵，工件没有紧固好，不准开车。用磁性吸盘吸高而窄的工件时，在工件的前后应放置挡铁块，以防工件飞出。

2. 开车前必须调整好换向撞块的位置，并将其紧固，工作台自动进给时，要防止砂轮与工件轴肩、夹头、卡盘相撞击。

3. 开车前应用手调方式使砂轮和工件之间留有适当的间隙，开始进刀量要小，以防砂轮崩裂伤人。

4. 砂轮两端法兰盘外圆大小要一致，并加衬石棉板等耐潮垫子，砂轮内孔和轴配合的松紧要适当，使其受力均匀，防止破损。

5. 为了防止砂轮破损时碎片飞溅伤人，磨床须装有防护罩，禁止用没有防护罩的砂轮进行磨削。

6. 为了减轻磨屑粉尘对操作人员的危害，磨床上应安设吸尘装置。

7. 干磨或修整砂轮时要戴防护眼镜。

8. 砂轮正面不许站人，操作人员应站在砂轮的侧面。

9. 装卸工件时，砂轮要退到安全位置。

10. 砂轮在未退离工件时，不得停止砂轮转动。

11. 干磨工件不得中途加冷却液，湿式磨床在冷却液停止时应立即停止磨削，工作完毕应将砂轮空转 5min，以将砂轮上的冷却液甩掉。

12. 测量工件或调整机床及清洁工作都应停车后再进行。

13. 更换砂轮时应对砂轮进行全面检查，发现砂轮质量、硬度、强度、粒度和外观有缺陷时不能使用，所选用的砂轮应具有出厂合格证。

14. 砂轮装好后要安好防护罩，砂轮侧面与防护罩内壁之间应保持 20～30mm 以上的间隙。

15. 砂轮装好后应经过 5～10min 的试运转，启动时不要过急，要点动检查，用金刚石修砂轮时,应用固定架将金刚石衔住,不得用手拿着修。

六、无心磨床的安全操作技术

1. 用手送磨削工件时,手离砂轮应在 50mm 以上,工件不要握得过紧。
2. 用推料棒送料时,应拿稳推料棒,禁止使用金属棒。
3. 在批量加工调整磨削量时,试磨工件不得少于 3 个。
4. 修整砂轮时,要缓慢进刀,并给充分的冷却液,以防损坏金刚钻。
5. 工件在砂轮中间歪斜时,应紧急停车。
6. 磨棒料时,托料架与砂轮、导轮之间的中心应成一直线,禁止磨弯料。
7. 工件没有从砂轮退出时,不得取出。
8. 安装螺旋轮时,应戴手套,拿螺旋轮的端面内孔,不得拿外面。
9. 料架上的工件应放好,防止滚落伤人。
10. 无心磨刀板的刃部要磨钝,以防割手。
11. 不得将超规格的大料加入,发现大料时应立即取出,以防发生事故。

七、内圆磨床的安全操作技术

1. 往复变向阀要灵敏,行程挡铁应根据工件磨削长度调整好,并紧固牢靠。
2. 第一次进刀时应缓慢,以免撞碎砂轮。
3. 用塞规或仪表测量工件时,砂轮应退出工件,并应停稳,使砂轮和工件保持一定的安全位置。
4. 当拨出测量工件的塞规时,用力要稳,防止用力过猛而将手撞伤。
5. 在磨削过程中当砂轮破碎时,不要马上退出,应使其停止转动后再处理。

八、外圆磨床及平面磨床的安全操作技术

1. 工作前应先开空车进行检查,润滑油质不合格时应及时更换。
2. 装卸工件时应把砂轮升到一定位置后方可进行。
3. 更换砂轮时必须检查砂轮是否有裂纹,砂轮的平衡度是否符合要求,无震动时方可使用。
4. 磨削前应把工件放在磁盘上,使其垫放平稳,通电后,检查工件被吸牢后才能进行磨削,以防紧固不牢,工件飞出伤人。
5. 一次磨多件时,加工件应靠紧、垫平,并置于磨削范围之内,以防加工件倾斜飞出或挤碎砂轮。
6. 进刀时不得将砂轮猛触工件,应留有空隙,缓慢进给。
7. 磨削时操作人员应站在砂轮侧面。
8. 自动往复的平面磨床,应根据工件的磨削长度调整好限位挡铁,并把挡铁螺丝拧紧。
9. 清理磨削下的碎屑时,应使用专门工具。
10. 立轴平磨磨削应将防护挡板挡好。
11. 磨削过程中严禁用手触摸工件的加工面。

九、万能磨床的安全操作技术

1. 磨削用的胎夹具、顶尖必须良好有效,固定时应紧固牢靠,磨削长工件时应采取防弯措施。

2. 往复变向油阀门必须灵敏可靠,行程挡铁调整后应紧固好。

3. 开动砂轮前应将液压传动开关手柄放在"停止"的位置上,调节速度手柄应放在"最低速度"的位置上,砂轮快速移动手柄应放在"后退"的位置上,以防开车时突然撞击。

4. 工件装夹应牢固可靠,装卸较重的工件时应在床面上垫放木板,并应在砂轮停止转动和退出后,方能进行装卸工件,以防砂轮伤手。

5. 严禁用无端磨机构的外圆磨床作端面磨削。

6. 油压系统压力不应低于规定值,油缸内有空气时,可移动工作台于两极端位置,排除空气,以防液压失灵造成事故。

十、曲轴磨床的安全操作技术

1. 开车前应检查机床各运转部位有无松动,防护装置是否齐全可靠,电气、保险、信号装置是否良好,润滑、冷却系统有无堵塞,若发现问题应处理后才能开动。

2. 开动机床前,快速进给的手柄应在后退位置,砂轮离工作台的距离应不＜快速进给的行程量。其余操作手柄及进给手柄等必须在停止位置,行程挡块必须调整妥当并紧固牢靠。

3. 平衡铁必须配置适当,并用手转动 2~3r,无问题后方可正式使用。

4. 磨削工件应合理选用磨削量,严禁超负荷吃刀磨削,进给应平稳缓慢。使用冷却液时应先开砂轮,停车时应先关冷却液,冷却液必须浇在砂轮与工件之间。快速进给时应注意勿使砂轮与工件相撞,以防止造成事故。

5. 工件夹持应牢固可靠,顶尖应焊接牢固,顶尖顶与工件顶尖孔必须配合紧密,轴向应顶死,以防松动造成事故。

6. 砂轮必须对准需加工面后,才能点动加工件,当确认无问题后方可启动砂轮进给。

7. 修整砂轮时进给应平稳缓慢,金刚钻对准砂轮禁止快速进刀。

8. 砂轮两端面与曲轴非加工面发生碰撞时,应立即停车修理。

十一、工具磨床的安全操作技术

1. 开车前应检查机械、电气、防护装置等,必须使之保持良好。

2. 更换及修整砂轮时,金刚石必须尖锐,高度应与车轮中心线一致,操作时戴好防护眼镜。

3. 在磨削过程中,砂轮在没有离开工件之前不得停车。

4. 禁止安装锥度不符或表面有毛刺的工具。

5. 使用支架时,应检查托架与工作面的连结和工作面的润滑情况。

6. 进刀时砂轮与工件的压力要逐渐增加,不可猛进。

7. 在磨削过程中或磨异型工具时,两头必须放置挡板,并注意砂轮运转方向,操人员应站在内侧。

十二、珩磨机的安全操作技术

1. 工件应装夹牢固，重叠垫铁不得多于2块，螺钉紧压均匀。调节行程时应注意避免碰撞，第一次行程应做慢进给试验。
2. 测量工件和调整行程挡块时应停车进行。
3. 加工件应堆放整齐、平稳，防止倾倒伤人。
4. 珩磨头如用万向接头时，开车前必须将珩磨头前端先进入工件内，以防珩磨头向外飞出伤人。操作时应防止夹伤手指。
5. 磨削过程中应注意防止电气设备上沾染润滑油、冷却液。
6. 珩磨机运转时，操作人员不得随意离开机床。

十三、齿轮机的安全操作技术

1. 开车前应检查机床的各手轮、手柄、按钮位置是否正常，并开空车检查各运动部位，润滑系统、冷却系统是否正常。
2. 搭配挂轮时必须切断电源。齿轮之间磨合间隙应适当，挂轮搭配好后应先在不接触工件时进行试验，手轮用完应及时取下。
3. 两人共同操作一台机床时，应协调一致，不得同时搭配挂轮和开电门。
4. 加工第一件工件先应手动慢进给进行试切，工作台上不得放置工具。
5. 装卸和测量工件、变速、换刀、紧螺栓等必须停车进行。
6. 操作多台机床时，必须进行巡回检查。
7. 机床转动过程中，不得将手伸入刀具与工件之间进行检查，不得用棉纱擦拭工件和设备，操作人员的身体各部位不得接触旋转部分。
8. 切削时应关好防护罩，以防冷却液飞溅。
9. 工作地面上的油渍应随时清除，防止滑跌。

十四、滚齿机的安全操作技术

1. 开车前应对机床的机械、电气、各操纵手柄、防护装置等进行检查，以确保良好。
2. 装夹的刀具必须紧固，刀具不合格、锥度不符不得装夹。
3. 工作前应正确计算各挂轮架的齿轮的齿数，啮合间隙要适当，挂轮架内不得有工具和杂物，并根据齿轮铣削宽度调整好刀架行程挡铁。
4. 铣削半面齿形轮时应装平衡铁。
5. 工作前应按工件材料、齿数、模数及齿刀耐用情况选取合理的切削量，并根据加工直齿和斜齿调好差动离合器，以免发生事故。
6. 操作人员不得自行调整各部间隙。
7. 当切削不同螺旋角时，刀架角度搬动后应紧固。
8. 不得在机床转动时对刀和上刀，当刀具停止进给时，方可停车。
9. 有液压平衡装置的设备，在顺铣时应注意按规定调整好液压工作压力。
10. 加工少齿数齿时，应按规定计算，不得超过工作台蜗杆的允许速度。

11. 经常清除导轨及丝、光杆上的铁屑和油污，清扫铁屑应采用专用工具，并应停车进行。

12. 使用扳手与螺帽须相符，用力应适当，扳动方向无障碍物，防止碰伤手部。

13. 紧卡工具应把轴承架放在适当位置，托刀架离开工件应卡紧。

14. 在调换挂轮时，必须先关闭电源，使机床不能起动，然后再操作。调换挂轮后，要关闭防护罩，然后再工作，以免发生事故。

十五、插齿机的安全操作技术

1. 开车前应对机械、电气、各操作手柄、防护装置等进行检查，以确保良好。

2. 插齿刀固定于心轴上时必须紧固牢靠，严防松动。

3. 加工齿轮毛坯必须紧固稳定，底部垫上相应的垫块，以保证插刀有一定的空行程。

4. 同时加工数个毛坯时，应保证各端面接触良好，中间不得有杂物。

5. T型槽的螺钉必须符合标准，否则不得使用。

6. 设备在运行中禁止变换速度，并要注意变换手柄的两个位置，不工作的手柄应放在空挡位置，工作手柄应放在正确的位置上，以防撞击损伤机床和伤人。

7. 工作时不可用量具去测量工件，以防刀具伤手。

8. 加工铸铁件时应关闭冷却泵。

9. 操作人员不得自行调整插齿刀的让刀间隙，快速调整时分齿挂轮必须脱开，以免造成事故。

10. 按照齿宽合理地调整齿刀工作行程长度，防止插刀撞上卡盘。

11. 行程调整好后，应手动行程数次，确认安全可靠后方可开始工作。

十六、铣床工的安全操作技术

1. 工作前应先试车，以检查油路、冷却、润滑系统是否正常，机床有无异常声响，操作系统是否灵活可靠。

2. 操作人员应穿工作服，并将袖口扣紧，留长发者应戴工作帽，将长发塞入帽中，操作时严禁戴手套，以防绞入旋转刀具与工件之间而造成伤害。

3. 高速切削时应装好防护挡板，操作人员应戴好防护眼镜，以防切屑飞溅伤眼。铣削铸铁件时应戴防护口罩。

4. 装夹工件、工具必须牢固可靠，不得有松动现象。

5. 铣刀装好后，应先慢速试车，在整个切削过程中，操作人员的头、手不得接触铣削面。

6. 装卸工件时，必须移开刀具，在刀具停稳后方可进行，使用扳手紧固工件时，用力方向应避开铣刀，以防扳手打滑时，手碰到刀具或工夹具上。

7. 开始切削时，铣刀必须缓慢地向工件进给，切不可有冲击现象，以免影响机床精度或损坏刀具刃口。铣长轴时，轴超出床面应设动托架。快速进刀时，应摘下离合器，以防手柄快速旋转伤人。

8. 铣床进刀不可过猛，自动走刀必须拉脱工作台上手轮，不得突然改变进刀速度。

9. 在切削过程中，操作人员应站在安全操作位置，以避开机床运动部位和金属切屑飞出的方向。

10. 调整速度和变向，以及校正工件、工具时，均需停车后进行。

11. 随时用毛刷清除床面上的切屑，清除铣刀上的切屑时，应停车进行。

12. 铣刀用钝后，应停车磨刀或换刀，停车前先退刀，当刀具未全部离开工件时，切勿停车。装拆铣刀时要用专用衬垫垫着，禁止用手直接握住铣刀。

13. 龙门铣床上的工件要用压板、螺丝或专用工具夹紧，刀具一定要夹牢，否则不得开车。在粗铣时，开始应缓慢切削。

14. 靠模铣床工作时不得用手伸进运转部分，进刀不得过猛，应顺进刀方向沿着靠模边缘上移动。靠模铣床工件与靠模必须装夹牢固，铣刀必须用拉紧螺栓拉紧。

15. 仿型铣床开车时应注意检查各部位和防护装置、润滑系统、铣刀刀杆，工件、工具、工模必须紧固。工作时必须先停止所有方面的进刀才能停止主轴，主轴变速、更换工件或工具时，均必须先停车。

16. 螺纹铣及搓丝机操作在切削过程中，严禁用手摸加工件。螺纹铣床在铣标准螺距的细纹转换到大螺距螺纹时，必须将所需要的交换齿轮装上，再把手柄扳到所需工作位置，使主轴上内齿轮咬合脱离后才能开动机器。溜板在返回行程时，必须将跟刀架固定螺丝松开，把铣刀退开螺栓后，才允许开返回程。

17. 键铣床在切削过程中，刀具进给运动未脱开时不得停车，用手对刀，开始吃刀时应缓慢进刀，不得猛然突进。

18. 花键铣床在切削过程中，刀具退离工件时不准停车，在挂轮和装卡刀具、工件时必须切断电源。

19. 工作结束后，应将手柄、手轮放置空挡，切断电源，并将作业场地打扫干净。

十七、刨床工的安全操作技术

1. 工作时应穿戴工作服、配戴防护眼镜，长发者应戴工作帽，头发或辫子应塞入工作帽内。

2. 刨刀要夹紧，工件装夹应牢固，工作前刀锋与工件之间应有一定的间隙，首次吃刀不要太深，以防碰坏刀刃或伤人。

3. 工作时操作人员所站的位置要正确，不得站在牛头刨床的正前方，更不得在牛头前面低头查看工件的切削面，以免机床失灵或其他原因而造成事故。

4. 调整机床冲程不要使刀具接触工件，滑枕前后不许站人，拧紧控制行程的螺栓，并注意不可将扳手等工具遗留在床身上，以免机床开动后造成意外伤害。

5. 车未停稳不得用尺和样板量工件，也不得找正和敲打。

6. 在刨削过程中，操作人员的头、手不得伸到车头前检查，也不得用棉纱之类的物品擦拭工件和机床的转动部位。

7. 清除切屑应在停车后进行，并应使用专门的工具或刷子，不得用手扫除或用嘴吹，防止切屑伤人或切屑飞入眼中。最好在刨床台面的周围，装设一个直立的可以翻起的圆筒形防护挡板，将切屑打扫集中在特设的切屑器内，防止切屑刺伤脚部。

8. 装卸较大工件和夹具时应两人操作，防止滑落伤人。

9. 工件卸下后，应放在合适的地方，且应放平稳，防止工件倒落伤人。

10. 工作结束后，应关闭机床电机和切断电源，并将机床所有的操作手柄和控制旋钮全部扳到空挡位置，然后将工作台上的切屑清除干净及工作场地清扫干净。

十八、龙门刨床工的安全操作技术

1. 开车前须将行程挡铁位置调节适当和紧固，检查各部位的保险、防护装置是否齐全可靠，台面上不得摆放任何杂物。

2. 工件装夹要牢固，压板垫铁要平稳，并注意龙门宽度，以防止工件碰撞刀架和横梁。对暂不使用的刀架应移向空档位置，以避免与工作刀具或工件相撞，并将走刀手柄、抬刀控制旋钮均扳到空挡位置。工件装夹好后，应开一次慢车试车，以检查工件和夹具是否能够安全通过。

3. 开车后严禁将头、手伸入龙门及刨刀前面，不准站在台面上，更不准跨越台面。严禁从两头护栏内通过，多人操作时应由主操作人统一指挥，并注意配合协调。

4. 机床运行过程中，操作人员不应停在拖板或拖板的加工件上，也不得站在拖板运行的方向观察加工情况。人的身体的任何部位，均绝不可置于已在运行的拖板与龙门之间。

5. 刨床在运行中，不得用尺或样板量工件，也不得找正或敲打。

6. 调整速度和变向，以及校正工件、工具时，均需停车后进行。

7. 工件装卸及翻身要选择安全的地方，注意工件的锐边、毛刺伤手，并应和行车工、起重工密切配合。

8. 装卸较大工件和夹具时，应注意防止滑落伤人。

9. 清除切屑只能用刷子或专用工具，禁止用手拨或用压缩空气吹除。

10. 单臂加工超宽工件时，应加安全挡板，并注意现场是否有障碍物，未加工完的工件须在工件下部加千斤顶顶住。

11. 操作悬挂电门按钮时，应准确无误，严禁他人随意乱动。

12. 工作结束后，应关闭机床电源，并将机床所有的操作手柄和控制开关全部扳到空档位置，然后将工作场地清扫干净。

十九、冲床工的安全操作技术

1. 开车前必须认真检查防护装置是否完好，离合器刹车装置是否灵活和安全可靠，并把工作台上的一切不必要的物件清理干净，以防工作时振落到脚踏开关上，造成冲床突然起动而发生事故。

2. 暴露于压力机之外的传动部件，必须安装有防护罩，禁止在卸下防护罩的情况下开车或试车。

3. 安装模具必须将滑块开到下死点，闭合高度必须正确，尽量避免偏心载荷，模具必须紧固牢靠，并通过试压检查。

4. 工作中应精力集中，严禁将手和工具等伸入危险区域内。冲小的工件时，不得用手，应该使用专用工具，最好安装自动送料机构进行操作。

5. 如果工件卡在模子里，应用专用工具取出，不准用手去拿，并应将脚从脚踏板上移开。

6. 操作人员对脚踏开关的控制必须小心、谨慎，装卸工件时，脚应离开脚踏开关。严禁其他人员在脚踏开关的周围停留，以防误踏脚踏开关而引起伤害事故。

7. 工作中若发现冲床运转异常或有异常声响，应停止送料检查原因，如系传动部件松动及缺损应停车修理。

8. 工作结束后，应将模具落靠，断开电源，并将工作场地清扫干净。

二十、剪板机工的安全操作技术

1. 一部剪板机禁止两人同时剪切两种工作材料，大型的剪板机启动前应先盘车，开动后应先进行空车试运转，待检验正常后才可开始剪切材料，严禁突然启动。

2. 禁止超长度和超厚度使用剪床，不得使用剪板机剪切淬了火的钢、高速钢、合金工具钢、铸铁及脆性材料。

3. 切勿将手和工具伸入剪板机内，以免发生切断手指或设备事故。

4. 剪板机后不得站人、接料。

5. 无法压紧的窄钢条，不准在剪板机上进行剪切。

6. 工作过程中应经常注意拉杆有无失灵现象，紧固螺栓有无松动。

7. 工作台上不得放置其他物品。

8. 调整和清扫必须停车进行。

9. 停机后离合器应放在空挡位置。

10. 工作结束后，应及时切断电源。

二十一、锯床工的安全操作技术

1. 开车前应检查锯床的运转情况，以及润滑系统、冷却系统与台虎钳等是否正常。

2. 工作前操作人员必须穿戴好劳动保护用品，扣紧袖口。

3. 锯割的材料要夹紧，特别是多件装夹，应检查是否全部装夹紧固。锯割较长的材料要有托架支承。

4. 锯割重而长的材料时，应由起重装置吊装于夹钳及支撑架上，操作人员之间要协调配合，防止碰砸造成伤害。

5. 锯条及刀具歪斜应及时校正。锯条不宜安装得过紧或过松。操作人员不宜过分接近正在运行的锯弓，以防锯条突然折断，锯片飞出伤人。

6. 锯割薄材料时，应聚集增厚或两端加上厚压板并降低进刀量，以免锯条崩折。

7. 工件快锯割断时必须开慢速，以防工件掉下损坏设备和伤人。

8. 锯条、刀具若在运行中发生问题，应关闭电源后再予更换。

9. 工作场地存放物件不得妨碍操作和人员通行，锯割好的坯料应堆放整齐、平稳，防止倒塌伤人。

10. 工作结束后，应将工作场地清扫干净，锯床电源拉断。

二十二、管工的安全操作技术

1. 工作前应详细检查所使用的工器具是否处于良好状态。

2. 安装管道时，必须随时做好支架，卡牢管子，以防掉下伤人。

3. 抬管子时要步调一致，相互配合、协调，防止伤筋扭腰。

4. 起吊重量较大的管件，应事先检查好起吊工具，并密切配合起重工，做好起吊安装工作。

5. 在有易燃、易爆气体介质的设备上工作时，必须使用涂油或不产生火花的工具。

6. 在地沟、阴沟等内作业时，应按进设备容器内的安全规定，办理作业安全许可证，做好安全措施，并要详细检查沟壁是否有塌方的危险，否则，应加好支撑，方可工作。

7. 使用大锤时，应检查锤头和锤柄是否牢固，并注意挥锤周围是否有人或障碍物。

8. 锯割管子时不应用力过猛或过快，以免锯条折断或将手碰伤，使用管钳等工具时，也不可用力过猛，不可在活扳手上加接套管，如必须使用时，应当小心谨慎，防止扳手脱落或断裂而引起伤害。

9. 装砂搣管时，管内不得有杂物，砂子粒度要均匀、干燥，不得含有易燃易爆物质。

10. 管子进行焙烧搣弯时，要有专人负责，操作人员不得站在管子堵头的地方，管子出炉搣弯时，应协调一致，互相照应，防止烫伤或砸伤。

11. 打铅口时，必须将承插口擦干，以防水分渗入引起灌铅时爆炸，灌铅时操作人员必须配戴防护眼镜。

12. 使用的弯管机，其安全防护装置必须完好，操作时应由专人操作开关，以防误操作。

13. 校正管子时，所使用的锤子应先浸入水中片刻，防止脱柄伤人，敲击时禁止戴手套，操作人员的脸部应避开管口，防止因敲击管子引起管子震动而造成热砂喷出伤人。

14. 用火烤管子或用气焊割刀割管子时，应事先检查管内有无爆炸性介质，在安装管道时，应认真检查管内有无杂物，以免在切割或管道安装使用过程中发生危险。

二十三、钳工的安全操作技术

1. 工作前应按规定穿戴好劳动保护用品，对所用的工器具，如砂轮机、钻床、手电钻、行灯等，在使用前必须进行检查，以确保安全完好。

2. 钳工工作台上应设置铁丝防护网，使用虎钳的钳口行程不可超过其最大行程的三分之二，錾凿时应注意对面作业者的安全，并严禁使用高速钢做錾子，防止铁屑崩飞伤人。

3. 使用大锤时，严禁戴手套，并必须注意前后、上下、左右，在大锤运动的范围内严禁站人，不得用大锤打小锤，也不得用小锤打大锤。

4. 用手锯锯割工件时，锯条应适当拉紧，工件必须夹紧，以免锯条折断伤人。工件快要锯断时，应轻轻用力，以防折断锯条或工件落下伤人。

5. 使用的锉刀、刮刀的木柄必须装有金属箍，禁止使用没有手柄或手柄松动的锉刀或刮刀。推锉刀要平，压力与速度应适当，回拖要轻，以防事故发生。使用三角刮刀应握紧木柄，刮削方向禁止站人，以防刮刀伤人，工作完毕，应将刮刀装入保护套内。

6. 使用的手锤必须用硬质木料制作，锤头安装要牢靠，防止甩头伤人。锤头淬火要适当，以免击碎崩溅伤人。

7. 在紧固或拆卸螺栓时，不可用力过猛，以防发生伤人事故。

8. 在交叉和多层作业的现场工作时，应戴安全帽，并注意统一指挥，零部件或工具应放置稳妥，必要时应拴好系牢，或放入工具袋中。

9. 检修具有易燃易爆危险的设备时，一定要事先办好检修安全许可证和动火安全许可证等。

10. 从事检修带有酸、碱液体的设备、管道、阀门时，应特别注意面部、眼睛的防护，并戴橡胶手套等，以防灼伤。

11. 高处作业前应检查梯子、脚手架等是否坚固牢靠，工作时必须拴好安全带，并系在牢固的构件上。所使用的工具等必须放在工具袋内，以防掉落伤人。利用梯子高处作业时，梯子与地面的角度以60°为宜，人字梯中部应有结实的牵绳拉住，同时应设专人扶梯监护。

12. 需进入设备容器内进行检修作业时，必须严格遵守进设备容器内作业的安全规定，如事前办理设备容器内作业安全许可证、进行安全分析、设备容器外派专人监护等。

13. 安装、拆卸大型机械设备时，应和起重工密切配合。

14. 设备检修完毕，应将设备上所有的安全防护装置、声光信号装置、安全阀、爆破片、扶手栏杆等，均使其恢复到正常状态。

15. 工作结束后，应将工作现场清理干净，同时并应对所检修的设备进行全面地检查，特别是要认真检查设备内部有无遗留物件或人员，确认安全无问题后，方可试车。

二十四、铆工的安全操作技术

1. 工作前必须检查所使用的工具是否处于安全良好状态。
2. 进行铲、剁、铆等工作，应戴好防护眼镜，不得对着他人操作。
3. 使用钻床时，不得戴手套操作。
4. 使用砂轮机时应戴防护眼镜、口罩，不得站在砂轮的正面操作。
5. 使用平板机、滚板机时，应由专人负责开动，在送钢板时，不得站在钢板上，手不得靠近压辊，并注意防止衣袖卷入。多人共同作业时，应由一人统一指挥，互相密切配合。
6. 使用大锤时，禁止戴手套操作，并严禁两人相对打锤。打锤时对面不得站人，并注意锤头甩落范围，防止抡锤时伤人。不得用手指示意锤击处，而应用手锤或棒尖指点。
7. 进行风动铆铲作业时，其风窝、风把及风带等必须良好无损，带内无杂物，禁止将风带口对着人，高处作业时应将风带绑在架子上。
8. 风锤和风铲的头部须顶牢在固定物上，以免飞出伤人。
9. 装铆工件时，不准用手探试孔位，应用尖顶穿杆找正，然后穿钉，打冲子时，冲子穿出的方向不得站人。
10. 远距离扔热铆钉时，应注意四周有无交叉作业的其他人员，接铆钉的人员应站在侧面接。扔热铆打通道，不得有人站立和通行。
11. 捻打及捻缝时必须戴好防护眼镜，铆焊件组对时，不得用手触摸物件的对口及孔口，以防将手刺破和挤伤，使用楔子或撬棍组对焊口时，支点要焊牢，用力不可过猛，对面不得有人，在高处组对时，作业点下方不得站人，上部的部件和工具必须安放稳妥，防止落下伤人。

12. 使用起重机械吊着对活和安装时，要有专人指挥，必须轻举慢落，物件着地后，须将螺栓旋紧，然后才能松钩。

13. 在高处作业时应严格遵守高处作业安全规定，在脚手架上工作禁止试验风动机械，以防振断绑脚手架的绳扣，发生意外。

14. 工作结束后，应及时将工作场地清理干净，边角余料应放到指定的地点。

二十五、砂轮机的安全操作技术

1. 砂轮机在使用前，应认真检查砂轮表面有无裂纹或破损。

2. 夹持砂轮的法兰盘直径不得小于砂轮直径的三分之一，且最好用低碳钢制造。砂轮的安装间隙以及法兰盘与砂轮的夹紧力，应符合规定。对有平衡块的法兰盘，应在装好砂轮后进行平衡，合格后才可使用。

3. 新砂轮投入使用前，应先进行试运转，待一切正常后方可正式使用。

4. 砂轮应保持干燥，防止因受潮而降低强度，致使在旋转过程中易发生破碎。

5. 砂轮轴上的紧固螺栓的旋向，应与主轴的旋转方向相反，以保持紧固。

6. 砂轮应有防护罩，其下部接吸尘器以便定期清理尘末。防护罩一般是由圆周护板和两块侧面护板组成，它应将砂轮、砂轮法兰盘、砂轮主轴等全部罩住。防护罩应具有足够的强度，以挡住碎块飞出。防护罩的开口角度要合适，以防碎块水平飞出伤人。防护罩与砂轮半径方向的间隙应不>20～30mm，防护罩内侧面与砂轮侧面的间隙应不>10～15mm。

7. 使用砂轮机时，操作人员应站在砂轮机的侧面。

8. 在砂轮机上打磨工件时，应握稳工件，不得使工件撞击砂轮。同时应使用砂轮的圆周面进行磨削，禁止在砂轮的两侧面用力粗磨工件，以免砂轮侧面受力而发生偏摆跳动。

第三节　其他各工种的安全操作技术

一、木工的安全操作技术

1. 工作前应检查所使用的工具是否好用，木工机械设备的安全防护装置是否完好，并按规定穿戴好劳动保护用品。

2. 工作台周围和即将加工的木料，必须将钉子、铁丝、铰链等清除干净。

3. 工作场所不准吸烟和熬胶，吸烟和熬胶应在单独的指定地点。

4. 禁止穿着凉鞋、拖鞋、高跟鞋和戴围巾、头巾进行工作，女职工须将发辫罩入工作帽内。

5. 操作木工机械，必须熟悉机械的性能、操作方法和维护保养。

6. 使用带锯机时，须待锯条达到最高转速时方可进料，入锯时要稳，要慢，切不可进给过猛，以防锯条损坏伤人。进料速度应根据木质硬软和有无节疤、裂纹及材料厚度等加以控制。操作时手和锯条的距离应保持在50cm以上，切不可将手伸过锯条，以防伤手。锯割中如发现锯条前后窜动，发出破碎声及其他异常现象时，应立即停车，以防锯条折断伤人。

7. 使用圆锯机时，应两人配合进行，上手推料入锯，下手接拉锯尽。上手推料距锯片 30cm 以外就应撒手，操作人员应站在锯片的侧面。下手回送木料时要防止木料碰撞锯片，以免弹射伤人。木料夹锯时应立即关闭电机，将锯口处插入木楔，待扩大锯路后再锯。加工短料时，一人操作应用推杆送料，以防伤手，加工长料时，两人动作要协调。过于短小的木料不得上锯。

8. 使用木工平刨床时，须特别注意木料上的木节，遇有节疤、纹理不顺或木料材质较坚硬时，应放慢进料速度。操作时，人员应站在工作台的左侧中间，两手一前一后，左手压木料，右手均匀推送木料，当右手离刨口 15cm 时即应脱离斜面，靠左手推送。若两人操作时应密切配合，上手台前送料要稳准，下手台后接料要慢拉，待木料过刨口 30cm 后方可去拉接。

9. 在石棉瓦屋面上工作时，严禁直接踩踏石棉瓦，必须踏在桁条处，或者在石棉瓦上设置跳板，以免发生瓦碎坠落而造成人身伤害。

10. 高处作业时，临时拆卸下的木料不可堆在脚手架上，而应及时运下，防止脚手架的负荷过重。

11. 工作结束后，须切断木工机械设备和照明电源，并将工作场地的刨花、木屑等清除干净。

二、瓦工的安全操作技术

1. 进入施工现场必须戴好安全帽，严禁穿拖鞋、凉鞋、高跟鞋或光脚进行作业。

2. 工作前必须检查地基坑或地槽是否能确保安全施工，如有塌方危险或支撑不牢时，应采取可靠措施后再进行工作。

3. 高处作业前，必须认真检查脚手架搭设的质量是否符合要求，对质量不合格的脚手架须重新返工搭设。

4. 在地基坑或地槽的边缘不得堆放大量材料，防止造成塌方。在脚手架脚手板上堆放工具和材料时，不要过于集中在某一处，应考虑到脚手架脚手板上的承载能力，严禁超过脚手架脚手板上的允许载荷。

5. 不准站在墙上砍砖、划缝和行走，不可用抛掷的方法运砖。

6. 在高处砍砖时应面向里砍，在任何情况下均不得对着他人砍砖，以防伤人。

7. 使用切砖机或磨砖机时，应配戴防护眼镜和防护口罩。

8. 所用的工具、灰槽、水桶、材料等，应放在适当位置，并摆设整齐、稳固。

9. 砌墙高度达 1m 以上时，须站在脚手板上进行，禁止堆砖或用其他物体垫脚。

10. 砌筑门窗上部砟墙时，应将托板顶支牢固后，方可施工。

11. 托线时必须用钉子插在墙上，不得绑在砖上放在墙角上，以防砖被碰掉砸人。

12. 在高处作业时要严防接触电源线而发生触电事故。

13. 在石棉瓦上工作时，应搭设脚手板，并捆绑牢固，严禁直接站在石棉瓦上，以防瓦碎坠落而造成伤害。

14. 在高处作业拆下的木架、石棉瓦、白铁皮等，必须放在安全的地方，并及时地将其运送到地面。

15. 在设备容器内进行筑炉作业时，必须事先办理设备容器内作业安全许可证。对于设备容器内的照明，必须使用安全电压为 36V 以下的安全行灯。

16. 在建筑高大建筑物或构筑物时，其周围应设防护区，并设围栏及警告标志牌。

三、架子工的安全操作技术

1. 搭设脚手架前应认真检查工作环境，严格检查搭设脚手架所使用的杆和板的质量，做好必要的准备。

2. 搭设脚手架的木杆应以剥皮杉木和其他各种坚韧的硬木为标准，腐朽、折裂、枯节等易折木料，一律禁止使用。搭设脚手架也可用生长 4 年以上的毛竹，但青嫩、枯黄、开裂、虫蛀的均不许使用。

3. 使用木杆做脚手架，立杆有效部分的小头直径不得 $<7cm$，大横杆、小横杆有效部分的小头直径不得 $<8cm$。使用竹竿做脚手架时，立杆大横杆有效部分的小头直径不能 $<7.5cm$，小横杆有效部分的小头直径不能 $<9cm$，对于小头直径在 6cm 以上不足 9cm 的竹竿，可采取双竿合并使用的办法。

4. 安装管式金属脚手架，禁止使用弯曲、压扁或者有裂缝的管子，各个管子的连接部分应完整无损、牢固可靠，以防搭设的脚手架倾倒或者移动。1m 以上的金属脚手架应设接地装置。

5. 金属脚手架的立杆应垂直立于垫木上，在安置垫木前应将地面夯实、整平。脚手架周围的电气线路应停用或者拆除、移开后，方可进行搭设。

6. 在搭设脚手架的过程中，作业人员应穿戴好劳动保护用品，在高处作业时必须佩戴安全带，如遇 6 级以上大风应停止露天高处作业。

7. 在工作过程中不要乱掷材料或工具，上下运送材料要互相密切配合，不得用不结实的绳索绑吊物件。

8. 架子应有一定的铺设宽度，一般不得 $<1.2m$。竹脚手架必须搭设双排架子，并在立杆旁加设顶撑或者使用双行立竿。

9. 斜道的铺设宽度和坡度，防滑木条的间距以及拐弯平台的面积，均应考虑作业的方便和安全。

10. 脚手架的载荷能力一般为 $270kg/m^2$，若载荷必须加大时，架子应该适当加固。

11. 脚手架横过人行道及出入口时，应加强立杆及顺杆，必要时须在人行道上部加隔离设施，以免坠物伤人。

12. 在脚手架下或邻近处进行挖掘作业时，脚手架应予加固，以防倒塌或变形。

13. 两杆搭接应头梢相搭，立杆搭接长度不得 $<1.5m$，顺杆不得少于 1.0m，绑扣不得少于 3 道。立杆应垂直，顺杆应水平，接头要交错花接。

14. 高度在 3m 以上的各种脚手架及马道（车行脚手板）场须设置 1050mm 高的防护栏杆，必要时还应设置 180mm 高的挡脚板。

15. 脚手板必须用 5cm 厚，25cm 宽的坚固木板，板面应设防滑木条，脚手板相互间接头应放在横杆上，其连接部分至少搭接 300mm，脚手板两端应绑牢或钉牢。

16. 特殊的脚手架，如井架、升降或移动的脚手架，以及很高的脚手架等，应按专门的设计方案搭设。

17. 搭设里脚手架砌墙时,其高度应低于外墙 200mm,墙砌到一定高度时,应在墙外安设承重防护挡板或者安全网。防护挡板或安全网应随着墙身的升高而提高。

18. 绑扎架子以 8 号铁丝为标准,材质过软或过硬的铁丝均不能使用,绑扎的扣子要切实牢靠,一般禁用麻绳等绑扎。

19. 不得把脚手架和脚手板支撑在建筑物或构筑物不十分牢固的地方,不得有不绑扎的探头板,探头的长度不应＞150mm。

20. 搭设脚手架时,如无一定的安全措施,脚手架下部及附近不得进行其他作业。

21. 搭设脚手架时,周围应设专人看管,防止闲人临近。

22. 搭设的脚手架应经施工负责人检查验收后,才能使用,在使用期间应经常检查,尤其是在大风雨后应详细检查,若发现问题应及时处理。

23. 脚手架在使用后应及时拆除,拆除时周围应设置围栏或警戒,以防闲人进入。脚手架的拆除顺序是先上后下,不得上下同时进行。

24. 拆除斜拉杆及顺杆时,应先拆中间扣,再拆两头扣,拆完后由中间的人员负责往下放杆子。在较高的地方拆下的材料,不得随意往下投掷,应用滑车吊下或由马道运下。拆除的材料应及时运到适当地点堆放好。

四、保温工的安全操作技术

1. 工作时应穿戴好劳动保护用品,接触矿渣棉及玻璃棉时,应将袖口、领口、裤脚扣紧扎好,并戴好口罩。

2. 高处作业前,必须认真检查脚手架的质量,若脚手架质量不符合标准应重新搭设。

3. 对管道保温时,要详细检查管道,如若漏气则应经过有关单位处理后,确认无泄漏方可进行。

4. 不得踩登脚手架探头进行工作,不得两人站在一块独板上工作。传递脚手架,不要用骑马式,最好两人进行传递。

5. 在脚手架立杆上拴绑滑轮运送材料时,每次吊运材料的重量不应超过 40kg。拉绳的人员应站在滑轮垂直下方的 3m 以外,拉绳时不可过猛,接料人员应等物料停稳后再接。

6. 对高温管道以及高温炉壁进行保温时,应采取隔热措施,以防烫伤、灼伤。

7. 地下管道保温时,应先检查有无有毒有害气体或酸液、碱液,必要时应采取可靠的安全措施。

8. 需仰面进行保温工作时,应戴好安全帽与防护眼镜,并注意铁丝伤人。

9. 缝扎矿渣棉席时,对面两人要错开站立,以防钢针刺伤对方。

10. 保温预制块严禁从高处往下抛落。

11. 在生产车间进行保温作业时,应与生产车间有关负责人或生产岗位负责人事先联系好,并遵守生产车间有关安全规定,不得借用生产在用管道设施兼作脚手架,同时应注意生产情况,当发生异常情况危及人身安全时,应及时撤离。

12. 接触矿渣棉及玻璃棉后,工作完毕应洗澡,工作服等劳动保护用品不要穿回家中或宿舍。

13. 工作结束后,应将工作现场清理干净。

五、油漆工的安全操作技术

1. 工作前应检查所用的工具、高处作业设施是否符合安全要求,喷漆所用的机械应由专人操作、保管和管理。

2. 喷、刷漆料时,应穿戴好劳动保护用品,并将袖口扣紧、裤腿扎紧,不得穿短袖衣服及赤脚进行操作。

3. 油漆作业场所严禁烟火,如需动火,必须按规定事先办理动火作业安全许可证。

4. 运转中的设备、带电设备和有毒有害气体浓度超过国家规定的容器设备内,不得进行油漆防腐。严禁刷油漆和气焊、电焊等动火作业同时进行。

5. 高处作业时应戴好安全带,所使用的梯子、跳板必须坚实,并要有防滑措施。滴洒在脚手板上的油漆应随时擦净,防止滑倒伤人。

6. 油漆二层楼以上的门窗,如无脚手架时,应将安全带拴在牢固的地方,不得拴在窗挡上。

7. 在室内或沟、设备容器内工作时应有良好的通风措施,如通风不良,不应在内长时间工作,应隔一定时间外出透风,如工作途中感到身体不适时,应及时脱离作业现场。

8. 从事树脂涂料作业的人员,皮肤裸露部分,不得与树脂接触。对树脂过敏的人员不宜从事接触树脂的作业。

9. 如生漆与皮肤接触时,应及时用药棉擦净,然后用肥皂、清水洗净,禁用用汽油或酒精擦洗。

10. 工作结束后应将现场清理干净,下班后或进餐前一定要将手洗净。

六、沥青工的安全操作技术

1. 从事沥青作业的人员,应按规定穿戴劳动保护用品,对外露皮肤、脸部和颈部等,应涂抹防护油膏。工作结束后必须洗澡。

2. 沥青锅应设在离建筑物 30m 以外的地方,并不得靠近电缆。

3. 桶装沥青需加热倒出时,在加热前应将桶上盖拧开。

4. 熬沥青时必须用钢板锅,不得用生铁锅,以防止烧坏漏油燃烧而造成火灾。

5. 熬沥青时应慢慢加热,严格控制温度,以防沥青起火燃烧。

6. 沥青锅内不得有水,在熬制过程中,严防水落入锅内。

7. 锅内沥青不得超过锅容量的 2/3,加入的掺合剂,应先预热干燥后再加入锅内。

8. 如在熬制过程中,锅内沥青着火,应用铁皮将锅盖住,同时熄灭炉火;沥青外溢到地面着火时,则应用干沙灭火,不得在燃烧的沥青上浇水。

9. 运输熬好的沥青时,所用的工器具要确保安全好用。如桶装热沥青用人抬时,不应装得太满,以防走动时溅泼烫伤,操作人员还应戴好帆布手套和鞋盖。用滑车吊运热沥青时,应挂牢平稳起吊,拉料的人员应戴好安全帽,并远离热沥青垂直下方,在高处接料的人员,必须配戴好安全带,并拴挂在牢固处,将料桶接过放在平稳牢固处后,方可脱去挂钩。

10. 搅拌、浇制沥青制品时，人要站在上风处，防止溅出伤人。

11. 在地下室及通风不良的地方工作时，必须采取强制通风措施，使用36V安全电压的行灯，防止发生中毒、爆炸事故。

12. 从事沥青操作的人员，包括装卸、搬运、使用沥青的人员，在两次作业之间，根据季节、气候与作业条件应当有适当的间隔休息时间。

13. 工作结束后，应将炉火彻底熄灭。

14. 个人所使用的劳动保护用品应经常洗涤检查，保持清洁完整。个人所穿戴的劳动保护用品严禁带回家中或宿舍，以防污染。

七、喷砂工的安全操作技术

1. 工作前应详细检查空压机、油水分离器、贮砂器、砂带、喷嘴、缓冲缸、压力表、安全阀和电气设备等是否处于良好状态。

2. 喷砂作业时操作人员应穿着特殊的劳动保护用品，戴上安有不宜破碎玻璃的面罩，用强制通风的办法通过面罩用胶皮管导入新鲜空气。

3. 喷砂作业岗位应有良好有效的通风系统，在喷砂作业开始前，应先开动通排风机以降低厂房空气中的粉尘含量。

4. 工作中加砂调节与喷吵操作者应密切配合，并事先规定好联系信号，在容器设备与管道内喷砂时，除采取严格有效的安全措施外，器外还应有专人进行监护。

5. 工作中如遇喷嘴堵塞，必须停车修理，严禁利用折带减压的方式疏通喷嘴，喷嘴与工件间距以100～700mm为宜，其角度以45°为宜，严禁直对工件进行喷砂。并严禁将喷嘴对着其他人员。

6. 冷风压力要控制平稳，喷砂器要专人看管，工作时不得擅自离开岗位。

7. 翻动工件时，必须停止喷砂，操作电葫芦必须要有经验的人员担任，要防止物件从车上滑下或小车掉轨。

8. 往打砂小车上装卸工件时，先应刹住车，以免小车移动而造成事故，装卸工件时要有专人进行指挥，不得在小车运行的方向停留。

9. 喷砂工应定期进行身体健康检查。

八、电镀工的安全操作技术

1. 电镀工必须了解各种电解质对人体的毒害性质，以及中毒的防护和中毒后的急救措施。

2. 电镀所用的电源为低电压大电流，由380～220V交流电源经整流后供给。又因电镀工作场所较潮湿，故电镀工必须遵守电气安全规定。接通电镀电源时，要由专人检查电气设备的绝缘和接地保护装置是否良好，如有缺陷，须立即消除，以确保完好。

3. 电镀工作间应有良好的通风设施，以便将室内有毒有害气体及时排出，不得在无通风条件下工作。电镀槽上方应有排风罩，每平方米镀液面积上每分钟的排风量不应$<100m^3$。

4. 工作时必须穿戴好劳动保护用品，如戴好胶皮或者塑料手套，穿好胶鞋，围上胶皮围裙，戴好防护眼镜等，酸洗或酸蚀时应配戴防毒面具。

5. 严禁在工作场所进食，饭前要洗手洗脸，工作服不准穿出厂外。

6. 当有小件零件落入槽中时，应用磁铁吸出，非铁磁性零件则应用长柄专用工具取出，严禁直接用手拿取。

7. 使用易燃、易爆、有毒害溶剂处理物件表面时，应在通风良好的地方进行，并隔绝火源，以防爆炸、着火和中毒。

8. 进行磨光和抛光时，须戴防护眼镜，操作时应站在砂轮或抛光机的侧面。加工小型零件时应使用特别的夹持工具，严禁用手拿着操作。

9. 配制酸、碱溶液时，应戴长胶皮手套和戴防护眼镜。配制酸溶液时应将酸缓慢地倒入水中并不断地搅拌，严禁将水倒入酸中，以防发生酸液飞溅而灼伤人员。

10. 凡手、脸皮肤潮湿或皮肤有破损的操作人员，必须除去潮湿，将皮肤破损处用绷带包扎好，并采取防水措施后才能从事作业，以防铬盐、铬酸雾对人体造成侵害。

11. 校正溶液往镀槽内添加盐或水时应小心谨慎，防止镀液溅出，一旦铬液溅到皮肤上应立即用5%的硫化硫酸钠溶液进行清洗，然后再用清水冲洗干净。如铬盐溅入眼中，则必须立即用1%的硫代硫酸钠溶液清洗，然后再用大量清水冲洗干净，以防止损害眼球。

12. 起吊工件时，应严格遵守起重吊运安全操作规程。

13. 工作结束后应立即用水冲洗工作场所的地面，以防有毒有害物质挥发扩散污染作业环境的空气。

九、塑料焊接工的安全操作技术

1. 工作前须认真检查塑料焊枪有无漏电现象，接地装置是否良好，调压器是否正常。

2. 工作时必须穿绝缘鞋，焊枪手把前应加装绝缘垫板，以防触电和烫伤。

3. 工作场所应通风良好，进入容器设备内工作，必须严格遵守进塔入罐作业的安全规定。

4. 高处作业时应严格遵守高处作业的安全规定。

5. 进入有易燃、易爆危险的生产车间或作业场所焊接时，必须按规定事先办理动火作业安全许可证。

6. 工作过程中，焊枪应放在安全的地方，不得随意放在设备上。工作完毕应及时切断电源，将调压器拨到零位。

7. 吊运塑料设备时，应采用软索具，若使用钢丝绳进行吊运，钢丝绳不应直接作用于设备上，而应采用衬垫等进行保护。

8. 使用锯床、刨床、挤压机、砂轮机、电烘箱等设备加工塑料制品时，应严格遵守各有关工种的安全操作技术。

十、分析工的安全操作技术

1. 分析工在工作前应按规定穿戴好劳动保护用品。

2. 采集易挥发和易燃的分析样品时，应使用耐压瓶。在作业现场采集有毒有害介质的分析样品时，应站在上风处或配戴防毒面具，在有危险的区域或夜晚采集分析样品时，应有两人配合进行。

3. 从高压设备或高压管道中采集气体分析样品时，应先将气样通过减压设备，然后再取样。

4. 使用后的有毒有害气体分析样品应到室外放空。

5. 玻璃仪器在使用前应仔细检查，发现有裂纹或损坏的不得使用。在使用过程中应轻拿轻放，避免碰撞破碎伤人。

6. 切割玻璃管（棒）时，应戴手套以防被玻璃划伤，使用的玻璃管（棒）的端部必须烧圆滑。在往橡皮塞孔中插玻璃管时，应戴手套，并不得将所插的玻璃管正对着人体，以防被玻璃管戳伤。

7. 在开易挥发的试剂瓶盖时，不可将瓶口对着本人或他人的面部，以防气体冲出伤人。

8. 吸取液体试剂时，必须用移液管和吸耳球，严禁用嘴代替吸耳球吸取液体试剂。

9. 化学试剂必须贴有标签，以标明试剂的名称、浓度、配制时间等，无标签的试剂一律不准使用。

10. 稀释浓硫酸时，应缓慢地将酸加入水中，严禁将水加注到酸中，以防酸喷溅伤人。

11. 化学试剂不准直接与手接触，使用时应用牛角勺或塑料勺挖取。

12. 在使用剧毒试剂时，应戴好口罩、手套、眼镜等劳动保护用品，使用后应及时将手洗干净。

13. 在进行蒸发、蒸馏或制备易挥发的有毒有害物质时，应在排风柜内进行，操作前应开启通风设备，然后再进行工作，工作后还应继续通风一段时间后再关闭通风设备。

14. 对易燃液体的蒸馏不可用明火直接加热，应用水浴、油浴或砂浴，以防起火燃烧。

15. 使用压缩气体的钢瓶时，禁止将钢瓶放在分析室内，应放置在室外专用的安全地点。使用时操作人员应严格遵守气瓶使用的安全规定。

16. 禁止使用化验器皿饮水或进食，以免发生意外事故。

17. 使用电气设备时，应先检查电源电压是否与使用设备的电压相符合，接地是否良好。电气设备发生故障时，应首先切断电源，然后通知有关人员进行修理。

18. 剧毒试剂应设专门的贮藏柜进行贮藏，并应有专人负责保管，严禁将剧毒试剂私自带出室外。

19. 当油类及不溶于水的物质着火时，应用干砂、二氧化碳或干粉灭火器等灭火，因分析室内的大多数火灾是不能用水扑灭的。

20. 分析工作结束后，应将所使用的器皿洗刷干净，放置妥当，并将工作场所打扫干净，同时进行安全检查，离开分析室时应关闭一切电源、热源、气源和水源。

十一、仪表工的安全操作技术

1. 工作前应仔细检查所使用的工具和各种仪器是否处于良好状态。

2. 在仪表盘上安装仪表时，盘前与盘后的操作人员应密切配合，防止仪表掉落损坏或砸伤人员。

3. 仪表盘、箱的顶部不得存放工具或其他零部件，以免掉落损坏设备或伤及人员。

4. 在车间检查和调整仪表时，应事先和操作岗位的人员取得密切联系，不要影响工艺操作。

5. 不准在带压的工艺设备及管道上拆卸仪表和部件。水压试验时，不得带压拆卸仪表，试压后应将水放尽。

6. 仪表工所使用的一切电气工具，必须完整良好，绝缘可靠。装有电气设备的仪表盘、箱，应接地良好，并配有专用锁，防止其他人员随意乱动。

7. 仪表盘、箱内，应设有通风设施，以防易燃、易爆气体积聚而发生爆炸事故。

8. 在易燃、易爆车间内使用电铬铁，用干电池校对仪表，以及从事能产生火花的作业，均应事先办理动火作业安全许可证。

9. 电动仪表送电前，必须检查供电电压与仪表所需电压是否一致，接线是否正确。气动仪表的供气压力应与仪表的所需压力一致，其供气和输出不可接错，所用导气管应能满足气源压力的要求，以免破裂。

10. 检修或安装仪表时，要严防接错线路，运行前应经过试验，确认无问题后才能正式投入生产。

11. 如需进行高处作业时，应严格遵守高处作业的安全规定。

12. 检查电缆或线路，以及夜间值班处理故障时，应有两人以上进行作业。

第二十章 检修作业安全技术

第一节 检修作业前的安全准备

一、检修作业的特点与危险性

厂矿企业中的机器设备或生产装置在运转过程中,因零部件逐渐磨损或损坏,或由于对机器设备操作不当,或维护不善,必然要发生各种各样的故障,其后果会导致生产停顿,生产作业计划被打乱,或使机器设备的性能达不到设计要求,从而造成生产产品的次品率上升,厂矿企业的经济效益下降,而且可能使机器设备发生跑、冒、滴、漏,造成对生业作业环境的污染,使劳动条件恶化,还可能使机器设备因腐蚀、疲劳、蠕变等,造成机器设备的破裂、爆炸,使人员伤亡,财产受损。因此,要预防机器设备发生故障和人身伤亡事故的发生,延长机器设备的使用期限,充分发挥机器设备的效能,除对机器设备进行维护保养外,还必须对机器设备进行检修。

机器设备的检修可分为计划检修和计划外检修。所谓计划检修,就是根据机器设备的性能、质量和使用等情况,预先制订机器设备运行一定的期限就必须要进行检查、修理的计划。到了规定的检查、修理期限,不论机器设备的运转情况如何,都必须进行检查、修理。而所谓计划外检修,一般是指机器设备在运行过程中因某种原因,突然发生故障,而必须进行不停产或临时停产的检修或抢修,这种检修或抢修均称为计划外检修。计划外检修通常事先难以预料,故无法有计划地预以安排。

检修作业与日常正常的生产作业相比,更具有发生事故的危险性。据有关资料统计,检修作业中所发生的各类事故要占全部事故的80%。这是因为检修作业虽然生产处于停顿状态,但在检修作业时,人员的作业形式和作业人员经常变动,不易管理,而且有些检修作业又常常是上下立体交叉作业,设备容器内外作业同时并进。同时,一些设备容器和管道中还残留有易燃、易爆及有毒有害的工作介质,客观上具备了发生火灾、爆炸、中毒、窒息、灼伤等事故或伤害的条件。此外,检修作业还常需要从事动火、起重、动土、高处等作业,稍有疏忽即有可能发生重大事故。

因此,为确保检修作业中的安全,预防各类事故的发生,保护职工的安全和健康,并确保检修作业能按预先制订的计划或方案进行,按质按量按时地完成各种检修任务,使机器设备在检修后投入运行中能长周期地正常运转,检修作业人员就必须遵守检修作业安全技术规定,以实现检修安全。

二、制订检修方案

厂矿企业中的每个检修项目,均要预先制定检修方案,以便使检修作业全过程有条不紊进行。尤其是全厂停产大修，或一个生产单元，或一套生产装置，或一台生产设备的大修与中修，均应成立检修作业临时指挥机构，如厂大修指挥部。检修作业临时指挥机构应编制检修计划，审核检修的安全措施，明确检修项目、内容、要求和检修作业人员的分工。检修作业临时指挥机构的办公室应有检修计划进度表或检修网络图，以及各检修项目的主要安全注意事项等。

作为检修作业临时指挥机构应确定各具体检修项目的安全负责人，使每个检修项目的安全事项都做到有专人负责。对小修或日常维修作业，或在检修作业中，只要有两人以上参加的检修项目，则应指定其中一人负责安全工作。并对每个检修项目的内容、安全负责人和安全注意事项等，张榜公布于检修作业现场，使各检修项目的负责人和每个检修人员明白自己在作业中的职责和安全注意事项，这对预防或减少事故的发生无疑起到重要的作用。

检修作业临时指挥机构还应组织专职安全技术人员或临时安全人员对检修作业现场进行安全监察，以便及时纠正作业人员在检修作业过程中的违章指挥或违章作业现象。此外，还应组织人员在检修作业现场张贴、悬挂安全标语或安全警句，以随时提醒检修人员时刻注意安全。

三、检修作业安全许可证的办理

在检修作业中，无论是大修还是小修，无论是计划内检修还是计划外检修，都必须在检修作业开始前，根据检修项目的具体内容办理检修作业安全许可证的申请、审核及批准手续。实践证明，一切作业凭票证已成为检修作业安全的一项保证措施，这也是预防事故发生的一项有力措施。

目前，许多厂矿企业都建立了"设备检修作业安全许可证"、"抽插盲板作业安全许可证"、"动火作业安全许可证"、"设备容器内（进塔入罐）作业安全许可证"、"高处作业安全许可证"、"起吊作业安全许可证"、"动土作业安全许可证"、"断路作业安全许可证"、"电气安全工作票"等多种安全许可证的制度。

各种安全许可证的格式试样见表20-1～表20-7。

检修作业安全作业证是进行作业的命令和凭证，是保证安全检修的重要手段，也是发生事故后分清事故责任的根本依据，因此要认真办理妥善保存。

检修作业安全许可证一式两份，通常由作业申请单位指定专人或该检修作业的负责人办理。根据安全许可证的要求，认真填写，并落实作业中需采取的安全措施，然后由检修项目所在单位的负责人或检修项目所在车间的车间负责人进行审核、批准。对特别重大的检修作业或具有特别危险的检修作业，其采取的安全措施应由厂安全技术部门的安全技术人员进行审查与补充，该种检修作业安全许可证则应由厂长或厂总工程师审核、批准。

检修作业安全许可证的审核、批准人员，应亲临检修作业现场，确切了解检修作业的内容、部位、范围等具体情况，认真审查、补充安全措施，确认安全措施可靠，然后再予批准。

凡因安全措施采取不当而造成事故的，则应由审批人员负责。

审核、批准后的安全许可证，一份由检修项目的负责人或检修人员随身携带，以随时准备接受厂安全技术人员的检查，另一份则存档备查。

设备检修作业安全许可证

表 20-1

单位_____   ____年____月____日

检修工程名称		检修地点	
检修起止时间	年 月 日 时 分起至 月 日 时 分止		
参加检修人员的姓名			
检修内容			

检修前应完成的安全措施:

取样时间	取样部位	分析项目	项目标准	分析结果	分析人员签字

上列检修工程应做的安全措施,已于 月 日完成,故可检修,但非属上述检修范围内的检修工作,不得检修 交方:安全交出负责人: 接方:检修工程负责人:
车间主任审查意见
厂部负责人意见
验收意见   验收负责人签字: 检修负责人签字:

抽插盲板作业安全许可证

表 20-2

单位_____　　　　　　　　　　　　　　____年____月____日

检修工程名称		检修地点	
检修起止时间	年 月 日 时 分起至 月 日 时 分止		
参加检修人员的姓名			
检修内容			

检修前应完成的安全措施：

取样时间	取样部位	分析项目	项目标准	分析结果	分析人员签字

车间主任审查意见	
气防站负责人意见	
安全技术处(科)负责人意见	

注：本表由检修单位填写，安全措施由设备交出单位负责完成，检修单位负责人进行核实，设备交出单位的负责人批准执行。

动火作业安全许可证

表 20-3

单位_____　　　　　　　　　　　　　　____年____月____日

动火地点			
动火时间	年 月 日 时 分起至 月 日 时 分止		
动火内容			
动火负责人		动火执行人	
安全措施			
动火证填写人		动火批准人	
动火安全分析报告			

取样时间 月/日 时/分	取样部位	分析项目	分析结果	分析人员签字

注：1. 为区分动火作业的级别，以便采取相应的安全措施，动火作业安全许可证上加印一道红色斜杠表示一级动火作业，加印二道红色斜杠表示特级危险动火作业，不加印红色斜杠表示二级动火作业。
　　2. 动火作业安全许可证一般用 32 开纸张印制，其他各种作业的安全许可证用 16 开纸张印制。

设备容器内（进塔入罐）作业安全许可证

表 20-4

单位_____ ____年____月____日

设备名称地址	
计划检修时间	年 月 日 时 分起至 月 日 时 分止
参加检修人员的姓名	

检修项目负责人		现场监护人	

检修内容：

安全措施：

取样时间	取样部位	分析项目	项目标准	分析结果	分析人员签字

车间安全员签字： 检修单位安全员签字：
设备交出负责人签字： 设备接收负责人签字：
车间负责人批准签字：

注：此表填写一式二份，检修项目负责人、车间安全员各保存一份，如果发生事故，由此表作为查处依据。

高处作业安全许可证

表 20-5

单位_____　　　　　　　　　　　　　　　　　　____年____月____日

作业内容		高处地点	
登高起止时间	年　月　日　时　分起至　月　日　时　分止		
参加作业人员的姓名			
作业项目负责人			
作业安全负责人			
安全措施：			
填表人			月　日
批准人			月　日

注：1. 5m 以下（含 5m）由班组长批准。

2. 5m 以上至 30m 以下（含 30m）由单位负责人批准。

3. 30m 以上由安全技术部门审查安全措施，厂安全负责人批准。

起吊作业安全许可证

表 20-6

单位_____　　　　　　　　　　　　　　　　　　____年____月____日

起重作业名称	
作业地点	
作业起止时间	年　月　日　时　分起至　月　日　时　分止
起吊设备操作人	
施工现场负责人	
参加起重作业人员的姓名	

安全措施：

填表人	月　日
批准人	月　日

动土作业安全许可证

表 20-7

单位_____　　　　　　　　　　　　　　　　　　　　____年____月____日

动土时间	
动土地点	
动土内容	
动土作业负责人	

动土作业安全措施：

参加施工人员已于　月　日进行了安全教育，接受安全教育共　　人	
填表人	月　日
批准人 （基建部门负责人）	月　日

检修人员看到或拿到检修作业安全许可证后，便可一目了然地知道检修的项目、内容、地点、要求，以及应采取的安全措施。然后应到作业现场核实安全措施的落实情况，并对作业现场和作业情况作进一步的了解和熟悉。决不能独自贸然作业。

检修人员违反有关安全规定，又不听劝阻而造成事故的，则应由本人负责。

为了方便持安全许可证的检修人员学习及理解该种作业的有关安全技术要求，厂矿企业安全技术部门在印制各种检修作业安全许可证的同时，可将该种作业的有关安全技术要求编制印刷在该种票证的背面。

在办理及使用各种安全许可证时，还需注意以下事项：

1. 有时一项检修作业需同时办理两种不同的安全许可证，例如，检修人员需进入容器设备内从事焊接作业时，就应同时办理进塔入罐安全许可证和动火作业安全许可证。

2. 各种检修作业安全许可证应填写清楚，不得任意涂改，并应在规定的时间内完成作业，如需延长作业时间，则应重新办理安全许可证。

3. 安全许可证的办理和审核、批准手续，必须在作业前办理好，严禁一边作业一边办理。

4. 严禁使用过期、任意涂改的安全许可证。如检查发现未经审核、批准，或使用过期、任意涂改的安全许可证，应立即停止其作业，并应对该检修项目负责人与安全负责人进行批评教育，直至追究责任。

5. 安全许可证上所填写的安全措施应准确无误地实施，任何人不得擅自改动。如因作业需要变更作业内容和作业程序而需改变安全措施时，必须重新办理安全许可证。

6. 如安全许可证上的安全措施不实施，检修人员可拒绝从事该项目的作业，厂安全技术部门应支持、维护检修人员的这种正当权利。

7. 检修人员必须按安全许可证上所指定的范围或步骤进行作业，不得任意超越、更改或遗漏。若作业过程中发生异常情况，应及时向有关人员报告，经检查确认后，才能继续作业，不得擅自处理。

四、重申检修作业安全规定

厂矿企业除了应根据本厂的生产特点及国家有关安全、卫生规范编制本厂的安全技术规程，以及编制有关动火作业、动土作业、罐内作业、高处作业、电气作业、起重作业等一些作业的安全规定外，还应针对每次或每项检修作业的具体项目、内容和检修作业现场等实际情况，制订或提出一些相应的检修作业安全规定，以补充本厂安全技术规程及其他一些安全技术规定上的不足，例如，关于2005年度全厂停车大修的安全规定；关于检修焦化精苯贮槽的安全规定；关于检修某号合成塔的安全规定；等等，以明确检修作业的程序和具体的安全事项。

重申检修作业安全规定可以厂文件的形式由上而下地下达，然后进行层层宣传，也可抄写在纸上，张贴在检修作业现场。总之，要使参加检修作业的人员，人人皆知。同时，厂安全技术部门的专职安全技术人员或车间的安全员应深入检修作业现场，以检查、督促检修作业安全规定的落实。

五、检修作业所需用器具的准备与检查

检修作业，特别是大型机器设备的大修，是一项较为复杂的工作，除在检修作业前应编制好检修方案和安全技术措施外，还应根据检修作业的项目、内容和要求等，准备好检修所需用的材料；设备所需更换的零部件，检修作业所要使用的起重运输机械、焊接气割设备和检修工器具等等。如检修需在高处作业还要按有关安全规定搭设好脚手架，并备好安全带、安全帽之类的个人劳动保护用品。如检修盛装易燃、易爆、有毒有害介质的设备，还需对设备进行清洗、置换或隔离，并进行安全分析，合乎标准后方可开始检修。因此，还需准备好安全分析所用的各种仪器，如测氧仪、测爆仪等。如从事接触有毒有害物质的检修作业，还需准备好各种气体防护器材，如防毒面具、氧气呼吸器等。如从事在有易燃、易爆物质的区域检修需动火作业，还需准备好灭火器材。

在检修作业准备工作完成之后，开始检修作业之前，检修作业临时指挥机构安全负责人应组织各检修项目安全负责人或厂安全技术部门的安全技术人员会同车间安全员，对为检修所用而准备的各种器具等进行安全检查，同时检查检修项目安全技术措施的落实情况。如起重机械的吊具、索具是否检验过，个人劳动保护用品是否符合检修作业的需要；手持电动工具的绝缘是否符合要求，高处作业所搭设的脚手架以及登高所用的梯子等是否符合安全要求，安全检修许可证上填写的安全技术措施是否一一落实，从事有毒有害物质系统检修和抢救中毒、窒息所用的气体防护器材等是否检验合格，等等。

通过检查若发现有不符合安全检修要求的，则应立即责成有关单位和有关人员限时处理解决。不符合安全要求的工器具不可投入使用。

六、检修作业前的安全教育

在检修人员进入检修作业现场之前，必须组织一次检修安全教育，若为全厂性的停车大检修，还应在检修安全教育之后进行安全考试。

检修作业前的安全教育，通常是在停车检修作业前召开安全会议或检修动员会，向参加检修作业的全体人员宣布检修临时指挥机构和各项目安全负责人的人员名单、安全检修规定及安全注意事项，明确检修项目、内容、检修进度、作业程序、检修质量、安全标准、联络配合的方法，以及发生意外情况的处理原则等。

大会以后，各车间或各区或各检修项目的负责人，应召开所属车间或区或检修项目的全体人员会议，将检修项目的内容和安全要求具体化，使有关检修作业中的安全措施落实到人。

根据检修作业时间的长短和检修过程中的具体情况，在检修期间或检修后期再分别召开全体检修人员参加的安全会议。检修期间的安全会议，其主要内容是总结前期检修作业中安全的情况，表扬好人好事，针对已发生的事故或未遂重大事故等，再次重申安全检修有关规定。检修作业后期的安全会议，除总结安全情况外，应着重强调检修后的验收和设备试车的安全要求，以及开车前的安全注意事项。

召开检修作业安全会议，应注重效果，力求达到安全检修的目的，会议时间不宜过长，二十分钟、半小时即可。

七、检修人员与操作人员的交接与配合

按照检修计划，需停止运行的设备操作人员应严格遵照安全操作规程停止设备运转。停运设备时，其设备的操作人员应和上下工序及有关工段密切联系，以防意外事故的发

生。设备停止运转后，操作人员应根据安全检修的需要，分别做好设备内物料排尽、清洗、置换、隔离、通风等措施，同时还应根据需要设置安全界标或栅栏。

操作人员还应在检修人员进入检修作业现场前，将设备停运、清洗、置换、隔离、通风等具体情况向检修人员交待清楚，并办理有关交接手续。然后经安全分析人员分析测定符合安全标准后，检修人员方可进入检修作业现场。

在检修过程中，设备操作人员应负责管理设备，检修人员应随时征询操作人员对检修作业的建议和意见。需要时，操作人员应监视整个检修作业全过程，主要监视被检修设备及与之相连周围的其他设备是否有泄漏易燃、易爆或有毒有害物质等。若发现意外，则应立即通知检修人员停止检修作业，迅速撤离检修作业现场，待重新处理符合安全要求后，再通知检修作业人员进入检修作业现场进行检修作业。

检修作业结束后，检修人员应将检修作业现场清理干净，同时将检修好的设备移交给操作人员。然后方可解除检修作业时所采取的各种安全技术措施，检修人员和操作人员双方共同进行设备的试车和验收。

第二节　各种检修作业的安全技术措施

一、设备检修作业的安全管理

在设备检修作业过程中，极易发生伤亡事故。根据有关资料报道，80％以上的伤亡事故几乎均发生在设备检修作业过程中，因此，加强对设备检修作业过程的安全管理十分重要。

1. 检修前的安全准备

（1）所有的设备检修均应在检修前办理《设备检修安全许可证》。

（2）设备检修作业应根据检修项目的要求，制定检修方案，同时做好人员组织落实、安全教育落实。

（3）检修项目负责人须按检修方案的要求，组织有关人员到检修现场向承担检修任务的人员交底，交待清楚检修项目的主要任务、检修方案的所采取的安全措施。

（4）检修项目负责人应指定一人负责整个检修作业过程的安全工作。

（5）设备检修如遇高处、动火、动土、起吊、设备容器内等作业，还需办好相应的安全许可证，并报请各有关人员审批、签字。

（6）检修项目负责人应详细检查并确认设备工艺处理合格、盲板加堵准确等情况。

（7）检修盛装易燃易爆、有毒有害、有腐蚀介质的设备时，由设备所在单位负责电源的切断加盲板切断物料来源，将需检修的设备或管道内的介质排净，对拐弯死角处必须彻底清理残留介质，并进行清洗、置换，经安全分析合格后方可办理交出。需进行设备检修所在单位的主任应对设备安全交出负责。

（8）应确定检修质量及验收标准，以确保检修质量，做到一次开车成功。

2. 检修前的安全教育

直接参加检修作业的人员，接受安全教育面须达100％，安全教育指导者可由检修单位的专职安全员担任。

安全教育的内容如下：
(1) 教育参加检修的人员懂得在作业过程中保护自己和他人的安全。
(2) 重温各种安全检修的规章制度。
(3) 充分估计检修作业现场或检修过程中存在或出现的不安全因素，掌握相应的安全对策。
(4) 教育参加检修的人员在作业过程中必须规定着装，必须并正确佩戴各种劳动保用品，严格遵守检修安全技术规定，听从检修现场安全员或专职安全技术人员的正确指导。
(5) 教育参加检修的人员在检修作业时须按预先制定的检修方案或设备安全许可证及其他各种作业安全许可证上指定的范围、方法、步骤进行，不得任意超越、更改或遗漏。
(6) 教育参加检修的人员在检修作业过程中如发现异常情况时，须及时报告项目负责人或现场安全员，经检查、处理，并经确认安全后方可继续作业。
(7) 教育参加检修的人员对特殊拆卸、带有毒有害气体抽插盲板、进设备容器内作业等，应设专职监护人员，若无人监护，不得作业。
(8) 教育参加检修的人员对无安全许可证，或安全许可证所填安全措施不落实，可拒绝作业。

3. 检修前的安全措施
(1) 对检修所使用的脚手架、起重机械、电气焊用具、手持电动工具、扳手、管钳、锤子等各种工器具应仔细检查，检查结果须登记在册。凡不符合安全要求的工器具一律不得使用，以确保使用时安全可靠。
(2) 对检修所需使用的移动式电气工器具，必须配有漏电保护装置，方可使用。
(3) 检修传动设备时，传动设备上的电气电源必须切断，如拔掉电源熔断器，经启动复查，确认无电，并在电源开关处挂上禁止启动的警示标志。
(4) 对检修所需使用的气体防护器材、消防器材、通讯设备、照明设备等须经专人逐项逐个检查，确保完好可靠，并做到放置地点适当，取用方便。
(5) 对检修用的盲板须逐个检查，并编号登记，高压盲板经物理探伤合格后，方准使用。
(6) 对具有腐蚀性介质的检修现场必须备有足够供抢救冲洗用的水源。
(7) 对具有毒有害介质的检修现场必须经安全分析，其毒害介质在作业环境空气中的含量应符合国家工业卫生标准，其空气中的氧含量应在$18\%\sim21\%$。
(8) 对具有易燃易爆介质的检修现场，必须经动火分析，检修现场空气中易燃易爆介质的含量应符合有关安全规定，在富氧区域其氧含量应在$18\%\sim21\%$。
(9) 消除检修现场中存在的事故隐患。如高处作业中使用的爬梯、栏杆、平台及铁箅子或盖板等要仔细检查，做到安全可靠。
(10) 对检修现场的坑、井、洼、沟、陡坡等应填平或铺设与地面平齐的盖板，或设置围栏和警告标志，夜间应设警告信号灯。
(11) 对检修现场的易燃易爆物质、障碍物、油污、冰雪等妨碍检修安全作业的杂物应清理干净。
(12) 检修现场的道路、消防通道应做到畅通无阻。
(13) 夜间检修作业现场应有足够亮度的照明。

(14) 配合检修工作的消防队、气防站、医院等单位要做到消防器材、防护器材、医疗器械等随时处于完好的状态。

(15) 对检修安全许可证上所填写的安全措施须一一落实到位,并做到票证填写的安全措施不落实到位不开始检修。

4. 检修作业过程中应遵守的安全规定

(1) 凡参加检修作业的人员均应穿戴好劳动保用品。

(2) 从事检修作业的人员需认真遵守本工种安全技术操作规程中的有关规定。

(3) 从事检修的人员对需从事动火作业的设备检修必须遵守动火作业安全规定中的有关规定。

(4) 对进行抽堵盲板作业的设备检修必须遵守抽堵盲板安全规定中的有关规定。

(5) 对需进塔入罐的设备检修作业,必须遵守设备容器内作业安全规定中的有关规定。

(6) 对从事有起重吊装作业的设备检修必须遵守起重吊装作业安全规定中的有关规定。

(7) 对需进行动土作业的设备检修必须遵守动土作业安全规定中的有关规定。

(8) 对从事电气设备的检修作业必须遵守电力部门电气安全工作规定中的有关规定。

(9) 对生产、储存危险化学品的场所进行设备检修时,检修项目负责人要与当班化工班长联系,若化工生产发生故障,出现突然排放危险化学物料,危及到检修人员的人身安全时,化工生产当班班长必须立即通知检修人员停止作业,并迅速撤离作业现场。异常情况处理完毕,确认安全后,检修项目负责人方可通知检修人员重新进入作业现场。

5. 检修结束后的安全要求

(1) 检修项目负责任人应检查检修项目是否遗漏,工器具和材料是否遗漏在设备容器或管道内。

(2) 检修项目负责人应根据生产工艺要求全面、逐一检查盲板的抽堵情况。

(3) 因检修需要而拆移的盖板、箅子板、扶手、栏杆、转动设备的防护罩等一切安全设施应立即恢复到正常状态。

(4) 对检修中所使用的工器具应搬走,脚手架、临时电源、临时照明设备等及时拆除。

(5) 设备、屋顶、地面上的杂物垃圾等应全部清理干净,做到工完料净场地清,安全、文明检修。

(6) 根据有关规定,对设备、容器、管道等进行试压试漏,调校安全阀、仪表和联锁装置,并做好记录。

(7) 在检修单位和设备所在单位有关部门的参加下,对检修的设备进行单体和联动试车,验收交接。

(8) 设备检修安全许可证及其他各种安全许可证归档保存。

6. 设备检修安全许可证办理程序

(1) 设备检修安全许可证由检修项目负责人持证办理。

(2) 由设备所在单位的化工交出负责人认真填写设备交出的安全措施,并落实,签字。

(3) 若检修作业现场存在有毒有害气体，必须进行安全分析，分析人员须填写分析结果，并签字。
(4) 检修项目负责人认真填写施工安全措施，并落实、签字。
(5) 各厂矿企业应根据对项目检修审批职责范围，进行终审审批。
(6) 设备检修安全许可证，严禁涂改、转借、变更作业内容、扩大或转移作业范围。各种作业安全许可证签发人，必须到现场核实和检查有关安全措施落实情况。
(7) 对设备检修安全许可证审批手续不全、安全措施不落实、作业环境不符合安全要求的，检修人员有权拒绝作业。
(8) 设备检修安全许可证表一式三份，项目检修负责人一份，检修单位安全员一份，设备所在单位一份存档。

二、清洗、置换作业的安全措施

为确保检修动火和进塔入罐作业的安全，需检修的设备在检修前，其内部的易燃易爆、有毒有害气体介质应进行清洗、置换。对易燃易爆、有毒有害气体介质的清洗、置换，厂矿企业大多采用蒸汽、氮气等工业惰性气体作为清洗、置换介质。设备经惰性气体清洗、置换后，若需要进入其内部作业，则还须再用空气置换惰性气体，以防止作业人员发生窒息事故。

然而，有些设备管道内积有易燃、有毒有害介质的残渣、残液、油垢或沉积物等，这些杂质用清洗、置换的方法难以清除，因此这些设备经气体清洗、置换后，还应进行蒸汽吹扫和清洗。因为设备内积存的杂质在常温下不易分解、挥发，取设备内气样进行安全分析也符合动火要求和工业卫生的要求，但当进行动火作业或环境温度升高时，这些杂质便有可能引起分解、挥发，使作业场所空气中的可燃气体或有毒有害气体的浓度大大增高，从而有可能造成爆炸、燃烧事故或发生中毒事故。因此，有些设备经置换排放后还应做好蒸汽吹扫、清洗工作。

为使清洗、置换作业顺利安全地进行，应注意下列安全事项：

1. 被清洗、置换的设备、管道与正在生产装置的相连接处，应全部插上盲板，实行可靠的隔离，故清洗、置换作业应在抽插盲板作业结束后进行。

2. 清洗、置换作业前均应制定方案，绘制清洗、置换流程图，并注明要清洗的设备、管线、吹汽压力、起止时间、进汽点、排放点，以及所用的清洗剂等等。制定方案时应充分考虑设备、结构的特殊部位，如盲肠管段、弯头、容器顶部等死角空间。

3. 根据置换和被置换介质密度的不同，选择置换介质入口点和被置换介质的排出点，确定安全分析取样部位。若置换介质的密度＞被置换介质的密度时，应由设备的最低点送入置换介质，由最高点排出被置换介质，安全分析的取样点宜设在设备顶部位置或易产生死角的部位。反之。置换介质的密度比被置换介质小时，则应从设备的最高点送入置换介质，由最低点排出被置换介质，安全分析的取样点宜设在设备的底部位置或易产生死角的部位。

4. 用惰性气体进行置换时，除合理地选择设备内易燃、易爆、有毒有害气体介质的排出点位置外，还应将排出的气体介质引至安全的场所，应严防排放气体倒回厂房内或有人员作业处。

5. 用注水排气法置换时，应在设备最高位置接管排水，以保证设备内被水全部充满，将设备内部的气体介质全部排出。

6. 置换是否达到安全要求，不能根据置换时间的长短或置换气体介质的用量判断，而应以安全分析结果是否合格为依据。取样分析应按照置换方案流程图上所标明的取样点进行。如果取样分析出现不合格时，不应盲目怀疑分析结果，而应继续进行置换，重新取样，直至分析合格。

7. 设备内残留的易燃、有毒有害的液体等，一般用吹扫的方法进行吹扫。吹扫也称扫线。吹扫的介质通常为蒸汽，但对有些介质的吹扫，如液氯系统中含有三氯化氮残渣则不得用蒸汽进行吹扫。进行吹扫时，应集中用汽，逐根管道进行。吹扫达到规定时间，应先关闭阀门后停汽，防止被吹扫管道内的介质倒回。

8. 吹扫时要选择设备的最低部位排放，防止吹扫出现死角或吹扫不净。吹扫结束安全分析合格后，设备、管道应加盲板，以与还在生产的装置隔离。

9. 经置换、吹扫仍无法清除的沉积物，则应用蒸汽、热水蒸煮或用碱液、酸液等进行清洗。对某汽设备内的沉积物可用人工刮铲的方法予以清除，在进行此项作业时，设备应符合进塔入罐作业的安全要求，并办理好相应的安全许可证。若沉积物为可燃物质、应用不产生火花的工具进行清除，若沉积物为有毒有害物质，则应做好个人防护。刮铲下来的沉积物应及时清出设备外，并作妥善处理。

10. 油罐内的沉积物通常采用蒸汽或高压热水喷射的方法清洗，采用的蒸汽一般宜用低压饱和蒸汽，但须防止静电火花引起燃烧、爆炸。蒸汽、高压热水管、喷嘴等应用导线和罐体连接起来并可靠接地。用蒸汽或热水清扫后，应让其充分冷却后才可进入罐内作业，以防止烫伤。

11. 油类设备管道的清洗可用氢氧化钠溶液，或通入蒸汽进行蒸煮，然后放出碱液，再用清水洗净。通蒸汽蒸煮时，出汽管端应伸至碱液的底部，防止通入蒸汽时将碱液吹溅伤人。

12. 在用酸液清洗设备内沉积物时，应加少量酸洗缓冲剂。配制酸溶液时，应先加水，再加缓冲剂，最后加酸，次序不得颠倒，防止酸液喷溅伤人。对清洗能产生有毒有害气体的沉积物应注意防止中毒事故的发生。

13. 采用碱洗、酸洗后的废液应排入污水处理系统，经处理符合国家有关废水排放标准后，方可排放。

三、抽插盲板作业的安全技术措施

需要检修的机器设备必须和正在生产的装置进行可靠的安全隔绝，这是检修作业必须遵守的安全规定之一。曾有一些厂矿企业因检修作业没有采取安全隔绝措施或安全隔绝措施采取不当，致使正在生产装置内的有毒有害、易燃、腐蚀、高温等介质侵入正在检修的机器设备内，造成重大伤亡事故，其教训极为深刻。因此，为确保检修作业安全进行，为动火作业、进塔入罐作业等创造安全、卫生的作业环境，停工需要检修的机器设备必须与正在生产的装置进行可靠的安全隔绝。

检修的机器设备与正在生产的装置进行安全隔绝，其最可靠的办法是将需检修的机器设备相连通的管道、管道上的阀门、接头等可拆部分拆下，然后在管道端头的法兰上加装盲板。如果无可拆部分或拆卸十分困难，则应在需检修设备相连通的管道法兰接头之间插入盲板。待检修结束后，再将插入的盲板统统抽去，恢复原状。此项作业通常称为抽插盲板。

抽插盲板属于危险作业，应提前办好抽插盲板作业安全许可证的审批手续，该证一式两份，抽插盲板作业负责人手持一份，厂安全技术部门留存一份。作业前应指定专人负责制定作业方案、编制抽插盲板流程图、落实相应的安全措施。除此之外，抽插盲板作业还应注意以下安全事项：

1. 根据阀门或管道的直径制作合适的盲板，其盲板须能承受生产系统管道内的工作压力。高压用盲板，须进行无损探伤检验合格。管内工作介质为易燃易爆物质时，盲板不得用破裂时能产生火花的材料制作。同时按管道内介质的腐蚀性、压力、温度等选用合适的材料做垫片。

2. 抽插易燃易爆介质的盲板时，应使用铜质或其他撞击时不产生火花的材质所制得的工具。若用铁质工具时，应在其接触面上涂上一层石墨黄油等不产生火花的物质。

3. 参加抽插盲板作业的人员应是经过专门训练、身体健康状况良好的人员参加。

4. 在高处从事抽插盲板作业时，应事先搭设好脚手架，并经专人检查，确认安全可靠。同时根据作业所在高处的距离办理相应的高处作业安全许可证。其高处的作业人员应配戴安全帽、系挂安全带。

5. 夜间进行抽插盲板作业时，作业现场要有足够的照明。

6. 若在厂房内进行抽插盲板作业，须打开门窗或用符合安全要求的通风设备进行通风。

7. 抽插盲板作业应由气体防护站派气防员专职负责作业人员的安全监护。

8. 抽插盲板作业开始前，与此项作业无关的人员必须事先离开现场。

9. 管道内介质为易燃易爆物流时，抽插盲板作业点周围 25m 范围内不得从事动火作业。

10. 抽插盲板前应仔细检查管道和需检修设备内的压力是否下降，余液是否排净。其管道和设备内的压力和温度应符合下列要求：无刺激性的介质，管道内压力不得超过 1960Pa（200mmH$_2$O）；有刺激性的介质，管道内压力不得超过 490Pa（50mmH$_2$O）；管道或设备内的介质温度不得超过 60℃。

11. 抽插盲板作业时，其作业人员应戴好长管式防毒面具，最好是使用强制送风式长管防毒面具，并应站在上风处。

12. 抽插盲板作业结束后，应有专人按抽插盲板作业流程图进行一一登记核实，以防止漏插或漏抽。漏插可导致检修作业中发生事故，漏抽可造成检修后设备试车或投产时发生事故。

四、动火作业的专业含义

易燃易爆是一些厂矿企业，尤其是石油、化工企业生产的显著特点之一。以某化工集团为例，生产过程中所用的原料、半成品和成品中，大多数为易燃易爆物质，例如：焦炉煤气、半水煤气、氢气、氨、甲醇、甲胺、苯等。生产过程中排放出来的废气、废液也常含有易燃易爆物质。生产过程中所采用的有明火或高温的设备或装置数量多，且分布点多面广。例如：在生产装置中有焦炉、甲烷转化炉、半水煤气发生炉、加压变换炉、氨氧化炉、氨合成塔和尿素合成塔等。另外，在生产装置中还拥有众多的电气设备和照明灯具，它们在使用过程中也会放出电热和电火花，一些有机溶剂介质在设备管道内的流动过程中，也会积累大量的静电，若不采取措施也会导致静电放电火花。就当代工业生产的技术水平而言，在生产和检修作业过程中，还不能完全杜绝一些可燃物料的泄漏或排放，而一些设备检修作业又常常必须采用明火作业。

由于这些厂矿企业生产上的上述易燃易爆特点，一旦出现由于安全管理不善、设计不当、操作不慎或设备故障等因素，就有可能发生或导致火灾、爆炸事故的发生，其中设备检修作业中的动火作业又因流动性大，涉及面广而成为引发火灾或爆炸事故的重要因素之一。如1977年8月16日某公司造气车间6号煤气炉停炉检修，2名管工和1名电焊工贸然进入燃烧室内进行检修作业，因事先未办安全作业许可证，又未进行动火分析，而此时煤气炉燃烧室内的氧气含量高达40%以上，故焊工在作业打火时，燃烧室内迅速起火燃烧，造成2死1伤。不少厂矿企业也曾发生过如此类似的事故，不断给我们敲响警钟。

根据动火作业的流动性大、作业范围广这一实际状况，为了有效地控制燃烧或爆炸所必须具备的条件——易燃易爆物质、助燃物质和着火源，必须采取一系列的安全对策措施，才能防止火灾或爆炸事故的发生。

然而，明确动火作业的专业含义是加强对动火作业安全管理，防止因动火作业引发火灾、爆炸的首要问题。

在安全管理中，凡是动用明火或者可能产生火种的检修作业都属于动火作业的范围。故动火作业除包括焊接、切割、烘烤、焚烧废物、喷灯等明火作业外，还应包括作业本身不用明火，但在作业过程中可能产生撞击火花、摩擦火花、电火花、静电火花等火种的检修作业。例如：凿水泥构件、铁器工具敲击、电烙铁锡焊、砂轮打磨工件、电气高压试验、物理探伤作业等，均应列入动火作业的范围。

五、动火作业等级区域的划定

为了加大安全管理的力度，以便采取不同的控制措施，厂矿企业可根据本厂生产的特点、性质，以及生产装置或生产单元发生火灾、爆炸危险性的大小和发生火灾、爆炸事故后的严重程度，将整个生产区域划定为禁火区。尤其是对石油、化工等火灾、爆炸危险性较大的厂矿企业更应如此。但为了生产与设备检修作业的需要与方便，可在厂区内某些地段设置一定数量的固定动火区。

所谓禁火区，都为火灾、爆炸危险性较大的区域。在此区域内，不经办理动火作业安全许可证及不经有关部门审核批准，禁止在该区域内任意从事动火作业或动用火种。

禁火区的划分，目前尚无安全技术标准，但一般认为，在生产作业正常的情况下或生产作业不正常的情况下，该区域内均有可能形成爆炸性混合物，或者存有易燃、易爆物质。这些场所应划定为禁火区。在禁火区内，根据发生火灾、爆炸危险性的大小，或作业场所的重要性，一旦发生火灾、爆炸事故后的可能造成的危害大小，再划分动火作业等级区域。根据厂矿企业的生产特点与性质，动火作业等级区域可划分为一类动火区、二类动火区和固定动火区三个等级区域等。同时按照这三个动火区域制定相应的动火作业安全管理制度，以便采取不同的控制措施。

1. 一类动火区。通常是指该区域内存在较大易燃易爆危险性，若区域内发生火灾或爆炸事故后可造成较大的财产损失和较多的人员伤亡。

2. 二类动火区。是指生产区域内存在较小火灾或爆炸危险性，若区域内发生火灾或爆炸事故后，只造成一定的财产损失和较少的人员伤亡。

二类动火区还可简单地视为一类动火区和固定动火区范围以外的生产区域。

3. 固定动火区。是指在生产区域内无燃烧或爆炸危险性的区域。简单地说，即为不需要再办理动火作业安全许可证就可以从事动火作业或动用火种的区域。设置固定动火区的主要目的是为了方便经常需要进行动火作业的车间或单位的设备检修作业。在该区域范围内进行动火作业时，可免去办理动火作业安全许可证的手续。但固定动火区的设置应由车间或单位提出书面申请，经厂安全技术部门及消防部门的审查，报主管生产的厂长或总工程师批准后方可设置。

笔者根据多年从事安全技术工作的实践，认为固定动火区不宜设置过多，一般每个生产车间设置一处即可，较大的生产车间可设置两处，这样便于动火作业安全管理。

六、固定动火区的设置条件

固定动火区的设置应符合下述安全技术上的要求：

1. 固定动火区距易燃易爆物质的设备、贮罐、仓库堆场等的距离，应符合国家标准《建筑设计防火规范》中的有关规定，及其他专业标准中所规定的防火间距的要求。如达不到有关规定的要求，可采取防火墙进行隔离。

2. 固定动火区边缘距释放可燃气体或可燃液体的蒸气源至少30m以上，距输送可燃气体或可燃液体介质的管道等至少15m以上。

3. 固定动火区应设置在有易燃易爆危险性场所常年主导风向的上风向。且在生产正常放空或生产设备发生故障时，可燃气体或可燃液体的蒸气不会扩散到固定动火区内。

4. 固定动火区若设置在室内，应与防爆作业现场及危险源隔开，与防爆作业现场不得有门、窗、孔洞等相通。允许开设的门窗应向外开启，其室内与门外的道路要畅通。

5. 在任何气象条件下，固定动火区内的可燃气体含量不得超过动火分析安全标准。在生产正常放空时或发生事故状态下，可燃气体不得扩散到固定动火区内。

6. 固定动火区内不得堆放易燃易爆及其他可燃物质。

7. 在固定动火区醒目处，应设置"固定动火区"字样一类的明显的标志牌。标志牌上应标明固动火区设置的范围及责任人。

8. 固定动火区应配备足够数量的消防灭火器材。

七、动火作业的分类

动火作业可分为特殊危险动火作业、一级动火作业和二级动火作业三类。

1. 特殊危险动火作业，系指在生产运行状态下的易燃易爆介质生产装置、储罐、容器等部位上及其他特别危险场所的动火作业。

2. 一级动火作业，系指在易燃易爆场所进行的动火作业。也即在一类动火区内的动火作业。

3. 二级动火作业，系指在火灾、爆炸危险性较小的场所进行的动火作业。也即在二类动火区内的动火作业。

八、动火作业安全许可证的办理规定

1. 动火作业安全许可证（以下简称动火证）是进行动火作业的一种凭证。在生产区域中，除在固定动火区域内，在其他任何地点或场所中从事动火作业，均应首先按动火等级区域的划定，办理相应等级的动火证，否则均视为违章动火。办证的目的是为了确认动火区域内易燃易爆因素的状况，并采取相应有效的措施以确保动火作业整个过程的安全。

2. 为了适应不同的作业场所的动火作业，动火证应有所区别，因此，对特殊危险动火作业、一级动火作业、二级动火作业的动火证分别以二道、一道红斜杠和不加红斜杠加以区别。

3. 动火证由动火作业单位指定专人或动火作业项目负责人申请办理，并根据动火证上的要求，逐项认真填写，同时落实动火作业中所需采取的各项安全措施。

4. 特殊危险动火作业的动火证由动火地点所在单位的主管领导负责初审签字，经主管安全技术部门复检签字后，报厂矿企业负责人或总工程师或主管安全生产的负责人终审批准。

在一类动火区内进行动火作业的单位应申请办理一级动火证，此级别动火证由动火地点所在单位的主管领导初审签字后，报厂安全技术部门终审批准。

在二类动火区内进行动火作业应申请办理二级动火证，此级别动火证由动火地点所在单位主管领导终审批准。

5. 动火证的各级审批人员在审批证动火之前应亲临动火作业现场，确切了解动火作业的内容、部位、范围等具体情况，认真检查或补充动火作业的安全技术措施，并确认安全技术措施可靠，同时审查动火证办理是否符合有关安全要求，在确认无误后，方可签字批准该项目的动火作业。凡因安全技术措施采取不当而造成事故的，由动火证的审批人员负责。动火作业人员若违反动火作业安全规定，不听劝助而引发事故的，则由动火作业人员自行负责。

6. 动火证只能在批准的期间和范围内使用，不得超期使用，不得随意转移动火作业地点和扩大动火作业的范围。每次审批的动火证有效使用时间最长不得超过 7 天。如动火证期满而作业项目未完，必须重新申请办理动火证。

7. 动火证应在动火作业前半小时内办好。动火证一式两份，一份由动火作业单位安全员负责存档备查；一份由动火作业人员随身携带，以备有关人员监督检查。动火证不得随意转让、涂改，或转移动火作业的地点及扩大动火作业的范围。

8. 凡在一类动火区内进行动火作业，除按规定办理动火证外，还应同时向厂矿企业消防队备案，对在火灾或爆炸危险性特别大的生产区域或设备上进行特殊危险动火作业，如在正在运行的煤气柜上进行动火作业，除应报厂矿企业负责人或厂矿企业总工程师或厂矿企业主管生产的负责人审核批准外，还应请厂矿企业消防队派人携带消防车辆或消防器材到作业现场进行监护，以防不测。

9. 对违章指挥，没按规定办理动火证；审批手续不全；安全技术措施不落实或不完善，不具备安全动火条件等，动火作业人员均有权拒绝进行动火作业。

10. 对违章动火作业，厂矿企业的每一个职工都有权进行制止，并及时向厂矿企业安全技术部门报告。

九、动火作业的安全措施

1. 动火作业前，应检查电焊、切割等动火作业所需工具的安全可靠性，不得带病使用。

2. 需动火作业的设备、容器、管道等应与正在生产的系统采取可靠的安全隔绝措施，如加上盲板或断开，以及切断电源等，并清洗置换合格，符合动火作业的安全要求。

3. 凡能拆迁到固定动火区进行动火的作业，不应在生产现场进行，以尽量减少在禁火区域的动火作业。

4. 采用石棉布、板等临时措施，将动火作业区与其他正在生产的装置隔开，防止正在运行中的设备或管道内的易燃易爆介质泄漏到动火作业点，或者防止动火作业点的火星、火花等飞溅到其他正在生产的区域而引起事故。

5. 动火作业点周围15m范围内的易燃、易爆物质应清理干净，或将易燃、易爆物质移至其他安全场所。动火作业的物件上若沾染有易燃易爆物质，在动火作业前应将其清除干净，清除时应采用不产生火花的铜铍合金或铜或不锈钢制作的工具器，严禁用铁质工器具敲打，以产生火花。

6. 动火作业前，动火作业人员应持动火证到作业现场，明确需动火的设备和位置，并检查确认安全措施可靠，同时应与生产车间或工段的有关人员进行联系，防止在动火作业过程中，设备投料运行，并防止将动火作业附近设备中的可燃气体或易燃液体等放空或泄漏到动火作业点。

7. 动火作业应由经特种作业技术培训、安全考试合格，并持有特种作业合格证的人员担任，无特种作业合格证的人员不得独自从事焊接、切割等作业。

8. 使用气焊切割动火作业时，溶解乙炔气瓶、氧气瓶不得靠近热源，不得放在烈日下暴晒，并禁止放在高压电源线及生产管线的正下方。两瓶之间应保持不＜5m的安全距离，与动火作业明火处均应保持10m以上的安全距离。

9. 如需要进入设备容器内或需要在高处进行动火作业，除按规定办理动火证外，还必须按规定同时办理进塔入罐安全作业许可证或高处作业安全许可证。

10. 加强特殊作业环境下动火作业的监控。如高处动火作业应清除地面上的易燃易爆物质，并采取围挡及接火盘防止火花飞溅和火花溅落的安全技术措施，同时在动火地点地面上应设置专职的看火人员。如遇有五级风（含五级）以上大风天气时，应停止室外高处动火作业。露天作业遇下雨天气时，应停止焊接、切割作业。设备容器内动火作业时所使用的照明电源，除采用安全电压外，为防止设备容器内底部残渣泛出可燃气体及设备容器的器壁解析出可燃气体而发生爆炸事故，其灯具还须符合防爆安全要求。

11. 保持动火作业现场的空气流通。如在设备内动火作业时，应将设备容器上的人孔打开，进行自然通风，或采用机械通风等办法。

12. 动火作业现场应备有足够数量、且适宜有效的消防器材，并保持现场通道畅通和消防道路畅通。

13. 设置必要的看火人员，看火人员在动火作业过程中不得随意离开作业现场，当发现有异常情况时，应及时通知停止作业，并联系有关人员采取安全技术措施。

14. 动火作业前必须进行动火安全分析。

15. 动火作业因故中断半小时以上，若再需继续进行动火作业，应重新采样进行动火安全分析。动火安全分析合格后，方可重新开始进行动火作业。

16. 夜间进行动火作业，其作业现场应有良好的照明。

17. 高处动火作业应戴安全帽、系安全带，并应采取控制火花飞溅的措施，防止火花溅落危险区域。同时在地面应设专职看火人员，防止溅落的火花引燃脚手架、安全网及灼伤其他人员等。

18. 动火作业现场如遇有紧急排放可燃气体或可燃液体蒸气或有毒有害气体；管线破裂泄漏易燃、有毒有害气体或液体，以及生产系统不正常处于事故状态等异常情况，威胁到动火作业人员的人身安全时，动火作业车间或单位的人员应立即通知动火作业人员停止动火作业，并及时撤离作业现场。

19. 在动火作业过程中，若发生异常变化或出现异常爆鸣，以及动火作业人员感到身体不适，有中毒症状，应立即停止动火作业，撤离作业现场。同时应查明原因，采取相应的措施。等上述情况恢复正常，重新采样分析合格，并经有关人员重新审查批准后，方可继续从事动火作业。

20. 动火作业结束后，作业人员应清理作业现场，将余火熄灭，并确认无复燃可能，切断动火作业所用的电源等，方可离开动火作业现场。

十、动火分析的安全技术要求

对动火部位空气中所含可燃气体、可燃液体的蒸气、有毒有害气体等的安全分析结果准确与否，直接关系到火灾、爆炸事故发生及作业人员人身的安全，其意义十分重大。

(1) 当可燃气体或可燃液体蒸气的爆炸下限≥10%时，动火分析可燃气体或可燃液体蒸气的含量≤1%时为合格。

当可燃气体或可燃液体蒸气的爆炸下限≥4%时，动火分析可燃气体或可燃液体蒸气的含量≤0.5%时为合格。

当可燃气体或可燃液体蒸气的爆炸下限<4%时，动火分析可燃气体或可燃液体蒸气的含量≤0.2%时为合格。

在生产、使用、储存氧气的设备或氧气管道、富氧设备上及附近进行动火作业时，其氧含量≤21%时为合格。

当动火作业现场空气中存在2种或2种以上的可燃气或可燃液体蒸气时，其动火分析应以该气体爆炸下限最低的一种可燃气体或可燃液体蒸气的含量为准。

(2) 若动火作业人员需进入设备、容器或管道、地沟内等密闭场所内进行动火作业时，还应分析其内部有毒有害气体的含量，其有毒有害气体的含量通常不应超过国家规定的现行工业卫生容许浓度标准，其中氧含量应为18%~21%。

(3) 动火安全分析不能代替有毒有害气体安全分析，如一氧化碳含量不超过0.5%可以动火，但这一含量相当于6520mg/m³，超过工业卫生容许浓度（30mg/m³）的200倍左右，显然这一浓度足以引起作业人员严重中毒，甚至死亡。

(4) 动火分析的采样要有代表性，这是动火分析结果准确与否的关键所在。采集分析样品时须注意死角、拐角等地方，以保证样品采集的均匀性。对较大设备、容器内的样品采集，可把橡皮管接上玻璃管或不锈钢管，插入深度一般应在 2m 以上，对管道内的采样，插入深度一般应在 1m 以上。如果容积更大的设备或容器，或是较长的管道，插入应更深一些，例如，合成氨厂的气柜、水洗塔及相应的管道等，插入深度需在内 4m 以上。用球胆采集分析样品时，不可停留在一处，应在需动火处四周均匀采集气样。

在较为危险的地方采集气样时，分析人员应注意自身的人身安全。如不得在运行的设备上通行或跨越；禁止用电线作扶手；进入上下交叉作业区需佩戴安全帽；高处采样需佩戴安全带等。

动火分析的样品采集应在动火作业点火前半小时内采集，并分析出结果，否则应重新进行采样和分析。

(5) 动火分析所使用的分析仪器等须要在分析样品前进行校验；若使用测爆仪须事先经过被测物质的标定，以确保分析结果的准确性和可靠性。

(6) 不论采用何种分析仪器进行动火分析，均应保留采集的气样，以备查，或待仲裁分析之用。其保留采集的气样应至动火作业点火无火灾爆炸等意外事故发生后，方可放空。

(7) 严禁任何人用明火试验动火作业现场空气中有无可燃气体或可燃液体蒸气的存在。

(8) 动火分析完毕后，分析人员应在动火作业安全许可证上填写采样日期、时间、具体地点及分析结果，并签字。

(9) 分析人员应对其分析结果负责。

十一、带压不置换动火作业的安全措施

所谓带压不置换动火，是指在贮存或输送可燃气体的设备、管道上，不经置换处理，而在一定正压的条件下直接对设备、管道泄漏处的裂缝进行补焊的动火作业。

带压不置换动火在理论上是可行的，其理论根据是控制爆炸的 3 个条件不同时具备，即控制焊补设备、管道内介质的含氧量，使可燃气体不能形成爆炸性的混合气体。在保持一定正压的条件下，设备、管道上的裂缝只是向外喷出可燃气体，而空气不会向设备、管道内倒灌。设备、管道裂缝处泄漏的可燃气体在一定正压的条件下保持一定的速度向外喷射，即使补焊时动火，外喷的可燃气体也只能在设备、管道外被引燃，并保持稳定的燃烧，而不会引起爆炸，其燃烧的火焰也不会延烧到设备、管道内。再者，焊补时虽有很高的温度，但只集中在设备、管道局部的一点，这高温只能使焊补部位的金属熔融，尚不足以把整个设备、管道内的可燃气体加热到危险地步。

在实践上，早在 1968 年我国就有带压不置换动火补焊 $54000m^3$ 大型煤气贮罐成功的例子。此后，也有一些厂矿企业采用不置换动火焊补了一些贮存或输送可燃气体的设备、管道上的裂缝，取得了成功。

但是，带压不置换动火作业具有较大的危险性，若系统运行控制不当，设备、管道内形成负压，使外界空气侵入，就有可能导致爆炸事故，或者由于设备、管道腐蚀严重，补焊技术低劣，就有可能使需补焊的裂缝扩张，从而造成大面积的可燃气体外泄，喷出更大的火焰，酿成事故。因此，对技术条件不具备的厂矿企业一般不宜采用带压不置换动火。

采用带压不置换动火，应注意以下安全事项：

1. 事前应制订安全可靠的焊补方案，并经厂总工程师审核批准。

2. 在焊补整个动火作业过程中，焊补的设备、管道内应保持稳定的正压，一般宜保持在 150～500mmH$_2$O，这是确保带压不置换动火安全的关键。因此，在焊补作业过程中必须指定专人负责监视系统压力。

3. 设备、管道内介质中的氧含量不得超过 1％。

4. 若需在高处进行带压不置换动火，应用非燃烧材料搭设脚手架及作业平台等，并能满足作业人员在短时间内迅速撤离危险区的要求。

5. 挑选焊接技术素质高，应变能力强的人员担任补焊。补焊时宜使用直流电焊机，以保证焊补电流平稳。

6. 动火前应对设备、管道裂缝泄漏处周围空气中可燃气体的浓度，或有毒有害气体的浓度进行安全分析，防止动火时发生空间爆炸或中毒事故。

7. 若设备、管道内的介质为有毒有害气体，焊补人员与辅助人员应配带强制送风式防毒面具。

8. 焊补人员与辅助人员应配戴防火面罩、手套，穿隔热衣，作好个体防护，并应选择合适的位置，防止火焰外喷烧伤。

9. 作业现场应备有消防器材、防毒器材、防高温劳动保护用品等，整个作业过程中，监护人员、扑救人员、医务人员及现场指挥人员都不得随意离开，随时做好灭火及抢救焊补人员与辅助人员撤离危险区，直至焊补作业结束。

十二、设备容器内作业的专业含义

所谓设备容器内作业，也称进塔入罐作业或封闭场所内作业，即是指进入生产区域内的各类塔、球、釜、槽、罐、炉膛、锅筒、管道、容器，以及地下室、阴井、地坑、下水道或其他封闭场所内进行的作业。

十三、设备容器内作业的安全技术要求

设备容器内作业属危险性较大的作业之一，这是因为作业人员在设备容器内作业的空间较狭小，设备容器内作业环境空气流通又不畅；贮存过有毒有害介质的设备容器及低于地面的场所，还很可能积聚了大量的有毒有害气体或氧含量过低，如作业人员贸然进入，就有可能发生人员伤亡事故的危险。再者，由于某些设备容器内可能存在有可燃气体或氧含量过高，如作业人员在设备容器内贸然进行动火作业，就会发生燃烧、爆炸事故。设备容器内作业发生人员伤亡事故的报道屡见不鲜，因此，设备容器内作业应采取严格的安全措施。

1.《设备容器内作业安全许可证》（以下简称安全许可证）是进行设备容器内作业的一种凭证，凡是需进入设备容器内作业均需办理安全许可证，否则均应视为违章作业。办理安全许可证的目的是为了确认所需进入的设备容器内的状况，以便采取有效的安全措施，以确保作业人员进入设备容器内在整个作业过程中的人身安全。

2. 安全许可证应由该作业项目负责人申请办理，也可指定专人负责具体办理手续。并根据安全许可证上的要求逐项认真填写，同时落实设备容器内作业时所需采取的各项安全措施。

第二节 各种检修作业的安全技术措施

3. 安全许可证应由设备容器所属单位的主要负责人审批签字，安全许可证的审批人员在审批安全许可证之前应亲临现场确切了解该设备容器内作业的内容；包括该设备容器与其他管道的连接和切断情况、电源的切断情况、以及设备容器的清洗和置换、安全分析等具体情况。同时认真检查或补充安全措施，并确认安全措施可靠，同时审查安全许可证办理是否符合有关安全要求，在确认无误后，方可签字批准该设备容器内作业项目作业人员可以进入设备容器内进行作业。因安全技术措施采取不当而造成作业人员伤亡事故的，应由安全许可证的审批人员负责。但若设备容器内作业因作业人员违反设备容器内作业安全规定，不听劝阻而引发事故的，则由设备容器内作业人员自行负责。

4. 若设备容器内作业人员与设备容器所属单位是两个不同单位，该设备容器内作业项目负责人应与设备容器所属单位的主要负责人进行联系，设备容器所属单位应负责安全措施的落实，确保设备容器安全交出，该设备容器内作业项目负责人应对安全措施进行一一认真检查，并对设备容器所属单位的安全交出进行确认，同时对该设备容器进行相互交接，并分别在安全许可证上签字。

5. 设备容器内作业只能在批准的设备容器内和规定的期间内进行。

6. 安全许可证应在设备容器内作业之前半小时内办好。安全许可证一式三份；一份由设备容器所属单位安全员存档保存；一份由设备容器内作业项目单位安全员存档保存；一份由设备容器内作业人员随身携带，以备有关人员进行安全监督检查。安全许可证不得转让与涂改。

7. 凡进入设备容器内作业，除按规定办理安全许可证外，设备容器内经多次清洗置换仍达不到安全作业条件，如设备容器内空气中有毒有害气体含量经安全分析仍超过国家有关工业卫生标准或设备容器内的氧气含量达不到标准。此时，设备容器内作业项目负责人应请本厂矿企业气体防护站派人携带气体防护器材到作业现场督促作业人员佩戴相适宜的气体防护器材，如长管式或强制通风式防毒面具，方可进入设备容器内进行作业，气体防护人员并应在设备容器外进行监护，以确保设备容器内作业人员的人身安全。

8. 对违章指挥；没按规定办理安全许可证，审批手续不全；安全措施不落实或不完善；不具备进入设备容器内作业条件等，作业人员均有权拒绝进行设备容器内作业。

9. 对违章作业，公司每一位员工都有权进行制止，并及时向公司安全技术部门报告。

十四、设备容器内作业的安全技术措施

1. 凡参加进入设备容器内作业的人员均应穿戴好劳动保护用品。如工作服、工作帽、工作鞋等，若有可能从设备容器上部落下工具、材料及其他物体时，还应配戴安全帽。在酸碱等腐蚀性环境中，应穿戴好防腐蚀护具。

2. 从事设备容器内作业的人员需认真遵守各自工种安全技术操作规程中的有关规定。

3. 所需进入的设备容器与外界连通的管道、孔洞等均应采取可靠的安全隔绝措施。所谓安全隔绝措施，系设备容器上与外界所有连接的管道与孔洞等采用加盲板或拆除一段管道断开进行隔绝，严禁采用水封或关闭阀门的方法等代替盲板或断开管道的办法，同时设备容器上与外界连接的电源应有效切断。安全隔绝所用盲板须经检查合格，高压盲板须经物理探伤合格后方准使用。电源的有效切断，通常应采用从电源开关处拉下开关后锁定，或取下电源开关处熔断丝后锁定等措施，确认无电后，并在电源切断处加挂"有人检修，禁止合闸！"等字样的安全警告牌。如搅拌机等类带机械传动装置的设备，还应把传动带卸下，并在电源处断电及悬挂安全警告牌。

4. 将所需进入的设备容器上的所有人孔、料孔、风门、烟门等打开，进行自然通风，或采取机械通风等办法，以保持设备容器内空气良好流通。如采用管道空气送风时，通风前必须对通风管道内的风源进行分析确认，以确保所通风源的空气中氧气含量在18%～21%范围之间，风源中不含任何有毒有害介质和粉尘。但不得向正在作业的设备容器内通氧气或富氧空气。

5. 所需进入的设备容器在作业人员进入之前必须首先对设备容器进行清洗和置换，使设备容器内的有毒有害气体的浓度应符合国家卫生部颁布的《厂房车间空气中有毒有害气体工业卫生容许浓度》中规定的标准，同时氧气含量应在18%～21%。

6. 作业人员在进入设备容器内之前30min，必须由安全分析人员对需进入的设备容器内的气体进行采样分析，分析结果应由分析人员在安全许可证上签字，待安全分析合格后作业人员方可进入。分析人员在采集设备容器内气体样品时，应注意采集的气体样品要有代表性，即采集气体样品时需注意采样均匀；不可停留在一处采集气体样品，同时还应注意采集气体样品时导管插入设备容器内的深度。

需注意的是，有毒有害气体安全分析、氧含量安全分析、可燃气体安全分析这3种分析，虽然同属安全分析，但分别代表3种不同的安全分析要求，绝不能相互代替，如动火安全分析合格并不等于有毒有害气体浓度安全分析合格。

7. 在干燥的设备容器内作业所需照明电压应采用≤36V，在内壁潮湿的设备容器内或内壁为金属的设备容器以及狭小设备容器内作业时应采用≤12V的安全电压。

8. 使用超过安全电压的携带式手持电动工具作业时，如电钻、电砂轮等，应绝缘良好，并进行可靠的接地，并必须按规定配备漏电保护器。若设备容器内有可燃气体存在时，其照明设备和电动工具等还应符合防爆要求。

9. 安全电压及手持电动工具的电源线的一次进线均应使用软质橡胶铜线，中间一般不得有接头，以保证线路绝缘良好，其临时用电供电装置应按规定架设，雨天需注意防雨及漏水。临时用电装置在使用完毕后应立即拆除。架设和拆除供电装置的作业均应由具有电气作业资质合格证的电气专业人员进行，严禁他人随意装拆供电装置，以防发生意外。

10. 若需在容积较大的设备容器内，如大型球罐、气柜等内进行作业时，在设备容器内应搭设脚手架或安全平台，并设进出设备容器的安全梯，在这种状况下作业应采取避免作业人员相互伤害的措施，如有上下垂直交叉作业需设防止层间落物伤害作业人员的措施。在作业过程中，作业人员不得在设备容器内抛掷材料、工具等物品。在这种状况下进行作业，作业人员应由设备容器外监护人员用安全绳拴住腰部进行作业，以防发生意外。

11. 作业过程中作业人员若发现设备容器内有异常情况或身体感到不适，应立即停止作业，并及时撤出设备容器外，经处理后，重新采集设备容器内的气样，安全分析合格后，方可重新进入。

12. 若在设备容器内需进行动火作业，在进入设备容器内之前，还需办理《动火作业安全许可证》，并进行动火安全分析，动火安全分析合格后，方可在设备容器内进行动火作业。同时应遵守动火作业安全规定中的一切规定。

13. 若在设备容器内需进行高处作业，在进入设备容器内之前，还需事先办理《高处作业安全许可证》，同时应遵守高处作业安全规定中的一切规定。

14. 进塔入罐作业的设备容器内需使用升降机具的，必须安全可靠，使用的吊篮或卷扬机等均事先应严格检查，其安全装置应齐全、完好，并指定具备有资质并有经验的人员负责操作。如使用梯子时，其梯子上端应固定在设备容器壁上，梯子下端应有防滑措施。如在设备容器内搭设脚手架，其脚手架应稳固可靠，所用跳板应与脚手架绑捆牢靠。

15. 设备容器经多次清洗置换后，经分析仍达不到合格标准时，但又必须进入设备容器内作业，此时，则必须采取相应的安全防护措施。若此时设备容器内为缺氧环境，即空气中的氧气含量<18%，或者设备容器内空气中的有毒有害气体超过工业卫生容许浓度时，作业人员应佩戴隔离式防毒面具。

16. 在设备容器内器壁及底部不易清洗的残渣中有可能解析出可燃气体时，同设备容器内的照明装置应采用防爆低压安全灯具，使用铜铍合金、铜、不锈钢等材料制作的不发生火花的工具，以防中火花或工具撞击产生的火花而引起着火、爆炸。作业人员不得穿化纤制造的织物，以防产生静电火花引发着火、爆炸。

17. 若需在设备容器内壁上涂刷具有挥发性溶剂或涂料时，除应采取可靠通风措施外，还应加大安全分析的频率，作业人员还可根据实际状况，佩戴过滤式或隔离式防毒面具。

18. 严禁在雷电天气的情况下，在较高的铁质塔器内进行作业，以防止雷电在通过塔身流入大地时，正在塔内作业的人员被击伤。

19. 若有的单位为监测设备容器内液体的液面，在设备容器外安装有放射线装置的，在此种情况下，作业人员在进入设备容器内之前，必须将放射线装置拆除放置到安全地点，或将该放射线装置进行有效的隔离屏蔽，以确保设备容器内作业人员不受放射线的损伤。

20. 进塔入罐作业必须指定专人有设备容器外负责监护设备容器内作业人员的安全，进入设备前，监护人应会同作业人员检查安全措施，统一联系信号。险情重大的设备内作业，应增设监护人员，并随时与设备内取得联系。

21. 在作业过程中，监护人与被监护人应当加强联系。监护人除了可向设备容器内的作业人员传递工器具、材料外，不得从事其他任何作业，更不能擅自脱离监护岗位。

22. 根据进塔入罐作业危险性的大小，作业前应做相应的急救准备，如设备容器外要备有空气呼吸器（氧气呼吸器）、消防器材和清水等相应的急救用品。以便一旦发生事故，能及时采取相应的急救措施。

23. 若进设备容器内作业过程中发生事故，需进行抢救，救护人员必须做好自身防护，方能进入设备容器内实施抢救。

24. 每次作业结束后，作业人员应将作业时所带的工器具、物料等所有物品带出设备容器外，不得留在设备容器内，如下次再进入设备容器内作业时再重新带入。

25. 设备容器内作业全部结束后，该作业项目负责人或项目安全负责人应清点人员，并将所用的工器具、材料等移至设备容器外，同时认真检查设备容器内、外，确认无问题，方可封闭检修后的设备容器。

十五、设备容器内作业安全许可证的办理程序

1. 需进行设备容器内作业之前必须办理《设备容器内作业安全许可证》设备容器内作业安全许可证在相当多的厂矿企业中也常称为进塔入罐作业安全许可证。
2. 《设备容器内作业安全许可证》应由该项目作业负责人负责办理,在办理过程中该项目负责人应与该设备容器交出单位负责联系,以确保设备容器安全交出。
3. 《设备容器内作业安全许可证》上的栏目,该作业项目负责人应认真填写该填写的各项内容。安全措施栏目应填写具体采取的安全措施。该作业项目负责人应对整个作业过程的安全负责。
4. 《设备容器内作业安全许可证》应由设备容器所属单位主要负责人最终审核签字批准,该主要负责人应对该设备容器的安全交出负全面责任。若设备容器所属单位与作业单位不是同一单位,则设备容器所属单位与作业单位的主要负责人应共同确认,审批签字后方为有效。
5. 作业人员在每次进入设备容器内之前,应由安全分析人员对设备容器内的空气进行采样分析,合格后方可进入。分析人员应将取样时间、分析项目、分析数据、合格标准等清楚地填写在《设备容器内作业安全许可证》栏目中,并签字。分析人员应对其分析结果负责。设备容器内作业因故中断2小时以上,如午间休息中断或需第二天继续作业中断等,重新作业开始前还必须由安全分析人员对设备容器内的空气重新采样进行安全分析。
6. 《设备容器内作业安全许可证》上所填写的安全措施必须一一落实到位,并应经作业人员确认无误后,作业人员方可进入设备容器内作业。

十六、高处作业的专业含义

从安全技术专业的角度出发,凡在坠落高度基准面2m以上(含2m)有可能坠落的高处进行的作业,均称为高处作业。

所谓坠落高度基准面,即为最低坠落着落点的水平面。最低坠落着落点,即为作业位置可能坠落到的最低点。

作业区各作业位置至相应坠落高度基准面之间的垂直距离中的最大值,则为该作业区的高处作业高度。

十七、高处作业的分级

为加强对高处作业时采取安全防护措施和安全管理,根据《高处作业分级》(GB 3608)的国家标准的规定,高处作业分为四级:

1. 高处作业高度在2~5m时,为一级高处作业。
2. 高处作业高度在5m以上至15m时,为二级高处作业。
3. 高处作业高度在15m以上至30m时,为三级高处作业。
4. 高处作业高度在30m以上时,为特级高处作业。

高处作业又可分为一般高处作业和特殊高处作业。一般高处作业系指除特殊高处作业以外的高处作业。特殊高处作业分为以下八类:

1. 在阵风风力六级(风速10.8m/min)以上的情况下进行的高处作业,称为强风高

处作业。

2. 在高温或低温环境中进行的高处作业，称为异温高处作业。
3. 在降雪时进行的高处作业，称为雪天高处作业。
4. 在降雨时进行的高处作业，称为雨天高处作业。
5. 室外完全采用人工照明时进行的高处作业，称为夜间高处作业。
6. 在接近或接触带电体条件下进行的高处作业，称为带电高处作业。
7. 在无立足点或无牢靠立足点的条件下进行的高处作业，称为悬空高处作业。
8. 对突然发生的各种灾害事故，进行抢救的高处作业，称为抢救高处作业。

在对一般高处作业作标记时，应写明高处作业的级别和种类；在对特殊高处作业作标记时，应写明高处作业的级别和类别，其种类可省略不写。

例1：三级，一般高处作业。
例2：一级，强风高处作业。
例3：二级，异温、悬空高处作业。

十八、高处作业的安全措施

1. 凡患有精神病、癫痫病、高血压、心脏病等疾病的人员，不得从事高处作业。怀孕女职工、年老或体弱人员，以及患深度近视眼病的人员也不宜从事高处作业。

2. 在作业前应办理高处作业安全许可证，并严格审批手续。一、二级高处作业一般由高处作业的所在车间或单位的负责人进行审批；三级高处作业一般由厂安全技术部门的负责人进行审批；特级高处作业一般由厂长或总工程师进行审批。

高处作业项目的安全负责人应落实安全措施，检查确认脚手架、登高设施、安全防护设施、作业环境等是否符合安全要求。

高处作业安全许可证的审批人员应亲临现场，确认安全措施可靠，方可批准，若因安全措施采取不当而发生事故的，由审批人员负责。

高处作业人员应在作业前检验高处作业安全许可证，经确认安全措施可靠，方可作业，否则可拒绝该项作业。在作业过程中高处作业人员违反作业安全规定，不听劝阻而造成事故的则由本人负责。

3. 遇有六级以上大风，或大雾、雷雨等恶劣气候，在露天场所不得从事高处作业。
4. 夜间进行高处作业，其作业场所应具备良好的照明。
5. 高处作业一般应先搭设脚手架，其脚手架应安全可靠，同时应将作业平台跳板与脚手架固定牢靠，脚手架作业平台四周应搭设防护栏杆。
6. 登高使用的各种梯子应坚固，放置要平稳，立梯坡度不宜超过70°。梯顶无搭钩，梯脚不能稳固时，须有人扶梯监护。人字梯拉绳应牢固，使用金属材料制梯应注意与电气设备的安全间距。
7. 高处作业人员及所使用的工具、材料等，与带电导线的距离，必须根据其带电体电压等级，符合电气安全规定的安全间距。
8. 高处作业现场的地面上应设有围栏，并有明显的安全标记。同时应设专人负责监护，防止其他人员跨越或在高处作业点下面逗留。
9. 高处作业人员应配戴安全帽、安全带。

10. 上、下层同时进行高处作业时，其中间必须搭设牢固的防护隔板；多层交叉作业时，应设置安全网。

11. 高处作业所用的工具、材料等应放入工具袋内背于肩上携带，上下时手中不得拿物件，上下传递工具、材料等不得上下投掷，应用绳系牢后进行吊递。

12. 高处作业时清除的废物，除用指定的并已采取防护围栏或落料管槽倾倒外，严禁随意向下抛掷物料。

13. 因作业需要移开的孔、洞盖板时，其四周必须及时加设围栏及设明显的安全标志；因作业需要移开孔、洞的防护栏杆时，必须及时加设盖板。

14. 高处作业点如靠近放空管，则作业项目安全负责人应事先与有关生产单位联系，以保证高处作业过程中其生产装置不向外排放有毒有害物质，万一遇有毒有害物质排放，高处作业人员应迅速撤离作业现场。

15. 严禁不采取任何安全措施，直接站在石棉瓦、油毛毡等易破裂材料的屋顶上作业，若需在此类结构上进行作业时，应铺设坚固、防滑的跳板，并加以固定。

16. 高处作业人员不宜穿塑料底等易滑或硬性厚底的鞋。

17. 对作业期较长的高处作业，该作业项目安全负责人须每天检查登高设施的安全状况，并监督作业人员检查劳动保护用品是否符合安全要求。

18. 高处作业应与地面保持联系，根据现场情况配备必要的联络工具，并指定专人负责联系。

19. 高处作业结束后，应将高处作业点及地面现场清理干净，并及时将脚手架等高处作业所用的临时设施拆除。

十九、起吊作业的安全措施

起吊作业过程，实际上是人利用各种机具，将重物从一处搬运到另一处，发生位置变化的作业过程。这里既有物的移动，又有人的行为的一个系统过程。因此，起吊作业即为利用各种机具将重物吊起，并使重物发生位置变化的作业过程。

随着经济的不断发展，生产装置向大型化方向发展，需起吊的物体越来越大，越来越重，因此起吊作业难度越来越大，为确保起吊作业的安全须采取如下措施。

1. 起吊 5t 以及 5t 以上的物件，应由该项目的负责人申请办理或指定专人办理《起吊作业安全许可证》，并经厂设备机动部门的负责人审核批准。

2. 起吊 20t 及 20t 以上的物件，必须预先制订起吊方案。被起吊物件的重量虽然不足 20t，但其物件的形状复杂、刚度小、细长比大、精密、贵重、体积庞大以及作业条件特殊困难的情况下亦应制定起吊方案，其起吊方案应经施工主管部门和安全技术部门的审查，然后经厂长或总工程师批准后方可进行。

3. 必须按《起吊作业安全许可证》上填报的内容进行作业，严禁涂改、转借《起吊作业安全许可证》，变更作业内容，扩大作业范围或转移作业部位。

4. 《起吊作业安全许可证》批准后，项目负责人应将《起吊作业安全许可证》交作业人员。作业人员应检查《起吊安全作业许可证》，确认无误后方可作业。

5. 对起吊作业审批手续不全，安全措施不落实，作业环境不符合安全要求的，作业人员有权拒绝作业。

6. 起吊作业人员必须经安全技术部门的培训，经考试合格，并持有国家颁发的特殊作业操作合格证。

7. 大型起吊作业前，应预先在起吊现场设置安全警戒区与安全标志，并设专人监护，非现场作业人员禁止入内。

8. 埋设于建（构）筑物上的安装检修设备或运送物料用吊钩、吊梁等，设计时应考虑必要的安全系数，并在醒目处标出许吊的极限载荷量。

9. 起重机械必须按规定定期按有关规范定期由国家规定的部门进行检验，同时应加强对起重机械的日常维护和管理。

10. 起吊作业中，夜间应有足够的照明，室外作业遇到大雪、暴雨、大雾及六级以上大风时，应停止作业。

11. 起吊作业人员必须佩带安全帽，安全帽应符合（GB 2811）的规定。

12. 起吊作业前，应对起重吊装设备、钢丝绳、揽风绳、链条、吊钩等各种机器具进行检查，或进行计算确定必须保证安全可靠，不准带病使用。

13. 起吊作业时，必须分工明确、坚守岗位，并按《起重吊装指挥信号》（GB 5082）规定的联络信号，统一指挥。但发生紧急意外情况时，凡在现场的人员均可发出紧急停止作业的信号和避让信号。

14. 严禁利用厂区管道、管架、电杆、机电设备等做吊装锚点。

15. 利用厂房预埋构件进行起吊作业时，要充分了解物体承受负荷的情况，并经机动、建筑等有关部门审查核算后方可将建筑物、构筑物作为锚点。

16. 起吊作业前必须对各种起重吊装机械的运行部位、安全装置以及吊具、索具进行详细的安全检查，起吊设备的安全装置要灵敏可靠。吊装前必须试吊，确认无误方可作业。

17. 任何人不得随同吊装重物或吊装机械升降。在特殊情况下，必须随之升降的，应采取可靠的安全措施，并经过现场指挥人员批准。

18. 起吊作业现场如须动火，应遵守动火作业的安全规定。起吊作业现场的吊绳索、揽风绳、拖拉绳等要避免同带电线路接触，并保持安全间距。

19. 起吊作业在实际施工中，有时是在高处作业，因此在高处进行起吊作业时还需遵守高处作业有关规定。

20. 用定型起重起吊机械（履带吊车、轮胎吊车、桥式吊车等）进行起吊作业时，应遵守该定型机械的操作规程。

21. 起吊作业时，必须按规定负荷进行吊装，吊具、索具经计算选择使用，严禁超负荷运行。所吊重物接近或达到额定起重吊装能力时，应检查制动器，用低高度、短行程试吊后，再平稳吊起。

22. 悬吊重物下方严禁站人、通行和作业。

23. 起吊作业时，必须分工明确、坚守岗位，并《起重吊运指挥信号》规定的联络信号，统一指挥。在返回年起吊作业中，有下列情况之一者不准起吊：

(1) 指挥信号不明；

(2) 超负荷或物体重量不明；

(3) 斜拉吊物；

(4) 光线不足，看不清重物；

(5) 重物下站人，或重物越过人头；
(6) 重物埋在地下；
(7) 重物紧固不牢，绳打结、绳不齐；
(8) 棱刃物体没有衬垫措施；
(9) 重物越人头；
(10) 安全装置失灵。

二十、动土作业的专业含义

厂区的地下通常埋设有电缆、管道和地下隐蔽工程，以往由于没有动土作业安全管理制度，曾有不明地下设施情况而盲目地进行动土作业，导致挖断电缆、击穿地下管道等，从而造成人员伤亡或全厂停电停水等重大事故的发生。因此，动土作业应成为检修安全管理的一项重要内容。

所谓动土作业，即指凡影响到地下电缆、管道和地下隐蔽工程等设施安全的地上作业，均属于动土作业的范围。如挖土、打桩、埋设接地极等入地超过一定深度的作业；用推土机、压路机等工程机械进行填土或平整场地；除厂区正规道路以外，物料堆放的荷重在 5t/m^2 以上或者包括运输工具在内物件运载总重量在 3t 以上的，均应视为动土作业。

二十一、动土作业的安全措施

1. 挖土深度在 0.5m 以上的动土作业必需事前办理《动土作业安全许可证》，没有《动土作业安全许可证》不得进行动土作业。

2. 动土单位应到有关部门申请领取《动土作业安全许可证》，填写有关内容后先交厂总图及有关水、电、汽、工艺、设备、消防、安全等部门审核，然后由厂基建部门的有关人员根据地下设施布置总图对照动土作业安全许可证上填写的作业地点、作业内容、作业范围、作业方法等情况，仔细核对，关提出动土作业范围的地下有何种设施，埋入深度为多少，需注意的事项及安全要求，再由基建部门负责人进行审核、批准。然后将动土作业许可证交动土作业地点的所在单位验证。

3. 动土作业审批人员应到现场核对图纸，查验标志，检查确认安全措施，方可签发《动土作业安全许可证》。

4. 动土作业过程中若需要超出审核批准的范围，应重新办理审批手续。

5. 动土作业前，项目负责人应对施工人员进行安全教育；施工负责人对安全措施进行现场交底，并督促落实。

6. 动土作业涉及断路时，必须按规定办理《断路安全作业许可证》。

7. 动土作业施工现场应根据需要设置护栏、盖板和警告标志，夜间应悬挂红灯示警；施工结束后要及时回填土，并恢复地面设施。

8. 动土作业必须按《动土作业安全许可证》的内容进行，对审批手续不全、安全措施不落实的，施工人员有权拒绝作业。

9. 严禁涂改、转借《动土作业安全许可证》，不得擅自变更动土作业内容、扩大作业范围或转移作业地点。

10. 动土作业中接近地下电缆、管道等埋讷物时，应轻挖。当地下埋有电缆、管道时严禁采用机械挖土。挖土机在建筑物附近工作时,与墙柱、台阶等建筑物的距离应距 1m 以上,以免发生碰撞。

11. 挖土应自上而下进行,禁止采用挖空底脚的方法挖土。在挖掘区内挖土时遇有事先未能预料到的地下设备、管道或其他不可辨别的物体时,应停止作业,及时报告有关部门处理。

12. 开挖没有边坡的沟、坑、池等,必须根据挖掘深度和土质情况装设支撑。深度<5m 时,加固的木板厚度不应<5cm,立柱每隔 1~2m 设置一档,横撑间距不得>1m。挖土深度超过 5m 时,或在建筑物附近挖土方时,其支撑必须单独设计。

13. 挖土前应排除地面水,并采取地面水侵入的措施,当挖至地下水位以下时应采取排水措施,如使用潜水泵需确保其绝缘良好。

14. 在挖较深的坑、槽、井、沟时,严禁在土壁上挖洞攀登。作业时必须戴安全帽。坑、槽、井、沟上端边沿不准人员站立、行走。

15. 当发现土壤有可能坍塌或滑动裂缝时,在地下面作业的所有人员均应离开工作面,组织人员将滑动部分先挖去或采取防护措施后再进行作业。雨季和化冻期间更应严防塌方。

16. 人力挖土用的各种工具必须坚实,安全装应牢固。多人同时挖土时,在挖土工作面作业的作业人员之间应保持 2m 以上的距离,严防工器具伤人。上下交叉作业应戴安全帽。

17. 使用挖土机械挖土时,在开动机械前应发出规定的音响信号,在挖土机械工作时,举重臂、吊斗下面禁止任何人停留或通过。在挖土机械回转半径内作业人员不得进行其他作业。

18. 夜间作业必须有足够的照明。

19. 在挖掘的坑、沟等周围应设置围栏及警告安全标志牌,夜间应设红灯示警,以防发生坠落事故。

20. 作业人员上下基坑时应铺设有防滑条的跳板,或者使用靠梯,不得攀登支撑架上下。严禁一切人员有基坑内休息。

21. 在所有可能出现有毒有害气体的地点进行动土作业时,应配备气体防护器材,并事先告之所有的作业人员,作好防毒准备。在挖土作业时如突然遇到有毒有害气体或可疑现象,应立即停止作业,撤离现场,并及时报告有关部门处理。在有毒有害气体未彻底清除前,不得恢复作业。

22. 挖出的土方距坑、沟边至少 0.8m,其堆土高度不得>1.5m。在拆除固壁支撑时,应从下而上进行。更换支撑时,应先装新的,后拆旧的。

23. 在危险场所动土时,要与有关操作人员建立联系,当生产发生突然排放有害物质时,生产操作人员应立即通知动土作业人员停止作业,迅速撤离现场,并及时报告有关部门处理。在有毒有害气体未彻底清除前,不得恢复作业。

二十二、厂区断路作业的安全措施

所谓断路作业,即在企业生产区域内的交通道路上进行施工及起吊、吊运物体等影响正常交通的作业。

现代企业生产大多是连续化过程，要求各车间、部门密切配合。厂矿企业由于各种需要，有时必须进行断路作业，因此断路作业的协调性、安全性就越来越重要。为保证厂区必须的断路作业安全和厂矿企业生产经营活动的正常进行，在断路作业过程中须采取如下安全措施。

1. 凡在厂区内进行断路作业必须办理《断路作业安全许可证》。《断路作业安全许可证》由申请单位断路作业的项目负责人或指定专人办理。

2. 《断路作业安全许可证》由厂交通管理部门审批。厂内交通管理部门审批《断路作业安全许可证》后，要立即书面通知调度、生产、消防、医务等有关部门。

3. 断路作业应按《断路作业安全许可证》的内容进行，严禁涂改、转借《断路作业安全许可证》、变更作业内容、扩大作业范围或转移作业部位。

4. 《断路作业安全许可证》审批手续不全、安全措施不落实、作业环境不符合安全要求的，作业人员有权拒绝作业。

5. 《断路作业安全许可证》规定的时间内末完成断路作业时，由断路申请单位重新办理《断路作业安全许可证》。

6. 申请单位负责管理施工现场，为来往的车辆提示绕行线路。

7. 作业人员接到《断路作业安全许可证》确认无误后，方可进行断路作业。

8. 断路时，作业单位应在断路口设置交通挡杆、断路标识。

9. 断路后，作业单位负责在施工现场设置围栏、交通警告牌，夜间要悬挂红灯。

10. 作业结束后，作业单位应负责清理现场，撤除现场、路口设置的挡杆、断路标识、围栏、警告牌、红灯。经检查核实后，报告厂交通管理部门，然后由厂交通管理部门通知各有关单位断路工作结束，恢复交通。

第三节 检修作业后的安全检查与验收

一、检修作业结束后的安全检查

检修作业结束后，检修项目负责人和检修项目安全负责人应组织有关检修人员和操作人员进行一次安全检查。其检查的主要内容是清点人员和工器具，防止遗留在设备或管道内。此项工作务必认真、仔细，因曾工具、器材和杂物遗留在设备或管道内，致使设备试运转或投入生产后而发生事故的。

同时，还应检查是否有遗漏的检修项目，如应该对设备进行测厚、探伤等是否按要求进行而全部结束；设备上的安全装置和防护装置是否按照原有要求安装齐全；因检修作业需要而拆移的盖板、栅栏、栏杆等是否恢复原状，等等。最后检查检修作业现场是否已清理干净，达到工完、料净、场地清的要求。

二、设备检修后的试车与验收

检修作业结束后，在检修作业临时指挥机构的领导下，指定专人组织检修人员和操作人员对检修后的设备进行试车和验收。对某些主要设备或关键设备，厂安全技术部门也应派有关安全技术人员参加该项工作。根据有关规定的要求，对检修后的设备应分别进行耐压试验、气密性试验、试运转、调整、加负荷试车和验收等工作。

在试车与验收前应做好下列准备工作,并检查核实。如该抽、堵的盲板是否已经抽去或堵上,各阀门是否灵活、完好,设备上连接的管道和仪表装置接头是否恢复原位,电动机的电源接线是否正确、其接地线是否接上,设备转运部件手盘是否正常,冷却系统、润滑系统是否符合要求,设备上所有的安全附件、信号装置是否齐全、灵敏、好用,等等。经检查核实无误后方可开始试车。

试车合格后,应办理验收手续,以正式移交生产。验收所需的技术资料一般包括安装记录、缺陷记录、各种试车记录、主要零部件的探伤报告、更换零部件的清单等。

验收手续办妥后,在设备正式投入生产前,应拆除检修作业用的临时电源、临时隔火设施、安全界标、栅栏,以及检修作业所用的各种临时设施。同时应检查各坑道的排水和清理状况,并应特别注意是否拆除了检修作业用后,有妨碍设备正常运转操作或在邻近高温处有无毛竹、木质脚手架等可燃物的情况,防止发生意外事故或使这些可燃物产生燃烧。

上述中修、大修作业的一般安全要求,原则上也适用于小修或计划外检修。对于设备抢修作业常因时间无法事先确定,又常因为了争取将损坏的设备迅速修复,故抢修作业一旦开始,通常需要连续作业直至损坏的设备修复。因此,在抢修作业中,更应事先充分预测可能会发生的各种危险,以便采取相应的安全技术措施,达到安全检修的目的。

第二十一章 安全与设计

第一节 生产场地的布置与安全

一、产品的本质安全

为了不断满足全体人民日益增长的物质和文化生活的需要，达到社会的繁荣。为此，厂矿企业应向社会提供质量合格而又安全的产品，尤其是在设计、制造新的生产设备、工具等产品时，应根据国家有关规定，符合安全卫生标准的要求，以尽力达到产品的本质安全。

所谓产品的本质安全，就是产品的本身设置了防止事故的自动装置，或者安全保护装置，这种安全装置的作用就是在操作这些设备、工具中即使发生错误动作时，也是安全的；或者对设备、工具不熟悉者进行贸然操作时，也仍然是安全的。

在生产活动中，人们虽然会出于本能经常考虑到安全问题，但有时也会偶尔在生产活动中不注意操作或忽然想起与生产无关的事情，使得心散神离，有时因心情忧郁或过分激动而疏忽大意，有时由于受到外界环境的影响而造成心情烦躁，当操作者处于这些状态时，就容易成为发生事故的原因。如果由于某种原因而使操作者处于以上这种状态时，就有可能发生误操作，即使在发生误操作的情况下，仍然能保证操作者的安全，那么对设备、工具就必须要求实行本质安全。

然而，在厂矿企业的生产活动中并非完全如此，一些厂矿企业生产的设备、工具等产品不仅不符合国家安全卫生标准，甚至存在着明显的缺陷。如，登高梯台的扶手栏杆高度，不论是建、构筑物上，还是大型设备装置上的，大多数都达不到国家安全卫生标准规定的 1050mm 的高度。不少的冲、剪、压等机械设备，以及木工机械设备等产品，从生产厂家购回时就基本上没有安全装置，致使在使用这些设备、工具时，一些伤亡事故不断重复发生。为了这些产品的使用安全，防止事故的发生，对这些产品安设安全装置的任务就必然要落到用户的身上，于是，成千上万的用户都需花费很大的人力和物力去调查、研究和选择适用于该产品的安全可靠的安全装置。如果一些用户认识不到这一问题或者缺乏必要的人力和物力等，就必然会留下事故隐患，甚至因此而导致事故的发生。正因如此，一些厂矿企业经常出现年年进行事故隐患整改，而事故隐患却年年不见少的现象。

当然，厂矿企业对购回的设备、工具等产品安设安全装置是一种必须的，也是有效的预防事故发生的措施。但是如果设备、工具等产品不在设计、制造过程中去解决它的本质安全问题，其产品的本身就不具备安全性，也就会给用户增添无穷的麻烦。用户就会成为生产厂家填平补漏的被动行为。耐人寻味的是，在现代社会化大生产中，常常是甲厂生产的产品就是乙厂的生产工具，而乙厂生产的产品又是甲厂的生产工具，如果双方都不重视生产的产品的本质安全，就等于互相给对方留下了事故隐患。由此不难看到，如果各厂矿企业都改变一下态度，对本厂矿企业自身生产的产品的本质安全加强研究，为社会提供安全可靠的产品，整个社会化大生产的安全生产状况就必然会大大地改观。

设备、工具产品的本质安全的方法，虽因产品的种类不同而异，但如错误操作而使产品对操作者有危险，就需要产品在发生错误操作时能使之纹丝不动或者就是运转了也会立即停止。并且在用产品加工物件运转中即使由于错误动作而将手伸入危险区域内，也不至于被夹或被切断。此外，由于操作者不注意而使产品运转处于危险状态时，该产品就能自动发出警报，或者产品能自动调节使之安全地运行等。

为实现产品的本质安全，应首先从产品的设计开始，遵循国家安全卫生标准，尽可能做到结构合理、人机匹配，把不安全的因素消除在产品的问世之前。二是对某些产品如果是由于技术条件等客观上的原因，在设计中一时还不可能达到本质安全的，生产厂家应直接安设安全装置，生产厂家这样做要比用户进行填补要好得多。因为生产厂家对自身的产品的结构、性能最了解，需要安设什么样的安全装置，安设在什么位置等最为清楚，这样可以避免各用户的许多重复劳动，节约大量的人力和物力。三是对一些与使用场所状况有关，而不宜直接由生产厂家安设安全装置的产品，生产厂家应在产品使用说明书中说明该产品在什么位置应配备安全装置及其规格型号。对一些无需安设安全装置，只需注意使用条件的产品，生产厂家应在产品使用说明书中说明使用的注意事项。四是用户做到不购买有危害职工安全与健康的产品。为此，厂矿企业应建立健全购买产品的安全质量验收和入库、出库制度，把本质不安全的产品杜绝在本厂矿企业的大门之外。

二、厂址选择的安全要求

确定建厂地址是工业布局原则具体贯彻的重要环节，也是确保厂矿企业安全生产的重要前提。厂址选择得是否适当，关系到工业在各个地区的合理分布、城市和工业区的建设，并对厂矿企业的基建投资、建设速度、生产的安全性，以及今后的生产经营和职工生活等方面都具有极其重要的影响。厂址一经选定并开始建设后，就不宜再改变，否则就会造成巨大的损失。因此，在确定建厂地址的整个过程中，必须进行周密地调查研究和勘测工作，认真做好各项技术经济和安全可靠性的分析。为了选出在技术上合理、经济上合算、安全上可靠的厂址，还应在制定若干个不同的厂址方案的基础上，通过对多种方案的反复比较，从中选出一个最优的厂址，以尽量做到选择合理、安全可靠。

厂址的安全可靠主要涉及工程地址条件的优劣，厂区范围内应能适应总平面布置和各种安全距离的要求，有抵御自然灾害的能力，能避免由于邻近厂矿企业发生事故而引起的灾害，并尽可能不影响和危害周围环境，有利于该地区各项建设事业的发展等。

选择厂址的基本安全原则如下：

1. 有良好的工程地质条件。厂址应尽量选在工程地质条件、水文地质条件较好的地段，不应设置在有断层、滑坡、流砂层、溶洞、地下暗流、有用矿藏和已采矿坑、有机物和化学废弃物上面建厂。

厂址的地下水位应低于地下室和隧道的地坪标高。厂址的地形应比较平坦而略有坡度，以利于地面排水。

2. 在沿江河、海岸选择厂址时，应位于临江河、城镇和重要桥梁、港口、船厂、水源等重要建筑物的下游。

3. 注意避开爆破危险区、采矿塌陷区及有洪水侵袭的地段。在位于水库大坝下游方向建厂时，不应设在当水坝发生意外事故时，有受到水冲毁危险的地段。

4. 有良好的气象条件。在选择厂址时，应对该地区的气候进行很好地研究，当地的主导风向是否会使有害的烟尘或粉尘等下沉到附近的居民区或工厂区，因而对人民生命或财产安全产生严重的危害。因此，厂址应选择在居民点的下风方向，同时不应在有较大污染源的现有及拟建工厂的下风方向，并避开窝风、积雪的地段及饮用水源区，同时还应考虑台风强度、雷击及地震的影响和危害。

5. 厂址应尽量便于厂内运输线同铁路和公路干线的连接，便于水的供应和污水的排除，同时没有洪水冲淹的威胁，否则应考虑围堤与防洪措施。

6. 厂址选择应有利于邻近企业的协作。厂址靠近在生产上有密切联系的企业有利于协作配套，综合利用资源，缩短运输距离，提高社会劳动生产率，也便于统盘解决供电、供水、下水道、市内交通、生活服务部门等有关城市公用与福利设施，节约城市建设费用。但与邻近企业应趋利避害，利用自己有的设施进行最大程度的协作，又要避开可能招致的危害。

7. 厂址应避开历史文物、古墓、航空港、高压输电线路和城市工程管道等，并尽量减少占地面积，但也要注意远景规划，留有充分发展的余地。

此外，对不同工业部门的技术经济特点，对选择厂址具有不同的特殊要求。例如，钢铁生产需用大量的原材料，而原材料和成品又不便于运输，因此钢铁厂就应选择靠近原料和燃料的产地建厂。重型机器制造厂需消耗大量的金属材料，因此厂址则应当选择靠近钢铁基地。在选择化工企业的厂址时，因考虑到化工生产需大量的原料、动力和水，因此在大多数情况下，基本化工企业的厂址则应选择在原料的产地或有大量废料可作原料的地区。再如用水量大的火力发电站、造纸厂，应靠近水源丰富的地方，而用电量大的有色金属冶炼厂、电炉炼钢厂等则应靠近变电站建厂等。

三、场地布置的安全要求

在规划场地时，应根据厂矿企业各组成部分的性质、使用功能、交通运输、防火和安全卫生等因素，以及今后生产发展的需要等，将性质相同、功能相近、联系密切、对环境要求一致的建筑物、构筑物及工程设施，分成若干组，并结合场地的具体条件，进行功能分区，以便合理地进行场地布置。厂矿企业的功能分区，一般可分为5个部分：

1. 生产车间与工艺装置区。其中包括各种生产单元、工艺装置、设备、建筑物、构筑物、输送管线、中间贮槽等。

2. 原材料与成品储存区。其中包括原材料堆场、原材料库房、成品贮槽、成品库房等。

3. 生产辅助设施区。其中包括机修、锻压、铆焊及热处理车间、分析室、10kW以上的变电与配电装置等。

4. 工厂管理区。其中包括办公楼、汽车库、职工食堂、浴室等。

5. 工厂生活区。其中包括职工宿舍、托儿所、职工医院、文化娱乐中心等。

对生产车间与工艺装置区，以及原材料与成品储存区是厂区内主要的潜在危险区域，必须慎重考虑合理布置，以确保投产后的安全生产。

对散发可燃气体和可燃蒸气的工艺生产装置、可燃液体的贮罐区及装卸区、以及能散发可燃气体的全厂性污水处理设施等，均应布置在人员集中及明火或火花散发地点的侧风向或下风向，并在有飞火花烟囱的侧风向。

对经常使用汽车或铁路机车运输物品的工艺装置、贮罐区、仓库、物料堆场及装卸站台等，应布置在厂区围墙的边缘。

对于厂自备电站、全厂性的锅炉房和总变配电所，应布置在能散发可燃气体和可燃蒸气的生产装置、易燃和可燃液体的贮罐区及装卸区的侧风向或上风向。35kV以上的总、配电所，应布置在厂区围墙的边缘。

对于工厂的生活区、全厂的行政管理、福利设施，应布置在厂区边缘及当地常年主导风向的上风向，并做到有利生产、方便生活、全面规划、统筹安排。

在进行场地布置时，除设计布局图外，制作按比例缩小的基地模型，在初步设计时能更好地帮助规划设计人员，并将有助于指出潜在的安全问题。

四、厂矿企业总平面布置的安全要求

在厂址选定之后，须在已确定的用地范围内，根据厂矿企业生产的工艺流程、安全生产、行政管理和职工生活福利等的要求，结合场地地形、地质水文等条件，有计划地、合理地进行建筑物、构筑物及其他工程设施的总平面布置。并根据生产使用要求，合理地选择交通运输方式，搞好厂区道路网的布置；结合场地地形、大小、形状，确定场地用水的供应和排放，确定建筑物和道路的标高，合理地进行厂区竖向布置；配合环境保护，布置厂区绿化带，确定处理"三废"和综合利用的场地位置；对厂区地面、地下工程、管线等进行综合合理地布置；并考虑足够的消防水源，统一安排消防设施等。

厂矿企业的总平面布置的具体设计方案要受到诸多因素的影响和制约，这就需要设计人员权衡利弊加以解决。全厂建筑物、构筑物以及其他工程设施等的总平面布置，既要满足生产工艺流程顺直、短捷的需要，又要满足本厂矿企业具体情况的需要。例如，厂矿企业的总平面布置应考虑到本厂矿企业生产的性质、厂际协作和市场供应、节约用地的要求，还要符合安全生产、防火、防爆、卫生、职工健康等安全技术要求等。从而使厂矿企业的总平面布置设计方案，在平面和竖向布置，地面和地下的建、构筑物及其他工程设施的布置，均能满足生产使用的要求，并符合国家有关安全卫生等技术规定。

当确保厂矿企业在投产后能实现安全生产，在总平面布置中应遵循以下的基本原则：

1. 正确处理生产与安全、局部与整体、重点与一般、近期与远期的关系，把生产、安全、卫生、技术、先进、经济和尽可能的美观等因素作统筹安排。

2. 总平面布置应符合防火、防爆的基本要求，并有疏散和灭火的设施，体现以防为主、防消结合的消防方针。

3. 总平面布置应满足安全、防火、卫生等设计规范、安全规定和安全卫生技术标准的要求。

4. 总平面布置应合理布置交通运输道路网，以满足厂内外的人流、货运线路和货运装卸场地的需要。

5. 总平面布置应对绿化布置给予足够的重视，以搞好环境保护。

6. 总平面布置应对厂矿企业以后的新建、改建、扩建工程留有充分余地,以适应工业生产不断发展的需要。

五、厂房和建筑物布置的安全要求

在布置厂房和建筑物时,首先应满足生产的需要,并保证生产过程、材料和成品的运输与储存能高效率地进行。此外还需满足安全、卫生的需要。

厂房和建筑物的布置,应留有足够的防火间距,这对防止火灾的发生和减少火灾的损失有着重要的意义。确定防火间距的目的,是在发生火灾时不使邻近厂房或建筑物受火源辐射热作用而被加热或起火,不使火灾地点流淌、喷射或飞散出来的燃烧物质、火焰或火星点燃邻近的易燃液体或可燃气体,以减少对邻近厂房或建筑物的破坏,并便于扑灭火灾及疏散。

所谓防火间距一般是指两座建筑物或构筑物之间预留的水平距离。在此距离内,不应再搭建任何建筑物或堆放大量可燃或易燃的材料,不应再设置任何贮有可燃物料的装置及设施。

防火间距的计算方法,一般是从两座建筑物的外墙壁最突出的部分算起,在计算与铁路的防火间距时,是从铁路的中心线算起,计算与道路的防火间距时,是从道路的邻近一边的路边算起。

在确定防火间距大小时,主要是从热辐射这个因素来考虑的,如一幢建筑物着火,由于没有能及时得以控制或扑灭,火势便会很快地向周围防火间距不够的建筑物或厂房蔓延扩大,使小火变成大火,从而造成严重的经济损失或人员伤亡。因此,在布置厂房和建筑物时留有足够的防火间距,对预防火灾的扩大蔓延具有很大的作用。

能产生噪声的厂房应布置在厂区低凹处或厂区边缘,或岩石地段上。这样可减振且缩小防振间距。有污染的厂房和污水处理设施也应布置在地势较低处或厂区边缘,以减小污染物对全厂区的影响。

能散发有毒有害物质的生产厂房及其有关建筑物应布置在厂区的下风向。为了防止在厂区内有毒有害气体的弥漫和影响,并能迅速予以扩散排除,应使厂区的纵轴与当地常年主导风向平行或不>45°交角。对于需加速气流扩散的部分建筑物,应将长轴与当地常年主导风向垂直或不<45°交角,这样可有效地利用人为的穿堂风,以加速气流的扩散。

厂房和建筑物的布置应尽可能为有良好的自然采光和自然通风创造条件,以保证室内有良好的日照和通风,因此厂房和建筑物的朝向应根据不同纬度的方位角来确定,并减少过度的西晒。如对高温厂房的方位,应结合风向以获得良好的自然通风及减少西晒;对有恒温、空调的厂房和建筑物宜朝北布置,以避免西晒。为有利于自然采光,各厂房和建筑物之间的距离,应不<相对两厂房和建筑物中最高屋檐的高度。

总之,在布置厂房和建筑物时,其间距应合理,不得任意扩大,以浪费用地,但也不得任意缩小,以妨碍生产或不能满足防火、安全、通风、日照等的要求。

六、生产工艺流程图布置的安全要求

绘制详细的生产工艺流程图对厂区的设计,特别是在对使用危险和有毒有害材料与有复杂生产过程的厂矿企业布置,对今后的生产过程是否安全起着重要的作用。因此,对每

个生产阶段使用的材料和生产过程的性质进行研究，并以此制定出合理的布置方案及预防措施，就可减少或控制事故。

工艺流程是根据生产性质制定的，各类厂矿企业的生产工艺流程是各不相同的，对各厂矿企业的厂区布置，应根据工艺流程的特点和安全卫生的要求，能使整个厂区形成一个主干道，将各生产车间平列布置在主干道的两侧。对卫生要求较高的生产车间布置在上风向，对散发气味浓、有毒有害气体的生产车间、烟囱等布置在常年主导风向的下风向，将易燃易爆物品的贮罐或仓库集中布置在厂区边缘，并以围墙隔开。这样就可符合防火、防爆、安全卫生的要求。

七、管线布置的安全要求

厂内管线的布置既要设计紧凑，又要考虑施工、检修及安全生产的需要。管线一般采用无地沟敷设和管架敷设，对可燃气体管线、有毒有害液体及气体管线，有腐蚀性的酸碱管线，应尽可能采用地上架设。管线应尽量沿厂内的道路平行布置，尽可能减少转弯，避免管线之间的交叉或与厂内交通线路的交叉。特别要减少与铁路的交叉。必须交叉时，应成直角交叉，并应采取加固措施。

对具有火灾危险性的甲、乙类物料的管线不得穿越与其无关的建筑物、贮罐区的上方或地下。在跨越铁路、道路的工艺管线上，不应安装阀门、法兰或螺纹连接，以免物料泄漏引起火灾影响车辆通行。地下管线的埋设深度，除具有特殊的防护设施外，一般不得<0.7m，在寒冷地区，还应考虑土壤冻结的因素，一般应埋在冻土层以下，以避免管道被冻裂。

地上和架空管线的敷设不应影响交通运输和行人，应保证车行道路的净空高度。管线横跨车行道路时，从路面到管线的净空高度一般不应<5m；管线横跨铁路时，从钢轨面到管线的净空高度一般不应<7m。各种管线集中布置在同一管架上时，各管线之间必须保持一定的距离，并应满足安装、检修的要求。在多层管架中，热力管线及热料管线宜布置在管架的上层，腐蚀性液体管线宜布置在下层。易燃液体管线与可燃气体管线应避免与热力管线及热料管线相邻布置。当氧气管线与可燃气体、易燃液体管线共架敷设时，氧气管线应设在外侧，不得上下敷设，此两类管线之间宜用非燃物料管道隔开，或相互保持一定的净间距，其净间距不得<250mm。

在敷设地下管线时，应合理地安排地下管线敷设的顺序。地下管线应从建筑物基础外缘逐渐向道路中心，竖直方向由浅至深地敷设，其顺序为电信电缆、电力电缆、热力管、压缩空气管、煤气管、氧气管、乙炔管、给水管、雨水管，最后为污水管。地下管线宜敷设在车行道路以外的地段，在特殊情况下，应采取加固措施，方可在车行道路中心线下布置检修较少的给水管或排水管。

地下管线应避免将饮用水管与生活、生产污水排水管，或含酸、碱腐蚀，或有毒有害物料管线共沟敷设，若并列敷设则应保持一定的安全间距。当地下管线发生交叉时，煤气管、易燃与可燃液体管应布置在其他管线的上面；给水管应布置在排水管的上面；氧气管应布置在低于乙炔管而高于其他管线；热力管应布置在电缆、煤气管、给水管和排水管的上面。

互相有干扰的地下管线不应敷设在同一地沟内，如电缆与乙炔管和氧气管；电缆、氧气管与易燃或可燃液体管；电缆与煤气管；热力管与易燃液体管等，均不得共沟敷设。当地下管线重叠敷设时，应将检修量多、管径小的管道敷设在最上层，将有污染的管道埋设在最下层。此外，在敷设地下管线时，应避免将管道布置在乔木下面。

八、仓库布置的安全要求

在规划厂矿企业的总平面布置时，应充分考虑用于贮存物料和产品的库房，供贮存物料和成品用的仓库或场地，应根据厂矿企业最大的生产量的需要进行布置。

对库址的选择应在交通方便的地方，如以铁路运输为主的石油库，应靠近有条件接轨的地方；以水运为主的石油库，应靠近有条件建设装卸油品码头的地方。所选择的库址应具备良好的地质条件，不得选在有土崩、断层、滑坡、沼泽、流沙及泥石流的地区和地下矿藏开采后有可能塌陷的地区。当库址选定在靠近江河、湖泊或水库的滨水地段时，库区场地的最低设计标高，应高于计算最高洪水位 0.5m。但当有防止库区场地受淹的可靠措施，且技术经济合理时，库址亦可布置在低于计算最高洪水位的地段。所选择的库址，还应具备满足生产、安全、消防所需的水源和电源的条件，以及具备排水的条件。

对甲、乙类物品，库房不应设在建筑物的地下室、半地下室。50 度以上的白酒库房不宜超过三层。利用机械装卸和堆垛设备，可使物品双层或三层存放时的仓库，必须考虑仓库地板所能承受的负荷能力。供垂直运输物品的升降机，宜设在库房外，如必须设在库房内时，应设在耐火极限不低于 2h 的井筒内，井筒壁上的门，应采用乙级防火门。

所设计的库房或每个防火隔间的安全出口数目一般不宜少于两个，但一座多层库房的占地面积不超过 $300m^2$ 可设一个疏散楼梯，面积不超过 $100m^2$ 的防火隔间可设置一个门。

库房的门应向外开启或靠墙的外侧推拉，但甲类物品库房不应采用侧拉门。

库房的地下室、半地下室的安全出口数目不应少于两个，但面积不超过 $100m^2$ 时可设一个。高度超过 32m 的高层库房应设消防电梯，消防电梯可与客、货梯兼用。

在进行厂矿企业总平面布置时，还应考虑贮存废料的仓库或场地，特别是能产生粗重或大量废料的厂矿企业，需要占用很大的场地来堆放这些废料。对这类仓库或场地通常应布置在厂区的边缘地区。

九、围墙和厂门的布置的安全要求

有围墙的厂区和场地有许多优点，首先是在功能上起到隔离和防护作用，其次就是围墙能够用以阻止非工作人员任意进入厂区，再者就是围墙还能够保护变电站、仓库、贮油罐的安全。

厂区围墙一般用砖、混凝土板等制成，也可用扁铁、钢管、竹篱及铁丝网等制成各种围墙，设计时应因地制宜，就地取材，做到经济、合理、实用。

厂门是厂区的出入口，厂门的大小和形式取决于人流和货流的要求，设计时应力求适用、经济、美观、大方。对于有大型产品或大型设备进出的厂矿企业，厂门应设计得宽些，以利运输的车辆出入。为了便于管理，通常可在厂门的旁边再设边门，或者在大门上再开设小门。

厂门至少应设两处，且应设于不同的方位。主要使人流和货流分开，以防止交通事故的发生，确保职工上下班进出厂门时的安全。

如果厂门必须靠近厂内铁路专用线时,为了防止职工在上下班时穿越铁道而走近道,则应在铁路两侧设围栏,并且在厂门的各方向必须有良好的能见度。

如果厂门必须位于交通繁忙的工厂道路处,或者职工要穿越的铁路经常有火车通过,则应在醒目处设置交通信号、修建人行地道或人行天桥。

十、厂内道路的安全要求

1. 厂内道路的平面布置、路面、宽度、坡度等应适应生产、运输等的要求,有利于装卸运输机械化和本企业发展的需要。

2. 厂内道路的转弯半径应便于车辆通行,主、次干道的最大纵坡一般不得>8%,经常运输易燃、易爆危险物品的专用道路,其最大纵坡不得>6%。

3. 跨越道路上空架设管线或其他构筑物距路面的最小净高不得<5m。

4. 厂内道路旁应设置交通标志,其设置位置、形状、尺寸、颜色等,应符合国家标准和有关部门颁布的现行规定。

5. 易燃、易爆产品的生产区域或贮存仓库区,应根据安全生产的需要,将道路划分为限制车辆通行或禁止车辆通行的路段,并设置标志。

6. 厂内道路的交叉路口,高峰时间每小时机动车流量超过200辆,自行车、行人流量超过2000人次,或交通量比较繁忙而视线条件达不到有关规定要求,均应设专人指挥和设置信号灯。

7. 厂内道路应经常保持路面平整,路基稳固,边坡整齐,排水良好,并应有完好的照明设施。

8. 厂内干道与职工人数较多的生产车间相衔接的人行通道,如跨越铁路线群,应设置人行地道或天桥。

9. 大、中型厂内道路应采取交通分流,人流较大的主干道两侧,应修筑人行道。在职工上、下班时间内人流密集的出入口和路段,应禁止行驶货运机动车辆。

10. 路面狭窄或交通量大、容易堵塞的道路,应尽量实行单向通行。

11. 厂内道路在弯道、交叉路口的横净距范围内,不得有妨碍驾驶员视线的障碍物。

12. 厂内道路的路面宽度在9m以上的,应画中心线,实行分道行车。

13. 厂房内的行车通道应根据运件尺寸、车辆宽度和车辆通行的频繁程度而定,一般说来,厂房内双行通道的宽度不应<两台最宽车辆宽度之和再加0.9m,单行通道的宽度不应<一台最宽车辆宽度再加0.6m。

14. 厂内停车场,为了便于排水,一般应采用5‰~10‰的坡度。

十一、人行道路和车行道路布置的安全要求

厂内人行道路的布置应尽量避免与货运频繁的铁路专用线交叉,如必须交叉时,则应在交叉口或其他危险地段装设报警信号,必须靠近铁路的人行道应当用栅栏或围栏把铁路隔开。沿车行道路布置人行道路时,人行道路与车行道路宜用绿化带隔开。

靠近建筑物布置的人行道路,其道路边缘距建筑物应有一定的距离,一般应>1m以上,以避免人行道路位于建筑物的屋檐下,防止屋檐在冬季所挂的垂冰下落而造成人员伤害。由一座建筑物到另一座建筑物之间的人行通道,应尽可能是最短距离,以防止行人想

走其他近道的企图而发生意外危害。

人行道路的横坡宜为2%，纵坡不宜>8%，若超过时，应制成粗糙的路面，以防行人滑倒。

人行道路的路表面质量应与附近车行道路的路面大致相同，如果人行道路的路面质量与车行道路相差甚远，则行人仍愿在车行道路上行走，这样一来就势必会影响车行道路的车辆通行，从而增加交通事故的危险。

人行道路的路面应平整，路面可因地制宜地选用块体铺砌，如使用预制混凝土板、砖平砌等。

在厂门、办公楼、职工食堂、职工医院、文化娱乐中心等进出口的行人聚集处，为了便于人流的聚、散，应设置适当大小的场地。

厂区车行道路应根据生产作业线和工艺流程的要求，合理地布置流线、流量，要全面考虑水平运输与垂直运输的衔接，以及不同的运输车辆、不同的车行道路和不同的交通流量的衔接。为了避免各种车辆在车行道路上过于频繁行驶，并由此而产生的震动、噪声和排出的有害气体影响生产及过往行人和工作环境的安静，生产车间或工艺装置应按工艺流程合理安排，以便生产线衔接通顺而短捷，尽量减少不合理的往返运输。

对厂区的车行道路来说，除对它们仔细地安排、坚实地修建外，并使其具有很好的路面铺设和排水设施，否则，车行道路便经常是事故之源。

对双向交通的重型卡车行驶的车行道路路面，要求其宽度达到15m，且在拐弯处有较大的转弯半径，其道路的坡度应限制在8%以内。为了排水，车行道路的路面需略呈拱型，路面两侧应设有排水设施。

车行道路应离开建筑物至少10m，特别是在建筑物进出口处更应遵守这一要求。在车行道路的危险地段必须设置有限制行驶和速度的标志和交通信号。对与铁路交叉和进入主要厂外大街的路口需设置停止标志。在阻碍视线的急转弯（盲区）处和进入建筑区的入口处均应设置鸣喇叭的信号标志。为了使车辆驾驶员能看到急转弯或拐角处的周围情况而装设镜子，则有助于防止事故的发生。在厂内车行道路的交叉处，应有足够的会车视距，即车辆在弯道口，车辆的驾驶员能清楚地预先看清另一侧的情况。在此视距范围内，不应设置有碍车辆行驶的遮挡物，厂内车行道路口视距一般不应<20m。

厂区车行道路最好作环状布置，以使车辆运输经常保持畅通无阻。为消防的需要，对火灾危险性较大的工艺生产装置、易燃及可燃物质的贮罐区或物料堆场、仓库等，在其四周应设置消防车道。如受当地地形条件的限制，其消防车道也可采用尽头式消防车道，但尽头式消防车道需在尽头处设置回车道或回车场地。消防车道的宽度不应<3.5m，其路面应坚实，并应有排水坡度。消防车道也可利用厂区车行道路。

消防车道应尽量避免与铁路交叉，在必须要交叉时，应在另一处设置备用车道，两车道之间的距离，不应<一节车皮的长度。

厂内车行道路最好采用混凝土浇铸路面，也可采用沥青与碎石子铺成的柏油路面，距路面边1m宽的路肩内，不应布置地面消火栓及地面任何管道。

十二、厂内装卸和堆放场地的安全要求

1. 各厂矿企业应根据各自的生产规模、原材料储备量，设置相应的装卸场地和堆场。

装卸和堆放场地的地面应平坦、坚固，坡度不得＞2％，并应有良好的排水设施。

2. 装卸和堆放场地应保证装卸人员、装卸机械和车辆有足够的活动范围和必要的安全距离，其主要通道的宽度不得＜3.5m，物料堆垛的间距不得＜1m，并设置安全标志。

3. 装卸场地应有良好的照明装置，其照度不得＜3lx。

4. 物料应按其品种、特性和安全要求分类堆放，成箱、成捆等规则形状的物料，应码成稳固的堆垛，其高度在机械装卸时不得＞5m，在人工装卸时不得＞2m，散装物料应根据物料的性质确定堆放高度。

5. 易燃、易爆、有毒害、放射性物品及一切影响人身安全的危险品，应有专用的装卸场地、仓库和指定的装卸路线，并应有保证安全所需的装卸、搬运设备。

6. 装卸场地和堆场应根据需要设置消防设施。

十三、厂内铁路道口的安全要求

1. 新建厂的铁路线路与道路交叉点，具有下列情况之一者，应设置立体交叉。
（1）当地形条件允许设立体交叉，而采用平面交叉危及行车安全时；
（2）少量交通的道路与繁忙运输的铁路线路交叉；
（3）繁忙交通的道路与少量运输的铁路线路交叉；
（4）繁忙交通的道路与繁忙运输的铁路交叉；
（5）当昼夜12h双向行驶机动车1400辆和昼夜12h火车通过道口封闭时间超过1h，经技术经济比较合理时；
（6）经常运送特种货物确有特殊需要时。

现有厂矿企业符合上述情况的道口，应逐步改造为立体交叉，不能设置立体交叉时，应设置人行天桥或地道，并附设引导栏杆。

2. 新建、改建、扩建工厂道口的位置，以及现有工厂道口的改造的位置，应选择在瞭望条件好的地点，机动车驾驶员距道口15m处能看到两侧200m以外的火车；铁路正线运行列车司机在400m以外及调车作业司机在200m以外能看到道口，围墙、临时建、构筑物、绿化和堆积物等不得影响行车瞭望视线。

3. 道口不应设置在铁路线群、道岔区和调车作业繁忙的线路上。

4. 道路与铁路平面交叉，一般设计为正交，如受地形限制而必须斜交时，其交角一般不应＜45°，在特别困难的情况下，其交角可适当减小。

5. 道口两侧的道路，从钢轨外侧算起，一般不＜16m长的平道（不包括竖曲线）。连接平道两端的纵坡，若通行机动车辆的，一般不应＞3％，困难地段不应＞5％。

6. 道口应进行铺砌，铺砌的最小宽度应与道路路面相同。通行自行车较多的平交道口，其交角＜45°时，应加宽辅砌道口地段的路面。

7. 道口遇有下列条件之一的，均应为有人看守道口。
（1）平均每小时通过3次以上列车的繁忙铁路线路与通过机动车50辆以上或行人300人次以上的干道平面交叉道口；
（2）每昼夜行车5次以上的铁路线路与不能满足机动车驾驶员侧向视距要求的干道平面交叉的道口；

(3) 运送液体金属、熔渣和其他高温物料，以及易燃、易爆危险货物的铁路线群与厂区主干道平面交叉的道口；

(4) 厂内主干道与两条或两条以上通行普通车辆的铁路线路平面交叉的道口；

(5) 有通勤汽车通过的道口；

(6) 近5年发生过重大事故或重复发生事故的无人看守道口。

8. 有人看守的道口，应设置道口房、电话、音响装置、道口信号机、手动或半自动栏杆、鸣笛标和照明设施等。

9. 无人看守的道口，必须设置小心火车警告标志、鸣笛标和照明设施。一般还应设置自动音响装置和色灯信号机。

10. 对道口的防护设施应加强维修，保持轮缘槽深度不<4.5cm，并建立巡回检查制度，确保道口的防护设施齐全有效。

11. 不得随意增设道口，发现有私设道口时，厂铁路运输部门有权拆除。如必须增设永久道口时，需经厂铁路运输部门和安全技术部门的同意与批准，按道口标准设计，并由申请增设单位负责管理及派人看守。

十四、厂区绿化布置的安全要求

绿化与人类及生活环境有着十分密切的关系，绿化不但可以净化空气，还可起到美化环境的作用。因此，越来越多的厂矿企业正在绿化他们的新老厂区。

厂区的绿化有助于减弱生产中散发的有毒有害气体和压抑粉尘的作用，有助于净化空气而改善厂区的气候环境，在盛夏季节可以大量减少太阳的辐射热，在寒冷季节可以起到防风保暖作用。厂区的绿化还可以阻隔生产性噪声在空气中的传导，起到一定的吸声作用。因此厂区的绿化已成为厂区总平面布置的组成部分之一。

厂区绿化应根据厂矿企业的生产性质，选择抗烟尘、抗风、防火、抗毒的不同树种，如抗烟尘、抗毒性能较强的树种有刺槐、白杨、合欢、梧桐、月桂、冬青等；防风性能较强的树种有枫杨、刺槐、马尾松等；防火性能较强的树种有珊瑚树、榕树等。

在布置厂区绿化时，除应满足植物与植物之间因其生长所需要的间距外，还应满足植物与建筑物、构筑物之间的间距，使所种植的树木不妨碍生产、采光、通风、交通运输、地面和地下管道敷设，以及不影响生产、运输设备等的安装、检修的水平距离和垂直净空距离。

在布置厂区绿化时，可在厂区主要干道的两侧或绿化带有计划地种植树木和灌木绿化丛。但所设计布置的绿化方案，应当使树木和灌木丛在车行道路或人行道路的交叉路口时，以及在车行道路或铁路交叉口时，不要形成盲区，以免妨碍车辆驾驶人员视距，并且不要妨碍路灯的照明。

种植在道路两旁的灌木丛要保持适当的高度，以避免在交叉路口处形成盲区，妨碍行车安全。然而，为防止灌木丛的生长形成盲区，主要在于良好的管理，使灌木丛始终保持适当的高度。

此外，种植的树木还应考虑到架空电线的安全使用，树木的侧面和上面与架空电线应保此适当的间距。

第二节 建筑设计与安全

一、建筑物的耐火等级

根据现行的《建筑设计防火规范》（GB 50016）中的有关规定，建筑物的耐火等级分为四级，其构件的燃烧性能和耐火极限不应低于表 21-1 的规定（另有规定者除外）。

建筑物构件的燃烧性能和耐火极限　　　　表 21-1

构件名称		耐火等级 一级	二级	三级	四级
墙	防火墙	非燃烧体 4.00	非燃烧体 4.00	非燃烧体 4.00	非燃烧体 4.00
	承重墙、楼梯间、电梯井的墙	非燃烧体 3.00	非燃烧体 2.50	非燃烧体 2.50	难燃烧体 0.50
	非承重墙、疏散走道两侧的墙	非燃烧体 1.00	非燃烧体 1.00	非燃烧体 0.50	难燃烧体 0.25
	房间隔墙	非燃烧体 0.75	非燃烧体 0.50	难燃烧体 0.50	难燃烧体 0.25
柱	支承多层的柱	非燃烧体 3.00	非燃烧体 2.50	非燃烧体 2.50	难燃烧体 0.50
	支承单层的柱	非燃烧体 2.50	非燃烧体 2.00	非燃烧体 2.00	燃烧体
梁		非燃烧体 2.00	非燃烧体 1.50	非燃烧体 1.00	难燃烧体 0.50
楼板		非燃烧体 1.50	非燃烧体 0.50	非燃烧体 0.50	难燃烧体 0.25
屋顶承重结构		非燃烧体 1.50	非燃烧体 0.50	燃烧体	燃烧体
疏散楼梯		非燃烧体 1.50	非燃烧体 1.00	非燃烧体 1.00	燃烧体
吊顶（包括吊顶隔栅）		非燃烧体 0.25	难燃烧体 0.50	难燃烧体 0.15	燃烧体

注：1. 以木柱承重且以非燃烧材料作为墙体的建筑物，其耐火等级应按四级确定。
　　2. 高层工业建筑的预制钢筋混凝土装配式结构，其节缝隙或金属承重构件节点的外露部位，应做防火保护层，其耐火极限不应低于表 21-1 相应构件的规定。
　　3. 二级耐火等级的建筑物吊顶，如采用非燃烧体时，其耐火极限不限。
　　4. 在二级耐火等级的建筑中，面积不超过 100m² 的房间隔墙，如执行表 21-1 的规定有困难时，可采用耐火极限不低于 0.3h 的非燃烧体。
　　5. 一、二级耐火等级民用建筑疏散走道两侧的隔墙，按表 21-1 规定执行有困难时，可采用 0.75h 非燃烧体。
　　6. 建筑构件的燃烧性能和耐火极限，可按《建筑防火设计规范》中附录的确定。

二级耐火等级的多层和高层工业建筑内存放可燃物的平均重量超过 200kg/m² 的房间，其梁、楼板的耐火等级应符合一级耐火等级的要求，但设有自动灭火设备时，其梁、楼板的耐火极限仍可按二级耐火等级的要求。

承重构件为非燃烧体的工业建筑（甲、乙类库房和高层库房除外），其非承重外墙为非燃烧体时，其耐火极限可降低到 0.25h，为难燃烧体时，可降低到 0.5h。

二级耐火等级建筑的楼板（高层工业建筑的楼板除外）如耐火极限达到 1h 有困难时，可降低到 0.5h。

上人的二级耐火等级建筑的平屋顶，其屋面板的耐火等级不应低于 1h。

二级耐火等级建筑的屋顶如采用耐火极限不低于 0.5h 的承重构件有困难时，可采用无保护层的金属构件。但甲、乙、丙类液体火焰能烧到的部位，应采取防火保护措施。

建筑物的屋顶应采用非燃烧体，但一、二级耐火等级的建筑，其不燃烧体屋面基层可采用可燃卷材防水层。

高级旅馆的客房及公共活动用房，演播室、录音室及电化教室，大型、中型电子计算机机房等的建筑或部位的室内装修，宜采用非燃烧材料或难燃烧材料。

二、生产的火灾危险性分类

对生产的火灾危险性进行分类，主要是为了对工业建筑在设计防火要求上能够区别对待，以致使厂矿企业的生产厂房建筑等达到既保障安全，又经济合理的目的。

根据生产过程中使用或产生物质的特性，以及使用或生产易燃、可燃物质的数量等情况，厂矿企业的火灾危险性可分为甲、乙、丙、丁、戊 5 类，具体见表 21-2。

生产的火灾危险性分类　　　　　　　　　　表 21-2

生产类别	火灾危险性特性
甲	使用或生产下列物质的生产： 1. 闪点＜28℃的液体 2. 爆炸下限＜10%的气体 3. 常温下能自行分解或在空气中氧化即能导致迅速自燃或爆炸的物质 4. 常温下受到水或空气中水蒸气的作用，能产生可燃气体并引起燃烧或爆炸的物质 5. 遇酸、受热、撞击、摩擦、催化以及遇有机物或硫磺等易燃的无机物，极易引起燃烧或爆炸的强氧化剂 6. 受撞击、摩擦或与氧化剂、要机物接角时能引起燃烧或爆炸的物质 7. 有密闭设备内操场作温度等于或超过物质本身处自燃点的生产
乙	使用或生产下列物质的生产： 1. 闪点≥28℃至＞60℃的液体 2. 爆炸下限≥10%的气体 3. 不属于甲类的氧化剂 4. 不属于甲类的化学易燃危险固体 5. 助燃气体 6. 能与空气形成爆炸性混合物的浮游状态的粉尘、纤维、闪点≥60℃的液体雾滴
丙	使用或生产下列物质的生产： 1. 闪点≥60℃的液体 2. 可燃固体

续表

生产类别	火灾危险性特性
丁	具有以下情况的生产： 1. 对非燃烧物质进行加工，并在高热或熔化状态下经常产生强辐射热、火花或火焰的生产 2. 利用气体、液体、固体作为燃料或将气体、液体进行燃烧作其他用的各种生产 3. 常温下使用或加工难燃烧物质的生产
戊	常温下使用或加工非燃烧物质的生产

注：1. 在生产过程中，如使用或生产易燃、可燃物质的量较少，不足以构成爆炸或火灾危险时，可以按实际情况确定其火灾危险性的类别。
　　2. 一座厂房内或防火分区内有不同性质的生产时，其分类应按火灾危险性较大的部分确定，但火灾危险性大的部分占本层或本防火分区面积的比例<5%（丁、戊类生产厂房的油漆工段<10%），且发生事故时不足以蔓延到其他部位，或采取防火措施能防止火灾蔓延时，可按火灾危险性较小的部分确定。
　　丁、戊类生产厂房的油漆工段，当采用封闭喷漆工艺时，封闭喷漆空间内保持负压、且油漆工段设置可燃气体浓度报警系统或自动抑爆系统时，油漆工段占其所在防火分区面积的比例不应超过20%。

为了能结合生产实际来确定生产火灾危险性的类别，现将生产的火灾危险性分类举例说明，详见表21-3。

生产的火灾危险性分类举例　　　　　　　　　　表21-3

生产类别	举　例
甲	1. 闪点<28℃的油品和有机溶剂的提炼、回收或洗涤部位及其泵房，橡胶制品的涂胶和胶浆部位，二硫化碳的粗馏、精馏工段及其应用部位，青霉素提炼部位，原料药厂的非纳西汀车间的烃化、回收及电感精馏部位，皂素车间的抽提、结晶及过滤部位，冰片精制部位，农药厂乐果厂房，敌敌畏的合成厂房，磺化法糖精厂房，氯乙醇厂房，环氧乙烷、环氧丙烷工段，苯酚厂房的磺化、蒸馏部位，焦化厂吡啶工段，胶片厂片基厂房，汽油加铅室，甲醇、乙醇、丙酮、丁酮异丙醇、醋酸乙酯、苯等的合成或精制厂房，集成电路工厂的化学清洗间(使用闪点<28℃的液体)，植物油加工厂的浸出厂房 2. 乙炔站，氢气站，石油气体分馏(或分离)厂房，氯乙烯厂房，乙烯聚合厂房，天然气、石油伴生气、矿井气、水煤气或焦炉煤气的净化(如脱硫)厂房压缩机室及鼓风机室，液化石油气罐瓶间，丁二烯及其聚合厂房，醋酸乙烯厂房，电解水或电解食盐厂房，环己酮厂房，乙基苯和苯乙烯厂房，化肥厂的氢氮气压缩厂房，半导体材料厂使用氢气的拉晶间，硅烷热分解室 3. 硝化棉厂房及其应用部位，赛璐珞厂房，黄磷制备厂房及其应用部位，三乙基铝厂房，染化厂某些能自行分解的重氮化合物生产，甲胺厂房，丙烯腈厂房 4. 金属钠、钾加工厂房及其应用部位，聚乙烯厂房的一氯二乙基铝部位、三氯化磷厂房，多晶硅车间三氯氢硅部位，五氧化二磷厂房 5. 氯酸钠、氯酸钾厂房及其应用部位，过氧化氢厂房，过氧化钠、过氧化钾厂房，次氯酸钙厂房 6. 赤磷制备厂房及其应用部位，五硫化二磷厂房及其应用部位 7. 洗涤剂厂房石蜡裂解部位，冰醋酸裂解厂房
乙	1. 闪点≥28℃至<60℃的油品和有机溶剂的提炼、回收、洗涤部位及其泵房，松节油或松香蒸馏厂房及其应用部位，醋酸酐精馏厂房，己内酰胺厂房，甲酚厂房，氯丙醇厂房，樟脑油提取部位，环氧氯丙烷厂房，松针油精制部位，煤油罐桶间 2. 一氧化碳压缩机室及净化部位，发生炉煤气或鼓风炉煤气净化部位，氨压缩机房 3. 发烟硫酸或发烟硝酸浓缩部位，高锰酸钾厂房，重铬酸钠(红钒钠)厂房 4. 樟脑或松香提炼厂房，硫磺回收厂房，焦化厂精萘厂房 5. 氧气站，空分厂房 6. 铝粉或镁粉厂房，金属制品抛光部位，煤粉厂房、面粉厂的碾磨部位，活性炭制造及再生厂房，谷物筒仓工作塔，亚麻厂的除尘器和过滤室

续表

生产类别	举 例
丙	1. 闪点≥60℃的油品和有机液体的提炼、回收工段及其抽送泵房，香料厂的松油醇部位和乙酸松油脂部位，苯甲酸厂房，苯乙酮厂房，焦化厂焦油厂房，甘油、桐油的制备厂房，油浸变压器室，机器油或变压油罐桶间，柴油罐桶间，润滑油再生部位，配电室（每台装油量＞60千克的设备），沥青加工厂房，植物油加工厂的精炼部位 2. 煤、焦炭、油母页岩的筛分、转运工段和栈桥或储仓，木工厂房，竹、藤加工厂房，橡胶制品的压延、成型和硫化厂房，针织品厂房，纺织、印染、化纤生产的干燥部位，服装加工厂房，棉花加工和打包厂房，造纸厂备料、干燥厂房，印染厂成品厂房，麻纺厂粗加工厂房，谷物加工厂房，卷烟厂的切丝、卷制、包装厂房，印刷厂的印刷厂房，毛涤厂选毛厂房，电视机、收音机装配厂房，显像管厂装配工段烧枪间，磁带装配厂房，集成电路工厂的氧化扩散间、光刻间，泡沫塑料厂的发泡、成型、印片压花部位，饲料加工厂房
丁	1. 金属冶炼、锻造、铆焊、热轧、铸造、热处理厂房 2. 锅炉房，玻璃原料熔化厂房，灯丝烧拉部位，保温瓶胆厂房，陶瓷制品的烘干、烧成厂房，蒸汽机车库，石灰焙烧厂房，电石炉部位，耐火材料烧成部位，转炉厂房，硫酸车间焙烧部位，电极煅烧工段配电室（每台装油量≤60kg的设备） 3. 铝塑材料的加工厂房，酚醛泡沫塑料的加工厂房，印染厂的漂炼部位，化纤厂后加工润湿部位
戊	制砖车间，石棉加工车间，卷扬机室，不燃液体的泵房和阀门室，不燃液体的净化处理工段，金属（镁合金除外）冷加工车间，电动车库，钙镁磷肥车间（焙烧炉除外），造纸厂或化学纤维厂的浆粕蒸煮工段，仪表、器械或车辆装配车间，氟里昂厂房，水泥厂的轮窑厂房，加气混凝土厂的材料准备、构件制作厂房

三、厂房的防火间距

防火间距是指防止着火建筑的辐射热在一定时间内引燃相邻建筑，且便于消防扑救的间隔距离。

1. 厂房之间及厂房与乙、丙、丁、戊类仓库、民用建筑等之间的防火间距不应＜表21-4的规定。

厂房之间及厂房与乙、丙、丁、戊类仓库、民用建筑等之间的防火间距（m） 表21-4

名 称			甲类厂房	单层、多层乙类厂房（仓库）	单层、多层丙、丁、戊类厂房（仓库）			高层厂房（仓库）	民用建筑		
					耐火等级				耐火等级		
					一、二级	三级	四级		一、二级	三级	四级
甲类厂房			12	12	12	14	16	13	25		
单层、多层乙类厂房			12	10	10	12	14	13	25		
单层、多层丙、丁类厂房	耐火等级	一、二级	12	10	10	12	14	13	10	12	14
		三级	14	12	12	14	16	15	12	14	16
		四级	16	14	14	16	18	17	14	16	18
单层、多层戊类厂房		一、二级	12	10	10	12	14	13	6	7	9
		三级	14	12	12	14	16	15	7	8	10
		四级	16	14	14	16	18	17	9	10	12

续表

名　称		甲类厂房	单层、多层乙类厂房（仓库）	单层、多层丙、丁、戊类厂房（仓库）			高层厂房（仓库）	民用建筑		
				耐火等级				耐火等级		
				一、二级	三级	四级		一、二级	三级	四级
高层厂房		13	13	13	15	17	13	13	15	17
室外变、配电站变压器总油量(t)	≥5,≤10	25	25	12	15	20	12	15	20	25
	>10,≤50			15	20	25	15	20	25	30
	>50			20	25	30	20	25	30	35

注：1. 建筑之间的防火间距应按相邻建筑外墙的最近距离计算，如外墙有凸出的燃烧构件，应从其凸出部分外缘算起。
2. 乙类厂房与重要公共建筑之间的防火间距不宜<50.0m。单层、多层戊类厂房之间及其与戊类仓库之间的防火间距，可按本表的规定减少2.0m。为丙、丁、戊类厂房服务而单独设立的生活用房应按民用建筑确定，与所属厂房之间的防火间距不应<6.0m。必须贴邻建造时，应符合本表注3、4的规定。
3. 两座厂房相邻较高一面的外墙为防火墙时，其防火间距不限，但甲类厂房之间不应<4.0m。两座丙、丁、戊类厂房相邻两面的外墙均为不燃烧体，当无外露的燃烧体屋檐，每面外墙上的门窗洞口面积之和≤该外墙面积的5%，且门窗洞口不正对开设时，其防火间距可按本表的规定减少25%。
4. 两座一、二级耐火等级的厂房，当相邻较低一面外墙为防火墙且较低一座厂房的屋顶耐火极限不低于1.00h，或相邻较高一面外墙的门窗等开口部位设置耐火极限不低于1.20h的防火门窗或防火分隔水幕或按规定设置防火卷帘时，甲、乙类厂房之间的防火间距不应<6.0m；丙、丁、戊类厂房之间的防火间距不应<4.0m。
5. 变压器与建筑之间的防火间距应从距建筑最近的变压器外壁算起。发电厂内的主变压器，其油量可按单台确定。
6. 耐火等级低于四级的原有厂房，其耐火等级可按四级确定。
7. 厂房与三级耐火等级单层乙类仓库的防火间距应按本表的规定增加2.0m。
8. 厂房与建筑面积≤300m²的独立甲、乙类单层厂房的防火间距应按本表的规定增加2.0m。

2. 甲类厂房与重要公共建筑之间的防火间距不应<50.0m，与明火或散发火花地点之间的防火间距不应<30.0m，甲类厂房与架空电力线的最近水平距离不应<电杆（塔）高度的1.5倍，散发可燃气体、可燃蒸气的甲类厂房与铁路、道路等的防火间距不应<表21-5的规定，但甲类厂房所属厂内铁路装卸线当有安全措施时，其间距可不受表21-5规定的限制。

甲类厂房与铁路、道路等的防火间距（m）　　　表21-5

名称	厂外铁路中心线	厂内铁路中心线	厂外道路路边	厂内道路路边	
				主要	次要
甲类厂房	30	20	15	10	5

注：厂房与道路路边的防火间距按建筑距道路最近一侧路边的最小距离计算。

3. 高层厂房与甲、乙、丙类液体储罐，可燃、助燃气体储罐，液化石油气储罐，可燃材料堆场（煤和焦炭场除外）的防火间距，不应<13.0m。

4. 当丙、丁、戊类厂房与公共建筑的耐火等级均为一、二级时，其防火间距可按下列规定执行：

（1）当较高一面外墙为不开设门窗洞口的防火墙，或比相邻较低一座建筑屋面高

15.0m 及以下范围内的外墙为不开设门窗洞口的防火墙时，其防火间距可不限。

（2）相邻较低一面外墙为防火墙，且屋顶不设天窗、屋顶耐火极限不低于 1.00h，或相邻较高一面外墙为防火墙，且墙上开口部位采取了防火保护措施，其防火间距可适当减小，但不应<4.0m。

5. 厂房外附设有化学易燃物品的设备时，其室外设备外壁与相邻厂房室外附设设备外壁或相邻厂房外墙之间的距离，不应<上述第 1 条的规定。用不燃烧材料制作的室外设备，可按一、二级耐火等级建筑确定。总储量≤15m^3 的丙类液体储罐，当直埋于厂房外墙外，且面向储罐一面 4.0m 范围内的外墙为防火墙时，其防火间距可不限。

6. 同一座 U 形或山形厂房中相邻两翼之间的防火间距，不宜<表 21-4 中的规定，但当该厂房的占地面积<每个防火分区的最大允许建筑面积时，其防火间距可为 6.0m。

7. 除高层厂房和甲类厂房外，其他类别的数座厂房占地面积之和<第 1 条规定的防火分区最大允许建筑面积（按其中较小者确定，但防火分区的最大允许建筑面积不限者，不应超过 10000m^2）时，可成组布置。当厂房建筑高度≤7.0m 时，组内厂房之间的防火间距不应<4.0m；当厂房建筑高度>7.0m 时，组内厂房之间的防火间距不应<6.0m。

组与组或组与相邻建筑之间的防火间距，应根据相邻两座耐火等级较低的建筑，按表 21-4 中的规定确定。

8. 一级汽车加油站、一级汽车液化石油气加气站和一级汽车加油加气合建站不应建在城市建成区内。汽车加油、加气站和加油加气合建站的分级，汽车加油、加气站和加油加气合建站及其加油（气）机、储油（气）罐等与站外明火或散发火花地点、建筑、铁路、道路之间的防火间距，以及站内各建筑或设施之间的防火间距，应符合现行国家标准《汽车加油加气站设计与施工规范》（GB 50156）的规定。

9. 电力系统电压为 35~500kV 且每台变压器容量在 10MVA 以上的室外变、配电站以及工业企业的变压器总油量>5t 的室外降压变电站，与建筑之间的防火间距不应<表 21-6 中的规定。

10. 厂区围墙与厂内建筑之间的间距不宜<5.0m，且围墙两侧的建筑物之间还应满足相应的防火间距要求。

四、仓库的防火间距

1. 甲类仓库之间及其与其他建筑、明火或散发火花地点、铁路、道路等的防火间距不应<表 21-6 中的规定。甲类厂房、甲类仓库，可燃材料堆场，甲、乙类液体储罐，液化石油气储藏，可燃、助燃气体储罐与架空电力线的最近水平距离不应<电杆（塔）高度的 1.5 倍，丙类液体储罐与架空电力线的最近水平距离不应<电杆（塔）高度的 1.2 倍。厂内铁路装卸线与设置装卸站台的甲类仓库的防火间距，可不受表 21-6 规定的限制。

2. 乙、丙、丁、戊类仓库之间及与民用建筑之间的防火间距，不应<表 21-7 的规定。

3. 当丁、戊类仓库与公共建筑的耐火等级均为一、二级时，其防火间距可按下列规定执行：

（1）当较高一面外墙为不开设门窗洞口的防火墙，或比相邻较低一座建筑屋面高 15.0m 及以下范围内的外墙为不开设门窗洞口的防火墙时，其防火间距可不限。

甲类仓库之间及其与其他建筑、明火或散发火花地点、铁路等的防火间距（m）甲类仓库及其储量（t）　　　　表21-6

名　称		甲类仓库及其储量(t)			
		甲类储存物品第3、4项		甲类储存物品第1、2、5、6项	
		≤5	>5	≤10	>10
重要公共建筑		50			
甲类仓库		20			
民用建筑、明火或散发火花地点		30	40	25	30
其他建筑	一、二级耐火等级	15	20	12	15
	三级耐火等级	20	25	15	20
	四级耐火等级	25	30	20	25
电力系统电压为35～500kV且每台变压器容量在10MVA以上的室外变、配电站工业企业的变压器总油量>5t的室外降压变电站		30	40	25	30
厂外铁路线中心线		40			
厂内铁路线中心线		30			
厂外道路路边		20			
厂内道路路边	主要	10			
	次要	5			

注：甲类仓库之间的防火间距，当第3、4项物品储量≤2t，第1、2、5、6项物品储量≤5t时，不应<12.0m，甲类仓库与高层仓库之间的防火间距不应<13m。

乙、丙、丁、戊类仓库之间及与民用建筑之间的防火间距（m）　　　　表21-7

建筑类型		单层、多层乙、丙、丁、戊类仓库						高层仓库	甲类厂房
		单层、多层乙、丙、丁类仓库			单层、多层戊类仓库				
	耐火等级	一、二级	三级	四级	一、二级	三级	四级	一、二级	一、二级
单层、多层乙、丙、丁、戊类仓库	一、二级	10	12	14	10	12	14	13	12
	三级	12	14	16	12	14	16	15	14
	四级	14	16	18	14	16	18	17	16
高层仓库	一、二级	13	15	17	13	15	17	13	13
民用建筑	一、二级	10	12	14	6	7	9	13	25
	三级	12	14	16	7	8	10	15	
	四级	14	16	18	9	10	12	17	

注：1. 单层、多层戊类仓库之间的防火间距，可按本表减少2.0m。
2. 两座仓库相邻较高一面外墙为防火墙，且总占地面积≤一座仓库的最大允许占地面积规定时，其防火间距不限。
3. 除乙类第6项物品外的乙类物品仓库，与民用建筑之间的防火间距不宜<25.0m，与重要公共建筑之间的防火间距不宜<30.0m，与铁路、道路等的防火间距不宜<甲类仓库与铁路、道路等的防火间距。

（2）相邻较低一面外墙为防火墙，且屋顶不设天窗、屋顶耐火极限不低于1.00h，或相邻较高一面外墙为防火墙，且墙上开口部位采取了防火保护措施，其防火间距可适当减小，但不应<4.0m。

4. 粮食筒仓与其他建筑之间及粮食筒仓组与组之间的防火间距，不应＜表 21-8 中的规定。

粮食筒仓与其他建筑之间及粮食筒仓组与组之间的防火间距（m）　　表 21-8

名称	粮食总储量(吨)	粮食立筒仓			粮食浅圆仓		建筑的耐火等级		
		W≤40000	40000＜W≤50000	W＞50000	W≤50000	W＞50000	一、二级	三级	四级
粮食立筒仓	500＜W≤10000	15	20	25	20	25	10	15	20
	10000＜W≤40000						15	20	25
	40000＜W≤50000	20					20	25	30
	W＞50000	25					25	30	—
粮食浅圆仓	W≤50000	20	20	25	20	25	20	25	—
	W＞50000	25					25	30	—

注：1. 当粮食立筒仓、粮食浅圆仓与工作塔、接收塔、发放站为一个完整工艺单元的组群时，组内各建筑之间的防火间距不受本表限制。
　　2. 粮食浅圆仓组内每个独立仓的储量不应＞10000t。

5. 库区围墙与库区内建筑之间的间距不宜＜5.0m，且围墙两侧的建筑之间还应满足相应的防火间距规定。

五、甲、乙、丙类液体储罐（区）的防火间距

1. 甲、乙、丙类液体储罐（区），乙、丙类液体桶装堆场与建筑物的防火间距，不应＜表 21-9 中的规定。

甲、乙、丙类液体储罐（区），乙、丙类液体桶装堆场与建筑物的防火间距（m）　　表 21-9

项　目			建筑物的耐火等级			室外变、配电站
			一、二级	三级	四级	
甲、乙类液体	一个罐区或堆场的总储量 V(m³)	1≤V＜50	12	15	20	30
		50≤V＜200	15	20	25	35
		200≤V＜1000	20	25	30	40
		1000≤V＜5000	25	30	40	50
丙类液体		5≤V＜250	12	15	20	24
		250≤V＜1000	15	20	25	28
		1000≤V＜5000	20	25	30	32
		5000≤V＜25000	25	30	40	40

注：1. 当甲、乙类液体和丙类液体储罐布置在同一储罐区时，其总储量可按 1m³ 甲、乙类液体相当于 5m³ 丙类液体折算。
　　2. 防火间距应从距建筑物最近的储罐外壁、堆垛外缘算起，但储罐防火堤外侧基脚线至建筑物的距离不应＜10.0m。
　　3. 甲、乙、丙类液体的固定顶储罐区，半露天堆场和乙、丙类液体桶装堆场与甲类厂（库）房、民用建筑的防火间距，应按本表的规定增加 25%，且甲、乙类液体储罐区，半露天堆场，乙、丙类液体桶装堆场与甲类厂（库）房、民用建筑的防火间距不应＜25.0m，与明火或散发火花地点的防火间距，应按本表四级耐火等级建筑的规定增加 25%。
　　4. 浮顶储罐区或闪点＞120℃的液体储罐区与建筑物的防火间距，可按本表的规定减少 25%。
　　5. 当数个储罐区布置在同一库区内时，储罐区之间的防火间距不应＜本表相应储量的储罐区与四级耐火等级建筑之间防火间距的较大值。
　　6. 直埋地下的甲、乙、丙类液体卧式罐，当单罐容积≤50m³，总容积≤200m³ 时，与建筑物之间的防火间距可按本表规定减少 50%。
　　7. 室外变、配电站指电力系统电压为 35～500kV 且每台变压器容量在 10mVA 以上的室外变、配电站以及工业企业的变压器总油量＞5t 的室外降压变电站。

2. 甲、乙、丙类液体储罐之间的防火间距不应<表 21-10 中的规定。

3. 甲、乙、丙类液体储罐成组布置时，应符合下列规定：

(1) 组内储罐的单罐储量和总储量不应>表 21-11 中的规定；

(2) 组内储罐的布置不应超过两排。甲、乙类液体立式储罐之间的防火间距不应<2.0m，卧式储罐之间的防火间距不应<0.8m；丙类液体储罐之间的防火间距不限。

(3) 储罐组之间的防火间距应根据组内储罐的形式和总储量折算为相同类别的标准单罐，并应表 21-11 中规定确定。

4. 甲、乙、丙类液体储罐与泵房、装卸鹤管的防火间距不应<表 21-12 中的规定。

甲、乙、丙类液体储罐之间的防火间距（m）　　　　表 21-10

类型		储罐形式				
		固定顶罐			浮顶储罐	卧式储罐
		地上式	半地下式	地下式		
甲、乙类液体	单罐容量 $V(m^3)$	$V \leq 1000$	0.75D	0.5D	0.4D	0.4D	不<0.8m
		$V > 1000$	0.6D				
丙类液体		不论容量大小	0.4D	不限	不限	—	

注：1. D 为相邻较大立式储罐的直径（m）；矩形储罐的直径为长边与短边之和的一半。
2. 不同液体、不同形式储罐之间的防火间距不应<本表规定的较大值。
3. 两排卧式储罐之间的防火间距不应<3.0m。
4. 设置充氮保护设备的液体储罐之间的防火间距可按浮顶储罐的间距确定。
5. 当单罐容量≤1000m³ 且采用固定冷却消防方式时，甲、乙类液体的地上式固定顶罐之间的防火间距不应<0.6D。
6. 同时设有液下喷射泡沫灭火设备、固定冷却水设备和扑救防火堤内液体火灾的泡沫灭火设备时，储罐之间的防火间距可适当减小，但地上式储罐不宜<0.4D。
7. 闪点>120℃ 的液体，当储罐容量>1000m³ 时，其储罐之间的防火间距不应<5.0m；当储罐容量≤1000m³ 时，其储罐之间的防火间距不应<2.0m。

甲、乙、丙类液体储罐分组布置的限量　　　　表 21-11

名称	单罐最大储量(m³)	一组罐最大储量(m³)
甲、乙类液体	200	1000
丙类液体	500	3000

甲、乙、丙类液体储罐与泵房、装卸鹤管的防火间距（m）　　　　表 21-12

液体类别和储罐形式		泵房	铁路装卸鹤管、汽车装卸鹤管
甲、乙类液体储罐	拱顶罐	15	20
	浮顶罐	12	15
丙类液体储罐		10	12

注：1. 总储量≤1000m³ 的甲、乙类液体储罐，总储量≤5000m³ 的丙类液体储罐，其防火间距可按本表的规定减少 25%。
2. 泵房、装卸鹤管与储罐防火堤外侧基脚线的距离不应<5.0m。

5. 甲、乙、丙类液体装卸鹤管与建筑物、厂内铁路线的防火间距不应<表 21-13 的规定。

6. 甲、乙、丙类液体储罐与铁路、道路的防火间距不应<表 21-14 的规定。

7. 零位罐与所属铁路装卸线的距离不应<6.0m。

甲、乙、丙类液体装卸鹤管与建筑物、厂内铁路线的防火间距（m）　　表 21-13

名　　称	建筑物的耐火等级			厂内铁路线	泵房
	一、二级	三级	四级		
甲、乙类液体装卸鹤管	14	16	18	20	8
丙类液体装卸鹤管	10	12	14	10	

注：装卸鹤管与其直接装卸用的甲、乙、丙类液体装卸铁路线的防火间距不限。

甲、乙、丙类液体储罐与铁路、道路的防火间距（m）　　表 21-14

名　　称	厂外铁路线中心线	厂内铁路线中心线	厂外道路路边	厂内道路路边	
				主要	次要
甲、乙类液体储罐	35	25	20	15	10
丙类液体储罐	30	20	15	10	5

8. 石油库的储罐（区）与建筑物的防火间距，石油库内的储罐布置和防火间距以及储罐与泵房、装卸鹤管等库内建筑物的防火间距，应按现行国家标准《石油库设计规范》（GB 50074）的规定执行。

六、可燃、助燃气体储罐（区）的防火间距

1. 可燃气体储罐与建筑物、储罐、堆场的防火间距应符合下列规定：
（1）湿式可燃气体储罐与建筑物、储罐、堆场的防火间距不应＜表 21-15 的规定。
（2）干式可燃气体储罐与建筑物、储罐、堆场的防火间距：当可燃气体的密度比空气大时，应按表 21-15 的规定增加 25％；当可燃气体的密度比空气小时，可按表 21-15 的规定确定。
（3）湿式或干式可燃气体储罐的水封井、油泵房和电梯间等附属设施与该储罐的防火间距，可按工艺要求布置。
（4）容积≤$20m^3$ 的可燃气体储罐与其使用厂房的防火间距不限。
（5）固定容积的可燃气体储罐与建筑物、储罐、堆场的防火间距不应＜表 21-15 的规定。

湿式可燃气体储罐与建筑物、储罐、堆场的防火间距（m）　　表 21-15

名　　称			湿式可燃气体储罐的总容积 $V(m^3)$			
			$V \leqslant 1000$	$1000 \leqslant V < 10000$	$10000 \leqslant V < 50000$	$50000 \leqslant V < 100000$
甲类物品仓库 明火或散发火花的地点 甲、乙、丙类液体储罐 可燃材料堆场 室外变、配电站			20	25	30	35
民用建筑			18	20	25	30
其他建筑	耐火等级	一、二级	12	15	20	25
		三级	15	20	25	30
		四级	20	25	30	35

注：固定容积可燃气体储罐的总容积按储罐几何容积（m^3）和设计储贮压力（绝对压力，10^5 帕）的乘积计算。

2. 可燃气体储罐或罐区之间的防火间距应符合的下列规定：

(1) 湿式可燃气体储罐之间、干式可燃气体储罐之间以及湿式与干式可燃气体储罐之间的防火间距，不应＜相邻较大罐直径的1/2。

(2) 固定容积的可燃气体储罐之间的防火间距不应＜相邻较大罐直径的2/3。

(3) 固定容积的可燃气体储罐与湿式或干式可燃气体储罐之间的防火间距，不应＜相邻较大罐直径的1/2。

(4) 数个固定容积的可燃气体储罐的总容积＞200000m³时，应分组布置。卧式储罐组与组之间的防火间距不应＜相邻较大罐长度的一半；球形储罐组与组之间的防火间距不应＜相邻较大罐直径，且不应＜20.0m。

3. 氧气储罐与建筑物、储罐、堆场的防火间距应符合下列规定：

(1) 湿式氧气储罐与建筑物、储罐、堆场的防火间距不应＜表21-16的规定。

(2) 氧气储罐之间的防火间距不应＜相邻较大罐直径的1/2。

(3) 氧气储罐与可燃气体储罐之间的防火间距，不应＜相邻较大罐的直径。

(4) 氧气储罐与其制氧厂房的防火间距可按工艺布置要求确定。

(5) 容积≤50m³的氧气储罐与其使用厂房的防火间距不限。

(6) 固定容积的氧气储罐与建筑物、储罐、堆场的防火间距不应＜表21-16的规定。

湿式氧气储罐与建筑物、储罐、堆场的防火间距（m） 表21-16

名　称			湿式氧气储罐的总容积 V(m³)		
			$V≤1000$	$1000<V≤5000$	$V>5000$
甲、乙、丙类液体储罐 可燃材料堆场 甲类物品仓库 室外变、配电站			20	25	30
民用建筑			18	20	25
其他 建筑	耐火 等级	一、二级	10	12	14
		三级	12	14	16
		四级	14	16	18

注：固定容积氧气储罐的总容积按储罐几何容积（m³）和设计储贮压力（绝对压力，10⁵Pa）的乘积计算。

4. 液氧储罐与建筑物、储罐、堆场的防火间距应符合相应储量湿式氧气储罐防火间距的规定。液氧储罐与其泵房的间距不宜＜3.0m。总容积≤3m³的液氧储罐与其使用建筑的防火间距应符合下列规定：

(1) 当设置在独立的一、二级耐火等级的专用建筑物内时，其防火间距不应＜10.0m。

(2) 当设置在独立的一、二级耐火等级的专用建筑物内，且面向使用建筑物一侧采用无门窗洞口的防火墙隔开时，其防火间距不限。

(3) 当低温储存的液氧储罐采取了防火措施时，其防火间距不应＜5.0m。

注：1m³液氧折合标准状态下800m³气态氧。

5. 液氧储罐周围5.0m范围内不应有可燃物和设置沥青路面。

6. 可燃、助燃气体储罐与铁路、道路的防火间距不应＜表21-17的规定。

可燃、助燃气体储罐与铁路、道路的防火间距（m）　　　表 21-17

名　称	厂外铁路中心线	厂内铁路线中心线	厂外道路路边	厂内道路路边 主要	厂内道路路边 次要
可燃、助燃气体储罐	25	20	15	10	5

7. 液氢储罐与建筑物、储罐、堆场的防火间距可按相应储量液化石油气储罐防火间距的规定减少 25% 确定。

七、液化石油气储罐（区）的防火间距

1. 液化石油气供应基地的全压式和半冷冻式储罐或罐区与明火、散发火花地点和基地外建、构筑物之间的防火间距，不应＜表 21-18 的规定。

液化石油气供应基地的全压式和半冷冻式储罐或罐区与明火、
散发火花地点和基地外建、构筑物之间的防火间距（m）　　　表 21-18

总容积 $V(m^3)$			30＜V≤50	50＜V≤200	200＜V≤500	500＜V≤1000	1000＜V≤2500	2500＜V≤5000	V＞5000
单罐容量 $V(m^3)$			V≤20	V≤50	V≤100	V≤200	V≤400	V≤1000	V＞1000
居住区、村镇和学校、影剧院、体育馆等重要公共建筑(最外侧建、构筑物外墙)			45	50	70	90	110	130	150
工业企业（最外侧建、构筑物外墙）			27	30	35	40	50	60	75
明火或散发火花地点 室外变、配电站			45	50	55	60	70	80	120
民用建筑、甲、乙类液体储罐 甲乙类仓库、甲乙类厂房 稻草、麦秸、芦苇、打包废纸等材料堆场			40	45	50	55	65	75	100
丙类液体储罐、可燃气体储罐 丙丁类厂房、丙丁类仓库			32	35	40	45	55	65	80
助燃气体储罐、木材等材料堆场			27	30	35	40	50	60	75
其他建筑	耐火等级	一、二级	18	20	22	25	30	40	50
		三级	22	25	27	30	40	50	60
		四级	27	30	35	40	50	60	75
公路（路边）	高速、Ⅰ、Ⅱ级		20			25			30
	Ⅲ、Ⅳ级		15			20			25
架空电力线（中心线）			应符合《建筑设计防火规范》（GB 50016）中第 11.2.1 条的规定						
架空通信线（中心线）	Ⅰ、Ⅱ级		30			40			
	Ⅲ、Ⅳ级		1.5 倍杆高						
铁路（中心线）	国家线		60	70		80		100	
	企业专用线		25	30		35		40	

注：1. 防火间距应按本表储罐总容积或单罐容积较大者确定，并应从距建筑最近的储罐外壁、堆垛外缘算起。
2. 当地下液化石油气储罐的单罐容积≤50m³，总容积≤400m³ 时，其防火间距可按本表减少 50%。
3. 居住区、村镇系指 1000 人或 300 户以上者，以下者按本表民用建筑执行。
4. 与本表规定以外的其他建、构筑物的防火间距，应按现行国家标准《城镇燃气设计规范》（GB 50028）的有关规定执行。

2. 液化石油气储罐之间的防火间距不应＜相邻较大罐的直径。

3. 数个储罐的总容积＞3000m³ 时，应分组布置，组内储罐宜采用单排布置。组与组之间相邻储罐的防火间距，不应＜20.0m。

4. 液化石油气储罐与所属泵房的距离不应＜15.0m。当泵房面向储罐一侧的外墙采用无门窗洞口的防火墙时，其防火间距可减少至 6.0m。液化石油气泵露天设置在储罐区内时，泵与储罐之间的距离不限。

5. 全冷冻式液化石油气储罐与周围建、构筑物之间的防火间距，应按现行国家标准《城镇燃气设计规范》（GB 50028）的规定执行。

6. 液化石油气气化站、混气站的储罐，与周围建、构筑物之间的防火间距，应按现行国家标准《城镇燃气设计规范》（GB 50028）的规定执行。

7. 工业企业内总容积≤10m³ 的液化石油气气化站、混气站的储罐，当设置在专用的独立建筑内时，其外墙与相邻厂房及其附属设备之间的防火间距可按甲类厂房有关防火间距的规定执行。当露天设置时，与建筑、储罐、堆场的防火间距应按现行国家标准《城镇燃气设计规范》（GB 50028）的规定执行。

8. Ⅰ级瓶装液化石油气供应站的四周宜设置不燃烧体的实体围墙，但面向出入口一侧可设置不燃烧体非实体围墙。Ⅱ级瓶装液化石油气供应站的四周宜设置不燃烧体的实体围墙，其底部实体部分高度不应低于 0.6m。Ⅰ、Ⅱ级瓶装液化石油气供应站瓶库与站外建筑之间的防火间距不应＜表 21-19 的规定。

Ⅰ、Ⅱ级瓶装液化石油气供应站瓶库与站外建筑之间的防火间距（m） 表 21-19

名　　称	Ⅰ级		Ⅱ级	
瓶库的总存瓶容积V(m³)	6＜V≤10	10＜V≤20	1＜V≤3	3＜V≤6
明火、散发火花地点	30	35	20	25
重要公共建筑	20	25	12	15
民用建筑	10	15	6	8
主要道路路边	10	10	8	8
次要道路路边	5	5	5	5

注：1. 总存瓶容积按实瓶个数与总瓶几何的乘积计算。
2. 瓶装液化石油气供应站的分级及总瓶容积≤1m³ 的瓶装供应站瓶库的设置应符合《城镇燃气设计规范》（GB 50028）的有关规定。

八、可燃材料堆场的防火间距

1. 露天、半露天可燃材料堆场与建筑物的防火间距不应＜表 21-20 的规定。

2. 当一个木材堆场的总储量＞25000m³ 或一个稻草、麦秸、芦苇、打包废纸等材料堆场的总储量＞25000t 时，宜分设堆场。各堆场之间的防火间距不应＜相邻较大堆场与四级耐火等级建筑的间距。

3. 不同性质物品堆场之间的防火间距，不应＜表 21-20 相应储量堆场与四级耐火等级建筑之间防火间距的较大值。

4. 露天、半露天可燃材料堆场与甲、乙、丙类液体储罐的防火间距，不应＜相应储量的堆场与四级耐火等级建筑之间防火间距的较大值。

5. 露天、半露天可燃材料堆场与铁路、道路的防火间距不应＜表 21-21 的规定。

露天、半露天可燃材料堆场与建筑物的防火间距（m）　　　表 21-20

名　称	个堆场的总储量	建筑物的耐火等级		
		一、二级	三级	四级
粮食库大圈 W(t)	10≤W<5000	15	20	25
	5000≤W<20000	20	25	30
粮食土圈仓 W(t)	500≤W<10000	10	15	20
	10000≤W<20000	15	20	25
棉、麻、毛、化纤、百货 W(t)	10≤W<500	10	15	20
	500≤W<1000	15	20	25
	1000≤W<5000	20	25	30
稻草、麦秸、芦苇、打包废纸等 W(t)	10≤W<5000	15	20	25
	5000≤W<10000	20	25	30
	W≥10000	25	30	40
木材等 V(m³)	50≤V<1000	10	15	20
	1000≤V<10000	15	20	25
	V≥10000	20	25	30
煤和焦炭 W(t)	100≤W<5000	6	8	10
	W≥5000	8	10	12

注：露天、半露天稻草、麦秸、芦苇、打包废纸等材料堆场与甲类厂房、甲类仓库以及民用建筑的防火间距，应根据建筑物的耐火等级分别按本表的规定增加 25%，且不应<25.0m；与室外变、配电站的防火间距不应<50.0m；与明火或散发火花的地点的防火间距，应按本表四级耐火等级建筑的相应规定增加 25%。

露天、半露天可燃材料堆场与铁路、道路的防火间距（m）　　　表 21-21

名　称	厂外铁路中心线	厂内铁路线中心线	厂外道路路边	厂内道路路边	
				主要	次要
稻草、麦秸、芦苇、打包废纸等材料堆场	30	20	15	10	5

注：未列入本表的可燃材料堆场与铁路的防火间距，可根据储存物品的火灾危险性按类比原则确定。

九、民用建筑的防火间距

1. 民用建筑之间的防火间距不应<表 21-22 的规定，与其他建筑物之间的防火间距应按有关规定执行。

2. 民用建筑与单独建造的终端变电所、单台蒸汽锅炉的蒸发量≤4t/h 或单台热水锅炉的额定热功率≤2.8mW 的燃煤锅炉房，其防火间距可按民用建筑之间的防火间距（m）规定执行。民用建筑与单独建造的其他变电所、燃油或燃气锅炉房及蒸发量或额定热功率＞上述规定的燃煤锅炉房，其防火间距应按有关室外变、配电站和丁类厂房的规定执行。10kV 以下的箱式变压器与建筑物的防火间距不应<3.0m。

3. 数座一、二级耐火等级的多层住宅或办公楼，当建筑物的占地面积的总和≤2500m² 时，可成组布置，但组内建筑物之间的间距不宜<4.0m。组与组或组与相邻建筑物之间的防火间距不应<民用建筑之间的防火间距（m）的规定。

民用建筑之间的防火间距（m）　　　　　　表 21-22

耐火等级	一、二级	三级	四级
一、二级	6	7	9
三级	7	8	10
四级	9	10	12

注：1. 两座建筑物相邻较高一面外墙为防火墙或高出相邻较低一座一、二级耐火等级建筑物的屋面 15m 范围内的外墙为防火墙且不开设门窗洞口时，其防火间距可不限。
2. 相邻的两座建筑物，当较低一座的耐火等级不低于二级、屋顶不设置天窗、屋顶承重构件及屋面板的耐火极限不低于 1.00h，且相邻的较低一面外墙为防火墙时，其防火间距不应<3.5m。
3. 相邻的两座建筑物，当较低一座的耐火等级不低于二级，相邻较高一面外墙的开口部位设置耐火极限不低于 1.20h 的防火门窗，或设置符合现行国家标准《自动喷水灭火系统设计规范》GB 50084 规定的防火分隔水幕或防火卷帘时，其防火间距不应<3.5m。
4. 相邻两座建筑物，当相邻外墙为不燃烧体且无外露的燃烧体屋檐，每面外墙上未设置防火保护措施的门窗洞口不正对开设，且面积之和≤该外墙面积的 5% 时，其防火间距可按本表规定减少 25%。
5. 耐火等级低于四级的原有建筑物，其耐火等级可按四级确定；以木柱承重且以不燃烧材料作为墙体的建筑，其耐火等级应按四级确定。
6. 防火间距应按相邻建筑物外墙的最近距离计算，当外墙有凸出的可燃构件时，应从其凸出部分外缘算起。

十、厂房和仓库的防爆设计

有爆炸危险的厂房和仓库，如一旦发生爆炸，常常是厂房倒塌，机毁人亡，若处理不当，还会波及相邻厂房造成严重的损害。因此，对具有爆炸危险的厂房和仓库必须很好地进行防爆设计。

对具有爆炸危险的甲、乙类厂房，通常应采用单层的建筑，不允许设地下室。如工艺上要求多层建筑，则应将有爆炸危险的生产设备布置在最上一层靠外墙处较为安全。因为爆炸部位以上的建筑物在爆炸时，往往要遭到损毁。如工艺上要求将有爆炸危险的生产设备布置在下层时，必须用钢筋混凝土楼板与上下层严密分隔，并采用封闭楼梯。厂房承重结构宜采用钢筋混凝土或钢框架、排架结构，钢柱宜采用防火保护层。有爆炸危险的生产设备还应尽量避开厂房的梁、柱等承重构件布置。

有爆炸危险的甲、乙类厂房宜独立设置，并宜采用敞开式或半敞开式的厂房，以避免可燃气体或可燃蒸气的积聚。

有爆炸危险的甲、乙类厂房，应设置必要的泄压设施，其泄压设施宜采用轻质屋盖作为泄压面积，向外开启而易于泄压的门和玻璃窗，以及轻质墙体也可作为泄压面积。当厂房内发生爆炸时，这些耐压薄弱的建筑物配件，可最先爆破而向外泄压，使厂房内爆炸产生的压力迅速下降，从而减轻爆炸压力对厂房的承重结构的作用，避免整个厂房发生倒塌。作为泄压面积的轻质屋盖和轻质墙体的每 m^2 重量不宜超过 60kg。屋顶上的泄压设施应采取防冰雪积聚的措施。

影响爆炸威力的因素很多，如介质特性、混合浓度、爆炸地点、厂房体积、外形、温度、湿度等。根据当前我国建筑结构发展的水平和实践经验，泄压面积与厂房体积的比值（m^2/m^3）宜采用 0.05～0.22。爆炸介质威力较强或爆炸压力上升速度较快的厂房，应尽量加大泄压面积与厂房体积的比值。当体积超过 $1000m^3$ 的厂房，如采用上述比值有困难时，可适当降低，但不宜<$0.03m^2/m^3$。

厂房泄压面积的设置，应避开人员集中的场所和主要交通道路，并宜靠近容易发生爆炸的部位。除此之外，还应考虑不影响邻近建筑物的安全。

对散发较空气轻的可燃气体、可燃蒸气的甲类厂房，宜采用全部或局部轻质屋盖作为泄压设施，厂房的顶棚应尽量平整避免死角，厂房上部空间要通风良好。

对散发较空气重的可燃气体、可燃蒸气的甲类厂房，以及有粉尘、纤维爆炸危险的乙类厂房，应采用不发生火花的地面。如采用绝缘材料作整体面层时，应采取防静电措施。地面下不宜设置地沟，如必须设置时，其地沟的盖板应严密，并应采用非燃烧材料紧密填实，与相邻厂房连通处，应采用非燃烧材料密封。散发可燃粉尘、纤维的厂房内表面应平整、光滑，并易于清扫。

有爆炸危险的甲、乙类生产部位，宜设在单层厂房靠外墙或多层厂房的最上一层靠外墙处。有爆炸危险的设备应尽量避开厂房的梁、柱等承重构件布置。

有爆炸危险的甲、乙类厂房内不应设置办公室、休息室。如必须贴邻本厂房设置办公室、休息室，以及通风室、配电室、仪表室、分析化验室、储藏室等时，应采用一、二级耐火等级建筑，并应采用耐火极限不低于3h的非燃烧体防护墙隔开和设置直通室外或疏散楼梯的安全出口。

有爆炸危险的甲、乙类厂房总控制室应独立设置，其分控制室可毗邻外墙设置，并应用耐火极限不低于3h的非燃烧体墙与其他部分隔开。

使用和生产甲、乙、丙类液体的厂房管、沟不应和相邻厂房的管、沟相通，该厂房的下水道应设有隔油设施，以使该厂房的工业废水先经过隔油设施后再排放到全厂性生产下水道的排水沟。为避免生产过程中的可燃气体沿该厂房的下水道扩散到全厂性的下水道中而遇火源引起爆炸事故，以及阻止火焰的蔓延，在该厂房的下水道主管应设置水封井。该厂房内的地板应用不吸收液体的非燃烧材料铺成，地板应略有坡度。

甲、乙、丙类液体仓库应设置防止液体流散的设施。遇湿会发生燃烧爆炸的物品仓库应设置防止水浸渍的措施。

有粉尘爆炸危险的筒仓，其顶部盖板应设置必要的泄压设施。粮食筒仓的工作塔、上通廊的泄压面积应按相关规定执行。有粉尘爆炸危险的其他粮食储存设施应采取防爆措施。

有爆炸危险的甲、乙类仓库，宜按相关规定采取防爆措施，设置泄压设施。

十一、厂房内人员的安全疏散

在设计生产厂房时，必须设有足够数量的出口，以便在发生事故时，厂房内的人员和物品可尽快地疏散。设计出口时，要从安全的角度出发，出口要足够大，位置要合适。

1. 厂房的安全出口应分散布置。每个防火分区、一个防火分区的每个楼层，其相邻2个安全出口最近边缘之间的水平距离不应<5.0m。

2. 厂房的每个防火分区、一个防火分区内的每个楼层，其安全出口的数量应经计算确定，且不应少于2个；当符合下列条件时，可设置1个安全出口：

(1) 甲类厂房，每层建筑面积≤100m^2，且同一时间的生产人数不超过5人；

(2) 乙类厂房，每层建筑面积≤150m^2，且同一时间的生产人数不超过10人；

(3) 丙类厂房，每层建筑面积≤250m^2，且同一时间的生产人数不超过20人；

(4) 丁、戊类厂房,每层建筑面积≤400m²,且同一时间的生产人数不超过30人;

(5) 地下、半地下厂房或厂房的地下室、半地下室,其建筑面积≤50m²,经常停留人数不超过15人。

3. 地下、半地下厂房或厂房的地下室、半地下室,当有多个防火分区相邻布置,并采用防火墙分隔时,每个防火分区可利用防火墙上通向相邻防火分区的甲级防火门作为第二安全出口,但每个防火分区必须至少有1个直通室外的安全出口。

要求生产厂房都应设有两个或两个以上的安全出口的原因,就是当发生火灾事故时,或遇有紧急情况时,一个出口被火或倒塌下来的物体等堵住时,还有一个出口能够通行,以利于人员能够很快地从生产厂房内撤出疏散,避免造成更严重的人员伤亡。

4. 为了在容许的疏散时间内进行安全疏散,还要求在生产厂房内任一点到最近安全出口的距离不应>表21-23的规定。

房内任一点到最近安全出口的距离(m)　　　　　表21-23

生产类别	耐火等级	单层厂房	多层厂房	高层厂房	地下、半地下厂房或厂房的地下室、半地下室
甲	一、二级	30	25	—	
乙	一、二级	75	50	30	
丙	一、二级	80	60	40	30
	三级	60	40	—	—
丁	一、二级	不限	不限	50	45
	三级	60	50	—	—
	四级	50	—	—	—
戊	一、二级	不限	不限	75	60
	三级	100	75	—	—
	四级	60	—	—	—

5. 为了满足容许疏散时间的要求,除了工作地点到安全出口的距离要加以限制外,还要规定安全出口的宽度,如果安全出口的宽度不足,必然会延长疏散时间,这对安全疏散是不利的。因此,厂房每层的疏散楼梯、走道、门的各自总宽度应根据疏散人数,按表21-24的规定计算确定。但疏散楼梯的最小净宽度不宜<1.1m,疏散走道的最小净宽度不宜<1.4m,门的最小净宽度不宜<0.9m。当每层人数不相等时,疏散楼梯的总净宽度应分层计算,下层楼梯总净宽度应按该层或该层以上人数最多的一层计算。首层外门的总净宽度应按该层或该层以上人数最多的一层计算,且该门的最小净宽度不应<1.2m。

厂房疏散楼梯、走道和门的净宽度指标(m/百人)　　　　　表21-24

厂房层数	一、二层	三层	四级
宽度指标	0.6	0.8	1.0

6. 高层厂房和甲、乙、丙类多层厂房应设置封闭楼梯间或室外楼梯。建筑高度>32m且任一层人数超过10人的高层厂房,应设置防烟楼梯间或室外楼梯。

室外楼梯、封闭楼梯间、防烟楼梯间的设计,应符合《建筑设计防火规范》中的有关规定。

7. 建筑高度>32.0m 且设置电梯的高层厂房，每个防火分区内宜设置一部消防电梯。消防电梯可与客、货梯兼用，消防电梯的防火设计应符合现行《建筑设计防火规范》的规定。

甲、乙、丙类厂房和高层厂房的疏散楼梯应采用封闭楼梯间，高度超过 32m 的且每层人数超过 10 人的高层厂房，宜采用防烟楼梯间或室外楼梯。防烟楼梯间及其前室的要求应按《高层民用建筑设计防火规范》的有关规定执行。

高度超过 32m 的设有电梯的高层厂房，每个防火分区内应设一台消防电梯（可与客、货梯兼用），并应符合下列条件：

1. 消防电梯间应设前室，其面积不应<6.00m²，与防烟楼梯间合用的前室，其面积不应<10.00m²；

2. 消防电梯间前室宜靠外墙，在底层应设直通室外的出口，或经过长度不超过 30m 的通道通向室外；

3. 消防电梯井、机房与相邻电梯井、机房之间，应采用耐火极限不低于 2.50h 的墙隔开；当在隔墙上开门时，应设甲级防火门；

4. 消防电梯间前室，应采用乙级防火门或防火卷帘；

5. 消防电梯，应设电话和消防队专用的操纵按钮；

6. 消防电梯的井底，应设排水设施。

高度超过 32m 的设有电梯的高层塔架，当每层工作平台人数不超过 2 人时，或者丁、戊类厂房；当局部建筑高度超过 32m 且局部升起部分的每层建筑面积不超过 50m² 时，可不设消防电梯。

疏散用的室外楼梯净宽度不应<0.9m，倾斜度不应>45°，扶手栏杆的高度不应<1.1m。室外楼梯和每层出口处平台，应采用非燃材料制作，平台的耐火极限不应低于 1.00h。

安全出口的门应有天然采光，如无天然采光应设事故照明。安全出口靠近门口 1.4m 以下不应设踏步，门必须向疏散方向开启，以便在紧急情况下顺势将门推开，并不应设置门槛。

疏散走道和其他主要疏散路线的地面或靠近地面的墙面上应设置发光疏散指示标志。

十二、不发火地面

所谓不发火地面，是指有爆炸危险的生产厂房为满足防爆要求而特制的地面。

在有爆炸危险的厂房，必须防止发生任何火花。为了避免穿带钉子的鞋或铁制工具等与地面摩擦或撞击时发生火花，就要求有爆炸危险的厂房的地面为不发火地面。此外，还要求这种地面有一定的软度和弹性，以减小可燃性粉尘受撞击或摩擦的机会，其地面应平滑无缝，以便于冲洗落在地面上的可燃性物质；地面应具有耐腐蚀性能，以满足生产工艺上使用酸碱等要求；地面还应有一定的导静电能力，以导除作业人员在地面上行走以及生产中物料和设备摩擦的产生的静电。

不发火地面用不发火材料建造。常用的不发火材料有石灰石、白云石、大地石、沥青、塑料、橡皮、木材、铅、铜、铝等。

建造不发火地面的材料，应先经过试验，证明确实为不发火后才能使用。试验材料是否发生火花,可利用电动打磨工具的金刚砂轮在暗室或夜间进行,首先对能发火材料试块进行摩擦发火试验,确认能清晰地分离火花,再将砂轮彻底打扫干净,试验不发火材料的试块。试块需从不少于 50 块材料中任选 10 块,每块试块重 150g。摩擦时应加 1~2kg 压力,必须在试块总重量中摩擦掉不少于 200g 后,试试才能结束。砂轮的转速与分离火花的能力有很大关系,转度愈高,分离出的火花愈清晰,故一般以砂轮外缘线速度来制约。

不发火地面按照其构造材料的性质可分为两种类型,一种是不发火金属地面,另一种是不发火非金属地面。不发火金属地面一般常用铜板、铝板、铅板等有色金属材料,根据使用要求采取局部铺设在水泥砂浆地面上,以节约有色金属材料和单位造价。不发火非金属地面按照材料性质可分为两种类型,一种是不发火有机材料地面,另一种是不发火无机材料地面。

不发火有机材料地面,一般常用沥青、木材、塑料、橡胶等有机材料,因此类材料大部分具有绝缘性能,作业人员在地面上行走或生产设备在地面上拖运时,由于摩擦、撞击等能够产生静电,为排除静电火花而引起爆炸事故,必须设置导除静电接地装置。

不发火无机材料地面,一般采用不发火水泥砂浆、细石混凝土、水磨石等无机材料,其构造与同类,一般地面构造相同,但面层严格要求使用不发火无机材料铺筑建造。

厂房地面一般常用的几种不发火地面的构造如下。

1. 不发火沥青砂浆地面,其构造如图 21-1 所示。

不发火沥青砂浆地面所用的砂子、碎石可选用石灰石、白云石、大理石等。为了增强不发火沥青砂浆地面的抗裂性、抗张强度、韧性及密实性等,可在浆料中掺入少量粉状石棉和硅藻土。

2. 不发火混凝土地面或不发火水泥砂浆地面,其构造如图 21-2 所示。

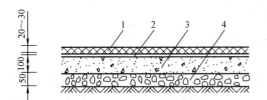

图 21-1 不发火沥青砂浆地面的构造
1—不发火沥青砂浆面层 20~30mm;
2—冷涂胶状沥青粘合层 1~2mm;
3—混凝土垫层 80~100mm;
4—碎石夯实基层 50mm

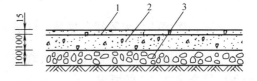

图 21-2 不发火混凝土地面的构造
1—C20 不发火混凝土面层(粒径为 3~12mm 的大理石、500 级硅酸盐水泥)15~30mm;
2—混凝土垫层 80~100mm;
3—碎石夯实基层 80~100mm

不发火混凝土及砂浆的制作与普通混凝土及砂浆相同,只是应注意选取不发火碎石及砂子作骨料即可。碎石粒度不超过 10mm,砂子粒度为 0.5~5mm。碎石用量在 $1m^3$ 的混凝土中不应少于 $0.8m^3$,砂子用量应占碎石孔隙体积的 1.1~1.3 倍。

3. 不发火水磨石地面,其构造如图 21-3 所示。

不发火水磨石地面的性能比不发火水泥砂浆地面好,它不仅强度及耐磨性高,而且表面光滑平整,不起灰尘,便于冲洗,又具有一定的导静电能力,适用于既要求防爆又要求清洁的厂房地面,其缺点是弹性差,造价较高。

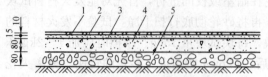
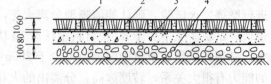

图 21-3　不发火水磨石地面的构造
1—铝条分格（12×4mm）；2—不发火水磨石面层 10mm；
（粒径为 3~5mm 的白云石、500 级硅酸盐水泥）；
3—1:3 水泥砂浆间层 15mm；4—混凝土垫层 80~100mm；
5—碎石夯实基层 80mm

图 21-4　不发火硬木地面的构造
1—硬木块（150mm×150mm×60mm）；2—不发火石砂；
3—混凝土垫层；4—碎石夯实基层

4. 不发火硬木地面，其构造如图 21-4 所示。
5. 不发火铅板地面，其构造如图 21-5 所示。

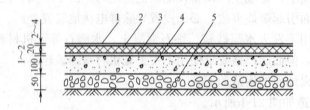

图 21-5　不发火铅板地面的构造
1—铅板地面（铅板厚度≥2mm）；2—不发火沥青砂浆间层 20mm；
3—冷涂胶状沥青粘合层 1~2mm；4—混凝土垫层 80~100mm；
5—碎石夯实基层 50mm

不发火铅板地面具有良好的导静电性能及耐腐蚀性能。因铅质软，冲击摩擦均不发生火花，但因造价高昂，只适用于既要求不发火又要求有良好的导静电、耐腐蚀性能的厂房，如硝化甘油或叠氮化铅生产的厂房。

6. 导电橡胶板铺敷地面。用导电橡胶板直接铺设在钢筋混凝土楼板或混凝土垫层上，作为不发火地面。此种不发火地面既不发火，又可导除静电。

十三、库房的耐火等级、层数、建筑面积和安全疏散

根据我国现行的《建筑设计防火规范》中的有关规定，库房的耐火等级、层数和建筑面积应符合表 21-25 的要求。

高层库房、高架仓库和筒仓的耐火等级不应低于二级，二级耐火等级的筒仓可采用钢板仓。贮存特殊贵重物品的库房，其耐火等级宜为一级。

独立建造的硝酸铵库房、电石库房、聚乙烯、尿素库房、配煤库房以及车站、码头、机场内的中转仓库，其建筑面积可按表 21-25 的规定增加 1 倍，但耐火等级不应低于二级。

装有自动灭火设备的库房，其建筑面积可按上表及上述的规定增加 1 倍。

石油库内桶装油品库房面积可按现行的国家标准《石油库设计规范》执行。

煤均化库防火分区最大允许建筑面积可为 12000m^2，但耐火等级不应低于二级。

一、二级耐火等级的冷库，每座库房的最大允许建筑面积和防火分隔面积，可按《冷库设计规范》有关规定执行。

在同一座库房或同一个防火墙间内，如储存数种火灾危险性不同的物品时，其库房或隔间的最低耐火等级、最多允许层数和最大允许建筑面积，应按其中火灾危险性最大的物品确定。

库房的耐火等级、层数和建筑面积　　　　表 21-25

贮存物品类别		耐火等级	最多允许层数	最大允许建筑面积(m²)						库房的地下室半地下室
				单层库房		多层库房		高层库房		
				每座库房	防火墙间	每座库房	防火墙间	每座库房	防火墙间	防火墙间
甲	3、4项	一级	1	180	60	—	—	—	—	—
	1、2、5、6项	一、二级	1	750	250	—	—	—	—	—
乙	1、3、4项	一、二级	3	2000	500	900	300	—	—	—
		三级	1	500	250	—	—	—	—	—
	2、5、6项	一、二级	5	2800	700	1500	500	—	—	—
		三级	1	900	300	—	—	—	—	—
丙	1项	一、二级	5	4000	1000	2800	700	—	—	150
		三级	1	1200	400	—	—	—	—	—
	2项	一、二级	不限	6000	1500	4800	1200	4000	1000	300
		三级	3	2100	700	1200	400	—	—	—
丁		一、二级	不限	不限	3000	不限	1500	4000	1200	500
		三级	3	3000	1000	1500	1500	—	—	—
		四级	1	2100	700	—	—	—	—	—
戊		一、二级	不限	不限	不限	不限	2000	6000	1500	1000
		三级	3	3000	1000	2100	700	—	—	—
		四级	1	2100	700	—	—	—	—	—

甲、乙类物品库房不应设在建筑物的地下室、半地下室。50度（酒精度）以上的白酒库房不宜超过三层。

甲、乙、丙类液体库房，应设置防止液体流散的设施。遇水燃烧爆炸的物品库房，应设有防止水浸渍损失的设施。

有粉尘爆炸危险的筒仓，其顶部盖板应设置必要的泄压面积。粮食筒仓的工作塔、上通廊的泄压面积应按有关规定执行。

库房或每个防火隔间（冷库除外）的安全出口数目不宜少于两个。但一座多层库房的建筑面积不超过 300m² 时，可设一个疏散楼梯，面积不超过 100m² 的防火隔间，可设置一个门。

高层库房应采用封闭楼梯间。

库房（冷库除外）的地下室、半地下室的安全出口数目不应少于两个，但面积不超过 100m² 时可设一个。

除一、二级耐火等级的戊类多层库房外，供垂直运输物品的升降机，宜设在库房外。当必须设在库房内时，应设在耐火极限不低于 2.00h 的井筒内，井筒壁上的门，应采用乙级防火门。

库房、筒仓的室外金属梯可作为疏散楼梯，但其净宽度不应＜60cm，倾斜度不应＞60°角。栏杆扶手的高度不应＜0.8m。

高度超过32m的高层库房应设有符合有关要求的消防电梯。设在库房连廊、冷库穿堂或谷物筒仓工作塔内的消防电梯，可不设前室。

甲、乙类库房内不应设置办公室、休息室。设在丙、丁类库房内的办公室、休息室，应采用耐火极限不低于2.50h的不燃烧体隔墙和1.00h的楼板分隔开，其出口应直通室外或疏散走道。

十四、室外消防用水量

室外消防用水量根据场所的不同而有不同的要求：

1. 城镇、居住区室外消防用水量，应按同一时间内的火灾次数和一次灭火用水量确定。同一时间内的火灾次数和一次灭火用水量，不应＜表21-26的规定。

2. 工厂、仓库、堆场、储罐（区）和民用建筑的室外消防用水量，应按同一时间内的火灾次数和一次灭火用水量确定。

工厂、仓库、堆场、储罐（区）和民用建筑在同一时间内的火灾次数不应＜表21-27的规定。

城镇、居住区同一时间内的火灾次数和一次灭火用水量　　　表21-26

人数 N（万人）	同一时间内的火灾次数（次）	一次灭火用水量（L/s）
$N \leqslant 1.0$	1	10
$1.0 < N \leqslant 2.5$	1	15
$2.5 < N \leqslant 5.0$	2	25
$5.0 < N \leqslant 10.0$	2	35
$10.0 < N \leqslant 20.0$	2	45
$20.0 < N \leqslant 30.0$	2	55
$30.0 < N \leqslant 40.0$	2	65
$40.0 < N \leqslant 50.0$	3	75
$50.0 < N \leqslant 60.0$	3	85
$60.0 < N \leqslant 70.0$	3	90
$70.0 < N \leqslant 80.0$	3	95
$80.0 < N \leqslant 100.0$	3	100

注：城镇的室外消防用水量应包括居住区、工厂、仓库、堆场、储罐（区）和民用建筑的室外消火栓用水量。当工厂、仓库和民用建筑的室外消火栓用水量按本表21-26的规定计算，其值与按本表计算不一致时，应取较大值。

工厂、仓库、堆场、储罐（区）和民用建筑在同一时间内的火灾次数　　　表21-27

名　称	基地面积（ha）	附有居住区人数（万人）	同一时间内的火灾次数（次）	备　　注
工厂	$\leqslant 100$	$\leqslant 1.5$	1	按需水量最大的一座建筑物（或堆场、储罐）计算
		>1.5	2	工厂、居住区各一次
	>100	不限	2	按需水量最大的两座建筑物（或堆场、储罐）之和计算
仓库、民用建筑	不限	不限	1	按需水量最大的一座建筑物（或堆场、储罐）计算

注：采矿、选矿等工业企业当各分散基地有单独的消防给水系统时，可分别计算。

3. 工厂、仓库和民用建筑一次灭火的室外消火栓用水量不应＜表 21-28 的规定。

一个单位内有泡沫灭火设备、带架水枪、自动喷水灭火系统以及其他室外消防用水设备时，其室外消防用水量应按上述同时使用的设备所需的全部消防用水量加上表 21-28 规定的室外消火栓用水量的 50% 计算确定，且不应＜表 21-29 的规定。

4. 易燃、可燃材料露天、半露天堆场，可燃气体贮罐或贮罐区的室外消火栓用水量，不应＜表 21-29 中的规定。

工厂、仓库和民用建筑一次灭火的室外消火栓用水量（L/s）　　　表 21-28

耐火等级	建筑物类别		建筑物面积 $V(m^2)$					
			$V\leqslant 1500$	$1500<V\leqslant 3000$	$3000<V\leqslant 5000$	$5000<V\leqslant 20000$	$20000<V\leqslant 50000$	$V>50000$
一、二级	厂房	甲、乙类	10	15	20	25	30	35
		丙类	10	10	20	25	30	40
		丁、戊类	10	10	10	15	15	20
	仓库	甲、乙类	15	15	25	25	—	—
		丙类	15	15	25	25	35	45
		丁、戊类	10	10	10	15	15	20
	民用建筑		10	15	15	20	25	30
三级	厂房或仓库	乙、丙类	15	20	30	40	45	—
		丁、戊类	10	10	15	20	25	30
	民用建筑		10	15	20	25	30	—
四级	丁、戊类		10	15	20	25	—	—
	民用建筑		10	15	20	25	—	—

注：1. 室外消火栓用水量应按消防用水量最大的一座建筑物计算。成组布置的建筑物应按消防用水量较大的相邻两座计算；
　　2. 国家级文物保护单位的重点砖木或木结构的建筑物，其室外消火栓用水量应按三级耐火等级民用建筑的消防用水量确定；
　　3. 铁路车站、码头和机场的中转仓库其室外消火栓用水量可按丙类仓库确定。

可燃材料堆场、可燃气体储罐（区）的室外消防用水量（L/s）　　　表 21-29

名　　称		总储量或总容量	消防用水量
粮食 $W(t)$	土圆囤	$30<W\leqslant 500$	15
		$500<W\leqslant 5000$	25
		$5000<W\leqslant 20000$	40
		$20000>W$	45
	席穴囤	$30<W\leqslant 500$	20
		$500<W\leqslant 5000$	35
		$5000<W\leqslant 20000$	50
棉、麻、毛、化纤百货 $W(t)$		$10<W\leqslant 500$	20
		$500<W\leqslant 1000$	35
		$1000<W\leqslant 5000$	50
稻草、麦秸、芦苇等易燃材料 $W(t)$		$50<W\leqslant 500$	20
		$500<W\leqslant 5000$	35
		$5000<W\leqslant 10000$	50
		$10000>W$	60

续表

名称	总储量或总容量	消防用水量
木材等可燃材料 $V(m^3)$	$50<V\leqslant1000$	20
	$1000<V\leqslant5000$	30
	$5000<V\leqslant10000$	45
	$V>1000$	55
煤和焦炭 $W(t)$	$100<W\leqslant5000$	10
	$W>5000$	20
可燃气体贮罐（区） $V(m^3)$	$500<V\leqslant10000$	15
	$10000<V\leqslant50000$	20
	$50000<V\leqslant100000$	25
	$100000<V\leqslant200000$	30
	$V>200000$	35

注：固定容积的可燃气体储罐的总容积按其几何容积（m^3）和设计工作压力（绝对压力，$10^5 Pa$）乘积计算。

5. 甲、乙、丙类液体储罐（区）的室外消防用水量应按灭火用水量和冷却用水量之和计算。灭火用水量应按罐区内最大罐泡沫灭火系统、泡沫炮和泡沫管枪灭火所需的灭火用水量之和确定，并应按现行国家标准《低倍数泡沫灭火系统设计规范》（GB 50151）、《高倍数、中倍数泡沫灭火系统设计规范》（GB 50196）或《固定消防炮灭火系统设计规范》（GB 50338）的有关规定计算冷却用水量应按储罐区一次灭火最大需水量计算。距着火罐罐壁 1.5 倍直径范围内的相邻储罐应进行冷却，其冷却水的供给范围和供给强度不应＜表 21-30 的规定。

甲、乙、丙类液体储罐冷却水的供给范围和供给强度　　　　　表 21-30

设备类型	储罐名称		供给范围	供给强度
移动式水枪	着火罐	固定顶立式罐（包括保温罐）	罐周长	$0.60(L/s \cdot m)$
		浮顶罐（包括保温罐）	罐周长	$0.45(L/s \cdot m)$
		卧式罐	罐壁表面积	$0.10(L/s \cdot m^2)$
		地下立式罐、半地下和地下卧式罐	无覆土罐壁表面积	$0.10(L/s \cdot m^2)$
	相邻罐	固定顶立式罐 不保温罐	罐周长的一半	$0.35(L/s \cdot m)$
		固定顶立式罐 保温罐		$0.20(L/s \cdot m)$
		卧式罐	罐壁表面积的一半	$0.10(L/s \cdot m^2)$
		半地下、地下罐	无覆土罐壁表面积的一半	$0.10(L/s \cdot m^2)$
固定式设备	着火罐	立式罐	罐周长	$0.50(L/s \cdot m)$
		卧式罐	罐壁表面积	$0.10(L/s \cdot m^2)$
	相邻罐	立式罐	罐周长的一半	$0.50(L/s \cdot m)$
		卧式罐	罐壁表面积的一半	$0.10(L/s \cdot m^2)$

注：1. 冷却水的供给强度还应根据实地灭火战术所使用的消防设备进行校核；
2. 当相邻罐采用不燃材料作绝热层时，其冷却水供给强度可按本表减少 50%；
3. 储罐可采用移动式水枪或固定式设备进行冷却。当采用移动式水枪进行冷却时，无覆土保护的卧式罐的消防用水量，当计算出的水量＜15L/s 时，仍应采用 15L/s；
4. 地上储罐的高度＞15m 或单罐容积＞2000m^3 时，宜采用固定式冷却水设施。
5. 当相邻储罐超过 4 个时，冷却用水量可按 4 个计算。

覆土保护的地下油罐应设置冷却用水设施。冷却用水量应按最大着火罐罐顶的表面积（卧式罐按其投影面积）和冷却水供给强度等计算确定。冷却水的供给强度不应<0.10L/(s·m²)。当计算水量>15L/s 时，仍应采用 15L/s。

6. 液化石油气储罐（区）的消防用水量应按储罐固定喷水冷却装置用水量和水枪用水量之和计算，其设计应符合下列规定。

（1）总容积>50m³ 的储罐区或单罐容积>20m³ 的储罐应设置固定喷水冷却装置。固定喷水冷却装置的用水量应按储罐的保护面积与冷却水的供水强度等经计算确定。冷却水的供水强度不应<0.15L/(s·m²)，着火罐的保护面积按其全表面积计算，距着火罐直径（卧式罐按其直径和长度之和的 1/2）1.5 倍范围内的相邻储罐的保护面积按其表面积的一半计算。

（2）水枪用水量不应<表 21-31 的规定。

（3）埋地的液化石油气储罐可不设固定喷水冷却装置。

液化石油气储罐（区）的水枪用水量　　　　　　　表 21-31

总容积 V(m³)	$V \leqslant 500$	$500 < V \leqslant 2500$	$V > 2500$
单罐容积 V(m³)	$V \leqslant 100$	$V \leqslant 400$	$V > 400$
水枪用水量(L/s)	20	30	45

注：1. 水枪用水量应按本表总容积和单罐容积较大者确定；
　　2. 总容积<50m³ 的储罐区或单罐容积≤20m³ 的储罐，可单独设置固定喷水冷却装置或移动式水枪，其消防用水量应按水枪用水量计算。

7. 室外油浸电力变压器设置水喷雾灭火系统保护时，其消防用水量应按现行国家标准《水喷雾灭火系统设计规范》（GB 50219）的规定确定。

十五、室内消防用水量

建筑物内设有消火栓、自动喷水灭火设备时，其室内消防用水量应按需要同时开启的上述设备用水量之和计算。

室内消火栓用水量应根据同时使用水枪数量和充实水柱长度，由计算决定，但不应<表 21-32中的规定。

室内消火栓用水量　　　　　　　表 21-32

建筑物名称	高度、层数、体积或座位数	消火栓用水量(L/s)	同时使用水枪数量(支)	每支水枪最小流量(L/s)	每根竖管最小流量(L/s)
厂房	高度≤24m、体积≤10000m³	5	2	2.5	5
	高度≤24m、体积>10000m³	10	2	5	10
	高度>24m 至 50m	25	5	5	15
	高度>50m	30	6	5	15
科研楼、试验楼	高度≤24m、体积≤10000m³	10	2	5	10
	高度≤24m、体积>10000m³	15	3	5	10
库房	高度≤24m、体积≤5000m³	5	1	5	5
	高度≤24m、体积>5000m³	10	2	5	10

续表

建筑物名称	高度、层数、体积或座位数	消火栓用水量(L/s)	同时使用水枪数量(支)	每支水枪最小流量(L/s)	每根竖管最小流量(L/s)
库房	高度>24m 至 50m	30	6	5	15
	高度>50m	40	8	5	15
车站、码头、机场建筑物和展览馆等	5001~25000m³	10	2	5	10
	25001~50000m³	15	3	5	10
	>50000m³	20	4	5	15
商店、病房楼、教学楼等	5001~10000m³	5	2	2.5	5
	10001~25000m³	10	2	5	10
	>25000m³	15	3	5	10
剧院、电影院、俱乐部、礼堂、体育馆等	801~1200 个	10	2	5	10
	1201~5000 个	15	3	5	10
	5001~10000 个	20	4	5	15
	>10000 个	30	6	5	15
住宅	7~9 层	5	2	2.5	5
其他建筑	≥6 层或体积≥10000m³	15	3	3	10
国家级文物保护单位的重点砖、木结构的古建筑	≤10000m³	20	4	5	10
	>10000m³	25	5	5	15

注：1. 丁、戊类高层工业建筑室内消火栓的用水量可按本表减少 10L/s，同时使用水枪数量可按本表减少 2 支。
2. 增设消防水喉设备，可不计入消防用水量。

十六、室外消火栓的布置要求

消火栓是用来供消防车吸水的基本设备，也可直接连接水带放水灭火，室外消火栓的布置应符合下列要求。

1. 室外消火栓应沿道路设置。当道路宽度>60.0m 时，宜在道路两边设置消火栓，并宜靠近十字路口。

2. 甲、乙、丙类液体储罐区和液化石油气储罐区的消火栓应设置在防火堤或防护墙外。距罐壁 15m 范围内的消火栓，不应计算在该罐可使用的数量内。

3. 室外消火栓的间距不应>120.0m。

4. 室外消火栓的保护半径不应>150.0m；在市政消火栓保护半径 150.0m 以内，当室外消防用水量≤15L/s 时，可不设置室外消火栓。

5. 室外消火栓的数量应按其保护半径和室外消防用水量等综合计算确定，每个室外消火栓的用水量应按 10~15L/s 计算；与保护对象的距离在 5~40m 范围内的市政消火栓，可计入室外消火栓的数量内。

6. 室外消火栓宜采用地上式消火栓。地上式消火栓应有 1 个 $DN150$ 或 $DN100$ 和 2 个 $DN65$ 的栓口。采用室外地下式消火栓时，应有 $DN100$ 和 $DN65$ 的栓口各 1 个。寒冷地区设置的室外消火栓应有防冻措施。

7. 消火栓距路边不应＞2.0m，距房屋外墙不宜＜5.0m。

8. 工艺装置区内的消火栓应设置在工艺装置的周围，其间距不宜＞60.0m。当工艺装置区宽度＞120.0m时，宜在该装置区内的道路边设置消火栓。

9. 建筑的室外消火栓、阀门、消防水泵接合器等设置地点应设置相应的永久性固定标识。

10. 寒冷地区设置市政消火栓、室外消火栓有困难的，可设置水鹤等为消防车加水的设施，其保护范围可根据需要确定。

十七、室内消火栓的设置要求

下列建筑应设置 DN65 的室内消火栓：

1. 设有消防给水的建筑物，其各层（无可燃物的设备层除外）均应设置消火栓。

2. 室内消火栓的布置应保证有两支水枪的充实水柱同时到达室内任何部位。建筑高度≤24m 时，且体积≤5000m^3 的库房，可采用一支水枪的充实水柱到达室内任何部位。水枪的充实水柱长度应由计算确定，一般不应＜7m，但甲、乙类厂房，超过 6 层的民用建筑、超过 4 层的厂房和库房内，不应＜10m；高层工业建筑、高架库房内，水枪的充实水柱不应＜13m。

3. 室内消火栓栓口处的静水压力不应超过 80m 水柱，如超过 80m 水柱时应采用分区给水系统。消火栓栓口处的出水压力超过 50m 水柱时，应有减压设施。

4. 消防电梯前室应设室内消火栓。

5. 室内消火栓应设在明显易于取用的地点。栓口距地面高度为 1.1m，其出水方向宜向下或与设置消火栓的墙面成 90°角。

6. 冷库的室内消火栓应设在常温穿堂或楼梯间内。

7. 室内消火栓的间距应由计算确定。高层工业建筑，高架库房，甲、乙类厂房，室内消火栓的间距不应超过 30m，其他单层和多层建筑室内消火栓的间距不应超过 50m。

同一建筑物内应采用统一规格的消火栓、水枪和水带。每根水带的长度不应超过 25m。

8. 设有室内消火栓的建筑，如为平屋顶时，宜在平顶上设置试验和检查用的消火栓。

9. 高层工业建筑和水箱不能满足最不利点消火栓水压要求的其他建筑，应在每个室内消火栓处设置直接启动消防水泵的按钮，并应有保护措施。

十八、消防水池和消防水泵房的设置要求

当生产、生活用水量达到最大时，市政给水管道、进水管或天然水源不能满足室内外消防用水量，或者市政给水管道为枝状或只有一条进水管，且消防用水量之和超过 25L/s，均应设置消防水池。

消防水池应符合下列要求：

1. 当室外给水管网能保证室外消防用水量时，消防水池的有效容量应满足在火灾延续时间内室内消防用水量的要求。当室外给水管网不能保证室外消防用水量时，消防水池的有效容量应满足在火灾延续时间内室内消防用水量与室外消防用水量不足部分之和的要求。当室外给水管网供水充足且在火灾情况下能保证连续补水时，消防水池的容量可减去

火灾延续时间内补充的水量。

2. 补水量应经计算确定，且补水管的设计流速不宜＞2.5m/s。

3. 消防水池的补水时间不宜超过 48h；对于缺水地区或独立的石油库区，不应超过 96h。

4. 容量＞500m³ 的消防水池，应分设成两个能独立使用的消防水池。

5. 供消防车取水的消防水池应设置取水口或取水井，且吸水高度不应＞6.0m。取水口或取水井与建筑物（水泵房除外）的距离不宜＜15m；与甲、乙、丙类液体储罐的距离不宜＜40m；与液化石油气储罐的距离不宜＜60m，如采取防止辐射热的保护措施时，可减为 40m。

6. 消防水池的保护半径不应＞150.0m。

7. 消防用水与生产、生活用水合并的水池，应采取确保消防用水不作他用的技术措施。

8. 严寒和寒冷地区的消防水池应采取防冻保护设施。

9. 所有的地埋消防水管道均应在当地的冻土层以下，以防消防水冻结。

消防水泵房应符合下列要求：

1. 独立建造的消防水泵房，其耐火等级不应低于二级。附设在建筑中的消防水泵房应按《建筑设计防火规范》（GB 50016）中的规定与其他部位隔开。

2. 消防水泵房设置在首层时，其疏散门宜直通室外；设置在地下室或楼层上时，其疏散门应靠近安全出口。消防水泵房的门应采用甲级防火门。

3. 消防水泵房应有不少于两条的出水管直接与消防给水管网连接。当其中一条出水管关闭时，其余的出水管应仍能通过全部用水量。出水管上应设置试验和检查用的压力表和 DN65 的放水阀门。当存在超压可能时，出水管上应设置防超压设施。

4. 一组消防水泵的吸水管不应少于两条。当其中一条关闭时，其余的吸水管应仍能通过全部用水量。消防水泵应采用自灌式吸水，并应在吸水管上设置检修阀门。

5. 当消防水泵直接从环状市政给水管道吸水时，消防水泵的扬程应按市政给水管网的最低压力计算，并以市政给水管网的最高水压校核。

6. 消防水泵应设置备用泵，其工作能力不应＜最大一台消防工作泵。当工厂、仓库、堆场和储罐的室外消防用水量≤25L/s 或建筑的室内消防用水量≤10L/s 时，可不设置备用泵。

7. 消防水泵应保证在火警后 30s 内启动。

8. 消防水泵与动力机械应直接连接。

十九、自动灭火系统的设置

下列场所应设置自动灭火系统，除不宜用水保护或灭火者以及规范另有规定者外，宜采用自动喷水灭火系统。

1. ≥50000 纱锭的棉纺厂的开包、清花车间；≥5000 锭的麻纺厂的分级、梳麻车间；火柴厂的烤梗、筛选部位；泡沫塑料厂的预发、成型、切片、压花部位；占地面积＞1500m² 的木器厂房；占地面积＞1500m² 或总建筑面积＞3000m² 的单层、多层制鞋、制衣、玩具及电子等厂房；高层丙类厂房；飞机发动机试验台的准备部位；建筑面积＞500m² 的丙类地下厂房。

2. 每座占地面积＞1000m² 的棉、毛、丝、麻、化纤、毛皮及其制品的仓库；每座占地面积＞600m² 的火柴仓库；邮政楼中建筑面积＞500m² 的空邮袋库；建筑面积＞500m² 的可燃物品地下仓库；可燃、难燃物品的高架仓库和高层仓库（冷库除外）。

3. 特等、甲等或超过 1500 个座位的其他等级的剧院；超过 2000 个座位的会堂或礼堂；超过 3000 个座位的体育馆；超过 5000 人的体育场的室内人员休息室与器材间等。

4. 任一楼层建筑面积＞1500m² 或总建筑面积＞3000m² 的展览建筑、商店、旅馆、医院；建筑面积＞500m² 的地下商店。

5. 设置有送回风道（管）的集中空气调节系统且总建筑面积＞3000m² 的办公楼等。

6. 设置在地下或地上四层及四层以上或设置在建筑的首层、二层和三层且总建筑面积＞300m² 的地上歌舞、娱乐、放映、游艺场所（游泳场所除外）。

7. 藏书量超过 50 万册的图书馆。

下列部位宜设置水幕设备：

1. 特等、甲等或超过 1500 个座位的其他等级的剧院和超过 2000 个座位的会堂或礼堂的舞台的口，以及与舞台相连的侧台、后台的门窗洞口；

2. 应设防火墙等防火分隔物而无法设置的局部开口部位；

3. 需要冷却保护的防火卷帘或防火幕的上部。

下列场所应设置雨淋喷水灭火系统：

1. 火柴厂的氯酸钾压碾厂房；建筑面积＞100m² 生产、使用硝化棉、喷漆棉、火胶棉、赛璐珞胶片、硝化纤维的厂房；

2. 建筑面积超过 60m² 或储存量超过 2t 的硝化棉、喷漆棉、火胶棉、赛璐珞胶片、硝化纤维的仓库；

3. 日装瓶数量超过 3000 瓶的液化石油气储配站的灌瓶间、实瓶库；

4. 特等、甲等或超过 1500 个座位的其他等级的剧院和超过 2000 个座位的会堂或礼堂舞台的葡萄架下部；

5. 建筑面积≥400m² 的演播室，建筑面积≥500m² 的电影摄影棚；

6. 乒乓球厂的轧坯、切片、磨球、分球检验部位。

下列场所应设置自动灭火系统，且宜采用水喷雾灭火系统：

1. 单台容量在 40MVZA 及以上的厂矿企业油浸电力变压器、单台容量在 90MVZA 及以上的油浸电厂电力变压器，或单台容量在 125MVZA 及以上的独立变电所油浸电力变压器；

2. 飞机发动机试验台的试车部位。

下列场所应设置自动灭火系统，且宜采用气体灭火系统：

1. 国家、省级或人口超过 100 万的城市广播电视发射塔楼内的微波机房、分米波机房、米波机房、变配电室和不间断电源（UPS）室。

2. 国际电信局、大区中心、省中心和一万路以上的地区中心内的长途程控交换机房、控制室和信令转接点室。

3. 两万线以上的市话汇接局和六万门以上的市话端局内的程控交换机房、控制室和信令转接点室。

4. 中央及省级治安、防灾和局级及以上的电力等调度指挥中心内的通信机房和控制室。

5. 主机房建筑面积≥140m² 的电子计算机房内的主机房和基本工作间的已记录磁（纸）介质库。

6. 中央和省级广播电视中心内建筑面积不＜120m² 的音像制品仓库。

7. 国家、省级或藏书量超过 100 万册的图书馆内的特藏库；中央和省级档案馆内的珍藏库和非纸质档案库；大、中型博物馆内的珍品仓库；一级纸绢质文物的陈列室。

8. 其他特殊重要设备室。

注：当有备用主机和备用已记录磁（纸）介质，且设置在不同建筑中或同一建筑中的不同防火分区内时，本第 5 条规定的部位亦可采用预作用自动喷水灭火系统。

9. 甲、乙、丙类液体储罐泡沫灭火系统的设置应符合现行国家标准《石油库设计规范》(GB 50074) 和《石油化工企业设计防火规范》(GB 50160) 的有关规定。

10. 建筑面积＞3000m² 且建筑层高＞自动喷水灭火系统保护高度的展览厅、体育馆观众厅等人员密集场所，建筑面积＞5000m² 且建筑层高＞自动喷水灭火系统保护高度的丙类厂房，宜设置固定消防炮灭火系统。

11. 商店、旅馆等公共建筑中营业面积＞500m² 的餐厅，其烹饪操作间的排油烟罩及烹饪部位宜设置自动灭火装置，且宜在燃气或燃油管道上设置紧急事故自动切断装置。

第三节　爆炸危险场所电气设备的设计与安全

一、爆炸危险性场所

爆炸危险性场所是指在大气条件下，易燃、易爆物质的生产、加工、处理、转运或贮存过程中，出现或可能出现爆炸性混合物，爆炸性混合物能够侵入的场所。爆炸危险性场所按爆炸性物质的状态，可分为爆炸气体环境和爆炸性粉尘环境两类。

对于生产、加工、处理、转运或贮存过程中，出现或可能出现下列爆炸性气体混合物环境之一时，应进行爆炸性气体环境的电力设计。

1. 在大气条件下，易燃气体易燃液体的蒸气或薄雾等，易燃物质与空气混合形成爆炸性气体混合物。

2. 闪点低于或等于环境温度的可燃液体的蒸气或薄雾与空气混合形成爆炸性气体混合物。

3. 在物料操作温度高于可燃液体闪点的情况下，可燃液体有可能泄漏时，其蒸气与空气混合形成爆炸性气体混合物。

4. 在爆炸性气体环境中产生爆炸必须同时存在下列条件：

(1) 存在易燃气体、易燃液体的蒸气或薄雾，其浓度在爆炸极限以内。

(2) 存在足以点燃爆炸性气体混合物的火花、电弧或高温。

对用于生产、加工、处理、转运或贮存过程中，出现或可能出现爆炸性粉尘、可燃性导电粉尘、可燃性非导电粉尘和可燃纤维与空气形成的爆炸性粉尘混合物环境时，应进行爆炸性粉尘环境的电力设计。在爆炸性粉尘环境中粉尘应分为下列 4 种：

1. 爆炸性粉尘，这种粉尘即使在空气中氧气很少的环境中也能着火，呈悬浮状态时，能产生剧烈的爆炸，如镁、铝、铝、青铜等粉尘。

2. 可燃性导电粉尘，与空气中的氧起发热反应而燃烧的导电性粉尘，如石墨、炭黑、焦炭、煤、铁、锌、钛等粉尘。

3. 可燃性非导电粉尘，与空气中的氧起发热反应而燃烧的非导电性粉尘，如聚乙烯、苯酚树脂、小麦、玉米、砂糖、染料、可可、木质、米糠、硫磺等粉尘。

4. 可燃纤维，与空气中的氧起发热反应而燃烧的纤维，如棉花纤维、麻纤维、丝纤维、毛纤维、木质纤维、人造纤维等。

在爆炸性气体环境中，进行电气设备设计前，首先在生产工艺上，应采取下列防止爆炸的措施。

1. 首先应使产生爆炸的条件同时出现的可能性减到最小程度。

2. 工艺设计中应采取消除或减少易燃物质的产生及积聚的措施。工艺流程中宜采取较低的压力和温度，将易燃物质限制在密闭容器内。工艺布置应限制和缩小爆炸危险区域的范围，并宜将不同等级的爆炸危险区，或爆炸危险区与非爆炸危险区分隔在各自的厂房或界区内。在设备内可采用以氮气或其他惰性气体覆盖的措施。宜采取安全联锁或事故时加入聚合反应阻聚剂等化学药品的措施等。

3. 防止爆炸性气体混合物的形成，或缩短爆炸性气体混合物滞留时间，工艺装置宜采取露天或开敞式布置；设置机械通风装置；在爆炸危险环境内设置正压室；对区域内易形成和积聚爆炸性气体混合物的地点，设置自动测量仪器装置，当气体或蒸气浓度接近爆炸下限值的 50% 时，应能可靠地发出信号或切断电源。

4. 在区域内应采取消除或控制电气设备线路产生火花、电弧或高温的措施。

在爆炸性粉尘环境中，进行电气设备设计之前，首先在生产工艺上，应采取下列防止爆炸的措施。

1. 防止产生爆炸的基本措施应是使产生爆炸的条件同时出现的可能性减小到最小程度。

2. 防止爆炸危险，应按照爆炸性粉尘混合物的特征，采取相应的措施。爆炸性粉尘混合物的爆炸下限随粉尘的分散度、湿度、挥发性物质的含量、灰分的含量、火源的性质和温度等而变化。

3. 在工程设计中应先应采取消除或减少爆炸性粉尘混合物产生和积聚的措施。工艺设备宜将危险物料密封在防止粉尘泄漏的容器内；宜采用露天或开敞式布置，或采用机械除尘或通风措施；宜限制和缩小爆炸危险区域的范围，并将可能释放爆炸性粉尘的设备单独集中布置。提高自动化水平，可采用必要的安全联锁。爆炸危险区域应设有两个以上出入口，其中至少有一个通向非爆炸危险区域，其出入口的门应向爆炸危险性较小的区域侧开启。应定期清除沉积的粉尘。应限制产生危险温度及火花，特别是由电气设备或线路产生的过热及火花，应选用防爆或其他防护类型的电气设备及线路。可增加物料的湿度降低空气中粉尘的悬浮量。

二、爆炸性混合物的分组、分级

1. 爆炸性气体混合物，应按其最大试验安全间隙（MESG）或最小点燃电流（MIC）分级，并应符合表 21-33 的规定。

2. 爆炸性气体混合物应按引燃温度分组，并应符合表 21-34 的规定。

三、爆炸性粉尘的分组

爆炸性粉尘，应按引燃温度进行分组，并应符合表 21-35 中的规定。

四、爆炸性气体、蒸气危险物质分组、分级举例

爆炸性气体、蒸气危险物质分组、分级举例见表 21-36。

最大试验安全间隙（MESG）或最小点燃电流（MIC）分级　　　　表 21-33

级别	最大试验安全间隙(MESG)(mm)	最小点燃电流比(MICR)
IA	≥0.9	>0.8
IB	0.5<MESG<0.9	0.45≤MICR≤0.8
IC	≤0.5	<0.45

注：1. 分级的级别应符合现行国家标准《爆炸性环境用防爆电气设备通用要求》。
2. 最小点燃电流比（MICR）为各种易燃物质按照它们最小点燃电流值与实验室的甲烷的最小电流值之比。

引燃温度分组　　　　表 21-34

组别	引燃温度 t(℃)	组别	引燃温度 t(℃)
T1	450<t	T4	135<t≤200
T2	300<t≤450	T5	100<t≤135
T3	200<t≤500	T6	85<t≤100

引燃温度分组　　　　表 21-35

温度组别	引燃温度 t(℃)
T11	t>270
T12	200<t≤270
T13	150<t≤200

注：确定粉尘温度组别时，应取粉尘云的引燃温度和粉尘层的引燃温度两者中的低值。

爆炸性气体的分类、分级和分组表　　　　表 21-36

类和级	最大试验安全间隙 MESG	最小点燃电流比 MICG	引燃温度 t(℃)及组别					
			T1	T2	T3	T4	T5	T6
			t>450	300<t≤450	200<t≤300	135<t≤200	100<t≤135	85<t≤100
I	1.14	1	甲烷					
IIA	0.9~1.4	0.8~1.0	乙烷、丙烷、丙酮、氯苯、苯乙烯、氯乙烯、甲苯、苯胺、甲醇、一氧化碳、乙酸乙酯、乙酸、丙烯腈	丁烷、乙醇、丙烯、丁酯、乙酸丁酯、乙酸戊酯、乙酸酐	戊烷、己烷、庚烷、辛烷、汽油、硫化氢、环己烷	乙醚、乙醛		亚硝酸乙酯
IIB	0.5~0.9	0.45~0.8	二甲醚、民用煤气、环丙烷		环氧乙烷、环氧丙烷、丁二烯、乙烯	异戊二烯		
IIC	≤0.5	≤0.45	水煤气氢、焦炉煤气	乙炔			二硫化碳	硝酸乙醋

五、爆炸性气体环境危险区域划分

1. 爆炸性气体环境应根据爆炸性气体混合物出现的频繁程度和持续时间，按下列规定进行分区。

（1）0区：连续出现或长期出现爆炸性气体混合物的环境；

（2）1区：在正常运行时可能出现爆炸性气体混合物的环境；

（3）2区：在正常运行时不可能出现爆炸性气体混合物的环境，或即使出现也仅是短时存在的爆炸性气体混合物的环境。

注：正常运行是指正常的开车、运转、停车，易燃物质产品的装卸，密闭容器盖的开闭，安全阀、排放阀以及所有工厂设备都在其设计参数范围内工作的状态。

2. 符合下列条件之条时，可划为非爆炸危险区域：

（1）没有释放源并不可能有易燃物质侵入的区域；

（2）易燃物质可能出现的最高浓度不超过爆炸下限值的10%；

（3）在生产过程中使用明火的设备附近，或炽热部件的表面温度超过区域内易燃物质引燃温度的设备附近；

（4）在生产装置区外，露天或开敞设置的输送易燃物质的架空管道地带，但其阀门处按具体情况定。

3. 释放源应按易燃物质的释放频繁程度和持续时间长短分级，并应符合下列规定。所谓释放源指的是在爆炸危险区域内，可能释放出形成爆炸性混合物的物质所在的位置和部位。

（1）连续级释放源：预计长期释放或短时频繁释放的释放源。类似下列情况的，可划为连续级释放源：

① 没有用惰性气体覆盖的固定顶盖贮罐中的易燃液体的表面；

② 油、水分离器等直接与空间接触的易燃液体的表面；

③ 经常或长期向空间释放易燃气体或易燃液体的蒸气的自由排气孔和其他孔口。

（2）第一级释放源：预计正常运行时周期或偶尔释放的释放源。类似下列情况的，可划为第一级释放源：

① 在正常运行时会释放易燃物质的泵、压缩机和阀门等的密封处；

② 在正常运行时，会向空间释放易燃物质，安装在贮有易燃液体的容器上的排水系统；

③ 正常运行时会向空间释放易燃物质的取样点。

（3）第二级释放源：预计在正常运行下不会释放，即使释放也仅是偶尔短时释放的释放源。类似下列情况的，可划为第二级释放源：

① 正常运行时不能出现释放易燃物质的泵、压缩机和阀门的密封处；

② 正常运行时不能释放易燃物质的法兰、连接件和管道接头；

③ 正常运行时不能向空间释放易燃物质的安全阀、排气孔和其他孔口处；

④ 正常运行时不能向空间释放易燃物质的取样点。

（4）多级释放源：由上述两种或三种级别释放源组成的释放源。

4. 爆炸危险区域内的通风，其空气流量能使易燃物质很快稀释到爆炸下限值的25%

以下时，可定为通风良好。

采用机械通风在下列情况之一时，可不计机械通风故障的影响：

(1) 对封闭式或半封闭式的建筑物应设置备用的独立通风系统；

(2) 在通风设备发生故障时，设置自动报警或停止工艺流程等确保能阻止易燃物质释放的预防措施，或使电气设备断电的预防措施。

5. 爆炸危险区域的划分应按释放源级别和通风条件确定，并应符合下列规定。

(1) 首先应按下列释放源的级别划分区域：

① 存在连续级释放源的区域可划为 0 区；

② 存在第一级释放源的区域可划为 1 区；

③ 存在第二级释放源的区域可划为 2 区。

(2) 当通风良好时，应降低爆炸危险区域等级；当通风不良时应提高爆炸危险区域等级。

(3) 局部机械通风在降低爆炸性气体混合物浓度方面比自然通风和一般机械通风更为有效时，可采用局部机械通风降低爆炸危险区域等级。

(4) 在障碍物、凹坑和死角处，应局部提高爆炸危险区域等级。

(5) 利用堤或墙等障碍物，限制比空气重的爆炸性气体混合物的扩散，可缩小爆炸危险区域的范围。

六、爆炸性气体环境危险区域的范围

爆炸性气体环境危险区域的范围应按下列要求确定：

1. 爆炸危险区域的范围应根据释放源的级别和位置、易燃物质的性质、通风条件、障碍物及生产条件、运行经验，经技术经济比较综合确定。

2. 建筑物内部，宜以厂房为单位划定爆炸危险区域的范围。但也应根据生产的具体情况，当厂房内空间大，释放源释放的易燃物质量少时，可按厂房内部分空间划定爆炸危险的区域范围，并应符合下列规定：

(1) 当厂房内具有比空气重的易燃物质时，厂房内通风换气次数不应少于 2 次/h，且换气不受阻碍；厂房地面上高度 1m 以内容积的空气与释放至厂房内的易燃物质所形成的爆炸性气体混合浓度应＜爆炸下限。

(2) 当厂房内具有比空气轻的易燃物质时，厂房平屋顶平面以下 1m 高度内，或圆顶、斜顶的最高点以下 2m 高度内的容积的空气与释放至厂房内的易燃物质所形成的爆炸性气体混合物的浓度应＜爆炸下限。

注：① 释放至厂房内的易燃物质的最大量应按 1h 释放量的 3 倍计算，但不包括由于灾难性事故引起破裂时的释放量。

② 相对密度≤0.75 的爆炸性气体规定为轻于空气的气体；相对密度＞0.75 的爆炸性气体规定为重于空气的气体。

(3) 当易燃物质可能大量释放并扩散到 15m 以外时，爆炸危险区域的范围应划分附加 2 区。

(4) 在物料操作温度高于可燃液体闪点的情况下，可燃液体可能泄漏时，其爆炸危险区域的范围可适当缩小。

3. 对于易燃物质重于空气、通风良好且为第二级释放源的主要生产装置区，其爆炸危险区域的范围划分，宜符合下列规定（图21-6及图21-7）：

(1) 在爆炸危险区域内地坪下的坑、沟划为1区。

(2) 以释放源为中心，半径为15m，地坪上的高度为7.5m及半径为7.5m，顶部与释放源的距离为7.5m的范围内划为2区。

(3) 以释放源为中心，总半径为30m，地坪上的高度为0.6m，且在2区以外的范围内划为附加2区。

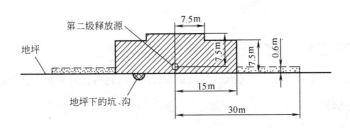

图21-6　释放源接近地坪时易燃物质重于空气、通风良好的生产装置区

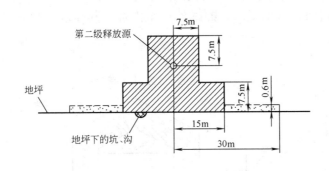

图21-7　释放源在地坪以上时易燃物质重于空气、通风良好的生产装置区

4. 对于易燃物质重于空气，释放源在封闭建筑物内，通风不良且为第二级释放源的主要生产装置区，其爆炸危险区域的范围划分，宜符合下列规定（图21-8）：

(1) 封闭建筑物内和在爆炸危险区域内地坪下的坑、沟划为1区。

(2) 以释放源为中心，半径为15m，高度为7.5m的范围内划为2区，但封闭建筑物的外墙和顶部距2区的界限不得<3m，如为无孔洞实体墙，则墙外为非危险区。

(3) 以释放源为中心，总半径为30m，地坪上的高度为0.6m，且在2区以外的范围内划为附加2区。

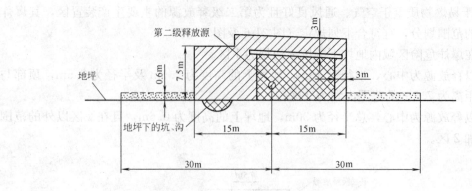

图 21-8　易燃物质重于空气、释放源在封闭建筑物内通风不良的生产装置区

5. 对于易燃物质重于空气的贮罐，其爆炸危险区域的范围划分，宜符合下列规定（图 21-9 及图 21-10）：

（1）固定式贮罐，在罐体内部未充惰性气体的液体表面以上的空间划为 0 区，浮顶式贮罐在浮顶移动范围内的空间划为 1 区。

（2）以放空口为中心，半径为 1.5m 的空间和爆炸危险区域内地坪下的坑、沟划为 1 区。

（3）距离贮罐的外壁和顶部 3m 的范围内划为 2 区。

（4）当贮罐周围设有围堤时，贮罐外壁至围堤，其高度为提顶高度的范围内划为 2 区。

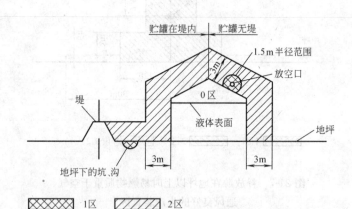

图 21-9　易燃物质重于空气、设在户外地坪上的固定式贮罐

6. 易燃物质轻于空气，通风良好且为第二级释放源的主要生产装置区，其爆炸危险区域的范围划分，宜符合下列规定（图 21-11）：

当释放源距地坪的高度不超过 4.5m，以释放源为中心，半径为 4.5m，顶部与释放源距离为 7.5m，及释放源至地坪以上范围内划为 2 区。

7. 易燃物质轻于空气，下部无侧墙，通风良好且为第二级释放源的压缩机厂房，其爆炸危险区域的范围划分，宜符合下列规定（图 21-12）：

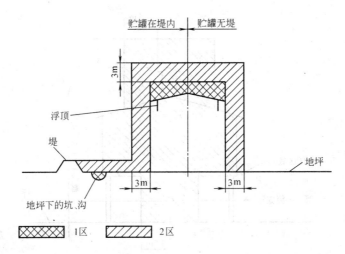

图 21-10　易燃物质重于空气、设在户外地坪上的浮顶式贮罐

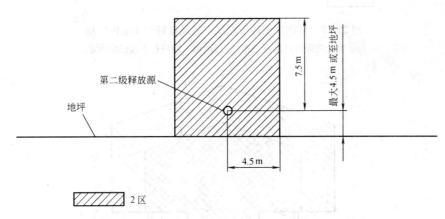

图 21-11　易燃物质轻于空气、通风良好的生产区装置
注：释放源距地坪的高度超过 4.5m 时，应根据实践经验确定。

(1) 当释放源距地坪的高度不超过 4.5m 时，以释放源为中心，半径为 4.5m，地坪以上至封闭区底部的空间和封闭区内部的范围划为 2 区。

(2) 屋顶上方百叶窗边外，半径 4.5m，百叶窗顶部以上高度为 7.5m 的范围内划为 2 区。

8. 易燃物质轻于空气，通风不良且为第二级释放源的压缩机厂房，其爆炸危险区域的范围划分，宜符合下列规定（图 21-13）：

(1) 封闭区内部划为 1 区。

(2) 以释放源为中心，半径为 4.5m，地坪以上至封闭区底部的空间和封闭区外壁 3m，顶部垂直高度为 4.5m 的范围内划为 2 区。

9. 对于开顶贮罐或池的单元分离器、预分离器和分离器液体表面为连续级释放源的，其爆炸危险区域的范围划分，宜符合下列规定（图 21-14）：

(1) 单元分离器和预分离器的池壁外，半径为 7.5m，地坪上高度为 7.5m，及至液体表面以上的范围内划为 1 区。

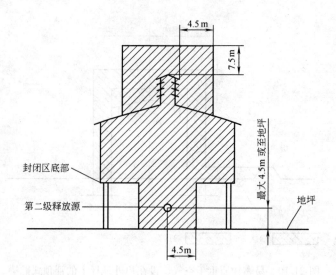

图 21-12　易燃物质轻于空气、通风良好的压缩机厂房
注：释放源距地坪的高度超过 4.5m 时，应根据实践经验确定。

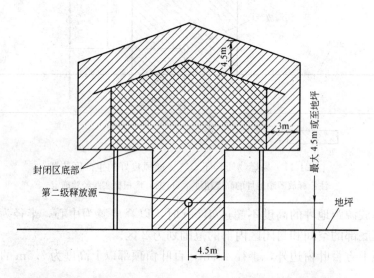

图 21-13　易燃物质轻于空气、通风不良的压缩机厂房
注：释放源距地坪的高度超过 4.5m 时，应根据实践经验确定。

（2）分离器的池壁外，半径为 3m，地坪上高度为 3m 及至液体表面以上的范围内划为 1 区。

（3）1 区外水平距离半径为 3m，垂直上方 3m，水平距离半径为 7.5m，地坪上高度为 3m 以及 1 区外水平距离半径为 22.5m，地坪上高度为 0.6m 的范围内划为 2 区。

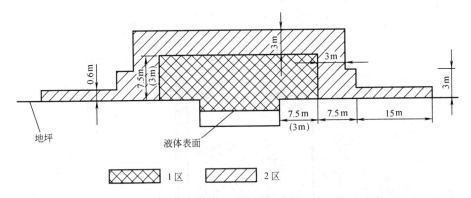

图 21-14 单元分离器、顶分离器和分离器

10. 对于开顶贮罐或池的溶解气游离装置（溶气浮选装置）液体表面为连续级释放源的，其爆炸危险区域的范围划分，宜符合下列规定（图 21-15）：

（1）液体表面至地坪的范围划为 1 区。

（2）1 区外及池壁外水平距离半径为 3m，地坪上高度为 3m 的范围内划为 2 区。

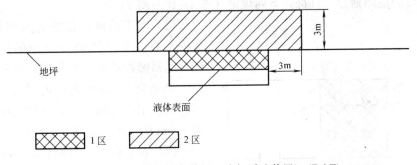

图 21-15 溶解气游离装置（溶气浮选装置）（DAF）

11. 对于开顶贮罐或池的生物氧化装置，液体表面处为连续级释放源的，其爆炸危险区域的范围划分，宜符合下列规定（图 21-16）：

开顶贮罐或池壁外水平距离半径为 3m，地坪上高度为 3m 的范围内划为 2 区。

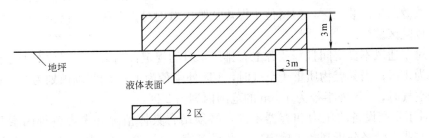

图 21-16 生物氧化装置（BIOX）

12. 对于处理生产装置用冷却水的机械通风冷却塔，当划分为爆炸危险区域时，其爆炸危险区域的范围划分，宜符合下列规定（图 21-17）。

13. 无释放源的生产装置区与爆炸危险区域相邻，并用非燃烧体的实体墙隔开，其爆

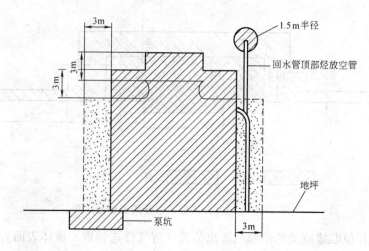

图 21-17　处理生产装置用冷却水的机械通风冷却塔

炸危险区域的范围划分，宜符合下列规定（图 21-18～图 21-21）。

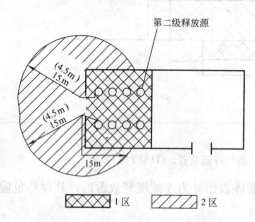

图 21-18　与通风不良的房间相邻

（1）对于通风不良的房间相邻的规定：通内不良、有第二级释放源的房间划为 1 区。当易燃物质重于空气时，以释放源为中心，半径为 1.5m 的范围内划为 2 区；当易燃物质轻于空气时，以释放源为中心，半径为 4.5m 的范围内划为 2 区。

（2）对于有第二级释放源有顶无墙建筑物且相邻的规定：当易燃物质重于空气时，以释放源为中心，半径为 15m 的范围内划为 2 区；当易燃物质轻于空气时，以释放源为中心，半径为 4.5m 的范围内划为 2 区；与爆炸危险区域相邻，用非燃烧体的实体墙隔开的无释放源的生产装置区，门窗位于爆炸危险区域内时为 2 区，门窗位于爆炸危险区域以外为非危险区。

（3）对于通风不良房间且释放源上有排风罩时的规定：当第一级释放源上方排风罩的范围风划为 1 区；当易燃物质重于空气时，1 区外半径为 15m 的范围内划为 2 区；当易燃物质轻于空气时，1 区外半径为 4.5m 的范围内划为 2 区。

14. 对于生产设备的压力和容器不同，必须结合具体情况并考虑各种因素及生产条件，运用实践经验经分析判断来确定。工艺设备容积不＞95m³、压力不＞3.5MPa、流量不＞38L/s 的生产装置，且为第二级释放源，按照生产的实践经验，其爆炸危险区域划分，宜符合下列规定（图 21-22）：

（1）在爆炸危险区域内地坪下的坑、沟划为 1 区。

（2）以释放源为中心，半径为 4.5m 至地坪上以上范围内划为 2 区。

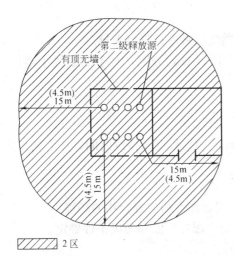

图 21-19 对与有顶无墙建筑物相邻
（门窗位于爆炸危险区域内）

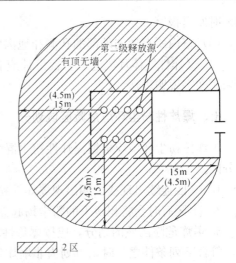

图 21-20 对与有顶无墙建筑物相邻
（门窗位于爆炸危险区域外）

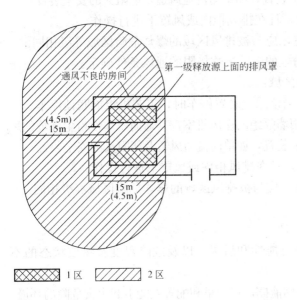

图 21-21 释放源上有排风罩时的爆炸危险区域范围

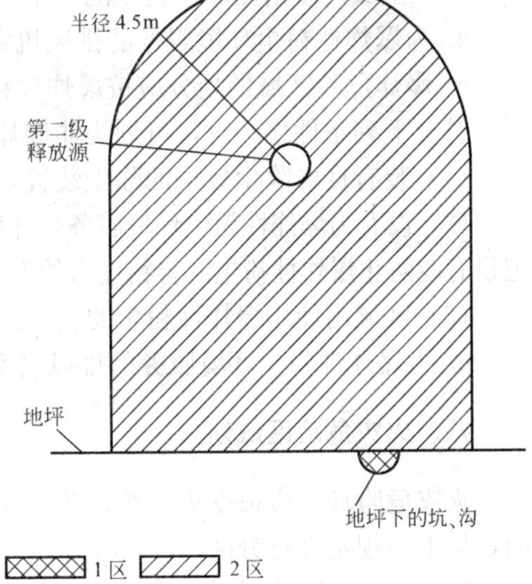

图 21-22 易燃液体、液化易燃气体、压缩易燃气体及低温液体释放源位于户外地坪上方

15. 爆炸性气体环境内的局部地区采用正压或连续通风措施后，可降为非爆炸危险环境，但应满足下列要求：

（1）通风引入的气源应安全可靠，且必须没有易燃物质、腐蚀介质及机械杂质。对重于空气的易燃物质，进出口应高于所划爆炸危险区范围 1.5m 以上处。

（2）送风系统应有备用风机，正压室应维持 20~60Pa，当低于该值时应报警。

（3）建筑物应采用密闭非燃烧材料的实体墙，非开启难燃烧材料的密闭门窗和自动关闭的难燃烧材料的门。

（4）应设置易燃气体浓度检测装置，当浓度达到爆炸性气体混合物的爆炸下限的

50%时发出报警。

（5）室内所有通向外部的孔洞和地沟应用非燃烧材料进行隔离密封。

16. 爆炸性气体环境电力装置设计应有爆炸危险区域划分图，对于简单或小型厂房，可采用文字说明表达。

七、爆炸性粉尘环境危险区域划分

爆炸性粉尘环境应根据爆炸性粉尘混合物出现的频繁程度和持续时间，按下列规定进行分区。

1. 10区连续出现或长期出现爆炸性粉尘环境。
2. 11区有时会将积留下的粉尘扬起而偶然出现爆炸性粉尘混合物的环境。
3. 爆炸危险区域的划分，应按爆炸性粉尘的量、爆炸极限和通风条件确定。

符合下列条件之一时，可划为非爆炸危险区域。

（1）装有良好除尘效果的除尘装置，当该除尘装置停车时，工艺机组能联锁停车。

（2）设有为爆炸性粉尘环境服务，并用墙隔绝的送风机室，其通向爆炸性粉尘环境的风道设有能防止爆炸性粉尘混合物侵入的安全装置，如单向流通风道及能阻火的安全装置。

（3）区域内使用爆炸性粉尘的量不大，且在排风柜内或风罩下进行操作。

4. 为爆炸性粉尘环境服务的排风机室，应与被排风区域的爆炸危险区域等级相同。
5. 爆炸危险区域的划分应按爆炸性粉尘的量、爆炸极限的通风条件确定。

符合下列条件之一时，可划为非爆炸区域：

（1）装有良好除尘效果的除尘装置，当该除尘装置停车时，工艺机组能联锁停车。

（2）设有为爆炸性粉尘环境服务，并用墙隔绝的送风机室，其通向爆炸性粉尘环境的风道设有能防止爆炸性粉尘混合物侵入的安全装置，如单向流通风道及能阻火的安全装置。

（3）区域内使用爆炸性粉尘的量不大，且在排风柜内或风罩下进行操作。

6. 为爆炸性粉尘环境服务的排风机室，应与被排风区域的爆炸危险区域等级相同。

八、火灾危险区域划分

火灾危险环境应根据火灾事故发生的可能性和后果，以及危险程度及物质状态的不同，按下列规定进行分区。

1. 21区：具有闪点高于环境温度的可燃液体，在数量和配置上能引起火灾危险的环境。
2. 22区：具有悬浮状、堆积状的可燃粉尘或可燃纤维，虽不可能形成爆炸混合物，但在数量和配置上能引起火灾危险的环境。
3. 23区：具有固体状可燃物质，在数量和配置上能引起火灾危险的环境。

九、爆炸性危险区域的等级和范围划分示例

对爆炸危险区域的等级和范围划分，应对具体情况进行分析，并充分考虑影响区域等级和范围的各项因素及生产条件，运用生产实践经验，在进行分析判断的前提下，然后对爆炸危险区域的等级和范围地进行划分确定（注：图中释放源除注明外均为第二级释放源）。

1. 在本示例中按照生产设备的压力和容积分为小容量、中容量和大容量三个级别，具体见表21-37。

生产设备的压力和容积分级　　　　表 21-37

分　级	小容量(低压力)	中容量(中压力)	大容量(高压力)
压力范围(MPa)	<0.7	0.7~3.5	>3.5
容积(m³)	<19	19~95	>95

2. 在低压力下，输送易燃液体的泵或类似设备周围的爆炸危险区域的等级和范围划分见图 21-23～图 21-25。

3. 在中压力下，输送易燃液体的泵或类似设备周围的爆炸危险区域的等级和范围划分见图 21-26～图 21-29。

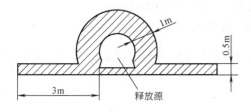

图 21-23　输送低压力易燃液体的泵和类似设备（位于户外地坪上）示意图

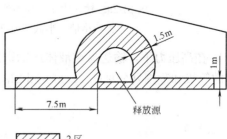

图 21-24　输送低压力易燃液体的泵和类似设备（位于通风良好有顶无墙或一侧有墙的建筑物内）示意图

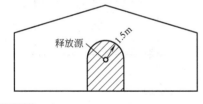

图 21-25　输送低压力易燃液体的泵和类似设备（位于通风良好有顶无墙或一侧有墙的建、构筑物在地坪上方）示意图

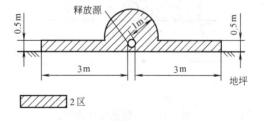

图 21-26　输送中压力易燃液体的泵和类似设备（位于户外地坪上）示意图

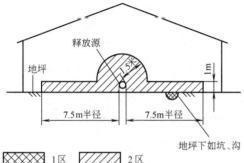

图 21-27　输送中压力易燃液体的泵和类似设备（位于通风良好有顶无墙或一侧有墙的建、构筑物内）示意图

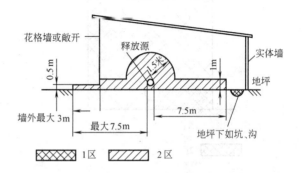

图 21-28　输送中压力易燃液体的泵和类似设备（位于通风良好带花格墙、半截墙或开敞的建、构筑物内）示意图

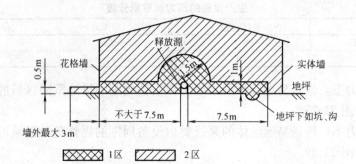

图 21-29 输送中压力易燃液体的泵和类似设备（位于通风不良
带花格墙、半截墙或开敞的建、构筑物内）示意图

4. 在高压力下，输送易燃液体或输送压缩液化气体的泵或类似设备周围的爆炸危险区域的等级和范围划分见图 21-30～图 21-33。

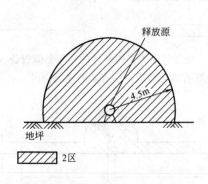

图 21-30 输送高压力易燃液体或压缩液化
易燃气体但泄漏可能性小的泵和类似设备
（位于户外地坪上）示意图

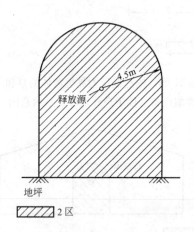

图 21-31 输送高压力易燃液体或压缩液化
易燃气体但泄漏可能性小的泵和类似设备
（位于户外，在地坪上方）示意图

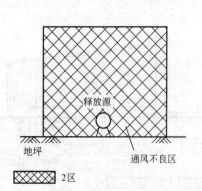

图 21-32 输送高压力易燃液体或压缩液化
易燃气体的泵和类似设备（位于
通风不良的设备棚内）示意图

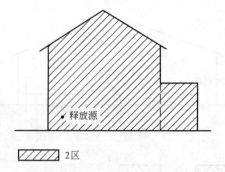

图 21-33 输送高压力易燃液体或压缩液化
易燃气体的泵和类似设备（位于
通风良好的户内）示意图

5. 在高压力、中压力和低压力下，使用易燃液体的工艺容器和干燥器周围的爆炸危险区域的等级和范围划分见图21-34～图21-37。

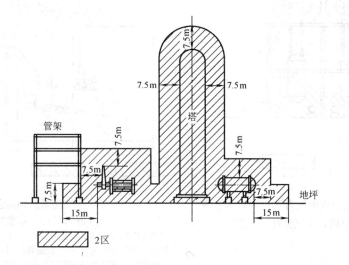

图21-34 使用易燃液体的工艺装置（位于户外）示意图

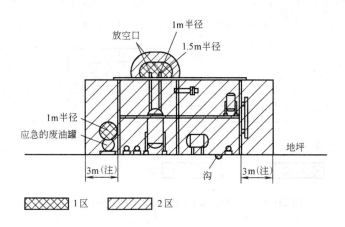

图21-35 使用易燃液体的釜、放空管（位于户外）示意图
注：高压力时此距离为7.5m。

6. 贮罐周围的爆炸区域划分见图21-38。

7. 当槽车装料和卸料时，周围的爆炸危险区域划分见图21-39～图21-43。

8. 当桶或容器在装料或卸料及在桶贮存区时，周围的爆炸危险区域划分见图21-44、图21-45。

9. 可能出现易燃液体的排水沟、分离器和户外集水坑周围的爆炸危险区域划分见图21-46。

10. 在特殊情况下使用比空气轻的气体的装置时，周围的爆炸危险区域划分见图21-47、图21-48。

11. 爆炸危险区域划分平面和立面示意图21-49、图21-50。

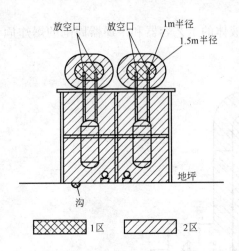

图 21-36　在低压力或中压力下使用易燃液体的釜（位于户内，通风良好）示意图

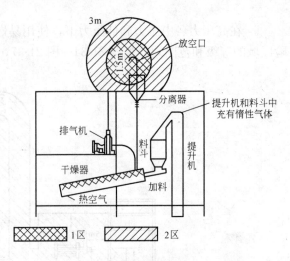

图 21-37　全密闭系统内的成品干燥器（通风良好）示意图

当充有惰性气体时，提升机和加料斗内可划分 2 区，没有充惰性气体时为 1 区。干燥器内料床上部应划为 1 区。正常时空气流量使空间保持在爆炸下限以下，但由于不知蒸气量和料床内流量限制，为了安全起见划为 1 区。

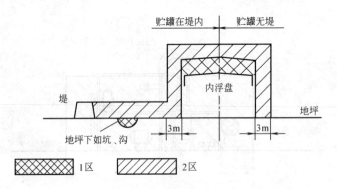

图 21-38　在户外地坪上的贮罐（内浮顶式）示意图

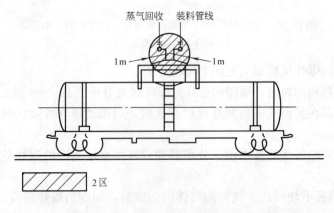

图 21-39　带有蒸气回收、通过封闭的圆盖装料和卸料的槽车示意图

注：可用于有固定配管引入并带有蒸汽回收的其他用途的类似尺寸的容器（无正常放空口）。

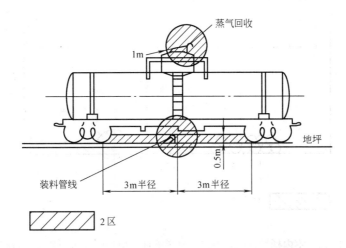

图 21-40　带有蒸气回收，通过底部装料和卸料的槽车示意图

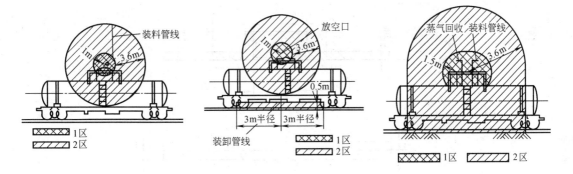

图 21-41　通过带有气孔的圆盖装料或卸料的槽车
注：可用于其他固定装料管和带有正常排气孔的类似容器。

图 21-42　罐上带有排气孔，通过底部装料或卸料的槽车示意图
注：可用于其他固定装料管和带有正常排气孔的类似容器。

图 21-43　装、卸压缩易燃气体（如液化气）的槽车示意图

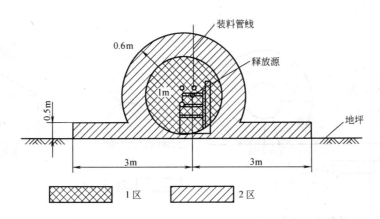

图 21-44　户外或具有通风良好的室内装料的桶及容器示意图

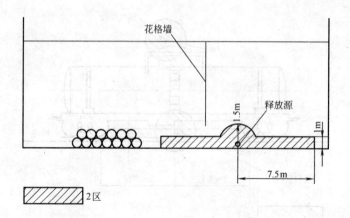

图 21-45　室内桶贮存区，不转送易燃液体，但桶贮存区与邻接区域间
有带孔的墙，图中泵以中压力输送易燃液体示意图

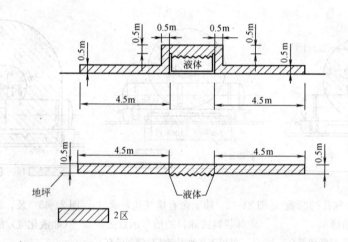

图 21-46　户外的污水沟、分离器及集水坑示意图
注：不包括正常仅充有易燃液体的坑，如地槽、开启混合罐等。

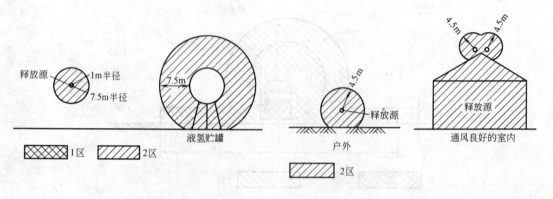

图 21-47　户内或户外的液气态氢系统示意图　　图 21-48　户内或户外的气态氢系统示意图

第三节 爆炸危险场所电气设备的设计与安全

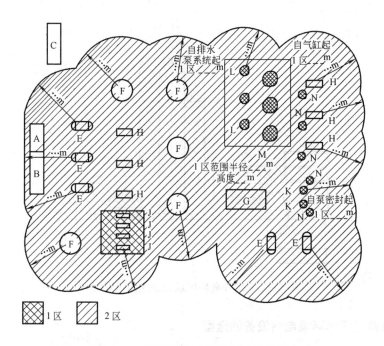

图 21-49 爆炸危险区域划分平面示意图

注：1. 所有的尺寸都是从释放源算起；
2. 某些情况下，用最简便的地理界线确定区域划分的实际分界线，可能会更实用一些，见表 21-38。

符号说明　　　　　　　　　　　　　　　　　　　表 21-38

符号	说　明	符号	说　明
A	正压控制室	H	泵（正常运行时不可能释放的密封）
B	正压配电室	J	泵（正常运行时不可能释放的密封）
C	车间	K	泵（正常运行时不可能释放的密封）
E	容器	L	往复式压缩机
F	蒸馏塔	M	压缩机房（开敞式建筑）
G	分析室（正压或吹净）	N	放空口（高处或低处）

注：上表仅对这个示例图做出解释，在完整的区域分级图中将不出现。

必要时增加详图及在下列方面加以详细说明：

1. 确定为 0 区或 1 区的位置。
2. 0、1 和 2 区的垂直距离，在某些情况下，需画出垂直距离部分。
3. 划分区域范围所使用的规程名称。
4. 用以选择电气设备的爆炸性混合物的级别和组别。

十、变、配电所和控制室设计的安全要求

1. 变电所、配电所（包括配电室，下同）和控制室应布置在爆炸危险区域范围以外，当为正压室时，可布置在 1 区、2 区内。

2. 对于易燃物质比空气重的爆炸性气体环境，位于 1 区、2 区附近的变电所、配电所和控制室的室内地面，应高出室外地面 0.6m。

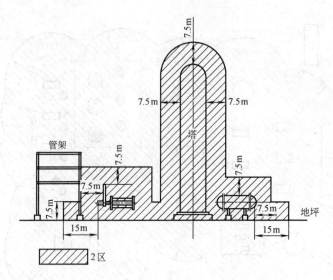

图 21-50　爆炸危险区域划分立面示意图

十一、爆炸性气体环境电气设备的选型

1. 根据爆炸危险区域的分区，电气设备的种类和防爆结构的要求应选择相应的电气设备。

2. 选用的防爆电气设备的级别和组别，不应低于该爆炸性气体环境内爆炸性气体混合物的级别和组别，当存在有两种以上易燃性物质形成的爆炸性气体混合物时，应按危险程度较高的级别和组别选用防爆电气设备。

3. 爆炸危险区域内的电气设备，应符合周围环境内化学的、机械的、热的、霉菌以及风沙等不同环境条件对电气设备的要求。电气设备结构应满足电气设备在规定的运行条件下不降低防爆性能的要求。

4. 各种电气设备、信号报警装置等防爆结构的选型应符合表 21-39 中的规定。

电气设备防爆结构的选型　　　　　表 21-39

序号	电气设备		爆炸危险区域 防爆结构	0区	1区					2区					
				本质安全型 i_a	隔爆型 d	正压型 p	充油型 o	增安型 e	本安型 i_b	本安型 i_b	隔爆型 d	正压型 p	充油型 o	增安型 e	无火花型 n
1	电机		鼠笼型感应电动机		0	0	△			0	0	0	0	0	0
			绕线型感应电动机		△	△	×			0	0	0	0	×
			同步电动机		0	0	×			0	0	0	0	
			直流电动机		△	△	×			0	0	0	0	
			电磁滑差离合器（无电刷）	0	△	△	×			0	0	0	0	△
2	变压器		变压器（包括启动用）		△	△	×			0	0	0		
			电抗线圈（包括启动用）		△	△	×			0	0	0		
			仪用互感器		△		×			0	0	0		

第三节　爆炸危险场所电气设备的设计与安全

续表

序号	电气设备		爆炸危险区域 防爆结构	0区 本质安全型i_a	1区 隔爆型d	1区 正压型p	1区 充油型o	1区 增安型e	1区 本安型i_b	2区 本安型i_b	2区 隔爆型d	2区 正压型p	2区 充油型o	2区 增安型e	2区 无火花型n
3	电器	刀开关、断路器			0						0				
		熔断器			△						0				
		控制开关及按钮		0	0		0		0	0	0		0		
		电抗启动器和启动补偿器			△			0			0			0	
		启动用金属电阻器			△	△	×			0	0				0
		电磁阀用电磁铁			0		×				0			0	
		电磁摩擦制动器			△		×				0				△
		操作箱、柱			0	0					0	0			
		控制盘			△	△					0				
		配电盘			△						0				
4	灯具	固定式灯具			0		×				0				0
		移动式灯具									0				
		携带式灯具			0						0				
		指示灯			0		×				0			0	
		镇流器			0			△			0				
5	其他	信号、报警装置		0	0	0	×	0	0	0	0			0	
		插接装置													
		接线箱(盒)			0		△				0			0	
		电气测量表记			0		×				0			0	

注：1. 表中符号：0 为适用；△为慎用；×为不适用；
2. 绕线型感应电动机及同步电动机采用增安型时，其主体是增安型防爆结构，发生火花的部分是隔爆或正压型防爆结构；
3. 无火花型电动机在通风不良及户内具有比空气重的易燃物质区域内慎用；
4. 电抗启动器和启动补偿器采用增安型时，是将隔爆结构的启动运转开关操作部件与增安型防爆结构的电抗线圈或单绕组变压器组成一体的结构；
5. 电磁磨擦制动器采用隔爆型时，是将制动片、滚筒等机械部分也装入隔爆壳体内者；
6. 在2区内电气设备采用隔爆型时，是指除隔爆型外，也包括主要有火花部分为隔爆结构而外壳为增安型的混合结构。

5. 当选用正压型电气设备及通风系统时应符合下列要求：

（1）通风系统必须用非燃性材料制成，其结构应坚固，连接应严密，并不得有产生气体滞留的死角。

（2）电气设备应与通风系统联锁，运行前必须先通风并应在通风量＞电气设备及其通风系统容积的5倍时，才能接通电气设备的主电源。

（3）在运行中，进入电气设备及其通风系统内的气体，不应含有易燃物质或其他有害物质。

(4) 在电气设备及其通风系统运行中，其风压不应低于 50Pa。当风压低于 50Pa 时，应自动断开电气设备的主电源或发出信号。

(5) 通风过程排出的气体，不宜排入爆炸危险环境，当采取有效地防止火花和炽热颗粒从电气设备及其通风系统吹出的措施时，可排入 2 区空间。

(6) 对于闭路通风的正压型电气设备及其通风系统，应供给清洁气体。

(7) 电气设备外壳及通风系统的小门或盖子，应采取联锁装置或加警告标志等安全措施。

(8) 电气设备必须有一个或几个与通风系统相连的进、排气口，排气口在换气后须妥善密封。

6. 充油型电气设备应在没有振动不会倾斜和固定安装的条件下采用。

7. 在采用非防爆型电气设备作隔墙机械传动时，应符合下列要求：

(1) 安装电气设备的房间，应用非燃烧体的实体墙与爆炸危险区域隔开。

(2) 传动轴传动通过隔墙处，应采用填料函密封或有同等效果的密封措施。

(3) 安装电气设备房间的出口，应通向非爆炸危险区域和无火灾危险的环境，当安装电气设备的房间必须与爆炸性气体环境相通时，应对爆炸性气体环境保持相对的正压。

十二、各种防爆类型电气设备的标志与基本要求

1. 防爆电气设备各防爆型式的标志

隔爆型 "d"

增安型 "e"

本质安全型 "i"

正压型 "p"

充油型 "o"

充砂型 "q"

无火花型 "n"

浇封型 "m"

气密型 "h"

特殊型 "s"

粉尘防爆型 "DIP"

2. 标志要求

电气设备外壳的明显处，必须设置清晰的永久性凸纹标志 "Ex" 字样；小型电气设备及仪器仪表可采用标志牌，或焊在外壳上，也可采用凹纹标志。

电气设备外壳的明显处，必须设置铭牌，并固定牢固。铭牌必须包括下列主要内容：

铭牌的右上方有明显的标志 "Ex"；

防爆标志，并顺次标明防爆型式、类别、级别、温度组别等标志；

防爆合格证编号；

其他需要标出的特殊条件；

有关防爆型式专用标准规定的附加标志；

产品出厂日期或产品编号。

3. 标志举例

为了更进一步的明确标志的表示方法，举例如下：

如电气设备为Ⅰ类隔爆型：标志为dⅠ。

如电气设备为Ⅱ类隔爆型，B级T3组：标志为dⅡBT3。

如电气设备为Ⅱ类本质安全型i_a等级T5组：标志为i_aⅡAT5。

如电气设备采用一种以上的复合型式，则必须先标出主体防爆型式，后标出其他防爆型式。

例：Ⅱ类主体增安型并有正压型部件T4组：epⅡT4。

对只允许使用于一种可燃性气体或蒸气环境中的电气设备，其标志可用该气体或蒸气的化学分子式或名称表示，这时可不必注明级别与温度组别。

例：Ⅱ类用于氨气环境的隔爆型：dⅡ（NH_3）或dⅡ氨。

对于Ⅱ类电气设备的标志，可以标温度组别，也可以标最高表面温度，或二者都标出。例如：最高表面温度为125℃的工厂用增安型：cⅡT4；cⅡ（125℃）或cⅡT4（125℃）。

对于复合型电气设备，须分别在不同防爆类型的外壳上，标出相应的防爆标志。

对Ⅱ类本质安全型i_b等级关联电气设备C级T5组：（i_b），ⅡCT5。

对Ⅰ类特殊型：sⅠ。

对使用于矿井中除沼气外，正常情况下还有Ⅱ类B级T3组可燃气体的隔爆型电气设备：dⅠ/ⅡBT3。

对各种标志的要求都必须清晰、易见，并经久不退。铭牌、警告牌都必须用青铜、黄铜或不锈钢制成，其厚度应不＜1mm；但仪器、仪表的铭牌、警告牌厚度可不＜0.5mm。

4. 国际上的标志举例

为了便于煤炭、石油、化工、轻工以及其他各行业对防爆电气设备的选用、使用、维护相对国外防爆电气设备的防爆标志有所了解，现将国际上常用的防爆标志列于表21-40中，以便查阅。

国际上常用的防爆电气设备标志举例　　　表21-40

国别	总标志		防爆类型标志						
	厂用	矿用	隔爆型	增安型	充油型	通风型	充砂型	本质安全型	特殊性
原苏联		P	B	H	M	n	K	H	C
德国奥地利	Ex	Sch	d	e	o	f	p	i	s
捷克斯洛伐克	Ex		3	0	5	6	1	9	8
波兰		B	M	W	O	P	Z	I	S
罗马尼亚	Ex	A	a	q	N	V	n	l	X
匈牙利	Rb—	Sb	nP	f	o	t	h	S2	k
瑞士	X		t	h	o	v SI	S	1	s

续表

国别	总标志		防爆类型标志						
	厂用	矿用	隔爆型	增安型	充油型	通风型	充砂型	本质安全型	特殊性
意大利	AD—		PEd d	FEe e	Spo	D f	q	l i i	s s s
日本									
法国	NSAE	ADF	SA	RD	SP	—	Sl	—	
原南斯拉夫	Se		tB	SA	OC	PF	q	JH	nT
英国	FLP		FLPd	e		P		IS I	
美国	UL FM		CⅡ 气体					IS	
欧洲共同体	EEx		d	e	O	P	q	$i_a i_b$	
国际电工委员会	Ex	I	d	e	O	P	q	$i_a i_b$	S

5. 各种防爆类型电气设备的基本要求如下：

(1) 隔爆型电气设备。具有隔爆外壳的电气设备，是指把能点燃爆炸性混合物的部件封闭在一个外壳内，该外壳能承受内部爆炸性混合物的爆炸压力并阻止向周围的爆炸性混合物传爆的电气设备。

(2) 增安型电气设备。在正常运行条件下，不会产生点燃爆炸性混合物的火花或危险温度，并在结构上采取措施，提高其安全程度，此避免在正常和规定过载条件下出现点燃现象的电气设备。

(3) 本质安全型电气设备。在正常运行或在标准试验条件下所产生的火花或热效应均不能点燃爆炸性混合物的电气设备。本质安全型电气设备按本质安全电路使用场所和安全程度分为 i_a 和 i_b 两个等级。

(4) 正压型电气设备。具有保护外壳，且壳内充有保护气体，其压力保持高于周围爆炸性混合物气体的压力，以避免外部爆炸性混合物进入外壳内部的电气设备。

(5) 充油型电气设备。全部或某些带电部件浸在油中使之不能点燃油面以上或外壳周围的爆炸性混合物的电气设备。

(6) 充砂型电气设备。外壳内充填细颗粒材料，以便在规定使用条件下，外壳内产生的电弧、火焰传播，壳壁或颗粒材料表面的过热温度均不能够点然周围的爆炸性混合物的电气设备。

(7) 无火花型电气设备。在正常运行条件下不会产生电弧或火花，也不产生能够点燃周围爆炸性混合物的高温表面或灼热点，且一般不会发生有点燃作用的故障的电气设备。

(8) 浇封型电气设备。其中可能产生点燃爆炸性混合物的电弧、火花或高温的部分浇封在浇封剂中，使它不能点燃周围的爆炸性混合物。整台设备或其中部分浇封在浇封剂中，在正常运行和认可的过载或认可的故障下不能点燃周围的爆炸性混合物的电气设备。采取了浇封防爆措施，并与采用该部件的防爆电气设备组合后才可在爆炸性环境中使用，不能单独在爆炸环境中使用的部件。用来浇封的材料，包括热固性的、热塑性的、室温固化的，含有或不含有填充剂或添加剂的物质，如环氧树脂。防爆型式的一种。其中可能产生点燃爆炸性混合物的电弧、火花或高温的部分浇封在浇封剂中，使它不能点燃周围的爆炸性混合物。

(9) 气密型电气设备。用熔化、挤压或胶粘的方法进行密封的外壳。这种外壳能防止壳外部气体进入壳内。气密外壳各部分间必须用熔化（如软钎焊、硬钎焊、熔接）、挤压或胶粘的方法进行密封，不许采用衬垫密封方式。气密外壳的结构应保证在使用期内都保持气密。经过气密试验合格的外壳，在使用过程中不许打开。如打开外壳则认为外壳的气密性被破坏，须重新密封并重新做气密试验。

(10) 粉尘防爆型电气设备。为防止爆炸性粉尘进入电气设备内部，外壳的接合面应紧固严密，并须加密封垫圈，转动轴与轴孔间应加防尘密封。

粉尘沉积有增温引燃的作用，要求设备外壳表面光滑、无裂缝、无凹坑或沟槽，并具有足够的强度。

十三、爆炸性气体环境电气线路的安全要求

1. 电气线路应在爆炸危险性较小的环境或远离释放源的地敷设。
2. 当易燃物质比空气重时，电气线路应在较高处敷设或直接埋地。架空敷设时宜采用电缆桥架，电缆沟敷设时沟内应充砂，并宜设置排水措施。
3. 当易燃物质比空气轻时，电气线路宜在较低处敷设或电缆沟敷设。
4. 电气线路宜在有爆炸危险的建、构筑物的墙外敷设。
5. 敷设电气线路的沟道、电缆或钢管，所穿过的不同区域之间墙或楼板处的孔洞，应采用非燃性材料严密堵塞。
6. 当电气线路沿输送易燃气体或液体的管道栈桥敷设时，应合下列要求：
(1) 沿危险程度较低的管道一侧。
(2) 当易燃物质比空气重时，在管道上方；比空气轻时，在管道的下方。
7. 敷设电气线路时，宜避开可能受到机械损伤、振动、腐蚀以及可能受热的地方，不能避开时，应采取预防措施。
8. 在爆炸性气体环境内，低压电力、照明线路用的绝缘导线和电缆的额定电压，必须不低于工作电压，且不应低于 500V。工作中性线的绝缘的额定电压应与相线电压相等，并应在同一护套或管子内敷设。
9. 在区内单相网络中的相线及中性线均应装设短路保护，并使用双极开关同时切断相线及中性线。
10. 在 1 区内应采用铜芯电缆，在 2 区内宜采用铝芯电缆，采用铝芯电缆时，与电气设备的连接应有可靠的铜铝过渡接头等措施。
11. 选用电缆时，应考虑环境腐蚀、鼠类和白蚁危害，以及周围环境温度及用电设备进线盒方式等因素，在架空桥架敷设时宜采用阻燃电缆。
12. 对 3～10kV 电缆线路，宜装设零序电流保护，在 1 区内保护装置宜动作于跳闸，在2区内宜作用于信号。

13. 本质安全系统的电路应符合下列要求：

（1）当本质安全系统电路的导体与其他非本质安全系统电路的导体接触时，应采取适当预防措施，不应使接触点处产生电弧或电流增大、产生静电或电磁感应。

（2）连接导线当采用铜导线时，引燃温度为T1~T4组时，其导线截面与最大允许电流应符合表21-41中的规定。

铜导线截面与最大允许电流（适用于T1~T4组） 表21-41

导线截面(mm^2)	0.17	0.03	0.09	0.19	0.28	0.44
最大允许电流(A)	1.0	1.65	3.3	5.0	8.8	8.3

14. 导线绝缘的耐压强度应为2倍额定电压，最低为500V。

15. 除本质安全系统的电路外，在爆炸性气体环境1区、2区内电缆配线的技术要求，应符合表中21-42的规定。明设塑料护套电缆，当其敷设方式采用能防止机械损伤的电缆槽板、托盘或桥架方式时，可采用非铠装电缆。在易燃物质比空气轻，且不存在会受鼠虫等损害情形时，在2区电缆沟内敷设的电缆可采用非铠装电缆。

爆炸性气体环境电缆配线技术要求 表21-42

爆炸危险区域 \ 技术要求 项目	电缆明设或在沟内敷设时的最小截面			接线盒	移动电缆
	电力	照明	控制		
1区	铜芯 $2.5mm^2$ 及以上	铜芯 $2.5mm^2$ 及以上	铜芯 $2.5mm^2$ 及以上	隔爆型	重型
2区	铜芯 $2.5mm^2$ 及以上，或铝芯 $4mm^2$ 及以上	铜芯 $1.5mm^2$ 及以上，或铝芯 $2.5mm^2$ 及以上	铜芯 $1.5mm^2$ 及以上	隔爆、增安型	中型

16. 铝芯绝缘导线或电缆的连接与封端应采用压接、熔焊或钎焊，当与电气设备（照明灯具除外）连接时，应采用适当的过渡接头。在1区内电缆线路严禁有中间接头，在2区内不应有中间接头。

17. 除本质安全系统的电路外，在爆炸性气体环境1区、2区内电压为1000V以下的钢管配线的技术要求，应符合表21-43的规定。钢管应采用低压流体输送用镀锌焊接钢管。

18. 为了防腐蚀，钢管连接的螺纹部分应涂以铅油或磷化膏。在可能凝结冷凝水的地方，管线上应装设排除冷凝水的密封接头。与电气设备的连接处宜采用挠性连接管。

19. 在爆炸性气体环境1区、2区内钢管配线的电气线路必须做好隔离密封，且应符合下列要求。

（1）爆炸性气体环境1区、2区内，下列各处必须作隔离密封，当电气设备本身的接头部件中无隔离密封时，导体引向电气设备接头部件前的管段处。

（2）直径50mm以上钢管距引入的接线箱450mm以内处，以及直径50mm以上钢管每距15mm处。

爆炸危险环境钢管配线技术要求 表 21-43

爆炸危险区域	电缆明配线路用绝缘导线的最小截面			接线盒 分支盒 挠性连接管	管子连接要求
技术要求 项目	电 力	照 明	控 制		
1区	铜芯 2.5mm² 及以上	铜芯 2.5mm² 及以上	铜芯 2.5mm² 及以上	隔爆型	对 $DN25mm$ 及以下的钢管螺纹旋合不应少于 5 扣,对 $DN32mm$ 以上的不应少于 6 扣并有锁紧螺母
2区	铜芯 2.5mm² 及以上,铝芯 4mm² 及以上	铜芯 1.5mm² 及以上,铝芯 2.5mm² 及以上	铜芯 1.5mm² 及以上	隔爆、增安型	对 $DN25mm$ 及以下的螺纹旋合不应少于 5 扣。对 $DN32mm$ 以上的不应少于 6 扣

(3) 相邻的爆炸性气体环境 1 区、2 区之间,爆炸性气体环境 1 区、2 区与相邻的其他危险环境或正常环境之间。

进行密封时,密封内部应用纤维作填充层的底层或隔层,以防止密封混合物流出,填充层的有效厚度必须＞钢管的内径。

20. 供隔离密封用的连接部件,不应作为导线的连接或分线用。

21. 在爆炸性气体环境 1 区、2 区内,绝缘导线和电缆截面的选择应符合下列要求:

(1) 导体允许载流量,不应＜熔断器熔体额定电流的 1.25 倍和自动开关长延时过电流脱扣器整定电流的 1.25 倍。

(2) 引向电压为 1000V 以下鼠笼型感应电动机支线的长期允许载流量,不应＜电动机额定电流的 1.25 倍。

22. 10kV 及以下架空线路严禁跨越爆炸性气体环境,架空线路与爆炸性气体环境的水平距离,不应＜杆塔高度的 1.5 倍,在特殊情况下,采取有效措施后,可适当减少距离。

十四、爆炸性粉尘环境的电气装置

爆炸性粉尘环境的电力设计应符合下列规定:

1. 爆炸性粉尘环境的电力设计,宜将电气设备和线路,特别是正常运行时能发生火花的电气设备,布置在爆炸性粉尘环境以外。当需设在爆炸性粉尘环境内时,应布置在爆炸危险性较小的地点。在爆炸性粉尘环境内,不宜采用携带式电气设备。

2. 爆炸性粉尘环境内的电气设备和线路,应符合周围环境内化学的、机械的、热的、霉菌以及风沙等不同环境条件对电气设备的要求。

3. 在爆炸性粉尘环境内,电气设备最高允许表面温度应符合表 21-44 的规定。

电气设备最高允许表面温度表 表 21-44

引燃温度组别	无过负荷的设备	有过负荷的设备
T11	215℃	195℃
T12	160℃	145℃
T13	120℃	110℃

4. 在爆炸性粉尘环境采用非防爆型电气设备进行隔墙机械传动时，应符合下列要求：

(1) 安装电气设备的房间，应采用非燃烧体的实体墙与爆炸性粉尘环境隔开。

(2) 应采用通过隔墙由填料函密封或同等效果密封措施的传动轴传动。

(3) 安装电气设备房间的出口，应通向非爆炸和无火灾危险的环境，当安装电气设备的房间必须与爆炸性粉尘环境相通时，应对爆炸性粉尘环境保持相对的正压。

5. 爆炸性粉尘环境内，有可能过负荷的电气设备，应装设可靠的过负荷保护。

6. 爆炸性粉尘环境内的事故排风用电动机，应在生产发生事故情况下便于操作的地方设置事故起动按钮等控制设备。

7. 在爆炸性粉尘环境内，应少装插座和局部照明灯具，如必须采用时插座，宜布置在爆炸性粉尘不易积聚的地点，局部照明灯宜布置在事故时气流不易冲击的位置。

8. 防爆电气设备选型，除可燃性非导电粉尘和可燃纤维的 11 区环境采用防尘结构（标志为 DP）的粉尘防爆电气设备外，爆炸性粉尘环境 10 区及其他爆炸性粉尘环境 11 区均采用尘密结构（标志为 DP）的粉尘防爆电气设备，并按照粉尘的不同引燃温度，选择不同引燃温度组别的电气设备。

十五、爆炸性粉尘环境电气线路的安全要求

1. 电气线路应在爆炸危险性较小的环境处敷设。

2. 敷设电气线路的沟道、电缆或钢管在穿过不同区域之间墙或楼板处的孔洞，应采用非燃性材料严密堵塞。

3. 敷设电气线路时，宜避开可能受到机械损伤、振动、腐蚀以及可能受热的地方，如不能避开时，应采取预防措施。

4. 爆炸性粉尘环境区内，高压配线应采用铜芯电缆，爆炸性粉尘环境 11 区内高压配线除用电设备和线路有剧烈振动者外，可采用铝芯电缆。

爆炸性粉尘环境 10 区内全部的和爆炸性粉尘环境 11 区内有剧烈振动的，电压为 1000V 以下用电设备的线路，均应采用铜芯绝缘导线或电缆。

5. 爆炸性粉尘环境区内绝缘导线和电缆的选择应符合下列要求：

(1) 绝缘导线和电缆的导体允许载流量不应＜熔断器熔体额定电流的 1.25 倍和自动开关长延时过电流脱扣器整定电流的 1.25 倍。

(2) 引向电压为 1000V 以下，鼠笼型感应电动机的支线的长期允许载流量，不应＜电动机额定电流的 1.25 倍。

(3) 电压为 1000V 以下的导线和电缆，应按短路电流进行热稳定校验。

6. 在爆炸性粉尘环境内，低压电力、照明线路用的绝缘导线和电缆的额定电压必须不低于网络的额定电压，且不应低于 500V。工作中性线绝缘的额定电压应与相线的额定电压相等，并应在同一护套或管子内敷设。

7. 在爆炸性粉尘环境 10 区内，单相网络中的相线及中性线均应装设短路保护，并使用双极开关同时切断相线和中性线。

8. 爆炸性粉尘环境 10 区、11 区内电缆线路不应有中间接头。

9. 选用电缆时应考虑环境腐蚀、鼠类和白蚁危害，以及周围环境温度及用电设备进线盒方式等因素。在架空桥架敷设时，宜采用阻燃电缆。

10. 对电缆线路 3~10kV 应装设零序电流保护,保护装置在爆炸性粉尘环境 10 区内,宜动作于跳闸,在爆炸性粉尘环境 11 区内宜作用于信号。

11. 电压为 1000V 以下的电缆配线技术要求,应符合表 21-45 规定。

在爆炸性粉尘环境内,严禁采用绝缘导线或塑料管明设,当采用钢管配线时,电压为以下的钢管配线的技术要求应符合表 21-46 规定。

钢管应采用低压流体输送用镀锌焊接钢管。为了防腐蚀,钢管连接的螺纹部分应涂以铅油或磷化膏。在可能凝结冷凝水的地方,管线上应装设排除冷凝水的密封接头。

爆炸性粉尘环境电缆配线技术要求 表 21-45

技术要求 爆炸危险区	电缆的最小截面	移动电缆
10 区	铜芯 2.5mm² 及以上	重型
11 区	铜芯 1.5mm² 及以上 铜芯 2.5mm² 及以上	中型

注:铜芯绝缘导线或电缆的连接与封端应采用压接。

爆炸性粉尘环境钢管配线技术要求 表 21-46

技术要求 爆炸危险区	绝缘导线的最小截面	接线盒、分支盒	管子连接要求
10 区	铜芯 2.5mm² 及以上	尘密型	螺纹旋合应不少于 5 扣
11 区	铜芯 1.5mm² 及以上 铜芯 2.5mm² 及以上	尘密型,也可采用防尘型	螺纹旋合应不少于 5 扣

注:尘密型是规定标志为 DT 的粉尘防爆类型,防尘型是规定标志为 DP 的粉尘防爆类型。

12. 在 10 区内敷设绝缘导线时,必须在导线引向电气设备接头部件,以及与相邻的其他区域之间作隔离密封,供隔离密封用的连接部件,不应作为导线的连接或分线用。

十六、火灾危险环境电气线路的安全要求

1. 在火灾危险环境内,可采用非铠装电缆或铜管配线明敷设。21 区或 22 区内,可采用硬塑料管配线。在 23 区内,当远离可燃物质时,可采绝缘导线在针式或鼓式绝缘子上敷设。

2. 在火灾危险环境内,电力、照明线路的绝缘和电缆的额定电压,不应低于线路的额定电压,且不低于 500V。

3. 在火灾危险环境 21 区内或 22 区内,电起重机不应采用滑触线供电,在 23 区电动起重机可采用滑触线供电,但滑触线下不应堆积可燃物质。

4. 移动式和携带式电气设备线路应采用移动式电缆或橡套电缆。

5. 6(10)kV 及以下架空线路禁止跨越火灾危险区域。

十七、爆炸性气体、爆炸性粉尘和火灾危险环境接地设计的安全要求

1. 爆炸性气体环境接地设计的安全要求。

(1) 按有关电力设备接地设计技术规程规定不需要接地的部分,在爆炸性气体环境内仍应进行接地。如在不良导电地面处，交流额定电压为380V及以下和直流额定电压为440V及以下的电气设备正常不带电的金属外壳；在干燥环境，交流额定电压为127V及以下，直流电压为110V及以下的电气设备正常不带电的金属外壳；安装在已接地的金属结构上的电气设备。

（2）在爆炸危险环境内，电气设备的金属外壳应可靠接地。爆炸性气体环境1区内的所有电气设备以及爆炸性气体环境2区内除照明灯具以外的其他电气设备，应采用专门的接地线。该接地线若与相线敷设在同一保护管内时，应具有与相线相等的绝缘。此时爆炸性气体环境的金属管线，电缆的金属包皮等，只能作为辅助接地线。

（3）爆炸性气体环境2区内的照明灯具，可利用有可靠电气连接的金属管线系统作为接地线，但不得利用输送易燃物质的管道。

（4）接地干线应在爆炸危险区域不同方向不少于两处与接地体连接。

（5）电气设备的接地装置与防止直接雷击的独立避雷针的接地装置应分开设置，与装设在建筑物上防止直接雷击的避雷针的接地装置可合并设置；与防雷电感应的接地装置亦可合并设置。接地电阻值应取其中最低值。

2. 爆炸性粉尘环境接地设计的安全要求。

（1）按有关电力设备接地设计技术规程，不需要接地的部分，在爆炸性粉尘环境内，仍应进行接地。如在不良导电地面处，交流额定电压为380V及以下和直流额定电压440V及以下的电气设备正常不带电的金属外壳；在干燥环境，交流额定电压为127V及以下，直流额定电压为110V及以下的电气设备正常不带电的金属外壳；安装在已接地的金属结构上的电气设备。

（2）爆炸性粉尘环境内电气设备的金属外壳应可靠接地。爆炸性粉尘环境10区内的所有电气设备，应采用专门的接地线，该接地线若与相线敷设在同一保护管内时，应具有与相线相等的绝缘。电缆的金属外皮及金属管线等只作为辅助接地线。爆炸性粉尘环境11区内的所有电气设备，可利用有可靠电气连接的金属管线或金属构件作为接地线，但不得利用输送爆炸危险物质的管道。

（3）为了提高接地的可靠性，接地干线宜在爆炸危险区域不同方向且不少于两处与接地体连接。

（4）电气设备的接地装置与防止直接雷击的独立避雷针的接地装置应分开设置，与装设在建筑物上防止直接雷击的避雷针的接地装置可合并设置；与防雷电感应的接地装置亦可合并设置。接地电阻值应取其中最低值。

3. 火灾危险环境接地设计的安全要求

（1）在火灾危险环境内的电气设备的金属外壳应可靠接地。

（2）接地干线应有不少于两处与接地体连接。

第四节　采光和照明的设计与安全

一、采光的设计与安全

当人们在作业环境中进行操作时，首先必须要掌握有关外界条件的情况，也就是说，通过视觉把物体的位置、大小、运动的速度等传入大脑，然后作出相应的判断，然后采取有目的的行动。

在作业环境中，为了能够进行判断，照度是必要的条件。假如照度不足，就不能清晰地看到周围的东西，或者把所需要观察对象的条件看错了，这样就自然会产生错误的操作，进而造成发生事故的条件。

在照度不足的条件下，为了识别或正确地掌握观察对象的状态，在生理上就需要消耗很大的能量。这就易于疲劳，不仅使生产效率降低，同时也增加了事故的潜在因素。

但是照度过于明亮也不好，会使人感到耀眼，使视觉产生眩光，易于疲劳，也很难让人看清作业环境中的真实情况。

为了排除事故潜在的因素，作业环境中必须有使操作人员能正确掌握外界情况的最小照度，使操作人员能清楚地观察物体，不发生对作业条件的识别错误。

人们常常把室外的阳光用作作业环境中的照明，这种方法称为采光。

采光是根据建筑物的构造、窗户的位置及其面积大小不同来决定的，通常是尽可能地多采光，把室外的照度引入作业环境，这对进行生产作业是有利的。

在工业建筑物中，从采光的角度来说，窗户的作用在于可以使室外的自然光进入室内，并控制和分配照度的大小。一般的生产车间通常是在屋顶开设天窗进行采光，但其室内照度的分布是随屋顶的形状而变化的，例如锯齿形屋顶和人字形屋顶的室内照度是不相同的。

所有的厂房和建筑物的窗户，必须按照日光照射的具体情况和天气情况来进行设计，并对所有的窗户还应提供适用的照度控制装置。此外，窗户的设计还与厂房或建筑物的地理纬度和方位有着十分密切的关系。

二、人工照明的设计与安全

在一年之中，室外阳光的亮度是随着季节的变化而变化的。不仅日照时间随季节有所变化，就是在一日之中，照度也有所变化。因此，随着光源在窗户位置上的改变，其作业环境中作业面的照度也要有所改变。然而，人们的作业时间在每天内却是固定不变的。再者，在阴天下雨的日子里，或是白天短的冬天，完全依靠采光，作业环境中的照度就难以维持在不发生视觉障碍的程度以上。

因此，光靠采光是不够的，还必须根据作业种类的需要用人工照明进行补充。

再者，对于不同的作业种类，所要求的照度也是不同的。例如，精密作业与普通作业。就是在依照作业的种类来确定必须的照度时，也还应该以生产所要求的照度是否会给作业人员带来潜在事故的危险为根据，以确定照度的最低限度值。我国现行《工业企业照明设计标准》对作业环境中的照明等作了详细的规定。

从经济的角度出发，为了使作业环境中得到适宜的照度，通常采用局部照明的方法。

三、照明的方式与种类

1. 照明的方式可分为一般照明、分区照明、局部照明和混合照明。
2. 照明的种类可分为正常照明、应急照明、值班照明、警卫照明和障碍照明。其中应急照明包括备用照明、安全照明和疏散照明。

3. 烟囱、高塔应按照有关规定安装障碍照明。

四、照明配电与控制

1. 正常照明与动力负荷宜采用共用变压器或照明控制器供电，当需要时可采用单独照明变压器或照明控制器供电。

2. 变电所宜设置配电屏，宜以放射式向照明箱供电，但每台不宜多于两台照明箱。

3. 照明线路每单相分支回路的电流，一般不宜超过 15A，所接灯头数不宜超过 25 个。插座宜单独设置分支回路。

4. 对高强气体放电灯，单相分支回路的电流不宜超过 30A，并应按起动及再起动特性，选择保护电器和验算线路的电压损失值。

5. 应急照明宜有应急电源供电或采用应急灯。

6. 照明的控制方式应符合下列规定：

(1) 正常环境宜采用就地分散或集中控制。

(2) 爆炸危险环境或大型厂房宜采用照明箱集中控制。个别较分散的灯具，也可采用就地分散控制。

(3) 露天装置区和道路照明，腚采用手动控制或自动控制。

(4) 生产厂房宜采用绝缘导线穿钢管明配；控制室、辅助设施建筑物宜采用绝缘导线穿钢管暗配。

(5) 露天装置区宜采用绝缘导线穿钢管明配，有条件的也可采用电缆明敷。个别地段可采用电缆直埋。

(6) 在爆炸危险环境内，照明开关应采用防爆型。

五、室外照明的布置与安全

在布置室外照明时，应充分考虑灯具的光强分布特性、灯泡的寿命和易于维修等问题。厂内道路照明应使整个道路能得到较高的路面亮度及较好的均匀度，并应尽量限制眩光。码头、船坞和装卸场地；车行道路、人行道路和铁路以及它们的交叉口；厂房和建筑物的入口或出口处；生产区域；建筑物的楼梯和楼梯口；仓库区等处，均应布置照明设备。

在布置室外照明时，还应考虑灯具安装的高度和灯具布置的间距。在厂区道路上采用 60～100W 的白炽灯或 50～80W 荧光高压汞灯时，灯具安装的高度可在 4～6m 之间。灯具的布置间距一般为 30～40m，灯具应尽可能与架空电线共杆布置。

道路两旁的路灯的支架或悬臂长度，应根据路面的宽度选用，一般为 1.5～3.5m，这样可有效地提高照明质量，并可在一定程度上防止树木遮挡灯光。

在爆炸危险的环境内，照明应考虑采用防爆型灯具。

第二十二章 工业卫生技术知识

第一节 工业卫生基础知识

一、职业性危害因素

劳动条件包括生产过程、劳动过程和作业环境3个方面,每个方面都是由许多因素组成的,这些与生产有关的因素,称为职业性因素。它们对劳动者的健康来说,有的起着有利的作用,有的起着有害的作用,这主要取决于职业因素的性质和数量(强度)。对劳动者健康和劳动能力产生有害作用的职业性因素,称为职业性危害因素。

职业性危害因素按其性质可分为以下几种:

1. **物理性有害因素:**
(1) 异常气象条件,包括高温、高湿、低温、高气压、低气压等。
(2) 电磁辐射,如红外线、紫外线、激光、微波、高频电磁场等。
(3) 电离辐射,如 X 射线、γ射线等。
(4) 噪声和振动。

2. **化学性有害因素:**
(1) 生产性毒物,如铅及其化合物、汞及其化合物、苯、一氧化碳等。
(2) 生产性粉尘,如硅(矽)尘、石棉尘、水泥尘、煤尘等。

3. **生物性有害因素:**
包括某些寄生虫、微生物等,如皮毛上的炭疽杆菌及森林脑炎病毒、布氏杆菌等。

4. **其他有害因素:**
(1) 劳动组织和制度不合理。
(2) 劳动强度过大或生产定额不当。
(3) 个体个别器官或系统过度紧张。
(4) 生产场所建筑设施不符合设计卫生标准要求。
(5) 缺乏适当的机械通风、人工照明等安全卫生技术措施。
(6) 缺乏防尘、防毒、防暑降温、防寒保暖等设施,或者设施不完善。
(7) 安全防护和防护器具有缺陷。

二、生产性毒物

所谓毒物,顾名思义就是指对人体健康有害的物质。也就是说,当某些物质侵入人体后,能与人的肌体组织发生生物化学或物理化学作用,在一定条件下和一定量时,破坏人体正常的生理机能,因而损害人的肌体,引起功能障碍、疾病,甚至死亡,这些物质便称之为毒物。

在厂矿企业生产过程中产生或使用的各种有毒物质，称之为生产性毒物或工业毒物。

但是，衡量一种物质是否为有毒物质不是绝对的，如食盐就不是一种毒物，但是一个人如果在一天内吃1kg的食盐，便足可以使人致命。然而，毒物与药物也不能机械地划分，有些毒物在低于中毒的剂量时也可作为药物使用，如砒霜（三氧化二砷）、箭毒、蛇毒等，而很多药物在应用过量时，也可发生中毒，俗话说"是药三分毒"。由此可见，一种物质是否为毒物，与其进入人体内的剂量有着十分密切的关系。有些国家规定按每公斤体重计算，一次经口进入体内5g以下的剂量，能使50%的大白鼠死亡的物质称为毒物，并用此来作为衡量有毒物质急性毒性的指标。

生产性毒物造成人体中毒的因素很多，与毒物本身的理化性质、侵入人体的剂量、作用的时间、中毒的环境等均有关系，此外与受侵害者的人体本身的生理状态也有密切关系。

三、生产性毒物的存在形式

工业生产中的各种原料、辅助材料、半成品、成品、副产品，还有废气、废水、废渣等，可能就是有毒物质或含有毒成分。它们存在的形态可以是固体、液体或气体，而就其对人体的危害来说，以空气污染最为重要。生产性毒物可以下列形式污染空气。

1. 气体。即是指在常温、常压下就是气态的物质。如管道、容器或反应罐釜内逸出的一氧化碳、硫化氢、氯等。

2. 蒸气。即是指在固体升华或液体蒸发而形成的气体。前者如碘，后者如苯的蒸气等。凡沸点低、蒸气压大的液体都易产生蒸气，液态物质如在加热、搅拌过程中挥发就更快。

3. 雾。即是指悬浮于空气中的液体微小水滴。雾大多是蒸气冷凝或液体喷洒而形成，如浓硫酸加热时形成的硫酸雾；电镀铬时产生的铬酸雾等。

4. 烟。又称烟雾或烟气，即指是悬浮在空气中直径<$0.1\mu m$的烟状固体微粒。大多是某些金属熔融时所产生的蒸气在空气中迅速冷凝及氧化而形成的，如熔炼金属铅时产生的铅烟等。有机物质在加热或燃烧时也可产生烟，如塑料热压时产生的烟。

5. 粉尘。即是指悬浮在空气中的固体微粒，直径大多在$0.1\sim 10\mu m$。固体物质经机械粉碎时可产生粉尘；粉体原料、成品、半成品等在混合、筛分、包装、运输时也可造成粉尘飞扬。

了解和掌握生产性毒物是以什么形式存在的，不但有助于找出引起职业中毒的原因、侵入人的机体的途径，并且更重要的是可以采取有效的防护措施，来预防职业中毒的发生。

四、生产性毒物毒性大小的分级

毒物的剂量与反应关系可用"毒性"一词来表示。毒性计算所用的单位一般以化学物质引起实验动物某种毒性反应所需的剂量表示。如吸入性中毒，则用空气中该物质的浓度表示。所需剂量（浓度）愈小，则表示其毒性愈大。最通用的毒性反应是动物的死亡数。常用的指标有下列几种：

1. 绝对致死量或浓度（LD_{100} 或 LC_{100}），即全组染毒动物全部死亡的最小剂量或浓度。

2. 半死致死量或浓度（LD_{50} 或 LC_{100}），即全组染毒动物半数死亡的剂量或浓度。此是将动物实验所得的数据经统计处理而得。

3. 最小致死量或浓度（MLD 或 MLC），即全组染毒动物中个别动物死亡的剂量或浓度。

4. 最大耐受量或浓度（LD_0 或 LC_0），即全组染毒动物全部存活的最大剂量或浓度。

除用死亡来表示毒物的毒性外，还可用机体的其他反应来表示，如引起某种病理改变，上呼吸道刺激，出现麻醉和某些体液的生物化学改变等。引起机体发生某种有害作用的最小剂量（浓度）称为阈剂量（阈浓度）。不同的反应指标有不同的阈剂量，如麻醉阈剂量、上呼吸道刺激阈浓度、嗅觉阈浓度等。最小致死量也是阈剂量的一种。一次染毒所得的阈剂量称为急性阈剂量（浓度），长期多次染毒所得的阈剂量称为慢性阈剂量。

上述各种剂量通常用毒物的毫克数与动物的每公斤体重之比来表示，即 mg/kg。浓度的表示方法，常用 $1m^3$（或 1L）空气中的毫克或克数来表示，即 mg/m^3、mg/L、g/m^3。对气态物质，除百分比外还常用一百万分的空气体积中某一种物质所占的体积分数（ppm）表示。此体积是在气温 25℃、大气压 $1.00225×10^5$ Pa 为标准而计算的。

溶液的浓度，一般用每升中的毫克数（mg/L）来表示；固体物内的浓度用每公斤物质中的毫克数（mg/kg）来表示，此数值亦可用每一百万分的固体物质中的重量分数（ppm）来表示。

某一种物质，产生同一反应的剂量（浓度），可由于所用的动物种属或种类、中毒的途径、有害物质的剂型等条件而不同。所以测定毒性时应当用不同的动物和不同的中毒途径进行全面的观察。在测定生产性毒物的毒性时，除经口（或注射途径）的死亡指标外，还需要有吸入和经皮吸收的毒性指标。由于吸入中毒所引起的动物死亡（或其他反应）除与毒物浓度有关外，还与接触时间有关。毒物浓度与接触时间的综合因素常用 Ct 值来表示，此值仅是一个乘积，表示吸入剂量是 Ct 值的函数。在一般吸入毒性资料中如 LC_{50}，通常是指吸入 2h 的结果，故可不再叙明接触时间。有时也将时间的参数写明，如 LCt 或 LCt_{50} 是指某引起动物死亡或半数动物死亡的浓度和接触的时间的乘积。时间（t）一般用分钟来表示，这种指标是 Ct 值的一种表示方法。

毒物的毒性分级，目前习惯上使用半数致死剂量（浓度）LD_{50}（LC_{50}）作为衡量各种毒物急性毒性大小的指标。我国国家标准《职业性接触毒物危害程度分级》（GB 5044），规定的毒物毒性大小，即毒物危险程度分级如表 22-1。

五、生产性毒物侵入人体的途径

生产性毒物要对人体产生危害，首先必须侵入体内。生产性毒物侵入人体的途径主要有以下 3 个方面：

1. 经呼吸道侵入。由于生产性毒物主要是以气体、蒸气、烟、雾和粉尘污染于车间空气，因此在生产作业或实验过程中，只要生产性毒物污染了空气，就可随着呼吸的空气侵入人体的肺部，再由肺呼吸到血液中，引起人体中毒。再者，因为作业人员在 8 小时一

职业性接触毒物危险程度分级依据表 表 22-1

指标		Ⅰ极度危害	Ⅱ高度危害	Ⅲ中毒危害	Ⅳ轻度危害
急性中毒	吸入 LC_{50} (mg/m³)	<200	200~	2000~	>20000
	经皮 LD_{50} (mg/kg)	<100	100~	500~	>2500
	经口 LD_{50} (mg/kg)	<25	25~	500~	>5000
急性中毒发病状况		生产中易发生中毒,后果严重	生产中可发生中毒,预后良好	偶可发生中毒	迄今未见急性中毒,但有急性影响
慢性中毒患病状况		患病率高(≥5%)	患病率较高(<5%)或症状发生率高(≥20%)	偶有中毒病例发生或症状发生率较高(≥10%)	无慢性中毒而有慢性影响
慢性中毒后果		脱离接触后,继续进展或不能治愈	脱离接触后,可基本治愈	脱离接触后,可恢复正常,不致出现严重后果	脱离接触后,自行恢复正常,无不良后果
致癌性		人体致癌物	可疑人体致癌物	实验动物致癌物	无致癌性
最高容许浓度 (mg/m³)		<0.1	0.1~	1.0~	>10

般强度的劳动中,约需呼吸 10m³ 的空气,由于肺泡总面积大,约 50~100m²,空气在肺泡内接触时间长,故流速慢。肺泡壁薄,血流又丰富,这些都极利于呼吸。通过肺泡吸收的速度仅次于静脉注射。而且肺泡上皮具有对脂溶性分子、非脂溶性分子及离子的高度通透性。所以,呼吸道是工业毒物侵入人体的最重要的途径。

2. 经皮肤吸收侵入。生产性毒物经皮肤吸收侵入人体也是发生中毒的重要途径。一般的工业毒物不能通过完整无损的皮肤侵入体内,但有些工业毒物,如苯胺、有机磷化合物等,可以通过完整无损的皮肤侵入体内。毒物经皮肤吸收可通过表皮屏障达到真皮进入血管,也可通过毛囊与皮脂腺或汗腺绕过表皮屏障。通过毛囊与汗腺要快得多,但它们的总截面积仅占表皮面积的 0.1%~1.0%左右,所以经表皮屏障吸收是主要的。

工业毒物经表皮屏障吸收要具有高度的脂溶性和水溶性。毒物经毛囊、皮脂腺和汗腺吸收可绕过表皮,故电解质和某些金属粉尘也能吸收。不同的部位的皮肤对毒物的通透性虽然不同,但任何部位均可通过,甚至指甲也可被有机磷化合物通过。如果表皮屏障的完整性被破坏,如皮肤上有伤口、灼伤等,沾染上的毒物可直接侵入人体的血液中。

黏膜吸收毒物的能力比皮肤要强的多,除部分工业毒物对黏膜有直接作用外,如灼伤等,大部分工业毒物可以通过黏膜直接吸收,如吸入银粉后,可通过上呼吸道黏膜吸收,再分布于全身。

3. 经消化道侵入人体。工业毒物经消化道侵入人体,其原因除了因不慎误服,或由于手上沾染,在吸烟或进饮时带入而发生中毒外,还有不少进入呼吸道的难溶的气溶胶,例如金属烟尘,则可能在溶解前即被消除出来,并吞入消化道进入胃肠被吸收。另外,吸入的毒物粘附在鼻、咽部,也可随分泌的粘液经口咽入消化道。

侵入消化道的工业毒一小部分被口腔粘膜吸收,而大部分被胃和小肠吸收。胃内容物能促进或阻止毒物通过胃壁的吸收,胃液呈酸性,对弱碱性物质可增加其电离,从而减少其吸收；而对弱酸性物质，则有阻止电离的作用，因而增加其吸收。脂溶性和非电离的物质能渗透过胃的上皮细胞。胃内的食物、蛋白质和黏液蛋白类等则可以减少毒物的吸收。

小肠吸收毒物同样受到上述条件的影响。最重要的因素是肠内呈碱性，并有较大的吸收面积。弱碱性物质在胃内不易被吸收，而待其到达小肠后，即能转化为非电离的物质而被吸收。此外，小肠内有不少酶系统的分布，可以使已与毒物结合的蛋白质或脂肪分解，从而释放出游离的毒物而促进其吸收。在小肠内物质可经细胞壁直接透入细胞，此种吸收方式对毒物的吸收起重要作用，特别对大分子的吸收是这样。

此外，工业毒物经其他途径侵入人体有时也具有实际意义。一滴四乙基焦磷酸酯滴入眼中能使大鼠死亡，也很容易使人死亡。虽然眼、泪管和鼻腔分泌物的 pH 值与胃肠道不一样，但吸收情况相差无几。差别之一就是在眼内的毒物浓度可比进入全身的浓度大，因此局部作用可在全身作用之前出现。

工业毒物无论是从呼吸道、皮肤，还是经消化道等途径侵入人体吸收后，都会逐渐侵入血液，随血循环（部分随淋巴）分布到全身，有的毒物直接与人体正常新陈代谢有关物质相互作用（包括氧化、还原、分解、结合）而发生毒害；有的毒物经过转化生成中间产物，与新陈代谢物质相互作用，发生毒害。当毒物的作用点达到一定浓度或毒性作用达到一定程度时，就可出现一系列中毒症状。

而慢性中毒则是一些工业毒物长期少量侵入人体后，毒性作用逐渐加重；或毒物在肝脏、脂肪组织、骨骼、肌肉与脑内等产生积聚作用，当毒物积聚到一定程度时，即表现出中毒症状。也有毒物在蓄积部位无明显毒作用，如铅贮蓄于骨骼，而释出至血流中发生毒作用，当某种因素使毒物突然大量进入血液循环，可引起慢性中毒的急性发作。

了解和掌握工业毒物侵入人体的途径，以利采取相应的安全技术措施和工业卫生措施来阻止工业毒物侵入人体。因此，在工业生产中除应改进工艺，采用机械化、自动化操作外，还应该尽量避免或减少与工业毒物直接接触的可能性，加强作业现场的通风，将车间空气中有毒有害物质的浓度降低至国家规定的工业卫生最高容许浓度以下，并加强个人防护和注意个人卫生，遵守安全操作规程等，可以防止毒物侵入人体或损害各器官，避免发生职业中毒。

六、生产性毒物从人体的排出途径

生产性毒物侵入人体后可通过多种途径由体内排出，其中肾脏是最主要的一条途径。毒物在人体内经过各种物理和化学的变化，经肝脏的解毒作用，大部分通过肾脏随尿排出。因此，常测定尿中毒物（或其代谢产物）的含量以间接衡量毒物吸收或体内负荷。

某些不溶解的毒物则由粪便排出。

经呼吸道吸收的有毒气体及挥发性毒物，大部分都能由肺排出。因此，发生有毒气体或挥发性毒物急性中毒后，应立即将患者转移至新鲜空气处，这样不仅能停止继续吸收毒物，而且可使它从肺中排出。

毒物也可以简单的扩散方式经乳腺排入乳汁，它虽然不是一个重要的排出途径，却具有重要意义，因为毒物可以直接由母亲传给婴儿。此外，毒物还可以经简单的扩散方式经唾液腺及汗腺排出，但其量甚微。近年来有人主张用发汗的方式排汞。头发和指甲虽然不是身体的排泄器官，但有些毒物，如砷、汞、铅、锰等，可富集于此，因此也是排出途径。

毒物的排出也是一种解毒方式，但毒物也可损害排出器官和组织，如，镉与汞对近曲肾小管引起的损害；砷以汗腺排出引起的皮炎；汞从唾液腺排出引起的口腔炎等。

毒物不能及时或没有排出，在人体内与新陈代谢各种产物急剧化合，便会发生不同的中毒症状，严重时可至死亡。

了解生产性毒物从人体的排出途径，对职业中毒的诊断和预防都具有一定的意义，如，通过测定排泄物中的毒物或者毒物的代谢产物的含量，可作为诊断某种职业中毒的重要指标；对能够通过乳腺排出或者通过胎盘进入胎儿的毒物，就应该禁止怀孕的女职工或者哺乳的女职工参加接触这类生产性毒物的作业，以免影响胎儿或婴儿的健康和成长。

七、影响生产性毒物毒性大小的因素

生产性毒物对人体毒性作用的大小受到许多因素的影响，主要有毒物本身的特性、个体和环境等因素。

1. 毒物本身的因素。生产性毒物毒性大小的不同，首先基于其分子的化学结构特点。毒物的化学结构与毒性大小的关系虽无完整的定则，但对大部分有机化合物来说则有若干规律。在脂肪族烃类化合物中，其毒性作用随碳原子数的增加而增大，如庚烷的麻醉作用比戊烷大。如果碳原子连成一环，则毒性相应增大。又如在不饱和的烃类化合物中，不饱和程度愈大，其毒性也愈大。如乙炔＞乙烯＞乙烷。当碳链上的氢原子被卤素原子取代时，其毒性也增大。如氟代烯类、氯代烯类的毒性＞相应的烯烃类，四氯化碳的毒物远远＞甲烷。又如分子的对称性与毒性也有关系，对称结构化合物的毒性＞不对称者，如1,2-二氯乙烷的毒性＞1,1-二氯乙烷等。立式异构体的毒性也有所不同，如顺式丁烯二酸的毒性＞反式丁烯二酸。在芳香烃类化合物中，苯环上的氢原子若被氯原子、甲基或乙基取代，全身毒性相应减弱，而刺激性则增加，但被氨基或硝基取代时，则具有明显的形成高铁血红蛋白的作用。在芳香族苯环上，不同的异构体的毒性也有差异，一般认为三种异构体的毒性次序为对位＞间位＞邻位，等等。

无机物的化学结构与毒性关系也有一定规律，但不如有机物明显。有人认为最外层电子不饱和程度愈大，毒性愈强。电子稳定性愈低的元素，毒性也愈强。

毒物的理化特性与毒性作用大小也有密切的关系。如分子量、密度、熔点、沸点、蒸气压、溶解性等。在生产条件下，分散度较大的粉尘或烟尘状物质较易被吸入。如锌熔融时金属氧化物的烟尘所引起的金属烟尘热。挥发性较大的毒物，在空气中形成的蒸气浓度较高，易造成吸入中毒。反之，不易挥发的毒物，如乙二醇，毒性虽大，但由于挥发性小，故很少引起中毒。而挥发性的大小，常与毒物本身的熔点、沸点和蒸气压有关。毒物的水溶性和脂溶性与进入人体的途径、吸收速度有关，也影响毒物的毒性作用。如有机磷化合物，既有水溶性又具有脂溶性，故很容易经皮肤吸收中毒。四乙基铅和一些脂溶性毒物容易渗透到含有类脂质的神经组织内，引起神经系统的损害。某些毒物由于其水溶性不同，作用的部位与速度也不同，如氯、二氧化硫、氨等较易溶于水，常阻留于上呼吸道，并对这些部位产生明显的刺激作用。而光气、氮氧化物等水溶性较低，则在上呼吸道阻留小，常经一定潜伏期后才引起深部呼吸道的病变。

2. 个体因素。个体因素包括年龄、性别、生理变动期、健康状况、营养情况、免疫功能与遗传因素等。个体因素可影响对毒物的耐受性。未成年者，由于各器官、系统发育尚未成熟，易发生中毒，不宜参加有毒作业。女职工在月经期、怀孕期时，机体出现一些特殊的生理改变，当这些改变与某些毒物作用性质一致时，有可能加速或加重毒物的作用。

即使有时接触同一剂量的毒物，各个体所出现的反应可截然不同。引起这种差异的个体因素很多，如接触毒物时机体的健康状况、内分泌功能、免疫状态都可产生影响。有时与某种遗传性缺陷有关，如有纯合型遗传性血清 α-抗胰蛋白酶缺陷者，对于刺激性气体的作用特别敏感，α-抗胰蛋白酶是蛋白酶的对抗物，可防止蛋白分解酶对于正常组织的破坏作用，当它缺乏时，蛋白分解酶失去对抗物。一旦吸入刺激性气体引起肺部组织破坏时，蛋白分解酶受损组织外，正常组织也受其破坏，以使中毒症状加重。

此外，个体的健康状况与毒性影响也有关系，如肝、肾疾病患者，解毒、排泄功能受到损害，易发生中毒。有呼吸系统病变者接触刺激性气体，贫血患者接触铅等，不但易发生中毒，而且病情较重。故须对从事接触毒物的作业人员进行就业前体检，以便发现职业禁忌症。

3. 环境因素。因任何毒物只有在一定条件下才可能呈现其毒性，并随环境的不同而有所差别。所以，环境中某些因素可影响机体对毒物作用的反应，有些影响毒物本身的作用。一般来说，作业场所空气中毒物的浓度愈高，接触时间愈长，防护又不严，就容易造成中毒。

环境中的温湿度，在一定程度上影响毒作用。在高温或低温条件接触毒物时，由于机体的代谢率、耗氧量有所改变，对于毒物的吸收与代谢转化有明显影响。一般在高温或低温环境中，毒作用比常温条件下大。如在高温条件下接触对硫磷时，可增加经皮肤吸收，致使毒作用加剧。一些能引起代谢低下、体温下降的毒物，在低温条件下毒作用增加。环境中湿度较大，也会增加某些毒物的作用，如氯化氢、氟化氢等在高湿环境中，对人体的刺激作用明显加强。

在生产环境中，毒物往往不是单独存在的，常有数种毒物同时存在。在两种以上毒物同时存在时，共存的毒物在外环境中或体内均可能产生相互作用，因而影响各个毒物的毒性大小变化，这在毒性学上称为毒物的联合作用。毒物的联合作用可有以下三种情况。

一是独立作用。环境中几种同时共存的毒物，若其作用方式、途径与部位不同，对于机体产生的影响可互不关连，其混合物的毒性是各个毒物所致死亡率的相加，而不是剂量之和。

二是相加作用。环境中几种同时共存的毒物，若各个毒物在化学结构上属同系物，或者结构相近似，或者毒作用的靶器官相同，则毒物的联合作用表现为相加作用，其关系式可用下列公式表示：

$$\frac{1}{LD_{50}(混合物)} = \frac{\pi_1}{LD_{50(1)}} + \frac{\pi_2}{LD_{50(2)}} + \frac{\pi_3}{LD_{50(3)}} + \cdots\cdots \frac{\pi_n}{LD_{50(n)}}$$

式中：π 为各个毒物的组分；1、2、3……n 代表各个毒物。

例如，大多数碳氢化合物的混合物的毒性为各个毒物麻醉作用的总和。

三是减毒作用或增毒作用。环境中两种或两种以上的毒物同时存在时，一种毒物可减弱另一种毒物的毒性，称为减毒作用。例如，氨和硫酸雾同时共存时，可互相中和，减低对皮肤及黏膜的刺激性。环境中两种或两种以上的毒物同时存在时，一种毒物可以加强另一种毒物的毒性，其毒性大大超过各个毒物毒性的总和，称为增毒作用。例如，$800mg/m^3$ 的硫化氢可引起 3% 的小鼠死亡，而 $400mg/m^3$ 的硫化氢混入石油气，则可引起 63% 的小鼠死亡。又如一氧化碳与二氧化硫或硫化氢同时共存时；一氧化碳与氮氧化物或氢氰酸同时共存时；马拉硫磷与敌百虫同时共存时等等，均有增毒作用。

由于两种或两种以上的毒物同时存在时毒物的毒性作用会发生变化，所以在评价空气中毒物浓度对机体的危害时，应考虑到它们的联合作用。如果是增毒作用，就应该相应地降低最高容许浓度。

再者，有些物质本身毒性不大，但接触水或受潮后，由于与其中的杂质起作用而造成严重的中毒事故。例如，炼锡的废渣接触水后所引起的砷化氢中毒；硅铁受潮后引起的磷化氢中毒等等。另外，又如硫化钠遇酸生成硫化氢，也往往导致硫化氢中毒。

此外，毒物虽然对人体具有毒性作用，但进入人体的剂量不够，即使毒物的毒性再高也不致引起中毒。因此在生产条件下，毒物在车间空气中的浓度和接触时间有直接关系。降低空气中毒物的浓度，减少进入体内的毒物量是预防职业中毒的关键。

接触毒物后能否发生中毒，是受许多因素影响的，了解这些因素的相互联系、相互制约的规律，以便控制、预防不利因素，促进、发展有利因素，防止职业中毒。

八、车间空气中有害物质的最高容许浓度

控制空气、水、食物和土壤中的有毒有害物质的量，是预防毒物引起中毒的重要环节，因此，制定在这些环境中有毒有害物质的最高容许浓度，是预防中毒的重要措施。

所谓最高容许浓度，即在一定体积的空气或水中容许存在的有毒有害物质的最高含量。然而，为了保障人们在呼吸、饮用时不致被有毒有害物质所损害，并保护环境，防止污染，有毒有害物质的最高容许浓度是由国家以法令的形式加以规定的。

对预防职业中毒来说，主要是制定车间空气中有毒有害物质的最高容许浓度。但对于车间空气中有毒有害物质的容许浓度的概念，各国所用的定义不一，可分为下列3种。

1. 最高容许浓度（MAC），是指作业人员工作地点空气中有害物质在长期多次有代表性的采样测定中，均不应超过的数值。该浓度是以保障生产作业人员的健康为目的，接触有害物质时间以每天8小时，每周6天计算。在不超过该浓度的情况下，生产作业人员长期接触亦不致产生用现代检查方法所能发现的任何病理改变。我国目前所采用的主要就是这种标准。

2. 阈限值（TLV），是美国联邦政府所采用的标准。对大多数有毒有害物质是指每个工作日7~8h，每周40h内所接触的时间加权平均浓度限值，该值可容许波动在一定限度内。阈限值强调防止对大多数人发生的有害作用。

3. 一次接触限值，或称最高容许峰值，应急接触限值等，是指一次临时性接触时的容许标准。此标准以最高容许浓度的尺度为宽，但除规定浓度外，还有接触时间的限制。在我国制定的工业卫生标准中，对一氧化碳等就规定了这类限值，其目的主要是防止急性中毒。

由于各国对最高容许浓度在概念上的不同，因此所规定的最高容许度在数值上也不相同。如美国对多数有毒物质浓度采用阈限值，而且大多数数值比我国规定的最高容许浓度要高，不少毒物的阈限值往往不够安全。又如原苏联所规定的最高容许浓度的数值一般又偏低，故盲目搬用会造成严重浪费。所以在参阅国外有关书籍及资料时，对各国所采用的最高容许浓度的数值，仅供参考，不宜作为依据。

最高容许浓度不是一成不变的，在制定以后，随着有关毒理学资料的积累，结合在实施过程中对接触者健康状况动态观察的结果，以及国民经济的发展和卫生技术水平的提高，还

将不断进行修订。例如,氯的最高容许浓度我国原定为 $2mg/m^3$,据现场调查,某些车间空气中氯浓度原为 $0.11\sim6.65mg/m^3$,后来虽然降至 $0\sim2.5mg/m^3$,但这些车间作业人员中的慢性支气管炎、慢性鼻炎及慢性咽炎的发病率仍较高,并且氯在 $1\sim6mg/m^3$ 时即可对人体引起显著的刺激。因此现已将氯在车间空气中的最高容许浓度修订为 $1mg/m^3$,提高了要求。又如,过去工业卫生标准中铅的最高容许浓度不分铅烟或铅尘,笼统地定为 $0.01mg/m^3$,后经各地区现场调查研究,铅浓度在 $0.05mg/m^3$ 以上,长期接触才可发生铅吸收或铅中毒。年动态观察资料表明,铅烟平均浓度在 $0.05mg/m^3$ 以下时,接触者未发现铅吸收及铅中毒,且接触铅尘者较接触铅烟者发病率低。据此,现修订为铅烟的最高容许浓度为 $0.03mg/m^3$,铅尘为 $0.05mg/m^3$,均比原制定的 $0.01mg/m^3$ 放宽了要求。

为了保障广大职工的生产安全和身体健康,我国早在 1956 年就制定颁布了《工业企业设计暂行卫生标准》,即已规定车间作业地带空气中有毒气体、蒸气及粉尘的最高容许浓度。于 1964 年又进行了修订,1979 年 9 月又重新修订颁布了《工业企业设计卫生标准》,规定了车间空气中有害气体、蒸气及粉尘的最高容许浓度共 120 种,其中有毒物质 111 种,生产性粉尘 9 种,见表 22-2。

此后,我国在 1988 年至 1989 年,以及 1996 年至 1997 年等年份中,又陆续颁发了数十种车间空气中有毒有害物质的最高容许浓度,见表 22-3,以及车间空气中粉尘最高容许浓度,见表 22-4。

2002 年,我国对《工业企业设计卫生标准》进行了修订,修订后分为两个标准,即《工业企业设计卫生标准》(GBZ 1—2002)和《工业场所有害因素职业接触限值》(GBZ 2—2002)。2007 年又对《工作场所有害因素职业接触限值》(GBZ 2—2002)进行了修订,(卫通[2007] 8 号,2007 年 4 月 20 日公布,2007 年 11 月 1 日起实施)将《工作场所有害因素职业接触限值》分为《工作场所有害因素职业接触限值 化学有害因素》(GBZ 2.1—2007)和《工作场所有害因素职业接触限值 物理因素》(GBZ 2.2—2007)。《工作场所有害因素职业接触限值 化学有害因素》中又分为工作场所空气中化学物质容许浓度、工作场所空气中粉尘容许浓度和工作场所空气中生物因素容许浓度三种,分别见表 22-5、表 22-6 和表 22-7。《工作场所有害因素职业接触限值 物理因素》中又分为超高频辐射职业接触限值、高频电磁场职业接触限值、工频电场职业接触限值、激光辐射职业接触限值、微波辐射职业接触限值、紫外线职业接触限值、高温作业职业接触限值、噪声职业接触限值、手传振动职业接触限值、煤矿井下采掘工作场所气象条件、体力劳动强度分级和体力工作时心率和能量消耗的生理限值等,分别见表 22-8~表 22-20。

职业接触限值(OEL)是职业性有害因素的接触限制量值,指劳动者在职业活动过程中长期反复接触,对绝大多数接触者的健康不引起有害作用的容许接触水平。化学因素的职业接触限值可分为时间加权平均容许浓度、最高容许浓度和短时间接触容许浓度三类。

时间加权平均容许浓度(PC-TWA)指以时间为权数规定的 8 小时工作日、40 小时工作周的平均容许接触浓度。

最高容许浓度(MAC)指工作地点、在一个工作日内、任何时间均有毒化学物质不应超过的浓度。

短时间接触容许浓度(PC-STEL),在遵守时间加权平均容许浓度(PC-TWA)前提下容许时间(15 分钟)接触的浓度。

工作场所指劳动者进行职业活动的全部地点。

车间空气中有害气体、蒸气及粉尘的最高容许浓度　　　　表 22-2

序号	物　质　名　称	最高容许浓度 （mg/m³）
	（一）有害物质	
1	一氧化碳*	30
2	一甲胺	5
3	乙醚	500
4	乙腈	3
5	二甲胺	10
6	二甲苯	100
7	二甲基甲酰胺（皮）	10
8	二甲基二氯硅烷	2
9	二氧化硫	15
10	二氧化硒	0.1
11	二氯丙醇（皮）	5
12	二硫化碳（皮）	10
13	二异氰酸甲苯酯	0.2
14	丁烯	100
15	丁二烯	100
16	丁醛	10
17	三乙基氯化锡（皮）	0.01
18	三氧化二砷及五氧化二砷	0.3
19	三氧化铬、铬酸盐、重铬酸盐（换算成 CrO_3）	0.05
20	三氯氢硅	3
21	己内酰胺	10
22	五氧化二磷	1
23	五氯酚及其钠盐	0.3
24	六六六	0.1
25	丙体六六六	0.05
26	丙酮	400
27	丙烯腈（皮）	2
28	丙烯醛	0.3
29	丙烯醇（皮）	2
30	甲苯	100
31	甲醛	3
32	光气	0.5
	有机磷化合物：	
33	内吸磷（E059）（皮）	0.02
34	对硫磷（E605）（皮）	0.05
35	甲拌磷（3911）（皮）	0.01
36	马拉硫磷（4049）（皮）	2
37	甲基内吸磷（甲基 E059）（皮）	0.2
38	甲基对硫磷（甲基 E605）（皮）	0.1
39	乐戈（乐果）（皮）	1
40	敌百虫（皮）	1
41	敌敌畏（皮）	0.3
42	吡啶	4
	汞及其化合物	
43	金属汞	0.01
44	升汞	0.1

续表

序号	物质名称	最高容许浓度 (mg/m³)
45	有机汞化合物(皮)	0.005
46	松节油	300
47	环氧氯丙烷(皮)	1
48	环氧乙烷	5
49	环己酮	50
50	环己醇	50
51	环乙烷	100
52	苯(皮)	40
53	苯及其同系物的一硝基化合物(硝基苯及硝基甲苯等)(皮)	5
54	苯及其同系物的二及三硝基化合物(二硝基苯、三硝基甲苯等)(皮)	1
55	苯的硝基及二硝基氯化物(一硝基氯苯、二硝基氯苯等)(皮)	1
56	苯胺、甲苯胺、二甲苯胺(皮)	5
57	苯乙烯	40
	钒及其化合物:	
58	五氧化二钒烟	0.1
59	五氧化二钒粉尘	0.5
60	钒铁合金	1
61	苛性碱(换算成 NaOH)	0.5
62	氟化氢及氟化物(换算成 F)	1
63	氨	30
64	臭氧	0.3
65	氧化氮(换算成 NO_2)	5
66	氧化锌	5
67	氧化镉	0.1
68	砷化氢	0.3
	铅及其化合物:	
69	铅烟	0.03
70	铅尘	0.05
71	四乙基铅(皮)	0.005
72	硫化铅	0.5
73	铍及其化合物	0.001
74	钼(可溶性化合物)	4
75	钼(不可溶性化合物)	6
76	黄磷	0.03
77	酚(皮)	5
78	萘烷、四氢化萘	100
79	氰化氢及氢氰酸盐(换算成 HCN)(皮)	0.3
80	联苯—联苯醚	7
81	硫化氢	10
82	硫酸及三氧化硫	2
83	锆及其化合物	5
84	锰及其化合物(换算成 MnO_2)	0.2
85	氯	1
86	氯化氢及盐酸	15
87	氯苯	50
88	氯萘及氯联苯(皮)	1
89	氯化苦	1
	氯代烃:	
90	二氯乙烷	25

续表

序号	物 质 名 称	最高容许浓度（mg/m³）
91	三氯乙烯	30
92	四氯化碳（皮）	25
93	氯乙烯	30
94	氯丁二烯（皮）	2
95	溴甲烷（皮）	1
96	碘甲烷（皮）	1
97	溶剂汽油	350
98	滴滴涕	0.3
99	羰基镍	0.001
100	钨及碳化钨	6
	醋酸酯：	
101	醋酸甲酯	100
102	醋酸乙酯	300
103	醋酸丙酯	300
104	醋酸丁酯	300
105	醋酸戊酯	100
	醇：	
106	甲醇	50
107	丙醇	200
108	丁醇	200
109	戊醇	100
110	糠醛	10
111	磷化氢	0.3
	(二)生产性粉尘	
1	含有10％以上游离二氧化硅的粉尘(石英、石英岩等)**	2
2	石棉粉尘及含有10％以上石棉的粉尘	2
3	含有10％以下游离二氧化硅的滑石粉尘	4
4	含有10％以下游离二氧化硅的水泥粉尘	6
5	含有10％以下游离二氧化硅的煤尘	10
6	铝、氧化铝、铝合金粉尘	4
7	玻璃棉和矿渣棉粉尘	5
8	烟草及茶叶粉尘	3
9	其他粉尘***	10

注：1. 表中最高容许浓度是工人工作地点空气中有害物质所不应超过的数值。工作地点系指工人为观察和管理生产过程而经常或定时停留的地点，如生产操作在车间内许多不同地点进行，则整个车间均算为工作地点。

2. 有（皮）标记者除经呼吸道吸收外，尚易经皮肤吸收的有毒物质。

3. 工人在车间内停留的时间短暂，经采取措施仍不能达到上表规定的浓度时，可与省、市、自治区卫生主管部门协商解决。

* 一氧化碳的最高容许浓度在作业时间短暂时可予放宽：作业时间 1 小时以内，一氧化碳浓度容许达到 50mg/m³；半小时以内可达到 100mg/m³；15～20 分钟可达到 200mg/m³。在上述条件下反复作业时，两次作业之间需间隔 2 小时以上。

** 含有 80％以上游离二氧化硅的生产性粉尘，宜不超过 1mg/m³。

*** 其他粉尘系指游离二氧化硅含量在 10％以下，不含有毒物质的矿物性和动物性粉尘。

4. 本表所列各项有毒物质的检验方法，应按卫生部批准的现行《车间空气监测检验方法》执行。

车间空气中有毒有害物质最高容许浓度一览表

表 22-3

序号	物质名称	最高容许浓度（mg/m³）
1	丙烯酸甲酯	20
2	氯丙烯	2
3	甲基丙烯酸甲酯	30
4	六氟化硫	600
5	磷胺	0.02
6	二甲基乙酰胺	10（皮）
7	三氯化磷	0.5
8	乙二胺	4
9	液化石油气	1000
10	间苯二酚	10
11	甲基丙烯酸环氧丙酯	5
12	氯乙醇	2（皮）
13	丙烯酰胺	0.3（皮）
14	百菌清	0.4
15	三甲基磷酸酯	0.3（皮）
16	抽余油	300
17	溶剂汽油	300
18	敌百虫	0.5
19	1,2-二氯乙烷	15
20	苯乙烯	50
21	硫酰氟	20
22	萘	50
23	溴氰菊酯	0.03
24	氧化乐果	0.3（皮）
25	异稻瘟净	1.0（皮）
26	乙二醇	20
27	三氟甲基次氟酚酯	0.2
28	氯甲烷	40
29	二异氰酸甲苯酯	0.2
30	二月桂二丁基锡	0.2
31	氰丁菊酯	0.05
32	二氧化碳	18000（10000PPM 或 1%）
33	氯丁二烯	4（皮）
34	四氯乙烯	200
35	杀螟松	1（皮）
36	聚乙烯	10
37	聚丙烯	10
38	久效磷	0.01
39	硝化甘油	1
40	丙烯酸	6
41	乙胺	18
42	邻苯二甲酸酐	1
43	二氯甲烷	200
44	三氯甲烷	20
45	肼	0.13
46	一甲基肼	0.08
47	偏二甲基肼	0.5

续表

序号	物质名称	最高容许浓度（mg/m³）
48	汞	0.02
49	氟化物	1.0
50	异丙醇	750
51	四氢呋喃	300
52	乙酸	20 时间加权平均浓度为：10
53	异佛酮二异氰酸酯	0.1
54	呋喃	0.5
55	对硝基苯胺	3
56	邻苯二甲酸二丁酯	0.5 时间加权平均浓度为：1.0
57	草酸	2 时间加权平均浓度为：1
58	硫酸二甲酯	0.5
59	甲酚	10（皮）时间加权平均浓度为：5（皮）

车间空气中粉尘最高容许浓度表　　表 22-4

序号	物质名称	最高容许浓度（mg/m³）
1	10%以下游离二氧化硅的水泥粉尘	6
2	10%以下游离二氧化硅的煤尘	10
3	10%以下游离二氧化硅的滑石粉尘	4
4	石棉粉尘及含10%以上的石棉的粉尘	2
5	玻璃棉和矿渣棉	5
6	烟草及茶叶粉尘	3
7	10%以上游离二氧化硅粉尘	2
8	50%~80%游离二氧化硅粉尘	1.5
9	80%以上游离二氧化硅粉尘	1
10	10%以下游离二氧化硅的碳化硅粉尘	10
11	10%以下游离二氧化硅的砂轮磨尘	10
12	10%以下游离二氧化硅的蛭石粉尘	5
13	二氧化钛粉尘	10
14	20%以上游离二氧化硅的萤石混合性粉尘	2
15	活性炭粉尘	10
16	10%以下游离二氧化硅的云母粉尘	4
17	10%以下游离二氧化硅的珍珠岩粉尘	10
18	炭黑粉尘	8
19	10%以下游离二氧化硅的皮毛粉尘	10
20	10%以下游离二氧化硅的石墨粉尘	6
21	铝和铝合金粉尘	4
22	氧化铝粉尘	6
23	车间内空气呼吸性粉尘中10%~50%游离二氧化硅	1
24	50%~80%游离二氧化硅	0.5
25	80%以上游离二氧化硅	0.3
26	车间内空气中呼吸性煤尘	3.5
27	车间内空气中呼吸性水泥尘	2
28	其他粉尘	10

注：其他粉尘系指游离二氧化硅含量在10%以下，不含毒物质的矿物性和植物性粉尘。

工作场所空气中化学物质容许浓度

表 22-5

序号	中文名	英文名	化学文摘号(CAS No.)	OELs(mg/m³) MAC	OELs(mg/m³) PC-TWA	OELs(mg/m³) PC-STEL	备注
1	安妥	Antu	86-88-4	—	0.3	—	—
2	氨	Ammonia	7664-41-7	—	20	30	—
3	2-氨基吡啶	2-Aminopyridine	504-29-0	—	2	—	皮[d]
4	氨基磺酸铵	Ammonium sulfamate	7773-06-0	—	6	—	—
5	氨基氰	Cyanamide	420-04-2	—	2	—	—
6	奥克托今	Octogen	2691-41-0	—	2	4	—
7	巴豆醛	Crotonaldehyde	4170-30-3	12	—	—	—
8	百草枯	Paraquat	4685-14-7	—	0.5	—	—
9	百菌清	Chlorothalonile	1897-45-6	1	—	—	G2B[c]
10	钡及其可溶性化合物(按 Ba 计)	Barium and soluble compounds, as Ba	7440-39-3(Ba)	—	0.5	1.5	—
11	倍硫磷	Fenthion	55-38-9	—	0.2	0.3	皮
12	苯	Benzene	71-43-2	—	6	10	皮,G1[a]
13	苯胺	Aniline	62-53-3	—	3	—	皮
14	苯基醚(二苯醚)	Phenyl ether	101-84-8	—	7	14	—
15	苯硫磷	EPN	2104-64-5	—	0.5	—	—
16	苯乙烯	Styrene	100-42-5	—	50	100	皮,G2B
17	吡啶	Pyridine	110-86-1	—	4	—	—
18	苄基氯	Benzyl chloride	100-44-7	5	—	—	G2A[b]
19	丙醇	Propyl alcohol	71-23-8	—	200	300	—
20	丙酸	Propionic acid	79-09-4	—	30	—	—
21	丙酮	Acetone	67-64-1	—	300	450	—
22	丙酮氰醇(按 CN 计)	Acetone cyanohydrin, as CN	75-86-5	3	—	—	皮
23	丙烯醇	Allyl alcohol	107-18-6	—	2	3	皮
24	丙烯腈	Acrylonitrile	107-13-1	—	1	2	皮,G2B
25	丙烯醛	Acrolein	107-02-8	0.3	—	—	皮
26	丙烯酸	Acrylic acid	79-10-7	—	6	—	皮
27	丙烯酸甲酯	Methyl acrylate	96-33-3	—	20	—	皮,敏[e]
28	丙烯酸正丁酯	n-Butyl acrylate	141-32-2	—	25	—	敏
29	丙烯酰胺	Acrylamide	79-06-1	—	0.3	—	皮,G2A
30	草酸	Oxalic acid	144-62-7	—	1	2	—
31	抽余油(60℃~220℃)	Raffinate(60℃~220℃)		—	300	—	—
32	臭氧	Ozone	10028-15-6	0.3	—	—	—
33	滴滴涕(DDT)	Dichlorodiphenyltrichloroethane (DDT)	50-29-3	—	0.2	—	G2B
34	敌百虫	Trichlorfon	52-68-6	—	0.5	1	—
35	敌草隆	Diuron	330-54-1	—	10	—	—
36	碲化铋(按 Bi_2Te_3 计)	Bismuth telluride, as Bi_2Te_3	1304-82-1	—	5	—	—
37	碘	Iodine	7553-56-2	1	—	—	—
38	碘仿	Iodoform	75-47-8	—	10	—	—
39	碘甲烷	Methyl iodide	74-88-4	—	10	—	皮
40	叠氮酸蒸气	Hydrazoic acid vapor	7782-79-8	0.2	—	—	—

续表

序号	中文名	英文名	化学文摘号（CAS No.）	OELs(mg/m³) MAC	PC-TWA	PC-STEL	备注
41	叠氮化钠	Sodium azide	26628-22-8	0.3	—	—	—
42	丁醇	Butyl alcohol	71-36-3	—	100	—	—
43	1,3-丁二烯	1,3-Butadiene	106-99-0	—	5	—	—
44	丁醛	Butylaldehyde	123-72-8	—	5	10	—
45	丁酮	Methyl ethyl ketone	78-93-3	—	300	600	—
46	丁烯	Butylene	25167-67-3	—	100	—	—
47	毒死蜱	Chlorpyrifos	2921-88-2	—	0.2	—	皮
48	对苯二甲酸	Terephthalic acid	100-21-0	—	8	15	—
49	对二氯苯	p-Dichlorobenzene	106-46-7	—	30	60	G2B
50	对茴香胺	p-Anisidine	104-94-9	—	0.5	—	皮
51	对硫磷	Parathion	56-38-2	—	0.05	0.1	皮
52	对特丁基甲苯	p-Tert-butyltoluene	98-51-1	—	6	—	—
53	对硝基苯胺	p-Nitroaniline	100-01-6	—	3	—	皮
54	对硝基氯苯	p-Nitrochlorobenzene	100-00-5	—	0.6	—	皮
55	多次甲基多苯基多异氰酸酯	Polymetyhlene polyphenyl isocyanate (PMPPI)	57029-46-6	—	0.3	0.5	—
56	二苯胺	Diphenylamine	122-39-4	—	10	—	—
57	二苯基甲烷二异氰酸酯	Diphenylmethane diisocyanate	101-68-8	—	0.05	0.1	—
58	二丙二醇甲醚	Dipropylene glycol methyl ether	34590-94-8	—	600	900	皮
59	2-N-二丁氨基乙醇	2-N-Dibutylaminoethanol	102-81-8	—	4	—	皮
60	二恶烷	1,1,4-Dioxane	123-91-1	—	70	—	皮
61	二氟氯甲烷	Chlorodifluoromethane	75-45-6	—	3500	—	—
62	二甲胺	Dimethylamine	124-40-3	—	5	10	—
63	二甲苯(全部异构体)	Xylene(allisomers)	1330-20-7；9-5-47-6；108-38-3	—	50	100	—
64	二甲苯胺	Dimethylanilne	121-69-7	—	5	10	皮
65	1,3-二甲基丁基醋酸酯(仲-乙酸己酯)	1,3-Dimethylbutylacetate (sec-hexylacetate)	108-84-9	—	300	—	—
66	二甲基二氯硅烷	Dimethyl dichlorosilane	75-78-5	2	—	—	—
67	二甲基甲酰胺	Dimethylformamide (DMF)	68-12-2	—	20	—	皮
68	3,3-二甲基联苯胺	3,3-Dimethylbenzidine	119-93-7	0.02	—	—	皮,G2B
69	N,N-二甲基乙酰胺	Dimethyl acetamide	127-19-5	—	20	—	皮
70	二聚环戊二烯	Dicyclopentadiene	77-73-6	—	25	—	—
71	二硫化碳	Carbon disulfide	75-15-0	—	5	10	皮
72	1,1-二氯-1-硝基乙烷	1,1-Dichloro-1-nitroethane	594-72-9	—	12	—	—

续表

序号	中文名	英文名	化学文摘号（CAS No.）	OELs(mg/m³) MAC	OELs(mg/m³) PC-TWA	OELs(mg/m³) PC-STEL	备注
73	1,3-二氯丙醇	1,3-Dichloropropanol	96-23-1	—	5	—	皮
74	1,2-二氯丙烷	1,2-Dichloropropane	78-87-5	—	350	500	—
75	1,3-二氯丙烯	1,3-Dichloropropene	542-75-6	—	4	—	皮,G2B
76	二氯二氟甲烷	Dichlorodifluoromethane	75-71-8	—	5000	—	—
77	二氯甲烷	Dichloromethane	75-09-2	—	200	—	G2B
78	二氯乙炔	Dichloroacetylene	7572-29-4	0.4	—	—	—
79	1,2-二氯乙烷	1,2-Dichloroethane	107-06-2	—	7	15	G2B
80	1,2-二氯乙烯	1,2-Dichloroethylene	540-59-0	—	800	—	—
81	二缩水甘油醚	Diglycidyl ether	2238-07-5	—	0.5	—	—
82	二硝基苯（全部异构体）	Dinitrobenzene(all isomers)	528-29-0；99-65-0；100-25-4	—	1	—	皮
83	二硝基甲苯	Dinitrotoluene	25321-14-6	—	0.2	—	皮,G2B(2,4-二硝基甲苯;2,6-二硝基甲苯)
84	4,6-二硝基邻苯甲酚	4,6-Dinitro-o-cresol	534-52-1	—	0.2	—	皮
85	二硝基氯苯	Dinitrochlorobenzene	25567-67-3	—	0.6	—	皮
86	二氧化氮	Nitrogen dioxide	10102-44-0	—	5	10	—
87	二氧化硫	Sulfur dioxide	7446-09-5	—	5	10	—
88	二氧化氯	Chlorine dioxide	10049-04-4	—	0.3	0.8	—
89	二氧化碳	Carbon dioxide	124-38-9	—	9000	18000	—
90	二氧化锡（按Sn计）	Tin dioxide, as Sn	1332-29-2	—	2	—	—
91	2-二乙氨基乙醇	2-Diethylaminoethanol	100-37-8	—	50	—	皮
92	二亚乙基三胺	Diethylene triamine	111-40-0	—	4	—	皮
93	二乙基甲酮	Diethyl ketone	96-22-0	—	700	900	—
94	二乙烯基苯	Divinyl benzene	1321-74-0	—	50	—	—
95	二异丁基甲酮	Diisobutyl ketone	108-83-8	—	145	—	—
96	二异氰酸甲苯酯（TDI）	Toluene-2,4-diisocyanate(TDI)	584-84-9	—	0.1	0.2	敏,G2B
97	二月桂酸二丁基锡	Dibutyltin dilaurate	77-58-7	—	0.1	0.2	皮
98	钒及其化合物（按V计） 五氧化二钒烟尘 钒铁合金尘	Vanadium and compounds, ad V Vanadium pentoxide fume, dust Ferrovanadium alloy dust	7440-62-6(V)	—	0.05 1	—	—
99	酚	Phenol	108-95-2	—	10	—	皮
100	呋喃	Furan	110-00-9	—	0.5	—	G2B
101	氟化氢（按F计）	Hydrogen fluoride, as F	7664-39-3	2	—	—	—
102	氟化物（不含氟化氢）（按F计）	Fluorides(except HF), as F		—	2	—	—

续表

序号	中文名	英文名	化学文摘号(CAS No.)	OELs(mg/m³) MAC	PC-TWA	PC-STEL	备注
103	锆及其化合物(按Zr计)	Zirconium and compounds, as Zr	7440-67-7(Zr)	—	5	10	—
104	镉及其化合物(按Cd计)	Cadmium and compounds, as Cd	7440-43-9(Cd)	—	0.01	0.02	，G1
105	汞-金属汞(蒸气)	Mercury metal(vapor)	7439-97-6	—	0.02	0.04	皮
106	汞-有机汞化合物(按Hg计)	Mercury organic compounds, as Hg		—	0.01	0.03	皮
107	钴及其氧化物(按Co计)	Cobalt and oxides, as Co	7440-48-4(Co)	—	0.05	0.1	G2B
108	光气	Phosgene	75-44-5	0.5	—	—	—
109	癸硼烷	Decaborane	17702-41-9	—	0.25	0.75	皮
110	过氧化苯甲酰	Benzoyl peroxide	94-36-0	—	5	—	—
111	过氧化氢	Hydrogen peroxide	7722-84-1	—	1.5	—	—
112	环己胺	Cyclohexylamine	108-91-8	—	10	20	—
113	环己醇	Cyclohexanol	108-93-0	—	100	—	皮
114	环己酮	Cyclohexanone	108-94-1	—	50	—	皮
115	环己烷	Cyclohexane	110-82-7	—	250	—	—
116	环氧丙烷	Propylene Oxide	75-56-9	—	5	—	敏,G2B
117	环氧氯丙烷	Epichlorohydrin	106-89-8	—	1	2	皮,G2A
118	环氧乙烷	Ethylene oxide	75-21-8	—	2	—	G1
119	黄磷	Yellow phosphorus	7723-14-0	—	0.05	0.1	—
120	己二醇	Hexylene glycol	107-41-5	100	—	—	—
121	1,6-己二异氰酸酯	Hexamethylene diisocyanate	822-06-0	—	0.03	—	—
122	己内酰胺	Caprolactam	105-60-2	—	5	—	—
123	2-己酮	2-Hexanone	591-78-6	—	20	40	皮
124	甲拌磷	Thimet	298-02-2	0.01	—	—	皮
125	甲苯	Toluene	108-88-3	—	50	100	皮
126	N-甲苯胺	N-Methyl aniline	100-61-8	—	2	—	皮
127	甲醇	Methanol	67-56-1	—	25	50	皮
128	甲酚(全部异构体)	Cresol(all isomers)	1319-77-3；95-48-7；108-39-4；106-44-5	—	10	—	皮
129	甲基丙烯腈	Methylacrylonitrile	126-98-7	—	3	—	皮
130	甲基丙烯酸	Methacrylic acid	79-41-4	—	70	—	—
131	甲基丙烯酸甲酯	Methyl methacrylate	80-62-6	—	100	—	敏
132	甲基丙烯酸缩水甘油酯	Glycidyl methacrylate	106-91-2	5	—	—	—
133	甲基肼	Methyl hydrazine	60-34-4	0.08	—	—	皮
134	甲基内吸磷	Methyl demeton	8022-00-2	—	0.2	—	皮
135	18-甲基炔诺酮(炔诺孕酮)	18-Methyl norgestrel	6533-00-2	—	0.5	2	—
136	甲硫醇	Methyl mercaptan	74-93-1	—	1	—	—
137	甲醛	Formaldehyde	50-00-0	0.5	—	—	敏,G1
138	甲酸	Formic acid	64-18-6	—	10	20	—

续表

序号	中文名	英文名	化学文摘号 (CAS No.)	OELs(mg/m³) MAC	PC-TWA	PC-STEL	备注
139	甲氧基乙醇	2-Methoxyethanol	109-86-4	—	15	—	皮
140	甲氧氯	Methoxychlor	72-43-5	—	10	—	—
141	间苯二酚	Resorcinol	108-46-3	—	20	—	—
142	焦炉逸散物（按苯溶物计）	Coke ovenemissions, as benzene soluble matter		—	0.1	—	G1
143	肼	Hydrazine	302-01-2	—	0.06	0.13	皮,G2B
144	久效磷	Monocrotophos	6923-22-4	—	0.1	—	皮
145	糠醇	Furfuryl alcohol	98-00-0	—	40	60	皮
146	糠醛	Furfural	98-01-1	—	5	—	皮
147	考的松	Cortisone	53-06-5	—	1	—	—
148	苦味酸	Picric acid	88-89-1	—	0.1	—	—
149	乐果	Rogor	60-51-5	—	1	—	皮
150	联苯	Biphenyl	92-52-4	—	1.5	—	—
151	邻苯二甲酸二丁酯	Dibutyl phthalate	84-74-2	—	2.5	—	—
152	邻苯二甲酸酐	Phthalic anhydride	85-44-9	1	—	—	敏
153	邻二氯苯	o-Dichlorobenzene	95-50-1	—	50	100	—
154	邻茴香胺	o-Anisidine	90-04-0	—	0.5	—	皮,G2B
155	邻氯苯乙烯	o-Chlorostyrene	2038-87-47	—	250	400	—
156	邻氯苄叉丙二腈	o-Chlorobenzylidene malononitrile	2698-41-1	0.4	—	—	皮
157	邻仲丁基苯酚	o-sec-Butylphenol	89-72-5	—	30	—	皮
158	磷胺	Phosphamidon	13171-21-6	—	0.02	—	皮
159	磷化氢	Phosphine	7803-51-2	0.3	—	—	—
160	磷酸	Phosphoric acid	7664-38-2	—	1	3	—
161	磷酸二丁基苯酯	Dibutyl phenyl phosphate	2528-36-1	—	3.5	—	皮
162	硫化氢	Hydrogen sulfide	7783-06-4	10	—	—	—
163	硫酸钡（按Ba计）	Barium sulfate, as Ba	7727-43-7	—	10	—	—
164	硫酸二甲酯	Dimethyl sulfate	77-78-1	—	0.5	—	皮,G2A
165	硫酸及三氧化硫	Sulfuric acid and sulfur trioxide	7664-93-9	—	1	2	G1
166	硫酰氟	Sulfuryl fluoride	2699-79-8	—	20	40	—
167	六氟丙酮	Hexafluoroacetone	684-16-2	—	0.5	—	皮
168	六氟丙烯	Hexafluoropylene	116-15-4	—	4	—	—
169	六氟化硫	Sulfur hexafluoride	2551-62-4	—	6000	—	—
170	六六六	Hexachlorocyclohexane	608-73-1	—	0.3	0.5	G2B
171	γ-六六六	γ-Hexachlorocyclohexane	58-89-9	—	0.05	0.1	皮,G2B
172	六氯丁二烯	Hexachlorobutadine	87-68-3	—	0.2	—	皮
173	六氯环戊二烯	Hexachlorocyclopentadiene	77-47-4	—	0.1	—	—
174	六氯萘	Hexachloronaphthalene	1335-87-1	—	0.2	—	皮
175	六氯乙烷	Hexachloroethane	67-72-1	—	10	—	皮
176	氯	Chlorine	7782-50-5	1	—	—	—

续表

序号	中文名	英文名	化学文摘号(CAS No.)	MAC	PC-TWA	PC-STEL	备注
177	氯苯	Chlorobenzene	108-90-7	—	50	—	—
178	氯丙酮	Chloroacetone	78-95-5	4	—	—	皮
179	氯丙烯	Allyl chloride	107-05-1	—	2	4	
180	β-氯丁二烯	Chloroprene	126-99-8	—	4	—	皮, G2B
181	氯化铵烟	Ammonium chloride-fume	12125-02-9	—	10	20	—
182	氯化苦	Chloropicrin	76-06-2	1	—	—	
183	氯化氢及盐酸	Hydrogen chloride and chlorhydric acid	7647-01-0	7.5	—	—	
184	氯化氰	Cyanogen chloride	506-77-4	0.75	—	—	
185	氯化锌烟	Zinc chloride fume	7646-85-7	—	1	2	—
186	氯甲甲醚	Chloromethyl methyl ether	107-30-2	0.005	—	—	G1
187	氯甲烷	Methyl chloride	74-87-3	—	60	120	皮
188	氯联苯(54%氯)	Chlorodiphenyl (54% Cl)	11097-69-1	—	0.5	—	皮, G2A
189	氯萘	Chloronaphthalene	90-13-1	—	0.5	—	皮
190	氯乙醇	Ethylene chlorohydrin	107-07-3	2	—	—	皮
191	氯乙醛	Chloroacetaldehyde	107-20-0	3	—	—	
192	氯乙酸	Chloroacetic acid	79-11-8	2	—	—	皮
193	氯乙烯	Vinyl chloride	75-01-4	—	10	—	G1
194	α-氯乙酰苯	α-Chloroacetophenone	532-27-4	—	0.3	—	
195	氯乙酰氯	Chloroacetyl chloride	79-04-9	—	0.2	0.6	皮
196	马拉硫磷	Malathion	121-75-5	—	2	—	皮
197	马来酸酐	Maleic anhydride	108-31-6	—	1	2	敏
198	吗啉	Morpholine	110-91-8	—	60	—	皮
199	煤焦油沥青挥发物(按苯溶物计)	Coal tar pitch volatiles, as Benzene soluble matters	65996-93-2	—	0.2	—	G1
200	锰及其无机化合物(按MnO_2计)	Manganese and inorganic compounds, as MnO_2	7439-96-5(Mn)	—	0.15	—	—
201	钼及其化合物(按Mo计) 钼, 不溶性化合物	Molybdeum and compounds, as Mo Molybdeum and insoluble compounds	7439-98-7(Mo)	—	6	—	
	可溶性化合物	soluble compounds		—	4	—	
202	内吸磷	Demeton	8065-48-3	—	0.05	—	皮
203	萘	Naphthalene	91-20-3	—	50	75	皮, G2B
204	2-萘酚	2-Naphthol	2814-77-9	—	0.25	0.5	
205	萘烷	Decalin	91-17-8	—	60	—	
206	尿素	Urea	57-13-6	—	5	10	—

续表

序号	中文名	英文名	化学文摘号(CAS No.)	OELs(mg/m^3) MAC	PC-TWA	PC-STEL	备注
207	镍及其无机化合物(按 Ni 计) 金属镍与难溶性镍化合物 可溶性镍化合物	Nickel and inorganic compounds, as Ni Nickel metal and insoluble compounds Soluble nickel compounds	7440-02-0(Ni)	— —	1 0.5	— —	G2B —
208	铍及其化合物(按 Be 计)	Beryllium and compounds, as Be	7440-41-7(Be)	—	0.0005	0.001	G1
209	偏二甲基肼	Unsymmetric dimethylhydrazine	57-14-7	—	0.5	—	皮,G2B
210	铅及其无机化合物(按 Pb 计) 铅尘 铅烟	Lead and inorganic Compounds, as Pb Lead dust Lead fume	7439-92-1(Pb)	— —	0.05 0.03	— —	G2B(铅),G2A(铅的无机化合物)
211	氢化锂	Lithium hydride	7580-67-8	—	0.025	0.05	—
212	氢醌	Hydroquinone	123-31-9	—	1	2	—
213	氢氧化钾	Potassium hydroxide	1310-58-3	2	—	—	—
214	氢氧化钠	Sodium hydroxide	1310-73-2	2	—	—	—
215	氢氧化铯	Cesium hydroxide	21351-79-1	—	2	—	—
216	氰氨化钙	Calcium cyanamide	156-62-7	—	1	3	—
217	氰化氢(按 CN 计)	Hydrogen cyanide, as CN	74-90-8	1	—	—	皮
218	氰化物(按 CN 计)	Cyanides, as CN	460-19-5(CN)	1	—	—	皮
219	氰戊菊酯	Fenvalerate	51630-58-1	—	0.05	—	皮
220	全氟异丁烯	Perfluoroisobutylene	382-21-8	0.08	—	—	—
221	壬烷	Nonane	111-84-2	—	500	—	—
222	溶剂汽油	Solvent gasolines		—	300	—	—
223	乳酸正丁酯	n-Butyl lactate	138-22-7	—	25	—	—
224	三次甲基三硝基胺(黑索今)	Cyclonite(RDX)	121-82-4	—	1.5	—	皮
225	三氟化氯	Chlorine trifluoride	7790-91-2	0.4	—	—	—
226	三氟化硼	Boron trifluoride	7637-07-2	3	—	—	—
227	三氟甲基次氟酸酯	Trifluoromethyl hypofluorite		0.2	—	—	—
228	三甲苯磷酸酯	Tricresyl phosphate	1330-78-5	—	0.3	—	皮
229	1,2,3-三氯丙烷	1,2,3-Trichloropropane	96-18-4	—	60	—	皮,G2A
230	三氯化磷	Phosphorus trichloride	7719-12-2	—	1	2	—
231	三氯甲烷	Trichloromethane	67-66-3	—	20	—	G2B
232	三氯硫磷	Phosphorous thiochloride	3982-91-0	0.5	—	—	—
233	三氯氢硅	Trichlorosilane	10025-28-2	3	—	—	—
234	三氯氧磷	Phosphorus oxychloride	10025-87-3	—	0.3	0.6	—

续表

序号	中文名	英文名	化学文摘号（CAS No.）	OELs(mg/m³) MAC	PC-TWA	PC-STEL	备注
235	三氯乙醛	Trichloroacetalde hyde	75-87-6	3	—	—	—
236	1,1,1-三氯乙烷	1,1,1-trichloroet hane	71-55-6	—	900	—	—
237	三氯乙烯	Trichloroethylene	79-01-6	—	30	—	G2A
238	三硝基甲苯	Trinitrotoluene	118-96-7	—	0.2	0.5	皮
239	三氧化铬、铬酸盐、重铬酸盐（按 Cr 计）	Chromium trioxide、chromate、dichromate, as Cr	7440-47-3(Cr)	—	0.05	—	G1
240	三乙基氯化锡	Triethyltin chloride	994-31-0	—	0.05	0.1	皮
241	杀螟松	Sumithion	122-14-5	—	1	2	皮
242	砷化氢（胂）	Arsine	7784-42-1	0.03	—	—	G1
243	砷及其无机化合物（按 AS 计）	Arsenic and inorganic compounds, as As	7440-38-2(As)	—	0.01	0.02	G1
244	升汞（氯化汞）	Mercuric chloride	7487-94-7	—	0.025	—	—
245	石腊烟	Paraffin wax fume	8002-74-2	—	2	4	—
246	石油沥青烟（按苯溶物计）	Asphalt(petroleum) fume, as benzene soluble matter	8052-42-4	—	5	—	G2B
247	双（巯基乙酸）二辛基锡	Bis(marcaptoacetate)dioctyltin	26401-97-8	—	0.1	0.2	—
248	双丙酮醇	Diacetone alcohol	123-42-2	—	240	—	—
249	双硫醒	Disulfiram	97-77-8	—	2	—	—
250	双氯甲醚	Bis(chloromethyl) ether	542-88-1	0.005	—	—	G1
251	四氯化碳	Carbon tetrachloride	56-23-5	—	15	25	皮,G2B
252	四氯乙烯	Tetrachloroethylene	127-18-4	—	200	—	G2A
253	四氢呋喃	Tetrahydrofuran	109-99-9	—	300	—	—
254	四氢化锗	Germanium tetrahydride	7782-65-2	—	0.6	—	—
255	四溴化碳	Carbon tetrabromide	558-13-4	—	1.5	4	—
256	四乙基铅（按 Pb 计）	Tetraethyl lead, as Pb	78-00-2	—	0.02	—	皮
257	松节油	Turpentine	8006-64-2	—	300	—	—
258	铊及其可溶性化合物（按 Tl 计）	Thallium and soluble compounds, as Tl	7440-28-0(Tl)	—	0.05	0.1	皮
259	钽及其氧化物（按 Ta 计）	Tantalum and oxide, as Ta	7440-25-7(Ta)	—	5	—	—
260	碳酸钠（纯碱）	Sodium carbonate	3313-92-6	—	3	6	—
261	羰基氟	Carbonyl fluoride	353-50-4	—	5	10	—
262	羰基镍（按 Ni 计）	Nickel carbonyl, as Ni	13463-39-3	0.002	—	—	G1
263	锑及其化合物（按 Sb 计）	Antimony and compounds, as Sb	7440-36-0(Sb)	—	0.5	—	—
264	铜（按 Cu 计） 铜尘 铜烟	Copper, as Cu Copper dust Copper fume	7440-50-8	—	1 0.2	—	—
265	钨及其不溶性化合物（按 W 计）	Tungsten and insoluble compounds, as W	7440-33-7(W)	—	5	10	—

续表

序号	中文名	英文名	化学文摘号(CAS No.)	OELs(mg/m³) MAC	OELs(mg/m³) PC-TWA	OELs(mg/m³) PC-STEL	备注
266	五氟氯乙烷	Chloropentafluoro ethane	76-15-3	—	5000	—	—
267	五硫化二磷	Phosphorus pentasulfide	1314-80-3	—	1	3	—
268	五氯酚及其钠盐	Pentachlorophenol and sodium salts	87-86-5	—	0.3	—	皮
269	五羰基铁（按Fe计）	Iron pentacarbonyl, as Fe	13463-40-6	—	0.25	0.5	—
270	五氧化二磷	Phosphorus pentoxide	1314-56-3	1	—	—	—
271	戊醇	Amyl alcohol	71-41-0	—	100	—	—
272	戊烷（全部异构体）	Pentane(all isomers)	78-78-4; 109-66-0; 463-82-1	—	500	1000	—
273	硒化氢（按Se计）	Hydrogen selenide, as Se	7783-07-5	—	0.15	0.3	—
274	硒及其化合物（按Se计）（不包括六氟化硒、硒化氢）	Selenium and compounds, as Se (except hexafluoride, hydrogen selenide)	7782-49-2(Se)	—	0.1	—	—
275	纤维素	Cellulose	9004-34-6	—	10	—	—
276	硝化甘油	Nitroglycerine	55-63-0	1	—	—	皮
277	硝基苯	Nitrobenzene	98-95-3	—	2	—	皮,G2B
278	1-硝基丙烷	1-Nitropropane	108-03-2	—	90	—	—
279	2-硝基丙烷	2-Nitropropane	79-46-9	—	30	—	G2B
280	硝基甲苯（全部异构体）	Nitrotoluene (all isomers)	88-72-2; 99-08-1; 99-99-0	—	10	—	皮
281	硝基甲烷	Nitromethane	75-52-5	—	50	—	G2B
282	硝基乙烷	Nitroethane	79-24-3	—	300	—	—
283	辛烷	Octane	111-65-9	—	500	—	—
284	溴	Bromine	7726-95-6	—	0.6	2	—
285	溴化氢	Hydrogen bromide	10035-10-6	10	—	—	—
286	溴甲烷	Methyl bromide	74-83-9	—	2	—	皮
287	溴氰菊酯	Deltamethrin	52918-63-5	—	0.03	—	—
288	氧化钙	Calcium oxide	1305-78-8	—	2	—	—
289	氧化镁烟	Magnesium oxide fume	1309-48-4	—	10	—	—
290	氧化锌	Zinc oxide	1314-13-2	—	3	5	—
291	氧乐果	Omethoate	1113-02-6	—	0.15	—	皮
292	液化石油气	Liquified petroleum gas(L.P.G.)	68476-85-7	—	1000	1500	—
293	一甲胺	Monomethylamine	74-89-5	—	5	10	—
294	一氧化氮	Nitric oxide (Nitrogen monoxide)	10102-43-9	—	15	—	—

续表

序号	中文名	英文名	化学文摘号 (CAS No.)	OELs(mg/m³) MAC	OELs(mg/m³) PC-TWA	OELs(mg/m³) PC-STEL	备注
295	一氧化碳 非高原 高原海拔 2000~3000m 海拔>3000m	Carbon monoxide not in high altitude area In high altitude area 2000~3000m >3000m	630-08-0	— 20 15	20 — —	30 — —	—
296	乙胺	Ethylamine	75-04-7	—	9	18	皮
297	乙苯	Ethyl benzene	100-41-4	—	100	150	G2B
298	乙醇胺	Ethanolamine	141-43-5	—	8	15	—
299	乙二胺	Ethylenediamine	107-15-3	—	4	10	皮
300	乙二醇	Ethylene glycol	107-21-1	—	20	40	—
301	乙二醇二硝酸酯	Ethylene glycol dinitrate	628-96-6	—	0.3	—	皮
302	乙酐	Acetic anhydride	108-24-7	16	—	—	—
303	N-乙基吗啉	N-Ethylmorpholine	100-74-3	—	25	—	皮
304	乙基戊基甲酮	Ethyl amyl ketone	541-85-5	—	130	—	—
305	乙腈	Acetonitrile	75-05-8	—	30	—	皮
306	乙硫醇	Ethyl mercaptan	75-08-1	—	1	—	—
307	乙醚	Ethyl ether	60-29-7	—	300	500	—
308	乙硼烷	Diborane	19287-45-7	—	0.1	—	—
309	乙醛	Acetaldehyde	75-07-0	45	—	—	G2B
310	乙酸	Acetic acid	64-19-7	—	10	20	—
311	乙酸(2-甲氧基乙基酯)	2-Methoxyethyl acetate	110-49-6	—	20	—	皮
312	乙酸丙酯	Propyl acetate	109-60-4	—	200	300	—
313	乙酸丁酯	Butyl acetate	123-86-4	—	200	300	—
314	乙酸甲酯	Methyl acetate	79-20-9	—	200	500	—
315	乙酸戊酯(全部异构体)	Amyl acetate (all isomers)	628-63-7	—	100	200	—
316	乙酸乙烯酯	Vinyl acetate	108-05-4	—	10	15	G2B
317	乙酸乙酯	Ethyl acetate	141-78-6	—	200	300	—
318	乙烯酮	Ketene	463-51-4	—	0.8	2.5	—
319	乙酰甲胺磷	Acephate	30560-19-1	—	0.3	—	皮
320	乙酰水杨酸(阿司匹林)	Acetylsalicylic acid (aspirin)	50-78-2	—	5	—	—
321	2-乙氧基乙醇	2-Ethoxyethanol	110-80-5	—	18	36	皮
322	2-乙氧基乙基酸酯	2-Ethoxyethyl acetate	111-15-9	—	30	—	皮
323	钇及其化合物(按Y计)	Yttrium and compounds (as Y)	7440-65-5	—	1	—	—
324	异丙胺	Isopropylamine	75-31-0	—	12	24	—
325	异丙醇	Isopropyl alcohol(IPA)	67-63-0	—	350	700	—
326	N-异丙基苯胺	N-Isopropylaniline	768-52-5	—	10	—	皮
327	异稻瘟净	Kitazin o-p	26087-47-8	—	2	5	皮
328	异佛尔酮	Isophorone	78-59-1	30	—	—	—
329	异佛尔酮二异氰酸酯	Isophorone diisocyanate(IPDI)	4098-71-9	—	0.05	0.1	—

续表

序号	中文名	英文名	化学文摘号 (CAS No.)	OELs(mg/m³) MAC	OELs(mg/m³) PC-TWA	OELs(mg/m³) PC-STEL	备注
330	异氰酸甲酯	Methyl isocyanate	624-83-9	—	0.05	0.08	皮
331	异亚丙基丙酮	Mesityl oxide	141-79-7	—	60	100	—
332	铟及其化合物（按In计）	Indium and compounds, as In	7440-74-6(In)	—	0.1	0.3	—
333	茚	Indene	95-13-6	—	50	—	—
334	正丁胺	n-butylamine	109-73-9	15	—	—	皮
335	正丁基硫醇	n-butyl mercaptan	109-79-5	—	2	—	—
336	正丁基缩水甘油醚	n-butyl glycidyl ether	2426-08-6	—	60	—	—
337	正庚烷	n-Heptane	142-82-5	—	500	1000	—
338	正己烷	n-Hexane	110-54-3	—	100	180	皮
339	重氮甲烷	Diazomethane	334-88-3	—	0.35	0.7	—

注：a-c：化学物质的致癌性标识按国际癌症组织（IARC）分级，作为参考性资料：
——G1 确认人类致癌物（Carcinogenic to humans）；
——G2A 可能人类致癌物（Probably carcinogenic to humans）；
——G2B 可疑人类致癌物（Possibly carcinogenic to humans）。
d：表示可经完整的皮肤吸收。
e：表示为致敏物。

工作场所空气中粉尘容许浓度　　　表 22-6

序号	中文名	英文名	化学文摘号 (CAS No.)	PC-TWA(mg/m³) 总尘	PC-TWA(mg/m³) 呼尘	备注
1	白云石粉尘	Dolomite dust		8	4	—
2	玻璃钢粉尘	Fiberglass reinforced plastic dust		3	—	—
3	茶尘	Tea dust		2	—	—
4	沉淀 SiO₂（白炭黑）	Precipitated silica dust	112926-00-8	5	—	—
5	大理石粉尘	Marble dust	1317-65-3	8	4	—
6	电焊烟尘	Welding fume		4	—	G2B
7	二氧化钛粉尘	Titanium dioxide dust	13463-67-7	8	—	—
8	沸石粉尘	Zeolite dust		5	—	—
9	酚醛树脂粉尘	Phenolic aldehyde resin dust		6	—	—
10	谷物粉尘（游离 SiO₂ 含量<10%）	Grain dust (free SiO₂<10%)		4	—	—
11	硅灰石粉尘	Wollastonite dust	13983-17-0	5	—	—
12	硅藻土粉尘（游离 SiO₂ 含量<10%）	Diatomite dust (free SiO₂<10%)	61790-53-2	6	—	—
13	滑石粉尘（游离 SiO₂ 含量<10%）	Talc dust (free SiO₂<10%)	14807-96-6	3	1	—
14	活性炭粉尘	Active carbon dust	64365-11-3	5	—	—
15	聚丙烯粉尘	Polypropylene dust		5	—	—
16	聚丙烯腈纤维粉尘	Polyacrylonitrile fiber dust		2	—	—
17	聚氯乙烯粉尘	Polyvinyl chloride (PVC) dust	9002-86-2	5	—	—

续表

序号	中文名	英文名	化学文摘号(CAS No.)	PC-TWA(mg/m³) 总尘	PC-TWA(mg/m³) 呼尘	备注
18	聚乙烯粉尘	Polyethylene dust	9002-88-4	5	—	—
19	铝尘 　铝金属、铝合金粉尘 　氧化铝粉尘	Aluminum dust; Metal & alloys dust Aluminium oxide dust	7429-90-5	 3 4	 — —	 — —
20	麻尘 （游离 SiO₂ 含量 <10%） 　亚麻 　黄麻 　苎麻	Flax, jute and ramie-dusts (free SiO₂<10%) Flax Jute Ramie		 1.5 2 3	 — — —	 — — —
21	煤尘(游离 SiO₂ 含量<10%)	Coal dust(free SiO₂<10%)		4	2.5	—
22	棉尘	Cotton dust		1	—	—
23	木粉尘	Wood dust		3	—	—
24	凝聚 SiO₂ 粉尘	Condensed silica dust		1.5	0.5	—
25	膨润土粉尘	Bentonite dust	1302-78-9	6	—	—
26	皮毛粉尘	Fur dust		8	—	—
27	人造玻璃质纤维 　玻璃棉粉尘 　矿渣棉粉尘 　岩棉粉尘	Man-made vitreous fiber Fibrous glass dust Slag wool dust Rock wool dust		 3 3 3	 — — —	 — — —
28	桑蚕丝尘	Mulberry silk dust		8	—	—
29	砂轮磨尘	Grinding wheel dust		8	—	—
30	石膏粉尘	Gypsum dust	10101-41-4	8	4	—
31	石灰石粉尘	Limestone dust	1317-65-3	8	4	—
32	石棉(石棉含量>10%) 　粉尘 　纤维	Asbestos (Asbestos >10%) dust Asbestos fibre	1332-21-4	 0.8 0.8f/ml	 — —	 G1
33	石墨粉尘	Graphite dust	7782-42-5	4	2	—
34	水泥粉尘（游离 SiO₂ 含量<10%）	Cement dust (free SiO₂<10%)		4	1.5	—
35	炭黑粉尘	Carbon black dust	1333-86-4	4	—	G2B
36	碳化硅粉尘	Silicon carbide dust	409-21-2	8	4	—
37	碳纤维粉尘	Carbon fiber dust		3	—	—
38	硅尘 　10%≤游离 SiO₂ 含量≤50% 　50%<游离 SiO₂ 含量≤80% 　游离 SiO₂ 含量>80%	Silica dust 10%≤free SiO₂≤50% 50%<free SiO₂≤80% free SiO₂>80%	14808-60-7	 1 0.7 0.5	 0.7 0.3 0.2	 G1(结晶型)
39	稀土粉尘（游离 SiO₂ 含量<10%）	Rare-earth dust (free SiO₂<10%)		2.5	—	—
40	洗衣粉混合尘	Detergent mixed dust		1	—	—
41	烟草尘	Tobacco dust		2	—	—

续表

序号	中文名	英文名	化学文摘号(CAS No.)	PC-TWA(mg/m³) 总尘	PC-TWA(mg/m³) 呼尘	备注
42	萤石混合性粉尘	Fluorspar mixed dust		1	0.7	—
43	云母粉尘	Mica dust	12001-26-2	2	1.5	—
44	珍珠岩粉尘	Perlite dust	93763-70-3	8	4	—
45	蛭石粉尘	Vermiculite dust		3	—	—
46	重晶石粉尘	Barite dust	7727-43-7	5	—	—
47	其他粉尘[a]	Particles not otherwise regulated		8	—	—

注：致癌性标识见表 22-5 注。
a：指游离 SiO_2 低于 10%，不含石棉和有毒物质，而尚未制定容许浓度的粉尘。表中列出的各种粉尘（石棉纤维尘除外），凡游离 SiO_2 高于 10% 者，均按硅尘容许浓度对待。

工作场所空气中生物因素容许浓度　　　　　　　表 22-7

序号	中文名	英文名	化学文摘号(CAS No.)	OELs MAC	OELs PC-TWA	OELs PC-STEL	备注
1	白僵蚕孢子	Beauveria bassiana		6×10^7（孢子数/m³）	—	—	
2	枯草杆菌蛋白酶	Subtilisins	1395-21-7；9014-01-1	—	15ng/m³	30ng/m³	敏

一个工作日内工作场所超高频辐射职业接触限值　　　　　　　表 22-8

接触时间	连续波 功率密度(mW/cm²)	连续波 电场强度(V/m)	脉冲波 功率密度(mW/cm²)	脉冲波 电场强度(V/m)
8h	0.05	14	0.025	10
4h	0.1	19	0.05	14

8h 工作场所高频电磁场职业接触限值　　　　　　　表 22-9

频率(MHz)	电场强度(V/m)	磁场强度(A/m)
0.1～3.0	50	5
～30	25	—

8h 工作场所工频电场职业接触限值　　　　　　　表 22-10

频率(Hz)	电场强度(kV/m)
50	5

8h 眼直视激光束的职业接触限值　　　　　　　表 22-11

光谱范围	波长(nm)	照射时间(s)	照射量(J/cm²)	辐照度(W/cm²)
紫外线	200～308	10^{-9}～3×10^4	3×10^{-3}	
	309～314	10^{-9}～3×10^4	6.3×10^{-2}	
	315～400	10^{-9}～10	$0.56t^{1/4}$	
	315～400	10～10^3	1.0	
	315～400	10^3～3×10^4		1×10^{-3}

续表

光谱范围	波长(nm)	照射时间(s)	照射量(J/cm²)	辐照度(W/cm²)
可见光	400~700	10^{-9}~1.2×10^{-5}	5×10^{-7}	
	400~700	1.2×10^{-5}~10	$2.5t^{3/4}\times10^{-3}$	
	400~700	10~10^4	$1.4C_B\times10^{-2}$	
	400~700	10^4~3×10^4		$1.4C_B\times10^{-6}$
红外线	700~1050	10^{-9}~1.2×10^{-5}	$5C_A\times10^{-7}$	
	700~1050	1.2×10^{-5}~10^3	$2.5C_At^{3/4}\times10^{-3}$	
	1050~1400	10^{-9}~3×10^{-5}	5×10^{-6}	
	1050~1400	3×10^{-5}~10^3	$12.5t^{3/4}\times10^{-3}$	
	700~1400	10^4~3×10^4		$4.44C_A\times10^{-4}$
远红外线	1400~10^6	10^{-9}~10^{-7}	0.01	
	1400~10^6	10^{-7}~10	$0.56t^{1/4}$	
	1400~10^6	>10		0.1

注:t 为照射时间。

8h 激光照射皮肤的职业接触限值 表 22-12

光谱范围	波长(nm)	照射时间(s)	照射量(J/cm²)	辐照度(W/cm²)
紫外线	200~400	10^{-9}~3×10^4	同表4	
可见光与红外线	400~1400	10^{-9}~3×10^{-7}	$2C_A\times10^{-2}$	
		10^{-7}~10	$1.1C_At^{1/4}$	
		10~3×10^4		$0.2C_A$
远红外线	1400~10^6	10^{-9}~3×10^4	同表4	

注:t 为照射时间。

工作场所微波职业接触限值 表 22-13

类型		日剂量 (μW·h/cm²)	8h平均功率密度 (μW/cm²)	非8h平均功率密度 (μW/cm²)	短时间接触功率密度 (mW/cm²)
全身辐射	连续微波	400	50	400/t	5
	脉冲微波	200	25	200/t	5
肢体局部辐射	连续微波或脉冲微波	4000	500	4000/t	5

注:t 为受辐射时间,单位为 h。

8h 工作场所紫外辐射职业接触限值 表 22-14

紫外光谱分类	8h职业接触限值	
	辐照度(μW/cm²)	照射量(mJ/cm²)
中波紫外线(315nm~280nm)	0.26	3.7
短波紫外线(280nm~100nm)	0.13	1.8
电焊弧光	0.24	3.5

工作场所不同体力劳动强度 WBGT 限值(℃) 表 22-15

接触时间率	体力劳动强度			
	Ⅰ	Ⅱ	Ⅲ	Ⅳ
100%	30	28	26	25
75%	31	29	28	26
50%	32	30	29	28
25%	33	32	31	30

工作场所噪声职业接触限值 表22-16

接触时间	接触限值[dB(A)]	备注
5d/w,=8h/d	85	非稳态噪声计算8h等效声级
5d/w,≠8h/d	85	计算8h等效声级
≠5d/w	85	计算40h等效声级

工作场所脉冲噪声职业接触限值 表22-17

工作日接触脉冲次数	声压级峰值[dB(A)]	工作日接触脉冲次数	声压级峰值[dB(A)]
≤100	140	≤10000	120
≤1000	130		

工作场所手传振动职业接触限值 表22-18

接触时间	等能量频率计权振动加速度(m/s^2)
4h	5

井下采掘工作场所气象条件 表22-19

干球温度(℃)	相对湿度(%)	风速(m/s)	备注
不高于28	不规定	~1.0	上限
不高于26	不规定	~0.5	至适
不低于18	不规定	~0.3	增加工作服保暖量

注：1. 本标准规定的风速如与生产工艺或防爆要求相抵触时可不受此限制。
2. 井下作业环境气温较低时服装保暖量应适当增加。

体力劳动强度分级表 表22-20

体力劳动强度级别	劳动强度指数	体力劳动强度级别	劳动强度指数
Ⅰ	≤15	Ⅲ	~25
Ⅱ	~20	Ⅳ	>25

体力工作时心率和能量消耗的生理限值如下：

工作日内从事任何单项体力工作时，最大心率值不应超过150次/min；各单项作业时最大心率值平均不应超过120次/min。

人工作日（8h）总能量消耗不应超过6276kJ（或 $7.824kJ/min \cdot m^{-2}$）。

工作地点指劳动者从事职业活动或进行生产管理过程而经常或定时停留的地点。

为对世界上其他国家的车间空气中有害物质的最高容许浓度有所了解，现将原苏联、美国、日本等所制定的最高容许浓度标准介绍如下，见表22-21。

在使用车间空气中有害物质的最高容许浓度标准估计生产作业环境受毒物污染程度及其对人体危害时，应注意以下事项：

1. 最高容许浓度是预防职工在车间内慢性吸入中毒的标准，不能用作急性中毒的衡量尺度。车间空气中有害物质的最高容许浓度不适用于室外作业环境。

2. 国外所采用的指标，与我国的最高容许浓度，在概念上和数值上都不完全相同，美国对多数毒物采用阈限制，并且大多数数值要比我国最高容许浓度高，不少毒物的阈限值往往不够安全。原苏联的最高容许浓度一般偏低。所以国外数据仅供参考，不宜作为依据。

苏（原苏联）、美国、日本车间空气中有害物质的最高容许浓度表　　表22-21

序号	物质名称	最高容许浓度(mg/m³)		
		原苏联	美国	日本
1	氮氧化物(换算成 NO_2)	5	9	9
2	丙烯醛	0.7	0.25	
3	丙烯酸甲酯	20	—	—
4	丙烯腈	0.5	45	
5	醋酸甲酯	100	610	610
6	醋酸乙酯	200	1400	1400
7	醋酸丁酯	200	710(正) 950(异)	950
8	醋酸戊酯	100	525	
9	氨基壬酸	8	—	
10	氨	20	35	70
11	苯胺(甲苯胺)	3	19	19
12	乙醛	5	360	—
13	丙酮	200	2400	1200
14	乙腈	10	70	
15	丙酮氰醇	0.9		
16	苯乙腈	0.8		
17	溶剂汽油(换算成C)	300		2000
18	三氯甲苯	0.5		
19	五氧化二钒(烟)	0.1	0.05	
20	五氧化二钒(尘)	0.5	0.5	
21	氯乙烯	30	510	1300
22	1,6-己二胺	1		
23	邻苯二甲酸二丁酯	0.5	5	
24	二甲胺	1	18	
25	对苯二甲酸二甲酯	0.1	5	
26	二甲基甲酰胺	10	30	
27	二氯苯	20	300(邻位) 450(对位)	
28	二乙胺	30	75	
29	异丁烯	100		
30	氯化异丁烯	0.3		
31	异丁醛	5		
32	异戊间二烯	40	200	
33	异丙苯	50	245	
34	己内酰胺	10		
35	己酸	5		
36	二甲苯	50	435	670
37	丁醛	5		
38	丁酸	10		
39	顺丁烯二酸酐	1	1	
40	甲基丙烯醇	10	—	
41	甲基丙烯酸甲酯	20		
42	氯甲烷	5	210	
43	甲基环己烷	50	2000	
44	2-丁酯	200	590	
45	甲基胺	1	12	—

第一节 工业卫生基础知识

续表

序号	物质名称	最高容许浓度(mg/m³)		
		原苏联	美国	日本
46	萘	20	50	—
47	羰基镍	0.0005	0.007	—
48	吡啶	5	15	—
49	聚氯乙烯	6	—	—
50	丙烯	—	6880	—
51	聚丙烯	10	—	—
52	聚甲醛	5	—	—
53	低压聚乙烯	10	—	—
54	乙烯	50	—	—
55	环氧丙烷	1	240	—
56	丙醛	5		
57	金属汞	0.01	烷基汞 0.01(皮) 其他汞 0.05	0.01
58	硫酸、三氧化硫	1	1	1
59	二氧化硫	10	13	13
60	二硫化碳	10	60(皮)	60
61	盐酸	5	7	—
62	甲醇	50	260	260
63	乙醇	1000	1900	
64	丙醇	200	500	—
65	丁醇	200	300	
66	戊醇、正己醇、正庚醇、正辛醇	100	—	—
67	乙二醇	—	274	
68	氯乙醇	—	16	
69	对苯二甲酸	0.1	—	—
70	四乙基铅	0.005	0.1(以铅计)	0.075
71	甲苯	50	375	750
72	醋酸	5	25	
73	酚	5	19	—
74	甲醛	0.5	3	6
75	光气	0.5	0.4	—
76	氟化氢	0.5	2	2
77	氯	1	3	3
78	二氧化氯	0.1	0.3	—
79	氯化氢	5	7	7
80	氰化氢、氢氰酸盐	0.3	11(皮)	11
81	环噻烷	80	1050	—
82	环己酮	10	200	
83	环氧乙烷	1	90	
84	四氯化碳	20	65	65
85	四氟乙烯	—	20	
86	醋酸乙烯	10	—	
87	苯乙烯	5	420	
88	丁二烯	100	2200	
89	苯	20	80	80
90	乙苯	1	435	—
91	乙醚	300	1200	—

续表

序号	物质名称	最高容许浓度(mg/m³)		
		原苏联	美国	日本
92	一氧化碳	20	55	110
93	硫化氢	10	15	15
94	三氰甲苯	100	—	—
95	二苯甲烷二异氰酸酯(MDI)	—	0.22	—
96	二硫化四甲基秋兰姆(促进剂 TMTD)	1	—	—
97	二氯乙醚	—	90(皮)	—
98	二氯苯基三氯硅烷	1	—	—
99	α-三氯乙烷	—	—	1900
100	β-三氯乙烷	—	—	45
101	三氯硅烷(硅氯仿)	1	—	—
102	三氟化硼	—	3	—
103	双酚 A	5	—	—
104	甲基氟苯基二氯硅烷	1	—	—
105	甲基苯基二氯硅烷	1	—	—
106	邻苯二甲酸酐	1	—	—
107	氯甲基三氯硅烷	1	—	—
108	氯丙烯	—	3	—
109	酚醛塑料粉尘	6	—	—
110	磷酸三邻甲酚酯	—	0.1	—

3. 对有些易经皮肤进入人体的毒物，除应尽力控制车间空气中毒物的含量，使其低于最高容许浓度数值，还应加强皮肤的防护，以及减少皮肤与该毒物接触的机会。

4. 车间空气中毒物的浓度，必须经过反复多次测定，才能正确评价，不能一两次测定就下鉴定。

5. 车间空气中有两种以上毒物同时存在时，须考虑其联合作用。当几种毒物具有相加作用，在厂房设计阶段应用各种毒物的最高容许浓度时，应按毒物的种数降低相应的倍数。如，有两种毒物同时存在，则最高容许浓度值应除以2，同时存在3种毒物则应除以3，以此类推。

九、车间空气中有害物质最高容许浓度的应用

车间空气中有毒有害物质最高容许浓度，主要应用于鉴定车间中毒物的安全程度和评价工业卫生技术措施效果。它是预防作业人员在车间内慢性吸入中毒的卫生标准，不能用作预防急性中毒的衡量尺度，也不适用于在户外操作的生产环境。

车间空气中毒物的浓度，必须在正常的生产条件下，在作业人员为观察、管理和进行生产的过程中经常或定时停留的地点，如果生产操作在车间内许多不同的地点进行，则整个车间均应算为工作地点，用标准方法反复多次进行测定，才能正确做出评价。因此，合理的监测手段是保证最高容许浓度（MAC）贯彻执行，积累群体中剂量与反应关系以及流行病学观察资料的关键措施之一。

对最高容许浓度表中注有（皮）标记的毒物品种，即为易经完整无损的皮肤进入人体

的毒物。因此，对这些毒物除应尽力控制车间空气中毒物的含量使其低于最高容许浓度以外，还须加强皮肤的防护和减少皮肤的直接接触机会。

当车间空气中有两种或两种以上的毒物同时存在时，应考虑其联合作用。当几种毒物具有相加作用，而在厂房设计阶段又需应用各种毒物的最高容许浓度时，应按毒物的种数降低相应的倍数。例如，同时存在两种毒物，则最高容许浓度值应除以2；同时存在三种毒物，则应除以3；依此类推。在经常性卫生监督时，对生产作业场所多种毒物的浓度进行评价，可用下式计算：

$$\frac{C_1}{M_1}+\frac{C_2}{M_2}+\cdots\cdots+\frac{C_n}{M_n}\leqslant 1$$

式中：C_1、C_2……C_n 为各个毒物的实测浓度；

M_1、M_2……M_n 为各个毒物的最高容许浓度。

计算结果等于1时，为共存毒物所容许达到的浓度，>1 或 <1 时为超过或低于最高容许浓度。

例如：车间空气中有苯、甲苯、二甲苯三种毒物同时共存时，测得苯的浓度为 $20mg/m^3$，甲苯为 $50mg/m^3$，二甲苯为 $60mg/m^3$，这三种毒物的最高容许浓度各为 $50mg/m^3$，$100mg/m^3$，$100mg/m^3$。按上式计算可得：

$$\frac{20}{50}+\frac{50}{100}+\frac{60}{100}=1.5$$

其计算结果 $1.5>1$，即现有浓度已超过共存毒物容许的最高浓度。若将甲苯和二甲苯的浓度分别降至 $20mg/m^3$ 和 $40mg/m^3$，则可使上式计算结果等于1，此3种毒物同时共存时，其浓度便可符合工业卫生标准。

十、毒物资料的实际应用

预防职业中毒的发生，必须熟悉作业人员所接触的毒物种类、名称、结构、理化特性，以及接触程度等情况，针对存在的问题，采取有效的措施。

毒物的名称和结构，常可提示毒作用的特点及毒性的大小。例如，高浓度的脂肪族烃类化合物、醇类、醚类、酮类、醛类化合物主要作用于中枢神经系统，表现出不同程度的麻醉作用；苯的氨基、硝基化合物、氰化物，有机磷化合物等都具有特定的毒作用。氰化物和有机磷化合物引起的中毒病情发展迅速，但毒物不易在体内蓄积，慢性中毒的危险性较小。

各种金属盐类的毒作用主要决定于金属阳离子，其中的阴离子一般仅对溶解度和毒性有些影响，但对毒作用特点几乎无影响。重金属一般易在体内蓄积，生产中常遇到的是慢性中毒。

根据化学结构与毒性的关系的一种规律，参照已知同系物的毒性，便可粗略估计新化学物质的毒性。

毒物的理化特性，决定其在作业现场毒物存在的形态，进入人体的途径，并在一定程度上决定了毒物的作用，因此也是提供预防措施的重要依据。

分子量与分子结构有关，所以同类化合物理化特性往往与分子量有关。例如，异氰酸酯类化合物随分子量增大挥发度降低，催泪作用减弱。

一般以熔点20℃以下，沸点在165℃以下的化合物，作为挥发性物质。熔点、沸点愈低，则愈易挥发。对于气体、蒸气、粉尘、气溶胶主要防止呼吸道吸入。空气中毒物蒸气的浓度受空气温度的限制，饱和蒸气浓度或饱和蒸气压，是在某温度下空气中毒物蒸气浓度的上限，而气体和气溶胶在空气中浓度并无这种限度。根据车间空气的温度，即可估计毒物蒸气浓度的上限。按20℃时的饱和蒸气浓度与小鼠吸入2小时的LC_{50}的比值，常可了解某种毒物急性吸入中毒的危险程度。控制金属熔融时的温度或有机溶剂的温度，不使任意升高，就可以减少它们的蒸发量。例如控制熔铜的温度可以减少"金属烟热"的发生。

固体毒物的密度，对于吸尘装置选择管道内的携带风速有参考价值。携带风速应随粉尘的密度增大而递增，一般在8～16m/s。空气按其一般组成时的分子量为28.88，毒物的分子量＞此数时，其气体或蒸气密度总是＞1。当发生意外事故大量的气体或蒸气外溢时，密度＜1的容易向上向四周扩散，而＞1的则容易潴留在车间下方或低洼处，不易扩散。

毒物的溶解度对于了解毒物的吸收和排出有重要意义。溶于水又溶于脂肪的毒物，如大多数有机磷和有机氯化合物，极易经皮肤吸收，接触时应该采取严密的皮肤防护措施。对于一些只溶于水几乎不溶于脂肪的毒物，或只溶于脂肪几乎不溶于水的毒物，脂肪和水中的溶解度比（油/水分配系数）达几十以上时，就不易经皮肤吸收，如果毒物对皮肤没有明显的局部作用，则无需对皮肤进行特殊的防护。

油/水分配系数＜1的醇类化合物，机体可吸收的量很大，经呼吸道排出的速度慢，作业人员在脱离接触后或急性中毒后的较长时间里仍可在体内测得毒物；油/水分配常数达几十以上时，如二硫化碳、苯的衍生物、氯仿、四氯化碳、二氯乙烷、三氯乙烯等，机体可吸收的量较少，经呼吸道排出的速度快，因此作业人员在脱离有毒的环境后，体内的毒物在短时间内可排出。在抢救这类毒物急性中毒时，将患者迅速移至空气新鲜处，有利于毒物及时排出。

物质的闪点和爆炸极限是防火防爆的重要参数，闪点低于28℃的物质为易燃品。

毒物的毒性分级常指示预防急性中毒所需措施的严格程度。剧毒和高毒类物质应严格保管，生产过程应尽可能采取密闭化、管道化和自动化生产，避免直接接触，生产场所应设抽风排气装置和急救设施，接触者应配有相应的个人防护用品。对低毒类和微毒类的物质，防护措施可适当放宽些，但决不是可以忽视必要的安全防护，特别是一些蓄积作用较为明显的毒物，急性毒性虽然较低，但引起慢性中毒的潜在危险性是很大的。因此，在制定预防职业中毒措施时，既要参阅毒物急性毒性的资料，又要参阅毒物的蓄积毒性和慢性毒性的资料。

有害物质的最高容许浓度是衡量作业场所的卫生标准，是制定防止慢性吸入中毒的预防措施及鉴定其效果的重要依据。

用动物实验资料来估计毒物对人的慢性作用，应特别慎重。许多毒物的动物慢性毒性资料，但在生产中作业人员发生慢性中毒者为数并不多。这主要因为动物实验多在浓度较高的条件下进行的，而作业人员接触毒物的浓度较低，又采取了一定的安全防护措施，而且健康的人体对毒物具有一定的抵御能力，当少量毒物进入人体时，机体可以将毒物转化、排泄而起解毒作用。但这些动物实验资料仍有重要的参考价值，例如，慢性阈浓度可为制定最高容许浓度提供依据，病理改变可提示对作业人员进行防治观察的重点、就业禁忌症的考虑范围，以及估计慢性中毒发生的可能性等。

第二节 职业中毒与预防

一、职业中毒

由于毒物的侵入，使机体受到局部刺激，损伤生理机能，使人体发生功能障碍、疾病、甚至死亡，这就是中毒。

由于接触生产性毒物而引起的中毒，则称为"职业中毒"。

职业中毒按其发病过程又可分为急性中毒、亚急性中毒和慢性中毒三种类型。

急性中毒是指毒物在短时间内一次性大量进入人体所引起的中毒。急性中毒发病很急，一般不超过一个工作日，但有时生产性毒物侵入人体后有一定的潜伏期，可在下班后数小时甚至数十小时后发病，故须予以重视。再者，急性中毒病情比较严重，病情变化也很快，如果急救不及时，或治疗不恰当，很容易造成死亡。在正常的生产条件下，急性中毒较少发生。发生急性中毒大多数是由于生产过程中的意外事故；或者是由于违反安全技术操作规程；或者是因为生产性毒物的毒性较大，又易扩散到车间空气中及污染作业人员的皮肤等所引起。

少量的毒物长期逐渐侵入人体，因毒物或毒作用的积累而缓慢发生的病变，则称为"慢性中毒"。慢性中毒是职业中毒中最多见的一种类型。

由于慢性中毒是一些毒物长期少量地侵入人体，毒作用逐渐加重，或者毒物在肝脏、脂肪组织、骨骼、肌肉与脑内等产生积聚作用，当毒物积聚到一定程度时，才表现出中毒症状。因此，慢性中毒发病慢，病程的进展也比较慢，在开始时病情比较轻，与一般性疾病不容易区别，病人自己也往往不够重视，医生也容易误诊为其他疾病，如果得不到及时、正确的诊断和治疗，将会发展成为严重的慢性中毒。

慢性中毒中有时有毒物质在蓄积部位无明显作用，如铅蓄积于骨骼，但释出至血流中发生毒作用，当某种因素的影响使毒物突然大量进入血液循环，即引起慢性中毒的急性发作。

再者，因毒物的性质不同，某些毒物在生产条件下，难以达到引起急性中毒的浓度，如锰、铅等，故一般只有职业性慢性中毒。而另一些毒物的毒性大，又易扩散到车间空气中，如光气、一氧化碳、氯气等，往往因发生事故而引起急性中毒。各种毒物对机体造成的损害可涉及各个系统、各个脏器，但往往以某些系统或脏器为主，所以，中毒表现既有一定的规律性，又有一定的特异性。

急、慢性中毒，不仅有出现症状的快慢以及病变程度的不同，而且有临床表现的差异，如急性苯中毒，以中枢神经的麻醉作用为主，而慢性苯中毒则以损害造血组织为主，因此，在防治措施方面也不一样。

介于急性和慢性中毒之间，在较短时间内，一般指3～6个月，有较大量的毒物侵入人体所引起的中毒，称为"亚急性中毒"。

二、职业中毒的主要临床表现

1. 神经系统

（1）神经衰弱综合征和精神症状。常见于慢性中毒的早期，多属功能性改变。有渐进性的头晕、头痛、失眠、多梦、记忆力减退等。重者可出现精神异常，如不自主地哭笑、易怒、烦躁、抑郁，甚至发展成痴呆，常见于有机铅、有机汞及汽油等中毒。

（2）周围神经炎。多发性神经炎，常见于砷、铅等中毒，肢端呈现手套或袜套状痛、触觉减退，有时痛觉过敏、肌肉萎缩、运动无力、腱反射减弱或消失。

（3）震颤。常见于锰中毒及一氧化碳中毒后遗症，表现为肢体远端震颤、肌肉强直、腕屈曲、动作不灵活、行走时呈慌张步态、言语不清、表情淡漠、反应迟钝。肌束震颤常见于有机磷农药及肼类急性中毒。

（4）中毒性脑病及脑水肿。为重症中毒的表现，有颅压增高的症状，如明显的头痛、呕吐、嗜睡、视觉障碍、谵妄、抽搐、昏迷等；精神症状，如癔病发作、躁狂、抑郁等；运动障碍可出现偏瘫、截瘫等。间脑综合征，表现为植物神经功能失调，脉搏、血压、体温降低等。脑中肿的体征有意识障碍、瞳孔不等大或两侧扩大、缩小，眼底视乳头水肿、眼球结膜水肿、浅反射消失，出现病理反射及脑膜刺激症等，常见于有机锡、一氧化碳等急性中毒。

2. 呼吸系统

一次大量吸入某些气体可突然引起窒息，表现为呼吸停顿、紫绀及呼吸困难等。吸入刺激性气体可引起急性或慢性呼吸道炎症。

（1）上呼吸道可出现鼻炎、鼻中隔穿孔、咽炎、喉炎、气管炎、支气管炎等。

（2）化学性肺炎，患者往往有胸痛、剧咳、咳痰、咳血、发热、白细胞增高等。

（3）化学性肺水肿，为刺激性气体引起的最严重的呼吸道病变。常有明显的呼吸困难、紫绀、剧咳，并带有大量泡沫血痰，两肺弥漫的湿罗音，胸部X线呈弥漫性片絮状阴影。

呼吸道受毒物长期持续作用的结果，可引起肺泡组织破坏，肺泡间质增生，成纤维细胞浸润，形成肺纤维化、肺气肿，导致气体交换障碍，呼吸功能不全。患者有持续的咳喘、胸闷、气短、紫绀、浮肿等。

3. 血液系统

毒物对血液的影响常表现为贫血、出血、溶血，形成变性血红蛋白以及白血病等。

4. 消化系统

（1）急性胃肠炎。常出现上腹剧痛、恶心、呕吐、腹泻，甚至形成血性胃肠炎。

（2）腹绞痛。可出现脐周或全腹部剧烈的持续性或阵发性绞痛，往往还伴有便秘或腹泻。

（3）口腔症状。常有口腔黏膜充血、糜烂、溃疡、齿龈肿胀、齿糟溢浓、牙齿松动、牙痛、流涎等。长期吸入酸雾还可发生牙齿酸蚀症等。

（4）中毒性肝损害。急性肝损害表现为短期内出现明显的食欲不振、乏力、恶心、呕吐等症状，肝脏急剧肿大和压痛，转氨酶增高。重者可发生急性或亚急性肝坏死，黄疸明显，肝界迅速缩小，腹水，进入肝昏迷。慢性肝损害主要表现为持续的胃肠道功能障碍、无力及肝脏肿痛，并常伴有胆道损害。

5. 循环系统

常见的改变是中毒性心肌损害和休克。心肌损害表现为心动过速，心音减弱，出现奔马律等；休克的原因有多样，如化学性肺水肿以及由于腹泻、出汗、呕吐等引起的脱水；窒息性气体引起的大脑缺氧等。

6. 泌尿生殖系统

(1) 尿路刺激症状，出现排尿时尿道灼痛、尿频，甚至血尿。

(2) 中毒性肾损害，急性肾功能衰竭主要表现为尿少和无尿、氮质血症、高血钾、酸中毒。肾病综合征主要表现为蛋白尿，低蛋白血症及全身水肿。肾小管综合征表现为肾小管重吸收功能不好，导致高氨基酸尿、葡萄糖尿和高磷酸盐尿，代谢性酸中毒，肾浓缩功能减低等。

(3) 尿路结石，患慢性铍病时，常合并尿路结石。

7. 皮肤

(1) 化学烧伤常有剧烈疼痛，例如，氢氟酸烧伤时。

(2) 皮炎。表现为搔痒、刺痛、红斑、血疹、水疱、疮肿、糜烂、渗出结痂等。

(3) 其他还可表现有痤疮毛囊炎、溃疡、角化、皲裂、变色、毛发脱落、指甲变脆变薄等，甚至发生癌变。

8. 眼睛

毒物对眼睛的影响，可以直接作用于眼局部组织，也可通过血循环引起眼的损害。后者往往是全身中毒的一部分。眼睛损害主要表现为羞明、流泪、疼痛、异物感、充血、分泌物增多、眼球震颤、视力减痕、白内障、视网膜血管异常，以及失明或眼球萎缩等。

9. 其他

有的毒物如氟、镉、磷等可引起骨骼损害。氯乙烯可引起指端溶骨症。吸入锌、铜等金属烟尘可引起金属烟尘热。某些毒物还可引起职业肿瘤等。

三、职业中毒的诊断

职业中毒的诊断是一项政策性、科学性很强的工作，它体现了党和国家对劳动人民健康的关怀，也关系到劳动保护政策的贯彻执行，因此，职业中毒的诊断有别于一般疾病，力求做到诊断谨慎、准确。但因为职业中毒与生产环境有十分密切的关系，而临床表现又往往缺乏明显的特异性，因而确定中毒，特别是慢性中毒的诊断存在一定的困难，为此，职业中毒的诊断必须做好以下几方面的工作：

1. 详细询问职业史。患者接触毒物和职业史是诊断职业中毒的首要条件。询问职业史应包括患者接触毒物的种类、工种、工龄、接触方式和时间，使用毒物量，同工种者发病情况等，以便判断毒物可能进入体内的剂量及危害程度。

对急性中毒患者，应询问当时生产和现场情况，有无发生事故，违反操作规程或安全防护设施失效等情况。

2. 职业流行病学调查。生产环境与职业中毒的发生有密切的关系。故需深入作业现场对生产工艺过程、使用毒物品种，以及对作业人员的工作地点、车间、生产环境气象条件、防护设施等进行调查，并对作业人员呼吸带空气中有毒物质的浓度进行测定。以进一步了解职业中毒的可能性。

3. 中毒症状和体征。不同的毒物的中毒症状和相关体征各有特点，这是诊断职业中毒的重要依据。如刺激性毒物主要引起呼吸道刺激症状，血液毒物主要引起血液改变等。也有不少毒物可同时引起几个系统的改变，如铅中毒可引起贫血、神经炎、胃肠道障碍等。故可根据临床表现来判断符合哪类毒物中毒，症状是否典型。但大部分毒物中毒缺乏特异性，必须排除其他疾病的可能性，如果症状出现在接触毒物之前或出现的症状与所接触的毒物毒作用特征不符合，就应考虑有无其他疾患的可能，特别要注意与其他非职业性疾患鉴别。

此外，还应考虑个体的差异问题，特异体质、儿童、青年女职工、女职工妊娠期，以及某些慢性疾病患者往往对毒物更为敏感。

4. 实验室检查。这对职业中毒诊断十分重要，在某些情况下成为关键性的手段。常用的检查有三种类型，一是测定人体的血液、排泄物、分泌物、呕吐物、毛发等中的毒物含量。目前临床上最有实用价值的是尿中毒物的测定，其次是血液及毛发中的毒物测定。人体内毒含量超过正常值，说明毒物已被人体吸收。二是测定体内代谢产物。如接触苯的作业人员可测定尿酚，以间接估计机体吸收毒物的剂量。三是生物化学或细胞形态学检查，如对接触有机磷者测定血液中胆碱酯酶活性；对接触苯者检查血常规，必要时检查骨髓象等，这对职业中毒的诊断有明确意义。

因此，职业中毒的诊断只有充分掌握上述所获资料，并加以全面的综合分析，最后方可作出客观正确的诊断。

四、职业病的专业含义

职业病系指劳动者在生产劳动及其他职业活动中，接触职业性有害因素所引起的疾病。

职业病与日常生活中常见到的疾病不同，一般认为，职业病应具备以下3个条件：一是疾病的发生与生产作业场所的职业有害因素密切相关；二是接触职业有害因素的剂量，已足以造成疾病的发生；三是在同样接触职业有害因素的人群中，有一定数量的发病率，一般不会只出现个别的疾病患者。

在立法意义上，职业病是具有一定范围的，通常是指国家政府主管部门明文规定的法定职业病。

根据国家有关规定，凡被确诊患有国家政府主管部门明文规定的法定职业病的职工，在治疗和休养以及医疗后确定为残废或治疗无效而死亡时，均享受国家劳动保险条例等的有关规定，给予工伤保险待遇或职业病待遇。

五、职业病名录

1987年11月5日，我国卫生部、劳动人事部、财政部和中华全国总工会联合发出(87)卫防字第60号文通知，即对1957年2月28日卫生部颁发的《职业病范围和职业病患者处理办法的规定》进行了修订。2002年4月18日，卫生部、劳动保障部又根据《中华人民共和国职业病防治法》第二条的规定，颁布了新的职业病目录，现将职业病名单列下：

一、尘肺

1. 矽肺
2. 煤工尘肺
3. 石墨尘肺
4. 碳黑尘肺
5. 石棉肺
6. 滑石尘肺
7. 水泥尘肺
8. 云母尘肺
9. 陶工尘肺
10. 铝尘肺
11. 电焊工尘肺
12. 铸工尘肺
13. 根据《尘肺病诊断标准》和《尘肺病理诊断标准》可以诊断的其他尘肺

二、职业性放射性疾病

1. 外照射急性放射病
2. 外照射亚急性放射病
3. 外照射慢性放射病
4. 内照射放射病
5. 放射性皮肤疾病
6. 放射性肿瘤
7. 放射性骨损伤
8. 放射性甲状腺疾病
9. 放射性性腺疾病
10. 放射复合伤
11. 根据《职业性放射性疾病诊断标准（总则）》可以诊断的其他放射性损伤

三、职业中毒

1. 铅及其化合物中毒（不包括四乙基铅）
2. 汞及其化合物中毒
3. 锰及其化合物中毒
4. 镉及其化合物中毒
5. 铍病
6. 铊及其化合物中毒
7. 钡及其化合物中毒
8. 钒及其化合物中毒
9. 磷及其化合物中毒
10. 砷及其化合物中毒

11. 铀中毒
12. 砷化氢中毒
13. 氯气中毒
14. 二氧化硫中毒
15. 光气中毒
16. 氨中毒
17. 偏二甲基肼中毒
18. 氮氧化合物中毒
19. 一氧化碳中毒
20. 二硫化碳中毒
21. 硫化氢中毒
22. 磷化氢、磷化锌、磷化铝中毒
23. 工业性氟病
24. 氰及腈类化合物中毒
25. 四乙基铅中毒
26. 有机锡中毒
27. 羰基镍中毒
28. 苯中毒
29. 甲苯中毒
30. 二甲苯中毒
31. 正己烷中毒
32. 汽油中毒
33. 一甲胺中毒
34. 有机氟聚合物单体及其热裂解物中毒
35. 二氯乙烷中毒
36. 四氯化碳中毒
37. 氯乙烯中毒
38. 三氯乙烯中毒
39. 氯丙烯中毒
40. 氯丁二烯中毒
41. 苯的氨基及硝基化合物（不包括三硝基甲苯）中毒
42. 三硝基甲苯中毒
43. 甲醇中毒
44. 酚中毒
45. 五氯酚（钠）中毒
46. 甲醛中毒
47. 硫酸二甲酯中毒
48. 丙烯酰胺中毒
49. 二甲基甲酰胺中毒

50. 有机磷农药中毒

51. 氨基甲酸酯类农药中毒

52. 杀虫脒中毒

53. 溴甲烷中毒

54. 拟除虫菊酯类农药中毒

55. 根据《职业性中毒性肝病诊断标准》可以诊断的职业性中毒性肝病

56. 根据《职业性急性化学物中毒诊断标准（总则)》可以诊断的其他职业性急性中毒

四、物理因素所致职业病

1. 中暑

2. 减压病

3. 高原病

4. 航空病

5. 手臂振动病

五、生物因素所致职业病

1. 炭疽

2. 森林脑炎

3. 布氏杆菌病

六、职业性皮肤病

1. 接触性皮炎

2. 光敏性皮炎

3. 电光性皮炎

4. 黑变病

5. 痤疮

6. 溃疡

7. 化学性皮肤灼伤

8. 根据《职业性皮肤病诊断标准（总则)》可以诊断的其他职业性皮肤病

七、职业性眼病

1. 化学性眼部灼伤

2. 电光性眼炎

3. 职业性白内障（含放射性白内障、三硝基甲苯白内障）

八、职业性耳鼻喉口腔疾病

1. 噪声聋

2. 铬鼻病

3. 牙酸蚀病

九、职业性肿瘤

1. 石棉所致肺癌、间皮瘤

2. 联苯胺所致膀胱癌

3. 苯所致白血病

4. 氯甲醚所致肺癌

5. 砷所致肺癌、皮肤癌

6. 氯乙烯所致肝血管肉瘤

7. 焦炉工人肺癌

8. 铬酸盐制造业工人肺癌

十、其他职业病

1. 金属烟热

2. 职业性哮喘

3. 职业性变态反应性肺泡炎

4. 棉尘病

5. 煤矿井下工人滑囊炎

六、职业中毒的预防

控制职业中毒的发生，重在预防。为使作业人员不受职业危害因素的影响，以保障作业人员的健康，因此，必须遵循三级预防的原则。

1. 一级预防。即从根本上使劳动者不接触职业危害因素，如改进工艺、寻找容许接触量或接触水平，使生产过程中的有害因素达到国家规定的安全卫生标准，并对高危人群定出就业禁忌症等。

2. 二级预防。即无法达到一级预防要求，职业危害因素有可能或已开始损害劳动者的健康时，应及时发现，采取补救措施，及早检测损害程度，及时处理并防止损害的进一步发展。

3. 三级预防。即对已发病者，正确诊断，及时处理，包括及时脱离接触和积极治疗，防止病情恶化和并发症，促进康复。

职业中毒的预防，除遵循以上三级预防原则外，还务必采取以下综合性的预防措施：

1. 尽量减少毒物的来源。用无毒物代替有毒物，低毒物代替高毒物，是预防职业中毒最根本的办法。例如，用乙醇代替汞制造温度计；电镀行业中实行无氰电镀等。

2. 对有毒物质的生产设备应密闭，防止跑、冒、滴、漏，减少毒物对作业环境的污染。对有腐蚀性的有毒物质，应使用耐腐蚀的材料，并随时检查有毒物质生产的管道、法兰等处的紧密性能，同时加强设备的维护检修，保证安全运行。

3. 积极开展技术革新，改进工艺，并尽量实行机械化、自动化操作，或者采用遥控及隔离的办法，以减少作业人员与毒物的直接接触。

4. 安装有效的通风设备，对毒物发生源和集散点进行抽风排毒，并作回收利用或净化处理。对弥散在室内空气中的毒物，可利用机械排风，或利用良好的自然通风，加强室内的通风换气，将被污染的空气排出室外，以防止作业人员吸入有毒的气体、蒸气、烟、雾和粉尘等。

5. 教育生产或使用有毒物质的作业人员，要严格执行安全生产操作规程，并必须遵守个人卫生和个人防护规程。禁止在使用毒物或有可能被毒物污染的车间和实验室内存放食物，以及进食、饮水或吸烟。在不能保证毒物不落在衣服或身上的条件下进行工作时，下班后应洗澡，并换去工作服和鞋帽等，还应注意将穿用的衣服和工作服等分别存放。在工作时间内只有经过仔细洗手和漱口（必要时应用消毒液）后，才能在指定的房间内用膳和饮水。

工作中在必要的情况下，应按规定戴防护眼镜，穿防护工作服和胶鞋、皮靴，戴手套等。在有毒气体和蒸气可能出现的场所，必要时应戴24层的口罩或相适应的防毒面具。在可由皮肤吸收的毒物的场所进行作业时，应戴橡胶手套，必要时还应穿橡皮服装。

6. 进入盛装过毒物的容器或管道内作业，一定要先进行清洗置换，并应事前采样进行安全分析，直至合乎国家工业卫生标准后方可入内，或者因工作需要必须在有毒气体浓度较高及含氧量较低的场所进行检修等作业，必须配戴隔离式防毒面具，并应通知气体防护站派专人进行监护。

如万一发生中毒事故，要立即使患者脱离中毒现场，并迅速通知有关单位进行急救。

7. 对接触有毒作业的人员，要进行就业前体格检查和定期健康检查，以便发现就业禁忌症，并及时发现病患及时治疗，同时根据个人身体的健康状况给予妥善安排适宜的工作。

根据国家有关劳动保护规定，接触毒物的工种的职工应适当地缩短工作日和增加必须的营养，以增进接触人群对毒物的抵抗力。

8. 对车间空气中有害物质的浓度，应定期进行监测，发现浓度高及时采取措施，以保证车间空气中有害物质的浓度控制在国家制定的最高容许浓度（MAC值）以下。

实践证明，只要领导重视，采取综合预防职业中毒措施，消除和控制毒物污染作业环境，防止毒物进入人体；同时每个职工也都能自觉地遵守安全操作规程，充分利用和发挥气体防护器材的效能，职业中毒是完全可以预防的，决不能把职业中毒看成是参加某种作业的必然结果。

七、职业性体检

为保护劳动者在生产过程中的安全和健康，按照国家有关规定应对接触毒的作业人员进行身体检查。同时，为了施行职业中毒的防治措施、工业卫生标准的制定、劳动卫生调查的完成，也都需要体检。因此，职业性体检在整个劳动卫生及职业中毒预防工作中占有重要的位置。

职业性体检通常可分为就业前体检、定期体检、特殊体检等3种形式。

1. 就业前体检。即对准备从事有毒物质作业的新职工进行适应性身体检查

由于毒物对人体的危害并不完全决定于毒作用的大小，以及毒物的浓度等因素，还与每个接触毒物的作业人员对毒物的感受性有关系，有些人员对某些毒物较为敏感，容易发生中毒，而有些人员对某些毒物的抵抗力强，不易发生中毒。因而个体对毒物的感受性与年龄、性别、健康状况等许多因素有关。

健康的机体是预防中毒的重要条件，某些疾病造成人体某些器官、组织的结构和功能的破坏，就降低了机体对某些毒物的防御机能和耐受能力。如肝脏是体内的主要解毒器官，肾脏是主要的排毒器官。因此，患有代谢障碍或肝、肾疾病的人，由于解毒和排毒的机能已受到损害，如果接触毒物就很容易发生中毒。再如已经患有某个系统疾病的人员，又接触易侵犯这一系统的毒物，不仅易发生中毒，并且原患有疾病的病情也会加重。例如，苯对造血系统有损害，可引起白细胞、血小板和红细胞的减少，如原来就患有白细胞

减少或贫血的人员,从事接触苯作业,就更易发生苯中毒,并且中毒发生的后果更为严重。这种不适宜从事某种有毒物质作业的疾病,在医学上称为"就业禁忌症"。因此,为了保证作业人员有良好的健康状况,在从事接触有毒作业以前,就有必要进行身体检查,发现患有代谢性疾患,肝、肾疾病,以及与毒物作用的系统相一致的患者,应禁止从事接触此种有毒物质的作业。

由于各种毒物对人体有不同的作用部位和损害特点,因此不同毒物的就业禁忌症也各不相同。目前,我国对从事接触苯、锰、二硫化碳、铅、汞、铍、铬、三硝基甲苯、无机氟、氯丙烯、氯气、有机氟、有机磷、溴甲烷、磷化氢、丙烯腈、氨、氮氧化物、甲苯、镉、羰基镍、光气、溶剂汽油、一氧化碳、苯的氨基和硝基化合物、硫化氢、氯丁二烯、甲醛、五氯酚等等作业,以及对女职工从事接触某些有毒有害物质规定了就业禁忌症,但对其他一些有毒有害物质的就业禁忌症尚未作具体规定,故在此提出一般原则,以供参考。

(1) 凡患有严重的呼吸系统器质性疾病者,如支气管扩张、支气管哮喘、反复发作的支气管炎、肺气肿、活动性肺结核等,以及患有心脏、横膈等疾病,并严重影响呼吸代偿功能者,均应禁忌从事接触损害呼吸系统有毒物质的作业。例如,氨、氯、二氧化硫、铬酸、氮氧化物、三氯化氢硅等。

(2) 凡患有神经系统的器质性疾病,如癫痫、脊髓空洞症、多发性神经炎等,精神病、严重的神经衰弱患者,以及患有肝、肾器质性病变者,均应禁忌从事接触损害神经系统有毒物质的作业。例如,四乙基铅、有机锡化合物、磷化氢、苯、汽油、二硫化碳、一氧化碳、溴甲烷、环氧乙烷、三氯乙烯、有机氯化合物等。

(3) 凡患有先天性血液缺陷、造血障碍,以及各种原因的不易纠正的白细胞下降、贫血、出血性疾病、脾功能亢进、代谢障碍及肝、肾有器质性病变者,均应禁忌从事接触主要损害血液系统有毒物质的作业。例如,苯、三硝基甲苯、二硝基酚、苯的氨基和硝基化合物、砷及砷化氢、苯肼等。

(4) 凡患有肝脏器质性疾病和肝功能明显减退者,均应禁忌从事接触引起肝实质性损害有毒物质的作业。例如,磷、锑、四氯化碳、三氯乙烯、氯仿、硝基苯、三硝基甲苯等。

(5) 凡患有肾炎、肾病等器质性病变及肾功能明显减退者,均应禁忌从事接触有损害肾脏有毒物质的作业。例如,升汞、四氯化碳、汞、砷、镉、乙二醇等。

(6) 凡属于过敏体质,患有过敏性疾病,如支气管哮喘等,以及因某种生产性致敏物质反复引起的皮肤过敏者,均不宜从事接触致敏性物质的作业。例如,甲苯二异氰酸酯、对苯二胺等。

就业前体检发现有就业禁忌症及危及他人的传染病的患者,应建议重新分配其他作业。此外,就业前体检还有助于掌握作业人员在从事接触某种有毒有害物质作业之前的基本健康状况,并可根据不同的职业危害因素所损害的人体的主要靶器官或与诊断有关的客观指标,建立基础健康档案。以便日后进行动态观察,为估价职业危害因素所造成的危害时进行自身对比提供基础资料。

2. 定期体检。即指一般性的职业性体检

定期体检可以及时发现职业危害因素对作业人员健康的早期影响或可疑的职业中毒征

象，起到早发现早处理，防止疾病发展和恶化的作用。有些职业中毒在早期治疗效果较好，一到晚期治疗效果往往不佳，因此早期发现职业中毒患者就显得十分重要。对可疑中毒者要密切进行观察，发现职业中毒患者，要及时进行治疗。治愈后并应根据接触毒物的性质、中毒的轻重、车间空气中有害物质的浓度等情况，来综合考虑是否需要调离原来的工作。一般来说，轻度中毒的患者，可以恢复原来的工作；如果是重度中毒的患者，或者是反复发作的轻度中毒的患者，则最好调离原来的工作。

定期体检时如发现职业中毒患者，则说明预防职业中毒的工作还有缺陷，应及时寻找发生中毒的原因，并及时采取措施加以解决，以免继续发生中毒。定期体检还可发现作业人员继续从事现行工作有妨害的一般性疾病，例如发现了贫血的患者，就不宜再从事接触苯的作业。对于从事接触新化学物质作业人员的定期体检，还有助于搞清楚该物质的毒性和毒作用机理。因此，定期体检对职业中毒的治疗效果和预防职业中毒的发生均有重要作用。

定期体检的间隔期，可根据职业危害因素的毒性强度；毒物的性质；作业人员接触毒物的程度；致病潜伏期；以及性别、机体职业状况等因素决定体检周期。对毒物毒性较大，接触毒物的浓度又高，定期体检的间隔期可短一些，一年检查一次或半年检查一次；对毒物毒性较小，接触毒物的浓度又低，定期体检的间隔期可长一些，2~3年检查一次。例如，国家规定从事苯作业的职工应每年定期体检一次；对从事一般性粉尘作业的职工应每2~3年进行一次体检等。

职业性定期体检与普通疾病的体验不能雷同，要有职业病的特殊指标。例如，对从事接触苯作业的人员，应检查血象，其中白细胞数波动于4000~4500个/mm^3；或血小板数波动于8~10万个/mm^3，兼有出血倾向者。并在一个月内经过复查仍无变化者，可列为观察对象。如失去职业病的特殊征象的检查，对职业病诊治将没有任何价值。对体检中发现的患者要妥善处理，如作短期脱离其作业；更换工种；疗养；治疗等。

3. 特殊体检。通常是指对从事接触有毒有害物质的作业人员进行特殊项目的检查

例如，对从事三硝基甲苯作业人员体检时必须作内科与眼科检查，肝功能试验，乙型肝炎表面抗原测定，以及血象检查等。特殊检查的目的是确定作业人员是否受到生产环境中某种职业危害因素的影响。特殊项目的检查涉及国家法定职业病的确诊。有时也采用特殊项目作为过筛手段，对阳性者再作重点观察。因此，不论就业前体检还是定期体检，特殊项目的检查一定要进行，否则，就失去了职业性体检的意义。

有时发生了意外事故，对与意外事故有接触的作业人员进行健康状况检查，以确定健康是否受到意外事故的损害，也称为特殊体检。再有，某些国家对法定尘毒危害人员，以及怀孕期、哺乳期的女职工所进行的定期体检，也称为特殊体检。

职业性体检通常由职业病防治部门进行，职业病防治部门可根据国家有关规定，定期地通知厂矿企业安全技术部门，对从事接触某种有毒有害物质的作业人员进行体检。厂安技部门接到通知后，由分管工业卫生的安全技术人员具体组织指导，并作出具体实施办法，做到有条不紊。同时向各有关车间负责人及车间安全员说明哪些职工需要进行体检，以便分期分批地安排职工在规定的时间去进行体检。

如果厂矿企业中设有职工医院及职业病防治科，应由厂安全技术部门根据国家有关规定定期组织安排职工进行体检。如接触某种有毒有害物质的作业人员较多，则应会同厂工

会、医务部门等组织一个临时性机构，研究具体的实施办法。

对凡参加体检工作的医务人员都应在体检前，阅读复习该项有毒有害物质的目前的认识状况和尚未解决的问题，以及国家对该物质职业病的诊断标准等。同时还应了解作业岗位的劳动条件和有毒有害物质的监测浓度，以及作业人员反应的实际情况等。

进行职业性体检还应确定主检医师，做好体检设计，同时确定检查项目和方法。通常检查项目包括病史询问、体格检查、实验室检查、特殊检查等。病史询问和体格检查一般多采用表格式流水作业，这样做效率高、便于统计，但对被体检者往往缺乏整体了解，检查者往往忽视临床思维。因此，有人不主张采用流水作业和表格式的记录，而主张规定一些问题，灵活性启发提问，书写成简要病历，但事实上在大数量作业人员的体检中实属难事，因此，职业性体检也一直采用表格式流水作业。

对体检中筛选出的患者，或对可疑中毒者，应重点再作进一步补充体检。实验室检查选择有重要作用并且简而易行的项目，可以提高体检的准确性和效率。实验室检查项目除常规项目外，还应选择有针对特异性和可行性的项目，如铅作业的尿铅；有机磷作业的血胆碱酯酶等。

此外，对体检中女职工健康状况应予高度重视。由于男女在生理上的不同，就需要注意这些不同与职业保健的关系，职业危害因素是否会对生殖和妊娠的正常结局产生不良影响。

每一次体检结束后，对体检结果要逐项检查，及时补齐遗漏，对没有按规定参加体检的人员要追查，力争体检率达100%，然后再着手统计分析，常用的分析指标有：疾病发生频度指标，如发病率等；疾病构成指标，如百分比和相对比等；疾病严重程度指标，如病死率、病伤缺勤率等；其他指标，如平均发病工龄和平均病程期限等。

每一次体检结束后，都应有总结，其目的是发扬成绩、纠正错误、吸取教训、以利改进工作。体检总结要有基本情况，要有分析指标，要有卫生学评价，并有切实可行的合理化建议，这才是一份较为完整的总结报告。

体检总结报告内容可有以下方面：

（1）根据本次体检的目的和结果，从做法上总结，以往做了些什么，怎样做的才造成现有的结果。

（2）从效果上总结，效果是好还是坏，其原因何在，问题的焦点在何处。

（3）从认识上总结，要善于把感性认识上升到理性上去，这需要有一个认识不断提高的过程，只有这样才能总结出具体而又深刻的经验教训。

（4）对在体检中新发现的职业性或非职业性病人，要给予妥善安排。

八、职业病报告

为了掌握劳动卫生职业病的发病情况，制定防治措施，保护职工的身体健康，以提高劳动生产率。依据《中华人民共和国统计法》和国家有关防治职业病的法规，我国卫生部于1988年颁布了《职业病报告办法》，其中规定的主要要求办法如下：

1. 报告所指的职业病系国家现行职业病范围内所列病种。

2. 职业病报告实行以地方为主逐级上报的办法，不论是隶属国务院各部门，还是地方的企、事业单位发生的职业病，一律由所在地区的卫生监督机构统一汇总上报。

3. 凡有死亡或同时发生 3 名以上急性职业中毒以及发生 1 名职业性炭疽时，接诊的医疗机构应立即电话报告患者单位所在地的卫生监督机构并及时发出报告卡。卫生监督机构在接到报告后，报卫生部，并即赴现场，会同当地有关部门、工会组织，以及事故发生单位和其主管部门，调查分析发生原因，并填写《职业病现场劳动卫生学调查表》，报送同级卫生行政部门和上一级卫生监督机构，同时抄送当地有关部门、企业主管部门和工会组织。

4. 尘肺病、慢性职业中毒和其他慢性职业病由各级卫生行政部门授有职业病诊断权的单位或诊断组负责报告。并在确诊后填写《尘肺病报告卡》或《职业病报告卡》，在 15 天内将其报送患者单位所在地的卫生监督机构。尘肺病例的升期也应填写《尘肺病报告卡》做更正报告。

5. 尘肺病患者死亡后，由死者所在单位填写《尘肺病报告卡》，在 15 日内报所在地的卫生监督机构。

6. 凡有尘、毒危害的企、事业单位，必须在年底以前向所在地的卫生监督机构报告当年度生产环境有害物质浓度测定和职工健康体检情况。

7. 省、自治区、直辖市卫生监督机构应于每季度后的 20 日内，将本地区上季度的《职业病季报表》报中国预防医学科学院劳动卫生与职业病研究所，次年 2 月底前，将本地区上一年度的《尘肺病年报表》、《生产环境有害物质浓度测定年报表》和《有害作业职工健康检查年报表》报该所。上述报表应同时抄报省、自治区、直辖市卫生、有关厅（局）和总工会。

8. 中国预防医学科学院劳动卫生与职业病研究所应于每年 3 月底和每季度后 30 日内分别将年报和季报汇总分析，上报卫生部。

9. 职业病报告工作是国家统计工作的一部分，各级负责报告工作的单位和人员，必须树立法制观念，不得虚报、漏报、拒报、迟报、伪造和篡改。任何单位和个人不得以任何借口干扰职业病报告人员依法执行任务。

10. 各级卫生行政部门应组织实施职业病报告，并督促检查执行情况。对执行好的单位和个人，应予奖励。对于违反规定者，应根据情节轻重，给予批评教育、行政处分，直至追究法律责任。

第二十三章 物理性有害因素对人体的危害与防治

第一节 防暑降温

一、生产环境的气象条件及其特点

生产环境的气象条件（微小气候）主要指空气的温度、湿度、气流以及热辐射。

1. 气温。生产环境的气温高低取决于作业场所的热源的数量及强度等。这些热源包括：大气的温度；太阳的照射可使厂房屋顶和墙壁加热；生产上的热源，如熔炉、加热炉、锅炉、蒸馏塔、高压蒸汽管道和各种加热物体；如铁水、钢锭、各种炽热的铸件等，通过传导和对流，以及热辐射的形式使空气加热；化学反应过程放出的热，如氧化可放出大量的热；机器的转动和摩擦时机械能转变为热量，如砂轮、机床、织布机、锯木机等；人体的散热，如进行轻作业时每人每小时可放散 418kJ 的热量，在重作业时所放散的热量可达每人每小时 1255.2kJ。

2. 气湿。生产环境的气湿以相对湿度（%）表示。所谓相对湿度，即将绝对湿度（$1m^3$ 空气中所含的水蒸气的量）与同温度下最大湿度（一定温度下 $1m^3$ 空气能容纳的水蒸汽的最大量）的比值称为相对湿度，以百分数表示。相对湿度在 80% 以上时称为高气湿，低于 30% 时称为低气湿。生产作业环境中的高气湿主要是由于水分蒸发与蒸汽放散所致，如纺织、印染、造纸、制革、缫丝、屠宰、饮料及潮湿的矿井、隧道、潜涵等作业。上述有些生产作业环境中常见到高温、高湿同时存在，如在造纸、印染过程中，气温可达 35℃ 以上，相对湿度达 80%～90% 以上。低气湿可在冬季的高温车间中遇到。

3. 气流。即空气流动的速度，又称风速。一般以每秒钟空气流动若干米来表示（m/s）。生产环境中的气流除受大自然风力的影响外，主要与厂房中的热源及通风设备有关。空气的温差是造成空气流动的主要因素之一。热源使生产作业环境中的空气加热，并使空气温度显著增高，其单位体积的空气重要就会相应减轻，热空气上升从天窗等处排出，室外的冷空气从厂房门窗和下部空隙进入室内，造成空气对流。室内外温差愈大，产生的气流也就愈大。

4. 热辐射。即指能产生热效应的辐射线，主要是红外线及一部分可视线。热辐射强度常以每分钟每平方厘米被照射表面上所受热辐射能量来表示（$J/cm^2 \cdot min$）。在生产条件下，热辐射强度与气温一样有显著的变动。

太阳辐射及生产环境中的各种熔炉、开放火焰、熔化的金属、炽热的锻铸件等辐射源，均能放出大量热辐射。热辐射的波长和能量的大小取决于辐射源的温度。热源温度愈高，辐射波长愈短，辐射能量愈大。红外线不能直接使空气加热，但可以使周围物体加热而成为二次辐射源,故红外线又称热射线。

在生产作业环境中,人体除受来自热源所发射的单向辐射热外,更多地受到周围物体吸热辐射所形成的第二次辐射源从四周发射的辐射热,即平均辐射热。当周围物体表面温度超过人体表面温度时,周围物体表面则向人体放射热辐射而使人体受热,即正辐射。相反,当周围物体表面温度低于人体表面温度时,人体表面则向周围物体通过辐射而散热,即负辐射。负辐射有利于人体散热,在防暑降温上有一定的意义。

生产环境的气象条件除随外界大气条件的变动而改变外,还受作业场所的生产设备、生产情况、热源的数量和分布、厂房建筑、隔热及通风设备等条件的影响。因此,在不同地区、不同季节中,生产环境的气象条件差异较大,即使在同一生产作业场所一日内不同时间和作业地点的不同高度和距离,其气象条件也会有显著的变动和差异。生产环境气象条件诸因素对人体的影响是综合性的,因此在进行卫生学评价时,必须综合考虑各个因素,并进一步分析其主要因素,这对制定有效的预防措施有着重要的意义。

二、高温作业的含义

热传递是一个复杂的过程,为了便于研究,人们通常把它划分为传导、对流和辐射3种基本形式,见图23-1。

在厂矿企业生产中,不少作业场所,包括生产车间及露天作业工地,常有遇到高气温或伴有高气湿,或存在有强热辐射的不良气象条件,在这种环境下进行作业,通常称为高温作业。

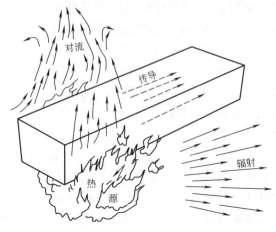

关于高温作业的概念,目前在世界上还没有一个统一的定义。在一般情况下,我们所说的高温作业是指:在有热源的作业场所中,每小时散热量$>83.68J/m^3$;或作业地点的气温在寒冷地区和一般地区超过32℃,炎

图23-1 热的传导、对流和辐射示意图

热地区超过35℃;或作业地点的热辐射强度超过$4.12J/(cm^2 \cdot min)$;或作业地点气温在30℃以上,相对湿度超过80%的作业。

由于我国幅员辽阔,南北方气温相差甚大,南方人和北方人对高温的忍受能力也不一样,同时高温作业还有高温程度的大小问题。因此,为判定生产车间作业人员在高温作业时的环境热强度及其对人体的影响,以及便于厂矿企业有重点有计划地改善劳动条件。我国在1984年颁布的《高温作业分级》(GB 4200)中对高温作业下了这样的基本定义:高温作业系指工作场所有生产性热源,其散热量$>23W/(m^3 \cdot h)$或$84kJ/(m^3 \cdot h)$的车间;或当室外实际出现本地区夏季通风室外计算温度时,工作场所的气温高于室外2℃或2℃以上的作业。

所谓生产性热源是指生产过程中能够散发热量的生产设备、产品和工件等。

三、高温作业对人体的影响

正常健康的人，体温是恒定的，不论是冷天还是热天，一般都维持在 36~37℃左右，皮肤温度为 32℃左右，这是因为机体的产热量和散热量通过中枢神经系统的调节作用，经常保持热平衡的结果。

人体的产热，主要来自体内物质的氧化代谢过程，而散热则主要通过皮肤表面的辐射、传导对流和蒸发三种方式进行。当周围物体温度低于皮肤温度时，人体可通过辐射、对流进行散热；当周围物体温度高于皮肤温度及低气温时，则辐射、对流散热不可能进行，反而会对人体加热，这时主要靠汗液的蒸发进行体内散热。在高气温、高气湿的生产环境中作业，辐射、对流和蒸发散热都发生困难。因此，当人体产热大于散热时，体内便出现蓄热，导致热调节障碍，严重时可引起中暑。

在高温生产环境中作业，由于不良气象条件因素的综合作用，可使机体产生一系列的生理机能的改变，主要为体温调节、水盐代谢、循环系统、消化系统、神经系统、泌尿系统等方面的变化。这些变化在一定程度内是适应性反应，但如超过限度，则可产生不良影响。

1. 体温调节的改变。在高温条件下进行作业时，人体的体温调节主要受环境气象条件和劳动强度的共同影响。在气象条件诸因素中，气温和热辐射起着主要作用。前者以对流热作用于人体体表，通过血液循环使全身加热；后者以辐射热作用于人体体表，并加热于深部组织。体力劳动时，则随劳动强度的增加和劳动时间的延长，代谢产热量不断增加。机体在内外环境热负荷的作用下，依靠体温调节中枢和许多器官系统的协同作用，使人体受热、产热和散热之间保持相对的热平衡，以保证体温恒定在正常的范围内。体热大部分通过皮肤的辐射、传导、对流及蒸发的方式散热，一小部分则随呼吸、尿等排泄物而散发。当生产环境温度低于体表温度时，机体主要通过辐射和对流的散热方式与周围物体进行热交换；当生产环境的温度高于或等于体表温度时，机体不但不能通过辐射和对流的方式散热，反而会受到辐射热和对流热的作用，此时便主要靠汗液蒸发散热。在高温作业时，体表汗液蒸发是一种很有效的散热途径。若劳动强度较大，体内代谢产热多，就需要蒸发较多的汗液才能维持机体的热平衡，此时机体经皮肤排出的汗液就会增多，有时一个工作日出汗量可达 3000~4000g。据有关资料表明，皮肤温度在 34℃时，每蒸发 1g 汗液可散热 2.4kJ，如每小时蒸发 300~500g 汗液，散热量约为 756~1260kJ，足以充分散发人体劳动时所产生的热量。但在实际中，在高温条件下从事作业的人员所排出的汗液，往往并不完全以蒸发的方式散去，而是以成滴的汗珠滴下，故不能完全起到蒸发散热的作用。尤其是在高温、高湿、低风速的条件下从事重体力劳动时，淌汗更多，有效蒸发率更低。

在高温作业过程中，人体从高热环境获得的对流与辐射热量、劳动代谢的产热量，以及高温环境促使代谢亢进而增加的产热量的总和大于散热量时，使热平衡破坏，机体就会出现蓄热。而人体的体温调节能力是有一定限度的，当人体受热和产热大于散热的情况较长时间地持续存在，便可引起体温调节的紊乱，易导致肌体蓄热过度，表现为体温升高，严重时可引起过热而发生中暑。

皮肤温度也可反映高温作业对人体的作用。在正常气象条件下，皮肤温度较为稳定，躯干约为 32~35℃，四肢较低，但不低于躯干温度 4℃以上。在进行体力劳动时，体内产生的热量由血液传至体表，体表血管扩张，血流量增加，加速散热过程，此时皮肤的温度可升高。在高温环境中作业，由于外界对流热和辐射热的直接作用，皮肤温度也能迅速升高，导致机体散热作用下降。当皮肤温度接近或高于内脏温度时，体表可完全失去散热作用，但由于汗液蒸发及气流的影响，往往可使皮肤温度下降。

2. 水盐代谢的改变。炎热季节，不从事体力劳动时，人体每日的排汗量约为 1L 左右，而在高温环境中进行体力劳动，排汗量可达 5~8L。排汗量可作为衡量人体受热程度和劳动强度的综合指标之一，并以一个工作日出汗量 6L 为生理最高限度，失水不应超过体重的 1.5%。

汗液是低渗溶液，水分占 99.2%~99.7%，其余大部分为氯化钠，还含有少量的氯化钾、钙、镁、尿素、维生素 B_1、C 等。从事高温作业的人员大量出汗时，损失的水分远远超过损失的盐分，因而可导致高渗性脱水，使血浆渗透压升高，尿量减少。如不及时补充水分，可造成机体严重脱水。大量出汗时，并随汗液排出大量氯化钠，如不及时补充氯化钠，势必引起机体缺盐。大量的水盐损失，可引起水盐代谢平衡失调，常导致循环衰竭和热痉挛。

3. 循环系统的改变。在高温环境中作业，由于机体大量出汗，造成失水过多，使血液浓缩，血黏稠度增加。同时为适应散热，皮肤血管扩张，末梢循环血量增加，使心肌收缩的频率和强度、每搏输出量和每分输出量均增加。心跳的加快，增加了心脏负担，如长期在高温环境中作业，使得心脏长期负荷过大，久而久之可使心脏发生代偿性肥大，也可转为病理状态。

高温对心血管的影响，还反映在血压方面。据有人调查统计表明，长期接触高温作业的人员，如冶炼、轧钢等作业，其血压比一般高温作业人员及非高温作业人员要高。在上述三组中血压超过 18.7/12kPa（140/90mmHg）者分别占 42%、11%、10%。血压超过 21.3/12.7kPa（160/95mmHg）者分别为 15%、4%、8%。高血压患者随着高温作业工龄的增加而增加，比随年龄增加的要多。

4. 消化系统的改变。在高温环境中作业时，皮肤血管扩张，腹腔内脏血管收缩，心脏跳动加快。此时，体内血液重新分配，大量血液流入皮下，造成消化系统血流量减少，其功能受到相对抑制，胃液分泌减少，胃肠活动减弱，唾液分泌也明显减少，淀粉酶活性降低。同时因大量排汗和氯化钠的损失，使体内形成胃酸所必需的氯离子减少，导致胃液酸度降低。胃肠的收缩和蠕动减弱，排空速度变慢，吸收速度减慢。此外，因口渴而大量饮水也会使胃酸稀释。这些因素均可引起食欲减退和消化不良等胃肠道疾病的发生，且工龄越长，患病率越高。

5. 神经系统的改变。高温和热辐射的刺激主要通过传入神经或体液途径作用于中枢神经系统。实验证明，对这些部位的刺激，均可引起有关内分泌的改变。另一方面，神经系统也受内分泌的影响。

在高温和强辐射热的作用下，体温调节中枢兴奋增高，导致中枢神经运动区的抑制，使肌肉的工作能力低下，机体产热量相对下降，热负荷得以减轻。因此，可把这种抑制看作是保护性反应。但从另一方面看，由于注意力和肌肉的工作能力、动作的准确性和协调性、反应速度下降，因此，使工作效率降低，并容易发生工伤事故。

此外，在高温环境中作业的人员，其视觉—运动反应潜伏时间，随着环境气温的升高而延长，因此，在高温环境中从事作业，由于作业人员的反应迟钝，而潜伏着发生工伤事故的危险性。

6. 泌尿系统的改变。在高温环境中作业时，由于大量水分通过汗液排出，使肾脏排水量明显减少，有时仅排出全部水分的10%～15%。因此，使尿液变浓，增加了肾脏负担，若不及时补充水盐量，可出现肾功能不全，表现为尿中出现蛋白、红细胞、管型等。

四、高温作业的类型

高温作业按其气象条件的特点可分为以下三种基本类型：

1. 高温、强热辐射作业。大多数高温作业属于此种类型，其特点是生产环境中存在高气温、热辐射强度大，而相对湿度较低，形成干热环境。此类作业场所中，同时存在两种不同性质的热，一是对流热，来自被加热的空气；二是辐射热，来自热源及周围物体表面二次热辐射源。如冶金工业的炼焦、炼铁、炼钢等车间；机械制造工业的铸造、锻造、热处理车间；陶瓷、玻璃、搪瓷、砖瓦等工业的炉窑车间；火力发电厂和轮船的锅炉间等。此类高温车间中，夏季气温可高达40～50℃，且具有强烈的热辐射，单向热辐射强度可达$42\sim63J/(cm^2 \cdot min)$，人体能耐受的辐射强度为$6.3J/(cm^2 \cdot min)$，相对湿度多在30%～40%以下。此时机体只能依靠排汗和汗液蒸发散热，如通风不良，机体蒸发散热困难，就可能发生蓄热和过热。

2. 高温、高湿作业。此类生产环境中的气象条件特点是气温、气湿高，而热辐射强度不大。如纺织、造纸、印染、制革等工业中，虽无强辐射源，但由于生产过程中产生大量水蒸汽或生产工艺上要求车间内保持较高的相对湿度，再加上太阳辐射、机械转动发热以及车间内的人体散热等，便形成车间内较高的温度和湿度，此类生产环境中，夏季气温一般在30℃以上，相对湿度常达85%～90%以上。在深井爆矿中，由于煤层产热和空气的压缩热以及水分蒸发，可使矿井气温升高至30℃以上，相对湿度达90%以上，甚至饱和。此类生产环境如通风不良时，亦形成高温、高湿和低气流的湿热环境。这种情况下，机体汗液蒸发极为困难，机体大量出汗，而汗液有效蒸发率很低，散热量不能≥蓄热量，导致体温调节与水盐代谢功能障碍。

3. 夏季露天作业。夏季在露天进行搬运、建筑等作业时，除受太阳的辐射作用外，同时还受被加热的地面和周围物体所形成的二次热辐射作用。露天作业中的热辐射强度虽然较高温车间低，但持续时间较长，而且中午前后的气温较高，作业地带的气温可达37℃或更高，形成高温、热辐射的作业环境，气温往往高于人体皮肤温度，并以对流热作用于人体。此时如遇无风，劳动强度又过大，则极易因出现蓄热而过热。

五、高温的来源和高温作业的工种

1. 车间高温的主要来源有：
(1) 各种加热炉、熔炉、冶炼炉等。
(2) 各种被加热的物体，如钢锭、铁水等。

(3) 为物品加工使用热的溶液。
(4) 化学反应过程所放出的热。
(5) 运转中的机械能、电能转变为的热能。
(6) 太阳辐射热。
(7) 人体在进行作业时本身体温的散热。

2. 属于高温作业的工种有：
(1) 冶金工业：炼铁、炼钢、轧钢、炼焦、有色金属冶炼等。
(2) 机械工业：铸造、锻造、热处理等。
(3) 化学工业：部分氧化、合成、加热、放热的化学反应等。
(4) 玻璃、搪瓷和陶瓷工业：炉膛、炉台、焙烧、烘房、窑炉等。
(5) 轻工业：造纸蒸煮、糖果食品焙炉、橡胶硫化、塑料热压等。
(6) 纺织工业：印染、缫丝的加热或蒸煮车间。
(7) 建筑材料工业：耐火材料的窑炉、水泥烧结等。
(8) 各种工业的加热炉、锅炉等。
(9) 夏季露天作业：建筑、搬运、船坞、筑路工地、露天采矿、探矿等。

六、中暑的预防

预防中暑必须认真贯彻以预防为主的方针，采取综合性的防暑降温措施，其中包括组织措施、技术措施和卫生保健措施，中暑是完全可以防止的。

1. 组织措施

加强领导，切实贯彻执行党和国家有关防暑降温的政策和法令，是搞好防暑降温工作的关键。厂矿企业中各部门应密切配合，每年入暑以前，需制定防暑降温计划和落实具体措施，及早做好防暑降温设备的维修、安装及添置的准备工作，并抓早、抓紧、抓具体。厂矿企业中的安全技术人员应切实执行与推动防暑降温工作。

大力开展宣传教育活动，利用多种形式宣传防暑降温保健知识，教育作业人员遵守高温作业的安全规则和保健制度，使防暑降温工作成为厂矿企业中广大职工的自觉行动。

制定合理的劳动休息制度，根据各地区及各厂矿企业的生产特点和具体条件，适当调整夏季高温作业劳动时间和休息制度，应尽量缩短在高温环境中持续劳动的时间，如增加工间休息次数、延长午休时间等。工间休息地点应尽可能设置在远离热源处，休息室内须有足够的降温设施及清凉饮料，并配置椅子以及供洗脸、洗手、擦澡等必要设备。休息室内温度以保持在30℃以下为宜，有条件时，可采用空气调节设备或其他降温措施，如利用坑道风作冷源。休息室如因生产需要而必须设在热源附近时，应在休息室与热源之间装设隔热墙或隔热水幕。

保证高温作业人员在夏季有充分的睡眠和休息，对预防中暑有着重要意义。因此，厂矿企业须做好集体宿舍及家属宿舍的组织管理工作，最好能调整夜班人员宿舍，避免相互干扰而影响睡眠。对住家远离厂矿企业的职工，可安排在厂矿企业临时宿舍内休息，并为职工创造凉爽和安静的休息环境。

2. 技术措施

进行技术革新，合理设计或改进生产工艺和生产设备，尽量采用机械化、自动化操作，以改善高温作业的劳动条件，减轻劳动强度，消除或减少高温、高气湿及强热辐射对机体的影响，是预防中暑的根本措施。

为了达到防暑降温的目的，工艺流程的设计应使作业人员远离热源，同时根据具体条件采取必要的隔热降温措施。热源的布置应符合下列要求。①尽量布置在车间外；②采用热压为主的自然通风时，尽量布置在天窗下面；③采用穿堂风为主的自然通风时，尽量布置在夏季主导风向的下风侧；④便于对热源采用各种有效和隔热措施；⑤使作业地点易于采用降温措施。热源之间可设置隔墙或隔板，使热空气沿着隔墙上升，通过天窗排出，以免热空气扩散到整个车间。此外，热成品或半成品应及时运出车间或堆放在下风侧。并尽可能利用热源的余热，如烧锅炉等，这样既可减少热量的扩散，又能节约能源。

隔绝热源的辐射散热是防暑降温的一项重要技术措施。可利用水或导热系数小的材料进行隔热，其中以水的效果为最佳，因水的热容大，能最大限度地吸收辐射热。

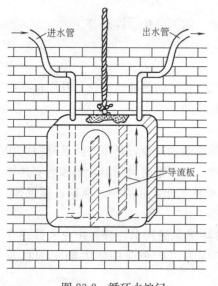

图 23-2 循环水炉门

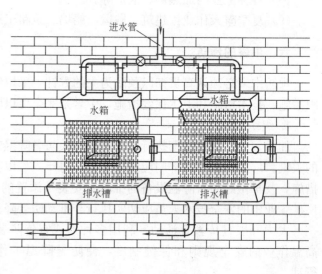

图 23-3 瀑布水幕

水隔热常用的方式有循环水炉门（图 23-2）、瀑布水幕（图 23-3）、水箱、钢板流水（图 23-4）和铁纱水幕等，对于一些温度很高的熔炉炉口，如果水滴对产品质量有影响时，应当采用水箱和循环水门，将水箱装在炉门外面，箱内有冷水流动，可吸收从炉门放散出来的辐射热，降温效果较好。如果水滴对生产过程没有影响时，可采用各种水幕进行隔热。

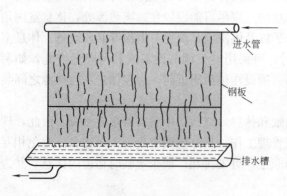

图 23-4 钢板流水

使用隔热材料，常用的有石棉、炉渣、草灰、泡沫砖、石棉混合耐火泥等。隔热材料适用于各种加热炉、熔炉、退火炉等的炉壁以及蒸汽管道的外围，见图23-5。缺乏水源的中小型厂矿企业以采用隔热材料为宜，土办法常采用青砖或土坯抹泥灰，或者砖空气层，或草灰夹墙进行隔热，也是既经济又有效的办法，见图23-6。

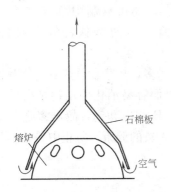

图23-5　玻璃熔炉石棉板隔热罩

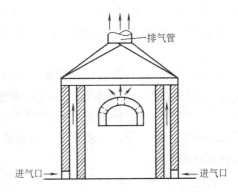

图23-6　空气层隔热

其他隔热措施，如轮船的锅炉间以及拖拉机、推土机的热源，可用经常保持湿润的麻布或帆布隔热。为了防止太阳辐射传入室内，可将屋顶及墙壁涂白色或采用石棉瓦屋顶、空气层屋顶、泡沫砖屋顶、屋顶喷水、空心砖墙、天（侧）窗玻璃涂云青粉等办法。工作地面温度超过40℃时，如轧钢车间的钢铁板地面和地下有烟道通过时，可利用地板下喷水、循环水管或空气层隔热。

加强自然通风和局部机械通风，有条件的可采用空气调节的方式，对整个车间进行全面通风，以降低高温作业环境中的气温。对于特殊高温作业地点，如高温车间的行车驾驶室、轧钢机的操作室、推焦机和拦焦机的驾驶室等，应在隔热密闭的基础上，安装小型空气调节器。

3. 保健措施

做好医疗预防工作，对从事高温作业的人员应在就业前和每年入暑前进行健康检查。凡患有心血管、肝、肾、中枢神经系统器质性疾病者，以及持久性高血压、明显贫血、明显的内分泌疾病、活动性肺结核、溃疡病发作期、重病后恢复期及长期体弱者，均不宜从事高温作业。但也要根据具体情况予以区别对待，不一定都要调离高温作业，有的可以在密切观察或减轻劳动强度的条件下从事高温作业；有的可在炎热季节暂时调离改从非高温作业。

炎热季节，厂矿企业中的安全技术人员及医务人员应加强对高温作业现场的巡迴检查，积极宣传防暑知识，查看现场温度及防暑降温措施，及时发现和处理中暑患者，以充分发挥安全技术人员、医务人员在防暑降温工作中的作用，做好中暑的群防群治工作。

加强个人防护，高温作业人员的工作服应以结实、耐热、导热系数小而透气性能良好的织物制成。宜宽大且便于操作。此外，应按不同作业的需要，配给工作帽、防护眼镜、面罩、手套、鞋盖、护腿等个人防护用品。特殊高温作业，如炉衬热修、清理钢包等，为防止强烈热辐射的作用，作业人员须佩戴隔热面罩和穿着隔热、通风的防热服，如喷金属（铜）隔热面罩、铝膜布隔热冷风衣等。

夏季露天作业人员应戴宽边草帽或白色安全帽，以防止日光暴晒。穿着白色或浅色的长袖衣服，并供给防暑药品等。

高温作业人员应供给足量及合乎卫生要求的清凉饮料和含盐饮料等，饮料的温度以 8~12℃ 为宜。有条件的厂矿企业可制作盐汽水，还可熬制中草药凉茶、绿豆汤、酸梅汤等。清凉饮料饮用时，以少量多次为宜，切勿暴饮，每次最好不超过 300mL。

在高温环境中作业，能量消耗加快，蛋白质消耗也增多，故膳食总热量应比其他作业人员要高，蛋白质也应适当补充，因此需多吃富有营养而容易消化的动物蛋白质，如蛋类、肉类等。此外，最好能补充适量的维生素 A、B_1、B_2、C 和钙，故需多吃黄豆、油菜、菠菜、白菜、番茄等。加强营养，对保护高温作业人员的健康、防止中暑和提高工作能力有着重要的作用。

七、热适应

热适应系指人体在热环境中生活和工作一段时间后，机体在一定限度内产生了对热负荷的适应能力，主要表现在体温调节、水盐代谢和心血管功能的改善。

热适应者的体温、皮温均较未适应者稳定，即使在极端的热环境中进行繁重的体力劳动时，体温升高也较少，这表明体温调节能力的提高。机体热适应后，劳动代谢率降低，产热减少，使体温调节紧张得以缓解，同时由于出汗能力增强，反应加快，其速度比未适应者增加 2~2.5 倍。汗液在皮肤上分布均匀，使汗的有效蒸发率提高，散热增强，皮肤温度下降，因此，使得体内与体表的温差增大，有利于体内蓄热的散发。

机体热适应后会发生一系列的变化。

1. 由于体内醛固酮分泌增加，促使肾小管和汗腺排出管对盐分的重吸收，使汗液中盐分的浓度降低，这是热适应时机体的一种保护性反应。一般汗液中氯化钠的浓度为 0.3%~0.5%，热适应后可降低至 0.1%，每日氯化钠的损失量可降低 3~5g，使细胞外液电解质含量得以恒定，这对维持机体水盐平衡极为有利。

2. 心血管系统的紧张性下降，适应能力提高，表现在心率减慢，心血输出量不变，血压和脉压稳定性增强，总的血容量也增加。由于血容量增加，心率减慢。因此使心脏每搏输出血量增加，从而减轻了心血管的负荷。

3. 机体对热的耐受力增强，表现在对热的耐受时间延长，并能耐受较重的热负荷。这不仅可以提高高温作业时的劳动效率，也可有效地防止中暑和其他疾病的发生。

机体对热的自然适应是逐渐形成的，新的从事高温作业的人员最好在炎热季节开始前参加高温作业，此时车间的热辐射强度虽然未改变，但是气温较低，机体较易适应。对一般热强度较大，体力活动较强，在第 4~5 天就有约 80% 的人热适应，在一周内可完全适应。

但是，人体热适应是有一定限度的，如果超出了适应能力的范围，仍可引起正常生理功能的紊乱。此外，机体热适应后，其适应能力能保持一段时间，当离开热环境 1~2 周后，热适应能力会逐渐消失，发生脱适应现象。因此，决不能以为人体对高温有适应能力而放松防暑降温工作。

八、中暑

在高温环境中作业，又未能采取一定的防热、散热措施，由于热不断地作用于人体，又因体内热的散发困难，使体内蓄热过多，于是就引起了头痛、头晕、体温升高、恶心、呕吐等症状。严重时可造成晕倒、虚脱等症状，如不及时抢救，甚至有生命危险。

作为职业病，中暑一般是由于在高温环境中从事较为繁重的体力劳动所致。我国法定职业病名录中暑中曾规定有热射病、热痉挛、日射病三种，但在临床上常分为热射病、日射病、热痉挛和热衰竭四种类型。这种分类是相对的，临床上往往难以区分。

1. 热射病。该病是中暑最为严重的一种，病情危急，死亡率高。主要是在高温环境中从事较为繁重体力劳动时，由于体内产生大量的热和从环境中获热，超过了其散热能力，引起体内热量不断蓄积，体温不断增高，导致体温调节功能障碍所致。其症状为头痛、头晕、心悸、眼花、耳鸣、无力、恶心、呕吐、呼吸急促、脉搏快而弱，脉搏每分钟可达140次。收缩压上升，体温显著升高，肛温可超过41℃，甚至高达43℃。开始时大量出汗，以后出现"闭汗"，并伴有皮肤干热发红。如不及时抢救，患者可突然发生昏倒，意识丧失，乃至昏迷不醒而发生生命危险。

2. 日射病。主要是由于太阳辐射或热辐射直接作用于无防护的头部，致使颅内组织受热而温度升高，脑膜和脑组织充血而引起。其症状表现为剧烈头痛、头晕、眼花、恶心、呕吐、兴奋不安或者意识丧失，体温有时升高。

3. 热痉挛。主要是由于水、电解质平衡失调所造成。由于在高温环境中作业，机体大量出汗，氯化钠损失过多，若此时仅补充大量淡水，会造成细胞水肿，引起中枢神经系统的神经冲动，而导致肌肉痉挛。若饮用含盐清凉饮料，就不会发生这种情况。此病症状表现为严重的肌痉挛，并伴有收缩痛。肌痉挛多见于四肢肌、咀嚼肌及腹肌等经常活动的肌肉处，尤以腓肠肌为最。痉挛呈对称性，时而发生时而缓解。阵发痛性痉挛不超过数分钟，常能自行缓解。轻者不影响工作，重者疼痛难忍。体温多正常或仅有低热，患者神志清醒。

4. 热衰竭。亦称热晕厥或热虚脱。一般认为是由于受热引起的外周围血管扩张和大量失水造成循环血量减少，以致颅内供血出现暂时性不足而发生此病。该病起病迅速，疾程短促，患者首先感到头痛、头晕，继而会突然晕倒，神志不清。此时进行体检，可见面色苍白，皮肤冒冷汗，脉搏细弱，血压偏低，体温正常或稍高。若此时立即离开高温作业环境，平卧，患者即可清醒。一般不引起循环衰竭。

在实际工作中，为了便于基层单位在职业病报告中区别中暑的轻重，一般又将中暑分为先兆中暑、轻症中暑和重症中暑3种类型。

1. 先兆中暑。在高温作业场所，进行一段时间体力劳动后，出现轻度头痛、头晕、大量出汗、口渴、耳鸣、恶心、四肢无力、注意力不集中，体温正常或稍升高（不超过37.5℃）。若此时能及时离开高温作业环境，经休息，在短时间内便可恢复正常。

2. 轻症中暑，除有先兆中暑症状外，同时还具有下列症候群之，体温在38.5℃以上；面部潮红、皮肤灼热；有呼吸循环衰竭的早期症状，如面色苍白、恶心、呕吐、血压下降、脉搏细弱而快等情况。一般离开高温作业环境，休息数小时，症状可逐渐消失，并能逐渐恢复正常。

3. 重症中暑。除具有轻症中暑症状外,在劳动中发生突然昏倒或发生热痉挛,体温在40℃以上。

对中暑的诊断要与一般昏厥、急性胃肠炎相区别。有阵发性腹部痛性痉挛时,要注意与急腹症区别开。有高热时,要与下丘脑病变引起的高热、脑膜炎、败血症或间日疟等相区别。

诱发中暑的因素比较复杂,涉及气象条件、劳动强度、个体的健康状况等,主要有以下几个方面:

1. 气温在35℃或35℃以上,热辐射强度在6.3J/(cm² · min)以上时,便可使体内热量蓄积过多,散热困难,导致体温调节发生障碍而造成中暑。

2. 在高温环境中作业,劳动强度过大,人体产生的热量增加,也使体内蓄热较多,也容易发生中暑。

3. 持续劳动时间过长,人体产热和受热较多,也容易引起体温调节机能障碍而发生中暑。

4. 过度疲劳和睡眠不足,使机体各器官正常生理机能下降,体温调节能力降低,水盐代谢容易发生紊乱,在这样的情况下也易发生中暑。

5. 年老、体弱、病后恢复期、孕妇和产后女职工,以及身体过于肥胖、皮肤广泛性损害和未热适应者,对高温的耐热能力都比健康的人低,体温调节机能较差。这些人在高温环境中作业,均较容易发生中暑。

九、中暑的急救与治疗

中暑的急救与治疗,关键在于早期发现,迅速脱离高温环境,并根据病因和病情的轻重及时处理,早期的病情较轻,治疗效果也好,可防止病情的进一步恶化。对严重的重症中暑患者,则必须分秒必争地进行急救。

1. 对于仅处于初期、中暑较轻的患者,症状表现仅有头晕、眼花、耳鸣、心悸、乏力等,此时只要使患者立即离开高温作业环境,适当休息片刻,就可避免中暑的发生。

2. 当发生先兆中暑和轻症中暑时,首先应将患者迅速移至通风良好、阴凉安静的地方平卧休息。

解松或脱去衣服,用冷水擦洗全身、头部及腋窝,股窝可用冰袋或冰块冷敷,同时可用扇子或电风扇向患者吹风,帮助散热。

及时给患者适量的含盐清凉饮料,也可使患者口服仁丹、十滴水、避瘟散或藿香正气丸等解暑药物。

也可采用民间刮痧疗法或新针疗法,针刺合谷、曲池、委中、百会、人中等穴。

对症处理,如呼吸困难的患者可给予吸入氧气,必要时进行人工呼吸。如有循环衰竭倾向时,可给予葡萄糖生理盐水静脉滴注等。

3. 对于重症中暑的病人,要及时采取对应措施,进行现场急救。其治疗原则是降低过高的体温,纠正水、电解质紊乱和酸碱平衡,积极防治休克、脑水肿等。

对于重症中暑患者可采用物理降温,如用冰浴,但须不断地摩擦四肢皮肤,以促进散热。也可用冷水或酒精擦身,同时用风扇吹风散热。此外,还可用酚噻嗪类药物氯丙嗪等药物降温,并可用杜冷丁或安定等药物控制颤抖。

在降温的同时应注意维持生命器官的功能,特别是心血管系统,应保证必需的心输出量。在降温过程中，必须加强护理，密切观察体温、血压和心脏的情况。一俟肛温降至38℃左右，应立即停止降温，以免体温降得过低而发生虚脱的危险。

纠正水和电解质平衡，应按病情适当掌握补充水盐量，静脉滴注不可过快，以每分钟20～30滴为宜。

为防止休克的发生，脉细弱者应立即注射中枢兴奋剂，并适当给予升压药物。

如发生昏迷，可刺人中、十宣、内关、足三里、委中、大椎等穴。有抽搐者，可注射阿米妥钠或苯巴比妥钠。有条件时可给予氧气吸入。

第二节 噪声对人体的危害与防治

一、噪声的基本概念

人类的生活环境中，到处都充满了声音。人们在日常生活中是离不开声音的，正是因为有了声音，人们才能相互交谈；正是因为有了声音，人们才能听广播及欣赏音乐，使人们的生活丰富多彩。不难想象，如果一个没有声音的社会那将是一个什么样的景象。

但任何事物都是一分为二的，并非所有的声音都是人们所需要的。当人们需要安静或睡觉时，声音就成为多余而令人讨厌的了。当声音达到一定的强度时，还对人们的身体健康产生危害作用。噪声就是如此。

噪声是声波的一种，它具有声波的一切特性。从物理学的观点来讲，噪声就是各种不同频率声音的杂乱组合。然而从生理学的观点来说，凡是使人烦躁的、讨厌的、不需要的声音都称为噪声。从这个意义上来说，噪声和音乐就很难区分，如一个人在演奏钢琴时，理应属于音乐，但对正在睡觉或思考问题的人来说，就成为讨厌的噪声了。因此，噪声不能完全根据声音的客观物理性质来加以定义，还应根据人们的主观心理因素来加以定义。

我们把能够发出声音的物体称为声源。声源不一定只是固体、气体和液体也可以因振动而发出声音，例如，海水的波浪就是液体振动的结果。

物体受到振动后，在弹性介质中以波的形式传播，当传入人耳能引起音响感觉的称为声音，这种能引起音响感觉的振动波称为声波。物体每秒钟振动的次数称为频率，单位为赫兹，符号为 Hz。声波在 20～2000Hz 之间，就能引起人们的听觉，这一频率范围内的振动称为声振动，也称为声波。频率低于 20Hz 的声波称为次声波，频率高于 2000Hz 的声波称为超声波。

声波在介质中传播，由于介质的弹性特点及传播的形式有纵波和横波之分，在气体和液体中传播纵波，在固体中传播纵波与横波。在单位时间内，声波传播的距离称为声速，单位为 m/s。由于介质本身的性质不同，声波在各种介质中的传播速度也不同，在常温 20℃和气压 10.1325×10^4Pa 的条件下，在空气中的传播速度为 344m/s，在水中为 1450m/s，在钢铁中为 5000m/s。

声波是机械波，是一种疏密波，它使空气时而变密，时而变稀。空气变密，压强就高；空气变稀，压强就低。这样由于声波的存在，使大气压产生迅速的起伏，这个起伏部分称为声压。声压越大，声音越强；声压越小，声音越弱。对正常人耳刚能引起音响感觉的声压称为听阈声压或听阈。声压增大至人耳产生不愉快或疼痛感觉时称为痛阈声压或痛

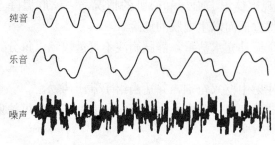

图 23-7 纯音、乐音和噪声的声波形态示意图

阈。从听阈到痛阈声压的绝对值相差 100 万倍，为了计算方便起见，取其对数量（级）来表示，即声压级，单位为"分贝"。以 1000Hz 纯音的听阈声压为基准声压，定为 0dB，与被测声压的比值，取对数值作为被测声的声压级，以 dB 为单位来表示。发声物体为有规则的振动，振动波形呈周期性的变化时，所发出的声音称为乐音或纯音。而由各种不同频率和不同强度的声音无规则的杂乱组合，波形呈无规则的变化，便产生了噪声，见图 23-7。

工业生产环境中的声音，基本上都是噪声。噪声对人们的危害，不但与噪声的强度有关，而且与频率有关。一般来说，强度大、频率高的噪声，对人体的危害较大。

噪声有高有低，它既没有污染物，又不会累积，其能量最后转变为空气的热量，传播距离一般不太远。噪声所耗的能量极小，例如，一部喷气发动机所发出的噪声虽然震耳欲聋，但以噪声的形势而消耗的能量却仅占该发动机全部能量的万分之一左右。因而，噪声往往被人们所忽视。但是，随着人类社会的进步，尤其是随着现代工业和现代科学技术的飞速发展，来自工业生产、交通运输、军事活动和日常生活的噪声与日俱增。噪声已充满了人类活动的一切场所，它已严重地污染了环境，影响着人们的工作、学习和休息，危害着人们的身体健康。噪声已成为当今世界上主要的公害之一，1979 年世界卫生组织在斯德哥尔摩举行的联合国环境会议上，把噪声列为当代最不能容忍的灾难之一。

二、工业噪声

凡在工业生产过程中产生的声音均可称为工业噪声或生产性噪声。就工业噪声而言，引起噪声的根源很多，由于产生的动力和方式的不同，主要有空气动力性噪声、机械性噪声、电磁性噪声 3 种。

1. 空气动力性噪声，是由于气体压力变动而产生的。当气体中有了涡流或发生了压力突变时等，引起气体的扰动，就产生了空气动力性噪声。例如，通风机、鼓风机、空气压缩机、汽轮机、喷射器、喷气飞机、火箭及锅炉排气放空等所产生的噪声，均属此类。

2. 机械性噪声，是由于固体振动、撞击、摩擦、转动等而产生的。例如，织布机、球磨机、破碎机、电锯、机床等产生的噪声。

3. 电磁性噪声，是由于电机的空气隙中交变力相互作用而产生的，例如，发动机、变压器等所产生的噪声。

工业生产性噪声按其持续时间和声压的变化而将其分为持续性噪声和间断性噪声（脉冲噪声），并有稳态和非稳态之分。声音的持续时间 <0.5s，间隔时间 >1s，声压的变化至少为 40dB（A），称为脉冲声，如锻锤、冲压或枪炮射击声。声音的波动 <5dB（A），称为稳态声，否则即为非稳态声。同时又可根据频率和频谱特性而将噪声分为低频、中频和高频噪声。

工业生产性噪声一般声压比较高，有的高达 120～130dB；多属宽频带、中高频噪声。有的作业可能接触脉冲噪声或接触强度较大的持续性高频噪声。有的作业因噪声与振等不良因素同时存在，并共同作用于人体。

三、噪声对人体的危害

噪声对人体的危害是多方面的，可以使人耳聋，影响人们的正常生活，它还能影响人体的神经系统、心血管系统、消化系统等的功能，甚至能引起噪声性疾病。在一般情况下，噪声达 65dB（A）就可使人感到不舒适，当达到 175dB（A）就可致人于死地。此外，噪声还能分散作业人员的注意力，以至降低劳动生产率等，特别强的噪声还能损害建筑物和影响仪器设备的正常运转。

当你进入噪声较强的环境中时，就会感到刺耳难受，停留一段时间出来后，还会感到耳中有声响，如果用电测听计检查，就会发现耳朵的听力下降。但这种情况持续的时间并不长，只要你离开噪声场所，到安静的环境中停留一段时间后，听觉就会逐渐恢复原状。这个现象叫做暂时性听阈偏移，也叫做听觉疲劳。它是暂时性的生理现象，内耳感音器官并未受到损害。

但是，如果长年累月地在强噪声环境中作业，长期持续不断地受到强噪声的刺激，日积月累，这个听觉疲劳现象就不能复原，而且越来越严重，内耳感音器官便发生了器质性病变，暂时性听阈偏移就会变成永久性听阈偏移，这就称为职业性听力损失。这是神经性耳聋的一种，也是一种职业病，称之为噪声聋。

一般地说，听力损失在高频听力下降的基础上，语言频段 500、1000、2000Hz 听力下降平均等于或超过 25dB 者为噪声性耳聋。噪声性耳聋根据听力下降程度可分为下列数级：25～40dB 为微聋；41～55dB 为轻度聋；56～70dB 为中度聋；71～90dB 为重度聋；90dB 以上为全聋。到了重度噪声性耳聋，人耳已经听不见说话和广播声，即使在耳朵边大声喊叫，也只能略微听见。到了听力损失达 90dB 以上，就是在耳朵边大喊大叫也都没有感觉了。由于噪声聋目前尚无有效的治疗方法，故早期进行听力保护是预防噪声聋的重要措施。

噪声性耳聋与噪声的强度和频率有关，噪声强度越大，频率越高，噪声性耳聋的发病率也越高。噪声性耳聋也与噪声作用的时间长短有关，同样强度的噪声，每天作用 8h，就要比每天作用半个小时发病率高得多。因此，噪声性耳聋与作业工龄成正比，工龄越长，则发病率越高。一般说来，经常在 90dB 以上的噪声环境中长期作业，就有可能发生噪声性耳聋。

当人们的听觉器官发生急性爆伤，如噪声高达 140～150dB，引起鼓膜破裂流血，迷路出血，螺旋器从基底急性剥离，双耳完全失去听觉，这称之为爆震性耳聋。有时并伴有脑震荡。这种情况仅多见于意外事故，以及矿山、筑路、开山等爆破作业，由于防护不当或缺乏必要的防护设施所造成。

噪声能够引起的噪声性疾病，是指在噪声的影响下，可能诱发的一些疾病。在噪声的影响下，是否引起某种疾病，这也和每个人的体质以及噪声的强弱和频率有关。噪声作用于人们的中枢神经系统，使人们的基本生理过程，大脑皮层的兴奋和抑制平衡失调，导致条件反射异常，脑电图电位改变。这些生理性变化，在初期 24 小时内，是可以复原的，但如果不及时进行防护，或脱离噪声环境，天长日久，就会形成牢固的兴奋灶，累及植物神经系统。产生的症状有头疼、脑胀、昏晕、耳鸣、多梦、失眠、心慌和全身疲乏无力等，医学上统称神经衰弱症候群神经官能症。1981年，中国环境科学院和原北京市劳动保护科学研究所等八个单位协作，用电子计算机对长期在噪声环境作业的人员的心电图、脑电图进行分析，发现他们有如同心肌梗塞或脑科病人那样的异常改变。由此可见，噪声对人体的大脑和心脏都有一定的影响。据美国科学家测定，飞机场附近居民的新生儿，其畸形率已从0.8%增加到了1.4%，噪声还影响胎儿心脏正常发育，造成先天性心脏病。

噪声作用于中枢神经系统，还会影响到人体的各个器官：如引起肠胃机能沮滞、消化液分泌异常、恶心呕吐、胃酸度降低；胃收缩减退，造成消化不良、食欲不振、恶心呕吐，从而可能导致胃病及胃溃疡发病率的增高。噪声对内分泌机能方面亦有影响，有人研究，在中等强度噪声70～80dB的作用下，肾上腺皮质功能增强，而在大强度噪声100dB的作用下，则功能减弱。长期在强噪声环境中，不仅影响新陈代谢功能，容易出现疲劳、神经过敏等现象，而且会使肾上腺暂时性异常肥大或扩张。一般认为，高度肾上腺活动率与心脏病和其他大约50多种疾病的起因有关。噪声还可以使交感神经紧张，从而使人体的心跳加快、心律不齐、血管痉挛、血压升高等。近年来，不仅发现在强噪声环境中作业的人员高血压发病率增高，而且居住在城市交通噪声严重地段的市民，也有血压增高的现象。

噪声作用于植物神经系统，还可以产生末梢血管收缩现象。有的人受噪声刺激5min就出现末梢血管收缩，一直到噪声停止作用25min后才复原。试验还表明，无论是睡眠还是清醒时，噪声的强度越大，频带越宽，血管收缩也就越强烈。虽然末梢血管的收缩有个体上的差异，也同其他因素有关，但在噪声的刺激下，均有末梢血管收缩现象。血管收缩时，心脏排血量减少，舒张压增高。所以，噪声肯定会给心脏带来损害。

噪声还可以引起心肌组织缺氧，最终往往引起散在性心肌损害，并能引起血中胆固醇含量增高。因此，近年来一些医学家认为噪声可以导致冠心病和动脉硬化。所以，在噪声日益增高的大工业城市中，冠心病和动脉硬化的发病率逐渐升高。

噪声还影响人们的正常生活，它妨碍睡眠，干扰谈话，吵得人惶惶不安，烦恼异常。

在大街上，普通的汽车驶过时，也会在街道上产生70dB（A）的噪声，载车汽车、拖拉机驶过时，会产生高于80dB（A）的噪声。如果这些车辆没装消声器，或者在按气动喇叭时，那就会超过85dB（A）以上。在交通车辆最拥挤的时候，车声轰轰，喇叭尖叫，噪声可高达90dB（A），比起一般厂矿企业车间中的噪声，简直有过之而无不及。这些噪声经过一段距离，经过马路两旁的住宅，再通过关闭的窗子，仅仅衰减10～20dB，这怎么能不影响人们的睡眠呢？因此，噪声已成为公害。

城市施工噪声也是影响居民睡眠的一个重要声源。打桩、爆破、柴油机、空压机、推土机、搅拌机等，在它们施工的附近地区，可产生80～90dB（A）的噪声。由于白天街道交通紧张，夜里突击搞运输的载重汽车、拖拉机等，所产生的噪声对居民区的影响也很大。

厂矿企业的噪声，特别是一些建在居民区里没有声学防护设施或防护设施不好的工厂，对居民的睡眠影响更甚。如有的工厂的鼓风机、空气锤；建筑材料厂的球磨机、风车；发电厂的汽轮机；煤厂的煤球机；矿井的重扇风机；化工厂的压缩机、空分设备等，有时在附近居民区产生 60~80dB（A），甚至于 90dB（A）的噪声。这些噪声昼夜不停，严重地影响着居民的休息。如果遇到发电厂的高压蒸汽锅炉，大型鼓风机，空气压缩机排气放空的话，排气口附近的噪声将高达 110~150dB（A），传到附近居民区，有时也达 100dB（A）以上。在这种声音的刺激下，正在睡眠的人很少有人不被惊醒。而且它的影响甚至有时可达数公里之远。

噪声除了对人们的睡眠有影响之外，另外一个重要的影响，就是干扰人们的谈话、听广播、打电话、上课、开会等，在喧闹的噪声环境里，人们很难用语言表达思想，要么对着耳朵大声喊，要么只能用手势来表达。

在嘈杂的环境里，人们心情烦躁，进行作业时容易疲乏，反应也迟钝，如本来一天可以完成 10 件产品，可是由于噪声干扰，导致工作效率降低，有时甚至连 7 件也干不出来，与此同时并导致工伤事故增多。据报道，美国由于噪声影响作业人员的健康和工作效率而造成的经济损失，每年高达 40 亿美元。噪声对于从事精细作业或从事脑力劳动的人来说，其影响更为显著，即使是较小的噪声，甚至音乐声和谈话声也会分散其注意力，干扰工作。

在噪声的刺激下，人们的注意力很不容易集中，这样工作起来就很容易出差错，不仅影响工作速度，而且降低工作质量。特别是对那些要求注意力高度集中的复杂作业影响更大。有人对打字、排字、速记、校对等工种进行了调查，发现随着噪声的增加，差错率均有所上升。还有人对电话交换台进行过调查，发现噪声级从 50dB 降至 30dB，差错率减少 42%。

由于作业环境中的噪声太大，操作人员听不清周围的正常声音，就容易作出错误的判断而发生事故。尤其是在几个人共同进行某一作业的时候，例如进行大型设备、装置的拆卸、组装以及搬运具有较大体积的设备，更容易使大家听错指令，动作难以协调统一而引起事故。

再者，由于噪声的心理学作用，分散了操作人员的注意力，也易引起事故的发生。特别是在能够遮蔽危险报警信号和行车信号的强噪声下，更容易发生事故。

另外，巨大的轰声对建筑物有很大的损害。1962 年美国三架军用飞机以超声速低空掠过日本藤泽市，使该市许多民房玻璃震碎、烟囱倒塌、日光灯掉下、商店货架上的商品震落满地，造成很大的损失。

至于火箭类的空间运载工具，其噪声强度就更大了，如卫星火箭声功率级可达 195dB，离发射点 200m 处，噪声仍达 143dB，远至数十公里处也还有 100dB。在它们周围的建筑物遭受损害的就更多了。

建筑物在轰声下都受到那么大的损害，人受到轰声的刺激就可想而知了。当人们突然受到轰声侵袭时，有的人可发生"瞬间休克"现象，即在一瞬间昏迷过去，什么也不知道了。在轰声下，只要暴露 5min，就会使人们整天头昏。

除了超声速飞机之外，厂矿企业中的机器和城市施工等所产生的噪声与振动，对建筑物也有一定的破坏作用，如噪声和振动剧烈的振动筛、大型空气锤、发动机试验站、城市施工的打桩、爆破等，都有将建筑物的墙震裂、瓦震落、玻璃震碎的实例。

在高声强作用下，如达160dB以上，不仅建筑物受损，就是对发声的机器设备本身也可能因"声疲劳"而损害。在极强的噪声作用下，灵敏的自控、遥控设备会失灵，从而使自控、遥控失效。因此，近年来对高声强的研究越来越引起人们的注意了。

四、噪声的卫生标准

噪声严重地危害着人们的身体健康，干扰人们的生活、学习和工作。因此，治理噪声是劳动保护和环境保护工作的一项重要内容。

治理噪声有两个方面的问题，一是控制到什么程度？二是如何控制？噪声卫生标准就是解决第一个问题的。因为，在厂矿企业的作业环境中，要想完全达到没有噪声，在现有的技术条件下是难于做到的。为此，只有将噪声控制在一定的标准范围内。噪声卫生标准对领导部门来说是监督检查的依据；对厂矿企业来说是管理的规章；对技术部门来说是设计的基本指标。噪声卫生标准的研究，也是噪声控制和工业卫生学科的一项重要的基础研究。

根据有关资料报告，如将噪声控制在90dB（A）以下，可保护工龄30年以内94%的作业人员不出现明显的语言听力障碍。噪声损伤听力，首先是2000Hz以上的高频部分，因为语言听力的主要频率是在500～2000Hz。因此，虽然早期受噪声危害有高频听力损伤，人们往往无明显的自觉症状。随着工龄的增长，听力损伤会逐渐加重，影响到上述语言频率范围，就会出现明显的耳聋症状。超过85dB（A），在有10年以上工龄的作业人员中，心电图改变的阳性率明显增高，神经衰弱症状的阳性率，也有随噪声增强而增高的趋势。所以，以预防噪声危害角度着眼，将噪声控制在90dB（A）还很不理想，故应设法将噪声控制在85dB（A）以下比较合适。

目前，国际上对工业企业噪声卫生标准制定的依据大都从保护听力出发，即作业人员反复暴露在该强度的噪声条件下，不会影响语言听力，在此目的下，把噪声控制在一定的容许范围之内。但由于个体之间对噪声的感受性差异很大，故这类标准只能保护大多数人的听力不受损伤。

为了防止噪声的危害，保障职工的安全和健康，我国于1980年1月1日由卫生部和原国家劳动总局颁发了《工业企业噪声卫生标准》（试行草案）。其有关内容如下：

工业企业的生产车间和作业场所的工作地点，噪声标准为85dB（A）。现有工业企业经过努力，暂时达不到标准的，可适当放宽，但不得超过90dB（A）。

对每天接触噪声不到8h的工种，根据企业种类和条件，噪声标准可按表23-1和表23-2相应放宽。

新建、扩建、改建企业，参照表　表23-1

每个工作日接触噪声时间(小时)	允许噪声[dB(A)]
8	85
4	88
2	91
1	94
最高不得超过115	

现有企业暂时达不到标准，参照表　表23-2

每个工作日接触噪声时间(h)	允许噪声[dB(A)]
8	90
4	93
2	96
1	99
最高不得超过115	

我国制定的噪声卫生标准是根据 A 声级制定的,以语言听力损伤为主要指标,其他系统的改变作为参考指标。此标准只适用于持续性稳态的噪声,不包括脉冲性噪声。我国目前尚未制定脉冲性噪声的卫生标准。

五、噪声危害的预防措施

为了防止噪声引起的危害,保护职工的安全和健康,排除因噪声引起的事故因素等,应尽可能地排除作业环境中的噪声。然而,预防噪声危害,进行噪声控制,这是一项综合性技术,采取单一的技术措施往往是不够的。首先是减小和消除噪声,振动源;其次是减弱噪声在传播途径中的强度;再者就是采取个人防护措施。因此,必须在改革工艺结构、声学处理、个人防护,以及提高自动化操作等方面同时加以考虑。

预防噪声危害,最根本的办法就是处理声源,即将发声体改造成不发声体,高发声体改造成低发声体。因此要求在设计和制造过程中,采取措施消除或降低噪声发声源。在厂址选择、厂区平面布置和厂房设计时,就应考虑防止噪声的危害问题,产生噪声的厂矿企业与居民区以及产生噪声的车间与其他厂房均应有一定距离或设防护带,中间栽种树木或用墙隔开。产生噪声的车间应尽量采用吸声材料及隔声结构,以减低车间内噪声的反射,同时也防止噪声向车间外传播。与此同时,还应对现有产生强噪声的机器设备进行工艺改革,如提高机器设备安装的精度;减少轴承的摩擦;在经常受撞击的机器设备部位加以弹性材料做衬垫;用喷丸代替风动工具除锈;以模压代替锻压;以液压铆代替风铆;电焊代替铆接;用均衡回转代替往复运转;以磁力辊代替机械辊;等等。产生强烈噪声的机器设备常常同时伴有较强的振动,可在机座下或地基上装设减振和防振结构。

减弱噪声在传播途径中的强度,其主要措施就是采取密闭声源或隔离声源。密闭声源是用隔声材料把单一或多种的噪声源封闭在一个小的空间中,如隔声机罩(图 23-8)。隔离声源是用一定的材料、结构和装置将噪声源隔离开,如安装隔声屏、隔声门窗、隔声间、隔声墙,以及防噪声的工间休息室等。所有的隔声结构应严密无缝隙,并要避免共振现象的发生,以防影响隔声效果。

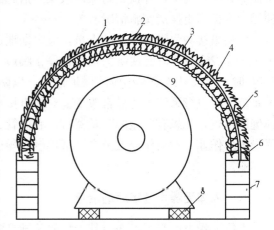

图 23-8 球磨机隔声罩示意图
1—阻尼层;2—2.5mm 厚钢板;3—吸声材料;
4—玻璃布;5—钢板网;6—隔振弹性衬垫;
7—砖隔声墙;8—隔振器;9—球磨机

在建筑上合理地应用吸声(阻尼)材料,以吸收辐射和反射出的声能,从而达到降低噪声的目的。吸声材料多为松软或多孔的,如玻璃棉、泡沫塑料、矿渣棉、毛毡、石棉绒、吸声砖、加气混凝土、木丝板、甘蔗渣板等。阻尼材料多用沥青、石棉漆、软橡胶、高分子涂料等,加在辐射面上,以增加声能的损耗,降低噪声。

另外，消声器对于降低或消除空气动力性噪声有很大作用，用于风道、排气管等，它能阻止声波按原途径传播，但仍可使气流通过。常用的消声器有：阻尼消声器，即利用消声器内装设的吸声材料达到减低噪声的目的；抗性消声器，即根据声波滤波的原理而设计，常用的有扩张室式或共振式消声器；抗阻复合式消声器，则由上述两种消声器组合而成，其消声效果较高。

在有些特殊作业中或作业现场的机器设备由于作业性质的关系，一些消声措施难于应用，例如，铆焊机、借助压缩空气驱动的机器或工具而进行的作业，将金属件整平或弯曲的作业，使用动力驱动汽锤锻压金属或成型的作业等等。另外，在采取了相应的消声措施后，对噪声仍很强的情况下，接触噪声作业人员就应该佩戴防声耳罩（图23-9）、耳塞、护耳棉或防声帽等。目前市场上已有质量较好的防声棉耳塞、泡沫塑料制耳塞，以及塑料密封型耳罩等产品出售。这些防护用品的隔声值平均都可达 20dB 以上，有的可高达 30～40dB。为了提高防护效果，也可把耳塞与耳罩合在一起使用。

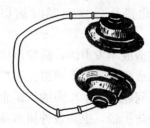

图 23-9　防声耳罩

对一些暂时还没能采取消除噪声措施的车间或作业岗位，或者由于机器设备作业的性质而使防止噪声有困难时，就应建立屏蔽噪声的隔声间或隔声休息室，以供作业人员工间休息等。对已经采取了消除噪声措施的车间或作业岗位，应经常监测其噪声情况，并检查防噪声减噪声措施的效果。此外，还应检查个人防噪声用品的使用、维护和更换的实施情况。

对从事接触强噪声作业的人员，应定期地进行身体健康检查，应着重耳部检查及听力测定，如发现感音耳聋或听力损伤在停止噪声接触后 16h 或更长一些时间，听力下降超过 15dB 时，要及早地采取相应的保护措施，以防止听力下降进一步发展。同时还应注意神经系统、心血管系统等的异常改变。对从事接触强噪声作业的人员在就业前，也应进行身体健康检查，凡患有明显的听觉器官、心血管、神经系统等器质性疾病者，不宜从事接触强噪声的作业。对新作业人员在从事接触强噪声后，如发现对噪声过敏者，应及早调离噪声作业。

六、人体受噪声危害后的治疗

人体因噪声而受到损伤，其治疗的关键是降低作业环境中的噪声强度，达到国家规定的噪声卫生标准，即 85～90dB 以下。在此基础上，全身症状可采以对症治疗。轻度耳损伤可自愈，不须治疗。对于严重耳损伤的治疗原则是，改善内耳血液循环和增强神经营养。对于确诊者，应早期治疗，尤其是爆震性耳聋，治疗越早，效果越好。

对中枢神经系统受损害的人，首先是调整大脑的兴奋与抑制过程。常用的药物为巴氏合剂，即溴化物与咖啡因合剂，10mL/次，1日3次。对耳鸣、失眠者可服安神补心丸，10～15粒/次，1日3次。

高血压者，可根据血压情况，服降压剂。

改善内耳血循环和局部代谢，肌注菸酸 50～100mg，每日 1 次。正常人耳蜗神经细胞中，含有大量的维生素 B_1，受到噪声刺激后，则含量减低，促使听器官障碍导致耳聋。因此噪声耳聋患者应服用大量 V_{B1}，除口服外，还可进行肌肉注射。

第三节 振动对人体的危害与防治

一、振动的基本概念

振动，系指物体在力的作用下，经过一定的时间间隔，周期地通过同一平衡位置的振动。

振动在厂矿企业生产过程中常常遇到，是一种对作业人员的健康可能产生危害的物理因素，并且常与噪声混于一体相互结合而作用于人体。生产性振动主要是使用风动工具、电动工具、交通工具、农业机械，以及具有较强机械摩擦的作业等。例如：使用风锤、风铲、风镐、风钻、电钻等工具；操作砂轮机、旋光机等高速旋转机械；以及操纵驾驶摩托车、起重车、拖拉机、推土机、内燃机车和蒸汽机车等。

振动可直接作用于人体，也可通过地板及其他物体而间接地作用于人体。按其作用部位，可分为局部振动和全身振动。只局部地作用于人体的手、足等特殊部位的振动称为局部振动；作用于整个人体的振动称为全身振动。有的作业工种所受到的振动以局部振动为主，有的以全身振动为主，有的则同时受到两种振动的作用。但在一般的生产劳动中，最常见的和危害较大的还是局部振动。

振动的频率、加速度和振幅是振动对人体影响的最重要的因素。频率在 40～300Hz，振幅为 0.5～5mm 的振动，作业人员接触几年后即可引起振动病。频率高、振幅大、加速度大，振动病的发生越快。频率高而振幅小的振动，主要作用于组织的神经末梢；频率低振幅大的振动则使前庭器官受到损害。频率相同的振动，加速度和振幅大时，其危害性也大。

现将某些振动工具的振动参数列于表 23-3。

某些工具的振动参数　　　　表 23-3

序号	工具名称	频率(Hz)	加速度(m/s^2)	振幅(m)
1	5km 铆钉机	20	500	1.5×10^{-3}
2	YT-25 凿岩机	20	310	3.8×10^{-4}
3	风铲	20	140	1.9×10^{-4}
4	砂轮	63	110	5.5×10^{-5}
5	油锯	125	110	1.1×10^{-5}
6	风铣机	200	88	6.8×10^{-5}
7	风钻	125	6.2	7.5×10^{-6}
8	石油钻机刹把	80	4.4	2.4×10^{-5}

工作时，由于作业方式、被加工部件及其固定与否、静态紧张程度、人体部位和振动方向等的不同，人体所受到振动的参数也各不相同。例如，铆工作业所受到的振动见表23-4。

不同作业条件下铆工所受的振动　　　　　　　　　表23-4

工　作　条　件		频率(Hz)	振幅(mm)
振动方向	x轴*	20	0.15
	y轴**	20	7.6
	z轴***	20	0.85
人体部位	手背	27	0.77
	肘部	26	0.41
铆件	小平车架	13	1.11
	斜钢梁	16	0.97
	小平车架横梁	14	0.99
铆件固定情况	不固定	17	1.36
	固定	29	0.57
静态紧张	轻握工具	19	1.07
	紧握工具	19	0.51

* x轴为左右水平方向之振动；
** y轴为垂直方向之振动
*** z轴为前后水平方向之振动，即冲击方向之振动。

因此，在评价振动时，应对振动源做互相垂直的三轴测量，并还须考虑各种有关因素的影响。

二、振动对人体的危害

振动以振动波的形式对人体组织交替压缩与拉伸，并向四周传播。实验证明，机体组织对振动波传导性优劣的顺序是骨、结缔组织、软骨、肌肉、腺组织和脑。研究证明，40Hz以上的振动容易为组织吸收；低频振动传播得较远，可传至人体脊柱并且衰减很少。

1. 局部振动对人体的危害

对神经系统方面的危害主要表现为大脑皮层功能下降，脑电图有所改变，条件反射潜伏期延长或缩短，还可出现膝反射亢进或消失。植物神经方面表现为交感神经功能亢进、血压及心率不稳、组织营养障碍等。末梢神经方面表现为皮肤感觉迟钝、触觉、温热觉、痛觉和振动觉等的功能下降。

对心血管系统方面的危害主要表现为心动过缓、窦性心率不齐和房内、室内、房室间传导阻滞以及不完全右束枝传导阻带。振动还能引起周围毛细血管形态和张力的改变，使末梢血管痉挛、短小、扭曲、模糊不清、扩张，肢端皮温较正常人低。

对肌肉系统方面的危害有握力下降、肌肉萎缩、肌纤维颤动和疼痛等。

对骨组织方面的危害表现为40Hz以下的大振幅振动可引起骨和关节的改变，可见骨质增生、骨质疏松、骨关节变形、桡骨茎突肥厚、骨岛和无菌坏死等。

对听觉器官方面的危害与振动引起的听力损失以 125~250Hz 的低频声为主，与噪声对听觉器官的危害有所不同。但在早期仍以高频声听力损失严重，继后低频声听力下降。受振动的长期作用，可出现耳蜗顶部受损，螺旋神经节细胞萎缩性病变，从而导致语言听力下降。

此外，在振动的作用下，还可观察到胃蠕动加强，胃张力提高，性机能低下，女职工子宫下垂、流产、异常分娩率增加等。接触振动早期血凝功能可升高，而晚期则因肝脏某些损害和组织缺氧致使血液纤维蛋白溶解活性增加出现血凝活性降低等表现。

由上可见，局部振动对人体的危害也是全身性的。

2. 全身振动对人体的危害

全身振动多为大振幅、低频率的振动。常引起足部周围神经和血管的改变，表现为脚痛、脚易疲劳、轻度感觉减退或过敏、腿及脚部肌肉有触痛、足背动脉搏动减弱。此外，还有趾甲床毛细血管有痉挛倾向、脚部皮肤温度低，严重者骨皮质出现异常。另外，由于前庭和内脏的反射作用，常引起脸色苍白、冷汗、恶心、呕吐、头痛、头晕、食欲减退、全身衰弱、体温降低等，旋转试验时反应强烈。

由于全身振动的作用，还可引起内脏位移，胃分泌机能障碍，肠蠕动发生改变。平时内分泌植物神经系统和植物神经血管系统功能较弱的人对全身振动更为敏感，晕车、晕船的人员均属此例。

三、振动病

振动病是长期接触强烈振动而引起的以肢端血管痉挛、上肢骨及关节骨质改变和周围神经末梢感觉障碍为主要表现的疾病。振动病亦称气锤病、职业性雷诺氏征和血管神经症等。振动病的发病率在一些矿山的凿岩工中，高达 18.9%~71.4%，其发病率随工龄的增长而增高，发病工龄又因作业工种的不同而异。我国已将手臂振动病列为国家法定职业病范围。

因振动所引起的振动病，除与振动的频率、振幅和加速度有关系外，低温、强迫体位、肌内紧张等因素也有影响。例如，气候寒冷易促使振动致病的发生，世界上大多数振动病的报告来自加拿大、瑞典、芬兰、美国北部、原苏联、日本北海道和我国北方等；人体对振动的敏感程度和身体所处的位置有关，立位时对垂直振动比较敏感，卧位时则对水平振动比较敏感，静力紧张使血管受压，血循环不良，易促使作业人员患振动病；冲击力强的振动也易使骨关节发生病变。振动频率高的作业，主要发生肢端血管痉挛症候群，或称雷诺现象，往往伴有疼痛、皮肤感觉异常及植物神经紊乱症状，若进行重体力劳动时，则有神经肌炎及骨与关节的改变。振动频率较低的作业，主要发生肢端毛细血管张力改变，血管痉挛现象较为少见。振动病的发病机理，至今尚不十分清楚。

局部振动所致手臂振动病，主要表现为手的损害。早期客观体征较少，在检查时可发现肢端感觉异常，首先是振动觉降低，其次是痛觉减退。局部振动病若为轻度振动病，其症状表现为手指有时发麻、发僵、工作时手易疲劳、手指关节活动不灵便、无力、握拳受限、指端有轻度疼痛。检查可发现指端感觉有轻度过敏或减退，振动觉亦有轻度减低，毛细血管镜检可见到甲床毛细血管有痉挛趋势。

手臂振动病若为中度振动病，除表现为轻度振动病的症状，并有加重，手部有经常性疼痛，夜间加剧而影响睡眠，手指或全手皮肤温度降低，即发凉，还伴有发绀及多汗，感觉减退，以温度觉和痛觉障碍较为显著，并可涉及全手甚至前臂。有时在肩胛上部及前臂肌中可摸到有触疼的结节，并可出现头痛、乏力等神经衰弱症状，寒冷可促进发作。毛细血管镜检，可见到毛细血管痉挛现象。

手臂振动病若为重度振动病，则出现更为明显的神经衰弱症候群，还可能出现甲状腺机能亢进。血管痉挛现象更为明显，发生阵发性指端血管痉挛，尚可出现白指、白手多汗，指甲脆弱易碎，双手震颤，并伴有毛细血管扩张，血流缓慢及发绀，手疼较重，手的皮肤温度显著降低，手指及手掌面有浮肿，摸之发凉，感觉呈周围性或节段性减退，不仅温觉、痛觉迟钝，位置觉亦发生障碍。在肌肉中，可能触摸到肌束炎样的条状物，并伴有压痛。在手X线片上可见骨及关节改变，病变部位多发生在指骨、腕骨、掌骨和肘部关节。骨质改变有囊样变、生内骨疣、变形性骨关节病。反冲击力大的振动还能引起无菌性坏死。有的还见有上髁炎、关节周围炎和肘关节矩状突等。有的可见肩关节出现韧带钙化等异常。

个别重病患者上列病变可累及下肢，血管痉挛可累及冠状动脉和脑血管，引起阵发性眩晕、头痛、半晕厥状态、胸骨后疼痛等。

全身振动所致的振动病，主要表现为足的损害。常见足部周围神经与血管的改变，脚痛，脚易疲劳，感觉轻度减退或过敏。脚及脚部肌肉有触痛，足背动脉搏动减弱。

全身症状患者，可有神经衰弱征候群及植物神经功能紊乱，如头晕、头痛、乏力、睡眠障碍、心悸、出冷汗。此外，还可出现食欲不振、胃脘痛、恶心呕吐、体重下降、听力减退、平衡失调、水代谢障碍及内分泌紊乱等。

因手臂振动病已列为国家法定职业病，故诊断需慎重。手臂振动病的诊断主要是了解职业接触振动作业史、生产作业现场的设备、工器具及劳动条件等，并根据其临床症状及体征，进行毛细血管镜检和皮肤温度的测量，冷水试验亦有参考价值。对手臂肌肉可进行肌电图检查，对骨和关节可拍X线片。

手臂振动病的检查应在深秋或冬季进行，或者是夏季在有空调并能使气温降至10℃的场所进行。

手臂振动病的诊断是不难的，但要同雷诺氏病、脊髓空洞症、末梢神经炎、骨结核、骨质疏松症等疾病相鉴别。

四、振动病的预防措施

振动病预防最根本的办法是从生产工艺改革入手，以消除振动源。其具体措施如下：

1. 改革工艺设备和作业方法，并加强生产过程的自动化操作，取消或减少手持振动工具的作业过程，如采用液压机、焊接、高分子粘接剂等新工艺以代替风动工具铆接。

2. 改革风动工具，采取减振措施，改革排风口的方向。对工具较重或工作固定时，可将工具固定在车台上或采用机械支撑。

3. 减少操作振动工具的时间，安排合理的休息制度。作业过程中应插有工间休息。应按振动的频率和加速度对作业人员接触振动的时间给予一定的限制，例如，每天8小时暴露在4~8Hz的振动之下时，疲劳和工作效率降低的振动加速度界限为$0.315m/s^2$；如果振动超过了这个值，就应采取减振和防振措施。其具体要求可参照国际标准组织

(ISO)的建议方案，如图23-10。

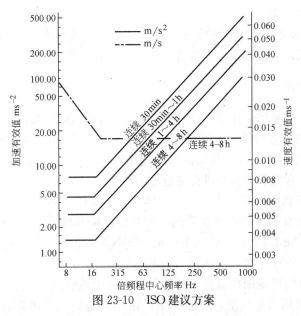

图23-10　ISO建议方案

4. 作业场所的温度应在16℃以上，或者加强室外作业的保温措施，以防止诱发雷诺现象。

5. 减弱振源的振动强度，如提高机械设备的加工精度，调整好旋转机械的动平衡等。对于金属薄板制成的部件如车体、船体、机器的外壳等产生的振动，可用阻尼减振的方法来解决，通过阻尼的损耗作用，把振动能量转化为热能，这不仅能消除其振动，还能防止产生噪声。

6. 对能产生强烈振动的机器设备，应采取在振动传播途径上的隔绝振动的隔振措施，主要是将振动源与地基等的刚性连接改为弹性连接，以隔绝或减弱振动能量的传递。产生振动的机器设备应安装在单独隔离振动的地基上，机器设备的地基与建筑地基应用空气层、橡皮或软木等隔开。机器设备与基础之间，可采用防振材料，使用车辆防振的主要是防振弹簧，而便于机器防振的主要是防振橡胶。有振动源的车间不宜设在楼上。

7. 对新作业人员要进行防振知识的教育和技术训练，以免在作业中增加静力作业成分。

8. 加强个人防护，可采用个人防护用品，防止全身振动的用具有防振鞋，内装由微孔橡胶制成的鞋垫，穿上防振鞋能使作业人员在站立作业时所受到的全身振动减弱。防止手臂振动的用具有防振手套，即双层衬垫无指或衬垫泡沫塑料无指手套，适用于手持风动工具进行作业的人员，以减弱振动向手、臂的传递，并有保暖作用。

9. 对从事振动作业的人员应进行就业前体检和定期体检，以便及时发现问题及时处理。

凡患有中枢神经系统器质性疾患；明显的植物神经功能失调；血管痉挛和肢端血管痉挛倾向的血管疾病；心绞痛；高血压病；内分泌系统疾患；胃溃疡和十二指溃疡；神经炎、多发性神经炎、肌炎；四肢及脊柱骨骼缺陷；女职工子宫下垂或脱出等患者，均不宜从事振动作业。

经定期定检定为观察对象者应半年至一年进行复检一次,对反复发作及症状逐渐加重之患者,应调离振动作业。

10. 根据国家对女职工劳动保护的有关规定,女职工在怀孕期应禁忌从事伴有全身强烈振动的作业,如风钻、捣固机、锻造等作业,以及拖拉机驾驶等。

五、振动病的治疗

振动病的治疗主要是增强体质,脱离振动作业,适当休息和对症治疗。

1. 加强营养。给予各种维生素和ATP以促进神经系统功能和代谢。
2. 理疗。运动浴,即在38~40℃温水中做适当的运动,局部蜡疗以促进手指和前臂的血液循环的改善。含硫和二氧化碳温泉疗法有一定的效果。
3. 运动疗法。在医生的指导下进行医疗体操。如棒操、徒手操、柔软体操和球类等。
4. 药物疗法。主要用末梢血管扩张药,如盐酸托拉苏林等。

用2%普鲁卡因5mL隔日一次,颈$_3$~胸$_3$脊柱旁封闭疗法有一定效果。0.5%普鲁卡因10mL静脉注射,每日一次,10天为一疗程。

疼痛严重时,可短期服用罂粟碱。睡眠不良,可用镇静剂。

5. 中医疗法。可用活血祛淤,舒筋活络,镇痛类药物。若出现青紫、疼痛,可用活血止痛类药物。若肢体温度降低,感觉减退及麻木等,可用活血祛寒、舒筋活络类药物。
6. 手术疗法。交感神经节切除和肾上腺髓质切除对重症病例可收到一定效果。对骨节明显变形并影响功能者可做矫形术治疗。

通过积极治疗,轻度及中度振动病可以治愈,治愈后可恢复工作。重度振动病患者,应予调离振动作业,冬季注意肢端保暖,防止外伤及适当休息,仍可获得好转。

第四节 高、低气压对人体的危害与防治

一、高气压对人体的危害

在一般情况下,人们习惯于其居住地区的大气压,因同一地区的气压变动极小,故对正常人无不良影响。但在某些特殊的作业中,如潜水作业等,有时须在较短的时间内要在高气压下进行工作,此种气压与大气压相差甚远,这就有可能对人体产生不利的作用,其中最为主要的是减压病。我国已将减压病列入法定职业病名单。

人对高气压的耐受是有一定的限度的,当大气压力的变化在266.664Pa~666.610Pa时,对机体并无影响。一般健康的人均可耐受0.3~0.4MPa,但若超过了这个限度,便可引起机体的一些障碍。

高气压对机体的危害,主要发生在加压与减压过程。在加压过程中,由于外耳道方面的压力较大,使鼓膜向内凹陷,故有内耳充塞感、耳鸣及头晕等症状,甚至还可压破鼓膜。

在高气压下,可发生神经系统机能的改变,如当潜水作业人员潜深到100m或更深的水中时,可发生氮中毒症状。开始表现为兴奋性增高,如酒醉样,然后意识模糊,并出现幻觉等。此外,还可引起血液循环系统机能的变化。有人发现在0.7MPa以下时,由于高

的氧分压作用，可引起心脏收缩节律和周围血流速度减慢。而在0.7MPa以上时，主要是氮的早期麻醉作用，对血管运动中枢的刺激而引起心脏活动增强、血压升高及血流速度加快。

在减压过程中，也可因未能严格遵守逐渐减压的原则，以致使组织内和血液内的氮来不及经肺部排出，而引起减压病。

二、低气压对人体的危害

宇航、高空、高山和高原都属于低气压环境。在此主要讨论高山与高原低气压环境。高山或高原均指海拔3000m以上的地区。这些地区自然环境的特点是日照长，日温差大，紫外线和红外线强烈，气温、气湿较低，气候多变。

在低气压环境中的生产作业，有在高山或高原地区修建公路、铁路、探矿、开矿、行军、登山运动等。

低气压环境对人体的危害，主要是由于缺氧造成人体的一些疾病。空气是由氮气、氧气、二氧化碳及少量的稀有气体组成。海平面上的氮气所产生的分压力约为$7.99932 \times 10^4 Pa$，而氧气产生的分压力约为$2.133152 \times 10^4 Pa$。大气压力是随海拔高度的增加而降低的，当人们在高山或高原地区时，由于大气压下降，因此大气中的氧分压也同时下降，海拔越高，氧分压越低。所以人体在单位时间内吸入的氧气也就随之减少，进入肺泡内的空气氧分压也同时降低，从而造成组织缺氧。

对初入高山或高原地区的人来说，对低气压缺氧环境可产生一系列适应性变化。最初表现为肺通气量增加，心搏次数增加，血压也有随海拔升高而偏高的趋势，红细胞和血红蛋白也有随海拔升高而增多的趋势。但当海拔达7000m以上时，血压反而下降，脉压也缩小。此外，初入高原地区，由于外界气压降低，腹内气体膨胀，胃肠蠕动受到限制，一些消化液除胰腺分泌略有增加外，唾液、胃酸、肠液、胆汁的分泌都有减少。加上高原饮食条件的改变，初登高原的人常有腹胀、腹泻、上腹疼痛等症状。以上症状经过一段适应性变化过程，大多数人可以恢复。

低气压环境中缺氧可引起肺泡壁毛细血管通透性增大，从而导致肺间质、肺泡壁水肿，甚至肺水肿。长期缺氧由于肺小动脉及毛细血管动脉端收缩，导致肺动脉压力升高，使右心室肥大。神经系统对缺氧也极为敏感，轻度缺氧可使神经系统兴奋性增高，如反射增强、痛觉、触觉、味觉更为敏感，并随着海拔的升高，神经系统的反应性下降。严重缺氧可导致意识丧失，甚至昏迷。

另外，高山或高原地区的气温随海拔高度的升高而降低，海拔每升高150m，气温大约下降1℃。高原地区气候多变，日温差也较大，穿着不注意调整，极易引起感冒、上呼吸道感染等，外露的皮肤局部受冷可发生冻伤。

高山或高原地区，因云层薄、空气中水分少，太阳的红外线和紫外线较强，不注意防护时，可发生日照性皮炎。有时，因雪地反射的紫外线可致雪盲。

三、高原病

世居平原的人，登上高山或高原，对低气压环境中的缺氧不能适应时所发生的急、慢性反应性临床症状，通称为高原病，也有称为高原适应不全症或高山病的。我国已将高原病列入法定职业病名单。

高原病是人体对缺氧不适应所引起的。在海拔3000m以内，大多数人对此低压环境中的缺氧可以耐受，不致出现明显的症状，称为"无明显变化范围"；海拔为3000～4000m，少数人可出现较明显的反应，如呼吸、循环机能亢进，称为"代偿范围"；海拔4500～6000m，多数人呈现各种机能障碍，称为"障碍范围"；海拔6000～7000m，缺氧症状严重，称为"危险范围"；海拔7000m以上时，可有生命危险，称为"致死范围"。精神过度紧张或疲劳，剧烈的体力劳动、呼吸道感染、发热及气候的恶劣变化，均可加重缺氧或诱发高原病的发生。

根据临床症状的特点，可将高原病分为下列几种类型：

1. 高原反应症。该病多发生在短时间内由平原地区进入海拔3000m以上的高原地区，或者由已适应一定的高度后再重新登至新的高度地区，由于健康状况、气候改变、过度疲劳等因素而引起的因缺氧为主要的症状，表现有头昏、头痛、眩晕、过度劳累等因素诱发，其症状表现有头痛、胸闷、心慌、气促、恶心、呕吐、腹胀、腹泻、食欲不振、疲倦、嗜睡、手足麻木、两手抽搐、血压略升高、发绀等。上述表现多在进入高原的途中发生，1～3周内可自行消失，但也有少数个别人症状持续存在。

2. 高原肺水肿。该病多发生在短期内进入海拔3500m以上的高原地区，或生活在高原地区因寒冷、感冒、饮酒、过度劳累等因素诱发，其症状表现有头痛、胸闷、气促、咳嗽、咯粉红色泡沫痰。体征可见明显发绀、呼吸困难、烦躁不安、两肺广泛性湿鸣，胸透可见两肺中、下部絮状或点片状模糊不清的阴影。发病数小时内，体温一般不高，白细胞总数与分类多在正常范围。

3. 高原昏迷。该病多发生在由平原地区急速进入海拔4000m以上的高原地区，因急性缺氧所引起。感冒、劳累为主要诱发因素，季节也有一定关系。缺氧引起大脑皮层的广泛抑制，脑小血管及血脑屏障通透性增大，脑细胞内钠离子增多，渗透压升高，从而引起细胞间质和脑细胞水肿，脑水肿又进一步影响脑部的供血状况，加重脑缺氧。脑水肿发生之间，多有高原反应症的一些表现，进入昏迷后，意识丧失，大小便失禁，部分患者可发生抽搐、肢体瘫痪等。严重者可并发脑出血、心力衰竭、肺水肿等，如不及时抢救危及生命。

4. 高原心脏病。该病主要是左心室扩大、主动脉伸长、增宽、扭曲或弓部突出，右心室扩大、肺动脉主干扩张、肺动脉圆锥膨隆。在海拔4000m以下高原地区，以左心室病变为主；在海拔4000m以上高原地区，则右心室病变急剧升高。该病多呈慢性经过，开始表现为高原反应症，以后逐渐发展为持续性的心慌、气短、胸部紧束感、咳嗽，偶有类似冠心病心绞痛的发作。颜面甚至全身浮肿，口唇发绀。出现心力衰竭时，则有颈静脉怒张、肝肿大并有压痛、不能平卧，肺部可闻及湿罗音，心脏搏动弥散，心浊音界向两侧扩大，并能听到吹风样收缩期杂音，一般无器质性损害。

5. 高原血压异常。进入高原地区后，血压往往发生改变。初进高原地区，血压升高、降低、不变者均有。但多数人则出现血压增高，并随着居留时间的延长，血压下降者又逐渐增多。在高原地区，异常血压在一个人身上也非固定不变，可随季节变化而转换。近来调查发现，高原移居者高压血发生率较高，世居高原的人，特别是海拔4000m以上高原地区，低血压者又偏多。

由平原地区进入海拔3000m以上的高原地区，血压持续升高，收缩压在18.7kPa

(140mmHg)以上或舒张压超过 11.2kPa（90mmHg），并有高压血症状者，称为高原高压血。高原高血压以舒张压升高为主，或收缩压舒张压都升高，单收缩压升高者较少见。临床表现有头昏、头痛、心慌、气促、失眠，少数人有恶心、呕吐、食欲不振。体征方面可见有浮肿、发绀等。

高原低血压，其标准与平原地区相同，多见于移居高原较久的人，其症状表现有疲倦无力、头昏、头痛、失眠等。

高原低脉压为移居高原地区时间较久，收缩压下降，舒张压不变或升高，两者之差 $<2.66644\times10^3$ Pa者，其症状与低血压相似。

以上高原血压变化异常在回到平原地区居住一段时间后（约 10～30d），即可完全恢复正常。

6. 高原红细胞增多症。该病多发生在进入高原地区后，为机体对高原低氧环境的适应反应之一。表现为红细胞、血红蛋白增多。但如果红细胞超过 650 万/mm³，血红蛋白超过 20%，红细胞压积等于或超过 62%，并伴有相应症状时，则红细胞增多就变成了病态。红细胞过多使血液黏滞性加大，血流速度减慢，影响血氧的释放和组织细胞供氧不足，从而导致一系列病理变化，其症状表现有头昏、头痛、疲倦、无力、嗜睡、胸闷、气短、心悸、食欲不振、腹胀腹痛等。检查可见颜面、口唇、手指和脚趾均有发绀，结膜充血，双面颊可见增生的毛细血管网，咽部明显充血等。

7. 混合型高原反应症。该病是由于大气氧分压降低，使得血氧饱和度下降，组织细胞供氧不足所致。混合型高原反应症是一种全身性疾病，病程缓慢，其临床表现类型不尽相同。常见的混合型高原反应症多为高原红细胞增多症、高原心脏病和高原高血压同时存在，或其中两个类型同时存在。

四、高原病的预防

1. 鉴于个体之间的差异，对进入高原地区的人员，应先作必要的医学检查，如 X 线胸透、心电图、血象、血压等，异常者以不进入高原地区为好。对患有急性疾患，如感冒、气管炎、扁桃体炎等，应在治愈后再进入高原地区。

2. 进行适应性锻炼。有计划地进行锻炼，对尽快适应高原环境是一项积极有效的措施。一是逐步登高，即登至一定高度之后，经过一定时间的适应之后再进一步上升，这种方法对登山队员是适用的。二是直接到达高原地区之后，应先休息一段时间，当从事劳动时，应逐步加大劳动强度或负荷量，以提高机体对缺氧的耐受能力。人的劳动能力在海拔 3000m 以上的高原地区要比平原下降约 20%～30%，在海拔 4000m 以上则下降 30%～50%，故在高原地区从事劳动时，对劳动定额和劳动强度都应作相应地减少和严格的控制。

3. 加强饮食营养。在进入高原地区途中和进入高原地区初期，应以易消化、高糖、高蛋白的饮食为主，并少吃多餐，喝浓茶，不饮酒。久居高原地区应多食用富有维生素的食品。

4. 预防感冒、冻伤。针对高原地区的气候特点，应注意预防感冒，多饮水，冬季防寒防冻伤，雪地防雪盲，夏季防中暑及日光性皮炎。有人采用中西成药预防高原反应，取得较好的效果。

五、高原病的治疗

1. 高原反应症,一般不需治疗,休息数日,症状即可自行消失。必要时可对症治疗。
2. 高原肺水肿,患者应绝对卧床休息,给予通过50%~70%已用酒精消泡的氧气,解除支气管痉挛,轻者多可恢复。对病情严重者可送返低海拔区。可用六甲溴胺与苄胺唑啉,及颈部交感神经节封闭、强心利尿药物等。
3. 高原昏迷,对已发生脑水肿的患者,原则上应就地抢救,及时给氧;降低颅脑压力,使用强心利尿剂;为保护脑细胞代谢和受损脑细胞的恢复可使用能量合剂。如有血压下降或呼吸衰竭时,应作相应处理。此外,还应注意保暖、补充营养和预防感染等。
4. 高原心脏病,对在高原地区已有心脏改变者,如心脏杂音较明显、右心室扩大、心肌劳损等,则应限制体力活动,效果仍不好或有心力衰竭表现时,应转往低海拔地区治疗。已有明显心力衰竭者,则应绝对卧床休息,按一般心力衰竭治疗。
5. 高原血压异常,对高原高血压患者可按一般高血压治疗。对高原低血压患者,一般不需药物治疗,可注意锻炼,作适合个体的体力劳动。症状明显时,可用硫酸苯丙胺、苯海拉明、麻黄素、中药参麦片、升压片等。对高原低脉压患者,可按高原低血压治疗。
6. 高原红细胞增多症,中药治疗以活血化瘀、行气活络为主,西药可试用己烯雌酚,以及低分子右旋糖酐静脉滴注。
7. 混合型高原反应症,对该病患者的治疗要比单一型复杂些,一般于确诊之后应及时转往海拔较低地区继续治疗。

六、航空病的防治

航空飞行是在低气压下进行的行业。由于航空飞行时,气压急剧下降,氧分压也同时降低,因而引起缺氧,便可产生一系列的症状和体征,称之为航空病。

航空病发生的原因除了飞行时气压在短时间内改变很快,以及缺氧等因素外,同时还有在飞行作业过程中精神高度集中、加速度、摆动、震动、疲劳及减压等多种附加因素或者伴随因素的影响。由于缺氧,其临床表现首先出现感觉迟钝,注意力、记忆力和判断力减退、运动失调、全身乏力、嗜睡、头晕、恶心、呕吐、呼吸加快、心动过速,血压开始时升高、继而又下降等。当缺氧显著时,听觉和色觉辨别发生障碍,此时可出现呼吸浅表。如飞行高度达8000m以上时,因仅有50%的血红蛋白与氧结合,可能会导致生命危险。

在高空飞行时,如加压密封座舱突然因故障漏气而造成气压急剧下降,就会发生减压病,称为航空减压病。有关资料报道,在1000m高空时可出现皮肤发痒、肌肉疼痛、甚至突然发生肢体麻痹。当回到正常大气压时,这些症状即可逐渐消失。也有很少数的患者于返回地面后发生休克现象。

当发生航空病时,立即给予吸氧,症状即可消失。当出现航空减压病时,应立即下降至低处,疼痛可获解除。如发生休克现象,应及时给患者吸氧,并给予抗休克处理治疗。

在一般民航飞行时,由于民航客机的设备、装置优良,飞机座舱的密封性能较好,因此绝大多数乘客无不适感觉。当飞机在起飞或降落时,极少数乘客可有一些不适感觉,可出现头晕、恶心、呕吐、耳朵疼痛等症状。其预防的办法是将口张大,或者嘴里咀嚼食物，便可减轻或避免上述症状。

七、减压病

人们在高气压环境中工作了一段时间后，血液及体液中就会溶解较多的氧气和氮气。氮在体液中的溶解度与气压和停留时间成正比，气压越高，停留时间越长，体内溶解的氮也就越多。当在高气压下工作完毕后转向正常大气压时，如果按规定脱离高气压环境后逐步减压，多溶解的氮气便可以从组织中释放出来，经血液由肺部逐步排出体外。但是，如果不进行减压、或由于减压速度过快或减压幅度过大，以致使人体组织和血液中的多溶解的氮气就会成为气泡释放出来，这种气泡便会压迫有关组织及栓塞血管，从而引起一系列的病变，故称为减压病。

由上可见，减压病是指在高气压环境中工作一定时间后，在转向正常大气压时，因减压速度过快，幅度过大而引起的一种职业病。潜水作业、沉箱作业、加压舱内高压作业、高空飞行等，如不遵守减压现象，都有可能发生减压病。

减压病一般有两种，一是潜水人员减压病，多发生于打捞沉船、捕捞水产、水底探查、水下施工、海难救助、海洋勘探等部门的潜水作业人员。二是沉箱人员减压病，常发生于造桥、地下建筑、水下隧道等部门的沉箱作业人员。所谓沉箱作业，也称潜涵作业，是指沉降于地下深处或水下的建筑物内工作。为了便于工作及防止水进入作业场所，通常在一个口朝下的高气压的"沉箱"内作业，并按照下沉深度而增加不同的大气压。如建设地下铁道时，先将地面泥水挖掉，然后潜涵慢慢下沉到一定深度，为排出潜涵内的水，必须用与地下水的压力相等或大于地下水压力的高气压通入，以保证水不进入潜涵而便于进行作业。

减压病的潜伏期，指从气泡的形成到急性症状的发生之间的一段时间，一般为6小时以内发病率99%，1小时以内发病率85%。减压病的临床表现取决于体内形成气泡的体积、数量、所在部位和持续时间等。因气泡可形成于机体的任何部位，有些气泡还可能移动，故减压病的症状和体征是多种多样和复杂多变的。

离开高气压环境立即发病，这属于急性减压病。皮肤常见瘙痒、红斑、青紫、"大理石样"斑纹，偶见浮肿、皮下气肿。好发于腹、胸背、腰等脂肪较多处。肌肉关节有酸痛、钝痛、麻痛、刺痛。严重患者有刀割痛、钻痛、撕裂痛。患者常迫使发病的关节弯曲以缓解疼痛，故有"屈肢症"之称。

神经系统病变属于严重病例，如骨髓受损时，可产生截瘫、偏瘫等，如果治疗不彻底并可以遗留各种后遗症。如脑部血管被气泡栓塞可引起头痛、眩晕、运动失调、昏迷等，视觉和听觉器官受累可产生眼球震颤、失明、复视、听力减退及内耳眩晕综合征等。

个别严重患者可引起休克、循环衰竭、束支传导阻滞等。

呼吸系统由于肺血管栓塞，可引起胸骨下痛、胸闷、呼吸困难、咳嗽咯血、发绀等肺水肿的一系列症状。

消化系统由于肠系膜及肠网膜血管内的血栓，可引起剧烈的腹痛、呕吐等，有时还可出现体温升高。

在临床上，减压病可根据病情轻重划分为轻、中、重三型。轻型减压病主要表现为皮肤症状和肌肉、骨骼及关节轻度疼痛。中型减压病主要表现为肌肉、骨骼及关节剧痛，同时可能有部分神经系统与胃肠道症状等。重型减压病则出现中枢神经系统、呼吸系统、循环系统等生命重要器官的功能障碍。以上分型仅是相对的，并无一定明显的划分标准。

多次重复发生轻型减压病，如未经加压治疗，或者患病后没有彻底治愈，体内某些部分仍有气泡存在，以造成病程很长时，可称为慢性减压病。慢性减压病可造成骨关节无菌坏死。轻者没有症状，只有在X线片上能见到透亮空洞及不同程度的钙化。重者关节囊破坏，经常性疼痛，行走困难。

慢性肌肉关节酸痛经常存在，与气候无关，但在高气压环境中工作时可减轻或消失。

至于急性减压病未治愈或未能获得及时、正确的治疗，使机体组织发生了不可逆的器质病变时，则称为减压病后遗症。

减压病的诊断首先根据职业史，其次依据症状和体征。凡有关职业在操作时不遵守减压规定，且具有减压病的症状和体征者，即可确诊。此外，还可用治疗性诊断，如经加压治疗后，症状随即消失，则表明患者前驱症状系体内有气泡所造成。

诊断时应注意和其他原因引起的肢体疼痛、氧中毒痉挛及肺撕裂伤等相鉴别。

八、减压病的预防

1. 技术革新。很多生产作业已经革去了沉箱作业而改用沉井法，桥墩的建筑也采用了管柱钻孔法，这样可使作业人员在江面上工作而不必进入高气压环境中工作了，因而也从根本上消灭了减压病的发生。

2. 加强安全教育。对潜水人员要进行安全卫生教育，使潜水人员掌握减压病发病的原因及预防措施。

3. 潜水作业应按照规定进行工作和减压。为保护工人的健康，我国几个专业生产单位和海军部门，通过长期的实践制定了各种高气压环境下工作时间和减压表，包括舱面减压和氧气减压。工作时只要严格按照规定执行，就可以很好地防止减压病的发生。

4. 潜水作业的其他制度。除医务保证外，必须做好潜水供气及潜水技术保证等工作，并密切协调配合，构成潜水作业安全保证的整体。

5. 潜水作业前严禁饮酒，少吃水分多的食物，并防止过度疲劳，以及穿戴防寒防潮服装等。

6. 潜水作业后应立即脱去弄潮湿的服装，饮热茶，洗热水浴，并在温暖的室内适当休息，以促进血液循环，使机体内多余的氮气加快排出。同时还应观察一段时间，无异常情况方可离去。

7. 对高气压下作业人员应进行就业前体检和定期体检。定期体检应每年一次，尽量做到全面检查，必要时对骨关节系统应进行X线检查，心电图测定也应作为体检中的常规检查，发现问题及时处理。

凡患有听觉器官、肺结核及其他呼吸系统疾病、心脏器质性疾病、高血压、低血压；腹腔内脏，包括胃肠、肝、肾、膀胱等疾病；内分泌系统疾病，包括糖尿病、甲状腺功能亢进等；淋巴系统慢性炎症、骨关节疾病、中枢神经系统机能紊乱或器质性病变等，均不宜从事在高气压环境中的工作。此外，重病后体弱者、嗜酒者、肥胖者也不宜从事在高气压环境中的工作。

九、减压病的治疗

急性减压病应该及早治疗。加压疗法是治疗减压病的特效疗法。压力足、时间够、治得愈早、效果愈好。

加压治疗是指将患者送入特制的圆柱形的耐压钢筒——加压舱中,见图 23-11。升高舱内气压到一定程度,停留一定时间,待病人症状消失后,再按照规定逐步减至常压,然后出舱。如及时正确地运用,可使 90% 以上的急性减压病患者获得治愈,并对慢性减压病也有很好的疗效。

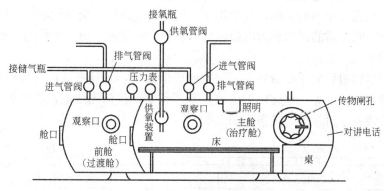

图 23-11 加压舱示意图

加压治疗首先将患者送入加压舱内,按照得病时的气压选择适当的治疗压力,将舱内气压增至症状消失。对于发病后没有及时治疗的病情严重者,或者已经加压治疗而效果不好的、肥胖者、老年人、冬季发病者、高气压中劳动强度大并出汗者等,都应适当地提高压力。由于压力增高,使机体内氮气泡缩小,从而使血液供应恢复,压迫消除,症状即可得到缓解或消失。同时,还可增加组织的氧分压,以促使恢复正常的组织代谢。

在加压舱内加压的情况下维持一段时间,使气泡内之氮溶解到周围血液及组织中。

最后是按照我国的减压表规定按阶段逐步减压,减压是加压治疗的重要组成部分。由于加压治疗使患者又重新处于高气压下,压力大、时间长,体内溶解大量氮气,加之血液循环障碍,排出缓慢,因此必须要有充分的减压时间,以便使体内溶解的氮气能逐渐地循血液经肺部完全排出体外,从而消除再发病的临床基础。

在加压、减压过程中,还尚需辅以其他治疗措施,如吸氧、热敷、给温暖饮料、输液等。尤其是对于重症急性减压病患者,在加压治疗中,还应该根据病情,给予各种对症疗法,包括适当的输血或血浆、低分子右旋糖酐等。

患者出舱后,需观察 6~24h,以便症状复发时,可立即进行再次加压治疗。

加压疗法应宜早进行,否则时间过久会招致组织严重损害及产生持久的后遗症。如工作地点无加压舱设备又无法转送时,可使患者重新回到原来的工作场所,进行加压,然后再逐渐缓慢减压。此法只可在万不得已时才采用,并需在患者清醒状态下,有另一名潜水人员伴同进行。

慢性减压病的治疗,如骨节无菌坏死,主要应用疏通经络活血化瘀药物,并辅助一些物理疗法。髋关节有损害而致行走困难的患者,可以手术切除股骨等坏死组织后,安装人造股骨头。对于慢性肌肉关节酸痛,可按照重症急性减压病,进行较长时间的加压疗法,如果诊断无误可以痊愈。

第五节 射线对人体的危害与防治

一、电离辐射和非电离辐射

当一根导线有交流电通过时,交流电路就能向其周围的空间发射电磁能,形成具有一定强度的电力和磁力作用的空间,这个物质空间称为电磁场。交变的电磁场以一定的速度以波的形式向空间传播的过程称为电磁辐射,也称为电磁波。通常所称的"辐射"就是指电磁辐射。

电磁辐射以辐射源为中心沿各个不同方向传播能量,并具有波的一切特征,如波长、频率、一定的传播速度等。电磁辐射的波长范围很宽,包括无线电波、红外线、可见光、紫外线、X射线和γ射线等,见图23-12。

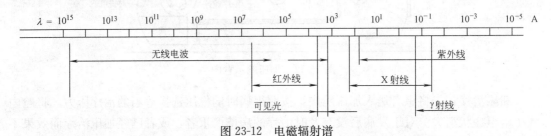

图 23-12 电磁辐射谱

研究电磁辐射的本质,就是由无数的量子(光子)所组成。实验表明,电磁辐射的生物学作用性质,不取决于量子数量的多少,而主要决定于量子的能量大小。一般波长愈短,频率愈高,辐射的量子能量也愈大,生物学作用也就愈强。电磁辐射能够引起生物组织发生电离作用的最小量子能量约为12eV,相当于103nm波长的电磁波,介于远紫外线和X射线之间。按电磁辐射对生物学作用的不同,可将电磁辐射分为电离辐射和非电离辐射,以便对电磁辐射进行安全评价。当量子能量大到10^2eV以上时,如X、γ射线,可因电离作用使机体产生严重的伤害,这种辐射称为电离辐射。如果量子能量在10~12eV以下,就不会导致组织的电离,最多只能使分子离解,其主要的生物学作用就是引起组织分子的旋转和颤动,常以荧光和热的形式消耗其能量。如红外线以热的形式释放能量,从而产生热效应。人们把这类不足以导致组织电离的辐射线,称为非电离辐射。

二、电离辐射对人体的危害

电离辐射是指一切能引起物质电离的辐射的总称。通常是指由α粒子、β粒子、γ射线、X射线、中子流和质子流等对组织中的原子和分子产生电离的辐射。从事生产、使用或研究电离辐射源的职业人群,称为放射工作人员。

放射性并不是什么奥妙的东西,它和许多物理现象一样,只不过是某些物质的一种特性而已。在自然界,一切物质都是由元素组成,元素的基本单位是原子,原子又是由原子核和核外电子组成。原子核在组成上有差别,能量状态也有所差别。为了更确切地表示出这种差别，人们便提出一个新的术语叫核素（原子核组成和状态）。完全相同的原子就属于同一种核素。核素又按原子核的质子和中子的比例不同，分为稳定和不稳定的两种。不稳定的核素能自发地、不断地放出 α、β、γ 等人眼所看不见的射线，从而使一种元素衰变成另一种元素，在此过程中会释放若干能量。这些不稳定的核素所具有的这种性质称为放射性。具有放射性的核素称为放射性核素。

此外，还有一种放射线叫"X"射线，一般是由 X 线机产生的，通常将 X 射线也作为放射性的内容之一。

目前已知的放射性核素约有 1900 余种，其中近 100 种是天然存在的，大部分为原子序数和质量数较大的元素，其余绝大部分是人工制成的同位素。一般常见的射线有 α、β、γ、X 射线和中子流、质子流等。

α 射线，是带正电荷的粒子流，速度大约为 $1.5×10^9 \sim 2.2×10^9 cm/s$。电离能力很强，但穿透能力较弱，在空气中穿过 3~8cm 即被吸收了。一般一张纸和健康的皮肤就能挡住它。因此，对其外照射一般不需防护，但需防止进入体内形成内照射。因为 α 射线致伤集中，细胞一死就是一团，不易恢复。

β 射线，是带负电荷的高速电子流，其速度大约是光速的 0.3~0.99 倍。其电离能力介于 α 射线和 γ 射线之间，在空气中一般可穿过几米至十几米才被吸收，通常能被 5mm 厚的铅板或 1mm 厚的铅板所吸收。人体受到外部照射后，伤害不太集中，容易恢复。

γ 射线，是一种不带电荷的波长很短的电磁波，也称光子流，其波长大约为 0.25~0.001 埃（1 埃=10^{-10}m）。其穿透能力很强，比 α 射线和 β 射线大，一般可透过几厘米厚的铅板。γ 射线可在空气中穿过几十米才被吸收。体外照射危害最大，也易引起体内的各种病症。

X 射线，是一种不带电荷的波长很短的电磁波，又称为伦琴射线。其穿透能力和电离能力，以及对人体的作用和 γ 射线相似，强烈的 X 射线作用或虽微弱但作用时间长，都将造成机体的严重损伤。对 X 射线主要也是防止外照射损伤。

中子流，是不带电荷的粒子流。在人体内的自由射程较长，其危害不仅限于表面一带。中子在进入人体后与氢原子碰撞的减速慢化过程中，氢原子得到最大的能量而形成反冲质子，其后，已被慢化的中子和氮作用，起核反应又产生反冲质子。这些带有很大能量的反冲质子，使生物体产生强烈的电离，危害很大。此外，中子与体内氢、碳、氮、钠起反应中放出的 γ 射线，对人体也起严重的伤害作用。因此，中子对人体的危害不论是体内还是体外，都是很大的。

质子流，因质子本身带有电荷，其作用和 α 射线很相似。但是，如果具有很大能量的质子，其危害远比 α 粒子大的多。

电离辐射存在于自然界，主要是一些来自地球以外的宇宙射线和地球环境本身存在的一些天然放射性物质。直至 19 世纪末人类才发现并开始利用它。随着人类科学技术和原子能工业的发展，当前人工电离辐射源已遍及工业生产及其他各个领域，这些专门从事生产、使用或研究电离辐射源的行业和工种主要有：

1. 核工业系统，核原料的勘探、开采、冶炼与精加工等行业；核燃料及反应堆的生产、使用和研究部门等。

2. 放射性核素及制剂的生产、加工和使用，如生产开放型放射性物质以及含有开放源的产品,有夜光粉、汽灯纱罩、核医学诊断用放射性试剂等,再如生产封闭型放射性物质以及含封闭源的仪器、设备,有γ射线治疗机、探伤机、辐照装置以及厚度计、液面计等应用封闭源的自动化仪表等。

3. 射线发生器的生产和使用部门,包括各种加速器、X线发生器以及一些能将电子加速到5keV以上,伴生X线的电气设备,如电子显微镜、电子束焊机、彩色电视机显象管及高压电子管等。

在上述射线的影响下,如果射线作用于人体的剂量超过了容许剂量,或反复、长期受到容许剂量的射线照射就会对人体造成危害。在此射线的照射下,人体的正常活动机能会遭到严重的破坏,使血液成分发生急剧的变化,淋巴球、白血球均随所照射剂量的增加而下降,血小板在射线照射后也会减少,从而产生血液系统的病症,如贫血、出血性紫斑,有时甚至患白血病而致人于死命。

这些射线还能损害神经系统与消化系统,可引起头痛、失眠、记忆力衰退、新陈代谢作用紊乱和破坏、毛发脱落、肌肉萎缩、食欲减退、溃疡、小肠部分黏膜坏死、绒毛脱落等。从长远的影响来说,所有的射线粒子都能引起恶性肿瘤或皮肤癌。恶性肿瘤并不是在照射之后立即出现,一般是有潜伏期的,潜伏期可达20年之久。至于侵入人体内的放射性物质则会长期地保存于体内,经数年以后才发现病患。受射线作用还可引起机体过早衰老和缩短人的寿命。

此外,放射线还能损伤遗传物质,主要是可引起基因突变和染色体畸型,如男性精子变性,女性闭经等。遗传学效应有的在第一代子女中出现,也可能在下几代中陆续出现。在第一代子女中放射性对遗传性的损伤,通常表现为流产、死胎、胎儿先天性畸型和婴儿死亡率增高,以及胎儿体重减轻和两性比例的改变等。

为此,从事接触放射线作业的人员,应十分重视射线的防护。只要做好了必要的防护措施,制定安全操作规程,设置灵敏的探测仪器进行监护,以及必要的身体检查和治疗等制度,射线对人体的危害是完全可以避免的。

三、放射性疾病

所谓放射性疾病,就是人体接受α射线、β射线、γ射线、X射线、中子流、质子流等射线而引起的疾病。它可使机体产生全身性反应,几乎所有器官、系统均发生病理性改变。其中以神经系统、造血器官和消化系统的改变最为明显。在我国法定的职业病名单中,放射性疾病分为急性外照射放射病、慢性外照射放射病、内照射放射病和放射性皮肤烧伤。

1. 急性外照射放射病

急性外照射放射病是短时间内受到1Gy以上大剂量电离辐射而引起的全身性疾病,其发病例数不多,大多为由于误入照射室或因误用丢失的放射源所引起。

急性外照射放射病对人体的损害有直接作用和间接作用。直接作用是照射的能量使细胞、组织的蛋白质、酶等有机化合物分子发生电离、激发和化学键断裂,引起分子的变性和结构的破坏。间接作用是照射作用于水分子,发生电离和激发产生大量具有强氧化能力的OH、HO_2自由基和H_2O_2、O_2分子,同细胞内有机化合物相互作用引起变性,从而导致人体一系列的病变。急性外照射放射病的病情取决于电离辐射的性质(如中子比γ射线有更强的生物效应),同时也取决于照射剂量的大小。一般接受照射剂量越大病情越严重,在一定范围内,剂量率越大,生物效应也越强。此外还取决于人体的状况,如内脏患疾病、营养不良、过度劳累、饥饿等均能增加机体的敏感性。由于个体差异,在同样的辐射剂量、同样照射的情况下,病情轻重也各不相同。

急性外照射放射病的临床表现一般分为三种类型:骨髓性、胃肠型和脑型。

骨髓性急性外照射放射病,即人体受到1～5.5Gy以上的剂量照射后,出现以造血系统损伤为主的骨髓型急性照射病,其表现为造血功能严重紊乱。

胃肠型急性外照射放射病,即人体受到8Gy以上超死剂量的照射后,出现以消化道症状为主的胃肠型急性放射病。其情况比骨髓型更为严重,病程较短,一般只有10天左右,虽然也有造血功能严重障碍,但主要症状是胃、肠系统的损伤。

脑型急性外照射放射病,即人体全身或头部受到50Gy比上大剂量的照射后,发生以脑病变为主的脑型急性放射病。其特点是病程极短、发病急剧,病员在极短的时间内,甚至几小时内就可于在惊厥和休克的状态中死亡。此类病例平时极少见到,只有在核爆炸受到伤害时才可见到。

急性外照射放射病按其损伤程度,又可分为轻度、中度、重度和极重度急性放射病。

轻度急性放射病临床表现为疲乏、头昏、失眠、恶心及食欲减退等症状,白细胞总数开始时升高,一般>10000个/mm³,以后逐渐减少,可降至3000～4000个/mm³,约1～2个月可恢复。

中度、重度急性放射病病程基本相似,临床表现有明显的阶段性,一般可分为四期:①初期。在受照射后数小时出现疲乏、头昏、失眠、食欲减退、恶心、呕吐等症状,约持续一天左右。重度患者较早出现呕吐,并次数较多,还可有腹泻,约持续1～2天。②假逾期。初期症状减轻或消失,但造血功能障碍继续发展,白细胞、淋巴细胞和血小板继续减少。中度患者一般为3～4周,重度患者一般为2～3周。当白细胞总数减少至2000个/mm³以下时,便出现脱发和皮肤粘膜出血,脱发前1～2天常感头皮疼痛。重度患者常在1～2天内头发脱光,这是极期的先兆。③极期。症状为发烧、呕吐、腹泻、全身衰竭,造血功能障碍严重。中度患者白细胞总数在1000～3000个/mm³,血小板降至2～5万/mm³;重度患者白细胞总数可降至200～1000个/mm³,血小板在1万/mm³以下,严重出血表现为皮肤和黏膜出现点状或片状出血。还出现鼻衄、咯血、尿血、柏油样便、颅内出血,女职工还有子宫出血。大量或重要部位出血,可引起死亡。严重感染时可加重造血功能障碍和出血症状。最为常见的是口腔感染,主要表现为出血性坏死性扁桃体炎、咽炎、口腔溃疡。肠道和肺也易发生感染,可引起败血症,若治疗不当,会导致死亡。在此期还出现疲乏无力,精神萎靡,表情淡漠,反应迟钝,腱反射减弱和消失,重新出现食谷减退、恶心、呕吐、甚至拒食,代谢紊乱,还会出现脱水、酸中毒等。④恢复期。照射后5～8周各种症状开始减轻,体温逐渐恢复正常,3～4个月可基本恢复健康。

极重度急性放射病,在受照射后1h内即可出现反复呕吐、腹泻,2～3d后可能有短暂的假逾期或直接进入极期而出现高热、厌食、血便或柏油样便,以至严重脱水、全身衰竭。经过积极治疗渡过极期后,可进入恢复期。

2. 慢性外照射放射病

慢性外照射放射病是由于在较长时间内受到超过容许剂量的电离辐射作用后而引起的全身性疾病。

慢性外照射放射病的临床表现，多数为出现头昏、头痛、乏力、易激动、记忆力减退、睡眠障碍、心悸、气短、食欲减退、多汗等症状，表现为神经衰弱征候群。早期通常没有明显的体征，但可出现眼心反射、立卧反射异常，腹壁反射、腱反射不对称，皮肤划痕症，闭目难立征阳性，脉搏不齐等。有的男性则出现阳痿、早泄、性欲减退、精子数量和形态异常。女职工则出现月经失调，少数病员可出现肾上腺皮质机能减退。在工龄较长的X线医务人员和双手常受过量局部照射的骨科医生中，常见毛发脱落、稀少，皮肤萎缩变薄、无光泽、干燥、脱屑、粗糙、角化过度、色素沉着，指甲增厚、毛细血管扩张、易裂等表现；还可表现出视力减退，晶体浑浊，牙齿松动、脱落，白发等早衰现象，并易于感冒和感染。化验检查，以造血系统的改变最为常见。外周血液的变化可早于骨髓变化，其中又以白细胞变化较早。有的患者早期呈现白细胞总数增至 10000 个/mm³ 以上，大多数患者是白细胞总数逐渐降至 4000 个/mm³ 以下，有的患者在正常范围内波动多年后才降至正常以下。血小板和红细胞的变化发生较晚，表现为血小板减少或贫血、外周血淋巴细胞染色体畸变率和微核率增高。

3. 内照射放射病

内照射放射病分为急性内照射放射病和慢性内照射放射病两种。

急性内照射放射病又分为胃肠型和脑型两种。

胃肠型放射病通常于照射后 30min 至 4h 内出现恶心、呕吐等症状，症程进展较快，缓解期较短，5~8d 即可进入极期，以频繁而顽固的呕吐与腹泻为主要症状，并有血水便果酱样便，可伴有腹痛和肠梗阻症状，还可出现高烧、血压下降、脱水、虚脱和中毒性休克等症状。此外，外周血中白细胞总数急剧下降。

脑型放射病的发展更快，但仍可有短暂的症状稍减弱的缓解期，除全身极度衰竭外，突出的临床表现为中枢神经系统症状，如共济失调、肌肉震颤、定向障碍、抽搐乃至昏迷，并常伴有血压下降等休克症状。

急性内照射放射病，主要是由于 ^{3}H、^{137}Cs、^{226}Ra、^{198}Au 和 ^{170}Tm 等放射性核素进入体内而引起。国内外仅有十数例报道。

急性放射性疾病的诊断不论是外照射还是内照射引起的，必须根据临床症状、体征，并结合剂量估计，进行综合判断。

慢性内照射疾病是由于放射性核素通过呼吸道、消化道和皮肤伤口等超量进入人体内，并长期积蓄而引起的。慢性内照射病症与慢性外照射病症大体相同，但内照射疾病由于有害的放射性物质进入体内，加上它毒害作用的长期性和不容易对它进行化学解毒，因此就防护来说，内照射的防护显得尤为重要。

慢性内照射疾病的诊断主要靠职业史、接触剂量、临床症状和体征，以及化验结果等进行综合判断。如果接触射线时间不长，剂量不大，但出现自觉症状，白细胞总数增多或减少，并伴有嗜酸粒细胞、嗜碱粒细胞的增高，可诊断为"反射反应"。一般不需脱离或短暂脱离接触射线，即可恢复正常，它不属于放射性疾病的范围。

4. 放射性皮肤烧伤

放射性皮肤烧伤是由于核爆炸的放射性落灰沾染皮肤；也有可能在进行放射治疗时，或经常在 X 线下进行骨折复位、摘取异物，以及应用放射性核素工作时，由于没有注意防护或违反操作规程发生事故等引起皮肤烧伤。放射性皮肤烧伤可造成皮肤局部血管壁增厚、血栓形成、组织坏血等改变。放射性皮肤烧伤可分为急性皮肤放射性损伤和慢性皮肤放射性损伤。

急性皮肤放射性损伤一般可分为三度。

Ⅰ度——红斑。初期为局部皮肤轻度红肿、疼痛、伴有烧灼感、痒或麻木，亦可无不适。1~2天内转入假逾期，经2~3周出现脱发和红斑，再过1~2周红斑消退，皮肤呈干燥、脱屑或留有色素沉着。

Ⅱ度——水疱。初期为局部皮肤红肿、疼痛，经1~2周假逾期后出现脱毛、红斑、浆液性水泡，以后逐渐吸收，如破溃感染则可形成浅表溃疡，一般需1个月以上才能愈痊。

Ⅲ度——溃疡坏死。初期为局部皮肤红肿，灼痛明显，假逾期短。几天即转入极期，皮肤患部剧痛，脱毛，红斑，水疱增多，并融合成大疱，如破溃后可形成顽固性溃疡及黑坏死。

慢性皮肤放射性损伤是指长期、反复小剂量外照射而引起的皮肤损伤，也可由急性损伤演变而来。多发于指背和手背，尤其以接触射线机会较多的左手为著。其临床表现，初期为局部皮肤有红斑，手指背常呈淡红色或淡紫色。局部皮肤干燥，逐渐失去弹性，萎缩，活动受限。色素常减退或消失，也可留有小片岛屿状色素沉着，并伴有毛细血管扩张、脱毛。往后皮肤变厚硬化，角化过度，可见癌前期变化。皮肤患处毛发断裂、脱落，指甲出现纵形条纹，质地变脆易裂，甚至脱落。此时若碰撞或摩擦患处皮肤，可引起溃疡，并难以愈合。病变晚期，溃疡处可产生癌变。

四、放射性疾病的预防

射线对人体的危害起主要作用的是照射剂量。在正常运行的情况下，接触射线的工作者一般是不会发生急性放射病的，但长期从事此项工作，就存在着长期、慢性低剂量照射的问题和累积剂量的问题，因此，必须引起足够的重视和采取必要的防护措施。

1. 接触和应用放射线的单位，必须有符合防护要求的生产车间、工作间和必要的防护措施。

2. 接触射线的人员，要懂得利用时间防护、距离防护、屏蔽防护和衰变防护的道理，在进行作业时认真使用个人和安全防护措施，严格遵守操作规程。

所谓时间防护，即用缩短时间以减少射线剂量的方法称为时间防护。因人体所接受的射线剂量与接触射线的时间成正比，接触的时间越长，所受的射线剂量越大。所以就要求在从事放射性作业时，操作熟练，操作时间尽量缩短。除非工作需要，避免在电离辐射场中作不必要的逗留。在某些场合下，作业人员不得不在强辐射场所进行作业，并需要持续一段时间时，可采用轮流、替换的办法，以限制每个人的操作时间，使每个人所受的剂量均控制在安全的限值以下。

所谓距离防护，即在进行放射性作业时用尽量远离射线源和散射体的方法以减少射线剂量。因人体受到照射的剂量是随离开电离辐射源的距离而减少。为了增加操作距离，可以利用或自制一些结合具体情况的操作工具，如常用的钳子、镊子或具有不同功用的长柄器械或机械手进行远距离操作，使控制室或操作台与射线源之间有足够的距离等。

所谓屏蔽防护，就是在人体与辐射源之间设置屏蔽物，以减少人体受到照射的剂量。因射线通过物质后能量可损失，辐射强度可减弱，利用这一原理，可采取屏蔽防护措施。尤其是在客观上不允许无限制地缩短照射时间和增大与放射源的距离时，必须采用屏蔽防护。常用的屏蔽材料有铅、铁等金属，以及水泥、砖、大理石、混凝土等。为了防止射线泄漏，须做到屏蔽物无孔隙，交接处不得有直接缝隙。

所谓衰变防护，即利用放射性物质存在的自发衰变，活度随之不断减少这一特性，使接触人员离开放射源，将放射源放置一段时间后，待其活度减到安全水平时再进行处置，以达到人体减少接受照射的剂量。通常在管理半衰期小于15d的短寿命放射废物中，允许将此类废物放置10个半衰期后作一般性废物处理，就是利用此项方法而达到防护的目的。

3. 要防止放射性同位素粉剂或液体从呼吸道、消化道和皮肤进入体内。为此在放射性工作场所内严禁吸烟、进食和饮水、以及存放食物等。操作完毕后要洗手、漱口或洗澡。

4. 皮肤暴露部位有伤口时应很好进行包扎，手部有伤口的人员，暂不应从事有可能受到放射性污染的工作。

5. 平时加强体育锻炼，加强营养，以减少射线对机体的危害。

6. 一旦发生事故，如放射性物质泼撒而造成体内污染时，接触者应及时撤离作业现场，严密观察病情，作医疗处理。并按国家有关规定及时上报卫生、公安等部门，对可能造成环境污染事故的，还必须同时向环境保护部门报告。以便进行现场调查，提出处理意见。

7. 实施防护监测，对工作间要定期进行射线剂量的监测，凡不符合要求的应及时改进。还应定期监测作业人员的衣服及裸露部分的污染程度，并建立个人受照射剂量档案。

8. 对从事接触射线的人员应进行就业前体检和定期体检。

凡患有心血管、肝、肾、呼吸系统疾患、内分泌疾患、血液病、皮肤疾患和严重的晶体浑浊或高度近视者，以及严重的神经、精神异常，如癫痫、癔病等，均不宜从事放射工作。

血红蛋白低于120g/L或高于160g/L（男），血红蛋白低于110g/L或高于150g/L（女）；红细胞数低于4×10^{12}/L或高于5.5×10^{12}/L（男），红细胞数低于3.5×10^{12}/L或高于5×10^{12}/L（女）；白细胞总数低于4.5×10^9/L或高于10×10^9/L者，血小板低于110×10^9/L，也均不宜从事放射工作。

对已参加放射作业的人员根据照射剂量的高低，每年或2~3年定期体检一定，以便做到早期发现、早期诊断、及时治疗处理。并建立健康档案。已参加放射工作的人员若白细胞总数持续6个月低于4×10^9/L或高于1.1×10^{10}/L；以及血小板持续6个月低于100×10^9/L者，可根据情况给予减少接触、短期脱离、疗养或调离等。

9. 根据国家有关规定，放射性疾病的诊断必须在具有个人健康档案和个人剂量档案的前提下，根据国家标准：《外照射急性放射病诊断标准及处理原则》（GB 8280）；《外照射慢性放射病诊断标准及处理原则》（GB 8281）；《放射性皮肤病诊断标准及处理原则》（GB 8282）；《放射性白内障诊断标准及处理原则》（GB 8283）；《内照射放射病诊断标准及处理原则》（GB 8284）等作出诊断和处理。对放射性疾病的诊断应由专业机构进行。

10. 根据国家有关规定，未满 18 周岁者，不得从事放射工作。

11. 根据国家关于女职工劳动保护有关规定，怀孕女职工禁忌从事作业场所放射性物质超过《放射防护规定》中规定剂量的作业。哺乳期女职工、怀孕初期三个月女职工应尽量避免接受照射，在怀孕期和哺乳期不得参与造成内照射的工作。

五、从事封闭型放射源工作时的防护

所谓封闭型放射源，就是将产生 γ 射线、高能 β 射线或产生中子的放射性物质封闭在一个密闭的容器内，利用其穿透出来的射线进行工作，这样的放射源称为封闭型放射源。

封闭型放射源的用途很广，在农业上用作遗传选种，刺激植物生长发育；在工业上用来检查金属制件的缺陷；在食品工业上用作灭菌消毒保藏食物；在地质上用作测井，给石油等勘探提供资料；在医学上用作治疗疾病，例如用镭锭和钴源治疗子宫颈癌、鼻咽癌等都很有价值。

接触封闭型放射源工作时，由于放射性物质是装在一个封闭的容器内，因此在使用时一般不会有放射性物质污染外界环境的可能。只有在封闭的容器遭到破损时，才有可能。所以在从事封闭型放射源工作时，主要应做好外照射的防护。

封闭源所产生的 γ 射线或 X 线等穿透能力很强，可从体外穿过人的衣服、皮肤到体内，甚至穿过整个人身。如果防护不好，工作人员长期在超过容许剂量的条件下工作，便可对人体造成一定的损害。因此，在工作时，工作地点的照射剂量不应超过国家规定的最大容许剂量。

做好从事封闭型放射源工作时的卫生防护，可采取以下主要措施：

1. 利用缩短接触放射源的时间进行防护。人体接受射线的累积剂量和照射时间成正比，接触放射源的时间越长，所接受的剂量便越多，对人体的伤害也就越严重。因此，在利用放射源工作时，操作要尽量迅速，以缩短接触放射源的时间。如果无法避免在强辐射场内持续工作时，可采取轮流替换工作，以防止个人接受超剂量的照射。

2. 利用增加工作人员和放射源之间的距离进行防护。通常放射源可视为呈点状，且以球面波向四周辐射开，附近空间各处的辐射率与放射源的距离平方成反比，例如，放射源和工作人员的距离为 1m 时，工作人员所接受的剂量为 1；而当距离增大一倍为 2m 时，则工作人员所接受的剂量可减少为原来的 1/4，若距离为 3m 时，可减少为原来的 1/9。因此，工作人员在操作封闭型放射源时，可利用长柄机械或机械手或其他远距离操作工具进行远距离操作，以保持控制室、操作台与放射源之间有足够的距离。

3. 利用屏蔽方法进行防护。在利用放射性强度大的放射源工作时，可利用能吸收射线的材料以屏蔽的方法进行防护，而屏蔽防护是一种行之有效的方法。由于射线的种类不同，防护作用的屏蔽材料也有所不同。如 γ、X 射线能与一些密度大的物质发生作用，使其辐射强度明显减弱，所以屏蔽材料常采用铅、铁、混凝土管；对 β 射线的防护宜采用铝、有机玻璃、塑料等；对中子射线的防护常采用水、石蜡、石墨、砂、砖、混凝土等。屏蔽物的形状可按工作需要做成板、膜、墙、夹层或箱体等，屏蔽物的厚度可根据射线的种类和特性、屏蔽材料的性能和技术要求，通过计算来确定。

在实际工作中，接触的放射源可能多种多样，关于不同强度不同种类的放射源具体防

护措施如下：

1. 在使用放射量＜1g 镭剂量的放射源时，其放射源最好装在专门设计的定向线束的容器内，严禁把放射源任意从容器内拿出来照射。如必须从容器内取出，则应当利用远距离操作工具或其他防护设备的保护下进行。

2. 在使用放射量＞1g 镭剂量的固定式放射源时，如果能造成所有方向的照射，房间应进行专门的设计和防护。房间的墙壁应有一定的厚度，操作台应设在邻室，放射源室的入口应有防护门，放射源在工作时，门一定要关闭，以防止他人误入放射源正在工作的房间，避免造成不必要的损害。

3. 在室外或在生产车间内使用射线探测设备和装置的金属部件的缺陷时，必须事先采取一系列防护措施，如射线束方向朝下；放射源尽量远离工作人员或其他人员；限制人员在放射源附近的停留时间；用移动式防护设施来进行防护；悬挂警告标志，严禁无关人员进入照射区。

4. 有些放射性物质可产生射气，如镭、新钍、射钍等，对于这类放射源必须经常检查容器的密闭性能，以防漏气。

5. 对医用 X 线的防护，在 X 线束直接照射的墙壁，可用铅板、钡粉水泥或砖头水泥加厚来防护。机器球管出口处应装有一定厚度的过滤片。医生在操作时应尽量使透视野面积缩小，电压要低，操作要快，戴铅围裙和铅手套等。

六、从事开放型放射性物质工作时的防护

开放型放射性物，是指这类放射性物质无包壳，在操作使用时有可能向周围环境扩散，从而造成周围环境的污染。

开放型放射性物质的操作在厂矿企业和医疗科研中最为常见，如利用镭、新钍作为发光涂料，描绘仪表的刻度和字盘；用硝酸钍浸制汽油灯纱罩；用磷^{32}和碘^{131}诊断、治疗疾病等都属于此类操作。

在从事生产和使用开放型放射性物质的操作过程中，可由于管道溢漏、密闭装置失灵，或者由于操作不当，使放射性物质泼洒、散落等造成放射性液体、粉尘、气溶胶等的外逸，致使人体、工作服、器材、设备等的表面和空气受到放射性物质的污染。空气和表面的污染如不及时清除，又不重视防护，放射性物质就有可能通过呼吸道、消化道、皮肤伤口，甚至完整的皮肤和黏膜等各种途径侵入并蓄积于人体内，从而形成内照射，损害人体的健康。

此外，在开放型放射性物质操作过程中，还常常产生各种形态的放射性废物，这些废物有固体、气体和液体，如处理不当，还会对外界环境，如大气、土壤和水源等造成污染。污染外界环境的放射性物质，随着外界自然条件和人类生活活动发生着一系列的扩散和蓄积作用，最后也有可能通过空气和水以及蓄积有放射性物质的动植物作为食物转移到人体内，从而造成损害。

为了保障从事放射性工作人员和居民的健康与安全，在生产和使用开放型放射性物质时，应实行综合性的防护措施。

1. 工作场所地址的选择。对操作次数不多，用量不大的放射性操作，在设计上可不必有特殊的要求，这些工作可以在符合化学实验室要求的一般房间内进行。对于用量较大、使用又频繁的工作场所，必须要在单独的或有一定要求的房间内进行。这些房间宜设置在单独的区域，也可设在原来现有建筑物的一侧。对于新建的工作场所，地址最好选在地势高、空气干燥、地下水位低、水源下游和居民区常年下风向的地点。工作场所与住宅区之前应留有一定距离，作为放射性物质监测区域。如测定出放射性物质的浓度不高，在这一区域的土地上可种植各种作物。

2. 工作场所房间的组成和分区。根据工作需要，放射性工作场所可由一间或若干房间组成。由多间房间组成的工作场所可设有：卫生室，供工作人员更换工作服、洗手、淋浴和用仪器检查卫生处理的程度；贮源室，供贮存各种放射性制剂；分装室，供将放射性制剂分成不同的等分；测量室，供测定样品中放射性强度；以及操作室等。

为了便于防护和管理，应尽量把工作性质相同、用量相仿的房间摆在一起。因此，每座放射性工作场所，可分成清洁区、低放射性区、中放射性区和高放射性区等。每个区的设置，应根据当地常年风向，清洁区和低放射性区设置在上风侧，中放射性区和高放射性区宜设置在下风侧。

3. 工作场所表面的装饰。在操作开放型放射性工作时，为了防止意外事故对工作场所造成污染，或者污染后便于清除。因此，对于工作场所的地面、台面、墙壁等表面需进行一定的装饰。这些装饰材料应当表面光滑、吸附力低、容易清洗和价格便宜等。这些材料有各种塑料、橡皮、玻璃和油漆等，各厂矿企业单位可根据具体情况，合理选用。

4. 工作场所的通风排气。通风排气是防止工作室空气和室外大气受放射性物质污染的重要措施之一。通风可分局部和全面两种，全面通风是指整个房间的通风。操作室通风换气次数可按照放射性物质的级别，以每小时3～10次不等。在通风系统启动时，应使工作场所内的空气流动，从污染低的房间流入污染高的房间。污染的空气在排入大气之前应用有效的过滤器清除其中所含的放射性灰尘和气溶胶。

对于操作开放型放射性物质所用的通风柜和工作箱应设有局部通风装置，进风口的风速应保证每秒钟不低于1m。

5. 建立合理的清洁制度。为了保持工作场所的清洁，除了工作场所的合理设计外，还应有一定的清洁制度。对使用过的仪器设备，最好用清水、肥皂，以及稀盐酸、柠檬酸泡洗。若因不慎造成少量放射性物质的泼洒或散落，如系液体可先用吸水纸吸干，如系粉末可先用湿抹布收集，待表面污染擦干净以后，再用上述清洗液擦洗，直至擦洗到国家规定的卫生标准以下方可结束。

6. 个人防护。为防止放射性物质由呼吸道侵入人体，在使用放射性气体或气溶胶时，应戴有较高过滤效率的口罩。为防止放射性物质由消化道侵入人体，应严格遵守各项卫生防护制度，严禁在放射性工作场所吸烟、进食、饮水和存放食物等。每次工作结束后在离开放射性工作场所之前，应脱下所穿戴的各种防护用品，污染的防护用品一律不准带出工作室，并仔细洗手、洗脸及漱口，有条件的厂矿企业单位可采用淋浴。工作人员须养成良好的卫生习惯，如经常剪指甲、洗头、洗澡、勤换衣服等。为防止放射性物质由皮肤或伤口侵入人体，可根据放射性物质的状态、操作方法等选用合适的个人防护用品，如工作服、手套、鞋帽、围裙、袖套和防护眼镜等。若皮肤有伤口，应及时包扎处理。

七、放射性疾病的治疗

1. 急性外照射放射病的治疗，在各期除对症处理外，主要是预防感染和出血，保护造血功能，抗感染和抗出血。

2. 慢性外照射放射病，主要是对症治疗。

3. 内照射放射病，对急性内照射放射病，应采取急救措施，首先将患者迅速从现场撤离，然后进行体表去污。必要时进行伤口扩创处理。此外还可洗胃催吐，服用阻吸收剂。如放射性碘进入体内，应立即服用碘化钾或碘化钠，需要时应用缓泻剂。如放射性钋进入体内，应使用二巯基丙磺酸钠等促排特效药。另外还要对患者进行较长时间的系统的医学观察和随访，监测体内放射性核素积存量的变化。

对慢性内照射放射病，可对症治疗。

4. 放射性皮肤烧伤，对一般皮肤受射线损伤的治疗，宜用无刺激性外用药物。对水疱要保护，不要使它破溃。有溃疡患者可用抗菌素防治感染，溃疡长久不愈合可考虑手术切除，以及植皮等。

八、放射性物品的贮存和运输

1. 在入库验收放射性物品时，要先验包装，发现破漏及时剔出整修。放射性较强的物品，箱内应有适当厚度的铅皮作防护罩。用木箱加玻璃包装的物品，应有柔软材料衬垫，瓶口必须密封。有条件的单位在物品入库时，应用放射性探测仪测试放射剂量，以便于安排贮存和进行人身防护。

2. 贮存放射性物品应建特型仓库，不应在一般库房或简易货棚内贮存，库房建筑宜用混凝土结构，墙壁厚度应不<50cm，内壁和顶棚应用拌有重晶石粉的混凝土抹平，地面应光滑无缝隙，以便于清扫和冲洗。库内应有下水道和专用渗井，以防放射性物品扩散。门窗应有铅板覆盖，库房要远离生活区。

3. 放射性同位素不得与易燃、易爆、腐蚀性物品混放在一起，其贮存场所必须采取有效的防火、防盗、防泄漏的安全防护措施，并指定专人负责保管。贮存、领取、使用、归还放射性同位素时必须进行登记、检查，做到账物相符。

4. 托运、承运和自行运输放射性同位素，或者装过放射性同位素的空容器，必须按国家有关规定进行包装和剂量检测，须经县以上运输和卫生行政部门和公安部门检查后方可运输。运输时应用的专用车、船，不得与其他物品混合运输。运输装有放射性物质的容器污染表面的限值为 α 放射性物质 $3.7 \times 10^{-1} Bq/cm^2$；β 放射性物质 $3.7 \times 10^0 Bq/cm^2$。装载放射性物品的车箱和船等不得载人，工作人员应穿戴必要的防护设备。

5. 运输结束后，应将车、船等运输工具用清水冲洗干净，污水不得任意流入河道，以免造成河流污染。

6. 装卸搬运放射性物品时，宜用机械操作，作业人员要技术熟练、操作迅速，以免减少与机体接触的机会。对玻璃包装件要注意轻拿轻放。无机械设备，可用手推车或进行抬运，码垛人员应轮换作业，时间应根据不同的放射剂量而定，不宜过久过累。

7. 放射性物品对库内温湿度无特殊要求，但要防止湿度过大而损坏包装。物品在库期间，除必要的检查和收发业务外，工作人员应尽量减少进入库房的次数。库房内应经常保持清洁、干燥。

8. 放射性物品发生火灾时，可用雾状水扑救。消防人员须穿戴防护用品，并站在上风口，扑救时注意不要使消防用水流散面积过大，以免造成大面积的污染。

第六节　高频电磁场对人体的危害与防护

一、高频电磁场对人体的危害

高频电磁场与微波统称射频，是电磁辐射中量子能量最小，波长最长的频段，具体波谱见下表23-5。由于其物理学性质的特点和对人体影响的某些差异，在卫生学上作"场"与"波"之分。

射频波谱　　　　　　　　　　　　　　　　表 23-5

波段	高频电磁场					微波	
	长波(m)	中波(m)	短波(m)	超短波(m)	分米波(dm)	厘米波(cm)	毫米波(mm)
波长	3000～1000	1000～100	100～10	10～1	10～1	10～1	10～1
频率	100～300kHz 低频	300kHz～3MHz 中频	3MHz～30MHz 高频	30MHz～300MHz 甚高频	300MHz～34MHz 特高频	34MHz～304MHz 超高频	304MHz～300GHz 极高频

射频电磁场辐射的频率范围为 $100 \sim 3 \times 10^7$ kHz 的广阔频带，高频电磁场通常是指频率在 $100 \sim 3 \times 10^5$ kHz 的电场范围。

目前，在工业中使用最多的高频波段，接触高频电磁场的主要作业有机械工业的淬火、熔炼、高频焊接、电子管厂的排气封口、半导体材料的加工、塑料制品的热合、橡胶硫化、无线电通风等。

高频电磁场对人体有一定的伤害作用。机体吸收高频电磁场的辐射能量后，部分可转变为热能，称为高频致热效应。另一部分则转变为化学能，称为高频非致热效应。高频致热效应是机体组织内的电解质分子，在高频电场的作用下，发生电荷的移动，使非极性分子极化为偶极子，偶极子再由原来的无规则排列变成沿电场方向的有规则排列。由于高频电场方向变化极快，偶极子跟着迅速地变换其方向，与周围的粒子发生摩擦、撞击，从而发出大量的热，使机体温度有明显的上升。高频非致热效应，虽不导致机体温度升高，但可使人出现神经衰弱综合征，表现为头痛、头昏、乏力、记忆力减退、睡眠障碍、心悸等症状。此外，还常伴有植物神经功能失调，如手足多汗、心动过速或过缓、血压波动、情绪不稳、消瘦、脱发等，以迷走神经占优势为其表现特点。女职工常有月经周期紊乱，个别男职工出现性机能减退。上述表现，高频电磁场与微波没有本质上的差别，只有程度上的不同。

二、高频电磁场的防护措施

为了防止高频电磁场对人体产生危害，可采取如下的防护措施：

1. 屏蔽措施。屏蔽是控制电磁能量传播的一种手段，即将电磁能量限制在指定的空间范围内，阻止其传播、扩散的措施。

屏蔽一般有两种方法，一是屏蔽辐射源，通常在辐射源强度较大时采用；另一种是屏蔽受辐射源作用着的物体。屏蔽体一般用金属网制成，并设计成罩或室，并要有良好的接地，以使屏蔽体表面上产生的感应电流泄放。

2. 对难以采用屏蔽措施的辐射源，可采用自动或半自动的远距离操作，因为操作岗位离辐射源越远，辐射强度也就衰减越多。

3. 合理布局。对高频辐射实行区域控制，也是一种有效的防护措施，特别是在一些电子工业较为集中的城市，人工高频辐射造成的污染和危害也较严重，区域控制，合理布局就是将辐射源相对集中在某些范围内，使之远离人们的工作区和生活区。

高频加热车间要宽敞，使各高频机之间有一定的间距，并使场源尽可能远离操作岗位和休息地点。

4. 在高频辐射区域内进行绿化，种植花草和树木，也可衰减辐射减轻污染。

5. 加强个人防护，因工作需要进入强高频电磁场区域中作业，可穿铜网制成的防护服，戴防护眼镜等。

6. 实行严格的劳动卫生标准。关于高频电磁场的卫生标准，目前世界上约有十几个国家作了规定，但相差甚为悬殊，主要是由于对高频电磁场的生物学作用性质和机理认识上的分歧所致。我国自 1963 年开展高频电磁场的劳动卫生工作以来，做了大量的调研工作，并提出初步的建议标准。高频电磁场辐射强度的卫生标准应包括整个高频波段。在没有足够科学依据来分别制订高频电磁场与高频磁场强度的卫生标准的情况下，可考虑以电场强度 20～30V/m，磁场强度 5A/m 为建议标准。

第七节 红、紫外辐射对人体的危害与防治

一、红外辐射对人体的危害与防护

红外辐射，即红外线，亦称热射线。红外线在光谱中位于可见光中红光的外端。波长为 0.0007～1mm。按其波长又可分为近红外、中红外、远红外。凡是温度在 0°K（−273℃）以上的物体，都有红外辐射，因而自然界中的所有物体均可看成是红外辐射源，只是波长、强度和发射率等不同而已。物体的温度越高，其辐射波长愈短，即近红外成分愈多。

自然界中的红外辐射源以太阳为最强，也是最强的可见光辐射源。人工辐射源有黑体型辐射源，如用电阻丝加热的球、柱、锥形腔体，加热金属、熔融玻璃、发光硅酸棒、碳弧汞气灯、钨灯、氙灯、红外探照灯、红外激光器等。

红外线的生物作用主要是热效应。红外线照射皮肤时，大部分被吸收，只有 1.4% 左右被反射。短时间的照射，皮肤局部温度升高，血管扩张，出现红斑反应。停止照射后，红斑消失。反复照射时，局部可出现色素沉着。红外线对机体的作用与波长有关，远红外线可被皮肤的表层吸收，而近红外线则能被深层皮肤组织吸收。适量的红外线对人体无损并有益于健康，红外线在医疗上可作消炎、镇痛之用。但机体受到过量的红外线照可使人

体体温调节发生障碍,如作用于皮肤,可使皮肤温度增高到40℃,甚至更高。这时,皮肤表面会发生变性,发生皮肤急性灼伤。特别是近红外线可透入皮下组织,使血液及深部组织加热,如照射面积较大,时间又较长,机体可因过热而出现全身症状,重则可导致中暑的发生。

如过度接触波长为 0.003~1mm 的红外线时,能破坏角膜表皮细胞,由于蛋白质变性而使基质变为不透明。如果变性的面积扩大到瞳孔,则严重影响视力。

如长期在波长为 0.8~1.2μm 和 1.4~1.6μm 的红外线环境中作业,有可能引起白内障。据报道,吹玻璃工和炼钢工连续 10~15 年接触 0.08~0.4W/cm^2 的红外辐射,可发生晶状体混浊。晶状体开始时表现为后皮质外层有边缘清晰的浑浊区,初期呈不规则网状,继而演变成边界不规则的盘状浑浊,最终晶状体全部浑浊,与老年性白内障的表现形式无法区别。

波长<1μm 的红外线和可见光,可达到视网膜,造成视网膜络膜灼伤。损伤的程度主要取决于照射部位的强度,主要伤害黄斑区,而视网膜的大部分并不受损。工业生产中多发于使用弧光灯、电焊、氧乙炔焊等作业。

防护红外线对人体的危害的措施是严禁用裸眼直接观看强光源,在生产作业时要做好个人防护,如配戴绿色玻片的防护眼镜,镜片中需含有氧化亚铁或其有效的防护成分,如钴等,并避免皮肤直接受强光源或长时间的照射。

二、紫外辐射对人体的危害

100~400nm 波长的电磁波为紫外辐射,亦称紫外线,相应的光子能量为 3.1~12.4eV。

自然界中的紫外线见于太阳辐射,对人体健康起着积极的作用。如长期缺乏紫外线照射,能使人体代谢发生一系列障碍。因此,长期在矿井下作业的人员需在下班后接受人工紫外线的照射。厂矿企业生产中主要的紫外辐射源及其波长见表23-6。

紫外辐射源及其波长   表 23-6

紫外辐射源	波长(nm)	紫外辐射源	波长(nm)
水银石英灯	240	石英焊接	225
电焊弧	230~280	制板强光灯	230
探照灯	220~280	电炉弧	221

紫外线的波长与辐射源的温度有关,如炼钢的马丁炉、高炉等,温度为 1200~2000℃时出现的紫外线波长在 320nm 以上,辐射强度不大;而电焊、电炉炼钢的温度在 3000℃以上,则产生波长短于 290nm 的紫外线。波长短于 160nm 的紫外线,可被空气完全吸收,只在真空中存在,无实际意义。200~320nm 的紫外线具有卫生学意义,可被眼睛角膜和皮肤上的上皮层所吸收,能引起皮肤红斑、光敏感作用和眼角膜结膜炎。因此,接触过强的紫外线则可使机体产生危害,特别是对眼睛的伤害。

1. 紫外线对人体皮肤的危害。

不同波长的紫外线为不同深度的皮肤组织所吸收。波长<220nm 的紫外线,几乎全部被角化层吸收。波长为 297mm 的紫外线对皮肤作用最强,能引起红斑反应。红斑潜伏

期为数小时，色微红，界限分明。红斑可在停止照射后几小时至几天后消退。如遭受过强的紫外线照射，可产生弥漫性红斑，患者有发痒或烧灼感，并可形成小水疱和水肿。此时常伴有全身症状，如头痛、疲劳、全身不适等。一般在几天内消退，并留有色素沉着。

据国外有关资料报道，长期接触紫外辐射可引起皮肤癌，并已由动物试验所证实。

2. 紫外线对眼睛的危害。

波长在250～320nm的紫外辐射可引起急性角膜结膜炎。

对角膜作用最强的波长为288nm。一般在受照射后6～8h发病。潜伏期的长短主要取决于照射剂量，最短为30min左右，最长不超过24h，常在夜间或清晨发病。

屡次反复照射，可引起慢性睑缘炎和结膜炎，并有引起类似结节状角膜炎的角膜变性而造成视力障碍。

三、电光性眼炎

电光性眼炎，即由紫外线过度照射眼部，致使眼组织产生光电性损害而引起的急性眼病——眼角膜结膜炎。常因电弧光引起，故称为电光性眼炎。

在工业生产中，电焊、气焊、金属切割、使用水银灯、炭弧灯和有高压电火花发生等接触紫外线作业的人员，以及在高原雪地、冰川、沙漠和海洋上进行作业或航行的人员，因受大量反射紫外线的照射，都有可能发生紫外线所致的电光性眼炎，故又称"雪盲"或"光照性眼炎"。

人们如果未加防护，暴露在大剂量紫外线的照射下，眼部受照射时并无明显感觉，但经过6～8h的潜伏期，便可发生电光性眼炎，其症状表现为双眼剧烈疼痛、异物感、高度畏光、流泪，常常于一日工作之后或半夜痛醒而紧急就诊。检查时可见眼睑痉挛、结膜充血水肿，角膜上皮多数点状剥脱。用2％荧光素钠少许滴于结膜囊内染色作检查，在裂隙灯显微镜下，可见角膜上皮有细小点状荧光素着色，瞳孔反射性缩小。有时，这种小点可相互融合，主要部位集中在角膜的睑裂暴露区。

对电光性眼炎的诊断，一般可根据接触史及典型临床表现，但要注意排除其他因素如化学性刺激炎症而引起的类似角膜结膜病变。

四、电光性眼炎的预防与治疗

电光性眼炎是完全可以预防的，关键是思想重视，严格操作规程，按章作业。为预防电光性眼炎的发生，应做到以下几点：

1. 加强安全技术知识的教育，特别是对青年新工人的教育，使之了解强紫外辐射对人体的危害作用，以自觉地注意做好个人防护。

2. 在紫外线发生装置的场所或受强烈紫外线照射的场所作业时，须配戴能吸收或反射紫外线的防护面罩及眼镜。强紫外辐射的防护镜片应涂以金属氧化物薄膜或采用有机染料融化在玻璃内制成。绿色玻片可同时防紫外、红外及可见光线；蓝色玻片阻挡紫外线的效果较差；黄绿色玻片防紫外线效果较好。

3. 电焊作业人员及电焊辅助工或徒工，在进行电焊作业时，均应配带防护面罩及眼镜。电焊邻近的工作场所，应设防护屏，以防紫外线四射，影响其他作业人员。防护屏上可涂黑色，以吸收掉部分紫外线，减少反射作用。并应严禁在人群来往的路口和无屏障的情况下，随意进行焊接作业。

4. 电焊作业现场必须有明显的标志，使非电焊作业人员避开。非电焊作业人员不得进入电焊作业现场或用裸眼观看电焊。

5. 电焊作业场所应有足够的照明，焊接操作时要注意相互配合，避免先打火，后戴面罩。

6. 在同一场所，如有多台电焊机同时作业，应用隔板分别隔开，避免相互影响。

电光性眼炎的治疗如下：

因不慎发生电光性眼炎，应及时就诊治疗。若能及时治疗，一般在1~2天即可痊愈，不影响视力。

治疗可用0.5%地卡因眼药水滴眼止痛，但使用时不宜过于频繁；也可用冷敷、针灸等方法缓解止痛。为了预防继发感染，可涂用抗菌素眼膏，加包封眼。不要揉擦眼睛，以免损伤角膜。

此外，可同时内服维生素B_2，以助角膜上皮修复。

第八节 微波辐射对人体的危害与防护

一、微波辐射对人体的危害

微波与无线电波、红外线和可见光等，均同属于电磁波，它们之间的区别在于频率不同。微波的频率范围为300MHz到300GHz，波长从1m到1mm之间。由此可见，微波的波长与通常的无线电波相比更微小，故称为"微波"。微波的低频端接近于超短波，高频端与红外光相邻，所以微波的波段是相当宽阔的。

微波作为一种先进的技术，在科研、军事、工业和农业上广泛地应用。微波主要用于雷达导航、探测、通讯、电视及核物理科学研究等。微波加热是近年来发展较快的一种加热方法，其特点是快速、均匀，加热物质不易变形，可用于木材、纸张、食物、皮革、药材、棉纱的干燥和医学上的理疗，以及家庭烹调等。

但是，如果微波设备使用不合理或缺乏必要的防护措施，形成高强度的微波辐射，则会影响人体的健康。微波照射生物体时，有可能产生生理上的各种有害影响，这些影响可分为热效应与非热效应两种。

微波的热效应或称致热效应，是指在微波辐射的照射下，人体吸收微波能量后，可使机体组织温度上升。这是因为微波对机体有较大的穿透性，其中尤其是微波中的较长波段能在不使皮肤热化或仅有微弱热化的情况下，将其能量在深层组织处转化为热量，从而导致机体出现一系列的高温生理反应，对人体各器官造成热损伤，使机能明显衰退。如内脏器官在过热时，由于没有足够的血液冷却而造成损害。在微波辐射的照射下，微波的热效应能引起人体中枢神经系统机能障碍，出现神经衰弱症候群。血液系统血相发生变化，白细胞总数不稳定，呈暂时下降倾向。消化系统则可引起消化不良，甚至形成溃疡。视觉系统轻则眼晶体表现为水肿，晶体变混浊，重则形成微波白内障。睾丸和卵巢对微波辐射较为敏感，微波辐射会抑制精子的产生过程，表现为阳萎，精子成活率下降，影响生育。女性表现为月经周期紊乱。但一旦脱离接触微波辐射后，可得以恢复。此外，微波还能损害骨髓，高强度的微波辐射，能引起肺、肝、肾等器官的损害。微波辐射还可使人的嗅觉和听觉的灵敏度下降，痛阈提高。微波还会抑制机体的免疫能力，并能引起少数人的甲状腺机能亢进，糖代谢紊乱，妇女乳分泌机能降低等。

微波的非热效应或称热外效应，是指人体在反复地接受强度不大的微波辐射后，不引起机体体温上升所出现的功能改变，特别是中枢神经系统的反应。微波的非热效应可使中枢神经系统的功能发生变化，如条件反射活动受抑制、嗜睡、心动过缓、血压下降，并可引起消化不良。微波作用于人体，并能刺激体表及体内感受器官产生反射性影响，如人脑及耳部在微波辐射下，能产生射频幻听现象。

正在发生变异的细胞，比如发育中的胚胎，对低强度的微波的作用就非常敏感，染色体也有类似的情况。

微波辐射尚有累积问题，因此有关人员在两次微波辐射之间应有足够的间歇时间，避免长时间地接触微波。

微波辐射对人体的影响程度，与辐射强度、频、作用时间、作用距离和作业现场的温度、湿度等因素有关。辐射强度大、频率高、作用时间长、作用距离短、现场温度高、湿度大，微波对人体的危害也就大，反之则小。另外，女性和儿童对微波辐射的敏感性要比男性大。

二、微波辐射的防护

关于微波辐射的防护，目前主要采取以下几项措施：

1. 合理地设计与使用微波设备，直接减少辐射源的泄漏或辐射。采用合理的微波设备结构，正确设计并采用扼流门、抑制器、1/4波长短路器，并在微波炉的出入口，使用微波吸收材料制成的缓冲器，以便将设备的泄漏水平控制在安全标准以下。在设备制成后，应对其泄漏进行必要的测定，并使泄漏强度达到规定的要求。对于易泄漏的主要部门，设备制造厂家应设置明显的警告标记。一般还要求在工业微波设备上加设一个连锁装置，以便在打开设备的同时，切断微波管的电源，而终止微波辐射。使用人员应经过一定的技术训练，掌握必要的微波基础知识与安全操作规程，以做到正确使用和合理保养微波设备。在开启高功率微波设备时，其传输线的终端应尽可能接上匹配的负载（等效天线），从而清除最强的辐射源——发射天线的辐射。对于作业人员接触辐射的时间，也应适当限制。

2. 在微波辐射的不安全区域，应当设置醒目的警戒标志，严禁无关人员随意进入。发射天线主波束方向附近有很强的微波辐射，人员应尽量避免进入这个区域。在可能时，应使天线的主波束指向上空。在微波作业场所应当采用微波指示器和警报器，以便当微波强度超过安全限度时，及时发出警报。在夏季，对微波工作场所进行干燥降温，也是一种行之有效的防护措施。

3. 微波辐射源的遥控和屏蔽吸收。操作人员应尽量远离辐射源，因为微波场强在空间传播随距离增大而衰减，故保持一定的距离即可有效地减小辐射的场强。最有效的方法是将整个微波设备置于有屏蔽吸收作用的暗室内，电源及其他控制部分可放在室外。增大微波发射天线的架设高度，并合理地选择方向图主瓣的指向，也是减弱工作场地辐射强度的一种方法。此外，在辐射源与防护对象之间，装置活动的屏蔽吸收挡板，也可以大大降低纵作位置上的辐射强度。

为了减少微波源的泄漏辐射水平,可以在微波管上装设附加的屏蔽罩,在微波管的灯丝部分还可以采用专门的滤波电路,从而减少灯丝引线的辐射。对一些大型微波设备的试验和使用,可以采用微波屏蔽材料——金属网或金属薄板,将设备与人员隔开。使用金属板屏蔽时,需在壁上适当部位开观察窗孔,窗孔上应覆盖有真空喷涂二氧化锡或铝膜的玻璃,以防微波泄漏辐射。屏蔽体还需要有良好的接地。

4. 操作人员因某种需要进入强度超出安全标准规定的微波辐射场范围内时,则应配戴微波防护用具。

为保护眼睛,可配戴防护面具或防护眼镜。防护面具可用有机玻璃或其他透明度好的材料制成。为了反射微波,上面可喷涂极薄的导电的铝膜或半导电的二氧化锡膜。这种防护面具对微波的屏蔽衰减可达 15～30 倍左右,绕射衰减为 20～30 倍。为了透气,面具上可开很多直径 $<1/10\mu m$ 的小孔,见图 23-13。防

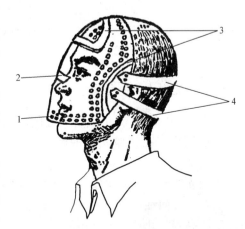

图 23-13 微波防护面具
1—通气孔;2、3—软垫;4—松紧带

护眼镜面可喷涂二氧化锡或金属膜,也可采用紫铜丝网,铜丝直径为 0.07～0.14mm,网眼数目为每平方厘米 560～1860 目。为防止微波的绕射,防护眼镜一般应做成风镜型。

为保护人体,可穿戴微波防护服装(图 23-14)。防护服是用一层涂金属反射层或金属编织层的材料为中间层制成。在屏蔽层外面加一层介电绝缘材料,用作介电绝缘和防腐蚀,并防止出现电弧现象。防护服的内层是牢固的石棉,并采用特制的严密的拉链,袖口、领口、足口等处均采用松紧结构。穿这种防护服可进入 $2000mW/cm^2$ 的高强度微波辐射区域内,进行短时间工作。此外,还必须穿戴屏蔽织物制成的防护手套和工作鞋袜,以保护手脚。

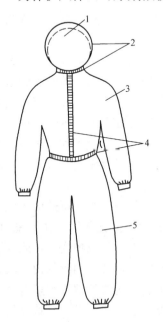

图 23-14 微波防护服
1—盔形帽;2—拉链;3—上装;
4—拉链;5—下装

5. 应积极防止和避免微波辐射对环境的污染。应根据可能条件,实行定期地对劳动作业场所功率密度的测定,以便发现问题及时处理。为了解作业人员工作时所受微波辐射强度,微波辐射测定应在工作人员各作业点分别进行,测定高度应以工作人员胸部为代表。为监测微波设备漏能情况及探索工作地点微波辐射源时,应距离微波设备 5cm 处测定。

6. 对从事接触微波作业的人员,应进行就业前体检和定期体检,以便尽早发现或治疗微波辐射所引起的病患。

定期体检应 1～2 年进行一次,重点观察眼睛晶状体的变化,其次为心血管系统、外周血象及男性生殖机能等。

对因接触微波已发生神经衰弱者,予以对症处理,若程度严重,疗效又欠佳者,可考虑脱离接触,并给予适当的休息。

凡患有严重神经衰弱、眼睛、心血管系统和血液系统等疾病者,均不宜从事接触微波作业。女职工在怀孕期和哺乳期应暂停接触微波辐射。

第九节 激光对人体的危害与防护

一、激光对人体的危害

激光是20世纪60年代初兴起的一门新技术,它是把某些具有特殊性能的物质,放在光振荡器里,在外加能源的激发下发出一束高强度的光。激光是由光子、量子形成的电磁能。

激光光线与普通光源发出的光不一样,它是一种纯粹的单色光,能量高度集中,具有单色性好、方向性强、亮度极高的特点。如果将激光聚焦后照射在物体的局部,能产生几百万度的高温和几百个大气压的高压。

随着激光技术的日益发展,各种形式的激光器不断涌现出来。激光器就是产生激光的装置。按其工作物质的物理状态激光器可分为气体激光器、固体激光器、液体激光器、半导体激光器等数种。最初的激光器的光谱是在可见光范围内,以后又逐渐发展到红外线、紫外线。通常应用的激光波长,是在红外线到紫外线的波长范围内。

在工业生产中,激光的应用越来越广泛,可用于加工高熔点的材料,如打孔、焊接、切割等。也可用于医疗、精密计量、测距、全息检测、农作物育种、同位素分离、催化、信息处理、引发核聚变、大气污染监测和基础科学研究等方面。因此,接触激光的人员日益增多。

激光对人体的作用机理是非常复杂的,不少问题还得进一步研究。目前较为一致的认为激光通过其热效应、光压效应和光化学效应作用于人体。热效应是指被人体吸收的激光能量,通过非辐射跃迁转变为热能。光压效应是指激光在机体某点聚焦时,如焦点处功率密度达到 $10^8 W/cm^2$,照射区的压力可达 0.004MPa。此时,使光能转变为热能,瞬间产生的热量使组织细胞发生膨胀,受照区的压强可达几十兆帕,组织细胞即遭到严重挤压或撕裂。光化学效应是指组织细胞的色素物质,对激光具有选择性的吸收作用,激光对它的补色吸收最多,产生的破坏性也较大。

激光对人体的危害主要表现对眼睛和皮肤的伤害。如不注意防护,激光可造成角膜烧伤或穿孔,尤其是视网膜灼伤或穿孔最为多见。因此,眼睛成为受激光伤害的主要器官。眼睛受激光照射后,可突然有眩晕感,并出现视力模糊,如视物不清、视物变形,或者眼前出现固定黑影,甚至视觉丧失。激光对视网膜的伤害是无痛的,易被人们所忽视。激光对眼睛的伤害,与激光的波长、辐射强度、曝光时间、入射角度、光源类型等因素有密切关系。紫外或远红外区域的激光主要伤害角膜,其症状表现类似电光性眼炎,其特点是发病有潜伏期。近年来对远紫外激光到近紫外激光对人眼睛的伤害作了大量研究,研究表明,波长越短,角膜对激光的吸收率越高,伤害阈值越低,且潜伏期随之变短,同时紫外激光的脉宽越窄,伤害阈值越高。紫外激光除可引起角膜灼伤和白内障外,特别是在近紫外波段还可造成视网膜灼伤,因此其伤害阈值远远低于角膜伤害阈值。其中阈值最低区域,亦即最为敏感区域为260~280nm。近红外区域的激光主要伤害视网膜。由于人眼睛的屈光介质对不同波长激光的光谱透射和吸收率不同,因此伤害阈值差别也较大。波长越长,伤害阈值越高。由于绿光激光接近人眼睛的屈光介质的光谱透射峰及血红蛋白的吸收峰,因而伤害阈值低。光辐射如果在视网膜上高度聚集,就显得格外危险,特别是如果损伤出现在黄斑中心位置,则可导致视力严重受损,轻者会造成功能性或可逆性病变,重者则造成永久性后遗症和失明。

激光对皮肤的伤害,远比眼睛为轻。激光对皮肤的伤害阈要比眼睛大5个数量级。激光引起的皮肤烧伤,其范围较小,其表现与高温辐射性皮肤烧伤相似。大功率的激光不但可灼伤皮肤,甚至能引起工作服及室内其他可燃物质的着火。

另外,激光对神经系统的影响是一个值得注意的问题。

对于激光造成的眼睛或皮肤损伤,可按一般眼科或皮肤烧伤处理。

二、激光对人体侵害的预防

早期资料把激光称为"死光",过分地强调了它的危险性。因此,给人们造成一种错觉,产生了对激光望而生畏的恐惧心理。实际上只要做好防护工作,严格安全操作规程,激光对人体的侵害是完全可以避免的。

1. 各类激光实验室均应制定安全操作规程,并设有安全检查员进行检查。操作时严禁单人进行工作。对新工作人员,必须进行安全技术教育。

2. 在工作中应合理地安排光路,实验室内墙壁和天花板应避免过分光滑,宜涂暗色吸光油漆或采用吸光材料;地面可铺深色不反光的橡皮或地板;工作台面尽量避免因过度光滑而反光;门窗把手也不能采用明亮反光的材料;室内不得堆放无关物品以减少光反射;室内要有良好的照明;在光束通路上应设置封闭、不透光的非燃材料制成的防光罩。防光罩的开启,与中断激光器电开关相连接。

3. 防止事故性曝光,严禁用眼睛直视光束。激光器在进行光学调试时,应切断电源并使电容器放电。人工触发激光器时,应使用遮光面罩或背向光束。

4. 操作人员在工作时,应穿反射较强的白色工作服、帽子等。根据反射光谱选择配戴相应的防护眼镜,如反射型或吸收型防护眼镜等。防护眼镜上应标明防护波长的光学密度,防护眼镜要带边罩,并定期检查防护镜片是否损坏或失效。

5. 禁止无关人员进入激光实验室。

6. 激光束和靶场的相互作用以及使用某些激光燃料等,可产生某些有害气体而污染工作场所,如在应用氪激光器时能产生浓度很高的臭氧而影响人体。因此,要注意操作室内通风(可设置局部机械通风设备)。

7. 大功率激光器的噪声和低能量(软)X射线等也应注意防护。凡有条件时,激光器尽可能采用遥控触发和监控,也可装警戒装置系统等。

8. 从发展来看,大功率二氧化碳激光对人体的中枢神经系统的伤害是值得注意的,为此有必要戴上防护头盔。

9. 对从事激光作业的人员,应进行就业前体检和定期体检,凡患有眼疾患、皮肤病、血液病的患者,不宜从事激光作业。

10. 激光的安全标准，是激光防护的重要内容，同时也是评价防护措施的主要依据。由于目前缺乏制订安全标准的统一方法，各国所提出的有关标准也各不一样。目前我国已制定出 8h 眼直视激光束和激光照射皮肤的职业接触限值。

第十节　低、恒温作业对人体的危害与职业性冻伤的防治

一、低温作业对人体的危害

所谓低温作业，现一般认为低温划分的标准为 5℃，低于 5℃ 即为低温，我国国家标准《低温作业分级》（GB/T 14440—93）中规定，在生产劳动过程中，其工作地点平均气温等于或低于 5℃，称为低温作业。

我国的东北、华北北部、西北地区属于寒冷地区，凡在上述地区处于严寒、强风、潮湿的条件下从事露天作业，诸如采矿、探矿、开采石油、兴修水利、装卸搬运、行车、乘车、涉水踏雪、冬季登山等等，均属于低温作业。此外，在工艺上要求低温的环境，诸如冷藏库、制冷车间等也属于低温作业。甚至医务人员在施行冷冻疗法时，也可因技术操作不熟练而发生冻伤，这样的操作也可算作低温作业。

低温作业对人体首先是对体温调节的影响。在 -5℃ 以下作业时间过长，便会引起体温降低，组织血液供应障碍，免疫力降低，抵抗力减弱，从而易患感冒、肺炎等。如果低温又高湿，还容易引起肌痛、肌炎、神经痛、腰痛和风湿性疾患。除全身过冷外，还会造成局部过冷，最常见的就是手、足、耳、面颊等外露部位发生冻伤，俗称冻疮，严重时可引起肢体坏疽。其次是对中枢神经系统的影响。低温能使脑内高能磷酸化合物的代谢降低，神经兴奋性传导能力减弱，出现痛觉迟钝和嗜睡状态。再者就是对心血管系统的影响。初期表现为心脏输出量增加，而后则逐渐减少，心率减慢。长时间的低温作用，可导致循环血量、白细胞和血小板减少，从而使凝血时间延长，血糖降低。

二、冻伤

冻伤常被人们认为是偶然发生的小伤小病，无关紧要，然而在实际中并非如此，每年都有人因遭到冻伤而造成残废或死亡。有人统计，英国每年大约有 2000 多老年人死于意外气温过低。此外，冻伤也不像人们一般认为的只发生在严寒的冬季和户外，在其他季节的某些室内作业人员中也可见到，如冷冻仓库、制冷车间的作业人员等。

低温对机体产生的有害作用，统称冻伤，一般是指在 0℃ 以下，通常是在 -5～-2℃ 的低温环境中所引起的组织急性冻结和皮肤损害。冻伤可分为全身性冻伤和局部性冻伤两种类型，体温过低即属于全身性冻伤；局部性冻伤又可分为冻结性冻伤和非冻结性冻伤两种类型。

冻结性冻伤是指在短时间内暴露于极低温度下或长时间暴露于冰点（-5℃ 左右）以下的低温而引起的局部性冻伤。在极低温度，如 -40℃ 以下的低温的条件下，约经几分钟至几小时即可引起组织冻结。这种冻伤可见于高空飞行员等，称为高空冻伤；也可发生于高原寒冷地区。一般在陆地上发生的冻伤，是指在冰点以下的严寒持续 24h 或更长的时间所引起，称为地面冻伤。

非冻结性冻伤包括以下3种类型：

1. 战壕足。发生于冰点以上低温0～10℃的潮湿或蒸汽较多的环境中，往往是因在寒冷和潮湿的战壕中长时间站立不动，肢体下垂、鞋靴紧窄的条件下发生的。因陆军战士在战壕中易发生此病，故而得名。初期因局部受冷导致血流量减少，从而引起较深部组织的血管、神经病理损坏和无菌性炎症，晚期则有血管和神经坏死，组织溃烂。

2. 浸足。足部长时间浸渍于冰点以上的冷水中所引起的冻伤，故称为浸足。浸足多发生于船员、水手和海军战士。浸渍的时间一般为几天到几周，早期表现为四肢寒冷、麻木、水肿，后期则有对冷敏感、血管运动不稳定，严重患者有肌肉无力的症状，更为严重的患者可发生进行性坏死。

3. 冻疮。常发生于手部、足部、耳部和面颊等处。冻疮是受冰点以上的低温和潮湿的作用而引起的。开始表现为皮肤有红斑，也有的为紫红斑，以及皮肤肿胀，病灶处常有灼热感和奇痒感，随后便出现血管扩张和皮下水肿。

非冻结性局部冻伤均是在较长时间冰点以上的低温的作用下引起的。而急性冻结性局部冻伤则是在冰点以下的严寒的作用下引起的。

低温之所以能导致冻伤，是因为当寒冷刺激皮肤的冷感受器时，冲动传导丘脑体温调节中枢，促使肌肉紧张程度和肾上腺皮质激素增加，随之肝脏代谢活动也增强。以上活动可促进糖的吸收，加速肝糖分解，大大促进人体热量的产生。此时因外界温度低于体温，机体便散发热量到周围环境中去，将体温维持在一个相对恒定的范围内。另一方面，机体为了维持中枢部位的温度不变，手臂和腿足等外周组织的血管收缩，使皮下血流量减少，更多的血液集中到内脏器官，以使皮肤温度降低，减少人体热量的损失。通过促进热量产生和阻止热量损失这两个反应，人体达到热平衡。

但是，当过冷的刺激超越了丘脑体温调节中枢的限度，机体的热平衡便会被破坏，当直肠温度降至35℃以下时，机体代谢便减弱，产热减少，心率降低及血压下降。当组织温度降至冰点时，冻伤便会发生。其早期的症状表现为局部麻木，皮肤变白，肢体钝痛且灵活性下降乃至丧失。随着冻伤的发展，深部组织也会受到损害。此时，可出现肢体坏死，如不及时抢救将会引起生命危险。

有时温度虽然在0℃以上，但如果当时穿着湿衣服、湿鞋或衣着过于单薄，或者在寒冷而已无取暖设备的室内逗留过久，也有可能发生冻伤。

二、冻伤发生的外界因素

大多数的冻伤发生在寒冷的冬季，而风速常常是冻伤发生的一个协同因素，这是因为气流能加强热的对流的缘故。如果寒冷加上风，冻伤的作用就会明显加强。当空气温度低于-12℃时，风速又超过250m/min，常易引起冻伤。而当气温在-13～-18℃时，125m/min的风速便可使遭受冻伤的人数增加10倍以上。即使在不太低的气温中，如风速过大，也可引起冻伤。

有关资料表明，3.3℃的气温加上380m/min的风速，其作用相当于-17.8℃和30m/min的风速的作用；-6.7℃的气温加上1380m/min的风速，相当于-40℃和60m/min的风速的作用。当风速为1200m/min，温度为-37℃时，危险性增加，人体肌肉可在1min内冻结；而当风速为1200m/min，温度为-43℃以下时，危险性更大，人体肌肉可在数秒钟内冻结。

当风速很大时,首当其害的是没有掩遮的机体末梢部分,包括耳、鼻、面颊等部位。当风速十分大时,并且暴露时间又较长时,即使有衣服等覆盖但容易透风的部位,包括手部及骑马者的外生殖器部位,也容易受冻伤的危害。

发生冻伤的另一个因素是在低温条件下,机体直接接触导热性强的物质,从而使得热的传导加快,加速了机体的散热。据统计,有10%以上的人员在冻伤前衣服曾被水浸湿过,或者接触过汽油、酒精和金属等物质。

人体的头面部和上肢的冻伤,多发生于平均温度为-19℃时;而脚和脚趾的冻伤,在-14℃时就可发生。其主要原因是由于鞋子太紧,鞋子的隔热性能不好,鞋子由导热材料制成,或者由于鞋湿所引起。

当暴风雪天气时,不仅风速加快了体热的散失,而且大雪使得空气的湿度明显地增高,因此,这种天气骤变造成冻伤的发生因素是综合性的。

四、防寒防冻

严寒可能引起人体暴露部位的冻伤,其病灶的破坏性如癌瘤,其引起的疼痛犹如烫伤。冻伤的直接后果,影响生产劳动力,降低劳动生产效率。其次,在气候寒冷的冬季,厂矿企业的一部分职工要在露天进行作业,因作业人员长期受低温的影响,还易发生其他疾病,甚至于因寒冷而使作业人员的反应性能下降,易发生工伤事故。再者,安装在露天的设备、阀门及管道中的水或其他液体介质,受冻后可凝结堵塞,有时甚至会冻裂,即使是埋在冻土层以下的地埋液体管道,尤其是地下水管,在严寒的冬季也会被冻裂,造成严重的生产设备事故。因此,为保证职工的健康和安全,预防冻伤,以及冬季的生产能安全正常地进行,做好防寒防冻工作具有十分重要的意义。

1. 在寒冷的冬季,当室外温度低于7℃时就应该考虑采暖。可用空调、暖气等集中式采暖,也可用加热器、电炉、煤炉等局部采暖。对某些特殊部门,如医务所、哺乳室、托儿所、浴室及更衣室等场所,应设置取暖设备,保持适当的温度。

2. 设置必要的防寒保暖设备,如对露天作业设防风屏、取暖棚等,对作业人员提供加热而舒适的休息设施。在车间的进出口处设置暖气幕、夹棉的布幕或温暖的门斗,以提高保暖效果。

3. 配置个人防寒保暖劳动保护用品,特别是在寒冷季节从事露天作业及室内冷藏等作业的人员,更应把防寒服、鞋、帽、手套等御寒用品配备齐全。服装质料以含气大、防风效果好、导热性小、吸湿性小、重量轻的为好,如毛皮、毛料、毛织品、棉织物、羽绒制品等。防寒服、鞋、手套等要避免潮湿。由于脚最容易被冻伤,因此要格外注意保护。应避免穿过紧脚的鞋子,鞋子过紧可影响局部血液循环,并减少鞋内的滞留空气,增加了传导性散热。在湿冷环境下从事轻度劳动时,可以穿雨鞋作业,但在干冷条件下从事重体力劳动时,穿雨鞋易出脚汗,反而会增加冻伤的可能性。

4. 车间内需注意防潮,疏通积水,排水沟和盛液体的容器要加盖,以防止水蒸汽扩散而增加车间内的湿度。

对工棚和平房,在入冬前要进行维修加固,防止下大雪时被积雪压塌而造成事故。

5. 防止中毒事故。在冬季人们都习惯关闭门窗以保暖,这样就妨碍了室内的通风。

当车间内存在有毒物质时，因紧闭门窗而阻碍了有毒物质蒸气的排出，室内毒物蒸气的浓度就会慢慢升高，人们长时间处于这种环境，就会发生中毒事故。

使用煤炉取暖的房间，煤炉必须装有烟囱，以防止煤气中毒。

6. 注意防火。冬季气候干燥，各种取暖炉增加，如不进行妥善管理，很容易造成火灾。因此，对取暖炉灶等应指定专人负责管理，下班时应把炉灶周围打扫干净，待火熄灭后人员才能离开。

对易燃易爆物品更要加强管理，并加强冬季防火宣传教育，做到家喻户晓，人人皆知。

7. 做好露天设备的防冻措施，安设在露天的设备和管道、阀门等，在入冬前应用保温材料进行包扎，以防设备及管道等冻裂而影响安全生产。

8. 做好防滑防伤工作，冬季作业场所或操作平台、脚手架、楼梯等处，由于积雪和结冰，作业人员踩上去很容易滑倒造成不必要的伤亡事故。因此必须采取防滑措施，铲除积雪与冰块或铺防滑材料。对于屋檐下的冰凌柱应及时清除，以防冰凌柱突然掉下伤人。

9. 增加体内代谢放热，饮食应富有脂肪及蛋白质类营养，可增加人体的抗寒性能。如果缺少蛋白质，人体对冷的耐寒能力就会减弱，此外，还应补充 B 族维生素。

厂矿企业的食堂在冬季要保证职工能吃到热饭、热菜、热汤，自带饭的应给安设加热设备。

10. 寒冷季节在野外作业的人员，应当关心和密切注意当地的天气预报，特别是气温和风速。外出车辆应加强保养和维修，避免在野外抛锚。并根据情况适当穿足衣服，戴帽子和手套。衣服应宽松而多层，以便在各层衣服之间存留一些非流动空气，起到保温作业。在作业过程中应防止过热和出汗，避免增加散热量。

11. 进行耐寒锻炼，建立对寒冷或低温的适应性，是预防冻伤的一个积极而有效的办法。耐寒锻炼可采用冷水刺激的方法，如冷水浴、冷水洗脸、洗手、洗足等，也可采用冷空气刺激的方法。耐寒锻炼如与体育锻炼相结合，其效果会更好。

12. 在短时间内处于低温的情况下作业，如水下作业，可服用血管扩张药物以使血流增加，对防冻和御寒也有一定的作用。但切忌滥用，因为如果是较长时间的持续受冷，反而会增加促进冻伤和体温过低的发生。

13. 对长年从事低温作业的人员，应进行就业前和定期的体格检查。凡患有高血压、心血管系统疾病、肝病、胃肠功能障碍及肾功能异常的病患者，不宜从事低温作业。

14. 根据国家对女职工劳动保护的有关规定，女职工在月经期间禁忌从事食品冷冻库内及冷水等低温作业。

五、冻伤的治疗

冻伤治疗可分为全身治疗和局部治疗。

全身治疗的方法是：迅速将冻伤患者移入室温 25℃ 左右的环境中，脱去潮湿衣服等，并用干布摩擦全身，直至患者身体回暖，患处皮肤由白或青紫变为粉红和变温暖为止。

冻伤患者应绝对卧床休息，给予热饮料和含高蛋白、高维生素而又清淡易消化的食物，同时还要纠正脱水。为防止形成血栓，可静脉滴注低分子右旋糖酐或丹参等活血化瘀注射液。应用抗菌素以预防感染。

对二度以上的冻伤，如水疱性冻伤、皮肤全层冻伤，必要时可酌量输血。

局部治疗的方法是：冻伤初期皮肤组织的疼痛可采用局部运动、摩擦与叩打等办法消除。此外还可将冻伤部位完全浸泡在37℃左右的温水中，也可水温初为25℃左右，5~7min后逐渐升温至38~43℃，以复温，并迅速改善组织的血液循环，减弱组织的坏死程度。浸泡在温水中复温的时间一般不宜超过20min。此后应避免再暴露于低温环境，并要注意防止外伤。

对一度冻伤，如红斑性冻伤，皮肤浅层冻伤，和二度冻伤应保持局部清洁，用0.1%硫柳汞或1:1000的新洁尔液进行创面消毒，涂维生素A、D、E软膏或猪油蜂蜜软膏，猪油30g，蜂蜜70g，然后包扎保温。如果冻伤部位已起了大水疱，则应先抽吸疱液，然后再按上述方法治疗。如果水疱已破溃，呈现糜烂面或形成溃疡，可加用抗生素与肾上腺皮质类固醇激素软膏。与此同时，可抬高患肢，以促进淋巴液和静脉血回流，减轻水肿。

对三度冻伤，如坏死性冻伤，皮肤和皮下组织冻伤，要防止感染。其方法是抬高患肢，用紫外线、红外线或超声波理疗，促使坏死组织分离，以利外科手术治疗。

六、恒温作业对人体的危害与防护

所谓恒温作业，是指为满足生产或生活上的需要，以改善作业环境的卫生、劳动条件，将室内气温通过人为的方法控制在所需要的温度范围以内。如在一些电子元件厂、纺织厂、精密仪器厂，以及一些设备完善的交通工具上均安装有空气调节设备，对室内空气进行加热、冷却、增湿、减湿、过滤，并控制空气的流量等，以实现恒温的需要。

在恒温环境中从事生产活动，能使人产生舒适感，但若长期在这种条件下进行工作，却又能使人的心脏、血管收缩功能和呼吸道等得不到锻炼，从而使其调节功能逐渐衰退，对外界环境的适应能力降低。同时又因恒温环境常常是门窗紧闭，人群较为密集，故人体排出的二氧化碳容易积聚，造成室内空气洁净度较差，从而影响人体正常的生理活动。此外再加上人们因呼吸而引起的病菌的传播，所以常会使人感到胸闷气郁、头昏易倦，以及血压升高或容易患感冒等呼吸道疾病。

恒温作业危害的预防措施如下：
1. 防止因恒温作业对人体造成危害的主要方法是经常保持室内空气的新鲜度。
2. 在冷热变化时，要适当穿脱衣服。
3. 加强身体锻炼，以增强抵抗疾病的能力。

第二十四章 化学性有害因素对人体的危害与防治

第一节 金属及其化合物对人体的危害与防治

一、铅及其化合物中毒的防治

铅 Pb。质软,是强度不高的重金属,易溶于硝酸。相对密度 11.34,熔点 327℃,沸点 1525℃。熔化的铅在空气中易氧化成氧化亚铅,随温度升高又转变为氧化铅。当铅加热到 400~450℃时,即有大量的铅蒸气逸出,并迅速氧化,以氧化铅的烟尘散放到空气中。

铅有许多化合物,如,氧化亚铅(Pb_2O 又称黑粉)、一氧化铅(PbO 又称黄丹)、四氧化三铅(Pb_3O_4 又称红丹)、二氧化铅(PbO_2)、硫化铅(PbS)、氯化铅($PbCl_2$)、硫酸铅($PbSO_4$)、硝酸铅$[Pb(NO_3)_2]$、醋酸铅$[Pb(CH_3COO)_2 \cdot 3H_2O]$ 又称铅糖丁和硬脂酸铅。

铅及其化合物广泛应用于工业生产中,从铅矿石的冶炼到铅金属的使用,以及制造塑料、橡胶、油漆、颜料、医药和农药等生产过程中,均可接触到。

铅及其化合物都有毒,其毒性作用大致相似,毒性的大小决定于三个方面。一是决定体液中的溶解度。有的易溶于水或酸而被人体吸收,毒性较大。有的难溶于水或酸,毒性相对较低。二是决定颗粒的大小。颗粒越小,越易侵入人体呼吸道,溶解、吸收就越容易,毒性也就越大。例如,铅蒸气的毒性比铅烟大,铅烟的毒性又比铅尘大。三是决定进入人体的数量。

铅及其化合物主要是以粉尘、烟或蒸气等形式经呼吸道侵入人体,少量的铅尘可粘附口咽黏膜,被吞咽后由消化道侵入人体,完整的皮肤一般不能吸收。铅是全身性毒性,侵入人体后可使人发生神经系统、消化系统和造血系统的综合症状,因此对人危害很大。

神经系统症状主要表现为:头昏、头痛、全身无力、肌肉关节酸痛、记忆力减退、睡眠障碍等。此外还有多发性神经炎。严重的表现为癫痫样发作、脑膜炎、精神病或局部脑损伤等中毒性脑病。

消化系统症状主要表现为:口内有金属味、齿龈铅线、腹闷胀、食欲不振、便秘、腹绞痛、少数可致肝损害。

血液系统症状主要表现为:贫血。只有中度以上的铅中毒可发生贫血,通常是轻度低色素性正常细胞型贫血,也可见到小细胞型贫血。由于贫血等缘故,可出现"铅容",患者面色苍白。

此外,铅中毒对肾脏也有一定损害,少数较重病员,尿中可出现有蛋白、红细胞等。

女职工铅中毒可引起月经不调,流产及早产。哺乳的女职工患铅中毒可通过乳汁使婴儿中毒。

铅中毒的特征性征象是腹绞痛、贫血和末梢神经炎。

工业卫生容许浓度:铅烟　0.03mg/m³

铅尘　0.05mg/m³

解决铅中毒的根本问题是贯彻"预防为主"的方针,积极采取措施,使作业场所的铅烟、铅尘浓度降低到国家工业卫生标准以下,这样就能从根本上控制铅中毒的发生。

预防铅中毒的措施如下:

1. 组织措施。依靠和发动群众,经常宣传预防铅中毒的知识。

2. 技术措施。尽量用无毒或低毒物代替铅及其化合物,以杜绝铅危害,大搞技术革新,改革工艺,创造良好的作业环境。加强作业场所的通风,搞好铅尘、铅烟的回收和综合利用。

3. 卫生措施。作业场所应建立清洁制度,不应在车间内饮食、吸烟。注意个人防护和个人卫生。建立就业前和定期的体检制度。就业职工应根据情况,每隔半年或一年进行一次体检,以便及时发现铅中毒、铅吸收,进行及时治疗,并适当安排工作。

根据国家有关规定,禁止怀孕、哺乳期的女职工从事铅作业,并不允许把她们安排在铅作业场所。

对确定有神经性疾病、血液病、肝肾疾病、心血管系统疾病等的患者均不宜参加铅作业。

对铅作业的职工,厂矿企业要做好合理安排,减少他们受毒害的机会。

一旦发生了铅中毒,就应及时采取治疗:

1. 一般疗法。根据患者病情给予对症治疗,如酌情给予维生素 B、C、B_{12} 等。按中医治疗可选用补气血、健脾胃、补肝肾等方药,此外,还可配合使用清热、利尿、解毒等药物。

2. 驱铅疗法。(1)依地酸二钠钙,每日 0.5~1.0g,静脉或肌肉注射,用药 3~4 天,间隔停药 3~4 天为一疗程。连续使用数疗程,视病情和驱铅情况而定。副作用一般轻微,部分患者注药后有短暂的头晕、乏力、关节酸痛等反应,一般不影响治疗。用药期间,应注意检查尿常规,有肾脏病时慎用。(2)二巯基丁二酸钠,每日 1~2g,静脉注射,用药 3~5 天,间隔停药 3~4 天为一疗程。连续使用疗程数视病情和驱铅情况而定。副作用一般轻微,主要有口臭、头痛、头晕、恶心、乏力、四肢酸痛等。此药水溶液不稳定,久置后毒性增大,不宜静脉滴注。

3. 铅绞痛的治疗。除采用驱铅疗法外,可给 10% 葡萄糖酸钙 10~20mL,静脉注射;阿托品 0.5~1.0mg 或 "654-2" 10mg,肌肉注射;局部可作热敷,并可用新针疗法,艾灸疗法等。

二、汞及其化合物中毒的防治

汞 Hg。通常被人们称为水银,为银白色的液态金属。相对密度 13.6。熔点 -38.8℃。沸点 356.6℃。汞能导电,可与金、银等贵金属生成汞合金(汞齐)。汞不溶于水及有机溶剂,也不溶于稀硫酸和盐酸,但易溶于王水和硝酸。

汞易蒸发，在常温下即能蒸发，能蒸发出若干量的水银蒸气，温度越高，蒸发量越大。汞表面张力大，溅落地表后，立即形成很多小的汞珠，到处流窜，不易清除，且可被墙壁、地板、家具、衣服等吸附，并在温度较高时蒸发到空气中，形成车间空气的二次污染源。

汞在工业生产、国防、科研等行业中应用广泛，因此，接触汞的机会较多。如汞矿的开采与冶炼；仪表与电器的制造；医药上用升汞作消毒剂；化学工业用汞作电解槽阴极；塑料、染料工业用汞作催化剂，硫化汞是一种红色染料，用于化妆、绘画、石印；军工生产中雷汞是一种重要的起爆剂；原子能工业中，汞用作铀反应堆的冷却剂；冶金工业用汞齐法提炼金、银等贵金属，等等。

金属汞在厂房空气中以汞蒸气形式存在，汞蒸气可经呼吸道进入体内，由于汞蒸气具有脂溶性，可迅速弥散，通过肺泡壁的毛细血管吸收。溶解度高的汞盐可迅速经消化道吸收。少量的汞及其盐类可通过皮肤黏膜吸收。

汞及其化合物均有毒，能引起急性中毒，也能引起慢性中毒。职业性汞中毒绝大部分为慢性中毒。

汞蒸气进入人体后，与酶蛋白的硫基结合，抑制酶的功能，阻碍正常细胞的代谢，以致发病。汞化合物中，一般可溶性汞盐的毒性更大些，升汞（$HgCl_2$）最毒，内服 0.3g 可致死。

大量吸入高浓度的汞蒸气后，可发生急性中毒，主要表现为口内有金属味、口腔炎、发热、呕吐、腹痛、腹泻等。升汞中毒可引起肾坏死、尿少、尿闭、剧烈的腹痛等。严重中毒者可发生休克、昏迷而危及生命。

长期吸入低浓度的汞蒸气可发生慢性中毒，一般认为空气中汞浓度超过 $0.1mg/m^3$ 时，接触 3~4 年，即可发生慢性中毒。"易兴奋症"、汞毒性震颤和口腔炎为汞慢性中毒的三大主要症状。易兴奋症是汞慢性中毒的特有特征，表现为精神情绪障碍，如胆怯、急躁易怒、易激动、思维紊乱、抑郁等。

神经系统损害表现为头昏、乏力、失眠、记忆力减退等。初期有四肢肌肉疼痛，以后逐渐出现震颤，从手指、眼睑、舌发展到上下肢，出现肌肉震颤。

消化系统损害表现为口腔炎症状，口内有金属味、流涎、嘴嚼时牙痛、齿龈肿胀出血、口腔黏膜溃烂。

其他还可有食欲不振、胃肠功能紊乱以及植物神经功能紊乱等症状，还可见中毒性肝、肾损害等。

工业卫生容许浓度：金属汞　$0.01mg/m^3$；
　　　　　　　　　　升　汞　$0.1mg/m^3$。

汞及其化合物中毒的预防措施如下：

1. 努力改革工艺，以无毒或低毒物质代替汞，如化工生产中电解食盐用隔膜电极代替汞电极；电力工业用可控硅整流器代替汞整流器；仪表工业用电子仪表代替汞仪表等，以消除或减少汞害的发生源。

2. 改进生产设备，冶炼汞应尽量实行仪表操作和遥控。洗涤和蒸馏汞应在密闭系统内进行，并应装有排气设备。从事汞的灌注、分装应在通风柜内进行，或操作台设置孔板吸风或旁侧吸风设备等。

3. 使用汞时不容许用薄壁玻璃容器盛装,因为汞的相对密度大,薄壁玻璃容器不够坚实,极易损坏,使汞洒出和泼溅,致使难以收集。向管内或容器内注入汞时,应该使用特制坚实的具有长颈的漏斗。向高形器内注入汞时,最好使器皿略倾斜,器皿底部用柔软的衬垫垫稳,然后将汞沿器皿壁缓缓注入,严防溅洒。

4. 应尽量避免在敞开的容器内使用汞,因为在室温时,汞长时间敞开挥发,会造成汞的饱和空气,而每立方米汞的饱和空气,汞含量可达 15～20mg,大大超过极限容许浓度。若用汞做搅拌器的封闭液时,必须注意勿使汞溢出。在热的设备上,切不可用汞作封闭液。

5. 汞的旁边不要放置发热体,绝对不能在烘箱中烘烤汞。经常使用汞的房间的排风扇应装在墙脚,地板应无缝,否则留存的细小汞滴将慢慢地蒸发,长期毒化室内的空气。

6. 如果万一不慎将汞洒落在地上,应立即清除干净,如实在无法清除,可立即撒一些硫磺粉,将汞洒落地区覆盖一段时间,让汞和硫磺粉作用生成毒性小、不易挥发的硫化汞,然后再设法扫除。

7. 定期测定作业场所空气中的汞浓度,并积极采取相应的措施,使作业环境中汞蒸气的浓度符合国家规定的工业卫生标准。对排放含汞蒸气及含汞废水均应净化处理,以免污染环境。

8. 加强个人防护,在含汞蒸气浓度较高的环境中作业,应戴防毒口罩或用 2.5%～10%碘处理过的活性炭口罩。如皮肤有伤口,切勿将伤口处与汞接触。

9. 注意个人卫生,建立必要的卫生制度。班后、饭前应洗手、漱口,在作业场所不应吸烟、饮水或进食。

由于汞及其化合物中毒的积累特性,对于从事接触汞及其化合物的人员应特别注意工作服的清洁,并禁止将工作服携出车间。当衣服被金属汞滴污染时,应在室外适当地点将它垂直地抖落 15 分钟以上,然后将工作服在 2.5%肥皂溶液和 2.5%碳酸钠溶液中洗涤 30 分钟左右,并须更换 3 次洗涤液,最后再在热水内冲洗干净。

清除工作服上的乙基氯化汞,用 0.5%碳酸钠溶液在 30 分钟内洗涤 3 次即可。

清除二乙基汞,可用 120～130℃的热蒸汽把工作服蒸 2 个小时。如果工作服同时被乙基氯化汞、二乙基汞、金属汞和氯化汞玷污时,则应先用热蒸汽蒸,再用 2.5%肥皂溶液和 2.5%碳酸钠溶液洗涤。

10. 建立良好的医疗保健制度,进行就业前体检,对从事接触汞作业的人员 6～12 个月应进行一次体检。

凡患有口腔炎、肝肾疾病、神经精神疾病等患者均不宜从事汞作业。

11. 根据国家关于女职工劳动保护的有关规定,女职工在已婚待孕,以及怀孕期和哺乳期应禁忌在作业场所空气中汞浓度超过国家工业卫生标准的状况下从事作业。

汞及其化合物中毒的急救与治疗如下:

1. 汞急性中毒和慢性中毒均应首先考虑驱汞治疗。二巯基丙磺酸钠为目前驱汞的首选药物。另外二巯基丁二酸钠、毒霉胺等均可治疗汞中毒。

用法:5%二巯基丙磺酸钠,每日 2.5～5mL,肌肉注射,用药 3～4 天,间隙停药 3～4 天为一疗程。连续使用疗程数,应视病情和驱汞情况而定。有轻微的副作用,如面部灼热感、头晕、乏力、心跳快等,一般较快消失,不影响治疗。个别病例出现过敏反应,如发热、皮疹等,应立即停止用药。

二巯基丁二酸钠,每日1g,静脉注射,疗程,用药天数同二巯基丙磺酸钠。

2. 对症治疗。例如,对神经衰弱严重者,可适当使用镇静剂、安眠药;口腔炎可给予稀高锰酸钾溶液或稀双氧水漱口等。

3. 中医治疗。可采用解毒利尿、活血化瘀、培补肝肾的治疗原则。

4. 对于误服汞盐患者洗胃应慎重,需速灌服鸡蛋清、牛奶或豆浆,使汞与蛋白质结合,并对被腐蚀的胃壁起保护作用,然后再进行治疗。

三、锰及其化合物中毒的防治

锰 Mn。是一种脆而硬的银白色金属。相对密度 7.20。熔点 1260℃。沸点 1900℃。易溶于稀酸放出氢气而生成锰盐。锰蒸气在空气中,能很快地氧化成灰色的一氧化锰及棕红色的四氧化三锰的烟尘。

锰主要用于炼钢、合金、电焊等工业,也有少量用于化学工业。

锰及其化合物的毒性各不相同,一般认为低价锰化合物的毒性比高价锰化合物的毒性大,锰的烟雾毒性大于粉尘,毒性最大的是二氧化锰。

锰及其化合物主要通过锰烟和锰尘的形式经呼吸道进入人体,引起中毒,从消化道吸收很少。

工业生产中一般没有锰急性中毒,因为锰的灰尘不会通过呼吸道在很短时间内大量进入人体,所以一般锰中毒通常都是指慢性锰中毒,多由于长期吸入较高浓度的锰烟及锰尘所致。生产锰粉、锰化合物和干电池的厂矿企业发病率较高,锰矿工、电焊工、焊剂及焊条制造工中也有发病。发病工龄短者半年,长者可达10～20年。

锰中毒后的病态比较特殊,病变也比较广泛,大致有以下几个方面:

1. 神经衰弱综合征:表现为头昏、头痛、思想不集中、睡眠障碍、过度健忘等。

2. 精神变化:表现为易激动、易受惊吓、常与人争吵,严重者可发生不自主地哭笑,并且难以制止。

3. 锥体外系受损害,症状比较普遍和突出,在疾病早期即可出现。严重中毒者出现典型的震颤麻痹综合征,主要表现为肌张力改变和不随意运动。如步态不稳、四肢软弱无力、上楼下坡困难、易跌跤。言语缓慢而不流利,发音单调或口吃。面部呆板或表情缺乏,瞬目减少,眼球聚合不灵,呈"面具样"面容。书写困难或呈"书写小字症"。

4. 感觉减退:表皮的温觉、痛觉、触觉都有不同程度的减退。四肢发麻,能拿很热的东西不觉发烫,打针和针刺没有胀痛。个别患者有典型的手套、袜套样感觉障碍。

5. 植物神经功能紊乱:表现为手掌脚底多汗,重者在紧张时可见手掌有汗珠渗出,并有不同程度的流涎。

6. 泌尿生殖系统:表现为性机能减退,重者阳痿,女性则性欲显著减退。

7. 呼吸系统:表现为鼻炎、支气管炎、肺炎,以及锰尘肺。

8. 少数重症患者可有肝损害、肾炎、淋巴结炎及甲状腺功能亢进等。

慢性锰中毒在脱离接触锰作业后,如未给予积极治疗,则病情仍会继续发展。女职工在怀孕、产后、更年期和精神刺激等因素影响均可使症状加重或加速其进展。

误服过锰酸钾可发生急性中毒,口服后立即有口腔、咽部与食道烧灼感,恶心、呕吐、上腹部疼痛，口腔、咽喉黏膜染成黑褐色，声音嘶哑，重者可引起血循环衰竭，也可发生巴金森氏综合征，孕妇易引起流产。

工业卫生容许浓度（换算成 MnO_2）：$0.2mg/m^3$。

锰及其化合物中毒的预防措施如下：

1. 在开采锰矿、破碎矿后，以及在干电池、焊药、焊条的生产中，应加强作业场所的机械通风和排尘装置，尽可能采用湿式作业或密闭生产。
2. 锰合金及锰钢冶炼，应尽可能采取机械化操作，如自动加料、铸锭及出料，并远距离的仪表控制。必要时还应在电炉上方等加设排气罩。
3. 电焊作业在不影响质量的条件下，尽量采用无锰焊条或低锰焊条。在进行电焊作业时，尽可能采用自动电焊，在不通风的设备容器内电焊时，应装设抽风排气设备，如有条件作业人员应戴送风式头盔。
4. 在锰烟和锰尘浓度较高的场所作业，可戴上由聚氯乙烯超细纤维做成的防尘口罩。
5. 建立和健全合理的卫生制度，加强个人防护和个人卫生。做到饭前洗手、漱口，班后淋浴，不在作业场所吸烟、饮水和进食。清扫作业场所公共卫生时应先洒水后再打扫。
6. 对接触锰作业人员，6~24 个月定期进行一次体检，做到早期诊断及时治疗。对可疑中毒者应密切观察。凡是有神经衰弱以及肌肉无力、站立不稳等症状，应跟踪观察。
7. 进行就业前体检，凡是患有神经精神系统、肝、肾、内分泌、呼吸系统疾病等，均不宜从事锰作业。
8. 根据国家关于女职工劳动保护的有关规定，女职工在哺乳期应禁忌在作业场所空气中锰浓度超过国家工业卫生标准的状况下从事作业。

锰及其化合物中毒的治疗如下：

如发生锰"金属烟尘热"中毒，可对症处理。慢性锰中毒可按下列原则处理：

1. 确诊为慢性锰中毒时，应调离锰作业。
2. 驱锰治疗。目前采用依地酸二钠钙驱锰，可使部分患者症状获得好转。二巯基丁二酸钠也可试用于驱锰。
3. 对症治疗。神经衰弱综合征以抑制症状为主的，可使用谷氨酸，甘油磷酸钠等，以兴奋为主的，可用眠尔通、苯海拉明等。
4. 肌张力增高的治疗。可使用安坦，每次 2~4mg，每日 3 次，口服，需长期服用。也可选用氢溴酸东莨菪碱 0.2~0.4mg，开马君 2.5~5mg，均为每日 3 次，口服。也可选用 "654-2" 等药物。
5. 支持疗法。给予三磷酸腺苷、B 族维生素等。维生素 B_1 能促进锰在体内积蓄，故不宜常规使用。
6. 中医疗法。以滋补肝肾、息风镇痉、舒肝活络为主。
7. 还可采用新医疗法或理疗、体疗等。

此外，近年来国内外报道使用左旋多巴（L-Dopa），对慢性锰中毒出现的震颤麻痹可有不同程度的疗效，用药期间，某些病例有明显的副作用，并且停药后症状可复发，但较原先为轻。另外，也可服用 5-羟色胺酸。

四、铬及其化合物中毒的防治

铬 Cr。为银色、有光泽、坚硬而脆的金属,具有延展性。相对密度 6.92。熔点 1890℃。沸点 2480℃。铬不溶于水和硝酸,而溶于稀盐酸和硫酸生成相应的铬盐。铬有不同的化合价,二价铬不稳定,极易氧化成高价铬。铬化合物大多溶于水,有较强的氧化性。

由于铬有良好的光泽度和抗腐蚀性,常用来镀在其他金属的表面上,铬与铁、镍组成合金,可制成各种性能的不锈钢。

铬及其化合物在工业生产中使用较为广泛,接触铬及其化合物的机会很多,如铬矿开采、冶炼;制造含铬合金;镀铬工业;橡胶、陶瓷、颜色漆等工业中使用的铬酸铅、铬酸锌、铬酸钡;皮革工业中使用的铬矾、重铬酸钠、重铬酸钾;照相、印刷制版用重铬酸铵作感光剂;以及木材防腐剂、制造火柴也会接触到铬化合物等。因此,铬的职业危害较为常见。

在生产环境中,铬及其化合物对人主要是慢性危害。长时期接触低浓度的铬酸雾和铬酸盐粉尘均对鼻黏膜有刺激作用,可引起慢性鼻炎,并且鼻中隔受到铬酸的腐蚀,引起充血到糜烂,部分鼻中隔变薄,小穿孔,最后至大穿孔,或由糜烂到溃疡最后穿孔。

皮肤如有小伤口并污染到铬酸液体、重铬酸钾或钠的液体,可以逐步形成溃疡,常发于手指或手背上,尤其是手指关节皱褶部位,溃疡极似鸟眼,故称"鸟眼型"溃疡。

皮肤大量接触铬酸雾、重铬酸钾或钠的粉尘可引起皮炎,出现红斑、丘疹等,并易复发。

长期接触铬酸雾咽部充血者甚多,也可发生萎缩性咽炎。长期接触铬酸或铬酸盐,味觉和嗅觉可以减退以至消失,还有的出现头痛、消瘦、贫血以及肾脏损害等。

长期吸入铬酸盐的粉尘可引起原发性支气管癌,即职业性肺癌,其发病工龄从 4 年至几十年,平均潜伏期为 10~20 年。

金属铬本身无毒,所谓铬中毒是铬的化合物所引起的,如三氧化铬、三氧化二铬、铬酸钾、铬酸钠、重铬酸钾和重铬酸钠等。六价铬的毒性大于三价铬。在工业生产中,对人的危害主要是铬盐和铬酸雾,可经呼吸道、消化道和皮肤进入机体。铬盐可以雾态和粉尘状态吸入,铬的酸雾或液体也可直接接触皮肤与黏膜造成危害。

生产性急性铬中毒不常见,偶见因误服重铬酸盐所致的急性中毒病例。口服后,可刺激与腐蚀消化道,在几分钟至几小时,可见到口腔黏膜变黄、呕吐、上腹部烧灼痛、腹泻、血水样便,以致脱水。患者同时伴有头痛、头晕、烦躁不安,严重者可出现呼吸急促、紫绀、以至休克。重铬酸钾对肝、肾有毒作用,严重者可发生急性肾功能衰竭。

吸入六价铬化合物的粉尘或烟雾后,主要是引起急性呼吸道刺激症状,如喷嚏、流涕、咽部有"火辣"感、咳嗽等。当吸入浓度为 20~30mg/m^3 的铬酸雾时,患者除有咳嗽、头痛、气短、胸骨下疼痛外,还可发生肺炎。

工业卫生容许浓度(三氧化铬、铬酸盐、重铬酸盐均应换算为 CrO_3):0.05mg/m^3。

铬及其化合物中毒的预防措施如下:

1. 改善作业环境和操作方法,生产铬酸盐的工厂,应尽量做到密闭化、自动化,不能密闭时应采用湿式作业,以降低作业环境空气中铬化合物粉尘的浓度。

2. 加强车间通排风及除尘措施，安装有效的通排风除尘装置，使车间空气中铬及其化合物的浓度降至国家工业卫生容许浓度以下。

3. 电镀铬作业时应在电镀槽上方一侧或两侧安装有效的抽风设备，以排除铬酸雾，使空气中铬酸雾达到工业卫生容许浓度。同时应穿防护工作服，并戴不漏水的手套及穿橡胶靴等。

4. 加强个人防护，工作时间穿防护服，戴口罩，鼻腔和手背等暴露部位可涂擦防铬软膏或凡士林油膏，手上如有小伤口，要用胶布、棉花包扎好，防止铬盐渗入。

5. 加强个人卫生，工作后用5%硫代硫酸钠溶液或10%亚硫酸氢钠溶液洗手。洗漱鼻咽部。禁止在作业场所吸烟、饮水或进食。下班后应淋浴。作业场所应设置冲洗设备，以便铬酸液溅于皮肤上或眼睛内及时冲洗。

6. 搞好含铬废气废水的处理及综合利用，防止铬化合物对大气和水源的污染，以保护环境。

7. 定期测定车间空气中铬化合物的浓度，发现问题，及时处理。并定期对接触铬及其化合物的人员进行体检，对病患者早期治疗。

凡患有呼吸系统疾病（包括鼻、咽、喉），严重皮肤病患者，对铬化合物敏感者，均不宜从事接触铬化合物的作业。

铬及其化合物中毒的急救与治疗如下：

1. 经口中毒者应立即用温水、1%亚硫酸钠或硫代硫酸钠溶液洗胃，然后用硫酸镁导泻。为保护消化道黏膜，可服牛奶、鸡蛋清或氢氧化铝凝胶。

2. 由皮肤吸收发生急性中毒者，应及时用清水或肥皂水清洗污染部位，防止继续吸收。

3. 急性中毒若出现青紫，应考虑有高铁血红蛋白形成，可用美兰治疗。并需密切注意病情变化，如有急性肾功能衰竭，应调整水及电解质平衡，防止休克等。严重患者还应给保肝药物。必要时，可给解毒剂10%硫代硫酸钠静脉注射或二巯基丙醇肌肉注射。

4. 皮炎可根据病情对症处理。

5. 发生铬溃疡时，表浅的可先用5%硫代硫酸钠溶液清洗，然后涂5%硫代硫酸钠软膏或2%二巯基丙醇软膏。溃疡深时，可先用硫代硫酸钠溶液局部湿敷3～5天，然后再用软膏治疗。

皮肤溃疡久治不愈者可考虑手术切除。

对鼻中隔溃疡，局部可用10%抗坏血酸溶液擦洗，或涂10%依地酸二钠钙软膏。

6. 对于铬化合物引起上呼吸道刺激和皮炎等患者，应暂时脱离其作业。

五、铬鼻病及其防治

铬鼻病，是指由于从事接触铬及其化合物作业的人员长期吸入较高浓度含铬化合物粉尘或酸雾所引起的慢性鼻部损害。铬鼻病是铬及其化合物对呼吸系统损害中最典型的体征之一。

在工业生产中，从事接触铬及其化合物的机会很多。如铬矿的开采、冶炼，制造含铬合金，从事镀铬工艺，在橡胶、陶瓷、颜料等加工行业中使用铬酸铅、铬酸锌、铬酸钡，皮革工业中使用铬矾、重铬酸钠、重铬酸钾。此外，在照相、印刷制版中用重铬酸铵作为感光剂，制造木材防腐剂及火柴也会接触铬化合物。

铬及其化合物对人体的危害，主要包括经呼吸道吸入含铬的酸雾或粉尘所造成的呼吸系统损害，以及含铬的酸雾或液体直接与皮肤接触所造成皮肤的损害。

流行病学调查表明，车间空气中铬酸酐的浓度超过 $1.0mg/m^3$ 时，作业人员吸入后可出现上呼吸道刺激症状，当浓度高达 $0.15\sim1.0mg/m^3$ 时，长期吸入可发生鼻中隔穿孔。鼻中隔前下部为穿孔的好发部位，因该部血管较少，遇到吸入气流的冲击，出现黏膜发红或刺激，伴有流鼻涕，继之黏膜变白或有硬痂形成。这些症状常使患者感到不适，并诱使患者将痂挖除，与此同时又把毒物带至该部，从而造成局部擦伤和引起感染。据现场调查表明，因鼻腔受刺激不适或搔痒时，有用手指挖鼻不良习惯者，更易导致软骨部位的溃烂，甚至穿孔。

鼻中隔穿孔是一个渐进的过程，多在接触铬化物 6~12 个月后发生。首先是出现鼻腔刺激，有烧灼感和敝气感，鼻塞、打喷嚏，流水样鼻涕，流泪，鼻中隔前下部局限性轻度充血。其后，发展为黏膜充血区中部出现浅层糜烂。糜烂面平整、色白。以后黏膜糜烂面逐渐扩展，中隔变薄，软骨逐渐消失，常有鼻衄。最后，糜烂中心穿孔，并向四周扩展，形成边缘光滑整齐的由针头大到 1~2cm 大的穿孔。孔的后缘往往有一层灰尘堆积，形成黑色痂皮，剥脱后可见到轻度充血和少数肉芽组织，擦拭后容易出现。有许多患者并不觉察已发生鼻中隔穿孔，当孔的直径尚小时，患者吸气时可发生哨鸣音，有时有反复结痂的倾向和持久的"湿鼻子"。

铬鼻病的预防措施如下：

1. 生产铬酸及其盐类时，应尽量采用密闭设备，并合理地使用通风排气设施，以降低作业场所空气中铬化合物的浓度。

2. 铬电镀槽应采用有足够控制风速的槽边旁侧抽风装置。槽宽 0.5m 以下，可安装单侧抽风装置；槽宽 1m 以下，安装双侧抽风装置；槽宽>1m 时，需一侧抽风，一侧吹风，以排除铬酸雾。在电镀槽液面上可使用酸雾抑制剂，如加一层 1~2cm 厚的石油产物，或加 3%~4% 硫酸十二烷基钠溶液、液体石蜡等。在电镀槽液面上放置泡沫塑料小球，也有阻留酸雾产生的作用。

3. 作业场所应装置冲洗设备，以供铬酸溶液溅于皮肤上或眼内时清洗之用。

4. 作业人员应加强个人防护，工作前要及时处理皮肤外伤，进行包扎。皮肤暴露部位可用凡士林 3 份和无水羊脂 1 份混制的油膏，或用其他柔和的防护油膏涂擦。皮肤有破损时，应及时清洗，并用 1% 依地酸二钙油膏涂抹。鼻腔内可用棉花蘸液体石蜡、凡士林或氧化锌软膏涂抹。作业时应穿着工作服、围裙、橡皮手套、胶鞋、防护口罩和防护眼镜。

5. 搞好个人卫生，下班后应用硫代硫酸钠溶液或肥皂洗手。作业人员要戒除用手指抓挖鼻的坏习惯。

6. 定期对作业场所空气中铬化合物的浓度进行测定，发现问题应及时采取措施。

7. 对从事接触铬化合物作业的人员应定期进行体检，发现患者，及早治疗。

8. 对从事接触铬化合物作业的人员应进行就业前体检。

凡患有萎缩性鼻炎、慢性喉炎、慢性支气管炎、肺气肿、支气管哮喘、湿疹，以及对铬化合物敏感者，均不宜从事接触铬化合物的作业。

铬鼻病的治疗如下：

1. 患铬鼻病要及时进行治疗。对鼻隔溃疡局部可用10％抗坏血酸溶液擦洗，或涂10％依地酸二钠钙软膏，这种方法有促使溃疡愈合而不穿孔，或防止穿孔再扩大的作用。

2. 对皮肤溃疡表浅的，可先用5％硫代硫酸钠溶液清洗，然后涂5％硫代硫酸钠软膏或2％二硫基丙醇软膏。

六、镉及其化合物中毒的防治

镉 Cd。为一种微带蓝色而具有银白色光泽的金属，有延展性。相对密度8.65，熔点320.9℃，沸点767℃。易溶于稀硝酸，微溶于热盐酸。在空气中加热时，产生褐色浓烟，镉蒸气在空气中易迅速氧化成为氧化镉烟。

镉及其化合物主要用于电镀、制造镍镉电池、镉合金、核反应堆的控制棒，制造颜料、聚氯乙烯的稳定剂、杀虫剂，电视和光电元件的制造，以及太阳能收集器等。凡从事上述作业均可接触到镉及其化合物。

镉的毒性较大，由于它的熔点低而容易成为烟尘弥散在空气中。镉尘及镉烟可经呼吸道进入人体，再者，由于吸入较大颗粒的镉尘而沉着于上呼吸道，经咳出而又吞入消化道被吸收。发生镉中毒主要是人们接触或吸入镉及其化合物的烟尘或粉尘所引起。

镉可引起急性中毒和慢性中毒，急性中毒的靶器官是肺脏，而慢性中毒主要是肾脏和肺脏。

吸入高浓度的金属镉烟尘，对呼吸道黏膜有显著的刺激作用，开始大量吸入时，只略有咽喉干燥咳嗽等，但在几小时后，就会表现有发冷、发热、胸痛、胸闷、头痛、无力、恶心、呕吐等，并有不同程度的咳嗽、多痰、痰中带血等。如果吸入量较多，则出现典型的中毒性肺炎或肺水肿，继而引起急性肺心病，严重者可造成死亡。

镉化合物经口摄入也可急剧地产生胃肠道刺激症状，如恶心、呕吐、腹痛、腹泻等。

镉慢性中毒一般要吸入低浓度的金属镉的烟尘或灰尘2～5年左右才会出现病变，除表现有头痛、头昏、上下肢和骨关节疼痛、恶心、食欲减退、易疲劳等外，还可出现如贫血、嗅觉减退或丧失、肺气肿及肾小管损害。

长期饮食含镉的水和农产品，可引起特殊的公害"骨痛病"，四肢腰背关节剧痛，骨骼易骨折变形，血磷降低，碱性磷酸酶升高，蛋白尿、糖尿、消化障碍，最后可导致全身衰竭而死亡。

所以我们不仅要在生产中预防镉中毒，并且还要防止镉污染，以免给人民带来公害。

工业卫生容许浓度（氧化镉）：$0.1mg/m^3$。

镉及其化合物中毒的预防措施如下：

1. 凡能够产生镉（包括镉的化合物）的烟尘或灰尘的生产过程，应尽量密闭，不能密闭时，必须安装有效的通风除尘设备，使作业场所空气中含镉的浓度降低到国家工业卫生标准以下。

2. 在焊接和切割含镉金属时，应在通风良好的情况下进行，必要时应佩戴防毒面具。

3. 加强个体防护，在从事接触镉作业时，应佩戴好防尘口罩。

4. 加强个人卫生，在作业场所禁止吸烟、饮水或进食。

5. 对从事接触镉作业人员，定期进行体检，发现问题，及时处理。

凡是患有肾脏、呼吸系统疾病者，不宜从事接触镉及其化合物的作业。

6. 根据国家关于女职工劳动保护的有关规定，女职工在已婚待孕、怀孕期和哺乳期应禁忌在作业场所空气中镉浓度超过国家工业卫生标准的状况下从事作业。

镉及其化合物中毒的急救与治疗如下：

1. 隔中毒目前尚无较好的特效疗法。急性中毒时，迅速使患者脱离作业现场，然后进行对症治疗，如治疗咳嗽、胸痛和处理肺水肿。

2. 驱镉可用依地酸二钠钙，剂量开始宜小，宜用常规剂量的1/2左右，以免增加肾脏负担。

3. 发生镉慢性中毒，应脱离接触镉作业，并给予积极治疗，可增加营养、服用维生素D和钙剂。使用络合剂进行驱镉时，应谨慎使用，并密切注意观察肾脏的变化。

七、镍及其化合物中毒的防治

镍Ni。为有光泽、银白色的金属，坚硬，富有延展性，能被磁铁吸引。相对密度8.908。熔点1455℃。沸点2730℃，在空气中不被氧化，耐强碱，与盐酸和硫酸作用也很缓慢，但溶于硝酸。主要用作制造各种合金，以及催化剂和碱电池等。

金属镍及硫酸镍，对皮肤有过敏作用，接触后可发生过敏性皮炎、湿疹。

镍化合物中对人体危害最大的是羰基镍，[$Ni(CO)_4$]，为液体，易挥发，受热时易放出一氧化碳而成为羰基较少的比较稳定的络合物，或分解为金属镍和一氧化碳，可借以提纯金属镍。羰基镍属高毒类物质，主要经呼吸道吸入其蒸气，也可经皮肤吸收。大量吸入羰基镍的蒸气可发生急性中毒，常常很快就发生头昏、头痛、站立不稳、寒战、恶心等。到新鲜空气中去，这些症状可以逐步减轻。但几小时后，可再度发生发热、出汗、气急、四肢无力、胸痛、胸闷、咳嗽、痰中带血等症状。严重者有紫绀、心肌损害及神智模糊等，通常要一、两个星期才能恢复。长期受这类物质的毒害，将引起咳嗽、心动过速、肝和肾损害，甚至引起肺水肿、脑水肿，最严重者会导致死亡。

据报道，羰基镍还具有致癌性，长期大量吸入羰基镍或镍的化合物，可引起呼吸系统职业性癌症。

工业卫生容许浓度（羰基镍）：$0.001mg/m^3$。

镍及其化合物中毒的预防措施如下：

1. 在提炼镍的电解槽的上端侧方，应装有抽风排气装置。

2. 用羰基镍提炼高纯度镍时，生产过程必须密闭，防止跑、冒、滴、漏，作业地点应采取通风措施，如果发生泄漏问题应及时检修。

3. 在有可能接触羰基镍蒸气的作业岗位，必须配戴防毒面具进行操作。

4. 定期对从事接触羰基镍作业的职工进行体检，体检应进行尿镍测定，严重中毒者尿镍可达$500\mu g/L$以上。

5. 羰基镍蒸气为易燃易爆气体，故运输羰基镍应使用钢瓶盛装，对它的贮存应用密闭的容器冷藏，或放置通风良好的场所，并远离热源和氧化剂。在生产、运输和贮存场所要严禁烟火。若发生火灾，要用二氧化碳灭火器扑救，不能用水灭火。

镍及其化合物中毒的急救与治疗如下：

1. 对过敏性皮炎，应暂时脱离其作业，此外给予抗过敏药物及防护油膏，以促进迅速痊愈。

2. 对羰基镍所引起的中毒性肺炎或肺水肿除对症治疗外，应迅速用解毒剂，如二巯基丙醇对排除镍和解毒有一定的效果。有报道认为二乙基二硫代氨基甲酸钠的解毒和排镍效果很好，用法是一次 0.5g，每日 3～4 次与等量碳酸氢钠同服。

八、铍及其化合物中毒的防治

铍 Be。为银灰色的轻金属，相对密度 1.84，熔点 1284℃，沸点 2970℃。铍质轻，比铝还要轻 1/3，并具有不发生火花、不锈、坚硬、耐高温、不受磁力影响等特点。铍难溶于水，可溶于硫酸和盐酸，加热时缓慢地溶于硝酸。

铍主要用于制造特种合金、特种工具、X 射线管、氧化铍陶瓷，以及仪表和原子能工业中。

铍及其化合物有较高的毒性，其毒性大小，取决于不同铍化合物的理化性质及侵入途径等，一般说来，可溶性铍化合物的毒性大于难溶性铍化合物。铍主要以粉尘或烟雾的形式经呼吸道吸入，可引起全身肝、肾、脾、心、骨髓明显的坏死性改变。大量吸入，可引起肺炎和肺水肿，其严重程度与剂量成正比。

在工业生产中，除铍的烟尘外，危害较大的是铍的化合物，如氧化铍、氟化铍、硫酸铍等。这些化合物都是细粉状，能弥散在空气中而对人体发生危害。

短期内大量吸入氟化铍或氧化铍可引起急性铍中毒，一般在吸入后 3～6h 发病，有发冷、发烧、体温升达 39～40℃，伴头痛、无力、全身酸痛以及胸闷、气短、咳嗽等支气管炎症状，严重时发生化学性肺炎，甚至发生呼吸衰竭。

大量铍侵入人体潴留在肝脏内，可引起肝脏肿大、压痛与肝功能异常等。

铍的烟尘和大部分铍的化合物的灰尘对黏膜和皮肤都有直接的刺激作用。

皮肤可发生接触性或过敏性皮炎，如皮肤瘙痒、红色丘疹、红斑等。还可发生类似铬引起的"鸡眼状溃疡"，多无疼痛，但不易愈合；又可发生增殖性反应，形成皮肤肉芽肿，这种肉芽肿可因组织坏死而再次出现溃疡。

对眼睛可引起化学性结膜炎，发生眼睑浮肿、结膜充血、眼内瘙痒感及流泪等症状。

长期吸入低浓度的铍及其化合物，可发生慢性中毒，也称慢性铍病。慢性中毒主要是肺部发生弥漫性的肉芽肿，也称铍肺。其特点是潜伏期长，一般 5～10 年，病变发展缓慢，病程较长。有人在脱离接触 1～10 年后仍会发生铍肺。病员有明显的全身无力、消瘦、胸闷、气急、稍有动作就感气喘，并常有不同程度的紫绀。胸部 X 线可见两肺纹理阴影弥漫性增多增深，并有许多散在的小点阴影，重者全肺广泛出现许多结节状阴影，以及肝肿大、下肢浮肿等体征。少数病员并发自发性气胸及肾结石。

工业卫生容许浓度（铍及其化合物）：$0.001mg/m^3$。

铍及其化合物中毒的预防措施如下：

铍及其化合物都具有较高的毒性，有些人对它还有特殊的敏感性，因此在工业生产中，消极的个人防护是不够的。必须千方百计地改革工艺过程，搞好生产设备的密闭化及自动化，再加上有效的各种防护装置，使作业场所空气中基本上没有铍，这样才能保证作业人员的身体健康。

因此，必须做好下列具体措施：

1. 采用无毒或低毒物质代替铍。目前国内外均已采用无毒的磷酸钙复盐来代替氧化铍，作为日光灯管中的磷光剂。铜镍锰合金可部分代替铍铜合金制造电子和电器零部件。

2. 生产和加工铍的主要操作工序，如原料研磨、粉碎、熔炼过程中加料、成品出炉、干燥，以及切削加工等，应加强自动化、密闭化和机械化，尽可能实行远距离操作或自动控制。在不影响工艺的条件下尽可能采用湿式作业，避免高温加工。

3. 生产车间应合理配置通风设施，作业岗位应加强局部通风，使作业场所空气中铍及其化合物的浓度符合国家工业卫生标准。通风排毒系统应有相应的净化装置，防止污染周围大气，并回收铍料以达到综合利用的目的。

4. 定期测定作业场所空气中铍的浓度，发现问题，及时采取相应的措施。

5. 加强环境保护，生产和加工铍的厂矿企业应尽量设在郊区，居民人口稀少的地带。生产厂房与生活区也应保持一定的距离，一般以500m以上为好。含铍烟气和废水的排放应经过净化处理，对含铍废渣应通过掩埋进行妥善处理。

6. 加强个人防护，要特别注意个人卫生。工作时应穿戴必须的劳动防护用品，防尘口罩宜采用聚氯乙烯为滤料的，其效果可达96％以上。避免直接用手接触铍及其化合物。工作服严禁携带出厂外，污染过的工作服等应集中机器洗涤。车间内应设置休息室，作业场所不准吸烟、饮水和进食，下班后应淋浴。

7. 进行就业前和每年一次的健康检查。

凡患有呼吸系统和心、肝、肾的器质性疾病，以及皮肤疾患等，均不宜从事铍及其化合物作业。

8. 根据国家关于女职工劳动保护的有关规定，作业场所空气中铍浓度超过国家工业卫生标准时，女职工在怀孕期和哺乳期应禁忌从事铍作业。

铍及其化合物中毒的急救与治疗如下：

目前，对于铍中毒尚缺乏根治的办法，着重是早期发现，早期处理。铍中毒主要是采取激素疗法和中西医结合对症治疗等。

急性铍中毒：应立即脱离作业现场，使患者静卧休息，气短、青紫明显时，应给予氧气吸入。根据病情可给予解痉、止喘、镇咳、祛痰等药物。

慢性铍中毒：

1. 脱离铍接触，注意休息，免重体力劳动，应高蛋白高维生素饮食。

2. 激素疗法，可采用强的松5～10mg，每日三次，三个月为一个疗程，以后应视病情逐渐减量，服用期间并应注意激素的副作用。

3. 磷酸喹哌，每月剂量2g，每周服一次为0.5g，三个月为一疗程，对早期一些病例，症状有所改善。有肝病者不用或慎用。

4. 对症治疗，可给予止咳、祛痰、解痉、消炎等药物。

5. 中医治疗，一般以软坚散结为主，佐以养阴清肺、止咳化痰。

皮肤病变：

1. 接触性皮炎，急性期可用0.1％雷佛奴尔或2％硼酸溶液进行湿敷。急性期过后，可于皮肤损害处涂氧化锌或肾上腺皮质激素制剂。

2. 皮肤溃疡以生理盐水清洗创面，再外涂考地松软膏或10％鱼肝油软膏。溃疡愈合形成皮下硬结节，应予手术切除。

九、碲及其化合物中毒的防治

碲 Te。为带蓝光的白色金属，质软，相对密度 11.85，熔点 302.5℃，沸点 1457℃，易变灰暗，溶于硝酸和硫酸，不溶于碱。

碲在工业上用作合金光电管、低温计和光学玻璃的原料。

碲及其化合物属高毒类物质，在人体内具有蓄积性。对中枢神经系统、周围神经以及胃肠道和肾脏损害较大。引起碲及其化合物中毒的原因，主要是吸入了含碲烟尘、蒸气，或者是由于皮肤吸收了可溶性碲盐等所造成。

碲及其化合物经口入体后，约在 12~24h 后发病，开始为消化道症状，如恶心、呕吐、阵发性腹绞痛、腹泻以及出血性肠胃炎等。数天后，神经系统症状较为明显，可有多发性颅神经损害和周围神经炎症状，严重时可瘫痪，但手臂较少受累。中枢神经系统损害可产生中毒性脑病症状，有精神失常、肌阵挛、上睑下垂、球后视神经炎等。严重中毒者可很快出现谵妄、惊厥和昏迷。植物神经症状可有心动过速或徐缓、暂时性高血压等。

碲及其化合物中毒的最特异症状就是脱发，一价和三价碲均能引起脱发，一般在中毒后 10~14d 左右发生。严重者胡须、腋毛、阴毛和部分眉毛亦可脱落，也有部分患者可无脱发现象，如中毒不严重，脱发后可再生。

此外，吸入性碲中毒对肝、肾也有损害，严重时可引起中毒性肝炎。皮肤可出现皮疹，指甲和趾甲有白色横纹（米氏纹）出现。

长期接触低浓度的碲及其化合物的烟尘或蒸气等，可引起慢性中毒。早期症状不典型，有时患者并无主观感觉，直至脱发或出现神经系统症状才就诊，主要症状有脱发、乏力、胃纳差、呕吐、腹泻、肢体运动和感觉障碍，以及类似轻度脑类的症状和球后视神经炎等。

碲及其化合物中毒的预防措施如下：

1. 从事接触碲及其化合物作业的人员，应严格遵守操作规程。作业地点要加强通风，并在密闭的操作室内操作。
2. 加强个体防护，穿防护服，戴手套及合理使用防毒口罩。
3. 建立健全碲化合物的保管和使用制度，严禁用碲盐做毒鼠剂和脱发剂。
4. 搞好个人卫生，作业后淋浴，禁止在作业场所进食、饮水及吸烟。

碲及其化合物中毒的急救与治疗如下：

1. 在络合剂使用上，曾试用依地酸钙钠、二巯基丙磺酸钠、二巯基丁二酸钠、巯乙胺等，但均无肯定的解毒效果，个别患者用巯乙胺后，症状有缓解现象。二乙基二硫代氨基甲酸酯 0.5g，一日三次，与碳酸氢钠等量同服，有排碲的作用。但也有人认为此药络合碲后的化合物是脂溶性的，有使更多的碲进入脑组织的可能，因此须慎用。
2. 经口中毒者，可及时催吐或洗胃，用 1% 碘化钠或碘化钾溶液，使形成不溶的碘化碲，口服活性炭，以减少毒物吸收。
3. 严重中毒病员，可考虑换血疗法或透析疗法等治疗。
4. 配给充足的营养品和维生素，配合治疗，服用维生素 B 族最为重要，它对缓解神经系统和肝脏的损害有很好的疗效。
5. 对神经系统和肝脏损害可给予对症治疗。

6. 慢性铊中毒,可用含硫氨基酸,如胱氨酸、甲硫氨酸、半胱氨酸等,有一定的作用。

十、钒及其化合物中毒的防治

钒 V。浅灰色的金属,坚硬,具有延性。相对密度 5.866。熔点 1820℃。在空气中不被氧化。主要用于制造特种合金钢和催化剂,本身无毒。钒的各种化合物中,一般工业上接触较多,并易发生问题的是五氧化二钒 V_2O_5,又名钒酸酐,为橙黄色结晶粉末或红棕色针状晶体。相对密度 3.357。熔点 690℃。加热至 1750℃时分解,稍溶于水,溶于酸和碱溶液,在硫酸工业和有机合成中用作催化剂,并用于制陶瓷、红色玻璃等工业。

五氧化二钒是对机体有多种作用的毒物,毒性较大,可引起造血、呼吸器官、神经系统和物质代谢的变化。五氧化二钒对人有直接刺激作用,可引起眼结膜炎、鼻炎、咽喉炎和支气管炎,严重时可引起气急、心悸、甚至并发肺炎等。钒中毒一般表现为急性中毒,在接触钒烟尘数小时后,就会有感觉咽痒、咳嗽、眼内异物感、恶心、头晕、全身不适、倦怠等。几天后病状加重,有胸闷痛、喘息、腹泻、头痛、嗜睡、下肢活动不灵等症状。皮肤直接接触可发生搔痒,严重者有丘疹、红斑等。五氧化二钒沉着在口腔内,经唾液中淀粉酶及产酸杆菌的作用,还原为三氧化钒,可引起舌乳肿大,舌苔呈绿色,脱离接触几天后便消失。

钒急性中毒症状较轻时,脱离接触可以逐渐恢复,但要注意防止肾炎或肺炎的发生。

工业卫生容许浓度:五氧化二钒烟 $0.1mg/m^3$;

五氧化二钒粉尘 $0.5mg/m^3$。

钒及其化合物中毒的防治措施如下:

1. 五氧化二钒的制造、出料和筛分等生产设备必须充分密闭,作业场所应设置抽出式通风装置,使车间空气中的五氧化二钒浓度降低到国家规定的工业卫生容许浓度以下。

2. 检修设备时,作业人员应穿防护服,戴防护面具,手套等,并切实执行作业后的清洁制度。

3. 对接触钒作业的人员,应每年进行体检,以便发现问题及时处理。

4. 服用较大量的维生素 C 可以对抗钒的毒性,故建议接触钒作业的人员多吃含维生素 C 丰富的食品。

5. 驱钒可选用依地酸钙,可参照铅中毒治疗方法进行短期应用。此外同时可服大量的丙种维生素。

十一、锌及其化合物中毒的防治

锌 Zn。为青白色金属,硬度较低,相对密度 7.14,熔点 419.4℃,沸点 907℃,在空气中稳定,不溶于水,溶于酸或碱时放出氢气。

锌能防止铁件的腐蚀,因此镀锌工业用锌量要占总产量的一半。锌可用于制造合金,如黄铜、锰青铜等,广泛用于机械工业、汽车制造和国防工业。锌在浇铸时具有能充满模内微细孔隙的性能,故亦常用作精密铸件的原料。

常用的锌化合物有:氧化锌用作油漆的颜料和橡胶、塑料的填充剂;氯化锌用作木材防腐、制造干电池和电镀等;硫酸锌用于人造丝、鞣革、医药等工业。此外,锌粉是有机合成工业的重要还原剂。

锌对人体影响比较突出的是接触氧化锌烟尘,在锌的熔炼及制造合金,焊接与气割涂锌铁板和涂有锌白的旧料时,均可产生氧化锌烟尘。

锌及其化合物的毒性属于低到中毒类。高浓度氧化锌烟尘的刺激性较大,可致化学性肺炎。大量吸入氧化锌烟尘可引起急性中毒,通常在吸入后4~12h发病,患者口内有金属味、咽干、口渴,继而胸部发闷,咳嗽与气促,倦怠无力,还可伴有头痛、恶心、呕吐、腹痛、肌肉关节酸痛等症状。然后寒战、发热,体温一般在38~39℃或更高。发热时间一般只持续数小时,大量出汗后体温下降。整个病程短,一般在24~48h内恢复,如果持续发热应考虑有合并症。

接触氧化锌烟尘未见引起慢性中毒,但反复发作者,有时因并发感染,致使病情延长。经常发病的人员可出现胃部不适症状。

长时间吸入硬脂酸锌粉尘可引起肺部病变,表现有气促、咳嗽、咳痰。X线检查可见胸膜增厚,肺门有小结节及轻度肺气肿。

大量氧化锌粉尘可阻塞皮脂腺管和引起皮肤丘疹与湿疹。反复接触可溶性锌盐可引起皮肤或黏膜的刺激和烧灼,多在手指、前臂、手背部的皮肤上出现"鸟眼"型溃疡。

用镀锌容器盛装酸性食物,如果汁、醋酸、清凉饮料等,可使锌溶于食物中,或者因误食锌化合物可引起中毒,严重者可导致死亡。急性中毒症状表现有喉头疼痛、脸色灰黑、口有烧灼感、呕吐,腹部呈痉挛性疼痛、腹泻,有少量血便。亦可出现中枢神经系统症状,如头部剧烈疼痛、口肢震颤、抽搐等。

工业卫生容许浓度:(氧化锌)$5mg/m^3$。

锌及其化合物中毒的预防措施如下:

1. 在锌矿焙烧、精炼过程中,应采取自动和密闭的措施,对烟尘采用净化回收设备。在炼铜时尽量用电炉或反射炉代替旧式坩埚炉。

2. 在焊接、气割镀锌铁皮时,要在通风的作业场所中进行,必要时加强局部通风措施,或戴送风式面罩。如没有以上设备应缩短接触时间,或利用风向以减少烟尘吸入,也可戴防尘口罩。

3. 加强个人防护,如禁止在作业场所内吸烟、饮水或进食;保护皮肤防止与可溶性锌化合物溶液直接接触等。

4. 注意个人卫生,作业后可用0.3%~0.5%盐水含漱,下班后进行热水淋浴。

5. 锌粉有爆炸的危险,应贮存在干燥、远离火源的地方。

6. 对从事接触锌及其化合物作业的人员,尤其是接触锌烟尘的人员,应进行就业前体检和定期体检。发现问题及早处理。

凡患有支气管扩张、哮喘病、肺结核和心脏病的人员不宜从事接触锌烟尘的作业。

锌及其化合物中毒的急救与治疗如下:

1. 吸入锌烟尘者,工作结束后可用热水淋浴,促进出汗,也可服红糖和生姜煎茶,增加发汗,加速退热,可使症状减轻。

2. 患锌烟尘热一般不需特殊治疗,可卧床休息,大量饮水,必要时可给予退热、镇咳、镇静药物等对症治疗。

3. 氯化锌中毒时,可用5%碳酸氢钠雾化吸入,给予吸氧,并保持呼吸道畅通。必要时注射肾上腺皮质激素。皮肤的接触部位要清洗干净。

4. 误食可溶性锌化合物，应迅速洗胃、催吐，内服鞣酸蛋白、浓茶或牛奶，继服镁盐导泻，以及对症治疗和支持治疗。

十二、锑及其化合物中毒的防治

锑 Sb。为微带蓝色的银白色金属，相对密度 6.691，熔点 630.5℃，沸点 1380℃。质坚而脆，易碎为粉末，不溶于水、盐酸和碱溶液，溶于王水、浓硫酸，以及硝酸和酒石酸的混合液。其蒸气在空气中可氧化成氧化锑。锑的合金遇酸可产生气体锑化氢。

锑在工业上主要与铅、铜制造合金，铅锑合金可制造蓄电池栅极板、铸字。其氧化物用于防火织物、防火涂料、陶瓷和玻璃工业。锑的硫化物用于橡胶工业，颜料制造和印刷业。锑的氯化物用于金属表面染色、木材匀浆剂等。锑还用于合成药物。在这些行业中均可能接触到锑的粉尘和烟尘。

锑及其化合物是以金属烟尘或粉尘的形式通过呼吸道侵入人体的。锑及其化合物对人体的毒作用主要是破坏体内物质代谢，损害肝脏、心脏及神经系统。同时对皮肤黏膜有较强的刺激作用。

大量吸入锑及其化合物的烟尘或粉尘可引起急性中毒。接触时会出现流泪、流涕、喷嚏、眼痛、咽喉不舒服等眼结膜和呼吸道刺激症状。时间稍长可出现呼吸道刺激症状加重，有鼻出血、咳嗽、痰中带血、气急等。个别严重者可引起化学性肺炎。吸入三氯化锑遇水分解的气体可引起肺水肿。

熔炼金属锑时，吸入锑蒸气氧化成的氧化锑，可引起金属烟热。

锑及其化合物的烟尘或粉尘对皮肤也有刺激作用，大量接触可引起全身各处，特别是面部、颈项部等处瘙痒，并出现红色丘疹或泡疹。

急性锑化氢中毒，可发生溶血、体温下降，高浓度吸入时可迅速致死。

口服锑化合物中毒，消化道症状有食欲减退、腹胀、腹痛、腹泻或便秘、恶心、呕吐等。此外，对肝脏和肾脏也有损害，少数病员还可发生轻度心肌损害等。

长期接触低浓度的锑及其化合物的烟尘或粉尘，可引起慢性中毒。出现头痛、头昏、头晕、失眠、贫血、全身无力、肢体酸痛、消瘦等全身症状。长期接触较高浓度三硫化锑，还可出现心肌损害。

由于长期慢性刺激，可引起鼻炎、鼻黏膜溃疡甚至穿孔、气管炎、肺炎，以及口腔炎、消化功能障碍，偶见血便。同时还可引起皮肤损害，表现为痒、发红、水疱等，三氯化锑并可引起皮肤干燥和皲裂，亦有出现皮炎或湿疹。

锑及其化合物中毒的预防措施如下：

1. 在冶炼、磨粉、筛分等生产过程中，应尽可能密闭，并辅以抽风吸尘设备，使作业场所空气中锑的浓度降到 $0.5mg/m^3$ 以下。

2. 制造各种锑化合物，应采用新工艺，达到自动化、密闭化、机械化，彻底消除职业危害。

3. 在劳动条件未得到改善前，应穿戴防护服，以及有效的气体防护器材。

4. 对从事接触锑及其化合物作业的人员，应进行就业前体检和定期体检，以及时发现问题，及时处理。

凡患有心脏、肝脏和神经系统疾病者，不宜从事接触锑作业。

锑及其化合物中毒的急救与治疗如下：

1. 一般职业性锑中毒不严重，脱离接触并进行对症处理即可痊愈。
2. 经口中毒者可用鞣酸溶液洗胃，服稠米汤、蛋白水等。
3. 内服硫酸镁等泻剂。
4. 吸入锑化氢应早处理，防止溶血和肾衰竭。有虚脱、全身衰竭者可注射中枢兴奋剂。
5. 二巯基丙醇、二巯丁二钠有驱锑作用，可用于因酒石酸锑钾静注过量引起的锑中毒。
6. 对症治疗。如锑中毒性皮炎可涂二巯基丙醇油膏，并用适当抗菌素以防止感染；对于肝脏肿大应进行保肝治疗等。

十三、金属烟尘热中毒的防治

金属烟尘热，即通称的铸造热，是一种病程短促的急性工业疾病，系人体吸入了某些金属在加热时形成高浓度的金属氧化烟尘而引起的发热反应。一般如锌、锑、铜、钴、镍、镁等金属烟尘均可引起本病，其中以接触锌的烟尘最为常见。

本病多见于有色金属冶炼、铸造、焊接、切割，碳弧气割等行业，一般认为空气中氧化锌烟尘含量在 $3\sim 5mg/m^3$ 以上，大量吸入就可引起金属烟尘热；当浓度高达 $15mg/m^3$ 时，就会经常发生金属烟尘热病例。

金属烟尘主要由呼吸道吸入致病，经消化道进入危害性不大，不能穿过皮肤、黏膜进入体内。人们最早认为，金属烟尘热是由于金属微粒被吸入至深部呼吸道，促使黏膜细胞破坏、脱落，以及蛋白质变性，形成变态反应性致热源，使机体产生发热反应。而近年来认为，吸入体内的金属烟尘微粒与气体相似，可以直接作用于肺泡表面，并穿透肺泡，在体内被中性分叶核粒细胞吞噬，吞噬后如粒细胞发生变性、崩解而释放出内生性致热源，刺激体温调节中枢，即可引起发热反应。

当人体大量吸入金属烟尘后，通常先可感觉口内有金属味，不久即感全身无力、头痛、胸闷、咳嗽、气短、食欲不振、恶心等。一般在吸入金属烟尘 $4\sim 8h$ 后发病，出现寒颤，体温上升到 $38\sim 39℃$ 或更高，并伴有口渴、头昏、耳鸣、肌肉关节酸痛，以及全身不适，有时有呕吐或腹痛。发热可持续 $3\sim 8h$，随即便出汗退热，退热后感到全身疲倦，轻者 1d，重者需 $2\sim 3d$，症状才逐步消失。本病无后遗症，但反复发作可使患者易继发呼吸道或其他慢性感染。

金属烟尘热中毒的预防措施如下：

1. 在厂矿企业中，金属烟尘热中毒患者并不少见，应予重视。特别是金属的冶炼、铸造行业，应改善劳动条件。金属冶炼、铸造等生产在加料、出料和熔炼时应采取自动和密闭的措施。
2. 新职工第一天接触一定浓度的金属烟尘后即可出现金属烟尘热中毒，老职工在周末休息后再开始作业时亦可发病。过度接触，人体对金属烟尘的耐受性也会降低。金属烟尘的发生，除了与机体敏感性有关外，主要取决于作业场所空气中金属烟尘的浓度。因此，需务必加强作业场所的通风，局部还应装设通风设备，使作业场所的金属烟尘浓度降低到国家规定的工业卫生标准以下。此外，对金属烟尘还应采取净化回收。

3. 从事接触金属烟尘作业的人员严禁在作业场所吸烟，下班后应进行热水浴，饮服红糖姜汤，也可服热性饮料等，这对预防和减轻本病有一定的效果。

4. 对从事接触金属烟尘作业的人员应进行就业前体检和定期体检。

凡患高血压、心脏病，或严重呼吸系统疾病者，不宜从事接触金属烟尘的作业。

金属烟尘热中毒的急救与治疗如下：

1. 因发生金属烟尘热中毒后，一般可在 24h 后完全恢复，故本病可不需要特别治疗。

2. 发冷、发热时应卧床休息，保暖，大量服维生素 C 和适量多饮白开水，也可服用阿司匹林等退热、镇痛药，以缓解症状及对症治疗。

3. 高热者可酌情服用解热镇痛药。

4. 发热持续不退者，多有继发感染，应给予抗菌素，积极控制感染。

第二节 无机化合物对人体的危害与防治

一、一氧化碳中毒的防治

一氧化碳 CO。是一种无色、无味、无嗅、无刺激性的气体。相对密度 0.97。熔点 $-199℃$，沸点 $-191℃$。燃烧时呈蓝色火焰，与空气混合到一定比例，遇火花或受热会发生爆炸。不溶于水，易溶于氨水，能少量被活性炭吸附。

当空气中一氧化碳的浓度达到 $0.04\%\sim0.06\%$ 时，$2\sim3h$ 就会引起中毒，$>0.06\%$ 很快就有中毒症状。

一氧化碳是由碳或含碳物质燃烧不完全而生产的。在工业生产上一切用火法冶炼、金属加工，以及炼焦、制碳、烘烧各种瓷器、玻璃、砖瓦等都将产生一氧化碳。此外，煤气燃烧、汽车、火车的废气中、炸药爆破气体中，一般的衣服、家具、塑料制品的燃烧气体，也都有一氧化碳。因此，由于取火、加热、燃烧是人类日常生活中和工业生产中不可缺少的，所以一氧化碳是人们接触机会最多的有毒有害气体。

当一氧化碳进入人体后，便和血红蛋白结合，这部分血红蛋白就不能从空气中吸取氧气，并妨碍其他血红蛋白释放氧给组织。因此，一氧化碳对人体的危害就是造成缺氧。

一氧化碳急性中毒表现如下：

1. 轻度中毒。表现为头晕、眼花、剧烈头痛、耳鸣、颞部压迫感和搏动感，尚有恶心、呕吐、心悸、四肢无力，但无昏迷。患者脱离中毒现场，吸入新鲜空气或进行适当的治疗以后，症状可迅速消失。

2. 中度中毒。除表现上述轻度中毒症状外，还表现为初期多汗、烦躁、步态不稳；皮肤、黏膜苍白，并随着中毒加重，面颊、前胸及大腿内侧出现樱桃红色，意识朦胧，甚至昏迷。如能及时抢救，可很快苏醒，一般无明显并发症和续发症。

3. 重度中毒。除具有一部分或全部中度中毒症状外，患者可迅速进入昏迷状态，时间可持续数小时至几昼夜，往往出现牙关紧闭、强直性全身痉挛、大小便失禁和病理反射。常伴发中毒性脑病、心肌炎、肺水肿及电解质紊乱等。重度中毒经及时抢救，脱离昏迷后，症状逐渐好转。有些患者中毒后，会遗留不同程度的后遗症，还有的重症患者在苏醒之后，经过一段"清醒期"又出现一系列神经系统严重受损的表现，通常称为"急性一氧化碳中毒神经系统续发症"，其程度与昏迷的深度有密切关系。主要表现为精神异常、痴呆木僵、震颤麻痹、肢体瘫痪、失语、偏盲及周围神经炎等。

慢性中毒较为少见，长期接触低浓度的一氧化碳的慢性影响可能有以下表现：

1. 神经系统。以神衰综合症和植物神经功能紊乱最为常见，如头痛、头昏、失眠、无力、记忆力减退、注意力不集中、血压不稳定、腱反射亢进，甚至出现肌震颤，步态不稳和前庭机能障碍等。

2. 心血管系统。出现心肌损害及冠状动脉供血不全的心电图改变，如各种类型的心律不齐、低血压及房室传导阻滞等。

出现上述表现可能是由于一氧化碳对含铁呼吸酶的抑制，阻碍组织呼吸，从而使中枢神经系统特别是苍白球受损所致。

工业卫生容许浓度：$30mg/m^3$。

预防一氧化碳中毒的措施如下：

1. 改善生产设备，各种冶炼炉应尽可能采用机械加料。定期检修爆气发生炉和煤气管道，防止泄漏，经常检修水封设备以保持正常。

2. 加强产生一氧化碳的车间内通风，其浓度有可能达到危险量的场所，应设置一氧化碳自动报警仪或红外线一氧化碳自动记录仪，监视一氧化碳浓度的变化。

3. 进入有一氧化碳逸出而又通风不良的场所，应先置换净化，并经安全分析用检气管测定证实无危险后才可开始工作。

4. 进入高浓度一氧化碳的作业场所，必须佩戴防毒面具。带负荷检修，最好使用强制送风式防毒面具，并须有专人进行监护。

5. 矿井下作业，应严格遵守安全操作规程，爆破作业后须通风排气20min，才能进入工作地点。

6. 加强安全教育，普及急救知识，设置必要的气体防护器材，并加强自救、互救和气体防护器材使用的训练。

7. 进行就业前及定期体检。

凡患有明显神经系统、心血管系统疾患、严重贫血、老年人均不宜从事接触一氧化碳的作业。

8. 根据国家关于女职工劳动保护的有关规定，女职工在怀孕期和哺乳期应禁忌从事接触一氧化碳的作业。

发生一氧化碳中毒应立即进行急救与治疗。对一氧化碳中毒的患者，由于中毒现场空气中一氧化碳的含量不等，所接触的时间长短不一等因素，中毒症状的轻重也就不同，故在抢救方案上应根据不同的情况分别处理。

一般中毒较轻的患者，只需离开中毒现场到空气新鲜的地方去，就会很快好转，无需特殊处理。

中毒较重的患者，一般多处于半昏迷或深度昏迷状态，其急救与治疗如下：

1. 立即将中毒患者抬至空气新鲜、流通处，注意保暖和安静。

2. 呼吸衰竭者，立即进行人工呼吸，能自主呼吸者给予自动输氧；呼吸困难者给予强制输氧。有条件最好用氧气甦生器或高压氧舱治疗，切勿轻易放弃苏醒术抢救。

3. 采取综合措施，积极预防和治疗急性中毒性脑病。

4. 人工冬眠及降温。适用于频繁抽搐、极度兴奋或合并高热及脑水肿征象患者，可使机体处于保护性抑制状态，降低脑组织代谢，有助于对缺氧的耐受，一般用冬眠灵即可。根据病情用冰帽作局部降温或配合全身性体表降温，同时注意加强护理。

5. 输入5％葡萄糖盐水或50％葡萄糖50～60mL加维生素C 500mg静脉注射。

6. 必要时注射细胞色素C及三磷酸腺苷等。

7. 新"针疗法"。在抢救现场可进行，针刺"人中"、"涌泉"、"十宣"等穴位。

8. 少量多次输入新鲜血液，有助于减少神经系统续发症的发生。

9. 对症治疗。如对躁动、极度兴奋或痉挛患者，给予镇静剂，及时纠正水盐代谢失调等。

10. 加强护理。防止继发感染及褥疮的发生。

二、氮氧化物中毒的防治

氮氧化物的种类很多，主要有一氧化二氮（N_2O）俗称笑气、一氧化氮（NO）、二氧化氮（NO_2）、三氧化二氮（N_2O_3）、四氧化二氮（N_2O_4）和五氧化二氮（N_2O_5）等。

一般在厂房空气中，氮氧化物是以一氧化氮、二氧化氮及四氧化二氮的混合状态存在，其主要成分为二氧化氮。氮氧化物混合物在常温下为黄棕色气体，温度越高，颜色越深，通常又称"黄烟"。

因为二氧化氮及四氧化二氮易与水作用，生成硝酸和亚硝酸，所以在潮湿的空气中除氧化氮外，还有硝酸和亚硝酸的雾滴存在。

在工业生产中人们接触氮氧化物的机会很多，在制造和使用硝酸、生产硝基炸药、硝化纤维、苦味酸等硝基化合物；苯胺染料的重氮过程，以及电焊、氩弧焊、气焊、气割、电弧发光时都会产生氮氧化物气体。

氮氧化物对呼吸道，特别是深部呼吸道，对细支气管和肺泡均有刺激作用，这是由于氮氧化物能与呼吸道黏膜及肺泡内的水分作用，生成硝酸和亚硝酸之故。使肺毛细血管的通透性发生损害，导致化学性肺炎和肺水肿。它吸收后进入血液又逐步转变为硝酸盐和亚硝酸盐，引起轻度高铁血红蛋白血症及血管扩张，造成血压下降、组织缺氧、吸呼困难及中枢神经损害。氮氧化物中毒对人体危害最大的就是急性肺水肿。

氮氧化物中以二氧化氮的毒性最强，危害最大，如果在作业环境中长时间接触氮氧化物，又无采取必要的防护措施，就会引起氮氧化物中毒。二氧化氮的嗅觉阈为2～8mg/m^3，当空气中含量达140mg/m^3时，只能支持30min，达220～290mg/m^3时，很快便会发生危险。氮氧化物中毒的发病，个体差异很大，有的人只吸入少量，就会发生明显的肺水肿，有的人则主要是上呼吸道刺激；有的人吸入量并不少但无特殊表现，而有的人却发生亚急性病变。

急性氮氧化物中毒初期为刺激期和潜伏期，常不被注意，一般经过2～24h或更长的潜伏期后，出现肺水肿或高铁血红蛋白血症，并能引起死亡。国内曾有过这样的报道，故需特别注意。

中毒初期仅眼和上呼吸道有轻微的刺激症状，表现为呛咳、胸闷、头痛、头昏、无力、烦躁等。如果氮氧化物浓度不高，当时不一定有明显的刺激症状。刺激期过后，患者自觉症状消失，病情似乎已经好转，但潜在的病理变化仍在继续发展，因此这一潜伏期又常称为"假象期"，但经过几小时到几十小时的潜伏期，便会感到胸闷加重、胸骨下痛或有压迫感、呼吸加快、脉搏增加。咳嗽时，痰量不一定多，呈柠檬色、黄棕色或粉红色，X线胸片表现为弥漫性的小粟粒影。这就是肺水肿期，如果给以有效的治疗，大多数患者可在 24 小时之内，最多 5 天，可以好转。

最为严重的是大量吸入高浓度的氮氧化物可在几小时内因严重肺充血，不同程度的肺水肿的休克而致危。

长期吸入低浓度的氮氧化物可发生慢性中毒，主要表现为神经衰弱综合征及慢性上呼吸道或支气管炎症，个别严重病例可导致肺部纤维化。此外，尚可引起皮肤刺激及牙齿酸蚀症，在门齿面上出现暗白色或棕褐色的斑点。

工业卫生容许浓度（换算成 NO_2）：$5mg/m^3$。

氮氧化物中毒的预防措施如下：

1. 凡是制造和使用硝酸的生产场所，设备及管道应加强密封，并设置充分的抽气排风设备，使场所空气中氮氧化物浓度降至国家工业卫生标准以下。
2. 需发生小量氮氧化物气体的工作，应在毒气柜内进行。
3. 如有硝酸溅落在地板上，或与其他有机物接触时，除了迅速用大量的水冲洗外，还应加强通风，排出有害气体。
4. 在狭小不通风的场所进行电焊等作业，应有充分的排气设备。
5. 地下爆破作业后，除喷雾降尘外，还应输入新鲜空气。
6. 在高浓度氮氧化物的环境中作业，工作时间不宜太长，并戴好有效的防毒面具，或临时以湿毛巾等防护呼吸器官。
7. 对接触氮氧化物的作业人员定期进行身体检查。

凡是患有呼吸系统明显疾病者都不宜从事接触氮氧化物的作业，尤其是从事制造和大量使用硝酸的作业。

8. 根据国家关于女职工劳动保护的有关规定，女职工在怀孕期和哺乳期应禁忌在作业场所空气中氮氧化物的浓度超过国家工业卫生标准的情况下进行作业。

氮氧化物中毒的急救与治疗如下：

1. 迅速使中毒者离开毒区，并密切观察 24h 以上。
2. 给患者呼吸新鲜空气，必要时吸入氧气。
3. 静脉注射 50% 葡萄糖 20~60mL，或 5%~10% 的氯化钙。
4. 为防止肺水肿，可适量放血。
5. 对症治疗。如止咳剂，镇静剂等，应用吗啡需慎重。
6. 发生休克或呼吸循环衰竭时，可注射强心剂。
7. 出现高铁血红蛋白血症时服用两种维生素和美蓝静脉注射。

三、氨中毒的防治

氨 NH_3。为无色气体，具有强烈的催泪性和刺激性，并有特殊的臭味。相对密度 0.597，沸点 $-33.5℃$。氨极易溶于水形成氨水，也称氢氧化铵，在 0℃ 时，1L 水能溶 1176L 氨气，即 907g 的氨。

氨在空气中易变成碳酸铵,在氧气中易燃烧,火焰呈绿色,与空气混合到一定比例时,遇明火或受热易产生爆炸。

工业上氨是以氢和氮在高温、高压下经催化合成制得,主要用以生产氮肥。氨也可作冷冻剂使用。

氨主要是经呼吸道侵入人体。氨对人体的上呼吸道、眼、鼻的黏膜有刺激作用,高浓度时对中枢神经系统有损害,可引起痉挛,并能烧伤人的眼睛和皮肤,特别是皮肤的湿润部位。

急性氨中毒的发生大多是由于意外事故造成,如生产管道破裂、阀门爆裂等原因。大量吸入高浓度的氨气,即可发生急性中毒,轻者中毒表现为对眼及上呼吸道黏膜的刺激,有流泪、畏光、流涕、咳嗽、气短、胸闷、喉头刺激症状可有声音嘶哑等。严重中毒者可发生喉头水肿,喉痉挛而引起窒息。尚可引起肺水肿,甚至出现昏迷、休克。支气管损伤严重时,可咳出坏死组织或造成上呼吸道阻塞引起窒息。

高浓度的氨气或氨水溅于皮肤或眼睛,可引起眼结膜水肿,角膜溃疡,虹膜炎,晶体混浊甚至角膜穿孔。皮肤可达Ⅰ~Ⅱ度烧伤。

长期吸入低浓度的氨气,能引起慢性支气管炎。

工业卫生容许浓度:$30mg/m^3$。

氨中毒的预防措施如下:

1. 生产和使用氨、氨水的单位,要对作业人员加强安全教育,严格操作规程。

2. 生产过程应密闭化,严防跑、冒、滴、漏。对存有氨气及氨水的容器,要加强管理,定期检修,防止渗漏。

3. 生产和使用的作业场所要安装通排风装置,使空气中氨浓度降至国家工业卫生标准以下。

4. 加强个人防护措施,作业时应穿工作衣裤,配戴防护眼镜,以防氨气、氨水溅入眼内和沾染皮肤。作业现场应禁止吸烟、进食和饮水。配戴用30%硫酸锌溶液浸过的纱布口罩,可有效地防止氨气侵入。

5. 因工作需要进入高浓度环境中作业应配戴防毒面具,必要时还应派专人负责监护。

6. 氨作业场所应设有2%硼酸溶液或1%稀盐酸溶液,以及清水冲洗设施,以便发生事故时,能及时冲洗眼睛和皮肤。

7. 对从事接触氨作业的人员应定期进行体检。

凡患有慢性鼻炎、喉炎、咽炎、呼吸道疾病者,不宜从事氨作业。

氨中毒的急救与治疗如下:

1. 迅速将中毒者移至空气新鲜处,解开衣扣、裤带等束缚身体的衣服,注意保暖和保持安静,给予氧气吸入。较长时间吸入氨气中毒者不能做人工呼吸,可喷雾吸入2%硼酸溶液或5%醋酸溶液。多数患者经雾化吸入后,呼吸道症状减轻,呼吸平稳。

2. 呼吸衰竭或停止时,可给予呼吸兴奋剂,必要时气管插管或切开,给予加压氧气。

3. 预防和治疗喉头水肿和肺水肿。

4. 对症处理,如给予镇静、止咳等药物。

5. 眼部烧伤应先用清水或2%硼酸溶液反复清洗,再给予抗菌素眼膏等处理。

6. 皮肤沾染立即用大量清水冲洗,再用2%硼酸溶液洗涤,以免引起灼伤。此后,根据伤情给予一定的药物治疗,进行消炎、止痒、止疼和预防感染。

四、磷中毒的防治

磷 P。有黄磷、红磷、紫磷、黑磷等4种同素异构体。

黄磷。又称白磷，为淡黄色或白色蜡状固体，由磷蒸气迅速冷却后可得到。熔点44.1℃。沸点280℃。蒸气相对密度4.3。有大蒜般的特殊臭味。不溶于水，易溶于二硫化碳、氯仿、苯、乙醚及一些油脂中。在常温下能自燃，易氧化成含五氧化二磷和三氧化二磷的白烟，并发生磷光，因此常将黄磷保存在水中。它可以将铜从铜盐中取代出来，并与之化合生成磷化铜，因此硫酸铜是黄磷中毒的内吸解毒剂。

黄磷属于高毒类物质，吸入0.1g即足以致人死亡。

红磷。也称赤磷，黄磷放在400℃的密闭容器内加热数小时就能转化成红磷。相对密度2.3。沸点350℃。464℃升华。它在二硫化碳中不溶，常温下也不挥发，接触空气不氧化，对人体的危害较小。当然大量吸入红磷粉尘，仍有可能引起磷慢性中毒。工业用的红磷中常含有1％左右的黄磷，故防护措施采取不当仍能引起中毒。

黑磷。在高压下白磷又会转变成一种黑色的同素异构体，称之为黑磷。还有一种紫磷。这两种物质一般接触不多，其毒性也很小。

磷是自然界中与人类生活密切相关的物质之一。日常使用的火柴，节日里绚丽的烟花，农作物必需的农药，都离不开磷作原料。黄磷是由磷矿石经加热还原制得或从磷酸钙中制取。在军火、农药、火柴、焰火，以及用黄磷加热制取红磷、三氧化磷、磷酸酐和磷酸等工业生产中均需接触磷。

黄磷可经呼吸道、消化道或皮肤黏膜进入肌体，侵入体内的磷大部分以元素状态存在，小部分被氧化为磷的氧化物循环于血液中。磷在体内主要贮存于肝脏和骨骼，体内磷的含量增高，使体内钙、磷酸盐和乳酸的排出增加，导致骨骼脱钙。磷还能抑制体内氧化过程，阻碍蛋白质和脂肪代谢的正常进行。

磷职业性急性中毒一般在工业生产中少见，但预防不好也易发生。大量吸入磷的粉尘、蒸气或烟雾中毒时，轻者有头晕、头痛、乏力、恶心、呕吐等症状，并伴有脉快、血压偏低、肝大、肝功能异常，严重中毒者可发生急性肝坏死、昏迷，甚至死亡。

由熔化的磷溅于皮肤上可灼伤皮肤，并可由未燃烧完的残余磷和磷的氧化产物由皮肤吸收而发生中毒。此时，多数患者可有不同程度的肝脏损害，肝功能发生异常，肝肿大伴压痛、无力、恶心、食欲不振等。

口服中毒者，于食后0.5～3h发生剧烈恶心、呕吐、口腔和咽喉糜烂、胃部烧灼感、伴腹痛、腹泻，可呕血和便血，因疼痛，脱水可发生休克。数日后出现肝肿大，个别病例发生急性肝坏死。中毒严重者数小时内中枢神经受损，出现昏迷、循环衰竭、甚至引起死亡。

长期吸入低浓度的磷可发生慢性中毒，一般接触一年以上才发病，早期表现为疲乏、食欲不振、咽喉干痛等，进而出现鼻炎、喉炎、支气管炎、牙痛、牙齿松动、齿龈炎、齿槽溢脓，导致下颌骨骨质疏松和坏死。有的患者还出现肝肿大、贫血、女职工怀孕可引起早产等。

工业卫生容许浓度：黄磷 $0.03mg/m^3$。

磷中毒的预防措施如下：

1. 尽可能用低毒物品代替黄磷作原料，如必须使用，一定要有适当的劳动条件及合理的安全操作规程。

2. 生产和使用黄磷时,应采用机械化、密闭化操作,并设置有效的安全设施,如通排风设备、吸尘装置等。

3. 定期测定生产环境、空气中的磷浓度,发现问题,及时采取措施,使其浓度符合国家工业卫生标准。

4. 作业人员进行作业时,应穿戴好劳动保护服装及其他防护用品。

5. 建立和健全卫生制度,不在作业场所内吸烟、进食和饮水。注意口腔卫生,作业后用5%碳酸氢钠溶液洗眼、漱口。车间内应设有洗浴设施,便于作业后洗浴。

6. 对从事接触磷作业的人员应定期进行体检,包括肝功能检查和颌骨X线摄片。

凡患有严重牙病、呼吸系统、肝肾疾患、血液病的人员不宜从事磷作业。工作后每3~6个月作一次牙科检,如有龋齿等应迅速医治好。

磷中毒的急救与治疗如下:

1. 因不慎发生磷口服中毒者,应立即洗胃。可用0.1%~0.2%硫酸铜溶液、2%过氧化氢或0.1%高锰酸钾溶液,反复洗胃,直至洗出液体没有磷的蒜臭味为止。洗胃后,每隔10~20min口服1%硫酸铜10mL,共3~4次。禁食牛奶、脂肪类食物。一般不宜导泻以防胃肠穿孔或出血。

2. 注射高渗葡萄糖、维生素C等,用以保护心肌和肝脏,并保持水与电解质和酸碱平衡。

3. 有休克及循环衰竭时,给予对症治疗。

4. 磷皮肤灼伤与一般烧伤的处理原则不同。磷灼伤时应立即用清水冲洗,再迅速用2%硫酸铜或3%硝酸银溶液轻抹创面。此外尚需剪除创面水疱和清除坏死组织,除去余磷和洗掉残留的硫酸铜溶液。并避免用油性敷料,以防促进磷的吸收。碳酸氢钠纱条敷盖伤口,可获得较好效果。

在这里必须指出,硫酸铜用量过多,有发生铜中毒的危险,因此在使用时,亦需注意。

5. 磷慢性中毒者应调离接触磷作业,给予适当的休息和适当的治疗,颌骨坏死者可采取手术治疗。

五、磷化氢中毒的防治

磷化氢 PH_3。为无色气体,略带有腐败臭味。纯的磷化氢相对密度1.85。熔点-133.5℃。沸点-87.4℃。微溶于冷水、乙醇和乙醚。易被活性炭吸附。受热可分解,易氧化,易自燃。

磷化氢用于制备有机磷化合物。在金属酸洗、电石生产、磷的提炼、制造镁粉、含磷酸钙的水泥等生产过程中,均可产生磷化氢。含磷的矿砂、硅铁、金属锌、锡、铝等遇水时,也可产生磷化氢。此外,使用高效粮食熏蒸剂磷化锌和磷化铝用于灭鼠和杀虫时,也可产生磷化氢。

磷化氢属于高毒类物质,如果能闻到磷化氢气体的臭味时,说明它在空气中的浓度已超过工业卫生容许浓度。

磷化氢可经呼吸道吸入或磷化物在肠胃道内发生气体后被吸收,可经血液分布到全身各个器官和组织，主要损害中枢神经系统，以及心脏、肝脏、肾脏等实质器官。并作用于细胞酶，影响细胞代谢，导致内窒息。

吸入磷化氢引起的急性中毒，多在1~3h后发病，个别可长达24h以上。轻度中毒表现为头痛、失眠、乏力、口渴、鼻咽发干、胸闷、咳嗽、恶心、呕吐、腹痛、腹胀、心动徐缓、低热等症状；中度中毒除上述明显症状外，有轻度意识障碍、抽搐、肌束震颤、呼吸困难、轻度心肌损害；严重中毒可出现昏迷、肺水肿、呼吸衰竭、明显心肌和肝脏损害。严重者则可发生黄疸、肌肉痉挛、尿闭及神智昏迷、并发生生命危险。

经口误服磷化锌所致磷化氢中毒者，有不同程度的胃肠症状，以及发热、畏寒、头晕、烦躁不安和心律紊乱等表现。严重者可有黄疸、尿闭、休克、抽搐、昏迷。

长期接触低浓度的磷化氢，可出现头晕、头痛、失眠、无力、恶心、食欲不振、鼻干、嗅觉减退等症状，也可产生类似磷中毒的症状，如对骨骼、牙齿的影响，贫血和神经系统损害。

工业卫生容许浓度：0.3mg/m^3。

磷化氢中毒的预防措施如下：

1. 制造磷化氢应采取密闭化生产，并采取有效的通风措施。
2. 磷化锌与磷化铝贮藏时，应防潮，防火，并加强保管。使用磷化锌、磷化铝毒鼠杀虫熏蒸时，应严格遵守安全操作规程。
3. 加强个人防护。在使用防毒面具时，应事先检查其防毒效果。

磷化氢中毒的急救与治疗如下：

1. 对吸入中毒者应立即将其撤离现场，注意给予保暖与安静。
2. 给予氧气吸入。
3. 注意保护肝、胃功能，给予维生素、葡萄糖、肝乐等，用以保持心肌和肝脏。
4. 对症治疗，纠正水与电解质及酸碱平衡失调，抗休克及循环衰竭。
5. 口服磷化锌和磷化铝中毒者，可先服1%硫酸铜溶液，每次10~20mL，直止呕吐为止。再用0.1%高锰酸钾溶液洗胃，洗胃后导入活性炭30~50g吸附。忌用鸡蛋、牛奶和蓖麻油等油脂类食物和药物。

六、砷及其化合物中毒的防治

砷　AS。相对密度5.78。熔点814℃。615℃升华。纯粹的砷本身毒性极微。但在潮湿的空气中或与空气中的氧结合燃烧，甚易氧化成三氧化二砷，即白砒或砒霜，有剧毒。

我国著名的明代医学家李时珍所著《本草纲目》一书中提到的砒霜，就是砷化合物的一种。在工业生产中，砷化合物的用途非常广泛，它可以做木材防腐剂，以及除锈剂、农药、颜料、外用药物等。

大量的砷化合物灰尘或烟尘，对黏膜和皮肤都有直接刺激作用，引起眼睛流泪、失明、鼻腔干燥、胸痛、充血、咽喉干燥肿痛、喷嚏多痰等，皮肤则发生红斑丘疹，多发生于裸露及潮湿部位。

一般误服可发生急性中毒，在恶心、呕吐、腹痛之后，则剧烈的腹泻，引起脱水等一系列变化。如没有正确的治疗，在肠胃道的急性发作过去后，还会出现砷毒性脑病、肝炎、多发性神经炎及皮肤损害等病变。

在工业生产过程中比较多见的是慢性砷中毒，这主要是由于人们长期接触低浓度的砷化合物粉尘或蒸气所引起的。中毒后除了头昏、头痛、无力、显著消瘦、食欲减退、腹泻、便秘、性欲减退等症状外，还可发生上呼吸道刺激，多发性周围神经炎和砷毒性肝病。特别在患者指甲上出现1~2mm宽的白色横纹，为砷化合物中毒的重要特征。

此外，砷化合物还有致癌作用，可以诱发肝癌和肝血管瘤。皮肤长期接触砷化合物，在过度角化的基础上可发生皮肤癌。

这里要特别提到一种砷化合物——砷化氢，它是剧毒物。如果砷化氢浓度达到$50mg/m^3$，人接触1h后就会发生急性中毒致死。浓度在$30mg/m^3$时，人接触1h后会发生严重中毒。浓度在$9~30mg/m^3$时，也有轻度中毒症状。

工业卫生容许浓度：（三氧化二砷及五氧化二砷）$0.3mg/m^3$。

$\qquad\qquad\qquad\qquad$砷化氢　$0.3mg/m^3$。

预防砷及其化合物中毒的措施如下：

1. 预防工业砷化合物中毒，首先应控制含砷粉尘的飞扬。主要措施是对产生粉尘的生产设备加以密闭，回收粉尘，以及局部安设有效的吸风装置，使工作场所空气中的含砷量降至最低限度。

2. 砷化合物的粉碎、筛粉、拌料、包装等应尽可能密闭或隔离，并采用机械化操作等，减少作业人员的直接接触。

3. 大量使用和生产砷化合物的车间，要与其他车间及生活区有一定的隔距。生产过程中产生的废气、废水、废渣等，都要经过处理后排出。

4. 作业时要有适当的个体防护，配备防护服、工作鞋、防护手套和防尘口罩等，作业后应加强个人清洁，减少砷化合物的污染。

5. 禁止在作业场所进食、饮水和吸烟。

6. 对从事砷作业的职工应定期进行身体检查，以便及时发现疾患，及时给予治疗。

凡有严重上呼吸道和肺疾患，以及肝、肾、血液疾患、周围神经系统疾患及皮肤病者，均不宜从事含砷作业。

7. 根据国家关于女职工劳动保护的有关规定，女职工在怀孕和哺乳期应禁止从事砷作业。

砷及化合物中毒的急救与治疗如下：

1. 发生急性中毒应尽快使患者脱离现场，并使用解毒剂排毒。经口中毒者应迅速洗胃，洗胃后立即给解毒剂氢氧化铁，直至呕吐为止。如无氢氧化铁，也可用蛋白水、牛奶或活性炭。

2. 特效解毒剂巯基类化合物首选二巯基丙磺酸，也可用二巯基丙醇或二巯基丁二酸钠。除给巯基解毒剂外，应注意调节水盐代谢平衡，静脉滴注5%~10%葡萄糖和复方氯化钠溶液，输液量视脱水情况而定。休克时可给升压药物和输血，有肝损伤进行保肝治疗。出现神经炎时，可用大量维生素B_1进行治疗。

3. 慢性中毒患者应暂时脱离接触，以防毒物继续侵入体内。可用二巯基丙磺酸钠肌肉注射，每天2.5~5.0mL，3~5天为一疗程；也可用10%硫代硫酸钠10mL，静脉注射，每日一次。对多发性神经炎可按神经炎处理。

4. 皮肤损害。砷中毒皮炎可用5%二巯基丙醇油膏。三氯化砷烧伤皮肤，先用大量清水冲洗，再用2.5%氯化铵液湿敷，24h后，再酌情用上述二巯基丙醇油膏等涂敷。

七、硫化氢中毒的防治

硫化氢　H_2S。为无色透明的气体，有特殊的蛋类腐败时的恶臭气味。相对密度1.19。易积聚在低洼处，在通常情况下每一体积的水能溶解4.7体积的硫化氢气体。

硫化氢为易燃气体，燃烧时火焰呈蓝色。它与空气混合达到一定的浓度比例，遇火花或受热即能发生着火爆炸。

硫化氢一般不直接用于生产，而常常是在使用含硫的原料，或使用的原料中夹杂一些含硫的化合物，通过生产过程中的化学反应而产生硫化氢。例如，含硫石油的开采和提炼，含硫金属矿石的冶炼，橡胶、人造丝、合成纤维、硫化染料、颜料、二硫化碳的制造、氨的生产、制药等工业生产中均有硫化氢的产生。此外，在含硫有机物的腐败场所，如下水道、沟渠等也存在硫化氢。

硫化氢在空气中含量不大时，即能使人引起眩晕、心悸、恶心。当吸入硫化氢后，人很快失去对硫化氢气味的感觉，因此中毒的危险性就更大。

硫化氢是一种剧烈的神经毒物，它能与人体细胞色素氧化酶中的三价铁作用。它对各种酶均能起作用，使代谢作用降低。当空气中含有很高浓度（0.1%以上）的硫化氢时，由于迷走神经反射，立即发生昏迷和呼吸麻痹而呈"闪电式"的死亡。估计致死浓度为$200mg/m^3$。浓度在$20mg/m^3$以上时已属危险。浓度高时，又大量吸入，可引起肺水肿，甚至昏迷或死亡。浓度低时，就会迅速引起头痛、眩晕等症状。硫化氢对呼吸道黏膜和眼也有明显的刺激作用，特别是眼结膜和角膜颇易受到损害。

硫化氢轻度中毒，可有流泪，眼刺痛、咳嗽、胸部紧迫等，经几小时或几天后可以恢复。

硫化氢中度中毒，表现为眼结膜刺痛、流泪、恶心、呕吐、腹绞痛、呼吸困难、头痛、头晕、全身无力、呕吐、共济失调等，这些症状当空气中硫化氢的浓度达$200\sim300mg/m^3$时，即可出现。

硫化氢重度中毒，可发生"电击样"中毒，即几秒钟后突然痉挛性失去知觉，呼吸及心跳停止，如抢救不及时，可造成死亡。这些症状当空气中硫化氢的浓度达$700mg/m^3$以上时，即可引起。例如，1950年11月21日凌晨，墨西哥波查·里加城填附近一家化工厂发生了硫化氢泄漏事故，造成硫化氢中毒，使得320多人被送进医院，22人死亡。

长期接触低浓度硫化氢，可出现神经衰弱综合症和植物神经功能紊乱。

工业卫生容许浓度：$10mg/m^3$。

为防止硫化氢中毒，预防措施如下：

1. 有产生硫化氢气体的场所，应装置抽风排气设备，控制空气中硫化氢浓度不超过$10mg/m^3$。有生产硫化氢的生产过程，应完全密闭。

2. 排出的硫化氢气体及含有硫化氢的废液，都要先经过回收处理，使之达到国家规定的排放标准，才能对外进行排放，以消除对环境的污染。

3. 进入有硫化氢的场所、矿坑、巷道、窑井、阴沟等处，应先测定是否含有大量硫化氢，如果有，应当先抽风或送风，直至充分稀释达到工业卫生容许浓度以下后，方可进入作业，切忌无所准备地贸然进入。

4. 如果需要进入含高浓度硫化氢的危险区作业，必须配戴气体防护器材，并由专人在外负责监护。

5. 实行就业前体检和接触硫化氢作业人员的定期体检，凡是中枢神经系统、呼吸系统以及眼睛等器官有明显疾病者，都不宜从事接触硫化氢的作业。

硫化氢中毒的急救与治疗：

1. 对急性中毒患者应迅速抢救，使其脱离中毒现场，移至空气新鲜处。
2. 立即进行人工呼吸，若中毒引起肺水肿最好输入氧气。
3. 大量注射细胞色素丙及呼吸兴奋剂，如可拉明等。
4. 注射肾上腺皮质素，防治可能发生的肺水肿。注射抗菌素，防止可能发生的支气管肺炎等。
5. 用生理盐水冲洗眼球，然后每1～4h擦可的松及四环素眼药水或眼膏。如有疼痛或炎症，可再加潘妥卡因及金霉素眼膏等。
6. 人能够闻到气味的硫化氢浓度，比引起对人有害的最低浓度要低很多。硫化氢在低浓度时，其气味的强弱与浓度的高低成正比，但当其浓度超过数十毫克每立方米之后，浓度越高其味反而减弱。而高浓度的硫化氢可直接麻痹嗅觉神经，使它闻不出它的气味，所以，千万不可用硫化氢气味的强烈程度作为判断能否引起中毒的标准。
7. 由于硫化氢气体可由呼吸道排出，因此在进行人工呼吸时，最好不采用口对口人工呼吸的方法。如果采用口对口人工呼吸方法进行急救时，急救人员要避免直接吸入中毒者的呼气，以免也发生中毒。

八、二氧化硫中毒的防治

二氧化硫　SO_2。为无色气体，具有刺激性臭味。熔点$-72.7℃$。相对密度2.264。在常压下$-10℃$就能液化，易溶于水，溶水后生成亚硫酸。

工业上对二氧化硫的需求量很大。它可以广泛地用于制造硫酸、亚硫酸盐、硫酸盐以及一些有机化合物的合成，硫化橡胶，冷冻、漂白纸浆、羊毛、丝等，熏蒸杀虫，消毒、冶炼镁，精炼石油等。

二氧化硫是一种具有强烈刺激性臭味的有毒气体，大量吸入，可致人于死地。历史上曾发生过一起震惊全球的二氧化硫中毒事件——英国伦敦烟雾事件。1952年12月5日，由于当地的气候条件，从家庭和工厂的烟囱中排出的二氧化硫烟尘，被逆温层封盖而滞留在下面的居民区中，形成了严重的大气污染，几天之内就造成了数以千计人的死亡。

二氧化硫对上呼吸道和眼结膜有刺激作用，主要是因为它与呼吸道和眼睛内的水生成了亚硫酸。空气中二氧化硫浓度较高时，对深呼吸道也有刺激作用，能引起支气管炎、眼睛灼痛等。

当空气中二氧化硫浓度较低时，对黏膜有刺激作用，当浓度为$50mg/m^3$时，对人眼睛有刺激，$20～30mg/m^3$时对咽喉有刺激。

当空气中二氧化硫浓度达到$120～300mg/m^3$时，可引起声音嘶哑、胸痛、胸部紧迫、支气管炎、呕吐、咽吞食物困难、眼结膜发炎等症状。

当空气中二氧化硫浓度极高，可引起不同程度的呼吸道及眼睛的刺激症状。轻度中毒时会出现流泪、畏光、咳嗽，鼻、咽、喉部烧灼样痛，声音嘶哑，甚至有呼吸短促、胸痛、胸闷等。严重中毒时则在数小时内发生肺水肿，出现呼吸困难、知觉障碍和紫绀，严重者可造成死亡。通常死亡的原因是因声门反射性痉挛引起窒息所造成，或因休克、肺水肿引起。

长期吸入低浓度的二氧化硫可造成慢性中毒，使人产生头昏、头痛、乏力等全身症状，同时还会引起鼻炎、咽喉炎、支气管炎及消化系统疾病。

工业卫生容许浓度：$15mg/m^3$。

二氧化硫中毒的预防措施如下：

1. 对生产及使用二氧化硫的设备、管道应密闭，并在生产作业场所配装局部排气通风设备。
2. 对工业废气中的二氧化硫应设法回收处理及综合利用再排放，以免污染大气。
3. 设备应定期检修，进入高浓度场所作业应佩戴防毒面具。
4. 作业前后可用2％碳酸氢钠溶液漱口。
5. 定期对从事接触二氧化硫作业的人员进行体检。

凡患有明显眼、鼻、喉及呼吸道疾患者，手、面部有湿疹者，以及支气管哮喘和肺气肿患者，均不宜从事接触二氧化硫作业。

二氧化硫中毒急救与治疗如下：

1. 迅速使中毒者离开毒区，移至空气新鲜处。
2. 严重中毒者要考虑可能有肺水肿不能进行人工呼吸，应给予输氧。
3. 眼睛受伤，可用2％碳酸氢钠溶液进行冲洗。并可滴入可的松溶液及抗菌素，疼痛时可用1％犹卡因滴入止痛。
4. 鼻塞时，可用2％麻黄素或1％氢化可的松加肾上腺素滴鼻。
5. 呼吸困难时，可注射氨茶碱或氢化可的松加葡萄糖静脉滴注。
6. 肺水肿时，除进行输入氧气外，可静脉注射50％葡萄糖，4～8h后可重复注射，加用维生素C，也可用氨茶碱加2％普鲁卡因进行肌注、或异丙嗪肌注。

九、三氧化硫中毒的防治

三氧化硫 SO_3。又称硫酸酐。是一种无色的结晶，有三种同素异构体，通常为混合体，熔点不固定，易升华。三氧化硫是一种强氧化剂，同水化合生成硫酸，溶于浓硫酸而形成发烟硫酸，同时放出大量的热量，反应生成物易形成难于收集的酸雾。

三氧化硫主要用于制造硫酸和氯磺酸，也用于有机化合物的磺化。

三氧化硫对上呼吸道及眼黏膜有直接的刺激作用。当空气中三氧化硫的含量较高时，大量吸入可引起咳嗽、胸闷、窒息感等症状，严重时也可伴发肺水肿。

按照空气中三氧化硫浓度的高低，接触后可发生不同程度的眼黏膜及上呼吸道刺激症状，引起眼结膜充血、流泪、鼻腔咽喉热辣感、喷嚏、刺激性咳嗽等。高浓度时可引起呛咳、胸闷，甚至窒息，严重者可因发生肺水肿而引起死亡。

长期接触低浓度的三氧化硫，一般在$3mg/m^3$，可引起咳嗽、多痰等慢性支气管炎，以及嗅觉、味觉减退等。

工业卫生容许浓度：$2mg/m^3$。

三氧化硫中毒的预防措施如下：

1. 生产设备与管道要防止跑、冒、滴、漏，加强设备的维修保养。
2. 作业场所要安设局部通风设备。
3. 加强个人防护，穿戴工作服，配戴防毒口罩等。
4. 对从事接触三氧化硫的作业人员定期体检，以及进行就业前职业性体检。

凡患慢性支气管炎、支气管扩张、哮喘等疾病者，不宜从事接触三氧化硫的作业。

三氧化硫中毒的急救与治疗如下：

1. 将中毒者移离作业现场，安卧在空气新鲜处。
2. 进行对症处理，用2%碳酸氢钠溶液洗眼，作喉头喷雾吸入，对胸闷及呼吸困难须吸入氧气。
3. 咳嗽气急可吸入异丙基肾上腺素，或皮下注射氨茶碱、麻黄素。
4. 严密观察，防止肺水肿。

十、硫酸中毒的防治

硫酸 H_2SO_4。纯粹品为无色油状液体，具有强腐蚀性。98.3%的硫酸，相对密度1.834。熔点10.36℃。沸点338℃。在340℃时分解。工业品因含杂质而呈黄、棕等色。硫酸能与许多金属或金属氧化物作用而生成硫酸盐。浓硫酸有强烈的吸水作用和氧化作用，对水猛烈结合同时放出大量的热，对棉麻织物、木材、纸张等碳水化合物剧烈脱水而使之炭化。

硫酸是工业生产中最常用的酸之一，制造农肥硫酸铵、过磷酸钙、磷酸、硫酸铝、二氧化钛、合成药物、合成染料、合成洗涤剂、金属冶炼等，以及有机合成中用作脱水剂和磺化剂，金属、搪瓷等工业中用作酸洗剂，石油工业中用于精炼石油制品等，都要应用大量硫酸。硫酸在常温下不挥发，但在加热、搅拌等场合，可产生硫酸雾或三氧化硫烟雾，危害作业人员。

大量吸入高浓度的发烟硫酸的蒸气可引起呼吸道刺激症状，严重者发生喉头水肿，支气管炎、肺炎、甚至肺水肿。

眼黏膜受酸蒸气刺激可发生急性结膜炎的症状，如发红、流泪、疼痛、羞明等。

鼻黏膜受酸蒸气刺激有鼻干、流涕、喷嚏等症状，咽喉受刺激可使咽喉干燥、咽下疼痛、咳嗽等。

皮肤直接接触硫酸，轻者局部发红、发痛等，中等者烧成水疱，周围大量出血；严重者可引起皮肤及皮下组织完全坏死，烧成焦黑。部分人在痊愈后局部出现疤痕增生。

长期接触硫酸蒸气，牙齿面逐渐不光滑、粗糙，有纵形凹纹，并感觉牙齿发酸，尤其是在咀嚼坚硬食物或吃冷、烫的食物时，牙齿疼痛。重者牙根松动，不能咀嚼，也有人牙龈易出血，牙齿变黑等"牙齿酸蚀症"症状。

不慎误服硫酸后，口腔内有强烈的疼痛，咽喉食道和胃部有强烈的烧灼感，最初猛烈呕吐，吐出酸性物质，以后可吐出咖啡色物质或混有鲜红血液，甚至可见到呕吐物中有食道或胃的黏膜。重者并有腹泻，大便中带黏液或血。此外，咽喉上部、气管，如果受烧伤可引起急性声带狭窄、呼吸困难、全身可发生冷汗、剧烈疼痛、血压下降而引起休克。严重患者多在急性休克期以后，并发胃穿孔、声带水肿、狭窄、心力衰竭或肾损害，均有生命危险。

工业卫生容许浓度：$2mg/m^3$。

硫酸中毒的预防措施如下：

1. 生产硫酸的各个过程均应密闭，各管道接头处等均需经常检查，以保证不泄漏。
2. 接触硫酸作业的人员，应配戴防护设备，如橡胶服、橡胶手套、防酸胶鞋、眼镜、口罩等，并应穿丝绸或毛织品制成的工作服。
3. 接触发烟硫酸的作业人员应配戴防毒面具。
4. 长期在酸蒸气中作业的人员，最好能使用牙齿防护套，或定期在牙齿上镀银盐，或涂其他不溶性防护剂，以保护牙齿。工作期间常用1%～2%的小苏打溶液漱口也有益处。
5. 作业场所应有方便的冲洗设备，以便沾染后及时冲洗。
6. 对从事接触硫酸作业的人员定期进行体检，以及进行就业前体检。

凡患严重的支气管炎、癫痫症者以及牙齿严重疾患者，不宜从事接触浓硫酸的作业。

硫酸中毒的急救与治疗如下：

1. 眼、鼻、咽喉受硫酸蒸气刺激，应停止接触，用温水或2%苏打水冲洗或含漱，必要时可喷雾吸入5%碳酸氢钠溶液，咽喉急性炎症可以咽下冰块。
2. 皮肤接触烧伤立即用大量清水或2%苏打水冲洗，如有水泡出现，须再涂红汞或龙胆紫。
3. 牙齿长期受酸蒸气腐蚀，按病情轻重，停止接触或暂停接触，给予大量钙剂及丁种维生素制剂，如产生剧烈疼痛或牙齿松动，需口腔科手术拔牙。
4. 误服硫酸，洗胃，可在服后立即进行，稍晚则不宜，以防引起胃穿孔。常用温水或牛奶、豆浆等少量多次灌洗，忌用碳酸氢钠等碱性溶液洗胃，洗胃后可内服氧化镁乳剂或橄榄油。
5. 全身休克症状明显时，需从速静脉注入大量生理盐水，或5%葡萄糖盐水，必要时得输血急救。
6. 声带水肿，极严重者需考虑气管切开，以挽救生命，食道烧伤后狭窄应该注意用营养高的液体食物，以保证足够的水分输入量。

十一、氰化物中毒的防治

氰即为氰化氢，HCN。为一种具有苦杏仁味的无色气体，在致死浓度下带有辛辣气味。熔点-13.4℃。沸点25.7℃。蒸气相对密度0.94。可均匀地弥散在空气中，其水溶液又称氢氰酸，为无色透明的液体。

氰化氢是合成氰化物的常用原料，也是很多氰化物化学合成中的副产品，此外，煤气、炼焦炉气体、高炉气体及高炉气水洗液中也常含有少量的氰化氢。氰化物广泛用于化工、钢铁、电镀、选矿等工业及实验室研究，也可作为熏蒸杀虫剂，如人们所熟悉的氰化钾、氰化钠都是白色结晶状固体，它们主要应用于淬火、电镀、从矿石中提炼金和银，及各种氰化物的化学合成等。

氰化物除用作药物的硫氰酸盐及一些复合氰酸盐无毒外，大多数氰化物对人体都有毒，从事有毒氰化物作业危害较大，在生产和使用过程中，稍有不慎，就可能发生中毒。

氰化物中毒主要是由于可溶性氰化物的氰离子，通过呼吸道、皮肤吸收或消化道进入人体。浓度过高时，氰离子与人体内细胞色素氧化酶的三价铁结合，抑制细胞色素氧化酶的正常活性，造成细胞内氧化作用受障碍，失去传递氧的能力，出现组织细胞缺氧窒息，特别是大脑中枢。

短期内大量吸入或误服氰化物，可在 1~6s 内，不出现任何症状而立即昏倒，2~3min 内呼吸停止，可发生像触电一样"电击样"死亡。正常工业生产中发生"电击样"死亡的中毒事故不太常见。如果不是很快死亡，一般急性中毒的过程根据症状可分为 4 期。

前驱期：除眼、咽喉及上呼吸道黏膜刺激症状外，常有头昏、头痛、恶心、呕吐、心悸、出汗等。

呼吸困难期：呼吸短促、节律失调、听力及视力减退、眼球突出、黏膜呈樱桃红色。

痉挛期：牙关紧闭、大小便失禁、意识丧失、出现强直性阵发性痉挛。

麻痹期：瞳孔散大、角膜反射消失，最后形成休克和呼吸、心跳停止。

如果人体内吸入极微量的氰化物，氰离子可转化为相对无毒的硫氰酸盐，通过尿液排出。长期接触超过国家工业卫生容许浓度的氰化物可发生慢性中毒。慢性中毒症状体征较为复杂，较突出的表现为神经衰弱症候群，以及运动肌的酸痛和活动障碍。

神经系统症状表现为头昏、眩晕、头痛、过度健忘、全身无力等，程度比一般神经官能症严重。

肌肉症状主要表现为全身肌肉酸痛、刺痛或鸡啄样痛，有肌肉强直僵硬、或动作不灵活及活动范围缩小、走路曲膝或易跌倒。此外，尚有肢端感觉麻钝等。

不少患者表现有易于昏厥、尿频不能忍住，以及排尿后小便淋漓等症状。

工业卫生容许浓度（换算成 HCN，皮）：$0.3mg/m^3$。

氰化物中毒的后果比较严重，采取预防性措施至关重要。

1. 生产过程应尽量采取密闭化、机械化、自动化、连续化的设备进行，严防跑、冒、滴、漏，并应有良好的通风设施。
2. 生产过程应有一整套切实可行的安全操作规程，并有专人负责检查、督促执行。
3. 进入高或中等浓度的氰化物场所作业时，必须佩戴有效的防护用品，同时必须有专人负责监护。
4. 含氰化物的废水，应经过处理后再排放，下水道须与酸液废水分开，以免引起氰化氢气体中毒。
5. 生产车间内须设有急性中毒急救箱，作业人员应尽量做到人人会现场抢救，每天定人负责值班。
6. 作业场所禁止吸烟、饮水、进食，饭前洗手，工作完毕后应及时洗澡，更换衣服。
7. 定期作预防性的身体检查。

凡患有肾脏、肝脏、呼吸道、皮肤、贫血、甲状腺等疾病者，以及严重神经衰弱，精神抑郁和嗅觉不灵者，均不宜从事接触氰化物的作业。

8. 根据国家关于女职工劳动保护的有关规定，女职工在怀孕期和哺乳期均禁忌从事接触氰化物的作业。

氰化物中毒急救与治疗如下：

1. 氰化物中毒病情发展很快，急救与治疗的基本原则是争分夺秒，迅速抢救。因此，救治的关键是现场与救护车内的急救，而不是光送医院。

治疗时各种措施必须同时并用，即使呼吸心跳停止，如能及时大力抢救，仍有挽回生命的希望，切切不可轻易放弃。

2. 立即把中毒者搬到空气新鲜的地方，脱光污染衣服、手套等，解开衣领。呼吸不正常者立即进行人工呼吸，可能时并供给氧气。

3. 彻底用冷水冲洗污染的皮肤，杜绝继续吸收。如误服可用5％硫代硫酸钠或0.2％高锰酸钾溶液洗胃，以后并服硫酸亚铁或氧化镁溶液，使之成为亚铁氰化物而解毒。

4. 心脏不正常或血压降低者，给予强心剂及升压药物，必要时在心腔内注射。

5. 迅速吸入亚硝酸异戊酯，每15秒一次，反复2~3次。如无亚硝酸异戊酯也可静脉注入3％亚硝酸钠溶液10mL，以每分钟3mL速度注入。前种药物可使血红蛋白变成高铁血红蛋白，后种药物易与氰结合成氰化高铁血红蛋白，阻止氰离子抑制细胞色素氧化酶。

6. 随即静脉注射25％~50％硫代硫酸钠25~50mL，它的作用是与氰高铁血红蛋白中离解出来的氰结合成低毒的硫氰化合物。

7. 其他对症治疗。

十二、氟化氢和氢氟酸中毒的防治

氟化氢　HF。为无色气体，熔点－83℃。沸点19.4℃。极易溶于水成为氢氟酸。氟化氢以及40％氢氟酸遇到空气，立即生成烟雾。氢氟酸能侵蚀玻璃，故需铅制、蜡制或塑料制器皿盛放。无水氟化氢液体应贮存于冷却的银器中。

氟化氢是氟化学工业中的一种基本原料，用以制造各种无机和有机氟化物。氟化氢通常用硫酸与萤石（CaF_2）作用而制得。在用冰晶石（Na_3AlF_6）提炼铝，雕刻玻璃；生产氟硅酸钠、氟化钠、氟氯烷冷冻剂、含氟塑料、有机合成的催化剂和氟化剂，以及电解氟化氢钾制氟时，均可接触到氟化氢。

氟化氢可经呼吸道和皮肤侵入人体，对局部产生强烈的刺激和腐蚀作用，吸收后对全身产生毒作用。当氟化氢在空气中的含量达3.0mg/m³时，一般人无特殊异常，但也有个别人发生眼结膜和上呼吸道刺激症状；达10mg/m³时，半数人感到明显的眼、鼻、喉刺激；达20mg/m³时，可使眼结膜和呼吸系统刺激症状更加明显，不能长时间接触；达60~120mg/m³时，很短时间就能发生剧烈的刺激症状，这时一般不能连续接触1min。

短时间大量吸入高浓度的氟化氢气体后可引起急性中毒，迅速出现程度不同的流泪、喷嚏、流涕、鼻腔咽喉热辣感、发声嘶哑、咳嗽、胸闷等症状。严重时可引起眼结膜、鼻黏膜和腔黏膜顽固性溃疡，并发生支气管炎、肺炎，甚至引起反射性窒息和中毒性肺水肿。

氟化氢及氢氟酸对皮肤均有强烈的腐蚀性，氢氟酸还能直接烧伤皮肤，并可使指甲软化。皮肤直接接触高浓度的氢氟酸，能迅速引起剧烈疼痛，接触局部成苍白色，如果冲洗不及时，可发生坏死，局部皮肤呈淡紫色到紫黑色，以后形成溃疡等。皮肤直接接触低浓度的氢氟酸，接触时尚无特殊感觉，甚至未能引起注意，如没能及时冲洗，氢氟酸能通过皮肤和指甲渗透到皮下组织和甲床下组织，经过几小时的潜伏期后，剧烈疼痛。氢氟酸浓度愈淡，潜伏期愈长。皮肤接触初期呈暗红色，并可形成水泡，以后则变成褐色、灰黑色、紫黑色等，形成溃疡。如果接触量较多，又缺乏合理的治疗，可连续疼痛多日，并且氢氟酸可以一直渗透到指骨，使指骨溶融，关节发生病变，以后形成指骨缺损或关节破坏畸型。此外还有并发感染。

氢氰酸大面积的皮肤接触灼伤，由于广泛的组织坏死及渗液等变化，可以引起与大面积重度烫伤类似的症状，如休克、电解质紊乱、发热等。又由于大量氟离子侵入体内，可以引起急性氟中毒的变化，如血钙下降等。因二者的综合作用，使病情严重。

氢氟酸液体溅入眼腔，角膜和结膜可迅速出现一层白色假膜，如不及时冲洗可形成角膜穿孔。患者除感剧烈难忍的疼痛外，还常并发头痛。

长期接触低浓度的氟化氢气体可引起慢性中毒。主要表现为上呼吸道的慢性病变及骨骼、牙齿等损害。

上呼吸道黏膜损害、鼻、咽、喉慢性炎症是氟化氢慢性中毒的特征。由于氟化氢的慢性刺激，还可引起咽、喉黏膜充血、声音嘶哑、鼻塞、干咳及慢性支气管炎等。

骨骼损害主要是长期接触氟化氟，一般在 8~10 年，可发生骨质病变，骨皮质增厚，骨质增密。脊椎骨、盆骨及肋骨为最先受损，也可向四肢长骨发展，个别严重者可发生自发性骨折。

牙齿损害主要是引起牙齿酸蚀症，牙齿表面粗糙无光泽，齿缘呈锯齿状改变，牙齿易碎，成块状脱落，牙龈易出血，易患牙龈炎等。

工业卫生容许浓度（换算成 F）：$1mg/m^3$。

氟化氢和氢氟酸中毒的预防措施如下：

1. 预防氟化氢和氢氟酸中毒的关键是生产过程采用密闭设备，定期检查，防止泄漏。并在作业场所装设抽风排气设备，以加强通风，使作业环境空气中的氟化氢浓度降低到国家规定的工业卫生标准以下。

2. 防止氟化氢的腐蚀作用，有关设备及管道，应用耐腐蚀的不锈钢或特种塑料制成。

3. 加强个人防护，作业时应穿戴好防护用品，如工作服、工作鞋、防毒口罩或防毒面具等，皮肤可用羊毛脂作为防护膏。

4. 加强个人卫生，严禁在作业场所吸烟、进食和饮水，防止氟化氢从呼吸道、消化道侵入人体。

5. 车间内应设有冲洗设施，以便皮肤等沾染后能及时冲洗。

6. 在饮食上，作业人员应多吃含维生素 C 及低脂肪的食物，以增强体质。

7. 对从事接触氟化氢和氢氟酸作业的人员定期进行体检，以便及时发现问题，及时处理。

8. 根据国家关于女职工劳动保护的有关规定，女职工在哺乳期禁忌从事作业场所空气中氟化氢浓度超过国家工业卫生标准的作业。

氟化氢和氢氟酸中毒的急救与治疗如下：

1. 呼吸道吸入引起的中毒，其治疗与一般酸刺激性气体相同，大量吸入者应静脉注射葡萄糖酸钙。

2. 皮肤受污染，应用大量清水彻底冲洗干净，特别是指甲与皮肤交界的指甲沟等处。

如有水泡应抽出其液体,并注入小量10％葡萄糖酸钙溶液;如有皮下组织坏死液化现象,应切开排液,并彻底清除坏死组织;如果病变在指甲下,并有疼痛,应当拨去指甲为宜,即可解除疼痛,又可促使早愈。

3. 皮肤接触淡的氢氟酸后,因当时不一定有疼痛,需要找到直接接触部位。可将手浸入40～50℃的温水中;或用沙布蘸温水轻拂皮肤;或用试管装上温水在皮肤上滚动。由于接触氢氟酸的皮肤对热较为敏感,因此皮肤污染处在接触温水后便疼痛,可即在该处进行治疗。

4. 皮肤污染处,可用纱布浸湿10％氯化钙溶液后敷在局部,进行离子透入,每日3～4次,每次30分钟。皮肤疼痛时,可用50％硫酸镁溶液湿敷局部,在疼痛时可不停地进行,并经常滴加或更换硫酸镁溶液。

5. 大面积皮肤污染后,除及时用清水彻底清洗污染皮肤,应及早静脉注射葡萄糖酸钙或氯化钙溶液,灼伤范围广泛者可适当增加剂量;口服氢化可的松;应用抗菌素防止感染;灼伤范围广泛者,治疗与重疱烫伤相似,如防止休克、电静质紊乱、出血等。

6. 少数氢氟酸灼伤患者,由于在接触后没有立即彻底冲洗干净,伤口痊愈后有疤痕组织过分增生,可以口服氢化可的松或进行组织疗法。

7. 眼睛被氢氟酸灼伤后,立即用大量清水彻底冲洗干净,特别是结膜穹窿部等处。然后间歇不停地滴入氢化可的松眼药水或涂可的松眼膏。要经常清除分泌物,角膜有溃疡穿孔时,必须由专科处理。

十三、氯气中毒的防治

氯 Cl_2。为黄绿色气体。熔点$-102.00℃$。沸点$-33.7℃$。相对密度2.49。易液化成深黄色的液体。易溶于水,溶于水后生成盐酸和次氯酸。

氯是强氧化剂,在光线的照射下与氢化合时会发生爆炸性的光化学反应,生成氯化氢,并放出大量的热。与一氧化碳作用能生成毒性更大的光气。

氯气是化学工业上常见的原料。在电解食盐过程;消毒剂、氧化剂、漂白剂的生产和使用过程;以及生产盐酸、光气、氯苯等含氯化合物的过程中,都要接触到氯。因此,氯气是工业中使用量最大,接触面最广泛的剧烈刺激性气体之一,它的毒性很大。

当空气中氯的浓度达1～6mg/m^3时,便能对人体产生明显的刺激作用;12mg/m^3即能在短时间内使人也难以忍受;100～200mg/m^3持续半小时至一小时就有死亡的危险;浓度高达2500～3000mg/m^3时,短时间内即可引起死亡。

氯气进入呼吸道后,能附在黏膜上引起肺水肿。部分与水作用形成盐酸及新生态的氧,前者对黏膜有灼伤和刺激作用,引起炎性肿胀、充血和坏死,后者对组织起强烈氧化作用。在高浓度时,氯气进入机体后刺激呼吸中枢,能引起反射性心跳停顿,可出现"电击型"死亡。

发生急性中毒时,根据吸入氯气浓度、时间的不同,分为轻、中和重度中毒。

轻度中毒:一次吸入一、二口较高浓度的氯气,就有黏膜刺激症状,检查时可见眼结膜、鼻黏膜和咽部充血。数小时后可逐渐好转,3～7d后症状消失。

连续几小时吸入超过工业卫生容许浓度2～3倍或5～6倍的含氯空气时,眼便流泪,并有异物感,咽喉干燥、胸闷。部分人还有失眠、胸痛、脉搏加快等现象。

中度中毒：连续吸入较高浓度的氯气几分钟到十几分钟，除轻度中毒症状外，并可引起弥漫性支气管炎或支气管肺炎。经治疗 3~4 天可好转，10d 左右可治愈。

重度中毒：开始与中度中毒相同，以后出现中毒性肺水肿，甚至引起昏迷及休克，严重时可引起喉头和支气管痉挛和水肿，造成窒息等。

皮肤接触高浓度的氯，可在暴露部位引起灼伤或急性皮炎。

长期接触低浓度的氯气可引起慢性中毒。

眼黏膜刺激表现为流泪、结膜充血等。

呼吸道刺激有咳嗽、咽烧灼感、慢性支气管炎、肺气肿、肺硬化等。

精神系统可出现神经衰弱症候群。

消化系统表现为牙齿发黄无光泽，有时可引起齿龈炎、口腔炎、食欲不振、慢性胃肠炎等。

皮肤刺激有皮肤烧灼感、发痒、痤疮样皮疹。

工业卫生容许浓度：$1mg/m^3$。

氯气中毒的预防措施如下：

1. 因氯气接触广泛，毒性又大，因此，各生产和使用氯气的有关人员必须在思想上高度重视，预防氯气的危害。

2. 一切生产及使用氯气的设备和管道，应绝对密闭，并要有充分的有效措施防止氯气外逸。例如，使用橡皮管、塑料管等，应在使用一定时间后，要及时更换，防止老化而不能耐受原有压力，或者有裂缝。

3. 凡有可能有氯气外逸的生产设备周围，以及使用氯气的场所，应装设抽风排气设备，以便一旦有氯气跑出，能及时排除。并应有两套抽风排气设备，以便一套坏了，另一套仍能排除氯气。

4. 排出的氯气应当经过碱液处理，待净化后再排入大气，以免危害附近居民及农作物。

5. 各种设备、管道、阀门、开关等，平时要有专人维护，使用到一定时期后应定期检修，以防跑、冒、滴、漏。

6. 贮有液态氯的钢瓶要经常检验，以保持良好的耐压性能。

7. 加强安全知识的普及教育，使接触氯的作业人员都了解有关知识，在工作时严格遵守安全操作规程，发生意外时懂得如何采取防范措施。

8. 对接触氯的作业人员定期进行体检。

凡是呼吸系统、心血管以及眼鼻喉有疾患者，都不宜参加氯作业。

9. 根据国家关于女职工劳动保护的有关规定，女职工在妊娠和哺乳期应脱离接触氯作业。

氯中毒的急救与治疗如下：

1. 首先先将中毒者迅速移至空气新鲜、流通处。

2. 呼吸困难的严禁进行人工呼吸，应给予吸入氧气。

3. 雾化吸入 5% 碳酸氢钠溶液。

4. 用 2% 碳酸氢钠溶液或生理盐水洗眼、鼻和口。

5. 静脉缓慢注射 10% 葡萄糖酸钙，如血压正常可注射氯丙嗪或异丙嗪，预防肺水肿。

6. 严重者注射强心剂，有心力衰竭者按心力衰竭处理。禁用吗啡。

7. 如有喉头水肿等情况，应迅速将气管切开，插管给氧。

十四、氯化氢中毒的防治

氯化氢 HCl。为无色气体，有刺激性气味。熔点－111℃。沸点－85℃。极易溶于水，也溶于酒精和乙醚等。其水溶液就是盐酸，是常用的无机强酸之一。饱和的或浓的盐酸在空气中能挥发出氯化氢气体。

氯化氢用于制造盐酸、氯化物、也用作有机化学的缩合剂等。在工业生产中，人们接触氯化氢大致有三种情况，一是制造氯化氢或直接使用氯化氢或其水溶液；二是所接触的化学物品本身不是氯化氢，但该化学物品一遇到空气中的水份可有氯化氢生成，如三氯化锑、三氯化磷、乙酰氯等等；三是在某些工业生产过程中的副产品，如制造敌百虫、四氟乙烯，以及聚氯乙烯的热加工等，均有氯化氢生成。

氯化氢主要经呼吸道侵入人体而引起中毒。因氯化氢极易溶于水，所以大量接触高浓度氯化氢的当时，眼结膜及上呼吸道可出现强烈的刺激现象，表现为流泪、鼻腔酸辣、喉部热痛及咳嗽等症状。如果继续大量接触，则有羞明、结膜充血、咳呛、胸痛，甚至呕吐等症状。严重者可引起肺水肿。但由于氯化氢的刺激性很大，作业人员在接触后都能迅速进行防护，故在一般情况下不致引起肺水肿等病变。

在夏天，由于出汗多，空气中的氯化氢不断溶解在汗液中，使皮肤所接触的氯化氢浓度高而时间又长，加上皮脂层随汗液而流失，因此长时间的大量接触，可使皮肤干燥、发痒。

氯化氢的水溶液盐酸，对皮肤有烧伤作用，溅在皮肤上如不及时冲洗，可引起不同程度的腐蚀伤，痊愈也比较慢。

长时期接触低浓度的氯化氢，可造成慢性中毒，主要是上呼吸道黏膜刺激症状，如慢性鼻炎、支气管炎等。皮肤在冬天易发生皲裂。还可发生不同程度的牙齿酸蚀症等。

工业卫生容许浓度：$15mg/m^3$。

氯化氢中毒的预防措施如下：

1. 凡是生产或使用氯化氢气体及浓盐酸的生产设备等，都应当密闭，或在通风柜内进行。盐酸的出料、分装等作业，应辅以必要的抽风排气设备。

2. 进入高浓度氯化氢的作业场所进行检修等作业，应配戴防毒面具。

3. 作业人员应穿着合适的防护用品，防止皮肤直接接触。

4. 车间内应安装方便的冲洗设备，以便皮肤污染后及时冲洗。

5. 对从事接触氯化氢作业的人员应定期进行体检，以便发现问题及时处理。

氯化氢中毒的急救与治疗如下：

1. 对发生氯化氢急性中毒者，应迅速使患者脱离现场。

2. 对发生氯化氢中毒者，主要是对症治疗，急性中毒要注意防止肺水肿的发生。咳嗽剧烈者可以喷雾吸入2%～5%的碳酸氢钠溶液，以减轻刺激症状。

3. 其他可参照氯气中毒治疗。

4. 皮肤直接接触盐酸者，应迅速用大量清水冲洗污染部位，并敷以5%碳酸氢钠油膏等，按一般伤口处理。

十五、光气中毒的防治

光气 $COCl_2$。又称碳酰氯，为无色气体。熔点 $-118℃$。沸点 $8.3℃$。比空气重 2.5 倍。易液化，低温贮存时为液体，为腐草臭或烂苹果气味，是高毒类窒息性气体。美国在印度博帕尔的农药厂发生死亡数千人的事故，也是光气及其他毒气毒害的结果。因光气毒害较大，第一次世界大战时，曾被用作为军事毒气。

光气与其他有毒气体相比，其毒性作用十分突出，它的毒性比起氯气还要大 10 倍。光气中毒还有潜伏期长、症状再发的特点。由于光气在有机合成、制造染料、农药和医药等方面有着特殊的用途，它又是化学工业的重要原料，因此，一些职工与光气接触的机会就多。

光气主要是对呼吸系统的损害，对上呼吸道刺激较轻，主要作用于小支气管和肺泡，引起肺水肿。

吸入光气后一般有 3~10h 的潜伏期，吸入的浓度越高，潜伏期越短。因此，吸入光气后往往数小时后突然症状加重，皮肤显著发绀、呼吸困难，甚至窒息、咳嗽、吐血性泡沫痰、突然死亡。

吸入光气量不多者，有刺激反应，表现为流泪、畏光、喉干痛、呛咳、气促、头晕、头痛、恶心、乏力等。一般脱离现场后，即可自动减轻，病情不再有发展，数日内好转，此类属于轻度中毒。

病情已发展至肺水肿或化学性肺炎、表现有剧咳、呼吸困难、恶心、昏迷、皮肤黏膜青紫、体温升高、烦躁、脉细快、血压下降、呕吐、两肺可闻及湿性罗音、胸部 X 线检查可见两肺片状阴影、血化验白细胞及红细胞均可升高等，一般能持续 1~3d，对重度中毒者如不及时抢救，可引起死亡。

工业卫生容许浓度：$0.5mg/m^3$。

预防光气中毒的措施如下：

1. 光气的制造和使用应该在密闭的条件下进行，生产设备要经常维修，以防毒气外逸。

2. 凡接触光气的厂矿企业应开展安全生产和毒气知识的宣传教育，并制定相应的防护措施。

3. 加强生产作业场所的通风，保持空气中光气浓度在工业卫生容许浓度以下。

4. 备有光气专用过滤防毒面具和氧气呼吸器或空气呼吸器，以备抢修或急救时应用。

5. 光气不宜长途运输，应就地生产就地使用。

6. 对含光气的废水，须经过碱液处理后才可排放。

光气中毒的急救与治疗如下：

1. 一旦发生光气中毒应使患者尽快脱离作业现场，移至空气新鲜流通处静卧，因为走动可以使病情迅速发展。注意保暖，供给氧气吸入。

2. 立即静脉注射乌洛托品。

3. 对症治疗，如用 2% 碳酸氢钠洗眼，氨茶碱加氢化可的松作雾化吸入解除咽喉及支气管痉挛，以非那根、水化氯醛镇静等。

4. 预防和治疗肺水肿。

5. 凡吸入光气中毒者，都应密切观察 24h 以上，观察期间不宜起床活动，不能因症状稍有减轻就掉以轻心。

十六、四氯化碳中毒的防治

四氯化碳 CCl_4，又称四氯甲烷，为无色、透明、易挥发、不燃烧的油状液体。具有微甜气味。相对密度 1.595，熔点 $-22.8℃$，沸点 $76.8℃$。微溶于水，易溶于酒精、乙醚、苯和氯仿等有机溶剂。遇火或烧红的物体时，分解为二氧化碳、氯化氢、光气和氯气。

工业上用的四氯化碳不纯，含有硫化碳、硫化氢、盐酸、光气、有机氯化合物和硫化物等。四氯化碳在工业上主要用作制造二氯二氟甲烷和三氯甲烷，也用于溶剂、清洁剂、分析试剂、药物、熏蒸剂等。

四氯化碳主要以蒸气的形式经呼吸道吸入人体，其液体或蒸气也可经皮肤吸收侵入人体。

四氯化碳对人体的危害，主要表现在对中枢神经系统具有轻度麻醉作用，对肝、肾脏等实质性器官有严重损害。

大量接触高浓度的四氯化碳蒸气，易发生急性中毒，其表现有：

1. 黏膜刺激症状。眼鼻、咽喉、呼吸道的刺激，脱离现场后会消失。

2. 神经系统症状。有眩晕、易激动、呃逆等，较严重者可有肌张力增强、腱反射亢进、抽搐、昏厥等症状。

3. 肝脏损害。属小叶中心坏死性肝炎。有恶心、呕吐、右上腹疼痛等。

4. 急性坏死性肾病。严重中毒者，由于广泛性的肾小管变性和坏死，发生少尿、蛋白尿、血尿、管型、甚至尿闭，最终可导致急性肾功能衰竭。

此外，还可引起心肌损害，室性过早搏动，肺水肿及肾上腺皮质出血管。常因心室性纤维震颤或延髓生命中枢受抑制而引起死亡。

长期接触四氯化碳蒸气还可引起慢性中毒。主要表现为神经衰弱综合征，如头痛、头晕、疲乏无力、失眠、记忆力减退，以及肠胃功能紊乱，如食欲不振、恶心、呕吐、腹痛、腹泻或便秘等。进一步发展，则可有肝脏肿大、压痛、肝功能不正常。严重者可发展为肝硬化，并有肾脏损害。

皮肤长期接触，因脱脂而干燥、脱屑、皲裂。

工业卫生容许浓度：（皮）$25mg/m^3$。

四氯化碳中毒的预防措施如下：

1. 生产四氯化碳应注意管道密闭，严防跑、冒、滴、漏。

2. 使用四氯化碳时，作业场所应有足够的通风。因工作需要进入高浓度场所作业时，需佩戴防毒面具。

3. 禁止用四氯化碳洗手和洗涤工作服。清洗设备零件时，应采取防护措施。

4. 定期测定作业场所空气中四氯化碳的浓度，定期进行职业性健康体检，发现问题，及时处理。

5. 接触四氯化碳的作业人员不宜饮酒,因为酒精可促进四氯化碳的吸收,并能增加毒性作用。

四氯化碳中毒的急救与治疗如下:

1. 发生急性中毒,立即将患者移离现场至空气新鲜处,按一般常规急救处理。但应密切观察肝、肾功能变化,并采取各种积极保护肝、肾措施。

2. 有眼及皮肤污染,可用2%碳酸钠溶液或1%硼酸溶液进行冲洗。

3. 慢性中毒,脱离接触,对神经衰弱综合征者可对症治疗。肝脏损害可按慢性肝炎治疗;有肾脏损害可按慢性肾炎治疗。

十七、硒及其化合物中毒的防治

硒 Se。为红色或灰色无定形粉末。红色无定形体相对密度为4.26~4.28。熔点217℃。沸点690℃。溶于二硫化碳、苯等,能与金属直接化合,氧化时生成二氧化硒,二氧化硒溶于水成为亚硒酸H_2SeO_3。金属硒化物与酸类或水接触,或者氢气与水溶性硒化物直接接触,会生成硒化氢H_2Se。

硒用于特种金属、玻璃、橡胶皮化工生产等,其化合物主要用于制造光电池,光度计、硒整流器、光信号器等。在这些工业生产中,以及电解铜的阳极泥中提取和精炼硒时,其作业人员均有不同程度的接触。

硒化氢气体对一切黏膜都有剧烈的刺激作用,接触时可引起眼结膜炎、鼻炎、咽喉炎和支气管炎等。如果硒化氢浓度较高,接触几小时后就可发生中毒性肺水肿或化学性肺炎,引起呼吸困难、心跳加快、发冷发热等变化,最严重者还可有肝肾损害。

硒经高热温度过高,以及对含硒的金属进行机械加工,可形成硒的烟尘,即硒氧化成分子弥散状态的二氧化硒。二氧化硒对黏膜也有刺激作用,但较硒化氢为弱,引起的病变也较轻。

二氯氧化硒对皮肤有剧烈的刺激作用,皮肤接触它的蒸气可引起发红、浮肿,它的液体直接污染在皮肤表面,能引起严重的灼伤,局部发生水泡,并遗留痊愈缓慢的创面。

二氧化硒和亚硒酸对皮肤也有刺激,直接接触后可发生丘疹、红斑等皮炎的变化。二氧化硒及亚硒酸还可透过健康皮肤侵入皮下组织,并可从指甲外缘渗入甲下引起甲沟炎或甲床炎。如手指直接大量接触几小时后,指尖及指甲下发生难以忍受的剧痛,如不及时处理,要十几小时后才不痛,并引起指甲脱落。

长期接触低浓度的硒化合物,可引起慢性中毒,主要是上呼吸道刺激症状和神经衰弱症候群,如头昏、严重的全身无力、易激动、脸色苍白、恶心等。

工业卫生容许浓度(二氧化硒):$0.1mg/m^3$。

硒及其化合物中毒的预防措施如下:

1. 对硒及其化合物和含硒的金属进行加热、火法精炼等生产过程,尽可能的全部或局部的密闭,并安设有效的通风排气设备,务必使作业场所空气中的毒物浓度降低到国家工业卫生标准。

2. 作业时应穿工作服,戴橡胶手套等,防止皮肤、手指污染。

3. 车间内应设冲洗设备和硫代硫酸钠液体,以便作业后使用。

硒及其化合物中毒的急救与治疗如下：

1. 黏膜刺激与其他刺激性气体的治疗相同。
2. 皮肤、手指沾污迅速用大量清水冲洗。
3. 对二氧化硒等引起的皮炎，可用炉甘石洗剂每日湿敷多次，或者先用10%硫代硫酸钠溶液清洗污染局部，再敷用10%的硫代硫酸钠油膏。
4. 对二氯氧化硒引起的皮肤灼伤，可用5%碳酸氢钠溶液或淡的氨水清洗污染局部，以后按烫伤处理。
5. 发生甲床炎，如局部注射普鲁卡因无效，首先剪除指甲，并将手指浸在肥皂水或5%～10%硫代硫酸钠溶液中，5分钟以后，再敷用10%硫代硫酸钠油膏。

十八、臭氧中毒的防治

臭氧 O_3。为氧的同素异性体。气态臭氧厚层带蓝色，相对密度1.658。有特殊的臭味，浓度高时与氯气相似。液态臭氧为深蓝色，相对密度1.71，沸点－112℃。固态臭氧是紫黑色，熔点－251℃。正常的空气中臭氧含量极微，电击时可产生一些臭氧，如夏天雷雨过后，在田野中可嗅到一种特殊的气味就是臭氧。

臭氧可用于水的消毒、纸张漂白和空气的臭氧化，在化学工业中用作强烈的氧化剂。在工业生产中，高压电器放电过程、强大的紫外光灯、碳精棒电弧、电火花、光谱分析发光等，均能生成一定量的臭氧。此外，在电流较大、温度较高的等离子切割和氩弧焊等，以及短波段的紫外线，则可生成较多量的臭氧。如在密不通风的桶体内或是在狭小不通风的场所作业，臭氧聚积过多，则可对人体产生危害。

臭氧主要经呼吸道侵入人体。因臭氧有强烈的氧化作用，可直接刺激黏膜、引起呼吸系统病变。短时间吸入低浓度的臭氧，可出现口腔咽喉干燥、咳嗽、痰液增多、胸痛等症状，此外，尚有嗜睡、思想不集中、味觉异常、当天食欲减退、当夜睡眠不好等。胸痛和咳嗽要分别持续2～10d左右。大量长时间吸入高浓度的臭氧，例如在5ppm左右，可使臭氧潴积在肺泡内，并逐步发生作用，经过数小时的潜伏期，可引起中毒性肺水肿。

长时期接触低浓度的臭氧，可引起慢性中毒，表现为支气管炎和细支气管炎，甚至并发肺气肿。此外，尚可出现视力的精确度及暗适应能力减退等，还常出现一些神衰症状，如头痛、头昏及睡眠异常等。

工业卫生容许浓度：0.3mg/m³。

臭氧中毒的预防和治疗如下：

1. 在能产生臭氧的作业场所，要有适当的通风，并在臭氧发生源的局部安设抽风排气设备。
2. 在通风不良的桶体内作业时，应配戴有效的防护器材，如送风式呼吸面罩，或者配戴能吸附臭氧的过滤式防毒面具，如过氧化银滤毒罐。
3. 紫外线是产生臭氧的重要源之一，因此，须适当的控制电流，隔离紫外线，以缩小它的照射范围等。
4. 发生臭氧急性中毒，迅速使患者脱离现场，对呼吸系统病变的治疗，与其他刺激性气体相同，主要是防止出现肺水肿。
5. 对出现的神经衰弱症候群，主要是支持疗法和对症治疗。

第三节　有机化合物对人体的危害与防治

一、正己烷中毒的防治

正己烷 $CH_3CH_2CH_2CH_2CH_2CH_3$。为无色液体，易挥发，有微弱的特殊气味。相对密度 0.6594，熔点 $-95℃$，沸点 $68.74℃$。不溶于水，可溶于乙醇、丙酮等有机溶剂。易燃烧，其蒸气与空气混合可形成爆炸性混合物，爆炸极限为 $1.1\%\sim7.5\%$。商品正己烷常含有一定量的苯和其他烃类。

正己烷主要用作溶剂，特别适用萃取植物油。在橡胶、制鞋、纺织、家具、皮革等行业用作溶剂或清洗剂。

正己烷属低毒类，主要是麻醉作用和对皮肤黏膜的刺激作用。正己烷主要经呼吸道侵入人体，皮肤也可少量吸收。短时间大量吸入较高浓度的正己烷蒸气可引起急性中毒，表现为呼吸道、眼黏膜的刺激，以及恶心、头痛等症状。高浓度时可出现头晕和昏睡，继续吸入可引起昏迷，甚至死亡。正己烷液体吸入呼吸道可引起化学性肺炎或肺水肿。

长期接触低浓度的正己烷蒸气，可引起慢性中毒，以多发性神经炎为主。开始表现有头晕、头痛、乏力、胃纳差等症状，随后四肢远端逐步感觉异常。麻木、触、痛、震动和位置感减退，无病理反射，进一步发展可引起行走困难等混合型多发神经炎表现。如及时脱离接触，几个月后可恢复。皮肤长期反复接触可引起皮炎，眼睛可发生色素改变和色觉异常，并可引起暂时性中度贫血。

正己烷中毒的预防措施如下：

1. 生产设备应充分密闭，并做到隔离操作。作业场所应安装通风设备，以降低作业环境空气中的正己烷蒸气浓度。所用通风设备应接地，并不产生电火花，并与其他通风系统隔离。

2. 加强个体防护，如配戴气体防护器材；使用防护眼镜；穿戴抗渗透的防护服、手套和防护靴等。

3. 作业场所应设置冲洗设备，以备紧急情况下使用。

4. 注意个人卫生，作业完毕后应进行淋浴，禁止在作业场所吸烟、进食或饮水。

5. 贮存正己烷应于阴谅、干燥、通风良好处，避免阳光直射，并远离热源等。

正己烷中毒的急救与治疗如下：

1. 发生正己烷中毒，首先使患者迅速脱离现场，将其移至空气新鲜处。

2. 如呼吸、心脏跳动停止，应立即进行人工呼吸或心肺复苏术。并对患者进行医学监护。

3. 正己烷液体溅入眼内，立即用流动温水冲洗干净。

4. 皮肤直接接触，应立即用流动温水彻底冲洗污染局部。

二、环己烷中毒的防治

环己烷 $CH_2(CH_2)_4CH_2$。为无色液体，略有芳香气味，似汽油味。相对密度 0.779。熔点 6.5℃。沸点 80.8℃。不溶于水，溶于乙醇和乙醚等有机溶剂。易挥发和易燃烧。其蒸气与空气混合可形成爆炸性物质，爆炸极限为 1.3%～8.3%。

环己烷存在于某些石油中，可由石油分馏而得，也可由苯氢化制取。在工业中主要用于制备环己醇和环己酮，并用于合成绵纶-6。在涂料工业中广泛用作溶剂，也是树脂、脂肪、石蜡油类的溶剂。

环己烷属低毒类，对中枢神经系统有抑制作用，高浓度有麻醉作用。环己烷主要经呼吸道侵入人体。大量吸入环己烷蒸气可引起急性中毒，主要是对黏膜有直接刺激作用，接触当时就能引起流泪、喷嚏、咳嗽等，但不甚剧烈。再者就是麻醉作用，吸入高浓度的环己烷蒸气时间较长，可引起头昏、头痛、昏睡、肌肉震颤、呼吸频繁短促等症状，重者可引起肌肉痉挛、不能站立而昏迷倒下。

皮肤直接接触环己烷液体，可引起痒感。

因环己烷在体内无蓄积作用，所以一般不会发生慢性中毒。长期接触低浓度的环己烷蒸气，除有一些昏睡症状外，其他各器官和造血系统均无不良反应及病理变化。

工业卫生容许浓度：100mg/m³。

环己烷中毒的预防与治疗如下：

1. 生产设备应密闭化和管道化，作业场所可安设适当的抽风排气设备。
2. 加强个人防护，进入高浓度的作业点时，须配戴气体防护器材，并避免皮肤直接接触环己烷液体。
3. 若发生急性环己烷中毒，应迅速使患者脱离现场，移至空气新鲜处。
4. 治疗主要是对症疗法与支持疗法。

三、汽油中毒的防治

汽油为无色或淡黄色的液体。易燃、易挥发，略带臭味，含硫化物等杂质越多，臭味也越大。汽油易溶于苯、醇和二硫化碳等有机溶剂，极易溶解于脂肪，不溶于水。其蒸气相对密度为 3～3.5。

汽油来源及品种很多，从生产方法来区分，有分馏石油、干馏油母页岩或人工合成制得等。从用途来分，有交通用及工业用两大类。由于生产方法及产地不同，其成分均有很大的差异，但主要是由 C_5～C_{11} 等脂肪族饱和烃及不饱和烃所组成的混合液，其中还可能混有若干芳香烃及各种硫化物等杂质。

在工业生产中，除炼油工业外，汽油主要用作内燃机的燃料，在橡胶、人造革、油漆、染料、制药、印刷、粘合剂等工业中用作溶剂，有时也作为机器零件的去油污剂，故人接触汽油的机会很多。

汽油的毒性取决于化学成分及物理性质，不饱和烃、芳香烃、硫化物等的含量愈多，其毒性愈大；初馏点低的汽油，挥发性大，危害性亦大。在生产环境中，汽油主要以蒸气的形式经呼吸道吸入，皮肤吸收很少。

短时间大量吸入汽油蒸气可发生急性中毒，最初眼结膜有刺激感，重者视力模糊，同时开始有逐步加重的头昏、头痛、快感、不自主的多言、无意识的哭笑、行走不稳等轻度麻醉症状，这些症状逐步加重到成为酒醉状。如果继续吸入则发生重度中毒，很快出现恶心、呕吐、神智昏迷、瞳孔散大、呼吸浅而快、脉搏快而弱、血压降低、口唇紫绀、昏迷、抽搐等症状。高浓度时，可发生"闪电样"死亡。

个别严重的急性中毒后可有后遗症，如视神经炎、智力和记忆力减退、多发性周围神经炎等。

如果吸入汽油液体于肺部，可很快发生剧烈的咳嗽和胸痛、以后逐步出现发热、呼吸增加、咳出铁锈色痰，情况与大叶性肺炎相似。如果吸入量较多，可发生胸膜炎，甚至肺脓疡等。

长期接触空气中含量较低的汽油蒸气，可发生慢性中毒，表现症状为头昏、头痛、全身乏力、怕冷、食欲减退、心悸、高度健忘、严重失眠、易激动、噩梦、幻觉、悲观等一系列较重的神经精神症状。另外，一些病员有轻度的贫血和白血球减少，这可能与汽油中含芳香烃类物质较多有关。

汽油对皮肤有去脂作用，皮肤直接接触汽油液体，可发生皮肤干燥、皲裂、冬天表现较为严重，个别敏感体质出现红斑、丘疹、水泡等。

此外，女职工对汽油一般较男职工敏感，可出现月经期紊乱和绝经期症状加重，还可增加妊娠中毒症状的发生频率。

工业卫生容许浓度（溶剂汽油）：350mg/m³。

汽油中毒的预防措施如下：

1. 选用高沸点部分较多、芳香烃含量较少的汽油作为溶剂汽油。

2. 采用无毒或低毒物质代替汽油，例如用乳胶和水胶浆等，代替汽油作为溶剂，以减少或杜绝与汽油的接触。

3. 用抽油器给汽车油箱加油，彻底消灭吸入性肺炎。

4. 进入油罐内工作，应戴好送风式防毒面具，并要有专人在罐外进行监护。此外，并规定进入油罐的作业时间，一般每次不超过 10min，每天在油罐内作业时间不宜超过 4h。

5. 汽油易燃、易挥发，当汽油蒸气在空气中的含量达 1%～6% 时，遇火源可发生爆炸，故在使用时除防止中毒外，还应注意安全。

6. 定期对从事接触汽油的作业人员进行体检。

凡患有神经病、精神病、明显神经衰弱、容易昏厥和做皮肤斑贴试验，皮肤对汽油过敏者，以及女职工在怀孕期、哺乳期都不宜从事汽油作业。

汽油中毒的急救与治疗如下：

1. 麻醉型急性中毒，首先将患者抢救到空气新鲜的地方，皮肤污染汽油处应以洗衣粉水清洗干净。

2. 换光污染衣服，保持正常呼吸，再进行必要的对症治疗，轻症患者休息数日即可恢复。

3. 汽油液体吸入性肺炎的治疗与大叶性肺炎基本相同，应注射广谱的抗菌素，防止继发感染。

4. 误服时可用橄榄油或温水洗胃，注意保护肝脏和肾脏。

5. 严重中毒患者，可按急性中毒性脑病治疗进行抢救，禁用肾上腺素，以免引起心室纤维颤动导致死亡。

6. 慢性中毒主要采取对症治疗，可应用中药、针灸，还可用氯丙嗪类药物，小剂量胰岛素低血糖疗法，对于改善慢性汽油中毒症状有一定疗效。

四、碘甲烷中毒的防治

碘甲烷 CH_3I。又称甲基碘。为无色液体，暴露空气中时因析出游离碘逐渐变成黄色或褐色。相对密度 2.279。熔点 $-66.1℃$。沸点 $42.5℃$。微溶于水，溶于乙醇、乙醚和四氯化碳。能与氨反应生成甲胺衍生物，与硝酸银或硝酸亚汞反应生成硝基甲烷，与乙炔钠作用生成甲基乙炔。

碘甲烷主要用于有机合成甲基化的原料，并作为某些有机碘化合物合成过程中的中间体。由于它的折光率很高，因此有时在显微镜检查时也有应用。

碘甲烷的毒性较大，主要通过呼吸道侵入人体，也可通过皮肤吸收一些。大量吸入碘甲烷蒸气后，可引起急性中毒，不久便出现头昏、无力、寒战等症状，并有呼吸道黏膜刺激症状。几天内还可出现眩晕、神智模糊、复视、眼球震颤、斜视、恶心、呕吐、腹泻、行走不稳等症状。严重者可表现言语不清、精神异常、四肢肌肉抽搐等症状，检查时可见手指震颤、反射亢进，指鼻、指指试验不准、定向不全、平衡障碍及其他各种神经系统损害。碘甲烷对肾脏也有损害，小便检查有蛋白质与管型。

皮肤接触碘甲烷液体的时间较长，可引起搔痒、水泡及红斑等。

工业卫生容许浓度：$1mg/m^3$。

碘甲烷中毒的防治措施如下：

1. 碘甲烷的生产应当密闭，或者在毒气柜内进行。
2. 应按剧毒物质处理，避免吸入碘中烷蒸气，并防止皮肤接触碘甲烷液体。
3. 发生碘甲烷中毒可对症治疗。

五、二硫化碳中毒的防治

二硫化碳 CS_2。纯品为无色、易挥发，略带醚味的液体，久置或遇光后变黄。工业品因含杂质而有黄色，并有坏萝卜气味，这主要是混杂硫化物所致，相对密度 1.26，熔点 $-108.6℃$，沸点 $46.3℃$，极易燃烧，几乎不溶于水，溶于苛性碱，能与酒精、氯仿、苯、油脂等混溶。

二硫化碳主要用于粘胶纤维和玻璃纸的生产，其次作为制造四氯化碳的原料。二硫化碳还作为油脂、蜡、漆、树脂、硫、磷、碘的溶剂，故接触二硫化碳作业的人员相当广。

二硫化碳主要经呼吸道吸收，皮肤、黏膜和胃肠道也可吸收。进入机体后广泛地分布于全身组织，以肝脏、肾脏组织内含量最高，随着接触时间的增加，在各组织中的分布也趋于平衡。

发生二硫化碳急性中毒，多由于事故而引起。轻度中毒似酒醉样，有头痛、眩晕、恶心、步态蹒跚及精神症状；严重中毒先有强烈兴奋状态，然后便出现谵妄、意识丧失、瞳孔反射消失，甚至死亡。严重急性中毒后，可能留下头痛、失眠、多梦、乏力等神经衰弱综合症，有时伴有精神障碍。

长期接触二硫化碳，可引起慢性中毒，其损害范围较为广泛。神经系统以神经衰弱综合症、中毒性多发性神经炎较为常见。患者常有"手套"或"袜套"型的感觉障碍，严重慢性中毒时，可发生精神障碍和中毒性脑病，患者可出现癫痫样发作及震颤麻痹等；心血管系统则有脂质代谢障碍，有加速发生动脉粥样硬化的倾向，少数患者则呈现脑、肾和心血管硬化。消化系统较多见的症状有恶心、呕吐、腹痛、腹泻、便秘及食欲不振，慢性胃炎发病率较高，部分患者并有肝肿大。眼部损害则有视觉障碍，如视野缩小、盲点扩大、瞳孔对光反射减弱、眼球震颤等。眼底微动脉瘤发病率较高。其他损害，男性以性欲减退，女性以月经紊乱较普遍。

二硫化碳对皮肤也有刺激作用，皮肤直接接触后，可有剧痛、充血、红斑和大疱，且有复发的倾向。

工业卫生容许浓度：$10mg/m^3$。

二硫化碳中毒的预防措施如下：

1. 我国目前使用二硫化碳最多的是黏胶纤维生产，可在纺织机离心罐圆筒上安装上、下密封装置，可有效地防止二硫化碳蒸气向外扩散。

2. 加强生产设备的密闭，并采用抽风装置，使作业场所空气中二硫化碳浓度符合国家工业卫生标准。

3. 储存二硫化碳的容器，须用水封。

4. 加强个人防护，作业时穿工作服，戴乳胶手套、穿胶鞋，避免皮肤直接接触。

5. 在检修设备；清理二硫化碳储液槽和池槽；二硫化碳反应炉出渣时，以及是清理下水道时，应戴过滤式防毒面具或送风式防毒面具。

6. 对从事二硫化碳作业的人员，应注意补充维生素 C、B_1、B_6、谷氨酸，以及铜、锌等微量元素。

7. 进行就业前体检，严格掌握就业禁忌症，凡患有中枢神经系统疾患、周围神经炎、视神经炎及视网膜疾病，癫痫，严重神经官能症，内分泌、肝、肾、血管疾患的人，不宜从事接触二氧化碳作业。同时还应对已从事接触二硫化碳作业的人员，每年一次定期进行身体检查，发现问题及时处理。

8. 根据国家关于对女职工劳动保护的有关规定，女职工在怀孕期及哺乳期应禁忌从事接触二硫化碳作业。

二硫化碳中毒的急救与治疗如下：

1. 发生急性中毒时，首先应将患者移至新鲜空气处；有皮肤污染应立即用肥皂水洗净；如有昏迷和呼吸困难，立即做人工呼吸，并给予吸氧。

2. 必要时可使用高渗葡萄糖、甘露醇或山梨醇等药物，以及肾上腺皮质激素，促进毒物排泄，防止和治疗脑水肿。

3. 其他可给以对症治疗

4. 慢性二硫化碳中毒以对症治疗为主。对有明显神经系统损害时，如有多发性神经炎者可给予 B 族维生素口服或注射，也可配合针灸或理疗。

六、二氯乙烷中毒的防治

二氯乙烷 $CH_2Cl \cdot CH_2Cl$。又称二氧化乙烯。另一种异构体为 CH_3CHCl_2。为无色或浅黄色的透明中性液体，易挥发，有象氯仿的气味，相对密度 1.257，熔点 $-35.3℃$，沸点 83.5℃，难溶于水，溶于乙醇、乙醚等多种有机溶剂。能溶解油和脂肪。其蒸气与空气混合可形成爆炸性混合物，爆炸极限为 5.8%～15.9%。

二氯乙烷大量用于制造氯乙烯,并用于谷物、谷仓和葡萄园土壤的气体消毒剂,以及作为香料制造、橡胶、树脂、油漆等的溶剂。此外,也是一些有机化学合成中的副产品。

二氯乙烷的毒性较大,可经呼吸道、皮肤侵入人体引起中毒。工业生产中发生二氯乙烷中毒,主要是由于事故而大量吸入高浓度的二氯乙烷蒸气所引起,经皮肤侵入引起的中毒较为少见。如果作业场所二氯乙烷浓度较高,作业人员又没有很好防护,很容易引起急性中毒。发生中毒后,患者表现可分为两个阶段,第一阶段主要为头痛、恶心、兴奋等症状,严重者可很快发展为中枢神经系统的抑制,神志丧失,甚至死亡。第二阶段以胃肠道症状为主,出现频繁的呕吐、上腹部剧烈疼痛,偶有血性腹泻,随后发生肝脏损害,严重者可发生肝坏死和肾脏病变。

误服二氯乙烷中毒,以出现低血糖症状和肝肾损害为主。

高浓度的二氯乙烷蒸气,对眼、鼻、喉的黏膜也有刺激作用。

长期接触低浓度的二氯乙烷,可发生慢性中毒,出现疲乏无力、头痛、失眠、恶心、腹泻以及呼吸道刺激症状,此外是肝脏受到损害。有的患者还出现胃肠道、呼吸道出血。

皮肤长期反复接触二氯乙烷,可发生皮肤干燥、脱屑和皮炎。

工业卫生容许浓度:$25mg/m^3$。

二氯乙烷中毒的预防措施如下:

1. 生产设备尽可能密闭,防止蒸气弥散到作业场所空气中。

2. 对于不能密闭的生产设备,应在作业场所的适当地点安装抽风排气设备,使作业场所空气中的二氯乙烷浓度降低到国家规定的工业卫生标准以内。

3. 定期检修设备,防止泄漏事故的发生,进入有高浓度二氯乙烷蒸气的场所作业,需配戴气体防护器材,方可进去作业,并需其他人员进行专职监护,以防发生意外时能及时抢救。

4. 皮肤如有污染,应彻底清洗干净。下班后应进行淋浴。

5. 适当增加营养,主要是高糖高蛋白,低脂肪。

6. 对从事接触二氯乙烷作业的人员,应进行就业前体检和定期体检。以便发现问题,及时处理。

凡患神经系统及肝、肾、脾脏疾病者,均不宜从事接触二氯乙烷的作业。

7. 因进入体内的二氯乙烷主要随呼吸道排出,肾脏也可排出一部分,并且乳汁内也含有。因此,根据国家关于女职工劳动保护的有关规定,女职工在哺乳期应禁止在作业场所的空气中,二氯乙烷浓度超过国家工业卫生标准的状况下从事作业。

二氯乙烷中毒的急救与治疗如下:

1. 发生二氯乙烷急性中毒,应使患者立即脱离现场,以便停止毒物继续侵入体内。

2. 给予一定量的维生素,特别是 B 族维生素。

3. 注意保护肝肾。

4. 必要时可应用肾上腺皮质素,一般情况下,剂量不宜太大,用药时间不宜太长,以减少副作用。

5. 有出血倾向时,补充维生素 K。

七、氯乙烯中毒的防治

氯乙烯 $CH_2=CHCl$。在常温常压下为无色气体，易液化，有特殊的气味。液化相对密度 0.9121，沸点 $-13.9℃$。易燃易爆，在空气中的爆炸极限为 4%～22%。微溶于水，可溶于酒精，极易溶于乙醚、四氯化碳等有机溶剂。

在工业生产中，用乙炔和氯化氢为原料，在氯化汞的催化下合成氯乙烯。氯乙烯主要用作制造聚氯乙烯和纤维氯纶的单体。聚氯乙烯是当前树脂生产量最大、应用最广的一种高分子化合物。

氯乙烯通常经呼吸道吸入，亦可经皮肤吸收。经呼吸道吸收的氯乙烯，在停止接触后 10min 内约可排出 82%。氯乙烯在体内先水解成氯乙醇，再形成氯乙醛和氯乙酸。另外，也可在肝细胞微粒体混合功能氧化酶的作用下产生氧化氯乙烯，再重组成氯乙醛。在体内，这两种代谢产物均有致癌、致突变作用。但氯乙烯及其代谢产物大部分可经肾脏排出，24h 内可排出 69.4%。

氯乙烯虽属低毒类，但大量吸入高浓度的氯乙烯可发生急性中毒，主要表现是对神经的麻醉作用。轻度急性中毒时，可出现眩晕、头痛、站立不稳、胸闷、动作与判断失常、神智朦胧等，如能及时脱离现场，回到新鲜空气处，即可迅速消除症状。严重急性中毒时，出现神智不清或呈昏睡状态。皮肤接触氯乙烯液体，可引起局部麻木，随之可出现红斑、浮肿，以及局部坏死等症状。高浓度的氯乙烯对黏膜也有明显的刺激作用。

长期接触中等浓度的氯乙烯，一般空气中氯乙烯浓度为 60～750mg/m³ 时，对人体全身组织器官可产生不同程度的损害，可导致发生神经衰弱综合征，肝脾肿大、硬皮病、肢端溶骨症及肝脏血管肉瘤等。对于这种慢性影响，一般不称慢性氯乙烯中毒，而称为氯乙烯病。其表现有眩晕、头痛、乏力、失眠或嗜睡、多梦及记忆力减退等神经衰弱症状，亦可出现四肢末端麻木、感觉减退等多发性神经炎症状，个别患者可出现眼球震颤。对消化系统的影响表现为食欲减退、恶心、腹胀、便秘或腹泻、肝脾肿大，以及导致肝硬变。对血液系统的影响是贫血和溶血，部分患者可有血小板减少。

氯乙烯导致的肢端溶骨症，起初为手指麻木、疼痛、肿胀及僵硬等雷诺氏综合症表现，最后可发现指骨变粗变短，手指外形似鼓槌，又称杵状指。

经常接触氯乙烯的皮肤可发生干燥、皱裂、丘疹、湿疹、粉刺或手掌皮肤角化及指甲变薄等。

长期接触氯乙烯的作业人员可致癌——肝血管肉瘤，临床症状与患一般肝癌的表现一样，没有特征性，主要依靠肝组织活体检查来鉴别。

综上所述，可见氯乙烯对人体的危害是相当严重的。20 世纪 70 年代初，国外学者发现了氯乙烯对动物有致癌作用后，它的毒性越来越引起了人们的重视。目前世界上许多国家已将氯乙烯列为对人体可致癌的化学物质，我国也把它列为致癌物质之一。但是，根据我国有关部门对实际情况的调查资料表明，接触氯乙烯的作业人员，发现有神经衰弱综合症者约占 30%，肝脾肿大者约占 13%，只发现 7 例可疑肢端溶骨症患者。至今尚未发现一例雷诺氏症、硬皮病和肝血管内瘤。肝血管肉瘤为罕见肿瘤，世界上报告的病例目前还不到 200 例。

工业卫生容许浓度：30mg/m^3。

氯乙烯中毒的预防措施如下：

1. 氯乙烯的生产应做好设备及管道的密闭，并加强对设备的维护保养，防止氯乙烯气体外溢。因氯乙烯能燃烧爆炸，因此必须做好防火防爆工作，应有防火防爆安全设施。

2. 在聚合釜、离心和干燥等氯乙烯生产工序操作中，接触氯乙烯量最多，特别是在清洗或抢修聚合釜时，接触量更大。因此，从聚合釜中出料时，应先局部抽风。清釜前应先用高压水冲洗，进入釜内作业时，应先通风，并应戴防毒面具或给氧式呼吸器，以及戴橡胶手套，减少作业人员直接接触。

3. 在釜内壁涂上醇溶黑可大大减少清釜次数，以减少作业人员对氯乙烯的接触。

4. 在聚氯乙烯塑料加工过程中，在氯乙烯上料、捏合、高速捏合、辊压处，空气中的氯乙烯浓度较高，在这些工序中应加强局部机械通风。

5. 定期监测车间空气中的氯乙烯浓度，当其浓度超过国家工业卫生容许浓度时，要积极采取有效的安全技术措施。

6. 对从事接触氯乙烯的作业人员应每年定期进行体检，并随访观察。

凡患有神经系统疾患、肝脏病、肾脏病、慢性湿疹等的人员，不宜从事接触氯乙烯的作业。

7. 根据国家关于女职工劳动保护的有关规定，女职工在怀孕期和哺乳期应禁忌从事氯乙烯作业。

氯乙烯中毒的急救与治疗如下：

1. 发现氯乙烯急性中毒者应及时使其脱离现场，换去污染的衣服，采取对症治疗。

2. 眼或皮肤被氯乙烯液体污染时，应及时用大量清水进行冲洗。

3. 氯乙烯慢性中毒患者，除采用中西药物对症治疗外，应暂时调离氯乙烯作业，以促痊愈。

八、氯丁二烯中毒的防治

氯丁二烯 $CH_2=CClCH=CH_2$。为无色易挥发液体，有刺鼻的辛辣气味。密度 0.9583。沸点 59.4℃。微溶于水，易溶于酒精、甲苯、苯、甲醇、汽油等有机溶剂。

氯丁二烯在工业上主要用于制造氯丁橡胶，生产电缆、包皮、胶管、织物的涂层和大量的工业橡胶用品等。

氯丁二烯属中等毒性，可经呼吸道、消化道和皮肤吸收。高浓度的氯丁二烯蒸气，对中枢神经系统有麻醉作用，对黏膜有直接刺激作用。氯丁二烯有致突变性，在接触氯丁二烯作业的人群中，淋巴细胞染色体畸变率明显增多。

大量吸入高浓度的氯丁二烯的蒸气，可引起急性中毒，轻者表现为眼、鼻及上呼吸道黏膜刺激、轻咳、胸痛、气急、恶心等，重者可见步态不稳、震颤、呕吐、面色苍白、四肢厥冷、血压下降、神智朦胧，因迅速麻痹而陷入昏迷，以至发生生命危险。曾有接触高浓度氯丁二烯蒸气，不到 1 分钟，即发生昏倒而死于肺水肿的报告。

急性中毒的急性期过后，可发生不同程度的肝肾损害和落发。

氯丁二烯蒸气可引起结膜炎，液体直接溅在角膜上，可引起坏死或溃疡等。

长期接触低浓度的氯丁二烯蒸气可发生慢性中毒。落发是氯丁二烯慢性中毒最常见的症状之一，主要表现是头发不断的大量脱落，有时成片脱落形成若干无发区。个别严重者眉毛、眼睫毛、阴毛、腋毛也有脱落，通常在接触几星期到二三个月内发生。大量接触者两周即可发生，停止接触落发也停止，并逐步长出柔软且色泽比较淡的新发，如果继续接触会再度脱发，再脱离作业，头发可再度生长。

指甲变色也是较为突出的体征。长时期接触还可引起神经衰弱症候群，部分人可发生肝、肾损害及血压下降等，患者有头晕、头痛、倦怠乏力、易激动、胸部压迫感和胸骨后疼痛，劳累后有心动过速等症状。部分患者伴有恶心、呕吐、盗汗、尿频。较严重者可见到贫血、肝肿大、肝功异常、血糖降低、肾脏刺激现象和胃酸缺乏等。

部分人皮肤直接接触，可发生湿疹红斑。

工业卫生容许浓度：2mg/m^3。

氯丁二烯中毒的预防措施如下：

1. 生产过程尽可能做到管道化，并做好设备及管道的密闭，严防跑、冒、滴、漏，应尽量实行隔离或仪表自动控制操作，以减少作业人员的直接接触。

2. 在制造氯丁橡胶的合成、聚合及后处理过程中，如敞口操作或设备不严，可有较多量的氯丁二烯逸出。特别是氯丁二烯工段的中和干燥塔、精制、贮槽等处，在进行搅动、清理或检修、聚合釜的加料，清釜，以及断链槽、凝聚槽的清洗、抢修操作等情况下，逸出量最多，应特别注意加强防护措施，增设局部机械通风装置，作业者应戴防毒面具，戴胶皮手套，操作后及时用肥皂洗手，防止氯丁二烯液体从皮肤浸入体内。

3. 凝聚后的长网成型、水洗、烘干、炼胶等岗位，以及氯丁橡胶加工时的烘胶、素炼、混炼、硫化等过程，均能接触到氯丁二烯，因此也应加强防护措施。

4. 进入含氯丁二烯蒸气浓度较高的场所或容器内作业，应佩戴防毒面具，作业时容器外需有专人负责监护。

5. 定期测定车间空气中氯丁二烯的浓度，不符合国家工业卫生标准时，应及时采取相应的措施。

6. 对接触氯丁二烯作业的人员，应定期组织体检，以便发现早期中毒者，及时处理。

凡患有神经、精神疾患、肝、肾、呼吸系统疾病者，不宜从事接触氯丁二烯的作业。

7. 根据国家关于女职工劳动保护的有关规定，女职工在怀孕期和哺乳期应禁忌从事接触氯丁二烯的作业。

8. 因氯丁二烯易燃烧，加热时可有光气生成，为此须禁止与火或热烫的东西接触。

氯丁二烯中毒的急救与治疗如下：

1. 发生氯丁二烯急性中毒时，应及时将患者移至新鲜空气处，脱掉污染衣服，清洗污染皮肤，并给吸入氧气，预防肺水肿发生。

2. 眼部受污染，迅速用清水、生理盐水或1%～2%碳酸氢钠溶液进行充分冲洗。

3. 静脉注射葡萄糖和维生素 C，以及采取对症治疗。

4. 对慢性中毒者，应使其脱离该气体的接触，然后再进行对症治疗。如患者出现脱发和指甲变色或 β-球蛋白降低，除应脱离接触积极治疗外，并应追踪观察。

5. 患者脱发可局部使用生发水涂擦。对慢性中毒者还可服维生素 B_6、胱氨酸、半胱氨酸等。对接触性皮炎可给抗过敏药物，局部擦炉甘石洗剂。

九、三氯乙烯中毒的防治

三氯乙烯 $CHCl=CCl_2$。为无色液体，具有氯仿气味。熔点 $-73℃$。沸点 $86.7℃$。蒸气相对密度 4.54。不燃烧，不溶于水，可溶于有机溶剂，遇火生成光气。

三氯乙烯是工业中常用的有机溶剂之一。可用作油脂、石蜡的萃取剂，以及橡胶、树脂等的溶剂。更常作为清洁剂和去污剂，如金属脱脂、衣服干洗等，也用于冷冻剂、杀菌剂及制造农药等。

三氯乙烯属蓄积性麻醉剂，对中枢神经系统有很强的抑制作用。三氯乙烯可经呼吸道、消化道和皮肤侵入人体，通常约有 50%~60% 的吸入量贮留在体内。

三氯乙烯可导致急性中毒和慢性中毒。当吸入较高浓度三氯乙烯蒸气时，可发生轻度吸入性急性中毒，一般在吸入后数小时内便出现症状，其主要表现为头晕、头痛、恶心、呕吐、疲乏、耳鸣、易激动、嗜睡或失眠、步态不稳、肢体发麻、震颤、肌肉和关节疼痛等症状。大量吸入高浓度三氯乙烯蒸气时，可发生严重急性中毒，其主要症状表现为幻觉、抽搐、神态不清，甚至昏迷等。如吸入时间过长，可使呼吸中枢麻痹或循环衰竭而致危。部分病员由于三叉神经感觉枝受损，出现面部感觉减退。三氯乙烯还可引起中毒性肝脏、肾脏损害，影响心脏功能，曾有个别严重中毒者由于心房颤动而死亡。少数患者伴有视觉障碍，如视神经萎缩，甚至失明。也有患者发生脊髓损害和周围神经炎。误服三氯乙烯亦可发生急性中毒。

长期接触低浓度三氯乙烯可发生慢性中毒。早期表现为头晕、头痛、乏力、睡眠障碍、心悸、食欲减退等神经衰弱症状群，随之出现胃肠功能紊乱、植物神经功能障碍、周围神经炎、三叉神经麻痹、心肌和肝脏损害等病变。长期接触三氯乙烯者，可发生精神依赖性，甚至成瘾，对酒类的耐受性降低。

三氯乙烯对皮肤及黏膜均有刺激作用。皮肤经常接触三氯乙烯液体，或者经常接触其热的蒸气，可发生皮炎、湿疹或大疱。由于三氯乙烯有去脂作用，还易造成皮肤干裂或继发性感染。眼角膜和结膜，以及上呼吸道接触三氯乙烯均可发生刺激症状。

工业卫生容许浓度：$30mg/m^3$。

三氯乙烯中毒的预防措施如下：

1. 用低毒物质（如 781 清洗剂）取代三氯乙烯作为金属脱脂清洗剂。

2. 最好不用三氯乙烯干洗衣服，如需要用时，应在作业场所装设通风设备，并佩戴防毒面具。

3. 生产三氯乙烯要管道化、密闭化、自动控制、严防跑、冒、滴、漏，生产场所要有通风装置。

4. 检修设备时应避免皮肤直接接触三氯乙烯液体，作业后应洗手，以减少三氯乙烯从皮肤侵入机体。

5. 从事接触三氯乙烯的作业人员最好不要饮酒。
6. 定期测定作业场所空气中三氯乙烯的浓度，发现问题，及时处理。
7. 严禁使三氯乙烯接触火源。
8. 定期进行职业性体检，发现慢性中毒者，给予及时治疗。

三氯乙烯中毒的急救与治疗如下：

1. 当发生三氯乙烯急性中毒时，应使患者迅速脱离作业现场。
2. 口服中毒时可用温水洗胃、催吐，不可用牛奶，因为脂肪能增加三氯乙烯在肠道的吸收。
3. 对慢性中毒患者一般无特效药物，均采取对症治疗。

十、氯丙烯中毒的防治

氯丙烯 $CH_2=CHCH_2Cl$。为无色、透明、易挥发的液体，有辛辣味。熔点 $-134.5℃$。沸点 $44.5℃$。蒸气相对密度 2.64。难溶于水，可溶于苯、四氯化碳、甲醇、汽油等有机溶剂。

氯丙烯在工业中主要用于制造环氧氯丙烷、生产环氧树脂、合成甘油、合成丙烯磺酸钠，是聚丙烯腈纤维的原料之一。在制造其他氯化烃类时，有时作为副产品或杂质而存在。

由于氯丙烯易挥发，产生的蒸气可通过呼吸道侵入人体，也可通过消化道和皮肤吸收，对人体造成危害。

氯丙烯蒸气对呼吸系统的刺激作用十分强烈，大量吸入高浓度的氯丙烯蒸气，可迅速引起不同程度的咳嗽、胸闷等，当其浓度达 $783mg/m^3$ 时，接触者自觉咽喉干燥、鼻子发呛等症状，有些人可出现头痛、头昏、嗜睡、全身无力等神经衰弱综合症。一般脱离接触后，症状即可迅速消失。动物实验中，高浓度的氯丙烯蒸气，可引起肺脏内的充血、出血等，还可引起肾脏广泛性的充血、出血等变化。

当氯丙烯在空气中的蒸气浓度达 $156mg/m^3$ 以上时，或氯丙烯液体溅入眼内，眼部可出现流泪、疼痛等剧烈的刺激症状。

氯丙烯液体与皮肤直接接触，可引起红肿甚至水泡。由于它可通过皮肤侵入，因此，不但引起皮肤表面的剧烈刺激，而且局部皮肤的深处也感痛肿等。

长期吸入小量的氯丙烯蒸气可引起慢性中毒。我国已发现有氯丙烯慢性中毒的病人，主要表现为中毒性多发神经炎。此病发病缓慢，多数患者开始感觉两腿发沉、疲乏、两手发麻。进一步发展，感觉两腿无力、发软、不能走快、也不能跑或走远路，有时因步态不稳而跌跤。两手肌力亦相继减退。严重时，持筷不稳；洗脸时拧不干毛巾；包饺子捏不紧饺子皮；缝补衣衫拿不住针等。大多数病人还经常主诉指端发麻、足部发麻、小腿酸痛等症状，部分病人感觉手脚发胀，有抽筋样痛、刺痛或手脚发凉。有人统计，接触氯丙烯作业人员，约有三分之一患有神经衰弱症候群。

工业卫生最高容许浓度：$2mg/m^3$。

氯丙烯中毒的防治措施如下：

1. 在工业生产中，主要是防止氯丙烯慢性中毒。由于氯丙烯的生产多采用管道化，故主要措施是防止跑、冒、滴、漏，加强作业岗位的通风。

2. 定期测定车间空气中氯丙烯的浓度，一旦发现问题，应及时采取措施或检修泄漏的设备、管道。

3. 接触氯丙烯作业的人员应每年进行一次身体检查，特别要注意观察末梢神经系统的变化。

4. 作业人员需接触氯丙烯液体时，应戴乳胶手套，毕后及时洗手，防止氯丙烯从皮肤侵入体内。

5. 氯丙烯慢性中毒患者应脱离其作业，并积极治疗。一般给予对症治疗，经过治疗，中毒性多发性神经炎的症状可有明显的好转。

十一、丙烯腈中毒的防治

丙烯腈 $CH_2=CHCN$。为无色、易燃、易挥发的液体，有特殊的杏仁气味。相对密度 0.8060。沸点 77.3～77.4℃。稍微溶于水，易溶于有机溶剂。易聚合，也能与醋酸乙烯、氯乙烯等单体共聚。当空气中的蒸气浓度为 3.05%～17% 时，遇火能发生爆炸。

丙烯腈为有机合成工业中的重要单体，常用于制造腈纶纤维、丁腈橡胶、ABS 工程塑料及某些合成树脂，也是制造丙烯酸酯的原料，还是制药、染化等工业生产中的原料或中间产物。腈纶纤维在燃烧时可释出丙烯腈。

丙烯腈属高毒类。可经呼吸道、皮肤和胃肠道侵入人体，其毒作用与氢氰酸相似。丙烯腈在体内可释放出氰根，抑制细胞色素氧化酶，造成组织缺氧。丙烯腈分子本身也有毒性，可以直接抑制呼吸中枢。

丙烯腈蒸气对眼结膜和上呼吸道黏膜，有直接刺激作用，接触后迅速出现流泪、咳嗽。大量吸入高浓度的丙烯腈蒸气或皮肤大面积污染吸收，可造成急性中毒，与氰化物急性中毒相似，但发病较慢一些，并对呼吸中枢有明显的抑制作用。通常在 1～2h 后发病，轻者开始是明显的头痛、头昏、全身无力、手足麻木、胸闷、心中难受，并同时有黏膜刺激症状，如眼睛发痒或疼痛、流泪、发红，鼻腔有烧灼感、充血、流鼻涕、打喷嚏等。重者除上述症状外，还出现呼吸困难、多汗、恶心、呕吐、四肢痉挛，如果很严重者可迅速出现神智不清、昏迷、肌肉抽搐、脉搏细弱、呼吸不整，次数减少或暂时停止，最后可因呼吸衰竭而发生生命危险。

皮肤长时间接触丙烯腈液体，局部可发生轻重不同的红肿、搔痒、水泡、丘疹、红斑、脱皮等，并可遗留色素沉着。

丙烯腈慢性中毒的报道不多，有人调查，经常接触浓度约为 $6mg/m^3$ 丙烯腈的作业人员，有头痛、全身乏力、工作能力降低，嗜睡、噩梦和易激动等主诉，体征见血压下降、心音低钝、咽反射减弱和腱反射亢进。经常接触较高浓度的丙烯腈，部分人员可有肝肿大及暂时性轻度肝功能异常。

工业卫生容许浓度：$2mg/m^3$。

丙烯腈中毒的预防措施如下：

1. 生产设备密闭化，并尽可能防止跑、冒、滴、漏，作业场所要安装抽风排气装置。必要时要双重密闭。进入作业岗位，务必先启动抽风，然后再进入。

2. 在经常有丙烯腈跑出处，例如取样口等，应有抽风设备，或者改进取样方法，或仪表控制，以避免直接接触。

3. 车间内应备有急救设备，包括氧气、解毒药，以及便于皮肤冲洗设备等。

4. 进行就业前体检及定期对从事接触丙烯腈的作业人员进行体检。

凡是对氰化物解毒药过敏者，或患心血管和神经系统器质性疾病，以及活动性肝、肾疾病患者，均不宜从事接触丙烯腈的作业。

丙烯腈中毒的急救与治疗如下：

1. 发生丙烯腈中毒，与氰化物中毒的急救相似，立即给患者吸入亚硝酸戊酯，静脉注射亚硝酸钠及硫代硫酸钠，剂量应根据病情而定，但不可过大。如有血压降低，在查明原因前，不宜给予亚硝酸戊酯或亚硝酸钠。

2. 大量注射高渗葡萄糖液、维生素 C、维生素 B_{12} 等。

3. 给予吸入氧气，并进行放血或输血。

4. 注射细胞色素 C。必要时给予呼吸兴奋剂。

5. 换光污染衣服，彻底清洗污染的皮肤。

以上措施要分秒必争地同时进行。

十二、丁二烯-[1,3]中毒的防治

丁二烯-[1,3]$CH_2=CH-CH=CH_2$。又称丁间二烯，为无色气体，略带有香甜气味。易液化，相对密度 0.6211。熔点 $-108.9℃$。沸点 $-4.45℃$。性活泼，易起聚合反应。与空气混合可发生爆炸，其爆炸极限为 2.16%～11.47%。

丁二烯-[1,3]用途很广，是制造合成橡胶中应用最多的基本原料，如制造丁钠橡胶、丁苯橡胶、丁腈橡胶、氯丁橡胶等，此外，还是制造合成树脂、尼龙的原料。

丁二烯主要通过呼吸道侵入人体，大量吸入高浓度的丁二烯气体，可很快发生急性中毒，表现有头昏、头痛、耳鸣、无力、恶心、眼痛、流泪、喉痛、咳嗽、胸闷，甚至呼吸困难等症状；不久便出现中枢神经系统麻醉前期的兴奋症状，如烦躁不安、肌肉抽搐、震颤等，严重者在 1 小时左右可发展到神智完全昏迷状态。

皮肤直接接触液状的丁二烯，可引起冻伤。

长期接触低浓度的丁二烯，可发生慢性中毒，主要是眼结膜和上呼吸道的慢性刺激现象。此外，还有一些神经衰弱及植物神经紊乱症状。

工业卫生容许浓度：$100mg/m^3$。

丁二烯-[1,3]中毒的预防措施如下：

1. 在生产及使用丁二烯过程中，应加强生产设备、管道、阀门的密闭。

2. 进入高浓度的场所作业，应配戴供给新鲜空气的气体防护器材或氧气呼吸器。

3. 控制作业场所空气中丁二烯的浓度，以防止形成爆炸性混合物。

4. 对从事接触丁二烯作业的人员定期进行体检，以便及时发现问题，给予及时处理。

丁二烯-[1,3]中毒的急救与治疗如下：

1. 如发生丁二烯中毒，应迅速将患者移至空气新鲜的地方。

2. 给予吸入氧气，直至神智清醒，除非中毒太重或中毒时间太长，大多可以很快地康复。

3. 肺部听诊异常者注射适量的抗菌素及强的松。

4. 其他进行对症处理。

5. 皮肤受液状丁二烯冻伤时，应先用温水冲洗，然后可用5%碳酸氢钠溶液湿敷，此外按照烫伤水泡处理。

十三、苯中毒的防治

苯 C_6H_6。为无色透明易挥发的液体，有芳香味。相对密度0.879。熔点5.5℃。沸点80.1℃。难溶于水，可溶于乙醇、乙醚等。

苯极易燃烧，发生带烟的火焰。在一定条件下，苯蒸气与空气混合会发生爆炸，爆炸极限为1.4%～8.0%。

苯作为一种溶剂和基本的化学合成原料，广泛应用于许多行业。如油漆及喷漆行业，其溶剂和稀释液中都含有苯；制鞋业用胶粘剂中纯苯含量高达90%。苯可用来制造许多苯的衍生物，如硝基苯、氯苯、苯酚等，而这些衍生物又是合成橡胶、合成洗涤剂、合成染料、药物、炸药的原料。

苯是一种常见的工业毒物，属于中等毒性的液体。在生产过程中主要通过呼吸道吸入苯蒸气和皮肤吸收而侵入人体。如果是短期内吸入大量的苯，经过在体内的代谢和排出，一般在几天内就会消失。如果是长期反复多次的吸入苯，苯可蓄积在血液、脊髓、脑、肝、骨髓及脂肪等组织中。蓄积得越多，完全排出所需要的时间则越长，可达数月甚至更长。当持续接触苯并积累到一定量时，就会发生中毒。苯的毒性作用，急性时以对中枢神经系统的麻醉作用为主，慢性中毒则以抑制造血机能居首要地位。

大量吸入高浓度的苯蒸气，可导致急性中毒，主要损害中枢神经系统，表现急性麻醉作用，过程与酒醉相似。

中毒较轻时有黏膜刺激症状，头晕、头痛、恶心、呕吐、步态蹒跚等。若能及时脱离现场，可很快恢复。

重度中毒可发生昏迷、抽搐、呼吸及心跳不规则，血压下降，肺水肿，继而呼吸、心跳停止。

长期吸入较低浓度的苯，主要引起慢性中毒。轻度中毒主要表现是神经衰弱症候群和周围血液细胞减少。大部分患者有头痛、头昏、健忘、睡眠异常和无力等，可伴有出血症状，白细胞计数立方毫米低于4000，可有血小板、红细胞及血红蛋白的减少。严重中毒者主要表现为再生障碍性贫血，也可发生白血病。另外，苯对皮肤和黏膜有刺激作用，长期接触会出现皮肤干燥、发红、疱疹等现象，严重者会发生脱脂性皮炎、皲裂和毛囊炎等。

工业卫生容许浓度：$40mg/m^3$。

苯中毒的预防措施如下：

1. 一切使用苯的生产过程应尽可能密闭，并加强自然通风和机械通风。

化验室中用苯应放在毒气柜内进行。

2. 进行工艺改革，做到隔离式远距离操作。对设备经常检修，以防跑、冒、滴、漏。

3. 用苯作溶剂、稀释剂、胶粘剂的行业，应尽量以无毒或低毒的物质代替，并加强通风措施。工作需要时，要戴防毒口罩或防毒面具。

4. 经常接触苯的皮肤，可使用干酪素皮肤防护膜，也称液体手套。其配方为：在500mL 蒸馏水中，加入干酪素 2kg，温度保持在 70~80℃。3h 后加入碳酸钠 400g，并不断地搅拌，再加入酒精 5.5kg，最后加入甘油 750g，不断搅拌即成。工作前将这种液体均匀地抹在手上，干后即成防护薄膜，工作后用清水即可冲洗掉。

5. 进入狭小的苯容器内作业，尽可能戴好防毒面具，外面要有专人进行监护。

6. 在采取防止苯中毒措施的同时，还应加强防火防爆措施，因苯蒸气与空气混合能形成易燃或爆炸性混合物，故应避免苯液从贮罐或反应器中逸出或泄漏，在苯的使用和贮存地点，严禁明火。

7. 对接触苯作业人员应定期进行体检，根据劳动条件每 6~12 个月进行一次。

凡患有中枢神经系统器质性疾病、明显的神经官能症、血液系统疾病，以及肝、肾器质性病变者，均不宜从事接触苯的作业。

8. 根据国家关于女职工劳动保护的有关规定，已婚待孕，以及怀孕期和哺乳期的女职工，均禁忌从事接触苯的作业。

苯中毒急救与治疗如下：

1. 发生急性苯中毒，应立即将患者安全搬出中毒场所，换光污染衣服，清洗体表污染。给患者呼吸新鲜空气，促使苯的排出，如果呼吸不正常或停止，必须进行人工呼吸。

2. 如果心跳停止，应立即作体外心脏按摩，必要时可开胸按摩。心跳微弱、血压下降，禁忌注射肾上腺素，因它可引起心脏纤维颤动，应改用其他升压药物。

3. 肌肉痉挛者，可注射镇静剂，如鲁米那等。

4. 防止呕吐物进入气管，昏迷时间较长者，要及早防治脑水肿。

5. 患者神智清醒后应休息一段时间。

6. 其他给予解毒的葡萄糖醛酸内酯、维生素丙等。

7. 慢性苯中毒的治疗主要是针对血象异常，采用中西医结合疗法。

8. 轻度慢性苯中毒者，经治疗后尽可能调离苯作业。

十四、苯的氨基和硝基化合物中毒的防治

当苯环上的氢原子被氨基（NH_2）或硝基（NO_2）取代，就成为苯的氨基或硝基化合物。其最基本的物质是苯胺（$C_6H_5NH_2$）及硝基苯（$C_6H_5NO_2$），在此基础上，由于苯环的不同位置上代入不同数量的氨基或硝基、卤素或烷基可形成很多种类的衍生物。工业上常用的有：苯胺、联苯胺、对甲苯胺、邻甲苯胺、硝基苯胺、硝基苯、二硝基苯、硝基氯苯、二硝基甲苯、三硝基甲苯等等。

苯的氨基或硝基化合物，在常温下有的是液体，有的是固体，大多为沸点较高，挥发性较低，难溶于水，易溶于脂肪和有机溶剂。

苯的氨基和硝基化合物广泛应用于制药、印染、油漆、橡胶、印刷、炸药、涂料、有机合成、染料制造、农药等工业，故接触人员也相当广泛。

苯的氨基和硝基化合物对人体均有不同程度的毒性。此类化合物的毒性作用有许多共同之处，并且由于其苯环上所代入的氨基和硝基的位置和数目不同，而使其毒性作用也有所不同。一般说来，苯环上的氨基或硝基的数目越多，其毒性也就越大。

苯的氨基和硝基化合物对人的毒作用是多方面的,现将一般毒作用分述如下。

1. 血液系统的损害。此类化合物侵入人体后能形成高铁血红蛋白血症,抑制血红蛋白携带氧的功能,造成缺氧,这是急性中毒中最常见的主要病变。在正常情况下,血中高铁血红蛋白占总血红蛋白的0.5%～2%,发生中毒后,若高铁血红蛋白达10%～15%时,中毒者口腔黏膜和皮肤开始出现紫绀,最初嘴唇、指甲、面颊等处呈蓝褐色;达30%以上时,可相继出现头部沉重、头胀、头晕、头痛、耳鸣、手指麻木和全身无力等神经系统症状;如果高铁血红蛋白进一步增加,则可发生心悸、胸闷、气急、步态蹒跚、恶心、呕吐,甚至昏厥等;若达到50%以上,便会发生休克、心律紊乱、惊厥、以至昏迷。

当苯的氨基和硝基化合物侵入人体后,还可导致运输氧的红细胞破裂,出现溶血性贫血,红细胞数量在几天内迅速降低。

2. 肝脏的损害。苯的氨基和硝基化合物中,其中有的可直接作用于肝细胞,引起中毒性肝损害;有的由于溶血、胆红质、血红蛋白、含铁血黄素在肝内瘀积,造成肝脏负担过重,间接引起肝脏损害。

3. 神经系统的损害。由于苯的氨基和硝基化合物脂溶性强,故进入机体后,易通过血脑屏障而与含有大量类脂质的神经系统发生作用,引起对神经系统的损害。重度中毒者可有神经细胞脂肪变性,视神经区受损害,发生视神经炎,视神经周围炎。

4. 泌尿系统的损害。苯的氨基和硝基化合物侵入机体后,其代谢产物主要经肾脏排除,而对肾脏引起损害。但也可因此类化合物直接引起肾脏损害,或由于大量溶血而引起间接的肾脏损害。肾脏受到损害时,会出现少尿、蛋白尿等症状,严重中毒者甚至无尿,或鲜血解出。部分患者还可出现化学性膀胱炎。

5. 眼睛的损害。苯的氨基和硝基化合物中,三硝基甲苯、二硝基苯酚等,可引起对眼睛的损害,主要是白内障,晶体中央部可见到由许多小点或小块组成瞳孔般大小的盘状混浊,晶体透明度和视力都有不同程度的减退。

6. 皮肤损害和致敏作用。苯的氨基和硝基化合物不仅可经皮肤吸收,同时对皮肤还有强烈的刺激作用和致敏作用。如皮肤经常反复直接接触此类化合物,接触部位可产生灼痛、红斑、丘疱疹,严重时可出现局部细胞坏死,继发性溃疡,以及角质增生等。有些苯的氨基和硝基化合物尚有致敏作用,如对苯二胺、二硝基氯苯等可引起过敏性皮炎。有少部分过敏体质者接触二硝基氯苯、氨基酚等可发生过敏性疾病的表现,如支气管哮喘等。

7. 致癌作用。某些苯的氨基和硝基化合物还能引起职业性膀胱癌,如联苯胺、乙萘胺、和含有乙萘胺的甲萘胺等。

在工业生产中,苯的氨基和硝基化合物是以粉尘形态或粉尘和蒸气兼有的形态存在于车间空气中。因此,可经呼吸道吸入而侵入人体,但更为重要的是可以经无损的皮肤吸收,尤其是皮肤直接接触其液态物质则吸收更快。如果气温较高、皮肤出汗、充血,均可促进毒物的吸收。因此,在这种受污染的作业环境中进行作业,容易造成中毒。

大量接触苯的氨基和硝基化合物可发生急性中毒,急性中毒可在作业时发生,也可能在下班的途中或下班后几小时内发病。空腹上班、热水淋浴和饮酒等均能诱发中毒或使中毒症状加重。

急性轻度中毒，表现为头痛、头晕、无力、嗜睡或失眠、恶心、食欲不振、可能出现一时性尿痛、尿频、尿急、口唇、舌、指（趾）端轻度发绀等。

急性中度中毒，表现为轻度中毒症状加重，还有气短、心跳增快，肝脏可能肿大，并伴有压痛，腱反射亢进，尿呈葡萄酒色等症状。苯的硝基化合物中毒，可有体温升高等。

急性重度中毒，表现为意识不清、昏迷、抽搐、瞳孔散大、对光反应消失、呼吸急促、心跳快、心音弱、皮肤黏膜呈深蓝或紫黑色、尿呈棕黑色、肝脏肿大、肝功能异常，肾功能受损时可出现血尿或尿闭。严重者可出现呼吸麻痹。

长期接触苯的氨基和硝基化合物，可引起慢性中毒，主要表现为血液、肝脏及神经系统等改变。

慢性轻度中毒，有明显持续的神经衰弱症候群，植物神经功能失调；肝脏肿大，肝功能异常，消化功能紊乱；轻度贫血，白细胞可能降低，可查见变性球蛋白小体，网织红细胞增加，以及眼晶状体混浊等。

慢性中毒严重时，还可出现明显的溶血性贫血，中毒性肝脏损害等。

工业卫生容许浓度：苯胺（皮）：$5mg/m^3$；

甲苯胺（皮）：$5mg/m^3$；

二甲苯胺（皮）：$5mg/m^3$；苯及其同系的一硝基化合物，如硝基苯及硝基甲苯等（皮）：$5mg/m^3$ 苯及其同系物的二硝基化合物及三硝基化合物，如二硝基苯、三硝基甲苯等（皮）：$1mg/m^3$；苯的硝基及二硝基氯化物，如一硝基氯苯、二硝基氯苯等（皮）：$1mg/m^3$。

苯的氨基和硝基化合物中毒的预防措施如下：

1. 开展技术革新，改革生产工艺过程，改善生产设备，消除可能产生严重危害的原料和中间产品。例如为了防止联苯胺灰尘的飞扬，用湿的联苯胺盐酸盐代替干法生产等。

2. 生产过程中最好以机械操作代替手工操作，以无毒或低毒物代替剧毒物。例如苯胺的生产过程中，倾倒液体时可用泵加料代替手工操作；染化行业中用固相反应代替使用硝基苯作热载体的液相反应工艺等。

3. 车间作业场所应加强通风措施，某些作业岗位还需要设通风设备，进行局部通风，以及时排除有毒蒸气及粉尘。

4. 定期测定车间空气中毒物的浓度，防止超过国家规定的工业卫生容许浓度。

5. 车间地面应选用不吸附毒物的材料，并便于清洗。

6. 作业人员应注意呼吸道和皮肤的防护，作业时要穿紧袖工作服、长统胶鞋、戴胶手套等，进行检修作业时，要戴防尘口罩或戴活性炭防毒面具等。

7. 坚持卫生制度，工作服被污染后要及时更换、清洗；被污染的皮肤也要及时清洗干净；不在作业场所吸烟、进食和饮水；作业后进行淋浴，但水温一般不应超过40℃；作业前后不要饮酒。

8. 对从事接触苯的氨基和硝基化合物的作业人员应严格执行就业前及定期的体检，如接触苯胺和联苯胺者应作尿常规检验；接触硝基化合物者应检验肝功能，及时发现问题及时处理。

凡患有血液病、明显的肝脏病、泌尿系统疾病、内分泌新陈代谢障碍、中枢神经系统器质性疾病、精神病等患者，均不宜从事接触此类化合物的作业；皮肤斑贴试验呈阳性，并且脱敏无效者，不宜从事接触二硝基氯苯、氨基酚等作业；特别是患红细胞 6-磷酸葡萄糖脱氢酶缺乏症者，为从事接触苯的氨基和硝基化合物的职业禁忌症者。

苯的氨基和硝基化合物中毒的急救与治疗如下：

1. 发生急性中毒，应迅速将中毒者移到空气新鲜的地方，立即脱去被毒物污染的衣服，用温肥皂水（忌用热水）洗净被毒物污染的皮肤。

2. 给予吸入氧气，静脉注射或滴注葡萄糖加大剂量维生素 C，保肝治疗。

3. 轻度变性血红蛋白症，可用 1％美兰溶液 6～10mL，加入 25％～50％葡萄糖液 20～40mL，静脉注射。中度、重度中毒者，美蓝用量首次 10mL，必要时重复给药，并给维生素 C、辅酶 A 等。

4. 对症治疗。

5. 对慢性中毒者，针对贫血、肝脏损害及神经系统病变，可采用中西医结合疗法，进行抗贫血、保肝及对症治疗等。

十五、硝基苯、二硝基苯中毒的防治

硝基苯 $C_6H_5NO_2$。俗称人造苦杏仁油。纯品为几乎无色至淡黄色的油状液体，有特殊的苦杏仁味，相对密度 1.2037，熔点 5.7℃，沸点 210.9℃，几乎不溶于水，与酒精、乙醚或苯能混溶。

硝基苯用途甚广，在工业中用作制造各种芳香族化合物的衍生物，为香料、染料、炸药等的基本原料。

硝基苯可经呼吸道和皮肤侵入人体，造成中毒。大量吸入硝基苯蒸气或皮肤大面积受污染可造成急性中毒，高铁血红蛋白血症为主要表现，还可引起神经系统症状、急性溶血性贫血，并能损害肝脏、肾脏，出现明显的黄疸。

皮肤长期反复接触，可引起皮肤红肿和泡疹等症状。

长期接触低浓度的硝基苯蒸气及皮肤反复污染，可引起慢性中毒，主要表现为中毒性贫血及神经衰弱症候群等。

工业卫生容许浓度：$5mg/m^3$。

二硝基苯 $C_6H_4(NO_2)_2$。有三种同素异构体，即：邻二硝基苯、间二硝基苯、对二硝基苯，均为无色或淡黄色晶体。工业上用的二硝基苯，实际上是三种同素异构体的混合物。

二硝基苯是染料工业中的原料，与氯酸钾或硝酸铵混合，可作为炸药应用。

二硝基苯是一个强有力的高铁血红蛋白形成剂，其毒作用大于硝基苯，皮肤吸收 0.3g 则可引起相当严重的高铁血红蛋白血症，其发病和恢复都较慢。中毒较重者常有肝脏损害，引起黄疸等。

二硝基苯引起的慢性中毒，除指甲、手指染黄外，还可引起溶血性贫血，红细胞和血红蛋白减少，并常有不同程度的肝脏损害，全身无力、食欲减退、肝区疼痛等症状。

工业卫生容许浓度：$1mg/m^3$。

硝基苯、二硝基苯的防治措施如下：

1. 无损的皮肤均能大量吸收硝基苯和二硝基苯，故在预防中毒时必须加强个人劳动

保护，杜绝皮肤吸收。

2. 隔离各种热源，防止车间温度过高，减少蒸发。

3. 加强作业场所的通风，使可能逸出的蒸气及时排出厂房外。

4. 建立健全安全操作、检修和医疗预防等制度。

5. 发生硝基苯和二硝基苯中毒的急救与治疗同苯的氨基和硝基化合物。

十六、三硝基甲苯中毒的防治

三硝基甲苯 $CH_3C_6H_2(NO)_3$。有六种同素异构体，通常所指的是 2,4,6-三硝基甲苯，是一种常用的黄色炸药，简称梯恩梯（TNT）。为浅黄色单斜形结晶，相对密度 1.654，熔点 81.0℃，微溶于水，易溶于氯仿、醚等有机溶剂，突然受热易发生爆炸。

三硝基甲苯作为炸药广泛应用于国防、采矿、开凿隧道等。在生产过程中，出料、过筛、配料、包装等作业均可接触其粉尘及蒸气。

三硝基甲苯可经皮肤、呼吸道、消化道侵入人体。在生产条件下，主要是经皮肤和呼吸道吸收，其中以皮肤吸收更为重要。尤其是在气温高时，由于手臂等外露，接触面积加大，如果再有汗液，易使三硝基甲苯粉尘附着于皮肤上，从而加速皮肤吸收。

三硝基甲苯的毒性作用较为广泛，主要表现对皮肤的刺激、眼晶状体白内障、中毒性肝炎，以及血液和神经系统的损害。重者可出现高铁血红蛋白。而且发病较快，大量接触 3~7 个月就可出现中毒症状，青年女职工接触更易于发病。

短时间大量的三硝基甲苯进入体内可发生急性中毒。轻度中毒者表现有头晕、头痛、恶心、呕吐、食欲不振、上腹部及右季肋部痛，口唇呈青紫色，紫绀可扩展到鼻尖、耳壳、指（趾）端等。重度中毒者除上述症状加重外，尚有意识不清、呼吸浅表、频速，偶有惊厥，甚至大小便失禁，瞳孔散大，对光反应消失，角膜及健反射消失，严重者可因呼吸麻痹而死亡。

长期反复接触三硝基甲苯，可造成慢性中毒。在生产条件下，以慢性中毒为多见。

一般性全身症状，眼部表现为眼睑有皮炎，结膜充血或风膜黄染，有的可见角膜缘色素沉着；有的可见晶体改变。眼部最主要的表现是晶体混浊以至造成中毒性白内障，但一般不影响视力，当晶体的混浊至密和呈花瓣状或盘状时，则视力可下降，当周边部混浊与中央部混浊聚合时，视力下降则甚。消化系统表现为腹痛、食欲下降、恶心、呕吐、便秘等。中毒性肝炎也较多见，表现有肝火、压痛、轻微黄疸，肝功能异常。血液系统表现有低血色素性贫血，个别严重者可发展成为再生障碍性贫血、全血细胞减少，以及骨髓增生不良。心血管系统表现有低血压的发病率较高，严重中毒者或同时出现重症贫血者其心电图有异常变化。

皮肤反复直接接触，除瘙痒外，还常出现淡红色的斑点丘疹，如果仍继续接触，可发展为泡疹、苔藓样皮炎、湿疹或脱皮等。

长期接触三硝基甲苯的作业人员，可有"三硝基面容"，即面部黄染，特别是在口以上眼以下鼻梁周围，有时口唇耳壳还略呈青紫色，这些黄染，虽经清洗与休息也不能完全消除，却在清洗后出现面色苍黄。同时还可出现"四黄"，即：头发、指甲、皮肤、小便呈黄色。这些可作为大量接触的依据。

工业卫生容许浓度：$1mg/m^3$。

三硝基甲苯中毒的预防措施如下：

1. 加强通风措施，以降低车间空气中 TNT 的浓度，防止呼吸道大量吸入。

2. 严格防止皮肤污染，故作业人员应穿戴好工作服。在浓度较高的作业场所作业应配戴防尘口罩。

3. 车间应设有水温不超过 40℃ 的淋浴设备，便于作业人员下班后进行淋浴。

4. 一旦三硝基甲苯污染皮肤后，可用 5％亚硫酸钠溶液进行清洗，或用 10％～15％亚硫酸钠肥皂进行清洗。亚硫酸钠同时具有显色剂的作用，也有利于检查皮肤污染部位是否彻底清洗干净。此外，为了鉴定三硝基甲苯污染皮肤后是否清洗干净，还可用少量显色剂，即一份饱和氢氧化钠溶液和九份纯酒精溶液混合，涂于污染部，如果呈紫色，则表明清洗不彻底，仍需重新进行清洗。

5. 作业结束下班淋浴时，应注意清洗眼结膜腔，防止眼部吸收。

6. 因三硝基甲苯在水中的缓慢水解，可对某些鱼类产生毒害作用。因此，含三硝基甲苯的废水必须经过处理后才允许排放，以保护环境和鱼类资源。

7. 做好对从事接触三硝苯甲苯作业人员的就业前体检和定期身体检查，并建立健康档案。

凡患有肝脏、眼、血液系统、神经系统疾病者，不宜从事接触三硝基甲苯的作业。发现中毒患者应及时调离和积极治疗。

三硝基甲苯中毒的急救与治疗如下：

1. 中毒性肝炎的治疗同传染性肝炎，急性期除积极治疗外，应卧床休息。慢性中毒性肝炎活动期应以休息为主，避免过劳。并给予富有高蛋白、高维生素、高热量、低脂肪的饮食，以增加营养，提高抵抗力，促进病情好转。

2. 白内障目前尚无较好的治疗方法和药物，一般治疗原则是增进晶体营养与代谢，局部治疗可用葡萄糖维生素眼药水，以及晶明眼药水。

3. 其他可采用中西医结合对症治疗。

十七、苯胺中毒的防治

苯胺 $C_6H_5NH_2$。俗称阿尼林油。为无色油状液体，暴露于空气中或在日光下变成棕褐色，时间越久，颜色越深，有特殊气味，相对密度 1.0216，熔点 $-6.2℃$，沸点 184.4℃，稍溶于水，能与乙醇、乙醚、苯等混溶，具有弱碱性。

苯胺是以硝基苯为原料制造的，除在制造厂的作业人员接触外，最常见的是以苯胺为原料以制造染料、药物工业中遇到。此外，在制造橡胶硫化剂、防老剂、照相显影药、香料、某些塑料的离子交换树脂及印染工业中也有应用。

苯胺可经呼吸道、皮肤和消化道侵入人体引起中毒，因苯胺在室温中挥发不多，故苯胺中毒主要是由皮肤吸收而引起，温湿度增高可促进皮肤的吸收。如皮肤大面积受污染，或者大量吸入高浓度的苯胺蒸气后可发生急性中毒，往往一、二小时后就可发病，主要是高铁血红蛋白血症。大部分患者并出现尿急、尿频、排尿时尿道热痛等现象，部分严重患者，还有一些精神兴奋等中枢神经系统症状，并继发轻度的中毒性肝病。

轻度急性中毒时，表现有头痛、头晕、无力、耳鸣、口唇青紫等症状。中度中毒时除轻度中毒症状加重外，并有恶心、呕吐、精神恍惚、手指麻木、步态不稳、瞳孔对光反应迟钝等症状，尿可呈棕褐色。严重中毒时表现为全身皮肤、粘膜青紫严重、意识消失、瞳孔收缩或放大，甚至因昏迷、抽搐而死亡。

个别人皮肤直接接触苯胺液体，可在局部引起接触性皮炎，出现红斑、红疹或小水泡等。

长期接触低浓度的苯胺蒸气或皮肤反复污染，可引起慢性中毒，出现头痛、头晕、耳鸣、记忆力下降等轻度神经衰弱症候群，以及中毒性皮炎。并会发生溶血性贫血和低血色素贫血。

工业卫生容许浓度：$5mg/m^3$。

苯胺中毒的预防措施如下：

1. 生产设备应做到密闭，尽量采用机械化、自动化操作，消除人体直接接触。
2. 安设有效的抽风、排气设备，使厂房及作业岗位空气中的浓度降至国家规定的工业卫生容许浓度以下。
3. 作业人员应穿戴完好的工作服、手套、靴子等，做到皮肤不直接接触。检修设备时，还应配戴好防护器材。
4. 车间内应设有方便的冲洗设备，包括低温水淋浴，不宜用热水。
5. 坚持卫生制度，被污染的衣服要及时更换、清洗，下班后应用低温水淋浴。
6. 对从事接触苯胺作业的人员定期进行体检，以便及时发现问题及时给予处理。
7. 根据国家关于女职工劳动保护的有关规定，女职工在怀孕期和哺乳期禁忌从事接触苯胺的作业。

苯胺中毒的急救与治疗如下：

1. 如果皮肤被污染应迅速用75％酒精、5％醋酸溶液或温肥皂水进行彻底清洗。
2. 发生苯胺急性中毒应使用治疗高铁血红蛋白血症的特效解毒剂美蓝。但必须注意，美蓝不能作皮下、肌肉、鞘内注射，只能用于静脉注入，也可口服。当注入的速度过快或剂量过大时，可有恶心、呕吐、胸闷、多汗等副作用。
3. 轻度中毒时可大量用维生素C及含糖饮料，亦可静脉注射葡萄糖及维生素C。
4. 中度中毒时可给高渗葡萄糖与大量维生素C，并给予氧气吸入。如病情较重可用1％美蓝5～10mL与25％葡萄糖液20～40mL静脉注射，同时给予大量维生素B_{12}与维生素C。
5. 重度中毒时可用1％美蓝10～20mL与25％葡萄糖液20～40mL静脉注射，同时给予大量维生素B_{12}与维生素C，有条件可给辅酶A。
6. 苯胺急性中毒还可采用中西医结合治疗。
7. 慢性中毒可针对贫血、肝脏损害及神经系统病变，采用中西医结合疗法，进行抗贫血、保肝及对症治疗。

十八、苯乙烯中毒的防治

苯乙烯 $C_6H_5CH=CH_2$。为无色透明或淡黄色的易燃液体，有芳香气味，相对密度0.9090，熔点$-33℃$，沸点$146℃$，不溶于水，溶于酒精和乙醚等有机溶剂。易聚合，尤其是在光和高温条件下，更易发生聚合作用。

苯乙烯是制造聚苯乙烯的原料，与丁二烯可制成丁苯橡胶，与丙烯腈、丁二烯合成

ABS工程塑料，与二乙烯苯可制成离子交换树脂，也可作为造漆、制药、香料等的原料和溶剂。

苯乙烯可经呼吸道、消化道和皮肤侵入人体。由呼吸道吸入的苯乙烯蒸气可被上呼吸道部分吸收。经皮肤吸收速度极快，每小时为 $9\sim15mg/cm^2$，较苯 $0.4mg/m^2$、苯胺 $0.2\sim0.7mg/cm^2$、硝基苯 $0.2\sim3.0mg/cm^2$、二硫化碳 $9.7mg/cm^2$ 为快。苯乙烯的毒作用类似苯，但较苯低，唯刺激作用略大于苯。因苯乙烯在常温下挥发性不大，因此，一般不易造成急性中毒。当吸入浓度为 $3400mg/m^3$ 的苯乙烯蒸气时，能立即引起黏膜刺激症状。表现有眼部刺痛、流泪、结膜充血、流涕、喷嚏、咳嗽、眩晕等，如较严重时，可出现头痛、恶心、呕吐、食欲减退及步态蹒跚等症状。

眼部直接受苯乙烯液体污染，可引起不同程度的眼球灼伤。

长期吸入低浓度的苯乙烯蒸气可引起慢性中毒。苯乙烯对神经系统的影响，常表现为眩晕、头痛、乏力、失眠或嗜睡、健忘，并伴有多汗、手指震颤、腱反射亢进等。严重时可出现周围神经病变，如四肢麻木，痛觉、温觉减退，皮肤萎缩和神经元性萎缩。有些患者可出现锥体外系症状及前庭功能紊乱，出现位置性眼球震颤等。在消化系统有恶心、腹胀、右季肋部疼痛等症状，肝胆疾病的发病率增高，肝脏解毒功能有所损害。在血液方面，有轻微的血象改变，如轻度的白细胞减少，淋巴细胞相对增多，血小板减少和网织细胞增多。在皮肤黏膜方面，可引起上呼吸道及眼粘膜的刺激症状，分泌物增多、咳嗽、咽喉疼痛等。皮肤长期反复接触苯乙烯液体，由于苯乙烯的脱脂作用，可引起皮肤干燥皲裂等。

工业卫生容许浓度：$40mg/m^3$。

苯乙烯中毒的防治措施如下：

1. 生产设备，如聚合釜、泵等应予密闭，作业场所并应加强通风。使作业场所空气中苯乙烯的浓度降低到国家规定的工业卫生标准以下。

2. 进入釜内作业，应清洗置换，并经通风后，方可入内作业，或配戴送风式防毒面具。

3. 加强个人劳动防护，劳动保护用品穿戴整齐，避免皮肤直接接触苯乙烯液体，并防止溅入眼内。

4. 对从事接触苯乙烯作业的人员进行就业前体检和定期体检。

凡患有神经系统、血液系统疾病者，不宜从事接触苯乙烯作业。

苯乙烯中毒的急救与治疗如下：

1. 发生苯乙烯急性中毒时，应使患者迅速脱离现场。
2. 必要时可给予氧气吸入。
3. 眼部及皮肤受苯乙烯液体污染时，应立即用大量清水冲洗干净。
4. 其他可对症治疗。

十九、甲醇中毒的防治

甲醇 CH_3OH。又名木醇，为无色、易挥发、易燃的液体，略有酒精气味，燃烧时发生蓝色火焰，相对密度 0.7915，熔点 $-97.8℃$，沸点 $64.65℃$，能与水、酒精等以任意比例互溶。

甲醇在现代工业中是用一氧化碳和氢在加热加压及催化的作用下制得。作为一种重要的工业原料，用于制造甲醛、有机玻璃、涤纶、人造丝、有机染料、硝化纤维炸药等；作为甲基化剂，用于制造甲基对硫磷等含有甲基的有机磷农药；作为溶剂广泛用于染料、树脂、橡胶、喷漆，以及制造赛璐珞、胶片等，同时还可作为油漆的去除剂，以及去污剂和除蜡制品、防腐液和抗冻剂的组成成分。此外，甲醇还可以用作燃料。由此可见，甲醇的用途相当广泛，因此接触甲醇作业的人员也相当多。

甲醇对人体的毒性作用很大，误服 15mL，可使人双目失明；70~100mL 可使人死亡。甲醇的毒性主要是抑制中枢神经系统和对局部黏膜的刺激。甲醇对视神经和视网膜有特殊的选择作用，可使视神经萎缩。甲醇除本身毒性外，还与其分解产物甲醛及甲酸有关，甲醛可能是损害视网细胞中一些酶的主要原因，甲酸则是引起酸中毒的原因之一。

甲醇主要通过呼吸道吸入其蒸气而侵入人体，消化道、皮肤也可吸收。甲醇侵入人体后，因排泄缓慢，故有明显的蓄积作用。

甲醇中毒多为误食或者吸入甲醇蒸气所引起。急性甲醇中毒，根据不同的浓度，有一定的潜伏期，一般为 6~36h，也有长达四天者，中毒者以神经系统症状、酸中毒和视神经炎为主，可伴有黏膜刺激症状。开始发病时头痛、头晕、乏力、恶心、呕吐、腹痛和腹泻、眼球疼痛、视物模糊；严重时，会引起抽搐、呼吸困难，最后可能因呼吸中枢麻痹而死亡。部分严重患者在急性期过去之后，可以遗留视神经及周围神经方面的后遗症。

长期经呼吸道吸入低浓度的甲醇蒸气，或皮肤常浸泡于甲醇溶液中，可发生慢性中毒，除黏膜及皮肤刺激症状外，尚可有神经系统症状，如疲倦无力、头痛、眩晕、耳鸣、眼球震颤、震颤性麻痹及视神经损害。此外，皮肤有发痒的感觉，出现湿疹或皮炎等症状。

甲醇液体直接溅在结膜上可引起一系列的结膜刺激症状。

工业卫生容许浓度：50mg/m^3。

甲醇中毒的预防措施如下：

1. 如生产过程许可，能用其他工业原料代替时尽可能不用，如用乙醇代替甲醇。
2. 生产甲醇的设备、管道等应充分密闭，作业岗位并辅助必要的抽气通风设备，使作业场所空气中的甲醇浓度达到国家工业卫生标准。
3. 注意个人防护，除防止呼吸道吸入外，还应当防止皮肤吸收，皮肤因不慎污染应及时用清水冲净。
4. 加强管理，避免误服。
5. 需进入高浓度甲醇的场所作业，需佩戴防毒面具，并注意皮肤的保护。
6. 对从事接触甲醇作业的人员，应定期进行体检，并要进行视力及眼底检查。

凡患有神经系统疾病、眼病、糖尿病、内分泌系统器质疾病者，不宜从事接触甲醇的作业。

7. 根据国家关于女职工劳动保护的有关规定，女职工在哺乳期应禁忌在作业场所空气中甲醇浓度超过国家工业卫生标准的情况下作业。

甲醇中毒的急救与治疗如下：

1. 经口中毒者,如神志清醒应立即用1‰碳酸氢钠溶液洗胃,硫酸镁导泻以排泄甲醇。
2. 确诊甲醇中毒,应立即口服碳酸氢钠1g,对严重中毒者静脉滴注5%碳酸氢钠或11.2%的乳酸钠等,以纠正酸中毒。
3. 患者即使无视力改变,也应事先用纱布遮盖双目避光刺激。视力障碍或眼底有病变时,可试用甘露醇静脉滴注和地塞米松静脉注射等措施以减轻颅内压,改善眼底血循环,并加速甲醇排泄,防止视神经发生持久性病变,并应严密观察。
4. 有中毒性精神病患者,应给予足量的B族维生素。
5. 各种支持疗法和对症治疗。
6. 慢性中毒主要是调离接触甲醇作业,次之是进行支持疗法与对症治疗,可给予适当营养、多种维生素、镇静药物、谷维素,也可口服5%碳酸氢钠溶液或美兰等。

二十、丙烯醇中毒的防治

丙烯醇 $CH_2=CHCH_2OH$。为无色液体,有象芥子的气味。相对密度0.8520,熔点-192℃,沸点96.9℃,溶于水、乙醇、乙醚、氯仿和石油醚等。其蒸气与空气可形成爆炸性混合物,爆炸极限为2.5%～18%。

丙烯醇是制造甘油的原料,也用于制造增塑剂、树脂及药物等,还可用作溶剂及萃取剂。

丙烯醇可经呼吸道及皮肤吸收侵入人体,短时间大量接触丙烯醇可引起急性中毒。丙烯醇的蒸气对黏膜有剧烈的刺激作用,短时间的接触较低浓度的丙烯醇蒸气,就可引起流泪、羞明、视力模糊等症状;较高浓度的长时间接触,可引起角膜损害及肺水肿;高浓度的长时间接触,还可引起肝、肾坏死等。

丙烯醇的蒸气对皮肤也有刺激作用,按照接触的浓度及时间的不同,可发生程度不同的皮炎。皮肤直接接触丙烯醇液体,可因皮肤吸收而引起皮肤接触局部的疼痛。

工业卫生容许浓度:$2mg/m^3$。

丙烯醇中毒的预防与治疗如下:

1. 生产及使用丙烯醇应加强密闭,作业场所应安设抽风排气设备,以降低作业场所空气中丙烯醇蒸气的浓度,减少作业人员的接触。
2. 生产设备应加强维护检修,严防跑、冒、滴、漏。
3. 加强个人防护,如穿戴工作服、手套、防护眼镜等,防止皮肤直接接触。
4. 对从事接触丙烯醇作业的人员做好就业前体检和定期体检。

凡患呼吸道疾病,以及肺部疾患者不宜从事此作业。

5. 发生丙烯醇急性中毒,应迅速使患者脱离现场,给予对症治疗,要注意防止肺水肿的发生,并注意保护肝、肾。
6. 皮肤污染应迅速用清水冲洗干净。因皮肤直接接触而引起疼痛时,可静脉或皮下局部注射葡萄糖酸钙。

二十一、环己醇中毒的防治

环己醇 $H_2C(CH_2)_4CHOH$。为无色油状液体,有类似樟脑的气味,不易挥发。相对密度0.9624,熔点25.5℃,沸点161℃,有吸湿性,易燃烧,稍溶于水,溶于乙醇、乙醚、苯、二硫化碳和松节油等。

环己醇除作为制造锦纶 6 和锦纶 66 等有机化工产品的中间体外,也是油脂、虫胶、橡胶等的溶剂,并可用作清洁剂及涂料、增塑剂等。

环己醇主要通过呼吸道侵入人体,皮肤也可吸收。环己醇蒸气对皮肤黏膜有直接的刺激作用,接触较高浓度的环己醇蒸气 3~5min,就可发生眼结膜、鼻腔、咽喉刺激症状。接触高浓度的环己醇蒸气,可引起结膜充血、流泪、流涎等症状。皮肤长时间的大量接触,可引起不同程度的皮炎,甚至发生溃疡坏死等病变。

大量吸入高浓度的环己醇蒸气,可引起急性中毒,主要表现为麻醉症状,如不及时抢救,继续吸入,可引起死亡。中毒严重者可见血管损害,以及心、脑、肝、肾、肺等器官的坏死。

工业卫生容许浓度:$50mg/m^3$。

环己醇中毒的预防与治疗如下:

1. 防止环己醇的蒸气弥散到作业场所的空气中。
2. 进入高浓度的地点作业需配戴气体防护器材。
3. 加强个人防护,防止皮肤污染。
4. 发生环己醇急性中毒,迅速将患者脱离现场,给予对症治疗。大量应用葡萄糖醛酸(肝泰乐)可能是解毒方法之一。
5. 皮肤受污染,应用大量清水冲洗,防止继续吸收。

二十二、氯苯中毒的防治

氯苯 C_6H_5Cl。为无色透明液体,有像苯的气味,相对密度 1.1064,熔点 $-45℃$,沸点 $132℃$,不溶于水,溶于乙醇、乙醚、氯仿和苯等。易燃烧,其蒸气与空气混合可形成爆炸性物质,其爆炸极限为 2.2%~10%。

氯苯是工业中常用的溶剂、清洁剂,某些有机化工生产中的中间体或原料,如用于制造苯酚、一硝基氯苯、二硝基氯苯、二硝基苯酚和苦味酸等。

氯苯主要经呼吸道侵入人体。短时间大量吸入高浓度的氯苯蒸气可引起急性中毒。氯苯有明显的中枢神经系统麻醉作用,但不像苯那样剧烈迅速,通常要在不通风或密闭的作业地点工作较长的时间,才会发生一些麻醉现象,以至昏迷,如不及时抢救,可因呼吸循环衰竭而死亡。急性氯苯中毒大致与急性苯中毒相似,但经过较缓慢,如昏迷的急性氯苯中毒病员要经过比较长的一段时间才能完全清醒。此外,中毒者在清醒后还常常表现有头痛、头昏、无力、食欲减退等症状,一般要几天后才痊愈。

氯苯对皮肤和黏膜都刺激作用,高浓度的氯苯蒸气对眼结膜与上呼吸道也有刺激,可引起发痒、异物感等。皮肤直接接触氯苯液体,可发生轻度红肿等反应。眼结膜直接接触氯苯液体时反应更为显著。

长期接触较高浓度的氯苯后,可引起慢性中毒,在神经系统方面,表现有头昏、失眠等神经衰弱症状。对肝脏也有一定的损害,严重者可引起中毒性肝病,个别人还可发生肾损害。此外,对骨髓造血和成熟的血液细胞也有轻度的损害。

工业卫生容许浓度:$50mg/m^3$。

氯苯中毒的预防措施如下:

1. 生产和使用氯苯的过程尽可能密闭,作业场所应加强自然通风和机械通风。

2. 进入含有高浓度氯苯蒸气而又不通风的场所作业时，应配戴防毒面具等，并要有人专职进行监护。

3. 加强个人防护和个人卫生，如工作服穿戴整齐，防止皮肤污染；如皮肤污染应迅速进行冲洗。

4. 防止氯苯蒸气与空气混合形成爆炸性物质，在生产和使用中要注意防火，以免发生燃烧及爆炸事故。

5. 对从事接触氯苯作业的人员；进行就业前体检和定期体检，以便发现问题，及早处理。

凡患血液系统疾病，以及肝、肾疾病者，不宜从事接触氯苯作业。

氯苯中毒的急救与治疗如下：

1. 发生氯苯中毒，应立即将患者脱离现场，给患者呼吸新鲜空气，如呼吸不正常或停止，应进行人工呼吸或给予氧气吸入。

2. 如果心跳停止，应立即作体外心脏挤压，心跳微弱、血压下降，禁忌注射肾上腺素，以免引起心脏纤维颤动，可改用其他药物。

3. 昏迷时间较长的患者，要及早防治脑水肿。

4. 慢性氯苯中毒，主要是保肝及对神衰症状的对症治疗。

二十三、二氯丙醇中毒的防治

二氯丙醇 $CH_2ClCHOHCH_2Cl$。为无色透明黏稠液体，微有氯仿气味，相对密度1.3645，沸点175℃，溶于乙醇、丙酮、乙醚和苯等，稍溶于水，不溶于石油醚。

二氯丙醇是制环氧树脂中间体环氧氯丙烷的重要原料，也是制离子交换树脂的原料。并用作醋酸纤维、乙基纤维素等的溶剂。

二氯丙醇可经呼吸道和皮肤侵入人体，对中枢神经系统和肝脏、肾脏都有剧烈的毒性。大量接触吸收二氯丙醇蒸气后可引起急性中毒，最初表现的主要症状为头昏、恶心、呕吐、腹痛、肝区痛及无力等。如果侵入量很多，病情则继续发展，出现黄疸、血尿、皮下出血及神智错乱等症状，检查可见肝功能减退，尿中有蛋白、管型和红细胞，还可见血小板减少，出血凝血时间延长等。病情最严重者，可因肝功能和肾功能衰竭而致危。

长期接触低浓度的二氯丙醇蒸气，可致慢性中毒，能见到肺、肝、肾脏等器官的病变。

工业卫生容许浓度：$5mg/m^3$。

二氯丙醇中毒的防治措施如下：

1. 生产设备应尽可能密闭，并辅助以必要的抽风排气设备，以降低作业场所空气中含二氯丙醇的浓度，符合国家规定的工业卫生标准。

2. 事间应设冲洗设备，以便皮肤污染后能及时冲洗。

3. 加强个人防护，作业时劳动保护用品应穿戴整齐，防止呼吸道吸及皮肤污染。

4. 对从事接触二氯丙醇作业人员，应定期进行体检，以便及时发现问题，及时处理。

5. 发生急性中毒应及早应用保肝保肾疗法，必要时进行透析疗法，促进毒物和体内代谢物的排泄，以保护肾脏。

6. 皮肤大面积污染，应用大量清水冲洗干净，并尽快更换被污染的衣服，同时应进行密切的医学观察，以便及早治疗。

二十四、甲醛中毒的防治

甲醛 HCHO。为无色气体，具有难闻的刺激性气味，蒸气密度 1.075，沸点 $-19.5℃$，熔点 $-92℃$。甲醛非常易聚合，按照聚合时的各种不同条件生产各种聚合产物。生产中供应的是 35%～40% 甲醛水溶液，40% 的水溶液俗称福尔马林，此溶液在室温下就容易挥发，加热更甚。

甲醛在工业上用于制造树脂、塑料、皮革、纸、人造纤维、玻璃纤维、橡胶、染料、药品、照相胶片、油漆、肥皂、炸药等，在医学上用作防腐剂和消毒剂。

甲醛对人体皮肤和黏膜具有强烈的刺激作用。大量吸入高浓度的甲醛蒸气可引起眼部结膜炎、鼻炎、咽喉炎和气管炎，严重的还会引起喉痉挛、声门水肿和肺水肿等。皮肤直接接触甲醛溶液后，皮肤干燥硬化、汗液分泌暂时性减少、手指甲软化、变脆。长时期接触较高浓度的甲醛蒸气，可引起刺激性皮炎或湿疹等。部分人的皮肤还可能发生红肿胀痛。

甲醛致死量为 10～20mL，因不慎福尔马林经口中毒，可立即引起口腔、咽、食道及胃部的烧灼感，口腔黏膜糜烂，剧烈上腹痛，严重时会因胃溃疡、穿孔，以及呼吸困难，迅速转入意识丧失，以至造成死亡。急性中毒缓解后，常遗留慢性胃炎。

长期接触低浓度甲醛蒸气可引起慢性中毒，表现有头痛、无力、食欲减退、体重减轻、心悸和失眠等。

工业卫生容许浓度：$3mg/m^3$。

甲醛中毒的预防措施如下：

1. 对于生产过程中有甲醛蒸气逸出的设备，应加以密闭，以防溢出，污染周围环境。
2. 甲醛的灌注应做到机械化操作，并装设局部排气设备，加强作业场所的通风，以降低空气中甲醛的浓度。
3. 贮存甲醛的容器，应密闭和加盖，并贴明标签。
4. 接触甲醛作业的人员，应穿工作服，戴手套，以防甲醛溶液溅到皮肤上。进入高浓度甲醛蒸气的场所作业，应戴防毒口罩，必要时应戴防毒面具。
5. 接触甲醛作业者应注意个人防护，下班后应淋浴更衣。
6. 对从事甲醛作业的人员应定期进行体检。

凡患有神经系统、呼吸系统及皮肤疾病者，不宜从事甲醛作业。

7. 根据国家关于女职工劳动保护的有关规定，女职工在怀孕期和哺乳期应禁忌从事接触甲醛作业。

甲醛中毒的急救与治疗如下：

1. 迅速使中毒者撤离作业现场，必要时给患者吸入氧气，用抗菌素预防继发感染。
2. 误服甲醛者应立即嗽口及清洗口腔，并洗胃。洗胃后可口服 3% 碳酸铵溶液 100mL，使甲醛变为毒性较小的乌洛托品。
3. 甲醛溶液溅到皮肤或黏膜上，应先用大量清水冲洗，再用肥皂水或 2% 碳酸氢钠溶液洗涤。衣服上沾染甲醛溶液后，应及时更换，防止损害皮肤。

4. 甲醛中毒忌用磺胺类药物，以防在肾小管形成不溶性的甲酸盐而致尿闭。

二十五、甲苯、二甲苯中毒的防治

甲苯 $C_6H_5—CH_3$。为无色透明的液体，有特殊的略带香味的气息，相对密度 0.866，熔点 $-95℃$，沸点 $110.8℃$。它与苯共同存在于煤焦油及石油裂解产品中。

甲苯是一种低毒性液体，与苯比较，纯甲苯对血液组织基本无毒性作用。因此，在工业生产中代替苯作为油漆、树脂、橡胶、煤焦油、沥青等物的溶剂，也作为照相制版油墨的稀释剂。另外，还作为有机合成的重要原料以及汽车和航空燃料油的组分。

甲苯的急性中毒与苯相似，但它的局部刺激作用比苯还要强一些，中毒后恢复清醒过程也要慢一些。甲苯主要对神经系统具有麻醉作用，并刺激皮肤。高浓度吸入，可发生肾、肝和脑细胞坏死。长期接触低浓度的非纯甲苯，也可引起慢性中毒，损害中枢神经系统，表现为头晕、头痛、乏力、恶心、食欲减退等。皮肤接触液体甲苯，可引起慢性皮炎和皲裂。

实际作业中，单纯接触甲苯的工种很少，因为工业品甲苯中常含有苯，所以，在实际中甲苯的慢性中毒，与苯慢性中毒很难区分开。

工业卫生容许浓度：$100mg/m^3$。

甲苯中毒的预防原则及急救与治疗和苯相同。

二甲苯 $C_6H_4(CH_3)_2$，有邻位、间位、对位三种同素异性体，都是无色透明易挥发的液体，有芳香气味，相对密度 $0.861\sim0.8969$，熔点 $-47.4\sim13.2℃$，沸点 $138.5\sim144℃$。

二甲苯的三种异构体均为低毒性液体，其毒性比甲苯小，慢性毒作用比苯弱，属低毒类。二甲苯在工业生产上主要用于合成染料，纤维，制造人造麝香，代替苯作为稀释剂，粘胶剂，以及用作航空燃烧的高效抗爆剂等。

工业用的二甲苯中常混有不同量的甲苯和苯，而工业苯中也常含有甲苯和二甲苯。因此，在实际生产中单纯的二甲苯中毒极少发生，并且也难与苯中毒区分。

二甲苯可经呼吸道、皮肤和消化道侵入人体，它能损害人的造血系统和神经系统。急性中毒时，症状与苯相似。慢性中毒主要表现为失眠、记忆减退、耳鸣、头痛、过度疲劳、心血管功能失调、呕吐、鼻出血、皮肤出现湿疹，严重患者可发生精神错乱、情绪不稳、血压偏低、轻度贫血和白细胞减少等症状。

工业卫生容许浓度：$100mg/m^3$。

二甲苯中毒的预防原则及急救与治疗和苯相同。

二十六、乙醚中毒的防治

乙醚 $C_2H_5OC_2H_5$。又称二乙醚，为无色透明的液体，有刺鼻略带微甜的特殊气味，相对密度 0.7135，沸点 $34.5℃$，溶点 $-116.2℃$，难溶于水，易溶于乙醇和氯仿等有机溶剂。乙醚极易挥发和着火，其蒸气与空气混合浓度为 $1.85\%\sim36.5\%$，遇火源能发生猛烈的爆炸。

乙醚是工业生产中应用广泛的有机溶剂及萃取剂，例如对于蜡、人造丝、脂肪、香料、生物碱、树胶、树脂、照相软片等。此外，并作为清洁剂、燃料添加剂及麻醉剂等。

大量吸入高浓度的乙醚蒸气，可发生急性中毒，与手术麻醉相同。先是表现为头昏、头痛，不久就出现意识模糊、动作障碍，然后昏睡。这时如果继续吸入，则进入深昏迷，血压、脉搏、体温下降，脸色苍白，呼吸不规则，甚至有生命危险。

轻度急性中毒在脱离接触后，一般都可以迅速恢复正常。重度急性中毒经过脱离接触，抢救苏醒后，可有短时间的恶心、呕吐、痰液增多、头痛、头昏等症状，以后则可以完全恢复。

皮肤直接接触乙醚液体，因吸热挥发，有阴凉感。长时间接触，因乙醚溶去脂肪可引起皮肤干燥皲裂。

乙醚液体直接溅入眼内，可引起结膜炎等。

乙醚一般不会引起慢性中毒，长期接触可有头昏、无力及睡眠障碍等神经衰弱症状，有的人出现食欲减退、恶心、便秘、消瘦等症状。

工业卫生容许浓度：500mg/m^3。

乙醚中毒的防治措施如下：

1. 生产设备应密闭，作业场所应采取抽风排气措施。

2. 生产、使用中应避免接触火源，并将空气中的乙醚浓度降低至安全标准，以防爆炸事故的发生。

3. 发生乙醚急性中毒，最主要和最根本的是迅速脱离接触，然后可根据病情，采取与一般麻醉过量的方法进行治疗。

4. 其他可对症进行治疗。

二十七、环氧乙烷中毒的防治

环氧乙烷 $\mathrm{H_2C\underset{\diagdown O \diagup}{\text{——}}CH_2}$。为无色气体，低温时为液体，熔点－111℃，沸点13～14℃，具有醚样的气味。环氧乙烷能与水混溶，化学性质活泼，环易破裂而发生各种加成反应。它能廉价得到，又可以制成很多有用的化合物，因此，在有机化学工业中占有重要的地位。环氧乙烷蒸气在空气中浓度达3.6%～78%时，遇火能发生爆炸。

在工业生产中，环氧乙烷主要用作制造乙二醇及其衍生物、乙醇胺、丙烯腈的原料和皮革的消毒剂等，也可在化纤厂粘胶生产中代替二硫化碳。

环氧乙烷主要以蒸气和液体经呼吸道和皮肤侵入机体，具有对中枢神经抑制、皮肤和黏膜刺激等毒害作用。接触较高浓度的环氧乙烷蒸气，对眼结膜及上呼吸道有明显的刺激作用，引起眼疼、流泪、咳嗽等。大量吸入高浓度的环氧乙烷蒸气可引起急性中毒，患者感到有特殊的甜味，在几分钟到十几分钟内，出现神经系统和消化系统为主的症状，表现为头晕、头痛、恶心、呕吐、胃病、步态不稳、肌肉颤动、神智朦胧等症状。如果继续吸入，可逐步发生酒醉样、甚至昏迷。个别患者在神智恢复后还有暂时性的轻度精神异常。

长期吸入低浓度的环氧乙烷蒸气可发生慢性中毒，主要出现神经衰弱综合征和植物神经系统功能紊乱，表现为失眠、记忆力减退、情绪不稳定、性欲减退等症状。有时还出现肢端剧烈疼痛。

皮肤长时间接触环氧乙烷液体，由于环氧乙烷的直接刺激作用加上挥发时的吸热作用，可引起不同程度的皮肤红肿、水泡等。

环氧乙烷液体直接溅入眼腔，即使已经稀释，也能引起显著的结膜刺激和角膜损害。

工业卫生容许浓度：$5mg/m^3$。

环氧乙烷中毒的预防措施如下：

1. 生产设备应尽可能密闭，防止环氧乙烷气体扩散到车间空气中。
2. 作业岗位安设通风排气设备。
3. 使用时需加强对环氧乙烷的管理，减少气体逸散。同时应防止环氧乙烷与空气混合形成爆炸性混合物。
4. 加强个人防护，穿戴防护用品进行作业。
5. 选用无毒或低毒物品代替环氧乙烷，以减少环氧乙烷的使用。
6. 如皮肤大量污染，应迅速清洗。
7. 根据国家关于女职工劳动保护的有关规定，作业场所空气中环氧乙烷气体浓度超过国家工业卫生标准时，女职工在怀孕期和哺乳期应禁止从事接触环氧乙烷的作业。

环氧乙烷中毒的急救与治疗如下：

1. 对急性中毒首先是使患者脱离现场，停止接触。
2. 给予氧气吸入，并积极对症治疗。
3. 在恢复期可给予谷维素、γ-氨酪酸、谷氨酸钠等药物，以促进痊愈。

二十八、环氧氯丙烷中毒的防治

环氧氯丙烷 $CH_2\overset{O}{-\!\!\!-\!\!\!-}CHCH_2Cl$。为无色油状液体，具有刺激性象醚和氯仿样气味，相对密度 1.1801，熔点 $-25.6℃$，沸点 $115.2℃$，不溶于水，溶于乙醇、丙酮等许多有机溶剂，性质活泼，水解时先生成 α-氯甘油，再生成甘油。

环氧氯丙烷可用于制备甘油、环氧树脂、氯醇橡胶、硝化甘油炸药、玻璃钢、电绝缘制品等，也用作纤维素酯、纤维素醚和树脂的溶剂等。

环氧氯丙烷主要通过呼吸道侵入人体，皮肤也能吸收。当空气中含有较多的环氧氯丙烷蒸气时，可引起眼结膜和呼吸道刺激症状，如眼痛、流泪、不同程度的气管炎和支气管炎。重者引起黏膜坏死、脱落性气管炎和支气管周围炎，最严重者可引起肺水肿。

短时间大量吸入高浓度环氧氯丙烷蒸气，可引起急性肾脏损害，排尿减少，尿中有红、白细胞及管型等。长时间地大量接触，能显著破坏肾小管，还能引起血压增高等。

长期接触超过规定工业卫生容许浓度的环氧氯丙烷，可引起上呼吸道的慢性病变，如慢性鼻炎及鼻甲介增生等，鼻镜检查可见鼻腔黏膜有萎缩性或增殖性改变等。

环氧氯丙烷液体直接污染皮肤，可引起剧烈的局部刺激，反复大量接触可引起不同程度的灼伤，甚至坏死。

工业卫生容许浓度：$1mg/m^3$。

环氧氯丙烷中毒的防治措施如下：

1. 生产设备应密闭，作业场所应安设必要的抽风排气设备。
2. 作业时应穿工作服及戴不渗透的手套，防止皮肤沾染。

3. 作业时应配戴防护眼镜,以防环氧氯丙烷液体溅入眼中。
4. 作业人员宜每三个月进行一次尿常规检查,以便及时发现异常及时处理。
5. 定期进行职业性体检和就业前体检。

凡患有肾脏病、高血压、呼吸系统疾病者均不宜从事接触环氧氯丙烷作业。对环氧氯丙烷过敏者应调离其作业,或者到距离接触较远的地点操作。

6. 环氧氯丙烷中毒可按一般刺激性气体及中毒性肾炎治疗。

二十九、联苯及联苯醚中毒的防治

联苯 $C_6H_5 \cdot C_6H_5$。为无色片状晶体,相对密度 0.992,熔点 69～70℃,沸点 254.9℃,不溶于水,溶于甲醇、乙醇等。

联苯用作热交换剂,并用于有机合成。

联苯醚 $C_6H_5OC_6H_5$。又称二苯醚,为无色晶体或结晶熔块,有洋海棠的气味,相对密度 1.086,熔点 27℃,沸点 259℃,不溶于水,溶于乙醇、乙醚、苯和冰醋酸,不溶于无机酸溶液和碱溶液。

联苯醚用作传热介质,并用作香皂等的原料。

联苯与联苯醚在工业生产中主要的用途是以不同的比例混合在一起,作为高温载热体,又称热交换剂,不少厂矿企业还称之为道生。装有这种载热体的加热设备称为道生炉,在锦纶、涤纶、脂肪酸等车间内均有应用。

联苯及联苯醚主要经呼吸道侵入人体。联苯醚是一种低毒物质,较大中毒剂量长时间口服,可引起轻度肝、肾病变。联苯醚液体状与皮肤直接接触,略有一些轻微的刺激作用。其蒸气对皮肤、呼吸道和眼结膜,在一般情况下无明显的刺激作用。由于联苯醚有特殊的难闻气味,因此个别人接触后可引起头昏、恶心或呕吐等症状。

联苯与联苯醚混合后的载热体的毒作用与联苯醚相似,毒性不大。大量接触其蒸气,可出现头昏、头痛、恶心、呕吐、无力等症状,以及眼结膜和上呼吸道刺激现象,迅速脱离接触及对症治疗后,可很快痊愈,一般无后遗症。

联苯与联苯醚混合后的载热体液体与眼结膜直接接触,可引起结膜红肿、疼痛等,经对症治疗后可迅速痊愈。

长期接触低浓度的联苯与联苯醚,可出现神经衰弱,以及上呼吸道和眼结膜刺激症状。

工业卫生容许浓度:$7mg/m^3$。

联苯与联苯醚中毒的预防和治疗如下:

1. 加强生产设备的密闭,在作业场所安设抽风排气设备,使车间空气中的浓度符合国家工业性标准。
2. 加强个人防护,防止载热体直接接触皮肤、黏膜。
3. 发生中毒症状,应迅速脱离现场,给予对症治疗。
4. 载热体液体直接溅入眼腔,应迅速冲洗干净,然后对症治疗。

三十、丙酮中毒的防治

丙酮 CH_3COCH_3。为无色透明液体,有微香气味,易挥发,易燃烧,相对密度

0.7898。熔点-94.6℃,沸点56.5℃,能与水、甲醇、乙醇、乙醚氯仿、吡啶等混溶。能溶解油脂、树脂和橡胶。其蒸气与空气可形成爆炸性混合物,爆炸极限为2.55%~12.80%。

丙酮是应用最广泛的有机化学品之一。除了作为常用的溶剂外,并作为原料、萃取剂、中间体等应用于油漆、橡胶、人造丝、人造革、有机玻璃、塑料、火药、染料、香料、石油提炼及医药等工业生产中。

丙酮的毒性较低,主要是在高浓度下对人体的中枢神经系统产生抑制作用。大量接触高浓度的丙酮蒸气,对黏膜有刺激作用,表现为流泪、羞明等症状,更高浓度的丙酮蒸气可引起鼻腔、咽喉和上呼吸道的刺激。丙酮液体直接溅落于眼腔内,可引起眼结膜水肿和角膜损害等。

在生产条件下,很少发生急性丙酮中毒。只有个别病例,在不通风,又含有大量丙酮蒸气的反应釜或贮槽内作业较长时间才发生,其发病经过与急性苯中毒相似但较慢,经头昏、头痛、无力、动作障碍及昏睡等阶段,逐步趋于昏迷。苏醒后可有兴奋及呕吐等症状。

长期接触低浓度的丙酮蒸气,可能出现眩晕、灼热感、轻度的昏厥、咽喉刺痛、咳嗽、咽炎和支气管炎等症状,还可能产生疲乏无力、容易激动等现象。

皮肤直接接触1~2次丙酮液体,无不良作用,但经常反复直接接触,由于丙酮有脱脂作用,长时间后局部可引起轻度的皮炎,停止接触后可逐渐自愈。

工业卫生容许浓度:400mg/m³。

丙酮中毒的预防与治疗如下:

1. 由于丙酮对人体的毒性较小,故主要的预防措施就是加强生产设备的密闭,在作业场所装设抽风排气设备。

2. 由于多次接触丙酮后可造成嗅觉的减退和刺激现象的减轻,因此,不能以个人的感觉去判断作业场所空气中丙酮蒸气的有无及其浓度的高低。所以进入高浓度丙酮蒸气的作业点进行作业时,需配戴气体防护器材,以免发生意外事故。

3. 因丙酮极易燃烧,在生产和使用中应注意防火。

4. 发生丙酮中毒,均采用对症疗法及支持疗法。

三十一、硫酸二甲酯中毒的防治

硫酸二甲酯$(CH_3)_2SO_4$。为无色或微黄色的油状液体,略有葱头气味,有强烈的刺激性和腐蚀性,相对密度1.3516,熔点-26.8℃,沸点188.3℃,不溶于水,溶于乙醇、乙醚等。在冷水中缓慢分解,并随温度升高而加剧。

硫酸二甲酯是良好的甲基化剂,用于制造药物,如咖啡因、安替比林等,以及制造染料、香料和有机合成中的甲基化剂。

硫酸二甲酯主要经呼吸道而侵入人体,皮肤接触也可吸收。硫酸二甲酯为高毒类,其蒸气对眼睛和呼吸道有强烈的刺激作用,对皮肤也有强烈的腐蚀作用。大量吸入硫酸二甲酯蒸气,可引起急性中毒,轻者有眼结膜和呼吸道的刺激感,表现为眼疼痛、羞明、流泪、异物感,以及眼睑痉挛和水肿,视物模糊、结膜充血,造成视觉减退或色觉障碍等症状。呼吸道刺激症状表现有流涕、声音嘶哑、咽喉部烧灼感等。重者在数小时后可出现呼吸困难、喉头水肿和中毒性肺水肿，气管可有大片坏死，黏膜脱落，造成支气管阻塞，引起窒息死亡。最严重者还可发生休克、血压下降，并可有肝、肾及心肌等损害。

皮肤直接接触硫酸二甲酯液体，可损害皮肤，引起皮肤红肿、点状出血，严重时可发生坏死，并且痊愈缓慢。硫酸二甲酯液体溅入眼内可引起严重灼伤。

长期接触低浓度硫酸二甲酯蒸气可引起慢性中毒，其表现有慢性角膜结膜炎、鼻炎、喉炎、支气管炎和肺气肿等。

硫酸二甲酯中毒的预防措施如下：

1. 对有可能造成接触中毒的生产设备，应采取密闭措施，并对设备经常检查维修，防止跑、冒、滴、漏。

2. 作业场所安装通风及局部抽风排气装置，以降低作业场所空气中硫酸二甲酯蒸气的浓度。

3. 加强个人防护。如作业场所空气中浓度较高时，应配戴气体防护器材；眼、面防护可戴防护眼镜和防护面罩；皮肤防护应穿防渗透抗腐蚀的防护服等。

4. 作业结束后，应进行淋浴更衣。

5. 对硫酸二甲酯的贮存地点要有良好通风，并远离热源和火源，避免阳光直射，远离居民区，设警戒标志等。

硫酸二甲酯中毒的急救与治疗如下：

1. 迅速将中毒者移至空气新鲜地带，换去受污染的衣服，彻底清洗污染的皮肤，保持安静。

2. 污染的皮肤必须认真清洗，可用大量清水或稀氨水冲洗，或以10%碳酸氢钠溶液擦洗。皮肤大面积污染，更应彻底清洗，否则可能由于皮肤大量吸收而致危。

3. 呼吸困难时，给予氧气吸入，如呼吸心跳停止，应进行人工呼吸和体外心脏挤压。

4. 预防和治疗肺水肿。

5. 对症治疗，烦燥时可用镇静剂，如异丙嗪或冬眠灵。有休克时可给以升压药物，纠正酸中毒，输液时应注意防止肺水肿。呼吸道分泌物多时或喉头水肿引起的呼吸困难可用气管插管或切开。

6. 眼灼伤可用大量清水或2%碳酸氢钠溶液清洗，滴金霉素眼药水及0.5%去氢可的松油膏，疼痛时可用1%狄卡因或2%奴佛卡因滴眼。

7. 口腔可用碳酸氢钠溶液漱口，并用石蜡油保护。

三十二、苯酚中毒的防治

苯酚 C_6H_5OH。通称石炭酸，又称氢氧化苯或羟基苯，是一种白色、半透明、针状固体结晶，具有刺人的甜辣气味，可溶于水、乙醇和乙醚，相对密度1.071，熔点42～43℃，沸点182℃，是煤焦油的重要成份之一。

苯酚广泛用于生产或制造各种化学物质，主要用于制造酚醛塑料、炸药、肥料、橡胶、药物、农药、香料、染料及尼龙6等。

苯酚是高毒类物质，能使细胞蛋白质发生变性和沉淀，因而对各种细胞均有直接毒害。也可引起血红蛋白症。苯酚可通过皮肤、呼吸道和消化道吸收，它大量迅速地进入人体可引起病变。经常微量接触，可引起皮炎，较高浓度的苯酚蒸气，对皮肤有腐蚀作用，严重的引起皮肤腐烂、坏死。高浓度的苯酚蒸气，对黏膜有刺激作用；可引起头昏、耳鸣、眩晕、脉搏变慢、皮肤苍白或青紫、出冷汗等，严重者肌肉抽搐、昏迷、呼吸循环衰竭，甚至有生命危险。

苯酚对肾脏、肝脏有损害作用。

长期接触低浓度的苯酚蒸气，可引起慢性中毒，造成消化道功能和神经功能失调，表现有头痛、头昏、恶心、呕吐、流涎、食欲减退、腹泻等症状。

工业卫生容许浓度：$5mg/m^3$。

预防苯酚中毒的措施如下：

1. 从事制造、使用、贮藏和运输苯酚的人员，要严格执行有关安全生产制度。
2. 有关酚的生产设备要充分密闭，并在适当的地方装设抽风排气设备，防止苯酚蒸气弥散到车间空气中。
3. 进入苯酚储槽等容器内作业时，要特别注意加强个人防护，应佩戴气体防护器材。防护服应当用防止苯酚渗透的料子作成，例如塑料等，工作鞋应备有鞋盖，防止皮肤直接接触。
4. 车间内应有充分的冲洗设备，以便于苯酚污染皮肤时可迅速地进行冲洗。局部皮肤污染，可用酒精擦洗。
5. 苯酚的废料和含酚污水要妥善处理，以防污染空气和水源。
6. 对接触苯酚的作业人员，应定期进行身体检查。

凡患有皮肤病、肝、肾疾病的人，不宜参加苯酚作业。

苯酚中毒的急救与治疗如下：

1. 如皮肤大面积被苯酚污染，立即换光污染的衣服，尽快用大量清水冲洗皮肤上污染的苯酚。
2. 眼内溅入酚溶液，要用大量清水冲洗，以免引起结膜和角膜灼伤、坏死。
3. 对口服中毒者应迅速进行处理，神志清醒者，立即用15～30mL蓖麻油或其他植物油催吐，如果催吐失败，应立即将患者送往医院进行洗胃。对昏迷的患者不能催吐，应立即送往医院治疗。
4. 静脉注射大量5%葡萄糖液，促进苯酚由肾脏排泄。
5. 目前对苯酚中毒，还没有特殊的解毒药。因此，治疗要按病情变化进行对症治疗。
6. 对于接触苯酚造成慢性中毒的患者，应调离苯酚作业，并积极对症治疗。

三十三、五氯酚及五氯酚钠中毒的防治

五氯酚 C_6Cl_5OH。又称五氯苯酚，为白色粉末或晶体，相对密度1.978，熔点190℃，沸点310℃（分解），难溶于水，溶于稀碱液、乙醇、丙酮、乙醚、苯等有机溶剂。

五氯酚主要用作水稻田除草剂，纺织品、皮革、纸张和木材的防腐剂和防霉剂。对于真菌、白蚁、钉螺等都有歼灭功效，并能防治藻类和粘菌生长，因此，也常用于喷洒果树上以消灭越冬的害虫及虫卵。

五氯酚钠为五氯酚的钠盐，由五氯酚与氢氧化钠作用生成，为白色结晶状。

五氯酚钠溶于水，在工业中主要用作浸泡木材的防腐剂，在农业中用作落叶树休眠期

喷射剂，以防治褐腐病。目前主要用作消灭血吸虫的中间宿主钉螺。

五氯酚及五氯酚钠均可经呼吸道、消化道和皮肤侵入人体。在以上各生产过程中，有关人员可因配料、喷洒、处理等过程，由呼吸道吸入其粉尘或蒸气，以及皮肤直接接触其溶液而中毒。此外，大量误食因五氯酚钠中毒而死亡的水产，也可引起中毒。

五氯酚及五氯酚钠对人体的毒作用主要是使机体新陈代谢增高，引起发热、酸中毒及糖类、三磷酸腺苷等降低。短时间大量接触吸收五氯酚及五氯酚钠后，可引起急性中毒。一般在几小时后突然发病，病情的轻重与吸收的剂量成正比。中毒轻者表现有发热、多汗、口干、全身无力、头痛等症状，检查可见不同程度的体温升高、心跳及呼吸加快。中毒严重者还表现有高热、大汗、气急、胸闷、肌肉抽搐、痉挛，甚至强直等症状。如不及时治疗，病情迅速发展，可发生肺水肿及出现皮肤黏膜青紫、呼吸困难等缺氧症状。同时因脱水和代谢障碍而发生酸中毒引起昏迷。这些变化，通常都在大量接触吸收后24h内出现，如果24h内病情不加重，则预后良好。

五氯酚及五氯酚钠对皮肤黏膜均有直接刺激作用，可引起不同程度的皮炎、痤疮和结膜炎等。

长期吸入低浓度的五氯酚及五氯酚钠的粉尘或蒸气，可引起慢性中毒。可有体重下降，肝、肾有营养不良改变，肝功能及血象等也有明显改变。此外，尚能引起心、肺、脑血管的改变。

工业卫生容许浓度：0.3mg/m^3。

五氯酚及五氯酚钠中毒的预防措施如下：

1. 作业时应加强个人防护，如穿长袖工作服、戴手套及防尘口罩等，以防止呼吸道吸入或皮肤受污染。
2. 作业前后应测量体温，如果曾有大量接触，应密切观察24h。
3. 喷洒五氯酚钠作业时，应实行安全操作法，例如，用长竿喷雾器；顺风向喷洒；隔行喷洒等。
4. 作业后应洗手洗脸，清除污染后再进食、饮水，防止毒物入口中毒，下班后应进行淋浴。
5. 对从事接触五氯酚及五氯酚钠作业的人员，应进行就业前体检和定期体检，以便及早发现问题，及时处理。

凡患有呼吸系统、循环系统疾病者，以及体质虚弱和经常发低热的人员，均不宜从事此作业。

五氯酚及五氯酚钠中毒的急救与治疗如下：

1. 发生五氯酚及五氯酚钠中毒，主要是针对机体代谢增高、高热、缺氧进行抢救，所以其急救与治疗的基本要点与高温中暑相似。
2. 静脉注射氯丙嗪25～50～100mg等降温药物，必要时可试用冬眠疗法。
3. 可用物理降温，如冷水浸浴、冰水擦身、冰袋冷敷、电风扇散热等。有条件可将患者放置在有降温设备的病房内。
4. 适量补充体液，可用5%葡萄糖盐水，除补充盐水外，还能起到保肝的作用。
5. 呼吸困难时给予氧气吸入。
6. 对症疗法，如维持循环及呼吸功能等。

7. 禁用巴比妥类药物，因可能会加重五氯酚的毒作用；禁用阿托品等，因其阻止出汗散热而加重病情。

8. 中药治疗，主要是进行解毒、清热、补液、利尿等。

三十四、萘中毒的防治

萘 $C_{10}H_8$。又称焦油樟脑，是最简单的稠环化合物。为白色光亮的片状晶体，有特殊的气味，相对密度 1.162，熔点 80.2℃，沸点 217.9℃，易挥发，并易升华，在含有氨的空气中更易挥发，比苯活泼，易氧化，溶于乙醇和乙醚等有机溶剂，能点燃，光弱烟多，能防蛀。萘的粉尘与空气混合到一定比例具有爆炸性，其爆炸极限为 0.9%~5.9%。

萘广泛用于制造染料、炸药、树脂等的原料，也可用作消毒剂和木材防腐剂等。

萘主要通过呼吸道吸入其蒸气侵入人体，皮肤不吸收。大量吸入萘的蒸气或粉尘，可发生急性中毒，表现有眼结膜充血、流泪、咳嗽、头痛、神智朦胧、恶心、呕吐、出汗等症状。大量吸入高浓度的萘蒸气或粉尘，除表现上述症状外，还有发冷、胸闷、四肢肌肉强直、小便解不出等症状。大量的口服引起的萘中毒，还可发生肝肾损害、视神经炎及溶血性贫血等。

纯萘对皮肤无刺激性，在生产实际中，皮肤长期反复接触，可发生接触性皮炎，这是由于粗萘中含有酚、甲酚等杂质所引起的。

工业卫生容许浓度：$50mg/m^3$。

三十五、氯萘及氯联苯中毒的防治

氯萘，又称氯代萘，为萘的氯化产物的总称。萘 $C_{10}H_8$ 以不同数量的氯取代氢就是氯萘，自1—氯萘（$C_{10}H_7Cl$）至 8—氯萘 $C_{10}Cl_8$ 不等，其基本结构式为 $C_{10}H_{8-n}Cl_n$。按照氯化反应的程度，氯萘为易流动的液体至结晶蜡状的固体。工业生产中所用的氯萘大都为各种氯萘的混合物，其中以 3—氯萘 $C_{10}H_5Cl_3$ 及 4—氯萘 $C_{10}H_4Cl_4$ 为主，通常又称氯萘蜡或氯蜡，为蜡状固体，无定形或结晶形，有半透明的、黑色的或其他颜色的。相对密度 1.4~1.7，熔点 90~130℃，沸点 288~370℃。在加热时溶于大多数有机溶剂和油类，不溶于苛性碱溶液和非氧化酸溶液；不含水分，也不吸湿；中性，对金属无腐蚀性；不助燃；能熔融而成低黏度液体；有高的介电强度和非常高的介电常数。

氯萘可用作电容器浸渍物，以及木材和纤维品的防湿剂、防火剂、抗酸剂和防蛀剂。在电缆工业中，涂在电缆及某些电线的外表作为绝缘剂和防火剂。

氯联苯，为联苯的氯化产物的总称。联苯 $C_{12}H_{10}$ 以不同数量的氯取代氢，即为氯联苯，自1—氯联苯 $C_{12}H_9Cl$ 至 10—氯联苯 $C_{12}Cl_{10}$ 不等，其基本结构式为 $C_{12}H_{10-n}Cl_n$。目前工业生产中应用氯联苯较多的是 3—氯联苯 $C_{12}H_7Cl_3$ 和 5—氯联苯 $C_{12}H_5Cl_5$。3—氯联苯为液体，沸点 325~360℃。5—氯联苯为黏稠液体，沸点 365~390℃。均具有耐氧化、耐热、耐化学品、绝缘和不燃的特性。

工业生产中所用的氯联苯也常常是几种氯联苯的混合物。所谓 3—氯联苯，实际上只是含 3—氯联苯量最多；5—氯联苯也常混杂其他一些氯联苯。氯联苯主要放在电容器中作绝缘剂，也可作为一些高分子化合物的增塑剂。

各种氯萘及氯联苯都对肝脏和皮肤有毒害作用，并随着其含氯量的增加，其毒作用也增大。氯萘及氯联苯主要经呼吸道和皮肤吸收而侵入人体。短时间大量接触吸收高浓度的氯萘及氯联苯的蒸气,可引起急性中毒,主要是中毒性肝脏损害,其表现有食欲减退、消化不良、腹胀、恶心、肝区疼痛等症状,检查可见肝脏肿大及压痛、肝功能异常等。由于四氯化碳是氯萘及氯联苯的良好溶剂,因此在生产中有时用四氯化碳作为溶剂,从而使肝病的发生较快较重。

氯萘及氯联苯对皮肤有直接的刺激作用,氯萘更为剧烈一些。皮肤接触氯萘或氯联苯的热的蒸气,或者皮肤直接接触到液状的或固体状的氯萘及氯联苯,都可以发生程度不同的刺激作用,但以大量接触其热的蒸气者发病较快。刺激的强弱,与氯萘及氯联苯的含氯量和个体的敏感情况有关。此外,在夏季皮肤受日光照射和皮肤多汗时也发病较快较重。皮肤病变的表现以氯痤疮最为典型,皮炎、湿疹、上皮角化等也颇为常见。皮肤发病后常恢复较慢,皮肤敏感者恢复更慢。

长期接触低浓度的氯萘及氯联苯的蒸气,以及皮肤经常长复直接接触少量的氯萘及氯联苯,可引起慢性中毒,也主要是肝脏损害和皮肤损害。

工业卫生容许浓度:$1mg/m^3$。

氯萘及氯联苯中毒的预防措施如下:

1. 主要是生产过程的密闭化,防止跑、冒、滴、漏。对于不能密闭的,应安设抽风排气设备,防止氯萘及氯联苯的蒸气弥散,使其在作业场所空气中的浓度低于国家规定的工业卫生标准。

2. 加强个人防护,穿着工作服,防止皮肤直接接触;进入有高浓度蒸气的作业场所进行作业时,应配戴气体防护器材。

3. 加强个人卫生,严禁在作业场所进食、饮水及吸烟,皮肤受污染后要用酒精等迅速揩去污染物,并用大量清水冲洗干净。

4. 对从事接触氯萘及氯联苯作业的人员,应进行就业前体检和定期体检。以便及时发现问题及时处理,对肝脏和皮肤有病变者,应根据病情,停止或减少接触。

凡患肝脏进行性疾病者,以及皮肤有过敏体质者,均不宜从事接触氯萘及氯联苯的作业。

氯萘及氯联苯中毒的急救与治疗如下:

1. 发生急性中毒,要迅速脱离现场,停止接触,防止毒物继续侵入。
2. 给予保肝治疗,如各种保肝药物。
3. 皮肤损害给予敷用各种保护皮肤的药物。

三十六、氯化苦中毒的防治

氯化苦 CCl_3NO_2。又称硝基三氯甲烷。纯品为无色油状液体,有剧烈的刺激气味。相对密度 1.6558,熔点 $-64℃$,沸点 $112.4℃$,难溶于水,易溶于苯、酒精和煤油等。氯化苦化学性能稳定,不燃烧、不爆炸,遇发烟硫酸分解为光气和亚硝基硫酸。

氯化苦是一种有警戒性的熏蒸剂,主要作为仓库的熏蒸剂以消灭害虫之用,也用于有机合成工业。氯化苦还曾在第一次世界大战时作为军事毒气。

氯化苦蒸气是一种剧烈的呼吸道刺激剂和催泪剂。在空气中含量为 $2\sim2.5mg/m^3$ 时,人就感到眼睛不舒服而闭眼及流涎;$50mg/m^3$ 时,人就不能忍受,在 $800mg/m^3$ 时,人接触 30min 就可致死。

人们接触氯化苦蒸气后，迅速表现为大量流泪与剧烈咳嗽，并引起恶心与呕吐。如果继续吸入，咳嗽加重，并逐步引起肺水肿而致危。肺水肿治疗后，还可能并发支气管肺炎与阻塞性支气管炎等。

皮肤直接接触氯化苦液体，能引起剧烈的刺激现象，如皮肤红肿等。

人们在接触过一次氯化苦并发生中毒以后，可增加敏感性，即使微量的接触就能引起剧烈的呼吸道刺激症状。

工业卫生容许浓度：$1mg/m^3$。

氯化苦中毒的预防原则、急救与治疗和氯气相同。

三十七、吡啶中毒的防治

吡啶 C_5H_5N。又称氮（杂）苯，为无色或微黄色液体，有十分难闻的特殊气味，具有弱碱性，相对密度 0.978。沸点 115.56℃。溶于水、酒精、苯和动植物油等。其蒸气与空气混合后，当浓度为 1.8%～12.4%时，遇火源可发生爆炸。

吡啶是许多有机化合物的优良溶剂，并能溶解许多无机盐类。因此，吡啶主要用作化学工业中的有机溶剂，以及制造染料、药物、某种炸药的原料，此外还作为酒精变性剂等。

接触较高浓度的吡啶蒸气后不久，可有眼黏膜和上呼吸道的刺激感，眼部有烧灼感、流泪，喉部发痒、咳嗽，如继续接触，还可引起恶心、呕吐等症状。

长期大量吸入吡啶蒸气，浓度约为 $20～40mg/m^3$ 时，便可引起一系列症状，主要是神经衰弱症候群，如头痛、头昏、眩晕、易激动、失眠、健忘、注意力不能集中等。部分患者并有消化系统症状，如口干、恶心、呕吐、腹泻等。如果长期吸入高浓度的吡啶蒸气，少数患者可发生神经系统损害，如眼肌麻痹、面神经麻痹、肌肉震颤、听力减退、反射亢进、感觉及运动障碍等。此外还可能引起肝、肾损害。

短时间吸入极高浓度的吡啶蒸气，如在不通风的吡啶储槽容器内进行作业，可引起神智朦胧或昏迷。

皮肤直接接触吡啶液体，如不立即洗净，除有难闻的气味外，并可引起搔痒、红斑等，严重者可引起湿疹。

工业卫生容许浓度：$4mg/m^3$。

吡啶中毒的预防措施如下：

1. 除采取一般的预防措施外，作业后应进行淋浴，防止吡啶从皮肤吸收进入人体。
2. 进入有高浓度吡啶蒸气的场所或容器内作业时，应采取通风措施，或配带防毒面具。
3. 皮肤如被吡啶沾染，可用水或酒精进行清洗，因吡啶可溶于水或酒精中。
4. 女职工在怀孕期不宜从事接触吡啶的作业。

吡啶中毒的急救与治疗如下：

1. 发生吡啶中毒应停止接触。
2. 给予对症治疗。
3. 可大量应用乙族维生素。

三十八、松节油中毒的防治

松节油。一种精油，由烃的混合物组成，含有大量的蒎烯。为无色至深棕色的液体，具有特殊气味。溶于乙醇、乙醚、氯仿等有机溶剂。松节油有几种来源，有的是从松树切口流出来的树脂蒸馏而得。有的是用废旧松木或锯屑蒸馏而得。因松树品种不同和蒸馏方法不同，故松节油的组成也不完全相同。比较纯粹的松节油，主要组成是 α-蒎烯和 β-蒎烯，都是 $C_{10}H_{16}$，为无色液体。相对密度约为 0.850～0.865，沸点 153～180℃。一般工业品内含有甲酸、酚、甲醛等杂质。

松节油应用广泛，是油脂、树脂、橡胶、油漆、硫磺的溶剂；也是制造樟脑、冰片、肥皂的原料；在医药工业中用作搽剂。

松节油主要经呼吸道侵入人体，皮肤也可吸收一部分。大量接触高浓度的松节油蒸气，可引起急性中毒。表现有眼结膜和上呼吸道的刺激症状，个别人大量接触高热的松节油烟气，还可发生声门水肿。中枢神经系统主要是麻醉作用，经头昏、头痛、无力、肌肉痉挛等阶段，进入酒醉状态；有时还并发恶心、呕吐等。

部分人接触高浓度的松节油蒸气，还可有肾脏损害的现象，出现血尿、蛋白尿等病变。

皮肤长期反复直接接触，可引起对皮肤的刺激和过敏作用。

工业卫生容许浓度：$300mg/m^3$。

松节油中毒的预防及治疗如下：

1. 预防松节油中毒主要是加强生产设的密闭，防止跑、冒、滴、漏，在作业场所安设适当的抽风排气设备。

2. 加强个人劳动防护和工作后的清洁制度。

3. 发生松节油中毒，除立即脱离现场，停止继续接触外，则主要是支持疗法和对症治疗。

三十九、甲苯二异氰酸酯中毒的防治

甲苯二异氰酸酯 $CH_3C_6H_3(NCO)_2$。简称 TDI，为无色至淡黄色而透明的液体，易挥发，有强烈的刺激气味。相对密度 1.22，熔点 19.5～21.5℃，沸点 251℃，溶于乙醚、丙酮等有机溶剂，遇水起剧烈反应放出二氧化碳。

甲苯二异氰酸酯可用以制造合成纤维、泡沫塑料、橡胶、涂料和粘合剂等，也可用于生产硬性和软性聚氨基甲酸酯泡沫塑料等。在制造和使用甲苯二异氰酸酯，特别是蒸馏、配料、混合、发泡、喷涂、浇注及烧割等作业可接触较高浓度的甲苯二异氰酸酯。在聚氨酯树脂生产中，已制成的聚氨酯树脂和塑料含有少量未反应的甲苯二异氰酸酯，这些残留物遇热可从成品中逸散，温度越高，逸散越快。此外，在加热或焚烧废旧聚氨酯塑料时，也可接触到甲苯二异氰酸酯。

甲苯二异氰酸酯主要经呼吸道侵入人体，有明显的刺激作用和致敏作用，经口侵入毒性不大，对皮肤和黏膜也有刺激作用，但不会经皮肤吸收。

大量接触甲苯二异氰酸酯的高浓度蒸气或雾滴后，由于其直接损害呼吸道黏膜，可引起呼吸道的刺激，出现咽喉干燥、剧烈咳嗽、胸闷、呼吸困难等症状，呈急性哮喘支气管

炎样发作，一般经数小时后，发作更剧，个别患者还可能有缺氧、紫绀、昏迷等症状。此外，尚能引起眼部刺激，表现为流泪、发痒、视觉模糊、结膜充血等症状。一次大量接触或反复接触甲苯二异氰酸酯后，可产生过敏性，以后即使是微量接触，也可再次诱发过敏性支气管哮喘。

持续接触低浓度的甲苯二异氰酸酯能影响肺功能，主要表现为第一秒的时间肺活量下降，一般下降程度与接触量成正比。

工业卫生容许浓度：$0.2mg/m^3$。

甲苯二异氰酸酯中毒的预防措施如下：

1. 预防甲苯二异氰酸酯中毒的根本措施就是用沸点较高、蒸气压较小的二异氰酸二苯甲烷（MDI）或二异氰酸萘（NDI），取代甲苯二异氰酸酯。
2. 生产过程应尽量密闭，并辅助抽气排风设备，必要时还应采取局部吸出装置，使作业场所空气中毒物的浓度降至国家规定的工业卫生标准以下。排出的气体还应先经处理后再排放。
3. 加强个人劳动防护，以减少呼吸道的吸入和防止皮肤直接接触。如在喷涂作业时，应使用送风式防毒面罩等。
4. 对含异氰酸酯的泡沫制品的废弃料，均不应经高温或用火焚烧处理。
5. 对从事接触甲苯二异氰酸酯的作业人员，应进行就业前体检和定期体检。

凡患有呼吸系统疾病及过敏体质者，不宜参加其相关作业。皮肤斑贴试验呈阳性者也不宜接触。

对接触的作业人员在体检时应作肺功能的动态观察，对已发生甲苯二异氰酸酯过敏性哮喘者应调换其作业岗位。

甲苯二异氰酸酯中毒的急救与治疗如下：

1. 发生甲苯二异氰酸酯中毒后，最主要的措施是立即停止接触。
2. 具体治疗方法与一般刺激性气体及支气管哮喘相同。
3. 化学性支气管炎可对症治疗，给予抗炎、解痉、镇咳等药物。
4. 支气管哮喘发作时，主要使用解痉和抗过敏治疗，辅以祛痰镇咳及抗感染等。

四十、沥青中毒的防治

沥青，有煤焦沥青、石油沥青和天然沥青3种。

煤焦沥青，为煤经过干馏得到煤焦油，再分级蒸馏后的残渣。

石油沥青，为石油经蒸馏、裂解等过程后的残渣。

天然沥青，为自然界中存在的一种天然物质。

沥青的主要成分是沥青质和树脂，一般均为黑色固体。相对密度在1.15～1.25左右，有光泽；在温度足够低时呈脆性，断面平正，呈介壳纹。按其软化点、针入度、延度等而规定其标号。

沥青具有粘结、抗水、防腐、绝缘、耐火等特性，因此在工业生产中作为制造油毛毡、特种油漆涂料、电器绝缘材料、炼钢炉炉衬等的原料，以及用作木材防腐、铺筑路面等，应用十分广泛。

沥青中含有多种刺激性物质，这些刺激性物质并具有较强的光感作用，即对光发生过敏作用。特别是煤焦沥青比石油沥青更具有强烈的刺激作用和光感特性，其中含对人体危害较大的成分有吖啶、酚类、苯、吡啶、蒽、萘等。三种沥青的毒性，以煤焦沥青最大，石油沥青次之，天然沥青最小。

沥青中毒主要是通过在生产过程中产生的沥青烟气或粉尘，直接作用于皮肤和黏膜而引起，呼吸道也可吸入沥青烟气。

大量接触沥青烟气及粉尘，在数小时或 1~2d 后便可引起急性沥青中毒，以皮肤、黏膜症状为主，偶有伴发全身症状。皮肤表现为光感性皮炎，即皮肤受沥青污染后，受日光照射发生过敏作用而发病，表现有皮肤暴露部位出现大片红斑，伴灼痛及瘙痒等，严重者可出现水泡，经适当处理后，数日可消退，但局部皮肤可有色素沉着现象。黏膜症状表现有结膜充血、畏光、流泪、眼内搔痒、灼痛、视力模糊及异物感等。咽喉以灼热感较多。全身症状表现有头痛、头晕、乏力，严重中毒者表现有恶心、呕吐、腹痛、腹泻、胸闷、心悸、呼吸急促，以致虚脱等。

长期接触沥青烟气及粉尘，可引起慢性中毒，主要表现为皮肤病变。如发生慢性皮炎，表现为皮肤干燥粗糙，呈苔藓样变化，经日晒后常有烧灼感。毛囊损害，表现为黑头粉刺及痤疮，严重者发生毛囊炎或疖肿，以及还有皮肤色素沉着、皮肤症状赘生物等变化，常见于面部、颈项、手背、前臂等皮肤暴露部位。

此外，还可有黏膜刺激症状，如眼结膜充血、羞明、流泪、轻度视力模糊等，鼻腔、咽喉也有刺激症状，甚至有咳嗽及胸骨后痛等。

煤焦沥青并能引起皮肤癌。

沥青中毒的预防措施如下：

1. 为防止沥青中毒，早在 1952 年，我国曾颁布了《关于防止沥青中毒办法》，1956 年又作了补充修订。该办法主要内容有沥青的搬运和使用，以及对从事接触沥青作业的人员的防护和职业禁忌症等，均作了详细的规定，现仍有一定的参考价值。

2. 直接改进生产操作方法，如规定用铁桶装煤焦沥青；在夜间进行搬运；加强生产过程的机械化。

3. 作业人员应穿戴整洁的防护服等，皮肤暴露部位涂皮肤防护剂，以减少皮肤接触。

4. 使用沥青时应控制加工的温度，减少其烟气挥发，露天作业应尽可能避开在强烈日光照射下操作。

5. 作业结束下班后应充分淋浴。

6. 对从事接触沥青的作业人员，应进行就业前体检和定期体检，以便及时发现问题，及时处理。

凡患皮肤疾病、结膜疾病者，以及对沥青过分敏感的人员，不得从事沥青作业。

沥青中毒的急救与治疗如下：

1. 发生急性沥青中毒，可用微温或冷水清洗患者皮肤污染，用生理盐水冲洗眼腔。

2. 补充水分，必要时进行补液。

3. 用青霉素溶液滴眼，眼痛者可加少量普鲁卡因，滴眼后需戴防护眼镜。

4. 对皮疹可用 2% 碳酸氢钠或生理盐水湿敷为好，禁止用红汞、龙胆紫等涂在皮肤上，以防混淆病情。也不宜用有刺激性的药剂涂在皮肤上或滴眼。

5. 病员应在没有日晒、阴凉、光线较暗的房间内休息。

6. 有全身症状的病员可采取对症治疗，可给抗组织胺类药物及钙剂维生素 C 等。

7. 对慢性沥青中毒引发的皮炎可按皮疹给予对症处理。

8. 黑头粉刺等可用器械挤出，外涂含硫磺的洗剂或乳剂。毛囊损害严重者，可给予抗菌素，并加强皮肤清洁工作。

9. 色素沉着可搽 5% 白降汞软膏或 3% 氢醌霜。

10. 对疣状赘生物，必须密切观察，严重者应调离沥青作业，必要时应作活体组织检查，以防癌变。如果有癌变可疑，应立即手术切除。

四十一、丙烯酰胺中毒的防治

丙烯酰胺 $CH_2=CHCONH_2$。为无色透明片状晶体，相对密度 1.122，熔点 84～85℃，沸点 125℃，可溶于水、酒精等，微溶于苯、甲苯等。

丙烯酰胺主要用于制造聚丙烯酰胺树脂、造纸、地下建筑及国防工业等。

丙烯酰胺为中等毒性化合物，可经呼吸道侵入人体，通过皮肤也可吸收一些。丙烯酰胺对人的毒害表现在神经系统方面。大量短时间接触可引起急性中毒，通常在大量接触后 1～3d 出现一系列的神经系统症状，如显著的头痛、头昏、嗜睡或失眠、手掌出汗、四肢末端感觉异常或发麻、手指震颤或四肢肌束震颤、四肢运动困难、视力模糊，以及无力、食欲减退等。严重者四肢肌肉萎缩，脑电图也可见到不正常的波形。

1% 的丙烯酰胺水溶液对皮肤有一些直接刺激，手掌大量反复接触后可引起脱皮等。

长期反复接触丙烯酰胺可发生慢性中毒，通常在数月或数年后造成神经系统症状，如头痛、头晕、疲劳、嗜睡、手指刺痛、麻木感，还往往伴有两掌发红、脱屑、手掌和足心多汗；进一步发展则会出现四肢无力、肌肉疼痛、步态蹒跚，易向前倾倒，特别是在闭目时感觉不稳。如果早期察觉发病，予以有效的治疗，症状都可逐步消除。

丙烯酰胺中毒的预防和治疗如下：

1. 丙烯酰胺中毒多是因为生产的设备或管道不严密，室内通风又不良，作业人员吸收了丙烯酰胺所造成的。因此，预防丙烯酰胺中毒的关键，在于设备的密闭化、管道化，作业场所应有良好的通风措施。

2. 作业人员在操作时要严格遵守操作规程，并做好个人防护工作。

3. 对从事接触丙烯酰胺作业的人员，应定期进行体检，以便早期发现中毒症状，及时给予治疗。

4. 平时多服维生素 B_1、B_{12} 等，可预防中毒的发生。

5. 根据国家关于女职工劳动保护的有关规定，女职工在怀孕期、哺乳期应禁忌从事接触丙烯酰胺的作业。

6. 对已发生丙烯酰胺中毒者，首先应是停止接触，其次是应用大剂量 B 族维生素等，并辅以对症治疗，一般可在 1～2 个月内痊愈，但也有持续 1～2 年者。

四十二、己内酰胺中毒的防治

己内酰胺 $CH_2(CH_2)_4\overset{\overset{\displaystyle NH}{\mid\quad\mid}}{CO}$。为白色晶体或结晶性粉末。工业品己内酰胺有微弱的叔胺气味，熔点 68～70℃，沸点 140～142℃，易溶于水、乙醇、乙醚、氯仿和苯等。

己内酰胺受热时起聚合作用，用于制造己内酰胺树脂、聚己内酰胺纤维和人造皮革等，因此，除制造己内酰胺单体的人员外，聚合熔融、纺丝、萃取，以及己内酰胺聚合浇注成型等作业的人员均可能接触到己内酰胺的粉尘和蒸气。

己内酰胺通常以粉尘或高热蒸气的形式由呼吸道侵入人体，皮肤也可少量吸收。

经常接触己内酰胺的作业人员，表现有神经衰弱症候群，如头痛、头晕、乏力、记忆力减退、睡眠障碍等。并随着工龄的增加，症状增多加重。此外，在接触己内酰胺粉尘时，还可出现一些呼吸道刺激症状，如鼻出血、鼻干、上呼吸道炎症，以及胃灼热感等。

因己内酰胺单体具有很强的吸湿性，且易溶于皮肤，所以皮肤直接接触时，易引起皮肤损害，如皮肤光滑干燥、角质层增厚、皮肤皲裂、脱屑等，有时还可发生全身性皮炎。停止接触后自愈，反复接触，反复发生，以后不留后遗症。此外，还有毛发易脱落，头皮搔痒及皮屑较多等。

工业卫生容许浓度：$10mg/m^3$。

己内酰胺中毒的预防与治疗如下：

1. 作业场所加强局部通风，以降低车间空气中的己内酰胺的含量。
2. 加强个人防护，避免用手直接接触，如必须接触时，应戴手套或在接触后及时彻底清洗，可避免发生皮肤脱屑和经皮肤吸收。
3. 生产设备应充分密闭，特别是熔解锅、高压釜等。在加料、放气、纺丝等作业工序，要适当隔离。
4. 己内酰胺中毒后主要以对症处理。例如用谷维素治疗神经衰弱。
5. 对于有明显皮肤反应者，应调离接触己内酰胺的作业。

四十三、有机氯农药中毒的防治

有机氯农药是使用范围广泛的杀虫剂。常用的品种有二二三（即DDT）、六六六等。此外还有毒杀芬，又名氯化茨烯，以及氯丹、七氯、艾氏剂、狄氏剂等等。

有机氯杀虫剂多为白色或黄色结晶，或黄色浓稠液体，挥发性不高，不易溶于水，易溶于有机溶剂中。有机氯农药性质稳定，还有积累残毒的特性，故容易污染环境和食物，影响人体健康，因此，目前已有不少国家已停止生产或限制使用DDT、六六六等有机氯农药。

有机氯农药可经呼吸道、消化道、皮肤侵入人体，分布和蓄积富丁脂肪和类脂质的各组织器官中。非生产性有机氯中毒，则主要是误服或食用污染的食品，由消化道侵入人体。生产性有机氯中毒，则以慢性影响为主。

有机氯农药急性中毒，主要是侵犯人的神经系统，症状表现有头痛、头昏、恶心、呕吐、腹痛、全身无力、四肢酸疼、共济失调、肌肉抽动、震颤等，严重的可有癫痫样发作，可有中枢性发热和肝、肾损害、肺水肿，甚至可出现昏迷、呼吸衰竭，引起死亡。

因为有机氯农药有积蓄作用，生产性长期接触，较易引起慢性中毒，其特点是对肝脏有损害，可引起头痛、头昏、失眠、恶心、食欲不振、肝肿大、肝区痛、肝功能异常，并可能并发心血管、肾脏损害。

有机氯农药对皮肤和黏膜也有刺激作用，接触的局部皮肤刺激则可引起皮肤发痒、红肿或有丘疹、起泡等，对黏膜刺激则有流泪、流涕、咳嗽、咽部肿痛、结膜充血等。这种刺激作用多发于新职工,尤其在夏季多见;停止接触后即可自行消退。

工业卫生容许浓度(DDT):$0.3mg/m^3$。

(六六六):$0.1mg/m^3$。

丙体六六六:$0.05mg/m^3$。

有机氯农药中毒的预防措施如下:

1. 生产过程应加强密闭、通风和机械操作。
2. 生产、运输、贮藏及使用有机氯农药粉剂和溶剂时,要采取个人防护措施,避免药剂与皮肤接触。
3. 药物应有专人保管,严禁与粮食、饲料等接触,防止有误或污染。
4. 不在作业地点吸烟,饮水或进食。工作完毕后注意清洗干净。
5. 对从事接触的作业人员定期体检,以便做到早期发现,及时处理。对慢性中毒者除给予积极治疗外,应考虑调离此作业。

凡患有肝脏疾病和严重精神病患者,均不宜从事此类工作。

6. 根据国家关于女职工劳动保护的有关规定,作业场所空气中有机氯化合物浓度超过国家工业卫生标准时,女职工在哺乳期应禁止从事有机氯化合物的作业。

有机氯农药中毒的急救与治疗如下:

1. 迅速使患者脱离现场,安静休息,皮肤或黏膜沾染应用大量清水冲洗。
2. 有机氯农药中毒,目前尚无特效解毒剂,对急性中毒病人以对症处理为主。有神经兴奋症状,可用镇静剂,如苯巴比妥钠,同时可并用10%葡萄糖酸钙进行静脉注射。
3. 呼吸困难或停止可给氧和进行人工呼吸,但禁止用肾上腺素。
4. 肝脏有损害,须进行保肝治疗。
5. 误服者,用2%苏打溶液洗胃,并给以非油剂的硫酸镁轻泻药。
6. 皮肤疾患者可用高锰酸钾稀溶液进行热水浴,眼部可用2%小苏打水溶液冲洗。

四十四、有机锡化合物中毒的防治

有机锡化合物大多数为挥发性固体或油状液体,具有腐败的青草气味和强烈的刺激症,常温下即能挥发。

有机锡化合物属新的化学物质,主要有以下几种:

三乙基氯化锡、四乙基锡,均为液体,在农业上用作防治稻瘟病、枯纹病、麦赤霉病的杀菌剂,在工业上用作电缆、油漆、造纸和木材等的防霉剂。

月桂酸二丁基锡液体,常用作聚氯乙烯塑料制品的稳定剂,以增加它的透明度和耐光性。此外,可作为聚胺酯泡沫塑料的催化剂、某些合成纤维的稳定剂等。

其他如四苯锡、四丁基锡、二碘二丁基锡、氧化二丁基锡等,后两种是制造月桂酸二丁基锡的中间体。

有机锡化合物属中度或高度毒性的物质,对人体有很大的危害,并具有以下三个特点。

1. 各种有机锡化合物,对人体的毒性颇有差异。例如,三乙基氯化锡、四乙基锡、四苯锡等的毒性很大,即使微量也能引起严重中毒。而有的毒性则很低,例如,月桂酸二丁基锡。

2. 有机锡化合物易挥发，例如，四乙基锡等，沸点虽然不低，但在0℃时也能挥发，并且容易被棉织品、木材、土砖、玻璃、泥土、墙壁及多孔材料吸附。

3. 有机锡化合物，除了通过呼吸道和消化道吸收外，皮肤也可大量吸收。有一些严重中毒病例，就是通过皮肤的大量污染而引起的。

有机锡化合物，在一次或连续大量接触后，一般要隔3~5d左右的潜伏期，才会发生全身性中毒变化。

有机锡化合物中毒，常常先发生神经衰弱症状，如经常性或阵发性的剧烈头痛、头胀、眩晕、疲乏、无力、视力模糊、嗜睡、易激动等。它常常是进行性的，而且相当顽固，对症治疗往往无效。以后则有不同程度的恶心、呕吐、食欲减退、体重减轻、乏力、多汗、上下肢进行性的麻木、暂时性的一侧或一肢麻痹等。急性中毒病情较重者，常有阵发性的神智模糊、昏厥或昏迷、肌肉抽搐或痉挛、小便困难或失禁，甚至四肢瘫痪。部分重病员，由于脑水肿而致危，有的还可以突然发生呼吸停止。此外，一些二丁基锡，还可引起肝脏损害。

有机锡化合物中毒，最主要和最严重的是脑水肿，次之是植物神经系统紊乱。大多数急性和亚急性中毒者，在充分治疗后可完全痊愈，但也有一些患者病情较重、病程较长、在急性期过去之后，可遗留一些后遗症，常见的有不同程度的神经衰弱症候群和植物神经紊乱等。

慢性中毒是长期小量接触有机锡化合物所致，与轻度的急性或亚急性中毒的早期阶段症状相似，常有头痛、多梦、健忘、无力等。脑电图也可以见到轻度或中度的不正常的脑电波。这些情况有脱离有机锡作业和积极治疗后，可以逐步减轻以至恢复正常。

有机锡化合物液体溅入眼睛，有直接刺激作用，可引起眼睑高度水肿、结膜充血、羞明、流泪、视力减退、角膜混浊等，治疗一星期后可痊愈。

有机锡化合物还可引起皮肤的损害，接触部位可出现丘疹，有刺痒感，停止接触后可恢复。

有机锡化合物中毒的预防措施如下：

1. 有可能接触有机锡化合物的职工，应对其性质、危害有所了解，以便采取相应的防护措施。

2. 生产有机锡化合物的设备必须密闭，尽量做到机械化、自动化，在生产设备的周围，应再加一道窑闭，并辅助必要的抽风排气设备，因有机锡化合物比空气重，排气设备应安装在室内或毒气柜的下侧，抽出的气体应经过净化处理后再向大气中排放，以保证安全和以免污染大气。

3. 生产有机锡化合物车间的墙壁、地面等，应选择适当材料，以减少吸附。地面要求磨光，墙壁、桌面等应油漆光滑，便于冲洗，以防有机锡化合物蒸气被混凝土和木材吸附，成为新的载毒体。

4. 在小量使用有机锡化合物时，应当放在毒气框内进行。

5. 操作人员应当穿戴全套防护服，防护服应用不吸附或减少吸附有机锡化合物蒸气的、轻而易洗的材料制成，例如，柞蚕丝、府绸、合成纤维等。严禁用手直接接触有机锡，手套应用塑料制品，因为部分有机锡化合物能穿透乳胶制橡皮手套，而造成皮肤污染。

6. 生产有机锡化合物中的一切废液、废渣、废气均要先经过处理，然后才可排放，避免污染环境。

7. 在农业中使用时，应尽量挑选毒性较小的有机锡化合物，如四丁基锡，或者以其他农药代替。

8. 进行就业前体检，以及对从事接触有机锡化合物作业的人员定期进行体检。凡是患有神经衰弱及精神病者，以及肝和肾功能不良者，都不宜参加有机锡化合物的作业。

9. 女职工在妊娠期及哺乳期，应脱离接触有机锡化合物作业。

有机锡化合物中毒的急救与治疗如下：

1. 有机锡化合物中毒，首先要防治脑水肿，具有方法可参照一氧化碳中毒。其他绝大多数属支持疗法和对症疗法。

2. 有机锡化合物中毒者有时发生呼吸停止，但心跳大多仍然存在，必须耐心积极抢救。

3. 眼睛直接受刺激，可用肾上腺皮质激素，如地塞米松以减轻组织反应，抗菌素以防止继发感染，眼腔内滴局部麻醉剂止痛等。

4. 皮肤污染后，可先用5％漂白粉溶液或2.5％洗衣粉，或用5％硫代硫酸钠溶液冲洗，再用肥皂水、清水冲洗干净。也可用1：1000的高锰酸钾溶液彻底清洗。对作业环境的污染，用此高锰酸钾溶液进行清洗也是有效的。

四十五、有机磷农药中毒的防治

有机磷农药大多为黄色或棕色油状液体，挥发性强，一般多具有大蒜气味，遇强碱物质则迅速分解而使其毒性减低或消失。唯独敌百虫则例外，为白色固体，能溶于水，在碱性溶液中会先脱去一分子氯化氢而转变成比它毒性强10倍的敌敌畏，然后再分解破坏。目前国内普遍使用的有机磷农药有：对硫磷、甲基对硫磷、内吸磷、甲基内吸磷、甲拌磷、乙硫磷、敌百虫、敌敌畏、乐果、灭蚜净、百治屠等。

有机磷农药杀虫力极强，它可以侵犯昆虫的神经系统，强烈抑制昆虫体内胆碱酯酶的产生，使其失去分解乙酰胆碱的能力，造成乙酰胆碱在昆虫体内大量蓄积，使之最后中毒死亡。有机磷农药还有杀虫范围广，用药量少等优点，很受广大农民欢迎，它的缺点就是毒性强，对人、畜危害较大。

有机磷农药可经呼吸道、消化道和皮肤及黏膜侵入人体引起中毒。在工业生产中，主要是通过皮肤和呼吸道侵入，多发生在有机磷农药的合成、加工和分装成品等生产过程中，如果生产设备和管道维修管理不善，或因发生故障等，都可使有机磷蒸气大量逸出而污染车间空气，作业人员通过呼吸道侵入而发生中毒。有机磷农药易溶解脂肪里，能通过完整的皮肤侵入人体。如果有机磷液体直接溅到皮肤、黏膜上，或沾染了衣服，药液就可通过皮肤侵入人体而造成中毒。有机磷农药一般对人体的皮肤无刺激性，沾染到皮肤上，不红、不痛、也不痒，易被人们所忽视，故皮肤侵入常常成为生产性中毒的主要原因。有机磷农药通过消化道侵入人体，主要是因为误服或食用了沾染有机磷的食物和水，或者由于手上沾染未洗净就进食等原因引起。

有机磷农药中毒主要为急性中毒。轻度中毒则有头晕、头痛、恶心、呕吐、出汗较多、胸闷、视力模糊、无力等症状，全血胆碱酯酶活性在70％～50％。中度中毒除表现为轻度中毒症状外，还有肌束震颤、瞳孔缩小、轻度呼吸困难、大汗、流涎、腹痛、腹泻、步态蹒跚、神态恍惚、血压升高等，全血胆碱酯酶活性在50%～30%。重度中毒除上述症状外，还表现有瞳孔小如针尖、呼吸困难、肺水肿、肌束震颤更为明显、惊厥、昏迷、大小便失禁，少数病人可能出现脑水肿，全血胆碱酯酶在30%以下。

长期接触有机磷农药，可发生慢性中毒，多见于农药厂的生产职工和加工分装成品的职工，症状一般比较轻，症状表现也不同于急性中毒，以中枢神经系统功能紊乱的症状表现比较明显，主要症状表现有头晕、头痛、无力、耳鸣、失眠等，也有食欲不振、恶心、气短、胸闷、多汗等。

工业卫生容许浓度：

内吸磷（E059）（皮）：$0.02mg/m^3$。

对硫磷（E605）（皮）：$0.05mg/m^3$。

甲拌磷（3911）（皮）：$0.01mg/m^3$。

马拉硫磷（4049）（皮）：$2mg/m^3$。

甲基内吸磷（甲基E059）（皮）：$0.2mg/m^3$。

甲基对硫磷（甲基E605）（皮）：$0.1mg/m^3$。

乐戈（乐果）（皮）：$1mg/m^3$。

敌百虫（皮）：$1mg/m^3$。

敌敌畏（皮）：$0.3mg/m^3$。

有机磷农药中毒的预防措施如下：

1. 生产过程应加强密闭，严防跑、冒、滴、漏，制定严格的操作规程。作业地点应设置通风排气设备，成品分装工序要减少直接接触毒物的机会。

2. 加强个人防护，配备必要的防护衣、帽、手套、口罩及防毒面具等。

3. 建立健全个人卫生制度，作业后要洗澡，工作服也应经常清洗。进食饮水前要洗手。

4. 定期测定生产环境空气中有机磷浓度，应控制其达到或低于工业卫生容许浓度。

5. 对从事接触的作业人员定期进行预防性体检。对慢性中毒的人员做到早期发现，及时治疗，等症状基本好转消失后，血液里的胆碱酯酶活性经过检验恢复正常，方可恢复原来的工作。

凡患肝、肾疾病和精神、神经病者，以及未成年工人等均不宜从事接触有机磷农药的作业。

6. 供销、运输、保管、使用过程中应严格执行有关安全规定，防止农药任意外流、滥用，严禁农药盛器充作他用。污染的物体可用20%碱水或5%石灰乳处理，避免不必要的伤害。

7. 根据国家关于女职工劳动保护的有关规定，作业场所空气中有机磷化合物浓度超过国家工业卫生标准时，女职工在哺乳期应禁止从事有机磷化合物作业。

有机磷农药中毒的急救与治疗如下：

1. 有机磷农药急性中毒，一般病情急，而且发展快。因此，对有机磷农药中毒的抢救必须争分夺秒。首先使患者脱离现场，安卧保暖，松解衣领等。如果皮肤污染者，尽快脱去污染衣服，用肥皂或碱水清洗皮肤，忌用热水。如为敌百虫药液沾染皮肤时，应尽快用清水洗干净,不能用碱性水溶液,以免敌百虫遇碱生成敌敌畏反而加重毒害作用。

2. 误服中毒者,可用肥皂水或2%碳酸氢钠溶液洗胃,如果误服敌百虫,也不能用碳酸氢钠,肥皂水洗胃,否则不但不能解毒,反而会增大毒性,但可用1∶5000的高锰酸钾溶液洗胃。

3. 在治疗过程中应密切注意观察病情的变化,即使症状消失也要继续观察1~2d,因往往认为病情好转而不加注意,症状还会出现反复及恶化。出现反复的原因可能是由于胃肠道或皮肤上的毒物没有清洗干净;或者是停药过早而使治疗用药量不足等引起。特别是乐果中毒常常容易出现反复,而且是在抢救后3~4d,甚至一星期后又出现症状,有的突然发生死亡。

4. 目前常用的解毒剂有解磷定和阿托品两种。

解磷定。轻度中毒,0.4g,肌肉或皮下缓慢注射,或用阿托品也可。

重度中毒,1.2~1.6g静脉注射,必要时30min后再注射0.8~1.2g。以后每1~2h重复1次,计2~3次。

此外还可选用氯磷定。氯磷定0.2g约相当于解磷定0.4g,应用时可按比例折算。

阿托品。轻度中毒,1~2mg,肌肉或皮下注射,必要时隔15~30min重复1次,以后根据病情减量。

重度中毒,第一次3~5mg静脉注射,隔15~30min重复注射。如系误服中毒,首次用量可适当加大,间隔可缩短。至瞳孔开始散大、肺罗音消退或意识恢复时,酌情减量,至瞳孔散大不再缩小或出现轻度颜面潮红、微有不安或轻度躁动时,应减量或停药。

阿托品与解磷定等同时使用时应减量。治疗中应密切观察病情,并防止阿托品过量中毒。

5. 对症治疗,处理原则同内科。有缺氧、发绀或呼吸困难者,应在给药治疗的同时,进行人工呼吸或高压给氧。呼吸停止时,除仍给药外,特别应持续人工呼吸,不可轻易放弃抢救。

6. 慢性中毒可用阿托品0.3~0.6mg口服,每日3次。解磷定0.4g静脉注射,每日1~2次。也可肌肉注射氯磷定。有神经衰弱症候者可对症处理。

四十六、氨基甲酸酯类农药中毒及其防治

氨基甲酸酯类农药是一种新型的杀虫剂,目前已合成数十种,其主要品种有:西维因、咔喃丹(虫螨威)、连灭威、灭杀威、残杀威、仲丁威、叶蝉散等。氨基甲酸酯类农药比有机磷农药和有机氯农药的杀虫范围要窄,但其选择性较强,且作用迅速,对人畜毒性较低,并易分解消失,在体内无蓄积作用。

氨基甲酸酯类农药大部分属中等毒性,为神经毒农药,可从呼吸道、消化道及皮肤侵入人体。在体内对胆碱酯酶有抑制作用,中毒后有类似轻度有机磷农药中毒的表现,但又与有机磷农药中毒有所不同,对胆碱酯酶的抑制作用速度及复能速度几乎相近,故出现胆碱酯酶抑制症状较轻,脱离接触后,酶活性便很快地恢复。

在工业生产中,由于合成、磨碎、包装以及运输等过程密闭不严,不遵守安全操作规程,或者个人防护不当,作业人员均可引起氨基甲酸酯类农药中毒。此外,在使用该农药时，如在拌料、喷撒等过程中，不注意个人防护，又不注意风向，也易发生中毒。

氨基甲酸酯类农药中毒后主要表现为头晕、头痛、乏力、恶心、呕吐、流涎、多汗、瞳孔缩小等症状，血液中胆碱酯酶活性轻度降低，脱离接触后可恢复。皮肤接触可出现接触性皮炎和过敏性皮炎，表现为荨麻疹样皮炎，分布于上、下肢对称部位，亦可累及面部。愈后皮肤色素加深，病程约一周，如再次重复接触可复发。

氨基甲酸酯类农药中毒的诊断主要是要有此类农药的接触史，同时结合临床表现和全血胆碱酯酶测定的结果，来进行判断。

氨基甲酸酯类农药中毒的预防措施如下：

1. 生产过程应实行密闭化，作业场所应设置通风排气装置，以降低作业环境空气中氨基甲酸酯类农药的浓度。

2. 特别是对粉剂的包装作业应实行密闭化、自动化、机械化。

3. 定期测定作业环境空气中氨基甲酸酯类农药的浓度，以便发现问题，及时采取相应的措施。

4. 在使用此类农药过程中，应注意安全防护措施，如穿工作服，戴手套、口罩等。

5. 对从事接触氨基甲酸酯类农药的作业人员应进行就业前体检和定期体检。

凡患有肝、肾、心、肺器质性疾病；严重皮肤病、精神病、癫痫等患者，或有严重过敏体质者，以及在怀孕期、哺乳期的女职工等，均不宜从事接触氨基甲酸酯类农药的作业。

氨基甲酸酯类农药中毒的急救与治疗如下：

1. 氨基甲酸酯类农药中毒后的急救，首先是将患者迅速脱离现场，移至空气新鲜处。

2. 脱去患者受污染的衣服、鞋、帽等，用清水或淡肥皂水清洗被污染的皮肤。

3. 氨基甲酸酯类农药中毒的治疗，阿托品为首选药物，其疗效最佳。阿托品每日 1～3mg，分次口服或皮下肌肉注射。禁用复能剂。

4. 重症有呼吸困难者应立即给予吸氧，清除呼吸道分泌物和痰液，防止呼吸道堵塞。

5. 对皮炎可用抗过敏药物对症处理。

四十七、杀虫脒中毒的防治

杀虫脒 $C_{10}H_{13}ClN_2$。有基质型和盐酸盐型两种制剂。杀虫脒基质为白色结晶，具有氨样气味，熔点 32℃，微溶于水，能溶于苯、氯仿、已烷，在弱酸、弱碱中易水解，在强酸中较稳定。其加工剂型主要为乳油。杀虫脒盐酸盐纯品为白色结晶，熔点 225～227℃，易溶于水，可制成水剂、可溶性粉剂、颗粒剂、粉剂等。

杀虫脒为广谱杀虫杀螨剂，对害虫可具有胃毒、触杀及吸入性毒作用，对昆虫还可产生驱避、忌食和杀卵的功效。

杀虫脒属中等毒类，可经消化道、呼吸道和皮肤吸收而侵入人体造成中毒。杀虫脒易降解、排泄快，在体内没有明显的蓄积。在工业生产和使用中主要是由于皮肤污染而引起中毒。轻度中毒则先有头昏、头痛、乏力、口干、恶心等不适感，继而则出现睡睡、出血性膀胱炎、血压下降、紫绀、神志恍惚等症状。严重中毒则呈深度昏迷、四肢或全身癫痫样抽搐、面色苍白、瞳孔散大、反射消失，可由于呼吸、循环衰竭而致死。个别患者也有血尿和蛋白尿等症状出现。中毒表现可能与代谢产物对氯邻甲苯胺的作用有关，尿中可检验出杀虫脒和对氯邻甲苯胺。

杀虫脒中毒除以上全身症状外，接触杀虫脒的皮肤，可在接触后 20～30min 出现皮肤烧灼感、发红、小丘疹，最后可呈现片状脱屑等局部症状。

杀虫脒中毒的预防措施如下：

1. 在生产、运输、贮存和领发杀虫脒的过程中，应严格遵守安全操作规程。
2. 作业中严格执行各项防护措施，加强个人防护，穿用防护工作服，佩戴防毒面具等。
3. 加强个人卫生，经常换洗工作服，作业后应洗浴。不在作业场所吸烟、进食和饮水。
4. 严禁皮肤直接接触，如有不慎应及时用清水冲洗干净。

杀虫脒中毒的急救与治疗如下：

1. 迅速将中毒者离开作业现场。
2. 脱去被污染的衣服，将皮肤洗净。
3. 治疗以对症治疗为主，可给予维生素 B_1、C，葡萄糖液或葡萄糖生理盐水静脉滴注。

四十八、溴甲烷中毒的防治

溴甲烷 CH_3Br。又称甲基溴，在室温下为无色气体，在 4℃ 时凝结成无色透明的液体，有一些香甜的气味，熔点 $-9℃$，沸点 3.59℃，难溶于水，易溶于乙醇、氯仿、乙醚、二硫化碳、四氯化碳和苯等，在空气中不燃，但在纯氧中却可以燃烧。

溴甲烷杀灭各种害虫效力高、范围广，使用简便，而且对各种食品、衣服都没有损害。因此，溴甲烷是农业、交通运输业、仓库、粮食工业部门中应用十分广泛的熏蒸消毒剂，也是化工生产方面常见的甲基化剂，并用作低沸点溶剂、冷冻剂及飞机自动灭火剂等。

溴甲烷有强烈的神经毒作用，并具有积累性。溴甲烷可通过呼吸道、消化道和皮肤侵入人体，造成对神经系统的直接损害。

吸入较高浓度的溴甲烷气体可发生急性中毒，开始有一些黏膜刺激症状及头晕、恶心等，但很轻微，停止接触后很快消失。以后经过几小时到几十小时无症状的潜伏期，头昏、恶心等症状再度出现，并迅速发展。轻者表现为头晕、头痛、全身乏力、烦躁、神志淡漠、失眠或嗜睡、噩梦、食欲减退、恶心、呕吐、上腹不适及视力模糊等症状。重者表现为上述症状加剧，进一步出现因脑水肿引起的抽搐、昏迷、呼吸中枢抑制等症状，甚至有的患者还会出现以精神症状为主的精神分裂症，如幻觉、强迫行为、胡言乱语、狂奔乱跳、打人骂人等。此外还可能发生肺水肿、肝肾损害。如果不慎吸入高浓度的溴甲烷，可于数分钟内因呼吸抑制而猝死。

大多数重度中毒病例，经过大力抢救，肺水肿逐步减轻消失，神智也清醒，但神经系统的一些症状，如视力模糊、四肢麻木、无力、性格变态、肌肉震颤及言语不清等还将继续存在几个星期到几个月不等，个别患者，这些神经精神症状要存在几年甚至成为后遗症。对于轻度中毒，个别病员也可遗留一些神经衰弱症状。

间歇性的、短时间的接触低浓度的溴甲烷，一般没有中毒征象。长期接触低浓度的溴甲烷可发生慢性中毒，其表现以神经系统症状为主，常有头晕、头痛、全身乏力、嗜睡、记忆力减退的表现。少数患者有性格改变、出现幻觉。有的患者伴有周围神经炎或植物神经系统失调症状。

皮肤直接接触溴甲烷液体，可发生局部灼伤，出现丘疹、水疱或发生大疱，并且容易引起继发感染。

工业卫生容许浓度（皮）：$1mg/m^3$。

溴甲烷中毒的预防措施如下：

1. 根据溴甲烷中毒的原因统计，多数急性中毒往往是出于意外事故，尤为在谷仓作业人员中发现最多。他们通常是因为进入熏蒸后的仓库时，既没有事先将仓库充分通风，也不配戴防毒面具，便贸然入库。因此，对作业人员进行必要的安全教育和专门训练，使他们严格遵守安全操作规程，是预防中毒的关键。

2. 进入熏蒸后的仓库，应先充分通风，再检查所需使用防毒面具或空气呼吸器等的密闭性能，个人防护好后，方可入库。

3. 若有必要，可在溴甲烷中加入有刺激性的氯化苦（CCl_3NO_2），以产生嗅觉上的警惕。

4. 溴甲烷钢瓶应储存在干燥阴凉处，定时巡视，防止漏气。

5. 严禁皮肤直接接触溴甲烷液体。

6. 生产溴甲烷的作业场所，应加强管道密闭，防止跑、冒、滴、漏，并搞好废气回收，以免污染环境。

7. 从事接触溴甲烷作业的人员，应穿戴全套的工作服，并有备用的空气呼吸器，或其他类型的防毒面具。

8. 定期对从事接触溴甲烷作业的人员进行体检，发现慢性中毒者应给予积极的治疗。

凡患有神经系统、呼吸系统及皮肤疾病者，均不宜从事接触溴甲烷作业。

溴甲烷中毒的急救与治疗如下：

1. 发生了溴甲烷急性中毒，要及时治疗，密切观察肝、心、肾器官，加强护理，注意防止发生脑水肿和肺水肿。

2. 溴甲烷中毒没有特效的解毒药，但可以试行注射较大剂量的二巯基丙醇或二巯丁二钠。

3. 神经系统病变可对症治疗，如有痉挛时可用大剂量的镇静剂。

4. 应用 γ-氨酪酸、谷氨酸钠等，以减轻或缓解中枢神经系统病变。

5. 注射B族维生素，特别是B_6，通常每日与葡萄糖液一起静脉滴注250～500mg，在急性期及恢复期都可以使用，但在急性期，应避免与大量葡萄糖液一起滴注，以免造成加重肺水肿的副作用。

6. 皮肤接触溴甲烷液体灼伤时，应先用温水冲洗，然后用5%的碳酸氢钠液湿敷。此外，按照灼伤水泡进行处理。

7. 凡患过溴甲烷中毒的作业人员，如再参加接触溴甲烷的作业，容易使中毒症状复现或加剧。因此，对他们应采取调离原作业岗位，换作其他作业的措施。

四十九、拟除虫菊酯类农药中毒及其防治

拟除虫菊酯类农药由于具有高效、安全、低残留的优点，从20世纪70年代以来得到迅速的发展。目前，全世界拟除虫菊酯类农药的产量已占化学农药总产量的20%～30%，法、英、美、日等国陆续合成的有近1000种，其中效能较好的有20余种。在我国使用的有二氯苯醚菊酯、杀灭菊酯、多虫畏、溴氰菊酯、氯氰菊酯、甲氰菊酯、熏虫菊酯、苄菊酯、苯醚菊酯、杀螟菊酯等。

拟除虫菊酯类农药的毒性大多数属中等毒性范围，如杀螟菊酯原药对皮肤和眼睛无刺激性，粉剂有中等刺激性。我国常用的拟除虫菊酯类农药主要是溴氰菊酯；法国生产的敌杀死，其主要成分也是溴氰菊酯。溴氰菊酯属高毒类，使用者应引起注意。

拟除虫菊酯类农药中毒，近几年来国内见诸报道的已有数百例。中毒的临床表现为：轻者出现头痛、头晕、口唇发麻、恶心、呕吐、食欲不振、流涎、乏力等症状；较重者出现口鼻分泌物增多、双手震颤、白细胞数增多等症状；重者则出现呼吸加快、呼吸困难、血压下降、脉搏增快，有阵发性抽搐或惊厥，每次几秒钟、几分钟，甚至更长时间。随后还会发生意识障碍，病程长者可达数月之久。危重病例可造成死亡。皮肤直接接触局部可引起皮疹或烧灼感。口服摄入25mL即可引起明显的中毒症状，如流涎、腹痛等消化道症状。从事生产接触的作业人员，如分装时发生中毒，主要表现为暴露皮肤部位的刺激症状。在实施喷药时中毒，主要表现为神经系统症状和皮肤刺激症状。

国外研究表明，拟除虫菊酯类农药可能引起短期的药理作用和由于神经损害而引起的较长时期慢性神经毒症状。国内已发现有拟除虫菊酯类农药中毒而引起的神经系统后遗症状。

拟除虫菊酯类农药中毒的预防措施如下：
1. 拟除虫菊酯类农药的生产过程，应加强密闭。进行分装、包装作业的人员应特别注意加强对皮肤的保护。
2. 定期对作业场所空气中污染物的浓度进行监测，以便能采取相应的措施。
3. 作业结束后应进行淋浴更衣，工作服不要穿回家中。
4. 对从事接触拟除虫菊酯类农药作业的人员应定期进行体检。
5. 在配药和喷药时，应穿防护服，戴橡胶或塑料的手套，并注意风向，以避免农药吹向自己；一次喷药的时间不宜过长。

拟除虫菊酯类农药中毒的急救与治疗：
1. 迅速将中毒者移离现场，并及时清除衣服、皮肤上粘染的有毒有害物质，注意保暖。
2. 如皮肤或眼睛被污染，可用2%～3%碳酸氢钠溶液清洗；如口服中毒，应立即用2%～3%碳酸氢钠溶液洗胃；如吸入中毒，可给甲基胱氨酸雾化吸入15min。
3. 其他症状可采用对症治疗。
4. 在农业上拟除虫菊酯类农药常与有机磷农药混合使用，故对中毒后的诊断治疗，应对其临床表现注意鉴别。如系单纯溴氰菊酯中毒，不宜使用阿托品治疗。

第四节 生产性粉尘对人体的危害与防治

一、生产性粉尘

生产性粉尘是指能够较长时间呈飘浮状态，存在于生产环境空气中的固体微粒。从胶体化学的观点来看，粉尘是一种气溶胶，其分散介质是空气，分散相是固体微粒。

生产性粉尘对人体有多方面的不良影响，尤其是含游离二氧化硅的生产性粉尘，作业人员长期吸入较高浓度的生产性粉尘，可引起以肺部组织纤维化为主的全身性疾病——尘肺。生产性粉尘还能影响某些产品的质量，加速生产机器的有形磨损；粉体状的生产原料、半成品、成品等成为粉尘到处飞扬，也会造成经济上的损失。生产性粉尘还能污染环境，危害居民健康，甚至影响农作物生长等。因此，厂矿企业生产过程中能产生粉尘的作业，做好防尘工作，具有重大的卫生学意义和经济意义。

二、生产性粉尘的来源

厂矿企业的许多生产过程均能产生生产性粉尘，生产性粉尘的主要来源大致有如下数种：

1. 采矿与矿石加工、凿岩、爆炸、筑路等。
2. 金属冶炼过程、矿石破碎、筛分、运输等。
3. 机械铸造业的配砂、清砂等。
4. 耐火材料、玻璃、水泥、陶瓷等工业的混料、过筛、包装、搬运等。
5. 纺织业、皮毛业的原料处理。
6. 化学工业固体原料的粉碎、加工、成品包装等。

此外，还有在某些生产过程中使用粉体状物质在混合、筛分、包装、运输等作业时，以及生产作业场所沉积的粉尘，由于振动或气流的影响而又飘浮于空气中，也称为二次扬尘，如矿山开采时，围岩壁上沉积的粉尘可再次飞扬，这些也都是生产性粉尘的来源。

三、生产性粉尘的分类

生产性粉尘的分类，一般有两种分类方法：

1. 按粉尘的性质分类：

（1）无机性粉尘。

矿物性粉尘，如石英、石棉、石墨、煤等；

金属性粉尘，如铁、铅、锌、锰、铜、铍等金属及其化合物；

人工无机粉尘，如金刚砂、水泥、玻璃纤维等。

（2）有机性粉尘。

植物性粉尘，如棉、亚麻、甘蔗、面粉、烟草、茶、木材等；

动物性粉尘，如毛发、兽毛、角质、骨质等；

人工有机粉尘，如染料、塑料、炸药、沥青、人造纤维等。

（3）混合性粉尘。它是指上述两种或两种以上粉尘混合存在的粉尘。此种粉尘在生产环境中最为多见。如煤矿开采过程中，存在着煤尘和岩石粉尘；金属制品加工研磨时，存在着金属和磨料粉尘；棉纺织厂准备工序中，存在着棉尘和土壤粉尘等等。

在工业卫生工作中，可根据生产性粉尘的性质，初步判断其对人体危害的程度。对混合性粉尘，查明其所含成分，尤其是矿物性粉尘所占的比例，这对进一步确定其致病作用具有重要的意义。

2. 按粉尘的颗粒大小分类：

(1) 灰尘。粒子的直径>10μm，在静止空气中，以加速度沉降，不扩散。

(2) 尘雾。粒子的直径介于0.1~10μm之间，在静止空气中，以等速度沉降，不易扩散。

(3) 尘烟。粒子的直径介于0.001~0.1μm，因其大小接近于空气分子，受空气分子的冲撞而呈布朗运动，在空气中具有很强的扩散能力，在静止空气中，几乎完全不沉降或者非常缓慢而曲折地降落。大多是由物质不完全燃烧或金属熔融后，其蒸气在空气中凝结或氧化所形成。

四、生产性粉尘的理化性质及其卫生学意义

1. 生产性粉尘的化学组成及浓度

生产性粉尘的化学组成及其在生产环境空气中的浓度，直接决定对人体的危害程度，也是确定工业企业设计的卫生标准和粉尘回收利用方法的重要依据。例如，生产性粉尘中游离二氧化硅的含量有重要的卫生学意义，吸入游离二氧化硅的粉尘可引起硅肺（矽肺），而吸入结合状态的二氧化硅的粉尘可引起硅酸盐肺。虽然目前对硅肺的发病机理是二氧化硅的化学中毒作用，还是机械刺激作用，或是聚合作用等，尚未取得完全一致的认识，但粉尘中游离二氧化硅的含量愈高，对人体的危害则愈大，引起的病变的程度越重，病变的发展速度也越快，这些都为事实所证明了的。当游离二氧化硅的含量为70%以上的粉尘，通常形成以结节为主的弥漫性纤维病变，进展也较快；而游离二氧化硅的含量低于10%的粉尘，对肺部病变则以间质纤维化为主，且发展较慢；再如，当生产性粉尘中含有某些化学元素或物质时，可影响粉尘致病作用的性质和强度。矿物性粉尘与植物性粉尘的成份不同，所致病的作用也各异。

空气中生产性粉尘的浓度愈高，吸入量就愈多，尘肺发病也愈快，后果也愈严重。

2. 生产性粉尘的分散度

分散度是指物质被粉碎的程度，用来表示粉尘粒子大小组成的百分构成，较小直径微粒百分比大，则分散度高，反之，则分散度低。

粉尘粒子大小一般以微米直径（μm）表示。尘粒的大小，可影响粉尘在空气中的稳定性以及对机体的作用。分散度高的粉尘，由于相对密度小，不易降落，在空气中飘浮的时间长，而分散度低的粉尘，如直径大于10μm，在静止的空气中只需数分钟就可沉降下来，而1μm以下的尘粒以1.5~2m的高处沉降到地面则需要5~7h。因此，分散度高的粉尘被人体吸入的机会就愈多。据实际测定资料统计表明，在生产环境空气中的粉尘以10μm以下者为最多，其中2μm以下者占40%~90%。

分散度还与粉尘在呼吸道中的阻留有关，尘粒愈大，被阻留于上呼吸道的可能性愈大。尘粒愈小，则通过上呼吸道而被吸入肺部的机会愈多，其危害性也就愈大。例如，5~15μm的尘粒大部分被阻留在细支气管和终末支气管，0.1~5μm的尘粒基本上可进入肺泡内。从死于硅肺的病人尸检中，在其肺部组织中发现的尘粒，大多数的直径都小于5μm。因此，目前一般认为5μm以上的粉尘可达呼吸道深部，称可吸入粉尘，也是最危险的粉尘。

分散度还与尘粒的理化性质有关。粉尘的分散度越大，则单位体积粉尘的总表面积越大，即单位体积中所有粒子表面积的总和越大，其理化活性也越高，因而容易参与理化反

应，对人体的致病性也就越强。高分散度的粉尘，如为可溶性，因表面积的增大而使在体液中的溶解度增大。随着尘粒表面积的增大，由于吸附空气中的气体分子的结果，使尘粒表面形成一层薄膜，阻碍粉尘的凝集，从而增加了粉尘在空气中的稳定性而不易沉降，因而对人体的危害也加大。

3. 生产性粉尘的溶解度与相对密度

生产性粉尘溶解度的大小与其对人体的危害程度，因粉尘的性质不同而异。某些主要呈化学毒性作用的粉尘，如铅、砷、锰等，随其溶解度增加，对人体的作用增强。而有些粉尘，如面粉、糖等，在体内容易溶解、吸收、排出，对人体的危害作用较小。而有些矿物粉尘，如石英等，虽然在体内溶解度较小，但对人体的危害作用却较严重。因此，粉尘的溶解度只是一个方面，要由粉尘本身的理化性质而决定对人体的危害程度。

粉尘粒子相对密度的大小与其在空气中的稳定程度有关，当粒子大小相同时，相对密度大者沉降速度快，稳定程度低。因此，在通风除尘时应考虑相对密度这一因素而采用不同的风速。

4. 生产性粉尘的形状与硬度

生产性粉尘粒子的形状是多种多样的。尘粒的形态也能影响其稳定程度，质量相同的尘粒因形状不同，在沉降时所受阻力也不相同，其形状愈接近球形，则沉降时所受的阻力越小，沉降的速度越快。

当粉尘作用于上呼吸道、眼黏膜和皮肤时，尘粒的形状和硬度具有一定的意义。坚硬的尘粒能引起黏膜损伤，而进入肺泡内的微细尘粒，由于其质量小，加之环境湿润，难以引起明显的机械损伤。柔软的长纤维状粉尘，容易沉着于气管、支气管的黏膜上，使呼吸道黏膜覆盖着一层绒毛样物质，故易发生慢性支气管炎及慢性气管炎。

5. 生产性粉尘的荷电性

高分散度的生产性粉尘通常带有电荷，其来源可能是在物料粉碎加工过程中或在流动中因相互摩擦；或是因吸附了空气中的带电离子；或与其他带电物体的表面接触而带有电荷。尘粒的荷电量取决于尘粒的大小和相对密度，并与温度和湿度有关。温度升高，荷电量增加，湿度增高，荷电量降低。飘浮在空气中的尘粒有90%~95%带正电或负电，5%~10%的尘粒不带电。

荷电性对粉尘在空气中的稳定程度有一定影响，同性电荷相斥，增加了尘粒在空气中的稳定性。异电荷相吸，使尘粒在碰撞时因凝集而沉降。一般认为，荷电尘粒易被阻留在体内，其荷电程度还可影响细胞的吞噬速度。

6. 生产性粉尘的爆炸性

生产性粉尘的爆炸性为高分散度的煤、糖、面粉、硫磺、铝、锌、麻、棉等粉尘所特有。发生爆炸的条件必须有高温、火焰、火花、放电等引燃能量，并且空气中的粉尘含量也要达到足够的浓度。

对具有爆炸性的生产性粉尘，在生产过程中应注意防爆。

五、生产性粉尘对人体的危害

生产性粉尘种类繁多，性质各异。因此，各种生产性粉尘对人体的危害作用是多种多样的。例如，引起肺部纤维化的粉尘有二氧化硅、硅酸盐、煤等；引起局部刺激作用的粉尘有漂白粉、生石灰、水泥等；引起全身性中毒的粉尘有锰、铅、砷等；引起光感反应的粉尘有沥青等；引起癌症的粉尘有放射性物质的粉尘和石棉纤维粉尘等。

然而，吸入生产作业环境空气中的粉尘并不是全部能进入人体。因人体对进入呼吸道的粉尘具有一定的滤尘、传递和吞咽等防御和清除功能，可将进入呼吸道 97%～98% 的尘粒清除出体外。

首先，鼻腔可以滤尘，其效能达空气中粉尘总量的 30%～50%。其次，进入气管、支气管的粉尘，其尘粒粘在气管壁上，绝大部分会由于气道壁黏膜上的纤毛运动和粘液的传递，送至鼻咽部，经咳嗽反射排出体外，或者经吞咽入消化道而清除。

最后，进入肺泡的粉尘，其清除过程相对缓慢。一部分随呼吸时呼气排出。另一部分随痰咳出，一般只有 2%～4% 的粉尘进入肺泡周围组织而沉着于肺内。这些沉积在肺内的粉尘，由于日久的积累，可对人体产生不良影响，其中对人体危害最为严重的是可引起尘肺。

由上可见，尽管人体对粉尘有良好的清除和防御功能，但如果长期吸入任何种类高浓度的生产性粉尘，均可有一定量沉积在肺内，随着时间的推移及粉尘沉积量的增多，仍然可对人体产生危害作用。作业人员每分钟吸入肺内的粉尘量，不仅取决于该时间内周围空气中的粉尘浓度、分散度及粉尘的性质，而且也受其他因素的影响。例如，人的个体生理特征、鼻腔黏膜状态及鼻腔解剖结构等就影响其清除功能。不同作业工种的人员，因劳动强度不同，其呼吸的容积也不同，从而粉尘在肺内的沉积量也有所不同。不同呼吸类型也会影响尘粒的沉积，例如，每分钟通气量相同时，慢而深的呼吸同快而浅的呼吸相比，可使粉尘更多地沉积在肺泡内；用口呼吸和用鼻呼吸相比，会增加粉尘的吸入与沉着量，而人在从事重体力劳动时，常伴之以口呼吸；患鼻阻塞及气喘等疾病的人在劳动时，也会伴之以口呼吸，这些对作业人员均是不利的。此外，吸烟和疾病感染等因素，也会直接或间接地影响人体的清除粉尘的机能。

长期吸入较高浓度的生产性粉尘对人体所造成的危害，大致可概括为以下几个方面：

1. 呼吸系统疾患：

（1）上呼吸道炎症：粗大而坚硬的尘粒，如玻璃、砂石等粉尘，容易损伤上呼吸道；长而柔韧的粉尘，如棉、麻等纤维粉尘，易附于气管、支气管黏膜上，导致慢性支气管炎、气管炎；刺激性强的粉尘，如铬及其化合物、石灰等粉尘，可引起鼻黏膜的糜烂、溃疡，甚至发生鼻中隔穿孔等。

（2）肺炎：某些金属粉尘可引起肺炎，如锰矿尘。

（3）呼吸道肿瘤及肺癌：氧化铁、铬、镍等粉尘，可使支气管肿瘤的发病率增高；石棉纤维粉尘可致胸膜间皮瘤；砷、铬、镍及其化合物等粉尘，可使肺癌的发病率增高。

（4）尘肺：我国早在北宋时期就有"石末伤肺"的记载。尘肺是由于长期吸入生产性粉尘，而使肺部组织产生纤维化为主的全身性疾病，是一种常见、危害性较大的职业病。我国通过近 40 多年的大量临床观察、X 线检查、病理解剖和实验室研究，较为一致的认为尘肺按其病因可分为下列 5 类：

硅肺，也常称为矽肺。吸入含游离二氧化硅较高的粉尘所引起的尘肺。

硅酸盐肺。吸入含结合状态二氧化硅（硅酸盐）的粉尘，如石棉、滑石、云母等粉尘所引起的尘肺。

炭素尘肺。吸入煤尘、石墨、炭黑、活性炭等粉尘所引起的尘肺。

混合性尘肺。吸入既含游离二氧化硅，又含有其他物质的混合性粉尘所引起的尘肺，如煤硅肺、铁硅肺、焊工尘肺等。

其他尘肺。吸入其他物质的粉尘所引起的尘肺，如吸入某些金属及其化合物引起的尘肺，如铝肺、铅肺、铍肺等。

2. 对皮肤的损伤。粉尘落在皮肤表面，可产生机械性或化学性刺激。粉尘可堵塞皮脂腺孔，使皮肤干燥，并引起粉刺、毛囊炎等；还可损伤皮肤或形成皮炎，甚至溃疡。

3. 对五官的损伤。在金属和磨料粉尘的作用下，可引起角膜损伤，造成职业性角膜混浊。在煤矿工人中还可见到粉尘引起的结膜炎。

粉尘沉积在外耳道内，可形成耵聍（俗称耳屎）栓塞。

粉尘进入鼻咽部和耳道还可引起耳炎和耳咽管炎等。

4. 变态反应。某些粉尘，如大麻、棉花等粉尘，有变态反应作用，可引起支气管哮喘、哮喘性支气管炎、湿疹及偏头痛等，这在毛皮工业及水泥造制的作业人群中偶有所见。

5. 光感作用。沥青粉尘在阳光的照射下，会产生光化学作用，可引起光感性皮炎、结膜炎及全身症状等。

6. 感染作用。烂布屑、谷物、兽毛等粉尘，有时附有病原菌，随粉尘进入肺内，可引起肺霉菌病等。

7. 中毒作用。各种含有毒物质的粉尘，如粉状农药、砷、铅、锰及其化合物等粉尘，经呼吸道进入人体，在支气管壁或肺泡壁上溶解后被吸收，可引起全身中毒表现。

8. 特异作用。如铍及其化合物的粉尘，进入呼吸道后，除可引起急、慢性的炎症外，还可引起肺的纤维增殖，进而导致肉芽肿及肺硬化。

六、生产性粉尘的卫生标准

作业环境中的空气受到生产性粉尘的污染，并不是生产过程中有粉尘源存在的必然结果。作业环境空气中的粉尘浓度的大小，主要取决于生产机械化程度、生产设备及其密闭程度、湿式或干式作业方法、作业环境的通风情况、劳动过程的组织及清扫作业的质量等各种因素。因此，生产环境空气中粉尘浓度的波动范围是很大的。高者每立方米空气中可超过 1000mg，但若采取有效的防尘措施则可大大降低粉尘浓度。粉尘浓度愈高，则对人体的危害作用愈大，甚至威胁人的生命。然而，作业环境是进行生产的一种人工环境，生产过程以及生产设备、装置会泄漏出粉尘，并扩散到整个作业环境，要使这样的生产环境空气中绝对不含生产性粉尘是有困难的。为此，国家需制定工业卫生标准，以规定作业环境空气中各种生产性粉尘的最高容许浓度，使粉尘浓度保持在一定的容许值范围以内，以预防粉尘对人体造成危害。

制定生产性粉尘最高容许浓度的正确方法是长期观察、对比接触粉尘作业的职业人群的健康状况和他们所处生产环境空气中的粉尘浓度，找出不致引起职业性病变的粉尘浓度。粉尘浓度的表示方法有两种，一是以单位体积空气中的粉尘的质量（mg/m^3）表示；二是以单位体积空气中的粒子数（粒子数$/m^3$）表示。我国目前采用的是以单位体积空气中粉尘的质量来表示粉尘浓度的，因为实验和一些观察资料表明，认为尘肺发病率和单位体积空气中粉尘质量的关系远比和粒子数的关系密切。

粉尘最高容许浓度的概念，世界各国的规定有所不同，我国工业卫生标准中采用的是最高容许浓度、时间加权平均容许浓度和短时间接触容许浓度，是指作业人员在该浓度下，在经常停留的工作地点，长时期或短时间地进行生产作业，不致引起职业性危害的极量值。这是监测生产环境空气中粉尘浓度的主要依据，即在一个作业地点一个工作日内，多次有代表性的采样测定中，任何一次测定均不应超过此最高值。我国国家标准《工作场所有害因素职业接触限值化学有害因素》（GBZ 2.1—2007）中，规定了工作场所空气中某些生产性粉尘的最高容许浓度、时间加权平均容许浓度和短时间接触容许浓度，具体规定数值见有关附表。

已制定出某些粉尘的最高容许浓度不是永远一成不变的，而是在一定时期内的规定。随着生产、经济和科学技术的不断发展，以及对各种生产性粉尘对人体造成危害性的研究工作的逐步深入，倘若已规定的卫生标准已不能适应客观需要时，就必须重新进行审查、补充和修订。

七、生产性粉尘作业危害程度分级

对生产性粉尘作业危害程度进行分级，是针对我国经济实力较为薄弱、技术水平较为落后的实际情况提出来的。鉴于目前我国各地区之间、行业之间、厂矿企业之间，以及各种经济成分之间的发展不平衡，要求所有的厂矿企业在防尘工作中均采取三级预防的措施，而使作业场所空气中的粉尘浓度降低到国家规定的工业卫生标准以下，尚未具充分的条件。为此，我国颁布了《生产性粉尘作业危害程度分级》（GB 5817）的国家标准，对生产作业场所粉尘实际的危害程度进行科学严格的分级。此标准采用3项主要危害指标，对生产性粉尘作业危害程度通过定性和定量的综合分析进行分级，以便将不同危害程度的生产性粉尘作业，分出轻重缓急，区别对待，并针对作业人员身体健康产生危害的程度，决定治理的先后，危害程度大的先治理，危害程度小的后治理，这对保护职工健康，防止尘肺病的发生有着十分重要的现实意义。

分级标准是根据粉尘中游离二氧化硅的含量、从事接触粉尘作业人员接触粉尘时间的肺总通气量，以及作业场所空气中粉尘浓度的超标倍数等三项指标，将生产性粉尘作业场所危害程度分为5级。

即：0级；

Ⅰ级危害；

Ⅱ级危害；

Ⅲ级危害；

Ⅳ级危害。

凡对人体具有致癌性的生产性粉尘均列入Ⅳ级危害。

所谓生产性粉尘中游离二氧化硅的含量，即指生产性粉尘中含有游离二氧化硅的质量百分比。我国从事接触粉尘作业的人员中约有90%以上是接触硅尘的，而在全部尘肺患者中，约有95%以上是硅肺患者，可见生产性粉尘中游离二氧化硅含量的高低对硅肺的发生和发展起着重要的作用。按照我国的实际情况，将生产性粉尘中游离二氧化硅含量分为四类，即：≤10%游离二氧化硅粉尘；>10%～40%游离二氧化硅粉尘；>40%～70%游离二氧化硅粉尘；>70%游离二氧化硅粉尘。

第四节 生产性粉尘对人体的危害与防治

鉴于严重危害机体的是浮游于空气中可吸入性粉尘,因此,测定游离二氧化硅的粉尘样品应采集作业场所作业人员呼吸带附近的浮游尘或沉积尘样品,而不是采集原料尘或成品尘。通过实验表明,原料尘中游离二氧化硅含量远比浮游尘及沉积尘为高,有明显差异,而沉积尘的含量与浮游尘接近。

所谓作业人员接触粉尘时间肺总通气量,是指作业人员在一个工作日内实际接尘作业时间内吸入含有生产性粉尘的空气总体积。之所以采用作业人员接触粉尘时间肺总通气量作为一项定量指标,是因为在接触同一种性质的生产性粉尘行业中,由于作业人员所处的生产条件、劳动强度和接尘作业的持续时间差异悬殊,因而其实际吸入到肺内的粉尘量亦有所不同,作业人员接触粉尘时间肺总通气量既表示作业人员劳动强度的大小,又反映作业人员实际接尘作业时间。在对生产性粉尘作业危害程度分级时,可按国家规定的测试方法对作业人员接触粉尘时间肺总通气量进行实际测定。

所谓生产性粉尘浓度超标倍数,即测定作业场所空气中粉尘浓度超过该生产性粉尘的最高容许浓度的倍数。生产作业场所空气中粉尘浓度越高,对机体的危害性也越大,因此,粉尘浓度可作为一项危害程度的定量指标。鉴于厂矿企业的粉尘浓度的实际测定值变异范围很大,不便于表示,因此,采用生产性粉尘浓度超过国家规定的工业卫生标准的倍数的算术均值表示。每个采样点的测定次数不得少于5次。然后按生产性粉尘浓度超标倍数划分为几个界限进行评级。

根据生产性粉尘中游离二氧化硅含量、作业人员接触粉尘时间肺总通气量以及生产性粉尘浓度超标倍数三项指标,综合起来列出生产性粉尘作业危害程度分级表,见表24-1。

生产性粉尘作业危害程度分级表   表24-1

生产性粉尘中游离二氧化硅含量	作业人员接尘时间肺总通气量 (L/d·人)	生产性粉尘浓度超标倍数						
		0	—1	—2	—4	—8	—16	—32	—64
≤10%	—4000								
	—6000								
	>6000	0	Ⅰ		Ⅱ		Ⅲ		Ⅳ
>10%~40%	—4000								
	—6000								
	>6000								
>40%~70%	—4000								
	—6000								
	>6000								
>70%	—4000								
	—6000								
	>6000								

根据实际经验,将主要危害因素的三项指标确定为不同的参数,即将生产性粉尘中游离二氧化硅含量≤10%的规定其参数为1;>10%~40%的为2.5;>40%~70%的为5;>70%的为7.5。作业人员接触粉尘时间肺总通气量为—4000L/(d·人)的规定其参数为1;—6000L/(d·人)的参数为1.5;>6000L/(d·人)的参数为2。生产性粉尘浓度超标倍数值直接作为该项的参数。这样将此三项指标各自的参数乘积所得的指数填入生产性粉尘作业危害程度分级表的相应栏目内。按指数大小,将生产性粉尘危害程度划分为五

级。凡指数为 0 者，规定为 0 级；其指数为≤7.5 者规定为 I 级危害；其指数为 7.5～22.5 者规定为 II 级危害；其指数为 22.5～90 者规定为 III 级危害；其指数>90 者规定为 IV 级危害。根据上述规定的指数，便可划分出分级表中的危害级别。

八、硅肺及其防治

硅肺，曾称矽肺，是指在生产环境中由于长期吸入较高浓度含游离二氧化硅的粉尘，并在肺内潴留而引起的以肺组织弥漫性纤维化为主的全身性疾病。硅肺是尘肺中进展最快、危害最为严重，也是最为常见、影响面较广的一种职业病。

硅肺病是我国职业病之首，据不完全统计，我国自 1949 年至 2000 年，累积发生硅肺病例 55.8 万，已死亡 13.3 万，病死率 23.85%，现患硅肺病例 42.5 万。

硅，原称为矽，是自然界中分布极广的一种元素，在 16km 以内的地壳中约占 25% 左右。自然界中没有纯粹的硅，大多以二氧化硅的形式存在于岩石及矿物之中。约有 95% 的矿石中含有游离二氧化硅，如石英中含有 99%；硅岩中含 80%；花岗岩中含 65% 以上。因此，接触游离二氧化硅的生产作业十分广泛。

从事接触含游离二氧化硅 10% 以上的粉尘作业，通常称为硅尘作业。

在矿山方面，如有色金属矿（钨、铜、锑、矿等）的采掘，煤矿和铁矿的掘进，以及筑路、开凿隧道等，由于使用风钻凿岩和爆破，使作业环境空气中的粉尘浓度很高。再加上岩石中游离二氧化硅的含量又很高，故常引起发展较快的典型硅肺。

在厂矿企业方面，如石英粉厂、玻璃厂、耐火材料厂等生产过程中的原料破碎、碾磨、筛选、拌料等加工过程，在机械制造工业中，型砂的准备和铸件的清砂、喷砂，以及陶瓷厂等生产过程中均可接触到硅尘。

硅肺的发病一般比较缓慢，大多在从事接触硅尘作业 5～10 年后才发病，有的长达 15～20 年以上。但也有个别发展较迅速的，主要是因为在缺少防尘措施的情况下进行作业，因持续吸入浓度大、游离二氧化硅含量又高的粉尘，在 1～2 年内即可发病，即所谓的"速发性硅肺"。硅肺是一种进行性的疾病，一经发生，即使调离硅尘作业仍可继续发展。有些从事接触硅尘作业的人员，接触了一段时期较高浓度的硅尘后，脱离接触硅尘作业时虽未发病，但经过若干年后，仍可发生硅肺，称为"晚发性硅肺"。因此，对调离接触硅尘作业的人员，还应定期进行体检。

影响硅肺发生、发展的因素，一般认为与接触硅尘作业的工龄、生产场所空气中的粉尘浓度、分散度、粉尘中游离二氧化硅的含量以及防尘措施等密切相关，同时还应考虑粉尘的联合使用和个体因素等。

据国内动态观察，游离二氧化硅含量在 90% 以上的高分散度粉尘，历年平均浓度为 1.26～5.3mg/m^3 时，从事接触此粉尘作业 11 年已有硅肺发生；浓度为 1.85～6.15mg/m^3 时，8 年即可发病。而游离二氧化硅含量为 45% 的高分散度粉尘，浓度在 1mg/m^3 以下时，从事接触此粉尘作业 14 年尚未发生硅肺。

生产性粉尘常为混合性粉尘，故应考虑粉尘的联合作用，有些成分如氟、砷、铬等，可使二氧化硅的致纤维化作用加强；而有些成分如粘土、氧化铁、氧化铝等，则可使二氧化硅的致纤维化作用减弱。

硅肺的发生还与个体因素有关，与年龄、性别、营养和健康状况、生活习惯、个人卫生情况等多种因素有关，如未成年者、女职工及健康状况较差者就易患硅肺；呼吸道感染、肺结核患者等则易使硅肺病程迅速发展和加剧。

此外，作业场所的防尘措施及个人防护，对预防硅肺的发生具有重要意义。

硅肺的基本病变是由于硅尘进入肺内后形成硅结节和肺间质纤维化。由于肺脏的代偿功很强，硅肺患者可能在长期内无明显的临床症状，而在X线胸片上方可呈典型改变。随着病程的发展，尤其是合并其他病症时，临床症状才日趋明显。一般Ⅱ、Ⅲ期硅肺患者绝大多数有自觉症状，最为常见的是气短、胸闷、胸痛、咳嗽、咯痰。晚期硅肺和有并发症的患者往往有食欲减退、体重减轻、容易疲劳和盗汗等。但症状的多少和轻重，与肺内病变的程度并不完全平行。

硅肺患者早期无特殊体征。随着病情的发展，继发症和合并症的增多，体征逐渐增多、明显，主要是呼吸和循环系统的体征。由于支气管壁肥厚、管腔狭窄，在肺部常可听到干罗音；支气管痉挛时，可听到哮鸣音；肺部感染时，可听到湿罗音。有肺气肿时，可出现桶状胸，呼吸运动减小，叩诊过度回响，肝浊音界及心浊音界缩小，呼气延长等。还可出现低氧血症以及红细胞和血红蛋白增多，红细胞体积增大等代偿现象。晚期硅肺伴有肺心病或出现心力衰竭时，还可呈现相应体征。

X线影像是硅肺病理变化的重要出现，其中以结节阴影和网状阴影最为重要。早期胸片上可表现为肺纹理普遍增多、增粗，延长到肺野外带，并且肺纹理模糊、毛糙。当病情进一步发展时，由于纤维组织的收缩牵引，可发生肺纹理的扭曲变形、紊乱及断裂等改变。晚期，由于硅肺结节的增多和肺气肿的明显，肺纹理反而显著减少。网织阴影常出现在两肺中、下野，尤以外带为多，交织于肺纹理之间，但又与之不发生联系。当细网密集时，使肺野成朦胧不清或呈"毛玻璃状"浑浊。在网织阴影之间可见泡性肺气肿，呈现"白圈黑点"的影像。晚期硅肺，由于硅肺结节增多及肺气肿的影响，网织阴影也相对减少。由于尘细胞在肺门积聚，可引起淋巴结肿大，纤维组织增生，血管扩张及水肿等，因而可见肺门阴影扩大、密度增高、边缘模糊不清等，甚至可见明显增大的淋巴结阴影。晚期硅肺的肺门，可因肺组织的纤维化和团块的牵引而上举外移，肺纹理呈"垂柳状"。由于肺气肿的加重，肺纹理相对减少，肺门阴影可呈"残根样"改变。

硅肺结节在X线胸片上呈散在、孤立的点状阴影，形状为圆形、椭圆形或不整形。早期的结节一般较小、较淡、较少，随着病情的进展，结节逐渐增大、增浓、增多。结节直径一般为1~4mm。硅结节最早出现于两肺中下野的中内带，在网织阴影的背景上，逐渐扩散到全肺，即由中下野向上肺野扩展，分布不一定均匀。硅结节多见于两下肺野，尤其多见于右下肺野。当肺基底部气肿明显时，硅结节可被推向中上肺野。硅结节有时也有由上肺叶自上而下扩展的情况。晚期硅肺的特征表现是硅节结融合成大块融合状阴影，常见于两肺上叶外带，轮廓清楚，两肺对称呈"翼状"或"八字形"。致密的团块，边缘锐利，周围绕有明显的肺气肿。融合块状阴影也是Ⅲ期硅肺的诊断依据。二氧化硅尘粒可沿血行转移，因而在肝、脾、骨髓等处有时也可发现少数硅结节。

由于肺间质纤维化，淋巴管阻塞所致淋巴阻滞及逆流而累及胸膜，可引起胸膜广泛纤维性变和肥厚，其发生的频率与硅肺的严重程度相平行。胸膜肥厚多先出现于下部，其中以肋膈角变钝或消失最常见。随着病变的进展逐渐出现肺底胸膜肥厚，表现为隔面毛糙，或由于肺部纤维化的收缩牵引和横隔粘连以致呈"天幕状"的阴影。严重者肺尖及侧胸壁和纵隔胸膜也发生肥厚。

此外,随硅肺的进展,在 X 线胸片上还可表现出弥漫性、局限性、边缘性的肺气肿,以及泡性肺气肿和肺大泡。

早期硅肺患者即有呼吸功能损害,损害程度不严重时,在临床上表现不出来,故早期硅肺患者的肺功能损害与 X 线胸片显示的硅肺病变不完全一致。当病变进一步发展和并发肺气肿时,肺功能的损害日趋严重。此时肺活量降低,第一秒时间肺活量及最大通气量减少,残气量及其占肺总量比值增加。肺气肿的程度越严重,这些改变也越明显。肺泡的大量损害和肺泡毛细血管壁由于纤维化而增厚,可引起弥散功能障碍,静息时动脉血氧饱和度可有程度不等的减低。

硅肺患者的血、尿常规检查多在正常范围内。有些晚期患者,由于肺功能严重受损造成缺氧,可引起继发性红细胞增多症。早期硅肺患者的血沉多在正常范围,Ⅱ、Ⅲ期患者有时血沉稍见增快,若超过 20mm 时,则应检查有光并发结核等。心电图检查,Ⅰ、Ⅱ期患者一般在正常范围内,Ⅲ期患者可出现肺动脉高压和左心室肥厚的图象。

单纯硅肺的病情发展是比较缓慢的,一旦发生并发症往往促使硅肺病变恶化,病情加重,甚至死亡。硅肺患者最常见的并发症是肺结核,其频度较高,并发肺结核后可促使硅肺病变加速恶化,肺结核也迅速进展,不易控制,二者相互促进,是造成硅肺患者死亡的主要原因之一。此外还可并发肺及支气管感染、自发性气胸以及肺心病等。因此,对并发症的预防和治疗,在硅肺防治工作中应予足够的重视。

硅肺的诊断目前主要是以 X 线检查为依据,并以从事接触硅尘作业的职业史为前提,以及参考临床症状、体征及化验结果等进行综合分析,由国家或有关部门授权的硅肺诊断组集体诊断,方可确诊。我国目前执行的是 2002 年国家制定的《尘肺病诊断标准》(GBZ 70—2002),适用于国家规定的各种职业性尘肺。

该标准规定了尘肺病的诊断原则和尘肺病的 X 射线分期,该标准适用于国家现行职业病名单中规定的各种尘肺病。

根据可靠的生产性粉尘接触史、现场劳动卫生学调查资料,以技术质量合格的 X 射线后前位胸片表现作为主要依据,参考动态观察资料及尘肺流行病学调查情况,结合临床表现和实验室检查,排除其他肺部类似疾病后,对照尘肺诊断标准片作出尘肺病的诊断和 X 射线分期。X 射线胸片表现分期如下:

1. 无尘肺(0)
(1) 0:X 射线胸片无尘肺表现。
(2) 0+:胸片表现尚不够诊断为Ⅰ者。
2. 一期尘肺(Ⅰ)
(1) Ⅰ:有总体密集度 1 级的小阴影,分布范围至少达到两个肺区。
(2) Ⅰ+:有总体密集度 1 级的小阴影,分布范围超过 4 个肺区或有总体密集度 2 级的小阴影,分布范围达到 4 个肺区。
3. 二期尘肺(Ⅱ)
(1) Ⅱ:有总体密集度 2 级的小阴影,分布范围超过 4 个肺区;或有总体密集度 3 级的小阴影,分布范围达到四个肺区。

(2) Ⅱ+：有总体密集度3级的小阴影，分布范围超过4个肺区；或有小阴影聚集；或有大阴影，但尚不够诊断为Ⅲ者。

4. 三期尘肺（Ⅲ）

(1) Ⅲ：有大阴影出现，其长径不>20mm，短径不>10mm。

(2) Ⅲ+：单个大阴影的面积或多个大阴影面积的总和超过右上肺区面积者。

尘肺的处理原则如下：

1. 治疗原则

尘肺病人应及时调离粉尘作业，并根据病情需要进行综合治疗，积极预防和治疗肺结核及其他并发症，以期减轻症状、延缓病情进展、提高病人寿命、提高病人生活质量。

2. 其他处理

根据尘肺X射线分期及肺功能代偿情况，需要进行致残能力鉴定的依照职工《工伤与职业病致残程度鉴定》（GB/T 16180）处理。

硅肺严重地危害作业人员的身体健康，患硅肺不但对患者本人带来巨大痛苦，而且给国家造成损失，据有关资料报道，国家用于治疗硅肺患者的经费开支每年高达数十亿元。虽然对硅肺的治疗国内外都在积极地研究，但仍未彻底解决，至今尚无根治硅肺的药物及治疗的办法。因此，对硅肺应采取预防为主的措施。硅肺的预防措施如下：

1. 对生产工艺和生产设备进行革新和改造，尽量做到机械化、自动化、密闭化生产，这是消除生产性粉尘危害的根本途径。

2. 在生产工艺许可的条件下，尽可能地采用湿式作业，以减少尘源。

3. 在有生产性粉尘的作业场所应进行通风除尘，使粉尘在作业环境空气中的浓度降低到最低程度。

4. 在粉尘浓度暂不能达到国家规定的工业卫生标准的作业场所，作业人员必须佩戴合乎要求的防尘口罩，做好个人防护。

5. 定期对生产环境空气中的粉尘浓度进行监测，发现问题及时采取有效的措施。

6. 建立健全专人负责的防尘机构，制定防尘工作规划和规章制度，切实贯彻综合防尘措施。

7. 积极贯彻预防粉尘危害的八字经验，即"革、水、密、风、护、管、教、查"。"宣"即指宣传教育，通过宣传教育以不断提高；广大职工对防尘工作重要性的认识和搞好防尘工作的自觉性；"革"即指改革工艺和革新生产设备，"水"即指湿式作业；"密"即指密闭尘源，"风"即指抽风除尘；"护"即指个人防护；"管"即指加强维护管理，建立各种规章制度；"查"即指定期或不定期地测定生产环境空气中的粉尘浓度，并定期地对从事接触粉尘作业的人员进行体检，以便发现问题及时采取有效措施。八字防尘经验是适合我国目前国情的行之有效的防尘综合措施。

8. 根据国家尘肺病防治条例的有关规定，禁止将粉尘作业转移外包或以联营的形式给没有防尘设施的乡镇街道企业或个体工商户，防止职业危害转稼，以避免造成更大的社会问题。

9. 对将从事接触生产性粉尘作业的人员应进行就业前体检，根据《粉尘作业工人医疗预防措施实施办法》的规定，检查项目有：职业史、自觉症状及既往病史、结核病接触史、一般临床检查、摄胸大片以及必要的其他检查。

凡不满18周岁的未成年人以及患有活动性结核病、严重的上呼吸道和支气管疾病，如萎缩性鼻炎、鼻腔肿瘤、支气管哮喘、支气管扩张及慢性支气管炎等；显著影响肺功能的肺或胸膜病变，如弥漫性肺纤维化、肺气肿、严重胸膜肥厚与粘连；严重的心血管系统的器质性疾病，如动脉硬化症、高血压、器质性心脏病等均不得从事接触粉尘作业。

10. 对从事接触生产性粉尘作业的人员应定期进行体检，以便及时早期发现尘肺患者，做相应的处理。定期体检间隔视作业场所空气中的粉尘浓度及粉尘的理化性质而定。粉尘中游离二氧化硅含量高，尘肺发展快的，1~2年体检一次；粉尘浓度达到国家规定的工业卫生标准，2~3年体检一次；接触粉尘比较少的作业人员，可3~5年体检一次；怀疑有尘肺者，每年体检一次。凡粉尘浓度不高，游离二氧化硅含量小，尘肺发展慢的2~3年体检一次，粉尘浓度达到国家规定的工业卫生标准，3~5年体检一次；怀疑有尘肺者，1~2年体检一次；硅肺合并结核患者3~6月复检一次。对已经脱离粉尘作业的人员，即使调离本厂矿企业者，也应根据从事接触粉尘情况继续随访。

定期体检的项目有：职业史、自觉症状和摄胸大片等。

凡发现有不宜继续从事接触粉尘作业的疾病时，应将患者及时调离。并给予合理的休息、治疗或疗养，防止尘肺继续发展进级和并发症，以促进康复。

我国政府为防止硅肺颁布了一系列的法令和规定，如1956年5月国务院颁布了《关于防止厂、矿企业中硅尘危害的决定》，1958年3月卫生部和劳动部联合公布了《工厂防止硅尘危害技术措施暂行办法》和《矿山防止硅尘危害技术措施暂行办法》，1963年10月由劳动部、卫生部、全国总工会联合发布了《防止矽尘危害工作管理办法》，1979年4月国务院批转了国家劳动总局、卫生部关于加强厂矿企业防尘防毒工作的报告，1984年7月国务院颁布了《关于加强防尘防毒工作的决定》；1987年12月国务院发布了《中华人民共和国尘肺病防治条例》、2001年10月27日第九届全国人民代表大会常务委员会第二十四次会议通过的《中华人民共和国职业病防治法》等等，只要认真贯彻执行国家有关规定，遵循三级预防的原则，采取综合防尘措施做好防尘工作，硅肺病是完全可以预防的。

硅肺的治疗如下：

1. 对于已诊断确诊为硅肺患者，首先应调离粉尘作业，并根据病情的轻重程度，采取相应的治疗措施。硅肺是一种慢性疾病，病程长，治疗时间久。在治疗过程中，病员要积极配合医务人员，医务人员对治疗要有信心，使硅肺患者心情舒畅，精神愉快，以提高疗效。

2. 克矽平治疗。一般采用雾化吸入法，每次以4%克矽平6~10mL（240~400mg），每周喷雾6次，三个月为一疗程，可连续用药2~4个疗程，疗程间歇1~2个月。每次雾化吸入后，用清水漱口，以减少药物进入胃肠。

有肝、肾、心脏疾病及严重高血压患者禁用。在用药前及用药期间，应作肝功能检查，发现患者的肝功能不正常，应暂停用药，给予保肝治疗。

3. 抗矽-14治疗。用法每周一次，每次0.5g，用药一年或更长。部分患者有口渴、头晕、面部潮红、麻木感等，少数可有肌肉跳动。血液病患者不宜用此药。

4. 对症治疗。同一般呼吸系统疾患。

5. 中医治疗。中医认为硅肺由于外邪侵入肺经，造成经络阻断，气血运行受阻，血脉不通而致病。可分为阴阳二症，虚实二型。一般多采用先补后攻或补攻并进的疗法。可根据硅肺患者的具体情况灵活运用。

6. 新针疗法、穴位注射、理疗等改善症状方面都有一定的作用。

7. 在治疗过程中，医生可结合病情，采用药物治疗、对病治疗和中西医治疗相结合的办法，并积极防治合并症，以减轻患者痛苦，延缓病情进展。

8. 有条件的厂矿企业可根据具体情况组织硅肺患者进行疗养。在医务人员的指导下进行康复活动。患者也可做一些健身体操和力所能及的轻劳动，以增强体质和抗病能力。

九、煤工尘肺及其预防

煤工尘肺，是指煤矿工人长期吸入生产作业场所空气中的粉尘所致的一种尘肺病。

我国煤矿工人的人数在各矿业中居首位。在煤矿开采过程中会产生大量细小的煤和岩石的粉尘，一般又统称为矿尘。煤矿工人长期在高浓度的煤尘中进行作业，很容易发生职业性尘肺。煤工尘肺可分为硅肺、煤肺和煤硅肺3种类型。因为煤的成分各不相同，煤矿工人在采煤过程中除了接触煤尘外，还要接触含游离二氧化硅较高的岩石粉尘，不同的作业工种所接触的煤粉尘的性质不同，故形成的尘肺的性质也就自然不同。

1972年国际尘肺会议曾规定，肺内粉尘中游离二氧化硅含量>18%时，其病理表现为硅肺；<18%时，则为煤肺和煤硅肺。我国根据煤矿工人接触粉尘的性质来确定尘肺的类型。单纯从事采煤的作业人员，主要接触煤尘，如煤矿采煤工作面的采煤、截煤、装煤等作业的人员，由于长期接触含游离二氧化硅浓度很低（一般不超过5%）的煤尘，而所患的尘肺称为煤肺。单纯从事岩石巷道掘进作业的人员，主要接触含游离二氧化硅浓度较高的岩尘，而所患的尘肺称为硅肺。既从事岩石巷道掘进，又从事采煤作业的混合工种的作业人员，因长期接触岩石和煤的两种粉尘，所患的尘肺称为煤硅肺。

在实际情况中，由于煤矿工人进行作业的工种经常变更，特别是煤矿老工人更是如此，而这些工种有的主要接触硅尘，如掘进；有的主要是接触煤尘，如采煤；有的则既接触硅尘也接触煤尘，如支柱。再加上煤矿井下地质条件复杂，尤其是在开采较薄的煤层时，煤尘中常夹杂有岩尘。因此，在我国煤矿工人所患的尘肺中绝大部分为煤硅肺，患单纯煤肺的较为少见。

此外，还有接触煤尘的洗煤、码头煤炭装卸、煤球或蜂窝煤制造等作业的人员，也可发生煤工尘肺。

煤肺发病工龄多在20~25年左右，发病率亦低。硅肺发病的时间较快，一般在5~10年左右，而煤硅肺发病工龄和发病率介于硅肺和煤肺之间。

煤肺在早期可见肺脏表面有程度不同的黑色斑点，均匀地分布在所有肺叶。有的黑色斑点互相融合，无明显肺气肿改变。重症患者肺脏大部分呈黑色或墨黑色，胸膜脏层及壁层有黑点或黑斑。在煤尘大量聚集处的肺组织，可见肺气肿，亦可发生纤维化，进而坏死形成不整形的小空腔，肺门及支气管旁淋巴结常可见轻度肿大。随着煤尘纤维灶的形成，可见呼吸性细支气管逐渐膨大形成肺气肿，称为"灶周肺气肿"。

煤肺的症状表现为咳嗽、咳痰、胸痛，无特异性体征，早期不明显。晚期常伴有结核、肺气肿，症状可长期存在，冬季继发呼吸道感染时，可诱发肺心病而使症状加重。

煤肺X线表现为细小网状纹理的背景上见到散在的细小结节，边缘淡而界限不清。

结节阴影大小以中小结节为主，形态不规则，密度较低。结节阴影早期多分布在肺中下叶的内中带，病情进展逐渐弥漫分布于全肺叶。由于肺间纤维化和泡性肺气肿，均成网织阴影。由于网格密度较高，网眼常为泡性肺气肿所构成而密度低，形成"白圈黑点"的特征。

煤肺早期肺门改变较少，病情进展后，可增密、增大。肺门淋巴结肿大很少见，胸膜改变较少，病变也轻。

煤硅肺的病理改变基本属于混合型，兼有间质型和结节型两者的特征。如患者吸入含游离二氧化硅含量较高的煤尘，肺部病变以结节为主。如患者吸入含游离二氧化硅含量较低的煤尘，肺部病变则主要表现为弥漫性间质性纤维化。

大块纤维化是煤硅肺晚期的一种表现。病灶<2cm 称为结节融合，而病灶>2cm 则称为大块纤维化。一般出现两肺的上叶或下叶上部，右肺多于左肺。大块纤维化周围可见明显的代偿性肺气肿，在肺边缘也可发生边缘性肺气肿。

煤硅肺临床症状的轻重程度和病程长短，视接触煤尘浓度高低和夹杂游离二氧化硅的含量多少而定。一般主要症状为咳嗽、咳痰、气短、胸痛。如患者长期吸烟，有慢性支气管炎、肺气肿或肺结核等疾病时，则临床症状明显加重。晚期常伴有结核、肺气肿，有咳嗽、胸痛、食欲不振、体力衰弱等症状。

煤矽肺X线表现为纹理增多、增粗，常呈波浪状和串珠状，在肺野下部常见紊乱、交错、卷曲现象。在肺纹理间可见细网，网眼常为泡性肺气肿所构成，故网眼密度低，形成"白圈黑点"影像，有时密集呈蜂窝状。当病程进展时，肺门改变不大，密度轻度增高，淋巴结很少增大。煤硅肺结节阴影的出现与其大小、形态、分布与患者长期从事的作业有关，以掘进作业为主而发生的煤硅肺，结节中央密度大，轮廓模糊，形态不整，呈星芒状，也有逗点状；以采煤作业为主发生的煤硅肺，结节呈针尖状或细砂粒样大小，很少形成融合团块。

煤硅肺患者的肺气肿多为弥漫性，尤以Ⅲ期为著，多见于中、下肺野。Ⅱ期多见小泡性肺气肿，构成"白圈黑点"征象。少数有大泡肺气肿。Ⅲ期团块影周围常见有边缘性肺气肿。

煤工尘肺的预防措施如下：

1. 煤工尘肺的预防应结合煤工各个工种的具体生产方式，采取合理的防尘措施。如湿式凿岩、喷雾洒水、水封爆破、煤壁注水等湿式作业方式，以消除和限制尘源，降低煤尘产生的强度，抑制已产生的煤尘。

2. 矿井通风也是一种重要的防尘手段，通过向井下各工作面不断供给足够的新鲜空气，可满足井下煤工正常呼吸的生理需要，也可调工作面的温湿度，以降低粉尘浓度。

3. 为降低耗水量，提高对微细粉尘捕集效率，可采用泡沫除尘、磁化水除尘湿润剂等。

4. 在特定的作业场所采用各类除尘器。

5. 加强个体防护，煤矿工人应配戴防尘头盔、防尘口罩，防尘安全帽等，以增强自我防护能力。

6. 定期对从事接触煤尘作业的人员进行体检，发现问题及时处理。

凡患活动性肺结核、严重的呼吸道疾病、胸膜疾病、心血管系统的器质性疾病等患者，均不宜从事接触媒尘的作业。

十、石墨尘肺及其预防

石墨尘肺，是指从事接触石墨粉尘作业的人员长期吸入石墨粉尘而引起的一种尘肺病。

石墨是碳的结晶体，银灰色，具有金属光泽。相对密度 2.1～2.3，熔点 3000℃以上。石墨按其生成来源可分为天然石墨和合成石墨，合成石墨亦称高温石墨。在天然石墨中，由于石墨与长石、石英、云母等矿共生，所以石墨矿石中常常混有一定数量的游离二氧化硅和其他矿物杂质。合成石墨是用无烟煤或石油焦炭在电炉中径 2000～3000℃左右的高温处理而制得，故游离二氧化硅的含量较低。

以石墨为原料可制造各种石墨制品，如坩埚、润滑剂、电极、电刷、耐腐蚀管材等，石墨还可作为钢锭涂复剂、铸模涂料，以及用作原子反应堆的减速剂等。

在石墨的生产和使用过程中，由于所产生的粉尘中游离二氧化硅含量不同，其所致尘肺的性质也各有所异。在石墨矿的开采、碎矿、浮选、烘干、筛粉和包装等生产过程中，作业人员不仅吸入石墨粉尘，而且还同时吸入大量的硅尘，因此所发生的尘肺为混合性尘肺，被称为石墨硅肺。而从事石墨制品作业的人员，接触的大多是单纯石墨粉尘，因此所发生的尘肺称为石墨尘肺。

石墨硅肺与煤硅肺的病理改变相似，肺部呈明显的间质纤维化，部分结节有轻度透明样变。有肺气肿，部分病例有支气管扩张。

石墨硅肺的临床表现为咳嗽、咳痰、胸痛、气短。有慢性支气管炎、肺气肿等疾病时，则症状明显加重。

石墨硅肺 X 线表现为两肺可见中粗网织阴影，并可见到中等大小的结节阴影，为圆形或类圆形，密度较低，边缘模糊。可见泡性肺气肿，肺基底肺气肿或弥漫性肺气肿，部分病例有胸膜增厚。肺门可轻度增大、增浓，肺门淋巴结肿大和钙化较少见。

石墨尘肺与煤尘肺的病理相似，属轻型尘肺。肺脏呈灰黑色，表面有黑色斑点，胸膜轻度肥厚或粘连，可见石墨细胞灶和石墨纤维灶，有灶周肺气肿或弥漫性肺气肿，肺门淋巴正常或稍肿大，极个别病例在晚期可见块状纤维化病灶。

石墨尘肺进展缓慢，发病工龄一般在 10～20 年左右。据有关文献报道，石墨粉尘浓度为 3.13～30.3mg/m^3 时，长期吸入使可发生石墨尘肺，平均发病工龄为 15 年，短者为 10 年，长者可达 24 年。

石墨尘肺早期临床症状轻微，以咽喉发干、咳嗽、咳痰为多见，痰呈黑色，较粘稠。有些病例可有胸闷、胸痛、气短等症状。当合并肺气肿和慢性支气管炎时，自觉症状和体征较为明显。临床体征常有呼吸音减弱或粗糙，少数病例有干、湿性罗音。石墨尘肺对肺功能有一定损害，表现为最大通气量和时间肺活量下降，少数病例肺功能严重降低。石墨尘肺容易并发呼吸道感染和肺结核。

石墨尘肺的 X 线表现，以两肺出现细网织阴影和小结节阴影为主要特征。网织阴影细小形如面纱，首先出现在中下肺野，以后逐渐扩展。小结节阴影以圆形或不整形为多见，密度浅淡，边缘较清晰。

石墨尘肺的预防措施如下：

1. 石墨矿的开采过程应尽量实行机械化作业，有条件的应进行密闭抽风除尘。
2. 石墨的生产或使用，设备应密闭化，局部采用抽风排气除尘措施，以降低作业场所空气中石墨粉尘的浓度。
3. 在除尘设施方面，可采用旋风式或布袋式的除尘设备。
4. 加强个人防护，作业时应配戴防尘口罩，并注意提高自我防护能力。
5. 对从事接触石墨粉尘作业的人员应进行就业前体检和定期体检。以便发现问题及时处理。

凡患有活动性肺结核，严重支气管炎等呼吸道疾病患者，均不宜从事接触石墨粉尘的作业。

十一、棉尘症及其预防

棉尘症，是指作业人员在生产环境中从事接触棉花、亚麻，以及软木麻粉尘后而引起的一种呼吸系统症状。棉尘症病因和发病机理至今尚不清楚。通过大量的研究，目前一般都认为棉尘症是棉苞片、叶、茎等植物碎片的水溶性萃取物中的某些生物活性物质所引起，而非棉纤维所导致。

棉尘症主要发生在棉纺厂处理棉花的每道作业工序，尤其以梳棉和开棉的作业人员发病率较高。此外，轧棉籽厂、废棉利用厂和轧棉籽油厂，以及亚麻和软大麻处理厂中的作业人员中也时有发生。

棉尘症可引起两种主要的临床反应——特征性的胸部紧束感和呼吸道刺激表现。这两种反应可单独出现，也可同时发生。有些作业人员初到棉纺厂进行工作，或者是长期脱离其作业后又重新从事接触棉尘，便会有发热或寒战、恶心和呕吐等症状。这些表现称为"纺织热"，其症状一般在几天后便可消失。但若有胸部紧束感或气息等特征性表现，即为棉尘症。

棉尘症最初发生在休息日后第一个工作日，所以又常称为"星期一热"。以后其他工作日里也可出现。其次是呼吸道刺激症状，从干咳进而发展成持续性咯痰。此时如不采取治疗及其他措施，最后可形成慢性阻塞性肺病。以后即使是脱离接触棉尘的作业，其症状仍可继续存在或者进一步发展。但若在发病早期即脱离接触，其症状可以缓解或好转。此外，棉尘症还可引起肺通气功能改变，工作后 FEV_1 下降。还特别需在此提出的是，吸烟能加重棉尘症的症状，造成对作业人员健康状况的远期影响和肺功能的下降。

棉尘症的预防措施如下：
1. 因目前尚缺乏对棉尘症的特效治疗，故只能对症治疗，以防病情的进一步恶化。因此降低棉尘症的患病率，最有效的方法就是积极地采取预防措施。
2. 改革生产工艺，革新生产设备，以彻底消除棉尘对人体的危害。
3. 采取局部通风排气，特别是在梳棉工序，以降低作业场所空气中棉尘的浓度。对于难以安装局部排出式通风系统，特别是纺纱和织布的工序，可采用移动式抽出通风排气系统。
4. 对劣质棉应进行处理，改用机械清棉，除去棉中残屑颗粒，或用其他方法降低棉中的药物活性物质含量。

5. 定期测定作业场所空气中棉尘的浓度，评价劳动条件的改善情况和采取安全技术的效果。对棉尘浓度超过国家工业卫生标准的作业场所，或短期内易吸入高浓度棉尘的作业岗位的人员，应要求佩戴防尘口罩。

6. 加强安全宣传教育，使作业人员了解棉尘症的临床表现，以及棉尘对健康的危害，以提高作业人员自我防护的能力。

7. 对从事接触棉尘作业的人员应定期进行体检，以便尽早发现棉尘症患者，并采取相应的措施。

8. 对即将从事接触棉尘作业的人员应进行就业前体检。

凡患有哮喘史、粉尘性肺部疾患发作史、活动性肺结核和严重的上呼吸道、支气管疾病的患者，以及特异过敏体质者，均不宜从事接触棉尘的作业。

十二、石棉肺及其预防

石棉肺，是指长期吸入石棉粉尘而引起的一种尘肺病。石棉肺是以肺部组织纤维化病变为主的全身性病变，对作业人员健康的损害程度仅次于硅肺。

石棉是一种具有纤维状结构的硅酸盐矿物，由氧化镁、二氧化硅、氧化铝、氧化钠结构等组成，因产地的不同，其成分也不尽相同。石棉可分为纤蛇纹石类和闪石类两大类。纤蛇纹石类主要为温石棉，其化学式为 $3MgO \cdot 2SiO_2 \cdot 2H_2O$，纤维为极细的、表面光滑的棱柱形结晶体，有白色或银白色、琥珀色和绿色。纤维柔软具有卷曲的特性，适于纺织。闪石类主要有青石棉、铁石棉、直闪石、透闪石、阳起石、角闪石等六种，其纤维多粗糙且坚硬。

石棉的种类虽多，一般均具有抗拉强度大、不容易断裂、耐火性强等性能，并且是热和电的不良导体，同时还能耐酸、耐碱的腐蚀。因此，在工业生产中应用极为广泛。在石棉工业中，以温石棉的应用为最广。石棉常用于制造隔热和绝缘的材料，用于建筑、航空、汽车、拖拉机、机器、造船、铁路运输、电机等工业部门。我国石棉丰富，随着工业的发展，石棉的应用也日益广泛。因此，从事接触石棉作业的人数也越来越多。

在石棉矿开采的凿岩、采矿、运输、破碎、筛选等过程中；在石棉加工厂中，特别是石棉的弹松、疏棉、纺织、编绳、织布等过程，都会产生大量的石棉粉尘。在造船、机车、锅炉的修理以及建筑行业的石棉器材加工中，也会产生石棉粉尘。若作业人员长期接触石棉粉尘，便可发生石棉肺。

石棉肺的发病机理被认为与石棉纤维的机械刺激作用、化学作用，以及引起免疫反应有关。由于石棉粉尘的机械刺激，使细小支气管的内膜上皮细胞脱落，在石棉粉尘周围聚集大量的吞噬细胞吞噬石棉尘，由此产生组织反应，使支气管、血管及肺泡周围的纤维组织增生，也就是发生了弥漫性纤维化，同时有含铁的蛋白质在石棉纤维上沉积，形成"石棉小体"。

石棉肺的发病与从事接触的工龄及石棉粉尘的浓度有关、工龄越长，发病越多，一般发病工龄为5~8年左右。石棉粉尘浓度越高，发病越快，如忽视防尘，在极高浓度下，也有1年就发病的。石棉肺的病程缓慢，但自觉症状的出现比硅肺早。石棉肺患者早期的症状主要表现为咳嗽、咳痰和气短。常伴有胸闷、胸痛。随着病情的发展，咳痰量增多，痰淤多为泡沫状或黏液性的，患者常感全身无力和易疲倦。晚期有头痛、头晕、食欲不振等表现。部分重病例可有轻度发绀、低氧血症，严重者可有肺心病症候，甚至发生呼吸和循环衰竭。

石棉肺的X线表现主要为网影、胸膜增厚及肺野透明度降低；其次为颗粒状阴影、肺纹理和肺门的改变。

石棉肺常见的并发症有呼吸道感染、支气管扩张、肺气肿、肺心病等，并发结核的不多见。

近年来，石棉粉尘还被公认为具有致癌性，石棉肺患者中肺癌、胸膜间皮瘤，以及胃癌、结肠癌等的发生率较普通人群高。故从事接触石棉粉尘作业的人员，如出现持续性胸痛，应警惕肺癌发生的可能性。

因至今尚无有效地阻止或延缓石棉肺进展的药物，目前多采用对症治疗。所以，应积极采取预防措施以防止石棉肺的发生。

石棉肺的预防措施如下：

1. 首先应改革生产工艺，使生产过程机械化、自动化，以减少作业人员对石棉粉尘的接触。

2. 在石棉加工行业，采用气力输送和除尘装置可基本上解决石棉粉尘飞扬问题，并减轻作业人员的劳动强度。

3. 采用局部吸尘措施，如石棉矿的破碎过程，出料或包装等产尘源，采用全密闭或半密闭罩，并保持罩内一定负压，控制罩口的风速，使石棉粉尘在罩内不至于到处飞扬，而被作业人员吸入。

4. 凡加工、运输的生产设备必须密闭完好，皮带机落料点、转运点，除采用除尘措施外，在工艺布置上还应尽量减小或降低物料落差，或加密闭、半密闭的溜料槽，以降低作业环境空气中石棉粉尘的浓度。

5. 在石棉的开采、研磨等过程，应采用湿式作业，如湿扫积尘、喷雾洒水降尘、水力清砂、湿式凿岩等。

6. 定期测定作业场所空气中石棉粉尘的浓度，发现问题，及时采取有效的措施。

7. 对从事接触石棉粉尘作业的人员应进行就业前的体检及定期体检，包括已调离该作业的人员。除进行一般体检外，还需照X线胸片和测定肺功能等。

凡患有哮喘史、粉尘性肺部疾患发作史、活动性肺结核和严重的上呼吸道、支气管疾病的患者，以及特异过敏体质者，均不宜从事接触石棉粉尘的作业。

8. 根据国家有关规定，禁止将手纺石棉线等生产未采取任何防护措施转嫁给农村、街道等工厂，以及分散到个体家庭中；实行污染转嫁，以造成更大的社会灾害。

严禁中、小学生和未成年工从事接触石棉粉尘的劳动和作业。

十三、滑石肺及其预防

滑石肺，是指长期吸入滑石粉尘而引起的一种尘肺病。历史上曾有一段时间认为滑石及与滑石相似的硅酸盐是无害的，1938年以来，证实滑石粉尘可以引起肺部灰尘性纤维化，滑石肺便成为尘肺病的一种独立类型。

滑石是一种含水的硅酸镁，化学式为 $Mg_3Si_4O_{10}(OH)_2$ 或 $3Mg·4SiO_2·H_2O$，某些

品种尚含少量的游离二氧化硅、钙、铝和铁等。形状多种多样，有颗粒状、纤维状、片状或块状等，通常为结晶型。纯滑石为白色，亦有浅绿色、黄色或红色；不溶于水，硬度接近1；具有滑润性、耐酸碱、耐腐蚀、耐高温、化学惰性大、不易导热和导电等性能，故广泛应用于橡胶、建筑、纺织、造纸、涂料、玻璃、陶瓷、雕刻、高绝缘材料、医药及化妆品生产等。因此，滑石粉尘造成对人体的危害并不少见。

从事接触滑石粉尘作业的人员，长期吸入滑石粉尘可罹患滑石肺；滑石矿的采矿人员由于同时接触滑石与岩石的粉尘，可能罹患混合性尘肺。

滑石肺主要表现为肺间质的纤维性改变，胸膜常有粘连。有时在肺部组织内能见到有滑石粉尘形成的结节疾灶，在结节周围的支气管也有纤维性病变。除此之外，有时肺部还可以有类似炎症的肉芽组织病变产生，常伴随纤维化病变出现。

滑石肺发病比较缓慢，一般发病工龄为10～15年，但接触高浓度滑石粉尘作业的人员也可在2年内发病。滑石肺发病率很低，国内曾报道从事接触滑石粉尘作业的人员的发病率约为7%。滑石肺在早期没有明显的症状，部分患者可有轻度的干咳、气急、胸痛等，无异常体征。晚期患者可有呼吸困难、咳嗽、咳痰、发烧等现象发生。死因多由肺部大块纤维化或广泛弥漫性间质纤维化导致肺动脉高压，最终因肺心病致死。滑石肺容易合并结核病。

滑石肺的X线表现为，细网状纹理的改变，其特点为网毕较薄、不均匀。同时，可见到两肺中下野均匀散布直径约为1～2mm密度较淡、边缘不清楚的小结节阴影，以右肺较明显。在少数患者肺部，可有孤立的形状不整的1～3cm大小的钙化斑致密影，称滑石斑，多见于肺野边缘、横膈面或心包内膜邻近处。晚期结节融合成大的纤维团块，不均匀、密度较低、边界不很锐利。

近年来，发现滑石粉尘及其杂质有致癌的可能性，需引起重视。

目前对滑石肺尚无有效的治疗方法，故只能加强预防措施，以防止滑石肺的发生。

滑石肺的预防措施如下：

1. 在碾磨滑石粉及加工生产中，可采用密闭、降尘、抽风，以及加强管理等措施来控制作业场所空气中滑石粉尘的浓度。

2. 滑石粉厂在粉料输送中，宜采用气力输送，以避免粉尘飞扬。

3. 局部可采用吸尘措施，如滑石的破碎、出料或包装等尘源点，采用全密闭或半密闭罩，罩内保持一定的负压，控罩口的风速，使粉尘在罩内不致到处飞扬而被作业人员吸入。

4. 加工、输送滑石粉料的生产设备应完好，并尽量做到密闭。输送滑石粉料的皮带机落料点、转运点，应采用除尘措施，在工艺上要尽量减小或降低物料的落差，或加密闭、半密闭的溜料槽，以减少粉尘飞扬。

5. 定期测定作业场所空气中滑石粉尘的浓度，以便发现问题，及时采取相应的措施。

6. 加强个人防护，如在作业时穿着工作服、戴防尘口罩等。

7. 对从事接触滑石粉尘作业的人员应进行就业前体检和定期体检，以及早发现问题，给予及时的治疗和处理。

凡患有活动性肺结核、严重的上呼吸道、支气管疾病的患者，不宜从事接触滑石粉尘的作业。

十四、水泥肺及其防护

水泥肺，是指从事接触水泥粉尘作业的人员长期吸入水泥粉尘所引起的一种尘肺病。

水泥为人工合成的无定型硅酸盐。生产水泥的原料根据水泥的型号品种而有所不同，主要为石灰石、黏土、火山泥、页岩，以及铁粉、煤粉、矿渣和石膏等，有的还加砂子和硅藻土。因此，从事接触水泥粉尘作业的人员主要接触的是混合性粉尘。

接触水泥粉尘的作业主要为生料和熟料工序，前者包括原料的破碎和烘干，后者包括煅烧和包装。若从事接触水泥粉尘作业的人员长期吸入水泥粉尘，便可患水泥肺。因水泥粉尘中游离二氧化硅的含量较低，一般在2%～5%左右，故一般认为水泥肺属于病变较轻的硅酸盐尘肺。

水泥肺的主要病理变化为肺部较轻的间质纤维化，肺内并有大量的水泥粉尘沉积。水泥肺的发病工龄较长，一般多在20年以上，亦有在10～20年发病的。影响水泥肺发病的因素，除粉尘浓度、工龄和个体因素外，主要与水泥的型号品种和化学组分有密切关系。

水泥肺的临床表现为咳嗽、咳痰、气急、胸痛，无特异体征。

胸部X线表现以细网影改变为主，多分布于中下肺野中带，以右侧为甚。细网较为密集，致使肺野显得模糊。在网影的基础上有时可见细小圆形的结节样阴影，密度较低，多分布于右中下肺野，未见融合。肺门可增大增密，肺纹理可有增多、增粗、延伸等改变，以及膈胸膜增厚和钙化等胸膜改变。

水泥肺主要发生于从事接触水泥原料粉尘作业的人员，而从事接触水泥成品粉尘作业的人员是否可发生水泥肺，目前尚有争论。据国内报道，接触水泥成品粉尘作业的人员也可发生水泥肺。

此外，长期接触水泥粉尘对机体还可产生刺激作用，主要是对呼吸道和皮肤的刺激，常出现支气管炎和支气管哮喘，以及过敏性皮炎等。

水泥肺的预防措施如下：

1. 生产设备应密闭化，在加料口和出料口等，应设局部抽风排尘装置，以降低作业场所空气中的粉尘浓度。
2. 在除尘设备方面，可采用旋风式除尘器、布袋式除尘器等。
3. 加强个体防护，作业时应戴防尘口罩，穿工作服等，并注意个人卫生，以提高自我防护能力。
4. 水泥成品的包装，尽量以散装车代替袋装，既经济又可避免粉尘飞扬。
5. 对从事接触水泥粉尘作业的人员进行就业前体检和定期体检。发现问题，及时处理。

凡患有活动性肺结核、支气管炎、肺气肿、胸膜疾病等患者，均不宜从事接触水泥粉尘的作业。

十五、云母肺及其预防

云母肺，是指长期吸入云母粉尘而引起的一种尘肺病。

云母为天然的铝硅酸盐，在自然界分布很广，成分复杂，种类繁多，属层状结构的硅酸盐。根据其含碱、铁、镁等成分的不同，主要分为三种。一种为白云母，又称钾云母，

化学式为 $KAl_2[AlSi_3O_{10}](OH)_{29}$。另一种为黑云母，又称铁镁云母，化学式为 $K(Mg\cdot Fe)_3\cdot[AlSi_3O_{10}](OH)_{20}$，黑云母经氧化分解所呈成的一种含镁的铝硅酸盐称为蛭石，又名膨胀蛭石。还有一种为金云母，化学式为 $KMg_3[AlSi_3O_{10}](OH)_{29}$。

云母的共同特性为柔软透明，富有弹性，具有耐酸、隔热、绝缘的性能，并易分剥成薄片，故在工业上广泛用于电绝缘材料。

从事接触云母粉尘作业主要为采矿和加工，云母的加工又分为厚片加工、薄片加工和磨粉。从事接触云母粉尘作业的人员长期吸入云母粉尘可患云母肺。云母矿的采矿人员由于接触高浓度云母和岩石的粉尘，此粉尘中含一定量的游离二氧化硅，因此所患尘肺通常称为云母硅肺，属混合性尘肺的一种。云母硅肺的发病工龄一般为 7~25 年。从事云母加工作业的人员主要接触纯云母粉尘，此粉尘中含游离二氧化硅的量较低，因此所患尘肺通常称为云母肺。云母肺的发病工龄一般在 20 年以上，长者可达 46 年。

云母肺主要为肺间质纤维化，表现有肺泡间隔、血管及支气管周围结缔组织增生和卡他性脱屑性支气管炎，并伴明显支气管扩张和局限性肺气肿。在血管、支气管周围云母粉尘成堆积聚的地方，可见轮廓不清的细胞粉尘灶，并有云母小体，其形态与石棉肺中的石棉小体相似。动物实验证实肺内有弥漫性间质纤维化和不同程度的结节肉芽肿等，一般进展缓慢。

云母肺在早期无明显的症状，部分患者可有咳嗽、气急和胸痛。晚期患者有呼吸困难、咳嗽、咳痰等现象发生。

云母肺的胸部 X 线表现与云母矽肺有所不同。云母硅肺属弥漫性结节纤维化型尘肺，早期以肺纹理和网织改变为主，以细网为多见，且多呈小蜂窝状阴影，随病情进展，肺野呈磨玻璃样，颇似石棉肺。在此基础上逐渐出现结节，有时结节不易与蜂窝状阴影相区别。肺门在早期可有改变，Ⅱ、Ⅲ期改变与一般硅肺相似。而云母肺的胸部 X 线表现属弥漫性间质纤维化型尘肺，多无结节，以密集细网为主，有时可伴有少量结节，形似颗粒样阴影，形态不整，边缘模糊。

云母肺的预防措施如下：

1. 云母矿的开采过程应尽量采用机械化作业，有条件可进行密闭抽风除尘，以防止粉尘散发到作业环境的空气中。

2. 云母加工业的生产设备应密闭化，局部采用抽风排气除尘措施，以减小作业场所空气中云母粉尘的含量。

3. 定期对作业场所空气中云母粉尘的浓度进行测定，发现问题及时采取相应的措施。

4. 加强个人防护，在粉尘浓度暂达不到国家工业卫生标准的作业带进行作业，应配戴防尘口罩，做好自我防护。

5. 对从事接触云母粉尘作业的人员进行定期体检和就业前体检，以发现早期患者及时给予处理。

凡患有活动性肺结核，严重呼吸道疾病等均不宜从事接触云母粉尘的作业。

十六、电焊工尘肺及其预防

电焊工尘肺，是指在电焊作业中长期吸入高浓度电焊粉尘而引起的肺部组织纤维化的疾病。

在工业生产中，电焊作业非常广泛，尤其是在建筑、安装、机械、车辆、造船、锅炉制造等行业，从事电焊作业的人员占有很大的比例。电焊作业的种类较多，有自动埋弧焊、气体保护焊、等离子焊和手把电弧焊等，其中以手把电弧焊应用最为普遍。电焊工尘肺病例绝大多数发生在从事手把电弧焊作业的人员中。

电焊所用的焊条种类很多，按焊药的成分分类大约有百余种。常用的有酸性钛钙型、碱性低氢型和高锰型三类。焊条是由焊芯和药皮组成，其中焊芯含有大量铁粉，还含有碳、锰、硅、铬、镍、硫和磷等，药皮中含有大理石、萤石、金红石、淀粉、面粉、水玻璃、锰铁、硅铁、钛铁等。焊芯的功能主要是传导焊接电流产生电弧，并熔化成焊缝中的金属充填物；药皮对焊缝可起到机械保护作用，并有助于改善焊接工艺性能。由于电焊作业是在高温电弧条件下进行的，其电弧温度可高达4000℃以上，并产生大量的紫外线，同时焊条上的焊芯和药皮，以及被焊接的材料，在高温的作用下会蒸发产生大量的焊接烟尘和有毒有害气体，逸散于作业场所的空气中。焊接烟尘和有毒有害气体的成分因使用焊条品种的不同而有所不同。焊接烟尘的主要成分是氧化铁，另外还有二氧化锰、二氧化硅、三氧化铬、氧化镍等；有毒有害气体的主要成分是氮氧化物、一氧化碳、臭氧等。据有人测定，即使在露天或通风的场所进行电焊作业，其作业场所空气中焊接烟尘的浓度也可达$43mg/m^3$；若在密闭的容器内或通风不良的作业场所中从事电焊作业，其焊接烟尘的浓度可高达每立方米几百毫克，甚至每立方米可达上千毫克。若从事电焊作业的人员在这种生产环境中进行作业，长期吸入以氧化铁为主，同时混有其他有毒有害的混合性电焊烟尘，必然会引起肺部组织的焊尘沉着，并逐步导致肺间质纤维化。由此可见，电焊工尘肺不单纯是铁末沉着病，而是含多种金属粉尘、硅和硅酸盐等成分的混合性尘肺。

电焊工尘肺的主要病变为肺部纤维化和结节形成。电焊工尘肺发病时间的长短与接触作业场所空气中焊接烟尘的浓度有关。据有关资料报道，焊接烟尘为$13.3\sim32.6mg/m^3$，发病率为2.58%，10年以上工龄的发病率为12.5%。电焊工尘肺的发病工龄一般为10～20年以上，但在通风不良的作业场所进行电焊作业时，其发病工龄显著缩短，而在露天敞开式的作业场所进行电焊作业时，则大大延长其发病年龄，一般在40年以上。

在此特别值得提出的是，当使用高锰焊条进行电焊时，其作业场所空气中二氧化锰的含量可超过氧化铁的含量。如果经常使用高锰焊条进行焊接，不仅有发生电焊工尘肺的可能性，而且更有发生锰中毒的可能性。

电焊工尘肺患者早期没有任何不适的感觉，或者有比较轻微的症状，如表现为鼻和咽喉发干、轻度干咳、有时有少量痰。当症状加重时，表现为头痛、头晕、全身无力等。当活动量增大时，可感到胸闷、气短，有的患者还可并发肺气肿。电焊工尘肺患者到了晚期，肺功能有明显的降低。

电焊工尘肺的预防措施如下：

1. 改进焊条及焊药的配方，消除或减少有毒有害物质的成分，研制出低尘毒或无尘毒的焊条，这是预防电焊工尘肺最根本的措施。

2. 采用自动焊接或远距离操纵，或采用机器人进行操，以减少从事电焊作业的人员对电焊尘毒的接触。

3. 在电焊作业现场，应加强局部通风或全面通风除尘措施。如在分散的作业点进行电焊作业,可采用焊接用除尘机组,将焊接烟尘就地经机组净化。

4. 在某些不能或没有条件采用除尘净化措施的作业场所进行电焊作业时,应加强个人防护措施,使用个人防护用品,如戴防尘口罩等。

5. 对从事电焊作业的人员应定期进行体检。对有 0～Ⅰ期尘肺病征兆的,应每年体检一次,并同时给予积极的治疗和处理。对被确诊为电焊工尘肺的职工,应立即调离电焊作业以及其他各种粉尘作业岗位,以延缓病情发展。

6. 对从事电焊作业的人员应进行就业前体检。

凡患有鼻炎、咽炎、支气管炎、肺结核及结膜炎、角膜炎、视网膜炎或屈光不正配戴眼镜者,均不宜从事电焊作业。

十七、铸工尘肺及其预防

铸工尘肺,是指在铸造工序各工种由于作业人员接触粉尘所患的尘肺病。

铸造生产可分为黑色金属铸造(如铸铁和铸钢)与有色金属铸造(如铜、铝合金、镁合金的铸造等)。铸工主要指从事铸铁和铸钢的作业人员。在铸造生产的全过程中,都离不型砂,型砂铸造生产工艺过程的造型、落砂、清理等作业都会产生大量的粉尘。因此,从事铸造的作业人员都接触粉尘,只是因为作业工序的不同而接触粉尘的程度有所差别,其中接触粉尘最为严重的是配砂和清铲作业的人员。所以,铸工长期吸入较高浓度的铸造粉尘,可引起铸工尘肺。又因铸造所使用的型砂和所从事的作业不同,铸工尘肺的类型和发病率也不一样。

铸铁和铸钢所用的型砂,因其承受的高温程度不同,型砂的成分有所差别。铸铁常用河砂,其中含游离二氧化硅为40%～70%,同时还混有一定比例的耐火黏土和石墨粉、焦炭粉等,故系混合性粉尘。铸钢常用石英砂,其中含游离二氧化硅达90%以上。在粉尘浓度大,含硅量的作业,如铸钢清砂、配砂、喷砂等作业,其粉尘浓度有时可高达$3000～4000mg/m^3$。因此,铸钢的清铲和喷砂等作业的人员发生的铸工尘肺常有典型的硅肺病理改变,胸部X线多为结节型硅肺,而且肺结核的合并率较高。其发病工龄短,进展快,发病工龄一般为5～10年。据有人调查,铸钢的清铲作业铸工尘肺的发病率较高,配砂作业其次,造型作业最低。铸铁生产所引起的铸工尘肺,发病缓慢,发病工龄一般为20年以上。早期胸部X线特征改变较少,晚期以网织阴影为主,呈间质型硅肺,并发结核病少,常伴有气管炎和肺气肿。

铸工尘肺早期症状表现为咳嗽、咳痰、胸痛;晚期患者由于呼吸功能障碍可有明显气短,因肺气肿而引起气胸等。

铸工尘肺的预防措施如下:

1. 预防铸工尘肺主要依靠铸造生产的粉尘控制,采用综合防尘措施,从工艺布置到工艺生产过程都要有利于控制或减少作业环境空气中的粉尘浓度。首先是铸工生产所有的破碎、筛分、落砂、混辗、清理等设备,以及散砂材料的储运装卸过程,均应尽量密闭,根据不同的扬尘点,采用局部密闭、整体密闭等不同的密闭方式。密闭装置应以不妨碍作业,便于拆卸检修,结构严密坚固为原则。

2. 选用含硅量低的型砂代替石英砂,如采用石灰石砂、橄榄石砂、磁型铸造以代替石英砂,以防止铸造生产中硅尘的危害。

3. 因物体下落会引导大量空气,采用降低落料差高、减小流料槽倾斜角度等方法,可以减少和消除这一因素的影响。在导料槽中设挡板隔流、迷宫挡板,也可减少诱导空气量和泄压。

4. 建立机械排风及除系统。通常以机械的局部排风为主要方式,将扬尘点含尘气流吸入入罩内,几个扬尘点构成一个除尘系统,含尘气流经除尘器净化,使之达到国家规定的排放标准,然后排入大气。

5. 在不影响工艺要求的前提下,尽可能采用湿工作业,如采用水爆清砂和水力清砂;中小型铸件采用电液压清砂,可使清理作业环境空气中的粉尘浓度大幅度降低。在物料装卸、转运的过程中,扬尘点可采用喷水雾降尘。

6. 当尘源有良好的密闭和有效的排风时,每小时单位平方米所沉降的粉尘一般不超$1 \sim 5g$;而严重扬尘的情况下可达$5 \sim 20g$以上;在敞露的扬尘设备附近可高达几十克。因此采用真空的方法来清除沉降到地面、墙壁、设备和建筑结构上的积尘,是现代铸造生产的一项必要措施。真空清扫吸尘装置有多种类型,其中集中式适用于排除大量积尘的大面积作业场所,移动式适用于积尘量不大的生产厂房中。

7. 加强个人防护。如采取了上面所提到的一些措施后,由于技术上和工艺上的等原因,某些作业场所或作业带空气中的粉尘浓度仍达不到国家规定的工业卫生标准时,作业人员必须采取个人防护措施,如配戴防尘口罩;在密闭的喷砂室内操作;必须穿戴专用的防尘服,并配戴送风面具等。

十八、磨工尘肺及其预防

磨工尘肺,是指使用磨料从事研磨作业的人员因长期吸入研磨粉尘而发生的尘肺,磨工尘肺主要发生在机械加工的金属部件研磨和抛光等工序的作业人员。研磨作业,一般分为刀具的刃磨加工及金属部件的表面抛光。刃磨加工多使用刚玉砂轮,而抛光多使用金刚砂轮,还有以布轮粘以金刚砂粉或刚玉粉为磨料的。

金刚砂轮的主要成分为碳化硅(SiC),约占98%。刚玉砂轮的主要成分为三氧化二铝(Al_2O_3),约占95%。两种砂轮的磨料中,游离二氧化硅的含量只有$0.2\% \sim 2\%$,加上粘结剂中的游离二氧化硅,总含量不超过$3\% \sim 4\%$,其余均为结合状态的二氧化硅。在磨料粉尘中,主要为金属粉尘,约占$80\% \sim 90\%$,其余主要为三氧化二铝或碳化硅磨料粉尘,以及少量的金属氧化物粉尘,其粉尘中游离二氧化硅的含量在$1.44\% \sim 3.00\%$之间。

据有关资料报导,作业场所空气中的粉尘浓度在$10 \sim 30 mg/m^3$以下时,经10年观察未发现一例磨工尘肺;粉尘浓度在$148.5 \sim 189.2 mg/m^3$时,经一定时间可有磨工尘肺发生。发病工龄最短为4年,最长为35年,一般发病工龄超过20年。从事研磨作业的人员发生磨工尘肺的患病率在$0.8\% \sim 1.66\%$之间。

关于磨工尘肺的发病机理迄今尚不完全明了。有人认为,研磨粉尘中绝大部分是铁尘,铁尘不引起肺部组织纤维化,X线所见的点状阴影,是铁末沉着所致。也有人认为,磨料砂料中粘合剂的游离二氧化硅有相当意义,在肺部组织中可引起轻度纤维化,因而认为是铁硅肺。总之,磨工尘肺的致病原因较为复杂,可能是各种粉尘的联合作用所致,其真正发病机理尚待进一步研究。

磨工尘肺的自觉症状和体征表现均不明显。在X线上已有相当明显的表现时，但仍无更多的症状，一般有胸痛、咳嗽、气急等症状。胸部X线表现，肺门一般无显著改变，肺纹理改变较为明显，早期增粗增多，进而紊乱、扭曲、变形，如"盘根"和"蛛趾"状特征。纹理错综交织，构成粗细不等的网织影。在网织影的背景上衬托出结节阴影，结节阴影出现多时，纹理被掩盖，相对减少。磨工尘肺的结节密度较硅肺低，但数量多，多三、五成堆，分布较广，于中下野多见，首先多在中外带出现。结节形状多为圆形或椭圆形，边缘清楚，有的呈星芒状，镶嵌于网影中，呈现磨玻璃样外观。未见结节融合，胸膜改变不明显。多数磨工尘肺患者可见到小泡性肺气肿，于肺基底部和边缘部多见。

磨工尘肺的预防措施与其他尘肺的预防措施大致相同，因为这个工种有自己的特殊的操作方法，所以预防措施主要是改干式研磨为湿式研磨；加强局部通风除尘；以及加强个人防护等。

第五节 职业性肿瘤与预防

一、职业性肿瘤

在厂矿企业的生产作业环境中，作业人员长期受某种生产性有害因素作用所引起的肿瘤，称之为职业性肿瘤。职业性肿瘤大部分发生在作业人员直接接触生产性有害因素的部位，少部分发生在远隔部位，其临床过程与平常所见肿瘤无异。

引起职业性肿瘤的职业危害因素，一般可分为三类。一是机械因素，如多次外伤的刺激；二是物理因素，如紫外线、X线以及放射性物质等；三是化学因素，如各种具有致癌作用的化学物质。其中以第三类因素引起较为常见。

由于肿瘤病因学与发病学尚有许多基本问题未弄清楚，加之在生产环境以外的自然环境中也可接触到各种致癌因素，因此，要确定某种肿瘤是否完全由职业危害因素所引起是不容易的，而必须要有较为充分的根据，一般可参照以下几项原则：

1. 接触某种可疑职业致癌物质的人群中，发生了多量具有共同特性的肿瘤，与非接触的普通人群相比，其发生率明显增高。
2. 接触致癌物质的剂量与肿瘤发生率存在有剂量——反应关系。
3. 用可疑致癌物质进行动物诱癌试验，能诱发出与人类相似的肿瘤。
4. 控制可疑致癌物质后，接触人群的肿瘤发生率显著下降。

与职业危害因素有关的肿瘤在人类整个肿瘤发病率中，所占比例不大，约占20%左右。有人估计，其中男性患肿瘤发病率约占15%，女性约占5%。

职业性肿瘤多见于皮肤，呼吸道及膀胱，少数见于肝、血液系统等。目前，已被确认的职业性肿瘤有以下几种：

1. 皮肤癌。此类职业性肿瘤发现最早，在人类皮肤癌中约占10%。打扫烟囱作业的人员所患阴囊皮肤癌是最早发现的皮肤癌，是由阴囊皮肤直接接触煤焦油所引起的。在工业化学物质中，能引起皮肤癌的主要有煤焦油、沥青及某些矿物油等，其中致癌成分为多环烃化合物。在煤焦油中主要是3,4-苯并芘，其致癌能力最强，另外其中还含有少量致癌能力较弱的多环烃化合物。

长期接触 X 射线，又无适当防护的作业人员患皮肤癌增多，其潜伏期为 4～17 年，多见于手指。

面、颈及前臂等外露部分也属皮肤癌好发部位，常先有炎症性改变，皮肤出现红斑、慢性皮炎、毛囊炎。皮肤黑色素沉着等变化，逐渐发展过度增生，形成良性乳头状瘤，并转化为扁平细胞癌。

2. 膀胱癌。职业性膀胱癌最早见于德国一家制造品红的工厂。染料中的一些中间体如 1—萘胺，2—萘胺及联苯胺可引起膀胱癌，以及用于塑料或橡胶工业作为防老剂的 4—氨基联苯也可引起膀胱癌。其中以 2—萘胺的致癌性为最强，4—氨基联苯与之相近，再次之为联苯胺，最弱的为 1—萘胺。接触此类化合物作业的人群中膀胱癌的发生率明显增高。据英国的调查资料表明，接触 2—萘胺者膀胱癌的发生率比普通人群高 61 倍；接触联苯胺者高 19 倍；接触 1—萘胺者高 16 倍。

芳香胺可经皮肤及呼吸道侵入人体，是一类间接致癌物。芳香胺先经体内代谢活化，经羟化形成致癌物，作用于尿路上皮而引起肿瘤。因此，接触小便时间愈长的部位，发生肿瘤的机会愈大，职业性膀胱癌好发于膀胱三角区及基底部可能与此有关。

职业性膀胱癌的潜伏期平均为 17 年，也有短至 5 年即可发病。职业性膀胱癌一般可分为两种，一种是良性乳头状瘤；另一种是恶性癌，两者也可同时存在，前者可能是一种癌前病变。

3. 呼吸道肿瘤。在生产作业环境中能引起此类肿瘤的致癌物质种类较多，常见的有某些金属及金属化合物、石棉、氯甲醚类、芥子气与硬木粉尘等。

从事接触铬酸盐生产的作业人员中肺癌发生率比普通人群高 3～30 倍，从事接触铬颜料生产也见类似情况。有人作了调查，发现接触作业场所空气中铬浓度在 0.5～1.5mg/m^3 时，工作 6～9 年即可发生肺癌。铬化合物的致突变作用主要为六价铬，而三价铬则无此作用。铬化合物致肺癌的潜伏期平均为 10 年，多属鳞状细胞癌，部分为未分化圆形细胞癌，肺癌患者的肺中铬含量显见增加。

从事接触镍化合物作业的人员患肺癌发生率比普通人群高 10.5 倍，潜伏期平均为 27 年，鼻腔癌高 870 倍，潜伏期平均为 20 年。羰基镍可诱发动物发生肺癌，其他镍化合物的致癌性与其水溶性有关，水溶性较低的，致癌性较强。镍可使 RNA 合成受阻，因而可能干扰某些基因的复制与细胞分裂的控制，导致细胞恶性转化。

从事接触砷化合物可引起肺癌，还可引起皮肤癌。已证实接触砷的累计剂量与肺癌死亡率有明确的剂量——反应关系，其发病率比普通人群高 2～8 倍。砷化合物在体内可抑制 DNA 合成，取代 DNA 链上的磷，使 DNA 形成弱键。对 DNA 的损害有可能导致细胞癌变。

从事接触石棉作业的人员可发生肺癌及胸膜间皮瘤，其发病率比普通人群显见增高。肺癌的发生率与接触石棉的量有剂量—反应关系。石棉内含有铬、镍的氧化物，这些物质具有致癌性，对石棉致癌可能有促进作用。

从事接触氯甲醚作业的人员可发生肺癌，多为雀麦细胞型肺癌，恶性程度高。在接触氯甲醚人群中此类型肺癌显见增高。

从事接触放射性物质、芥子气、煤焦油、某些硬木粉尘等，患呼吸道肿瘤显见增多。

4. 其他部位肿瘤。从事接触氯乙烯作业的人员可发生肝血管肉瘤。在普通人群中，肝血管肉瘤是一种非常罕见的恶性肿瘤，但接触氯乙烯者发病率显见增多。氯乙烯对于人体肝脏损害在早期是非特异性的，但随着损害的发展，肝窦细胞和肝细胞的退行性变和活跃增生可同时存在，以后肝窦逐渐扩张，里层有肥大增生的肉瘤细胞，成为典型的肝血管肉瘤。用氯乙烯可诱发大鼠肝血管肉瘤，接触浓度达 $50\mu g/m^3$ 即可诱发此类肿瘤。

从事接触苯作业的人员可发生白血病，可于接触数年后发生，短者接触仅 4 个月，长者可达 20 年。苯之所以能引起白血病，有人认为其代谢产物具有类放射作用，可引起染白体断裂和重排，在寿命长的骨髓母细胞中，此类畸变可持续存在数年，导致异常细胞群落形成。苯还可能损害淋巴细胞，破坏机体免疫机能，在慢性中毒时，骨髓增生活跃，会出现一些异常细胞，在免疫机能低下时，发展为白血病。苯所致白血病以急性粒细胞性白血病为最常见，也可引起较为罕见的红白血病。

二、石棉所致肺癌、间皮瘤及其预防

我国盛产石棉，石棉矿的开采和加工企业较多，因此，从事接触石棉作业的人员也较多。接触石棉的作业主要是石棉的加工和处理，其次是石棉矿的开采和选矿。在对石棉进行粉碎、切割、磨光、钻孔、剥离等作业过程中，可产生大量的石棉粉尘，如果缺少防护措施，就会对人体造成损害。

石棉是一种致癌物质，吸入石棉粉尘除了可引起石棉肺及并发肺部感染外，接触石棉的作业人员发生肺癌和间皮瘤等癌症的危险度会大大增加。

肺癌是一种常见的肿瘤。目前还没有组织学或其他方面的特征能确定某种肺癌是由石棉所引起的，在临床上更难确定石棉肺癌、吸烟肺癌或其他因素所导致的肺癌。在世界上大多数国家里，肺癌只有与石棉肺并存时才被认为是因石棉而引起的职业病。

在此指出，吸烟是个极危险的致癌因素。据有关人员调查发现，从事接触石棉作业的人员非吸烟者患肺癌的较为少见，而从事接触石棉作业又吸烟者中患肺癌的发病率较高。

肺癌发生的早期可能没有任何自觉症状，通过痰液的细胞学检查，有可能比其他诊断方法更早地发现癌前期或最早期的癌性变化。只有当病灶开始生长、出血，并逐渐堵塞呼吸道，直至血液、淋巴转移到其他脏器，组织出现相应的病症时，才会被觉察。然而，此时可能已经到晚期了。因此，加强对从事接触石棉作业的人员进行定期体检，有助于早期发现患者，发现愈早，治疗和手术的效果也愈好。一般来说，化学治疗和放射治疗等保守疗法能有效地延长生命，经手术根治可完全治愈。

间皮瘤是一种极为罕见的恶性肿瘤，位于胸腔或腹腔内壁，偶尔也发生在心包壁。间皮瘤普通人群的发病率每年仅百万分之一，但从事接触石棉作业的人员并发胸膜、腹膜间皮瘤者较多。据国外有关资料报道，因吸入石棉粉尘而死亡的作业人员中，有 5％～11％ 的人是患间皮瘤而致死亡的。发生石棉间皮瘤的原因与石棉的种类有关，各种石棉均可引起间皮瘤，但程度不一，其顺序是青石棉＞铁石棉＞湿石棉。

在此值得一提的是，我国一些富藏青石棉矿石的地区，由于任意乱砍滥伐林木而造成严重的水土流失，致使一些青石棉矿石暴露地面。再加上当地一些农民自行开采，并用青石棉修建房屋，粉刷墙壁，铺公路，甚至做成石棉炉作为"土特产"流向全国各地，以致造成这些地区的空气、水源被青石棉而污染，给当地居民及一些非职业人群带来极大的灾难。在这些地区已出现较多的间皮瘤患者，年发病率已从普通人群的百万分之一上升到百万分之八十五。因此，估计到一定时期后，可出现大批的间皮瘤患者。

间皮瘤发病的潜伏期很长，一般为 20~30 年，持续性胸痛可能是胸膜间皮瘤的最早症状。腹膜间皮瘤则可出现腹痛腹胀等症状。有石棉接触史而又有胸膜渗出液的患者，在早期尚未证实为其他疾病时，应考虑患间皮瘤的可能，然后应定期抽腹水，检查肿瘤细胞。如在 X 线胸片上发现肿块，可施人工气胸术，由于肺被压缩，从而凸向胸膜腔内的肿瘤便可被显现出来。间皮瘤的最后诊断依赖于活检结果，且要与其他脏器肿瘤转移到胸膜、腹膜的转移性肿瘤相鉴别。胸膜上的间皮瘤可以把整个肺包围起来而不侵犯肺部组织，腹膜上的间皮瘤可与胃、十二指肠、结肠相粘连，甚至肿瘤内部坏死时可与十二指肠、结肠相通。

由于间皮瘤的恶性程度很高，患者的病情变化很快，数月内就可能导致死亡。有些患者经过化学治疗、放射治疗和手术治疗，可延长生命一段时间，但迄今为止尚未找到有效的治愈方法，故采取预防性措施便是关键。

石棉所致肺癌、间皮瘤的预防措施如下：

1. 采用以玻璃纤维等材料代替石棉的措施，以避免作业人员与石棉接触。
2. 暂时无法采用代用原材料的工艺，应实行湿式作业，以抑制石棉粉尘的产生，并兼用局部抽出式通风除尘设备，以降低生产作业环境空气中石棉粉尘的浓度，同时还应收集石棉粉尘，以减少对大气的污染。
3. 定期对生产作业环境空气中的石棉粉尘进行监测，并采取措施，使空气中石棉粉尘的浓度符合国家规定的工业卫生标准。
4. 从事接触石棉作业的人员，应加强个人卫生，并戒烟，以减少石棉粉尘对人体的危害。
5. 严禁将无预防措施的手纺石棉纱转交给农村、街道等加工厂进行加工，杜绝石棉污染危害的转嫁。
6. 禁止中小学生和未成年工直接参加有石棉粉尘产生的作业。
7. 富含青石棉矿的地区，应加强组织管理，严禁无保护措施的自行开采；严禁私自生产、出售、外销石棉制品；严禁用含石棉的矿石铺公路、修房屋和粉刷墙壁。
8. 通过广播、电视、录像等形式，大力宣传石棉的致癌危害。
9. 大力植树造林，以净化空气，并避免因水土流失而造成的石棉矿暴露。

三、氯乙烯所致肝血管肉瘤及其预防

氯乙烯是制造聚氯乙烯塑料和纤维氯纶的重要原料，但主要用于制造聚氯乙烯塑料单体。聚氯乙烯塑料约占全部塑料生产总产量的 1/5，具有较大的经济价值。此外，氯乙烯也可作为冷冻剂。生产作业人员在从事聚合、离心、干燥等作业时，特别是在清洗聚合釜及抢修聚合釜的作业中，接触氯乙烯单体为最多。

氯乙烯的蒸气态可经呼吸道被吸入人体，皮肤沾染了液态氯乙烯后也可被吸收，并可诱发作业人员急性中毒或造成慢性影响。

急性中毒主要发生在聚合釜清釜作业，或检修设备，或意外事故而大量吸入氯乙烯后，表现为眩晕、头痛、恶心、胸闷、嗜睡、步态蹒跚等症状，严重时可出现神智不清、昏迷、甚至死亡。

长期接触氯乙烯，对人体健康有不同程度的影响，有人称之为"氯乙烯病"或氯乙

综合症，表现为神经衰弱综合症、四肢末端麻木、感觉减退，肝脏并出现严重损害。患者可有上腹部不适、食欲减退、乏力和肝脾肿大等症状，乃至诱导肝脏产生恶性肿瘤——肝血管肉瘤。所谓肝血管肉瘤，即血管成纤维细胞瘤、恶性血管内膜瘤或血管间质瘤。

氯乙烯诱发肝血管肉瘤主要是通过氯乙烯在肝脏的代谢活化，其代谢产物破坏DNA、RNA大分子，从而引起肝窦内皮细胞的恶性转化。

肝血管瘤的平均潜伏期约为20年，已报道的患者均为男性，多数为接触高浓度氯乙烯的清釜作业人员。患病初期可无任何症状，直到晚期才出现明显症状，如健康状况下降、肝肿大、疼痛，以及伴有上消化道出血、低血色素贫血、食管静脉曲张、腹水等。

诊断肝血管肉瘤若采用一般的肝癌诊断指标，如甲胎蛋白和癌胚抗原，其检测结果常常为阴性。因此，诊断肝血管肉瘤主要是根据职业接触史、"氯乙烯病"症状和实验室诊断指标，如超声波、X线检查、同位素扫描、肝血管造影、腹腔镜检及肝组织活检等。肝血管肉瘤的诊断要与其他脏器转移性肿瘤、原发性肝细胞癌相鉴别。

肝血管肉瘤的恶性程度高，病程快，病死率极高，并且肉瘤组织易转移至各个器官，一旦坏死的肿瘤灶或曲张的食道静脉破裂出血，即可致死。肝血管肉瘤病程短者，数日内即可死亡。迄今为止无有效治疗措施，故采取预防措施至关重要。

氯乙烯所致肝血管肉瘤的预防措施如下：

1. 对有关氯乙烯的合成、装卸和使用等生产过程的设计必须周密。并要求生产过程中的设备和管道实现密闭化，同时还应加强设备的维修保养，防止氯乙烯气体外逸而污染作业环境中的空气。

2. 加强作业场所的通风，控制空气气中氯乙烯的浓度低于国家规定的工业卫生标准最高容许浓度 $30mg/m^3$。

3. 对聚合釜出料和清釜过程应特别注意加强防护措施。作业人员在清釜时，应先对釜内通风换气，直至釜内空气中氯乙烯的浓度低于工业卫生标准方可进入釜内作业。在清釜时，并可实行轮换间歇作业。

4. 可采用"涂釜剂"，以延长清釜的间隔时间。为防止粘釜，减少清釜的次数，还可在釜内避涂以"阻聚剂"。

5. 从事接触氯乙烯作业的人员，应忌服苯巴比妥类安眠药，并作到不歇酒。

6. 广泛开展安全教育，普及工业卫生科学知识，以提高作业人员的自我保健能力。作业人员也应熟悉与生产过程有关的一切危害身体健康的因素，以及避免这种危害因素的最优方法。

7. 作业人员应多食保肝类食物，如优质蛋白质，以及碳水化合物和多种维生素等，以增强身体的抵抗能力。

8. 从事接触氯乙烯作业的人员应定期地进行身体检查，除一般常规性体检以外，还应结合肝、脾等特殊检查手段，以便早期发现由氯乙烯引起的脏器改变，并及时给予治疗和处理。

9. 对从事接触氯乙烯作业的人员应进行就业前体检。

凡患有肝、脾疾患，以及湿性皮肤病者，将不宜从事接触氯乙烯的作业。

10. 根据国家关于对女职工劳动保护的有关规定，女职工在怀孕期、哺乳期禁忌在作业场所空气中氯乙烯浓度超过国家工业卫生标准的情况下从事作业。

四、苯所致白血病及其预防

苯是工业生产中使用较为广泛的化学物质，主要用作化工原料，如生产酚、氯苯、硝基苯、香料、药物、农药、合成纤维、合成橡胶、合成塑料及合成染料等。苯的另一个重要的用途是作为溶剂和稀释剂。苯对大多数物质如橡胶、塑料、涂料、油类等是一种良好的溶剂，因此在橡胶加工、有机合成等行业中常用苯作为溶剂。

从事接触苯作业的人员除了苯生产以外，还有生产或使用合成粘胶行业的人员，如制鞋、皮革、橡胶、染料，以及印刷、喷漆或油漆、使用苯的实验室工作人员等。

苯主要以蒸气的形式经呼吸道侵入人体，其后，部分随呼气排出体外，约有15%～60%的苯可经代谢转变为苯环氧化物，苯环经非酶重排转成酚，或在酶的作用下还原成邻苯二酚。长期接触苯会造成机体造血系统的损害，其基本特征是全血细胞减少，尤其以白细胞减少为最常见和最主要的表现。严重病例，特别是在继续接触苯作业的人员中可以发展为再生障碍性贫血和白血病。再生障碍性贫血使具有造血功能的骨髓组织成分部分或全部被破坏，引起全血细胞减少，严重者可致死亡；白血病是造血系统的一种恶性肿瘤，预期后果极为恶劣。

苯致白血病的发病比较低，大多数是急性骨髓白血病，少数为急性红白血病。其临床表现与非苯白血病相类似，以发热、出血、进行性贫血、继发性感染、以及鼻与口腔溃疡为主，肝、脾、淋巴结无肿大或轻度肿大。大多数病例为血细胞减少，或仅有中等程度的白细胞增加。骨髓显示未分化细胞的广泛性浸润，主要为小成髓细胞或异常骨成髓细胞。骨髓检查常为确定诊断的重要步骤。白血病大多在再生障碍性贫血的患者中发生，在这些病例中，骨髓在病程中从再生不全发展到白血病。

一般情况下，苯所致白血病多发生在长期接触高浓度苯蒸气作业的人员中，从开始接触到发生白血病的时间，最短的为4个月，最长的为20年。所谓高浓度苯蒸气，是指空气中苯蒸气浓度超过国家规定的工业卫生标准最高容许浓度10倍以上。从事接触苯作业的人员急性白血病发病率比普通人群高，一般约高20倍。此外，由于苯在骨髓或血液中持续存留的时间较长，有个别人在停止从事接触苯作业后多年，仍可发生白血病。

苯所致白血病的机理主要是因为苯具有高度的脂溶性，并可在骨髓细胞中长期存留，苯的代谢产物酚类化学物质，尤其是氢醌和邻苯二酚，可抑制骨髓造血系统细胞脱氢核糖核酸合成，诱导持久的染色体畸变，从而导致异常的细胞繁殖。此外，苯及其代谢产物可作用于机体免疫系统的任何一个环节，有明显的毒作用，降低机体免疫监督功能，这对白血病的发生有部分的作用。

苯所致白血病的预防措施如下：

1. 预防苯所致白血病的关键，是寻找苯的代用品，几乎所有用苯作为溶剂的均可采用代用品，如甲苯、二甲苯和汽油等，虽然它们的溶解性不如苯，但由于毒性较低或无需采用很复杂的预防措施，因而被认为是较好的溶剂。

2. 在化学合成、实验室分析和研究中，或在生产中必须使用苯时，很少能有代用品。在此种条件下，应以降低作业场所空气中苯蒸气浓度为主，要采取防止逸漏苯蒸气侵入作业环境或作业带的预防措施。

3. 苯生产过程的设备。管道应防止跑、冒、滴、漏，作业场所应设通风排气装置。

4. 中小型喷漆作业场所，应采用局部通风排气装置；大中型喷漆作业场所，可设计下吸式排风喷漆室或柜式吸风设备，应试制各种自动化喷漆设备和静电喷漆装置。

5. 加强个人防护，作业时戴活性炭过滤式口罩，严禁用苯洗手上的污垢。

6. 定期测定作业场所空气中苯蒸气的浓度，以便采取有效的预防措施。

7. 对从事接触苯作业的人员应定期进行体检，其中包括全面体检和血液检查，血液检查项目有红细胞、白细胞和血小板计数、白细胞分类计数和血红蛋白测定，以便发现问题及时给予处理。同时并建立苯作业人员的健康档案。

8. 对从事接触苯作业的人员应进行就业前体检。

凡患有中枢神经系统疾病、血液系统疾病，以及肝、肾器质性病变的患者，均不宜从事接触苯的作业。

9. 根据国家关于对女职工劳动保护的有关规定，女职工在怀孕期、哺乳期禁忌在作业场所空气中苯浓度超过国家工业卫生标准的情况下从事作业。

苯所致白血病的治疗如下：

苯所致白血病的治疗与非苯所致白血病的治疗相同，除了支持疗法，如输血、抗生素等，还可应用皮质激素、σ-巯基嘌呤和叶酸拮抗剂，使疾病得到暂时缓解，从而延长生命。

五、联苯胺所致膀胱癌及其预防

联苯胺 $NH_2C_6H_4C_6H_4NH_2$。为白色或淡红色的粉状或片状结晶，分子量 184.23。相对密度 1.250，熔点 116.5℃，沸点 401.7℃，可溶于乙醇及乙醚，微溶于水。

联苯胺在工业生产中主要用于制造偶氮染料及染料中间体的合成，还用于有机化学合成和橡胶工业等。此外，在医学上和化学分析中还作为检验用的试剂。

在染料行业、橡胶行业和纺织印染行业中，从事接触联苯胺作业的人员为最多。

联苯胺可经呼吸道、消化道、皮肤侵入人体。由于联苯胺的单或双盐酸盐不能蒸发，故皮肤接触就成为吸收的主要途径。在工业生产作业中往往因忽视了皮肤吸收的问题，从而造成了对人体的损害。

联苯胺侵入人体后，可形成高铁血红蛋白，但作用较微弱。联苯胺粉尘对皮肤和黏膜有刺激作用，可导致接触性皮炎。长期接触联苯胺可引起出血性膀胱炎，临床症状表现为血尿，尿检查可见红细胞、蛋白及糖。联苯胺对人体的主要危害是引起膀胱肿瘤。联苯胺已被公认为是一种致癌源，因此长期接触可患膀胱癌。我国曾有从事接触联苯胺而引起膀胱癌的报告，工龄为 10 年。

联苯胺所致膀胱肿瘤可区别为良性的膀胱乳头状瘤和恶性的膀胱癌。职业性膀胱癌的发展和非职业性膀胱癌相似，起病很慢，早期往往无明显症状，以后可突然发生无痛性血尿，可能仅在尿常规显微镜检查时见到红细胞。尿中有血，表示疾病发生可能已到晚期。当肿瘤表面发生溃疡而致继发感染时，可出现尿频、尿急、尿痛和排尿困难等膀胱刺激症状。作业人员从事接触联苯胺至首次体征出现之间的潜伏期，一般平均为 16 年，有些病例仅几年，而有些病例则可长达 40 年或更长的时间。

从事接触联苯胺作业的人员中，患职业性膀胱癌的危险性较高，定期进行体检以尽早确诊可获得治疗成功的最佳时机。尿常规和24h尿中癌细胞检查是较为合适的检查方法。膀胱癌往往可在发生症状前的定期体检中发现，如发现作业人员的尿中红细胞明显增加，应进一步作膀胱镜检查，此时可见到乳头瘤变化。但这种体检方法作为定期体检项目常不易被作业人员所接受。检查尿中的脱落尿路上皮细胞（泌尿道细胞学），然后再进行癌细胞检查，是易被作业人员所接受的可采用的一种最好方法。

一般地讲，职业性膀胱癌发展可分为三个时期。潜伏期：几个月至10年左右，这个时期细胞学和组织学检查均为阴性。发展期：几个月至11月以上，细胞学可出现阳性，但膀胱镜检呈阴性。晚期：细胞学和膀胱镜检均为阳性，可确立诊断。

联苯胺所致膀胱癌的预防措施如下：

1. 自从联苯胺所致膀胱癌被证实以来，世界上许多国家已禁止（如在橡胶行业）或限制使用联苯胺，我国也要求严格控制使用。控制、减少与联苯胺的接触是预防职业性膀胱癌的重要措施。

2. 对生产过程必须加强密闭、隔离和通风排毒措施，以降低作业环境空气中联苯胺的浓度。

3. 作业人员应注意个人防护，防止皮肤污染，并严格遵守安全操作规程。检修人员进入容器内作业必须佩戴气体防护器材。

4. 搞好个人卫生。作业人员下班后应淋浴更衣，污染的工作服等必须及时更换清洗。

5. 加强对作业人员有关安全、卫生知识的教育，以提高作业人员自我防护的能力。

6. 鼓励从事接触联苯胺作业的人员多饮开水，以促进毒物尽快排泄，减少对膀胱的刺激。用β-胡萝卜素和维生素A同类物进行预防，特别是对高危无症状作业人员有一定的意义。

7. 对从事接触联苯胺作业的人员应定期进行体检，尤其是尿细胞学检查，必要时还需进行膀胱镜检，以便早期发现膀胱肿瘤，及时给予治疗和处理。

8. 联苯胺衍生物染料属偶氮染料，在染料生产中占很大的比例，主要用于纺织、印刷、食品、化妆、塑料等行业的着色，以及用于分析实验室进行测定的指示剂等。联苯胺衍生物的偶氮染料侵入人体后，在体内或在大肠内细菌的作用下，其两个偶氮基还原后可生成联苯胺。因此，应重视经过体内降解能释放联苯胺类似物的染料对人体危害的预防。

9. 对从事接触联苯胺作业的人员应进行就业前体检。

凡患肝脏疾病、泌尿系统疾病的患者不宜从事接触联苯胺的作业。

六、氯甲醚所致肺癌及其预防

氯甲醚是氯甲甲醚（$ClCH_2OCH_3$）和二氯甲醚（Cl_2CHOCH_3）的总称。氯甲甲醚为无色液体，分子量80.5，相对密度1.070，沸点59.5℃，在20℃时其蒸气压为$2.1332\times10^5 Pa$。在水和热的乙醇溶液中分解产生氯化氢。在乙醇和丙酮溶液中可溶解95%。

氯甲醚在工业生产中主要用作生产离子交换树脂和甲基化的原料。

氯甲醚属中等毒类。对皮肤和眼睛具有强烈的刺激性。任何浓度的氯甲醚蒸气对动物的黏膜都有高度的刺激性。大鼠吸入氯甲醚蒸气可发生肺水肿继发肺炎而致死，死亡可发生在接触后几天以至数周以后。

人接触 $3.29mg/m^3$ 浓度以内的氯甲醚蒸气，不发生症状。$9.87mg/m^3$ 时，对眼和咽喉有轻度刺激。达 $98.7mg/m^3$ 时，就不能忍受。

由于氯甲醚在肺泡内或表面可分解而放出氯化氢和甲醛，若在短时间内大量吸入就会引起化学性肺炎和肺水肿。长期低浓度吸入，可发生慢性支气管炎、神经衰弱综合症，并可引发肺癌。氯甲醚是已确认的化学致癌物，动物实验表明，二氯甲醚比氯甲甲醚的致癌性更强。英国于1973年曾报道，在110名从事接触氯甲甲醚的作业人员中，发现4例肺癌；在18名实验室接触二氯甲醚的工作人员中，有6人患肺癌。

化学物质引起肿瘤是一个复杂的过程，整个过程需要相当长的一段时间，氯甲醚亦是如此。氯甲醚从呼吸道侵入人体后，经体内代谢活化，成为性质活泼、亲电子的物质，与细胞大分子如 DNA、RNA 及蛋白质作用，改变了机体某些遗传信息，造成细胞分化的控制失常而致恶变。恶变的细胞在人体免疫防御机能降低时，可逐渐增殖为可见的肿块。一般肿瘤的发病约经15～20年的时间，而氯甲醚所致肺癌的发病时间较短，平均为5.5年。接触氯甲醚的浓度越高，时间越长，肿瘤发生的危险性也就越大。

氯甲醚所致肺癌大多数为燕麦细胞未分化型，少数为鳞状细胞型。前者恶性程度较高，发展迅速，转移较快，其所致死亡的年龄也较其他肿瘤为轻，平均年龄为48.5岁。若长期从事接触氯甲醚作业，年龄在40岁以上，体质骤然下降，并伴有胸痛、咳嗽等呼吸系统症状，便应及时到医院进行体检，作 X 光片及痰脱落细胞学检查。若确诊为肺癌，应尽早采取以手术治疗、化学疗法、放射治疗为主的综合治疗方案。但总的来说，效果不太理想，仅能暂时延缓病情。因此，加强氯甲醚生产和使用的管理和防护，是防止氯甲醚所致肺癌的根本措施。

氯甲醚所致肺癌的预防措施如下：
1. 严格控制氯甲醚的生产和使用，尽量寻找替代物。
2. 对尚在生产和使用的工厂和车间应采取严格的预防措施，做到生产管道的双层密闭，并加强对生产设备和管道的检查与维修，防止跑、冒、滴、漏，严防污染作业场所和周围环境。
3. 生产作业场所应设置有效的通风排气设备和废气处理净化系统。使作业场所空气中氯甲醚的浓度降低到最低值。(美国二氯甲醚的阈限值为 $1mg/m^3$；原苏联氯甲醚的最高容许浓度为 $0.5mg/m^3$)。
4. 定期对作业场所空气中氯甲醚的浓度进行监测，发现问题及时采取措施。
5. 对从事接触氯甲醚作业的人员定期进行体检，每半年进行一次，做到常规性和特殊性的体检相结合，包括一般常规、胸部 X 线及痰脱落细胞学的检查，以便早期发现疾病，尽快治疗和处理。

七、砷所致肺癌、皮肤癌及其预防

含砷矿石的冶炼作业及三氧化二砷生产车间的作业人员，在大气或饮水长期受砷污染区域中生活的居民，或长期服用含砷药剂和饮用含砷酒类的人，皆有发生慢性砷中毒的可能性，并可导致肺癌、皮肤癌。

慢性砷中毒可以引起皮肤原位癌。砷性皮肤癌在早期的表现为皮肤色素沉着、角化过度或疣状增生，3种症状常常同时存在。

皮肤色素沉着可发生在人身体的任何部位，呈雨点状或广泛的花斑状，尤以身体非暴露部位，如躯干、臀部、大腿上部为多见。皮肤过度角化以手掌和足底部最为显著，除胼胝对称角化增厚外，其典型的表现就是在手掌的尺侧外缘和手指的根部分布了许多小的角样或谷粒状角化隆起，通常直径为 0.4~1cm，也可连成较大面积的疣状物或坏死，以及继发感染，形成经久不愈的溃疡，其中有些便可转变为表皮肉癌。非暴露部位的皮肤，其角化过度常表现为轻微的丘疹样隆起或鳞状的角化斑。这些皮肤损害在组织学上常属于浅表型基底细胞癌。

慢性砷中毒的皮肤原位癌还可是表皮样癌；形成菜花状，或演变为经久不愈的溃疡。

砷中毒引起的皮肤原位癌发展十分缓慢，可以持续数年存在，而且不转移。年龄超过30岁者，发病率显著增高。手术切除皮肤癌数年后，其肺部及局部淋巴结的转移癌在组织学上和原发癌可完全一致。

长期接触砷的人群中，呼吸道癌发病率较高，其中以肺癌发生率为多。肺癌的发生与进展过程与其他因素所致的肺癌一样。组织学上的表现以鳞状细胞癌为主，肺部组织测定含砷量明显高于正常。

发生肺癌多是接触无机砷化合物者，与皮肤原位癌相同。无机砷化合物已被国际肿瘤研究机构确认为肺和皮肤的致癌物，如湖南雄黄矿，肺癌发病率达 234.2/10 万人，比该县普通人群高 101.8 倍。直接从事接触砷的作业者与非直接接触者相比，肺癌死亡的相对危险度为 6.21。肺癌病例大多伴有砷性皮肤改变。

砷所致肺癌、皮肤癌的预防措施如下：

1. 目前，对砷所致肺癌、皮肤癌尚无理想的治疗方法，故应以预防为主。首先对含砷量高的矿石应进行浮洗处理后再熔烧或冶炼。
2. 作业人员必须配戴劳动防护用品。
3. 禁止在作业场所中进食、饮水和吸烟。
4. 作业完毕后，应进行沐浴，并更换衣服。
5. 对从事接触砷作业的人员应定期进行体检，以做到早期发现，及时治疗。
6. 加强环境管理，严防含砷量高的废气扩散到居民生活区。
7. 进行就业前体检，凡患有严重呼吸道疾病、肝肾疾病或皮肤病的患者，不宜从事接触砷的作业。
8. 根据国家关于对女职工劳动保护的有关规定，女职工在怀孕期、哺乳期，应严禁在环境空气中砷浓度超过国家工业卫生标准的情况下从事作业。

砷所致肺癌、皮肤癌的治疗如下：

1. 目前，对砷所致肺癌、皮肤癌尚无理想的治疗方法，对肺癌的治疗只能以缓解症状为主，手术治疗也不能完全治愈。
2. 对皮肤过度角化病损，可外用3％二硫基丙醇油膏和可的松软膏涂擦。
3. 砷性皮肤原位癌常系多发，局部切除仍不能完全防止复发与转移。因此，应以预防为主。

八、焦炉工人肺癌及其预防

我国焦化行业所用的原料基本以烟煤为主，同时配以其他煤进行炼焦。煤在筛选、粉碎、混合、入焦炉等生产过程中，可产生煤尘，从而引起作业人员的煤尘肺。但是，焦化行业对其作业人员危害最大的是引起职业癌，特别是肺癌。在1981年，国际劳工组织（ILO）顾问小组就将炼焦炉操作列入具有明显致癌危害的工业生产过程的名单中，并同时要求采取最可行和最实用的控制措施，使接触人群的发病率减少到最低程度。

焦炉工人肺癌的潜伏期一般为9～23年，临床表现和体征与非职业性肺癌无不相同。发病初期可见呼吸系统症状。焦炉工人肺癌的发病率为普通人群的2.5～5倍。如果一旦发生肺癌，癌肿转移的可能性很大，其病死率亦较高。1978年，原北京医学院对北京、东北地区的焦化厂进行的调查资料表明，焦炉工人肺癌的死亡率高于当地居民4～9倍。

焦炉工人肺癌的发生主要与接触3,4-苯并芘有关，在焦炉的机焦两侧炉旁及炉顶的空气中均可检出3,4-苯并芘。如在1978年，北京某焦化厂对焦炉机焦两侧炉旁的空气进行测定。空气中含3,4-苯并芘的量高达 $2.07\sim4.72\mu g/m^3$。焦炉炉旁温度越高，其空气中3,4-苯并芘的浓度也越高。特别是焦炉地下室、烟道和炉顶等作业场所，由于通风不良及温度高等原因，作业人员在短期内的接触量会更高。这是因为煤焦油的成分与干馏的温度有关，干馏温度越高，其中含芳香族化合物便越多，反之，则烷、烯类化合物便多。

焦炉工人肺癌有明确的职业接触致癌因素史，结合肺癌的临床检查，即可作出诊断。

焦炉工人肺癌的预防措施如下：

1. 焦炉炼焦生产力求做到密闭化，使炉体、炉门、炉顶装煤孔不冒烟不冒火。采用焦炉炼焦装煤消烟净化系统措施，实行无烟装煤技术，以降低作业环境空气中有毒有害物质的浓度，主要是空气中3,4-苯并芘的含量，并控制其他有害因素的协同致癌作用，如温度等。

2. 定期测定作业场所空气中致癌物质的浓度，如3,4-苯并芘，以便能及时采取相对应的措施。建议在某些作业场所或作业岗位采用与报警系统相连的自动监测仪，使当空气中有毒有害物质的浓度超过预定数值时，就可自动发出信号报警。3,4-苯并芘常用气体干涉仪或荧光计进行测定。

3. 对焦炉工人要大力宣传戒烟，因为香烟中不但含有致癌物质，而且吸烟还对焦炉工人肺癌的发生有协同作用。

4. 对焦炉工人应定期进行体检，每3～6个月作一次常规的肺部X线检查，较为有效的是做痰液的细胞学检查，以便早期发现癌前症状，及时诊断，迅速治疗。

5. 开展对职业性致癌因素接触人员的卫生知识宣传教育，使有关人员均能了解职业致癌的可能性、危害性及自觉防护的重要性，尤其要使焦炉工人积极和自觉地参与预防和防护。在一些必要的场合，应坚持正确地使用过滤式防毒口罩，以尽可能减少大量的接触致癌物质。

6. 凡患有心、肺疾病者，均不宜从事焦炉炼焦的作业。

九、铬酸盐制造业工人肺癌及其预防

铬是一种应用极为广泛的金属，特别是它的六价氧化物（铬酸盐），在工业上使用最多。职业性从事接触铬的作业除制造铬酸盐的生产之外，在电镀业、冶金和化工业、鞣革业、印染业，以及电焊的人员均可接触到铬酸盐。

在工业生产过程中，一般无急性铬中毒。铬的慢性毒作用，主要表现在对人体的皮肤

和呼吸道的影响。皮肤黏膜可出现刺激和腐蚀作用，如接触部位可发生过敏性皮炎，有小外伤的皮肤受铬酸盐溶液作用可发生铬溃疡（铬疱）。当空气中浓度达 $0.15\sim 1mg/m^3$ 时，鼻中隔黏膜可发生溃疡，乃至穿孔。呼吸道可表现为咽喉炎、肺炎。老长期接触高浓度的铬酸盐，可引起肺癌。经呼吸道侵入人体的铬酸盐，主要积聚在肺部，肺对铬的吸收率可达 40%，因此肺癌的发生可能与铬酸盐长期沉积于肺部有关。

铬酸盐制造业中，从事接触铬酸盐作业的人员肺癌发生的危险性增加，已为流行病学所证实。铬酸盐致肺癌的发生，一般潜伏期为 4～26 年，平均约为 10 年。从事接触铬酸盐作业的人员中肺癌的发生率可高达普通人群的 30 倍，且发生与接触铬酸盐的浓度有关。此外，吸烟者中的发病率高于不吸烟者。

铬酸盐生产所致肺癌，其症状、体征、病程、X 线表现、诊断发生与预防，与其他原因引起的肺癌并无差别。发现肺癌往往起源于肺的外周，肺部极少有纤维性变化。

有人认为，铬的致癌作用主要取决于其溶解度，溶解于酸而不溶于水的六价铬化合物（铬酸盐）具有较大的危险性。铬酸盐可以通过进食、吸入或经皮肤侵入人体，并能长期沉积于肺部，且不断向周围的细胞内渗透。六价铬化合物可作用于核酸和核蛋白，有明显的致突变作用。三价铬化合物在消化系统不易吸收，在体内不致癌，但三价铬化合物一旦在体内氧化成六价铬化合物后，便具有致突变的能力。

铬酸盐制造业工人肺癌的预防措施如下：

1. 采取技术措施，改善劳动条件。主要是依靠生产工艺的专门设计，包括配置足够和合理的通风排气装置。

2. 作业过程中，泼撒的液体或固体必须立即清除干净，以防止扩散形成作业环境空气中悬浮的粉尘，从而污染空气。

3. 对作业场所或作业带应定时定期地进行空气采样，以测定空气中铬酸盐的浓度。一旦发现其浓度超过国家规定的工业卫生标准，应立即采取控制措施。

4. 加强个人防护，作业场所空气中铬酸盐的浓度超过国家工业卫生标准时，必须佩戴防尘口罩等气体防护器材。

5. 搞好个人卫生，每日工作结束后应进行沐浴，勤洗工作服，勤更换内衣。

6. 对从事接触铬酸盐作业的人员，经常进行卫生知识的安全教育，使其了解铬酸盐对健康的危害，以增强自我防护能力。

7. 对从事接触铬酸盐作业的人员应定期进行体检，其中应包括胸部 X 线摄片。

8. 对从事接触铬酸盐作业的人员应进行就业前体检，凡患有呼吸系统疾病，包括鼻、咽、喉，以及严重皮肤病患者，均不宜从事接触铬酸盐的作业。

第二十五章　生物性及其他有害因素对人体的危害与防治

第一节　生物性有害因素对人体的危害与防治

一、炭疽病的防治

炭疽病是由炭疽杆菌引起的人畜共患的急性传染病，病原体为炭疽杆菌。

职业性炭疽是牧场、屠宰场、牛奶场职工，皮毛搬运或加工人员，以及兽医等在工作中被感染而罹患此病，其中以接触产品最初工序的作业人员发病率为最高。

炭疽病的主要传染源是染病的羊、牛、马、骡、骆驼等病畜，患炭疽病人也可成为传染源。炭疽病的起因主要是破损的皮肤或黏膜直接接触患病的病畜或其皮毛，接触污染的水、土壤、器械、物品、衣服等均可感染此病。此外，在卫生条件较差的皮毛加工厂或病畜污染的场所进行生产作业，可吸入含炭疽杆菌芽胞的气溶胶或进食染菌的畜肉及食物而感染患病。

炭疽病的潜伏期一般为1～3d，在衣衫单薄、皮肤外露的夏季发病最多。根据病原体侵入人体的途径而患病部位的不同，可分为三种类型，即皮肤炭疽、肺炭疽、肠炭疽。

皮肤炭疽。此类最为多见，约占全部病例的95%～98%。病变部位主要在面、颈、肩、手等皮肤易暴露处。初呈斑疹或丘疹，第2天变成水泡，里面有淡黄色的液体，周围组织发硬肿胀，继而周围又出现小水疱，第3天至第4天形成坏死区，面积逐渐扩大，第5天至第7天坏死区破裂成浅溃疡，继而结痂，焦痂在1～2周后脱落，再过1～2周愈合成疤。发病后1～2d患者常有发热，体温升高至38～39℃，头痛，全身不适，恶心呕吐，局部淋巴结肿大和脾肿大。

肺炭疽。由吸入炭疽杆菌芽胞而引起，可急骤发病，或先有数日低热、疲倦、肌痛、干咳、心前区压迫感等不适症状，然后突然发病。此类发病，呈严重的肺部感染病状，1～2d内即可出现呼吸，循环系统衰竭。

肠炭疽。主要是食用了未煮熟的病畜肉类而引起，也可因饮用了染菌的水或奶类而患此病。病人有持继呕吐、腹痛、腹泻等表现，重症者会有呕血及血样便，绝大多数病人在数日内恢复。

以上三种类型炭疽病均可发展为败血症或并发脑膜炎。

炭疽病的预防措施如下：

1. 发现病畜应立即隔离处理，同时对畜群进行检疫5天。病畜死后应保持其皮肤完整，严禁解剖、剥食，防止形成芽胞，畜尸最好焚化或深埋。深埋应入地2m以下，埋前在畜尸上撒大量的漂白粉或生石灰，以杀死芽胞体。

2. 发现病人应立即进行住院隔离治疗，其住所应彻底消毒，接触病人者需进行医学观察12d，医护人员应做好自我个人防护。

3. 厂矿企业发现病畜或病人时，应立即封闭有关车间，停止生产，并采取消毒隔离措施。禁止牲畜出入疫区，畜产品未经消毒严禁外运，限制人员流动。凡被病畜污染的场所及物品等，应采用有效方法彻底消毒，以切断传播途径。

4. 凡从事有关职业的人员，在工作时必须采取个人防护措施，工作时应穿工作服，戴手套及口罩等。工作后用1：1000升汞溶液洗手。如发生皮肤损裂，即用2%～5%碘酒涂擦，并报告医护人员。

5. 工厂厂房设备和布局应符合卫生要求，有尘车间或岗位应设置通风除尘设备。

6. 在条件允许的情况下，工厂企业应每年组织有关人员进行一次"人用皮上划痕炭疽的减毒活菌苗"接种，同时对家畜进行家畜炭疽疫苗接种，以保护易感人群。

7. 加强畜医卫生监督。对牲畜收购、饲养、放牧、调运、屠宰、加工等作业环节进行畜医卫生监督和检疫措施，防止疫情传入或扩散。

炭疽病的治疗措施如下：

1. 炭疽病的诊断依据是了解病人的职业接触史和特殊的皮肤损害，须与肺炎、食物中毒、急腹症及中枢神经系统疾患相鉴别。对可疑病例应及时取分泌物、排泄物、血、脑脊液等作细菌涂片或培养，以作出明确诊断。

2. 炭疽病的治疗方法与治疗其他急性传染病相同，以抗菌药青霉素为首选，氯霉素亦有效。局部皮肤病变可用软膏类药物贴敷，并用纱布包扎。不要弄破水疱，更不可手术切开，以避免发生扩散或败血症。

二、森林脑炎的防治

森林脑炎是一种由森林脑炎病毒所致的中枢神经系统急性传染病。

职业性森林脑炎主要见于与森林有关的人员，如森林调查人员、林业工人、筑路工人等。

在自然条件下，森林脑炎病毒在野生动物蜱和鸟类之间循环传播，蜱的带病毒率一般为5%左右。由于蜱在生长过程中需要吸食动物血，人们一旦被带有这种病毒的蜱叮咬，经过1～3个星期或者更长的潜伏期，就会发病。

森林脑炎发病的轻重早晚，与是否有效地接种了森林脑炎疫苗有关，也与蜱叮咬的部位和个人的体质有关。病情较轻者的症状为头痛、恶心、呕吐等，体温在38℃左右，多在5～7d体温开始下降，经2～4d降至正常，无后遗症。病情较重者会发生高热、头痛、肌肉麻痹、肢体瘫痪、脑膜刺激症和昏迷等，如果治疗不及时而加重病情，可于1～2d内导致死亡。极少数重症病人可留有后遗症状进入慢性期，表现为弛缓性瘫痪、癫痫及精神损害。

森林脑炎的预防措施如下：

1. 预防森林脑炎最切实有效的办法是接种森林脑炎疫苗。在保证疫苗质量的前提下，做到对入林人员普遍实施，不发生漏种。疫苗接种应在流行季节前一个月至一个半月进行，通常在每年3月份以前完成。

2. 被蜱叮咬后或发病早期，注射森林脑炎疫苗病人恢复期血清20～30mL，会有一定的防治作用。

3. 加强个人防护，为防止蜱的侵袭，在身体的裸露部位涂擦硫化钾溶液或优质防虫油。并穿紧口衣裤及长筒胶靴，头戴防虫帽。防护服或防虫帽均应用药物喷洒或浸泡。效果最明显的是邻苯二甲酸二甲酯，以 200mL 涂于一套防护服，有效期可维持 10d。同时经常检查身上是否有蜱存在，发现后应及时清除。作业归来应洗澡换衣，衣服及用具应用药物喷洒或浸泡，并注意避免把蜱带回家中。

4. 如果蜱喙已刺入皮肤，切不可猛拉，以免断在皮肤内，最好用油类或乙醚滴于蜱体上，使之死亡，然后轻轻摇动，缓缓拔出。一旦蜱喙断于皮肤内，可用消毒针仔细挑出，患处涂擦碘酒或乙醇。

5. 由于蜱喜欢在针阔叶混交林，沿河林等特定的环境中生存，因此加强生态环境改造，可减少蜱的生存机会。如有必要，可向地面喷洒 3%～5% 的来苏儿，经一昼夜后蜱可绝迹。此外，也可喷洒 2% 石炭酸水溶液或敌百虫、马拉硫磷等。一次喷洒后，灭蜱的有效期可维持 10 天以上，用马拉硫磷等灭蜱，效果可达 99% 以上，但应注意防止人畜中毒。

森林脑炎的治疗措施如下：

1. 森林脑炎的治疗，主要是抗病毒，尤其要注意对症治疗，并要与森林脑炎有相似之处的莱姆病区别。

2. 莱姆病也是由蜱叮咬而传播，但这种病是由螺旋体引起的，潜伏期一般为 3～21d，主要症状为皮肤出现环形红斑、脑神经损伤、心脏异常和多发生关节炎等。治疗莱姆病以红霉素、氯霉素为主，愈后较森林脑炎为好。

三、布氏杆菌病的防治

布氏杆菌病，又名布鲁氏杆菌病或波状热，是一种由布氏杆菌而引起的人畜共患的急性或慢性传染病。

布氏杆菌病是牛、羊、猪传播的疾病，因此，该病主要易感人群为畜牧者、兽医、皮毛工人、肉类加工厂职工和实验室工作人员等。接羔、处理流产极易感染，放牧、起圈、挤奶、屠宰、剥皮、切肉、皮毛加工等也易感染患病。在我国，此病多见于内蒙、西北、东北等牧区，只有极少数散见于各大中城市。

布氏杆菌病传染源主要为患病的绵羊和山羊，其次是猪和牛，其他动物也可得病，但不易流行。此病传播途径主要是人与病畜的接触，通常又可分为羊型、猪型和牛型三种。布氏杆菌可通过破损的皮肤和完好的黏膜，包括眼结膜进入人体，羊型的杆菌甚至可通过完好的皮肤进入人体。再者，吸入畜圈、牧场、屠宰场、皮毛车间、布病实验室等处污染的羊毛和灰尘时，可发生吸入性感染。此外，吃、喝了病畜的生奶、奶制品、半生肉类，或由于病畜的奶、肉、尿、粪等污染了食物而发生感染。

布氏杆菌病的主要症状特征为发热、多汗、关节疼痛、神经痛、肝脾肿大，病程较长，旧病易复发等。羊型常较重，猪型其次，牛型最轻，潜伏期平均两周左右，最短的仅 3d，最长的达 1 年。人患此病后，一般可分为急性期和慢性期。

在急性期主要表现为发热、多汗、乏力、关节病、睾丸肿痛等。多汗较其他热性病为著，于深夜清晨热退时出现大汗淋漓；关节痛呈锥刺状，疼痛剧烈，用一般镇痛药常不能使其缓解。其次表现为头痛、神经痛、咳嗽、肝脾肿大、淋巴结肿大，后颈部疼痛、下背酸痛等。

慢性期多由急性期发展而来，亦可直接表现为慢性，以牛型为多见。该期表现多无特异性，病人常自感疲乏、软弱、多汗、低热、失眠、淡漠或烦躁不安等类似神经功能症的表现。

布氏杆菌病的预防措施如下：

1. 加强传染源的管理。定期对畜群进行卫生检查，发现病畜时应及时隔离处理；对异地购进的牲畜进行卫生学观察，证明无病后方可合群放牧；病畜严禁买卖；在条件允许的情况下，对健康牲畜进行预防接种。

2. 对患病者应采取就地设点隔离和治疗的措施，直至症状完全消失。

3. 切断传播途径。加强畜产品的卫生监督，生乳必须经巴氏法消毒后始准出售或运出；饮食用具也须经巴氏法消毒；病畜肉须经过高温处理后或盐腌2个月以上方可运出或出售；皮毛应进行消毒处理或库存5个月后才可运出。

4. 加强对水、粪的管理，保护水源免受污染。

5. 凡有可能感染布氏杆菌病的人员，均应进行免疫接种，以保护易感染人群。目前多采用M-104干冻活菌苗皮上划痕接种法，每年进行一次。

6. 加强个人防护和个人卫生。作业人员应穿好工作服、戴口罩、帽子、手套等，作业场所中严禁吸烟、饮水或进食，工作结束后应洗手消毒。个人防护用品使用后需要进行消毒处理，对污染的地面及用具等也应严密消毒处理。

布氏杆菌病的治疗措施如下：

1. 对布氏杆菌病如能及时发现和治疗，一般愈后较好。目前，对急性病的病人主要以控制感染为主。为提高疗效，防止产生耐药性，多采用抗菌药物联合疗法，在药物治疗的同时，病人应卧床休息，多饮开水。

2. 对慢性病人的治疗，应采用以抗菌药物和特异性脱敏疗法为主的综合疗法。特异性脱敏疗法的药物有菌苗、水解素、溶菌素三种。治疗均应从小剂量开始，根据注射反应情况，逐渐增加剂量，10~15d为一疗程。

第二节 其他有害因素对人体的危害与防治

一、接触性皮炎及其防治

在生产过程中，人体皮肤与周围环境的物质接触最多，任何职业性有害因素总是最先接触到皮肤，因此职业性皮肤病在职业病中占较大的比例。在各行业中，几乎都有可能发生职业性皮肤病，其中以接触化学因素引起的为最多。

按化学因素的作用性质可分为原发性刺激物和皮肤致敏物两种。原发性刺激物是指这种物质只要达到一定的浓度或剂量，任何人的皮肤与它接触一定时间后，都可能发生不同程度的损害。致敏物质是指能引起皮肤过敏反应的某些化学物质。这种物质与原发性刺激物不同，只是对一部分人起作用，在第一次接触时，并不起什么反应，但在连续接触或间隔一段时间后再接触，便发生皮肤损害。常在第一次发病后，再接触时发病更快，而且极小量的化学物质就可引起皮肤病的复发。此外，皮肤受到摩擦或酸、碱性物质的刺激后，能促使这种致敏物质的致病作用。

化学物质的刺激作用与致敏作用，往往不能截然分开，绝大部分的原发性刺激物，在一定条件下也可发生致敏作用，同样，有些致敏物质在浓度高时也具有一定的刺激性。还有些化学物质同时具有刺激作用和致敏作用，如苯酚、铬酸盐等。

除化学因素外，还有物理因素。如摩擦、温度、湿度的作用，光线的作用等，生物因素如植物的花粉等。

在职业性皮肤病中最多见的为接触性皮炎。接触性皮炎一般多发生在身体的暴露部位，如面部、颈部、手部和前臂等处，也可发生在工作服被污染或因抓痒等间接接触的部位，如腰部、大腿内侧、阴部等皮肤细嫩或易受摩擦的地方。

接触性皮炎多为急性过程，首先在接触部位有痒或烧灼感，随即出现红斑、水肿、丘疹、水泡、糜烂、渗出、结痂和脱屑。这些表现并不一定都发生，有的可停留在某一阶段而不再进一步发展。如果脱离接触后，经过 1～2 周，便可自愈或减轻，但若再接触还会复发。如果皮炎未痊愈又继续反复接触时，便可转变慢性皮炎，此时皮肤红肿并不明显，但有不同程度的浸润和皮肤变厚等。

接触性皮炎如经久不愈或反复发生，也可转变成湿疹。湿疹是人体接触物质过敏反应的一种表现，常见于两手和前臂等接触处，并可蔓延到身体其他非接触处的皮肤。湿疹呈针头大小成簇的红斑丘疹或水泡，皮肤逐渐浸润肥厚或呈糜烂、渗出，或为角化鳞屑，有的两种现象同时存在。湿疹的病程缓慢，时好时坏，即使停止了接触也可再发生而不易痊愈，有的甚至可延长到数月以至数年之久。

例如，当作业人员从事接触沥青作业时，沥青的烟雾和粉尘状可在身体的暴露部位发生皮炎，尤其是在夏季日光下作业，一般多在接触几小时或 1～2d 后便可发生，表现为裸露部位，如颜面、颈部、臂等处的皮肤潮红、刺痛、烧灼感，或有不同程度的痒感，并出现轻重不一的红斑，在眼睑周围最为严重。除皮肤损害外，两眼的结膜有急性充血、流泪、怕光和眼睛有异物感。皮炎经数日后可脱屑消退，脱屑后往往留下色素沉着。沥青之所以能引起接触性皮炎，并在日晒或受日光照射后才会发病，主要是沥青中含有一些光感性物质，如吖啶、蒽、菲等，当这些物质与人体皮肤接触，甚至可能从呼吸道、消化道吸入人体，会使人体对光的敏感性增高，故经日光照射后就会发生皮炎和眼结膜的一些症状。因此，这种接触性皮炎也称为光感性皮炎。

再如，在生产和使用酚醛树脂的作业中，由于作业人员的皮肤接触其散发出来的蒸气或其制品的粉尘，常引起皮炎等，因酚醛树脂本身就是一种致敏物质，可引起皮肤的过敏反应。再者，酚醛树脂中还含有酚和甲醛，这两种物质都有刺激性，同时也有一定的致敏感作用，因此可刺激皮肤引起过敏反应而发生皮炎。由酚醛树脂引起的皮炎，常见于颜面和颈部，特别是眼睛周围，表现有潮红、水肿。如发生在手、四肢、躯干等部位，多为红斑和密集的小丘疹，并伴有剧烈的痒感。手和四肢的皮疹，常因抓痒后出现湿疹样皮炎。除引起皮炎外，有时还可发生皮肤瘙痒症，可能是局部的，也可能是全身性的，但没有明显的皮疹表现，这种皮肤瘙痒症多见于夏季。此外，还可发生手掌皮肤干燥、脱屑、皲裂以致皮肤粗糙或角化过度等。

为了预防接触性皮炎，需做好以下防护措施：

1. 改革工艺、改善劳动条件，使那些具有刺激性和致敏感性的物质减少散发，以隔绝有害物质与人体皮肤的接触。

2. 根据生产条件和作业情况，适当配备个人防护用品，如头巾、面罩、工作服、围裙、套袖、手套、胶鞋等，并正确使用，以达到防护效果。同时要注意个人防护用品的清洁，经常洗涤，特别是贴皮肤的一面不能受到有害物质的污染。

3. 工作服应选用质密柔软的衣料，以避免由于粗糙不适的工作服对人体皮肤的机械摩擦而促使皮炎的发生。工作服的开口处应扣紧，以防有害物质的主体或粉尘侵入而刺激皮肤。此外，工作服不得有破损，否则应及时修补好，并注意不要把工作服与日常穿的衣服放在一起，最好是设分别存放工作服和日常衣服的更衣柜。只有这样，才可使工作服起到应有的作用。

4. 当作业人员有可能接触引起皮肤损害的有害物质时，可使用某种防护油膏以防止有害物质沾染皮肤。在作业前将面部和手部，以及人体皮肤暴露部位涂上防护油膏，待作业结束后再用清水和肥皂把它洗掉，同时也可把附着的有害物质一起清除，以达到保护皮肤的作用。

5. 注意搞好环境卫生，经常打扫或用水冲洗地板、墙壁、天花板、门窗，并经常清洗机器设备和工具等，以保持作业环境的清洁，减少有害物质污染皮肤的机会。

6. 搞好个人卫生，养成良好的卫生习惯。在作业过程中，如需用手接触身体其他部位皮肤时，应先将手洗净，以免把手上沾染的有害物质带到皮肤各处。在接触有害物质作业下班后应进行淋浴，以保持全身皮肤的清洁，但应注意不要使用肥皂过多，尤其是碱性大的肥皂。如果是每天都要淋浴，则应使用碱性小的或中性的肥皂较好。

接触性皮炎的治疗如下：

1. 对于接触性皮炎的治疗，无论是治疗原则、方法，还是所使用的药物，均和治疗一般皮肤病相同。接触性皮炎较轻的可以外敷氟氢可的松软膏、地塞米松软膏、扑粉或痱子粉等。接触性皮炎较重的，有红肿、水疱，特别是有糜烂、渗出的，可用3%硼酸水、生理盐水等做湿敷，防止因痒而用手指抓挠及用热水烫，以防感染。

2. 接触性皮炎若有感染，可用0.1%雷佛奴尔溶液进行湿敷。

3. 接触性皮炎在恢复期开始脱屑时，宜用15%氧化锌软膏或5%硼酸软膏外敷。

4. 如果皮肤损害面积较大，病情和炎症严重的患者则应及时请医生治疗。

二、黑变病及其防治

黑变病，是指在作业环境中存在的职业性有害因素，主要是因从事接触煤焦油、石油及其分馏产品、橡胶添加剂，某些颜料和染料及其中间体而引起的慢性皮肤色素沉着性疾病。

黑变病在石油、炼焦、橡胶及印染行业中较为多见，中年职业和女职工易患此疾病。

黑变病多发生在冬季，有较长的潜伏期，病情进展缓慢，病程长。此病的主要表现为表肤损害，呈现以暴露部位为主的皮肤色素沉着，严重泛发全身。常伴有头痛、头晕、乏力、食欲不振、消瘦等全身症状。根据皮肤症状，一般可分为三期。第一期为红斑期，主要表现为前额、颞部、耳后、颊部出现斑状充血，并伴有轻度痒感，充血程度时轻时重。第二期为色素沉着及毛囊角化期，其特点是在红斑期的基础上出现斑状或细网状青灰色色素沉着，继之转化为暗褐色。多数患者伴有毛囊角化，尤其以前臂屈侧，指节背面为甚。

第三期为皮肤异色症期，此期除患处皮肤呈弥漫性色素沉着外，还可见表皮萎缩及毛细血管扩张，痒感消失。

黑变病的预防措施如下：

1. 为了减少黑变病的发生，首先是要改善劳动条件，在生产工艺上应实行生产设备的机械化，这是防止职业性皮肤病的根本措施。

2. 在生产作业环境中安装通风排气设备，以降低作业场所空气中有毒有害物质的浓度，使之符合国家规定的工业卫生标准最高容许浓度。

3. 加强对作业人员的健康监护，对从事接触有毒有害作业的人员应定期进行体检，做到早发现、早诊断、早治疗。

4. 对于不适宜从事橡胶加工及接触矿物油类、某些染料、颜料等作出的黑变病患者以及严重的色素沉着性皮肤病患者，应予调换工作。

黑变病的治疗措施如下：

1. 黑变病的治疗主要是避免继续接触致病物质，并给予对症治疗。

2. 局部外涂5%白降汞软膏或3%氢醌霜，并用含有维生素C的葡萄糖液静脉注射或点滴。

3. 可多服用一些维生素对症治疗。

三、痤疮及其防治

职业性痤疮，是指在生产过程中，由于接触煤焦油、沥青、高沸点的矿物油类或氯及氯化物而引起的一种皮肤损害。

痤疮多于接触上述物质后数月逐渐发生在身体易受到污染的部位，如面部、手背、前臂、四肢伸侧、肩部等处。该病初期在受污染的部位呈毛囊性改变，即在扩张的毛囊口发生黑色的角质栓塞，稍有痒感。病情若进一步发展，皮肤损害便可转变为痤疮。

痤疮可分为角性痤疮和炎症性痤疮两种类型。前种类型表现为皮肤出现坚硬的暗红角丘疹或小结节，中心部位有一小黑点，无化脓现象。后种类型表现为鲜红色结节样损害，毛囊周围有红、肿、热、痛的现象和感觉，表面有小脓疱，可发展为结疖肿。痤疮严重者可出现发热等全身症状。

职业性痤疮不同于非职业性痤疮之处，在于职业性痤疮发病不受年龄限制，多发生于手指节背面、手背、前臂、腹外侧，所造成的皮肤损害较为一致，有明显的角质化，发病者有长期的职业接触史。

痤疮的预防措施如下：

1. 预防痤疮发生的关键措施是加强个人防护。在生产作业过程中，应坚持正确地使用防护用品，并保持防护用品的整洁。每日工作结束后应进行淋浴，禁止穿工作服回家。

2. 凡遇有明显的脂溢性皮炎、寻常性痤疮（即非职业性痤疮）、疖病等皮肤病的患者，均不宜从事接触矿物油类和氯化芳香族烃类的作业。

痤疮的治疗措施如下：

1. 职业性痤疮的治疗原则与寻常性痤疮相同，一般是用温水和香皂洗净皮肤受损害处，再涂擦0.5%新霉素软膏或红霉素软膏，亦可直接外涂5%复方硫磺洗剂。

2. 病情较重及伴有发热等全身症状的患者，可给予抗菌素或其他消炎类药物进行对症治疗。

四、溃疡及其防治

在一些工业生产部门中，有许多化学物质能引起皮肤溃疡，如电镀、胶印、照相、印染行业中的重铬酸盐；充电、清洗等作业需用的强酸、强碱；以及用于电气技术、荧光材料的铍等。

职业性溃疡发生的部位多见于手背、足背、指、腕、踝关节等处，因为这些部位易被碰伤。溃疡的形态、大小和深浅，是随接触物质的性质及接触剂量的多少而不同。如铬和铍的化合物所引起的溃疡，往往是先在皮肤发生较小的损伤，此时如不加以处理并且反复接触，其损伤可逐渐侵入到组织深部，甚至累及骨部。其形态是中心坏死凹陷，周围组织增生呈现隆起，构成一个奇特的外观，俗称"鸟眼状溃疡"。此种溃疡的愈合过程很慢。而强碱类中的苛性碱在同皮肤接触后，接触部位先变白，继而红肿，有时可出现水疱、糜烂和溃疡。该种溃疡的特征是边缘不齐，上面覆有结痂，并常伴有灼热或瘙痒感，愈合后留有疤痕。

溃疡的预防措施如下：

1. 溃疡的预防应采取综合性措施，首先应在生产过程中尽量实行密闭化、自动化生产工艺，作业采用机械化操作。
2. 作业场所应配备良好的通风排气装置，以降低作业带空气中有毒有害物质的浓度。
3. 建立健全安全操作制度，采取个人防护措施，坚持使用防护用品，如工作服、手套、口罩等，并保持防护用品的整洁。
4. 定期对从事接触的作业人员进行体检，以便发现问题及时治疗处理。
5. 搞好个人卫生，作业结束后应淋浴，并常更换内衣。
6. 在作业过程中一旦皮肤受到污染，应立即用大量清水冲洗干净，然后及时作必要的医疗处理。

溃疡的治疗措施如下：

1. 首先是清洗被污染的皮肤，然后再根据所接触不同的污染物质进行对症治疗。
2. 铬化合物所引起的溃疡在用5％硫化硫酸钠溶液清洗后，可外涂5％硫化硫酸钠软膏，溃疡较深者可用硫化硫酸钠溶液湿敷4～5d。
3. 碱烧伤所引起的溃疡，应用清水冲洗干净，再用5％硼酸溶液冲洗或湿敷，然后可根据烧伤的程度不同采取对症治疗措施。

五、职业性哮喘及其防治

职业性哮喘是指作业人员在生产环境中吸入有害物质，而引起的以气短、哮喘、胸闷、咳嗽为特征的气道阻塞性疾病。

在哮喘的发病中，约有2％是属于职业性的，而在某些工业中，职业性哮喘的发病率可达10％～20％。职业性哮喘的致病原大约有200多种，按其来源可分为植物性、动物性和化学性。

植物性致病原主要存在于某些木材中，如红木、麻栗木、红西洋杉、水杉、胡桃树树叶和含树脂的木材。处理木材用的化学品，粘合剂和杀虫剂，如甲醛、五氯酚和重铬酸盐等,也常常是致病因素。其次,在接触面粉和谷类的职业中,发病率以从事磨粉、烘焙和制造糊酱的作业为最高,哮喘原包括面粉,特别是荞麦粉,以及花粉、霉菌、曲菌等。因此,目前世界上许多国家已禁止面包厂使用碱性过硫酸盐。此外,植物油中的蓖麻油常可引起榨油厂和从事运输的作业人员发生哮喘;花生油、菜籽油和大豆油也都具有致哮喘作用。其他植物性哮喘原,包括印刷行业中应用的阿拉伯树胶和卡拉亚树胶;纺织行业中的棉花引起的棉尘症,即"星期一症状";制药行业的某些植物产品,如吐根、甘根、除虫菊的抽提物和天然奎宁等。

动物性致病原主要有哺乳动物的毛发、爪甲、羽毛、动物残块和干的排泄物等。蚕蛹、蚕蛾、牡蛎、蜘蛛,以及用于鱼类饲料的水蚤也都有致哮喘发作的病例。

化学性致病原包括药物、塑料和许多不同的化学品。在药物引起的病例中,最主要的致病原是抗生素,如β-乳胺、链霉素和诸如苯基胺基醋酸的前体物质,以及磺胺胍、氯丙嗪、哌嗪、氯化苄烷铵等。在生产和使用塑料物品时,长期接触其单体、固化剂和催化剂,如脂肪胺、脂环胺、特别是乙烯基二胺和二乙醇胺等多种添加剂,均可引起哮喘。有机异氰酸脂类,尤其是二异氰酸甲苯酯广泛地应用于油漆、腊克、粘合剂等,第一次接触即可引发支气管痉挛。用于制造环氧树脂、粘合剂和油漆的酞酸酐,可诱发接触者患"肉类包装工哮喘"。橡胶工业中应用的芳香胺,制药工业和洗涤液生产中应用的蛋白水解酶类,如胰蛋白酶、枯草杆菌、淀粉酶等;纺织工业中应用的偶氮、重氮化合物和蒽醌;丝绸和理发行业中应用的丝胶蛋白,特别是重氮甲烷等,都是引起哮喘的致病原。某些金属如镍、铬盐、铅、钒等,特别是铂盐,如氯铂酸铵和铂酸钠,均可引起哮喘。

职业性哮喘的临床表现与普通哮喘一样,并无不同。通常在工作后的傍晚,但更多于夜间开始发作。有过敏体质者更易发生哮喘。

职业性哮喘是造成人体呼吸系统损害的重要原因。其预期后果与症状出现、疾病持续时间长短、脱离接触时间有关,故早期发现职业性哮喘尤为重要。

职业性哮喘的诊断如下:

诊断职业性哮喘,职业接触史十分重要,有几条准则有助于判断哮喘与职业之间的联系。

1. 作业人员从事一项新的作业后,或在作业中引入了一种新的物质后便出现了哮喘症状。

2. 在生产过程从事某项作业或接触某种物质数分钟内便出现哮喘症状。

3. 工作后的晚上,因接触某种物质数小时后出现的迟发哮喘症状。

4. 停止某项作业或脱离接触后不发生,但恢复其作业后却常常发生哮喘。

临床检查确诊职业性哮喘,其诊断包括肺功能测试、免疫学检查,如皮肤试验、特异性抗体(IgE、IgA)的测定。然而,比较重要和有意义的是进行停工—复工试验。患者脱离接触,可给予一个较长时间的休假或病假,借以观察其症状的动态发展。在患者重新恢复工作前,可进行一次肺功能试验。假如重新恢复工作时,其呼吸系统症状和呼吸道阻塞综合症再度出现,则可确认为职业性哮喘。

职业性哮喘的预防措施如下:

1. 职业性哮喘的发生,主要取决于两个因素,即职业性接触和个体因素,如过敏体质。因此,减少或杜绝职业性哮喘原,采取预防性措施显得尤为重要。如使用通风排气和吸风罩，或采取密闭哮喘原的措施进行操作，以降低作业场所空气中含有哮喘原的粉尘和蒸气的浓度。

2. 加强对职工的宣传教育工作，引导他们不吸烟、不酗酒，注意身体锻炼，以增强体质，增强自我保健能力，并使之积极地进行自觉防护和预防职业性哮喘的发生。

3. 凡患过敏性鼻炎或痉挛性咳嗽等体质过敏者，不宜从事接触有明显致哮喘原的作业。

职业性哮喘的治疗如下：

职业性哮喘的治疗是以使用典型的支气管扩张药剂为基础，同时采用抗组织胺药剂和皮质激素等。

六、职业性白内障及其防治

所谓白内障，即眼球内透明晶体因某些原因而发生了混浊。白内障发生的原因很多，有先天性或发育因素引起的发育性白内障；有老年因素引起的老年性白内障；有身体代谢因素引起的糖尿病性白内障和手足搐搦症白内障，有因眼部疾病引起的并发性白内障；有眼部外伤引起的外伤性白内障。此外，还有某些化学和物理因素导致的白内障，如因化学因素导致的三硝基甲苯白内障、萘白内障等；以及因物理因素导致的放射性白内障、红外线白内障、微波白内障、电击伤白内障等，这些白内障都是因从事接触职业危害因素而引起的，故称为职业性白内障。

现将几种典型的职业性白内障简述如下：

1. 三硝基甲苯（TNT）白内障。由三硝基甲苯中毒所引起，初期左眼球晶体周边部皮质内出现细小灰黄色点状混浊，排列成环状。此环与晶体周边部留有一透明间隙。最为典型的，用彻照法检查，可见此环由多个尖端向中心的楔形组成。随病情进展，前皮质中央部可见有环形混浊。晶体混浊逐渐扩展加重，最终可导致晶体全部混浊。

2. 放射性白内障。由 X 线、γ 线等电离子辐射所致，初期在晶体后极部后囊下皮质内出现细小点状混浊，逐渐发展成盘状，同时后皮质有小空泡样改变。混浊逐渐向深部皮质和四周皮质扩展延伸，在皮质内出现不规则条状混浊，在前皮质内也逐渐出现混浊及空泡样改变。

3. 红外线白内障。由红外线所致，初期在晶体后囊及后皮质外层出现条状混浊，交织成网状，逐渐发展成不规则的盘状，混浊可见有石棉样反光。前囊可见有囊膜剥脱。随进展混浊不断扩展加重。

4. 微波白内障。微波可导致白内障已被人们所公认，但对此种白内障的形态特点目前尚未完全统一意见。国内的报告为晶体后囊下蜂窝样或锅巴样混浊，也有人报告为皮质内的点状混浊。应提及注意的是，普通人群中眼球晶体周边部皮质内几乎都可见到多少不等的点状混浊。

由于白内障的病因很多，因此在诊断职业性白内障时，既要充分散大瞳孔仔细检查晶体混浊的形态和部位，还要结合患者的职业史、病史、全身及眼部情况综合分析。必要时还需参照作业现场卫生学检测情况。在排除其他非职业因素所致的白内障后方可诊断。

职业性白内障诊断标准规定，在晶体周边部或后囊下皮质有效多点状混浊，彻照法检查可见点状暗影，或后极部皮质内出现水泡样改变，无视力障碍者，可列为观察对象，并定期对他们进行追踪观察，如晶体周边部皮质内点状混浊已构成环形，或后囊下皮质出现盘状混浊、蜂窝状混浊等明显改变，结合职业史、病史等诊断为职业性白内障者。

职业性白内障的预防措施如下：

1. 由于晶体混浊为不可逆返的损害，白内障一旦发生则难以恢复，故一定要加强预防，严格遵守安全操作规程，防止职业性白内障的发生。

2. 在有强光源和可导致职业性白内障作业场所从事作业的人员，应佩戴防护眼镜。

3. 对从事接触可导致职业性白内障作业的人员应定期进行体检，其中包括眼科检查，散瞳检查晶体，以便及时发现问题，早期得到治疗。

4. 对从事接触可导致职业性白内障作业的人员应进行就业前体检。凡患有严重神经衰弱、心血管系统疾患，以及眼疾患者，均不宜从事接触可发生职业性白内障的作业。

职业性白内障的治疗如下：

1. 对白内障的治疗，初期可以给予常规药物治疗，如点白内停，服用障眼明，维生素 B_2、C 等。

2. 白内障发展到近成熟期可进行手术治疗。

七、煤矿井下工人滑囊炎及其防治

滑囊是由内皮膜组成的囊状物，位于关节附近的肌肉或肌腱附着处与骨隆起之间，藉以减少组织与骨骼之间的摩擦，便于滑动。临床流行病学调查表明，滑囊炎的最常见病因为外伤和职业性不良体位，其次为继发化脓性病灶或结核石。

煤矿井下作业人员的劳动强度较大，尤其是在薄煤层工作，常须弯腰或采蹲位和跪卧位进行作业，同对又因煤矿井下不良的气象条件及噪声、振动等各种职业危害因素的影响，增大了引起滑囊炎和外伤的危险性。弯腰或采蹲位和跪卧位进行操作是由于在煤矿井下进行作业时，受到环境的限制所造成的不良劳动姿势，从而使身体某些部位的滑囊长期遭受强烈的压迫、撞击或摩擦，因此便引起滑囊炎。煤矿井下的各种职业危害因素又能加重加快滑囊炎的发生。

典型的职业性滑囊炎是慢性的，也有亚急性的。病理上可分为黏液性的，增殖性的和退行性变化的。一般以后两种为常见。

煤矿井下工人滑囊炎主要发生于肘部的鹰嘴突滑囊和膝部的髌骨前滑囊。肘部的鹰嘴突滑囊炎又称"矿工肘"。临床表现为肘弯或膝盖表面逐渐肿胀，略有痛感；肿胀逐渐增大如拳，有波动感及轻度压痛；表面皮肤增厚，起茧，膝盖表面有如橡皮垫；有时亦可因囊内渗液增加而使皮肤变薄，日久与囊粘连在一起；严重时，肘关节及膝关节伸屈运动也有障碍和疼痛。

煤矿井下工人滑囊炎的治疗如下：

1. 治疗滑囊炎的原则是在急性期间注意局部休息，消除对滑囊的刺激。

2. 积液过多时，可用注射器将囊内液体抽尽，局部注射氢化可的松 0.5mL 后加压包扎，并暂时用石膏托固定。

3. 慢性反复发作，非手术疗法无效者，可进行手术切除。

4. 合并感染者，可以切开脓腔引流，同时使用抗菌药物控制感染。

八、职业性变态反应性肺泡炎的防治

职业性变态反应性肺泡炎，也称外源性变态反应性肺泡炎，是吸入有机粉尘数小时后肺组织呈弥漫性间质性病变的一种肺部疾病。

职业性变态反应性肺泡炎常见的表现形式有因吸入霉牧草粉尘引起的农民肺，发霉甘蔗引起的蔗尘咳喘病，蘑菇房内嗜热放线菌属引起的蘑菇尘咳喘病，伐木和木料加工者的木尘咳喘病。另外还有湿化器或空气调节器肺炎，麦芽工肺，皮毛工肺，纸浆材料工肺，乳酪工肺，咖啡尘肺，以及塑料工肺等。

此病的症状与粉尘的抗原性、接触抗原的次数与强度以及机体的免疫反应等因素有关。目前临床上大多将此病分为急性和慢性两型。

急性型。为短期内吸入较多抗原所致，常在接触有机粉尘 4～6h 后发病，先有干咳、胸闷、继而发热、四肢酸痛、食欲不振、恶心、头胀等类似流行性感冒的表现。其中约有 10％～20％ 的患者可有哮喘样喘鸣。停止接触后，症状逐渐减轻，半个月内可恢复正常。如再次重复接触又可有类似上述症状的发生。体检时可见及肺部的细湿罗音，尤其以肺底部较为明显。血象检查可见白细胞总数增多，以中性粒细胞为主，嗜酸粒细胞增多者甚少。血沉多增速。

慢性型。发病隐匿，常因多次少量吸入抗原所致。患者除轻度咳嗽外，全身症状不明显，体征也少。晚期由于弥漫性肺纤维化出现气促、喘息和肺功能不全等症状。

X 线检查，急性期常呈弥漫性肺纹理增粗，有时可见对称的、大小均一的散在小结节阴影，尤其以中下肺野为多。慢性期和晚期常呈广泛分布的不规则阴影，并伴局部纤维收缩，呈网状结节状，有时可见"蜂窝肺"全肺容量显著减少。

肺功能在早期和急性期主要有阻塞性通气障碍，尤以小气道功能障碍为主，停止接触后可逐渐恢复。慢性晚期病例呈混合性通气障碍，肺容量下降，并伴弥散功能降低。

职业性变态反应性肺泡炎的预防如下：

1. 预防职业性变态反应性肺泡炎，主要是做好防尘工作。某些有机物质在潮湿、温暖的条件下贮存时，易发生霉变，可使嗜热放线菌或霉菌生长繁殖。因此，稻草、麦秸、谷物等收割后应充分晒干，堆放在通风良好的场所，以防发霉变质。同时在作业场所加强通风排气措施，或采用吸风罩装置，或实行密闭操作。

2. 作业人员应严格遵守操作规程，加强个人防护。

3. 大力宣传并要求接触粉尘的作业人员戒烟。

4. 凡生产环境中有大量有机粉尘，都应创造条件对接触粉尘的作业人员实行定期健康检查。

5. 有特异体质过敏的人员，不宜参加某些有机粉尘的作业；有哮喘史、粉尘性肺部疾患，并反复发作史的人员，应考虑调离。

九、牙酸蚀病及其防治

牙酸蚀病，是常与酸类物质接触而导致的一种职业病。制酸生产的作业人员或经常从事接触酸的作业人员，其牙齿受到酸雾或酸酐的作用而脱钙，使牙齿硬组织逐渐丧失，牙前唇面由切缘向唇面如刀削状，底面光滑发亮，牙体小于正常形态。

不同种类的酸，造成对牙齿损害的方式也不相同。对牙齿损害最为严重的是盐酸和硝酸。盐酸对牙齿的作用，在早期是牙面上出现明显的横纹。牙体变得非常敏感，尤其不能吃酸的和甜的食物。病情进一步发展，唇面近切缘处形成刀削状的光滑斜面，切端变薄，且易折断，无凹陷和颜色的改变。二氧化氮虽难溶于水，但长期滞留于牙面便可形成硝酸而腐蚀牙齿，使牙面脱钙，从而形成灰褐色斑，损害加重可形成类似龋齿的缺损。有些作业人员从事接触多种杂酸，空气中低浓度的酸雾或杂酸引起的牙齿酸蚀症，其病变主要在唇侧龈缘下的釉牙骨质界处或牙骨质上，侵犯釉质者极少。

牙酸蚀病轻症者，只有对温度的刺激敏感，如对冷空气、冷水等敏感，探釉牙骨质界处极为敏感。牙酸蚀病重症者，在牙骨质上有沟状缺损，沟底光滑、坚硬，对冷、酸、甜等均为敏感。

牙酸蚀病的防治措施如下：

1. 改进生产过程中的装置、设备，减少乃至消除跑、冒、滴、漏现象，杜绝作业环境空气中酸雾的产生。这乃是牙酸蚀病的根本性防治措施。

2. 加强个人防护，作业时应佩戴防酸口罩或防毒面具，避免用口直接呼吸。

3. 用含氟牙膏刷牙，以碱性漱口液漱口。

4. 受酸侵蚀的牙齿，若损害不严重，可用脱敏法减轻症状，如用钙离子或氟离子导入法脱敏更为适宜。

5. 牙齿因酸蚀缺损较多者，可考虑套冠修复。

6. 有牙髓炎症者，应进行髓病治疗。

第二十六章 通风和除尘的安全技术

第一节 通风安全技术

一、自然通风

自然通风是利用室内外温度的不同所造成的压力差和风,在流动过程中遇到建筑物而形成的风压使室内外空气进行交换。因此,自然通风一般分为热压自然通风和风压自然通风两种形式。

热压自然通风,即室内有热源存在,室内空气的温度比室外高,室内外由于温度的不同而产生不同的空气重量,在室内一定高度范围内形成压力差,即所谓热压差,从而促使室外重的冷空气自下部开口流入室内,室内轻而热的空气则向上流动,从上部开口排出室外,达到室内外空气进行交换。室内外温差越大,自然通风量,即换气量也越大。

风压自然通风,即当室外风流吹向厂房时,在厂房迎风面便产生正压,在厂房背风面便生产负压,在这种压力差,即所谓风压的作用下,厂房外的空气从迎风面开口流入,而厂房内的空气则从背面开口流出,达到厂房内外空气进行交换。室外风速越大,即换气量也越大。

自然通风是一种既经济又有效的措施,欲使自然通风达到最佳效果,应根据本厂矿企业的总平面布置、厂房建筑的结构形式、热源等情况进行设计,在设计时应注意以下事项:

1. 自然通风的效果与建筑平面布置及形式有密切关系,为了提高自然通风效果,厂房纵轴应尽量布置成东西向,以避免大面积的墙和窗受日晒的影响,在我国南方炎热地区尤应如此。厂房的主要进风面一般应与夏季主导风向成 60°~90°角,不宜<45°角,以提高进风效果。

2. 热加工厂房应尽量布置成⌐型、凵型或Ш型,以加大进风面,开口部分应位于夏季主导风的迎风面。凵型或Ш型建筑各翼的间距一般不应<相邻两翼高度和的一半,最好在 15m 以上。

3. 在散发大量热量的单层厂房四周,特别在夏季主导风向的迎风面,不宜修建披屋。

4. 采用比热压产生的自然通风,厂房内热源位置应尽量布置在天窗下面,对散发大量热量的厂房,应尽量将热源布置在厂房外面夏季主导风向的下风侧。同时,对布置在厂房内的热源应采取有效的隔热措施。

5. 在我国南方炎热地区,当不散发大量粉尘或有毒有害气体时,厂房可采用以穿堂风为主的自然通风。为了充分发挥穿堂风的作用,侧窗进排风的面积均不<厂房侧墙面积的 30%,厂房四周也应尽量减少披屋等辅助建筑。

6. 在设计多层建筑时，对散发大量热量的厂房，应设在建筑物的最上层，而将热源布置在下风的一侧。

7. 为避免风自天窗倒灌入厂房内，应采用避风天窗，以避免当风吹在较高的墙上造成正压，而破坏排气天窗或竖风道的负压。

8. 在厂房的自然通风中，厂房内所产生的余热和烟尘主要依靠天窗向外排出，故对天窗的要求是排风性能要好，在任何风速、风向下都不会产生倒灌现象，同时要求结构简单，经济合理。

二、机械通风

机械通风是利用通风设备对室内送风或排风。

机械通风又可分为全面通风和局部通风。所谓全面通风，就是整个厂房都由通风设备往里送风，将厂房内含有害物质和粉尘的空气用排风机排出。而局部通风，就是在厂房内某些产生含有害物质和粉尘的地点利用排风机，将这些物质排出厂房外。

三、机械送风

机械送风即是采用通风设备将新鲜空气送入厂房内进行通风，适当地设计、安装和使用送风系统，能起到以下的作用。

1. 补偿生产厂房内由于排风而排出的空气量，因排出的空气量就是需要更换的空气量，从而可提高排风系统的效率。

2. 使生产厂房内空气增压，形成正压，以防止左邻右舍的有害介质侵入厂房内。

3. 稀释厂房内含有害介质的空气。

4. 冬季可作加热、增温和净化空气的载运工具，向厂房内送热风，以供采暖。

5. 夏季向能产生大量热量的厂房或较热区域的操作岗位送风，可降低温度。

生产厂房内的排风系统在从厂房内排出有害介质或粉尘的同时，也从厂房内排出较多的空气，使厂房内形成负压。为使厂房的排风顺利进行，则应向厂房内送入足够的新鲜空气予以补偿排出的空气。在排风量较小而厂房也较大，且厂房的门窗又多的，夏季可利用窗进行自然进风补偿，冬季则可利用门窗的缝隙自然渗漏风而补偿排风。但当排风量＞厂房容积的1倍时，在冬季特别是寒冷地区，若再加上门窗自然渗漏风，将会恶化厂房内的劳动环境，此时，就应设计、安装机械送风系统将室外的新鲜空气送入厂房内来补偿排风，并通过送风口送至厂房内作业地带或作业人员经常停留的作业地点。一般推荐补给的空气量要较排出的高10％。

在寒冷地区，冬季既要求采暖，又需机械排风的厂房，及保证采暖所需的热量和补偿排风所带走的热量，可通过机械送风系统将室外冷空气经过过滤和加热后送入厂房内，这样既能补偿排风，又能进行采暖。为了使作业人员感到舒适，送风温度不宜过低，但也不宜超过45℃，为经济起见，送风量不必等于排风量，宜为排风量的80％左右。

为降低厂房内的环境温度，在夏季应向能产生大量热量的厂房或厂房内较热作业地带的操作岗位送经过冷却处理的新鲜空气，以降低作业地带的空气温度。然而，在炎热的夏季送风温度须低于人体皮肤温度才能有效降温。故系统式送风可对送风先行集中冷却后，再由通风机经通风管道送至作业地带。冷却送风的方式有很多种，一般都采用制冷机来冷却空气,这样送至作业地带的空气温度可冷至人体体温以下,是深受作业人员欢迎的。

四、机械排风

在生产设备中散发出来的有害物质,如不加以排除,就会由于有害物质分子的扩散运动以及厂房内的横向气流,使有害物质在厂房内到处漫延,为此须采取相应有效的排风措施,将有害物质排出厂房外。在整个厂房或厂房内局部地点,把不符合卫生标准的污浊空气排至室外,称为排风。在厂矿企业生产中,一般均采用机械排风,即用通风机将厂房内的有害物质经排风罩和通风管道抽出,经处理后排入大气。

机械排风可分为局部排风、全面排风、诱导式排风和事故排风等。

1. 局部排风。局部排风就是在有害物质的发生源处设置排风罩,将有害物质捕集起来,排至室外的通风方法。局部排风是排风系统中最经济、最有效的一种方法。这是因为局部排风是在产生有害物质的发生源处设置排风罩,将有害物质加以控制和排除,故具有所需要的风量小、效果好的特点,因此,在设计排风系统装置时应优先考虑。

局部排风的排风罩应根据工艺生产设备的具体情况、结构及其使用条件,并视所产生的有害物质的特性来进行设计。各个相同类型的排风罩可以连成一个系统,以通风机为动力来进行排风。同一系统内所排除的有害物质,只有在两者相混后不会发生爆炸或燃烧,不会形成毒害更大的物质的条件下,才允许将不同有害物质合并成一个系统加以排除。否则,应分别设置独立的排风系统。此外,排除具有腐蚀性气体及有毒气体的排风系统不得与排除一般性有害物质的排风系统合并。有害物质在排入大气前应经处理,达到国家规定的排放有害物质的排放标准时,才可以向大气排放。

2. 全面排风。当厂房内工艺生产过程中产生大量有害物质,又难于采用局部排风的方法排走时,就需采用全面排风的方法。例如,在有的厂房两侧安装较长的均匀的排风管道,用风机作为动力,全面排除厂房内含有害物质的空气,或者在屋顶分散安装带风帽的轴流风机的排除厂房内含有害物质的空气。这种排风方式排除有害物质的效率较低,所需风量较大,相应的设备也较庞大,不太经济,故应尽可能设法采用局部通风的方式。

当有些厂房下部工艺设备产生的有害气体,虽然采用了局部排风的方式加以排除,但厂房上部仍有部分逸出的有害气体,因而还需在上部采用全面排风加以排除。

屋面安装排风管或屋顶安装风帽时,屋面、屋顶的防水层要处理好,不得漏水。

3. 诱导式排风。诱导式排风通常在采用一般性通风机来排除易燃、易爆、有腐蚀性、高温气体有困难时采用。诱导式排风的作用原理是用一般的通风机将空气从喷嘴高速喷入诱导室,即扩大的风管内,利用高速空气所形成的负压作为动力,将易燃、易爆、有腐蚀性、高温的气体诱导排出。这种排风方法,耗电量大、一般采用较少。

4. 事故排风。对于在生产过程中可能因某种原因能突然产生大量有毒有害气体的厂房,应在厂房内装设事故排风装置。事故排风装置的吸风口应设在最易发生事故的设备附近,或设在有毒有害物质散发量可能最大的地点。若不能从上述地点设置吸风口时,对于较轻或较热的有毒有害气体,可在建筑物上部设多个分散的吸风口。事故排风的排风量,宜由经常使用的排风系统和事故排风系统共同保证,其换气次数按不同要求为5~12次/h,即为5~12倍建筑物的内部容积。

为了便于启动事故排风用通风机,应分别在室内及室外便于操作的地点设置电气开关,并需要事故电源供电。

五、通风罩

通风罩是通风系统的一个重要部件,如果设计得合理,用较少的排风量就能获得良好的效果,反之,即使用很大的排风量,仍然不能达到防止有害物质扩散的目的。因此,通风罩的性能好坏对通风系统的技术经济效果有很大的影响。

由于生产设备的结构和操作方式不同,通风罩的型式是多种多样的,根据其作用原理,大致可分为以下4种基本类型:

1. 密闭罩和通风柜。这类通风罩是把有害物质散发源全部密闭,使有害物质的扩散限制在一个很小的空间内,一般只在罩子上留有观察窗或不经常开启的检查门、工作孔,如喷砂通风柜和振动筛密闭室就属于这一类。由于开口面积较小,故只需要较小的排风量就可以防止粉尘外逸。只要条件许可,应首先考虑采用。

2. 外部排风罩。由于生产工艺和操作条件的限制,不能将生产设备全部密闭时,可在有害物质散发源附近设置外部排风罩,依靠罩口外吸气气流的运动,把有害物质吸入罩内。这种罩子的型式很多,有上吸罩、下吸罩、侧吸罩等,分别见图26-1、图26-2和图26-3。为了不影响工艺操作,避免有害物质经过作业人员的呼吸带,有些工业槽采用在槽的侧面设置吸气口,见图26-4,这种外部排风罩称为槽边排风罩,也有称为条缝吸气罩的。

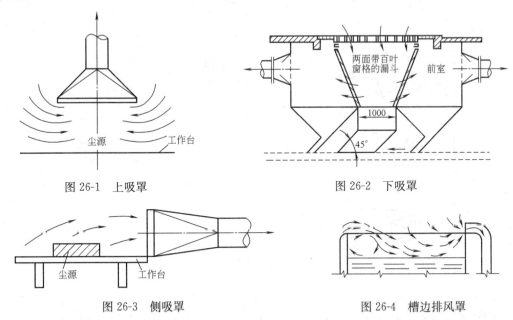

图 26-1 上吸罩　　　　　　　图 26-2 下吸罩

图 26-3 侧吸罩　　　　　　　图 26-4 槽边排风罩

3. 接受式排风罩。有些生产过程或生产设备本身会产生或诱导一定的气流,带动有害物质一起运动。例如,砂轮机磨削时抛出的磨屑所诱导的气流,热源上部的对流气流,以及炼钢电弧炉炉顶的热烟气。在这种情况下,通常把排风罩设在有害气流的前方或上方,使这股气流直接进入罩内,这种通风罩称为接受式排风罩。接受式排风罩和外部排风罩虽然外表相似,但作用原理却不同,外部排风罩罩口外气流的运动是罩子的抽吸作用造成的,而接受式排风罩罩口外气流的运动是生产过程造成的,与罩子本身无关。

4. 吹吸式通风罩。由于条件限制，当外部排风罩离有害物质散发源的距离较远时，要在有害物质散发源处造成一定的气流速度是较困难的，在这种情况下，可采用吹吸式通风罩。图 26-5 示出工业槽上用的吹吸罩，在槽的一侧设置条缝形吹气口，另外一侧设置吸气口，吹气气流则将有害物质吹向吸气口而被排走。此外，在有些情况下还可利用吹气气流在有害物质散发源周围形成一道气幕，像密闭罩一样使有害物质散发限制在较小的范围内。

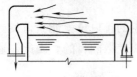

图 26-5　吹吸式通风罩

排风罩在排风时，常易受到厂房内横向气流的影响而降低其效率，因此，可在罩口增设一定的与罩的轴线平行的直边，该直边的宽度可为 10～20cm。该直边不仅可以遮挡室内其他气流的干扰，而且可以阻止抽吸罩口背后的气流，此气流对排风来说是毫无作用的，从而加强了抽吸排风罩口有害物质的作用。据有关资料介绍，经试验，有边的排风罩其抽风量比无边的排风罩可减少 25% 左右，并可减少入口阻力损失。

各种常用的排风罩图形和排风量，计算公式见表 26-1 中。

局部排风罩排风量计算公式表　　　　　　　　　　表 26-1

名称	形式	罩形简图	罩口形式	排风量计算公式 (m^3/s)	备 注
矩形及圆形平口侧吸排风罩	无边平口罩		圆形	$L=(10X^2+A)v_x$	罩口面积 $A=\frac{\pi}{4}d^2(m^2)$
			矩形	$L=\left(\frac{1}{b}X^2+A\right)v_x$	罩口面积 $A=Bh(m^2)$ b—系数
	有边平口罩		圆形	$L=0.75(10X^2+A)v_x$	A 为罩口面积(m^2)
			矩形	$L=0.75\left(\frac{1}{b}X^2+A\right)v_x$	
	台上或落地式平口罩		圆形或矩形 $\frac{h}{B}\geq 0.2$	$L=0.75(10X^2+A)v_x$	A 为罩口面积(m^2)
	台上平口罩			有边：$L=0.75(5X^2+A)v_x$ 无边：$L=(5X^2+A)v_x$	

续表

名称	形式	罩形简图	罩口形式	排风量计算公式 (m^3/s)	备注
条缝式侧吸排风罩	无边条缝吸口		$\frac{h}{B} \leq 0.2$	$L = 3.7BXv_x$	
	有边条缝吸口		$\frac{h}{B} \leq 0.2$	$L = 2.8BXv_x$	
	台上或槽边条缝吸口		$\frac{h}{B} \leq 0.2$	无边: $L = 2.8BXv_x$ 有边: $L = 2BXv_x$	
	设在台上或槽边无边的条缝侧吸口		$\frac{S}{B} \leq 0.2$	$L = BWC$ 或 $L = 2.8BWv_x$	S—按罩口吸入风速 $v_0 = 10m/s$ 确定缝隙高度(m) C—风量系数在 $0.25 \sim 2.5m/s$ 范围内选用,一般采取 $0.75 \sim 1.25m/s$
伞形罩	上悬式(冷态)		按操作和设备要求	侧面无围挡: $L = 1.4Phv_x$ 两侧有围挡: $L = (W+B)hv_x$ 三侧有围挡: $L = Whv_x$ 或 $L = Bhv_x$	P—槽口周长(m) W—罩口长度(m) B—罩口宽度(m)
	底抽(冷态)		按操作要求	$L = (10X^2 + A)v_x$ 当 $X=0$ $L = Av_x$	
半密闭罩	箱式罩		按操作要求	$L = Av_x$	罩口面积 $A = W \cdot H$ $S = 0.1 \sim 0.2m$ $T = 0.15 \sim 0.3m$ v_0—罩口风速(m/s) 当 $WH \leq 1 \times 1 m^2$ 时,可只装一块直径比排风管大0.15m的挡板
密闭罩	密闭式			$L = Av_0$	A—孔洞和缝隙面积(m^2) v_0—孔洞和缝隙处的吸入风速(m/s)

如排风罩的罩口较大时，宜在罩口内加装均匀导流叶片板或分隔挡板，或者制成多个条缝式吸口，以减少罩口吸风面积，提高吸风速度和吸风效果。为使排风罩口风速较均匀，罩口张开角度宜≤60°。对于边长较长的矩形风罩，可将长边分段设置成数个相连通的罩子。

六、空气幕

空气幕是由条缝吹风口喷出的平面射流，经由或不经由吸风口吸入所形成的像一道幕一样的气流，见图 26-6。空气幕能有效地把射流两侧的空气加以隔断，以防止室内外的空气进行交换。目前，空气幕已在人流进出频繁的公共建筑物，如影剧院、百货商场等场所广泛应用。为了阻止室外的冷空气或热空气由敞开的门洞进入室内，而使其温度骤然降低或升高，常设置热风幕或冷风幕。

在工业生产上利用空气幕控制工业有害物质，具有风量小、效果好、抗干扰性能强、不影响工艺操作，不妨碍作业人员视线等优点。故近年来在国内外得到大量应用，如振动落砂机在工作时使用空气幕覆盖吸风装置能有效地防止粉尘外逸，再如金属熔化炉

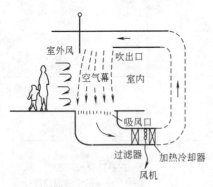

图 26-6 建筑物出入口处的空气幕

在浇注金属液时，采用空气幕的吸尘罩，可封闭排气流，并带污染空气经排气孔排出，还可减少厂房内热空气被抽走，减少了热损失，节约采暖费用。

空气幕一般有以下几种形式：

1. 上吹下吸式（图 26-7a）。出入口用的空气门一般采用这种形式，首先是人的头部先受到气流。

2. 侧吹侧吸式（图 26-7b）。出入口宽度较大时，不宜采用这种形式。在地面上不能设置吸风口的仓库等建筑物中有采取这种形式的。

3. 下吹上吸式（图 26-7c）。会使通过的人员产生不舒适的感觉，故不宜作为人员进出的空气门。之外，吹出的射流会受到运输工具的阻挡，会把地面上的粉尘、碎片吹入空气。因此这种形式的空气幕化适用于运输工具通过时间较短、工作场地比较清洁的场所。

4. 上吹侧吸式（图 26-7d）。用于地面上不能安装吸风口的场合。

5. 两侧吹上（或下）吸式（图 26-7e）。用于门洞较宽或物体通过时间较长的场所。双侧空气幕的两股气流相遇时，部分气流会相互抵消，因而效果不如单侧好。

6. 两侧吹两侧吸式（图 26-7f）。这是空气幕初期采用的形式，现已基本不采用了。

7. 上吹式（图 26-7g）。目前国外大量采用这种简易空气幕。即把风机直接装在大门上，向下

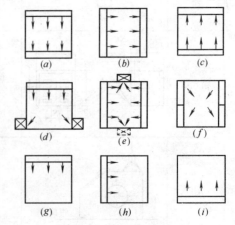

图 26-7 空气幕的形式

吹风,用一层厚的,即大风量的缓慢流动的气流组成气幕。只要气流的总动量相等,低速气幕抗横向气流的能力和高速气幕是相同的。这种气幕出口流速低,混入的二次气空量少,投资费用和运行费用均较低。

8. 侧吸式(图 26-7h)。为简易空气幕的一种,不宜用于宽度大的出入口。

9. 下吹式(图 26-7i),这种形式的空气幕很少采用。

七、通风机

通风系统中常见的风机有离心式和轴流式两种。

在离心通风机中,所产生的风压一般 $<1500 mmH_2O$($1.47\times 10^4 Pa$)。风压 $H<100 mmH_2O$($981 Pa$)的称为低压离心风机,一般用于空气调节系统。风压在 $100\sim 300 mmH_2O$($981\sim 2942 Pa$)之间的称为中压离心风机,一般用于除尘通风系统。风压 $>300 mmH_2O$($2942 Pa$)的称为离压离心风机,一般用于气力输送系统。

在轴流式风机中,风压 $<50 mmH_2O$($491 Pa$)的称为低压轴流风机,风压 $>50 mmH_2O$($491 Pa$)的称为高压轴流风机。

在通风机的各部件中,叶轮是最关键性的部件,特别是叶轮上叶片的型式对通风机的性能影响最大。离心式通风机的叶片形式很多,但基本上可分为前向式,径向式和后向式三种,如图 26-8 所示。

这 3 种不同型式的叶片是以叶片出口角 β 来区分的,所谓叶片出口角就是叶片的出口方向(出口端的切线方向)和叶轮的圆周方向(在叶片出口端的圆周切线方向)之间的夹角。

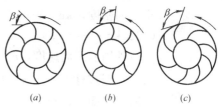

图 26-8 叶片型式
(a) 前向式叶片;(b) 径向式叶片;(c) 后向式叶片

这 3 种叶片型式各有其特点,后向式叶片的弯曲度较小,而且符合气体在离心力作用下的运动方向,空气与叶片之间的撞击很小。因此能量损失和噪声较小,效率较高,但后向式叶片只能使空气比较低的流速从叶轮中甩出,空气所获得的动压较低,因而空气从风机排出时所获得的静压也较低。

前向式叶片与后向式叶片不同,其形状与空气在离心力作用下的运动方向完全相反,空气与叶片之间撞击剧烈。因此能量损失和噪声都较大,效率较低。但前向式叶片能使空气比较高的流速从叶轮中甩出,从而使空气在风机出口处获得较大的静压。

径向式叶片的特点介于后向式和前向式之间。

八、离心式通风机的性能参数

离心式通风机有一定的参数来表示其性能和规格,为了能合理地选择和使用风机,就必须了解这些参数,以及其相互间的关系。

表示风机性能的主要参数如下:

1. 风量。通风机每单位时间内所排送的空气体积,称为风量,也称送风量或流量,其单位为 m^3/s 或 m^3/h。

风机所产生的风量与风机叶轮直径、转速、叶片型式等有关,其三者之间的关系可用下式来表示:

$$L=\overline{Q}\cdot\frac{\pi}{4}D_2^2\cdot u_2 \quad m^3/s$$

式中：L——通风机的风量，m^3/s；

D_2——通风机叶轮的外径，m；

u_2——叶轮外周的圆周速度，$u_2=\frac{\pi D_2\cdot n}{60}$ m/s；

n——通风机的转速，r/min；

$\overline{Q}$——流量系数，与风机型号有关。

风机的风量一般用实际方法测得，风量的大小与通风机的尺寸和转速成正比。在同一转速下，当调整风机的进口或出口的阀门时，其风量也随之改变。风量还可以改变通风机的转速来调节，但通风机的最大转速不可超过其性能选用表上规定的最高转速。

2. 风压。通风机的出口气流全压与进口气流全压之差，称为风机的风压，其单位为 mmH_2O （Pa）。风机所产生的风压与风机的叶轮直径、转速、空气密度及叶片型式等有关，其关系可用下式表示：

$$H=\rho\cdot\overline{H}\cdot u_2^2 \quad mmH_2O$$

式中：H——通风机的全压，mmH_2O；

ρ——空气的密度，$kg\cdot s^2/m^4$；当大气压强为 760mmHg，气温为 20℃时，$\rho=0.122 kg\cdot s^2/m^4$；

u_2——叶轮外周的圆周速度，m/s；

$\overline{H}$——与叶片型式有关的系统，称为压力系数，根据实验，其值在风机最高效率范围内一般如下：

后向式：$\overline{H}=0.4\sim 0.6$

径向式：$\overline{H}=0.6\sim 0.8$

后向式：$\overline{H}=0.8\sim 1.1$

风机的风压与转速的平方成正比，适当提高转速就能增大风压。在管道系统中，风压也可用调节阀门来改变。

3. 功率。通风机在一定的风压下输送一定数量的空气时，需要消耗一定的能量，这个能量是由带动通风机工作的电动机提供的。单位时间内所消耗的能量称为功率，功率的单位用 kW 表示。通风机每单位时间内传递给空气的能量称为通风机的有效功率，即：

$$N_y=\frac{H\cdot L}{102} \quad kW$$

式中：L——通风机产生的风量，m^3/s；

H——通风机产生的风压，mmH_2O；

102——kW 与 $kg\cdot m/s$ 之间的换算常数。

由于通风机在运转过程中轴承内部有摩擦损失，空气在风机中也有能量损失，因此，消耗在通风机轴上的功率（轴功率）要大于有效功率。轴功率 N 与有效功率 N_y 之间的关系如下：

$$N=\frac{N_y}{\eta}=\frac{L\cdot H}{102\eta} \quad kW$$

式中：η——通风机效率，%。

当通风机的转速一定时，其轴功率随着风量的改变而改变，一般离心式通风的轴功率随着风量的增加而增加。

4．效率。通风机的效率反映了通风机工作的经济性，为有效功率与轴功率之比。即：

$$\eta=\frac{N_y}{N}\times100\%$$

后向式叶片风机的效率一般为 80%～90%之间，前向式叶片风机的效率为 60%～65%之间。同一台风机在一定的转速下，当风量和风压改变时，其效率也随之变化，但其中必有一个最高效率点，最高效率时的风量和风压称为最佳工况。通风机的风量与风压应尽可能等于或接近最佳工况时的风量和风压，并应注意其实际运转效率不低于 0.9η。

5．转速。通风机的转速可用转速表直接测得，其数值用每分钟多少转（r/min）来表示。小型风机的转速一般较高，通常与电动机直接连接。大型风机的转速一般较低，通常用皮带传动与电动机相连接。改变皮带轮的直径即可调节风机的转速，其关系可用下式进行表示：

$$\frac{n_1}{n_2}=\frac{d_2}{d_1}$$

式中：n_1，n_2——风机和电动机的转速；

d_1，d_2——风机和电动机的皮带轮的直径。

如要改变通风机的转速，只要改变通风机或电动机中任意一个皮带轮的直径即可。

九、离心式通风机的构造与工作原理

离心式通风机的构造如图 26-9 所示，其主要部件有机壳、叶轮、机轴、吸气口、排气口，此外还有轴承、底座等部件。

通风机的轴通过联轴器或皮带轮与电动机的轴相连，当电动机转动时，固定装在风机转轴上的叶轮也随之转动。叶轮在旋转时产生离心力将空气从叶轮中甩出，空气从叶轮中甩出后汇集在蜗壳形机壳中，气流在机壳中随其断面逐渐扩大，其速度变慢，在这一过程中空气的动压转化为静压，压力增高，因此空气便从通风机出口排出流入管道。当叶轮中的空气被排出机壳后，机壳中心就形成了负压，吸气口外面的空气在大气压力的作用下便被压入叶轮中。因此，由于叶轮不断地转动，空气就不断地被压出和吸入，这就是风机连续不断地抽送空气的原理。

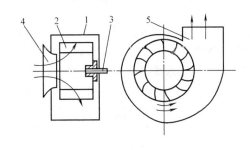

图 26-9 离心式通风机原理
1—机壳；2—叶轮；3—机轴；4—吸气口；5—排气口

十、轴流式通风机的构造与工作原理

轴流式通风机如图 26-10 所示，叶轮 2 安装在圆筒形机壳 1 中，当叶轮旋转时，空气便由进气口 3 吸入，通过叶轮和扩压器 4，压力增加后，从出口排出，电动机 5 以适当的流线罩安装于机壳内部。

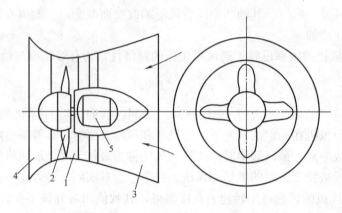

图 26-10 轴流式通风机简图

轴流通风机由于叶片具有斜面形状,故当叶轮在机壳中转动时,空气即一面随叶轮转动,一面沿轴向前进,因空气在机壳中的流动始终朝着轴向,故称为轴流通风机。

轴流式风机的类型很多,一些大型的轴流风机在叶轮下游侧设有固定的导叶,以消除气流在增加后的旋转,其后可设置流线尾罩,有助于气流的扩散。大型轴流风机常用电动机通过皮带或三角皮带来驱动叶轮。

轴流式风机的叶片有板型、机翼型等多种,叶片从根部到叶梢常是扭曲的,有些叶片的安装角可以调整,调整安装角能改变风机的流量和压头。高比转速,流量大而压头低,是轴流式通风机的一大特点。

选用轴流通风机时,只要根据所需的风量和风压从产品样本的性能表中选取适用的即可,其方法与选用离心式通风机基本相同。

十一、离心式通风机的选用

由于风机的用途和使用条件千变万化,而风机的种类又十分繁多,故必须正确选择风机的类型和大小,以满足各种不同工程的实践要求。

1. 根据被输送气体的性质,如清洁空气、易燃易爆气体、具有腐蚀性的气体以及含尘空气等选取不同用途的风机。

2. 根据各种不同系统的压头损失,确定风机的类型,如高压通风机、中压通风机和低压通风机。

3. 根据所需风量、风压选择风机型号。由通风机产品样本的性能表或性能曲线中选取所需要的风机。选择时应考虑到可能由于管道系统连接不够严密,造成漏气现象,因此对系统的计算风量和风压可适当增加 10% 左右。通风机产品样本中所列的风机性能参数,除个别特殊注明者以外,均是指在标准状况(大气压力 760mmHg,温度为 20℃,相对温度为 50%)下的性能参数,如风机的工作状态与标准状态相差较远,则选择时应按下列公式对产品样本中所列参数进行换算。

$$风量:L_2 = L_1 \quad m^3/h;$$

$$风压:H_2 = H_1 \frac{\gamma_2}{\gamma_1} = H_1 \frac{\gamma}{1.2}$$

$$功率:N_2 = N_1 \frac{\gamma_2}{\gamma_1} = N_1 \frac{\gamma}{1.2} \quad kW$$

式中：L_1、H_1、N_1、γ_1——标准状况下风机的风量、风压、功率、空气重力密度，即为产品样本上所列的数据；

L_2、H_2、N_2、γ_2——使用工作状况下的风机风量、风压、功率、空气重力密度。

4. 在满足所需风量，风压的条件下，应尽量采用效率高，价廉的风机。

5. 在选择时还应注意考虑风机的构造，安装尺寸、位置、出口方向等各种因素，以利于风机的安装、易维修、弯头少、减少阻力、降低噪声，并延长风机的使用寿命。

6. 考虑价格便宜，以减少投资。

由上可见，要选用一台通风需考虑多方面的因素，但在实际中，要照顾到每一个方面都符合要求，也是不容易的。因此，需根据通风工程中的几个主要要求来确定选用那种通风机。

十二、离心式通风机的安装和使用

离心式通风机安装的质量好坏会影响风机的性能、使用寿命及经济效果等一系列问题。因此，离心式通风机在安装时应注意以下事项：

1. 风机在安装前，必须对风机各部分机件进行认真地检查，特别是对叶轮、主轴和轴承等主要部件更应仔细检查，如发现有损伤或部件装配不符合标准，应予修理和调整。

2. 风机的基础（基座）对小型风机来说，因所需动力较小，基座比较简单，可采用钢结构或木结构的基座。但大、中型离心式通风机则一般要求在地面上有永久性的混凝土基础。风机的基础。必须有足够的重量，有适当的比例尺寸，使总垂直力（包括风机和基础的总重量）与风机运转后产生的任何斜向力两者形成的合力线，必须落在基础的底座线以内，否则基础将会发生滑动或局部倾斜而发生危险。此外，还要考虑风机运转产生的振动和噪音等影响问题。

3. 风机安装必须保证机轴的水平位置，采用联轴器传动的风机，风机主轴与电动机轴的不同心误差应<0.05mm，联轴器两端面不平行度误差应<0.1mm，否则在风机运转过程中会产生剧烈振动，轴承易烧毁。

4. 风机进风口与叶轮之间的间隙对风机的出风量影响很大，安装时应按图纸进行校正。

5. 进风口管道可直接利用进风口本身的螺栓进行连接，但输气管道的重量不应加在机壳上，而应另加支撑。

6. 风机安装完毕后，应用手或杠杆拨动转子，检查是否有过紧、过松或碰撞现象，如无，方可进行试运转。

风机安装完毕后，只有在风机设备完全正常的情况下方可启动运转。此外，还应注意以下事项：

1. 通风机所配的电动机的功率，系指在特定工作状况下所需的功率，并非指风机满载时的功率。因此，在风机进出口不加阻力的情况下运转，电机有被烧坏的危险。为安全起见，应在风机进口或出口加设阀门，在启动电机时将阀门关闭，以减少启动电流，防止电机烧坏。当风机达到一定转速后，再将阀门慢慢开启，达到规定的工作状况为止。

2. 在风机的启动、停车或运转过程中，如发现不正常现象，应立即进行检查。

3. 定期清除风机及输气管道内部的粉尘、污垢及水管杂质，并防止锈蚀。

4. 除每次拆修后应更换润滑油外，还应定期更换润滑油。

十三、通风管道的设计应注意的事项

通风管道是通风系统的主要组成部分之一，起着输送和分配空气的作用。在通风系统中，通风管道将送（排）风口，空气净化器和通风机连成一整体。通风管道设计得是否合理，将直接影响到整个通风系统的建造和正常使用的经济性与可靠性。

通风管道的设计应注意以下事项：

1. 通风管道的布置应与建筑结构相配合，少占用空间，不影响操作，便于安装和维修。

2. 在划分通风系统时，应考虑系统排出气体的性质。例如，排除水蒸气的排气和除尘的排气不能合并成一个系统；排除易燃液体蒸气的排气不能和热炉的排气合并成一个系统。

3. 在通风系统中，可燃物质的浓度应不在爆炸范围之内。有爆炸危险的通风系统应远离火源，系统本身应避免火花的产生。

4. 对于除尘系统，管道力求简单，每个系统的吸气点不宜过多，一般不超过 5～6 个，若连接的吸气点过多，最好采用集合管，以利各支管的阻力平衡。集合管内的空气流速不宜超过 3m/s，由于集合管内风速较低，部分粉尘会沉降下来，故其底部应设清灰装置。

5. 为防止灰尘在风道内积聚，除尘系统的风道应避免水平敷设，风道与水平应有 $45°～60°$ 的倾角，若水平管道不可避免，应采取防止积尘的措施，如设落尘斗、清扫口等。

6. 输送含水汽、雾滴的空气，风管应保持不<0.005 的坡度，以便排除积液，排液方向最好与空气流向相一致，并在容易积液的地方，如管道末端、弯管等处设置排放液体的装置。

7. 在除尘系统中，为防止管道堵塞，风道的直径不得<下列数值：

输送细小颗粒灰尘 $D \geqslant 80mm$；

输送较粗灰尘 $D \geqslant 100mm$；

输送粗灰尘 $D \geqslant 130mm$。

8. 对设在容易发生燃烧或爆炸地方的风道，特别是穿过若干房间或楼层的风道，或者输送含有可燃性、爆炸性、腐蚀性介质的空气，应采取防火、防爆或防腐措施。

9. 风道材料应根据使用要求和就地取材的原则选用。常用于制造风道的薄钢板有两种，一种是普通钢板，一种是镀锌钢板。对于不同的通风系统，因其中输送的气体性质不同，并考虑到适应强度的要求，必须选用不同厚度的钢板制作，如通风管道直径为 440～1100mm，输送空气温度<1000℃，应选用 0.70mm 厚的钢板，而风道直径>1100mm，输送空气温度>1000℃，则应选用 1～2mm 厚的钢板。同时应考虑到灰尘对风道管壁的磨损，除尘系统采用的风道钢板厚度应不<1.5～2.0mm，如果风道敷设在易受撞击等机械磨损的地方，制造风道用钢板的厚度还需加厚。

10. 输送腐蚀性气体的通风系统，如采用涂刷防腐漆的钢板采风道仍不能满足要求，可采用硬塑料材料制成的风道，如电镀厂房的排气系统一般均采用塑料制作，但塑料材料

制作的风道，输送气体的温度不得高于60℃。

11. 为尽量减小通风系统的局部压损，应尽量避免风道转弯和断面的突然变化，还应尽量避免采用直角弯头，有时由于位置的限制而必须采用矩形断面的直角弯头的，则必须在构件内部气流转弯处加设导流叶片。

第二节　除尘安全技术

一、除尘器的分类

目前工业生产上应用的除尘器种类繁多，型式各异，根据其效率和作用原理的不同等，有多种分类方式。

1. 根据除尘器效率可分为以下几类：
（1）低效除尘器，效率一般低于50%～60%。
（2）中效除尘器，效率一般在95%以下。
（3）高效除尘器，效率可达95%以上。

2. 根据除尘器作用原理可分为以下几类：
（1）沉降室。
（2）惯性除尘器。
（3）旋风除尘器。
（4）洗涤除尘器，包括水浴、冲激式、泡沫及文丘里等除尘器。
（5）过滤除尘器，包括袋式与颗粒层除尘器。
（6）声波除尘器。
（7）电除尘器。

为了提高除尘器的效率，在同一类除尘器中常采用数个除尘原理，如旋风水膜除尘器，既有离心力的作用，又有洗涤的作用。在分类时只按该除尘器起主要的作用原理进行分类。

3. 根据除尘器是否用水或其他液体可分为以下几类：
（1）湿式除尘器。
（2）干式除尘器。

二、除尘器的性能指标

除尘器的性能主要是指其阻力与其效率，在选择除尘器时，首先要考虑其性能指标，同时也要考虑处理风量、设备投资费用、运行费用、占地面积、使用寿命及粉尘的回收能力等指标。

1. 除尘器阻力

含尘气体在经过除尘器后，会由于阻力而产生的能量损失，这种损失常称为阻力损失或压损。除尘器的阻力愈小，动力消耗也愈少，其运转费用也就愈低。除尘器的耗电量可以根据除尘器的阻力与处理风量，按下式进行计算。

$$N = \frac{L \cdot H \cdot t}{102 \times 3600 \eta}$$

式中：N——耗电量，$kW \cdot h$；
　　　L——处理风量，m^3/h；
　　　H——除尘器阻力，mmH_2O；
　　　η——效率（包括风机、电机和传动效率）；
　　　t——运行时间，h；
　　　102——kW 与 $kg \cdot m/s$ 之间的换算关系。

2. 除尘器效率

评价除尘器的除尘效果，常用该除尘器所捕集下的粉尘重量占进入除尘器的粉尘重量的百分数来表示，在除尘技术上称为除尘器的全效率，也通称除尘器效率，其计算方法有质量法与浓度法两种。

质量法。
$$\eta = \frac{G_2}{G_1} \times 100\%$$

式中：η——除尘器的全效率，%；
　　　G_1——进入除尘器的粉尘器，mg/h；
　　　G_2——除尘器所捕集下的粉尘量，mg/h。

此时所求得的效率较为准确，多用于实验室中鉴定除尘器的效率。

在现场实际测定除尘器的效率时，通常采用除尘器进出口单位体积气体中的含尘浓度的变化来求算除尘器的效率，这种方法称为浓度法。

浓度法。
$$\eta = \frac{C_1 - C_2}{C_1} \times 100\%$$

式中：η——除尘器的全效率，%；
　　　C_1——除尘器进口的粉尘浓度，mg/m^3；
　　　C_2——除尘器出口的粉尘浓度，mg/m^3。

当除尘器本身漏风时，除尘器出口浓度应按下列关系进行修正。
$$C_2 = C_2' \times L_2/L_1$$

式中：C_2'——实测出口粉尘浓度；
　　　L_2——除尘器出口风量；
　　　L_1——除尘器进口风量。

实践证明，除尘器的除尘效率与粉尘的分散度有密切关系。用同一除尘器来捕集大颗粒粉尘时，除尘效率较高，而用来捕集细小颗粒粉尘时，除尘效率则较低。因此，在表明除尘器的除尘效率时，必须同时表明是指哪一类型分散度的颗尘，即要说明被捕集的粉尘量，还要说明其所能捕集的粉尘颗粒大小。不同的除尘器最好按粉尘分散度来标定它们的除尘效率，即所谓分效率或分级效率。分效率表示了该除尘器对某一颗粒直径的粉尘的除尘效率。按浓度法测定的除尘器的分效率的计算式如下：

$$\Delta \eta_d = \frac{Md_1 C_1 - Md_1 C_2}{Md_1 C_1} \times 100\%$$

式中：$\Delta \eta_d$——粉尘粒径为 d 的除尘器分效率，%；
　　　Md_1——入口处粉尘粒径为 d 的分散度，%；
　　　Md_2——出口处粉尘粒径为 d 的分散度，%；

C_1——除尘器进口粉尘浓度,mg/m^3;

C_2——除尘器出口粉尘浓度,mg/m^3。

按重量法测定除尘器的分效率可用下式进行计算。

$$\Delta \eta_d = \frac{Md_2 \cdot G_2}{Md_1 \cdot G_1} \times 100\%$$

式中:$\Delta\eta_d$——粉尘粒径为 d 的除尘器分效率,%;

Md_1——入口处粉尘颗径为 d 的分散度,%;

Md_2——出口处粉尘粒径为 d 的分散度,%;

G_2——除尘器捕集的粉尘质量,g;

G_1——进入除尘器的粉尘质量,g。

当知道了分效率,可按下式求算出该除尘器的全效率。

$$\eta = \sum Md_i \Delta\eta d_i = M_{0\sim5}\Delta\eta_{0\sim5} + M_{5\sim10}\Delta\eta_{5\sim10}$$
$$+ \cdots\cdots + M_{>60}\Delta\eta_{>60}$$

式中:$M_{0\sim5}$、$M_{5\sim10}$……$M_{>60}$——入口处粉尘粒径为 $0\sim5$、$5\sim10$、……$>60\mu m$ 的各种粒径粉尘的分散度。

在工程技术上,还常用除尘器的分效率曲线来表示除法器的性能。图 26-11 就是某除尘器的分效率曲线图。图中横坐标上除尘器入口粉尘粉径的数据是采用了入口粉尘分组粒径的算术平均值,该值与实际情况有一定的差距。粉尘分散度的分组越细,每组的粒度分布范围越小,这个差距也就越小。

3. 串联总效率

以上所述的全效率与分效率,都是指含粉尘气体经过一个除尘器时,该除尘器的效率。当含粉尘气体经过两个串联或两个以上串联的除尘器,如图 26-12 所示。第一级除尘器的全效率为 η,进该除尘器的粉尘质量为 G_1,被其捕集下来的粉尘质量为 $G_2 = G_1\eta_1$。第二级除尘器其效率为 η_2,进入二级除尘器的粉尘质量为 $G_1 - G_2$,则被其捕集下来的粉尘质量为 $(G_1 - G_2) \cdot \eta_2$。这时两级除尘的总效率可按下式进行计算。

$$\eta_{1-2} = \frac{G_1\eta_1 + (G_1 - G_2) \cdot \eta_2}{G_1} = \eta_1 + \frac{(G_1 - G_1\eta_1) \cdot \eta_2}{G_1}$$
$$= \eta_1 + (1 - \eta_1)\eta_2$$
$$= 1 - (1 - \eta_1)(1 - \eta_2)$$

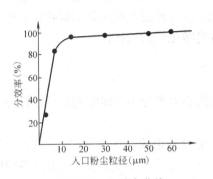

图 26-11 分效率曲线

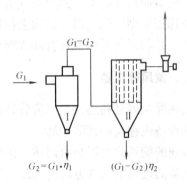

图 26-12 除尘器串联

如果有 n 级除尘器相串联,则其总效率可按下式进行计算

$$\eta_{1-n}=1-[(1-\eta_1)(1-\eta_2)\cdots\cdots(1-\eta_n)]$$

在此应特别注意,相同的除尘器串联不会增加总效率。

三、重力沉降室

重力沉降室是利用粉尘本身的重力(重量)使粉尘和气体分离的一种除尘设备,见图 26-13。当含尘气流从风道进入一间比风道截面大得多的空气室后,流速便会大大降低,在层流或接近层流的状态下运动,其中的尘粒在重力作用下缓慢下降,最后从气体中分离出来落入灰斗。

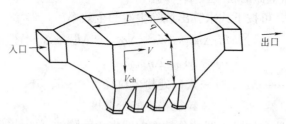

图 26-13 卧式沉降室

重力沉降室具有结构简单,制作方便,造价低,阻力小,管理方便等优点,在没有引风机单靠自然通风的条件下,乃是一种较好的除尘方法。但由于重力沉降室占地面积大,除尘效率低,又仅适用于粒径为 $50\mu m$ 以上的粉尘,因此,使用范围受到一定的限制。

四、惯性除尘器

惯性除尘器是利用惯性力而使粉尘从气流中分离出来的一种除尘器。当在气流的前方设置某种障碍物,或由于其他原因使气流的方向急剧改变,而粉尘由于其惯性作用继续前进,撞击到障碍物上被收集下,或直接落入灰斗中。

惯性除尘器的结构较重力沉降室复杂,阻力也稍高,但效率较重力沉降室高,采用一般的形式就可以有效地收集粒径为 $20\mu m$ 的粉尘。

常用的惯性除尘器有百叶式除尘器,见图 26-14。当含尘气体从圆锥大的一端进入,气体便改变方向由圆锥上的百叶窗缝隙流出,而粉尘由于惯性力的作用撞击到百叶的内斜面上,由斜面的反射而回到中心气流中,并由小部分含尘气流从小的一端带出,进入碰撞型(或称挡板型)除尘器,以除去粒径较大的粉尘,然后再进入旋风除尘器除掉粒径较小的粉尘,并将尾气返回锥形百叶式除尘器,最后排出净化后的气体。

五、旋风除尘器

旋风除尘器是利用含尘气流旋转运动时产生的离心力来分离气体中的粉尘,这种分离粉尘的设备也称离心式除尘器。

普通的旋风除尘器是由筒体、锥体和排气管三部分所组成,见图 26-15。当含尘气流由除尘器的进口沿切线方向进入除尘器后,沿外壁由上向下作旋转运动,这股向下旋转的气流称为外旋涡,逐渐到锥体底部。气流中的粉尘在离心力的作用以及向下气流的带动而

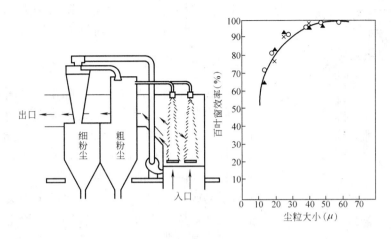

图 26-14 百叶式惯性除尘器

落入底部集灰斗中。向下的气流到达锥体的底部后，沿除尘器的轴心部位转而向上，形成旋转上升的内旋涡，并由除尘器的排风管排出。

旋风除尘器有普通型旋风除尘器、扩散式旋风除尘器、双级蜗旋除尘器、多管旋风除尘器等多种类型，在选用时应注意以下事故：

1. 所选除尘器规格应与需要处理的风量相适应，不要采取大马拉小车的办法，即用大除尘器处理小风量。因为旋风除尘器是靠离心力的作用来捕集粉尘的，其离心力愈大，除尘效果愈好，同一台除尘器，处理风量愈少，即入口风速愈小，产生的离心力就愈小，除尘效果就较差。但是，所选用的除尘器也不能过小，过小的除尘器会使其阻力急剧增加。所以，旋风除尘器在选用时，规格大小必须正合适，以保证获得高效率。

2. 旋风除尘器对粒径较小的细粉尘效率不高，因粉尘的粒径越小，密度越小，则离心力也越小，除尘效率就越低，反之则效率越高。旋风除尘器一般能除去的最小粉尘粒径为 $5\sim15\mu m$。因此，在选用除尘器时应根据所需要除去的粉尘粒径进行选择。

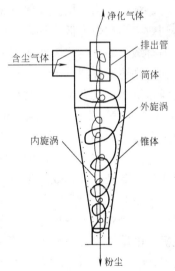

图 26-15 普通旋风除尘器

3. 旋风除尘器的直径不宜过大，因除尘器的半径 R 愈大，则离心力就愈小，除尘效率也就愈低。

4. 除尘器的排灰不能漏风。因排灰口的严密程度是保证除尘效率的重要因素，排灰口处的负压较大，稍不严密，都会产生较大的漏风，已沉集下来的粉尘势必被上升气流带出排气管。如漏风 5%，可使除尘器效率降低 50%，漏风 10%～15%，则除尘器的效率便等于零。

5. 旋风除尘器在进口浓度大，排尘不及时、湿度高而又在露点以下等情况，均易发生堵塞，这样会使效率降低，阻力增大。不应把除尘器锥体部分当做贮尘筒，而应及时排尘。

六、袋式除尘器

袋式除尘器常被称为布袋除尘器（图 26-16）。是这种除尘器的一种结构形式的示意图。当含尘气流自下而上地通过纤维织物制成的布袋经过布袋的过滤，便把粉尘阻留在布袋的内表上，而气体则穿过布袋得到净化，并由上部排出。为了清除布袋上阻留的粉尘，设有手动或电动的振打装置，来振击布袋框架，使其左右运动，从而使布袋发生抖动，将粉尘抖落在灰斗里。然后再由螺旋输送到一端，经排尘阀排出。

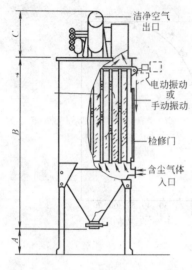

图 26-16 袋式除尘器

袋式除尘器滤料的好坏直接影响其过滤效率，一般说来用细纤维织成的致密而带绒毛的滤料，其过滤效果好，但阻力也较大。因此选择滤料必须以含尘气体的特性，如粉尘粒度、化学性质、气体温度、湿度等为依据。一般来说，性能良好的滤料，除具有特定的致密度及透气性，从而达到效率高和阻力低之外，还应有良好的耐腐蚀、耐高温及一定的机械强度。具有斜纹和表面有绒毛的滤料比表面无绒毛的除尘效率高，适用于过滤非纤维性粉尘，而平纹无绒毛滤料，则适于过滤纤维性粉尘。随着合成纤维的大量生产，目前所使用的新型滤料，如工业涤纶绒布，具有耐酸、耐热、耐磨等特点，对黏土、石英一类粉尘，当其分散度为 $10\mu m$ 以下占 70%，$10\mu m$ 以上占 30% 时，其效率可达 99.5%～99.8%。而玻璃丝布也有过滤效率高、阻力小、耐高温、不吸湿，以及化学稳定性的，不怕任何有机酸及微生物侵蚀等优点。除新型滤料外，目前使用的还有单面棉绒布、丝绸平纹布和毛呢等材料。

袋式除尘器是一种高效除尘器，一般袋式除尘器的效率为 98% 左右，脉冲袋式除尘器的效率可达 99%。且袋式除尘器处理风量范围大，低的可以低到 $200m^3/h$ 以下，高的可以高到几百万立方米每小时，大型的袋式除尘器犹如房屋，小型的可以做成单独机组，与通风机、电动机组合成整体，供分散设置的单台工艺设备使用。由于高温滤料和清灰技术的发展，袋式除尘器在冶金、水泥、玻璃、陶瓷、化工等工业部门得到广泛应用。

袋式除尘器主要适用于中等与精细净化空气中细小而干燥的生产性粉尘，对于含有油雾、凝结水及粘结性粉尘的气体不宜采用。在选择时还应注意以下事项：

1. 根据粉尘的性质选择合适的滤料。对纤维性粉尘应选择表面光滑的滤料，如丝绸、尼龙等，对一般性生产性粉尘则应采用涤纶绒布等。

2. 根据含尘气体的温度选择适宜的滤料。当气体温度在 100～200℃ 时，可选用玻璃纤维布；当气体温度低于 100℃ 时，可选用涤纶绒布。

3. 根据初始含尘浓度以决定袋式除尘器的使用方法，当初始含尘浓度低于 $5g/m^3$ 时，可直接使用；当初始含尘浓度高于 $5g/m^3$ 时，可作为二级除尘使用。

4. 根据袋式除尘器安装的位置选择除尘器的结构。如安装除尘器的地方有足够的高度，可抽出滤袋进行更换，则可使用顶开盖袋式除尘器；反之，则应选用旁开门袋式除尘器。

5. 根据粉尘的性质选择排尘阀。目前袋式除尘器定型产品，一般都用螺旋灰封排尘装置，但有些粉尘粘性大、流动性差，如炼钢电炉排出的烟尘，经螺旋挤压后不易排出而造成堵塞。因此，需修改螺旋叶的长度，使灰封的长度与粉尘的性质相适应。

6. 根据处理风量确定除尘器的规格大小与滤袋个数等。

七、颗粒层除尘器

颗粒层除尘器是利用石英砂、卵石、玻璃珠等颗粒状材料作为过滤层，用以过滤含尘

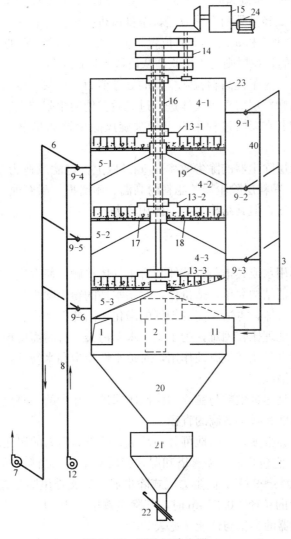

图 26-17　颗粒层除尘器

1—含尘气体进口；2—旋风除尘器出口；3—含尘气体管道；4—除尘室；
5—小室；6—洁净空气排出管；7—排风机；8—反吹风风管；9—翻板阀；
10—反吹后含尘空气管道；11—反吹后含尘空气进入旋风除尘器的进口；
12—反吹风机；13—转动耙；14—传动齿轮；15—减速器；16—立轴；
17—砂石；18—筛网；19—隔板；20—旋风除尘器锥体；21—灰斗；
22—插板阀；23—壳体；24—电动机

气体,以清除含尘气体中粉尘的一种除尘装置。图 26-17 是颗粒层除尘器的一种结构形式示意图。

当含尘气体由入口 1 进入旋风除尘器作粗分离,然后经出口管 2、管道 3、翻板阀 9-1、9-2,进入除尘室 4-1、4-2 中的颗粒层 17,过滤后的净化空气进入小室 5-1、5-2,再经翻板阀 9-4、9-5 至管道 6,再经排风机 7 排出。同时,有部分净化空气由风机 12 经风管 8、翻板阀 9-6 进入小室 5-3,然后对 4-3 除尘室的颗粒层进行反吹风,此时转动扒 13-3 旋转扒动砂石,使颗粒层内的粉尘被反吹风吹走,以达到清灰的目的。反吹后的含尘空气由除尘室 4-3 径翻板阀 9-3 至旋风除尘器的另一入口 11,进入旋风除尘器内作旋转分离,然后由旋风除尘器出口 2 经另外两个颗粒层,至排风机排出。运行一定时间后,依靠传动机构,改变翻板阀 9-1、9-4 和 9-3、9-6 的位置,使 4-2、4-3 除尘室的颗粒层用于过滤含尘气体,而 4-1 除尘室的颗粒层则处于反吹清灰阶段。以此类推,三个颗粒层轮流处于反吹清灰和过滤除尘阶段。为了提高颗粒除尘器的处理能力,层数可以适当增加。

颗粒层除电器内颗粒层对含尘气体进行过滤后,使粉尘阻留在颗粒层内,并使微小粉尘得到凝聚,从而使其在反吹过程中有可能被旋风除尘器捕集下来,最后落入灰斗 21,经插板阀排出。

上述型式的颗粒层除尘器的除尘效率在 95% 以上,过滤风速为 30m/min 左右,反吹风速 45m/min 左右。颗粒层除尘器的滤料耐高温、耐磨损、耐腐蚀,来源广、价格低廉,可以用来处理高温烟气,但其结构复杂,体积较大。

八、湿式除尘器

湿式除尘器是利用水或其他某种液体与含尘气体接触,使含尘气体中的粉尘从气流中分离。由于湿式除尘器结构简单,造价低,对亲水性的粉尘除尘效率高,并可用于湿度大和含粘性粉尘的含尘气体,也适于高温烟气的净化,因此得到广泛应用。湿式除尘器的主要缺点是泥浆和污水处理比较困难,为了避免水源污染,有时需要设置专门的废水处理设备,而且有些气体对设备能产生腐蚀作用,对疏水性粉尘和水硬性粉尘不能应用,在寒冷地区,冬季须有防冻措施。

湿式除尘器主要是通过尘粒与粒滴的惯性碰撞进行除尘的,要提高除尘效率,必须提高气液的相对运动速度和减小液滴的直径。

湿式除尘器的种类很多,概括地可分为低阻力的与高阻力的湿式除尘器,前者其阻力为 $25\sim150mmH_2O$,它包括简单喷雾塔和湿式旋风除尘器,当粉尘的粒径大于 $10\mu m$ 时,其除尘效率可超过 $90\%\sim95\%$。高阻力湿式除尘器,如文丘里除尘器,阻力损失在 $254\sim875mmH_2O$,当粉尘的粒径 $<0.25\mu m$ 时,其除尘效率可达 99.5% 以上。

常用的湿式除尘器的类型与性能,见表 26-2。

简单型的湿式除尘器是喷雾室或塔,在喷雾室中适当位置安装喷嘴喷淋水滴。当含尘气流通过小滴时,气流中的粉尘便被水滴带走而被除掉,这对除掉粒径较大的粉尘是有效的,同时还能起到冷却与加湿气流的作用。

喷雾室中气流与液流的接触方式有顺流、逆流与封闭流,顺流是气流与水滴的方向相同,这样的相对速度很小,惯性也就很小。逆流是在喷雾室的顶部向下喷水,而气流以较低的速度自下而上运动。封闭流是从适当的角度喷出水雾或水滴,从而形成一个水幕隔

湿式除尘器的类型与性能

表 26-2

序号	类型	性能	分级效率 (5μ)	阻力 (mmH$_2$O)	耗水量 (kg/m^3)
1	重力喷雾室		80	12～50	0.65～2.6
2	湿式旋风		87	25～375	0.26～2.95
3	冲击式		93	50～375	0.65～0.13
4	泡沫		97	25～200	0.39～0.65
5	砂砾层过滤		99	16.5～85 mmH$_2$O/m 层厚	1.14～2.6

续表

序号	类型	性能	分级效率 (5μ)	阻力 (mmH₂O)	耗水量 (kg/m³)
6	文丘里		99	125～875	0.26～1.3
7	机械喷雾		99	38～100	0.52～0.65

图例：➡气流；→液流

层，让气流通过这个隔层。

气流与洗涤液接触的另一种方式是气流自塔的下部，以高速穿过液体层，使之产生剧烈的搅动，增加了气液间的接触，提高了除尘效率，如自激式除尘器、泡沫除尘器等。

文丘里除尘器是将含尘气流以高速通过渐缩管的喉部，并在该处注入水，水被高速气流分离成细的水滴。

机械喷雾除尘器是在类似离心吹风机的入口处注水，其优点是提高了效率，减小了外形，但由于磨损与腐蚀问题，应用较少。

九、静电除尘器

静电除尘器也称电除尘器，是利用高压电场产生的静电力使尘粒从气流中分离。含尘气流在静电除尘器内的净化过程大致可分为气体的电离，粉尘的荷电与沉积两个阶段。

气体的电离可用一个电场实验来说明，实验装置如图26-18所示。金属圆管1接电源3的正极，导线2接电源3的负极，在电路中接以电流计4。接通电源后，两极之间（圆管内壁和导线之间）就形成一个电场。在电场的作用下，两极间空气中存在的少量自由离子便向异性电极（圆管内壁为正极，导线为负极）方向运动，形成电流。开始时，电流是微弱的，逐步升高电压，电场强度随之增大，离子运动的速度与电场强度成正比，随着电场强度增大，离子运动的速度也增加，在单位时间内，由正负离子合成为中性原子的数量便减少，而流向和到达电极的

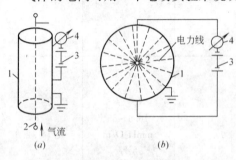

图 26-18 电场实验装置示意图
(a)轴测图；(b)平面放大图
1—金属圆管；2—导线；3—电源；4—电流计

离子数便增加，即电流增加，图 26-19 的初始区。当电压升高到一定数值，由于极间空气中的正负离子运动的速度较大，所以来不及合成为中性原子，全部流向电极。再提高电压，投入极间运动的离子数仍不变，故电流不再增加，即所谓达到电流饱和区。若再进一步提高电压，在靠近中心导线的离子便获得更高的速度，当它们撞击到空气中的中性原子时，能使这些原子中的电子逸出成为正离子，与此同时，逸出的电子和其他中性原子相结合成为负离子。这些新离子又与中性原子相碰撞，从而产生大量新离子，这就是将空气电离。由于大量新离子参与极间运动，电流急剧增加。上述由圆管和导线组成的电场是一个非均匀电场，越靠近中心导线，电场强度越大（垂直通过单位面积上的电力线数），电场强度越大，离子的运动速度也越大，因而能使其周围空气电离。显然，在离中心导线较远处，因电场强度小，离子的运动速度小，所以空气不会被电离。导线附近空气被电离的现象称为"电晕"。电晕现象的特征是发光，并伴有轻微的爆裂声。如果继续增加电压，电晕区就会扩大，电流也增加。当电压增加到极间空气都被电离时，就会出现"击穿"现象。这时电路短路，电流急剧上升，电压急剧下降。

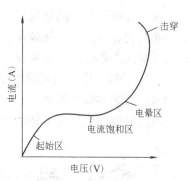

图 26-19　电流与电压关系曲线图

从上述可知，只要是不均匀电场，都能产生电晕，如将图 26-18 中的圆管改成各种形状的板，也会形成非均匀电场，同样能产生电晕。但对均匀电场，如由两块金属平板组成的电场，就不能产生电晕，这是由于两极间的电场强度处处相等，所以不能在局部地区形成电晕。当电压超过电流饱和区时，极间空气就全部被电离（击穿）。

为了防止极间空气被击穿，静电除尘器均在电晕区工作，电晕区的范围一般限于距导线周围 2～3mm 处，其余的空间称为电晕外区。电晕区内的空气被电离后，生成正负两种离子，由于同性相斥，异性相吸的静电作用，与导线极性相同的负离子向圆管内壁运动，与导线极性相反的正离子则向导线运动。如果在电极间通入含尘气体，正在向两极运动的正负离子就会附着在尘粉上，使尘粒荷电。在电场作用下，带正电的粒尘向导线运动，带负荷的尘粒向圆管内壁运动。由于电晕区的范围很小，因此与导线极性相同的负离子都是通过范围更大的电晕外区向圆管内壁方向运动的，而进入极间的含尘气体中的大部分也是在电晕外区通过的，所以大多数的尘粒是带负电，是朝着圆管内壁方向运动并沉积在其上，只有少数的尘粒会带正电而沉积在导线上，含尘气体经净化后被排入大气中。

产生电晕的电线称为电晕极（又称电晕线）或放电极，吸附大部粉尘的电极称为收尘极或集尘极。

静电除尘器的结构形式通常有管式和板式两种。管式静电除尘器就是在圆管的中心设置电晕极，而把圆管的内壁作为收尘极。管径通常为 150～300mm，长 2～5m。由于单根圆管通过的气体量很小，通常是用多管并列而成。管式静电除尘器一般适用于处理气体量较小的情况，在通风除尘工程中很少应用。板式静电除尘器是在一系列平行的金属薄板（收尘极板）的通道中设置电晕极。报板间距一般为 200～300mm，通道数由几个到十几个，高度一般为 2～8m。板式静电除尘器由于它的几何尺寸很灵活，可制作成各种大小，以适应各种气体量的需要，因此在除尘工程上得到广泛应用。

板式静电除尘器的结构如图 26-20 所示，其主要组成除电晕极和收尘极之外，还有气流分布装置、外壳、清灰装置、贮灰出灰装置和供电设备等。板式静电除尘器各部件的结构形式对除尘器的除尘效果和能否正常工作都有很大影响，因此，需予以了解。

1. 电晕极。电晕极是静电除尘器中重要的构件之一，其几何形状决定了放电的强弱，从而直接影响到除尘效率。

对电晕极的主要要求是临界电晕电压（使电晕极周围空气电离的最低电压）要低，电晕放电强度高、电晕电流大、机械强度高、耐腐蚀。目前常用的电晕极有圆形电晕极、星形电晕极和芒刺形电晕极等。圆形电晕极实际上就是圆导线，一般采用直径为 2mm 的镍铬丝，以保证机械强度和耐腐蚀要求。圆形电晕极也可作成螺旋形，安装时将其拉抻，但需保留一定的弹性，然后绷到一个用圆管作成的框架上。星形电晕极是用直径为 4~5mm 的普通钢材冷拉而成，通常是固定在圆管的框架上。星形电晕极是利用极线全长的四个尖角放电的，放电效果和机械强度比圆形的好，但容易黏灰，适用于含尘浓度低的烟气。芒刺形电晕极的特点是用点放电代替极线全长的放电，在同样的工作电压下，由于放电点尖，放电强度高，故在进口气体含尘浓度比较高、粉尘比电阻比较大的情况下，采用芒刺形电晕极可使除尘效率大为提高。

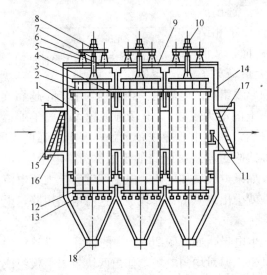

图 26-20　板式静电除尘器
1—收尘极；2—电晕极；3—电晕极上架；4—收尘极上部支架；5—绝缘支座；6—石英绝缘管；7—电晕极悬吊管；8—电晕极支撑架；9—顶板；10—电晕极振打装置；11—收尘极振打装置；12—电晕极下架；13—电晕极吊锤；14—收尘极下部夹板；15—进口第一块分布板；16—进口第二块分布板；17—出口分布板；18—排灰装置

对使用直流电的静电除尘器，电晕极的极性对除尘效果也有很大影响，实践表明负电晕的除尘效果比正电晕极的除尘效率高，这是由于在同样的电场强度下，负离子的运动速度大于正离子，故一般都采用负电晕极。

2. 收尘极。收尘极的几何形状直接影响到除尘效率和金属消耗量，性能良好的收尘极应满足下列要求：

（1）易于荷电粉尘沉积，振打清灰时，沉积在极板上的粉尘易于振落。

（2）金属耗量小。由于收尘极的金属消耗量占整个静电除尘器总重量的 30%~50%，因而要求极板作得薄而轻，极板厚度一般为 1.2~1.5mm，对于处理 >400℃ 高温烟气的静电除尘器，在极板材料和结构形式等方面都要作特殊考虑。

（3）气流通过极板空间时阻力要求。

（4）极板高度较大时，应有一定的刚性，不易变形。

收尘极的结构形式很多，有平板、Z 形、C 形、波浪形和曲折形等。平板形收尘极对防止二次扬尘和使极板保持足够刚度的性能都比较差。除平板外，其他几种极板，均把板面或在板的两侧作成沟槽的形式，这种结构形式对带电粉尘在极板上的沉积，阻止已沉积在极板上的粉尘重返气流以及减小二次扬尘量却是有利的。目前国内外采用的，以Z型和C型居多。

3. 气流进出口管道及气流分布装置。静电除尘器内气流分布的均匀程度对除尘效率有很大影响，当气流分布不均匀时，在流速低处所增加的除尘效率，远不足以弥补流速高处效率的降低，因而使总效率降低。

气流分布的均匀程度与除尘器进出口的管道形式及气流分布装置的结构有密切关系。在静电除尘器的安装位置不受限制时，气流应设计成水平入口，即气流由水平方向通过扩散形喇叭管进入除尘器，然后经过1～2块平行的气流分布板再进入除尘器的电场。在这种情况下，气流分布的均匀程度取决于扩散角和分布板的结构。如除尘器的安装位置受到限制，需要采取直角入口时，可在气流转弯处加设导流叶，然经分布板再进入除尘器的电场。

气流分布板一般为多孔薄板，圆孔板和方孔板是最常用的型式。还有采用百叶窗式的，这种分布板可以在安装后，根据气流分布情况进行调节。当设计成两块分布板时，其间距为板高的0.15～0.2倍。

在除尘器的出口处也常设有一块分布板，净化气体比电场出来后，经分布板和与出口管道连接的收缩形短管后离开除尘器。

静电除电器在正式投入运行前，必须进行测试调整，以检查气流分布是否均匀。对气流分布的具体要求为，任何一点的流速不得超过该断面平均流速的±40%；在任何一个测定断面上，85%以上测点的流速与平均流速不得相差±25%。如不符合要求，必须重新调整，达到要求后才能投入运行，大型的静电除尘器在设计前还需做好气流分布的模型试验，以确定气流分布板的层数和开孔率。

4. 清灰装置。从电极上将沉积下来的粉尘，通过振打或其他方式使其落入灰斗，是保证静电除尘器正常工作，提高除尘效率的重要条件。

干式静电除尘器的清灰装置型式很多，常用的有锤击振打，振打锤的重量一般为5～8kg，锤的升起高度为100～200mm，与袋式除尘器的机械振打装置类似。再一种就是将电晕极系统提升到某一高度后骤然放下，使之产生剧烈振动而使粉尘落下。还有一种就是用电振荡器使电晕极或收尘极产生较高频率的振荡而使粉尘落下。

湿式静电除尘器是采用溢流或均匀喷雾的方式使粉尘极表面经常保持一层水膜，当粉尘到水膜时，顺着水流走，从而达到清灰的目的。湿法清灰完全避免了二次扬尘，故除尘效率得到提高，但污水处理使这种除尘器的应用范围受到一定的限制。

5. 贮灰出灰。通过振打，从电极上振落下来的粉尘，便贮存在除尘器底部的灰斗内，然后定期由螺旋输送机送到一端，经锁气器，落灰管排出。

6. 除尘器外壳。除尘器的外壳必须保持严密，尽量减少漏风，漏风量过大，除造成风机负荷增加外，还会导致电场风速提高而降低除尘效率。外壳的材料可根据处理气体的性质进行选择，如处理含有硫酸雾的气体，则应选用铝板材料；如处理含有磷酸雾的气体，则应选用不锈钢板材料；如处理高温烟气，则应选用保温钢板与耐热混凝土等。

7. 供电设备。静电除尘器的供电设备主要包括升压变压器、整流器、控制箱等。

升压变压器的作用是把一般的低压交流电（380V或220V）变为高压交流电（60kV～90kV）。

整流器的作用是把高压交流电变为高压直流电。在静电除尘器中常用的整流方式有机械整流、电子管整流和硅整流等。目前最有发展前途的是硅整流器，具有工作稳定，可自动调节电压，操作维护简单等特点。

控制箱包括控制和调节电压的操作设备和仪表。输出电压对静电除尘器的效率有很大影响，电压越高，效率越高，因此，静电除尘器的操作电压应尽可能接近火花击穿电压。

影响静电除尘器效率的因素很多，除前面已提到的如电极形状、气流分布、工作电压等外，粉尘的比电阻和气体含尘浓度对除尘效率也有很大的影响。

粉尘的比电阻是评定粉尘导电性能的一个指标，面积为 $1cm^2$，厚度为 $1cm$ 的粉尘电阻称为比电阻。如粉尘的比电阻过小，即粉尘层的导电性能良好，荷电粉尘接触到收尘极后，很快放出电荷，失去吸力，从而有可能重返气流而被气流带出除尘器，使除尘器效率降低。如粉尘比电阻过大，即粉尘层的导电性能太差，荷电粉尘接触到收尘极板后，很久不能放出电荷，这就可能产生两种情况，一是由于同性相斥的缘故，使随后而来的荷电粉尘向收尘极运动的速度减慢；二是使粉尘层与收尘极之间形成很大的电位差，如粉尘层有裂缝，空气存在裂缝中，就有可能在裂缝中形成高压电场使裂缝中的空气电离，产生电晕现象。由于它的极性和原电晕极相反，故称反电晕，它发出正离子向原电晕极方向运动，在运动过程中，与带负离子的粉尘相遇而产生电性中和，从而阻碍了粉尘向收尘极运动。因此，如发生反电晕现象，除尘效率就会大大降低。

常用静电除尘器所处理的粉尘比电阻的最适宜范围为 $10^4 \sim 10^{10} \Omega \cdot cm$。但在工业生产中却常遇到高于 $2 \times 10^{10} \Omega \cdot cm$ 的高比电阻粉尘，为了扩大静电除尘器的应用范围，解决比电阻粉尘的收尘问题便成了研究静电除尘器的重要课题之一。目前通常采用提高粉尘的导电性，以降低粉尘比电阻的方法，如喷雾增湿，降低或提高气体温度，加入导电添加剂等，从而使粉尘比电阻降低，以改善除尘效果。再者就是改变供电方式，采用新型的除尘器结构，如研究使用的超高压静电除尘器（电压为 $100 \sim 300kV$，极板间距为 $600 \sim 1000mm$），以及在收尘极上没有绝缘屏蔽的交流电除尘器，可以捕集比较高比电阻的粉尘。

进入静电除尘器的气体含尘浓度，一般应控制在 $60g/m^3$ 以下，含尘浓度提高，相应的除尘效率也有所提高，但当含尘浓度过高时，静电除尘器的工作就会大大恶化。如果含尘浓度很高时，电晕区产生的气体离子都沉附在粉尘上，使电流几乎减少到零，除尘器工作完全失效，这种现象称为"电晕闭塞"。为了防止电晕闭塞，当进口气体含尘浓度过高时，应先进入其他除尘器进行初净化，然后再进入静电除尘器。

十、超声波除尘器

超声波除尘器是将含尘气体受到声响振动，使悬浮于气体中的粉尘发生共振。由于粉尘的振动程度是随着粉尘粒子尺寸的差异而不同的，因此就引起尘粒的相互碰撞，从而使尘粒凝聚成较大的颗粒，易于从气体中分离出来。

超声波除尘器一般由超声波发生器、凝集塔、旋风除尘器等部件组成。超声波发生器设在凝集塔的上面，在凝集塔内给以 $150dB$ 左右的超声波强度，使尘粒之间发生碰撞凝集。在有效高度为 $10 \sim 20m$ 的凝集塔内，经数秒至十几秒的滞留后，已经凝集起来的大颗粒粉尘，依靠重力沉降作用，在凝集塔下部排出。略为小一些的粉尘，随气流经凝集塔上部出口，然后进入旋风除尘器进一步净化。

超声波除尘器的设备费用较低，不论是高温气体或其他除尘器难于处理的，如高浓度细颗粒粉尘的气体都能处理，也能用作湿式除尘。但为了发生声波，经常运转费用较高，比静电除尘器高10倍。此外，超声波除尘器的噪声处理也存在一定困难。因此，这种除尘器在实践中目前尚未推广使用。

十一、除尘器的选择

选择除尘器时，应从生产特点和排放标准出发，全面考虑有关因素，如除尘效率、阻力、一次投资费用、运行费用、占用建筑空间、维护管理难易等。

1. 分级效率。分级效率是除尘器最重要的性能指标之一，单有全效率是不够的，如捕集 $20\mu m$ 粉尘的一种除尘器，其除尘效率是 90%，但将其用于捕集 $5\mu m$ 的粉尘时，其除尘效率可能会降至 60% 以下，这样就达不到预期的除尘效果。因不同的除尘器对不同的粒径的粉尘除尘效率是完全不同的，故在选择除尘器时须了解所需要处理粉尘的粒径分布和各种除尘器的分级效率。

此外，同一种除尘器，在不同的运行条件下，如不同的工艺特点和处理风量，其除尘效率也会有很大的变化。

2. 排放标准。选用的除尘器必须满足排放标准所规定的排放浓度，如单级除尘不能满足排放要求时，可采用多级除尘。

3. 粉尘的性质。粉尘的性质对除尘器的性能有较大的影响，如黏性大的粉尘易粘结在除尘器表面，故不宜采用干法除尘；比电阻过大或过小的粉尘不宜采用电除尘器；水硬性或疏水性粉尘不宜采用湿法除尘。

4. 气体的含尘浓度。当气体含尘浓度较高时，可在电除尘器或袋式除尘器前设置低阻力的初净化设备，以除去粗大尘粒，以利发挥其除尘器的作用。如降低除尘器入口的含尘浓度，可提高袋式除尘器的过滤风速；防止电除尘器产生电晕闭塞等。

5. 气体的温度和性质。对于高温、高湿的含尘气体不宜采用袋式除电器，如粉尘的粒径小，比电阻大，又要求用干法除尘时，可考虑选用颗粒除尘器。如气体中含有毒有害气体，可考虑选用湿法除尘，但应考虑防腐问题。

6. 除下的粉尘易处理。除尘器排出的粉尘要易于处理，对于可以回收利用的粉粒状物料，应采用干法除尘，使回收的粉尘纳入生产系统。不能为了解决空气污染而带来水的污染。对于湿式除尘器，从水中除去废渣后使水能循环使用，以利于降低水的消耗，同时也避免下水道与河流的淤塞，故应考虑除尘器是否带有沉淀槽等。

7. 容易操作和维修。在选择除尘器时，应考虑到是否容易操作和维修。一般应在除尘器内部避免有移动或转动部件，以减少磨损，对于关键部件要易于维修和更换。

8. 费用。选择除尘器时不仅要考虑除尘器本身的费用，更应着重考虑整个除尘装置的费用，其包括初建投资、安装、运行和维修费用等。

第二十七章 人体的安全防护

第一节 劳动保护用品的作用与人体各部位受事故伤害分布

一、劳动保护用品的特性和作用

劳动保护用品，一般是指个人防护用品，即是保护劳动者在生产过程中防止外界伤害或职业性毒害而佩戴或使用的个人防护用具，劳动保护用品又称劳动防护用品，也是劳动者在作业场所中进行生产作业时，保护自身的安全和健康所必需的一种预防事故发生的装备。

劳动者在生产、建设、运输、服务、勘探或科学研究中，由于其作业环境条件非同一般的自然环境条件，常会有一些异常的危险有害因素而超过人体的耐受力，或者生产设备缺乏安全装置，或者安全装置本身存在缺陷，以及其他一些突然发生的原因，往往容易对人体造成尘、毒、噪声、强磁、辐射、触电、静电感应、爆炸、烧烫、冻伤、淹溺、腐蚀、打击、坠落、绞辗和刺割等急性或慢性损伤或伤亡事故，严重的甚至会剥夺人生存的权利。为了防止上述伤害事故的发生，就需要使用劳动保护用品对人体进行保护。即使万一在操作中有发生事故的可能性，劳动保护用品也可以起到保护人体不受侵害的目的。在一般情况下，对于大多数作业来说，大部分对人体的伤害都可包含在劳动保护用品的安全限度以内。因此，只要正确地选择及佩戴劳动保护用品，就能确保操作安全，即使发生同样强度的事故时，佩戴了合适的劳动保护用品，至少可以大大减轻事故对人体伤害的强度，有的还可以使将发生死亡的重大事故转变为轻微的伤害。从这种意义上来说，各种劳动保护用品只要正确地进行选择及佩戴，就具有消除和减轻事故伤害的作用。

劳动保护用品的作用，实质上是使用一定的屏蔽体或系带、浮体，采取阻隔、封闭、吸收、分散、悬、浮等手段，保护作业人员的机体的局部或全身，免受外来的侵害。然而，各种劳动保护用品对人体的防护所具有的保护作用是有一定限度的。有些作业条件复杂多变，加上劳动者的机体对外来侵害的耐受程度又往往因人而异，如果超过容许的防护范围或者强度，劳动保护用品就会不起作用了。

同时，劳动保护用品只是一种预防性的辅助装备，如果不对生产作业现场的作业人员能产生危险有害因素的生产设备或生产装置采取安全技术措施，不安设安全设置，不从根本上排除危险有害因素，不积极地想方设法改善劳动条件，而一味地只靠劳动保护用品来保护人体的安全和健康，企图达到安全生产的目的，这显然是十分错误的。正确的原则是应该首先通过工程方面的设计或在生产设备、生产装置上安设安全装置，或是采取其他的安全技术措施，消除各种危险有害因素，改善劳动条件，以逐步达到生产作业场所中劳动条件的本质安全化，这才是最根本的办法。

例如，一台机器经过专门的设计可以将生产过程中产生的飞尘有效地限制在一定的范围内，而不致对操作者造成危害，也就消除了造成伤亡事故的隐患，比起使用那些为了防止飞尘对人体的伤害而特别的劳动保护用品来限制飞尘要有效得多，这是解决问题的更为根本的措施。因为这种方法可以把飞尘完全控制在产生尘粒的地方。

又如，把一台机器所产生的噪声通过安全技术措施将其尽量减小或者完全把它密封起来，从而使噪声降低到容许的范围内，这种方法就要比采取个人消噪声耳罩肯定优越得多。

同样的道理，生产过程中的一些化学溶剂、化学制品，以及一些呈气态、蒸气态或烟雾状态的对人体有毒有害的物质，均采用通过管道装在密闭的容器内，或者用抽风排气的办法把这些有毒有害的气体、蒸气、烟雾全部从作业场所中的空气中排出，这才是上策。很显然，给在这种作业场所中从事作业的人员全部佩戴防毒面具绝对是下策。一般来说，以抽风排气的方法保护作业人员的安全和健康，总要比使用劳动保护用品可靠的多。

由此可见，只有在工程设计方面暂无解决办法；或者在生产设备和生产装置上安设安全装置有困难；或者危险有害因素较大，采取集体防护措施起不到良好的防护作用；或者目前无经济力量实现安全技术措施以排除作业场所中的危险有害因素；或通过行政管理的办法来限制作业人员暴露于有毒有害气体、蒸气、烟雾或过量噪声环境中的时间也无法令人满意，在这种情况下，才靠佩戴劳动保护用品来保护人身的安全和健康，这时使用劳动保护用品，才成为主要的防护措施。此外，佩戴劳动保护用品对人体的自由身体来说，本来是多余的，这对希望活动尽量方便的人来说，难免对作业行动的自由带来一定的约束，从而降低了活动能力，因此也不受作业人员的欢迎，但从保护人体而言，在危险有害因素尚无办法排除的作业场所中从事作业，使用劳动保护用品是迫不得已的。

因此，有人把劳动保护用品称为第二次安全保护装置，把在生产设备和生产装置上安设安全装置或采取其他形式的安全技术措施称为第一次安全保护装置。对一个厂矿企业进行安全生产而言，首先应实施第一次安全保护装置，充分发挥第一次安全保护装置的作用，以实现作业场所中劳动条件的本质安全化，其次才是实施第二次安全保护装置，也就是根据作业场所中的劳动条件与存在的危险有害因素，选择和使用与之相适应的劳动保护用品，以保护作业人员的安全和健康，而决不应将这一顺序颠倒过来。

二、劳动保护用品的分类

劳动保护用品的品种繁多，目前分类方法尚未统一，目前大致有按防护用途、防护部位和根据劳动保护用品制作使用的原材料等三种分类方式：

1. 按防护用途分类。经营生产劳动保护用品的厂家和基层劳动保护用品商店，以及使用劳动保护用品的厂矿企业单位为了方便经营和选购，大都用这种方法分类，一般分为：防尘用品、防毒用品、防噪声用品、防触电用品、防高温和辐射用品、防微波和激光辐射用品、防放射性用品、防酸碱用品、防油用品、防水用品、水上救生用品、防冲击用品、防坠落用品、防机械外伤和脏污用品、防寒用品等15类。

2. 按防护部位分类。这是从劳动卫生的角度考虑的，又常用防护部位进行分类。一般可分为：头、面、眼睛、呼吸道、耳、手、足、身躯等8类。

3. 根据劳动保护用品制作使用的原材料分类。经常生产劳动保护用品的厂家和商业采购部门，为了便于安排生产和组织进货，还常根据劳动保护用品制作使用的原材料进行分类，一般分为：棉纱棉布制品、化学纤维制品、丝绸呢绒制品、皮革制品、石棉制品、橡胶制品、人造革制品、塑料制品、有机玻璃制品、木制品、五金制品、纸制品等等。

根据国内外经营的习惯，商业部门为了便于用户选购与劳动保护用品有关的集体防护装备、检测作业环境用品，以及劳动保护用品附带的一些简易工具等，如安全网、绝缘地毯、检气管、工具套等，一般也将其分别归纳到有关劳动保护用品类内。

三、劳动保护用品的选择与使用

作业人员佩戴必要的劳动保护用品从事生产活动，可以防止遭受外来危害因素的伤害，或者即使发生了某种伤害，所用的劳动保护用品也能大大减轻其伤害的程度。但是，不是某一种劳动保护用品在任何作业场所中都适用，这是因为每一种劳动保护用品的防护范围和防护性能均不相同，而且不同的作业环境其劳动条件也存在着很大的差异。因此，作为一名安全技术人员应该能够根据作业环境中的劳动条件与存在的危害因素及其强度来选择与之相适应的劳动保护用品。

根据《劳动防护用品监督管理规定》的要求，厂矿企业应当按照《劳动保护用品选用规则》（GB 11615）和国家颁发的劳动保护用品配备标准及有关规定，为作业人员配备劳动防护用品，厂矿企业应当安排用于配备劳动保护用品的专项经费，不得以货币或者其他物品替代应当按规定配备的劳动防护用品。为作业人员配备的劳动防护用品必须符合有关标准，不得超过使用期限；并应督促、教育员工正确佩戴和使用劳动防护用品。同时，还应当建立健全劳动防护用品的采购、验收、保管、发放、使用、报废等管理制度。

劳动保护用品作为实用的防止作业人员发生伤害的防护用品，在本质上应符合以下要求：

1. 某一种劳动保护用品应能够对人体所应防护的部位免遭伤害，并具有优异的防护性能。
2. 劳动保护用品应佩戴舒适、方便，重量应轻，佩戴后应尽可能不妨碍作业人员的作业活动和生理机能，并具有活动的自由性。
3. 劳动保护用品的制作材料应优质、耐腐蚀、抗老化，并对人体的皮肤无刺激性，各部配件需吻合严密、牢固。
4. 劳动保护用品的外观应光洁，色泽均匀协调，款式新颖，美观大方。

上述诸项，彼此存着一定的内在联系，构成一个有机的整体，不可只注意一方面，而忽视另一方面。比如，在特定作业的整个伤害范围内，对人体容易造成伤害的部位，如果采取整体防护，其防护用品就必须结实，但是越结实其重量也就越可能增大，在使用的时候就有可能会妨碍作业人员的行动自由。同样的理由，如防尘用品若要求全部或最大限度地挡住粉尘，其过滤层也就必须致密。这样作业人员在使用它进行呼吸时，就会因过滤层阻力增大而造成呼吸困难。因此，使劳动保护用品既能最大限度地达到防护效果，又能实用化，仍是人们需要研究的课题。

在选择了合适的劳动保护用品之后，安全技术人员面临的第二个问题就是选择适合实际需要的性能和型号，即这种劳动保护用品在各种条件下所提供的保护程度如何，是否符合有关相应的安全技术标准，是否经济耐用，使用是否方便等。

一国家在1963年9月颁布试行的《国营企业职工个人防护用品发放标准》中规定了"应当按照劳动条件发给工人防护用品，属于在生产过程中保护工人的安全、健康所必需的则发，否则不发。对于在不同企业中劳动条件相同的同类工种，应当发给相同的防护用品。如果工种相同，但劳动条件不同，应当发给不同的防护用品。"以及"免费发给"等原则。这就要求安全技术人员除对作业现场的劳动条件和存在的危害因素及其强度，以及作业人员所需防护的部位和要求等，均必须清楚地掌握以外，还应对各种劳动保护用品的防护功能，防护性能、适用范围以及型号等均有所了解，只有这样才能对品种繁多的劳动保护用品进行正确合理的选择，便其能适合与之相应的作业的实际需要，以对作业人员的安全和健康提供可靠的保护。这既能体现党和国家对劳动者的生命和健康的爱护，也是安全技术人员应尽的职责。

在此，笔者还需提请注意的事是，在选择购买劳动保护用品时，其产品或商品均应经过国家指定的技术部门鉴定，并符合有关安全卫生技术标准；其产品或商品均应经过制造厂商的技术检验部门检验，每件产品或商品还均应有产品合格证，否则不应选择购买。

在选定了适合实际需要的劳动保护用品之后，下一个问题就是让作业人员能够正确使用或佩戴个人防护用品。虽然在国家和有关部门以及各厂矿企业的某些安全技术规程或规定中，均明确规定了作业人员在作业时必须整齐穿戴个人防护用品，虽然这些安全技术规程或规定对每一个作业人员的行为都具的一定的约束力，但是，如果每一个作业人员都能遵守这一规定，或者习惯于在作业时能够正确使用或佩戴个人防护用品，问题便简单了，只不过是给作业人员发放适合作业实际需要和便于穿戴的劳动保护用品即可。然而，事情并非如此简单，对发放给作业人员各种劳动保护用品时，还应告诉作业人员为什么和如何使用这种劳动保护用品，尤其是当首次给一大批作业人员发放劳动保护用品或开始采用新的劳动保护用品时，这就更需要向作业人员作出明确的、有说服力的解释。因为有些作业人员还可能自以为无所谓或出于美观方面的考虑而不愿意使用劳动保护用品。因此必须说明为什么要穿戴这种劳动保护用品，即不穿戴这种劳动保护用品可能会对人体造成哪些伤害，最有说服力的是将收集的本厂矿企业或其他厂矿企业中某些作业人员因没有穿戴这种劳动保护用品已发生过而造成局部伤害或死亡的事故案例告诉大家。

此外，安全技术人员还需定期地或不定期地到生产作业现场，对作业人员佩戴和使用劳动保护用品的情况进行检查，直至作业人员对所发放的劳动保护用品的佩戴和使用已符合标准，并成为一种良好的自然习惯时为止。

厂矿企业在选择购进一批将正式使用新的劳动保护用品之前，可先让一定数量的作业班组长试用，听取他们对这种劳动保护用品的评议，议一议有哪些优缺点，最后再作出决断。如果能在满足生产作业需要的条件下提供多种款式的劳动保护用品，让作业人员可以从中选用合意的款式，这样对使用这种劳动保护用品的一些消极的抵制因素就可以消除。在某些情况下，最好的办法是从作业人员中推选出一个委员会来协助挑选实用的劳动保护用品，经多次实践证明这是一种行之有效的方法。

为了进一步鼓励作业人员穿戴或使用劳动保护用品，厂矿企业的安全技术部门可创设"安全理智奖"，给那些由于穿戴或使用劳动保护用品而在事故中免遭于难的作业人员颁发一定形式的奖励。

四、研究人体各部位受事故伤害分布的作用

在厂矿企业的生产过程中，作业人员人体各部位之所以会遭到伤害，主要是由于人体

的受伤害部位与物体发生相互碰撞而引起的。但这种伤害究竟多少容易发生在人体的什么部位,却是一个值得安全技术人员注意研究的问题。因为,这个问题不弄清楚,即使采取了某种安全技术措施对人体进行了保护,但由于不知道人体的什么部位最容易受到伤害,也难以制定出相应有效的保护措施。

实践证明,由于各工种和作业条件的不一样,人体受到伤害的部位也是不一样的。同时,因随着外界物体传到人体的能量的大小不等,所受到伤害的严重程度也当然不等。此外,由于人体各部位的生理机能不同,故所受到的危害程度也自然不同。例如,即便象尘埃这样的微小颗粒,如果侵入了眼部,有时也不得不马上停止作业进行清洗,当从事机床切削加工作业时,稍有一点切屑溅入眼中,就有可能由此而引起失明。但是,如果这类物体溅在人体的手或足上,就几乎完全不会造成任何伤害。

同样的道理,在人体的手或足的部位上仅仅能引起某种程度伤害的物体,如果将这一相同的能量传到人体的头部,有时就会使人丧失性命。

因此,从安全管理的角度上来说,对人体各部位受伤害的分布的这一问题,必须从人体易受伤害的部位和人体各部位在生理机能上的重要性这两个方面进行研究,从而对从事不同作业的作业人员采取相应有效的保护措施。

五、人体各部位受事故伤害的分布状况

有人对在一般的生产作业中所发生的10000起伤害事故进行了调查和统计,得出受事故伤害在人体各部位的分布概率状况,并用人体骨骼结构示意图表示(图27-1)。从图27-1中可以看出,人体的小腿以及足部受到伤害的概率最大,约占人体总受伤害次数的三分之一。特别是足部,受到伤害的比例最大,为11.68%。其次是小腿部位,小腿的上部和下部分别为11.00%和10.26%。再者就是手臂部位,所受到的伤害并集中在小臂和手上,分别为9.38%和8.94%。此外,人体躯干受伤害的比例也是相当高的。在人体生理机能上占有特殊重要位置的头部,受事故发生伤害的概率为4.40%。

因此,对发生事故受伤害概率较高的足部,可以通过穿戴安全靴吸收掉物体与足部碰撞相当的一部分能量;对于人体生理机能十分重要的头部,则可以通过佩戴安全帽吸收掉三分之一以上的能量冲击。这样就可以使程度严重的伤害事故转变为轻微伤害或者无伤害。

图27-2是根据国际劳动组织的统计资料,所得到的事故伤害在人体各部位的分布概

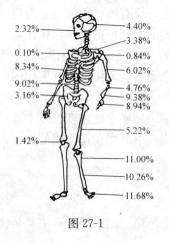

图 27-1

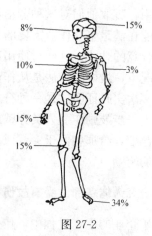

图 27-2

率状况示意图。与图 27-1 比较，因为生产作业条件的不同，所以标出的受伤害的概率数字也不相同。

从图 27-2 中可以看出，人体的足部因与物体碰撞所受到伤害的概率为 34%，如果作业人员穿上安全靴则可以使这种伤害大大地减少。人体头部所受到伤害的概率为 15%，这主要是因物体落下或因人体在高处作业时发生坠落等原因所引起的，这就要求在作业时应佩戴安全帽或安全带。人体的眼睛受到事故伤害的概率为 8%，这大多是由于从事机床作业时的金属切屑或进行易产生火花飞溅的作业等原因而引起的，在这种作业场所进行工作时，就必须佩戴防护眼镜。

第二节　人体头部的安全防护

一、安全帽的作用及防护原理

人们用脑袋来接受各种科学知识自然应当受到鼓励，但切不能让脑袋去接受迎头飞来的物体的痛击。作业人员在作业时，凡是头部有可能受到伤害危险的都应当佩戴安全帽。

安全帽是防止人体头部受到伤害的主要的劳动保护用品，安全帽实质上是用多种材料制成的一种硬质头盔，是为了保护作业人员的头部而专门设计的。安全帽不但可以抵御突如其来的落物对头部的打击，而且还可以抵御飞来的物体碎片、颗粒乃至防止因头部引起电击或这 3 种危害因素的任何组合的袭击。除此之外，安全帽还可以在酸性液体、碱性液体、其他化学试剂或高温液体从人体头顶上倾泻下来时，起着保护头部、脸部和颈部的作用。安全帽也有助于防止头部的头发被卷入运转的机器里面或者防止头部暴露于有刺激性的生产性粉尘之中。

在生产作业现场，尤其是上下交叉作业的现场，往往有因作业人员工作不慎或用力过猛等原因，而使物体从上面落下的情况发生。这种落物具有较大的加速度和冲击力，而且发生时间短暂，一般又是突然而来，故难以预料。落物冲击首当其冲就是人体的头部。因为头部在人体的最上部位，是人体神经中枢所在，头盖骨最薄处仅 2mm 左右。所以，万一这种落物打击在没有采取任何保护措施的人体头部时，就有可能引起脑震荡、脑组织出血、脑膜挫伤、颅底骨折或机能障碍等伤害，从而影响人体正常的思维和活动功能，甚至立即死亡。

为了避免或减轻这种自上而下具有一定能量的落物对作业人员头部的打击，就必须佩戴安全帽。

为了有效地防止人体头部受到伤害，安全帽在设计制造上必须结构合理，技术性能必须符合有关规定或标准的要求，一般说来，安全帽应具备以下 4 个条件：

1. 应用尽可能轻的材料制作，能够缓冲落物的冲击，且能适应于不同的防护目的，并具有足够的强度。

2. 佩戴后感到舒适，即使在室外阳光下工作也不感到太闷热。

3. 帽体应具有足够的冲击吸收性能和耐穿透性能，并还应满足由现场作业场所决定的其他性能的要求，如耐水性、耐燃烧性、耐低温性、耐腐蚀性、侧向刚性和电绝缘性等。

4. 价格尽可能低廉。

安全帽对人体头部为什么有防护作用呢？这是因为安全帽是采用了具有一定强度的帽体、帽衬材料和缓冲结构制成的，它能够承受和分散一定质量的坠落物体的瞬间冲击力，使有害荷载分布在头盖骨的整个面积上及头与帽顶空间位置上构成的能量吸收系统，从而保护安全帽佩戴者的头部，避免或减轻外来冲击力的伤害。如果佩戴安全帽者不慎从高处坠落，头部先着地，只要安全帽不脱落，还可避免或减轻头部与地面撞击所造成的伤害。

据有关资料报道，人体对冲击的承受能力是有一定限度的，如颈椎骨受到4452N的力就会折断。所以一般认为，安全帽的受力应大于头部的受力，通过安全帽传递到头部的力，则应小于颈椎所能承受的力，这样才是安全的。根据国际标准化组织的《安全帽标准》(ISO—3873，1977)，安全帽用49N/m的冲击物实测，其冲击力可达15102N。而通过安全帽传递到人体头部的力只有1961～2942N，不超过国际标准5001N。由此可见，安全帽能吸收冲击力在三分之一以上。世界各国安全帽的安全系数大多是根据以上原理和测试数据而制定的。

二、安全帽的技术性能要求

安全帽的种类很多，在劳动保护用品的范围内，包括作业人员使用和进入作业现场的其他人员使用的安全帽，不包括驾驶摩托用头盔、运动员保护帽和军用钢盔等。劳动保护用安全帽在国外有的国家分为矿山隧道专用、一般工业用、电业专用、特低温或特高温用、消防专用等数种，也有的国家仅有综合性的通用安全帽一种。目前我国生产的安全帽基本上可分为一般作业用安全帽和特殊作业用安全帽两类，对安全帽的国家标准是采用综合性结合增加专用要求的办法，提出具体的技术性能要求。

为了达到充分保护作业人员人体头部的目的，最重要的是安全帽需要有足够的强度和足够的弹性，以便能缓冲落物的冲击。我国国家标准《安全帽》(GB 2811)中规定，安全帽标准的技术性能要求分为基本性能要求和其他要求两部分，前者是各种安全帽必须应达到的技术性能要求，后者是在一定的作业条件下，需要增加的专用技术性能要求。我国安全帽国家标准所采用的各种技术性能指标与国际标准基本相同。

1. 基本技术性能要求：

(1) 冲击吸收性能。冲击吸收性能是指佩戴安全帽后，人体头部所受的最大冲击力，这个值应越小越好。冲击吸收性能的技术指标是用同一批生产的安全帽三顶，分别在50±2℃(矿井下用安全帽为40±2℃)和—10±2℃及浸水的情况下进行处理，然后再用5kg的钢锤自1m的高度落下进行冲击试验，头模所受冲击力的最大值均不应超过4903N。

(2) 耐穿透性能。耐穿透性能是要求安全帽壳应具有一定的强度，能挡住外力冲击时不致发生过大的变形，而与帽衬一起构成对冲击力的缓冲分散作用。耐穿透性能是根据安全帽的材质选用50±2℃、—10±2℃及浸水三种方法中的一种进行处理，然后用3kg的钢锥自1m的高度落下进行实验、钢锥不应与头模表面接触。

2. 其他技术性能要求：

(1) 耐低温性能。安全帽在低于—10℃的条件下，其冲击吸收性能与耐穿透性能均应符合上述基本技术性能的要求。所谓耐低温度，即为耐低温性能。在耐低温性能的安全帽上，应标出耐低温温度的永久性标记，如"—20℃"、"—30℃"的字样。具耐低温性能的安全帽适合我国北方冬季露天作业需要时使用。

（2）耐燃烧性能。用汽油喷灯调至火焰为230mm，并用130mm处火焰对准平放的安全帽顶100mm以下部位，燃烧帽壳10s。移开火焰5s内能自灭。在符合耐燃烧性能的安全帽上，应标出"R"字样的永久性标记。具耐燃烧性能的安全帽适合从事接触高温或明火作业需要时使用。

（3）电绝缘性能。安全帽经交流电1200V耐压试验1min，其泄漏电流不应超过1.2mA。在符合电绝缘性能的安全帽上，应标出"D"字样的永久性标记。具电绝缘性能的安全帽对从事接触低压电线作业的作业人员，在头部万一碰到电线外包及破损漏电时，有一定的防止电击危害的作用。

（4）侧向刚性。安全帽的横向经压力机施加392N的压力，其帽壳最大变形值不应超过40mm，卸压后其帽壳的变形值不应超过15mm。在符合侧向刚性的安全帽上，应标出"C"字样的永久性标记。

三、安全帽的结构

安全帽基本由帽壳和帽衬两部分组成，两者共同配合起到阻挡落物和缓冲、分散冲击力的作用，在这里需向大家提醒的是，千万不可只重视帽壳材料的强度，及单凭摔打来判断安全帽的质量好坏，而忽视帽衬的作用。

帽壳是安全帽的外壳，一般采用椭圆半球形薄壳结构。表面应光滑，可使物体坠落到帽壳时，易于滑掉和产生一定的变形，同时吸收和分散受力，不得采用平顶式。

帽壳前缘伸出部分为帽舌，位于眼睛上部，最短不得＜10mm，最长不得＞55mm。帽壳周围伸出的部分为帽沿，最小不得＜10mm，最大不得＞35mm，帽沿倾斜度以45°～60°为宜。帽沿和帽舌除有分散滑掉坠落物体的功能外，还可防止碎渣、淋水进入颈部或防止阳光直射眼部。

帽顶中部的厚度一般要比帽侧面厚，通常还设有增强顶筋，以便提高帽壳承受落物的冲击和穿刺的强度。顶筋有圆弧形和台阶形两种，外形有单筋、三筋、V形筋、十字筋等数种，一般不易宜用双筋，因两筋之间易增大受力。

帽壳两侧可设通气孔，使帽内空气流通，便于散热。通气孔还可加设启闭活阀，以防雨天淋水。

矿井用安全帽前面还设有矿灯插座，后面设灯线卡子。

帽衬为安全帽壳内部件的总称，起冲击力的吸收作用，是安全帽的重要组成部分。帽衬由帽箍、顶带、后枕箍带、吸汗带、垫料、下颚系带等部件组成。

帽箍是围绕头部周围部分的箍带，分活动调节带和固定带两种，活动调节带可随头型大小或冬季使用戴毡帽、绒线帽时调节松紧；固定带分大、中、小三种规格，小号51～56cm，中号57～60cm，大号61～64cm。

顶衬是与头顶部分接触的衬带，顶衬和帽壳连接部分，一般采用插口或接头铆钉、穿绳孔等形式。插口式有六个或四个，顶部呈六分叉形或十字形。顶衬分双层顶衬和单层顶衬两种，双层顶衬的外层尾端，接帽壳插口，使每个插口分担帽壳传下来的力，内层尾端接帽箍，上用拴绳，使双层之间保留的空间起缓冲作用。单层顶衬的尾端，直接与帽箍连接。

后枕箍带是箍紧于后枕骨部分的衬带,它的左右两端与帽箍连接,使安全帽佩戴后不易脱落。

吸汗带是包裹在帽箍外面的吸汗材料。

下颏带是为稳定安全帽而系在下颏上的带子,它可使安全帽不至于因颠簸或人体跌倒时而脱落,或者被风吹掉。

帽衬与帽壳的连接应牢固可靠,佩戴后不得出现晃动。帽衬顶端与帽壳内顶内面的垂直间距一般应在25～50mm之间,帽箍与帽壳内每一侧面的水平间距应在5～20mm之间。垂直间距和水平间距是安全帽结构上十分重要的技术指标,它可以避免发生头部与帽壳碰顶,以及头部侧面与帽壳碰撞,造成应力过于集中而引起的伤害,从而保证了安全帽良好的缓冲性能。如果没有这两种垂直间距和水平间距,或者是这两种间隔距离较小,那么当外来物体对帽体进行纵向的冲击或者是横向的冲击时,帽体内的头盖骨也就不能免于被击凹和破碎,或者可使头骨的侧面受到压迫或冲击而引起头部受到伤害,这样,安全帽也就不能起到保护人体头部的作用。

安全帽在佩戴后的高度应在80～90mm之间,其整体结构质量,在保证符合承受冲击力技术性能指标的前提下,应越轻越好,总重量不应超过400g,以减轻头部的负担。

安全帽的外观应平整光洁,无毛刺,无飞边,式样美观。根据不同的工种和不同的作业场所的需要,以及便于引起高处作业或其他在场操作人员的认识和警惕,安全帽可分别采用浅而醒目的白、黄、红等颜色。

此外,每顶安全帽上均应有制造厂名称及商标、型号;制造年、月;生产合格证和检验证;生产许可证编号等四项永久性标记。

四、制作安全帽使用的材料

采用什么样的材料制作安全帽,这对安全帽的性能有很大的影响。安全帽的帽壳一般使用塑料制成,也有用胶布制作的。塑料是目前国内外制作安全帽壳广泛使用的材料,其品种很多,有不饱和聚酯、聚碳酸酯、ABS树脂、环氧树脂、酚醛树脂、超高分子量聚乙烯、改性聚丙烯等数种。现将一般常用制作安全帽壳的各种材料性能简述如下,以便对各种安全帽的性能和适用范围有所了解:

1. 不饱和聚酯和维纶纤维增强塑料,也俗称玻璃钢。它是一种热固性塑料,其密度只有钢材的1/6至1/4,机械强度可与钢材相比,导热系数很低,并具有良好的电绝缘性、耐腐蚀性、耐燃烧性、耐高温性和耐低温性的性能。耐温度为$-50 \sim +140℃$,热固成型后,遇高温只炭化而不软化,是广泛用来制作耐高强度冲击的安全帽壳的材料。

2. 聚碳酸酯塑料。它是一种热塑性的工程塑料,机械强度大,耐冲击性能、电绝缘性、耐腐蚀性、耐高温性和耐低温性的性能都很好。耐温度为$-100 \sim +140℃$。在厚度为1mm时,绝缘击穿电压为43000V,厚度为3mm时,绝缘击穿电压为55000V。特别是在高温或低温下其强度都没有多大的变化,而且耐酸性特别优良,同时吸水性也小。聚碳酸酯塑料也是制作耐高强度冲击的安全帽壳的材料。但是,易被稀释剂、挥发油、汽油等侵蚀。

3. ABS塑料,为含有丙烯腈(A)、丁二烯(B)、苯乙烯(S)三种物质的共聚物,也是一种重要的热塑性工程塑料。具有坚韧不脆、刚性好、不易变形等特点,并具有抗冲击性强和电绝缘性、耐高温性和耐腐蚀性等特性。耐高温可达100℃。ABS塑料也是制作安全帽壳的较好材料。但其缺点是不耐燃烧、不耐低温，抗老化性能也较差。

4. 超高分子量聚乙烯塑料。这是一种新型的热塑性工程塑料。其密度为0.94～0.96g/cm³，其刚性、熔点、机械强度和硬度均比普通常用的聚乙烯塑料要高。耐温范围为-70～+127℃，电绝缘性和耐腐蚀性亦较好，其成本价格比上述几种塑料低廉。超高分子量聚乙烯塑料是制作一般安全帽壳的材料。但其强度较上述几种塑料低，且不宜接触汽油、煤油等。

5. 改性聚丙烯塑料，是以聚丙烯为主要成分，与聚乙烯、聚丁二烯一起混合，属于热塑性塑料。其机械强度和耐高温性均高于聚乙烯，耐温范围为-18～+140℃。改性聚丙烯塑料也是制作一般安全帽壳的材料。但其缺点是易收缩变形，耐低温性和抗老化性能均较差。

6. 橡胶布，是用含胶量为40%的胶料与增强材料28（21支）/2×28（21支）/2或28（21支）/4×28（21支）/4帆布模压硫化。此种橡胶布具有坚韧、抗冲击、耐高温、耐低温、耐腐蚀和电绝缘等特性，故长期以来是习惯使用制作矿工用安全帽壳的材料。

安全帽的帽衬，如帽箍、顶衬、后箍等，一般常用高压聚乙烯塑料制成，高压聚乙烯塑料的比重比低压聚乙烯塑料小，也较柔软，但其耐高温和强度较低。吸汗材料一般常用泡沫塑料，下颏带一般常用棉织带制作。

用各种不同材料制成的安全帽，由于形式和结构的不同，其性能也不尽相同。随着合成树脂工业的不断发展，制作安全帽的材料也将不断更新，其质量也将不断提高。

在此，还需值得提出的，就是柳、藤、竹条帽，它们分别是用植物枝条编织成型，其中柳条帽采用金属丝或绵纶绳作经线，去皮柳条作纬线编织而成，帽衬等均用棉织背包带制作，总重量约为350～400g。各地生产的产品的外形、规格、质量极不统一。

用柳、藤、竹条编织的帽子在某些生产作业中使用虽然还很不错，可以保护作业人员的头部与静止物体发生的轻度碰撞。因此，这些帽子在有些厂矿企业中对从事某些作业的人员仍被采用。但是，从安全技术的角度来说，对用柳、藤、竹条编织的帽子至今没有制度技术性能指标范围，这些帽子的质量一般也较差，难以符合国家关于安全帽的国家标准中规定的基本技术性能要求。并且在其他技术性能要求上，如侧向刚性也低于安全帽国家标准中规定的要求，且受横向压力变形很大。这些帽子也都不耐燃烧，因此，柳、藤、竹条帽一般不能作为头盔式安全帽的代用品，使用时必须严格加以限制。

五、安全帽的佩戴和维护

安全帽虽然有起到保护人体头部的作用，但即使佩戴了安全帽，如果佩戴的方法不正确，就不能起到充分保护头部的作用。同时，在使用过程中若不注意维护，其防护性能也会降低，甚至起不到应有的防护作用。因此，要注意安全帽正确的佩戴方法和维护。

1. 人体的头顶和帽体的内顶端应有一定的垂直距离，帽箍至帽体内侧面也应有一定的水平距离。这两种距离，在佩戴时需靠帽衬来进行调节。

这样，不仅在遭到冲击时，帽体有足够的空间可供变形，而且这两种距离间隔对人体的头部和帽体之间的通风来说，也是很需要的。

2. 在佩戴安全帽时，要用下颏带系结实，使安全帽戴稳在头部。否则，安全帽在头部前后摆动，容易脱落。若在作业中就有可能因受到坠落物体的冲击时，或作业人员因不慎从一定的高处发生坠落时，由于安全帽的掉落而起不到充分保护人体头部的作用。

3. 因为安全帽在使用过程中会逐渐损坏，所以在每一次使用之前，都应当进行检查，帽壳是否有下凹、裂痕、龟裂和磨损等现象，这些缺陷会使安全帽达不到原有的防护性能。因此有以上缺陷的安全帽不得使用，并应当作报废处理。

4. 安全帽的帽衬是安全帽的重要组成部分，同样起着防冲击的作用，故在使用安全帽之前，应特别注意检查帽衬的情况是否良好，看看帽箍松了没有，有裂痕没有，铆钉是否松动，插口处是否插牢，以及有无其他损伤。由于安全帽的帽衬经常受汗水的浸蚀，故容易损坏，损坏了的帽衬应立即更换。如有条件或可能，厂矿企业应每年提供更换一次整个帽衬。

5. 有些安全帽的帽壳材料具有老化、变脆的性质，因此，应注意不要使这种材料制作的安全帽长时间地在烈日下暴晒。

6. 帽壳上不要为了透气而随意开孔，因为这样做会使帽壳的强度显著降低。

7. 用后的安全帽应定期用温水和肥皂，或者用洗洁精进行清洗，并用清水漂洗干净，然后晾干，切勿用蒸汽进行洗涤和消毒。

如果要使用溶剂清除安全帽上沾染的沥青、油漆、油类以及其他诸如此类的污物，由于某些溶剂可能会损伤帽壳，因此需事先了解清楚应该使用哪种溶剂。

8. 安全帽要根据不同的防护目的及作业场所进行选购，要使用专用的安全帽。比如，在有电击危险的场所，所选购的安全帽上不得带有任何金属的构件，帽壳上也不应有开内外相通的孔。此外，并且一定要选购符合国家标准《安全帽》（GB 2811）、检验合格的产品或商品。

六、工作帽

在有传动链、传动带或其他机器设备旁边工作的男、女作业人员，如果他们的头发很长，那么保护头发使之不与机器设备的传动部件相接触是十分重要的。作业人员的头部直接碰到机器设备上而发生的危险姑且不谈，另一种可能会发生的危险是他们在弯腰时，其头发便有可能会卷入机器设备运行中的传动带或滚动轴里，这样就会引起绞辗，从而造成严重的伤亡事故。因为靠防护装置是很难完全排除这种危险的，所以，头发太长的作业人员应该戴上工作帽，即一般作业场所中所使用的工作帽。

用发网、手帕或头巾来保护头发常常是不太理想的，因为用这些东西无法把头发完全包起来，而工作帽则可以把头发完全包起来。如果戴工作帽的作业人员可能接触到火花或热金属等，那么工作帽就应当使用耐火的材料做成。

关于工作帽至今还没有什么公认的标准，但是为了经得起日常的洗涤和消毒，工作帽应当用经久耐用的纤维织物做成，对于防静电的生产作业环境应当使用纯棉织物或具有防静电的纤维织物制成。工作帽的式样应当简单，并使戴帽人员无论头大还是头小都能够戴得上，或者帽沿大小可以随意调节，使任何人员戴起来都觉得合适。

工作帽还应当有一个又长又硬的帽舌，这样可使人体头部还没有碰到运行中的机器设备时，如钻床的主转轴，而帽舌就先已碰到，立即可使作业人员警觉起来。因此，工作帽上又长又硬的帽舌有着一定的护挡作用，可避免因头部碰到机器设备或物体而受到伤害。此外，又长又硬的帽舌还附有防止光线直射眼睛造成耀眼而引起眩光，以及防止一些粉尘、碎屑侵入眼睛而引起眼部伤害的功用。

为了使作业人员都能乐意戴工作帽，工作帽应尽可能做得美观大方，凉爽轻巧。如果不需要防尘、防油污等污染头部或头发，工作帽应当用孔网结构的编织品制作，或者帽顶部分采用孔网结构的编织品制作，这种式样的工作帽有助于达到通风、舒适的目的。

在选定了适宜的工作帽之后，就应当提出要求，让作业人员能持之以恒并正确地佩戴。但往往出于人们的审美观点，一些作业人员常喜欢把工作帽戴在靠脑后，让前面的头发露出来。甚至还有一些作业人员把帽舌部位戴在脑后。对诸如此类的情况，安全技术人员如果能够给作业人员现场实地做个工作帽的戴法表演，看看不正确的戴法，以至头发碰到机器设备旋转部位的轴时会发生什么样的危险；再看看正确地佩戴工作帽有什么样的益处。这样做可令人信服地说明，正确佩戴工作帽的作用，也往往可使一些作业人员不正确佩戴工作帽的做法收敛起来。

此外，在一些专门为保护头发不受灰尘、油污等污物沾染的作业场所，或者专为防止头发污染其他物品的作业场所，可佩戴无帽舌的工作帽，此工作帽通常采用白色或蓝色的纤维织物制成。

另外，在其他一些特殊的作业场所中进行作业时，还需佩戴一些特制的工作帽。如需要防尘的作业场所，作业人员可佩戴棉纤维织品制成的披肩式防尘帽。如作业场所既需要防尘又需要防热，作业人员可佩戴白帆布制成的披肩式防尘防热帽。如作业场所需要防火防烧灼或防强烈辐射热，作业人员可佩戴石棉织品制成的披肩帽或用铝膜布制成的披肩帽。在野外露天作业，为防止日光直射人体头部，作业人员可佩戴太阳帽或用植物纤维编织制成的草帽等等。

第三节　人体面部的安全防护

一、面部的防护

面部的防护通常采用防护面罩，使用防护面罩可保护面部以及脖子等部位免受生产作业中产生的飞溅颗粒物质、熔融金属飞沫、酸、碱及其他危险液体喷雾等的伤害。

防护面罩的种类很多，其形状也多种多样，防护用途也各不相同。按其用途可分为防打击面罩，防辐性液体飞溅面罩、防辐射线面罩、防灰尘、烟雾及有害气体面罩等，这些防护面罩一般均设置有观察窗或眼窗。

制作防护面罩所使用的材料应有较高的机械强度，重量要轻，对皮肤没有刺激作用，并经得起反复清洗消毒处理，所用金属部件应该耐腐蚀，所用塑料应耐火，不易燃烧。防护面罩的观察窗或眼窗应用完全透明或浅墨色的光学级塑料，既无裂纹，也不变形。防打击面罩可用金属网制成。焊接作业用的防护面罩的眼窗不宜使用塑料材料制作，一般均应使用电焊镜片，如果使用塑料材料制作，必须符合吸光透镜、滤光透镜和滤光片的透射率指标。

防护面罩的形状应该能够把佩戴者的整个面部遮挡起来，以便确实能起到保护面部的作用，并且还应配备头带或吊带，使防护面罩能固定在头部，但最好是制成条状将防护面罩能支撑在头部的前额上，这样，可使防护面罩在暂时不需要使用时能将其翻到前额上，以便擦拭面部。此外，任何一种形状的防护面罩均应该满足下述要求：佩戴了防护面罩进行作业时，万一防护面罩被某些腐蚀液体弄湿，可很容易地将防护面罩摘下来。

在某些作业中，为防止一些有害的辐射线及烟雾等，或者为防止酸、碱及其他有害的化学液体溶液的液滴四处乱溅等而伤害到作业人员的头部和面部，可制成将头部全部罩起来的防护面罩，当作业周围环境的空气可供佩戴人员呼吸时，此种防护面罩可在后面开设通气孔。当作业周围环境的空气不能符合佩戴人员的呼吸之用时，此种防护面罩则应配置有送风装置，以供呼吸，同时，作业人员还应佩戴挂吊带或腰带，让通气管挂在上面。

如果只需要从正面防止酸、碱及其他有害的化学液体溶液的液滴飞溅而伤害到作业人员的头部和面部，可将保护头部和面部的防护用品结合起来使用。用抗化学腐蚀性材料制成的安全帽，再配以玻璃观察窗或塑料观察窗，就成为一种很好的防护面罩，但观察窗和安全帽之间一定要联接牢固可靠。

二、防砂面罩

防砂面罩是在铸件清砂、喷砂除锈作业中，为防止作业人员的面部被砂粒击伤而佩戴的一种送风隔离式防护面罩。佩戴这种面罩同时，可使作业人员的呼吸系统免受砂尘的侵害。

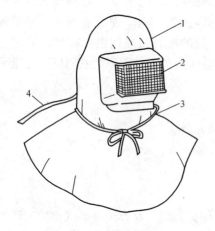

图 27-3 披肩式防砂面罩
1—帽盔；2—眼窗；3—系带；4—送风管

防砂面罩一般有披肩式和连衣式两种。这种防护面罩是由帽盔连披肩或连上衣、眼窗、送风管等组成，见图 27-3。帽盔外皮为人造革或单面胶布套，颈部用系带缚紧，内衬小边藤条帽。送风管设在藤条帽沿一圈，有 12 个送气孔，使进入面罩内的气流分布均匀，风管一端由帽套后部引出，与送风管路相接。在帽盔的两侧耳部，各开设有 5 个排气孔。眼窗装有透明玻璃，眼窗有效面积为 16cm×8.5cm，窗框有弯玻璃或平板玻璃两种式样，均用人造革包钢纸条与玻璃贴合严密。眼窗玻璃外再加 16 目的铅丝保护罩。送风管为内径 9mm，壁厚 2mm，长 600mm 的橡胶管。

防砂面罩须与空气压缩机和空气过滤器配套使用，以便使佩戴人员呼吸到清洁的空气。防砂面罩因受送风管路的约束，作业人员的活动范围也受到限制。

三、大框送风防护面罩

大框送风防护面罩是一种送风隔离式防护面罩，是由帽盔连披肩、眼窗或观察窗、呼气阀、导气管等部件组成，见图 27-4。帽盔披肩一般用人造革制作，观察窗用塑料框架，内装弧形玻璃。

大框送风防护面罩主要用于隔离有毒有害气体、腐蚀性液体和生产性粉尘的作业场所，以保护作业人员的头部和面部受到伤害。此种防护面罩也需要供给清洁的空气源，故使用范围亦受到供气管路的限制。

当清洁的空气通过导气管送入面罩后，使面罩内的气体形成一定的正压，供佩戴人员呼吸，而多余的气体和呼出的废气则由面罩前下方的单向呼气阀排出面罩外，并使面罩外的有毒有害气体、腐蚀性液体的雾滴、生产性粉尘等不能侵入面罩内。

大框送风防护面罩的结构简单，视野宽广，呼吸通畅。送入面罩内的空气应经过空气过滤器的净化处理，如用于喷漆防腐作业，其防护面罩的供气管路连接于喷漆工具枪的

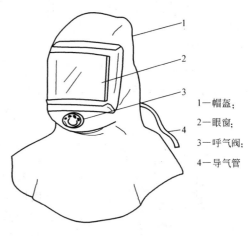

1—帽盔；
2—眼窗；
3—呼气阀；
4—导气管

图 27-4 大框送风面罩

气源，送入面罩内的空气也应经过油水分离装置。大框送风防护面罩在使用前，应用酒精棉球在面罩内口腔部位进行消毒；使用时，不要挤压碰撞，以防将观察窗玻璃击碎；使用后，应用肥皂水洗涤，清水冲净，晾干后备用。

四、喷漆防护面罩

喷漆防护面罩是利用压缩空气送风与作业现场被污染了的空气隔离，从而可保护作业人员的面部免受喷漆雾滴的沾染，也可对作业人员的面部起到防毒、防尘的保护作用。喷漆防护面罩主要适用于进行喷漆防腐作业时佩戴，也可用于存在有毒有害气体、雾、尘等的其他作业现场。因喷漆防护面罩的使用需要备有可供人体呼吸的清洁气源，所以其使用范围受到送风管路的限制。

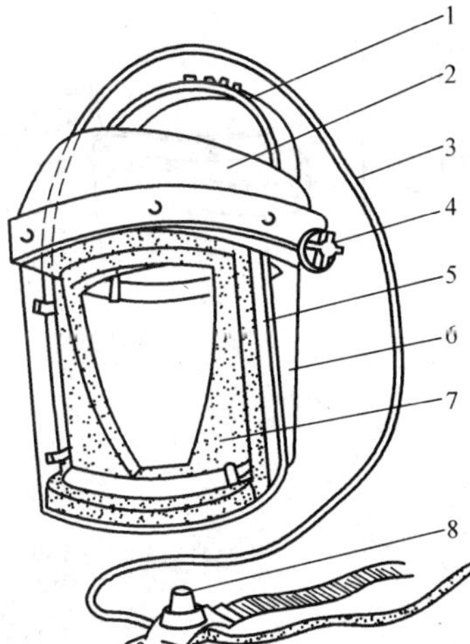

供气式喷漆防护面罩是由面罩、导气管、调压阀和腰带等部件组成，见图 27-5。总重量为 590g，其中头部承重为 270g。面罩为透明有机玻璃材料制成，并用铝皮包边框，上连塑料护额盖及可以调节大小的头箍。护额盖两侧装有塑料旋转螺丝，使用时，面罩可掀起 90°支撑在前额上。透明面罩外表粘有一层聚酯膜护片。面罩内侧周边粘有泡沫塑料面衬，使用时可与面部贴合，并形成一个隔离腔，软塑料导气管接通腔内。压缩空气调节阀为气动薄膜式，外壳为金属，内设安全联合阀门，系在腰带上。

1—头箍；
2—护额盖；
3—供气管；
4—旋转螺口；
5—透明面罩；
6—外护板；
7—脸衬；
8—调压阀；
9—腰带

图 27-5 MP-1 型喷漆面罩

供气式喷漆防护面罩在使用方面较为简便，将面罩头箍调节适当，佩戴舒适后，按脸型再调节整边框架，使面罩内侧泡沫塑料面衬贴合面部，吸到清洁的空气即可开始进行作业。

防护面罩应防止挤压冲击，以免损坏变形影响防护效果，使用温度不宜高于50℃，防止高温、暴晒、火烤、长期使用，面罩外表面聚酯膜护片易发生磨损而引起模糊或损坏，可以更换。

按防护面罩内的压缩空气源应配置空气过滤装置，如果防护面罩与喷漆工具枪共用同一压缩空气源的管路，送入防护面罩内的空气应经过油水分离装置，从而使佩戴防护面罩的作业人员呼吸清洁的空气。

五、防酸面罩

防酸面罩有披肩式和连衣式两种，见图27-6。连衣式的防酸面罩，即在下部连接人造革反穿上衣。

防酸面罩一般均为送风隔离式，是采用聚氯乙烯人造革作罩体，2mm厚透明的有机玻璃作面盾，面罩内用小沿边的安全帽作帽盔。防酸面罩用导气管连接压缩空气，使面罩内形成一定的正压，供佩戴人员呼吸，以便防止酸雾等有害气体侵入呼吸道。因面罩内头顶部采用小沿边安全帽作帽盔，所以，头部能承受一定坠落物体的冲击力。

图27-6 防酸面罩

防酸面罩专用于防酸、碱作业，可以保护作业人员的面部因酸、碱等腐蚀性液体的液滴飞溅而造成的伤害。

六、有机玻璃面罩

有机玻璃面罩是由2～3mm厚的有机玻璃面盾和钢纸或塑料帽圈组成，见图27-7。

有机玻璃面罩顶部上弯司采用聚丙烯塑料制成，与面盾连接处采用活络连接方法，能根据作业人员的需要而自行调整面罩的部位。帽圈用螺旋式自动调节装置，面罩采用自动停位装置，向上翻起时能将面盾支撑在前额上，不会发生滑落现象。

制作面罩的有机玻璃材料应具有一定的机械强度和较高的透明度，并应平整光滑，不允许有贯穿裂纹和银丝裂纹，视线部位不允许有透明的气泡。

有机玻璃面罩适用于屏蔽放射性α粒子和低能量的β粒子。此外，还能防止酸、碱液体的液滴等对面部造成的飞溅伤害，也可作隔热防护面罩之用。

图27-7 78型有机玻璃面罩

七、电焊面罩

电焊面罩是在进行金属焊接作业时普遍使用的，也是必备的一种劳动保护用品，其主要作用是防止强烈的辐射以及金属熔渣等对眼睛和面部的伤害。

电焊面罩有两个品种，一种是高处作业用的头戴式电焊面罩，另一种是地面作业用的手提式电焊面罩。

头戴式电焊面罩,又称头盔式电焊面罩,由主体面盾、帽圈和调节螺丝、眼窗、电焊镜片等部分构成。帽圈可随头型的大小进行调节,面盾可以上下翻动,在焊接时翻下屏蔽面部,暂时停焊时向上掀起固定在前额上。头戴式电焊面罩便于双手操作。

手提式电焊面罩,由主体面盾、眼窗、电焊镜片和手提柄等部分构成。手提柄用螺丝固定在主体面盾下部,在进行焊接作业时,一手持木提柄将面罩屏蔽面部,另一手进行操作。

上述电焊面罩按制作材料有钢纸电焊面罩和塑料电焊面罩两种。

钢纸电焊面罩的主体面盾一般用 1.5mm 厚的红钢纸冲压而成,此种红钢纸材料质轻坚韧,电绝缘性强,有弹性,耐高热,并能屏蔽电焊弧光中的紫外线、红外线和强烈的可见光。红钢纸要求表面光洁平整、不脱层、不发脆、无气泡。面盾和上下弯司以及眼窗镜框等铆接处用金属铆钉牢固,密合不漏光线。眼窗的长和宽为 97mm×43mm,电焊镜片用弹簧片卡住。头戴式电焊面罩主体面盾高 27cm,手提式电焊面罩主体面盾高 19cm。手提柄一般用硬木制成,要求不裂缝,全长 23cm,直径为 2.5cm。此种面罩上的金属配件均须镀锌,以耐腐蚀。

塑料电焊面罩的主体面盾采用聚丙烯塑料制成,眼窗部分采用聚酰胺塑料模塑成型,整个面罩上无金属配件,具有质轻,密封性好,不吸湿,电绝缘性好等特点。头戴式电焊面罩用塑料帽圈调节器,使用时比钢纸制作的面罩方便、灵活,这种面罩在没有外力的作用下,于 150℃时不变形,可在较高温度的作业场所中使用。

八、送风式氩弧焊面罩

送风式氩弧焊面罩是一种新型的隔离式防护面罩,见图 27-8。这种防护面罩可以防止在进行氩弧焊接时所产生的有害气体、金属烟尘、电磁辐射和放射性物质对整个头部和面部造成的伤害。

送风式氩弧焊面罩是以聚丙烯塑料作面盾,绒面人造革作头盔及披肩,聚酰胺塑料作眼窗。此种防护面罩采用送风及翻镜装置,由送风装置将空气经过过滤器,再由头盔侧呼气阀送入面罩内供佩戴人员呼吸使用。面罩内应保持不低于 245Pa 的正压。安装电焊镜片的眼窗框可以随需要而翻动,以方便操作。用绒面人造革制作的头盔及披肩,具有离火源后自行熄灭的性能。

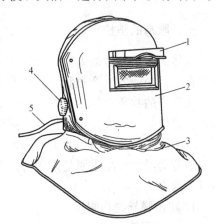

图 27-8 送风式氩弧焊面罩
1—翻镜;2—面盾;3—披肩
4—呼气阀;5—送风管

九、镀膜隔热面罩

镀膜隔热面罩又称为镀金膜反射镜片面罩,采用全反射式。因黄金在金属中的反射率最高,故其眼窗镜片是镀有黄金透明薄膜的有机玻璃镜片。镜片外覆以平面玻璃片作为保护层,镜片装在改性聚丙烯塑料面罩的眼窗上,因此只适用于 105℃以下的长时间作业。面罩帽圈用聚乙烯塑料制成,并可按操作人员头型的大小进行调节。

镀膜隔热面罩对红外线的屏蔽效率可达 98%，但可透过大部分可见光，其隔热效率只有 45%。因此，这种防护面罩的主要功能是反射红外线。

十、防沥青面罩

防沥青面罩是用 2mm 厚的有机玻璃作观察窗，聚氨酯泡沫塑料内衬丙纶纤维过滤层作口罩，制成人造革软式帽盔。

防沥青面罩可用来防沥青烟雾或沥青、酸、碱、油类液体喷溅，保护头部、面部皮肤受到伤害。

十一、防微波面罩

防微波面罩是用有机玻璃或其他透明的材料作面盾，内侧喷涂一层极薄的二氧化锡薄膜或铝膜作为反射微波屏蔽层。

防微波面罩适用于各种微波加热作业，以及无线电通风、导航雷达、理疗、灭菌、等离子作业等，可防止微波对面部的伤害。但防微波面罩的主要作用是防止眼部受到伤害。

第四节　人体眼睛的安全防护

一、眼睛的防护

人体的眼睛常常被人们称之为心灵的窗口，正常的劳动和生活均不能没有眼睛。然而，在厂矿企业的生产过程中，有些作业却能使人体的眼睛常常处于各种危险之中。例如，飞溅来的物质颗粒、火花、飞沫、热流、烟雾、耀眼的光、熔融金属、有害光线等等，都能给眼睛造成一定的伤害，甚至可导致眼睛失明。

为了使眼睛免遭诸如此类的伤害，就必须对眼睛采取措施加以保护，对眼睛实行保护所用的劳动保护用品主要是采用防护眼镜。防护眼镜的种类很多，按照其用途大体上可分为以下两类：

1. 防角膜异物伤眼镜。
2. 遮光眼镜。

防角膜异物伤眼镜一般有两种类型，一种是只能够防护从正前方飞溅来的异物，也就是作业人员常用的普通平光眼镜；另一种是两侧有防护罩，即防护档板脚，框架上缘有卷边，配合合档板脚，可匀贴在眼睛周围。两侧档板脚上并开有通气孔，以减少镜片气雾。这种两侧有防护罩的防角膜异物伤眼镜不但能防止从正前方飞溅来的异物，而且也能防护从侧面飞溅来的异物。

防角膜异物伤眼镜的镜片用料有多种，但镜片的透明度一定要在 90% 以上，镜片无畸变，并能耐受一定的冲击力，不致因异物的冲击或镜片破碎而使眼睛受到伤害。

防角膜异物伤眼镜适用于机床的金属切削、磨削、锻压等加工作业，以及其他易产生颗粒物质飞溅等作业。在只需要正面保护眼睛免遭伤害的场合，可佩戴普通平光眼镜；在正面和侧面都需要保护眼睛免遭到处乱飞的颗粒物质伤害时，则应佩戴有侧面防护罩的防角膜异物伤眼镜。

第四节 人体眼睛的安全防护

防角膜异物伤眼镜在佩戴后与面部接触应正好合适,感觉舒服。眼镜框架的宽窄要恰好适合使用者的需要。框架太窄,会感到不舒适。框架过宽,就会使眼镜易滑落。其结果都会因眼睛感到疲劳而不愿佩戴,这样也就起不到保护眼睛的作用了。

如果需要使用矫正视力的镜片,最好的办法是把防护眼镜的镜片研磨到佩戴人员所需要的矫正度数,或者将防护眼镜只制成带镜片的框架挂在矫正眼镜上。

为保护眼睛免遭某些光线或有害光线的伤害,应根据作业对象选用遮光程度不同的遮光眼镜。光线的视感透过率可用下式表示。

$$T=\frac{I}{I_0}$$

式中:T——光线的视感透过率;
I——穿透过的可见光线强度;
I_0——进入遮光镜片的可见光线强度。

如设遮光眼镜镜片的深度为 D,则和 T 的关系如下:

$$D=\log_{10}\frac{I}{T}$$

若设色号为 S,则 S 和 D 的关系如下:

$$D=\frac{3}{7}(S-1)$$

S 的号码越大,其颜色就越深。不同的色号对紫外线、红外线以及可见光线的透过率也不相同。

我国于 1983 年 12 月发布的国家标准《炉窑护目镜和面罩》(GB 4015)中规定,对各种遮光号的滤光片其透过率应符合表 27-1 的要求。且各种遮光号的滤光片,在 313mm 波长的最大透过率不得 >0.1%;在 210~313mm 波段范围,透过率不得超过 313mm 波长所允许的值。

遮光眼镜的透过率标准　　　　表 27-1

遮光号	可见光透光率(%)		红外线平均透过率(%)	
	最大	最小	780~1300nm	1300~12000nm
1.2	100	74.4	37	37
1.4	74.4	58.1	33	33
1.7	58.1	43.2	26	26
2	43.2	29.1	21	13
2.5	29.1	17.8	15	9.6
3	17.8	8.5	12	8.5
4	8.5	3.2	6.4	5.4
5	3.2	1.2	3.2	3.2
6	1.2	0.44	1.7	1.9
17	0.44	0.16	0.81	1.2
8	0.16	0.061	0.43	0.68
9	0.061	0.023	0.20	0.39
10	0.023	0.0085	0.10	0.25

表 27-2 列出国际标准化组织规定的紫外线、强可见光、红外线三个波段范围内,防护眼镜的透过率标准,以供参考。

ISO 防护眼镜的透过率标准 表 27-2

编号	紫外波段		可见光		红外波段平均透过率值	
	313nm	365nm	最大	最小	780~1300nm 平均值	1300~2000nm 平均值
1.2	0.0003	50	100	74.4	37	37
1.4	0.0003	35	74.4	58.1	33	33
1.7	0.0003	22	58.1	43.2	26	26
2.0	0.0003	14	43.2	29.1	21	13
2.5	0.0003	6.4	29.1	17.8	15	9.6
3	0.0003	2.8	17.8	8.5	12	8.5
4	0.0003	0.95	8.5	3.2	6.4	5.4
5	0.0003	0.30	3.2	1.2	3.2	3.2
6	0.0003	0.10	1.2	0.44	1.7	1.9
7	0.0003	0.037	0.44	0.16	0.81	1.2
8	0.0003	0.013	0.16	0.061	0.43	0.68
9	0.0003	0.0045	0.061	0.023	0.20	0.39
10	0.0003	0.0016	0.023	0.0085	0.10	0.25
11	—	0.0006	0.0085	0.0032	0.05	0.15
12	—	0.0002	0.0032	0.0012	0.027	0.096
13	—	0.000076	0.0012	0.00044	0.014	0.06
14	—	0.000027	0.00044	0.00016	0.007	0.04
15	—	0.0000094	0.00016	0.000061	0.003	0.02

遮光眼镜镜片的颜色如果是纯粹的蓝、绿、红、紫色等都不好，所希望的是能够使整个可见光谱范围内的光透过性能良好，也就是说，最好是使用桔黄色、黄色、黄绿色、墨绿色等不十分鲜艳的颜色。但应注意，镜片的滤光作用不是取决于它的颜色，而是取决于它的化学成分，在选择遮光眼镜时需注意这一点。

为了作业人员的眼睛在他们遇到的具有危险的作业场所中得到最好的保护，则应根据不同的工种或作业环境的差异选用合适的防护眼镜，并让作业人员坚持百分之百地佩戴。

二、防护眼镜的基本技术性能要求

为了使防护眼镜更充分地起到保护作业人员眼睛的作用，并佩戴舒适，防护眼镜应具有基本的技术性能要求。

1. 镜片应具有较高的透明度，镜片表面要充分研磨平整，不得有用肉眼能见的气泡、灰点、杂质、细亮路、擦痕、霍光、螺旋形、波纹等。一副眼镜的两个镜片之间，不应有明显的色度差异。

2. 镜片直径两端的厚度差应≤0.1mm，成副要求两片镜片厚度互差不超过 0.1mm。

3. 镜片与覆盖片要平行吻合，平面镜与覆盖间，允许在 1/4 棱焦度以内，球面镜与覆盖片间允许在 1/6 棱焦度以内。光线通过 1m 距离后被歪曲 1cm，称为 1 棱焦度。

4. 在镜片的任何经纬上，其屈光度不＞±0.125D，远视 +0.04D，近视 -0.06D，在任何两经线间，不应有屈光度差，在防护眼镜有两个镜片时，两镜片的屈光差必须相同。

5. 防护眼镜的视野应尽量宽阔，不影响视线，面罩型视窗不<105mm×50mm。

6. 防护眼镜的佩戴方法应简单，安全可靠，无不快感。其镜片与眼睛应保持一定的距离，眼睫毛不能触及镜片。

7. 防护眼镜的各部件无凹凸不平和刺伤皮肤的锐角，边缘平滑，并有一定的弹性。部件不易损坏，并易于更换。防侧光型和眼罩型的防护眼镜要能将眼窝都遮盖性，且有通气结构。

8. 防护眼镜制作的用料，包括镜片和眼镜框架，应具有一定的耐热性、耐燃烧性、耐湿性和耐冲击性能等。接触皮肤的眼镜框架应用对皮肤没有刺激的材料制作，也不应掉色以至弄脏皮肤。金属部件要经防锈处理，并具有一定的耐腐蚀性。

三、有机玻璃眼罩

有机玻璃眼罩，有普通敞开式和密闭式两种。

普通敞开式有机玻璃眼罩由眼罩片、罩顶系带等部件组成。眼罩片一般为2mm厚的有机玻璃片，罩顶用针织布底人造革，系带为松紧带，见图27-9。

有机玻璃眼罩质轻，比普通玻璃眼镜轻一半，视野宽广，透明度在91％以上，耐冲击强度比普通玻璃高10倍。适用于机械工业的金属切削、锻压等作业，以及野外地质作业防碎石、风砂等。

图27-9 有机玻璃眼罩

有机玻璃眼罩有无边和泡沫塑料包边两种，后者加8mm泡沫塑料包边，与面部贴合，以防下方异物溅进。

为防放射性物质对眼睛的伤害，最好采用密闭式有机玻璃眼罩，以防放射性粉尘从面部周围侵入眼睛。

密闭式有机玻璃眼罩是用橡胶材料作边框及护眼罩，2mm厚有机玻璃片作单眼窗，罩体左右上下方各开有一通气孔，外加松紧系带。这种眼罩密闭性较好，镜窗可屏蔽低能的 β 射线对眼睛的伤害。

密闭式有机玻璃眼罩也可用于防冲击和砂尘等作业。

四、电焊镜片

电焊镜片，是各种电焊面罩上的重要组成部分。规格为：片厚2.4±0.4mm，长宽107×50±1mm。由于在玻璃中加入金属氧化物的不同（氧化铁、氧化钴、氧化铈等），镜片的颜色也不相同，常见的有深墨绿色或黄绿色，国外有采用茶色的。目前我国生产的电焊镜片按颜色由浅至深有 7# ～12# 六种遮光色号，可根据焊接时的亮度大小、电流强弱和使用习惯进行选择。

电焊镜片可分为吸收式和反射式两类：

1. 吸收式电焊镜片即普通电焊镜片，是较常用的一种镜片。常用深墨绿色。当光线照射到镜片上时，由于玻璃镜片中掺入的金属氧化物作光谱选择性吸收，剩余部分允许透过。这种镜片能屏蔽减弱强可见光，对紫外线吸收效果较好，但红外线则可透过一部分。这种电焊镜片的缺点是吸收的能量会转变成热能，又会照射眼睛，形成第二次辐射。因此，长期使用吸收式电焊镜片，在红外线辐射下，眼睛有发热和刺痛感，多数人易造成角膜异常和视力减退。

2. 反射式电焊镜片是一种较新的电焊镜片，镜片的表面镀了一层金属膜，形成反射膜，镜片的色泽为黄绿色。有的镜片为了保护镀膜层不至脱落，在镜片外面还贴附一片白色无机玻璃，用聚乙烯树脂胶合成一体。这种电焊镜片对光线具有反射和吸收的双重作用，经测定，除了能屏蔽200～400nm波长的紫外线外，对红外线也具有较好的反射效能。因此，使用这种电焊镜片长时间在强光源下进行作业，防护效果要比吸收式电焊镜片高，作业人员眼睛发热和刺痛感基本消除。

目前我国生产的反射式电焊镜片为镀铬和多层镀膜等种，也有的镜片是依次真空镀铬、铜、铬等三层金属膜。国外还采用特殊陶瓷材料，制成电焊镜片，其透射系数随电场的变化而变化，其电场变化的控制是由测定电弧亮度的一个光晶体三极管承担，这种电焊镜片可在电弧一闪间，根据电弧光的强弱变为深浅不同的色度。

五、防电光性眼炎眼镜

防电光性眼炎眼镜也称防紫外线眼镜，其镜片是选用含有微量金属氧化物、氧化铁、氧化钴、氧化铈等的镜片制成，呈淡绿色。经光谱测定，360～200nm波长的紫外线基本不透过，410～360nm波长的紫外线少量透过。镜架用4mm厚ABS塑料模压成型，镜框比一般眼镜大20%，视野宽广。镜架为黑色，具有防紫外线性能，两旁加屏蔽板可防侧射光线。

防电光性眼炎眼镜透用于接触紫外线作业的操作人员，特别是电光性眼炎发病率最高的电焊辅助工。在金属焊接、切割、氩弧焊、等离子切割等作业时，佩戴这种眼镜能保护作业人员的眼睛免受紫外线的伤害。

六、炼钢镜

炼钢炉、玻璃熔炉以及其他的高温炉窑，其温度可达1100～1500℃，在这一温度范围内，高温辐射红外线、可见光和长波紫外线的强度都相应增强。因此，为了保护从事高温炉窑作业人员的眼睛，防止角膜、晶体被灼伤，在作业时必须佩戴炼钢镜。

炼钢镜由镜片和框架两部分组成，其框架可连接在安全帽的帽舌上，不用时向上掀起，使用时翻下以保护眼睛。

目前炼钢镜的镜片采用暗蓝色滤光镜片，也称钴蓝片。这种镜片对屏蔽红外线和紫外线均有较好的效果，但仍有一定量的红外线和紫外线透光，对1400～700nm波长的红外线屏蔽为21.5%～67.5%，对400～220nm波长的紫外线屏蔽为19%～97.8%。炼钢镜镜片的中心厚度应不少于2mm。

在选用炼钢镜时，应注意避免使用其他单色滤光镜片，以免长时期刺激某一单色视神经，引起眼睛疲劳。

七、变色眼镜

变色眼镜即光色玻璃眼镜，镜片是根据光色互变可逆反应的原理，用含有卤化眼微晶体的光学玻璃制成。

变色眼镜的镜片原始透过率为85%左右，变暗波长为280~460nm，最佳变暗波长为380nm。这种镜片遇到紫外线或日光照射，迅速变暗，10s内透过率降至25%~30%。回到暗处，能迅速复明，1min透过率可回升到40%以上，约7~8min可基本恢复透明。这种镜片的光至变色现象，具有永久的可逆性，变暗前呈无色透明体，仅透过少量紫外线，变暗后能完全吸收紫外线，同时对可见光呈中性吸收，呈现蓝灰色，色泽清晰，不改变物体本色，视觉舒适，能起到保护眼睛的作用。

变色眼镜镜片的厚度，对变暗深度的影响较少。因此，可加工度数，适合视力矫正者佩戴。

变色眼镜适用于野外露天作业的地质勘探，车船、飞机驾驶，气焊辅助工，室内强光源以及一切接触阳光、雪光、强灯光作业的作业人员佩戴。变色眼镜可以免除阳光短波长激光（如氩离子激光和氦镉激光），汞灯、氙灯光源、电焊弧光中的紫外线对眼睛的照射，但对普通白炽灯、炼钢炉、强烈的电焊点光源等的红光和红外线无防护作用。

八、铅玻璃眼镜

铅玻璃眼镜的镜片是用含铅的玻璃制成，镜架与普通眼镜的镜架相同。

铅玻璃眼镜专用于接触X射线作业的操作人员。

九、铁丝眼罩

铁丝眼罩由铁丝罩体、人造革罩顶和系带等部件组成，罩体一般用16目绿色铁丝窗纱制成，罩顶及包边采用针织底布人造革，系带为3分线带，见图27-10。

铁丝眼罩质轻，铁纱网不妨碍视线，可用来防止粗砂、碎石溅击眼睛。这种眼罩适用于建筑工程、开山筑路、凿岩爆破等作业。

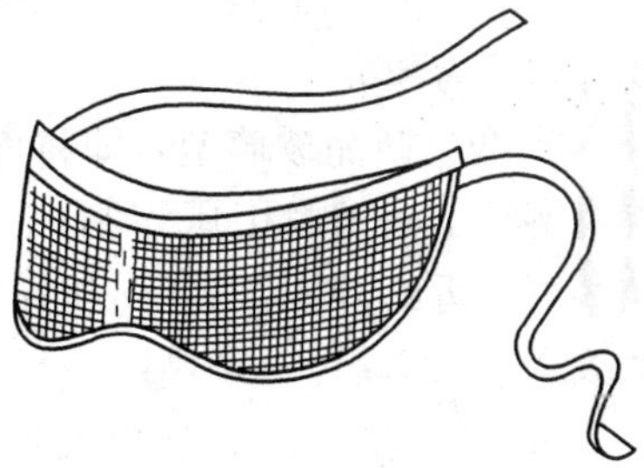

十、防微波眼镜

眼睛对微波是比较敏感的器官，最易受到微波的侵害，眼睛的晶体吸收微波的热效应，不易散走，可出现水肿、混浊、甚至白内障，更严重的可致失明。为防止微波对眼睛的伤害，对从事接触微波作业的人员必须佩戴防微波眼镜。

图27-10 铁丝眼罩

防微波眼镜为风镜式，其镜片基本以600弯青托或白托为片，厚度为1.8~2.2mm，采用多次气相沉积法工艺，在高温条件下，内侧沉积一层二氧化锡薄膜，此膜有良好的导电性和较高的透光度及附着力，对微波辐射能予以反射。眼镜框架采用对微波有吸收性能的材料制成，内镶150~200目的细铜丝网，能反射从侧面射来的微波功率。

防微波眼镜有较好的透光度，不论在室内还是在室外，不论是白天还是夜晚灯光下，均可戴用，不影响视物的清晰度。对戴视力矫正眼镜者，可用防微波眼镜套镜，套插在矫正眼镜的镜框架上。但防微波眼镜套镜对防止微波绕射，还存在一定的问题。

十一、防激光眼镜

激光是原子受激辐射过程中所产生的单色光，具有亮度强、方向性好、聚焦后能量高度集中等特点。因此，在现代化生产和医疗、科研中，激光的应用日益广泛。但是，激光如使用不当，其热效应对操作人员的机体组织可造成伤害，而眼睛是对激光辐射最容易受伤害的器官。不同波长的激光可损害眼球的不同部位，尤以视网膜受害最甚。激光辐射对眼睛的严重损伤可引起眼球出血、蛋白凝固、穿孔，甚至可引起失明。所以，对从事接触激光作业的人员，为防止激光对眼睛的伤害，则必须佩戴防激光眼镜。

防激光眼镜为风镜式，镜片的基体多数系用高分子合成材料制作。根据防激光辐射的原理，防激光眼镜可分以下数种类型：反射型、吸收型、反射吸收型、爆炸型、光化学反应型、光电型和变色微晶玻璃型等等。

1. 反射型，即利用反射材料制成镜片，把入射激光反射掉。

2. 吸收型，即利用吸收材料制成镜片，将入射激光吸收。

3. 反射吸收型，即镜片是采用对激光既能吸收又能反射的材料制成。这种防激光眼镜具有防波长范围宽的激光，又不降低视力能见度的特点。

4. 爆炸型，即在镜片上涂上一层厚度约为千分之几厘米的可爆药物，当激光的入射强度达到预定的允许值时，便迅速引爆，从而起到遮蔽激光的作用。

5. 光化学反应型，即在两层镜片之间涂上一种具有光色互变效应的透明液状的化学药物，当入射激光强度超过允许值时，此种化学药物能迅速发生反应，产生可吸收入射激光的颜色，其颜色的深浅并随入射激光强度和波长的变化而变化。

6. 光电型，即在两层偏振光片之间夹一块铁电陶瓷片，当入射激光强度超过允许值时，光电二极管通过控制电路将电压加在陶瓷片上，使陶瓷片由透光转变为不透光，其转换时间约为 $50\mu s$。

7. 变色微晶玻璃型，即将卤化物晶粒加入玻璃中制成镜片，或将具有吸收特性的有机溶液加入塑料中压缩制成镜片，此种镜片的吸收光谱较宽，可从近紫外区、可见光区直至近红外区，其反应时间最快的为 10ns，恢复镜片原状态的时间最快在毫秒数量级。

由于各种激光器的辐射波长不同，防激光眼镜必须具有针对不同波长的多种号型，以便适应特定波长激光的衰减效能，否则就起不到保护眼睛的作用。这是因为目前还没有哪一种眼镜能够防护所有各种波长的激光而起着保护眼睛的作用，因此，千万不要误认为只要佩戴防激光眼镜就可不加限制地暴露在各种波长激光的环境中。一般说来，某一种防激光眼镜对特定波长的激光可以有最大的衰减率，但对于其他波长的激光则保护眼睛的作用就削弱很多很多。所以，对防激光眼镜的选用，一定要根据各种激光器的不同输出波长、辐射曝光量或辐照度，以及防激光眼镜的光密度、制造材料的强度、光波的透射率、吸收材料的老化、对外围视野的要求等条件选用。

我国目前研制生产的防激光镜片的品种有以下数种型号：2$^\#$ 激光防护镜、3$^\#$ 激光防护镜、4$^\#$ 激光防护镜等。

1. 2$^\#$ 激光防护镜，为深蓝色镜片，用于防红宝石激光器发出波长为 $0.6943\mu m$ 的激光、氩离子氦氖激光器发出波长为 $0.6328\mu m$ 的激光。

2. 3$^\#$ 激光防护镜，为无色透明镜片，用于防钕玻璃、金铝石榴石激光器发出波长为 $1.06\mu m$ 的激光。

3. 4$^\#$ 激光防护镜，为橙黄色镜片，用于防氩离子激光器发出波长为 $0.48\mu m$ 的激光。

国外生产的防激光眼镜也有多种,其产品防护的重点放在波长为 0.32~0.60μm 激光的范围内,并有波长为 694nm 脉冲红宝石激光防护眼镜和波长为 106nm(毫微米)钕玻璃激光防护眼镜等数种。

为了使防激光眼镜能充分地起到保护佩戴人员的眼睛,因此在使用防激光眼镜时还应注意以下事项:

1. 任何一种型号的防激光眼镜都是为防止某一特定波长激光对眼睛的伤害而专门设计制作的。因此,为保证不错误地用来以应付其他波长激光的辐射,一般在每副防激光眼镜上均标明了所能防护的光密度数值和波长;有的还在存放防激光眼镜的眼镜盒上也标明了与此副防激光眼镜相同的标记;有的还将镜框架制成不同的色彩以示区别,这样可使人一目了然地知道此种防激光眼镜的特定波长防护范围。作业人员在佩戴时不可滥用错戴,否则达不到保护眼睛的目的。

2. 防激光眼镜还应定期地进行检查,以确保在所使用的激光波长内光强度维持在合适的数值,如发现针孔、裂缝或其他机械性损伤,应停止使用,以防透射。

3. 在佩戴时应使镜框架尽量与眼睛周围皮肤贴合,以防折射。在使用过程中应避免碰撞而造成镜片破碎伤害眼睛。镜片上沾染尘污应用软布轻轻擦拭,使用后应放在眼镜盒内,妥善保管。

4. 有的防激光眼镜虽以防直射为主,使用时也应特别注意,眼睛不可直接对准激光束或其反射光束,尤其是在移动或调整激光系统中的若干光学部件时更应注意。

5. 防激光眼镜如果暴露于极强的光能或光功率密度之下,就有可能永远失效,失去防护作用的眼镜应当报废。

第五节 人体耳部的安全防护

一、耳部的防护

1980 年 1 月 1 日,我国卫生部和原国家劳动总局颁发了《工业企业噪声卫生标准》(试行草案),其中对厂矿企业的生产车间和作业场所的工作地点的噪声标准作了规定。同时还规定,凡噪声超标准规定的生产车间和作业场所,必须采取行之有效的控制措施,限期达到标准要求,在未达到标准前,厂矿企业必须发放防噪声劳动保护用品,以保护职工的安全和健康。

因此,厂矿企业的生产车间和作业场所中的噪声必须根据噪声产生的来源采取措施,即尽可能地通过改进机器设备和生产装置本身来进行消除或减弱噪声发生源,这是最根本的办法。但对于某些作业,噪声却是不可避免的,例如,操作人员在作业过程中对工件的敲打,以及铆接、錾凿和使用风动工具等等作业,都会产生刺耳的噪声。在这种场后,即使在采取了相应的消声措施,噪声仍会很强。为了防止噪声传入耳鼓膜,以免耳部发生听觉障碍,或避免因噪声引起的其他各种疾病等,如果不能从工程技术的方面对噪声进行永久性的控制,那么就只有使用劳动保护用品来作为对付噪声的手段。与此同时,还应根据不同的作业情况选用保护耳部的防噪声劳动保护用品。

人们习惯用以手掩耳的办法来防御强烈振动而发出的声音,防噪声劳动保护用品就是根据这个简单的屏蔽原理制成的。一般常用的防噪声劳动保护用品有耳塞、耳罩、防噪声帽等各种听力保护器。另外还有一种全封闭型防噪声用品，就是把整个头部完全罩起来，如宇航员的安全帽就属于这种类型。这种安全帽对噪声的衰减是靠声学性能而取得的，但由于这种全封闭型的防噪声安全帽造价太高，并且体积也较大，在一般情况下是不使用它的。

防噪声劳动保护用品的基本要求是应具有良好的隔声效能，能较好地密封耳部的外耳道，以达到保护听觉的目的。同时还应适合生产作业现场使用的需要，并佩戴舒适、简便，不妨碍语言联系。

防噪声劳动保护用品各部件所使用的材料，应质轻、柔软，并具有一定的强度、硬度和适当的弹性。在一般情况下使用不易破损，对皮肤没有刺激性或毒害作用，还要具有耐油、耐热、耐寒、耐老化和耐清洗消毒等性能。

防燥声劳动保护用品的隔声效率，称为隔声值，即表示这种防噪声劳动保护用品所具备的衰减噪声能量的功能。隔声值是防噪声劳动保护用品的主要技术性能指标，一般要求各种听力保护器从低频到高频均能隔声。而某些作业需要的耳塞可以只隔高频噪声，这是因为，隔高频噪声较为容易，隔低频噪声较为困难，噪声的频率越低，则越容易通过耳塞和外耳道壁之间的缝隙。

各种听力保护器的隔声性能，是以各种频率的声压级作为隔声值的，并均有不同的要求。

耳塞的隔声值应为：125、250Hz，>10dB；500Hz，>15dB；1000、2000Hz，>20dB；4000Hz以上，平均>25dB。

耳罩及防噪声帽的隔声值应力：125、250Hz，>15dB；500Hz，>20dB；1000、2000Hz，>25dB；4000Hz以上，平均>30dB。

由于防噪声劳动保护用品的规格、型号不同，所提供的噪声衰减程度也不同。为此，安全技术人员应根据制造厂家提供的产品技术性能数据，以及生产作业现场的实际情况等，以判断出这些产品是否能有效地使用于特定的生产作业场所，从而为作业人员选用一种最适宜的防噪声劳动保护用品。

二、耳塞

耳塞是在外耳道插入一种特制的塞子，以防止噪声侵入耳部的一种劳动保护用品，是一种最简单的听力保护器，犹如一只瓶塞，堵住外耳道，以屏蔽噪声侵入耳部，保护佩戴人员的听壳不受到伤害。

防噪声劳动保护用品的结构，不仅直接影响到隔声效率，同时又关系到佩戴的舒适感，以及听取信号、机器设备的异常声音、语言联系等生产作业现场使用效果问题。因此，耳塞的结构应具备以下的基本要求：

1. 耳塞能与外耳道很好地贴合，起封闭作用。这是因为，即使缝隙极小，对噪声的衰减程度也会降低，对于某些频率的噪声来说，其衰减率的减小量可达15dB。但是，密封外耳并不是一件十分容易的事，由于外耳道的大小和形状常常因人而异，个别人还有两只耳朵的外耳道的大小和形状各不相同的情况，为此，就需要采取各种有效措施，如模压耳塞制成各种大小的多种规格，以及制成多翼片、弹性帽盖等来补救其结构上通用性的不足；或用可塑性耳塞来适应大多数人的外耳道；或用注塑固化成型的方法来适应各个人的耳膜；还可用加耳塞夹以加强其贴合程度。

2. 结构应简单，便于佩戴或取出，在使用过程中不易脱落。

3. 重量应尽可能地轻，一般每付耳塞的重量不超过 2g，各种分力的分布应均衡，佩戴时无压痛或不适感。

此外，为了防止丢失，可在一对耳塞的柄上系一根极细的带子或绳子，套在脖子上，或扣在工作服上。

耳塞的种类很多，按其制作所用的材料分，可分为棉花耳塞、蜡浸棉花耳塞、玻璃棉耳塞、泡沫塑料耳塞、可塑型塑料耳塞、硅橡胶耳塞、软质塑料耳塞和橡胶耳塞等数种。按其结构形状划分，可分为圆锥形、蘑菇形、伞形、圆柱形、可塑性变形、外耳道形和棉球形等数种。

各种类型和规格型号的耳塞的隔声性能见表 27-3。可根据不同的生产作业环境的实际情况来进行选用，并让佩戴人员正确使用。

各种耳塞的隔声性能　　　　　　　　　　　　　表 27-3

种　类	型号或生产研制单位	隔　声　值(dB)							
		125Hz	250Hz	500Hz	1MHz	2MHz	4MHz	6MHz	8MHz
圆锥形塑料	二翼片中空型	17.1	14.6	13.3	15.0	24.2	25.1	24.2	26.5
蘑菇形橡胶	耳研 5 型	15.5	13.6	13.5	13.3	22.1	19.2	20.0	23.7
	65 型	12.5	11.0	11.0	14.4	17.7	19.5	17.4	19.6
伞形塑料	上海劳保	11.4	10.2	11.9	16.2	23.2	21.2	22.2	20.7
	北京 82 中	16.2	14.8	13.8	16.9	25.5	23.9	24.6	22.2
提篮形塑料	锦铁 I-II 型	15.8	14.3	13.7	15.5	19.5	21.4	19.0	25.4
圆柱形泡沫塑料	天津合成	17.4	16.8	17.2	20.1	29.6	32.9	33.2	36.4
	北京 82 中	17.0	18.3	19.1	21.8	30.1	34.4	36.2	36.5
	二军医大	15.8	16.7	17.5	19.3	28.1	31.6	32.0	33.5
硅橡胶成型	不用耳塞夹		21.3	24.5	28.1	31.1	38.3	40.2	48.2
	用耳塞夹		37.1	35.9	29.4	31.8	40.3	46.5	49.3
棉花形	天然棉	2.0	3.0	4.0	8.0	12.0	12.0		9.0
	蜡浸棉	6.0	10.0	12.0	16.0	27.0	32.0		26.0
	防声玻璃棉	7.0	11.0	13.0	17.0	29.0	35.0		31.0

有一些作业人员把普通棉花塞到耳朵里来防止噪声，这是一种很不好的方法，因为普通棉花对噪声的衰减性能很差，依噪声频率的不同，仅能衰减 2~12dB 不等的噪声。此外，不需要用于对普通棉花进行整形。为此，安全技术人员应当劝阻作业人员凑合使用自己随意做的耳塞，而应使用那些已经经过鉴定，并合乎各种技术性能标准的耳塞。

三、耳罩

耳罩，即是把整个耳部外廓都罩起来，从而使传到耳鼓膜的噪声波减弱的一种防噪声劳动保护用品，见图 27-11。

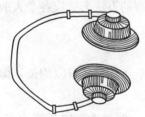

图 27-11 防声耳罩

耳罩主要由外壳、密封垫圈、内衬吸声材料和弹簧弓架所组成。耳罩的外壳一般用硬质材料，如硬塑料、金属板、硬橡胶等制作，内衬用泡沫塑料制作。与颅面接触的一圈，应采用柔软的材料制成衬垫，如泡沫塑料、海绵橡胶等，以便与皮肤密贴而又无关压痛感。

耳罩对高频噪声有良好的隔声作用，但对低频噪声的隔声值则较小，其隔声值在高频 2000～4000Hz 时，可达 34～40dB；在 8000Hz 时，隔声值为 29dB；在 1000Hz 时，隔声值为 25dB；在 500～125Hz 时，隔声值为 7～20dB。因此，耳罩适合在高频噪声作业环境中使用。

对于噪声给人体机能造成的伤害，在高频率噪声的作业场所更为显著。但由于人们说话时的声音频率较低，当作业现场存在很多高频率的噪声时，便会造成难于听见声音的情况。然而，从安全作业的角度来说，却希望佩戴防噪声劳动保护用品的作业人员能够尽量听清楚有关作业的指令，以及作业人员之间进行相互联系工作时的说话声音。耳罩可符合这一要求，但对佩戴矫正视力眼镜的人员，或为同时保护眼睛免受伤害而佩戴防护眼镜的作业人员，耳罩就不适用。因为眼镜的框架镜脚影响耳罩与耳部皮肤的密合，从而减弱了隔声效果。

各种耳罩对噪声的衰减能力有很大的差别，这是由于耳罩的大小、形状、密封材料、外壳的质量，以及弹簧弓架的型式等等各有不同所造成的。此外，人体头部的大小和形状也会影响到耳罩对噪声的衰减性能；耳罩外壳和头部之间的耳垫型式对衰减噪声的效率也影响极大。国外生产的密封垫圈为充液型或充油型的耳罩，对消除噪声方面优于用泡沫塑料材料或泡沫橡胶材料制成密封垫圈的耳罩。但是，这种耳罩存在漏液的问题。

在声压级过高的作业场所，为进一步提高隔噪声效果，可根据不同种类的噪声，把耳罩与耳塞合并同时佩戴也可佩戴防声帽，以提高防护效果。图 27-12 示出了耳塞和耳罩各自的隔噪声效果，以及合并使用时提高隔噪声效果的情况，同时还示出了防声帽的隔噪声效果。

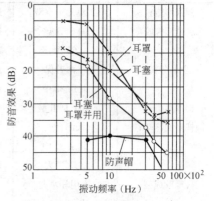

图 27-12 耳塞和耳罩各自及合并使用的防噪声效果

四、防噪声帽

噪声除了能经过人体的外耳道传入听觉器官以外，对特别强烈的噪声（如强烈的爆炸声），还可以从人体头部颅骨传导至听觉器官。在这种情况下，为取得较好的防噪声效果，就需要佩戴防噪声帽。

防噪声帽，一般是用泡沫材料等制成带护耳状的帽盔，从遮护整个头部，同时将耳罩固定在帽盔的两耳位置，其耳罩部分用特殊的隔声材料制成。防噪声帽对高频率和低频率的噪声，都具有较高的隔声效果，然而，除了噪声特别强的特殊作业外，一般都不使用这种防噪声劳动保护用品。

防噪声帽可分为软式和硬式两种：

1. 软式防噪声帽它是用人造革或其他软质材料制成软式帽盔，将耳罩固定在帽盔的两侧，需要使用时将帽盔的两侧放下，使耳罩罩住耳部外廓，以达到隔噪声的功用，不需要使用时可将帽盔带耳罩的两侧部分翻到头部的上面，见图 27-13。

软式防噪声帽的耳罩为塑料制成的圆形，外壳和周边软垫圈内衬泡沫塑料和氯纶棉等吸声材料。其最大隔声值要达 29dB。软式防噪声帽的隔声值见表 27-4。

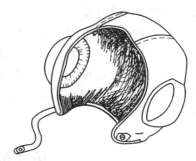

图 27-13　软式防噪声帽

软盔式防噪声帽的隔声值　　表 27-4

噪声频率(Hz)	250	500	1000	2000	4000	6000	8000
隔声值(dB)	1.6	7.8	18.6	20.3	22.5	27.1	29

佩戴软式防噪声帽，具有质轻、导热系数低、隔噪声效果较好等特点，其不足之处就是在夏季佩戴时感到不通风、太热等。

2. 硬式防噪声帽。其结构和软式防噪声帽相同，不同之处惟其帽盔为塑料硬壳。硬式防噪声帽的隔噪声效果好，其隔噪声效果可达 30～50dB，尤其是对 130～140dB 以上的十分强烈的噪声，可减轻对内耳的损伤作用。其缺点是体积大、造价高、佩戴也不方便。

五、听力保护器的使用方法和维护保养

各种听力保护器的使用方法和维护保养如下。

1. 在佩戴耳塞时，应先将耳廓向上提起使外耳道口呈平直状态，然后手持耳塞柄将塞帽部分轻轻推入外耳道内，并使之与耳道贴合。不应使劲太猛或将耳塞塞得过深，以感觉适度为止，这样才能起到良好的隔噪声效果。如隔噪声效果不佳，此时可将耳塞慢慢转动到效果最佳时为止，如此时隔噪声效果仍不佳，佩戴模压成型的耳塞则需另换不同的规格。佩戴泡沫塑料耳塞，则应将圆柱体搓压成锥形后再塞入耳道，并让塞体自然回弹，充塞耳道。佩戴硅橡胶成型耳塞时，应先分清左右耳塞，不可弄错，在插入外耳道时，可用手稍加转动，以放正位置贴合外耳道。

2. 佩戴耳罩及防噪声帽时，应先检查耳罩壳不得有裂纹、缺口等破损现象。在佩戴时应注意耳罩壳上的标记，顺着耳型戴好，将弹簧弓架压在头顶部适当位置，并务必使耳罩软垫圈与耳部周围皮肤贴合，如不合适，应移动弹簧弓架或防噪声帽的帽盔，将其调整到适度。

3. 进入存在强噪声的生产车间或生产作业场所前，则应先将耳塞或耳罩或防噪声帽佩戴好，在作业过程中不得随意将听力保护器摘除，以免损伤耳鼓膜。脱离强噪声的作业环境后，应到较为安静的环境处方可将佩戴的听力保护器摘除，让听觉逐渐恢复。

4. 听力保护器的使用效果，不仅取决于这些用品本身质量的好坏，还需要使用者掌握正确的佩戴方法。与此同时，还应促进督促使用者养成坚持和耐心佩戴的习惯。如果只佩戴一种听力保护器而隔噪声效果不太理想时，则可同时佩戴两种听力保护器，如佩戴耳罩时同时再加戴耳塞。

5. 各种听力保护器在使用后，应随即在放在盒内，以免受热、挤压而发生形变。

6. 各种听力保护器应保持清洁，使用后应用肥皂水进行洗涤，清水冲净，然后晾干并妥善保存，以备再用。在清洗耳罩时，可将耳罩壳和泡沫塑料衬垫分开，分别进行洗涤、冲净、晾干。橡胶材料制成的耳塞在清洗、晾干后，可撒少许滑石粉，以防老化变质。

第六节 人体呼吸道的安全防护

一、呼吸防护器的用途

在厂矿企业的生产过程中，有些生产作业场所会产生对人体有毒有害的气体、蒸气或粉尘，这些生产性的有毒有害物质常以污染作业环境中空气的形式，通过人体的呼吸道、皮肤、消化道等途径侵入人的机体，而呼吸道乃是最主要的侵入途径。这些有毒有害物质能破坏人体正常的生理机能，引起暂时性或永久性的病理状态，甚至引起死亡。在这种情况下，为了防止作业人员因有毒有害物质而引起的中毒伤害，保护身体健康、安全，最根本的办法就是在生产过程中，以无毒或低毒的物质来代替有毒或高毒的物质；或改进能泄漏这些生产性有毒有害物质的设备及生产装置，加强密闭，控制空气污染；或尽量采用机械化和自动化操作，避免操作人员与有毒有害物质直接接触；或在生产工艺上实行密闭化生产，使作业人员与有毒有害物质进行隔离；或在安全技术措施上采取通风排气措施，以降低有毒有害物质在作业场所空气中的浓度，使之达到国家规定的工业卫生容许浓度标准。但是，当作业场所的空气中有毒有害物质的浓度未能达到国家规定的工业卫生容许浓度标准之前，当生产过程中发生异常现象需进行处理时，当发生事故需抢修设备或抢救人员时，当需进入设备容器内进行作业，而设备容器又无法进行清洗、置换、通风时，等等。为了防止有毒有害物质对呼吸道的侵入而引起人体伤害，不管怎么说都必须对呼吸道进行防护，换句话说，必须根据各种不同的作业性质和具体情况，佩戴与作业条件相适应的呼吸防护器。呼吸防护器在厂矿企业中常称为气体防护器材。

此外，如果在发生因有毒有害物质的侵入而引起中毒，或因缺氧而引起窒息时，还可用呼吸防护器对患者进行抢救，例如，氧气苏生器。

由此可见，各种呼吸防护器在进行能产生或使用有毒有害物质的厂矿企业生产中是不可缺少的一种劳动保护用品。

同时，为了正确地使用呼吸防护器，除了要对生产作业条件十分清楚以外，还需要对各种呼吸防护器的性能、用途、使用条件等有足够的知识，尤其对安全技术人员来说，更需如此。这是因为安全技术人员处于正确指导作业人员使用各种呼吸防护器的位置上。

二、呼吸防护器的分类

呼吸防护器的品种很多，但就保护人体呼吸道的呼吸防护器来说，一般可分为过滤式呼吸防护器和隔离式呼吸防护器两大类。

所谓过滤式呼吸防护器，就是利用特制的过滤材料，通过化学作用、吸附作用和过滤作用，将吸入的作业场所空气中的有毒有害气体、蒸气、气溶胶等予以清除，经过净化后以供给清洁的空气供人体呼吸使用的一种劳动保护用品。

过滤式呼吸防护器有防尘口罩、橡胶防毒口罩、过滤式防毒面具等。

所谓隔离式呼吸防护器，就是使人体呼吸与作业场所中含有毒有害气体、蒸气、气溶胶等受污染的空气隔开，从其他地方引入新鲜空气，以供人体呼吸需要的一种劳动保护用品，或者是使人体的呼吸同外界空气完全隔绝，自己组成一个封闭、完整的呼吸系统，可独立地供给人体呼吸需要的氧气或空气的一种劳动保护用品。

隔离式呼吸防护器有 2h、3h 和 4h 氧气呼吸器，空气呼吸器，化学生氧呼吸器，自吸式橡胶长管面具，以及强制送风式防毒面具等。

三、呼吸防护器的选择

由于各种呼吸防护器的构造、性能和用途均不相同，其使用条件也不相同，为了对人体呼吸道进行有效的保护，防止有毒有害物质对人体的损害，就必须根据各种不同作业场所的具体状况，选择与作业条件相适应的呼吸防护器。

然而，究竟应该如何选择适用的呼吸防护器，也不是一件十分容易的事，要考虑的因素有很多，现列举如下：

1. 生产作业所遇到危险的性质，即作业人员使用呼吸防护器去从事何种性质的作业，是处理生产中发生的异常状况，还是去进行抢修设备。

2. 作业场所的空气受污染的类型，包括污染物质的物理性质、化学性质、对人体生理机能的影响，以及污染物质在空气中的浓度等。

3. 呼吸防护器在危险区域能支持防护时间的长短。

4. 对人体生命能在较短时间内造成危害的作业场所，呼吸防护器应能提供安全可靠的呼吸保护。

5. 危险区域与可供呼吸的无污染空气源这两者间的相对位置和距离。

6. 需使用呼吸防护器的人员的身体健康状况。

7. 呼吸防护器的功能与物理特性。

安全技术人员应该对现有的呼吸防护器能够对付哪种危险做到心中有数，绝对不容许用某种呼吸防护器去对付超过该呼吸防护器的设计能力的哪种危险。例如，用滤尘型的呼吸防护器去对付有毒有害气体、蒸气，以及缺氧环境就丝毫起不了保护呼吸道的作用。再如，用过滤气溶胶的过滤式防毒面具在缺氧的环境中使用，也丝毫起不了保护人体免受伤害的作用。呼吸防护器使用不当的最为常见也是最为危险的，就是在上述的情况下错误地选择使用了与作业条件不相适应的呼吸防护器。

错误地选择使用呼吸防护器的其他情况还有，如在需要使用能过滤气溶胶的过滤式防毒面具的场合，却错选了不能过滤气溶胶的普通过滤式防毒面具；在需要使用氧气呼吸器的场合，却错选了过滤式防毒面具；以及错选了过滤式防毒面具的型号，用过滤酸性气体的过滤式防毒面具去用于过滤碱性气体的场合等。

对于某些有毒有害物质，虽然对呼吸道进行了保护，避免了从呼吸道侵入人体造成伤害的危险。但还应必须注意，这些有毒有害物质是否能通过人体皮肤大量吸收而引起人体的伤害，因此，应该对所有的物质都进行一番研究，搞清楚所须防护的有毒有害物质究竟有没有这种危险。如果存在这种危险,在保护呼吸道的同时,还需对皮肤加以防护。

呼吸防护器的一般选择标准可参阅下图27-14。

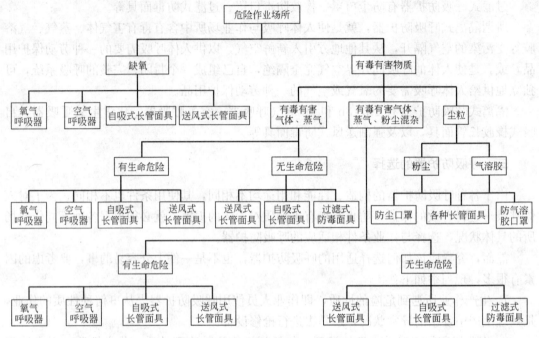

图27-14 呼吸道防护器的选择示意图

四、自吸过滤式防尘口罩基本技术指标

自吸过滤式防尘口罩,是为预防尘肺等危害而佩戴的一种防护呼吸道吸入粉尘的劳动保护用品,适用于能产生生产性粉尘的各种作业。

自吸过滤式防尘口罩使用面较广,其性能不仅要能起到防御各种生产性粉尘的作用,而且还要能适应人体生理卫生要求和作业条件、劳动强度等方面的需要。

根据我国国家标准《自吸过滤式防尘口罩》(GB 2626)中的规定,按其阻尘率的大小,分为四类,其基本技术指标见表27-5。

《自吸过滤式防尘口罩》(GB 2626)的基本指标　　　　表27-5

项　目		口罩类别			
		1	2	3	4
阻尘率(%)		≥99	≥95	≥90	≥85
阻力(mmH$_2$O)	吸气	≤5			
	呼气	≤3			
妨碍下方视野(度)		≤10			
重量(g)		≤150			
死腔(mL)		≤180			
呼气阀气密性		当负压值在1960Pa(200mmH$_2$O)时,恢复至零值的时间,要超过10s。			
其他		佩戴方便,容易清洗,与颜面接触无压痛感。			

第六节 人体呼吸道的安全防护

此外，尚需注意，自吸过滤式防尘口罩不得用于空气中含有毒有害气体、蒸气，以及空气中氧含量<18%的作业场所。

五、防尘口罩的选择

防尘口罩的品种很多，各自均有其一定的防护性能，不可单纯地考虑价格低廉而忽视了防护效果。例如，在接触砂尘的作业场所使用纱布口罩或普通泡沫塑料口罩，是不能防止硅肺病发生的，因此，需熟悉各种防尘口罩的性能及其使用范围，并能根据作业的性质和条件正确地选择。

1. 按粉尘透过口罩系数来选择。根据人体肺内积累硅尘量5g可患硅肺病为基准，计算粉尘透过口罩系数来选择防尘口罩。

$$粉尘透过量(mg/m^3) = 空气中粉尘量(mg/m^3) \times [1-阻尘效率(\%)]$$

例如，空气中粉尘量为40mg/m³，防尘口罩阻尘率为90%，则粉尘透过量为：

$$40mg/m^3 \times [1-90\%] = 4mg/m^3$$

被吸入呼吸道的粉尘，一般有99%以上将随呼气而排出体外，可进入肺泡的粉尘不到1%，以透过系数4mg/m³计算，进入肺泡的粉尘为0.04mg/m³。假如以中等劳动强度计算，肺通气量为14m³·8h，年工作日为300天，还需工作年限为35年，根据下列公式计算：

$$TWE = \frac{肺泡积尘量 \times 肺通气量 \times 年工作日 \times 工作年限}{1000}$$

肺部粉尘总累积量为：$\frac{0.04 \times 14 \times 300 \times 35}{1000} = 5.88g$

已超过5g可患硅肺病为基准的标准，因此不能使用阻尘效率为90%的防尘口罩，而应选择阻尘效率为93%以上的防尘口罩。

2. 按国家规定的工业卫生最高容许浓度标准来选择，见表27-6。例如，以含有10%以上游离二氧化硅的粉尘，在车间空气中的最高容许浓度为2mg/m³，如果口罩的阻尘效率为99%，则：

$$\frac{D_0}{1-\eta}$$

D_0——车间空气中粉尘最高容许浓度；

η——防尘口罩的阻尘效率。

$$\frac{2mg/m^3}{1-99\%} = 200mg/m^3$$

此种口罩可用于空气中含砂尘浓度不超过200mg/m³的作业场所使用。

自吸式过滤防尘口罩的选用见表27-7。

根据粉尘浓度选择防尘口罩 表27-6

序　号	1	2	3	4	5	6	7	8	9
工作场所粉尘浓度(mg/m³)	<7	<10	<20	<40	<60	<100	<200	<400	>400
超过卫生标准(2mg/m³)的倍数	3.5	5	10	20	30	50	100	200	>200
要求口罩阻尘效率	70	80	90	95	97	98	99	99.5	>99.5

自吸式过滤防尘口罩的选用范围　　　　表 27-7

类别	适应范围	
	粉尘中游离二氧化硅含量(%)	作业场所粉尘浓度(mg/m³)
1	>10	<200
	<10	<1000
2	>10	<40
	<10	<200
3	<10	<100
4	<10	<70

3. 按粉尘的粒度大小来选择。对于直径在 1μm 以下的细尘粒，应选用超细纤维滤料的防尘口罩；对直径在 3μm 以上的尘粒，可选用针织滤料的防尘口罩；对直径介于两者之间的尘粒，可选用阻尘率较高的尼龙毡、无纺布等作滤料的防尘口罩。

4. 按粉尘的性质和作业条件来选择。对放射性粉尘，必须选择能防气溶胶的口罩。如果口罩透过系数超过国家规定的工业卫生最高容许浓度，或者作业场所空气中除含粉尘外，还伴有毒烟、毒雾及氧含量不足 18% 时，应选用隔离式防尘口罩或使用防毒面具。对淋水、湿式作业环境，应选用有防水装置的防尘口罩。

5. 根据劳动强度的大小来选择。作业人员的劳动强度大，肺活量大，呼吸阻力也随之增大，当使用吸气阻力为 29.4～98Pa 的防尘口罩从事体力劳动时，可使作业能力降低 20%～30%。因此，在粉尘浓度高、分散度大、劳动强度大的作业场所，应选择阻尘率高，阻力小的防尘口罩，也可根据作业条件选择送风式口罩或面罩。

六、简易防尘口罩

简易防尘口罩是一种半面罩型自吸过滤式口罩，其特点是结构简单，阻力低，质量轻，价格低。有夹具式、支架式和其他等几种形式。简易防尘口罩一般不用过滤盒，大部分不设呼气阀，依靠夹具、支架或直接将滤料做成口鼻罩，通过系带固定在口鼻处，呼气和吸气均通过滤料进行。这类防尘口罩的阻尘效率较低，以防硅尘为例，只适用于粉尘浓度为 100mg/m³ 以下的作业环境，并要求粉尘透过口罩的系数必须低于国家规定的工业卫生最高容许浓度标准，并不宜在淋水和湿式作业场所使用。

1. 夹具式防尘口罩。夹具式防尘口罩是由主体口鼻罩和系带两部分组成。口鼻罩为内外两层聚乙烯塑料夹具，中间夹以滤料，夹具周边贴有一圈聚氨酯泡沫塑料，以使其与面部接触处吻合，主体与口罩部位间形成一个死腔。死腔又名为实际有害空间，系指口罩主体与颜面接触的空隙部分的体积，其单位为毫升（mL）。其滤料为泡沫塑料片。

2. 支架式防尘口罩。支架式防尘口罩是由主体口鼻罩和系带两部分组成，口鼻罩是用滤布直接做成包套，中间用根据脸部造型的塑料支架支撑。主体与口鼻部间亦有一个死腔。为防侧漏，有的周边加泡沫塑料条，外包罗纹针织布作衬垫；有的在鼻梁部位加一薄铝片，佩戴时用于将铝片随脸形调整。

此类防尘口罩的品种很多，有湘劳-Ⅰ型、武安 303 型、湘劳-Ⅱ型、湘劳-Ⅲ型防尘口罩等，由于采用的滤料不同，其各自的滤尘效果也不相同。

3. 泡沫塑料口罩。泡沫塑料口罩是以泡沫塑料为过滤材料制成。其主要品种有四层纱布夹泡沫塑料口罩和人造革夹泡沫塑料口罩,人造革上打有通气孔。这种口罩易洗、耐用、轻便、阻力小,其阻尘率一般为60%~80%左右,但结构不严密,不能用于防硅尘。

4. 氯纶防尘口罩。氯纶防尘口罩是从氯纶纤维织物为过滤材料,里面衬一层纱布制成。此种口罩利用氯纶布带有静电的特点进行阻尘,其阻尘率在95%以上,防放射性气溶胶约为30%。氯纶防尘口罩适用于一般性的粉尘作业,不宜用于防砂尘、气溶胶及放射性粉尘等。氯纶不耐高温,故氯纶防尘口罩不可用60℃以上的热水洗涤,不能暴晒、火烤,应存放在阴凉通风干燥处,不要挤压,以防变形。

5. 纱布口罩。纱布口罩一般是用8、12、16、24层棉织医用纱布缝制而成。常用的为8、12层。纱布口罩可用于防止低浓度的粉尘、粒度大的无毒粉尘侵入呼吸道,或者作为清洁卫生用。用纱布口罩阻尘率低,与面部又吻合不佳,侧漏大,故对烟尘、气溶胶等基本不起防护作用,据测定,8、12层的纱布口罩在粉尘浓度为 $7mg/m^3$ 以下时,阻尘率为60%~80%而防放射性气溶胶仅为5%~10%。

各种类型的简易防尘口罩的物理性能,见表27-8。

各型简易式防尘口罩的物理性能　　　　表27-8

型　号	类别	阻尘率%	阻力(mmH₂O)		妨碍下方视野(度)	重量(g)	死腔(mL)
			吸气	呼气			
夹具式:							
77型	(京)		1.58		4	40	
支架式:							
湘劳-Ⅰ型	(湘)		1.69		5	24	163
武安303型	(沪)		1.22		5	33	160
SF-1型	(沪)		0.33		3	16	
工卫69型	(沪)		1.91		8	14	160
湘劳-Ⅱ甲型	(湘)		0.6		3	16	
湘劳-Ⅲ乙型	(湘)		0.83		3	18	
其他式:							
纱布八层			1.5			18	

注:1. 工卫69型为防气溶胶口罩。
　　2. 气体流量:30L/min 连续气流。

七、复式防尘口罩

复式防尘口罩是一种半面罩型自吸过滤式口罩。凡是设有滤尘盒和呼吸气阀的防尘口罩,统称为复式防尘口罩。

复式防尘口罩的结构比较复杂,主要由口鼻罩、过滤盒、呼气阀、吸气阀和系带等部件组成。设有单向的吸气阀和呼气阀,主要作用是避免呼出的气体打湿滤料,增加湿阻力。此类防尘口罩有单滤尘盒、双滤尘盒等不同结构形式。

复式防尘口罩的阻尘率可高达97%~99%适用于高浓度、分散度大的粉尘作用,但有一定的呼吸阻力。

此类口罩应经常洗刷,保持清洁,以免脸部皮肤受刺激或增加阻力和降低阻尘率。由于其主体口鼻罩一般均用软聚乙烯塑料或软橡胶模压成型,均不耐高温,故应避免暴晒或火烤,应存放在阴凉通风干燥处。不能挤压,以免变形损坏。

复式防尘口罩滤尘盒内装多层滤料,一般采用氯乙烯超细纤维滤布或绵纶、丙纶细纤维滤布等。滤布内外复两层纱布,纱布层外再覆盖滤纸作为保护层。其滤布一般应每20个工作日更换一次,也可根据接触粉尘浓度和阻力情况,相应地缩短或延长使用时间,其滤纸则应每1~2个工作日就进行更换。

一般常使用的复式防尘口罩有:武安301型,整体结构见图27-15,为圆形双滤尘盒形式,适用于接触硅尘和其他粉尘、气溶胶的干式作业场所。武安302型防尘口罩,亦为双滤尘盒式,滤尘盒采用防水盖式,可用于淋水、湿式作业,以及放射性气溶胶的作业场所。武安4型防尘口罩,为单滤盒、双呼气阀式,整体结构见图27-16,采用这种结构,可减轻质量,其滤尘盒设在口鼻前方,可减少偏流积尘现象,呼吸阻力较低,但影响下方视线。此外,还有武安301-A型防尘口罩、武安301-B型防尘口罩、上海803型和804型防尘口罩等,其结构形式均大体相同。

各种类型复式防尘口罩的物理性能见表27-9。

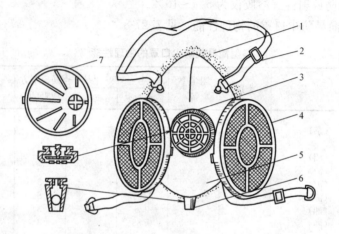

图27-15 武安301型防尘口罩

1—泡沫塑料衬圈;2—系带;3—呼气阀;4—滤尘盒;
5—主体;6—排水嘴及剖面;7—盒底导流板及吸气阀

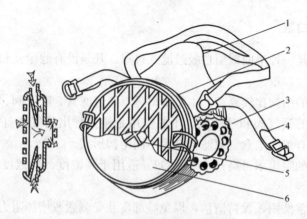

图27-16 武安4型防尘口罩

1—主体及橡胶内卷边;2—滤尘盒;3—呼气阀;4—系带;
5—吸气阀;6—第二层滤尘盒过滤面

各种复式防尘口罩的物理性能 表 27-9

型号	类别	阻尘率(%)	阻力(mmH$_2$O) 吸气	阻力(mmH$_2$O) 呼气	妨碍下方视野(°)	重量(g)	死腔(mL)
武安 301 型 （京）	1	99.1	3.55	2.38	7	102	135
武安 301 型 （沪）	2	96.3	3	3.21	4	104	115
武安 302 型 （京）	1	99	4.5	1.66	4	127	120
武安 302 型 （沪）	2	96.4	1.77	2.48	4	122	125
武安 4 型 （湘）	2	98.3	2.38	1.71	6	112	100
301-A 型 （京）	1	99.1	4.3～5	1.01～2.56	8	113	150
301-B 型 （京）	1	99.3	3.3～4.3	0.72～1.34	8	120	150
305 型 （京）	2	98.8	2.64	1.78	7	110	150
上海 803 型 （沪）	2	97.4	5	3.9	8	102	150
上海 804 型 （沪）	2	95.4	3.38	5.34	6	130	150

注：气体流量：30L/min 连续气流。

八、送风式防尘口罩

送风式防尘口罩可分为过滤式和隔离式两类。

送风过滤式防尘口罩是采用电动送风的防尘装置制成的复式防尘口罩。此种防尘口罩通过电动风机，将含有粉尘的空气经过过滤净化后输入口鼻罩内，供人体呼吸。由于电动风机不断地向口鼻罩内输送清洁的空气，因此，口鼻罩内的气流始终保持一定的正压，呼出的气体通过呼气阀或出气口排出口鼻罩外，其滤料和管路的阻力为电动风机动力所克服，口鼻罩内没有呼吸阻力，故佩戴舒适，没有憋气感。

送风过滤式防尘口罩的阻尘率高，其防尘防气溶胶效率一般不低于 99%，适用于空气中粉尘浓度较高的作业场所。但由于其结构较为复杂，维修保养困难，价格又较高，故目前尚未能普及使用。

1. YMK-3 型电动送风口罩。YMK-3 型电动送风口罩是由主体口鼻罩、导气管、过滤器、微型电动风机、电源等主要部件组成，见图 27-17。在使用时，可将电动送风滤尘装置系在腰带上或放在专用的背包内挎在身上，打开电源，启动电动风机，将外界含粉尘的空气先吸入滤尘器进行净化，然后通过导气管将清洁的空气送入口鼻罩内供吸入，呼出的气体通过呼气阀排出口鼻罩外。

2. 送风头盔。送风头盔又称为气流式防尘头盔，为多种用途的防护面罩，主要用作防尘以保护呼吸道不受粉尘侵入。可在高浓度粉尘的作业场所中使用。稍经改装还可用作电焊、隔热、防毒用。此种送风头盔是由帽盔、面罩、滤尘袋、微型电动风机、电源等主要部件组成，见图 27-18。在头盔内，净化后的空气流畅，呼吸时不感到有阻力，口鼻部无压迫感，佩戴舒适。

送风头盔的帽盔一般是用高强度的塑料制成，可承受外力冲击，前部连接活动面罩，后部有进气口，内装头道粗滤层及微型电动风机，电动风机通过线路连接电源，帽顶内侧装有滤尘袋。帽盔既是安全帽，又是铰接各部件的骨架。面罩用透明有机玻璃制成，可保护面部和眼睛，视野广阔，并可根据不同用途换装其他面罩，使之能用于其他作业。在面罩内面两侧，装有橡胶翼片和泡沫塑料，与双颊贴合，形成面部气流正压区，使送入面罩内的气流，能均匀地分布在面部和口鼻处，只留下颏处作为排气口，将呼出的气体随时剩

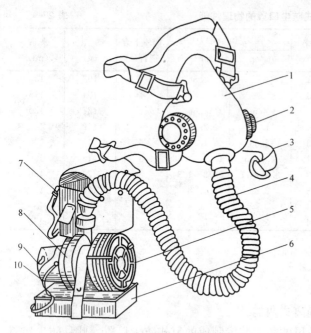 

图 27-17 YMK-3 型电动送风口罩
1—主体；2—呼气阀；3—系带；4—导气管；5—过滤器；
6—电池；7—口罩袋；8—风机；9—开关；10—电动机

图 27-18 送风头盔
1—帽盔；2—精滤尘袋；3—电动风机；4—粗滤层及染尘空气进入口；5—透明面罩；
6—贴面翼片；7—呼气出口；8—电源

的净化空气排出面罩外。如果将滤尘袋和微型电动风机折下，改接长导气管，可改装成隔离式送风面罩。

滤尘袋起精过滤作用，如采用阻尘效率高的过氯乙烯超细纤维滤布或锦纶细纤维滤布为过滤材料，其阻尘效率可达 99% 以上。

使用时，只需将头盔佩戴好，将电源及开关系在腰带上或装在工作服口袋里，打开电源开关即可。

送风隔离式防尘口罩是将人体呼吸道与含粉尘空气的作业场所进行隔离，通过长导气管将作业场所外的清洁空气送入口鼻罩内，以供呼吸。

此种防尘口罩的阻尘效率在 99% 以上，可适用于空气中粉尘浓度较高，用过滤式防尘口罩不能满足防尘需要的作业场所。也能隔离较低浓度的有毒有害气体、蒸气，故也可作为一种保护呼吸道的隔离式防毒面具使用。

其送风管的长度、内径、内表面光滑程度与吸气阻力均有直接的关系，直径小或长度过长，均可使阻力增大。当人体的呼吸阻力达到 196.1Pa 时，即有憋气感，故送风管的长度一般以 20m 为宜，如为 10m 即可采用自吸式，通常使用的送风管内径为 9~26mm。

当送风压力超过 0.2MPa 时，应利用减压阀减压后，才能使用，同时口鼻罩内应始终保持一定的正压气流。

送风隔离式防尘口罩最为常见的是压气送风口罩，见图 27-19。其口鼻罩部分与 YMK-3 型电动送风口罩基本相同，其呼气阀有双阀式和单阀式两种。使用时，通过长导气管连接空气过滤净化器和空气压缩机配套使用。但因此种口罩需连接管路，故作业活动范围受到一定的限制，适于在固定作业点作业时使用。

使用送风隔离防尘口罩时，其压缩空气源必须配备空气过滤净化器，因空气压缩机在工作过程中可将一些油污、水分、杂质等带进送风管内，致使人体吸入造成危害。一台空气压缩机气源可供若干个送风隔离防尘口罩同时使用。

九、过滤式防毒面具

过滤式防毒面具是由橡胶面罩、导气管、滤毒罐和面具袋（拷包）4部分组成，见图27-20。此种防毒面具又可分为由导气管连接面罩和滤毒罐，以及面罩和滤毒罐直接连接的两种。

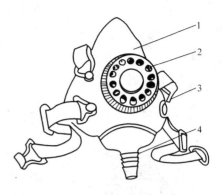

图27-19　单阀式压气送风口罩
1—主体；2—呼气阀；3—系带；4—吸气嘴

1. 面罩。面罩分为全面罩和半面罩，全面罩又有头罩式和头带式两种，全面罩能遮住眼、鼻、口及面部皮肤，半面罩仅能遮住鼻和口部。全面罩按大小，一般分为五个型号，有0、1、2、3、4号，其中以0号为最小，4号最大，在面罩的下方标有号型的标志。面罩可按头型大小进行选用，须与佩戴人员的面部、头部密合良好，不得漏气，并无明显的压痛感。头带式面罩的系带，应有足够的弹性和强度，并能按需要调节松紧。

面罩的下部有分为两室的活门盒，分别装有呼气阀和吸气阀，其动作气密性应良好，在内外压力平衡时呈闭锁状态，呼气阀并有保护装置，可防止在使用时因角度倾斜而造成阀片漏气。全面罩还设有通话装置，以便在佩戴后可与其他人员进行联系。

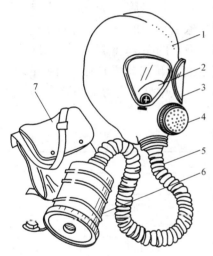

图27-20　72型防毒面具
1—罩体；2—口鼻罩及吸气阀；3—眼窗；4—吸气阀及通话器；5—导气管；6—滤毒罐；7—面具袋

眼窗位于面罩正前部，目前的产品一般均为双眼窗。由镜片、眼窗固定卡环等组成，并用齿形箍固定在面罩上，镜片与保明环之间衬以胶垫，以确保严密。镜片采用复合镜片或透明的有机玻璃镜片，其透光度应＞85％，并视物真实。

2. 导气管。导气管为波纹橡胶管，长为500～600mm，直径为25mm，外包合成纤维织物，以增强其耐磨性和强度。导气管上端有金属螺纹可与面罩相连接，下端有金属螺母可与滤毒罐相连接，端头并附橡胶垫圈，以确保旋紧后严密不漏气。导气管具有较强的伸缩性和抗压性，即使弯曲受压也可保持气流畅通。导气管的作用是将由滤毒罐滤净后的空气进入面罩的通道。

3. 滤毒罐。滤毒罐是过滤式防毒面具的主要组成部件，其外形为椭圆柱形或圆柱形罐，罐壳用塑料或马口铁皮制成，罐顶有盖，罐底有橡胶塞盖，罐内装慎滤毒剂。滤毒罐的装填结构，见图27-21。使用时，打开罐盖连接导气管及面罩，或直接与面罩相连接，

第二十七章 人体的安全防护

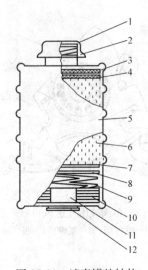

图 27-21 滤毒罐的结构
1—胶垫；2—罐盖；3—网板；
4—纱布；5—罐体；6—药剂；
7—纱布；8—网板；9—弹簧；
10—滤烟层；11—进气孔；12—胶塞

拨下底塞，含有毒有害气体、蒸气的空气由底孔进入罐内，经滤毒剂的化学作用、吸附作用和机械阻留作用，转变为清洁的空气，通过导气管进入面罩内，供人体吸入。过滤式防毒面具正是依靠滤毒罐的这种功能以提供呼吸需要的清洁空气，因此，滤毒罐的功能对过滤式防毒面具的功能起着决定性的作用。

因为，直至目前为止，还没有哪一种滤毒剂能够滤除所有的各种有毒有害气体、蒸气，所以，也就没有万能的滤毒罐。滤毒罐中所装填的滤毒剂是专门为滤除某种特定的有毒有害气体或蒸气，或者是专门为滤除某一类有毒有害气体或蒸气而设计制造的。因此，滤毒罐也只能用于防护与其相适应的有毒有害气体或蒸气，并通常在罐壳外标以型号，以及涂以各种不同的、醒目的颜色，以示区别，便于使用。

我国目前生产的滤毒罐有红旗牌、新华牌、东风牌等数种，虽然各地各生产厂家所生产的滤毒罐牌号不同，但标准统一。国家标准（GB 2890）将滤毒罐分为 1L、1、2L、3L、3、4L、4、5、6、7L、7 等 11 种型号，并根据滤毒罐内装填的滤毒剂容量划分为大型罐、中型罐、小型罐和滤毒盒等 4 种，见表 27-10。其中型罐高为 140mm，直径为 100mm，是厂矿企业中较为常用的一种滤毒罐。

滤毒罐的装填量　　　　　　　　　表 27-10

种类		重量(g)
滤毒罐	大	900～1400 以下
	中	300～900 以下
	小	200～300 以下
滤毒盒		200 以下

我国《过滤式防毒面具通用技术条件》国家标准（GB 2890）中，还对滤毒罐的型号编号、标色、防毒类型、防护对象、试验毒剂、防毒时间等性能均进行了规定，见表 27-11。

在滤毒罐数码型号后注有"L"的，并在外壳除涂以颜色标志外还加有白色横道的，其滤毒罐内均附加了一层直径 $<3\mu m$ 超细玻璃纤维制成的滤烟气，具有防毒烟、毒雾等气溶胶的能力。

4. 面具袋。面具袋一般用细帆布制成，袋内有分装面罩和滤毒罐的两个小格，外有背带及腰系带，以便在使用防毒面具时，能将滤毒罐固定在作业人员身体的腰际，方便作业。防毒面具在使用后，可装入面具袋内，便于保管。

全面罩过滤式防毒面具适用于空气中含有毒有害气体、蒸气<2%，并对眼睛及面部皮肤有刺激作用的，氧含量>18%的作业场所，一般不能用于槽、罐等密闭设备容器的作业场所。

一般常用的过滤式防毒面具有 72 型防毒面具、59 型防毒面具等。

滤毒罐类型及防毒时间   表 27-11

滤毒罐编号	标色	防毒类型	防护对象（举例）	试验毒剂	大型滤毒罐 试验气浓度 mg/L (%,V/V)	大型滤毒罐 防毒时间 min≥	中型滤毒罐 试验气浓度 mg/L (%,V/V)	中型滤毒罐 防毒时间 min≥	小型滤毒罐 试验气浓度 mg/L (%,V/V)	小型滤毒罐 防毒时间 min≥
1	绿+白道	综合防霉	氰氢酸、氯化氰、砷化氢、光气、双光气、氯化苦、苯、溴甲烷、二氯甲烷、路易氏气、芥子气、毒烟、毒雾等	氢氰酸(HCN)	11.2(1.0) [氯化氰 6mg/L]	80 (70)	5.6(0.5) [氯化氰 3mg/L]	40 (40)	3.4(0.3) [氯化氰 1.5mg/L]	20 (20)
1	绿	综合防霉	氰氢酸、氯化氰、砷化氢、光气、双光气、氯化苦、苯、溴甲烷、路易氏气、二氯甲烷、芥子气	氢氰酸(HCN)	11.2(1.0) [氯化氰 6mg/L]	100 (90)	5.6(0.5) [氯化氰 3mg/L]	70 (55)	3.4(0.3) [氯化氰 1.5mg/L]	30 (25)
2L	桔红+白道	综合防毒防一氧化碳	一氧化碳、各种有机蒸气、氢氰酸及其衍生物、毒烟、毒雾等	氢氰酸(HCN) 一氧化碳(CO)	5.6(0.5) 5.8(0.5)	120 (150)	3.4(0.3) 5.8(0.5)	40 (80)	3.4(0.3) 5.8(0.5)	20 20
3L	褐+白道	防有机气体	有机气体与蒸气：苯、氯气、丙酮、醇类、苯胺类、二硫化碳、四氯化碳、三氯甲烷、溴甲烷、氯甲烷、硝基烷、氯化苦、毒烟、毒雾等	苯(C₆H₆)	32.2(1.0)	120	16.2(0.5)	100	9(0.3)	80
3L	褐+白道	防有机气体		氯(CL₂)	29.6(1.0)	60	14.8(0.5)	40	8.9(0.3)	40
3	褐	防有机气体	有机气体与蒸气：苯、氯气、丙酮、醇类、苯胺类、二硫化碳、四氯化碳、三氯甲烷、溴甲烷、氯甲烷、硝基烷、氯化苦	苯(C₆H₆)	32.5(1.0)	150	16.2(0.5)	130	9.7(0.3)	70
3	褐	防有机气体		氯(CL₂)	29.6(1.0)	80	14.8(0.5)	55	8.8(0.3)	20
4L	灰+白道	防氨、硫化氢	氨、硫化氢、毒烟、毒雾等	氨(NH₃)	7.1(1.0)	50	3.6(0.5)	45	5.1(0.3)	20
4L	灰+白道	防氨、硫化氢		硫气氢(H₂S)	14.1(1.0)	55	7.1(0.5)	70	4.2(0.3)	20
4	灰	防氨、硫化氢	氨、硫化氢	氨(NH₃)	7.1(1.0)	60	3.6(0.5)	60	2.1(0.3)	25
4	灰	防氨、硫化氢		硫化氢(H₂S)	14.1(1.0)	60	7.1(0.5)	80	4.2(0.3)	25
5	白	防一氧化碳	一氧化碳	一氧化碳(CO)	5.8(0.5)	200	5.8(0.5)	110	5.8(0.5)	30
6	黑	防汞蒸气	汞蒸气	汞(Hg)	—	—	0.01(0.00012)	4800	0.01(0.00012)	3000

续表

滤毒罐编号	标色	防毒类型	防护对象（举例）	试验毒剂	大型滤毒罐 试验气浓度 mg/L (%,V/V)	防毒时间 min≥	中型滤毒罐 试验气浓度 mg/L (%,V/V)	防毒时间 min≥	小型滤毒罐 试验气浓度 mg/L (%,V/V)	防毒时间 min≥
7L	黄+白道	防酸性气体	酸性气体和蒸气：二氧化硫、氯气、硫化氢、氮的氧化物、光气、磷和含氮有机农药、毒烟、毒雾等	二氧化氮(NO_2)	19.1(1.0)	30	9.6(0.5)	25	5.7(0.3)	25
				二氧化硫(SO_2)	26.6(1.0)	30	13.3	25	8.0(0.3)	25
7	黄	防酸性气体	酸性气体和蒸气、二氧化碳、氯气、硫化氢、氮的氧化物、光气、磷和含氮有机农药	二氧化硫(SO_2)	26.6(1.0)	30	13.3(0.5)	25	8.0(0.3)	25
8L	蓝+白道	防硫化氢	硫化氢、毒烟、毒雾	硫化氢(H_2S)	14.1(1.0)	65	7.1(0.5)	100	4.2(0.3)	30
8	蓝	防硫化氢	硫化氢	硫化氢(H_2S)	14.1(1.0)	80	7.1(0.5)	120	4.2(0.3)	40
9	苹果绿	防甲醛	甲醛	甲醛			0.18	200		

注：1. 6号罐在生产厂可不作防毒时间检验。
2. 1号罐允许用氯化氰检验，指标列于（ ）内。
3. 带滤烟层的罐在罐后注"L"。
4. 9号罐为山西新华化工厂生产的滤毒罐。

72型防毒面具，为全面罩型导管式，见图27-20。其头罩由罩体、双眼窗、呼气阀和口鼻罩（又名阻水罩）组成，罩体及内附阻水罩采用含胶量为80％的天然橡胶模压硫化成型，其弹性、抗毒性和耐候性均较好。眼窗呈三角柱形，眼镜片为复合玻璃制成，即内外两层为1mm厚的无机玻璃，中间夹粘0.5mm厚的有机玻璃，可避免镜片破碎片伤害眼睛及发生漏气。视线清楚，透过度达90％，视野广，总视野可达85％～90％。其他配件用机械强度高的工程塑料制作。部件损坏易予更换修理。

面罩内设有的阻水罩结构，可使人体呼出的水汽与眼镜片隔绝，减少了眼镜片起雾现象，同时也缩小了面罩内的有害空间死腔，提高了使用的安全性。

佩戴面罩后其通话性能良好，选用了单道呼气阀，送话设施利用硬度为40度的胶号制成的呼气阀片进行传声。因此，佩戴面具的双方，均能清楚地进行对话联系。

导气管呈波纹状，长度为60cm，用橡胶制成，外包针织布。导气管两端装有塑料螺纹接头，与面罩接头部为阳螺纹，与滤毒罐接头部分为阴螺纹。

滤毒罐外壳用工程塑料制成，底盖用螺丝口加胶装密封，如滤毒罐内滤毒剂使用后失效，可打开底盖换滤毒剂后继续使用。

72型防毒面具头罩部分重450g，滤毒罐重500～600g，吸气阻力在通气量为30L/min连续气流时，不>176.4Pa，其中滤毒罐阻力为147Pa，呼气阻力不>117.6Pa。

59型防毒面具也为全面罩型号管式，其头罩由罩体、双眼窗、Y形管、阀门盒组成，见图 27-22。罩体用料与 72 型相同。眼窗呈圆形，总视野较小；为 59%，每个镜片用金属齿圈、压环及橡胶垫圈固定。其他配件均采用金属薄片压制。罩体内双眼窗下，装有 Y 形管，连接阀门盒。阀门盒位于面罩下端，前面接导气管，后面为呼气阀门。吸气通过导气管进入第一道吸气阀后，经生理室、第二道吸气阀，引入 Y 形管，然后经眼窗及面部供吸入，吸入的空气吹向眼窗，可促使水汽蒸发，保持镜片透明，呼出的气体不再经滤毒罐而直接从呼气阀排出面罩外。

导气管的形状、长度及结构基本同 72 型，但螺栓接头均为金属薄片压制。

滤毒罐的外壳用马口铁皮压制，底盖密封，使用失效后，可采用不拆罐再生处理后继续使用。

59 型防毒面具头罩部分重 650g，滤毒罐重 550～650g，吸气阻力在通入气量为 30L/min 连续气流时，不>196Pa，其中滤毒罐的阻力为 147Pa，呼气阻力不>127.6Pa。

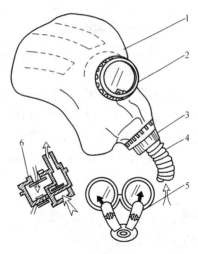

图 27-22 59 型防毒面具头罩
1—罩体；2—眼窗；3—阀门盒；4—导气管；5—Y 形管；6—阀门盒剖面

十、滤毒罐的再生

经使用失效后的滤毒罐，采用一定的措施让其重新恢复过滤有毒有害气体的功能，这一过程就是滤毒罐的再生。

大部分各种型号的滤毒罐内都装有活性炭，或者是用化学药剂处理过的活性炭。在使用过程中活性炭便吸附了空气中大量的水分及有毒有害气体，形成饱和状态后，活性炭便失去了吸附能力，滤毒罐也就失效了。如果滤毒罐不进行更换或不进行再生，而继续使用，就起不到过滤空气中有毒有害气体的作用，给佩戴滤毒罐人员的身体健康造成损害，甚至引起中毒事故。而失效后的滤毒罐如白白扔掉，会给国家和人民造成经济上的损失，因为在一些厂矿企业中滤毒罐的消耗量是很大的。所以滤毒罐的再生是一项势在必行的工作，也是一项为本厂矿企业增加经济效益的工作。

目前，滤毒罐的再生一般有以下两种方法：一种是拆罐换药剂再生法；另一种是不拆罐再生法。

1. 拆罐换药剂再生法。将滤毒罐的底盖拆开，把罐内失效的活性炭及其他药剂等清除干净，然后换上新的活性炭及其他药剂等，再将后盖装好。这样，一个重新具有过滤有毒有害气体功能的滤毒罐便产生了。

2. 不拆罐再生法。其原理是：滤毒罐内主要装有活性炭及其他附加药剂等，由于有毒有害气体经活性炭的吸附，或与其他附加药剂产生反应，到了一定的时间，活性炭便失去了其吸附能力，其他附加药剂也失去了发生反应的作用。这时，可利用热的、干燥的空气，把活性炭吸附的物质吹掉，或促使罐内其他附加药剂表面反应生成物质的分解，同时也将其赶出罐外，从而达到恢复滤毒罐内活性炭及其附加药剂原性能的目的。

不拆罐再生的具体工作程序如下：

1. 将来源于空压机的压缩空气，通过钢管接在滤毒罐再生的设备上。

2. 用过滤器除去压缩空气中的灰尘和杂质。

3. 用电炉将压缩空气加热成为110～140℃的热空气。

4. 用装有排气孔的再生箱来装滤毒罐。为控制再生箱中的温度，箱中引出温度计。

5. 用气体流量计来控制再生时所需要的热空气的流量，其流量一般为30～50L/min。

6. 对防一氧化碳的滤毒罐进行再生时，可首先将可以再生的滤毒罐进行称量，气密试验和阻力测定，并将其所得数据记录下来。然后打开滤毒罐的上下盖，将罐口向下倒装在再生箱的接头上。再打开压缩空气阀门，观察压力计的压力，将空气流量调至30L/min，合上电源，用电炉将空气加热至120～130℃左右，并将这些条件稳定性，经过2～3h左右，便再生完毕。

7. 再生新华1号滤毒罐时，可用温度为110℃，流量为50L/min的干燥热空气吹至罐内流出的气体无异味便可，大约需2h左右。因新华1号滤毒罐内装有滤纸层，所以其再生的效果较差。

8. 再生新华3号滤毒罐时，可用温度为120～130℃，流量为30L/min的干燥热空气吹至罐内流出的气体无异味即可，大约需2h左右。

9. 再生新华4号滤毒罐时，可用温度为120～140℃，流量为15L/min的干燥热空气吹至罐内流出的气体用石蕊试纸测试不变蓝为止。

10. 再生新华7号滤毒罐时，可用温度为140℃，流量为50L/min的干燥热空气吹至罐流出的气体闻不到异味为止，大约需4h左右。

11. 在进行再生滤毒罐时，装罐和卸罐一定要关闭电源和压缩空气开关，以防意外事故的发生。

12. 经过再生过的滤毒罐，其重量不得超过原罐重量的8g；其阻力不得＞205.94Pa；过滤效能不得低于原罐的75%，达到这几条标准，才能重新投入使用。如果再生过的滤毒罐在以上这几条标准中有一项达不到要求，则表明再生后的滤毒罐仍不符合其技术性能的要求，不能投入使用，必须重新进行再生处理。

十一、防毒口罩

防毒口罩是一种半面罩型自吸过滤式防毒的呼吸防护器，有单盒式和双盒式的两种，其盒内装有用药物浸渍过或未用药物浸渍的颗粒活性炭作为滤毒层。国外有用粉末活性炭滤毒板，两面覆盖维棉混合纤维，经高温高压而成的，使用轻便。

防毒口罩与防毒面具相比，具有佩戴舒适、呼吸阻力小、使用简便等特点。但因防毒口罩采用半面罩，故只能在对眼睛、面部皮肤无刺激性的有毒有害气体、蒸气的作业场所中使用。又因滤毒盒的容积较小，所装药剂较少，故只能在有毒有害气体、蒸气的毒性较低，浓度也较低的作业场所中使用。

单盒式防毒口罩是由橡胶主体口鼻罩、呼气阀、吸气阀、滤毒盒和系带等部件组成，见图27-23。滤毒盒装药剂后，其口罩总质量为200g，吸气阻力不＞98.0Pa，呼气阻力不＞29.4Pa。

双盒式防毒口罩是由橡胶主体口鼻罩、呼气阀、吸气阀、双滤毒盒和系带等部件组成，见图27-24。滤毒盒装药剂后，其口罩总质量为200～220g，吸气阻力为58.8～98.0Pa以下，呼气阻力29.4Pa。

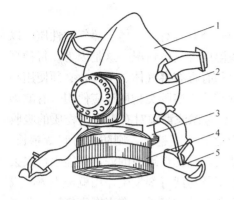 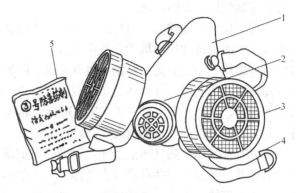

图 27-23 单盒式防毒口罩
1—主体；2—呼气阀；3—海绵吸水袋；4—透明滤毒盒；5—系带

图 27-24 劳护 101 型双盒式防毒口罩
1—主体（橡胶内卷边）；2—呼气阀；3—滤毒盒；4—系带；5—防毒药

此外，还有几种用泡沫塑料或纱布浸渍药物的简易防毒口罩，其式样与普通纱布口罩基本相同，这类简易防毒口罩因与面部相贴不吻合，侧漏较大，极易吸入有毒有害气体、蒸气，故一般只能在有毒有害气体、蒸气的毒性极低，其浓度也极低的作业场所中使用。

在使用防毒口罩时，应注意以下事故：

1. 使用前，也应和防毒面具一样，必须先弄清楚作业场所空气中存在有毒有害气体、蒸气的性质、浓度和使用场所中空气的氧合量等，选用适宜的药剂。当作业场所空气中的氧含量低于 18%，毒气浓度 >0.1% 时，或在设备容器中作业时，禁止使用。

2. 在使用过程中，严禁随意拧开滤毒盒盖，以免引起所装药剂松散，并应防止水或其他液体滴溅到滤毒盒上，否则会降低防毒功能。

3. 在使用过程中，对于有异味的有毒有害气体、蒸气，当刚能嗅到其轻微气味时，滤毒药剂即为失效；对于无异味的有毒有害气体、蒸气，应视安装在滤毒盒内的指示纸的变色情况而定，或以滤毒药剂的变色情况而定，如防汞蒸滤毒盒中的指示纸由乳白色变为橙红色即为失效，滤毒药剂钠石灰呈粉红色，失效后呈白色。如发现滤毒药剂失效，应立即脱离毒气环境，停止使用，或更换药剂后再用。

4. 系带可根据佩戴者头部的大小调节松紧，过松则容易造成漏气，过紧则感觉不舒适，故需调节到松紧适宜的程度。

5. 更换滤毒药剂时，应打开盒盖，将失效的药剂倒在集中统一处理的地点，然后将新药剂装入滤毒盒，药剂应装匀实，防止偏流。如滤毒盒的铁丝网和泡沫塑料片有损坏，也应更换新的。

6. 使用过后的防毒口罩，应用医用酒精擦拭干净，如滤毒药剂尚未失效，可将防毒口罩装在塑料口袋内，避免受潮，以备下次再用。如果橡胶主体脏污，可将滤毒盒取下，用肥皂水或 0.5% 的高锰酸钾溶液进行消毒处理橡胶主体，清洗后应晾干，切勿火烤、暴晒，以免损坏。

十二、过滤式防毒面具的使用与保管

过滤式防毒面具使用于空气中含有毒有害气体、蒸气或气溶胶等的作业场所，如使用不当，容易发生中毒、窒息等意外伤亡事故，此类伤亡事故并不罕见，故需对过滤式防毒

面具要正确使用,以防不测。

在即将使用过滤式防毒面具前,首先要弄清楚须防护有毒有害气体、蒸气的性质,以及在空气中的浓度和使用场所空气中的含氧量、环境温度等具体情况。这是因为,每种型号的滤毒罐均有一定的防护对象,也就是说,防护何种有毒有害气体、蒸气,必须使用相应的滤毒罐,如有毒有害气体、蒸气混杂有毒烟、毒雾等气溶胶类物质还应使用带有滤烟层的滤毒罐,具体选用可参照表27-11进行。其次,要考虑滤毒罐对有毒有害物质的吸收能力是有一定限度的,浓度越高,防护时间越短,反之,浓度越低,则防护时间就越长。若当有毒有害气体、蒸气的浓度超过设计的防护浓度时,除滤毒罐内的滤毒剂能很快失去防护效能外,甚至于一些有毒有害气体、蒸气根本来不及与滤毒剂发生作用就被人体吸入而造成中毒事故。因此,过滤式防毒面具所使用的作业场所空气中,有毒有害气体、蒸气的浓度不得超过滤毒罐设计的防护浓度,具体规定见表27-12。

滤毒罐使用环境中毒气浓度　　　　　　　　　　　表 27-12

种　类	规　格	使用环境中毒气浓度不高于
滤毒罐与面罩用导气管连接过滤式防毒面具	全面罩,大型滤毒罐	2%(氨为3%)
	全面罩,中型滤毒罐	1%(氨为2%)
滤毒罐与面罩直接连接过滤式防毒面具	全面罩,小型滤毒罐	0.5%
	全面罩, 半面罩,滤毒盒	0.1%

注:1. 对于大中型滤毒罐防御氢氰酸(HCN)、氯化氰(CNCl)、磷化氢(PH_3)、砷化氢($As H_3$)、光气($COCl_2$),毒气浓度应低于1%。

2. 对于各种型号的滤毒罐及滤毒盒防御汞蒸气时,毒气体积浓度应低于0.001%。

图 27-25 所示是过滤式滤毒罐的失效时间与有毒有害气体浓度之间的关系。在使用滤毒罐之前必须弄清楚该滤毒罐是否失效,即使没有失效,若有毒有害气体、蒸气在空气中的浓度超过图中曲线所示的数值也不能使用,必须引起注意。

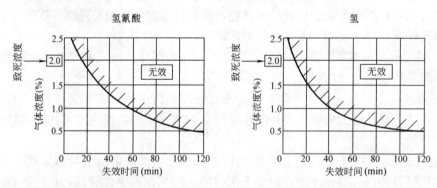

图 27-25　气体浓度与失效时间的关系(过滤式滤毒罐的吸收功能)

滤毒罐内装填的滤毒剂一般是采用直径为 1.4~1.7mm,高度为 2~5mm,外观为黑色柱状颗粒的优质活性炭附加化学药剂,或经过化学药剂处理过的活性炭制成,故滤毒罐是一种净化空气的装置。因此,过滤式防毒面具本身并没有产生氧气的功能。而标准状况下空气中的氧含量为 20.93%,当空气中的氧含量低于 18% 时,就会对人体产生不良的影响,倘若氧含量再降低,人体生命就无法维持,势必造成窒息。因此,为安全起见,当作业场所空气中的氧含量低于 18% 时，应严禁使用过滤式防毒面具，必须改用隔离式防毒面具。

使用场所的环境温度对过滤式防毒面具也有一定的影响，其影响程度视有毒有害气体、蒸气的种类而异，对较易吸附的，其防护时间一般随温度的降低而增加，故冬季使用要比夏季使用的防护时间为长。但靠催化作用的滤毒性，如铬、铜氧化物等对氯化氰气体则随温度的降低，防护时间也下降，霍加拉特催化剂在 0℃ 以下，对一氧化碳几乎失去催化作用。过滤式防毒面具一般适应的环境温度为 $-30\sim+45℃$。

在使用过滤式防毒面具前，还必须检查其气密性。尤其是对新领的、存放较长时间的防毒面具，以及需进入较高浓度的有毒有害气体、蒸气的区域进行作业时，应进行气密性检查。气密性检查的简易方法是由使用防毒面具者，佩戴好面具后，用手心部位堵住滤毒罐底部的进气口，同时用力吸气，若此时感到闭塞不透气时，则表明此整套防毒面具的气密性基本良好。否则，应对防毒面具的各部件分别进行检查，如呼气阀门、导气管、滤毒罐等，对漏气的部件则应进行更换，或改用其他整套气密性良好的防毒面具。

对面罩体需检查橡胶及表面是否发霉、硬化变质，再将橡皮各部位用于分别拉伸一倍左右，尤其是边缘部位，观察有无裂纹、孔洞，放松之后应能迅速复原，眼窗、口鼻罩、阀门及通话装置需检查是否完好，安装是否牢靠。对 Y 形管面罩，其金属部分有无生锈、裂纹等等。

对导气管应进行适当拉伸，检查有无孔洞、裂纹，螺纹接头连接是否紧密。

对滤毒罐应用力摇动，如有响声，则表明装填不严实，使用过程中可能产生偏流现象，故不得使用。

在佩戴时还需选配适当的面罩规格，其选配方法，可根据我国《中国成年人头型系列国家标准》(GB 2428) 用头顶颏下弧圈（俗称面长）加耳屏额弧（俗称面宽）的和计算，按表 27-13 进行选配。

头型尺寸与面罩选配　　　　表 27-13

红旗型面罩		上海 72 型面罩	
头顶颏下弧圈加耳屏额弧(cm)	选配面罩型号	头顶颏下弧圈加耳屏额弧(cm)	选配面罩型号
<93	0		
93～95	1	<94	1
95～99	2	94～99	2
99～103	3	>99	3
>103	4		

头型的测量方法为：头顶颏下弧圈是由颏下点经左耳屏点至头顶点，再经右耳屏点至颏下点之弧圈长。耳屏额弧是左右侧耳屏点之间，沿眉脊经眉间上点之弧长。用软皮尺测量如图 27-26。

合适的面罩应使罩体边缘与脸部贴紧，眼窗中心位置在眼睛正前方下 1cm 左右。正确选配合适的面罩不仅能保证气密性能，而且能减轻面罩体对头部的压力和减小有害空间死腔的影响。

从表 27-14 中可以看出，健康的人员若一次吸气量为 500mL，由于面罩选配或佩戴不良，造成死腔气体容易由 200mL 增至 300mL，此时吸入二氧化碳的浓度可由 1.62% 增加到 2.4%，从而使人体引起伤害。

过滤式防毒面具在使用时，必须事先拔去滤毒罐底部进气孔的橡皮塞!! 否则会出现窒息，引起伤亡事故。

过滤式防毒面具在使用过程中，如鼻子嗅到异味，或口腔尝到异味，或眼睛受到刺激，或耳部听到滤毒罐有沙沙声，佩戴者就应感到情况不妙，判断出滤毒罐失效。此时就应立即撤离有毒场所，返回无污染区域。但对剧毒或无味的有毒有害气体、蒸气等，如氢氰酸气体、一氧化碳等则不可用此方法，此时就需要在防该种类有毒物质的滤毒罐上安设滤毒剂失效指示装置，以提供佩戴者观察判断。

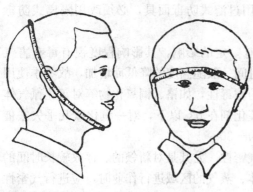

图 27-26 防毒面具头罩选配型号的测量方法

不同条件下作业人员吸入二氧化碳情况　　　　　表 27-14

面具佩戴情况	吸气深度（mL/次）	吸入有害空气中的气体量（mL）	吸入清洁空气量（mL）	吸入二氧化碳绝对量注（mL）	吸入气体中的二氧化碳相对密度（%）
健康人正确佩戴	500	200	300	8.09	1.62
健康人佩戴不正确	500	300	200	12.06	2.40
呼吸较浅的病人正确佩戴	300	200	100	8.03	2.68
健康人正确佩戴并作深长呼吸	1000	200	800	8.24	0.82

注：吸入二氧化碳绝对量，由吸入有害空间气体中二氧化碳占 4% 及吸入清洁空气中二氧化碳占 0.03% 组成。

倘若在使用过程中，防毒面具的某一部件受损，不能再发挥正常的防护功能时，佩戴者可采取临时应急措施。比如面罩或导气管某处发生小孔洞，可用手紧捏孔洞部位；呼吸阀门损坏或通话装置的通话膜破裂时，可立即用手堵住出气孔，呼气时将手放松，吸气时再堵住，或让呼出的气体沿面罩体边缘排泄。同时迅速离开有毒区域。

使用后的及暂不用的防毒面具应妥善保管，首要的是应该给每套防毒面具及更换用的滤毒罐都建各自建立一张登记卡片，写上防毒面具的检修和复换滤毒罐的最近日期等情况，并对发放和借用，以及失效、再生或报废等都应由专人进行登记记录，有的厂矿企业设置于气体防护站，专职从事各种呼吸道防护器的保管、检查、发放、借用、维修等项业务。

如需防备在异常情况下使用防毒面具，则应将防毒面具存放在紧急情况下很容易取到的地点，举例来说，冷冻车间可能会发生泄漏氨气的情况，防毒面具就应该存放在一个门的内侧，这样在发生泄漏氨气时，就可以很快地取来投入使用，而不至于暴露在有毒有害气体、蒸气之中却无法拿到。通常应在生产车间需要用到防毒面具的作业地带设置存放防毒面具的专用柜，专用柜则应设置在醒目，防毒面具取用方便的地点。同时并对存放的防毒面具要注意避免受潮、受热，以及受阳光直射，而且还应定期进检查。

如果防毒面具只是作临时性应急之用的，最好在每次使用之后，写上换一个新滤毒罐，以备下次再用。

如果较长时间暂不使用的防毒面具，应将滤毒罐取下，滤毒罐底部进气孔用橡皮塞塞紧，以防其他气体进入而降低防护效能。面罩经清洗消毒后，将水气晾干，切忌烈日暴晒、火烤，撒上滑石粉，以防粘合、老化，然后将滤毒罐和面罩等一起放在面具袋内，存放在仓库。

如果防毒面具是发放给使用者专用的，应在作业时放置在如遇紧急情况，立即能取之使用的地点。

因防毒面具是属于一种保护人体呼吸器官特殊的劳动保护用品，一般只用于应急场合，而那种场合常常又是十分紧张，所以，凡是要使用防毒面具的人员，均需进行严格地训练，训练的目的，在于能正确地掌握和使用防毒面具的技能。

在训练时，应使被训练者在佩戴面具时达到准确而迅速，并使之养成深长呼吸的习惯，以减少吸入气流速度，降低吸气阻力；养成在一定时间内停止呼吸的能力，以应付防毒面具在使用时发生故障的需要；养成能较长时间和夜间佩戴防毒面具的习惯；养成爱护防毒面具的习惯；同时还需训练排除防毒面具故障的能力。

十三、2小时氧气呼吸器

2小时氧气呼吸器为AHG-2型氧气呼吸器的俗称，属于隔离式防毒面具，其结构见

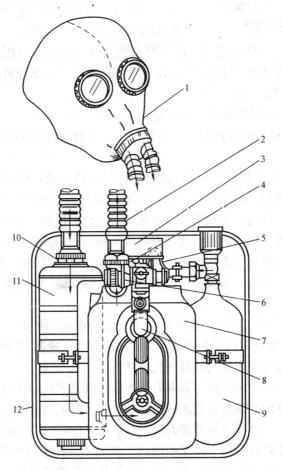

图27-27 2小时氧气呼吸器（AHG-2）构造图
1—头罩；2—导气管；3—压力表；4—吸气阀；5—高压管；6—减压器；
7—气囊；8—排气阀；9—氧气瓶；10—呼气阀；11—清净罐；12—外壳

图 27-27。2 小时氧气呼吸器通过呼吸器本身配置的小型高压氧气瓶，提供佩戴人员呼吸所需要的氧气，与外界空气隔绝，所以，也有将之称为隔绝式的。在厂矿企业中受到过呼吸道防护器专业训练的人员方可佩戴。

2 小时氧气呼吸器适于在空气中氧含量较低，或者有毒有害气体、蒸气的浓度过高，或者各种气态有毒有害物质混杂共存等的作业场所中进行某些特殊作业，以及进入有毒区域拖救中毒者或窒息者时使用。

2 小时氧气呼吸器的工作原理是：由人体肺部呼出的气体，通过复面、呼吸软管、呼气阀进入清净罐，这时呼气阀因受呼气正压作用，阻止了呼出的气体直接进入气囊，呼出的气体进入装有二氧化碳吸收剂的清净罐后，二氧化碳被吸收剂清除，残余的气体进入气囊。另外，由氧气瓶来的高压氧气经高压导管、减压器而进入气囊，与从清净罐出来的残余气体相混合，重新组成适合于人体呼吸需要的新鲜气体。当吸气时这新鲜气体就由气囊经吸气阀、吸气软管和复面而进入人体的肺部，从而完成了整个呼吸循环。其循环过程如图 27-28 所示。在吸气时，受负压作用的呼气阀呈关闭状态，阻止了气体的逆流。由于呼、吸气阀的单向启闭作用，在呼吸循环过程中，气体的方向永远是循着以上流程方向流动。因此，2 小时氧气呼吸器是属于借助人体肺功能而动作的呼吸器。

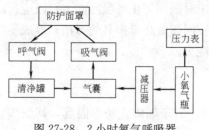

图 27-28　2 小时氧气呼吸器呼吸循环过程示意图

2 小时氧气呼吸器由以下几个部分构成：

1. 氧气瓶。是一种小型高压容器，由铬、锰、硅合金无缝钢管制成，其容积为 1L，工作压力为 20MPa。

2. 清净罐。为铁皮卷制成的圆筒，筒壁滚压加强筋 4 道，以增强罐壁的强度。在上盖有一个带内螺纹的螺口，以联接呼气阀，在下盖和侧面上各焊有一只带外螺纹的短管，侧面的一只短管与气囊联接。中轴线下口是装卸氢氧化钙用的，装好氢氧化钙后用螺丝堵盖盖严，以保持气密性。罐内的氢氧化钙有吸收人体呼出的二氧化碳和水分的作用。在罐内上端，装有弹簧的孔板，以此压紧罐内装填的药剂，以免互相碰撞而粉碎。罐的底部管号与罐内壁间也焊有一孔板，并覆盖一层铁丝网，以筛除罐中药剂碎粉，免得随气流带入气囊。

3. 减压器。是把高压氧气压力降至 0.25～0.3MPa，使氧气经过定量孔以 1.1～1.3L/min 的流量，不断地送到气囊中。另一作用是，当定量孔的供氧气量不能满足人体呼吸需要时，从减压器腔室可以自动地向气囊送气。

减压器的工作原理是，减压器分为左右两腔室，其两室间隔上有两个放铜杆的孔和另一个通气孔。高压氧气经高压导管流入减压器后，氧气分为两路，一路到氧气压力表，另一路经喷嘴进入右腔室。这部分装着镶有硬橡胶芯子的阀门、弹簧和两个中心圆盘。弹簧通过两个中心圆盘的作用使阀门有闭塞喷嘴的趋势。左面腔室有卡盘、橡胶隔板、压盘、主弹簧螺纹盖子同减压器外壳结合起来，并通过铜垫压紧橡胶隔板，使整个左右腔室与外界隔离。左右腔室的间隔上的两根铜杆，一端顶在左腔室的卡盘上，另一端顶在阀门上，松开锁母，调节螺帽，就能使铜杆左右移动，使阀门启闭喷嘴，调节阀门与喷嘴之间的间隙，因而可以控制流入右腔室的氧气流量。

在氧气瓶关闭时，两个腔室处于常压状态，阀门是保持离开喷嘴的状态。当氧气瓶打开时，高压氧气即由喷嘴进入两个腔室中，然后通过定量孔流入气囊。定量孔的直径为 0.2mm，定量孔前的 200 目的镀镍铜过滤网，借压网带孔螺丝固定在定量孔螺丝筒内，因而能阻止氧气中和管道中的污物进入气囊。

至于平衡压力，是因为喷嘴的孔径为 0.5mm，＞定量孔的孔径 0.2mm，所以使腔室内的压力逐渐增加，当定量孔供给气囊的流量为 1.1～1.3L/min 时，腔室内的压力增加到约为 3 个大气压，这时由于夹布橡胶隔板面上承受的总压力增高，推动中心圆盘，压缩主弹簧，此时右腔室弹簧因而伸长，铜杆向左移动，阀门与进气喷嘴间隙减小，使进入的氧气亦减少到约等于定量孔输出到气囊中的气量，这时整个系统恢复到正常平衡状态。如腔室中压力＜2.5 个大气压时，则起与上述相反的作用。因此，由于减压器的上述自动调节作用得保持减压器中的压力在 2.5～3.0 个大气压的范围内，并以相对稳定的流量进入气囊。

4. 自动排气阀，是装在气囊硬壁上的一个部件，当减压器供给气囊的氧气超过人体所需要的用量，或者需要排出积聚在整个系统内废气的一种自动排气装置。

自动排气阀是由阀体、阀座、云母阀片和带有阀杆的橡胶垫片的弹簧阀组组成。当气囊内的压力在 2666.44～3999.66Pa 时，气囊前后壁向两端膨胀，排气阀的锁母顶着杠杆背部的铜片，弹簧被压缩，使联接杆上的垫片离开阀座，气囊中过剩的气体就冲开云母阀片而排出气囊外。当压力降至 2666.44～3999.66Pa 时，又恢复为正常的闭合状态。

排气阀下端装的云母片，紧贴于阀座上，它是单向导气，所以防止了外界气体侵入气囊内。

5. 自动补给器。当使用氧气呼吸器者劳动强度较大时，人体的耗氧量也相应地增加，从定量孔进入气囊的氧气不够需要时，它就能自动地向气囊中输送氧气。自动补给器的工作情况为：由于气囊呈负压而收缩，气囊壁带动杠杆以及螺杆的支点作用，将三棱片提起，弹簧被压缩，阀杆就带动阀心离开阀座，氧气就从减压器的腔室直接经过阀门，以 40～60L/min 的流量进入气囊。当氧气能够满足人体呼吸需要时，即自动关闭。

6. 手动补给。氧气呼吸器在使用过程中，因气囊中废气积聚过多，需要排除，或者减压器定量供气系统发生故障时可使用手动补给。手动补给借用了自动补给器，在杠杆中部增加了一个按钮，当揿按钮时，活轴发生作用，使自动补给器开启，氧气就可从减压器腔室直接经过阀门进入气囊。松开按钮，氧气就停止进入气囊。

7. 气囊。其作用是贮存一定容量的氧气供佩戴氧气呼吸器的作业人员呼吸。人体呼出的气体经清净罐除去二氧化碳和水分后进入气囊，与氧气瓶供给的氧气相混合，重新组成供呼吸用的新鲜气体。气囊的总容量为 2.7L，有效容积为 2.3L。

在气囊上部有接头与吸气阀相连接，带有活动螺丝帽的接头管与减压器相连接，右侧的接头，与清净罐相连接。气囊前部有硬壁，硬壁上有孔，内装自动排气阀。硬壁上部有杠杆架，用螺栓与杠杆连接。气囊内在一条宽 50mm 拉提很紧的橡皮带，用来保持气囊的形状，使气囊容量的利用率达到 85%。

8. 呼气阀。是装在清净罐内，用螺纹和清净罐结合起来的单向导气的自动阀门。人体在呼气时，空气流向阀壳，由于压力的作用，将云母片抬离阀座，此时气体经旁边的孔道进入清净罐中。当人体在吸气时,云母片受到负压的作用,而紧压在阀座上,使气体不至倒流。

9. 吸气阀。也是单向导气的自动阀门,它装在气囊的上方。在人体呼气时,云母片受到气体压力的作用而紧贴在阀座上,使呼出的气体不能进入气囊。当人体在吸气时,因受负压的作用,云母片离开阀座,气囊内的新鲜气体经吸气阀,吸气软管进入佩戴氧气呼吸器人员的肺部。

10. 压力表。是用来指示氧气瓶内的压力,凭此计算氧气瓶中氧气的储量,并估算使用时间。压力表数字涂有夜明剂,便于在黑暗处和夜间作业时使用。在20MPa数字上有一条红线,表示最高充压限。

此外,2小时氧气呼吸器还配有一个哨子,它固定在胸前皮带上,可在佩戴氧气呼吸器进行作业联系工作时使用。

十四、2小时氧气呼吸器的使用

2小时氧气呼吸器为腰际悬挂式,使用时将左臂及头部穿过悬挂皮带,然后落于右肩上。皮带的长短可按身材的高矮加以调整,并将紧身皮带将氧气呼吸器紧固在左侧腰际。

打开氧气瓶开关,并按手动补给,以排出氧气呼吸器内各部分中的污气。并同时检查氧气压力表的数值,以便对作业时间作好事先的估计。

戴上面具,使视线合适,然后进行几次深呼吸,观察氧气呼吸器各部机件是否良好。当确认各部件正常后,方可进入毒区进行作业。

在使用2小时氧气呼吸器中还应注意以下事项:

1. 使用前应详细检查面罩大小是否合适,氧气瓶的压力是否充足,各部件是否灵敏好用。氧气瓶的压力须在10MPa以上才可使用。
2. 使用氧气呼吸器必须是经过专门训练,并且会灵活运用的人员才能够使用。
3. 使用中如感到呼吸困难,应用手按手动补给,以补充新鲜气体和排除废气,如果仍感呼吸困难,应立即退出毒区。
4. 使用中发现氧气呼吸器有异常声音,应立即退出毒区,更换好用的氧气呼吸器。
5. 使用中应随时检查氧气压力的下降情况,以便安排工作量和作业时间,若氧气瓶压力降至30个大气压力时,应停止作业,退出毒区。
6. 使用中要避免氧气呼吸器与油类、火源接触,严禁撞跌,防止损坏氧气呼吸器部件及引起燃烧和爆炸事故的发生。
7. 严禁在毒区或危险场所中摘下面具与他人进行讲话,有事应按哨子或打手势等进行联系。
8. 佩戴氧气呼吸器进入毒区或危险场所中进行作业,必须两人以上,并应互相关照,两人之间的距离不应超过3m,以防发生意外。如一人发生意外,另一人可以进行抢救。
9. 在严寒的冬季佩戴氧气呼吸器进行作业要防止呼吸阀冻结。
10. 凡患有下列疾病之一者,均不应从事佩戴氧气呼吸器进行作业。如肺病、心脏病、高血压、近视眼、精神病患者以及其他可传染的疾病者等。

十五、4小时氧气呼吸器

4小时氧气呼吸器（AHG—4型）的列型尺寸、氧气瓶、气囊和清净罐，比2小时氧气呼气器（AHG—2型）大。以口具代替面罩，手动补给器与自动补给器分别各为一组，在呼吸器下边的外头，佩戴方法为大背式，氧气压力表装在胸前的皮带上。其他部件的作用，工作原理等均与2小时氧气呼吸器基本相同。

现将4小时氧气呼吸器与2小时氧气呼吸器的不同点分述如下：

1. 口具。是放在佩戴4小时氧气呼吸器的人员口内的一种橡胶制品，通过它与唾液盒联接，作为呼吸的通道。

2. 唾液盒。是用来收集佩戴呼吸器人员在呼吸时所带出的唾液的。它是带有3个管口而密闭的金属盒子，两端的管头连于呼吸软管上，中间的扁管头与口具连接。盒内凹形隔板，将盒分为两个部分，上半部为呼吸通道，下半部为盛唾液之用。盒下侧有带螺丝堵头的孔，以作更换脱脂棉之用。

3. 鼻夹子。为弹簧钢丝制成并带有两个橡胶垫的夹子，用于夹住佩戴呼吸器人员的鼻子后便于专门用口具进行呼吸。

4. 松紧带。用于将口具套在戴呼吸器人员的头上，使气嘴不致从口中脱落。

5. 水分吸收器。用于吸收呼吸器气囊中流出的水分。它系用金属制成的带有两个接头的盒子，一个接头用螺丝卡与气囊相连接，另一个用螺套与清净罐相连，内装脱脂棉，用以吸收气囊中流出来的水分。水分吸收器下侧有带螺丝的堵头的孔，以作为更换脱脂棉之用。

6. 分路器（附手动补给）。其作用是把从氧气瓶输出来的氧气分别送往氧气压力表、减压器、手动补给器的一组机构。氧气瓶中的氧气在通往压力表、手动补给器和减压器之间装有开关，如在使用中发现氧气压力表、手动补给器有漏气现象时，即可转动把手关闭阀门，以切断通往氧气压力表及手动补给器的通道，而只向减压器内供气。

手动补给按钮，装于呼吸器下部，与分路器组成一个整体，使用时按住按钮，通过推动杆、传动杆，使弹簧受到压缩，此时通往气囊的阀门芯即离开阀座，氧气即流入气囊，当手指离开按钮时，立即恢复原状。

现将4小时氧气呼吸器与2小时氧气呼吸器的不同点列入表27-15。

4小时氧气呼吸器与2小时氧气呼吸器的区别　　　　表27-15

部 件 名 称	4小时氧气呼吸器（AHG—4型）	2小时氧气呼吸器（AHG—2型）
呼吸部分	使用口具（用嘴呼吸）	使用面具（用鼻呼吸）
氧气瓶容量	2L	1L
氧气瓶开关	在下部	在上部
气囊有效利用率	92%（容量3.71L）	85%（容量2.71L）
手动补给器位置	在下部	在上部
水分吸收器	有	无
氧气分路器	有	无
有效使用时间	4小时	2小时
携带位置	背上	左腰侧间

4小时氧气呼吸器的使用与2小时氧气呼吸器的使用基本相同。只是因4小时氧气呼吸器无面罩，故不能对眼睛等有刺激性的有毒有害气体进行防护。其他如使用的注意事项、检查、维护和保养等与2小时氧气呼吸器相同。

十六、空气呼吸器

空气呼吸器由高压空气瓶、输气管、面罩等部件组成，使用时，高压瓶中的压缩空气经调节阀由瓶中通过减压装置将压力减至到适宜的压力供佩戴者使用。通常高压空气瓶的压力由 1.47×10^7 Pa 减到 $2.59 \times 10^5 \sim 4.9 \times 10^5$ Pa。人体呼出的气体从呼气阀排出。根据供气方式不同，空气呼吸器分成动力型和定量型（也称恒量型）。动力型是以肺部呼吸能力供给所需空气量，而定量空气呼吸器又有两种产品，一种是适用于气态的作业环境中，另一种是适用于液态的作业环境。

空气呼吸器是一种自给开放式呼吸器。广泛应用于消防、化工、船舶、石油、冶炼、仓库、试验室、企业厂矿等部门，它的使用不受作业环境中有毒有害物质浓度与种类的限制，也不受作业环境中氧气的限制，为作业人员提供呼吸保护，可供厂矿企业抢险救护人员与消防队员在浓烟、毒气和缺氧等有毒有害作业环境中安全有效地进行灭火、抢险、救灾和救护工作。

按压缩气瓶的材质可分为如下两种：1. 钢瓶型正压式空气呼吸器；2. 碳氢维瓶正压式空气呼吸器。

空气呼吸器的结构如图27-29所示。其外型如图27-30所示。

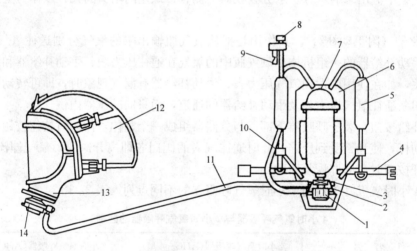

图27-29　HTK系列正压式空气呼吸器结构图
1—气瓶开关；2—减压器；3—安全阀；4—腰带；5—肩带；
6—背托；7—贮气瓶；8—压力表；9—余气报警哨；10—高压导管；
11—中压导管；12—面罩；13—正压呼气阀；14—供给阀

1. 空气呼吸器使用方法：

（1）首先打开空气压缩气瓶开关，随着管路减压器系统中压力的上升会听到余气警报器发出短暂的响声，空气压缩气瓶完全打开后检查空气压缩气瓶中的贮存压力应在28～30MPa。

(2) 关闭空气压缩气瓶开关，观察压力表的读数在 5min 内压力下降不＞2MPa，此时表明供气管路系统高压气密性能完好。

(3) 高压气密系统完好后，轻轻按动供给阀杆，观察压力表指示值的变化，当空气压缩气瓶压力降至 4～6MPa 时，余气警报器发出声响，同时这也是对警报器通气管路的一次清洗。

(4) 当空气呼吸器不使用时，每月应按此方法进行检查一次。

2. 空气呼吸器佩戴方法：

(1) 空气呼吸器背在人体身后，根据人体身材可调节肩带、腰带，以合身牢靠舒适为宜。

(2) 面罩的镜片应经常保持清洁、明亮，将面罩与供给阀相连，并将面罩上的一条长脖带套在脖子上，使用前将面罩拐在胸前，以便佩戴使用。

图 27-30 空气呼吸器外型图

(3) 使用时首先打开空气压缩气瓶开关，检查气瓶内压力，使供气阀自动开启开关处于关闭状态。

(4) 佩戴上面具（可不用系带）进行 2～3 次深呼吸。感觉舒畅，有关的阀件性能必须可靠，屏气时供给阀门应停止供气，用手按压检查供给阀自动开启开关的开启状态或关闭状态，一切正常时，将面罩系带收紧，使面罩与面部有贴合良好的气密性，系带不必收得过紧，面部应感觉舒适，无明显的压迫感与头痛感，此时深吸一口气，自动开启开关开启，供给人体适量的气体使用，检查面罩与面部是否贴合良好并气密，方法是，关闭压缩气瓶开关，深呼吸数次，将呼吸器内气体吸完，面罩应向人体面部移动，面罩内保持负压，人体感觉呼吸困难，此时证明面罩和呼吸阀有良好的气密性能。但时间不得过长，深吸几次就可以了。此后应及时打开空气压缩气瓶开关。开关开启应在两圈以上。

(5) 使用过程中应随时观察压力表的指示数值，当压力下降到 4～6MPa 时应撤离作业现场。这时余气警报器也会发出警报响声，告诫佩戴者撤离作业现场。

(6) 使用后可将面罩系带卡子松开，从面部摘下面罩，同时将供给阀自动开启开关置于关闭状态，此时从身体上卸下呼吸器，并关闭空气压缩气瓶开关。

(7) 空气呼吸器使用完毕后，应将其放回事故柜，并及时通知气体防护站进行检查更换空气压缩气瓶。

十七、化学生氧呼吸器

化学生氧呼吸器目前有 SM-1 型（2 小时）和 HSG-79 型（30min）两种型号，其生氧结构基本相同，只是使用的有效防护时间不同，属于隔离式防毒面具，其 HSG-79 型见图 27-31 化学生氧呼吸器是以碱金属的超氧化物为基体的化学氧源的隔离式呼吸道防护器，具有可靠的安全性能和生理性能，同时具有结构简单、重量轻、使用方便、防护性能好等特点。可供化工、石油、冶炼、矿山、消防等厂矿企业或部门受

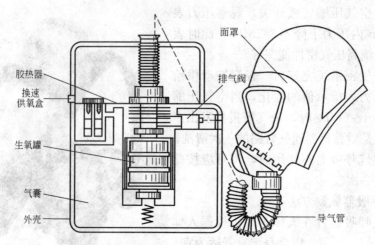

图 27-31　HSG-79 型面具结构示意图

过专门训练的人员，在存在有毒有害气体的作业场所或氧气缺少的环境中佩戴，以进行作业或抢救人员之用。

化学生氧呼吸器的工作原理是靠人体呼出的二氧化碳和水分，经导气管进入生氧罐与化学生氧药剂过氧化钠（Na_2O_4）发生化学反应。

其反应式为：

$$2Na_2O_4 + 2CO_2 = 2Na_2CO_3 + 3O_2\uparrow$$

$$2Na_2O_4 + 2H_2O = 4NaOH + 3O_2\uparrow$$

产生人体呼吸所需要的氧气，贮于呼吸器气囊之中，达到净化再生的目的。人体吸气时，气体由气囊经生氧罐二次再生，再经散热器、导气管、面罩进入人体肺部作生理交换，完成整个呼吸循环。

化学生氧呼吸器的使用方法如下：

1. 呼吸器的面具在使用前，要检查全套面具的气密性。
2. 起用化学生氧药块前，如发现表面有泡沫时，不可使用。
3. 打开生氧罐罐盖，如发现有泡沫也不得使用。
4. 使用呼吸器时，应先将面罩与导气管、生氧连接起来，再装入起动药盒及玻璃按瓶，然后拔开面罩堵气胶塞，戴好面具，用手按快速供氧盒按片，压碎玻璃小瓶，让瓶内药剂流出与药块接触，即可发生化学反应放出氧气供给佩戴呼吸器人员呼吸用。
5. 排气阀一般在呼吸器产品出厂时已调节好，平时不得乱动。
6. 生氧罐是产生氧气的关键组合件，平时不得任意把生氧罐盖拧松，以免进入二氧化碳及潮湿的空气，而降低产氧罐的使用效果或使之失效。
7. 在使用过程中，佩戴呼吸器的人员如感到氧气不足而喘不过气来时，应立即采取相应措施，用手按动安全补偿盒，以放出氧气，同时并立即脱离作业现场，摘下面具。

化学生氧呼吸器的维护与保养如下：

1. 使用过的面罩、导气管必须用清水洗干净，切不可使用有机溶剂洗涤。如面罩脏污后，可用肥皂水或 0.1% 的高锰酸钾溶液进行清洗和消毒，然后再用清水冲洗干净后晾干即可。

2. 每个面罩可多次使用，但严禁沾染油污和灰尘，如发现裂纹或老化，应更新后再使用。

3. 呼吸器存放处应避免日光直射，严禁接近火源、热源、潮湿气体、化学药物，严防引起生氧药块及生氧罐失效。

4. 备用的生氧罐和起动药块，应贮存于干燥、清洁、空气流通的仓库内，严禁与油类等易燃物品存放在一起，防止水分、杂质和二氧化碳的侵入。

十八、自吸式橡胶长管防毒面具

自吸式橡胶长管防毒面具属隔离式呼吸道防护器，由面罩、10～20m 长的蛇形橡胶导管和腰带三部分组成，适用于缺氧、有毒有害气体成分不明和有毒有害气体浓度较高的环境下进行作业，特别适用于作业人员进入密闭容器设备、贮罐内从事检修或抢修作业时佩戴。

使用自吸式橡胶长管防毒面具时应注意以下事项：

1. 为方便使用者，作业环境中有毒有害气体如为非刺激性物质，面罩可改为橡胶口罩或半面罩。

2. 导气长管的进气端，应放在远离有毒有害气体区域的上风口处，以保证佩戴长管防毒面具的人员能吸入新鲜的空气。

3. 使用导气长管时，不要猛拉猛拖。

4. 使用长管防毒面具进行作业的现场应设专职人员进行监护，负责导气长管畅通无阻，严防被压、被踩、被戳。

5. 为确保使用时安全，在使用前应检查导气长管的气密性，其简易查漏的方法就是将导气长管的一端堵塞严密，另一端吹入压缩空气，将导气长管浸入水中以不冒气泡为气密性合格。

十九、强制送风长管防毒面具

强制送风长管防毒面具由新鲜空气来源（鼓风机、空气压缩机、压缩空气瓶等）、导气管（气焊用橡胶管或塑料管等）、面罩和腰带四部分组成，适用范围与自吸式橡胶长管防毒面具相同。

强制送风长管防毒面具对于需要较长时间连续使用呼吸道防护器的作业来说，是一种最为理想的气体防护器。虽然其他类型的呼吸道防护器也有令人满意的保护作用，但均有呼吸阻力，因而常会使佩戴者感觉劳累。而强制送风长管防毒面具没有呼吸阻力，因导气管和面罩内均为正压空气，佩戴人员可呼吸自如，不感到憋气。同时，由于面罩内有一定压力连续不断的空气流进入，面罩眼窗镜片也不会起雾，视线清晰。再者，强制送风长管防毒面具还可使作业的距离延长，因而佩戴者的作业区域半径可以增大。

使用强制送风长管防毒面具时必须注意以下的事项。

对于新鲜空气来源的空气压缩机来说，如果将导气管接导空气压缩机的送风管道上，必须在进入面罩前的空气源处装设油水分离装置和空气过滤器，以便把空气流中的油类、水分、杂质及其他不应有的物质分离或过滤掉，一般可采用强制通风过滤器，见图27-32。这种过滤装置内部同装设油水分离器，以及活性炭、木炭、生毛毡等过滤层，可以同时将

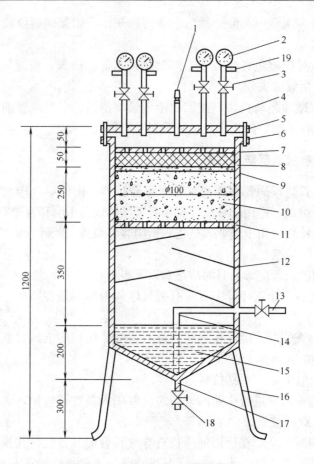

图 27-32 强制通风过滤器示意图

1—放空哨;2—压力表;3—考克;4—铁管;5—钢板;6—法兰;7—孔板;
8—海绵层;9—孔板(孔板下有铁丝网);10—焦炭碎碴;11—孔板(孔
板上有铁丝网);12—挡板;13—进气管;14—弯管;15—水;
16—支架;17—放水管;18—放水阀;19—三通管

压缩空气流中的油类、水分和其他杂质等物质一起清除掉,以便能使佩戴防毒面具的作业人员呼吸到新鲜而又清洁的空气。

如果空气压缩机的送风管道内的压力超 0.2MPa,还需要在强制通风过滤器上安装压力调节器,并配一个气压表。此外,还要装设一个减压阀。在使用强制送风长管防毒面具之前,应预先将压力调节器调节到压力稳定在静压为 0.01MPa 左右。如果压力调节器失灵,无法阻止高压空气流向面罩冲击,此时减压阀就会动作,把高压空气流放掉一些,使之恢复到预先调节好的气压。

为了获得清洁的空气,空气源必须没有一氧化碳,也不能含其他的气态污染物质,因此空气压缩机的进气口必须要远离所有的污染源,对内燃机排出的废气也要避开。为了避免一氧化碳造成对佩戴防毒面具作业人员的危害,还可在强制送风过滤器上安装一个一氧化碳过量的报警装置或指示装置。

当然,更为重要的是空气压缩机的供气源不得中断。为了防止空气压缩机意外故障,而使供气源中断所造成的危险,空气压缩机的供气源可设置一个较大容积的贮气罐。

有些作业需要作业人员来回走动，因此要来回拖动导气管，这无形之中对作业来说要受到一些妨碍，但这只是给作业人员造成一些麻烦而已，而不会带来任何危险，但也需要谨慎从事，防止导气管损坏。同时，为了防止导气管在拖动时将面罩拖掉，需一根腰带将导气管紧系在作业人员的腰际。

为使作业人员安全地进行作业，还必须设专职人员进行现场监护，负责佩戴防毒面具的作业人员呼吸所需要空气的正常供应。

二十、小氧气瓶的技术检验及保管

小氧气瓶是一种小型高压容器，内充氧气又是一种助燃气体，稍有不慎就有可能发生意外事故，造成人身伤亡或经济损失。所以对小氧气瓶应定期进行检查，绝不能马虎行事。

内、外部检查：发现小氧气瓶内部如有油脂必须清洗干净。小氧气瓶金属壁有凹陷、裂纹、腐蚀，其深度超过公称壁厚的10%则不能再投入使用，应按报废处理。

$$重量损失率 = \frac{瓶上注明重量 - 实际重量}{瓶上注明重量} \times 100\%$$

重量损失不得超过原质量的0.5%。

$$容量增大率 = \frac{实际测得容量 - 瓶原容量}{瓶原容量} \times 100\%$$

其吐水率在90%以上则为合格。

耐压检查：定期进行耐压试验，第一次试压期限为5年，以后则每3年进行一次。

小氧气瓶应妥善保管，具体要求如下：

1. 瓶上应喷涂天蓝色漆，并标明有"O_2"的符号或书写有"氧气"的字样。
2. 新出厂的小氧气瓶应持有检验合格证，瓶上应刻印有瓶号、质量、容量、工作压力、水压及产品出厂的年、月、日。
3. 充装氧气后的小氧气瓶，不得在烈日下暴晒和接触油类物质，与其他可燃物质应隔离存放，堆放时不应超过两层，搬运时不得猛烈撞击和振动。
4. 开瓶放气时，瓶嘴不得对准自己或其他人员。
5. 新瓶在进行充装氧气时，应用氧气置换清洗2~3次后再充装。
6. 小氧气瓶在使用后，瓶内应留有不低于0.05MPa的余气。
7. 小氧气瓶的使用期限一般不得超过30年。

二十一、氧气充填泵

氧气呼吸器和氧气更生器经过使用后，其小氧气瓶中的氧气量必然减少，压力也会随之降低，当压力降至3MPa时，为了安全起见，应停止继续使用，这时就需要对小氧气瓶中补充氧气，也就是对小氧气瓶中进行充填氧气。

目前，向小氧气瓶内充填氧气，通常是将容积为40L的大氧气瓶内的氧气转充于小氧气瓶中。但是，由于大氧气瓶内的压力，一般都在小氧气瓶所需要的压力以下，大氧气瓶的工作压力一般为15MPa，而小氧气瓶的工作压力一般为20MPa。因此，不能直接用大氧气瓶中的氧气将小氧气瓶充填至工作压力，这样就必须借助氧气充填泵来完成。

氧气充填泵是由操纵板、压缩机、水箱、机座所组成。操纵板上固定了从大氧气瓶充填到小氧气瓶整个系统的管路、开关、指示仪表和接头。输气开关通过输气导管与大氧气瓶相连接,两端的压力表是用来指示大氧气瓶内氧气的压力。集合开关是控制氧气从大氧气瓶直接充填小氧气瓶内用的,中间的压力表是指示充填到小氧气瓶内的氧气压力。气水分离器是为排除冷凝水用的,其上并安装了一个安全阀。

压缩机由曲轴连杆机构成,在曲轴两端的密封环是防止机械油从机体内部漏出,密封罩可以防止和保护油脂与高压氧气相接触,零件不受机体内油脂的玷污。

单向阀是控制气流一定方向的,气体密封环的作用是在气缸和柱塞之间建立一个密封区域,使氧气不能漏出。液体密封环是用来防止甘油润滑液由冷却室中漏出。

氧气充填泵的工作原理是:当压缩机的柱塞向下运动时,气缸内气体稀薄,压力降低。当其压力低于输气瓶内压力时,吸气单向阀自动开启,气体便由输气瓶流入气缸内。当柱塞上升时,气缸内气体被压缩后,压力升高,当其压力>被充填的小氧气瓶压力时,排气单向阀开启,气缸内气体便经排气管流入小氧气瓶内,这样便完成了一次充气过程。如此循环进行,直至充填小氧气瓶的氧气压力达到所需要的时候为止。

1. 在使用氧气充填泵对小氧气瓶进行充填氧气时应注意以下事项:

(1) 在进行充填工作之前,应仔细地检查氧气充填泵各部件是否清洁和严密不漏。曲轴转动方向是否与皮带罩上的转向标志一致,以及单向阀的严密情况。然后再分别接上输气瓶和小氧气瓶,这时再打开输气瓶,使输气瓶内的氧气自动流入小氧气瓶中。当输气瓶与小氧气瓶的压力达到平衡时,关上集合开关,进行充气。

(2) 操作人员在工作前必须用肥皂将手洗干净,并不得穿有油脂玷污的衣服。

(3) 所使用的工器具必须是经过清洗后无油脂沾染的专用工具。

(4) 充填时,其工作地点严禁吸烟和随意动火。

(5) 小氧气瓶与输气瓶压力比为2~3倍时是最经济合理的。当其中一个输气瓶压力较低时,可先用它来充气,待充到一定阶段后再用压力较高的输气瓶供气充填。

(6) 开泵前应先盘动皮带轮,再送电启动。

(7) 充气时气缸表面温度升高较快,大约可到70℃,这是正常现象。

(8) 在充填过程中,应随时注意观察各部件是否正常,有无噪声,如发现不正常声响时,应立即停泵检查。

(9) 在充填时,若发生紧急情况来不及关闭电源,或者电源开关失灵。这时应立即打开集合开关,使泵本身进行循环,然后关闭大氧气瓶,并打开放空阀。

2. 氧气充填泵的维护和保养事项如下:

(1) 氧气充填泵应安装在清洁无灰尘的专用房间内,室内温度不得低于0℃。

(2) 充填泵可用螺栓固定在专设的基础上,与基础接触应平稳,以减轻其振动。

(3) 禁止任何脂肪类物质或浸渍了油的物质与氧和甘油润滑剂相接触的零部件接触。

(4) 当曲轴润滑,将机油注入机体后,必须将沾染于机体外部的油脂清除干净。曲轴连杆用30#机油,注入量以油位达到油窗中部为止。第一次换油应在充填泵工作200h后进行,以后每工作1000h换油一次。活塞润滑用4份的蒸馏水和1份的甘油混合液2000mL,将其注入水箱内,其使用温度不应超过60℃。

(5) 机体各结合处和密封环处等,必须严密,不得有漏油现象。

(6) 凡是与氧和甘油润滑剂相接触的零部件，需清洗时，只能用乙醚、酒精、四氯化碳等进行清洗。

(7) 电机接线必须良好，网路内应有保险和接地装置。

(8) 充填泵应经常保持清洁。在使用到一定期限后，应定期进行检查，检查各部件是否正常，如有松脱、活动及其他不正常情况应设法排除。

(9) 充填泵各接头和焊缝的气密性应保持良好。机体内油位应合适，无渗漏现象，如有渗漏，应立即设法消除。

二十二、从事有毒有害气体的安全监护工作应注意的事项

1. 凡是在有毒有害气体或蒸气的作业场所中进行检修、抽插盲板、拆卸设备和特别危险的生产环境中从事检查等项工作，都必须事先办好工作票，并采取完善的安全措施，经生产单位安全负责人审查后，送交气体防护站批准。然后在专职气体防护员的监护下进行各种作业等，以确保作业人员的人身安全，并备以在作业过程中一旦发生中毒或窒息事故时能及时地进行抢救。

2. 到作业现场从事监护的人员应带好个人适用的气体防护器材。

3. 到作业现场后，监护人员在监护工作前应做好以下工作：

(1) 向生产单位负责人了解作业人员需进行作业的具体内容、方法和危险性质等情况。

(2) 了解参加作业的人员的人数及其身体状况。

(3) 检查采取了哪些安全措施，是否符合安全技术要求，以及与有毒有害气体的隔绝情况和置换、分析情况、照明情况等，特别是防火、防爆措施情况。

(4) 在有刺激性和容易烫伤皮肤的物质下作业时，应检查作业人员是否具备应有的个人防护用具。

(5) 在高处作业时，脚手架、梯子、走梯、平台和栏杆等是否符合有关安全技术规定。

(6) 在带有毒有害气体抽插盲板和进塔入罐及其他密闭容器设备内作业，安全措施要按照各项作业的有关安全技术规程执行。作业人员进入设备容器内作业，在进入前应与监护人员共同确定联系信号。

(7) 应特别注意检查是否具备在万一发生意外事故的情况下，能迅速并安全地将受伤害者抢救出有毒区域的安全措施。

(8) 查阅安全监护工作票证，其票证包括进塔入罐作业许可证和带有毒有害气体作业许可证等，票证上所填写的安全措施与实际所采取的是否一致，是否落实或是否完善。否则，监护人员可停止作业人员进行作业或拒绝进行监护，并及时向上级领导报告。

经检查，一切安全措施均符合规定，确认无问题后，方可准许开始作业。

4. 作业开始前，监护人员还应协助作业人员选择合适的面罩；并将面罩连接在长管上，并向作业人员说明如何正确使用及有关注意事项。要特别向作业人员指出，凡是在作业过程中如感到身体不适和呼吸困难时，应立即退出有毒区域。

5. 严禁用电驱动的电车、吊车、卷扬机等设备作起吊人的工作；操纵电动设备的人员禁止进入有毒区域和窒息性设备内作业。因为遇到突然停电时，作业人员就无法从有毒区域中退出。

6. 自吸式橡胶长管防毒面具的导气长管的进气端,应放置在新鲜空气的上风处,并便于作业人员退出有毒区域的地点,以及作业人员一旦发生中毒或窒息等意外事故的情况下,监护人员及其他人员从有毒区域抢救遇难者无阻碍的地方。

7. 如使用强制送风长管防毒面具,监护人员应事先调节好风量,并在监护过程中随时注意观察、调节风量在正常范围以内。

8. 当作业人员进入有毒区域后,监护人员不得从身上卸下氧气呼吸器或离开监护岗位,应随时注意观察作业人员的作业情况,并随时检查导气长管等是否有缠结或曲折等情况,如发现作业人员有中毒或窒息等情况发生,应立即戴好面具将遇难者抢救出有毒区域。

9. 严禁作业人员在有毒区域摘下防毒面具和违反防毒安全技术规定等现象的发生,如有违反,监护人员应劝阻。不听劝阻者,监护人员应停止其作业。

10. 在监护过程中,监护人员一刻也不得随意脱离监护岗位,不可帮助被监护人员进行作业而忘记了自己本身所担负的专职监护责任。

11. 监护人员应根据作业场所具体情况,提醒作业人员不得用铁器敲打有燃烧、爆炸危险的器壁等,如作业需要必须敲打时,应使用不产生火花的铜质工具等,或将铁质工具的外表涂油。

12. 严禁一个监护人员同时监护若干个有毒区域的危险作业,并严禁监护人员单独一人到有毒区域或危险场所进行监护或巡视。

13. 监护人员在进行监护时应选择一个适当的监护地点,此监护地点既有利自我防护,又便于监护工作。

14. 监护人员在监护工作结束后,应将所带的气体防护器材及有关用具等全部收拾好,并与生产单位负责人取得联系,返回气体防护站向站长汇报。

第七节　人体手部的安全防护

一、手部的防护

在厂矿企业生产过程中的作业,几乎都需要由人们的手来进行操作。因此,这也就意味着人体的手部要经常处于危险之中,受到伤害的概率也就大。所以,当手接触到机器设备和物体时,在有可能对手部造成伤害的情况中,就需要佩戴防护手套,对手部进行保护。

但是,对于某些作业,例如,对需要进行精细调节的作业,由于使用了防护手套,就有可能对这种作业产生一定的妨碍或不便;再者,当在运转的机器设备上进行作业时,比如在操作钻床、电锯、磨床或其他的运转的机器设备时,由于使用了防护手套,而这些正在运转的机器设备就有可能把防护手套绞住或拽住,紧接着就会把防护手套和操作人员的手部一起绞入或者拽到危险的地方,造成严重的伤害。因此,在这些场合下进行作业,必须禁止佩戴手套。

佩戴防护手套应尽量不妨碍作业人员手部的功能,并能使生产作业顺利进行。因此,防护手套必须根据作业条件的不同来设计它的大小、长度、厚度、手指套的粗细等。因手部的大拇指在生理机能上起着重要的作用,故还要考虑到大拇指的活动范围与其他4个手指之间的关系,以及手在作业时的握力。所以,防护手套常常制成"五指手套"、"三指手套"、"两指手套"等3种形状。即：五指手套就是将手套制成5个手指的形状，手部的5个手指能分别插入各自的指套中，五指手套在佩戴后可使手部的5个手指全部分开；三指手套就是将手套制成三指的形状，大拇指、食指可分别插入各自的指套中，其余的中指、无名指和小指均同在一个指套中，三指手套在佩戴后只能使手部的三指分开；两指手套就是将手套制成两指的形状，大拇指插入一只指套，其余的4个手指均同在一个指套内，两指手套在佩戴后只能使手部的2指分开。凡是用手操作需要灵活方便的作业，均应采用五指式防护手套；只需大拇指和食指拣物方便的作业可采用三指式防护手套；只需握住物体的作业，可采用两指式防护手套。与此同时，还应考虑到人体手部的结构形状。人体的手部不是平面结构而是立体结构，因此，防护手套还必须具有与手相适应的形状，以充分发挥手的功能。

此外，防护手套还需要有足够的长度，使其能遮盖住衬衣或工作服的袖口，以便不露出手腕。这样可以避免化学药品飞沫或者焊接火花等飞溅物侵入袖口，使作业人员受到伤害。另外，防护手套口开得太大的长手套也有这类危险，所以，防护手套在手腕处最好是制成松紧式的。

使用防护手套，不仅要考虑手的形状，以及手套的式样，而且还必须对工件、机器设备和从事作业的条件等具体情况进行了解分析后，选择合乎要求的材料制作。例如，对于从事接触化学药品的作业，则需根据所接触的化学药品的种类和化学药品的物理、化学性质，以及对制作防护手套所用的材料的性能，如抗磨损性、耐穿透性、耐热性、柔软性、握住干东西的抓紧力、握住湿润东西的抓紧力、电绝缘性等进行研究之后，选择使用，以便制作操作方便、价格低廉，又能起到保护手部免受伤害的防护手套。

防护手套的种类很多，目前还不能制成任何作业都能使用的万能手套。因此，必须根据不同的作业选用适应作业需要的防护手套。例如，在进行焊接作业时，应佩戴电焊手套；为防止机械刺伤手部，应使用布手套或皮手套等；在接触化学药品或进行有触电危险的作业时，则需使用耐酸、耐碱手套或电绝缘手套等。

二、电焊手套

电焊手套是在进行电弧焊接时，防止作业人员的手部被灼伤的一种隔热防护用品。电焊手套通常采用猪绒面革制成，各指套指端还加有保险皮，并配以帆布长筒。此种防护手套对飞溅的金属熔渣及火星等有反弹作用，本身也不易燃烧。

电焊手套一般全长为37.5cm，其中皮革手套部分长20cm，帆布筒长17.5cm，帆布筒口宽17.5cm。皮革手套的皮革厚度应在0.6～1.2mm，其皮质应柔软，表面绒毛均匀，无僵硬刀伤、洞眼、酥脆、薄裆及严重血筋等现象。

三、绝缘手套

绝缘手套可使人体的手部与带电体绝缘，是防止作业人员的手部因作业的需要，双手同时接触不同极性带电体而发生触电事故的一种劳动保护用品。由于触电事故主要是作业人员的手部触及了带电体时，电流通过人体而引起的，为了防止这种触电事故的发生，在进行某些电气作业时，增大作业人员的手部与带电体之间的绝缘电阻是极其重要的，为达到这一目的，作业人员应佩戴绝缘手套。

使用绝缘手套首要的应是根据接触带电体的电压等级的高低，选择符合耐压强度的绝缘手套。另外，戴上绝缘手套后容易出汗，而且绝缘手套触摸物体的棱角或尖锐处还容易被划破，因此，应在绝缘手套里面衬上吸汗材料制成的手套，在外面套上皮手套。

绝缘手套按制作原料可分为橡胶制品和乳胶制品两类。根据《带电作业用绝缘手套通用技术条件》（GB 17622）的规定，按照不同的电压等级电气设备上使用，手套分为1、2、3三种型号。1型适用于3kV及以下电气设备上工作；2型适用于在6kV及以下电气设备上工作；3型适用于在10kV及以下电气设备上工作。

绝缘手套必须有良好的电气绝缘性能，能达到表27-16规定的耐压水平。

电气绝缘性能要求　　　　　　　　　　　　　　　　表 27-16

型号	标称电压(kV)	交 流 试 验					直 流 试 验	
		验证试验电压(kV)	最低耐受电压(kV)	泄流电流(mA)			验证试验电压(kV)	最低耐受电压(kV)
				手套长度(mm)				
				360	410	460		
1	3	10	20	14	16	18	20	40
2	6	20	30	14	16	18	30	60
3	10	30	40	14	16	18	40	70

手套表面必须平滑，内外面应无针孔、疵点、裂纹、砂眼、杂质、修剪损伤、夹紧痕迹等各种明显缺陷和明显的波纹及明显的铸模痕迹。不允许有染料溅污痕迹。

每只手套上必须有明显持久的标记，其内容包括：象征符号（双三角形）；制造厂名或商标；型号；使用电压等级；制造年份、月份；标记符及标记符的位置应符合有关规定。

四、耐酸碱手套

酸、碱等化学药品在厂矿企业生产中的应用非常广泛，而从事接触酸、碱等化学药品的作业人员却常常需要用手去进行操作，因此，人与酸、碱等化学药品接触造成对作业人员的伤害事故常有发生。为了防止手部在接触酸、碱等化学药品时受到烧灼伤害的危险，就应该佩戴耐酸碱手套。

耐酸碱手套有橡胶、乳胶、塑料等数种。

1. 橡胶耐酸碱手套。此种防护手套是用耐酸碱橡胶模压硫化成型，有五指式和两指式2种类型。具有厚实、耐磨、弹性好、弯曲方便等特点。

橡胶耐酸碱手套分为透明和不透明的两种，前者含胶量为80%～96%，比不透明的要高。橡胶耐酸碱手套适用于作业人员的手部接触或浸入酸碱液体的作业。

2. 乳胶耐酸碱手套。此种防护手套是用天然乳胶加耐酸稳定剂浸模成型，具有弹性好、适合手型、挠曲性好等特点。品种有厚型和薄型两种，前者厚度为0.9mm，后者厚度为0.7mm。

乳胶耐酸碱手套的适用作业与橡胶耐酸碱手套相同，但耐用程度不如橡胶耐酸碱手套。

3. 塑料手套。此种防护手套是用聚氯乙烯塑料浸模成型。其色泽乳白或半透明，手指套部位略厚，具有质地柔软、适合手型、弯曲灵活等特点。塑料手套的品种有纯塑料和针织布胎浸塑两种，均为五指式。

塑料手套的适用范围，除从事接触酸碱作业外，对接触油脂、农药，以及长时间浸水等作业均可使用，但不甚耐用。

在佩戴耐酸碱手套进行作业时，如果发现手套上有孔洞，则应停止使用。否则酸碱等化学药品就会由此而渗入手套内，从而虽然佩戴了耐酸碱手套，仍可造成对作业人员手部的伤害。因此，在佩戴之前，可从手套口向手套内吹入空气，使手套微微鼓起，然后再从手套口开始折叠，就可很快发现这一孔洞。

此外，在从事接触酸、碱等化学药品作业过程中，如果为了便于手部握住器皿，则应选用五指式耐酸碱手套。

五、耐油手套

油类物质玷污手部，不仅使人心理上感到不舒服，有的还可能因长期直接接触某些矿物油和有机溶剂油等，而引起职业性病害。因此，为了防止作业人员的手部与油类物质直接接触，可佩戴耐油防护手套。

耐油手套按所用材料可分为橡胶、乳胶、塑料等3种：

1. 橡胶耐油手套。一般用耐油丁腈橡胶经模压硫化而制成，为五指式。其耐油性能在室温为25℃下，浸50号机油，经24h后的质量变化为±15%。

橡胶耐油手套适用于手部接触各种油脂的作业。

2. 乳胶耐油手套。此种防护手套是以羧酸酯丁腈乳胶为原料，经浸模成型，亦为五指式。其特点是适合手型。

乳胶耐油手套的适用作业与橡胶耐油手套相同，但比橡胶耐油手套柔软，佩戴舒适。

塑料耐油手套。此种防护手套是用聚氨酯塑料浸涂于汗布手套表面而制成。具有一定的耐酸碱性能。

塑料耐油手套适用于手部接触芳香族有机苯类溶剂、含苯油漆，以及矿物油、植物油、动物油等的作业。

六、铅手套

铅手套是用含铅橡胶制成的防护手套。因铅具有密度大的特性，对X射线和部分γ射线有良好的屏蔽性能，可减弱96.6%X射线（6.5kV 2.5mA）外照射的剂量。

铅手套是专供医务人员进行X射线透视、X射线摄影和厂矿企业中从事接触X射线、γ射线探伤的操作人员使用。

七、棉、皮毛手套

棉手套是用布面、布里、絮棉芯制成的。皮毛手套是用布面或革面，以皮毛或长毛绒衬里制成的。棉、皮毛手套的式样一般有两指、三指、五指，以及长筒、短筒等数种。此类防护手套各地产品的式样和规格均不统一，须根据实际作业的需要进行选用。

棉、皮毛手套适用于经常从事室内低温作业、从事高温炉窑作业、在寒冷季节中从事室外露天作业的人员佩戴，以保护作业人员的手部免受冻伤和灼伤的伤害。

八、石棉手套

石棉手套是用温石棉加工制成的，有两指式、五指式两种类型。此种防护手套对手部需直接接触高温物件，以及防止明火及熔融物质的飞溅造成对手部的伤害，有较好的防护效能。因此，石棉手套适用于高温炉窑前的作业，以及高温炉窑热修等作业。

石棉手套的缺点是较笨重，布料强度低，并且石棉纤维对人体有不良的影响。

九、铝膜布隔热手套

铝膜布隔热手套是用铝膜布制成的。一般为三指式。铝膜布具有隔辐射热效能好、反射率高、质地柔软、重量轻、耐老化和耐燃烧等特性。因此，用铝膜布制成的隔热防护手套适用于辐射热较强的各种高温炉窑前、热炉窑抢修、消防等作业，以保护作业人员的手部免受高温辐射热的伤害。

十、其他各种防护手套

为防止机械伤害手部和脏污物质沾染手部而佩戴的防护手套，品种甚多，有布手套、白纱手套、皮手套、人造革手套、涂塑手套、涂胶手套、乳胶工作手套、钢网手套、乳胶指套等等。可根据作业条件的不同，以及机械刺、割、磨损手部的部位和磨损的程度，或手部接触脏污物质的性质，来选用适宜的防护手套。

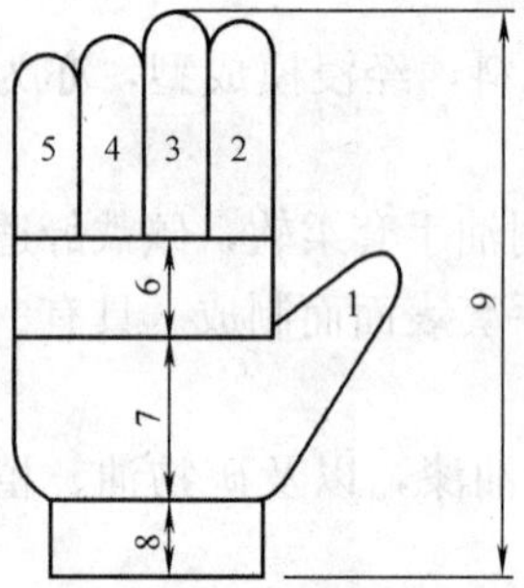

图 27-33 手套部位名称
1—大指；2—食指；3—中指；4—无名指；5—小指；6—小掌；7—大掌；8—筒子；9—全长

1. 布手套。布手套适合磨、刺及烫手的作业使用。其制作材料一般常用白细帆布和白细布等，通常为五指式。布手套的用布层数，根据作业的磨损情况及所用布料而定，如用白细帆布制作，一般手套面采用白细帆布，手套里面衬白细布；如用白细布制作，可用2～5层，也可在磨损显著部位增加层数，但手套层数往往与手部的操作灵活程度成反比。因此，布手套的用布层数应选配适当，以便佩戴手套后，既耐磨损，又感觉柔软、舒适、便于操作。

布手套的规格，通常根据各地区劳动者的手型情况，分为若干个规格。各种规格的布手套应比实际手型宽大2cm。手套各部位的名称见图27-33。

2. 皮手套。皮手套一般用猪革制成，也有的用皮革和布拼制而成，还有的掌面用皮革、背面用帆布制成。

皮手套的耐磨、耐刺性能比布手套好，但遇潮湿及烤灼，容易变硬发脆。其适用范围与布手套相同。

3. 人造革手套。人造革手套用人造革制成，其性能及适用范围与皮手套基本相同。

4. 白纱手套。白纱手套是针织物品，有罗口和平口两种，均为五指式。按使用对象可分为男式和女式两种，按原材料不同可分为纯棉和棉化纤混纺纱手套等数种。

白纱手套适用于一般磨手、烫手，但操作又需灵便的作业。其中棉化纤混纺纱手套较为耐磨，但不耐热。同时因棉化纤混纺制品与某些物体磨擦，易产生静电火花，故不得在有可燃气体或可燃液体的蒸气存在的场所使用。

5. 涂塑手套。涂塑手套是在白纱手套的掌面部分，涂上一层聚氯乙烯塑料的加工品，按涂料外形可分为全涂、涂条和涂点等数种。

涂塑手套耐磨性能强，其耐磨程度比未涂塑纱手套提高3倍，并具有一定的耐油作用。全涂塑手套适用于严重磨手的作业，如耐火砖装出窑、石料装卸搬运等作业。涂塑条及涂塑点手套的透气性和伸缩性能均比全涂塑手套好，适合手部操作需灵活的作业，如一般的货物装卸作业等。

涂塑手套不耐高温及低温，凡作业环境的温度高于70℃或低于-10℃时，不宜使用。

此外，还有一种浸塑汗布手套，是针织汗布手套表面浸塑的加工品，质地柔软、耐磨，并具有防弱酸、弱碱和油污的性能，适用于一般磨手的作业。

6. 涂胶手套。涂胶手套是在白纱手套的掌面涂上一层橡胶或乳胶的加工品。涂胶手套的耐磨性能强，适用于严重磨手的作业。耐热性能比涂塑手套好，但不如涂塑手套柔软，也不耐油。

7. 乳胶工作手套。乳胶工作手套的用料是乳胶，不加耐酸材料，其制作方法与乳胶耐酸碱手套相同。

乳胶工用手套比乳胶耐酸碱手套稍短，也薄些，使用起来较为灵活方便。其性能主要是防肮脏物污染、弱酸弱碱、化学肥料、农药浸蚀手部等，或长时间在水中作业时使用。

8. 乳胶指套。在不必使用整个防护手套的作业，可以使用指套，指套可以是单指套，也可以是多指套，一般均为单指套，多为用乳胶制成。乳胶指套的制作方法与乳胶工作手套相同，其规格分别按手部五个手指的长短粗细分为几个号。

乳胶指套适用于只需要防护手某个手指部位的作业，如照相制板、小件物品电镀、选矿作业等。除此之外，印刷作业人员添加纸张，银行工作人员整钞票，公共汽车售票人员售票等戴用，可以提高工作效率。

9. 钢网手套。钢网手套又称为不锈钢网眼手套或防刀割手套，是用不锈钢丝圈相互套接而成的网眼状手套。有五指式和半掌式两种。半掌式钢网手套只有大拇指、食指、中指和半个掌面，掌背相连。

钢网手套适用于肉食加工作业，可防止作业人员手部受到刀刃切割的伤害。

第八节 人体足部的安全防护

一、足部的防护

人体的足部处于身体的最低并向前突出的部位。因此，在生产作业中极易被偶然或失手坠落物件所砸伤，或者是物件倒塌撞在足部造成伤害。

同时，如果因鞋底打滑足部不能站稳，使身体失去了平衡而滑跌倒，就有可能由此而造成一定的伤害，或者造成人体与周围的机器设备、生产装置或其他物件相碰撞而引起伤害。另外，不慎踩在钉子或尖锐的东西上也易把足部扎伤或刺伤。

从前面人体各部位事故伤害的分布情况的研究分析可知，人体足部在作业过程中发生的伤害在工场事故中的比例是最大的。根据笔者对有关资料的查阅和统计也正是如此。例如，武汉冶金炉修理厂，从1978年至1980年9月，在发生的工伤事故总数的129人次中，足部伤害占了70人次，为工伤事故总数的54.3%；上海冶金系统在1975年至1980年，所发生的重伤、死亡635起工伤事故中，下肢与足部伤害有128次，占工伤事故总数的20.1%。由此可见，在厂矿企业生产过程中，保护作业人员足部的安全是极为重要的。为了达到保护人体的足部免受伤害的目的，就必须让作业人员穿上适应工作需要的安全鞋、靴。

生产作业中使用的安全鞋、靴，应具备以下几个条件：
1. 物体掉在足上时能保护足部不受到伤害。
2. 踩到滑的物体时应能防滑。
3. 踩到钉子等尖锐的物体上时能保护足部不被扎伤。
4. 重量尽可能轻。
5. 不妨碍作业行动的自由。
6. 价格低廉。
7. 对于特殊的作业，还应满足作业的特殊要求。

此外，安全鞋、靴还应制得很合脚，穿起来使人感觉舒适。因为不管穿什么样的鞋、靴，穿着合脚，感觉舒适是一个很重要的因素，对于穿护趾鞋来说，这一点尤其重要。因此，在穿安全鞋、靴时，先需仔细地挑选自己合适的鞋号和鞋型，并试穿一下，试一试合脚不合脚。

但是，就安全鞋、靴而言，不可能制出一种能适合任何作业条件的万能安全鞋、靴，也就是说，应根据不同作业的需要，分别制作适于搬运重物或装卸物料作业的护趾防砸鞋；电气作业需要的绝缘靴；在油类玷污的作业现场使用的耐油靴；以及处理酸、碱化学药品时使用的耐酸靴等等。因此，必须根据作业的实际情况选用合适的安全鞋、靴。

二、皮安全鞋

皮安全鞋也称护趾防砸鞋，主要功能是防止坠落物体砸伤足面、足趾。

为了防止坠落物体砸伤足部，人们会本能地把足部缩回来以躲开坠落的物体。但即使如此，也常常不可避免地将足趾砸伤，因此，对足部的伤害均以足趾的概率较高。故在我国于1983年12月发布的《皮安全鞋》国家标准（GB 4014）中规定，所有的皮安全鞋应装有防砸内包头。

皮安全鞋应具有一定的耐冲击性能，前包头空间距离应高于日常生活用皮鞋的距离，以免因受重物冲击而变形，使趾部受到伤害。前包头内应用抗冲击性能好、强度大、质量轻的金属板材作包头骨架。足背部分有的另加护面金属板盖，鞋面用牛皮革、猪皮革或皮革镶帆布，鞋底用轮胎底，用锦纶线或麻线等密缝。

根据我国《皮安全鞋》国家标准的规定，皮安全鞋分为重型、普通型和轻型3种类型，均必须符合以下的技术质量要求。
1. 重型皮安全鞋在用静压力为10780N进行试验时，以及用23kg的重锤从450mm的高度进行落下的冲击试验后，其鞋头与鞋底间的距离应在15mm以上。
2. 普通型皮安全鞋在用静压力为10780N进行试验时，以及用23kg的重锤从300mm

的高度进行落下的冲击试验后,其鞋头与鞋底间的距离应在 15mm 以上。

3. 轻型皮安全鞋在用静压力为 4410N 进行试验时,以及用 23kg 的重锤从 120mm 的高度进行落下的冲击试验后,其鞋头与鞋底间的距离应在 15mm 以上。

4. 鞋底用 60 号钢钉,静压力为 490N 行穿刺试验时,钢钉不得穿透内衬底。

5. 鞋底应有防滑齿或防滑花纹。

6. 从事热加工作业穿用的皮安全鞋,经耐热、耐燃烧试验,不得发生变形,燃烧速度不>1mm/s。

7. 每双鞋的质量不应超过 2kg。

为了确保足部不被坠落物体砸伤,应穿符合质量技术标准的皮安全鞋。但是,穿了皮安全鞋也不能说任何重量的坠落物体都能防护,只是在一般的作业中,可以防止由此而引起的大部分的足趾伤害。

皮安全鞋虽然都装有钢质前包头,但在搬运沉重物体时,因物体坠落在足背上的概率也是较高的。所以,在从事这类作业时,为防止足背部分被严重砸伤,可把钢质前包头延长到足背部分,或者应采用由钢板制成的防护鞋盖再包在皮安全鞋面上,以保护足背。虽然这样可大大提高保护足部的安全程度,但也会因钢制品部分的扩大而使整个皮安全鞋的重量增加,或者使保护足部的整个防护用品的重量增加。从而也使作业人员行走困难,足的伸屈也不自由,因而也不可避免地给作业带来一定的困难。

此外,根据作业的情况,有时为了防护小腿部分受到外力冲击而免受伤害,还应使用绑腿或用竹板制成的护腿等。

三、炼钢鞋

炼钢鞋按鞋面分有油浸牛皮面和帆布镶皮两种,鞋底部分均用轮胎底衬水牛底革制成。牛皮面革和帆布透气性能好,不易燃烧,能防止熔融物质和火星的飞溅。轮胎底能耐受短时间的高温,如用于防刺割及严重磨损时还须加厚。其造型为高帮式,硬包头,后帮高于足踝骨,包头硬度能承受一定的静压力。

炼钢鞋适用于冶炼、高温炉窑前、铸铁等作业时穿用。

四、绝缘鞋、靴

绝缘鞋、靴的作用是使人体的足部与地面绝缘。同时,绝缘鞋、靴还能防止在其试验电压范围内的跨步电压对人体的危害。由于电压等级不同,故绝缘鞋、靴也制成各种耐不同电压等级的类型,在进行电气作业时可根据实际作业情况的需要而选用。但应注意,绝缘鞋、靴对任何带电设备,均只能作为辅助安全防护用品。

根据《电绝缘鞋通用技术条件》(GB 12011)的规定,电绝缘鞋按帮面材料可分为:电绝缘皮鞋类,电绝缘布面胶鞋类,电绝缘胶面胶鞋类,电绝缘塑料鞋类 4 类。按帮面高低可分为:低帮电绝缘鞋,高腰电绝缘鞋,半筒电绝缘靴,高筒电绝缘靴 4 类。

电绝缘鞋的鞋底和跟部不应有金属勾心等部件。防砸型的绝缘鞋内包头是金属材料时应进行表面绝缘处理,并且在制鞋时与鞋为一体不能活动。帮底联结不应采用上下穿通线缝,可以侧缝。

鞋面厚应满足:皮革≥1.2mm,橡胶≥1.5mm,塑料≥1.0mm,帆布≥0.8mm 的要求。外底应有防滑花纹，有防滑花纹的外底厚不＜4mm（不含花纹）。

电绝缘胶靴和聚合材料靴按规定的试验方法试验时，帮和底不应出现渗水现象。

电绝缘皮鞋和电绝缘布面鞋，当泄漏电流为 0.3mA/kV 时，应满足表 27-17 中的要求。

电绝缘皮鞋和电绝缘布面鞋的电性能要求 表 27-17

项目名称	出厂检验		预防性检验	
	皮鞋	布面胶底鞋	皮鞋	布面胶底鞋
试验电压(kV)	6	5 15	5	3.5 12
泄漏电流(mA)≤	1.8	1.5 4.5	1.5	1.1 3.6
试验时间(min)	1			

电绝缘胶靴和聚合材料的电绝缘靴，当汇漏电流为 0.4mA/kV 时，应满足表 27-18 中的要求。

电绝缘胶靴和电绝缘聚合材料靴的电性能要求 表 27-18

项目名称	出厂检验					预防性检验				
试验电压(kV)	6	10	15	20	30	4.5	8	12	15	25
泄漏电流(mA)≤	2.4	4	6	8	10	1.8	3.2	4.8	6	10
试验时间(min)	1									

在每双鞋的帮面或鞋底上应有标准号，电绝缘字样（或英文 EH）、闪电标记和耐电压数值，以及制造厂名、鞋名、产品或商标名称、生产年月日及电绝缘性能出厂检验合格印章。

每双靴应用纸袋、塑料袋或纸盒包装，在袋盒上应有产品名（例：6kV 牛革面绝缘皮鞋、5kV 绝缘布面胶鞋、20kV 绝缘胶靴等）、标准号、制造厂名称、鞋号、商标、使用须知等。

在使用电绝缘鞋、靴时，应遵守如下规定：

1. 耐电压 15kV 以下的电绝缘皮鞋和电绝缘布面鞋适用于工频电压 1kV 以下；耐电压 15kV 以上的电绝缘胶靴和聚合材料的靴适用于工频电压 1kV 以上的作业环境，在使用过程中，必须遵守有关安全规定。

2. 穿用电绝缘皮鞋和电绝缘布面鞋时，其作业环境应能保持鞋面干燥。

3. 穿用任何电绝缘鞋应避免接触锐器、高温和腐蚀性物质，防止鞋受到损伤影响绝缘性能。

4. 凡帮底有腐蚀、破损之处，不能再以电绝缘鞋穿用。

5. 每次预防性检验结果有效期限不得超过 6 个月。

五、绝缘鞋（靴）和绝缘手套的耐电压强度检验

因为绝缘防电用品的耐电性能和其他质量情况是否符合标准，直接关系到电气作业人员的人身安全，所以对绝缘防电用品的技术性能要求很高。而要知道绝缘鞋（靴）和绝缘手套是否达到规定的质量标准，只有通过严格的检验，认定其质量合格后，才能投入市场和使用。

对绝缘鞋（靴）和绝缘手套的生产单位应按绝缘防电用品的技术条件进行批量抽样检验，其中耐电压强度必须逐只逐件作严格的检验，合格后并附合格证才能出厂，不合格的产品坚决不得出厂。

对绝缘鞋（靴）和绝缘手套的使用单位应在购进后，作一次（只限一次）耐电压强度检验，合格者才能投入使用，并应在使用期中按规定作好定期复验。

对绝缘鞋（靴）和绝缘手套的经营单位应在储存期内定期进行复验，复验不合格者坚决不能出售。

绝缘防电用品的检验项目除外观质量的检查外，主要是耐电压强度和泄漏电流量的检验，这也是检验绝缘防电用品质量的主要指标，其检验方法是用频率为50Hz的交流电，在环境温度为15～35℃的条件下，提高试验电压，较额定使用电压高3～6倍或更多，通电一定时间，以检验是否被击穿或超过规定泄漏电流量。

其检验的程序为，先将试样注入清水，水面与试样上口边沿保持一定的距离，详见图27-34。然后置盛水的金属器皿中，使试样内外的水面呈一致，并保持高出水面部位的干燥，然后将一个电极放入试样，经毫安表接地，以记录泄漏电流量，同时将另一个电极连接于盛水器皿中，经变压器接地。此时通电，以每秒不超过1000V的速度将电压匀速升高至试验品种要求的试验耐电压标准，保持规定的检验时间，最后检查结果，凡未被击穿、泄漏电流量未超过规定标准者为合格品。

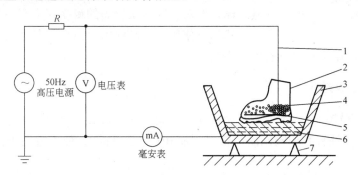

图27-34 电绝缘鞋（靴）绝缘性能试验电路示意图
1—金属导线；2—被试鞋（靴）；3—金属盘；4—金属球；
5—金属片；6—海绵和水；7—绝缘支架

检验绝缘防电用品也有不用水而采用水湿泡沫塑料块进行的，其检验装置、程序均与用水试验相同，唯一的区别就是将水改为用湿泡沫塑料块。此法可减轻检验后产品的潮湿，为烘干产品提供了方便。对绝缘胶板的检验可采用此种方法进行，也可用湿布代替湿泡沫塑料。

六、防酸碱靴和防酸碱套裤连靴

在作业场所的地面积有酸、碱等具有腐蚀性液体时进行作业，为防止酸、碱等对作业人员的足部造成伤害，则应穿用防酸碱靴或防酸碱套裤连靴。

1. 橡胶耐酸碱靴。橡胶耐酸碱靴常简称为耐酸胶靴，是用耐酸碱橡胶包楦硫化成型。其式样与普通防水靴相同，但靴表面不涂亮油，以提高其耐酸碱性能。

耐酸胶靴有高筒、半筒和轻便等三种，均可接触40%以下浓度的酸碱液体物质。适用于作业场所地面积有酸碱等具有腐蚀性液体的作业，并应根据作业场所地面积有酸碱液体的深浅程度，选用合适的耐酸胶靴。

2. 橡胶耐酸碱套裤连靴。橡胶耐酸碱套裤连靴简称为耐酸套裤连靴，是以耐酸套裤和半筒靴用氯丁橡胶粘合而成，见图27-35。

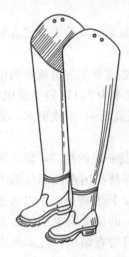

图 27-35 橡胶耐酸碱套裤连靴

耐酸套裤连靴有生粘和熟粘两种制作方法，生粘是将未经硫化的耐酸胶布和半筒靴粘合后，经硫化而成，不易开缝、漏水；熟粘是将耐酸套裤和半筒靴两部分成品用胶布粘合后，自然硫化而成。其规格一般有大、中、小三号，大号的长度为107cm；中号的长度为103cm；小号的长度为99cm。

橡胶耐酸碱套裤连靴的耐酸碱浓度与橡胶耐酸碱靴相同，适用于作业场所的地面、下水渠道等积有较深的酸碱液体或其他脏污液体的作业。

橡胶耐酸碱靴和橡胶耐酸碱套裤连靴在使用时应避免与油类物质及有机溶剂等接触，并避免与锐利物体接触，以免变质或割刺破裂。在使用后，应立即用水冲洗干净，存放于阴凉处，不可烘烤或在日光下暴晒，以免加速老化变质。

橡胶耐酸碱靴和橡胶耐酸碱套裤连靴一般可耐40%以下浓度的酸碱液体，但对不同酸碱种类的耐受程度不一样，如超过这一浓度，虽然仍可使用，但其使用寿命会相对降低。反之，使用时低于这一浓度，则可相对延长使用寿命。

七、耐油鞋、靴

耐油鞋、靴有鞋和靴两类，按其制作所用原料一般有橡胶和聚氯乙烯塑料等两种。

1. 耐油鞋。耐油鞋有橡胶制品、塑料制品和皮革制品等3种，适用于接触地面有薄油层的作业。

橡胶耐油鞋是一种耐油的布胶鞋，用丁腈橡胶做鞋底及围条，帆布做鞋面，模压成型。其式样与日常生活用布胶鞋相同，分为高帮式和低帮式两种。

塑料耐油鞋也是一种布胶鞋，其鞋底及围条用聚氯乙烯塑料，热塑注压成型。式样与橡胶耐油鞋相同，亦分高帮式和低帮式两种。

耐油皮鞋是用皮面革做鞋帮，一般用牛皮革或猪皮革，用丁腈橡胶模压底。其式样与普通工作皮鞋相同，为高帮式。

2. 耐油靴。耐油靴有橡胶制品和塑料制品两种，适用于地面积油较多较厚或溅油的作业场所。

橡胶耐油靴是全胶鞋，用耐油丁腈橡胶包楦硫化或注压成型。其式样与普通防水靴相同，其品种有高筒、半筒和轻便三种。

塑料耐油靴是用聚氯乙烯塑料注塑成型，式样与橡胶耐油靴相同。塑料耐油靴耐油性能亦好，但不耐高温及低温。

耐油鞋、靴在使用前应根据作业需接触的油类物质的种类和性质，以及作业场所地面积油的程度等具体情况进行选用。如选用丁腈橡胶制成的耐油靴防各种油类物质的效果较好，但不耐芳香族有机溶剂油类。

八、防水胶靴

为了防止人体足部与水接触，以免发生病变或引起不良影响，在作业现场地面存在有水时，则应穿用防水胶靴。

防水胶靴有普通工矿防水靴、专用水产靴、盐滩靴等数种。

1. 工矿防水胶靴。工矿防水胶靴有高筒、半筒、轻便以及普通民用雨靴等数种，均是采用胶片包楦硫化成型，外型与普通民用雨靴相同。黑色胶面，针织棉毛布里，外涂亮油。

矿防水胶靴的含胶量一般为50%，并标以"工矿"二字，以示与普通民用雨靴相区别。工矿防水胶靴与普通民用雨靴相比，具有靴型较肥，靴底较厚，靴底防滑花纹较深等特点，以便在作业人员穿用时提高其耐磨损程度和增强防滑力。

工矿防水胶靴根据靴筒的高低，分别适应不同积水深度的涉水作业。

2. 专用水产靴。它是高筒胶面靴，含胶量为62%。其特点是靴底较厚，并采用三棱底结构，防滑性能好，耐磨性强，可防海水浸蚀及鱼刺戳破，还耐鱼油浸润。

专用水产靴筒高与普通防水胶靴相同，适用于从事水产作业的人员穿用。

3. 盐滩靴。盐滩靴是高筒胶面靴，含胶量为60%。其特点是通底平后跟，靴底较厚，但花纹平细不突出。

盐滩靴的耐磨性能和耐老化性能均较好，靴型肥大，筒高与普通防水胶靴相同，适于盐工在盐田作业时穿用。

根据防水胶靴的制作原料主要为橡胶这一特点，在使用时应严禁直接接触各种油类物质，以及有机溶剂和酸碱等化学物品，并尽量避免与锐利物体接触，以使变质或刺戳破后影响防水效果。使用后应用凉水洗净，忌用热水及硬刷子刷洗，如沾染污物可用肥皂水进行洗涤，洗净后应放在阴凉通风处晾干，不可暴晒火烤。

九、其他各种防护鞋、靴

为防止人体足部造成伤害，或因足部引起人体其他伤害而穿用的防护鞋、靴；还有许多种类。例如，防止足部免受冻伤而穿用的棉、皮、毡鞋（靴），防止产生静电危害而穿用的防静电鞋和导电鞋，防止熔融物质及飞溅火星烧灼足部而穿用的石棉鞋及石棉鞋盖、铝膜布鞋盖、白帆布鞋盖等等。

1. 棉、皮、毡鞋（靴）。棉鞋是用布面、布里、絮棉芯、橡胶或塑料底制成。皮毛靴用皮革、人造革或布镶皮革做面，毛皮或毡绒作里。

棉、皮、毡鞋（靴）的式样，花色较多，规格一般按全国统一鞋号，有23～27号等，又各分2～4型，可根据实际消费需要而选用。

棉、皮、毡鞋（靴）又常称为防寒鞋，适用于严寒或低温的作业场所穿用，以保护作业人员的足部免受冻害。

2. 防静电鞋和导电鞋。在易燃易爆的作业场所，为防止足部穿用普通鞋类产生静电火花而引起易燃易爆物质发生燃烧爆炸事故，则应穿用防静电鞋或导电鞋。我国目前生产的防静电鞋和导电鞋，仅有布面胶底鞋一种，用缝帮套楦法成型后经硫化而制成。鞋底及海绵层外围用含炭黑比重较大的导电橡胶制造，鞋底布用导电金属丝布制作。从其电阻和性能划分，可分为防静电鞋和导电鞋两种。

防静电鞋的电阻范围，一方面要求其电阻值最大不超过10MΩ，以便为人体静电荷的泄漏提供一个对地消散的电路，同时又要求其电阻值不低于0.075MΩ，以便防止来自供电网络来的电冲击。国际标准化组织规定防静电鞋的电阻标准为：$5×10^4<R<10^8Ω$，我国生产的防静电鞋的电阻值暂规定为：$15^5≤R≤10^7Ω$。

防静电鞋的后跟标志为贴有黄色小标签。适用于各种易产生静电火花而引起易燃易爆物质燃烧爆炸的作业场所中穿用。

导电鞋的电阻，要求不>0.15MΩ，对消除人体产生静电电压的能力更高。导电鞋主要用于没有来自电网电冲击的作业场所，如作业场所的电气设备都是安装在墙内、地板下或者接地金属外壳里面，因此对导电鞋的电阻没有下限要求。国际标准化组织规定导电鞋的电阻标准为：$R<15×10^4Ω$，我国生产的导电鞋的电阻值暂规定为：$R≤10^5Ω$。

导电鞋的后跟标志为贴有红色小标签，适用于易燃易爆的作业场所中穿用，如火药化工、高浓度瓦斯矿等。

防静电鞋和导电鞋的式样有解放鞋式、轻便鞋式等种，鞋面有深色、浅色、白色等种颜色。其规格按全国统一鞋号，分22～28号，可根据不同的作业需要进行选用。

穿用防静电鞋或导电鞋时，其作业场所的地面须具有导电性，才能接地导走静电，不能用绝缘橡胶铺设地面。同时最好配穿导电袜或其他较薄的袜子，以便使人体所携带的静电电荷接触鞋底布通过鞋底导走。导电地面可用导电橡胶板或金属板材等铺设，上面附着的绝缘性物质应清除，导电橡胶板的电阻率应在100MΩ以下，如无上述材料，则可在地面勤洒水，以保持导电湿度。

防静电鞋和导电鞋在穿用一段时期后，因沾染灰尘、附着油蜡、粘贴绝缘物后，对电阻有较大的影响，为保证其防静电或导电性能不被减弱，应经常进行刷洗以保持清洁。

此外，应认清防静电鞋和导电鞋的特殊标志，万万不得当作绝缘鞋使用，以免发生生命危险。

3. 石棉鞋。石棉鞋是用可以纺织不燃烧的温石棉制成，其规格有24～26号等，适用于抢修热炉窑作业时穿用。

4. 石棉鞋盖。石棉鞋盖也是用可以纺织不燃烧的温石棉制成，分为大小两种，大号高32～36cm，五道系带；小号高20～23cm，三道系带，穿着时鞋盖应罩住整个工作鞋。适用于抢修热炉窑、高温炉前作业，以及足背和小腿部接触较高温度，防止火星及熔融物质飞溅的作业。

5. 铝膜布鞋盖。铝膜布鞋盖是用铝膜布制成，高25cm。适用于辐射热较强的各种炉窑前和热炉窑抢修等作业时穿用。

6. 白帆布鞋盖。白帆布鞋盖是用白帆布制成，分长、短两种，长鞋盖筒长37cm，短鞋盖筒长23cm，使用时将鞋盖罩住整个工作鞋。白帆布鞋盖适用于防止熔融物质及火星飞溅伤害足背的作业时穿用。

另外，不少厂矿企业在淋浴的地方备有塑料拖鞋供公共使用，为减少脚病传染的可能性，则应对这种公共使用的拖鞋经常进行消毒处理，具体一点地说，就是在一个人使用之后就应进行消毒，然后才可再让下一个人使用。

第九节 人体坠落的安全防护

一、坠落的防护

坠落是由于人体处于一定的高处位置时所具有的势能而产生的现象。

事故（accident）的原意就是由拉丁语的"坠落"而来。据有关统计资料表明，在各类已发生的事故中，如果除去与交通有关的事故外，因坠落而发生的伤亡事故数要占全部伤亡事故总数的20%以上，所占比例居首位。因此，在厂矿企业的生产作业中对坠落进行有效的防护，不得不引起人们的重视，更值得安全技术人员去研究、解决。

在厂矿企业的生产过程中，有些作业有时必须要在高处的条件下进行，有时又必须在低于地面的坑内进行，在这种情况下，作业人员都是在相对于地面或坑道底部为高的位置上进行作业。此时，作业人员都具有与其高度成比例的势能。一旦因某种原因发生坠落时，这一势能就会转变成动能。这转变而来的动能就会使作业人员受到伤害。并随着人体所处高处位置的高低，坠落距离的大小，轻则伤残、骨折，重则可使人体受到致命的伤害，其原因是往下坠落的距离越大，所受到的能量冲击也就越大。

当人体上升到大约2m的高处位置，虽然势能有所增加，但有不太危险的感觉，然而，此时人体确实得到了一个附加的势能mgh。这里g是一个常数，h为2m，对人体来说m为60kg左右，所以增加了11540N的附加能量。假如作业人员从具有这种高度的位置有意识有准备地跳下来，足部与较为松软的地面相接触，就缓和了冲击，能避免受到什么伤害。但是，如果当违反了人的意志，或者是由于作业人员进行了某种错误的作业动作，或者身体失去了平衡，人体就会以某种速度从这一高处坠落下来而摔在地面上，在这种情况下，人体所受到的冲击力往往要比有意识有准备地跳下来时大得多，所受到的振动也更为严重。不但如此，如果这一冲击力集中在人体的某个局部，比如头部，其结果就会引起作业人员的死亡。

当人体从高处坠落到与地面发生碰撞时，尽管时间极短，人体也会本能地在那一瞬间做出保护身体的姿势，如图27-36所示，但由于人体姿势失去平衡而发生坠落的时候，要想在这一瞬间矫正原来站立的姿势，那是根本来不及的。因此，从2m高的高处位置坠落时可能使人员造成死亡。

由于人体在高处位置具有的能量大小是与其高度成正比例的，为此需对人体能造成严重伤害的高度应规定一个基准高度，这一基准高度通常是以国家法令的形式加以规定的。在我国和世界上其他一些国家均把这一基

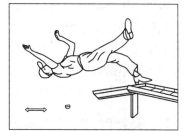

图27-36 人体从高处坠落的瞬间

准高度规定为2m。这也就是说，人体在2m高的高处位置进行作业的时候，为了防止坠落而造成的伤害，则必须采取专门防止坠落事故发生的安全技术措施。

为防止坠落事故的发生，首先是要在设施上采取防止坠落的集体防护措施，例如，在高层建筑、造船、修船或大型设备安装等作业时，应张挂安全网等，同时还应设置有牢固

的可供作业人员进行作业需站立的位置。但有的高处作业，这种集体式的防护措施不易采用，在这种情况下，则必须采用个体防护措施，也就是使用劳动保护用品，即佩戴安全带。

安全带主要由直接系在人体上的带子和与它相连结的挂绳，以及金属配件3部分所组成。换句话说，这3部分构件统一组合才能称为安全带。

安全带必须具备以下条件：

1. 必须有足够的强度能承受人体从高处坠落时产生的冲击力。
2. 能防止人体从高处坠落到可造成伤害的某一限度，即安全带应在这一能造成伤害的限度之前，就能把人体拉住使人体不再往下坠落。

人体坠落如超过某一限度，即使佩戴了安全带能把人体拉住，但此时所受到的冲击力也会使人体内脏破裂而死亡。也就是说，安全带不仅要有足够的强度，而且要有足够的允许移动的长度，同时又必须是作业容许的最短长度。安全带的挂绳愈长，作业人员在高处作业时随便移动的活动范围也就越大，并便于作业。但这时因不慎万一发生坠落，因安全带的挂绳愈长，坠落的距离也就愈大。坠落的距离愈大，坠落的速度也就愈大，这时即使作业人员佩戴了安全带，安全带没有被拉断，但是安全带的挂绳拉住人体时的冲击力也很强，其结果甚至可达到致人于死亡的程度。

美国俄亥俄州大学生物系曾以动物进行坠落冲击试验，采用4英寸宽的皮带系狗，由皮带所加给狗的瞬间负荷等于4500磅时（19994N），狗被勒死，而死亡的原因均是因为心脏损伤，亦即是由于加在腹部的力给予心脏冲击所造成的。根据这次试验结果，他们还发表了在17652N冲击作用时，几乎都发生了伤害，而为拉住自由落体（人体）可给予的冲击力，其安全限度为8825N以内，这一结论至今仍被世界各国所采用。

根据这一情况，我国有关部门曾用测力计和电测法做过不同负荷、不同绳长的冲击试验，试验也证实，冲击力在8825N范围内是安全的。

通过实验表明，人体所能承受的冲击安全限度为8825N左右，如超过这一安全限度人体就要受到伤害。因此，安全带挂绳的长度应在能保证作业顺利进行的前提下，限制在最短的范围内。一般不得超过2.5m。目前，对安全带的挂绳的长度在国际上尚无统一标准，日本为1.4m；原联邦德国为1.5～2.5m；奥地利为1.8m；我国则根据国情和使用习惯，规定为1.5～2m，悬挂式安全带的挂绳长为3m。

如果使用安全带时可能发生自由跌落比较严重，即使用较长的安全带的挂绳时，那就应当采用某种形式的缓冲器或减振器，如缓冲器、自锁钩和速差式自控器等，这样的保险装置可以使坠落以比较缓慢的冲击速度被刹住，这将大大地减少人体所受到的冲击负荷，能把这一冲击力缓和到佩戴此安全带的作业人员不致受伤害的程度。

二、安全带的技术性能要求

安全带的各部件的技术性能指标必须符合国家标准《安全带》（GB 6095）中所规定的要求，其测试方法必须按照国家标准《安全带检验方法》（GB 6096）中所规定的方法进行检验。

组装后的安全带成品的抗拉强度必须＞人体质量向自由坠落方向造成的纵向拉力，即用模拟人型砂袋作冲击试验的基准质量为100kg；整体静负荷测试为4413N，均应无破断。安全带的挂绳的极限拉力指标，现国家标准规定为14700N，和国际标准相一致，>人体质量在自由坠落时造成的纵向拉力和冲击距离造成的冲击力。

安全带各部件具体的技术性能要求如下：

1. 安全带的腰带、挂绳、金属配件等的破断负荷指标见下表27-19。

安全带各部件破断负荷指标 表 27-19

部件名称	破断负荷		部件名称	破断负荷	
	牛顿(N)	千克力(kgf)		牛顿(N)	千克力(kgf)
腰带	14710.0	1500	围杆带	14710.0	1500
护腰带	9806.7	1000	背带	9806.7	1000
护胸带	7845.3	800	吊带	5884.0	600
前胸连接带	5884.0	600	攀登钩带	7846.3	800
胯带	5884.0	600	腿带	5884.0	600
吊绳 φ16mm	23536.0	2400	挂绳	14710.0	1500
围杆绳 φ13mm	14710.0	1500	钎子扣	5884.0	600
围杆绳 φ16mm	23536.0	2400	调节环	9806.7	1000
安全钩(小)	11768.0	1200	安全钩(大)	9806.7	1000
自锁钩	9806.7	1000	腰带卡子	11768.0	1200
胸带卡子	5884.0	600	半圆环	7845.3	800
攀登钩	5884.0	600	圆环	11768.0	1200
三角环	11768.0	1200	品字环	11768.0	1200
8字环	11768.0	1200			

注：表中牛顿（N）数值均由千克力（kgf）换算而来，并四舍五入，保留一位小数。

2. 腰带必须是一整根，其宽度为40～50mm，长度为1300～1600mm。

3. 护腰带宽度不<80mm，长度为600～700mm。带子接触腰部分垫有柔软材料，外层用织带或薄革包好，边缘圆滑无角。

4. 缝合带子的线应和带子的颜色相同。围杆带折头缝线方形框中，应用直径为4.5mm以上的金属铆钉，下垫皮革和金属垫圈铆牢；铆面应光洁。

5. 带子的颜色主要采用深绿、草绿、桔红、深黄，其次为白色等。因白带子易脏，故现世界各国均采用颜色带，有颜色的安全带容易辨认，便于管理，有利于安全作业。

6. 腰带上附加小袋一个，便于作业人员存放小件物品。

7. 挂绳直径不<13mm，捻度为8.5～9/100（花/mm）。吊绳、围杆绳直径不<16mm，捻度为7.5/100（花/mm）。电、气焊工使用悬挂绳必须全部加套，其他作业用悬挂绳可部分加套，吊绳可不加套。绳头应编成3～4道加捻压股插花，股绳不得有松紧。

8. 金属钩必须有保险装置。铁路专用钩例外。自锁钩的卡齿用在钢丝绳上时，其硬度应为洛氏HRC60。金属钩舌弹簧有效复原次数不应少于2万次。钩体和钩舌的咬口必须平整，不得偏斜。

9. 金属配件表面应光洁，不得有麻点、裂痕；边缘呈圆弧形；表面应防锈。

10. 金属配件圆环、半圆环、三角环、8字环、品字环、三道联，均不应焊接，边缘成圆弧形。调节环必须对焊接。

11. 自锁式安全带进行冲击试验时，在吊绳上下滑的距离不得>1.2m。

12. 速差式自控器下滑的距离不得>1.2m。

13. 缓冲器在4m冲距内，应不超过8826.0N。

14. 生产厂家检验过的安全带样品不得再售出。

15. 验收安全带产品时以 1000 条为一批,不足 1000 条,仍按 1000 条计算。从中抽出 2 条进行检验,若有一条达不到国家规定的标准,则对该批产品不予验收。

三、安全带的品种与用途

安全带的品种很多,为使安全带的品种系列化,我国国家标准《安全带》(GB 6095) 中规定,安全带采用汉语拼音字母,依前、后顺序分别表示不同的工种、不同的使用方法和不同的结构。

其符号含意如下:

D——电工;

D_X——电信工;

J——架子工;

L——铁路调车工;

T——通用;

W——围杆作业:W_1——围杆带式,W_2——围杆绳式;

X——悬挂作业;

P——攀登作业;

Y——单腰带式;

F——防下脱式;

B——双背带式;

S——自锁式;

H——活动式;

G——固定式。

其组合符合表示含意如下:

DW_1Y——电工围杆带单腰带式;

DW_1F——电工围杆带防下脱式;

T_1W_2Y——通用Ⅰ型围杆绳单腰带式(可作围杆、悬挂用);

T_2W_2Y——通用Ⅱ型围杆绳单腰带式(围杆绳无金属配件);

D_XW_2Y——电信工围杆绳单腰带式;

J_1XY——架子工Ⅰ型悬挂单腰带式(大挂钩);

J_2XY——架子工Ⅱ型悬挂单腰带式(小挂钩);

LXY——铁路调车工悬挂单腰带式;

D_XXY——电信工悬挂单腰带式;

T_1XY——通用Ⅰ型悬挂单腰带式;

T_2XS——通用Ⅱ型悬挂自锁式;

T_1XB——通用Ⅰ型悬挂双背带式(无腿带和胯带);

T_2XB——通用Ⅱ型悬挂双背带式(有胯带);

T_3XB——通用Ⅲ型悬挂双背带式(有腿带);

T_4XB——通用Ⅳ型悬挂双背带式(有腿带);

T_1PH——通用Ⅰ型攀登活动式(采用一付开启式挂钩);

T_2PH——通用Ⅱ型攀登活动式（采用一个开启式挂钩，一个封闭钩）；

TPG——通用攀登固定式。

根据作业场合的不同，安全带可分为围杆作业安全带和悬挂作业安全带两大类。根据作业性质的不同，安全带也可分为电工、电信工、架子工、铁路调车工和一般高处作业悬挂用等5种。厂矿企业可根据需要进行选用。专用安全带稍加改进也可供在一般高处作业的情况下使用。

1. **围杆作业安全带。** 主要有 DW_1Y、DW_1F、T_1W_2Y、T_2W_2Y、D_XW_2Y 安全带等。

现以 DW_1Y 安全带为例，是由腰带卡子、围杆带、半圆环、三角环、挂钩、三道联、护腰带、小袋等所组成（见图27-37）。

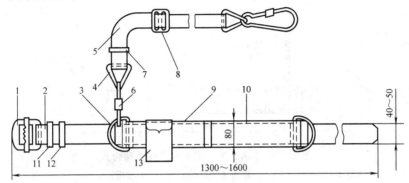

图 27-37　DW_1Y 电工围杆带单腰带式
1—腰带卡子；2—围杆带；3—半圆环；4—三角环；5—围杆带；6—挂钩；
7、11、12—箍；8—三道联；9—护腰带；10—缝线；13—袋

围杆作业安全带适用于电力行业、通讯行业和有供电设备、通讯设备的厂矿企业进行高空架线、维修等杆上作业。

2. **悬挂作业安全带** 又分为单腰带式、双背带式和攀登安全带3种类型。

单腰带式安全带主要有 J_1XY、J_2XY、LXY、D_XXY、T_1XY、T_2XS 等数种。

双背带式安全带主要有 T_1XB、T_2XB、T_3XB、T_4XB 等数种。

攀登安全带主要有 TPH、TPG 等。

现以 J_2XY 安全带为例，是由大挂钩、吊绳、腰带卡子、护腰带、腰带、小袋等所组成，见图27-38。

悬挂作业安全带用途广泛，适用于地质勘探、矿山建井、建筑、造船、设备安装等厂矿企业中的高处作业，以及铁路车辆调车、高楼清洁等作业。

此外，还有消防安全带，是由腰带（附皮革斧袋）及金属配件所组成，为消防队员专用安全带。

四、安全带的制作材料

安全带除了必须保证达到国家标准所规定的技术性能的要求外，还应具有重量轻、耐磨损、耐腐蚀、吸水率低和适应高低气温作业环境等特点，以利安全作业和延长安全带的使用寿命。过去，我国生产的安全带，其腰带和绳一般是用棉、麻纤维和皮革等材料制作，金属配件一般是用普通碳素钢材料制成。由于棉、麻制品的强度较低，且易发霉、腐

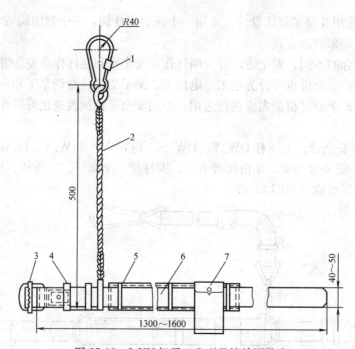

图 27-38　J_1XY 架子工 I 型悬挂单腰带式
1—大挂钩；2—安全绳；3—腰带卡子；4—箍；5—护腰带；6—腰带；7—袋

烂、变质，制成成品后的形体也笨重，使用周期短。而皮革制品的强度也较低，除了皮革专家以外，没有哪个人能够用目测的方法较准确地说出皮革制品的状况和强度。用蚕丝制作安全带，自然要比棉、麻和皮革材料好，但其原料来源少，成本大，制成后的产品必然价格要高。随着科学技术和生产的不断发展，合成纤维的发展很迅速。因此，目前除电工作业安全带部分构件采用牛皮革材料，以及特殊用途时采用蚕丝材料制作安全带外，棉、麻、皮革、蚕丝等材料均已被锦纶和维纶纤维材料所代替。

锦纶丝是目前强度最高的合成纤维之一。其强力丝的强度更高，其强度要比棉纱高10倍。并具有弹性好、相对密度小（比棉纱轻35%），同时还具有耐腐蚀、耐霉烂、不怕虫蛀等优点，是制作安全带的腰带、背带、挂绳等的较为理想的材料。有关锦纶纤维的物理性能参数见表 27-20。

锦纶 6 纤维的物理性能　　　　　　　　　　　　　　　　表 27-20

项　目	指　标		
断裂强度(g/袋)	干 4.8～6.4 湿 4.2～5.9	强力丝	干 6.4～9.5 湿 5.9～8.0
伸长率(%)	干 28～45 湿 30～52	强力丝	干 16～25 湿 20～30
回弹率(3%延伸时%)	98～100		
相对密度	1.14		
吸湿率(20℃65%相对湿度%)	3.5～5.0		
耐烈性(软化点℃)	180		
耐日光	长期暴晒，强力下降，易脆化变黄		

维纶纤维是强度较高的一种合成纤维，其强度高于棉纱4倍，但要低于锦纶丝，强力丝接近锦纶同类品种。其相对密度＜棉纱，＞锦纶，同样强度维纶重量要比锦纶高20%左右。耐日光性能、耐热均比锦纶高。也同样具有耐腐蚀、耐霉烂、不怕虫蛀等优点，亦是制作安全带的腰带、背带、挂绳等的较为理想的材料。有关维纶纤维的物理性能参数见表27-21。

维纶纤维的物理性能　　　　表27-21

项目	指标		
断裂强度(g/袋)	干3.0~4.0 湿2.1~3.2	强力丝	干6.0~9.0 湿5.0~7.9
伸长率(%)	干17~22 湿17~25	强力丝	干9~22 湿10~26
回弹率3%延伸时(%)	70~90		
相对密度	1.26~1.3		
吸湿率(20℃65%相对湿度%)	3.5~4.5		
耐热性(软化点℃)	220~230		
耐日光	长期暴晒强度稍有下降		

对于安全带的金属配件，我国安全带国家标准中规定，采用普通碳素钢Q235为制作材料，其性能参数见表27-22。

普通碳素钢性能　　　　表27-22

钢号	抗拉强度	伸长率(%)		屈服点	冷弯度(°)
		长试样	短试样		
Q235		>21	>25		180

目前，我国现实行的安全带国家标准（GB 6095）中规定，采用普通碳素钢，只要其强度和冷弯度不低于表27-22中的性能指标，均可用来制作安全带的金属配件。

五、缓冲器、速差式自控器和自锁钩

缓冲器是装在安全带挂绳中间用来防止人体坠落时减轻人体受力的一种保险装置。换言之，缓冲器与安全带结合起来使用，当人体发生坠落时，缓冲器便能吸收部分冲击能量，可减轻人体承受的冲击力，以保证人身安全。

由于人体受到冲击力超过8826.0N以上就要受到伤害，而从事高处作业的人员，使用安全带挂绳的长度若超过3m以上时，在此种情况下，如果发生了坠落，人体所受到的冲击力就将接近或超过8826.0N，这必将威胁到作业人员的生命安全。然而，在厂矿企业生产过程中，有些高处作业却往往不需要使用长的挂绳，此时安全带结合使用缓冲器，对降低人体发生坠落时的受力，保证人身安全是十分需要的。

缓冲器是采用绵纶带作主带，和橡胶结构组合而成。利用原材料的强度、弹性、挤压变形性能来达到缓冲作用。

缓冲器利用主带在橡胶构架横梁上作"弓"形缠绕，当受冲击后，带子延伸变长，橡胶也随之变形、扭曲，带子和橡胶之间又增加了摩擦，从而吸收掉一部分能量，降低了人

体受力。缓冲器的主带应是完整的一根,伸长可达300%,橡胶构件纵向伸长可达70%~80%。由于缓冲器的变形延长了作用时间,对人体起了缓冲效果。经试验证明,缓冲器能降低冲击负荷40%以上。所以,缓冲器配合安全带挂绳长度超过3m以上时使用能起到保护人体的作用。

速差式自控器为装有一定长度绳索的盒子,装设在安全带挂绳的中间,用来防止人体坠落时减轻人体受力的一种保险装置。作业人员可随意拉出绳索使用,当发生坠落时,因速度的变化,能引起自控,从而保证人身安全。

速差式自控器和安全带结合使用时,作业中可随意拉出速差式自控器中的连接带,以适应不同距离的作业点进行作业,作业完毕,人体如向靠近速差式自控器的方向移动,此时连接带即可自行收回速差式自控器内。由于速差式自控器是高挂低用,用此带子一直是呈紧张状态,而当作业人员发生坠落时,使控制制动能的棘爪由于惯性作用立即卡住转动圆盘上的凸角,致使转盘不能转动,从而起到保护人体的作用。

速差式自控器以质量为100kg的物体作坠落试验,物体下滑的距离一般在0.3~0.5m之间,比不是紧张状态的挂绳坠落所受到的冲击力要小。

自锁钩为装有自锁装置的钩,也是装设在安全带挂绳中间的一种保险装置。如果人体发生坠落时,自锁钩能立即卡住挂绳,防止人体坠落。

国际标准化组织于1981年就推广使用缓冲器、速差式自控器、自锁钩等保险装置,我国于1985年将使用缓冲器、速差式自控器、自锁钩的有关规定正式列入了国家标准GB 6095。

此外,缓冲器、速差式自控器、自锁钩还可相互结合与安全带配合起来使用,例如,自锁钩加速差式自控器,可以使用于安全带较长的挂绳,能把坠落冲击限制在1.5m的距离内,是使用长挂绳的保险装置。自锁钩、速差式自控器和缓冲器这三种保险装置也可联合起来与安全带配合使用,其联合使用情况见图27-39。

六、安全带的使用与维护

在高处位置进行作业时,虽然佩戴了安全带,但如使用不当,在发生自由跌落时就会增大对人体的冲击力,致使人体受到不同程度的伤害。此外,为了保证安全带的强度不降低,使之经常处于完好的状态,还需对安全带进行很好的维护和保管。

1. 安全带在使用前,应仔细地进行

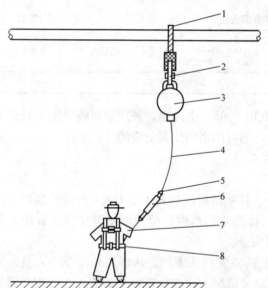

图 27-39 安全带、缓冲器和速差式自控器联用图
1、4—绳;2—钩;3—速差式自控器;5—三角环;
6—缓冲器;7—模拟人型;8—安全带

一次外观检查,看看有没有什么薄弱环节可能使安全带在强冲击下失灵。比如,对安全带上的每个铆钉都要经过检查,以确证它是安全可靠的。如果发现安全带的挂绳有严重磨损或者断股、变质等情况时,应禁止使用,并应作报废处理。

2. 在高处位置作业时,应将安全带的挂绳拴在固定可靠的物体上,同时用卡子将挂绳首端的钩与圆环卡紧,并防止卡子打滑或松动。不应将钩直接挂在挂绳上使用。

如果作业地点存在有被火吞噬的危险,就应使那种可以很快解开的钩和卡子。

3. 安全带的挂绳应避开所拴物体上的尖锐部分,并不得接触高热、明火或具有腐蚀性的化学物质。

4. 悬挂式安全带的拴挂方法,最好是高挂低用,其次是平行拴挂,切忌低挂高用,见图 27-40。

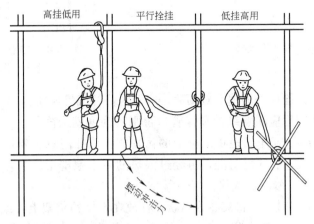

图 27-40　高空悬挂安全带的安全绳拴挂方法

所谓高挂低用,就是将安全带的挂绳拴挂在作业人员的上方,作业人员在下方进行作业。这是一种最为安全的拴挂方法,可使作业人员从高处发生自由跌落时,坠落的距离减少,同时也使人体所承受的冲击力降低。

所谓平行拴挂,就是将安全带的挂绳拴挂在和作业人员所系的腰带处于同一水平的位置。这种拴挂方法,一般是在作业人员的上方无固定牢靠的物体可以拴挂时才这样拴挂。此种拴挂,人体和挂绳拴挂处的最大距离几乎与吊绳的长度相等。这样当作业人员发生从高处自由跌落时,作业人员所受到的摆动冲击力要比垂直情况时所受到的冲击力小得多。但是,在摆动过程中不得和周围其他物体发生碰撞。因此在平行拴挂时,应注意到这一问题。

所谓低挂高用,就是将安全带的挂绳拴挂在作业人员的下方,与人体的足部处于同一水平的位置,甚至还低于人体足部的位置,而作业人员则在挂绳拴挂处的上方进行作业。这种拴挂则很不安全,当作业人员发生从高处自由跌落时,人体和安全带的各个组成部分都要受到较大的冲击力,有可能使作业人员造成一定程度的伤害。因此,无论如何安全带不得采用低挂高用。

5. 在高处作业时,如果安全带的挂绳无处拴挂,则应设置一根很粗、强度又较大的母绳,再将安全带的挂绳通过母绳连接器固定在母绳上,见图 27-41。有了这种装置,作业人员可安全地在高处进行作业,即使作业人员不慎从高处自由跌落时,也可很快地抓住母绳,以免发生危险。图 27-42 便是使用这种母绳进行高处作业之一例。

6. 不要将安全带的挂绳打结使用,以免绳结受到剪力的作用而被割断。

7. 受过较大负荷冲击的安全带不得继续使用。

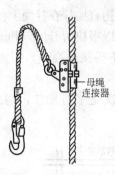

图 27-41 母绳连接器

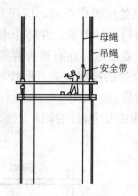

图 27-42 使用母绳连接器的高空作业

8. 安全带的挂绳拴挂处的绳套破损后,应及时修补或另换新套。

9. 安全带在使用后应注意维护和保管,否则其强度就会降低。因此,应经常保持其清洁。在使用弄脏后,应仔细地将粘染上的污物刷掉,并注意不要损伤安全带的各个部件。然后用温水及肥皂水进行清洗,再经过温热的清水漂洗干净后,在荫凉处室温下晾干,不可用热水浸泡、暴晒、火烤。

10. 安全带在不用时,应将其卷成盘状,存放在干燥的货架上,或者吊挂起来,不宜放在经常日晒的地方,并注意防潮霉变。另外也不能让安全带接触到那些可能会影响制作材料成分的化学物品。

11. 金属配件可涂些机油或凡士林,以防锈蚀。

12. 安全带使用两年后,按批量购入情况,应抽验一次。围杆式安全带做静负荷试验,以 2206N 拉力拉 5min,如无破损可继续使用。悬挂式安全带进行冲击试验时,以 80kg 质量进行自由落体试验,若无破断,该批安全带可继续使用。对抽样试验过的安全带,必须更换挂绳后方可继续使用。

七、安全网

安全网是用纤维绳编结成具有菱形或方形孔目的网状形体,由网体、边绳、系绳、试验绳等组成,用来防止人体、物体发生坠落,或者是用来避免、减轻人体发生坠落造成的伤害,或者是用来避免物体发生坠落冲击人体造成的伤害的一种具有较大面积的防护网具,见图 27-43。

根据安装的形式和使用的目的,安全网可分为平网和立网两类,并用字母 P、L 分别来表示平网和立网。所谓平网,即安全网安设平面不垂直水平面,主要是用来挡住坠落的人体和物体。所谓立网,即安全网安设平面垂直水平面,主要是用来防止人体或物体发生坠落。

安全网一般常用横 7 根,纵 4 根;或横 9 根,纵 5 根筋绳和边绳,以及交叉的网芯绳编结成网,网上所有的绳结或节点必须固定,网孔为 100mm×100mm 或 90mm×90mm,尺寸规格为 3m 宽、6m 长或 4m 宽、6m 长等,筋绳及边绳的甩头长 1.5m,可作为系绳,用以系住其他固定物体。

同一张安全网上所有的用绳都必须采用同一种材料,其绳的湿干强力比不得低于

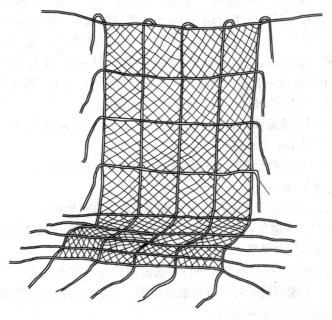

图 27-43 安全网

75%，并且每张安全网的重量不宜超过 15kg。目前，常用绵纶或维纶绳编结安全网。

根据国家标准《安全网》（GB 5725）中的规定，平网边绳和系绳的断裂强力不得低于 7000N，立网边绳和系绳的断裂强力不得低于 3000N。网体（网片或网绳线）应符合相应的产品标准。安全网每根筋绳的断裂强力不得≥3000N。

安全网在承受重量为 100kg，底面积为 2800cm^2 的模拟人形砂包冲击后，除筋绳外，其网绳、边绳、系绳都不得断裂，平网的冲击试验高度为 10m；立网的冲击试验高度为 2m。平网还必须具有缓冲性能，当吸收了 5884.0J 的能量时，其网上的最大负荷不得超过 8826.0N，最大延伸量不应超过 1.5m。

此外，国家标准还规定，安全网必须用网绳制作试验绳，每张安全网上的试验绳不得少于 8 根，每根不得短于 1.5m。在其绳端应涂上永久性的、长度为 20cm、对比度明显的颜色作为标志。试验绳松弛地穿过网目，并将其端部连接在安全网的边绳上。试验绳在安全网使用后每隔 3 个月必须抽取其中一根进行强力试验。如果由湿干强力比≥1 的绳制成的网，其试验绳强力保持率低于 60% 时；或者由湿干强力比＜1 的绳制成的网，其试验强力比保持率与湿干强力比的乘积低于 60% 时，则安全网不得再使用。如果当安全网上的试验绳全部用完，再也没有试验绳供试验用时，则安全网应作报废处理。

安全网适用于高层建筑、造船修船、大型设备安装与检修，以及从事其他高处作业等。在使用过程中应注意以下事项：

1. 立网不能代替平网使用。

2. 新网的各项技术性能指标必须符合国家标准规定的要求，旧网则应有允许使用的书面证明或冲击试验记录。

3. 安全网在安设前必须对网和支撑物架进行检查，网的外观质量无任何影响使用的疵病，支撑物架有足够的强度、刚性和稳定性，当确认无误时方可安装。

4. 安装时在每个系结点上,边绳应与支撑物架靠紧,并用一根独立的系绳连接,系结点应沿网边均匀分布,其间距不得超过 75cm。用筋绳甩头作系绳安装时,也须把筋绳连接在支撑物架上。系结应打结方便,连接牢固,且又容易解开,受力后不会散脱。

5. 多张安全网连接使用时,相邻处应靠紧或重叠,并用筋绳甩头为系绳进行相互连接。如用其他系绳使之相互连接,其连接绳材料应与安全网相同,绳力不得低于其网绳的强力。

6. 安装平网时,安装平面应与水平面平行或外高内低,以 15°角为宜。网的负载高度一般不超过 6m,如因作业需要,最大不得超过 10m,并必须附加钢丝绳缓冲等措施。网与其下方物体表面的最小距离不得<3m。

7. 安装立网时,安装平面应与水平面垂直。网平面与支撑作业人员的面,其边缘处的最大间隙不得超过 10cm。

8. 网在安装后,须经安全技术人员检查符合要求后方可使用。

9. 使用安全网时,应避免在网内或网下方堆积物品,禁止人员随意跳进或将物品投入网内,防止焊接或其他火星落入网内。

10. 对使用中的网,应每星期至少进行一次定期检查,当确认无严重变形和磨损、断裂、霉变、连结部位松脱等缺陷时,方可继续使用,否则应对网进行维修或更换。维修网所用的材料、编结方法应与原网相同。

11. 网上的落物应经常清理,以保持网面清洁。

12. 当网受到化学物品的污染,或网绳嵌入粗砂粒及其他可能引起磨损网绳的异物时,应用水进行冲洗,并让网自然晾干。

13. 当被防护区域的高处作业结束后,方可将其网拆除,拆除其网时应自上而下地进行,并视作业现场的情况,拆除网的作业人员应采取佩戴安全带、安全帽等防护措施。

14. 暂不使用的安全网应存放在通风良好的仓库,并防止日光照射、高温、腐蚀性化学物品等对网的损伤。

八、安全绳

安全绳有双钩单环、单钩单环和单钩双环等品种,见图 27-44。

一般常用的安全绳是双钩单环绵纶安全绳和维纶安全绳,其直径分别为 14mm 与 15.5mm,其长度分别有 5m、10m 和 15m 等,均为合股绳。

安全绳的两端各系挂钩一个,距上端 840mm 处,用金属圆环与下段绳相连接,以便悬挂时接挂钩。此外,安全绳还有长度为 20m、30m、50m、100m、500m 等不带钩、环的,作为修配、调换安全绳的备用品。

安全绳与悬挂作业安全带配套后,其主体部分的极限拉力不得低于 14710N,其金属配件部分不得低于 11768N。作过冲击试验的安全绳及配件,不得再使用。

安全绳适用于地质勘探、登山、架设桥梁、开山筑路、工程抢险,以及高层建筑等高处作业,作为悬挂作业安全带的延长悬挂距离的备用配件。

图 27-44 安全绳

第十节 人体全身的安全防护

一、人体全身的防护

在厂矿企业的生产作业现场，当机器设备、生产装置、运输器械等进行运转时，以及对原材料、工器具的运用时，对作业人员都可能发生刺、割、绞辗、碰撞、摩擦等危险。同时还存在金属边角料或其他尖锐物件划破人体皮肤等危险。

此外，有些作业人员还需在较为肮脏的作业场所中进行作业，例如，清理污水沟道、进入设备容器内从事检修等作业，由于脏物污染作用，易引起人体皮肤感染或其他不良影响。另外，有些作业还需接触高温、熔融金属、腐蚀性或毒害性化学物质、放射性物质、低温作业等等，这些作业均可对人体造成灼伤、腐蚀、冻伤等等。

为了防御作业人员受到诸如上述有害因素的损害，就必须进行整个人体的防护，也就是说，必须穿戴工作服。

工作服的基本要求是能有效地保护人体，以适应作业环境温度和作业活动的需要，并应穿着舒适，穿脱方便，耐磨损，卫生及具有美观大方的外观。

工作服有上下身分式和连衣裤两种形式，局部性防护服装有背带裤、围裙、套袖、反穿衣等种。

工作服的式样原则上应要求"三紧"，即紧袖口、紧下摆、紧领口，以防钩挂、绞辗等危险和污染物质侵入内衣、皮肤。口袋、袖口、衣领可根据不同的防护要求，分别采用暗兜、明兜、暗扣、明扣、尼龙搭扣、拉链以及立领、翻领等不同形式。工作服还应采用多种颜色，以便在作业场所中易于识别和适应有关防护要求，并满足作业人员愿意穿戴的心理需要。

在制作工作服时，应选择适合的用料，以适应不同作业环境及作业性质的需要，例如，对从事接触酸碱等化学物质的作业，应选择耐酸碱的纤维织物，以利防止酸碱腐蚀工作服后附着人体皮肤而引起化学性灼伤。对从事接触强烈辐射热或外露火焰的作业，应选择具有隔热、反射辐射热及耐燃烧性能的纤维织物。

目前，由于合成纤维的迅速发展，大量的工作服都采用合成纤维织物或合成纤维与其他纤维混纺的织物制作，但是，由于合成纤维织物的耐热度较低，易遇热熔融并呈黏流状态，而粘附在人体皮肤上，扩大烧伤面积，造成严重的伤害，在多数的情况下，大面积的Ⅰ°烧伤要比局部的Ⅱ°烧伤，甚至Ⅲ°烧伤更为严重。此外，合成纤维织物的摩擦还易产生静电带电，其放电火花可引起易燃易爆物质、可燃性气体及易燃液体的蒸气发生燃烧和爆炸。因此，在从事接触高温、外露火焰或存在有易燃易爆性气体积聚的作业场所，以及工作服需要高温消毒的作业等，应禁止穿着合成纤维织物制成的工作服，否则易发生危险或损坏工作服。

工作服常用的各种布料及合成纤维织物的技术性能，分别见表27-23、表27-24和表27-25。

各种天然纤维的性能 表27-23

性能	纯棉	柞丝	生毛
耐酸性	可受热稀、冷浓酸的分解,但不受冷稀酸的影响	可受热浓硫酸分解,对其他酸的抵抗性较羊毛稍差	可受热硫酸分解,对其他酸类即使加热,也不影响,浓酸短时间不影响
耐碱性	遇苛性钠即膨胀但无损伤	能溶解于煮沸的浓碱液中	受强碱可分解,又受弱碱的侵蚀,在冷稀碱液中搅拌,则会浓缩
耐有机溶剂性	一般不溶解	一般不溶解	一般不溶解
耐热性	抵抗性良好,在120℃时5h后变黄,在150℃开始热分解,250℃烧焦	长时间加热则变色,伸长减降,加热到235℃烧焦	在100℃时即硬化,在130℃分解,在300℃时碳化
耐日光性	长时间暴晒,强力降低、变黄	强度显著降低,60d后降低55%,140d后则降低65%	暴晒长久,强力稍下降,稍微褪色

各种合成纤维的性能 表27-24

性能	涤纶	维纶	氯纶	锦纶	丙纶	腈纶
耐酸性	耐酸性较好,仅在浓硫酸中溶解,在35%盐酸、70%硫酸、60%硝酸中无甚影响	浓酸中易膨胀分解,10%盐酸、30%硫酸无甚影响	优良	浓酸中易溶解与分解,在7%盐酸、20%硫酸、10%硝酸中无影响	除氯璜酸、浓硝酸外,耐酸性优良	耐酸性良好,在35%盐酸、60%硫酸、45%硝酸中无甚影响
耐碱性	耐弱碱液,10%苛性钠、28%氨水中无甚影响,浓碱液中温度增高,纤维脆损	50%苛性钠中变黄但对强力无影响	50%苛性钠及浓氨水中强力不下降	50%苛性钠、28%氨水中强力无影响	优良	50%苛性钠溶液、28%氨水中强度几乎不下降
耐有机溶剂	一般不溶解,但可溶于甲酚、一氧甲酚等酸系	在热吡啶酚、甲酚、浓蚁酸中膨胀分解	可被氧戊环、环己烷溶解,遇丙酮、苯、三氯化乙烯、三氯甲烷、亚甲基氯化物、硝基苯醋酸乙酯即膨润	一般不溶解,但可溶于苯酚、蚁酸中	对某些氧化剂易溶解	一般不溶解,但可溶于乙腈、丁二腈、二甲砜、二甲基亚砜、二甲基酰胺、氯苯中
耐热性	238～240℃软化,255～256℃熔融	200℃以上收缩,200～230℃软化,150℃强力下降	60℃以上收缩,60～70℃软化,200～210℃熔融	180℃软化,215～220℃熔融	140～165℃软化,160～177℃熔融	228℃软化,235～280℃熔融,有易燃性
耐日光性	暴晒1000h强度下降30%～40%	长期暴晒,强度稍有下降	日光暴晒,强度几乎无影响	怕日光,暴晒强力下降,易脆化变黄	怕日光,只耐间接照射	耐长期暴晒,强力无变化

各种布料的物理机械性能 表27-25

品名	纯棉色劳动布	维棉色劳动布	纯棉白帆布	纯棉色华达呢	纯棉白平布	维棉白平布
经纬纱(号×股)(英制支)	28×2 28×2 (21/2×21/2)	28×2 28×2 (21/2×21/2)	28×2 28×2 (21/2×21/2)	14×2 28 (42/2×21)	28　28 (21×21)	28　28 (21×21)

续表

品名	纯棉色劳动布	维棉色劳动布	纯棉白帆布	纯棉色华达呢	纯棉白平布	维棉白平布
经纬密度（根/10cm）	283.5×181.1	283.5×181.1	236.2×173.2	484×236	236×228	248×248
厚度(mm)	0.9	0.9	0.65	0.69	0.45	0.45
经纬断裂强度（kgf/5×20cm）	114.9×82.4	153.5×1.02	66×52	104×47	44×44	51×54
耐磨强度（平磨/次）	459.6	580	183	396.8	78	133.4

二、普通工作服

普通工作服一般通指单工作服，是用纯棉、棉型合成纤维混纺、棉麻混纺等纤维织物所制成，此类纤维织物有劳动布、双线细帆布、卡叽或华达呢布、白细布和其他色布等。

普通工作服主要是用来防机械外伤和脏物污染用的，其式样原则上要求"三紧"，以上下身分式，上衣为茄克衫式，裤子为普通西装裤最为普遍。如普通工作服还需防止一般生产性粉尘侵入内衣、皮肤，其衣领应采用立领加搭扣扣紧。

普通工作服应与工作帽、防护手套、防护鞋等配套，作业时须同时穿戴整齐，然后再从事与其相适应的有关作业。

在炎热的夏季，我国南方等省、市的气温普遍较高，作业人员如穿着长袖"三紧"式工作服进行作业，感觉闷热难忍。因此，可根据作业环境的实际情况，选用透气性能良好，白色或色泽淡雅的纯棉、棉麻混纺等纤维织物制成短袖衫，以适应实际情况的需要。

三、隔热工作服

隔热工作服是采取隔热、反射和吸收等屏蔽作用，以保护人体免受高温、强辐射热的伤害。因此，隔热工作服应具备隔离辐射热效能高、导热系数小，能防止熔融物质飞溅沾粘，耐燃烧，并离火自熄，以及其外表反射效率高等性能，其颜色以白色为好。

隔热工作服一般应用天然纤维织物制成，如棉、麻、丝、羊毛、石棉等纤维。不得采用合成纤维织物或其他热塑性材料，以防遇高温熔融后伤害人体皮肤。而天然动植物纤维受到高温时尚未熔融就分解或碳化，即使燃烧也不会粘附在人体皮肤上，易脱落或扑灭，如果发生烧伤时，其伤害程度也比穿合成纤维织物制成的工作服要轻得多。

隔热工作服应易于穿、脱，以便遇到危险时，可立即将燃烧的衣着迅速脱掉。此外，还应尽量减轻重量，这是因为高温作业环境的气温较高，衣着重量过大往往会增加作业人员的体力负担而易引起疲劳。

隔热工作服的种类很多，最常用的是白帆布工作服，其次是防强烈辐射热用的石棉工作服，以及隔热效率较高的铝膜布工作服和克纶布工作服等，此外还有竹衫等等。

1. 白帆布工作服。白帆布工作服用天然植物纤维纯棉白帆布或麻帆布制成，具有隔热、反辐射热、易将飞溅的火星和熔融物弹掉，以及耐磨损、断裂强度大和透气性好等性能。

白帆布工作服广泛用于电气焊、高温炉窑前等作业，以及其他接触高温、明火的作业。

白帆布工作服由上衣和裤子两部分组成,上衣采用平袖口、平下摆,有些作业上衣也可采用"三紧"茄克衫式,裤子为平裤脚口,口袋用暗袋或明袋加盖,以防火花或熔融物质飞溅入袋引起燃烧,钮扣要松紧合适或用子母按扣。在穿着作业时,宜与白帆布披肩帽、白帆布手套、隔热防护鞋等配套使用。

如果需在400~500℃的热源旁进行作业,还可穿着白帆布衬呢工作服,此种工作服是以白帆布作面,内衬生毛呢,生毛呢衬里起着空气层隔热的作用,其隔热效果要比单层白帆布工作服高。

另外,为提高防火效果,白帆布可用四羧甲基氯化磷或氯化磷腈进行耐燃烧处理。经处理后的白帆布制成的工作服具有良好的抗燃烧性能,接触火焰时,仅发生炭化而不会蔓延燃烧,离开火焰后只有短暂的余燃便自熄,无阴燃,并且具有良好的防霉性能。但遇大火则变成炭,故有一定的使用范围,其透气性不良,也不易吸汗。

2. 石棉工作服。石棉工作服是用温石棉经加工成纤维织物而制成,对接触较高温度,防止有外露火焰及熔融物质飞溅,有较好的防护效果。但石棉工作服较笨重,布料的强度低,且石棉纤维对人体有危害作用。

石棉工作服适用于抢修热炉窑、高温炉窑前作业等。

石棉工作服由上衣和裤子两部分组成,有的还附加腰带。由于石棉工作服较重,因此裤子加有背带。在穿着进行作业时,上衣应覆盖裤子,钮扣全部扣紧,并应与石棉披肩帽、石棉脚盖、石棉手套等配套使用。

3. 铝膜布工作服。铝膜布工作服是用铝膜布制成,具有隔热性能好、反辐射热的效率高、质地柔软、重量轻、耐老化和耐燃烧等特性。

铝膜布的制作方法有两种,一种是用0.03mm厚的铝膜以氯丁胶粘合在棉、绸上,其棉、绸有的需经耐燃烧的液体浸渍处理,其表面再敷以10μm厚的涤纶薄膜作保护层,以防表面氧化而降低反辐射热效率;另一种铝膜布是在布坯上真空镀铝。

棉绸坯贴铝膜的隔热效能测试情况见表27-26。

铝膜布的隔热效能 表27-26

测试项目	测试条件	测试结果
反辐射热效率	CD-10分光光度计,以硫酸钡白作标准	全反射80%左右,漫反射58%左右
防辐射热	距热源20cm处,单荷辐射热,8.4J/(cm^2·min)	95.19%
耐高温	200℃烘箱内鼓风焙烘30min	表面无变化
耐老化	70℃×72h	无变化
耐水压	101325Pa,密封式	无水滴

铝膜布工作服适用于辐射热较强烈的各种炉窑前、抢修热炉窑、消防等作业。

在世界其他国家,铝膜布工作服根据用料和结构的不同,一般分轻型、中型、重型三种。轻型的是用棉布或玻璃纤维布作布坯,为上下身分式,并带活动的头罩,仅用于防辐射热;中型的是用多层材料制成,其中隔热层用石棉,为头罩与工作服上衣相连式,并配备有压缩空气钢瓶呼吸器,可进入缺氧浓烟场所,能防强烈的辐射热和短时间接触火焰;重型的也是用多层材料制成,最里层为呢绒织物,其式样为连衣裤式带头罩,亦配备有压缩空气钢瓶呼吸器,能防强烈的辐射热,并能较长时间地接触火焰。

我国生产的铝膜布工作服,又名为铝箔隔热防护服,由上衣和裤子两部分组成,有棉、夹两种,各有大、中、小三个型号。在穿着铝膜布工作服进行作业时,应与铝膜布面罩连披肩帽、铝膜布手套、铝膜布鞋盖等配套使用。

4. 克纶布工作服。克纶,即酚醛纤维,是一种耐高温的新型合成纤维,用克纶纤维织成的布称为克纶布,其特点是在火焰中很少燃烧,亦不熔化,仅呈炭化,炭化后仍保持原有形态,失重35%～40%。同时还具有较好的耐腐蚀性能,其缺点是强度较低,纤维间抱合力差,纺织加工较为困难。

克纶布工作服适合在明火、强热高温炉窑前作业穿用。同时也可作耐酸工作服使用,特别是对非氧化性酸、高温腐蚀性溶液、有机溶剂等有较好的防护功能,对硝酸较差。

克纶布工作服的式样与白帆布工作服相同。

此外,穿用克纶布工作服进行作业时,如果长时间的接触高温,其温度只能限制在150℃以下,这是由于克纶布在较为连续的状态下受热,当介质温度超过140℃时,其纤维便开始热分解,产生热量积聚,再加上不易散热而使内温逐步升高,最后发生炭化。并且在150℃的条件下受热或在烈日下暴晒,其强度会降低,色泽变深。

5. 竹衫。竹衫是用外径约4mm,长16mm的细竹管,以绵纶线串编为菱形网格而组成的背心,故又称为竹管背心,见图27-45。其肩部用粗布连接前后片,挂肩处用粗布滚边,前片用粗布带作为钮扣,以防擦伤人体皮肤。

图27-45 竹衫

竹衫贴身穿着,以利汗液蒸发,并能防止汗液浸透外衣粘贴皮肤,方便作业。因此,竹衫适合高温炉窑前作业以及演员在炎热的夏季演出时穿用。

四、耐酸碱工作服

耐酸碱工作服是采用耐酸碱的用料而制成的服装,使人体与酸碱液体或由其产生的气雾进行隔离,以保护人体及皮肤免于接触而引起烧灼伤。

耐酸碱工作服由于制作用料的不同,其耐酸碱的性能也不一样。耐酸碱工作服按所用原材料,可分为橡胶布、合成纤维、生毛呢、柞丝绸和塑料薄膜工作服等等。因此,可根据接触酸碱的性质、浓度等具体情况,选用与其相适应的耐酸碱工作服。

1. 橡胶耐酸碱工作服。橡胶耐酸碱工作服是用耐酸碱橡胶布缝制后,再粘合橡胶布条,使缝隙密合不透水,以防止酸碱液体内侵。

耐酸碱橡胶的含胶量不低于60%,比普通橡胶制品的含胶量高,并在炼胶中加入了一定量对酸碱有稳定作用的配料硫酸钡,增强了其耐酸碱程度。耐酸碱橡胶对硫酸、盐酸、氢氧化钠等有较好的耐受性能,但接触硝酸、重铬酸等会发脆、变色及早期损坏,甚至会发生燃烧。接触汽油、苯、乙醚、二硫化碳和松节油等有机溶剂,易发生溶胀及强力降低。

用耐酸碱橡胶贴或刮于纤维织物的表面，经硫化而成的双面或单面胶布，称为耐酸碱橡胶布。其纤维织物一般用紧密无疵点的棉布作坯。用这种耐酸碱橡胶布制成的工作服便是橡胶耐酸碱工作服。

橡胶耐酸碱工作服适用于接触酸碱液体喷溅的作业。在40℃的温度以下使用时，对接触50%以下的硫酸，30%以下的盐酸，以及任何浓度的醋酸、氢氧化钠、氨水、石灰乳等均有良好的防护性能。

橡胶耐酸碱工作服为上下身分式，有连帽工作服、背带裤、反穿衣、套裤等种，可根据不同的作业性质进行选用。在穿用橡胶耐酸碱工作服进行作业时，可与橡胶耐酸碱手套、橡胶耐酸碱靴等配套使用。如果仅为局部接触酸碱作业，可使用橡胶耐酸碱围裙或套裤等。

2. 合成纤维耐酸碱工作服。合成纤维耐酸碱工作服是采用耐酸碱的纯合成纤维织物，并以同样的纤维线缝制而成，例如，涤纶、丙纶、氯纶的纤维织物等。

合成纤维的分子量愈高，交联结构紧密，其化学稳定性愈好。由于各种合成纤维为单体及配料的不同，其耐酸碱性能也不同。在合成纤维中，其耐酸碱性以氯纶、丙纶和腈纶为最好，涤纶次之；但氯纶耐热性差，丙纶耐光性差，因此常用涤纶纤维织物作防护低浓度酸碱工作服的用料。

合成纤维耐酸碱工作服有上下身分式工作服和反穿衣等品种，是一种具有透气性的耐酸碱工作服，其缺点是有一定的渗透性。

合成纤维耐酸碱工作服适用于接触低浓度酸碱、酸雾和少量酸碱溶液滴溅的作业。

3. 柞丝绸耐酸工作服。柞丝绸耐酸工作服是用柞蚕丝织物，以合成纤维线或丝线缝制而成。

未经漂染的柞蚕丝是天然蛋白质纤维，其大分子排列整齐，化学稳定性好，在常温下接触盐酸和稀硫酸无显著变化，有较强的耐受能力，但对浓硫酸和硝酸能被烧坏，对高浓度的强碱能被溶解。

柞丝绸耐酸工作服有上下身分式工作服和反穿衣等品种，是一种具有透气性的服装，其缺点是有渗透性。

柞丝耐酸工作服只适用于接触低浓度酸的作业，尤其是适合夏季时穿用。此种工作服不能用于防碱。

4. 生毛呢耐酸工作服。生毛呢耐酸工作服是用纯生羊毛织物，以合成纤维线缝制而成。

未经漂洗的生羊毛，也是一种天然蛋白质纤维，其耐酸碱性能与柞蚕丝基本相同。

生毛呢耐酸工作服为上下身分式，也是一种具有透气性的服装。

生毛呢耐酸工作服只适用于接触低浓度酸或酸雾的作业，不能用于防碱作业。由于生毛呢较厚，对少量的酸液有一定的吸附和延缓渗透能力，并具有隔热、御寒作用，因此，适合冬季时穿用。

5. 塑料薄膜耐酸碱工作服。塑料薄膜耐酸碱工作服是采用聚氯乙烯工业薄膜，经高频粘合而制成。

聚氯乙烯塑料是高分子合成材料，具有较好的耐酸碱性能，在常用浓度的硫酸、硝酸、盐酸中，浸泡24h后无变化，聚氯乙烯薄膜也不透水。但能溶于苯、二甲苯、酮类、氯化的碳氢化合物，以及环醚类等有机溶剂中，并不耐高温，当温度达70℃时即损坏。

塑料薄膜耐酸碱工作服有上下身分式、反穿衣、围裙、套裤等品种。此种工作服具有密合不透水，可防酸碱内侵，比橡胶耐酸碱工作服薄而轻等特点，其缺点是不耐高温和低温、高温时易软化、低温时易硬脆、耐牢度差、容易老化。

塑料薄膜耐酸碱工作服适用于接触低浓度酸碱的作业，并可用于防水、防油等作业。如果仅为局部接触酸碱作业，可使用塑料薄膜耐酸碱围裙、反穿衣或套裤等。

五、耐油工作服

耐油工作服主要是采用耐油物质制成服装，以阻隔油类物质侵蚀人体，避免沾污人体皮肤及可能由此而引起的职业性病害。

耐油物质一般有丁二烯腈橡胶，俗称丁腈橡胶；聚氯丁二烯橡胶，俗称氯丁橡胶；聚氨基甲酸酯塑料，俗称聚氨酯塑料；聚氯乙烯塑料等。这些都是高分子的极性物质，对矿物油、动物油、植物油，以及非极性的脂肪族溶剂油等均具有较好的稳定性，接触油类不易发生溶解或膨胀作用。对耐油工作服及其他耐油防护用品等总的要求是既耐油而且又不透油、透水，并且不发黏、不发脆。

耐油工作服按所用原材料，可分为橡胶布、塑料、涂料工作服等三种。可根据作业的性质不同，选用适宜的耐油工作服。

1. 橡胶耐油工作服。橡胶耐油工作服是用耐油的橡胶布缝制后，粘合缝隙，经硫化而制成。

耐油橡胶是以丁腈橡胶为主，也有采用丁腈橡胶与氯丁橡胶混炼的。丁腈橡胶中的丙烯腈含量为50%，对油类物质有较好的稳定性，但不耐芳香族有机溶剂。耐油橡胶布是用丁腈橡胶贴或刮于纤维织物表面，再经硫化而成的双胶面布，其纤维织物一般用紧密无疵点的棉布作坯。

橡胶耐油工作服适用于油田、炼油、储油、运油，以及其他接触各种油类物质的作业。

橡胶耐油工作服为上下身分式，有连帽工作服、背带裤、围裙、套裤等种。在穿用橡胶耐油工作服进行作业时，应与橡胶耐油手套、橡胶耐油靴等配套使用。如果仅为局部接触油类作业，可使用橡胶耐油围裙或套裤等。

2. 聚氨酯布耐油工作服。聚氨酯布耐油工作服是用聚氨酯塑料布缝制而成。并在接触处涂以聚氨酯胶浆，以防漏油、漏水。

聚氨酯塑料有很好的耐油性能，长时期接触矿物油、植物油、动物油和芳香族有机溶剂等都不会发生溶胀、增重、卷曲等现象，并能保持良好的挠曲韧性，同时其他的性能也很好。防水性能，经雨淋24h降雨量为1000mm不透水；耐寒性能，在-30℃速冷72h无硬脆现象；耐热性能，在100℃沸水中煮2h无变化，耐磨性能比天然橡胶高两倍以上。并可耐一定浓度的酸碱。聚氨酯塑料布就是用这种塑料涂于纤维织物表面而成，一般常用棉布或合成纤维布。其涂布制品的耐磨性和耐撕裂度均比原坯布要高，且成品重量也比耐油橡胶制品轻得多。

聚氨酯布工作服具有轻便，穿着舒适，便于操作等特点，适用作业范围及式样规格等均与橡胶耐油工作服相同。

3. 透气耐油防水工作服。透气耐油防水工作服是由棉布缝制，在其服装的表面涂上一层含氟高分子胶浆而成。

含氟的涂料涂在纤维织物的表面，可降低其纤维织物的表面能，产生油水不亲或油水成珠滚走现象，从而起到防油、防水的作用。并且这种含氟涂料的涂布具有一定的透气性能。但使用日久，涂料就将失去作用，须洗净后重新再涂。

透气耐油工作服为上下身分式，其式样与普通工作服相同，且穿着舒适，易洗快干。适用于接触少量油类物质的作业。

六、防电工作服

防电工作服有等电位均压工作服和防静电工作服两种，各自的性能和用途均不相同。

等电位均压工作服是用等电位屏蔽分流的防护原理，采用金属丝布材料制成。所谓等电位屏蔽分流，是通过穿着在人体周表的导电均压服，以屏蔽高压电场和分流电容电流。在等电位作业中，人与地、导线间，均存在分布电容，其电容电流的大小，同线电压成正比。当人体接触高压导线电位转移的瞬间，产生的冲击电流，可能比稳定电流要大1200倍。穿着均压服后，相当于人体电阻与均压服电阻并联，但均压服电阻很小，因此，通过人体的电流则很少，从而保护了作业人员的人身安全。

而防静电工作服则是采用导电性的织物制成工作服，通过电晕放电来消除人体静电，以及通过配用导电鞋接通地面导走静电，从而避免因静电放电对易燃易爆作业场所产生危险，以及人体与其他物体产生静电放电而造成的伤害。因此，防静电工作服主要适用于容易产生静电积聚，并因静电放电而引起燃烧爆炸的作业场所，以消除工作服及人体携带静电。

1. 等电位均压工作服。等电位均压工作服是用金属丝布为原料制成。其金属丝布必须是最好的良导体，金属本身的电阻也应很小，以保证有良好的屏蔽分流效果，一般采用银或铜与各种纤维加捻的金属丝布或镀铜、渗银布作为导电物质，由于银为贵金属，价格较高，因此，金属丝布通常用铜丝制作。我国目前是用0.025mm、0.03mm或0.05mm细铜丝与超细玻璃纤维、克纶纤维、聚四氟乙烯纤维、柞蚕丝或绵花拼捻织成斜纹或平纹布，称××纤维铜丝拼捻布。上述前4种金属丝布制成的均压服具有防火性能，统称防火均压服，其中玻璃纤维铜丝拼捻布，是用3股0.05mm铜丝与8股直径为3.8μm的无碱超细玻璃丝拼捻织成，比较柔软，抗弯折能力较好，不燃烧，熔融点为900℃，耐电弧能力强。国外生产的等电位均压工作服，其用料有采用玻璃纤维与网格碳纤维交织或渗金属布的。

等电位均压工作服由上下身工作服与帽、手套、袜子等配套组成。各部分必须使用同一块面料，其连接处均有连接带扣和多股金属丝连接线。等电位均压工作服有单、夹、棉3种，以适应各种气温环境作业的需要。其中夹服是用蚕丝绸衬里；棉服是在绸衬里与面料之间加丝棉充填层，不得用合成纤维织物。

等电位均压工作服表面电阻规定，从手到脚不>10Ω。其屏蔽分流效果、耐火花性能以及透气性能均良好，质量也轻。其缺点是在夏季穿用后，因汗渍或用肥皂洗涤会使电阻增大，表面易氧化，影响屏蔽分流效果，使用不当，金属丝易折断而失效。

等电位均压工作服是等电位带电检修作业时必备的辅助安全用品。我国目前所产均压服一般限在220kV级电压及以下带电作业时使用。如必须在330kV电压带电作业,除穿着等电位均压工作服外,还应另加防护面罩。

此外,等电位均压工作服在穿用前,必须仔细检查,发现任何缺损即不得使用。在穿用时,必须将衣、裤、帽、手套、袜等各部分的多股金属连接线按规定依序连接好,保证接触良好,并不得与人体皮肤直接接触,应穿着内衣,尤其是颈部易接触部位,必须穿在内衣外面,内衣不得为合成纤维织物,以防电弧火花熔融而粘附皮肤扩大烧灼面积。

在进行等电位作业时,应严格按照国家原电力部《电业安全工作规程》的规定,断接引线时,必须选用有足够载流能力的分流线,并保证接触良好,严禁同时接触未接通或已解开的两个接头,严禁接地保护。穿着等电位均压服后,对地距离不得<下表27-27中的规定。

等电位作业对地安全距离　　　　　　　　　　表27-27

电压等级(kV)	安全距离(m)	电压等级(kV)	安全距离(m)
10及以下	0.4	154	1.4
35(20~44)	0.6	220	1.8(1.6)
60	0.7	330	2.6
110	1.0		

注：表中220kV的安全距离一般为1.8m(1.6m),系指受设备限制,并采取必要的安全措施后,方可采用。

2. 防静电工作服。防静电工作服是采用导电性织物制成。其导电性织物,一是为导电纤维织物,即用细铜丝、不锈钢丝与纤维加捻或间隔编织,其作用是与带静电体接近时,能在导电纤维周围形成较强的电场强度,发生电晕放电,使静电中和。二是为在纤维织物的表面加涂或内部渗入抗静电剂,增加吸湿性,降低纤维的电阻率,使静电易于泄漏。

因此,防静电工作根据用料的不同,有导电纤维布工作服和抗静电剂纤维布工作服之分。

导电纤维布工作服是通过纤维周围局部形成的电场强度放电,使静电中和。用于防静电的导电纤维布与等电位均压工作服所用的导电纤维布不同。此种导电纤维布中的金属丝直径更细,一般来说,各种导电纤维的直径越细,开始电晕放电的电压也越低,效果也越好。

抗静电剂纤维布工作服是通过纤维的湿度降低电阻率,泄漏静电。因此,其效果与作业环境的湿度有关,低湿度时的作用便差,并且其耐久性也较差,因此,其性能不如导电纤维布工作服。

上述两种防静电工作服均可制成上下身分式的普通工作服式样,一般不需接地,但应与防静电鞋配套使用,以利向地面导走人体上所带的静电。

七、防水工作服

防水工作服是采用不透水的材料制成的服装,以保持人体体表与水隔离,避免长期接触水而引起人体皮肤的伤害及其他不良影响。

防水工作服要具有良好的防水性能,如不透水、沥水快、吸水量小等,其次还要有抗扯断强度、拉伸强度和耐磨、耐老化等性能。此外,对于接触海水和污水的作业,还须具有抵御海水及污水腐蚀的能力和适合某些特殊作业的需要等。

防水工作服的制作用料有橡胶布、聚氯乙烯和聚乙烯塑料薄膜等,主要以防水橡胶布为主。防水橡胶布是在棉布或者棉化纤混纺、纯合成纤维织物上刮或涂以橡胶或乳胶后，经硫化而成，其含胶量一般在50%，其品种有单面橡胶布，即纤维织物一面附有橡胶层；双面橡胶布，即纤维织物两面附有橡胶层；夹橡胶布，即两层纤维织物中间夹有橡胶层，等3种。

防水工作服主要有胶布工作服、胶布雨衣、下水衣裤和水产服等种。均是用防水胶布裁片以氯丁胶浆直接粘合，或缝制后在接触处用氯丁胶浆贴胶布条而制成，以保持接缝处密合不透水。防水工作服布面层的颜色大多采用草绿色，也有采用深蓝色的，其胶面层有草绿、灰、黑等色。可根据作业的性质不同，选用合适的防水工作服。

1. 胶布工作服。胶布工作服按所用橡胶布的品种不同，有单胶、双胶、夹胶工作服等种。由上衣或上衣连帽、帽和裤子组成。其式样有工矿式连帽工作服、活帽工作服、水采式工作服和井下式工作服等种。

单胶工作服是用单面胶布制成，有活帽或连帽式及胶面朝外、胶面朝里或两面都能穿用等，其特点是质量较轻、吸水量小、防水性能好、价格较低、用途较广。一般露天和井下、涵洞，有淋头水及喷溅水作业场所均能适用。

双胶工作服是用双面胶布制成，除有活帽或连帽式外，还有水采式和井下式两种。其特点是防水性能较好，沥水快，胶面耐磨性能强，但较重，长时间穿用汗水蒸发易凝聚于内表面，感觉不舒服和闷热。双胶工作服适用于淋头水和喷溅水量较大的作业点，如井下、轧钢等作业场所。

夹胶工作服是用夹胶布制成，也有活帽和连帽式两种，其耐磨性、耐老化性较好。由于夹胶工作服的内外表面均为布面，故汗水蒸发后能被内布面层吸收一部分，所以穿着感觉舒服。但由于夹胶布的涂胶层较薄，老化后易发生渗水现象。夹胶工作服适用于林业、搬运、野外勘探等露天作业。

2. 胶布雨衣。胶布雨衣有单胶和夹胶的两种，其式样有活帽和连帽大衣式，单胶披肩短式，单胶雨披等种。其中连帽大衣式雨衣适用于雨天外勤作业，披肩式短雨衣适用于搬运装卸等作业。

此外，还有一种单胶布围裙，是用单胶布制成，其作用是防止人体胸部前面接触水。

3. 下水衣、下水裤。下水衣是由连衣裤带半筒防水靴、及帽粘合成套，外加腰带组成，见图27-46。其粘合方法，有生粘和熟粘两种，其品种分带手套和不带手套两种。下水裤是由背带裤和半筒防水靴粘合而成，亦外加腰带。

图27-46 下水衣、裤
1—下水衣；2—下水裤

下水衣和下水裤的所用胶布是用防污水的专用防水胶布，其含胶量为55%～60%，厚度为0.65～0.75mm，有单面胶和双面胶两种，其布坯为32（18支）×32（18支）白平纹布或28（21支）/2×28（21支）/2帆布。

下水衣和下水裤的抗水性强，并且耐污水。适用于浅水养殖、放排和下水道、涵洞、排水管，以及井下排水等作业。根据涉水的深浅程度，下水衣应在水深不超过人体心脏部位水平线的浅水区域作业时使用,严禁作潜水衣用;下水裤则应在水深不超过人体胯部的浅水区域作业时使用。

4. 水产服。水产服是用胶布裁片经生粘制成服装后,再经硫化而成。有连帽式水产上衣、背带式水产裤、水产围裙等种。

水产服所使用的胶布为防海水的专用防水胶布,其含胶量为55%,采用天然橡胶,胶布厚0.75mm,有单面胶布和双面胶两种。

水产服耐海水、抗日晒,并可防止鱼鳍、尖骨刺戳,适用于海洋渔业、海水养殖、海产品加工等作业。

八、防寒工作服

防寒工作服是采取保暖作用,以保护人体免受寒冷气温的冻伤。因此防寒工作服应具有保暖性好、导热系数小和外表吸热效率高等性能。

防寒工作服一般用干燥的天然植物纤维、动物皮毛或合成纤维,如棉花、皮毛、羽绒、化纤棉等热的不良导体作充填层,并分别根据作业环境的寒冷程度进行选用。其外面料应用具有一定耐磨性和色牢度的深色布,以易于吸收外界环境中的热量,加强保温作用。其衬里应用柔软的平纹布。充填层疏松,贮存着大量导热性小的静止空气,使人体体温与环境温度之间,造成一个隔离层,因此具有保护体温的作用。

防寒工作服根据用料的不同,基本可分为棉和皮毛两类,各有上下身分式工作服、长短大衣、背心、套裤等品种。上下身分式的防寒工作服一般采用平下摆、平袖口、平裤脚的形式,其式样与普通衣着相似。但凡存在绞辗危险的作业场所,防寒工作服也应采用"三紧"式。如充填层为絮棉芯,则应具有一定的厚度,并尽量减轻其重量,以利作业人员操作方便。

防寒工作服适用于经常从事室内低温的作业,以及在寒冷气候中从事露天作业时穿用。并根据需要可与防寒棉、皮毛帽;棉、皮毡靴(鞋);棉、皮毛手套等配套使用。其中皮毛制品的保暖性较强,适于在$-20℃$以下的低温严寒条件下作业使用。

九、防毒工作服

防毒工作服有胶布防毒衣和聚乙烯薄膜防毒衣两种,胶布防毒衣主要用于防止人体皮肤与有刺激性、烧灼性的有毒有害气体、蒸气等的接触,以及防止脂溶性液体化学物质对人体皮肤的伤害。聚乙烯薄膜防毒衣主要用于防止放射性物质对人体皮肤的污染,以及低浓度有毒有害物质等对人体皮肤的伤害。聚乙烯薄膜防毒衣详见防放射性工作服塑料工作服。

胶布防毒衣是用特制的防毒橡胶布缝制并粘合而成,有连式防毒衣、分式防毒衣、带面罩防毒衣等品种。

防毒橡胶布为灰绿色双面胶布,是用天然橡胶和配料涂贴在棉布的正反两面,经硫化而成,其含胶量为80%。此种胶布还能耐较高浓度的酸碱液体侵蚀,但不耐油。

胶布防毒衣要求缝制严密,附胶层厚薄均匀,适用于存在有毒有害气体、蒸气和粉尘污染人体体表能造成皮肤伤害的作业场所。在穿用时应根据作业的需要,可与有机玻璃面罩、防毒面具、防毒防护手套等配套使用。

十、皮肤防护霜

暴露在刺激性不太强烈的有毒有害物质存在的作业环境中的人体皮肤，尤其是面部、颈部、手部等处的皮肤，如涂抹皮肤防护霜，可起到一定的隔离作用，从而保护皮肤免受伤害。

皮肤防护霜应用流质、半流质或脂状物质的软膏为基质，加以充填剂制成。皮肤防护霜应能便于均匀地涂抹于皮肤表面，有一定的附着力，能保持在作业时间内不被汗液冲刷，不自行脱落。在皮肤防护霜的配方中，不得含有对皮肤引起刺激、甚至有毒害作用的药剂，在涂抹后不得有不舒适的感觉，不得有异味。皮肤防护霜并应使用方便，用后易于洗净。

根据《劳动护肤剂通用技术条件》（GB/T 13641）的规定要求，皮肤护肤剂中含微生物和有毒物质限量不得超过表 27-28 中的规定。

微生物和有毒物质限量　　　　　　　　　　表 27-28

指　　标	单　　位	限　　量
细菌总数	个/L	<1000
粪大肠菌群	mL	不得检出
绿脓杆菌	mL	不得检出
金黄色葡萄球菌	mL	不得检出
汞	$\mu g/L$	<1
铅（以铅计）	$\mu g/L$	<40
砷（以砷计）	$\mu g/L$	<10

由于皮肤防护霜中充填剂所使用材料的不同，以决定各种皮肤防护霜的用途和效果。

1. 亲水性防护霜。与化妆品的雪花膏类似，含水分多，含油脂少，对水有亲和性，涂抹于皮肤表面，能形成耐油性薄膜。对接触矿物油、有机酸、油漆、染料等物质；有一定的防护作用。

2. 疏水性防护霜。其基质与蒸脂类似，含油脂多，在皮肤表面可形成疏水形薄膜，对接触低浓度弱酸碱、有机酸及盐类的水溶液溅滴有一定的防护作用。

3. 遮光性防护霜。以亲水性防护膏为基质，添加遮光剂，如二氧化钛或抑酸苯酯等，涂抹于皮肤表面，能形成遮光性薄膜，可防沥青烟等光敏性物质对皮肤的伤害。适用于接触焦油、沥青及雪中作业等。

4. 滋润性防护霜。为含油脂多的防护霜，适用于长时间接触水、碱性液体或有机溶剂后，皮肤出现脱脂现象时搽用。

5. 皮肤防护剂。是用纤维素、补骨脂、干酪素或松香等溶于酒精、水，涂于皮肤表面，形成耐水、耐油薄膜，以防刺激性较强的粉尘、液体溅落。适用于电镀、电解、油漆、印染以及接触有刺激性粉尘等作业。

十一、防放射性工作服

防放射性工作服是采用屏蔽原理，使人体与放射性物质进行隔离，从而达到保护人体的目的。因此，防放射性工作服应具有防止射线照射和放射性物质沾染皮肤的功用，以避免人体受到伤害。

防放射性工作服是根据不同的射线，以及射线的性质、功能等，采用不同的材料所制成，比如防外照射，用一定厚度的普通工作服就可防护α粒子对人体的危害；对X射线和部分γ射线，用密度大的铅橡胶布工作服有一定效果；对β射线，则用塑料薄膜制成的工作服也有一定效果。

防放射性工作服的防护性能，原则上应能具有较好地屏蔽不同的放射性物质，其泄漏不得超过国家规定的标准剂量，并且要求其结构简单、表面均匀光滑、密闭性好、没有漏孔、能耐低浓度酸碱腐蚀、有一定的强度、不易破损、接触放射性物质沾染后易于清洗。

在此，必须提请注意，防放射性工作服以及其他防放射性劳动保护用品，只是一种辅助性的防护措施，对能量较大的放射性物质是不适用的。必须按照国家有关规定对放射源进行防护和加强管理。

防放射性工作服可分别用棉布、合成纤维布、塑料薄膜或含铅橡胶布等制成。根据不同的射线性质、放射剂量等进行选用，受污染后，应严格按照安全要求进行清洗、处理。并且可根据作业的实际情况，与防放射性气溶胶口罩、面罩、帽子、手套、鞋等配套使用。

1. 白布工作服。白布工作服包括工作帽，是用漂白平纹细布制成，具有放射性尘粒通透性小，夏天穿了不闷热以及便于清洗污染物等特点。其式样略同普通工作服，可制成上下身分式、连衣裤式、白大褂式等，但不作口袋和尽量减少接缝，并且采用三紧式。

白布工作服是一种进入放射性作业区域的基本工作服。在使用后发现污染，应立即脱换，并在专用的洗衣池内清洗，清洗过的工作服上如放射性物质仍超过最大容许污染程度时，则应深埋处理。

2. 丙纶无纺布工作服。丙纶无纺布工作服是用纯白的丙纶无纺布制成，以尼龙搭扣代替钮扣，穿脱方便，价格低廉，是穿用后即废弃的一次性使用工作服，可代替白布工作服。

这种工作服使用到污染的放射性物质超过最大容许污染程度时，即深埋处理，不再重复使用，其费用仍比清洗处理低。

3. 塑料工作服。塑料工作服是一种套在基本工作外面的附加防护服，常用厚为0.14mm或0.23mm的软聚乙烯或聚氯乙烯塑料薄膜以高频焊接而成，作为接触放射性物质的密闭性防护。其特点是表面光滑、易清洗，并能耐一定浓度的酸碱液体及油类物质。其作用是保护体表不受放射性物质污染，但不能有效地防止放射线的外照射。

塑料工作服的式样有上下身分式和连衣裤式两种。上下身分式由上衣和裤子两部分组成，在穿用时应配戴防放射性气溶胶口罩，以防内照射损伤。连衣裤式塑料工作服是由厚塑料薄膜制成，一般和透明防护头罩共同组成一个防护整体，并由送风装置向面罩部输入清洁空气，供作业人员呼吸和通风，工作服内保持一定的正压，以防止被污染的空气侵入。这种塑料工作服适用于分装放射性粉末状物质，以及维修或抢修设备等使用，在使用前应进行气密性检查。

其他塑料工作服，如反穿衣、围裙、套裤等，由于不能起密闭性防护作用，只能作防水或防油时使用。

4. 铅围裙、铅背心。铅围裙及铅背心是用含铅橡胶制成，因铅具有密度大的特性，所以对X射线和部分γ射线等有良好的屏蔽性能，可减弱射线外照射的剂量。

铅围裙、铅背心等可供医务人员进行X射线透视、摄影和工业X射线探伤作业人员使用。

十二、防微波工作服

防微波工作服主要采用能屏蔽微波辐射的材料制成，也有因屏蔽材料与吸收材料相结合而制成，使人体与微波隔离，达到保护人体的目的。

防微波工作服要有良好的导电性能，其电阻值较低，并应具有优良的屏蔽衰减微波辐射的性能，其用料应有一定的强度，并应柔软、耐折，经受洗涤、汗浸渍、耐磨、低温后，其屏蔽效果不得显著下降。在制作防微波工作服时，每套、件上的裁片须用同一块材料，在用金属丝布制作防微波工作服时，衣领和袖口等处应配用薄布做领衬和袖衬，以防金属丝布与皮肤接触处发生电刺激现象。

防微波工作服，我国目前主要采用金属与非金属复合材料制成，其用料有金属丝布、镀金属布和金属膜布等几种，均为金属性导电布。根据不同的需要，制成上下身分式工作服、连衣裤、大衣等。适用于各种微波加热作业，例如高频淬火、熔炼切割、粮仓、木材、茶叶的干燥，面包烘烤等，以及无线电通讯、导航雷达、等离子作业等。

1. 金属丝布防微波工作服。金属丝布防微波工作服是用金属丝布制成。此种金属丝布是用柞蚕丝加直径为0.05mm细铜丝拼合加捻后织成，外观布纹闪金色，其商品名称为柞蚕丝微波均压绸。其品种有斜纹绸和平纹绸两种，斜纹绸较厚，适于制作秋冬季穿用的防微波工作服；平纹绸适于制作春夏季穿用的防微波工作服。

金属丝布防微波工作服对微波辐射可起全反射屏蔽作用，其中的柞蚕丝对微波辐射还有一定的吸收作用。据有关单位测试，此种工作服对微波辐射的衰减量，在10～30cm波段为10～20dB。

2. 镀金属布防微波工作服。镀金属布防微波工作服是以镀金属布，即以化学镀铜或镍、银等导电布为屏蔽层，外面加一层有一定介电绝缘性能的涤棉布制成，其工作服内层为真丝薄绸衬里。镀金属布也称渗金属布，其外观镀铜的为棕色，镀镍和镀银的为灰色。

镀金属布防微波工作服具有镀层不易脱落、柔软舒适、重量轻等特点，是目前较新和屏蔽微波辐射效果较好的工作服。其中镀铜布防微波工作服的重量最轻，价格较低，表面电阻率<0.1Ω，对3～30cm波段屏蔽衰减量>30dB。但不耐腐蚀，受腐蚀后，表面不易导电，屏蔽效果大为降低，只有11～12dB。此种防微波工作服只适用于干燥或有空调设备的作业场所。镀镍布防微波工作服的重量与镀铜服差不多，价格较高，表面电阻率<0.5Ω，对3～30cm波段屏蔽衰减量>25dB，且耐腐蚀性较好，可用于空气潮湿的环境中作业。镀银布防微波工作服比以上两种金属布服重1/3，表面电阻率<0.2Ω，对3～30cm波段屏蔽衰减量>26dB，耐腐蚀性也好，但价格昂贵，故使用有一定的局限性。

3. 金属膜布防微波工作服。金属膜布，如铝膜布等，也可用于制作防微波工作服，但其强度较低，而且不耐曲折和摩擦。

第二十八章 安全分析

第一节 安全分析的意义与安全分析基础知识

一、安全分析的意义

安全分析就其内涵和任务而言，是为了保护职工的安全和健康，运用物理、化学的方法和物理化学的方法等，对厂矿企业生产过程中所产生的各种有毒有害物质和粉尘的组分及在作业场所空气中的含量进行测定，以及为了某些作业安全生产的需要，对生产过程中逸出的可燃气体、可燃液体的蒸气和可燃性粉尘等在作业场所空气中的浓度或氧含量进行测定。从而为厂矿企业安全生产提供各种科学的数据，以防止燃烧、爆炸、中毒、窒息等事故的发生。可见安全分析在厂矿企业安全生产中有着重要的地位和作用，尤其是防火、防爆、防毒和防窒息的厂矿企业或生产车间，或是在设备容器内从事作业等，更具有极其重要的意义。从安全生产角度出发，安全分析结果的准确与否，关系到整个生产车间甚至整个厂矿企业的安全。因此，要严格执行安全分析制度，一丝不苟，以确保人身与国家财产的安全。

安全分析包括对作业场所空气中有毒有害物质和生产性粉尘的组分和浓度的测定，作业场所中对人体能产生危害的物理因素的测定，某些作业场所空气中可燃气体、可燃液体的蒸气和可燃性粉尘的浓度的测定，某些作业场所空气中氧含量的测定等。

同时，在开展工业卫生和职业病防治的工作中，为了解和评价生产作业场所的劳动卫生条件、改善劳动条件、改进生产工艺和操作方法，为调查职业病的原因，制定尘毒治理方案及诊断治疗职业病，为鉴定工艺设备的密闭程度和评价通风排毒及除尘等各种工业卫生技术措施的效果，以便进一步改进设计和采取预防性措施，为制定工业卫生标准和厂房设计等预防性工业卫生监督工作积累和提供科学的数据资料等，安全分析工作还应定期和不定期地对车间和作业场所空气中的各种有毒有害物质和生产性粉尘的浓度进行测定，以及对某些作业场所中能对人体产生危害的一些物理因素进行测定。

此外，厂矿企业在生产过程中，因人员操作上的失误或设备发生故障等原因，一旦发生中毒事故后，还应对事故现场空气中有毒有害物质等进行定性和定量的安全分析，通过安全分析可以提供中毒者在事故状态下暴露状况的推测，判明由何种有毒有害物质引起的中毒，以及事故状态下有毒有害物质等在作业场所空气中的浓度。为抢救事故中毒者，以及分析事故产生的原因和采取预防事故重复发生的防范措施提供依据。

因此，安全分析是安全生产和工业卫生、职业病防治等工作的"眼睛"，是厂矿企业安全生产及安全科学管理工作中不可缺少的一个重要环节。

二、安全分析的分类

安全分析可分为动火分析和车间空气中有毒有害物质分析两大类，属于气体分析的范畴。

在厂矿企业安全生产的实际工作中，可根据下列 4 种情况以决定进行哪一类的安全分析。

1. 在设备容器外进行动火作业。此时只需要在动火作业的部位采集气样，做动火分析即可。在富氧设备或管道附近进行动火作业，除做动火分析外，还应做氧含量的分析。

2. 作业人员需进入设备容器内进行作业，但不进行动火作业。此时只需要采集设备容器内的气样，做有毒有害物质浓度的分析和氧含量的分析。

3. 作业人员需进入设备容器内进行动火作业。此时需要采集设备容器内的气样，不但需要做动火分析，还需要同时做有毒有害物质浓度的分析和氧含量的分析。

4. 为监督和评价生产车间或作业场所的空气中的劳动环境质量。此时需要定点、定期或不定期地采集生产车间或作业场所及作业岗位的空气气样，做有毒有害物质浓度的定量分析，以及对作业场所中能对人体产生危害的一些物理因素进行测定。

三、气体的基本定律

安全分析是以单位体积空气中所含有毒有害物质的量来计算的。然而，空气的体积是随温度和压力的变化而变化的，因此，必须首先要掌握其变化规律。

1. 气体体积与压力的关系

波义尔—马里奥特定律。当温度不变时，一定量气体的体积 V 与它所受到的压力 P 成反比。用公式可表示为：

$$PV=C \quad \text{或} \quad P_1V_1=P_2V_2$$

上式中：C——常数，其大小与气体的种类和量以及温度有关；

V_1，V_2——气体在不同的压力 P_1，P_2 下的体积。

2. 气体体积与温度的关系

查理—盖·吕萨克定律。当压力不变时，一定量气体的体积 V 与绝对温度 T 成正比。用公式可表示为：

$$V=C'T \quad \text{或} \quad \frac{V_1}{V_2}=\frac{T_1}{T_2}$$

上式中：C'——常数；

V_1，V_2——气体在不同温度 T_1，T_2 时的体积。

绝对温度 T 和摄氏温度 t 之间的关系为：

$$T=273.16+t$$

3. 阿佛加德罗定律。在相同的温度和相同的压力的条件下，等体积的任何气体含有相同的分子数。同样，在相同的条件下，含有相同分子数的任何气体，必占有相同的体积。

4. 气体体积与温度、压力之间的关系。在通常情况下，气体的体积、温度和压力常同时发生变化。根据以上定律，就可得出：

$$\frac{P_1V_1}{T_1}=\frac{P_2V_2}{T_2}$$

再根据阿佛加德罗定律即可导出理想气体状态方程式：

$$PV=nRT$$

上式中：n——气体的摩尔分子数；

R——通用气体常数，它与气体种类及存在条件无关，只与测量所用的单位有关。常用的有 8.314J/(℃·摩尔分子) 或 0.08205L·大气压/(℃·摩尔分子)，或 22.4L·1.333×10²Pa/(℃·摩尔分子)。

5. 气体摩尔分子体积。1 摩尔分子的任何气体，在标准状况下（即温度为 0℃，压力为 1 标准大气压），都占有 22.4L 的体积，这个体积称为气体摩尔体积。

四、气体体积的换算

在测定空气中有毒有害物质时，因现场空气的温度、压力各有差异，为了比较测定的结果，必须先将所采集的空气体积换算成标准状况下的体积，然后再进行空气中含有毒有害物质浓度的计算。

根据气体的体积、温度和压力之间的相互关系，可求出标准状况下的体积 V_0。

$$V_0=V_t\times\frac{T_0}{T}\times\frac{P}{P_0}$$

$$=V_t\times\frac{273}{273+t}\times\frac{P}{1.01325\times10^5}$$

上式中：V_t——采样地点温度在 t℃时所采集空气的体积，L；

P——采样地点的大气压力，Pa；

P_0——1 标准大气压，1.01325×10^5 Pa；

t——采样地点的大气温度，℃。

例：采样地点温度为 27℃，大气压力为 9.9992×10^4 Pa，所采空气样品为 40L，换算成标准状况下的空气体积为：

$$V_0=40\times\frac{273}{273+27}\times\frac{9.9992\times10^4}{1.01325\times10^5}=35.92\text{L}$$

若用真空瓶采样，采样后瓶内仍有剩余压力，则应先用压力计测量剩余压力，然后再按下列公式进行计算出标准状况下的体积。

$$V_0=V_c\times\frac{273}{273+t}\times\frac{P-p}{1.01325\times10^5}$$

上式中： V_c——采样所用真空瓶的体积，L；

t——采样地点的大气温度，℃；

P——采样地点的大气压力，Pa；

p——采样瓶中的剩余压力，Pa；

1.01325×10^5——为 1 标准大气压，Pa。

五、空气中有毒有害物质的浓度的表示方法

单位体积空气中有毒有害物质的含量，称为该有毒有害物质在空气中的浓度。

空气中有毒有害物质浓度的表示方法一般有两种：一种是质量浓度，即单位体积的空气中含有毒有害物质的毫克数，如毫克/升（mg/L）、毫克/米³（mg/m³），两者之间相差1000倍，其关系为1mg/L＝1000mg/m³。另一种是体积浓度，即单位体积的空气中含有毒有害物质的体积份数，如体积百分数（％）或体积百万份数（ppm），它们两者之间相差10000倍，其关系为1％＝10000ppm，另外，还有比ppm更小的单位，如ppb和ppt，它们之间的关系为1ppm＝1000ppb；1ppb＝1000ppt。

质量浓度表示法对空气中存在的各种状态的有毒有害物质均可适用，但体积浓度表示法则只适用于呈气体状态或蒸气状态存在的有毒有害物质，而不能用于空气中以气溶胶状态存在的有毒有害物质。

我国颁布的《工业企业设计卫生标准》中规定，车间空气中含有毒有害物质的最高容许浓度是采用在标准状况下（即0℃，1标准大气压或760mmHg）每立方米空气中含有毒有害物质的毫克数来表示的，即毫克/米³（mg/m³）。

美、英等国家是采用在25℃，1标准大气压或760mmHg的标准大气压下，以体积百万份数浓度（ppm）来表示空气中含有毒有害物质的浓度的。

根据阿佛加德罗定律和气体摩尔体积，可将空气中有毒有害物质的质量浓度和体积浓度之间进行互为换算。

1. 由 mg/m³ 换算成体积百分浓度

$$X_1 = \frac{A \times 22.4}{M \times 10^4} \%$$

上式中：X_1——所求体积百分浓度；

　　　　A——被测物质的质量浓度，mg/m³；

　　　22.4——标准状况下的气体摩尔体积；

　　　　M——被测物质的分子量。

例：根据分析的结果，被测空气中含 CO_2 的浓度为 800mg/m³，求其体积百分浓度。

CO_2 的分子量为44，代入上式得：

$$X_1 = \frac{800 \times 22.4}{44 \times 10^4} \% = 0.0407\%$$

2. 由体积百分浓度换算成 mg/m³：

$$X_2 = \frac{M \times B \times 10^4}{22.4} \text{mg/m}^3$$

上式中：X_2——所求质量浓度，mg/m³；

　　　　M——被测物质的分子量；

　　　　B——被测物质的体积百分浓度；

　　　22.4——标准状况下的气体摩尔体积；

例：已知空气中含有0.006％CO，求其质量浓度（mg/m³）。

CO的分子量为28，代入上式得：

$$X_2 = \frac{28 \times 0.006 \times 10^4}{22.4} = 75 \text{mg/m}^3$$

3. 由体积百万份数浓度（ppm）换算成 mg/m³：

$$X_3 = \frac{M \times C}{22.4} \text{mg/m}^3$$

上式中：X_3——所求质量浓度，mg/m^3；

　　　　M——被测物质的分子量；

　　　　C——被测物质的浓度，mg/m^3；

　　　22.4——标准状况下的气体摩尔体积。

例：已知 NO_2 的体积百万份数浓度为 15mg/m^3，求其质量浓度（mg/m^3）。

NO_2 的分子量为 46，代入上式得：

$$X_3 = \frac{46 \times 15}{22.4} = 30.80 \text{mg/m}^3$$

美、英等国家的有关文献资料中所列有毒有害物质在空气中的浓度是以气温 25℃，及标准大气压，即 1 标准大气压或 760mm 汞柱为标准的，此时，1 摩尔气体的体积为 24.45L。因此，在参阅或引用此浓度（C）换算成 mg/m^3 时应为：

$$\text{mg/m}^3 = \frac{M \times C}{24.45}$$

上式中：M——被测物质的分子量；

　　　　C——浓度；

　　24.45——温度为 25℃，1 标准大气压状况下的 1 摩尔气体体积。

例：空气中 SO_2 的浓度为 5.2ppm，相当于多少 mg/m^3。

SO_2 的分子量为 64，代入上式得：

$$\frac{64 \times 5.2}{24.45} = 13.61 \text{mg/m}^3$$

第二节　作业场所空气中有毒有害物质样品的采集

一、空气中有毒有害物质样品的采集方法

根据有毒有害物质在作业场所空气中存在的状态、浓度和测定方法的灵敏度，选用不同的采集方法。采集空气中有毒有害物质样品的方法，基本上可分为两大类，即浓缩法和集气法。

1. 浓缩法，也称滤过法或抽气法。

由于作业场所空气中有毒有害物质的浓度一般均较低，为了达到测定方法的灵敏度要求，需将现场空气通过装有吸收液、吸附剂的采集管或装有滤纸、滤膜的采样夹，使空气中的有毒有害物质被吸收于吸收液中，或被吸附于吸附剂表面上，或被阻留在滤纸、滤膜上，从而使有毒有害物质从空气中得到浓缩和分离，这种采集样品的方法称为浓缩法。

用浓缩法采集样品时，需要滤过多少体积的空气量，即采气量，应根据空气中有毒有害物质浓度和测定方法的灵敏度而定，采集样品的仪器，一般由盛有吸收液的采集管、采气动力和气体流量计三部分所组成。吸收剂可分为吸收液、固体吸附剂、滤纸和滤膜等。由于有毒有害物质的理化性质和在空气中存在的状态各异，因此，必须选用不同形式的采集管和不同种类的吸收剂，以及不同的采气速度，尽量使有毒有害物质被吸收得更完全，以达到采样的高效率。浓缩法采集样品所得到的分析结果,是表示在采样时间内所采集样品的空间中被测物质的平均浓度。

(1) 气体或蒸气的采集。被测定的有毒有害物质若以气体或蒸气状态存在于空气中时,最常用的采集样品的方法是使采样点的空气通过装有吸收液的采集管。当气泡通过吸收液时,由于气泡中有毒有害物质分子的高速运动,并迅速扩散到界面上而被吸收液所吸收,使被测物质从空气中得到分离。

吸收液。选用的吸收液必须对被测物质有良好的吸收效果,即对被测物质能迅速溶解或迅速起化学反应。常用的吸收液有水、水溶液和有机溶剂等。选择时,应根据有毒有害物质的理化性质及所用的测定方法而定。如氟化氢、氯化氢易溶于水,可用水作吸收液;用比浊法测定二氧化硫,可用5%氯酸钾水溶液作吸收液,使二氧化硫在水溶液中被氧化成硫酸而被阻留在溶液中;用盐酸副玫瑰苯胺比色法测定二氧化硫时,可采用四氯汞钠水溶液作吸收液,因其可与二氧化硫生成稳定的络合物而被吸收在溶液中;采集醋酸酯类化合物可用无水乙醇,采集四氯化碳可用丙酮等。理想的吸收液不仅用于吸收被测物质,而且还可兼作显色剂,如用盐酸萘乙二胺作吸收液氧化氮,甲基橙吸收液测定氯,硝酸银吸收液测定硫化氢等,它们既是吸收液,又是显色剂。

固体吸附剂。任何气体或蒸气在常温或低温下,在某种程度上都会附着在固体物质表面上,这种现象称为吸附。多孔固体物质不仅能以其表面与气体接触,同样其内表面也能与气体接触而发生吸附。某些多孔固体物质具有大量的由极细小的孔道构成的网络和具有超显微大小的孔穴,使其与气体或蒸气的接触表面积大大增加,这样的物质作吸附剂有实用价值,这类物质有活性炭、硅胶、活性氧化铝和各种活性土。

一般含硅的、金属氧化物的和活性土类的吸附剂是极性的,其分子结构的电子分布是不对称的。由于极性物质能彼此强烈吸引,又因水是强极性的,所以极性吸附剂能吸附空气中的水蒸气。因此,硅胶和活性氧化铝适合于短时间内从空气中采集浓度较高的有毒有害物质的气体和蒸气,当被采集的气体或蒸气较干燥时,在采集样品完毕之前,吸附剂仍不致被水蒸气所饱和。硅胶、有活性氧化铝具有淡色背景,有利于化学吸附反应,可以直接观察吸附剂表面上发生的化学变化。故它们常用于气体检气管中作载体,用相应的显色剂预先浸渍后成为指示胶,将其封装在玻璃管内,在用气体检气管对某种有毒有害物质进行测定时,在采集样品的同时即可在指示胶上显色定量,从而能够进行快速检测出空气中有毒有害物质的浓度。

采集管。采集管的构成形式合理与否是提高吸收率的重要因素之一。采集管应在不增加吸收液用量的情况下,尽可能地增加采样气体与吸收液的接触面积和接触时间,亦即使样气通过吸收液时所形成的气泡要小,其通过的液层较高,使被测物质在吸收液中被吸收得更完全。气泡吸收管专供采集气体及蒸气之用,另一种是具有玻砂滤板的采集管,当样品空气通过多孔玻砂时,在吸收液中产生很多细小的气泡,使吸收率大大增加,这种采集管有时还适用于采集烟雾状气溶胶样品。无论使用哪种形式的采集管都必须严密不漏气,并便于清洗。

采样速度。采样速度也是影响吸收率的重要因素之一。在采样时,应考虑两个方面的速度,即样品空气进入采集管口时的进口速度和样品空气通过吸收液或吸附剂的捕集速度。气态物质在空气中的移动速度与空气流动速度相同,无论样品空气以何种进口速度进入采集管，混合于空气中的气态物质也必能定量地同时随空气进入采集管中。因此，对气态或蒸气态状物质的采样速度，只需考虑吸收液或吸附剂对物质的吸收或吸附效果，即吸收液对物质的溶解度和化学反应速度或吸附剂对物质的吸附作用，以及采集的形式，亦即使采样速度只需满足捕集速度的需要即可。

(2) 气溶胶的采集。当被测物质以气溶胶状态存在于空气中时，就不能采用气泡通过吸收液的方法进行采样。因为气泡中的气溶胶微粒，不像气体分子那样能很快地扩散到气液界面，所以用气泡吸收管采集气溶胶的效率很差。采集气溶胶的方法，必须使烟、雾、尘碰撞在固体表面才能被吸附。因此，必须改变采集管的形式，方可提高对气溶胶样品的采集效果。

采集管。对于烟或雾状气溶胶的采集方法，可用具有玻砂滤板的液体吸收管。当样气通过玻砂滤板时，雾与烟被粘附在玻砂滤微孔表面，随即被吸收液所溶解，即使有少部分通过玻砂滤板，也易被吸收液所形成的大量泡沫所捕集而被溶解。

另一种采集管也是装有吸收液的冲击式吸收管，专为采集粉尘状气溶胶物质而设计，样气以 3L/min 的速度通过吸收管，进气管口内径为 3.5mm，此时其进口速度约为每秒 4m，使粉尘状气溶胶物质能定量地与空气一起进入吸收管。冲击式吸收管出气管口内径为 1mm，距管底 5mm，此时样气由内和喷向底板的冲击速度为 60m/s。粉尘颗粒因惯性作用被冲至管底，在管底停留的瞬间即被吸收管中吸收液所捕集。这种方法的采样效率约为 60%~90%。由于采样效率与粉尘的微粒大小和密度有关，微粒小而密度又小者，效率则低。因此，冲击式吸收管不适用于采集烟或雾状的有毒有害物质，更不宜作采集气态或蒸气态的有毒有害物质之用。

滤纸、滤膜采样。对烟和粉尘状固体气溶胶可采用滤纸、滤膜进行采样，当样气通过装有固体滤料的采样夹时，微粒物质被阻留在滤料的表面。常用的滤料有聚氯乙烯滤膜、滤纸、玻璃纤维滤纸等。滤纸和滤膜的纤维必须均匀致密，否则影响采样效率。这些滤料对 $0.1\mu m$ 以上的微粒物质有较高的阻留率。滤膜已被普遍使用于测定空气中粉尘的浓度。目前，对化学性烟尘物质也都趋向于用滤纸和滤膜采样。其中滤膜除有过滤作用外，还有静电吸引作用，因而其阻留效率很高，但滤膜在分析程序洗脱液中加热处理时，易出现卷曲团缩现象，使滤膜上的烟尘不易洗脱，但采用玻璃纤维滤纸可避免此现象。

采样速度。采集气溶胶样品的速度合适与否，对提高采集气溶胶物质样品的效率有一定的影响。因气溶胶在空气中的移动速度与空气的流动速度不同，特别是对微粒较大的粉尘状物质，它在空气中会缓慢地向下沉降。当被测的现场空气具有一定风速或粉尘的微粒和比重较大时，要使含尘空气能保持其现场浓度，定量地被吸入滤料采样夹，需要有较大的进口速度才能使大小粉尘微粒全部被吸入滤料采样夹。由于增加了进口速度，就需要有较大采气动力，但与此同时，微细的烟尘微粒就可能会因采样速度太快而穿透过滤料层，反而使采样效率降低，另一方面，因进口速度太快，一些不可吸入的较大的粉尘微粒也被滤料吸附，而采集了这些较大微粒的粉尘，并不能反映被人体吸入的粉尘实际浓度。因此，采集气溶胶物质的样品时应选择适当的采样速度。

2. 集气法。

集气法是将被测样气收集在一容器中，再带回分析室进行测定。集气法适用于采集气态或蒸气态物质或不易被吸收液以及固体吸附剂所吸附的物质。当空气中有毒有害物质的浓度较高，或测定方法的灵敏度较高，采集少量样气（一般在 1L 以下）已足够测定方法的需要，可使用集气法采样。气相色谱法检测空气中有毒有害物质的浓度就常用集气法进行采样。集气法采得样气后应尽快分析，其分析结果只表示采样瞬间或短时间内空气中有毒有害物质的浓度。对现场空气进行多次有代表性的瞬间或短时间采样测定，可监测作业带的环境空气中有毒有害物质的浓度是否符合国家工业卫生标准。

集气法所用的容器有玻璃集气瓶、医用注射器和塑料袋等。集气瓶的容量一般为300～1000mL左右，采气量就相当于集气瓶的容积，因此，每个集气瓶的容积应预先测量。注射器通常是选用100mL的。

用玻璃集气瓶采集样气的方法有下列两种：

（1）置换采样。将有双口的集气瓶，一口接上抽气筒或其他吸气动力，迅速抽取比集气瓶的容积大6～10倍的样气，使瓶中原有的空气完全被样气置换出来。此时，集气瓶的容积即为采样点的气温、气压条件下的采气量。有时也可用与被测物质不发生化学反应的液体，如饱和食盐水，装满集气瓶，采样时在现场将液体从集气瓶中放出，被检测样气便可充满于集气瓶中。

（2）真空采样。采样前先用真空泵将具有活塞的采气瓶中的空气抽出，使瓶内剩余压力为 15～20mmHg（$2.0×10^3～2.7×10^3$Pa），关闭活塞，记录剩余压力数字以便计算采气量，然后将采气瓶携至采样地点，打开活塞，被检测样气即被吸入瓶中。抽真空的采气瓶应为硬质厚玻璃制成，在抽真空时，应将集气瓶放在厚布袋内，以防炸裂造成伤人事故。为防止漏气，活塞应涂上耐真空油脂。

用注射器采集现场空气样品，是集气法中最简单且易行的方法，目前已为测定空气中有毒有害物质的分析人员普遍采用。吸入和排出采样样气只需推动注射器内管。采样气时，可先将注射器反复抽取现场样气数次，以减少注射器内壁对有毒有害物质吸附所造成的误差，然后再进行采样。对某些不与橡胶或塑料起化学反应的气态物质，如一氧化碳、二氧化碳等可用球胆或塑料袋作集气之用，其方法是在球胆口装一有单向阀的双链球，捏双链球将样气采进球胆，或者是用100mL注射器抽取现场样气后，再注入塑料袋内。

二、采集空气中有毒有害物质样品的常用仪器

采集空气中有毒有害物质样品的仪器可分为采集管、采气动力和气体流量计三个部分。

1. 采集管。根据有毒有害物质在空气中存在的状态不同，所用的采集管的形式也不同，常用的采集管有以下数种类型。

（1）气泡吸收管（见图28-1），有大型、小型两种。气泡吸收管的外管下部缩小，使吸收液的液柱增高，以增加样气与吸收液的接触时间。外管上部膨大，可避免吸收液在采集样气时随气泡溢出吸收管。大型气泡吸收管可盛5～10mL吸收液，采集样气速度一般为0.5L/min。小型气泡吸收管可盛1～2mL吸收液，采集样气速度一般为0.2L/min。在实际采集样气时，常将两个同型的吸收管串联起来，使被测物质吸收得更完全。

（2）多孔玻板吸收管，也有称为玻砂吸收管的。多孔玻板吸收管有直型（图28-2，a）和U型（图28-2，b）2种。直型多孔玻板吸收管的多孔玻板是在中心管底部，样气从中心管进入，由上向下通过多孔玻板，使产生的细小气泡通过吸收液，增加了样气与吸收液的接触面积，对被测物质的吸收较气泡吸收管有显著提高。此吸收管可盛5～10mL吸收液，采样速度为0.5～1L/min。U型多孔玻板吸收管的多孔玻板在粗管底部，为一片

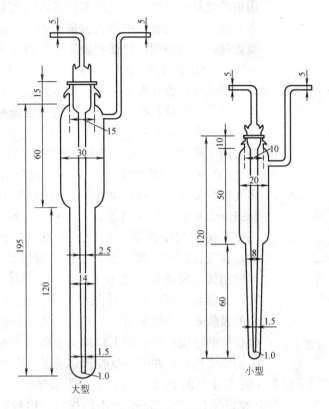

图 28-1 气泡吸收管（mm）

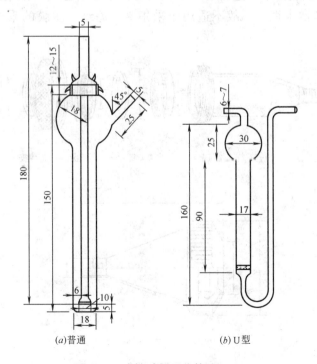

图 28-2 多孔玻板吸收管（mm）

用玻砂烧结的滤板。样气从细管进入吸收管，自下向上通过多孔玻板，在吸收液中形成大量的细小气泡，增加了空气与吸收液的接触面积，使被测物质吸收得更完全。此吸收管可盛 5~10mL 吸收液，采样速度一般为 0.5L/min。

多孔玻板吸收管比气泡吸收管的采样效率高，通常使用单管采样，当被测物质在空气中的浓度较高时，方用双管串联采样。多孔玻板吸收管除用于采集气态和蒸气态物质外，还可用于采集雾状及部分烟状物质的样品。

(3) 冲击式吸收管（图 28-3）。此吸收管的外形与直型多孔玻板吸收管相同，其内管下口孔径为 1mm，吸收管可盛 5~10mL 吸收液，采样速度一般为 3L/min。此吸收管主要用于采集空气中粉尘状和烟状物质。由于烟、尘的微粒较大，在吸收液中不像气态分子那样容易扩散到气液界面上，如使用气泡吸收管则吸收效率很低。若使用多孔玻板吸收管，又容易堵塞玻板的孔隙而影响吸收效率。为了增加烟、尘的吸收效率，故采用冲击式吸收管，可将带烟、尘的空气以很快的速度从内管的下口冲向吸收管的底部，烟、尘微粒因惯性作用而被冲击到吸收管的底部，从而被吸收液所吸收。

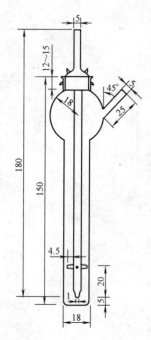

图 28-3 冲击式吸收管（mm）

(4) 滤纸、滤膜采样夹（图 28-4 和图 28-5）。滤纸、滤膜采样夹有多种式样，常用塑料或金属制成，其进气口的有效直径有 10~35mm 的不同规格。用慢速定量滤纸为滤料采集粉尘和烟时，其阻留率可达 96%~99%，如用滤膜为滤料，采集烟、尘时，其阻留率更高。因滤膜是憎水性的，故不适用于采集雾。滤纸、滤膜的采样速度一般为 5~20 L/min。

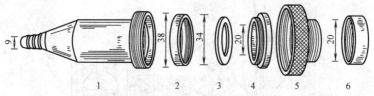

(a) 1—采样夹抽气漏斗；2—滤膜夹底；3—滤膜垫圈；4—滤膜夹盖；
5—采样夹盖；6—防尘盖

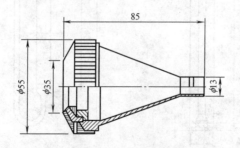

(b) 武安Ⅲ型粉尘采样器

图 28-4 滤膜采样夹（mm）

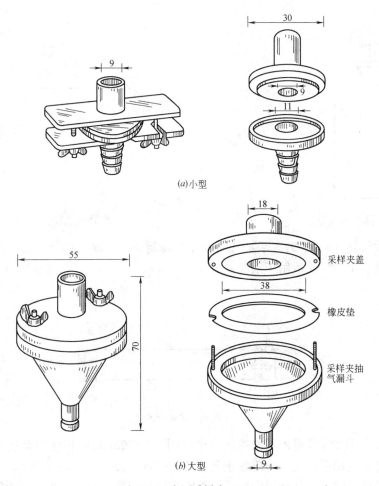

图 28-5 滤纸采样夹（mm）

(5) 固体颗粒采样管（图 28-6）。管内通常装入 40～80 目的硅胶或陶瓷，主要用于采集空气中呈蒸气态和雾态的有毒有害物质，因为硅胶、陶瓷等对有机化合物蒸气和雾等都有较强的吸附力。

(6) 集气瓶（图 28-7）。常用的玻璃集气瓶有大瓶和小瓶两种，大瓶的容积一般为 1000mL，小瓶的容积为 300mL。使用前，应预先校验每个集气瓶的容积。抽真空前应先检查集气瓶瓶塞是否漏气，可采用抽真空方法进行试验，打开集气瓶塞，向瓶内加入少量水，塞上磨口塞，抽真空后，关闭活塞，将瓶倒放使瓶内的水覆盖瓶塞，就能很清楚地观察磨口塞及活塞处是否漏气。如果漏气，因瓶内外压差而使瓶外空气从瓶塞进入瓶内，在水层处产生气泡，如无气泡产生，则表明不漏气。

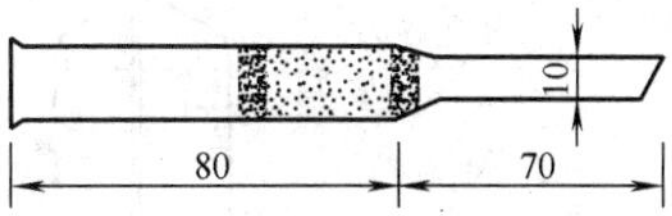

图 28-6 固体颗粒采样管（mm）

(7) 采气管（图 28-8）。一般容量为 100～1000mL。

2. 采气动力。要使空气样品通过采集管时，需要有抽气动力。在现场采样时，应根据采样方法所需流量及采样体积选用合适的采气动力。常用的采气动力有：手抽气筒、双瓶抽气、电动抽气机或压缩空气吸引器等。

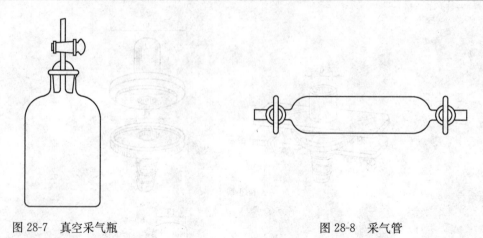

图 28-7 真空采气瓶　　　　　　　　图 28-8 采气管

（1）手抽气筒（图 28-9）。手抽气筒为一金属制成的圆筒，内带活塞，活塞往复动作即可连续抽气。手抽气筒适用于采气量较少、速度较快的场合，每次能抽 100～150mL 的样气。

图 28-9 手抽气筒

手抽气筒的采气速度可用手来控制，也可用一个 100mL 医用注射器连接三通活塞以代替手抽气筒。使用手抽气筒前应校正其容积并检查是否漏气。检查的方法为，将进气口夹紧，用力抽动活塞柄，然后慢慢松手，观察活塞是否自动返回原处或接近原处，否则即为漏气。

（2）双瓶抽气（图 28-10）。此法适用于采样时间较长，采气量较大，采气速度较慢，采气现场无电源又需防爆的场所。此法虽简单原始，但较实用。

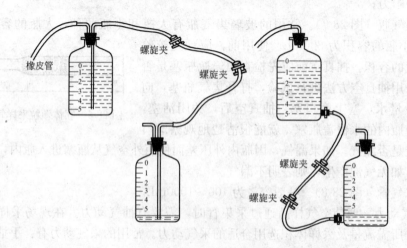

图 28-10 水抽气瓶

用两个2~10L具有容积刻度的细口瓶或下口瓶,用橡皮管如图装接好,即可用作采气。采集样气时,将两瓶放在不同的高度,高瓶中注满水,使两瓶之间形成虹吸作用,此时高位瓶短玻管处即产生吸气作用。吸收管与高位瓶的短玻管连接,采样速度可用套在橡皮管上的螺旋夹调节,以吸收管开始冒泡起,采集所需样气体积后,夹紧螺旋夹,高位瓶中水面下降的容积刻度,即为所采集样气的体积。计算样气体积时应进行压力和温度和校正,校正后的体积即为采集样气在标准状况下的真正体积。

为了调节流量,水抽气瓶的橡皮管上可夹上两个螺旋夹,一个作为调节流量用,另一个作开关用。

为了便于携带,也可用白铁皮或其他材料制成水抽气瓶,外面装上一个玻璃管来观察水位。玻璃管两旁焊上铁保护槽,以防损坏,也可用硬质塑料制成水抽气瓶等。

(3)电动抽气机。常用的电动抽气机的形式有吸尘机、真空泵、刮板泵和薄膜泵等。

吸尘机适用于流速较大、阻力较小的采集器作抽气动力。例如,用滤纸或滤膜采集烟、尘时,可用吸尘机作采气动力。

真空泵,开启真空泵时负压很大,适用于作阻力比较大的采集器的抽气动力。但真空泵较笨重,携带不便,故不宜现场使用。

刮板泵,比较小巧较便,便于携带,适用于大小流速和各种类型的样气采集器,可作较长时间的抽气动力之用。

薄膜泵,质量较轻,便于携带,采气流量不大,适用于阻力、流速均较小的样气采集器作采气动力,如气泡吸收管、玻砂吸收管等,并且能连续使用。

用电动抽气机采样时,采样体积需从流量(L/min)和采气时间(min),以及采气时的大气压力和气温等计算求得。

(4)压缩空气吸引器。压缩空气吸引器是利用压缩空气高速喷射时吸引器产生负压作采气动力。其原理与水抽气泵相同。

压缩空气吸引器是用金属制成,携带轻便,吸气动力能符合各种采样方法的要求,并可连续使用,具有防火、防爆等特点。适用于不准用明火或无电源而具备压缩空气源的场所,特别在矿山井下采样时更为适用。其采气速度可通过调节压缩空气喷射量来控制。采样体积可以采气流量(L/min)和采气时间(min),以及采气时的大气压力和气温计算求得。

3.流量计。流量计是测量气体流量的仪器。用电动抽气机或压缩空气吸引器为采气动力时,便需要用流量计来测量所采集的样气体积。

流量计的种类较多,现场采样使用的流量计要求轻便易于携带,孔口流量计、转子流量计较适合这种要求。

(1)孔口流量计(图28-11)。有隔板式及毛细管式两种。当气体通过隔板或毛细管小孔时,因阻力而产生压力差,气体的流量越大,阻力也越大,所产生的压力差也越大。由孔口流量计下部的U形管两侧的液柱差,可直接读出气体的流量。

孔口流量计流量的计算公式如下:

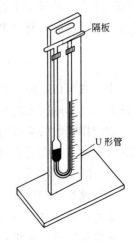

图28-11 孔口流量计

$$Q = K\sqrt{\frac{hr_k}{r}}$$

Q——气体流量；

h——流量计的液柱差；

r——空气的密度；

r_k——U形管中液体的密度。

由上式看出，孔口流量计的流量和液柱差的平方根成正比，和空气密度平方根成反比，所以影响空气密度的因素均要影响空气的流量。空气的密度与压力成正比，与绝对温度成反比。故在实际工作中，应考虑压力和温度对流量计读数的影响。

孔口流量计中的液体，可用水、酒精、硫酸、汞等。由于各种液体的密度不同，在同一流量时，孔口流量计上所示出的液柱差也不一样，密度小的液体其液柱差最大。通常所用的液体是水，为了读数时方便，可向液体中加入几滴红墨水。

采样时水平玻璃管的一端，即装液体至下球部的一侧，连接采集器，另一端连接采气动力。当空气通过孔口时，由于孔口的阻力，在孔口前后产生一定的压差，使U形管中有上球的一侧液面上升，其上球起缓冲作用，防止流速太快时，其流量计中的液体冲入水平玻璃管而被吸入抽气机中，液面上升高度与两侧压力差成正比，与气体流速成正比。因此，根据U形管中液柱高度可得出单位时间内空气的流量。水平玻璃管中孔口的大小影响U形管中液柱的高度，亦即影响气流速度。因此，使用小流量采集样气时，应采用小孔口流量计，需要大流量时，则用大孔口流量计。孔口流量计所指示的数值，是单位时间内通过的空气量，一般以L/min表示。

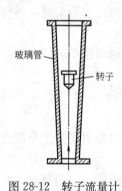

图28-12 转子流量计

（2）转子流量计（图28-12）。转子流量计是以上粗下细的锥形玻璃管和可以沿着锥形玻管上下浮动的转子组成。

转子常用铜、铝、有机玻璃或塑料制成。当气体由玻璃锥形管的下端进入时，由于转子下端的环形孔隙截面积＞转子上端的环形孔隙面积，所以转子下端气体的流速＜上端的流速，下端的压力＞上端的压力，使转子上升，直至上下两端压力差与转子的质量相等时，转子就停止不动，气体流量越大时，转子升得越高，其流量计算公式如下：

$$Q = K\sqrt{\frac{\Delta p}{r}}$$

由上式可以看出，流量与转子上下两端压力差的平方根成正比，与空气密度的平方根成反比。其影响因素与校正方法均与孔口流量计相同。

在使用吸收管采样时，在吸收管与转子流量计之间应接一干燥管；以及采样时的样气湿度较大时，也需要在转子流量计进气口前接一干燥管，否则，转子吸收水分后增加质量，会影响测量结果。

（3）流量计的校正。在使用流量计时，为了获得准确的采样体积，除了要有正确的使用方法外，流量计本身的刻度值必须精确可靠，即在使用前应予校正。

对流量计进行校正，通常用皂膜流量计进行。皂膜流量计是由一根带有体积刻度的玻璃管和橡皮球所组成（见图28-13）。玻璃管的下侧有一管口向上的气体入口弯管，玻璃

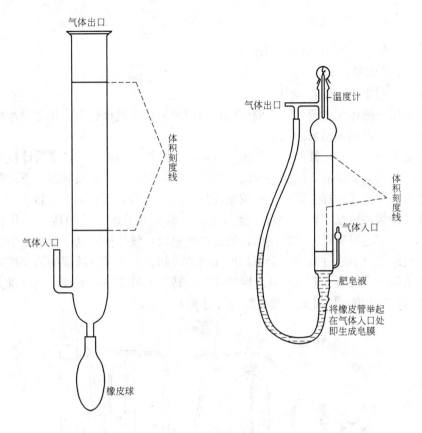

图 28-13 皂膜流量计

管的下口与橡皮球相连。将橡皮球内充满肥皂液，当缓慢的气流将一个肥皂膜经过带有体积刻度线的玻璃管时，用秒表记录皂膜由玻璃管的下刻度线到上刻度线所需的时间，即可计算出气体的流量。

由于皂膜的质量小，在沿玻璃管内壁移动的摩擦力也小，一般只有 $2.7\times10^2 \sim 4.0\times10^2$ Pa（2~3mmHg）的阻力，并且有很好的气密性，同时体积和时间均可精确测量。因此，皂膜流量计是测量气体流量较为精确的量具。用皂膜流量计校正其他种类的流量计，是一种简便、可靠的方法，在较宽的流量范围内，误差皆小于 1%。

皂膜流量计的测定范围，可以从每分钟几毫升至几十升，测定小流量时，管径可细一些，内径 10mm、长 250mm；测定大流量时，管径可粗一些，内径 100mm，长 1000~1500mm。由于皂膜流量计的主要误差来源是时间的测定，为了消除这一误差，要求皂膜应有足够长的时间通过玻璃管的刻度区，皂膜上升的速度，应控制在 4cm/min 以内，气流必须稳定。

在用皂膜流量计校正其他类型的流量之前，必须先将皂膜流量计本身的体积刻度予以校正。校正时，先将皂膜流量计玻璃管洗净，然后下口用一个橡皮管和螺旋夹封口，注意不要有气泡，注水至上体积刻度线。打开橡皮管上的夹子，从下口放水至下体积刻度线，然后精确称量所放出水的质量，记下水温 t℃，则两刻度线之间的体积可按下式进行计算。

$$V = \frac{W}{dt}$$

V——两刻度线之间的体积，L；
W——水的质量，kg；
dt——t℃时水的密度，kg/L。

最后将校正的体积和校正时的温度刻在皂膜流量计的玻璃管上。用称量水质量的方法测量体积，可以得到很精确的结果。

在用皂膜流量计校正其他类型的流量计时，先按图 28-14 装置好流量计校正系统，然后在橡皮球中装满肥皂液，接到皂膜流量计的下端，同时用肥皂液润湿一下管壁，使皂膜顺利沿玻璃管壁上升。标志需校正的流量计的零点，即未通气时流量计转子的位置，连通气路，气体经缓冲瓶稳定后，通过三通管上的螺旋夹调节流量计的转子上升至一定的高度。然后捏一下皂膜流量计的橡皮球，使之形成皂膜，气体便推动一个皂膜缓缓上升，同时用秒表记录肥皂膜通过玻璃管上下刻度线间的时间。上下刻度线间的体积被时间除，即得到被校正的流量计转子上升该高度时的流量，转子上升至一定高度时的注量大小应测定 3 次，然后取平均值。同时记下校正时的气温和大气压。

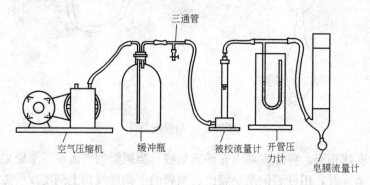

图 28-14　用皂膜流量计校准流量计的装置

以转子上升高度为纵坐标，以相应的流量为横坐标，绘制被校正的流量计的校正曲线。从曲线上查出流量整数值所对应的转子上升高度，制成流量计的标尺，注意将零点对好，贴在被校正的流量计的管壁上，并注上校正时的温度和大气压。

在校正流量计时还应注意，应根据被校正的流量计所需要的流速，选用不同测定范围的皂膜流量计。同时送入气流的装置，应使用钢瓶压缩空气或空气压缩机的气体为气源。

(4) 气压和气温对流量计读数的影响。用流量计测量气体流量时，与气体的密度有关。当气压和气温改变时，将影响气体的密度的变化，这时所校正的流量计所示的读数与真实的气体流量有所差别。在采集样气过程中，使用流量计并非标准大气压下进行，并且流量计是连接在样气收集品与采气动力之间，由于各种样气收集器具有不同的阻力，致使流量计处在某种减压的情况下进行测量气体流量，从而影响了原有流量刻度的准确性。因此，流量在实际使用过程中应根据情况进行必要的校正，其阻力对流量计读数的影响，可通过下面的校正公式进行计算。若所用流量计是在大气压为 1.01325×10^5 Pa（标准大气压）时校正的，如使用时的阻力为 P，流量读数为 Q_P，则校正到大气压为 $1.01325 \times$

10^5 Pa（标准大气压）时的流量为 Q

$$Q = Q_P \sqrt{\frac{760\text{mmHg} - p\text{mmHg}}{760\text{mmHg}}}$$

由校正公式可见，当压力降低 8.0×10^3 Pa（60mmHg）时，校正系数为 0.96；当压力降低 1.3×10^4 Pa（100mmHg 时，校正系数为 0.93。一般样气收集器的阻力均在 8.0×10^3 Pa（60mmHg）以下，所以对流量计读数的影响可忽略不计，只有在使用阻力较大的样气收集器时才考虑阻力的影响。

气温对流量计的读数也有影响，其影响可通过下面的校正公式进行计算。若流量计是在 20℃ 时校正的，使用时的温度为 t，流量计的读数为 Q_t，则校正到 20℃ 时的读数为：

$$Q = Q_t \sqrt{\frac{293}{273 + t}}$$

由上校正公式可见，当 t 为 40℃ 时，校正系数为 0.97；当 t 为 0℃ 时，校正系数为 1.03。因此，在 0~40℃ 范围内，温度变化对流量计读数的影响可以忽略不计，只有超过此温度范围时，才考虑温度的影响。

三、空气中有毒有害物质专用采样器

专用采样器的种类和型号很多，一般可分为气体采样器和粉尘采样器两种类型。如 CD-1 型（北京陶然亭医疗厂）、GS-1 型（上海漕河泾仪表厂）和 WA501 型（武汉分析仪器厂）气体采样器；DK-60B 型（上海探伤机厂）、鞍劳 D-4 型（沈阳热工仪表厂）和 WA72 型（武汉分析仪器厂）粉尘采样器。这些仪器均由盛吸收液或吸附剂的采样器、微型采气动力和转子流量计组合而成。使用的电源有直流、交流和交直两用的。由于这些仪器体积较小，重量较轻，很适合厂矿企业和大气监测采集样气及粉尘之用。

四、空气中有毒有害物质样品的采样时机和采样时间

采集空气中有毒有害物质的样品要能够如实地反映作业人员在整个工作日内所接触其浓度的变化情况，最高浓度是多少，最低浓度是多少。因此，必须选择恰当的时机进行采样。

一般认为，应每旬或每半月一次定时定期地对已选择好的采样点进行有毒有害物质样品的采样及测定。每一个采样点须同时平行采集两个样品，其测定结果之差不得超过 20%，并记录采样时的温度和大气压力。经过如此多次地采样测定，可清楚地掌握作业环境空气中有毒有害物质在一个工作日内的浓度，以及最高浓度、最低浓度和平均浓度等情况，能较为真实地反映作业人员接触有毒有害物质的实际情况，以便对作业环境的工业卫生状况进行评价。

有时需要了解事故状态下空气中有毒有害物质的浓度情况，此时需抓紧时机，在事故发生现场进行采样。

采样时间取决于有毒有害物质的逸散状况，如果生产过程是连续性的，有毒有害物质的逸散又是微量的，此时采样就需要持续较长的时间，并应分别在几个不同的地点、不同的时间进行采样。如果生产过程是间断性的，有毒有害物质的逸散量又较多，如在加料或出料的瞬间，此时采样就需要在较短的时间内完成，以便测定其瞬间浓度。根据需要还可

在有毒有害物质产生前、产生后以及产生的当时，分别采样测定，以找出其在作业场所空气中浓度变化的规律。

五、空气中有毒有害物质采样点的选择

采样点首先应根据测定的目的进行选择，同时应考虑到现场生产的工艺流程、生产状况、有毒有害物质的理化性质和排放情况，以及所需确定采样点当时的气象条件等因素。因此，在选择采样点以前，必须深入现场进行实际调查，根据具体情况选择具有代表性的地点采样，以尽可能采集较少的样品但能达到所需测定的目的。

如果测定的目的是为了摸清作业环境空气中有毒有害物质污染的程度，阐明作业人员接触有毒有害物质的情况，采样点应选择在作业人员经常操作、活动和休息的地点，采样的高度应以人体的呼吸器官为基准，一般离地面高度1.5m左右为宜。如作业人员的操作地点不固定，则应用个体采样器进行采样；有时还需手持样品收集器随作业人员操作走动采样。如此所采得的样品才能真正反映出作业人员在作业带所接触空气中有毒有害物质的浓度。

如果测定的目的是为了了解空气中有毒有害物质的影响区域，有时还需在有毒有害物质发生源的不同方向、不同距离，特别是在有毒有害物质发生源的下风向及其周围区域、车间的休息室、走廊、邻近车间或办公室等处选择采样点。

如果测定的目的是为了评价安全技术工业卫生防护措施，如排毒通风装置的效果，除在使用或停止通风时，应分别在作业人员进行操作地点的呼吸带进行采集样气作对比外，有时还需要在有毒有害物质的排出口，以及密闭生产装置或设备可能逸散有毒有害物质的隙口附近选择采样点进行采样。

六、采集空气中有毒有害物质样气的量

采集空气中有毒有害物质样气的量是根据有毒有害物质在空气中的最高容许浓度和测定方法的灵敏度来决定的，一般测定，采集样气的量要求能测到被测定的有毒有害物质的最高容许浓度以下，或者接近于该物质的最高容许浓度。因此，有毒有害物质最容许浓度较大的或测定方法灵敏度较高的，采集样气的量可以少些，反之则应多些。但在采样前必须计算出最小采集样气的量，以保证能测出最高容许浓度水平的有毒有害物质。

最小采集样气的量可由下式进行计算：

$$V = \frac{a \cdot c}{b \cdot d}$$

V——最小采集样气的体积，L；
a——样品（吸收剂）的总体积，mL；
b——分析时所取样品的体积，mL；
c——分析方法的灵敏度，以 $\mu g/mL$ 表示；
d——被测有毒有害物质的最高容许浓度，mg/m^3。

例如：用吡啶比色法测定氢氰酸的最小采集样气的体积，$a=10mL$；$b=5mL$；$c=0.1\mu g/5mL$；$d=0.3mg/m^3$。

$$V = \frac{10 \times 0.1}{5 \times 0.3} = 0.67L$$

如果空气中有毒有害物质的浓度很高，则可不受最小采集样气体积的限制，可以少采些，只要使分析时能得到阳性结果即可。这样不仅节约采样时间，同时还可避免样品在分析时的多次稀释。如果在采样点空气中有毒有害物质的浓度较低时，又要求测定出低于最高容许浓度的具体结果，则必须采集比最小采集样气量还要多的样气，才能达到此目的。在正常情况下，采集样气的量应超过最小采集样气的量，才能满足测定方法的要求。

七、空气中有毒有害物质样品的采样效率

为了使空气中有毒有害物质的浓度的测定结果更为精确，首先要得到高的采样效率，再者，在选择采集空气中某种有毒有害物质样品的采样方法时，也需确定其方法的采样效率。

鉴定采样效率的方法是：将采集空气中有毒有害物质样品的两个收集器串联起来进行采样，然后计算前面一个样品收集器中有毒有害物质的含量占两个样品收集器中有毒有害物质的总含量的百分数，其计算方法可按下式进行：

$$K = \frac{C_1}{C_1 + C_2} \times 100\%$$

K——为前面一个样品收集器的采样效率；

C_1、C_2——分别为前后两个样品收集器内有毒有害物质的含量。

利用上述公式计算采样效率时，前面一个样品收集器中有毒有害物质的含量比例应极小，如果有毒有害物质的比例较大，则应串联更多的样品收集器进行采样，否则应更换其他的采样方法。

在决定空气中有毒有害物质为气溶胶状的采样方法时，还要和另外一个已知采样效率较高的方法同时采集样品，或者串联样品收集器进行比较，这样才能得出采样效率。从而肯定或否定试验应用的采样方法。

一般认为，采样效率应在90%以上为宜，如效率过低，则此采样方法不能应用。

为了提高采样效率，应注意以下事项：

1. 根据空气中有毒有害物质存在的状态，选择合适的样品收集器。以气态或蒸气态存在的物质，呈分子状态分散于空气中，若用滤纸或滤膜采集样品，则阻留率很低；如用气泡吸收管或多孔玻板吸收管采集样品，则可得到较高的采样效率。以气溶胶状态存在的物质，胶体微粒是多分子的集合体，不易被气泡吸收管中的吸收液所吸收或阻留，应选择多孔玻板吸收管、冲击式吸收管或装有滤纸或滤膜的采样夹为样品收集器。

2. 根据空气中有毒有害物质的理化性质，来选择合适的吸收液或固体吸附剂。一般常选用对空气中有毒有害物质溶解度较大的，或与有毒有害物质能迅速起化学反应的溶液作为吸收液。所选择的吸收液还必须不妨碍以后的分离和测定。在选择固体吸附剂时，应选用阻留率大，并能容易使吸附物质定量解析的吸附剂。在选择吸收液或固体吸附剂外，除考虑采样效率时，还应考虑采样后与以后应用的测定方法相适应。

3. 确定合适的采样速度。每一种样品收集器都需要一定的采样速度。用吸收管采集空气中有毒有害物质时，采样速度越慢，气体分子与吸收液的接触时间就越长，吸收效率也就越高。一般抽气速度在 0.1～0.2L/min 时，适用于对气态或蒸气态有毒有害物质样品的采集。但对气溶胶来说，因粒子大小不一，采样速度须具体分析。对粉尘状物质必须

有较大的采样速度，才能保证达到较高的采样效率，因为粉尘的微粒一般在 $0.1\mu m$ 以上时，则受到重力的作用缓慢地沉降，尘粒越大，沉降越快。采样时由于气流的影响，会改变尘粒的运动途径，其运动途径与尘粒本身的质量、气流大小和方向有关。因此，采集空气中粉尘样品时只有当气流速度能克服其重力沉降，而有利于惯性冲击时，才可得到较高的采样效率。否则，抽气速度小于粉尘粒子运动的速度，可能就有部分较大的粉尘粒子因沉降而不能被采集进样品收集器中。对于尘粒较小的气溶胶，采样速度则应适当降低，这样才有利于扩散作用。总之，在选定了样品收集器和样品吸收液或吸附剂后，控制一定的采样速度，是提高采样效率的关键。

4. 正确地掌握采样方法和使用采样仪器，也是保证得到较高采样效率的重要条件。

5. 现场条件。如生产情况，作业环境气象条件等均对采样效率有一定影响，例如，被测定地点空气中有毒有害物质浓度很高，超过最高容许浓度许多倍，采集极少量的样气即足够测定用，此时所选用的样品收集器就不一定同于测定低浓度时所用的样品收集器。测定地点气温很高时就不宜用滤膜采样，因滤膜受热后易变形，不能保证采样效率。而采样地点的气温很低时，对吸收液应考虑防冻问题，如加入防冻剂，应试验在冷冻条件下的采样效率，因某些化学反应速度在低温下显著减慢。因此，为了得到高的采样效率，对现场条件也需统筹考虑。

八、采集空气中有毒有害物质样品的注意事项和采样记录

1. 采样的注意事项

（1）采样前应选择好采样点，确定采样方法，并计算出最小采气量。

（2）采样所需的材料，如吸收液、吸附剂、滤纸、滤膜等，以及样品的采集器都应事先在分析实验室准备好，防止污染，保证采样质量。

（3）检查整套采样装置的连接是否正确，整套采样装置是否漏气，开机后是否能正常运转。

（4）准备好采样所需要的其他器材及物件，如温度计、大气压力计、秒表、记录表格等。

（5）采样时每个采样点均应采集平行样品，此两个样品采集器的进气口相距为 5~10cm，并随时注意观察流量计的流量。

（6）当使用吸收液进行采样时，应注意吸收液的冰冻和挥发，故应做好相应的保温和降温措施。

（7）对剧毒物质进行采样时，应事先对采样地带空气中剧毒物质的浓度进行估计，以便做好自身防护，必要时应佩戴防毒面具，以保证自身安全。

（8）采样后，如用吸收管采样，其中心管内壁往往沾附大量的被测物质，特别是蒸气、雾、烟等类物质，应设法将其溶于吸收液中，否则会造成测定结果显著偏低。此时可用洗耳球对准吸收管的吸出口轻轻吸气，使吸收液从中心管上升至管附近，但需注意勿使吸收液溢出，然后放开洗耳球，使吸收液自然降落，如此重复 2~3 次，沾附在中心管内壁的被测物质即可完全溶于吸收液中。

（9）用滤纸或滤膜采集烟、尘的样品后，应及时用镊子将滤纸或滤膜从采样夹内取出，并小心地把滤纸或滤膜已采集烟、尘的面，向内对折 2~3 次，避免样品的脱落损失，放在采样盒内,带回分析实验室进行测定。

(10) 样品采集后应及时进行测定,避免因放置过久而引起被测物质发生变化。

2. 采样记录

采样记录为测定结果提供计算数据,如采气速度、采气时间、采气时的气温和气压等,这些对测定结果的计算是不可缺少的数据。

采样记录可为作业环境的工业卫生评价提供科学依据,如采样点、采样日期、采样量、采样时的气象条件等对作业环境的工业卫生评价均有十分密切的关系。

因此,必须做好采样记录,其记录的具体内容如下:

(1) 样品编号:所采集的每个样品均应进行编号,以备查对。

(2) 采样日期:_____年_____月_____日_____时。

(3) 采样地点:厂矿企业名称、车间、工段或某作业场所,采样的具体位置与有毒有害物质发生源相隔的距离。

(4) 采集样品的量:采气速度和采气时间。

(5) 气象条件:气温、气压、风向等。

(6) 采样方法:如使用个体采样器采样,应注明佩戴人员的姓名、性别、年龄、作业场所和连续采集的时间等。

(7) 采样人:_____。

记录人:_____。

九、采集空气中有毒有害物质样品的误差

为使空气中有毒有害物质浓度的测定结果更精确,首先要消除采样误差。了解采样误差的造成原因,就可在采样过程中正确地进行操作或采取相应的技术措施,以减少或消除误差。

采样误差的产生一般有以下几个方面:

1. 采样装置系统漏气。这是造成采样误差的主要原因之一。对于任何一个采集样气的系统,均应检查有无向内或向外的漏气现象。检查方法是在该采样装置系统最大工作压力的范围内,将系统的进出口关闭,然后用水柱压力计测量系统内的压力是否下降或上升,以判断系统是否漏气。漏气的原因一般是由于玻璃管、橡皮管、塑料管连接不严密,玻璃磨口不密合,螺纹连接或密封不好等造成。

2. 流量计的计量误差。流量计应定期进行校正。若采样现场的温度与校正时的本温度相差20℃以上,压力变化在800Pa以上时,应进行校正,其具体校正方法可按"流量计的校正"一文进行。

3. 采样装置系统阻力的误差。采样装置系统阻力的增加可以造成误差。如用多孔玻板吸收管进行采样,往往由于多孔玻板孔隙堵塞而引起阻力加大,降低了采样效率,造成了采样误差。再如用滤纸或滤膜采样时,随着滤纸或滤膜表面被阻留的微粒逐渐增多,采样装置系统的阻力会持续地升高。在这种情况下可以采取一个容许量误差范围内的校正值。通常是在采样器和流量计的后面装一个压力计,作为系统压力校正误差的依据。

4. 采气动力的误差。电动抽气机由于机体之间有差异,在长期使用中流速不恒定,使误差超过容许的限度。特别是直流电动机更易引起流速的变动。因此,可在设计时接入

一个脉冲器，使其起到一个微型总容量计的作用，并通过机械方法或电子方法与抽气泵相连，减小采样误差。在抽气动力中，手抽气筒或注射器的容量精度比较高，但只适用于采气量较少的采气动力。

5. 吸附作用造成的误差。在微量或痕量分析中，吸附作用造成的误差不容忽视。用吸收液采样时，如有毒有害物质需在液相中定量采集，则需避免过滤溶液。因不仅过滤器表面和容器壁可吸附痕量的有毒有害物质，而且过滤材料也可能是强的吸附剂。有人做过实验，用一个多孔玻板过滤萘、蒽的水溶液时，可使烃类的总浓度降低40%。

6. 塑料渗透作用造成的误差。使用塑料袋采集样气和贮气时，不仅要注意有毒有害物质是否被其吸附或与其发生反应，而且还要考虑各种不同样气对不同塑料膜的渗透性，否则塑料袋内有毒有害物质的浓度会随着时间的增加而降低。

7. 温度对采样造成的误差。一般情况下，温度的变化对采样造成的误差可忽略不计。但对于物理吸附采样或高湿度采样，当温度低于某临界温度，气态物质会凝结而造成误差，对于固体吸附剂浓缩采样，一般吸附能力随温度的升高而按指数关系降低。因此，这类采样要注意温度的变化，最好预先测定吸附剂的温度系数。用吸收液在较高温度下采样时，溶液的蒸发会玷污采样装置系统中的流量计和泵，此时应在吸收管后加上净化装置，以保证流量计和泵的清洁。

8. 物质理化性质对采样造成的误差。物质的饱和蒸气压、溶解度等理化性质，都可影响采样效率，使采样造成误差。例如，仅用吸收液采样时，有毒有害物质的吸收量取决于其分压的大小，所以如选用易挥发的吸收液时，应对吸收液进行冷冻，使其蒸气分压降到最低，以提高采样效率。又如在高湿度下采样，因水蒸气凝结，可使部分有毒有害物质溶解、凝结在采样管道中而造成误差。在用吸收液采样时，如果有毒有害物质与吸收液反应产生的产物溶解度较低，则产生的沉淀可能被器壁沾染而造成误差。

9. 操作造成的采样误差。正确使用采样仪器，可以减少误差。采样时应尽量避免使用采样仪器的最大流量。某些观察上发生的误差也应避免，如观察转子流量计高度时，眼睛应与转子在同一水平面上。

第三节　安全分析的方法

一、作业场所空气中有毒有害物质的快速测定法

在测定作业场所空气中有毒有害物质时，一般为在作业现场采集一定量的样气，使被测的有毒有害物质吸收在吸收液中或固体吸附剂上，然后再将样品带回分析实验室进行定性和定量的测定。因此，整个测定过程需一定的时间，不能及时地得出作业现场空气中有毒有害物质的浓度。然而在某些情况下，如生产设备因故障需进行检修或抢修，或因漏气或者是突然发生事故需紧急处理等，此时就急需判明该场所空气中有毒有害物质浓度的高低，以便决定采取相应的安全措施，保证安全生产，很显然上述常规测定方法就无法满足安全上的需要。再者，常规的测定方法是在一段较长的时间内连续采集一定量的气样，所测得的结果是作业场所空气中这一段时间内有毒有害物质的平均浓度。而实际上，由于作业场所空气中有毒有害物质的浓度往往是随着生产过程的进行，在不同的地点、不同的时

间内会发生较大的变化，仅仅测定某一段时间内的平均浓度，就不能掌握浓度急剧变化的情况。再由于某些剧毒物质，瞬间浓度过高，对在现场的人员危害很大，所以单测某一段时间内的平均浓度就会掩盖了瞬间高浓度而难以发现问题。因此，在实际工作中，对作业场所空气中有毒有害物质除进行常规的测定方法外，还需要在作业现场当时就能够测得结果的快速测定法。快速测定法要求有较高的灵敏度、采集样气量要少、并具有一定的准确度、操作简便、使用的仪器便于携带等。当然，用快速测定法进行测定有时受到化学反应本身条件的限制，还不能完全达到快速、灵敏、准确的要求。但是只要为快速反应，灵敏度和准确度稍为差些，仍有其实际意义。这样，在某些情况下能很快地测出有毒有害物质在作业场所空气中的浓度范围，对指导安全作业具有十分重要的作用。

快速测定法目前常用的有以下 4 种：

1. 试纸比色法。为滤纸浸渍试剂，在所需测定的现场放置，或放置在试纸夹内抽取一定量的被测气体，有毒有害物质便与试剂在纸上发生化学反应，产生颜色变化，或者是先将被测空气通过未浸泡试剂的滤纸，使有毒有害物质被吸附或阻留在滤纸上，然后向纸上滴加试剂，产生颜色变化，根据滤纸产生的颜色变化与标准比色板进行比色定量。前者多适于能与试剂迅速起反应的气态或蒸气态有毒有害物质，后者适用于呈气溶胶态有毒有害物质的测定。

试纸比色法具有操作简便、快速、灵敏度高等优点，但准确度一般较差。在实际工作中，可用试纸比色法来进行某些有毒有害物质的定性分析和初步定量。

试纸比色法是以滤纸为介质进行化学反应，故滤纸的质量、致密度对测定的效果起很大的作用。滤纸的纸质要均匀，一般可用层析用纸，也可用致密均匀的定量滤纸。滤纸的本身不得含有对被测物质有干扰的微量杂质，否则会对测定产生干扰，使用前须经过预处理将杂质除去，例如，测铅时滤纸预先应用稀硝酸处理，以除去滤纸中含有的铝。此外，为了防止液体由于表面张力沿滤纸纤维毛细管扩散而造成试纸上反应的颜色不均，可在试剂溶液中加一些乙醇，以降低滤纸表面的吸附能力，从而得到较均匀的颜色。

2. 检气管。为用 60~80 目的硅胶或无釉瓷粉，在一定的试剂中浸泡，干燥后装入长为 120~180mm，内径为 2.5~2.6mm 的玻璃管中，两头熔封。在使用时，熔封锉断，将被测样气以一定量和一定的速度抽过检气管，被测物质即与显色指示剂发生颜色反应。然后根据显色指示剂反应颜色的变化，定性或定量地快速测定作业场所空气中的有毒有害物质。

此种方法具有使用简便、快速、灵敏和便于携带等优点，其灵敏度和准确度均能满足工业卫生上的要求。但是，如果使用不当会造成较大的误差，因此需正确使用。

此外，因检气管种类较多，制作和标定又较为复杂，有些有毒有害物质的检气管的准确度又较差，因此，最好有专门的厂家进行生产。

3. 溶液快速比色法。此法是将吸收液本身又作为显色剂，当被测样气通过吸收液时，样气中的有毒有害物质立即与显色剂发生显色反应，然后根据显色的强度与人工标准管进行比色定量，在作业现场即可立刻测出有毒有害物质的浓度。

溶液快速比色法灵敏度和准确度较高，一般不需预先特殊处理，因此在作业现场测定有毒有害物质时可广泛应用。此法比色用的人工标准管，为了便于携带现场使用及解决长期放置褪色等问题，可制成人工标准色阶比色板。

4. 仪器测定。利用有毒有害物质的热学、光学、电学等特点进行测定。此种方法的灵敏度和准确度都比较高。例如：用气相色谱仪测定有机化合物，用红外线气体测定仪测定空气中微量的一氧化碳、二氧化碳等气体；用热学式气体测定器测定可燃的有毒有害气体；用电导式气体测定器测定一氧化碳、二氧化碳、二氧化硫等气体。但仪器价格较贵。

二、滴定分析法

滴定分析法，又称容量分析法。此方法是将一种已知准确浓度的试剂溶液（标准溶液），滴加到被测物质的溶液中，直至所加的试剂与被测物质按化学计量定量反应为止，然后根据试剂溶液的浓度和用量，计算出被测物质的含量。

已知准确浓度的试剂溶液称为"滴定剂"。将滴定剂从滴定管加到被测物质溶液中的过程叫"滴定"。当加入的标准溶液与被测物质定量反应完全时，反应到达了"等当点"。等当点一般依据指示剂的颜色变化来确定。在滴定过程中，指示剂正好发生颜色变化的转变点叫做"滴定终点"。滴定终点与等当点不一定恰好符合，由此而造成的分析误差叫做"终点误差"。

滴定分析法根据反应的不同又可分为酸碱滴定法、络合滴定法、沉淀滴定法和氧化还原滴定法等。这几种方法各有其优点和一定的局限性。同一被测物质可以用几种不同的方法进行测定。因此，在选择分析方法时，应考虑到被测物质的性质、含量、试样的组成和对分析结果准确度的要求等，选用适当的分析方法。

滴定分析通常用于测定常量组分，即被测组分的含量一般在1％以上。有时也可测定微量组分。滴定分析法比较准确，在一般情况下，测定的相对误差为0.2％左右。滴定分析操作简便、快速、仪器设备也较简单，可用于测定很多元素，且有足够的准确度，故应用范围很广。由于作业场所空气中有毒有害物质的含量一般均很低，故使用滴定分析法较少，但作业场所空气中苛性碱含量的测定，有时可用酸碱滴定分析法。

三、质量分析法

质量分析法是将试样中的被测组分与其他组分分离后，转化为一定的称量形式，然后测定该组分的质量，根据测得的质量，算出试样中被测组分的含量。

质量分析法根据分离方法的不同，一般可分为沉淀法、气化法和电解法3种类型。

沉淀法是将被测组分以微溶化合物的形式沉淀出来，再将沉淀过滤、洗涤、烘干或灼烧，最后称量，计算出其含量。

气化法是通过加热或其他方法使试样中的被测组分挥发逸出，然后根据试样质量的减少计算出该组分的含量；或者当该组分逸出时，选择一吸收剂将其吸收，然后根据吸收剂质量的增加计算出该组分的含量。

电解法是利用电解原理，使金属离子在电极上析出，然后进行称量求得其含量。

质量分析法直接利用分析天平称量而获得分析结果，不需要标准试样或基准物质进行比较。如果分析方法可靠，操作仔细，而称量误差一般是很小的，因此通常能得到准确的分析结果，相对误差约为0.1％～0.2％。但由于质量分析法操作繁琐，分析耗时较长，也不适用于微量和痕量组分的测定，故在对作业场所空气中有毒有害物质进行测定的应用上受到一定的限制。

质量分析法一般适用于含量高的组分，即被测组分一般在1%以上，如作业场所空气中生产性粉尘游离二氧化硅的测定；即采用焦磷酸质量法；作业场所空气中生产性粉尘浓度的测定，也仍用质量分析法。

四、比色分析法

车间空气中有害物物质的浓度一般都很低，对其进行测定多属于微量分析或半微量分析，用一般的容量分析或质量分析的方法难以测定，必须采用灵敏度更高的方法，比色分析法是目前广为采用的分析方法。

什么是比色分析呢？许多物质都具有特定的颜色，或者物质本身虽不显色，但加入某一试剂（显色剂）时，与溶液中被测物质反应后即产生颜色。例如，MnO_4^- 具有紫红色；甲醛与品红亚硫酸作用可呈现玫瑰红色，遇硫酸后生成浅蓝色化合物等等。当含有这些物质的溶液的浓度改变时，溶液颜色的深浅也就随着改变，溶液愈浓，颜色愈深。因此，可利用比较溶液颜色深浅的方法，来确定溶液中有色物质的浓度，这种测定方法就是比色分析法。

不同物质的溶液能显示出不同的颜色，这是因为它们对光线的吸收具有选择性。人们日常所看到的白光实际上是红、橙、黄、绿、蓝、青、紫等诸种颜色的光按一定的比例混合而成，也就是由波长750~400nm之间的光线所组成。如果一个溶液对于此波长范围内的光线都不吸收，这个溶液看上去就是无色透明的；如果溶液对红光吸收比较强烈，溶液就呈现绿色；对蓝光吸收强烈，溶液则呈现黄色。物质之所以能选择性吸收不同波长的光而显示出不同的颜色，是由于物质内部电子结构所决定的。物质吸收光时，它的外层电子从基态跳到激发态。只要基态和激发态的能量差相当于可见光的范围内相应波长的能量，这种物质便能吸收该波长的光，而让其他波长的光透过，那么这种溶液便显示出透过光的颜色（即补色），如 Cu^{2+} 溶液呈蓝色；Ni^{2+} 溶液呈绿色等等。若这些离子与其他离子或化合物形成了络离子，则溶液会呈现更深的颜色，例如，$Cu(NH_3)_4^{2+}$ 呈深蓝色；$Ni(NH_3)_4^{2+}$ 呈深绿色。因此在比色分析中为了提高灵敏度，常常加入一定量的试剂，使之生成颜色较深的络合物，而不用颜色较浅的简单离子来进行比色测定。

比色分析法对于微量成分的测定，其灵敏度较高，可达 $0.1\mu g/mL$，并具有较好的准确度，相对误差通常为1%~5%，而且测定速度也较快，所用仪器一般也不复杂，因此，这种方法在车间空气中有害物质的测定方面，得到广泛应用。

比色分析法可分为目视比色法和光电比色法，这两种分析方法在车间空气中有害物质的测定均占很重要的地位。

1. 目视比色法

所谓目视比色法，即是用肉眼比较样品溶液同标准溶液颜色深度的方法。目视比色法有多种，空气中有害物质的测定常用的是标准比色管法。在实际工作中是将现场采集来的样品放到比色管中，并同时配制标准色阶的比色管，采用颜色深浅的方法进行对比测定的。比色管是一系列由同一种玻璃制成的，大小和形状完全相同的玻璃管。管上并刻有表示容积的刻度。比色管放在特制的下面垫有白色瓷板的比色管架中，在进行比色分析时，先向比色管中准确地，逐一地加入不同量待测成分的标准溶液及等量的显色剂及其他试剂然后再用水或吸收液稀释到同一刻度。这样便可得到颜色由浅到深的标准色阶。在配制标准色阶的同时，另外取一只相同的比色管，加入被测溶液以及数量与配制标准色阶相等的显色剂及其他试剂，并稀释到同一刻度，然后与标准色阶进行比较。在观察比较时应从比色管的上端向下看，或由侧面观察溶液的颜色，当被测溶液颜色深度与标准色阶中某一溶液颜色深度相同时，就可确定这两比色管中的溶液浓度相同，从而求算出待测物质的浓度，由于许多有色物质不太稳定，标准色阶需随用随配制，因而比较麻烦，故有时可用各种比较稳定的有色物质而不一定是待测物质来配制永久性的标准色阶，这样可以长时期多次反复使用。

眼睛对有色溶液的色调和颜色深浅的辨别能力是很灵敏的，特别是对于红色、蓝色，但对黄色的分辨能力就比较差。目视比色法就是利用人眼睛能分辨出极淡的色调，因此操作简单，不会因仪器、电源等故障而停止操作。但是配制标准色阶的程序较麻烦，有时要找出试液的颜色深度与哪一个标准溶液比色管相同，也较麻烦。例如，有时试液的颜色深度介于两个标准溶液比色管之间，而为了要得到比较准确的结果，就要配制更多的标准溶液系列比色管进行比较。

当被测物质能与某种试剂直接发生显色反应时，可将该试剂先加入吸收液中，或者用该显色剂直接作为吸收液进行采集样气。当一定量体积的被测样气通过吸收液时，就呈现出特有的颜色反应，可立即与标准色列进行比色定量。或者抽入样气使吸收液出现的颜色达到与某固定标准管颜色一致时为止，记录样气通过量，采集样气时的气温，然后计算出被测物质的浓度。

标准色阶相邻两比色管的浓度差应>15%，因眼睛辨别颜色深浅的浓度差为7%。

2. 光电比色法

所谓光电比色法，就是利用光电比色计测定有色溶液的光密度，从而确定有色溶液的浓度。

光电比色计的基本原理是光源发射的光，经凸透镜变成平行光，透过滤光板后得单色光，再经过比色杯，部分入射光被溶液吸收，透射的光经光量调节器照到光电池上，光电池能将光转变为电流，此电流称为光电流。光电流的强度与透射光强度成正比，与浓度成反比，由此产生的光电流可用检流计进行测量。检流计上有两种读数刻度，但并不以光电流强度表示，而直接以透射光的百分数即透光度（等分刻度）和吸光度（不等分刻度）两种数值表示。吸光度表示光线通过溶液以后被吸收的程度，它与溶液浓度成直线的正比关系。

在实际工作中，需预先配制若干不同浓度的标准溶液色阶系列，并用光电比色计分别测定它们的光密度，以光密度 E 为纵坐标，浓度 C 为横坐标，绘制成标准曲线，如图 28-15。

若遵从朗伯—比耳定律，此标准曲线应为一直线，如标准曲线的一部分不呈直线，则应用直线部分进行比色。然后，同样测得待测溶液的光密度，从标准曲线上

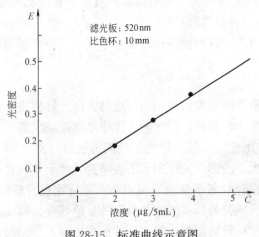

图 28-15 标准曲线示意图

就可以求算出待测溶液的浓度。

光电比色法较目视比色法复杂，但其精密度较高，不受自然光线和分析人员视力误差以及主观因素的影响，而且不需要每次配制成套的标准溶液色阶系列的比色管。但光电比色法在应用上也有其局限性，如分析人员常感到有时目视能分辨出溶液的极淡色调或浊度，而在仪器上却难以分辨，并且又受电源和仪器效能的影响而改变其灵敏度。此外，仪器的维护保养要求也较高。

3. 比色分析条件的选择。要进行比色分析，应将没有颜色的或者颜色很浅的被测物质转化成颜色较深的化合物，即显色反应，或者将有颜色的被测物质进行褪色反应，根据褪色的程度进行比色分析。但比色分析法常用的是显色反应，并且大多是利用生成有色络合物来进行比色测定的。因此要求有色络合物不稳定常数要小、组成不变、颜色要深。为了达到这些要求，就需要创造和选择一定的条件，例如，显色剂的选择、显色剂的浓度、溶液的酸度、显色时间、显色温度等，均需加以考虑，才能得到正确的分析结果。

(1) 显色剂的选择。显色剂最好只与被测物质生成有色物质，干扰较少，以简化分析程序，且生成的有色化合物的组成要恒定，离解度要小，化学性质要稳定。但实际上完全合乎理想的显色剂是极少的，只有根据被测物质的具体情况和要求，适当选择灵敏度较高而干扰较少的显色剂。

(2) 显色剂的浓度。在比色分析中，为了保证测定结果的准确，总希望被测物质完全转变成稳定的有色物质，如果有色物质的不稳定常数很小，所需显色剂的浓度也就很小。若溶液中不存在和被测物质或显色剂起作用的物质时，显色剂的浓度只需要稍有过量便可，不必严格控制。如果有色物质能强烈地离解，那么改变过量的显色剂的浓度就会显著地影响溶液颜色的深度，在这种情况下，试液和标准溶液中显色剂的浓度必须严格地保持一致。否则，在试液及标准溶液中被测物质的含量虽然相同，但它们的颜色也会有差别，因而便会引起很大的测定误差。

(3) 溶液酸度的影响。溶液酸度的不同，溶液的颜色也可能发生变化。如溶液的酸度过低，常由于水解作用而破坏了有色物质，使溶液的颜色减褪或完全褪色。如溶液的酸度过高，可使有色物质分解。尤其是当显色剂是一种弱酸的阴离子时，常可遇到这种情况，随溶液酸度的变化，溶液的颜色也发生变化。因此，在比色分析时必须控制溶液的pH于一定的范围，以便得到恒定的有色物质，获得正确的测定结果。

(4) 显色时间的控制。有些有色物质能在加入试剂后迅速生成，但不大稳定；又有些有色物质能在加入试剂后迅速生成，而又相当稳定；有些显色反应则较慢，需要放置一定的时间才能显色完全，其有色物质的颜色才能逐渐加深而达到稳定；又由于某些原因，如发生其他反应，酸性溶液使络合物离解，空气的氧化，温度、日光照射等使有色物质分解等，可使溶液颜色逐渐褪色。因此，在实际工作中，不同的显色反应，应控制不同的显色时间。做一个溶液的光密度与放置时间关系的曲线，就可以观察出反应的速度和显色溶液的稳定性了。选择在溶液达到最深且较稳定的时间内比色。一般并不要求溶液颜色恒定不变，只要在实验条件下能稳定一段时间，可以较从容地进行比色测定即可。如果用目视比色，标准管与样品管显色时间应相同。标准管如需较长时间保存，则应保存于冷暗处。

(5) 显色温度的影响。显色反应与温度也有很大的关系。有些显色反应必须加热才能进行完全；有些显色反应则在室温下就能迅速进行完全；也有些显色反应升高温度会使有色物质的颜色消褪。因此，对于不同的显色反应，应该选择各自适宜的温度进行显色。

此外，在不同温度下，同一有色溶液对于光线的吸收程度也不相同，光电池的灵敏度也要改变。因此在几种不同浓度的比色溶液进行比色时，特别是绘制标准曲线和进行样品溶液测定时，温度应尽量相同，保持恒定，一般相差不应超过 3~5℃。

(6) 其他因素的影响。在进行比色分析时，还应注意保持试液的清澈透明，不应因出现沉淀或悬浮粒子而使其变为浑浊，因为浑浊会散射光线而造成测定的误差，但这也并不是说比色分析的试液一定要是真溶液，透明的胶体溶液也可以进行比色。

此外，为尽量减少主观误差，在用目视比色测定时，观察一会儿以后，让眼睛休息数秒钟后再进行观察。因为当颜色太深或太浅时，眼睛常不能灵敏地辨别颜色深浅的微小差别，故在比色分析中不要使用太浓或太稀的溶液，也尽量不要使用对于眼睛不灵敏的有色溶液，例如黄色。

因比色需要稀释一个有色溶液时，常常不是用纯溶剂直接稀释，而是用与标准管溶液的试剂组成相同的溶液（空白管溶液）进行稀释。

使用光电比色计可避免主观误差，但有的光电比色计由于滤光板的波长范围太宽或者光电池对光强的反应不呈直线关系或不稳，都会造成测定误差，即使符合朗伯—比耳定律的溶液，也不能获得直线关系。因此，光电比色计在使用前应用符合朗伯—比耳定律的溶液来校验仪器的直线性。

4. 比色分析的误差。比色分析的误差主要来源有两个方面，一是化学反应条件，另一是仪器的误差。

(1) 化学反应条件引起的误差。由于某些溶液不符合朗伯—比耳定律，而引起误差。朗伯—比耳定律只适用于低浓度的溶液，当浓度较高时，误差较大。因此，在实际工作中必须绘制出标准曲线，确定比色测定的范围。

显色反应条件不一致也易引起误差，如溶液的酸度、显色时间、试剂的浓度、温度、加试剂的顺序和干扰物质的存在等，对显色反应都可能有一定的影响。因为反应条件不同，显色反应的完全程度、有色物质的离解度、稳定性也不相同，必然会影响测定结果。为了能得到准确的结果，必须选择适当的反应条件，并且使标准管系列和样品管在同一条件下进行操作和显色。利用标准曲线进行测定时，样品溶液的反应条件应该与绘制标准曲线时的条件相同。

在朗伯—比耳定律中，没有考虑溶液对光的反射作用。如果溶液和溶剂对光的反射有较大的差异，就会造成误差。为了清除这一误差，要尽可能使空白溶液和样品溶液试剂的组成接近，即使用试剂空白（即不含被测物质的成分，而其他组成与样品溶液完全一样的溶液）。光电比色时的对照溶液不用水，这对于非水溶液更为重要。

(2) 仪器的误差。仪器本身结构所造成的误差，如电源电压不稳；光电池的光电效应不呈直线；电位计非线性或刻度不准；滤光板质量差而使透过光的波段过宽；比色杯玻璃厚薄不均；杯壁不够平行或沾染污迹等都会造成误差。

仪器读数误差。当溶液浓度太大或太小时，透光度读数偏近于 100% 或 0 一边，能造成较大的读数误差。最适宜的测定范围在透光度 20%~80% 之间。对于浓度太大或太小的溶液，可换用比较适合的比色杯。

五、朗伯—比耳定律在比色分析中的应用

在比色分析法中，常选择最易为溶液所吸收的单色光，使之通过被测溶液，然后测量比单色光被溶液吸收的程度，即光密度，以求算出被测物质的含量。当单色光束透过有色溶液时，由于溶液吸收了一部分光能，光线强度就要降低。溶液的颜色愈深，浓度愈大，厚度愈厚，光线被吸收的愈多，这可用朗伯—比耳定律表示这种定量关系。

$$\log \frac{I_o}{I_t} = KCI$$

I_o——入射光的强度；
I_t——光线透过溶液后的强度；
I——溶液层的厚度；
C——溶液浓度；
K——消光系数，为一常数。

$\log \frac{I_o}{I_t}$ 值是有色溶液的一个重要特性，称为溶液的光密度（D），$\frac{I_o}{I_t}$ 称为溶液的透光度（T）。

由上式可以看出，如果溶液层的厚度一定时，则光密度（D）与溶液的浓度（C）成正比。如果用横轴表示浓度，纵轴表示光密度，则上述关系的坐标纸上，可以得到通过原点的直线，直线的斜率决定于该溶液的消光系数 K。如果溶液符合这一定律，则光密度和浓度的函数关系必定是一条直线。如果不符合这一定律，直线关系就会被破坏。消光系数 K 是随物质的性质和入射光的波长而变，与光的强度和溶液层的厚度无关。如果溶液的浓度以摩尔分子/L表示，比色杯的厚度为1cm时，K 值称为摩尔分子消光系数，以 ε 表示，也就是一摩尔分子浓度的溶液盛在厚度为1cm的比色杯中的光密度。摩尔分子消光系数是有色物质的重要特性。根据摩尔分子的消光系数值，可以客观地估计反应的灵敏度。它的数值越大，比色测定的灵敏度越高，同时根据摩尔分子消光系数值，可以找出适于比色测定的溶液浓度上限和下限。

在比色测定时，溶液的颜色太浅或太深都会使测定发生困难，如勉强进行测定，则会产生较大的误差，因此，必须确定比色溶液的上限和下限。当有色溶液在吸收曲线的最大吸收峰的波长下能吸收光线的5%时，可以认为是适于测定的浓度下限，能吸收光线在90%时，则可认为适于测定的浓度上限。如果溶液层厚度为1cm，即可求出浓度下限的光密度：

$$D_1 = \log \frac{I_o}{I_1} = \log \frac{100}{95} = 2.00 - 1.98 = 0.02$$

浓度上限的光密度为：

$$D_2 = \log \frac{I_o}{I_2} = \log \frac{100}{10} = 2.00 - 1.00 = 1.00$$

知道了摩尔分子消光系数 ε 的数值，就可利用下列公式来计算适于比色测定的浓度 C（摩尔分子浓度）。

$$C = \frac{D}{\varepsilon}$$

求下限浓度时以0.02代入，求上限浓度时以1代入即可。

六、分光光度法

分光光度法，是利用分光光度计来测定物质浓度的一种方法。分光光度计测定的基本原理与光电比色计相似，其主要区别在于获得单色光的方法不同。光电比色计是用滤光片来得到波长范围较窄的单色光，而分光光度计则是用玻璃或石英棱镜或衍射光栅的色散作用来得到波长范围更为窄的单色光，但并非只有一个波长。如果固定狭缝的宽度，转动棱镜，则可使各波长的光穿过狭缝照射在被测定的溶液上，波长的范围与狭缝的大小有关，狭缝越小，所得单色光也越纯，但光线强度同时降低。单色光通过盛有溶液的比色杯后，再射到硒光电池上，产生的光电流用检流计指示出来，在标尺上以光密度与透光度表示。

利用分光光度法对空气中有毒有害物质进行测定，其灵敏度和准确度均较高，并且对某些共存的有毒有害物质还可作出分别测定。

分光光度计的类型很多，但基本原理相同，其操作程序与光电比色计相似。国产72型光电分光光度计为可见区分光光度计，分光波长范围为420～750nm；721型分光光度计波长范围为360～800nm；751型分光光度计适用于紫外光和可见区，波长范围为200～800nm。

七、比浊分析法

比浊分析法，即被测物质在溶液中产生沉淀反应，在微量情况下可以使沉淀悬浮在溶液中，当光线通过悬浮液时，一部分光被悬浮质点散射，一部分则透过溶液，根据光线通过悬浮液后其强度的减低，对被测物质进行含量的测定。在个别情况下，也有利用被测物质所形成的乳浊液来进行比浊测定的。在实际应用比浊分析法测定空气中有毒有害物质的含量时，往往是比较悬浮质点的散射光强度，也就是在比浊时，与入射光成直角的方向测量散射光的强度。

比浊分析法要求严格控制实验条件，标准溶液与被测样品溶液应条件相同，生成的沉淀悬浮在溶液中，其溶解度要求小，同时要稳定不沉淀，才适宜于比浊测定。

比浊分析法只适用于空气中有毒有害物质浓度很低的情况，其灵敏度一般要低于比色分析法，当被测物质没有适当的比色反应时，可采用此法。在采用比浊分析法时常用目视比浊，即让光线由标准溶液管或样品溶液管的测面照射，然后在管的上方向下进行观察比浊。在实际应用时，一般是用标准溶液管系列进行目视比浊，观察样品溶液管所产生的混浊与某个标准溶液管最相近，以求算出样品溶液管中所含被测物质的含量。比浊分析也可用光电比色计测定透过光减弱的程度来定量，但在实际中应用较少。

八、荧光分析法

某些物质经紫外线照射后，能立即放出能量较低，波长较长的光，当照射停止后，如化合物的发射在10^{-9}s内停止，则称荧光，超过此限度即称为磷光。

荧光的波长与被照射物质有关，某些物制质的溶液经紫外线光照射后，本身就能产生萤光；而有些物质则须与其他试剂结合后，方可产生荧光。测量荧光强度以确定物质含量的方法称为荧光分析法。

在溶液的浓度低。光源强度不变的条件下，荧光的强度与溶液的浓度成正比。因此，只要测出样品溶液的荧光强度的标准溶液的荧光强度，就可按正比关系计算出样品溶液的浓度。

$$C_X = \frac{I_{FX}}{I_{FS}} \times C_S$$

C_X——样品溶液的浓度；
I_{FX}——样品溶液荧光强度；
I_{FS}——标准溶液荧光强度；
C_S——标准溶液的浓度。

在荧光分析法中荧光强度与浓度成正比，即荧光强度的百分数 I_F 与浓度成直线关系。

荧光分析法与比色分析法相似，也需用标准溶液与样品溶液做比较。当分析易被紫外线分解而不稳定的溶液时，可用其他比较稳定的物质做标准，常用的有硫酸奎宁和荧光素钠。

用目视法比较被测物质的荧光强度时，光应配制标准溶液管系列，常用高压汞灯作照射光源，因汞灯发射的主要是射线为365nm波长的紫外线，用深紫色滤光片滤去其他可见光，在暗室中进行照射，用眼睛直接比较样品溶液管与标准溶液管的荧光强度，然后计算出样品溶液管中被测物质的浓度。为了保护眼睛，在观察时勿直视紫外线光源，应与紫外光同一照射方向或垂直方向观察。

用仪器进行荧光分析，所使用的仪器称为荧光计，其结构原理与光电比色计相似，但荧光计中的光源则必须是产生紫外线的汞灯。在比色杯前加有除去可见光源的滤光片，在光电池或光电管前加有除去被测物质所产生的荧光以外的其他光线的滤光片。光源、比色杯与光电池或光电管是呈直角排列的。荧光计的操作也基本上与双光电池光电比色计相似，只是在仪器校正方面有所不同。

使用荧光计进行测定时，可以空白溶液为起始浓度，测出标准溶液管从小至大系列浓度的透光度，并作出标准曲线。然后再测出样品溶液的透光度，对照标准曲线，计算出样品溶液的浓度。也可先配制一标准溶液，其浓度略大于样品浓度，浓度越接近，误差越小，并以此标准溶液为准，调节透光度在20～60之间的某一数值上，然后测定样品溶液及空白溶液的透光度，接下述公式进行计算。

设 $C_{标准}$ 透光度为 60；$C_{样品}$ 的透光度为 X；空白溶液的透光度为 Y，则：$C_{样品} = \frac{X-Y}{60-Y} \times C_{标准}$，即可求算出 $C_{样品}$ 的浓度。

荧光分析法灵敏度较高，有些物质如沥青、油雾、致癌烃等均用此法分析，但由于干扰物质太多，处理时常带来很多麻烦，故一般对空气中有毒有害物质的测定，并不常用此法。

在进行荧光分析时应注意以下事项：

1. 荧光物质经紫外线长时间照射及空气的氧化作用，可使荧光逐渐减退。

2. 大多数物质的荧光反应均应受溶液酸碱的影响，故荧光分析需在适合的pH溶液中进行，最适合的酸碱度须由实验来确定，并且所用酸的种类对荧光的强度也有影响。

3. 许多有机化合物及金属的有机络合物，在乙醇溶液中的荧光要比在水溶液中强。荧光分析所用的有机试剂，在有机溶液中大多有荧光，应设法避免，避免的办法一般可以采用稀释，或加入一部分水。

4. 有些试剂能吸收紫外线，有颜色的试剂还有吸收荧光的作用，因此在分析时所加试剂的量不可太多。

5. 荧光强度达到最高点所需要的时间不一，有的反应加入试剂后荧光强度立即达到最高峰，有的反应则需要经过 15~30min 才能达到最高峰。

6. 能与试剂发生反应的其他金属盐类都应事先除去，碱金属与铵盐虽不与试剂反应，但量太大时亦有妨碍，强氧化剂、还原剂及络合剂均不应存在于测定溶液中。

7. 有机溶剂中常有产生荧光的杂质，可用蒸馏的方法提纯。橡皮塞、软木塞及滤纸中也常有能溶于溶剂的一些带荧光的物质，使用过程中应予注意。此外，不能用手指来代替玻璃塞操动比色管。

九、气相色谱法

气相色谱法是色层分析的一种。气相色谱法实质上是利用难以挥发的高沸点液体或固体吸附剂为固定相，用不与固定相及被测物质发生反应的气体作流动相，依靠固定相与流动相的相对移动，使被测物质在两相间经过多次反复的分配，由于被测物质中各组分在两相间的分配系数存在着微小的差异，经过两相之间的反复分配，使原有的微小差异产生了很大的分离效果，从而使不同的物质得到分离，达到分析的目的。

物质在固定相和流动相之间发生的吸附、脱附和溶解、挥发的过程称为分配过程，被测物质的组分根据溶解和挥发能力或吸附和脱附能力的大小，以一定的比例分配在固定相和流动相之间。溶解度或吸附能力大的组分分配给固定相多一些，在流动相中的量就少一些；溶解度或吸附能力小的组分分配给固定相的量少一些，在流动相中的量就多一些。在一定温度下，组分在两相之间分配达到平衡时的浓度，即组分在固定相中的浓度与组分在流动相中的浓度之比值，称为分配系数。由于各物质在两相之间的分配系数是不同的，因此具有小的分配系数的组分，每次分配后在流动相中的浓度较大，就较早地流出色谱柱，而分配系数大的组分，每次分配后在流动相中的浓度较小，则流出色谱柱的时间较迟。当分配系数足够多时，就能将不同的组分分离开来。分离后的物质通过检测器后转化为电流或电压信号，在记录仪上以流出曲线表示出来，得到一组色谱图，作为定性分析和定量分析的基础。

金属分析的流动相用气体的，称为气相色谱。气相色谱根据使用的固定相不同分为两类，固定相用固体吸附剂的叫做气-固吸附色谱；固定相用液体的叫做气-液分配色谱。

气相色谱法具有分离效能好、灵敏度高、分析速度快和应用范围广等特点。因此，气相色谱分析用于空气中有毒有害物质的测定能够解决若干种化合物共存时的分别测定以及除干扰物质等问题，特别是同系物共存时的分别测定更为有效，而用一般化学分析方法则很难分别测定。气相色谱分析并能满足微量、快速、准确等项要求，所以在对空气中有毒有害物质的测定上，应用气相色谱分析的日益增多。

气相色谱分析全部装置大体上可分为载气部分、分离部分、检测部分组成，图 28-16 为气相色谱一般流程图。

1. 载气部分。即气相色谱的流动相及附属装置，其中包括气源、清洁干燥器、压力及流量控制器等。

用来作流动相的气体即为气源，也称之为载气，其化学性质必须稳定，不得与固定相及被测物质发生反应，如氢气、氮气、二氧化碳和其他惰性气体等。一般使用高压气瓶并装有减压阀，以供给一定压力或一定流速的载气。其中氢气可以用电解氢氧化钠溶液产生，但要求能够保持一定的压力。

载气中的水分及其他杂质会直接影响仪器的稳定性，因此载气必须经过干燥和净化，

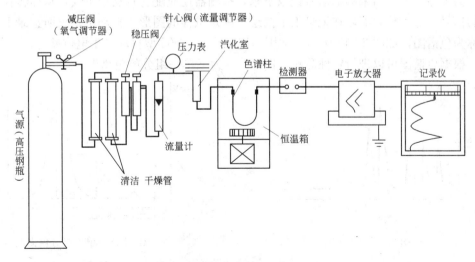

图 28-16 气相色谱分析一般流程图

常用硅胶、分子筛等除去水分，用活性炭除去烃类气体。

载气流量的稳定程度直接影响分析结果，因此由高压气瓶经过减压阀流出的气体还必须经过稳压阀，使压力保持稳定。载气流量的大小用针心阀调节，其流量用转子流量计或毛细管流量计指示。

2. 分离部分。即气相色谱的固定相及附属装置，其中包括进样器、色谱柱、恒温箱等。

进样器有两种形式，一种是汽化室，分析气体样品时，用注射器直接从样品注入口注入；分析液体样品时，须把汽化室加热到一定的温度，使液体样品注入后瞬间便挥发成气态。另一种是气体定量管进样，用六通阀作控制换向，当六通阀处于开启位置时，载气直接进入色谱柱，样品将一定体积的定量管充满；当六通阀处于关闭位置时，载气便把定量管中的样品注入色谱柱，完成一次进样。

色谱柱是分离部分的核心，一般分析使用内径 2~6mm 的不锈钢管、玻璃管或铜管，有 V 型、W 型和螺旋型等几种。管内装入固定相，根据分析的要求，色谱柱的长度可从 0.5~10m。此外，还有毛细管柱，即空心色谱柱，其内径为 0.1~0.5mm，内壁涂一层固定相薄膜，柱长可从十几米至几百米，从而使分离效果大大提高。

色谱柱在不同的温度下其分离的效果是不同的，温度的波动也直接影响分析结果，所以色谱柱还必须装在一个可以调节温度的恒温箱内。

3. 检测部分。即用电信号指示被测物质的含量，并自动记录。其中包括检测器、电子放大器和记录仪等。

检测器是利用各种物质的有关物理特性作定量测定的。当被测物质在色谱柱中经过分离后，各组分便随载气流出，依次进入检测器，将各组分检测出来。检测器产生的信号与进入检测器的物质量在一定范围内成线性关系。检测器的种类很多，并且新型的检测器也随着科学技术的进步不断出现，目前常用的有热导池检测器、氢火焰离子化检测器、电子捕获检测器、火焰光度检测器等。

检测器发出的信号是极其微弱的，因此必须用一套电子系统进行测量，如热导池用惠斯顿电桥进行测量，离子化检测器用弱电流放大器进行测量。

为了能将测量出来的电信号记录下来，检测器还应配有自动记录仪，从而将检测器发出的信号经电子放大器后在记录纸上描绘出一定试样的图形。自动记录仪所记录下来的图形称为色谱图，如图 28-17 所示。常用的记录仪为 EWC 型自动电子电位差计。

根据色谱图可以进行定性分析，图 28-18 为某单一组分的色谱图。

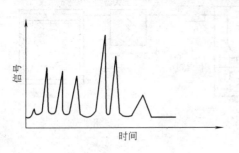

图 28-17 色谱图

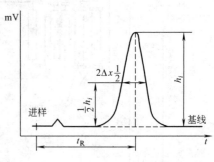

图 28-18 单一组分色谱图

从进样到柱后出现被测组分的最大浓度所经过的时间 t_R 称为保留时间。当色谱柱的长度、内径、柱温和载气流量等条件固定时，任何一种物质都具有固定的保留时间，一般情况下不受混合物中共存的其他组分的影响。因此，在同一色谱条件下，将得到的试样色谱图和已知物的色谱图进行对照，根据保留时间便可判断试样的某一谱峰是由那一种物质所产生。但有时不同的组分在同样的色谱条件下，也可能出现相同的保留时间，这一点在进行定性分析时应予注意。

当载气的流速发生变化时，同时组分的保留时间也会发生变化，此时可采用保留体积 V_R 来进行定性分析。

$$V_R = t_R \times F_c$$

F_c 为载气的平均流速。当色谱柱和柱温一定时，保留体积不随流速的变化而变化。

用气相色谱法进行定性分析时，在没有已知物的情况下，可利用文献资料上同一色谱条件下的有关保留值进行判断。对未知新化合物，可采用色谱—红外光谱、色谱—质谱联用技术进行定性。

利用气相色谱法测定空气中有毒有害物质的浓度时，最常用的是已知样校正法，也称外标法。根据空气样品注入后得到的色谱峰与已知纯样品的色谱峰进行比较，可以达到定量的目的。

当一切操作条件，如柱长、柱温、载气流量等固定时，一般在一定范围内，即在色谱柱负荷限度内，进样量固定不变，某物质的峰高与浓度成线性关系。测定前首先作被测物质各组分的标准曲线，其方法是先配制成一系列不同浓度的标准气体或标准溶液，然后注入相同体积的各标准气体或标准溶液于色谱柱中，绘制含量与峰高关系的标准曲线。测定样品时，只要严格控制与标准曲线相同的操作条件，测量色谱峰的峰高即可得到其含量，根据样品中的含量及进样量计算出空气中有毒有害物质的浓度。

峰面积定量法对操作条件的要求不像峰高定量法那样严格，柱温及其他柱条件可以改变，但载气流量、检测器及其操作条件须保持不变。在这种情况下某物质的峰面积与其含量成正比。测定前，首先作被测物质各组分的标准曲线，可注入一定体积不同浓度或同一浓度不同体积的某物质，根据其含量与峰面积的关系绘制标准曲线。测定时根据被测组分的峰面积,在标准曲线上查出其含量,然后计算空气中有毒有害物质的浓度。

峰面积的测量可以用面积仪法、剪纸称重法或计算法等。计算法是实际中常用的方法,当色谱峰对称时,如图28-19所示,峰面积可用下式进行计算。

$$A_i = 1.065 \times 2\Delta X_{\frac{1}{2}} \times h$$

A_i——峰面积,mm^2;
$2\Delta X_{\frac{1}{2}}$——半峰高宽度,mm;
h——峰高,mm。

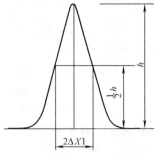

图 28-19 峰面积计算

在测量峰面积时,常遇到两个峰有交迭现象,如图 28-20 所示。如果两个组分含量相等或相近,又能分开 1/2 以上,如图 28-20 (a)。可以在两峰间最低点向基线引垂线作为两个峰的分界线,然后再分别测量两个峰的面积。如果两个峰分离不到 1/2,如图 28-20 (b),一般不易测准,则应提高分离效果。如果一个小峰在一个大峰的尾巴上,如图 28-20 (c),则小峰的基线应按大峰的拖尾峰为准。

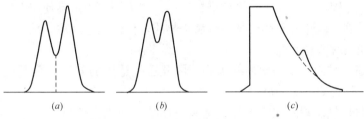

图 28-20 两个峰交迭时峰面积测量

用峰高和峰面积定量,操作条件必须严格控制,尤其是微量进样技术要求准确,否则会影响分析结果的准确性。在实际应用时,可以选择一种原样品中没有的纯物质,以准确的量加入样品中,这种物质称为内标剂。它在色谱图上的位置应靠近被测物质,内标剂的浓度与被测物质的浓度的比例在色谱上响应不能相差悬殊。以一定量的内标剂与不同浓度的被测物质制成一系列标准试样,经过色谱分析后,分别测出内标剂和被测物质的峰高或峰面积,用被测物质的浓度与被测物质对内标剂峰高或峰面积的比作图,绘制标准曲线。在分析样品时在样品中加入一定量的内标剂,使内标剂的浓度与作标准曲线的浓度相等,分析后,用被测物质对内标剂峰高或峰面积的比值在标准曲线上查得被测物质的浓度。

在使用气相色谱法进行测定时,应注意以下几个事项:

1. 色谱柱对各组分的选择性要好,即分离后各组分的距离要远,色谱柱的分离效果要高,即每个组分的色谱峰要窄。

2. 在选择固定相时,应根据不同的分析对象及要求,经过实践来确定选用。固定相的选择是决定分离效果的主要因素。一般地讲,分离非极性物质选用非极性固定液,被分离的组分按沸点大小顺序流出,低沸点的先流出;分离强极性的物质选用强极性的固定液,被分离的组分按极性顺序流出,极性弱的组分先流出;对于分离极性和非极性混合物,通常也采用极性固定液,非极性的物质先流出。

3. 固定液的合理涂布对提高柱效率有很大作用。固定液有效液膜的厚度越小,柱效率越高,因此,降低固定液的含量可以提高柱效率,但减少固定液的限度应保证担体表面能够形成一层均匀的薄膜，否则担体的吸附性显示出来反而会降低柱效率。

4. 担体的种类很多，总的可分为硅藻土型和非硅藻土型两类。应用较广泛的是硅藻土型。担体的作用是提供一个惰性固体表面以支持固定液。对担体的要求是应具有一定的比表面，一般不低于 $1m^2/g$，表面无吸附性或吸附性很弱，机械强度高等。担体的颗粒越小，效率越高，但相应阻力增大造成操作困难，因此一般使用 40～60 目、60～80 目的粒度。

由于担体表面吸附活性中心的存在，在分析极性、氢键型或酸碱性样品时，会造成峰形拖尾现象，故需要进行酸洗、碱洗或硅烷化处理。

5. 在涂布固定液时，先称量一定量的固定液，溶于适当的有机溶剂。其有机溶剂应能与固定液无限互溶，且沸点较低，并不与固定液起化学反应。固定液与担体的比例一般为 5%～30%，其比例的大小视担体的表面积而定。待固定液完全溶于有机溶剂后，倒入一定量处理过的担体，轻轻搅匀，放置数分钟，有机溶剂用量以刚浸没担体为宜。然后适当加热，将有机溶剂慢慢挥发尽，再在高于操作温度低于固定液最高使用温度下烘至无溶剂嗅味。

6. 色谱柱在装固定相前应先洗涤干净，并烘干。装固定相时一定要保证装紧，否则会影响分离效果。固定相装好后，将色谱柱装在仪器上用低于最高使用温度的条件，通入载气进行老化处理，以除去残留的某些低沸点物质，促使固定液均匀地、牢固地分布在担体表面，保证使用时的稳定性。

7. 载气流量与柱效率是一双曲线关系，因此选择适当的载气流量可提高柱效率，对一般柱的载气流量为 20～100mL/min。

8. 样品最好以气态瞬间注入，如果是液态样品，则汽化室温度必须在各组分最高沸点以上，以保证全部组分瞬间汽化，否则某些高沸点组分逐步汽化使色谱峰变宽，降低了柱效率。

9. 选择采样器时应注意采样器不能与被测物质起作用，如吸附、溶解、渗透等。自采样到分析，时间应尽量缩短，以减少误差。

十、检气管的使用

检气管，又称气体测定管或气体检测管。它是以试剂浸泡过的载体颗粒制成显色指示粉剂装在细玻璃管中，当被测检气以一定的速度通过检气管时，如果被测样气中含有待测的有毒有害气体物质，便与管内气体入口端的显色指示粉剂迅速发生化学反应，随着被测气体物质在样气中浓度的高低，显色指示粉剂将发生颜色变化。根据显色指示粉剂颜色变化的深浅或显色指示粉剂柱变色的长短，与事先做好的标准色阶板或浓度标尺进行比较，即可对样气中的被测气体物质做出定性和定量的测定。

检气管一般由细玻璃管、显色指示粉剂、保护剂和衬塞所组成。根据需要，某些种类的检气管还附带氧化管或过滤管。显色指示粉剂为吸附有化学试剂的多孔固体颗粒，通常为硅胶或无釉瓷粉。保护剂应不与被测气体物质发生反应，也不吸附被测气体物质，常用的保护剂有碱石棉、碳酸钙、玻璃粉、白硅胶等。衬塞也称栓塞，其主要作用是防止管内显色指示粉剂松动，并使之保持一定的紧密度。

检气管通常有两种类型：一种是比色型检气管，它是根据显色指示粉剂的颜色或颜色强度的变化情况进行定性和定量的测定；另一种是比长度型检气管，它是根据显色指示粉剂的变色柱长度进行定性和定量的测定。

检气管适用于测定作用场所空气中呈气态或蒸气态的有毒有害物质，对呈气溶胶状态的有毒有害物质来说，因显色指示剂颗粒会将呈气溶胶状态的物质粒子阻留在检气管的一端，故一般不能应用。

检气管应具备以下基本条件：

1. 被测物质的浓度应与显色指示剂的变色深浅或变色柱的变色长度成比例。
2. 显色指示剂与被测物质的反应速度要快，因为反应是在动态条件下进行的。显色指示剂应能产生明显的颜色变化或较明显的变色界限和具有足够测量的长度。
3. 检气管制好后应能保存较长的时间不变质，一般至少应能存放6个月以上。
4. 检气管测出的结果与其他更为准确、灵敏的测定方法的测定结果相比较，其结果应基本吻合。
5. 检气管应尽可能为某一种被测物质的特殊反应，或能用一定的保护剂除去被测物质中的干扰物质。
6. 检气管应具有较高的灵敏度以减少采集样气的体积，并具有一定的准确度。

厂矿企业中常用的检气管有以下十多种，见表28-1。

随着工业生产和科学技术的日益发展，为适应安全生产和工业卫生的需要，以及不断地提高工作效率，新种类的检气管不断开发应用而产生，并发展成为将被物质转化成物质使之能与显色指示剂发生反应的方式。以日本为例，现生产使用能测定各种浓度范围的各种种类的检气管达上百种以上。各种类检气管见表28-2。

一般常用的检气管　　　　　　表28-1

序号	检气管种类	灵敏度 (mg/m^3)	抽气量 (mL)	抽气速度 (mL/s)	颜色变化状况	检气管内装试剂的主要内容	检气管类型
1	一氧化碳（甲型）	20	100	1.5	淡黄→绿→蓝	硫酸钯、钼酸铵、硫酸、硅胶	比色
2	一氧化碳（乙型）	20	100	1.5	淡黄→绿→蓝	硫酸钯、钼酸铵、硫酸、硅胶	比色可除去乙烯干扰
3	一氧化碳（丙型）	20	100	1.5	淡黄→绿→蓝	硫酸钯、钼酸铵、硫酸、硅胶	比色可除去乙烯及氮氧化物干扰
4	一氧化碳	20	100	1	白→黄	五氧化二碘、发烟硫酸、硅胶	比长度
5	二氧化碳	400	50	0.5	蓝→白	百里酚酞、氢氧化钠、氧化铝	比长度
6	二氧化硫	10	100	1	棕黄→红	亚硝基铁氰化钠、氯化锌、乌洛托品、陶瓷粉	比长度
7	硫化氢	10	100	1	白→褐	醋酸铅、氯化钡、陶瓷粉	比长度
8	氯	2	100	2	黄绿→红	氢氧化钾、溴化钾、甘油、荧火素、硅胶	比长度
9	氨	10	100	1	橙→蓝	百里酚蓝、硫酸硅胶	比长度
10	氧化氮	5	100	1	白→黄→绿	联邻甲苯胺无水乙醇、硅胶	比长度
11	氰化氢	0.2	100	2	白→蓝绿	联邻甲苯胺、硫酸铜、硅胶	比长度

续表

序号	检气管种类	灵敏度 (mg/m³)	抽气量 (mL)	抽气速度 (mL/s)	颜色变化状况	检气管内装试剂的主要内容	检气管类型
12	丙烯腈	0.4	100	2	白→蓝绿	联邻甲苯胺、硫酸铜、硅胶	比长度
13	磷化氢	3	100	2	白→黑	硝酸银、硅胶	比长度
14	苯	10	100	1	白→紫褐	发烟硫酸、多聚甲醛、硅胶	比长度
15	甲苯	20	200	1	白→紫褐	发烟硫酸、多聚甲醛、硅胶	比长度
16	二甲苯	20	100	1	白→肉色	硫酸、碘酸钾、硅胶	比长度
17	甲醇	5	100	1.5	桔黄→绿	重铬酸钾、硫酸、硅胶	比长度

各种类检气管一览表　　　　　　　　　　表 28-2

序号	检气管种类	测定范围	序号	检气管种类	测定范围
1	丙烯酸乙酯	0.07%～0.75%	29	乙撑亚胺	0.5～60ppm
2	丙烯酸甲酯	0.05%～0.65%	30	环氧乙烷	0.05%～3%
3	丙烯腈	2～360ppm			0.4～100ppm
		0.125～15ppm	31	乙撑二胺	0.25～30ppm
4	丙烯醛乙炔	3～800ppm	32	甘醇	50～300ppm
5	乙炔	0.05%～4%	33	甘醇乙醚	100～1200ppm
6	乙醛	4～750ppm	34	甘醇丁醚	100～1000ppm
7	丙酮	0.01%～2%	35	甘醇甲醚	100～900ppm
8	苯胺	1.25～60ppm	36	甘醇甲醚醋酸	100～1000ppm
9	胺类	0.5～60ppm	37	氯甲代氧丙环	2～130ppm
10	芳基氯化物	25～270ppm	38	液化石油气	0.02%～0.8%
11	胼	0.05～5ppm	39	乙基氯	250～7000ppm
12	氨	0.2%～32%	40	氯化氢	10～1000ppm
		10～1000ppm			0.1～40ppm
		2.5～200ppm	41	偏二氯乙烯	0.5～30ppm
		0.5～60ppm	42	氯乙烯	0.025%～2%
13	异辛烷	0.015%～1.2%			0.25～54ppm
14	异丁醇	5～150ppm			0.1～8.8ppm
15	异丙胺	0.5～60ppm	43	氯化联苯酰	2～25ppm
16	异丙醇	0.02%～5%	44	氯	25～1000ppm
		25～800ppm			0.5～16ppm
17	异戊醇	10～300ppm	45	辛烷	0.015%～1.2%
18	一氧化碳	1%～40%	46	臭氧	0.025～3ppm
		0.1%～10%	47	汽油	0.015%～1.2%
		0.05%～4%			30～2000ppm
		2.5～2000ppm	48	甲酸	2～40ppm
		5～50ppm	49	二甲苯	5～500ppm
		8～1000ppm	50	异丙基苯	20～750ppm
		0.005%～0.1%	51	甲酚	0.4～62.5ppm
19	氧化亚氮	2.5～200ppm	52	氯化苦	1～60ppm
20	乙醇胺	0.5～60ppm	53	溴氯甲烷	50～350ppm
21	乙胺	0.5～60ppm	54	氯苯	2～500ppm
22	乙醇	0.01%～7.5%	55	高级碳氢化合物	100～3000ppm
		25～2000ppm	56	氯仿	4～400ppm
23	乙醚	0.04%～1%	57	乙酸	1～80ppm
24	乙基氯仿	10～140ppm	58	异丁乙酸	10～300ppm
25	乙苯	20～350ppm	59	异丙乙酸	25～500ppm
26	乙基硫醇	1～120ppm	60	异戊乙酸	10～200ppm
27	乙基吗啉	0.5～60ppm	61	乙酸乙酯	0.04%～1.5%
28	乙烯	25～800ppm			25～800ppm
		0.2～50ppm	62	醋酸乙烯酯	5～250ppm

注：ppm 为 μg/L。

续表

序号	检气管种类	测定范围	序号	检气管种类	测定范围
63	醋酸丁酯	0.01%～0.8%	100	水银蒸气	0.05～13.2mg/m³
		10～300ppm	101	水蒸汽	0.5～32mg/L
64	醋酸丙酯	20～500ppm			0.05～2mg/L
65	醋酸戊烷	10～200ppm	102	氢	0.5%～2%
66	氧	6%～24%	103	苯乙烯	10～100ppm
67	氰化氢	0.05%～2%			2～100ppm
		17～2400ppm	104	石油醚	0.5～28mg/L
		0.36～120ppm	105	石油粗挥发油	0.5～28mg/L
68	二异丙胺	0.5～60ppm	106	斯氏溶剂	100～8000mg/m³
69	二乙醇胺	0.5～60ppm	107	氧化氮	50～2000ppm
70	二乙胺	0.5～60ppm			2.5～600ppm
71	二乙苯	20～2500ppm			0.08～5.0ppm
72	二乙撑三胺	0.2～20ppm			2.5～200ppm
73	四氯化碳	1～60ppm	108	低级碳化氢	0.05%～2.4%
74	1、4-二氧杂环乙烷	0.6%～5%	109	1.1,2.2-四氯乙烷	3～75ppm
75	环己醇	5～100ppm	110	四氯化乙烯	20～1500ppm
76	环己酮	2～75ppm			2～250ppm
77	环己烷	0.015%～1.2%	111	氧杂环戊烷	20～80ppm
78	环乙基胺	0.5～60ppm	112	四甲撑二胺	0.25～30ppm
79	环乙烯	100～1000ppm	113	三乙醇胺	0.5～60ppm
80	1、1-二氯乙烷	200～2600ppm	114	三乙胺	0.5～60ppm
81	1、2-二氯乙烷	20～2600ppm	115	1,1.1-三氯乙烷	100～500ppm
82	1、2-二氯乙烯	10～1250ppm			20～200ppm
83	1、2-二氯丙烷	40～600ppm	116	1,1,2-三氯乙烷	220～1800ppm
84	0-二氯苯	5～300ppm	117	三氯乙烯	20～1300ppm
85	二氯甲烷	25～1500ppm			2～250ppm
86	二乙烯基苯	1～20ppm			1～50ppm
87	1-溴化乙烯	5～70ppm	118	三甲胺	0.5～60ppm
88	1、2-溴化乙烯	5～80ppm	119	o-甲苯胺	5～60ppm
89	二甲基乙酰胺	1.5～240ppm	120	甲苯	5～600ppm
90	二甲基苯胺	5～50ppm	121	二氯化硫	0.05%～8%
91	二甲胺	0.5～60ppm			20～3600ppm
92	二甲基醚	0.04%～0.8%			1.25～200ppm
93	二甲替甲酰胺	0.8～90ppm			0.05～10ppm
94	溴化乙基	10～90ppm	122	二氧化氯	0.1～16ppm
95	溴化氢	2.5～27.5ppm	123	二氧化碳	2.5%～40%
96	溴化联苯酰	25～850ppm			0.5%～20%
97	甲基溴	10～600ppm			0.13%～6%
		2.5～200ppm			300～500ppm
98	溴	2～30ppm			0.5～100ppm
99	硝酸	0.1～40ppm	124	羰基镍	10～800ppm

续表

序号	检气管种类	测定范围	序号	检气管种类	测定范围
125	二硫化碳	20～4000ppm	152	戊烯腈	0.5～15ppm
		0.5～125ppm	153	碳酰氯	0.1～10ppm
126	联氨	0.05～2ppm	154	甲醛	2～20ppm
127	氮苯	0.2～35ppm			0.1～5ppm
128	石炭酸	0.4～62.5ppm	155	用于检测未知气体	定性用
129	丁二烯	50～800ppm	156	乙酐	1～20ppm
		2.5～100ppm	157	1,4-氧氮杂环己烷	0.5～60ppm
130	丁烷	25～1400ppm	158	甲基丙烯腈	0.2～32ppm
131	丁基脘	0.5～60ppm	159	甲代丙烯	5～40ppm
132	1-丁醇	5～150ppm	160	甲基胺	0.5～60ppm
133	2-丁醇	5～150ppm	161	甲醇	0.002%～4.5%
134	丁基硫醇	2.5～30mg/m³			20～1000ppm
		0.5～30mg/m³	162	甲基异丁基酮	0.01%～0.6%
135	氟化氢	0.25～20ppm	162	甲基-乙基甲酮	0.02%～0.6%
136	糖醛	2～75ppm	163	甲基三氯甲烷	70～1050ppm
137	丙烷	0.1%～2%	164	甲基环己醇	5～100ppm
138	丙胺	0.5～60ppm	165	甲基环己酮	2～100ppm
139	丙醇	0.02%～0.8%	166	甲基丙烯酸甲酯	0.005%～0.275%
140	丙烯	0.02%～0.8%	167	甲硫醇	0.25～70ppm
141	丙亚胺	0.5～60ppm	168	甲基吗啉	0.5～60ppm
142	甲基氧丙环	0.5%～3.5%	169	碘	0.5～12ppm
143	三溴甲烷	1～50ppm	170	硫化羰基	5～200ppm
144	己撑二胺	0.25～30ppm	171	硫化氢	1%～40%
145	正己烷	0.015%～1.2%			0.1%～4%
		10～1200ppm			10～3200ppm
146	己基胺	0.5～60ppm			12.5～500ppm
147	庚撑二胺	0.5～30ppm			1～240ppm
148	庚烷	0.015%～1.2%			0.25～60ppm
149	苯	2.5～120ppm	172	硫化氢十二	0.02%～8%
		0.125～60ppm		氧化硫	0.00025%～0.1%
		10～400ppm			2.5～100ppm
150	戊撑二胺	0.25～30ppm			0.15～5ppm
151	戊烷	110～1660ppm			

每一批检气管在制作后或购进使用前,为增加使用时的可靠性和准确度,应对检气管进行抽样标定,其标定的方法通常有浓度标尺法和标准浓度表法两种方法。

浓度标尺法适用于检气管的小批量制作或少数量的购进。制作其检气管应尽量选择管径一致的玻璃管。在相同的浓度下,管径相同的各管的显色柱长度是相等的。据有关资料介绍,通过计算,管径为 2.5～2.5mm 时,因管径造成的显色柱长度误差约为±4%。在标定检气管时,应先配制一定量已知浓度的被测物质气体,任意抽选 5～10 支进行标定。然后可用 100mL 注射器抽取一定体积已配制好的已知浓度的被测物质气体,并以一定的速度通过检气管，待反应显色后测量其显色柱变色的长度，以浓度（mg/m³）对显色柱变色的长度（mm）绘制标准曲线（图28-21）。然后根据标准曲线取整数浓度的显色柱变色的长度，制成浓度标尺（图28-22），供现场测定时使用。

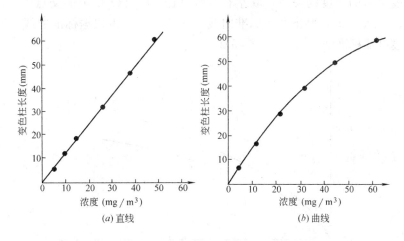

图 28-21　标准曲线

标准浓度表法适用于检气管的大批量生产或大量的购进。大批量生产检气管时，严格要求玻璃管径一致是相当困难的，因此，管径不同的玻璃管，装入的显色剂的量是相同的，但其显色剂柱的长度是不相同的。在对此类检气管进行标定时，先从同一批检气管中任意抽取粗细不同的检气管共若干支，按其中显色剂柱最长（OL）和最短的管画成如图28-23所示的四边形。

然后每一个浓度取粗细不同的三支检气管，通已知浓度的被测物质气体后，待显色剂

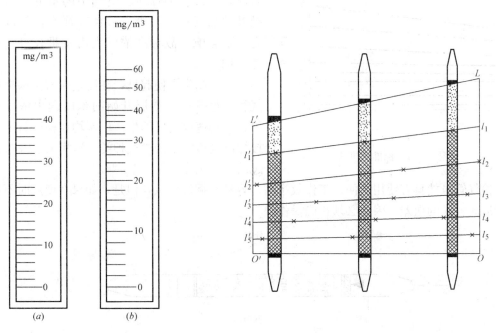

图 28-22　浓度标尺　　　　　　　图 28-23　不同管径检气管变色柱长度的校正表

柱变色,再将各管按显色剂柱变色的长度与图 28-23 中的 LL' 和 OO' 上下横线比齐,并将变色后的显色剂柱长度画下,得到三个点,连接此三点成一条横线,交于两侧的直线上,这条线就表示了一个浓度。按照上述同样的方法,作出 5~6 条不同浓度的横线。按浓度与显色剂柱变色后的长度的关系,取左右两侧直径 OL 及 $O'L'$ 上的交点 l_1、l_2、l_3、l_4、l_5 及 l'_1、l'_2、l'_3、l'_4、l'_5,画出两条标准曲线(图 28-24),再根据标准曲线,取整数浓度的变色柱长度画成标准浓度表(图 28-25)。

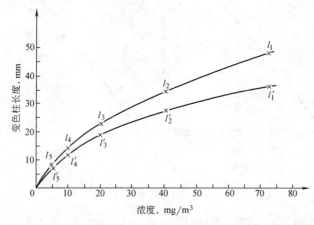

图 28-24 不同管径检气管变色柱长度的标准曲线

在用检气管对作业场所空气中有毒有害物质进行测定时,按规定的抽气速度及体积将样气通过检气管,待显色后,将显色剂的全长放在与 LL' 和 OO' 相齐的位置,根据变色柱长度读出被测气体的浓度。由于制备检气管时,其硅胶的性质、空气中的水分含量以及其他因素对检气管的显色剂柱变色长度均有一定影响,故标准浓度表需每批校准,不能通用。

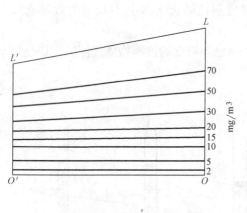

图 28-25 标准浓度表

为了测定方便起见,在测定时直接根据检气管显色剂柱尖端层开始的刻度读出浓度数值,现一些检气管的生产厂家均在检气管上直接标出其检气管的检气种类、适用浓度及校正过的浓度刻度,见图 28-26。

检气管虽然具有使用简便、工作效率高、容易掌握等优点,但是,如果在使用时不当也会造成较大的误差,因此必须正确操作。

图 28-26 检气管示意图

1. 用抽气筒式气体取样器或100mL注射器，按照不同种类的检气管所要求的通样气体积，抽取一定量的样气。

2. 将检气管的两端用锉刀或小砂轮切断。

3. 将检气管的出气端直接插在抽气筒式气体取样器的入口橡胶管上；或者将检气管插在注射器出气口安设的橡胶管上，然后以每秒1～2mL的速度将已采集的一定量的样气通过检气管。

4. 根据检气管显色剂柱变色长度或显色剂颜色变化的情况，对照浓度标尺或标准浓度表；或标准色阶板进行比较，读出浓度数值。如检气管上有浓度刻度数值，便可根据显色剂柱变色后的长度末端，直接读出浓度数值。

5. 如需排除干扰物质对被测物质测定的干扰，或者被测物质需转化成其他物质后才能进行测定的检气管，应在用抽气筒式气体取样器或注射器抽取样气时进行，然后再将排除干扰物质后或转化成其他物质后的样气，按一定的速度通过检气管。

在使用检气管对作业场所空气中有毒有害气体进行测定时，还应注意以下事项：

1. 选择合适的通气速度。样气通过检气管速度的快慢、均匀与否对显色剂柱有很大的影响。如通气的速度太快，显色剂柱变色长度加长，但变色末端界限不清；通气的速度太慢，变色末端界限虽然清楚，但显色剂柱的变色长度减短。因此在使用检气管时，应选择合理的通气速度，同时还应通气速度均匀，这样可使被测气体物质能与检气管内填装的显色剂完全反应，使之能得到既清楚的变色界限又有最长的显色剂柱变色长度的结果，以便得到较为准确的测定数值。在实际操作中，应按照检气管生产厂家使用说明书上所规定的通气速度，并均匀地通气即可。

2. 抽取合适的样气体积。在同样的条件下抽取样气体积愈大，检气管显色剂柱的变以长度愈长，反之则愈短，但这一关系并不一定成正比例。一般来说，当增大体积一倍的样气通过检气管时，显色剂柱的变色长度并不是成倍地增加，而是增加得较少。因此，在实际中使用检气管时，需注意这种情况。如果当被测气体物质的实际浓度超过检气管可测范围时，不能用减少抽取样气体积的办法进行测定，而是应该先用气体取样器抽取一定体积的样气，此后在新鲜空气处再用同一气体取样器抽取一定体积的空气，将被测样在气体取样器内进行稀释，然后再将稀释后的样气通过检气管进行测定，将这一测出的浓度乘以稀释倍数，即可得到测定的数值。

3. 现场温度对检气管的影响。因检气管的种类不同，故温度的影响也各有差异。各种检气管都有它们各自的容许温度范围，一般来说在5～35℃时使用较为合适。具体情况可根据检气管的生产厂家的使用要求来实行。

当温度过高，检气管显色剂柱在通样气后其变色长度可能有增长或出现最大值等情况，这是因为温度增高，气体体积膨胀，显色试剂对气体的反应速度加快，以及显色试剂对气体的物理吸附增加等因素相互影响所造成的。

当温度过低时，显色剂柱的变色长度可能有减短或显色剂柱不变色等情况出现。这是因为温度低，气体体积缩小，显色试剂对气体的反应速度减慢，以及显色试剂对气体的物理吸附减少等因素相互影响所造成的。

所以，在使用比长度型检气管时应注意现场温度对显色试剂的影响。在使用比色型检气管时，实际测定时的现场温度与制备标准浓度表或标准色阶板时的温度不一致时，应进

4. 现场湿度对检气管也有影响。因此,检气管中一般都填装有保护胶以避免湿气对显色试剂的影响。但若测定现场空气中的湿气太重,便造成测定结果有较大的误差,所以在使用检气管时应予注意。

5. 各种检气管都有一定的使用期限,不得超期使用,否则用过期的检气管进行测定时,会得出错误的结果。

6. 进入有剧毒气体物质的地带进行测定时,应采取自我保护措施,以确保安全。

7. 检气管应注意避光保存。

第四节 动火分析与进塔入罐分析

一、动火分析

这里所讲的动火分析是指在动火作业地点于动火作业进行之前,对动火作业地点空气中可燃性气体,包括可燃性液体的蒸气含量的测定,以及在富氧的场所还需进行氧含量的测定等,以便在动火作业地点确定是否可以进行动火作业。

动火分析,一般有两种方法,一种是燃烧法,另一种是爆炸法。

1. 燃烧法的分析程序如下:

首先用球胆在动火作业地点于动火作业之前采取一定数量的样气。然后用气体分析量气管量取样气 100mL,直接以浓度为 30% 的氢氧化钠溶液及焦性没食子酸钾溶液分别吸收样气中的二氧化碳的氧气,测定其百分含量。

设:$CO_2\% = A$,$O_2\% = B$

另取样气 100mL,直接将此样气送入铂丝呈红热状态的燃烧瓶内,来回送几次,减少的样气体积 C 可在量气管的刻度上直接读出。但这一读数,并非样气中可燃性气体的真实体积数,而是可燃性气体加上燃烧时耗氧的总和,故经燃烧后的气体需要以氢氧化钠溶液及焦性没食子酸钾溶液分别予以吸收二氧化碳和氧气。

设:$CO_2\% = A$,$O_2\% = B_1$

则可燃性气体的百分含量 X 可按下式进行计算

$$X = [C + (A_1 - A)] - (B - B_1)$$

进行分析的样气若经燃烧后减少体积 $C \leq 0.5\%$,即可不必再用氢氧化钠溶液及焦性没食子酸钾溶液进行吸收二氧化碳和氧气,可将经过燃烧后减少的百分体积数据填写在动火作业许可证上,动火作业可以进行。如果所分析的样气经过燃烧后减少体积 $> 0.5\%$,则还需要用氢氧化钠溶液及焦性没食子酸钾溶液再进行吸收二氧化碳和氧气,并按上式进行计算,计算结果若可燃性气体的百分含量 $X \leq 0.5\%$,方可进行动火作业;若可燃性气体的百分含量 $X > 0.5\%$,则不得进行动火作业。若可燃气体的爆炸下限 $< 4\%$ 时,计算结果可燃气体的百分含量 $X > 0.2\%$,也不得进行动火作业。

用燃烧法做动火分析时,还须注意以下几个问题。

(1) 气体分析仪燃烧瓶中的铂丝应控制在呈红热状态。如呈白热状态则会烧毁铂丝。

(2) 燃烧时燃烧瓶内的液面不得超过铂丝。

(3) 动火分析采集样气不得早于动火作业前 30min，如果动火作业因故中断 30min 以上，再进行动火时，应重做动火分析。

(4) 动火分析应保留一定数量的样气至动火作业点火以后为止，然后方可放空。

(5) 动火分析结束后，分析结果的数据应做好记录，分析人员应在分析化验报告单上签字。

2. 爆炸法的分析程序如下：

用气体分析仪量气管量取样气 100mL，直接送入爆炸瓶，通电后观看是否呈现爆炸，如不爆炸并无火花发生，含氧量在 18%～21%，可在动火作业许可证上填写准予动火。

爆炸法是根据可燃气体的爆炸极限进行测定的，不能得到可燃气体或可燃液体的蒸气在空气中准确的体积百分含量。因此，在实际工作中用燃烧法作动火分析较为普遍。

例一：乙炔气的动火分析。

将两个吸收管或瓶串联，并各注入 10mL 0.1mol/L 硝酸银的标准溶液，在需要进行动火的地点采集样气 8L。然后将吸收管中的反应液注入 250mL 的三角烧瓶中，并用蒸馏水冲洗吸收管，洗液也一并注入三角烧瓶中，注入 1∶1 硝酸 8mL，以铁明矾为指示剂，用 0.1mol/L 硫氰酸铵（NH_4CNS）回滴至血红色为终点。

乙炔体积百分含量的计算：

$$C_2H_2\% = \frac{N_{AgNO_3}V_{AgNO_3} - (N_{NH_4CNS}V_{NH_4CNS}) \times 0.013 \times 100}{8 \times \frac{26}{22.4}}$$

因为乙炔的爆炸下限<4%，所以乙炔的体积百分含量应控制在≤0.2%，氧含量控制在 18%～21%，这时才能进行动火作业。

例二：氯乙烯的动火分析。

用球胆在所需动火作业地点采集样气，再将气体分析仪从球胆中量取样气，读取体积 V_0。

将已量取体积 V_0 的样气用盛 30% 的氢氧化钾溶液吸收瓶中吸收二氧化碳，然后读取吸收二氧化碳后的气体体积 V_1。

将剩余气体 V_1 用 3% 的溴水吸收瓶吸收氯乙烯后，再用氢氧化钾溶液吸收瓶吸收溴蒸气，然后读取吸收后的气体体积 V_2。

氯乙烯体积百分含量的计算：

$$氯乙烯(CH_2CHCl)\% = \frac{V_1 - V_2}{V_0} \times 100$$

因为氯乙烯的爆炸下限为 4%，所以氯乙烯在空气中的体积百分含量应控制在≤0.2%，氧含量控制在 18%～21%，方能进行动火。此外，溴水的浓度必须控制在 3% 左右，浓度低则会影响吸收效率，使分析的结果偏低。

二、使用可燃气体测爆仪进行动火分析

凡可燃气体或可燃液体的蒸气在燃烧过程中都会释放出热量，例如，甲烷（CH_4）：

$$CH_4 + 2O_2 = CO_2 + 2H_2O + 803.19571J(焦耳)$$

而热量的大小与所采样气中含的可燃气体或蒸气的量有关。可燃气体测爆仪就是根据这一特点，利用不平衡电桥测量热量，由微安表直接指示出样气中可燃气体或蒸气的危险程度，因此，此仪器为热化学式。敏感元件采用铂金丝，兼起触媒作用。当可燃气体或蒸气被抽进仪器后，在铂金丝上燃烧，使铂金丝电阻改变，电桥失去平衡，微安表相应示出其大小。

可燃气体测爆仪是从着火和引起爆炸的观点出发的，而不是从卫生角度出发的。因此，它不能测出可燃气体或蒸气在空气中精确的体积百分含量。它是根据可燃气体或蒸气在空气中的爆炸极限来判断是否可以进行动火的。RH—31型可燃气体测爆仪见图28-27。

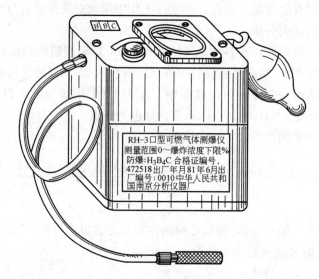

图 28-27　RH-31型可燃气体测爆仪外型图

使用可燃气体测爆仪进行动火分析时其方法如下：

1. 手握吸气球，按仪器上标明的方向旋转至最大，使仪器的电路接通。然后捏几次吸气球，吸取新鲜空气将表针调节在零点位置上。

2. 将采样探头放在所需进行测试的地点，捏吸气球3～5次，读取表针指示的数值。

3. 表针指向的刻度是以可燃气体或蒸气的爆炸下限当作100%来分度的。如测得的数值为50%，只表明该作业环境空气中的可燃气体或蒸气已达到其爆炸下限的50%，并非指其含量而言。

可燃气体测爆仪的指示表针还可能出现以下几种情况：

表针所处状态	危 险 情 况
超过100%以外红色区	随时都有爆炸危险
先向右至最大，再回到左边	超过爆炸上限
左右大幅度地摆动，不能稳定	在爆炸下限与上限之间，危险性最大
在橙色或黄色区内	危险，应引起注意
在绿色区	安全

4. 测试后，应捏数次吸气球吸进不含可燃气体或蒸气的新鲜空气，使仪器指针回到零位。

使用可燃气体测爆仪进行动火分析时应注意以下事项：

1. 测试作业环境空气中的硫化氢含量不应超过 0.001mg/L，并不得有氯、砷化合物等气体，以免仪器中的铂金丝中毒而失去活性。

2. 为了更准确地进行测试，可将仪器与已知含量的可燃气体或蒸气气体定期进行校对，然后再在作业现场使用。

3. 此仪器应避免强烈的冲击和振动，以免损坏铂金丝及电路。如长期搁置不用，应将电池取出，以免漏电液腐蚀仪器。

4. 使用可燃气体测爆仪进行动火分析时，因仪器本身不能留有样气，但为了防止在动火作业点火时发生意外事故，仍需用球胆采集一定数量的样气，以便需要时供仲裁分析使用。所保留的样气至动火作业点火后便可放空。

三、进塔入罐的安全分析

在需要人员进入塔、罐等设备容器内进行作业时，为了确保作业人员在塔、罐等设备容器内的人身安全，对进塔入罐必须进行安全分析。

所谓进塔入罐的安全分析，系指在作业人员进入塔、罐等设备容器之前，对塔、罐等设备容器内空气中的有毒有害气体含量和氧含量进行分析。进塔入罐的安全分析应做到分析及时，分析结果准确。

首先，分析人员要了解塔、罐等设备容器内可能有哪些有毒有害气体，以及塔罐的清洗置换和塔罐相连接的管道阀门切断情况。然后用球胆采集样气，再用相应的有毒有害气体快速检气管测定其有毒有害气体的含量。如果没有快速检气管可用溶液比色法进行测定。

此外，再用气体分析仪量气筒量取 100mL 的样气，送入盛有浓度为 30% 氢氧化钾溶液吸收瓶中吸收样气中的二氧化碳，然后将吸收二氧化碳后的剩余样气送入盛有集性没食子酸钾溶液吸收瓶中吸收氧气，以计算出样气中的氧含量。如有测氧仪，也可用测氧仪直接测出样气中的氧含量。

作业人员进入塔、罐等设备容器内作业时，塔、罐内的有毒有害气体含量一般不应超过国家规定的《车间空气中有害气体、蒸气及粉尘的最高容许浓度》这一工业卫生标准，其氧含量应控制在 18%~21%。

在此需述明的是，作业人员进入塔、罐等容器内作业时，对进塔入罐进行安全分析，但对塔、罐等容器内的有毒有害气体含量目前尚无标准，故大多数厂矿企业均暂以国家规定的《车间空气中有害气体、蒸气及粉尘的最高容许浓度》这一工业卫生标准。然而这一工业卫生标准原是指作业人员每日工作 8h，每周 6 天，并长期在不超过该浓度的情况下进行作业，不会发生慢性职业中毒，主要是针对保护作业人员身体健康，防止发生职业病而言。而进入塔、罐等容器内作业，一般均为短时间的或短时期的，对塔、罐等容器内有毒有害气体含量的分析，主要是针对防止作业人员发生急性中毒，保护人身安全而言，与防止慢性职业中毒是两个完全不同的概念。

此外，如果在塔、罐等设备容器内需进行动火作业，还需进行动火分析。

第五节 作业场所空气中有毒有害物质的测定

一、作业场所空气中铅的测定

测定方法：双硫腙比色法（混色法）。

测定原理：双硫腙在弱碱性（pH=8.5～11）溶液中，可与铅离子生成红色络合物——双硫腙铅，它溶于氯仿、四氯化碳等有机溶剂，根据所呈红色深浅进行比色定量。

本法灵敏度：$0.5\mu g/10mL$。

1. 所需试剂：

(1) 无铅水。

(2) 3％的 NHO_3 溶液。

(3) 氨水。

(4) 氯仿，每100mL氯仿中加入1mL乙醇。

(5) 双硫腙氯仿溶液。

双硫腙在使用前应进行提纯，提纯方法为：溶解0.05g双硫腙于50mL氯仿中，如有不溶物，应过滤，然后移入250mL分液漏斗中，用总量100mL重蒸馏氨水（1∶99）分4次连续提取，此时双硫腙进入氨溶液中，将氨提取液经棉花过滤，放至分液漏斗中，用稀盐酸酸化，将沉淀析出的双硫腙每次用20mL氯仿萃取2～3次，此时双硫腙被萃取至氯仿层中。用重蒸馏水洗涤氯仿萃取液2次，弃去洗液，然后加入适量氯仿，配成浓双硫腙储备液，约0.01％，放入棕色瓶内，于冰箱内保存。

使用前将上述储备液用氯仿稀释，在光电比色计上校正溶液浓度，透光度为70％（波长500nm，10mm比色杯）。

(6) 0.04％酚红溶液。称0.1g酚红放入小乳钵中，加少量重蒸馏水研磨溶解后，倒入250毫升量瓶中，加水至刻度。

(7) 50％柠檬酸铵溶液。

(8) 20％盐酸羟胺溶液。

(9) 10％ KCN 溶液。

(10) 铅标准溶液。

称取 $Pb(NO_3)_2$ 1.5984g放入1L量瓶中，加10mL浓 HNO_3，及少量重蒸馏水使之溶解，最后加重蒸馏水至刻度，混匀，即成储备液。此溶液1mL⇌1mg铅。如溶液出现混浊，则应重新配制。

将上述储备液用1∶99的 HNO_3 稀释100倍，即成铅的标准溶液，此溶液1mL⇌10μg铅。

2. 所需仪器：

(1) 粉尘采样器。

(2) 具磨口塞比色管，25mL。

(3) 72型分光光度计。

3. 采样方法：

应用滤纸进行采样，采样用的滤纸应进行处理，用慢速定量滤纸放在3%硝酸溶液中，在沸水溶上加热15min后取出。然后用无铅水冲至中性，按分析步骤检验无铅后，在室温下晾干，或于60～80℃烘干备用。

将上述滤纸剪成直径与滤膜采样夹大小一致的圆片，放在采样夹上夹紧，勿使漏气。然后在所需测定的作业场所以5L～10L/min的速度抽取100～200L空气，采集铅尘，采气速度为10L/min；采集铅烟，采气速度为5L/min。采样完毕，用镊子将滤纸取出，向内折叠，带回实验室进行分析。

4. 分析程序：

将采样后之滤纸放在小烧杯内，加20mL 3% HNO_3，加热煮沸15～20min，取下冷却。然后将此溶液倒入刻度试管中，并用重蒸馏水洗涤烧杯及滤纸5～6次，此洗液也一并倒入刻度试管中，并用3% HNO_3 稀释至20mL，搅匀，取1～10mL于比色管中，用3% HNO_3 稀释至10mL，此即为样品液，供分析时用。

按表28-3配制1μg～5μg含铅的系列标准管色列，并全部用3% HNO_3 稀释至10mL。

铅标准管系列的配制　　　　　　　　表28-3

管　号	0	1	2	3	4	5	6	7
标准溶液(mL)	0	0.10	0.20	0.30	0.40	0.50	0.60	0.70
3%的硝酸溶液(mL)	10.0	9.9	9.8	9.7	9.6	9.5	9.4	9.3
铅的含量(μg)	0	1	2	3	4	5	6	7

向样品管及系列标准管中各加入0.5mL柠檬酸铵溶液；2滴20%盐酸羟胺溶液；1滴酚红指示剂，摇匀，再滴加1:1氨水调至溶液为红色，再多加2～3滴，加0.5mL 10%氰化钾，将溶液摇匀。然后再准确地加入5mL透光度为70%的双硫腙氯仿溶液，将比色管口塞紧，振摇1min，待静置分层。此时氯仿层即呈现红、绿相间的混合色。以氯仿层用样品管与标准管作目视或用光电比色（波长510nm）进行混色比色定量。

亦可在上述呈现混色的氯仿层中，再加入15mL双硫腙洗除液，振摇半分钟以除去溶液中过量的双硫腙，此时氯仿层呈现单纯红色。可用目视或光电比色（波长510nm或绿色滤光片）进行单色比色定量。

计算：

$$X=\frac{20C}{bV_0}$$

X——空气中铅的浓度，mg/m^3；

b——分析时所取样品体积，mL；

C——所取样品中铅含量，μg；

20——样品总体积，mL；

V_0——换算成标准状况下的采样体积，L。

5. 注意事项：

(1) 空气中铅的采样方法应根据铅在空气中的存在状态来选择。推荐：铅尘用滤膜采样，铅烟用滤纸采样。由于空气中的铅是以气溶胶状态存在，故用气泡吸收管采样效率很低。滤纸对铅的采样效率较高，故用粉尘采样器采样为好。但要注意滤纸规格、质量、采样面积及抽气速度等因素的影响。

(2) 分析时用的各种试剂均须选用"分析纯"试剂。

(3) 双硫腙易被氧化成二苯硫化偕肼二腙，不仅色调不同，并且失去络合的能力。日光、高温、一些金属离子、氧化剂均能氧化双硫腙，故在提纯、保存、分析时，都应注意保持双硫腙的纯度和稳定性。

(4) 双硫腙与铅的反应在一定的 pH 值范围内才能进行，故加入双硫腙前需先调节溶液的 pH。酚红指示剂在酸性溶液中呈橙红色；在中性溶液中呈黄色；在碱性溶液中 (pH=8.5) 呈红色。

(5) 铅标准溶不宜存放，应在临用前配制。

(6) 分析时所用的各种玻璃器皿，使用前均需先用 3% 硝酸溶液浸泡 8h 以上，再用重蒸馏水（无铅水）冲洗干净。

(7) 氰化钾为剧毒药品。使用时应严格遵守分析安全操作规程，防止发生意外事故。

(8) 在分析样品的同时，应将采样用的滤纸进行空白试验。

(9) 二苯硫代偕肼腙，又名苯肼硫羰偶氮苯；二苯基硫巴腙；俗称双硫腙。分子结构为：

$$S=C\begin{array}{l}NH-NHC_6H_5\\N=NC_6H_5\end{array}$$

为紫黑色固体，不溶于酸及水，溶于氯仿、四氯化碳呈绿色。溶于稀碱呈橙黄色。

双硫腙可与多种金属，如 Pb、Hg、Bi、Cu、Cd、Zn、Sn、Ni 等约 20 余种作用生成各种络合物，溶于氯仿等有机溶剂，并随金属的不同呈各种不同颜色。当控制一定条件时，如调节溶液的 pH 值或加入掩蔽剂以除去其他干扰金属的影响等，双硫腙可选择性地与某一种金属进行颜色反应。故在不同条件下，可用于不同金属的比色定量。

双硫腙易被氧化，氧化反应在弱的氧化条件下即可进行。日光、较高的温度及氧化剂等均可使双硫腙氧化，其氧化产物二苯硫化偕二腙溶于氯仿或四氯化碳呈黄色，不溶于酸、碱，且失去与金属络合的能力。由于双硫腙中易混有少量氧化产物，因此，在配制该试剂时，需经提纯处理。

(10) 用双硫腙与金属的颜色反应以测定金属含量时，常用以下两种比色方法。

混色比色法。因双硫腙氯仿溶液本身为绿色，而双硫腙与金属作用后生成其他颜色，故氯仿层呈现两种颜色的混合色。根据金属种类及含量的不同，呈现不同的色调，可用目视或光电比色法进行比色定量。

单色比色法。在生成上述混色的基础上，利用双硫腙能溶于稀碱的特性，用氢氧化铵或氢氧化钠的稀溶液将剩余的双硫腙提出弃去，使混色中的绿色成分去掉，而保留该络合物的单一颜色。根据颜色的深浅，用目视或光电比色法进行比色定量。

二、作业场所空气中汞的测定

测定方法：双硫腙比色法。

测定原理：在无机酸的酸性溶液中，汞与双硫腙——氯仿溶液反应生成橙黄色络合物，过量的双硫腙用碱液除去，根据颜色深浅进行比色定量。

本法灵敏度：$0.5\mu g/10mL$。

1. 所需试剂：

(1) 吸收液。1.5% $KMnO_4$ 溶液与10%硫酸溶液等体积混合（临用前配制）。

(2) 20%盐酸羟胺溶液。

(3) 2%乙二胺四乙酸二钠溶液，简称EDTA二钠溶液。

(4) 氯仿。

(5) 双硫腙——氯仿溶液。提纯的双硫腙用氯仿稀释至透光度70%（波长500nm，10mm比色杯）。

(6) 双硫腙洗除液。0.8%的NaOH溶液与浓NH_4OH等体积混合即成（临用前配制）。

(7) 汞标准溶液。准确称重结晶氯化汞0.1354g，以0.18%的HCl稀释至1L，此贮备液1mL≙0.1mg汞。吸取10mL汞贮备液，用水稀释至100mL，配制成1mL≙$10\mu g$汞的标准溶液。标准溶液应临用前配制。贮备液应贮于聚氯乙烯瓶中，放置于冰箱中保存。

2. 所需仪器：

(1) 大型气泡吸收管。

(2) 大气采样器。

(3) 具磨口塞比色管，25mL。

3. 采样方法：

串联两个各装10mL吸收液的大型气泡吸收管，以1L/min的速度抽取50L样气。

4. 分析程序：

将两个吸收管中的样品溶液分别倒入两个比色管中，并同时按表28-4配制$0.5\sim5\mu g$系列的汞标准溶液管，加吸收液至10mL。

汞标准管系列的配制 表28-4

管 号	0	1	2	3	4	5	6
标准溶液，mL	0	0.05	0.10	0.20	0.30	0.40	0.50
吸收液，mL	10.0	9.95	9.9	9.8	9.7	9.6	9.5
汞的含量，μg	0	0.5	1	2	3	4	5

然后，向全部样品管和标准溶液管中分别加2滴20%盐酸羟胺溶液，振摇至$KMnO_4$紫色退尽，放置20min，加入0.5mL EDTA二钠溶液，摇匀，再加入5mL双硫腙——氯仿溶液，振摇后放置10min，待分层后将上层水液抽去，于氯仿层中加入15mL双硫腙洗除液，振摇，以除去过量的双硫腙，抽去上层水液。此时，各比色管氯仿层即呈现深浅不等的橙黄色，可用目视比色进行比色定量。

若氯仿层发生混浊，可用少许脱脂棉过滤，或加少量无水硫酸钠使之澄清。

作业场所空气中汞浓度较高时，目视比色不能达到测定目的，可用光电比色，波长490nm，标准溶液管浓度可适当提高。

计算：

$$X = \frac{C_1 + C_2}{V_0}$$

X——空气中汞的浓度，mg/m^3；

C_1、C_2——分别为第一、第二吸收管中汞的含量，μg；

V_0——换算成标准状况下的采样体积，L。

5. 注意事项：

（1）本法要求所用的各种玻璃器皿必须清洁，用前须用3％硝酸溶液浸泡，然后再用无汞水（重蒸馏水）洗涤干净。

（2）分析用各种试剂均需选用"分析纯"试剂。配制试剂及分析用水均应为无汞水。

（3）酸度对汞的测定有一定影响，以在5％～9％的硫酸溶液中较好。

（4）加盐酸羟胺后，应充分振摇，并放置一定时间，使反应过程生成的氯充分逸出，以免影响测定。

（5）EDTA二钠可与其他金属离子络合起掩蔽作用，以防止对汞测定的干扰。

（6）双硫腙试剂必须提纯，以氯仿配制的双硫腙——氯仿溶液应为翠绿色。若为黄色、蓝色、蓝绿色，均不能使用。

（7）汞与双硫腙生成的橙黄色络合物在光下不稳定，易褪色，故分析过程应避免强光照射。

三、作业场所空气中氧化锰的测定

测定方法：过硫酸铵比色法。

测定原理：锰化合物在酸性溶液中，在少量硝酸银存在下，与过硫酸铵共热时形成紫红色高锰酸，根据颜色深浅可进行比色定量。

本方法灵敏度：$3\mu g/5mL$。

1. 所需试剂：

（1）5％硝酸银溶液。

（2）20％过硫酸铵溶液。称取20g过硫酸铵$(NH_4)_2S_2O_8$，用水溶解，并稀释至100mL。

（3）浓硫酸。

（4）浓硝酸。

（5）30％双氧水（按质量）。

（6）1∶2磷酸溶液。

（7）滤膜。

（8）1∶9硫酸溶液。

（9）二氧化锰标准溶液。将硫酸锰 $MnSO_4 \cdot nH_2O$ 放入280℃高温炉中烘烤1h，取出后放入干燥器中冷却至室温，然后称取此无水硫酸锰0.1737g用1∶9硫酸溶液溶解，稀释至1L，此溶液1mL≒0.10mg二氧化锰，为贮备液。取贮备液用1∶9硫酸溶液稀释10倍，配制成1mL≒10μg二氧化锰的标准溶液。

2. 所需仪器：

（1）粉尘采样器。

(2) 滤膜采样夹。
(3) 比色管，10mL。

3. 采样方法：

将滤膜放在滤膜采样夹中夹紧，在作业现场以15L/min的速度抽取60L样气。

4. 分析程序：

将滤膜取出，放入蒸发皿内，在电炉上碳化，而后以大瓷坩埚盖盖之，再在900℃高温炉中灼烧约3～4min，取出，稍冷，然后向蒸发皿内加入4～6滴30%双氧水及0.5mL浓硫酸，并在电炉上加热5～10min，直至出现三氧化硫白烟。盖上表面皿，稍冷后加入4～8滴浓硝酸，再加热至溶液澄清，如不清可再加浓硝酸，直至溶液澄清为止。将溶液倒入比色管内，以水洗蒸发皿两次，将洗液一并亦倒入比色管内，加水至5mL。同时按表28-5配制0～50μg系列二氧化锰的标准管。

二氧化锰标准管系列的配制　　　　　表28-5

管　号	0	1	2	3	4	5	6	7	8	9	10
标准溶液(mL)	0	0.3	0.6	0.9	1.2	1.5	2.0	2.5	3.0	4.0	5.0
1:9硫酸溶液(mL)	5.0	4.7	4.4	4.1	3.8	3.5	3.0	2.5	2.0	1.0	0
二氧化锰含量(μg)	0	3	6	9	12	15	20	25	30	40	50

向全部样品管及标准管中各加入一滴5%硝酸银溶液及0.5mL 20%过硫酸铵溶液，摇匀。如样品含有铁时，可向全部比色管内各补加0.1mL 1:2磷酸溶液。加5%硝酸银溶液时，若形成氯化银混浊，则用小漏斗将样品过滤到另一同样的比色管中，往滤液中再加一滴5%硝酸银溶液。摇动比色管，将全部比色管放入80℃水浴中加热5min，冷却后进行比色定量，0管应无色。

计算：

$$X=\frac{C}{V_0}$$

X——空气中氯化锰的浓度（换算成二氧化锰），mg/m³；

C——样品管中二氧化锰的含量，μg；

V_0——换算成标准状况下的采样体积，L。

5. 注意事项：

(1) 本法不是特殊反应。样品中铬含量若比锰大两倍以上，或有肺、铁存在时，对测定有干扰。

(2) 全部试剂均应用不含氯化物的重蒸馏水配制。

(3) 锰尘的溶解，也可采用草酸—硫酸混合液以及磷酸处理。

(4) 滤膜直径2cm，采样速度15L/min，其采样效率可达95%以上。

(5) 显色反应后，其溶液颜色可稳定4h。

四、作业场所空气中三氧化铬的测定

测定方法：二苯卡巴肼比色法。

测定原理：铬酸及其盐溶液与二苯卡巴肼[$(C_6H_5·NH·NH)_2CO$]作用生成红色

化合物，根据颜色深浅可比色测定三氧化铬的含量。

本法灵敏度：1μg/10mL。

1. 所需试剂：

（1）二苯卡巴肼溶液。1g 二苯卡巴肼溶于 20mL 冰醋酸中，加 200mL 95％乙醇，此溶液应在冰箱中保存。

（2）三氧化铬标准溶液。准确称取重结晶并在 130℃ 干燥过的重铬酸钾 0.1471g，溶于 100mL 量瓶中，加水稀释至刻度。此溶液 1mL≈1mg 三氧化铬。取上述溶液 10mL 置于 1000mL 量瓶中，加水稀释至刻度，此溶液 1mL≈10μg 三氧化铬。

2. 所需仪器：

（1）粉尘采样器。

（2）比色管，10mL。

3. 采样方法：

将滤膜放在粉尘采样器采样夹内夹紧，以 5～7L/min 的速度抽取 50～100L 样气。

4. 分析程序：

取出滤膜，放入试管中，加 15mL 蒸馏水，强烈振荡 30min，分析时取 5mL 样品放入比色管中，加水至 10mL。同时按表 28-6 配制含三氧化铬 1～10μg 的系列标准溶液管，并加水至 10mL。

三氧化铬标准管系列的配制 表 28-6

管　号	0	1	2	3	4	5	6	7	8	9	10
标准溶液，mL	0	0.10	0.20	0.30	0.40	0.50	0.60	0.70	0.80	0.90	1.00
水，mL	10.0	9.90	9.80	9.70	9.60	9.50	9.40	9.30	9.20	9.10	9.00
三氧化铬的含量，μg	0	1	2	3	4	5	6	7	8	9	10

然后，向全部标准溶液管及样品管中各加入 1.0mL 二苯卡巴肼溶液，摇匀，静置 30min 后进行目视比色定量。

计算：

$$X=\frac{3C}{V_0}$$

X——空气中三氧化铬的浓度，mg/m³；

C——分析时所取样品管溶液中三氧化铬的含量，μg；

V_0——换算成标准状况下的采样体积，L。

5. 注意事项：

（1）二苯卡巴肼——乙醇溶液不够稳定，应在 15℃ 以下保存，最好在冰箱中保存。

（2）此法生成的颜色在 3～4h 内是稳定的。

（3）由于三氧化铬是很强的氧化剂，采样后应尽快分析。

五、作业场所空气中氧化镉的测定

测定方法：双硫腙比色法。

测定原理：镉离子在适当条件下被双硫腙——氯仿溶液提取，生成红色，根据颜色深浅可进行比色定量。

本法灵敏度：$1\mu g/10mL$。

1. 所需试剂：

（1）酒石酸钾钠溶液。称取 250g 酒石酸钾钠 $KNaC_4H_4O_6 \cdot 4H_2O$ 溶解于水中，稀释至 1L。

（2）20％氢氧化钠溶液。

（3）氢氧化钠——氰化钾溶液。

1）称取 400g 氢氧化钠、10g 氰化钾溶解于水中，加水稀释至 1L，置于聚乙烯瓶中保存，此溶液可稳定 1~2 个月。

2）称取 400g 氢氧化钠、0.5g 氰化钾溶解于水中，加水稀释至 1L，置于聚乙烯瓶中保存，此溶液可稳定一至两个月。

（4）20％盐酸羟胺溶液。

（5）氯仿。所用氯仿须用双硫腙进行试验。于一磨口塞比色管中注入若干毫升氯仿，再加入少量双硫腙溶解，放置，如氯仿中双硫腙绿色在一天内稳定，此氯仿可以使用。

（6）浓双硫腙溶液。称取 100mg 双硫腙，溶于 1L 氯仿中，于棕色瓶中保存，不用时置于冰箱中存放，冷时使用。

（7）稀双硫腙溶液。将上述浓双硫腙溶液用氯仿稀释 10 倍，置入棕色瓶中于冰箱中保存，使用时放置至室温。

（8）2％酒石酸溶液。放入冰箱中保存，冷时应用。

（9）10％盐酸溶液。

（10）百里酚蓝溶液。称取 0.4g 百里酚蓝溶解于 100mL 水中。

（11）氧化镉标准溶液。准确称取 0.1000g 纯金属镉，溶于 25mL 10％盐酸溶液中，加热促其溶解。将溶液倒入 1L 量瓶中，用水稀释至刻度。此溶液 1mL≎100μg 氧化镉，作为贮备液。取 0.88mL 上述贮备液置于 100mL 量瓶中，加 1mL 浓盐酸，加水至刻度，即配制成 1mL≎1μg 氧化镉的标准溶液。标准溶液应在使用当天配制。

2. 所需仪器：

（1）慢速定量滤纸。

（2）粉尘采样器。

（3）分液漏斗，100mL 锥形。

（4）具磨口塞比色管，25mL。

（5）光电比色计。

3. 采样方法：

用慢速定量滤纸剪成直径与滤纸采样夹直径大小相同的圆片，放在滤纸夹中夹紧，在作业现场以 5L/min 的速度，抽取 150L 样气。然后将滤纸夹带回分析室进行分析。

4. 分析程序：

打开滤纸夹，用镊子将滤纸取出，放入 50mL 烧杯中，放滤纸时采样面应向上。加 5mL 10％盐酸溶液，微热，不断摇动，促使氧化镉溶解，将溶液倒入 25mL 刻度的比色管中，再用 5mL 10％盐酸溶液分 2~3 次洗涤滤纸，洗液一并倒入刻度比色管中。然后加入几滴百酚蓝溶液，用 20％氢氧化钠溶液调至指示剂刚刚变黄为止（pH 值约为 2.8），加水至 25mL，混匀，取 10mL 样品液于分液漏斗中，同时配制 0～10μg 系列的氧化镉标准管。于6个分液漏斗中，吸取 0、2、4、6、8、10mL 氧化镉标准溶液，即相当于 0、2、4、6、8、10μg 氧化镉，然后将样品液及标准管内溶液加水至 25mL。

然后按下顺序加入试剂，每加一试剂后，振摇混合均匀：1mL 酒石酸钾钠；5mL 氢氧化钠——氰化钾溶液（1）；1mL 盐酸羟胺溶液；15mL 浓双硫腙溶液。将分液漏斗塞好，摇动提取 1min。提取时注意放气 1 将氯仿层放入另外一个装有 25mL 冷酒石酸溶液的分液漏斗中。向原来的漏斗中加入 10mL 氯仿，摇动 1min，再将氯仿层放入第二个分液漏斗中。不能使水层进入第二个分液漏斗。摇动第二个漏斗 2min，将氯仿层放出弃去，再加 5mL 氯仿于第二个分液漏斗中，摇动 1min，放出氯仿层弃去。然后按下面顺序加入试剂：0.25mL 盐酸羟胺溶液；15mL 稀双硫腙溶液；5mL 氢氧化钠——氰化钾溶液（2）；立即摇动 1min。分液漏斗下管端塞入一小棉花团以过滤氯仿中的水分，将氯份层放入具磨口塞比色管中，根据颜色深浅进行比色定量。光电比色，波长 518nm，20mm 比色杯，用 0 管作对照。光电比色时每批样品均应同时作一 0 管及一标准管，以校正标准曲线。

计算：

$$X=\frac{5C}{2V_0}$$

X——空气中氧化镉的浓度，mg/m^3；

C——所取样品液中氧化镉的含量，μg；

5/2——取样体积系数；

V_0——换算成标准状况下的采样体积，L。

5. 注意事项：

（1）此法一般金属离子不干扰测定，分析样品中铅离子在 6mg 以下；锌离子在 3mg 以下；铜离子在 1mg 以下，均不干扰测定。

（2）在本法分析程序中所有用双硫腙——氯仿溶液或氯仿提取时，操作、分离皆应迅速。氯仿与强碱接触时间应尽量短，因镉与双硫腙络合物与被氯仿饱和的强碱溶液接触时间较长时会引起分解。

六、作业场所空气中羰基镍的测定

测定方法：丁二肟比色法。

测定原理：在四氯化碳中羰基镍可被碘分解成镍，镍在氧化剂存在下在碱性溶液中同丁二肟作用生成鲜红色络合物，可根据溶液颜色的深浅进行比色定量。

本法灵敏度：2μg/2mL。

1. 所需试剂：

（1）吸收液。称取 1.5g 升华碘溶于 100mL 四氯化碳中。

（2）10%亚硫酸钠溶液。

（3）6%过硫酸铵（NH_4）$_2S_2O_8$ 溶液，新配制的。

（4）1%丁二肟溶液。1g 丁二肟溶解在 100mL 5%氢氧化钠溶液中。

（5）羰基镍标准溶液。准确称取 0.1392g 氯化镍 $NiCl_2·6H_2O$，溶于 10mL 0.4%盐

酸中,移至 100mL 量瓶中,用 0.4% 盐酸稀释至刻度。此溶液 1mL≒1mg 羰基镍。然后取 2mL 此溶液于 100mL 量瓶中,用水稀释至刻度,配成 1mL≒20μg 羰基镍的标准溶液。

2. 所需仪器:
(1) 小型气泡吸收管。
(2) 大气采样器。
(3) 比色管,10mL。

3. 采样方法:
串联两个各装有 2mL 吸收液的小型气泡吸收管,以 0.3~0.5L/min 的速度抽取 1~2L 样气。采样气前应在吸收管的液面处作一标记。

4. 分析程序:
将吸收管中的吸收液用四氯化碳补至 2mL,混匀,取 1mL 样品溶液于比色管中,加 1mL 吸收液,加 1mL 10% 亚硫酸钠溶液和 0.5mL 水,振摇至颜色消褪为止。同时按表 28-7 配制相当于羰基镍含量 2~10μg 系列的标准管。

羰基镍标准管系列的配制　　　　　　　　　　　　　　　　　　表 28-7

管　　号	0	1	2	3	4	5
吸收液,mL	2	2	2	2	2	2
10%亚硫酸溶液,mL	1	1	1	1	1	1
标准溶液,mL	0	0.10	0.20	0.30	0.40	0.50
水,mL	0.50	0.40	0.30	0.20	0.10	0
相当于羰基镍的含量,μg	0	2	4	6	8	10

将各标准管振摇使其溶液颜色消褪。

向全部样品管和标准管中各加入 0.5mL 6% 过硫酸铵溶液和 1mL 1% 丁二肟溶液。振摇,静置分层,3~5min 后进行比色定量。

计算:

$$X=\frac{2(C_1+C_2)}{V_0}$$

X——空气中羰基镍的浓度,mg/m^3;
C_1、C_2——分别为第一、第二个吸收管所取样品液中羰基镍含量,μg;
V_0——换算成标准状况下的采样体积,L。

5. 注意事项:
(1) 加入丁二肟溶液后振摇,不应用力过大,否则四氯化碳与水形成乳浊,影响比色。
(2) 在作业场所空气中羰基镍浓度较低时,需抽取 3~5L 样气,此种情况下需置吸收管于冰——水中采样。

七、作业场所空气中铍的测定

测定方法:桑色素荧光比色法。
测定原理:桑色素(2′,3,4′,5,7——五羟基去氢黄酮)在碱性溶液中与铍离子作用，在紫外线辐射作用下，产生黄绿色荧光。根据其荧光强度，可测定铍含量。

本法灵敏度：$0.02\mu g/5mL$。

1. 所需试剂：

(1) 混合酸。1份浓硫酸与2份浓硝酸混合，浓硫酸和浓硝酸均应为一级试剂。

(2) 去碳液。1分浓硝酸与1份高氯酸混合，浓硝酸和高氯酸均应为一级试剂。

(3) 5%盐酸。

(4) 掩蔽剂。1g亚硫酸氢钠，2.5g抗坏血酸和5gEDTA二钠，溶于水中，并稀释至100mL。

(5) 2.5%氢氧化钠溶液。

(6) 缓冲剂。28.6g硼酸（分析纯）和96g氢氧化钠（一级）溶于1000mL水中。

(7) 0.02%桑色素——乙醇溶液。

(8) 铍标准溶液。准确称取0.1968g硫酸铍（$BeSO_4 \cdot 4H_2O$），用水溶解，加入5mL浓盐酸，移入100mL量瓶中。用水稀释至刻度，摇匀，为贮备液，此溶液1mL$\frown$=100μg铍。取1mL贮备液置于1000mL量瓶中，用5%盐酸溶液稀释至刻度，即配制成1mL$\frown$=0.1μg铍的标准溶液。

2. 所需仪器：

(1) 粉尘采样器。

(2) 定性滤纸。

(3) 比色管，10mL。

(4) 荧光比色计。

3. 采样方法：

将定性纸剪成与粉尘滤纸采样夹的直径大小相同的圆片，置于采样夹内夹紧，使之不漏气，以15L/min的速度，抽取样气100L，采样后，取下滤纸，用清洁的镊子折叠滤纸，使采集样品包在滤纸内部，置于滤纸盒内，带回实验室进行分析。

4. 分析程序：

将采样后的滤纸置于50mL烧杯中，加入5mL混合酸，加热至滤纸破坏后，继续蒸发至冒白烟，用滴管沿杯壁加入1~2mL去碳液，蒸发至干，如杯中仍有黑色，可再入去碳液，直至蒸发干杯中无黑色为止。冷却，加1mL 5%盐酸溶液，并用2~3mL水吹洗杯壁，加热使残渣溶解，放冷后移入10mL比色管中，再用1~2mL水洗涤烧杯，洗液一并倒入同一比色管中，最后使比色管中样品溶液总体积为5mL。同时按表28-8配制铍为0.02~0.10μg系列的标准管。

铍标准管系列的配制 表28-8

管 号	0	1	2	3	4	5
标准溶液,mL	0	0.20	0.40	0.60	0.80	1.00
5%盐酸溶液,mL	1.00	0.80	0.60	0.40	0.20	0
水,mL	4	4	4	4	4	4
铍的含量,μg	0	0.02	0.04	0.06	0.08	0.10

向全部样品管和标准管中各放一片刚果红试纸，各加入1mL掩蔽剂，然后用2.5%

氢氧化钠溶液调至试纸呈红色,加入 0.5mL 缓冲液,再加入 0.2mL 0.02%桑色素——乙醇溶液,用水稀释至刻度,摇匀,放置 10min,移入荧光比色杯中,测定溶液的荧光强度。

以铍含量对荧光强度,绘制铍的标准曲线,再根据样品管萤光强度在标准曲线上查出铍的含量。

计算:

$$X = \frac{C}{V_0}$$

X——空气中铍的浓度,mg/m³;
C——样品管中铍的含量,μg;
V_0——换算成标准状况下的采样体积,L。

5. 注意事项

(1) 碱度愈大,荧光强度降低愈大,因此在调节酸度和加入缓冲液时应严格控制条件一致。

(2) 桑色素——铍络合物的荧光,经紫外线照射后,荧光强度有所降低,因此每个试样在加入桑色素试剂后应控制在 1h 以下进行定量。

(3) 桑色素溶液呈黄色,对荧光有吸收,所以应仔细控制加入量。

(4) 如被测定作业场所空气中铍浓度较高时,标准管铍含量可配制成 0、0.05、0.10、0.15、0.20、0.25、0.30μg 系列,其他所加试剂量均相同。

(5) 采样所用滤纸应作空白试验,如铍含量>允许误差,则应在每个样品中减去滤纸空白含量;如<允许误差,则不必减去。

(6) 在 EDTA 的存在下,高于铍量 1000 倍的 Ca^{2+}、Mg^{2+}、Zn^{2+}、Al^{3+}、Mn^{2+} 和 Fe^{2+} 离子不影响桑色素——铍的荧光强度。EDTA—Cu 和 EDTA—Ni 的络合物呈绿色吸收荧光,可使分析结果偏低。

八、作业场所空气中一氧化碳的测定(一)

测定方法:硫酸钯——钼酸铵检气管比色法。

测定原理:硅胶吸附硫酸钯和钼酸铵后即成淡黄色指示胶。钼酸铵与硅胶生成硅钼络合物。装入内径约 4mm,长约 200~300mm 的玻璃管中,将所需测样气通过管内指示胶,样气中微量的一氧化碳便与指示胶发生反应,硫酸钯中的钯离子将一氧化碳氧化成二氧化碳,钯离子还原成钯。新生成的钯将硅钼络合物还原成钼蓝,钼蓝使淡黄色指示胶变色,根据一氧化碳浓度的大小,指示胶的颜色由淡黄色变成黄绿、绿、蓝绿,直至蓝色。指示胶的变色程度与预先校正好的永久性标准色板进行比较,便可对样气中一氧化碳的浓度进行定量。

本法灵敏度:10mg/m³(通气时间 300s)

1. 所需器材:

(1) 一氧化碳检气管。

(2) 抽气筒取样器或 100mL 注射器。

(3) 标准比色板。

2. 采样方法：

在所需测定的作业场所，先用现场空气将抽气筒取样器或100mL注射器冲洗2～3次，然后再抽取被测样气。

3. 分析程序：

用锉刀将检气管的两端锉断，一端用橡皮管与抽气筒取样器或注射器相连接，以每秒钟1.5mL的速度将被测样气通过检气管中淡黄色指示胶。通气的时间应随现场温度的不同而异，见表28-9。

一氧化碳检气管通气时间与温度关系表　　　　表28-9

时间(s) \ 温度℃	5	10	15	20	25	30	35
甲	70	40	30	25	23	21	20
乙	140	80	60	50	46	42	40
丙	210	120	90	75	69	63	60
丁	325	180	135	112	103	94	90

通气完毕，根据指示胶的显色深浅，立即与标准比色板进行比色，见下表28-10以求出被测样气中一氧化碳的浓度。

一氧化碳浓度与标准色列对照表　　　　表28-10

浓度(mg/m³) \ 标准色列	0 黄	Ⅰ 黄绿	Ⅱ 淡绿	Ⅲ 绿	Ⅳ 蓝绿	Ⅴ 蓝
甲	0	49	180	360	720	1800
乙	0	45	90	180	360	900
丙	0	30	60	120	240	600
丁	0	20	40	80	160	400

例：设测定现场空气温度为15℃，查表28-9，通气时间为30s，如指示胶颜色显"淡绿色"，由表28-10即可查出空气中一氧化碳的浓度为180mg/m³。如采样通气30s指示胶颜色不变色，则可继续采样通气30s，前后连续采样通气共60s。如此时指示胶变为黄绿色，查表28-10，即可求出空气中一氧化碳的浓度为45mg/m³。

4. 注意事项：

(1) 一氧化碳检气管分为甲、乙、丙三种类型，应根据不同的作业场所或样气正确地进行选用。

甲型：管内装有两段白色保护胶，一段淡黄色指示胶，适用于空气中不含乙烯、氧化氮等干扰气体的作业场所。

乙型：管内装有三段白色保护胶，一段淡黄色指示胶，一段浅黄色乙烯去除剂，适用于焦化厂或利用焦炉煤气的作业场所等。

丙型：管内装有四段白色保护胶，一段淡黄色指示胶，一段浅黄色乙烯去除剂，一段橙红色二氧化氮去除剂，适用于进行爆破作业的场所等。

(2) 空气湿度对反应有影响，因此在指示胶前必须装保护胶，以避免湿气及某些碳氢化合物对指示胶的影响。

(3) 乙烯、乙炔、二氧化氮等对测定有干扰,所以应先除去,乙烯可用硫酸钯、钼酸铵制成的指示胶除去;二氧化氮可用铬酸、硫酸浸泡过的硅胶除去。

(4) 温度对测定有显著的影响,所以在测定时必须进行温度校正。

(5) 因检气管的制作方法、硅胶规格等有所不同,所以温度校正数值每个生产厂家的产品不一定相同,可按产品生产厂家使用说明书或温度校正表进行使用。

(6) 指示胶与一氧化碳作用后,生成的颜色随放置时间的延长而变深,故通气后应立即与标准比色板进行比色。

(7) 每一种检气管都有一定的使用期限,超期限使用会得出错误的结果。

(8) 如按规定的通气时间进行通气后,指示胶变色不在标准比色板的范围内,当变色后颜色太深时可用一支新的检气管重新通气,但应缩短通气时间;当变色颜色太浅时,则仍可用原检气管进行通气,但应延长通气时间继续进行测定。为了计算方便,延长或缩短的通气时间最好为原来的整倍数。

(9) 检气管应保存于暗处,避免日光直射。

九、作业场所空气中一氧化碳的测定(二)

测定方法:发烟硫酸——五氧化二碘检气管比长度法。

测定原理:一氧化碳将五氧化二碘还原,产生游离碘,碘与三氧化硫作用,生成绿色络合物,根据检气管内指示胶的变色柱长度,测定作业场所空气中一氧化碳的浓度。

本法灵敏灵:$20mg/m^3$(通气100mL)。

1. 所需器材:

(1) 发烟硫酸——五氧化二碘检气管。

(2) 抽气筒取样器或100mL注射器。

(3) 一氧化碳浓度标尺。

2. 采样方法:

在所需测定的作业场所,先用现场空气将抽气筒取样器或100mL注射器冲洗2~3次,然后再抽取100mL被测空气。

3. 分析程序:

用锉刀将检气管两端锉断,一端用橡皮管与抽气筒取样器或注射器相连接,以每分钟90mL的速度将被测空气通过检气管,共通气100mL,3min后用一氧化碳浓度标尺量取变色柱长度,读出一氧化碳的浓度。

4. 注意事项:

(1) 温度对显色长度有影响,但在3~30℃范围内影响很小,可忽略不计。

(2) 湿度对显色长度有影响,可用保护胶除去。

(3) 二氧化氮及二氧化硫对测定不干扰;硫化氢可被保护剂完全除去;乙烯浓度在0.1%以下时,通过保护剂后影响很小;高浓度(约0.1%)的一氧化氮可使指示胶显色,此时可用铬酸——硫酸浸泡过的硅胶除去。

(4) 检气管在使用时应按产品生产厂家提供的使用说明书进行,在进行比长度定量时,也应按产品生产厂家提供的浓度标尺量取变色柱长度,以确定一氧化碳的浓度。

(5) 检气管有一定的使用期限,超期使用可得出错误的结果。
(6) 检气管应保护于暗处,避免日光直射。

十、作业场所空气中一氧化氮、二氧化氮的分别测定

测定方法:盐酸萘乙二胺比色法。

测定原理:二氧化氮溶于水后可形成亚硝酸,与对氨基苯磺酸起重氮化反应,再与盐酸萘乙二胺耦合生成玫瑰红色的偶氮染料,根据颜色深浅进行比色定量。

对空气中的一氧化氮进行测定,可用氧化管先将一氧化氮氧化成二氧化氮,然后再用上述方法进行测定。

本法灵敏度:$0.25\mu g/5mL$。

1. 所需试剂:

(1) 吸收液。将 50mL 冰醋酸与 900mL 水混合,加入 5.0g 对氨基苯磺酸,搅拌至全部溶解,再加入 0.05g 盐酸萘乙二胺,用水稀释至 1000mL,即为吸收原液。贮于棕色试剂瓶中,放在冰箱中保存可一个月不变。

采样时,取 4 份上述原液和 1 份水混合均匀,即为吸收液。

(2) 氧化管(图 28-28)。将 5 份三氧化铬加 2 份水调成糊状和 95 份处理过的砂子(20~30 目的砂子用 1:1 盐酸溶液浸泡 24h,然后不断地搅拌,用水冲洗至中性,于 105℃烘干,装瓶备用)相混合,倾掉过剩的溶液,在红外灯下烘干,备用,其颜色应为暗红色。在氧化管中装入约 8g 三氧化铬,两端用玻璃棉塞紧,即可使用。在使用过程中若氧化管内容物变为绿色即需更换。

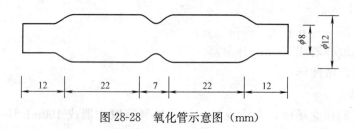

图 28-28 氧化管示意图(mm)

(3) 二氧化氮标准溶液。准确称量 0.1500g 干燥的亚硝酸钠,用少量水溶解后移入 1000mL 容量瓶中,加水至刻度。此溶液 1mL≘ 0.1mgNO_2^-,即为贮备液,放在冰箱中可保存一个月。使用时取 5mL 贮备液于 100mL 容量瓶中,用水稀释至刻度,1mL≘5$\mu g NO_2^-$ 的标准溶液即配成。

2. 所需仪器:

(1) 大型气泡吸收管。
(2) 大气采样器。
(3) 具塞比色管,10mL。
(4) 光电比色计。

3. 采样方法:

串联两个各装 10mL 吸收液的大型气泡吸收管,两大型气泡吸收管之间串联一个氧化管,并使管口略向下倾斜,以免潮湿空气将氧化管内容物弄湿,污染吸收液。然后以

0.3L/min 的流量采集,空气样品至吸收液呈淡玫瑰红色为止。

4. 分析程序:

将前后两个吸收管内的吸收液各取 5mL 样品,分别置于两个比色管中,同时按表 28-11 配制 $0.25 \sim 3.5 \mu g$ 系列的 NO_2^- 标准管。

NO_2^- 标准管系列的配制　　　　表 28-11

管　号	0	1	2	3	4	5	6
标准溶液,mL	0	0.05	0.10	0.20	0.30	0.50	0.70
水,mL	1.00	0.95	0.90	0.80	0.70	0.50	0.30
吸收原液,mL	4.00	4.00	4.00	4.00	4.00	4.00	4.00
NO_2^- 含量,μg	0	0.25	0.50	1.00	1.50	2.50	3.50

将各管摇匀,静置 15min 后进行目视比色定量。若用光电比色计,可用 1cm 比色杯在波长 540nm 下,测定光密度,以光密度对 NO_2^- 含量绘制标准曲线。采样后吸收液也测其光密度,然后查标准曲线以求得 NO_2^- 的含量。

前吸收管为 NO_2^- 的含量,后吸收管为一氧化氮(通过氧化管氧化成 NO_2^-)的含量。计算:

$$X_1 = \frac{2C_1}{0.76V_0} \qquad X_2 = \frac{2C_2}{0.76V_0}$$

X_1——空气中二氧化氮的浓度,mg/m^3;

X_2——空气中一氧化氮的浓度,mg/m^3;

C_1——前吸收管所取样品中 NO_2^- 的含量,μg;

C_2——后级收管所取样品中 NO_2^- 的含量,μg;

V_0——换算成标准状况下的采样体积,L;

0.76——为 NO_2(气)转换成 NO_2^-(液)的转换系数。

5. 注意事项:

(1) 所用试剂均应用分析纯,并不得用含 NO_2^- 的水配制。

(2) 吸收液应为无色,如呈微红色,可能有 NO_2^- 的污染。对氨基苯磺酸质量不好,也可使配制的吸收液呈色。

(3) 日光照射可引起吸收液呈色,故吸收管在采样和存放过程中均应采取避光措施。

(4) 当采样现场的二氧化硫浓度高于二氧化氮浓度时,可使显色强度下降,为了防止二氧化硫的干扰,可在吸收液中加 1 滴 1% 的 H_2O_2,使其变成二氧化碳以消除干扰。

(5) 一氧化氮不被吸收液吸收显色,因而如需测定空气中一氧化氮浓度时,应先将一氧化氮氧化成二氧化氮。

(6) 本法制备的氧化管对大气相对湿度 35%~80% 的范围内较为适宜,若相对湿度较低,则氧化效率降低。这时可将氧化管用通过水面的潮湿空气平衡 1h,即可使用。

(7) 本法测定的是亚硝酸根离子的含量。然而由 NO_2(液)换算为 NO_2(气)的转换系数,即 NO_2^- 液/NO_2(气)的比值,不同的作者有不同的报道。这些数值大致在 0.5~1 之间,因为二氧化氮气体较为活泼,用静态法难以配制已知浓度的标准气体。此外它还与吸收液的成分、吸收率和显色反应条件有关。中国医学科学院卫生研究所应用渗透管配制标准二氧化氮气测得转换系数为 0.766 ± 0.019。这个数值与国外用渗透管法配气测得的转换系数为 0.764 ± 0.005 基本相一致，因此采用 0.76 为转换系数。

(8) 当亚硝酸根离子浓度 $>35\mu g/5mL$ 时，用光电比色计绘制的标准曲线略向下弯曲。

(9) 本法显色快，吸收液显色后，可稳定 6h。

十一、作业场所空气中氨的测定

测定方法：纳氏试剂比色法。

测定原理：氨与纳氏试剂作用产生黄色，根据颜色深浅可进行比色定量。

本法灵敏度：$2\mu g/10mL$

1. 所需试剂：

(1) 吸收液。0.05%硫酸或 0.04%盐酸。

(2) 纳氏试剂。称取 $17gHgCl_2$ 溶解于 300mL 水中；另把 35gKI 溶解在 100mL 水中。将 $HgCl_2$ 溶液倒入 KI 溶液中至生成红色不溶的沉淀物为止，然后加入 600mL 20% NaOH 溶液及剩余的 $HgCl_2$ 溶液。静置一昼夜后，小心地把上层清液移入棕色试剂瓶中，塞好橡皮塞备用。

(3) 氨标准溶液。准确称取 0.3142g 新升华的 NH_4Cl 溶解在少量水中，倾入 100mL 容量瓶中，加水至刻度，此溶液 1mL≎0.1mg 氨，即为贮备液。取 20mL 贮备液用吸收液稀释至 1000mL，混匀，此溶液即为 1mL≎$20\mu g$ 氨的标准溶液。

2. 所需仪器：

(1) 大型气泡吸收管。

(2) 大气采样器。

(3) 比色管，10mL。

3. 采样方法：

串联两个各装有 5mL 吸收液的大型气泡吸收管，以 0.5L/min 的速度抽取 1～2L 样气。

4. 分析程序：

由第一个吸收管中取 2.5mL 样品溶液，第二个吸收管取全部样品溶液，分别放入两个比色管中，加吸收液至 10mL，同时按表 28-12 配制 2～$20\mu g$ 系列的氨标准管。

氨标准管系列的配制 表 28-12

管 号	0	1	2	3	4	5	6	7	8	9	10
标准溶液(mL)	0	0.10	0.20	0.30	0.40	0.50	0.60	0.70	0.80	0.90	1.00
吸收液(mL)	10.0	9.9	9.8	9.7	9.6	9.5	9.4	9.3	9.2	9.1	9.0
氨的含量(μg)	0	2	4	6	8	10	12	14	16	18	20

然后向各标准管和样品管中分别加入 0.5mL 纳氏试剂，混匀，放置 5min，进行目视比色定量。

计算：

$$X = \frac{2C_1 + C_2}{V_0}$$

X——空气中氨的浓度，mg/m³；

C_1、C_2——分别为第一、第二样品管中的氨含量，μg；

V_0——换算成标准状况下的采样体积，L。

5. 注意事项：

(1) 各样品管及标准管中加纳氏试剂后，溶液立即显色，显色溶液在数天内是稳定的。

(2) 若样品管中氨含量过大，则比色溶液可形成棕色沉淀物，此时应需将样品溶液进行稀释后，重新配制比色溶液进行比色定量。

(3) 本法不是特殊反应，甲醛和硫化氢对此测定有干扰。

十二、作业场所空气中氯的测定

测定方法：甲基橙比色法。

测定原理：在酸性溶液中，氯遇溴化钾置换出溴，溴能破坏甲基橙分子结构，使其褪色，因此含氯量愈高，颜色变得愈淡，可根据甲基橙溶液颜色减弱的程度进行比色定量。

本法灵敏度：$0.5\mu g/3mL$。

1. 所需试剂：

(1) 吸收液。称取 0.1000g 甲基橙溶于 50~100mL 40~50℃温水中，冷却后加 20mL 乙醇，移入 1L 量瓶中，加水至刻度，此溶液 1mL≙24μg 氯。

吸收液的标定，吸取 5.0mL 吸收液于 100mL 锥形瓶中，加入 0.1g 溴化钾、20mL 水及 5mL 1∶6 硫酸，用 5mL 微量滴定管逐滴加入氯标准溶液Ⅰ，至甲基橙红色褪尽为止。在滴定将近终点时，每加入一滴氯标准溶液必须摇动 5min，如红色尚未完全褪尽，方可再加一滴，最后计算出每毫升吸收液相当于氯的含量。

吸收液Ⅰ。于 250mL 量瓶中加入相当于 1.2mg 氯吸收液，加入 1g 溴化钾，用水稀释至刻度，此溶液 1mL≙4.8μg 氯。

吸收液Ⅱ。测定低浓度氯时用之。由吸收液Ⅰ用水稀释一倍，此溶液 1mL≙2.4μg 氯。

(2) 溴化钾。

(3) 95%乙醇。

(4) 1∶6 硫酸溶液。

(5) 氯标准溶液。准确称取 1.776g 在 105℃下干燥 2h 的溴酸钾于 500mL 量瓶中，用水稀释至刻度，吸取 10mL 此溶液用水稀释至 1 升，则得标准溶液Ⅰ，此溶液 1mL≙30μg 氯。再取 50.0mL 标准溶液Ⅰ，用水稀释至 150mL，得标准溶液Ⅱ，此溶液 1mL≙10μg 氯。

2. 所需仪器：

(1) 大型气泡吸收管，或小型气泡吸收管。

(2) 比色管，10mL 或 25mL。

(3) 大气采样器。

3. 采样方法：

（1）在采集高浓度氯时，串联两个各装 5mL 吸收液 I 及 1mL 1：6 硫酸的气泡吸收管，在作业现场以 0.5L/min 的速度抽取 2～5L 样气。

（2）在采集低浓度氯时，串联两个各装有 2mL 吸收液 II 及 0.5mL 1：6 硫酸的气泡吸收管，在作业现场以 0.5L/min 的速度抽取 5L 样气。

如发现吸收液的颜色急剧减退，应立即停止采样。

4. 分析程序：

将采样后吸收管中的溶液分别倒入比色管中，并用 0.5～1mL 水冲洗吸收管，洗液分别倒入各个比色管中，摇匀。

同时按表 28-13 配制高浓度用 0～24μg 系列的氯标准管和按表 28-14 配制低浓度用 0～5.0μg 系列的氯标准管。

氯标准管 I 系列的配制（高浓度时用） 表 28-13

管 号	0	1	2	3	4	5	6	7	8	9	10
标准溶液 I (mL)	0	0.20	0.30	0.40	0.50	0.55	0.60	0.65	0.70	0.75	0.80
水 (mL)	1.00	0.80	0.70	0.60	0.50	0.45	0.40	0.35	0.30	0.25	0.20
氯的含量 (μg)	0	6	9	12	15	16.5	18	19.5	21	22.5	24

氯标准管 II 系列的配制（低浓度时用） 表 28-14

管 号	0	1	2	3	4	5	6	7	8	9	10
标准溶液 II (mL)	0	0.05	0.10	0.15	0.20	0.25	0.30	0.35	0.40	0.45	0.50
水 (mL)	0.5	0.45	0.40	0.35	0.30	0.25	0.20	0.15	0.10	0.05	0
氯的含量 (μg)	0	0.5	1.0	1.5	2.0	2.5	3.0	3.5	4.0	4.5	5.0

高浓度用标准管 I 中各加入 5mL 吸收液 I，1mL 1：6 硫酸，摇匀，20min 后与采集高浓度氯的样品管进行比色定量。

低浓度用标准管 II 中各加入 2mL 吸收液 II，0.5mL 1：6 硫酸，混匀，20min 后与采集低浓度氯的样品管进行比色定量。

计算：

$$X = \frac{C_1 + C_2}{V_0}$$

X——空气中氯的浓度，mg/m^3；

C_1、C_2——分别为串联采样第一、第二吸收管中氯的含量，μg；

V_0——换算成标准状况下的采样体积，L。

5. 注意事项：

（1）吸收液标定的准确与否可从标准管来观察，标准管应由橙红色至无色，标准管 I 的第 10 管为无色，若此管略带红色，则表示时吸收液 I 的浓度 1mL>4.8μg 氯；若此管的前一管 9 管也无色，则表示吸收液 I 的浓度 1mL≤4.5μg 氯。

（2）如用标定吸收液配制的标准管的误差不超过邻管浓度范围，即相邻色列二管能区别,就可以使用,无需再重新标定。

(3) 配制标准管的吸收液,必须与采样所用的吸收液为同一批配制的溶液,否则误差很大。

(4) 标定好的吸收液,与标准溶液存放在暗处,可使用本年。

(5) 配制好的标准管放置在暗处能保存三个月不变。

(6) 本方法盐酸蒸气和氯化物不干扰,可作为氯的特殊反应。

(7) 标准管Ⅰ也可用光电比色,以水作对照,波长515nm,作标准曲线。

(8) 用溴酸钾作氯的标准溶液,其原理如下:

$$KBrO_3 + 5KBr + 3H_2SO_4 =\!=\!= 3Br_2 + 3K_2SO_4 + 3H_2O$$

十三、作业场所空气中氯化氢的测定

测定方法:硫氰酸汞比色法。

测定原理:氯化氢可与硫氰酸汞作用生成硫氰酸离子,被置换出来的硫氰酸离子再与铁离子作用,生成红色化合物硫氰酸铁,根据溶液显色的深浅可进行比色定量。

本法灵敏度:5g/5mL。

1. 所需试剂:

(1) 吸收液。0.04% NaOH。

(2) 硫氰酸汞——乙醇溶液。称取0.4g硫氰酸汞,溶解于100mL无水乙醇中。

(3) 硫酸铁铵溶液。称取12g硫酸铁铵(铁铵矾),即$(NH_4)_2SO_4 \cdot Fe_2(SO_4)_3 \cdot 24H_2O$或$(NH_4)Fe(SO_4)_2 \cdot 12H_2O$于适量的水中,加40mL硝酸,再用水稀释至100mL,如有沉淀时应进行过滤。

(4) 氯化氢标准溶液。准确称取0.2044g在105℃烘过的氯化钾,溶于1000mL水中,此溶液1mL≈0.1mg氯化氢。再将此溶液用0.04%氢氧化钠溶液稀释10倍,此溶液1mL≈10μg氯化氢。

2. 所需仪器:

(1) 大型气泡吸收管。

(2) 大气采样器。

(3) 比色管,10mL。

3. 采样方法:

串联两个各装有10mL吸收液的大型气泡吸收管,以0.5L/min的速度抽取5L样气。

4. 分析程序:

将两个吸收管中的样品溶液分别各取5mL,放置在两个比色管中,同时按表28-15配制5~40μg系列的氯化氢标准管,并用吸收液稀释成5mL。

氯化氢标准管系列的配制　　　　　表28-15

管　号	0	1	2	3	4	5	6	7	8
标准溶液(mL)	0	0.5	1.0	1.5	2.0	2.5	3.0	3.5	4.0
吸收液(mL)	5	4.5	4.0	3.5	3.0	2.5	2.0	1.5	1.0
氯化氢的含量(μg)	0	5	10	15	20	25	30	35	40

然后向各个样品管及标准管中各加 1mL 硫酸铁铵溶液，混匀，再各加 1.5mL 硫氰酸汞溶液，混匀，最后用水稀释至 10mL，静置 20min 后进行比色定量。

计算：
$$X=\frac{2(C_1+C_2)}{V_0}$$

X——空气中氯化氢的浓度，mg/m^3；

C_1、C_2——分别为第一、第二个吸收管所取样品中氯化氢的含量，μg；

V_0——换算成标准状况下的采样体积，L。

5. 注意事项：

(1) 溴、碘等离子有干扰作用。

(2) 硫氰酸铁在浓度小时不显红色，只呈黄棕色。

(3) 由于硫酸铁在水溶液中呈色，所以空白管呈浅黄色。如试剂中含有微量的氯离子，则空白管的颜色加深，但不影响测定。

(4) 溶液显色后，可保持半小时内不褪色。

十四、作业场所空气中硫化氢的测定

测定方法：硝酸银比色法。

测定原理：硫化氢与硝酸银作用形成黄褐色硫化银胶体溶液，根据溶液颜色的深浅对硫化氢的含量进行比色定量。

本法灵敏度：$2\mu g/5mL$。

1. 所需试剂：

(1) 吸收液。称取 2g 亚砷酸钠溶于 100mL 5％碳酸铵溶液中，加水至 1000mL。

(2) 0.16％硫代硫酸钠溶液。称取 25g 硫代硫酸钠（$Na_2S_2O_3 \cdot 5H_2O$）溶解于煮沸放冷的蒸馏水中，注入 1L 量瓶中，加水至刻度，然后每升溶液中加入 0.4g 氢氧化钠或 0.2g 无水碳酸钠；以防止分解。

(3) 1％淀粉溶液。称取 1g 可溶性淀粉溶于 25mL 冷水中，振摇使呈均匀，将其倒入 75mL 加热至 50~60℃ 的热水中，在不断搅拌下继续加热至沸，并煮沸 1min，然后放冷备用。

(4) 1％硝酸银溶液。称取 1g 硝酸银溶解在 90mL 水中，加入 10mL 浓硝酸。如在放置过程中产生硫酸银沉淀，须将溶液过滤。

(5) 硫化氢标准溶液。用硫代硫酸钠溶液配制，取 6.0mL 0.16％硫化硫酸钠溶液，放入 100mL 量瓶中，加煮沸放冷的蒸馏水至刻度，此溶液 1.0mL≎0.20mg 硫化氢，为贮备液。将贮备液稀释 10 倍，此溶液 1.0mL≎20μg 的硫化氢标准溶液。

2. 所需仪器：

(1) 大型气泡吸收管。

(2) 比色管，10mL。

(3) 大气采样器。

3. 采样方法：

串联三支各装有 5mL 吸收液的大型气泡吸收管，在作业现场以 0.5L/min 的速度抽

取 2L 样气。

4. 分析程序：

由第一个吸收管中取 2.5mL 样品溶液于比色管中，加吸收液至 5mL；第二及第三个吸收管则将全部样品溶液分别倒入两支比色管中，同时按表 28-16 配制硫代氢含量为 0~20μg 系列的标准管。

硫化氢标准管系列的配制   表 28-16

管 号	0	1	2	3	4	5	6	7	8	9	10
标准溶液(mL)	0	0.10	0.20	0.30	0.40	0.50	0.60	0.70	0.80	0.90	1.00
吸收液(mL)	5.0	4.9	4.8	4.7	4.6	4.5	4.4	4.3	4.2	4.1	4.0
硫化氢含量(μg)	0	2	4	6	8	10	12	14	16	18	20

向所有的样品管及标准管中各加入 0.10mL 淀粉溶液，摇匀，再加入 1.0mL 1% 硝酸银溶液，摇动比色管，放置 5min 后进行比色定量。

计算：

$$X = \frac{2C_1 + C_2 + C_3}{V_0}$$

X——空气中硫化氢的浓度，mg/m^3；

C_1、C_2、C_3——分别为第一、第二、第三吸收管所取样品溶液中硫化氢的含量，μg；

V_0——换算成标准状况下的采样体积，L。

5. 注意事项：

(1) 本法是特殊反应。

(2) 标准管在 2~3 天内是稳定的。

(3) 硫化氢采样有的用硝酸银溶液直接吸收，根据生成硫化银颜色的深浅进行比色定量。直接吸收测定虽然速度快，但易在吸收管内壁生成硫化银沉淀，从而影响测定结果。本法用亚砷酸钠、碳酸铵溶液吸收，然后再加硝酸银生成硫化银进行比色，采样时如不生成沉淀，可得到较为准确的结果。

(4) 测定所需试剂硫代硫酸钠溶液的浓度需标定，其标定方法如下，称取 2g 碘酸钾 (KIO_3) 于称量瓶内，在 105℃ 烘箱内烘 30min 后取出，放在干燥器内冷却。然后称取 0.1500g 于 250mL 锥形瓶内，加入 100mL 水，加热使碘酸钾溶解，放冷，加入约 3g 碘化钾及 10mL 冰醋酸，此时生成碘，溶液呈棕色。迅速自滴定管加 0.1mol 硫代硫酸钠溶液，摇动锥形瓶直至颜色变为极淡黄色，加入 1mL 1% 淀粉溶液，生成深蓝色，继续滴加 0.1mol 硫代硫酸钠溶液至刚刚变为无色为止，记录硫代硫酸钠溶液的用量。

硫代硫酸钠溶液 mol 量

$$= \frac{KIO_3 \text{量,g}}{\frac{KIO_3 \text{分子量}}{6000} \times N_2S_2O_3 \text{用量,mL}}$$

$$= \frac{KIO_3 \text{量,g}}{0.03567 \times N_2S_2O_3 \text{用量,mL}}$$

(5) 如作业场所空气中硫化氢浓度较大时，则可扩大标准管系列的范围，以 $5\mu g$ 的间隔作至 $50\mu g$。

十五、作业场所空气中二氧化硫的测定

测定方法：盐酸副玫瑰苯胺比色法。

测定原理：二氧化硫被四氯汞钠吸收液吸收后，生成稳定的络合物，再与甲醛与盐酸副玫瑰苯胺作用，生成紫红色，可根据颜色深浅进行比色定量。

本法灵敏度：$0.4\mu g/5mL$。

1. 所需试剂：

(1) 四氯汞钠吸收液。称取 $HgCl_2$ 27.2g，NaCl 11.7g，溶于水中，加水稀释至 1L。

(2) 0.05%甲醛溶液（使用前应标定）。

(3) 1.2%氨基磺酸铵 $H_2N \cdot SO_2 \cdot ONH_4$ 溶液。

(4) 盐酸副玫瑰苯胺溶液。称取 0.1g 盐酸副玫瑰苯胺，放乳钵中加水研磨使之溶解，最后稀释至 100mL，取 10mL 放在 50mL 量筒中，加 3~4mL 浓盐酸，用水稀释至刻度。

(5) 二氧化硫标准溶液。称取 $0.5gNaHSO_3$ 溶于 100mL 水中，取 10mL 用碘量法标定，计算出每毫升相当二氧化硫的含量。然后，加吸收液稀释成 $1mL \backsimeq 2\mu g$ 二氧化硫的标准溶液。

2. 所需仪器：

(1) 小型气泡吸收管。

(2) 大气采样器。

(3) 比色管，10mL。

3. 采样方法：

串联两个各装 2mL 吸收液的小型气泡吸收管，以 0.5L/min 的速度抽取 0.5L 样气。

4. 分析程序：

由第一个吸收管中取 1mL 样品，第二个吸收管取全部样品分别置于两个比色管中，并加吸收液至 5mL，同时按表 28-17 配制 0.4~5μg 系列的二氧化硫标准管。

二氧化硫标准管系列的配制　　　　　　表 28-17

管，号	0	1	2	3	4	5	6	7	8
标准溶液(mL)	0	0.20	0.40	0.60	0.80	1.00	1.50	2.00	2.50
吸收液(mL)	5.0	4.80	4.60	4.40	4.20	4.00	3.50	3.00	2.50
二氧化硫的含量(μg)	0	0.4	0.8	1.2	1.6	2.0	3.0	4.0	5.0

然后，向样品管和标准管中，分别加入 0.5mL 1.2%氨基磺酸铵溶液；0.5mL 0.05%甲醛溶液；0.5mL 盐酸副玫瑰苯胺溶液；混合均匀，放置 30min 进行比色定量。

计算：

$$X = \frac{2C_1 + C_2}{V_0}$$

X——空气中二氧化硫的浓度，mg/m^3；

C_1、C_2——分别为第一、第二吸收管所取样品中的二氧化硫含量;
V_0——换算成标准状况下的采样体积,L。

5. 注意事项:

(1) 甲醛溶液的标定。取 10mL 甲醛浓溶液,稀释至 500mL,取 5.0mL 稀释液,放入 250mL 锥形瓶中,加入 40.0mL 0.1%碘溶液,立即滴加 30% NaOH 溶液至颜色变为淡黄色为止。放置 10min,用 5mL 1:5 盐酸溶液酸化,如空白滴定需多加 2mL,在暗处再放置 10min,然后加入 100～150mL,用 1%硫代硫酸钠溶液滴定。

$$1\text{mL 稀释液中甲醛含量,mg} = \frac{(\text{空白所用硫代硫酸钠毫升数} - \text{样品所用硫代硫酸钠毫升数}) \times 1.5}{5}$$

1mL 0.1%碘溶液≌1.5mg 甲醛。

(2) 亚硫酸氢钠溶液的标定。取 10mL 亚硫酸氢钠溶液于 250mL 锥形瓶中,加水至 100mL,加 20mL 0.1%碘溶液及 5mL 冰醋酸,混合均匀,用 1%硫代硫酸钠溶液滴定至溶液变淡黄色,加 1mL 1%淀粉溶液,继续滴定至无色。空白试验是在 250mL 锥形瓶中,加入 100mL 的蒸馏水,加 20mL 碘液,其他程序同上。

二氧化硫含量,mg/mL=(空白所用硫代硫酸钠 mL 数-样品所用硫代硫酸钠毫升数)×硫代硫酸钠摩尔浓度×32.03×$\frac{1}{10}$

(3) 标准管放置 30min 显色完全后,在 1h 内颜色是稳定的,以后便逐渐褪色。

(4) 加氨基磺酸铵以除去氧化氮的干扰。

(5) 盐酸副玫瑰苯胺溶液中盐酸用量对显色有影响。加盐酸过多,标准管显色变浅;用量过少,空白管显色,所以应先调节盐酸的用量。调节的方法为:在配此溶液时,先加少量盐酸,例如 3mL;然后,按分析程序作 0 管和 1 管;观察 0 管是否显色,与 1 管有无显著区别。如 0 管显紫色,说明酸度不够,此时可再按分析程序在加 0.05%甲醛后,在 0 管和 1 管中加少量 3.6%盐酸,再加盐酸副玫瑰苯胺溶液。这样逐渐增加盐酸量,至 0 管无色而 1 管呈明显紫色为止,此时酸度即适宜。根据加入的盐酸量,计算盐酸副玫瑰苯胺溶液中应补加的盐酸量。设 0 管及 1 管中补加了 0.2mL 3.6%盐酸,合浓盐酸为$\frac{0.2 \times 1}{12}=$0.017mL,此量为 0.5mL 盐酸副玫瑰苯胺溶液中应补加的浓盐酸量,然后计算整个试剂溶液中应补加浓盐酸的量。

(6) 温度对反应有影响,最适宜的反应温度为 20～25℃,温度低时灵敏度降低,故标准管与样品管需在相同的温度下显色。

(7) 甲醛浓度过高时能使空白管呈色。

(8) 品红是盐酸副玫瑰苯胺与盐酸玫瑰苯胺的混合物,如果没有盐酸副玫瑰苯胺时,可用品红代替。品红产生的颜色与盐酸副玫瑰苯胺不同,前者为紫红色,后者为蓝紫色。

十六、作业场所空气中氰化氢的测定

测定方法:吡啶——联苯胺比色法。

测定原理:在中性或弱酸性溶液中,氰化物与溴作用生成溴化氢,用还原剂除去剩余溴后,溴化氰与吡啶和盐酸联苯胺作用生成红色化合物,根据颜色深浅进行比色定量。

本法灵敏度：0.1μg/5mL。

1. 所需试剂：

(1) 吸收液。0.4%氢氧化钠。

(2) 3.6%盐酸。

(3) 吡啶溶液。60mL吡啶加40mL水，再加10mL盐酸。

(4) 5%盐酸联苯胺溶液。称取5g盐酸联苯胺溶解在2mL盐酸中，加水稀释至100mL。

(5) 吡啶—盐酸联苯胺溶液。临用时，取30mL吡啶溶液加6mL 5%盐酸联苯胺溶液。

(6) 饱和溴水。

(7) 0.5%硫酸肼溶液或2%亚砷酸钠溶液。

(8) 氰化氢标准溶液。称取0.25g氰化钾溶解在100mL水中。取10mL此溶液于锥形瓶中，加0.5mL 4% NaOH溶液，及0.1mL试银灵指示剂，用0.034% $AgNO_3$ 滴定至由黄变橙红色浑浊。按照滴定所消耗的 $AgNO_3$ 的量，计算出1mL此溶液所相当氰化氢的量。1.0mL 0.034% $AgNO_3$ 溶液相当于1.08mg氰化氢。再取适量的此溶液用水稀释成1mL≏0.1mg氰化氢，最后用水稀释成1mL≏1μg氰化氢的标准溶液。

2. 所需仪器：

(1) 大型气泡吸收管。

(2) 大气采样器。

(3) 比色管，25mL。

3. 采样方法：

串联两个各装有10mL吸收液的大型气泡吸收管，以1L/min的速度抽取2～5L样气。

4. 分析程序：

分别取两个吸收管中的样品溶液5mL放入两个比色管内，再各加入0.5mL 3.6%盐酸，同时按表28-18配制0.1～1.5μg系列的氰化氢标准管。

氰化氢标准管系列的配制　　　　　　　　　　　表 28-18

管 号	0	1	2	3	4	5
标准溶液(mL)	0	0.1	0.5	0.7	1.0	1.5
吸收液(mL)	5.5	5.4	5.0	4.8	4.5	4.0
氰化氢的含量(μg)	0	0.1	0.5	0.7	1.0	1.5

向各标准管及样品管中分别加入0.2mL的饱和溴水，摇匀，逐滴加入0.5%硫酸肼溶液或2% $NaAsO_2$ 溶液，待黄色褪去后再加多1滴，充分振摇，加0.5～1.0mL吡啶—盐酸联苯胺溶液，摇匀，静置10～15min后进行比色定量。

计算：

$$X=\frac{2(C_1+C_2)}{V_0}$$

X——空气中氰化氢的浓度，mg/m³；

C_1、C_2——分别为第一、第二个吸收管所取样品溶液中氰化氢的含量，μg；

V_0——换算成标准状况下的采样体积，L。

5. 注意事项：

（1）加入饱和溴水后如不显黄色，应继续滴入溴水直至显黄色为止。如加入过量的饱和溴水后仍不显黄色，可能是溶液呈碱性，应先中和后再加溴水。

（2）加入0.5%硫酸肼或2%亚砷酸钠溶液后须摇匀，充分褪去溴的颜色，否则残留在管壁上的溴液能使吡啶—盐酸联苯胺溶液呈蓝色。

（3）显色时间及稳定时间受温度影响较大，温度低，显色时间长；温度高，显色状，褪色也快。

（4）硫氰化物对本法的测定有干扰，因其在加饱和溴水后也可生成溴化氢。

$$KCNS+4Br_2+4H_2O = KBr+CNBr+H_2SO_4+6HBr$$

（5）氰化钾为剧毒物质，在使用过程中应防止污染，注意安全。

十七、作业场所空气中氟化物的测定

测定方法：氟试剂——镧盐比色法。

测定原理：在弱酸性条件下，氟试剂与镧盐生成红色络合物。此络合物遇氟离子反应生成蓝紫色络合物。根据颜色深浅进行比色定量。

本方法灵敏度：$1\mu g/10mL$。

1. 所需试剂：

（1）吸收液。0.8%氢氧化钠溶液。

（2）醋酸盐缓冲溶液（pH＝4.3）。称取50g结晶醋酸钠，溶于水中，加冰醋酸50mL，加水稀释至500mL。

（3）丙酮。

（4）氟试剂（茜素氨羧络合剂）。称取茜素氨羧络合剂0.384g，溶于200mL水中，使之成为悬浮液，加2mol氢氧化钠溶液使之完全溶解。然后于pH计上，先用1∶1盐酸，后用3.5%盐酸调节pH＝4.5，此时溶液应由深紫色变为橙红色。再加水至500mL，混匀，贮于棕色瓶中，置冰箱内或冷暗处保存。

（5）硝酸镧溶液。称取0.433g硝酸镧$[La(NO_3)_3 \cdot 6H_2O]$溶于水中，再加水稀释至500mL。

（6）1%高锰酸钾溶液。

（7）氟标准溶液。称取于120℃下烘干1h的氟化钠0.2211g，溶于适量水中，置于1000mL容量瓶中，加水稀释至刻度，贮于聚乙烯瓶中，此溶液$1mL \hat{=} 100\mu g$氟，此液作为贮备液。取上述贮备液10mL于100mL量瓶中，加水稀释至刻度，此溶液$1mL \hat{=} 10\mu g$氟。此溶液为氟标准溶液。贮于聚乙烯瓶中，在冰箱中保存，可使用一周。

2. 所需仪器：

（1）大气采样器。

（2）大型气泡吸收管。

（3）具磨口塞比色管，25mL。

（4）酸度计。

(5) 光电比色计。
(6) 蒸馏瓶。
(7) 圆底烧瓶。
(8) 冷凝器。
(9) 温度计。
(10) 可调电炉。

3. 采样方法：

串联两支各装有吸收液 10mL 的大型气泡吸收管，以每分钟 1～2L 的速度，在作业现场采集 20～30L 的样气。

4. 分析程序：

(1) 氟化氢的分析。

由每个吸收管中各取出样品液 5mL，分别放入 25mL 比色管中，各加水至 10mL，用 3.5%盐酸溶液调节 pH=5，同时按表 28-19 配制 0～20μg 系列的氟标准管。

氟标准管系列的配制 　　　　　　　表 28-19

管 号	0	1	2	3	4	5
标准溶液(mL)	0	0.20	0.50	0.80	1.50	2.00
水(mL)	10.00	9.80	9.50	9.20	8.50	8.00
氟含量(μg)	0	2	5	8	15	20

向全部样品管和标准管中各加缓冲液 1.5mL，丙酮 5mL，混匀。然后再各加茜素氨羧络合剂 2.5mL，硝酸镧溶液 2.5mL，再加水至 25mL，混匀，静置 40min 后，用目视比色定量。光电比色，波长 620nm。

计算：

$$X_1 = \frac{a(C_1+C_2)}{b \times V_0}$$

X_1——空气中氟化氢（换算成氟）的浓度，mg/m³；

a——吸收液体积，mL；

C_1、C_2——分别为第一、第二吸收管样品中氟含量，μg；

b——分析时所取样品液的体积，mL；

V_0——换算成标准状况下的采样体积，L。

(2) 氟化物的分析。

1) 水蒸汽蒸馏装置，如图 28-29 所示，供分离氟化物用。

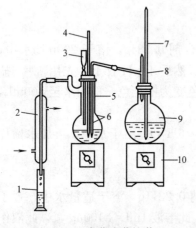

图 28-29 水蒸汽蒸馏装置
1—量筒；2—冷凝器；3—带活塞小漏斗；4—温度计；5—水蒸汽导管；6—蒸馏瓶；7—安全管；8—三通管；9—圆底烧瓶；10—可调电炉

(2) 空白蒸馏液的制备。于蒸馏瓶中加蒸馏水 6mL，浓硫酸 7mL，1%高锰酸钾溶液 2mL，加硫酸银 0.2g，石英砂 0.2g，玻珠数粒。加热至约 130℃时，由带活塞小漏斗加蒸馏水 5mL，1%高锰酸钾溶液 0.2mL，加热至 138℃时通入蒸汽，用量筒或 50mL 量瓶，收集馏出液 50mL，此液为空白蒸馏液，弃去。

(3) 样品蒸馏液的制备。于蒸馏瓶中，加入采样的吸收液 5mL，1%高锰酸钾溶液 0.2mL。按上述方法蒸馏，收集馏出液 50mL，此液为样品蒸馏液。

(4) 样品蒸馏液的分析。取样品蒸馏液 5mL，按氟化氢的分析程序测定样品液中氟含量，μg。

计算：

$$X_2 = \frac{a(C_1+C_2)}{b \times \frac{d}{50} \times V_0}$$

X_2——空气中氟化物（换算成氟）的浓度，mg/m^3；

a——吸收液体积，mL；

C_1、C_2——分别为第一、第二吸收管样品中氟含量，μg；

b——蒸馏时所取样品溶液的体积，mL；

d——分析时所取馏出液的体积，mL；

V_0——换算成标准状况下的采样体积，L。

5. 注意事项：

(1) 生成的蓝紫色络合物，在丙酮中比较稳定，但丙酮用量不应过多，最适用量按体积计以 15~20%为宜。

(2) 分析氟化物进行蒸馏的目的，是将可挥发的氟化氢与 Ca^{2+}、Mg^{2+}、Al^{3+}、Fe^{3+}、PO_4^{4-}、SO_2^{5-}、Cl^-、Br^-、I^- 等离子分离，以排除干扰。

(3) 氟化氢对玻璃有腐蚀作用，采样后应尽快分析，不宜放置过久。

十八、作业场所空气中二硫化碳的测定

测定方法：二乙胺比色法。

测定原理：在铜盐存在下，二硫化碳与二乙胺作用生成黄棕色的二乙氨基二硫代甲酸铜，可根据颜色深浅进行比色定量。

本方法灵敏度：$10\mu g/5mL$。

1. 所需试剂：

(1) 吸收液。吸取 1.0mL 新蒸馏的二乙胺，用无水乙醇溶解，稀释至 100mL。

(2) 0.05%醋酸铜—乙醇溶液。50mL 醋酸铜用无水乙醇溶解，稀释至 100mL。

(3) 二硫化碳标准溶液。在 25mL 量瓶中，加入无水乙醇约 20mL，盖好瓶塞，精确称量后，滴入 1~2 滴二硫化碳，迅速盖好瓶塞，再进行称量后，用无水乙醇稀释至刻度，摇匀。根据两次质量之差，计算出二硫化碳的浓度，作为贮备液。取此贮备液用吸收液稀释成 1mL≅100μg 二硫化碳的标准溶液。

2. 所需仪器：

(1) 大型多孔玻璃吸收管。

(2) 比色管，10mL。

(3) 大气采样器。

3. 采样方法：

取一个装有 5mL 吸收液的多孔玻板吸收管，在作业现场以 0.2L/min 的速度抽取 5L 样气。然后将样品液带回分析室进行分析。

4. 分析程序：

从多孔玻板吸收管中吸取适量样品液置于比色管中，用吸收液稀释至 5mL。同时按表 28-20 配制 0～100μg 系列的二硫化碳标准管。

二硫化碳标准管系列的配制　　　　　　表 28-20

管　号	0	1	2	3	4	5	6	7	8	9	10
标准溶液(mL)	0	0.10	0.20	0.30	0.40	0.50	0.60	0.70	0.80	0.90	1.00
吸收液(mL)	5.0	4.9	4.8	4.7	4.6	4.5	4.4	4.3	4.2	4.1	4.0
二硫化碳含量(μg)	0	10	20	30	40	50	60	70	80	90	100

向全部样品管和标准管中各加入 1mL 0.05% 醋酸铜—乙醇溶液，摇匀，放置 10min 后进行比色定量。光电比色，波长 430nm。

计算：

$$X = \frac{5C}{bV_0}$$

　X——空气中二硫化碳的浓度，mg/m³；
　C——样品管中的二硫化碳含量，μg；
　b——分析时所取样品溶液的体积，mL；
　V_0——换算成标准状况下的采样体积，L。

5. 注意事项：

(1) 本法灵敏简便，生成的颜色较稳定，3～4h 内不变。

(2) 本法不是特殊反应，硫化氢和硫代醋酸有干扰。硫化氢与二硫化碳共存时，可在吸收管前连接一个除硫化氢管，管内径 4～5mm，长 80～100mm，内装 50～60mm 长的浸泡 10% 醋酸铅溶液后经烘干的脱脂棉。当脱脂棉全部变成灰黑色时，应更换新的脱脂棉。

(3) 若用 5 份 1% 二乙胺和 1 份 0.05% 醋酸铜配制成的混合吸收液，于采样过程中直接显色，可由溶液颜色深浅决定采气量。但此混合吸收液不稳定，放置时间久后将使空白管颜色加深。加入 5% 三乙醇胺 $N(C_2H_4OH)_3$ 可使溶液稳定。

(4) 本法也可用于尿和乳汁中微量二硫化碳的测定。方法是将尿或乳汁用水浴加热到 50～60℃，将尿或乳汁中的二硫化碳驱出，然后以 100mL/min 的速度抽取其气体，用吸收管吸收，再按本法进行测定。

(5) 因橡皮易吸收二硫化碳，所以在整个采样及分析过程中应避免接触橡皮。

(6) 因二硫化碳极易挥发，故在配制标准管时应先加吸收液，后加标准溶液，立即摇匀，在加标准溶液时，避免溶液附着在比色管壁上。

(7) 无水乙醇可用 95% 乙醇（按体积）代替，但易褪色。

(8) 二乙胺和乙醇的质量对测定有很大的影响，好的试剂 0 号标准管应当几乎无色。

(9) 在有二硫化碳的作业场所中进行采样时，应使用不产生火花的仪器，以免引起意外事故。

十九、作业场所空气中甲醇的测定

测定方法：品红亚硫酸比色法。

测定原理：甲醇在酸性溶液中被高锰酸钾氧化成甲醛，再用品红亚硫酸溶液测定生成的甲醛。

本法灵敏度：$25\mu g/5mL$。

1. 所需试剂：

(1) 25％的硫酸。

(2) 2％高锰酸钾。

(3) 5％亚硫酸钠。

(4) 品红亚硫酸溶。（配制见作业场所空气中甲醛的测定）

(5) 浓硫酸。

(6) 甲醇标准溶液。在容量瓶中加入20~25mL水，称量，然后加入甲醇二滴，再称量，两次质量之差即为甲醇质量。将此溶液用水稀释成1mg/mL的甲醇溶液，即为贮备液。

准确吸取10mL上述贮备液置于1000mL容量瓶中，用水稀释至刻度，此溶液即为$1mL\rightleftharpoons 20\mu g$的甲醇标准溶液。

2. 所需仪器：

(1) 大型气泡吸收管。

(2) 大气采样器。

(3) 比色管，10mL。

3. 采样方法：

串联两个各装有10mL水的大型气泡吸收管，以0.5L/min的速度抽取5L的样气。

4. 分析程序：

从两个样品管中分别取5mL样品液置于两个比色管中。同时按表28-21配制含甲醇10~80μg系列的标准管。

甲醇标准管系列的配制 表28-21

管 号	0	1	2	3	4	5	6	7
标准溶液(mL)	0	0.5	1.0	1.5	2.0	2.5	3.0	4.0
水(mL)	5.0	4.5	4.0	3.5	3.0	2.5	2.0	1.0
甲醇的含量(μg)	0	10	20	30	40	50	60	80

向全部样品管和标准管中各加1mL 25％硫酸和0.5mL 2％高锰酸钾溶液，振荡，放置5min，再用滴定管加5％亚硫酸钠溶液于对照的样品管（即标准管0管）中直至无色为止，记下加5％亚硫酸钠溶液的体积，然后分别向样品管及标准管中加入同体积的5％亚硫酸钠溶液。如果在某一管内还没变为无色溶液，就继续滴加5％亚硫酸钠，振荡至无色，记下加入5％亚硫酸钠的体积，然后再分别向各样品管及标准管中加入同体积的亚硫酸钠，振荡至无色。

再向全部样品管和标准管中分别加 1mL 品红亚硫酸溶液，混匀，5min 后，分别再滴加 5 滴密度为 1.84 的浓硫酸，振荡混匀，静置 30min 后进行比色定量。

计算：

$$X = \frac{2(C_1 + C_2)}{V_0}$$

X——空气中甲醇的浓度，$\mu g/m^3$。

C_1、C_2——分别为第一、第二吸收管所取样品液中甲醇的含量，μg。

V_0——换算成标准状况下的采样体积，L。

5. 注意事项：

(1) 因甲醇不能完全氧化成为甲醛，部分变为二氧化碳。为使全部管中的溶液在反应过程中条件一致，必须同时向标准管和样品管中加入所有的试剂。

(2) 此法在醛、醇、酸及在该条件下不生成甲醛的其他有机化合物的存在下，对甲醇是特殊反应。

二十、作业场所空气中甲醛的测定

测定方法：品红亚硫酸比色法。

测定原理：甲醛与品红亚硫酸作用呈现玫瑰红色。遇硫酸后生成浅蓝色化合物，根据颜色的深浅可进行比色定量。

本法灵敏度：$1\mu g/1mL$。

1. 所需试剂：

(1) 品红亚硫酸溶液。称取 0.2g 研磨成粉状的结晶碱性品红，溶于 120mL 热水中，不断摇动，稍冷，趁热过滤。滤热中加入 20mL 新配制的 10%亚硫酸钠溶液及 2mL 浓盐酸。然后将溶液移入锥形瓶中，瓶口盖上，放在暗处至次日。此时溶液为无色或呈淡粉红色。此试剂保存于棕色试剂瓶中。

(2) 2:1 的硫酸溶液。

(3) 甲醛标准溶液。取 10mL 福尔马林（40%的甲醛溶液），稀释至 500mL，并标定 1mL 此溶液中的甲醛量，（甲醛溶液的标定见作业场所空气中二氧化硫的测定），用此溶液适当稀释，配制成含甲醛 0.1mg/mL 的溶液，使用时再稀释成 1mL≂=10μg 的甲醛标准溶液。

2. 所需仪器：

(1) 小型气泡吸收管。

(2) 大气采样器。

(3) 比色管，10mL。

3. 采样方法：

串联两个各装有 2mL 水的小型气泡吸收管，以 0.5L/min 的速度抽取 1L 样气。

4. 分析程序：

分别由第一、第二个吸收管中各取 1mL 样品溶液，放入两个比色管中，同时用水按表 28-22 配制 1~10μg 系列的甲醛标准管。

向全部样品管和标准管中各加 0.1mL 品红亚硫酸溶液,混匀,静置 30min 后进行比色定量。

甲醛标准管系列的配制　　表 28-22

管号	0	1	2	3	4	5	6	7	8	9	10
标准溶液(mL)	0	0.10	0.20	0.30	0.40	0.50	0.60	0.70	0.80	0.90	1.00
水(mL)	1.00	0.90	0.80	0.70	0.60	0.50	0.40	0.30	0.20	0.10	0
甲醛的含量(μg)	0	1	2	3	4	5	6	7	8	9	10

计算:

$$X = \frac{2(C_1 + C_2)}{V_0}$$

X——空气中甲醛的浓度,mg/m^3;
C_1、C_2——分别为第一、第二吸收管所取样品溶液中甲醛的含量,μg;
V_0——换算成标准状况下的采样体积,L。

5. 注意事项:

(1) 甲醛与品红亚硫酸反应速度与温度有关,温度高反应快,温度低反应慢。

(2) 蓝色产物很不稳定,1h 后,蓝色减褪一半,因此样品分析要与标准管的配制同时进行,并尽快进行目视比色定量。

(3) 很多醛类化合物都能与品红亚硫酸反应而呈玫瑰红色。但在强酸溶液中,颜色将消失,只有甲醛能与品红亚硫酸反应的产物由玫瑰红色转变为蓝色。根据这个原理,此测定方法可用作甲醛与其他醛类化合物共存时的分别测定,先以玫瑰红色产物测定总醛含量,加硫酸后生成蓝色产物,再测定甲醛量。总醛含量减去甲醛量即为其他醛类化合物的含量。如果没有其他醛类化合物共存时,则可直接用玫瑰红色产物比色测定甲醛量,其灵敏度和稳定性都要比蓝色产物好。

(4) 本法是甲醛的特殊反应,1mL 溶液中含酚量 15mg,含乙醛量 0.1mg 以下都不干扰甲醛的测定。

二十一、作业场所空气中丙烯腈的测定

测定方法:纳氏试剂比色法。

测定原理:丙烯腈在碱性溶液中加热时水解生成游离氨,氨与纳氏试剂作用呈黄色,可根据溶液颜色的深浅进行比色变量。

本法灵敏度:$1\mu g/3mL$。

1. 所需试剂:

(1) 吸收液。1%硫酸。

(2) 40%氢氧化钠溶液。

(3) 纳氏试剂(配制方法见作业场所空气中氨的测定)。

(4) 丙烯腈标准溶液。准确称取新升华的氯化铵 0.1009g,加水至 100mL,配制成 1mL⇌1mg 丙烯腈的贮备液。临用时再取此贮备液用水稀释 50 倍,配制成 1mL⇌20μg 的丙烯腈标准溶液。

2. 所需仪器：
(1) 多孔玻板吸收管。
(2) 大气采样品。
(3) 比色管，10mL。

3. 采样方法：
串联三个各装有 3mL 吸收液的多孔玻板吸收管，以 0.1～0.2L/min 的速度抽取 3～5L 样气。

4. 分析程序：
将吸收管中的样品液分别放入各比色管中，各加 1mL 40％氢氧化钠溶液，然后将比色管口用插有 50cm 长的细玻璃管的橡皮塞塞好，置于沸水浴中加热 10min，取出后待溶液冷却，打开塞子，自细玻璃管上端用 1mL 水洗涤管壁，洗液接入比色管中。

对照溶液为 30mL 吸收液及 10mL 40％氢氧化钠溶液一同置于烧瓶内，同上述方法浴热 10min，取出放冷。同时用对照溶液按表 28-23 配制丙烯腈含量为 1～20μg 系列的标准管。

丙烯腈标准管系列的配制　　　　　　　　　　表 28-23

管　号	0	1	2	3	4	5	6	7
标准溶液(mL)	0	0.05	0.10	0.20	0.40	0.60	0.80	1.00
水(mL)	1.00	0.95	0.90	0.80	0.60	0.40	0.20	0
对照溶液(mL)	4.0	4.0	4.0	4.0	4.0	4.0	4.0	4.0
丙烯腈的含量(μg)	0	1	2	4	8	12	16	20

向所有的样品管及标准管中各加入 0.5mL 的钠氏试剂，混匀，放置 5min 后进行比色定量。

计算：

$$X=\frac{C_1+C_2+C_3}{V_0}$$

式中　X——空气中丙烯腈的浓度，mg/m³；
　　　C_1、C_2、C_3——分别为第一、第二、第三吸收管样品溶液中丙烯腈的含量，μg；
　　　V_0——换算成标准状况下的采样体积，L。

5. 注意事项：
本法不是特殊反应，氨对测定有干扰。

二十二、作业场所空气中溴甲烷的测定

测定方法：硝酸银比浊法。
测定原理：溴甲烷在室温下能被氢氧化钾——乙醇溶液水解生成溴化钾，溴化钾与硝酸银作用，生成溴化银混浊，可根据混浊程度进行比浊定量。
本法灵敏度：10μg/5mL。

1. 所需试剂：
(1) 吸收液。5％氢氧化钾——乙醇溶液，5g 氢氧化钾溶于少量水中，使之成为饱和溶液，然后加乙醇至 100mL。

(2) 1%硝酸银溶液。

(3) 10%硝酸。

(4) 溴甲烷标准溶液。准确称取 0.1253g 在 105℃下烘干 2h 的溴化钾，加水溶解，并稀释至 1L，此溶液为 1mL=100μg 溴甲烷的标准溶液。

2. 所需仪器：

(1) 大型气泡吸收管；

(2) 比色管，10mL；

(3) 大气采样器。

3. 采样方法：

串联两个各装有 10mL 吸收液的大型气泡吸收管，以 0.5L/min 的速度在作业场所抽取 10L 样气。采样气时应将吸收管放在盛有冷水的烧杯中。

4. 分析程序：

将两个吸收管内的溶液倒入蒸发皿中，置水浴上加热，驱除乙醇至近干为止，然后用 5mL 10%硝酸溶解，倒入比色管中，同时按表 28-24 配制 0～60μg 系列的溴甲烷标准管。

溴甲烷标准管系列的配制　　　　　　　　　　表 28-24

管号	0	1	2	3	4	5	6
标准溶液(mL)	0	0.10	0.20	0.30	0.40	0.50	0.60
水(mL)	5.0	4.9	4.8	4.7	4.6	4.5	4.4
溴甲烷含量(μg)	0	10	20	30	40	50	60

向全部样品管和标准管中各加入 1mL 10%硝酸和 1mL 1%硝酸银溶液，混匀，放置 10min 后在黑色背底上进行比浊定量。

计算：

$$X=\frac{C_1+C_2}{V_0}$$

X——空气中溴甲烷的浓度，mg/m^3；

C_1、C_2——分别为第一、第二吸收管中溴甲烷的含量，μg；

V_0——换算成标准状况下的采样体积，L。

5. 注意事项：

(1) 配制吸收液用的氢氧化钾不应含有氯、溴、碘等能与硝酸银发生混浊的物质。

(2) 10%硝酸加入硝酸银后亦不应产生乳白色混浊。

二十三、作业场所空气中碘甲烷的测定

测定方法：1,2-萘醌-4-磺酸钠比色法。

测定原理：碘甲烷与亚硝酸钾作用，生成硝基甲烷，硝基甲烷在碱性溶液中与 1,2-萘醌-4-磺酸钠作用，生成蓝色，根据溶液颜色深浅可进行比色定量。

本法灵敏度：5μg/1.4mL。

1. 所需试剂：

(1) 0.5% 1,2-萘醌-4-磺酸钠溶液。称取 0.5g 1,2-萘醌-4-磺酸钠，溶于 100mL 水中。

(2) 20% 亚硝酸钾溶液。

(3) 氢氧化钙饱和溶液。

(4) 无水乙醇。

(5) 碘甲烷标准溶液。在 50mL 量瓶中，放入约 20mL 无水乙醇，称量，加入几滴碘甲烷后，再称量，然后用无水乙醇稀释至刻度，并计算出每毫升此溶液中碘甲烷的含量，作为贮备液。然后取贮备液若干毫升，用无水乙醇稀释成 1mL≎100 微克碘甲烷的标准溶液。

2. 所需仪器：

(1) 小型气泡吸收管。

(2) 具磨口塞比色管，10mL。

(3) 大气采样器。

(4) 水浴锅。

3. 采样方法：

串联两个各装有 2mL 无水乙醇的小型气泡吸收管，以每分钟 0.2L 的速度在作业场所抽取样气 10L。采样时吸收管应放在装有冷水的烧杯中，采样完毕，用软木塞紧紧塞住吸收管口，带回分析室进行分析。

4. 分析程序：

向吸收管中加无水乙醇至 2mL 标记处，混合均匀，再各吸取 1mL 样品溶液，分别放入两个比色管中，各加入 0.4mL 无水乙醇，同时按表 28-25 配制 0~100μg 系列的碘甲烷标准管。

碘甲烷标准管系列的配制 表 28-25

管 号	0	1	2	3	4	5	6	7	8	9	10	11
标准溶液(mL)	0	0.05	0.10	0.20	0.30	0.40	0.50	0.60	0.70	0.80	0.90	1.00
无水乙醇(mL)	1.40	1.35	1.30	1.20	1.10	1.00	0.90	0.80	0.70	0.60	0.50	0.40
碘甲烷含量(μg)	0	5	10	20	30	40	50	60	70	80	90	100

向全部样品管和标准管中各加入 0.1mL 0.5% 1,2-萘醌-4-磺酸钠溶液及 0.2mL 20% 亚硝酸钾溶液，在 70~75℃ 热水浴上加热至溶液有紫蓝色出现为止，大约需 10min 左右。然后取出比色管，放冷，再各加入 0.3mL 氢氧化钙饱和溶液，混匀，即有明显的紫蓝色出现，静置 2min 后进行比色定量。

计算：

$$X = \frac{2(C_1 + C_2)}{V_0}$$

X——空气中碘甲烷的浓度，mg/m³；

C_1、C_2——分别为第一、第二吸收管所取样品液中碘甲烷的含量，μg；

V_0——换算成标准状况下的采样体积，L。

5. 注意事项：

(1) 当碘甲烷的无水乙醇溶液和1,2-萘醌-4-磺酸钠溶液及亚硝酸钾溶液在70～75℃水浴上加热时，如不待紫蓝色出现即加入氢氧化钙饱和溶液，往往显色效果不佳，如按上述分析程序进行操作最后加入氢氧化钙饱和溶液，则产生的颜色较为鲜明。

(2) 当最后生成的紫蓝色完全出现后，应在5～10min内进行比色定量，否则颜色可有不同程度的变化。

(3) 1,2-萘醌-4-磺酸钠溶液很不稳定，配制时间长久后，反应即不灵敏，甚至失效而不产生反应，故最好在临用前配制。

(4) 碘甲烷很不稳定，容易析出游离碘，因此在使用后应密封塞，放在冰箱内保存。碘甲烷标准溶液最好临用前配制，同样也应放在冰箱内保存，经保存三日后，一般不再使用。

(5) 微量的游离碘对碘甲烷的测定没有影响。

二十四、作业场所空气中氯乙烯的测定

测定方法：气相色谱法

测定原理：空气中氯乙烯经邻苯二甲酸二壬酯色谱柱，能与乙烯、二氯乙烷、氯化氢共存物分离，用氢火焰离子化检测器进行测定。以保留时间定性，峰高或峰面积定量。

本法灵敏度：$5mg/m^3$，直接进样1mL。

1. 所需试剂：

(1) 氯乙烯。纯度为99.99%的氯乙烯充入小钢瓶中，在室温下保存，夏季保存于冰箱中。

(2) 邻苯二甲酸二壬酯。色谱固定相。

(3) 6201红色担体，30～40目；40～60目。

(4) 氯仿。

2. 所需仪器：

(1) 气相色谱仪，具氢火焰离子化检测器。

(2) 注射器，100mL、1mL。

(3) 橡皮帽或小橡皮管和夹子数个。

3. 采样方法：

将100mL注射器，在作业现场用空气洗涤3次，然后抽取样气，进气口套上橡皮帽或橡皮管和夹子，垂直放置，带回分析室及时分析，并记录采样时的气温和气压。

4. 分析程序：

(1) 色谱条件。

色谱柱。柱长2m，内径4mm的不锈钢管，内装10:100（质量比）邻苯二甲酸二壬酯，6201担体（40～60目）的固定相。

色谱柱温度，90℃。

检测室温度，150℃。

载气：氮气，40mL/min。

燃气：氢气，40mL/min。

助燃气：空气，600mL/min。

(2) 标准气体的配制和标准曲线的绘制。

1) 从小钢瓶中取1mL氯乙烯纯气，注入100mL注射器中，用清洁空气稀释至刻度，即为10000PPm的贮备气，然后将贮备气根据需要再稀释成100PPm，10PPm等标准气。

2) 分别取1mL各种浓度的标准气，先后依次注入色谱柱中，每种浓度的标准气重复3次，记下保留时间和峰高，设 h 为标准气3次平均峰高。然后根据浓度和峰高绘制标准曲线。

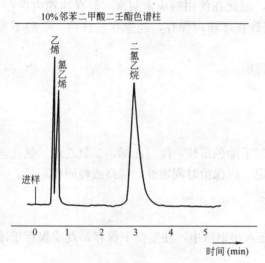

图 28-30 氯乙烯气相色谱图

氯乙烯标准气的浓度 (mg/m³)

$$=\frac{62.5 \times 氯乙烯\ ppm}{V_1}$$

$$V_1 = \frac{T_1}{P_1} \times \frac{1.01325 \times 10^5 Pa \times 22.4}{273}$$

$$= \frac{T_1}{P_1} \times 62.36$$

式中　62.5——氯乙烯分子量；
V_1——1摩尔分子氯乙烯在实验时温度气压下的体积，L；
T_1——实验时的室温，t℃+273；
P_1——实验时的气压，Pa。

3) 色谱图，如图28-30所示。

4) 样气的定性、定量。取1mL样气，注入色谱柱中，重复3次，记下保留时间和峰高，设 h' 为样气3次平均峰高，用保留时间定性，用峰高查标准曲线定量，或按下述计算方法求得空气样品中氯乙烯的浓度。

计算：

$$X = \frac{C \times h'}{h}$$

X——空气中氯乙烯的浓度，mg/m³；
C——与样品峰高 h' 相接近的标准氯乙烯浓度，mg/m³；
h——接近于样品浓度的标准气峰高，mm；
h'——氯乙烯空气样品的峰高，mm。

5. 注意事项：

(1) 氯乙烯空气样品极易逸散，应在当日内尽快进行分析。

(2) 如采集的气样中有氯化氢、乙炔共存时，可用1m长15∶100阿匹松N∶6201担体（30～40目）色谱柱，在柱温55℃，检测温度100℃下进行分离测定。

二十五、作业场所空气中苯、甲苯、二甲苯共存时的分别测定（一）

测定方法：硝化比色法。

测定原理：苯、甲苯和二甲苯共存时，采用不同浓度的硝化液，并控制溶液的酸碱度，可将其萃取分离。在适当的显色条件下，能生成不同颜色的化合物，可分别进行比色定量。

苯、甲苯、二甲苯在浓硝化液中，于100℃，30min条件下，即可被硝化成二硝基苯、三硝基甲苯、三硝基二甲苯。二甲苯带有两个甲基，其分子活性较大，在稀（86%硫酸）硝化液中，于50℃保温30min，即能被硝化成三硝基甲苯。苯和甲苯在此条件下不易被硝化。

二硝基苯在强碱条件下（pH≥14），能被乙醚萃取并与丙酮作用生成蓝紫色化合物，根据溶液颜色深浅可对苯进行比色定量。而此时，三硝基甲苯、三硝基二甲苯在强碱条件下不易被乙醚萃取，从而减少了甲苯、二甲苯对苯测定的干扰。

三硝苯甲苯在氢氧化铵溶液中（pH=9），可被乙醚萃取并与乙醇生成紫红色化合物，根据溶液颜色深浅对甲苯进行比色定量。二硝基苯在pH=9时，不易被乙醚萃取，三硝基二甲苯此时能部分地被萃取，但在氢氧化铵溶液中显色不深，因此，苯、二甲苯对甲苯的测定干扰不大。

三硝基二甲苯在酸性溶液中可被乙醚萃取并与乙醇及氢氧化钠反应生成蓝紫色化合物，根据颜色深浅对二甲苯进行比色定量。在酸性条件下，只有少量二硝基苯及三硝基甲苯会被萃取，但因采集样品时已进行了初步分离，所以对二甲苯的测定干扰不大。

本方法灵敏度：苯 $2\mu g/10mL$；

甲苯 $5\mu g/10mL$；

二甲苯 $20\mu g/10mL$。

1. 所需试剂：

(1) 浓硫酸（G、R）。

(2) 乙醚。

(3) 丙酮。

(4) 乙醇。

(5) 氢氧化铵（密度为0.9000）。

(6) 浓硝化液。称取于在80℃干燥过的硝酸铵10g，溶于100mL浓硫酸（密度1.84）。

(7) 稀硝化液。称取10g干燥过的硝酸铵溶于100mL 86%的硫酸中。

(8) 57%氢氧化钠溶液。

(9) 5%氢氧化钠溶液。

(10) 0.5%酚酞指示剂。0.2g酚酞溶于20mL乙醇中，加15mL水，混匀。

(11) 甲苯缓冲液。将0.8%硝酸铵溶液和0.35%氢氧化铵溶液等体积混合。

(12) 苯标准溶液。于干燥的25mL称量瓶中，先加入约10mL浓硝化液，于分析天平上称量，然后加入1~2滴苯，盖上瓶盖，再称量，两次质量之差即为苯的质量。将称量瓶置于热水浴中，不断振摇，加热30min。取出放冷，加浓硝化液至刻度，混匀。计算出每毫升此溶液甲苯的含量。此溶液即为苯贮备液，贮于干燥器中冷藏，可保存2~3个月。

取一干燥的25mL容量瓶，加入相当于2.5mg苯的贮备液，然后用浓硝化液稀释至刻度，此溶液 1mL=100μg 苯。此溶液即为苯的标准溶液，可保存一周左右。

（13）甲苯标准溶液。甲苯贮备液按上述苯贮备液的配制方法进行制备，仅将苯改为甲苯即可。

甲苯标准溶液配制方法与苯标准溶液的配制方法相同，也仅将苯改为甲苯。配制成 1mL=200μg 甲苯的标准溶液。此液可保存一周左右。

（14）二甲苯标准溶液。二甲苯贮备液与上述苯贮备液的配制方法相同，将苯改为二甲苯，并用稀硝化液代替浓硝化液，于 50℃水浴中硝化 30min。

二甲苯标准溶液配制方法与苯标准溶液的配制方法相同，但用稀硝化液代替浓硝化液，配制成 1mL=250μg 二甲苯的标准溶液。

2. 所需仪器：

（1）大气采样器。
（2）小型气泡吸收管。
（3）20mL 具塞比色管。
（4）10mL 具塞比色管。
（5）分液漏斗。
（6）水浴锅。
（7）pH 试纸（pH 1~14）。
（8）光电比色计。

3. 采样方法：

串联两对小型气泡吸收管，一对吸收管中各注入 2mL 浓硝化液，作为采集苯及甲苯样品用；另一对吸收管中各注入 2mL 稀硝化液，作为采集二甲苯样品用。在作业现场用大气采样器以每分钟 100mL 的速度各采集样气 1000mL 通过气泡吸收管。采样气后将吸收管的进出口用脱脂棉塞住，以防止空气中的水蒸汽使气泡吸收管中的硝化液被稀释。然后将样品带回分析室进行测定。

4. 分析程序：

（1）苯的测定。

1）将装入浓硝化液的两个小型气泡吸收管置于水浴中加热 30min，然后将两个吸收管内的样品移至同一 20mL 具塞比色管内，用水洗涤吸收管数次，每次用水 3~4mL，先洗后管，再用后管的洗液洗涤前管，洗液一并注入比色管内，最后用水稀释至刻度，混匀。此溶液供苯和甲苯的测定用。

2）取稀释样品溶液 5~10mL 注入分液漏斗中，加水至 11mL，放冷。

3）加入 1 滴 0.5％酚酞指示剂，滴加 57％氢氧化钠溶液，边加边摇，直至溶液出现红色，再加 1.0mL 57％氢氧化钠溶液，混匀，稍冷；加入 10mL 乙醚，充分振摇 3min，（注意放气！），静置分层后放出下层水溶液，再加 10mL 水洗涤醚层，静置分层后，弃去水层，由上口将醚层倒入 10mL 具塞比色管中，加乙醚至刻度，混匀。

4）取上述样品乙醚萃取液 1~3mL 置于 10mL 具塞比色管中，用乙醚加至 3mL。

5）苯标准管色列的配制。取苯标准溶液 1mL，置于盛有 10mL 水的分液漏斗中，以后按分析程序（3）进行操作。制得的标准乙醚萃取液每毫升中含苯为 10μg。同时按表 28-26 配制含苯为 0~30μg 系列的标准管。

苯标准管系列的配制   表 28-26

管 号	0	1	2	3	4	5	6	7
苯标准乙醚萃取液(mL)	0	0.20	0.40	0.60	0.80	1.0	2.0	3.0
乙醚(mL)	3.0	2.80	2.60	2.40	2.20	2.0	1.0	0
苯含量(μg)	0	2	4	6	8	10	20	30

6) 向全部样品管与标准管中各加入丙酮 7mL，57%氢氧化钠溶液 2mL，振摇 50 次，在 25~30℃水浴中加热 15min，然后进行目视比色定量。光电比色计比色，波长 575nm。比色定量应在 1h 内进行完毕。

(2) 甲苯的测定。

1) 取测定苯后剩余的稀释样品 5~10mL 注入盛有 0~5mL 的分液漏斗中，使液体总体积为 10mL。加 1 滴酚酞指示剂，用浓氢氧化铵溶液中和至溶液刚呈现红色为止，冷却，加入 10mL 甲苯缓冲液，摇匀。再加入 10mL 乙醚，振摇 3min，静置分层，弃去水层，用 10mL 水洗涤醚层。然后将醚层从分液漏斗上口侧入 10mL 具塞比色管中，加乙醚至刻度，混匀。

2) 取上述样品乙醚萃取液 1~5mL 置于 10mL 具塞比色管内，用乙醚加至 5mL。

3) 甲苯标准管色列的配制。取甲苯标准溶液 1mL 盛于 9mL 水的分液漏斗中，按上述分析程序 (1) 进行操作，制得的标准乙醚萃取液每毫升中含甲苯 20μg，同时按表 28-27 配制含甲苯为 0~60μg 系列的标准管。

甲苯标准管系列的配制   表 28-27

管 号	0	1	2	3	4	5	6
甲苯标准乙醚萃取液(mL)	0	0.25	0.50	1.0	1.5	2.0	3.0
乙醚(mL)	5.0	4.75	4.5	4.0	3.5	3.0	2.0
甲苯含量(μg)	0	5	10	20	30	40	60

4) 向全部样品管和标准管中各加入乙醇 5mL，浓氢氧化铵溶液 2mL，混匀。在 25~30℃水浴中加热 10min，然后用目视进行比色定量。用光电计比色，波长为 530nm。比色定量应在 20min 内进行完毕。

(3) 二甲苯的测定。

1) 将盛有稀硝化液的两个小型气泡吸收管置于 50℃水浴中加热 30min。

2) 将两个吸收管内的样品溶液倒入同一个先装有 10mL 水的分液漏斗中，用 10mL 水分几次洗涤吸收管，洗液一并倒入分液漏斗中，稍冷。

3) 加入 10mL 乙醚，振摇 3min（注意放气！），静置分层后，弃去水层。用 10mL 水洗涤醚层，分层后，弃去水层，醚层由分液漏斗上口倒入 10mL 具塞比色管中，加乙醚至刻度，混匀。

4) 取上述样品乙醚萃取液 5mL，置于 10mL 具塞比色管中。

5) 二甲苯标准管色列的配制。取二甲苯标准溶液 4mL，置于盛有 10mL 水的分液漏斗中，然后按上述分析程序 (3) 进行操作，制得的标准乙醚萃取液每毫升中含二甲苯 100μg。同时按表 28-28 配制含二甲苯为 0~200μg 系列的标准管。

二甲苯标准管系列的配制 表 28-28

管号	0	1	2	3	4	5	6	7
二甲苯标准乙醚萃取液(mL)	0	0.20	0.40	0.60	0.80	1.0	1.5	2.0
乙醚(mL)	5.0	4.80	4.60	4.40	4.20	4.0	3.5	3.0
二甲苯含量(μg)	0	20	40	60	80	100	150	200

6) 向全部样品管和标准管中各加入 5mL 乙醇及 0.1mL 5％氢氧化钠溶液，混匀。置于 25～30℃水浴中加热 5min，然后用目视进行比色定量。用光电比色计比色定量，波长为 610nm。比色定量应在 20min 内进行完毕。

计算：

$$X_1 = \frac{20 \times 10 \times C}{a \times b \times V_0}$$

X_1——空气中苯或甲苯的含量，mg/m³；
a——所取稀释样品的量，mL；
b——分析时所取样品乙醚萃取液的量，mL；
C——取 6mL 样品乙醚萃取液中苯或甲苯的含量，μg；
V_0——换算成标准状况下的采样体积，L。

$$X_2 = \frac{10 \times C}{5 \times V_0}$$

X_2——空气中二甲苯的含量，mg/m³；
C——5mL 乙醚萃取液中二甲苯的含量，μg；
V_0——换算成标准状况下的采样体积，L。

5. 注意事项：

(1) 配制硝化液时，所用玻璃仪器应清洁干燥，配制好的硝化液应贮存于干燥器中，防止硝化液吸收空气中的水分而被稀释。

(2) 用乙醚萃取时，应先轻摇并随时放气，直至分液漏斗中的乙醚蒸气显著减少后再充分振摇，使萃取完全。

(3) 在萃取苯时，如室温低于 12℃时易析出结晶，此时可多加入 10mL 左右的水，使结晶溶解，室温在 17℃以上时，一般不会发生此现象。

(4) 用苯显色用的氢氧化铵溶液，最好为新开瓶的试剂，因氢氧化铵浓度降低时，可使生成的颜色减弱，从而降低了方法的灵敏度。一般可将原装浓氢氧化铵贮存于冰箱内，用时倒出少量使用。

(5) 苯、甲苯、二甲苯的颜色反应和温度有密切关系，在 20～30℃时，呈色最深。20℃以下色调逐渐减弱，故制作标准曲线时应在标准曲线上标明测定时的温度，最好一批样品做一次标准曲线。比色定量时，样品管与标准管的操作应同时进行，以减少测定误差。

(6) 二甲苯硝化温度必须控制在 50℃左右，温度高时，可使苯及甲苯部分硝化，温度低时，二甲苯硝化不完全，从而测定结果偏高或偏低。

(7) 在分析溶液中，当甲苯和二甲苯的含量不超过 0.3mg 时，不干扰苯的测定。

(8) 在分析溶液中，含苯量不超过 0.6mg 时，二甲苯含量不超过 0.4mg 时，不干扰甲苯的测定。

(9) 在分析溶液中，苯含量不超过 1mg，甲苯含量不超过 0.3mg 时，不干扰二甲苯的测定。

二十六、作业场所空气中苯、甲苯、二甲苯共存时的分别测定（二）

测定方法：气相色谱法。

测定原理：空气中苯、甲苯及二甲苯经阿匹松 L 色谱柱分离后，用氢火焰离子化检测器测定，以保留时间定性，以峰高或峰面积进行定量。

本方法灵敏度：直接进空气样品 1mL 时，苯为 $0.6mg/m^3$；甲苯为 $2mg/m^3$；二甲苯为 $6mg/m^3$。

1. 所需试剂：

(1) 苯、甲苯、二甲苯，色谱纯。

(2) 阿匹松 L，色谱固定相。

(3) 6201 担体，40～60 目及 60～80 目。

2. 所需器材：

(1) 气相色谱仪具氢火焰离子化检测器。

(2) 注射器。100mL、1mL、5mL、10mL、1μL。

(3) 橡皮帽或橡皮管和夹子数个。

(4) 活性炭管。取长 150mL，内径 3.5mL，外径 6mL 的玻璃管，装入 20～40 目活性炭 100mg，两端用少量玻璃棉固定，熔封后保存。

3. 采样方法：

(1) 在作业现场采样地点用 100mL 注射器抽取空气洗涤管壁三次，然后采集空气样品 100mL，套上橡皮帽，将注射器垂直放置，带回分析室尽快分析，并记录采样时的气温和气压。

(2) 用 100mL 注射器连接活性炭管，在现场采样地点抽取空气 100mL，若被采集空气中的样品浓度较低，可适当增加采气体积。此法采样便于保存样品，而且样品也较稳定，记录采样时的气温和气压。

4. 分析程序：

(1) 色谱条件。

色谱柱。柱长 2m，内径 4mm 的不锈钢管，内装 5∶100（质量比）阿匹松 L、6201 担体的固定相。

色谱柱温度，120℃。

汽化室温度，150℃。

检测室温度，150℃。

载气：氮气，70mL/min。

燃气：氢气，70mL/min。

助燃气：空气，650mL/min。

(2) 标准气体的配制和标准曲线的绘制。

1) 用静态配气法绘制标准曲线。用 $1\mu L$ 微量注射器,分别准确量取苯、甲苯、二甲苯各 $0.2\mu L$(20℃时 $1\mu L$ 苯质量为 $0.8787mg$,甲苯质量为 $0.8669mg$,邻、间、对二甲苯的质量分别为 $0.8802mg$;$0.8642mg$;$0.8611mg$),再分别注入已采集清洁空气并放有铝箔的 100mL 注射器内,放在 60~70℃ 烘箱中使其充分气化,则配制成一定浓度的标准贮备气,按各组分的质量,计算出标准贮备气的浓度,$\mu g/mL$。再将标准贮备气分别用清洁空气稀释成每毫升含 0.02、0.05、0.1、0.2 及 $0.4\mu g$ 的苯、甲苯和二甲苯的标准气系列(分别相当于 20、50、100、200 及 $400mg/m^3$ 的苯、甲苯和二甲苯的标准浓度系列)。分别取 1mL 标准气进样,以保留时间定性,以各组分每个深度重复 3 次的平均峰高或峰面积为纵坐标,以各组分的含量(μg)为横坐标绘制标准曲线。若配制混合标准气,苯:甲苯:二甲苯可按 1:2:3 的比例混合。

2) 用标准液绘制标准曲线。在 5 个 25mL 容量瓶中各加入二硫化碳若干毫升,再用现行量注射器分别加入苯 $28.6\mu L$、甲苯 $28.8\mu L$、邻二甲苯 $28.4\mu L$,间二甲苯 $28.9\mu L$ 和对二甲苯 $29.0\mu L$,然后再迅速各加二硫化碳至容量瓶刻度,密塞,混匀,此溶液即为苯、甲苯和二甲苯各含 $1mg/mL$ 的贮备液。再将贮备液分别用二硫化碳稀释成 $1\mu L$ 含 0.004、0.01、0.02、0.04 及 $0.08\mu g$ 的苯、甲苯和二甲苯的标准溶液系列。各取 $5\mu L$ 标准溶液系列进样,以峰高或峰面积对各组分的含量(μg)绘制标准曲线。

(3) 空气样品的定性和定量。

1) 对 100mL 注射器采集的空气样品。用 1mL 注射器穿透橡皮帽插入 100mL 注射器中,抽取被测空气样品至 1mL 刻度,迅速拨出,并立即将空气样品注入色谱柱,以保留时间定性,以峰高或峰面积定量,根据测定结果从标准曲线上查出 1mL 空气样品中苯、甲苯、二甲苯的含量(μg)。

2) 对活性炭管采集的空气样品。将采集 100mL 空气样品的活性炭置于 2mL 具塞试管中,加入二硫化碳 0.5mL,密塞,解吸 30min,用微量注射器取 $5\mu L$(相当于 1mL 空气样品)进样,以保留时间定性,以峰高或峰面积定量,根据测定结果从标准曲线上查出 1mL 空气样品中苯、甲苯、二甲苯的含量(μg)。此法因二硫化碳极易挥发,故为了提高分析的精密度,应尽量减少二硫化碳的挥发。

计算:

$$X=\frac{C}{V_0}\times 1000$$

X——空气中苯、甲苯和二甲苯的浓度,mL/m^3;

C——1mL 空气样品中苯、甲苯和二甲苯的含量,μg;

V_0——换算成标准状况下的进样体积,mL。

(4) 色谱示意图,如图 28-31 所示。

5. 注意事项:

(1) 10:100 硅酮酯色谱柱能得到与阿匹松 L 类似的分离效果。10:100DNP 色谱柱和 5:100 聚乙二醇 6000 色谱柱亦可应用于苯、甲苯、二甲苯的分离测定。

(2) 也可取 $1\mu L$ 苯或甲苯和二甲苯,注入 100mL 注射器中,用清洁空气稀释至刻度,配制成贮备气,利用该气温下组分的质量比,计算出贮备气的含量($\mu g/mL$),再逐步稀释配制成一系列标准气,绘制标准曲线。此法在气温较高,组分沸点较低时,较多采用。组分沸点较高(120℃以上),由于挥发不完全,误差较大。

(3) 空气样品浓度较高或较低,可在配制标准气时多取或少取贮备气,用清洁空气稀释后配制一系列标准气,绘制标准曲线,以适应分析的需要。

(4) 样品采集后应在当天分析,以免造成较大的误差。

(5) 用100mL注射器采集空气样品时,应确保磨口严密不漏气,否则将引起采集空气样品浓度的变化。

(6) 现场采集样品的气温与气样进行分析时的室温相近,否则易造成误差。

(7) 用活性炭管采集空气样品时,因每批活性炭的解吸效率不同,所以当使用一批新活性炭时,应测定解吸效率。

(8) 所用二硫化碳,应经色谱测定无杂质峰,否则需蒸馏处理。

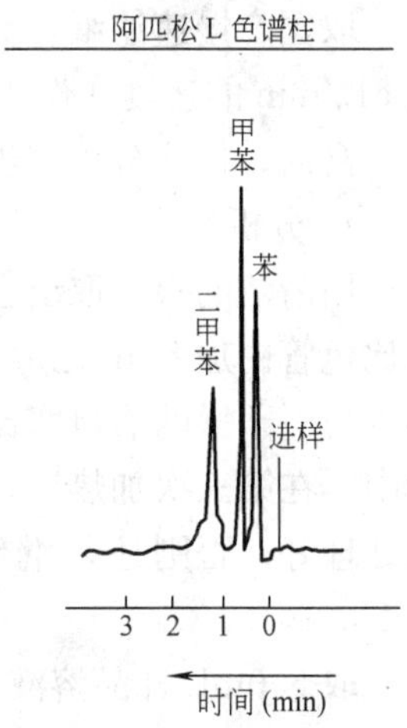

图 28-31 苯、甲苯、二甲苯气相色谱图

(9) 阿匹松 L 柱能在较短时间内分离苯、甲苯和二甲苯,但对邻、间、对二甲苯则不能分离,出峰的顺序一是苯,二是甲苯,三是二甲苯。

二十七、作业场所空气中三硝基甲苯的测定

测定方法:乙醇—氢氧化钠比色法。

测定原理:三硝基甲苯的乙醇溶液与碱作用呈现紫色,根据颜色深浅可进行比色变量。

本方法灵敏度:$1\mu g/5mL$。

1. 所需试剂:

(1) 95%乙醇溶液(按体积)。

(2) 5%氢氧化钠或氢氧化钾溶液。

(3) 三硝基甲苯标准溶液。精确称取三硝基甲苯纯品 0.1000g,溶于少量乙醇中,然后置于 100mL 容量瓶中,用乙醇稀释至刻度,此溶液 1mL⇔1mg 三硝基甲苯,为贮备液。

取上述贮备液用乙醇稀释 10 倍,则 1mL⇔$100\mu g$ 三硝基甲苯,此溶液为标准溶液(甲)。

取上述贮备液用乙醇稀释 100 倍,则 1mL⇔$10\mu g$ 三硝基甲苯,此溶液为标准溶液(乙)。

2. 所需仪器:

(1) 粉尘采样器。

(2) 具磨口塞比色管,25mL。

(3) 比色管,10mL。

(4) 光电比色计。

3. 采样方法:

取国产慢速滤纸，剪成直径为25mm的圆片，置于采样夹内，旋紧螺旋使之不漏气，以5L/min的速度在作业现场采集样气40～50L，采气样完毕，将滤纸取出向内折叠放在样品盒内，带回分析室进行测定。

4. 分析程序：

用清洁的镊子取出已采集样品的滤纸，置于具磨口塞比色管中。然后往装有采样滤纸的比色管中加5mL乙醇，塞上磨口塞，于50℃左右的水浴上温热约1min，摇匀，将溶液倒入另一干燥的磨口塞比色管中。按上述方法如此处理三次，溶液均倒入同一磨口塞比色管中。在第三次加热后，取出少量溶液，加一滴5%氢氧化钠溶液，如不呈现紫色，表明已处理好，否则还须继续按上述方法处理1～2次，最后将样品溶液的体积用乙醇加至25mL。

取5.0mL样品溶液置于10mL比色管中，同时按表28-29配制三硝基甲苯含量为0～40μg系列的标准管。

三硝基甲苯标准管系列的配制　　　　　　　表28-29

管　号	0	1	2	3	4	5	6	7	8	9
标准溶液(甲)(mL)	—	—	—	—	—	—	0.10	0.20	0.30	0.40
标准溶液(乙)(mL)	0	0.10	0.30	0.50	0.70	0.90	—	—	—	—
乙醇(mL)	5.0	4.9	4.7	4.5	4.3	4.1	4.9	4.8	4.7	4.6
三硝基甲苯含量(μg)	0	1	3	5	7	9	10	20	30	40

向全部样品管和标准管中各加入5%氢氧化钠溶液0.050mL，摇匀，5～10min后进行目视比色定量。光电比色计比色，波长为520nm。

计算：

$$X = \frac{5C}{V_0}$$

X——空气中三硝基甲苯的含量，mg/m^3；

C——1/5样品中三硝基甲苯的含量，μg；

V_0——换算成标准状况下的采样体积，L。

5. 注意事项：

(1) 本方法不是特殊反应。四硝基甲替苯胺、二硝基萘、三硝基萘、二硝基苯、二硝基甲苯等对测定均有干扰。

(2) 作业场所空气中三硝基甲苯常以气溶胶状态存在，故应采用滤纸采样法。

(3) 碱溶液中常含有碳酸盐，碳酸盐在乙醇中的溶解度较小，加碱后，比色溶液可能稍微出现混浊，一般不影响比色定量。若混浊度很大时，则须将碱中的碳酸盐预先除去。

二十八、作业场所空气中酚的测定

测定方法：4-氨基安替比林比色法。

测定原理：酚在碱性溶液中，在氧化剂的存在下，与4-氨基安替比林作用，生成红色安替比林染料，根据溶液颜色深浅可进行比色定量。

本法灵敏度：0.5μg/5mg。

1. 所需试剂：
(1) 吸收液。0.01%碳酸钠溶液。
(2) 1% 4-氨基安替比林溶液。
(3) 1%铁氰化钾 $K_3Fe(CN)_6$ 溶液。
(4) 酚标准溶液。于称量瓶中精确称取 0.5g 新蒸馏的酚。将称出的酚溶于水，倒入 500mL 量瓶中，加水至刻度，计算出 1.0mL 溶液中酚的含量。临用时用水适当稀释以配制成 1mL=10μg 酚的标准溶液。

2. 所需仪器：
(1) 大型气泡吸收管。
(2) 比色管，10mL。
(3) 大气采样器。

3. 采样方法：
串联两个各装有 10mL 0.01%碳酸钠溶液的大型气泡吸收管，以 0.5L/min 的速度在作业现场抽取 5L 样气。

4. 分析程序：
由每个吸收管中各取 5mL 样品溶液，分别放入两个比色管中，同时按表 28-30 配制 0~10μg 系列的酚标准管。

酚标准管系列的配制　　　　　　表 28-30

管 号	0	1	2	3	4	5	6	7	8	9
标准溶液(mL)	0	0.05	0.10	0.15	0.20	0.30	0.40	0.60	0.80	1.00
吸收液(mL)	5.00	4.95	4.90	4.85	4.80	4.70	4.60	4.40	4.20	4.00
酚含量(μg)	0	0.5	1	1.5	2	3	4	6	8	10

向全部样品管和标准管中各加入 0.05mL 1% 4-氨基安替比林溶液，以及 0.10mL 1% 铁氰化钾溶液，混匀，放置 15min 后进行比色定量。光电比色，波长 500nm。

计算：

$$X = \frac{2(C_1 + C_2)}{V_0}$$

X——空气中酚的浓度，mg/m³；
C_1、C_2——分别为第一、第二吸收管所取样品溶液中酚含量，μg；
V_0——换算成标准状况下的采样体积，L。

5. 注意事项：
(1) 本法不是特殊反应，酚类化合物有相同的反应，对位有取代基者除外。
(2) 比色溶液中甲醛含量约 1mg 以下时对测定无影响，过高时红色变浅。
(3) 加铁氰化钾时可立即反应生成红色，但因溶液中尚有过量的铁氰化钾，故溶液略带黄色，约 15~20min 后，黄色褪去，红色明显。
(4) 在常温下温度对显色无影响。
(5) 反应生成的颜色可稳定约 4h，然后逐渐变浅。
(6) 0.01%碳酸钠溶液的 pH 值为 10 左右，适用于此显色反应，如空气中存在有影响溶液 pH 的干扰物质浓度较高时，在分析时可考虑加入适量的缓冲溶液。

（7）4-氨基安替比林溶液在冷处保存两周尚可使用。

二十九、作业场所空气中苯胺的测定

测定方法：盐酸萘乙二胺比色法。

测定原理：在酸性溶液中，苯胺经重氮化后与盐酸萘乙二胺耦合生成紫色，可根据溶液颜色的深浅进行比色定量。

本法灵敏度：$0.1\mu g/5mL$。

1. 所需试剂：

（1）吸收液。0.5％硫酸。

（2）4％亚硝酸钠溶液，临用时配制。

（3）2.5％氨基磺酸铵溶液。称取 2.5g 氨基磺酸铵 $H_2H \cdot SO_2 \cdot ONH_4$，用水溶解，稀释至 100mL，临用时配制。

（4）1％盐酸萘乙二胺溶液。临用时配制。

（5）苯胺标准溶液。于 25mL 量瓶中加入 10mL 0.5％硫酸，称量，滴入 2 滴新蒸馏的苯胺，再称量。然后加 0.5％硫酸至刻度，计算出 1mL 溶液中苯胺含量。将此溶液用 0.5％硫酸稀释成苯胺含量为 1mL≎0.1mg。使用 0.5％硫酸稀释到苯胺含量为 1mL≎$1\mu g$ 的标准溶液。

2. 所需仪器：

（1）大型气泡吸收管。

（2）大气采样器。

（3）比色管，10mL。

3. 采样方法：

串联两个各装 5mL 吸收液的大型气泡吸收管，以 0.5L/min 的速度抽取 0.5～1L 样气。

4. 分析程序：

由第一个吸收管中取 2.5mL 样品溶液于比色管中，加吸收液至 5mL，第二个吸收管取全部样品溶液于比色管中，同时按表 28-31 配制苯胺含量为 0.1～$3.0\mu g$ 系列的标准管。

苯胺标准管系列的配制　　　　　　　　　表 28-31

管　号	0	1	2	3	4	5	6	7
标准溶液(mL)	0	0.10	0.50	1.00	0.50	2.00	2.50	3.00
吸收液(mL)	5.0	4.9	4.5	4.0	3.5	3.0	2.5	2.0
苯胺的含量(μg)	0	0.1	0.5	1.0	1.5	2.0	2.5	3.0

向全部样品管和标准管中各加 1 滴 4％亚硝酸钠溶液，混匀，放置 10min，再加 0.5mL 氨基磺酸铵溶液，振摇至无小气泡发生为止，放置 10min，再加 1mL 盐酸萘乙二胺溶液，加水稀释至 10mL，摇匀，放置 10min，进行比色定量。光电比色，波长为 570nm。

计算：

$$X = \frac{2C_1 + C_2}{V_0}$$

X——空气中苯胺的浓度，mg/m³；
C_1、C_2——分别为第一、第二吸收管所取样品液中苯胺的含量，μg；
V_0——换算成标准状况下的采样体积，L。

5. 注意事项：
(1) 亚硝酸钠溶液必须是新配制的，因易被氧化而影响测定结果。
(2) 过量的亚硝酸钠存在，能与盐酸萘乙二胺作用而产生黄色沉淀，影响测定。故显色前必须用氨基磺酸铵破坏，作用时有大量小气泡（氮气）产生，经再加入一滴氨基磺酸铵溶液并振荡后，如无气泡产生即可认为已经除尽。

三十、作业场所空气中联苯——联苯醚的测定

测定方法：乙醚——丙酮比色法。

测定原理：联苯——联苯醚经硝化成芳香族硝基化合物，在碱性溶液中与丙酮作用生成紫红色，可根据溶液颜色的深浅进行比色定量。

本法灵敏度：2μg/6mL。

1. 所需试剂：
(1) 硝化混合液。称取10g干燥过的硝酸铵，加入100mL浓硫酸中。
(2) 联苯—联苯醚的制度，取联苯和联苯醚按26.5：73.5的比例混合均匀。
(3) 丙酮。重蒸馏的（沸点55.5～57.5℃）。
(4) 无水乙醚。
(5) 30%氢氧化钠溶液。
(6) 联苯—联苯醚标准溶液。取2.5mL硝化混合液于25mL量瓶中，称量，加入1滴联苯—联苯醚后，再称量，然后加硝化混合液至刻度。计算出此溶液1mL中含联苯—联苯醚的毫克数。此溶液为贮备液，放置1h后，置于冰箱内保存。贮备液1个月内可使用。

取一定量的贮备液，用硝化混合液稀释成1mL=100μg的联苯—联苯醚标准溶液。

2. 所需仪器：
(1) 小型气泡吸收管。
(2) 分液漏斗，50mL。
(3) 磨口塞比色管，25mL。
(4) 注射器，100mL。
(5) 光电比色计。
(6) 大气采样器。

3. 采样方法：
取一个装有1mL硝化混合液的小型气泡吸收管，以0.25L/min的速度，在作业现场采集5L样气。

4. 分析程序：

所采集的样品液需放置1h以上，使其充分硝化后，倒入分液漏斗中，用10mL水分三次洗涤吸收管，将洗液全部倒入分液漏斗中。另取6个分液漏斗，各加10mL水，同时按表28-32配制0~100μg系列的联苯——联苯醚标准管。

联苯——联苯醚标准管系列的配制　　　　　表28-32

管　号	0	1	2	3	4	5
标准溶液(mL)	0	0.20	0.40	0.60	0.80	1.00
硝化混合液(mL)	1.00	0.80	0.60	0.40	0.20	0
联苯——联苯醚含量(μg)	0	20	40	60	80	100

将七个分液漏斗中的液体摇匀，冷却，各加入5mL乙醚，振摇3min，静置10min以上，然后由下面放出水层，从上面吸取乙醚提取液3mL，置于比色管中，在40~45℃水浴中或室温下蒸干乙醚，加入6mL丙酮及1.0mL 30%N氢氧化钠溶液，振摇2min，呈显紫红色，静置5min，分别取丙酮层进行比色定量。光电比色计比色，波长540nm。

比色应在20min内比色完毕，否则，可将丙酮层倒入另一比色管内，与氢氧化钠溶液分开，这样，颜色在1h内是稳定的。

计算：

$$X = \frac{C}{V_0}$$

X——空气中联苯——联苯醚的浓度，mg/m^3；

C——样品管中联苯——联苯醚的含量，μg；

V_0——换算成标准状况下的采样体积，L。

5. 注意事项：

(1) 用硝酸铵——硫酸混合液在室温下硝化联苯——联苯醚1h，不同浓度的硫酸对反应结果有很大的影响。当硫酸浓度低于86%时，显色很浅；在86%~96%时，显色很深；用发烟硫酸（含20%按质量三氧化硫）时，显色也很浅。

(2) 氢氧化钠浓度对显色有影响。当浓度为16%~40%时，各管均呈紫红色，显色深度也相同；当浓度高于40%时，颜色仍为紫红色，但显色快，并且在数分钟内就显著褪色；浓度低于16%时，颜色变为黄红色。

(3) 本法非特殊反应，其他芳香族化合物如苯、甲苯、酚等，也可以产生不同程度的颜色反应。

(4) 采集气样时使用一个小型气泡吸收管，速度为0.25L/min，取苯——联苯醚在空气中浓度为6.5~140.5mg/m^3时，其吸收效率可达97.7%~100%。

三十一、作业场所空气中氯化苦的测定

测定方法：盐酸萘乙二胺比色法。

测定原理：氯化苦（三氯硝基甲烷）经金属钙或钠汞齐还原生成亚硝酸，再用对氨基

苯磺酸及盐酸萘乙二胺作试剂与亚硝酸显色，可根据颜色的深浅进行比色定量。

本法灵敏度：1μg/1mL。

1. 所需试剂：

(1) 钠汞齐或金属钙。

(2) 浓醋酸。

(3) 对氨基苯磺酸与盐酸萘乙二胺混合试剂。50mL 冰醋酸与 900mL 水混合，加入 5.0g 对氨基苯磺酸，搅拌至全部溶解，再加入 0.05g 盐酸萘乙胺，用水稀释至 1000mL，贮存于棕色瓶中。

(4) 氯化苦标准溶液。精确称取 0.2099g 干燥过的亚硝酸钠，用水溶于 1L 量瓶中，加少量氯仿，加水至刻度，此溶液 1mL≎500μg 氯化苦，此溶液为贮备液。取 10mL 贮备液于 100mL 量瓶中，用水稀释至刻度，配制成 1mL≎50μg 氯化苦的标准溶液。

2. 所需仪器：

(1) U 型多孔玻板吸收管。

(2) 大气采样器。

(3) 比色管，10mL。

(4) 光电比色计。

3. 采样方法：

串联 2 个各装有 2mL 水的 U 型多孔玻板吸收管，在作业现场以 0.3L/min 的速度抽取 10L 样气。

4. 分析程序：

将样品液分别倾入两个试管中，加入少量钠汞齐或金属钙，时时振摇，当产生的气泡停止时加一滴浓醋酸，从中分别取出 1mL 置于两个比色管中，同时按表 28-33 配制 0～40μg 系列氯化苦的标准管。

氯化苦标准管系列的配制　　　　　　　　　　表 28-33

管　号	0	1	2	3	4	5	6
标准溶液(mL)	0	0.05	0.10	0.20	0.40	0.60	0.80
水 (mL)	1.00	0.95	0.90	0.80	0.60	0.40	0.20
氯化苦含量(μg)	0	2.5	5	10	20	30	40

向全部样品管和标准管中各加入 4mL 对氨基苯磺酸与盐酸萘乙二胺混合试剂，放置半小时后显色，根据颜色的深浅进行比色定量。

用光电比色计进行比色，选用波长 535nm，用 5mm 比色杯。先以标准管的氯化苦含量对光密度绘制标准曲线图，再根据样品管的光密度由标准曲线上查出氯化苦含量。

计算：

$$X = \frac{2(C_1 + C_2)}{V_0}$$

X——空气中氯化苦的浓度，mg/m³；

C_1、C_2——分别为第一、第二吸收管所取样品液中氯化苦的含量,μg;
V_0——换算成标准状况下的采样体积,L。

5. 注意事项:

(1) 所需试剂均应为分析纯,并应用不含亚硝酸盐的水配制。

(2) 测定空气中氯化苦的浓度,也可按有机氯化物测定法,将氯化苦还原游离出氯离子,再用硫氰酸汞比色法测定氯离子。将氯换算成氯化苦的系数为 1.54。具体测定过程参阅作业场所空气中有机氯化物的测定。

三十二、作业场所空气中吡啶的测定

测定方法:溴化氰——苯胺比色法。

测定原理:吡啶与溴化氰和苯胺作用,生成棕黄色的化合物,根据颜色深浅可进行比色定量。

1. 所需试剂:

(1) 吸收液。0.5%硫酸溶液。

(2) 溴化氰溶液。在饱和溴水中,滴加10%氰化钾溶液直至黄色恰恰褪去为止。

(3) 1%苯胺溶液(按体积)。取 1mL 新蒸馏(沸点范围 180~185℃)的苯胺,用水稀释至 100mL。

(4) 1.8%氢氧化铵溶液。

(5) 吡啶标准溶液。在 25mL 量瓶中,加吸收液约 10mL,称量,然后加入 2~3 滴新蒸馏过的吡啶,再进行称量。二次质量之差即为吡啶的质量。加吸收液至刻度,计算出每毫升溶液中吡啶的含量,此溶液作为贮备液。取贮备液若干毫升,用吸收液稀释成 1mL=100μg 吡啶的标准溶液。

2. 所需仪器:

(1) 大型气泡吸收管。

(2) 比色管,10mL。

(3) 大气采样器。

3. 采样方法:

串联两个各装有 10mL 吸收液的大型气泡吸收管,以 0.5L/min 的速度在作业现场抽取 10L 样气。

4. 分析程序:

由每个大型气泡吸收管中各取 5mL 样品溶液,分别放入两个比色管中,同时按表 28-34 配制 0~100μg 系列的吡啶标准管。

吡啶标准管系列的配制   表 28-34

管 号	0	1	2	3	4	5	6	7	8	9	10
标准溶液(mL)	0	0.10	0.20	0.30	0.40	0.50	0.60	0.70	0.80	0.90	1.00
吸收液(mL)	5.0	4.9	4.8	4.7	4.6	4.5	4.4	4.3	4.2	4.1	4.0
吡啶含量(μg)	0	10	20	30	40	50	60	70	80	90	100

向全部样品管和标准管中各加 1mL 1.8%氢氧化铵溶液,混匀,再加 1mL 溴化氰溶液及 0.5mL 1%苯胺溶液,摇匀,放置 1~2min 后,进行目视比色定量。

计算:

$$X=\frac{2(C_1+C_2)}{V_0}$$

X——空气中吡啶的浓度,mg/m³。
C_1、C_2——分别为第一、第二吸收管所取样品溶液中吡啶的含量,μg。
V_0——换算成标准状况下的采样体积,L。

5. 注意事项:

(1) 溴化氰有剧毒!配制须在通风柜内进行,避免接触皮肤。
(2) 酸碱度对显色有影响,溶液在中性时显色最好。溶液颜色只能稳定 1h。
(3) 其他有机碱对测定无干扰。

三十三、作业场所空气中有机氯化物的测定

测定方法:硫氰酸汞比色法。

测定原理:高级醇和金属钠将有机氯化物还原分解成游离氯离子,再用硫氰酸汞、硫酸铁铵呈色,根据颜色的深浅可进行比色定量。

本法灵敏度:5μg/6mL。

1. 所需试剂:

(1) 硝酸。
(2) 正丁醇。
(3) 金属钠。
(4) 1%酚酞—乙醇溶液。
(5) 硫氰酸汞溶液
(6) 硫酸铁铵溶液 } 参照作业场所空气中氯化氢的测定方法配制。

(7) 0.01%亚砷酸溶液。称取 0.10g 升华提纯过的三氧化二砷置于瓷蒸发皿中,用约 5mL 40%氢氧化钠溶液溶解,加入 2 滴酚酞溶液,用 10%硝酸中和至无色,然后在量瓶中用水稀释至 1000mL。

(8) 氯离子标准溶液。准确称取 0.0206g 氯化钠置于 50mL 量瓶中,加水至刻度使之溶解,为贮备液,1mL≏250μg 氯离子。取 10mL 贮备液置于 50mL 量瓶中,加水至刻度,即配制成 1mL≏50μg 氯离子的标准溶液。

2. 所需仪器:

(1) 多孔玻板吸收管。
(2) 大气采样器。
(3) 分液漏斗,50mL。
(4) 比色管,25mL。
(5) 恒温水浴,50±2℃。

3. 采样方法:

串联两个各装 6mL 正丁醇的多孔玻板吸收管,以 0.4L/min 的速度抽取 2~5L 样气。

4. 分析程序：

分别从吸收管中各取 3mL 样品溶液置于两个 25mL 刻度的试管中，各加 3mL 正丁醇，0.8g 金属钠，在 50℃ 的水浴上加热 1h，然后加入 4mL 水，待金属钠全部作用完毕，移出水浴。冷却后，加入 1 滴 0.1% 酚酞——乙醇溶液，并加硝酸使溶液中和至红色刚呈无色，然后倒入 50mL 分液漏斗中，试管用少许水洗涤两次，洗液也倒入分液漏斗中，振摇，静置分层，分取水层液，用水稀释至 12.5mL。同时用水按表 28-35 配制含氯离子 5～40μg 系列的标准管。

氯离子标准管系列的配制 表 28-35

管 号	0	1	2	3	4	5
标准溶液(mL)	0	0.10	0.20	0.40	0.60	0.80
水(mL)	12.5	12.4	12.30	12.10	11.9	11.7
氯离子的含量(μg)	0	5	10	20	30	40

向全部样品管和标准管中各加 1.5mL 硫氰酸汞溶液，混匀，再加 1mL 硫酸铁铵溶液，混匀，放置 5min，然后进行比色定量。若用光电比色，波长为 460nm。

计算：

$$X = \frac{2(C_1 + C_2)}{V_0} K$$

X——空气中有机氯化合物的浓度，mg/m^3；

C_1、C_2——分别为第一、第二吸收管中所取样品溶液氯离子的含量，μg；

V_0——换算成标准状况下的采样体积，L；

K——由氯换算成有机氯化合物的系数。

$$K = \frac{\text{有机氯化合物的分子量}}{\text{氯的原子量} \times \text{有机氯化合物中含氯原子的个数}}$$

如三氯乙烯的 $K = \frac{131.39}{35.453 \times 3} = 1.235$。

5. 注意事项：

(1) 本法适用于各种类型结构的有机氯化合物在作业场所空气中浓度的测定，亦宜于常用有机氯农药的测定。

(2) 试剂均需分析纯，特别是醇的质量规格要求较高，醇中如含有少量的水分，则水先和钠发生猛烈反应，形成白色胶冻状物质，可妨碍钠与醇的正常反应。

(3) 采样的生产环境中，如同时存在氯气时需进行处理。

因生产有机氯化合物时，往往有氯气存在，现场采样时，氯气亦被采入，使测定结果偏高。因此在分析样品时，取 3mL 吸收液按本法样品分析程序测定空气中的总氯量，另一半吸收液，加 10mL 0.01% 亚砷酸溶液，混合，振摇，分层后取出 5mL 亚砷酸溶液置于比色管中，用水稀释至 12.5mL，然后按本法标准管配制程序进行比色定量，得到空气中氯气含量。二者之差即为欲测的有机氯化合物的含氯量，由此可进一步推算出有机氯化合物的实际含量。

(4) 如用纯的欲测有机氯化合物作标准溶液,则标准管的配制按样品分析程序,计算结果不须乘以换算系数(K)。

(5) 如有机氯化合物样品在空气中是以粉尘或烟雾状态存在时,应用滤纸采样法可提高采样效率。

(6) 硫氰酸汞比色法在测定有机氯化合物时,溴和碘存在时有严重干扰。

三十四、作业场所空气中对硫磷（1605）的测定

测定方法：盐酸萘乙二胺比色法。

测定原理：在酸性溶液中用锌粉还原 1605 成氨基化合物,经重氮化后与盐酸萘乙二胺耦合,生成紫色染料,可根据溶液颜色的深浅进行比色定量。

本法灵敏度,$1\mu g/5mL$。

1. 所需试剂：

(1) 1:1 乙醇溶液。

(2) 7％盐酸溶液。

(3) 混合液。五份 1:1 乙醇溶液和一份 7％盐酸溶液混合。

(4) 锌粉。

(5) 2％硫酸铜溶液。

(6) 2.5％氨基磺酸铵溶液。

(7) 5％亚硝酸钠溶液,临用时配制。

(8) 1％盐酸萘乙二胺溶液。

(9) 对硫磷标准溶液。在 25mL 量瓶中,加入适量乙醇,称量后滴入数滴 1605 纯品,再称量,并用乙醇稀释至刻度,计算每毫升此溶液中 1605 的含量,作为贮备液。然后取贮备液 1:1 乙醇稀释配成 $100\mu g/mL$ 的溶液。临用前取 5mL,放入 25mL 具磨口塞比色管中,加 1mL 7％盐酸,加 0.2g 锌粉和 1 滴 2％硫酸铜,用力振荡或在沸水浴上加热 5min,用脱脂棉过滤于 50mL 量瓶中,比色管和脱脂棉用混合液洗涤三次,并用混合液稀释至刻度,混匀,即为 1605 含量为 $1mL=10\mu g$ 的标准溶液。

2. 所需仪器：

(1) 粉尘采样器。

(2) 具磨口塞比色管,10mL 和 25mL。

(3) 光电比色计。

3. 采样方法：

将慢速定量滤纸剪成直径与滤纸采样夹一样大小的圆片,放在采样夹内夹紧,以 5 L/min 的速度抽取 100L 的样气。

4. 分析程序：

将采样后的滤纸从采样夹上取下后剪成小块,放在 25mL 磨口比色管中,加 5mL 1:1 乙醇溶液,浸泡滤纸,振摇。然后加入 1mL 7％盐酸,0.2g 锌粉,1 滴 2％硫酸铜,振摇或在沸水浴上加热 5min,用脱脂棉过滤,比色管和脱脂棉用混合液洗涤三次,滤液收集在 10mL 比色管中,用混合液稀释至刻度,摇匀。取 5mL 处理好的样品溶液于比色管中,同时用混合液按表 28-36 配制 1605 含量为 $0\sim40\mu g$ 系列的

1605 标准管系列的配制　　　　　　　　　　　　表 28-36

管　号	0	1	2	3	4	5	6	7
标准溶液(mL)	0	0.10	0.50	1.0	1.5	2.0	3.0	4.0
混合液(mL)	5.0	4.9	4.5	4.0	3.5	3.0	2.0	1.0
1605 的含量(μg)	0	1	5	10	15	20	30	40

标准管。

向全部样品管和标准管中各加入 1 滴 5%亚硝酸钠，摇匀，放置 10min，再各加入 0.5mL 2.5%氨基磺酸铵溶液，强烈振荡，放置 10min，再加入 0.5mL 1%盐酸萘乙二胺溶液，加水至 10mL，摇匀，10min 后进行目视比色定量，若用光电比色计，波长为 555 或 520nm。

计算：

$$X = \frac{2C}{V_0}$$

X——空气中 1605 的浓度，mg/m^3；

C——所取样品管中 1605 的含量，μg；

V_0——换算成标准状况下的采样体积，L。

5. 注意事项：

(1) 溶液中加入硫酸铜溶液，加速氢气的产生促进还原作用。

(2) 还原后，过量的锌粉必须用脱脂棉过滤除去，因微量的锌粒能促使生成的偶氮化合物继续还原，使偶氮双键断裂，还原成氨基化合物而使溶液褪色。

(3) 过量的亚硝酸钠须用氨基磺酸铵除去，否则遇盐酸萘乙二胺会产生黄色，影响测定。

(4) 显色后的偶氮化合物较稳定，可 24h 不褪色。

(5) 用光电比色计进行比色定量，应先测得已知 1605 含量的光密度，并绘制成标准曲线，然后将样品管的溶液也测其光密度，再查标准曲线以求出样品管中的 1605 含量。

三十五、作业场所空气中敌敌畏的测定

测定方法：2,4-二硝基苯肼比色法。

测定原理：敌敌畏经碱水解成二氯乙醛，然后与 2,4-二硝基苯肼盐酸溶液反应，生成蓝色，根据颜色深浅可进行比色定量。

由于敌敌畏和游离二氯乙醛共存，敌敌畏先经水解，测出二氯乙醛总量，再单独测定游离二氯乙醛量，上述两次测定结果的差数，即为敌敌畏中结合二氧乙醛量，然后换算出敌敌畏的含量。

本法灵敏度：敌敌畏 $2\mu g/2.5mL$

二氯乙醛 $1\mu g/2.5mL$。

1. 所需试剂：

(1) 5%氢氧化钠溶液。

(2) 16%氢氧化钠溶液。
(3) 95%乙醇（按体积）。
(4) 0.1% 2,4-二硝基苯肼的 7%盐酸溶液。
(5) 0.1% 2,4-三硝基苯肼的 14%盐酸溶液。
(6) 二氯乙醛标准溶液。于 25mL 量瓶中加入约 10mL 水，准确称量，再加入 1~2 滴二氯乙醛纯品，再准确称量，两次质量之差，即为二氯乙醛的质量，然后用水稀释至刻度，并计算出 1mL 此溶液中二氯乙醛的质量，最后再用水稀释配制成 1mL≅10μg 二氯乙醛的标准溶液。

2. 所需仪器：
(1) 大型气泡吸收管。
(2) 具磨口塞比色管，10mL。
(3) 大气采样器。
(4) 恒温水浴锅。
(5) 光电比色计。

3. 采样方法：
串联两支各装有 10mL 水的大型气泡吸收管，以 0.5L/min 的速度在作业现场抽取 15L 样气。

4. 分析程序：
按表 28-37 配制 0~10μg 系列二氯乙醛的标准管。

二氯乙醛标准管系列的配制 表 28-37

管　号	0	1	2	3	4	5	6	7	8	9	10
标准溶液(mL)	0	0.10	0.20	0.30	0.40	0.50	0.60	0.70	0.80	0.90	1.00
水(mL)	3.0	2.9	2.8	2.7	2.6	2.5	2.4	2.3	2.2	2.1	2.0
二氯乙醛含量(μg)	0	1	2	3	4	5	6	7	8	9	10

向各标准管中各加入 0.3mL 0.1% 2,4-二硝基苯肼的 7%盐酸溶液，混匀，然后在 37℃水浴中保温 60min，取出冷却至室温（20℃），加入 0.3mL 16%氢氧化钠溶液，摇匀，加入 1.4mL 乙醇，混匀，呈色 5min 后，用 580nm 波长，以标准管 0 管作参比调节零点，测其光密度，然后根据二氯乙醛的浓度和光密度的关系，绘制二氯乙醛标准曲线。

取串联两吸收管中样品溶液各 2.5mL，分别置于两个 10mL 具磨口塞比色管中，加入 0.5mL 水，加入 0.3mL 0.1% 2,4-二硝基苯肼的 7%盐酸溶液，摇匀，其余则按二氯乙醛标准管的配制程序进行，根据测得的其光密度值从标准曲线图上查出游离二氯乙醛的含量，μg。

取串联两吸管中样品溶液各 2.5mL 分别置于两个 10mL 具磨口塞比色管中，将比色管置于冰水浴中冷却至 0℃，加入 0.5mL 5%氢氧化钠溶液（预先冷却至 0℃），盖紧磨口塞，混匀，在 0℃保持 15min。然后取出，加入 0.3mL 0.1% 2,4-二硝基苯肼的 14%盐酸溶液，混匀，在 37℃水浴中保温 60min，取出冷却至室温（20℃），加入 0.3mL 16%氢氧化钠溶液，混匀，加入 1.4mL 乙醇，混匀，呈色 5min 后用 580nm 波长测其光密度，由标准曲线查出二氯乙醛的总含量，μg。

计算:

$$X = \frac{4[(C_1+C_2)-(C_1'+C_2')]}{V_0} \times 2.3$$

X——空气中敌敌畏的浓度,mg/m^3;

C_1、C_2——分别为第一、第二吸收管所取样品液中总二氯乙醛的含量,μg;

C_1'、C_2'——分别为第一、第二吸收管所取样品液中游离二氯乙醛的含量,μg;

2.3——由二氯乙醛换算成敌敌畏的系数;

V_0——换算成标准状况下的采样体积,L。

5. 注意事项:

(1) 敌敌畏极易挥发,在整个测定过程中应特别注意防止损失。

(2) 在配制标准溶液时,如无二氯乙醛纯品,可直接用敌敌畏纯品配制,稀释成 1mL≘20μg 敌敌畏的标准溶液,配制标准管时取 0、2、4、6、8、10、12、14、16、18、20μg 系列敌敌畏,用水补至 2.5mL,按二氯乙醛总含量的分析程序进行操作,绘制标准曲线,但样品测定结果在计算时不须乘以换算系数 2.3,而由敌敌畏标准曲线图上直接查出敌敌畏的含量。

第六节 作业场所空气中粉尘的测定

一、作业场所空气中粉尘浓度的测定

测定方法:滤膜增量法

测定原理:抽取一定体积的含尘空气,将粉尘阻留在已知质量的滤膜上,根据采样以后滤膜的增量,可求出单位体积空气中粉尘的质量。

1. 所需器材:

(1) 粉尘采样品。在需要防爆的作业场所采样时,应使用防爆型粉尘采样器。

(2) 滤膜。应采用过氯乙烯纤维滤膜,但当对过氯乙烯纤维滤膜不适用时,可改用玻璃纤维滤膜。

(3) 滤膜的准备。将采集粉尘样品的滤膜放在分析天平上准确地称量,得其初始质量 m_1,单位为 mg。然后将滤膜装入滤膜夹上压紧,勿使漏气,贮于样品盒内备用。

(4) 分析天平。感量不低于 0.0001g。

(5) 计量器。秒表。

2. 采样方法:

(1) 根据测定的目的和要求选择的粉尘测定点。采样位置应根据不同的生产作业环境进行选择,工厂应选择在接近作业岗位,一般为 1.5m 左右;或者在产尘点作业人员经常活动的范围内,且粉尘分布较均匀处的呼吸带。有风流影响时,采样位置应选择在作业地点的下风侧或回风布。

(2) 连续性产生粉尘的作业点,应在作业开始 30min 后进行采样,阵发性产尘作业点应在作业人员作业时进行采样。

(3) 将粉尘采样器安设在所需测定的地点,滤膜距地面高度为 1.5m 左右。滤膜的受

尘面应迎向含尘气流,但当迎向含尘气流无法避免飞溅的泥浆、砂粒对样品的污染时,受尘面可以侧向。

(4) 启动粉尘采样器,抽取气体,使气体通过滤膜,并调节的采样的流量,一般常用的流量为 15~40L/min,当粉尘浓度较低时,可适当加大流量,但不得超过 80L/min。在整个采样过程中应注意保持采样气体流量的恒定。同时记录气体流量、现场温度、大气压力和采集样品所用的时间。

(5) 每个样品采样持续时间可根据估计滤膜上粉尘的增量来决定,一般在 1~10mg。采样持续时间通常不得少于 10min,可按下式进行估算。

$$t \geqslant \frac{\Delta m \times 1000}{C'Q}$$

式中:t——采样持续时间;

Δm——要求的粉尘增量,其质量应$\geqslant$1mg;

C'——作业场所的估计粉尘浓度,mg/m^3;

Q——采样时的流量,L/min。

(6) 取下粉尘采样器上的滤膜夹放回样品盒内,带回分析室进行分析测定。

3. 分析程序:

将采样后的滤膜从滤膜夹上取下,折好,放在分析天平上进行称量,记录质量,得其质量 m_2,单位为 mg。如果采样现场的相对湿度在 90% 以上或有水雾存在时,应将采样后的滤膜放在干燥器内干燥 2h 后再称量,并记录称量结果。称量后再将滤膜放入干燥器中干燥 30min,再进行称量,当相邻两次的质量差不超过 0.1mg 时,取其最小值。

计算:

$$C = \frac{m_2 - m_1}{V_0}$$

式中:C——空气中粉尘浓度,mg/m^3;

m_1——采样前的滤膜质量,mg;

m_2——采样后的滤膜质量,mg;

V_0——标准状况下的采样体积,m^3。

4. 注意事项:

(1) 滤膜增量法测定空气中的粉尘浓度具有操作简便、分析快速、阻尘率高、测定结果准确等优点,是国内目前主要的测尘方法,也是国家标准(GB 5748)所规定的基本方法,如果使用其他仪器或方法测定空气中的粉尘浓度时,应以此方法为基准。

(2) 采样后,如滤膜上的粉尘增量<1mg,或者>10mg 时,均应重新进行采样。

(3) 滤膜不耐高温,因此采样现场的温度若超过 55℃时,不宜应用。

(4) 根据采样时记录的气体流量、采样时间、现场温度和大气压,换算成标准状况下的采样体积 V_0,然后才可用 $m_2 - m_1$,除以 V_0,以计算出单位体积空气中的粉尘含量(mg/m^3)。

二、粉尘分散度的测定(一)

测定方法:滤膜溶解涂片法。

测定原理：采样后的滤膜溶解于有机溶剂中，形成粉尘粒子的混悬液。制成涂片后，在显微镜下用目镜测微尺测量粉尘粒子的大小（μm）。

1. 所需试剂：

醋酸丁酯

2. 所需器材：

（1）瓷坩埚或小烧杯（25mL）。

（2）玻璃棒。

（3）玻璃滴管或吸管。

（4）显微镜。

（5）载物玻片（75mm×25mm×1mm）。

（6）目镜测微尺。

（7）物镜测微尺。

3. 分析程序：

（1）粉尘标本的制备。

将采有粉尘的滤膜放在瓷坩埚或小烧杯中，用吸管加入1~2mL醋酸丁酯，使滤膜溶解，再用玻璃棒充分搅拌，制成均匀的粉尘混悬液。

取混悬液一滴，滴于载物玻片上，1min后，载玻片上即可出现一层粉尘薄膜。

（2）显微镜目镜和物镜的选择。

显微镜对微小物体的鉴别能力主要取决于物镜。油镜可观察到的最小物体为0.2~$0.25\mu m$，而高倍镜为0.4~$0.5\mu m$。在一般情况下，测定粉尘的分散度，可用高倍镜配合10倍的目镜即可，特殊要求时，可用油镜。

（3）目镜测定微尺的标定。

粉尘粒子的大小，是用放在目镜内的目镜测微尺来测量的。当显微镜的物镜倍数改变时，虽目镜测微尺在视野中的大小不变，但被测物体在视野中的大小却随之改变，故测量时，目镜测微尺需事先用物镜测微尺进行标定。

物镜测微尺是一标准尺度，其尺度总长为1mm，分为100等分刻度，每一分度值为0.01mm，即$10\mu m$，见图28-32。

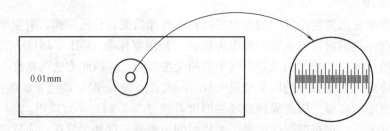

图28-32 物镜测微尺

标定时，先将物镜测微尺放在显微镜载物台上，把目镜测微尺放于目镜内。在低倍镜下，找到物镜测微尺的刻度线，将其刻度移到视野中央然后换成高倍镜。在视野中使物镜测微尺任一刻度与目镜测微尺任一刻度相重合，然后再向同一方向找出两尺再次相重合的刻度线，分别数出相重合部分的目镜测微尺和物镜测微尺的刻度数，即可算出目镜测微尺

1个刻度的长度。如图 28-33 中，目镜测微尺 45 个刻度相当于物镜测微尺 10 个刻度，则目镜测微尺 1 刻度相当于：$\frac{10}{45} \times 10 = 2.2 \mu m$。

(4) 粉尘分散度的测量。

取下物镜测微尺，换上已制好的粉尘标本，先用低倍镜（物镜 4× 或 10×）找到粉尘粒子，然后用 400~600 倍的放大倍率下观察。用已标定好的目镜测微尺无选择地依次测量粉尘粒子的大小，遇长径量长量，遇短径量短径，如图 28-34，每个样本至少测量 200 个尘粒，并按表 28-38 记录，然后算出百分数。

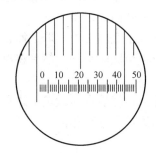

图 28-33　目镜测微尺的标定

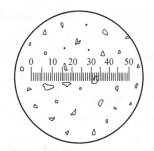

图 28-34　粉尘分散度的测量

粉尘分散度测量记录表　　　　　　　　　　　　　　表 28-38

单位_____　　采样地点_____　　编号_____

粒径(μg)	<2	2~	5~	≥10
尘粒数(个)				
百分数(%)				

测定者_____　　日期_____

4. 注意事项：

(1) 所用器材应保持清洁，避免粉尘污染。

(2) 如涂片上粉尘粒子密集且重叠而影响测定时，可再加适量醋酸丁酯稀释，重新制备标本；如粉尘粒子过少，可将同一采样地点的两张滤膜一并溶解后，再制片进行测量，其结果均不受影响。

(3) 制好的标本应保存在玻璃平皿中，避免外界粉尘的污染。

(4) 每批滤膜在使用之前，应作对照实验，测其被污染情况。若滤膜本身仅含少量粉尘，对测定结果影响不大。

(5) 对可溶于有机溶剂中的粉尘和纤维状粉尘，本法不适用，应采用自然沉降法。具体测定方法见粉尘分散度的测定（二）。

三、粉尘分散度的测定（二）

测定方法：自然沉降法。

测定原理：将含粉尘的空气采集在沉降器内，使粉尘粒子自然沉降在盖玻片上，然后在显微镜下进行测定。

1. 所需器材：

(1) 格林沉降器。
(2) 盖玻片（18mm×18mm）
(3) 载物玻片（75mm×25mm×1mm）。
(4) 显微镜。
(5) 目镜测微尺。
(6) 物镜测微尺。

2. 分析程序：

(1) 将盖玻片用铬酸洗液浸泡，用蒸馏水冲净后，再用95%的酒精溶液擦洗干净。然后放在沉降器的凹槽内，推动滑板至与底座平齐，盖上圆筒盖以备采样。

(2) 采集样品时将滑板向凹槽方向推动，直至圆筒位于底座之外，取下筒盖，上下移动数次，使含尘空气进入圆筒内，盖上圆筒盖，推动滑板至底座平齐，然后将沉降器水平静置3h，使粉尘粒子自然沉降在盖玻片上。

(3) 将滑板推出底座外，取出盖玻片贴在载物玻片上，然后在显微镜下进行测量。

(4) 粉尘分散度的测量及计算与滤膜溶解涂片法的测量及计算相同。

四、粉尘中游离二氧化硅含量的测定

测定方法：焦磷酸质量法。

测定原理：在245~250℃的温度时，焦磷酸能溶解硅酸盐及金属氧化物，而对游离二氧化硅几乎不容。因此，用焦磷酸处理含硅酸盐与游离二氧化硅等的混合性粉尘后，所得残渣质量即为游离二氧化硅的量。

1. 所需试剂及仪器

(1) 焦磷酸。将85%的磷酸加热至250℃，蒸去水分至不冒泡为止，冷却，贮于试剂瓶中备用。
(2) 硝酸铵。
(3) 0.36%盐酸。
(4) 粉尘采样器一台。
(5) 25mL带盖瓷坩埚一个或铂坩埚。
(6) 标准长颈漏斗一个。
(7) 玛瑙研钵一个。
(8) 电炉和高温电炉。
(9) 分析天平一台，感量为0.0001g。

2. 采样方法：

(1) 滤膜采样。将直径为75cm的大滤膜对折两次使之成漏斗状，固定于粉尘采样器滤膜夹内，在作业人员经常工作地点呼吸带附近，以15~40L/min的抽气速度采集空气中的悬浮粉尘约0.5g。

(2) 在采样地点相当于呼吸带高度处，采积尘约1g。

3. 分析程序：

(1) 将采样的粉尘样品放在玛瑙研钵中研细，至手捻有滑感为止。然后放置于烘箱中，于105℃烘烤2h，取出稍冷，贮于干燥器中备用。

(2) 准确称取 0.1~0.2g 粉尘样品于小锥形瓶中,加入 15mL 焦磷酸及硝酸铵数毫升,搅拌,使样品全部被湿润。插好温度计,置于电炉上迅速加热至 245~250℃,并不断搅拌保持 15min。

(3) 取下锥形烧瓶,冷却至 60℃,将瓶内容物缓慢移入盛有 40mL 热蒸馏水(约 50~80℃)的 250mL 烧杯中,不断搅拌,充分混匀。并用热蒸馏水冲洗温度计和锥形烧瓶数次,使最后体积为 150~200mL。

(4) 将上液煮沸,先将上清液置于标准长颈漏斗中,用慢速定量滤纸过滤,然后每次用热的 0.36% 盐酸溶液 10mL 洗涤瓶内粉尘,移入漏斗中,并将滤纸上的沉渣冲洗 3~5 次。再用热蒸馏水洗至滤液呈中性并不含氯离子时为止。

(5) 将带有沉渣的滤纸折叠数次成小包状,放入已恒重的瓷坩埚中,先于烘箱中 80℃下烘干,再置于电炉上加热使其炭化,炭化时坩埚要加盖并稍留一小缝隙,最后放入高温电炉中于 850℃烧灼 30min 进行灰化。待炉内温度降至 300℃左右时,取出瓷坩埚,稍冷,放于干燥器中冷却 30~40min,称至恒重,并记录质量。

计算:

$$SiO_2(F) = \frac{m_2 - m_1}{G} \times 100$$

式中:$SiO_2(F)$——粉尘中游离二氧化硅含量,%;
  m_1——坩埚质量,g;
  m_2——坩埚加残渣质量,g;
  G——粉尘样品质量,g。

4. 注意事项:

(1) 焦磷酸溶解硅酸渣时,温度不得超过 250℃,否则易形成胶状物而影响测定。

(2) 酸与水混合时,应缓慢并充分搅拌,否则形成胶体后难以过滤而需重作。

(3) 加入硝酸铵可使有机物被氧化除去。

(4) 样品中若含有碳酸盐时,应缓慢加热,因碳酸盐遇酸分解产生气体,当作用剧烈时可将样品溅出损失。

(5) 若样品为煤尘时,应采样 0.5~1.0g,称取一定量于坩埚中,于 700~850℃烧掉有机物,冷却后再将残渣用温热(40~50℃)的焦磷酸洗入锥形瓶中,然后按前述程序进行分析。

(6) 当粉尘样品中含有难溶物质时,如炭化硅等,则需用氢氟酸在铂坩埚中处理。

向铂坩埚内加入数滴 1:1 的硫酸,使沉渣全部润湿。然后在通风柜内再加 40% 的氢氟酸 5~10mL,稍加热,使沉渣中游离二氧化硅溶解,继续加热蒸发至不冒白烟为止(防止沸腾),再于 900℃的温度下灼烧,称至恒重。

处理难溶物质后游离二氧化硅含量的计算如下:

$$SiO_2(F) = \frac{m_2 - m_3}{G} \times 100$$

式中:$SiO_2(F)$——粉尘中游离二氧化硅含量,%;
  m_2——坩埚加残渣质量,g;
  m_3——经氢氟酸处理后坩埚加残渣质量,g;

G——粉尘样品质量，g。

（7）此测定方法为测定粉尘中游离二氧化硅含量的基本方法，也为国家标准（GB 5748）所规定的方法，如采用其他方法时，须以此方法为基准。

第七节　作业场所中物理因素的测定

一、作业环境中气象条件气温的测定

作业环境中气象条件主要包括气温、气湿、气压、风速和热辐射强度，其测定方法分述如下：

单纯测量气温时，通常使用水银或酒精温度计。在作业环境中；测定其气温一般与测定气湿同时进行，可采用干湿球温度计、手摇温湿度计和通风温湿度计，干湿球温度计所指示的度数即为气温度数，手摇和通风温湿度计尚适用于有热辐射的生产场所。为了连续观察作业环境中气温的变化规律，还可使用自动记录温度计。当多个测定点须同时进行测定并需得出准确的结果时，还可使用电阻温度计、温差电偶温度计进行测定，两者还可用来测定物体表面温度，如墙壁温度、屋顶表面温度、皮肤温度等。

1. 用水银或酒精温度计进行测定气温。作业环境中如有热辐射存在时，不可使用水银或酒精温度计，因此温度计被热辐射加热后，所显示的温度超过实际气温。如不得不使用时，应在温度计与热源之间，加一层石棉板或光亮的金属铝片，或者用2～3层铝箔、锡纸等卷成圆筒，将温度计的球部围罩起来，以防止热辐射的影响。

使用前检查水银或酒精柱有否间断，如有间断，可利用离心力、冷却或加热的方法使之融为一体。

测定时应将温度计悬挂在较空旷的场所，不可使温度计直接靠近冷、热物体的表面，或用手接触球部，并防止水滴沾在温度计上，以免影响测定结果。观察时还要避免身体的辐射热和呼气对温度计的影响。

温度计固定在测定地点5min后再进行读数。读数时眼应液柱顶点成水平位置，先读小数，后读整数，记录测定的结果再根据该温度计标定证明书进行修正，因此，温度计的号码应记下。

2. 用电阻温度计进行测定气温。电阻温度计由导体（金属）和半导体热变电阻器制成，金属导体电阻随温度上升而加大，半导体电阻随温度上升而减小。因此电阻温度计测定温度的原理在于测定电阻的大小，以电阻的变化情况换算出测定的温度，故电阻温度计标尺示值是按电阻大小以温度度数分度。

电阻温度计可用来测定人体皮肤表面、墙壁及物体表面的温度。该温度计反应灵敏、携带方便，用法简单，其测定范围为0～50℃，最小分度值为0.2～0.5℃。使用时开关应在"关"的位置，机械调整电表，指针与刻度线0℃重合，然后将开关转到"满"处，用"粗、细调"电位器调整，使指针与满刻度线50℃处重合，再从"满"处转到"测"处，使温度测头良好地接触被测部位，此时检流计指针迅速移动，待稳定后即从温度数刻盘上读得被测部位的温度指示值。测毕，即将开关转至"关"处。

3. 用温差电偶温度计进行测定气温。温差电偶温度计由两种不同种类的导体组成封

闭的电路，若导线连接处的温度不同，就会产生电流。在一定的温度下所产生的电动势差异，按照温度进行分度。

4. 摄氏、华氏和凯氏温度的换算。常用的温度标尺示值有摄氏温度（℃）、华氏温度（℉）和开氏温度（K，绝对温度）三种，其相互间的换算通用公式如下：

$$°F=(°C×\frac{9}{5})+32$$

$$°C=(°F-32)×\frac{5}{9}$$

$$K=°C+273$$

二、作业环境中气象条件气湿的测定

气湿的测定仪器主要是干湿球温湿度计，包括普通干湿球温湿度计、手摇湿温度计、通风湿温度计，有时也可用自动记录湿度计。

用通风温湿度计进行气湿的测定。通风温湿度计（图28-35）的两支温度计的球部分别装在镀镍的双金属风筒内，一个为包有浸湿的纱布称为湿球，另一个为干球，使大部分的辐射热被反射，外管以象牙环扣接温度计，以减少传导热的影响。风筒与仪器上部的小风机相连，当小风机开动时，空气以一定的流速自风筒下端进入，其流速一般为2.4~2.5m/s，空气流经干、湿球温度计的球部，以消除因外界风速的变化而产生的影响。因此，其测定结果的准确性较高，可在热辐射强度较大的作业环境中测定空气的温湿度。

测定时，先用带有橡皮球的吸管吸水湿润温湿度计的湿球，但湿润湿球的水分不可过多，仪器不宜倒置，以免水流至风机或影响干球。在向湿球加水前，应先检查纱布是否过于陈旧而影响其吸水性，如需更换应使用薄而稀的脱脂棉线针织品或脱脂白纱布，纱布应紧贴湿球部，以单层纱布为宜，

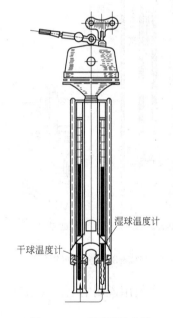

图28-35 通风温湿度计

并注意不可有皱折，加水后应用手压去湿球与纱布间的气泡，使之充分湿润，所加的水最好是蒸馏水。

然后再用钥匙将小风机的发条旋紧，小风机启动后，将仪器挂在测定地点，经3~5min后，读取湿球温度计液柱所指示的数值，并按该风速的专用表查得相对湿度的数值。测试完毕，须待小风机完全停止转动后，仪器方能平放。

三、作业环境中气象条件气压的测定

一个标准大气压等于1.0336kg作用于1cm²的面积上，为$1.01325×10^5$Pa，相当于在0℃时，760mmHg作用于纬度45°处海平面的压力。

气压可用气压计进行测定,气压计有杯状水银气压计和空盒气压计。杯状水银气压计携带不便,宜放在固定地点和作为空盒气压计的校准之间。空盒气压计携带方便,使用简单,适用于作业环境中气压的测定。

1. 用杯状水银气压计对气压进行测定。杯状水银气压计,见图 28-36,为一装有水银的直立玻璃管,其上端封闭并为真空状态,下端插入水银杯中。当大气压力升高时,玻管上部的水银柱液面随之升高;气压下降时,水银柱液面也随之下降。根据水银柱液面的高度,利用固定的刻度尺和游标尺,即可读取所测气压的数值。

游标尺共刻成 10 格,其总长度为 9mm,固定刻度尺每格的间距为 1mm,亦即游标尺每一格比固定刻度尺的每一格小 0.1mm。

在使用杯状水银气压计时,旋转仪器上调节螺旋,使水银杯内的液面刚好接触象牙指针的针尖。移动游标尺,使其零点的刻线与水银液面相切。由游标尺上零点的刻线在固定刻度尺上所指的刻度,读出水银柱高度的整数(mm),再从游标尺上找出一根刻度线与固定刻度尺的刻度线相合处;读出一位小数。

粗确测定气压时,其读数结果还需进行器差和气温的修正。器差修正是校正仪器本身的误差,气温的修正是把在不同气温下测定的气压换算为 0℃ 时的气压,以便比较。器差修正值一般附在仪器使用说明书上,气温修正值可查表 28-39。

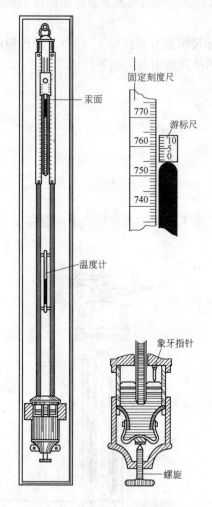

图 28-36 杯状水银气压计

水银气压计示度换算为 0℃ 时的修正值表 表 28-39

气温℃ 正或负	气压计示度											
	680	690	700	710	720	730	740	750	760	770	780	790
1	0.11	0.11	0.11	0.12	0.12	0.12	0.12	0.12	0.12	0.13	0.13	0.13
2	0.22	0.23	0.23	0.23	0.24	0.24	0.24	0.25	0.25	0.25	0.25	0.26
3	0.33	0.34	0.34	0.35	0.35	0.36	0.36	0.37	0.37	0.38	0.38	0.39
4	0.44	0.45	0.46	0.46	0.47	0.48	0.48	0.49	0.50	0.50	0.51	0.52
5	0.55	0.56	0.57	0.58	0.59	0.60	0.60	0.61	0.62	0.63	0.64	0.64
6	0.68	0.68	0.69	0.70	0.71	0.71	0.72	0.73	0.74	0.75	0.76	0.77
7	0.78	0.79	0.80	0.81	0.82	0.83	0.85	0.86	0.87	0.88	0.89	0.90
8	0.89	0.90	0.91	0.93	0.94	0.95	0.97	0.98	0.99	1.01	1.02	1.03
9	1.00	1.01	1.03	1.04	1.06	1.07	1.09	1.10	1.12	1.13	1.15	1.16
10	1.11	1.13	1.14	1.16	1.17	1.19	1.21	1.22	1.24	1.26	1.27	1.29
11	1.22	1.24	1.26	1.27	1.29	1.31	1.33	1.35	1.36	1.38	1.40	1.42
12	1.33	1.35	1.37	1.39	1.41	1.43	1.45	1.47	1.49	1.51	1.53	1.55
13	1.44	1.46	1.48	1.50	1.53	1.55	1.57	1.59	1.61	1.63	1.65	1.67
14	1.55	1.57	1.60	1.62	1.64	1.67	1.69	1.71	1.73	1.76	1.78	1.80
15	1.66	1.69	1.71	1.74	1.76	1.78	1.81	1.83	1.86	1.88	1.91	1.93

例如：某杯状水银气压计的气压读数在 750～760mmHg（1.0×10^5～1.013×10^5Pa）的器差修正值为 -0.04，测得气压力 754.8mmHg（1.006×10^5Pa）气温为 25℃，经过修正后的最终读数为 $754.8-0.04-3.09=751.67$mmHg（1.002×10^5Pa）。

气压计应垂直悬挂，并避免摇摆和日光直射，周围应无辐射热源。不测定时，象牙指针应脱离水银面。

2. 用空盒气压计对气压进行测定。空盒气压计由具有弹性的波状薄壁金属空盒构成，盒内有极稀薄的空气。当气压增高时，盒壁内凹，气压降低时，盒壁隆起。这种变化借助于杠杆及齿轮的转动以指针传递到刻度盘上，从刻度盘上即可直接读出大气压力。

空盒压力计在使用前，需用水银气压计进行校正。使用时，为了防止机械磨损的误差，须轻轻扣打 2～3 下，待其指针稳定后，再记下读数，应精确到 0.5mmHg（66.66Pa），在玻盖中央，有一为可转动的指针，将此指针与气压计指针对准后，可观察一定时间后的气压变化。

四、作业环境中气象条件风速的测定

测定作业环境中风速所用的仪器有杯状风速计、翼状风速计和热球式电风速计等。杯状风速计和翼状风速计使用简便，但其惰性和机械摩擦阻力较大，只适用于测定一定范围内的风速。当风速<0.5m/s 时，则须用热球式电风速计进行测定。

1. 用杯状风速计测定风速。杯状风速计，见图 28-37，其感受部分是三个或四个环绕在垂直轴上的半圆形的小杯，小杯在风力的作用下，可以自由转动，风速愈大，转动愈快。小杯的转动经齿轮带动仪器表面的指针，从指针所指示的刻度或数码仪记录的数码，以及所用的时间，即可算出风速（m/s）。

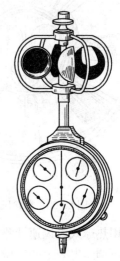

图 28-37　杯状风速计

在使用杯状风速计时，首先应记录指针所指示的原始读数，再将风速计置于测定地点，杯轮纵轴应与空气流动方向垂直，待杯轮转动均匀后，启开风速计的开关，使指针转动，同时用秒表记录时间，经一定时间后，通常为 100s，立即将风速计及秒表关闭，记录指针所示读数和所用时间。按下式计算出所测风速。

$$风速(m/s)=\frac{测定后指针读数(m)-测定前指针读数(m)}{测定所用的时间(s)}$$

使用杯状风速计时应注意的事项有：杯状风速计的测定范围一般为 1～40m/s；切勿用手拨动小杯或强迫其停止转动，如仪器本身带有指针还原装置，使用时则应先闭开关，再按还原装置；风速计应保持清洁，并避免在腐蚀性气体、蒸气或粉尘，特别是纤维性粉尘较多的环境中使用；风速计使用时间过久或因机械磨损等原因，指针读数可逐渐改变，因此需对风速计定期校正，最好使用三个月后校正一次；在用杯状风速计测定风速过程中，应注意身体不要妨碍气流。

2. 用翼状风速计测定风速。翼状风速计，见图 28-38，其感受部分由轻质铝制翼片构

成。其余的构造原理和使用方法与杯状风速计基本相同。此种类型风速计的灵敏度较高，其测定范围为 0.5~10.0m/s。由于其翼状片易变形，因此在高风速的情况下不宜使用。

3. 用热球式电风速计测定风速。热球式电风速计，见图 28-39，为一种能测低风速的仪器，其测量范围为 0.05~10m/s。它是由热球式测杆探头和测量仪表两部分组成。测杆探头有一直径约为 0.6mm 的玻璃球，球内绕有加热玻璃球用的镍铬丝圈和两个串联的热电偶。热电偶的冷端连接在磷铜质的支柱上，直接暴露在气流中。当一定大小的电流通过加热圈后，玻璃球的温度升高。温度升高的程度和风速有关，风速小时温度升高的程度大，反之，温度升高的程度小。温度升高的大小通过热电偶在电表上指示出来。根据表示的读数，查校正曲线，即可得到风速 m/s。

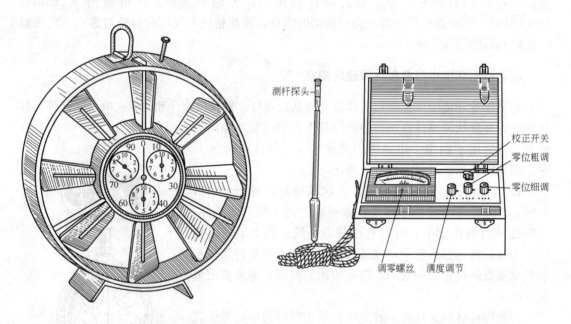

图 28-38　翼状风速计　　　　　　图 28-39　热球式电风速计

用热球式电风速计测定风速时，在使用前应观察电表的指针是否指向零点，如有偏移，可调整电表上的机械调零螺丝，使指针回到零点。将校正开关置于断的位置，然后将测杆插头插在插座上，测杆垂直向上放置，螺塞压紧使探头密封，"校正开关"置于满度位置，调整"满度调节"旋钮，使电表指针指在满度位置。再将"校正开关"置于"零位"的位置上，调整"粗调"、"细调"两个旋钮，使电表指针指在零点的位置。经以上程序后，轻轻拉动螺塞，使测杆探头露出，露出的长短可根据需要选择，并使探头上的红点面对风向。10min 后，根据电表指示的读数，查校正曲线，即可得到被测风速。测定完毕后，应将"校正开关"置于断的位置，以免耗费电池。

热球式电风速计为一种较精密的仪器，使用中应严防碰撞振动，不可在含粉尘量过多或有腐蚀性气体，蒸气的作业环境中使用，更不可任意拆卸仪器。本仪器内装有 4 节电池，分为两组，一组是三节串联的，一组是单节的。在调整"满度调节"旋钮时，如果电表指针不能达到满刻度，说明单节电池已耗竭，在调整"粗调"、"细调"旋钮时，如果电表指针不能回到零点，则说明三节串联电池已耗尽，应予更换。更换电池时应将仪器底下的门打开，按正确的方向接上。仪器或测杆如有损坏经修复后，必须重新进行校正。

五、作业环境中气象条件热辐射强度的测定

热辐射强度是指单位时间内单位面积所受到的热辐射能量，其表示方法为。

作业环境中的热辐射可能来自一个方向，也可能同时来自几个方面。因此，热辐射强度有定向辐射强度与平均辐射强度之分。定向辐射强度用单向热电偶辐射热计测定，平均辐射强度用黑球温度计测定。

1. 用单向热电偶辐射热计对定向热辐射强度的测定。单向热电偶辐射热计，见图 28-40，其正面为棋盘状黑白相间的小方块，即热电堆部分。它是由串联在一起的 240 对镛铜丝热电偶组成，上面贴有一层铝箔，在铝箔上与热电偶热端相应处涂上一层烟黑，形成黑白相间的小方块。当热辐射作用于热电堆部分时，由于烟黑和铝箔的辐射吸收率不同，就在这 240 对热电偶上产生一个热电动势，其热电动势与辐射强度成正比。因此，用毫伏计测出热电动势后强度时，测定前应先调整电表机械零点螺丝，使指针指零，然后按下"调零"开关，旋动"零点调整"旋钮，使指针指零，根据辐射热源的情况，适当按下"2卡"或"10卡"档。测量时将敏感元件热电堆部分之插头插入仪器面板的插孔内，打开前盖板，对准射热源方向，偏差不超过 5°，经 3~5s 后，待电表读数稳定，便可进行读数。测毕，将前盖关好，拔下插头，放入仪器盒内，按下开关于"断"的位置。

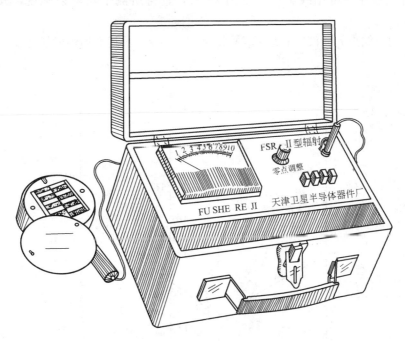

图 28-40 单向热电偶辐射热计

在使用单向热电偶辐射热计时，应防止仪器受到振动和撞击，勿使热电堆表面的铝箔和烟黑受损，也不要用来测量超过电表刻度范围的辐射强度，以免损坏敏感元件和仪器。当调整"零点调整"旋钮，指针不能达到零点时，则应更换电池，电池在更换时，切勿接错正负极。

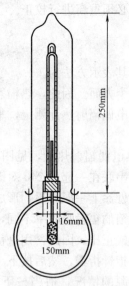

图 28-41 黑球温度计

2. 用黑球温度计对平均辐射热强度的测定。黑球温度计,见图 28-41,是由一个空气铜球和一支温度计组成。铜球是用约 0.5mm 厚的铜皮制成,其直径为 150mm,上部开孔 16mm,用软木塞塞好,温度计通过软木塞插入球内,并使温度计球部位于铜球的中心,温度计最好使用水银温度计,0~150℃。铜球外表面用煤油加松香薰成黑色。

在用黑球温度计进行测定时,应将黑球温度计悬挂于测定地点,高度约为 1m,经 15min 后,待温度计读数稳定,记录其恒定温度,同时测定该处的气温和风速。所测平均辐射热强度可按下式进行计算:

$$E_m = 4.9\left[\left(\frac{t_g+273}{100}\right)^4 + 2.45\sqrt{v}(t_g-t_a)\right] \div 600$$

E_m——平均辐射强度;
t_g——黑球温度,℃;
t_a——测定地点气温,℃;
v——测定地点风速,m/s。

为了简化起见,可用线解图,见图 28-42,查得所测平均辐射强度,其使用方法如下:

例如,测定结果 $t_g=88$℃;$t_a=37$℃;$v=0.5$m/s,求其平均辐射强度。

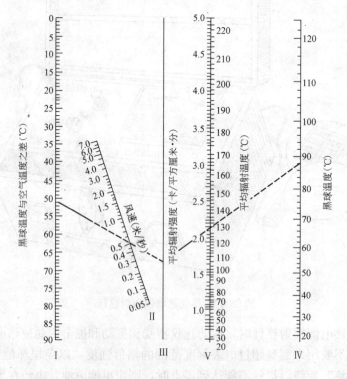

图 28-42 平均辐射强度线解图

解：$t_g-t_a=88-37=51℃$，在Ⅰ线上取51℃处，Ⅱ线上取0.5m/s处，连接两点并延长，使之与Ⅲ线相交于 M，在Ⅳ线上取88℃处，使其与Ⅲ线上的 M 点连接，此线与Ⅴ线所交之点即为所求平均辐射强度（8.8J/cm²·min）或平均辐射温度（128℃）。

六、作业环境中气象条件测定时应注意的事项

在进行对作业环境中气象条件测定时，应注意以下事项：

1. 应根据生产过程、热源的布置和生产建筑场的特征，以及根据作业人员经常或定时停留的几个不同地点作为测定地点。其测定点不宜太少。若测定的目的是为了检查作业人员的休息条件及休息时生理机能的恢复情况，还应测定作业人员休息地点的气象条件。

2. 测定的高度一般为距地面或作业台面 1.25～1.5m。若作业地点的热源分布不均匀时，则应在不同的高度、不同的方向分别进行测定。如打开炉门时，应在炉前工作地点或工作台面0.25m处及作业人员的胸部、头部等不同水平上，测定胸侧、背侧的气象条件。

3. 测定的时间，应根据生产特点、作业状况和测定的目的而定。如为了解作业环境气象条件对作业人员的影响，应于不同的季节进行室内外气象条件的测定。如专门为调查炎热季节一般车间高温对作业人员的影响时，则只需要在夏季进行测定，对炼钢、铸造等气象条件变化较大的作业环境，则一年四季均应进行测定。

4. 每天测定的时间和次数可按生产特点而定。生产过程较均衡，气象条件较稳定的作业环境，可在上班开始时测定一次，中间测定一次，下班前再测定一次。而在生产过程呈周期性变化，气象条件变化也较大的作业环境，则应在一个工作班时间内按生产过程进行多次测定，如在铸造车间的加料、熔炼、浇铸和打箱等不同生产过程中，均应分别进行测定。每一阶段的测定一般不得少于3d，以便动态观察作业环境中气象条件的变化规律。

5. 在测定气象条件时，对气温、气湿、风速、热辐射强度等应在同一时间、同一地点进行。

6. 在测定作业环境中气象条件的同时，也应对室外的气象条件同时进行测定，便于借以比较并评价室内、外气象条件的差别。

7. 如评定各种作业人员作业时间的气象条件，以及改进劳动组织，促进安全生产，还必须进行工作时间的测定，如实记录作业人员在一个班工作时间中从事操作的实际时间，所受辐射热作用的时间、部位和辐射强度，并同时测定作业人员的生理指标及询问其主观感觉。

8. 每次测定后，应将各项测得的结果记录下来，并注明当时的生产情况，以及隔热、通风措施的使用情况，以便在分析、评价时有所依据。

七、作业环境中噪声的测量

测量噪声常用的仪器为声级计。声级计是由传声器、放大器、衰减器、频率计数网络，以及有效值指示表头等部分组成。声级计又有普通声级计和精密声级计两种。

厂矿企业的作业现场测量噪声，主要是测量A声级以及倍频程噪声频谱。进行噪声测量时，应将传声器尽量接近机器的辐射面。因为，这样测得的噪声源的直达声场足够大，其他噪声源射声的干扰小。但也不可离声源辐射面太近，以免声场不稳定而测不准确。

一般来说，为测定物体辐射的噪声，可取传声器距该声源 1m，高 1.5m 为宜，离噪声级极强或有危险的设备，可取距离 5~10m 或更远的地方为测点。如机器很小，传声器可距该机器 10~50cm。

如果为了了解该噪声对人体健康的影响，即从劳动保护的观点进行测量，可把测量点选在作业者操作的位置，人耳高度处。

如果为了了解某机器设备对周围环境的噪声干扰，即从环境保护的观点进行测量，可把测点选在需要了解的地点。

无论进行哪种测量，在记录上都应标明测量地点，并注明测量仪器的型号，以及被测机器设备的工作状态。

在进行测量噪声时还应避免本底噪声对测量的干扰。所谓本底噪声就是被测噪声源停止发声时，周围环境的噪声。一般地说，被测噪声源的 A 声级以及各频带的声压级，都应高于相应的本底噪声级 10 分贝，才能避免本底的干扰。如果该噪声源的噪声与本底噪声相差不到 10 分贝，则应扣除因本底噪声干扰的修正值，当二者相差 6~9 分贝时，应在测得的值中减去 1 分贝；当二者相差 4~5 分贝时，应在测得的值中减去 2 分贝；如二者相差 3 分贝时，则应在测得的值中减去 3 分贝。

在进行测量噪声时，还应注意避开反射声的影响。这样，传声器应尽量远离反射面，一般为 2~3m 以上。此外，还应注意风向、电磁场、振动、湿度、温度等的影响，以免造成测量误差。

现根据国产 ND-1 型及 ND-2 型精密声级计及倍频程滤波器（图 28-43）为例，将噪声的测量方法介绍如下：

1. 将仪器装好电池，将开关置于"电池检查"位，30s 后，指示灯亮，电表指针应指在红线范围内，若低于红线范围，则表示电压不够，应更换新电池。然后将开关旋到"快"或慢的位置上，指针应回到 $-\infty$ 处。

2. 使用活塞发声器进行校正，使计数网络开关旋到"线性"位置，输出衰减器顺时针转到底，使旋钮上两条红线对准面板上的红线，输入衰减器上的 120dB 刻度对准红线

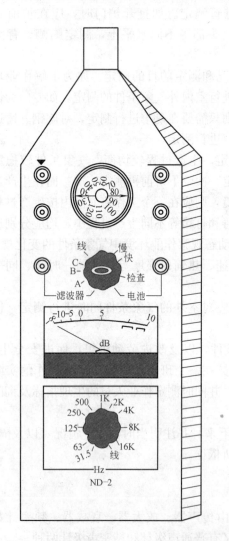

图 28-43　ND-2 型精密声级计及倍频程滤波器

并在透明输出旋钮红线之间，将活塞发声器套在电容传声器上，打开活塞发声器电源开关至"通"的位置，活塞发声器即发生 120±0.2dB 声压级的声音，调节微调电位器（▼），

使电表指针指示出相应的声压级读数。然后关闭电源开关，取下活塞发声器，校正完毕。

如无活塞发声器，用仪器内部电气校正倍号校正也可。由于电容传声器的灵敏度一般变化不大，在其灵敏度已知的情况下，可利用内部电气校正倍号来校正放大器的放大量，也可达到校正的目的。保持输出旋钮的位置不变，输入旋钮位于"▼"处，调节微调电位器（▼），使电表指针指示在相应于所用电容传声器灵敏度的修正值上。如已用活塞发声器校正则不必再进行这一步校正。

3. 在测量声压级时，两手平握声级计，使传声器指向被测声源，"计数网络"开关置于"线性"的位置，输出旋钮顺时针旋到底，再调节输入旋钮使表针有适当偏转，由输出旋钮的两条红线所指的量程及电表读数即可获得所需测声压级。例如，输出旋钮两条红线指90dB量程，电表指示为+4dB，则被测声压级为90dB+4dB=94dB。如所测声压级小，输入旋钮置于70dB位置而表头仍无反应时，可按反时针方向转动输出旋钮，待电表指针有适当偏转时，即可读数。如输出旋钮两条红线间指50dB，指针指-1dB，则被测声压级为50dB-1dB=49dB。

4. 在声级测量时，应如上进行声压级测量后，输入、输出旋钮保持不动，将"计数网络"开关置于"A""B"或"C"的位置上，即可进行声级的测量。读数方法同"3"，但结果应注明是A声级还是C声级，如94dB（C），90dB（A）。如在测量中指针偏转太小或不指示，可降低输出旋钮的衰减量，而不要转动输入旋钮来降低衰减量，以免过载而损坏仪器。

5. 在进行频谱分析时，应按"3"进行声压级测量后，将开关置于"滤波器"位置，滤波器开关转到相应的中心频率位置，即得到该频段的声压级。如指针偏转太小，可转动输出旋钮降低衰减量，读数方法如"3"。然后将各中心频率的声压级，按倍频程序用坐标方式表示，即可绘成一条频谱曲线图。

在使用声级计测量噪声时，还须注意以下事项：

1. 电池极性和外接电源极性切勿接反，以免损坏仪器。仪器使用后，应将电池取出。

2. 装卸电容传声器时，应将电源关闭，切勿打开传声器前面的保护栅，切勿触碰内部膜片。

3. 测声仪器和活塞发声器应定期送交计量单位进行校验，以保证测量的准确性。

4. 转动衰减器时，切勿用力过猛，以免造成错位，从而影响测量的准确性。输出旋钮只能由顺时针方向旋转到底，反时针方向至多只能转四挡，输入旋钮只能在70dB至"▼"位置之间转动。

5. 测量的量如以A声级表示，应同时记下C声级作参考，记数时应说明所用计数网络。如需要时，还应进行倍频程频谱分析，测量各倍频程中心频率的声压级（31.5、63、125、250、500、1k、2k、4k、8kHz），并绘制频谱曲线。对于稳态噪声只测A声级即可，对于随时间变化的噪声，应测出不同暴露时间内的声级，计数等效连续声级。

6. 其读数应在测量时，使用"慢"挡，对于稳态的或随时间变化较小的噪声，应取平均读数。

八、作业环境中振动的测量

为了测量振动的各项参数，常用电测振仪和机械测振仪。

1. 电测振仪。由加速度计、电缆、积分器与精密脉冲声级计和频谱分析仪组成（图28-44）

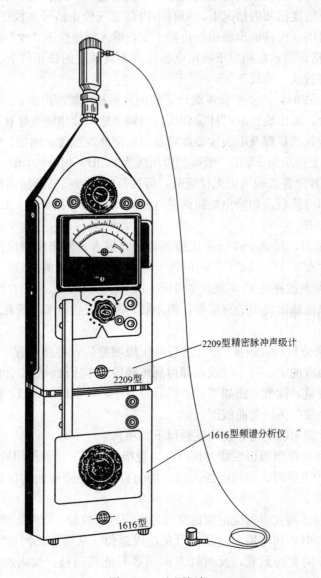

图 28-44　电测振仪

电测振仪的测量原理是将振动的机械能经换能器转变为电能，通过测量其电能的大小，即可测得振动的各项参数值。灵敏度较高的电测振仪能测出 $20\mu s$ 内的振动。电测振仪对各项参数的测量范围见表28-40。

电测振仪对各项参数的测量范围表　　表 28-40

频率	(Hz)	20～40000	频率	(Hz)	20～40000
频程		⅓倍频程或倍频程	速度	(m/s)	10^{-5}～70
振幅	(m)	3×10^{-6}～2	加速度	(m/s²)	2×10^{-3}～2000

用电测振仪测量振动的具体方法如下：

(1) 校准加速度计的灵敏度。用标准振动台检查加速度计的灵敏度，做好记录。

(2) 检查电池电压，接通电源，如果指针超过红线，说明电池电压符合要求，如果不到红线，需更换电池。

(3) 校正声级计和频谱分析仪。

(4) 连接加速度计、电缆、积分器、声级计和频谱分析仪。接通电源后，指示灯闪光即可开始测量。

(5) 将加速度计按互相垂直的XYZ三轴方向紧密接触在被测物体的测定点上。

(6) 选定电测振仪开关于"慢挡"或"快挡"，并将计数网络旋扭转到"线性"挡。

(7) 转输出旋钮于最大衰减位置，即顺时针旋到底，使红线和黑线对齐。将输入旋钮逆时针方向旋到130dB，再从130dB顺时针方向旋到电表指针指在0～10dB之间，相当于表盘2/3位置处。操作过程中应避免过载指示灯发光，否则数据不准确，并易损坏仪器。

(8) 记下衰减钮红线中的dB数值和电表度盘上-10～10dB间指针指示的dB数值，两个dB数的代数和即为测得的结果。如果输入旋钮顺时针方向旋到底，表针仍不动，可逆时针方向旋转输出旋钮，使指针指在度盘的2/3处。

(9) 记下积分器上的加速度、速度或振幅挡。

(10) 将声级计的计数网络旋钮转到外接频谱分析仪挡，并接通频谱分析仪电源，电源指示针应指在绿色线段上，否则应更换电池。

(11) 将频率选择旋钮旋于20Hz频段，不动输入旋钮，逆时针旋输出旋钮，使指示针指在电表度盘2/3附近的位置，记下衰减钮红线间的dB数和表针指示的dB数，两个dB数的代数和即为被测定频率的振动加速度、速度或振幅值。依此类推，再测其他频率的加速度、速度和振幅值，从20或31.5Hz测起，逐频段测量。

(12) 做好记录，再用仪器附带的计算尺，将尺上的短线对齐校准的加速度计的灵敏度数值位置。然后转动游尺，使红线对外周dB数，如换算为加速度，则观察此红线对应的加速度值数值，即得被测的加速度值。游尺上有两条红线，一条是有效值（或称均方根值）换算线，另一条是峰值换算线，按测量目的选择换算哪一数值。

在用电测振仪测量振动时还需注意以下事项：

(1) 在测量过程中应经常检查电源电压是否符合要求，仪器要远离振动源。仪器在使用后应断开电源，并取出电池。

(2) 加速度计和被测点要紧密接触，如被测物能被磁铁吸住，可将加速计连上磁铁，将其吸在被测物体上。如振动过大，要作专用卡具将加速度计固定在被测物体上，按轴向分别测量。

(3) 电测振仪的脉冲声级计一般有2209型和2203型；频谱分析仪一般有1616型和1613型等数种。1616型频谱分析仪可按1/3倍频程，从20至40000Hz做34个频段测量。1613型是按倍频程能做11个频段的测量。从劳动卫生和职业病学的角度，应测1、2、4、8、16、31.5、63、125、250、500、1000、2000、4000、8000Hz的振动的加速度、速度的振幅。

(4) 若欲做更仔细的频率和波形分析，可将加速度计经前置放大器和高保真度磁带记录仪相连接，把被测的振动记录下来。在实验室内再把记录仪和数字记录器与实时分析器连接，观察和记录振动的频谱组成，分析其波形。其仪器的连接方法如图 28-45 所示。

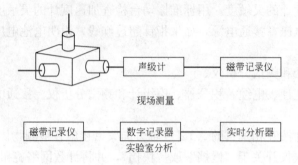

图 28-45 测振仪连接示意图

2. 机械测振仪。由传振装置、记录装置、记时装置和动力装置四个部分组成（图 28-46）。传振杆径杠杆系统将被测振动物体的振动传给描记笔，将振动记在按一定速度转动的描记鼓上，杠杆系统可放大 4、10、20、40× 和缩小 0.5、1.0、1.25、2.5×。电磁计时装置固有频率为 100Hz，将以波数表示的时间记号亦记在描记鼓上，通过观察窗观看振动的记录情况。

机械测振仪测量振动的范围为：频率，手持测量时 8～330Hz，固定支架测量时 0～330Hz，振幅，0.005～20mm。

用机械测振仪测量振动时的具体方法如下：

（1）先在描记鼓上固定好记录纸，调节笔尖对记录纸的压力，上好发条，选好该放大或缩小的倍数，装好传振杆，接通电磁计时器。

（2）将传振杆端接触在被测物体的测定点上，把开关扭至开的位置上，同时将被测振动的振幅和频率记录下来。

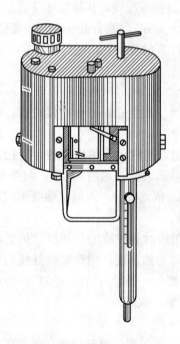

图 28-46 机械式测振仪

（3）测定后，关上测振仪和计量器，将记录纸取下进行处理和分析。

（4）振幅测量，可直接用精密量尺测全振幅，然后除以 2 即得振幅值。如测量时用了放大或缩小倍数，振幅值应予修正。

（5）频率测量，可用下式计算出被测振动的频率。

$$f=\frac{\lambda_0}{\lambda}$$

f——频率，Hz；

λ_0——计量器描记波的波长；

λ——被测振动波的波长。

λ_0 和 λ 要用带计数网的放大镜测量，测得结果为波的相对波长。

举例：λ_0 的波长，用计数网测量，计时器描记波 12 个和计数网 6 个格相等，则 $\lambda_0 = \frac{6}{12} = 0.5$，即 λ_0 为 0.5 个计数网格。λ 的波长，7 个被测波和 20 个计数网格相等，$\lambda = \frac{20}{7} = 2.9$，即 λ 为 2.9 个计数网格。$\therefore f = \frac{\lambda_0}{\lambda} \times 100 = \frac{0.5}{2.9} \times 100 = 17.1$，所以被测振动的频率为 17.1Hz。

（6）在测得振幅和频率后，再算出加速度值，其计算公式如下：

$$X = \frac{250a}{f^2}$$

X——振幅；
a——加速度；
f——频率，Hz。

在用机械测振仪测振时，会出现一定的误差，其原因为传振杆和记录杠杆各环节间有空隙、记录笔和记录纸间的压力过大、测量时质量运动力与刚度变化引起的塑性变形、放大镜测量波形时造成的误差等。

九、作业环境中高频电磁场场强的测量

作业环境中高频电磁场的场强通常用电磁场场强仪进行测量。其测量原理现以 RJ-2 型电磁场场强仪为例，电磁场能量被场强仪探头天线接收后，经过整流、滤波变成一直流信号，通过双绞传输线或连接插头送至表体部分，再经高频滤波、衰减器、阻抗变换器，最后由直流表头将被测的电磁场强度显示出来。由于场强仪采用场效应管作阻抗变换器，以及在磁场探头中采用积分电路，因此显示的场强量与被测场的频率基本无关，在规定频率范围内，200kHz～300MHz 测量时，可不作频响误差修正。

电磁场场强仪在使用前应先阅读产品技术说明书，了解和熟悉仪器的工作原理及使用方法。然后将工作开关置于"检 1"的位置上。打开电源开关，此时表针指示应超过红色标线，表明第一组电池电压正常。再将仪器开关开到"检 2"的位置上，此时表针指示也应超过红色标线，表示两组电池电压均正常。然后再将开关扳至"工作"位置，并调"零点"旋钮，使表针指示为"0"。调零时不要插探头，以免外界信号干扰。

在用电磁场场强仪对作业环境中的电场强度进行测量时，可按下列程序进行：

1. 将仪器量程开关置于"电场"位置上。
2. 把天线杆拧在电场探头的天线座上。
3. 用传输线或连接插头将电场探头与表体相连接。
4. 将电场探头上的量程开关置于最高挡，如场强度较小，依次转向低挡。此仪器共有四挡量程：50V/m；250V/m；500V/m；1500V/m。
5. 探头天线置于被测部位后，转动天线方向，找出最大场强。表头指针所指示的数字，即为被测位的电场强度。若测量过程中指针偏转过大或过小，应及时变换量程。
6. 在使用该仪器测量时，手应握在探头下部，手臂尽量伸直，测量人员的身体应避开天线杆的延伸线方向。
7. 测量时，探头周围 1m 以内不应站人或放置其他金属器件。

在用电磁场场强仪对作业环境中的磁场强度进行测量时，可按下列程序进行：

1. 将仪器量程开关置于"磁场"位置上。
2. 将磁场探头与表体相连。仪器大环形磁场探头用于场强在 10A/m 以下时。如被测频率在 5MHz 以上,估计磁场强度>10A/m 时,则应使用小环形磁场探头。此仪器磁场量程也共分四挡:10A/m;50A/m;100A/m;300A/m。
3. 把磁场探头置于被测位置,转动探头记下场强最大读数。
4. 测量时,测量人员应避免身体与环形天线的平面相平行。

此外,还有高频电磁场卫生学测定仪,除测量时需作频率校正外,其工作原理和操作方法,和 RJ-2 型电磁场场强仪基本相同。

十、作业环境中微波辐射强度的测量

作业环境中微波辐射强度通常用微波漏能测试仪进行测量。微波漏能测试仪一般由探头和指示器两部分组成。其探头由两对正交偶极子天线和铋锑热偶元件组成偶极子天线,接收微波能量,当无微波能量输入时,铋锑元件没有温差。当探头置于微波辐射场中,偶极子天线便接收了能量,铋锑热偶元件在冷热结点间产生温差而引起温差电动势,所产生的直流电动势与输入的微波能量成正比。这种微弱的直流信号输入到高灵敏度的直流放大器,即可得到功率密度。

微波漏能测试仪目前有 RCQ-1 型、RL-761 型等数种,它们的工作原理与使用方法基本相同。RCQ-1 型只能测量频率为 2450MHz 的微波设备,而 RL-761 型则属宽频带型,能测量频率从 915MHz～10GHz 范围。均以 $\mu W/cm^2$ 或 mW/cm^2 来表示微波的功率密度。

现以 RCQ-1 型微波漏能测试仪为例,将其使用方法介绍如下。

在使用仪器前首先应阅读产品技术说明书,以了解和熟悉仪器的工作原理和使用方法。然后将仪器开关置于"电池"位置上,其指针所指示的读数不应低于满度值的 85%,否则需更换仪器中的电池。并调节表头指针指示为零,在调零时,应将仪器探头屏蔽或将仪器远离微波辐射设备。

在用微波漏能测试仪对作业环境中的微波辐射强度进行测量时,应按下列程序进行:
1. 将仪器选择开关置于所需的量程。此时内部电源也将自动接通。
2. 把微波探头插入指示器的插座中。
3. 将探头面对微波发射源,由远而近靠近被测位置,记下表针指示读数,即为所需测量的微波动率密度。
4. 由于各种作业人员之间的所接触微波功率密度水平相差较大,可按具体情况选用三种探头中的一个,即 X1、X10、X100。例如,工作选择开关置于 $0.1mW/cm^2$ 挡,则用 X100 微波探头。此时若表头指针指示读数为 5 时,则实测的功率密度为 $5mW/cm^2$。
5. 测试结束后,应将仪器工作开关置于"关"的位置上,切断电源。

在缺乏仪器,又需对作业环境中的微波辐射强度进行测量时,可用下列公式对微波能功率电平,进行估算,以资参考。

微波辐射近场区功率密度电平的估算:

$$W = \frac{19\rho}{\pi D^2} = \frac{4\rho}{A}$$

W——功率密度估算值，mW/cm² (mW/cm²)；

ρ——微波机输出功率，mW (W)；

D——大口径圆形天线的直径，cm；

A——天线的有效面积，cm²。

微波辐射远场区功率密度电平的估算：

$$W=\frac{GP}{A\pi r^2}=\frac{A\rho}{\lambda^2 r^2}$$

λ——微波的波长，cm；

r——离天线的距离，cm；

G——远场天线的增益。

W、P、A，同微波辐射近场区功率密度电平估算的公式。

微波辐射近场区与远场区分界距离的估算：

$$r=\frac{\pi D^2}{8\lambda}=\frac{A}{2\lambda}$$

r——分界距离，cm；

D——天线的最大直径，cm；

λ——微波波长，cm；

A——天线的有效面积，cm²。

第二十九章 现场急救

第一节 现场急救基础知识

一、现场急救的意义

现场急救是指在生产作业现场对威胁人体生命安全的意外灾伤、中毒和各种急症，所采取的一种应急措施。

在厂矿企业生产活动中，由于存在着各种不安全不卫生的危害因素和一些潜在的职业危害因素，以及作业人员本身的不安全行为等原因，因此，作业人员在这种生产作业环境中进行作业，有时谁也不能完全预料到会突然遇到何种意外的事故或突发性的事件，如电击、中毒、缺氧窒息、灼伤、淹溺、中暑突然昏倒、戳刺、割伤、骨折等等。对这些意外发生的灾伤而受到伤害的人员，发现其呼吸停止、流血不止、伤害程度严重等，如果不进行现场急救，或急救稍微缓慢，便有可能发生生命危险。例如，在氧含量为8%的缺氧环境中引起的窒息，如急救不及时，在7~8min后就可引起死亡。一般情况，心脏跳动停止6min，则救活的可能性就很小。又如，受电击1min后开始急救，90%有良好的效果，6min后开始急救，只有10%有良好的效果，超过12min，则救活的可能性就很小。所以，对发生意外灾伤而受伤害的人员一定要分秒必争，在现场立即进行急救。

在这急救时刻，应镇定、沉着、及时地作出对策，使受伤害者在医生未抵达之前或送到医院之前，能通过初步的、必要的、正确的急救处理，使受伤害者能安全地度过危险紧要关头。

虽然一般人都多多少少地知道一些有关急救的常识，但是，一旦遇到意外灾伤，在危急紧要时刻，就不一定能够真正地采取正确的急救措施，以及进行实际初步的急救处理。在实际中对大多数人来说，在这种情况下，都会表现出惊慌失措或恐惧不安。在危急关头，能否镇定地给于受伤害者适当的急救措施，这对受伤害者的生命将有着极为重要的关系，往往有些伤害表面看起来似乎是小事情，但如疏忽大意，将会造成受伤害者终生的后遗症，甚至会造成死亡。有人对5000人次的工业意外伤害结果进行了统计和分析后发现，未经现场急救处理或急救处理措施采取不当而造成感染、残废、死亡的占70%左右。可见，现场急救处理是否及时，急救处理措施是否正确，对后来由医生进行抢救的效果有直接的影响。

因此，对意外伤害者首先必须在现场立即进行急救，其中包括自救与互救。通过初步必要的现场急救处理，力争急救受伤害者的生命，或尽量减少其痛苦。然后将受伤害者安全地转送到医院，再由医生进行进一步的检查和治疗。

过去，一般都是遇到事故发生后才针对所发生的事故采取必要的急救措施，在今天看来,这种滞后的方法似乎已经落后了,事实上有不少事故和意外伤害是可以预防的,因此,在现场急救处理方面也进一步发展到预防意外伤害发生为主导,这种防患于未然的措施是十分必要的。

所以,不仅医务人员应该掌握急救知识和急救措施,作为一名安全技术人员,以及广大职工群众都要学习一些急救知识,并反复熟读,特别是熟悉各种急救处理措施,以便在万一遇到发生意外伤害的事故时,就能应用这些急救知识对受伤害者在现场进行急救处理,不至于因束手无策而等待医生的到来,耽误了可以获救的时机。并且一旦自身受到某种意外伤害时,周围环境又无其他人员时,也能利用所学到的急救知识和各种急救处理措施,进行自救,然后再呼唤他人,不致因呼唤他人而延误了自救,从而加重自身伤害程度。

因此,学习一些急救知识对于每一个人来说都是很有必要的。

二、对意外伤害者进行急救前的简单检查

在给伤害者作急救处理之前,首先必须了解患者受伤害的情况,观察受伤害者的变化,以此为根据来进行急救处理。

由于现场环境情况紧急,不容许像在医院病房中对病患者检查的那样全面、细致,需急救的受伤害者的病情往往又很严重,故重要的体征、症状,绝不能疏忽遗漏。通常在现场最简单的检查项目有以下几项:

1. 心跳。心脏跳动是生命存在的征象。正常的人每分钟心跳60~80次,严重创伤,失血过多的患者,心跳增快,但力量较弱,摸脉搏时,觉得脉细而快。当心脏跳动停止,则患者死亡。

2. 呼吸。呼吸也是生命存在的征象。正常的人每分钟呼吸次数为16~18次,生命重危患者,呼吸变快、变浅、不规则。当患者临死亡前,呼吸变缓慢,不规则,直至呼吸停止。

通常观察患者胸廓的起伏,就可知道有无呼吸。但有时呼吸极微弱,不易观察到胸廓明显的起伏,此时可用一小片棉花纤维或薄纸片、树叶等放到患者的鼻孔旁,观察这些物体是否能随呼吸飘动,以判断有无呼吸存在。

3. 瞳孔。人体两眼睛的瞳孔在正常时是等大、等圆的,遇到外来光线的刺激能迅速收缩。当受到严重伤害的患者,两眼睛的瞳孔可以不一般大小,可能缩小或放大,用手电筒光线进行刺激时,瞳孔不收缩或收缩迟钝。当其瞳孔逐渐散大,并固定不动,对光反应消失时,患者陷于死亡。

心跳停止,呼吸停止,瞳孔散大、固定即为死亡三大特征。

现代医学把脑死亡作为人体真正死亡的标志,这对急救有一定的现实意义。在实际上,人体的心跳停止和呼吸停止的最初阶段,患者是由于脑组织缺氧而处于昏迷状态,并未真正死亡,如果此时在数分钟内能采取急救措施,使心跳和呼吸复苏,患者完全可能起"死"回生。因此,对在现场发生意外伤害的受伤害者,以及在抢救受伤害者的过程中,不可因受伤害者刚出现上述死亡三大特征时,就马上放弃对受伤害者的急救,有时常需要急救处理较长的时间才能有所收效,从而抢救了受伤害者的生命。只有当受伤害者的心跳和呼吸停止了相当长的时间后,其躯体发生僵硬,并出现尸斑时才可停止急救处理。尸斑

是指受伤害者的躯体在重力作用下血液淤滞在皮肤下形成的青色或红色的斑块,或者医生认为已无抢救价值的时候,才可放弃对受伤害者进行急救处理。

三、呼叫救护车

一般人虽然有一定程度的急救知识,但在各种紧急场合,不论在方法上或理论上都有一定的局限性,如果一旦认为自己应付不了对受伤害者的现场急救处理时,就应该迅速与医生联络,请医生给予正确的处理与治疗。因此,人们都可能知道,遇到紧急意外伤害时,便应尽快打电话,呼唤救护车,以便使医生尽快赶到现场。但是,一旦遇到意外伤害时,却往往由于人们争于紧急的联络,你一言我一语而引起混乱,或不确实地告知有关情况,反而达不到与医生进行联络的目的。

因此,当遇有发生意外伤害时,不要惊慌失措而引起混乱,救护人员应一方面积极地进行现场急救,另一方面叫人迅速打电话呼叫救护车。

在打电话呼叫救护车时,情绪要镇静,电话接通后,要确切地告诉对方如下事项:

1. 意外伤害事故何时发生,在何处,是何种人员,现与谁在一起,怎样发生的等各种主要事项。
2. 受伤害者现在的情形、病态及状况如何。
3. 在医生未到达前应该怎样处理合适。
4. 现场所在地的主要目标和具体路线。

打电话时,要注意对方医务人员的发问,并把自己的姓名、电话号码等告诉对方,以便联络。同时,在向对方医务人员报告时,不要加入太多自己主观的预想或意见,最重要的是注意正确地、精简扼要地告知对方所发生的事项,使对方马上能明白。

打完电话后,应立即为受伤害者转送医院作好必要的准备,同时应随即安排一人在路口处等待救护车的到来,以便当救护车抵达时,能尽可能快而又准确地带引至事故现场。

四、人工呼吸

当患者的呼吸运动停止,急需用人工的方法帮助其进行呼吸,此种方法称为人工呼吸。

呼吸是人体生命存在的征象。当发生意外灾伤或其他严重急症,呼吸受到影响,造成呼吸困难或呼吸骤然停止,威胁到生命存在的时候,如果不及时恢复呼吸,患者便会很快死亡。而人工呼吸就是在此种情况下,用人为的力量,来帮助患者进行呼吸活动,达到气体交换的目的,使组织细胞能够得到氧气。

娇嫩的脑细胞对氧的需要是十分迫切的,在常温下一般缺氧 4～6min 就会发生病变,时间稍长即会发生严重的伤害,以至不可恢复。因此,人工呼吸对挽救患者的生命意义重大,是急救中一项十分重要的技术措施,广泛地应用于受电击、溺水、窒息、急性中毒,以及其他危及呼吸的意外事故所造成的伤害。

一般常用的人工呼吸方法有以下 4 种:
1. 俯卧压背法。
2. 仰卧压胸法。
3. 仰卧牵臂法。

4. 口对口（口对鼻）吹气法。

俯卧压背法人工呼吸，见图 29-1。

俯卧压背法在人工呼吸中是一种比较老的方法，此种方法所起到的气体交换量还不及正常的一半。但由于受伤害者取俯卧体位，可使舌头能略微向外坠出，不会堵塞呼吸道，救护人员不必专门来对舌头进行处理，节省了时间，能及时地对受伤害者进行人工呼吸。因为在极短的时间内，若将受伤害者的舌头拉出来并固定好是一件十分不容易的事情。所以，在现场抢救受电击、溺水者，应用此法仍较为普遍。但对于怀孕女职工、胸背部有骨折的受伤害者不宜采用此法。

图 29-1 俯卧压背法

俯卧压背法人工呼吸的具体操作方法如下：

1. 将受伤害者取俯卧位，胸腹贴地，头部偏向一侧，两臂伸过头部，一臂枕于头下，另一臂向外伸开，以便胸廓扩张。

2. 救护人员面向受伤害者头部，两腿屈膝跪地于受伤害者大腿两旁，把两手部平放在受伤害者背部肩胛骨下角，脊梁骨左右，大姆指靠近脊梁骨，其余四指稍开微弯。

3. 救护人员俯身向前，慢慢用力向下压缩，用力的方向是向下，并稍微向前推压。当救护人员的肩膀与受伤害者的肩膀将成一直线时，不再用力。在这向下、向前推压的过程中，即将受伤害者肺部中的气体压出，形成呼气。然后，救护人员迅速放松回身，使外界空气进入受伤害者的肺部中，形成吸气。

图 29-2 仰卧压胸法

4. 按上述动作，每分钟 14～16 次，如此反复有节奏地进行。

仰卧压胸法人工呼吸。见图 29-2。

仰卧压胸法人工呼吸便于救护人员观察受伤害者面部表情的变化，气体交换量也可以接近于人体正常的呼吸量。但是，由于受伤害者呈仰卧体位，舌头凭重为而向后坠，阻碍呼吸，影响肺部空气的出入。所以，采用仰卧压胸法人工呼吸时，需将受伤害者的舌头拉出。此种方法对于溺水者及胸部有创伤或肋骨有骨折的受伤害者不宜采用。

仰卧压胸法人工呼吸的具体操作方法如下：

1. 将受伤害者取仰卧位，其背部可稍加垫，使胸部凸出，面部偏向一侧。

2. 救护人员屈膝跪地于受伤害者大腿两旁，把两手部分别放在受伤害者的乳房下面，大姆指向内，靠近胸骨下端，其余四指向外，放于胸廓肋骨上。

3. 救护人员俯身向前，用力向下稍向前进行压缩，其压缩方向、力量、操作要领与俯卧压背法相同。

仰卧牵臂法人工呼吸。见图 29-3。

仰卧牵臂法人工呼吸用牵臂、压胸的动作，对怀孕女职工受伤害进行人工呼吸较为适宜，但对于溺水者及有手臂骨折的受伤害者不宜采用此种方法。

仰卧牵臂法人工呼吸的具体操作方法如下：

1. 将受伤害者取仰卧位，背部稍加垫，使头部低于其胸，面部偏向一侧。
2. 救护人员两腿跪在受伤害者的头部顶前，面部对其胸部。
3. 救护人员两手部握住受伤害者的前臂手腕处，弯曲其肘关节，先向胸部下压，压出受伤害者肺部中的气体，形成呼气动作。然后，慢慢向上，向外绕过头部，一直伸展到两臂向下着地面，使受伤者的胸廓充分舒展，外界空气进入肺部，形成吸气的动作，约经两秒钟再恢复原位。

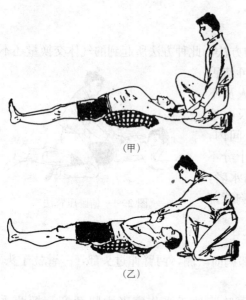

图 29-3 上臂呼吸法

4. 如上述所述反复有节奏地进行，每分钟进行 14～16 次。

口对口（口对鼻）吹气法人工呼吸，见图 29-4。

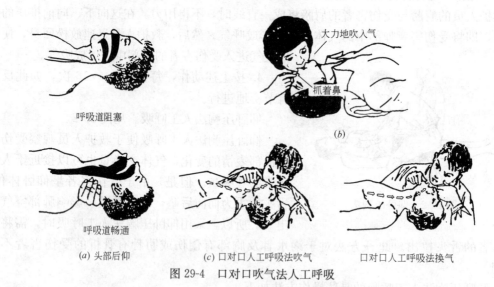

图 29-4 口对口吹气法人工呼吸

口对口（口对鼻）吹气法人工呼吸是国内外学者一致推荐的人工呼吸法。此种方法操作简便，容易掌握，气体交换量较大，接近正常人体呼吸的气体量，对成年人、儿童的效果都很好。

口对口（口对鼻）吹气法人工呼吸的具体操作方法如下：

1. 将受伤害者取仰卧位，让其下颚充分突出，确保呼吸道的畅通。如果口腔中或鼻腔中有肮脏的污物堵塞，应立即将这些阻物清除，使口腔或鼻腔保持流畅。
2. 救护人员站在受伤害者头部的一侧，深吸气一口，对着受伤害者的口，将气吹入，造成受伤害者吸气。此时，两人的口要对紧，吹气时不得向口外漏气。为便于吹入的空气不从受伤害者的鼻孔漏出，可用一手将其鼻孔捏住。吹气后，救护人员的口离开，将捏住的鼻孔放开，并用一手部压其胸部，以帮助呼气。如此反复有节律地进行，每分钟约进行14～16次。

3. 救护人员吹气力量的大小，要根据受伤害者的具体情况来决定。如果受伤害者身强力壮，则吹气的力量要大些，如果受伤者体弱或儿童，则吹气力量要小些。

4. 一般以吹进气后，受伤害者的胸廓稍微有些隆起最为合适。

5. 救护人员与受伤害者两口之间是否要放块布，以免直接接触的问题，应根据现场具体情况来决定。如有纱布，则可放一块叠两层厚的纱布，或用一块一层厚的薄手帕，以避免两口相互直接接触。但必须注意，决不能因寻找纱布之类的物品而耽误对受伤害者进行人工呼吸的时间，同时也不能因两口之间垫了纱布之类的隔离物品而影响对受伤害者肺部中空气的出入。

五、胸外心脏挤压

人体的血液循环是靠心脏强有力的收缩和舒张而进行的，心脏的收缩和舒张也就是人们常说的心跳。心脏通常收缩将血液压出心脏流向周身各处，以供给组织细胞对氧气和养料的需要，心脏又通过舒张将静脉血液流回心脏，与肺部吸入的氧气进行氧气与废气的交换，如此周而复始，使血液循环不断进行。但是，当受伤害者的心脏停止跳动时，其血液循环也就随之停止，生命就要受到严重威胁。因此，对受伤害程度严重的患者，如果心脏刚停止跳动，在实施有效的人工呼吸的基础上，施行胸外心脏挤压，仍有使患者复活的可能。

胸外心脏挤压，也称胸外心脏按压，即救护人员对心脏刚停止跳动或暂时停止跳动的受伤害者，在其体外胸骨处用力压下，使胸骨向后陷下而挤压心脏部位，受到挤压的心脏就将血液压出来，当压力解除后，陷下的胸骨处自动恢复原位，心脏部位受到的压力也随之解除，处于舒张状态，静脉血液便回流心脏。如此反复有节奏地对受伤害者的心脏部位进行挤压、放松，使血液循环仍能继续进行，以抢救受伤害者的生命。由此可见，所谓胸外心脏挤压，实质上是一种用人为的方法暂时帮助受伤害者心脏进行跳动，使其血液循环仍能继续进行。

胸外心脏挤压的具体操作方法如下：

1. 将受伤害者仰卧在平坦而坚硬的地面上，如在软床上，应在受伤害者的背下垫一块木板，解衣露出胸廓，在正中间的地方，摸到一块狭长的骨头，即为胸骨。

2. 救护人员屈膝跪坐在受伤害者的一边，用右掌面压在胸骨下 1/2 处，也正是两乳头的中间处，即为胸外心脏挤压的正确压点，见图 29-5。另一手放在右手背上，呈重叠交叉式，以帮助右手用力。进行胸外心脏挤压时，用力压下，使得胸骨处下陷 3～4cm 左右，使心脏将血液压至血管中，形成心脏的收缩。用力压下时，用力不可过大，以避免发生压折肋骨。然后放松，即解除对心脏部位

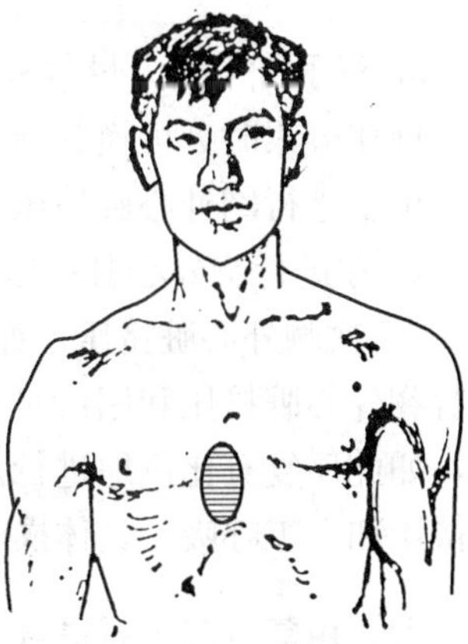

图 29-5 胸外心脏挤压的正确压点

的压迫，使胸骨恢复原位，形成心脏的舒张，使静脉血液流回心脏。如此一压一松，反复有节奏地进行，见图29-6。成年人每分钟约60~90次左右，儿童每分钟约90~100次。

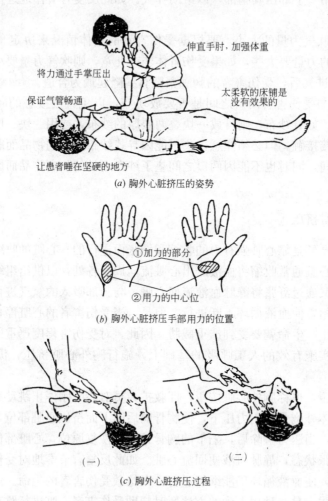

图 29-6 胸外心脏挤压法

3. 双手压下的力量常常很大，因此救护人员可借用自身身体的重量，通过双臂向下压。操作劳累时，可换其他人员继续进行。如果受伤害者体弱或是儿童，则用力应小，甚至可单手进行胸外心脏挤压。

4. 在进行胸外心脏挤压时，可与口对口吹气法人工呼吸同时进行，一般每吹一口气，作4~5次胸外心脏挤压。如果在现场抢救受伤害者的人员只有一人，要同时对受伤害者进行胸外心脏挤压和用口对口法进行人工呼吸时，可先吹一口气，然后作4次胸外心脏挤压，如此反复有比例地进行。如果在现场抢救受伤害者的人员有两人，可同时进行胸外心脏挤压和人工呼吸，具体操作方法见图29-7。

六、用氧气苏生器进行人工呼吸

氧气苏生器是一种代替救护人员以人工的方法进行人工呼吸的仪器。氧气苏生器以机

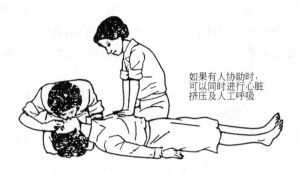

图 29-7 胸外心脏挤压与口对口吹气法人工呼吸同时进行示意图

械的力量对因中毒或因其他原因而昏迷，失去知觉，自主呼吸受到障碍或完全停止，但心脏还没有完全停止跳动的受伤害者，强制地输给大量的氧气或氧气与空气的混合气体，形成吸气，并又使受伤害者肺部的气体强制性地排出，形成呼气。从而对受伤害者进行如此循环的人工呼吸，以逐步恢复其自主呼吸，使受伤害者得到苏生。

氧气苏生器适用于严重创伤、缺氧窒息、大出血、各种原因的中毒、溺水、触电、脊髓灰质炎、胸腔外科手术等造成受伤害者的肺部通气不足，呼吸气促、紊乱。以及皮肤黏膜发绀等现象和心脏具有微弱跳动，而呼吸停顿，或心脏跳动停止，而人体的机体已处于"临床性死亡"状态。

氧气苏生器还有供从受伤害者的呼吸道中吸出阻塞呼吸道的液体及泥沙、水和痰等污物的抽吸装置。

氧气苏生器的适用范围较广，不像用人工的方法对受伤害者进行人工呼吸时，要受到许多条件的限制。受伤害者如果有肋骨、腰、手臂、臀部等处骨折时，会因受到很大的限制或根本不能用人工的方法进行人工呼吸。而氧气苏生器则不受上述各种情况的种种限制，不管受伤害者是属于中毒，还是因其他原因造成的呼吸停止而假死时，都可以使用。

氧气苏生器由小氧气瓶、压力表、减压器、自动肺、气体分配阀、吸物瓶、抽吸真空喷射器、口鼻面罩、呼吸阀、安全阀、储气囊、止进阀等主要部件，以及外壳和附属必用的工具所组成。氧气苏生器的全部构件均安设在可以携带用合金铝制成的外壳中。

从小氧气瓶来的高压氧气，通过接头进入高压导管，经减压器后，降为略低于0.5MPa 的压力，然后进入气体分配阀，气体分配阀上有三个各自带开关装置的端子。抽吸用喷射器是连接在第一个端子上，借高速气流的引射作用可产生达 400 mm/Hg（5.3×10^4 Pa）的真空度。通过吸收瓶，可以抽出受伤害者口中和呼吸道中的堵塞污物，如水、痰的唾液等。在中间的端子上，由胶管接到自动肺上，利用压缩氧气施放的能量通过内部的引射器而发挥作用，在吸入了大气中的空气后，便将混合气体强制性地鼓入受伤害者的肺部中，经过吸收交换之后，引射器又自动操纵阀门，将交换后的气体从受伤害者的肺部中吸出。这样便完成了一次呼吸过程。另一端子是通过胶管接到自主呼吸阀和气囊上面，这是当受伤害者恢复自主呼吸功能时，由此供给较高含氧量的空气用。

当氧气苏生器携带的小氧气瓶中的氧气压力下降到 3.5～5.0MPa 时，即把仪器本身所配置的螺旋导管接到止逆阀上,另一端头接上备用小氧气瓶。当小氧气瓶中的氧气压力降至3MPa时,即打开备用小氧气瓶,同时关闭仪器中的小氧气瓶,这样便可保持对受伤害者进行苏生工作的连续,而不至因仪器的小氧气瓶中的氧气用尽而中断对受伤害者的抢救。

氧气苏生器在使用前,先将受伤害者取仰卧位,平躺在地面或救护担架上,然后解开其身上所穿着的紧身衣服、胸罩、裤带等,并适当铺垫及覆盖,以保持其体温。肩部垫高10~15cm,头部尽量后仰。再用开口器打开受伤害者的口腔,拉出舌头,同时清除口腔中的异物,如固体杂物、泥沙、假牙等。并根据受伤害者的具体情况,如有无知觉、脉搏、呼吸和瞳孔的反射等,然后做出决定,是否要进行人工呼吸,因为对具有腐蚀性气体中毒的受伤害者不能进行人工呼吸,只能吸入氧气。

在用氧气苏生器对受伤者进行苏生前还必须清除呼吸道中的异物,因为呼吸道中排出大量的黏液,或侵入呼吸道中的液体,以及呕吐物,都能成为呼吸道气流畅通的障碍。并且这些异物如不清除,还可随强制输入肺部的气流而侵入肺部中,从而引起受伤害者肺部的伤害。所以,必须清除积聚在喉头和呼吸道中的异物。

清除呼吸道中的异物是将氧气苏生器中吸物瓶上的抽吸管插入受伤害者的上呼吸道中,最好是从鼻孔插入。插入的深度为抽吸管端头直接接触到呼吸道中的液体或呕吐物等。然后利用抽吸引射器将口腔和上呼吸道中的异物通过导管吸入吸物瓶内。其具体操作程序为,打开小氧气瓶的开关,瓶中的高压氧气经过减压器,将压力降低后进入气体分配阀。然后打开引射器开关,吸物瓶和抽吸管内便形成真空。促使阻碍呼吸道气流畅通的异物便通过导气管而被吸进吸物瓶内。其真空度大小的调节是依靠减压器的调节螺丝帽来控制的。

在经过清除上呼吸道中的异物后,用取舌器将受伤害者的舌头拉出,然后在口腔内插入大小合适的压舌器,一直插到舌根部,压舌器的盾形部位留在口唇外,使舌尖位于抵门齿后为宜。压舌器的作用是防止舌头缩回根部,堵住喉头而影响呼吸空气流的自由畅通。

在使用氧气苏生器对受伤害者进行人工呼吸苏生时还应注意以下事项:

1. 应注意防止输入气流充到受伤害者的胃部中而导致人工呼吸的失败。因此,在用氧气苏生器实施人工呼吸时,需将输入气流通往胃部的入口处封闭住,其方法是救护人员用手部的食、中两指轻轻地压迫受伤害者喉头中部的环状软骨。此时,受伤害者的呼吸道不会因此而被压小,而呼吸道后面的食道则会因手指的压迫而封闭。

2. 如果受伤害者发生痉挛,为防止其咬伤舌头及其他伤害,应提起口鼻面罩将舌头松开,必要时可停止进行苏生。

3. 在苏生过程中,每隔一定的时间,可以移去自动肺,以便检查苏生是否收到效果。当受伤害者自主呼吸已经恢复时,可取下自动肺,去掉压舌器,改为自主苏生。

4. 进行苏生时,不要过早地中断,除非受伤害者已开始能够进行自由呼吸,或者已呈明显的死亡症状时为止。有实践证明,曾有用氧气苏生器对受伤害者进行苏生达数小时之久而获成功的事实。

5. 当受伤害者恢复知觉后,应继续静卧,不要过早地坐起或站立,否则有可能引起再度昏迷。此时最好能继续向刚恢复知觉的受伤害者供给氧气吸入,直至呼吸到正常状态。

6. 关于供氧问题，除进行苏生处理受伤害者外，对能自主呼吸的受伤害者或肺部受腐蚀性气体损害的受伤害者，也应继续进行自主供氧处理。

氧气苏生器是一种用作进行人工呼吸的精密仪器。为了在万一发生意外伤害时，能用此仪器对受伤害者进行急救，故对氧气苏生器应很好地进行维护保养。

1. 氧气苏生器须经常保持清洁和良好，在每次使用后，对胶质材料制作的部件，应先用清水洗净后，放在1‰～2‰来苏尔溶液中进行消毒处理，然后再用清水洗涤干净后在阴凉通风晾干。对其用金属和玻璃材质制成的部件，可用煮沸法或用蒸汽进行消毒处理。然后再将消毒处理过的各部件按仪器原部位组装好。

2. 检查组装后的各部件接头是否漏。在检查时，应先将仪器事先开动5～15min，以便使带压氧气流将仪器内部管路畅通。在进行此项工作时，应该在一部分时间内，将仪器的自动肺部件调节在吸气位置，另一部分时间将仪器的自动肺部件调节在呼吸气位置。

3. 每个月应对氧气苏生器进行两次检查，自动肺的检验在每次使用仪器后应进行一般的检验，以确保仪器随时好用。

七、创伤止血

创伤一般都会有出血，特别是较大的动脉血管受到损伤，会引起大出血。如果抢救不当或处理不当，就可能使受伤害者出血过多而危及生命。所以，对创伤及时进行止血，尤其是对创伤大出血的受伤害者，在现场就进行及时有效的止血，然后再进行其他有关的急救处理，常常可挽救受伤害者的生命。

毛细血管出血和静脉出血，一般用纱布、绷带包扎好伤口就可止血。大的静脉出血可用加压包扎法止血。这里主要介绍动脉出血如何进行止血。

1. 一般止血法。对一般伤口较小的出血，可先用生理盐水冲洗伤口，涂上红汞药水，然后盖上消毒纱布，用绷带较紧地包扎好即可。

如果头部或其他毛发较多的部位受伤，则应先剃去毛发，再对伤口处进行清洗、消毒，然后再按上法进行包扎。

2. 指压止血法。就是用手部大拇指压住出血的血管上方，即近心端，使得出血的血管被压迫而封闭住，以断血流。采用此法止血，救护人员必须要熟悉人体各个部位血管出血的压点，并用手强力压按此压点，才能有效地将出血止住。同时，此法止血，也只短时间适用于急救的止血，时间不宜过长。

面部出血。即用手部大拇指压迫下颌骨角便可以止住面部的大出血，但往往需要两侧都压住方能将出血止住。若伤口颊部、唇部，则可将大拇指伸入其口内，其余四指紧捏面颊，压迫伤口下方的动脉，便可将出血止住。

颞部出血。颞部位俗称太阳穴。用大拇指在耳朵前面对着下颌关节上用力压住，便可将颞部动脉压住，即可止住颞部出血。

颈部出血。在颈根部、气管外侧，摸到跳动的血管就是颈动脉，将大拇指放在跳动处向后向内压下，即可止住颈部出血。

头部后面出血。在耳后突起下面稍向外侧，摸到跳动的血管就是枕动脉，用大拇指压住枕动脉即可止住头部后面出血。

腋窝、肩部出血。在锁骨上凹处向下、向后摸到跳动处即为锁骨下动脉，用大拇指压住锁骨下动脉即可止住腋窝、肩部出血，见图29-8。

前臂出血。在肘窝处可以摸到跳动处，用拇指压迫住肘窝的动脉，及在上臂肱二头肌内侧压迫住肱动脉，均能止住前臂出血，见图29-9。

手掌、手背出血。在腕关节内，即人们通常摸脉搏的部位，将摸到的挠动脉压住，即能止住手掌、手背出血。

手指出血。用大拇指放在手掌里，其余四指紧紧压迫，最好把自己的手指屈入掌内，成握拳姿势，即可止住手指出血。

大腿出血。找到股动脉，在大腿根部腹股沟中点为最好，屈起出血的大腿，使肌肉放松，用大拇指压住股动脉的压点，用力向后压，为增强压力，另一手的拇指可重叠压在上面，即可止住大腿出血，见图29-10。

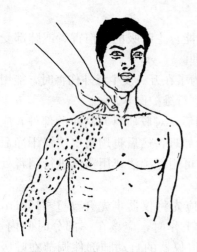

图29-8 腋窝、肩部出血之指压止血法

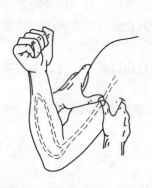

图29-9 前臂出血指压止血法

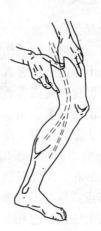

图29-10 大腿出血之指压止血法

脚部出血。在踝关节下侧，足背跳动的部位，用手指紧紧地压住其跳动的动脉，即可止住脚出血。

人体各部位止血点见图29-11。

有时为了更有效地止住创伤出血，除压迫止血点外，还可尽量升高出血的部位，特别是四肢受到伤害时，如果将受伤出血的手臂高举，便对手臂出血有一定的止血效果，如果遇到手足同时受伤出血，可让受伤害者坐下或躺下，将出血部位升高，也是颇有效的止血方法。

3. 加压包扎止血法。是最为常用的有效止血方法，适用于人体各部位创伤出血进行止血。此种止血法就是用纱布、棉花等作成软垫，放在伤口上，再加包扎，以增强压力而达到止血的目的。

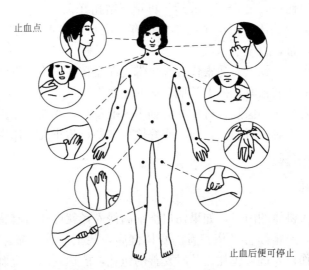

图 29-11 人体各部位止血点示意图

加垫是直接放在伤口上，因此应注意垫子的清洁、消毒，以免引起创面感染。加垫放在肢体的弯处，如肘窝处等，可用绷带把肢体弯曲起来，使用8字形绷带缠起，见图 29-12。

4. 止血带止血法。如果怎么按压止血点也不能止住四肢大出血的现象，在医生未到达现场之前或将受伤害者护送去医院时，就可先用止血带进行止血。

止血带要选择弹性好的橡皮管或橡皮带。上肢结扎在上臂上 1/3 处，禁止扎在手臂中段，避免损伤桡神经。下肢扎在大腿上 2/3 处为宜。

图 29-12 加压包扎止血法

用了止血带，完全阻断了受伤肢体的血流，因此用止血带结扎时间过长，受伤肢体容易发生坏死。所以，在万不得已的情况下尽量不要采用止血带进行止血。如果采用，也要每隔 25~40min 放松一次，每次放松半至 1min 为宜。

扎止血带前，应先将受到伤害的肢体抬高，尽量使静脉血回流。在上止血带的部位，先用软的敷料或衣服、毛巾等垫好，将止血带适当拉长，缠绕受伤肢体两周，在外侧打结固定，靠止血带的弹性压迫血管，以达到止住出血的目的。结扎止血带的松紧要适度，以使出血止住为度。扎止血带后，要做明显的标记，标记上要写明扎止血带的时间，以免遗忘定时放松止血带，造成被结扎肢体缺血过久而坏死。

在现场如果没有橡皮管、橡皮带作止血带时，也可用三角巾、毛巾或宽布条折成带状来代替，领带、皮带等也可利用，但尽带要采用宽为 5cm 的带子。

使用止血带进行止血还应注意以下事项：

(1) 对受严重挤压伤的肢体，禁止使用止血带。

(2) 伤口远端肢体严重缺血时，不可用止血带。

(3) 使用止血带后，远端肢体如发生青紫、苍白现象或继续出血，应立即压迫住伤口，松开止血带，经 3~5min 后，重新将止血带结扎好，并标记好时间。

(4) 每隔 25~40min 放松一次止血带，如果发现出血停止，就不必再重新结扎。如果仍然出血，可压迫伤口，过 3~5min 后，再重新结扎好。

（5）如果受伤害的肢体伤情严重已不能保存，应在伤口近心端紧邻伤口处结扎止血带，不必再放松止血带，直至手术截肢。

（6）尽量不用电线、铁丝、绳索代替止血带。即使在现场迫不得已而使用这些物品以代替止血带时，也应在放松时，换上其他合适的止血带。

（7）将受伤害者护送到医院，待作好清创手术准备时，才能解除止血带。在解除止血带之前，应先给受伤害者进行输液，同时作好输血准备，防止发生休克、酸中毒或大出血等意外事故。

八、外伤的包扎

伤口是细菌侵入机体的门户，如果伤口被细菌侵入，就可能引起感染化脓或并发败血症、破伤风等疾患，严重损害受伤害者的身体健康，甚至危及生命。因此，在现场急救时，对受伤害者的伤口要进行包扎。及时妥善的包扎，能达到压迫止血、保护伤口、防止感染、减轻疼痛、固定敷料和夹板的目的，有利于伤口的尽早愈合。

包扎伤口时，动作要轻巧、迅速、准确，做到既能包住伤口，又要严密牢固和松紧适宜。同时，不得用手和脏物去擦拭伤口，不得轻易取出伤口内的异物，不得将已脱出伤口的内脏送回伤口，也不得用消毒剂、消炎粉等涂撒伤口。

包扎伤口通常使用绷带，绷带一般用纱布制成，常见的绷带有卷带、三角巾及多头带等种。如果急救现场没有绷带，情况又紧急，此时可随机应变，使用清洁的毛巾或衣着等代替绷带，迅速地对伤口进行包扎。

在用卷绷带包扎前，应先在创面上盖好消毒敷料，然后再进行包扎。包扎时应由伤口的低处向上进行缠裹，通常是由左向右，从下向上进行缠绕。缠裹时先用左手压着绷带的一端，右手拿着绷带由左向右，向下向上地进行缠裹，从缠裹的第一匝直至最后一匝，都应有耐心地一匝一匝地缠裹。对手臂进行包扎时应弯着绑，对腿部包扎应直着绑，以保持肢体的功能位置。在包扎后打结时，应尽可能在身体的前面位置打结，特别是当受伤害者在躺下时，更不要在后面打结，此外，也不要在受伤害的部位上面打结。

另外，在用卷绷带对创面进行包扎时，缠裹不宜过紧，以免引起局部肿胀；也不宜过松，以免在搬运转送医院过程中造成脱落。

卷绷带包扎的方法很多，主要根据受伤害者创面的情况来选择。

1. 环形包扎。此种包扎方法即将绷带作环形的重叠缠裹即成。环形包扎是绷卷包扎方法中最基本最为常用的一种包扎方法，适用于颈部、头部、腕部，以及胸部、腹部等处外伤的包扎。

环形包扎通常是用绷带的第一匝环绕稍作斜状，第二匝、第三匝作环形缠绕，并将第一匝的斜出一角压于环形圈内，使固定更牢靠些。包扎缠裹完毕用橡皮膏将带尾端贴好固定，或者将带尾端剪成两头状进行打结固定。见图 29-13。

2. 蛇形包扎。此种包扎方法是先将绷带作环形缠裹数圈，然后按绷带的宽度作间隔的斜着上缠或下缠即成。

3. 螺旋形包扎。此种包扎方法是先按环形缠绕数圈固定，然后上缠每圈盖住前圈的 1/3 或 2/3 成螺旋状，见图 29-14。此种包扎方法多用于粗细相差不多的部位。

图 29-13　环形包扎法

4. 螺旋反折包扎。此种包扎方法是先用绷带作螺旋状的缠绕，待缠绕到渐粗的部位，就每圈把绷带反折一下，盖住前圈的 1/3 至 2/3，这样由下而上的缠绕即成，见图 29-15。此种包扎方法适用于粗细不等的四肢部位。

5. "8"字形包扎。此种包扎方法是将绷带由下而上进行缠绕，然后再由上而下成"8"字形的来回缠绕即成，见图 29-16。此种包扎方法适用于肢体关节弯曲的上下两方部位。

图 29-14　螺旋包扎法

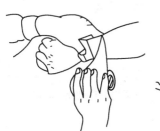  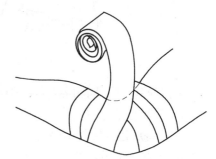

图 29-15　螺旋反折包扎法　　　　图 29-16　"8"字环形包扎法

三角巾即为一块方布对角剪开，即成两块三角巾。三角巾包扎面积大，应用灵活，人体外表各部位受到外伤时都可使用。因此，三角巾在外伤包扎上已被较多地应用于较大创面的包扎。

在使用三角巾对创伤进行包扎时，要注意三角巾的边要固定，角要拉紧，中心部分要伸展，对敷料要贴实。现将常用的几种三角巾包扎方法简述如下：

1. 头部包扎。先把三角巾基底折叠处放于头部前额，拉至头部后面与基底作一半结，然后再绕至头部前额处进行打结固定即成，见图 29-17。

2. 面部包扎。先将三角巾的顶角打一结，放于头部顶上，然后将三角巾罩于面部，三角

图 29-17　头部三角巾包扎法

巾在眼睛、鼻孔处可剪个小孔，将三角巾左右两角拉到头部颈后，再拉回前面打结即成，见图29-18。

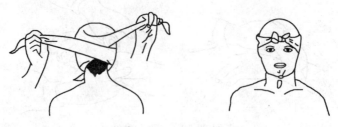

图29-18　面部三角巾包扎法

3. 胸部包扎。如受伤害者的右胸部位受伤，可将三角巾的顶角放在右面肩上，将底边拉到背后在左右面打结，然后再将右角拉到肩部与顶角进行打结，见图29-19。

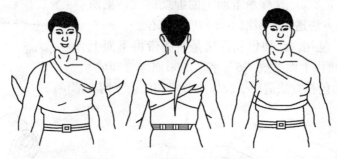

图29-19　胸部三角巾包扎法

4. 背部包扎。同胸部包扎，但位置相反，结打在胸前部位。

5. 手部与足部的包扎。将手部或足部放在三角巾上，顶角在前拉在手部或足部的背上，然后将底边缠绕打结固定。

6. 手臂的悬吊。如受伤害者的上肢发生骨折需要悬吊固定，也可用三角巾进行吊臂。其悬吊方法是将受伤害者的悬肢成屈肘状放在三角巾上，然后将底边一角绕过肩部，在背后打结即成悬臂状，见图29-20。

7. 风帽式包扎。将三角巾顶角和底边中间部位各打一结即成风帽状，见图29-21。在

图29-20　三角巾吊臂

图29-21　风帽式

包扎头部时，将顶角结放于头部额前处，底边结放在头部后面脑勺下方，包住头部。将两角往面部拉紧，向外反折包绕下颌，然后拉到枕后，打结即成，见图 29-22。

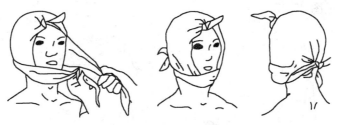

图 29-22　风帽式包扎法

8. 面具式包扎。将三角巾顶角打一结，结头下垂，提起左、右角即成面具式，见图 29-23。

在包扎面部或下颌时，结节头放在下颌，底边平放于头顶部，拉向枕后，将底边之左右角提起拉紧交叉压在底边，在前额处打结即成。包扎好后，根据情况或具体位置，可在眼睛、口鼻处剪一小孔。由于此种包扎方法在前额处打结，不压迫呼吸道，比较适宜。

此外，还可用三角巾重叠后对头部、耳部和下颌处进行包扎，具体包扎方法见图 29-24。

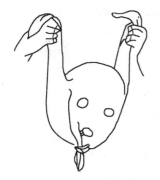   

图 29-23　面具式包扎　　　　图 29-24　重叠三角巾对前头部、耳、下颌的包扎

9. 蝴蝶式包扎。用两块三角巾的顶角连结，即成蝴蝶巾，见图 29-25，蝴蝶巾适用于胸、背、腰、腹部等处受伤害时的包扎。

在用蝴蝶巾包扎胸、背部时，可将蝴蝶巾的两角放于创伤侧腋下及肋部，围胸打结，然后将另外两角向上提至创伤侧肩部打结，就可将胸、背部创伤处包扎好。见图 29-26。

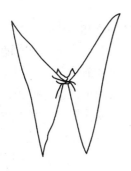  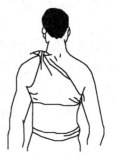

图 29-25　蝴蝶结巾　　　　　图 29-26　胸背部蝴蝶式包扎法

在用蝴蝶巾包扎腰部或腹部时,可将蝴蝶巾的其中一块三角巾放于创伤面上,将两角围腰部打结,然后将蝴蝶巾的另一块三角巾穿过下股,并拉起此三角巾的两角,将两角围腰在腹部打结。见图29-27。

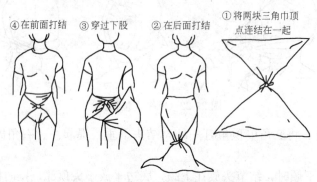

图 29-27 腰、腹部蝴蝶式包扎法

10. 燕尾式包扎法。将三角巾的顶角,偏左或偏右,和底边近中点处折叠成燕尾形式,见图29-28。燕尾式包扎法主要用于胸背部的创伤,包扎时,先将燕尾两角折成长短相等夹角约为70°,夹角对准胸骨上凹,然后将燕尾底角围胸于背后打结,若底边不够长时,可另结一条带子,将余带向上与两燕尾角在肩上打结,见图29-29。

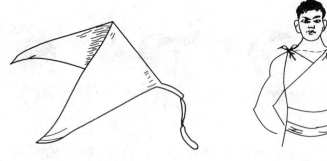 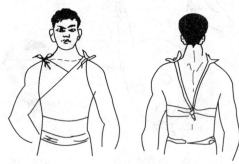

图 29-28 燕尾式　　　　　图 29-29 胸背部燕尾式包扎法

九、受伤害者的搬运

受伤害者经过救护人员在现场的初步急救处理后,需要运送到医院,以便得到医生进一步的诊断和治疗,这就需要对受伤害者进行搬运转送。

搬运转送做得及时正确,不但能使受伤害者迅速地得到医生的检查和治疗,同时还能减轻在搬运转送过程中伤情的加重和变化。若搬运转送不当,轻者延误对受伤害者及时的检查和治疗,重者可使受伤害者的伤情恶化甚至造成死亡,从而使现场急救前功尽弃。例如,对腰部、骨盆骨折的的受伤害者,使用绳索制成的或其他柔软材料制成的担架进行抬送,就会使骨折受损更为严重;对年老体弱的受伤害者,在搬运转送过程中,动作粗暴,又不注意保温;往往会在搬运转送过程中发生死亡。因此,决不可低估对受伤害者的搬运转送。

在搬运转送受伤害者之前,应充分地准备好各种需要的搬运工具、器材以及搬运人员,以免在途中感到疲劳而经常停动,甚至发生跌倒事故。在搬运转送过程中,应尽量减少振动，以免增加受伤害者的痛苦。如果受伤害者是脊椎、骨盆处骨折，即应先用坚固平整的木板担架将其身躯固定好，特别是骨折处。

在搬运转送过程中，还应随时观察受伤害者的病状变化，如受伤害者的脸色、呼吸状况、流血现象等，必要时应作急救处理。

对于搬运距离较远的受伤害者，还需寻找合适的交通工具，如振动较小的汽车等。

将受伤害者搬运转送到医院后，在现场进行急救工作的护送人员应向该医院的医生简单、扼要、明了地介绍受伤害者的受伤害原因和伤害情况等，并介绍现场急救处理经过，以供医生进行检查和治疗时参考。

搬运受伤害者的方法很多，现场救护人员可因地制宜、因时制宜地选择适合于该受伤害者的搬运方法。一般常用的搬运方法如下：

1. 器械搬运。用器械进行搬运受伤害者是最为常用的搬运方法，尤其对搬运转送距离较远、伤情较重的受伤害者最为适用。

担架是搬运转送受伤害者最常用的工具，除特制专用的担架外，还可使用简易的担架。

(1) 帆布担架，用帆布一幅，木棒两根，横木两根，负带两根，扣带两根所组成。

(2) 绳络担架，用木棒或竹竿两根，横木两根，扎成长方形担架状，然后缠比较结实的绳索即成。

(3) 被服担架，取衣服两件或大衣，翻袖向内成两管，插入木棒或竹竿两根，再将纽扣妥善扣好即成。

在用担架搬运受伤害者时，可由3～4人合成一组，将受伤害者小心地移上担架。并将受伤害者的头部向后、足部朝前，这样可使后面抬担架的人员，随时观察到受伤害者的变化情况。

抬担架的人员在抬起担架时，应一声号令同时一齐抬起。在行走时，脚步、行动要一致。前面的人员迈左脚，后面的人员迈右脚，以平稳前进。在上台阶或上坡时，前面抬担架的人员要将担架放低，后面抬担架的人员要将担架抬高，以使受伤害者的身躯保持在水平状态，在下台阶或下坡时，则相反。

2. 徒手搬运。当急救现场一时找不到担架，又无合适的材料制作，而且转送的距离也较近，受伤害者的伤情也较轻，则可采用徒手搬运。但是徒手搬运对于搬运人员及受伤害者都比较劳累，尤其是对伤情较为严重或者发生胸部损伤、骨盆处骨折等的受伤害者，不宜采用此种搬运方法。

单人扶持搬运。对于伤情较轻，又能够站立行走的受伤害者，可采用单人扶持的方法，救护人员站在受伤害者的一侧，使受伤害者的一臂揽着救护人员的头颈，救护人员并用外侧的手部握住受伤害的手腕，另一只手伸过受伤害者背部扶持其腰部，使受伤害者的身躯略靠着救护人员。

单人抱持搬运。如果受伤害者能够站立，救护人员站于受伤害者的一侧，一手托其背部，另一手托其大腿，将其抱起。若受伤害者卧于地面，则救护人员可先屈一膝跪地，用一手将其背部稍稍地托起，另一手从其两腿腘窝处托过，将受伤害者抱起，如果受伤害者还有知觉，可令其一手抱着救护人员的颈部。

单人背负搬运。救护人员站在受伤害者的前面，呈同一方向，微弯背部，将受伤害者背起。对胸部有创伤的受伤害者不宜采用此种搬运方法，见图29-30。

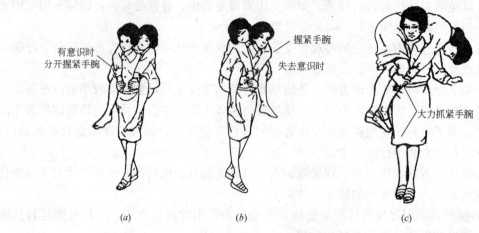

图 29-30 单人背负搬运伤员示意图

如果受伤害者卧于地面，不能站立，救护人员可躺在受伤害者的一侧，一手紧握其肩或与其手臂结扎好手肘，另一手抱其腿，用力翻身，使其负于救护人员背上，而后慢慢地起来，见图 29-31。

图 29-31 单人卧式搬运伤员示意图

双人椅托式搬运。此种搬运方法又称座位搬运，甲、乙两救护人员在受伤害者两侧面向面而立。甲以右膝，乙以左膝跪地，各以一手插入受伤害者的大腿之下相互紧握，另外之手彼此相互交替搭于肩上，以支持受伤害者的背部，然后慢慢站立起来。

双人拉车式搬运。甲、乙两救护人员，甲蹲在受伤害者的头部前，两手插到其腋下，将其抱入怀中，乙蹲在受伤害者的足部间，在其两腿中间，两手分别抱住其一条腿，然后甲、乙两救护人员步调一致地将受伤害者慢慢抬起，让受伤害者呈卧式前行。见图 29-32。

三人搬运。三个救护人员呈一排在受伤害者的身躯一侧，然后一齐蹲下将其抱起，齐步一起向前行。

图 29-32 双人拉车式搬运伤员示意图

第二节 各种伤害的现场急救

一、骨折的现场急救

人体的骨骼是坚硬的，在一般情况下受到外力的冲击不足以引起骨折。但是，在厂矿企业生产活动中，由于发生强烈的碰撞或受到较强外力的冲击，就会使作业人员的骨骼受到伤害而造成骨折。

按外伤情况，骨折一般分为闭合性骨折和开放性骨折两类。

所谓闭合性骨折，即骨折处的皮肤没有破损，折断的骨骼在皮肤组织内不与外界相通。也就是说，折断的骨骼不露出体表，在外面看不到折断的骨骼。

所谓开放性骨折，即骨折处局部皮肤破损，折断的骨骼与外界接触。也就是说，折断的骨骼露出体表，在外面能见到折断的骨骼。

发生骨折伤害后，一般会出现下列症状：

1. 局部疼痛。由于骨骼折断，骨折处的骨骼尖端将其周围组织的血管、神经刺伤，故受伤害者感到疼痛，尤其是在骨折刚发生及骨折后触摸骨折处和骨折处活动时，则疼痛加剧。在进行检查时，骨折处的压痛最为明显。

严重的开放性骨折，疼痛更剧，常因剧痛而引起休克。

2. 功能障碍。人体的每根或每块骨骼都有各自的作用，例如，下肢的骨骼有支撑人体体重的作用，但其骨骼折断后，其正常的功能就不能进行，这就是所谓功能障碍。

3. 变形。骨骼是人体的支架，支持着人体一定的形状，但骨骼折断后，其周围肌肉组织的附着点及外力失去了原来的位置，产生不同的变形，若与健康的另一侧比较时，便会发觉较肿大或突出，甚至凹陷或者变短，并常常出现异常的形状。

当发生骨折伤害时，首先要及时处理受伤害者全身出现的严重情况。对发生昏迷的受伤害者，要保持其呼吸道畅通，以免发生呼吸障碍。要防止休克，及时采取固定、止血、止痛等措施。冬天注意保暖，夏天预防中暑。

再者要限制受伤害者的活动，避免因运动而使骨折残损的尖端刺伤周围组织，同时也不致因活动而使骨折的损伤继续加剧。限制活动的办法就是使用夹板将骨折固定住。若现场无夹板，也可就地取材，如选用木棒、竹片、硬纸板等代替夹板，此外如杂志书本、手杖等其他用具也同样可以利用。使用夹板时，在夹板接触的肢体上要放上棉花、毛巾或衣服等柔软的东西垫好，捆绑时应将骨折处的上下两个关节都固定住。固定四肢时要露出指、趾尖，以便于观察受伤害者的血液循环情况，如出现指、趾苍白、发凉，麻木，青紫等现象时，说明固定太紧，应放松绷带，重新进行固定。

如果受伤害者为开放性骨折，要及时止血，局部先作无菌处理，用消毒液冲洗，用消毒过的纱布盖好伤口，然后再用夹板固定。不要将已暴露在外边的骨骼还试行纳进皮肤伤口处。

如果是颈、脊椎或腰部的骨骼发生骨折，可以将受伤害者躺在木板上，再在颈部或其他受伤害部位用毛巾卷或其他软垫安定好受伤部位。

经过急救措施处理后，在搬运受伤害者之前，不要过分心急，应先充分做好固定工作，并找到足够的人力后才镇静地搬运受伤害者，以确保在转送去医院的过程中，平稳、轻巧、安全。

一般常见骨折的固定有以下数种：

1. 头部骨折。当强烈的外力作用于头部，而使头部颅骨发生骨折时，常伴有颅内出血、脑组织损伤等，受伤害者多有昏迷、耳鼻出血等症状。头部骨折一般无需特殊固定，主要是保持局部的安定，不要随意乱搬动受伤害者，让其安卧，头部可稍微垫高。在转送时，为避免振动而加剧受伤害程度，可在其头部两侧放两个较大的枕头或砂袋，将头部固定住，这样就不会随路途上的颠簸摇动而加重骨折。

2. 肱骨骨折。肱骨骨折固定一般需要两人，一人握住受伤害者患肢前臂，轻轻地使患肢屈肘，使肘关节向里弯，并向其下方外边拉；另一人拿夹板固定，固定时，一块夹板放在臂的内侧；另一块夹板放在臂的外侧，其夹板长度上端应伸过肩外，下端也应伸至肘外。然后用绷带缠绕固定，并用悬臂带吊起即可。

3. 前臂骨骨折。前臂骨骨折固定一般也需两人进行。一人将受伤害者的患肢握住，使臂屈成90°角，大拇指向上；另一人拿夹板固定。固定时，一块夹板放在前臂内侧，夹板一端要超过手部中心，另一端应超过肘关节少许。另一块夹板放在前臂外侧，其长度同上。然后再用绷带缠绕固定，并用悬臂带吊起即可。

4. 手骨骨折。将受伤害者的患肢呈屈肘位，掌向内侧，手指伸直，夹板放于内侧，用绷带缠绕包扎，并用悬臂带吊起即可。

5. 大腿骨折。大腿股骨骨折固定，一般需要三人进行。其中一人站在受伤害者的足端，握住伤肢的足后跟，轻轻地向外牵引，另一人此时按住受伤害者的骨盆部位。另一人把一块夹板放在大腿外侧，上从腋窝处，下至超过脚跟少许，另一块夹板放在大腿内侧，上从大腿根部开始，下至超过脚跟少许，然后用绷带或用三角巾将夹板固定住。

6. 小腿骨折。小腿骨折固定的方法同大腿骨折，只是固定在小腿外侧的夹板长度，不像大腿骨折时所用的夹板那样长，上端只需超过膝盖部位少许即可。

7. 足骨骨折。足骨骨折固定，即夹住受伤害者患足的足关节，轻轻脱去或剪去鞋靴，然后用稍大于受伤害者足底的夹板放于足底，用绷带或三角巾缠绕即可。

8. 脊椎骨折。脊椎骨折后，伤情均为严重，故在处理骨折前，需先检查受伤害者的全身状况，进行急救处理后再作固定。

脊椎骨折固定主要是将受伤害者平卧在平板上。

9. 骨盆骨折。将发生骨盆骨折的受伤害者轻轻地移至木板上，使其两腿微弯，骨盆处可垫少许衣服之类较为柔软的垫子，然后用三角巾或衣服将骨盆部位包扎在木板上固定。

10. 肋骨骨折。肋骨骨折一般常伴有胸腔内脏受到伤害，故需注意受伤害者的全身状况，有无血气胸发生或呼吸困难等，如果伴有内脏损伤，则一般不作固定，以免影响受伤害者的呼吸。

一般肋骨骨折的急救，是让受伤害者在呼气时用宽布缠绕胸部，使其减轻呼吸运动，将折断的肋骨固定。

二、关节脱位的现场急救

关节脱位也俗称为关节脱臼，通常是由于受到外力的作用，使两个构成关节的骨端失去了正常的关节间的相互关系，发生了错位，见图29-33。在关节脱位这一过程中还常伴有关节囊的破裂或韧带的损伤。

因外力作用而引起的关节脱位称为外伤性关节脱位。如果脱位的关节面，彼此完全分离不能接触，叫做完全脱位。如果脱位的关节面，尚有部分相互接触时，叫做不完全脱位。脱位关节以肩、肘、髋和下巴、手指等部位最容易发生。

第二节 各种伤害的现场急救

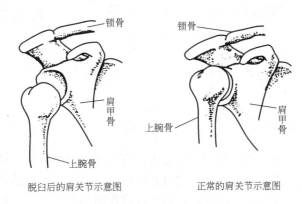

图 29-33 关节脱位示意图

由于骨关节的错位，所以疼痛剧烈，尤其是外伤性关节脱位更是如此。脱位复原后，疼痛可以立即消除。

关节脱位还可使骨关节运动丧失。这是因为正常关节的运动是由于骨与骨之间保持一定的相互关系，发生脱位后，骨关节间改变了正常的关节关系，因此，原有的关节运动便丧失了。

关节脱位还会使局部发生变形。因为脱位后骨端的位置相对改变，骨端离开了关节腔，所以，常见脱位关节处下陷，肢体的相对长度发生了改变。

当发生关节脱位时，应根据具体情况及时进行急救，因脱位的时间越长就越难医治。如果不熟悉脱位的整复技术，则不要随意贸然地进行整复脱位部位，以免增加受伤害者的痛苦，或者引起血管及神经组织的损伤。此时，可在原有位置予以固定，局部作冷敷处理，然后护送受伤害者到医院，接受医生的诊断和治疗，整复原状。

如发生一般的关节脱位，救护人员能够给予复位的，也可在现场进行。复位时先使局部肌肉松弛，按脱位的反方向进行牵引，首先拉开，然后旋转，用力不得过猛，复位后用绷带进行固定。

对于较大的关节脱位进行复位，一般都需要在医院实施麻醉的情况下进行，以使肌肉松弛，减少受伤害者的痛苦。

一般常见关节脱位的复位如下：

1. 下颚关节脱位。下颚关节脱位时可形成口部张开，一时不能合起来而变成流口水或垂涎的现象，或者相反地口部不能张开。

对下颚关节脱位进行复位时，救护人员可先将自己两手部的大拇指包上纱布，放在其两侧下臼齿上，拇指压迫两侧臼齿，其余四指握下颚弓，提起下巴向后上方轻推，大拇指从牙上滑出。此时，可听到滑动的声响，表示已复位。

复位后，受伤害者上下牙齿能对齐，可自由张闭口，但在复位后一个月内不要张大口，以免再次发生脱位，日后形成习惯性脱位。

2. 肩关节脱位。肩关节脱位时可形成扁平方肩，肩峰下边有一凹陷，并且用手可触摸到肱骨骼。受伤害者的患肩手部不能贴胸去摸健康的侧肩。

肱骨下脱位的整复为伸臂，肩半外展，牵引，在腋内推肱骨骼向上。肱骨前脱位的整复为屈肘，上臂贴胸，外旋肩关节，肘贴胸向前移，横过胸前，旋肩关节，将手放在内侧肩。肱骨后脱位的整复为使肩半外展，屈肘，外旋肩，肘向前移，用手推肱骨骼。

肩关节脱位复位后，需用绷带固定一个半月左右。

3. 肘关节脱位。肘关节脱位后，肘关节处肿胀，前臂不能屈。

救护人员可握住受伤害者的患臂其前臂，慢慢牵引，再保持一定的牵引力，屈曲肘关节，恢复原来位置。

三、手部外伤的现场急救

人体的手部在生产活动中以及日常生活中占有极其重要的地位，任何生产劳动几乎都离不开手，因此，发生手部外伤的概率也就相应较高，及时、正确地对手部外伤进行现场急救，不仅对后期治疗创造良好的条件，而且还对保障手部外伤愈后仍有良好的劳动能力和生理能力有着重要的作用。

人体手部的手掌皮肤厚而坚韧，皮下脂肪致密，当其皮肤缺损时则需作全层植皮或带蒂植皮。掌部的屈指深浅肌腱于掌筋膜下，在手指部位于皮下腱鞘内，在掌部有滑液囊包绕，2~4屈指肌腱中央部分裸露在皮下，故受到伤害后易发生粘连。

手部血管分掌浅弓和掌深弓，掌浅弓是由尺动脉构成，掌深弓由桡动脉末梢和尺动脉深掌支在掌骨基底部联接而成。手部的神经主要有尺神经和正中神经。

当手部发生断指、断趾或断手部是显而易见的，但手外伤中有相当数量是手部皮肤的撕脱伤或挤压伤。

当发生手部外伤时，对其伤口需进行包扎止血、止痛，进行半握拳状的功能位固定，并同时对伤口进行消毒处理，但若伤口周围皮肤沾染污物，则应先将皮肤清拭干净后再进行消毒。

当发生断手或断指的伤害时，首先要察看受伤害者的具体情况，如积极抢救休克或其他严重损伤。对于断手、断指应用消过毒的或清洁的敷料包好。如果一时来不及寻找，用干净的布片或手帕也可代替消毒纱布，其布片或手帕可用熨斗烫一烫以达高温杀菌消毒的目的。然后将包好后的断手或断指放在清洁的塑料袋中，袋口要扎紧，然后在塑料袋周围放在冰块以达冷藏的目的，冰块也可用冰棍、雪糕来代替，但不得将袋弄破损，以免冰水透至袋内影响到断手或断指。同时以最快的速度，将受伤害者连同其断手或断指送往医院进行抢救，以获断肢再植的成功。早在1963年，我国上海市第六人民医院就首次获得了断肢再植的成功，此后，全国有很多医院均能进行断肢再植。断肢再植的成功，固然与医生高超的医疗技术有密切的关系，然而与现场正确及时的急救处理也分不开。

如果发生断手或断指后迟迟才将受伤害者和其断手或断指送到医院，或者在转送过程中受热，而使断肢的组织变质加速，便会给再植带来困难。有的还将断肢放在液体中浸泡，甚至为"消毒"、"杀菌"将断肢浸在酒精等溶液中，甚至放在福尔马林溶液中，从而使断肢组织细胞变质，完全失去了再植的可能性。

当发生手部挤压伤时，如果出现青紫色的出血现象或浮肿时，有可能是该部位的骨骼发生了骨折，应及早地接受医生的检查、治疗或进行X线摄片的检查。如果手部的皮肤和肌肉被挤压坏死较多，立即送医院后，接受医生的手术治疗，手术治疗时要充分切除坏死组织，尽量保存深部的神经、肌腱和骨骼，然后充分利用尚有的血管和软组织进行缝合，皮肤缺损时进行植皮。

当发生手部皮肤撕脱伤时，如单纯皮肤撕脱伤，且血运良好者，可以在扩创后直接缝合。

四、头皮撕裂伤的现场急救

头皮撕裂伤，常因女职工或蓄长发的男职工未戴工作帽，其发辫被绞入运转的机器所造成。由于发根植于真皮之内，紧连着大片的头部皮肤，一旦发辫绞入运转的机器内，就可引起大面积的头皮撕裂伤。

因人体头部的血管丰富，大面积的撕脱伤可引起大量出血，使得整个头部一片鲜血。同时，又因受伤害者受到这意外的伤害，心里感到极大恐惧，其中枢神经系统对这意外的剧烈刺激无法接受，便迅速转入抑制状态，又因伤害造成剧烈的疼痛，受伤害者常引起休克。因此，头皮撕裂伤的危险性很大，而且也很容易引起严重的细菌感染。

由于头皮撕裂伤是一种很严重的损伤，又因大量出血，常给人们精神上造成极大的恐惧感，因此，救护人员须保持镇静，首先立即停止转动的机器，并设法将受伤害者的伤害部位从机器上脱出，与此同时迅速请医生到来。

如发生休克，应给予止痛及其他对症处理。同时制止出血，头部出血最有效的止血方法是压迫止血。然后用生理盐水进行冲洗，并涂红汞包扎。包扎要用消毒过的大纱布块和棉花紧紧包扎，包扎的目的主要是压迫止血。此后，搬运转送去医院作进一步治疗。

五、机械性外伤的现场急救

机械性外伤常发生于建设工地、生产车间或矿井下，遇有严重损伤的受伤害者时，应立即组织现场急救。

1. 救护人员应迅速将受伤害者脱离致伤源。如肢体被卷入机器，应立即停止机器转动，将被卷入的肢体小心地移出，必要时应立即拆卸机器，移出受伤害的肢体。

2. 积极防治休克。受伤害者遭受严重伤害后，救护人员应注意其是否出现休克，并根据受伤害的部位和严重程度，估计到可能会出现休克时，就应立即采取各种防治措施，以防止休克的发生。防止发生休克应尽量减少对受伤害者的搬动，使其静卧，同时给予适量的止痛剂及镇静剂，保持呼吸道畅通，控制大出血，包扎严重的开放性伤口和固定骨折等简单处理。

对已经发生休克或呼吸、心跳停止的受伤害者，应积极进行抗休克及人工呼吸、胸外心脏挤压等抢救措施。

3. 对受伤害者进行现场止血。按出血量的大小、出血的性质和出血部位的不同，救护人员应对受伤害者进行暂时压迫止血。

4. 对受伤害者进行现场止痛。受到严重损伤后，多伴有剧烈疼痛，救护人员应及时给予受伤害者止痛剂和镇静剂等。

5. 骨折及关节脱位处理。对骨折及关节脱位进行现场处理在于预防发生休克、防止再损伤、减少感染，为安全搬运转送受伤害者创造良好的条件。

6. 对受伤害者的创口进行现场处理。创口现场处理以防止再污染为原则，进行初步处理后，可用消毒敷料或清洁布料等进行包扎。

7. 根据伤情轻重程度，需转送的受伤害者，经现场急救处理后，应迅速转送。在搬运转送途中应注意保暖，同时注意防止休克发生，并密切观察受伤害者的呼吸、心跳、血压及创口等情况，尽量减少对其的颠簸。

六、塌方挤压伤的现场急救

在各种施工作业现场，如修建地下工程、挖地沟、拆修房屋、开凿隧道、矿井坑道中作业以及发生地震时，均有可能发生塌方而造成挤压伤的意外伤害。

一旦发生塌方后，首先应尽快将受伤害者从危险区域救出。若受伤害者的整个身躯被土方所压埋，应迅速刨出，在刨时须注意不要伤及受伤害者的身体。根据受伤害者所处的方向，在其旁边进行挖掘，当靠近受伤害者的身旁时，刨掘动作应轻巧稳妥。如果确知受伤害者头部所处位置，则应先挖掘其头部附近的土方或物体，以使受伤害者的头部尽早露出，并立即清除受伤害者口鼻内的污泥痰涕等，使其能吸入空气。

当受伤害者已挖出后，立即将其搬运离危险区域，搬运动作应轻稳，以免再次受伤。如果呼吸困难或停止，或心跳停止等，应及早进行人工呼吸和胸外心脏挤压，直至复苏。如有条件，也可给予氧气吸入等措施。

现将塌方时最易发生的几种伤害的现场急救处理叙述于下：

1. 胸部挤压伤。因塌方造成受伤害者胸部挤压伤后，救护人员应注意有无肋骨骨折，折断的肋骨是否刺破肺、肝、脾等内脏。若肋骨骨折刺破胸膜、肺脏，可引起张力性气胸。受伤害者可有明显的呼吸困难。

对于呼吸困难的受伤害者，在现场可用注射器抽出病侧胸膜里的气体，抽气部位在乳头上方第二肋和第三肋之间。如果现场条件有限，无法反复进行抽气，可用几根粗的注射针头在上述部位刺入胸腔，外面覆盖一块消毒纱布，然后用橡皮膏固定好，使之能不断地排出胸腔内的气体，将一个张力性气胸改变为开放性气胸，以减轻受伤害者的呼吸困难，同时转送医院。

如果受伤害者为胸壁破裂的开放性气胸，应严密包扎，并及时转送医院诊治。

2. 腹部挤压伤。因塌方造成受伤害者腹部挤压伤后，救护人员应注意有无内脏破裂。肝、脾脏破裂主要是造成内出血，受伤害者可出现面色苍白、口渴、出冷汗、脉搏快而细弱、血压降低等休克体征。腹内出血后，可因血液刺激腹膜而有腹痛、腹胀和恶心等体征。

如果受伤害者的胃肠发生破裂，可因消化液和胃中的食物流入腹腔而造成腹膜炎，因而引起腹痛剧烈，并有呕吐发生。

对于内脏出血的受伤害者，在现场急救主要以预防、治疗休克为主，然后及时转送医院尽早进行输血、输液等治疗。对于胃肠破裂的受伤害者，应及时转送医院尽早进行手术治疗等。在现场急救时可应用抗菌素，但不允许受伤害者进食或饮水。

3. 挤压综合征。在发生塌方事故中，受伤害者造成挤压综合症是较为普遍的。这是因为人体较长时间地被土方埋压、肌肉丰满的肢体受到外界重压，而造成急性肾功能衰竭、血钾升高、损害心脏。临床上表现为少尿、无尿，以急性肾功能衰竭为特点的总称为挤压综合症。严重的挤压综合症可死于肺水肿、高血钾或尿毒症。

挤压综合症并非受伤害者在受到伤害后立即发生，而往往在受挤压数小时或更长的时间，也就是说，受伤害者在被从土里救出，挤压力量解除后，当时受伤害者的全身状况可能甚好,有时受压肢体还能进行活动,因此常被疏忽。但时间不久,随着压力的解除,受伤的肢体开始发生肿胀,并且越来越粗,越来越硬,肢体发凉,肌肉开始坏死,毒素和钾释放至血液,随循环至全身。此时,受伤害者可有口干舌燥,恶心呕吐,舌尖红润,舌根发黑,躁动等症状,并渐转入休克,或同时发生脑水肿、肺水肿和尿量减少,出现肾功能衰竭。

对挤压综合症的现场急救处理主要是当受伤害者被抢救出危险区域后,应立即用夹板将受压被解除后的肢体牢牢固定,以避免不必要的肢体活动,防止组织分解出的物质被吸收进血液或增加体液的散失。受伤害的肢体应暴露在凉爽的空气中,被挤压的肢体不得做按摩、热敷或上止血带等,以免加重伤情。

肢体如有外伤,创面可用敷料覆盖以保护伤口。肢体如无外伤,早期可用具有止痛、消肿、散淤功效的中草药进行外敷。

受伤害者若口渴但不恶心时,可多喝白开水,水中可加入适量的糖和盐,并可服适量的小苏打片剂。

如果发现受伤害者的尿量减少,应先给予利尿药剂进行肌肉注射或静脉注射等。如用药后,尿量仍少甚至无尿,表明受伤害者可能已发生挤压综合症。在转送途中应严格控制对受伤者的饮水或输液,饮水量或输液量每天以受伤害者排出的尿量再加上 500mL 为宜。这是因为饮水或输液过多易引起肺水肿。

七、触电的现场急救

触电是由于电流通过人体所引起,大多是触电者直接接触了电流源所致。对触电者进行及时、正确的现场急救,可使触电者转危为安,化险为夷,如现场急救不及时或采取急救措施不当,可因此而使触电者丧失生命。

对触电者进行现场急救,救护人员千万不可惊惶失措,首先应进行的急救措施,就是根据触电者的所在场所采取最迅速、最有效的方法将触电者迅速脱离电流源。同时,还应防止因急救处理措施不当累及救护人员自己或其他人员。

1. 关闭电源开关,以断电流。触电者如在室内触及灯口或破损的电源线而导致触电,电源开关又在附近,救护人员应立即关闭电源开关,同时还应把保险盒打开。

2. 切断电源线以断绝电流。若一时找不到电源开关或附近根本无电源开关,可用绝缘物包住刀柄或剪刀把,切断电源线。若用装有木柄的工器具如铁锹等切断电源线时,其木柄应有一定的长度,并且干燥不沾水。

切断电源线时,如确知来电方向,将来电方向的一端切断即可,若不明来电方向,则应将接触触电者的电源线的两端都切断。

3. 抢救触电者脱离电源。如一时找不到电源开关,现场又无绝缘锐利的工器具切断电源线,可用干燥的木棒、竹竿、拐杖等挑开触电者身体上的电源线,或者将触电者打离开电源。

4. 如上述三种方法在现场都不便使用,在万不得已的情况下,救护人员可以用干燥的草绳、布带等套在触电者的身躯上,将触电者从电流源处拉开,使其脱离电流源。救护人员也可穿上胶鞋或站在干燥的木板上,戴上干燥的手套或用干燥的厚衣服去间接地接触触电者身穿衣着的干燥衣着部分,将触电者拉离电流源。

5. 在抢救触电者的时候，还要注意触电者在脱离电流源时的安全，不要使其发生摔伤，尤其是在高处触电时，要做好安全防护措施。

6. 救护人员切勿用手直接与触电者肉体接触，以免自己也发生触电事故。

7. 如果触电事故发生在高压电气设备上，为使触电者脱离电源，应立即通知有关单位停电；或者戴上相应耐压等级的绝缘手套，穿上相应耐压等级的绝缘靴，用相应耐压等级的绝缘工具拉开电源开关或切断电源线；或者用抛掷裸体金属软导线的办法使线路短路接地，迫使电气保护装置动作而切断电源，在抛掷金属软导线之前，须先将软导线的一端可靠接地，然后抛掷另一端。抛掷的一端切不可触及触电者和其他人员。

在使触电者脱离电源之后，如发现受伤害者的呼吸、心跳已不规则，或微弱或刚停止，救护人员则应及时果断地进行有效的现场急救，尽快地使受伤害者恢复呼吸和心跳，以挽救其生命。

1. 受伤害者在脱离电流源后，救护人员应立即将其平卧，迅速清除其口腔和呼吸道内的异物，解松衣扣，以保持其呼吸道的畅通。如果受伤害者的呼吸和心跳停止，则应迅速地对其进行口对口（口对鼻）人工呼吸和胸外心脏挤压。

对触电受伤害者进行人工呼吸和胸外心脏挤压时，常需要较长的时间才有一定的效果，不应轻易放弃抢救。不少触电者是在抢救 3～4h 后复苏的，也有触电者在经抢救 10h 以后才复苏的报道。因此，救护人员应坚持进行相当长的一段时间后，根据实际情况再决定继续进行或停止。通常抢救应坚持到受伤害者复苏或医生认为无抢救价值时为止。

2. 如有条件，可给予受伤害者吸入氧气。氧气中最好能掺入 5% 的二氧化碳，以起到兴奋呼吸中枢的作用，但也不能长时间大量应用，否则会造成呼吸衰竭。

3. 在急救中不可滥用强心剂，一般应禁用肾上腺素，如受伤害者尚有心跳或心律明显失常，出现心室纤颤时，在没有除颤设备的情况下，使用肾上腺素可引起心室纤颤或心跳骤停而死亡。但是，在进行了充分有效的人工呼吸和胸外心脏挤压后，仍未听到心音，证实心跳停止，可进行心室内注射肾上腺素异丙肾上腺素，如分别注射仍无效时，可再联合应用。受伤害者呼吸停止时，可用可拉明、洛贝林等药物。

4. 及时搬运转送医院抢救治疗，在转送途中仍要继续对受伤害者进行急救处理措施。

5. 局部电灼伤，可按热烧伤进行处理。

6. 如受伤害者合并有其他损伤时，应根据具体情况同时进行处理。如为预防脑水肿，可给予高渗葡萄糖液作脱水；如注意继发性出血，防止血管突然破裂等。

八、溺水的现场急救

溺水通常分为溺于淡水或溺于咸水两大类。淹没于淡水者，肺内很快吸入大量水分，因而血液被稀释，由于溶血作用而放出大量钾，使钾与钠的比值增高，很快因心室纤维颤动和窒息而死亡。淹没于咸水者，通常为海水，因咸水的电解质含量比血浆高，以致体内水分渗入肺内造成肺水肿。溺水者多因缺氧或循环衰竭而死亡。

因此，对溺水者必须立即进行有效的急救，以抢救其生命：

1. 倾出溺水者呼吸道内的积水，倾水后立即进行人工呼吸。

2. 溺水者呼吸停止时，应立即进行人工呼吸，以口对口或口对鼻的方法施行人工呼吸最好。即使是在船上或岸边也应立即采取急救措施，不可延误急救的时机。

3. 溺水者心脏停止跳动时，应在进行胸外心脏挤压的时候，同时进行口对口或口对鼻的人工呼吸，以进行急救。

4. 抓紧时间对溺水者进行呼吸、心跳的恢复急救，要比将溺水者胃中的水吐出来更为重要。因此，救护人员不要为使溺水者腹部的水吐出来，而耽误了急救的时间。总之，以既能倾倒出溺水者呼吸道内的积水，又能便于进行人工呼吸和胸外心脏挤压为最好方式。

5. 如果是寒冷的季节或较长时间地浸在水中，因体温下降，应采取措施，给溺水者的身躯进行保温。

6. 对溺水而没有呼吸停止危险的患者，应注意防止引起肺炎。

7. 对溺水者的急救，一定要有耐性地进行，即使是经过较长时间的急救处理都未能使溺水者苏醒时，也绝不要灰心。应在一面进行人工呼吸和胸外心脏挤压的时候，一面赶快召唤救护车或尽快地请医生来。

8. 溺水者经急救清醒后，可逐步少量给予热饮料让其饮下，如姜糖水等，使其体内得到温和的感觉。

对不熟悉水性的落水者，可采取自救的方法，即在落水后一定不要心慌意乱，要保持清醒的理智，除呼唤他人救援外，自己要采取仰向位，头部向后，力争使口鼻部露出水面继续呼吸，呼气宜浅，吸气要深。因为在深吸气时，人体的密度就要比水略轻，从而可使人体浮于水面，而在呼气后，人体的密度就要比水略重。此时不可在水中胡乱挣扎，否则反而会使身躯下沉更快。对熟悉水性者，若因在水中小腿腓肠肌痉挛，此时应保持镇静，呼唤他人救援。此时也可将足部大拇指屈伸，并采取仰面位，浮于水面。若为手腕部肌肉痉挛，自己可将手指上下屈伸，采取仰面位，以两足部游泳，向岸边或船边靠拢。

对抢救他人落水的救护人员，应闻声飞跑至现场，不可慌张，尽可能脱去外衣和长裤，如时间不允许，至少要甩掉鞋、靴，以免妨碍下水后游动。然后迅速游至落水者附近，观察其位置，从落水者后面进行抢救。此时，用左手从落水者左臂和身躯中间握住其右手，也可拖住落水者的头部，然后用仰泳方式将其拖向岸边或船边。如落水者还在水中游动，则可从其背部，拉住腋窝推出水面。如果救护人员水性技术不佳，则最好携带救生圈、木板、绳索或小船等。

在救援落水者时，千万要注意不要被落水者紧抱，以免使救护人员自己也无法游动，造成双双下沉。因此，救护人员一般不能从落水者的正面去抢救落水者。如果一旦被落水者紧抱不放，则救护人员应赶紧将其手掰开或滑脱，迅速离开落水者正面，再游到其后面去救。

在救援落水者时，如果救护人员根本不熟悉水性，此时可向落水者投向长绳、长竹竿等物体，让落水者拉住其一端，将落水者拖向岸边或船边。也可向落水者投向木板等比重较水轻的物品，使落水者抱住，自己划向岸边或船边。在此同时，应大声呼唤他人来共同救援落水者。

九、烧烫伤的现场急救

烧烫伤是工业生产中较为常见的一种外伤。一般说来，烧烫伤是指热液烫伤及火焰烧伤,而广义的烧烫伤则所指范围很广,有热力烧伤,如热液、热蒸气、火焰、炽热金属等;化学烧伤,如强酸、强碱等;电烧伤以及放射性烧伤等。

烧伤不仅是一种皮肤的损伤,同时还是一种复杂的全身性疾病,尤其是严重的烧伤,常影响到很多重要的器官。

烧伤的面积越大危险性越大,因此估计受伤害人员烧伤面积往往成为救治伤员的一个重要依据。烧伤面积的估计方法很多,常用的有手掌估计法和九分法。手掌估计法是以被烧伤人员自己的手掌为准,手掌五指并拢时的面积大约等于体表总面积的百分之一。这种方法适用于散在而不规则的小面积烧伤的计算,假如被烧伤人的胸部或面部有本人两手掌大的面积烧伤,则这位被烧伤人员的烧伤面积就大约有2%。九分法则是将人体全身共分十一个九,即头部和颈部为一个9%,两上肢各为一个9%,两下肢的前面各为一个9%。两下肢的背面各为一个9%,躯干的前面和背面各为两个9%,以上合计为99%,剩余的1%则为外生殖器和会阴部。假如被烧伤人员的右上肢和头部烧伤,烧伤的面积就大约有18%。

烧伤面积达30%以上,或虽然烧伤面积没达30%,但烧伤人体的重要部位也应当认为是严重的烧伤。如呼吸道面积仅相当于人体表面积的4%,但为人体的重要部位,因此,如头、面部、及会阴部有较深的烧伤,或伴有呼吸道损伤,均应当认为是严重的烧伤。

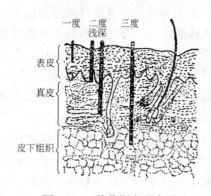

图 29-34 灼伤深度示意图

烧伤深度一般多按损伤程度的深浅来划分。烧伤深度可分为三度四级,即一度烧伤(Ⅰ°)、浅二度烧伤(浅Ⅱ°)、深二度烧伤(深Ⅱ°)和三度烧伤(Ⅲ°),如图29-34所示。

一度烧伤,也称红斑性烧伤,仅损伤皮肤表层,烧伤部位有红肿、红斑,没有明显的全身性反应,但患者常感到剧烈灼痛。红肿多在2~3天后逐渐消退,痊愈后表皮脱落,不遗留疤痕。

浅二度烧伤,不仅损伤表皮,真皮也受到一定程度的破坏,在表皮和真皮之间,有半透明的血浆渗出,形成大小不一的水泡,因此二度烧伤也称为水泡性烧伤。水泡可能在烧伤后立即出现,或经过一昼夜后才形成。患者疼痛剧烈,精神不安,可因渗出液过多而发生全身性反应。若没有感染,水泡内的溶液多在两周内被吸收,痂皮脱落而痊愈,不遗留疤痕,但短期内有色素沉着。如发生感染,病程延长,皮肤表面常遗留轻度疤痕。

深二度烧伤,损伤达真皮深层,生发层完全被毁,仅残存毛囊,汗腺和皮脂腺的根部,局部有水泡生成,但较厚的皮肤部位也可不发生水泡。由于有大量坏死组织存在,故易发生感染。有痛觉但触觉迟钝,水肿明显,若无感染,其残存皮肤附近的上皮细胞可再生而覆盖创面,一般经3~4周后可痊愈,遗留有疤痕。

三度烧伤,为最严重的烧伤,不仅伤及皮肤的表层和深层,连皮肤下组织的脂肪、肌肉也遭损伤,甚至累及骨骼。伤面被烧伤的组织呈灰白色或褐色,甚至黑色而形成焦痂,因此三度烧伤也称焦痂性烧伤。患者由于大量的组织遭到破坏,全身性反应比较严重,可发生休克、败血症,常严重威胁患者的生命。经治疗,焦痂在3~4周后脱落,除少面积可由周围上皮汇合而痊愈外，一般需植皮才能愈后。痊愈后的伤部常遗留明显疤痕，甚至有畸型，受伤部位的活动功能多发生程度不同的障碍。

烧伤发生后，现场急救是抢救烧伤患者的起点，其现场急救要领可概括如下。

1. 采取各种有效的措施迅速灭火，使伤员不再继续受到伤害。因为火焰烧伤的时间越长，被烧伤的程度越严重，故迅速灭火，除去热源，可使伤员烧少、烧浅、烧轻。如为火焰直接烧伤，应使患者迅速离开火源，脱去或剪去已着火的衣服，特别需注意棉衣着火，有时虽明火已熄灭，但暗火仍燃。如果是高温液体烫伤，应立即将粘在皮肤上的热介质轻轻揩掉。

2. 检查伤员全身状况及有无合并损伤，烧伤患者一看便知，但有时会合并其他损伤，如颅脑损伤，胸腹内脏器损伤，煤气中毒，骨折等，易被忽略，故需注意采取相应措施。

3. 被烧伤的患者常因剧烈疼痛和恐惧而发生休克，可用止痛剂，但若呼吸困难、衰竭者，应禁用吗啡。伤员燥渴要水，可给淡盐水少量多次，不要单喝白开水或糖水，更不可饮水过多，以防发生胃扩张和脑水肿。

对呼吸道被烧伤的伤员，应特别注意口腔和鼻腔的卫生，要清除其异物，并随时注意清理分泌物，以保持呼吸道的畅通。若发生急性喉头梗阻或窒息时，在紧急情况下，可用粗针头从喉部环甲膜处刺入气管，以保证通气，暂时缓解窒息的威胁，然后，再设法将气管切开。

4. 在现场检查和搬运伤员时，一定要注意保护创面，防止污染。为减少创面的损伤，伤员已灭火的衣服可以不脱或剪开去除。

5. 对创面应用较干净的衣物暂时包裹起来，以防再次污染。在现场抢救烧伤患者时，除化学烧伤外，对创面一般不作处理，尽量不要弄破水泡，以保护表皮。烧毁的、打湿的或受污染的衣服等去除后，应立即用三角巾或清洁的衣服或清洁的单被等物覆盖包裹。如在冬季，可用清洁的单被包裹创面后，再盖上棉被，以保护伤员的体温。

6. 迅速把伤员搬运离开现场，送往医院进行进一步的抢救和治疗。搬运伤员时动作要轻柔，行进要平稳，随时观察病情。对呼吸、心跳已有严重变化或发生骤停者，要立即就地抢救，待病情平稳后再转送医院。

为抢救烧伤患者，以做到将危急重患者经初步抢救后，尽快转送；较轻的随后转送，以分清轻重缓急，使烧伤患者都能得到及时、有效、恰当的抢救，故需对烧伤进行分类。烧伤分类的主要依据是烧伤面积和深度。

轻度烧伤：烧伤面积在10%以下的二度烧伤。

中度烧伤：烧伤面积在11%～30%，或三度烧伤面积在10%以下。

重度烧伤：烧伤面积在31%～50%或三度烧伤面积在11%～20%之间，或烧伤面积虽不到30%，但有下列情况之一者也属重度烧伤，全身情况较重或已休克；严重的创伤或合并有化学毒物中毒者；重度呼吸道烧伤。

特重烧伤：烧伤面积在90%以上，或三度烧伤面积在50%以上。

小儿烧伤分类不论总面积或三度烧伤面积多少，均按成人之半计算。

各种烧伤的现场急救处理原则如下：

1. 轻度烧伤的急救处理。轻度烧伤的创面处理是重点，其原则是预防或控制局部感染，促使创面愈后，避免功能障碍。

一是清洁创面。剃去烧伤部位和附近的头发，剪去指（趾）甲，除去异物和已剥脱的表皮，引流大小泡，用温自来水或生理盐水冲洗或擦洗，再用 1：1000 新洁尔灭轻轻擦试。创面上不要涂抹红药水、紫药水等带颜色的药物。

二是进行包扎疗法。四肢和躯干部二度烧伤，多采用包扎疗法。创面可涂抗菌、收敛、止痛、促进上皮生长的中、西药物，再贴敷一层油质纱布，然后再用多层纱布或棉垫严密包扎。手部烧伤要用绷带卷或敷料球置手掌心，撑开虎口，使姆指与其他四指相对应，保持半握拳状，各指间分别用油质敷料隔开再用敷料包扎，以保持手的功能位置，防止粘连或畸形愈合。

三是暴露疗法。头、面、颈、臀、会阴部烧伤，一般采用暴露疗法。创面清创后，不用任何敷料覆盖，直接将创面暴露于空气中。创面应保持干燥，避免受压，创面上可用一些收敛消炎的药粉或溶液，对一度烧伤可涂消炎止痛类的油类药物，如清洁油、烧伤油等。

对颜面、颈部及关节部位面积较大的三度烧伤应及时转送到医院处理。

2. 呼吸道烧伤的急救处理。呼吸道烧伤常因吸入火焰、浓烟、热蒸气或刺激性化学物质而引起，使呼吸道黏膜受到损伤，因此呼吸道烧伤又称为吸入性烧伤。

呼吸道烧伤后的严重性不能以面积衡量，一般以声门为界，区分为上呼吸道和下呼吸道，下呼吸道烧伤要比上呼吸道烧伤更为严重。

轻呼吸道烧伤，其烧伤部位在咽喉以上，可见鼻毛烧焦，咽部干燥疼痛，口腔与鼻咽黏膜红肿或变灰白色，甚至脱落，并流涎、咳嗽、吞咽困难，但无嘶哑和呼吸困难。

在现场急救时，应保持口、鼻腔的清洁和通畅，及时清除分泌物，用 3％ 双氧水或多贝尔氏溶液漱口，当鼻黏膜充血水肿通气不畅时，可用呋喃西林麻黄素剂滴鼻。

对严重呼吸道烧伤的患者应及时送医院治疗。

3. 眼部烧伤的急救处理。浅度的眼睑烧伤处理原则与一般烧伤原则相同。深度眼睑烧伤由于水肿可造成眼睑外翻，眼结膜水肿，此时可用抗菌素溶液滴眼，用油沙条覆盖，以保护暴露的角膜。如烧伤两天后，水肿渐消，仍不能回纳，可考虑作眼睑焦痂切开。

当眼球烧伤时，除化学性烧伤需作特殊处理外，对热力烧伤所造成的眼球损伤的一般处理原则为局部点阿托品液散瞳，并涂消炎眼膏，用 0.5％ 可的松眼药水或眼膏点眼。

十、化学灼伤的现场急救

化学灼伤系腐蚀性化学物质作用于人体接触部位所引起的组织破坏。根据腐蚀性化学物质的化学性质，化学灼伤可分为酸灼伤、碱灼伤以及其他化学物质引起的灼伤。人体的皮肤、眼睛和消化道最易发生化学灼伤。

在工业生产过程中，易引起化学灼伤的化学物质有硫酸、盐酸、硝酸、醋酸、甲酸、氢氟酸、氨、氢氧化钾、氢氧化钠和磷化钾等。最为常见的化学灼伤多是揭开容器倾倒化学物质时发生泼溅，或由于剧烈的化学反应以及管道损漏引起喷溅等所造成的。

化学灼伤的严重程度取决于化学物质的种类、性质、浓度、剂量、渗透力，作用方式、接触时间，以及是否能从创面吸收而引起中毒等。

常见的化学灼伤有以下两种：

酸灼伤——酸与皮肤接触后引起细胞脱水、蛋白凝固。故酸灼伤后创面干燥，边缘分界清楚，肿胀较轻。不同种类的酸与皮肤蛋白形成不同的蛋白凝固产物。因此，酸灼伤的痂皮或焦痂色泽与酸的种类有关，如硝酸灼伤为黄色；硫酸灼伤为黑色或深棕色；盐酸灼伤为白色或灰棕色；石炭酸灼伤为淡灰或淡棕色。由于酸灼伤引起蛋白凝固，病变常不侵犯深层（氢氟酸除外），形成以深Ⅱ°为主的痂膜。

碱灼伤——碱能溶解蛋白及胶原，形成碱性蛋白化合物，并能皂化脂肪，使组织细胞脱水。皂化时产生的热量可使深层组织继续坏死。因此，在碱灼伤初期往往对灼伤深度的估计不足，故需引起注意。碱灼伤深度为深Ⅱ°以上，比一般酸灼伤要深。苛性碱灼伤创面粘滑或呈类似覆以肥皂状的"软性痂皮"，有别于强酸灼伤形成的"干硬凝固性痂皮"。

人体的皮肤或黏膜被化合物质灼伤后，造成局部和全身损害往往需要一定的作用时间。化学物质与人体直接接触的时间越短，所引起的伤害程度也就越轻。因此，在发生化学灼伤后，应该尽量在最短的时间内、采取自救或互救的方法进行现场急救处理，决不要等待医生来现场后，或转送医院后再作处理，以免延误时间，导致伤害程度的加重和影响治疗的效果。

化学灼伤的现场急救措施如下：

1. 化学灼伤事故发生后，首先应使受伤害者迅速脱离灼伤现场，将其送至空气新鲜处，去除被化学物质污染的衣着。在运送及去除衣着时，动作要轻稳，以免损伤创面，同时注意保暖。

2. 注意观察受伤害者的呼吸、脉搏、血压、神志，并注意有无呼吸道、消化道的灼伤；有无严重的外伤，如脑外伤、骨折等，如有呼吸困难，可给予氧气吸入，如有呼吸心跳停止，应立即进行心肺复苏术，如口对口（口对鼻）或胸外心脏挤压式人工呼吸等。同时还给予镇静、止痛等药物，并尽快转送至就近医院救治。

3. 对一般化学灼伤，除个别化学物质外，一般主张立即用大量流动的清水冲洗创面，以除去或稀释化学物质，防止化学物质继续损伤皮肤或黏膜，以及防止经创面吸收而引起中毒。冲洗的时间不得少于15min，以利将渗透于皮肤毛孔或黏膜内的化学污染物清除出去。立即就近冲洗是对所有化学灼伤病例最重要最关键的急救处理措施。

4. 冲洗时应尽量清除创面上外源性的污染物和剪除破损的表皮，冲洗时要遍及各个受伤害部位，尤其要注意在头部和面发生灼伤时，对眼睛、鼻、耳和口腔的冲洗。如有条件用生理盐水冲洗更好。

5. 作用强烈的化学物质应冲洗30min或更长的时间。在清水冲洗后，可针对灼伤物质的性质，局部再用中和剂处理创面，用后必须用水冲净，创面覆以无菌敷料，再迅速将受伤害者送至医院灼伤专科治疗。

下面列举部分化学灼伤后常用的中和剂及处理方法：

（1）酸灼伤。硫酸、硝酸、盐酸、三氯醋酸灼伤后，可用5%碳酸氢钠溶液、氧化镁、石灰水或肥皂水中和。氢氟酸灼伤后，可用5%碳酸氢钠溶液中和。

（2）碱灼伤。氢氧化钾、氢氧化钠、氨水灼伤后，可用0.5%~5%醋酸或5%氯化铵或10%枸橼酸中和。

（3）黄磷灼伤。以清水冲洗后，仔细清除磷颗粒，创面再用1:5000高锰酸钾溶液冲洗，然后用1%硫酸铜轻抹创面，最后用盐水把创面上的硫酸铜冲洗净。无条件者用清水冲洗后，创面用湿布敷裹后转送至医院救治，途中切勿让创面与空气接触。

(4) 氰化物灼伤。选用 1∶1000 高锰酸钾溶液冲洗，然后再用 5％硫酸铵溶液湿敷，并尽快用氰化物解毒剂。

　　(5) 酚灼伤。立即用 10％酒精或乙醚反复擦拭创面，直至创面酚气味消失，然后用 5％碳酸氢钠或饱和硫酸钠溶液清洗。

　　(6) 有机磷灼伤。先用肥皂水冲洗，再用清水冲洗。

　　(7) 二硫化碳灼伤。先用肥皂水冲洗，再用盐水冲洗。

　　(8) 重铬酸盐灼伤。用磷酸氢钾或磷酸氢二钠溶液冲洗。

　　(9) 其他。如三氯化铝、四氯化钛等遇水后水解成盐酸，并释放出大量的热而造成灼伤，应用干布或纸擦去沾染在皮肤上的粉体或液体，再用大量清水冲洗。

　　6. 化学灼伤与热力灼伤不同，不少化学物质可经创面吸收造成局部组织或全身中毒，重者可危及生命。因此除局部清洗外，应立即采取全身性解毒措施，如氰化物灼伤后，应立即给予亚硝酸异戊酯吸入，静脉注射硫代硫酸钠；有机磷灼伤，立即给予解磷定及阿托品等。对肾脏排泄的化学物质应加强利尿，以利化学物质的排泄。此外，还要抢救大面积重度化学灼伤的原发性休克等。

　　7. 现场抢救人员在现场抢救被化学物质灼伤的受伤害者时，应做好自我安全防护工作，进入现场抢救时应注意佩戴好防护用品，在抢救过程中也应注意对化学物质的消毒，以免在抢救过程中也发生灼伤及中毒事故。

　　8. 现场抢救人员，另一重要的方面在于能判明受伤害者是被何种化学物质灼伤，以及该化学物质侵害人体的途径，以便在现场能及时采取有效的急救措施。因此，这就要求安全技术人员及广大职工对本厂矿企业或本车间在生产过程所接触到的各种化学物质的理化性质，以及对人体的毒性等均有所了解，做到心中有数，一旦发生化学灼伤事故后，在现场就能应用这些技术知识对受伤害者采取有效的急救措施。

　　化学灼伤事故发生后，若无法判明致伤物是何种化学物质或有混合性化学物质存在的情况下，在进行急救时，其冲洗液的选择应十分慎重，以免发生不良的化学反应，从而加重受伤害者的伤情。在此种情况下，最好在运送受伤害者去医院救治时，随身带上采集的致伤化学物质样品，以便通过检测确定致伤化学物质的种类，避免错诊错治。

十一、化学性眼烧伤的现场急救

　　化学性眼部烧伤，系在生产作业中眼部直接接触酸性、碱性或其他化学物质而造成的眼组织腐蚀破坏性损伤。据不完全统计，可造成眼部损伤的化学物质，包括液体、固体和气体等，共有 200 余种，常见的酸性化合物有硫酸、硝酸、盐酸、醋酸等；碱性化合物有氢氧化钾、氢氧化钠、氢氧化钙、氨水等；非金属刺激腐蚀剂有硫酸二甲酯、来苏儿等；以及其他一些有机溶剂、表面活性剂等等。其中以酸、碱等化学物质造成的眼烧伤较为多见。

　　由于化学物质的性质及眼部与它的接触量、接触时间、接触方式不同，造成眼部的损伤的程度也有很大的差异。腐蚀性较强的酸、碱若与眼部组织直接接触，即刻可造成眼组织的损伤，轻者眼睛局部充血，水肿，上皮脱落，短时间内视力下降；重者眼睛局部坏死发黑，或角膜溃疡，视力则受到严重影响，甚至失明。

　　特别是碱性化合物，可逐渐溶解、破坏眼组织中的脂肪和蛋白，而且由于它的不断扩散渗透，还会造成灼伤的扩展加重。而硫酸二甲酯、二月桂酸二丁基锡等化学物质与眼部接触后，在当时仅有刺激性反应，而无明显损伤，但经过一段时间后，便可出现眼组织灼伤反应。因此，如遇有此类化学物质与眼部接触，应密切注意观察。

化学性眼烧伤按其临床表现的不同，可分以下4种：

1. 化学性结膜角膜炎。即眼部有明显的刺激症状，如怕光、流泪、异物感等，检查时可见结膜充血，角膜上皮点状脱落，荧光素染色角膜见有点状着色。

2. 轻度化学性眼烧伤。即眼睑皮肤出现红肿、水疱，或有结膜充血水肿，角膜有弥漫性点状或片状上皮脱落，角膜实质浅层可有水肿。角膜缘部缺血范围在1/4以内。

3. 中度化学性眼烧伤。即除有以上两种临床表现外，还可见有结膜坏死和角膜实质深层水肿。角膜缘部缺血范围在1/4至1/2。

4. 重度化学性眼烧伤。即眼睑有深度灼伤，或出现巩膜坏死，角膜全层混浊，甚至有角膜穿孔。角膜缘部缺血范围超过1/2。

化学性眼烧伤的现场急救如下：

1. 一旦发生酸、碱化学物质侵入眼内，现场急救应做到及时、有效，可采用自救或互救的办法在现场进行处理，千万不可因寻找冲洗液、冲洗器或等待到医院去救治而耽误时间。

2. 立即用大量流动的清水或生理盐水冲洗眼睛，冲洗时应睁开眼睛，并不断地转动眼球，直至污染物全部被冲洗干净为止。

3. 冲洗时可用洗眼壶或在水龙头上接上小胶管慢流冲洗，根据现场情况，也可将面部浸入盆水中，用手将上下眼睑拉开，左右摇动头部，使眼内的污染物被波动的水冲除。

4. 经冲洗后，可在眼中滴加中和溶液作进一步护理。如酸烧伤可用2%～3%碳酸氢钠溶液；碱烧伤可用2%～3%硼酸溶液。

5. 根据伤情，如有需要可连续滴用抗生素眼药水，或涂抹眼膏，以防眼部细菌感染。

6. 现场急救处理后，应根据烧伤的情况，决定是否转送医院治疗。

化学性结膜角膜炎及轻度化学性眼烧伤经过妥善处理与治疗，一般均可痊愈，不会出现并发症或后遗症。但中度化学性眼烧伤，特别是重度化学性眼烧伤，即使经过积极妥善的处理与治疗，也会留有不同程度的并发症或后遗症，乃至影响正常的视功能，严重者可失明致残。因此，积极预防化学性眼烧伤就显得十分重要。

十二、休克的现场急救

在现场急救中，有时会遇到这样一种情况，即受伤害者在短时间内出现意识模糊，全身软弱无力、面色苍白、冷汗淋漓、脉搏微弱快速、血压急骤下降，这就是休克。

受伤害者发生休克的原因很多，主要是遭到某种强烈刺激后出现的一种严重的全身综合症，其中最为明显的是心脏血液输出量骤然降低，在短时间内心脏未能及时进行代偿，有效循环血量迅速减少，使组织供血量不足造成缺氧，使周围循环衰竭而引起的一系列临床现象。

发生休克的原因主要有下列几种：

1. 内脏破裂引起大出血。如在左下胸、左上腹部受直接暴力，使脾脏发生破裂；右下胸部、右下腹部受外伤使肝脏破裂等。

2. 严重的外伤。如脑震荡、骨折、腹部和睾丸受伤，大面积的烧伤等。

3. 严重的脱水、失盐。如各种原因引起的剧烈呕吐、腹泻、中暑后大量出汗等，使受伤害者脱水及电解质紊乱致周围循环衰竭。

4. 药物过敏或异类血清或急性中毒。如青霉素过敏、血清性休克，砷、汞、酚类以及其他有毒有害物质引起的中毒。

5. 其他。如触电引起的休克；受伤害者因外伤失血过多，等等。

在现场急救中如能立即找出休克的原因，积极给予有效的对因处置最为理想。然而，在紧急的情况下，并不能立即明确一些受伤害者发生休克的原因，为此，必须立即采取如下措施：

1. 当受伤害者发生休克时，应尽量少搬动，保持其安静，此时可松解其衣领、裤带，使平卧，休克严重者的头部应放低，脚部稍予抬高，但头部受伤、呼吸困难者不宜采用此法，而应稍抬高头部。并应注意受伤害者的保温，但也勿过热。有时可给受伤害者姜糖水、浓茶等热饮料，若有呼吸困难或发绀者，应给予氧气吸入。

对某些有明确原因造成的休克者，如外伤大出血，应立即用止血带结扎，但应注意定时放松，在转送医院途中须有明确标志，以免时间过久造成肢体坏死。对骨折疼痛所致休克，应固定患肢，并注射杜冷丁 50mg 或吗啡 10mg 以止痛。

2. 尽快地增加受伤害者的血容量。若受伤害者由于严重的脱水使周围循环而休克者，应立即静脉点滴 5％葡萄糖盐水。若现场没有输液设备或一时准备不及，则可用 50 或 100mL 的大注射器，反复持续静脉注入葡萄糖盐水。

3. 尽快提高和维持受伤害者的血压。对血压下降明显者，可先用去甲肾上腺素 1mg 或阿拉明 10mg，溶于 25％～50％葡萄糖 40～60mL 中缓慢地静脉注射，并须严密注意血压变化，一般收缩压维持在 90～100mm 汞柱即可。

如现场无大的静脉注射针管，仅有肌肉注射针管，则可用阿拉明 10mg 或新福林 10mg 作肌肉注射。去甲肾上腺素不能作肌肉注射。

4. 对过敏性休克受伤害者，可予 0.1％肾上腺素 0.5mL 皮下或肌肉注射，并用氢化考的松每日 100～200mg 静脉滴注。

5. 对感染中毒性休克，有明显的血管痉挛，如脸色苍白、四肢冷厥，使用去甲肾上腺素反应不显著者，可考虑采用血管扩张药阿托品，用量成人为 5～10mg/次。开始时每隔 15～30min 一次，待血压上升、脉搏有力、面色转红润后，间隔时间可延长至 30～60min 或 1～2h，如果应用 8～10 次无效者，则应停用。

6. 防治休克时的并发症。休克持续时间较长，常有不同程度的酸中毒发生，故需用碱性药物，如 5％碳酸氢钠 100～200mL，或 11.2％乳酸钠 60～100mL 稀释于 5 倍量的葡萄糖溶液中静脉点滴。休克时，肾血流量显著减少，易发生急性肾功能衰竭，为预防其发生，可尽早给予 20％甘露醇或 25％以梨醇 150～200mL 静脉注射。

7. 针灸治疗。针刺+宣及两侧内关穴，可持续捻转，亦可针刺人中、合谷、足三里等穴，对休克有一定的疗效。

附录一、

厂矿企业安全生产管理常用的国家颁布的有关安全、卫生的法律、规章、
制度、标准、规范的名称和主要内容一览表

序号	名称	标准代号	主要内容	颁布部门和日期
1	中华人民共和国宪法		其中有关劳动保护、安全生产的内容有42条、43条和48条等	1982年12月4日第五届全国人民代表大会第五次会议通过
2	中华人民共和国刑法	中华人民共和国主席令第83号	其中涉及安全生产方面有131条、132条、133条、134条、135条、136条、137条、138条、139条以及397条等	1979年7月1日第五届全国人民代表大会第二次会议通过，1997年3月14日第八届全国人民代表大会第五次会议修订。1997年10月1日起施行。2006年6月29日第十届全国人民代表大会常务委员会第二十二次会议通过，并公布修正案（六）。公布之日起实行
3	中华人民共和国劳动法		第一章 总则 第二章 促进就业 第三章 劳动合同与集体合同 第四章 工作时间和休息休假 第五章 工资 第六章 劳动安全卫生 第七章 女职工和未成年工特殊保护 第八章 职业培训 第九章 社会保险和福利 第十章 劳动争议 第十一章 监督检查 第十二章 法律责任 第十三章 附则	1994年7月5日第八届全国人民代表大会常务理事会第八次会议通过，1995年1月1日起实施
4	违反《中华人民共和国劳动法》行政处罚办法	劳部发(1994)532号	略	本办法自1995年5月1日起施行
5	中华人民共和国安全生产法		第一章 总则 第二章 生产经营单位的安全生产保障 第三章 从业人员的权利和义务 第四章 安全生产的监督管理 第五章 安全生产事故的应急救援与调查处理 第六章 法律责任 第七章 附则	2002年6月29日第九届全国人民代表大会常务委员会第二十八次会议通过。2002年11月1日起施行
6	中华人民共和国矿山安全法	中华人民共和国主席令第65号	第一章 总则 第二章 矿山建设的安全保障 第三章 矿山开采的安全保障 第四章 矿山企业的安全管理 第五章 矿山安全的监督和管理 第六章 矿山事故的处理 第七章 法律责任 第八章 附则	1992年11月7日第七届全国人民代表大会常务委员会第二十八次会议通过。1993年5月1日起施行

续表

序号	名 称	标准代号	主要内容	颁布部门和日期
7	中华人民共和国消防法		第一章 总则 第二章 火灾预防 第三章 消防组织 第四章 灭火救援 第五章 法律责任 第六章 附则	1998年4月29日第九届全国人民代表大会常务委员会第二次会议通过,1998年9月1日起实行
8	中华人民共和国职业病防治法	中华人民共和国主席令第60号	第一章 总则 第二章 前期预防 第三章 劳动过程中的防护与管理 第四章 职业病诊断与职业病病人保障 第五章 监督检查 第六章 法律责任 第七章 附则	2001年10月27日第九届全国人民代表大会常务委员会第二十四次会议通过,2002年5月1日起实行
9	中华人民共和国工会法		第一章 总则 第二章 工会组织 第三章 工会的权利和义务 第四章 基层工会组织 第五章 工会的经费和财产 第六章 法律责任 第七章 附则	1992年4月3日第七届全国人民代表大会第五次会议通过,根据2001年10月27日第九届全国人民代表大会常务委员会第二十四次会议《关于修改〈中华人民共和国工会法〉的决定》修正。该法公布之日起施行
10	中华人民共和国道路交通安全法		第一章 总则 第二章 车辆驾驶人 第三章 道路通行条件 第四章 道路通行规定 第五章 交通事故处理 第六章 执法监督 第七章 法律责任 第八章 附则	2003年10月28日全国第十届全国人民代表大会常务委员会第五次会议通过,自2004年5月1日起施行
11	工伤保险条例	中华人民共和国国务院令第375号	包括总则、工伤保险基金、工伤认定、劳动能力鉴定、监督管理、法律责任、附则等	2003年4月16日国务院第5次常务会议讨论通过,自2004年1月1日起施行
12	关于实施《工伤保险条例》若干问题的意见	劳社部函[2004]256号	略	劳动和社会保障部2004年11月1日发布
13	危险化学品安全管理条例	中华人民共和国国务院令第344号	第一章 总则 第二章 危险化学品的生产、储存和使用 第三章 危险化学品的经营 第四章 危险化学品的运输 第五章 危险化学品的登记与事故应急救援 第六章 法律责任 第七章 附则	2002年1月9日国务院第52次常务会议通过,2002年3月15日起施行

附　录　一　　　　　　　　　　　　　　1555

续表

序号	名　称	标准代号	主　要　内　容	颁布部门和日期
14	危险化学品登记管理办法	中华人民共和国国家经济贸易委员会令第35号	略	2002年10月8日国家经济贸易委员会主任办公会议审议通过,2002年11月15日起施行
15	危险化学品经济许可证管理办法	中华人民共和国国家经济贸易委员会令第36号	略	2002年11月15日国家经济贸易委员会主任办公会议审议通过,2002年11月15日起施行
16	煤矿安全规程	国家安全生产监督管理局令第16号	略	国家安全生产监督管理局2004年11月3日发布,2005年1月1日起施行。原国家煤矿安全生产监察局发布的2001年11月1日施行的《煤矿安全规程》同时废止
17	生产安全事故和调查处理条例	国务院令第493号	1. 总则 2. 事故报告 3. 事故调查 4. 事故处理 5. 法律责任 6. 附则	2007年4月9日公布,2007年6月1日起施行
18	关于加强厂企业防尘防毒工作	国发[1979]100号	1. 实加强对防尘防毒工作的领导加强社会主义法制,严格执行劳动保护法规 2. 定防尘防毒规划 3. 全技术措施所需 4. 新建项目的"三同时" 5. 建立科学研究机构积极开展科研工作	1979年3月10日国家劳动总局、卫生部报告。1979年4月9日国务院批准发布
19	关于认真做好劳动保护工作的通知	中发[1978]67号	为扭转伤亡事故和职业病增多的状况,中央要求: 1. 应即对安全生产情况进行一次大检查 2. 建立健全各级的安全生产责任制 3. 新建、改建、扩建的工矿企业界和革新、挖潜的工程项目都必须实行"三同时"	1978年10月21日中共中央公布
20	国营企业职工个人防护用品质发放标准	(63)中劳护字第170号	1. 发放防用品的原则和范围 2. 防护用品的发放标准 3. 地方和企业对防护用品发放标准的管理	1963年劳动部颁发试行

续表

序号	名称	标准代号	主要内容	颁布部门和日期
21	关于改革职工个人劳动保护用品发放标准	劳人护[1984]27号	1. 发放职工个人劳动保护用品是保护劳动者安全健康的一种预防性辅助措施,不是生活福利待遇 2. 发放劳动防护服装的范围和原则 3. 企业、事业单位制订职工个人劳动防护用品的发放标准须报经上级主管部门批准执行 4. 安全技术部门和工会组织要对劳动保护用品的采购、保管、发放等工作进行监督检查 5. 劳动部门、工会组织要对职工的特殊劳动保护用品加强监督检查 6. 禁止将劳动保护用品折合现金发放给个人,发放的防护用品不准转卖	国家劳动总局、中华全国总工会报告,1980年4月7日国务院批转发布
22	关于查处重大责任事故的几项暂行规定	[86]高检会(二字)第6号	根据《中华人民共和国刑事诉讼法》的有关规定和国务院颁发的有关劳动保护安全监察法规的规定精神,在查处重大责任事故方面,特制定几项暂行规定,共十八条	最高人民检察院、劳动人事部1986年3月25日发布
23	国务院关于特大安全事故行政责任究追的规定	国务院令第302号	略	2001年4月21日发布,自发布之日起施行
24	劳动保障监察条例	中华人民共和国国务院令第423号	包括总则、劳动保障监察职责、劳动保障监察的实施、法律责任、附则等	2004年10月26日国务院第68次会议通过,2004年12月1日起施行
25	仓库防火安全管理规则	公安部令第六号	1. 总则 2. 组织管理 3. 储存管理 4. 装卸管理 5. 电器管理 6. 火源管理 7. 消防设施和器材管理 8. 奖惩 附则	1990年公安部部务会议通过,1990年4月10日发布施行。原1980年8月1日经国务院批准,同年8月15日公安部公布施行的《仓库防火安全管理规则》即行废止
26	关于厂矿企业编制安全技术劳动保护措施计划的通知		1. 厂矿企业在编制生产财务计划时应将安全技术劳动保护措施计划列入生产财务计划之内,同时进行编制 2. 安全技术劳动保护措施计划的编制与执行应由厂矿长(总工程师)、车间主任、工段长在所辖范围内负全责 3. 编制计划的依据 4. 安全技术劳动保护措施计划的项目范围 5. 安全技术劳动保护措施计划项目经批准后必须专款专用,不得挪作他用	劳动部1954年11月18日发布

续表

序号	名称	标准代号	主要内容	颁布部门和日期
27	安全技术措施计划的项目总名称		1. 安全技术 2. 工业卫生 3. 辅助房屋及设施 4. 宣传教育 5. 关于安全技术措施计划的项目总名称表的几项说明	劳动部、全国总工会1956年9月21日发布
28	试行"关于重伤事故范围的意见"	[60]中劳护久字第56号文	1. 凡具有该文中所列范围的情况之一者均作为重伤事故处理 2. 凡不在该文所列范围内的伤害,经医师诊察后,认为受伤较重根据情况参考该文所列范围,由企业行政同基层工会作个别研究提出意见,由当地劳动部门审查确定	劳动部1960年5月23日发布
29	企业职工伤亡事故分类	GB 6441—86	本标准是劳动安全管进的基础标准,适用于企业职工伤亡事故统计工作。 1. 名词术语 2. 事故类别 3. 伤害分析 4. 伤害程度分析 5. 事故严重程度分类 6. 工伤事故的计算方法	国家标准局1986年5月3日发布,1987年2月1日实施
30	伤亡事故调查分析规则	GB 6442—86	本标准是劳动安全管进的基础标准,是对企业职工在生产过程中发生伤亡事故(含急性中毒事故)进行调查分析的依据。 1. 名词术语 2. 事故调查程序 3. 事故分析 4. 事故结案归档材料	国家标准局1986年5月3日发布,1987年2月1日实施
31	企业职工伤亡事故经济损失统计标准	GB 6721—86	本标准规定了企业职工伤亡事故经济损失的统计范围、计算方法和评价指标。 1. 基本定义 2. 直接经济损失的统计范围 3. 间接经济效益损失的统计范围 4. 计算方法 5. 经济损失的评价指标	国家标准局1986年8月22日发布,1987年5月1日实施
32	企业职工伤亡事故报告统计问题解答	劳办发[1993]140号	其中对67个有关伤亡事故统计问题进行了解答,并明确指出与本解答发生矛盾的解答,则以本文为准	国家标准局1993年9月17日发布
33	工业企业班组安全建设意见纲要	工总经[1988]5号文	1. 班组安全建设的重要性 2. 班组安全生产的目标 3. 班组安全建设的要求 4. 加强班组安全建设的领导	中华全国总工会、国家经济委员会1988年1月18日发布

续表

序号	名称	标准代号	主要内容	颁布部门和日期
34	关于生产建设工程职业安全卫生监察的暂行规定	劳字[1988]48号	关于生产性建设工程项目职业安全卫生监察的暂行规定,附《职业安全卫生专篇》编写提要。 1. 设计依据 2. 工程概述 3. 建筑及场地布置 4. 生产过程中职业危害因素的分析 5. 职业安全卫生设计中采用的主要防范措施 6. 预期效果及评价 7. 职业安全与职业卫生机构设置及人员配备情况 8. 专用投资概算 9. 存在问题与建议	劳动部1988年5月27日发布,同时实施
35	女职工劳动保护规定	国务院令第9号	为维护女职工的合法权益,减少和解决女职工在劳动和工作中因生理特点造成的特殊困难,保护其健康,以利于社会主义现代化建设,特制定本规定	1988年6月28日国务院第十一次常务会议通过发布,1988年9月1日起施行
36	《女职工劳动保护规定》问题解答		略	劳动部1989年1月20日发布
37	女职工禁忌劳动范围的规定	劳安字[1990]2号	该规定对女职工、已婚待孕女职工和哺乳女职工的禁忌劳动范围分别作了详细具体的规定	劳动部1990年1月18日发布
38	未成年工特殊保护规定	劳部发[1994]498号	略	劳动部1994年12月9日发布,1995年1月1日起施行
39	压力容器使用登记管理规则	劳锅字[1989]2号	1. 总则 2. 新压力容器的使用登记 3. 在用压力容器的使用登记 4. 变更与判废 5. 管理与监督 6. 附则 附:压力容器安全状况等级划分和含义;压力容器注册编号	劳动部1989年3月22日发布,自公布之日起执行
40	在用压力容器检验规程	劳锅字[1989]3号	1. 总则 2. 检验单位、检验员的资格、责任和权限 3. 检验前的准备工作及安全注意事项 4. 检验 5. 安全状况等级评定 6. 安全附件检验 7. 附则	劳动部1990年2月22日发布,自颁发之日起施行

续表

序号	名 称	标准代号	主 要 内 容	颁布部门和日期
41	爆炸危险场所安全规定	劳部发[1995]56号	包括总则、危险等级划分、危险场所的技术安全、危险场所的安全管理、罚则、附则等	劳动部1995年1月22日颁发,自公布之日起施行
42	气瓶安全监察规程	国家质量监督检验检疫总局令第46号	包括总则、气瓶设计与制造、气瓶制造监督检验、气瓶充装、气瓶定期检验、运输储存销售和使用、罚则、附则等	2003年4月3日国家质量监督检验检疫总局局务会议审议通过公布,2003年6月1日起施行
43	溶解乙炔气瓶安全监察规程	劳锅字[1993]4号文	1. 总则 2. 设计 3. 制造 4. 附件 5. 充装 6. 定期检验 7. 运输、储存和使用 8. 附则	劳动部1993年3月27日公布,1993年10月1日起施行
44	气瓶颜色标记	GB 7144—1999 代替 GB 7144—1986	包括范围、引用标准、定义、气瓶的涂膜颜色名称和鉴别、气瓶的字样和色环、气瓶颜色标记、气瓶的检验色标等	国家技术监督局1999年12月17日批准,2000年10月1日实施
45	气瓶定期检验站技术条件	GB 12135—89	本标准规定了气瓶定期检验站的职责和必须具备的基本条件。 1. 主题内容 2. 检验站的职责 3. 检验站的基本设施 4. 检验人员 5. 检验设备	国家技术监督局1989年12月29日批准,1990年10月1日实施
46	气瓶水压试验方法	GB 9251—88	本标准规定了气瓶的水压试验方法,规定了试验装置的基本要求,规定了试验操作的操作要点	劳动部1988年5月1日批准,1988年10月1日实施
47	溶解乙炔气瓶气压试验方法	GB 13003—91	本标准规定了溶解乙炔气瓶的气压试验的基本方法和技术要求	国家技术监督局1991年4月30日批准,1992年1月1日实施
48	液化石油气汽车槽车安全管理规定	(81)劳总锅字1号	液化石油气汽车槽车的设计、制造、安全装置与标志、充装、使用运输和检验等	国家劳动总局1981年2月13日
49	液化气体铁路罐车安全管理规定	[87]化生字1174号	槽车的设计、制造和标志,以及槽车的使用、管理、检修和运输等	化工部1987年12月31日发布

续表

序号	名 称	标准代号	主 要 内 容	颁布部门和日期
50	蒸汽锅炉安全技术监察规程	劳部发[1996]276号	略	劳动部1997年8月19日修订后发布,1997年1月1日施行
51	热水锅炉安全技术监察规程	劳锅字[1997]74号	略	劳动部1997年2月14日修订后发布执行
52	压力容器安全技术监察规程	质技监局锅发[1999]154号	略	国家质量技术监督局1999年6月25日发布,2000年1月1日实施
53	危险货物运输规则（铁路运输适用本）	铁运[1987]802号文	1. 总则 2. 包装和标志 3. 托运和承运 4. 装卸和运输 5. 放射性物品运输 6. 危险货物罐车运输 7. 爆炸品保险箱 8. 洗刷除污 9. 保管和交付	铁道部公布1987年12月1日起实行
54	汽车危险货物运输规则	JT 3130—88	本标准规定了汽车危险货物运输的技术管理规章、制度、要求与方法。 1. 适用范围 2. 引用标准 3. 分类和分项 4. 包装和标志 5. 车辆和设备 6. 托运和单证 7. 承运和交接 8. 运输和装卸 9. 保管和消防 10. 劳动保护和医疗急救 11. 监督和管理	交通部1988年1月9日发布,1988年6月1日实施
55	特种设备安全监察条例	中华人民共和国国务院令第373号	包括总则、特种设备的生产、特种设备的使用、检验检测、监督检查、法律责任、附则等	2003年2月19日国务院第68次常务会议通过,2003年6月1日起实行
56	特种作业人员安全技术培训考核管理办法	中华人民共和国国家经济贸易委员会第13号令	包括总则培训、考核和发证、监督管理、附则	中华人民共和国国家经济贸易委员会1999年7月12日发布
57	工会小组劳动保护检查员工作条例	总工发[2001]16号	略	2001年12月31日中华全国总工会发布,自发布之日起实施

续表

序号	名称	标准代号	主要内容	颁布部门和日期
58	工会劳动保护监督检查员工作条例	总工发[2001]16号	略	2001年12月31日中华全国总工会发布,自发布之日起实施
59	基层工会劳动保护监督检查员工作条例	总工发[2001]16号	略	2001年12月31日中华全国总工会发布,自发布之日起实施
60	化工部关于"易燃"、"易爆"场所禁止穿戴化纤织物的通知	[84]化生司字18号	从事出有因明火作业和属于易燃易爆岗位工作的各种工人均不得发放化纤服装(包括衣、帽)或穿戴化纤织物进入工作岗位	化工部1984年4月3日
61	化工企业急性中毒抢救应急措施规定	[86]化生字1078号	包括总则、机构和人员、设备与器材、联络与急救、预防和附则等	化工部1986年11月24日公布,自公布之日起实施
62	化工企业安全管理制度	[91]化劳字247号	包括总则、安全生产责任制、安全教育、安全作业证、工艺操作生产要害岗位管理、防火与防爆、危险物品、物资储存、电气安全、安全装置和防护用品管理、施工与检修、防尘防毒、厂区交通、安全技术措施管理、科研与设计、新建改建扩建工程"三同时"、安全检查、事故管理附则等	化工部1991年4月14日发布,1991年10月1日起实行
63	工作场所安全使用化学品规定	劳部发[1996]423号	包括总则、生产单位的职责、使用单位的职责、经营运输和贮存单位的责任、职工的义务和权利、罚则、附则等	劳动部1996年12月20日公布,1997年1月1日施行
64	化学事故应急救援管理办法	化督发[1994]597号	包括总则、机构与职责、应急救援、应急救援的管理、装备与经费、奖惩、附则	1994年8月19日化工部颁发,公布之日起实施
65	卫生部关于修订颁发《职业病范围和职业病患者处理办法的规定》的通知	[87]卫防字第60号	职业病范围和职业病患者处理办法的规定、职业病名单	卫生部1987年11月5日
66	工业用化学产品采样安全通则	GB 3723—85	一般规定、危险物料的具体规定等	国家标准局1983年6月15日发布,1984年6月1日实施
67	氢气使用安全技术规定	GB 4962—85	供氢站、供氢装置、氢气系统运行安全要点、氢气瓶使用、消防等	国家标准局1985年3月1日发布,1985年11月1日实施
68	乙炔发生设备与气焊安全规程	(78)1882号	乙炔发生站及电石总库、乙炔发生器与操作、乙炔管道、气焊与气割安全等	第三机械工业部1978年12月25日发布
69	乙炔发生器安全管理规程	[85]机生字60号	包括总则、设计制造验收、使用与管理、检查与维修、电石储存与使用	第一机械工业部1985年5月10日颁发

续表

序号	名称	标准代号	主要内容	颁布部门和日期
70	工业企业内运输安全规程	GB 4387—84	基本要求、铁路运输、道路运输、装卸等	国家标准局1984年5月1日发布,1985年1月1日实施
71	磨具安全规程	GB 2494—84 代替 GB 2494—81	磨具的最高工作线速度、磨具的验收及保养、砂轮的安装和使用等	国家标准局1984年发布,1985年1月1日实施
72	磨削机械安全规程	GB 4674—84	磨削机械的设计与制造、使用、管理和维护等	国家标准局1984年7月28日发布,1985年5月1日实施
73	油库安全管理规程(试行)	[81]一机生字177号	包括总则、接收油料安全生产、库存油料安全生产、消防安全、用火管理等	第一机械工业部1981年3月15日颁发
74	冷冲压安全管理规程	GB 13887—92	略	国家技术监督局1992年12月14日发布,1993年8月1日实施
75	木工机床安全通则	GB 12557—2000	略	国家技术监督局2002年2月18日发布,2002年6月1日实施
76	电业安全作业规程(发电厂和变电所电气部分)	DL 408—91	包括总则、高压设备工作的基本要求、保证安全的组织措施、保证安全的技术措施、线路作业时发电厂和变电所的安全措施、带电作业、发电机、同期调相机和高压电动机的维护工作、在六氟化硫电气设备上的工作、在停电的低压配电装置和低压导线上的工作、在继电保护仪表等二次回路上的工作、电气试验、电力电缆工作、其他安全措施	能源部1991年3月18日发布,1991年9月1日实施
77	电业安全作业规程(电力线路部分)	DL 408—91	包括总则、线路运行和维护、保证安全的组织措施、一般安全措施、配电变压器台上的工作、邻近带电导线的工作、带电作业、电力电缆工作	能源部1991年3月18日发布,1991年9月1日实施
78	防止静电事故通用导则	GB 12158—90	本标准包括静电放电与引燃、静电防护措施、静电危害安全界限及静电事故的分析和确定等内容	国家技术监督局发布
79	橡胶工业静电安全规程	GB 4655—84	包括静电的产生、积累和危害及防静电危害的基本方法、措施、安全管理以及静电的检测等	国家标准局1984年8月2日发布,1985年7月1日实施
80	安全色	GB 2893—2001	包括范围、引用标准、定义、颜色表征、技术要求、测量方法、附录等	国家质量监督检验检疫总局2001年9月15日发布,2002年6月1日实施

续表

序号	名称	标准代号	主要内容	颁布部门和日期
81	安全标志	GB 2894—1996 代替 GB 2894—88	包括范围、引用标准、定义、标志类型、颜色、安全标志牌的其他要求、安全标志牌的使用等	国家技术监督局1996年3月14日批准,1996年10月1日实施
82	工业管道的基本识别色、识别符号和安全标识	GB 7231—2003	包括基本识别色、识别符号和安全标识等	国家经济贸易委员会安全生产局提出和归口,2003年3月13日批准,2003年10月1日起实施
83	安全色光通用规则	GB 14778—93	包括主题内容与适用范围、引用标准、术语、安全色的种类、色光表示事项及使用场所、色度范围、安全色光的使用方法等	国家技术监督局1993年12月24日批准,1994年7月1日实施
84	危险货物包装标志	GB 190—90	包括主题内容与适用范围、引用标准、标志的图形和名称、标志的尺寸与颜色、标志的使用方法等	国家技术监督局1990年12月25日批准,1991年7月1日实施
85	道路运输危险货物车辆标志	GB 13392—92	包括主要内容与适用范围、引用标准、产品分类、技术要求、试验方法、检验规则、包装、标志、运输、装卸、储存等	国家技术监督局1992年2月22日批准,1992年10月1日实施
86	化学品安全标签编写规定	GB 15258—1999 代替 GB/T 15258—1994	包括范围、引用标准、定义、标签、制作、使用等	国家技术监督局1999年5月14日批准,1999年12月1日实施
87	化学品安全技术说明书编写规定	GB 14683—2000 代替 GB 16483—1996	包括范围、引用标准、内容、编写和使用要求等	国家技术监督局2000年1月5日批准,2000年6月1日实施
88	安全帽	GB 2811—89 代替 GB 2811—81	主题内容与范围、引用标准、术语、结构形式要求、尺寸要求、颜色、重量、分类、安全帽技术性能要求、检验规则、采购监督和管理、标志和包装等	国家技术监督局1989年12月1日批准,1990年8月1日实施
89	安全皮鞋	GB 4104—83	安全皮鞋的技术要求、试验方法、验收规则、标志、运输和保管等	国家标准局1983年12月12日发布,1984年10月1日实施
90	过滤式防毒面具通用技术条件	GB 2890—1995	包括主题内容与适用范围、引用标准、术语、分类、技术要求、试验方法、检验规则、标志包装运输和贮存、使用要求等	国家技术监督局1995年6月28日批准,1996年1月1日实施
91	高处作业分级	GB/T 3608—93 代替 GB 3608—83	主题内容与适用范围、引用标准、术语、高处作业分级等	国家技术监督局1993年12月27日批准,1994年7月1日实施
92	体力劳动强度分级	GB 3869—83	体力劳动的定义和劳动强度的分级等	国家标准局1983年9月29日发布,1984年1月1日实施

续表

序号	名称	标准代号	主要内容	颁布部门和日期
93	高温作业分级	GB 4200—97	高温作业的定义、分级、劳动时间率的计算、温差的计算和相对湿度的测定等	1997年10月1日实施。2002年重新修订为《高温作业场所气象学评价标准》
94	职业性接触毒物危害程度分级	GB 5044—85	职业性接触毒物危害程度分级原则、分级依据等	国家标准总局1985年4月2日发布,1985年12月1日实施
95	建筑设计防火规范	GB 50016—2006	1. 总则 2. 术语 3. 厂房(仓库) 4. 甲、乙、丙类液体、气体储罐(区)与可燃材料堆场 5. 民用建筑 6. 消防车道 7. 建筑构造 8. 消防给水和灭火设施 9. 防烟与排烟 10. 采暖、通风和空气调节 11. 电气 12. 城市交通隧道	2006年3月12日批准为国家标准,2006年12月1日起实施
96	工业企业总平面设计规范	GB 50187—93	包括总则、厂址选择、总体规划、总平面布置、运输线及码头布置、竖向设计、管线综合布置、绿化布置、主要技术经济指标等	国家技术监督局、中华人民共和国建设部1993年9月27日联合发布,1994年5月1日实施
97	建筑物防雷设计规范	GB 50057—94(2000年版)	包括总则、建筑物的防雷分类、建筑物的防雷措施、防雷装置、接闪器、防雷击电磁脉冲	国家技术监督局、中华人民共和国建设部1994年4月18日联合发布,1994年11月1日实施。2000年8月24日修订,2000年10月1日起施行
98	爆炸性环境用防爆电气设备	GB 3836·1~3836·12	略	国家技术监督局1991年5月27日发布,1992年2月1日实施
99	发生炉煤气站设计规范	GB 50195—94	包括总则、术语、煤种选择、设计产量和质量、站区布置、设备选择、设备的安全要求、工艺布置、空气管道、辅助设施、煤和灰渣的贮运、给水排水循环水、热工测量和控制、采暖通风和除尘、电气、建筑结构、煤气管道等	国家技术监督局、中华人民共和国建设部1994年1月14日联合发布,1994年9月1日实施

续表

序号	名称	标准代号	主要内容	颁布部门和日期
100	汽车加油加气站设计与施工规范	GB 50156—2002	包括总则、术语、一般规定、站址选择、总平面布置、加油工艺及设施、液化石油气加气工艺及设施、压缩天然气加气工艺及设施、消防设施及给排水电气装置采暖通风建筑物绿化、工程施工等	国家质量检验检疫总局、中华人民共和国建设部2002年5月29日联合发布,2002年7月1日实施
101	汽车用燃气加气站技术规范	CJJ 84—2000 J 22—2000	包括总则、术语、燃气质量、加气站分级和站址选择、液化石油气加气站主体设施、压力天然气加气站主体设施、加气站配套设置、施工及验收等	中华人民共和国建设部2000年4月19日发布,2000年7月1日施行
102	起重机械安全规程	GB 6067—85	包括金属结构、主要零部件、电气设备、安全防护装置、使用与管理等	国家标准局批准1985年6月6日发布,1986年4月1日实施
103	危险房屋鉴定标准	JGJ 125—99（2004年版）	包括总则、符号、代号、鉴定程序与评定方法、构件危险性鉴定、房屋危险性鉴定等	中华人民共和国建设部1999年11月24日发布,2000年3月1日施行。2004年6月4日修订,2004年8月1日起实施
104	固定式钢直梯安全技术条件	GB 4053.1—1993	略	国家技术监督局1993年12月27日批准,1994年7月1日实施
105	固定式钢斜梯安全技术条件	GB 4053.2—1993	略	国家技术监督局1993年12月27日批准,1994年7月1日实施
106	固定式工业防护栏杆安全技术条件	GB 4053.3—1993	略	国家技术监督局1993年12月27日批准,1994年7月1日实施
107	固定式工业钢平台	GB 4053.4—1993	略	国家技术监督局1993年12月27日批准,1994年7月1日实施
108	工业企业设计卫生标准	GBZ 1—2002	包括范围、总则、选址与总体布局、工作场所基本卫生要求、辅助用室基本卫生要求、应急救援、附录等	卫生部2002年4月8日发布,2002年6月1日实施
109	石油化工企业厂区平面布置设计规范	SH/T 3053—2002	略	国家经济贸易委员会2003年发布,2003年5月1日实施

续表

序号	名称	标准代号	主要内容	颁布部门和日期
110	建筑灭火器材配置设计规范	GBJ 140—90(97年版)	略	建设部1997年6月24日发布,1997年9月1日实施
111	厂区动火作业安全规程	HG 23011—1999	主要包括范围、引用标准、定义、动火作业分类、动火要求、动火安全作业证的管理、职责要求等	国家石油和化学工业局1999年9月29日发布,2000年3月1日实施
112	厂区设备内作业安全规程	HG 23012—1999	主要包括范围、引用标准、定义、设备内作业安全要求、设备内安全作业证的管理等	国家石油和化学工业局1999年9月29日发布,2000年3月1日实施
113	厂区盲板抽堵作业安全规程	HG 23013—1999	主要包括范围、引用标准、定义、盲板抽堵作业安全要求、盲板抽堵安全作业证的管理等	国家石油和化学工业局1999年9月29日发布,2000年3月1日实施
114	厂区高处作业安全规程	HG 23014—1999	主要包括范围、引用标准、定义、高处作业分级与分类、高处作业安全要求与防护、盲板抽堵安全作业证的管理等	国家石油和化学工业局1999年9月29日发布,2000年3月1日实施
115	厂区吊装作业安全规程	HG 23015—1999	主要包括范围、引用标准、定义、吊装作业分级与分类、吊装作业的安全要求、吊装安全作业证的管理等	国家石油和化学工业局1999年9月29日发布,2000年3月1日实施
116	厂区断路作业安全规程	HG 23016—1999	主要包括范围、定义、断路作业安全要求、断路安全作业证的办理等	国家石油和化学工业局1999年9月29日发布,2000年3月1日实施
117	厂区动土作业安全规程	HG 23017—1999	主要包括范围、引用标准、定义、动土作业安全要求、动土安全作业证的管理等	国家石油和化学工业局1999年9月29日发布,2000年3月1日实施
118	厂区设备检修作业安全规程	HG 23018—1999	主要包括范围、引用标准、定义、检修前的准备、检修前的安全教育、检修前的安全检查的措施、检修作业中的安全要求、检修结束后的安全要求等	国家石油和化学工业局1999年9月29日发布,2000年3月1日实施
119	焊接与切割安全	GB 9448—1999	略	国家质量技术监督局1999年9月3日发布,2000年5月1日实施
120	重大危险源辨识	GB 18218—2000	略	国家技术监督局2000年9月1日发布,2001年4月1日实施

续表

序号	名称	标准代号	主要内容	颁布部门和日期
121	安全生产违法行为行政处罚办法	国家安全生产监督管理局令第1号	略	国家安全生产监督管理局2003年5月19日公布,2003年7月1日起施行
122	注册安全工程师注册管理办法	国家安全生产监督管理局令第12号	略	国家安全生产监督管理局公布,2004年10月1日起施行

附录二、

中华人民共和国国家标准及行业标准代号一览表

序 号	国家及行标名称	代 号
1	中华人民共和国国家标准	GB
2	船舶行业标准	CB
3	测绘行业标准	CH
4	城市建设行业标准	CJ
5	新闻出版行业标准	CY
6	档案工作行业标准	DA
7	电力行业标准	DL
8	地质矿业行业标准	DZ
9	核工业行业标准	EJ
10	纺织行业标准	FZ
11	社会公共安全行业标准	GA
12	广播电影电视行业标准	GY
13	航空工业行业标准	HK
14	化工行业标准	HG
15	环境保护行业标准	HJ
16	海洋行业标准	HY
17	机械行业标准	JB
18	建材行业标准	JC
19	交通行业标准	JT
20	劳动和劳动安全行业标准	LD
21	有色冶金行业标准	YS
22	稀土行业标准	XB
23	林业行业标准	LY
24	民用航空行业标准	MH
25	煤炭行业标准	MT
26	民政工业行业标准	MZ
27	农业行业标准	NY
28	轻工行业标准	QB
29	汽车行业标准	QC
30	航天工业行业标准	QJ
31	国内贸易行业标准	SB
32	石油化工行业标准	SH
33	电子行业标准	SJ
34	水利行业标准	SL
35	进出口商品检验行业标准	SN
36	石油天然气行业标准	SY
37	铁道行业标准	TB
38	文化行业标准	WH
39	兵工民品行业标准	WJ
40	黑色冶金行业标准	YB
41	烟草行业标准	YC
42	通信行业标准	YD
43	医学行业标准	YY
44	安全生产标准	AQ

后　记

目前，随着我国国民经济建设的飞跃发展，厂矿企业、事业单位生产过程中的安全技术水平亟待提高，安全生产管理亟待加强，以不断减少各类事故的发生，以适应生产的发展的需要。本书作者在这一基础之上，在一些单位和朋友们的大力支持和热情帮助下，参阅了国内外大量有关安全技术和安全管理等方面的书籍、资料等，并以多年从事安全技术工作的亲身体会，结合做安全技术工作及安全管理工作的实践经验和教训，克服了重重困难，用业余时间编著了《厂矿企业安全技术指南》一书，以适应厂矿企业、事业等单位广大干部和职工的需要。

本书主要从厂矿企业、事业等单位安全生产的角度出发，对厂矿企业、事业等单位生产过程中的安全技术、安全管理及工业卫生等进行了综述。本作者在从事多年的安全技术和安全管理工作的实践中，按此去做，基本上是可行的，并大大减少了事故的发生。

本作者在厂矿企业中直接从事安全技术工作三十余年，目睹厂矿企业、事业等单位安全生产之现状，本着唤起广大干部、职工和各级安全技术人员与各志士同仁对厂矿企业安全生产保持高度的热情和关心，以利厂矿企业、事业等单位安全生产，为国为民，大大减少事故的发生，本作者呕心沥血，用了数年时间编著了本书。

本作者曾历时数年，先后编著了《安全技术问答》与《厂矿企业安全管理》两书，均先后于1983年和1988年分别由国家海洋出版社和北京经济学院出版社出版，新华书店发行所发行，印数数十万册，深受广大读者的一致好评。现又将历时数年之久而编著的《厂矿企业安全技术指南》一书，再一次奉献给厂矿企业、事业等单位的广大干部和职工与志士同仁及广大读者。

本作者虽有良好的愿望，但由于水平和条件所限，不尽人意之处实属难免。恳请广大读者指正，对书中的宝贵意见也请及时告诉作者本人，以供再版时修订，使本书更臻更善。

作者：徐扣源
2008 年 2 月 16 日

主要参考书目

1. 《工业生产安全知识手册》 林明清主编.电子工业出版社.统一书号：15290.187
2. 《劳动卫生与职业病学》 山西医学院主编.人民卫生出版社.统一书号：14048.3944
3. 《安全知识实用大全》 阮崇武、李伯勇主编.文出版社.统一书号：ISBN7—80531—091—2/Z.2
4. 《安全行车心理学》 杨宗义编.重庆出版社
5. 《劳动防护用品知识》 《劳动防护用品知识》编写组.劳动出版社.统一书号：15238.015
6. 《安全技术问答》 徐扣源等编著.海洋出版社.统一书号：13193.017
7. 《厂矿企业安全管理》 徐扣源编著.北京经济出版社.统一书号：ISBN7—5638—0007—7/F.7
8. 《防火防爆技术问答》 虢舜编著.群众出版社统一书号：13067.87
9. 《空气中有害物质的测定方法》 中国医学科学院卫生研究所编.人民卫生出版.统一书号：14048.3349